最新 実用真空技術総覧

New Practical Vacuum Technology

最新 実用真空技術総覧 編集委員会　編

NTS

序

「実用真空技術総覧」が出版されて早30年が経過しました。年月を経て「真空技術」も大きな発展を遂げ、初版の内容では現代の進歩した技術内容に対応できなくなってきました。ナノサイエンス・ナノテクノロジー、スピントロニクス等真空技術を駆使した新しい分野の研究・開発が進展している現状を踏まえて、時代に合わせた「改訂新版」を出版することになりました。

編集を開始してから紆余曲折があり、すでに4年が経過しましたが、この「総覧」は「実用」的に役に立つことを目標に、第一線の150名を超える大変多くの研究者・技術者の方々に執筆をお願いすることができました。具体的な編集をお願いした「編集幹事」ならびに「編集委員」の方々には膨大な数の原稿の依頼や編集に大変なご苦労をおかけすることになりました。項目数の増加に至った事は内容が充実したことを意味し大変光栄に思っています。執筆者の熱のこもった原稿が積み重なった結果を読み取りいただければ幸いです。

「真空技術」は多くの産業の裏方を担う技術であり、決して華やかな研究・開発分野ではありません。しかしこの技術がなければ多くの産業が成り立たなくなっています。半導体、ナノサイエンス・ナノテクノロジー、スピントロニクスの一見華やかな分野はもとより、材料、評価、食品、医療等の分野においても広く使用されている技術です。表立って「真空技術」が問題にされることはありませんが、研究や開発の現場では「真空技術」の重要性は大いに認識されています。まさに「縁の下の力持ち」的な大変大きな存在です。表面科学の発展はまさに「真空技術」の発展に支えられて「研究」の領域に達したと言っても過言ではありません。近年は分子や原子レベルの研究も大いに盛んになってきました。40年前には「原子」を観て、操ることは夢でありましたが、現在では現実になっています。原子を観て操る技術や分子モーターの研究がノーベル賞を獲得する時代であり、まさに隔世の感があります。これからどのように発展していくか大いに楽しみです。このような分野でも「真空」が果たす役割が大変大きくなっています。「真空」にも段階があり、「極高真空（10^{-10} Paオーダ）」といわれる領域から「低真空（10^{-2} Pa -大気圧）」といわれる領域まで幅が広く、最先端の研究に使われる「極高真空」や「超高真空」のような先端の技術だけでなく、産業的に

は食品や医療分野に使われる「低中真空」が果たす役割も大変大きいのが現状です。一面、最近は環境問題が大きく注目されています。一部の国のように環境をおろそかにする発言も聞かれますが、地球の未来を考えるなら今まで地球の汚染を行ってきた人類が今後の環境を考えるのは、大きな義務であると考える必要があります。そのような意味で本「総覧」には真空技術に関する「環境」や「省エネルギー」にも紙面を費やし、時代の要求を踏まえた構成にしました。一面、進歩が著しくない真空ポンプの原理、一般的な真空計の原理、一部の配管の規格のような分野では一部旧版を使用することも行っています。さらに、現在では、量子力学に基づく信頼性の高い計算手法の開発と計算機性能の飛躍的向上が相まって、計算物理、計算化学が重要な貢献をしつつあります。測定結果、実験結果の解釈には、計算物理、計算化学が一役買う場面が多くなっており、このような新しい分野も本文中に取り込みました。

　各種の学界や産業界で真空技術を応用する研究・開発に携わる大学、高専、公的研究機関の図書館や研究室、企業における研究・開発部署に置いていただき研究者・技術者にお役に立てていただければ幸いです。

　本「総覧」の出版に当たっては、多くの執筆者の方にはお忙しいところ原稿を上程していただきお礼を申し上げます。また副編集委員長、編集幹事・編集委員には多大の貢献をしていただきました。これらの貢献がなければ本「総覧」は日の目を見ることができませんでした。感謝いたします。

　また、株式会社NTSの吉田社長には出版不況といわれる中、本「総覧」の重要性を認識いただき、出版をお引き受けいただきました。旧版の出版を行った旧「株式会社 産業技術サービスセンター」平野氏には、今回具体的な編集の実務で大変お世話になりました。両氏にあらためて感謝の意を表します。

2019年2月

編集委員長　笠井　秀明
明石工業高等専門学校長、大阪大学名誉教授

編 集 委 員 会

〔編集委員長〕

笠井　秀明　　明石工業高等専門学校長／大阪大学名誉教授

〔編集副委員長〕

越川　孝範　　大阪電気通信大学名誉教授／重慶大学　客員教授
大岩　　烈　　シエンタ オミクロン株式会社　代表取締役社長
髙橋　直樹　　アトナープ株式会社　上級アプリケーションエンジニア

〔編集顧問〕

尾浦憲治郎　　大阪大学名誉教授
岡野　達雄　　東京大学名誉教授
一村　信吾　　早稲田大学研究戦略センター　教授
齊藤　芳男　　東京大学宇宙線研究所宇宙基礎物理学研究部門　特任教授

〔編集委員〕

〈幹　　事〉（50音順）

栗巣　普揮　　山口大学大学院創成科学研究科物質工学系専攻　准教授
小泉　達則　　（元）キヤノンアネルバ株式会社環境品質センター環境推進部　部長
後藤　康仁　　京都大学大学院工学研究科電子工学専攻　准教授
寺岡　有殿　　国立研究開発法人量子科学技術研究開発機構量子ビーム科学研究部門
　　　　　　　関西光科学研究所放射光科学研究センター　上席研究員
中村　　健　　国立研究開発法人産業技術総合研究所計量標準総合センター
　　　　　　　分析計測標準研究部門　ナノ分光計測研究グループ長
福田　常男　　大阪市立大学大学院工学研究科電子情報系専攻　准教授

〈委　　員〉（50音順）

岡野夕紀子　　株式会社岡野製作所　専務取締役
岡本　昭夫　　（元）地方独立行政法人大阪産業技術研究所電子・機械システム研究部　部長
金澤　健一　　大学共同利用機関法人高エネルギー加速器研究機構　名誉教授
川人　洋介　　大阪大学接合科学研究所　准教授

金正　倫計	国立研究開発法人日本原子力研究開発機構	
	J-PARCセンター 加速器ディビジョン　副ディビジョン長	
逆井　　章	国立研究開発法人量子科学技術研究開発機構核融合エネルギー研究開発部門	
	那珂核融合研究所　上席研究員	
篠原　　真	株式会社島津製作所　上席執行役員　基盤技術研究所　副所長	
㊀関口　雅行	国立研究開発法人量子科学技術研究開発機構重粒子医科学センター	
	重粒子線がん治療普及推進チーム　主任研究員	
髙橋　大祐	国立研究開発法人宇宙航空研究開発機構環境試験技術ユニット　研究開発員	
西村　節志	島津産機システムズ株式会社　顧問	
長谷川修司	東京大学大学院理学系研究科物理学専攻　教授	
濱口　宗久	株式会社大阪真空機器製作所　取締役	
備前　輝彦	公益財団法人高輝度光科学研究センター光源基盤部門　主幹研究員	
福谷　克之	東京大学生産技術研究所基礎系部門　教授	
間瀬　一彦	大学共同利用機関法人高エネルギー加速器研究機構物質構造科学研究所	
	准教授	
安江　常夫	大阪電気通信大学工学部基礎理工学科　教授	

執　筆　者　一　覧 (50音順)

秋山　泰伸	東海大学工学部応用化学科　教授	
新井　健太	国立研究開発法人産業技術総合研究所計量標準総合センター	
	工学計測標準研究部門　圧力真空標準研究グループ長	
池田　　圭	株式会社アテナシス　代表取締役	
伊藤　博光	アルバックテクノ株式会社GCS本部計測センター計測課　主事	
伊藤　雅章	大亜真空株式会社技術部　部長	
岩井　秀夫	国立研究開発法人物質・材料研究機構技術開発・共用部門	
	材料分析ステーション表面・微小領域分析グループ　グループリーダー	
岩田　茂樹	一般社団法人東京環境経営研究所　執行理事	
上田　良夫	大阪大学大学院工学研究科電気電子情報工学専攻　教授	
鵜飼　正敏	東京農工大学大学院工学研究院先端物理工学部門　教授	
臼井　博明	東京農工大学大学院工学研究院有機材料化学部門　教授	
薄井　洋行	鳥取大学大学院工学研究科化学・生物応用工学専攻　准教授	
江利口浩二	京都大学大学院工学研究科航空宇宙工学専攻　教授	
大石　真也	公益財団法人 高輝度光科学研究センター光源基盤部門　主幹研究員	
大久保雅隆	国立研究開発法人産業技術総合研究所エレクトロニクス・製造領域	
	上席イノベーションコーディネータ	
大迫　信治	VISTA株式会社　代表取締役	
大里　雅昭	株式会社荏原製作所精密・電子事業カンパニー精密機器事業部	
	環境製品技術部	

大西　　毅	株式会社日立ハイテクノロジーズ科学・医用システム事業統括本部 事業戦略本部　本部長付
大村　孝仁	国立研究開発法人物質・材料研究機構構造材料研究拠点　副拠点長／ 高強度材料グループ　グループリーダー
大山　　浩	大阪大学大学院理学研究科化学専攻　准教授
小笠原弘道	明石工業高等専門学校　講師
岡田美智雄	大阪大学放射線科学基盤機構　教授
岡野夕紀子	株式会社岡野製作所　専務取締役
小川　真一	国立研究開発法人産業技術総合研究所 エレクトロニクス・製造領域 ナノエレクトロニクス研究部門　招聘研究員
小栗　英知	国立研究開発法人日本原子力研究開発機構J-PARCセンター 加速器ディビジョン　研究主席
長田　利光	キヤノンアネルバ株式会社フィールドソリューション事業部 コンポーネント開発部　部長
長田　　容	公益財団法人産業廃棄物処理事業振興財団　技術部長
小野　慎司	明石工業高等専門学校　准教授
小野寺幹男	(元)株式会社アルバック　マテリアル事業部
笠井　秀明	明石工業高等専門学校長／大阪大学名誉教授
金子　一秋	キヤノンアネルバ株式会社装置事業部装置開発第二部　部長
神谷潤一郎	国立研究開発法人日本原子力研究開発機構J-PARCセンター　研究主幹
川上　雅人	東京エレクトロンテクノロジーソリューションズ株式会社TFF開発本部 成膜開発センター　エキスパート
川口　雅之	大阪電気通信大学工学部環境工学科　教授
川﨑　忠寛	一般財団法人ファインセラミックセンター ナノ構造研究所 環境電子顕微鏡グループ　主任研究員
川崎　洋司	住友重機械イオンテクノロジー株式会社愛媛事業所開発部 プロセスマネージャー
河瀬　元明	京都大学大学院工学研究科化学工学専攻　教授
川野輪　仁	株式会社イオンテクノセンター　シニアリサーチャー
神野　晃宏	トーカロ株式会社溶射技術開発研究所　次長
木ノ切恭治	真空テクノサポート　代表
草野　英二	金沢工業大学バイオ・化学部応用化学科　教授
倉橋　光紀	国立研究開発法人物質・材料研究機構先端材料解析研究拠点 表面物性計測グループ　主席研究員
栗巣　普揮	山口大学大学院創成科学研究科物質工学系専攻　准教授
黒井　　隆	日新イオン機器株式会社新事業推進部テクニカルマーケティンググループ グループ長
黒澤　　一	樫山工業株式会社技術本部第二技術開発部　課長
桑原　真人	名古屋大学未来材料・システム研究所高度計測技術実践センター　准教授
小池土志夫	(元)株式会社アルバック
越川　孝範	大阪電気通信大学名誉教授／重慶大学　客員教授
後藤　　実	宇部工業高等専門学校機械工学科　教授
後藤　康仁	京都大学大学院工学研究科電子工学専攻　准教授

小林　信一	埼玉大学名誉教授	
小松　永治	神港精機株式会社装置事業部真空装置技術部開発課　課長	
小森　彰夫	大学共同利用機関法人自然科学研究機構　機構長	
近藤　　実	(元)キヤノンアネルバ株式会社	
近藤　行人	日本電子株式会社EM事業ユニット　技師長	
齊藤　丈靖	大阪府立大学大学院工学研究科物質・化学系専攻　准教授	
齊藤　芳男	東京大学 宇宙線研究所宇宙基礎物理学研究部門　特任教授	
酒井　滋樹	日新イオン機器株式会社イオンビーム機器事業部	
	イオンビーム技術開発2グループ　グループ長	
坂上　　護	明石工業高等専門学校　客員教授	
榊原　拓也	樫山工業株式会社技術本部第一技術開発部　課長代理	
阪口　拓也	株式会社MORESCO機能材開発部作動油・真空油グループ	
坂口　裕樹	鳥取大学大学院工学研究科化学・生物応用工学専攻　教授	
逆井　　章	国立研究開発法人量子科学技術研究開発機構核融合エネルギー研究開発部門	
	那珂核融合研究所　上席研究員	
坂田　卓也	一般社団法人東京環境経営研究所　シニアコンサルタント	
桜井　英樹	サエス・ゲッターズ・エス・ピー・エー Solutions for Vacuum Systems Business Unit	
	アプリケーション・エンジニア	
佐々木優直	東京電子株式会社真空技術部	
佐々木正洋	筑波大学数理物質系　物理工学域長／教授	
塩野入正和	三愛プラント工業株式会社クリーンテック事業本部技術開発センター	
	研究開発室　室長	
白藤　　立	大阪市立大学大学院工学研究科電子情報系専攻　教授	
末次　祐介	大学共同利用機関法人高エネルギー加速器研究機構加速器研究施設　教授	
須賀　三雄	日本電子株式会社アプリケーション統括室／経営戦略室　副室長	
菅原　康弘	大阪大学大学院工学研究科精密科学・応用物理学専攻　教授	
杉浦　哲郎	株式会社荏原製作所精密・電子事業カンパニー精密機器事業部	
	精密機器技術部HD技術課	
杉山　正和	東京大学先端科学技術研究センター　教授	
杉山　正行	キヤノンアネルバ株式会社フィールドソリューション事業部	
	コンポーネント開発部コンポーネント開発第三課　課長	
鈴木　敏生	株式会社アルバック技術開発部真空要素技術開発部真空要素技術研究室	
鈴木　　浩	一般社団法人東京環境経営研究所シニアコンサルタント	
鈴木　基史	京都大学大学院工学研究科マイクロエンジニアリング専攻　教授	
鈴木　雄二	東京大学大学院工学系研究科機械工学専攻　教授	
住森　大地	(元)株式会社ナ・デックスプロダクツレーザR&Dセンター	
瀬木　利夫	京都大学大学院工学研究科原子核工学専攻　講師	
(故)関口　雅行	国立研究開発法人量子科学技術研究開発機構重粒子医科学センター	
	重粒子線がん治療普及推進チーム　主任研究員	
関根　康一	株式会社ブイテックス東海工場設計部　主任技師	
関根　　尚	(元)助川電気工業株式会社品質管理部　取締役部長	
垰田　公司	アルバックテクノ株式会社製品安全室　室長	
高岡　　毅	東北大学多元物質科学研究所　講師	

鷹野　一朗	工学院大学工学部電気電子工学科　教授	
高橋　　直	公益財団法人高輝度光科学研究センター光源基盤部門　主幹研究員	
髙橋　大祐	国立研究開発法人宇宙航空研究開発機構環境試験技術ユニット　研究開発員	
田川　雅人	神戸大学大学院工学研究科機械工学専攻　准教授	
滝川　浩史	豊橋技術科学大学電気・電子情報工学系　教授	
田中　智成	株式会社アルバック技術開発部真空要素技術開発部　部長	
谷本　育律	大学共同利用機関法人高エネルギー加速器研究機構加速器研究施設　准教授	
玉川　孝一	(元)株式会社アルバック	
多持隆一郎	株式会社日立ハイテクノロジーズ科学・医用システム事業統括本部 科学システム営業本部　本部長付	
蔡　　徳七	大阪大学大学院理化学研究科化学専攻　講師	
筑根　敦弘	大陽日酸株式会社開発本部事業開発統括部　専門部長	
坪川　徹也	株式会社島津製作所産業機械事業部TMP技術グループ　グループ長	
寺岡　有殿	国立研究開発法人量子科学技術研究開発機構量子ビーム科学研究部門 関西光科学研究所放射光科学研究センター　上席研究員	
研谷昌一郎	(元)アルバック・クライオ株式会社京都低温技術開発センター　専門室長	
土佐　正弘	国立研究開発法人物質・材料研究機構構造材料研究拠点接合・造型分野 トライボロジーグループ　グループリーダー	
中川　究也	京都大学大学院工学研究科化学工学専攻　准教授	
中沢　正彦	(元)株式会社フジキン　東京技術研究所長／(現)ジーエフ設計　代表	
中嶋　　敦	慶應義塾大学理工学部化学科　教授	
中嶋　　薫	京都大学大学院工学研究科マイクロエンジニアリング専攻　准教授	
(故)那須　昭一	(元)ウシオ電機株式会社　常務取締役	
長田　光彦	アズビル株式会社藤沢テクノセンター技術開発本部商品開発部	
中村　　健	国立研究開発法人産業技術総合研究所計量標準総合センター 分析計測標準研究部門　ナノ分光計測研究グループ長	
中村　　誠	株式会社富士通研究所デジタルアニーラプロジェクト	
西川　博昭	近畿大学生物理工学部医用工学科　教授	
西川　正晃	ウシオ電機株式会社光源事業部技術部門第三技術部	
西田　　哲	岐阜大学工学部機械工学科　准教授	
西村　健一	キヤノンアネルバ株式会社生産技術部生産技術課	
長谷川繁彦	大阪大学産業科学研究所第１研究部門情報・量子科学系　准教授	
長谷川修司	東京大学大学院理学系研究科物理学専攻　教授	
花井　正博	多田電機株式会社応用機工場営業部営業第二課	
花岡　　隆	樫山工業株式会社技術本部第一技術開発部　副部長	
羽深　　等	横浜国立大学大学院工学研究院機能の創成部門　教授	
早坂　孝宏	北海道大学大学院医学研究院消化器外科学教室Ⅰ　特任助教	
林　　広司	株式会社島津製作所分析計測事業部X線／表面ビジネスユニット プロダクトマネージャー	
東堤　秀明	株式会社パスカル　取締役会長	
樋口　誠司	株式会社堀場製作所開発本部第２製品開発センター科学・半導体開発部 マネージャー	
備前　輝彦	公益財団法人高輝度光科学研究センター光源基盤部門　主幹研究員	

深津　晋	東京大学大学院総合文化研究科広域科学専攻　教授
福田　常男	大阪市立大学大学院工学研究科電子情報系専攻　准教授
藤井麻樹子	横浜国立大学大学院環境情報研究院自然環境と情報部門　講師
細見　博	共和真空技術株式会社　取締役技術本部長
堀尾　吉已	大同大学工学部電気電子工学科　教授
本間　健二	兵庫県立大学大学院物質理学研究科物質科学専攻　特任教授
本間　芳和	東京理科大学理学部第一部物理学科　教授
町田　英明	気相成長株式会社　代表取締役
松浦　徹也	一般社団法人東京環境経営研究所　理事長
松尾　二郎	京都大学大学院工学研究科附属量子理工学研究センター　准教授
松田　真一	樫山工業株式会社技術本部第二技術開発部　副部長
松田　武志	国立研究開発法人宇宙航空研究開発機構筑波宇宙センター管理部　主任
松本　信彦	東京電子株式会社真空技術部　部長
松本　祐司	東北大学工学研究科応用化学専攻　教授
松本　善和	日本ブッシュ株式会社テクニカルサービス本部　副本部長
三浦　豊	株式会社アルバック技術開発部解析・分析センター　部長
源　浩	入江工研株式会社四国事業所中山工場技術グループ　グループ長
三宅　雅人	奈良先端科学技術大学院大学研究推進機構　准教授
村山　吉信	アルバック・クライオ株式会社技術本部第一技術部　部長
百瀬　健	東京大学大学院工学系研究科マテリアル工学専攻　講師
森　研人	国立研究開発法人宇宙航空研究開発機構有人宇宙技術部門 宇宙飛行士・運用管制ユニット　研究開発員
森　伸介	東京工業大学物質理工学院応用化学系　准教授
森山　孝男	株式会社リガクX線機器事業部SBU WDX大阪分析センター グループマネージャー
安江　常夫	大阪電気通信大学工学部基礎理工学科　教授
矢部　学	入江工研株式会社テクニカルセンター開発グループ　グループ長
山田　洋一	筑波大学数理物質系　准教授
山野　英樹	芝浦エレテック株式会社新規事業開拓推進センター　主幹
湯山　純平	(元)株式会社アルバック
横田久美子	神戸大学大学院工学研究科機械工学専攻　助手
吉川　保	有限会社フェイス　代表取締役
吉田　肇	国立研究開発法人産業技術総合研究所計量標準総合センター 工学計測標準研究部門圧力真空標準研究グループ　主任研究員
吉田　素朗	株式会社大阪真空機器製作所名張工場開発部
(故)渡辺　文夫	有限会社真空実験室　代表取締役

全 体 構 成 概 要

【 第 1 部　真空工学の基礎 】

〔第 1 編　希薄気体の性質〕……………………………………… 35

〔第 2 編　真空ポンプ〕…………………………………………… 107

〔第 3 編　真空計測器〕…………………………………………… 179

〔第 4 編　真空部品〕……………………………………………… 219

〔第 5 編　真空材料〕……………………………………………… 299

〔第 6 編　真空装置の取扱い〕…………………………………… 341

〔第 7 編　環境・安全・衛生対策と保守〕……………………… 371

【 第 2 部　真空応用システム 】

〔第 1 編　低・中真空の利用〕…………………………………… 455

〔第 2 編　金属材料の加工〕……………………………………… 487

〔第 3 編　薄　　膜〕……………………………………………… 525

〔第 4 編　分子ビーム技術〕……………………………………… 711

〔第 5 編　表面分析〕……………………………………………… 781

〔第 6 編　巨大真空システム〕…………………………………… 877

〔第 7 編　真空が牽引する次世代先端科学技術〕……………… 979

〔第 8 編　環境・安全・衛生対策と法規〕……………………… 1039

〔第 9 編　計算物理〕……………………………………………… 1065

「最新　実用真空技術総覧」総目次

第1部　真空工学の基礎

第1編　希薄気体の性質

第1章　概　　説……………………37
第1節　真空技術の歴史………………37
第2節　圧力の単位……………………38
第3節　圧力領域による真空の分類……38
第4節　理想気体の性質………………38
　（1）ボイル‐シャルルの法則…………38
　（2）アボガドロの法則………………38
　（3）分圧の法則………………………39
　（4）気体の状態方程式………………39
第2章　気体分子運動論……………40
第1節　気体分子の運動………………40
第2節　気体分子の平均速さ…………40
第3節　気体分子運動論による気体の圧力…………42
第4節　平均自由行程…………………43
　4.1　気体分子の平均自由行程………43
　4.2　混合気体の平均自由行程………44
第5節　入射頻度………………………45
第6節　輸送現象………………………46
　6.1　輸送現象における平均自由行程理論………46
　6.2　粘　　性…………………………47
　6.3　熱　伝　導………………………47
　6.4　拡　　散…………………………48
第7節　分子流領域での輸送現象……49
　7.1　適応係数…………………………49
　7.2　分子流領域での気体の粘性……50
　7.3　分子流領域での気体の熱伝導…50
第3章　希薄気体の流れ……………53
第1節　流れの分類……………………53
　1.1　クヌーセン数：Kn………………53
　1.2　レイノルズ数：Re………………53

1.3　マッハ数：Ma……………………54
第2節　気体の流量……………………54
第3節　コンダクタンス………………55
第4節　粘性流領域でのコンダクタンス…………55
　4.1　長い円形導管のコンダクタンス…………55
　4.2　円形でない導管のコンダクタンス………56
　4.3　オリフィスのコンダクタンス…………57
第5節　分子流領域でのコンダクタンス………57
　5.1　長い円形導管のコンダクタンス…………58
　5.2　オリフィスのコンダクタンス…………58
　5.3　導管中のオリフィスのコンダクタンス…58
　5.4　短い円形導管のコンダクタンス…………58
　5.5　円形でない導管のコンダクタンス………59
第6節　中間流領域でのコンダクタンス………59
第4章　気体の吸着と脱離……………61
第1節　気体の吸着……………………61
　1.1　吸着の種類と吸着ポテンシャル…………61
　1.2　清浄表面の吸着速度と吸着確率…………65
第2節　気体の脱離……………………66
　2.1　熱　脱　離………………………66
　2.2　昇温脱離法………………………67
　2.3　電子遷移誘起脱離………………69
　2.4　イオン衝撃脱離…………………71
第3節　吸着平衡………………………72
　3.1　ラングミュア吸着………………73
　3.2　BET式……………………………74
第4節　気体の溶解、拡散、透過……76
第5章　低圧放電とプラズマ…………81
第1節　プラズマの概要………………81
　1.1　プラズマ…………………………81
　1.2　プラズマの温度…………………81
　1.3　デバイ長…………………………82
　1.4　シ　ー　ス………………………82

第2節 プラズマの運動と輸送 ……………… 82
  2.1 ドリフト ……………………………… 83
  2.2 サイクロトロン運動と$E \times B$ドリフト ……… 83
  2.3 磁場中の輸送 ………………………… 84
  2.4 両極性拡散 …………………………… 84
  2.5 プラズマ振動とプラズマ周波数 ……… 85
第3節 プラズマの生成機構 …………………… 85
  3.1 タウンゼントの放電理論 …………… 85
  3.2 電離係数 ……………………………… 86
  3.3 二次電子放出係数 …………………… 86
  3.4 パッシェンの法則 …………………… 87
第4節 直流放電のモード …………………… 87
第5節 直流グロー放電プラズマの構造 ……… 88
第6節 RF容量結合型プラズマ ……………… 89
  6.1 周波数の選定 ………………………… 89
  6.2 RF CCPの電位分布 …………………… 90
  6.3 カップリングコンデンサと自己バイアス ……… 91
  6.4 自己バイアス発生のメカニズム ……… 91
  6.5 自己バイアスの電極面積比依存性 …… 91
第7節 RF誘導結合型プラズマ ……………… 92
  7.1 ICPの特徴（1） …………………… 92
  7.2 ICPの特徴（2） …………………… 93
  7.3 表皮効果 ……………………………… 93
  7.4 CCPとICPの特性比較 ……………… 94
  7.5 ICPの難点 …………………………… 94
第6章 排気系の基礎 ……………………… 96
第1節 排気過程 ……………………………… 96
  1.1 真空システムの排気系 ……………… 96
  1.2 排気の式 ……………………………… 96
  1.3 真空容器内への気体の出入り ……… 96
  1.4 排気系の実効排気速度 ……………… 97
    1.4.1 実効排気速度 …………………… 97
    1.4.2 配管の形状とコンダクタンス …… 98
    （1）長方形断面スリット …………… 98
    （2）直角に曲がった配管 …………… 98
    （3）二重管液体窒素トラップ ……… 99
    （4）ルーバー、シェブロン ………… 99
  1.5 導管内の圧力差 ……………………… 100
  1.6 差動排気法 …………………………… 100
第2節 真空ポンプの選定 …………………… 101
  2.1 真空ポンプの分類と特徴 …………… 101
  2.2 真空排気系の構成 …………………… 102
  2.3 真空ポンプの排気速度と到達圧力 …… 103

  2.4 ポンプの大きさの選び方 …………… 103
    （1）予め排気時間を設定するとき …… 103
    （2）超高真空を作製するとき ……… 104
    （3）一定流量のガスを流すとき ……… 104

第2編 真空ポンプ

第1章 真空ポンプ 序論 ………………… 109
第1節 はじめに ……………………………… 109
第2節 到達圧力 ……………………………… 109
第3節 排気速度 ……………………………… 110
第4節 他の用語 ……………………………… 111
第2章 低真空ポンプ …………………… 112
第1節 油回転ポンプ ………………………… 112
  1.1 ポンプの構造と排気原理 …………… 112
  1.2 油の役割 ……………………………… 113
  1.3 ガスバラスト ………………………… 113
  1.4 トラップやフィルタなどの付属品 …… 113
  1.5 最近の技術傾向 ……………………… 114
第2節 ルーツポンプ ………………………… 115
  2.1 ポンプの構造と排気原理 …………… 115
  2.2 大気圧駆動形ルーツポンプ ………… 115
  2.3 最近の技術傾向 ……………………… 116
第3節 ドライポンプ ………………………… 117
  3.1 ドライポンプとは …………………… 117
  3.2 ドライポンプの作動原理 …………… 117
  3.3 ドライポンプのメリット …………… 118
  3.4 ドライポンプの使用 ………………… 118
  3.5 多段ルーツ式ポンプ ………………… 119
  3.6 ポンプの排気性能 …………………… 120
  3.7 ドライポンプの省エネ化技術 ……… 121
  3.8 半導体プロセス対応技術 …………… 122
  3.9 空冷式ドライポンプ ………………… 124
  3.10 スクロール式ポンプ ……………… 125
  3.11 ドライポンプの今後の課題 ……… 126
第4節 スクリュー式ドライ真空ポンプ ……… 126
  4.1 技術的課題 …………………………… 126
  4.2 排気原理 ……………………………… 126
  4.3 構造および仕様 ……………………… 127
  4.4 特 長 ………………………………… 127
  4.5 省エネ技術 …………………………… 129

4.6 現状と今後の課題‥‥‥‥‥‥‥‥129
第5節 NEGポンプ‥‥‥‥‥‥‥‥‥‥131
　5.1 非蒸発型ゲッターポンプ‥‥‥‥‥131
　5.2 非蒸発型ゲッターポンプの排気原理‥‥131
　5.3 非蒸発型ゲッターポンプの排気基本特性‥‥133
　5.4 非蒸発型ゲッターポンプの特徴と利点‥‥133
　　5.4.1 軽量性とコンパクト性‥‥‥‥133
　　5.4.2 制振性と省電力性‥‥‥‥‥133
　　5.4.3 水素に対する高排気速度‥‥‥134
　　5.4.4 磁性中での使用‥‥‥‥‥‥134
　5.5 非蒸発型ゲッターポンプが使用有効な用途‥‥134
　5.6 非蒸発方ゲッター(NEG)ポンプの利用‥‥134
　　5.6.1 使用システムおよび設置に際して‥‥134
　　5.6.2 ベーキング時および活性化時の注意‥‥134
　　5.6.3 活性化後の飽和までの期間‥‥‥135
　5.7 非蒸発型ゲッターポンプの最新動向‥‥135

第3章 高真空ポンプ‥‥‥‥‥‥‥‥137
第1節 拡散ポンプ‥‥‥‥‥‥‥‥‥‥137
　1.1 拡散ポンプの歴史‥‥‥‥‥‥‥137
　1.2 拡散ポンプの原理‥‥‥‥‥‥‥137
　1.3 拡散ポンプの種類‥‥‥‥‥‥‥137
　　1.3.1 油拡散ポンプ‥‥‥‥‥‥‥137
　　1.3.2 水銀拡散ポンプ‥‥‥‥‥‥138
　　1.3.3 油エゼクタ‥‥‥‥‥‥‥‥138
　1.4 拡散ポンプの性能‥‥‥‥‥‥‥138
　1.5 拡散ポンプの動作油‥‥‥‥‥‥138
　1.6 拡散ポンプのヒーター‥‥‥‥‥139
　1.7 拡散ポンプ作動油の逆流‥‥‥‥140
　1.8 拡散ポンプの使用法‥‥‥‥‥‥141
第2節 ターボ分子ポンプ‥‥‥‥‥‥‥142
　2.1 排気原理‥‥‥‥‥‥‥‥‥‥‥142
　　2.1.1 ターボ翼部の分子流域における排気原理‥‥142
　　2.1.2 ターボ翼部の粘性流域から中間流域での性能予測‥‥144
　　2.1.3 ねじ溝部の排気原理‥‥‥‥144
　　2.1.4 TMPの翼表面放出ガスの影響‥‥‥145
　　2.1.5 排気原理のポンプ設計への反映‥‥147
　2.2 排気性能‥‥‥‥‥‥‥‥‥‥‥147
　　2.2.1 性能試験方法‥‥‥‥‥‥‥147
　　2.2.2 到達圧力‥‥‥‥‥‥‥‥‥147
　　2.2.3 圧縮比‥‥‥‥‥‥‥‥‥‥148
　　2.2.4 排気速度‥‥‥‥‥‥‥‥‥148

　　2.2.5 流量性能‥‥‥‥‥‥‥‥‥149
　2.3 TMPの構造‥‥‥‥‥‥‥‥‥‥149
　　2.3.1 軸受構造‥‥‥‥‥‥‥‥‥149
　　2.3.2 ロータ構造‥‥‥‥‥‥‥‥151
　　2.3.3 冷却方法‥‥‥‥‥‥‥‥‥151
　　2.3.4 吸気口フランジ‥‥‥‥‥‥151
　2.4 排気性能と制御技術‥‥‥‥‥‥151
　　2.4.1 排気性能と回転体設計‥‥‥151
　　2.4.2 TMP用コントローラ‥‥‥‥152
　2.5 TMP使用上の注意事項‥‥‥‥‥154
　　2.5.1 排気系構成・TMP取り付け時の注意事項‥‥154
　　2.5.2 TMP運転時の注意事項‥‥‥154
　　2.5.3 TMP故障防止のための注意事項‥‥155
　2.6 TMPのメンテナンス‥‥‥‥‥‥157
　2.7 用途別対応事例‥‥‥‥‥‥‥‥157
　　2.7.1 分析用途‥‥‥‥‥‥‥‥‥157
　　2.7.2 成膜用途（蒸着装置、スパッタリング装置）‥‥159
　　2.7.3 半導体用途（エッチング装置）‥‥160
　　2.7.4 加速器用途‥‥‥‥‥‥‥‥160
第3節 クライオポンプ‥‥‥‥‥‥‥‥162
　3.1 2種類のクライオポンプ‥‥‥‥162
　3.2 クライオポンプの構造、排気の原理‥‥162
　3.3 クライオポンプの性能‥‥‥‥‥163
第4節 スパッターイオンポンプ‥‥‥‥168
　4.1 スパッターイオンポンプの排気原理‥‥168
　4.2 圧力領域によるスパッターイオンポンプの放電様式‥‥169
　4.3 スパッターイオンポンプのアルゴン不安定性‥‥169
　4.4 3極形スパッターイオンポンプ‥‥170
　4.5 スパッターイオンポンプの排気特性‥‥171
　4.6 スパッターイオンポンプの製品例と用途‥‥171
　4.7 スパッターイオンポンプの取り扱い‥‥172
　4.8 スパッターイオンポンプの最近の進展‥‥173
第5節 チタンサブリメーションポンプ‥‥175
　5.1 チタンサブリメーションポンプの排気原理‥‥175
　5.2 チタンサブリメーションポンプの構造‥‥176
　5.3 チタンサブリメーションポンプの使用方法と注意点‥‥177
　5.4 チタンサブリメーションポンプの極高真空領域への適用‥‥178

第3編　真空計測器

第1章 全圧計 ･･････････････････181
第1節 絶対圧計測計 ･････････････181
1.1 静水圧のバランスを利用する全圧計 ･･････181
1.1.1 U字管マノメータ ･････････････181
1.1.2 マクラウド真空計 ･････････････181
1.2 弾性変形を利用する全圧計 ･･････････183
1.2.1 ブルドン管真空計 ･･････････････183
1.2.2 隔膜真空計 ･････････････････183
1.2.3 キャパシタンス・マノメータ ･･･････183
第2節 分子密度計測計 ･･･････････････184
2.1 気体の輸送現象を利用する全圧計 ･･･････184
2.1.1 熱伝導真空計 ･･･････････････184
（1）ピラニ真空計 ･･･････････････185
（2）熱電対真空計 ･･･････････････186
（3）その他真空計 ･･･････････････186
2.1.2 粘性真空計 ･･･････････････187
（1）スピニングロータ真空計 ･･･････187
（2）水晶摩擦真空計 ･･･････････188
2.2 気体の電離現象を利用する全圧計 ･･･････190
2.2.1 熱陰極電離真空計 ･･･････････192
（1）三極管型電離真空計 ･･･････････193
（2）BA型電離真空計 ･･･････････193
（3）エキストラクタ型電離真空計 ･････194
（4）シュルツ型電離真空計 ･･････････194
（5）モジュレータ真空計 ･････････194
（6）サプレッサ真空計 ･･･････････194
（7）イオン分光型真空計 ･･････････195
（8）熱陰極マグネトロン真空計 ･･････195
（9）オービトロン真空計 ･････････195
2.2.2 冷陰極電離真空計 ･･･････････195
（1）マグネトロン真空計 ･････････196
（2）逆マグネトロン真空計 ･･･････196
（3）ペニング真空計 ･････････････196
第3節 最近の進歩 ･･････････････197
3.1 CDG（キャパシタンスダイアフラムゲージ）･･･197
3.2 マイクロ薄膜（真空環境内における圧力分布とその実測例）･････････････････199
3.2.1 薄膜を用いたセンサによるチャンバ内の圧力分布計測 ･････････････199
3.2.2 マイクロハクマク®センサによる真空

環境内計測の実例 ･････････････200
（1）評価用真空チャンバの説明 ････････200
（2）マイクロハクマク圧力センサの設置及び校正 ･････････････････200
（3）真空チャンバ内圧力計測 ････････201
3.2.3 まとめと今後の展望 ･･･････････201
第4節 真空計の校正方法 ･･･････････202
4.1 真空計の校正の必要性 ･･･････････202
4.2 真空計の校正の分類 ･･･････････202
4.3 真空計の比較校正 ･･･････････203
4.4 JIS Z 8750概説 ･･･････････203
4.4.1 要求事項 ･･･････････････203
4.4.2 校　正 ･･････････････204
4.4.3 校正の不確かさ ･･････････205
4.4.4 校正結果の報告（校正証明書）･･････205
4.4.5 校正上の注意点 ･･････････205
4.5 校正結果の使い方 ･･･････････206
4.6 校正の第三者認証 ･･･････････206
4.6.1 計量法による校正事業者登録制度 ･････206
4.6.2 各国の状況と国際相互認証 ･････207
第5節 真空計の校正の不確かさ ･･･････208
5.1 不確かさとは ･･･････････････208
5.2 不確かさの求め方 ･･･････････209
5.2.1 概　説 ･･････････････209
5.2.2 入力量と測定量との関係式 ･･･････209
5.2.3 不確かさ成分の抽出・評価 ･･････209
5.2.4 合成標準不確かさの計算 ･･･････210
5.2.5 拡張不確かさの計算 ･････････210
5.2.6 不確かさ評価の文書化 ･･･････210
5.3 代表的な計算例 ･･･････････211
5.3.1 測定量が入力量の和で表される場合 ･･････211
5.3.2 測定量が入力量の積で表される場合 ･･････211
第2章 分圧計 ･････････････212
第1節 装置の原理 ･･･････････････212
（1）単収束型質量分析計 ･･････････212
（2）飛行時間差型質量分析計 ･･････212
（3）四重極型質量分析計 ･････････213
第2節 質量スペクトルの解釈 ･･･････214
第3節 分圧の求め方 ･･･････････214
（1）比感度のみを使う方法 ･･･････214
（2）パターン係数を使用する方法 ･････215
第4節 分圧計の選択 ･･･････････216
（1）測定質量数 ･･･････････････216

（2）最小検知分圧 ················· 216
（3）イオン源とフィラメント ··········· 216
（4）検 出 器 ················· 216
第5節 分圧計の応用 ··············· 216
（1）残留ガスの簡便な分圧計算 ········· 216
（2）分圧計と電離真空計を組み合わせて測定精度
を向上させる ·············· 217
（3）プロセス中の不純物ガス測定 ········ 217

第4編 真空部品

第1章 バルブ ················· 221
第1節 真空バルブ ················ 221
1.1 低真空バルブ ··············· 221
1.2 高真空バルブ ··············· 222
1.3 超高真空バルブ ·············· 222
1.4 バルブの種類 ··············· 222
1.4.1 S形バルブ ·············· 222
1.4.2 アングルバルブ ··········· 223
1.4.3 バタフライバルブ ·········· 223
1.4.4 ゲートバルブ ············ 223
第2節 高速遮断バルブ ·············· 223
2.1 動作システム ··············· 223
2.2 バルブ構造と動作 ············· 223
2.2.1 バルブの構造 ············ 223
2.2.2 バルブの全閉 ············ 224
2.2.3 バルブの全開 ············ 224
第3節 可変リークバルブ ············· 225
第4節 大口径ゲートバルブ ············ 226
4.1 角型ゲートバルブ ············· 226
4.2 大口径ゲートバルブ ············ 227
4.2.1 弁体シール必要力量 ········· 227
4.2.2 大口径ゲートバルブの実施例 ····· 228
4.3 注意事項 ················· 229
4.3.1 弁板部の連続使用温度 ········ 229
4.3.2 特殊材Oリングの使用 ········ 229
4.3.3 ゲートバルブ設置面の剛性 ······ 229
第2章 配管接続部品 ··············· 230
第1節 フランジ ················· 230
1.1 フランジ規格 ··············· 230
1.2 Oリング規格 ··············· 232

1.3 クイックカップリング方式 ········· 234
1.4 フランジの材質 ·············· 235
1.5 ガスケットの材質と特性 ·········· 235
第2節 超高真空フランジ ············· 238
2.1 コンフラット(Con Flat)フランジと銅ガスケ
ット ··················· 238
2.2 大型フランジとメタルリングガスケット ··· 239
2.3 ヘリコフレックス ············· 240
2.4 メタル中空Oリング ············ 240
2.5 その他のメタルシール ··········· 241
第3節 非フランジ継手とバルブ ·········· 242
3.1 高純度ガス管接続部品及びバルブ ····· 243
3.1.1 配管用継手 ············· 243
3.1.2 バ ル ブ ·············· 243
3.2 ウルトラクリーン仕様品とその性能、品質··· 243
3.2.1 経 緯 ·············· 243
3.2.2 仕様と性能、品質について ····· 243
第4節 接続用成形配管 ·············· 245
4.1 エ ル ボ ················· 245
4.2 ティー ·················· 248
4.3 ク ロ ス ················· 248
第5節 金属ベローズ ··············· 249
5.1 金属ベローズ ··············· 249
5.1.1 ベローズの種類 ··········· 249
（1）溶接ベローズ ············· 249
（2）成形ベローズ ············· 249
5.1.2 ベローズの仕様 ··········· 250
5.1.3 ベローズの使用例 ·········· 251
5.2 フレキシブルチューブ ··········· 252
第3章 バッフル、トラップ ··········· 254
第1節 バッフル ················· 254
1.1 水冷型バッフル ·············· 254
1.2 コンダクタンス可変型バッフル ······· 254
第2節 トラップ ················· 255
2.1 液体窒素トラップ ············· 255
2.2 吸着トラップ ··············· 255
2.3 冷凍機搭載低温トラップ ·········· 255
2.4 クライオトラップ ············· 256
第4章 導入部品 ················· 258
第1節 電流導入端子 ··············· 258
1.1 電流導入端子の種類 ············ 258
（1）単 極 型 ··············· 258
（2）多 極 型 ··············· 260

（3）熱電対導入型 …………………… 260
1.2 封止方法 …………………………… 261
（1）金属 - ガラスの封着 ……………… 261
（2）金属 - セラミックの封着 ………… 262
1.3 使用上の注意 ……………………… 264
（1）真空漏れ …………………………… 264
（2）絶縁不良 …………………………… 264
第2節 ガス、液体導入端子 …………… 265
2.1 高真空用 …………………………… 265
2.2 超高真空用 ………………………… 265
第3節 運動導入部品 …………………… 266
3.1 高真空用 …………………………… 266
3.1.1 直線導入端子 ………………… 266
3.1.2 回転導入端子 ………………… 267
（1）Oリングシールタイプ ………… 267
（2）ウィルソンシールタイプ ……… 267
（3）磁性流体シールタイプ ………… 267
3.2 超高真空用 ………………………… 268
3.2.1 直線導入 ……………………… 268
（1）ベローズ式 ……………………… 268
（2）マグネットカップリング式（磁気結合式）… 269
3.2.2 回転導入 ……………………… 269
（1）コンダクタンスを利用した方式 …… 269
（2）ベローズ式 ……………………… 269
（3）マグネットカップリング式（磁気結合式）… 270
（4）ハーモニックドライブ式 ……… 271
（5）超高真空用モータ ……………… 271
第4節 ビーム導入 ……………………… 273
4.1 赤外、紫外光透過 ………………… 273
4.1.1 光学窓材の種類 ……………… 273
4.1.2 真空装置への実装方法 ……… 273
4.1.3 使用上の注意 ………………… 274
4.2 ベリリウム窓 ……………………… 276
4.2.1 ベリリウム(Be)の性質 ……… 276
4.2.2 Beの用途 …………………… 276
4.2.3 BeのグレードとX線透過特性 … 276
4.2.4 Be窓の板厚の選定のための計算式 …… 277
4.2.5 Beの用途 …………………… 277
4.2.6 Be窓の製作例 ……………… 278
4.2.7 Be窓の気密試験 …………… 278
4.2.8 Beのその他応用例 ………… 278
4.2.9 Beの表面被膜処理 ………… 278
4.2.10 Beの有害性と取扱い ……… 279

第5章 真空中加熱冷却部品 …………… 280
第1節 加熱源 …………………………… 280
1.1 シースヒーター …………………… 280
1.1.1 原理と基本構造 ……………… 280
1.1.2 使途上における注意点 ……… 280
1.2 ハロゲンヒータ …………………… 282
1.2.1 ハロゲンヒータとは ………… 282
1.2.2 ハロゲンサイクルの動作原理 … 282
1.2.3 ハロゲンヒータの特徴 ……… 282
1.2.4 使用上の注意 ………………… 283
1.2.5 真空中での使用に際して …… 284
1.2.6 ハロゲンヒータの応用 ……… 284
1.3 高融点金属材料、高融点非金属部品 … 286
1.3.1 モリブデン …………………… 286
1.3.2 タンタル ……………………… 287
1.3.3 タングステン ………………… 288
第2節 試料冷却部品 …………………… 289
2.1 水冷板 ……………………………… 289
2.2 静電吸着板 ………………………… 289
2.2.1 真空処理装置における静電吸着板の
　　　用途 ……………………………… 289
2.2.2 構造例 ………………………… 290
2.2.3 真空処理装置における静電吸着の歴史 … 290
2.2.4 静電吸着の原理と採用上の注意点 …… 290
2.2.5 課題とその対応策 …………… 291
2.3 He、N₂クライオスタット ………… 292
2.3.1 寒材型クライオスタット …… 292
2.3.2 機械的冷凍機を使用するクライオスタ
　　　ット ……………………………… 293
2.4 真空中のダストモニタ …………… 295
2.4.1 測定原理 ……………………… 295
2.4.2 センサの構造 ………………… 295

第5編　真空材料

第1章 構造材料 ………………………… 301
第1節 鉄鋼 ……………………………… 301
1.1 真空材料の選択基準 ……………… 301
1.2 鉄鋼材料の分類 …………………… 301
1.3 鋼の組織と性質 …………………… 301
1.4 軟鋼 ………………………………… 302

1.5　ステンレス鋼······························302
　　　1.5.1　ステンレス鋼の特長·················302
　　　1.5.2　ステンレス鋼の分類·················303
　　　1.5.3　ステンレス鋼の物理的性質··········304
　　　1.5.4　ステンレス鋼の特性改善図··········305
　　　1.5.5　ステンレス鋼の機械的性質··········305
　　　（1）常温における機械的性質··············306
　　　（2）高温における機械的性質··············306
　　　（3）低温における機械的性質··············307
　第2節　アルミニウム合金·······················309
　　2.1　アルミニウム合金の特徴·················309
　　2.2　アルミニウム合金の特長·················309
　　2.3　アルミニウム合金の分類·················309
　　2.4　調　　質·································310
　　2.5　アルミニウム合金の成分·················311
　　2.6　アルミニウム合金の物理的性質··········314
　　2.7　アルミニウム合金の機械的性質··········314
　　　（1）常温における機械的性質··············314
　　　（2）高温における機械的性質··············315
　　　（3）低温における機械的性質··············316
　　　（4）疲労特性···························316
　第3節　その他材料·····························317
　　3.1　極高真空材料·························317
　　　3.1.1　チタン材料·····················317
　　　3.1.2　銅合金材料·····················318
　　3.2　ガラス·····························319
第2章　部品材料と機能材料·······················321
　第1節　金属材料·····························322
　　1.1　金属・合金一般·····················322
　　　1.1.1　ステンレス鋼·····················323
　　　1.1.2　アルミニウム及びアルミニウム合金···323
　　　1.1.3　銅及び銅合金·····················323
　　　1.1.4　チタン及びチタン合金···············323
　　1.2　高融点金属·························323
　　1.3　貴　金　属·························323
　　1.4　磁性材料·························324
　　1.5　そ　の　他·························324
　第2節　セラミックス·····················325
　　2.1　酸化物セラミックス·················325
　　2.2　非酸化物セラミックス···············325
　　2.3　マシナブルセラミックス·············325
　　2.4　セラミックス材料の実用上の注意点·····327
　　2.5　光学材料·························329

　第3節　シーリンググリース・真空ポンプ油·······331
　　3.1　シーリンググリース·················331
　　3.2　真空ポンプ油·····················332
　　　3.2.1　有機材料の種類と特長············332
　　　3.2.2　真空ポンプ油の選定···············332
　　　（1）油回転ポンプ油·················332
　　　（2）拡散ポンプ油···················332
　第4節　真空用潤滑剤·····················335
　　4.1　潤滑油・グリース·················335
　　4.2　固体潤滑剤·····················336
　　4.3　潤滑油・グリースの使用法··········337
　　4.4　固体潤滑剤の使用法···············337

第6編　真空装置の取扱い

第1章　真空装置の管理································343
第1節　真空装置の到達圧力を決める要因·······343
第2節　真空排気特性管理の方法···············344
　2.1　運転記録·························344
　2.2　排気に要する時間の記録···········344
　2.3　装置操作手順の標準化·············345
　　（1）乾燥窒素などを用いた真空槽の大気開放···345
　　（2）塵埃の装置内への混入の低減·······345
　　（3）真空槽内面の洗浄···············345
　　（4）真空封止面の保護···············345
　　（5）真空槽内への油脂導入防止·········345
　2.4　真空ポンプの保守·················345
第3節　真空の質の管理方法···············345
第2章　材料の洗浄・表面処理（清浄化）············346
第1節　真空部品の洗浄···················346
第2節　真空用表面処理···················346
　2.1　電解研磨(Electro Polishing_EP)···········346
　2.2　化学研磨(Chemical Polishing_CP)···········347
　2.3　電解研磨、化学研磨前後の表面状態···348
第3節　真空用表面処理と洗浄工程の詳細·····349
第4節　その他の真空用表面処理···········349
第5節　表面処理・洗浄後のガス放出速度·····349
第3章　脱ガス処理······························350
第1節　真空排気過程···················350
第2節　吸着ガス及び溶解ガスの放出·······351
　2.1　吸着ガスのガス放出　—平均滞在時間—···351

2.2　溶解ガスのガス放出 ·················· 352

第3節　ベーキング処理 ························· 353
　3.1　ベーキングの効果 ···················· 353
　3.2　実際のベーキング処理 ················ 353

第4節　その他脱ガス処理 ···················· 355
　(1)　真空中加熱脱ガス処理 ·············· 355
　(2)　酸化処理 ···························· 355
　(3)　放電洗浄処理 ························ 355

第4章　漏れ試験と漏れ対策 ··············· 357

第1節　漏れ量の単位と取扱い ················ 357

第2節　ヘリウムリークディテクタ(HLD)を使用しな
　　　　い漏れ試験 ·························· 358
　2.1　真空装置における大きな漏れの見討 ······· 358
　2.2　圧力変化減圧法 ······················ 358

第3節　ヘリウム漏れ試験 ···················· 359
　3.1　ヘリウム漏れ試験の種類 ·············· 359
　3.2　HLDの構成 ·························· 359
　3.3　HJDの起動 ·························· 360
　3.4　漏れ試験時におけるHLDの動作 ········· 360
　3.5　真空吹付け法の概要 ·················· 360
　3.6　真空装置の漏れ試験 ·················· 361
　3.7　真空吹付け法における注意点 ·········· 361
　3.8　スニッファー法 ······················ 362
　3.9　サーチガス ·························· 362
　3.10　測定の時定数 ······················ 362

第4節　組立・設計時における配慮 ············ 363
　4.1　真空部品の許容漏れ量 ················ 363
　4.2　金属ガスケットシール ················ 363
　4.3　エラストマーガスケットシール ········· 364

第5章　真空中の放電防止 ················· 365

第1節　真空中の絶縁破壊現象 ················ 365
　1.1　絶縁破壊の発生する部位と素過程 ······· 365
　1.2　電極間の絶縁破壊（ギャップ放電）········· 365
　1.3　絶縁体表面の絶縁破壊（沿面放電）········· 366
　1.4　X線の影響 ·························· 366
　1.5　印加電圧波形の影響 ·················· 366

第2節　放電防止 ···························· 366
　2.1　基本的考え方 ························ 366
　2.2　ギャップ放電 ························ 366
　2.3　沿面放電 ···························· 368

> **第7編　環境・安全・衛生対策と保守**

第1章　環境と衛生 ························· 373

第1節　環境面と衛生面の現状と課題 ············· 373
　1.1　環　境　面 ·························· 373
　　1.1.1　2015年パリ協定 ················ 373
　　1.1.2　各国の削減目標 ················ 373
　　1.1.3　日本の削減目標 ················ 374
　　1.1.4　今後の日本及び真空業界の施策 ······· 377
　1.2　衛　生　面 ·························· 377
　　1.2.1　第12次労働災害防止計画（平成25〜29
　　　　　年度）······················· 377
　　(1)　計画の目標 ···················· 377
　　(2)　重篤度の高い労働災害を減少させるた
　　　　めの重点業種対策 ·············· 377
　　(3)　重点とする健康確保・職業性疾病対策·· 378
　　(4)　業種横断的な取り組み ·············· 379
　　1.2.2　真空業界として取り組むべき重点項目
　　　　　························· 379

第2節　真空技術を巡る危険有害性と環境阻害事例··· 380
　2.1　排出ガスの危険性 ···················· 380
　　2.1.1　半導体・液晶製造装置 ············ 380
　　2.1.2　LED・太陽電池製造装置 ·········· 380
　　2.1.3　地球温暖化ガス ················ 380
　2.2　反応生成物の性状と取り扱い ·········· 381
　　2.2.1　半導体・液晶製造装置 ············ 381
　　(1)　CVD系反応生成物 ·············· 381
　　(2)　エッチング系反応生成物 ·········· 382
　　2.2.2　LED・太陽電池製造装置 ·········· 382
　　(1)　LED系反応生成物 ·············· 382
　　(2)　太陽電池系反応生成物 ·········· 382
　2.3　反応生成物の取り扱い時の注意事項 ······· 382

第3節　ガス・化学物質管理 ·················· 383
　3.1　はじめに ···························· 383
　3.2　ガス・化学物質の危険有害性 ·········· 383
　3.3　ガス・化学物質の管理と安全対策 ······· 384
　3.4　ガス・化学物質の安全対策に関する法規··· 385

第4節　製品含有化学物質管理(RoHS) ·············· 386
　4.1　基本的要求事項 ······················ 386
　　(1)　対象製品 ······················ 386
　　(2)　特定有害物質 ···················· 386
　　(3)　用途の除外 ···················· 387

4.2 順法宣言（整合規格EN50581が求める非含有確証の考え方）……387

（1）確証データ……387

（2）調達する材料、部品や組立品などの特定化学物質の含有の可能性評価……388

（3）マネジメントシステムの統合……389

第5節 PCB廃棄物の適正管理……389

5.1 PCB問題の経緯……389

5.2 PCB含有の判別方法……390

5.3 PCB廃棄物の保管と処分……390

第6節 エネルギー消費管理と環境低負荷……392

6.1 中重負荷向けドライ真空ポンプの省エネルギー化……392

6.2 ロードロック室排気の省電力化……394

第2章 リスクと機械安全……396

第1節 安全について……396

第2節 安全規制の背景……399

第3節 日本における機械安全……400

第4節 欧州CEマーキング……402

第5節 機械指令……404

第6節 真空関連機器についての欧州規格……406

第7節 適合性評価……408

第3章 真空装置の保守と安全……410

第1節 真空装置の管理……410

1.1 設備保全活動……410

1.2 保全の分類……410

1.2.1 予防保全……410

1.2.2 事後保全……410

1.2.3 改良保全……411

第2節 保守面の課題……412

第3節 保守計画……413

3.1 保守計画……413

3.1.1 保守計画の項目例……414

3.1.2 設備保全の用語と意味……415

3.2 プロセス別／用途別留意点……415

3.2.1 プロセス共通の留意点……416

3.2.2 成膜プロセス……418

3.2.3 ドーピングプロセス……419

3.2.4 薄膜除去プロセス……420

3.2.5 真空熱処理炉での留意点……421

3.2.6 巻取式真空蒸着装置での留意点……422

3.2.7 労働災害の発生事例……422

3.3 生産量の違いによる留意点……422

3.3.1 バッチ式装置とロードロック式装置……422

3.3.2 バッチ式装置の留意点……424

3.3.3 ロードロック式インライン装置の留意点……425

3.3.4 ロードロック式枚葉装置の留意点……425

3.4 長期使用への対応……425

3.4.1 長期間の機器使用によるリスク……425

3.4.2 保守情報について……426

3.4.3 法令等の改訂……426

3.5 廃　棄……426

第4節 真空ポンプの保守……427

4.1 油回転ポンプ……427

4.1.1 油回転ポンプの動作原理……427

4.1.2 油回転ポンプの油の役割……427

4.1.3 油回転ポンプ取扱い上の注意……428

4.1.4 油回転ポンプのトラブルと対策……428

4.1.5 油回転真空ポンプの保守、解体、再組み立て時の注意……429

4.1.6 ポンプ油交換時期……431

4.2 ドライポンプ……431

4.3 ルーツポンプ……433

4.4 油拡散ポンプ……434

4.5 ターボ分子ポンプ……438

4.5.1 構造と原理……438

4.5.2 ターボ分子ポンプの特徴……440

4.5.3 ターボ型および複合型分子ポンプ使用上のトラブルと対策……442

4.5.4 取扱い注意事項……442

4.5.5 分子ポンプの保全……442

4.6 クライオポンプ……443

4.6.1 クライオポンプの構造概略……443

4.6.2 クライオポンプシステム……443

4.6.3 クライオポンプのトラブル対策……443

4.6.4 クライオポンプの保全事項……444

4.6.5 クライオポンプの安全に関する注意事項……447

4.7 排ガス処理設備……447

4.7.1 主な排ガス処理設備の種類……447

4.7.2 点　検……448

4.7.3 保守準備……449

4.7.4 保守作業……449

第5節 真空計の保守……449

5.1 真空計の種類による留意点……449

5.1.1 ピラニ真空計 ……………… 449
5.1.2 電離真空計 ……………… 450
5.1.3 ペニング真空計 ……………… 451
5.1.4 キャパシタンスマノメータ ………… 452
5.2 真空計の校正について ……………… 452

第2部　真空応用システム

第1編　低・中真空の利用

第1章 真空利用の目的 ……………… 457
第1節 真空の利用 ……………… 457
第2節 真空利用の目的 ……………… 457
  2.1 差圧利用の目的 ……………… 457
  2.2 断熱利用の目的 ……………… 457
  2.3 蒸発利用の目的 ……………… 457
  2.4 無酸素環境利用の目的 ……………… 458
  2.5 放電利用の目的 ……………… 458
第3節 〈差圧の利用〉事例 ……………… 458
  3.1 圧縮「布団圧縮袋」 ……………… 458
  3.2 成形「弁当や惣菜用の使い捨て容器」…… 458
  3.3 吸引「真空採血管」 ……………… 458
  3.4 吸引搬送「ニューマチックアンローダー」… 458
  3.5 脱水「真空コンクリート」 ……………… 459
  3.6 ろ過「吸引ろ過」 ……………… 459
第4節 〈断熱の利用〉事例 ……………… 459
  4.1 真空断熱「魔法瓶」 ……………… 459
  4.2 真空粉末断熱「真空断熱材」 ……………… 460
  4.3 真空多層断熱「医療用MRI装置」 ……… 460
第5節 〈蒸発の利用〉事例 ……………… 460
  5.1 冷却「蒸発を冷却に使う」 ……………… 460
  5.2 乾燥「真空凍結乾燥装置」 ……………… 461
  5.3 蒸留「焼酎の減圧蒸留」 ……………… 461
  5.4 蒸留「石油の常圧・減圧蒸留」 ……………… 461
  5.5 脱ガス「鉄鋼の脱ガス」 ……………… 461
  5.6 蒸着「真空蒸着」 ……………… 462
第6節 〈無酸素環境の利用〉事例 ……………… 462
  6.1 酸化防止「真空パック」 ……………… 462
  6.2 燃焼防止「電球」 ……………… 463

6.3 嫌気性環境「嫌気性培養器」 ……………… 463
第7節 〈放電の利用〉事例 ……………… 463
  7.1 照明「高輝度放電ランプ(HID)」 ………… 463
  7.2 プラズマの利用「スパッタリング」……… 463
  7.3 ビームの利用「電子ビーム溶解装置」…… 464
第2章 低真空・中真空応用の基礎 ……………… 466
第1節 状 態 図 ……………… 467
第2節 蒸気圧と蒸発速度 ……………… 467
第3節 蒸発・凝縮速度 ……………… 468
第4節 真空（凍結）乾燥と毛管モデル ………… 469
第5節 毛管現象 ……………… 471
第6節 真空蒸留 ……………… 471
第3章 真空凍結乾燥 ……………… 474
第1節 真空凍結乾燥の基礎 ……………… 474
  1.1 凍結乾燥
    （Freeze-drying＝Lyophilization）……… 474
  1.2 真空凍結乾燥装置 ……………… 475
  1.3 真空凍結乾燥の数学的モデル ……………… 476
  1.4 乾燥装置の運転とコラプス ……………… 478
第2節 凍結乾燥の応用 ……………… 481
  2.1 凍結乾燥装置の概要 ……………… 481
    (1) 乾燥庫・棚板 ……………… 481
    (2) コールドトラップ（アイスコンデンサ）… 482
    (3) 真空排気装置 ……………… 482
    (4) 熱媒体冷却、加熱装置 ……………… 482
    (5) 冷熱供給装置 ……………… 483
    (6) 機器制御装置 ……………… 483
  2.2 食品工学への応用 ……………… 483
  2.3 化学工学への応用 ……………… 483
  2.4 医薬工学への応用 ……………… 484
  2.5 その他の分野 ……………… 485

第2編　金属材料の加工

第1章　電子ビーム溶接 489
第1節　概　要 489
第2節　電子ビーム溶接の原理 489
2.1　基本構成 489
2.2　電子ビームの発生の原理 489
2.3　電子ビームの収束と偏向 490
2.4　電子ビームの性質 490
第3節　電子ビーム溶接の特長 491
3.1　概　要 491
3.2　溶込み深さ 491
3.3　難加工材料の溶接 492
3.4　異種金属溶接 492
3.4.1　銅－銅合金の接合事例 492
3.4.2　銅－黄銅の接合事例 492
3.4.3　銅－アルミの接合事例 493
3.4.4　アルミ合金の溶接事例 493
3.5　溶接欠陥防止 493
3.5.1　ブローホール 493
3.5.2　割　れ 493
3.6　高速多点スポット溶接 494
3.7　電子ビームろう付け 494
3.8　レーザ溶接との違い 494
第4節　電子ビーム溶接の適用分野 496
4.1　自動車分野 496
4.2　航空・宇宙分野 496
4.3　発電・重工業分野 497
4.4　電子デバイス分野 497
4.4.1　水晶振動子 497
4.4.2　ニッケル水素電池 497
4.4.3　リチウムイオン二次電池 497
4.4.4　シャント抵抗 497
4.4.5　パワーモデュール 797
第5節　電子ビーム溶接機 498
5.1　電子ビーム溶接機の構成 498
5.2　システムの主仕様 498
5.3　ユーティリティー仕様 499
5.4　溶接機システム 499
5.4.1　バッチ式 499
5.4.2　連続排気式 500
5.5　安　全　性 502

5.6　前処理（ワークの洗浄） 502
5.7　溶接品質検査 502
5.8　電子ビーム溶接機の保守 502

第2章　低真空レーザ溶接 504
第1節　真空雰囲気下でのレーザ溶接 504
第2節　低真空レーザ溶接（ディスクレーザ16 kW） 505
2.1　構　成 505
2.2　溶接性 505
第3節　低真空レーザ溶接（ファイバーレーザ
100 kW） 506
3.1　構　成 506
3.2　溶接性 506
第4節　低真空レーザ溶接部の評価試験 507
4.1　評価方法と評価結果 507
4.2　表面PT 508
4.3　引張試験 508
4.4　曲げ試験 509
4.5　断面マクロ・ミクロ観察 509
4.6　ビッカース硬さ試験 509

第3章　減圧プラズマ溶射 511
第1節　減圧プラズマ溶射装置 511
第2節　減圧プラズマ溶射法(LPS)と大気圧プラズマ
溶射法(APS)の特徴 511
第3節　LPSの施工手順 512
第4節　プラズマ溶射の原理・特徴 512
第5節　LPSとAPSのプラズマジェットの特性 513
第6節　LPS溶射皮膜特性 513
6.1　高温下での耐粒子エロージョン皮膜 513
6.2　耐キャビテーションエロージョン皮膜 514

第4章　真空加熱炉 516
第1節　真空加熱による効果 516
第2節　真空加熱炉の加熱方式 516
2.1　外熱式真空加熱炉 516
2.2　内熱式真空加熱炉 517
2.3　外熱式と内熱式の比較 517
第3節　真空加熱炉の構成材料 517
3.1　真空容器の材質 517
3.2　発　熱　体 517
3.3　断　熱　材 518
第4節　真空加熱炉のバリエーション 519
4.1　バッチ形真空加熱炉（バッチ炉） 519
4.2　連続形真空加熱炉（連続炉） 520
（1）回転式連続炉（ロータリーファーネス） 520

（2）ライン式連続炉······················520

（3）FMS式連続炉······················520

第5章 イオンビーム加工·····················522

5.1 FIBの構成·························522

5.2 サンプリング方法·····················522

5.3 加工の具体例·······················523

第3編 薄　膜

第1章 薄膜形成の基礎·····················527

第1節 薄膜とは·························527

第2節 薄膜の特徴·······················527

第3節 薄膜の物性と機能····················528

第4節 薄膜形成法·······················529

4.1 薄膜形成法の大分類····················529

4.2 薄膜形成法の中分類····················529

4.3 薄膜成長の理論······················531

4.4 薄膜の微視的形態と基板の関係··············531

4.5 薄膜成長のモード·····················532

4.6 薄膜形成技術·······················532

4.6.1 形成法の選択·····················532

4.6.2 基板と前処理·····················533

4.6.3 原　　　料······················534

4.6.4 基板搬送·······················534

4.6.5 基板温度·······················534

4.6.6 界面の形態······················534

4.6.7 膜厚と組成······················535

4.6.8 その場観察技術····················535

4.6.9 平坦化技術······················535

第5節 新しい薄膜形成技術···················535

5.1 分離・接合法·······················535

5.2 ハイブリッド型の薄膜形成法···············535

5.3 非真空・減圧型の薄膜形成法···············536

第6節 薄膜形成におけるパラダイムシフト··········537

6.1 原子層物質························537

6.2 薄膜欠陥エンジニアリング················537

6.3 新物質固有のレシピ····················537

6.4 インプリンティング・ナノインデント·········537

第2章 蒸　　着·························539

第1節 真空蒸着························539

1.1 真空蒸着の概要······················539

1.2 真空蒸着の素過程·····················540

1.2.1 蒸発過程·······················540

（1）蒸　発　源······················540

（2）成膜速度のモニタと制御··············541

1.2.2 輸送過程·······················541

1.2.3 堆積過程·······················541

第2節 分子線エピタキシー(MBE)··············543

2.1 原理と特徴························543

2.2 装置の構成························543

2.2.1 MBE装置全体の構成·················543

2.2.2 MBE装置用各種コンポーネンツ··········544

　a.　クヌッセンセル··················544

　s.　クラッキングセル·················544

　C.　バルブドクラッキングセル············544

　D.　プラズマセル···················544

　e.　マニピュレーター················545

　f.　ビームフラックスモニター···········545

　g.　基板ホルダー···················545

　h.　排　気　系····················545

2.2.3 MBE成長過程のその場観察・計測·······546

2.3 分子線供給法によるMBE法の種類と特徴···546

2.4 応　用　例························547

2.4.1 量子構造デバイスへの応用············548

2.4.2 希薄磁性半導体···················548

第3章 スパッタ成膜······················551

第1節 スパッタリング法による工業的薄膜堆積···551

第2節 スパッタリング法による薄膜堆積に関わる
　　　　真空およびプラズマの基礎···········552

2.1 スパッタリング法に関わる真空の基礎······552

2.1.1 気体分子の数密度、速さと平均自由
　　　　行程·······················552

2.1.2 入射分子束の大きさ···············552

2.2 スパッタリング法に関わるプラズマの基礎···552

2.2.1 スパッタリングプラズマ············552

2.2.2 イオンと電子の動き···············553

2.2.3 イオン束と電子束·················554

2.2.4 デバイ遮蔽·····················554

2.2.5 浮遊電位·······················554

2.2.6 プラズマシース··················555

2.2.7 高周波放電·····················556

第3節 スパッタリング法による薄膜堆積技術·····558

3.1 スパッタリング······················558

3.1.1 スパッタリング現象···············558

3.1.2 スパッタリング率 …………………… 558

　　3.1.3 スパッタリングされた粒子のエネル
　　　　　ギー ……………………………………… 559

　　3.1.4 粒子輸送過程におけるスパッタリング
　　　　　粒子と放電ガス分子との衝突 ………… 559

　　3.1.5 粒子により基板に持ち込まれるエネル
　　　　　ギー ……………………………………… 559

第4節 スパッタリング装置 ………………………… 560

　4.1 装置の概要 …………………………………… 560

　4.2 スパッタリングカソード …………………… 560

第5節 種々のスパッタリング法 ………………… 561

　5.1 直流2極スパッタリング法 ……………… 561

　5.2 直流マグネトロンスパッタリング法 …… 561

　5.3 高周波マグネトロンスパッタリング法 … 562

　5.4 パルススパッタリング法 ………………… 562

　5.5 高出力インパルスマグネトロンスパッタリ
　　　ング(HiPIMS)法 …………………………… 563

　5.6 イオン化スパッタリング法 ……………… 564

　5.7 イオンビームスパッタリング法 ………… 564

　5.8 反応性スパッタリング法と反応室分離型反
　　　応性スパッタリング法 …………………… 564

　　5.8.1 反応性スパッタリング法 …………… 564

　　5.8.2 反応室分離型反応性スパッタリング法 … 564

第6節 スパッタリング薄膜の構造と物性 ……… 565

　6.1 スパッタリング薄膜の構造 ……………… 565

　　6.1.1 スパッタリング法より堆積された薄膜
　　　　　の構造の特徴 ………………………… 565

　　6.1.2 スパッタリング薄膜の構造モデル …… 565

　6.2 スパッタリング薄膜における応力と付着力 … 567

　　6.2.1 スパッタリング薄膜における応力 …… 567

　　6.2.2 付着力 ………………………………… 567

　6.3 スパッタリング薄膜の構造と物性の実際 … 569

　　6.3.1 TiおよびZr薄膜 …………………… 569

　　6.3.2 TiO_2薄膜 …………………………… 570

　　6.3.3 CeO_2薄膜 …………………………… 572

第7節 スパッタリング法による薄膜堆積の工業的
　　　応用 …………………………………………… 573

　7.1 スパッタリング薄膜堆積の工業的応用にお
　　　ける特徴 …………………………………… 573

　7.2 スパッタリング法による薄膜堆積の工業的
　　　応用の実際 ………………………………… 573

　　7.2.1 半導体プロセス ……………………… 573

　　7.2.2 ディスプレイデバイス ……………… 574

　　7.2.3 記録用デバイス ……………………… 574

　　7.2.4 光学デバイスおよび大面積エネルギー
　　　　　制御薄膜 ……………………………… 574

　　7.2.5 潤滑性およびハードコーティング …… 575

第4章 イオンビームを用いた薄膜形成技術 ……… 578

第1節 イオンを用いた薄膜形成技術の基礎 …… 578

　1.1 イオンビームを用いた薄膜形成技術 …… 578

　1.2 イオンを用いた薄膜形成技術の例 ……… 578

　1.3 イオンを用いて形成した薄膜の特徴 …… 579

　1.4 低エネルギーイオンと固体の相互作用 … 579

　1.5 イオンと固体相互作用解明の試み ……… 580

第2節 イオンプレーティング ……………………… 582

　2.1 イオンプレーティングの特徴 …………… 582

　2.2 代表的なイオンプレーティング方法 …… 582

　　2.2.1 高周波イオンプレーティング ……… 582

　　2.2.2 ホローカソードイオンプレーティング … 583

　　2.2.3 アーク放電型高真空イオンプレーティ
　　　　　ング ……………………………………… 583

　　2.2.4 アークイオンプレーティング ……… 583

　2.3 イオンプレーティングで成膜される膜種
　　　および用途 ………………………………… 584

　　2.3.1 硬質膜 ………………………………… 584

　　2.3.2 装飾膜 ………………………………… 584

　　2.3.3 光学膜 ………………………………… 584

第3節 アークイオンプレーティング …………… 585

　3.1 真空アーク蒸着法 ………………………… 585

　3.2 ドロップレット対策 ……………………… 586

第4節 イオンビームアシスト蒸着 ……………… 588

　4.1 イオンビームアシスト蒸着の基本技術 … 588

　4.2 イオンビームアシスト蒸着の原理 ……… 588

　4.3 イオンビームアシスト蒸着による成膜 … 589

　　4.3.1 付着性の改善 ………………………… 589

　　4.3.2 3元系薄膜の作製 …………………… 590

　4.4 酸化薄膜の低温作製 ……………………… 591

第5節 イオンを用いた有機薄膜形成 …………… 593

　5.1 有機材料の特徴 …………………………… 593

　5.2 イオン化蒸着 ……………………………… 593

　5.3 イオン化蒸着による重合膜の形成 ……… 593

　5.4 イオンアシスト蒸着重合 ………………… 594

第5章 パルスレーザ蒸着(PLD) ………………… 596

第1節 パルスレーザ蒸着の基礎 ………………… 596

　1.1 PLDの特徴 ………………………………… 596

第2節 装置構成 …………………………………… 597

2.1 PLD成膜システム ……………………… 597
2.2 パルスレーザ ……………………………… 598
2.3 PLDにおける反射高速電子回折(RHEED) …… 599
第3節 アブレーション現象 ………………………… 599
　3.1 アブレーション現象の概略 ……………… 599
　3.2 PLDにおける薄膜の化学組成コントロール … 601
第4節 PLDの応用 …………………………………… 601
　4.1 酸化物ヘテロ界面における新物性の探索 … 601
　4.2 生体セラミックスの薄膜化 ……………… 602

第6章 化学気相成長法(CVD) ……………………… 605
第1節 総　論 ………………………………………… 605
　1.1 熱CVDの原理と応用 …………………………… 605
　　1.1.1 Ｃ Ｖ Ｄ ……………………………… 605
　　1.1.2 熱CVDの原理 ………………………… 605
　　1.1.3 熱CVDの反応モデル ………………… 605
　　1.1.4 製膜速度 ……………………………… 606
　　1.1.5 CVD反応速度式 ……………………… 606
　　1.1.6 熱CVD反応速度の解析 ……………… 607
　　1.1.7 熱CVDの主要な反応場の判別 ……… 608
　　1.1.8 熱CVD反応速度への物質輸送抵抗の影響
　　　　　の評価 ……………………………… 609
　　1.1.9 熱CVD反応速度の温度依存性の解析 … 609
　　1.1.10 生産装置のモデル …………………… 610
　1.2 プラズマCVDの原理と応用 ………………… 611
　　1.2.1 プラズマCVD(の特徴) ……………… 611
　　1.2.2 プラズマCVDの原理と反応モデル …… 611
　　　(1) 気相一次反応過程 …………………… 611
　　　(2) 気相二次反応過程 …………………… 611
　　　(3) 輸送過程 ……………………………… 612
　　　(4) 表面反応過程 ………………………… 612
　　1.2.3 プラズマCVDの反応速度解析 ……… 612
　　1.2.4 プラズマCVDの生産装置のモデル …… 614
　1.3 Ａ Ｌ Ｄ ……………………………………… 615
　　1.3.1 ALD法とは …………………………… 615
　　1.3.2 ALDで成膜可能な材料 ……………… 616
　　1.3.3 ALDの応用 …………………………… 616
　1.4 原　料 ………………………………………… 618
　　1.4.1 原料の変遷 …………………………… 618
　　　(1) 気相成長技術初期の原料 …………… 618
　　　(2) 原料群の広がり ……………………… 618
　　1.4.2 原料の揮発性 ………………………… 619
　　　(1) 共有結合性原料 ……………………… 619
　　　(2) イオン結合性原料 …………………… 619

　　　(3) 揮発性向上への挑戦 ………………… 620
　　1.4.3 原料の種類 …………………………… 620
　　1.4.4 用途に合った原料の開発 …………… 622
　　　(1) 求める膜種、分解温度に合わせた原料
　　　　　 ……………………………………… 622
　　　(2) ALD技術に適合する原料とは ……… 622
　　1.4.5 安全な原料に向かって ……………… 623
第2節 CVD装置 ……………………………………… 624
　2.1 CVD装置概要 ………………………………… 624
　　2.1.1 反応室構造 …………………………… 624
　　2.1.2 加熱方式 ……………………………… 625
　　2.1.3 装置概略図と代表的膜種 …………… 625
　　2.1.4 CVD装置のシミュレーション ……… 625
　　2.1.5 一般的な量産装置の開発流れ ……… 626
　2.2 枚葉式装置 …………………………………… 626
　　2.2.1 装置構造 ……………………………… 626
　　2.2.2 ガス供給系 …………………………… 627
　　2.2.3 排 気 系 ……………………………… 627
　　2.2.4 ウェーハ加熱機構 …………………… 627
　　2.2.5 プラズマ機構 ………………………… 628
　2.3 バッチ式装置 ………………………………… 628
　　2.3.1 装置機構 ……………………………… 628
　　2.3.2 加熱方式 ……………………………… 629
　　2.3.3 ガス供給法 …………………………… 629
　　2.3.4 プロセス ……………………………… 630
　2.4 自公転式装置 ………………………………… 630
　　2.4.1 装置構造とその役割 ………………… 630
　　2.4.2 ガス供給法と加熱方式 ……………… 630
　　　(1) シャワーヘッド型（垂直方式）…… 631
　　　(2) インジェクター方式（水平方向型）…… 631
　　2.4.3 プロセス ……………………………… 631
　2.5 FPD用大型枚葉式装置 ……………………… 632
　　2.5.1 装置構造の特徴 ……………………… 632
　　2.5.2 ガス供給系 …………………………… 633
　　2.5.3 排 気 系 ……………………………… 633
　　2.5.4 基板加熱機構 ………………………… 633
　　2.5.5 プラズマ機構 ………………………… 634
　　2.5.6 クリーニング機構 …………………… 634
　2.6 CVD装置のシミュレーション ……………… 634
　　2.6.1 汎用ソフトウェアを用いた熱流体解析 … 634
　　2.6.2 誘導加熱型CVD装置の計算例 ……… 635
　　2.6.3 シミュレーションを行うための準備 … 637
第3節 半導体製造用CVDプロセス ……………… 639

3.1 多結晶シリコン膜 ………………… 639
3.2 シリコン酸化膜 …………………… 639
3.3 Low-k膜 …………………………… 641
3.4 シリコン窒化膜 …………………… 641
3.5 SiC膜 ……………………………… 642
3.7 High-k膜 …………………………… 643
3.8 金属膜 ……………………………… 643
3.9 アモルファスカーボン …………… 645
第4節 半導体製造用単結晶エピタキシャル成長CVD
　　　プロセス ………………………… 646
4.1 GaAs/InP系化合物半導体 ……… 646
4.1.1 概要 …………………………… 646
4.1.2 CVD原料 ……………………… 646
4.1.3 CVDプロセスの圧力と温度 … 646
4.1.4 製膜速度・組成の制御 ……… 647
4.1.5 ドーピング濃度の制御 ……… 647
4.1.6 反応器形状 …………………… 647
4.2 GaN系化合物半導体 ……………… 649
4.2.1 概要 …………………………… 649
4.2.2 GaN成長の基板 ……………… 649
4.2.3 低温バッファー成長 ………… 649
4.2.4 気相反応の寄与 ……………… 650
4.2.5 窒化物半導体のCVD反応器の特徴 …… 650
4.3 エピタキシャルシリコン ………… 651
4.4 パワーデバイス用半導体 ………… 653
4.4.1 炭化珪素 ……………………… 653
4.4.2 窒化ガリウム ………………… 654
第5節 太陽電池用・フラットパネル用CVDプロセス … 656
5.1 アモルファス・微結晶シリコン … 656
5.1.1 結晶シリコン太陽電池 ……… 656
5.1.2 薄膜系太陽電池 ……………… 657
5.1.3 ヘテロ接合型太陽電池 ……… 657
5.2 低温多結晶シリコン ……………… 657
5.2.1 低温多結晶シリコンTFTの構造 …… 658
5.2.2 低温多結晶シリコンTFTのプロセス
　　　フロー ………………………… 658
5.2.3 結晶化プロセス ……………… 658
5.2.4 ゲート絶縁膜およびイオンドーピング … 659
5.2.5 欠陥終端化技術 ……………… 659
5.3 化合物半導体 ……………………… 660
5.3.1 概要 …………………………… 660
5.3.2 CVDによる製膜 ……………… 660
5.4 パッシベーション膜 ……………… 661

5.4.1 LTPSの場合 …………………… 661
5.4.2 TOSの場合 …………………… 662
5.5 反射防止膜 ………………………… 662
第6節 表面コーティングプロセス ……… 665
6.1 アルミナ（超硬、耐摩耗コーティング、
　　　ガスバリア） …………………… 665
6.2 固体潤滑 …………………………… 667
6.3 耐熱コーティング(TBC) ………… 668
6.4 表面処理（撥水加工） …………… 669
6.5 DLC（固体潤滑、バスバリア、耐蝕） … 670
6.5.1 DLCの構造 …………………… 670
6.5.2 DLCの製膜方法 ……………… 670
6.5.3 化学気相成長
　　　(Chemical Vapor Deposition) … 671
6.5.4 物理気相成長
　　　(Physical Vapor Deposition) … 671
6.5.5 DLCの固体潤滑特性 ………… 671
6.5.6 DLCのバスバリア特性 ……… 672
6.5.7 DLCの耐腐食性 ……………… 672
6.6 ガスバリアコーティング ………… 673
第7章 ドライエッチング ……………… 675
第1節 超微細加工プロセスにおける役割 … 675
第2節 ドライエッチングプラズマ ……… 675
第3節 ドライエッチング装置の歴史 …… 677
第4節 ドライエッチングパラメータ …… 678
第5節 反応性イオンエッチング(RIE) … 679
第6節 RIEでの表面反応例（Si、SiO_2） … 681
第7節 ドライエッチングの例 …………… 681
第8節 ドライエッチングプロセスステップ … 683
第9節 ドライエッチングにおける問題点 … 684
第10節 微細加工プラズマプロセスの今後の展望 … 685
第8章 イオンビームエッチング ……… 687
第1節 イオンビームエッチング ………… 687
1.1 モノマーイオンビーム …………… 687
1.2 反応性イオンビームエッチング … 687
第2節 クラスターイオンビームエッチング … 687
2.1 クラスターイオンビーム ………… 687
2.2 クラスターイオンによるスパッタリング … 688
2.3 クラスターイオンによる有機材料エッチ
　　　ング ……………………………… 689
2.4 クラスターイオンによる表面平坦化加工 … 690
2.5 高反応性中性クラスターエッチング …… 691
第3節 集束イオンビーム加工 …………… 692

3.1 FIB装置の基本構成 ····················· 692
3.2 FIBの3機能 ························· 692
3.3 加工アプリケーション事例 ············· 693
3.4 イオン源の種類と加工性能 ············· 694
3.5 イオン種について ··················· 694
3.6 加工の高速化技術 ··················· 695
3.7 加工ダメージとその低減方法 ··········· 696
3.8 カーテニング効果への対応 ············· 696

第9章 イオン注入 ······················· 697
第1節 イオン注入の特徴 ················· 697
第2節 イオンの分布 ····················· 698
第3節 イオン注入装置 ··················· 699
3.1 中電流イオン注入装置 ··············· 700
3.2 高電流イオン注入装置 ··············· 701
3.3 高エネルギーイオン注入装置 ········· 702
3.4 その他の不純物導入装置 ············· 703
(1) プラズマドーピング装置 ··········· 703
(2) クラスター注入装置 ··············· 703
(3) ガスクラスター装置
(Gas Cluster Ion Beam) ········· 703
3.5 イオン源 ························· 704
3.6 ビームライン ····················· 704
3.7 エンドステーション ··············· 706
3.8 真空排気系 ······················· 706
第4節 イオン注入の半導体への応用 ········· 706
4.1 半導体集積回路 ··················· 706
4.2 イメージセンサ ··················· 708
4.3 パワーデバイス ··················· 708

第4編 分子ビーム技術

第1章 分子ビームの基礎 ················· 713
第1節 分子ビーム源 ····················· 713
1.1 分子流ビーム源(effusive source) ······· 713
1.2 ノズルビーム源(nozzle source) ··········· 714
1.3 シードビーム ····················· 716
1.4 放電型分子ビーム源 ··············· 716
1.5 電荷交換型分子ビーム源 ··········· 716
1.6 スパッタ分子ビーム源 ············· 716
1.7 レーザーアブレーション ··········· 716
1.8 レーザーデトネーション ··········· 717

第2節 分子ビームの検出 ················· 717
第3節 差動排気システム ················· 717
第4節 分子ビームの制御 ················· 718
4.1 分子ビーム変調とパルス化 ··········· 718
4.2 電場・磁場による制御 ··············· 718
4.3 レーザーによる制御 ··············· 718
第5節 分子ビーム回折 ··················· 718
第6節 分子ビーム散乱分光 ··············· 719
第7節 分子ビーム緩和分光 ··············· 720

第2章 超音速分子ビームの応用 ··········· 723
第1節 超音速分子ビームによる吸着分子のマイグ
レーション ····················· 723
1.1 イントロダクション ··············· 723
1.2 実　験 ························· 723
1.3 分子動力学シミュレーション ········· 724
1.4 結　果 ························· 725
第2節 超音速分子ビームによる吸着反応ダイナミ
クス ··························· 728
2.1 ノズル加熱とシード法による超音速分子ビーム
の加速 ························· 728
2.2 大型放射光施設SPring-8のBL23SUにおける
表面化学実験ステーション ··········· 729
2.3 超音速N_2分子ビームによるAl(111)表面の窒
化反応ダイナミクス ··············· 730
2.4 超音速O_2分子ビームによるNi(111)表面の酸
化反応ダイナミクス ··············· 731
第3章 状態選別分子ビームの応用 ········· 734
第1節 六極電場による配向制御分子ビーム生成と
その表面反応への応用 ············· 734
1.1 六極電場を用いた分子配向の制御 ······· 734
1.2 配向制御分子ビームを用いた表面反応の
研究例 ························· 737
第2節 六極磁場によるスピン・回転状態選別酸素
分子ビーム生成とその表面反応への応用 ··· 740
2.1 酸素分子の量子状態 ··············· 740
2.2 状態選別O_2分子ビームの生成 ········· 740
2.3 Stern-Gerlach実験例 ··············· 742
2.4 表面反応計測への応用 ··············· 742
2.4.1 立体効果計測 ················· 743
2.4.2 スピン効果計測 ··············· 743
第3節 状態選別分子（原子）ビームの生成と気相
反応ダイナミクスへの応用 ··········· 745
3.1 ラジカルビームの状態選別 ··········· 745

3.2 OHラジカルビームの発生と状態選別 ……… 746
3.3 CHラジカルビームの発生と状態選別 ……… 746
3.4 多極子不均一磁場法による状態選別 ……… 747
　3.4.1 配向Rg(^{3}P$_2$)ビーム ………………… 747
　3.4.2 配向N$_2$(A$^3\Sigma_u^+$)ビーム ……………… 748
3.5 状態選別分子（原子）ビームの気相反応ダ
　　イナミクスへの応用 ………………………… 748
　3.5.1 反応性の回転相関への応用 ………… 748
　3.5.2 OH＋HBr→H$_2$O＋Br反応の立体効果 … 748
　3.5.3 多次元立体ダイナミクス …………… 749

第4章 希ガス原子ビームの表面計測への応用 … 751
第1節 原子と表面の相互作用 …………………… 751
第2節 希ガス原子散乱による表面構造の計測 … 751
第3節 希ガス原子散乱による吸着形態の計測 … 752
第4節 希ガス原子散乱による薄膜成長初期過程の
　　　実時間観測 ………………………………… 753
第5節 希ガス原子散乱による吸着水素の計測 … 754
第6節 希ガス原子散乱による固さの計測 ……… 754

第5章 レーザーデトネーション法による高速原子・
　　　分子ビーム生成とその表面反応への応用 … 756
第1節 開発背景 …………………………………… 756
第2節 基本原理 …………………………………… 756
第3節 装置構成 …………………………………… 757
第4節 ビームキャラクタリゼーション ………… 758
第5節 応用例 ……………………………………… 759
　5.1 宇宙環境研究 ……………………………… 759
　5.2 半導体表面酸化 …………………………… 760
　5.3 生体応用・表面改質 ……………………… 761

第6章 金属原子ビームとその気相化学反応ダイナ
　　　ミクスへの応用 ………………………………… 763
第1節 金属原子ビームの生成 …………………… 763
　1.1 高温ノズル ………………………………… 763
　1.2 前駆体分子の光解離 ……………………… 763
　1.3 レーザー蒸発 ……………………………… 764
第2節 金属原子ビームの測定 …………………… 764
　2.1 レーザー誘起蛍光法(LIF) ……………… 765
　2.2 共鳴多光子イオン化質量分析法(REMPI-MS) … 765
　2.3 電子状態を選別した金属原子ビームの生成 … 765
第3節 金属原子ビームの化学反応ダイナミクスへ
　　　の応用 ……………………………………… 765

第7章 クラスタービーム生成 ………………… 767
第1節 レーザー蒸発法 …………………………… 767
第2節 マグネトロンスパッタリング法 ………… 768

第3節 超音速自由噴流法 ………………………… 769

第8章 液体分子ビーム生成とその放射光分光 … 771
第1節 はじめに：液体分子線の必要性 ………… 771
第2節 液体分子線の状態 ………………………… 771
第3節 確認実験の概要 …………………………… 772
第4節 分子線温度と相 …………………………… 773
第5節 水液体分子線からの放出電子スペクトル … 774

第9章 微粒子ビームを用いたケイ素厚膜の作
　　　製と次世代蓄電池負極への応用 ………… 776
第1節 ケイ素負極の特徴 ………………………… 776
第2節 ガスデポジション法を用いた電極作製 … 776
第3節 ガスデポジション法を用いて得られたケイ
　　　素電極の負極特性 ……………………… 777

第5編　表面分析

第1章 表面分析技術の概要 ……………………… 783
第2章 電子を利用した分析技術 ………………… 786
第1節 オージェ電子分光法(AES) ……………… 786
　1.1 AESの原理 ………………………………… 786
　1.2 AESの装置 ………………………………… 787
　1.3 定性分析 …………………………………… 787
　1.4 定量分析 …………………………………… 788
　1.5 深さ方向分析 ……………………………… 788
　1.6 線分析、面分析 …………………………… 789
　1.7 絶縁物の測定 ……………………………… 789
第2節 光電子分光法 ……………………………… 791
　2.1 歴史と原理 ………………………………… 791
　2.2 電子分光装置 ……………………………… 792
　2.3 光電子分光法の分析深さ ………………… 792
　2.4 定性分析 …………………………………… 793
　2.5 定量分析 …………………………………… 793
　2.6 化学状態分析 ……………………………… 794
　2.7 バンドアライメント ……………………… 794
　　2.7.1 バンドギャップ ……………………… 795
　　2.7.2 バンドオフセット …………………… 795
　2.8 仕事関数計測 ……………………………… 796
第3章 電子顕微鏡 ………………………………… 798
第1節 透過電子顕微鏡 …………………………… 798
　1.1 TEMの構造 ……………………………… 799
　　1.1.1 照射レンズシステム ………………… 799

1.1.2　対物レンズ ····················· 799
　　1.1.3　拡大レンズシステム ············· 800
　1.2　試料装置 ····························· 800
　　1.2.1　試料ステージ ··················· 800
　　1.2.2　試料ホルダー ··················· 800
　1.3　画像記録装置 ······················· 801
　　1.3.1　写真フィルム ··················· 801
　　1.3.2　デジタルカメラ（CCD、CMOS、直接
　　　　　　露光） ························· 801
　1.4　走査像信号検出器 ··················· 801
　1.5　排　気　系 ························· 801
　1.6　分析装置 ··························· 802
　　1.6.1　エネルギー分散型X線分光器(EDS) ······ 802
　　1.6.2　エネルギー損失分光器(EELS) ······ 802
　1.7　収差補正装置 ······················· 802
　　1.7.1　球面収差補正装置の概要 ········· 802
　　1.7.2　球面収差補正装置の原理 ········· 803
　　1.7.3　TEMとSTEMにおけるコレクタの効果 ···· 803
第2節　走査電子顕微鏡 ····················· 805
　2.1　実用SEM ··························· 805
　　2.1.1　SEMの原理 ····················· 805
　　2.1.2　SEMで得られる情報 ············· 805
　　2.1.3　SEMの分解能の進歩 ············· 805
　　2.1.4　低加速電圧領域の高分解能化 ·········· 806
　　　2.1.4.1　高輝度電子銃 ··············· 806
　　　2.1.4.2　低収差対物レンズ ··········· 807
　　2.1.5　低真空SEM ····················· 808
　　2.1.6　低真空SEMの原理 ··············· 808
　2.2　UHV-SEM ··························· 809
　　2.2.1　原子ステップ像 ················· 809
　　2.2.2　表面再構成構造 ················· 810
　　2.2.3　グラフェン像 ··················· 811
第3節　低エネルギー電子顕微鏡・光電子顕微鏡 ··· 813
　3.1　LEEM/PEEM装置 ····················· 813
　3.2　LEEM/PEEM像のコントラスト ··········· 813
　3.3　LEEM/PEEMによる磁気イメージング ······ 814
　　3.3.1　SPLEEM ························· 815
　　3.3.2　XMCDPEEM/XMLDPEEM ············· 815
第4節　ヘリウムイオン顕微鏡 ··············· 817
　4.1　Low-k膜パターン試料の観察 ··········· 817
　4.2　絶縁膜中に埋め込まれたCu配線の観察 ······ 818
　4.3　グラフェン膜の電気伝導特性制御 ······· 819
　4.4　グラフェン膜のナノ孔微細加工 ······· 820

　4.5　生体試料観察への応用 ··············· 820
　4.6　ヘリウムイオンビーム照射によるルミネッ
　　　　センス発光の可能性検討 ··········· 820
第4章　X線検出分析法 ····················· 822
第1節　電子線マイクロプローブ分析法(EPMA) ······ 822
　1.1　波長分散法 ······················· 822
　1.2　エネルギー分散法 ················· 826
　　1.2.1　X線の発生原理 ················· 827
　　1.2.2　X線の発生領域 ················· 827
　　1.2.3　EDS検出部の構成 ··············· 828
　　1.2.4　EDSで可能な分析 ··············· 829
第2節　蛍光X線分析法 ····················· 831
　2.1　蛍光X線分析法の原理と応用分野 ······· 831
　2.2　波長分散型とエネルギー分散型 ········· 831
　2.3　波長分散型の原理 ················· 831
　2.4　応　用　例 ······················· 832
　　2.4.1　超軽元素の分析 ················· 832
　　2.4.2　ニッケル合金、高合金鋼の分析 ······· 832
第5章　電子回折 ························· 834
第1節　低速電子回折 ····················· 834
　1.1　低速電子回折(LEED)装置 ············· 834
　1.2　LEED図形の解釈 ··················· 835
　1.3　表面超構造とLEED図形 ············· 835
　1.4　表面形態と回折斑点形状 ··········· 836
　1.5　回折斑点強度の入射電子エネルギー依存性 ··· 837
第2節　反射高速電子回折 ··················· 838
　2.1　反射高速電子回折(RHEED)装置 ········· 938
　2.2　RHEED図形の解釈 ··················· 839
　2.3　表面超構造とRHEED図形 ············· 840
　2.4　RHEED強度振動 ··················· 841
　2.5　表面形態と回折斑点形状 ··········· 841
　2.6　回折斑点強度の入射視斜角依存性 ········· 842
第6章　イオン・レーザを利用した分析技術 ······· 844
第1節　二次イオン質量分析法 ··············· 844
　1.1　ダイナミックSIMS ··················· 844
　1.2　スタティックSIMS ················· 845
第2節　イオン散乱法 ····················· 848
　2.1　イオン散乱法の分類 ················· 848
　2.2　イオン散乱法の原理 ················· 848
　　2.2.1　弾性散乱因子 ··················· 848
　　2.2.2　散乱断面積 ··················· 849
　　2.2.3　阻　止　能 ··················· 849
　　2.2.4　エネルギーストラグリング ········· 850

2.3 中エネルギーイオン散乱法と低エネルギー
　　イオン散乱法‥‥‥‥‥‥‥‥‥‥‥ 850
2.4 イオン散乱法による組成分析の例‥‥‥‥ 851
2.5 イオン散乱法による構造分析‥‥‥‥‥‥ 851
2.6 弾性反跳粒子検出法‥‥‥‥‥‥‥‥‥‥ 852
第3節 レーザ入射質量分析法‥‥‥‥‥‥‥‥‥ 853
3.1 MALDIによる分析‥‥‥‥‥‥‥‥‥‥ 853
3.2 IMSのための試料作製‥‥‥‥‥‥‥‥ 854
3.3 マトリックス塗布‥‥‥‥‥‥‥‥‥‥‥ 854
3.4 イメージング測定‥‥‥‥‥‥‥‥‥‥‥ 855
3.5 取得したデータの解析‥‥‥‥‥‥‥‥‥ 855
第7章 探針を利用した観察法‥‥‥‥‥‥‥ 857
第1節 走査トンネル顕微鏡‥‥‥‥‥‥‥‥‥‥ 857
1.1 走査トンネル顕微鏡の原理‥‥‥‥‥‥‥ 857
1.2 STM装置‥‥‥‥‥‥‥‥‥‥‥‥‥‥ 858
1.3 走査トンネル分光‥‥‥‥‥‥‥‥‥‥‥ 858
1.4 走査トンネルポテンショメトリー‥‥‥‥ 860
1.5 スピン偏極STM‥‥‥‥‥‥‥‥‥‥‥ 860
1.6 時間分解STM‥‥‥‥‥‥‥‥‥‥‥‥ 861
1.7 非弾性トンネル分光‥‥‥‥‥‥‥‥‥‥ 862
1.8 ESR-STM‥‥‥‥‥‥‥‥‥‥‥‥‥ 862
第2節 原子間力顕微鏡‥‥‥‥‥‥‥‥‥‥‥‥ 864
2.1 実用AFM‥‥‥‥‥‥‥‥‥‥‥‥‥‥ 864
2.1.1 探針・試料間相互作用‥‥‥‥‥‥ 864
2.1.2 AFMの装置技術‥‥‥‥‥‥‥‥ 864
2.1.3 AFMの動作方式‥‥‥‥‥‥‥‥ 865
2.2 ノンコンタクトAFM‥‥‥‥‥‥‥‥‥ 867
2.2.1 周波数変調検出法‥‥‥‥‥‥‥‥ 867
2.2.2 力センサー‥‥‥‥‥‥‥‥‥‥‥ 868
2.2.3 周波数変調検出回路‥‥‥‥‥‥‥ 868
2.2.4 原子分解能観察例‥‥‥‥‥‥‥‥ 869
第8章 力学特性計測装置‥‥‥‥‥‥‥‥‥ 871
第1節 超微小硬さ試験法の概要‥‥‥‥‥‥‥‥ 871
1.1 硬さと超微小硬さ試験法（ナノインデンテ
　　ーション法）‥‥‥‥‥‥‥‥‥‥‥‥‥ 871
1.2 荷重－変位曲線の解析法‥‥‥‥‥‥‥‥ 872
第2節 ナノインデンテーション法による薄膜の機
　　　械的特性評価‥‥‥‥‥‥‥‥‥‥‥‥‥ 873
2.1 塑性硬さの評価‥‥‥‥‥‥‥‥‥‥‥‥ 873
2.2 弾性定数の評価‥‥‥‥‥‥‥‥‥‥‥‥ 874

第6編　巨大真空システム

第1章 大型加速器‥‥‥‥‥‥‥‥‥‥‥‥ 879
第1節 ＫＥＫ‥‥‥‥‥‥‥‥‥‥‥‥‥‥‥ 879
1.1 SuperKEKBの真空システム‥‥‥‥‥ 879
1.1.1 SuperKEKB‥‥‥‥‥‥‥‥‥‥ 879
1.1.2 ビームパイプ‥‥‥‥‥‥‥‥‥‥ 880
(1) 構　　造‥‥‥‥‥‥‥‥‥‥‥‥ 880
(2) SRパワー‥‥‥‥‥‥‥‥‥‥‥ 881
(3) 材　　質‥‥‥‥‥‥‥‥‥‥‥‥ 882
(4) 機械的特性‥‥‥‥‥‥‥‥‥‥‥ 882
(5) 接　　合‥‥‥‥‥‥‥‥‥‥‥‥ 882
(6) 表面処理‥‥‥‥‥‥‥‥‥‥‥‥ 883
(7) ビームパイプの種類‥‥‥‥‥‥‥ 883
(8) 特殊なビームパイプ‥‥‥‥‥‥‥ 883
1.1.3 接続フランジ‥‥‥‥‥‥‥‥‥‥ 884
1.1.4 ベローズチェンバーとゲートバルブ‥‥ 885
1.1.5 排気システム‥‥‥‥‥‥‥‥‥‥ 885
(1) 要求される圧力‥‥‥‥‥‥‥‥‥ 885
(2) 排気ポンプ‥‥‥‥‥‥‥‥‥‥‥ 886
1.1.6 モニターおよび制御システム‥‥‥ 887
1.1.7 電子雲不安定性対策‥‥‥‥‥‥‥ 888
(1) アンテチェンバー型ビームパイプ‥‥‥ 889
(2) ソレノイド磁場‥‥‥‥‥‥‥‥‥ 889
(3) TiNコーティング‥‥‥‥‥‥‥‥ 889
(4) グルーブ（溝）構造‥‥‥‥‥‥‥ 889
(5) 電子クリアリング電極‥‥‥‥‥‥ 890
1.1.8 インピーダンス問題‥‥‥‥‥‥‥ 890
1.1.9 トンネル設置前作業‥‥‥‥‥‥‥ 891
1.1.10 トンネルへの設置と真空立ち上げ‥‥‥ 892
1.2 電子蓄積リングにおけるダストトラッピング‥‥ 895
1.2.1 ビーム寿命急落現象‥‥‥‥‥‥‥ 895
1.2.2 ダストの発生源‥‥‥‥‥‥‥‥‥ 895
1.2.3 ダストの大きさ‥‥‥‥‥‥‥‥‥ 895
1.2.4 力学的に安定なトラップ条件‥‥‥ 896
1.2.5 熱的に安定なトラップ条件‥‥‥‥ 896
1.2.6 ダストトラッピングの視覚的観測‥‥‥ 896
1.3 cERL真空システム‥‥‥‥‥‥‥‥‥‥ 897
1.3.1 エネルギー回収型線形加速器‥‥‥ 897
1.3.2 超高真空の実現‥‥‥‥‥‥‥‥‥ 898
1.3.3 低インピーダンスコンポーネント‥‥‥ 899
1.3.4 NEGコーティング‥‥‥‥‥‥‥ 899

第2節 J-PARC······901

2.1 陽子リニアック······901

2.1.1 リニアック真空系の概要······901

(1) リニアックの必要真空圧力······901

(2) リニアック運転時の真空圧力······902

(3) リニアック真空排気系の概要······902

2.1.2 各リニアック機器の真空系の特徴······903

(1) 負水素イオン源及びLEBT······903

(2) 高周波四重極リニアック(RFQ)······904

(3) ドリフトチューブリニアック(DTL,
SDTL)······905

(4) 環結合型リニアック(ACS)······906

2.2 陽子シンクロトロン······908

2.2.1 真空システムへの要求······908

2.2.2 J-PARC陽子シンクロトロン真空システ
ムの設計思想······908

(1) ビームラインの超高真空維持······908

(2) 低放射化真空材料と耐放射線性機器····909

(3) 大気圧からの迅速な排気······909

2.2.3 J-PARC陽子シンクロトロン真空システム
の概要······909

2.2.4 構成機器······911

(1) 大口径アルミナセラミックス製ダクト···911

(2) 大口径チタン製ダクトとチタン製ベロー
ズ······911

(3) 耐放射線性ターボ分子ポンプ······912

(4) 耐放射線性ケーブル······912

2.2.5 真空機器の前処理······912

(1) 真空壁の表面処理······913

(2) 真空中熱処理······913

2.2.6 真空性能······913

2.2.7 近年の開発······915

(1) 強磁性体製ダクト······915

(2) キッカー電磁石のin-situでの脱ガス······915

第3節 SPring-8/SACLA······918

3.1 蓄積リングの真空······919

3.1.1 蓄積リング真空システムの概要······919

3.1.2 真空チェンバー······920

(1) 構 成······920

(2) チェンバー······921

(3) フランジ······922

(4) ベローズ······922

(5) アブソーバ······922

(6) 真空ポンプ······923

(7) 真空計測······924

(8) リングゲートバルブ······924

3.1.3 真空システムの据付と真空立ち上げ······925

3.1.4 ビーム運転開始後の真空システム······925

(1) 運転中の圧力推移とビーム寿命の真空
システム······925

(2) 主なトラブル······926

3.1.5 真空系の制御······927

3.2 真空封止アンジュレータの真空······928

3.3 SACLAの真空······929

3.3.1 SACLAの構成······929

3.3.2 要求される真空······930

3.3.3 排気系のデザイン······930

3.3.4 圧力の測定・機器保護······930

3.3.5 真空機器からの漏洩磁場対策······931

3.3.6 真空コンポーネント······931

(1) 食い込み型フランジ······931

(2) ボ ル ト······932

(3) 真 空 槽······932

(4) ベローズ······932

3.3.7 真空封止アンジュレータ······933

3.3.8 真空インターロック······933

3.4 放射光ビームラインの真空······932

3.4.1 ビームラインの要求······933

3.4.2 フロントエンド······933

(1) 構成機器······933

(2) インターロックシステム······936

3.4.3 光学系機器······937

第2章 核 融 合······939

第1節 核融合装置の真空システム······939

1.1 JT-60SAの真空システム······939

1.1.1 JT-60SA計画及び装置の概要······939

1.1.2 JT-60SAの真空排気設備······940

1.1.3 真空排気設備の設置条件······941

1.1.4 真空容器排気系······942

1.1.5 クライオスタット排気系······942

1.1.6 排気シナリオ······943

1.2 LHDの真空システム······945

1.2.1 大型ヘリカル装置の概略······945

1.2.2 超伝導実験装置の特徴と排気の基本
概念······946

1.2.3 真空容器用真空排気装置······946

1.2.4 断熱真空容器用排気装置 ……………947
1.2.5 排気のシナリオと初期排気特性 ………948
1.2.6 リークテスト ……………949
1.2.7 壁のコンディショニング ……………950
1.2.8 プラズマ生成実験と排気特性 ………950
第2節 プラズマ対向材料 ……………952
2.1 ダイバータターゲット材料 ……………952
2.2 第一壁材料 ……………956
第3章 大型真空システム ……………958
第1節 大型スペースチャンバ ……………958
1.1 人工衛星の設計検証と熱真空試験 ………958
1.2 スペースチャンバ ……………961
1.2.1 宇宙環境の模擬 ……………961
（1）極 低 温 ……………961
（2）真 空 ……………961
1.2.2 スペースチャンバの設計と製作 ………961
（1）形状と構造 ……………961
（2）真空装置としての考慮 ……………963
1.2.3 スペースチャンバ特有のリスク ………964
（1）真空放電 ……………964
（2）過 冷 ……………964
（3）コンタミネーション（汚染）……………964
1.3 大型スペースチャンバの例 ……………965
1.3.1 13mφスペースチャンバ ……………965
（1）真空容器 ……………965
（2）真空排気系 ……………965
（3）極低温系 ……………966
（4）ソーラシミュレータ ……………967
第2節 重粒子線がん治療施設 ……………968
2.1 重粒子線がん治療の特徴とその物理的基礎 …968
2.1.1 放射線によるがん治療 ……………968
2.1.2 重粒子線がん治療の特徴 ……………968
（1）加速器からの高エネルギー重イオン・
ビーム ……………968
（2）高エネルギー重イオンの物質中での振る
舞い ……………969
（3）放射線量と生体組織への効果 ……………969
（4）Braggピーク ……………870
（5）がん組織の殺傷 ……………970
（6）放射線量の予測と照射方法 ……………971
2.2 重粒子線がん治療の施設と主な装置 ………971
2.2.1 加 速 器 ……………971
2.2.2 ビーム輸送系 ……………972

2.2.3 照射装置 ……………972
（1）標的としての生体組織の特性 …………972
（2）ブロード・ビーム法 ……………973
（3）スキャンニング法 ……………973
2.2.4 患者固定装置 ……………974
2.2.5 回転ガントリー ……………974
2.3 重粒子線がん治療の課題 ……………975
2.3.1 動く標的 ……………975
2.3.2 変化する標的 ……………975
2.3.3 施設の大きさ ……………975
2.3.4 照射過程の物理・生物・化学からの
理解 ……………976
（1）RBEと放射線量の予測 ……………976
（2）陽子と炭素イオンでどこが違うか ……977

第7編 真空が牽引する次世代先端科学技術

第1章 真空の極限に迫る：極高真空への挑戦 ……981
第1節 極高真空スピン偏極電子銃 ……………981
1.1 スピン偏極電子線の生成方法 ……………981
1.2 スピン偏極電子源 ……………982
1.2.1 NEA表面作成 ……………983
1.2.2 カソード電極およびアノード電極 ……983
1.2.3 スピン偏極電子源における極高真空
状態の実現 ……………984
（1）材質および表面処理 ……………984
（2）超高真空実現までのプロセス ……………984
1.3 極高真空スピン偏極電子銃の実用的性能 …984
第2節 極高真空プロジェクト ……………986
第3節 チタン材料による極高真空の実現 ………989
3.1 チタン材料のガス放出特性とその起源 ……989
3.2 チタン材料製真空装置による極高真空の
実現 ……………990
3.2.1 チタン材料製真空装置の製造 ………990
3.2.2 極高真空の実現 ……………990
第4節 銅合金材料による極高真空の実現とその
計測 ……………993
4.1 0.2%BeCu合金とNiPめっき ……………993
4.2 0.2%BeCu合金の超低ガス放出化 ……………993
4.3 イオンゲージの低ガス放出化 ……………993
4.4 Q-massの低ガス放出化 ……………995

4.5 0.2%BeCu合金製チャンバー･･････････995
4.6 0.2%BeCu合金ケーシング製NEGポンプ･････995
4.7 0.2%BeCu合金製排気システム･･････････995

第2章 実環境測定のための真空システムとライフサイエンスへの応用･･････････････997

第1節 電子ビーム（電子顕微鏡）への応用(SEM)･･･997
1.1 大気圧SEMの原理･････････････････997
1.2 応 用 例･････････････････････････997
1.2.1 液体中での動的観察の例（コロイダルシリカ微粒子の動き）･･･････997
1.2.2 温度依存性の観察･･･････････････997
1.2.3 電気化学反応のリアルタイム観察････1000

第2節 電子ビーム（電子顕微鏡）への応用(TEM)･･1001
2.1 環境制御透過型電子顕微鏡(ETEM)とは･･････1001
2.2 開放型ETEMの応用例････････････････1002
2.3 隔膜型ETEMの応用例････････････････1002
2.4 グラフェンを用いた新しい隔膜型ETEM････1003

第3節 イオンビーム（質量分析法）への応用････1006
3.1 イオンと固体との相互作用･･･････････1006
3.2 高速重イオンによる2次イオン生成･･････1006
3.3 MeV-SIMS法による質量イメージング･････1007
3.4 Ambient-SIMS技術･･････････････････1008

第3章 真空科学技術におけるナノテクノロジーの世界･･････････････････････････1011

第1節 ナノカーボン材料による電子源の開発････1011
1.1 背　　景････････････････････････1011
1.2 カーボンファイバー、ガラス様カーボン･･･1011
1.3 カーボンナノチューブ(CNT)････････････1011
1.4 グラフェン･･･････････････････････1012
1.5 垂直配向グラファイトナノウオール(GMW)･･1012
1.6 ダイヤモンド及びその他の炭素系材料････1013

第2節 超伝導体のナノ構造を用いた高感度粒子検出器の開発･･････････････････1014
2.1 超伝導粒子検出器の動作原理･････････1014
2.2 質量分析装置･････････････････････1015
2.3 超伝導ナノストリップイオン検出器
(Superconductor nanoStrip Ion Detector)･･･1016
2.4 質量分析の例････････････････････1018

第3節 ナノスケール制御を目指した固液界面真空プロセスの開発･･････････････1021
3.1 固液界面真空プロセスとは･･･････････1021
3.2 イオン液体の真空蒸着･･･････････････1021
3.3 イオン液体を介した結晶・薄膜成長･･････1022

（1）平坦KBr(111)マイクロ/ナノ結晶･･･････1022
（2）ペンタセン薄膜の2次元成長･･･････････1023

第4節 最近のグラファイト、グラフェンの新展開･･･････････････････････1024

第4章 真空科学技術の規格・標準の進歩･･･････1027

第1節 真空の計量標準と工業標準･････････････1027
1.1 圧力真空の計量標準･･･････････････1027
（1）真空計の校正の必要性････････････1027
（2）SI単位系････････････････････････1027
（3）国家計量標準研究機関(NMI)の役割･･･････1027
（4）圧力真空標準･･･････････････････1028
① 光波干渉式標準圧力計･･････････1028
② 重錘形圧力天びん･････････････1029
③ 膨 張 法･････････････････････1030
④ オリフィス法･･･････････････････1030
⑤ 極高真空標準･･･････････････････1031
⑥ 分圧標準と標準コンダクタンスエレメント･･････････････････････1032
⑦ 差圧標準と差圧標準を利用した低圧標準･････････････････････1032
⑧ リーク標準･･･････････････････1033
（5）圧力真空標準の信頼性の確認･･････････1034
（6）計測のトレーサビリティ･･････････････1035
1.2 真空の工業標準･･･････････････････1035
（1）工業規格とは･･･････････････････1035
（2）真空分野の工業標準･･･････････････1036

第8編　環境・安全・衛生対策と法規

第1章 化学物質の排出等汚染防止関連法･･･････1041
第1節 大気汚染防止法････････････････････1041
第2節 水質汚濁防止法････････････････････1042
第3節 土壌汚染対策法････････････････････1043

第2章 化学物質管理の関連法･････････････････1045
第1節 労働安全衛生法･･･････････････････1045
第2節 特定化学物質の環境への排出量の把握等及び管理の改善の促進に関する法律･･･1046
第3節 化学物質の審査及び製造等の規制に関する法律･･･････････････････1047
第4節 その他の化学物質管理関連法･･････････1049
4.1 消 防 法････････････････････････1049

目次22

総目次

　4.2　高圧ガス保安法 ･････････････････････････ 1049
　4.3　毒物及び劇物取締法 ･･････････････････････ 1049
　4.4　揮発油等の品質の確保等に関する法律････ 1049
　4.5　農薬取締法 ･････････････････････････････ 1049
　4.6　食品衛生法 ･････････････････････････････ 1049
　4.7　有害物質を含有する家庭用品の規制に関す
　　　る法律 ･････････････････････････････････ 1049
第3章　製品安全および情報伝達の関連法 ･･･････ 1050
第1節　ＧＨＳ ･････････････････････････････ 1050
第2節　CLP規則 ･･･････････････････････････ 1051
第3節　CEマーキング ･･･････････････････････ 1052
第4節　CCC認証 ･･･････････････････････････ 1053
第5節　各法律とPL法との関係 ･･･････････････ 1053
第4章　廃棄物管理及び製品含有化学物質管理の
　　　　関連法 ･･･････････････････････････････ 1055
第1節　ELV指令 ･･････････････････････････ 1055
第2節　WEEE指令 ･････････････････････････ 1056
第3節　その他各国のWEEE ･････････････････ 1057
　3.1　インドRoHS(WEEE) ･･････････････････ 1057
　3.2　中国WEEE ･･･････････････････････････ 1057
　3.3　カリフォルニアWEEE ････････････････ 1057
第4節　J-Moss(JIS C 0950) ･････････････････ 1058
第5節　廃電池指令 ･････････････････････････ 1058
第6節　REACH規制 ･･･････････････････････ 1059
第5章　機器の高効率化の関連法 ･･･････････････ 1061
第1節　ErP指令 ･･･････････････････････････ 1061
第2節　エネルギースター(Energy Star) ･･･････ 1062
第3節　トップランナー制度 ･････････････････ 1062

第9編　計算物理

1. 第一原理シミュレーション ･･･････････････････ 1067
　1.1　計算機マテリアルデザイン ･････････････ 1067
　1.2　表面・界面の第一原理シミュレーション ････ 1068
2. 表面反応における第一原理計算 ･････････････ 1068
　2.1　反応性イオンエッチング ･･･････････････ 1068
　2.2　反応モデル ･････････････････････････ 1069
　2.3　反応シミュレーション ･････････････････ 1070
3. 固体表面における水素ダイナミクス ･････････ 1071
　3.1　水素の量子ダイナミクス ･･･････････････ 1071
　3.2　反応経路の決定 ･････････････････････ 1072
　3.3　量子効果 ･･･････････････････････････ 1074
　3.4　分子振動の影響 ･････････････････････ 1074
　3.5　量子状態からの拡散経路の予測 ･･･････ 1074
4. STMによる金属表面の観察 ･･････････････････ 1075
　4.1　近藤効果の観察 ･････････････････････ 1075
　4.2　磁性原子吸着金属表面における近藤効果 ･･･ 1076
　4.3　金属表面上の磁性原子ダイマー ･･･････ 1078
5. 抵抗変化メモリ ･･･････････････････････････ 1079
　5.1　抵抗変化メモリ ･････････････････････ 1079
　5.2　微視的動作機構 ･････････････････････ 1080
　5.3　伝導性フィラメント ･････････････････ 1080
　5.4　電極・抵抗素子界面での酸素欠損の挙動 ･･･ 1081

索　　引

※本書に記載されている会社名、製品名、サービス名は各社の登録商標または商標です。なお、本書に
記載されている製品名、サービス名等には、必ずしも商標表示（Ⓡ、TM）を付記していません。

第1部　真空工学の基礎

【第1編　希薄気体の性質】

【第2編　真空ポンプ】

【第3編　真空計測器】

【第4編　真空部品】

【第5編　真空材料】

【第6編　真空装置の取扱い】

【第7編　環境・安全・衛生対策と保守】

〔第1編〕
希薄気体の性質

第1章　概　　説

第2章　気体分子運動論

第3章　希薄気体の流れ

第4章　気体の吸着と脱離

第5章　低圧放電とプラズマ

第6章　排気系の基礎

第1章 概　　説

「真空」という言葉は様々な意味で用いられる。例えば、物質が何もない空間を真空と捉えることができる。基礎物理学の中の相対論的量子力学では、真空とは場のエネルギーが最低の状態を言い、この場合の真空では物質は存在しない。一方、工学的な意味での真空は、日本工業規格(JIS：Japanese Industrial Standard) Z8126-1や国際標準化機構(ISO：International Organization for Standardization) 3529-1に定義されている。すなわち真空とは、通常の大気圧より低い圧力で満たされた空間の状態のことである。ここでは、真空が単に大気圧より低い圧力そのものを指すのではない。また、大気圧とは、後述する標準大気圧のことではなく、日常我々が生活している大気のことであり、その中に「低い圧力の空間」を生成したときにできる空間の状態のことを真空と言う。

本書で取り扱う真空技術は、このように大気圧より低い圧力を生成し、維持する技術であり、具体的には真空中の気体の性質や、真空を生成するための真空ポンプ、真空容器の技術である。また、真空中での加熱冷却や機械駆動、光の導入なども重要な要素である。さらに、生成した真空の程度、すなわち圧力の測定や残留する気体種の同定なども真空技術にとって重要である。今日では、これらの真空技術を駆使することにより、我々は幅広く産業全般に多大な恩恵を受けている。これらの中で、真空技術が中核となっている要素技術を俯瞰するのが本書のねらいである。

第1節　真空技術の歴史

真空という概念が歴史に登場するのは、ギリシア時代のアリストテレスが最初である。彼の著書「自然学」の中に「自然は真空（空虚と訳される場合もある）を嫌う」という言葉がある。これは、物体の運動には、力を与える物体と力を受ける物体が接触していることが必要であり、物体の間に隙間、すなわち真空、があると力が伝わらない、ということを観念的に解釈したものである。これは、ガリレイの弟子であったトリチェリが、1643年に実際に真空を作って見せたことで誤りであることを示した。彼はヴィヴィアニと供に、一端を閉じたガラス管に水銀を満たし、水銀の入った皿の中で立てることによってガラス管中に隙間（真空）を作り出す実験を行った。このような実験は、多数の研究者の注目を集め、フランスのパスカルは再現実験をするとともに、山の上では水銀の高さが低くなることを見出し、大気圧を発見した。

このような、自然が作り出す真空に対して、真空ポンプにより積極的に真空排気を行うことで大気圧による力を示したのが、当時マグデブルグの市長であったゲーリケである。これは、「マグデブルグの半球実験」として後世に知られることになる。彼は水封ポンプを改良し、金属でできた半球を二つ合わせ、中を真空にして両側から馬で引かせて真空の力、つまり大気圧による力を示した。1654年このような実験を時の国王フェルナンドⅢ世の前で行った記録が残っている。

17世紀以後、真空の応用である蒸気機関の発明に伴って産業革命が進展したことは良く知られている。それに伴って、真空技術がさらに進展し、エジソンの電球の発明につながるテプラーポンプや自動スプレンゲルポンプ、さらに20世紀初頭にはゲーデによって今日の油回転ポンプの原型となるベーンポンプが発明され、拡散ポンプの原理が生み出されてきた。

後述する低真空領域から超高真空、極高真空までを達成することができる様々な真空ポンプが開発され、それらに伴って真空環境を利用した各種の産業が勃興することになった。今日では、我々の日常生活の大多数のものが真空技術によって支えられているといっても過言ではない。

第1編 希薄気体の性質

第2節 圧力の単位

圧力とは、面積Sの平面に、垂直に力Fを加えたときの単位面積あたりの力のことで、$p=F/S$である。圧力の単位は、力の単位[N]（ニュートン）と面積[m²]から[Pa]=[N・m⁻²]（ニュートン毎平方メートル）が用いられ、Pa（パスカル）である。従来、真空の単位として、トリチェリの真空実験で得られた水銀柱の76.0 cm=760 mmを単位とした、Torr（トル）という単位が用いられてきたが、わが国では1997年の計量法の改正により真空の単位としては使用できなくなっている。表1.1に主な圧力の単位とそれらの換算を示す。この中で、国際単位系SI(Système International d'unités, International System of Units)で定義されてるのはPa、N・m⁻²、bar（バール）のみであり、計量法では、非SI単位として気圧(atm)の使用が認められている。

第3節 圧力領域による真空の分類

真空技術では、圧力領域によって使用目的が異なることが多く、真空ポンプや真空計も異なることが多いので、JIS Z8126-1やIS0 3529-1では真空を圧力領域によって表1.2のように分類している。この中で、超高真空の領域で、10^{-9} Pa以下を「極高真空」(XHV：extremely high vacuum：)と呼ぶこともある。

表1.1 圧力の単位換算

	Pa [N・m⁻²]	bar	Torr	atm
1 Pa	1	1×10^{-5}	7.50×10^{-3}	9.87×10^{-6}
1 bar	1×10^{5}	1	7.50×10^{2}	0.987
1 Torr	133	1.33×10^{-3}	1	1.32×10^{-3}
1 atm	1.013×10^{5}	1.013	760	1

表1.2 圧力領域による真空の区分

圧力領域	名称
$10^{5}-10^{2}$	低真空・粗い真空 low vacuum
$10^{2}-10^{-1}$	中真空 medium vacuum
$10^{-1}-10^{-5}$	高真空 high vacuum (HV)
$10^{-5}-$	超高真空 ultra-high vacuum (UHV)

第4節 理想気体の性質

ここで、真空技術に深くかかわる理想気体の性質をまとめておく[2]。理想気体とは、気体分子の大きさが無視でき、かつ分子間の相互作用が無い仮想的な気体のことで、分子の内部エネルギーが分子密度によらず温度にのみ比例し、気体が後述するボイル－シャルルの法則に従う単純化された気体のモデルであり、完全気体と呼ばれることもある。

(1) ボイル－シャルルの法則

1662年ロバート・ボイルによって、気体の温度が一定の場合一定量の気体の体積と圧力が反比例することが示された。すなわち、ある一定量の気体の体積V、そのときの圧力をpとすると、

$$pV = 一定 \tag{1.1}$$

の関係がある。これをボイルの法則という。また、ジャック・シャルルは1787年、一定圧力の気体の体積が気体の種類によらず一定の膨張係数を持つことを発見し、1802年ジョゼフ・ルイ・ゲイ－リュッサクは温度tに対して気体の体積Vが、

$$V(t) = V_0 \left(1 + \frac{t}{273}\right) \tag{1.2}$$

で表されることを示した。これをシャルルの法則と呼ぶ。ここで温度tを、

$$T = t + 273 \tag{1.3}$$

とすることにより、温度と圧力の比p/Tが一定となる。ギヨーム・アモントンによって初めて示されたので、この関係をアモントンの法則と呼ぶこともある。

式（1.1）－（1.3）を用いると、

$$\frac{pV}{T} = c \tag{1.4}$$

となる。ここで、cは気体の量を表す定数である。これをボイル－シャルルの法則と言う。

(2) アボガドロの法則

ドルトンの原子説に基づき、気体が粒子からなることを提唱し、気体の種類によらず同一圧力、同一温度、同一体積には同数の気体分子が含まれるという法則で、1811年アメデオ・アボガドロによって提案された仮説であり、その後検証されて現在ではアボガドロの法則と呼ばれる。すなわ

ち、式 (1.4) の定数が分子の量 ν に関係するとし、定数 R を用いて、

$$pV = \nu RT \tag{1.5}$$

とおくことができる。分子の量 ν は、気体分子数 N を、

$$\nu = \frac{N}{N_A} \tag{1.6}$$

で表すことができ、モル(mol)と呼ばれる物質量の単位である。ここで、N_A をアボガドロ定数と呼び、

$$N_A = 6.022 \times 10^{23} \text{ 個} \cdot \text{mol}^{-1} \tag{1.7}$$

である。式 (1.5) で気体の種類によらない定数 R は気体定数と呼ばれ、

$$R = 8.314 \text{ J} \cdot \text{K}^{-1} \cdot \text{mol}^{-1} \tag{1.8}$$

である。

(3) 分圧の法則

同一の温度 T で同一の体積を占める混合気体では、式 (1.5) の関係から気体の種類を i で表し、全体の圧力（全圧）p をそれぞれの気体の圧力（分圧）p_i の総和として、

$$p = \sum_i p_i \tag{1.9}$$

で表すことができる。これはドルトンの分圧の法則と呼ばれ、気体の各成分が理想気体としてふるまう時に成立する法則である。

(4) 気体の状態方程式

式 (1.5) は気体の状態方程式と呼ばれ、希薄気体の性質を表わす基本的な法則である。

1気圧(1 atm $= 1.01325 \times 10^5$ Pa)を標準大気圧と呼び、温度0℃($T = 273.15$ K) 1気圧を標準状態と言う。標準状態の1 molの気体の体積は、

$$V_m = \frac{RT}{p} = \frac{8.314 \times 273.15}{1.013 \times 10^5} = 2.241 \times 10^{-2} \text{ m}^3 \tag{1.10}$$

$$= 22.41 \text{ L} \tag{1.11}$$

となる。(標準状態として0℃、1×10^5 Paをとる場合もあり、その時は $V_m = 22.71$ Lである) このときの気体分子数密度、

$$n_0 = \frac{N_A}{V_m} = 2.687 \times 10^{25} \text{ m}^{-3} \tag{1.12}$$

をロシュミット定数と言う。

式 (1.5) の気体の状態方程式は実験事実による経験法則であるが、気体分子運動論から同じ式を導出することができ、マクロな熱力学とミクロな気体分子運動をつなぐことができる。式 (1.5) はまた、気体の分子密度 $n = N/V$ を用いて、

$$p = nkT \tag{1.13}$$

とおくことができる。ここで、

$$k = R/N_A = 1.381 \times 10^{-23} \text{ J} \cdot \text{K}^{-1} \tag{1.14}$$

は、ボルツマン定数であり、1分子当たりの気体定数と考えることもできる。

また、気体分子1個の質量を m [g]、アボガドロ定数を N_A とすると、モル質量 M [g]は、

$$M = mN_A \tag{1.15}$$

と表わすことができ、M は気体分子の分子量を表わす。

気体分子には、He、Ne、Ar、Kr、Xeなどの単原子で構成される単原子分子の気体や、H_2、N_2、O_2、CO、CO_2、NH_3 などの多原子分子の気体がある。本書ではこれらを総称して「気体分子」と呼ぶ。また、大気は主に N_2 と O_2 からなっているが、他の微量の気体成分も含めて、「空気」（Air）という仮想的な気体分子を考えると種々の計算が容易となるので、空気という気体として取り扱う。

〈福田　常男〉

〔参考文献〕

1) アリストテレス、出隆、岩崎允胤 訳：「自然学」（アリストテレス全集3）、（岩波書店、1968年）

2) 気体の統計力学、熱力学の標準的な教科書として、ライフ、中山寿夫、小林祐次 訳、「統計熱物理学の基礎（上・下）」（吉岡書店、1984年）

第2章 気体分子運動論

本章では、まず希薄気体の分子運動や分子間の衝突、分子の壁面への衝突を取り扱う。このような分子の衝突過程によって、気体分子の運動量やエネルギー、物質の移動が起きる。これらは気体の粘性や熱伝導、拡散などの気体のマクロな量の輸送現象に関与しており、移動論と呼ばれる。

第1節 気体分子の運動

真空容器内の個々の気体分子は、それぞれニュートンの運動方程式に従って空間を運動している。分子の数は膨大なので、個々の分子の運動を追うことはできない。例えば、体積1 cm³中の気体分子が圧力1×10^{-4} Paである場合、式（1.5）より20℃での分子数は2.47×10^{10}個となり、いかに多数の分子が運動しているか分かる。このような気体分子の運動を個別に取り扱い、後述する物理量や輸送係数を導出することは現実的ではない。従って、このような多数の分子運動を統計平均として分子の平均的な運動を取り扱うことになる。

熱平衡状態にある気体分子の集団は、温度が極端に低くない限りボルツマン統計に従うことが知られている。内部自由度を持たない単原子の気体分子エネルギーは運動エネルギーのみで決まり、速度vの分子のエネルギーEは、速度の大きさ、すなわち速さを$|v|=v$として、

$$E = \frac{1}{2}mv^2 \quad (2.1)$$

である。1個の分子が速度vを持つ確率を$P(v)$とすれば、ボルツマン統計から、

$$P(v)d^3v = c \exp\left(-\frac{mv^2}{2kT}\right)d^3v \quad (2.2)$$

とおくことができる。ここで、cは比例係数であり、規格化条件、

$$\iiint P(v)d^3v = 1 \quad (2.3)$$

より決まる。全速度空間での積分を実行しcを求めると、

$$P(v)d^3v = \left(\frac{m}{2\pi kT}\right)^{\frac{3}{2}} \exp\left(-\frac{mv^2}{2kT}\right)d^3v \quad (2.4)$$

となる。式（2.4）は、熱平衡状態にある気体分子のうち、速さがvと$v+dv$の間にある割合、すなわち確率を表わし、$P(v)$は確率密度と呼ばれる。

ベクトル量である速度vを速度の大きさ、すなわち速さ$|v|=v$で表すと、式（2.4）を図2.1に示すような極座標(r, θ, ϕ)で表示し、θ、ϕの積分を行うことにより、

$$f(v)dv = \left(\frac{m}{2\pi kT}\right)^{\frac{3}{2}} 4\pi v^2 \exp\left(-\frac{mv^2}{2kT}\right)dv \quad (2.5)$$

が得られる。

式（2.5）はマックスウェルの速度式、またはマックスウエル－ボルツマンの速度分布則と呼ばれ、気体が熱平衡であるとき、分子の速さ分布を表わす重要な式である。$f(v)$は質量m、温度Tの気体分子集団で、速さvがである確率密度を表し、$f(v)dv$は、分子の速さがvと$v+dv$の間にある確率を表わす。図2.2に各温度でのN_2の$f(v)$と代表的な気体の100 K、300 K、1000 Kでの$f(v)$を示す。

第2節 気体分子の平均速さ

個々の気体分子の速さや速度の方向は様々であ

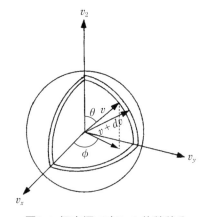

図2.1 極座標で表した体積積分

の平均速さが用いられている。

(1) 最確速さ

マックスウエルの速度式の確率密度関数$f(v)$のピークを与える速さ。すなわち、$df(v)/dv=0$より、

$$v_m = \sqrt{\frac{2kT}{m}} = 129\left(\frac{T}{M}\right)^{\frac{1}{2}} [\text{m}\cdot\text{s}^{-1}] \quad (2.6)$$

であり、v_mを最確速さ（最確速度）という。ここで、M[g]は気体のモル質量である。（以下同じ）

(2) 平均速さ

速さの算術平均（1次のモーメント）は、

$$\bar{v} = \sqrt{\frac{8kT}{\pi m}} = 146\left(\frac{T}{M}\right)^{\frac{1}{2}} [\text{m}\cdot\text{s}^{-1}] \quad (2.7)$$

で、これを平均速さ（平均速度）という。

(3) 2乗平均速さ

1分子の平均エネルギーに関係した速さで、内部自由度を持たない気体分子のエネルギーEは、分子のx、y、z方向の速度成分をv_x、v_y、v_zとしたとき、

$$v^2 = v_x^2 + v_y^2 + v_z^2 \quad (2.8)$$

であるので、

$$E = \frac{1}{2}mv_x^2 + \frac{1}{2}mv_y^2 + \frac{1}{2}mv_z^2 \quad (2.9)$$

とおくことができる。それぞれの方向の運動エネルギーの平均に対応する熱エネルギーはエネルギーの等分配則より、

$$\frac{1}{2}m\overline{v_x^2} = \frac{1}{2}m\overline{v_y^2} = \frac{1}{2}m\overline{v_z^2} = \frac{1}{2}kT \quad (2.10)$$

で表されるので、式（2.8）より、

$$E = \frac{1}{2}m\overline{v^2} = \frac{3}{2}kT \quad (2.11)$$

となり、

$$v_s = \sqrt{\frac{3kT}{m}} = 158\left(\frac{T}{M}\right)^{\frac{1}{2}} [\text{m}\cdot\text{s}^{-1}] \quad (2.12)$$

である。v_sを2乗平均速さ（2乗平均速度）と呼ぶ。表2.1に代表的な気体の最確速さ、平均速さ、2乗平均速さを示す。また、最確速さを1とした時の平均速さ、2乗平均速さの比は、$1:2/\sqrt{\pi}:\sqrt{3/2}=1:1.128:1.225$となる。

ここで、気体の音速との関係を考える。音速c_sは、

$$c_s = \sqrt{\frac{\gamma kT}{m}} \quad (2.13)$$

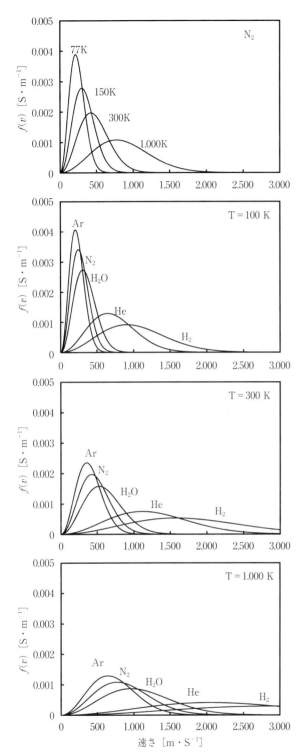

図2.2 各温度でのN_2の速度分布関数$f(v)$と、100 K、300 K、1000 Kでの代表的な気体の速度分布関数$f(v)$

るので、速さ分布を代表値で表す必要がある。気体分子運動論では、いくつかの異なった気体分子

表2.1 主な気体の20℃での最確速さ、平均速さ、2乗平均速さ [m・s^{-1}]

	v_m	$\bar{v}$	v_s
H$_2$	1555	1755	1905
He	1104	1245	1352
Ne	491.5	554.6	602.0
N$_2$	417.2	470.8	511.0
Air	410.3	463.0	502.5
O$_2$	390.3	440.4	478.0
Ar	349.3	394.2	427.8
CO$_2$	332.8	375.5	407.6

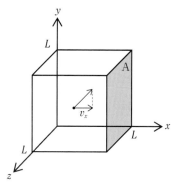

図2.3 1辺の長さがLの立方体に閉じ込められた気体分子

と表わすことができる。ここでγは定圧比熱と定積比熱の比($\gamma = C_p/C_V$)、すなわち比熱比であり、気体の自由度をfとした時、

$$\gamma = \frac{f+2}{f} \quad (2.14)$$

の関係がある。内部自由度を持たない単原子分子では、$f=3$すなわち$\gamma=5/3$であり、2原子分子で$f=5$は$\gamma=7/5=1.4$でとなる。従って、それぞれの分子について式(2.13)は、

$$c_s = 118\left(\frac{T}{M}\right)^{\frac{1}{2}} [\text{m}\cdot\text{s}^{-1}] \quad (単原子分子)$$

$$c_s = 108\left(\frac{T}{M}\right)^{\frac{1}{2}} [\text{m}\cdot\text{s}^{-1}] \quad (2原子分子)$$

$$c_s = 105\left(\frac{T}{M}\right)^{\frac{1}{2}} [\text{m}\cdot\text{s}^{-1}] \quad (直線でない3原子分子)$$

$$(2.15)$$

となる。ここで、M [g]は気体のモル質量である。音速に対する分子の平均速さ$\bar{v}$の比はそれぞれ、

$$\frac{\bar{v}}{c_s} = \frac{\sqrt{\frac{8kT}{\pi m}}}{\sqrt{\frac{\gamma kT}{m}}} = \sqrt{\frac{8}{\pi\gamma}} = 1.24 \quad (単原子分子)$$

$$1.35 \quad (2原子分子)$$

$$1.38 \quad (直線でない3原子分子)$$

$$(2.16)$$

となり音速は気体分子の速さと同程度で、分子の質量や温度に対する依存性も同様となる。

第3節 気体分子運動論による気体の圧力

18世紀の数学者ベルヌーイは、気体は運動している多数の粒子からなるという仮説を立て、気体の圧力は粒子の壁への衝突によって生じると考えた。

いま、図2.3のように熱平衡状態の理想気体が1辺の長さLの立方体に閉じ込められているとする。気体分子1個の質量をm、立方体の中の分子数をNとする。分子同士の衝突を無視すれば、1個の分子の速度のx方向の成分v_xは図2.3で示したx方向に垂直な壁Aで弾性衝突をした際、速度の大きさは変わらずx方向の向きのみが逆になる。また、壁Aに並行な速度成分は変化しない。衝突によって分子が壁に及ぼす運動量の変化は、

$$m(-v_x) - mv_x = -2mv_x \quad (2.17)$$

となり、壁が受ける運動量、すなわち力積は、$2mv_x$である。分子は立方体の中を往復運動するが、1往復に要する時間は$2L/v_x$なので、1秒あたり壁Aには$v_x/2L$回衝突する。従って壁Aが1秒間に受ける力積f_xは、

$$f_x = 2mv_x \cdot \frac{v_x}{2L} = \frac{mv_x^2}{L} \quad (2.18)$$

である。気体分子はN個あるので、足し合わせると、

$$F_x = \frac{Nmv_x^2}{L} \quad (2.19)$$

となる。熱平衡の分子の速さは等方的であるので、式(2.8)を用いて、

$$F_x = \frac{Nmv^2}{3L} \quad (2.20)$$

また、面積L^2あたりの力Fが圧力pであるので、

$$p = \frac{Nmv^2}{3L^3} \quad (2.21)$$

とおくことができる。分子の速さの2乗v^2を2乗平均速さ$\overline{v^2}$で置き換え式(2.11)を用いると、立方体の体積を$L^3 = V$として、

$$p = \frac{NkT}{V} \tag{2.22}$$

すなわち、

$$pV = NkT = \nu RT \tag{2.23}$$

が得られる。ここで、式 (1.5) のモル数の定義と、式 (1.6) の気体定数 $R = N_A k$ の関係を用いた。式 (2.23) は式 (1.5) と同じ気体の状態方程式である。

経験則としてのボイル-シャルルの法則から導き出された気体の状態方程式を、個々の気体分子の運動から導くことができたことは、気体が分子という粒子からなっているという仮説を強力に支持するものであった。

第4節 平均自由行程
4.1 気体分子の平均自由行程

実際の気体分子は有限の大きさを持つため、互いに衝突を繰り返し、運動量やエネルギーをやり取りする。分子が一度他の分子に衝突してから次の分子に衝突するまでに走行する距離を自由行程と言い、その平均を平均自由行程という。

いま、温度 T、圧力 p の単一成分の気体を考えると、気体の分子密度は $n = p/kT$ である。この中のひとつの気体分子が他の分子に衝突した後、速さ v となったとする。気体分子の直径を d とすると、同種の分子に衝突するとは、分子の中心から測った分子間距離が d より小さくなることであるから、速さ v の気体分子の直径を $2d$、他の分子を大きさの無い質点、と考えても同じことである。他の分子との衝突によって分子の進行方向が変わっても、分子の軌跡を一直線に伸ばせば、1秒間に気体分子は v だけ進むことになる。従って、図2.4に示すように、分子は体積 $\pi d^2 v$ の中にある他の分子数だけ衝突を繰り返すことになる。1秒間に分子が衝突する回数を衝突数といい、衝突前後の気体分子の速さの平均が変化しないとして v を $\bar{v}$ で置き換えて、気体の分子密度 n を用いて、

$$\theta = \pi d^2 \bar{v} n \tag{2.24}$$

と表わすことができる。

ここで、注目する分子以外の分子は全て静止しているとしたが、実際は他の分子もマックスウェルの速度式に従う速さ分布を持って運動している。従って、運動はこれらの分子との間の相対運動として扱う必要があり、速度の差の分布は元のマックスウェルの速度式の $\sqrt{2}$ 倍になることが知られている。式 (2.24) は、

$$\theta_t = \sqrt{2} \pi d^2 \bar{v} n \tag{2.25}$$

となる。平均自由行程 λ は1秒間の走行距離 $\bar{v}$ を衝突数で除して、

$$\lambda = \frac{\bar{v}}{\theta_t} = \frac{1}{\sqrt{2}\pi d^2 n} \tag{2.26}$$

となる。また、気体の分子密度 n を圧力で書き直すと、

$$\lambda = \frac{\bar{v}}{\theta_t} = \frac{kT}{\sqrt{2}\pi d^2 p} \tag{2.27}$$

となる。主な気体分子の分子直径 d と1 Pa、20℃での平均自由行程 λ を表2.2に示す。20℃の空気の場合、圧力 p [Pa] での平均自由行程 λ_{air} は、

$$\lambda_{air} = \frac{6.5}{p} \quad [\text{mm}] \tag{2.28}$$

であり、「1 Paで6.5 mm」と覚えておくと便利である。20℃の空気の平均自由行程の圧力依存性を図2.5に示す。

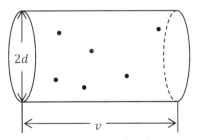

図2.4 半径 d、長さの v の円柱内の気体分子(黒丸)

表2.2 主な気体の分子直径と20℃、1 Paでの平均自由行程[1]

気体	分子直径 [nm]	平均自由行程 [mm]
H_2	0.275	12.0
He	0.218	19.2
Ne	0.260	13.5
N_2	0.375	6.48
Air	0.374	6.51
O_2	0.364	6.88
Ar	0.367	6.76
CO_2	0.465	4.21
Kr	0.415	5.29
Xe	0.491	3.78

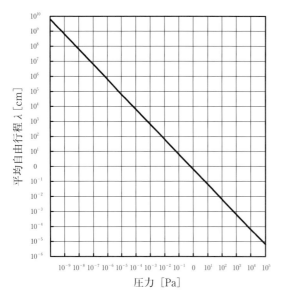

図2.5 20℃の空気の平均自由行程の圧力依存性

平均自由行程の意味を考える。分子が最後に衝突した位置を$x=0$とし、他の分子とxまで衝突せず進んだ後、$x+dx$で他の分子と衝突する割合をとすると、aを比例係数として、

$$\alpha dx = -dN(x) \qquad (2.29)$$

すなわち、

$$\frac{dN(x)}{dx} = -\alpha \qquad (2.30)$$

となり、最初にN_0個の分子があったとすると、xだけ進んでも衝突していない分子数$N(x)$は、

$$N(x) = N_0\exp(-\alpha x) \qquad (2.31)$$

となる。走行距離xについての平均が平均自由行程λなので、

$$\lambda = \frac{\int_0^\infty N(x)x dx}{\int_0^\infty N(x) dx} = \frac{1}{\alpha} \qquad (2.32)$$

従って、

$$N(x) = N_0\exp\left(-\frac{x}{\lambda}\right) \qquad (2.33)$$

となる。平均自由行程λだけ走行した分子のうち、$\exp(-1)=0.37$、すなわち約37%の分子はまだ、他の分子に衝突していないことになる。

気体分子の速さに比べて十分速いイオンや分子線が気体分子に衝突する場合、分子は静止していると考えて良いから、イオンや分子線の平均自由行程は、式 (2.24) を用いて、

$$\lambda = \frac{1}{\pi d^2 n} = \frac{1}{n\sigma} \qquad (2.34)$$

となる。ここで、$\sigma = \pi d^2$はイオンや分子線の散乱断面積である。また、式 (2.33) より初期強度I_0のイオンや分子線がxだけ走行した後の強度は、

$$I(x) = I_0\exp(-n\sigma x) \qquad (2.35)$$

となる。

4.2 混合気体の平均自由行程

前項4.1では単一成分の気体の平均自由行程を考えたが、混合気体でも同様の考え方で平均自由行程を求めることができる。気体分子の種類を1、2とし、気体1と気体2の分子直径をそれぞれd_1、d_2、速度をv_1、v_2、分子密度をn_1、n_2とすると、気体1は気体1と気体2に衝突するので、式 (2.25) の衝突数θ_1は、

$$\theta_1 = \pi d_1^2 \overline{v_1} n_1 + \pi d_{12}^2 \overline{|v_1 - v_2|} n_2 \qquad (2.36)$$

となる。式 (2.36) の第1項は気体1との衝突、第2項は気体2との衝突である。ここで、$d_{12} = (d_1 + d_2)/2$は気体1と2の分子直径の平均である。また、気体1は気体2に対して相対速度$v_1 - v_2$なので、$\overline{v}$の代わりに相対速度の大きさの平均$\overline{|v_1 - v_2|}$を用いた。相対速度の平均を、

$$\overline{|v_1 - v_2|^2} \approx \overline{v_1^2} + \overline{v_2^2} = \overline{v_1^2}\left(1 + \frac{\overline{v_2^2}}{\overline{v_1^2}}\right) \qquad (2.37)$$

と近似し、エネルギーの等分配則より熱平衡では気体1と気体2の運動エネルギーが等しい、すなわち$m_1\overline{v_1^2}/2 = m_2\overline{v_2^2}/2$であることを用いて、

$$\overline{|v_1 - v_2|} = \sqrt{\overline{|v_1 - v_2|^2}} \approx \sqrt{\overline{v_1^2}\left(1 + \frac{m_1}{m_2}\right)}$$
$$\approx \overline{v_1}\sqrt{1 + \frac{m_1}{m_2}} \qquad (2.38)$$

とすることができるので、式 (2.36) の衝突数を用いて、気体1の平均自由行程λ_1は、

$$\lambda_1 = \frac{1}{\sqrt{2}\pi d_1^2 n_1 + \sqrt{1+\frac{m_1}{m_2}}\pi d_{12}^2 n_2} \qquad (2.39)$$

となる。同様に、気体2の平均自由行程λ_2は、

$$\lambda_2 = \frac{1}{\sqrt{2}\pi d_2^2 n_2 + \sqrt{1+\frac{m_2}{m_1}}\pi d_{12}^2 n_1} \qquad (2.40)$$

である。気体2の代わりに、電子を考え、電子密度$n_e = n_2$が気体1より十分小さい$n_e \ll n_1$の場合、電子の平均自由行程$\lambda_e = \lambda_2$は、$m_e = m_2 \ll m_1$、$d_2 \approx 0$としてよいから、

$$\lambda_e = \frac{1}{\pi(\frac{d_1}{2})^2 n_1} = 4\sqrt{2}\frac{1}{\sqrt{2}\pi d_1^2 n_1} \quad (2.41)$$

となって気体1の平均自由行程の$4\sqrt{2} \approx 5.6$倍となる。

第5節 入射頻度

第4節では気体分子同士の衝突を考えたが、圧力が低くなるともはや気体分子同士は衝突せず、分子は直進して真空容器の壁と衝突することが多くなる。1秒間に単位面積に入射する分子数を入射頻度という。

いま、図2.6に示すように、容器の壁に面δSをとり、δSの法線をz軸とする直角座標を考え、単位時間の間に面δSに衝突する分子数を考える。分子同士の衝突が無ければ、$\boldsymbol{v}$の方向から来て面δSに衝突する分子は、δSを底面とし、$\boldsymbol{v}$を母線とする円柱内にあり、壁に向かう全ての$\boldsymbol{v}$について、これらを積分すれば、δSに衝突する全分子数が求められる。そこで、速度の範囲を$\boldsymbol{v}$から$\boldsymbol{v}+d\boldsymbol{v}$とし、円柱の中心から面$\delta S$を見込む立体角を$d\Omega$とすれば、分子密度を$n$として、面$\delta S$に向かう分子数は、

$$nf(v)dv\frac{d\Omega}{4\pi} \quad (2.42)$$

である。従って、全分子数dNは、

$$dN = nf(v)dv\frac{d\Omega}{4\pi}\delta S v\cos\theta \quad (2.43)$$

である。ここで、θは、z軸と$\boldsymbol{v}$のなす角である。式（2.43）を速さ$v(=|\boldsymbol{v}|)$と立体角Ωに対して積分すると、入射頻度Γは、

$$\Gamma\delta S = \int_v \int_\Omega dN$$
$$= \left(\frac{n}{4\pi}\int_0^\infty vf(v)dv\, 2\pi \int_0^\pi \sin\theta\cos\theta\right)\delta S$$
$$\quad (2.44)$$

となり、

$$\Gamma = \frac{1}{4}n\bar{v} \quad (2.45)$$

が得られる。ここで、$\bar{v}$は平均速さである。式（2.7）を用いて式（2.45）を書き直すと、

$$\Gamma = \frac{1}{4}\frac{p}{kT}\sqrt{\frac{8kT}{\pi m}} = \frac{p}{\sqrt{2\pi mkT}} \quad (2.46)$$

となる。式（2.46）は単位時間に単位面積に入射する分子の数を表し、ヘルツ−クヌーセンの式と呼ばれる。式（2.46）をモル質量M[g]を用いて、

$$\Gamma = 2.63 \times 10^{20}\frac{p}{\sqrt{MT}}\,[\text{個}\cdot\text{cm}^{-2}\cdot\text{s}^{-1}] \quad (2.47)$$

となる。20℃の空気の場合、

$$\Gamma_{air} = 1.54 \times 10^{19}p\,[\text{個}\cdot\text{cm}^{-2}\cdot\text{s}^{-1}] \quad (2.48)$$

である。

入射頻度Γは、3章で扱う配管のコンダクタンスや真空ポンプの排気速度を決定する重要な量である。以下に入射頻度を用いた真空に関する現象を述べる。

5.1 熱遷移

図2.7に示すような温度の異なる2つの真空容器が内径Dの導管でつながれている場合を考える。図に示すように2つの容器の温度と圧力をそれぞれT_1、T_2とp_1、p_2とすると、平衡状態では、

$$p_1 = p_2 \quad (2.49)$$

であるはずである。

一方、真空容器1から単位時間に導管に入る気体の分子数は、導管の断面積をSとすれば、式

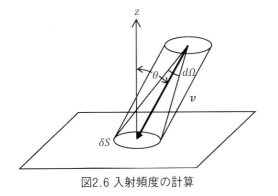

図2.6 入射頻度の計算

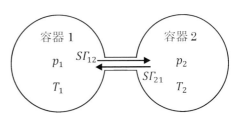

図2.7 内径Dの導管でつながれた2つの真空容器

(2.46) から、
$$S\Gamma_{12} = \frac{Sp_1}{\sqrt{2\pi m k T_1}} \tag{2.50}$$
となる。真空容器2からも同様に、
$$S\Gamma_{21} = \frac{Sp_2}{\sqrt{2\pi m k T_2}} \tag{2.51}$$
となる。平衡状態では、$S\Gamma_{12}=S\Gamma_{21}$ すなわち $\Gamma_{12}=\Gamma_{21}$ であるはずだから、
$$\frac{p_1}{\sqrt{T_1}} = \frac{p_2}{\sqrt{T_2}} \tag{2.52}$$
となり、式（2.49）と一致しない。

これは、温度が異なる気体分子が導管を通じて相互にやり取りする場合、平均自由行程 λ が配管の内径より十分大きい $\lambda \gg D$ では、λ の範囲での温度変化が大きくなるため式（2.49）の圧力平衡が成り立たないためである。この場合、入射分子数が等しくなる式（2.52）が成り立つ。このような現象は熱遷移と呼ばれ、低温のクライオスタットや高温の電気炉内の圧力を室温の熱電離真空計で測定する場合、また、真空容器の圧力をガラス管球の熱電離真空計で測定する場合などに注意が必要となる。

第6節 輸送現象

気体分子はお互い衝突を繰り返し、運動量やエネルギーをやりとりしている。もし、分子が持つ運動量やエネルギー、また分子数の密度が空間的に異なれば、空間内にこれらの流れ（流束もしくは流束密度）が生じる。このような流れは輸送現象と呼ばれ、運動量の輸送は気体の粘性、エネルギーの輸送は気体の熱伝導であり、気体そのものの輸送は気体分子の拡散である。このような流れを扱う分野を移動現象論といい、Bird[2]らによって体系化された。

6.1 輸送現象における平均自由行程理論

ここでは、まず粘性流領域、すなわち真空容器や配管などの大きさ D に比べて平均自由行程が十分短い、すなわちクヌーセン数 $Kn = \lambda/D \ll 1$ の圧力領域での輸送現象を考える。

図2.8に示すように、運動量やエネルギー、分子密度の勾配の方向を z にとり、$z=z_0$ の面Sを通過する分子がこれらの量をやり取りすると考え

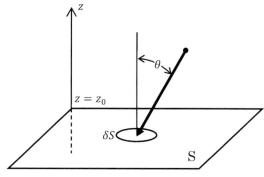

図2.8 面S上の δS に入射する分子

る。分子が面S上の微少面積 δS に入射する前に最後に他の分子と衝突した位置から δS に入射するまでの走行距離を r、その平均的な z 方向の変化を $\bar{z}$ とし、まず $\bar{z}$ を求める。δS に対する分子の入射角を θ とし、$z = r\cos\theta$ とすると、分子衝突の分布が式（2.33）で与えられること、分子が δS を見込む立体角が $d\Omega = \delta S\cos\theta/r^2$ で与えられることを用いて、

$$\bar{z} = \frac{2\pi \iint r\cos\theta \frac{\delta S\cos\theta}{r^2} \exp\left(-\frac{r}{\lambda}\right) r^2 \sin\theta d\theta dr}{2\pi \iint \frac{\delta S\cos\theta}{r^2} \exp\left(-\frac{r}{\lambda}\right) r^2 \sin\theta\, d\theta dr} = \frac{2}{3}\lambda \tag{2.53}$$

となる。

z 方向に変化する物理量 $G(z)$ を $z=z_0$ の位置でテーラー展開し、1次項のみを残すと、

$$G\left(z_0 + \frac{2}{3}\lambda\right) = G(z_0) + \frac{2}{3}\lambda\frac{dG(z_0)}{dz}$$
$$G\left(z_0 - \frac{2}{3}\lambda\right) = G(z_0) - \frac{2}{3}\lambda\frac{dG(z_0)}{dz} \tag{2.54}$$

となる。単位面積あたり面Sを横切る物理量 $G(z)$ の流れ $J(z)$ は、面を上から横切る分子と下から横切る分子とを考えて、式（2.45）の入射頻度 Γ を用いて、

$$J(z_0) = \Gamma\left\{G\left(z_0 + \frac{2}{3}\lambda\right) - G\left(z_0 - \frac{2}{3}\lambda\right)\right\}$$
$$= -\frac{1}{3}n\bar{v}\lambda\frac{dG(z_0)}{dz} \tag{2.55}$$

となる。移動現象論で扱われる流束（流速密度）$J(z)$ と、物理量 $G(z)$ の対応を表2.3に示す。

表2.3 移動論における流れ、流速、物理量の対応

流れ	流束$J(z)$	移動する物理量
運動量	運動量流束	流れに平行方向の運動量
熱	熱流束	熱エネルギー
質量	質量流束	物質

6.2 粘 性

図2.9に示すように面積がそれぞれSで間隔dで隔てられた2つの板A、Bの間が気体で満たされているとき、一方の板Bを一定の速度Vで移動させ続けるためには一定の力Fが必要である。これは、板Bの移動と共に板の周囲の気体分子が粘性力で引きずられ、静止している板Aに力を及ぼすためである。これは、板の間の気体分子によって板に平行な運動量が輸送されると考えることもできる。このとき、板Bの力Fと速度Vとには、

$$\frac{F}{S} = \eta \frac{V}{d} \quad (2.56)$$

の関係があり、これをニュートンの法則という。式（2.56）の係数ηを粘性係数といい、単位は[Pa・s]である。板に垂直にzをとると、板に並行な流体の速度$v_x(z)$は、静止した板A（$z=0$とする）の直上では$v_x(0)=0$、板B（$z=d$）の直下では$v_x(d)=V$になっている。ここで、$v_x(z)$は、個々の分子の速度ではなく、平均自由行程程度の空間の範囲での分子集団の平均の速度である。$v_x(z)$は、

$$v_x(z) = \frac{z}{d}V \quad (2.57)$$

となる。また、気体分子1個の質量をmとして式（2.55）の$G(z)$は、$G(z) = mv_x(z)$とすることができ、式（2.57）を代入し、

$$J_p = -\frac{1}{3}mn\bar{v}\lambda\frac{dv_x(z)}{dz} = -\frac{1}{3}mn\bar{v}\lambda\frac{V}{d} \quad (2.58)$$

である。この運動量流束J_pは、単位面積あたりの力（せん断力）で、式（2.56）の符号を変えたものと同じであるから、

$$\eta = \frac{1}{3}mn\bar{v}\lambda = 0.333\ldots\rho\bar{v}\lambda \quad (2.59)$$

が得られる。ここで、δは気体の密度である。運動量勾配の詳細と気体分子間の衝突を厳密に取り入れると、0.333…の代わりに、

$$\eta = 0.499\rho\bar{v}\lambda \quad (2.60)$$

となることが知られている[3]。主な気体の粘性係数を表2.4に示す。

6.3 熱 伝 導

粘性係数と同様に、図2.10に示すようにそれぞれ温度T_1、T_2の2つの板A、Bの間に挟まれた気体は熱を運ぶことができる。一般的に圧力が低く、気体の対流が無い場合、熱伝導はフーリェの法則、

$$J_T = \kappa\frac{T_2-T_1}{d} \quad (2.61)$$

で表される。ここで、J_Tは単位面積あたりの熱流であり、係数は熱伝導度で単位は[W・m^{-1}・K^{-1}]である。

気体分子が持つエネルギー$\varepsilon(T)$は、分子の質量をm、単位質量あたりの定積比熱をG_Vとして、$\varepsilon(T) = mG_VT$とすることができるので、粘性と同様に式（2.55）で$G(z) = \varepsilon(z)$とすることによって、

$$J_T = -\frac{1}{3}n\bar{v}\lambda\frac{d\varepsilon(z)}{dz} = -\frac{1}{3}\rho\bar{v}\lambda C_V\frac{dT(z)}{dz} \quad (2.62)$$

を式（2.61）と比較して、

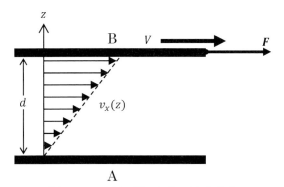

図2.9 2つの板の間の気体の速度分布   図2.10 2つの板の間の気体の温度分布

第1編 希薄気体の性質

表2.4 主な気体のモル質量、密度、粘性係数、熱伝導率、自由分子粘性係数、自由分子熱伝導率[8]

	モル質量	密度	粘性係数	熱伝導率	自由分子粘性係数	自由分子熱伝導率
単位	$[g \cdot mol^{-1}]$	$[10^{-3}g \cdot cm^{-2}]$	$[10^{-6} Pa \cdot s]$	$[10^{-3} W \cdot m^{-1} \cdot K^{-1}]$	$[10^{-3} s \cdot m^{-1}]$	$[W \cdot m^{-2} \cdot Pa^{-1} \cdot K^{-1}]$
温度 [℃]		20	25	25	20	20
圧力 [Pa]		1				
H_2	2.016	0.827	8.9	1.858	0.363	4.49
He	4.003	1.64	19.9	1.546	0.511	2.12
Ne	20.18	8.28	32.0	0.495	1.15	0.946
N_2	28.01	11.5	17.8	0.259	1.35	1.20
Air	28.96	11.9	18.5	0.261	1.38	1.18
O_2	32.00	13.1	20.7	0.262	1.45	1.13
Ar	39.95	16.4	22.7	0.178	1.62	0.672
CO_2	44.01	18.1	14.9	0.167	1.70	1.12

$$\kappa = \frac{1}{3}\rho \bar{v} \lambda C_V = \eta C_V \qquad (2.63)$$

が得られる。温度勾配による速度分布の勾配や分子間衝突を取り入れ、また多原子分子では内部自由度が定積比熱に寄与することを考慮して、

$$\kappa = \epsilon \eta C_V \qquad (2.64)$$

$$\epsilon = \frac{9\gamma - 5}{4} \qquad (2.65)$$

となることが知られている[4]。ここで$\gamma = C_p/C_V$は式（2.14）で表される比熱比である。単原子気体では、$\gamma = 5/3$で$\epsilon = 2.5$となり、多原子で内部自由度が大きくなるほどγは1に近づくため、ϵも1に近づく。主な気体の熱伝導率を表2.4に示す。

6.4 拡 散

気体の分子密度の勾配の方向をzとすると、異なる位置、z_1、z_2での分子密度がそれぞれ$n(z_1)$、$n(z_2)$の場合、気体の拡散はフィックの第1法則、

$$J_n = -D \frac{n(z_2) - n(z_1)}{z_2 - z_1} \qquad (2.66)$$

で表される。ここで、係数Dを拡散係数といい、単位は$[m^2 \cdot s^{-1}]$である。式（2.55）と比較する場合、$G(z)$が分子密度に対応するので、

$$J_n = -\frac{1}{3}\bar{v}\lambda \frac{dn(z)}{dz} \qquad (2.67)$$

とおくことができ、

$$D = \bar{v}\lambda \qquad (2.68)$$

である。粘性係数の式（2.59）と比べて、

$$D = \frac{\eta}{\rho} \qquad (2.69)$$

を得る。分子密度勾配を正確に取り扱った場合、式（2.69）に補正が必要で、

$$D = a\frac{\eta}{\rho} \qquad (2.70)$$

とおいたとき、$a = 6/5$であることが知られている[5]。

気体の拡散は、同種気体中の拡散を自己拡散、異種気体間の拡散を相互拡散と呼んで区別する場合がある。

場所によって分子密度に差があれば拡散が起きるが、分子密度の差は同時に圧力の差でもあるので、正味の気体の流れが生じる。従って、気体の拡散を取り扱う場合には、全圧一定の下での多成分の混合気体の成分間の相互拡散を取り扱うことが多い。ここでは、2成分の混合気体の相互拡散を考える。

温度一定の下で、z方向に分子密度の勾配がある2つの気体の相互拡散を考える。それぞれの分子密度を$n_1(z)$、$n_2(z)$とし、混合気体全体の分子密度をとして、

$$n = n_1 + n_2 \qquad (2.71)$$

すなわち、

$$0 = \frac{dn_1}{dz} + \frac{dn_2}{dz} \qquad (2.72)$$

の関係がある場合を考える。この場合、第1章第4節（3）の分圧の法則より、全圧pは、

$$p = nkT = n_1kT + n_2kT \qquad (2.73)$$

となりzに依存しない。

式（2.68）より、成分1、2の相互拡散係数をそれぞれD_1、D_2とすると、

$$D_1 = \overline{v_1}\lambda_1 \quad D_2 = \overline{v_2}\lambda_2 \qquad (2.74)$$

とおくことができる。一般に$D_1 \neq D_2$であるので、

拡散に伴い正味の気体の流れ、

$$J_n = D_1 \frac{dn_1}{dz} + D_2 \frac{dn_2}{dz} = (D_1 - D_2)\frac{n_1}{dz} \quad (2.75)$$

が生じる。気体が全体として定常状態を保つためには、それぞれの成分の拡散に伴って逆向きの流れが生じなければならない。すなわち、

$$J_{n1}^* = D_1 \frac{dn_1}{dz} - \frac{n_1}{n}v = D_1^* \frac{dn_1}{dz} \quad (2.76)$$

$$J_{n2}^* = D_2 \frac{dn_2}{dz} - \frac{n_2}{n}v = D_2^* \frac{dn_2}{dz} \quad (2.77)$$

でなければならない。ここで、D_1^*、D_2^*は新しい拡散係数で、気体の成分比に依存する。

このような多成分気体の拡散では、温度勾配による熱拡散が知られている[3-5]。均一な混合気体に温度勾配を与えると、重く大きい分子は低温側に、軽く小さな分子は高温側に移動する。この成分分離効果は気体の各成分の分子密度勾配による逆方向の拡散とつり合うことになる。

第7節 分子流領域での輸送現象

真空容器や配管などの大きさDに比べて平均自由行程λが十分長い、すなわちクヌーセン数Knが1より十分大きい圧力領域を分子流領域といい、この領域での気体分子の粘性、熱伝導、拡散を考える。前節（第6節）の粘性流領域では、輸送現象は分子間の衝突に支配されたが、気体の分子密度が小さくなり分子同士の衝突がまれにしか起きない分子流領域では、移動現象は粘性流の場合と大きく異なる。ここでは、まず気体分子と真空容器の壁の間の輸送現象を取り扱う。

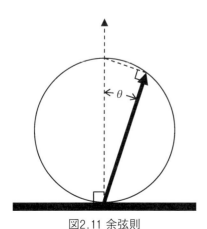

図2.11 余弦則

7.1 適応係数

気体分子が真空容器の壁に衝突したとき、入射する気体分子のエネルギーや表面の状態によって、入射分子の散乱の様子が異なる。入射分子の運動量で考えると、運動量の表面垂直成分の大きさが等しく符号が反転し、かつ表面平行成分の運動量が変化しない場合を鏡面反射、反射の方向がランダムとなり、表面を見込む立体角に比例する場合を拡散反射と呼ぶ。拡散反射では、反射する分子数は、図2.11に示すように表面の法線から測った極角θに対して$\cos\theta$に比例することから、余弦則と呼ばれる。

また、入射した分子がエネルギーを保持したまま散乱される場合を弾性散乱（ないしは弾性反射）と呼び、表面原子とエネルギーをやり取りして、入射したときとは異なるエネルギーで散乱される場合を非弾性散乱（非弾性反射）と呼ぶ。

一方、分子が表面に入射した際、表面にとどまる場合もあり、これを吸着と呼ぶ。一旦表面に吸着した分子は容器の壁とエネルギーのやり取りをして一定時間後表面から出ていくことがあり、これを脱離と言う。この場合、表面から脱離する分子は特定の方向を取らないことが多いので拡散反射と同様、余弦則が成り立つ場合が多い。表面での気体の吸着や脱離は第3章で取り扱う。

実際の気体分子では、表面原子との相互作用によって、弾性反射と拡散反射の中間になることが多い。そこで、分子の運動量やエネルギーすなわち温度の表面への適応度合いを表す指標として、適応係数が用いられる。適応係数には、運動量の壁に平行な成分の適応度合いを表す接線方向運動量適応係数とエネルギーすなわち温度の適応度合いを表す熱的適応係数（またはエネルギー適応係数）がある。

接線方向運動量適応係数βは、入射分子と散乱分子の速度の表面平行成分をそれぞれ$v_i^\parallel$、$v_f^\parallel$としたとき、壁が速度Vで移動する場合、

$$\beta = \langle \frac{v_i^\parallel - v_f^\parallel}{v_i^\parallel - V} \rangle \quad (2.78)$$

で与えられる。実用表面では、βは1に近いことが知られている。これは、実際の真空容器や配管の内壁面は、ミクロにみると様々な方向を向いた表面の集合体と考えることができ、これらの表面

表2.5 熱的適応係数の例[1,6]

表面	気体				
	H₂	He	N₂	O₂	Ar
W（多結晶）	0.20		0.57		0.85
W（酸化した表面）		0.34			0.93
Ni		0.071			
Al		0.073			
Pt（清浄化していない）	0.312	0.403	0.769	0.782	0.847
ガラス		0.302	502.5		0.901

から散乱された気体分子の運動方向の平均はランダムである、と理解されている。

一方、熱的適応係数αは、入射分子の温度をT_i、散乱分子の温度を、表面の温度をT_wとしたとき、

$$\alpha = \langle \frac{T_i - T_f}{T_i - T_w} \rangle \tag{2.79}$$

で定義され、入射分子の種類と表面の状態に応じて$0 \leq \alpha \leq 1$の値をとる。熱的適応係数αのいくつかの例を表2.5に示す。実際の表面では、表面の清浄度合いや後述する気体の吸着のため、熱適応係数は大きく変化することがある[6]。

7.2 分子流領域での気体の粘性

分子流領域での気体の粘性は、図2.8と同様に図2.12で板A、Bの間が質量mの気体で満たされていて、板Bを速度Vで移動させる場合で考えることができる。この場合、前述のように入射分子の接線方向運動量適応係数が1とすると、板Bで反射した分子の板に平行な速度成分は平均的に板の速度と同じVとなる。粘性流領域と異なり、板Bで散乱された分子は他の分子と衝突することなく板Aに入射し運動量を及ぼす。板Aでの接線方向運動量適応係数も1であることを考えると、板Bから平均的に速度Vを持って飛び出した気体分子は板Aに衝突することによってmVの運動量を運ぶことになる。板A、Bに入射する分子数は単位面積あたり入射頻度Γで与えられるので、単位時間に単位面積当たりの運動量の輸送はΓmVで与えられる。従って、板Bを速度Vに保っておくためには、単位面積あたり、

$$F = \Gamma mV \tag{2.80}$$

の力が必要であり、Γを圧力に直して、

$$F = \frac{1}{4}n\bar{v}mV = \sqrt{\frac{m}{2\pi kT}}pV = \eta_F pV \tag{2.81}$$

とおくことができる。ここで、

$$\eta_F = \sqrt{\frac{m}{2\pi kT}} \tag{2.82}$$

を自由分子粘性係数という。ただし、粘性流領域の粘性係数と異なり、分子流領域では粘性は板A、Bの間隔には依らずη_Fの単位は[s・m⁻¹]となる。主な気体の自由分子粘性係数を表2.4に示す。

7.3 分子流領域での気体の熱伝導

気体の熱伝導も粘性と同様に考えることができるが、速度が大きい分子ほど壁への入射頻度が多いことに注意する必要がある。すなわち、気体分子の運動エネルギーは、式（2.44）の積分の中に運動エネルギー項を入れると、

$$\begin{aligned}\Gamma e\delta S &= \int_v \int_\Omega \frac{1}{2}mv^2 dN \\ &= \left(\frac{n}{4\pi}\int_0^\infty \frac{1}{2}mv^3 f(v)dv\, 2\pi\int_0^\pi \sin\theta\cos\theta\right)\delta S \\ &= \frac{1}{4}n\bar{v}\, 2kT \cdot \delta S \end{aligned} \tag{2.83}$$

となり、1個の気体分子は平均的に$2kT$のエネルギーを壁に運ぶことになる。

いま、図2.13のように、気体分子を温度T_1の板Aから反射してきた分子（図の○）と温度T_2の板Bから反射してきた分子（●）に分け、それ

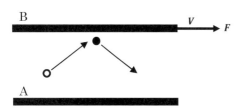

図2.12 2つの板の間の気体（●は板Aに向かう気体、○は板Bに向かう気体）

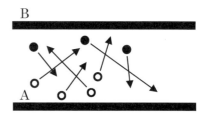

図2.13 2つの板の間の気体（●は板Aに向かう気体、○は板Bに向かう気体）

それの分子密度をn_1、n_2とすると、板Bから反射してきた気体分子が運ぶ単位面積あたり熱流$q_{B\to A}$は、

$$q_{B\to A} = \frac{1}{2} n_2 \bar{v}_2 \varepsilon_2 \, 2kT_2 \tag{2.84}$$

である。ここで、分子1個が持つエネルギーをε_2とした。また、板に挟まれた気体分子を板Aから反射してきた分子と板Bから反射してきた分子に分けたので、反対方向に進む分子はなく、入射頻度Γの係数は1/4ではなく1/2になる。

多原子分子の気体では、運動エネルギーのほかに振動や回転などの内部自由度を有し、それらの自由度がそれぞれ平均的に$\frac{1}{2}kT$のエネルギーを持つ。気体分子の自由度をfとすると、分子1個が持つエネルギーは、自由度を並進運動の自由度($f = 3$)と内部自由度に分け、

$$\varepsilon_2 = 2kT_2 + \frac{1}{2}(f-3)kT_2 = \frac{f+1}{2}kT_2 \tag{2.85}$$

となる。式（2.85）を式（2.84）に代入して、板AとBの間の面S（図中の点線）を通過する分子数が等しくなければならないので$n_1\bar{v}_1 = n_2\bar{v}_2$であることを用いると、正味の熱流入$q$は、

$$q = q_{B\to A} - q_{A\to B} = \frac{1}{2} n_1 \bar{v}_1 \frac{f+1}{2} k(T_2 - T_1) \tag{2.86}$$

となる。また、第1章第4節（3）の分圧の法則から、全圧は、

$$p = n_1 kT_1 + n_2 kT_2 \tag{2.87}$$

となることから、qは、

$$q = \frac{1}{2}(f+1)\sqrt{\frac{k}{2\pi m}} \frac{2}{\sqrt{T_1 + T_2}} p(T_2 - T_1) \tag{2.88}$$

となる。自由度fの代わりに式（2.14）の比熱比γを用い、温度差が小さい場合、

$$\frac{2}{\sqrt{T_1 + T_2}} = \frac{1}{\sqrt{T}} \tag{2.89}$$

と近似すると、

$$q = \frac{1}{2}\frac{\gamma+1}{\gamma-1}\sqrt{\frac{k}{2\pi m T}} p(T_2 - T_1) \tag{2.90}$$

とすることができ、温度差が小さい場合、熱流は温度差（$T_2 - T_1$）と圧力pに比例する。このとき、比例係数、

$$\Lambda = \frac{1}{2}\frac{\gamma+1}{\gamma-1}\sqrt{\frac{k}{2\pi m T}} \tag{2.91}$$

を自由分子熱伝導率と言い、[$W \cdot m^{-2} \cdot Pa^{-1} \cdot K^{-1}$]の単位を持つ。実際の気体の熱伝導は、7.1で取り扱った熱的適応係数を導入して、板A、Bそれぞれの熱的適応係数をα_A、α_Bとすると、板Aに温度T_2'で入射した分子の温度がT_1'になったとすると、

$$\alpha_A = \frac{T_2' - T_1'}{T_2' - T_1} \tag{2.92}$$

となる。板Bについても同様に、

$$\alpha_B = \frac{T_1' - T_2'}{T_1' - T_2} \tag{2.93}$$

式（2.92）、（2.93）から、T_1'、T_2'についてまとめると、

$$T_2 - T_1 = \frac{\alpha_A \alpha_B}{\alpha_A + \alpha_B - \alpha_A \alpha_B}(T_2' - T_1') \tag{2.94}$$

となる。従って、真の熱流q'は自由分子熱伝導率Λを用いて

$$q' = \frac{\alpha_A \alpha_B}{\alpha_A + \alpha_B - \alpha_A \alpha_B} \Lambda p(T_2 - T_1) \tag{2.95}$$

となる。

もし、気体分子が板に入射した際、板の表面で十分エネルギーのやり取りが行われる場合には、$\alpha_A = \alpha_B = 1$であり、$q' = q$であるが、やり取りが行われない場合、すなわちα_A、$\alpha_B \to 0$の場合には熱流はゼロに近づく。

また、分子流領域では、式（2.81）や式（2.95）より気体の粘性や熱伝導は圧力pに比例することが分かる。これは逆に気体の粘性や熱伝導を測定することによって気体の圧力の測定ができることを意味しており、粘性を利用したスピニングローター真空計、熱伝導を利用したピラニ真空計やサーモカップル真空計として実用化している。

式（2.90）や式（2.95）では、熱流は温度差と圧力に比例する。もし、図2.12の2枚の板の間にさらに板Cを置いた場合、熱流が一定の条件から板Cの温度T_3は$T_3 = (T_2 + T_1)/2$となり、熱流qまたはq'は、

$$q = \Lambda p(T_3 - T_1) = \Lambda p(T_2 - T_3)$$
$$= \Lambda p \frac{T_2 - T_1}{2} \tag{2.96}$$

となって、熱流が1/2になる。つまり、板A、Bの間をn枚の板で仕切ることによって、熱流を1/($n+1$)にすることができる。これは、分子流領域が満たされる、板の間隔dが平均自由行程λと同

第1編 希薄気体の性質

程度になるまで多数の板を挿入することによって熱流を小さくでき、効率よく断熱するスーパーインシュレーションとして実用化している[7]。

〈福田　常男〉

〔参考文献〕

1) J. M. Lafferty, eds.: Foundation of Vacuum Science and Technology. (John Wiley & Sons, 1998)

2) R. Byron Bird, W. E. Stewart, and E. N. Lightfoot: Tranport Phenomena, 3rd ed. (John Wiley & Sons, 2013)

3) S. Chapman and T. G. Cowling: The Mathematical Theory of Non-Uniform Gases, 3rd ed. (Cambridge Univ. Press, 1990)

4) E. H. Kennard: Kinetic Theory of Gases, (McGraw-Hill Co. Ltd., 1938)

5) K. E. Grew and T. L. Ibbs: Thermal Diffusion in Gases, (Cambridge University Press, Cambridge, 1952)

6) 林主税：真空技術（共立出版、1985年）

7) S. C. Saxsena and R. K. Joshi: Thermal accomodation and adsorption coefficent of gases, (Hemisphere Publishing, New York, 1989)

8) ㈱アルバック編：新版 真空ハンドブック（オーム社、2002年）

第3章 希薄気体の流れ

本章では、空間で制限された希薄気体の流れを取り扱う。

第1節 流れの分類

気体の圧力すなわち分子密度によって気体が粘性流領域か分子流領域か、または中間流領域かに分類され、どの領域かによって流れの取り扱い方が異なる。また、気体の速度によっても流れの取り扱い方が異なる。まず、このような流れを特徴づける無次元量について述べる。

1.1 クヌーセン数：Kn

第2章で述べたように、気体分子による輸送現象は、気体分子同士の衝突によって決まるのか、気体分子同士の衝突は無視でき、もっぱら気体分子が壁へ直接入射することによって決まるのか、で取り扱いが大きく異なる。これらを決定づけるのは、問題とする系の大きさ、例えば導管の内径や真空容器の差し渡しの長さdと、気体分子同士が衝突する平均的な長さ、すなわち平均自由行程λの比、

$$Kn = \frac{\lambda}{d} \tag{3.1}$$

であり、Knをクヌーセン数と呼ぶ。Knの大きさによって気体は以下のように分類できる。

$Kn < 0.01$では、気体をナビエ・ストークスの式が成り立つ連続流体として取り扱うことができ、このような領域は粘性流領域と呼ばれる。また、$Kn > 10$の領域は、気体分子同士の衝突は無視でき、（自由）分子流領域と呼ばれる。中間の$0.01 < Kn < 10$の領域は中間流領域、もしくは遷移流領域と呼ばれ、気体は粘性流、分子流両方の影響があり、流れの解析が難しい。また、特に流体力学分野では$0.01 < Kn < 1$の領域をすべり流領域として独立に取り扱う場合もある。以下にKnによる気体の分類を示す[1]。

粘性流領域	$Kn < 0.01$
中間流（遷移流）領域	$0.01 < Kn < 10$
分子流領域	$10 < Kn$

粘性流領域では、気体分子は真空容器や配管を通過する際、分子同士が頻繁に衝突を繰り返すので、個々の分子の流れを追うのではなく、分子の集団を連続流体として取り扱うことができる。一方、分子流領域では、気体分子の流れを、個々の分子の運動の集合体として記述することによって流れを定式化できる。中間流やすべり流領域では、気体分子の流れが粘性流と分子流両方の性質を持つため取り扱いが複雑で、流れは数値モデルやシュミレーションに依らざるを得ない。

式（2.28）から20℃の空気に対して、圧力p[Pa]、配管直径D[cm]対して、

$$Kn = \frac{0.65}{pD} \tag{3.2}$$

となるので、粘性流、中間流、分子流のおおよその範囲は以下のようになる。

粘性流領域	$65 < pD$
中間流（遷移流）領域	$0.065 < pD < 65$
分子流領域	$pD < 0.065$

1.2 レイノルズ数：Re

1.1で述べた粘性流領域において、気体の流れが緩やかな場合には、気体の粘性と境界条件で決まる時間的に定常的な流れが生じ、これを層流という。一方、流れが速くなると、粘性力よりも気体の質量による慣性力が支配的となり、無秩序な渦や時間的、空間的に一様でない不安定な流れが生じ乱流となる。これらは、気体の粘性係数η、密度ρを用い、問題とする系の特性長さをd、流れの速さをvとして、

$$Re = \frac{\rho v d}{\eta} \tag{3.3}$$

で表されるレイノルズ数によって特徴づけられる。例えば、円筒導管の場合、内径をdとして、およそ、

第1編　希薄気体の性質

層流　　　　　　　　　　　$Re < 1200$
乱流　　　　　　　　　　　$Re > 2200$

である。真空工学では真空排気のごく初期の低真空領域で乱流となる可能性がある。20℃の空気に対して導管の内径をD [cm]として、後述する流量Q [Pa·L·s^{-1}]を用いて、

$$Re = \frac{4}{\pi} \frac{m}{kT} \frac{1}{\eta} \frac{Q}{d} = 0.0831 \frac{Q}{D} \tag{3.4}$$

と表わすことができる。

1.3 マッハ数：Ma

気体の流れが非常に速くなると、気体の弾性力が慣性力より大きくなる。それを特徴づけるのは、気体の流れの速さvと音速c_sの比、

$$Ma = \frac{v}{c_s} \tag{3.5}$$

であり、マッハ数と呼ばれる。音速c_sは式（2.14）の比熱比γを用いて、

$$c_s = \sqrt{\frac{\gamma kT}{m}} \tag{3.6}$$

で与えられる。Maは気体の圧縮性の指標で、概ね$Ma > 0.3$の場合に気体の圧縮性を考慮する必要がある。真空工学で取り扱う希薄気体は、一般に非圧縮性流体として取り扱うことができるので流れの中での分子の密度変化を無視できるが、希薄気体中を運動する物体の速度をvとしたとき、$Ma > 0.3$を超える領域では圧縮性を考慮する必要がある。

第2節　気体の流量

気体の流れを取り扱う場合、気体の量をどのように表現するかで種々の流量が定義できる。また、真空ポンプなどでの気体の排気も、ある断面を横切る気体の流れ、と考えることができるのでここで述べる。

（1）流量（pV値）

気体の流れを、気体分子の流れと考えた場合、気体の状態方程式から、流れる気体の量をモル単位で表しνRTとすることができる。このとき、1秒あたりに流れる分子のモル数をνとおき、気体の温度Tは不変と考える。これは、流れる気体の圧力をpとし、1秒間に流れる気体の体積をVとしたときのpVとも考えることができ、pV積と呼

ばれることもある。単位時間に流れるpV値を流量とよぶ。真空ポンプで排気する場合、規定されたある面を横切る流量を排気量と呼ぶ。流量（排気量）の単位は[Pa·m^3·s^{-1}]であり、[Pa·L·s^{-1}]、[Pa·L·min^{-1}]等も用いられる。

（2）体積流量

真空工学では、気体の流れをしばしば気体の圧力に関係なく体積で表すことがある。これは、真空ポンプが、圧力に関係なく一定の体積中にある気体分子を排気する容積移送式である場合が多く、運動量輸送式の真空ポンプでも同様の特性を示すことが多いためである。これは、気体分子数に対して、分子密度nの気体分子には体積n^{-1}が付随していると考えることもできる。この場合の気体の流れを体積流量と言う。真空ポンプでは、単位時間にある面を通過する気体の量を体積で表したもので、排気速度と呼ぶ。体積流量（排気速度）の単位は[m^3·s^{-1}]であるが、[L·s^{-1}]、[L·min^{-1}]、[m^3·h^{-1}]等も用いられる。

流量Qは、体積流量Q_Vとその場所での圧力pとの積で表される。

（1）、（2）が最も一般的に用いられる気体の流れの量であり、本書では特に断らない限り「流量」とは単位時間に流れるpV値のことである。これら以外にも、気体の流れを表す量として、次の流量が用いられることがある。

（3）分子流量

単位時間に、ある面を通過する気体分子の数。分子束と言う場合もある。単位は［個·s^{-1}］。

（4）質量流量

単位時間に、ある面を通過する気体の質量。単位は[kg·s^{-1}]。

（5）モル流量

単位時間に、ある面を通過する気体のモル数。単位は[mol·s^{-1}]。

（6）sccm（＝standard cubic centimeter per minutes）、slm（＝standard litter per minutes）

単位時間に、ある面を通過する気体を標準状態の気体の体積で表した量。真空工学では「標準状態」とは気体の温度0℃、1気圧（=101325 Pa）をさすが、国際純正・応用化学連合(IUPAC＝International Union of Pure and Applied Chemistry)では、気体の温度0℃、10^5 Paで定義さ

れている。また、基準の温度を25℃とする場合もある。流量計等で用いられることが多いが、個々の機器について定義の確認が必要である。

第3節 コンダクタンス

図3.1のように、容器AとBに同種の気体がそれぞれ圧力p_A、p_B ($p_A>p_B$)で閉じ込められ、容器の間が導管で接続されている場合を考えよう。このとき、気体は圧力の高い容器Aから圧力の低い容器Bへ流れることになり、流量をQとすれば、流量は圧力差に比例し、

$$Q = C(p_A - p_B) \quad (3.7)$$

とおくことができる。ここで、比例定数Cを真空配管のコンダクタンスと呼び、[m³·s⁻¹]の単位を持つ。これは、電気工学での電流I、電圧V、抵抗Rの関係がオームの法則に従うこと、すなわち、

$$I = \frac{1}{R}V = CV \quad (3.8)$$

と同じように考えることができる。電気工学でもCをコンダクタンスと呼び、単位は[S]（シーメンス）である。電気工学では「抵抗」は電気の流れ難さを表す量であるが、コンダクタンスは電気の流れ易さの目安になる量である。

真空工学でも、コンダクタンスCは気体の流れ易さを表す量であり、圧力差が同じ場合コンダクタンスが大きいほど気体の流量は大きくなる。

電気工学と同じように、真空配管の並列、直列接続に応じてコンダクタンスを合成することができる。

図3.2のように、コンダクタンスC_1、C_2、…、C_nの配管を直列に接続した場合、それぞれの配管の接続部分の影響が無視できる場合、合成コンダクタンスは、

$$\frac{1}{C} = \frac{1}{C_1} + \frac{1}{C_2} + \cdots + \frac{1}{C_n} \quad (3.9)$$

となる。一方、図3.3のように、コンダクタンス

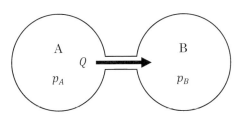

図3.1 導管でつながれた2つの真空容器

図3.2 導管の直列接続

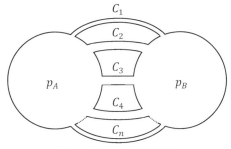

図3.3 導管の並列接続

C_1、C_2、…、C_nの配管を並列に接続した場合、合成コンダクタンスCは、

$$C = C_1 + C_2 + \cdots + C_n \quad (3.10)$$

となる。

第4節 粘性流領域でのコンダクタンス

4.1 長い円形導管のコンダクタンス

ここではコンダクタンスを求める場合に最も基礎となる円形断面の導管を取り扱う。

内半径a、長さl_0をもつ円形断面導管の側断面を図3.4に示す。導管の上流側の圧力をp_A、下流側をp_B ($p_A>p_B$)とし、このような導管内に流体が流れているとする。また、図3.4に示すように導管の軸方向をx、動径方向をrとして、軸対称の流れを考える。流れの中に仮想的に流れに平行な薄い同心円筒（図の黒い部分）を考え、圧力勾配とせん断応力のつり合いを考える。すなわち、円筒の内側、外側の半径をそれぞれr、$r+dr$、長さをlとし、円筒に平行な気体の流れを$v(r)$とすると、円筒内外には、

$$F_S = 2\pi r l \, \eta \frac{dv(r)}{dr} \quad (3.11)$$

のせん断力が働く。ここで、ηは気体の粘性係数である。この円筒の上流と下流での圧力差は$l\frac{dp(x)}{dx}$であるから、これに円筒断面の面積をかけて、圧力勾配による力は、

$$F_p = \pi r^2 l \frac{dp(x)}{dx} \quad (3.12)$$

となる。力のつり合いから$F_s=F_p$として、気体の流れが壁面($r=a$)で、$v(a)=0$となる境界条件で式

(3.11)、(3.12) を解くと、

$$v(r) = \frac{1}{4\eta}(a^2 - r^2)\frac{dp(x)}{dx} \quad (3.13)$$

となる。これは、気体の速度が導管の壁面でゼロ、中心で最大となる2次関数で表されることを示している。ここで$v(r)$は、個々の分子の運動を表すのではなく、分子集団の重心の流れを表し、気体を連続流体として考えていることを意味する。式 (3.13) を導管の動径r方向に積分して流量を求め、x軸方向に積分して圧力勾配を求めることにより、

$$Q = \frac{\pi a^4}{4\eta l_0}\frac{p_1+p_2}{2}(p_A - p_B) = \frac{\pi a^4}{8\eta l_0}\bar{p}(p_A - p_B)$$

$$\bar{p} = \frac{p_A + p_B}{2} \quad (3.14)$$

となる。ここで、$\bar{p}$は導管の入口と出口の平均圧力である。式 (3.13) はハーゲン・ポアズイユの法則と呼ばれ、円形断面を持つ導管の中の粘性流を記述する基本式である。導管の内径を$d = 2a$としてコンダクタンスC_vは、

$$C_v = \frac{\pi d^4}{128\eta l_0}\bar{p} \quad (3.15)$$

となる。粘性流の場合、コンダクタンスは平均圧力に比例し、導管の内径dの4乗、すなわち導管の断面積の2乗に比例する。

20℃の空気の場合、導管の内径をD [cm]、長さをL [cm]とすると、粘性流領域でのコンダクタンスC_vは、

$$C_v = 1.35\frac{D^4}{L}\bar{p} \quad [\text{L·s}^{-1}] \quad (3.16)$$

となる。

式 (3.15) や式 (3.16) は導管内での流れが式 (3.13) に従う場合であるが、導管内に入った直後の流体の速度は断面に対してほぼ一様で、管壁との摩擦のため管壁近くで流体の速度が遅くなり、管の中心で速くなる。このように、導管での流れが一定になるまでの区間を助走区間とよび、内径dの導管では、

$$L_e = 0.056 Re\, d \quad (3.17)$$

であることが知られている[2]。ここで、Reは3.1で述べたレイノルズ数である。20℃の空気に対して流量Q [Pa·L·s^{-1}]での助走区間L_eは、おおよそ、

$$L_e = 4.65 \times 10^{-3}Q \quad [\text{cm}] \quad (3.18)$$

となる。

4.2 円形でない導管のコンダクタンス

断面が円形でない導管のコンダクタンスは、適当な境界条件の下でナビエ・ストークス方程式を解くことによって得られる。以下にいくつかの例を示す。

・角型導管のコンダクタンス

図3.5に示すような、内断面がそれぞれa [cm]、b [cm]、長さL [cm]の角型導管のコンダクタンスは、20℃の空気に対して、

$$C_{vs} = 4.58\frac{1}{L}\frac{a^3b^3}{a^2+b^2+0.371ab}\bar{p} \quad [\text{L·s}^{-1}] \quad (3.19)$$

となる[2]。

・同軸円筒導管のコンダクタンス

図3.6に示すような円筒の直径がそれぞれd_1 [cm]、d_2 [cm]($d_2 > d_1$)、長さL [cm]の同軸円筒導管のコンダクタンスは、20℃の空気に対して、

$$C_{vc} = 1.35\frac{1}{L}\left[d_2^4 - d_1^4 - \frac{(d_2^2 - d_1^2)^2}{\ln(d_2/d_1)}\right]\bar{p}$$

$$[\text{L·s}^{-1}] \quad (3.20)$$

となる。

・楕円導管のコンダクタンス

図3.7に示すような短径a [cm]、長径b [cm]、長さL [cm]の楕円導管のコンダクタンスは、20℃の空気に対して、

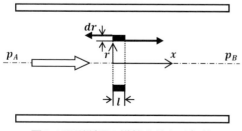

図3.4 円形断面の導管を流れる気体

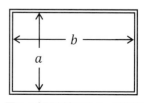

図3.5 矩形断面をもつ導管

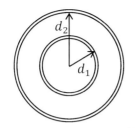

図3.6 同軸円筒断面をもつ導管

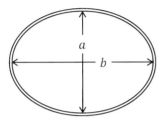

図3.7 楕円断面をもつ導管

$$C_{ve} = 2.70\frac{1}{L}\left(\frac{a^3b^3}{a^2+b^2}\right)\overline{p} \quad [\text{L s}^{-1}] \quad (3.21)$$

である[3]。

4.3 オリフィスのコンダクタンス

図3.8に示すように、流量測定などのために配管の途中に小さな孔をあけた薄い板を挿入することがあり、このような構造をオリフィスという。流体がオリフィスから流出する現象を噴流と言う。粘性流領域では、オリフィスを通過する気体の流量は必ずしもオリフィス前後の圧力差に比例しないので、コンダクタンスとしては定義できない。そこで、オリフィスを通過する気体の流量で表す。

オリフィスを通過する気体のマッハ数Maが1に近づくと、オリフィスの下流側の圧力p_Bをいくら下げても流量は増えない。これをチョーク流れと言う。

オリフィスの前後の圧力をそれぞれp_A、p_B ($p_A>p_B$) として、圧力比、

$$K_p = \frac{p_A}{p_B} \quad (3.22)$$

を定義する。チョーク流れになる臨界圧力比K_{pc}は、式 (2.14) の比熱比γを用いて、

$$K_{pc} = \left(\frac{2}{\gamma+1}\right)^{-\frac{\gamma}{\gamma-1}} \quad (3.23)$$

で表される。チョーク流れにならない$1<K_p<$

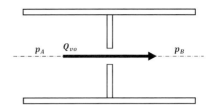

図3.8 オリフィスのコンダクタンス

K_{pc}の場合、オリフィスの開口部分の断面積をAとして流量Q_{vo}は、

$$Q_{vo} = \alpha A\left(\frac{kT}{m}\right)^{\frac{1}{2}} K_p^{-\frac{1}{\gamma}}\left[\frac{2\gamma}{\gamma-1}\left(1-K_p^{\frac{1-\gamma}{\gamma}}\right)\right]^{\frac{1}{2}} p_A \quad (3.24)$$

となる[4]。ここで、αはオリフィスの形状に依存した定数で、断面が鋭利な円形の孔に対しては$\alpha=0.85$である。空気に対しては$K_{pc}=1.89$であり、チョーク流れにならない$1<K_p<1.89$では、式 (3.24) は20℃の場合、オリフィスの面積A[cm²]に対して、

$$Q_{vo} = 76.5\alpha A K_p^{-0.713}\left(1-K_p^{-0.287}\right)^{\frac{1}{2}} p_A \quad [\text{Pa·L·s}^{-1}] \quad (3.25)$$

となる。

また、チョーク流れになると、流量は下流側の圧力p_Bによらず、

$$Q_{voc} = \alpha A\left(\frac{kT}{m}\right)^{\frac{1}{2}} \gamma^{\frac{1}{2}}\left(\frac{2\gamma}{\gamma-1}\right)^{\frac{\gamma+1}{2(\gamma-1)}} p_A \quad (3.26)$$

となり、20℃の空気の場合、

$$Q_{voc} = 19.9\alpha A p_A \quad [\text{Pa·L·s}^{-1}] \quad (3.27)$$

となる[2]。

第5節 分子流領域でのコンダクタンス

分子流領域では、分子間の衝突が無視でき分子は壁面とのみ衝突、散乱することになる。この場合、コンダクタンスを求めるためには入射した分子が壁面で余弦則に従う拡散反射することが前提であり、実際真空装置を構成する実用的な材料では、入射した分子が拡散反射することが知られている。

5.1 長い円形導管のコンダクタンス

分子流領域での長い円形導管のコンダクタンスを求める場合、幾通りかの方法が知られている[5]が、ここでは管内自由行程を用いた方法を述べる。

自由空間での気体の拡散は式 (2.68) で与えられたが、気体の状態方程式 $p=nkT$ を用い、図3.4のように導管の入口と出口の圧力をそれぞれ p_A、p_B ($p_A > p_B$) とすると、導管の内半径を a、長さを l として、流量 Q は、

$$Q = \pi a^2 \frac{1}{3} \bar{v} \lambda \frac{p_A - p_B}{l} \tag{3.28}$$

で与えられる。次にこの平均自由行程 λ を管内平均自由行程 λ^* で置き換える。

単位時間に導管の内表面全体に衝突する分子数 Z は、入射頻度 Γ を用いて、

$$Z = 2\pi a l \Gamma = \frac{1}{2} \pi a l n \bar{v} \tag{3.29}$$

で与えられる。管内の全分子の飛行時間の総和 Σ は、

$$\Sigma = \pi a^2 l n \bar{v} \tag{3.30}$$

とおけるから、分子の平均的な衝突距離、すなわち管内平均自由行程 λ^* は、

$$\lambda^* = \frac{\Sigma}{Z} = 2a \tag{3.31}$$

となる。式 (3.28) の λ を λ^* で置き換えれば、

$$Q = \frac{2}{3l} \pi a^3 \bar{v} (p_A - p_B) \tag{3.32}$$

すなわち、コンダクタンスとして、

$$C_m = \frac{2}{3l} \pi a^3 \bar{v} \tag{3.33}$$

を得る。導管の内径 $2a = D$ [cm]、長さを L [cm] として、20℃の空気に対して、

$$C_m = 12.1 \frac{D^3}{L} \quad [\text{L·s}^{-1}] \tag{3.34}$$

であり、分子流領域のコンダクタンスは導管直径の3乗に比例する。

5.2 オリフィスのコンダクタンス

図3.8のような、面積 A のオリフィスの分子流領域でのコンダクタンスを考える。気体分子はオリフィスの上流から単位時間あたり $A\Gamma$ 個入射するので、分子数を体積流量で表し、圧力をかける

ことによって流量を求めることができる。従って、上流から下流への流量 Q_{AB} は、

$$Q_{AB} = A \frac{1}{4} n \bar{v} \times n^{-1} p_A = \frac{1}{4} A \bar{v} p_A \tag{3.35}$$

同様に、下流から上流への流量 Q_{BA} は、

$$Q_{BA} = \frac{1}{4} A \bar{v} p_B \tag{3.36}$$

であり、正味の流量 Q は、

$$Q = \frac{1}{4} A \bar{v} (p_A - p_B) \tag{3.37}$$

である。従ってコンダクタンス C_{mo} は、

$$C_{mo} = \frac{1}{4} A \bar{v} = A \sqrt{\frac{kT}{2\pi m}} = C_o A \tag{3.38}$$

$$C_o = \sqrt{\frac{kT}{2\pi m}} \tag{3.39}$$

である。

20℃の空気に対して、オリフィスの面積 A [cm^2] の場合、

$$C_{mo} = 11.6A \quad [\text{L·s}^{-1}] \tag{3.40}$$

となる。但し、オリフィスの面積に対して導管の断面積が無視できないときは、次項5.3に述べる導管中のオリフィスのコンダクタンスを用いる必要がある。

5.3 導管中のオリフィスのコンダクタンス

オリフィスの面積に対して導管の断面積が十分大きければ、オリフィスへ飛来する分子は半無限遠から飛来した分子と考えて良いが、オリフィスの面積に対して導管の断面積が無視できないときは、式 (3.38) に、

$$C'_{mo} = \frac{K_0}{1 - \frac{A}{A_0}} C_o A \tag{3.41}$$

の補正が必要であり、コンダクタンスは若干大きくなる。ここで、A_0 は導管の断面積、K_0 は、1程度の補正項である[2,6]。

5.4 短い円形導管のコンダクタンス

内半径 a の短い導管は、導管の断面と同じ孔を持つオリフィスと長さ l の導管の直列接続と考えて、式 (3.38) を用いて、

$$C_{ms} = C_o \frac{1}{1 + \frac{3al}{8a}} \tag{3.42}$$

とすることができる。ここで、α は補正係数であ

り、
$$\alpha = 1 + \frac{1}{3+\frac{3l}{7a}} \qquad (3.43)$$
で与えられる[2]。導管の内径D [cm]、長さL [cm]の場合、20℃の空気に対して、おおよそ$L>8D$の場合$\alpha=1$とおいて、
$$C_{ms} = 11.6 \frac{1}{1+\frac{3L}{4D}} \quad [\text{L·s}^{-1}] \qquad (3.44)$$
で近似できる。

5.5 円形でない導管のコンダクタンス

断面が比較的簡単な導管のコンダクタンスは解析的に計算できる。以下に種々の断面をもつ導管の20℃の空気に対するコンダクタンスを示す。

・角型導管のコンダクタンス

図3.5に示すような、内断面がそれぞれa [cm]、b [cm]($b≧a$)で長さがL [cm]の角型導管のコンダクタンスは、20℃の空気に対して、
$$C_m = 11.1 \frac{a^2 b}{L} \ln\left(4\frac{b}{a} + \frac{3}{4}\frac{a}{b}\right) \quad [\text{L·s}^{-1}] \qquad (3.45)$$
である。

・同軸円筒導管のコンダクタンス

図3.6に示すような円筒の直径がそれぞれd_1 [cm]、d_2 [cm]、長さL [cm]の同軸円筒導管のコンダクタンスは、20℃の空気に対して$e=d_1/d_2$として
$$C_m = 9.09 \frac{d_2^3}{L} X(e)(1-e^2) \quad [\text{L·s}^{-1}] \qquad (3.46)$$

ここで、$X(e)$はeの関数で表3.1のとおりである[2]。

表3.1 $X(e)$の値

e	0	0.1	0.2	0.3	0.4	0.5	0.6	0.7	0.8	0.9	0.95
$X(e)$	1.333	1.231	1.124	1.012	0.894	0.771	0.642	0.504	0.358	0.197	0.107

・楕円導管のコンダクタンス

図3.7に示すような短径aと長径bの楕円導管のコンダクタンスは、角型導管と同様に考えることができ、20℃の空気に対して、
$$C_m = 7.78 \frac{a^2 b}{L} \ln\left(4\frac{b}{a} + \frac{3}{4}\frac{a}{b}\right) \quad [\text{L s}^{-1}] \qquad (3.47)$$
となる。

上記以外の形状の導管や邪魔板のコンダクタンスは、解析的に求めることができる場合の近似式が与えられているほか、複雑な形状についてはモ

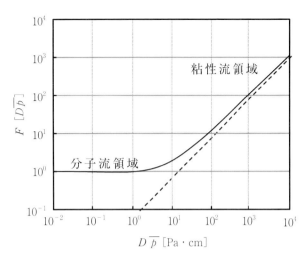

図3.9 20℃の空気に対する$F(D\bar{p})$

ンテカルロ法等でシュミレーションすることができる[7]。

分子流領域では、一般的な形状に対して開口部の面積をAとしたとき、オリフィスのコンダクタンスの式（3.38）、（3.39）を用いて、
$$C_{mo} = C_o P A \qquad (3.44)$$
とおくことができる。ここでPは開口部分に入射した分子のうち、導管を抜ける分子の割合を示し、通過確率である。また、Pはクラウジング係数と呼ばれることもある。従って、一般的な形状の導管のコンダクタンスはPを求めればよい。

第6節 中間流領域でのコンダクタンス

中間流領域では、粘性流と分子流の両方の寄与があり、コンダクタンスを解析的に求めることは困難である。そこで、これらの領域をつなぐ内挿式が提案されている。クヌーセンによれば、20℃の空気に対して内径D [cm]の円形導管のコンダクタンスは、
$$C_t = C_v + \frac{1+1.89D\bar{p}}{1+2.34D\bar{p}} C_m \quad [\text{L·s}^{-1}] \qquad (3.48)$$
で与えられる。ここで、C_v [L·s^{-1}]は式（3.16）の粘性流領域でのコンダクタンス、C_m [L·s^{-1}]は式（3.34）の分子流領域でのコンダクタンスである。式（3.16）を代入して整理すると、
$$C_t = \left(0.112 D\bar{p} + \frac{1+1.89D\bar{p}}{1+2.34D\bar{p}}\right) C_m \quad [\text{L·s}^{-1}] \qquad (3.49)$$
となり、中間流領域では、分子流領域でのコンダ

クタンスに、

$$F(D\overline{p}) = 0.112D\overline{p} + \frac{1+1.89D\overline{p}}{1+2.34D\overline{p}} \qquad (3.50)$$

の補正をしたことになる。$F(D\overline{p})$を図3.9に示す。$D\overline{p}$の小さい分子流領域では、$F(D\overline{p})\to 1$となり一定値を取るが、$D\overline{p}$が大きくなり粘性流領域に入ると$F(D\overline{p})$は$D\overline{p}$に比例するようになり図中の点線に漸近する。

〈福田　常男〉

〔参考文献〕

1) (一社)日本機械学会編：機械工学便覧 基礎編 a4（丸善、2006年）第16章

2) J. M. Lafferty, eds.: *Foundation of Vacuum Science and Technology* (John Wiley & Sons, 1998)

3) 中川洋、小宮宗治：真空装置（日刊工業新聞社、1965年）、p. 39

4) J. F. O'Hanlon: *A User's Guide to Vacuum Technology*, 3rd eds. (John Wiley & Sons, 2003)

5) たとえば、熊谷寛夫、富永五郎：真空の物理と応用（裳華房、1970年）pp.95-101

6) A. J. Bureau, L. J. Laslett and J. M. Keller: Rev. Sci. Instrum. **23** (1952) 683

7) ㈱アルバック 編：新版 真空ハンドブック（オーム社、2002年）

第4章 気体の吸着と脱離

真空工学では、一般に真空容器内の気体をできるだけ速やかに所望の圧力まで排気することが求められる。体積Vの真空容器を実効排気速度S_eの真空ポンプで排気すると、他からの気体流入が無い場合、容器内の圧力$p(t)$は排気方程式、

$$\frac{dp(t)}{dt}V = -S_e p(t) \tag{4.1}$$

に従って時間とともに減少するはずである。初期圧力をp_0とすると、式（4.1）の解は、

$$p(t) = p_0 \exp\left(-\frac{S_e}{V}t\right) \tag{4.2}$$

となる。しかし、実際の真空システムでは大気圧近傍の排気初期を除いて、一般的にこのような圧力変化にはならない。これは、真空容器内に気体の流入があるためで、真空容器そのものや、容器内に挿入された装置や部品などを構成する材料の内部や表面から気体が発生するためである。

気体放出に関与する現象としては、（1）材料の表面に吸着している気体の脱離、（2）材料の内部に溶解したり吸蔵している気体の放出、（3）大気側から真空容器を通り抜けてくる気体の透過、があげられる。本章では、このような真空用材料の表面や内部からの気体放出を取り扱う。

第1節 気体の吸着

気体分子が固体である真空材料の表面に入射した際、分子は様々な過程を経る。これらの過程を図4.1に示した。入射分子のあるものは表面原子と衝突して跳ね返されることがあり、これを分子の散乱と言う。一方、分子が表面に留まることもあり、これを吸着と言う。吸着する分子を吸着質、吸着する表面を吸着媒と呼ぶこともある。

分子と表面の種類によっては吸着した分子は表面を単分子の厚さで覆い尽くすことがある。このように単分子の吸着量を基準とした分子の吸着量の割合を被覆率という。後述するように、気体分子と表面の相互作用の種類によって、吸着は1分子層、すなわち被覆率1で停止する場合もあり、多層に吸着する場合もある。多層吸着の場合を気体の凝縮と呼んで区別することがある。

表面に吸着した分子は表面上を拡散し、ある場合には固体内部に移動する。固体内部への分子移動、つまり固体内部への気体の拡散を溶解と呼ぶ。真空容器や配管など実用材料はほとんどの場合金属でできており、このような金属は多結晶である。多結晶金属では、結晶の粒界を伝わって分子が拡散することが多く、このような拡散を粒界拡散と呼んで溶解と区別することがある。この場合、分子が金属結晶内に取り込まれる場合を狭義の溶解と呼ぶ。

また、真空のシール材としてプラスチックやゴムなどの高分子材料が用いられることが多い。このような材料はエラストマーと呼ばれ、これらの表面に吸着した気体は内部に拡散する。エラストマーが大気と真空との間のシール材に用いられた場合、大気側で吸着した気体がエラストマー内部を拡散し、真空側で脱離する。これを気体の透過と言い、実用的な真空システムでは主に水（水蒸気）の透過が問題となる。

1.1 吸着の種類と吸着ポテンシャル

分子が表面に吸着するのは、気体分子と固体表面原子との間に引力相互作用が働くためである。原子や分子の相互作用の起源は静電相互作用であり、分子間に（1）電気双極子（一般的には多極子）

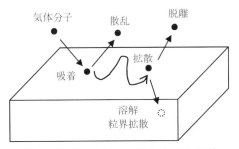

図4.1 表面に入射する気体分子の挙動

相互作用や誘起双極子相互作用、(2) 分散力、(3) 共有結合や水素結合、イオン結合、などの力が働く。(1)-(2) の相互作用により表面に吸着する場合を物理吸着、(3) により吸着する場合を化学吸着と呼ぶ。

表面からの距離zの関数として気体分子と表面の相互作用エネルギーを描いたものが図4.2である

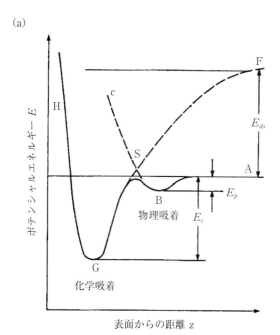

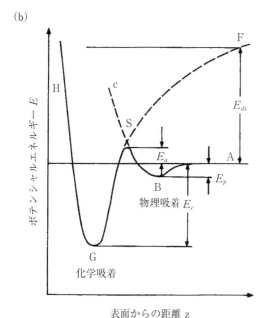

図4.2 表面に入射した分子の吸着ポテンシャル
(a)活性化障壁の無い吸着、(b)活性化障壁のある吸着

る。静止した気体分子が無限遠にある時をエネルギーの原点にとってあり、表面原子と相互作用するため気体分子が表面に近づくとポテンシャルは負の値をとる。また、気体分子が表面に近づきすぎると電子雲間の反発のためポテンシャルは正の値をとる。このようなエネルギーの変化を吸着ポテンシャルと言う。気体分子と表面原子の相互作用の種類によって吸着ポテンシャルの詳細形状は変わるが、概ね表面付近で極小をとる図4.2と同じようなポテンシャル形状と考えて良い。

図4.2(a)で分子が遠方（図中のA）から表面に近づくと表面原子と相互作用し、エネルギーを失ってポテンシャルの極小Bに留まる場合がある。これが、物理吸着であり、無限遠を基準としたエネルギーの利得E_pが物理吸着の吸着エネルギーである。一方、分子が表面に近づくと、表面原子との軌道混成によって分子が解離する場合がある。分子の解離にはエネルギーが必要なので、解離した分子は表面から遠いところでは図の点線で示されているように分子の結合解離エネルギーE_{ds}分だけ高いエネルギーのFとなるが、表面に近づくにつれてエネルギーが下がり、物理吸着のポテンシャルとSで交差する。物理吸着している分子はこのような遷移状態を経たのち、エネルギーの極大Sを越えてより表面に近い位置Gで化学吸着に至る。このとき、無限遠を基準としたエネルギーの利得はE_cであり、化学吸着の吸着エネルギーを表す。一旦化学吸着した分子が外部からエネルギーを受けて脱離する際には、$E_d = E_c$のエネルギーが必要であり、E_dは脱離の活性化エネルギーと呼ばれる。

一方、気体と表面の種類によっては、図4.2(b)のように物理吸着Bと化学吸着Gの間にエネルギー障壁がある場合がある。この場合、入射分子がE_a以上のエネルギーを持つ場合にのみ化学吸着に至ることになり、活性化吸着もしくは前駆体を介した吸着と呼ぶこともある。吸着に活性化障壁があるため、吸着速度v_aは、

$$v_a = v_0 \exp\left(-\frac{E_a}{RT}\right) \tag{4.3}$$

に比例する。ここで、v_0は解離吸着の交点sでの入射分子の振動数で、$v_0 \sim 10^{13}$ s^{-1}程度である。図4.2(a)の場合と異なり、このような化学吸着で

は、脱離に余分のエネルギーE_aが必要であり、脱離の活性化エネルギーは$E_d = E_c + E_a$となる。

表4.1に物理吸着と化学吸着の特徴をまとめた。H_2OやCOなどの気体分子は、分子内の電荷に偏りがあるため電気双極子（永久双極子）をもつ。このような分子が表面に近づくと表面付近に鏡像ポテンシャルを誘起し、電気双極子相互作用が生じて分子が吸着する。また、永久双極子を持たないArなどの貴ガスやN_2、H_2などの等核2原子分子が電場中に置かれると、電荷の偏り、すなわち電気双極子が誘起され誘起双極子相互作用により分子が吸着する。

また、誘起する電場が無い場合でも、分子内の量子力学的な電荷分布の揺らぎに起因した電荷の一時的な偏りによる引力、すなわち分散力が働き表面に吸着する。

これらの引力はファン・デル・ワールス力と呼ばれ、2体間では原子間の距離をrとすると、r^{-6}に比例するポテンシャルで表される。また、物理吸着はファン・デル・ワールス吸着とも呼ばれる。ファン・デル・ワールス力によって凝集した貴ガスなどの固体はファン・デル・ワールス固体と呼ばれることもある。

原子間ポテンシャルとして、パウリの排他原理に基づいたr^{-12}に比例する斥力ポテンシャルを取り入れたレナード－ジョーンズ(6-12)ポテンシャル、

$$E_{LJ} = 4\varepsilon \left[\left(\frac{r_0}{r} \right)^{12} - \left(\frac{r_0}{r} \right)^6 \right] \tag{4.4}$$

は物理吸着の原子間相互作用を表すポテンシャルとして良く用いられる。また、このような2体間

ポテンシャルを持つ原子が2次元平面に並んでいる表面では、式（4.4）を積分することにより気体分子が表面原子からr^{-3}に比例したポテンシャルを受けることが分かる。

物理吸着の吸着エネルギーE_pは分子と表面原子の静電エネルギーに起因するので表面原子の種類にあまり依存せず、気体の凝集エネルギーの大きさ程度になる。主な気体の物理吸着エネルギーの実測値とモル蒸発エンタルピー（凝集エネルギーに相変化に伴う体積変化による仕事を加えた量、モル凝集エンタルピー）を表4.2に示す。表にあげた数値は、吸着量が少ないときの吸着エネルギーである。吸着エネルギーはモル蒸発エンタルピーより大きく、吸着第1層は気体の凝縮層より大きいエネルギーで表面に吸着していることがわかる。しかし、ゼロ点振動が大きいH_2やHeを除き、吸着エネルギーはおおよそモル蒸発エンタルピーの4倍以内になっている。

一方、化学吸着では、分子同士の共有結合と同様に、気体分子の分子軌道と表面原子の分子軌道が混成し、新たな結合性軌道や反結合性軌道が形成される。電子はエネルギー準位の低い軌道から順に占有し、吸着分子は表面原子と共有結合して吸着する。

吸着分子で化学結合に関与する電子軌道は、最高占有分子軌道(HOMO：Highest Occupied Molecular Orbital)と最低非占有分子軌道(LUMO：Lowest Unoccupied Molecular Orbital)である。分子と表面原子の両方ともに不対電子をもつ軌道があれば、表面原子は容易に共有結合を形成する。また、分子と表面原子どちらかに不対電子が

表4.1 物理吸着と化学吸着

	物理吸着	化学吸着
相互作用	静電相互作用 （電気双極子相互作用、誘起双極子相互作用、ファンデルワールス力など）	化学結合 （共有結合、配位結合、水素結合、イオン結合など）
吸着エネルギー	凝集エネルギーに近い $<20\ kJ \cdot mol^{-1}$	化学結合エネルギーに近い $>40\ kJ \cdot mol^{-1}$
吸着位置	表面から遠い	表面に近い
表面の選択性	ほとんど無い	大きい
温度効果	低温ほど吸着確率が大きい	温度に対して吸着確率が極大を取る場合が多い
吸着確率	被覆率依存性は小さい	被覆率依存性が大きい
気体に対する選択性	小さい	ある：貴ガスは化学吸着しない
吸着状態	分子（原子）状	分子状または原子に解離
吸着層の厚さ	単分子層から多層吸着	単分子層

表4.2 物理吸着の吸着エネルギー[kJ・mol^{-1}]$^{1-3)}$

気体	He	H$_2$	Ne	N$_2$	Ar	Kr	Xe	Ref
多孔質ガラス	2.8	8.24	6.44	17.8	15.8			1)
サラン活性炭	2.6	7.82	5.36	15.5	15.3			1)
カーボンブラック	2.5		5.69		18.2			1)
アルミナ					11.7	14.5		1)
黒鉛化カーボンブラック					10.3	13.8	17.7	1)
W					~8	~19	33-38	2)
Mo							~33	2)
Ta							~22	2)
モル蒸発エンタルピー†	0.084	0.900	1.71	5.57	6.43	9.08	12.57	3)

† 沸点での値

あれば、やはり化学結合しやすい。

　また、分子軌道が周期ポテンシャルを形成すると、エネルギーは連続準位のバンドとなる。この場合、電子が満たされている最高エネルギーバンドが価電子帯、電子が満たされいない最低エネルギーバンドが伝導帯であり、その間のエネルギーが禁制帯、すなわちエネルギーギャップとなる。1つのエネルギーバンドの途中まで電子が占有している場合は、電子が自由に動き回ることができるため金属となる。バンド内で電子が占有できる最大のエネルギーがフェルミエネルギーE_Fである。

　分子同士の化学結合などと同様に、表面の電子軌道と吸着分子の電子軌道のエネルギー準位が近いほど軌道の混成が起きやすい。一般的に酸化物などの絶縁体はエネルギーギャップが大きいため化学吸着しにくい。表面上の欠陥サイトなどに化学吸着する他は、気体は主に物理吸着する。エネルギーギャップの小さい半導体や、エネルギーギャップの無い金属表面では、気体分子は物理吸着するとともに化学吸着しやすいと言える。

　金属表面で気体分子が化学吸着する様子を示したものが図4.3である。不対電子を持つラジカルなどが表面に化学吸着する場合、図4.3(a)に示すように分子の不対電子の電子軌道と表面の軌道が混成し、エネルギーの低い結合性軌道と高い反結合性軌道に分裂する。そして、電子がエネルギーの低い結合性軌道を占めることによって共有結合する。また、2原子分子などのように、電子的に閉殻構造をとる分子の場合、分子軌道のHOMOが表面バンドの非占有状態と、またLUMOは表面の占有状態と混成軌道を作る。分子の軌道と表面の軌道

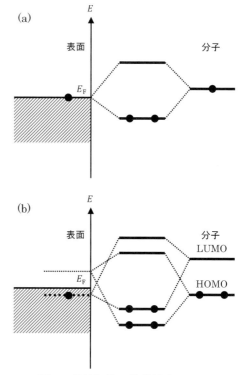

図4.3 吸着気体の化学結合モデル
(a)不対電子を持つ気体、(b)分子のHOMOと表面の非占有電子軌道、LUMOと占有電子軌道による混成軌道の生成

を比較して、分子の軌道エネルギーが低い場合は、表面から吸着分子へ電子移動し、分子は負に帯電しイオン性を持つ。

　実際に多原子分子が解離して表面で化学吸着するかどうかは、分子の結合解離エネルギーと表面への吸着エネルギーの大小関係で決まり、結合解離エネルギーより解離吸着のエネルギーの方が大きければ、分子は解離して表面に化学吸着する。一般的には、図4.2(b)に示すように、分子の解離にはポテンシャル障壁がある場合が多く、実際に

表4.3 主な2原子分子気体の結合解離エネルギー (0 K)[3]

気体	結合解離エネルギー[kJ・mol^{-1}]
H$_2$	439.7
O$_2$	502.1
N$_2$	949.0
CO	1080.2

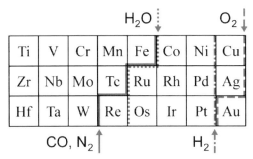

図4.4 金属表面上でのCO、N$_2$、H$_2$O、H$_2$、O$_2$の反応性
(一般的に、各気体を表す線の左側の金属表面では化学吸着する)[4]

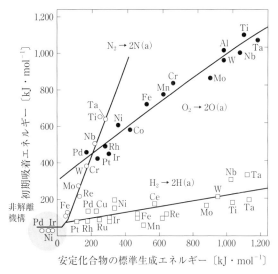

図4.5 主な金属表面に対するH$_2$、N$_2$、O$_2$の吸着エネルギーと安定化合物の標準生成エネルギー[5]

解離吸着するかどうかは気体と表面の種類に依存する。主な気体の結合解離エネルギーを表4.3[3]に示す。実用上重要な周期表の第4-6周期の遷移金属上でCO、N$_2$、H$_2$O、H$_2$、O$_2$が解離吸着するかどうかの目安を図4.4に示す[4]。一般的に、それぞれの気体に対応する線の左側の金属表面上では解離吸着するが、同じ金属でも面方位や温度によって解離吸着するか否かが異なる場合がある。また、これら以外にも分子が完全に解離せず共有結合を一部残したまま分子状に化学吸着する場合もある。化学吸着では、表面原子と吸着分子の間に共有結合が生じると同時に電子の偏りが生じるために表面で電気双極子を持つ場合が多い。

近年、表面分析技術や清浄表面の作製技術が進歩し、超高真空中で良く定義された金属や酸化物表面上での実用上重要な気体の吸着の研究が進展した。その結果、面方位が規定された金属やそれらの酸化物の単結晶表面での吸着エネルギーが精度良く求められるようになった。H$_2$、N$_2$、O$_2$の初期吸着エネルギーと安定化合物の生成エネルギーの関係を図4.5に示す[5]。これらの気体の吸着エネルギーが、固体の安定化合物の標準生成エネルギーと良い直線関係にあることが分かる。また、個々の金属で面方位によって吸着エネルギーは変化する。これらの金属や酸化物表面の各々の面方位に対する吸着エネルギーに関しては総説を参照されたい[4,6]。

1.2 清浄表面の吸着速度と吸着確率

一般的に固体表面には化学吸着した酸素や窒素、また物理吸着した炭化水素や水分子などが存在する。また、金属などの固体を加熱すると硫黄や炭素などの不純物が表面に析出する。超高真空中での加熱やイオンによるスパッタリング等で、これらの不純物を取り除いた表面は清浄表面と呼ばれる。清浄表面は決して欠陥のない完全な表面ではなく、原子層のずれ、すなわち原子層ステップやステップがずれたキンクが存在する。このような表面構造は、分子線エピタキシー法などを用いた結晶成長での成長の起点となる一方、気体分子の優先的な吸着サイトとなることが多い。

このような清浄表面に入射する気体分子は全てが表面に吸着するわけではない。気体分子はある運動エネルギーを持って表面に入射するが、もし、表面に近づいたときに運動エネルギーを失わなければ分子は表面で散乱されて気相に戻る。従って、分子が吸着するためには、分子が入射時に持っていた運動エネルギーを表面に与え、図4.2(a)や(b)の吸着ポテンシャルの極小（BまたはG）に留まる必要がある。また、図4.2(b)の場合には、活性化エネルギーを越えた分子のみが化学吸着することができる。気体分子が表面に入射し

第1編 希薄気体の性質

た際、表面に吸着する確率を吸着確率または付着係数と呼ぶ。清浄表面での吸着確率を初期吸着確率と言い、すでに吸着している分子の影響は考えなくて良い。一方、吸着確率は、すでに吸着している分子の被覆率に依存し、一般的には吸着量が多くなるに従って吸着確率は小さくなる傾向がある。また、吸着する表面や気体分子の温度が高くなると、熱エネルギーによって物理吸着のポテンシャルの極小Bから脱出する分子が多くなり、物理吸着の吸着確率は減少する。

いま、初期吸着確率をs_0とすると、気相の圧力がpのとき、単位面積あたりの吸着速度v_aは入射頻度Γを用いて、

$$v_a = s_0\Gamma = \frac{s_0}{\sqrt{2\pi mkT}}p$$

$$= 2.64 \times 10^{20}\frac{s_0 p}{\sqrt{MT}} \text{[個・cm}^{-2}\text{・s}^{-1}\text{]} \qquad (4.5)$$

と表わすことができる。ここで、気体のモル質量をM[g]とした。

一例として、20℃のN_2が$p = 1 \times 10^{-4}$ Paの場合、$s_0 = 1$とすると、吸着速度$v_a = 2.91 \times 10^{14}$ 個・cm^{-2}・s^{-1}となる。一方、N_2分子が表面で占める面積が固体窒素と同じとすると、その分子密度は7.93×10^{14} 個・cm^{-2}であり、1 s後の被覆率は、$\theta = 0.37$となる。すなわち、約2.7 sで表面が1層の窒素で覆われることになる。また、このように1層吸着した窒素が気体となった場合、1 cm^{2}あたりの流量は3.21×10^{-3} Pa・L^{-1}・s^{-1}となる。

吸着確率は真空技術にとって極めて重要な意味を持つ。たとえば、超高真空で清浄表面を作製する場合やそれらの分析を行う場合、どのくらいの時間清浄面を保持できるかは、それぞれの真空装置の残留気体の種類と量に依存し、それらの初期吸着確率を知る必要がある。また、超高真空で用いられるチタンサブリメーションポンプやゲッタ

ポンプなどでの気体の排気は、それぞれの気体の吸着確率に強く依存する。真空技術で用いられる主な金属の初期吸着確率を表4.4に示す。この表はあくまでも目安で、実際の金属表面では面方位や表面の清浄度合いで大きく変わることがある。

第2節 気体の脱離

図4.2(a)や(b)に示すように、表面に吸着した気体分子はエネルギーの極小BやGに位置している。このような分子に外部からエネルギーが与えられると、分子は表面から離れ気相に戻ることがある。これを気体の脱離と言う。分子に与えられるエネルギーの種類により、脱離は表4.5のように分類できる。

熱脱離では、表面に吸着した分子は表面から熱エネルギーを受け分子振動を励起し、それが脱離の活性化エネルギーE_dを越えると表面原子との結合に打ち勝って脱離する。物理吸着では、脱離の活性化エネルギー$E_d = E_p$であり、吸着分子が物理吸着のエネルギーより大きなエネルギーを受け取ると脱離する。一方、化学吸着している分子で図4.2(b)のように活性化障壁がある場合には、脱離の活性化エネルギーは$E_d = E_c + E_a$となる。また、解離吸着している分子では、熱エネルギーを受け取ることにより表面を拡散し、再結合して脱離する場合が多い。

2.1 熱脱離

熱脱離の場合、脱離の活性化エネルギーをE_dとすると、脱離に要する時間、すなわち分子が表面に留まっている平均滞在時間τはウイグナー－ポランキー型の速度式、

$$\tau = \tau_0\exp\left(\frac{E_d}{RT}\right) \qquad (4.6)$$

で与えられフレンケルの式と呼ばれる。ここで、τ_0は吸着分子の熱振動に要する時間で通常$\tau_0 \sim$

表4.4 いくつかの金属の300 Kでの初期吸着確率[7]

気体	Ti	W	Ni
H_2	0.06	0.5	0.3
N_2	0.3	0.95	
CO	0.7	0.4	0.9
O_2	0.8	0.98	0.95
H_2O	0.5	0.1	0.2
CO_2	0.5	0.95	

表4.5 吸着気体の脱離の分類

エネルギー	名称
熱	熱脱離
光（電磁波）	光励起脱離（光刺激脱離）
電子	電子励起脱離（電子刺激脱離、電子衝撃脱離）
中性分子・イオン	イオン衝撃脱離 スパッタリング

第4章 気体の吸着と脱離

2.2 昇温脱離法

気体が吸着した基板を真空中で加熱していくと、温度上昇に伴って吸着エネルギーの小さい分子から大きい分子へと順次吸着分子が脱離していく。これらの脱離分子種を基板温度の関数として測定することによって脱離する分子数や脱離の活性化エネルギー、脱離機構などを調べることができる。このような分析法は昇温脱離法(TDS：Thermal Desorption Spectroscopy)と呼ばれる。一定速度で昇温するTPD法(TPD：Temperature-Programmed Desorption)や等温脱離法(IPS：Isothermal Desorption Spectroscopy)が用いられ、気体の脱離速度を基板温度に対してプロットしたものをTDS(TPD)スペクトルと言う。

式(4.6)、(4.7)から、平均滞在時間τは温度上昇とともに短くなり脱離速度v_dは大きくなるが、式(4.8)から、脱離速度は被覆率θに比例するので、温度が高くなって脱離速度が大きくなると、θが減少し、脱離速度は遅くなる。従って、脱離速度にはピークが存在する。この様子を図4.7に示す[5]。

いま、面積Aの試料が図4.8のような体積V、実効排気速度S_eの真空容器の中に挿入され、試料の温度を$T(t) = T_0 + \beta t$で変化させたとする。ここ

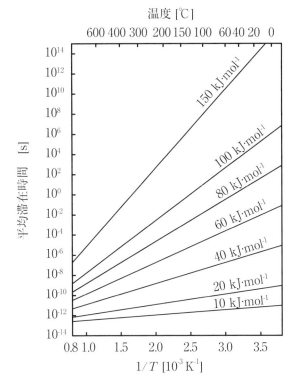

図4.6 脱離の活性化エネルギーに対する分子の平均滞在時間の基板温度依存性

10^{-13} s程度に取ることが多い。図4.6に脱離の活性化エネルギーE_dをパラメーターとした平均滞在時間τの基板温度依存性を示す。

表面に吸着している分子の脱離速度、すなわち単位面積、単位時間あたりに脱離する分子数v_dは、単位面積あたりの吸着量をσとして、

$$v_d = -\frac{d\sigma}{dt} = \frac{\sigma}{\tau} \quad (4.7)$$

とおくことができる。また、単位面積あたりの総吸着サイト数をσ_0とすると、被覆率は$\theta = \sigma/\sigma_0$であり、式(4.7)を書き直して、

$$v_d = -\sigma_0\frac{d\theta}{dt} = \sigma_0\frac{\theta}{\tau} \quad (4.8)$$

となる。吸着分子間に相互作用がある場合や、分子が再結合して脱離する場合には、一般的に脱離速度は、

$$v_d = \sigma_0\frac{\theta^n}{\tau_n} \quad (4.9)$$

で表される。τ_nは式(4.6)のτ_0と同様の熱振動の時定数である。また、nを脱離の次数という。

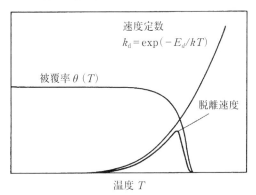

図4.7 昇温に伴う被覆率、脱離の速度定数、脱離速度の変化[5]

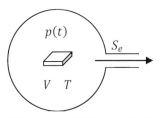

図4.8 真空容器内のTDS試料

で、T_0は初期温度、βは昇温速度である。容器内の圧力は、式(4.1)に脱離分子の寄与を考え、式(4.8)を流量で表し、

$$\frac{dp(t)}{dt}V = -S_e p(t) + Av_d kT + Q_0 \quad (4.10)$$

となる。ここで、式(4.10)の右辺第2項は試料表面からの脱離分子による流量、第3項はそれ以外の真空容器内からの脱離気体による流量である。脱離分子による流量に比べて排気量$S_e p(t)$が十分大きく、一度試料表面から脱離した分子が再び試料や真空容器内へ吸着したり、さらにそれらが再脱離しない場合、試料が無いときの到達圧力$p_0 = Q_0/S_e$を用いて、脱離速度は、

$$v_d = \frac{1}{AkT}\left\{\frac{dp(t)}{dt}V + S_e(p(t)-p_0)\right\}$$
$$\cong \frac{S_e}{AkT}(p(t)-p_0) \quad (4.11)$$

とおくことができ、v_dは真空容器内の圧力上昇に比例する。従って、昇温脱離に伴う真空容器内の圧力上昇を測定することによって脱離速度v_dを測定することができる。

脱離速度の式(4.9)を用い、平均滞在時間の式(4.6)を仮定すると、$d^2v_d/dT^2=0$から脱離のピーク温度T_pは、

$$2\ln T_p - \ln\beta = \frac{E_d}{kT_p} + \ln\frac{E_d \tau_n}{kn\theta_p^{n-1}} \quad (4.12)$$

となる。ここで、θ_pは脱離のピーク温度T_pで表面に残っている分子の被覆率である。脱離の次数nによってT_pの被覆率依存性が異なり、初期被覆率や昇温速度βを変化させてTDSスペクトルの測定を行うことにより、目的とする吸着系の脱離の活性化エネルギーや次数を求めることができる。

図4.9は式(4.9)を仮定して得られた脱離の次数nが0、1/2、1、2のときのTDSスペクトルと脱離の模式図である。

0次の脱離は、脱離速度が吸着量に依存しない場合であり、脱離スペクトルには低温側で共通した立ち上がり(common leading edge)があるのが特徴である。物理吸着で凝縮した多層膜などのように1次転移を伴う吸着系でみられるほか、化学吸着した分子が表面拡散せず吸着状態から直接脱離する場合などにも見られる。

1/2次の脱離は、吸着分子が2次元島を形成し

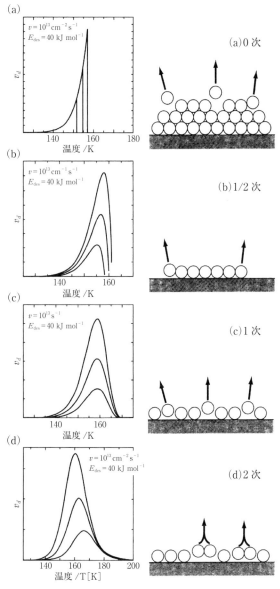

図4.9 脱離の次数によるTDSスペクトルの形状変化と脱離モデル[5]

ており、その周辺部分から脱離する場合に見られる。

1次の脱離では、脱離速度は吸着分子数に比例するので、多くの単層の物理吸着や化学吸着でみられる。TDSスペクトルが非対称で、式(4.12)よりT_pが吸着量によらず一定になる。また、脱離の活性化エネルギーは、

$$E_d = \frac{kT_p^2}{\beta\tau_n}\exp\left(-\frac{E_d}{kT_p}\right) \quad (4.13)$$

で表される。この式には右辺と左辺両方にE_dが

あるため解析が困難であるので、$\ln(E_d/kT_p) = 3.46$とおいて、

$$E_d = kT_p \left(\ln \frac{T_p}{\beta\tau_n} - 3.64 \right) \tag{4.14}$$

のレッドヘッドの式がしばしば用いられる[5]。

2次の脱離では、解離吸着した分子、例えば水素、酸素、窒素などが表面拡散し、再結合して脱離する場合に見られる。TDSスペクトルはT_pに対して対称的で、初期吸着量を増やすとT_pが低下する傾向がある。

実際の吸着系では、脱離の活性化エネルギーが被覆率に依存することが多く、T_pの初期被覆率依存性だけから脱離の活性化エネルギーや次数を判別することは難しい。そのため、TDSスペクトルは初期被覆率変化法や昇温速度変化法、立ち上がり解析法などによって解析が行われる[8]。

また、脱離する分子は、第2章7.1で示した余弦則に従って等方的に脱離する場合が多いが、解離吸着している分子が再結合して脱離する場合などでは、優先的に再結合するサイトがあるため、脱離方向が余弦則からずれる場合もある。

真空工学に関連して、実用的な真空装置の表面では、吸着している気体、特に水を排気することが重要になる。例えば、ステンレス鋼の真空容器では、ステンレスの表面に酸化クロムの被膜ができている場合が多い[9]。このような酸化物表面での水の吸着サイトは複数あることが知られている。脱離の活性化エネルギーもサイトによって異なり、最大で$E_d = 121$ kJ/mol程度である[4]。式(4.6)を用いると、吸着した水分子の20℃での平均滞在時間は$\tau \sim 10^8$ sであり、このような水分子を実用的な時間で排気することは難しい。一方、真空容器を150℃でベーキングすると、$\tau = 86$ sとなり短時間で排気することができる。吸着している気体を排気するために、ベーキングがいかに大切かがわかる。

2.3 電子遷移誘起脱離

吸着した気体は、光などの電磁波や電子線などによって脱離することがあり、それぞれ、光励起脱離（光刺激脱離、光脱離と呼ばれることもある）や電子励起脱離（電子衝撃脱離や電子刺激脱離）と呼ばれる。光などの電磁波や電子線によって表面や吸着分子の電子遷移が引き起こされ、吸着分子が電子的な励起状態になり、それが吸着分子の運動量に変換されて脱離する。光励起脱離と電子励起脱離は基本的には同じメカニズムで吸着気体が脱離するため、これらを合わせて非熱過程で起きる吸着分子の脱離を電子遷移誘起脱離(DIET：Desorption induced electronic transition)と呼ぶことが多い。熱脱離と異なり、電子遷移誘起脱離では、化学吸着のエネルギーが大きい場合でも脱離することがある。さらに、吸着分子だけではなく、真空容器や内部の部品を構成している材料分子そのものが分解して脱離することもある。

電子励起脱離の場合、
(1) 吸着分子が低エネルギー（数eV）のイオンや中性分子となって脱離する。
(2) 脱離が起きる入射電子や光のエネルギーにしきい値がある。
(3) 脱離分子の運動量が固有の角度分布をもつ場合がある。

ことが特徴であり、これらを表すMGRモデルが知られている[10,11]。

表面に化学吸着している分子は、表面原子との間で結合軌道と反結合軌道が形成され、結合軌道に電子が占有することによってエネルギーが低下し共有結合している。MGRモデルでは、図4.10(a)に示すように、このような基底状態にある結合軌道の電子が外部からエネルギーが与えられることによって反結合軌道に励起され、励起状態の反発ポテンシャルによって、励起エネルギーを分子の並進運動エネルギーに変換し脱離すると考える。このとき、基底状態の電子は非常に短い時間(10^{-16} s)で励起状態に遷移するため、表面原子と吸着分子の位置は変化しない。（フランク–コンドン過程）励起エネルギーが大きく、大きな並進運動エネルギーを得た励起分子は、表面原子から反発ポテンシャルを受け脱離する。励起エネルギーが小さいときは、脱離速度が小さいため励起分子が表面を離れる前に脱励起し表面に留まることになる。従って、励起分子が脱励起する寿命と表面から分子が脱離する時間の競合過程となる。

また、TiO_2やV_2O_5、WO_3などからのO^+やOH^+などの陽イオンの脱離のモデルとして、内殻励起により表面原子の内殻に正孔ができ、それが原子間

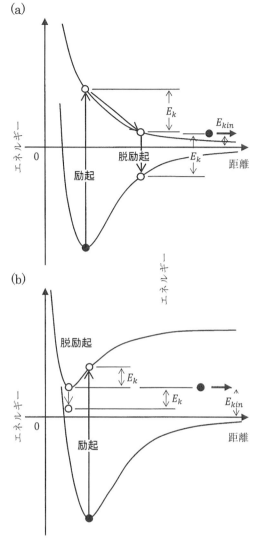

図4.10 吸着分子の基底状態と電子励起状態のポテンシャル
(a)励起状態が反発ポテンシャルの場合、(b)励起状態がイオン化状態で、鏡像力により表面に引力が働く場合。励起状態のポテンシャルに沿って移動したときの運動エネルギーをE_k、表面から脱離するときの運動エネルギーをE_{kin}とした。

オージェ遷移引き起こして吸着分子がイオン化し、基板原子とのクーロン反発で脱離するクノテック‐フライベルマンモデルが知られている[12,13]。

このような機構のほかに、貴ガスなど表面に弱く物理吸着した分子では、図4.10(b)に示すように電子励起によって吸着分子がイオン化され、鏡像力によって一旦より表面近くに吸着されるが、脱励起によって元の吸着位置に戻り、その際の運動エネルギーが脱離を引き起こすアントニビッツモデルが知られている[14]。

電子励起脱離は、真空計あるいは質量分析計のイオン化室内で生じる現象として、古くから問題視されてきた[15]。変調イオン電流熱電子電離真空計（モジュレーションゲージ）を用いた残留気体のイオン化によるイオン電流と、電子励起脱離によりグリッドから脱離した気体のイオン化によるイオン電流の測定では、残留気体による真の圧力が4×10^{-9} Paのとき、電子励起脱離信号が2×10^{-8} Paであったという報告例がある[16]。すなわち、熱電子電離真空計での真空容器内の圧力測定には電子励起脱離した気体による寄与を分離しない限り、残留気体による「真の」圧力が測定できないことが分かる。

電子励起脱離による吸着気体の脱離は、イオン化などと同じように1電子または、1光子あたりの脱離断面積として表すことが多い。W表面からの各種気体の電子励起脱離断面積を表4.6に示す。表では、脱離する分子の全断面積とイオンとなって脱離する分子のみの断面積を示している。いずれの吸着分子に対しても、イオン脱離断面積は10^{-20} cm^{2}程度であるのに対して、中性粒子も含めた全脱離断面積は10^{-18} cm^{2}程度とおよそ10^2倍大きい。すなわち、熱電子電離真空計などの場合、直接グリッドから電子励起脱離したイオンによるイオン電流のほかに、電子励起脱離した中性分子がエミッション電流によってイオン化されて検出される効果も重畳することになる。

光（励起）脱離では、電子刺激脱離と同じような励起過程を経る場合のほか、金属表面で光励起された電子が吸着分子の非占有状態に遷移し、分子が負イオンの励起状態になって脱離する場合も

表4.6 W表面からの電子励起脱離断面積[cm^2][17,18]

気体	脱離種	入射電子線のエネルギー (eV)	脱離断面積 全断面積	脱離断面積 イオン脱離断面積
H$_2$	H$^+$	300		3×10^{-23}
O$_2$	O$^+$	100	3×10^{-18}	3×10^{-19}
CO	O$^+$	100	$2-3\times10^{-18}$	1.5×10^{-20}
CO	CO$^+$	100	$2-3\times10^{-18}$	$\sim4\times10^{-22}$
CO$_2$	O$^+$	100	2×10^{-18}	1×10^{-21}
H$_2$O	H$^+$	100		3×10^{-21}
F	F$^+$	120	3×10^{-19}	3×10^{-20}
Ba	Ba$^+$	200	6×10^{-20}	4.4×10^{-22}

ある。

　粒子線加速器のビームダクトやプラズマ核融合炉の内壁などでは、この光励起脱離や、後述するイオン衝撃脱離が真空排気にとって重要な課題となる。ビームダクトは通常初期のベーキングで超高真空に保たれるが、ビームを蓄積する段階でダクト内の粒子線から放出される放射光による光励起脱離によってダクト内壁から気体が脱離し、ダクトの圧力上昇を招く。その結果、ビーム寿命が極端に短くなる。従って、有効なビーム寿命が得られるまで、ビームダクト内に放射光を照射し続けるコンディショニングが行われる[19]。

2.4 イオン衝撃脱離

　イオン衝撃脱離は、プラズマ核融合炉や粒子線加速器の蓄積リングのビームダクトのような、真空容器内面が高エネルギーイオンに曝される環境で重要になる[20]。真空中にプラズマやイオンを閉じ込めておくために主に磁気トラップが用いられるが、そこから漏れ出したプラズマやイオンは容器の内壁と相互作用し、内壁に吸着していた気体が脱離する。このプラズマ−壁相互作用の結果、脱離したH_2O中の酸素などがプラズマ中の不純物となり放射損失を増大させプラズマ温度が低下する。また、加速器の蓄積リングでは、放射光やイオン照射によってダクト内壁に吸着していた気体が脱離しCOやH_2を発生させる。このような気体は蓄積粒子と相互作用しプラズマの寿命が短くなる。

　熱脱離や電子遷移脱離とは異なり、イオン衝撃による脱離機構は、イオンの持つ運動量による吸着分子の力学的なはじき出しによるスパッタリング過程である。高エネルギーの入射イオンは吸着分子の脱離の活性化エネルギーE_dよりはるかに大きいエネルギーを持つので、熱脱離とは異なり脱離分子にE_dの大きさに対する選択性が少ない。

　一般に、脱離収量（スパッタ率）は入射イオン数に対する脱離分子数の比、

$$Y_i = \frac{脱離分子数}{入射イオン数} \quad (4.15)$$

で表される。または、入射イオンを質点と考え、一つのイオンが一定面積に入射した場合に脱離すると考えて、脱離断面積σで表すこともある。

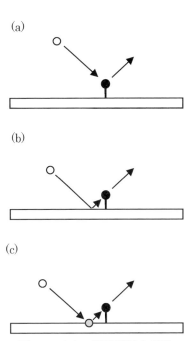

図4.11 イオン衝撃脱離の機構
(a)直接衝突、(b)基板で散乱されたイオンによる衝突、(c)スパッタリングされた基板原子による衝突。

　図4.11にWintersとSigmundによって提案された２体衝突モデルによるイオン衝撃脱離機構を示す[21]。イオン衝撃脱離では、表面に吸着した気体は、

(a) 入射イオンの運動量が吸着分子に移行することによる直接的な分子のはじき出し。

(b) 入射イオンが基板原子と衝突して散乱されたあとで、吸着分子と衝突することによる分子のはじき出し。

(c) 入射イオンによってスパッタされた表面原子による吸着分子のはじき出し。

によって脱離する。25-500 eVの貴ガスイオンを用いてWに吸着した窒素に対して測定された脱離収量は、(a)-(c)の過程を総合して計算から求められた収量と良い一致を示している[6]。また、入射イオンが高エネルギーになるほど(c)の過程の寄与が大きくなることが指摘されている。イオン衝撃脱離での脱離断面積は、入射イオンが100 eVのとき、およそ10^{-19} m^{2}程度であり、入射エネルギーが高くなるにつれて断面積が大きくなる[22]。

　Archardらによって各種真空材料の熱処理前後の14 keVのK^+を用いたイオン衝撃脱離と、同じエネルギーの電子励起脱離の脱離収量が比較されて

第1編 希薄気体の性質

表4.7 1.4 keVのK^+と1.4 keV（アルミニウム合金は600 eV）の電子線を照射したときの各種材料からのイオン衝撃脱離と電子励起脱離の脱離収量の熱処理依存性（上段が加熱前、下段が加熱後（文献23から抜粋）熱処理温度は、インコネル：500℃、アルミニウム合金：300℃、その他の材料は：600℃。N. D.は不検出を表す。）

気体	K^+				電子			
	H_2	CO	CO_2	CH_4	H_2	CO	CO_2	CH_4
ステンレス鋼 (SUS316LN)	9.3 0.91	7.4 0.74	1.9 0.11	0.45 3.1×10^{-2}	0.42 8.4×10^{-3}	0.24 1.1×10^{-3}	0.27 1.6×10^{-3}	2.1×10^{-2} 1.6×10^{-4}
チタン合金 (Al：6%, V：4%)	13 0.47	9.1 0.12	1.8 1.2×10^{-2}	0.61 1.3×10^{-2}	5.7 9.8×10^{-3}	1.1 4.2×10^{-4}	1.3 3.0×10^{-4}	1.8×10^{-1} 1.9×10^{-4}
インコネル600	18 0.43	10 0.23	2.0 2.0×10^{-2}	0.80 6.1×10^{-3}	1.7 7.8×10^{-4}	0.48 1.0×10^{-4}	0.68 N. D.	7.4×10^{-2} 1.5×10^{-4}
インコネル718	24 0.35	15 0.66	4.4 6.4×10^{-2}	1.2 1.1×10^{-2}	1.4 2.2×10^{-2}	0.97 3.1×10^{-4}	2.3 1.4×10^{-4}	0.26 1.8×10^{-4}
銅(OHFC)	14 1.5	11 2.4	4.2 0.17	1.1 0.12	0.7 8.4×10^{-2}	0.61 1.5×10^{-2}	0.51	7.6×10^{-2} 5.0×10^{-4}
アルミニウム合金 (5086)	17 0.44	7.2 1.1	2.2 8.1×10^{-2}	0.94 0.01	5.7 0.21	1.9 1.7×10^{-2}	2.3 4.0×10^{-4}	0.54 5.1×10^{-3}

おり、その結果の一部を表4.7に示す[23]。いずれの材料でも加熱処理によりイオン脱離収量は10^{-1}以下になっている。また、彼らは同じエネルギーの電子線でも脱離収量を求めているが、加熱前の試料では、脱離収量はイオン衝撃脱離の10^{-1}程度であるが、加熱後の脱離収量の減少率がイオン衝撃の場合より大きく10^{-2}から10^{-3}程度になっている。

電子衝撃脱離のほうが残存する吸着気体が少なくなるのは、電子衝撃脱離では表面第1層の吸着分子を脱離させることができるが、イオン衝撃脱離では、入射イオンの運動量によって吸着分子が表面から内部に埋め込まれる(Knock on)効果があるためであると解釈されている。

イオン衝撃脱離を積極的に用いることによって、真空容器内表面の洗浄や改質を行うことができ、放電洗浄と呼ばれている[20,24]。実用的なベーキング温度では、表面に強く化学吸着している分子は除去できない。このような場合、真空容器内にガスを導入し放電により発生したプラズマによるイオン衝撃脱離を利用して容器内の洗浄や脱ガス、酸化物除去を行うことができる。

初期には、加速器の蓄積リングにアルゴングロー放電が検討された。また、核融合炉では、H_2やD_2、Heによる弱電流放電（テイラー放電）プラズマ、ECRプラズマ、グロー放電プラズマが用いられている。このような放電洗浄では、放電によって生じたプラズマにより活性なラジカルやイオンが容器内壁面に入射し、真空容器内面に吸着している分子と結合してH_2O、CH_4、COとして表面から取り除かれる。これはプラズマ化学作用と呼ばれている。これらの気体は脱離後気相中で排気除去される。このようなプラズマ化学作用で除去できる吸着分子は、FeやNiに化学吸着した酸素やTiC表面の炭素であり、結合エネルギーの大きなCr_2O_3などの酸素は除去されない。また、このような放電洗浄で除去される反応生成物の脱離速度は表面温度に強く依存し、表面の酸素をH_2Oとして除去するためには200℃以上の加熱が必要である。このような化学吸着層を除去することによって、核融合プラズマ中のH^+が壁面をたたいた時に、プラズマ温度の低下を招く不純物分子の脱離低減が図られる。また、このような放電洗浄は、真空容器内でのイオン衝撃脱離が問題となるスパッタ製膜装置などへの適用例もある[25]。

第3節 吸着平衡

第1節と第2節で述べたように、真空容器内の気体は容器内壁面へ吸着と脱離を繰り返している。吸着速度と脱離速度が等しくなる定常状態を吸着平衡と呼び、真空容器内での吸着分子の単位面積あたりの吸着分子数、すなわち平衡吸着量σは、気相の圧力p、気相と壁の温度の関数Tとして、

$$\sigma = f(p, T) \tag{4.16}$$

と表わすことができる。このうち、温度を一定としたときの$\sigma = f(p)$を吸着等温線、圧力を一定としたときの$\sigma = g(T)$を吸着等圧線、また、吸着量

σが一定としたときの$p=h(T)$を吸着等量線と呼ぶ。この中で、温度を一定とした吸着等温線がしばしば用いられる。

気相の圧力がpのとき、単位面積、単位時間に入射する分子が吸着確率sで表面に吸着すると、単位面積あたりの吸着速度v_aは入射頻度Γを用いて、

$$v_a = s\Gamma = \frac{s}{\sqrt{2\pi mkT}} p \tag{4.17}$$

とおくことができる。一方、吸着量をσとすると、気体の単位面積、単位時間あたりの脱離量、すなわち脱離速度v_dは、式（4.6）の平均滞在時間τを用いて、

$$v_d = \frac{\sigma}{\tau} \tag{4.18}$$

となる。吸着平衡$v_a = v_d$では、

$$\sigma = \frac{\tau s}{\sqrt{2\pi mkT}} = \frac{s}{\sqrt{2\pi mkT}} \tau_0 \exp\left(\frac{E_d}{RT}\right) \tag{4.19}$$

となる。

ここでは、代表的な吸着等温線について述べる。

3.1 ラングミュア吸着

気体の吸着と脱離の平衡を表す吸着等温線の中で、1層で吸着が停止する、主に化学吸着の特性を表すモデルとしてラングミュア吸着が知られている[26]。ラングミュア吸着では、表面に単一の吸着エネルギーを持つ一定密度の吸着サイトを仮定し、すでに表面に吸着している気体の被覆率θに依存した吸着速度と、既に吸着している分子の脱離速度が釣り合うことで平衡被覆率が決まる、と考える速度論に立った等温吸着線である。また、ラングミュア吸着では、吸着分子同士の相互作用は考えず、一旦分子が吸着したサイトにはさらに分子は吸着しない、すなわち多層吸着は考えない。

いま、気相での分子の圧力をp、吸着した分子の密度をσ、吸着サイトの密度をσ_0とすると、吸着速度v_aは吸着していないサイト数に比例するとして、

$$v_a = \frac{d\sigma}{dt} = k_a p (1-\theta) \tag{4.20}$$

と表わすことができる。ここで、$\theta = \sigma/\sigma_0$は被覆率であり、$\theta = 1$で$v_a = 0$となり吸着が停止する。また、脱離速度v_dは式（4.8）より被覆率θに比例するので、

$$v_d = k_d \theta \tag{4.21}$$

で表される。ここで、k_a、k_dはそれぞれ吸着と脱離の速度定数であり式（4.5）、式（4.7）より、吸着確率sが被覆率θに依存しないとして$s = s_0$とおくと、

$$k_a = \frac{s_0}{\sqrt{2\pi mkT}} \tag{4.22}$$

$$k_d = \frac{\sigma_0}{\tau} \tag{4.23}$$

である。

一旦吸着した気体が脱離しない場合、式（4.20）より、

$$\theta(t) = 1 - \exp\left(-\frac{k_a p}{\sigma_0} t\right) \tag{4.24}$$

となる。これを図示したものが図4.12である。図から、$t \to \infty$になると、$\theta \to 1$となり、吸着が停止することが分かる。このような吸着はラングミュア吸着と呼ばれている。

平衡条件では、$v_a = v_d$より、

$$\theta = \frac{Kp}{1+Kp} \tag{4.25}$$

である。ここで、$K = k_a/k_d$は吸着平衡定数であり、式（4.6）、（4.20）、（4.21）より、

$$K = \frac{k_a}{k_d} = \frac{s_0 \tau_0}{\sigma_0 \sqrt{2\pi mkT}} \exp\left(\frac{E_d}{kT}\right) \tag{4.26}$$

である。Kをパラメータとした被覆率θの圧力依存性の式（4.25）を図4.13に示す。

また、解離吸着する分子の場合、同様の計算か

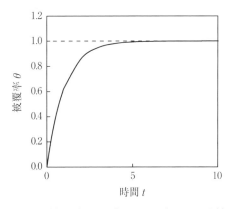

図4.12 脱離の無い場合のラングミュア吸着

ら、吸着平衡定数Kを用いて、被覆率θの圧力依存は、

$$\theta = \frac{\sqrt{Kp}}{1+\sqrt{Kp}} \quad (4.27)$$

となる[5]。

式(4.25)を変形して、

$$\frac{p}{\sigma} = \frac{p}{\sigma_0} + \frac{1}{K\sigma_0} \quad (4.28)$$

とすることにより、pに対してp/σをプロットすると直線になる。このとき、直線の傾きから吸着サイト密度σ_0、$p=0$軸の切片から吸着平衡定数を求めることができる。図4.14にその一例を示す。

図4.12のような吸着特性は、チタンサブリメーションポンプでO_2やN_2などの気体を真空排気した際などに見られる。これは、チタンを蒸着し新鮮なチタン薄膜を形成した後、チタン表面でこれらの気体が解離して化学吸着し、1層で吸着が停止することを示している。

3.2 BET式

ラングミュア吸着では、被覆率$\theta = 1$で吸着が停止するが、これを多層吸着に拡張した吸着等温線がBET (Brunaner-Emmett-Teller)の吸着等温式である[27]。BET式では、

(1) 多層吸着で、それぞれの層が気相と吸着平衡にある。
(2) 吸着エネルギーを第1層の吸着エンタルピーH_{c1}と第2層以降の吸着エンタルピー$H_{c\infty}$に分ける。また、第2層以降の吸着エンタルピーは吸着質の蒸発エンタルピーと等しいとする。従って、気相の圧力が飽和蒸気圧になると吸着量は無限大になる。
(3) 吸着第層$(n+1)$は吸着第n層の上にしか形成されない。(solid-on-solid model)
(4) 同一層内の吸着分子間の相互作用は無視する。

の(1)-(4)を仮定し、気相の圧力をp、飽和蒸気圧をp_0として、相対圧力を$x=p/p_0$としラングミュア吸着式(4.25)の代わりに、吸着分子密度σ_aを、

$$\sigma_a = \frac{c\sigma_0 x}{(1-x)(1-x+cx)} \quad (4.29)$$

とおく。ここで、cは定数で、第1層と2層以降の吸着エンタルピー差$(H_{c1}-H_{c\infty})$に対して、

$$c = \exp\left(\frac{H_{c1}-H_{c\infty}}{RT}\right) \quad (4.30)$$

となる。式(4.29)はBET式と呼ばれ、多層吸着を表す等温吸着式として良く用いられる。圧力pが飽和蒸気圧p_0に近くなる、すなわち$x \to 1$になると、式(4.29)では吸着量は$\sigma_a \to \infty$となり多層吸着、すなわち気体の凝縮を表している。式(4.29)を書き直して、

$$\frac{x}{\sigma_a(1-x)} = \frac{1}{\sigma_0 c} + \frac{c-1}{\sigma_0 c}x \quad (4.31)$$

とおくと、$x=p/p_0$に対して$x/\sigma_a(1-x)$が直線になる。このようなグラフをBETプロットと言い、比較的圧力の高い$0.05 < x < 0.35$では直線になることが知られている。図4.15にシリカゲルに対する各種気体吸着のBETプロットの実例を示す。直線の傾きと$x=0$での切片から、σ_0すなわち1層の飽和吸着量を求めることができるので、あらかじ

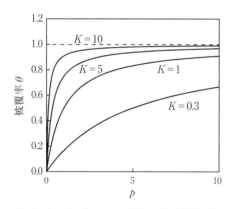

図4.13 ラングミュア吸着の吸着等温線

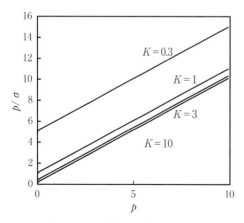

図4.14 ラングミュア吸着の吸着等温線をpに対してp/σをプロットしなおした図

第4章 気体の吸着と脱離

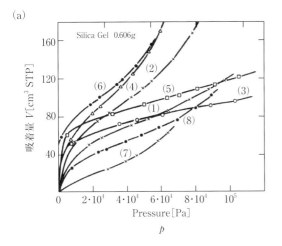

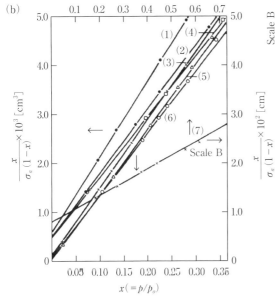

図4.15 シリカゲルに吸着した気体の、(a)等温吸着線と(b)BETプロット
吸着温度はそれぞれ、(1)CO_2：195 K、(2)Ar：90 K、(3)N_2：90 K、(4)O_2：90 K、(5)CO：90 K、(6)N_2：77.4 K、(7)C_4H_{10}：273 K[27]（吸着分子密度σ_aを標準状態(STP)での気体の体積で表している。）

め1分子が吸着した時の面積が分かっていれば、BETプロットから吸着媒の表面積を求めることができる。BET式は、均質表面上の多層吸着のモデルから求められた等温吸着線であるが、実際には経験的に微粒子や多孔質体などの不均質な表面にも適用可能であることが知られており、これらの表面積の測定にも用いられる[28]。

ラングミュア式（4.25）やBET式（4.29）で$p \to 0 (x \to 0)$となる極限を考えると、σ_aは気相の圧力に比例する、

$$\sigma_a = ap \tag{4.32}$$

という気体の溶解度を表すヘンリー則が得られる。ここで、aは温度に依存した比例定数で、脱離の時定数τ_0、脱離のエンタルピー変化ΔH_dを用いて、

$$a = \frac{\tau_0}{\sqrt{2\pi mkT}} \exp\left(\frac{\Delta H_d}{RT}\right) ap_A \tag{4.33}$$

と表わすことができる。

ヘンリー則では、吸着サイトからの脱離のエンタルピー変化ΔH_d、すなわち活性化エネルギーE_dは一定であるとしているが、単結晶の清浄表面などの原子的に平らな理想的な表面であっても様々な欠陥が存在するため、必ずしもすべての吸着サイトでE_dが同一とは言えない。従って、気相の圧力pが小さいところでは、必ずしもヘンリー則が成り立つわけではない。

また、一般的に被覆率θが大きくなったときに吸着エネルギーが減少する場合が多いが、ラングミュア式やBET式では吸着サイト間の相互作用を無視しているため、被覆率が大きいところでの脱離を過小評価する傾向がある。

実際、これらの吸着エネルギーの不均一性を適当なモデルで仮定することによって吸着等温線を求めることができる。高真空、超高真空領域で適用可能いくつかの吸着等温線が提案されている。
(1) フロインドリヒ式

$$v_a = k_f p^{\frac{1}{n}} \quad (n > 1) \tag{4.34}$$

(2) テムキン式
$$\sigma_a = a \ln bp \quad (a, b は定数) \tag{4.35}$$

(3) ダビニン-ラデュシュケビッチ式

$$\ln \sigma_a = \ln \sigma_0 - B\left[RT \ln\left(\frac{p}{p_0}\right)\right]^2 \quad (Bは定数) \tag{4.36}$$

フロインドリヒ式では、脱離の活性化エネルギーE_dを$\ln \sigma_a$に比例して減少すると仮定しており、テムキン式では、σ_aに比例して減少すると仮定したモデルである。

ダビニン-ラデュシュケビッチ式（DR式）は、もともとは不均一多孔質体の吸着等温線を表す理論式であったが、ガラスや金属薄膜など比較的不均一性の小さい表面での物理吸着も良く再現する式として知られている。$[RT\ln(p/p_0)]^2$に対する$\ln$

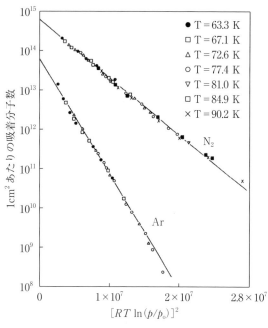

図4.16 パイレックスガラスに吸着したArとN₂のDRプロット[29]

表4.8 金属に対するH₂の溶解特性

吸熱反応($\Delta H>0$)	発熱反応($\Delta H<0$)
Ni, Fe, Cu, Al	Zr, Ta, Ti, Th, Pd

σ_aのプロットはDRプロットと言われる。直線の傾きは$-B$で与えられ、$B^{-\frac{1}{2}}$が吸着した気体の蒸発エンタルピーを表す。また、$p=0$に外挿した切片からσ_0を求めることができるが、必ずしも吸着サイトの密度に一致しないことが指摘されている。図4.16にパイレックスガラス上のN₂とArのDRプロットの例を示す[29]。DR式は相対圧力$10^{-13}<x<10^{-3}$で成り立つことが知られており、相対圧力$x=10^{-13}$の超高真空下でもヘンリー則にはなっていない。

第4節 気体の溶解、拡散、透過

真空容器内に放出される気体は、容器内部に吸着している気体のほかに大気側から透過した気体や、真空容器や真空内に挿入された装置や部品などを構成する材料の内部から放出される気体がある。

特に超高真空を達成する上で、金属中への水素の溶解と拡散放出が重要である。表4.8に示すように、金属は水素の溶解に伴ってエンタルピーが増加する（$\Delta H>0$、すなわち吸熱反応）か、減少する（$\Delta H<0$、発熱反応）か、によって分類できる。$\Delta H<0$の金属では、溶解した水素は水素化物を形成し多量の水素を吸蔵する。これらの

金属では、表面での水素の吸着エネルギーが大きく、入射したH₂は、表面で解離吸着し、飽和吸着量に達した後で固体内に拡散し溶解する。

一般的に、気体が固体内に濃度cで溶解している場合、濃度勾配の方向をxとすると、

$$q_n = -D\frac{\partial}{\partial x}c(x) \tag{4.37}$$

となる溶解した気体分子の定常的な流れ（流束密度）が生じる。（フィックの第1法則）ここで、Dは拡散係数である。式（4.37）の右辺の負号は、濃度の高いほうから低い方に向かって流れが生じることを示している。また、拡散係数Dが濃度に依存しない場合、時間とともに変化する流れは、拡散方程式、

$$\frac{\partial c(x,t)}{\partial t} = -D\frac{\partial^2 c(x,t)}{\partial x^2} \tag{4.38}$$

に従う。（フィックの第2法則）適当な境界条件で式（4.38）を解くことにより、$c(x,t)$を求めることができる。

多くの場合、拡散現象は熱活性化過程なので、

$$D = D_0 \exp\left(-\frac{E_D}{kT}\right) \tag{4.39}$$

とおくことができる。ここで、E_Dは拡散の障壁ポテンシャル、D_0は分子振動数νに比例した量で、格子定数をaとしたとき、$D_0=a^2\nu$とすることができる。

まず、定常的な気体の流れ、すなわち気体の透過を考えよう。この場合、図4.17に示すように厚さdの板の両側の気体濃度[*1]をそれぞれc_1、c_2とすると、フィックの第1法則より式（4.37）は、

$$q_n = -D\frac{c_2-c_1}{d} \tag{4.40}$$

となる。固体表面への気体分子の吸着確率が大きく、吸着した気体が速やかに固体内部に拡散する場合、固体中の気体分子濃度が小さい場合にはヘ

[*1] 真空工学では一般的に固体中の濃度を単位体積当たりのpV積[Pa·m³]で表すことが多いが、ここでは分子密度[個·m⁻³]で表している。

ンリーの法則が成り立つ。すなわち、固体中の気体の濃度cは周囲の気相の圧力pに比例し、

$$c = k_s p^n \quad (4.41)$$

とおくことができる。ここでk_sは溶解度である。また、貴ガスや解離せずに溶解、拡散する気体では$n=1$、2原子分子などで原子状に解離して固体中に溶解する場合に$n=\frac{1}{2}$となる。

いま、$n=1$の場合を考えると、式(4.40)は、濃度c_1、c_2の代わりに圧力p_1、p_2を用いて、

$$q_n = -Dk_s \frac{p_2-p_1}{d} \quad (4.42)$$

となる。実用的には流束密度q_nの代わりに単位面積当たりの流量$q=q_n kT$を用いて、

$$q = -Dk_s kT \frac{p_2-p_1}{d} = -K\frac{p_2-p_1}{d} \quad (4.43)$$

とおく。$K=Dk_s kT$を透過率と呼ぶ。qは単位面積当たりの流量なので、[P・am^3・s^{-1}]×[m^{-2}]=[Pa・m・s^{-1}]の単位を持つ。従って、透過率Kの単位は[m^2・s^{-1}]である。透過率の単位としては、1 atmないしは1 Torrの圧力差がある時の単位断面積(cm^{2}としてあることが多い)、単位時間あたりの気体の透過量をSTP(=Standard Temeprature and Pressure)、またはNTP(=Normal Temperature and Pressure)の気体の体積として表記している場合などがあり、単位換算に注意が必要である[30]。

気体の透過を考えるときには、$p_1 \gg p_2$であることが多いので、p_2を無視して、

$$q = K\frac{p_1}{d} \quad (4.44)$$

とおくことが多い。

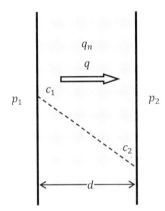

図4.17 厚さの板の気体透過

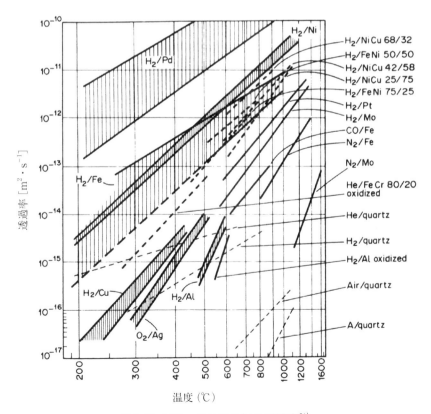

図4.18 金属、ガラスの気体透過率[31]

一方、解離吸着する分子では、解離した分子が固体中を透過する。この場合、流量は、

$$q = K \frac{\sqrt{p_1}}{d} \tag{4.45}$$

となる。この場合の透過率Kの単位は$[Pa^{1/2}\cdot m^2 \cdot s^{-1}]$である。

気体の透過に関しては、高真空や超高真空領域で、金属中の水素の拡散（原子状で拡散することが多い）やガラス中のHeやH_2の透過が問題となる。高温での金属、ガラスの気体透過率を図4.18[31]に示す。また、エラストマーではH_2OやHe、H_2の透過が問題になることが多い。主なエラストマーの透過率を表4.9[32]に示す。また、金属、ガラス、エラストマー各種材料の透過率を集めた総説[33,34]がある。

このような気体の透過のほかに、超高真空領域ではもともと真空用材料に溶解していた気体の拡散放出が問題となることがある。気体の拡散放出は、適当な境界条件で式（4.38）を解くことによって予測できるはずである[35]。

例えば、厚さdの板に一様に気体が溶解しており、溶解していた気体が拡散によって板の外部に放出される場合を考える。気体が板から放出される際にエネルギー障壁が無いとすれば、$t=0$で板の内部の初期濃度をc_0とすると、境界条件は、

$$c(x,0) = c_0 ,\ 0 \leq x \leq d ,\ t = 0$$
$$c(0,t) = c(d,t) = 0 ,\ t > 0 \tag{4.46}$$

となり、式（4.38）の解は、

$$c(x,t) = c_0 \frac{\pi}{4} \sum_{n=0}^{\infty} \frac{1}{2n+1} \sin \frac{\pi(2n+1)}{d} x \exp\left[-\left\{\frac{\pi(2n+1)}{d}\right\}^2 Dt\right] \tag{4.47}$$

また、単位面積あたりの気体放出の流量は両面で、

$$q(t) = \frac{8c_0 DkT}{d} \sum_{n=0}^{\infty} \exp\left[-\left\{\frac{\pi(2n+1)}{d}\right\}^2 Dt\right] \tag{4.48}$$

となる。$F_0 = Dt/d^2$をパラメーターとして板内部の気体濃度分布を図4.19に示す。

気体放出初期には板の中央部分の濃度は一定で初期濃度c_0のままであるが、$Dt/d^2 \geq 0.025$を超えると、中心濃度が下がり始める。この領域では、式（4.47）の$n \geq 2$を無視できるので、

$$c(x,t) = c_0 \frac{\pi}{4} \sin \frac{\pi x}{d} \exp\left[-\frac{\pi^2}{d^2} Dt\right] \tag{4.49}$$

のサイン関数で近似できる。

式（4.46）の仮定の下では、ステンレス鋼に溶解している水素は高温ベーキングによって速やか

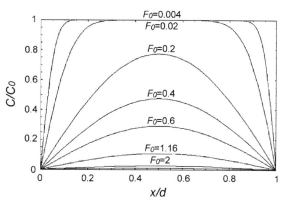

図4.19 板の中の気体の濃度分布

表4.9 主なエラストマーの気体透過率$[m^2 \cdot s^{-1}]$[32]

材料	H_2	He	H_2O
TCTFE (Polychloro 3-furuoroethylene)			$0.023 - 2.7 \times 10^{-11}$
ナイロン(Nylon)	1.10×10^{-11}	8.36×10^{-12}	$0.053 - 1.3 \times 10^{-9}$
ブチルゴム：Butyle rubber (IIR=Isobutylene-Isoprene Rubber)			3.0×10^{-11}
バイトン：Viton A™ (Hexafluoropropylene-vinylidene fluoride)	1.85×10^{-12}	$\sim 10^{-11}$	3.95×10^{-11}
ネオプレン：Neoprene™ (CR=Chloroprene Rubber)			1.4×10^{-9}
テフロン：Teflon™			2.7×10^{-11}
ブナS：Buna S (SBR=Styrene-Butadien rubber)			1.8×10^{-9}
天然ゴム(NR=Natural Rubber)			2.3×10^{-9}
シリコーンゴム(Silicone Rubber)			8.05×10^{-9}

に拡散放出され、実質的に固体内の水素濃度は無視できる程度になるはずである。しかし、実際には超高真空容器内に残存する気体のほとんどがH_2であることが知られている。これは、溶解している水素がステンレス鋼の表面まで拡散し、表面付近で再結合して脱離する過程が水素の拡散放出の律速過程であること[36]、また、ステンレス鋼表面の酸化層が水素の拡散バリアとなっていること[37]、などのためであるとされている。従って、前述の式（4.46）の$c(0,t)=c(d,t)=0$が満たされなくなるため、表面付近での水素濃度が高くなる。そのため、実際のステンレス鋼中の水素濃度分布は図4.19とは異なり場所によらずほぼ一様となる。その結果、高温ベーキングを行ってもある程度のH_2が残存し、低温でH_2が拡散放出し、超高真空中でもH_2が問題となってしまう。

これまでに、一般的な大気溶解SUS316Lステンレス鋼で溶存水素量が6.2×10^4 $Pa \cdot m^3 \cdot m^{-3}$ [*2]、真空溶解品では4.8×10^2 $Pa \cdot m^3 \cdot m^{-3}$の報告[38]がある。また、SUS304Lステンレス鋼で溶存水素量が1.0×10^4 $Pa \cdot m^3 \cdot m^{-3}$で、400℃ 24 hの大気中ベーキングで700 $Pa \cdot m^3 \cdot m^{-3}$、950℃ 1 hの真空中ベーキングで800 $Pa \cdot m^3 \cdot m^{-3}$になった報告[39]がある。

また、純アルミニウムでは、主に表面の酸化層に水素が含まれている。無酸素銅では、溶解した酸素が水素と反応して水を生成し、材料の割れを生じることが知られている[40]。このような材料も表面に酸化層があることが多く、水素の放出の拡散バリアになっていると思われる。

〈福田　常男〉

〔参考文献〕

1) J. P. Hobson: Brit. J. Appl. Phys. **14** (1963) 544

2) G. Ehrlich: 1961 Trans. 8th Natl. Vac. Symp. & 2nd Intern. Congre. Vac. Sci. Technol., ed. L. E. Preuss (Pergamon, London, 1962) p. 126

3) *CRC Handbook of Chemistry and Physics*, 96th ed., (CRC Press LLC, Boca Raton, Florida, USA)

4) 福谷克之、小倉正平、大野哲：J. Vac. Soc. Jpn. **59** (2016) 145

5) 岩澤康裕、中村潤児、福井賢一、吉信淳：「ベーシック表面化学」（化学同人、2010年）

6) E. Shustorovich ed.: *Metal-Surface Reaction Energetics* (VCH Publisher Inc., NY, 1991)

7) T. A. Delchar、石川和雄 訳：「真空技術とその物理」（丸善、1995年）

8) 日本化学会 編：「第5版 実験化学講座24 表面・界面」(丸善、2007年) 3章10節, pp.223-232

9) 清水皇、伊藤真一、浅井秀雄、宮川敏彦、武藤正誉、梶川俊二：表面科学 **37** (2016) 422

10) D. Menzel and R. Gomer: J. Chem. Phys. **41** (1964) 3311

11) P. A. Redhed: Can. J. Phys. **42** (1964) 886

12) M. L. Knotek and P. J. Feibelman: Phys. Rev. Lett. **40** (1978) 964

13) P. J. Feibelman and M. L. Knotek: Phys. Rev. B **18** (1978) 6531

14) P. R. Antoniewicz: Phys. Rev. B **21** (1980) 3811

15) P. A. Redhead: Vacuum **13** (1963) 253

16) 渡辺文夫、平松成範、石丸肇：真空 **27** (1984) 335

17) M. Nishijima and F. M. Propst: Phys. Rev. B **2** (1970) 2368.

18) G. R. Floyd and R. H. Prince: Surface Sci. **59** (1976) 631

19) 堀越源一、小林正典、堀洋一郎、坂本雄一：「真空排気とガス放出」（共立出版、1995年）第4章に詳細有

20) イオン衝撃脱離とグロー放電洗浄に関して、日本真空協会 編「超高真空技術マニュアル」（日刊工業新聞社、1991年）1.4章、7.6、7.7章に記述有

21) H. F. Winters and P. Sigmund: J. Appl. Phys. **45** (1974) 4760

22) 祐延悟、相良明男：真空 **32** (1989) 716

23) M.-H. Achard, R. Calder and A. Mathewson: Vacuum **29** (1978) 53

24) 村上義夫：核融合研究 **66** (1992) 467

25) 加賀爪明子、上田新次郎、秋葉政邦、丸子盛

---

*2　金属1 m³中の気体の量をpV積で表した単位

久：真空 **32** (1989) 851: A. Kagatsume, S. Ueda, K. Akiba, T. Kawabe: J. Vac. Sci. Technol. A **9** (1991) 2364

26) 小谷正博、幸田清一郎、染田清彦：「大学院講義物理化学」、近藤保 編、（東京化学同人、1997年）pp.356-357

27) S. Brunauer, P. H. Emmett, and E. Teller: J. Am. Chem. Soc. **60** (1938) 309

28) D. M. Young and A. D. Crowell: *The Physical Adsorption of Gases*, (Butterworth & Co. London, 1962); 邦訳 高山哲男、古山昌三 ：「ガスの物理吸着」(産業図書、1967年)

29) J. P. Hobson and R. A. Armstrong: J. Phys. Chem. **67** (1963) 2000

30) 単位換算は林主税「真空技術」（共立出版、1985年）p. 123に記載有

31) L. Holland, W. Steckelmacher, Y. Yarwood: *Vacuum Manual* (E. & F. N. SPON, London, 1974)

32) ㈱アルバック 編：「新版 真空ハンドブック」（オーム社、2002年）

33) W. G. Perkins: J. Vac. Sci. Technol. **10** (1973) 543

34) 吉村長光：「超高真空技術の新展開」(NTS出版、2017年) 第4章

35) R. Calder and G. Lewin: Brit. J. Appl. Phys. **18** (1967) 1459

36) B. C. Moore: J. Vac. Sci. Technol. A **13** (1995) 545; *ibid* A **19** (2001) 228

37) K. Akaishi, M. Nakasuga, and Y. Funato: J. Vac. Sci. Technol. A **20** (2002) 848

38) 遠山晃 他：日本金属学会誌 **54** (1990) 247

39) L. Westberg, : Vacuum **48** (1997) 771

40) 石川雄一、土佐正弘：「第53回真空夏季大学テキスト」、（日本真空学会）G-9

第5章　低圧放電とプラズマ

第1節　プラズマの概要

1.1 プラズマ

低圧の気体分子や原子（以下では単に気体という）を含むガラス管内に対向する電極を設け、電極間の電圧を徐々に増加させると、数百V程度で急激に電流が増大し、電極間に発光が観測される。この現象を放電という。このときのガラス管内に存在する媒質は、単純な気体ではなく、気体の一部が図1.1（a）に示すように、電子と正イオン（以下、単にイオンという）に電離した状態となっている。このような状態にある媒質のことをプラズマという（電離気体とも呼ばれる）。

プラズマ中の正のイオンと負の電子の密度（プラズマ密度という）は、ほぼ同じであり、気体と同様に熱的な無秩序速度で運動をしているため、マクロに見ると電気的に中性となっている。しかし、電子とイオンは、それぞれが電場によって反対方向にドリフトするため導電性を持つ。従って、プラズマは、気体と異なり、外部からの電磁場によってその挙動を制御できるという特徴を有する。

1 Pa程度の低圧プラズマの場合、気体の数密度が10^{20} m^{-3}であるのに対し、プラズマ密度は高くても10^{17} m^{-3}程度である。即ち、ほとんどの粒子は中性の気体のままで存在している。このような

プラズマを弱電離プラズマという。これに対し、100%電離しているものを完全電離プラズマという。薄膜堆積やエッチングなどのプロセスに用いられる低圧プラズマや発光現象を利用した蛍光灯やネオンサインなど、ほとんどの低圧プラズマは弱電離プラズマである。完全電離プラズマの例は限られているが、核融合用のプラズマを挙げることができる。

なお、本章では、低圧放電とプラズマに関する基本的事項について述べるが、更なる詳細については参考書を参照されたい[1-4]。

1.2 プラズマの温度

プラズマ中の電子とイオンの熱的な無秩序速度は、それぞれが熱平衡状態にある場合には、マクスウェル分布をしている。そのため、その速度分布から電子温度T_eとイオン温度T_iが次式のように定義される。

$$\frac{m_e \langle v_e^2 \rangle}{2} = \frac{3k_B T_e}{2}, \quad \frac{m_i \langle v_i^2 \rangle}{2} = \frac{3k_B T_i}{2}. \tag{1.1}$$

ここで、m_e、$\langle v_e^2 \rangle$は電子の質量、二乗平均速度、M_i、$\langle v_i^2 \rangle$はイオンの質量、二乗平均速度、k_Bはボルツマン定数である。

通常の低圧放電で生成されるプラズマ中では、イオン温度が10^{-1} eV程度（数百℃）であるのに対し、軽い電子は数eV（数千℃）となる。これに対し気体の温度は、高くても数百℃程度に抑えられる。これは、高温の電子が弾性衝突をしたとしても、電子の質量が小さく、低圧で衝突頻度が小さいため、電子の温度が気体分子に十分に与えられないからである。そのため、低圧放電で得られるプラズマは低温プラズマ、または気体温度と電子温度が大幅に異なるという意味で非平衡プラズマと呼ばれる。低温プラズマは、気体の温度を低温に保ったまま、高温（即ち、高エネルギー）の電子による分子の解離などを利用することができるため、熱に弱い材料を対象とした様々な材料プロ

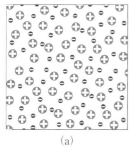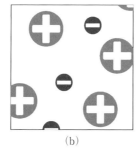

(a)　　　　　　　(b)

図1.1　プラズマ中の荷電粒子の空間分布を異なる寸法で見たときの概念図（中性の気体は省略されている。また、電子とイオンの間隔は実際にはもっと広い。）

セス技術に役立てられている。

1.3 デバイ長

マクロに見れば電荷中性のプラズマも、図1.1 (b) に示すようにミクロに見れば、正と負の荷電粒子の分布が空間的に偏在している状態となる。即ち、ある寸法よりも小さい領域だけに注目すると、もはやプラズマと言えなくなる寸法がある。その寸法 λ_D をデバイ長と呼び、次式で与えられる。

$$\frac{1}{\lambda_D^2} = \frac{1}{\lambda_{De}^2} + \frac{1}{\lambda_{Di}^2}. \quad (1.2)$$

ここで、λ_{De} と λ_{Di} は、

$$\lambda_{De} = \sqrt{\frac{\varepsilon_0 k_B T_e}{n_0 q_0^2}}, \quad \lambda_{Di} = \sqrt{\frac{\varepsilon_0 k_B T_i}{n_0 q_0^2}} \quad (1.3)$$

で与えられ、それぞれ電子とイオンに関するデバイ長と呼ばれている。ここで、n_0 はプラズマ密度、ε_0 は真空の誘電率、q_0 は電荷素量である。

式 (1.2) からわかるように、デバイ長は、プラズマを構成する荷電粒子のうち、温度の低い方の粒子で支配される。従って、低圧プラズマの場合には、デバイ長はイオン温度で支配される。実用的には、以下のような式で算出する。

$$\lambda_D \text{ (cm)} = 740 \sqrt{\frac{T_i}{n_0 \text{ (cm}^{-3})}}. \quad (1.4)$$

荷電粒子の集合体をデバイ長以下の寸法で考えるときは、もはやプラズマの論理は成り立たないことに注意しなければならない。しかし、プロセス技術に用いられる一般的な低圧プラズマの場合、$T_i \approx 400 \text{ K}(= 0.034 \text{ eV})$、$n_0 \approx 10^{17} \text{ m}^{-3}$ であるので、$\lambda_D \approx 4.3 \mu\text{m}$ となる。これに対し、低圧プラズマの大きさは、数cmから数十cmとデバイ長よりも十分に大きいため、電荷中性と見なすことができる。

1.4 シース

プラズマの電荷中性という性質は、壁近傍では成立しなくなる。これは、軽く動きやすい電子が先に壁に輸送され、そこで消滅することにより、重く動きの鈍い正のイオンが取り残されるためである。このように壁近傍の電荷中性が成り立っていない空間電荷層をシースという。また、電荷中性の領域をバルクプラズマといい、バルクプラズマとシースの境界をシース端という。この状況を模式的に表すと、図1.2のようになる。

このとき、シースに存在する空間電荷が正の電荷となるため、プラズマと接する壁は、常にバルクプラズマの電位（プラズマ電位という）に対して負の電位になる。この電位差 V_f は浮遊電位と呼ばれており、次式で与えられる。

$$V_f = -\frac{k_B T_e}{2q_0} - \frac{k_B T_e}{2q_0} \ln\left(\frac{1}{2\pi}\frac{M_i}{m_e}\right). \quad (1.5)$$

V_f の値は、イオンの質量にもよるが、一般に電子温度に換算して数 T_e 程度となる。典型的な低温プラズマとして、$T_e = 1$ eV のアルゴンプラズマを想定すると、$V_f \approx 5$ V となる。この電位差は壁の電位が正になっても維持される。即ち、壁に正の電圧を印加しても、プラズマから見た壁の相対的な電位は常に負となることに留意されたい。

第2節 プラズマの運動と輸送

中性の気体が電磁場の影響を受けないのに対し、プラズマ中の荷電粒子は、電磁場から次式で表されるローレンツ力を受ける。

$$\boldsymbol{F} = q(\boldsymbol{E} + \boldsymbol{v} \times \boldsymbol{B}). \quad (2.1)$$

ここで、$\boldsymbol{E}$ は電場、$\boldsymbol{B}$ は磁束密度、$\boldsymbol{v}$ は荷電粒子の速度である。

式 (2.1) の電場 $\boldsymbol{E}$ は、電子を電場方向に加速し、気体分子や原子への衝突電離によって電子とイオンの対を生成するための原動力となる。また電場の変動が低周波であれば、電子より重いイオンに対しても作用し、壁や基板にイオン衝撃を与える原動力となる。一方、磁束密度 $\boldsymbol{B}$ は主に電子を閉

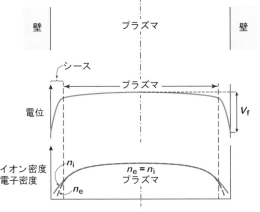

図1.2 プラズマが壁と接しているときの、電子密度 n_e、イオン密度 n_i、電位分布の概念図

じ込める役割を担い、プラズマを高密度化する役割を果たす。

2.1 ドリフト

プラズマ中の荷電粒子は、式（2.1）の電場Eによる加速を受ける。しかし、中性粒子との衝突による減速があるため無限に加速されることはなく、定常状態では

$$v = \mu E \tag{2.2}$$

なる電場に比例した速度vで電場方向に等速運動をする。このような運動をドリフトと呼び、μを移動度という。

プラズマ中の電子やイオンは、電場によってドリフト運動する電子が、気体分子や原子に衝突して、電離（イオン化）することよって生成される。この生成と、壁への拡散やドリフトによる消滅が釣り合って定常状態のプラズマ密度となっている。なお、弱電離プラズマの場合、電子とイオンの再結合は、その頻度が小さいために消滅要因としては無視できる。

後述の容量結合型プラズマでは、電子のドリフトの方向が電子の消滅場所である壁（＝電極）方向となる。そのため、電子イオン対の生成率を上げるために電場強度を大きくしても、あまりプラズマ密度が増加しない。誘導結合型プラズマの場合には、電子が壁に沿ってドリフトするため、高密度プラズマが得られる。

2.2 サイクロトロン運動と$E \times B$ドリフト

磁場の中では、式（2.1）の$v \times B$が荷電粒子の速度と磁場に直交する力として働く。電場Eがなく、磁場だけがある場合には、荷電粒子は図2.1(a)に示すようなサイクロトロン運動をする。この運動を磁場に垂直な平面に射影すると、図2.1(b)に示すような円運動となる。その回転周波数ω_cをサイクロトロン周波数、回転半径r_cをラーマー半径と呼ぶ。それぞれ、次式で与えられる。

$$\omega_c = \frac{|q|B}{m}, \quad r_c = \frac{mv_\perp}{|q|B}. \tag{2.3}$$

ここで、$v_\perp$は荷電粒子の速度の磁場に垂直な成分の大きさ、Bは磁束密度の大きさである。mは荷電粒子の質量である。回転の方向は、図2.1(b)に示すように、qの符号によって反対になる。

一方、電場と磁場の両方が荷電粒子に作用する一般的な場合については、数値的な解析が必要になる。しかし、電場と磁場が直交する場合については、荷電粒子の運動を解析的に知ることができ、その運動は$E \times B$ドリフトとして知られている。

EのBと並行な成分を$E_\parallel$（スカラー）とし、Bに垂直な平面への射影を$E_\perp$（ベクトル）とすると、その荷電粒子の運動方程式は、次式のようになる。

$$m\frac{dv_\parallel}{dt} = qE_\parallel, \tag{2.4}$$

$$m\frac{dv_\perp}{dt} = qE_\perp + q(v_\perp \times B). \tag{2.5}$$

この場合の荷電粒子の運動は、磁場と平行な成分については、サイクロトロン運動の中心が磁場の方向に一定加速度$qE_\parallel/m$で移動するような運動をする。磁場に垂直な面内においては、式（2.3）で表されるサイクロトロン運動の中心が

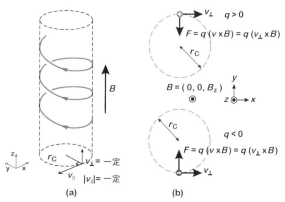

図2.1 (a) 荷電粒子のサイクロトロン運動
(b) 磁場に垂直な面への射影

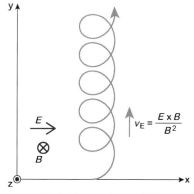

図2.2 $E \times B$ドリフト運動

$$v_E = \frac{\mathbf{E} \times \mathbf{B}}{B^2} \tag{2.6}$$

なる一定速度v_Eで並進する。この運動を$E \times B$ドリフトといい、磁場に垂直な面に射影すると図2.2のようになる。

以上のように、磁場が作用すると、荷電粒子の運動は、単純な電場方向ではなく回転を伴う運動になる。電子の場合には、消滅要因である壁への直進運動が抑制されるため、この効果によりプラズマが高密度になる。マグネトロンスパッタでは、この効果を利用してターゲット近傍に高密度プラズマを得ている。

2.3 磁場中の輸送

低圧プラズマは、電場によって生成されるのが一般的だが、前節のように磁場を併用することによってプラズマ密度の高密度化が可能である。このとき、磁場によって荷電粒子の輸送係数（移動度や拡散係数）も変化する。以下では、電子の輸送係数について述べるが、イオンについても同様である。

拡散係数と移動度の磁場に平行な成分$D_{e\parallel}$、$\mu_{e\parallel}$については、式（2.1）からわかるように、磁場の影響を受けない。このときの$D_{e\parallel}$、$\mu_{e\parallel}$は、衝突周波数をν_{ec}とすると、次式で与えられる。

$$D_{e\parallel} = \frac{k_B T_e}{m_e \nu_{ec}}, \quad \mu_{e\parallel} = \frac{q_0}{m_e \nu_{ec}}. \tag{2.7}$$

即ち、磁場に平行な方向の輸送係数は、衝突頻度に反比例して小さくなる。一方、磁場に垂直な成分$D_{e\perp}$、$\mu_{e\perp}$については、以下のようになる。

$$D_{e\perp} = \frac{D_{e\parallel}}{1+(\omega_{ec}/\nu_{ec})^2}, \tag{2.8}$$

$$\mu_{e\perp} = \frac{\mu_{e\parallel}}{1+(\omega_{ec}/\nu_{ec})^2}. \tag{2.9}$$

ここで、ω_{ec}は、電子のサイクロトロン周波数であり、磁束密度の大きさBに比例する。

磁場が十分小さく、$\omega_{ec}/\nu_{ec} \ll 1$の場合には、輸送係数の磁場に垂直な成分は、磁場がない時、即ち磁場に平行な成分と同じであると見なしてよい。

一方、磁場の影響が大きく、$\omega_{ec}/\nu_{ec} \gg 1$の場合には、磁場に垂直な成分は、以下のようになる。

$$D_{e\perp} = \frac{k_B T_e}{m_e \omega_{ec}^2}\nu_{ec}, \quad \mu_{e\perp} = \frac{q_0}{m_e \omega_{ec}^2}\nu_{ec}. \tag{2.10}$$

即ち、磁場に垂直な方向の輸送係数は、磁場に平行な輸送係数の場合とは逆に、衝突頻度に比例して大きくなるという点に注意する必要がある。

2.4 両極性拡散

拡散とは、熱運動している粒子が高密度側から低密度側に輸送される現象である。中性粒子で構成されている気体の場合には、軽い粒子の方が拡散が速い。しかし、正のイオンと負の電子で構成されているプラズマの場合にはクーロン力が介在するため、電子とイオンの質量が著しく異なるにも関わらず、両者が同じ速度で輸送されるという現象が起こる。

図2.3（a）に示すように局所的なプラズマが生成された場合、プラズマを構成する電子とイオンのうち、軽い電子の方がイオンよりも先に遠方へ拡散しようとする。そのため、図2.3（b）に示すように、電荷分布の偏りが生じ、電場が形成される。

この電場は、電子にとっては拡散を抑制する力として働き、イオンにとっては拡散を支援する力として働く。その結果、定常状態では、電子とイオンの質量が大きく異なるにも関わらず、両者は同じ速度で移動する。このような現象を両極性拡散と呼んでおり、その拡散係数D_aは次式で与えられる。

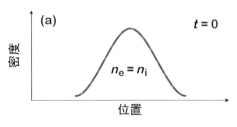

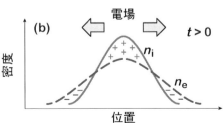

図2.3 両極性拡散を説明するための概念図

$$D_\mathrm{a} = \frac{\mu_\mathrm{i} D_\mathrm{e} + \mu_\mathrm{e} D_\mathrm{i}}{\mu_\mathrm{i} + \mu_\mathrm{e}}. \tag{2.11}$$

ここで、μ_eとD_eは電子単独の移動度と拡散係数、μ_iとD_iはイオン単独の移動度と拡散係数である。

移動度と拡散係数の間には、

$$\mu_\mathrm{e} = \frac{q_0 D_\mathrm{e}}{k_\mathrm{B} T_\mathrm{e}},\quad \mu_\mathrm{i} = \frac{q_0 D_\mathrm{i}}{k_\mathrm{B} T\mathrm{i}} \tag{2.12}$$

なるアインシュタインの関係式が成り立つこと、ならびに、通常は重いイオンよりも軽い電子の方が高温度であることから、

$$D_\mathrm{a} = \left(\frac{T_\mathrm{e}}{T_\mathrm{i}} + 1\right) D_\mathrm{i} \approx \frac{T_\mathrm{e}}{T_\mathrm{i}} D_\mathrm{i} \tag{2.13}$$

となる。即ち、両極性拡散係数は、遅い方のイオンの拡散係数によって支配されており、イオン単独の拡散係数の$T_\mathrm{e}/T_\mathrm{i}$倍程度となる。

2.5 プラズマ振動とプラズマ周波数

図2.4に示すようにプラズマ中の電子の集団が元の位置からずれたとすると、正のイオンの集合体と負の電子の集合体が空間的に分離した状態ができ、クーロン力でお互いが引き寄せられる。イオンは重く、動きにくい。従って、電子がもとに位置に引き戻される。このとき、衝突が無ければ、慣性によって元の位置を通り過ぎ、先述のずれた状態と同じ状態になる。この繰り返し現象をプラズマ振動という。その周波数はプラズマ周波数と呼ばれており、次式で与えられる。

$$\omega_\mathrm{p} = \sqrt{\frac{n_0 q_0^2}{\varepsilon_0 m_\mathrm{e}}}. \tag{2.14}$$

プラズマ周波数はプラズマ密度のみによって決まるため、実用公式として以下の式がしばしば利用されている。

$$f_\mathrm{p}\,(\mathrm{Hz}) = 9000\sqrt{n_0\,(\mathrm{cm}^{-3})}. \tag{2.15}$$

エッチングなどに用いられる$n_0 = 10^{11} \sim 10^{13}\,\mathrm{cm}^{-3}$の高密度プラズマの場合には、$f_\mathrm{p} = 3 \sim 30\,\mathrm{GHz}$となる。即ち、GHz帯域の電磁波（マイクロ波）は、プラズマと強い相互作用をするためプラズマ中に深く侵入できないが、プラズマの表面に沿って表面波が伝搬する。これを利用すると、大面積の表面波プラズマが生成できる[5]。

第3節　プラズマの生成機構

3.1 タウンゼントの放電理論

低圧プラズマを生成するための気体放電は、図3.1に示すように、電場による電子の加速と、気体の電子衝突電離による電子・イオン対の生成（α効果という）が、陰極から陽極に向かって雪崩式に繰り返され、電子とイオンの密度が増倍することによって起こる．このとき、最初に必要と

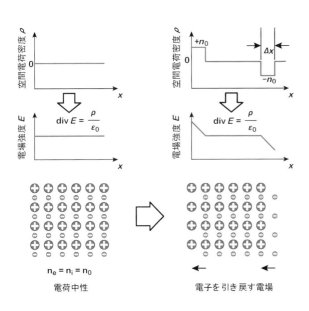

図2.4　プラズマ振動の周波数を導出するための仮想的なプラズマの模式図

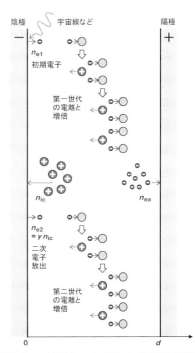

図3.1　α効果とγ効果による電子の増殖

なる陰極側の初期電子は、宇宙線などの高エネルギー粒子が陰極に降り注ぐことで自然発生的に生成するとされている。イオンが生成された後は、イオンが陰極に衝突することにより二次電子が放出される（γ効果という）。そのため、初期電子の供給が絶たれても放電を持続することが可能となる。このような放電の理論をタウンゼントの放電理論と呼ぶ。

電極間ギャップをd、初期電子の数をn_0とすると、陽極に到達する電子の数は、

$$n = n_0 \frac{e^{\alpha d}}{1 - \gamma(e^{\alpha d} - 1)} \tag{3.1}$$

と表される。ここで、αは、1個の電子が電場方向に単位長さだけ進んだときに起こす電離の回数であり、電離係数と呼ばれている。γは、1個のイオンが陰極に衝突したときに放出される二次電子の個数であり、二次電子放出係数と呼ばれている。式（3.1）において

$$\gamma(e^{\alpha d} - 1) = 1 \tag{3.2}$$

となると$n \to \infty$となることから、初期電子が無くなっても持続的に放電が維持される。このため、式（3.2）をタウンゼントの放電開始条件と呼んでいる。

式（3.2）は、

$$d = \frac{1}{\alpha} \ln\left(1 + \frac{1}{\gamma}\right) \tag{3.3}$$

と書けるので、電離係数αと電極表面の二次電子放出係数γがわかると、おおよそどれくらいの電極間ギャップで放電するのかがわかる。

3.2 電離係数

タウンゼントの放電理論における気体の電離係数は、図3.2に示すように、電場強度、気体の種類、気体の密度に依存する。電離係数等のプラズマの諸量は相似則に従うので、縦軸の電離係数αと横軸の電場強度Eは、気体粒子の全数密度Nで割ったものとなっている。そのため、図3.2のデータは圧力の異なる条件でも適用できる。横軸のE/Nは、換算電場と呼ばれており、1 Td（タウンゼント）$= 10^{-17}$ V・m^{2}である。この電離係数は、電場強度と温度が与えられると、気体固有の物性である電子衝突断面積を用いて、ボルツマン輸送方程式を解くことによって得られる[6]。そのための計算プログラムは、BOLSIG+という名称で無償で公開されており、各種気体の電子衝突断面積データセットもデータベース化されている[7]。

3.3 二次電子放出係数

固体表面へのイオン照射による二次電子の放出は、共鳴中和、共鳴電離、オージェ励起消滅、オージェ中和と呼ばれる機構によって理論的な説明がなされている[8,9]。表3.1は、幾つかの金属と絶縁物の二次電子放出係数γを示したものである[10,11]。一般に、金属よりも絶縁物の方が高いγの値を示す。

低圧プラズマの多くは、定常的に電子とイオンが気相中に存在しており、γ効果よりもα効果が放電維持のための重要な因子となる。そのため、γの大小がプラズマ密度の大小に大きく影響することはあまりない。一方、パルス放電のように一旦プラズマが消滅する場合には、限られた時間内に十分な電子とイオンの密度を稼ぐ必要があるた

表3.1 幾つかの金属と絶縁物のAr$^+$イオン(400 V)衝突時の二次電子放出係数[10,11]

陰極材料	二次電子放出係数
W	0.1
Mo	0.08
Cu	0.01
ステンレス	0.1
石英	0.22
ホウケイ酸ガラス	0.27
La$_2$O$_3$	0.38
MgO	0.48

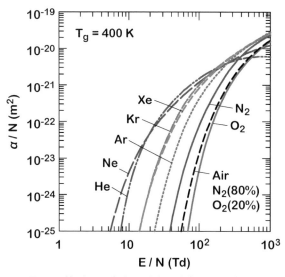

図3.2 希ガス、窒素、酸素、空気の電離係数

め、γが大きい方が得策となる。但し、γ効果にはイオン衝撃が伴うため、高γであると同時に、耐スパッタ性の優れた材料が望まれる。そのような材料として、MgOやダイヤモンド薄膜が知られている[9,12]。

3.4 パッシェンの法則

二枚の電極間での放電開始電圧V_sは、圧力pと電極間ギャップdに対して

$$V_s \propto \frac{pd}{C + \ln(pd)} \quad (3.4)$$

なる変化をすることが知られている。ここで、Cは定数である。この関係はタウンゼントの放電開始条件から導かれるが、実験的にはパッシェンによって先に発見されており、パッシェンの法則と呼ばれている。V_sとpdの関係の実測例を図3.3に示す[10]。放電開始電圧は、あるpd積において最小となる。言い換えると、圧力が低すぎても、高すぎても、また、電極ギャップが狭すぎても、広すぎても、放電がし難くなる。

高圧側で放電し難くなるのは、電子の衝突頻度が過度になり、電離に必要な十分な加速ができなくなるためである。一方、低圧側では、電子は十分に加速されるが、衝突相手の気体の数が少なくなるため、放電し難くなる。電極間ギャップが大きいときに放電し難くなる原因は、電場強度の低下による。電極間ギャップを小さくすれば、電場強度が大きくなり、放電し易くなる。但し、図3.1に示すように、電子増倍のためには適度な距離が必要である。過度に短ギャップにすると、電場強度は大きくなるが、十分な電離増倍をするための距離が不足するために放電し難くなる。

この法則は、後述の図6.1に示した装置のシールドで活用されている。この装置構成では、対向する電極間だけで放電させることを意図している。しかし、電圧が印加されている電極の裏面や側面とチャンバー底面や側壁の間も適度なギャップとなっている。そのため、工夫をしないと対向電極間以外での無用な放電が生じる。図6.1のシールドは、そのような無用な放電を抑制するために設けられている。接地されたシールド板が高電圧電極に接近するとスパークすると思うかもしれないが、極短ギャップにすると、パッシェンの法則から逆に放電し難くなるのである。

第4節 直流放電のモード

図4.1のような放電管を含む回路の電源電圧V_{app}を徐々に増加させると、電極間の電圧と電流は、放電現象が関与するために、図4.2に示すよ

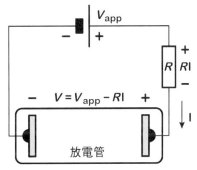

図4.1 直流放電プラズマの放電モードを説明するための回路の概念図

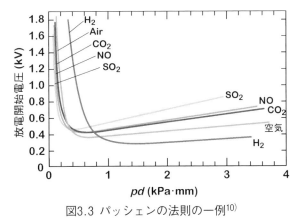

図3.3 パッシェンの法則の一例[10]

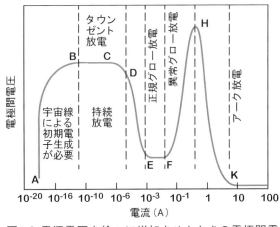

図4.2 電源電圧を徐々に増加させたときの電極間電圧と電流の関係[13]

うな特徴的な挙動を示す。

A→Bの領域は、暗電流領域と呼ばれている。気体は完全な絶縁体ではなく、自然界に存在する放射線による微弱な電離と電子付着によって正イオンと負イオンが存在している。この領域では、それらが電流の担い手となって微弱な電流が流れる。

B→Cの領域は、電子とイオン密度が陰極から陽極に向かって雪崩増倍する領域であり、少しの電圧増加で指数関数的に電流が増加する。この領域の放電をタウンゼント放電と呼ぶ。更に電源電圧を上げると、陽極の前面で発光が観測されるようになる。これを前期グロー放電という。この放電モードは正帰還で表される遷移状態であり、時間的にはこの状態にとどまってはいない。電流が勝手に増加し、RIの電圧降下によって電極間の電圧Vが勝手に下がり、C→D→Eのように遷移する。

電極間の電圧Vがある程度下がったところで、増倍作用による荷電粒子の生成と電極での消滅がバランスして安定状態になる。このような放電を正規グロー放電という。一般には、単にグロー放電とよばれており、このとき生成されるプラズマが材料プロセスなどで用いられている典型的な低圧プラズマの状態である。なお、この状態でのE→Fの電流増加は、電流密度の増加ではなく、放電面の面積が増えることによる。

放電面が電極全面を覆うFの状態に到達した後も、電源電圧を増加させれば電流が増加する。このときの電流増加は、電離頻度の増加によって電子とイオンの密度が増えることによる。電離頻度を増加させるためには、より強い電場強度を必要とするため、F以降で電流を増やすためには、電圧を大きくしなければならない。この領域を異常グロー放電という。

ここまでの放電では、電場で加速されたイオンによるγ作用で陰極から電子が補給され、放電が維持されている。これに対し、更に電圧を高くして電流密度が増加すると、陰極表面の温度が極めて高温になり、陰極から熱電子が放出される。そのような領域の放電をアーク放電という。アーク放電に移行すると、電場によるイオンの加速を必要とするγ効果がなくても電子が補給されるため、電圧が低くても電流が増える。従って、勝手に電流Iが増え、RIによる電圧降下によって電極間の電圧Vが下がる。それでも陰極から熱電子が放出されているため、放電が持続される。最終的には、電離をさせるために最低限必要なイオン化ポテンシャル程度の電位差（数十V）まで電圧が低下する。

第5節　直流グロー放電プラズマの構造

直流グロー放電で生成されるプラズマ中の電位と電荷の空間分布は均一ではなく、特徴的な分布になる。図5.1は、圧力133 Pa、電極間ギャップd = 10 mm、ギャップ間電圧V_{app} = 500 VでArガスの直流グロー放電の電極間の荷電粒子分布の模式図と電位分布である。陽極側には、薄く、電位勾配の小さいシースが形成される。このシースは、浮遊電位の壁に形成されるシースと同じ機構で生成される。後述の陰極側のシースと区別するために、このシースをデバイシースと呼んでいる。デバイシースの電位差は、式（1.5）で表され、数T_eとなる。その厚みd_{Ds}は、電子に関するデバイ長の5倍程度となる[14]。従って、T_e = 1 eV、n_0 = 10^{17} m^{-3}の典型的なアルゴンプラズマ(λ_{De} = 26 μm)の場合には、デバイシースの電位差は約5 Vとなり、その厚みは$d_{Ds} \approx 5\lambda_{De}$ = 0.1 mmとなる。

一方、陰極側には、厚く、電位勾配の大きい

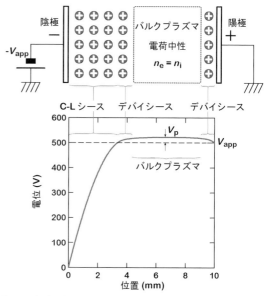

図5.1　直流グロー放電で生成されるプラズマの概念図と電位分布

シースが形成される。このシースをチャイルド・ラングミュアシース（C-Lシース）と呼ぶ。印加された電圧V_{app}のほとんどは、このC-Lシースにかかる。C-Lシースの厚みd_{CLs}は、λ_{De}を用いて以下のように表される。

$$d_{CLs} = \frac{\sqrt{2}}{3}\left(\frac{2q_0 V_{app}}{k_B T_e}\right)^{3/4}\lambda_{De}. \quad (5.1)$$

印加電圧をV_{app}=500 Vとし、その他はデバイシースの厚みと電圧降下を求めたときと同じとすると、$d_{CLs}=84\lambda_{De}=2.0$ mmとなる。従って、陰極側のトータルのシースの厚みは、$(5+84)\lambda_{De}=2.1$ mmとなる。

イオンエッチングやスパッタリングでは、このC-Lの電位勾配によってイオンを基板に向けて加速する。その厚みは、イオン衝撃を援用した異方性エッチングを行う場合に重要となる。イオンエッチングの異方性は、C-Lシースの中で基板に対して垂直に加速されたイオンの衝撃を利用する

ことで実現される。そのため、平均自由行程がC-Lシースの厚みよりも短い圧力を用いると、C-Lシース中でのイオンの加速中に衝突が起こり、基板に対するイオン入射角の垂直性が保障されなくなる。従って、プロセス設計をする際には、平均自由行程がこのC-L厚みよりも長くなるような低圧でプラズマを生成することを考えなければならない。

第6節　RF容量結合型プラズマ

平行平板型の電極に直流電圧を印加して得られるプラズマは、あらゆるプラズマの基礎となる重要な事項を含んだものとなっている。しかし、直流放電プラズマでは、電極面に絶縁体が存在する場合には、放電が維持できないため、成膜やエッチングで絶縁体を扱うことができない。そのため、産業的には、直流ではなく交流電圧を印加して得られるプラズマを用いる場合が多い。本節では、そのような交流駆動のプラズマの一つであるRF容量結合型プラズマ(CCP＝Capacitively Coupled Plasma)について述べる。図6.1は、RF CCPを生成するための典型的な装置の概念図である。交流駆動をする場合には、電源と電極の間には、インピーダンス整合をとるための整合回路が必要となる。

6.1　周波数の選定

交流駆動のプラズマで用いる周波数としては、工業用周波数である13.56 MHzが用いられることが多い。しかし、以下に述べるように、周波数によってプラズマの密度などが異なるため、近年では、目的に応じて周波数が選定されている。

図6.2は、RF CCPの放電開始電圧の周波数依存性である[15]。Iの領域は直流放電と同等の領域である。IIの領域はプロセスプラズマで多用されるkHz～MHz帯域である。イオンが電場に追従できず、電極間に捕獲されるため、電極表面でのγ効果が抑制され、放電開始電圧がやや高くなる。但し、一旦放電すれば、α効果だけで放電を維持できるため、無電極放電とも呼ばれている。

VHF帯域に相当するIIIの領域では電子も電極間に捕獲される。そのため、電極表面での電子の消滅が抑制されるとともに、気体との衝突電離の頻

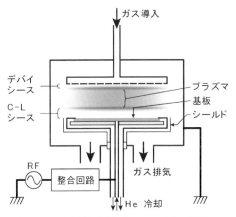

図6.1　RF容量結合型プラズマ源の概念図

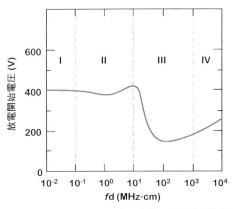

図6.2　pd≈133 Pa・cmにおける空気の放電開始電圧の周波数依存性[15]

度が増加し、放電開始電圧が減少する。また、電離の頻度が増加することから、電子密度が増加するというメリットがある[16]。但し、VHFの波長は1～10 mとなるため、近年の大型液晶ディスプレイパネルのようなメートル級の大面積を扱う場合には注意が必要である。これは、波長とチャンバーサイズが同等となると、定在波が発生し、プラズマの空間分布に不均一が生じるからである[17,18]。この対策として、中央が窪んだ基板ホルダーを用いることにより電極間のインピーダンスに空間分布を持たせて均一化を図る方法が提案されている[18,19]。

マイクロ波帯域に相当する領域IIIの高周波側も高密度プラズマを得るための周波数帯域として用いられている。但し、この周波数帯域では、電極間に電圧を印加するという概念は通用せず、電波として扱う必要がある。特に、磁場を併用すると、電子のサイクロトロン運動との共鳴が起こるため、低圧でも高密度のプラズマが得られる[20-22]。

更に高周波化し、IVの領域に至ると、再び放電開始電圧が上昇する。これは、電子の移動速度の位相が電場の位相よりも遅れ、効率良く電界で加速できなくなるためである。

6.2 RF CCPの電位分布

RF CCPの電位分布は、電源と電極がコンデンサを用いて結合されているかどうかや、高周波電源が接続された電極（RF電極という）と接地電極（GND電極という）の面積比が電位分布に大きな影響を及ぼす。そのため、イオンの衝撃を制御して利用したい場合、もしくは抑制したい場合には、電極構成と電源の接続の仕方が電位分布に及ぼす影響を熟知しておく必要がある。

図6.3は、高周波電源を単純に電極に接続した場合（DC結合という）における電位分布、プラズマと電極の電位の波形、電極に流れ込む電流の波形である。図中のTはRFの一周期を表す。DC結合の場合には、電極間の電位分布は、直流放電プラズマの場合と全く同じ機構で定まり、周期的にC-Lシースが形成される陰極とデバイシースが形成される陽極が入れ替わるだけである。シースの電位勾配は常に両電極にイオンを加速する向きになっており、逆転することはない。そのため、その時間平均である直流成分は、常に両電極にイオンを加速する向きとなる。イオンは重いためRF振動には追従しないが、この直流成分には追従する。従って、DC結合の場合には、陰極と陽極の両方にイオン衝撃を及ぼすことになる。

スパッタリング成膜では、片方の電極上に置か

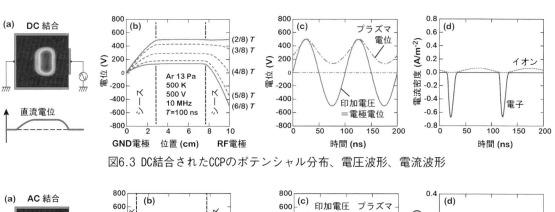

図6.3 DC結合されたCCPのポテンシャル分布、電圧波形、電流波形

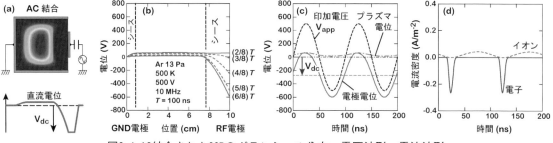

図6.4 AC結合されたCCPのポテンシャル分布、電圧波形、電流波形

れた基板やターゲットにイオンを衝突させてもう片方の電極上の基板に薄膜堆積を行う。このとき両方の電極にイオンが衝突すると、せっかく堆積した薄膜もスパッタされてしまうため望ましくない。エッチングの場合には、エッチングしたくない電極側もエッチングされるという問題が生じる。これを回避するためには、電源とRF電極を直結するのではなく、電源とRF電極をカップリングコンデンサと呼ばれるコンデンサを介して接続する。

6.3 カップリングコンデンサと自己バイアス

実用的なRF CCPでは、図6.4に示すように、RF電極とRF電源がコンデンサを介して接続される（AC結合という）。このコンデンサのことをカップリングコンデンサ、またはブロッキングコンデンサと呼んでいる。

図6.3と図6.4の電位の空間分布を比較するとわかるように、カップリングコンデンサが無い場合には、RF電圧の振動にともなって、プラズマ電位も大きく変動しているのに対し、カップリングコンデンサがある場合には、RF電圧が振動しても、プラズマ電位はあまり変化しない。従って、RF電極側のシースの電位差が大きな振幅でRF振動するのに対し、GND電極側のシースの電位差の振幅は小さい。これは、イオンが追従できる時間平均値（直流成分）についても同様である。従って、強いイオン衝撃が伴うC-Lシースが形成されるのはRF電極側だけとなる。イオンエッチングやスパッタ成膜では、この状態を利用している。

このようになる主な原因は、図6.4の電圧波形をみるとわかる。即ち、カップリングコンデンサが存在することによって、コンデンサへの負電荷の蓄積により、直流的な負バイアスが発生し、RF振動の中心電圧が深く負に下がっているからである。このバイアス電圧V_{dc}のことを自己バイアスと呼んでいる。

6.4 自己バイアス発生のメカニズム

図6.4のような状況になるためには、後述のように電極面積比についてもある条件を満たす必要があるが、基本的には、電気的に浮遊状態にあるRF電極への電荷蓄積とシースの整流効果によって直流的な電位がRF電極に発生する[23]。

図6.5（a）と図6.5（b）に示すように、シースから電極に流れ込む電流は、ダイオードを流れる電流のような特性を持つ。これは、プラズマ中の負電荷である電子と正電荷であるイオンの質量が大きく異なり、電場に対する移動度が大きく異なることに起因する。

電極が正の電位を持つ場合には電子電流が流れ、電極が負の電位を持つ場合にはイオン電流が流れることになるが、図6.5（a）に示すように、電子電流の方が圧倒的に大きい。このため、正負が交番する交流であっても、コンデンサ側の電極には負の電荷が徐々に蓄積され、直流的な負のバイアスがかかる。

この負のバイアスは、電子の更なる流れ込みを抑制する電位勾配を持ったC-Lシースを電極近傍に形成するため、大きな電子電流の流れ込みは徐々に小さくなる。最後には、電子電流とイオン電流が釣り合った状態に落ち着く。それが図6.5（b）の状態である。この状態のときにコンデンサ側の電極が持つ直流的な負の電位が自己バイアスとなる。

6.5 自己バイアスの電極面積比依存性

RF電極側前面だけが、深い負の電圧降下を有するC-Lシースの領域となり、GND電極前面は、浅い電圧降下のデバイシースの状態となる、という状況は、単にカップリングコンデンサをつなげれば実現できるというわけではない。図6.4では、RF電極の面積がGND電極（チャンバーの壁）よりも実効的に小さいが、これに重要な意味がある。

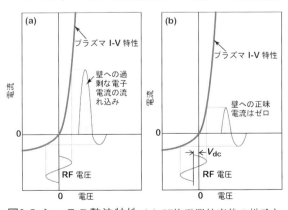

図6.5 シースの整流特性 （a）RF放電開始直後の様子と（b）自己バイアスが形成された後の様子[23]

RF電源とRF電極をDC結合した場合には、それぞれのシースの電位差の振幅の比は、シース内の変位電流の大きさによって決まり、以下のように電極面積比に逆比例する[24,25]。

$$\frac{V_{sh(GND)}}{V_{sh(RF)}} = \frac{S_{RF}}{S_{GND}}. \tag{6.1}$$

ここで、$V_{sh(RF)}$と$V_{sh(GND)}$は、RF電極とGND電極の前面に形成されたシースの電位差の振幅であり、S_{RF}とS_{GND}は、RF電極とGND電極の面積である。即ち、それぞれの電極の前面に形成されるシースの電位差の時間平均値は同じであるが、振幅については、面積の小さい方の電極前面に形成されるシースの方が大きい。但し、この比率は高々数倍である。

これに対し、RF電源とRF電極をAC結合した場合には、コンデンサによる蓄積電荷が起こるため、それぞれの電極前面に形成されるシースの電位差の時間平均値は同じではなく、以下のように電極面積の4乗に逆比例する[26,27]。

$$\frac{V_{sh(GND)}}{V_{sh(RF)}} = \left(\frac{S_{RF}}{S_{GND}}\right)^4. \tag{6.2}$$

即ち、AC結合した場合には、小さい電極の方に極めて大きなシース電圧がかかる。

一般に、プラズマプロセスを行うチャンバーは

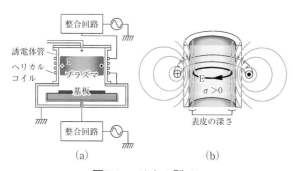

図7.1 ヘリカル型ICP。

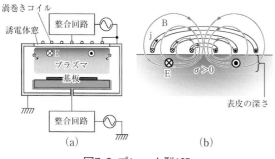

図7.2 プレーナ型ICP

接地されておりGND電極と同電位となるため、GND電極の面積にはチャンバーの壁の面積も含まれる。従って、プロセスチャンバーの中のGND電極は、実効的にはRF電極よりも数倍面積が大きい電極となる。DC結合の場合には、その違いは目に見える現象としてあまり顕著に表れてこない。これに対し、AC結合の場合には、その数倍の4乗の違いがシースにかかる電圧に反映される。従って、RF電極にはGND電極よりもかなり大きな負のバイアスが印加される。これによって、イオンエッチングやスパッタ成膜にとって望ましい状況、即ち、GND側にはイオン衝撃があまりなく、RF側のみに強いイオン衝撃が生じる、という状況を実現できるのである。

第7節 RF誘導結合型プラズマ

CCPでは、図6.1に示したように、二枚の電極間にRF電圧を印加することによって電極間で放電をさせてプラズマを生成する。これに対し、誘導結合型プラズマ(ICP＝Inductively Coupled Plasma)では、コイルにRF電流を流すことによって、その周囲にRF磁場を発生させ、その磁場と直交するRF電場（導線の電流と平行な電場）によってプラズマを生成する[28,29]。

ICPプラズマは、後述のようにCCPよりも低圧で高密度のプラズマが得られる。そのため、衝突の少ない平均自由行程の長い低圧環境で、大量のイオンを基板に照射することができる。衝突が少ないため、イオンが基板に入射するときの垂直性がよく、異方性エッチングを目的とするイオンエッチングにおいて活用されている[30]。代表的な形式のICPとして、誘電体管にコイルを巻くヘリカル型と誘電体窓の上に蚊取り線香のような渦巻きコイルを置くプレーナ型のICPをそれぞれ図7.1と図7.2に示した。

7.1 ICPの特徴 (1)：低圧・高密度

コイルにRF電流jが流れると、Maxwellの方程式；

$$\nabla \times \boldsymbol{B} = \frac{\boldsymbol{j}}{\mu_0}, \quad \nabla \times \boldsymbol{E} = -\frac{\partial \boldsymbol{B}}{\partial t} \tag{7.1}$$

から、コイルを取り囲むような磁束密度$\boldsymbol{B}$のRF磁場が発生するとともに、そのRF磁場と直交するRF

電場Eが形成される。即ち、コイルのRF電流の向きと同じ方向にRF電場が発生する。ここで、μ_0は真空の透磁率である。従って、ICPのRF電場は、図7.1（b）と図7.2（b）に示すように、壁に沿った向きに発生する。

ICPの磁場の強度は、コイルに流す電流にもよるが、通常のプロセスプラズマの場合には10Gauss程度となる。この振幅のRF磁場と直交するRF電場の振幅は10 V/cm程度と小さい。しかし、ICPでは、CCPよりも高密度のプラズマが得られる。このような弱々しい電場でも高密度プラズマが得られるのは、ICPにおける電子の損失が極めて小さいことに起因する。

CCPの場合には、電離衝突で電子を増やすための電子加速の向きが、消滅要因である壁（＝電極）に向かう向きとなっている。そのため、電子の生成率を増やそうとすると、同時に消滅率も増え、プラズマ密度が頭打ちになる。一方、ICPの場合には、電子が加速される方向に消滅要因はなく、原理的には壁への拡散だけが消滅要因となる。壁への拡散と電場による壁へのドリフトを比較すると、拡散による消滅は無視出来るほど小さい。このため、ICPは高密度プラズマとなる。

また、CCPで低圧放電をしようとすると、パッシェンの法則で述べたように、電場で加速された電子が対向する電極に到達するまでの間の衝突頻度が小さくなるため放電がし難い。これに対し、ICPの場合には、電子が壁に沿って加速されるため、電子が壁で消滅するまでの間に衝突電離を起こす機会が増える。このため、ICPはCCPよりも低圧で高密度のプラズマを得ることができる。

7.2 ICPの特徴（2）：低プラズマ電位、イオンの密度とエネルギーの独立制御

CCPの場合には、電極にRF電圧を印加してプラズマを生成させるため、電極（＝基板）とプラズマの間には、大きな電位差を伴うC-Lシースが形成される。高密度のプラズマを生成しようとして、大きな振幅の電圧を印加すると、基板の電位が更に深く負にバイアスされる。このため、CCPの場合には、高密度で低エネルギーのイオンを生成することが難しい。一方、ICPの場合には、プラズマ生成のために壁や基板方向への電場を外部

から印加する必要がないため、大きな電位差を伴うC-Lシースが形成されない。従って、壁や基板に対するプラズマ電位が低くなる。

このままではイオン衝撃を活用することができないが、図7.1と図7.2に示したように、基板にRFバイアスを印加すれば、制御された自己バイアスを基板に印加することができる。特にICPの場合には、無バイアス時のプラズマ電位が低いため、イオンエネルギーを低いレベルから制御できる。従ってICPを用いると、CCPよりも低ダメージのエッチングを実現することが可能となる。また、低プラズマ電位のICPは、CCPと比較して、壁のスパッタリングによる汚染が少ないという特徴も有する。

7.3 表皮効果

プラズマが発生する前は、誘電体の筒の中や、誘電体の窓の下は、絶縁性のガスで満たされている。プラズマが発生すると、そこが導電性を持つようになる。電磁気学に従うと、電磁場は導体の中に深くは侵入できない。これを表皮効果という。電磁場が侵入したときに、その振幅が1/eになる深さδは、

$$\delta = \sqrt{\frac{2}{\sigma\mu_0\omega}} \qquad (7.2)$$

で与えられ、表皮の深さと呼ぶ。ここで、σはプラズマの導電率、ωは印加した高周波（電場、磁場、電流）の角周波数である。従って、プラズマが発生した後の磁束密度や電場は、図7.1（b）と図7.2（b）に示すようにプラズマの奥まで到達しなくなる。

図7.1（a）に示したヘリカル型の場合には、図7.1（b）のように表皮効果がそのままプロセスの

表7.1 CCPとICPの具体的特性の比較

	CCP	ICP
電子密度	$10^{15}\,\mathrm{m}^{-3}$	$10^{17}\,\mathrm{m}^{-3}$
自己バイアス	500 V	100 V
周波数	13.56 MHz	13.56 MHz
イオン(Ar)質量	$6.64\times10^{-26}\,\mathrm{kg}$	$6.64\times10^{-26}\,\mathrm{kg}$
電子温度	2 eV	4 eV
圧力	50 Pa	0.5 Pa
平均自由行程	120 μm	12 mm
電子デバイ長	330 μm	47 μm
プラズマ電位	10 V	20 V
デバイシース長	1.7 mm	240 μm
C-Lシース長(500 V)	17 mm	1.4 mm

直径方向の均一性に反映されてしまう。この状況を解決するために考案されたのが図7.2 (a) に示したプレーナ型である[31]。この方式の場合には、図7.2 (b) に示したように、原理的には直径方向に表皮効果の影響が出ない。

7.4 CCPとICPの特性比較

前節までに述べたCCPとICPの典型的な特性を、具体的な数値で表7.1に示した。プラズマ密度に注目すると、CCPよりもICPの方が約2桁大きい。これがそのままエッチング速度などに反映されるとすると、CCPの場合に17時間を要するプロセスがICPの場合には10分で完了するということを意味し、生産性と格段に向上することになる。

動作ガス圧力を比較すると、CCPの典型的な動作圧力が50 Paであるのに対し、ICPの典型的な動作圧力は0.5 Paであり、CCPと比較すると2桁低い値となる。このため、イオンの平均自由行程は、CCPの場合に約120 μmであるのに対し、ICPの場合には約12 mmとなる。

このとき、500 Vのバイアスを印加した場合のC-Lシースの厚みを計算すると、CCPの場合は17 mmとなり、平均自由行程の120 μmよりもかなり長い。従って、シース内で衝突が起こるため、適切な異方性エッチングを期待することができない。

一方、ICPの場合のC-Lシースの厚みは1.4 mmとなる。この値は平均自由行程の12 mmよりも小さいため、シース内でのイオンの衝突は起こらない。従って、イオンはほぼ垂直に入射し、適切な異方性エッチングが期待できる。

なお、ICPと同様に低圧・高密度・低プラズマ電位のプラズマであり、CCPに対して同様の優位性を持つプラズマ源として、磁場中のサイクロトロン運動と共鳴するマイクロ波を用いるECRプラズマや波乗り現象を利用したヘリコン波プラズマが知られている[20-22,32]。

7.5 ICPの難点

理想的なICPの場合、高周波電流によって発生する電場は、ベクトルポテンシャルの時間的変動によるコイルに沿った電場であり、コイルに垂直な電場は形成されない。しかし実際には、コイルが抵抗を持つため、オームの法則によるスカラーポテンシャルが重畳し、コイルと垂直方向にも電場が形成される。従って、ICPのコイルは、CCPのような平板形状ではないが、スカラーポテンシャルを持つCCPの電極としてプラズマと向き合った状態となっている。これがICPに内在するCCP成分である。CCP成分が存在すると、壁に対するプラズマ電位が高くなるため、壁のスパッタリングに代表される問題が発生する。これを抑制するには、図7.3に示すようなファラデーシールドを用いる[33]。

ファラデーシールドをコイルとプラズマ生成領域の間に挿入すると、コイルの周囲に発生する磁場は、スリットの向こう側に通過するが、コイルの電位によって発生した電場はシールドされる。このシールドによってCCP成分はほぼ完全に無くなる。但し、CCP成分が完璧にゼロになると、弱い電場しか形成できないICP成分だけでは、放電開始が極めて困難になる。従って、実用的には、適度にCCP成分を持たせるために、コイルの電場が少しだけプラズマ生成領域に漏れるようにシールドに開口部を設ける等の工夫がなされている。

〈白藤　立〉

〔参考文献〕
1) B. Chapman：Glow Discharge Processes, John Wiley & Sons (1980)
2) F. F. Chen：Introduction to Plasma Physics and Controlled Fusion 2nd ed., Plenum Press (1984)
3) F. F. Chen and J. P. Chang：Lecture Notes on Principles of Plasma Processing, Springer

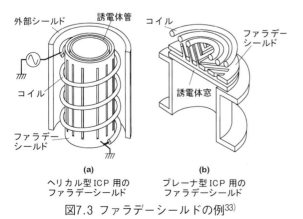

図7.3 ファラデーシールドの例[33]

(2002)

4) M. A. Lieberman and A. J. Lichtenberg：Principles of Plasma Discharges and Materials Processing 2nd ed., Wiley-Interscience (2005)

5) T. Ishijima, H. Toyoda, Y. Takanishi, and H. Sugai：Jpn. J. Appl. Phys. 50, p.036002 (2011)

6) G. J. M. Hagelaar and L. C. Pitchford：Plasma Sources Sci. Technol. 14, p.722 (2005)

7) G. J. M. Hagelaar and L. C. Pitchford：http://www.bolsig.laplace.univ-tlse.fr/

8) T. Makabe and Z. Petrović：Plasma Electronics：Applications in Micro-electronic Device Fabrication, Taylor & Francis, Chap.4, p.41 (2006)

9) Y. Motoyama, H. Matsuzaki, and H. Murakami：IEEE Trans. Electron Devices ED-48, p.1568 (2001)

10) S. C. Brown：Basic Data of Plasma Physics, John Wiley & Sons, Chap.11, p.222 (1959)

11) H. Uchiike, K. Miura, N. Nakayama, T. Shinoda, and Y. Fukushima：IEEE Trans. Electron Devices ED-23, p.1211 (1976)

12) P. K. Bachmann, V. van Elsbergen, D. U. Wiechert, G. Zhong, and J. Robertson：Diam. Rel. Mater. 10, p.809 (2001)

13) S. C. Brown：Basic Data of Plasma Physics, John Wiley & Sons, Chap.16, p.310 (1959)

14) F. F. Chen and J. P. Chang：Lecture Notes on Principles of Plasma Processing, Springer, p.1 (2002)

15) M. Konuma：Film Deposition by Plasma Techniques, Springer, Chap.3, p.49 (1992)

16) H. Mashima, M. Murata, Y. Takeuchi, H. Yamakoshi, T. Horioka, T. Yamane, and Y. Kawai：Jpn. J. Appl. Phys. 38, p.4305 (1999)

17) A. Perret, P. Chabert, J.-P. Booth, J. Jolly, J. Guillon, and Ph. Auvray：Appl. Phys. Lett. 83, p.243 (2003)

18) P. Chabert and N. Braithwaite：Physics of Radio-Frequency Plasmas, Cambridge University Press, Chap.6, p.176 (2011)

19) L. Sansonnens and J. Schmitt：Appl. Phys. Lett. 82, p.182 (2003)

20) S. Matsuo and Y. Adachi：Jpn. J. Appl. Phys. 21, p.L4 (1982)

21) F. F. Chen and J. P. Chang：Lecture Notes on Principles of Plasma Processing, Springer, p.47 (2002)

22) M. A. Lieberman and A. J. Lichtenberg：Principles of Plasma Discharges and Materials Processing, 2nd ed., Wiley-Interscience, Chap.13, p.491 (2005)

23) H. S. Butler and G. S. Kino：Phys. Fluids 6, p.1346 (1963)

24) F. F. Chen and J. P. Chang：Lecture Notes on Principles of Plasma Processing, Springer, p.37 (2002)

25) B. Chapman：Glow Discharge Processes, John Wiley & Sons, Chap.5, p.139 (1980)

26) H. R. König and L. I. Maissel：IBM J. Res. Develop. 14, p.168 (1970)

27) H. R. Koenig：US Pat. 3, 661, 761 (1972)

28) J. Hopwood：Plasma Sources Sci. Technol. 1, p.109 (1992)

29) J. H. Keller：Plasma Sources Sci. Technol. 5, p.166 (1999)

30) K. Nojiri：Dry Etching Technology for Semiconductors, Springer (2015)

31) J. S. Ogle：US Pat. 4, 948, 458 (1990)

32) R. W. Boswell：Phys. Lett. 33A, p.457 (1970)

33) W. L. Johnson：US Pat. 5, 234, 529 (1993)

第1編 希薄気体の性質

第6章 排気系の基礎

第1節 排気過程

1.1 真空システムの排気系

真空システムの排気系について考える。真空システムの排気系は単純化すると、真空容器・配管・真空ポンプの3つの要素で構成される。

真空システムで最も重要なのは、通常、容器とその付属物であり、その目的は真空容器内の真空（大気圧より低い圧力）の環境で、所要の操作・処理を行うことである。真空蒸着・スパッタリング・化学気相成長法(CVD)などの薄膜形成、電子線・X線等を利用した表面分析、イオンビームを利用した表面・材料加工など広範囲の用途があり、その用途に応じて、必要とされる圧力範囲や残留ガス成分などに関する要求も多岐にわたっている。

次は真空ポンプである。真空ポンプには、後述するように多くの種類があり、それぞれが固有の特徴を持っている。そこで、真空容器内の真空が満たすべき要求に沿って、適切な真空ポンプを選択することになる。

最後は、真空容器と真空ポンプをつなぐ配管である。真空容器と真空ポンプを直結できれば、構成も簡単になり、真空ポンプの能力（排気速度）を最大限に利用できる。しかし、真空容器の周囲やその隔壁表面のスペースに制限がある場合や、真空容器内で行われる操作・処理に伴う熱や放射線などから真空ポンプを防御しなければならない場合には配管を介して両者をつなぐことになる。

1.2 排気の式

排気過程を表わす式について考察する。体積Vの容器に気体分子が数密度nで満たされているとする。すると容器内の気体分子数$N=nV$となる。容器に接続された真空ポンプの働きは、微小な時間間隔Δtの間に微小な体積νに含まれる気体分子を容器から排気すると考えることがでる。すると、容器内の気体分子数の変化ΔNは次の式で表わされる。

$$\frac{\Delta N}{\Delta t} = -\frac{\nu}{\Delta t}n \qquad (1.1)$$

ここで、下記の式で表わされるSを

$$S = \frac{\nu}{\Delta t} \qquad (1.2)$$

排気速度と呼ぶ。単位時間当り体積Sに含まれる気体分子が排気されることになる。これを微分の形で表すと、容器の体積Vは一定なので、

$$\frac{dN}{dt} = \frac{d(Vn)}{dt} = V\frac{dn}{dt} = -Sn \qquad (1.3)$$

となる。

ここで、下記の理想気体の状態方程式（k_Bはボルツマン定数）

$$p = nk_BT \qquad (1.4)$$

を用いて、式（1.3）を圧力に関する方程式に変換する。すると、下記の式が得られる。

$$V\left(\frac{dp}{dt}\right) = -Sp \qquad (1.5)$$

この微分方程式の解は

$$p = p_0\exp\left(-\frac{S}{V}t\right) \qquad (1.6)$$

である（p_0は圧力の初期値）。また、排気の時定数$\tau = V/S$と置くと、式（1.6）は

$$p = p_0\exp\left(-\frac{t}{\tau}\right) \qquad (1.7)$$

となる。

1.3 真空容器内への気体の出入り

式（1.7）までの説明では、真空容器内の空間に存在する気体のみの排気を考えた。しかし、実際には真空容器内の空間へは図1.1に示すような気体の出入りがある。

ここで、Q_{des}は容器内面に吸着していた気体の

96

放出による気体流量、Q_{ad}は空間から容器内面への吸着による気体流量、Q_{diff}は容器壁内部に含まれていた気体が拡散により容器内面に到達し放出されることによる気体流量、Q_pは大気側から容器壁を通って透過する気体流量、Q_{leak}はリーク（漏れ）により気体が容器内に入り込む気体流量である。

さらに、真空ポンプ側からの逆流量Q_bを考える。この起源は、真空ポンプ内部での放出ガスや背圧側からの気体の逆流などである。

これらを考慮して式（1.5）を書き直すと、

$$V(\frac{dP}{dt}) = -Q_{pump} + Q_{des} - Q_{ad} + Q_{diff} + Q_p + Q_{leak} + Q_b$$
(1.8)

となり、真空ポンプで排気される流量は$Q_{pump} = Sp$と表されるので、結局以下の式が得られる。

$$V(\frac{dp}{dt}) = -Sp + Q_{des} - Q_{ad} + Q_{diff} + Q_p + Q_{leak} + Q_b$$
(1.9)

式（1.9）で記述される真空システムの典型的な排気過程の様子を図1.2に示す。排気開始当初は、真空容器内の空間にもともとあった気体の排気が支配的であり、圧力曲線は指数関数的（式（1.7））に変化をする。

その後、真空容器の内壁面に吸着していた気体が脱離して排気される現象が支配的となる。この過程で排気される気体の主要成分は水分子である。一般には圧力は時間の－1乗に比例($p \propto t^{-1}$)して低下する。

内壁面に吸着した分子が減少すると、真空容器壁の内部に含まれていた不純物原子が内壁面まで拡散で移動し、気体分子として放出される現象が支配的となる。ステンレス鋼で作製された真空容器の場合、この過程での主要な気体は水素分子である。圧力は時間の－1/2乗($p \propto t^{-1/2}$)で低下する。

最後に、ステンレス鋼などでできた真空容器の壁を大気側から水素が透過して容器内に放出されるようになると、大気側の水素の分圧もしくは水分子の分圧(真空の外表面上に吸着した水分子が分解して水素原子を供給する)と容器壁の厚さと拡散係数で決まる圧力で平衡に達し、それ以下には圧力は低下しない。上記のステンレス鋼の真空容器壁中の水素透過が問題になることは現実には稀である。真空システムで透過が問題になるのは、エラストマーのガスケット（Oリング等）を透過する気体が到達圧力を制限したり、好ましくない残留ガス成分が真空容器内に透過したりする事態や、低温実験で用いられる硼珪酸ガラス製デュワー瓶の壁面をヘリウムが透過して、断熱真空が劣化するという現象が知られている。

真空排気過程についての解説として、最近の高橋主人の論文[1]がある。参考にすることをお勧めする。

1.4 排気系の実効排気速度
1.4.1 実効排気速度

ここまでの説明では、真空容器の出口での排気速度と真空ポンプの排気速度の区別をしてこなかった。実際の真空システムでは、真空ポンプは

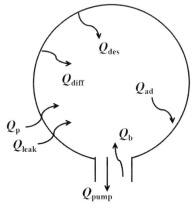

図1.1 真空容器内への気体の出入り

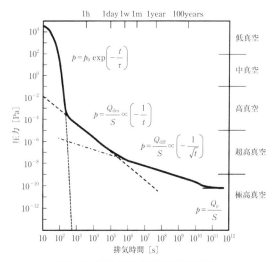

図1.2 典型的な排気曲線の例[1]

配管やバルブなどを介して真空容器につながれる。したがって、これらのコンダクタンスを考慮する必要がある。

真空ポンプの吸気口の位置での排気速度をS_0、その場所での圧力をp_0とすると、真空ポンプに流入する流量は、

$$Q = S_0 p_0 \quad (1.10)$$

と表される。

容器の出口での圧力をp_1、配管やバルブの合成コンダクタンスをCとすると、この部分を流れる流量は、

$$Q = C(p_1 - p_0) \quad (1.11)$$

となる。2つの式からP_0を消去して、

$$Q = \frac{1}{1/S_0 + 1/C} p_1 \quad (1.12)$$

が得られ、次式のS_{eff}を実効排気速度と呼ぶ。

$$S_{\mathrm{eff}} = \frac{1}{1/S_0 + 1/C} \quad (1.13)$$

上記の考察を、吸気口径100 mmのターボ分子ポンプに当てはめてみる。この程度の大きさのターボ分子ポンプの妥当な排気速度S_0として0.3 m³/sとする。真空容器とターボ分子ポンプの間は、内径100 mm、長さ200 mmの配管でつながっている。すると、配管のコンダクタンスCは0.327 m³/sと計算できるので、実効排気速度S_{eff}は式（1.13）より

$$S_{\mathrm{eff}} = \frac{1}{1/0.3 + 1/0.327} = 0.156 \ \mathrm{m^3/s} \quad (1.14)$$

となり、ターボ分子ポンプの本来の排気速度の半分程度に低下することになる。

1.4.2 配管の形状とコンダクタンス

上記の考察で登場した、真空容器と真空ポンプとをつなぐ配管のコンダクタンスについて説明する。

真空配管として最もよく登場する円形断面の配管とオリフィスのコンダクタンスについては本書の第3章で説明されている。真空排気系を設計するとき重要となるその他の形状の配管について、代表例を挙げて分子流領域での考察を行う。なお以下では、温度20℃の空気に対するコンダクタンスC_{air}をm³/sの単位で示す。

20℃以外の温度、あるいは空気以外の気体に対するコンダクタンスCは、以下の式でC_{air}から換算することができる。

$$C = \sqrt{\frac{T}{293.15}} \sqrt{\frac{28.8}{M}} C_{\mathrm{air}} \quad (1.15)$$

ここで、Tは気体の温度、Mは気体のモル質量である。

(1) 長方形断面スリット

図1.3において厚みℓで$a \gg b$, $a \gg l$の条件を満たす長方形断面スリットのコンダクタンスは次式で表される。角型ゲートバルブのコンダクタンスを計算する場合などに役に立つ。

$$C_{\mathrm{air}} = 116 K a b \quad \mathrm{m^3/s} \quad (1.16)$$

ここでKはクラウジング係数もしくは補正係数と呼ばれ表1.1にその値を掲げる。

(2) 直角に曲がった配管

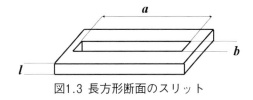

図1.3 長方形断面のスリット

表1.1 長方形断面スリットのクラウジング係数

l/b	0.0	0.1	0.2	0.4	0.8	1.0
K	1.000	0.953	0.910	0.836	0.727	0.685
l/b	1.5	2.0	3.0	5.0	10.0	∞
K	0.602	0.542	0.457	0.358	0.246	$(b/l)\ln(l/b)$

図1.4に直角に曲がった円形配管の通過確率(a)を図示する。ここで、挿入図ように、管の中心線に沿った一方の長さをa、他方の長さをb、半径をRとする。横軸はb/Rであり、a/Rの値をパラメータとしてグラフが描かれている。コンダクタンスは、管の入口のオリフィスコンダクタンスにこの通過確率を乗ずることで求められる。

直角に曲がった部分での気体分子の運動方向の乱れが十分に大きければ、長さaの直管と長さbの

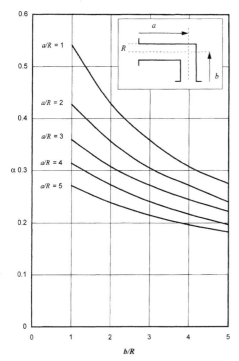

図1.4 直角に曲がった円形配管の通過確率[2]

直管を大きな体積の空間を挟んでつないだコンダクタンスに近づいていく。

(3) 二重管液体窒素トラップ

Dashmanの教科書から二重管トラップのコンダクタンスを示す図（図1.5）を引用する。内外管の半径比と長さ／半径比の関数として計算されている。この図の点線は各々のL/a_2比に対して最大値を与える半径比の値をつないだものである。長いトラップでは内外径比$a_1/a_2=0.62$の時に最大値を示している。

なお、この図では25℃の空気に関するコンダクタンス（ここではC_{25}と記す）を示しているが、20℃の空気に関する値C_{20}を求める場合は、式(1.15)を用いて下記のように計算すればよい。

$$C_{20} = \sqrt{\frac{293.15}{298.15}} C_{25} \quad (1.17)$$

(4) ルーバー、シェブロン

ルーバーとシェブロンは、油拡散ポンプで吸気口からの油蒸気の逆流を防止するために設けられるバッフルや、クライオポンプの低温面の前に設けられて、流入する気体の予冷と熱シールドの役目を果たすバッフルなどの形状として一般的である

る。これらの形状のコンダクタンスCは、入り口のオリフィスコンダクタンスC_0に、通過確率であるクラウジング係数Kを乗じて求める。

$$C = C_0 K = 116 AK \quad \text{m}^3/\text{s} \quad (1.18)$$

ここで、A [m^2] は、入り口の面積である。

クラウジング係数Kは、邪魔板の長さa、間隔b、および傾斜角θを変えてモンテカルロ法で計算されている。その値を図1.6と図1.7に示す。

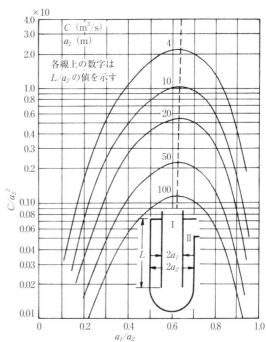

C は m^3/s、$2a_2$ は外管の内径、$2a_1$ は内管の外径、L はトラップの長さで何れも m 表示とする。

図1.5 液体窒素（空気）トラップのコンダクタンス図表[3]

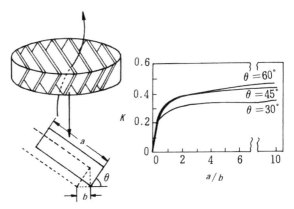

図1.6 ルーバー

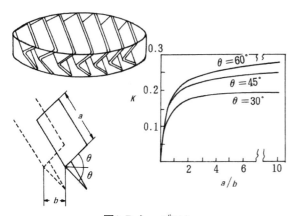

図1.7 シェブロン

1.5 配管内の圧力差

配管の途中に真空計を取付けて測定を行う場合、その位置によって圧力の測定値は異なる。その点を図1.8を用いて考察する。

定常状態では、

$$Q = C_B(p_B - p_0) = C_A(p_A - p_0)$$
$$= S_0 p_0 = S_B p_B = S_A p_A \tag{1.19}$$

となる。p_AおよびS_Aは真空計Aの位置での圧力と排気速度、p_BおよびS_Bは真空計Bの位置での値、p_0およびS_0はポンプ吸気口での値である。C_Aはポンプの吸気口と真空計Aの位置との間のコンダクタンス、C_Bはポンプの吸気口と真空計Bの位置との間のコンダクタンスである。すると、

$$S_A = \frac{1}{1/S_0 + 1/C_A} \tag{1.20}$$

$$S_B = \frac{1}{1/S_0 + 1/C_B} \tag{1.21}$$

また、

$$p_A - p_0 = \frac{Q}{C_A} = \frac{S_0}{C_A} p_0 \tag{1.22}$$

$$p_B - p_0 = \frac{Q}{C_B} = \frac{S_0}{C_B} p_0 \tag{1.23}$$

なので、

$$p_B - p_A = \frac{S_0}{C_{AB}} p_0 \tag{1.24}$$

が得られる。
ここで、

$$C_{AB} = \frac{1}{1/C_B - 1/C_A} \tag{1.25}$$

である。

真空計の取付け位置（ここではAとB）により、圧力の測定値に差異が生じる。式（1.24）から分かるように、その差異の大きさは、取付け位置間の配管のコンダクタンスC_{AB}が小さいほど、真空ポンプの排気速度S_0が大きいほど大きくなる。

ここでは、配管の内壁や真空計からのガス放出を無視しているが、これらを考慮したコンピュータシミュレーションによる計算が文献4）に見られる。

1.6 差動排気法

上述の議論からわかるように、配管のコンダクタンスを小さくすることで圧力差を大きくすることができる。そのことを利用して、図1.9に模式図を示すような差動排気法が可能となる。

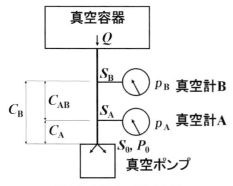

図1.8 配管内での圧力差

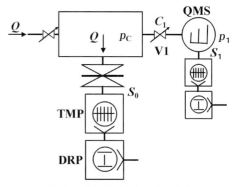

図1.9 差動排気法の模式図

この例では、真空容器の中で気体を導入して一定の圧力（比較的高い圧力）を維持しつつ処理（スパッタリングやエッチングなど）を行っていると考えている。一方で、四極子形質量分析計(QMS)を用いて真空容器内で処理中の気体分圧を計測している。この部分は質量分析計が正常に動作する低い圧力に維持する必要がある。そこで、真空容器を排気するターボ分子ポンプ(TMP)とは別のターボ分子ポンプを設け、質量分析計の部分を排気する。両者の間には可変バルブ(V1)を設けてコンダクタンスC_1を小さくする。このとき、両側の圧力差は式（1.24）を参照して、

$$p_C - p_1 = \frac{S_1}{C_1} p_1 \tag{1.26}$$

となり、$P_C \gg P_1$の場合は、

$$p_1 = \frac{C_1}{S_1} p_C \tag{1.27}$$

が得られる。

数値を入れて検討してみる。質量分析計側のポンプの排気速度を$S_1 = 0.05$ m³/s、可変バルブのコンダクタンスを$C_1 = 10^{-4}$ m³/sとすると、真空容器内の圧力が$p_C = 0.1$ Paのとき、質量分析計内の圧力は$p_1 = 2 \times 10^{-4}$ Paとなり、質量分析計の正常動作範囲の圧力が得られる。

第2節 真空ポンプの選定
2.1 真空ポンプの分類と特徴

ここで真空ポンプの選定にあたり検討すべき事項を述べる。まずは、ポンプの排気原理を理解したうえで、その排気特性に応じた選択が必要になる。真空ポンプの種類はJIS規格[5]に含まれた分類の一覧表を参照すると分かりやすい。

真空ポンプは大別すると、気体輸送式真空ポンプと気体ため込み式真空ポンプに分かれる。気体輸送式真空ポンプでは、ポンプの入り口（吸気口）からポンプ内に入った気体を、何らかの手段で圧縮して圧力を上昇させ、出口（排気口）から排出する。気体ため込み式真空ポンプでは、真空容器側から吸気口を通ってポンプ内に飛び込んだ気体分子を、吸着や凝縮などの手段でポンプ内に捕獲し、真空容器側に戻らないようにすることで排気

を行う。

そこで、次のような考察が必要となる。
① 気体を連続的に流入させるのか、真空容器内の気体を一旦排気した後その真空を維持するのか。
② 如何なる領域の圧力が必要とされるか。
③ 排気する気体の種類は何か（ポンプの種類によって得手不得手がある）。
④ 気体を流入する場合、流量はどれだけか。
⑤ どの程度の時間で所定の圧力まで排気するのか。

次に気体輸送式真空ポンプと気体ため込み式真空ポンプとの、それぞれを用いた真空排気系の例と系内の圧力の振舞いを図2.1に示した。左側のターボ分子ポンプ(TMP)と油回転ポンプ(RP)との組合せでは、真空容器内の気体はターボ分子ポンプで圧縮されて圧力が上昇した後に、油回転ポンプでさらに圧縮されて大気圧にある真空系外に排出される。右側のスパッタイオンポンプ(SIP)とソープションポンプ(SP)との組合せの場合、はじめにソープションポンプで系内の圧力を低下させ、その後スパッタイオンポンプを起動させて超高真空を実現し維持する。真空系外の大気圧環境と真空系内の空間とは、常に遮断されている。

前者の場合、真空容器内で連続的に気体が発生したり導入されても、気体は系外に連続的に排出されるので問題はない。後者の場合は、真空ポンプ内にため込むことが可能な気体の量は有限なので、一定の気体量を排気した後は、排気を終了ま

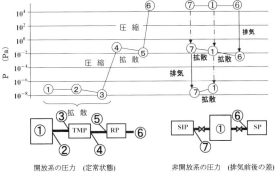

図2.1 排気系の比較（気体輸送式真空ポンプと気体ため込み式真空ポンプ）[6,7]

たは中断して、ポンプ内にため込まれた気体を追い出す再生(regeneration)という操作が必要になる。

一方で、前者ではトラブル等が発生してポンプが停止した場合、大気圧側の気体（多くの場合は空気）が真空容器内に逆流してしまうが、後者では当初から真空容器内に存在し、排気後は真空ポンプ内にため込まれていた（多くの場合、真空ポンプ内の特定の面に吸着されていた）気体が放出され、最悪でも排気開始時の圧力に戻るだけという特徴がある。これらの特性は、自動運転のシーケンスの設計や、安全装置（インターロック）の考え方に影響を与える。

2.2 真空排気系の構成

現在のところ、大気圧から高真空や超高真空まで一台で排気できる真空ポンプは存在しない。そこで、図2.2に示す各種真空ポンプの動作圧力範囲を参考に、2種類もしくは3種類のポンプを組合わせて真空排気系を構成することとなる。

図2.3でターボ分子ポンプ(TMP)と油回転ポンプ(RP)とを組合わせた真空排気系の機能について考える。ここではTMPが、真空系を目標の圧力まで排気し、その圧力を保つためのポンプであり主ポンプ(Main Pump)である。最初に真空容器を大気圧から1 Pa程度の圧力まで排気するために、バルブV2、V3を閉じ、V1を開いて真空容器とRPとを直結

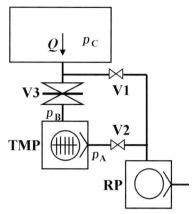

図2.3 高真空排気系の模式図

する。この時RPは、主ポンプが動作可能な圧力領域まで大気圧から排気するポンプの役割を果たしており、粗引きポンプ(Roughing Pump)である。次にバルブV1を閉じ、V2、V3を開いてTMPにより高真空まで排気をする。この時RPは、他のポンプの背圧をそのポンプが正常に機能できる臨界値以下に維持するためのポンプの役割を果たしており補助ポンプ(Backing Pump)と呼ばれる。Aの圧力をp_A背圧(Backing Pressure)、Bの圧力p_Bを吸入圧(Inlet Pressure)という。

図2.1で見たように、気体輸送式真空ポンプの排気系では、粗引きポンプで排気した後に主ポンプで排気する過程で補助ポンプが必要であるが、気体ため込み式真空ポンプの排気系では、気体をポンプ内部にため込むので、補助ポンプは不要で

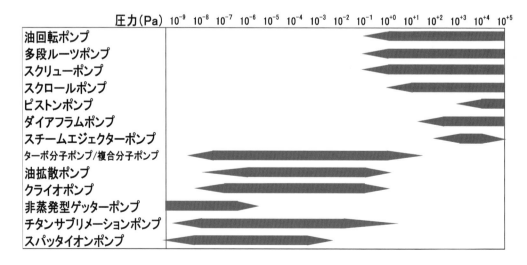

【動作圧力範囲は機種によって異なるので，詳しくはメーカーのカタログを参照すること】

図2.2 各種真空ポンプの動作圧力範囲[6)]

2.3 真空ポンプの排気速度と到達圧力

真空容器に真空ポンプをつないで排気するとき、圧力の変化は式（1.5）で表され、その解は式（1.6）もしくは式（1.7）となる。この圧力変化をグラフで表すと、図2.4の実線のように、縦軸に圧力の対数、横軸に時間を取ると直線となる。したがって、時間の経過とともに圧力は無限に減少していくことになる。

ところが実際には、式（1.8）と式（1.9）に登場するガス負荷が存在する。その総量Q_tを、

$$Q_t = Q_{des} - Q_{ad} + Q_{diff} + Q_p + Q_{leak} + Q_b \quad (2.1)$$

とおき、簡単のためガス負荷量は圧力に依存しないと仮定すると、

$$V\left(\frac{dp}{dt}\right) = -Sp + Q_t \quad (2.2)$$
$$= -S(p - p_U)$$

が得られる。ここで、$p_U = Q_t/S$と置いた。
式（2.2）の解は、

$$p = (p_0 - p_U)\exp\left(-\frac{S}{V}t\right) + P_U \quad (2.3)$$

となり、p_U以下には圧力が低下しない。この圧力を到達圧力と呼ぶ。この様子は、図2.4の点線で示されている（図中では、本文中のQ_tに相当する流量を$Q(leak)$と記載している）。

さて、式（2.2）の見方を変えると、

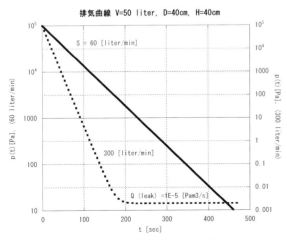

図2.4 排気曲線の計算例[7]

$$V\left(\frac{dp}{dt}\right) = -Sp + Q_t$$
$$= -\left(S - \frac{Q_t}{p}\right)p \quad (2.4)$$

となり、排気速度はSではなく$(S - Q_t/p)$となり小さく見える。

そこで、ISO規格[8]に沿って排気速度を測定するときは、気体を導入しないで圧力が一定になったときの値をp_{bg}とすると式（2.4）の時間変化をゼロと置いて、

$$Sp_{bg} = Q_t \quad (2.5)$$

である。つぎに、Q_{in}の気体を導入し一定になった圧力をp_{in}とすると、

$$Sp_{in} = Q_t + Q_{in} \quad (2.6)$$

となり、式（2.6）から式（2.5）を引いて、

$$S(p_{in} - p_{bg}) = Q_{in} \quad (2.7)$$

したがって、排気速度は

$$S = \frac{Q_{in}}{(p_{in} - p_{bg})} \quad (2.8)$$

と求められる。式（2.4）でQ_tの影響があり小さく見えていた排気速度の正しい値が測定される。

2.4 ポンプの大きさの選び方
(1) 予め排気時間を設定するとき

大気圧から何度も繰り返し排気する場合、予め排気時間を設定し、それに適合した真空ポンプを選定する必要がある。特に、処理室を複数有するマルチチャンバーの真空処理装置（スパッタリング装置、CVD装置、ドライエッチング装置など）で大気側から基板（ウェハーやガラス板など）を真空ロボットなどの搬送機構を設置した搬送室へ導入するため、大気圧から搬送室の真空まで繰り返し排気するロードロック室では、短時間での排気が要求される。

体積Vの真空容器を排気速度Sのポンプで圧力p_0からpまで排気するのに要する時間tを求める。式（1.6）を変形して、

第1編　希薄気体の性質

$$t = \frac{V}{S} \ln \frac{p_0}{p} = 2.303 \frac{V}{S} \log \frac{p_0}{p} \qquad (2.9)$$

となる。lnは自然対数、logは常用対数である。

　排気速度Sが圧力範囲によって変わる場合は、圧力範囲を区切って、各々の範囲で式（2.9）を用いて区分計算を行う。すなわち、

$$t_{1,2} = 2.303 \frac{V}{S_{1,2}} \log \frac{p_1}{p_2}$$

$$t_{2,3} = 2.303 \frac{V}{S_{2,3}} \log \frac{p_2}{p_3} \qquad (2.10)$$

$$t_{3,4} = 2.303 \frac{V}{S_{3,4}} \log \frac{p_3}{p_4}$$

ここで、$S_{1,2}$, $S_{2,3}$, $S_{3,4}$等は、それぞれの圧力範囲に対応した排気速度である。したがって、総排気時間tは

$$t = t_{1,2} + t_{2,3} + t_{3,4} + \cdots\cdots$$
$$= 2.303V\left(\frac{1}{S_{1,2}} \log \frac{p_1}{p_2} + \frac{1}{S_{2,3}} \log \frac{p_2}{p_3} + \frac{1}{S_{3,4}} \log \frac{p_3}{p_4} + \cdots\cdots \right)$$
$$(2.11)$$

で与えられる。

　例として、表2.1の排気速度を持つ油回転ポンプで、体積1.5 m³の真空容器を排気する場合を考える。式（2.11）を用いて排気時間を評価すると、大気圧から0.5 Paまでの真空排気に要する時間は約21.0 minと求められる。

　ところで、真空容器の排気口での排気速度は式（1.13）で示した実効排気速度S_{eff}を用いる必要がある。すると、真空容器と真空ポンプをつなぐ配管のコンダクタンスCが登場する。大気圧からの排気を繰り返す用途では、粘性流領域での排気が

表2.1 圧力範囲ごとの油回転ポンプの排気速度と排気時間

圧力範囲(Pa)	排気速度(L/min)	排気時間(min)
大気圧～100	900	11.5
100～10	860	4.0
10～1	830	4.2
1～0.5	800	1.3
合計		21.0

登場するので、その領域でのコンダクタンスCは圧力に比例する。圧力の区分を細かくして区分領域での実効排気速度にコンダクタンスの圧力依存性を取入れる必要がある。粘性流領域の排気に関しての解析的取扱いについては、文献1）を参照すると良い。

(2) 超高真空を作製するとき

　式（2.2）から見られるように、真空システムの到達圧力p_Uは

$$p_U = \frac{Q_t}{S} \qquad (2.12)$$

で表される。そこで、簡単のためガス負荷のほとんどが吸着ガスの放出と仮定し、その量をQと置く。そのガス負荷のもとで必要な到達圧力p_Uを実現するために必要な真空ポンプの排気速度を評価してみる。放出ガス速度は真空系を構成する材料の種類、材料の前処理、組立て後の排気時間、脱ガス処理の有無などで大きく異なる。

　ここでは、一辺が1.0 mの立方体の真空容器内に1×10^{-7} Paの超高真空を実現することを考える。体積は1.0 m³、表面積は6.0 m²である。真空容器の構成材料を電解研磨を施したステンレス鋼SUS304Lとして、150℃の加熱脱ガス処理を20 h行った後に、気体放出速度は1×10^{-9} Pa・m³・s^{-1}・m^{-2}になるという報告[9]がある。すると、放出ガスによるガス負荷は、$Q = 6.0 \times 10^{-9}$ Pa・m³/sとなり、$p_U = 1.0 \times 10^{-7}$ Paの到達圧力を実現するため必要な排気速度は式（2.12）より$S = Q/p_U = 6.0 \times 10^{-2}$ m³/sとなる。

　同じ文献9）内の測定で、同じ材料で大気暴露後、ベーキング（加熱脱ガス処理）を行わないと、20 h真空排気を行っても気体放出速度は2×10^{-8} Pa・m³・s^{-1}・m^{-2}にとどまるという結果がある。その場合のガス負荷は、$Q = 1.2 \times 10^{-7}$ Pa・m³/sとなるので、$p_U = 1.0 \times 10^{-7}$ Paの圧力を維持するには、$S = Q/p_U = 1.2$ m³/sという大きな排気速度が必要になる。大きな真空ポンプを使わずに所要の超高真空を実現・維持するには、放出ガスを少なくする表面処理やベーキング（加熱脱ガス処理）が有効であることがわかる。

(3) 一定流量のガスを流すとき

　高真空もしくは超高真空に排気した後、特定のガス（たとえばスパッタリング装置でのアルゴン

ガス）を連続的に流し込み、一定流量のもとで一定の圧力を保ちながら処理を行う場合を考える。このような真空システムはスパッタリング装置以外にも化学気相成長(CVD)装置やドライエッチング装置など幅広く存在する。この場合、気体輸送式真空ポンプが用いられることが多いが、条件によっては気体ため込み式真空ポンプが用いられることもある。

真空ポンプ選定の手順を以下に述べる。
①まず主ポンプに必要な排気量Qを決める。ここでは、ポンプの最大排気量Q_{MAX}ではなく、真空容器内の動作圧力p_Cより低い圧力での排気量を考えて、それが流入させる気体の流量より大きいことが必要である。
②補助ポンプの排気速度は、流入する気体の流量を排気し続ける条件で、主ポンプの排気口の圧力（背圧）を許容値以下に保つことが可能なこと。
③真空容器の排気口における排気速度はバルブ・配管のコンダクタンスで調整できること。すなわち、所定の動作圧力で所定の導入気体流量を排気しているとき、真空ポンプにはその前面のバルブや配管で排気速度を調整する余力があること。

図2.5に示す排気系を考える。以下の条件で運転するとする。
a. 到達圧力：$p_U \leq 1 \times 10^{-7}$ Pa
b. 気体の流入量：$Q = 0.1$ Pa・m^3/s
c. 処理室内の作動圧力：$p_C = 1$ Pa

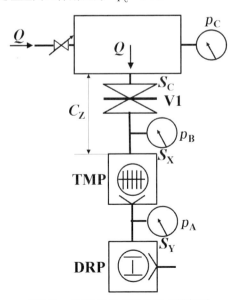

図2.5 一定流量のガスを流す排気系

気体を流入して定常状態に達している場合は、
$$Q = S_C p_C = S_X p_B = S_Y p_A \quad (2.13)$$

主ポンプ(TMP)の最大許容背圧をメーカのカタログ等を参考に50 Paと仮定すると、
$$S_Y = \frac{Q}{p_A} = \frac{0.1}{50} = 2.0 \times 10^{-3} \text{ m}^3/s \quad (2.14)$$

補助ポンプの排気速度は上記の値以上であればよい。

次に到達圧力が$p_U \leq 1 \times 10^{-7}$ Paで、処理室の作動圧力以下の圧力領域で排気量が$Q = 0.1$ Pa m^3/sより大きい主ポンプを選択する。

また、
$$S_X = \frac{Q}{p_B} \quad (2.15)$$

の関係から、最大吸気口圧力が大きいほど主ポンプの排気速度は小さくてもよい。最大吸気口圧力が小さい場合は、バルブV1を絞ってp_Bを最大吸気口圧力以下に維持する必要が生ずる。

最大吸気口圧力が0.7 Paのターボ分子ポンプを考えると、式（2.15）から必要な排気速度は、
$$S_X = \frac{Q}{p_B} = \frac{0.1}{0.7} = 0.14 \text{ m}^3/s \quad (2.16)$$

と求められる。

次に、真空処理室と真空ポンプをつなぐ配管・バルブのコンダクタンスに関する考察を行う。余裕を見て、排気速度$S_X = 0.3$ m^3/sのターボ分子ポンプを選んだとする。S_Cは
$$S_C = \frac{Q}{p_C} = \frac{0.1}{1.0} = 0.1 \text{ m}^3/s \quad (2.17)$$

であり、コンダクタンスの合成より、
$$\frac{1}{S_C} = \frac{1}{S_X} + \frac{1}{C_Z} \quad (2.18)$$

$$C_Z = \frac{1}{1/S_C - 1/S_X}$$
$$= \frac{1}{1/0.1 - 1/0.3} = 0.15 \text{ m}^3/s \quad (2.19)$$

第1編 希薄気体の性質

となる。

　実際の排気系では、排気時間を短縮するため上記のコンダクタンスより大きなコンダクタンスの配管を備え、気体を流入する処理を行うときにバルブV1の開度を調整して所要のコンダクタンスを実現するか、初期の排気時にはコンダクタンスの大きな別のバイパスを通じて短時間で排気をするなどの工夫が行われている。

　また、最近はターボ分子ポンプの性能向上で吸気口最大圧力が高くとれるようになってきているので、バルブV1による流量調整が不要な場合もある。

〈湯山　純平〉

〔参考文献〕

1) Kazue Takahashi：J.Vac.Soc.Jpn.58(8)、p.292 (2015)

2) J.M.Lafferty ed.：Foundations of Vacuum Science and Technology, p.96, John Wiley & Sons, Inc. (1998)

3) S.Dushman (J.M.Lafferty ed.)：Scientific Foundations of Vacuum Technique, 2nd ed., p.102, John Wiley & Sons, Inc. (1962)

4) 松本益明：真空夏季大学テキスト「画像でみる真空工学」、日本真空学会 (2015)

5) 日本工業規格 真空技術—用語— Z8126-2

6) 湯山純平：出張真空技術講座講義資料「真空ポンプと排気系」、日本真空学会

7) 湯山純平：真空夏季大学テキスト「真空ポンプと排気系」、日本真空学会 (2014)

8) ISO21360-1：2012真空ポンプの性能測定方法—一般規則—

9) 稲吉さかえ、斎藤一也、佐藤幸恵、塚原園子、原　泰博、天野　繁、石澤克修、野村　健、嶋田晃久、金澤　実：真空41(3)、96 (1998)

〔第2編〕
真空ポンプ

第1章　真空ポンプ　序論

第2章　低真空ポンプ

第3章　高真空ポンプ

第1章 真空ポンプ　序論

第1節　はじめに

　日本工業規格によれば、真空とは、「通常の大気圧より低い圧力の気体で満たされた空間の状態」[1]を言い、真空ポンプとは、「真空を作り、改善し保持する機器」[2]と定義されている。真空を作り容器内部に真空が得られたとしても大気圧との差は、最大で0.1MPaである。加圧技術（例えば10MPa）に比べれば圧力差は小さい。しかし、ポンプの圧縮比で見れば、真空ポンプ（例えば油回転ポンプで圧縮比が10^6）の方が加圧ポンプ（大気圧から10MPaで圧縮比が10^2）より高い。そのため、真空ポンプは、希薄気体に対する特徴がある。真空を作り何かに利用しようとした場合、真空ポンプが必要となる。至極、当たり前のように感じられるが、真空装置になんでも良いから真空ポンプを付ければ良いと言う訳にはいかない。真空装置で何を行うのか目的に合った真空ポンプの選定が必要である。本来、真空ポンプの知識や排気系の設計手法は、真空技術に必要な内容である。真空ポンプの知識としては、性能を示す用語と構造による特徴の理解がある。

　真空ポンプの性能は、どれだけ圧力を下げることが出来るかということを到達圧力、どれくらいの時間で目的の圧力まで下げることが出来るか、または目的の圧力を維持して気体をどれだけ流せるかということを排気速度として示す。到達圧力と排気速度は、真空ポンプ選定のときに考慮しなければならない内容である。性能を示す用語については、次項から詳しく説明する。

　真空ポンプには様々な構造のものがある。日本工業規格[2]によって規定されており、動作原理により分類されている。真空容器内の気体を吸気側から排気側へ気体を輸送することで排気する気体輸送式真空ポンプと、吸気側に入って来た気体分子をポンプ内に吸着させて排気する気体ため込み式真空ポンプとに分類される。さらに気体輸送式真空ポンプは、吸気側から入った気体をある空間に捕らえ排気側に運んで排気する容積移送式真空ポンプと、気体分子に排気口側に向かう運動量を与えることで排気する運動量移送式真空ポンプに分類される。それぞれの真空ポンプには排気能力を有することが出来る圧力範囲がある。図1.1に主な真空ポンプの使用圧力範囲を示す。ひとつの真空ポンプで、大気圧から超高真空まで排気できるものはない。目標の圧力を得るには、複数の真空ポンプを組み合わせて使用する必要がある。真空容器を目標の圧力まで排気し、その圧力を保つための真空ポンプを主ポンプ[2]と呼ぶ。また、大気圧から主ポンプ又は他の排気システムが作動出来る圧力まで真空容器又はシステムを排気する真空ポンプを粗引き真空ポンプ[2]と呼ぶ。ルーツポンプ、ターボ分子ポンプや拡散ポンプなどの背圧を臨界値以下に維持するための真空ポンプを補助ポンプ[2]と呼ぶ。補助ポンプは、粗引き真空ポンプとしても使用されることがある。例えば、ターボ分子ポンプが主ポンプでドライポンプが粗引き真空ポンプと補助ポンプを兼ねて使用される。

第2節　到達圧力

　真空ポンプの性能の試験方法は、日本工業規格[3]によって決まっている。真空ポンプに規格に整合したテストドームを接続して排気する。テストドーム内の圧力が暫定的に到達する最小の圧力を到達圧力[2]としている。到達圧力を測定する

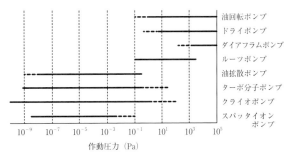

図1.1　真空ポンプの使用圧力領域

には、真空ポンプに流れる気体の量をゼロにしなければならない。実際には、放出ガスなどがあるため、気体が流れない状態を実現することが極めて難しい。そのため、真空ポンプ及びテストドームが測定可能な状態に達した後のテストドームの圧力を試験到達圧力[3]としている。到達圧力は、真空ポンプ構造や製品によって違う。気体輸送式真空ポンプは、真空容器から真空ポンプへ入ってきた気体の全てを排気出来る訳ではなく、ポンプ内部や排気口から真空容器に戻る気体があるためである。気体ため込み式真空ポンプの場合も、全ての気体分子が取り込める訳では無く、ある確率で吸着するためである。大きくは真空ポンプの構造により到達圧力が違うため、構造で分類することが出来る。

第3節 排気速度

真空ポンプの大きさを決めるのは、排気速度Sを用いる。排気速度は、理想的な条件下で、単位時間当たりに真空ポンプの吸気口を通過する気体の体積をV_g、時間をtとすると、排気速度Sは、次の式で求めることが出来る。

$$S = \frac{dV_g}{dt} \tag{1.1}$$

排気速度は、SI単位系で$[m^3 s^{-1}]$の単位とされるが、日本工業規格[3]では$[Ls^{-1}]$、$[Lmin^{-1}]$と$[m^3 h^{-1}]$も使用可としている。排気速度の単位系は、コンダクタンスと同じである。しかし、排気速度を式(1.1)から測定することは難しい。理解を簡単にするために、気体の量Qを用いる。Qは圧力pと体積Vの積で求めることが出来るため、式(1.1)は、式(1.2)に書き換えることが出来る。

$$S = \frac{dQ}{pdt} \tag{1.2}$$

式(1.2)で時間によらずQが一定とすると、次の式で示すことが出来る。

$$S = \frac{Q}{p} \tag{1.3}$$

式(1.3)を用いれば排気速度を測定することが出来る。真空ポンプの排気速度は、日本工業規格[3]で決められた試験方法とテストドームを用いて測定する。試験方法は、流量計を用いる排気速度の測定方法、オリフィス法による排気速度の測定方法と排気時間を用いる排気速度の測定方法が記載されている。真空ポンプの種類等により試験方法を使い分ける。これは、真空ポンプの種類によって個別の規格が用意されており、それらを参照する。例えば容積移送式真空ポンプは、日本工業規格[4]に決められた試験方法で測定する。ここでは、流量計を用いる排気速度の測定について説明する。この測定方法は、十分な精度をもつ流量計を用いることによって圧力領域・真空ポンプの大きさに関わらず一般に適用が可能である。測定には、図1.2に示すテストドームを用いる。テストドームの内径Dは、試験するポンプの口径とする。試験するポンプの吸気口の径が100mm未満の場合は、Dを100mmとして図に示すテーパ管を用いて接続する。容積移送式真空ポンプの移送室容積の時間変化は、ポンプの構造によるが、直線的でないことが多い。このことから吸気口圧力は脈動する。吸入圧の脈動により実際の排気速度より測定値が小さくなる。テストドームの容積が、真空ポンプの1圧縮サイクルで取り除かれる吸気体積(行程容積)より十分に大きければ、脈動が小さくなって測定への影響が小さくなる。そのため、日本工業規格[4]では、テストドームの容積を決めている。その場合も、吸気口よりDが大きくなるため、テーパ管を用いて接続する。図1.2の気体導入口から気体を導入し、真空計取付け口

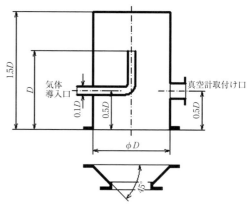

図1.2 流量計を用いる排気速度測定方法のテストドーム

に真空計を取り付ける。それぞれの高さの比率が重要である。テストドームでの試験到達圧力p_bとする。排気速度は、テストドームの中に流す気体の流量Qとテストドームに取り付けた真空計の圧力p_1から、式（1.4）を用いて求めることができる。

$$ S = \frac{Q}{(p_1 - p_b)} \tag{1.4} $$

この形状のテストドームは、分子流領域でテストドームの下面であるポンプ吸気口の気体入射頻度と0.5Dの高さの気体入射頻度が同じであり、0.5Dの高さに真空計を取り付けることにより吸気口圧力を測定していることになる。式（1.4）より真空ポンプ吸気口の排気速度を測定していることがわかる。

第4節 他の用語

真空容器内の気体を吸気口から排気口へ気体を輸送することで排気する気体輸送式真空ポンプで、吸気口圧力p_1と排気口圧力p_3の比を圧縮比K_0[3]と呼ぶ。それぞれの圧力に対して試験到達圧力が十分小さく無視出来る場合は、式（1.5）で表すことが出来る。

$$ K_0 = \frac{p_3}{p_1} \tag{1.5} $$

真空ポンプが故障することなく連続して運転を続けることが出来る最も高い吸気口圧力を許容吸気口圧力[3]と呼ぶ。また、それぞれの真空ポンプの取扱説明書や適合する規格などが定める動作条件となる最も高い排気口圧力を臨界背圧[3]と呼ぶ。

〈田中 智成〉

〔参考文献〕
1) JIS Z 8126-1 真空技術－用語－第1部：一般用語、日本規格協会、(1999)
2) JIS Z 8126-2 真空技術－用語－第2部：真空ポンプ及び関連用語、日本規格協会、(1999)
3) JIS B 8329-1 真空技術－真空ポンプの性能試験方法－第1部：共通試験方法、日本規格協会、(2015)
4) JIS B 8329-2 真空技術－真空ポンプの性能試

験方法－第2部：容積移送式真空ポンプの試験方法、日本規格協会、(2015)

第2章 低真空ポンプ

第1節 油回転ポンプ

1.1 ポンプの構造と排気原理

油回転ポンプ(oil-sealed rotary pump)は、大気圧から動作出来る真空ポンプである。清浄度を必要とする場合は、ドライポンプに置き換わりつつあるが、本体価格がドライポンプに比べて低いため、主に補助ポンプとして広く用いられている。ロータリーポンプとしてRPと略されることが多い。

油回転ポンプには、大きく分けて3つの形式がある。それぞれ、回転翼形（ゲーデ形）、カム形（センコ形）、揺動ピストン形（キニー形）と呼ばれる。図1.1に回転翼形油回転ポンプの概略を示す。図1.2に揺動ピストン形油回転ポンプの概略を示す。

いずれの種類のポンプも、シリンダの内部にロータが偏芯して配置されており、シリンダとロータとベーンの3部品によって囲まれた空間を利用して排気を行う。ロータが回転することにより空間は、吸気口を連結した状態で容積が大きくなり、ある容積で吸気口との連結が切り離され独立した空間がポンプ内に形成される。ここで形成されたときの空間容積を行程容積と呼ぶ。その後、気体は、形成された空間容積を小さくすることで圧縮され、排気弁を押し上げ排出される。ロータが1回転する間に形成される空間の数と行程容積をロータの回転数で掛けた値が、理論的な排気速度となる。実際には、完全に気体を空間に閉じ込め大気圧まで圧縮して排出出来る訳では無いため、実測される排気速度は、若干小さい値となる。この理論的な排気速度と実測される排気速度の比は、ポンプの効率を表す。部品間の隙間寸法やポンプ温度等により、ポンプの効率は、変化する。

到達圧力を下げるには、これらの構造を2段とする。図1.3に示すように1段側ポンプの排気口

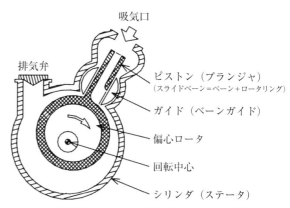

図1.2 揺動ピストン形油回転ポンプの概略図

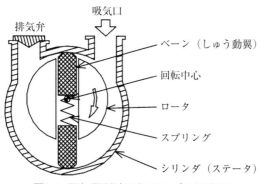

図1.1 回転翼型油回転ポンプの概略図

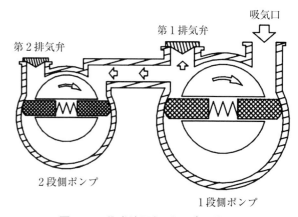

図1.3 2段式油回転ポンプの説明図

を2段側ポンプの吸気口に接続することで、1段側で圧縮した気体をさらに2段側で圧縮する。また、油を2段側から1段側へ送る間に脱気することで、油からの放出ガスも少なくして到達圧力を下げることが出来る。これらにより、1段構造の油回転真空ポンプの到達圧力は数Paだが、2段構造では10^{-1}Pa程度を得ることが出来る。

型式による特徴は、回転翼形は、ロータの中心と回転中心が同じであるため、他の形式に比べ振動が小さい。現在市販されている油回転真空ポンプのほとんどが回転翼型である。カム型は、回転翼型より構造が簡単とされているが、シール面積が小さいため、ほとんど姿を消した。揺動ピストン型は、回転翼形のベーン先端の摺動速度に比べて、揺動ピストンのベーンとベーンガイドの摺動速度を小さくすることが出来るため、大きな排気速度を持ったポンプで採用されることが多い。

1.2 油の役割

ポンプ油の役割は、第一にシリンダとロータとベーンで空間をつくるときに、それぞれの部品間で形成される接触部や間隙の気密性を補う役目がある。油が無い状態で部品が接触していても、気体には通過出来る間隙がたくさんあるからである。次に部品の潤滑としての役目がある。ベーンなどは摺動しているため、油によって摩耗と発熱を抑え部品寿命を延ばしている。さらに排気性能に大きく関係する役目がある。排気弁は、外側が大気圧であるため、大気圧とバネ力を合わせた圧力以上にポンプ内部の圧力が圧縮されなければ排気弁を押し上げることができない。吸入気体量が多ければ比較的容易に排気弁を押し上げ排気することが可能である。しかし、吸入気体量が少なくなって、排気弁を押し上げるまで圧縮できなければ、排気することが出来なくなる。さらに圧縮行程最後の排気弁に近い部分では、圧縮されない空間（ここでは、デッドスペースと呼ぶ）が出来る。例えば、行程容積が4×10^{-4}m³でデッドスペースが1×10^{-6}m³であったとして、排気弁のバネ圧が20kPaであったとすると300Paまでが排気の限界となる。これらを補うことに油の役目がある。ポンプ室に注入された少量の油は、ポンプ内の空間の圧縮行程でデッドスペースを埋めて気体と共に排気弁より排出される。このように大きな圧縮比を得るために重要な役割をしている。また、ポンプ室外で冷やされた油が、再びポンプ室内に入ることで、ポンプ内の冷却やロータへの熱伝導を行う役目を果たしている。このように油の役割は重要であるが、問題となる一面もある。それは、真空容器に油蒸気が侵入して容器内を汚染する恐れがあることである。例えば、微細な半導体プロセスで用いられる真空中に油蒸気があると基板に油が付着して目的のプロセスが得られなくなる可能性がある。この対策については後で述べる。

1.3 ガスバラスト

水蒸気や溶剤などの凝縮性の気体を排気する場合は、排気弁を開くために必要な圧力がその気体の蒸気圧より高いと、気体のまま排気できずに凝縮して液体となって油に混合する。それにより、排気性能の低下を引き起こす。水蒸気を排気して油中で水分がエマルジョン化しても同様に排気性能低下が起こる。それら対策として、ガスバラスト方式がある。気体圧縮過程でシリンダ内に少量の大気や乾燥窒素を導入することで、排出される際の気体の圧力を飽和蒸気圧以下に抑えることができる。この方法により、気体の凝縮は防止できるが、到達圧力が高くなり、到達圧力付近の排気速度が低下する欠点がある。図1.4に市販されている油回転ポンプの排気速度の例を示す。図1.4(b)からは、ポンプが電源周波数の50Hzと60Hzで排気速度曲線に違いがあることと、ガスバラストを使用すると到達圧力が高くなることがわかる。

1.4 トラップやフィルタなどの付属品

真空容器に油蒸気が侵入や拡散すること防ぐに

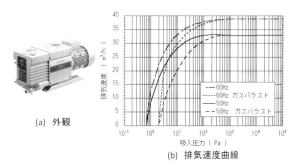

図1.4 市販油回転ポンプ（2段式回転翼形油回転ポンプ）の例　㈱アルバック製　VD40C

第2編　真空ポンプ

は、吸気口側に前段トラップを接続する。また、ガスバラストでの対策が足りないほど多量の凝縮性気体を排気する場合にも前段トラップを使用する。油蒸気や水分など飽和蒸気圧に合わせた低温面を用いたトラップ方式が一般的である。さらに、粉体を含む吸入圧力の高い連続排気や化学反応プロセスで発生する生成物を含む排気にも前段トラップを用いる。粉体や生成物は、シリンダなどの部品を傷付け、ポンプの排気性能を低下させることや、蓄積して運転不能になる場合がある。これらの対策として、フィルタを用いた前段トラップが多く使用されている。化学薬品など腐食性気体を排気する場合、内部の部品に耐蝕性を持たせた油回転真空ポンプが使用される。さらに、ポンプ内の油をオイルフィルタに循環させて濾過する方法が用いられる。油回転真空ポンプの排気口から出る油煙除去や排気音の低減には、オイルミストトラップが用いられる。吸入する気体量が多く油煙が多い場合は、オイルミストトラップ内に油が多く溜まってしまうため、ガスバラストや吸気側を使用して油を強制的に戻す方法が用いられる。

1.5　最近の技術傾向

　油回転ポンプは、油を使用することで、排気性能に対して価格を安くすることが出来る。そのため、一般に使用される安価な汎用モータを採用する製品が多い。ポンプとモータをカップリングで繋ぎ、ポンプ本体から出る軸部には、オイルシールが用いられることが一般的であった。この場合は、オイルシールの摩耗や劣化により油が漏れでることがある。油回転真空ポンプの周りが油で汚染されたようになるのは、この油が漏れ出て溜まることや、空冷の風に乗って拡散するためである。排気口から出てくる油煙によっても汚染されるが、排気口に配管をつないで管理することや、オイルミストトラップが正常に作動していてもポンプ周辺の油による汚染のイメージが強い理由となっている。この対策として、ポンプとモータの接続にマグネットカップリングの使用やキャンドモータを採用して油が漏れ出ない構造の油回転真空ポンプが販売されている。また、空冷タイプの油回転真空ポンプは、圧縮熱を空冷で冷却出来る

限界があるため、使用出来る圧力領域を限定していることが一般的である。2段式回転翼型真空ポンプの1段ポンプ室を空冷にして全圧領域で連続運転可能な製品も販売されている。

〈田中　智成〉

第2節 ルーツポンプ

2.1 ポンプの構造と排気原理

ルーツポンプは、Elihu Rootが1867年にパリの博覧会に出展したことが始まりとされ、その名が付けられている。油回転ポンプやドライポンプの吸気口に付けることで、中真空領域の排気速度を増大させることができる。図2.1にルーツポンプの排気動作原理を示す。互いに同期しながら反対方向に回転する2つのロータとシリンダの間の空間に気体を閉じ込めて移送し排出する。図2.1では、ロータの断面形状が繭形であるが、繭形(サイクロイド歯形)以外にインボリュート歯形などもある。また、ロータは2つの羽を持つ2葉が示されているが、3葉などもある。ロータとロータやロータとシリンダは、わずかな隙間を保っていて、非接触で運転される。そのため、接触式のポンプと比べて、高速回転が可能である。油回転真空ポンプのように吸気され空間が囲まれてから排気されるまでの圧縮行程に比べると、体積の圧縮が小さい。そのため、吸気口より取り込まれた気体は、あまり圧縮されることなく排気口へ輸送される。このことは、吸入圧が高いときに、動力や発熱を大きく上昇させる。そのため、使用圧力範囲に上限がある。圧縮が小さく使用圧力範囲に上限があっても幅広く使用されているのは、非接触で機械的損失が小さく、中真空領域では小型の割に大きな排気速度が得られるためである。日本工業規格では、「ルーツポンプ(JIS Z8126-2)」とされているが、補助ポンプの排気速度を大幅に増加させるポンプということで、「メカニカル・ブースタ・ポンプ」とも呼ばれ、近年では一般的な名称になっている。軸受けやギアなどに油が使われているが、気体が移送される部分に油がないため、油の汚染の問題は少ない。非接触であり油を用いないため、逆流する気体の量が多い。また、吸入圧力が下がるとロータ表面に吸着した気体を吸気側で放出するようになる。これらの理由とルーツポンプの圧縮比も低いことから、補助ポンプの到達圧力より若干低い程度の到達圧力となる。

2.2 大気圧駆動形ルーツポンプ

ルーツポンプは、使用圧力領域に上限がある。これは、使用圧力領域より吸入圧力が高いときの圧縮仕事は、使用圧力領域での圧縮仕事に比べ、格段に大きくなるためである。言い換えれば、それだけの圧縮仕事に耐えうる容量のモータを取り付ければ、使用圧力領域に上限がなくなることになる。格段にモータが大きくなれば、価格、電力コストや発熱による冷却コストが大きくなる。構造も発熱を考慮すると隙間設定が大きくなって中真空でも目的の性能が得られなくなる。このように不経済なことは行わず、次に説明する方法で大気圧駆動させることが一般的である。

①バイパス弁
吸入側と吐出側をバイパス弁で短絡させ、圧力差を自動弁で調整する方法

②マグネット・カップリング
ポンプとモータをマグネット・カップリングでつなぎ、モータの定格出力以上の負荷がルーツポン

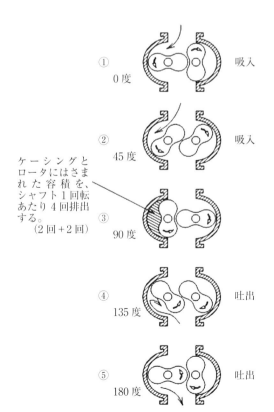

図2.1 ルーツポンプの排気動作原理

プに入るときに、マグネット・カップリングをスリップさせる方法
③モータの可変速制御
モータが定格出力以上で運転しないように、モータの回転数を制御する方法

図2.2に市販されているルーツポンプの排気速度を示す。使用圧力範囲のあるタイプと可変速制御で大気圧駆動タイプ(INV)を示す。大気圧駆動が不可能なタイプにモータ制御回路を付けることで大気圧駆動を可能にした例である。

2.3 最近の技術傾向

油回転ポンプ同様にギア室で使用される油が、モータと接合部からポンプ外へ拡散し周辺を汚染する懸念があった。マグネット・カップリングやキャンドモータの採用により、油の拡散を対策したポンプが販売されている。また、モータの制御回路の発達により、装置の可動条件に合わせて最適化した運転が行われることや、省電力運転を行うことなどが製品化されている。省電力化への取り組みを次ぎに説明する。真空装置内への搬送で大気圧からターボ分子ポンプの上限圧力まで下げる部屋をロードロック室と呼ぶ。昨今のテレビ画面の大型化や半導体のコストダウンによる基板大型化によって、ロードロック室は、大型化と排気時間を短くすることが要求されている。このロードロック室の排気にもルーツポンプは、数多く使用されている。真空装置の消費電力において真空ポンプが締める割合は大きい。生産コスト削減のため、高速回転による小型化や効率向上による消費電力の低減などが行われている。また、省電力運転へ切り替えるときにルーツポンプからの回生電力を使用することにより、装置稼働のための電力量を下げる取り組み[1]が行われている。

〈田中　智成〉

〔参考文献〕
1) T.Tanaka and T.Suzuki：J. Vac. Soc. Jpn., 58, p.239, (2015)

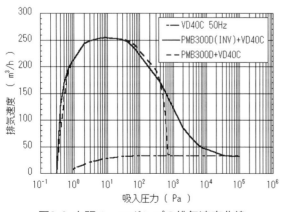

図2.2 市販ルーツポンプの排気速度曲線
(株)アルバック製ルーツポンプPMB300Dと油回転ポンプVD40Cの排気速度

第3節 ドライポンプ

3.1 ドライポンプとは

　容器内の気体を排気して、真空を作り保持する為に使用されるのが真空ポンプである。ポンプ内部の気体移送経路内にオイルや封液などを使用せず、大気圧に対して気体を排気し、中真空(10^{-1}～10^2Pa)を作り保持する真空ポンプがドライポンプと呼ばれている。ドライポンプはその作動原理により、容積移送式と運動量輸送式とに区分される。

　図3.1にドライポンプの区分を示す。

　ドライポンプは、半導体部品や電子部品の製造工程おいて、ポンプ内の気体移送経路内にポンプオイルを使用しないため、製品品質の向上や歩留まりの改善に大きく貢献している。

　また、当初は半導体産業向けを主に使用されていたが、その構造的な優位性が注目・評価され、近年は、化学・金属・食品・医薬品などの分野においても使用されている。

3.2 ドライポンプの作動原理

(1) 容積移送式真空ポンプ

　一定体積の気体を機械的に隔離し、周期的にポンプ吸気口から排気口まで移送を行うポンプが容積移送式真空ポンプである。区分として、回転式真空ポンプには、ルーツ式・クロー式・スクリュー式・スクロール式等がある。

a) ルーツ式（図3.2）

　一対のまゆ型断面のロータを直列かつ多段に配置し、互いに逆回転方向に等速度で非接触にて回転させ、吸引気体をロータとケーシングの間に閉じ込めて順に後段へと移送し排気を行う。

　ロータの断面形状は、2葉形と3葉形が主となるが多葉形も存在する。

b) クロー式（図3.3）

　爪状の突起がある一対のクロー型ロータを直列かつ多段に配置し、互いに逆回転方向に等速度で非接触にて回転させ、吸引気体を圧縮しながら順に後段へと移送し排気を行う。

c) スクリュー式（図3.4）

　単段で一対のスクリュー型のロータを互いに逆回転方向に等速度かつ非接触にて回転させ、吸入気体を、スクリューのネジ溝部とケースで囲まれた空間に閉じ込めて排気側へと移送し排気を行う。

d) スクロール式（図3.5）

　同一の渦巻型の壁を持った固定スクロールと旋回スクロールを対向させ非接触にて設置し、固定スクロールに対して旋回スクロールを揺動運動さ

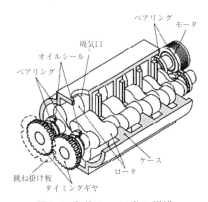

図3.2 多段ルーツ式の構造

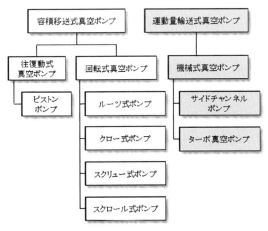

図3.1 ドライポンプの区分

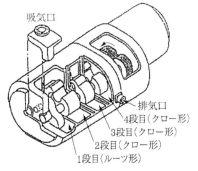

図3.3 クロー式の構造

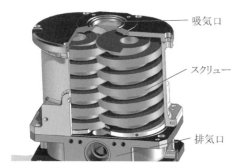

図3.4 スクリュー式の構造

図3.5 スクロール式の構造

せることにより、吸入気体を圧縮しながら排気側へ移送して排気を行う。

(2) 運動量輸送式真空ポンプ

　羽根などにより気体分子に方向性のある運動量を与え、ポンプ吸気口から排気口まで連続的に気体の輸送を行うポンプが運動量輸送式真空ポンプであり、サイドチャンネルポンプ・ターボ真空ポンプがある。

　また、気体分子へ運動量を与えるため、蒸気などの流体を使用する方式もあるが、構造的にドライポンプとは呼ばれない。

3.3 ドライポンプのメリット

　半導体部品や電子部品の製造工程では、製造に多種多様な反応性ガスを使用し、これによる反応性生成物も発生するため、従来の油回転ポンプではポンプの保全対応として使用オイルの管理や定期的な交換作業が必要であり、その結果、周辺環境（クリーンルーム内）を汚染してしまう問題があった。また、ポンプの気体移送経路内にオイルが存在していることで、プロセス側へのオイル蒸気の逆拡散が発生し、製品品質への影響や歩留まりの悪化が発生していた。

　ドライポンプは、上記問題への対応として開発が行われ、オイル室と気体移送経路内を隔離・封止する事によるオイル劣化の防止、気体移送経路内のドライ化（オイルレス化）によるプロセス側へのオイル蒸気の逆拡散防止を行い、製品品質の向上、製品歩留まりの改善に貢献している。

　図3.6にドライポンプ吸気口の残留ガス分析結果を示す。四重極質量分析計を用いた本結果よりドライポンプ使用時において、プロセスチャンバー内にオイル成分（炭化水素）が無いことを示す。

3.4 ドライポンプの使用

　ドライポンプは、単体でも約1Pa前後の到達圧力と、約1,000L/min～5,000L/min程度の排気速度を有している。この単体状態の排気性能にて使用にあたっての要求性能（到達圧力・排気速度）を

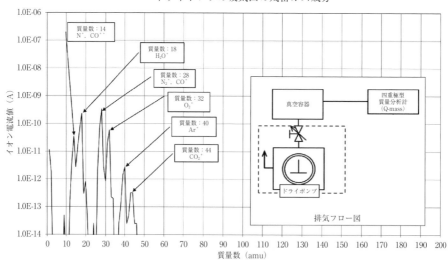

図3.6 ドライポンプ吸気口の残留ガス分析結果

満足できればドライポンプ単体での使用は可能であるが、実際には、製品品質の向上や作業時間の短縮のために更に高い排気性能が要求される。それらの要求に応えるため、図3.7に示すように、ドライポンプの前段にルーツポンプ（メカニカルブースタポンプ）を直列に接続したポンプ組合せ排気装置の設定が存在する。

この様にメカニカルブースタポンプと組み合わせることによって、ドライポンプ単体よりも、排気速度が大きくなるとともに到達圧力も低くさせることが可能となる。

また、メカニカルブースタポンプを2段あるいは3段直列に使用すると、ポンプ組合せ排気装置の排気性能をさらに向上させることが可能である。

ポンプを組み合わせて使用した排気性能の例を図3.8に示す。

〈松田　真一〉

〔参考文献〕
真空技術基礎講習会運営委員会編
　わかりやすい真空技術　第3版
日刊工業新聞社

3.5 多段ルーツ式ポンプ
(1) 構　造

多段ルーツ式・スクリュー式・クロー式の回転式真空ポンプは内部に往復運動や偏心運動する機構を持たず、ポンプ室内部に接触部が無く、回転バランスに優れた形状のポンプロータを使用しているため、高速回転が可能なポンプ構成である。このようなポンプ構造とモータ技術の発達から、高速回転化によるポンプの小型化・軽量化も著しく発展している。

その中の、ルーツロータを使用した多段ルーツ式ポンプの代表的な構造は、図3.9の通りである。ルーツロータが同軸上に多段（一般的に3～7段）に配置されたロータを平行に組込み、一方の軸をモータで駆動する。モータ駆動方法については、省スペース・低振動を目的にモータロータを軸に直接取り付けるビルトインモータ化が進んでいる。

もう一方の軸は、2軸の端部に配置されたタイミングギヤを用い同期反転させる。ロータ・ロータ間、及びロータ・ケーシング間の微小(0.05～0.5mm)な隙間を維持させるため、ポンプ室両側にはベアリングを配置し、2本のロータが正確な軸

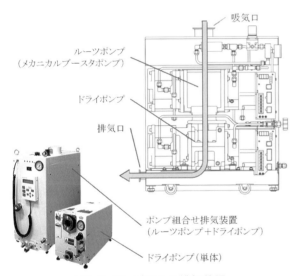

図3.7　ポンプ組合せ排気装置

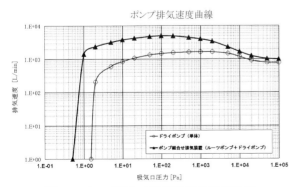

図3.8　ポンプ組合せ排気装置の排気性能

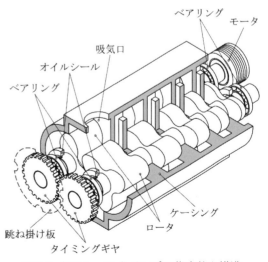

図3.9　多段ルーツ式ポンプの代表的な構造

間距離と長手方向の位置を保つように配慮されている。ベアリングをポンプ室片側のみに配置した機種や、タイミングギヤを用いずに両軸に配置したモータにより同期反転させる機種もある。

また、タイミングギヤ・ベアリングの潤滑には油・グリス等の油脂を用いる。ポンプ室内を清浄に保つため、オイルシール・ラビリンス等の軸封構造を使用して潤滑部からの油脂の侵入を防止する構造が取られる。

潤滑油のギヤ・ベアリングへの供給には、跳ね掛け式潤滑が用いられる場合が多い。ロータ軸を鉛直方向に配置するドライポンプでは、潤滑油中にオイルポンプを配置する構造もある。

(2) 排気原理

多段ルーツ式ポンプの排気原理は、一般的なギヤポンプと同じものである。図3.10の通り長円形のケーシングに対しルーツロータが微小隙間を保ちながら同期反転することにより、上部の容積吸込み口が閉鎖され、ロータ・ケーシング間に閉鎖された容積を作り、容積を移送する。

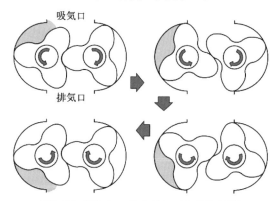

図3.10 多段ルーツ式ポンプの排気原理

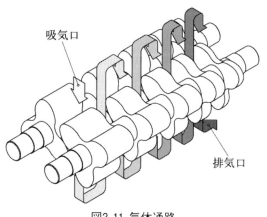

図3.11 気体通路

回転することで下部の容積吐出し側が解放され、移送容積内の気体が吐出し側の気体により圧縮され、1つの容積の移送・圧縮が終了となる。

図3.10はルーツロータが3葉の物をあげているが、ロータとケーシング間で閉鎖された容積を作ることができれば、2葉でも4葉以上でもルーツロータとして使用することが可能である。ルーツロータの輪郭は、回転中のあらゆる角度においてロータ・ロータ間で微小な隙間を一定に維持する必要があり、インボリュート曲線など特殊な曲線を用いる。

各段で移送された気体は、図3.11の様にケーシング内に形成された気体通路で各段の吐出し側から次段の吸込み側へ接続することにより、気体が順次多段内を通過する構造としている。

ルーツロータでは、各段において容積自体の変化による圧縮は行われない。そのため真空から大気までの多段の中で、徐々に移送容積を小さくしてゆくことにより吸込み側と吐出し側で圧力差を生じさせることにより圧縮を行う。このため一般的には真空側から大気側にかけて、ルーツロータの幅が徐々に減少していく形状となる。

他には、ルーツロータの幅のみでは無く、ルーツ歯型の形状を変更して、外径も小さくすることで移送容積を小さくしている多段ルーツ式ポンプも見られる。各段の容積変化量の設計自由度が増すことから省エネルギーを目的に近年のドライポンプで採用している物も多い。

3.6 ポンプの排気性能

単段真空ポンプにおける排気性能は次式で表される。

(1) 一定量のガスを排気するとき
　ポンプ排気量 $Q = D \cdot p_1 - Q_b \fallingdotseq D \cdot p_1 - C \cdot p_2$
　ポンプの排気速度 $S = Q/p_1$

(2) 排気量が零のとき
　到達圧力 $p_u = Q_b/D \fallingdotseq (C/D) \cdot p_2$

ここで、
　D：理論排気速度 $= K \cdot d^2 \cdot l \cdot n$
　K：容積係数（ルーツロータの場合0.7〜0.8)
　d：ロータ外径
　l：ロータ幅
　n：回転数

p1：吸込み圧力
p2：吐出し圧力
Qb：吐出し側からの逆流量
C：逆流のコンダクタンス

多段ルーツ式ポンプは単段ポンプの組み合わせであり、その排気性能、即ち排気速度と到達圧力はポンプ吐出し側からの逆流量により左右される。この逆流量は、主としてロータ・ロータ間およびロータ・ケーシング間の隙間量によって決まるが、これらの隙間を通って流れる稀薄気体の状態によって異なるうえ、隙間量とは無関係な逆流もありかなり複雑である。

図3.12は、ルーツロータ1段で隙間を変えた時の排気性能の変化を示す。隙間を大きくした場合、逆流量が増え一定の排気量に対する吸込み圧力が高くなる。これは隙間を広げた場合のポンプ容積効率の低下を意味する。また、隙間を狭くした場合はポンプ容積効率が上昇し到達圧力も良くなる。

多段ルーツ式ポンプであれば、容積効率の低下は真空側の前段の吐出し側圧力を高めることとなり、その前の段への逆流量も増えることになる為、ポンプ全体の排気性能が低下する。

多段ルーツ式ポンプの到達圧力は、0.1～20Paほどである。到達圧力の改善は、上述の通り各部の隙間を狭くすることで可能であるが、隙間が広い場合でもポンプ段数を多くすることにより圧縮比を大きく取ることが可能である。

ここで注意しなければいけない事として、ポンプロータは両側（或いは片側）をベアリングで保持・冷却されているがほとんどの部分は真空中に配置されるため、断熱状態となり温度を低下させることが難しい。その結果、ポンプロータの熱膨張が発生し設定された微小な隙間が減少してケーシングへの接触をもたらす場合がある。そのため、設計上許される隙間には下限が存在する。想定以上の熱膨張による接触を避けるためにドライポンプの温度を監視して、危険な温度に達した場合には安全にポンプを停止するような保護を行う場合もある。

3.7 ドライポンプの省エネ化技術

近年の電力事情も有り、ドライポンプの省エネ化が強く要求されてきている。ドライポンプ消費電力の内訳は、おおよそ図3.13の通りとなる。

ポンプの圧縮仕事は移送容積と圧力差の積で有るから、圧力差の大きい段を移送容積小とすることで省エネ化が可能となる。到達圧力運転時の省エネ化には多段ルーツ式ポンプの場合は最も大気側の段の移送容積を小さくすることで圧縮仕事の低減が可能である。前述の通り多段の中で移送容積を減少させていることから、多段ルーツ式ポンプが大気圧付近の気体を排気する場合にはポンプ内部で大気圧以上の圧力となる場合がある。その場合には、インバータなどの制御を用いて回転数を低下させることによりモータ負荷を低減させる。または、機構的に大気圧以上にならないようにするなどの工夫が必要となる。

風損は、各段の間を結ぶ気体通路が細い場合にそこが抵抗となることを指す。各段の容積比以上に各段の吐出し側圧力が上昇する為、気体通路断面積の確保も必要となる。同様に、ドライポンプ以降の排気配管も抵抗になる場合があり、配管径

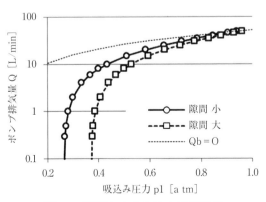

図3.12 隙間を変えた時の排気性能

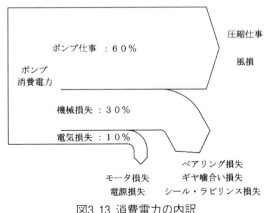

図3.13 消費電力の内訳

に注意が必要となる。

機械損失を減らすためには、ベアリングの精度向上や軸受け配置の工夫による転がり損失の低下、ギヤの歯面加工精度向上による噛み合い損失の低減、低粘度潤滑油の使用や跳ね掛け板の形状工夫による跳ね掛け潤滑抵抗低減等の方法がある。オイルシール・ラビリンスについても、新素材や非接触化による損失低下が図られているが、油脂のポンプ室への侵入を防ぐ目的からその構造には注意が必要である。

電気損失にはモータ損失・電源損失がある。モータ損失に関しては、誘導モータからDCブラシレスモータへの切り替えが進んでいる。DCブラシレスモータは、モータロータ側に永久磁石を使用することで、誘導モータのかご型ロータの様な2次側電流による損失を発生させない。そのため、モータ効率を比較すると図3.14のようになる。

特に多段式ルーツポンプは、真空時と大気圧付近での負荷変動が大きくなる為、低負荷でも効率が高いDCブラシレスモータは有利となる。また、ステータ側巻線に関しても集中巻を行うことによる1次側銅損の低減とエンドコイル縮小が可能となる。また、DCブラシレスモータは同出力のインダクションモータと比較した場合、モータ発熱が小さいため、近くに配置されるベアリングの長寿命化にも貢献する。

電源損失に関しては、DCブラシレスモータは、インバータを必要とするため、出力電圧・周波数生成の為のスイッチング動作によりパワー素子部にロスが発生するが、全体の割合としては影響が少ない。家電・自動車業界によりモータ駆動技術は発展を続けており、ポンプの省エネルギー化はパワーエレクトロニクス関連の技術の転用が重要となってくる。

以上の様なポンプ構造や使用機器の改良といったポンプ自体による要素のほかにポンプ運用方法による省エネ化も可能である。

一例として真空容器を大気圧から目標圧力まで排気するような場合、その時間を短縮するには排気性能の大きなポンプを使用するか複数台のポンプで排気する方法が有る。この際の省エネの方法としては、目標圧力に達した後にポンプ回転数を低下させる方法や、複数台の場合には1台以外のポンプをバルブで遮断し停止するといった方法もある。

3.8 半導体プロセス対応技術
(1) ポンプ室部

ドライポンプは、真空側から移送した容積が最終的に大気圧まで圧縮されるため気体の圧縮熱が発生する。圧縮熱により排気される気体が熱膨張して次段の吸込み側圧力を上昇させ排気性能の低下を引き起こし、この圧縮熱がポンプ室部の温度上昇もさせ気体温度をさらに上昇させる悪循環が発生する。

多段ルーツ式ポンプの場合は各段の間に気体通路が存在する為、気体通路の冷却や、図3.15のように気体をポンプ外に取り出し熱交換器で気体温度の低減を図る方法も多く用いられている。

近年の半導体プロセス用途では凝縮性気体（温度低下や圧力上昇により液体となる）の排気にドライポンプが使用されるため、排気気体やポンプ室の冷却を行わない方が好ましい場合が多い。

この為、前述の省エネ化技術とは逆に圧縮仕事を大きくするために大気側の段の移送容積を大きくして気体の圧縮熱を利用し、ポンプ温度を上昇させるという方法や、気体通路部の温度を高温に

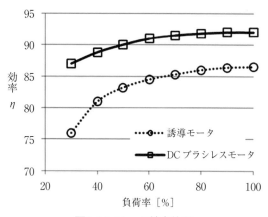

図3.14 モータ効率比較

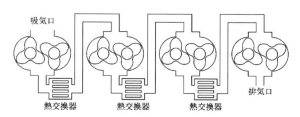

図3.15 熱交換器による気体温度の低減

保つために保温材をポンプに取り付ける等の方法が用いられる。

図3.16のとおり凝縮性気体の状態は、圧力と温度に依存する。多段ルーツ式ポンプでは、各段の間の気体通路で圧力一定のまま温度が低下するが、ポンプ内部の各段圧力に応じた必要な温度を維持していれば気体のまま排出することが可能となる。半導体プロセス対応ポンプでは保温材の他にも、冷却水のON/OFFコントロール、昇温ヒータによる緻密な温度制御を行うものが有り、排気する凝縮性気体に応じて温度制御が使い分けられる。

他にも圧力を下げる事と同じ目的で、分圧を低下させることで凝縮しにくくなるように、窒素ガスをポンプ内に導入してポンプ内部での凝縮を避ける方法もとられる。供給される窒素ガスはドライポンプ内への減圧膨張により温度が低下する為、ヒータによる昇温や発熱したポンプ内部を経由させて高温化するという手法が取られる場合もある。また、モータ内部や潤滑室への凝縮性ガスの進入を防ぐために、それぞれへ窒素ガスを導入して腐食性ガス等から、部品や潤滑油脂の保護を行うことが多い。

多段ルーツ式ポンプではロータ・ロータ間隙間やロータ・ケーシング間隙間を微小に設定するのが排気性能の向上の為に有利であるが、凝縮して発生した液体・固体が隙間部へ侵入することによるロータ・ケーシング間固着からのポンプ停止を避けるために凝縮しやすい場所の隙間を広めに設定する場合がある。他にも、半導体製造装置や排気配管内の清掃の為にドライポンプ停止を行った場合などは、圧縮熱による昇温がなくなりポンプ室温度が低下する。また、ポンプ作用が行われなくなることから内部の圧力が上昇する。これらにより凝縮性気体の液化・固化が発生しロータ・ケーシング間固着が発生し再起動時にポンプが起動しない場合がある。再起動時の成功率を高める工夫として、停止直後の窒素ガスによる内部凝縮性ガス置換の推奨などドライポンプ運用方法の工夫、起動トルクの大きなモータの採用、ロータへの手回し作業による固着除去機能などをドライポンプへ搭載している場合もある。

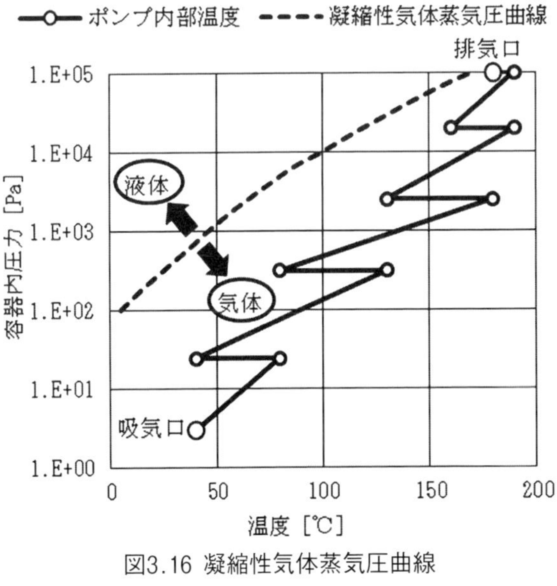

(2) 冷却構造

前述の通り、ドライポンプは使用目的によりポンプ全体や排気気体を冷やした方が良い場合と昇温した方が良い場合がある。

半導体プロセス用途向けのポンプではポンプ室部は冷却が不要である。但し、モータ部は温度上昇による絶縁低下等を防ぐための冷却と、潤滑油の粘度維持・ベアリング冷却を目的として潤滑部の冷却が必要である。ドライポンプの構造上、ポンプ室部とモータ部・潤滑部が位置的に切り離されている為、図3.17のように要冷却部に対しては水冷により充分な冷却を行う事が可能である。要冷却部には、腐食を防ぐためステンレスパイプを冷却水経路として本体の冷却部位へ取付けた構造にしたものが多く用いられる。

要冷却部の発熱防止の為、冷却水温の上限や冷却水量の最低量が決められており、使用するポン

図3.16 凝縮性気体蒸気圧曲線

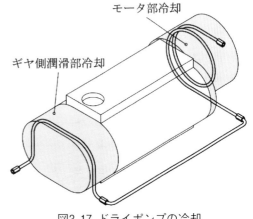

図3.17 ドライポンプの冷却

プを選定する際には注意が必要である。他にも、水質による冷却水経路内部の閉塞などにも注意が必要でストレナ設置をする場合が有る。

(3) 統合コントローラと集中管理

前項のように近年のドライポンプでは、使用目的によってはモータ制御技術・希釈用窒素ガス量管理・冷却水量管理・ポンプ温度制御が必要となる場合が多い。その為、ドライポンプには各種センサーと接続された統合コントローラを搭載し、必要な保護や外部との信号を中継する方法が取られる。この場合には、ドライポンプの運転状態を監視しつつ、外部からのポンプ運転・停止信号を一括で制御する。

多く用いられる方法は、外部（半導体製造装置等）からの接点信号により運転・停止指令を入力し、ポンプの異常発生を装置側へ出力する方法である。

例えば、半導体産業の標準化規格であるSEMIスタンダードのE73-0301では、D-sub15Pinコネクタとピンの割り当てが規定されている。近年ではEther-Netやシリアル通信などを使用して、運転・停止指令の入力や窒素ガス量・冷却水量・ポンプ温度、他にモータ電流を開示し、上位側装置で集中管理することにより、数値変化の傾向を分析してドライポンプの運転状態を監視して不意の停止を防ぐ、予知保全と呼ばれる技術も発達してきている。

〈花岡　隆〉

3.9 空冷式ドライポンプ

(1) 市場要求

半導体や液晶製造装置以外の市場であるLiイオン電池製造工程やLED製造工程、電子機器や食品の真空包装等と多岐にわたりドライポンプへの要求が高まっている。

現在、主流の真空ポンプは油回転ポンプであるが、チャンバ側へのオイル汚染により、製品への影響や作業環境の汚染が問題となっている。こうした背景から近年はクリーンな真空を求められるようになってきたことで、ポンプ内部のガス通路にオイルや封液などを使用しないドライポンプが求められてきている。特に油回転ポンプからの置き換えが簡単な、冷却水が不要の空冷式ドライポンプの要求が増えている。

(2) 種類と特徴

空冷式のドライポンプの定義としては、ポンプ内部のガス通路にオイルや封液などを使用せず、ポンプの冷却に冷却水が不要なポンプであり、種類にはルーツ式、ベーン式、スクロール式、スクリュー式等である。ここでは、代表的な空冷式ドライポンプとして、容積移送式の多段ルーツ式ドライポンプについて述べる。

(3) 多段ルーツ式ポンプ

非接触で互いに逆方向に同期して回転する一対のまゆ型断面のロータを直列に配置して多段化したポンプであり、ロータの形状は2葉形と3葉形が多く採用されている。図3.18のようにロータの回転につれて吸引気体はロータとポンプケース間の空間に閉じ込められ順に後段に移送される。

圧力の高い領域でポンプを運転する場合には、圧縮作用による気体の発熱でポンプ内部温度が上昇する。ポンプ本体の温度上昇を抑制するため、図3.19のようにポンプ外部より外気を取り込むための通気口を設け、ポンプ全体を空冷する構造が取られている。

用途によっては、表3.1のように水分などの凝

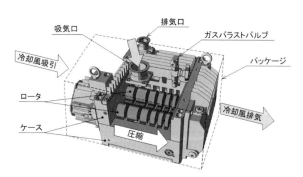

図3.18 空冷多段ルーツ式ポンプ構造図

図3.19 空冷多段ルーツ式ポンプ外観

表3.1 ガスバラスト機構の種類と用途

バラストガス 機構の種類	用途			
	クリーン 排気	真空乾燥、真空含侵 真空脱気		プラズマ 用途
		水分排気	溶剤排気	
無				
大気導入				
不活性ガス導入				

縮性成分を多く含んだ気体を排気する必要があり、この凝縮性成分により、オイル劣化によるメンテナンスの増加やポンプ停止に至ることから、改善対応が求められる場合がある。

ポンプの圧縮作用により、吸引された気体中の凝縮性成分の一部は、外部に排出されずポンプ内で液化する。これを解決するため、ポンプ排気口付近に大気あるいは不活性ガス（バラストガス）を外部から導入し、排気ガス中の凝縮性成分の分圧を飽和蒸気圧以下にし、ポンプ内で液化することを防止し、気体の状態で排出することができる図3.20のようなガスバラスト機構がある。

多段ルーツ式ポンプは構造上、ポンプ室が多段で区切られ構成されていることから、バラストガスを導入することによるポンプ性能への影響が少なく、バラストガス流量を大きく取れることから、他のポンピング方式のポンプに比べ、比較的多量の凝縮性ガスの排気が可能である。

3.10 スクロール式ポンプ

図3.21に示すように、スクロール式ポンプはインボリュート曲線（円に巻きつけられた糸を絶えず伸ばしながら開いて行くときに糸の端点が描く伸開放線）で形成された、同一の渦巻形の壁を持った固定スクロールと旋回スクロールからなる。図3.22に示すように、これらを対向させてお互いの壁が接近した状態で組み合わせて、固定スクロールに対して旋回スクロールを揺動運動させることにより、吸引気体を大気圧まで圧縮する。

通常、組み合わされている2つのスクロールは、それぞれの渦巻形の壁の頂面に渦巻形に沿って取付けられている高分子材料のチップシールを介してお互いに接触している。吸引された気体は2つのスクロールの壁によって形成される三日月形の空間に閉じ込められ、旋回スクロールの揺動運動によりスクロールの外周部から中心部に移送され、移送空間の容積減少に従って圧縮されて排気口から排出される。

圧縮による気体の発熱と、旋回スクロールと固定スクロールに取付けられたチップシールが摩擦することでポンプ内部温度が上昇するため、冷却機構が取付けられているのが一般的である。

旋回スクロールと固定スクロールは、チップシールを介して常に摺動している。粉体などを吸引した際は摺動部に介在し、高分子材料のチップシールは摩耗が促進される。定期的なメンテナンスを怠ると旋回スクロールと固定スクロールが摺

旋回スクロール　　　固定スクロール
図3.21 旋回スクロールと固定スクロール

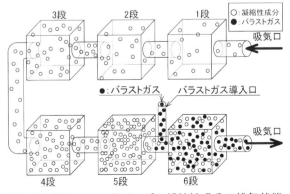

図3.20 多段ルーツ式ポンプの凝縮性成分の排気状態

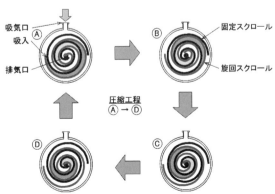

図3.22 スクロール式ポンプ構造図

動し、部品交換が必要となることがある。

〈黒澤　一〉

〔参考文献〕
真空技術基礎講習会運営委員会編
　わかりやすい真空技術 第3版
　日刊工業新聞社

3.11　ドライポンプの今後の課題

　ドライポンプを取り巻く使用環境は常に変化しており、半導体や電子部品の製造工程においては、新たなプロセスやガス量が増加している。その結果、ポンプ内での生成物の発生や、母材の腐食が増えポンプへの負荷は厳しくなる一方である。

　また、食品・医薬品・分析器等の業界においても、よりクリーンな真空環境が強く求められている。

　こういった状況を背景に使用される業界により優先順位は異なるものの、今後のドライポンプの課題は下記の項目に集約され、それぞれの課題を実現する為の技術革新が求められていくものと考えられる。

〔今後の課題〕
　a ）省エネルギー化
　　・電気・水・窒素ガス等の使用量の削減
　b ）耐プロセス性の向上
　　・反応性生成物の付着・発生の防止
　c ）耐食性の向上
　　・高腐食性ガスへの対応
　d ）予知保全の改善と精度の向上
　　・製品歩留まりの向上
　　・稼働状況の適正監視
　e ）真空の質の向上
　　・よりクリーンな真空環境の提供

〈松田　真一〉

第4節　スクリュー式ドライ真空ポンプ

はじめに

　ドライポンプに対する市場要求は、半導体、FPD、太陽光パネルの技術革新とともに変わりつつある。特に成膜工程等で発生する反応副生成物によるポンプの負荷の増大や、腐食性ガスの使用による部品の腐食は、ポンプ停止や交換に繋がる。これは半導体やFPD等の歩留まりにも影響を及ぼすため、プロセスに対する耐久性が、ドライポンプに要求されるようになった。

　さらに、近年は環境保護の取り組みやランニングコストの削減等からプロセス耐性と同時に省エネを兼ね備えたポンプのニーズが高まっている。

4.1　技術的課題

　半導体やFPD等の、成膜工程やエッチング工程で使用されるドライポンプに求められる課題を以下に示す。
・ポンプに侵入する粉体生成物への対応
・ポンプ内で析出する反応ガスへの対応
・腐食性ガスへの対応
・長時間運転しても故障しない信頼性
・油回転ポンプに代わるメンテナンス性、クリーン排気
・省エネ対応
　これらの課題に対応するために開発されたのが、スクリュー式ドライ真空ポンプである。

4.2　排気原理

　スクリュー式ドライ真空ポンプは、図4.1のように右ネジ左ネジ一対のロータが、タイミングギヤにより僅かな隙間を保持しつつ互いに逆方向に回転をする。回転につれてロータ上端から気体を取込み、ケースと他方のロータで仕切られた溝に閉じ込め順次排気側へ輸送する容積移送式ドライ真空ポンプである。

　主な特徴を以下に示す。
・ロータは一条ネジであり、一対のロータが一回転につき二回排気する。

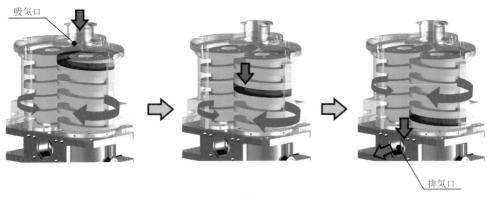

図4.1 排気原理

- 吸気口と排気口はロータ外径相互とケース内径により厚く形成される堰で複数仕切られ、一種のネジシール構造により高圧縮比を得ることができる。単段排気のため中間仕切りやバイパス配管は一切必要としない。
- 到達圧力、排気速度のパラメータは、スクリューロータの歯（リード）や巻数、隙間（クリアランス）、ロータ径、回転数となる。また、圧縮による熱膨張と動的クリアランスの安定性確保のために構成部品の材質の選定も重要となる。

4.3 構造および仕様

スクリュー式ドライ真空ポンプの構造を図4.1に示す。一対のスクリューロータを並列に配置して、タイミングギヤにより一定のクリアランスを保ったまま非接触で高速回転する。さらにプロセスの耐久性を追究し単段構造となっているため排気経路が短い。

また、機械的な油漏れを防止し、クリーンな真空を得るためにリップシール構造を採用し、窒素ガス(N2)シールを採用することによりプロセスガス等の機械室への侵入を防止している。

プロセス耐性の要求に応えるためポンプの高温化が必要となる。そのためポンプ室を高温化するが、軸受等のメカ室は最適な温度で使用できる構造が求められる。軸受潤滑は極端に熱に弱いグリース潤滑よりオイル潤滑が優れているが、真空側のオイル漏れの原因となるオイル室の形状、等圧機構、シール配置の最適化等の高度な設計が必要である。

また、回転軸が鉛直方向の堅型スクリュー式真空ポンプは、真空側に軸受を持たない片持ち構造

にすることにより、更にドライ化の信頼性を得ることができる。

表4.1にスクリュー式ドライ真空ポンプシリーズの代表的な仕様を示す。図4.2はスクリュー式ドライ真空ポンプ単体の排気速度と到達圧力である。

図4.3にて、スクリュー式ドライ真空ポンプの上位にブースタポンプを組み合わせた10,000L/min～50,000L/minの代表的な排気速度曲線を示す。

4.4 特　長

成膜工程やエッチング工程で使用される真空ポンプに対する要求について、スクリュー式ドライ真空ポンプの主な特長を以下に示す

(1) 粉体生成物への対応

粉体生成物がポンプ内に侵入する場合、ポンプを停止させないために、粉体生成物の排出性能が真空ポンプに求められる。図4.4の通りスクリュー式ドライ真空ポンプは、吸気口から排気口までの排気経路を短くし、シンプルな排気構造を持つことから粉体生成物の排出性に優れる。また、ワンステージ（単段）のため中間に仕切りが無く留まる箇所が少ないことも、粉体生成物の排出に有利な点である。

(2) 生成物析出への対応

図4.5はTEOSの飽和蒸気圧曲線である。一般的に飽和蒸気圧は温度と共に上昇する。ポンプ内部に生成物を凝縮させずにガスのまま排出するためには、ポンプ温度が高い方が有利である。

スクリュー式ドライ真空ポンプは大気側に向かうにつれてポンプ温度が高くなる。また、排気経路が短いため、吸気口から排気口にかけて高温を保つことが出来る。ロータの自己発熱により、保

表4.1 スクリュー式ドライ真空ポンプ仕様例

型式 項目	SDE90X	SDE120TX	SDE200
最大排気速度	1,300 ℓ/min	1,500 ℓ/min	3,300 ℓ/min
到達圧力	1.3Pa		1.0Pa
最大吸気口圧力	大気圧		
最大排気口圧力	大気圧		
電源	3相 200V～220V 50/60Hz		
冷却水量	3～8 ℓ/min	4～8 ℓ/min	
吸気口径	NW40	NW50	
排気口径	NW40		
重量	150kg	151kg	200kg

樫山工業㈱

温材やヒータ等で温度を上げる必要がなく、ロータ温度を多段ルーツ式ポンプより高温に保持できる。図4.6のとおり、ガス量やパージ量によりロータ温度が変化しない事も有利となる。

また、半導体使用ガスの種類によっては、稀に分解温度等が影響し温度の高い箇所に生成物が析出するプロセスもある。このように温度を下げる対応が必要な場合でも、様々な温度バリエーションを設定することでハーシュプロセスの対応が可能である。ポンプ内部の凝縮を抑える方法として、凝縮性ガスをN2パージにて希釈する方法も有効である。

特徴の異なる多種のガスを排気する場合、温度の最適化や希釈N2パージを投入しても、ポンプ内部に生成物が析出することが想定される。図4.7のようにケース内壁に析出した生成物は、回転するスクリューロータにより掻き落とされ、ロータとケーシングの運転隙間が確保される。図4.8はポンプ内部に生成物が析出した際の電流値の推移を示す。プロセス中に電流値が上昇、プロセス終了と共に電流値は通常値に戻っており、析出した生成物を掻き落としていることが確認できる。

これは多段ルーツ式ポンプにはない特長と言える。

(3) ポンプ停止後の再起動負荷への対応

生成物の蒸気圧については前に説明したとおり、温度が高くなるにつれて大気に近づく。圧力上昇により生成物が析出しやすくなるため、生成物の凝縮や、粉体状の生成物が溜まる箇所はポンプの大気側が多くなる傾向にある。ロータの大気側隙間（エンドクリアランス）は、図4.9のとおり単段スクリュー式ドライ真空ポンプと多段ルーツ式ポンプで特長に大きな差がある。

多段ルーツ式ポンプは、性能を保つためにエンドクリアランスを大きくとることができない。また、シャフトの熱収縮によりポンプ運転時より停止時の方が、エンドクリアランスが狭くなる。そのため、エンドクリアランスに生成物が侵入したり凝縮したりすると再起動時に面で押しつぶされ、負荷の増大や固着の原因となる。

一方、単段スクリュー式ドライ真空ポンプは構造上エンドクリアランスを大きく確保することができるため、多段ルーツ式ポンプより有利な構造と言える。

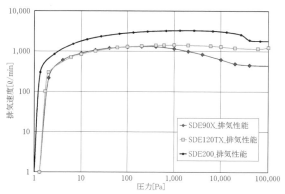

図4.2 スクリュー式ドライ真空ポンプ単体の排気速度曲線例

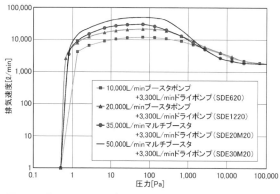

図4.3 ブースタポンプと組み合わせた排気速度曲線例

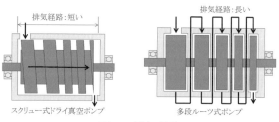

図4.4 排気経路

(4) 腐食性ガスへの対応

チャンバ、フォアライン配管等に流すクリーニングガスやエッチングガスは、鉄等を腐食させる成分が含まれる腐食性ガスが使用される。腐食性ガスの成分に含まれるフッ素や塩素等のハロゲンガスは、高温状態で活性化して腐食性が強くなる。そのため、高温接ガス部には耐食性が求められ、以下のような検討が必要となる。

・スクリュー式ドライ真空ポンプのロータやケーシングにメッキを施すことは耐食性を上げる有効な手段となる。
・腐食を抑えるため活性化した腐食性ガスの温度を下げる方法が有効であるが、低温化による生成物の増加を考慮した最適なポンプ温度が必要となる。
・腐食性ガスの対応としてN2パージによる希釈も有効であり、温度影響の少ないスクリュー式ドライ真空ポンプは大量のN2パージを流すことができる。

4.5 省エネ技術

近年、ハーシュプロセス向けという位置付けのスクリュー式ドライ真空ポンプにも省エネの要求が高まっている。

主な省エネ技術を以下に示す。

・駆動系の改良としてビルトイン方式の同期モータの開発、インバータ制御による効率改善、増速ギヤの廃止等が可能であり、これにより大幅に運転電力を低減できる（図4.10）。
・スクリューロータは、多段ルーツ式ポンプと同じ原理で大気側の気体の取り込み容積を小さくすることで低電力化が可能である。排気性能を確保するために、吸気側の取り込み容積を確保しながら大気側の容積を小さくする必要がある。その技術として、リードの大きさを一定ではなく変化させる手法がある（図4.11）。これには非常に高い加工技術が必要である。

その他、シール構造やオイルの種類や量、軸受設計等も省エネに関わる要因となる。

4.6 現状と今後の課題

真空ポンプを取り巻く環境は常に進化している。半導体等のプロセス技術の進歩は速く、より反応性の強いプロセスガスも増えている。その結果、

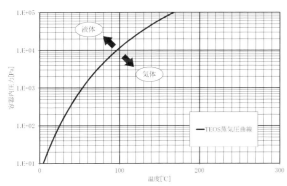

図4.5 TEOS蒸気圧曲線

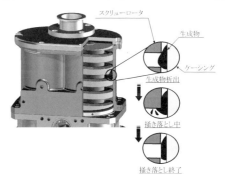

図4.7 掻き落としイメージ図

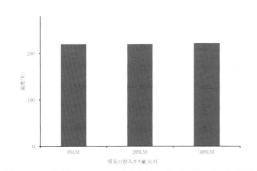

図4.6 スクリューロータ温度と投入ガス量の関係

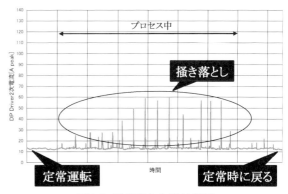

図4.8 掻き落とし電流波形

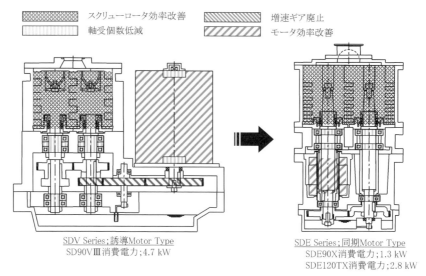

図4.10 スクリュー式ドライ真空ポンプの進化

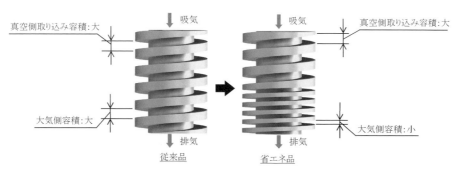

図4.11 スクリューロータの進化

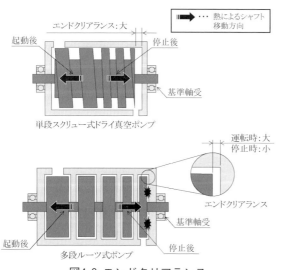

図4.9 エンドクリアランス

ポンプ内では生成物が発生しやすい環境となり、ポンプへの負荷は厳しくなる一方である。

また、近年はハーシュプロセス向けのスクリュー式ドライ真空ポンプにも省エネが求められており、プロセス耐性と低電力の両立も今後のテーマの一つとなる。

今後のスクリュー式ドライ真空ポンプの課題は次となる。

a）さらなる省エネ
b）大排気量化
c）新プロセスに対する温度バリエーションの増加

市場においてスクリュー式ドライ真空ポンプは、ハーシュプロセス専用ポンプという位置付けになりつつある。

最先端プロセスへの需要が増しているため、発生した課題を都度乗り越える対応力、技術力が今後も重要となる。

〈榊原　拓也〉

第5節 NEGポンプ

5.1 非蒸発型ゲッターポンプ

非蒸発型ゲッター(Non-Evaporable Getter, NEG)ポンプは、チタンサブリメーションポンプ(TSP)と異なり、ゲッター表面を生成するために活性な金属を昇華させることなく、予め用意されたゲッター面を高温にすること（活性化）により新鮮なゲッター表面（活性表面）を生成し、そのゲッター効果によりガスを排気するポンプである。

非蒸発型ゲッター(NEG)材料は、現在主にSaes Getters S.p.A.社によって供給されている[1]。歴史的には代表的な非蒸発型ゲッター（NEG）材として、84%Zr-16%Al合金のSt101®[2]が、1960年代初頭より高真空排気用として長い実績をもつが、活性化温度が500℃から750℃と高温である。その後活性化温度が250℃から500℃の比較的低い温度で活性化できる70%Zr-24.6%V-5.4%Fe合金のSt707®[3]が登場し、現在では活性温度が450℃から550℃で活性可能なZr-V-Fe合金を粉末焼結体にしたSt172®が主流となっている。

図5.1に、非蒸発型ゲッター(NEG)材をモジュール化したポンプの一例として、サエス・ゲッターズ社の製品を示す。

(a)はフランジマウント型のカートリッジに組み上げたタイプ（CapaciTorr® MK5シリーズD 3500）で、非蒸発型ゲッター(NEG)材を粉末焼結したディスクを加熱ヒーター近傍に積層配置した構造となっている。外部からの電力供給で、非蒸発型ゲッター(NEG)材の活性化が容易に行える。

(b)はモジュール化したゲッターカートリッジに小型スパッタイオンポンプを融合した複合型ポンプである。

5.2 非蒸発型ゲッターポンプの排気原理

非蒸発型ゲッター(NEG)ポンプは、非蒸発型ゲッター(NEG)材のゲッター作用を利用して真空容器内のガスを排気するポンプであるが、チタンサブリメーションポンプのようにゲッター材料を昇華し、活性なゲッター表面を生成するのではなく、非蒸発型ゲッター(NEG)材を高温にすること（活性化）により新鮮なゲッター表面（活性表面）を生成し、ガスを排気するポンプである。

購入時の非蒸発型ゲッター(NEG)ポンプは、ゲッター表面が酸化物や炭化物で覆われているため、そのままではゲッター作用を示さない。ポンプとして機能させるためには、真空中で非蒸発型ゲッター(NEG)材を加熱し、表面を覆っている酸化物や炭化物をゲッター材のバルク構造内に拡散させることで、ゲッター作用を回復させる必要がある。

非蒸発型ゲッター(NEG)ポンプでゲッター作用を回復させるための活性化条件は、ゲッター材の種類によって異なる。活性化操作を行う圧力は、ヒーターワイヤーの腐食現象、ヒーターと他のポンプエレメント間の放電、活性化過程における活

図5.1 非蒸発型ゲッター(NEG)ポンプ外観[3,5]
(Saes Getters S.P.A)

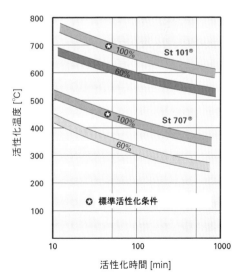

図5.2 非蒸発型ゲッター(NEG)の活性化特性と標準活性化条件[3]

性ガスの過剰吸着によるゲッター材の劣化等を避けるため、圧力1×10⁻³Pa以下が望ましい。また活性化度合いは活性化温度と活性化時間によって決定される。図5.2に、非蒸発型ゲッター(NEG)ポンプゲッター材としてSt101®とSt707®の、活性化温度と活性化時間との関係、並びに標準的な活性化条件を示す。

非蒸発型ゲッター(NEG)材の排気原理は、ガスの種類によって異なる。

一酸化炭素、二酸化炭素、窒素、酸素などの活性ガスは、ゲッター材に不可逆的に化学吸着される。気体分子の化学結合はゲッター材の表面で分解され、その構成物質が、構成酸化物、炭化物、窒化物として吸着される。ゲッター材とこれら要素の化学結合は非常に強く、吸着後はゲッター材が1000℃まで加熱されたとしても真空環境にガスが再放出されることはない。

水素は非蒸発型ゲッター(NEG)材と化学結合を形成しないが、代わりに、ゲッター材内部に素早く拡散し固溶体として留まる。非蒸発型ゲッター(NEG)材内部の水素濃度はその平衡圧に比例し、温度の影響を強く受ける。従って水素の場合可逆的に吸蔵される。

その影響度は以下の式で示される[1]。

$$\log P = A + 2\log q - \frac{B}{T} \tag{5.1}$$

q = 濃度（Torr・ℓ／ゲッター材のgram数）
P = 平衡圧（Torr）
T = ゲッター温度（K）

ここで、AとBは実験的に決定された定数であり、ゲッター材のタイプにより異なる。下記に主なゲッター材のA、B値を示す。

St707® ：A=4.800　B=6116
St172® ：A=4.450　B=5730

参考までに、式(5.1)より算出したSt707®の水素濃度と平衡圧力との関係を図5.3に示す。

図5.4に、非蒸発型ゲッター(NEG)ポンプのゲッター作用とゲッター表面における飽和、更には加熱によるゲッター作用の回復サイクルを表す。

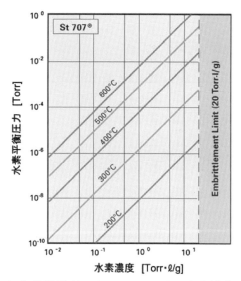

図5.3 非蒸発型ゲッター(NEG)St707®の水素濃度と水素平衡圧力との関係[1]

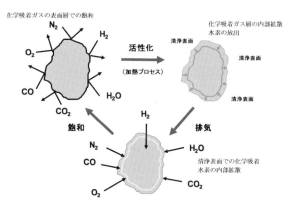

図5.4 非蒸発型ゲッター(NEG)の活性化によるゲッター作用の回復と飽和サイクル[3]

非蒸発型ゲッター(NEG)材の活性化は、NEGモジュールに組込まれているヒーターを用い、モジュールを加熱処理することで行える。非蒸発型ゲッター(NEG)材を高温にすることで、表面を覆った酸化物や窒化物は非蒸発型ゲッター(NEG)材のバルク内部に拡散し、固定化され、表面に再び清浄なゲッター表面（活性面）が形成されゲッター作用が回復する。標準活性化時間は1時間程度であり、この回復作用は100回程度は可能である。

ゲッター材内部に拡散していた水素は、加熱によってゲッター材の外部に放出される為、ターボ分子ポンプ等の別の真空ポンプで排気が必要となる。この際のゲッター材内部の水素濃度と、周辺水素分圧との平衡圧力は式(5.1)の通り、非蒸

発型ゲッター(NEG)材の温度によって決定される。
　一方、アルゴンやヘリウム等の希ガスについてはチタンサブリメーションポンプ同様、排気することはできない。またメタンについては室温での使用においては殆ど排気しない。

5.3 非蒸発型ゲッターポンプの排気基本特性
　図5.5に、St707®をゲッター材とした典型的なカートリッジ型ポンプを1回活性化した場合における水素、水蒸気、一酸化炭素に対する排気速度特性を室温と280℃における排気速度と累積収着量との関係で示す。
　非蒸発型ゲッター(NEG)材の温度を上げると、表面に吸着していた気体がバルク内部へ拡散するため、室温に比べ温度が高い場合において排気速度が大きい傾向を示す。特に一酸化炭素に対しては、拡散の効果が顕著である。また、ゲッター材表面での化学吸着が進行するにつれて吸着可能な活性領域が減少するため、排気速度は吸着量の増加とともに徐々に低下する。一方、水素の場合、主たる排気原理が材料内部への拡散であるため、一酸化炭素や水蒸気よりも吸着量の増加に伴う排気速度の低下は小さい。
　一回の活性化で排気できる時間は、吸蔵する分子の数による為、配置される環境の真空度により大幅に異なる。
　表5.1に代表的なCapaciTorr® MK5シリーズの仕様を示す。

5.4 非蒸発型ゲッターポンプの特徴と利点
　非蒸発型ゲッター(NEG)ポンプは、チタンサブリメーションポンプのようにゲッター材を昇華し、チタン蒸着膜を新たに形成する必要がないため、真空容器内をクリーンな状況に維持することができる。また、真空容器内に生成したチタン蒸着膜の除去といった面倒な作業も不要である。このような特徴から、古くから加速器を中心とした大規模な真空システムで広く利用されている[4]。以下にその他特徴と利点を挙げる。

5.4.1 軽量性とコンパクト性
　非蒸発型ゲッター(NEG)ポンプはその構成部材として、多孔質の焼結合金であるゲッター材と加熱ヒータで構成されている為、同排気速度の他真空ポンプと比較して軽量性が高く、コンパクトな構造となっている。その為装置外部の空間的な制限がある場合や、装置やシステムをコンパクト化したい場合に有効である。またその軽量性から多くの場合においてシステムのフランジに直接取り付けることが可能で、架台などの支持材が必要ない。

5.4.2 制振性と省電力性
　非蒸発型ゲッターポンプは稼働機構を持たない

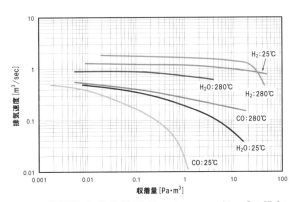

図5.5 典型的な非蒸発型ゲッター(NEG)ポンプの排気速度[3]

表5.1 CapaciTorr® MK5シリーズの仕様

		CapaciTorr® D50	CapaciTorr® D100	CapaciTorr® D200	CapaciTorr® D400	CapaciTorr® D1000	CapaciTorr® D2000	CapaciTorr® D3500
接続フランジ	ICF	φ70	φ70	φ70	φ70	φ114または φ152	φ152または φ203	φ203または φ253
重量	kg	0.3	0.3	0.4	0.8	1～2	2～3	3～4
排気速度 L/s	H2	55	100	200	400	1000	2000	3600
	CO	30	60	140	180	600	1000	1800
再活性化までの 吸収量Torr. L (Pa m3)	H2	78(10.4)	135(18)	280(37)	900(120)	1360(181)	4500(599)	3950(525)
	CO	0.1(0.01)	0.2(0.03)	0.56(0.07)	0.9(0.1)	4(0.5)	5(0.7)	12(1.6)
全吸収量 Torr. L(Pa m3)	CO	70(9.3)	120(16)	252(34)	400(53)	1224(162)	2000(266)	3100(412)

為振動が全く発生しない。また活性化が終了するとその後はゲッター材表面が飽和するまで排気が行われる為、排気中に電力を必要としない。活性化に必要な電力は65Wから370W程度であり、1から2時間程度で完了する。

5.4.3 水素に対する高排気速度

非蒸発型ゲッター(NEG)材は、その排気原理の違いから、他の活性ガスと比較して水素に対して排気速度が高く、また速度が真空度によって変化しない。その為超高真空下においては、他の真空ポンプと併用して超高真空あるいは極高真空を得る為のポンプとしての使用が有効である。

5.4.4 磁性中での使用

非蒸発型ゲッター(NEG)材は、ほぼ非磁性体である為、装置やシステム内の磁場に干渉しない。その為強い磁場中あるいは微小な磁場干渉も避けなければならない装置などに有効である。

5.4.5 希ガスもしくは水素の純化

非蒸発型ゲッター(NEG)材は希ガスを排気しない。その為混合ガスをゲッター材に通過させる事により希ガスのみを取り出すことが可能となる。この特徴を利用したガス精製装置も別途存在する。

また水素についてはゲッター材の温度に対する可逆的な吸蔵の性質を利用し、ゲッター材の温度を加熱ヒータで変化させる事により、水素の排気あるいは放出をコントロールする事が可能である。

5.5 非蒸発型ゲッターポンプが使用有効な用途

上記の特徴と利点より、過去および現在において以下の様々な用途において非蒸発型ゲッター(NEG)ポンプは使用されている。

・放射光・加速器施設（直線加速器、メインリング、およびビームライン部）
・超高真空を必要とする分析装置（XPS、ARPES、STM、MBE、AES、等）
・透過型および走査型電子顕微鏡
・原子・イオン冷却トラップシステム
・高真空下でサンプルの保存・輸送が必要な搬送装置
・希ガス・水素の純化および精製装置
・核融合施設（水素・重水素の排出部）
・医療用途加速器（陽子および中性子発生源部）

5.6 非蒸発方ゲッター(NEG)ポンプの利用

非蒸発型ゲッター(NEG)ポンプはその排気特性・性能が、主にゲッター材の化学的また物理的性質に由来する為、使用システム、設置方法、および活性時や使用においていくつかの検討・注意点が存在する。

5.6.1 使用システムおよび設置に際して

(1) 使用システム

再活性化操作として、少なくとも250℃以上の温度で非蒸発型ゲッター(NEG)材料を加熱する必要がある。このため特に装置内でゲッターカートリッジ部近傍では熱の影響を考慮する必要がある。

(2) 設置に関して

非蒸発型ゲッターポンプは外部からのアウトガス分子がゲッター材に衝突しないと吸着できない。この為ポンプの実行排気速度は、ポンプの設置方法に大きく依存する。ゲッター材が搭載されているカートリッジ部がシステム内に十分挿入されていれば実行排気速度は十分（100%）であるが、スリーブやニップルなどにカートリッジ部が包まれた状態の場合、その排気速度は吸着する分子により異なるが、通常4分の1から5分の1程度に低下する。

5.6.2 ベーキング時および活性化時の注意

(1) ゲッター材自体の初期ベーキングの必要性

ゲッターモジュールもしくはカートリッジ部は非常な多孔性を持ったゲッター焼結材の集合体となっている。その為見かけではなく実表面積が非常に大きい。ゲッター材表面に化学吸着されたガスは活性化の際に放出されることはないが、物理的に表面に吸着した水分などのガスは初回活性時およびシステムを大気解放した後の活性化時に放出されることとなる。この為、初回活性時やシステムの大気解放後の活性化時においては、システムだけでなく、非蒸発型ゲッターポンプ自体のベーキングが肝要である。（約100〜200度推奨）

(2) 活性化時の水素放出

水素においては前述の如くある温度におけるゲッター材の水素平衡圧力によって吸収・放出が決まる。その為システムが高真空・超高真空であ

れば、活性化の際に水素は放出される。(活性化終了後に温度が下降するに従い、水素は排気される)活性化時は他の補助ポンプを用いて放出される水素を排気させる事により、その後の真空度向上に効果的になる。

(3) 活性時における急激なリークまたは大気解放

活性化中に圧力上昇(10Pa以上)や空気の急激な流入があるとゲッター材の焼成(急激な酸化)が生じることがある。活性時においてはシステムにおいてこのような急激なリークや大気解放を起こさない事が最低条件である。

5.6.3 活性化後の飽和までの期間

ゲッター材の初回あるいは1回の再活性後に吸着できる吸着量はアウトガスの量〔m^3やL〕ではなく、アウトガス分子の数〔Pa・m^3やTorr・L〕による。よってシステム内部の到達する真空度により、実際に有効な排気速度が維持される時間が変動する。またアウトガスの種類により排気速度や吸着量が変わるため、システム内のアウトガス構成を予め計測しておくことが望ましい。一般的に高真空から超高真空領域においては水素が支配的になってゆき、また非蒸発型ゲッターポンプは水素に対して大きな排気速度、吸着量を持つ為、水素によって飽和する可能性は非常に低く、他の活性ガス(COやCO^2もしくはN^2)の分圧を指標に用いることが多い。

5.7 非蒸発型ゲッターポンプの最新動向

以前よりサエス・ゲッターズ社より、Zr粉末とSt707®ゲッター合金の混合物で作られたSt172®[3]が製品化されている。St172®の標準活性化条件はSt707®と同様450℃で45分である。これらは非蒸発型ゲッター(NEG)材の粉末を真空中にて焼結したディスクを用いることで、従来の非蒸発型ゲッター(NEG)材に比較して、機械的特性の向上と高多孔性を実現し、その結果高い吸着性能を得ている。

近年同じくサエス・ゲッターズ社より、フランジマウント型の非蒸発型ゲッター(NEG)ポンプにスパッタイオンポンプを組込むことで不活性ガスやメタンガスに対する排気能力を付加した複合型ポンプが市販されている[5,6](図5.6参照)。本複合型ポンプの場合、不活性ガスやメタンガスの排気用として、補助ポンプを別途用意する必要がなく、省設置スペースでありながら、超高真空、極

図5.6 複合型非蒸発型ゲッター(NEG)ポンプ
(Saes Getters S.P.A)

表5.2 NEXTorr® シリーズの仕様(Saes Getters S.P.A)

		NEXTorr® D100-5	NEXTorr® D200-5	NEXTorr® D300-5	NEXTorr® D500-5	NEXTorr® D1000-10	NEXTorr® D2000-10
接続フランジ	ICF	φ70	φ70	φ114	φ114	φ152	φ152
重量	kg	2.2	2.2	3.1	3.1	6.5	6.8
排気速度 L/s	O2	100	200	300	500	850	1700
	H2	100	200	300	500	1000	2000
	CO	70	140	200	340	580	1100
	N2	40	80	100	200	320	640
	CH4	15	13	13	13	32	32
	Argon	6	6	6	6	10	10
再活性化までの 吸収量Torr. L (Pa m3)	O2	5(0.7)	9(1.2)	13(1.7)	17(2.3)	150(20)	300(40)
	H2	135(18)	280(37)	410(55)	680(90)	1125(150)	2250(300)
	CO	0.6(0.08)	0.8(0.1)	1.1(0.15)	1.4(0.2)	4.3(0.6)	8(1.1)
	N2	0.3(0.04)	0.3(0.04)	0.6(0.08)	0.8(0.1)	1.4(0.2)	2.8(0.4)
全吸収量 Torr. L (Pa m3)	O2	>500(67)	>1000(133)	>1500(200)	>2500(333)	>5000(665)	>10000(1330)
	CO	>120(16)	>240(32)	>360(48)	>680(90)	>800(106)	>1600(213)
	N2	>25(3)	>50(7)	>75(10)	>125(17)	>110(15)	>220(29)

図5.7 高真空対応非蒸発型ゲッター(NEG)ポンプ
(Saes Getters S.P.A)

高真空排気が可能となっている。

表5.2に代表的なNEXTorr®シリーズの仕様を示す[5]。

また近年同社によりTi-Zr-V-Alをベースとした焼結合金を用いて高真空領域に対応した非蒸発型ゲッター(NEG)ポンプの製造を開始した。St172合金に対し吸蔵量を大幅に改良し、高真空領域(10^{-5}〜10^{-6}Pa)においても十分な排気時間を維持することが可能である（図5.7参照）。

〈桜井　英樹〉

〔参考文献〕
1) B.Ferrario：Vacuum 47(1996) 363
2) SAES GETTERS：SORB-AC® Product List
3) SAES GETTERS：CapaciTorr® MK5 Product List
4) D.Sertore, P. Michelato, L.Monaco, P. Manini and F. Siviero：J.Vac.Sci.Technolo, A32(2014) 031602-1
5) SAES GETTERS：NEXTorr® Product List
6) C.D. Park, S.M.Chung, P.Manini：J.Vac.Sci.Technol, A29(2011) 011012-1

第3章 高真空ポンプ

第1節 拡散ポンプ

1.1 拡散ポンプの歴史
　真空管の性能向上のために高真空が必要になり、1915年にドイツのW.ゲーデ(Wolfgang Gade)により水銀拡散ポンプが考案された。
　だが、上手く動作せず失敗に終わったが1916年にアメリカのI.ラングミュア(Irving Langmuir)により改良され、高性能の真空ポンプが完成した。
　また、1936年にはアメリカのKCDヒックマン(Kenneth Claude Devereux Hickman)によりヒックマン式油拡散ポンプ（分溜型拡散ポンプ）が発明され今日の油拡散ポンプの原型が完成した。

1.2 拡散ポンプの原理
　拡散ポンプはボイラー・ジェット・シリンダー・冷却部より構成されており機械的な稼動部がない。ポンプ動作は油の噴射作用によって行われるが拡散ポンプ単独では真空排気を行う事が出来ないため、必ず補助ポンプが必要となる（主に油回転式真空ポンプ等を使用）。
　噴射によるポンプ作用とは、ボイラー部で加熱された作動オイルは蒸発して超高速の蒸気となりジェットノズル部のすき間より密度の濃い蒸気の層膜としてシリンダー部の内壁に向けて噴射される。
　高真空側の気体分子はその層膜の中に吸収され下方に押し去られ上段（上部ノズル）より下段に圧縮されながら排気口より補助ポンプへ運ばれる。
　ノズルより噴出した高温の油蒸気は冷却されたシリンダー内壁にぶつかり凝縮液化してボイラー部へ戻り、再び加熱されて噴射を繰り返す（図1.1～図1.3）。

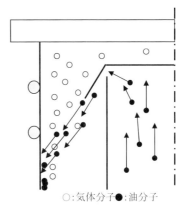

○:気体分子 ●:油分子
図1.1 排気の原理図

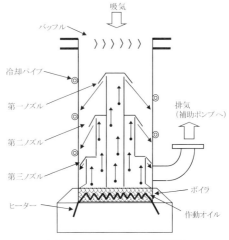

図1.2 拡散ポンプの構造図

1.3 拡散ポンプの種類
　拡散ポンプの構造・原理についてはボイラー部・ジェット部・シリンダー部・冷却部より構成されており大きな違いはないが、幾つかの種類に分類できる。

1.3.1 油拡散ポンプ
　現在、一般的な拡散ポンプと呼ばれている代表的な物が油を使用した拡散ポンプである。
　ヒーターで油を加熱すると油は蒸気になってチムニ内（ジェット内部）を上昇する。
　蒸気がノズルより下側に吹出し、冷却されたシ

図1.3 拡散ポンプの内部構造一例
写真提供：芝浦エレテック㈱（ESV-4カットモデル）

リンダー部にぶつかって液化しボイラーに戻り再び加熱されて蒸発するという運動を繰り返す。

ノズルからの噴出により、高真空側の気体分子を低真空側に運び且つ低真空側より高真空側への逆拡散を防ぐ事を利用した真空ポンプである。

＊特　徴
・構造が単純で高真空が得られる
・価格や維持費が安い
・機械的稼動部が無いので長寿命
・油蒸気の逆流がある

1.3.2 水銀拡散ポンプ

原理は油拡散ポンプと同じで、油のかわりに水銀を使用した拡散ポンプである。

＊特　徴
・油蒸気を嫌う排気系に最適
　（クリーンな真空が得られる）
・補助ポンプの真空度が悪い場合でも十分な真空度が得られる
・油の様に酸化するおそれがない

1.3.3 油エゼクタ

構造は油拡散ポンプと似ているが、油拡散ポンプは0.1Pa以下の分子流領域での使用範囲となるが油エゼクタは100Pa～0.1Paの粘性流領域での使用範囲となり10Pa前後で最大の排気速度になるよう設計された拡散ポンプである。

＊特　徴
・大口径拡散ポンプの補助ポンプとして使用可能

・放出ガスの多い工程で使用可能
・油拡散ポンプより安価な油を使用できる
・補助ポンプの真空度が悪くても動作する

1.4 拡散ポンプの性能

拡散ポンプの性能を求めるには、特性曲線を利用して簡単に求めることが出来る（図1.4）。

例としてESV−4（芝浦エレテック製ポンプ）にて説明すると。（臨界背圧：40Pa）

圧力1×10^{-2}Pa時に$5.8\text{Pa}\cdot\text{L}\cdot\text{sec}^{-1}$（A）のガスを排気できる。この時の排気速度Sは

$S = 5.8\text{Pa}\cdot\text{L}\cdot\text{sec}^{-1}/1\times10^{-2}\text{Pa} = 580\text{L}\cdot\text{sec}^{-1}$

となる。

使用する補助ポンプの圧力は、180L(D)が6Pa、800L(C)が1Paで拡散ポンプの臨界背圧(40Pa)より低いため正常に動作することになる。（使用可能）

（B）点の時は180L(F)の補助ポンプは圧力60Paで臨界背圧より高いので正常動作しない。

1.5 拡散ポンプの動作油

前記の通り、初期の拡散ポンプには水銀が使用されていたが、現在では主に油脂系を使用することが多い。

拡散ポンプに使用されている油脂類については主に炭化水素系とシリコン系に分類される（表1.1）。

シリコン系油脂は分子量が大きいため高い真空度が得られるが、大きな排気量を必要とする場合には分子量の小さい炭化水素系油脂を使用する。

＊オイルの劣化

オイルは使用するに従い劣化する。

①加昇温による熱劣化

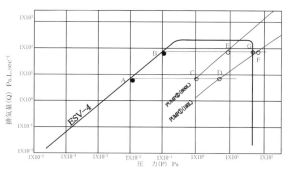

出典：芝浦エレテックカタログ

図1.4 ESV-4形総合特性

表1.1 市販の拡散ポンプ油の性能一例

項目 \ 種類	拡散ポンプ油 炭化水素系	拡散ポンプ油 シリコン系	エゼクタポンプ油 炭化水素系
到達圧力(Pa)	$7.0×10^{-5}$	$3.0×10^{-8}$	$1.3×10^{-2}$
蒸気圧 20℃ (Pa)	$7.3×10^{-5}$	$2.1×10^{-8}$	−
蒸気圧 40℃ (Pa)	$1.7×10^{-3}$	$2.1×10^{-6}$	−
蒸気圧 100℃ (Pa)	$1.5×10^{-1}$	$1.1×10^{-3}$	$1.3×10^{-1}$
比熱 100℃ J/g	0.5	0.4	−
蒸発潜熱 J/kg	$7.1×10^{4}$	$1.2×10^{5}$	−
性状 平均分子量	366	548	314
性状 密度 25℃ g/kg	0.91	1.09	1.01
性状 動粘度 mm²/s	32	170	500
性状 全酸価 mgKOH/g	<0.1	−	<0.05
性状 引火点 ℃	220	210	180
性状 流動点 ℃	−20	−15	−10
性状 外観色	淡黄色透明	無色透明	淡黄色透明
特徴	汎用油	耐熱安定性	エゼクタポンプ油

出典：日本真空工業会　真空ポケットブック(2015)

　②大気接触による劣化
　③吸入物や混入物による劣化
オイルが劣化すると下記のような症状が出る。
　①排気速度低下
　②到達真空度不良
　③真空引き中の圧力ふらつき
このような症状が出た場合にはオイル劣化の可能性があるため早めのメンテナンスが必要となる。

1.6 拡散ポンプのヒーター

　拡散ポンプは、ボイラー内の作動油等を加熱して高真空を得ているが、加熱を行うためにヒーターを使用している。また、構造にも幾つかの種類がある。

〈構　造〉

(1) 内熱式拡散ポンプ（図1.5）

　拡散ポンプのボイラー内にヒーターを配置して、作動油を直接過熱する。

　　メリット：ヒーター切れが少なく長寿命が期待
　　　　　　　できる
　　デメリット：コスト的に不利

(2) 外熱式拡散ポンプ（図1.6）

　拡散ポンプのボイラーに外側からヒーターを接触させ、間接的に作動油を過熱する。

　　メリット：量産化によりコスト的に有利。
　　　　　　　ヒーター交換が可能な物が多い

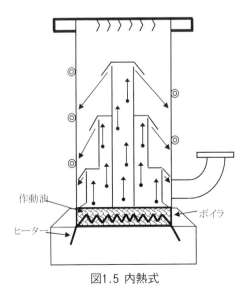

図1.5 内熱式

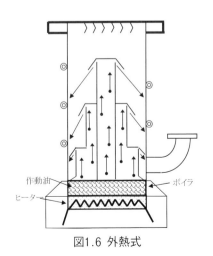

図1.6 外熱式

デメリット：ヒーター切れの可能性が高い
・シーズヒーター
　内熱式の拡散ポンプに用いられる事が多く、複数本のヒーターを渦巻き型にして取り付けている。
・鋳込みヒーター
　外熱式の拡散ポンプに用いられる事が多く、ボイラー底面部等にネジや接着剤にて取り付ける。
・フィルム型ヒーター
　外熱式の拡散ポンプに主に用いられるヒーターで、小型の拡散ポンプに使用される事が多く交換も容易（マイカヒーター等）。

1.7 拡散ポンプ作動油の逆流

　油拡散ポンプは、安価で高真空が得られる特徴があるが問題点として作動油の逆流がある。
　加熱され蒸気となった作動油はジェットノズルから下方向に噴出し、冷却されたシリンダー側面にぶつかり液化してシリンダーへ戻るが、一部は上部の吸気口側へも進み逆流が発生する。
　逆流する量は微少ですが、真空容器に到達し油汚染を起こす。
　逆流対策としてコールドキャップ・バッフル・トラップ等を使用する。
(1) コールドキャップ（図1.7）
　ジェットの1段目ノズルの上に逆流防止用のコールドキャップを取付ける。
　逆流量は1/10～1/100へ低下する事が期待できる。
(2) バッフル（図1.8）
　バッフルには、シングルタイプとダブルタイプがあり、コールドキャップで除去出来なかった油分子を回収する。

　バッフルを使用することにより逆流を大幅に防止する事が出来るが、コンダクタンスが小さくなるために排気速度は大幅に低下する。一般に1/2～1/3程度になる。
　油分子は直線運動を行い、バッフル羽に接触して液化する。液化したオイルは油滴として拡散ポンプ内部へ落下してボイラー部へ戻り、再び加熱されて油分子（蒸気）となる。
(3) コールドトラップ（図1.9）
　基本的な原理（構造）はバッフルと同じであるが、逆流した油分子成分を低温冷却された壁（羽）により凝縮し逆流を防止する物で、液体窒素を用いることが多いが、最近では冷凍機を使用した物もある。
　コールドトラップはバッフルと異なり、低温で油分子成分を凝縮するため排気側の空間の残留ガスも同時に凝縮するため排気速度の向上も期待で

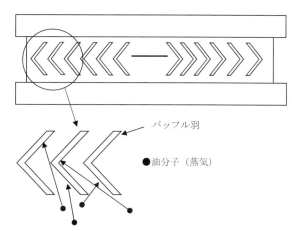

図1.8 バッフル（油分子捕獲原理図）

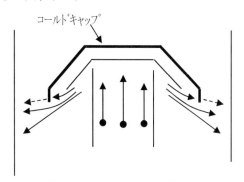

図1.7 コールドキャップ略図

図1.9 拡散ポンプ（バルブ取付時）
（写真提供：芝浦エレテック㈱）

第3章 高真空ポンプ

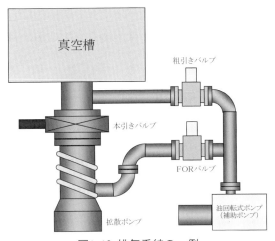

図1.10 排気系統の一例

きる。

1.8 拡散ポンプの使用法

前項（1.2拡散ポンプの原理）で簡単に説明をしたが、拡散ポンプは単体での使用が出来ない。使用するには必ず補助ポンプが必要である。

拡散ポンプの基本構成図は図1.10の様になる。

操作手順として
① 油回転ポンプ（補助ポンプ）を稼動
② FORバルブを開けて拡散ポンプ内を真空引き
③ 10Pa以下になったら拡散ポンプを稼動
④ 拡散ポンプが立上るまで40～90分程度待[*1]
⑤ 拡散ポンプが立上ったらFORバルブを閉じる
⑥ 粗引きバルブを開にして真空槽を真空引き
⑦ 10Pa以下になったら粗引きバルブを閉じる
⑧ FORバルブを開ける
⑨ 本引きバルブを開ける

拡散ポンプは、稼動部分が無く構造が簡単で安価なため多くの真空排気装置に使用されているが油の逆流と言う大きな欠点があり、クリーンな真空排気が可能なポンプを使用する場合も増加している。

しかし、大型の真空排気装置には未だに多くの拡散ポンプが使用されており今後も使用されて続けて行くことが予想される。

欠点であるオイルの逆流に関してもコールドトラップ等の使用により、操作方法を間違わなければ大きな問題にはならない程度まで逆流を抑えることが出来るため、操作方法の工夫も重要である。

〈山野　英樹〉

〔参考文献〕
1) 日本真空工業会：真空ポケットハンドブック p.53
2) 麻蒔立男：真空の本、（日刊工業新聞）p.30
3) 日本規格協会：JISハンドブック⑯ポンプ、2005、p.1117

[*1] 拡散ポンプや設置条件により立上時間が異なる

第2節 ターボ分子ポンプ

ターボ分子ポンプ（turbo-molecular pump、以下TMP）の起源は、1912年にドイツのW.Gaedeが発明した分子ポンプに遡る[1]。その後、同じくドイツPfeiffer社のW.Beckerがタービン翼をもつTMPを発明し、1958年にその概要が発表された[2]。両端軸受支持の水平軸の左右に対称形状の2個のロータを配置し、その中間部に吸気口を持った、いわゆる横型のTMPである。1969年にフランスSNECMA社によって、現在の主流になっている縦型のTMPが開発されている。排気速度10～50000[L/s]のTMPが開発されたが、現在6000[L/s]以下のものが実用化されている。

また、性能解析については、1961年にC.H.KrugerとA.H.Shapiroがモンテカルロ法を用いて自由分子流域でのターボ翼部の解析を行っている[3]。その後、1968年に理化学研究所の澤田らが積分方程式に基づく解析に有限翼の効果を取り入れ、自由分子流域での計算精度はさらに向上した[4]。

現在のTMPの主流は、図2.1のような上流側にターボ翼部（軸流分子ポンプ）、下流側にねじ溝部（ねじ溝ポンプ）を配した複合形である。ターボ翼部は、圧力が分子流域にあるときは高効率な排気速度と圧縮比を有するが、圧力が粘性流域になるとそれらの低下が著しい。組み合わされるね じ溝部の排気速度の最大効率はターボ翼部より劣るが、粘性流域ではターボ翼部よりも効率的に排気できる。複合形ターボ分子ポンプは両者を合理的に組み合わせたものであり、高い排気速度および圧縮比を実現しながら、使用可能な排気口圧力が高いうえに大流量排気にも対応するという特徴を併せ持っている。複合形ターボ分子ポンプは超高真空性能にとっても不利になることは無く、初めてXHV（極高真空；10^{-10}[Pa]台以下）を実用化したTMPは複合形ターボ分子ポンプである（2.1.4項 TMPの翼表面放出ガスの影響 参照）。

この複合形ターボ分子ポンプの原形は、澤田らの構築したねじ溝ポンプ設計理論[5]に基づいて1982年に㈱大阪真空機器製作所によって開発された[6]。

ターボ翼部とねじ溝部を組み合わせたTMPは当時既に存在していたが、ねじ溝部の隙間が非常に狭く実用的ではなかった。新たに開発された複合形ターボ分子ポンプは、当時、世界初の大流量排気が可能な機械式超高真空ポンプであり、使用可能な最高吸気口圧力は0.1[Pa]から10[Pa]以上へと上がり、排気可能流量も2桁向上したのである。

当時の工業用真空装置は、まず拡散ポンプで装置内を十分排気した後に、ルーツポンプを用いてプロセス時の大流量排気を行うというような複雑な排気系を用いるしかなかったが、複合形ターボ分子ポンプの登場でこの二つの役割をTMPだけで担えるようになったため、エネルギやスペース効率、操作性、メンテナンス性の改善に大きく貢献した。複合形ターボ分子ポンプは当時勃興期にあった日本の半導体製造業にとって理想的な真空ポンプとして受け入れられ、その後の半導体製造産業の発展と共に普及していった。

なお、現在の複合形ターボ分子ポンプには、ここで述べるねじ溝部のかわりに、らせん溝部あるいは渦流ポンプ部を下流側に備えるものも有る。いずれも粘性流域での高い排気効率を利用したものである。

2.1 排気原理
2.1.1 ターボ翼部の分子流域における排気原理
翼1段を横から見た模式図を用いて説明する。回転軸に対して垂直な面には対向する空間のあら

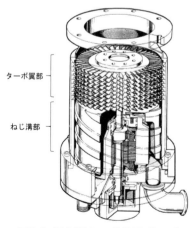

図2.1 複合形ターボ分子ポンプ

ゆる方向から分子が入射する。ここでは入射分子束と翼に相対速度はなく、図2.2では代表として垂直入射分子のみを描いている。なお、分子流域では分子同士の衝突は考えない。

翼間の平行四辺形領域に注目する。入射分子束と翼に相対速度（入射分子束から見て翼が図の左向きに動く）がない場合とある場合とで、上からの入射分子を翼に乗った視点から見た様子には図2.3と図2.4のような違いがある。

左斜面に入射した分子は、拡散反射後上流側に戻る割合の方が下流側に達する割合より大きい。ここでは、上からの入射分子のみを考えるので右斜面に入射する分子は考慮しない。

入射分子束と翼に相対速度がある場合には、ない場合に比べて上からの入射分子に対して以下のことが言える。

a1) 翼面に当たらずに素通りする分子が多い。
a2) 左斜面に入射する分子が少ない。従って、上流側に戻る分子が少ない。

同様に、下からの入射分子の様子を図2.5と図2.6に示す。

入射分子束と翼に相対速度がある場合には、ない場合に比べて下からの入射分子に対して以下のことが言える。

b1) 翼面に当たらずに素通りする分子が少ない。
b2) 右斜面に入射する分子が多い。従って、下流側に戻る分子が多い。

a1、a2、b1、b2より、入射分子束と翼に相対速度がある場合には、上から下に通り抜ける分子が多く、下から上に通り抜ける分子が少ない。

動翼段に入射する分子束は動翼段に対して相対速度をもっている。また、動翼段から静翼段に入射する分子束は、その分子の多くが動翼で拡散反射してきたものなので静翼段に対しても相対速度をもっている。

このように、気体はマクロ的に下流側への流速を持つ。これが、TMPが「運動量輸送式真空ポンプ」に分類される理由である。

排気の理論式としては以下の通りである。

与えられた翼形状と翼速度比（分子の最大確率速度で規格化した翼速度）において、全ての方向の分子束について積算して動翼または静翼単段の通過確率 M_{12}（上流→下流）、M_{21}（下流→上流）を得る。隣接する翼1段を無接触で通過してきた分子についての補正も行うことになるが本書では省略する。全ての動静翼の通過確率（形状が同じなら同じ確率）から、全 j 段の翼をもつ軸流分子ポンプの通過確率 $M_{1,j+1}$（上流側空間→下流側空間）、$M_{j+1,1}$（下流側空間→上流側空間）が求まり、ポンプ性能が次のように算出される。ポンプの排気速度を S とする。

$$S = \sqrt{\frac{RT}{2\pi}}\left(\varepsilon_1 A_1 M_{1,j+1} - \varepsilon_J A_J P_r M_{j+1,1}\right) \quad (2.1)$$

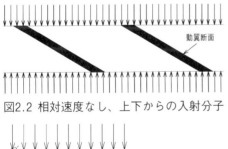

図2.2 相対速度なし、上下からの入射分子

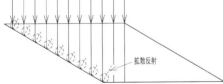

図2.3 相対速度なし、上からの入射分子

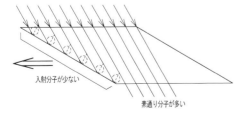

図2.4 相対速度あり、上からの入射分子

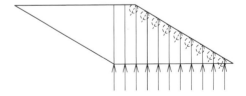

図2.5 相対速度なし、下からの入射分子

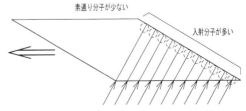

図2.6 相対速度あり、下からの入射分子

A_{I}：最上段翼の環状面積
A_{J}：最下段翼の環状面積
ε_{I}：最上段翼の開口率
ε_{J}：最下段翼の開口率
P_r：上/下流側空間の圧力比
R：気体定数
T：気体温度

ここで、翼の環状面積とは、動翼または静翼を回転軸方向から見たときに翼外周による円状部分から中心部の翼が存在しない部分を除いた環状部分の面積である。式（2.1）が示すのは、排気速度が上流側空間と下流側空間についての（実開口面の面積）×（実開口面への入射頻度）×（通過確率）の差によるということである。

性能の重要な指標である最大排気速度$S_{\max}$と最大圧縮比$K_{\max}$は次のように表現される。

$$S_{max} = S|_{Pr=1}$$
$$= \sqrt{\frac{RT}{2\pi}}(\varepsilon_{\mathrm{I}}A_{\mathrm{I}}M_{1,j+1} - \varepsilon_{\mathrm{J}}A_{\mathrm{J}}M_{j+1,1}) \quad (2.2)$$

$$K_{\max} = P_r|_{S=0}$$
$$= \frac{\varepsilon_{\mathrm{I}}A_{\mathrm{I}}M_{1,j+1}}{\varepsilon_{\mathrm{J}}A_{\mathrm{J}}M_{j+1,1}} \quad (2.3)$$

さらに、連続の関係$S \cdot p_1 = S_{\mathrm{fore}} \cdot p_2$（$p_1$：吸気口圧力、$p_2$：排気口圧力、$S_{\mathrm{fore}}$：ターボ翼部下流での排気速度）より、次式を得る。

$$S = \frac{K_{\max} - P_r}{K_{\max} - 1} \cdot S_{\max} \quad (2.4)$$

$$S = \frac{S_{\max}K_{\max}}{K_{\max} - 1 + \dfrac{S_{\max}}{S_{\mathrm{fore}}}} \quad (2.5)$$

式（2.4）より、$P_r \to K_{\max}$のとき$S \to 0$であり、吸気口圧力が非常に低い場合の排気能力の考察に有効である。

式（2.5）は下流側に同軸で配置するねじ溝部の排気速度（S_{fore}）の設定に使われる場合がある。

これらはいずれもターボ翼部の性能指標（$S_{\max}$、$K_{\max}$）を使用状況（S_{fore}、P_r、S）に結び付けている。分子流域におけるねじ溝部の性能指標にも同形の関係が有り、結局TMP（ターボ翼部＋ねじ溝部）の性能指標も高真空域において、放出気体の影響が少ない場合に同形の関係が有ると考えてよい。

さらに、$K_{\max} \gg 1$の場合、式（2.4）、式（2.5）は次のようになる。

$$S = \left(1 - \frac{P_r}{K_{\max}}\right) \cdot S_{\max} \quad (2.6)$$

$$\frac{1}{S} = \frac{1}{S_{\max}} + \frac{1}{K_{\max}S_{\mathrm{fore}}} \quad (2.7)$$

2.1.2 ターボ翼部の粘性流域から中間流域での性能予測

大流量ガスを排気するなどで、圧力が分子流域から外れてくると、これまでの話は適用できない。性能予測は、連続流体の運動を記述するNavier-Stokes方程式（粘性を考慮した流体の運動方程式）の低Reynolds数（流体力学において、慣性力と粘性力の比で定義される無次元数）近似であるStokes方程式の数値解法や、分子間衝突を考慮したDirect Simulation Monte Carlo法（DSMC法）を活用して計算する。特に、後者はこの圧力領域での性能予測に有力な方法になってきている（2.4.1項 排気性能と回転体設計 参照）。

2.1.3 ねじ溝部の排気原理

模式図を図2.7に示す。TMPでは、ロータは内側にて回転しているが、排気の様子がイメージし易いように外側円筒が回転しているものとして説明する。いずれも排気原理は共通である。

円筒の移動速度の溝方向成分は、溝内の気体を溝に沿って下流側に動かす。これが排気作用の原動力である。

速度Vで動く移動壁により、静止壁との間にCouette flow（一方がその長手方向に移動する平行平板間の流れ）が誘起されるが、その速度プロ

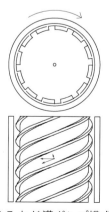

図2.7 ねじ溝ポンプ模式図

ファイルはKnudsen数（Kn数）によって異なる。Kn数は平均自由行程を系の代表長さで割った値で、Kn数大（0.3以上、無限大まで含む）では分子流、Kn数小（0.01以下）では粘性流を表し、その中間は中間流と呼ばれる[7]。また、粘性流の性質から外れだすKn数0.01～0.1の領域をすべり流、すべり流よりさらに希薄化したKn数0.1～10の領域を中間流とする分類法もある[8]。平行平板間の流れについて代表的な3パターンを図2.8に示す。

通常、ねじ溝部の下流圧は上流圧より高い。これにより、逆流方向にHagen-Poiseuille flow（定断面管内の圧力差によって生じる流れ）が生じるが、その速度プロファイルはKn数によって異なる。代表的な3パターンを図2.9に示す。

ねじ溝内では図2.10のようにCouette flowとHagen-Poiseuille flowを足し合わせた速度プロファイルとなる。

このプロファイルを溝断面に渡って積分すれば溝に沿う流量が得られ、ねじ山と移動壁との間の流れも同様に計算される。溝直角方向も計算し、溝部と山部での結果を足し合わせて軸方向の流量が算出される。ねじ溝ポンプの動作するKn数の範囲は広く、性能予測は分子流から粘性流までの任意のKn数について計算される。

分子流に限り、溝方向の速度が溝直角断面内で一定と仮定すると、次のような簡単な排気性能式が得られる。

$$\frac{p_2}{p_1} - 1 = (K_{max} - 1)\left(1 - \frac{\hat{W}_1}{W_{max}}\right) \quad (2.8)$$

ここで、p_1は一定の幾何形状をもつねじ溝部の入口側圧力、p_2は出口側圧力である。$\hat{W}_1$は単位周長当りの質量流量Qをp_1などで無次元化したもので、ねじ溝部の排気速度Sに比例する量である。W_{max}は$p_2/p_1=1$の時の値でねじ溝部の最大排気速度S_{max}に比例する量である。K_{max}とW_{max}は気体の種類、温度、周速と、ねじ溝部の形状で決まる[9]。

式（2.8）は$\hat{W}_1$の1次式であり、図2.11のグラフを描くことで定性的な振る舞いが分かる。

$p_2/p_1 = P_r$と置いて、式（2.8）は次のように書ける。

$$S = \frac{K_{max} - P_r}{K_{max} - 1} \cdot S_{max} \quad (2.9)$$

これはターボ翼部の性能指標と性能の関係式（2.4）と同じである。

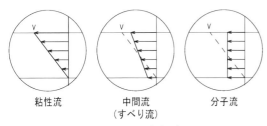

図2.8 Couette flowの速度プロファイル

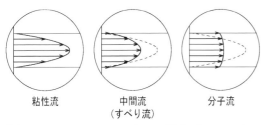

図2.9 Hagen-Poiseuille flowの速度プロファイル

図2.10 中間流（すべり流）におけるねじ溝内の速度プロファイル

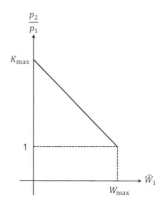

図2.11 ねじ溝部の圧縮比と流量の関係

2.1.4 TMPの翼表面放出ガスの影響

TMPに気体を導入しない時の吸気口圧力p_1は、排気口圧力p_2と最大圧縮比K_{max}により、次式となる。

$$p_1 = \frac{p_2}{K_{max}} \quad (2.10)$$

気体の種類毎にp_1を計算し、それを合計すれば

到達圧力が得られる。補助ポンプの能力を上げ、p_2 をどんどん下げていけば p_1 は際限なく低下するはずだが、そうはならない。吸排気口からポンプ内に入る気体量が減少すると、ポンプ内表面（その大部分は翼の表面が占める）からの気体放出量が無視できなくなるからである。そのため、p_1 が p_2 の低下に応じて下がらず、K_{max} は低下してくる。

気体放出量によって圧縮比曲線が異なることを示したのが図2.12と図2.13であり、それぞれ分子量が2（水素）の場合と28（窒素または一酸化炭素）の場合の、排気速度250[L/s]の軸流分子ポンプでの計算結果である[10]。放出気体の分子量が大きいほど、圧縮比の低下は著しい。ポンプ内部からの単位面積あたりの気体放出速度は $G[Pa \cdot m^3/(s \cdot m^2)]$ である。

以上より、分子量が大きい場合に圧縮比の測定値が放出気体を考慮しない計算値より桁違いに低い理由は、測定系の問題（非常に低い吸気口圧力の測定が必要なので正確な測定が困難なため）ではなく、翼表面からの放出気体によって圧縮比が低下していたためである。

軸流分子ポンプの圧縮比測定データ例を図2.14に示す[10]。図中の破線は気体放出速度を $8 \times 10^{-7}[Pa \cdot m^3/(s \cdot m^2)]$（分子量28の場合）、$4 \times 10^{-7}[Pa \cdot m^3/(s \cdot m^2)]$（分子量2の場合）とした時の計算結果である。

TMPの到達圧力あるいは圧縮比が翼からの放出

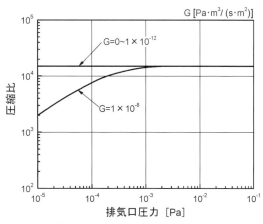

図2.12 軸流分子ポンプの圧縮比計算例 分子量2

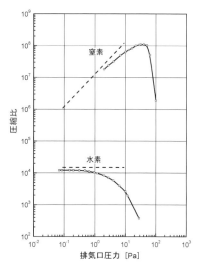

図2.14 軸流分子ポンプの圧縮比測定データ例

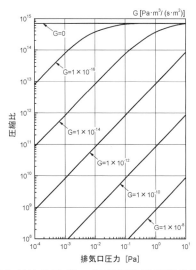

図2.13 軸流分子ポンプの圧縮比計算例 分子量28

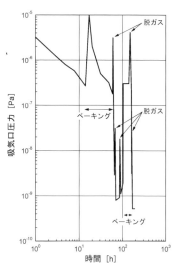

図2.15 極高真空対応複合形ターボ分子ポンプの到達圧力測定データ例

気体に強く依存しているため、より低い到達圧力を得るための努力は、翼からの放出気体を減らす方向に費やす必要がある。図2.15は、翼からの放出気体を減らす表面処理をロータや静翼などに施した排気速度1100[L/s]の複合形ターボ分子ポンプによるデータで、到達圧力10^{-10}[Pa]台という極高真空の実現に成功した実際の測定例である[10]。

2.1.5 排気原理のポンプ設計への反映

このようにターボ翼部とねじ溝部の構造設計は、既存の排気原理を活用している。しかしながら、TMPの設計には、排気原理の適用に加えて、製造業者の経験、ノウハウと設計思想に依存する事が少なくない。Navier-Stokes方程式やBoltzmann方程式（分子間衝突を考慮した、気体分子運動論の基本方程式）に任意の境界条件に対する一般解が無く、問題毎の解法に当っては、研究者の知識や経験に大きく依存することと同様である。

〔参考文献〕
1) W.Gaede：Method and apparatus for producing high vacuums, UNITED STATES PATENT, PAT. No.1069408, (1913)
2) W.Becker：Molecular pump, UNITED STATES PATENT, PAT. No.2918208, (1959)
3) C.H.Kruger and A.H.Shapiro：Rarefied Gas Dynamics, Academic Press, NEW YORK, p.117-140, (1961)
4) Tadashi Sawada, Makoto Suzuki and Osamu Taniguchi：The axial flow molecular pump, I on a rotor with a single blade row, Sci. Papers I. P. C. R., Vol.62-No.2, p.49-64, (1968)
5) 澤田雅、中村雅英：ねじみぞ式粘性真空ポンプ、日本機械学会論文集B編、51巻-470号、No.85-0074B, (1985)
6) 井口昌司、永久保雅夫、橋本祥一、金戸成、及川永：真空、Vol.27-No.5, p.96, (1984)
7) 林主税：真空技術、共立出版、p.154, (1985)
8) 日本機械学会：機械工学便覧 基礎編α4 流体工学、丸善株式会社、p.α4-172, (2006)
9) 澤田雅：ねじ形ガスダイナミックシールの真空密封特性（ポンプ作用による流量がある場合）、日本機械学会論文集、No.820-6, (1982)
10) Masashi Iguchi, Masatomo Okamoto and Tadashi Sawada：Analysis of TMP's Ultimate Pressure and Development of XHV-TMP and XHV-CMP, 真空、Vol.37-No.9, (1994)

2.2 排気性能

2.2.1 性能試験方法

TMPの性能試験方法はJIS B8328：2009、およびISO5302：2003で規定されている。これらの規格は、ヨーロッパで1973年に制定されたPNEUROP規格がベースとなっている。

JIS B8328で排気性能に関して規定されている項目は、排気速度、最大流量、試験到達圧力、圧縮比である。また、これらの試験は規定のテストドームを用いて行う。図2.16にテストドームと測定系の概略図を示す。真空計P_1が取り付けられる高さにおけるテストドーム壁面への分子の入射頻度は、テストドームフランジ部の分子の入射頻度とほぼ等しく、すなわちTMP吸気口部の圧力を真空計P_1で測定することが可能となっている。

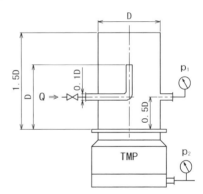

図2.16 テストドームおよび測定系の概略図

2.2.2 到達圧力

到達圧力とは、気体導入弁を閉じた状態で、かつ、TMPが通常の運転状態にあるときの、テストドーム内空間にて漸近的に到達する限界圧力である。しかし、限界圧力を測定することは極めて困難であるため、通常は試験到達圧力が用いられる。試験到達圧力とは、実用的に測定可能な最低圧力のことで、ベーキング終了から48時間後のテストドーム内の圧力を指す。ベーキングとは、テストドームなどを含む真空系を加熱することで、その内壁に吸着している気体（主に水分子）を脱離させて排気を促進させ、圧力が定常状態になる

までの排気時間を大幅に短縮するものである。また、規格に定める手順に従って真空計の脱ガスを行う必要がある。

図2.17に測定データの事例を示す。

2.2.3 圧縮比

ある気体に対するTMPの吸気口圧力と排気口圧力との比が圧縮比である。厳密には、排気口圧力から最低排気口圧力を引いたものを分子とし、吸気口圧力から試験到達圧力を引いたものを分母とした値である。テストガスはTMPの排気口側から導入する。

図2.18は、TMPの圧縮比の気体依存性を示したものであり、排気する気体の分子量が小さいほど圧縮比は小さくなる。

TMPを用いてチャンバ内圧力を$1×10^{-7}$[Pa]以下まで下げる場合、チャンバ内の残留気体は水素の占める割合が多くなってくるため、到達圧力に加え、水素に対する排気速度と圧縮比にも注目してTMPを選定する必要がある。

2.2.4 排気速度

排気速度は、単位時間当たりにTMP吸気口を通過する気体の体積を指す。排気する気体の流量が同じであれば、排気速度の大きい方が吸気口圧力は低くなる。

図2.19は、TMPの排気速度曲線の一例を示したものである。吸気口圧力がある程度高くなってくると圧力の上昇と共に排気速度が徐々に低下するようになる。また、排気速度曲線は排気する気体の種類によっても異なる。

補助ポンプや補助配管のコンダクタンスなどによっても排気速度曲線は変化する。その影響で排気速度曲線が変化する様子を図2.20に示す。図2.20中のS_fはTMP排気口における補助ポンプの実効排気速度であり、この大きさは流量が少なく吸気口圧力が低い領域では排気速度にさほど影響しないが、流量が多く吸気口圧力が高い領域ではS_fが小さいほど排気速度が低下する傾向にある。

所望の排気速度を得るためには、流量や配管コ

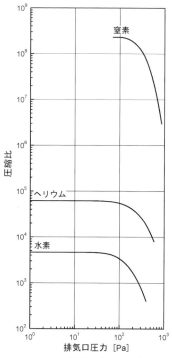

図2.18 圧縮比の気体依存性

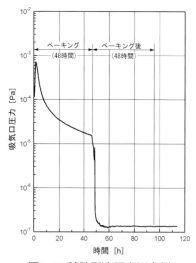

図2.17 試験到達圧力測定例

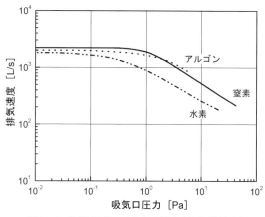

図2.19 各種気体に対する排気速度曲線例

ンダクタンスを考慮し、相応のS_fを確保する必要がある。

図2.20では流量一定の線も示している。流量Q=排気速度S×吸気口圧力p_1であるから、排気速度と吸気口圧力を両方とも対数で表示すれば流量一定の線は直線で描くことができる。流量一定の線と排気速度曲線の交点を見れば、その流量に対する排気速度と吸気口圧力が直ちに分かる。

また、吸気口圧力が非常に低い場合には、ある気体の吸気口と排気口の分圧比が最大圧縮比に一致すると、その気体に対する排気速度は、理論上は0になる（2.1 排気原理 参照）。実際に、吸気口圧力が非常に小さくなってくると排気速度も低下していくが、放出気体や微小リークなどの影響により0になるとは限らない。

2.2.5 流量性能

図2.21に流量性能曲線を示す。流量性能曲線は、流量と吸気口圧力を座標軸にとった平面上に排気速度曲線を変換したもので、流量に対して得られる吸気口圧力を示す。排気速度曲線と同様に、流量が多く吸気口圧力が高い領域ではS_fによって流量性能が変わることに注意する必要がある。

2.3 TMPの構造
2.3.1 軸受構造
(1) 磁気軸受形

図2.22に磁気軸受形TMPの断面図を示す。

現在のTMPの多くは、動翼と静翼を交互に配置したターボ翼部（軸流分子ポンプ）と、その下流に配したねじ溝部（ねじ溝ポンプ）を排気構造部としている。ロータはシャフトに取付けられ、高周波モータにより規定回転速度に加速される。高速回転するロータの素材は比強度が高いアルミニウム合金が用いられる。回転体を磁気浮上させるためにラジアル電磁石を上下に配置し、アキシアル電磁石をシャフト下端部に配置している。電磁石近傍にはそれぞれギャップセンサが配置され、回転体位置を検出している。上下のラジアル方向にそれぞれ2軸、アキシアル方向に1軸の計5軸で回転体の浮上制御を行っており、この構造を5

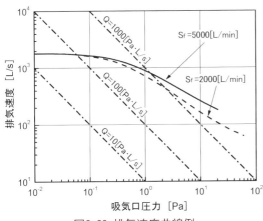

図2.20 排気速度曲線例

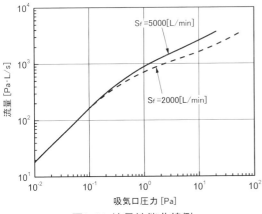

図2.21 流量性能曲線例

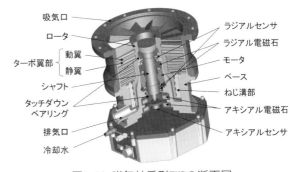

図2.22 磁気軸受形TMPの断面図

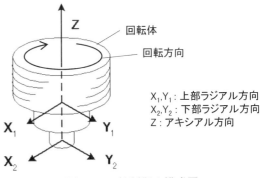

図2.23 5軸制御の模式図

軸制御磁気軸受と呼ぶ。図2.23に5軸制御の模式図を示す[1]。磁気浮上していない時の回転体を支持するため、保護用のボールベアリングを上下に配置している。このベアリングはタッチダウンベアリングと呼ばれ、潤滑油を使用しないドライベアリングである。TMP内部の隙間は回転体とタッチダウンベアリングとの隙間が最小となるように設計されており、高速回転中にタッチダウンベアリングで支持することになった場合（この状態をタッチダウンと呼ぶ）でも回転体と静止側部品との接触が回避できるようになっている。用途によっては生成物の堆積を防ぐための高温制御機能を備える場合もあり、ヒータ、冷却水、温度センサによりTMP温度が設定温度に維持される。TMP単独では吸気口からの吸入気体を大気圧まで圧縮できないため、補助ポンプを排気口に接続し、排気口圧力を製造業者の指定する圧力以下に保つ必要がある。

磁気軸受形の利点は、軸受寿命が長いこと、腐食性ガスの排気が可能なこと、高温に耐えられることである。軸受の疲労や摩耗がなく、潤滑剤補充等のメンテナンスが不要であるが、後述するボールベアリング形やハイブリッド形と比較して構成部品が多く高価となる。

(2) ボールベアリング形

図2.24にボールベアリング形TMPの断面図を示す。

ボールベアリング形TMPは、軸受として上下2箇所にボールベアリングを配置し、回転体を接触させて支持している。磁気軸受形や後述のハイブリッド形と比較すると軸受部品が少なく構造が最もシンプルであり安価である。高速回転での耐久性を確保するためにセラミック製のボールを使用することが多い。潤滑には蒸気圧の低い油またはグリースを使用するため、その交換が必要になる。グリースについては、グリース性能の向上とポンプ構造の改良によって、交換頻度は著しく減少しており、用途によってはメンテナンス間隔が磁気軸受形に準じる場合もある。上下のボールベアリングによる接触支持であるため、外部からの振動に強いという利点がある。TMPが運転中の状態でも装置の持ち運びが可能であるため、ヘリウムリークディテクタなどの頻繁に移動される機器で使用されることが多い。

(3) ハイブリッド形

図2.25にハイブリッド形TMPの断面図を示す。

ハイブリッド形TMPは、吸気側の上部軸受に永久磁石を使用して非接触で回転体を支持し、排気側の下部軸受にボールベアリングを使用して接触支持している。上部軸受の回転体用磁石リングはロータに積層し、その内側にある静止側の磁石リングはケーシングに取り付けた支柱に積層する。このように配置された永久磁石の反発力により回転体をラジアル方向に支持する。ケーシングに取り付けた支柱の内側に保護用のタッチダウンベアリングを配置しており、外部からラジアル方向に強い衝撃が加わった場合はタッチダウンベアリングでシャフトを支持することで静止側部品との接触を防ぐ。前述のボールベアリング形では軸受交換作業のために回転体を取り外す必要がある。ハイブリッド形では回転体を取り外すことなく下部軸受のボールベアリングを交換できる製品もあり、1～3年毎の交換作業を、冶具を活用して使用場所で行うことがある。

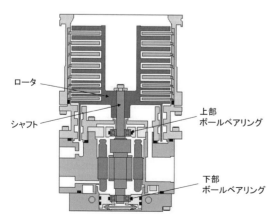

図2.24 ボールベアリング形TMPの断面図

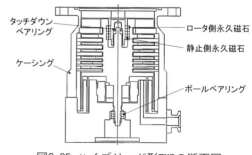

図2.25 ハイブリッド形TMPの断面図

2.3.2 ロータ構造

ロータ構造は全翼形と複合形に分類される。全翼形ではロータ全体が軸流分子ポンプとして作用する。複合形では全翼形の動翼形状にねじ溝ポンプとして作用するねじ溝部や円筒部を組み合わせた構造となる。図2.26に複合形ロータの事例を示す。複合形ターボ分子ポンプの開発当初は、CMPと呼称された時期もあったが、今では単にTMPと呼ぶことが多い。

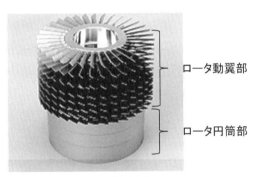

図2.26 複合形ロータ

2.3.3 冷却方法

TMPは高速回転するロータと気体分子との摩擦により発熱するため冷却構造が必要となる。排気ガス量が比較的少ない用途では空冷式が、排気ガス量の多い用途では水冷式が選択されることが多い。

2.3.4 吸気口フランジ

TMPの吸気口には主に以下の3種類の真空フランジが用いられる。いわゆるISOフランジとはISO 1609：1986（対応するJISはJIS B2290：1998）に規定される真空フランジで、大型のTMPにはボルト穴フランジが、小型のTMPにはクランプ締めフランジが採用されている。いわゆるVGフランジとはJIS B2290：1968に規定されていたフランジで、現在はJIS B2290：1998の付属書に保守用フランジとして記載されている。いわゆるICFフランジとはナイフエッジフランジあるいはベーカブルフランジとも呼ばれる銅ガスケットでシールする真空フランジで、主に口径250[mm]以下の超高真空用TMPに用いられる。ICFフランジの規格は複数存在し、例えばISO/TS3669-2やASTM2734/E2734M-10などの規格がある。

〔参考文献〕

1）成田潔、川口重一、芦田修、藤本靖一：島津評論、第43巻-第4号、p.23, (1986)

2.4 排気性能と制御技術

2.4.1 排気性能と回転体設計

TMPに求められることは、小型、大排気速度、低コストなどがあり、半導体や液晶パネルの製造装置のエッチング工程では、上記に加えて特に中間流域における大排気速度や許容流量の向上が求められる。一方で、超高真空用途では水素ガスに対する高圧縮比が求められ、その用途に応じたロータ設計が必要となる。本書では、一例として半導体や液晶パネルのエッチング装置向けTMPの設計事例を述べる。表2.1に㈱島津製作所で1990年代に開発されたTMP-3203形と2000年代に開発されたTMP-3304形の仕様比較表を示す。ロータ設計という観点からTMP-3304形がTMP-3203形に対してどのように仕様値が向上したかを以降で示していく。

表2.1で使用する単位について以下に説明する。

・回転速度の単位rpm(revolutions per minute)は次式の関係がある。

$$1 \text{ [rpm]} = 0.105 \text{ [rad/s]} \quad (2.11)$$

・流量の単位sccm(standard cubic centimeter per minute)は、標準状態（0℃、1気圧）における体積流量であり、次式で表される。

$$1 \text{ [sccm]} = \frac{1.01325 \times 10^5 \times 1 \times 10^{-3}}{60}$$
$$= 1.689 \text{ [Pa·L/s]} \quad (2.12)$$
$$= 1.689 \times 10^{-3} \text{ [Pa·m}^3\text{/s]}$$

TMP-3203形とTMP-3304形はどちらも図2.26に示す複合形ロータを内蔵し、軸流分子ポンプとねじ溝ポンプを備えた複合形ターボ分子ポンプである。

表2.1 TMP-3304形とTMP-3203形の仕様

TMP model	TMP-3304LMF形	TMP-3203LMC形
吸気口フランジ	VG300	VG350
窒素排気速度(10^{-2}Pa)	3200[L/s]	3200[L/s]
窒素排気速度(1Pa)	2650[L/s]	2150[L/s]
回転速度	27600[rpm]	21000[rpm]
アルゴン許容流量	2950[sccm]	2200[sccm]
ポンプ高さ	365[mm]	375[mm]

吸気口フランジに関して、TMP-3203形はVG350であり、TMP-3304形はVG300と小型化したにも関わらず、窒素ガス排気速度は3200[L/s]を維持している。10^{-2}[Pa]の圧力領域は分子流域であり、排気速度Sは、ロータの回転速度ωと最上段翼の開口面積Aの積に比例し、次式で表される[1]。

$$S \propto A \times \omega \qquad (2.13)$$

TMP-3304形は、TMP-3203形に対して吸気口フランジが小さくなっており、つまり最上段翼の開口面積Aを小さくする一方で、回転速度をTMP-3203形の21000[rpm]から27600[rpm]に高速回転化させることで、排気速度3200[L/s]を維持しながら小型化を実現した。

次に1[Pa]近辺における排気速度について述べる。半導体や液晶パネルのエッチング装置では1[Pa]近辺における排気速度増加の要求がある。10^{-2}[Pa]などの分子流域においては、沢田らの連立積分方程式法[2]により精度の高い排気速度の計算が可能であるが、これは分子同士の衝突が無視できることが前提となっており、分子同士の衝突を考慮する必要がある1[Pa]程度の中間流域には適していない。1[Pa]程度の中間流域においては、分子同士の衝突を考慮したDSMC法[3]が適しており、TMP-3304形においてはDSMC法を用いて中間流域での排気速度向上を行った[4]。

図2.27にTMP-3304形とTMP-3203形の窒素ガスに対する排気速度曲線の比較を示す。TMP-3203形は連立積分方程式法を用いて設計され、TMP-3304形は連立積分方程式法に加え、DSMC法も活用し設計されたものである。図2.27から分かるように、1[Pa]程度の領域ではTMP-3203形の排気速度2150[L/s]程度に対して、TMP-3304形の排気速度は2650[L/s]程度であり、約23%の排気速度向上が達成されている。

次に表2.1のアルゴン許容流量について述べる。TMPの許容流量は主にロータの温度で決まる場合が多い。TMPのロータは、高速回転させるために比強度の大きいアルミニウム合金が採用されているが、アルミニウム合金は高速回転で発生する遠心力により高応力状態となる。また、分子と動翼が衝突するときに発生する摩擦熱によりロータの温度が上昇する。アルミニウム合金は、このように高応力状態で温度が上昇すると高温クリープと呼ばれる塑性変形が発生する。長期間にわたり高応力・高温状態が続くとロータの塑性変形が大きくなりステータに接触する故障モードが発生する。このロータ接触を防止するためにロータ温度を制限する必要がある。ロータ温度に影響を与えるパラメータのひとつにガス流量があり、仕様書等には許容流量として記載されている。TMP-3203LMC形のアルゴン許容流量2200[sccm]に対して、TMP-3304LMF形は2950[sccm]までアルゴン許容流量が増加している。この理由としては、動翼と分子の衝突で発生した摩擦熱を真空環境下で静翼に伝えるために、高放射率の表面処理を動翼と静翼に施しているためである。

このようにTMP-3304形はTMP-3203形に対して、分子流域の排気速度を維持した状態での小型化、中間流域における排気速度向上、また許容流量の向上を実現した。

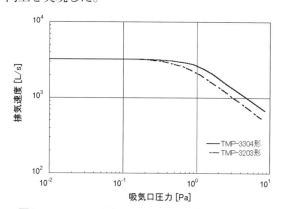

図2.27 TMP-3304形とTMP-3203形の排気速度曲線

2.4.2 TMP用コントローラ

(1) 制御機能

TMP用コントローラの役割は大きく分けて以下の4項目である（ただしc、dは対応機種のみ）。図2.28に制御回路ブロック図の事例を示す。

a) 高周波モータの駆動制御機能
b) ユーザインターフェイス機能
c) 磁気軸受の浮上制御機能
d) 高温制御機能

a) 高周波モータの駆動制御機能

TMP用の高周波モータは、ブラシレスDCモータやインダクションモータが使用される。これを駆動するためのインバータ回路を備え、速度フィー

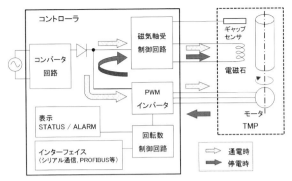

図2.28 制御回路ブロック図の事例

ドバック制御で回転速度を一定に維持している。停電時にはブレーキをかけながらモータから回生エネルギを得る電力制御機能を有するものもある[5]。モータの省エネのため、近年ではブラシレスDCモータを採用することが多く、駆動制御方式にも正弦波駆動方式を使用することが一般的となっている。

b）ユーザインターフェイス機能

外部からTMPをリモートコントロールするために、接点方式、シリアル通信方式、PROFIBUSやDeviceNetなどの各種フィールドバス通信方式等、さまざまな通信方式に対応している。

c）磁気軸受の浮上制御機能

磁気軸受制御系は、TMPに内蔵されたギャップセンサで回転体位置を検出し、回転体を所定の位置に浮上するよう電磁石電流を制御する。磁気軸受制御系はPIDフィードバック制御系で構成され、TMP機種に合わせてPID制御定数を調整する。TMP本体とコントローラ、制御ケーブルの組み合わせを自在に変更できる「チューニングフリー機能」、および1台のコントローラで異なるTMP機種が駆動可能となる「カップリングフリー機能」は、TMP用コントローラに標準搭載されている場合もある。

d）高温制御機能

温度制御系は、TMPのベース部分を高温に自動調整するための加熱/冷却システムで、ヒータと冷却水をコントロールする。ヒータの設定温度はTMPが使用されるプロセスによって異なるが、反応生成物種類に応じて60～90[℃]程度で設定されることが多い。

(2) コントローラの配置

TMP用のコントローラには、TMP本体とコントローラをケーブルで接続する分離形と、TMP本体とコントローラが一体構造となっている一体形がある。コントローラの冷却方式としては、分離形では空冷式（自然空冷/強制空冷）、一体形では水冷式が多い。一体形機種の場合はTMP本体とコントローラを接続するケーブルが不要となる点がメリットだが、水冷式となるため冷却水を導入する設備が必要となる。図2.29に分離型コントローラの事例を、図2.30に一体形コントローラの事例を示す。

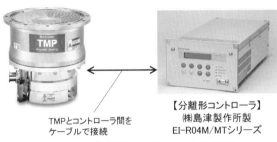

図2.29 分離型コントローラの事例

図2.30 一体型コントローラの事例

〔参考文献〕

1) 実用真空技術総覧編集委員会：実用真空技術総覧、株式会社産業技術サービスセンター、p.131, (1990)
2) 谷口修、鈴木允、沢田雅：日本機械学会論文集（第2部）、第34巻-260号、p.708, (1968)
3) 南部健一：数値流体力学－基礎と応用、東京大学出版会、p.287, (1992)
4) 筒井慎吾、二木敬一：平成26年度日本真空学会5月研究例会、p.28, (2015)
5) 芦田修、山口均、田中雅彦、久保雅英、伊藤喜直：島津評論、第55巻-第1号、p.3, (1998)

2.5 TMP使用上の注意事項

TMPを使用する際の注意事項として、排気系構成・TMP取り付け時の注意点、運転時の注意点、故障防止のための注意点に分けて説明する。なお、以降に説明する項目は一般的かつ主要な項目であるため、各項目の詳細やTMP毎に特有の注意事項については取扱説明書を参照すること、および各製造業者へ問い合わせることが望ましい。

2.5.1 排気系構成・TMP取り付け時の注意事項

(1) TMP取り付け姿勢

現在製造されているTMPは、複数の取り付け姿勢に対応できる場合が一般的である。図2.31に取り付け姿勢の事例を示す。軸受方式や制御性の面で取り付け姿勢を限定するTMPもあるため、各TMPの仕様に対応した適切な取り付け姿勢となるように設計する必要がある。

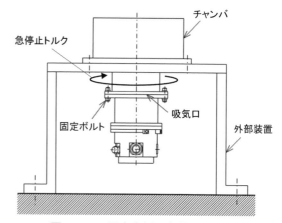

図2.32 TMP固定事例と急停止トルク

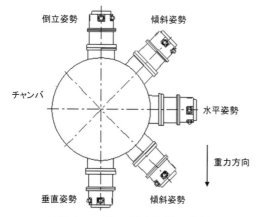

図2.31 TMP取り付け姿勢の事例

(2) TMP固定方法

TMPは取扱説明書に記載された方法で適切に固定する必要がある。ロータが破損すると高速回転体の持つ非常に大きな角運動量が急停止トルクとして装置側に伝達するが、このトルクに対してTMPを固定するボルトが破断する等の危険を避けるためである。万一固定ボルトが破断するとTMPがチャンバから脱落し、周辺機器の甚大な損傷が発生し、場合によっては人的被害も発生しかねない。図2.32にTMPの固定事例と急停止トルクを示す。一般に、TMP固定方法として、ボルトのサイズ、強度、本数、締め付けトルク等の情報が与えられるため、これらの仕様を順守して設計する必要がある。

(3) 補助ポンプの選定

TMPは一般に排気口圧力が数百Pa以下の圧力領域で作動するポンプであるため、TMPの下流側に補助ポンプが必要となる。補助ポンプによる排気系の設計では、排気配管の径や長さ、補助ポンプの排気速度などを選定するための参考情報として、TMPの最高排気口圧力の仕様値や排気ガス流量の計画値を考慮することが望ましい。

2.5.2 TMP運転時の注意事項

(1) 運転開始時、排気開始時の注意点

真空排気過程においてTMPが運転開始可能となる圧力の目安は、定格速度までの加速時間や粗引き系の構成に依存するため製造業者へ問い合わせることが望ましい。

また、TMPが定格速度で回転中に吸気口に取り付けたバルブの全閉状態からの急速な開操作をすると、TMP吸気口圧力の急激な上昇が発生し（次項2.5.3 TMP故障防止のための注意事項(6) TMP吸気口・排気口圧力の急激な上昇 参照）、TMPが損傷する可能性がある．これを避けるため、チャンバ側の圧力がTMPの最高排気口圧力の仕様値以下となったことを目安として吸気口に取り付けたバルブの開操作を開始することが望ましい。

(2) 停止時の注意点

真空中の減速動作とは別に、一定量のガス排気状態を継続しながら減速停止させる方法もあり、これを大気リークまたは大気ベントと呼ぶことがある。バッチ式プロセスで使用される場合や、プロセスチャンバ整備時のダウンタイム低減目的などで使用される方法である。この場合、排気する

ガス量が過多であるとTMP吸気口圧力の急激な上昇（次項2.5.3 TMP故障防止のための注意事項(6) TMP吸気口・排気口圧力の急激な上昇 参照）となりTMPが損傷する可能性があるため、各TMPの製造業者で推奨している許容リーク量以下で供給ガス量を管理する必要がある。図2.33に大気リーク有無による減速チャート比較を示す。

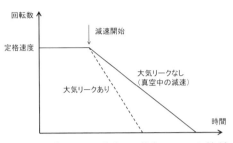

図2.33 大気リーク有無の減速チャート比較

(3) 停電時の挙動

磁気軸受形TMPの場合、停電が発生し制御回路への給電が停止すると磁気浮上が継続できなくなり、高速回転中のタッチダウンが発生する。このため停電時にも磁気浮上状態が継続されるように対策をとる必要があるが、近年のTMPではバックアップバッテリの設置が不要となるように設計されている。例えば、停電時は回転体からの回生エネルギを用いて磁気浮上を継続して減速し、ある回転速度以下となった時点でタッチダウンベアリングによる支持に切り替わる手法がとられている。図2.28の制御回路ブロック図にて回生エネルギによる磁気浮上のイメージ図を示している。

2.5.3 TMP故障防止のための注意事項

(1) 許容流量

許容流量はロータ温度を許容値以下で維持するための仕様である（詳細は2.4.1項 排気性能と回転体設計 参照）。許容流量はガス種、排気口圧力、TMP温度などに依存し、一般的にアルゴンや窒素に対する許容流量が仕様値として取扱説明書等に記載されている。表2.2に㈱島津製作所製TMP-3304形を例とした許容流量と各因子の関係を示す。これらの因子が変わる場合には製造業者へ問い合わせる必要がある。また、許容流量は連続排気時の仕様であることが多い。しかし、実際にTMPが使用される環境ではガス種と供給時間の組み合わせが複数設定されるため、排気するガス条件が変化し、単一ガスの連続排気という条件とは異なる場合が一般的である。こういった実環境でのプロセスガス条件を考慮すると、許容流量の仕様値以上のガス供給も短時間であれば可能となることもあるため、プロセス設計の際に各TMPの製造業者へ問い合わせることが推奨される。

表2.2 許容流量の事例

	高温制御機能	ガス種	許容流量 [sccm]
TMP-3304LMC形	無し	アルゴン	1900
		窒素	4350
TMP-3304LMTC形	有り 75[℃]制御	アルゴン	600
		窒素	1600

(2) 腐食反応性ガスの排気

TMPのロータには高速回転による遠心力により高い応力が発生するため、一般に比強度の大きいアルミニウム合金が用いられている。アルミニウム合金を腐食する可能性のあるガス（フッ素系ガス、塩素系ガスなど）を排気する場合、ロータが応力腐食割れにより破壊する可能性がある。この現象を防止する方法として、ロータ表面に耐腐食性の表面処理を施す場合がある。この表面処理には無電解Ni-Pめっきが使用されることが多い。エッチング等の腐食反応性ガスを使用する環境では耐腐食性表面処理仕様のポンプを選定する必要がある。

TMP機構部にはモータ等の電気部品が配置される。これらを腐食反応性ガスから保護するため、窒素などの不活性ガスを機構部側へ少量供給し、腐食反応性ガスの機構部への侵入を防止する方法

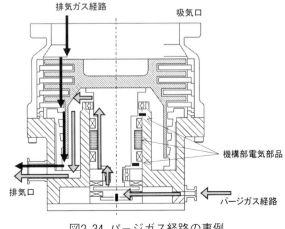

図2.34 パージガス経路の事例

がある。これをガスパージと呼ぶことが多く、TMP毎に推奨ガス種と流量が設定されている。図2.34にパージガス経路の事例を示す。エッチング等の腐食反応性ガスを使用する環境ではガスパージを実施することが望ましい。

(3) 反応生成物の対応

エッチング等の使用環境ではプロセス反応で生じた生成物がガスと共に排気されるが、生成物のうち蒸気圧が低い成分はその一部がTMP内部に堆積する場合がある。図2.35に生成物がポンプ排気口に堆積した事例を示す。生成物により排気口が閉塞している様子がわかる。排気口の閉塞によりTMP内部圧力が上昇するため、定格回転速度維持のためにモータ負荷が増大し、ロータ温度もさらに上昇する。よって、排気口が閉塞した状態で運転を継続すると高温クリープ（前項2.4.1 排気性能と回転体設計 参照）による故障が発生しかねない。また、静翼やねじ溝ステータなどのTMP内部部品に生成物が堆積すると、回転中に生成物と回転体が接触してロータや静翼の破損が発生する。こういった故障を防止するため、生成物の発生が想定される場合はその対策をとる必要がある。生成物の堆積を抑制するために、高温制御機能付きTMPの使用が推奨される。TMP温度を高温に維持することで生成物の堆積が抑制され、より長期間の使用が可能となる。ただし、生成物の堆積を完全に防止することは困難であるため、定期的なメンテナンスが必要となる。また、高温制御機能付きTMPでは前述の通り許容流量が低下するため注意が必要である。

(4) 過負荷状態継続の影響

排気ガス流量の増加や、排気口圧力の上昇により定格速度運転が維持できなくなると回転速度が低下する。これを過負荷状態と呼ぶ。過負荷状態が長時間継続するとロータの許容温度を超過する可能性があり、高温クリープ（2.4.1項 排気性能と回転体設計 参照）による故障が発生する可能性があるため注意が必要である。

(5) 外部からの衝撃・振動の影響

磁気軸受形TMPは一般に100Hz以上の周波数の外部振動に対しては優れた制御性を示すが、低い周波数の外部振動や一過性の衝撃に対してはTMP毎に異なる特性を示すことが多いため、設置環境で外部から振動・衝撃を受ける懸念がある場合は製造業者へ確認を取ることが望ましい。

(6) TMP吸気口・排気口圧力の急激な上昇

排気ガス流量の急激な増加やTMP吸気口に取り付けたバルブの誤った操作などによりTMPの吸気口圧力や排気口圧力が瞬間的に上昇すると、回転体とタッチダウンベアリングとの接触が生じ、翼が破損する可能性もある（大気圧付近まで急上昇する場合を大気突入と呼ぶことが多い）。これを防ぐために急激な圧力上昇を伴う操作は避ける必要がある。

(7) タッチダウン発生後の対応

磁気軸受形TMPやハイブリッド形TMPでは、運転中に過度の衝撃や振動が加わった場合や吸気口圧力が急激に上昇した場合に、回転体はタッチダウンベアリングで保持されることになり、回転体と静止側部品との接触は回避される構造となっている。ただし、繰り返しタッチダウンが発生すると、ベアリングが損傷する可能性が高くなるため、そのような状況は避ける必要がある。万一タッチダウンが複数回発生した場合は製造業者へ連絡を取り点検することが推奨される。

(8) 異物の影響

ねじ等の異物が運転中にTMP内部に侵入すると動翼が破損し大きな故障となりかねない。ねじの落下など異物の侵入を防止するため、吸気口に保護ネットが取り付けられている。動翼の破損防止のために保護ネットを取り外すことは避けるべきである。図2.36に保護ネットの写真を示す。動翼

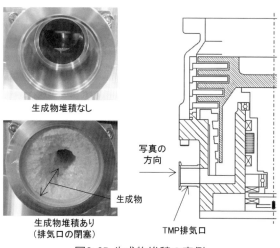

図2.35 生成物堆積の事例

が破損する可能性のある異物としては、ねじの他にプロセス反応で生じた生成物の落下や、液体、氷、Oリングの破片、シリコンウェハの一部など様々なものがある。保護ネットではこれらの侵入を防ぎきれない場合があるので、異物の侵入を防止する装置設計と運用が必要となる。

図2.36 TMP吸気口の保護ネット

2.6 TMPのメンテナンス

現在のTMPは、回転体の軸受方式によりボールベアリング形と磁気軸受形の2種類に大きく分類されるが、TMPの修理内容や部品寿命に対する考え方がそれぞれ異なる。

ボールベアリング形TMPでは、シャフトを支持する上下2箇所のボールベアリングにバネによる最適な予圧が与えられており、ボールベアリングの寿命にとって良い環境が整えられている。その寿命は主にボールベアリング用潤滑剤の劣化や消耗度合いに影響され、また使用温度によっても変わってくるが、一般的には清浄真空排気の場合、3～6年毎にボールベアリングの交換を含むオーバホールを実施する必要があるとされている。

永久磁石とボールベアリングを組み合わせたハイブリッド形TMPに関しても、ボールベアリングの寿命でオーバホール周期が決まってくる。

一方、磁気軸受形TMPは使用用途に応じた定期的なオーバホールが必要であり、ドライエッチングプロセス用途では反応生成物の堆積による性能劣化やそれに伴う故障予防のため、1～2年ごとにTMPのオーバホールを行うのが一般的である。他にも、TMPが何らかの原因で複数回タッチダウンした場合は、タッチダウンベアリングの交換を含めたオーバホールが必要となる。タッチダウンベアリングは重要な部品であるため、一般に、タッチダウンベアリングが耐久寿命（許容タッチダウン回数）に達すると、TMPの保護機能が働いて再起動ができなくなっている。

また、軸受方式によらず、通常は5～10年毎にコントローラのオーバホールを行う必要がある。これはコントローラ内部の電装部品寿命によるもので、具体的に問題となる部品は、電解コンデンサやトランスである。時計機能を有するコントローラでは、定期的なバッテリの交換も必要になる。最近ではポンプとコントローラを一体化したTMPが数多く製品化されているが、この場合は、ポンプ側のオーバホール周期とコントローラ側のオーバホール周期の両方に注意してTMPのオーバホールを計画する必要がある。

TMPのロータには高温クリープによる塑性変形が起こり得るが、仕様内の負荷条件で使用している限り、ロータには工業製品(TMP)としての十分な寿命が確保されている。

TMPおよびコントローラには専用精密部品が使用されているので、これらのオーバホールは製造業者または製造業者指定の整備業者に委託する必要がある。

2.7 用途別対応事例
2.7.1 分析用途
(1) 極低振動形TMP

分析装置の分解能向上や露光装置の描画の微細化に伴って、これら装置に搭載されるTMPには、自身が発する振動の低減が求められている。こういった用途には、極低振動形TMPが適している。

TMPの振動において最も支配的な要素は、Synchronous vibration（回転同期振動）である。一般的な磁気軸受形TMPの回転同期振動の片振幅は10[nm]程度であるが、極低振動形TMPでは1[nm]以下にまで低減されている。

また、TMPの振動が極力装置側に伝わらないよう

図2.37 極低振動形TMPの例
（㈱大阪真空機器製作所製TG-MLシリーズ）

にするために、チャンバとTMPの間にダンパを設置して除振することも多い。

例として、㈱大阪真空機器製作所製の極低振動形TMPであるTG420MLの振動測定データを下記に示す。図2.38はその振動測定系である。床および架台からの振動がインシュレータで絶縁された定盤にTG420MLがダンパを介して宙吊りで取り付けられ、定盤は剛体の固有振動数を10[Hz]以下に、曲げ固有振動数をTG420MLの回転速度周波数より十分高くなるよう設計されている。なお、振動測定時は外乱の影響を極力避けるため、手動バルブを閉じてTG420MLを真空ホールドし、補助配管を取り外した状態で行っている。

図2.39は加速度ピックアップAで測定したTG420MLの振動加速度、図2.40は加速度ピックアップBで測定したダンパを介した（除振された）振動加速度を示している。また、図中の点線は片振幅1[nm]に相当する振動加速度を表している。ダンパを介することにより、測定周波数の全域で10分

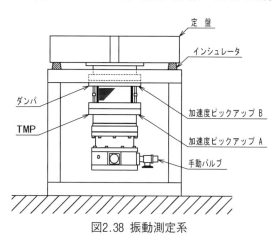

図2.38 振動測定系

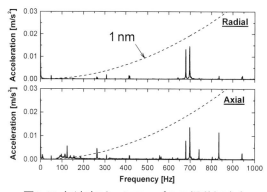

図2.39 加速度ピックアップAの振動加速度
（極低振動形TMP：TG420MLの振動）

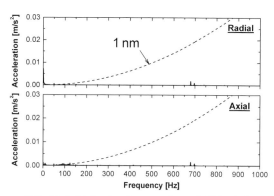

図2.40 加速度ピックアップBの振動加速度
（ダンパによって除振された振動）

の1程度の振動低減効果が得られている。

(2) マルチポート形TMP*

オリフィス等を介して接続された複数のチャンバを段階的に減圧する仕組みを、差動排気と呼ぶ。差動排気型の真空装置の設計では、特定のチャンバが目的圧力を得られるように、各チャンバに対して適切なTMPを選定する必要がある。しかしながら、多数のTMPを個々のチャンバの排気に使用するのは経済的でなく、設置するTMPの台数は可能な限り少ない方が良い。真空装置の製造コスト低減を目的として、差動排気型の真空装置に対してTMPの使用台数を最小化・最適化することを目指したものがマルチポート形TMPである。

マルチポート形TMPとは、複数の吸気口を備えたTMPであり、これらのポートを個々のチャンバに接続して使用される。

マルチポート形TMPを搭載した真空装置の代表例としては小型のヘリウムリークディテクタが挙げられる。ヘリウムリークディテクタのヘリウム検出方式の一つに、補助ポンプの吸気口側にTMP二台を直列接続[1]したカウンターフロー方式[2]と呼ばれるものがあり、この二台のTMPをマルチポート形TMP一台に置き換えるのである。図2.41にカウンターフロー方式と置き換えるマルチポート形TMPを示す。

従来のヘリウムリークディテクタは、油拡散ポンプと冷却トラップの組合せや複数のTMPによる真空系で構成されていたが、真空系の一部をマル

---

* スプリットフロー形(Splitflow Turbo Molecular Pump)と言われる場合もある

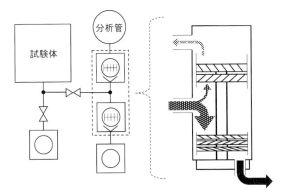

図2.41 カウンターフロー方式とマルチポート形TMPとの対応位置

チポート形TMPに置き換えることで真空装置の簡略化・軽量化・可搬化が実現されている。また、近年においては、小型ヘリウムリークディテクタに限らず、質量分析計等にも利用されている。このような真空装置にマルチポート形TMPを組み込むことで省スペース化・コスト削減の効果が期待されている。

2.7.2 成膜用途（蒸着装置、スパッタリング装置）

図2.42に成膜およびエッチング工程におけるプロセス圧力とガス流量の関係を示す。

蒸着装置やスパッタリング装置などに代表される成膜用途においては、圧力10^{-2}～1[Pa]程度の中～高真空領域にてプロセスが行われる。スパッタリング装置においてはアルゴンガスなどの不活性ガスを使用し、流量10～300[sccm]程度でプロセスすることが一般的である。このような成膜用途に用いる排気系を選定する際に必要なことは以下である。

①成膜前に十分なベース圧力が得られること
②成膜時の放出ガス量を含めた全ガス量とポンプの排気速度から必要なプロセス圧力が得られること
③所望の排気サイクルタイムを満たすこと

チャンバサイズやサイクルタイムなどに左右されるが2000～3000[L/s]クラスのTMPを用いることが多い。複数のTMPに対して補助ポンプを共通とする場合で、特に水素などの軽ガスがTMPの排気口側からチャンバ側へ逆拡散・逆流することを防止したい場合には、より圧縮比の高いTMPを選定することが望ましい。十分な到達圧力を得るためと排気時間を短くするためにはチャンバをベーキングすることが有効であるが、TMPのロータはアルミニウム合金製であるために最高ベーキング温度が指定されており120[℃]程度を上限としている製品が多い。チャンバを120[℃]以上でベーキングする際にはTMPへ熱が伝わらないように注意しなければならない。

チャンバ内の水分圧を特に下げたい場合やさらに排気時間を短縮したい場合には、TMPとコールドトラップを併用することがある。コールドトラップとは、水分子を低温のパネルに凝縮させることで排気するポンプである。図2.43にコールドトラップの外観事例を示す。TMPでは大気中やチャンバ壁面などに含まれる水成分の排気速度がコールドトラップやクライオポンプ（詳細はクライオポンプの章参照）に比べて劣っている。そのためこれらと比較すると残留する水成分が多いことから到達圧力の上昇、水分圧の上昇、排気時間の増加といった影響がでる。水分圧の低減に効果的なコールドトラップを併用することによりTMPの排気を補うことは大変有効である。

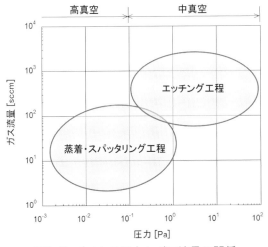

図2.42 プロセス圧力とガス流量の関係

図2.43 キヤノンアネルバ㈱製スターリング式クライオトラップ

2.7.3 半導体用途（エッチング装置）

図2.42に示す通り、半導体製造装置におけるエッチング工程では圧力10^{-1}～10^2[Pa]でガス流量100～3000[sccm]程度の領域でプロセスが行われる。このプロセス条件ではTMPで排気することが適しているが、TMPを選定する際に注意すべきことは以下である。

①エッチングガスによる腐食防止のため耐腐食性表面処理を施したTMPを用いること（2.5.3項 TMP故障防止のための注意事項(2) 腐食反応性ガスの排気 参照）

②反応生成物の堆積を防ぐために高温制御機能付きTMPを選定すること（2.5.3項 TMP故障防止のための注意事項(3) 反応生成物の対応 参照）

③多量のガスを流すプロセスの場合は製造業者が定める許容流量を超えないようにすること（2.5.3項 TMP故障防止のための注意事項(1) 許容流量参照）

高温制御機能付きTMPを使用する場合、反応生成物の堆積防止に必要な温度は、想定される反応生成物の蒸気圧曲線から気体状態が維持される温度を求めて決定する。反応生成物の蒸気圧曲線の一例として図2.44に塩化アルミニウムの蒸気圧曲線[4]を示す。

2.7.4 加速器用途

加速器の排気系にも磁気軸受形TMPが使用される。しかし、一般の磁気軸受形TMPは、内部に半導体素子や樹脂を用いた部材が搭載されており、これらが加速器にて発生する放射線によって短時間で動作不良を起こすかまたは劣化する可能性があるため、加速器の排気系に使用することには注意を要する。そのため、粗引き排気後にはTMPを加速器から取り外して移動させるような使われ方が一般的であった。

これに対し、粗引き後もTMPを移動せずに常設することを想定した加速器が建設されており、そこには高い放射線累積線量に耐性を持つ耐放射線形TMPである㈱大阪真空機器製作所製TG-MRシリーズが使用されている。

TMP常設の場合に問題となるのは、内部の半導体素子や樹脂部材の劣化の他に、真空シールに用いられるOリングの弾性劣化、TMP内部配線の絶縁被覆の劣化、および放射線が遮蔽された場所に設置されるTMP運転用コントローラとの接続ケーブルの長尺化（～300[m]超）といったことなどである。Oリングが放射線によって劣化するとリークによる圧力異常が生じ、内部配線被覆の劣化は絶縁不良による異常停止や誤作動を発生させ、接続ケーブルの長尺化は磁気軸受の制御信号の減衰やノイズの混入による磁気軸受制御の異常を引き起こすためである。さらに、TMPの冷却機構では、冷却水の放射化に注意を要する。

これらの問題を解消するため、TG-MRシリーズ

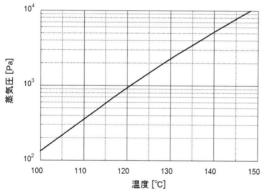

図2.44 塩化アルミニウムの蒸気圧曲線

図2.45 エッチング工程に対応したターボ分子ポンプ
㈱島津製作所製TMP-X3405シリーズ[3]

図2.46 耐放射線形TMP
㈱大阪真空機器製作所製TG-MRシリーズ

は、半導体素子、真空シールおよび内部配線は放射線に留意した電子素子、金属材料および樹脂材料を選択し、冷却機構を含む設計の改良がなされて開発された。TG-MRシリーズは放射線耐性が従来形TMPに比べて大幅に向上しており、ガンマ線照射試験にて、放射線累積線量30[MGy]以上の耐性を有することが確認されている[5]。同時に、TMPの冷却および接続ケーブルの長尺化については大きな改良が施されている。ちなみに制御システムの改良により、最大350[m]のケーブル長でもTMPを問題なく運転、制御することが可能になっている。なお、この長尺接続ケーブルにも特殊な電線が使用されている。

〈吉田　素朗／坪川　徹也〉

〔参考文献〕
1) Pierre Duval：Le Vide, les Couches Minces, Vol.44-No.249, p.447-470, (1989)
2) 堀越源一、柿原和久：第35回真空に関する連合講演会予稿集、Vol.38-No.3, p.79-82, (1994)
3) 株式会社島津製作所：島津磁気軸受形ターボ分子ポンプTMP seriesカタログ
4) 日本化学会：改定3版化学便覧基礎編II、丸善株式会社、P111, (1984)
5) 和田薫、猪原崇、井口昌司、荻原徳男、三尾圭吾、中山浩範：真空、Vol.50-No.6, p.452-454, (2007)

第3節 クライオポンプ

3.1 2種類のクライオポンプ

密閉容器（真空容器）の中に入れた金属面（クライオパネル）を冷却してゆくと、先ず水分、続いて蒸気圧の低い順にガス分子が金属面に凝縮固化捕捉される。残った空間のガス分子が減少（圧力の低下）した結果、容器内は真空になる。クライオポンプは冷却手段により次の2種類に大別される。

(1) 液体ヘリウムと液体窒素を用いるポンプ
(2) 小型冷凍機に用いて15Kまで冷却するポンプ

ここでは (2) の機械式小型冷凍機を使用したクライオポンプについて説明する。実用されている冷凍サイクルは、G-M、Mソルベイ、逆スターリング等でサイモン膨張（1946年サイモンの発見）によるものである。

3.2 クライオポンプの構造、排気の原理

図3.1、図3.2に代表的な内部構造を示した。1段ステージに連結する80Kシールド・80Kバッフルは、130K以下に冷却され、2段ステージに連結する15Kクライオパネル (1) と (2) は20K以下に冷

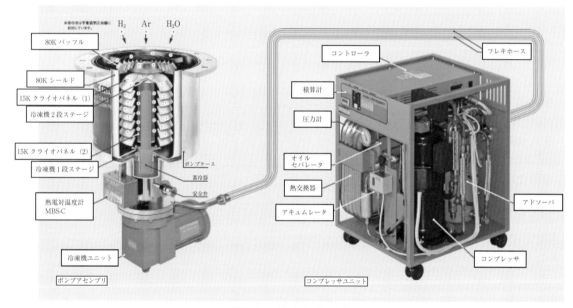

図3.1 クライオポンプ

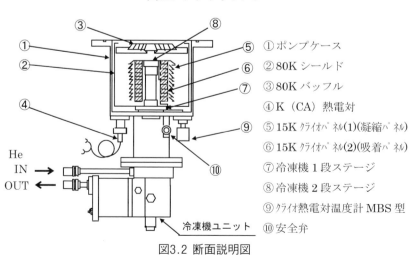

① ポンプケース
② 80K シールド
③ 80K バッフル
④ K (CA) 熱電対
⑤ 15Kクライオパネル(1)(凝縮パネル)
⑥ 15Kクライオパネル(2)(吸着パネル)
⑦ 冷凍機1段ステージ
⑧ 冷凍機2段ステージ
⑨ クライオ熱電対温度計MBS型
⑩ 安全弁

図3.2 断面説明図

却される。真空槽内の気体はそれ自身の熱エネルギにより空中を飛び交っていて気体の方からポンプ内へ飛び込んでくる。

（平均速度はH_2で1761m/s、N_2で471m/s、H_2Oで587m/s at 20℃）図3.3の蒸気圧曲線から分かるように水など蒸気圧の低い気体は130Kにて$1.33×10^{-8}$Pa以下になるため、80Kバッフルが130K以下であれば水はここに凝縮固化し排気される。次に図3.3よりN_2、O_2、Ar等の一部の気体は蒸気圧が最も高いN_2でも20Kで$1.33×10^{-9}$Paとなるため15Kクライオパネル（1）の外面に凝縮固化し排気される。残ったH_2・He・Neは15Kでも蒸気圧が高く凝縮しないので、15Kクライオパネル（2）に取り付けてある活性炭で吸着して排気する。80Kバッフルの温度はK熱電対で、15Kクライオパネルは工業用金鉄クロメル熱電対（温度補償付）、シリコンダイオードセンサ、水素蒸気圧温度計等で測定する。またクライオポンプは溜め込み式ポンプなので安全弁をつけ凝縮したガスの不測の昇温気化による内圧上昇を防止している。

3.3 クライオポンプの性能
(1) 排気速度

真空槽内の気体分子は平均速度$\bar{v}=\sqrt{8RT/\pi M}$（R気体定数、T絶対温度、M分子量）で飛び交っており、ポンプ排気口（面積A）へ飛び込んでくるので排気速度SはS＝A・$\bar{v}$/4で示される。80Kバッフルはポンプ排気口に近接しているので、80Kバッフルで捕捉される気体の排気速度は上述の理論排気速度と同一となる。次に15Kクライオパネル（1）で捕捉される気体は80Kバッフルを通

過しポンプ内を通る為、コンダクタンスが小さくなり排気速度も落ちてくる。

凝縮性ガスの排気速度はモンテカルロシミュレーションにより予め求めた結果を実験により検証確認する。或る気体の実験値が分かるとその他の凝縮性ガスについては分子量Mが異なるのみであるから、$\sqrt{M}$に逆比例するわけで容易にその排気速度を計算することで求めることができる。最後にH_2・He・Neは活性炭で吸着するのでこの排気速度はそれぞれ実験により求める。

(2) 最大流量

気体が流入しはじめるとクライオパネル温度が上昇する。15Kクライオパネルの温度（冷凍機2段ステージとの連結部）が20Kまで昇温し、そこで安定した時の流量を最大流量と定義する。

(3) 排気容量

クライオポンプは溜め込み式のポンプなので排気できる気体の量には限界があり、それを排気容量という。15Kクライオパネル（1）に凝縮するArでは厚み25mmも付着可能であるが、パネル間の通路が狭くなり水素の排気速度が低下したり、またAr凝縮層が80K部分に接触して圧力の変動が生じたり色々不都合なことが生ずるので、排気容量限度まで使用する時は注意が必要である。

水素については活性炭に吸着されるので吸着量がふえると排気速度が低下するし、吸着平衡圧力も上昇してくる。水素の排気容量は排気速度が80%に低下した時までの吸着量、又は吸着平衡圧が$6.7×10^{-6}$Paになる時までの吸着量は激減する。真空装置内やポンプケース内の汚れ（特に油脂類）が活性炭につかないよう運転する必要がある。ポンプが常温で40Pa以下になると油分子が蒸発し汚染の源となるので気をつける。ポンプ自身は全くクリーンであるが運転中に真空槽の油が飛んでくると先ず80Kバッフルや15Kクライオパネル（1）で捕捉されるが、この油分が活性炭に移動すると水素の排気能力が低下し、活性炭を取り換えなければならなくなる。

(4) 交差圧力（Crossover Pressure）

クライオポンプを15K以下に冷却し、真空槽を粗引きしてメインバルブを開けるときの真空槽内圧力を交差圧力という。圧力が高過ぎるとガスの流入量が多すぎる為、15Kクライオパネルの温度

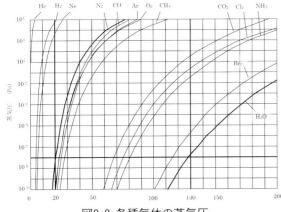

図3.3 各種気体の蒸気圧

が20K以上になりポンプが働かなくなる。最大値は次式より求める。

最大許容交差圧力(Pa)=ポンプの最大気体流入量(Pa·L)/真空槽の容積(L)

最大気体流入量はメーカのデータによる。

(5) 到達圧力

クライオポンプの到達圧力Pfは次式で表わされる。

$$Pf = Qp/Sp + Pe \qquad (3.1)$$

Qpはリーク量やポンプ内の冷却していない部分から出てくる放出ガス(Pa·L/sec)で、テストドームや真空計の測定子、バルブなどからの分も加わる。Spはクライオポンプの排気速度(L/s)、Peはクライオ面上の固化気体の蒸気圧および吸着された気体の吸着平衡蒸気圧で決まるクライオ面上の圧力である。N_2ガスの蒸気圧は15Kにて$<1.33×10^{-13}$Pa、又新しい活性炭に於ける水素の吸着平衡圧は、$<1.33×10^{-12}$Paであるから（図3.4）クライオポンプのPeは$<1.33×10^{-12}$Paと考えられる。即ち放出ガスQpさえ小さければPfはPeに近づき到達圧力として$1.33×10^{-12}$Paが得られるわけである。実際には放出ガスがあるため、標準型のクライオポンプで40Paの粗引きの場合10^{-6}Pa台、標準型ではあるが粗引きをソープションやクライオポンプで10^{-3}Paまで行うと10^{-7}Pa台、ベーカブルクライオポンプ（10型〜20型）で冷凍機を運転しながら200℃のベーキングを行うと10^{-8}〜10^{-9}Pa台が得られる。更に注意深く超高真空仕様にすると10^{-10}Pa台が得られる。ベーキングが難しいのは冷凍機にベークライトや鉛が使われていて高温が苦手であるからに外ならない。

(6) 熱負荷

ポンプへの熱負荷としては外周から輻射熱（ポンプ排気口から来るものを含む）と流入気体の熱量があるが、輻射熱は意外に大きいので注意を要する。まずポンプケースは常温でケース内面から80Kシールドへの輻射熱はポンプ設計時に考慮し、1段ヒートステージで吸収している。一方排気口からくる輻射熱は相対する装置の内表面の状況で大幅に変化する。今簡単な平行2平面モデルで考える。図3.5に於いて平行2平面A、Bがありそれぞれの温度をTA、TBとし、それぞれの表面の放射率をEA、EBとするとAからBへの輻射熱Qは次式で表わされる。

$$Q = \sigma \cdot E \cdot (TA^4 - TB^4) \qquad (3.2)$$

但し、1/E=1/EA+1/EB-1、σはステファンボルツマン定数。

EA=0.1、EB=0.1のときE≒0.053又EA=0.8、EB=0.9の場合はE=0.735となるので、表面の放射率が変わっただけで熱量は0.735/0.053≒14倍も増加する。80Kバッフル（B面相当）に氷がつけば、Niメッキでピカピカ（E≒0.1）のバッフル面はEB→0.86になってしまうし、一方真空槽内壁面（A面相当）も蒸着、スパッタ粒子で汚れるとEAが1に近づくことになる。更に又真空槽内の熱源から輻射熱が到達すれば温度上昇となるので、ポンプから熱源が見えないように曲がり管をつけた配管にすると共に、もし真空槽壁温が高ければ水冷にしなければならない。一段の冷凍能力は30〜100Wと小さいので熱負荷対策は十分に行う必要がある。

(7) ポンプ運転限界圧力

図3.6はポンプ排気速度曲線の1例であるが、圧力が高くなってくると排気速度が上昇してくる

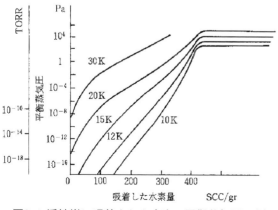

図3.4 活性炭に吸着された水素の平衡蒸気圧の例

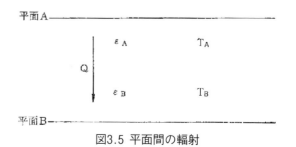

図3.5 平面間の輻射

のがわかる。つまり分子流から粘性流に移るに従い、排気速度が上昇し、或る圧力で15Kクライオパネルの温度が上昇しはじめ、20Kを超えポンプ性能が落ちてしまうことになる。排気速度曲線の端部に○印がついているが、これがポンプ使用可能の限界圧力を示している。スパッタに於いて高い圧力で装置を使用する時は一般にはコンダクタンス制御弁をポンプの前に入れ、ポンプの圧力を低くして使用するといった制御が必要である。

(8) 再生 (Regeneration)

クライオポンプは溜め込み式のポンプである為、凝縮固化又は吸着により補足したガスを系外に排出する作業即ち再生が必要である。再生は次の3過程に分けられる。第1工程）クライオポンプの運転を止めて室温まで戻す昇温過程。（この間に常温で気体になるガスは放出しポンプ外へ出る）第2工程）クライオポンプ内を粗引きポンプで排気して残留ガス特に常温で液体である水を系外へ排出し（真空蒸発）、更にリーク、放出ガスの有無を調べる粗引き過程。第3工程）クライオポンプの運転を開始して排気に必要な20K以下に下げる冷却過程。以上の再生操作は自動化出来るが（無人運転）再生時間はポンプとして停止時間になるので、再生時間の短縮が要求され種々の方策が行われている。

(9) 再生時間短縮法

第1の過程に対して有効な方法は乾燥窒素ガスを導入して早く真空断熱状態を破ること。更にそのガスを70℃に加熱導入して昇温を助けガスパージまで行うこと。又ポンケースに設置する再生用バンドヒータやクライオポンプ内部に設置する内部ヒータを使用して、昇温を早める方法がある。

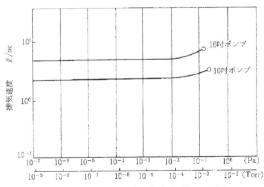

図3.6 N$_2$ガスの排気速度曲線の一例

第2の過程に対する方法としては水を真空蒸発させて系外へ出す時に（粗引き圧40Pa）前述の再生用バンドヒータ又は内部ヒータを続けて使用し、ポンプ内水分の氷結を防ぐ方法が有効である。第1の過程が終わってポンプが常温になった時パネル表面には残された水分が（勿論プロセスによるが）一般には10～20cc、時には200cc程度付着している。又活性炭が吸水している恐れもあるのでこれらを真空蒸発させるときの氷結防止である。（水の蒸発速度は大きいが氷になると極端に小さくなる。）水分が無くなった時ビルドアップと称して残留水分の有無とリークの有無のチェックをする操作を行う。つまり油回転ポンプで40Paまで排気後弁ををを閉じて圧力上昇が40→65Paまで5分間以上かかれば合格である。なお真空蒸発の時N$_2$ガスを導入しながら40Paの粗引きを行えば水の排出にはさらに有効である。

第3の過程に対しては冷却時間を早める為、粗引圧力を真空断熱効果が発揮できる圧力までクリーンなポンプで粗引きするのが最も効果的である。しかし40Paまでしか粗引きできない場合は次の方法がある。ポンプ内はN$_2$パージによりN$_2$ガスで充満しているが、若干量の空気（水分を含む）と置換する。そして粗引きを40Paまで行い冷凍機を始動させる。水分は80Kバッフルが0℃以下になれば凝縮固化し始めるのでその分だけ圧力が下がり真空断熱に近づくので、乾燥N$_2$ガスが凝縮固化して圧力が下がり始める時間に比べ短い時間で冷却が出来る。更に又50Hz地区では60Hz地区に比べ冷凍能力が20%低下しているので冷却時間が長くなる。この時圧縮機は50Hzのままで（ガス循環量に余裕がある場合）冷凍機モータ（50～150W）のみを小型インバータ周波数を60～80Hzに変えてで動かす方法がある。これは全てのポンプに適用できるとは限らないが冷却時間の短縮の為だけでなく平常運転時も冷凍能力の増加となり有効である。

(10) 冷凍機

J-T膨張は140年以上の昔に発見され現在でもフレオン冷凍機などに用いられているがヘリウムや水素は予冷が必要なことから（図3.7 臨界温度曲線参照）J-Tのみによる極低温の生成には大型装置に依らなければならなかった。しかしサイモン膨張が発見され（1946年）これを利用した冷凍機が

1958年にGiffordとMcMahonにより開発され小型であることや取り扱い易さからクライオポンプ用として多用されることになった。サイモン膨張とは図3.8に於いて高圧ガスをボンベに入れ弁Aを閉じ、次に弁Bを開いてボンベ内を低圧に下げる時ボンベ内に残っているガスが冷却する現象である。サイモン膨張には臨界温度がないので全てのガスを常温から冷却することができるがJ-Tのように連続的でなく断続的（タクト方式）になる。図3.9に2段式冷凍機断面を示す。1段蓄冷器には銅やステンレスの金網、2段蓄冷器には鉛粒が蓄冷材としてパッキングされている。

　高圧ガスは1段2段に同時に流入し、次に低圧弁を開けるとシリンダ内部はすべて低圧になる。この時シリンダ内に残っているガスが冷えるがガス量が多い部分即ち1・2段膨張室部分が最も良く冷却される。次の動作で1・2段ディスプレーサを下方に動かすと冷えたガスは蓄冷材の中を通過するので若干冷却され、ディスプレーサの再度の移動で拡がった膨張室に最も多く溜まる。そし

て弁を開くと再度膨張し温度が下がる。この繰り返しにより逐次温度を下げてゆくので、極低温になるまで時間がかかる。冷却熱量としては市販のクライオポンプで1段が30～100W、2段が2～15W程度である。シリンダとディスプレーサの隙間を夫々1段シール2段シールでシールし、ガスが全ての蓄冷材を通るようにしている。このシールの性能および寿命は産業機械としてのクライオポンプを用いる時の大切な問題であるが、現在G-Mサイクル（モータによる上下動方式）では12,000時間以上であり更に長時間使用の実績も出ている。

(11) 圧縮機

　圧縮機はヘリウムガスを所定の高圧にし、不純物（空気や水分や油）のないガスにして冷凍機へ供給する役目を有する。

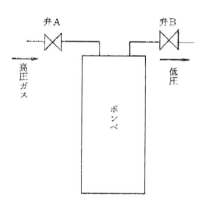

図3.8 サイモン膨張

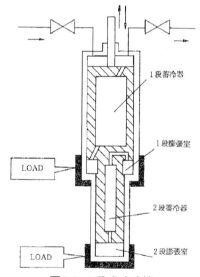

図3.9 2段式冷凍機

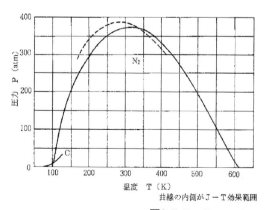

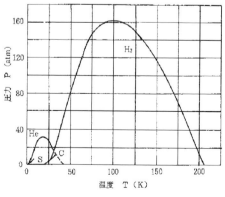

図3.7 N$_2$、H$_2$、HeのJ-T膨張の逆転曲線

冷凍機で膨張したガスは再び圧縮機へ送られ密閉サイクルとなっている。高圧低圧の値はG-Mサイクルの創作者Giffordがフレオン冷凍サイクルに似た値を選んでくれたおかげで、フレオン圧縮機を若干改造することで使用することが出来る。

改造点は圧縮機発生熱（圧縮熱と動力の熱）をいかにして除去するかということと不純物をいかにして除去するかの2点に集約される。フレオンと違いヘリウムは単原子ガスのため $\gamma = Cp/Cv$ の値が1.66と大きいため、大きな動力を必要とし、圧縮熱も多量に発生する。

またヘリウムガスは99.999%以上の純度が要求されるので、圧縮機本体の潤滑に用いる油をヘリウムガス中から取り除くことが絶対の条件になっている。

先ず熱の除去に対しては圧縮機本体を水冷することやヘリウムガスと一緒に油を吸入しその熱量で昇温を減少させる方法がとられている。フレオン圧縮機は本来油を出来るだけ少なく使用する方向にあるので油をわざわざ吸入させることには相当の工夫を要する。油分の除去についてはアドソーバと称する活性炭内蔵の部品を用いて、消耗品として一定期間で更新する方法をとっている。クライオポンプ用のヘリウム冷凍機は密閉サイクルの故に国内法規上は冷凍保安規則に従わねばならないが、現在圧縮機出力1.2kWを1冷凍トンとして計算し、3冷凍トン以下は製造および使用について許可を必要としないので市販のクライオポンプの殆どは3冷凍トンということで許可不要である。

〈村山　吉信〉

第4節 スパッターイオンポンプ

スパッターイオンポンプ：SIP(=Sputter Ion Pump)は、単にイオンポンプ：IP(=Ion Pump)とも呼ばれ、ペニング放電を利用して、放電中に発生したイオンを電界で加速しゲッター材に埋め込んだり、ゲッター材をスパッターして得られた清浄な薄膜表面に気体を吸着させて排気する気体ため込み式の真空ポンプである[1]。

真空放電による排気作用は、古くは19世紀にPrückerよって見出されていたが[2]、Penningによって磁界中でのペニング放電の際に気体が排気されることが見出され、GurewitschとWestendorfによって真空ポンプとして研究された[3]。実用的なSIPは、1957年に米国バリアン社（現アジレントテクノロジー）によって開発されたものが最初である[4-6]。

SIPは真空放電を利用したポンプであり可動部分が無く、油による汚染や機械的な振動が生じない点が特長で、超高真空領域まで排気可能であることから、電子顕微鏡や光電子分光などの分析機器、粒子加速器などで主ポンプとして使用されている。

4.1 スパッターイオンポンプの排気原理

SIPの基本構成を図4.1に示す。SIPは多数の中空円筒状の陽極と、陽極に対向する2枚の陰極で構成され、図には示されていないが、全体がステンレス製真空容器に納められている。陽極には高圧の電流導入端子を介して5～7 kVの直流電圧が印加されている。多くの場合陰極材料はチタン(Ti)であり、真空容器の内壁に取り付けられ接地されている。真空容器の外側には100-200 mTの磁界が印加できる永久磁石が配置されている。

SIPによるペニング放電の様子を図4.2(a)に示す。ペニングセル内に電界放射や宇宙線、放射性同位元素など何らかの形で浮遊電子が生じると、電子は磁界によってサイクロトロン運動をしながら陽極に向かってドリフトする。陽極の中空円筒内径より電子のサイクロトロン運動の直径が十分

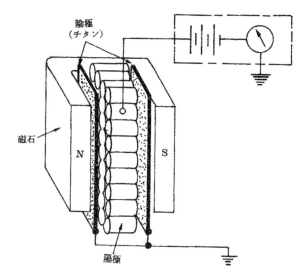

図4.1 スパッターイオンポンプの構造
（2極形）真空容器は示されていない

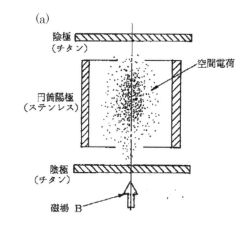

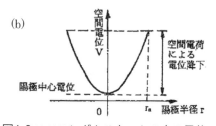

図4.2 (a)ペニングセルと(b)セル内の電位

小さいため、電子は陽極に衝突するまでに円筒内を何度も往復し周囲の気体をイオン化する。発生したイオンはTi陰極に入射し、2次電子が発生しそれらが再び陽極内でドリフト運動する。それらが再び周囲の気体をイオン化する過程を繰り返すので雪崩的に電子が増大する。気体のイオン化には限りがあるので、セル内の圧力に応じて一定の電子密度で定常状態に達する。このような放電は

ペニング放電と呼ばれる。発生したイオンは質量が大きいため磁界の影響をあまり受けずに電界により加速されて陰極に達するが、軽い電子は磁界により中空円筒状の陽極内部にトラップされ、空間電荷を形成する。このトラップ電荷のために、図4.2(b)に示すようにペニングセル内部の電位は陽極中心ではほとんど陰極電位まで降下し、陽極との間で動径方向に強い電界を形成する。この直交電磁界によりペニング放電が安定に持続する。この際、動径方向の強い電界のために電子は陽極の中空円筒軸の周りをトロコイダル運動し、気体と衝突してエネルギーを失うとより外側の軌道に移行して行き最終的に陽極に到達する[7-10]。

図4.1で示したように、SIPはこのようなペニングセルを多数並べ（マルチセルアノード）真空ポンプとして機能させたものである。真空排気の機構は気体の種類によって異なり、

(1) N_2、O_2、H_2O、CO、CO_2などは、発生した陽イオンがTi陰極をスパッターすることによって陽極やポンプ容器内面に堆積したTi薄膜上に、これらの中性分子が吸着し排気される。Ti陰極に吸着した窒素や酸素は、イオン照射により再スパッターされてしまう。また、陰極へ入射したイオンの一部は陰極表面で反射した際に中性化し、高速中性粒子として陽極に打ち込まれる、

(2) H_2はスパッタ収率が小さいため、他の気体のよるスパッターによって陽極やポンプ容器内面に堆積したTi薄膜上に吸着するほか、Ti陰極上に吸着した水素は速やかに内部に拡散するので陰極も排気に寄与する[11]。

(3) HeやArはイオンとしてTi陰極に埋め込まれるが、陰極のスパッターされる領域以外に飛び込んだイオンのみが埋め込まれ、陰極表面が後続のイオンでスパッターされる領域では、大部分の気体は一度埋め込まれても再放出される。従って、HeやArに対する排気速度は小さい[12]。

(4) 炭化水素は放電空間やTi陰極表面で分解され、(1) の機構で排気される、と考えられている[10,13,14]。

4.2 圧力領域によるスパッターイオンポンプの放電様式

SIPは主にペニング放電を利用したポンプであ

るが、低圧力領域、高圧力領域では放電の様式が異なる[15]。

(1) $1 \sim 10^{-2}$ Pa

この圧力領域では、放電は陽極セルから陽極と陰極の間にまで拡がったグロー放電となる。グロー放電では陰極がスパッターされることが少なく、排気速度は小さい。一般的なSIPの制御電源では、過大電流によるSIPの焼損を防ぐために印加電圧を0.1～1 kV程度に制限している。圧力が10^{-2} Pa程度になると放電がセル内に収束し、ペニング放電に移行する。移行期には放電電圧が上昇するとともに電流変動が激しくなる。

(2) $10^{-2} \sim 10^{-5}$ Pa

陽極電圧は定格の電圧となり、ペニング放電が安定し排気速度が一定となる。放電電流Iは圧力pに比例する。すなわち、$I/p = $一定となる。

(3) $< 10^{-5}$ Pa

セル内に十分な電子が供給されなくなり、放電が不安定となる。I/pは小さくなり排気速度が低下する。また、この圧力領域では放電が定常になるまでに時間を要する[16]。

(2) から (3) への遷移は外部の磁界Bとペニングセルの直径dの積に依存し、Bdが大きいほど低圧になる[17-19]。一方、排気速度はセル数に依存するため、dを大きくするとセル数が減少し排気速度が小さくなってしまう。従って、実際のSIPでは適当な圧力で排気速度が最大になるように設計パラメーターとしてセル数やBdを決定している[9,20]。

4.3 スパッターイオンポンプのアルゴン不安定性

図4.1で示したSIPは、貴ガスに対する排気速度は小さく、定常状態ではN_2に比べてHeでは約10%、Arでは1%程度しかない。（表4.1参照）このような貴ガスを大量に排気した際、ため込んだ気体を一度に吐き出すことがある。これは当初、SIPで空気を1.3×10^{-3} Paで数100時間、1.3×10^{-4} Paで数1000時間排気した際に現れる周期的な圧力上昇として観察され、大気中のArの排気に起因することから「アルゴン不安定性」として知られている[14,15,21]。

図4.3に一例を示す。このような不安定性は、イオン化したArがTi陰極の表面層に埋め込まれ、

それが限界に達すると、後続のArイオンによってスパッターされて埋め込まれたArが一気に再放出されるため、と理解されている。このような不安定性はKrやXeを排気した時にも見られるが、Ti中での拡散係数が大きいHeでは起きないと言われている。

このような不安定性を防止するため、Arイオンを埋め込む電極とTiをスパッターする電極を分離する電極構造や2つの陰極をスパッター収率の異なる金属で構成する構造が提案され、実用化している。

4.4 3極形スパッターイオンポンプ

2極形SIP、3極形SIPの構造をそれぞれ図4.4(a)、(b)に示す。図4.4(a)に示すように、4.1で説明した2極形SIPでは、ペニングセル内で生成したイオンが直接Ti陰極を叩く構造になっている。従って、一度陰極に埋め込まれたArが後続のArイオンで叩き出されるアルゴン不安定性が起きる。一方、図4.4(b)の3極形SIPでは、中央の中空円筒状の電極がポンプケースと同電位であり、中央の電極の両側に格子状の陰極が配置されている。当初、中央の中空円筒状の電極にプラス、格子状の陰極にマイナスの電圧を与えていたため「3極形」と呼ばれたが[22]、中央電極をポンプケースと同電位にすることで排気速度が向上したため、現在では陰極のみに負の電圧を与える構造となっている[23]。さらに、すだれ状の陰極を持った3極形SIPが開発され実用化している[4,21]。これらは、貴ガスに対して安定した排気が維持でき、Noble Pumpと呼ばれている[24,25]。

ペニングセルは2極形と電位関係が同じなので、3極形でも同様のペニング放電が起き、周囲の気体をイオン化する。生成したイオンはすだれ状のTi陰極をスパッターして外側に配置されたポンプケースにTiが堆積する。Arなどの貴ガスは、この堆積したTi薄膜表面に埋め込まれるが、2極形と異なりTi薄膜表面は再スパッターされないので、埋め込まれたArが再蒸発することは少ない。また、陰極に入射するイオンの入射角が大きくなるようにすだれに角度を持たせることで、スパッター収率を上げることができる。このような改良により、N_2に対してHeで30％、Arで21％の排気速度が得られ2極形より大幅に向上している。（表4.1参照）

すだれ状の陰極では、すだれに垂直に入射したイオンに対しては入射角が小さくなるため、スパッター収率が悪くなる。そこで、ペニングセルの軸中心に対して放射状の陰極構造にすることが有効である。このような陰極は米国バリアン社（現アジレントテクノロジー）で開発され、陰極が星型をしているためStarCell™と呼ばれている[4]。また、他社で同様の電極構造を持った製品も開発されている[26]。

3極形以外にも、スパッター領域と貴ガス埋め込み領域を分離する方法がいくつか提案されている。一つは、図4.1や図4.4(a)の2つの陰極の一方を異なる材料とすることで、スパッターされる電極と埋め込まれる電極を分けるもので、陰極の一

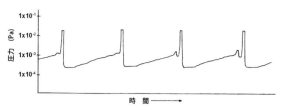

図4.3 2極形SIPのアルゴン不安定性[21]

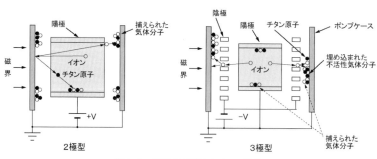

図4.4 SIPの排気メカニズム
(a) 2極形　(b) 3極形

方をTiとして、もう一方にスパッター収率の大きなTaが用いられており、Differential Pumpとして市販されている。このようなSIPでは、アルゴン不安定性を除去するとともに貴ガスに対する排気速度が向上している[27,28]。

4.5 スパッターイオンポンプの排気特性

SIPは圧力によって放電様式が異なり、また気体の種類によって排気原理が異なるため、排気速度は（1）圧力に対して一定でない、（2）気体の種類によって大きく異なる、（3）それまでに排気した気体の種類と量に依存する、等のため複雑である。

図4.5に典型的な2極形(500 L·s^{-1})及び3極形(Noble Pump)(400 L·s^{-1})SIPのN$_2$に対する排気速度と2極形SIPのポンプ電流の圧力依存性を示す。また、表4.1に2極形、3極形(Noble Pump)のN$_2$を基準にした排気速度の相対比を示す[24]。

4.2で述べたように、1-10^{-2} Paの圧力の高い領域ではグロー放電が起きるため、ポンプ保護のために印加電圧を制限している。そのため排気速度も低下する。一方、ペニング放電が主となる10^{-3}-10^{-5} Paの領域では排気速度が極大となる。さらに圧力が低くなると、放電のための電子が十分供給されず排気速度が小さくなる。ポンプ電流は、正常なペニング放電が起きている10^{-2}-10^{-4} Paではほぼ圧力に比例しI/pが一定となるが、10^{-5} Pa以下になると排気速度の低下に伴って、I/pが減少する。

前述したように、表4.1から気体の種類に対しては、2極形では、HeやArに対する排気速度は小さいが、3極形では大きく改善されていることが分かる。

気体ため込み式のポンプでは、排気する気体の種類が変わったとき、今までため込んでいた気体を吐き出すことがある。このような効果をポンプのメモリー効果と呼び、SIPの場合、貴ガスやH$_2$で顕著に起きる。すなわち、予めH$_2$を排気した後N$_2$やArを排気すると、重いイオンによって陰極がスパッターされ、それまで収着していたH$_2$が放出される。また、埋め込まれたArはN$_2$によってスパッターされて気相に再放出されやすいことが知られている[15,29,30]。従って、排気系にSIP用いて気体の分析を行う場合などにこのようなメモリー効果が問題となるので注意が必要である。また、このような効果のために、ヘリウムリークディテクターを用いた漏れ試験等でSIPでHeを排気した場合、リークが無くなった後でもHeが検出されることがある。

4.6 スパッターイオンポンプの製品例と用途

典型的なSIPの製品外観を図4.6に示す。この例では、ポンプケースの両側に図4.7のエレメント

表4.1 SIPの排気速度[24]

気体の種類	2極形	3極形
N$_2$	100	100
H$_2$O	100	100
CO	100	100
CO$_2$	100	100
O$_2$	57	57
H$_2$	200～270*	200～270*
He	10	30
Ar	1	21

*10^{-3} Pa以上では、100～110

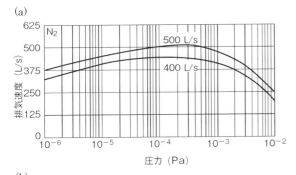

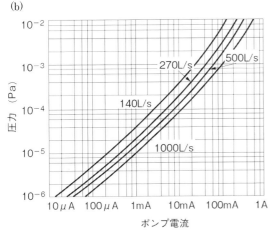

図4.5 (a)SIPの排気速度の圧力依存性2極形(500 L·s^{-1})、3極形(400 L·s^{-1})SIP (b) 2極形SIPのポンプ電流[24]

第2編 真空ポンプ

図4.6 SIPの製品例
(排気速度：3極形400 L·s^{-1}、2極形500 L·s^{-1})[24]

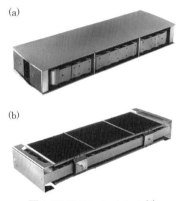

図4.7 SIPのエレメント[24]
(a) 2極形、(b) 3極形

がそれぞれ2個ずつ収納され、両側から永久磁石で挟む構造になっている。漏洩磁界を軽減するため、U字型の鉄製ヨーク（写真の黒い部分）で磁気回路を構成している。

SIPは気体ため込み式の真空ポンプであるため大排気量は得にくいが、電源さえあれば超高真空・極高真空まで、クリーンで比較的大きい排気速度が得られるため、さまざまな用途で真空排気に用いられている。

透過電子顕微鏡や走査電子顕微鏡では、電界放出型電子銃（FE電子銃）やショットキー電子銃では、エミッション電流を安定化させるために10^{-7}～10^{-8} Pa程度の超高真空を必要とする。そのため、ほとんどの電子顕微鏡は電子銃のあるカソード室の排気にはSIPが用いられている。

また、光電子分光やオージェ電子分光などの高真空・超高真空での表面分析装置では、試料室の真空排気にSIPが用いられていることが多い。このような機器では、作動中のアウトガスが大きくないため、炭化水素汚染の恐れが少なくメンテナンスが容易なSIPが主ポンプとして用いられている[31]。

また、SIPの用途として粒子加速器や重力波検出装置などの超高真空を必要とする大型機器の排気系を構成する主ポンプとしても利用されている。

粒子加速器は、超高真空の真空容器（ビームパイプ）内で高エネルギーの荷電粒子を加速・蓄積する大型装置である。一般的なビームパイプは直径が10 cm程度であることが多いため、排気コンダクタンスが小さい。また、内部の高エネルギー粒子の加速、偏向のためにビームダクトに大きな熱負荷と光子照射があり脱ガスが非常に大きく、しばしば「ホットバキューム」と言われる。粒子加速器では、大きなガス負荷を排気できる真空ポンプシステムが必要であり、偏向や収束用の電磁石の磁界を利用した分散型SIPが用いられてきた。最近では、低温で活性化できる非蒸発ゲッター：NEG（＝Non-evapolable Getter）ポンプの性能が向上し、ビームダクトの主ポンプとして用いられている例が増えてきている。しかし、NEGではCH_4や貴ガスは排気できないのでSIPが併用されている。例えば、高エネルギー加速器研究機構で電子と陽電子の衝突実験のために建設されたKEKB Bファクトリーでは、周長約3 kmのビームダクトを、約3000台のNEGポンプと10 m間隔で設置された約300台のSIP(400 L·s^{-1})を併用することによって、陽電子ビーム1.6 A蓄積時でビームダクト内の圧力は10^{-8} Pa台を実現している[32]。

4.7 スパッターイオンポンプの取り扱い

SIPの設置、運用に際して注意点をまとめる。SIPは磁石や、磁気回路を構成するための鉄製ヨークがあるため他のポンプに比べて質量が大きい。従って、真空システムを設計する際に耐荷重の検討が必要であり、単独の真空槽の場合SIPが真空槽自体よりも重くなることも多い。例えば、図4.6の400 L·s^{-1}（3極形）・500 L·s^{-1}（2極形）のSIPでは質量は120 kgである。従って、ほとんどの場合SIPは真空槽の下側に置くことになるが、この場合メンテナンススペースを取ることが難しくなるので、ポンプの取り外し、また、ポンプ内

172

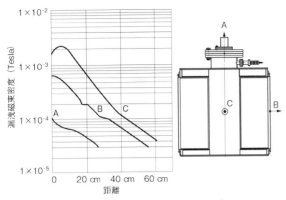

図4.8 図4.6のSIPの残留磁界[19]

に異物が落下した際の取りだし方法等を予め検討しておく必要がある。また、電子線回折等、漏洩磁界に敏感な装置を取り付けるときには磁界を実測して影響が無いことを確認しておくとよい。典型的なSIPの残留磁界を図4.8に示す。

SIPと電源との間はベーカブルな高圧ケーブルを用いることが多い。メーカーによってはケーブルを金属シースで保護したものやインターロック機構を有したケーブルもある。SIPとケーブルを接続する高圧の電流導入端子はねじ式になっている場合が多いが、直流であるため電界腐食が起き易いので、定期的なメンテナンスが必要である。絶縁セラミックをシリコングリース等で保護しておく方法もある。

永久磁石の種類により最高温度が定められている。ベーキングの際に磁石を取り外すのはやっかいなので、ほとんどの場合磁石を装着したままベーキングすることになる。その際、脱磁しないように磁石の特性に合わせた温度管理が重要である。一般的なフェライト系の磁石の場合250°C以上になると脱磁する。また、設計段階でベーキングヒーターを磁石内部に内蔵したタイプにするのか、外からシースヒーターやジャケットヒーターで加熱するのかの検討が必要である。特に、ヒーターを内蔵しないSIPでは磁石の表面での温度管理が重要である。

SIPを高真空、超高真空領域での主ポンプとする一般的な超高真空装置では、ベーキング中はターボ分子ポンプなどを用いて真空排気することが一般的である。ベーキング後半で圧力が10^{-3}～10^{-4} Paになったところで SIP に通電し、SIPにため込まれていた気体を補助ポンプで排気する。この際、SIPから放出されたガスを再びSIPで排気しないようにすることが重要で、短時間SIPに通電し、アウトガスを補助ポンプで排気した後、再度通電する操作を繰り返すうちにアウトガスが少なくなっていく。

ベーキング途中の比較的高い圧力でSIPを作動させると、ペニング放電がペニングセル全体に広がって陰極の広い領域をスパッターすることになり、SIPのアウトガスに都合がよい。また、ベーキング中にSIPを作動させることは、ポンプ電極が高温になっておりアウトガスに有利である。

SIPでは陽極や陰極、ポンプ容器の内面にTi薄膜が形成され、薄膜中に気体が埋め込まれたり薄膜表面に気体が化学吸着し、その上にさらに新しいTi薄膜が形成される。従って、Ti膜がだんだん厚くなってくると大量の気体が埋め込まれた薄膜に亀裂が入り、フレーク状になって剥落することがある。そのような場合にSIPが間欠的に異常放電を起こすことがある。特に、SIPに振動を与えた場合にフレークが脱落して、スパイク的な圧力の上昇を招くこともある。このような現象が頻繁に起きるようになるとSIPのメンテナンスが必要となる。

SIPの寿命はいくつかの要因で分けることができる[15]。(1) 陰極消耗寿命：スパッターによりTi陰極に貫通孔があく寿命で、10^{-4} Paで連続排気した場合（以下同じ）で2極形で10^6 h、3極形で3.5×10^4 h、(2) 陽極剥離寿命：スパッターされたTi膜が厚くなり、剥離して圧力変動が起きるまでの寿命で、2極形で$2.5～4.0 \times 10^4$ h、3極形で$2.0～3.5 \times 10^4$ h、(3) ガス飽和寿命：Ti陰極に収着したH_2、Heが飽和するまでの時間で、$1～5 \times 10^5$ hが目安となる[33]。

寿命に達したSIPは、大型のSIPでは、SIP本体内部の酸洗浄と、図4.7で示したポンプエレメントのクリーニングないしは交換を行う。$20 L \cdot s^{-1}$程度以下の小型SIPではエレメント交換できない構造であるため、磁石を除いてポンプ本体の交換となる。

4.8 スパッターイオンポンプの最近の進展

SIPは高真空や超高真空を必要とする広い分野

第2編 真空ポンプ

で使用されているが、圧力の低下と共に排気速度が小さくなる欠点があり、超高真空から極高真空領域での主ポンプとして用いることにはやや難点があった。そこで、ポンプ容器本体からの脱ガスを低減させるとともに、NEGポンプを複合させたSIPが開発されている[24]。また、磁界の均一化、ペニングセル形状や印加電圧の最適化によって、極高真空領域でも排気速度の低下が少ないSIPが開発されている[19,20,34]。

〔参考文献〕

1) ゲッターポンプ、サブリメーションポンプについては最近の書籍、
K. Welch: *Capture Pumping Technology* (2nd ed.) (Elsevier, Amsterdam, 2001)を参照されたい。

2) J. M. Lafferty, eds.: *Foundation of Vacuum Science and Technology* (John Wiley & Sons, 1998) p. 317.

3) A. M. Gurewisch and W. F. Westendorf: Rev. Sci. Instrum. **25** (1954) 389.

4) Agilent: Agilent Sputter Ion Pumps A 60 Year History.

5) L. D. Hall: Rev. Sci. Instrum. **29** (1958) 367.

6) R. L. Jepsen: Le Vide **80** (1959) 80.

7) J. C. Hermer and R. L. Jepsen: Proc. IRE **49** (1961) 1920.

8) R. L. Jepsen: J. Appl. Phys. **32** (1961) 2619.

9) 麻蒔立男：応用物理 **41** (1972) 461.

10) 麻蒔立男：真空 **20** (1977) 223.

11) K. M. Welch, D. J. Pate, and R. J. Todd: J. Vac. Sci. Technol. A **12** (1994) 861.

12) K. M. Welch, D. J. Pate, and R. J. Todd: J. Vac. Sci. Technol. A **11** (1993) 1607.

13) S. L. Rutherford, S. L. Mercer, and R. L. Jepsen: 7th Natl. Symp. Vac. Technol. Trans. 1960 (Pergamon, New York, 1961) p. 380.

14) J. M. Lafferty, eds.: *Foundation of Vacuum Science and Technology* (John Wiley & Sons, 1998) pp. 335–338.

15) 織田善次郎：真空 **13** (1970) 223; 真空 **13** (1970) 251.

16) R. D. Craig: Vacuum **19** (1969) 70.

17) S. L. Rutherford: Trans. 10th Natl. Vac. Symp. AVS, 1963 (MacMillan, New York, 1963) p. 185.

18) K. Ohta, I. Ando, and N. Yoshimura: J. Vac. Sci. Technol. A **10** (1992) 3340.

19) 小泉達則、川崎洋補、栗田行樹、近藤実、林義孝：真空 **34** (1991) 505.

20) 小原健二、安藤一郎、吉村長光：真空 **35** (1992) 567.

21) R. L. Jepsen, A. B. Francis, S. L. Rutherford, and B. E. Kietzmann: 7th Natl. Symp. Vac. Technol. Trans., 1960 (Pergamon, Oxford, 1961) p. 45.

22) W. M. Brubaker: 6th Nat Symp. Vac. Technol. Trans., 1959 (Pergamon, Oxford, 1960) p. 302.

23) A. R. Hamilton: Trans. 8th Natl. Vac. Symp. & 2nd Int. Cong. Vac. Sci. Technol., 1961 (Pergamon, NewYork, 1962) p. 388.

24) キャノンアネルバ㈱真空機器総合カタログ

25) アジレントテクノロジーカタログ

26) Duniway Stockroom Corporation カタログ

27) Gamma Vacuumカタログ

28) 吉村長光、小原健二、安藤一郎、平野治男：真空 **35** (1992) 574.

29) U. R. Bance and R. D. Craig: Vacuum **16** (1965) 647.

30) H. Hanning: Z. Vakum Technik. **24** (1975) 37.

31) 吉村長光：レビュー　超高真空技術の新展開－数式による解析から真空回路・分子流ネットワークへ、第10章（㈱エヌ・ティー・エス、2017年)。

32) 末次祐介: J. Vac. Soc. Jpn. **54** (2011) 79.

33) 真空科学ハンドブック、3.2章（コロナ社、2018年)

34) ULVAC 真空コンポーネントカタログ

第5節 チタンサブリメーションポンプ

真空ポンプの分類を示したJIS Z 8126-2では、気体ため込み式ポンプの中の「サブリメーションポンプ」の分類に入るが、後述するようにゲッター材としてチタンが用いられることが多いので、チタンサブリメーションポンプ：TSP(=Titanium Sablimation Pump)またはチタンゲッターポンプ：TGP(=Titanium Getter Pump)と呼ばれる[1]。

物質表面での気体の吸着作用を利用した気体ため込み式真空ポンプを総称してゲッターポンプと呼び、真空管やブラウン管などの電子管の真空維持のために、管内にバリウム薄膜やバリウム－アルミニウム合金薄膜を形成してH_2やCOなどの残留気体の吸着排気、すなわちゲッター作用（もしくはゲッタリング）に利用されたのが最初である[2]。このようなゲッターポンプは、活性な金属表面での気体の非可逆な化学吸着を利用しているため、一旦表面全体が吸着気体で覆われる飽和吸着に達すると、それ以上気体の排気ができなくなる。従って真空ポンプとして利用するためには、飽和吸着に達した金属表面を何らかの形で清浄化する必要があり、TSPでは吸着表面に新たな蒸着膜を形成することで清浄化を図っている。

一方、第2章5節の非蒸発ゲッターポンプ：NEG(=Non-evapolable Getter Pump)では、ゲッター材を高温に加熱することにより表面に化学吸着している気体分子を、より安定な化合物としてゲッター材内部に拡散させるため、表面が再活性化されて排気が維持できる。従って、同じゲッター作用を持つポンプでも構造が異なり、用途によって選択する必要がある。

また、ため込み式のゲッターポンプやサブリメーションポンプは単独で用いられることは少なく、スパッタイオンポンプ、ターボ分子ポンプなどの高真空ポンプと組み合わせて用いられることが多い。

ゲッターポンプのゲッター材としては、
① 室温での蒸気圧が低く、大気中で安定である、
② 蒸着などによって新鮮な蒸着膜を得ることができる、
③ 生成した膜が多くの種類の気体に対して活性であり、反応生成物の蒸気圧が低い、
④ 高純度化が容易で、材料自身からの脱ガスが少ない、
⑤ 安価である、
ことが要求される。このような条件を満たす金属として、主にチタン(Ti)が用いられている。

5.1 チタンサブリメーションポンプの排気原理

TSPは、清浄なTi薄膜上への気体の化学吸着による排気作用によるため、Ti薄膜表面での吸着確率が重要である。図5.1に各種気体の室温での吸着量（排気量）に対する吸着確率の変化を示す[3]。図5.1に示すように、H_2やN_2を除き他の気体ではTiの蒸着膜が10^{15}分子・cm^{-2}程度の飽和吸着量に達するまでは吸着確率が1に近い。従って、飽和吸着量に達するまでは、TSPの排気速度はTiの蒸着面の面積と気体の入射頻度で決まり、ほぼ理想排気速度$s=3.64\sqrt{T/M}$ [L・s^{-1}・cm^{-2}]（Tは温度[K]、Mはモル質量[g]）が得られるが、実質的には蒸着面周囲の配管コンダクタンスが律速することが多い。そのため、高真空、超高真空領域では排気速度は圧力によらず一定となる[4-6]。

圧力が高くなり気体の入射頻度が大きくなると、Ti蒸着面は短時間で飽和吸着量に達するので、Tiを連続的に蒸発させることによって常に清

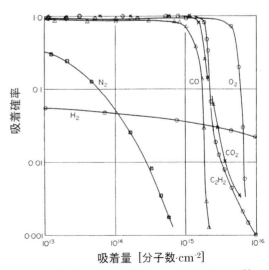

図5.1 各種気体の吸着量に対する吸着確率[3]

浄なTi薄膜を得る必要がある。従って、およそ

$$\frac{(\text{単位時間あたりのTiの蒸発原子数})}{(\text{蒸着面への気体の入射頻度})} = R > 1$$

が成立する圧力範囲までは排気速度が維持できる。排気系の構成にも依るが、おおよそ10^{-3}〜10^{-5} Paで$R \approx 1$となり、この圧力以上ではTiの蒸発速度が排気速度の律速条件となる[4-6]。

典型的なTSPの20℃と-196℃でのチタン蒸着面積あたりの排気速度の例を表5.1に示す[7]。表からもわかるように、Ti蒸着面の冷却は各種の気体の排気に対して有効であり、特にH_2の排気速度は大幅に向上する。Ti表面上の各種気体の吸着確率はHarra[8]、Grigorov[9]らによってまとめられている。また、H_2に関しては荒井らの報告がある[10]。

TSPの使用可能な圧力範囲は10^{-1} Pa以下で、この圧力以上になるとフィラメント表面上でチタン化合物が形成されTiの昇華が制限される[11]。また、低圧力側に対しては制約がないため、超高真空、極高真空生成のポンプとして利用されている[12,13]。

図5.1に示すようにH_2の吸着確率が小さく、表5.1でも20℃での排気速度が小さいが、H_2はTi薄膜表面で解離吸着し内部に拡散するため、排気量としては他の気体よりも大きくなる。従って、原理上残留ガスとしてH_2が多くなるターボ分子ポンプなどと組み合わせると各種の気体に対してバランスのとれた排気系を構成することができる。また、スパッターイオンポンプと組み合わせた排気系も多い。

一方、化学吸着しない貴ガスは排気されず、CH_4などの飽和炭化水素に対しても排気速度は非常に小さい。TSPでは、Ti中に不純物として残留するCにより、解離吸着した水素と反応してCH_4が発生することが知られており注意を要する[14,15]。

このようなCH_4の発生は、Ti蒸着面を液体窒素で冷却することによって抑制されることが知られている[3]。

また、TSPでは気体の選択的な置換吸着が起きる。すなわち、Tiとの化学結合の大小によって、最初にTi表面に吸着エネルギーの小さなN_2やCH_4が吸着すると、後から吸着エネルギーの大きいO_2などが吸着した際、N_2やCH_4を吐き出す効果がある。これはTSPのメモリー効果と言われ、Ti表面では、

$$O_2 > CO > H_2 > N_2 > CH_4$$

の順番で置換吸着が起きると言われている[3,11]。

5.2 チタンサブリメーションポンプの構造

Tiは固相での蒸気圧が高いため、加熱すると昇華（サブリメーション）し安定な薄膜形成ができることなどから、取り扱いが簡単である[4]。Ti線は直接通電加熱することにより昇華させることができるが脆いため、タングステン線を支持材としてまわりにTi線とMo線を巻きつけフィラメント形状にして通電加熱するタイプ（図5.2(a)）[7]やTiとMoの合金をフィラメント形状に成形して通電加熱するタイプ（図5.3）[16]などがあり、例えば図

表5.1 新鮮なチタンゲッター面の単位面積あたりの排気速度の例。[7] [$L \cdot s^{-1} \cdot cm^{-2}$]

気体の種類 ゲッター面 温度	H_2	N_2	O_2	CO	CO_2	H_2O	貴ガス	CH_4
20℃	2.6	3.5	8.8	8.3	4.7	7.3	0	0
-196℃	17.6	8.3	11.0	11.2	-	-	0	0

(a)フィラメント型、(b)ボール形
図5.2 チタンサブリメーションポンプ[7]

図5.3 Ti-Mo合金フィラメントを用いたチタンサブリメーションポンプ[16]

5.2(a)の形状では45 Aで0.07 g/h程度のチタンの蒸発速度が得られる。このようなフィラメントに通電加熱する場合、取り換えの寿命を延ばすために3-6本程度のフィラメントをセットし、それぞれ真空導入端子を介して電源ユニット側のスイッチで通電を切り替えられるようにしたものが多い。また、Tiを中空ボール状に成形し、中のタングステンフィラメントの放射熱で加熱する方式をとる場合（図5.2(b)）もあり、長寿命化を図っている。

また、多くの場合真空導入端子は呼び径40のベーカブルフランジに組み込んでいるため、真空容器や配管などの内面の一部をTiの蒸着面として利用すれば、コンパクトで大きな排気速度が期待できる。また、水や液体窒素で冷却した専用のシュラウドを用いる場合や[7]、第4節で述べたスパッターイオンポンプに組み込んだ製品もある（図5.4）[7]。

また、TSPの設置にあたっては、フィラメントに50 A程度の電流を流す必要があるため、TSPを装備した真空容器と電源ユニットの間を5.5 mm^{2}程度の太い被覆銅線で結線する必要がある。ベーキング時に取り外さない場合には、テフロンやシリコン、ガラス繊維などの耐熱被覆導線を用いる必要があるが、一般に可とう性が乏しいので設計時にこれらの配線の取り回しに考慮が必要である。

5.3 チタンサブリメーションポンプの使用方法と注意点

TSPは高真空から極高真空領域で実用的に用いられるポンプであるが、真空装置の容器自身や配管の一部をポンプとして利用する場合、設計段階でTi薄膜の形成領域を入念に検討する必要がある。特にターボ分子ポンプなどの他のポンプやバルブ、マニュピレーター、導入端子、ヌード型の熱電離真空計などに蒸着膜が形成されないように、適宜遮蔽板等を挿入をする必要がある。また、直接Ti蒸発源が試料を見込む位置になくても、蒸着膜上や真空容器内で反射したTiによる汚染が起きることがあり、設計時に十分遮蔽をすることはもちろん、試料がある間はTSPを起動しない等の注意が必要である。

また、Ti薄膜は厚膜になると真空容器を大気に復圧した際に剥離して鱗片状の粉じんになることがある。清掃等のメンテナンスが必要が生じることも念頭に置いた設計が重要である。特にスパッターイオンポンプと組み合わせる場合、このような粉じんがポンプエレメントに残り、電界放出による残留電流として残る等、異常放電の原因になることがある。

一般にTSPは複数のフィラメントで構成されるので、一本のフィラメントが寿命で断線した場合、配置によっては他のフィラメントと接触することがある。このような場合、まだ使用できるフィラメントであってもショート等でフィラメントの昇温が不十分になることがある。従って、予めフィラメントが断線することを想定してTSPの設置方向を検討する必要がある。

TSPでは、フィラメントの加熱昇華によってTi薄膜が形成されるので、蒸着源加熱時にフィラメントそのものや電極の加熱、またフィラメント周囲への放射熱による加熱によりH_2OやCO、H_2などの脱ガスの発生が避けられない。このような脱ガスによる圧力上昇を抑え、Tiの構造変態（885℃）による脆化を防ぐため、非蒸発時にも常時フィラメントを予熱しておくタイプの電源もある。

超高真空装置の場合、最初ベーキング終了後にTSP自身の脱ガスを兼ねて全てのフィラメントに2-3度通電し、十分フィラメントを脱ガスする。特に新しいフィラメントでは大量のガス、特にH_2

図5.4 TSPとスパッターイオンポンプを組み合わせた複合ポンプの例[7]

第2編 真空ポンプ

が多く含まれているため入念に脱ガスを行わない
と、加熱脱ガスにより発生したガスの方が蒸着チ
タン薄膜に吸着するガスより多くなり、ポンプと
して機能しなくなる。

　その後は、真空容器内の圧力上昇に応じて定期
的にTSPを起動すればよい。分子線エピタキシー
(MBE)装置などのように、製膜中に脱ガスが非常に
多い真空システムの場合には、製膜中と真空維持
を行っている間でTSPの稼働率を変える等、運用
を工夫することによってフィラメントの寿命を延
ばすことができる。

5.4 チタンサブリメーションポンプの極高真空領域への適用

　TSPは清浄なTi表面への化学吸着を利用した真
空ポンプであるため、超高真空、極高真空（10^{-8}
Pa以下）領域での主ポンプとして用いられてき
た[12,13,17,18,19]。しかし、フィラメント材料のTi中
に溶解しているArやHeが加熱中に放出され真空槽
内にビルドアップすることが指摘されてい
る[20,21]。そのため、Ti蒸発が起きない温度でター
ボ分子ポンプ等を用いてTSPを予め長時間加熱脱
ガスし溶解している貴ガスを除去することが有効
であり、Ti蒸着膜を液体窒素等で冷却しなくても
10^{-10} Pa台の極高真空に到達することが可能であ
る[20]。

〈福田　常男〉

〔参考文献〕
1）ゲッターポンプ、サブリメーションポンプに
　ついては最近の書籍、
　K. Welch: *Capture Pumping Technology* (2nd
　ed.) (Elsevier, Amsterdam, 2001)を参照された
　い。
2）J. M. Lafferty, eds.: *Foundation of Vacuum
　Science and Technology* (John Wiley & Sons,
　1998) p. 276.
3）A. K. Gupta and J. H. Leck: Vacuum **25** (1975)
　362.
4）大迫信治、岩本明：真空 **7** (1977) 268.
5）熊谷寛夫、富永五郎：「真空の物理と応用」（裳
　華房、1970年）pp. 286-7.
6）真空技術基礎講習会運営委員編：「わかりや

すい真空技術（第3版）」、日刊工業新聞社、
2010年、p. 115.
7）キャノンアネルバ㈱、真空機器総合カタログ
8）D. J. Harra: J. Vac. Sci. Technol. **13** (1976)
471.
9）G. I. Grigorov: Vacuum **34** (1984) 513.
10）荒井孝夫、竹内協子、辻泰：真空 **38** (1995)
262.
11）J. F. O'Hanlon: *A User's Guide to Vacuum
Technology* (3rd ed.) (John Wiley & Sons,
2003) p. 250.
12）日本真空協会（編）：「超高真空実験マニュア
ル」、日刊工業新聞社、1991年、第6章.
13）1998年以前の極高真空発生の文献は、上田新
次郎、石川雄一、浦原秀明：真空 **31** (1988) 863
にまとめられている。
14）L. Holland, L. Laurenson and P. G. W.
Allen: Trans. 8th Natl. Vac. Symp. and 2nd
Intern. Congr. Vac. Sci. Technol., 1961, ed.
L. E. Preuss (Pergamon, 1662) p. 208.
15）D. Edwards, Jr.: J. Vac. Sci. Technol. **17**
(1980) 279.
16）㈱ULVAC、真空コンポーネントカタログ
17）古瀬宗雄、石川雄一、上田新次郎、浦原秀明：
真空 **31** (1988) 315.
18）H. Ishimaru: J. Vac. Sci. Technol. A **7**
(1989) 2439.
19）伊藤勝治郎、小室弘、藁谷健二、石垣恒雄：
真空 **33** (1990) 387.
20）尾高憲二、上田新次郎：真空 **34** (1991) 29.
21）尾高憲二、上田新次郎：真空 **34** (1991) 596.

〔第3編〕
真空計測器

第1章　全 圧 計

第2章　分 圧 計

第1章 全圧計

概説（真空計の選定と注意）

現在、真空圧力計測のためにはその圧力領域や用途に応じて様々な真空計が市販されている。この中から目的に合った機器を選定するためにはそれぞれの真空計の特性と特長を把握する必要がある。ここでは主要なものの原理を簡潔に説明し、特徴とその機器の取り扱いに対する注意点を述べる。選定には

①測定範囲、②精度、③取り扱い性、④耐熱性、価格、⑥外部制御の必要性、⑦残留ガス成分測定の必要性

などを考慮して、目的に合った真空計を選択することが重要である。図1.1[1-5]に代表的な真空計の分類および測定範囲、精度などを示す。また、それぞれの精度について表1.1にまとめる。

第1節 絶対圧計測計

1.1 静水圧のバランスを利用する全圧計

1.1.1 U字管マノメータ

最も簡単な真空計で水銀または蒸気圧の低い油を入れたガラス製U字管からなる。U字管の片側は被測定系（圧力P）に接続され、他方は大気に開放されるか、または一定の圧力（基準圧力Pr）に保持される。そして圧力Pは図1.2に示すように液面の高さの差ΔPとして（1）式から求められる。

$$\Delta P = \rho g h \tag{1}$$

ここでρは液体の比重、gは重力加速度である。式（1）より、ρ、g、hいずれも気体の種類には無関係な値であるため、この真空計の測定値は気体の種類に無関係である。基準圧力との差が大きい場合はその液面の差hを定規などで直接計測し、圧力を知ることができる。しかし、基準圧力との差が小さくなるにつれて液面差が生じにくくなり、液面差の直接計測が難しくなるため、標準器など超高精度の計測が求められる場合は光の干渉や音波などを利用するなど工夫されている。一般的な場合は液面の差の読み取り精度は0.1 mm程度でこれが測定下限を決定し、水銀を用いた場合10 Pa（約0.1 mmHg＝0.1 Torr）、比重が小さい油を用いれば1 Paとなる。また使用ユーザの熟練度に依存する読み取り誤差、水銀中に残存する気体の放出やガラス管壁に吸着した気体の放出などによって圧力値が受ける影響、真空系への取付姿勢が制約されること等の実用上注意すべき点もある。

1.1.2 マクラウド真空計

1874年にMcLeodにより発明された真空計で[6]、気体を既知の倍率で水銀を用いて圧縮し、液面の差から圧力を測り、ボイルの法則を用い元の圧力を求める。基本的物理量の測定から全圧が測定できる真空計として最も低い圧力10^{-3} Pa台まで測定可能である。したがって他の真空計を校正する基準真空計として用いられることがある。しかし凝縮性の気体を計測しないこと、図1.3に示すように構造が複雑で測定には熟練を要すること、また測定が連続的に、かつ自動的にできないことから

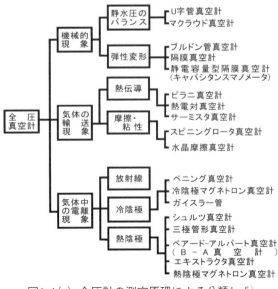

図1.1(a) 全圧計の測定原理による分類[1-5]

第3編 真空計測器

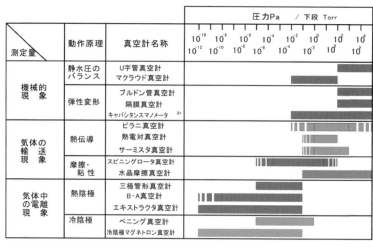

図1.1(b) 主な全圧計の測定原理による分類と計測領域[1-5]

ルーチンの全圧測定に用いるのは困難である。また、ガラスと水銀を用いた真空計であることから、U字型マノメータで先に述べたような圧力値の影響、取付姿勢の制約や使用ユーザの熟練度に依存する読み取り誤差等がある。圧力値を電気信号として得られないといった制約もあるが、電気信号を使わないという点を活かして防爆エリア等で使用可能な全圧計として現在でも使用されている。2009年までは真空における基準器としてJIS Z 8750に記載されていたが、不確かさの記載への対応が困難であること等から現在では基準器としての役目を終えている。2018年時点で入手可能な商品としては㈱岡野製作所製の新S型真空計がある。

表1.1 主な実用全圧計の特性

動作原理	真空計名称	測定範囲（Pa）	精度	再現性	応答性	備考
静水圧バランスによる液柱差	U字管	$10^2 \sim 10^5$	数%	数%	数分	・校正の標準に使用 ・液体蒸気による汚染
	マクラウド	$10^{-3} \sim 10^2$				
圧力による弾性変形	ブルドン管	$10^2 \sim 10^5$	数%	数%	数秒	・ガスの種類に無関係 ・温度の影響大 ・経時的安定性大
	隔膜	$10^2 \sim 10^5$	数十%	数十%		
	キャパシタンスマノメータ	$10^{-2} \sim 10^5$ 測定範囲の異なる測定子の組み合わせ	数%	数%		
気体分子による熱伝導	ピラニ	$10^{-2} \sim 10^3$	>数十%（測定領域に因る）	>10%（測定領域に因る）	〜一秒	・ガスの種類により感度変化 ・感度が経時変化
	熱電対	$10^{-1} \sim 10^2$			数秒	
	サーミスタ	$10^{-1} \sim 10^3$				
気体の粘性摩擦	スピニングロータ	$10^{-5} \sim 10^2$	2%	1%	数分	・振動，温度変化が影響
	水晶摩擦	$10^{-1} \sim 10^5$	10%	数%	数秒	・振動に強い，小型
熱電子による気体の電離	三極管	$10^{-5} \sim 10^{-1}$	3〜20%	数%	一秒	・ガスの種類により感度変化 ・感度が経時変化 ・フィラメントの寿命フィラメントの寿命 ・電離の脱ガス要
	B-A	$10^{-8} \sim 10^{-1}$	10〜50%			
	エキストラクタ	$10^{-10} \sim 10^{-1}$		10%以上		
磁場中放電による気体の電離	ペニング	$10^{-5} \sim 1$	20〜50%	10%以上	0.1秒	・ガスの種類により感度変化 ・ポンプ作用大
	マグネトロン	$10^{-10} \sim 10^{-1}$	10〜50%			

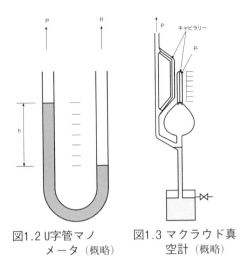

図1.2 U字管マノ　　図1.3 マクラウド真
　　メータ（概略）　　　　空計（概略）

1.2 弾性変形を利用する全圧計
1.2.1 ブルドン管真空計

　ブルドン管は楕円断面を有する管をコイル状に曲げて、一方の端を被測定系に接続し、他端はシールし、図1.4に示したように指示計を取り付けたものである。管内の圧力Pと管外の圧力（大気圧または一定の基準圧力Prの差に応じて、コイルが伸縮する。この変形を機械的メカニズムで増幅する方式で大気圧から10^2 Paまで計測できる。またコイル先端にミラーを取付け、光を利用して回転角を測定することで測定下限は10 Paまで広げられる。

　ブルドン管の素材としては石英ガラスとステンレス鋼が主に用いられる。石英ガラスは変形のヒステリシスが小さく、活性ガスに対する耐食性が優れているが、振動の影響を受けやすい。ステンレス鋼は被測定系のクリーン度が重視される場合に用いられる。

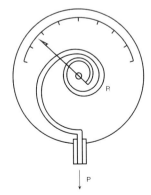

図1.4 ブルドン管真空計（概略）

1.2.2 隔膜真空計

　ブルドン管の代りに薄い円形の平坦な金属やセラミックス板等を隔膜として用い、膜の両側の圧力差・Pにより生じる膜の変位dを測定する。変位と圧力差の関係は（2）式で与えられる[7]。

$$d = k \Delta P r^4 / E t^3 \tag{2}$$

ここでEは隔膜材料の弾性率で、rとtは隔膜の直径と厚みで、kは比例定数である。式（2）より、d、k、E、tいずれも気体の種類には無関係な値であるため、この真空計による圧力測定値は気体の種類に依存しない。

　ブルドン管真空計と同様に感度が全ての気体や蒸気圧に対して等しく、応答が早く、比較的堅牢である。変位の光学的検出では測定下限は10^2 Paであるが、電気的検出によれば10^{-2} Paまで下げることができる。インダクタンス変化や静電容量変化で検出できるもので、特に静電容量方式は後述するようにキャパシタンス・マノメータとして知られており、最も感度が良い。なお変位の検出に歪みゲージを貼り付けて用いるものもある[8]。静電容量方式の検出に比べて応答が早い特長がある。ただし、1台の隔膜真空計が測定できる圧力範囲は約3桁であり、大気圧から10^{-2} Paの広い圧力範囲の測定には、それぞれの圧力領域に適した複数台の隔膜真空計を用いる必要がある。隔膜真空計は、式（2）に示すように気体の種類による感度に差がない、真空系への電気的・熱的影響が少ないなどのメリットがある。また、比較的安定性も高く測定範囲が10^2-10^5 Paのもので約0.01％、長期安定性が10^3 Paで30 ppmといった優れた安定性を示すものもあり、中真空領域で最も信頼性の高い真空計の一つである。しかし一方で、温度の変動に伴う感度やオフセットの変動が無視できないことや後述するような高温で保温されている隔膜真空計においては、分子流領域から中間流領域の圧力で、熱遷移の影響があること等使用する際に注意が必要である。

　隔膜の代りにベローズを用いるのがベローズ真空計である。隔膜に比べて普及していない。

1.2.3 キャパシタンス・マノメータ

　隔膜の変位を対向して設置した電極と隔膜との

間の静電容量の変化から求め、圧力差を測定する隔膜真空計である[9]。良く普及しているものは図1.5に示すように、高真空($\sim 10^{-5}$Pa)に保持した基準室に2つの電極がある。一方の電極は隔膜の中央に設置し、大きな変位を検出し、他はリング状電極で中央に置いた電極の外周に設置し、小さな変位の検出に用いる。

基準室は通常ゲッタ材を封入して銅チューブの封じ切りでシールされている。またバッフルは被測定系から気体が直接隔膜に入射するのを防止するため設けられている。隔膜の変位dによる静電容量の変化ΔCは隔膜の面積A、電極との距離Dと被測定系の気体の誘電率ε_0から(3)式で与えられる。

$$\Delta C = \varepsilon_0 A/(D-d) \tag{3}$$

(2)と(3)式からΔCは隔膜のパラメータの関数として与えられる。

$$\Delta C = \varepsilon_0 A E t^3/(D E t^3 - E r^4 \Delta P) \tag{4}$$

したがって圧力が10^2 Pa以下では小容量のしかも僅かな変化を検出することが問題になる。しかし最近のエレクトロニクスの進歩により、測定最高圧力100 Paのセンサヘッドで、1 Paで0.15%、0.1 Paで1.2%程度の精度が得られる[10]。高精度を得るにはセンサヘッドの熱的安定性が最も重要である。センサヘッドの温度が1℃変化すると5%も読みが変動することもある。前述した高精度測定はヒータを内蔵した恒温槽にセンサヘッド

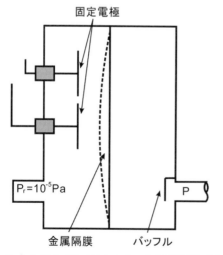

図1.5 キャパシタンスマノメータの測定子（概略）

部を格納し、50℃に保持し周囲の温度変化を無視できるようにしてある。センサヘッド部に温調機能を付けたものが市販されている。恒温槽の安定化には2時間近くかかること、また高価なことが欠点である。なお真空－大気解放の繰り返しによるゼロ点のシフトの問題は最近ほとんどないようである。さらに250℃のベーキングに耐えられるセンサヘッドもある。超高真空領域の圧力は計測できないものの、真空を汚染する懸念がないことから、超高真空装置に取付け、高純度ガス導入の際のモニターとしても用いられる。

第2節 分子密度計測計

力を直接測定する方法では測定が難しい圧力領域では、他の原理に基づいた真空計が必要となる。気体分子運動論から、圧力Pは気体分子密度nと(5)式の通り比例関係にある。

$$P = n k_B T \tag{5}$$

ここでk_Bはボルツマン定数、Tは温度(K)である。したがって気体分子密度に関連した物理量を測定し、圧力を知ることが可能である。

2.1 気体の輸送現象を利用する全圧計

真空中での固体表面に単位時間あたりに入射する分子数は(6)式で与えられる。

$$v = 1/4 n \bar{v} \tag{6}$$

ここでvは気体分子の平均速度である。そして表面に入射した気体分子による輸送現象は気体分子密度に依存することから、輸送現象に関する物理量を測定すれば(5)式より圧力が求められる。利用する輸送現象はエネルギー伝達である熱伝導と運動量伝達である摩擦である。

2.1.1 熱伝導真空計

温度が高い表面に入射した気体分子は表面に滞在している間に熱を受け取り表面から去る。図2.1に示すような直径Dの円筒（温度T_g）の中心軸に沿って張った直径dの加熱した細線（温度T_w）に入射する気体分子（平均温度T_i）により輸送される熱量qは圧力に比例する(7)式で与えられる[10]。

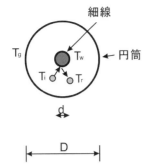

図2.1 熱伝導型真空計の動作原理

$$q = \alpha_a \Lambda P \left(\frac{273}{T_g}\right)^{\frac{1}{2}} (T_w - T_g) \quad (7)$$

ここでα_aは熱適応係数で、$\alpha_a = (T_r - T_i)/(T_w - T_i)$、$T_r$は表面から飛び去る気体分子の平均温度である。また$\Lambda$は分子熱伝導率である。この式が成立するのは気体分子の平均自由行程λが代表長さD（例えば管径など）より大きい分子流領域（Knudsen数 $K_k = \lambda/D > 3$）であり、粘性流との遷移領域になると（$3 > K_k > 0.01$）、Pとの比例関係（式（7））が成立しなくなる。そして粘性流領域（$K_k < 0.01$）ではqは圧力によらず一定になる。これをまとめ、加熱細線から熱伝導と圧力の関係を図示したのが図2.2である[10]。圧力が低いところで一定になるのは支持体への熱の逃げによるものであり、高い圧力でqが圧力依存を示すのは対流による熱伝達のためである。

この熱伝導の圧力依存を利用した全圧計としてピラニ真空計、熱電対真空計、サーミスタ真空計がある。いずれも出力を電気的に連続して取り出せる上、センサヘッドの構造が簡単かつ小型で、さらに操作も簡単であり、電源をONにしてから1～2分で正常に動作する。また大気圧下で作動させてもセンサ部が破損しないことに加えて、他の真空計に比べて安価であり、工業用に広く使われている。しかし熱伝導率が気体の種類により異なるため、気体の種類によって感度が異なることに注意が必要である。また熱適応係数が表面状態によって変わるため、安定性や精度が期待できない。したがって圧力の目安を知るインジケータとして、半導体プロセス装置にも広く用いられている。このタイプの真空計で圧力を測定する際には、①取り付け位置、②取付場所の温度、③残留ガス成分に考慮する必要がある。

①に関して、例えば粘性流領域の測定で、大気圧から排気する時のように1方向への分子の流れがある場合にはこの真空計も正確な圧力測定はできず、大気圧より高い指示を示すことがあるので注意する。②に関して、本来この真空計は気体の熱伝導率の変化を測定しているので、センサの周囲温度が変化すると指示値に誤差が生じてくる。③に関して、気体の熱伝導率は気体により異なり圧力指示値(窒素で校正された圧力指示値)にズレが生じる。これは100 Paから大気圧までの圧力で、気体の種類によって大きく異なる。

(1) ピラニ真空計

ガラス管または金属管中に封入した直径15～100 μm程度の白金または金メッキをしたタングステン線を通電加熱し、気体分子による熱伝達を測定し圧力を求めるのがピラニ真空計である[11]。図2.3にピラニ真空計の測定原理図の一例を示す。図1.8の場合にはセンサをブリッジ内(ab)に組み込み、bdの電圧を一定にするようにフィードバッ

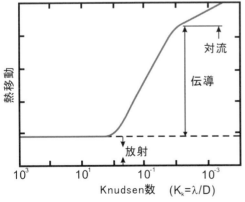

図2.2 気体が運ぶ熱量のKnudsen数依存性

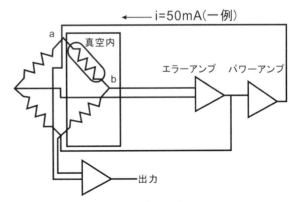

図2.3 ピラニ真空計の測定原理図（概略）

クをかけ、ac間電圧を測定する。ピラニ真空計においてはブリッジ回路の一端にセンサが配置されるのが特徴である。熱伝導は細線を一定温度に保持するのに必要な電力、一定電流での電圧変化、または定電圧での電流変化をブリッジ回路等により測定するものが多い。定温度方式は測定範囲が広く($0.1 \sim 10^3$ Pa)、他方式に比べて感度、精度も優れている。気体の種類により熱伝導が異なるので、気体の種類に応じた感度補正が必要になる。一般に窒素ガスを用いて校正しており、$1 \sim 100$ Paの範囲では気体の種類にそれほど強く影響されないが、10^3 Paになると気体によっては圧力指示値が大幅にずれてくる。精度があまり良くない（10 Paで15%）こと、またセンサの熱容量および制御回路の関係から高速応答があまり期待できず、雰囲気の温度の影響が大きいため、一般に正確な圧力測定には向かない。

(2) 熱電対真空計

ピラニ真空計と同様に通電した金属細線からの熱伝導を測定する[12]。抵抗の温度変化の少ないニクロム、白金などをフィラメントとし、その中点に鉄センサ−ヘッドコンスタンタンまたは銅−コンスタンタン熱電対を点溶接し、一定電流で加熱したフィラメントの温度変化を測定する。圧力が上がるにつれて、フィラメントから熱が失われ、温度が下がる。測定範囲は$0.1 \sim 100$ Paで堅牢で安定性も大であるが、その値はあまり正確でない。

(3) その他真空計

（サーミスタ真空計・対流真空計）

・サーミスタ真空計

ピラニ真空計と同様な原理に基づいている。加熱フィラメントとして金属の代りに負の抵抗係数を持つ半導体酸化物(サーミスタ)を用いる。測定範囲は$0.1 \sim 10^3$ Paであるが、サーミスタの表面積の拡大や感応部材料として抵抗温度係数(TCR)の大きな薄膜を用いることにより$10^{-3} \sim 10^5$ Paと測定範囲を広げた例も報告されている[13]。

・対流真空計

気体による熱伝導は圧力が高い領域では圧力に依存しないため、大気圧近傍では真空計として動作しない。しかし、対流が生じると圧力によって熱伝導の大きさに変化があるので、これを積極的に利用したものが対流真空計である。取付方向に注意しなければ正確な圧力値が測定できないなど注意する点もある。

〈岡野夕紀子〉

〔参考文献〕

1) D. G. Bills, J.Vac. Sci. Technol.., 16(6), (1979), 2109.

2) A.Barz and P. Kocian, J. Vac. Sci. Technol., 7, (1970), 200.

3) J.P. Hobson and P.A.Redhed, Can. J. Phys., 36, (1958), 271.

4) P.J.Bryant, W.W.Longley, and C.M.Gosselin, J. Vac. Sci. Technol., 3, No.2, (1985),62.

5) J.K.Fremerey, J.Vac. Sci. Technol., A3(3), (1985), 1715.

6) H. G. Mcleod, Philos. Mag. 43, (1874), 110.

7) G. L. Weissler and R. W. Carlson, "Methods of Experimental Physics, Vol.14,Vacuum Physics and Technology",(1979),Academic Press.

8) A.Roth, "Vacuum Technology", (1982), North Holland.

9) A.R.Olsen and L.L.Hurst, J. Am. Chem. Soc, 51, (1929), 2378.

10) A.Berman, "Total Pressure Measurements in Vacuum Technology", (1985), Academic Press.

11) M. Pirani, Verh. Physik. Ges., 8, (1906), 686.

12) W. Voege, Phys., Z.10, (1909), 498.

13) T. Shioyama, T. Takiguchi and S. Ogawa, J. Vac. Sci. Technol., 15, (1978), 761.

2.1.2 粘性真空計

気体中で運動する物体の表面には気体分子の衝突によって粘性(摩擦)応力が生じる。衝突の頻度は気体分子密度に依存するので、この応力を何らかの手段で測定すれば気体分子密度、すなわち真空の圧力を知ることができる。これが粘性真空計である。フィラメントなどの高温部がなく、放電なども利用しないため測定系に対する影響が少ない。

現在実用化され市販されている主な粘性真空計は、①スピニングロータ真空計と、②水晶摩擦真空計の2つである。

スピニングロータ真空計は、温度変動や振動に影響されやすく、また1回の測定に数十秒の時間を要し計測が間欠的になることなど産業用としての使用には不向きな点がある反面、特定の圧力範囲においては直線性が良く、また長期安定性に優れるなどの特徴があるため、もっぱら真空計校正のための基準真空計として利用されている。

一方、水晶摩擦真空計は、大気圧から中真空までの圧力の測定が比較的容易に精度良く行えるため、荒引圧力の測定などに実用されている。

以下これら2つの真空計について個別に説明する。

(1) スピニングロータ真空計

・測定原理

図2.1.2.1に示すようにフランジで真空に接続された内径約7.5mmのステンレス製の円筒管の中にロータと呼ばれる直径約4.5mmの鋼球(高炭素クロム鋼製や400番台のステンレス鋼製など)が永久磁石と安定化コイルで磁気浮上されている。前後左右に配置された2対のドライブコイルで作る回転磁界で約400rpmの回転数までロータを加速回転させ、その後加速を停止して慣性による自由回転をさせると気体分子との摩擦抵抗で次第に回転速度が減衰する。回転周波数の減衰率$(-\dot{\omega}/\omega)$は、式(1)のような関係式で圧力Pに比例することが知られている[1,2,3]。スピニングロータ真空計では回転周波数を左右に設けられた一対のピックアップコイルで計測し、圧力を演算して求めている。

$$P = \sqrt{\frac{2\pi RT}{M}} \frac{\rho d}{10\sigma} \{(-\dot{\omega}/\omega) - (-\dot{\omega}/\omega)_0 - 2\alpha \frac{dT}{dt}\} \quad \cdots (1)$$

R：気体定数
T：気体の温度
M：気体の分子量
d：ロータの直径
ρ：ロータの密度
α：ロータの熱膨張係数

回転周波数の減衰率$(-\dot{\omega}/\omega)$は、通常およそ30秒間の測定を行って平均して求められる。

{ }内第2項の$(-\dot{\omega}/\omega)_0$は気体の摩擦以外の原因による回転減衰の分であり、ロータや周囲の金属部分に流れる渦電流に起因する。これは測定に対してはオフセット圧力となる。圧力に換算するとおよそ10^{-5}から10^{-3}Paに相当し、あらかじめ計測した上で制御電源に記憶させて差引が行われる。オフセットの値およびその周波数依存性はセ

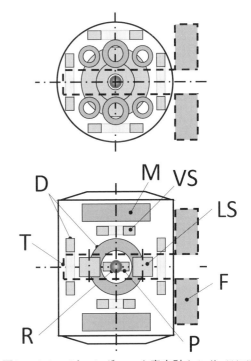

図2.1.2.1 スピニングロータ真空計センサ(断面)
T：ステンレス製円筒真空容器
F：フランジ
R：ロータ(円筒真空容器内中央)
M：永久磁石(上下1対)
D：ドライブコイル(前後左右2対)
VS：垂直安定化コイル(上下1対)
LS：径方向安定化コイル(前後左右2対)
P：ピックアップコイル(左右1対)

ンサによる差が比較的大きい。大きなオフセット値を持つセンサは高真空においても周波数減衰率が大きくオフセット自身の周波数変化による変動も大きいので、頻繁にオフセットを測定して更新する必要がある。

σはロータと気体の運動エネルギーの授受係数でロータの表面状態に依存する係数であるが、ロータの他の固有量であるd（直径）およびρ（密度）の個体差を含めて"$\rho d/\sigma$"を全体としてロータ毎の固有感度として取り扱い、基準真空計との比較校正によって値付けされる。

① 測定圧力範囲

式（1）はおよそ0.1Pa以下で成り立つが、σを一定値でなく圧力の関数として取り扱えば2Pa程度まで測定範囲を低真空側に延長できる。この場合σ対圧力の関係はあらかじめ校正で求めておく。一方高真空側の測定限界は、オフセットの安定性を考えると10^{-5}Pa程度である。

(2) 水晶摩擦真空計

① 測定原理

気体中で振動する水晶振動子の表面における気体の粘性（摩擦）応力が気体密度（圧力）によって変化することを利用して真空圧力を測る真空計である。粘性（摩擦）応力に依存する量としては振動子の共振インピーダンスZが測定され圧力に変換される。

センサには、図2.1.2.2に示すようなXカット音叉型、約32kHzの共振周波数を持つ水晶振動子が通常使用されている。

共振インピーダンスZには気体との摩擦によるもの以外に振動子自身の持つ固有のインピーダンスZ_0が含まれている。圧力に依存する分はこの固有インピーダンスを差引いた$\Delta Z = Z - Z_0$である。ΔZと圧力の関係は粘性流領域と分子流・中間流領域ではそれぞれ式（2）および式（3）のように表される[1]。

<粘性流領域>

$$P = \left(\frac{\Delta Z - K_1}{K_2}\right)^2 \qquad \cdots (2)$$

ここで

$$K_1 = C \cdot 6\pi\eta R_o, \quad K_2 = \sqrt{\frac{2\eta M\omega}{RT}} 3\pi R_o^2 \cdot C$$

<分子流・中間流領域>

$$P = K_3 \frac{\Delta Z}{(1 - K_4 \Delta Z)} \qquad \cdots (3)$$

ここで

$$K_3 = \frac{1}{C \cdot 6\pi R_o^2 \varepsilon}\sqrt{\frac{\pi RT}{2M}}, \quad K_4 = \frac{1}{C \cdot 6\pi R_o \eta}$$

ただし式（2）、式（3）において

C：比例定数　　η：粘性率
R_o：振動子厚さ　M：気体の分子量
ω：共振周波数　R：気体定数　T：気体温度

固有インピーダンスZ_0は、気体分子の衝突によるインピーダンス成分の影響が無視できるような十分低い圧力でインピーダンスZを計測して求められる。

図2.1.2.3には水晶振動子の共振インピーダンス変化ΔZの圧力依存性の測定値と理論値を幾つ

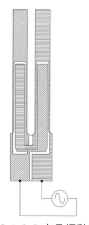

図2.1.2.2 水晶振動子

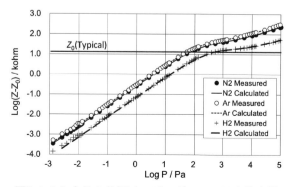

図2.1.2.3 水晶の共振インピーダンスの圧力依存性

かの気体について示した。図に示すように、圧力依存性は気体種で異なるが理論値と良く一致するので、気体種が分かっていれば比較的精度良く気体毎の圧力補正を行うことも可能である。

② 測定圧力範囲

実用的な圧力測定範囲としては、大気圧からおよそ10^{-1}Paないし10^{-2}Paまでの計測が可能であり、荒引圧力の測定に主に用いられる。別の荒引真空計である熱伝導真空計に比べると、測定回路が若干複雑であるが、以下に述べる補正を行えば温度変化に対しても安定であり、大気圧近くでの応答性や安定性が熱伝導式に比べると優れている。

大気圧近くにおいてはインピーダンス変化も大きく、容易に精度の良い圧力測定ができる。一方低圧においてはインピーダンス変化ΔZが次第に小さくなり、例えば10^{-2}Pa台の真空においてはわずか数Ωの小さい変化を測定する必要がある。インピーダンス全体は10kΩ程度の値を持つZ_0が支配的であるので、ΔZの計測は高真空に近づくほど次第に難しくなる。

低圧において計測精度を妨げる最大の要因は温度変動である。水晶振動子の特性として、固有インピーダンスZ_0が温度変動に敏感であり、数℃の温度変動が100Ω程度の変化を引き起こす。これは圧力に換算すると10^{-1}Pa台の変動に相当する。温度変動の影響を避けるために水晶振動子をヒータで加熱して一定温度に保つ方法もあるが、熱容量の小さい水晶振動子を、気体の流れにさらされながら精度良く一定温度に保つのは困難である。現在市販されている水晶摩擦真空計では、以下に説明するように水晶振動子の共振周波数変化から温度を計測して共振インピーダンスの計測値に補正をかける方式が行われている。水晶振動子の共振周波数は100Pa以下ではほとんど圧力に依存せず一定であるが、温度変動に対しては敏感に変化する。現在水晶真空計に使用されている振動子では、1℃の温度変化に対して周波数が1Hz（プラスの温度変化に対して周波数変化はマイナス方向）の割合で直線的に変化する。これを利用すれば共振周波数をモニタすることで振動子自身の温度が分かり、あらかじめ測定しておいた固有インピーダンスの温度特性を用いて補正を掛けることができる。図2.1.2.4に水晶振動子の固有インピーダ

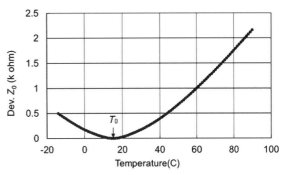

図2.1.2.4 水晶振動子の固有インピーダンスZ_0の温度特性の例

ンスの温度依存性の例を示す。このような温度補正方法を用いることにより10〜60℃の温度変動に対しても圧力相当でおよそ2×10^{-2}Paの範囲に温度の影響を抑えることができる[4]。

以上のように、水晶摩擦真空計では大気圧近くでは温度の影響は小さく、再現性、安定性の良い計測ができる。また、低圧側では温度補正を行うことにより10^{-2}Pa台の計測が実用上可能である。

〈大迫 信治〉

〔参考文献〕
1) 平田、磯貝、国分、小野：真空28, p.898 (1985)
2) J. K. Fremerey：J. Vac. Sci. Technol. A 3, p.1715 (1985)
3) R. F. Berg, J. A. Fedchak：NIST Special Publication 250-93, National Institute of Standard and Technology U.S. Department of Commerce, p.4, (2015)
4) 小林、北條：真空37, p403 (1994)
5) 国分、平田、小野、村上、戸田：真空29, p.101 (1986)
6) M. Ono, M. Hirata, K. Kokubun, H. Murakami, H. Hojo, H. Kawashima, H. Kyogoku：J. Vac. Sci. Technol. A 4, p.1728 (1986)

2.2 気体の電離現象を利用する全圧計
まえがき

　この真空計は、気体分子を電離イオン化して分子数を電流として測定することにより気体分子密度から気体の圧力を求める真空計である。イオン化の手段は、電子衝撃によるもの、放射線照射によるもの、レーザー光照射によるもの、など幾つかの方式があるが、現在市販され一般的に用いられているのは電子衝撃を用いた電離方式である。

　この方式の真空計は電子の発生方法によりさらに2つに分類され、それぞれ熱陰極電離真空計と冷陰極真空計と呼ばれている。

　前者の熱陰極電離真空計は、通電加熱したフィラメント（陰極）から100〜200Vの加速電界によって引き出された電子を用いる。一般的には放出電子電流（エミッション電流）を一定に制御し、その電子と空間で衝突して生じる気体分子イオンの量が気体分子密度に比例することからイオン電流を測定することにより分子密度（すなわち圧力）を求める。B-Aゲージがこの種の代表的な真空計である。

　後者の冷陰極電離真空計では、陽極・陰極間に数kVの高電圧が印加されて気体放電が生じる。この放電中の電離イオンが陰極を衝撃して放出される2次電子が新たな電離を生じることにより放電が持続する。

　二次的に生じる電子を用いているため熱陰極型と異なり電子電流は一定ではなく圧力に依存する。また電離に寄与する電子電流が熱陰極型に比べて少ないので、磁場を印加して電子の走行距離を長くすることにより放電の維持と電離イオン量の増大を図っている。冷陰極電離真空計では、圧力に依存して変化する放電電流を陰極または陽極側で測定して圧力を求める。

　これら二つのタイプの真空計の種類、それぞれの構造や動作の説明は各論に譲るが、ここでは二者の特徴（共通点、相違点）を中心に説明する。

(1) 測定原理

　熱陰極電離真空計および冷陰極電離真空計ともに気体分子密度を（間接的に）測定する真空計である。圧力Pと分子密度nとの関係は以下の式(1)のような比例関係で表される。

$$P = nkT \qquad \cdots (1)$$

P：圧力
n：気体分子密度
T：温度
k：ボルツマン定数

　この関係は温度にも依存しているが、気体の温度はほぼ真空容器壁の温度であり、通常は室温と思って良いので一定として扱われる。実際、±5℃程度の室温の変化では影響は±2%程度である。ただし、真空内に高温部や低温部の存在する場合、また高温のベーキング中には温度の影響を考慮するべきである。

(2) 感度の気体種依存性

　熱陰極電離真空計および冷陰極電離真空計ともに絶対圧真空計ではなく、感度は気体の種類に依存する。窒素に対する相対感度については、熱陰極電離真空計では比較的数多くの測定事例（文献）が存在する。図2.2.1に測定データの一例を示すが、図で分かるように相対感度は気体分子直径に依存し、大きな分子ほど相対感度が大きい。不活性ガスでは分子直径と相対感度はほぼ比例直線に乗るが、窒素などの活性ガスでは、真空計の動作条件（フィラメント温度など）の違いによって感度の測定値がばらつき、必ずしも直線に乗らない。

　一方、冷陰極電離真空計に関しては気体の相対感度測定に関する文献が少ない。一般的には熱陰極電離真空計のデータを参考にすることが多いが、気体によっては値が大きく異なるので注意が必要である。

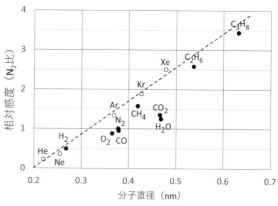

図2.2.1 熱陰極電離真空計における各気体の相対感度と分子直径（○不活性ガス、●活性ガス）

（3）測定精度、直線性

　熱陰極電離真空計では電離に使用する電子放出量を一定に制御することにより気体分子密度に比例して生成するイオン電流を計測しているが、冷陰極電離真空計では気体分子密度に応じて自ら変化する放電電流を計測している。従って、一般的には熱陰極電離真空計の方が直線性は良い。

（4）測定圧力の限界（高真空側）

　熱陰極電離真空計では、各論で説明するように、ガス放出、軟X線残留電流、電子励起脱離、の3つが高真空側の測定限界を決める主な要因である。幾つかの真空計（エキストラクタ型真空計、モジュレータ真空計、サプレッサ真空計、イオン分光型真空計など）は、これらの影響を出来るだけ排除して10^{-10}Pa程度までの測定を可能している。ただしこれらの真空計のうち現在商品化されて入手可能なものは参考文献に紹介した3つの真空計である[1,2,3]。

　冷陰極電離真空計では電離に必要な電子の供給が放電自身によるものであり、もともと電子量が少ないので、放電の維持が超高真空では困難になる。従って、高真空側の測定限界は放電をいかに維持できるかによる。10^{-10}Pa程度の測定下限を持つ真空計も文献としては存在するが、現時点で入手可能な商品としては見当たらない。

（5）測定圧力の限界（低真空側）

　熱陰極電離真空計では電離を行う電子電流を一定に制御することが測定の基本である。低真空においては電離でイオンが大量に発生し、これらがフィラメントを通じて電子電流の測定回路に流れ込むと、（イオンと電子では極性が反対なので）見かけ上電子電流が高く測定される。これにより、一定制御されている電子電流の中で実際に電離に寄与する電子が減少し、10^{-2}Pa台から感度が急に低下する。これが低真空側の測定限界である。

　この現象を最小限に抑えるための一つの方法は発生するイオンの量を少なく抑えることである。シュルツゲージはB-Aゲージとは別の電極構造でイオンの発生量を低く抑え、100Pa程度までの測定が可能である。ただし、発生イオン量が少ないために感度が低く、高真空側は10^{-4}Pa程度が測定限界で超高真空の測定ができない。測定上限を改善する別の方式として、高真空側の測定限界を損なわずに10Pa程度まで低真空側の測定範囲を広げたB-Aゲージが実用化されている。この真空計では、B-A型の電極構造を基本的に維持したままで、電離で発生したイオンがフィラメントに飛び込むのを出来るだけ防ぐように電極構造と電位配置を工夫することにより、低真空側での感度低下を防いで測定範囲を広げている[4]。

　冷陰極電離真空計では、低真空における安定放電の維持が問題となる。異常放電や過大な放電電流による電極の加熱や破壊を避けるために高圧力では電極電圧を下げるように制御されるが、測定上限圧力は数10^{-1}～1Pa台が一般的である。

（6）測定子内と被測定系の圧力の差

　熱陰極電離真空計は、高温のフィラメントからの輻射熱による温度上昇のため測定子内からガス放出が比較的大きい。そのために一般的には測定子内の圧力が測定するチャンバーよりも高くなる傾向にある。一方、冷陰極電離真空計では測定子内のガス放出は比較的少なく、スパッタによる排気作用によって逆に測定子内の圧力が測定するチャンバーよりも低くなることもある。

（7）感度の変化

　感度の変化に関しては、熱陰極電離真空計では電極の構造的な変形による原因が主なものである。また、イオンコレクタの表面が酸化などにより絶縁膜で覆われるなど大きな状態変化が起きると感度が1桁以上も大幅に変化してしまうこともある。

　冷陰極電離真空計は電極構造が比較的堅牢であるために電極の変形による感度変化は比較的少ないが、磁石の位置ずれや減磁などによる磁場の変化および汚れなどによる電極の表面状態の変化は感度変化の要因となる。

（8）熱陰極電離真空計と冷陰極電離真空計の全般的な違いと利用分野

　熱陰極電離真空計は、精度や再現性に優れる反面、高温のフィラメントの気体との反応や自然消耗による断線、電極が機械的なショックに弱いなどの脆弱性がある。これに対し冷陰極真空計は精度や再現性については一般的に熱陰極型に劣るが、構造的に変形に強く頑丈であり、熱フィラメントも無いので誤操作や事故による突然の大気突

入においても壊れる心配が無く汚れにも強い。

これらの特徴の違いから、熱陰極電離真空計は研究用途など比較的精密なプロセスを行う目的の真空装置に好んで使用され、冷陰極電離真空計は丈夫さを生かして工業用などのハードなプロセスの真空装置に使用されることが多い。

〈大迫　信治〉

〔参考文献〕
1) U. Beeck, G. Reich：J. Vac. Sci. Technol., 9, p.126 (1972)
2) 秋道、荒井、田中、高橋、黒川、竹内、辻、荒川：真空40, p.780 (1997)
3) F. Watanabe：J. Vac. Sci. Technol., A28, p.486 (2010)
4) N. Ohsako：J. Vac. Sci. Technol., 20, p.1153 (1982)

2.2.1 熱陰極電離真空計

熱陰極電離真空計は一般的に陰極（カソード、フィラメント）、陽極（アノード、グリッド）、コレクタの3つの電極で形成されている（図2.2.1）。

通電加熱された陰極で熱電子を発生させ、陰極よりも100〜数100Vの電圧を印加した陽極に向かって加速飛行させる。この時、熱電子が気体分子と衝突することで電離させ、イオンを形成させる。形成されたイオンがコレクタに捕集され電流として測定される。このコレクタは陰極に対し、−数10Vにバイアス電圧が印加されている。この電離によるイオン化は電子エネルギーと気体の種類に依存する。この際に発生する熱電子は0.1〜10mA程度の電子電流として一定に制御されている。また、単位時間にイオン数は電子電流の大きさと気体の密度に比例するため、捕集されたイオンの電流より下記の式で表される式（2.2.1）。

$$P = \frac{1}{S} \times \frac{I_i}{I_e} \tag{2.2.1}$$

ここでP：圧力(Pa)
　　　I_i：イオン電流(A)
　　　I_e：電子電流(A)
　　　S：電離真空計の感度係数(Pa^{-1})

測定圧力範囲は、測定子にもよるが測定最大圧力は10Pa程度で下限は通常10^{-7}Paでより低い10^{-10}Pa以下を測定可能な真空計もある。高い圧力を測定しようとした場合、電子の平均自由行程が減少し、センサーヘッドの大きさと同程度以下となり電子、イオンの散乱が起こりやすく、イオン電流が減少してしまう。また、陰極の焼損や消耗も起こりやすくなる。測定下限は以下で決まる。

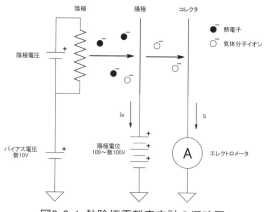

図2.2.1 熱陰極電離真空計の概略図

表2.2.1 熱陰極電離真空計の比感度係数[1]

	Triode Gauge (VS-1) $V_{af}(V)=125$ $V_{cf}(V)=-25$ $I_e(mA)=2$		B-A Gauge (UG-1A) $V_{af}(V)=150$ $V_{cf}(V)=-45$ $I_e(mA)=1$	
Gas	Measured[a]	Calculated (this work)	Measured[b]	Calculated (this work)
N_2	1	1	1	1
He	0.136	0.127	0.20	0.146
Ne	x	0.207	0.31	0.283
Ar	1.31	1.29	1.21	1.13
Kr	x	1.94	x	1.65
Xe	x	2.51	x	2.20
H_2	0.425	0.384	0.44	0.354
O_2	0.77	1.01	0.85	1.08
CO	x	1.09	1.04	1.05
CO_2	x	1.38	x	1.41
CH_4	x	1.69	x	1.43
D_2	x	0.462	x	0.362
N_2O	x	1.50	x	1.50
NO	x	1.31	x	1.26
C_2H_4	x	2.60	x	-
SF_6	x	2.35	x	2.69

Notes on Table
x gas not reported
- column is not calculated

・熱電子が陽極に衝突した際に発生する軟X線
・フィラメントを加熱した際に発生するガス放出
・熱電子が陽極に吸着されている気体分子に衝突した際に発生する電子励起脱離

軟X線効果は電子が陽極に衝突するとき、陽極と陰極間の電位差が数100Vあるため軟X線が発生する。この軟X線がコレクタに衝突することで光電子を発生させる（光電効果）。この時に発生する電流が収集されたイオンによるものかを判別できない。

熱陰極電離真空計は高真空以下の圧力において圧力とイオン電流に比例関係が成り立つ。したがって、絶対圧との校正を行えば精密な圧力測定を行うことが可能である。しかし、イオン化によるエネルギーは気体の種類によって異なる。そのため、通常は窒素に対する感度を標準としており、容器内の気体がすべて窒素の場合の圧力を表すことが多い。窒素に対する他の気体の感度を相対感度または比感度係数という（表2.2.1）。

電離真空計の窒素に対する感度係数をS_N、比感度係数をS_Xとした場合、感度係数Sは式（2.2.2）で表される。

$$S = S_X / S_N \qquad (2.2.2)$$

また、比感度係数はセンサーヘッドの形状や種類によっても異なる。

熱陰極電離真空計の欠点として、圧力が高い領域で動作させると加熱されたフィラメントが焼損や損耗する。この対策として、圧力が一定の値を超えるとコントローラが陰極への通電を停止する機能が備わっている真空計が多い。しかし、突発的な大気リークなどでは保護機能が間に合わない場合がある。また、フィラメントを通電加熱し、電子を放出させるため、電極からのガスやイオンの放出、フィラメントのポンプ作用の問題もある。超高真空領域の圧力を測定する場合にはセンサーからのガス放出を低減させることが重要である。

以下で熱陰極電離真空計の種類について解説をする。

(1) 三極管型電離真空計

三極管型電離真空計はフィラメント状の陰極を中央に配置し、コイル状に巻いた陽極、中空円筒状のコレクタで構成されている（図2.2.2）。

陽極は接地されたコレクタに対し正の直流電圧が印加されている。測定圧力範囲は10^{-6}〜10^{-1}Pa程度である。ガラス管に封入されていることもあり取り扱いには十分な注意が必要である。

(2) BA型電離真空計

BA型電離真空計はBayardとAlpertによって三極管型電離真空計の軟X線による測定限界を下げるため、コレクタを直径0.1mmのタングステン線とすることでコレクタの表面積を1/1000とした。ま

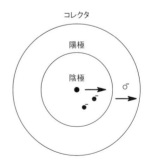
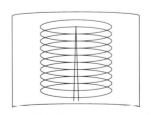

図2.2.2 三極管型電離真空計

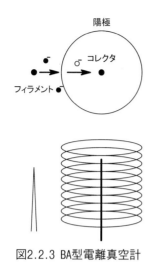

図2.2.3 BA型電離真空計

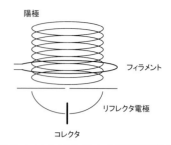

図2.2.4 エキストラクタ型電離真空計

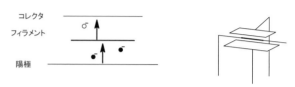

図2.2.5 シュルツ型電離真空計

た、フィラメントとコレクタの位置を入れ替えた（図2.2.3）。

これにより、陽極から見たコレクタの立体角は1/300となり、軟X線による測定限界は10^{-8}Pa以下になった。コレクタが細くなった場合、イオンの捕集効率が低下するようにも思えるが、陽極内で生成されたイオンのほとんどがコレクタに引き寄せられる。

この真空計はガラス管に封入されているものと金属容器に取り付けられているもの、フランジに直接取り付けられたヌード型がある。

(3) エキストラクタ型電離真空計

エキストラクタ型電離真空計は陽極で発生する軟X線の影響を避けるために、BA型電離真空計の考え方をさらに徹底させたものである。

コレクタを陽極や陰極外に出し、シールド壁でイオンを小さな孔から引き出す様にしている。フィラメントはグリッドを囲むように設置されている。また、コレクタの周囲に電位のあるリフレクタ電極を配置することで、電子励起脱離によるイオンを減少させている。測定限界は10^{-10}Pa台の報告がある（図2.2.4）。

(4) シュルツ型電離真空計

シュルツ型電離真空計はBA型電離真空計とは逆に測定圧力範囲の上限を広げた真空計で10Pa台まで測定が可能である。2～3mmの間隔で平行に設置された金属薄板間に0.1mm程度のフィラメントが設置されており、金属薄板の片方が陽極、もう一方がコレクタとして働く（図2.2.5）。

イオン化空間が狭いため、感度が低いが10^{-4}～100Paまでの測定が可能である。そのため、スパッタリングや反応性イオンエッチングなどのプラズマプロセス中の監視に適している。

(5) モジュレータ真空計

変調BA型電離真空計ともいわれ、補助電極（モジュレータ）の電位を変化させることによるコレクタ電流の変化を測定し、軟X線による残留電流の影響を測定し、より低い圧力を測定できるようにした熱陰極電離真空計である。基本構造はBA型電離真空計と同様であるが、コレクタの近傍にモジュレータが配置されている（図2.2.6）。

モジュレータの電位を陽極の電位とコレクタの電位に切り替えると、陽極の電位の場合にはコレクタにほぼすべてのイオンは集められる。コレクタの電位の場合には生成されたイオンはモジュレータにも集まるため、イオン電流は下がる。二つの電位を切り替えた際のイオン電流の差から、軟X線による電流を推測することができるためより低い圧力の測定が可能となる。測定限界は10^{-10}Pa台の報告がある。

(6) サプレッサ真空計

モジュレータ真空計と同様に軟X線による残留電流を低減させた真空計である。リング状のサプレッサ電極をコレクタの前面に配置し、コレクタ共々シールド壁で囲い、イオンの取り込み口を最小限にしている（図2.2.7）。

サプレッサ電極はコレクタに対しマイナス電位が保たれており、コレクタに衝突したことで発生

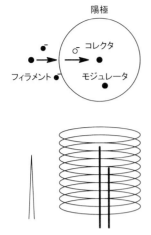

図2.2.6 モジュレータ真空計

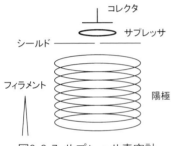

図2.2.7 サプレッサ真空計

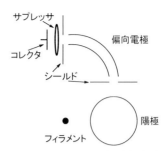

図2.2.8 イオン分光型真空計

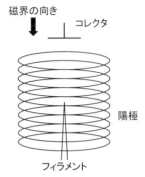

図2.2.9 熱陰極マグネトロン真空計

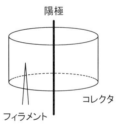

図2.2.10 オービトロン真空計

する軟X線による二次電子を抑え込むことで軟X線効果を低減している。測定限界は10^{-10}Pa台の報告がある。

(7) イオン分光型真空計

軟X線による残留電流の影響を小さくする方法として、イオンを生成部より引き出すというのはエキストラクタ真空計と同じである。しかし、コレクタの位置を開口部より90度以上外すことで直接イオン源が覗くことを防いでいる。イオン源とコレクタ間の導管（偏向電極）には電位が印加されている。また、コレクタの前にサプレッサ電極を配置することでイオンがコレクタに衝突することによる二次電子を低減している（図2.2.8）。

測定限界は10^{-12}Paである。

(8) 熱陰極マグネトロン真空計

フィラメントから発生した熱電子に磁界をかけることで、軌道距離を長くしイオンの生成量を増加させた電離真空計である。磁界をかけられた電子はらせん運動をするため、起動距離が長くなりイオンの生成量が増え、イオン電流が増える。そのため、低い圧力でも軟X線などによる誤差が小さくなりより低い圧力を測定することが可能である（図2.2.9）。

測定限界は10^{-10}Pa以下である。

(9) オービトロン真空計

電子の起動距離を長くする方法として、磁界ではなく電場の勾配を利用した方法である。円筒状のイオンコレクタを外側に設置し、その中心軸に細い針状の陽極が配置されている（図2.2.10）。

熱電子が陽極の周囲でらせん軌道を描くが、電子がグリッドに衝突するエネルギーが高いため、2次電子放出による残留電流が大きい。そのため測定限界は10^{-9}Pa程度である。

2.2.2 冷陰極電離真空計

冷陰極電離真空計は、陽極（アノード）と陰極（カソード）間に高電圧（～数kV）を印加し、放

電現象を起こすことで電子を放出する。放出された電子は気体分子に衝突し電離（イオン化）する。電離された気体分子は電極間にかけられた磁界（0.1T程度）によってらせん運動をしながら陰極に衝突する。これにより発生した電流から圧力を測定することができる。発生する電流は気体の種類に依存する。

熱陰極電離真空計と異なり熱源（フィラメント）を持たないため、急な大気導入などで破損することはなく、長寿命である。そのため、長期間大気開放しない装置などに使用されることが多い。ただし、超高真空などでは放電が開始されない場合がある。また磁界を利用するため設置に関して制限がある場合も存在し、精度についても熱陰極電離真空計に劣る。

熱陰極電離真空計では軟X線効果による測定下限があったが、冷陰極電離真空計では軟X線が発生しない。しかし、圧力に対して検出される電流が直線的に変化しないことや感度の圧力依存性がよくないという問題もある。また、真空計自体にポンプ作用を持つため注意が必要である。

(1) マグネトロン真空計

平行な2枚の円板の中心に円柱を溶接したカソードとカソードを中心とした円筒状のアノードで構成される。これに直行した磁界を印加する。アノードとカソードの間には数kVの直流電圧が印加される（図2.2.11）。

10^{-8}〜10^{-2}Paの圧力ではイオン電流と圧力に直線関係が成立しやすい。10^{-8}Pa以下では直線性が失われるが、測定自体は10^{-10}Paまで可能である。カソードにはモリブデン等が使用されるが、中心の棒状部分にイオンが衝突するためスパッタ作用によりカソードが細く消耗してしまう。

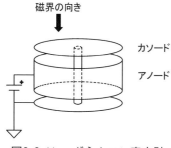

図2.2.11 マグネトロン真空計

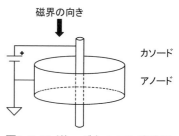

図2.2.12 逆マグネトロン真空計

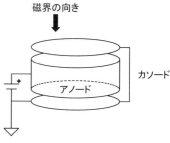

図2.2.13 ペニング真空計

(2) 逆マグネトロン真空計

マグネトロン真空計とは逆に中心に棒状のアノード、外側に円筒状のカソードを配置したものが逆マグネトロン真空計である（図2.2.12）。

アノードにはイオンではなく電子が衝突するため、マグネトロン真空計の欠点であるスパッタ作用によるカソードの消耗が無い。そのため、一般的には逆マグネトロン真空計が採用されている。

(3) ペニング真空計

平行な円板状の陰極の間に環状の陽極を配置した状態でそれを軸に平行に軸を印加する真空計である。陽極と陰極間には数kVが印加される（図2.2.13）。

測定圧力範囲は10^{-3}〜1Pa程度とマグネトロン真空計に比べ狭く測定誤差が大きいが、堅牢なため精度を必要としない場面などではよく使用されている。しかし、超高真空まで圧力を下げた場合に放電が消滅する。

〈佐々木優直／松本　信彦〉

〔参考文献〕
1) 美馬　宏司：真空、第35巻-第2号, p.67（1992年）熱陰極電離真空計の比感度係数 (2)

第3節 最近の進歩

3.1 CDG（キャパシタンスダイアフラムゲージ）

キャパシタンスダイアフラムゲージ(Capacitance Diaphragm Gauge)は隔膜真空計とも呼ばれ、数Paから数1,000Pa程度の真空圧を計測する真空計として広く使用されている。この真空計は高真空室と測定真空室を隔膜（ダイアフラム）で遮蔽し、真空度の変化に応じて機械的に変形する隔膜とその隔膜に対向して配置した電極との容量値の変化を電気的に計測し真空度とするものである。隔膜にて計測真空部が遮断されるため、様々な計測ガスに対応して安定して真空度を計測することが可能であり、半導体を中心とした電子デバイス系のプロセス真空制御、監視用途に使用されている。

ダイアフラム（隔膜）材料は従来耐食性の高いニッケル合金箔やアルミナセラミックスが使われてきた。近年この隔膜材料にMEMS(Micro Electro Mechanical Systems)加工を施した人工サファイア（アルミナ、Al_2O_3の単結晶）のチップを用いた隔膜真空計が実用化されている[1]。隔膜真空計の外観を図3.1.1に示す。

隔膜真空計主な仕様を以下に記す。
圧力レンジ：0～13.332Pa abs.から、0～133.32 kPa abs.の範囲で計測を行う。
自己加熱温度：自己加熱なしおよび45℃～280℃
精度：0.25%Reading～0.5%Reading

電子デバイス関連の真空計測では、薄膜を形成する工程ならびにエッチングする工程で隔膜真空計が多用されるが、特にエッチングプロセスではフッ素系、塩素系のガスを使用するためこのガスがダイアフラム部まで到達すると、ダイアフラム表面と反応（腐食）し、真空計そのものの基本精度が変化するという課題が長年あった。サファイアはこれらのガスに対し極めて安定性の高い材料であると同時に、繰り返し計測、圧力サイクルなどの機械的再現性にも優れており、高精度、高安定性の真空計の実現が可能となった。図3.1.2にサファイアセンサチップの外観（約1cm角）を、図3.1.3にその模式断面図を示す。

サファイアセンサ素子は、圧力に応じて撓み変形するダイアフラムとコンデンサを形成するためのキャビティを有する台座部からなり、共にサファイアを構成材料としている。キャビティはドライエッチングで形成され、ダイアフラムと台座部はサファイア同士の直接接合で接合されている。

ダイアフラムと台座部には対向電極によって2つのキャパシタが構成されている。一つはダイアフラムの中央に位置し圧力によるダイアフラムの変化に応じて静電容量が変化する感圧キャパシタ、もう一つはダイアフラムの端に位置している

図3.1.2 サファイアセンサチップ外観

図3.1.1 隔膜真空計外観

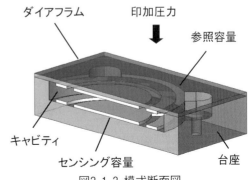

図3.1.3 模式断面図

参照キャパシタである。感圧キャパシタと参照キャパシタの両方を計測し演算することにより誤差の少ない圧力計測が実現できる[2]。

図3.1.4にパッケージ構造の模式断面図を示す。パッケージ部でも異なる熱膨張率の材料や耐食性が低い材料を使用することによる特性への影響を避けるためサファイアと金属の介在物のない接合技術が開発されている[3]。

センサ素子はフルスケール圧力印加によって1pF程度の微小容量変化しか発生しない。よって製品要求性能を満たすためには±0.1fF以内の容量変化を正確に計測する回路が必要となる。またセンサは堆積物を防ぐためヒータにより高温に加熱されるモデルもあり、検出回路をセンサ近傍には配置できない。そのためセンサと回路の距離が離れた状態でノイズや寄生容量の影響を受けずにそれを実現する必要がある。

図3.1.5に検出回路ブロック図を示す。センサから出力される信号をアナログ回路でノイズ成分や寄生容量の影響をキャンセルし、その出力をA/Dコンバータでデジタル信号に変換しマイクロプロセッサに入力している。マイクロプロセッサでは多項式演算により温度補正や直線性補正を実施することにより高精度を実現している。

半導体プロセス技術はより集積度を向上させるため、新たな成膜手法が登場している。そのひとつが膜厚制御性や段差被覆性などに優れる原子層堆積法(Atomic Layer Deposition：ALD)である。しかしながらこの成膜手法は表面反応のよる成膜という原理から隔膜真空計そのものにも成膜され、特性シフトが起こるという課題が明確になり、耐成膜性を強化したALD専用モデルが登場している[4,5]。

またより複雑化、高度化する半導体プロセスの生産性向上のため、IoT時代を見据え真空計の内部情報をより詳細に収集するためのデジタル通信対応を強化したEtherCAT®モデルも登場している。

〈長田　光彦〉

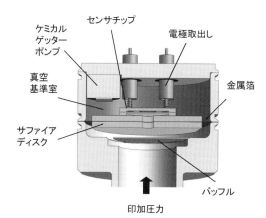

図3.1.4 パッケージ構造の模式断面図

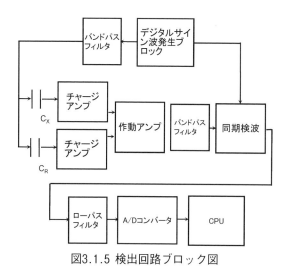

図3.1.5 検出回路ブロック図

〔参考文献〕
1) Y.Yoshikawa, H.Harada, J.Ichihara, M.Nagata, T.Yamaguchi：azbil Technical Review, 52(2011)34
2) M. Soeda, T. Kataoka, Y. Ishikura, S. Kimura, T. Masuda, Y. Yoshikawa, M. Nagata：*IEEE Sensors*, Florida, 2002, 1-Ⅱ, 950
3) M.Sekine, T.Ishihara, N.Sashinami, T.Tani：azbil Technical Review, 52(2011)28
4) T.Ishihara, M.Sekine, T.Tochigi：azbil Technical Review, 55(2014)62
5) T.Ishihara, T.Tochigi, J.Yoshinaga, Y.Yoshikawa：*JSAP Autumn Meeting*, Sapporo, 2014, 75th, 01-115

3.2 マイクロ薄膜（真空環境内における圧力分布とその実測例）

3.2.1 薄膜を用いたセンサによるチャンバ内の圧力分布計測

　従来の真空計測は、計測したい圧力領域に応じて適切な真空計を選択し、真空チャンバの特定の箇所(ポート)に真空計を設置して行い、そこから得られる圧力値をチャンバ内の圧力とした。しかし、モノづくりに用いられる真空においては、①メインのポンプが作動し、②プロセスガスは流し続けられ、③ターゲットや製膜のための基板がチャンバ内に設置された状態での真空であり、真空チャンバのポートに取り付けた真空計が示す値と必ずしも一致しないことは多い。モノづくりにおいては、そのような局所的な圧力値とその分布や時間的な変化が品質や性能に影響があると考えられるが、従来の真空計測に用いるセンサはその大きさなどの制約により真空内に設置するのは困難であった。真空環境内の圧力分布については各種シミュレーション等を用いることで把握せざるを得ず、実測データとの対比はほぼ不可能であった。この課題を解決するために、センサと圧力分布計測について開発がすすめられ、商品化されてきた真空計測の一例を紹介する[1-11]。

　本項で紹介するマイクロハクマク圧力センサはピラニ真空計などと同様の熱伝導の方式により圧力を計測する。

　ピラニセンサの一般的な感応部材料には白金(Pt)あるいはタングステン（W）の細線等が用いられており、寸法は直径20〜30μm、長さ50〜80mm程度である。表3.2.1に白金を用いた従来型のピラニセンサと複合窒化物薄膜材料を用いたマイクロハクマク®圧力センサとの比較を示す。マイクロハクマク®圧力センサは感応部材料にタンタル－アルミニウム窒化物から成る複合窒化物材料(以下TaAl-Nと記す)薄膜および基板材料に極薄ポリイミドフィルムを用いており、感応部寸法は1×0.5mm、厚み400nmである。また、マイクロハクマク圧力センサには圧力検出用センサに加え、周囲温度変化に対する圧力計測値補正のための温度検出用センサも同一基板上に形成してある。センサ材料および基板材料等の検討よりマイクロハクマク圧力センサにおいては従来のピラニセンサの圧力計測領域2×10^{-1}〜2×10^{3}Paよりも広い5×10^{-3}〜1×10^{5}Paと広領域の圧力計測を実現している。また、圧力100Paにおいてセンサ感応部温度150℃相当の電力を加えた際の過渡応答も約40msとピラニセンサの約750msに対して約1/20と高速であり、大気圧における消費電力も約20mWとピラニセンサの約400mWに対して約1/20となった。以上の結果より計測領域・過渡応答速度・消費電力いずれも従来のピラニセンサよりも優れた小型の熱伝導型センサが実現した。

　マイクロハクマク®圧力センサはセンサ部が小型化して応答速度も向上し、真空環境内の"測りたい箇所"の圧力および圧力変化をリアルタイムで捉えられるようになった。図3.2.1にセンサの写真を示す。また、本システムは1つのシステムについてチャンネル数を最大32chまで拡張することが可能である。次にマイクロハクマク®圧力センサを用いた真空チャンバ内圧力分布の計測例を示す。

表3.2.1 マイクロハクマク圧力センサとピラニセンサとの比較

	マイクロハクマク®圧力センサ	従来型ピラニセンサ（※）
計測範囲	5×10^{-3}〜1×10^{5}Pa	2×10^{-1}〜2×10^{3}Pa
感応部材料	TaAl-N薄膜	白金(Pt)
抵抗温度計数（室温）	(-)30000ppm/℃	(+)3000ppm/℃
比抵抗（室温）	10^{0}〜$10^{1}\Omega$ cm	$1.1\times10^{-5}\Omega$ cm（バルク）
動作時抵抗値	約10kΩ	約16Ω
感応部寸法	$1.0\times0.5\times(t4*10^{-4})$mm	$\phi0.03\times80$mm
基板材料	ポリイミドフィルム	－
応答速度	40ms(at 100Pa)	750ms(at 100Pa)
消費電力	20mW(at 大気圧)	400mW（at 大気圧）

（※データは（株）岡野製作所社製 AVP型真空計（現在は生産終了）のものを使用）

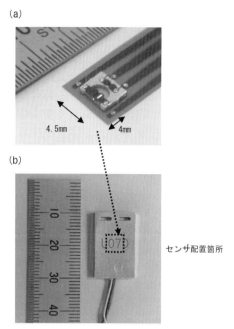

図3.2.1 マイクロハクマクセンサ(a)および
センサ配置箇所(b)

3.2.2 マイクロハクマク®センサによる真空環境内計測の実例

(1) 評価用真空チャンバの説明

マイクロハクマク®圧力センサを用いた真空環境内計測において、図3.2.2に示すような評価チャンバを用いた。内径150mm、高さ200mmのAl製チャンバはロータリーポンプおよびターボ分子ポンプを用いて排気を行うことができる。また、チャンバ上面はアクリル板で内部が見える構造とした。メインバルブ、粗引き用配管、真空ポートが5か所あり、それらポートは気体導入口、従来の真空計設置ポート、マイクロハクマクセンサ設置口、リークバルブとして用いた。チャンバ内にはアクリル製のケースを入れ、それぞれにφ2.5～20mmで穴が開いており、穴径の違いによって敢えてチャンバ内に圧力勾配が生じるような構造とし、ケース内に設置したマイクロハクマクセンサにより圧力を計測した。

(2) マイクロハクマク圧力センサの設置及び校正

マイクロハクマク®センサは、サイズ12×20mm厚み3mm、材質はアルミ(A5052)製のケース内に設置した。センサ1個に対しセンサ駆動ユニットを1台接続し、感応部温度が150℃となるようにコントロールした。各センサ駆動ユニット間は

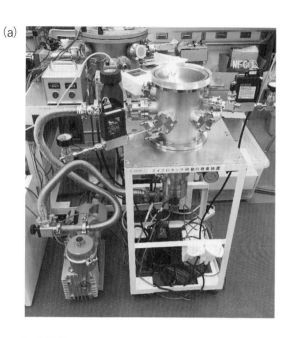

図3.2.2 評価用真空チャンバ(a)およびチャンバ内センサ設置箇所(b)

RS-485通信で接続し、それら全体をコントロールするユニット1台により全システムが構成される。また、当該の計測システムはあらかじめ弊社内においてJIS Z 8750に従い各センサの計測値が真空の国家計量標準にトレーサブルな値を示すように調整・校正を行った。さらに、各センサの計測値はパソコンで表示・記録される。真空チャンバ内へのセンサ挿入は電極付フランジを介して行い、目的とする位置へセンサを設置した。センサ固定については、簡便のためポリイミドテープを用いた。

(3) 真空チャンバ内圧力計測

表3.2.2 各条件でのマイクロハクマクセンサおよびコンビネーションゲージ表示値比較

ガス導入	マイクロハクマクセンサ表示値(Pa)						ピラニ真空計表示値
	Ch1	Ch2	Ch3	Ch4	Ch5	Ch6	
MFC① 20sccm	1.2	1.5	3.3	5.2	7.0	4.6	4.6
MFC② 20sccm	1.2	1.5	3.3	4.6	4.6	4.6	4.6

・気体導入口（マスフローコントローラ：MFC）
①よりガス導入時の圧力計測

あらかじめチャンバ内圧力が10^{-2}Pa以下となるようにロータリーポンプおよびターボ分子ポンプを用いてチャンバ内を排気したのち、MFC①より気体（空気）を導入し、1min後の圧力値を計測した。圧力センサの設置場所によりその値に違いがみられた。例えばポンプ排気口に近いCh1においては1.2Paと最も低いなど、設置個所による表示圧力値の違いがみられた。

・MFC②よりガス導入時の圧力計測

MFC②より気体を導入すると、センサ設置個所によってチャンバ内の圧力値に違いがみられた。排気口近傍のCh1センサの値が最も低いことは同様であるものの、その他のセンサの示す値は、前記①における値と異なるけっかとなった。しかしながら、従来の真空計設置個所においては明確な違いを示さなかった。以上の結果を表3.2.2に示す。これらの結果より、気体の導入箇所、センサの設置個所、真空チャンバ内におけるガスの流れが異なることによって、圧力値には分布があることならびに真空チャンバ内にセンサを設置して初めて明らかになる圧力勾配が実測できることを示すことができた。

3.2.3 まとめと今後の展望

新しい感応部材料としてTaAl-N薄膜と、それらを感応部材料として用いた小型・ワイドレンジ・高感度であるマイクロハクマク圧力センサ開発した。マイクロハクマク圧力センサを真空チャンバ内の必要箇所へ設置することにより、従来の計測方法ではほぼ不可能であった真空容器内部の圧力分布の様子を実測できた。

〈岡野夕紀子〉

〔参考文献〕

1) S. Tajiri, T. Aozono, A. Okamoto, S. Ogawa and H. Mima:43rd Preprints of the Joint Symposium on Vacuum, Osaka (2002) p.279.

2) S. Tajiri, T. Aozono, A. Okamoto, S. Ogawa and H. Mima:44th Preprints of the Joint Symposium on Vacuum, Tokyo (2003) p.86.

3) S. Tajiri, T. Aozono, A. Okamoto, S. Ogawa and H. Mima:45th Preprints of the Joint Symposium on Vacuum, Osaka (2004) p.108.

4) S. Tajiri, Y. Okano, T. Aozono, A. Okamoto, S. Ogawa and H. Mima: 49th Preprints of the Joint Symposium on Vacuum, Shimane (2008) p.65.

5) S. Tajiri, Y. Okano, T. Okada, T. Aozono, S. Ogawa and H. Mima: 52th Preprints of the Joint Symposium on Vacuum, Tokyo (2011) p.119.

6) S. Tajiri, T. Onishi, T. Okada, Y. Okano, T. Aozono, S. Ogawa and H. Mima: 53th Preprints of the Joint Symposium on Vacuum, Osaka (2012) p.109.

7) S. Tajiri, T. Onishi, T. Okada, Y. Okano, S. Ogawa and H. Mima: 54th Preprints of the Joint Symposium on Vacuum, Ibaraki (2013) p.74.

8) S. Tajiri, T. Onishi, Y. Okano, S. Ogawa and H. Mima: J. Vac. Soc. Jpn., 60 (2017) 227.

9) Y. Okano, S. Tajiri, T. Aozono, A. Okanoto, S. Ogawa and H. Mima: J. Vac. Soc. Jpn., 52 (2009) 524.

10) 奥山哲雄、中村宗敦・コンバーテック、5月号 (2012) p.60.

11) T. Okuyama, I. Kobayashi, N. Watanabe, T. Tsuchiya and M. Nakamura: Proceedings of the 20th International Display Workshops (IDW'13), Sapporo (2013) p.1542.

第3編 真空計測器

第4節 真空計の校正方法

4.1 真空計の校正の必要性

真空計は圧力に依存する各量、例えば電離真空計の場合は分子密度に比例するイオン電流を、静電容量型隔膜真空計の場合は圧力よる隔膜の変位を測定し、圧力の値に換算する。各真空計の節に述べられているように、それぞれの真空計にはそれぞれの測定原理に基づく圧力算出のための式が導出されている。文献値または実測値から得られた分子の衝突断面積や隔膜のヤング率などの物理量と、エミション電流や隔膜の変位とを用いて、それぞれ真空計の原理式から電離真空計や隔膜真空計の圧力値を算出ことが可能であり、実際にその様な研究も活発に行われている。しかし、多くの場合、そのような物理量を個々の真空計について正確に測定することは多大な労力を要する。そのため、分子の衝突断面積などのような物理量が圧力に依存しないまたは圧力への依存性が小さい圧力範囲において、イオン電流や変位に基づく静電容量が圧力に比例または単純な関係であることに着目して、それらの変化量の測定結果を圧力に換算して表示することが日常的に行われる。この場合、真空計は、実質的にイオン電流の計測器または静電容量の計測器であるため、それらの計測量と正確に発生させた圧力との相関関係を導く必要がある。この作業が校正（正確には比較校正）である。すなわち、正確な圧力測定値を得るためには、使用する真空計が正確に校正されていることが重要である。

注意点として、例えば、隔膜真空計のように隔膜の変位を用いて圧力測定をするなど、圧力測定の零点を決めるのが難しい真空計がある。その場合、真空計が零点であることを別の真空計で確認する必要がある。

JIS Z 8103:2000「計測用語」において、校正は、「計器又は測定系の示す値、若しくは実量器又は標準物質の表す値と、標準によって実現される値との間の関係を確定する一連の作業。」と定義されている。

また、校正には計器の調整は含まれないことは、同JISの校正の項の備考として、「校正には,計器を調整して誤差を修正することは含まない。」を記載されていることからも重要である。

4.2 真空計の校正の分類

校正は、絶対校正と比較校正とに大きく分けられる。

絶対校正は、一次校正とも呼ばれ、計測器の測定量以外の物理量を測定することで、計測器の校正を行う。真空技術での代表的な例として、液柱差真空計が挙げられる。液体を封じ込めたU字管の両端に加わる圧力差は、液体の密度、液面の高さ、重力加速度のそれぞれを正確に測定することにより求められる。

比較校正は、被校正機器と同じ測定量を持つ計測器を参照標準（標準器とも呼ばれる）とし、参照標準を基準にして被校正機器の校正を行う。真空技術では、参照標準の真空計を基準にして他の真空計を校正することが、比較校正である。

比較校正の場合、参照標準は別の参照標準により比較校正され、その参照標準も他の参照標準により校正されるように校正の連鎖が構築される。しかし、この連鎖は無限に続かなく、遂には、参照標準は絶対校正されることが必要となる。参照標準を絶対校正する際にSI単位系に対して校正することで、そのような参照標準に校正の連鎖がつながる計測器はSI単位系に対してトレーサブル(traceable)になる。言い換えれば、SI単位系に対してトレーサブルに構成された真空計の単位Paは、$\mathrm{kg\ m^{-1}\ s^{-2}}$の次元を持ち、そのそれぞれがキログラム原器やメートルの定義、秒の定義にたどり着く。

JIS Z 8103:2000「計測用語」において、トレーサブルの名詞系であるトレーサビリティ(traceability)は、「不確かさがすべて表記された切れ目のない比較の連鎖によって、決められた基準に結びつけられ得る測定結果または標準の値の性質。基準は通常、国家標準または、国際標準」と定義されている。ここで、不確かさは、計測器及び校正の精度の指標の一つであり、同じJISにおいて「合理的に測定量に結びつけられ得る値のばらつきを特徴づけるパラメータ。これは測定結

果に付記される。」と定義されている（付録参照）。

　現在の計測器は、電子技術の発達や電気回路設計の最適化などにより測定の再現性、安定性は向上している。一方で、絶対校正の不確かさには、それぞれの物理量の測定、例えば液柱差真空計では、液体の密度、その場の重力加速度、液柱差など、測定に関わる不確かさが圧力の不確かさに累積される。であるので、計測器の再現性、安定性は絶対校正の不確かさよりも小さい傾向にある。しかし、再現性、安定性の優れた計測器を利用したとしても、計測器を用いた測定の絶対値を求めるためには、絶対校正または絶対校正に校正の連鎖がつながる計測器を参照標準とした比較校正が必要になる。

　比較校正の不確かさを実用上問題が無いくらいに小さくするためには、真空計の比較校正の連鎖を経てたどり着く絶対校正において、それぞれの物理量を不確かさ小さく正確に測定する必要がある。そのような装置は大掛かりになる傾向があるため、国内に一台あれば良く、他の計測器は全てこの装置にトレーサビリティを取るようにすれば効率が良い。そのため、計測器の絶対校正は国家の事業として行われることが多い。例えば、真空計及び同じPaを単位とする圧力計の国家標準としての絶対校正は、日本国内では、国立研究開発法人産業技術総合研究所 計量標準総合センター(NMIJ)において実施されている。もう一方の比較校正は、それほど大掛かりな装置を必要としない。そのため、校正事業者や事業者内での校正に適している。

4.3 真空計の比較校正

　真空計や圧力計の校正は、被校正器の圧力測定ポート内の圧力を、既知の圧力に設定することで行われる。既知の圧力を作る方法として、参照標準となる真空計や圧力計を用いる場合（比較校正）と液柱差真空計など圧力の絶対測定が可能な真空計や圧力計を用いる場合（絶対校正の類型[1]）や、そのような圧力を発生させて用いる場合（絶対校正の類型[2]）がある。

　比較校正で、校正装置内の圧力が高いときは、ベルヌーイの定理により、真空配管内のどこに参照標準や被校正器を設置しても、それぞれの圧力

ポートには同じ圧力が加わる。この原理に基づく比較校正法は、静的平衡法、あるいは封じきり法と呼ばれる。圧力が低いときは、比較校正装置内の圧力分布や装置内のガス放出などによる圧力変化を考慮する必要がある。そのため、一様な圧力を発生させる方法として、動的平衡法（淀み法とも呼ばれる）が良く使われる。

　原理的には、圧力に応じて上記二つの方法を選択することにより真空計の比較校正が可能になる。しかし、装置の形状や真空計の内容積に対する装置の構造などに差があると、その差を補正する必要がある。そのような差をできるだけ小さくして補正をできるだけ少なくするために、装置構造を含めた真空計を比較校正する方法の標準化が国際的に必要となった。真空技術を担当する国際標準化機構(ISO)第112技術委員会(TC 112)では各国から真空技術に熟知した代表が集まって審議を行い、ISO規格としてISO 3567:2011Vacuum gauges - Calibration by direct comparison with a reference gaugeを制定した。日本では、そのISO規格に技術的に差異がないように和文化し、日本工業規格(JIS)として「JIS Z 8750:2009 真空計校正方法」が制定された。以下、ISO規格とJISは技術的には同一であるため、JIS規格をベースにして、真空計の比較校正方法を概説する。

4.4 JIS Z 8750概説
4.4.1 要求事項
（1）校正容器の設計
　装置の構成の例として、JIS Z 8750では、図4.1が挙げられている。装置の要件としては、下記の通りである。
（a）校正装置の内容積は、被校正真空計の合計容積の20倍以上である。
（b）形状については、軸対象とする。球型が理想であるが、高さが直径の1〜2倍の円筒型、及びその円筒の上部をドーム状にした形状も許容される。
（c）排気口とガス導入口は、軸対象の軸上に位置する。ただし、気体の導入口について、排気口と真空ポンプを含めた排気システムとの間に取り付ける場合は、対象軸上になくても良い。
（d）真空計の取り付け位置は、排気口及びガス導

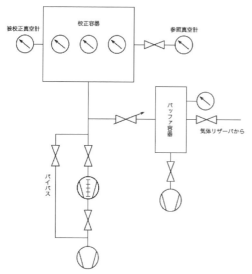

図4.1 JIS Z 8750に掲載されている、真空計の比較校正装置の一例

入口から見て軸対象かつ等距離、同じ高さの位置に取り付ける。言い換えれば、対象軸に垂直な平面上に取り付ける。また、ガス導入口から真空計に到達する気体がないように、真空計の取り付け口は、ガス導入口が直接見えないようにする。

(e) 校正装置の温度分布は、1K以下にする。ただし、熱陰極電離真空計など発熱する真空計の場合、真空計から5cm以内については考慮しない。
(f) 校正装置の温度は、23℃±3℃であるが、校正中の温度変動は1K以内にしなければならない。

校正圧力が100Pa以上で静的平衡法により比較校正を行う場合、(a)～(e) 項目については無視しても良い。また、動的平衡法により比較校正を行う場合において、(a)～(e) 項目について達成できない場合でも、その影響を補正し、補正の不確かさを見積もることで、比較校正が行うことが可能になる。

(2) 真空計の取り付け位置

参照標準及び被校正真空計を加熱及び冷却するような気体の流れ（風）が無いようにする。場合によっては、保護カバーをつけると良い。

(3) 排気系及び気体導入系

校正装置の到達圧力は、最低校正圧力の1/10以下にする。必要に応じて、加熱脱ガスを行う。真空ポンプについては、溜め込み式ポンプではなく、ターボ分子ポンプなど系外に気体を排出するポンプが望ましい。また、真空容器への油の逆流は排除する。

(4) 校正気体

純度99.9%以上の窒素ガスを用いる。校正依頼者の要求により、他の気体や素性のよくわかった混合気体を用いても良い。

(5) 温度計及び環境条件

4.4.1.1 (e) 及び (f) の項目が達成できるように、温度計については、校正の拡張不確かさが0.5K以下に校正された温度計を使用することと規定されている。

(6) 参照真空計（参照標準）

国家標準にトレーサビリティが確保された真空計を用いる。校正にあたり、感度に気体種依存性がある場合、校正に用いる気体で参照真空計を校正する。

4.4.2 校　　正

(1) 校正方法の選択

圧力が100Pa以下の場合、比較校正チェンバー下流側から気体を導入する動的平衡法で行う。圧力が100Pa以上の場合、静的平衡法で行う。

(2) 校正前のバックグラウンドの確認

動的平衡法により校正する場合、到達圧力を最低校正圧力の1/10以下であることを確認する。静的平行法により校正する場合、バルブを閉じて系を封じ切った時の5分間の圧力上昇量が最低校正圧力の1/10以下であることを確認する。校正中の比較校正チェンバー内の圧力推移を図4.2に示す。

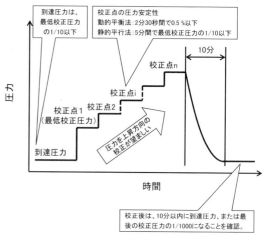

図4.2 JIS Z 8750に則った真空計の比較校正時の圧力の変化の一例

（3）校正圧力の設定方法

　校正圧力は、順次上昇させて設定する。圧力を下降させる手順の場合は、零点の変動が大きくなるので、注意を要する。

（4）各校正点での測定方法

　動的平衡法により校正する場合、各測定点での圧力の変化を2分30秒の間に0.5%以下程度に安定させる。静的平衡法により校正する場合、バルブを閉じて系を封じ切った時の5分間の圧力上昇量が最低校正圧力の1/10以下であることを必要である。それ以上の圧力変化がある場合、動的平衡法に切り替えて校正を行う。

（5）校正後の装置の取り扱い

　校正後、比較校正チェンバー内を真空排気する。その際に、排気後10分以内に到達圧力または最後の校正圧力の1/1000に達しない場合、装置の故障などが予想されるので、各部分を点検し、再校正を実施する。

4.4.3 校正の不確かさ

　同規格では、校正を行った真空計の校正値の不確かさについて次の項目を考慮するよう規定されている。

・測定の不確かさ及び時間変動による到達圧力の不確かさ

・被校正真空計または参照真空計の取り付け口の真空容器内面側での分子密度または分子の速度分布の不均一さに校正圧力の不確かさ。この項目については、校正装置に起因する不確かさ、つまり真空計取り付け口間の圧力の不均一性は、圧力が100Pa以下の場合は0.3%、圧力が100Pa以上の場合は0.1%であると期待される。

・時間変動による校正圧力の不確かさ

・参照真空計の測定の不確かさ

・被校正真空計の表示値の読みの不確かさ

・校正気体の純度の不確かさ

・測定の繰り返し性

　不確かさ評価の全体については、付録で簡単に紹介している。不確かさの要因の個々の項目については、ISO 27893:2011 Vacuum technology — Vacuum gauges — Evaluation of the uncertainties of results of calibrations by direct comparison with a reference gaugeに詳しい。

4.4.4 校正結果の報告（校正証明書）

　真空計の校正証明書について、以下の項目を記載するように規定されている。1～7については、JIS Q 17025によって規定されている。8～15については、JIS Z 8750によって追加で規定されている。

1．題目
2．校正機関の名称及び所在地
3．校正証明書の識別
4．顧客の名称及び所在地
5．用いた方法の識別
6．校正を実施した日付
7．校正証明書に発行権限をもつ人物の氏名、職能及び署名又は同等
8．参照真空計及び被校正真空計の識別（真空計の形式及び製造業者、並びに真空測定子、関連制御計測部などの製造番号）
9．環境温度（校正中の変動及び不確かさ）
10．真空容器の温度（校正中の変動及び不確かさ）
11．校正期待の種類
12．到達圧力
13．真空計の測定条件（制御計測部などを含む）
14．真空計の設置条件（測定子の向き、校正容器中の位置、場合によっては測定子の配管の形状またはフランジの形など）
15．校正結果：校正結果は、必要な補正を施した参照真空計の圧力値（標準圧力）、零点などの補正を施した被校正真空計の圧力値（被校正真空計の表示値）、感度係数または補正係数、感度係数または補正係数の拡張不確かさ。代表的な例を、**表4.1**及び**表4.2**に示す。

4.4.5 校正上の注意点

　JIS Z 8750では、次の事項に注意するように述べられている。

・校正の圧力点について、通常は校正依頼者との合意により決定する。指定が無い場合は、一桁に少なくとも3点かつ対数目盛りで等間隔になるように1、2、5または2、5、9を測定することが望ましい。

・測定の繰り返し回数についても、通常は校正依頼者との合意により決定する。1回しか校正を行わない場合は、例えば、同形式の真空計につ

第3編 真空計測器

表4.1 JIS Z 8750に掲載されている校正証明書における校正結果の表記の例

標準圧力	被校正真空計の表示値	校正から求めた値（感度係数、補正係数など）	前欄の値の拡張（相対）不確かさ
校正点1			
校正点2			
校正点3			

表4.2 真空計に限らず、幅広い分野で使用されている校正証明書のにおける校正結果表記の例

	被校正真空計の表示値	標準圧力	標準圧力の不確かさ
校正点1			
校正点2			
校正点3			

いて事前に多数測定するなどして蓄積したプールデータの活用など、その校正結果の繰り返し性に関する不確かさを見積もる方法を持っていることが望ましい。

・汚染された被校正真空計は、校正装置の汚染の原因になる可能性があるため、注意を要する。

・真空計の種類によっては、振動に敏感な場合ある。

・真空計の取り扱い及び相互干渉についても注意が必要である。例えば、フルスケールが133Paの隔膜真空計など圧力精度の良い真空計は、フルスケール以上の圧力に晒すと校正値が変化する恐れがある。その場合、保護用バルブをつけると良い。また、ペニング真空計など永久磁石を用いた真空計は、他の真空計と磁気的影響が無いように注意する。電離真空計を複数配置する場合、電離真空計間での荷電粒子が直接他の電離真空計に入射しないように、対向して配置する際は邪魔板を設けるなど注意が必要である。

・再校正周期は、おおよそ12ケ月周期が望ましい。当該真空計の長期安定性に関する測定結果が十分に蓄積できている場合、再校正周期を2年に伸ばせる可能性が出てくる。

4.5 校正結果の使い方

通常、真空計に限らず計測器の校正結果は、表4.1または表4.2のように離散的な校正圧力点に対して与えられる。しかし、実際に真空計を用いる

ときは、ちょうど校正圧力点の圧力を測定することは少なく、校正圧力点間の圧力を正確に測定することが要求される。このため、校正された真空計について、校正結果を用いて、校正圧力点間についても適切に補正しなければならない。補正の際の主な注意事項をまとめた。

・校正圧力点をフィッティングなどにより滑らかにつなぐ際には、できるだけ使用する真空計の原理式を使って校正曲線を作成すると良い。例えば、校正圧力点数がnの場合、n-1次の多項式で全ての校正圧力点を滑らかにつなぐことが可能だが、その多項式が実際の真空計の校正曲線を表すことは少ない。また、校正曲線と校正結果との差異は、適切に不確かさとして計上する必要がある。

・校正結果は、結果が得られたその瞬間、または校正証明書が発行されたその瞬間の値であり、実際に真空計を用いて圧力を測定する時の結果ではない。そのため、適切な方法で校正からの経時変化を見積もり、補正するか、不確かさとして計上する必要がある。経時変化の見積もり方法としては、校正結果の蓄積などが考えられる。

・同様に、校正結果は、結果が得られたときの室温、湿度、計測器の姿勢まれに気圧、電圧などの環境条件下である。それらの条件が変わったときは、適切な方法で校正したときからのそれらの変化を見積もり、補正するか、不確かさとして計上する必要がある。真空計と真空装置間に温度差ある場合、熱遷移現象についても適切な補正、または不確かさへの計上が必要である。

4.6 校正の第三者認証
4.6.1 計量法による校正事業者登録制度

現在、様々な分野で信頼性向上のために第三者認証が実施されている。第三者認証とは、自己でも相手方でも無い公正・中立な第三者である認定機関に自己の能力、サービスの審査を依頼し、認めてもらうことである。そのメリットとしては、（1）社会的信頼の獲得、（2）第三者視点による問題の発見、（3）継続的な改善がある。特に、（3）について、多くの第三者認証制度では定期的な審

査を義務付けている。定期的に審査を受けることで能力、サービスの水準を保つことにつながる。

第三者認証を受けることで、多くの場合、認定機関やその機関の運営する制度によって定められた標章の使用が可能になる。その標章（別添証明書の場合や、製品によっては貼付の場合がある）は、相手方や相手方のそのさらなる相手方にとって、能力やサービスについて第三者認証を受けており、一定の水準に達していることが直ちにわかる。

測定器の校正についても、第三者機関が校正の能力を認める仕組みがある。日本では、計量法による校正事業者登録制度として運営されている。具体的には、独立行政法人製品評価技術基盤機構(NITE)認定センター(IAJapan)が認定機関として運営するJCSS制度（図4.3）、及び公益財団法人日本適合性認定協会(JAB)が認定機関として運営する制度が挙げられる。

校正事業者登録制度における認定の基準は、ISO/IEC 17025 General requirements for the competence of testing and calibration laboratoriesである。日本国内では、ISO/IEC 17025と同等性を持って制定されたJIS Q 17025「試験所及び校正機関の能力に関する一般要求事項」である。その他、ISO/IEC 17025を補足するために各認定機関が定める規則がある。ISO/IEC 17025は、試験所及び校正機関がその能力を維持しかつ外部に表明するための最低限として、2005年に定められた規格である。ISO/IEC 17025は、ISO 9001シリーズをもとにしていながらも同シリーズで規定されていない校正装置の保有、校正者の教育、国家標準へのトレーサビリティの確保など技術的な項目について規定されている。ISO/IEC 17025への適合性確認において、試験所及び校正機関はその能力を確認するための技能試験への参加が必須とされており、その結果（多くは他の試験所及び校正機関との校正結果の同等性の確認結果）も、認定の際に利用される。

それぞれの認定機関が校正機関の審査を行い、計量法における校正事業者登録制度の基準を満たすと認めた場合、IAJapan及びJABの定めた標章が付された認定証が校正機関に対して発行されるとともに、校正機関はその標章を付した校正証明書の発行が可能になる。多くの第三者認証制度と同様に、校正事業者登録制度においても、校正機関に対して定期的な審査及び検査と、場合によっては技能試験への参加が義務付けられている。このようにして、校正機関の技能水準を保っている。

真空計の比較校正を行う際には、そのような認定あるいは登録された校正事業者で校正され、認定の標章がついた校正証明書が付された真空計を校正の参照標準として用いることにより、国家標準までのトレーサビリティを気にせずに校正の参照標準として利用でき、校正された真空計も同様に国家標準へのトレーサビリティが確保されたことになる。同様に、認定の標章がついた校正証明書が付された真空計は、校正証明書に記載された事項に基づいた適切な補正を施すことにより、国家標準までのトレーサビリティが確保された測定圧力値が信頼できる真空計として使用可能である。

真空計について、国内における最新の計量法による校正事業者登録制度に登録された事業者は、JCSSについては認定センター(IAJapan)のホームページ、JABについてはJABのホームページに掲載されている。

4.6.2 各国の状況と国際相互認証

このような校正の第三者認証制度は世界各国で運営されている。例えば、アメリカではA2LAやNAVLAP、ドイツではDakks、韓国ではKOLASなどである。しかし、各国はそれぞれ主権を持った国であることから、これらの制度の相互乗り入れは基本的には行われない。つまり、日本から海外に計測器を輸出する際に例えばJCSS標章をつけた校正証明書を添付した場合、その計測器自体に問題がなくても、相手国においてはそのJCSS標章をつけ

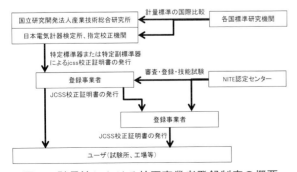

図4.3 計量法における校正事業者登録制度の概要

た校正証明書は無効であり、その国の制度に則った校正機関で再校正を受け、その国の制度に則った標章をつけた校正証明書の発行が必要となる。

　このような手続きは、煩雑であるだけではなく余分なコストの増大になり、貿易の非関税障壁となりうる。そのため、国際的には国際試験所認定協力機構(ILAC)及びAPEC域内に限ってはアジア太平洋試験所認定協力機構(APLAC)では、加盟各国内の参加認定機関が相互に校正の第三者認証について承認する(MRA)仕組みが構築されている。つまり、加盟国の間では、参加機関の発行した校正証明書は互いに加盟国内で通用する。国内では、先述したIAJapan及びJABは、その仕組みに参加の署名をしている。先の例で例えるならば、日本からの海外に計測器を輸出する際に添付したJCSS標章をつけた校正証明書は、アメリカではA2LAやNAVLAP標章付きの校正証明書と同等に、ドイツではDakks標章付きの校正証明書と同等に扱われることになる。すなわち、校正における国境をまたいだワンストップサービスが実現されている。その同等性は、国家計量機関間の国際比較とお互いの審査、及び認定機関同士の国をまたいだお互いの審査により技術的に担保される。そのために、NMIJに限らず世界の国家計量機関は、各々の校正能力の確認のために定期的に国際比較に参加する。

〔参考文献〕
JIS Z 8126-1:1999 真空技術－用語－第1部：一般用語
JIS Z 8126-2:1999 真空技術－用語－第2部：真空ポンプ及び関連用語
JIS Z 8126-3:1999 真空技術－用語－第3部：真空計及び関連用語
JIS Z 8750:2009 真空計校正方法
ISO 27893:2011 Vacuum technology — Vacuum gauges — Evaluation of the uncertainties of results of calibrations by direct comparison with a reference gauge

第5節 真空計の校正の不確かさ
5.1 不確かさとは

　不確かさとは何であろうか。今も使われている誤差や精度、繰り返し性とはどのように違うのであろうか。

　従来、測定値の正しさの指標として、誤差が使われている。誤差は、真値から測定値までの差と理解されている。ここで言う真値は、測定対象の正しい値（測定値ではない）であり、計測器の桁数やばらつきなどの制約により実際には測定や表示のできない値である。この場合、どのようにして誤差は算出されるのであろうか。より一般的には、真値は比較校正の際の参照標準の値とされる場合がある。しかし、参照標準の指し示す値は、どれくらい正しいのであろうか。

　また、精度と言う言葉は一般的には計測器の最小分解能又は測定条件を同じくした場合の測定値のばらつきと理解されることが多く、そこには測定値の絶対値の正しさに関する情報を含まない。繰り返し性も、同じ測定対象を繰り返し測定したときに測定値のばらつきと理解されており、これもまた精度と同様である。

　測定の正しさについて、弓を使って矢を放ったときの的における矢の位置のばらつきで考えてみる。どんなに弓を放つとき的の中心に当てようとしても（どんなに正確に測定しようとしても）、放つときの姿勢のブレや風の影響（補正や温度の影響）などにより矢は的の中心を外れる（正確な測定は難しい）。その結果を、図5.1参照に分類した。(a)では矢がすべて的の中心に当たっている。この場合が最良であり、比較的正確な測定がなされていると考えられる。(b)では、矢は一か所にまとまっているが中心からはずれている。(c)では、矢は的一面にばらけているが矢の位置の平均値は的の中心に近い。では、(b)と(c)の場合

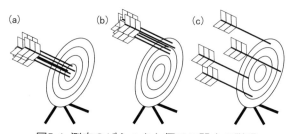

図5.1 測定のばらつきと偏りに関する説明

では、どちらが良い結果であろうか？

矢を射ることの目的は、できるだけ的の中心を矢で射ることであり、的のどこでも良いから矢を集めることではないことを考えると、(b)は精度は良いが偏っている、(c)は精度は悪いが偏っていない、と言うことができる。

話を測定に戻すと、(b)のような測定結果は、精度あるいは繰り返し性は良いが、偏った測定である。(c)のような測定結果は、精度あるいは繰り返し性は悪いが、偏っていない測定である。矢のばらつきはそのまま測定の精度であり、的の中心から矢の当たった位置の平均値が誤差に相当する。一般的な測定では、的の中心、すなわち真値はわからないため、誤差を測定する方法は無い。しかし、矢を数多くはなてばそのうちの一本は的の中心あたるかもしれない。しかし、それより重要なことは、矢は的の中心を狙っているため、矢の当たった場所の平均値は的の中心に近づくはずである。つまり、偏った測定は正しい値を示さないが、偏っていない測定では真値に近く、また測定回数を増やすにつれてその平均値はより真値に近づく。

国際標準化機構(ISO)を中心に国際度量衡局(BIPM)、国際電気標準会議(IEC)、国際臨床化学連合(IFCC)、国際試験所認定協力機構(ILAC)、国際純正・応用化学連合(IUPAC)、国際純粋・応用物理学連合(IUPAP)、及び国際法定計量機関(OIML)ではこの問題について、統一的な見解をまとめ、測定の正しさを表す指標を不確かさ(uncertainty)とした。不確かさは、測定結果の解析や校正証明書に記載された結果などを用いて解析的に推定できるようにした。不確かさの概念で重要なことは、真値は測定不可能な値であり、複数回測定した測定値のばらつきの中に真値が確率的に含まれることである。

5.2 不確かさの求め方
5.2.1 概　説

不確かさの算出自体は従来から行われている方法を踏襲している。すなわち、入力量ごとに不確かさを算出し、それら不確かさを合成して測定量の合成不確かさとする。さらに、測定の信頼の水準に応じて決められる包含係数を得られた不確かさに掛け合わせて、最終的な測定量の拡張不確かさとする。

一般的な不確かさの算出手順は、以下である。
1．入力量と測定量との間の関係式を建てる。
2．不確かさ成分の抽出・評価を行う。
3．不確かさを合成して、測定量の合成標準不確かさを計算する。
4．測定の信頼の水準に応じた拡張不確かさを計算する。
5．不確かさ評価を文書化する。

以下の例では、入力量間の相関は無いかあったとしても無視できるほど小さいとする。
註：入力量間に相関がある場合は、教科書を参照されたい。

5.2.2 入力量と測定量との関係式

測定量の不確かさを解析的に求めるために、測定結果を数式で表してモデル化する。

例えば、測定量yが複数の入力量x_1、x_2、…、x_i、…x_nの関数としたとき、次式で表される。

$$y = f(x_1, x_2, \cdots, x_i, \cdots, x_n) \quad (5.1)$$

5.2.3 不確かさ成分の抽出・評価

測定量yの不確かさの要因として、入力量x_1、x_2、…、x_i、…x_nである。また、それぞれ入力量ごとにさらに細かい不確かさの要因が存在するかもしれない。そのような関係を見易くした図（特性要因図）を、図5.2に示す。中ほどの太い矢印が測定量の不確かさを意味する。その不確かさに影響を与える項目として、入力量x_1、x_2、…、x_i、…x_nからの矢印が出力量の矢印に結合されてい

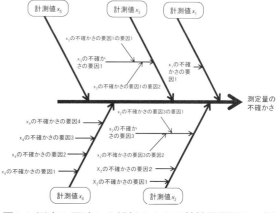

図5.2 測定の不確かさ解析のための特性要因図の一例

る。それぞれの入力量についてさらに不確かさの要因がある場合は、さらに別の矢印として描かれている。例えば、入力量x_1に関しては、不確かさの要因が一つである。入力量x_2については、不確かさの要因の数が三つであり、さらにそのうち不確かさの要因3についてはさらに細かい不確かさの要因の数が二つあることを示している。また、入力量x_5に関しては、不確かさの要因が無い。つまり、定数である。

このようにして、不確かさの要因ごとにさらなる要因を検討する。このプロセスで重要なことは、それぞれの不確かさ間の大小は、この後のステップで評価するので、想定される不確かさの大小にかかわらず要因をすべてリストアップすることである。この段階で、不確かさが小さいだろうと判断し不確かさの要因から除外することは、測定量の不確かさの過小評価や要因の漏れ等、思わぬ結果を導く恐れがある。

次に、挙げた不確かさの要因について、それぞれの標準不確かさを推定する。

計測器を用いて計測する場合で、測定値が正規分布であるとみなせる場合、標準不確かさは測定値の標準偏差を測定回数の平方根除した値である(A type)。

註：標準偏差と平均値の標準不確かさについての詳細は、統計の教科書を参照されたい。

校正証明書を含む文献値、計測器の分解能、あるいは経験などによる場合で、記載された又は推定した不確かさの範囲内に真値が一様に確率分布する場合は、不確かさの区間を$2\sqrt{3}$で除した値を標準不確かさとする(B type)。その他、確率分布の推定方法によって、三角分布など様々な確率分布が考えられるが、詳細は統計の本を参照されたい。

5.2.4 合成標準不確かさの計算

基本的に、測定量の不確かさの単位は、測定量の単位と同じである。そのため、ある入力量と測定量の単位が異なる場合は、それら単位間に換算が必要になる。

換算方法として、入力量の変化に対する測定量の変化を求めるために、モデル式を入力量毎に一階の偏微分をして感度$\partial y/\partial x_i$を求める方法がよく使われる。(図5.3参照)。入力量の微小変化量と

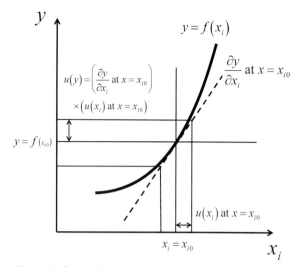

図5.3 測定の不確かさ解析のために必要な感度の概念図

感度を掛け合わせることで、そのときの測定量yの変化量が算出される。

この作業をすべての入力量について行う。

続いて、単位を全て測定量の単位にそろえた各入力量x_iの標準不確かさを合成して、測定量yの合成標準不確かさとする。合成方法として、単純和など様々なモデルが提案されているが、二乗和の平方根が良く使われる。

$$u(y) = \sqrt{\sum_{i=1}^{n}\left(\frac{\partial y}{\partial x_i}\right)^2 u^2(x_i)} \quad (5.2)$$

5.2.5 拡張不確かさの計算

測定量yの拡張不確かさ$U(y)$は、合成標準不確かさ$u(y)$と包含係数kとから、次式であらわされる。

$$U(y) = ku(y) \quad (5.3)$$

測定の有効自由度が充分大きい場合、信頼の水準約95%の不確かさとしたい場合の包含係数kは2である。

註：有効自由度については、統計の教科書を参考されたい。

5.2.6 不確かさ評価の文書化

通常、測定は繰り返し行うため、測定量の不確かさの算出も繰り返し行う。その際に不確かさの評価方法を文書化することにより、毎回同じ手順で不確かさを推定できるだけではなく、担当する

技術者が交替しても不確かさの評価方法を引き継げる。

5.3 代表的な計算例

5.3.1 測定量が入力量の和で表される場合

測定量yが入力量x_1、x_2、$\cdots$、x_i、$\cdots x_n$の線形結合和で表される場合、測定量yは以下の式で表される。

$$y = a_1 x_1 + a_2 x_2 + \cdots + a_i x_i + \cdots + a_n x_n$$

$$(5.4)$$

測定量yを入力量x_iで偏微分した結果は、次式で与えられる。

$$\frac{\partial y}{\partial x_i} = a_i \tag{5.5}$$

測定量yに対する入力量x_iの不確かさは、式（5.5）と入力量x_iの標準不確かさ$u(x_i)$の積である次式で表される。

$$\frac{\partial y}{\partial x_i} u(x_i) = a_i u(x_i) \tag{5.6}$$

全ての入力に対して上記操作を繰り返し、得られた不確かさの二乗和の平方根を取ることで測定量yの合成標準不確かさは下式のように表される。

$$u(y) = \sqrt{\sum_{i=1}^{n} a_i^2 u^2(x_i)} \tag{5.7}$$

特に、すべてのa_iが1の場合、

$$u(y) = \sqrt{\sum_{i=1}^{n} u^2(x_i)} \tag{5.8}$$

で表されるように、測定量yの不確かさは、入力量x_iの不確かさの二乗和の平方根で表される。

5.3.2 測定量が入力量の積で表される場合

測定量yが入力量x_1、x_2、$\cdots$、x_i、$\cdots x_n$の積で表される場合、測定量yは以下の式で表される。

$$y = c\left(x_1 \times x_2 \times \cdots \times x_i \times \cdots \times x_n\right) \tag{5.9}$$

測定量yを入力量x_iで偏微分した結果は、次式で与えられる。

$$\frac{\partial y}{\partial x_i} = c\left(x_1 \times x_2 \times \cdots \times x_{i-1} \times x_{i+1} \times \cdots \times x_n\right)$$

$$(5.10)$$

測定量yに対する入力量x_iの不確かさは、上式と入力量x_iの標準不確かさ$u(x_i)$の積である次式で表される。

$$\frac{\partial y}{\partial x_i} u(x_i) = c\left(x_1 \times x_2 \times \cdots \times x_{i-1} \times x_{i+1} \times \cdots \times x_n\right)u(x_i)$$

$$(5.11)$$

全ての入力に対して上記操作を繰り返し、得られた不確かさの二乗和の平方根を取ることで測定量yの合成標準不確かさは下式のように表される。

$$u(y) = \sqrt{\sum_{i=1}^{n} c\left(x_1 \times x_2 \times \cdots \times x_{i-1} \times x_{i+1} \times \cdots \times x_n\right)u(x_i)}$$

$$(5.12)$$

式（5.12）の辺々を式（5.9）で除すると、

$$\frac{u(y)}{y} = \sqrt{\sum_{i=1}^{n} \left\{ \frac{u(x_i)}{x_i} \right\}^2} $$

で表されるように、測定量yの合成標準相対不確かさは、入力量x_iの標準相対不確かさ$u(x_i)/x_i$の二乗和の平方根で表される。

〈新井　健太〉

〔参考文献〕

ISO/IEC Guide 98 — Uncertainty of measurement — Part 3 — Guide to the expression of uncertainty in measurement (GUM:1995)

飯塚　幸三（監修）、今井　秀孝（翻訳）、計測における不確かさの表現のガイド−統一される信頼性表現の国際ルール、日本規格協会、1996年。

また、下記ウェブサイトにおいても初心者向けの文書が公開されている（2017年9月現在）

https://unit.aist.go.jp/mcml/rg-mi/uncertainty/uncertainty.html

第2章 分圧計

真空を利用した物や機器は多数ある。例えば保温ポットは真空断熱を利用したものであり、この場合は圧力をある一定値以下にすれば良く、その組成が問題になる事は無い。しかし薄膜製造等で使用する真空の場合はその組成によって膜質が影響を受ける。またガスの種類によって感度が異なる多くの真空計は、ガスの組成が明らかでなければ正確な全圧を知ることができない。

このような目的に利用される、真空のガス組成を測定する計器を分圧計、あるいは残留ガス分析計と呼んでいる。分圧計は質量分析計の他に発光分光計を利用した計器もあるが、現在殆どの計器が質量分析計を利用しており、本稿では質量分析計についてのみ述べる。

第1節 装置の原理

質量分析計は測定するガスをイオン化するイオン源、そのイオンの質量電荷比に応じて分離する質量分離部、質量分離したイオンを検出するイオン検出部から構成されている。質量分離の方式によって偏向型（磁場型）のものと非偏向型のものとに分ける事ができる。前者は一様な磁場、電場の中でイオン偏向軌道の差によって質量分離するもので、単収束型質量分析計、二重収束型質量分析計などがある。後者には飛行時間差型質量分析計、四重極型質量分析計などが含まれる。

分圧計としては単収束型質量分析計、四重極型質量分析計などが使用されてきた。これらの中で四重極型質量分析計は歴史的に見ると最も新しい質量分析計といえるが、磁場が不要で小型なのと、性能の目覚ましい進歩のため、現在では分圧計と言えば四重極型質量分析計を指す場合が多い。

(1) 単収束型質量分析計

質量分析計として最も古い歴史を持っており、1930年代後半にA.O.Nierらによって開発された。この方式は荷電粒子の運動が磁場中でローレンツの力を受け方向を変える事、またその変化の大きさが質量電荷比によって異なる事を利用している。図1.1に60度扇型磁場質量分析計の概略図を示す。

イオン源で生成したイオンを電圧Vにて加速し、これと直角においた扇型磁場Bに導く時、イオンの軌道半径をrとすれば

$$m/z = eB^2r^2/2V \tag{1}$$

の質量電荷比を持つイオンのみがイオン検出器に到達する。この時電圧又は磁場を走査することにより質量スペクトルが得られる。分圧計の場合永久磁石を使いイオンの加速電圧を変えるのが普通である。

この型の特徴としては、質量スペクトルの再現性や安定性が良いが、加速電圧と質量数の関係がリニアでは無く、大きな永久磁石を使う等、分圧計として適さない面もあり現在ではあまり使用されていない。

ヘリウムリークディテクタなど測定質量数を限定した用途には構造の簡便さ、低質量数での感度の高さから使用されている。

(2) 飛行時間型質量分析計

飛行時間型質量分析計は、イオンを加速して検出器に到達する時間を測定する事により質量分離を行う。その概略図を図1.2に示す。飛行時間型質量分析計は原理的に分解能を得るためにはイオンが飛行する長さが必要であり、小型化が難しい。そのため分析装置など据え置き型の機器に利用されているが、分圧計としては使われていな

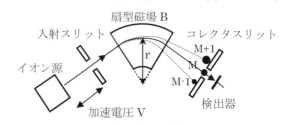

図1.1 60度扇型磁場質量分析計

第2章 分圧計

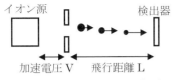

図1.2 飛行時間型質量分析計

い。

イオンの加速電圧をV、飛行距離をLとすると、m/zの質量電荷比を持つイオンの到達時間tは式(2)に示される。

$$t = L\sqrt{\frac{m}{z} \times \frac{1}{2eV}} \qquad (2)$$

(3) 四重極型質量分析計

四重極型質量分析計(Quadrupole Mass Spectrometer QMS)は、1953年ドイツのボン大学のW.Paul博士により四重極電場による質量分析の理論が発表され、1960年代の初めに商品化されて以来、急速な進歩を遂げた質量分析計である。質量分析がバンドパスフィルタとして行われるところからマスフィルタ(Mass Filter)とも呼ばれている。図1.3にQMSの概略図を示す。

質量分離を行う四重極電極は平行に配置された四本の円柱ロッドから構成されており、その対抗するロッドを結線し、その各々に$U+V\cos\omega t$、$-U-V\cos\omega t$なる直流電圧と高周波電圧の重畳したものを印加する。これらの配置により、四重極電極内の電界は双曲電界となる。原理的に四重極電極は双曲断面をもったロッドにて組み立てるのが理想的であるが、作りやすさから円柱ロッドで近似されている場合が多い。円柱ロッドで双曲電界を形成するための最も良い近似は$r = 1.148 r_0$である。ここでrはロッドの半径、r_0は中心軸からロッドまでの最小半径である。

イオン源において生成したイオンが四重極の中心軸（z軸方向とする）に沿って入射されると、z軸方向へ進む間に四重極電極内に作られた電場によってx軸方向およびy軸方向の力を受ける。イオンはU、V、ω、r_0の値によってxy方向ともに限定された振幅内で安定に振動を繰り返し四重極内を通り抜けられる場合と、xy方向いずれか又は両方ともに振幅が増大し四重極電極に捕えられ、イオン検出部に到達しない場合がある。この様子を示す安定線図を図1.4に示す。

通常、xy安定領域の頂点部分を使用するが、この頂点における安定なイオンの質量電荷比は次式にて与えられる。

$$m/z = 4V/0.706 r_0^2 \omega^2 \qquad (3)$$

式(3)より明らかなように質量数と高周波電圧との間には直線関係があるので、高周波電圧を可変する事により質量掃引するのが一般的である。また質量分解能$M/\Delta M$は四重極電極に印加する直流電圧Uと高周波電圧Vの比によって決まり、次式にて与えられる。

$$M/\Delta M = 0.126/(0.1678 - U/V) \qquad (4)$$

他の質量分析計と異なり、式(4)の様に質量分解能を電気的に変えられ、これを利用して質量ピーク幅ΔMを一定にして質量掃引するのが一般的である。

この時、直流電圧Uと高周波電圧Vの間には

$$U = 0.1678 V - K \qquad (5)$$

の条件が必要である。KはΔMを決める直流バイア

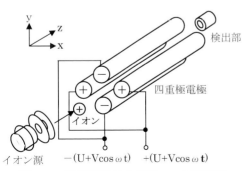

図1.3 四重極型質量分析計(QMS)の概略図

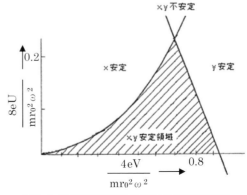

図1.4 四重極型質量分析計の安定線図[1]

213

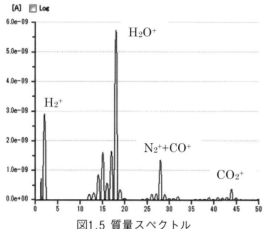

図1.5 質量スペクトル
圧力8×10⁻⁶Paにおける残留ガススペクトル

図1.6 市販されている四重極型質量分析計[3]

ス電圧である。

質量ピーク幅ΔMを一定にし、高周波電圧Vによって質量掃引した質量スペクトルを図1.5に示す。またQMSの外観の写真を図1.6に示す。

QMSは質量数がリニアでピークのm/zが読み取りやすい、マグネットを使用せず小型軽量である、二次電子増倍管を取り付けたタイプでは10^{-12}Paの最小検知分圧が得られるなど多くの長所があり、現在分圧計と言えばこのタイプを指す。

第2節 質量スペクトルの解釈

質量スペクトルが真空装置内のガス組成をそのまま示しているわけではない。組成を知るためには以下の点に注意して解釈する必要がある。

(1) イオンの解離

質量分析計によって得られる質量スペクトルはその気体の分子量Mだけではなく、イオン化の際の解離によりフラグメントピークが生成される。

図2.1にメタンのフラグメントスペクトルの例を示す。このフラグメントスペクトルで、一番高い16のピークを主ピークと呼び、この主ピーク高さを100として各ピーク高さを規格化したものを

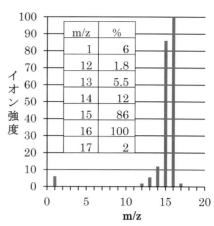

図2.1 メタンのフラグメントスペクトル

パターン係数と呼ぶ。フラグメントスペクトルの質量電荷比は各々16がCH_4^+、15がCH_3^+、14がCH_2^+、13がCH^+、12がC^+、1がH^+に対応する。

フラグメントピークの質量電荷比は各気体分子に特有であるが、ピークの高さは気体圧力や装置の条件によって変わる場合があるので注意を要する。

(2) 多価イオンの生成

例えばArではAr^+の他にAr^{++}が生成され、半分の質量の位置に出現する。

(3) 同位体の存在

同位体による質量の違うイオンも生成される。例えばアルゴンは$^{40}Ar^+$、$^{38}Ar^+$、$^{36}Ar^+$の同位体ピークが出現する。

(4) 比感度の違い

一般的に分圧計の感度はN_2（窒素）ガスで規定している。

同じ分圧であってもガス種によりイオン化効率の違いや引き出し電極の電圧、四重極の透過率の違いにより感度は違う。

N_2ガスの感度を1とした時の各ガスの相対感度を比感度と言う。

第3節 分圧の求め方

質量分析計を用いて分圧測定する場合は、前節第2 (1) ～ (4) を考慮して分圧を求める必要がある。

(1) 比感度のみを使う方法

分圧計の感度は一般的に窒素に対して規定される。窒素を導入しその時の信号電流Iと導入圧力P

の比を感度Sと呼び次式にて表わされる。

$$S = I/P \, (A/Pa) \quad (6)$$

また窒素に対する各気体iの感度の比率を比感度Kiと呼び次式にて示される。

$$K_i = S_i/S_{N2} \quad (7)$$

N_2の感度が分かり、他のガスの比感度が分かれば簡易的に分圧を求める事ができる。

市販されている分圧計でもこの方法により簡易的に分圧表示している物もある。この方法では主ピークのみを使用するため、フラグメント等が他のガスに与える誤差について留意して使用する必要がある。

(2) パターン係数を使用する方法

比感度とパターン係数を使用して分圧を求める方法について図3.1を用いて説明する。

また、一例として表3.1に筆者らが用いているパターン係数を示す。

図3.1はある真空装置の残留ガスの質量スペクトルで、気体1から気体iまでの成分を含んでおり各々P_1からP_iの分圧を持っている。また分圧計の各気体に対する感度は各々S_1からS_iである。

今、気体1に着目すると、主ピークの電流はS_1P_1である。この時質量数Mに対するパターン係数をa_{M1}とすれば、各々の質量数Mには$0.01_{aM1}S_1P_1$の電流が生じ気体1の質量スペクトルを与える。気体2、気体iについても同様に$0.01_{aM2}S_2P_2$、$0.01_{aMi}S_iP_i$の質量スペクトルを与える。実際に得られる質量スペクトルは、これらを加えたものとなる。すなわち、質量スペクトルの質量数Mにおける電流値I_Mは次式にて与えられる。

$$I_1 = 0.01(a_{11}S_1P_1 + a_{12}S_2P_2 + \cdots a_{1i}S_iP_i)$$
$$I_2 = 0.01(a_{21}S_1P_1 + a_{22}S_2P_2 + \cdots a_{2i}S_iP_i) \quad (8)$$
$$I_M = 0.01(a_{M1}S_1P_1 + a_{M2}S_2P_2 + \cdots a_{Mi}S_iP_i)$$

この多項式を解くことにより各々の気体の分圧P_1からP_iを求める事ができる。実際に式(8)を解く場合、各々の項を全て解く必要は無く、a_{Mi}の多くは零でありかなり省略できる場合が多い。

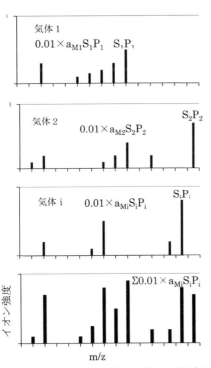

図3.1 スペクトルから分圧を求める概念図

表3.1 残留ガス成分のパターン係数及び比感度

成分 m/z	H_2	He	CH_4	H_2O	N_2	CO	O_2	Ar	CO_2
1	2.0		6.0	22.0					
2	100								
4		100							
12			1.8			3.5			7.3
13			5.5						
14			12.0		7.7	0.6			
15			86						
16			100	1.2		1.0	10.6		13.8
17			2.0	25.0					
18				100					
19									
20								10.0	
28					100	100			11.7
29					0.9	1.3			
32							100		
36								0.35	
37									
38								0.08	
39									
40								100	
44									100
45									0.9
46									0.2
比感度	1.52	1.40	1.34	1.34	1.00	1.03	0.87	1.23	0.80

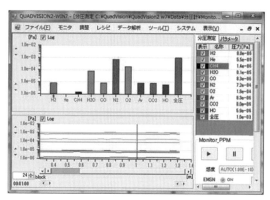

図3.2 分圧測定画面[4]

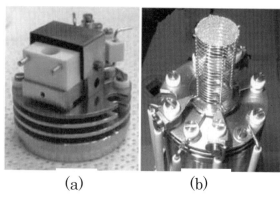

図4.1 イオン源 (a) 箱型、(b) かご型[2]

しかし、残留ガスの分圧測定をする場合に限定し、水素、ヘリウム、メタン、水、窒素、一酸化炭素、酸素、アルゴン、炭酸ガスだけを対象としても、式(8)を手計算で解くのは面倒である。

市販の分圧計では、パターン係数を用いて計算し、残留ガスの分圧を表示するものもある。これにより比感度やフラグメントの影響を低減した分圧が得られる。また同じ質量数である窒素と一酸化炭素を分離して表示する事が可能となっている。一例を図3.2に示す。

図3.2は大気を$1×10^{-3}$Pa導入した時のデータである。

第4節 分圧計の選択

(分圧計を実際に選択する時の注意)

分圧計を選択する場合、注意すべき点がいくつかあるが、その内の特に重要な点について述べる。

(1) 測定質量数

測定できる最大質量数はリークチェックや残留ガス分析であれば、CO_2(m/z44)を測定するために50amuまであれば十分である。しかし、油汚染等を確認する場合70amu程度は必要になる。

(2) 最小検知分圧

最小検知分圧は分圧計の感度を代表している数値である。

最小検知分圧はノイズ/感度で定義されており、どれだけ少ない分圧を検出できるかを表している。

必要な最小検知分圧は、例えば真空装置の到達圧力が10^{-5}Paで、この1/100の分圧を測定したいのであれば最小検知分圧は少なくとも10^{-7}Paが必要となる。実用上はこれより1桁良い10^{-8}Pa程度が必要になる。

(3) イオン源とフィラメント

イオン源には構造の違いで大別して箱型とかご型の2種類がある。箱型はイオン源にガスを導入できる構造になっており、導入ガス中の微量成分の測定に適しており分析装置等に使用されている。分圧計としては感度が高いかご型が一般的である（図4.1）。

フィラメントはイットリアコートイリジウムとタングステンが代表的である。選択できるのであれば酸化雰囲気に対して強いイットリアコートイジリウムが最適である。

(4) 検出器

検出器の種類には、イオンを受けその電荷をそのまま増幅回路へ送るファラディーカップ型と、電子に変換して数千倍に増幅して出力するSEM（二次電子増倍器）を使用したものがある。当然SEMを使用した物が高感度であるが、SEMの増幅度は徐々に低下するので感度安定性の面ではファラディーカップが優れている。

第5節 分圧計の応用

分圧計の応用として(1) 残留ガスの簡便な分圧計算、(2) 全圧計と組み合わせ、精度を向上させる、(3) プロセス中の不純物ガス測定について示す。

(1) 残留ガスの簡便な分圧計算

残留ガス中に想定される気体を水素、水、窒素、一酸化炭素、酸素、炭酸ガスだけと限定し、窒素と一酸化炭素が同程度であると仮定すると、分圧計算はかなり簡略化でき、表5.1に示す質量ピー

表5.1 残留ガススペクトル例

質量数	電流（A）
2	$4.7×10^{-10}$
14	$8.0×10^{-12}$
18	$3.3×10^{-10}$
28	$2.0×10^{-10}$
32	$3.4×10^{-12}$
44	$4.6×10^{-11}$

クのみで分圧を計算する事ができる。この表5.1を表3.1の係数を用いて計算する。

すなわち水素、水、酸素、炭酸ガスは主ピークのみの計算で良く、式（8）は

$$I_i=S_iP_1 \tag{9}$$

となり、P_iについて解けば

$$P_i=I_i/S_i$$
$$=I_i/(K_iS_{N2}) \tag{10}$$

ここでN_2の感度S_{N2}を$1×10^{-6}$A/Paとして、H_2に当てはめると

$$P_{(H2)}=I_2/(K_{(H2)}S_{N2})$$
$$=4.7×10^{-10}/1.52×10^{-6}$$
$$=3.09×10^{-4}Pa$$

同様に

水　$P_{(H2O)}=I_{18}/(K_{(H2O)}S_{N2})$
$$=3.3×10^{-10}/1.34×10^{-6}$$
$$=2.46×10^{-4}Pa$$

酸素　$P_{(O2)}=I_{32}/(K_{(O2)}S_{N2})$
$$=3.4×10^{-12}/0.87×10^{-6}$$
$$=3.91×10^{-6}Pa$$

炭酸ガス　$P_{(CO2)}=I_{44}/(K_{(CO2)}S_{N2})$
$$=4.6×10^{-11}/0.8×10^{-6}$$
$$=5.75×10^{-5}Pa$$

また窒素と一酸化炭素が同程度であればI_{14}は窒素からのみ生じると考えてよく

$$I_{14}=a_{14(N2)}S_{N2}P_{(N2)}$$
$$P_{(N2)}=I_{14}/(a_{14(N2)}S_{N2})$$
$$=8.0×10^{-12}/0.077×10^{-6}$$
$$=1.04×10^{-4}Pa$$

また一酸化炭素の質量数28の電流はI_{28}から窒素の電流$I_{14}/a_{14(N2)}$を差し引いた残りであり、

$$P_{(CO)}=(I_{28}-I_{14}/a_{14(N2)})/(a_{28(CO)}S_{N2})$$
$$=(2.0×10^{-10}-(8×10^{-12}/0.077))$$
$$/1.03×10^{-6}$$
$$=9.33×10^{-5}Pa$$

（2）分圧計と電離真空計を組み合わせて測定精度を向上させる

分圧計は気体の組成分析は得意であるが感度の安定度は電離真空計に劣る。一方電離真空計は窒素換算で表示されており気体の組成が分からないと正確な全圧は知る事ができない。この二種類の測定データを使用して計算することにより、お互いの欠点を補いより正確な全圧、分圧を求める事ができる。

分圧計では測定気体の成分比率C_iのみ測定し、この時の電離真空計の指示値をP_Dとする。各々の測定気体に対する電離真空計の比感度係数をA_iとする。この状態における電離真空計本来の感度Aは

$$A=C_1A_1+C_2A_2+\cdots+C_iA_i \tag{11}$$

となり真の圧力P_Tは

$$P_T=P_D/A \tag{12}$$

にて求まる。この真の圧力P_Tを用いて各々の測定気体の分圧P_iは

$$P_i=C_iP_T \tag{13}$$

にて求めることができる。

（3）プロセス中の不純物ガス測定

スパッタプロセス中の不純物ガス量を監視する事は、薄膜の質を保つために重要である。しかし、一般的な分圧計の最大動作圧力は$1×10^{-2}$Pa程度であり、それより高い0.1～1Pa程度の圧力であるスパッタプロセス中の動作はできない。そのため従来は差動排気系を用いて分圧計が動作可能な圧力にして使用していた。

分圧計の最大動作圧力を制限している主要因は平均自由行程である。四重極電極の長さは一般的に100～150mm程度であり、圧力1Paのアルゴン雰囲気における平均自由行程約6.7mmを大きく超え

図5.1 プロセスガスモニタ[5]

表5.2 プロセスガスモニタの仕様例[5]

項目	仕様
測定質量数	1～80amu
分解能	1amu@10%PH
最大動作圧力	1.3Pa(Ar)
最小検知分圧	8×10^{-10}Pa
最小検知濃度	5ppm
取付フランジ	Φ70ICF

〔参考文献〕
1) キヤノンアネルバ製四重極型質量分析計AQA-360取扱説明書
2) キヤノンアネルバ製M-401QA-M四重極型質量分析計取扱説明書
3) キヤノンアネルバ製四重極型質量分析計（トランスデューサタイプ）カタログ
4) キヤノンアネルバ製四重極型質量分析計ソフトウェアQUADVISION2-Win7取扱説明書
5) キヤノンアネルバ製M-080QA-HPMカタログ

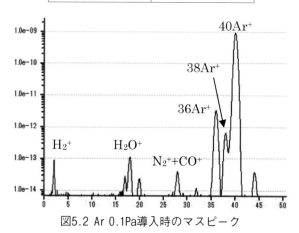

図5.2 Ar 0.1Pa導入時のマスピーク

ており、四重極電極内でイオンが減衰してしまい検出できない。

これに対し、近年は分析計を小型化し、特に四重極長を10～20mm程度に短くして最大動作圧力を1Pa程度まで可能にしたプロセスガスモニタが製品化されている。一例を図5.1、概要仕様を表5.2、Arを0.1Pa導入した時のスペクトルを図5.2に示す。

動作圧力を高めるために小型化した事により、感度等の基本性能は従来機に対して不利になる面がある。そのため残留ガス分析にも使用するためには2次電子増倍器が必須である。

〈杉山　正行〉

〔第4編〕
真空部品

第1章　バルブ

第2章　配管接続部品

第3章　バッフル、トラップ

第4章　導入部品

第5章　真空中加熱冷却部品

第1章 バルブ

第1節 真空バルブ

真空バルブとは真空容器や配管の間に設置し、真空容器や配管内に気体を流したり遮断したり、又は流す量を調整するために気体が流れる流路を開閉出来る可動機構を持つ機器のことである。

真空バルブの一般的な構造は、真空状態を保持するバルブ本体の中に大気側から真空シールされた駆動軸で動力を導入し、駆動軸に連結された弁体で気体の流れる流路の開放、遮断を行うものである。

弁体による気体流路の真空シールは、気体流路に設けられた弁座シート面に駆動軸の動力により弁体を押し付けることにより行います。この時の動力としては、シリンダや電動モーター等を使用した自動式とネジ機構を使用した手動式がある。

また、真空バルブはシール方法、材質、バルブ形状及び駆動方式等で分けられますが、シール方法や材質によっては使用出来る真空度が、形状によっては使用場所が変わるのでバルブ選定時に注意が必要となる。

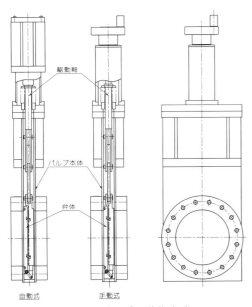

図1.1 バルブの動作方式

真空バルブはバルブ内の流路を流れる気体の圧力範囲により低真空バルブ、高真空バルブ、超高真空バルブに大別される。

1.1 低真空バルブ

気体の圧力範囲が10^5～10^2Paの真空を低真空と呼んでおり、この領域で使用する真空バルブが低真空バルブである。

低真空バルブの代表的な例としては、Oリング軸シールのバルブが挙げられる。

バルブのシール方法としては操作部の軸封部、バルブ本体と操作部を隔離するボンネット部及びバルブ本体内の気体流路を遮断する弁体をOリングで真空シールしたものである。

構造としては、Oリングが組み込まれたガイド部品の中を大気側から真空側に挿入された軸がバルブ動作に合わせて摺動する構造であり、操作部の軸封にOリングを使用することでバルブ構造の簡略化を図っている。

但し、バルブ動作時に軸とOリングの摺動部からバルブ本体内への空気の巻込みに伴うリークを起こし、一時的にバルブ内の真空度を低下させてしまう欠点がある。

このため、一般的にはリークを少なくするためにOリング及び駆動軸の表面に真空グリスを塗布し、バルブ本体内へのリーク量の低減を図っている。

また、Oリングの材質にはフッ素ゴムのOリングが使用されることが多く、フッ素ゴムのOリングは使用用途に合わせ幾つかのシリーズに規格化されている。

主なものとして駆動軸、シリンダ内ピストンの摺動部やガイド部品の固定部のシールに使用されるP、G、Sシーズ、バルブと配管の接続フランジのシールに使用されるVシリーズ、弁体やボンネットフランジのシール使用される航空機用のASシリーズ等がある。フッ素ゴムのOリングは大口

第4編 真空部品

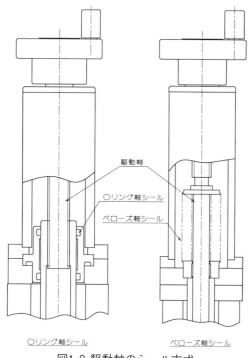

図1.2 駆動軸のシール方式

径用や特殊なサイズでなければ安価で容易に入手することが出来る。

1.2 高真空バルブ

気体の圧力範囲が10^{-1}〜10^{-5}Paの真空を高真空と呼んでおり、この領域で使用する真空バルブが高真空バルブである。

高真空バルブの代表的な例としては、ベローズ軸シールのバルブが挙げられる。

バルブのシール方法としては操作部の軸封部はベローズ、ボンネット部及び弁体部はOリングで真空シールしたものである。

構造としては駆動軸を金属製のベローズで覆い、駆動軸と大気側と隔離するためベローズが破損しない限りリークの心配が無いため、高真空及び超高真空での使用に適している。但し、構造上駆動軸の本体挿入部と駆動軸の一部をベローズで覆う構造となるため、Oリング軸シールに比べ構造が複雑となる。

バルブの使用圧力が10^{-1}〜10^{-3}Pa迄であれば軸封にOリングを使用する事も可能であるが、使用圧力が10^{-3}Pa以下の場合は動作時のOリング軸封部から本体内への空気巻込みに伴うリークが問題

となるため使用は避けた方が良い。

ただ、軸封部のガイド部品に真空ポンプに接続可能な真空引きを行うネジポート（管用テーパーネジ等）を設け、中間真空引きを行うことで動作時の本体内へのリークを低減させる方法もあるため、軸封部のシール材としてOリング、ベローズの何れを使用するかは、バルブの使用環境を十分配慮して決定する必要がある。

また、使用圧力が超高真空領域10^{-5}Pa近傍や150℃以上の高温で使用する場合はボンネット部のシールにメタルOリングやメタルガスケットを使用することもある。

1.3 超高真空バルブ

気体の圧力範囲が10^{-5}Pa以下の真空を超高真空と呼んでおり、この領域で使用する真空バルブが超高真空バルブである。

バルブのシール方法としては操作部の軸封部はベローズ、ボンネット部はメタルOリング又はメタルガスケットを使用する事が多いが、本体とボンネットフランジを溶接構造とし真空シールを行うこともある。

弁体部はメタルガスケットで真空シールすることが多いが、メタルガスケットの代わりに弁体に銀等の純金属を溶着した上でシール用溝を加工する場合やガス放出量が少なく耐熱温度も高いポリイミド樹脂等の樹脂材を使用することもある。

各シール部にメタル系のシール材や耐熱温度の高い樹脂材を使用していることで、バルブ本体部を150℃以上でベーキングすることが可能となり、高温でのベーキングを行う超高真空装置で使用するバルブに適している。

但し、各シール部に使用しているメタル系シール材又は樹脂材はフッ素ゴムOリングに比較してシール寿命が短いため、バルブの使用状況に合わせて定期的なメンテナンスを行う必要がある。

1.4 バルブの種類

各真空領域で使用されるバルブには用途に合わせて様々な種類のバルブがある。

以下に主なバルブについて説明する。

1.4.1 S形バルブ

気体の出入口が一直線上にあり、弁体の動作が

配管の中心線に対して垂直に動作するバルブである。配管中心にバルブ弁座が設けられており、気体の流れがS字状になるバルブで真空バルブとしては最も一般的なものであり、配管内の気体流路の遮断に使用する。

1.4.2 アングルバルブ
　気体の出入口の流路が直角に曲がっており、気体の流れ方向を90度変更させるバルブである。入口と出口の圧力差が大きい場合でもバルブの開閉が可能であり、主に真空容器と真空ポンプ間の様に配管方向を変更する際に使用する。

1.4.3 バタフライバルブ
　真空容器と真空ポンプ間に設置され、配管内のコンダクタンス調整により真空容器内の圧力調整を行うバルブである。
　バルブの構造は円盤状の弁体が90度回転することで配管内の流路面積を変化させ、コンダクタンスを調整するものである。
　但し、バルブの構造上大口径のものは弁体が大型化しバルブ動作時に本体から弁体が出張ってしまう欠点があるため、バルブは小型のものが多い。

1.4.4 ゲートバルブ
　気体の出入口及び気体の流れが一直線上になり、弁体が気体流路を垂直に仕切って開閉を行うバルブである。気体出入口のフランジ間の距離が短く、バルブ本体内の流路形状がS形バルブやアングルバルブに比較すると簡略で大きなコンダクタンスが確保出来る。
　バルブは真空容器と真空ポンプ間の遮断や真空容器内への試料搬入口の遮断等に使用される。
　但し、バルブの構造上バルブ開動作時には弁体を弁座面から一旦引き離しバルブ動作を行うため、弁体前後の圧力差を一定の圧力差内に抑える必要がある。このため、S形バルブやアングルバルブと比較してバルブ構造が複雑になる特徴がある。

〈関根　康一〉

第2節　高速遮断バルブ
2.1 動作システム
　高速遮断バルブは、蓄積リングに設けられたビームラインの末端に於いて真空が破壊された場合、バルブを急速に閉じ蓄積リングの真空度の低下を防止するためのバルブである。
　バルブは蓄積リングとビームラインの間に設置され、ビームラインの末端（A部）に設置されたセンサーが真空度の低下を検出した場合、その低下をコントローラーにより高速遮断バルブへの閉信号に変換してバルブを動作させ気体流路を急速に遮断する。
　バルブの閉動作は圧縮空気、開動作はバネ力により動作し、バルブの開閉動作時間は20msec以下に設定されている。
　高速遮断バルブを使用する際のシステムは次の機器から構成される（図2.1）。
　（1）高速遮断バルブ
　（2）コントローラー
　（3）センサー

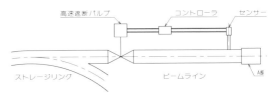

図2.1　システム構成図

2.2 バルブ構造と動作
2.2.1 バルブの構造（図2.2）
　高速遮断バルブは10Pa以下の超高真空領域で使用されバルブの軸封部はベローズ、ボンネット部はメタルOリング、弁座部はフッ素ゴムのOリングでシールを行っている。
　高速遮断バルブはバルブの仕様上、通常は常時開状態で使用される。
　このため弁の開動作は、シリンダ内に設置された圧縮バネの力でシリンダピストンを押し上げ、シリンダピストンに連結された駆動軸、アームを介して弁体を引き上げて開動作する構造となっている。
　弁の閉動作は、圧縮空気をシリンダに供給することによりシリンダピストンに連結された駆動

し戻すことで弁が開動作できる。

〈関根　康一〉

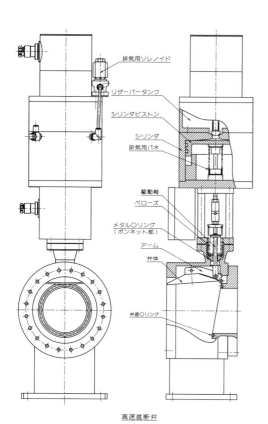

図2.2 高速遮断弁構造図

軸、アームを介して弁体が回転動作を行い閉動作する構造となっている。

2.2.2 バルブの全閉

弁の閉動作は、閉信号がコントローラーに与えられますと給気用ソレノイドに駆動電圧が印加され給気用ソレノイドが動作し、圧縮空気をシリンダのピストン上部に供給する。それと同時に排気用ソレノイドの駆動電圧が遮断されシリンダ上部からの排気が停止する。

操作部にはシリンダ上部にリザーバータンクが設けられ、タンク内には常時圧縮空気が溜められておりコントローラーからの閉信号を受けた際、シリンダ内に一気に圧縮空気を供給することによりシリンダピストンが高速で押し下げられ、駆動軸、アームが動作して弁体が閉状態となる。

2.2.3 バルブの全開

弁の開動作は、開信号がコントローラーに与えられると給気からシリンダ内の圧縮空気を排気用ソレノイドで排気することによりシリンダ内に設置された圧縮バネの力でシリンダピストンを押し戻し、シリンダピストンに連結された駆動軸を押

第3節 可変リークバルブ

　可変リークバルブは、一種の可変コンダクタンスバルブであり、ガス導入用として使用するため極めて微少な流量(コンダクタンス)の調節を行う必要がある。方式としては、テーパー状の弁シール材を兼ねた弁体を、同じくテーパー状の弁座に出し入れして流量調節を行うニードルタイプと、平坦な弁体を弁シール材に押し付け流量調節を行うタイプ（図5.1参照）等がある。尚、この仲間にマスフローコントローラがあるが、最小流量が前者ふたつと比べ大きい｜最小流量が1.7×10^{-4}Pa.㎥/sec(0.1 SCCM、1.3×10^{-3}Torr・1/sec)程度｜ので、これ以下の流量の調節を行う場合には図5.1に示すような微小流量の調節ができるものを使用する。

　しかしマスフローコントローラは流量が読み取れ、遠隔操作ができること等自動化装置用に向いているので、比較的大流量で使用するスパッタリング装置やドライエッチング装置といった半導体製造装置に多数使用されている。

　図5.1の可変リークバルブ（バリアブルリークバルブ[1]）は、ハンドルの回転によりアームがピボットを中心として回転し、それに伴い支持棒が上下運動し、弁体が弁シール材に押し付けられたり離れたりすることでバルブの開閉を行っている。ハンドルを手動で回転・調整し、真空装置に付属の真空計で圧力を確認しながらガス導入口に接続したガスを真空内に微小流量を導入することができる。

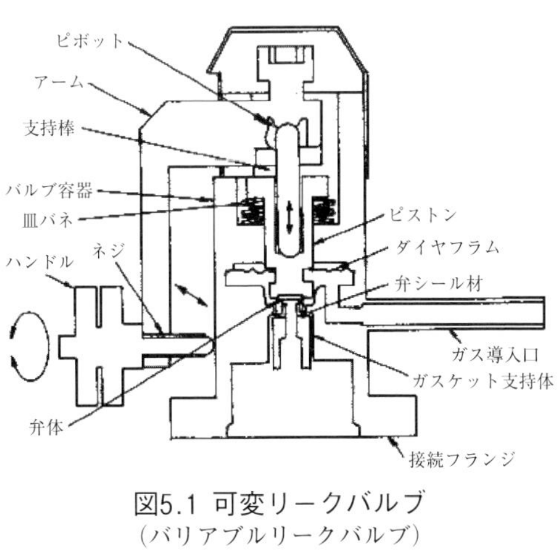

　構成材質は、バルブ容器がSUS304ステンレス鋼・弁シール材が銅合金・弁体シール部がWC系超硬合金や合成サファイヤ等である。このバルブは、全閉時のリーク量が6.7×10^{-11}Pa.㎥/sec以下で、調節可能最少流量が6.7×10^{-9}Pa.㎥/sec以下である。ベーキングは450℃まで可能であり、使用圧力領域はバルブの構成材質・使用する装置の構成・取り付け位置及び使用ポンプ等により異なるが大気圧から10^{-8}Pa以下である。

〈長田　利光〉

〔参考資料〕
1) キヤノンアネルバ：商品カタログ及び取扱説明書（バリアブルリークバルブ：キヤノンアネルバ商品名）

図5.1 可変リークバルブ
（バリアブルリークバルブ）

第4節 大口径ゲートバルブ

4.1 角型ゲートバルブ

真空装置には、気体や液体が通過する経路の遮断、真空環境の制御に様々なゲートバルブが用いられる。開口部形状が丸型のものは主に気体、光等の導入、仕切り弁として用いるため、主に真空配管の接続部に使用される。開口部形状が角型のものは真空装置のうち主に半導体製造装置、フラットパネルディスプレイ製造装置（以下FPD製造装置）において、搬送される基板の投入口や、二つの真空チャンバーの間に配し仕切り弁として使用される。

4.1.1 角型ゲートバルブの概要

図4.1に真空装置に用いられる角型ゲートバルブの使用例を示す。真空装置の基本構成は、基板を真空環境に導入するためのロードロックチャンバー、基板を処理するためのプロセスチャンバー、装置を真空状態にするための真空ポンプで構成され、角型ゲートバルブはこれら真空チャンバー間の仕切り弁として使用される。ゲートバルブは搬送する基板の大きさ合わせた開口を有し、各工程において温度、ガス等が付加された真空環境を保つほか、真空を破壊することなく大気と隔離するために高い気密性が求められる。

図4.2に角型ゲートバルブの基本構成を示す。

このバルブは弁体と、弁体を開閉するための駆動部と、弁体を格納する弁箱で構成される。弁箱には基板が通過するための矩形開口を有し、基板が通過した後の開口部を密閉シールするため、弁体にはシール材（Oリング）を有する。弁体は大気側に配した駆動部とシャフトを介し連結され、シャフトの軸シールには主に金属ベローズを用いることで高真空を保ったまま開閉動作を行うことが可能である。摺動部にグリスを用いても問題にならない場合や、動作時に大気の流入による圧力変動が問題にならない場合は、金属ベローズの代わりにOリングシールを用いる場合もある。また弁体の開閉動力はエアーシリンダーを用いるのが一般的である。

4.1.2 角型ゲートバルブの動作

次に角型ゲートバルブの代表的な動作を示す。

図4.3はカムを用いた開閉機構を示す。このバルブは弁体を閉位置までは直線動作、その後はカ

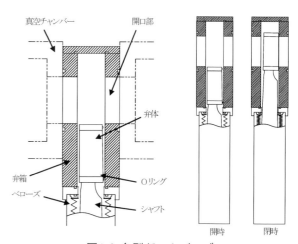

図4.2 角型ゲートバルブ

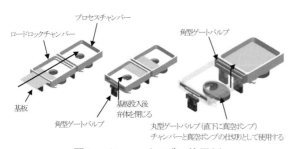

図4.1 ゲートバルブの使用例

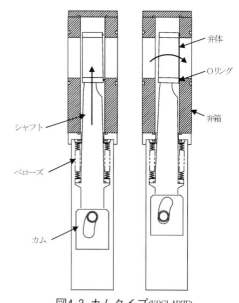

図4.3 カムタイプ(KOSLARZE)

ムの作用で密着方向に動作を切り替えるものである。弁体の軌道よりL-motionと称することもある。弁構造がシンプルで接真空部に摺動部が無いため、半導体製造装置や第6世代までのFPD製造装置に広く使用される。駆動部を複数配置する構成とすることで大口径シールも可能であるが、機構が複雑化するため高速動作には不向きである。

図4.4はMONOVATと呼ばれるシール構造を示す。このバルブは弁体の直線動作のみで閉位置までの移動と密着を行う。弁体の軌道よりI-motionと称する場合もある。弁体が軽量なため高速動作が可能、低振動が特徴であり半導体製造装置に広く使用される。弁体シール構造が特徴的でありFPD製造装置のような大口径シールには向かない。

図4.5は弁体内部にシリンダーを設けた機構を示す。このバルブは弁体の閉位置までの移動と密着方向への動作を各々のシリンダーで行う。弁体の軌道よりT-motionと称する場合もある。弁体内部のシリンダーでチャンバー開口部を直接押付けることで均一なシール性を確保することが可能であり、第6世代を超えるFPD製造装置に広く使用されている。水平軌道となりOリングの捻じれは生じにくい構造である。大口径にも対応しやすいが、弁構造が複雑になる、弁体内部にシリンダーパッキンを使用することで、仕様温度は150℃程度以下に限られる。

これら機構に限らず半導体、FPD製造装置で使用されるゲートバルブにおいて、開閉動作に伴う発生パーティクルは製品品質に重大な欠陥を及ぼすため、接真空部は金属摺動部を可能な限り排除した機構が求められる。特に角型ゲートバルブは搬送される基板に極めて近い位置で動作するため、金属接触部を可能な限り排除した設計と、ゲートバルブを構成する部材の清浄度、各装置プロセスに適合した弁体シール材が求められる。

4.2 大口径ゲートバルブ

FPD製造装置に使用される角型ゲートバルブにおいては、搬送される基板の大型化に伴い大口径の開口部シールが必要となる。また同じ基板サイズであっても搬送ロボットの可動範囲、装置設置レイアウト等により、ゲートバルブに要求される開口サイズは、装置メーカー各社様々なものとなり柔軟な設計が必要となる。ここでは主にFPD製造装置向け大口径ゲートバルブについて述べる。

4.2.1 弁体シール必要力量

角型ゲートバルブに必要な弁体シール力は、Oリングの単位長さあたり約2〜17N/mmとされる。これはゲートバルブを使用する真空装置によっては、弁閉状態で逆圧保持を考慮する必要があるためである。

ここで逆圧とは、真空側から大気圧方向に向かってシールする状態を指す。Oリングシート部の内側領域を受圧面積とし、ここに大気圧が掛かることで弁体シールを戻す方向に力が掛かる状態

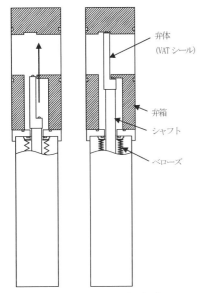

図4.4 MONOVATタイプ

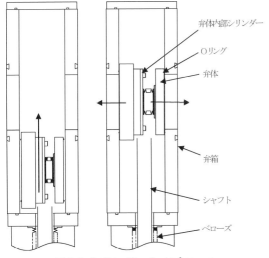

図4.5 シリンダータイプ(GARIVA)

第 4 編 真空部品

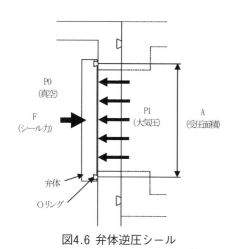

図4.6 弁体逆圧シール

正圧：P0＝大気圧、P1＜1000［Pa］
逆圧：P1＞P0+1000［Pa］
同圧：｜P1-P0｜＜1000［Pa］

図4.7 弁体シール時の圧力定義

となる（図4.6）。

逆圧保持に必要な弁体シールは以下の関係となる。

F=(P1-P0)×A+f　　　＊f：Oリング潰し力
＊Oリング線径、材質による。バルブメーカー設計値

例として、弁箱開口300mm×1800mmを有するゲートバルブに必要なシール力は、逆圧56000N＋Oリング潰し力10000N＝66000N、Oリングの単位長さあたり約15N/mm必要となる。次に逆圧を考慮しない場合のシール力はP1＝0より10000N、Oリングの単位長さあたり約2.4N/mmとなり、逆圧仕様と同圧仕様とでは必要シール力に約7倍の差が生じることになる。ゲートバルブにおける寿命回数（一般的に開閉動作100万回以上）を満足するためには、発生シール力に耐える剛性の確保が必要となる。逆圧対応ゲートバルブについてはシール時の負荷が大きいことでバルブ自身の重量、サイズが大きくなり、その結果ゲートバルブのコストは高くなる傾向にある。必ずしも逆圧保持を必要としない装置仕様においては、同圧ないし正圧仕様を選択することが装置コストを抑えるうえで重要となる。

ゲートバルブに対する圧力定義を図4.7に示すので目安として頂きたい（図4.7）。

4.2.2 大口径ゲートバルブの実施例

第6世代を超える大型FPD装置向けゲートバルブは、前述のカムタイプ、シリンダータイプが広く使用される。図4.8に実施例を示す。

カムタイプは、前述の通り駆動部を複数配置することで大口径シールに対応する。これは弁閉状態における弁体の撓み量を最少とするため、弁体を多点で受けるためである（図4.9）。

必要駆動部数、弁体を受ける間隔はシミュレー

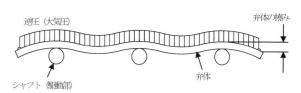

図4.9 弁体撓み（カムタイプ）

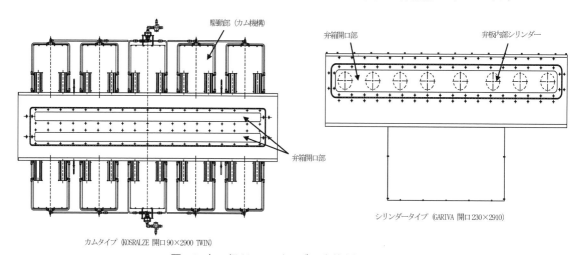

図4.8 大口径ゲートバルブの実施例（G8.5対応）

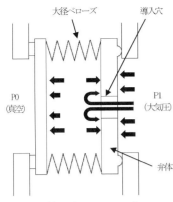

図4.10 差圧キャンセル式(GARIVA)

ションにより最適値を求める。

シリンダータイプは、弁体内部のシリンダーにより開口部を直接押付けることで均一なシール性を確保することが可能である。カムタイプと比較し大気側の機構が簡素なため駆動部はコンパクトである。

このタイプのゲートバルブでは、特に縦開口が大きい仕様について、差圧キャンセル式が適用できる場合がある（図4.10）。

これは2枚で構成される弁体間に大径ベローズを設定し、逆圧側の弁体には大径ベローズに通ずる導入穴を設けることで、逆圧時のベローズ内外差圧により逆圧負荷を少なくするものである。

ただし、差圧キャンセル式が適用可能な装置は、耐腐食性や生成物が発生しない仕様に限定される。

4.3 注意事項

4.3.1 弁板部の連続使用温度

角型ゲートバルブに使用するOリングは、機械的特性に優れるFKMを用いるのが一般的である。FKM自身は200℃超の耐熱を有するが、熱硬化によりシール性が低下するため、繰り返しシール動作を伴う弁体部においては、連続使用温度を120℃程度に設定することが好ましい。

4.3.2 特殊材Oリングの使用

FFKM（パーフルオロエラストマー）は、耐薬品性、耐熱性に優れる材質であるが、FKMと比較すると圧縮永久歪が大きいことで、押し代が急激に減少しリークしやすいため弁体シール部に使用する上では交換サイクルに考慮が必要である。またFKM材と比較するとHeリークレートが劣る。（FKM5$\times 10^{-10}$[Pa・m^3/s]に対しFFKM5$\times 10^{-7}$[Pa・m^3/s]）

4.3.3 ゲートバルブ設置面の剛性

ゲートバルブを設置するチャンバーにおいては、内部大気～真空変動による設置面の変位にも注意が必要である。弁閉状態におけるチャンバー側の変形は、弁体Oリングの捻転や、シール性低下の原因となるため、チャンバー側の剛性確保も重要な要素である。第6世代以上の装置においてゲートバルブ接地面は、平坦度0.5以下に保つことが望ましい。

〈矢部　学〉

〔参考文献〕
1) 入江工研㈱資料、カタログ
2) VAT社カタログ

第2章 配管接続部品

第1節 フランジ

1.1 フランジ規格

真空装置の管、ポンプ、弁などを連結するときに用いる溶接、鋳造及び鍛造のフランジは日本工業規格B2290真空装置用フランジにて1968年に規格化されていた。

JIS B2290(1968)では、フランジは円盤状のもので、接続面が平らでガスケット溝の無いもの（VF形）とガスケット溝のあるもの（VG形）の形式があった。しかし1998年に国際規格であるISO1609を基に技術的な内容は変更されることなく規格改定された。この為、それまで一般的に使用されていたVF形・VG形のフランジは、規格フランジとしてではなく付属書（参考）に保守用フランジとして掲載されている。

1998年に改定されたフランジ(ISO1609)は、向かい合うフランジにはガスケット溝が無い。よって溝あり・無しでの一対の組み合わせは無いため、配管やバルブなど取付け向きの制約は無い。ガスケットには以前の規格同様、外力を加えるとほとんど体積の変化無しに変形し外力を除くと短時間に復元するゴム（エラストマー）が使われる。図1.1にシール構造を示す。

気密を保つには、フランジ間にガスケットを使用しボルトなどを使用してガスケットを圧縮す

る。JIS B2290(1998)では溝の代わりにOリング保持器（以下、センターリング）を使用し、ガスケットが真空力で配管内に引き込まれない様に保持し、フランジ同士を接続している。

なお、それまでのVF形・VG形のフランジとは互換性は全く無い。JIS規格が改定されてからも、VF形・VG形のフランジは真空用フランジとして流通しているため、フランジ購入の際はどちらの形状か注意が必要である。

表1.1に現在のJIS B2290(1998)の寸法表、図1.2には接続例を示す。表1.2にはセンターリングの

表1.1 JIS B2290（1998）フランジ寸法表

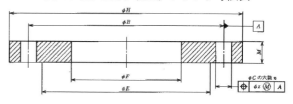

単位 mm

呼び径*	B	C	x	ボルト D	ボルト n	E**	F**	H	M js16
10	40	6.6	0.6	6	4	30	12.2	55	8
16	45	6.6	0.6	6	4	35	17.2	60	8
20	50	6.6	0.6	6	4	40	22.2	65	8
25	55	6.6	0.6	6	4	45	26.2	70	8
32	70	9	1	8	4	55	34.2	90	8
40	80	9	1	8	4	65	41.2	100	12
50	90	9	1	8	4	75	52.2	110	12
63	110	9	1	8	4	95	70	130	12
80	125	9	1	8	8	110	83	145	12
100	145	9	1	8	8	130	102	165	12
125	175	11	1	10	8	155	127	200	16
160	200	11	1	10	8	180	153	225	16
200	260	11	1	10	12	240	213	285	16
250	310	11	1	10	12	290	261	335	16
320	395	14	2	12	12	370	318	425	20
400	480	14	2	12	16	450	400	510	20
500	580	14	2	12	16	550	501	610	20
630	720	14	2	12	20	690	651	750	24
800	890	14	2	12	24	860	800	920	24
1000	1090	14	2	12	32	1060	1000	1120	24

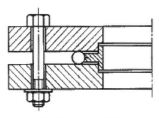

図1.1 シール構造

第2章 配管接続部品

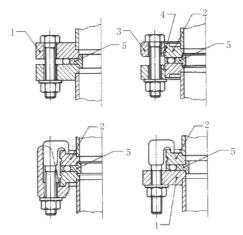

1：ボルト締めフランジ　2：カラー　3：回転フランジ
4：リテーナリング　5：Oリング保持器

図1.2 フランジ接続例

表1.2 センターリング寸法表

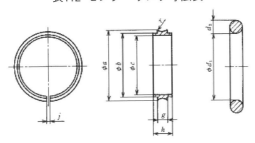

単位 mm

呼び径	センターリング							Oリング		
	b	c	g	h	j	n	r	呼びNo.	d_1	d_2
10	12	10	3.9	8	—	15.3	2.5	10*	15±0.2	5±0.15
16	17	16	3.9	8	—	18.5	2.5	16*	18±0.2	5±0.15
20	22	21	3.9	8	—	25.5	2.5	D0250G**	25.0±0.25	5.3±0.3
25	26	25	3.9	8	—	28.5	2.5	25*	28±0.3	5±0.15
32	34	32	3.9	8	—	41	2.5	D0400G**	40.0±0.38	5.3±0.13
40	41	40	3.9	8	—	43	2.5	40*	42±0.4	5±0.15
50	52	50	3.9	8	—	55.5	2.5	D0545G	54.5±0.50	5.3±0.13
63	70	68	3.9	8	1	78	2.5	D0775G	77.5±0.67	5.3±0.13
80	83	81	3.9	8	1	91	2.5	D0900G	90.0±0.77	5.3±0.13
100	102	100	3.9	8	1	110	2.5	D1090G	109±0.91	5.3±0.13
125	127	123	5.6	14	2	140	3.5	E1360G	136±1.10	7.0±0.15
160	153	148	5.6	14	2	165	3.5	E1650G	165±1.31	7.0±0.15
200	213	208	5.6	14	2	225	3.5	E2240G	224±1.71	7.0±0.15
250	261	256	5.6	14	2	273	3.5	E2720G	272±2.02	7.0±0.15
320	318	313	5.6	14	2	330	3.5	E3250G	325±2.37	7.0±0.15
400	400	395	5.6	14	2	412	3.5	E4120G	412±2.91	7.0±0.15
500	501	495	5.6	14	2	512	3.5	E5000G	500±3.45	7.0±0.15
630	651	615	5.6	14	2	662	3.5	E6500G	650±4.34	7.0±0.15
800	800	795	5.6	14	2	812	3.5	—		
1000	1000	995	5.6	14	2	1012	3.5	—		

表1.3 JIS B2290 (1998) 付属書フランジ寸法表

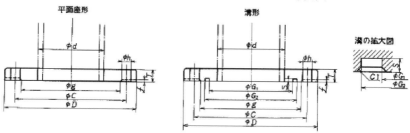

単位 mm

呼び径	運用する鋼管の直径 d	フランジの径 D	フランジの厚さ T 鋳造フランジ	フランジの厚さ T その他のフランジ	f	g	中心円の径 C	数	径 h	ボルトの呼び	内径 G_1	外径 G_2	深さ S
10	17.3	70	10	8	1	38	50	4	10	M8	24	34	3
20	27.2	80	10	8	1	48	60	4	10	M8	34	44	3
25	34.0	90	10	8	1	58	70	4	10	M8	40	50	3
40	48.6	105	12	10	1	72	85	4	10	M8	55	65	3
50	60.5	120	12	10	1	88	100	4	10	M8	70	80	3
65	76.3	145	12	10	1	105	120	4	12	M10	85	95	3
80	89.1	160	14	12	2	120	135	4	12	M10	100	110	3
100	114.3	185	14	12	2	145	160	8	12	M10	120	130	3
125	139.8	210	14	12	2	170	185	8	12	M10	150	160	3
150	165.2	235	14	12	2	195	210	8	12	M10	175	185	3
200	216.3	300	18	16	2	252	270	8	15	M12	225	241	4.5
250	267.4	350	18	16	2	302	320	12	15	M12	275	291	4.5
300	318.5	400	18	16	2	352	370	12	15	M12	325	341	4.5
350	355.6	450	—	20	2	402	420	12	15	M12	380	396	4.5
400	406.4	520	—	20	2	458	480	12	18.5	M16	430	446	4.5
450	457.2	575	—	20	2	511	535	16	18.5	M16	480	504	7
500	508.0	625	—	22	2	561	585	16	18.5	M16	530	554	7
550	558.8	680	—	24	2	616	640	16	18.5	M16	585	609	7
600	609.6	750	—	24	2	672	700	16	23	M20	640	664	7
650	660.4	800	—	24	2	722	750	20	23	M20	690	714	7
700	711.2	850	—	26	2	772	800	20	23	M20	740	764	7
750	762.0	900	—	26	2	822	850	20	23	M20	790	814	7
800	812.8	955	—	26	2	877	905	24	23	M20	845	869	7
900	914.4	1065	—	28	2	983	1015	24	25	M22	950	974	7
1000	1016.0	1170	—	28	2	1088	1120	24	25	M22	1055	1079	7

寸法表を示す。表1.3は1998年以前のJIS B2290(1968)のフランジ寸法表を示す。

1.2 Oリング規格

真空装置用フランジに使用されるガスケットは、Oリングが一般的である。Oリング規格は JIS B2401(1921)に用途別に運動用（記号P）、固定用（記号G）および真空用（記号V）が規定されている。

表1.4、表1.5、表1.6に各寸法を示す。

現在はAS568規格のOリングを使用している場合も増えている。

第2章 配管接続部品

表1.4 固定用Oリング

呼び番号	太さ W 基準寸法	太さ W 許容差	内径 d 基準寸法	内径 d 許容差
P3			2.8	±0.14
P4			3.8	
P5			4.8	±0.15
P6	1.9	±0.08	5.8	
P7			6.8	±0.16
P8			7.8	
P9			8.8	±0.17
P10			9.8	
P10A			9.8	
P11			10.8	±0.18
P11.2			11	
P12			11.8	±0.19
P12.5			12.3	
P14	2.4	±0.09	13.8	
P15			14.8	±0.20
P16			15.8	
P18			17.8	
P20			19.8	±0.21
P21			20.8	±0.22
P22			21.8	
P22A			21.7	±0.24
P24			22.1	
P25			23.7	±0.25
P25.5			24.7	
P26			25.2	±0.26
P28			25.7	±0.28
P29			27.7	
P29.5			28.7	±0.29
P30			29.2	
P31			30.7	±0.30
P31.5			31.2	±0.31
P32			31.7	
P34			33.7	±0.33
P35	3.5	±0.10	34.7	
P35.5			35.2	±0.34
P36			35.7	
P38			37.7	
P39			38.7	±0.37
P40			39.7	
P41			40.7	±0.38
P42			41.7	±0.39
P44			43.7	±0.41
P45			44.7	
P46			45.7	±0.42
P48			47.7	±0.44
P49			48.7	±0.45
P50			49.7	
P48A			47.6	±0.44
P50A			49.6	±0.45
P52			51.6	±0.47
P53			52.6	±0.48
P55			54.6	±0.49
P56			55.6	±0.50
P58	5.73	±0.13	57.6	±0.52
P60			59.6	±0.53
P62			61.6	±0.55
P63			62.6	±0.56
P65			64.6	±0.57
P67			66.6	±0.59
P70			69.6	±0.61
P71			70.6	±0.62

呼び番号	太さ W 基準寸法	太さ W 許容差	内径 d 基準寸法	内径 d 許容差
P75			74.6	±0.65
P80			79.6	±0.69
P85			84.6	±0.73
P90			89.6	±0.77
P95			94.6	±0.81
P100			99.6	±0.84
P102			101.6	±0.85
P105			104.6	±0.87
P110			109.6	±0.91
P112	5.37	±0.13	111.6	±0.92
P115			114.6	±0.94
P120			119.6	±0.98
P125			124.6	±1.01
P130			129.6	±1.05
P132			131.6	±1.06
P135			134.6	±1.09
P140			139.6	±1.12
P145			144.6	±1.16
P150			149.6	±1.19
P150A			149.5	±1.19
P155			154.5	±1.23
P160			159.5	±1.26
P165			164.5	±1.30
P170			169.5	±1.33
P175			174.5	±1.37
P180			179.5	±1.40
P185			184.5	±1.44
P190			189.5	±1.48
P195			194.5	±1.51
P200			199.5	±1.55
P205			204.5	±1.58
P209			208.5	±1.61
P210			209.5	±1.62
P215			214.5	±1.65
P220			219.5	±1.68
P225			224.5	±1.71
P230			229.5	±1.75
P235			234.5	±1.78
P240			239.5	±1.81
P245	8.4	±0.15	244.5	±1.84
P250			249.5	±1.88
P255			254.5	±1.91
P260			259.5	±1.94
P265			264.5	±1.97
P270			269.5	±2.01
P275			274.5	±2.04
P280			279.5	±2.07
P285			284.5	±2.10
P290			289.5	±2.14
P295			294.5	±2.17
P300			299.5	±2.20
P315			314.5	±2.30
P320			319.5	±2.33
P335			334.5	±2.42
P340			339.5	±2.45
P355			354.5	±2.54
P360			359.5	±2.57
P375			374.5	±2.67
P385			384.5	±2.73
P400			399.5	±2.82

第4編 真空部品

表1.5 固定用Oリング寸法

呼び番号	太さ W 基準寸法	太さ W 許容差	内径 d 基準寸法	内径 d 許容差
G25			24.4	±0.25
G30			29.4	±0.29
G35			34.4	±0.33
G40			39.4	±0.37
G45			44.4	±0.41
G50			49.4	±0.45
G55			54.4	±0.49
G60			59.4	±0.53
G65			64.4	±0.57
G70			69.4	±0.61
G75			74.4	±0.65
G80			79.4	±0.69
G85	3.1	±0.10	84.4	±0.73
G90			89.4	±0.77
G95			94.4	±0.81
G100			99.4	±0.85
G105			104.4	±0.87
G110			109.4	±0.91
G115			114.4	±0.94
G120			119.4	±0.98
G125			124.4	±1.01
G130			129.4	±1.05
G135			134.4	±1.08
G140			139.4	±1.12
G145			144.4	±1.16
G150			149.3	±1.19
G155			154.3	±1.23
G160			159.3	±1.26
G165			164.3	±1.30
G170			169.3	±1.33
G175			174.3	±1.37
G180			179.3	±1.40
G185			184.3	±1.44
G190			189.3	±1.47
G195			194.3	±1.51
G200	5.7	±0.13	199.3	±1.55
G210			209.3	±1.61
G220			219.3	±1.68
G230			229.3	±1.73
G240			239.3	±1.81
G250			249.3	±1.88
G260			259.3	±1.94
G270			269.3	±2.01
G280			279.3	±2.07
G290			289.3	±2.14
G300			299.3	±2.20

表1.6 真空フランジ用Oリング

呼び番号	太さ W 基準寸法	太さ W 許容差	内径 d 基準寸法	内径 d 許容差
V15			14.5	±0.15
V24			23.5	
V34			33.5	
V40			39.5	
V55			54.5	±0.25
V70	4	±0.10	69.0	
V85			84.0	
V100			99.0	±0.4
V120			119.0	
V150			148.5	±0.6
V175			173.0	
V225			222.5	±0.8
V275			275.0	
V325	6	±0.15	321.5	±1.0
V380			376.0	
V430			425.5	±1.2
V480			475.0	
V530			524.5	±1.6
V585			579.0	
V640			633.5	
V690			983.0	
V740	10	±0.30	732.5	±2.0
V790			782.0	
V845			836.5	
V950			940.0	±2.5
V1055			1044.0	±3.0

1.3 クイックカップリング方式

真空装置用クランプ形継手としてJIS B8365(1988)に規格化されている。図1.3に構造を示す。

クランプ形継手は、カップリング、Oリング、センターリングとクランプより構成される。一対のカップリングは同形で、Oリングはクロロプレンやふっ素ゴムを使用する。

クランプとカップリングのテーパーがあることによって、クランプのナットを締めることで、Oリングが圧縮されシールする。この時の圧縮率は、センターリングのOリングガイドの幅寸法により規定される。

この接続方式は、1個のナットを締め付けるだけでよく、取扱の容易さであら引真空系に適している。

表1.7、表1.8そして表1.9にカップリング、O

第2章 配管接続部品

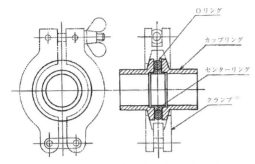

図1.3 クランプ形継ぎ手の構成図

表1.7 カップリングの形状および寸法

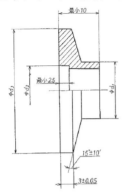

単位 mm

呼び径	d_1 最大	d_2 基準寸法	寸法許容差	d_3 基準寸法	寸法許容差(2)
10	14	12.2	+0.2 0	30	0 −0.13
16	20	17.2			
25	28	26.2		40	0 −0.16
40	44.5	41.2		55	0 −0.19

リング、センターリングの規格概要を示す。
　クランプについては、現在特に規格で規定されていない。

1.4 フランジの材質

　フランジの材料としては、その材質を特に指定せず強さの下限だけを規定し、それ以上の強度があれば、軟鋼、ステンレス鋼、軽合金等いずれを使用してもさしつかえない。一般的にはステンレス鋼およびアルミ合金が多く使用されている。腐食性のガスや液体を扱う場合や超高真空に使用するなど、その目的によって真空容器と共に使用する材質を選択する。さらにガス放出量、溶接性等について充分に検討しなければならない。

表1.8 Oリング寸法

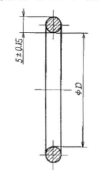

単位 mm

呼び径	D 基準寸法	寸法許容差
10	15	±0.2
16	18	
25	28	±0.3
40	42	±0.4

表1.9 センターリング

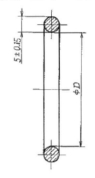

単位 mm

呼び径	d_4 最大	d_5 基準寸法	寸法許容差	d_6 基準寸法	寸法許容差
10	10	12	0 −0.1	15.3	0 −0.1
16	16	17		18.5	
25	25	26		28.5	
40	40	41		43	

1.5 ガスケットの材質と特性

　現在、真空装置用としてはクロロプレンゴム（ネオプレン®）、ニトリルゴムおよびふっ素ゴム（バイトン®）などのエラストマー（ゴム）が主に使われている。
　真空シール用ゴムガスケットとしては、次のような特性が要求される。
①ガス透過係教が小さいこと。
②放出ガスが少ないこと。

第4編 真空部品

表1.10 透過係数の例[5]

(単位：10^{-8}atm・cm^3／sec m^3atm)

	水素	窒素	炭酸ガス	ヘリウム
天然ゴム	37.4	6.1	100	23.7
ニトリルゴム	5.7	0.1	3.3	5.98
ハイカーゴム	8.9	0.46	14.1	7.5
ネオプレン	9.1	0.7	—	6.1
ポリエチレン	174	12.1	380	124
塩化ビニル	6450	—	106400	—

表1.11 各種ゴム材の放出ガス量[6]

(単位：Pa・m^3・$sec^{-1}m^{-2}$)

材料	1hr	2hr	5hr	10hr	20hr	50hr
ブナゴム	9.3E-3	6.0E-3	3.3E-3	2.0E-3	9.3E-4	1.7E-4
天然ゴム	3.4E-3	6.0E-3	3.3E-3	2.1E-3	1.3E-3	6.7E-4
ネオプレン	4.1E-3	2.8E-3	1.6E-3	1.1E-3	6.0E-4	1.7E-4
シリコンゴム	1.1E-2	6.0E-3	2.4E-3	9.1E-4	2.9E-4	5.7E-5
バイトン	1.3E-3	8.7E-4	4.9E-4	2.9E-4	1.6E-4	7.6E-5
チフロン	4.4E-4	2.7E-4	1.5E-4	9.3E-5	4.7E-5	2.1E-5

③圧縮永久歪が小さいこと。

　また、使用状況によっては耐熱耐寒性も要求される（圧力を低くするために，しばしば加熱することがある）。特に一般のシール用と異なる注意点は、ガス透過性、放出ガス、および加熱による圧縮永久ひずみなどの特性が変わってしまうことである。

　ガス透過性とは、ゴムの分子間の空間をガスが拡散し通過してゆく現象で、分子量の小さいガスほど通過し易い。各種ガスの透過係数の例を表1.10に示す。

　透過量は次式で計算される。

$Q = K \times A \times P / \ell$

Q；透過量〔atm・cm^3/sec〕/最終的にはSI単位系であるPa.m^3/secが用いられる
切口断面積1cm^2、厚さ1cmの膜に対して両側に1気圧の差があったときに透過する量を表わす

K；透過係数〔atm・cm^2・cm/sec cm^2・atm〕

A；断面積

P；圧力

ℓ；厚さ

　放出ガスは、ゴム中に混合された各種配合剤などで揮発または昇華されやすいもの、ゴム中に吸収した各種ガス、およびゴム表面の吸着物などが原因と考えられる。各種ゴム材の放出ガス量を表

1.11に示す。

　また耐熱性、耐化学薬品性等の主要ゴム材料一覧を表1.12（次頁）に示す。

〈長田　利光〉

〔参考文献〕

1）日本工業規格真空装置用フランジJIS B2290 (1998)

2）日本工業規格Oリング JIS B2401(1991)

3）日本工業規格真空装量用クランプ形継手の形状及び寸法JIS B8365(1988)

4）ハンドブック　ゴム・樹脂・金属シール・メクセル・電波吸収体
三菱電線工業株式会社　事業本部　シール事業部　平成28年　P7　表1.1

5）中川　洋；漏洩防止の理論と実際　オーム社 1978年　P54　表3.10

6）W.Beckmann; Vacuum13(1963), P349

236

表1.12 主要ゴム材料一覧表[4]

特性 ＼ 材料	NBR	HNBR	FKM	VMQ	CR	IIR	U	CSM	EPDM	ECCO・	ACM
使用限界温度℃（高温側）	+135	+150	+250	+250	+120	+150	+120	+150	+150	+150	+180
使用限界温度℃（低温側）	−55	−55	−30	−80	−55	−55	−40	−40	−55	−45	−40
耐摩耗性	1	1	1	2	1	1	1	2	2	2	1
耐圧縮永久ひずみ性	1	1	1	1	1	2	2	2	1	1	2
耐屈曲性	2	2	1	2	1	1	1	1	1	2	2
耐蒸気性	1	1	1	2	2	1	3	2	1	2	2
耐引裂性	2	2	2	2	2	1	1	2	2	2	2
耐ガス透過性	1	1	1	2	1	1	1	1	2	1	1
耐オゾン性	2	2	1	1	1	1	1	1	1	1	1
耐ハロゲンガス性	3	2	1	2	3	3	3	3	3	3	3
耐候性	2	2	1	1	2	1	2	1	1	1	2
耐薬品性											
濃硝酸（61%）	3	3	2	3	3	3	3	3	3	3	3
希硝酸（12%）	3	3	1	3	3	3	3	3	1	3	3
濃硫酸（97%）	3	3	3	3	3	3	3	3	3	3	3
希硫酸（48%）	2	2	1	2	2	2	3	2	2	3	3
濃塩酸	3	3	2	3	3	2	3	3	3	3	3
濃燐酸（85%）	3	3	1	2	2	2	2	3	2	1	3
濃酢酸（99%）	3	3	1	3	3	2	3	3	2	3	3
希酢酸（50%）	3	3	1	3	3	2	3	3	2	3	3
希アンモニア水（25%）	1	1	3	2	2	2	3	1	1	3	3
苛性ソーダ（50%）	1	1	3	3	1	2	3	1	1	1	3
耐溶剤性											
ガソリン	2	2	1	3	3	3	2	3	3	2	2
航空用燃料	2	2	1	3	3	3	2	3	3	2	2
ベンゼン	3	3	2	3	3	3	3	3	3	3	3
ナフサ	3	3	2	3	3	3	3	3	3	3	3
トリクロロエチレン	3	3	2	3	3	3	3	3	3	3	3
四塩化炭素	3	3	1	3	3	3	3	3	3	3	3
二硫化炭素	3	3	1	3	3	3	3	3	3	3	3
メチルアルコール	1	1	3	2	1	1	3	1	1	2	3
エチルアルコール	2	2	2	2	1	1	3	1	1	2	3
エチレングリコール	1	1	1	1	1	2	3	1	1	1	3
アセトン	3	3	3	3	3	1	3	3	1	3	3
クレゾール	3	3	1	3	3	3	3	3	3	3	3
耐油性											
JIS＃1油	1	1	1	2	3	3	1	2	3	1	1
JIS＃3油	2	2	1	3	3	3	1	3	3	1	1
植物油	1	1	1	1	1	1	1	1	1	1	1
重油	2	2	1	3	3	3	2	3	3	2	3
鉱物性作動油	1	1	1	2	2	3	1	3	3	1	1
燐酸エステル系作動油	3	3	2	2	3	2	3	3	2	3	3
ジエステル系作動油	2	2	1	2	3	3	2	3	3	2	2
シリコーン油	1	1	1	3	1	1	1	1	2	1	1

1：実用可能　2：条件によっては実用可能　3：実用不可
　注）実用可能であっても温度、湿度などによっては評価が異なるので注意のこと。

NBR：ニトリルゴム　　　　　　　U：ウレタンゴム
HNBR：水酸化ニトリルゴム　　　CSM：クロロスルフォン化ポリエチレンゴム
FKM：ふっ素ゴム　　　　　　　　EODM：エチレンプロピレンゴム
VMQ：シリコーンゴム　　　　　　CC・ECO：エピクロルヒドリンゴム
CR：クロロプレンゴム　　　　　　ACM：アクリルゴム
IIR：ブチルゴム

第2節 超高真空フランジ

超高真空用のフランジとして利用されているいくつかのシール方法がある。これらは、前節に説明したエラストマー（ゴム）に比べ、放出ガス、ガス透過、ベーキング、シール性能が改善されている。

以下にそれらのシール材を中心に説明する。

2.1 コンフラット(Con Flat)フランジと銅ガスケット

コンフラット(Con Flat)フランジ[※]のシール機構は、円錐面(Conical)で囲まれた部分に平らな(Flat)ガスケットを閉じ込めて(Capturing)信頼性の高いシールを作ることを特徴としている。日本真空学会では、真空装置用ベーカブルフランジ（ナイフエッジ型メタルシールフランジ）として規格化しており、国内ではICFフランジまたはCFフランジと呼ばれ使用されている。しかし残念ながら国際規格との統一がなされていないため、一部のサイズには海外メーカー製との互換性が無い物もあるため注意が必要となる。

シール機構を図2.1に示す。

フランジのナイフエッジ型のシール部分がガスケットを押しつぶすことにより、ガスケットはA方向フランジ壁に押し付けられ反力Bを生じる。そのためシール部分とガスケットに高い面圧Cが得られる。この高い圧力によってシール面やガスケット表面の欠陥をなくし、信頼性の高いシールを可能にしている。また高温にて使用しても、この構造によってシール面の反力を失うことが無いため苛酷なヒートサイクルにも耐えられる。これらのことより超高真空用フランジとして現在最も一般的な組合せの一つとして多用されている。

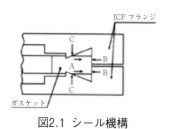

図2.1 シール機構

表2.1に日本真空学会の規格を示す。

代表的なシール形状を図2.2、寸法を表2.2に示す。この規格は、フランジの材質としてオーステナイト系ステンレス鋼を想定した値である。

特にフランジ厚さ、ボルト数等は材質の機械的性質（ヤング率、剛性率）によって設定されたもので、上記ステンレス鋼以外の材料を採用する場合には、機械的性質がオーステナイト系ステンレス鋼のそれらを下回らないことが必要条件となる。

連結面のシールの詳細形状及び表面粗さは規定されていない。ガスケット材は、入手と取扱の容易さ、量産性・信頼性及び経済性などより、JIS H 3111（無酸素銅）の C1020-1/2H、又はこれと同等以上の性能をもつ無酸素銅が使用され、Vickers 硬度は、75〜120が推奨されている。

ガスケット寸法を表2.3に示す。公差についてはフランジの溶接による熱歪、その他の加工歪、熱サイクルに伴う寸法変化等を配慮する必要があるため特には規定していない。

ボルトの締め付けトルクはシール機構とガスケット硬度やベーキングによる増し締め等を考慮

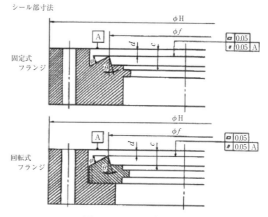

図2.2 シール部形状

表2.2 シール部寸法

(単位mm)

呼び径	H	f	d	e	ϕ (度)	θ (度)
16	34	18.3	$0.6^{+0.1}_{0}$	1.2	20	2〜30
25	54	29.6	$0.6^{+0.1}_{0}$	1.2	20	2〜30
40	70	42.0	$0.6^{+0.1}_{0}$	1.2	20	2〜30
63	114	77.2	$0.6^{+0.1}_{0}$	1.2	20	2〜30
100	152	115.3	$0.6^{+0.1}_{0}$	1.2	20	2〜30
160	203	166.1	$0.6^{+0.1}_{0}$	1.2	20	2〜30
200	253	216.9	$0.6^{+0.1}_{0}$	1.2	20	2〜30
250	305	268.0	$0.6^{+0.1}_{0}$	1.2	20	2〜30

表2.1 フランジの形状・寸法

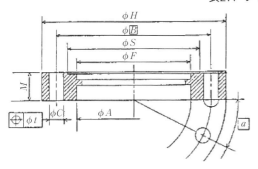
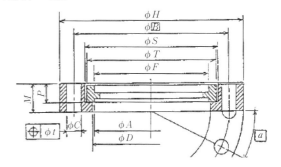

(単位mm)

呼び径	$A^{1)}$ 最大値	D	H	$M^{2)}$	B	nボルト穴の数	C	t	ボルトの呼び	P	S	T	F
16	18.5	19.3	34	8	27.0	6	4.4	0.2	M 4	5.8	$21.4^{+0.1}_{0}$	$21.3^{+0.1}_{0}$	17.5
25	28.0	28.5	54	10	43.0	6	5.5	0.2	M 5	6.6	$35.0^{+0.1}_{0}$	$34.9^{+0.1}_{0}$	28.0
40	38.5	39.0	70	13	55.7	6	6.6	0.2	M 6	7.6	$48.3^{+0.1}_{0}$	$48.2^{+0.1}_{0}$	38.5
63	66.5	67.0	114	18	92.1	8	8.4	0.4	M 8	12.7	$82.5^{+0.1}_{0}$	$82.4^{+0.1}_{0}$	66.5
100	104.5	105.0	152	21	130.2	16	8.4	0.4	M 8	14.3	$120.6^{+0.1}_{0}$	$120.5^{+0.1}_{0}$	104.5
160	155	155.5	203	22	181.0	20	8.4	0.4	M 8	15.8	$171.4^{+0.1}_{0}$	$171.3^{+0.1}_{0}$	155.0
200	206	206.5	253	25	231.8	24	8.4	0.4	M 8	17.2	$222.2^{+0.1}_{0}$	$222.1^{+0.1}_{0}$	206.0
250	258	259.0	305	28	284.0	32	8.4	0.4	M 8	18.6	$273.4^{+0.1}_{0}$	$273.3^{+0.1}_{0}$	258.0

表2.3 ガスケット寸法表

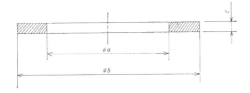

(単位 mm)

呼び径	a	b	c
16	16.3	21.3	2
25	26.0	34.9	2
40	37.0	48.2	2
63	64.0	82.4	2
100	102.0	120.5	2
160	153.0	171.3	2
200	204.0	222.1	2
250	256.0	273.3	2

する必要があるため厳密には規定できない。
※旧VARIAN社（現在アジレント・テクノロジー㈱）の製品名

2.2 大型フランジとメタルリングガスケット

大口径のパイプ用として、金属ワイヤーをシール材として用い、ナイフエッジ型メタルシールフランジと同様の閉じ込め機構を応用した大型フランジCSフランジ※が用いられていた。ガスケットは$\phi2.3$の無酸素銅ワイヤーを圧接によりリング状にするので大型のガスケット用も容易に製作することが出来る。

シール機構を図2.3に示す。
※キヤノンアネルバ社の製品名

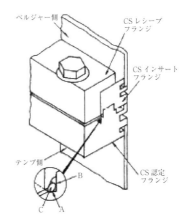

図2.3 シール機構

2.3 ヘリコフレックス

ヘリコフレックス(Hericoflex®)は、現テクネティクス社(Technetics Group)とフランス原子力庁(CAE)との共同開発拠点であるマエストラル研究所(Maestral Laboratory)で開発された高機能金属シールです。シール方法は、対象フランジ材料より展延性に優れた金属を塑性変形させることでシール性能を発揮する。外観はOリング状で中心部にコイルスプリングがあり、これを覆う1層または2層の被覆から構成される。外側の被覆はシールすべき流体に最も適した馴染みのよい延性のある金属を使用している。内側の被覆は比較的硬い材質の金属を使用して、中心のスプリングの弾力を均一に外側被覆に伝えてシール状態を確実にする。図2.4に構造を、表2.4に標準の外被材の材質および寸法をそれぞれ示す。

また、ヘリコフレックスの派生製品であるヘリコフレックスデルタ(Helicoflex Delta®)は、超真空用途に特化したシール部品です。シール面に追加加工（デルタ加工）を施し隆起線状の突起を作ることで高いシール性能を達成するのと同時に必要な潰し力を小さくできるため、シール面を含めたフランジへの荷重・応力が小さくでき取り扱いが容易である。通常のヘリコフレックスデルタと特殊加工を施したスプリングを組み合わせることで、更に荷重をおさえたベータタイプ(Beta)のデルタシールも商品ラインナップされている。

原子力関係や、大口径の真空フランジ用メタルシールとして使用されている。

2.4 メタル中空Oリング

メタル中空Oリングのシール構造を図2.5に示す。

金属管を使ったOリングでシール性を高めるため表面に銀やニッケル等を被覆してある。

管材質を表2.5に、被覆材を表2.6に示す。

単位長さあたりの締め付け力を表2.7に示す。他の金属製ガスケットに比べると締め付け力が小さく、円形の形状だけでなく楕円、三角形など複雑な形状のものも製作できることが特徴となっている。

ヘリコフレックス同様に、大口径フランジのメ

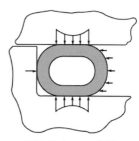

図2.5 シール構造

図2.4 ヘリコフレックスの構造図

表2.5 管材質

材料	温度範囲[℃]	特徴
SUS321	-270～+500	メタルOリングの標準材料。
SUS316L		耐食性材料。腐食環境等に使用。機械的特性等はSUS321とほぼ同じ。
インコネル600	-270～+700	Ni系耐熱材料。500℃以上で使用するOリング素材。

表2.4 ヘリコフレックスデルタの外被材の材質及び寸法の一例

外被材									
アルミニウム			銀			ニッケル		
断面径(mm)	断面高さ(mm)	潰し力(N/mm)	断面径(mm)	断面高さ(mm)	潰し力(N/mm)	断面径(mm)	断面高さ(mm)	潰し力(N/mm)
2.0	1.9	100	1.8	1.7	150	1.6	1.5	150
2.7	2.6	140	2.5	2.4	160	2.4	2.3	180
3.4	3.3	140	3.2	3.1	160	3.3	3.2	200
4.1	4.0	140	4.0	3.9	160	4.0	3.9	230
4.9	4.8	140	4.8	4.7	160	4.7	4.6	230
5.8	5.6	150	5.6	5.4	170	5.2	5.1	290
6.9	6.7	150	6.7	6.5	180	6.2	6.1	360

第2章 配管接続部品

表2.6 被覆材

材料	温度範囲 [℃]	特徴
金	−270〜+800	腐食性流体に使用。フランジへのなじみに優れ、耐酸性良好。
銀	−270〜+500	腐食性流体以外に使用する標準仕様。300℃以下では金めっきと同等のシール性。
ニッケル	室温〜+700	高温での液体シール用。真空・ガスのシールではフランジ溝の超仕上げが必要。
インジウム	−270〜+130	低温用。軟質でめっきでは最も低締付け力でシールするが、傷付きやすい。
サンフロン®コーティング	−270〜+200	PTFE。極低温や低温⇔室温でのヒートサイクル用途にも最良。化学的に安定。
表面特殊研磨	—	表面被覆なし。表面粗さ0.4S以下。フランジの超仕上げも必要。

表2.7 単位長さ当たりの締め付け力

チューブ径 [mm]	肉厚 [mm]	標準つぶし量 [mm]	締付け力 [N/cm]([kgf/cm])	弾性復元量 [mm]
0.89	0.25	0.25	1716（175）	0.04
1.57	0.25	0.35	980（100）	0.05
	0.35		2095（210）	0.05
2.39	0.25	0.40	490（50）	0.07
	0.35		1225（125）	0.06
	0.50		1667（170）	0.06
3.18	0.35	0.50	833（85）	0.06
	0.50		1225（125）	0.05
	0.70		2549（260）	0.05
	0.80		3285（335）	0.05
4.77	1.10	0.70	4216（430）	0.05

タルシールとして使用される。

2.5 その他のメタルシール

現在は使用されることは少ないが、メタルシールのシール材としてAu線やIn（インジュウム）を使用したシール方法がある。

〈長田　利光〉

〔参考文献〕

1) JVIS 003　真空装置用ベーカゴルフランジの形状・寸法　日本真空協会（ISO/TS 3669-2準拠）
2) 配管部品カタログ　キヤノンアネルバ㈱
3) ヘリコフレックス　バルカー・ガーロック・ジャパン
4) メタル中空Oリング　三菱電線工業㈱
5) Hericoflex®、Helicoflex Delta®は、テクネティクス社(Technetics Group)の登録商標

第4編 真空部品

第3節 非フランジ継手とバルブ

真空用継手としては、フランジ継手及び溶接継手が主に使われるが、小口径のサイズ（1/2^{OD}以下）には、施工のしやすさ、製作のしやすさ等により、種々の非フランジ継手が使用される。サイズは、1/4^{OD}、3/8^{OD}、1/2^{OD}が一般的である。ここでは、小口径用の種々の非フランジ継手及び小口径用の真空バルブについて、その構造及び特徴について述べる。これらは、禁油、耐リーク、ガス溜り（デッドスペース）、パーティクル、ガス放出、ガス吸着等の差により選択的に使用される。

表3.1 配管用継ぎ手

	方式・名称	基 本 構 造	特 徴
1	溶 接 型	突合せ溶接　溶接／差し込み溶接　溶接	差し込み溶接は、突合せと比較すると簡単であるが、差し込み部にガス溜りと溶接焼けが発生するので注意を要する。突合せ溶接は、自動溶接機の普及で簡単に出来るようになり、ガス溜りがなく、焼けの少ない溶接が可能であるが、溶接する際は溶け込み不良等の溶接不良とならないよう事前に溶接条件出しを必ず実施する必要がある。
2	Oリングシール型	くさびシール Oリング　チューブ／平面シール Oリング	くさびシールは、チューブに力がかからず（チューブをそのまま接続出来るので）、プラスチック、ガラス管のシールに適する。但し、シール力が弱い為、高真空の信頼性に欠ける。平面タイプは、厳密なトルク管理を必要としない為、取り扱いが非常に簡単である。どちらもシールにOリングを使用する為、ゴムの耐薬品性、ガスの透過性、ベーキング温度等考慮しなければならない。
3	フレアー型	スリーブ　チューブ	チューブにフレアー加工が必要で寸法出しと加工面の仕上精度を上げることが難く、熟練を要する。特に、現場施工ではフレアー加工面の仕上げが難しく、金属どうしの禁油の使用に際しては、コニカルシールと併用される。締め忘れによるチューブ抜けがない為、安全性が高く、高圧にも使用される。
4	食い込み型	フロントフェルール　バックフェルール　チューブ	2つのフェルールをくさび状にして、ナットを回転させることにより、チューブに食い込ませてシールする方式である。チューブ加工や溶接を必要とせず、誰でも簡単にナットの締付回転数（1 1/4）によって施工出来るが、チューブによってもシール性が左右される為、チューブの管理、正しい施工マニュアルで施工する必要がある。差し込み部のガス溜りや締付時のパーティクルの発生、油脂の付着等の問題があり、高純度配管に際しては注意を要する。
5	メタルCリング型	メタルCリング　ベアリング	ガスケットにメタルCリングを採用して、Cリングの弾性を使用して、シールする機構であり、締め過ぎ防止のストッパーを付けた継手である。ガスケットを塑性変形させないので、ボディ、スリーブのシール面及びガスケット表面には傷を付けないよう特に取り扱いに注意する必要がある。スリーブとナットの間にベアリングを入れ、締付時配管のネジレが発生しないようになっており、シールの信頼性は高い。
6	メタルガスケット型	メタルガスケット　ベアリング	金属ガスケット（SUS 316 or Ni）を塑性変形させて使用する為、少々の傷にも強く、シールの信頼性は高い。ガスケットの交換により再使用も可能であり、着脱にも軸間スペースが不用な為、メンテナンス性も優れている。メタルCリングと同様、ベアリング入りもあり、最も信頼性の高い継手である。

242

3.1 高純度ガス管接続部品及びバルブ
3.1.1 配管用継手（表3.1）
3.1.2 バルブ（表3.2）

3.2 ウルトラクリーン仕様品とその性能、品質
3.2.1 経　緯

　半導体業界において、メモリー等の集積度の向上に伴い管理すべきパーティクルサイズが小さくなっている。このため配管部材の内表面仕上げ粗さ改善が求められた。また、ガスの高純度化に伴い、配管部材による汚染を減少させる必要から加工方法や洗浄方法が見直されている。こうした動きは1985年中頃から急速に高まり各種シンポジウムで取り上げられ、震近は量産ラインにも普及してきている。

　一般に電解研磨や電解複合研磨、及び一連の洗浄を含むUP処理技術が、これらの目的で採用されて来ている。以下にUP処理の特徴等について述べる。

3.2.2 仕様と性能、品質について

　"UP処理"（ULTRA EXTREME PUREの略）とは、新開発の電気化学的複合研磨により加工変質層を取り除き表面粗さを改善し、不動態化処理をした後クリーンルームで洗浄、パージ等を行なう一連の工程に対する呼び方である。（図3.1）

表3.2 バルブ

	方式・名称	基 本 構 造	特　　　　徴
1	グランドシールバルブ（低真空用）	Oリング／グランドパッキン	●外部リークに対して，ゴムのOリング又は，テフロンのパッキンを単独か併用して使用される。 ●ステムが摺動するので，外部シールの信頼性に欠けるがストロークが充分にとれる為，ストップバルブ，ニードルバルブ等各種の形状のものが容易に製作できる。 ●禁油の場合は，接液外に駆動用ネジのある外ネジタイプを使用する必要がある。 ●高純度ガスの使用には，耐リーク性，パーティクルの発生等の問題で不向きのバルブである。
2	メタルダイヤフラムバルブ（中真空から高真空用）	ダイヤフラム／ディスク／バネ	●外部シールにメタルダイヤフラムを使用する為，外部リークへの信頼性が高い。 ●ガスの流路にバネとディスク（弁体）を持つので，構造が複雑になり，ガスの溜りやバネのこすれによるパーティクル発生等を考慮する必要がある。 ●ディスク（弁体）のストロークは，短い為，調整弁としては不向きである。
3	メタルベローズバルブ（中真空から高真空用）	ベローズ	●外部とのシールに伸縮自在のメタルベローズを使用したもので外部リークへの信頼性が非常に高い。 ●ガスの流路に摺動部を持たないので，パーティクルの発生は少ないが，デッドボリュームが大きい。 ●ベローズには，形状的に内圧ベローズ，外圧ベローズ，製法的に成形ベローズ，溶接ベローズ等あるが高純度ガス用ベローズバルブとしては，成形の外圧ベローズがガス溜りもなく最も多く使用されている。 ●ストロークが長くとれる為，ニードルタイプ等多くのものが製作出来る。
4	ダイレクトダイヤフラムバルブ（中真空から高真空用）	ダイヤフラム	●外部とのシールにメタルダイヤフラムを使用しているので，信頼性が非常に高い。 ●ダイヤフラムで直接弁をシートする構造の為，弁内部にバネやディスク等の部品がなく，パーティクルの発生，デッドボリュームが極めて小さくなっている。 ●高純度ガス用バルブとしては，最も適した構造のバルブである。 ●ストロークが多くとれないので，調整弁としては不向きである。 ●現在は，ディスクパッキンを使用している為，ガス放出の問題が残っているが，オールメタルシートの弁も現在開発されている。

第4編 真空部品

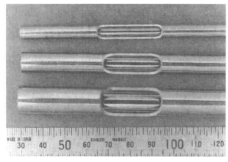

図3.1 UP処理サンプル外観

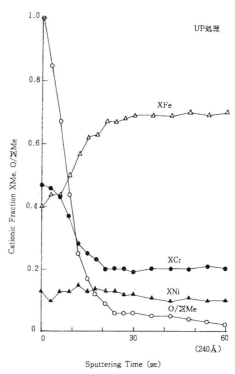

図3.2 オージェ分析による不動態化膜の
深さ方向分析例

UP処理の表面粗さの目標値には、Rmax＜0.7 μm且つ、Ra＜0.1 μmの両者を設定している。内表面を仕上げた後に洗浄するため内面に付着残留するパーティクルは少なく、配管施工後に何らかのパーティクルが上流域からやってきたとしてもパージし易くなっている。そのため配管後のラインの清浄度の立ち上げが早い。従来、パイプ（対象となるパイプは、Rmax3 μm程度のBAチューブ）を曲げるパーティクルが発生すると言われているが、UP処理のパイプは曲げてもパーティクルは出ないことが実験で確認されている。このことは、パイプを曲げた時に出てくるパーティクルは発生したものではなく、付着残留していたものと判断出来る。

残留パーティクルは洗浄やパージで除去できるとの従来の考え方には無理が有り、表面仕上げの必要性を裏付ける事実といえる。図3.2のオージェ分析によれば、硝酸による不働態化処理を施すと表面に付着した鉄分が除去され、硝酸の酸化力により表面から約80オングストロームの厚さで不働態化膜であるクロムの酸化皮膜が形成されステンレス本来の耐蝕性が得られることが判る。UP処理品は、最後にクリーンルームにおいて超純水による洗浄がなされ非常に清浄な表面となっている。

こうした内面処理は、最近半導体業界から、真空関係やバイオ関係、分析機器関係業界へと広がりつつある。

〈中沢　正彦〉

第4節 接続用成形配管

4.1 エルボ

エルボには、45°エルボ、90°エルボ、180°エルボ等がある。JIS B2312で定められている配管用鋼製突合せ溶接式管継手のエルボには、表4.1に示すものがある。尚、これ以外のサイズとして、菅径が φ6、φ8、φ10、φ12程度のmmサイズの小径のものや、φ15.88 mm、φ22.22 mm、φ25.4 mm、φ28.58 mm、φ38.1 mm、φ50.8 mm、φ63.5 mmといったサイズのものもある。

材質としては、SUS 304、304L、316、316Lといったステンレス鋼が、真空用として多く使用されている。

これらのエルボは、JIS B2290で定められてい

表4.1 45°エルボ、90°エルボ、180°エルボ

単位 mm

径の呼び		外径 D	中心から端面までの距離			中心から中心までの距離		背から端面までの距離	
			45°エルボ H	90°エルボ F		180°エルボ P		180°エルボ K	
A	B		ロング	ロング	ショート	ロング	ショート	ロング	ショート
15	1/2	21.7	15.8	38.1	—	76.2	—	49	—
20	3/4	27.2	15.8	38.1	—	76.2	—	51.7	—
25	1	34	15.8	38.1	25.4	76.2	50.8	55.1	42.4
32	11/4	42.7	19.7	47.6	31.8	95.2	63.6	69	53.2
40	11/2	48.6	23.7	57.2	38.1	114.4	76.2	81.5	62.4
50	2	60.5	31.6	76.2	50.8	152.4	101.6	106.5	81.1
65	21/2	76.3	39.5	95.3	63.5	190.6	127	133.5	101.7
80	3	89.1	47.3	114.3	76.2	228.6	152.4	158.9	120.8
90	31/2	101.6	55.3	133.4	88.9	266.8	177.8	184.2	139.7
100	4	114.3	63.1	152.4	101.6	304.8	203.2	209.6	158.8
125	5	139.8	78.9	190.5	127	381	254	260.4	196.9
150	6	165.2	94.7	228.6	152.4	457.2	304.8	311.2	235
200	8	216.3	126.3	304.8	203.2	609.6	406.4	413	311.4
250	10	267.4	157.8	381	254	762	508	514.7	387.7
300	12	318.5	189.4	457.2	304.8	914.4	609.6	616.5	464.1
350	14	355.6	220.9	533.4	355.6	1066.8	711.2	711.2	533.4
400	16	406.4	252.5	609.6	406.4	1219.2	812.8	812.8	609.6
450	18	457.2	284.1	685.8	457.2	1371.6	914.4	914.4	685.8
500	20	508	315.6	762	508	1524	1016	1016	762

45°エルボ

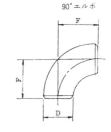

90°エルボ

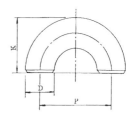

180°エルボ

表4.2 エルボ（クランプ形継手付き）
（材質：SUS 304）

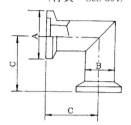

単位 mm

型　名		φA	φB	φC
NW10	954-7791	30	13.0	30
NW16	954-7792	30	19.1	40
NW25	954-7793	40	28.0	50
※NW40	954-7794	55	38.0	65

注）※印はバルジ製品

表4.3 エルボ（ICFフランジ付き）
（材質：SUS 304）

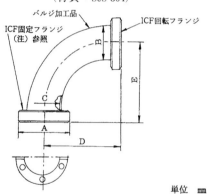

単位 mm

型名	A	B	C	D	E	備考
952-7305	φ70	φ38	φ34	54.2	54.2	バルジ加工
952-7306	φ70	φ38	φ34	54.2	189	〃
952-7307	φ34	φ21.7	φ17.5	51.3	51.3	〃

（注）952-7305　φ70エルボのみ回転フランジとなります

る真空装置用フランジや、JIS B8365で定められている真空装置用クランプ形継手や、ICFフランジ（真空装置用ベーカブルフランジJVIS 003）を溶接した接続素子がある。クランプ形継手付きエルボの製品例を表4.2に、ICFフランジ付きエルボの製品例を表4.3に示す。

表4.4 同径Tの形状・寸法

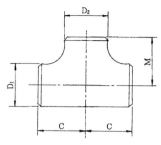

単位 mm

径の呼び		外　径		中心から端面までの距離	
A	B	D₁	D₂	C	M
15	1/2	21.7	21.7	25.4	25.4
20	3/4	27.2	27.2	28.6	28.6
25	1	34	34	38.1	38.1
32	1 1/4	42.7	42.7	47.6	47.6
40	1 1/2	48.6	48.6	57.2	57.2
50	2	60.5	60.5	63.5	63.5
65	2 1/2	76.3	76.3	76.2	76.2
80	3	89.1	89.1	85.7	85.7
90	3 1/2	101.6	101.6	95.3	95.3
100	4	114.3	114.3	104.8	104.8
125	5	139.8	139.8	123.8	123.8
150	6	165.2	165.2	142.9	142.9
200	8	216.3	216.3	177.8	117.8
250	10	267.4	267.4	215.9	215.9
300	12	318.5	318.5	254	254
350	14	355.6	355.6	279.4	279.4
400	16	406.4	406.4	304.8	304.8
450	18	457.2	457.2	342.9	342.9
500	20	508	508	381	381

大気圧から高真空領域ではJIS B2290フランジ付き付きクランプ形継手付きのものが使用されている。超高真空、極高真空領域では、ICFフラン

表4.5 ティー（クランプ形継手付き）

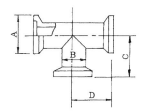

表4.6 ティー（ICFフランジ付き）

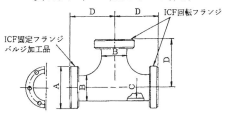

（材質：SUS-304）　　　　　　　単位 mm

型名	φA	φB	C	D
NW10	954-7811	30	13.0	30	30
※NW16	954-7812	30	21.7	40	40
NW25	954-7813	40	28.0	50	50
※NW40	954-7814	55	38.0	65	65

注）※印はバルジ製品

（材質：SUS-304）　　　　　　　単位 mm

型名	A	B	C	C	備考
952-7605	φ70	φ38	φ34	54.2	バルジ加工
952-7606	φ34	φ21.7	φ17.5	38.6	バルジ加工

表4.7 クロスの形状・寸法

単位 mm

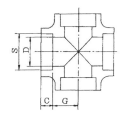

径の呼び A	径の呼び B	差込み部の内径 S	差込み部の深さ（最小）C	穴径 D 呼び厚さ スケジュール80 1欄	穴径 D 呼び厚さ スケジュール80 2欄	穴径 D 呼び厚さ スケジュール160	厚さ（最小）呼び厚さ スケジュール80	厚さ（最小）呼び厚さ スケジュール160	中心から差込み部底面までの距離 G 呼び厚さ スケジュール80	中心から差込み部底面までの距離 G 呼び厚さ スケジュール180
6	1/5	11	9.6	7.1	5.7	—	3.2	—	11.1	—
8	1/4	14.3	9.6	9.4	7.8	—	3.3	—	11.1	—
10	1/3	17.8	9.6	12.7	10.9	—	3.5	—	13.5	—
15	1/2	22.2	9.6	16.1	14.3	12.3	4.1	5.2	15.9	19.1
20	3/4	27.7	12.7	21.4	19.4	16.2	4.3	6.1	19.1	22.2
25	1	34.5	12.7	27.2	25.0	21.2	5	7	22.2	27
32	11/4	43.2	12.7	35.5	32.9	29.9	5.4	7	27	31.8
40	11/2	49.1	12.7	41.2	38.4	34.4	5.6	7.8	31.8	38.1
50	2	61.1	15.9	52.7	49.5	43.1	6.1	9.6	38.1	41.3
65	21/2	77.1	15.9	65.9	62.3	57.3	7.7	10.4	41.3	57.2
80	3	90	15.9	78.1	73.9	66.9	8.4	12.2	57.2	63.5

表4.8 クロス（クランプ継手付き）（材質：SUS 304）

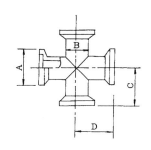

単位 mm

型名		φA	φB	C	C
NW10	954-7821	30	13.0	30	30
NW16	954-7822	30	19.1	40	40
NW25	954-7823	40	28.0	50	50
NW40	954-7824	55	42.7	65	65

表4.9 クロス（ICFフランジ付き）（材質：SUS 304）

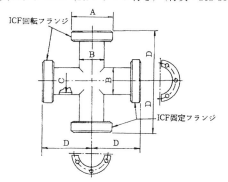

（材質：SUS-304） 単位 mm

型名	A	B	C	D
952-7500	φ70	φ38	φ35	60
952-7501	φ34	φ19.1	φ16.7	38

用鋼製差込み溶接式管継手があり、その形状寸法を表4.7に示す。しかし、この継手に直接真空フランジを溶接することは困難であるので、配管用ステンレス鋼鋼管（JIS G3459）等のパイプ材を切削加工し、溶接にて組み合わせてクロスにしている場合が多い。また六方向クロス等では、継手を切削加工等によりサイコロ状に一体で製作したものもある。クランプ形継手付きクロスの製品例を表4.8に、ICFフランジ付きクロスの製品例を表4.9に示す。

〈近藤　実〉

ジ付きのものが使用されている。一般のステンレス鋼製継手表面は、固溶化熱処理後酸洗等の処理を施しているが、低ガス放出、低パーティクルといった用途ではこれらの継手の内表面を電解研磨等の鏡面処理を施したものもある。

4.2 ティー

ティーには、同径のものと径違いのものがある。

JIS B2312で定められている配管用鋼製突合せ溶接式管継手の同径ティーには表4.4に示すものがある。上記以外のサイズ及び材質・接続フランジ・表面処理等は、4.1エルボと同じである。クランプ形継手付きティーの製品例を表4.5に、ICFフランジ付きティーの製品例を表4.6に示す。

4.3 クロス

クロスには、JIS B2316で定められている配管

第5節 金属ベローズ

5.1 金属ベローズ

金属製ベローズは、その自在な伸縮性、曲げ特性そして密封特性によって、Oリングでは対応できない可動シール部品やフレキシブルな継手として真空関係の重要な機能部品のひとつとなっている。

その製造方法により、溶接ベローズ（図5.1）成形ベローズ（図5.2）そして電着ベローズ（図5.3）に大別される。

5.1.1 ベローズの種類

(1) 溶接ベローズ

溶接ベローズは精密にプレス成形されたドーナツ状の薄板の内径、外径を溶接し、製作します。

主な特徴は

① 溶接が可能であれば製作できるため、材料における選択肢の幅が広く、耐圧、耐熱、及び耐久性に優れている。
② 内外径の寸法に対して自由度が高いため、伸縮量やバネ特性を自由に選定できる。
③ 寸法精度が良いため、バネ特性、寿命などの諸特性が比較的確実に予測できる。
④ 製造コストが高い。

図5.4に溶接ベローズの構造を示す。

このほか接合にろう付けによる方法もありアルミニウム合金製ベローズの製作に使われている。

(2) 成形ベローズ

成形ベローズの一般的な製造方法は、機械的に成形するロール成形法とバルジによる液圧成形法である。

製造方法及び特徴は次のようなものである。

① ロール成形法

薄肉パイプの内側にローラーを配置し、外側から他のローラーを押し付ける事によって荒巻、成形、そして仕上げ成形を行う。

これら加工工程で薄肉パイプは塑性変形し加工硬化するので各工程間で焼鈍を行う必要がある。

この方法は、同一のローラーを使用して口径の異なるベローズを製作する事が出来るので、少量生産や口径の大きなものの生産に適している。

図5.5にロール成形法を示す。

② 液圧成形法

薄肉パイプを所定の成形型の中にセットし、内部へ液体による圧力を加えながら型のピッチを縮めていき、膨張と圧縮によってベローズの成形を行う。

成形は一度の工程で最終形状にする事もできる

図5.1 溶接ベローズ　　図5.2 成形ベローズ

図5.3 電着ベローズ

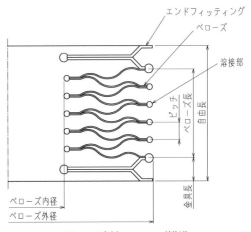

図5.4 溶接ベローズ構造

が、通常は精度及び歩留りを考慮して数回に分けて成形する。

図5.6に液圧成形法を示す。

ロール成形法に比べ精度の高いベローズが成形できるが、口径ごとに型が必要になる為、比較的小口径で、量産品の製作に適している。

③ 電着ベローズ

電着ベローズは特殊材質で作った型に、ニッケル等の金属を適当な厚さにメッキし、その後型を薬剤によって除去する事により製作する。

製品1個に対して1つの型が必要であるが、厚みが自由にコントロールでき、バネ定数の低いものや、内径1mm程度の小口径のものまで容易に製作できる。

5.1.2 ベローズの仕様

ベローズを継手として使用する場合、寸法、材質、変位量または用途によってはバネ定数、寿命等を考慮する必要がある。

ベローズの寸法例を表5.1に示す。

材質の例を表5.2に示す。

ベローズの変位は軸方向の伸縮を基本として、軸方向変位、角度変位及び軸直角変位がある（図5.7）。回転方向は原則として吸収できない。

バネ定数や寿命などは製造メーカーがベローズの寸法に応じて独自に諸元を決定しており、使用目的に応じて仕様を明確にすればよいとされている。寿命算出式としてJIS B 2352ベローズ形伸縮継手・附属書JBを参考にされたい。

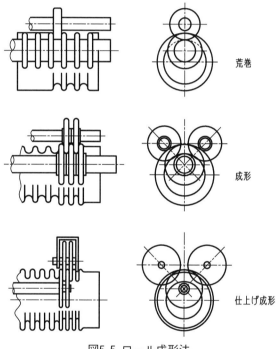

図5.5 ロール成形法

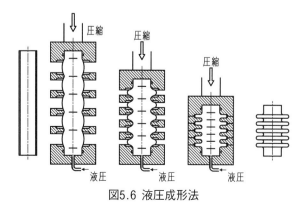

図5.6 液圧成形法

表5.1 金属ベローズ付録書

①溶接ベローズ標準仕様

圧力条件	（内部）真空（外部）大気圧
温度条件	常温（ベーキング時max. 250℃）
リーク量	1×10^{-9} Pa・m³/s 以下
ベローズ材質	SUS316L・AM350相当
繰り返し寿命	1・10・100万回（AM350相当材1万回無し）

SUS316L寿命1万回の例　　　　　　単位：mm

内径 φBi	外径 φBo	10mm変位当たりの仕様			Y型エンドフィッティングLY	有効面積(cm²)	1ブロック最大許容変位量
		自由長L	作動範囲	バネ定数(N/mm)			
8	22	15	7～17	3.29	3	1.77	40
17	30	13	6～16	5.82		4.34	60
22	36	12	5～15	5.57		6.61	80
36	51	10	4～14	7.13		14.9	120
50	70	9	4～14	10.41		28.3	150
60	90	10	4～14	11.07		44.2	130
70	94	10	5～15	12.8		52.8	140
79	109	10	5～15	31.53	4	69.4	160
90	120	10	5～15	27.75		86.6	170
100	150	10	5～15	31.21		122.7	170
120	150	10	5～15	23.5		143.1	190
160	210	10	5～15	39.57		268.8	210
206	270	9	4～14	30.2	5	444.9	150
260	320	9	4～14	41.94		660.5	190

②成形ベローズ寸法例　　　　　　単位：mm

区分	メーカー	最　小			最　大		
		内径	外径	板厚	内径	外径	板厚
液圧成形ベローズ	A	9.7	13.5	0.15	581.1	639	0.5
	※B	7	11	0.08	404	440	0.3
ロール成形ベローズ	※※A	40	52	0.2	320	350	0.4
	B	50A	-	-	5000A	-	-
電着ベローズ	A	1	1.6	0.008～0.013	9.1	12.7	0.038～0.064
	B	1.02	1.52	0.0075～0.013	19	31.8	0.1～0.2

表5.2 ベローズ材質の例

区分	材質
溶接ベローズ	SUS304、SUS304L、SUS316、SUS316L、SUS321、SUS347、AM350相当、ニッケル、モネル、ハステロイ、インコネル600・625・718、チタン、タンタルなど溶接可能な金属
成形ベローズ	SUS304、SUS304L、SUS316、SUS316L、リン青銅、ベリリウム銅、ニッケル、モネル、ハステロイ、インコネル600・718、チタン、アルミニウムなど成形性の良い金属
電着ベローズ	ニッケル、銅、銀などメッキ可能な金属

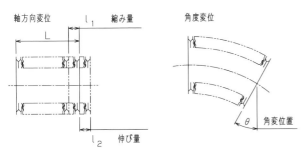

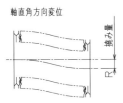

図5.7 ベローズの変位

5.1.3 ベローズの使用例

ベローズを使用した継手の製品例を図5.8に示す。

実際の使用に当たって次の点を注意する必要がある。

(1) 取り付け方向

伸縮量の大きなベローズは山数が多く長くなる為、自重によるベローズの過密着を考慮しなければならない。

① 水平使用

ベローズを水平に取り付けると中央部が垂れ下る為、適当にベローズを分割し、内部や外部にスライド可能なガイドを設け変形を防止する（図5.9及び図5.10）。

尚、内部にガイドを設ける時には、空気だまりが起きないように注意しなければならない。

② 垂直使用

ベローズを垂直に取り付けると自重により上部が伸び下部が縮む為、適当にベローズを分割し、

吊り金具や緩衝機能を有したスプリング等のストッパーを設け、ベローズの過密着を防止する（図5.11）。

(2) 座 屈

座屈はベローズの山数が多く、長いベローズに生じやすい。この現象により局部的に大きく変形し極端に寿命が短くなる事がある（図5.12）。

ベローズ外部の圧力が低い場合や、内部・外部の圧力が同じ時に発生し、内部の圧力が低い時には生じないので、極力内部を真空になるような構造にするのが良い（図5.13）。座屈防止としては変形防止と同時にガイドを設けたり、場合によっては口径を大きくする事が有効である。

(3) 推 力

ベローズを真空にて使用すると、大気圧との差圧によって軸方向に推力が生じる。口径の大きなものはかなりな力となり、必要によっては図5.14のような推力を打ち消す構造を検討しなければならない。

(4) 振 動

ベローズの固有振動数が、使用する機器や装置

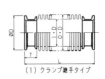

共通仕様
圧力：（内部）真空 （外部）大気圧
温度：20℃（ベーキング時 max250℃）
材質：SUS316L
寿命：1万回

(単位：mm)

型式	I・D	O・D	D	T	Lの作動範囲
KF10	12.9	19	30	20	87~93
KF16	16.1	23	30	20	86~94
KF25	22.9	33	40	20	96~111
KF40	43.6	58	55	20	100~130
KF50	50.1	65	75	20	110~140
KF63	76.3	92	87	20	108~142
KF80	90.1	109	114	25	130~170
KF100	106.5	125	134	25	130~170

(1) クランプ継手タイプ

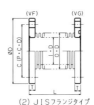

(単位：mm)

型式	I・D	O・D	D	T	C	Lの作動範囲
IF20	22.9	33.0	80	8	60	54~64
IF25	28.6	40.0	90	8	70	57~70
IF40	43.6	58.0	105	10	85	74~100
IF50	50.1	65.0	120	10	100	85~118
IF65	61.9	80.0	145	10	120	83~128
IF80	77.6	95.0	160	12	135	89~124
IF100	106.5	125.0	185	12	160	88~124
IF125	134.7	153.0	210	12	185	82~112
IF150	157.2	176.0	235	12	210	82~112
IF200	199.8	230.0	300	16	270	85~144
IF250	254.3	290.0	350	16	320	105~140
IF300	306.0	340.0	400	16	370	130~162
IF350	340.2	378.2	450	20	420	128~162
IF400	380.9	423.7	520	20	480	128~163
IF500	497.0	528.0	625	22	585	134~160

(2) JISフランジタイプ

(単位：mm)

型式	I・D	O・D	D	T	C	Lの作動範囲
CF34 (K)	9.7	13.5	33.8	7.2	27.0	44~46
CF70 (K)	30.2	41.0	69.3	12.7	58.7	72~88
CF114 (K)	50.1	65.0	113.5	17.5	92.2	83~107
CF152 (K)	90.1	107.0	151.6	19.8	130.3	92~118
CF203 (K)	134.7	153.0	202.4	22.4	181.1	101~129
CF253 (K)	180.0	208.0	253.2	24.6	231.9	114~146

(3) コンフラットフランジタイプ

図5.8 ベローズ継手の製品例

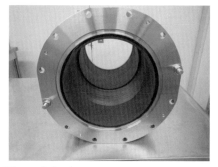

図5.9 内部ガイド（テフロンブッシュ使用）

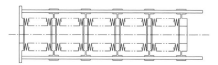

図5.10 ガイド構造例（水平・垂直共）

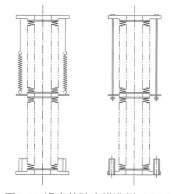

図5.11 過密着防止構造例（垂直）

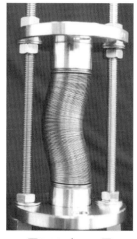

図5.12 座　屈

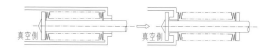

図5.13 座屈防止例

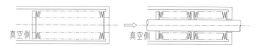
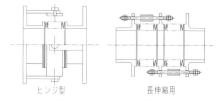

図5.14 推力止め構造例

の振動と共振し、許容伸縮量以上に変位する事によって寿命を著しく短くする事がある。

そのような時にはベローズの口径や板厚を変えたり振動止めのガイドなどを設ける必要がある。

また、大気圧と真空との頻繁な繰り返しや、衝撃が加わる動作、そして高速動作等も寿命に影響を及ぼす為、十分に配慮しておかなければならない。

(5) 表面処理

ベローズの製作では溶剤を用いた超音波洗浄による禁油処理を行うが、超高真空用途では、素材の化学研磨や電解研磨などによって表面膜の除去や表面の平滑化を行ったり、クリーン仕様では、純水洗浄によるパーティクルの除去を行う場合がある。

5.2 フレキシブルチューブ

配管用として種々のフレキシブルチューブが製品化されている。

図5.15に製品例を示す。

内面の平準化（内面粗度Ry0.7μm以下）を謳った内面研磨仕様のものも製品化されている。

〈源　　浩〉

〔参考文献〕
1) 旧版 実用 真空技術総覧
　　第5節フレキシブル継ぎ手
2) 真空機器に使用するベローズ

共通仕様
圧力：（内部）真空　（外部）大気圧
温度：20℃（ベーキング時max250℃）
材質：ステンレス鋼

(1) チューブエンドタイプ　　　　　　　　　　（単位：mm）

型式		I・D		O・D		D	d	T	L
VF	VFP	VF	VFP	VF	VFP				
VF4006	VFP4006	10.5	12.4	15.0	17.1	6.35	1	30	250～1000
VF4009	VFP4009	10.5	12.4	15.0	17.1	9.52	1	30	
VF4012	VFP4012	13.2	18.7	18.5	24.9	12.7	1.24	30	

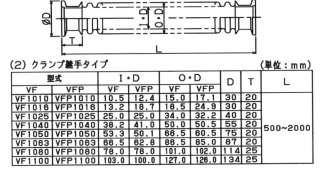

(2) クランプ継手タイプ　　　　　　　　　　（単位：mm）

型式		I・D		O・D		D	T	L
VF	VFP	VF	VFP	VF	VFP			
VF1010	VFP1010	10.5	12.4	15.0	17.1	30	20	500～2000
VF1016	VFP1016	13.2	18.7	18.5	24.9	30	20	
VF1025	VFP1025	25.0	25.0	34.0	32.2	40	20	
VF1040	VFP1040	38.2	41.0	50.0	50.5	55	20	
VF1050	VFP1050	53.3	50.1	66.5	60.5	75	20	
VF1063	VFP1063	66.5	62.8	86.5	85.0	87	20	
VF1080	VFP1080	78.0	78.0	101.0	102.0	114	25	
VF1100	VFP1100	103.0	100.0	127.0	126.0	134	25	

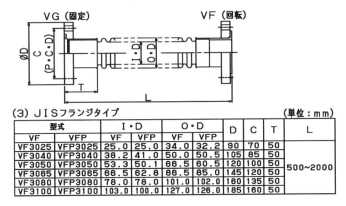

(3) JISフランジタイプ　　　　　　　　　　（単位：mm）

型式		I・D		O・D		D	C	T	L
VF	VFP	VF	VFP	VF	VFP				
VF3025	VFP3025	25.0	25.0	34.0	32.2	90	70	50	500～2000
VF3040	VFP3040	38.2	41.0	50.0	50.5	105	85	50	
VF3050	VFP3050	53.3	50.1	66.5	60.5	120	100	50	
VF3065	VFP3065	66.5	62.8	86.5	85.0	145	120	50	
VF3080	VFP3080	78.0	78.0	101.0	102.0	160	135	50	
VF3100	VFP3100	103.0	100.0	127.0	126.0	185	160	50	

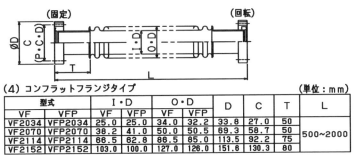

(4) コンフラットフランジタイプ　　　　　　（単位：mm）

型式		I・D		O・D		D	C	T	L
VF	VFP	VF	VFP	VF	VFP				
VF2034	VFP2034	25.0	25.0	34.0	32.2	33.8	27.0	50	500～2000
VF2070	VFP2070	38.2	41.0	50.0	50.5	69.3	58.7	50	
VF2114	VFP2114	66.5	62.8	86.5	85.0	113.5	92.2	75	
VF2152	VFP2152	103.0	100.0	127.0	126.0	151.6	130.3	80	

図5.15　フレキシブルチューブ使用例

　三柴孝　真空第26巻第10号　　　　　4) ＊㈱ミラプロ　カタログ
3) 入江工研㈱　資料、カタログ　　　　 5) ＊＊㈱久世ベローズ工業　カタログ

第3章 バッフル、トラップ

第1節 バッフル

バッフルは、油拡散ポンプの吸気口や排気口に取り付けて、作動液の逆流や流出を防ぐために用いられる邪魔板で、一般に管と組み合わせて用いられる。

またポンプの吸気口に組み込んで気体の流れを調節するよう、邪魔板を可変できるようにしたものもある。近年油拡散ポンプは、製造上の問題や油を用いること等により使用される用途が限定されているが、安価に排気速度が大きいシステム構築ができるなどの利点もあり、まだまだ利用されている。

1.1 水冷型バッフル

水冷バッフルは通常、油拡散ポンプの直上に組み込まれ、油蒸気をリング状にしたルーバーによって凝縮して上部に逆流するのを防止する。

ポンプから逆流してくる油の蒸気を必ず一度衝突させ、少なくとも使用油の常温での蒸気圧による汚染のみにしようとするものである。

構造を図1.1に示す。リング状にしたルーバー(A)を管(B)のなかに組み込み、ルーバーの冷却のために水を導入(C)するようになっている。

ルーバーは光学的に不透明でかつポンプの排気能力を極力妨げないようコンダクタンスを大きくするように配置され、油を凝縮しやすくするために水冷されている。

本図の例では、簡単に組み込めるよう両端をシール面(D)にしてある。

1.2 コンダクタンス可変型バッフル

コンダクタンス可変型バッフルはポンプ吸気口に組み込み、ルーバーの角度を調整することによってコンダクタンスを変化させポンプの排気速度を調整することができる。スパッタリング装

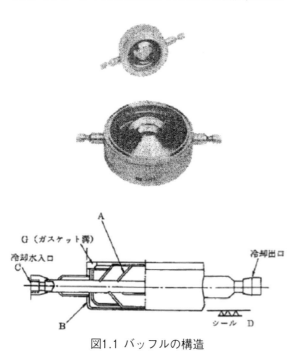

図1.1 バッフルの構造

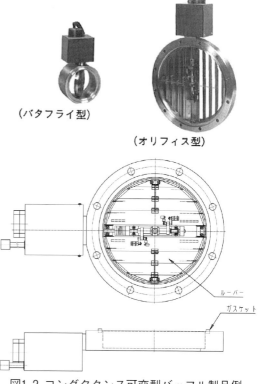

図1.2 コンダクタンス可変型バッフル製品例

置、エッチング装置、CVD装置等のガス導入を必要とする真空装置に用いることで、真空室の圧力を設定圧力に調整することができる。図1.2に製品例を示す。

第2節 トラップ

トラップは油や気体分子を捕集するためのもので、凝縮性や吸着作用を利用したものが用いられている。

従来からの液体窒素を用いる製品から小型冷凍機をもちいた製品なども商品化されている。

2.1 液体窒素トラップ

多くの気体や油の分子が、液体窒素温度の冷却面に飛び込むと凝縮性作用によって捕獲されることを利用している。主に真空室や排気系に組み込んで、真空の質をよくするために用いられる。

油拡散ポンプに用いられている液体窒素トラップの構造を図2.1に示す。

外部容器(A)、液体窒素容器(B)と接続用のフランジ(C)とからなり、本例の場合液体窒素容器はコンダクタンスを考慮してドーナツ状とし、内部にフランジ上部から光学的に不透明になるようバッフル(D)をもうけてある。少なくとも直進する水や油蒸気が一回は冷却面に衝突するように設計されている。

液体窒素は導入口(E)より導入され、気化した窒素は排気口(F)より排出される。

油拡散ポンプの吸気口の直上に組み込んで油分子の逆流を防止する製品では、組み合わせる油拡散ポンプの検討も十分に行う必要があるが、10^{-8}Paの到達圧力を得ることも可能である。

この例の場合、油の逆流量は水冷バッフルを使用するよりその効果が大きい。

しかし液体窒素がなくなると、捕獲していた分子が放出されるので長時間運転するときには液体窒素タンクなどからの自動供給が必要である。

2.2 吸着トラップ

活性炭、モレキュラシーブ、シリカゲルといった多孔質物質は非常に大きな表面積をもち、気体や油の分子を吸着し加熱すると吸着していた分子を放出する性質がある。

主にイオンポンプやクライオポンプを用いる真空装置のあら引き用として使われる。油回転ポンプの油蒸気の逆流を防止することから、フォアライントラップという名称で古くから製品化されている。トラップ自体が液体窒素の容器となる構造にして水蒸気の吸着効果を高めた製品も商品化されている。表2.1にそれぞれ示す。

2.3 冷凍機搭載低温トラップ

低消費電力の小型冷凍機（図2.2、モジュールタイプ）を用いた低温トラップ（図2.3）は、真空中に冷却面（−60〜−100℃程度）を作り、吸着トラップ同様に真空配管部に設置することで、

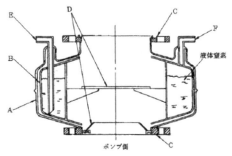

図2.1 液体窒素トラップの構造

図2.2 空冷冷凍機（モジュールタイプ）

表2.1 吸着トラップ（フォアライントラップ）の製品例

種類	モレキュラシーブ量(g)※	※※重量(kg)	ヒータ容量	接続フランジ
A	約55	1.3	単相100V 60W	φ70ICF注1)
B		0.9		NW25 注2)
C	約500	2.5	単相100V 125W	φ70ICF注1)
D		2.1		NW25 注2)
E		2.1		NW40 注2)

種類	モレキュラシーブ量(g)※	※※重量(kg)	ヒータ容量	接続フランジ
A	約500	2.4	単相100V 380W	φ70ICF(注1)
B		2.0		NW25 （注2）
C		2.0		NW40 （注2）

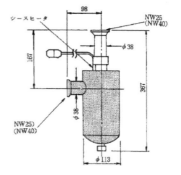

注）液体窒素を供給するタイプ

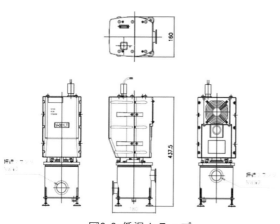

図2.3 低温トラップ

水分や油分を吸着・凝縮する。真空中の水分や溶剤成分の補助ポンプへの侵入を防ぐ性能、及び油回転ポンプから逆流してくる油分を吸着・凝縮して清浄な真空を作ることができる。冷却面の温度と水の蒸気圧の関係から、主に油回転ポンプなどのあら引き圧力領域で使用される。冷凍機に電力（100W程度）を供給するだけで容易に冷却面を得られ、外部制御も可能であり、吸着トラップに比べ、液体窒素の供給や吸着材の交換が不要であり、より使い勝手の良い商品である。

2.4 クライオトラップ

クライオトラップは、ターボ分子ポンプの吸気口や真空室に取り付けて、主に真空内の水分子を排気する補助ポンプとして用いられる。一般に同口径のターボ分子ポンプでは、クライオポンプに比べ水の排気速度が小さい。この為、ターボ分子ポンプとクライオトラップを組み合わせて用いることで、真空中の残留ガスの主成分である水分子

表2.2 クライオトラップの製品例

吸気口径	8インチ	10インチ	12インチ	14インチ
水排気速度※	4,000L/S	6,400L/S	9,000L/S	12,000L/S
冷却下降時間	30分以内	35分以内	40分以内	45分以内
昇温時間	20分以内	25分以内	30分以内	30分以内
使用圧力範囲	$10 \sim 10^{-8}$Pa			
メンテナンス	16,000時間毎			

※排気速度はTMPとの組合せによる値
　また、表中の各仕様値は、取り付けるパネル形状に依存する。

図2.4 クライオトラップ（別途、圧縮機、配管が必要）

図2.5 圧縮機を用いないクライオトラップ

に対する排気速度を向上させ、真空装置の排気時間短縮や到達圧力を改善している。クライオトラップ容器内に設けたパネルを、主にGM型冷凍機を用いて約80K（−193℃）に冷却して水分を吸着する。表2.2、図2.4に製品例を示す。

また、近年別置き圧縮機が不要な冷凍機を用いたトラップの開発も試みられている。図2.5参照

〈長田 利光〉

〔参考資料〕
1) キヤノンアネルバ カタログ及び技術資料

第4章 導入部品

第1節 電流導入端子
1.1 電流導入端子の種類

真空機器では大電流を必要とする抵抗加熱や電子銃、イオン源のような高電圧を使用するものや真空計、膜厚モニターのように微弱電流を扱う各種計測等、真空容器器内に電流を導入する場合がたびたび生ずる。そのようなときに使用されるのが電流導入端子で、微弱電流から400 A以上の大電流、30 kV以上の高電圧、そのほか同軸、熱電対、多極端子等が製品化されている。

真空容器への取り付け例を図1.1に示す。

電流導入端子には電気的、機械的特性の他に熱的および封止特性が要求されるので構成材料、製造方法又その使用方法に充分注意をしなければならない。材質は絶縁材のガラスやセラミックの熱膨張によりコパールがよく用いられるが封着部の構造を工夫して銅、ニッケル、ステンレスおよびアルミニウム等目的に合わせて使われている。

(1) 単 極 型

一般的な電流導入端子の形で構造を図1.2に、高電圧型を図1.3に示す。

真空中での接続は接触抵抗における発熱が圧力に影響を及ぼす恐れがあるので充分に注意が必要である。

導線が細い場合は圧着による方法、ネジ付きスリーブによる方法（図1.4）やスプリング状の接触子（ベリリウム銅に銀や金メッキ）を内蔵したコネクター（図1.5）も利用できる。

導入棒にネジが切れる場合にはナットにより直接接続する方法も用いられる。

またすり割を入れたブロックで導入棒を挟み込んで面接触を得る方法（図1.6）も有効である。

接続に際しては導入端子の封着部に力がかからないように作業しなければならない。

高周波特性を問題とする用途には高周波のインピーダンス整合が要求されるが、これらに対して汎用型のN、BNC（図1.7）、SMA型コネクター等が使用できる同軸の導入端子が製品化されている。

また微弱なイオン、電子ビーム電流を測定する場合等の漏洩電流や信号源と測定部が離れていてノイズが問題となる場合にも用いられる。

5～7 kV程度の高電圧用としてMHV（図1.8）、SHV等の高電圧型の同軸導入端子も目的に応じて使用される。

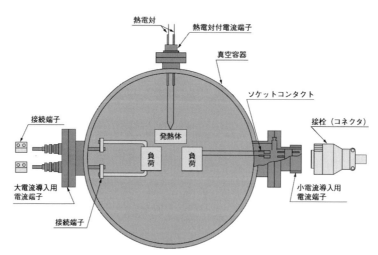

図1.1 真空容器への取付例（キヤノンアネルバ㈱HPより）

第4章 導入部品

型名名称	外径×内径×長さ	材質	数	電流容量	耐電圧	絶縁抵抗	許容加熱温度	リーク量
400A 電流端子	φ15.8×140	無酸素銅(Niメッキ)	1	400A	DC 3kV	5000 MΩ	300℃	1.3×10⁻¹¹ Pa·㎥/sec以下

型名名称	外径×内径×長さ	材質	数	電流容量	耐電圧	絶縁抵抗	許容加熱温度	リーク量
954-7203 100A 電流端子	φ6×130(大気側φ6.2)	無酸素銅(Niメッキ)	1	100A	DC 7kV	5000 MΩ 以上	300℃	1.3×10⁻¹¹ Pa·㎥/sec以下

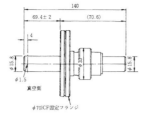

図1.2 電流導入端子の例

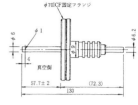

図1.3 高電圧型電流導入端子の例

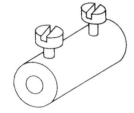

図1.4 ネジ付スリーブ形接続部品

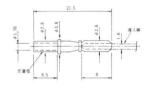

図1.5 コネクター形接続部品

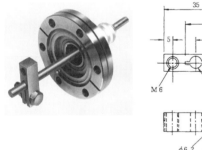
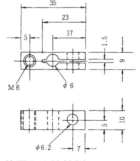

図1.6 接続金具を使用した接続例

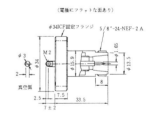

図1.7 BNC形電流導入端子の例

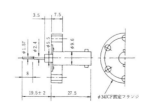

図1.8 MHV形電流導入端子の例

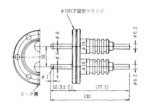

図1.9 2極形電流導入端子

図1.10 MS型コネクターの多極型電流導入端子

(2) 多極型

単極型を一つのマウントに組み合わせたタイプと導入棒の密度を大きくし適切なプラグにより容易に脱着できるようにしたタイプがある。

前者の例を図1.9に示し、後者の例でMS型コネクタ（MIL-C5015 規格準拠のコネクタ）をもちいた製品例を図1.10に示す。

真空中の接続はソケットタイプのコンタクトを使用する。

(3) 熱電対導入型

直接、熱電対を導入するために細い管を封着しておき、所用の熱電対の線材をその管に通しろう付けする方法（図1.11）と補償導線により導入する方法（図1.12）が一般的である。

後者の場合、接点での温度によっては誤作を生じることがあるので使用にあたっては注意を要する。

	仕　様
電 極 数	3, 4, 6, 10, 14, 19, 24, 37, 48
電 流 容 量	3A/1本
耐 電 圧※	AC350V [r.m.s], DC500V
絶 縁 抵 抗	1000MΩ以上
許容加熱温度	350℃
温 度 変 化	15℃/min以下
リ ー ク 量	1.3×10^{-11} Pa·m³/s (1×10^{-10} Torr ℓ/s)以下
電 極 材 質	コバール合金
電 極 太 さ	ϕ1.57
許容温度範囲	−55℃〜125℃
絶 縁 抵 抗	5,000MΩ以上
コ ン タ ク ト	ハンダカップリング内径ϕ1.76 適合電線A.W.G#16〜#22

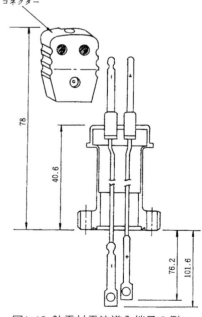

図1.12 熱電対電流導入端子の例(B)

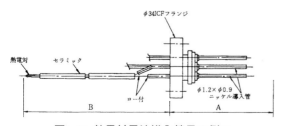

図1.11 熱電対電流導入端子の例(A)

1.2 封止方法

真空装置関連に使われる電流導入端子は電気的絶縁性が要求されるとともに充分な気密性を必要とされる。

現在気密封止として実用化され、安定に使用されているものに金属とガラスおよびセラミックとの気密封着体があり、特にセラミックはガラスに比べ

① 機械強度が高い。
② 熱伝導がよい。
③ 使用可能温度が高く充分な脱ガスが出来る。
④ マイクロ波領域でも使用可能な良好な高周波特性を持つ。

などにより電流導入端子に適している（表1.1）。

これらを効果的に封着するには

① ガラスやセラミックに無理な力がかからないよう熱膨張率、機械的強度を考慮した封着金属の選択。
② 金属とガラス、セラミックとをなじませるため金属表面の酸化、吸着、拡散といった復雑な工程の管理。

などの点を考慮しなければならない。

(1) 金属－ガラスの封着

各種ガラスとその封着金属を表1.2に、金属－ガラス封着の構造例（真空測定球）を図1.13に示す。

ガラス(A)をベースに金属ワイヤー(B)を封着したもので、ガラス-ガラス・金属酸化物固容体－金属酸化物－金属の各層に連続的に形成され強固な封着が行われる。

表1.1 ガラスとセラミックの諸特性

	鉛ガラス	硼硅酸ガラス	ステアタイト	フォルステライト	95％アルミナ
圧縮強さ (kg/cm²)			8,000	9,000	25,000
引張り強さ (kg/cm²)	490	490	600	700	1,500
最高安全使用温度 (℃)	400	500	1,100	1,200	1,550
熱伝導率 (cal/cm·sec·℃)					
体積電気固有抵抗 20℃	10¹⁷	10¹⁷	10¹⁶	10¹⁶	10¹⁶
体積電気固有抵抗 30℃	10⁷	10⁸	10⁶	10¹²	10¹²
誘電率 ε (1Mc)	6.5	5	6	6.5	9
誘電体力率 tan δ (1Mc)	0.002	0.003	0.001	0.0003	0.0003

表1.2 各種ガラスと封着金属

ガラスの種類	封着金属
ホウケイ酸ガラス	コバール, Mo
鉛ガラス	Pt, Fe-28％Cr Fe-42％Ni-6％Cr
ソーダライムガラス	Fe

表1.3 コバールの特性

組成（例）	比重	溶融温度	熱伝導率	ヤング率	引張強さ	硬さ	(30～400℃間)平均熱膨張係数
29％Ni-17％Co-Fe	8.3 g/cc	1450℃	0.04cal/cm²·sec·℃	14,000 kg/mm²	50～63 kg/mm²	70～85 ロックウェルB	45.4～50.8 ×10⁻⁷/℃

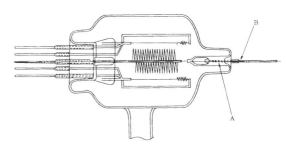

図1.13 金属－ガラスの封着例（真空側定球）

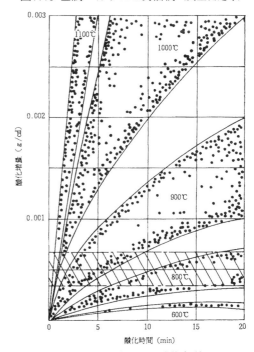

図1.14 コバールの酸化条件

代表的な材料はホウケイ酸ガラスとコバール（表1.3）である。コバールはガラスの熱膨張がよく近似し常温からガラスが軟化する温度まで、温度を昇降してもほとんど歪を発生しない。

金属とガラス封着において機械的強度と気密性を得るために最も大きな要因は、酸化膜の膜厚でありこれは厚すぎても薄すぎても好ましくなく、適度に酸化させ馴染みをよくする必要がある。

コバールの酸化時間と酸化増量の関係例を図1.14に示す。黒点部と斜線部が重なった部分が良好な酸化膜がえられる範囲である。

これらの条件の適否は封着体の色調で管理することができ、一般に深みがあって柔らかい感じを与える明るい鼠色で、明度4～5、彩度0～0.1がよいとされている。

(2) 金属－セラミックの封着

金属－セラミック封着の構造例を図1.15に示す。

電流導入棒(A)は、座金(B)、封入部品(C)を介してセラミック(D)によって絶縁され、封入部品(E)、各種フランジ等と溶接するための金具(F)を封着してある。

各種セラミックと封着金属を表1.4に示す。

セラミックと金属の封着方法として一般的なものがろう接法である。

ろう接法は金属などの酸化物をろう材として母材間の接合部の間際に挿入し、母材の融点以下の温度で加熱し拡散により接合する方法である。

このためにセラミック表面をメタライズ（金属化）し、ろう材とのなじみを良くするためニッケルまたは銅のメッキを行う。

メタライズ加工の代表的な方法として

1) 高融点金属法

現在最も一般的に採用されている方法で、Mo、W等の高融点金属を主成分とした金属ペーストをセラミック表面に塗布し、約1500℃の還元雰囲気中で焼結させ金属層を生成する。

2) 活性金属法

Ti等の活性金属を添加した金属ペーストをセラミック表面に塗布し、約1000℃の真空中で焼結させ金属層を生成する。この方法はたんに金属層をつけるだけでなく金属との接合を同時に行うことが出来る。

などがある。ろう付けの実施例を表1.5に示す。

ハンダによるものは高温に加熱できないのでベーキングの必要な圧力の低い用途には適さないので、現在市販されている電流導入端子の多くは金や銀ろうが使用されている。

ろう付けの方法には、

① トーチろう付け

封着部をトーチで加熱しろう材を溶かし接合する方法で、手作業により容易にろう付けを行うことができるが、接合部に不純物を巻き込むこともあり作業には注意が必要である。

② 炉中ろう付け

封着する部品を、治具を用いて固定し炉の中に入れ加熱接合する方法で、酸化防止のため炉に乾

表1.4 各種セラミックと封着金属

セラミック	封着金属
アルミナセラミック	コバール, Nb, Ta, Ti Fe-42%Ni-6%Cr合金
ベリリヤセラミック	コバール, Nb, Ti
マグネシヤセラミック	Fe-42%Ni-6%Cr合金
ジルコニヤセラミック	コバール, Nb, Ta, Ti
ホルステライトセラミック	Ti
ステアタイトセラミック	コバール, Nb, Ta, Ti
スピネルセラミック	Nb, Ta, Ti, コバール
ムライトセラミック	Mo, W

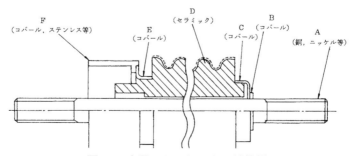

図1.15 金属－セラミックの封着例

表1.5 母材とろう材の組合せ

*1. 個々のろう材については、真空ろう付用ろう材を参照のこと。
*2. BAgはBAg-8を、BNiはJIS規格参照のこと。

	コバール	銅および銅合金	金属化セラミックス	ニッケルおよびニッケル合金	ステンレススチール	炭素鋼および低合金鋼	工具鋼および高速度鋼	Ni-Co照合金および耐熱合金	Ti、Zr合金	耐火金属(Mo,Ta,W)	セラミックス グラファイト ダイヤモンド	WC
コバール	BCu BAu BAg,BPd											
銅および銅合金	BAu BAg	Cu-Sn BAg,BPd Cu-Mn-Ni										
金属化セラミックス	BCu BAu BAg,BPd	BAg Au-Ge BAu,BPd	Au-Cu BAg Ag-Cu-In									
ニッケルおよびニッケル合金	BCu BAg BPd	BAg BPd Ag-Cu-Ni	BCu,BAg Au-Cu-Ni Ag-Cu-Ni BPd	BCu Cu-Mn-Ni Ag-Cu-Ni BPd,BAg								
ステンレススチール	BCu,BNi Cu-Mn-Ni BPd,BAu	Cu-Sn Cu-Mn-Ni Au-Ni BPd	BCu Ag-Cu-Pd Au-Cu-Ag	BCu,BPd Cu-Mn-Ni BNi	Co-Cu-Mn BCu,BPd BNi Ag-Cu-Ni							
炭素鋼および低合金鋼	BCu BAg BNi	Cu-n BAg Ag-Cu-Ni	BCu Ag-Cu-Ni BPd,BAg	BCu,BAg BNi Cu-Mn-Ni BPd	BCu,Cu-Sn BNi Cu-Mn-Ni BPd	BCu,Cu-Sn BAg Cu-Mn-Ni Ag-Cu-Ni						
工具鋼および高速度鋼	Co-Cu-Mn BCu,Cu-Sn Cu-Mn-Ni BPd	Cu-Sn Cu-Mn-Ni Ag-Cu-Ni		Co-Cu-Mn Cu-Mn-Ni Au-Ni BPd	BNi Au-Cu-Ni Cu-Mn-Ni Au-Ni	BCu,BNi Au-Cu-Ni Ag-Cu-Ni	BCu,BNi Au-Cu-Ni BPd					
Ni-Co照合金および耐熱合金	BNi,BPd Co-Cu-Mn Cu-Mn-Ni Au-Ni	Au-Cu-Ni Cu-Mn-Ni BPd		BNi Co-Cu-Mn Au-Ni Pd-Co	Co-Cu-Mn BNi Au-Cu-Pd	Co-Cu-Mn BCu,BNi BPd	Co-Cu-Mn Bni,BPd Cu-Mn-Ni	BNi BAu,Pd-Co BPd				
Ti、Zr合金	Ag-Pd-Ga Cu-Ni-Ti Ti-Cu-Ag	Cu-Ni-Ti Ti-Cu-Ag		Cu-Ni-Ti Ti-Cu-Ag Ag-Pd	Ag-Pd Ti-Cu-Ag Cu-Ni-Ti	Ag-Pd-Ga Ag-Pd	Ag-Pd Ti-Cu-Ag Cu-Ni-Ti	Ag-Pd-Ga Ag-Pd	Ag-Pd-Ga Ag-Pd Cu-Ni-Ti Ag-Ae			
耐火金属(Mo,Ta,W)	BCu,Au-Ni Au-Pd-Ni Au-Cu-Ag	Au-Cu-Ni Au-Ni Au-Cu-Ag		BPd Au-Pd-Ni	BCu BNi,BPd Au-Ni	BCu Au-Cu-Ni BPd	BCu,BPd Ti-Cu-Ag	Pd-Co BPd	Ag-Pd-Ga Ag-Pd	BPd,BNi Au-Pd Au-Pd-Ni Ti-Cu-Ag		
セラミックス グラファイト ダイヤモンド	Cu-Ni-Ti Ti-Cu-Ag	Cu-Ni-Ti Ti-Cu-Ag		Cu-Ni-Ti Ti-Cu-Ag	Ti-Cu-Ag Cu-Ni-Ti	Ti-Cu-Ag	Cu-Ni-Ti Ti-Cu-Ag	Cu-Ni-Ti Ti-Cu-Ag	Cu-Ni-Ti Ti-Cu-Ag	Ti-Cu-Ag	Cu-Ni-Ti Ti-Cu-Ag	
WC	Co-Cu-Mn BCu Cu-Mn-Ni Ag-Cu-Ni-Sn	Au-Cu Cu-Mn-Ni		Co-Cu-Mn BCn Au-Cu-Ni Cu-Mn-Ni	Co-Cu-Mn BCu Cu-Mn-Ni	Co-Cu-Mn BCu Cu-Ni-Mn	Co-Cu-Mn Au-Cu-Ni Cu-Mn-Ni BPd	Co-Cu-Mn Au-Cu-Ni Cu-Mn-Ni BPd	Ag-Pd-Ga Cu-Ni-Ti Ti-Cu-Ag	Co-Cu-Mn Cu-Mn-Ni Ti-Cu-Ag	Ti-Cu-Ag	Co-Cu-Mn BCu Cu-Mn-Ni Ag

燥空気、窒素または水素等を導入して接合の信頼性を向上させた方法が多く用いられる。

セラミックと封着金属との間際は接合強度に大きく影響し一般に5/100〜1/10 mmで最大強さが得られる。

③ 真空ろう付け

真空中（10^{-2}〜10^{-3} Paの圧力で行う高真空法と窒素を導入して10 Pa程度の圧力で行う低真空法がある）にて加熱接合する方法で酸化による弊害が無いので信頼性の高い封着が得られる。
などがありそれぞれ広く用いられている。

1.3 使用上の注意

電流導入端子のトラブルで多いのが真空漏れと絶縁不良である。

(1) 真空漏れ

真空漏れの原因と使用上の注意点を以下に記す。

1) フランジ等溶接の熱影響

真空容器に取り付けるために通常端子にフランジを溶接するが、ろう付け部に溶接による熱が影響しないよう充分に距離をもたせるようにする。また熱歪の吸収のためフランジに逃げ（図1.16）をつけると効果的である。

2) 外部からの機械的応力や衝撃による変形

端子に物をぶつけて破損させ封着部より漏れをおこすことが最も多いのでカバー等保護対策をするのがよい。また高電圧の使用に対しても安全対策となるので充分検討すべきである。

3) 脱ガスの加熱や冷却の繰り返しによる熱応力

最近は加熱脱ガスの繰り返しによる漏れは少なくなっているが材料の加熱限界には注意が必要である。

極低温で100回以上の繰り返し冷却に耐えられるものは未だ無いようである。

(2) 絶縁不良

大気中においては湿気の影響で端子表面に水分が付着し絶縁不良を起こすことがあり、また高電圧を使用する場合には放電を起こしセラミック部分が黒く焼けてしまうことがある。

湿度の高い場所や液体窒素を使用する付近では取扱に注意が必要である。

真空中では放電等で金属がセラミック表面にスパッタされ絶縁不良をおこすことがある。このような場合シールドを取り着けると効果がある。

〈近藤　実〉

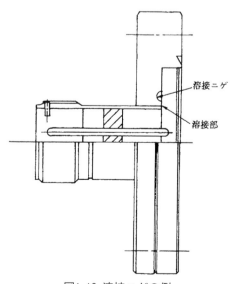

図1.16 溶接ニゲの例

〔参考文献〕

1) 真空技術講座、超高真空中の電気部品、石丸肇、真空第32巻、第1号
2) 接合技術総覧、最新接合技術総覧編集委員会、㈱産業技術サービスセンター
3) 真空用セラミックシール、名和二郎、真空第5巻、第6号
4) ろう付技術、岡本郁男、真空第10巻、第4号
5) セラマシール社 カタログ
6) 京セラ社 カタログ
7) キヤノンアネルバ社 カタログ
8) セラミックと金属の封着について、多賀野久、真空第10巻、第7号
9) 真空ろう付、成木一英、真空第19巻、第6号

第2節 ガス、液体導入端子

2.1 高真空用

ガスや液体を真空容器内に導入するもので、容器との接続はシール部にエラストマーガスケットのフランジを使うのが一般的である。構造例を図2.1に示す。

管をフランジに直接、溶接やろう付けしたもの(A)、管とフランヅをOリングによってシールしたもので、管の抜き差しが自由にできる(B)、諦め付けをひとつのナットによっておこなうもので、取り付け方向によっては真空容器内に構造物があっても抜き取ることができる(C)、ガスや液体の導入、排出を二重管にしておこなうもの(D)、市販の継ぎ手を使用したもの(E)、フィルターを内蔵したもの(F)、等がそれぞれ用途によって使われる。

また真空容器内で管を接続するのに、図2.2のような部品がしばしば使用される。

半導体製造装置など高い清浄なガスの導入が要求される用途には管の内面や溶接部を電解研磨などの処理により、平滑にして微細なパーティクルの付着や発生を極力少なくする構造にしなければならない。

2.2 超高真空用

ナイフエッジ型メタルシールフランジに代表される超高真空フランクなどを使ってガスや液体を導入するもので、接合部はもれを極力なくすため溶接やろう付け構造にするのが一般的である。使用例と仕様を図2.3、図2.4に示す。

真空容器内に接続部を設けなくても組み立てられ、また真空に排気後大気側でナットを増し締め出来る構造になっている。その他の例を図2.5に示す。

管をフランジに直接、溶接やろう付けしたもの(A)、市販の超高真空周継ぎ手を使用したもの(B)、液体窒素導入のため一部を二重管にしてシール部

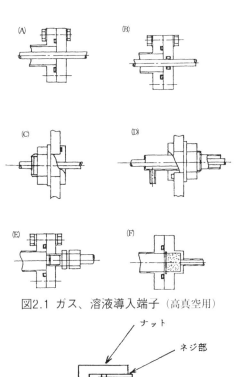

図2.1 ガス、溶液導入端子（高真空用）

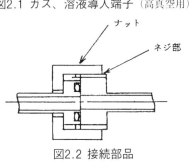

図2.2 接続部品

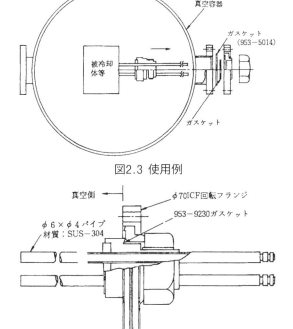

図2.3 使用例

許容加熱温度：250℃
リーク量：1.33×10^{-11} Pa・㎥/sec
　　　　　（1×10^{-10} Torr・ℓ/sec）以下
使用流体：水
接続フランジ：φ70ICFフランジ
材質：SUS-304

図2.4 超高真空用ガス、液体導入端子

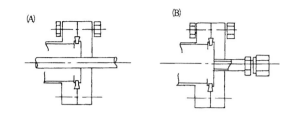

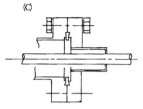

図2.5 ガス、液体導入端子（超高真空用）

が熱サイクルの影響をうけないよう考慮したもの(C)等がある。

〈近藤　実〉

第3節 運動導入部品
3.1 高真空用
　高真空用の運動導入部品としては、回転導入と直線導入が一般的である。
3.1.1 直線導入端子
　低～高真空領域での直線運動機構は、軸シールにエラストマーを使用したものが多い。直線導入端子の断面図を図3.1に示す。一般的に言って、エラストマーシールをスラスト方向のシールに使うのは運動時に大気からのリークや軸の表面についてくるグリースに吸着されたガスが放出され圧力変動を生じ易い[1]。このためシールを二段にしてシールとシールの間を排気するなどしている場合がある。また、回転導入と異なり、グリースなどは摺動する部分全体に付着するので真空面に晒され蒸発する分が多い。

　運動の伝達は大気－真空で一本のシャフトで貫かれているので、大気側の運動が正確に真空側に伝わり、運動伝達の信頼性が高い。このため、大きな力の伝達を行うときにはよく用いられる。反面、運動時にはリークを含めた圧力変動が起こることは覚悟しなければならない。また、軸シールにはエラストマーを使用しているので、余り高い温度でのベークはできないし、シール部分の潤滑などを考えても余り高い温度での使用は好ましくない。軸シールとして一般的に用いられているのは、フッ素系や、クロロプレンの、ゴムのOリングか回転導入のところで述べるウィルソンシールであるが、グリースなどを嫌う用途などでは、テフロン製のシールなどを用いる。運動用のテフロ

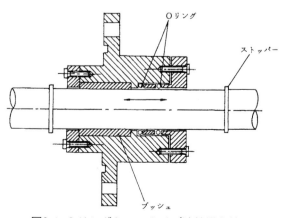

図3.1 Oリングシールタイプ連続導入端子

ンシールとして市販されているものは、断面がU字形かコの字形となっており、その中に弾力をもたせるために金属のスプリングを内蔵している[2]。テフロン製のシールでは一段で大気と真空の間をリークなしにシールすることは難しいので、必ずといっていいほど、二段シールで中間を排気する。尚、このタイプの機構は、回転も同時に行えるため、直線導入のみを行わせるときは、駆動軸に回り止めなどを施す。

3.1.2 回転導入端子

軸シールとして前項のエラストマーを使用したものと、磁性流体を使用したものとがある。エラストマーを使用したタイプではシートパッキングを用いたウィルソンシールとOリングシールタイプがある。

(1) Oリングシールタイプ

図3.2にこのOリングシールタイプの断面図を示す。基本的には、前項の直線導入と同じである。駆動軸には、モーメント荷重などによって、シール部に負担がかからないように距離をおいて二ケの軸受けが配置される。場合によっては大気側、真空側にそれぞれ軸受けが取り付けられる。通常この軸受けは、玉軸受けタイプが使用される。軸シールには真空グリースや、アピエゾン、フォンブリンオイル、グリース等の有機系の潤滑材を用いるため、真空側に用いられる軸受けの潤滑は、これに準じている場合が多い。許容回転数はシール部での発熱の問題があり数百RPM程度である（風速で2～3 m/s程度）。Oリングの他に摺動抵抗の小さいXリングなどを用いているものもある。

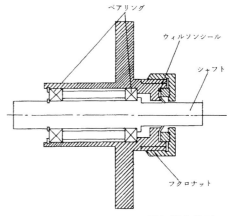

図3.3 ウィルソンシール回転導入端子

(2) ウィルソンシールタイプ

前項の軸シールの部分にOリングでなくウィルソンシールを使用している。ウィルソンシールの断面を図3.3に示す。基本的な構造は、エラストマーの平板を使用して、真空側から大気側へとまくりあげるようにしてその厚み方向のエッジを利用してシールしている。シールを行うエラストマー円板の穴明けは使用するシャフトの直後に対し80％程度としバリ等が無いようにきちんと行う必要がある。このリング状のシートパッキングは規格になって市販されているものが無く面倒なためOリングシール等で行われることが多い。

(3) 磁性流体シールタイプ

磁性流体とは、オイルなどのベース溶液に磁性体の超微粒子をコロイド状に分散させたものである。磁性体の超微粒子ベース溶液中に均等に分散させるため、マグネタイト等の微粒子に界面活性材を吸着させている。この界面活性材の働きによって、強い磁場中でも磁性体の超微粒子同士の凝縮などが起こらないようになっている[1]。従って、磁場中にこの混合液体を置くとあたかも磁性を持っている液体のごとく、磁場に引き寄せられる。ベースオイルとしては通常トリエステルのものが用いられるが、高速回転を行わせる場合には粘度の低いものを使用し、半導体製造装置などで腐食性のガスを使用するときには耐腐食性もあるものが使われる。高速回転用磁性流体シールの簡単な断面図を図3.4に示す。磁気回路は、永久磁石のN極より、ポールピース－磁性流体－駆動軸（磁性体で作られる）－磁性流体－S極のポール

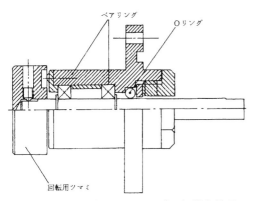

図3.2 Oリングシールタイプ回転導入端子

第4編 真空部品

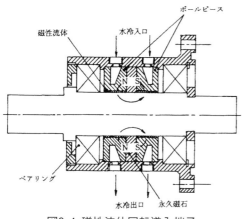

図3.4 磁性流体回転導入端子

ピース-S極と形成される。この磁気回路と一段で耐えられる圧力差は磁場の強さと磁性流体の磁化の大きさにもよるが、0.2～0.5気圧と言われている[3]ので、真空用の回転シールに用いられる時は磁気回路を多段に組んで使用される。

磁性流体シールの回転導入機の特徴は、
・高速回転が可能なこと。
・駆動軸が大気-真空を貫くので、高精度、高能率のトルク伝達が可能である。
・磁性流体は駆動軸のある程度の軸変位や、シール部の表面粗さに追随する。

等である。反面、界面活性材の脱離やベースオイルの蒸発などが生ずるため、
・耐熱性がない。
・時々、突発的にリークを生じることがある。

等の問題点もある。耐熱性が無いことと、ベースオイルが蒸発することなどで、超高真空での使用はまだ無理のようで10^{-6}Pa程度の圧力までの使用が無難である。高速回転型などは温度が上昇してベースオイルが蒸発するのを防ぐため水冷などがなされている。そのほか実際の使用に当たっては、以下の注意が必要である。
・有機溶剤や液体を使用する場合シール部にかからないようにすること。
・強磁場中での使用は避けること。
・活性ガス中での使用に当たっては、活性ガス用を用いること。
・DC、RFの電流を流さないこと。

また、磁性流体を使用した直線導入端子も検討されたが、シールする軸の部分が変わり、その部

分が真空に晒されるため、軸に付着したベースオイルが蒸発するなどの問題点があるためほとんど実用化されていない[4]。

3.2 超高真空用
3.2.1 直線導入
(1) ベローズ式

ベローズの種類は製作方法によって、溶接ベローズ、成形ベローズ、デポジット（メッキ）ベローズの三種類がある。デポジットベローズはいわゆるメッキで作られ、その厚みは8μmから200μm程度で小口径(1～30 mm)のものである[5]。真空の駆動機構用としては余り用いられていない。成形ベローズは薄肉のパイプを素材として成形用金型を用いて製作される。ベローズの断面形状はU字形をしており圧縮したときのデッドスペースが大きく、また、バネ定数も大きい。コストは溶接ベローズに比べて安くできる。ストロークの小さいときなどに用いられる。溶接ベローズはドーナッツ状の薄い金属板を溶接して製作される。圧縮した時のデッドスペースが少なくストロークも多くとれるなどのため運動用機構部品のベローズとしてはこのタイプが多く用いられている。ベローズを使用した直線導入端子の外観を図3.5に示す。大気と真空の間のシールはベローズで行う。このため、運動にともなってリークが生じることはない。直線移動は大気側の駆動軸にきったネジにより行われる。このネジは細かい動きをさせるために細目ネジが切られることが多く、バーニアヘッド等が取り付けられ細かな目盛りで読み取れるようになっている。ストロークを長くする場合にはベローズを直列に接続して行

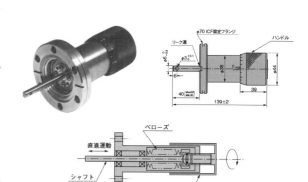

図3.5 ベローズ式直線導入端子

268

う。一般的にベローズは、その伸縮度合によって寿命が決まるので、ベローズの自由長に対して、ストロークを同程度かそれ以下にとるが、そのとき2/3を圧縮で、残り1/3を伸張で使用する等設計時に考慮される。真空側の軸受けは、固体潤滑タイプが用いられる。ベーク温度としてはその直線導入端子を構成している部品にもよるが150～350℃程度まで許される。ベローズタイプの寿命はストロークに関係するが、通常の物で5,000～10,000回くらいである。

(2) マグネットカップリング式(磁気結合式)

マグネットカップリングタイプの直線導入機は非磁性体の金属の隔壁を通して磁力を真空側へ伝達させるものである。近年サマリウムコバルト系やネオジウム－鉄－ボロン系等の保持力の大きな永久磁石が開発され、小型で高温でも余り減磁しないものが手に入るようになってきている。磁気結合式の直線導入機の構造は真空中に強磁性体かマグネットに軸を取り付けた移動子が配置され、この移動子は通常非磁性体のSUSのパイプの中にベアリングなどで支持されて入れられ、大気と隔離される。このパイプの外側に円筒状の永久磁石が挿入される。この大気側に配置されたマグネットを動かすことによって真空側に配置された移動子を移動させる。このタイプの外観を図3.6に示す。

直線導入、回転導入及びそれらを組み合わせた形のものが市販されている。ベローズ式のものに比べると真空中に晒される表面積が小さいため相対的に放出ガスが少なく、また、長いストロークのものが製作でき、試料搬送用などに使用される。マグネットカップリング式のものは運動の伝達軸が、真空側と大気側で機械的に結合はされていない。このため、大気側の移動量がそのまま真空側の移動量になっている保証はない。スラスト方向に加わる力が大きい時は、同方向に加わる力が弱いときに比べて永久磁石の位置と真空中に配置された移動子の位置とのずれが大きくなる。従って、大気側の永久磁石の位置から真空中の直線移動機構の先端位置などは正確には分からない。反面、異常に大きな力が真空内の駆動軸のスラスト方向に加わっても破損することは無い。一般的は伝達力としては数Kg程度の物が市販されている。

3.2.2 回転導入

(1) コンダクタンスを利用した方式[6]

図3.7にこのタイプの機構概略図を示す。大気からのシールはエラストマー等で行い、中聞を差動排気する。超高真空とのシールは、駆動軸とそれを取り囲むように配されたパイプ間のコンダクタンスで行う。駆動軸は大気－真空で一本の軸で貫いているのでロストモーション等はないが、差動排気された中間室と超高真空との部屋の間は10^{-3}～10^{-4}(l/sec)以下のコンダクタンスが必要で、軸とパイプの間のクリアランスとしてはかなり小さいものとなると同時に長さも必要である。従って、軸が長くなり剛性の問題でたわみ等が生じ易い。このことがパイプとの小さなクリアランスを保つことを難しくしている。市販品としてはあまり見あたらない。

(2) ベローズ式

ベローズを使って真空シールを行いかつ真空中へ回転運動を伝えるには、摺漕ぎ運動を利用する。この型の構造を理解する上でまずベローズを用いた揺動機構を説明する。概略を図3.8に示す。

図3.6 マグネットカップリング直線導入端子

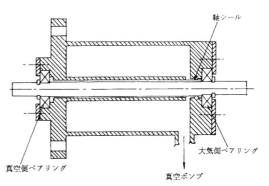

図3.7 コンダクタンスを利用した回転導入端子

動きとしてはちょうどゲーム機などジョイステックの様なものでウップルスティックと呼ばれ市販されている[7]。大気側と真空側を貫くシャフトにベローズを溶接して真空シールするだけの簡単な機構である。大気側の軸の先端を持って円運動させると、真空側の軸の先端も円運動をする。簡単なマニュピレーション動作をさせる場合などに用いられる。簡単なものではロック機構を持っていないので外部にもうける必要がある。特に軸方向は真空にするとベローズが収縮して軸が真空側へ引き込まれるのでなんらかのストッパーをもうける。このウップルスティックの真空側の軸先端を曲げて、軸を円運動の中心に持ってくる。ベローズとシャフトの結合部分で切り放して、ベアリングなどで支持してベローズの大気側を同様にして支持すれば回転運動が得られる。概略図は図3.9のようになっており大気側の駆動部と駆動軸は一本の軸で貫かれてはいないが機械的に結合されているので空回りということはない。半面、このような運動を生じきせるために真空中で数多くのベアリングを必要とする。バックラッシュとしては2〜3°以下、通常の回転数としては50 rpm程度のものが多い。寿命としては通常の物で数千回〜一万回程度である。回転トルクとしてはシャフト径5〜10 mm程度で5〜50 kgf・cm程度であるが、低速高トルクのものや高速タイプのものもある。高速回転の物はベローの伸縮の頻度が高くなるのと、真空中でのベアリングの累積回転数などの問題で寿命は通常のものに比べ短く、又駆動トルクも小さい。

(3) マグネットカップリング式（磁気結合式）

基本的に直線導入機構と変わらないが、軌方向への動きを止めて回転のみとしている。このため、回転に対して効率よく磁気力が働くような磁極構造としている。通常はラジアル方向のギャップをもたせているものが多いが、アキシャル方向にギャップをもたせ駆動用にモータを取り付けたものも見受けられその外観を図3.10に示す。ベローズ式に比べ、表面積を小さくでき高速回転が可能であるが、負荷トルクの違いにより、駆動用の永久磁石と真空中の回転子との間にはズレが生じる。負荷トルクと角度のズレの一例を図3.11に示す。

反面、トルクリミッタのような動きをするため、負荷トルクに関係して電流が増減するタイプのモータで回転させている場合など異常に大きいトルクが加わっても空転してモータを破損することが無い。吸引型で使用されるのがほとんどで漏洩磁場はほとんど問題無い。トルクとしては、20 kgf・cm程度である。回転数は500 rpm程度のものが多いが、サーボモータと組み合わせて5000 rpmを越えるものも見られる。

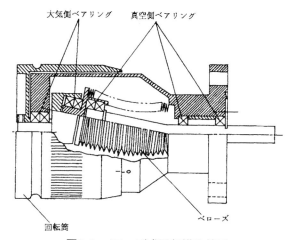

図3.9 ベローズ式回転導入端子

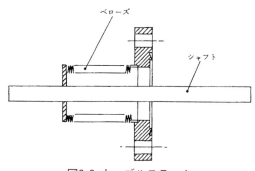

図3.8 ウップルステック

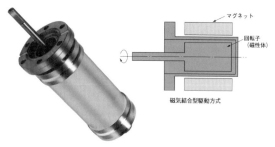

図3.10 マグネットカップリング式回転導入端子
（磁気結合型）

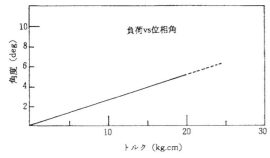

図3.11 負荷トルクと角度ズレ

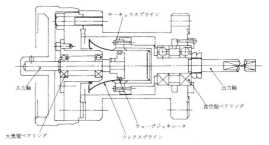

図3.13 ハーモニックドライブ式回転導入端子[8]

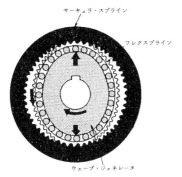

図3.12 ハーモニックドライブ

(4) ハーモニックドライブ式

ロボットなどの減速機構として知られているハーモニックドライブを真空用にした物である。ハーモニックドライブ減速機構は図3.12に示すように、楕円形をしたウェーブジェネレータ、薄い金属ダイアフラムで出来ていて丁度紙コップのような形をしたフレクスプライン、円筒の内側に歯が切ってあるサーキュラスプラインから構成されている。フレクスプラインの外側に歯が切ってあり、サーキュラスプラインの歯と二箇所で噛み合うようになっている。真空シールは、フレクスプラインで行っている。このタイプの回転導入端子の断面図を図3.13に示す。

楕円形のウェーブジェネレータが回転するにつれてその長軸が当たるフレクスプラインの部分が弾性変形を起こして、その部分のフレクスプラインの歯とサーキュラスプラインの歯と噛み合う。サーキュラスプラインに切ってある歯の数はフレクスプラインのそれよりも数個多く、ウェーブジェネレータが一回転すると、その歯の数の差だけズレが生じ、サーキュラスプラインを出力として取り出すと、ウェーブジェネレータの回転に対し減速器として働く。

バックラッシュが2～3'と少ない。伝達トルクは20 kgf・cm程度、250℃位までのベーキングが可能である。入力軸での回転数で10^8～10^9回転位が寿命である。フレクスプラインの外側に切ってある歯は浅いため、余り大きな負荷トルクがあるときに強引に回すとこの歯を痛めてしまうので注意が必要である。

従って、入力軸の駆動は手動ではなく、伝達トルクに見合ったモータ等を介して行うことが望ましい。

(5) 超高真空用モータ

真空への運動導入機構は、軸シールの問題と、軸受けの潤滑の問題が大きい。真空内に直接モータが持ち込めれば、または大気側にモータの固定子を配置し、真空側に回転子が配置されれば、軸シールの問題は解決できる。動作させる部分に直接モータを取り付けられればギアや継ぎ手などによるバックラッシュ等を少なくでき精密位置決めを行い易くなる。このような目的から真空内で使用できるモータが市販されている。

モータの種類としてはパルスの数のみで位置決めが可能でオープンループで使用できるステッピングモータがほとんどである。マグネットカップリングと同様に軸方向にギャップのあるアキシャルギャップタイプ(AG)と半径方向にギャップのある通常のラジアルギャップタイプ(RG)がある。但し、そのギャップは0.1 mm程度でマグネットカップリングに比べはるかに少なく、そのため位置ズレに対する磁気エネルギーの変化が大きいので負荷トルクの変化に対して位置ズレが起こることはほとんどないが、ステッピングモータの場合は過大な負荷トルクに対しては脱調を起こすので注意が必要である。

一般にAGタイプは低速高トルクに、RGタイプは

図3.14 超高真空用AGステッピングモータ

高速低トルクに向いていてそれぞれ一長一短がある。AGタイプ超高真空用ステッピングモータの外観を図3.14に示す。真空中では熱の放散が極めて悪く、そのため高温になるコイル部に注意がはらわれている。巻線にアウトガスの少ないものを使用したり[9,10]、ケーブルをシースで覆ったMIケーブルを用いたり[11]アウトガスが多いコイル部を薄い金属のキャンで覆い真空から隔離してしまったものなどがある[12]。表面積の多いコイル部を真空に晒さないことはガスだまりが少なくなく、その面に吸着されたガスが排気されにくいといったこともなく有利である。また、超高真空用としてはベーキングができなければならないため耐熱温度は高いが、通常ベーキングを行いながらの運転はできない。回転数としては、RGタイプのステッピングモータで数百rpm、トルクは1〜10 Kg・cm程度のものが多く、AGタイプのステッピングモータで、百rpm以下でトルクが0.5〜150 kg・cm程度のものが入手できる。

〈小池土志夫〉

〔参考文献・引用文献その他〕

1) 堀越源一：真空技術—第2版、昭58、145、東大出版
2) 例えば、バリシール、バルシール、オムニシール等カタログ
3) 竹富 荒：磁性流体、昭63、日刊工業新聞社
4) 三宅正二郎：真空、Vol.28-No.6 (1985)、483
5) 三柴 隆：清浄気体中の駆動技術、1986、207、精密工学会
6) j. F. O'Hanlon：A User's Guide to Vacuum Technology 2nd Edition, 1985, 327, ESUWiley inter science.
7) Vacuum Generator社カタログ
8) 林 雄三、山田：真空、V0131-No.5、(1988)、619
9) 楠 勲、村上、照井：真空、Vol.30-7、(1987)、619
10) 由良綱雄、林：清浄真空中での駆動・搬送及び精密位置決め技術、昭61年9月研究例会、日本真空協会
11) 宮本正夫：熱と計測、No14、1987、12、1
12) 武松 忠、盛山、山川、小笠原：真空、Vol.31-No.5 (1988)、338

第4節 ビーム導入
4.1 赤外、紫外光透過

大気側と真空側との間で光を導入出するために光透過窓が必要になる場合は、従来の真空装置内の観察や試料の計測などにとどまらず、赤外ランプを用いた真空中試料の加熱や紫外光の誘起する化学反応を応用した薄膜生成、リソグラフィなど広範囲にわたってきている。このような場合には赤外光や紫外光を透過する窓材が用いられる。

4.1.1 光学窓材の種類

可視光の透過材料として通常用いられる光学ガラスは、赤外あるいは紫外域では吸収が強く使えない。赤外光や紫外光の透過には、広い波長範囲で高い透過率を持つ種々の結晶材料の面板が主として用いられる。図4.1.1に2 mm厚の各種光学結晶で10%以上の光透過率が得られる波長範囲を示す[1,2]。これらの光学結晶では透過率のほか、屈折率、反射率、融点、機械的強度、水に対する溶解度などの特性が、材料によって大きく異なるので、使用目的に合わせて材料を選択する必要がある。

4.1.2 真空装置への実装方法

超高真空あるいは200〜300℃に加熱して使用する装置の場合には、超高真空シールを施してガラス管や金属フランジに接合された窓材が用いられる。図4.1.2は超高真空仕様のコンフラットフランジ（ステンレス製）に封着されて市販されている。代表的な3種類の光学材料〈コバールガラス、合成石英、サファイア〉の各波長域での光透過特性を示したものである[1,2]。コバールガラスは封着用金属の選択が容易で、ほぼフランジ規格の厚みの範囲で光学窓を封着できる（ゼロレングス）ので、窓面に対して斜め方向から光を導入する必要がある場合に、真空装置内に導入できる光の有効径を損なわずにすむ。図4.1.3にコバールガラスが溶接されたゼロレングスのぞき窓の断面を、

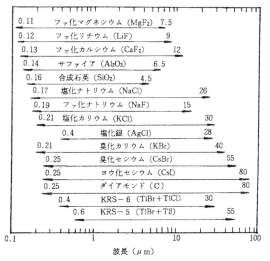

図4.1.1 種々の窓材（2 mm厚）で10%以上の透過率の得られる波長域[1,2]

表4.1.1 コバールガラス封着のぞき窓寸法表[3]

φA	φB	φC	T	PCD	N	φD	接続フランジ
69.3	44	35	16	58.7	6	6.8	UFC 070
113.5	74	62	20	92.2	8	8.5	UFC 114
151.6	114	100	25	130.3	16	8.5	UFC 152
202.4	165	151	28	181.1	20	8.5	UFC 203

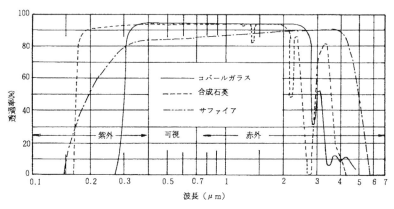

図4.1.2 代表的な3種類の窓材（10 mm厚）の光透過率[1,2]

表4.1.1にその寸法表を示す[3]。ただコパールガラスは2.71 μmにO-H基に伴う強い吸収があり、更に長波長側では吸収が著しいので、赤外ランプを用いた真空内試料の加熱や赤外分光などへの使用は避けるほうがよい。また紫外域でも吸収が強く、0.3 μm以下では使えない。

紫外及び赤外域での超高真空用窓材として一般に入手しやすいのは合成石英及びサファイア製であり、いずれもゼロレングスで152φまでのコンフラットフランジに封着されたものが標準品として市販されている。図4.1.2より明らかなように、合成石英とサファイアは0.3 μm以下でも高い透過率を持っているが、吸収端波長は合成石英で0.16 μm、サファイアで0.14 μmである。これよりも短波長の領域では、例えばフッ素化合物などの光学結晶が使用可能である。フッ素化合物の短波長側での透過限界波長を表4.1.2に示す[1,4]。これらの光学結晶は厚さ1～4 mmのものが入手しやすいため、その機械的強度から（表4.1.2参照）窓の有効直径が大きいものは望めない。

ステンレス製フランジ以外にも、例えばアルミニウム合金製フランジにサファイアやコパールガラスを封着した超高真空使用の窓材も入手可能になっている[5]。また、市販されているのぞき窓以外の光学材料を用いて、自作により超高真空シールを施して金属フランジに接合させることも可能である[6,7]。超高真空以外の用途で加熱の必要がない装置では、バイトンなどのO-リング、あるいは真空用接着剤（例えばTORRSEAL、Varian社や

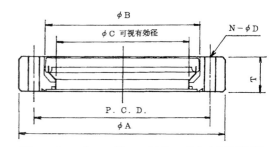

図4.1.3 コバールガラス封着のぞき窓断面図[3]

LENS BOND、Summers Laboratories社など）によるシールで十分な場合が多く、使用する光学材料の機械的強度さえ持てば、大口径の光の導入にさほどの問題は生じない。

4.1.3 使用上の注意

光学窓の使用において最も注意を払わなければならないのは窓の破損である。また、光の透過率が低下しないように注意することも必要である。

① 窓材は多くの場合に1気圧の圧力差に耐えることが要求される。そのため、窓の有効直径に対して必要な厚さにしなければならない（表4.1.2参照）[6]。

② 水に対する溶解度が大きな窓材（表4.1.2参照）は、長期間湿気を含んだ空気にさらすと透過率が低下する。高温でのアニール（500℃）や、アセトンをひたしたガーゼでこすることによって透過率が回復する[9,10]。使用後はデシケーターや乾燥剤の入ったケースに密封して保存しなければならない。

③ 紫外光源用の放電管の窓として使用する場合には、電子やイオンによる衝撃を避けるために放電が窓に接触しないように注意する。

④ 紫外光用の窓材では、110 nm以下の短波長の光を照射すると色中心(Color Center)が生成して、透過率が低下する。この場合は、500℃程度のアニールで透過率が回復するとの報告がある[8]。

〈玉川　孝一〉

表4.1.2 イオン結晶の諸特性[1,4]

物質名	透過限界波長 (nm)	溶解度[a] (g/100cm³)	厚さ/直径[b]
LiF	104	0.27 (18)	0.084
MgF₂	112	7.6×10⁻³ (18)	
CaF₂	122	1.7×10⁻³ (26)	0.046
BaF₂	134	0.17 (10)	0.053
サファイア (Al₂O₃)	141	9.8×10⁻⁵	
合成石英 (SiO₂)	160	不溶	0.04

a) カッコ内の温度（℃）における、水に対する溶解度を示す。
b) 1.013×10⁵Pa（1 atm）の差圧を保持するのに許容される（厚さ/直径）比の最小値を示した（安全係数は合成石英では7、その他の物質では4とした）。

〔参考文献〕

1) 工藤恵栄：分光学的性質を主とした基礎物性図表、1972、共立出版
2) W. G. Driscoll: Handbook of Optics, 1978,

McGraw-Hill.

3) ㈱アルバック・コーポレトセンター カタログ
より引用

4) 吉永　弘編：応用分光学ハンドブック、1973、
P.244、朝倉書店

5) 石丸　肇：アルミニウム合金製超高真空シス
テムとその応用、1988、P.93、応用技術出版

6) 原田義也編：新実験化学講座5、1976、P.247、
丸善

7) 永田　敬：応用物理、55(1986) 493

8) 日本機械学会編：機械工学便覧改訂第5版、
1968、日本機械学会

9) J.A.R.Samson：Techniques of Vacuum
Ultraviolet Spectroscopy, 19B7, P.180, John
Wiley & Sons.

10) 浜田嘉昭：応用物理、55 (1986) 492

第4編 真空部品

4.2 ベリリウム窓
4.2.1 ベリリウム(Be)の性質

ベリリウムは常温固体の安定な金属としては最も軽い元素である。その原子番号は4、質量数は9.01であり金属として極めて軽量で、その密度1.85(g/cm³)はFeやNi、Cuなどの典型的な構造材料の約1/4程度である。Alに比しても2/3程度と低い。しかも、その力学的性質としての剛性率はAlやTiに比べ遥かに大きい。薄板としても強度が保てることからX線に対する質量吸収係数の低さとあいまって、高い透過率を有するX線透過窓材に適していることがわかる。また、室温における比熱は1.82(J/g・K)、融点は1287℃、かつ熱伝導率は216(W/m・K)、熱膨張係数は11.4×10⁻⁶(/K)であり、熱的性質も優れた特徴を有している。

4.2.2 Beの用途

ベリリウムはその優れた物性により、その用途は多岐にわたる。対重量比で考えると、ベリリウムはスチールの約6倍の強度があり、軽量・強固であることから軍事や宇宙・航空産業にとって正に理想の材料である。また、ベリリウムは研磨すると可視光から赤外線まで非常によく反射しレーザー波長にもマッチしており、ミラーとしても優れた材料である。高い寸法安定性に加え軽量で重力による形状ひずみも他の金属に比べ小さい事から、大型ミラーとしての用途に適している。さらに、その優れた音の伝搬速度(12.9km/s)と低慣性質量により高性能の音響スピーカーなどにも利用されている。軽量による高速応答性を活用したガルバノミラーなど精密レーザー関連製品としての用途など幅が広い。

本項では、主にベリリウムのX線透過窓としての特徴と用途について述べる。透過窓として用いる場合、利用波長域で透過率が出来るだけ大きいことが望ましいが、これには、吸収係数の小さい材料を出来るだけ薄くし、かつ、大気-真空の差圧に耐える機械的強度が必要である。このために、まず、1) 材料の選定、2) 板厚と機械的強度、3) 透過率の算定など総合的な評価が必要である。

4.2.3 BeのグレードとX線透過特性

超高純度ベリリウム薄板の製造は原料の高純度ベリリウムをインパクトグラインダー法にて微細粉末化しHIP（熱間等方圧加圧）やCIP（冷間等方

表4.2.1 種々の物性値の比較

	Be	Al
原子番号(Z)	4	13
質量数(M)	9.01	27
密度(g/cm³)	1.85	2.7
ヤング率(GPa)	287	70.3
ポアッソン比	0.032	0.35
剛性率(GPa)	132	26.0
比熱(J/g・K)	1.82	0.9
融点(℃)	1287	660
熱伝導率(W/m・K)	216	237
線膨張係数(10⁻⁶/K)	11.4	23.1

表4.2.2 ベリリウムのグレードと不純物

元素	IF-1	PF-60	PS-200
Be	99.80%	99.00%	98.50%
BeO	0.06	0.8	1.5
Li	—	0.0003	—
Fe	0.03	0.07	0.18
C	0.03	0.07	0.15
Mg	0.006	0.05	0.18
Al	0.01	0.05	0.16
Si	0.01	0.04	0.08
Cr	0.0025	0.01	
Co	0.0005	0.001	
Cu	0.005	0.01	
Pb	0.0005	0.002	
Mn	0.003	0.012	
Mo	0.001	0.002	
Ni	0.02	0.02	
Ca	0.02	0.01	
Zn	0.01	—	
Ag	0.0005	0.001	
Ti	0.001	—	
B	—	0.0003	
Cd	—	0.0002	

Materion Corporation：Home/Products/Beryllium Productsから引用

圧加圧）、あるいは、その他の方法でベリリウムのインゴットを作り、そのインゴットをスライシングあるいは熱間圧延クロスロールにより製造される。Materion社[1]の場合その素材の仕様は表4.2.2のように示されており、その形状は平板や長方形板あるいは円板状など、要求に応じて供給されている。厚さは耐真空の素材で7.6μmから、光学遮蔽密度の素材で5.1μmから用意されている。

276

表4.2.3 板厚と透過率の関係
(CuKαエネルギーレベル：8.041KeV　波長：1.5418A)

厚さ(inch)	IF-1	PF-60	PS-200E
0.001	0.988	0.982	—
0.002	0.977	0.965	—
0.003	0.965	0.947	—
0.004	0.954	0.93	—
0.005	0.943	0.914	—
0.006	0.932	0.897	0.852
0.007	0.921	0.881	0.829
0.008	0.91	0.886	0.807
0.01	0.899	0.835	0.765
0.012	0.868	0.805	0.725
0.015	0.838	0.763	0.67
0.02	0.79	0.697	0.586
0.04	0.624	0.486	0.343
0.05	0.556	—	—
0.06	0.494	—	—

Materion Corporation：Home/Products/Beryllium Productsより引用

4.2.4 Be窓の板厚の選定のための計算式

一般に窓の形状は円板状や矩形型があるが、いずれにしても、ベリリウムX線窓は片側が大気、反対側が真空という差圧のある環境下で頻繁に繰返し使用される。その場合、ベリリウムの板厚の選定については材料メーカ（Materion社）によって参照されている円板状（円周が接合固定されている）の場合についての計算式[2]を示す。

(4.2.1)

$$\frac{\sigma r^2}{Et^2} = K_3 \frac{y}{t} + K_4 \left\{\frac{y}{t}\right\}^2 \quad (4.2.2)$$

ここに、
- y ：最大変位
- σ ：最大応力
- t ：板の厚み
- r ：窓の半径
- q ：差圧101kPa（1気圧）
- v ：Beのポアッソン比(0.03〜0.08)
- E ：Beのヤング率(303GPa)
- K_1：$5.33/(1-v^2)$
- K_2：$2.6/(1-v^2)$
- K_3：$2/(1-v)$ 〔中心部〕
- K_4：0.976 〔中心部〕
- K_3：$4/(1-v^2)$ 〔周辺部〕
- K_4：1.73 〔周辺部〕

である。

まず、初期値として表4.2.3を参照して適当な初期厚みtを与え、式（4.2.1）の方程式を解いて円の中心での最大変位yを求める。これを式（4.2.2）に代入して最大応力σを求める、このσが適切な安全率を考慮して素材の設計強度(〜300MPa)以下になる厚みtを求めれば、安全で最大の透過率が得られる。また、矩形の場合には、その短辺を円板の直径に置換えることで実用上代替ができる。下記に、板厚が0.1mmで半径が6.0mmの円板状の場合の計算例を示す。

〔計算例〕

板厚	0.1(mm)
半径	6.0(mm)
差圧	1 (atm)
ポアッソン比	0.032

の場合、

最大変位y	0.0667(mm)
中心部σ	152.6(MPa)
周辺部σ	289.7(MPa)

となり、最も大きい周辺部の応力でも290MPaであり設計強度(〜300MPa)以下であることがわかる。

実際の板厚の選定に関しては、接合方法、使用目的、繰返し頻度等を踏まえて安全率をも考慮しながら評価する必要があり、ベリリウム窓製作の経験値を参考に製作する場合も多々ある。

また、X線透過率はBe材料のグレードにも依存する（表4.2.3）。透過率のみを重視すれば高純度で薄いBe板が望まれるが、現実には、コストや強度との兼合いが重要となってくる。実用的なBe材料のグレードとしては、表4.2.3に示したIF-1やPF-60がよく利用されている。

4.2.5 Beの用途

ベリリウム窓が使用される例としては、放射光ビームライン、自由電子レーザーからのX線の取出し窓、X線管、X線蛍光増倍管、X線比例計数管、X線リソグラフィー、X線検出管、X線フィルター、X線入力窓、X線出力窓、X線イメージインテンシファイアー、放射線検出器などに利用されている。

4.2.6 Be窓の製作例

ベリリウム窓の形状や仕様は、その使用目的・使用環境に照らし、実に様々なものが求められる。窓の形状も平板状、円盤状、帯状、湾曲、円筒、ドーム型、その他、色々な形状の窓ものが使用されている。さらに、使用目的から単に外形だけではなく面粗さや平行度、寸法公差など、厳格に求められることもある。

また、窓アセンブリーの取り付けフランジもICFフランジ、NWフランジ、特殊仕様フランジ等がある。材料としてはSUS材、Cu材が主に使われるが、複合材料を含め特殊材が使用される場合もある。ベリリウムと他の金属の接合方法は、銀ロウ材接合、拡散接合が一般的であり、エポキシ系接着剤による接合、機械的接合、電子ビーム接合による接合も行われている。

また、X線がベリリウムを透過する際に発生する熱を取るために水冷タイプの形状の窓枠も製作される。図4.2.1は放射光施設で使用されるX線窓の種々のタイプのフランジ付透過窓の一例である。

4.2.7 Be窓の気密試験

ベリリウム窓の真空気密試験では、一般の真空装置の気密試験に準ずるが、ベリリウムの場合、接合部分のリークだけではなく、素材の不良やクラックあるいは繰返し使用の疲労などにより、X線透過窓の薄板自身のリークにも十分配慮しなければならない。窓全体のリークを見落としなく検出するためには、いわゆる、真空外覆法（真空フード法）が優れているが、漏れ位置の特定は困難であるので、漏れ位置の特定のために真空吹付け法（スプレー法）を併用するのが一般的である。

これらのリークテストの詳細に関してはJIS Z 2330：2012（ヘリウム漏れ試験方法の種類及びその選択）およびJIS Z 2331：2006（ヘリウム漏れ試験方法）等によって、詳しく記述されており参考にすることが出来る。

4.2.8 Beのその他応用例

図4.2.2は放射光モニター用に開発された高精度・高純度の超高真空対応の水冷式ベリリウム・ミラーの一例である。ミラーの表面仕上げはλ/4精度以上とし、熱的安定性と高反射率を備えるため、直接水冷方式を採用している。Beブロックは純度99％以上でHIP（熱間等方圧加圧）処理による高緻密性素材を採用している。

4.2.9 Beの表面被膜処理

Beは通常の環境下では最も軽量な安定元素である。しかし強いX線照射のもとでは時間と共に酸化が進み腐食され、時にはクラックによる真空漏

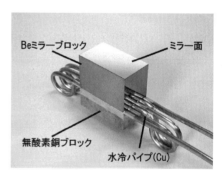

図4.2.2 水冷ベリリウム・ミラー
（提供：KEK）

   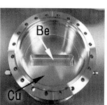

図4.2.1 種々の形の窓の例

れなども生じる。同様に、湿気や塩素系および硫化ガス雰囲気に曝されると腐食される。これらの、腐食を防ぐために、Beの表面にコーティングを施し不動態化することも行われている。コーティング膜の素材としては熱的に安定でX線透過の障害とならない、軽元素が望ましい。

例えば、ポリイミド膜やボロンハイドライド膜、また、最近ではAl_2O_3[3]等もある。

4.2.10 Beの有害性と取扱い

上に述べたようにベリリウムは多くの優れた性質を有しているにも関わらず、一方では、いわゆる「特定化学物質（第1類物質）であり[4]その扱いを誤れば健康被害などの有害性を示すことが知られている。

ベリリウムの金属製品は固体状態ではほとんど危険が無いか或いは直ちに危険をもたらす事はない。加工・研磨などの過程で発生する欠片、微粒子、飛翔粉末・粉塵などは作業環境によっては容易に皮膚に付着したり、吸引したり、あるいは衣類、食物、喫煙等々を通じて経口摂取される危険もあるので、その取扱いについては材料メーカー等が示す安全データーシートを参考に十分な注意払わなければならないことは言うまでもない。

〈東堤　秀明〉

〔参考文献〕

1) Materion Corp.：URL materion.com
2) Roark's Formulas for Stress & Strain by Warren C. Young, 8th Edition(2012), McGraw-Hill, 463 & 464
3) O. V. Yurkevich, K. Yu. Maksimova, A. Yu. Goikhman, A. A. Snigirev, and I. I. Snigireva：J. Surface Investigation. Xray, Synchrotron and Neutron Techniques, 2015, Vol.9, No.2, 243
4) 労働安全衛生法施行令および特定化学物質障害予防規則等参照

第5章 真空中加熱冷却部品

第1節 加熱源

1.1 シースヒーター

シースヒーターの利用分野は、原子力、自動車、家電、産業用・業務用機器、食品、包装業界から、半導体・エレクトロニクスなどの先端技術分野にまで広がりを見せている。シースヒーターは、加熱方法、形状、被加熱物などの違いにより、多くの種類等に分類することが出来る。加熱方法による分類には、①被加熱物に直接接触させる方法、②液中に浸す方法、③放射熱で加熱する方法、④空気流を利用する方法などがあげられる。

電気が安全でクリーンな熱源ということに加え、熱管理、温度制御が高精度にコントロールできることで需要が急増している。需要者と綿密に連絡をとりながら、ニーズに合った利用技術の開発が相次ぐなどの成果をあげており、今後も高性能機種の開発などにより、さまざまな分野で用途鉱大が進み、産業の発展に貢献するとの期待が強くなっている。

1.1.1 原理と基本構造

シースヒーターの電気加熱の原理は、電気抵抗発熱体に電流を流した時に生じるジュール熱を利用した間接加熱方式で一般的な電気低抗線による方法である。ジュール熱（効果）による発熱量は、その導体系のリアクタンス分を除いた抵抗のみに依存し、その値は電流I〔A〕、抵抗値R〔Ω〕とするとき、単位時間〔S〕当たり、

$$P = I^2R \text{ 〔W〕 または 〔J/S〕}$$
$$= 0.239 I^2 R \text{ 〔cal/S〕}$$

で表され、消費電力そのものが発生熱エネルギーである。一般的な構造としては、金属管（シース）内に高純度無機絶縁材を介して、発熱体（線）が密に封入されている。その基本的構造例を図1.1.1及び図1.1.2に示す。図1.1.1は、発熱体が直線上に封入されている例を、図1.1.2は、発熱体がコイリング状に封入されている例を示している。

シース材質としては、SUS304、SUS316が多く、温度・雰間気環境によっては、SUS 310S、インコネル系等が使われている。無機絶縁材は、酸化マグネシア(MgO)が一般的である。また、発熱体（線）としては、広く使用されている合金発熱体の一例として、ニッケル－クロム系、鉄－クロム－アルミニウム系があげられる。シースヒーターの端部は、出来るだけ温度上昇を抑える必要があり、外部への導入線（ステンレス棒、ニッケル棒など）に接続する。

接続は、接触抵抗を出来るだけ小さく、かつ接着強度の経時変化を少なくするために、接着面積が大きくなるよう特殊なかしめ、溶接、または、両者の併用などにより、十分な接着状態が得られるように接続する。そして両端部の防湿処理としては、有機剤を充填硬化させることが多いが、封着ガラスによるもの、または、さらに気密性、耐熱性等の信頼性を上げたセラミック端子によるもの等が使われることがある。

1.1.2 使途上における注意点

加熱するということは、加熱する対象物－処理物が加熱温度上昇することによる有用な熱変態を

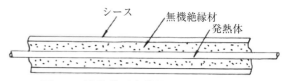

図1.1.1 発熱体が直線状のシースヒータ

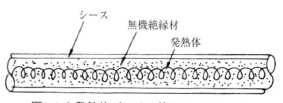

図1.1.2 発熱体がコイル状のシースヒータ

利用するものである。加熱温度はシースヒーターがセットされる装置、形状、雰囲気等により、熱伝達の形態として放射、伝導、対流がからみ合うことにより、さまざまに異なってくる。シースヒーターの温度上の制限と電力との関連において各製造メーカではその目安として表面電力密度の定義を与えているのが普通である。シースヒーターの単位面積当りの電力値＝放散熱を表し、単位は〔W/cm^2〕で表すことが多い。従ってこの値の大小は、シースヒーター自身の温度とその周辺温度との大小、または均熱度、シースヒーター寿命の目安とすることができ、装置設計上の重要な指針となる。以下に関係式を示す。

a. ヒーター電力容量(W)、ヒータ外径(D)、ヒータ発熱部長さ(LW)の関係よりシース表面の単位表面積当りの電力負荷を（1）式に示す。

$$Sd = \frac{W}{\pi \times D \times LW} \ 〔W/cm^2〕 \qquad (1)$$

b. ヒータの温度t_1（℃），周辺温度t_2，（℃）とするとき１放射伝熱を主体とする場合，単位面積当りの電力値または放熱量Qは、

$$Q = 5.74 \, \varepsilon \ 〔(\frac{t_1 + 273}{1000})^{4} - \frac{t_2 + 273}{1000})^{4}〕 \ 〔W/cm^2〕$$
$$(2)$$

で表わすことが出来る。εは放射率（ε＜１）である。）

C. 発課織とシースとの温度差

$$\Delta t = \frac{0.86 r_2 sd \ Ioge \frac{r_2}{r_1}}{\lambda} \qquad (3)$$

λ：絶段物の熱伝導率

sd：電力密度

$\gamma 2$、$\gamma 1$：シースの内半径及び発熱線巻半径

以上の関係式を１例として、挙げたがヒーター設計時に熱負荷〔電力密度〕を十分検討することにより、発熱体が融点濃度以下になるよう対応、熱応力の軽減等により、発熱線の溶断、断線を防ぎ希望する寿命と目標としたヒーターを製作することが出来る。

また、絶縁低下も問題になるので、ヒーター端末部（口元部）は実績があり、信頼性の高い方式を採用することが重要である。

〈関根　　尚〉

1.2 ハロゲンヒータ
1.2.1 ハロゲンヒータとは

ハロゲンヒータは、一般照明用に用いられる白熱電球と同様に電気エネルギーを熱エネルギーに変換し、固体の温度を上げてその温度に相当する輻射線を利用した輻射熱源であり、様々な仕様要求（電圧、電力、長さ等）に合わせて設計が可能である。一般の白熱電球はフィラメントであるタングステンの蒸発に伴ってバルブ内壁にタングステンが付着し、黒化によって輻射の減衰が発生するが、ハロゲンヒータは封入ガスに添加されたハロゲンガスが蒸発するタングステンと再生循環反応（ハロゲンサイクル）を起こし、黒化の抑制や長寿命化などを可能としている。図1.2.1に一般的なハロゲンヒータの構造を示す。

1.2.2 ハロゲンサイクルの動作原理

フィラメントから蒸発したタングステンは、ハロゲンガスと反応してタングステン－ハロゲン化合物が生成される。タングステン－ハロゲン化合物は250℃以上1400℃以下でその状態を維持する。このため、バルブが250℃以上であればバルブ内壁に付着することはなく、黒化が起こらない。タングステン－ハロゲン化合物は熱対流によってフィラメント付近に運ばれると高温のためにタングステンとハロゲンに分解され、タングステンはフィラメントに沈着し、自由になったハロゲンガスは再び次の反応を繰り返す。この一連のサイクルをハロゲンサイクルという。

ハロゲンサイクルの概略図を図1.2.2に示す。

1.2.3 ハロゲンヒータの特徴

ハロゲンヒータの特徴として以下の点があげられる。

(1) 高効率なエネルギー源

図1.2.3に示すように、投入電力の85％以上が赤外線に変換される。また熱源であるフィラメントがガラス管内部に収納されているため、熱源の温度が雰囲気温度に影響されず、安定した輻射が可能である。

(2) 高温加熱が可能

最高3400Kの高温のタングステンフィラメントによる輻射加熱のため、加熱対象物を高温に加熱することが可能である。

(3) 高速昇降温

熱源であるタングステンフィラメントは熱容量が小さく、スイッチON/OFFと同時に輻射エネルギーの立ち上がり、立ち下がりが可能である。このため生産ラインにおいて設定温度到達までの余熱は不要となり、消灯後の立ち下がりの遅さからくる製品への熱の悪影響も回避でき、また省エネルギーにも寄与することができる。加えて複雑な加熱プログラムに対応する微妙な熱制御が可能である（図1.2.4）。

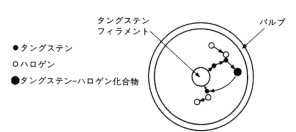

図1.2.2 ハロゲンサイクル概略図[2]

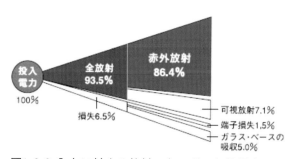

図1.2.3 入力に対する放射エネルギーと熱損失の一例[1]

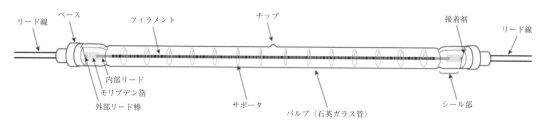

図1.2.1 ハロゲンヒータの構造[1]

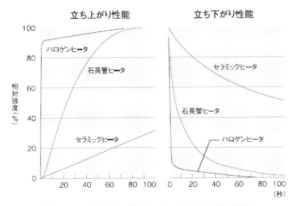

図1.2.4 立ち上がり、立ち下がり性能[1]

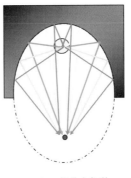

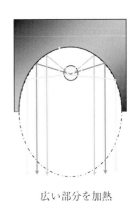

図1.2.6 ミラー形状例

(4) クリーンなエネルギー源

輻射エネルギーを利用した非接触加熱のため、加熱対象物や周囲環境を汚染することなくクリーンな加熱が可能である。

(5) 長寿命で一定のエネルギー放射

ハロゲンサイクルによりバルブに黒化が生じず、寿命末期までほぼ一定のエネルギー放射を維持する（図1.2.5）。

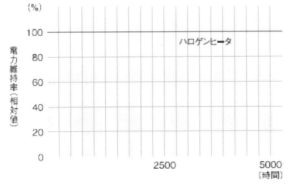

図1.2.5 ハロゲンヒータ電力維持率[1]

(6) 高いコントロール性

光エネルギーを利用しているため、ミラーによる光学的扱いにより集光・散光や熱の「取り回し」が自在。昇温領域のコントロールが可能である（図1.2.6）。

1.2.4 使用上の注意

(1) 温度の制約

ハロゲンヒータを効果的に使用するための条件として、バルブとシール部の温度を制約条件に収める必要がある。

① バルブ温度：250℃～800℃

この条件外で使用するとハロゲンサイクルが適正に働かなくなる。下限温度より低温になる場合、バルブ内面が黒化しやすくなり、上限より高温になる場合、バルブの吸蔵不純ガスなどがバルブ内部に放出され、フィラメント溶断が起こりやすくなる。また黒化を早め、さらにはバルブの高温化による軟化・破損に至る場合もある。

② シール部温度：300℃以下

シール部はバルブの気密を保つ部分であり、バルブ内部と外部の電気的接続のためにモリブデン箔が使われている。シール部温度が上限より高くなるとモリブデンは酸化によって体積が増え、この部分の石英ガラスが破損してバルブ内部のリーク、モリブデン箔の破れ等の不具合が生じる。

(2) 突入電流

ハロゲンヒータの熱源であるタングステンは、抵抗率が室温では大変小さく、高温になると大きくなる。このため電圧を印加した瞬間に大きな電流が流れる。これを突入電流といい、フィラメントの温度が上がり安定するに従って電流は小さくなる。点灯の瞬間の電流の大きさは定格点灯での安定時に対しておよそ7～10倍程度となる。

突入電流のハロゲンヒータ寿命への影響はほとんどないと考えてよいが、突入電流による周辺機器の電圧降下などの影響を考慮する必要がある場

合は、定格より小さな電圧で予備点灯しておいてから点灯したり、点灯電源によるスロースタート機能を使用することで突入電流を減少させることができる。

1.2.5 真空中での使用に際して
(1) ヒータ温度

1.2.4（使用上の注意）で述べたヒータ各部の温度は真空環境下で使用される場合、対流による放熱がないため高くなりやすいので注意が必要である。温度が高い場合にはより太いサイズのバルブを使用する必要があるが、さらに定格電力を下げる、定格電流を下げるなど各部への負荷を低減させる必要が出てくるケースがある。

(2) 使用部材

真空環境下で使用される場合、不純ガスやパーティクルを放出しないことが条件となる。この環境に対応した部材を使用する必要がある（図1.2.7）。

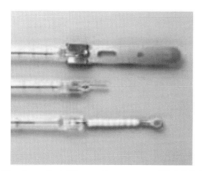

図1.2.7 真空用ハロゲンヒータ端末例[1]

1.2.6 ハロゲンヒータの応用
(1) 全方位点灯型ハロゲンヒータ

一般的なハロゲンヒータは水平点灯仕様であり、許容角度（水平±4°）を超える角度で点灯すると短寿命の原因となる。特殊加工（ディンプル加工）を施すことにより、水平、垂直を問わずあらゆる角度の点灯に対応することができる（図1.2.8）。

図1.2.8 ディンプル加工ヒータ[1]

(2) 配熱分布特性の設計

フィラメントは一般的には均等に連続で巻かれたものが多く使用されているが、フィラメントの巻き方を変えることにより電力密度分布を変え、配熱分布を自在に変える設計が可能である。加熱対象物のサイズ、照射距離などの情報を元に、フィラメントを分割したセグメント構造を適用することにより、加熱対象物をより均一に加熱し温度ムラを抑制することが可能となる。

図1.2.9は端部の熱量を上げる設計例であるが、

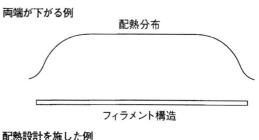
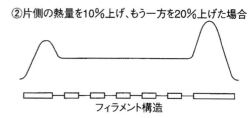

図1.2.9 配熱設計例[1]

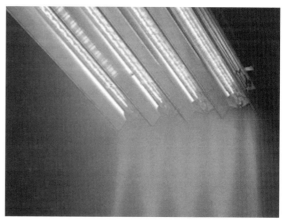

図1.2.10 ライン照射ヒータユニット組合せ[1]

図1.2.11 平面照射ヒータユニット[1]

当然ながら熱量フラット領域を広くする設計も可能である。

(3) ヒータユニット

ライン状の加熱、大面積の加熱など、目的に合った形状の反射ミラーにハロゲンヒータを組み込み、加熱ユニット化することで効率よく光を利用した加熱が可能となる。真空中での使用においては、反射ミラーの温度上昇を抑えるため水冷機構を備えたものが選択される。

また、より高出力が必要な場合空冷、水冷機構を備えたヒータユニットをチャンバ外の大気中に配置し、窓越しにチャンバ内部の対象物を加熱するという方法も採られる。

〈西川 正晃〉

〔参考文献〕
1) ウシオ電機株式会社：ヒータカタログ
2) ウシオ電機株式会社：ハロゲン電球技術資料
3) ウシオ電機株式会社：ライトエッジNo.13
4) 上嶋由紀夫：塗装工学、Vol47 No.2 p.44-53 (2012)

1.3 高融点金属材料、高融点非金属部品

タングステン(W)、モリブデン(Mo)、タンタル(Ta)、ニオブ(Nb)などの高融点金属は低い飽和蒸気圧、高温での優れた物理的性質などを活かして発熱体、熱反射板、試料皿などの真空熱処理炉部品、ボートなどの真空蒸着用部品、アークチャンバーなどのイオン注入装置用部品などに使用されている。金属発熱体にはNi-Cr系、モリブデン、タングステン、二珪化モリブデン($MoSi_2$)などの種類が有るが、Ni-Cr系(Ni80%-Cr20%、Ni60%-Cr17%-Fe23%)は安価で加工性が良いなどの長所が有るが、使用温度は1200℃以下とされる。

二珪化モリブデン発熱体は$MoSi_2$の表面にSiO_2保護膜を生成することにより大気中でも1900℃まで使用できる。ただし還元雰囲気または低真空下ではSiO_2の損傷により使用温度が低くなる[1]。

非金属発熱体には、炭化ケイ素(SiC)、黒鉛(Graphite)、ジルコニア(ZrO_2)、ランタンクロマイト($LaCrO_3$)などがある。真空熱処理炉に使用される非金属発熱体の代表的なものは黒鉛で、2200℃程度まで使用できるが、組み立てなど取扱いの際に黒鉛微粉末が発生することがあるのでクリーン度が要求される場合には注意を要す。

Ni-Cr系を超える温度領域で使用される高融点金属発熱体はモリブデン、タンタル、タングステンなどで、その真空中での最高使用温度はそれぞれ凡そ1600℃、2200℃、2400℃である。

高融点金属及び黒鉛発熱体の諸性質を表1.3.1に、モリブデン、タングステン、タンタルに及ぼす使用環境の影響を表1.3.2に示す[2]。

また、高融点金属の固有抵抗を図1.3.1に示す[3]。

1.3.1 モリブデン

モリブデンは高融点金属材料の中で最も生産量が多く、タンタル、タングステンに比較して安価である。融点が高く、熱膨張率が低く、熱伝導率が高いなどの特徴から、発熱体、熱反射板、支柱などの高温炉部品のみならず半導体デバイス部

表1.3.1 高融点金属および黒鉛発熱体の諸性質[2]

	モリブデン	タンタル	タングステン	黒鉛
固有抵抗 ($10^{-8}\Omega \cdot m$)	5.2	12.4	5.5	9
密度 ($10^3 kg \cdot m^{-3}$)	10.2	16.6	19.3	2.25
引張強さ(MPa)	785	490	2,942	0.98
最高使用温度(K)*	1,920	2,470	2,670	2,470
融点(K)	2,880	3,269	3,640	3,920

*真空中

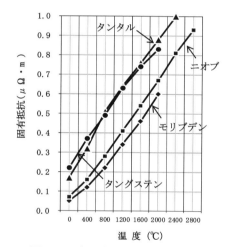

図1.3.1 高融点金属の固有抵抗[3]

表1.3.2 高融点活性金属と使用環境[2]

周囲物質		モリブデン	タングステン	タンタル
空気 酸素を含むガス		660~770Kで酸化開始。1070K以上で蒸発	770Kで酸化開始。1470K以上で激しく酸化	770K以上で窒化、酸化
水素	乾燥<$5\times10^{-4}kg/m^3$ H2O	融点まで安定	融点まで安定	670~770Kでハイドライド形成、これ以上融点まで安定で表面酸化
	湿潤<2×10^{-2} kg/m^3 H2O	1670Kまで安定。これ以上で表面に金属針の成長。材料損耗	1670Kまで安定。これ以上で表面に金属針の成長。材料損耗	720Kでハイドライド形成、これ以上では強酸化
アンモニア(乾燥)		高温でアンモニアが分解した際に1000~1500℃で窒化物を生成	1000~1700℃まで3段階の吸収があり、1700~2000℃で放出	670Kで窒化物、ハイドライド形成、これ以上で完全に窒化
部分的燃焼の光輝ガス、発生炉ガス		1570Kまで安定。1470K以上で表面浸炭	1670Kまで安定。1570K以上で表面浸炭	窒化物、炭化物、ハイドライド形成。脆化
不活性ガス		融点まで安定	融点まで安定	融点まで安定
真空	<1.33Pa	1970Kまで安定	2270Kまで安定	残留ガスのゲッタ作用により脆化
	<1.33×10^{-3}Pa	2070K以上で強蒸発	2670K以上で強蒸発	2470K以上で強蒸発
グラファイト		1470K以上で激しく炭化物形成	1670K以上で激しく炭化物形成	1270K以上で強蒸発

品、結晶成長用坩堝、ガラス溶融電極などに広く使用されている。純モリブデンは1200Kを超えると再結晶により等軸結晶粒組織を形成し、負荷重などにより変形するとともに室温での耐衝撃性が低下する。

そこで、モリブデンにTi、Zr、Cを添加し活性金属炭化物の生成による析出強化と高融点活性金属の固溶強化により再結晶温度を高めたTZM合金(Mo-0.5Ti-0.3Zr-0.03C)が開発された[4]。

TZM合金は再結晶温度が1600Kと高いが、再結晶後は等軸結晶粒組織を形成し、高温での耐変形性や室温での靱性は純モリブデンと同様に低下する。

高温強度と再結晶後の靱性の改善を目的に、モリブデンに0.5～1％のLa_2O_3を添加してLa_2O_3の微粒子を長配列させて再結晶時に積層組織を形成させたランタンドープモリブデン合金が開発された。ランタンドープモリブデン合金の高温での変形量と負荷時間の関係を図1.3.2に示す[5]。

ランタンドープモリブデン合金は2070Kで純モリブデン再結晶材の2～3倍の高温引張強さと延性-脆性遷移温度（化学組成、再結晶の有無、塑性加工率等により左右され、室温より高い場合には延性が劣る。）が150Kの優れた延性を示す。近年、モリブデン合金においては、モリブデンと格子整合性が高い炭化物微粒子を分散して結晶粒を微細化した強靱合金の研究・実用化も進んでいる[6]。

現在、各種材質の線・棒・板などのモリブデン・モリブデン合金が市販されており、大型のプレス加工品、絞り加工品、機械加工品が製作されている[7]。さらにTIG溶接、電子ビーム溶接、抵抗溶接、ロー付なども可能となっているが、健全な溶接部を得るためには溶接部近傍を不活性ガスで保つことと、継手形状の精密加工、継手部の清浄などが必要である。

1.3.2 タンタル

タンタル固体電解コンデンサは、タンタルを陽極酸化して得られる酸化皮膜が整流作用を持ち、誘電率が大きく電気的に安定である。アルミ電解コンデンサと比べ小型大容量（50分の1ほどの大きさ）で、電解液を使用しないため熱に強いうえ、高周波に対しても優れた特性を有す。

また、貴金属に匹敵する耐食性を活かし、主に高濃度の塩酸や硫酸を使用する熱交換器や反応槽などの化学プラントに使用されている。高融点、低い蒸気圧などから真空熱処理炉の炉材及び蒸着ボートなどにも使用されるが、タングステンと異なり水素雰囲気中では容易に水素を吸収し脆化する。

現在、電子ビーム溶解炉によりΦ200以上の高純度インゴットが造塊されているが、需要としてはスパッタリングターゲット材に加え、スーパーアロイ添加材用途が多くなってきている。タンタルは体心立方結晶構造でありながら、常温でも高い延性があり、薄板までの圧延加工およびそのプレス加工や絞り加工なども比較的容易である。延性があることで、タンタルの切削加工では構成刃先ができやすいので注意が必要である。一般的なタンタルの機械加工条件を表1.3.3に示す。

タンタルやニオブなど第5族の金属は全温度範囲にわたってモリブデンやタングステンなどの第

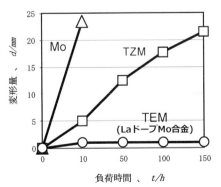

図1.3.2 Mo、TZM、TEMの変形量と負荷時間の関係[5]
（試験温度：1870K、板厚：1mm）

表1.3.3 タンタルの一般的な機械加工条件

加工方法	加工条件	
切削加工（旋盤）	バイト材質*	ハイス(SKH-4)
	バイト形状（上すくい角）	20～25°
	切込量　①荒仕上げ　　　　　②仕上げ	2.0～3.0mm　0.2mm
	切削速度	50～100mm/min
	送り速度	0.1～0.15mm/rev
	切削油	なし
穴あけ加工	ドリル材質	SKH-4
	回転数	250～300rpm
	切削油	水溶性切削油
研削加工	砥石	GASN
平面研磨盤	切削油	水溶性切削油

*超硬合金などによる場合には、セラミックス、cBN焼結体、サーメットは不適で、HTi10（K10相当）が適している[9]。

6族の金属よりも引張強さが低いとされるが、タンタルは固溶強化、析出強化または耐酸化性として多くの合金が開発されてきた[8]。現在までTa-10W、Ta-8W-2Hf（T-111合金）、Ta-30Nb-7.5V、Ta-10W-2.5Hf-0.01C（T-222合金）、Ta-10Hf-5W、Ta-8W-1Re-0.7Hf-0.025Cなど数多くの合金が開発されてきたが、高強度合金としてはASTM B708：Standard Specification for Tantalum and Tantalum Alloy Plate, Sheet, and Stripに規定するTa-10W(R05255)合金が最も一般的である。

タンタルはモリブデン、タングステンに比べて高価なことに加え、鉱石価格に起因する展伸材価格の変動が小さくない。

1.3.3 タングステン

金属の中で最も融点(3640K)が高く、熱膨張係数$(4.44×10^{-6}K^{-1})$が低く、熱伝導率(117W/m・K)が大きいなどの特徴から高温炉部品などに使用されている。最近は、ITER（国際熱核融合実験炉）のダイバータ用のアーマー材料（表面保護材）としても注目されている。タングステンの延性-脆性遷移温度は約800℃と高く、初期塑性加工では1300〜1500℃の高温加熱が必要である。タングステンは1300℃付近で再結晶化し、結晶粒の粗大化による結晶粒界の脆化が起こるため、合金化や組織制御による再結晶化の抑制や靱性の向上が図られている。

微量のAl、Si、Kを添加したドープタングステンは、タングステンの再結晶温度を上げたり、再結晶組織の形状制御により高温強度を改善している。

W-Re合金は一般的なタングステン合金で、レニウムの3〜20%添加により靱性及び高温強度が向上する[10]。

〈小野寺幹男〉

〔参考文献〕

1) セラミックスアーカイブ、セラミックス 43 (2008)No9、754-755
2) 真空ハンドブック：㈱アルバック編、オーム社(2002)
3) タンタル・ニオブ　新金属早わかりシリーズ No.5：新金属協会(1975)
4) J. Wadsworth, J. P. Wittenauer：The history of development of Molybdenum alloys for structural applications, The minerals, Metals & Materials Society, (1994)
5) 武部、龍田、黒田、遠藤：積層組織を有する高強度高靱性モリブデンの開発、まてりあ、vol.33, No.6, p.799, (1994)
6) 五十嵐 廉：強靱モリブデン合金の系譜、まてりあ、vol.41, No.5, p.362, (2002)
7) 例えば、https://www.sunric.com/fabrication/
8) R. W. Buckman, R. L. Ammon：Evolution of Tantalum alloy development, The minerals, Metals & Materials Society, (1994)
9) 狩野勝吉：難削材・新素材の切削加工ハンドブック、工業調査会(2007)、p.365
10) 金属便覧改訂6版：日本金属学会編、丸善(2000)

第2節 試料冷却部品

2.1 水冷板

真空処理装置の基板を支持する基板支持部材として、水冷板が用いられている。

水冷板は、基板の支持台に加え、基板を冷却することが求められる。

図2.1.1に水冷板の代表的な構造を示す。

水冷板の構造は、上部プレート(A)と下部プレート(B)の2枚のプレートを挟み込み、内部には、冷媒を循環させるため水路(C)が形成され、冷媒の導入、排出用部材(D)から構成される。

水路の形成は、冷媒の漏れを防止するため、2枚のプレートをOリング部材を用いたネジによる固定構造や溶接、ロー付けといった接合構造[1]がとられている。

基板支持方法としては、古くは基板支持プレート(E)ネジ固定方法[2]が用いられているが、現在は、自動化が進み、連続での処理ができる構造として、バネによるメカニカルクランプ構造、更には、基板表面に接触しない静電吸着板を用いる方法が取り入れられてきている。

図2.1.2にメカニカルクランプ構造、図2.1.3に静電吸着構造を示す。

図2.1.2のメカニカルクランプ構造は、基板を水冷板(F)上に搬送し、バネ式の基板支持プレート(G)でクランプすることにより、水冷板に密着させ冷却する。

図2.1.3の静電吸着板の構造は、基板を水冷板の上部に配置されている静電吸着板(I)上に搬送

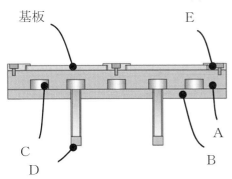

図2.1.1 水冷板構造図

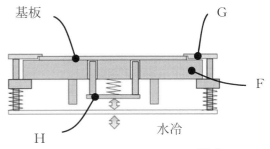

図2.1.2 メカニカルクランプ構造

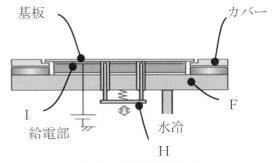

図2.1.3 静電吸着構造部

し、静電吸着方式により密着させ冷却する。

基板搬送方法としては、どちらの構造も、プッシャピン(H)により基板を持ち上げ、真空ロボット等により基板の出し入れを行うことにより連続処理が可能となる。

水冷板は、基板の冷却効率を高め、温度分布の向上が求められるため、基板保持面は、平坦で滑らかな仕上げが必要であり、溶接やロー付けによる加工歪や水圧による変形が起きないように考慮しなければならない。

また、プラズマによる基板への入熱を如何に効率よく排熱できるかも重要なポイントである。

そのため、材料としては、スレンレス鋼、銅合金、アルミニウム合金などが主に使われているが、用途にあった材料を選択する必要がある。

〔参考文献〕
1) 特開平2-170977
2) 特公平8-31512

2.2 静電吸着板
2.2.1 真空処理装置における静電吸着板の用途
ドライエッチング、CVD、スパッタ成膜などの

真空処理装置において、基板処理時に基板を固定するためのステージ（試料台）として静電吸着板が使用されている。真空断熱下の環境にある基板の温度制御をおこなうためである。プラズマを用いる装置を例として説明すると、基板へはプラズマからの熱流入があり、単にステージに基板を置いただけでは基板からステージへ熱が十分に伝導せず基板の温度が上昇してしまうため、固定することで熱伝導を向上させている。

2.2.2 構造例

図2.2.1に構造例を示す。基板（Siウェハーなど）を冷却するための水冷ジャケットに伝熱シートを介して誘電体の静電吸着板を構成し、基板を冷却する構造が一般的な構造として実用化されている[1]。

2.2.3 真空処理装置における静電吸着の歴史

1980年代の低速処理の時代は、基板への熱流入が少ないため、基板を水冷されたステージの上に置くだけで固定せず処理していた。しかし処理速度の向上に伴う基板への熱流入増大と半導体デバイスの微細化に伴う加工精度の向上が求められ、基板の固定と冷却が必須となった。固定方式としては、基板の端を機械的に押さえるメカニカルクランプよりも、基板を裏面から全面で保持する静電吸着が優れている。大面積に対し均一な処理が可能となるからである[2,3]。

静電吸着による基板の固定は1980年代から研究されていたが、半導体製造装置における実用化は1990年代に入ってから始まった。これは、半導体デバイスの微細化、量産性能向上の要求に応えられる、吸着性能、脱離性能、および耐久性を兼ね備えるセラミックス材料の開発を待たねばならなかったためである[3]。基板を吸着するステージ（静電吸着板）は当初は金属ステージ上に誘電体層として酸化層や樹脂層を設けたものも使用されていたが、耐久性などの点から、現在ではセラミックス材料が用いられることが多い。

2.2.4 静電吸着の原理と採用上の注意点

量産装置において有利で優れた点がある静電吸着であるが、その原理を理解して使用目的に応じ適切に設計する必要がある。以下に説明する。

静電吸着力には主に2つの種類がある。一つはジョンセンラーベック力（以下J-R力）、もう1つはクーロン力である。J-R力は、誘電体表面と基板との間の微小な隙間に生じる吸着力である。体積抵抗率が比較的低い誘電体材料を選択することで、誘電体から基板に微小電流が流れるので、J-R力が支配的なJ-R力型の静電吸着ステージとすることができる。J-R力型では低い電圧で高い吸着力を得ることができるが、基板を吸着・脱離の時定数が長いため、特に基板搬出時の残留電荷対策が必要となることがある。また、温度により誘電体材料の体積抵抗率が変化するため、使用温度領域に対して適切な誘電体材料を選択する必要がある。クーロン力は誘電体を挟んで生じる静電気力による吸着力である。体積抵抗率の高い誘電体材料を選ぶことでクーロン力が支配的なクーロン力型の静電吸着ステージとなる。クーロン力型は基板を吸着・脱離するための時定数が短く温度依存性もない。しかし吸着力が弱く必要な吸着力を得るために比較的高電圧を印加する必要があるので、設計時に配慮が必要である。なお、石英ガラス基板のように吸着する基板の体積抵抗率が高いと基板に電流が流れないためJ-R力では十分な吸着力を得ることが難しい。その場合はクーロン力による吸着を検討する必要がある。

表2.2.1に、これら2つの型の特徴をまとめた。図2.2.2は、これら2つの型における吸着力と電圧との関係を対比した例である。

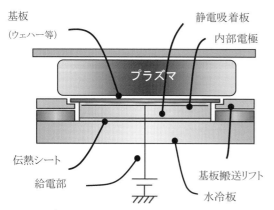

図2.2.1 プラズマ処理装置における静電吸着板の使用例

表2.2.1 ジョンセンラーベック型とクーロン型の違い[3]

	ジョンセンラーベック力型	クーロン力型
誘電体材料の体積抵抗率＊	$1 \times 10^{9 \sim 12} \Omega \cdot cm$	$1 \times 10^{16} \Omega \cdot cm$以上
印加電圧＊	1.0kV以下	2.0kV～3.0kV
吸着・脱離のための時定数	長い	短い
吸着力の温度依存性	あり	なし
適用基板	導電体、半導体（微小に電流が流れる基板）	導電体、半導体、絶縁体

＊体積抵抗率と印加電圧はSi基板を用いたシリコン絶縁膜反応性イオンエッチング装置の場合

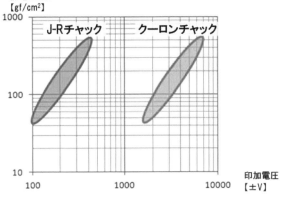

図2.2.2 吸着力と電圧との関係の一例[4]
（出典：TOTO株式会社）

2.2.5 課題とその対応策

処理後に基板を取り出す際に残留電荷があると、基板跳ねや破損が生じる。従って電極を接地して電荷をゼロにすることが必要である。また、基板や電極間に逆の極性の電圧を印加する方法が用いられることもある。

基板温度制御効率の向上と吸着脱離の安定性のため、近年の静電吸着板は表面にごく浅い溝を設けて基板と直接接触する面積を減らし、さらにこの基板と静電吸着板の間の溝にガス（基板裏面ガス）を導入して熱伝導効率を向上させるなどの工夫もなされている[5]。

処理基板の大面積化に伴う面内均一性向上に対しては、中心部と周辺部で吸着力や基板裏面ガス圧力を変えるなどのゾーン制御による解決も行なわれている[6]。

この他、静電吸着板の表面状態は吸着力に影響するため設計と運用に注意が必要である。また腐食ガス使用下など、用途によってはセラミックス材料の耐性に起因するコンタミネーションなどにも配慮が必要である。

〈金子　一秋〉

〔参考文献〕
1) 金子一秋、他：特許第5324251号
2) 池田真義、佐護康実：真空Vol.45, No.8, (2002)、pp.653-660
3) 宮地　淳：セラミックス　43, No.7(2008), pp.565-567
4) TOTO株式会社　ホームページ：http://www.toto.co.jp/E_Cera/J_Cera/elewafer/
5) 高橋　主人、他：特許第3264746号
6) リュー ブライアン、他：特許第4176848号

2.3 He、N₂クライオスタット

クライオスタット(Cryostat)とは、極低温または低温状態を維持するための恒温装置の総称である。

低温を作り出す冷却方法は、寒剤と機械的冷凍機の2種類が主である。

代表的な寒剤としては、液体窒素(77K)、液体^{4}He(4.2K)、液体^{3}He(3.2K)があり、機械的冷凍機は、2段式G-M冷凍機（10K冷凍機、4K冷凍機）、パルスチューブ冷凍機(4K、40K)、スターリング冷凍機などがある。また、寒剤と冷凍機の組み合わせることにより、より冷却効率をよくしたクライオスタットもある。

クライオスタットには、種々の種類があるが、すべての装置に必要なものが、真空断熱部である。低温を維持するためには室温と低温の間を断熱させるために真空にする必要があるが、伝熱の影響が無視できる$1×10^{-2}$Pa以下の真空が要求される。

尚、クライオスタットで使用される材料としては以下のものがある。

・低温部材料；低温部で使用される材料は低温脆性を起こさない材料が要求される。

例：オーステナイトステンレス鋼、アルミニウム及び合金、銅及び合金

伝熱材料としては銅、アルミニウムが使用される。

輻射断熱材としては、アルミ蒸着マイラー、スーパーインシュレーションが使用される。

・低温で使用される温度計

シリコンダイオード温度計、セルノックス抵抗温度計、白金抵抗温度計、酸化ルテニウム抵抗温度計、ゲルマニウム抵抗温度計、GaAlAsダイオード温度計等

ここでは、寒剤と機械的冷凍機を使用したクライオスタットについて述べる。

2.3.1 寒材型クライオスタット

寒材型のクライオスタットには、溜め込み型と連続フロー型がある。

(1) 溜め込み型は文字通り、寒材を溜める容器があり被冷却物は、寒材の沸点温度一定となる（図2.3.1、図2.3.2）。主な用途は、被冷却物を一定時間同じ温度に保持するために有効である。また、蒸気圧曲線の範囲内で、温度を可変することも可能である。デメリットとしては、寒材がなくなった時点で温度は上がってゆくので、定期的に供給する必要がある。

液体Heのクライオスタットは窒素に比較し、蒸発潜熱が極めて小さいため、室温からの輻射を液体窒素温度等で保護することが必要になる。

液体Heの溜め込み型クライオスタットは、MRIやNMR等の超電導マグネットの冷却用として、幅広く使用されている。

(2) 連続フロー型は、寒材を被冷却部に少量ずつ流すことにより冷却する方法であり、寒材容器の入り口側を加圧して流す方式と、冷却開放側を負圧にして流す方式がある。メリットとしては、溜め込み方式に比較し幅広い温度範囲で被冷却物を温度可変することができる。また、狭い部分の冷却に有効である。

但し、後述するように、機械式冷凍機の発達により、このタイプの冷却システムは減少の傾向に

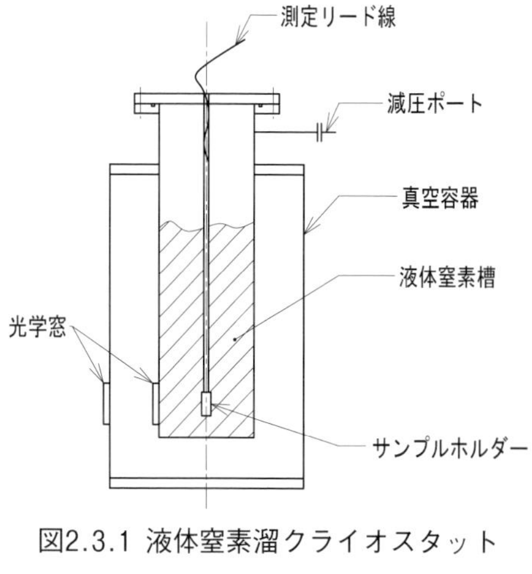

図2.3.1 液体窒素溜クライオスタット

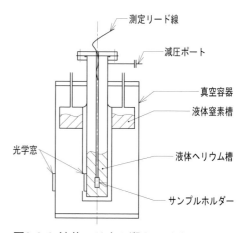

図2.3.2 液体ヘリウム溜クライオスタット

ある。
2.3.2 機械的冷凍機を使用するクライオスタット
近年、小型極低温冷凍機の進歩により、多くのクライオスタットに搭載されている。

その理由としては、冷凍機の信頼性向上により極低温状態の連続時間（1万時間程度）が可能になったことが上げられる。小型極低温冷凍機の冷凍サイクルは熱媒体ガスとしてヘリウムガスを用いる。ヘリウムガスをコンプレッサユニットで圧縮し、高温になったガスを水冷または空冷により室温まで冷却した後、冷凍機本体の蓄冷器部に導入し、蓄冷器と熱交換した後、冷凍機の膨張室で断熱膨張されて極低温になり、その後再び蓄冷器で熱交換して室温になりコンプレッサユニットに戻る、閉サイクル冷却システムである。

小型極低温冷凍機は、Gifford-McMahon(G-M)サイクルの冷凍サイクルが多く採用されている。

2段式冷凍機の冷凍能力は、1段ステージ温度(77K)冷凍能力は5W～150W程度、2段ステージ温度(20K)冷凍能力は5W～20W程度、2段ステージ温度(4.2K)冷凍能力は最大1.5W程度である。

機械式冷凍機を用いたクライオスタットの例を図2.3.3、図2.3.4、図2.3.5に示す。

図2.3.3は、試料冷却用装置を示す。

この装置の構成は、真空容器、輻射シールド、試料ホルダー、温度計（1.4K-350K測定範囲）、ヒーター、計測用ケーブルからなる。真空容器内には、80K輻射シールドがあり、室温から試料ホルダーに直接入射する輻射熱を遮断している、その輻射熱は5W程度であり、その熱を冷凍機の1段冷凍能力で受けている。また、試料ホルダーへの入熱は、80K輻射シールドからの輻射熱、計測用ケーブル（室温からの入熱）と試料発熱量で支配される。

ただし、光学窓がある場合は、室温からの入熱を考慮する必要がある。試料の最低温度3～5Kから300K程度までヒーターを用いて温度変化を行い、各温度での各種目的測定を実施する。測定例としては、光透過、フォトルミネッセンス、ホール効果、DLTS、X線回析等がある。

図2.3.4は、Heガス封入冷却型装置を示す。

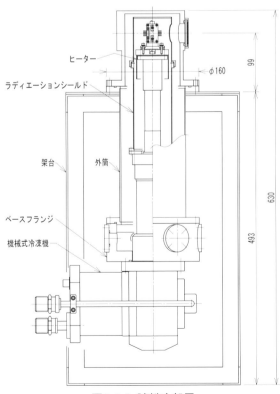

図2.3.3 試料冷却用

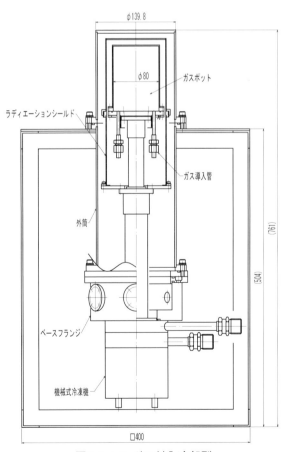

図2.3.4 Heガス封入冷却型

第4編 真空部品

この装置の特徴は、前項で述べたクライオスタットと同様の構成であるが、異なる部は2段ステージに取付けられている試料室にヘリウムガスを封入することによりガスが冷却され、試料ホルダーをガス熱交換により全体を冷却する。この装置の特徴は試料ホルダー全体が同一温度で試験できることである。

図2.3.5は、トップローディング型装置を示す。

この装置は、図2.3.4で示す装置と同様にヘリウムガスのガス熱交換により試料ホルダーを冷却する装置であるが

前項と異なる点は、使用する4K冷凍機を運転してした状態で、試料ホルダーの交換出来る

また、1K～数mK用クライオスタットは、液体^{3}He(3.2K)を減圧して使用場合や^{3}He－^{4}He用いた希釈冷凍機を使用している。

この温度領域のクライオスタットの予冷系として機械式冷凍機を使用し、高価なヘリウムガスの使用量の減少を図っている。

〈研谷昌一郎〉

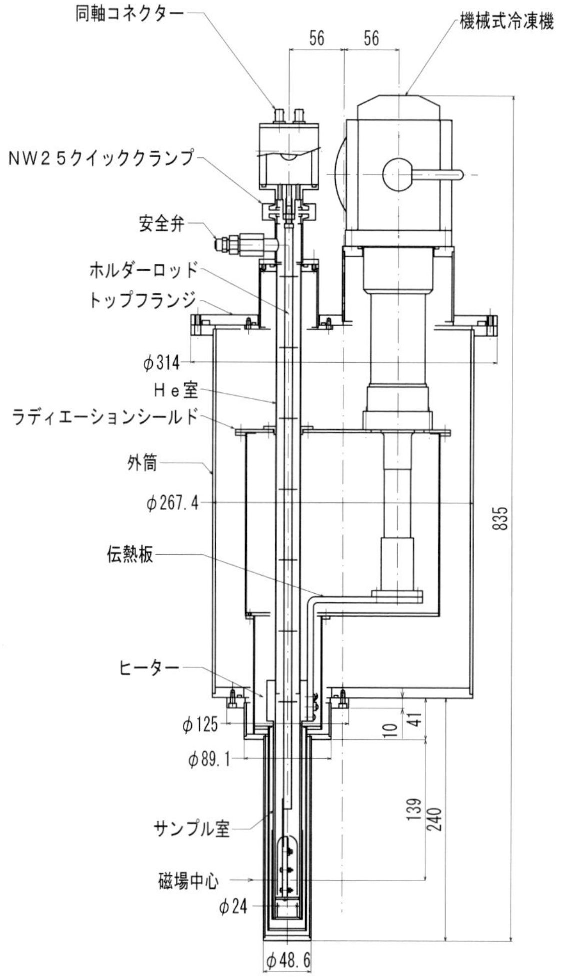

図2.3.5 トップローディング型クライオスタット

2.4 真空中のダストモニタ

　減圧下（真空中）でのダスト（微粒子）の問題は、LSIや超LSI素子の製造に関連してクローズアップされているが、まったく解決されていない。ここで、ダストというのは球形に換算したときの直径が数十mmから数μmの粒子をさす。形状は不規則、複雑で[1]、化学形や結晶構造もあいまいである。最近、寸法0.5μmから0.38μm以上のダストの個数濃度を減圧下リアルタイムで計測できるダストモニタが市販されている。

2.4.1 測定原理

　パーティクルトレンドモニタの測定原理は、ダストに光を照射し、ダストからの散乱光をパルス状電気信号に変換し、信号の大きさ別にダスト個数を数える方法である。光の散乱様式は、Mie散乱と呼ばれ、球状粒子や柱状粒子に対して厳密に解かれている[2]。その散乱様式は粒子径パラメータ $\alpha = \pi a/\lambda$；（a：粒子の直径、λ：照射の波長）によって特徴づけられる。$\lambda = 780$ mmのGaAlAsレーザダイオードを照射光とする場合、粒子直径 $a = 0.2 \sim 5.0$ μmに対して、粒子径パラメータ $\alpha = 0.8 \sim 20$ となる。この場合、空気に対する屈折率1.5の球状粒子による光の散乱断面積の散乱角度 θ 依存性を図2.4.1[3]に示す。図から明らかなように、粒子直径が0.2μm付近から前方散乱断面積（θの小さい方）が後方散乱断面積（θの大きい方）より大きくなる。

　また粒子直径が大きくなるにつれ、散乱断面積は概ね粒子寸法の二乗に比例して大きく振動しながら大きくなる。粒子直径1.0μm付近では、前方散乱断面積は後方散乱断面積に比べて二桁近く大きくなる。さらに粒子径が大きくなると、散乱断面積は細かく振動し、異常回析現象がみられるようになる。

　パーティクルトレンドモニタでは、散乱断面積の大きい前方散乱を積極的に利用した設計になっている。

2.4.2 センサの構造

　パーティクルトレンドモニタはセンサ部、プリアンプ部、コントローラ部からできている。ここではセンサのみを紹介する。センサ各モデルの概略仕様、特徴などを表2.4.1に示す。基本はミニの15Aとマイクロの20で、以下に示す特徴を持つ。

　①減圧下で使用できる。
　②検出（照射）面積が比較的大きいにもかかわらず、コンパクトで種々の真空機器に組み込

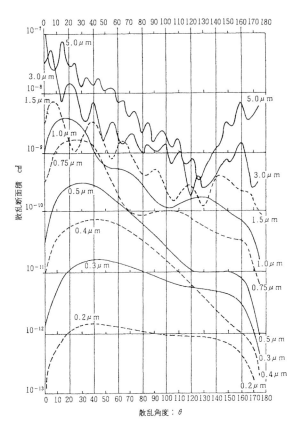

波長：780mm，屈折率：1.5
図2.4.1 散乱面積の角度依存性[2]

表2.4.1 センサの仕様と特長

モデル		粒子検出範囲	特徴・用途
ミニ	11A	10μm以上	フォールアウトセンサー，航空宇宙産業（NASA）向き
	15A	0.5　1.0	センサーとプリアンプが分離
	16A	2.0　5.0	エンドステーション用
	30A	10.0μm	ガスライン用，排気ライン用
マイクロ	20	0.38　0.5 0.7　1.0	排気ライン用，各種ハウジング
	26	2.0μm	16Aの代替品

使用温度　：0〜50℃
圧力範囲　：$10^{-1} \sim 10^6$ Pa
ダスト速度：0.05〜3 m/sec

みやすい。
③連続その場計測（リアルタイム）ができる。
④腐食ガスに耐える。
⑤ダストの流れの方向がわかる。

(1) センサ20の構造

センサ20の横断面図、外観図を図2.4.2に示す。1は波長780 nmのGaAlAsのレーザダイオード（最大出力50 mW)で、ステンレス鋼(304 SS)10のボディに装着されている。100 kHzのノコギリ波で駆動したレーザ光3は、セルフォックレンズ2を通過し検出領域9に入り、反射防止膜8を被覆したシリコン製ビームストッパー7に達する。検出領域9中のダストからの散乱光はシリコン光ダイオード4により電気信号に変換され、電気信号はプリアンプで増幅後、コントローラで処理される。光ダイオード4の検出面積は10 mm×25 mmで、受光面の前面におかれたガラスフィルター(Schott RG9)5で長波長光をカットしている。照射光軸と受光面左の距離は5 mmである。ダストが検出領域に直線入射しうる最大角度ϕは、図2.4.3から

$$\phi = \tan^{-1}\left(\frac{W_A}{H_A}\right) + \tan^{-1}\left[\frac{W_B}{\sqrt{HA_2 + WA_2}}\right]$$

(H_A：検出領域の高さ、W_A：検出領域の中、W_B：レーザ光の直径）となり、センサ20では、H_A = 10 mm、W_A = 8 mm、W_B = 1 mmで最大直線入射角ϕは43度となる。前述したように、入射光波長780 nm、ダスト直径0.1～5.0 μmの場合、前方散乱強度が後方散乱温度より桁違いに強い。一方、レーザ光の焦点距離は長い程、検出領域でのレーザ光の輝度は高いが前方散乱光は拾えなくなる。したがって、センサ20の光学系では、焦点距離を40～80 mmにとり両者の折衷案としている。

(2) センサ15Aの構造[4]

センサ15Aの上断面図、横断面図を図2.4.4に示す。レーザ光がミラー11により6回反射されることと、シリコン光ダイオード4の位置がことなる以外、動作原理はセンサ20と基本的には同じなので詳細は省略する。

(3) 応用例[5-8]

中電流・高電流イオン注入機[5-8]、エッチャー装置[8]、CVD装置[8]にパーティクルトレンドモニ

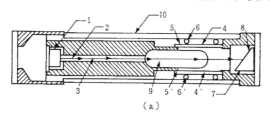
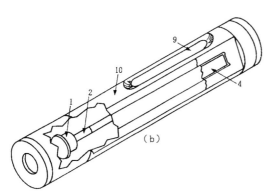

図2.4.2 センサ20の横断面図(a)と外観図(b)[3]

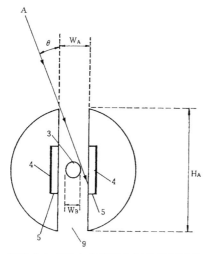

図2.4.3 ダストの直線入射検出領域[3]

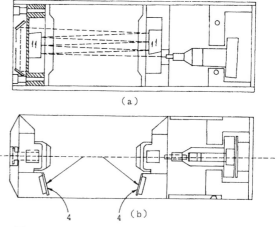

図2.4.4 センサ15Aの上断面図(a)と横断面図(b)[4]

タを組込み、これら装置内のダスト発生の様子を調べた実験結果が報告されている。実験結果の詳細は省略するが、いずれの実験結果も、モニタ用ウェファによる汚染検査は生産時のウェファの汚染の実体を反映しないという結果を得ている。

(4) 問 題 点

・ダスト速度

真空容器内で、ダストが最もよく舞いあがるのは、真空容器をあらびきし始めた時と、真空容器に大気を導入するときである。このときのダストの重力沈降速度やダストのブラウン運動による移動速度は$5×10^{-2}$m/sec以下になり[9,10]、このセンサの検出許容範囲外になる。

・帯　電

ほとんどのダストは帯電しており[2,11]、帯電したダストはセンサの検出領域に入りにくくなるなど厄介な問題をひきおこす。今後、本センサには除電の工夫が必要となる。

〈那須　昭一〉

〔参考文献〕

1) 小宮宗治：超高真空がひらく世界、1985、227～232、講談社.

2) 高橋幹二：基礎エアロゾル工学、1982、146～150、養賢堂.

3) P. Borden, L. Szalai, and J Munson：US Patent 4,804,853, 1989.

4) P. Borden：
US Patent 807395 1985
US Patent 807901 1985
US Patent 907776 1986

5) W. Weisenlerger：Semiconductor Internatmnal 11-5 (1988), 188～192.

6) P. Borden, Y. Baron and B. McGinley Microcontamination 5-10 (1987) 30～34.

7) P. Borden and L. Larson IEE Transactions on Semicondnctor Manufacturing 2-4 (1989) 141-145.

8) P Borden：Microcontamination 8-1 (1990)21-24, 56-57, 8-2 (1990) 23-27, 61, 8-3 (1990) 47-51

9) R.A Bowling and G B. Larrahce：J. Electrochemical Soc. 136-2 (1989) 497-502.

10) 日本真空技術㈱編：真空ハンドブック、(1982)、273.

11) 阪田総一郎、岡田孝夫：ウルトラクリーン・テクノロジー、1-3 (1989) 157-159.

〔第５編〕
真空材料

第１章　構造材料

第２章　部品材料と機能材料

第1章 構造材料

第1節 鉄　鋼

1.1 真空材料の選択基準

　真空装置で使用される材料は、構造材料と機能材料に大別される。構造材料とは真空容器、配管、バルブ・ポンプ本体などに使用する材料のことである。低真空から極超高真空までの広い圧力範囲で使用されるこれらの材料を選択する際には、多様な基本的性質を考慮する必要がある。その基準となるものは、①機械的強度、②気体の透過性、③蒸気圧および気体放出特性、④使用条件、⑤コスト、である。使用条件には、温度条件、化学反応、放射線・磁場の有無などが挙げられる。またコストには、素材価格、入手性、加工性などが挙げられる。真空装置は使用条件によって①〜③の特性が経年変化を起こすため、期待する稼動年数までその性能を維持できるように適切な材料を選定することがトータルパフォーマンスを考慮するうえでは重要である。

　真空装置の容器や配管等に用いられる構造材料としては、金属が最も一般的である。かつてはガラスが真空容器の主要な材料であったが、強度の問題や部品交換時にガラス細工が必要等の点から、金属材料に取って代わられている。金属材料の中では、真空度よりもコストを重視する場合は軟鋼、高〜極超高真空の環境が求められる場合はステンレス鋼とアルミニウム合金が主要な材料である。ステンレス鋼製の真空容器が普及したのは製鋼技術の進歩により品質の高い材料の量産化、及び低価格化が可能となったためであり、アルミニウム合金が真空装置へ適用されるようになった要因には、切削技術の進歩や表面処理技術の進歩が挙げられる。

1.2 鉄鋼材料の分類

　金属元素としての鉄(Fe)は、原子番号26、原子量55.85、密度7.87 g/cm^3、融点1538℃の室温で強磁性をもつ重金属であり、鉄鋼材料はFeを主成分とした金属材料の総称である。精錬後の鉄鋼材料においても微量の不純物元素（炭素(C)、マンガン(Mn)、ケイ素(Si)、リン(P)、硫黄(S)など）を含有しており、その中でも鋼質に及ぼすCの影響は非常に大きい。鉄鋼材料中のC含有量が多くなるほど強さと硬さが増加するが、伸びの減少により脆くなる傾向にある。

　鉄鋼材料の分類を図1.1に示す。C含有量によって鉄鋼を分類すると、0.02%程度を境界としてそれよりC含有量の少ないものが純鉄、多いものが鋼となる。鋼のC含有量の上限は2.14%であり、それ以上は鋳鉄に分類される。純鉄は、炭素鋼精錬の過程で不純物元素を可能な限り低減し、かつ合金元素を意図的に添加しないものである。鋼は、普通鋼（炭素鋼）と特殊鋼に分類できる。普通鋼はCなどの不純物含有量のみを調節し、特別に合金元素を添加しないものである。普通鋼は硬さによってさらに軟鋼と硬鋼に分類でき、それぞれのC含有量は軟鋼が約0.18〜0.30%、硬鋼が約0.40〜1.00%である。対して特殊鋼は、C以外の合金元素、例えばマンガン(Mn)、クロム(Cr)、ニッケル(Ni)、モリブデン(Mo)などを添加したものである。特殊鋼は普通鋼に期待できないような特性を有しており、後に述べるステンレス鋼もこれに分類される。

図1.1 鉄鋼材料の分類

1.3 鋼の組織と性質

　Fe-C系の平衡状態図を図1.2に示す。純鉄では

表1.1 一般構造用圧延鋼の化学組成と機械的性質

種類の記号	成分				降伏点又は耐力 [N/mm²]				引張強さ [N/mm²]
^	C	Mn	P	S	厚さ [mm]				^
^	^	^	^	^	16以下	16を超え40以下	40を超え100以下	100を超えるもの	^
SS400	-	-	0.050以下	0.050以下	245以上	235以上	215以上	205以上	400～510

成分については必要に応じて、この表以外の合金元素を添加してもよい。

911℃以下の温度ではアルファ（α）相が安定であり、金属組織的にはフェライトと呼ぶ。このときα相の純鉄（α鉄）は体心立方構造(body-centered-cubic structure、bcc)となる。911℃から1392℃の温度範囲では、ガンマ（γ）相が安定となり、金属組織学的にはオーステナイトと呼ぶ。このときγ相の純鉄（γ鉄）は面心立方構造(face-centered-cubic structure、fcc)となる。1392℃以上の温度範囲では、純鉄はデルタ（δ）相が安定となり、その結晶構造はα鉄と同じである。また、α鉄は770℃以下では強磁性であるが、それ以上の温度では常磁性となる。この温度をキュリー点をいう。

オーステナイト状態では、1147℃において最大2.14％のCを固溶することができる。C原子はFe原子と比較して原子半径が小さいため、Fe結晶格子の隙間に入る侵入型固溶体となる。この状態からゆっくりと冷却した場合は図1.2の平衡状態図に沿った組織が現れるが、冷却速度によって相変態挙動や変態組織が変化する。金属組織の状態によって、その材料の機械的特性が大きく変化する。オーステナイト状態から急冷すると、マルテンサイトと呼ばれる非常に硬い組織が現れる。

1.4 軟 鋼

軟鋼は機械的強度および価格の点から、真空装置に広く使用される。真空装置用の構造材料としては、一般構造用圧延鋼(JIS G3101)のSS400などが用いられる。材料記号の「SS」はSteel Structureの頭文字からきたものでSS材と呼ばれることが多い。それに続く数字は、引張強さの最低保証値が400N/mm²であることを示すが、規格としては400～510N/mm²の範囲となる。SS材の化学組成と機械的性質を表1.1に示す。SS400のC含有量については、JIS規格には規定がないが、およそ0.15～0.20％前後のものが多く、軟鋼（低炭素鋼）に分類される。ただし、低温脆性をもたらすPと、赤熱脆性をもたらすSについては成分の上限値が定められている。SS材の場合はC含有量が低いため、焼入れなどの熱処理によって強度を高めることができない。したがって熱処理をせずに使用することが前提となる。

軟鋼は耐食性に乏しいため、さびを生じ易い。さびは多量の気体を吸蔵するため、真空中ではこれがガス放出源となる。このようなガス放出が問題となる場合には、サンドブラストやCrまたはNi電気メッキなどの表面処理により、ガス放出速度を抑える方法が用いられる。表1.2に示すように、表面処理の方法によってガス放出速度が異なり、時間の経過と共にその値は減少する。

1.5 ステンレス鋼
1.5.1 ステンレス鋼の特長

JIS G0203「鉄鋼用語」の定義によると、ステンレス鋼（Stainless Steel＝さびの少ない鉄）は、Feを主成分（50％以上）とし、Cが1.2％以下でCrを10.5％以上含む合金鋼である。ステンレス鋼

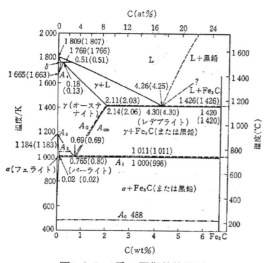

図1.2 Fe-C系の平衡状態図[1]

表1.2 軟鋼における各種表面処理と気体放出速度 (室温測定)[2]

(単位: Pa·m³·s⁻¹·m⁻² → $Pa \cdot m^3 \cdot s^{-1} \cdot m^{-2}$)

材料	表面処理	1 h	2 h	5 h	10h	20h	50h
軟鋼	素材		1.3E-03	5.3E-04	2.7E-04	1.3E-04	5.3E-05
〃	サンドブラスト		3.7E-04	1.5E-04	7.3E-05	2.7E-05	
〃	クロム電気メッキ	9.3E-06	4.4E-06	1.6E-06	7.7E-07	4.0E-07	1.6E-07
〃	ニッケル電気メッキ	5.6E-06	2.8E-06	1.1E-06	5.6E-07	2.8E-07	

表1.3 ステンレス鋼の分類

分類	Cr-Ni系	Cr系	
成分	18%Cr-8%Ni	13%Cr	18%Cr
金属組織	オーステナイト	マルテンサイト	フェライト
硬化性	加工硬化	焼入れ硬化	非焼入れ硬化
代表鋼種	SUS304	SUS410	SUS430

は、軟鋼と比較して耐食性が高いためさびを生じにくく、ガス放出速度も低くできるなど、高～極超高真空用の構造材料として多くの利点を有することから最も広く利用されている。

ステンレス鋼の最大の特長である耐食性は、含有するCrによって形成される表面の特殊な皮膜によるものであり、これを「不動態皮膜」と呼ぶ。この皮膜の厚さは1～3nm程度で、Crに酸素(O)と水酸基(OH)が結合し、さらに水(H_2O)が加わって形成される水和オキシ水酸化クロム化合物が主体であると考えられている。皮膜はガラスのように非晶質であり、非常に緻密で密着性の良い柔軟な構造をとるため、均一で薄い保護膜をステンレス鋼の表面に形成する。不動態皮膜は自己修復機能をもっており、加工中や使用中に不動態皮膜の一部が破壊されたとしても、ステンレス鋼中のCrによって瞬時に同じ皮膜が再生される。ところでCrが作る不動態皮膜は、硝酸のような酸化性の酸に対しては大きな耐食性を示すが、硫酸や塩酸のような非酸化性の酸に対しては耐食性が劣る。このため、Niを添加して非酸化性の酸に対する耐食性を高めた鋼種も存在する。さびによる孔が発生した場合、孔の先端では水素イオンが濃縮して酸性環境となるが、Niにはさびの進行を抑制する働きがあることが確認されている。

1.5.2 ステンレス鋼の分類

ステンレス鋼の分類を表1.3に示す。ステンレス鋼は、化学成分によってCr-Ni系とCr系に大別される。Cr-Ni系ステンレス鋼は、常温での金属組織がオーステナイト組織を示すため、オーステナイト系ステンレス鋼と呼ばれる。一方Cr系ステンレス鋼は、CおよびCrの含有量や他元素の添加に

よって、常温での金属組織がマルテンサイト組織とフェライト組織の2種類に分類され、それぞれマルテンサイト系ステンレス鋼とフェライト系ステンレス鋼と呼ばれる。JIS規格の記号では、ステンレス鋼を表す前置記号「SUS (Steel Use Stainlessの略称)」に続いて、3桁の鋼種記号が用いられる。Cr-Ni系では300番台、Cr系は400番台の数字となる。「JIS G4303ステンレス鋼棒」における各種ステンレス鋼の化学組成を表1.4に示す。ステンレス鋼はFeをベースに主にCrやNiが添加された合金であるが、それ以外の合金元素を添加することにより様々な使用環境に応じた鋼種が製造されている。

オーステナイト組織は、純鉄の場合は室温で存在しないが、Niを添加することで室温以下の温度でも安定して存在させることができる。15～26%のCrを含み、同時に3.5～28%のNiを含む。C含有量は比較的低い(≦0.15%)。冷間加工を行うと硬化するが、熱処理を施しても硬化しない性質を有する。代表的な鋼種は、Crを18%、Niを8%含むいわゆる18-8ステンレス鋼(SUS304)である。

マルテンサイト組織は、11.5～18%のCrを含み、C含有量は鋼種によって低いものと高いものが存在する。この組織は焼入れ（1000℃前後に加熱後、急冷）によりオーステナイト組織が急冷されてできたもので、結晶内にひずみがあるため硬い性質を有する。このため、高強度や高硬度が要求されるものに使用される。代表的な鋼種は、Crを13%含有しC含有量の低い(≦0.15%)SUS410である。マルテンサイト組織を得るためには、Cr含有量に応じて一定量のC含有量が必要となる。C含有量が多いほど硬化が著しいが、耐食性は劣化する。ステンレス鋼の中では耐食性が最も劣る。焼入れ後のマルテンサイト組織は、硬いが脆い状態となっているため、焼戻しによって靭性を回復させる。

フェライト組織は11.5～32%のCrを含み、C含

第5編 真空材料

表1.4 各種ステンレス鋼の化学組成

(単位：%)

分類	鋼種名	成分							
		C	Si	Mn	P	S	Ni	Cr	その他
オーステナイト系	SUS304	0.08 以下	1.00以下	2.00以下	0.045以下	0.030以下	8.00～10.50	18.00～20.00	-
	SUS304L	0.030以下	1.00以下	2.00以下	0.045以下	0.030以下	9.00～13.00	18.00～20.00	-
	SUS304LN	0.030以下	1.00以下	2.00以下	0.045以下	0.030以下	8.50～11.50	17.00～19.00	N 0.12～0.22
	SUS304N1	0.08 以下	1.00以下	2.50以下	0.045以下	0.030以下	7.00～10.50	18.00～20.00	N 0.10～0.25
	SUS310S	0.08 以下	1.50以下	2.00以下	0.045以下	0.030以下	19.00～22.00	24.00～26.00	-
	SUS316	0.08 以下	1.00以下	2.00以下	0.045以下	0.030以下	10.00～14.00	16.00～18.00	Mo 2.00～3.00
	SUS316L	0.030以下	1.00以下	2.00以下	0.045以下	0.030以下	12.00～15.00	16.00～18.00	Mo 2.00～3.00
	SUS316LN	0.030以下	1.00以下	2.00以下	0.045以下	0.030以下	10.50～14.50	16.50～18.50	Mo 2.00～3.00 N 0.12～0.22
	SUS321	0.08 以下	1.00以下	2.00以下	0.045以下	0.030以下	9.00～13.00	17.00～19.00	≧Ti 5×C%
	SUS347	0.08 以下	1.00以下	2.00以下	0.045以下	0.030以下	9.00～13.00	17.00～19.00	≧Nb 10×C%
マルテンサイト系	SUS410	0.15 以下	1.00以下	1.00以下	0.040以下	0.030以下	-	11.50～13.50	-
フェライト系	SUS430	0.12 以下	0.75以下	1.00以下	0.040以下	0.030以下	-	16.00～18.00	-

表1.5 主要なステンレス鋼の物理的性質[3]

鋼種	比重 [g/cm³]	平均線膨張係数 [×10⁻⁶/℃]		熱伝導率 [W/m/K]		比熱 [J/g/℃]	電気比抵抗 [μΩ·cm]	ヤング率 [×10³N/mm²]	磁性の有無
		0～100 [℃]	0～650 [℃]	100 [℃]	500 [℃]	0～100 [℃]	室温		
SUS304	8.03	17.3	18.7	16.2	21.4	0.50	72	197	●
SUS310	8.03	14.4	17.5	13.8	18.7	0.50	78	204	○
SUS316	8.03	16.0	18.5	16.2	21.4	0.50	74	197	●
SUS321	8.03	16.7	19.3	16.1	22.3	0.50	72	197	●
SUS347	8.03	16.7	19.1	16.1	22.3	0.50	73	197	●
SUS410	7.75	9.9	11.7	24.9	-	0.46	57	-	強磁性
SUS430	7.75	10.4	11.9	26.1	-	0.46	60	-	強磁性

●：焼なまし状態で非磁性で冷間加工で磁性をもつ。　○：冷間加工しても非磁性。

有量が比較的低いため(≦0.12%)機械的強度は低い。常温あるいは高温においてもフェライト相が安定であり、急冷しても焼入れ硬化性を示さない。代表的な鋼種であるSUS430は、18%Crステンレス鋼とも呼ばれ、マルテンサイト系ステンレス鋼よりも耐食性に優れる。また添加元素にNiを含まないため、オーステナイト系ステンレス鋼よりも素材価格が安い。

　ステンレス鋼を用いた部品の形状が複雑で、機械加工や鍛造では製造が困難であったりコストが著しく上がったりする場合には、鋳鋼品が用いられることがある。鋳鋼品の製造には鋳型が必要であることから、真空バルブのケースなどの量産品に適用される。また大型部品では引け巣などの鋳巣（いす）が内部にできやすく、ガス放出源となるため真空用の構造材料として用いることはできないが、小型部品ではその影響が小さい。その

め、高真空までの真空度であれば、鋳鋼品を用いることができる。JIS規格(JIS G5121)では、鋳鋼の前置記号は「SCS (Steel Casting Stainlessの略称)」が用いられる。SCSにおいてもオーステナイト系、フェライト系、マルテンサイト系などの各系統が存在する。代表的な鋼種としては、SUS304に相当するSCS13や、SUS316に相当するSCS14が挙げられる。

1.5.3 ステンレス鋼の物理的性質

　ステンレス鋼の物理的性質を表1.5に示す。物理的性質において、線膨張係数はオーステナイト系ステンレス鋼では炭素鋼の約1.6倍であるが、フェライト系とマルテンサイト系の値は炭素鋼と同等である。また、ステンレス鋼の熱伝導率は炭素鋼と比較して低く、特にオーステナイト系ステンレス鋼は約0.3倍であり、その他のステンレス鋼種よりも低い。オーステナイト系ステンレス鋼

は熱伝導率が低く、線膨張係数が大きいことから、構造体が拘束された状態で高温となるような状況では、熱膨張により発生する応力に材料が耐えられず破壊が起こる恐れがある。また、溶接時に入熱が大きい場合はひずみが発生しやすい。さらに、真空容器内壁の脱ガスを目的としたベーキングにおいても熱伝導率が低い場合は、容器全体の温度が均一になりにくい。

磁性についてはオーステナイト系が非磁性、マルテンサイト系およびフェライト系が強磁性である。ただしオーステナイト系は冷間加工により磁性を帯びる場合があることに注意が必要である。

1.5.4 ステンレス鋼の特性改善図

オーステナイト系ステンレス鋼は、ステンレス鋼の中でも真空装置用の構造材料として適した性質を多く有している。耐食性に非常に優れており、表面が薄く緻密で安定な不動態皮膜で覆われているためガス放出も少ない。ガス放出速度はベーキング前においても排気10時間後には10^{-6}Pa·m^3/s以下に、ベーキング後には10^{-8}Pa·m^3/s以下にすることが可能である。また延性や靭性に富み、深絞りや曲げ加工などの冷間加工性が良好で、溶接性も良好である。さらに低温や高温における機械的性質にも優れている。SUS304を中心としたオーステナイト系ステンレス鋼の特性改善の系統図を図1.3に示す。

SUS304は、応力またはひずみを加えると加工硬化と共に加工誘起マルテンサイト変態が起こり、磁性を帯びて透磁率が変化する。Moを添加したSUS316やNi含有量を高めたSUS310Sはオーステナイト組織の安定性が高まるため、冷間加工により透磁率がほとんど変化しない。静電アナライザーのように非磁性が強く要求される部品にはこれらの鋼種が適している。ただし高価なMoやNiを多く含有するため素材価格は上昇する。これらの鋼種は高温における強度も高いため、耐熱鋼としても使用される。

SUS304に窒素(N)を添加したSUS304N1は、延性を維持したまま強度が高められた鋼種である。

オーステナイト系ステンレス鋼は550〜800℃に加熱すると粒界にクロム炭化物((Fe,Cr)$_{23}$C$_6$)が析出し、その近傍にCr欠乏層が形成され粒界が腐食しやすくなる。この状態を鋭敏化と呼び、溶接後の耐食性の低下として問題となる。粒界腐食を防ぐためには、1000℃以上の高温に加熱してクロム炭化物をオーステナイト中へ溶体化させて急冷する固溶化熱処理が有効であるが、熱処理後の冷却速度や変形、残留応力などの問題があり実用上困難な場合が多い。対策として材料中のC含有量を減らすか、CrよりもCと結合しやすい元素(チタン(Ti)やニオブ(Nb))を添加することが有効である。具体的には、C含有量を0.03%以下としたL鋼種(SUS304L、SUS316L)や、Ti、Nbの炭化物(TiC、NbC)析出により安定化させた鋼種(SUS321、SUS347)が挙げられる。なお、C含有量を低くしたSUS304L、SUS316Lでは機械的強度が低くなるが、Nを添加した鋼種(SUS304LN、SUS316LN)は強度が高められている。

1.5.5 ステンレス鋼の機械的性質

ステンレス鋼を構造材料として使用する場合、あるいは所定の形状、寸法に加工する場合などにおいては、その機械的性質を十分に理解しておくことが重要である。ステンレス鋼の機械的性質は、①引張応力に対する強さ：引張強さ・0.2%耐力、②延性：伸び・絞り、③硬さ、④靭性：衝撃値、によって評価される。

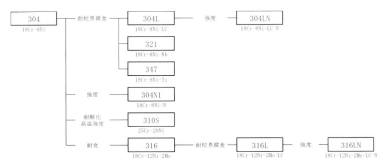

図1.3　オーステナイト系ステンレス鋼の特性改善図

第5編 真空材料

表1.6 オーステナイト系ステンレス鋼の機械的性質

鋼種	耐力 [N/mm²]	引張強さ [N/mm²]	伸び [%]	絞り [%]	硬さ		
					HBW	HRBS又は HRBW	HV
SUS304	205以上	520以上	40以上	60以上	187以下	90以下	200以下
SUS304L	175以上	480以上	40以上	60以上	187以下	90以下	200以下
SUS304LN	245以上	550以上	40以上	50以上	217以下	95以下	220以下
SUS310S	205以上	520以上	40以上	50以上	187以下	90以下	200以下
SUS316	205以上	520以上	40以上	60以上	187以下	90以下	200以下
SUS316L	175以上	480以上	40以上	60以上	187以下	90以下	200以下
SUS316LN	245以上	550以上	40以上	50以上	217以下	95以下	220以下
SUS321	205以上	520以上	40以上	50以上	187以下	90以下	200以下
SUS347	205以上	520以上	40以上	50以上	187以下	90以下	200以下

表1.7 マルテンサイト系ステンレス鋼の機械的性質

鋼種	耐力 [N/mm²]	引張強さ [N/mm²]	伸び [%]	絞り [%]	シャルピー衝撃値 [J/cm²]	硬さ		
						HBW	HRBS又はHRBW	HV
SUS410	345以上	540以上	25以上	55以上	98以上	159以上	84以上	166以上

ステンレス鋼は普通鋼のように明確な降伏応力を示さないため、代わりに0.2%耐力によって評価される。この値は、引張試験において0.2%の永久ひずみを起こすときの応力である。これらの機械的特性は、常温と高温または低温では大きく変化するため、使用温度条件に注意が必要である。

(1) 常温における機械的性質

オーステナイト系ステンレス鋼の機械的性質を表1.6に示す。これら値はJIS G4303によるもので、固溶化熱処理状態のものである。この鋼種は1000℃以上に加熱後、急冷する固溶化熱処理を行った状態で使用される。機械的性質における特徴としては、降伏比（引張強さに対する0.2%耐力の比率）が小さく、伸びが大きい。オーステナイト組織はfcc構造であり、bcc構造の材料と比較して高い延性と靭性を示す。

ステンレス鋼は一般的に切削加工が困難であり、普通鋼やアルミニウム合金などと比較して切削速度が遅い。特にオーステナイト系ステンレス鋼は延性に富んでいるにも関わらず加工硬化が激しく、熱伝導率が低いために切削工具が磨耗しやすい。オーステナイト系ステンレス鋼における切削速度は、SS400と比較して約1/3、アルミニウム合金と比較して約1/5である。複雑な形状の部品を切削加工により製作する場合はコストの増加を招くため、溶接による製作が検討される場合もある。

表1.8 フェライト系ステンレス鋼の機械的性質

鋼種	耐力 [N/mm²]	引張強さ [N/mm²]	伸び [%]	絞り [%]	硬さ		
					HBW	HRBS又はHRBW	HV
SUS430	205以上	450以上	22以上	50以上	183以下	90以下	200以下

マルテンサイト系ステンレス鋼SUS410の機械的性質を表1.7に示す。これら値はJIS G4303によるもので、焼入れ焼戻し状態のものである。この鋼種は高い強度と硬さを示すが、焼入れ直後は脆いため焼戻し処理を行った後に使用される。焼戻しの温度や保持時間によって硬さと靭性のバランスを調整する。焼戻し温度は、靭性を重視する場合は比較的高温（約650〜750℃）で、硬さを重視する場合は比較的低温（約150〜200℃）とする。475℃付近の温度で加熱保持されると脆化と耐食性の低下を招くため避けなければならない。

フェライト系ステンレス鋼SUS430の機械的特性を表1.8に示す。これら値はJIS G4303によるもので、焼なまし状態のものである。フェライト系ステンレス鋼は高温でも常温でもフェライト組織が安定で、急冷しても焼入れ硬化性を示さない。SUS430の場合、780〜850℃に加熱後空冷または徐冷する焼なまし処理を行った後に使用される。機械的性質をオーステナイト系と比較すると、一般に0.2%耐力は同等であり、伸びは低い値を示す。

(2) 高温における機械的性質

ステンレス鋼は高温酸化に対しても優れた耐食性を示すため、耐熱用の構造材料としても使用される。引張強さなどの機械的性質は温度の上昇と共に低下する傾向にあるため、その程度を把握して設計することが重要である。各種ステンレス鋼の高温引張強さを図1.4に示す。オーステナイト系ステンレス鋼は高い温度において他のステンレス鋼種と比較して高い強度を維持するため、高温環境での用途においても使用されることが多い。

オーステナイト系ステンレス鋼の引張強さが高温でも比較的高いのは、結晶構造がfcc構造であることにより、bcc構造のフェライト系やマルテンサイト系に比べて高温での拡散係数が小さく、転位組織の回復や結晶粒の粗大化が起りにくいためである。SUS304に比べてSUS316の高温での引張強さが高い要因は、Moの固溶強化によるものである。SUS310Sの場合は高いCr、Ni含有量による固溶強化が要因である。なお、オーステナイト系ステンレス鋼は600℃程度の加熱ではほとんど強度的問題はないが、銅ガスケットを用いたICFフランジの場合、銅の焼き付きからベーキングの上限は450℃となる。

金属材料は、高温環境下では降伏点以下の応力でも時間の経過と共に塑性変形が進行する。この現象をクリープと呼ぶ。高温においては、クリープ強さとクリープ破断強さが重要な機械的性質となる。クリープ特性の評価法として、引張クリープ試験法(JIS Z2271)とクリープ破断試験法(JIS Z2272)が規定されている。クリープ特性は金属組織（結晶構造、結晶粒径、成分など）によって大きく異なる。フェライト系ステンレス鋼は高温強度が低く、高温での使用中に脆化するためクリープ特性を要求される部品に使用されることは少ない。一方、オーステナイト系ステンレス鋼は優れた高温クリープ特性を有しており、オーステナイト組織がfcc構造であることが最大の要因として挙げられる。

各種ステンレス鋼の1000時間におけるクリープ破断強さを表1.9に示す。これは、ある温度において1000時間で破断する際の応力である。オーステナイト系ステンレス鋼のクリープ破断強さは、マルテンサイト系やフェライト系ステンレス鋼と比較して高い値を示す。またオーステナイト系ステンレス鋼の応力-クリープ速度線図の一例としてSUS304のデータを図1.5に示す。

(3) 低温における機械的性質

一般的に金属は低温にしていくと、引張強さや耐力（あるいは降伏応力）に代表される機械的特性が上昇し、延性破壊から脆性破壊へ遷移するという2つの性質変化が生じる。

オーステナイト系ステンレス鋼SUS304の低温における機械的特性を表1.10に示す。温度の低下と共に引張強さと0.2%耐力が増加する。一方で伸びの値は温度と共に低下するものの-252℃においても48%を維持している。マルテンサイト系と

表1.9 1000時間のクリープ破断強さ[5]

(単位：N/mm²)

鋼種＼温度(℃)	482	538	593	649	704	760	816	871	982
13Cr ステンレス	234	131	69	41	－	－	－	－	－
18Cr ステンレス	207	118	62	34	－	－	－	－	－
18Cr-8Ni ステンレス	－	250	170	114	69	42	27	19	11

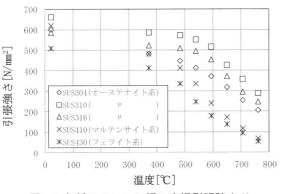

図1.4 各種ステンレス鋼の高温引張強さ[4]

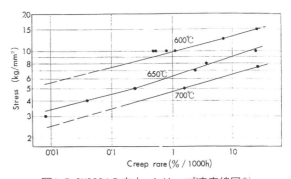

図1.5 SUS304の応力-クリープ速度線図[6]

表1.10 オーステナイト系ステンレス鋼の低温強度[7]

鋼種	温度[℃]	0.2%耐力[N/mm²]	引張強さ[N/mm²]	伸び[%] GL＝50.8mm
SUS304	24	226	589	60
	−196	392	1413	43
	−252	441	1687	48

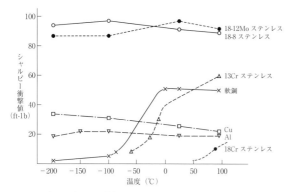

図1.6 各種金属の低温衝撃値（Vノッチシャルピー）[8]

フェライト系ステンレス鋼においても温度の低下と共に引張強さと0.2%耐力は増加するが、伸びは急激に減少し−200℃付近でゼロに近くなる。

各種金属の低温におけるシャルピー衝撃値を図1.6に示す。衝撃値とは、衝撃的集中荷重を加えたときに破壊までに材料へ吸収されるエネルギー（例えばシャルピー吸収エネルギー）を指標とするものである。低温で使用する構造材料の材質判定の基準としては、この値が重視される。ある温度で衝撃値が急激に低下し、延性破壊から脆性破壊に遷移する温度を延性−脆性遷移温度という。この温度は、材料の化学組成や熱処理などによる金属組織の状態によって大きく変化する。脆性破壊は、bcc構造をもつ材料では生じるが、fcc構造をもつ材料では生じない。図1.6に示すように、マルテンサイト系(13Cr：SUS410)とフェライト系(18Cr：SUS430)ステンレス鋼、および軟鋼は温度低下と共に急激な衝撃値低下が起こる。13Crと18Crを比較すると、Cr含有量の高い18Crの方が遷移温度が高く、100℃付近から衝撃値の低下が起こっている。一方、オーステナイト系(18-8：SUS304、18-12-Mo：SUS316)ステンレス鋼では、衝撃値の低下がほとんどない。

以上のように、温度が液体ヘリウム温度まで下がっても良好な機械的強度と靭性を維持することができるオーステナイト系ステンレス鋼は、低温用の構造材料として適している。

〈西村　健一〉

〔参考文献〕
1) 日本金属学会：金属便覧（改訂4版）、丸善株式会社、p.736, (1982)
2) 株式会社アルバック：新版　真空ハンドブック（第1版）、株式会社オーム社、p.53（表1・8・7より抜粋して作成）
3) 長谷川　正義：ステンレス鋼便覧　初版、日刊工業新聞社、p.103-104（表2.1、2.2、2.3より抜粋して作成、一部単位を換算）、(1980)
4) 長谷川　正義：ステンレス鋼便覧　初版、日刊工業新聞社、p.172-173（表2.15、2.18より抜粋して作成、引張強さの単位を換算）、(1980)
5) 長谷川　正義：ステンレス鋼便覧　初版、日刊工業新聞社、p.172、174（表2.17、2.19より抜粋して作成、クリープ破断強さの単位を換算）、(1980)
6) 三好　栄次：住友金属技術誌、Vol.14-No.1、p.22, (1962)
7) C. M. Parker & J. W. Sullivan：Ind. Eng. Chem. 55 (1965) 5、18.（0.2%耐力、引張強さの単位を換算）
8) 大山　正、森田　茂、吉武　進也（共著）：ステンレスのおはなし　第1版、財団法人　日本規格協会、p.87, (1990)

第2節 アルミニウム合金

2.1 アルミニウム合金の特徴

工業用純アルミニウムやアルミニウム合金は、ガスケット、拡散ポンプのチムニーやノズル、ガイスラー管の電極などの部材に使用されるほか、真空容器の構造材料にも使用されており、ステンレス製のものとは異なる特徴をもつ。高～極超高真空装置にアルミニウム合金を使用する場合、以下のような長所が挙げられる。

①適切な表面処理を施せば、低い加熱脱ガス温度（～150℃）でもステンレス鋼よりも低いガス放出速度が実現可能。

②ステンレス鋼と比較して比強度（＝引張強さ÷密度）が高いため、装置の軽量化が可能。

③熱伝導率が高いため、真空容器内部温度の均一化が可能。また、局所的な温度上昇によるひずみの発生が少ない。

④完全非磁性である。

⑤極低温において機械的強度が低下しない。

⑥押出し成形による複雑断面形状の加工が可能。

⑦被削率が高く、加工コストを低減可能。

アルミニウム合金が用いられるようになった契機は大型の電子蓄積型加速器の建設であった。わが国で開発された全アルミニウム合金の大型電子・陽電子衝突型加速器の建設に先立つ12GeV陽子シンクロトロンの超高真空系への応用がそれである。その際には上記アルミニウム合金の特性に加えて、低エネルギー粒子（60MeV以下の陽子）による放射化が少なく、残留放射能の減衰が速いことも利点となる。

一方で、ステンレス鋼と比較した場合の短所としては、以下のような点が挙げられる。

①機械的強度が低い。特に高温（200℃以上）での熱平衡状態では機械的強度が著しく低下する。

②水に対する耐食性が低い。大気中では安定だが、高温の水蒸気と接触などにより多孔性の水酸化物層が形成される。この層は水分子を吸蔵し、真空中でのガス放出源となる。

③溶接の難易度が高い。これは、熱伝導率の高さ

や表面の緻密で化学的に安定な酸化膜の存在によるものである。

2.2 アルミニウム合金の特長

金属元素としてのアルミニウム(Al)は、原子番号13、原子量26.98、密度2.70g/cm³、融点660.32℃の室温で常磁性の軽金属である。常温ではfcc構造が最も安定である。オーステナイト系ステンレス鋼と同じ結晶構造を持ち、高い延性を示す。一方でアルミニウムは、機械的強度が低い傾向にあるため、構造材料として使用する際には用途によって強度を高めるなどの対策が必要である。性質向上を目的として種々の添加元素を加えたアルミニウム合金が開発されている。

アルミニウムは酸化生成熱が高く反応性の大きい金属である。また、化学的には両性金属であって酸・塩基と反応する性質をもっている。それにもかかわらず耐食性の良い金属とみなされているのは、金属表面に保護性の高い酸化皮膜を形成して、金属内部への腐食の進行を阻止するためである。アルミニウムが空気と接触すると、厚さ4～10nmの自然酸化膜を形成するが、この皮膜はαまたはβの$Al_2O_3 \cdot nH_2O$（n＝1または3）のいずれかで示される無定形あるいは結晶形の酸化皮膜で、損傷しても自然に回復する機能をもっている。

2.3 アルミニウム合金の分類

アルミニウム合金は、板・棒・形材・管・線・鍛造品などの展伸材と、鋳物・ダイカストなどの鋳造品に大別される。超～極超高真空用には主に展伸材が使用される。近年ではコスト低減のために鋳造材を用いた真空容器も製作されている。アルミニウム合金の展伸材と鋳造材は、それぞれ非熱処理型合金と熱処理型合金に大別され、さらに主要添加元素の種類によって分類される。アルミニウム合金の分類を図2.1に示す。

JIS規格におけるアルミニウム合金展伸材の呼称は、初めにアルミニウム合金を示す「A」をつけて、続く4桁の数字によって合金分類を示す。この4桁の数字は国際登録アルミニウム合金名にならって表示され、第1位の数字は合金系を、第3、4位の数字は個々の合金の識別を示すが、合金系表示の第1位が1の場合、すなわち純アルミ

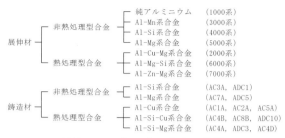

図2.1 アルミニウム合金の分類

2.4 調質

アルミニウム合金は冷間加工、溶体化処理、時効硬化処理、焼なましなどによって、強度、成形性その他の性質を調整することができる。このような操作によって所定の性質を得ることを調質といい、調質の種類を質別という。

調質の目的は、アルミニウム材料の金属組織を制御することにより所望の機械的性質を得ることにある。

アルミニウム合金の性質は質別によって著しく変わるため、材料の使用目的や加工方法により最も適したものを選ぶことが重要である。JIS規格(JIS H0001)に規程されている質別とその記号を表2.1に示す。

F記号は製造のままの状態を示し、加工硬化や熱処理などの特別な調整をせずに得られるものである。

O記号は展伸材については最も軟らかくなるように焼なましした状態を示す。焼なまし条件は合金の種類によって異なるが、例として5000系合金の標準的な条件は「約345℃、空冷または炉冷」となっている。

H記号は材料に与える冷間加工率により機械的性質を調整する場合に附されるもので、非熱処理

ニウムではその純度を示す。第2位の数字は0が基本合金を示し、1以降の数字については、基本合金の改良または派生合金であることを示す。ただし、わが国で開発され、国際アルミニウム合金の相当する合金を見出せない場合は第2位目の数字に代えてNを記す。またアルミニウム合金鋳造材の呼称は、展伸材と同様に「A」に続けて、C(Casting)、DC(Die Casting)の記号は製品記号でそれぞれ鋳物、ダイカストであることを示している。製品記号に続く1、2、3…の数字は添加元素による種別を示す。数字に続くA、B、Cなどの記号は同一合金系で合金元素の添加量が異なることを示す。

非熱処理型合金とは、製造のまま、あるいは圧延などの冷間加工によって所定の強度を得るものであり、熱処理型合金とは、焼入れ、焼戻しなどによって所定の強度を得るものである。ただし、非熱処理型合金の場合でも焼なまし、安定化処理のような熱処理が施されることがあり、熱処理型合金の場合でも熱処理によって得られる強度よりさらに高い強度を得るため冷間加工をすることがある。

非熱処理型合金はMn、Si、およびMgなどの元素を単独または組合わせて添加したもので、加工硬化によって強度が増大する。これには1000（純アルミニウム）、3000（Al-Mn系）、4000（Al-Si系）、5000（Al-Mg系）シリーズ合金が分類される。一方、熱処理型合金はCu、Mg、Zn、およびSiなどの元素を単独または組合わせて添加したもので、温度上昇と共に固溶度が増すため、焼入れ・焼戻しなどの熱処理により強度も著しく増加する。これには2000（Al-Cu系）、6000（Al-Mg-Si系）、7000（Al-Zn-Mg系）シリーズ合金が分類される。

表2.1 アルミニウム合金の質別基本記号

記号	調質の内容
-F	製造のまま
-O	完全焼なまし
-H	加工硬化
-H1n	加工硬化によって硬化したもの
-H2n	加工硬化後一部焼なまし
-H3n	加工硬化後安定化焼なまし
n=2 (1/4硬質)、4 (1/2硬質)、6 (3/4硬質)、8 (硬質)、9 (特別硬質)	
-H112	積極的な加工硬化を加えずに、製造されたままの状態で機械的性質が保証されたもの
-T	熱処理を行ったもの
-T2	完全焼なまし
-T3	溶体化処理後加工硬化さらに常温時効
-T4	溶体化処理後常温時効完了
-T5	高温加工から急冷後人工時効
-T6	溶体化処理後人工時効
-T7	溶体化処理後安定化処理
-T8	溶体化、加工硬化、人工時効
-T9	溶体化、人工時効、加工硬化
-T10	高温加工冷却後加工硬化、人工時効

表2.2 アルミニウム合金展伸材の標準的熱処理条件[2]

合金記号	形状	質別	溶体化処理	焼入れ	時効硬化処理
2219	板	T31、T351、T37	530～540℃	水冷	－
	板	T62	530～540℃	水冷	185～195℃　約36時間
	板	T81、T851、T87	530～540℃	水冷	170～180℃　約18時間
	鍛造品	T6	530～540℃	水冷	185～195℃　約26時間
	鍛造品	T852	530～540℃	水冷	170～180℃　約18時間
6063	棒、形材	T1、T5	－	－	約205℃　約1時間
	棒、形材	T6	515～525℃	水冷	約205℃　約8時間
	管	T61、T83	515～525℃	水冷	約205℃　約8時間
	管	T5	－	－	約205℃　約1時間
7075	板	T6、T62、T651	460～500℃ (460～475℃)	水冷	115～125℃　24時間以上 (2ステージ)
	合わせ板	T6、T62	460～500℃ (460～475℃)	水冷	115～125℃　24時間以上 (2ステージ)
	棒、管、形材	T6、T62	460～470℃	水冷	115～125℃　24時間以上 (2ステージ)
	棒	T6511	460～470℃	水冷	115～125℃　24時間以上 (2ステージ)
	鍛造品	T6、T652	460～475℃	水冷	115～125℃　24～28時間
	鍛造品	T73	460～475℃	水冷	110～115℃　6～8時間 ＋175～180℃　8～10時間
	鍛造品	T7352	460～475℃	水冷	115～125℃　6～8時間 ＋170～180℃　6～8時間

型合金に対して用いられる。図2.2 (a) は、1100-0の冷間加工による硬化特性を示したものである。所定の機械的特性を得るために加工硬化だけを行い、追加の熱処理を行わない場合はH1n記号によって表す。nは加工硬化の程度によって1～9の数字が用いられ、数字が大きいほど引張強さや耐力が大きくなる一方で、伸びは小さくなる。また図2.2 (b) は、1100-H18の焼なまし特性を示したものである。加工硬化後に適度な軟化処理を施した場合は、H2n記号によって表す。nの数字は軟化熱処理の程度を示し、H1nの場合と同じ1～9が用いられる。このようにH1nとH2nの数字1と2は調質方法の違いを区別するものであるが、nの数字が同じ場合は両者の引張強さはほぼ同じであるもののH2nの方が耐力はやや低く、伸びは大きくなる。このため、絞り加工などの成形性を重視する場合にはこちらを用いることが多い。H3nは、Al-Mg系合金において時間の経過と共に強さや伸びが変化することを防止するため、冷間加工した後に150℃程度の温度で安定化させたものを示す。

T記号は、熱処理型合金に対する調質に対して用いられ、基本記号Tの後に1つまたはそれ以上の数字をつける。調質では、溶体化処理によって合金元素を母材のAlの中に溶かし込み、焼入れによって固溶体状態のままで閉じ込め、時効処理によって析出物を出す。この析出物が材料中の転位の移動を妨げることにより、機械的性質を高めることが可能となる。時効処理は、室温に放置する自然時効処理と、ある特定の温度と時間を与える人工時効処理とがある。熱処理型合金の種類は様々なものがあり、合金元素の析出の経過も異なるため、それに合わせた時効処理が行われる。熱処理型合金における標準的な条件を表2.2に示す。

2.5 アルミニウム合金の成分

アルミニウム合金展伸材の化学成分を表2.3に示す。アルミニウム合金は、添加元素の種類や含有量の違い、質別の違いによって様々な特性（機械的特性・加工性・溶接性・耐食性・耐熱性など）が大幅に異なるばかりでなく、超高真空材料

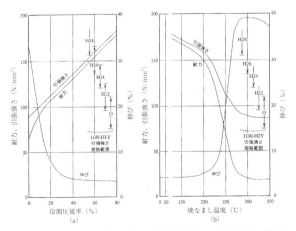

図2.2 1100合金の焼なまし軟化特性、加工硬化特性とO、H1n、H2nの引張強さの規格範囲の関係[1]

第5編　真空材料

表2.3 JIS規格アルミニウム合金展伸材の化学成分[3]

種類	範囲	Si	Fe	Cu	Mn	Mg	Cr	Zn	Ti		その他 個々	その他 合計	Al
1050	最小	–	–	–	–	–		–	–	V 0.05以下	–	–	99.50
	最大	0.25	0.40	0.05	0.05	0.05	–	0.05	0.03		0.03	–	–
1100	最小	–	Si+Fe 0.95	0.05	–	–		–	–	(1)	–	–	99.00
	最大			0.20	0.05	–		0.10	–		0.05	0.15	–
2014	最小	0.50	–	3.9	0.40	0.20		–	–	(2)	–	–	残部
	最大	1.2	0.7	5.0	1.2	0.8	0.10	0.25	0.15		0.05	0.15	
2219	最小	–	–	5.8	0.20	–		–	0.02	V 0.05～0.15	–	–	残部
	最大	0.20	0.30	6.8	0.40	0.02		0.10	0.10	Zr 0.10～0.25	0.05	0.15	
3003	最小	–	–	0.05	1.0			–	–	–	–	–	残部
	最大	0.6	0.7	0.20	1.5			0.10	–	–	0.05	0.15	
4032	最小	11.0	–	0.50	–	0.8		–	–	Ni 0.50～1.3	–	–	残部
	最大	13.0	1.0	1.3	–	1.3	0.10	0.25	–		0.05	0.15	
5052	最小	–	–	–	–	2.2	0.15	–	–		–	–	残部
	最大	0.25	0.40	0.10	0.10	2.8	0.35	0.10	–		0.05	0.15	
5083	最小	–	–	–	0.40	4.0	0.05	–	–		–	–	残部
	最大	0.40	0.40	0.10	1.0	4.9	0.25	0.25	0.15		0.05	0.15	
6061	最小	0.40	–	0.15	–	0.8	0.04	–	–		–	–	残部
	最大	0.8	0.7	0.40	0.15	1.2	0.35	0.25	0.15		0.05	0.15	
6063	最小	0.20	–	–	–	0.45	–	–	–		–	–	残部
	最大	0.6	0.35	0.10	0.10	0.9	0.10	0.10	0.10		0.05	0.15	
7075	最小	–	–	1.2	–	2.1	0.18	5.1	–	(3)	–	–	残部
	最大	0.40	0.50	2.0	0.30	2.9	0.28	6.1	0.20		0.05	0.15	

注　(1)　溶加棒及び溶接ワイヤに使用する場合は、Be：0.0003％以下とする。
　　(2)　押出し品及び鍛造品に限って、受渡当事者間の合意のうえでZr＋Tiは、0.20％以下としてもよい。
　　(3)　押出し品及び鍛造品に限って、受渡当事者間の合意のうえでZr＋Tiは、0.25％以下としてもよい。

として重要なガス放出速度が微量元素、圧延や押出しの工程、保存状態、表面処理などで大幅に異なる。以下に各合金系の特徴と、真空材料としての用途例を示す。

・1000系アルミニウム

1000番台の表示は、工業用純アルミニウムであることを示す。代表的なものは1100、1050などで、それぞれ下2桁の数字によってAl成分が99.00％以上、99.50％以上であることを示す。主な不純物はFeやSi、Cuであるが、Feの含有量が少ないほど耐食性が向上する。特長として、耐食性・加工性・溶接性に優れ、高い電気伝導度・熱伝導度を有する。一方で機械的強度は著しく低いため、構造材料には適さない。超高真空用の材料としてはガスケットやイオンポンプの電極などに使用される。

・2000系合金

Cuを主要な添加元素とする熱処理型合金であり、調質によって鉄鋼材料と同等以上の機械的強度を付与することができる。一方でCuを含有することによって耐食性や溶接性が低下する。代表的なものは2014、2219などである。2219は、調質によってアルミニウム合金中で最高の高温強度を有する。溶接性や高温・低温特性にも優れているため、真空フランジ用材料として適している。またステンレス鋼と同等の硬さを有するため、クランプ締結によるフランジ変形の問題がない。気密シールのナイフエッジ部分のキズを防止するため、鏡面加工の後にCrNコーティング処理が行われる。合金成分としてはCu含有量が比較的高く、低融点多元結晶成分を形成しないようにMgおよびSi含有量を抑え、結晶粒の微細化のためにMnを加え、さらに結晶粒の微細化のためにTi、Zr、およびVを添加している。一般の金属と同様に、結晶粒が細かくなるほど耐力が向上する。

・3000系合金

Mnの添加により、純アルミニウムの加工性や耐食性を低下させることなく、強度をやや増加させたものである。3003が代表的な合金であり、1100と比較して強度が高く、アルミニウム真空ろう付に使用される。また3004はMgを添加することによ

第1章 構造材料

表2.4 アルミニウム合金の物理的性質[4]

材種	密度 [g/cm³]	融点 [℃]	平均比熱 [J/g/℃]	線膨張係数 [×10⁻⁶/℃]	熱伝導度 [W/m/K]	弾性係数 [×10³N/mm²]	剛性率 [×10³N/mm²]	固有抵抗 [Ω/mm²/m]	電導度* [%]	磁性
99.0%Al	2.7	660	0.92	24	217.6～225.9	58.9～68.7	24.5	0.028	62	ナシ
1100	2.7	640～655	1.00	24	217.6	68.7	26.0	0.030	59	ナシ
2014	2.80	507～638		23	154.8	73.6			34	ナシ
2219	2.84	543～643			121.3	73.6			28	ナシ
3003	2.74	640～655	0.92	23	159.0	68.7	26.0	0.040	50	ナシ
5052	2.68	595～650	0.96	23	138.1	69.7	27.0	0.050	35	ナシ
5083	2.66	595～640	0.96	25	129.7	68.7	26.0	0.062	29	ナシ
6061	2.71	580～650	0.92	24	154.8	68.7	26.0	0.038	47	ナシ
6063	2.71	605～650	0.88	23	200.8	68.7	26.0	0.031	58	ナシ
7075	2.80	640	0.96	24	121.3	70.6	27.0	0.054	33	ナシ
SUS304	7.93	1400～1427	0.50	17.3	16.3	193.3	71.6	0.600	2	ナシ
SUS304L	7.93	1400～1427	0.50	17.3	16.3	193.3	71.6	0.600	2	ナシ

＊：電導度は、国際的に採択された焼鈍標準軟銅(IACS(international annealed copper standard)1.7241×10⁻²μΩm)に対する百分率を示す。

り3003よりも強度が高く、成形性にも優れており、成型ベローズに使用される。

・4000系合金

添加元素としてSiを多く含有する合金系である。Siの添加によりアルミニウム合金の融点を下げることができ、溶接の溶加材として4043、ろう付のろう材として4047が使用される。4043は湯流れが良く、凝固収縮が小さい。4047に含まれるMgは、ろう付においてアルミニウム合金の表面酸化膜を除去するためのゲッター材としての役割をもつ。

・5000系合金

Mgが主要な添加元素であり、含有量は0.50～5.6%と幅が広くそれに応じて性質の幅も広い合金である。Mg含有量が高いほど強度が増加し、その量が中から高程度のものが構造用材料として使用される。Mg含有量が比較的低い場合は耐食性に優れるが、Mg含有量が3.5%以上の場合は、熱処理条件によっては粒界腐食や剥離腐食、応力腐食割れが生じ易い。Mn、Crの添加は、これらの防止に効果がある。中程度のMgを含有するものとしては5052が代表的であり、中程度の強度を有し最も一般的な合金である。5083はMg含有量の高い合金であり、非熱処理合金の中では最も優れた強度を有し、溶接性・耐食性・加工性も良好である。一方で過度の冷間加工を与えたまま高温で使用すると応力腐食割れを生じることがあるため、通常は構造材料として軟質材が使用される。

5000系合金は、冷間加工のままでは強度がやや低下し、伸びが増加する経年変化を示すため、薄板には安定化処理が行われる。また変形抵抗が高く押出し性が低いため、多くは圧延による板材として使用される。熱間圧延によって製造された厚板材は、圧延時に表面に付着した潤滑油を含んだ層が存在するため、真空容器に用いる場合にはこの層がガス放出源となり得る。このため求める真空度に応じて適切な表面処理（切削除去、電解・化学研磨）を施した上で使用する必要がある。

・6000系合金

合金成分としてMgとSiを添加した合金であり、強度や耐食性に優れるため、構造材料としても使用される。6061や6063が代表的な合金である。6061-T6（溶体化処理後、人工硬化処理）によって鉄鋼材料のSS400相当の耐力245N/mm²以上を得ることができる。6063は6061と比較して強度は劣るが、押出し性に優れるためパイプ材として使用される。

・7000系合金

アルミニウム合金の中で最も高い強度を有するAl-Zn-Mg-Cu系合金と、Cuを含まない溶接構造用Al-Zn-Mg系合金に分類される。前者において代表的なものは7075であり、航空機にも使用される。耐熱性や溶接性が低く、さらに蒸気圧の高いZnを含有するため超高真空用の材料としては使用が困難である。駆動装置、バルブの軸などの構造材として超高真空に面しない部分に7075が使用される。

表2.5 アルミニウム合金の機械的性質[6]

材質	引張強さ [N/mm²]	耐力 [N/mm²]	伸び [%] 1.6mm厚(L=50mm)	伸び [%] 12.5mm径(L=5D)	ブリネル硬さ (HB W 10/500)	せん断強さ [N/mm²]	疲れ強さ [N/mm²]
1100-0	90	35	35	42	23	60	35
2014-T6、T651	485	415	-	11	135	290	125
2219-T87	475	395	10	-	-	-	105
3003-0	110	40	30	37	28	75	50
5052-0	195	90	25	27	47	125	110
5083-0	290	145	-	20	-	170	-
6061-0	125	55	25	27	30	85	60
6063-0	90	50	-	-	25	70	55
7075-T6、T651	570	505	11	9	150	330	160

2.6 アルミニウム合金の物理的性質

各種アルミニウム合金の物理的性質を表2.4に示す。密度は純アルミニウム1100の場合2.70g/cm³であり、その他合金系でも大きな差はない。鉄鋼材料と比較するとその値は約0.3倍である。

比熱は、アルミニウム合金間で大きな差はないが、鉄鋼材料の値と比較して約2倍である。熱伝導率の比較では、アルミニウム合金は鉄鋼の約10倍である。ここで、ある材料での温度変化が伝わる速さを表す指標として熱拡散率 α があり、$\alpha = \kappa/(\rho \cdot c)$ で表される（κ：熱伝導率、ρ：密度、c：比熱）。この指標でアルミニウム合金と鉄鋼を比較した場合、アルミニウム合金の方が約4倍高く、熱が短時間で材料全体に伝わりやすいことを示す。このようにアルミニウム合金は熱が拡散しやすいため、溶融溶接にはレーザー溶接や電子ビーム溶接などの高エネルギー密度の溶接が適している。TIG溶接の場合、交流式大電流タイプの溶接機で溶接可能である。また線膨張係数は、アルミニウムは鉄鋼の約2倍である。このように大きな差がある異種金属の部品同士を接合する場合は、伸び量に差があるため注意が必要である。一般に金属材料の膨張は温度上昇と共にほぼ直線的に増加する。原子間の結合の強さで決まる物性値であるため、材料の融点と逆比例の関係にある。

ヤング率も原子間結合の強さに関係した物性値であるため、アルミニウム合金のヤング率は合金間で大きな差はなく、鉄鋼の約0.35倍である。

アルミニウムは磁場の影響をほとんど受けず、非磁性である。オーステナイト系ステンレス鋼のように高い冷間加工率のときに磁性を帯びることはない。

2.7 アルミニウム合金の機械的性質
(1) 常温における機械的性質

A5052板材の応力-ひずみ曲線を図2.3に示す。アルミニウム合金の場合、ステンレス鋼と同様に明確な降伏点は存在しないため、降伏応力の代用として0.2%耐力が用いられる。焼なまし状態(O)と比較して、H3nにおける加工硬化の程度が高いほど0.2%耐力が高くなる。

各種アルミニウム合金の機械的性質を表2.5に示す。引張強さなどの機械的性質は、金属組織に極めて敏感である。材料中の化学成分だけでなく、同一成分の場合でも加工や熱処理の履歴により大きく変化する。例えば引張強さは70N/mm²（純アルミニウム）から600N/mm²（7000系合金）まで変化させることが可能である。7000系合金の引張強さは、S45C（機械構造用炭素鋼）の値と同等である。アルミニウム合金は比強度が高いことが特長であり、鉄鋼材料と同じ許容応力値とした

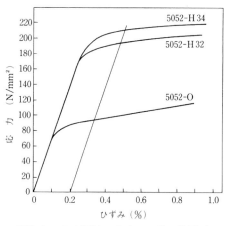

図2.3 A5052板材の応力-ひずみ曲線[5]

場合に装置の軽量化が可能となる。ただしアルミニウム合金の弾性係数は鉄鋼材料と比較して低いため、たわみ量が大きくなることに注意が必要である。また一般的な傾向として材料の伸びと硬さには反比例の関係があり、非熱処理型合金（1000、3000、4000、5000系）は伸びが高く、硬さは低い。一方で熱処理型合金（2000、6000、7000系）は伸びが低く、硬さは高い。このため非熱処理型は板金加工が容易であるが、熱処理型は板金加工時に割れが生じ易い。

アルミニウム合金の押出し成形性や切削性は、鉄鋼材料と比較して良好である。通常の押出し時には、管の先端は大気開放となっており水蒸気で焼入れが行われる。この時、約500℃の高温のアルミニウム合金の表面は活性であり油などを含んだ水蒸気と急激に反応し、表面に水和酸化変質層が形成される。この層は多量の油分や水分を吸蔵しているため、真空中ではガス放出源となる。このためArとO₂雰囲気中で押出しを行う方法（EX押出し）が開発された。この方法により、アルミニウム合金表面は薄く緻密で清浄な酸化層で覆われ、ガス放出速度を非常に低くすることが可能となる。切削加工においても、同様にArとO₂ガス雰囲気中で加工を行うことで清浄表面を得ることが可能となる。この方法はEX加工と呼ばれる。EX加工は設備が繁雑であるため、簡便な方法としてエチルアルコールを吹きつけながら行う加工（EL加工）もある。

(2) 高温における機械的性質

代表的な展伸用アルミニウム合金の高温における機械的性質を図2.4に示す。また後に述べる低温での値も合わせて示す。アルミニウム合金の強度は室温付近では合金間で大きな差があるが、強度の高い合金ほど100℃以上での強度の低下が著しい。

100℃以上での強度・延性はO材を除き保持時間の影響を受ける。高温保持の間に拡散に律速された析出物の粗大化や、加工硬化組織の回復や再結晶が起こるためである。アルミニウム合金のクリープは、応力下での原子拡散の影響が無視できなくなるおよそ0.4Tm（Tmは絶対温度融点）≒150℃以上の温度域で顕在化する。204℃において1.0%のクリープを起こす応力の時間依存を図2.5に、クリープ破断強さを図2.6に示す。

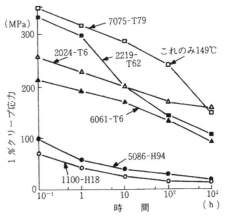

図2.5 代表的なアルミニウム合金の204℃における1%クリープを起こす応力[8]

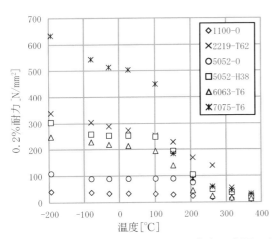

図2.4 代表的な展伸用アルミニウム合金の高温から低温までの機械的性質[7]

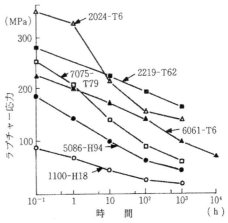

図2.6 代表的なアルミニウム合金の204℃におけるラプチャー強度[8]

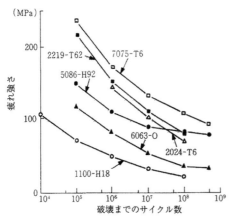

図2.7 各種アルミニウム合金の疲れ強さの繰り返し回数依存性[9]

(3) 低温における機械的性質

図2.4に示すように、温度が低下すると共に耐力は増加する。同様に引張強さ、伸びも増加する。極低温範囲に至るまで普通鋼のような低温脆性は示さない。

(4) 疲労特性

降伏強さ以下の応力でも、繰り返し作用するとやがて亀裂が生成・成長し破壊に至る。応力と破壊までのサイクル数をプロットすると下に凸の曲線（S-N曲線）が得られる。S-N曲線がある一定値に漸近する場合、この限界応力を疲労限度と呼ぶ。鉄鋼材料の多くは疲労限度を示すが、アルミニウム合金は明確な疲労限度を示さないことが多い。この場合、10^7サイクルに相当する応力を疲労限度と見なす。このように疲労限度には結晶構造の影響が認められ、bcc構造材料は疲労限度を示すが、fcc構造材料は疲労限度を示さない。

204℃における各種アルミニウム合金の疲れ強さの繰り返し回数依存性を図2.7に示す。温度が上昇するほど疲れ強さは低下する傾向にある。

〈西村　健一〉

〔参考文献〕

1) 社団法人 軽金属協会　アルミニウム技術便覧編集委員会：アルミニウム技術便覧　新版、カロス出版株式会社、p.75，(1996)
2) 日本アルミニウム協会標準化総合委員会：アルミニウムハンドブック　第7版、日本アルミニウム協会、p.9-10（表1.6.2より抜粋して作成)、(2007)
3) 日本アルミニウム協会標準化総合委員会：アルミニウムハンドブック　第7版、日本アルミニウム協会、p.15-19（表2.1～2.7より抜粋して作成)、(2007)
4) 石丸　肇：アルミニウム合金製超高真空システムとその応用　初版、p.12（表2.1より抜粋して作成、一部単位を換算)、(1988)
5) 日本アルミニウム協会標準化総合委員会：アルミニウムハンドブック　第7版、日本アルミニウム協会、p.42、(2007)
6) 日本アルミニウム協会標準化総合委員会：アルミニウムハンドブック　第7版、日本アルミニウム協会、p.37-41（表5.2.1より抜粋して作成)、(2007)
7) 日本アルミニウム協会標準化総合委員会：アルミニウムハンドブック　第7版、日本アルミニウム協会、p.44-49（表5.3.1より抜粋して作成)、(2007)
8) 石丸　肇：アルミニウム合金製超高真空システムとその応用　初版、p.15、(1988)
9) 石丸　肇：アルミニウム合金製超高真空システムとその応用　初版、p.16、(1988)

第1章 構造材料

第3節　その他材料

はじめに

近年の電子・磁気デバイスの製造・開発や物質・生命科学の最先端研究においては、ナノメーター領域の薄膜形成や微細加工技術が必要であり、このため真空装置にはさらなる真空の高度化が求められている。また、化学気層成長では高温・反応性環境など特殊環境下での真空装置も必要である。この節では、その他材料として極高真空を実現する真空材料としてチタン材料と銅合金材料について述べ、また、高温・反応性環境に使用されるガラス材料について述べる。

3.1 極高真空材料

極高真空用の構造材料の研究開発は1990年代から2000年代にかけて行われた。一つはチタン材料に関するものであり、もう一つは銅合金材料に関するものである。この3.1節では、これらチタン材料と銅合金材料について構造材料の観点から記述する。なお、これら材料を用いた極高真空実現については、第2部 第6編 第1章の第3節「チタン材料による極高真空の実現」と第4節「銅合金材料による極高真空の実現とその計測」を参照されたい。なお、本書では1980年代後半から1990年代前半に行われた極高真空の発生に関する産官学共同プロジェクトについても、第2部 第6編 第1章の第2節に記述されているので、そちらも参照されたい。

3.1.1 チタン材料

軽量・高強度・低熱膨張率・完全非磁性・高耐蝕性などの特性を持つチタン材料を真空装置の構造材料に適用する研究開発が進められ、既存材料よりも高い真空特性を持つことがわかってきた。純チタンと低添加元素型チタン合金のガス放出速度は、比較的低温の150℃×48 hの真空ベーキング後で、$6 \sim 7 \times 10^{-13}$ Pam^{3}s^{-1}m^{-2}（N$_2$換算）であり[1,2]、従来のステンレス鋼やアルミニウム合金のそれと比較して1〜2桁低い。

表3.1上段にJIS2種の純チタン(TP340)と低添

加元素型チタン合金の物性と機械的性質を示す。チタン材料の特徴をまとめると次のようになる。

①密度4.51×10^3 kgm^{-3}はステンレス鋼の1/2程度であり金属材料の中では、アルミニウムの次に軽い。

②比熱及び熱伝導率はステンレス鋼と同程度である。

③線膨張係数はステンレス鋼の1/2、アルミニウム合金の1/3程度であり熱変形し難くい。

④弾性係数106 GPaはステンレス鋼の約1/2であり、たわみ易くバネ性が良い。

⑤純チタンの引張強さ393N・mm^{-2}はステンレス鋼の約2/3、アルミニウム合金の1.5倍程度であり強い。また、チタン合金の引張強さ730 N・mm^{-2}はステンレス鋼のそれよりも大きく、強い。

⑥純チタンの硬度は150 Hv程度とステンレス鋼と同程度に硬い。また、チタン合金の硬度は260 Hv程度と硬い。

この他、チタン材料は完全非磁性であり、ハロゲンを除いて耐腐蝕性が高いという特徴を持つ。

以上の特徴を持つチタン材料の真空構造材料への適用は、典型的に次のようになされている。真空容器壁には、比較的低硬度で曲げ加工のし易い純チタンが適用される。一方、無酸素銅ガスケットによる超高真空封止用の真空フランジには高硬度の低添加元素型チタン合金が使用される[3]。これは、真空フランジに純チタンを使用した場合、銅ガスケットの多数回の繰り返し使用により、真空シールのためのナイフエッジ部が損耗してしまうためである。なお、真空フランジの材質としてTi-6Al-4Vなど高硬度なチタン合金材料を用いても良い。

チタン製真空容器製造の注意点について以下に記述する[4]。チタンは線膨張係数が小さく熱伝導し難いため、熱が拡散し難く切削工具が焼付き易い。また、ヤング率が小さいため小さな力で歪を発生し易い。そこで、切削工具は、超硬工具やダイヤモンド焼結体が推薦されている。また、潤滑冷却剤は、エマルジョンタイプを使用し、供給量をステンレス鋼の2〜4倍として冷却効果を上げる。次に、溶接において、チタンは高温において反応性が高いことから、空気や油など不純物の混入があると溶接品質が劣ってしまう。そこで、不

317

第5編 真空材料

表3.1 チタン材料とベリリウム銅と既存構造材料の物性と機械的性質

	密度 (10^3kg・m^{-3})	比熱 (kJ・kg^{-1}・k^{-1})	線膨張係数 ($10^{-6}K^{-1}$)	熱伝導率 (W・m^{-1}・K^{-1})	弾性係数 (GPa)	引張強さ (N・mm^{-2})	硬度 (HV)
純チタン (TP340)	4.51	0.519	8.4	17.0	106	393	140
低添加元素型 チタン合金	〃	〃	〃	〃	110	730	260
0.2%ベリリウム銅 (11合金)	8.75	0.385	17.6	214	−	373	240
ステンレス鋼 (SUS304)	7.90	0.502	17.0	16.0	200	588	174
アルミニウム合金 (A5052)	2.8	0.961	23.8	137	73.2	212	60

純物混入をさけるため、TIG溶接において、確実なアルゴンガスシールドを実現することや、セミクリーンルーム内での溶接が推奨される。この他、異種材料との接合において、異種金属との接合は、ロウ付け・圧接などにより接合可能である。ここで、固くてもろい金属間化合物の形成を避けるためロウ付けでは、短時間の加熱冷却が可能な高周波ロウ付けが推奨される。また、セラミックスとの接合はMo-Mnメタライズ法や融解チタンメタライズ法によりセラミックス表面に金属層を形成し接合させる。真空容器の製造後の表面処理において、超高真空以上の真空に到達させる場合、化学研磨処理またはメカノケミカル研磨処理を施すと良い。

最後にチタン製容器組み立てにおける注意点について述べる。チタン材料は、線膨張係数が小さいことから、真空ベーキング後に無酸素銅ガスケットなど金属シール部においてリークが発生することがある。対策として、組み立て時における均等荷重及び均等フランジ間隔のフランジ締結が挙げられる。この他、通常のコンフラットタイプの無酸素銅ガスケットに替えて、エッジシール型のIPDガスケットの採用も効果的である。

以上のように、チタン材料は真空容器の製造及び真空シールに注意を払えば、真空高性能なチタン製真空装置を具現化できる。チタンはある程度の大きさの管材料が揃っていることや、セラミックとの接合も可能であり製品も現存することから、超高真空以上を必要とする種々の真空装置に適用されている。

3.1.2 銅合金材料

銅合金材料を真空構造材料に採用する取り組みは、極高真空を発生するにあたり、熱陰極電離真空計が最大のガス放出源であり、これを低ガス放出化するために銅を真空計の構造材料とした電離真空計の開発に端を発する[5]。すなわち、熱陰極電離真空計のフィラメントから放射される輻射熱によって周りの温度が上昇して増大するガス放出を低減するにあたり、輻射率が0.02と既存のステンレス鋼と比較して1/18と小さい銅に着目されたものである。その後、超高真空封止のためのナイフエッジ部の要請から、高硬度な銅合金材料2%BeCuや5%CrCuを用いて開発がなされた。しかしながら、純銅の場合は、ベーク温度によって表面状態に差が生じ、ガス放出速度が変化する、2%BeCu合金の場合は硬度が高過ぎて加工が容易でなく熱伝導率も純銅の1/4まで落ちる、5%CrCu合金の場合は硬度不足でナイフエッジが鈍化することから、これら銅合金は実用化には至っていない。

その後、着目され研究開発され実用に至った銅合金は、Beを0.2%含む0.2%BeCu合金である。表3.1中段に0.2%BeCu合金の物性と機械的性質を示す。この銅合金の特徴をまとめると以下のようになる。

①密度8.75×10^3 kgm^{-3}はステンレス鋼と同程度である。

②熱伝導率214 W・m^{-1}・K^{-1}はステンレス鋼のそれの10倍同程度である。また、銅の熱伝導率の約1/2であるが、2%BeCu合金の約2倍であり良熱伝導であり、熱拡散し易く温度上昇を回避できる。

③線膨張係数はステンレス鋼と同程度であり、無酸素銅ガスケットシールにおける真空リークの心配が少ない。

④引張強さ373N・mm^{-2}はステンレス鋼の約2/3、

アルミニウム合金の1.5倍程度であり強く、構造材料として使用できる。

⑤硬度240 Hvはステンレス鋼のそれよりも大きく硬く、無酸素銅ガスケットシールによる損耗をほぼ回避できる。

0.2%BeCu合金製真空容器は次のように製造される。この合金は溶接が難しいので、鍛造ブロックから機械切削加工により容器部・パイプ部・フランジ部を製造する。高温の真空ベーキングによりフランジ接合部が固着するため、フランジ内面の大気側をNiPメッキする。(フランジ内面真空側のNiPメッキを切削除去) 低ガス放出化のために銅面の化学洗浄、真空炉によりBeO膜生成する。

0.2%BeCu合金のガス放出速度は、非常に低い5.6×10^{-13} Pa・m²・s⁻¹・m⁻² (H₂換算) が得られている[5,6]。以上のように、0.2%BeCu合金は極高真空材料として好適であり、極高真空計や超低ガス放出四重極質量分析計の構造材料に適用されている[7,8]。

3.2 ガラス

ガラスは耐熱性が高く化学的安定性が高いことから、高温真空炉や化学気相成長装置の反応室などに適用される。表3.2に各種ガラスと既存の真空構造材料であるステンレス鋼・アルミニウム合金の物性と機械的性質を示す。ガラスと既存の金属材料を比較すると次のようになる。

①ガラスの密度$2.2 \sim 2.5 \times 10^3$ kg・m⁻³はアルミニウム合金のそれと同程度であり、軽い。

②石英ガラスの線膨張係数0.55×10^{-6} K⁻¹、ほう珪酸ガラスの線膨張係数3.3×10^{-6} K⁻¹は金属材料と比較して約1/10以下と小さい。

③ガラスの熱伝導率$1.03 \sim 1.38$ W・m⁻¹・K⁻¹はステンレス鋼の1/10、アルミニウム合金の1/100と非常に小さい。

④弾性係数はアルミニウム合金と同程度であるが、引張強さ50 N・mm⁻²とアルミニウム合金の1/4程度である。

⑤硬度$540 \sim 900$ HVは金属材料の10倍程度であり硬い。

そして、ほう珪酸ガラスの使用温度が490 ℃、石英ガラスの使用温度が1100 ℃であること、さらに、ガラス材料が透明であることから、これらガラス材料は真空高温炉の炉壁材料に用いられる。また、水、塩、及びフッ酸を除く酸に対して安定であることから、化学気相成長装置の反応室に適用される。

ガラス製真空容器の肉厚について言及する。ガラスの引張強さ50 N・mm⁻²は金属材料の1/10〜1/4と小さい。一方、圧縮強さは1.1×10^3 N・mm⁻²と引張強さと比較して約20倍大きい。したがって、ガラス製真空容器の肉厚は、金属製真空容器と同等として良いことがわかる。ただし、ガラスの強度は、ガラスの表面状態(表面の傷など)や端部の処理そしてガラス内外の温度差などに依存することから、ガラス強度から計算される許容圧力にさらに安全率をかけてガラスの肉厚が決定される。

ガラスのガス透過について述べる。ガラスは非晶質であることから、ミクロには隙間がありガスが透過する。表3.2中のガラスの中で、ガス透過率が高いガラスは石英ガラスである。これは、石英ガラスが高純度の酸化ケイ素で形成されており、非晶質の隙間を埋める不純物が少ないためで

表3.2 各種ガラスとステンレス鋼・アルミニウム合金の物性と機械的性質

	密度 (10^3kg・m⁻³)	比熱 (kJ・kg⁻¹・k⁻¹)	線膨張係数 (10^{-6}K⁻¹)	熱伝導率 (W・m⁻¹・K⁻¹)	弾性係数 (GPa)	引張強さ (N・mm⁻²)	硬度 (HV)	軟化温度(℃) 使用温度(℃)
ソーダガラス	2.48		8.8	1.03	69		540	630 280
ほう珪酸ガラス	2.23	0.83	3.25	1.10	64		570	820 490
石英ガラス	2.20	0.77	0.55	1.38	74	50	908	1500 1100
ステンレス鋼 (SUS304)	7.90	0.502	17.0	16.0	200	588	174	
アルミニウム 合金 (A5052)	2.8	0.961	23.8	137	73.2	212	60	

ある。透過するガス種は、分子直径の小さいH_2ガス、Heガスが透過し易い。特にHeガスが最も透過し易く、その石英ガラスのHeガス透過率は、100℃において10^{-12}～10^{-11} Pa・m^3・m・s^{-1}・m^{-2}・Pa^{-1}である。ここで、石英ガラスのHeガス透過率を5.0×10^{-12} Pa・m^3・$m \cdot s^{-1}$・m^{-2}・Pa^{-1}とし、外圧1気圧・内圧真空として、面積1 m^2・厚さ10 mmの石英ガラスのHe透過速度を見積もると5.1×10^{-5} Pa・m^3・s^{-1}となる。この透過速度は非常に大きい。また、石英ガラスに対するH_2ガスの透過率は、Heガスのそれと比較して3桁程度低いものの、上記の条件におけるH_2透過速度は10^{-8} Pa・m^3・s^{-1}となる。したがって、大気圧のHeガスまたはH_2ガス下に石英ガラス製真空装置が置かれるような場合には、高真空または超高真空の実現が困難であることを意味し、これらのガス透過について注意が必要である。一方、ガラスに対するその他N_2ガスやO_2ガス透過率はさらに数桁低いことから、これらガス透過については問題にならない。

〈栗巣　普揮〉

〔参考文献〕

1) H. Kurisu, et. al. : J. Vac. Sci. and Technol., A 21 (2003) L10
2) M. Takeda, H. Kurisu, et. al. : Applied Surface Science 258 (2011) 1405.
3) 栗巣普揮, 他: J. Vac. Soc. Jpn., 50 (2007) 41.
4) 上瀧洋明: J. Vac. Soc. Jpn., 50 (2007) 36.
5) 渡辺文夫: J. Vac. Soc. Jpn., 49 (2006) 15.
6) F. Watanabe: J. Vac. Sci. Technol., A 22 (2004) 181 and 739.
7) 渡辺文夫: J. Vac. Soc. Jpn., 54 (2011) 53
8) 渡辺文夫: J. Vac. Soc. Jpn., 56 (2013) 34.

第2章 部品材料と機能材料

真空装置に用いられる構造材料をはじめ部品材料や機能材料は、金属・絶縁体・有機物と多岐にわたる。表1.1に示すように、真空容器をはじめ超高真空用ガスケット・導電線など各種部品には金属材料が使用され、低真空～高真空のガスケットや絶縁部品や潤滑剤には有機材料が使用され、窓材料・絶縁部品にはガラスやセラミックスなど酸化物が使用されている。本章では、これら真空装置用の部品材料と機能材料について述べる。

第1章の構造材料第1節鉄鋼のところにも記載されているが、真空容器や真空部品に用いられる材料の選択基準について記述する。先ず、一般的な観点からの選択基準は以下のようである。

① 使用目的の機械的強度を満足すること。
構造材料に用いる場合は大気圧に耐える機械的強度とすること、一方、真空容器内の部品材料については、使用目的に応じた強度を満足すること。

② 切削・曲げなどの機械加工性と溶接やロウ付けなどの接合性が高いこと。

③ 化学的安定性が高く、温度・湿度など耐環境性が高いこと。金属に比べガラス・絶縁体・有機物は化学的安定性が高いことから、内部部品材料に選定される。

④ 材料特性の再現性が安定しており、各種サイズの板・管があり、その供給体制が整っていること。

真空環境下でのプロセス実行の観点からの選択基準は以下のようである。

⑤ 高真空以上の真空に到達させる真空装置においては、飽和蒸気圧が低いこと。
一般に金属材料とガラス・絶縁体は飽和蒸気圧が低いことから真空装置に利用できる。一方、有機材料は飽和蒸気圧の高い材料もあることから注意が必要である。

⑥ 超高真空以上の真空に到達させる真空装置においては、ガス放出速度とガス透過率が低く、そして内在ガス及び不純物含有率が低いこと。
金属材料はガス透過率及び不純物含有率が低いことから構造材料及び部品材料に多用される。一方、有機材料はガス透過率及び不純物含有率が高いことから、超高真空以上での使用は注意が必要である。

⑦ ガス放出速度低減のための表面処理が確立して

表1.1 真空装置用構造材料と部品材料

<table>
<tr><th colspan="2" rowspan="2">装置構成</th><th colspan="2">材料</th></tr>
<tr><th>低真空～高真空(10^{-5}～10^{-5}Pa)</th><th>超高真空(10^{-9}～10^{-5}Pa)</th></tr>
<tr><td rowspan="2">構造材料</td><td>容器・配管・フランジ・ポンプ・真空計ハウジング</td><td>軟鋼、ステンレス鋼、アルミニウム合金 ガラス</td><td>ステンレス鋼、アルミニウム合金、チタン ベリリウム銅</td></tr>
<tr><td colspan="3"></td></tr>
<tr><td rowspan="9">各種部品材料</td><td>ガスケット材料</td><td>ブチルゴム、ネオプレン</td><td>フッ素ゴム、ポリイミド、銅、金、アルミニウム、インコネル</td></tr>
<tr><td>窓材料</td><td colspan="2">ほう珪酸ガラス、石英ガラス、サファイア、フッ化マグネシウム</td></tr>
<tr><td>導電材料</td><td colspan="2">銅、ステンレス鋼</td></tr>
<tr><td>ヒーター材料</td><td>ニクロム、モリブデン</td><td>タングステン、タンタル、黒鉛</td></tr>
<tr><td>絶縁材料</td><td>プラスチック、フッ素系樹脂、ガラス、セラミックス</td><td>ガラス、高密度セラミックス、窒化ほう素</td></tr>
<tr><td>陽極・陰極材料</td><td colspan="2">銅、鉄、ニッケル、チタン、モリブデン、タンタル、タングステン</td></tr>
<tr><td>接合材料</td><td colspan="2">銀ロウ（Ag-Cu合金）、金ロウ（Au-Cu合金）、コバール(Fe-Ni-Co)</td></tr>
<tr><td>潤滑剤</td><td>低蒸気圧油、グリース</td><td>モリブデン、タングステンの二硫化物</td></tr>
<tr><td>ゲッター材料</td><td>ゼオライト、活性炭</td><td>活性炭、ジルコニウム-バナジウム-鉄 合金</td></tr>
</table>

第 5 編　真空材料

表1.2 真空装置用金属材料の物性と機械的性質

		密度 (10^3kg・m^{-3})	融点 (k)	線膨張係数 (10^{-6}K^{-1})	熱伝導率 (W・m^{-1}・K^{-1})	弾性係数 (GPa)	引張強さ (N・mm^{-2})	硬度 (HV)	電気抵抗率 (10^{-9}Ω・m)	飽和蒸気圧 (K)@1Pa
金属・合金	ステンレス鋼 (SUS304)	7.93	1400〜 1450	17.6	16.7	200	588	174	72.0	−
	ステンレス鋼 (SUS316)	7.98	1370〜 1400	16.1	16.7	200	588	174	74.0	−
	クロム	7.19	2180	4.9	93.9	279	−	1060 −	125	1656
	鉄	7.87	1811	11.8	80.4	211	450	230	96.1	1728
	ニッケル	8.90	1728	13.4	90.9	200	490	96	69.3	1783
	純アルミニウム	2.70	933	23.1	237	70	100	25	26.5	1482
	アルミニウム合金 (A5052)	2.8	607〜649	23.8	137	73.2	260	60	6.03	−
	アルミニウム合金 (A6061)	2.8	582〜652	23.6	180	68.6	310	84	8.06	−
	銅	8.94	1358	16.5	401	115	220	46	16.8	1509
	0.2%ベリリウム銅 (11合金)	8.75	1358	17.6	214	−	373	240	16.8	−
	チタン	4.51	1941	8.6	21.9	116	410	120	420	1982
	チタン合金 (低添加元素型)	4.51	1941	8.6	21.9	110	730	260	420	−
高融点金属	モリブデン	10.3	2896	4.8	138	329	1370	147	53.4	2742
	タンタル	16.7	3290	6.3	57.5	186	300	−	131	3297
	タングステン	19.3	3695	4.5	173	411	3700	350	52.8	3477
貴金属	銀	10.5	1235	18.9	429	83	220	26	15.9	1283
	白金	21.5	4098	8.8	71.6	168	490	−	105	2330
	金	19.3	1337	14.2	318	120	110	26	22.1	1646

いること。

⑧プロセスにより腐食雰囲気を必要とする場合に、耐食性の表面処理が確立していること。

　以降では、各種部品材料と機能材料について記述する。

第1節　金属材料

はじめに

　第1章の記述のように、真空装置用構造材料にはステンレス鋼・アルミニウム合金などが使用される。各種部品において、超高真空用ガスケットに銅・金・アルミニウム・インコネルが使用され、ヒーターにはニクロム（Cr-Ni合金）・モリブデン・タングステンなどが使用され、陽極・陰極には銅・鉄・モリブデン・タングステンなどが使用される。表1.2に、真空装置用金属材料の物性と機械的性質を示す。この表では、金属材料を金属・合金、高融点金属、貴金属に分類した。この節では、これら真空装置部品に用いられる金属材料について記述する。

1.1 金属・合金一般

　一般に、真空装置部品に用いられる金属材料は構造材料と同じステンレス鋼またはアルミニウム合金が選択される場合が多く、真空バルブや稼働機構など各種真空部品の主要部に利用されている。この他、高熱伝導率・低輻射率の特性を持つ銅及び銅合金や、低線膨張係数・低ガス放出の特性を持つチタン及びチタン合金が各種の真空部品に利用されている。これは、これら材料の加工性が良く、且つ汎用材料であることから材料特性の再現性の高い板・管材料が揃っており入手し易いからである。さらに、真空特性の観点からは、これらの材料に対しガス放出速度を低減するための、種々の洗浄処理や表面処理が確立しており、また真空排気中の真空ベーキング処理などの取り扱い技術が確立している。（本書の第7編　第2章

材料の洗浄・表面処理（清浄化）と第3章 脱ガス処理を参照。）

1.1.1 ステンレス鋼

部品材料に使用される主なステンレス鋼は、オーステナイト系ステンレス鋼のSUS304またはSUS316である。これら2鋼種が選択されるのは、機械的強度・加工性そして真空特性に加え、透磁率が低く、ほぼ非磁性材料として扱えるからである。なお、超高真空装置に用いられるステンレス鋼は、低炭素のSUS304LまたはSUS316Lである。

1.1.2 アルミニウム及びアルミニウム合金

純アルミニウムは、低硬度であり柔らかいことから、超高真空装置の真空シール用ガスケットに使用される。一方、アルミニウム合金において、真空容器には5000系アルミニウム合金が使用され、真空部品には5000系と高硬度な6000系アルミニウム合金が使用される。アルミニウム合金は、機械加工は容易であるが、溶接など接合が難しいことから、真空容器はインゴット切削で製造される。なお、アルミニウム合金の真空装置への用途は、軽元素であることから、重金属汚染を嫌うシリコン半導体デバイス製造装置や、放射化し難いという特徴から加速器に多用されている。

1.1.3 銅及び銅合金

純銅は、高熱伝導率・低輻射率の特性を持つことから、真空断熱二重容器などの輻射シールドに利用されている。また、低硬度で柔らかいことから超高真空装置の真空シール用ガスケットに用いられている。なお、一般に真空用の純銅は無酸素銅が使用される。また、銅合金は、超低ガス放出という特徴から、極高真空計や極微量ガス分析計のハウジング及び内部部品に適用されている。

1.1.4 チタン及びチタン合金

チタンは活性金属でありガス吸着能が高いことから、スパッタイオンポンプやサブリメーションポンプのゲッター金属として多用されている。また、チタン及びチタン合金は超低ガス放出性能を持つことから、超高真空から極高真空装置の真空容器や内部部品に適用されている。

1.2 高融点金属

モリブデン・タンタル・タングステンなど高融点を持つ金属は、高い放射電流値を持つことから、電離真空計や電子管の熱陰極（フィラメント）に使用される。また、電子衝突により特性X線を発生することから、電子管の陽極にも利用されている。

高温で発生する結晶粒粗大化に伴う変形を阻止するために、ThO_2を加えたトリエイテッド・タングステンが熱陰極材料として利用されている。

1.3 貴 金 属

銀や白金及び金は加工が容易で酸素中において安定であることから、封着材料・ロウ材料として利用される。この中で銀は酸素溶解度が高いことから、酸素雰囲気中での加熱を避けた方が良い。

この他、金は超高真空装置の真空シール用ガスケットに用いられている。また、白金は高融点で

表1.3 磁性材料の磁気特性

	組成	初比透磁率	最大比透磁率	飽和磁束密度 (T)	保持力 (A・m⁻¹)	キュリー温度 (℃)
PCパーマロイ	Ni：75〜80%、Cu：1〜6% Mo：3〜5%、Fe：残部	$6.0×10^4$	$1.8×10^5$	0.65	1.2	420
PBパーマロイ	Ni：42〜49%、 Fe：51〜58%	$4.5×10^3$	$4.5×10^4$	1.5	12	500
鉄	99.8%	$5×10^3$		2.15	80	770

磁石材料

	組成	残留磁束密度 (T)	保持力 (A・m⁻¹)	キュリー温度 (℃)
ネオジム磁石	Fe：66%、Nd：28%	1.23〜1.29	836〜995×10³	300
サマリウムコバルト磁石	Sm：25%、Co：51%、 Fe：15%	0.98〜1.06	477〜637	750
フェライト磁石	酸化鉄：85% 炭酸ストロンチウム：9%	0.21〜0.24	143〜175×10³	450

※フェライトの主成分は酸化鉄であるが汎用磁石であることから掲載した。

第5編　真空材料

あることから、坩堝材料としても利用されている。

1.4 磁性材料

　表1.3に汎用の磁性材料について高透磁率材料と磁石材料の磁気特性を示す。PCパーマロイ・PBパーマロイそして鉄など高透磁率材料は、磁気シールド材料として用いられる。高透磁率材料は低エネルギー電子の電子線回折を利用した超高真空光電子分光装置をはじめ電子銃を搭載した超高真空表面分析装置に適用されている。

　一方、ネオジム磁石やサマリウムコバルト磁石など磁石は、磁気カップリングを用いたトランスファーロッドや冷陰極電離真空計の一つの逆マグネトロン電離真空計に利用されている。

1.5 そ の 他

　金属とガラスやセラミックスなど絶縁体との封着材として使用されるコバール合金はFe-Ni-Cr合金が多用される。なお、セラミックスとコバール合金を封着するために、セラミックスをMo-Mn法や融解チタン法でメタライズする。本章の第3節 セラミックス異要素の気密接合を参照されたい。

　この他、スパッタリング装置の陰極とターゲットの接合や極低温クライオスタットの液体ヘリウムなど冷媒導入ラインの接合に、非常に柔らかいインジウムが利用される。

〈栗巣　普揮〉

第2節 セラミックス

はじめに

「高温での熱処理工程を経て合成される非金属無機材料」により広義に定義されるセラミックスは、主としてイオソ結合（酸化物等）や共有結合（非酸化物等）からなる化合物によって構成され、他の金属材料や有機材料と区別される。製造上の特長としては、通常粉体原料に助剤を添加し、常圧或いは高圧雰囲気で高温焼結する。従って、多くの場合析出不純物や焼結助剤からなる粒界を持つ多結晶体となる。セラミックスは、その特徴である耐熱性や高温強度を活かした工業材料として用いられるばかりでなく、原料の組合わせや粒界の制御により、圧電性、磁性. 誘電性、耐摩耗性. 油滑性、偏向性、伝熱性、担体性など多様な機能を持たせる事ができる[1]。

真空技術の分野では現在のところ電気絶縁性を利用する事が多いが[2]、高温焼結体であるセラミックスは本来ガス放出量は少ないと考えて良く、他の多くの機能を持ったセラミックスを真空中に応用していく事が考えられる。本節では、絶縁材（誘電体）として真空関係によく使用されるセラミックス、及びやはり誘電体である光学材料について概説する。

2.1 酸化物セラミックス

表2.1に主な酸化物セラミックスの特性を示すが、これらの数字は製造法等に依存する値であり、目安と考えるのが妥当である。a-アルミナ結晶を80%以上の純度で含むものが通常アルミナセラミックスと呼ばれ、真空電流導入端子用絶縁材などとして広く利用される。結晶粒界には焼結助剤としてのSiO_2、CaO、MgOが主に非晶質で存在するが、この助剤が少なく高純度なアルミナセラミックスの方が、高温に於ける絶縁性が一般には良い。アルミナ単結晶であるサファイアは電気的特性等に優れるが、クラックが発生しやすかったり、メタライズ加工（ろう付けのための金属成分の焼き付け）が難しいなど実用上の問題点は多

い。SiO_2のみからなる溶融石英ガラス（バイコールガラスも）は、機械的強度はアルミナセラミックスより低いが電気的特性は良い、但し、ヘリウム等のガス透過率は高い。ステアタイト等のSiO_2系セラミックスは比較的安価で真空炉内の絶縁材としてよく用いられるが、高温での特性はアルミナより劣る。また、一般的に気孔率も高くガス放出量が大きいので、超高真空用としてはアルミナセラミックスの方が多く利用されてきている。電気的絶縁性と放熱性を要求される場所には、熱伝導率の高いベリリアを使用することが有効であるが、これは人体に対して有毒であるので現在殆ど製造されていない。絶縁材料以外の酸化物セラミックスとしては、高靭性や固体電解質特性等を持つジルコニア系セラミックス. 高い透磁率を持つフェライト系セラミックス、圧電性を持つチタン酸ジルコン酸鉛(PZT)セラミックスなどがある。

2.2 非酸化物セラミックス

高温高強度、高耐食性、高耐摩耗性等を特徴とする非酸化物系セラミックスは、現在のところ真空技術の分野では蒸着用るつぼ等に利用されている程度であるが、機能性材料としてこれから応用されていく可能性が高い。表2.2に電気的絶縁材料として代表的なもの挙げる。窒化ケイ素セラミックスは高温での機械的強度が非常に高く、膨張係数も小さいことが特徴である、窒化アルミセラミックスはアルミナと同程度の電気的特性を持ちながら、ベリリアに匹適する高い熱伝導率を有するものが潤発されている。炭化ケイ素セラミックスは、通常は絶縁体ではなく半導体のものが得られる。真空中のマイクロ波吸収体として使用されることがある。又、ベリリアを添加して、高抵抗、高熱伝導率を持つものも開発された。窒化ホウ素セラミックスのうち六方晶構造を持つものは、機械加工性、潤滑性が特徴であり、立方晶構造を持つものは非常に高い機械的強度と熱伝導率を持つ。

2.3 マシナブルセラミックス

今まで述べたセラミックスは機械的強度や硬度が高いが脆いため、焼結後の機械加工による成形は研磨工程以外は殆ど不可能である。従って成形

表2.1 真空装置によく使われる絶縁物セラミック（酸化物系）

材質名称 主成分	アルミナ			サファイヤ	ベリリア	石英ガラス	SiO₂系セラミックス		
	Al_2O_3 (97.6%)	Al_2O_3 (99%)	(99.5%)	Al_2O_3 (単結晶)	BeO	SiO_2 (非晶質)	$MgO \cdot SiO_2$ (ステアタイト)	$3Al_2O_3 \cdot 2SiO_2$ (ムライト)	$ZrO_2 \cdot SiO_2$ (ジルコン)
比重 〔g/cm³〕	3.76 (静水圧プレス)	3.90	3.86	3.97	2.80	2.20	2.7	3.1	3.7
曲げ強度 〔kgf/cm²〕	3,000	5,200	3,200	7,000	1,750	600	1,260	1,800	1,600
弾性係数 〔10⁶kgf/cm²〕	——	3.9	——	4.8	3.0	0.78	0.9	1	1.7
熱伝導率 〔W/m·K〕	26.8 (RT)	25(RT) 7(800℃)	29.3 (RT)	42(RT) 8.4(700℃)	160(RT) 80(300℃)	1.3 (RT)	2.5 (RT)	4.2 (同左)	5.0 (同左)
融点 〔℃〕	1650 (最高使用温度) (通常1200℃程度までで使用)	1700 (同左)	1725 (同左)	2053	1600 (最高使用温度) 結晶融点2570	1650 (軟化点) 1070 (ひずみ点)	1000 (使用温度)	1450 (同左)	1000 (同左)
線膨張係数 〔10⁻⁶/℃〕	6.9 (25℃~ 200℃)	8.0 (25℃~ 800℃)	6.9 (25℃~ 200℃)	5.3×10^{-6} (C軸に平行) 4.5×10^{-6} (C軸に垂直) (RT)	8.4 (25℃~ 700℃)	0.45 (0℃~ 300℃)	6.9 (25℃~ 300℃)	4.0 (同左)	4.3 (同左)
体積抵抗率 〔Ω·cm〕	>10¹⁴ (RT) 2.3×10^{10} (600℃)	>10¹⁵ (RT) 1×10^8 (700℃)	>10¹⁴ (RT) 6.0×10^8 (600℃)	10¹⁶ (RT) 10¹¹ (500℃)	10¹⁴ (RT)	10¹⁷~10¹⁹ (RT) 3×10^8 (500℃)	>10¹⁴ (RT) 10⁶ (740℃)	>10¹⁴ (RT) 10⁶ (650℃)	10¹⁴ (RT) 10⁶ (780℃)
比誘電率	9.0 (1GHz)	9.8 (1MHz)	9.3 (1GHz)	11.5 (C軸に平行) 9.3 (C軸に垂直) (10³~10¹⁰Hz)	6.5 (1MHz)	3.6 (1MHz)	6.0 (1MHz)	6.5 (同左)	8.8 (同左)
誘電損失 (tanδ)	3×10^{-4} (1GHz)	2×10^{-4} (同左)	1.4×10^{-4} (同左)	10^{-4}	10^{-4} (1MHz)	10^{-4} (1MHz)	4×10^{-4} (1MHz)	4×10^{-3} (同左)	1×10^{-3} (同左)
絶縁破壊電圧 〔kV/mm〕	43.3 (DC)	11 (60Hz)	31.5 (DC)	48	15	32	13	13	13
(参考)	WESGO社 AL-300	日本特殊陶業UHA-99	WESGO社 AL995	KYOCERA					

は焼結前の型取りか、一次焼成後の機械加工で行なわれる。これに対して、表2.3に示されるような焼結後に切削等の加工が可能なものもあり、これらはマシナブルセラミックスと呼ばれている。共通した特徴は、黒鉛と同様の層状結晶カミ細かく集合している点である。層間の結合は弱いファンデルワールスカであり、これが刃先の導入を容易にし. 更に発生したクラックが内部に進行していくのを妨げる働きをする。どの程度まで精密な

加工が可能かは、主としてこの微結晶の大きさと刃の切り込み深さの比率で決まる。代表的なものはマコールであるが、これは合成マイカ（天然マイカの(OH)基をFで置換したもの）の微結晶をガラス中に再結晶化させたものである[3]。機械的強度も熱伝導率も高く、メタライズも容易な窒化アルミ系マシナブルセラミヅクも開発されている。

第2章 部品材料と機能材料

表2.2 絶縁物として使える非酸化物系セラミックスの例

材質名称	窒化ケイ素	窒化アルミ		炭化ケイ素		窒化ホウ素	
主成分	Si_3N_4 (常圧焼結)	AlN (表面:酸化物)		SiC (BeO添加)		BN (六方晶 熱分解)	(立方晶)
比重 〔g/cm³〕	3.26	3.26	3.33	>3.1	2.9~3.2	2.17	3.44~3.49
曲げ強度 〔kgf/cm²〕	7000 (RT) 5500 (1200℃)	3000 (RT)	5000 (RT)	4000 (RT)	3500~5000 (RT)		~6000 (4500~6000ビッカース硬度)
弾性係数 〔10^6kgf/cm²〕	3.2	3.4	3.5	—	3.5~7.0		
熱伝導率 〔W/m·K〕	13 (RT~800℃)	180 (RT) 140 (200℃)	180 (RT)	270	30~80	84 (a軸方向) 1.3 (c軸方向)	600
融点 〔℃〕	1900 (昇華分解) 1気圧	2450 (昇華分解) 1気圧		~3000		2700 (昇華分解) 1気圧	
線膨張係数 〔10^{-6}/℃〕	3.4 (RT~1200℃)	4.5 (RT~400℃)	3.8 (RT~1000℃)	3.7 (RT~400℃)	4~5 (RT~1200℃)	3 (a軸方向) 20 (c軸方向)	3.7 (RT~400℃)
体積抵抗率 〔Ω·cm〕	>10^{14} (~10^{13} 350℃)	10^{13} (RT)	>10^{14} (RT)	>10^{13} (RT)	10^{-2}~10^4 (RT)	10^{14}	10^{11}~10^{12}
比誘電率	~9.4 (1MHz)	8.9 (1MHz)	8.5 (1MHz)	40 (1MHz) 15 (1GHz)	—	5 (a軸方向) 2.5 (c軸方向) (1MHz)	6.5 (1MHz)
誘電損失 (tanδ)	——	0.3~ 1×10^{-3} (1MHz)	8×10^{-4}	$5\times$ 10^{-2}		5×10^{-4} (1MHz)	
絶縁破壊電圧 〔kV/mm〕	——	15	>15	—	>100 (c軸方向)		
(参考)	日本特殊陶業 EC-151	住友電工	日本特殊陶業	日立 SC-101-H		電気化学工業	住友電工

2.4 セラミックス材料の実用上の注意点

　最初に述べたように多くのセラミックス材料は多結晶であり、結晶粒界には焼結助剤や不純物が偏析したり析出する。更に、気孔も粒界や結晶粒内に残留しやすい。これら製造過程に依存する微視的構造の特徴は、セラミックスの機械的強度や絶縁破壊電圧等を大きく左右する。なるべく緻密な（比重が単結晶の値に近い）セラミックスを得るためには、助剤を少なくし、高温での高圧 HIP(hot isostatic pressurized)処理を施す方法もある。目的に応じた材料を選択するためには、カタログの値だけでなくこのような微視的構造をも考慮することが重要である。セラミックスと金属との接合（多くはろう付け）のために必要なメタライズ加工は、一般には粒界物質と金属物質との結合によりなされる。従って高純度で緻密なセラミックスほど、特に酸化物セラミックスではメタライズは難しくなる。このため活性金属を用い

表2.3 マシナブルセラミックスの例

材質名称	合成雲母結晶化ガラス		白雲母 （白マイカ， カリマイカ）	窒化ホウ素 BN	窒化アルミ AlN
主成分	SiO_2, Al_2O_3, MgO, K_2O, F等 （マコール）	（マイカセ ラミック TMC -110）	$KAl_2(OH)_2 \cdot$ $AlSi_3O_{10}$	（六方晶） ホットプレス	（シェイパルM）
比重〔g/cm³〕	2.52	2.25	2.6～3.2	～2	2.95
曲げ強度〔kgf/cm²〕	1000	900	（引張強度） 30～50 kg/cm²	400～800	2900
弾性係数〔10⁶f/cm²〕	0.67	0.54	——	——	1.63
熱伝導率〔W/m·K〕	1.7	1.7	0.5～0.8	～20	100
融点〔℃〕	1000 （最高使用 温度）	1100 （同左）	500～600 （安全使用温度） 結晶水を失う	1600～2000 （最高使用 温度）	1000 （酸化雰囲気） 1900 （非酸化雰囲気） （最高使用温度）
線膨張係数〔10⁻⁶/℃〕	9.4	11.5		6～9	5.1 （RT～800℃）
体積抵抗率〔Ω·cm〕	10^{16} （RT） 10^7 （500℃）	10^{12} （100℃） 10^6 （600℃）	10^{14}～10^{17} （RT）	＞10^{14}	1.8×10^{13} （RT）
比誘電率	5.68 （8.6GHz）	5.0 （1GHz）	5～9	3.9～5.3	7.3
誘電損失（tanδ）	7×10^{-3} （8.6GHz）	1×10^{-3} （1GHz）	1～6×10^{-4} （1MHz）	2～8×10^{-4} （1MHz）	4×10^{-4} （1MHz）
絶縁破壊電圧〔kV/mm〕	40 （AC 0.254 mm t）	20 （AC 1mm t）	40～90	30～40	40 （AC 1mm t）
（参考）	コーニング社	日本特殊陶業		電気化学工業	徳山曹達

たメタライズや、セラミックのメタライズ部分近傍のみ純度を下げる方法等が試みられている。材料の吟味にはこのメタライズ性の良否も加味することが必要となる。又、一般に絶縁物セラミックスは2次電子放出係数が高いものカミ多く、真空中での高電圧印加や電子衝撃により、チャージアップや沿面放電を誘起する。特に高周波電場中では2次電子増殖によるマルチパクタ現象が起きセラミックスの破壊を招くことがある[4]。これら放電や破壊現象はカタログの絶縁破壊電圧値（絶縁油含浸試験のものが多い）より低い時に発生する。ろう付け部等からの放出電子がセラミックス表面に入射しないよう配慮したり、TiN等2次電子放出抑制効果を持つ薄膜をコーティングするなど工夫が必要となる。セラミック材料のガス放出特性[5]については、気孔率や表面の研磨に依存する真の表面積に応じた吸着水分が排気の初期過程では支配的と考えられる。更に温度が高い場合は、例えばアルミナセラミックスではCOや[6]また、合成マイカ結晶化ガラスではFの放出が多い[7]という報告もある。しかしながら各種のセラミックス材料についてのデータが出揃っているとは言い難く、特に、先に述べた微視的構造や、焼結後の研磨及び熱処理などと細かく対応づけたガス放出試験を行っていくことが望まれる。

第2章 部品材料と機能材料

表2.4 手に入る光学材料の例

物　質　名	サファイア	溶融石英	ホタル石	フッ化リチウム	フッ化バリウム	岩　塩	塩化銀	KRS-S (臭沃化タリウム)	ゲルマニウム
	Al_2O_3	SiO_2	CaF_2	LiF	BaF_2	NaCl	AgCl	TlBr+TlI	Ge
透過波長領域 2mm厚で10%以上〔μm〕	0.14〜6.5	0.12〜 4.5	0.13〜12	0.11〜9	0.15〜15	0.21〜26	0.4〜28	0.5〜45	1.8〜23
屈　折　率	1.76	1.43 (2.2μm)	1.43 (1μm)	1.39 (1μm)	1.47 (1μm)	1.53 (1.18μm)	2.0 (2.2μm)	2.45 (1μm)	4.0 (10μm)
色	無色	無色	無色	無色	無色	無色	無色	橙赤色	金属光沢
反射損失 （2面について）〔%〕	12 (4μm)	6.3 (2μm)	5.6 (4μm)	4.4 (4μm)	6.0 (4μm)	7.5 (10μm)	19.5 (10μm)	28.4 (10μ)	52.9 (10μ)
融　　点 〔℃〕	2030	1710 (軟化点)	1360	870	1280	801	455	414.5	942
熱伝導率 〔W/m·K〕	25(C軸平行) 23(〃垂直)	1.2	9.7	11.3	11.7	6.5	1.2	0.6	59
線膨張係数 〔×10^{-6}/℃〕	6.7 (C軸平行) 5.0 (〃垂直)	0.5 (RT〜900℃)	24 (RT〜60℃)	37 (RT〜100℃)	1.8 (RT〜300℃)	44 (−50〜200℃)		58 (RT〜100℃)	5.5
劈　開　面	なし	なし	(111)	(100)	(111)	(100)		なし	(111)
硬　　度 〔Knoop Number〕	1370	692	158	102〜113	82	15.2(110) 18.2(100)	9.5	40	692
1気圧差に対する安全厚さ〔厚さ/開口径〕	——	——	0.055	0.101	0.064	0.214	0.065	0.065	
溶　解　度 〔g/水100g〕	不溶	不溶	$1.51×10^{-3}$ (20℃)	0.27 (18℃)	0.16 (30℃)	35.8 (20℃)	$8.9×10^{-5}$ (10℃)	0.05 (25℃)	不溶
10^{-5}Torrの飽和蒸気圧の温度〔K〕	——	——	1268	829		657			1319

（参考）　応用光研

2.5 光学材料

今まで述べてきたようなセラミックスの絶縁材料としての利用は、伝導電子や遊離イオンが殆ど存在しないという誘電体としての性質を応用している。

この性質は電磁波に対して透過性が良いということと同じであり、真空容器内への電磁波の導入窓としても多く使用される理由である。マイクロ波程度までの電磁波に対しては、波長に比べて充分小さい結晶粒を持つセラミックスは導入用窓として機能するので、比誘電率(ε)と誘電損失(tanδ)に注意して材料を選べばよい[8]。しかし、赤外線から可視光、紫外線程度の短い波長を持つ電

磁波に対しては[9-11]、屈折率（$\sqrt{\varepsilon}$）、吸収係数（tanδに対応する）の制約だけでなく、結晶粒界での散乱や反射も支配的となってくる。従って通常は単結晶が多く用いられる。光学用窓材としてよく用いられる材料を表2.4に示す。選択に際しては、使用する波長に対する透過率を考慮するだけでなく．真空内外の気圧差に耐える機械的強度及び厚さ、真空封着の耐熱性（ベーキング時）、大気中湿度に対する耐水性、強度の大きい光（レーザー等）を導入する際の発熱や色中心の発生、2次電子放出に起因するチャージアップなどに注意しなければならない。超高真空用フランジ付窓としては、溶融石英（鉛合金封着や中間ガラ

329

スを用いた封着のもの)、及びサファイア（銀ろう封着）が市販されている。ホタル石については
ポリイミドＯリングによる超高真空封止が可能である。

〈齊藤　芳男〉

〔参考文献〕

1) "図解ファインセラミックス読本" J．一ノ瀬昇編著、オーム社、1983、など.

2) 西尾信二；真空．14 (1971) 166.

3) 鈴木功一、尾山卓司；真空、31 (1988) 706.

4) Y. SaitoetaL；IEEETrans. onElectrical Insulation, 24 (1989) 1029、

5) "真空技術マニュアル"、オハソロン著、野田他約、産業図書、1983.

6) R.C.McRae; Ceramic Bulletin, 48 (1969) 559.

7) V. O. Altemose, A. R. Kacyon; J. Vac. Sci Technol. 16 (1979) 951.

8) 齊藤芳男：応用物理、55 (1986) 491.

9) 浜田嘉昭：応用物理、55 (1986) 492.

10) 永田敬：応用物理、55 (1986) 493.

11) 一村信吾：真空、32 (1982) 88.

第3節 シーリンググリース・真空ポンプ油

はじめに

真空利用による技術は半導体製造、核融合、宇宙開発、粒子加速器、新材料開発、生体関連物質、オプトエレクトロニクス等、極めて幅広い領域の先端技術分野で利用されている。そして目的とする真空環境を作るための真空装置には種々の真空ポンプ及びストップコックや稼動ジョイントが用いられている。

ここでは真空環境を作る機器類の排気と気密を円滑に行うためのシーリンググリースと真空ポンプ油についての紹介を行う。

3.1 シーリンググリース

シーリンググリース（以下グリースと略す）は稼動部で十分な潤滑性を有し、同時に気密を保持出来ることが不可欠である。そして高真空、高温、高放射等の特殊環境下で分解、蒸発によってガス化し、装置内に圧力を与えてはならない。更に化学的に安定で、簡単に使用でき、必要に応じて容易に除去出来ることが好ましい。

この種のグリースは一般的に蒸気圧の低い基油とゲル構造を形成させるための増ちょう剤との組み合わせから成る。

基油は低蒸気圧で熱安定性、耐酸化性、耐化学薬品性、耐放射線性等に優れていることが不可欠である。一般的には分子量分布の狭い、後程紹介する合成系の真空ポンプ油が良く用いられる。各種コンポーネントの接合部には種々の材質のパッキン、O-リングがシール材として併用される。

表3.1 代表的な真空グリースの種類と性状

種類	蒸気圧 20℃、Pa	使用温度範囲℃
鉱油系　　アピエゾンL [※1]	1.3×10^{-7}	10～30
合成系		
・シリコン系　ハイバック　G [※2]	1.3×10^{-4}	-50～200
・フェニルエーテル系　ハイグリースGK-1 [※3]	1.3×10^{-14}	-20～200
・フッ素系　フォンブリンY VAC3 [※4]	6.7×10^{-11}	-20～200

※1：M&I Materials Ltd　※2：信越シリコーン㈱
※3：㈱MORESCO　※4：SolvaySolexis S. p. A

グリースがこれらエラストマとの適合性が悪い場合は、シール材が収縮又は膨潤を引き起こし、リークの原因になるので基油の適合性には十分に注意が必要である。

増ちょう剤は主として非石鹸系のウレア、ベントナイト、シリカゲル、テフロン等が用いられる。これらは基油との親和性を考慮して使い分けられている。シリコン油はシリカゲル、フッ素油はテフロン、その他はシリカゲル又はウレア、ベントナイトの組み合わせが一般的である。増ちょう剤は表面処理を行い基油との親和性を改質することも出来る。

図3.1に選定フローチャート、表3.1に代表的な市販の真空グリースを示した。

グリースは、シールの目的以外に、真空容器内での各種駆動機器類の潤滑用に使用することもある。従来、このような箇所では固体潤滑剤（二硫化モリブデン、二硫化タングステン等）の焼ած膜や自己潤滑材料（焼結金属、プラスチック等）が使われてきた。しかし、これらは潤滑時に生成する摩耗粉による潤滑不良や固体皮膜の剥離による寿命の問題がある。高真空であること以外に低、高温領域や放射線場などの複合条件下で機器の駆動部の潤滑用に使用出来るグリースもある（表3.2）。

図3.1 真空グリース　選定フローチャート

第5編 真空材料

表3.2 高真空用潤滑グリースの種類と性能

	真空特性				潤滑特性 (真空中)		耐放射線性
	損耗量	熱分解ガス量 (mol/g·grease×10³)		ガス成分	極圧性	寿命	
		250℃ × 24h	300℃ × 24h				
鉱油系 グリース	×	16	27	H₂、CH₄、C₂H₄、C₂H₆、C₃H₆、C₃H₈	△～○	△～○	×
フェニルエーテル系グリース	○	0.7	1.6	H₂、CH₄、C₂H₄、C₂H₆、C₃H₆、C₃H₈	◎	◎	○
フッ素系 グリース	◎	1.7	3.0	C₂F₆、C₃F₈以上の高沸点物質	○	△	×

3.2 真空ポンプ油
3.2.1 有機材料の種類と特長

鉱油は種々の化学構造を有する炭化水素の混合物であり、パラフィン系、ナフテン系、芳香族系に分けることが出来る。パラフィン系は粘度指数が高く、潤滑剤として優れた性能を持つ。芳香族系は高温下でスラッジを発生し、粘度指数も低いため好ましくない。真空ポンプ油は主にパラフィン系の潤滑油を蒸留して得る。蒸留条件は必要な粘度と蒸気圧のものが得られるように設計される。

合成油ではシリコン油、フェニルエーテル油、フッ素油、アルキルナフタレンなどが使用される。これらは鉱油では解決出来ない蒸気圧、粘度指数、熱安定性、酸化安定性、耐化学薬品性、耐放射線性などを改善するために開発されてきたものである。

シリコン油は分子内にSi-C、Si-Oの官能基を持つ。Siの原子半径が大きいために分子屈曲性が大きく、粘度指数の高い油である。メチルフェニルシリコンは熱安定性、酸化安定性に優れ、蒸気圧が低いことから拡散ポンプ油に広く用いられている。欠点を改善するためにメチル基を種々の官能基(アルキル、アミノ基など)やハロゲン(フッ素、塩素、他)に置換するなどの変性も行われている。

フェニルエーテル油は芳香環を酸素原子で結合した構造を持ち、共鳴構造により、熱安定性、酸化安定性に優れている。ペンタフェニルエーテルの熱分解温度は453℃と液状有機化合物の中でも最も高く、蒸気圧も低いことから、拡散ポンプ油に最適である。ただ粘度指数、流動性に欠点があ

る。

アルキル化物は蒸気圧、粘度指数、流動性等を改善出来るが、耐熱性、耐酸化性は低下する。

C:12～18の側鎖を持つアルキルジフェニルエーテルは拡散ポンプ油に適した物性を持つ。酸化防止剤の配合により、耐活性ガス性を付与することが出来る。

フッ素系にはフルオロカーボン、クロロフルオロカーボン、パーフルオロポリエーテル等がある。真空ポンプ油には主にパーフルオロポリエーテルが使用出来る。この場合、精留により適当な蒸気圧の留分を取り出す必要がある。熱安定性、酸化安定性、粘度指数、化学薬品性に優れて、不燃性であることが特長である。

3.2.2 真空ポンプ油の選定
(1) 油回転ポンプ油

油回転ポンプ油に使用される油は、ケースとローター間を油膜によってシールすることで気密性を保ち、気体の逆流を防ぐと共にベアリング、ギア、その他摺動部分の潤滑を行う。又、回転部分より発生する熱を吸収し、ポンプの冷却を同時に行っている。

油回転ポンプ油は吸引ガスと反応性がなく、シールに必要な粘度を持ち、蒸気圧が低いことが選定ポイントとなる。図3.2に選定フローチャート、表3.3に代表的な油回転ポンプ油の種類、商品名、物性を示した。

一般的に油回転ポンプ油は、鉱油系で十分であるが、耐熱性、耐酸化性、耐化学薬品性、耐放射線性において鉱油系で満足出来ないような特殊環境下ではフッ素油やフェニルエーテル油が使用される。鉱油系の中で流動パラフィンを基油にしたものは不飽和結合を持たないことから、耐化学薬品性を要求される用途に有効である。

(2) 拡散ポンプ油

拡散ポンプ油はその排気機構から油分子としての分子量分布が狭く、低蒸気圧であり、熱安定性に優れていることが必要である。表3.3に選定フローチャート、表3.4に代表的な拡散ポンプ油の種類、商品名、物性を示した。

種々の拡散ポンプ利用産業では、生産効率を高めるために、冷却時間の短縮を図っている。その結果、高温時に解放するため、油は高温の状態で

332

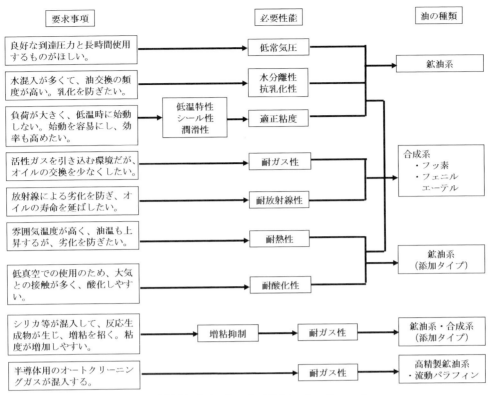

図3.2 油回転真空ポンプ　選定フローチャート

表3.3 代表的な油回転ポンプ油の種類と性状

種類	市販品名		比重 15/4℃	蒸気圧50℃、Pa	流動点 ℃	引火点 ℃
・鉱油系						
無添加タイプ	ネオバック[※1]	MR-200	0.88	$1.3×10^{-3}>$	－10	260
	ネオバック	ST-200	0.88	$1.3×10^{-2}>$	－15	250
添加タイプ	インランド[※2]	TY	0.89	$2.0×10^{-4}>$ (25℃)	－10	240
・合成系						
フッ素油	フォンブリン[※3]	06/6	1.88	$3.0×10^{-4}>$ (20℃)	－50	引火しない
パーフルオロポリエーテル	フォンブリン	25/5	1.88	$3.0×10^{-4}>$ (20℃)	－35	引火しない
フェニルエーテル油						
アルキルジフェニルエーテル	ネオバック	SOM	0.90	$4.0×10^{-4}>$	－20	260
添加タイプ	ネオバック	SAM	0.90	$4.0×10^{-4}>$	－20	260
アルキルナフタレン油	クリスパー[※4]	S-DX	0.90	$2.0×10^{-4}>$	－20	220

※1：㈱MORESCO　※2：Inland Vacuum Industries Inc.　※3：SolvaySolexis S. p. A　※4：ライオン㈱

空気と接触することになり、酸化劣化は著しい。鉱油系では耐熱性、耐酸化性に限界があることから、合成系が主に使用される。いずれも熱安定性、酸化安定性は優れているが、シリコン油は分解によるSiの絶縁皮膜の形成、ペンタフェニルエーテルは高価格、パーフルオロポリエーテルは分解による腐食、有害物質の生成などの問題点を抱えている。

おわりに

近年ではメンテナンスコストの低減や油分子の逆流による製品汚染の問題を解決するために、真空ポンプのドライ化が進んでいる。しかし、手軽さやコストの面から考えると油を使用する真空ポンプの役割はまだまだ重要である。今回紹介した有機材料は現在一般に使用されている代表的なものを取り上げた。今後、真空技術は益々特殊環境での利用が広がり、種々の複合条件下で使用出来る材料が要求されてくるであろう。真空技術の発

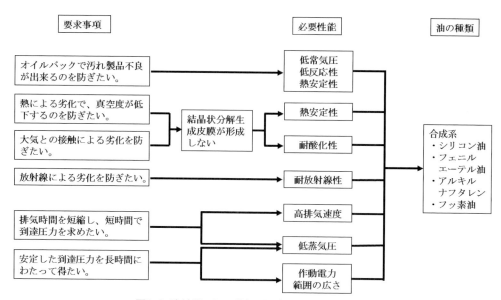

図3.3 油拡散ポンプ油　選定フローチャート

表3.4 代表的な拡散ポンプ油の種類と性状

種類	市販品名	比重 15/4℃	蒸気圧 25℃、Pa	引火点 ℃	蒸発潜熱 J/g
・合成系					
シリコン油					
テトラメチルテトラフェニルトリシロキサン	DC704 Diffusion Pump Fluid[※1]	1.07	2.6×10^{-6}	210	220
ペンタフェニルトリメチルトリシロキサン	DC705 Diffusion Pump Fluid	1.09	4.0×10^{-8}	210	220
フェニルエーテル油					
ペンタフェニルエーテル	エクセロール[※2] 54	1.2	7.0×10^{-9}	300	250
	サントバック[※3] 5	1.2	7.0×10^{-9}	300	250
テトラフェニルエーテル	エクセロール　46	1.17	2.0×10^{-7}	260	322
アルキルジフェニルエーテル	ネオバック[※4]　SX	0.93	7.0×10^{-6}	260	—
フッ素油					
パーフルオロポリエーテル	フォンブリン[※5] 25/9	1.90	2.7×10^{-7}(20℃)	引火しない	29

[※1]：Dow Corning Corp.　　[※2、4]：㈱MORESCO　　[※3]：SANTOLUBES LLC　　[※5]：SolvaySolexis S. p. A

展に対応出来る新素材の開発が望まれる。

〈阪口　拓也〉

〔参考文献〕
1) 小原：JETI, Vol.37, No12(1989)
2) Blake, E. S.：J. Am. Eng. Date, 6. 87(1961)
3) Wilson. D. R., Benzing, R. j. et al.：Ind. Eng Chen., Orod. Res. Develop., 6, 81(1967)
4) J. Vac. Sci. Technol. A2(2), Apr. June (1984)
5) 佐久間：潤滑, Vol. 20, No7(1975)

第4節 真空用潤滑剤

一般的な機械部品の乾燥表面は表面酸化膜に覆われ、その上に油分子や水分子等の吸着により何らかの被膜が形成されており[1]、それらの被膜は摺動条件があまり厳しくない場合において機械摺動部の焼付きを防ぐ役割を果たしている。図4.1に示すように、機械加工を受けた金属表面の深さ方向の組成は、約3 nmの厚さの汚れ層、1分子層程度の吸着層および10 nm程度の表面酸化層が1000 nm程度の加工変質層を持つ金属素地上に形成されている[2]。Bowdenらは、乾燥摩擦における銅表面上の酸化膜が摩擦係数に及ぼす影響について次のように述べている[3]。銅表面に汚れや酸化膜が存在する大気中では0.6前後の値である摩擦係数が、摩擦雰囲気を真空にするとその値は4.8程度まで上昇し、酸化膜を再形成すると摩擦係数は再び0.6前後の値を示す。特に、超高真空環境下において原子レベルで清浄化された金属表面では摩擦係数が無限大になる現象も報告されており[4,5]、乾燥摩擦における摩擦係数は表面近傍の組成に非常に敏感である。これらの摺動界面の酸化膜や汚染層による潤滑効果が期待できない高真空あるいは超高真空環境では潤滑剤を用いた積極的な潤滑が必要になる。

機械要素における摩擦現象は、乾燥摩擦、境界摩擦および流体摩擦に大別される。すべりあう二つの機械要素が流体膜で隔てられ、固体間の直接接触が生じない流体摩擦が機械要素の潤滑条件としては理想的である。しかし、一般的な潤滑油は飽和蒸気圧が高いために真空中では流体潤滑膜を維持できず、また、蒸発した潤滑油の蒸気によって真空容器内を汚染してしまう。そのため、摺動部が曝される真空度よりも極めて低い飽和蒸気圧の油を用いるか、高い荷重負荷能力と低いせん断強度を併せ持つ固体潤滑剤を摩擦界面に供給する必要が生じる。

4.1 潤滑油・グリース

真空中における機械摺動部の潤滑には、潤滑油を使用する真空度よりも十分に低い飽和蒸気圧を持つ潤滑油を使わなければならない。現在市販されている真空用潤滑油の代表的なものはフッ素系の合成油であるパーフロロポリエーテル(PFPE)があり、室温において10^{-10} Pa台の低い飽和蒸気圧を示し、増ちょう剤と混練してグリースとしても使用されている。市販されている代表的なPFPE油としてFomblin Z 25やDemnum S-200(ダイキン工業)等がある[6]。代表的なPFPE油の物性を表4.1に示す[7]。PFPE油は粘度指数が高いため、広い温度範囲で安定した潤滑状態が得られるが、温度上昇に伴い金属と反応して分解してしまうため、注意が必要である[8]。近年では、鉄との反応による基油の分解を防止するため、炭化水素系シクロペンタン油MAC(Multiply Alkylated Cyclopentane)が開発・市販されており[8]、それを基油としてウレア系増ちょう剤と混練したグリース(スペースルブMU:共同油脂)はPFPE系グリースと比較して低い摩擦係数や比摩耗量が得られている。スペースルブMU基油の物性値を表4.2に示す。また、スペースルブ(MAC系グリース)の摩擦係数および比摩耗量を従来のPFPE系グリースと比較した結果を図4.2に示す。ウレアの他に真空用グリースに用いられる増ちょう剤としては、耐熱性・耐薬品

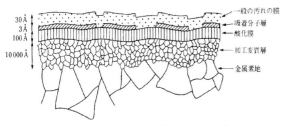

図4.1 金属表面層の構造・組成[1]

表4.1 代表的な市販PFPE油の物性[7]

	Demnum S-200	Fomblin Z-25	Krytox 16256
平均分子量	8,400	9,500	11,000
動粘度　20℃,cS	500	255	2,717
粘度指数	210	355	—
流動点,℃	−53	−66	−15
比重　20℃,g/cc	1,894	1,851	1.92
表面張力　20℃,dyne/cm	19	25	19
蒸気圧,Pa：20℃	$6.7×10^{-9}$	$3.8×10^{-10}$	$4×10^{-12}$
100℃	$1.3×10^{-5}$	$1.3×10^{-6}$	$1.3×10^{-7}$

性に優れるポリテトラフルオロエチレン(PTFE)や、従来から使用されているリチウム石けんがある。MAC油は従来の添加剤が利用できるが、添加剤自体の飽和蒸気圧を考慮する必要がある。近年、極めて飽和蒸気圧が低く良好な潤滑性を示すイオン流体を真空中の潤滑油基油としての適用について研究されている[9]。

表4.2 スペースルブMU基油の物性値

基油動粘度 (40℃)	106
(100℃)	14.4
粘度指数	139
流動点	-57℃
密度	0.85
蒸気圧 (20℃)	$1×10^{-12}$[Torr]
(125℃)	$4×10^{-7}$[Torr]
引火点	300℃

(共同油脂㈱提供)

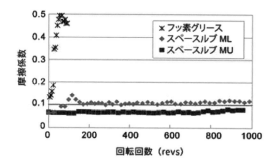

a) MAC系グリースとPFPE系グリースの摩擦係数の比較

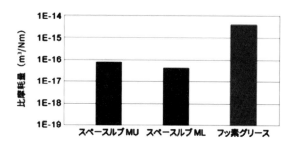

b) MAC系グリースとPFPE系グリースの比摩耗量の比較

図4.2 MAC系グリースとPFPE系グリースの比較
(許可を得て共同油脂㈱のHPより転載)

4.2 固体潤滑剤

現在、固体潤滑膜として用いられている材料は、1）二硫化モリブデン(MoS_2)に代表される層状格子構造を持つ物質、2）ポリ四フッ化エチレン(PTFE)等の高分子材料および3）金(Au)や銀(Ag)等の軟質金属の3種類に分類される。固体潤滑剤の適用例と主な用途を表4.3に示す[10]。MoS_2の潤滑機構は、容易せん断面間におけるS-S間の弱い結合力に起因する低せん断強度に由来し、その摩擦特性は膜内部のMoS_2結晶の配向性に強く依存する[11] 一方、同様な層状格子構造を持つグラファイトは大気中で良好な固体潤滑剤として作用するが、真空中では摩擦係数が大きく摩耗も増加することから単独で使用するには不向きである。この理由は、グラファイトが潤滑性を示すためには水分が不可欠とされているからである。また、PTFEの潤滑機構は、結晶の配向性とそれ自体の表面エネルギーが小さく、真実接触部に強い凝着を生じさせないためである[11]。一方、軟質金属薄膜による潤滑機構は、真実接触部におけるせん断強度が軟質金属の低いせん断強度により決まるためであると理解されている[3,11]。その他、高硬度で化学的安定性の高いアモルファス硬質炭素膜のダイヤモンドライクカーボン(DLC)は、膜中に水素を多く含むものは真空中で低い摩擦を示すことが報告されており、新しい真空中の固体潤滑膜として期待されている[12]。

表4.3 固体潤滑剤の適用例と主な用途[10]

固定潤滑剤	適用法	適用先	主な用途
MoS_2	スパッタリング	転がり軸受の内外輪・玉	真空機器、宇宙機器
	焼成膜	歯車、ボールネジ、各種しゅう動部	真空機器、宇宙機器
	複合材	各種しゅう動部、転がり軸受の保持器、歯車	真空機器、宇宙機器
Ag、Au、Pb	イオンプレーティング	転がり軸受の内外輪・玉	真空機器、X線回転陽極
PTFE	焼成膜	転がり軸受の内外輪・玉	半導体装置
	複合材	すべり軸受、転がり軸受の保持器、各種しゅう動部	真空機器、宇宙機器
ポリイミド	複合材	転がり軸受の保持器、歯車	真空機器、宇宙機器

4.3 潤滑油・グリースの使用法

真空中で潤滑油を使用する場合は、摺動部へ直接塗布して油分子の油性で油膜を形成させる方法と高分子の多孔質材に含浸させて摺動界面に油膜を形成させる方法のいずれかが用いられる。高い信頼性と耐久性が要求される宇宙用の転がり玉軸受では、保持器に含浸させた潤滑油によって内外輪と玉の転動面を潤滑する技術が実用化されている（図4.3参照）[10]。また、簡便な潤滑方法として、真空用グリースを塗布する方法があり、既に走査電子顕微鏡などの真空システムに使用されている。潤滑油剤は流動性があるため、繰り返し摺動を行う部位では摺動作用による油膜の自己修復が期待できる場合がある。真空中の使用で留意すべき点は、使用する潤滑油剤の飽和蒸気圧が真空システムの到達真空度よりも十分に低いこと、及び、潤滑油剤適用箇所の温度上昇による蒸発損失によって潤滑不良が生じないように配慮しなければならないことである。真空システム内部で蒸発した潤滑油分子は他の部位の汚染源となる場合がある。特に真空中での熱移動は構成部品を伝わる熱伝導が主となるため冷却しにくく、局所的に温度が高い潤滑部位が生じて予想以上の蒸発損失が生じる事態を回避する必要がある。また、潤滑油剤そのものの飽和蒸気圧に加え、飽和蒸気圧が高い微量の不純物や水分などが含まれているとそれらの蒸発により真空度の低下や他部位の汚染などが引き起こされるので注意が必要である。

4.4 固体潤滑剤の使用法

固体潤滑剤は潤滑油剤と比較して飽和蒸気圧が極めて低く、高い耐荷重性能を示し、高温まで使用できることが特徴である。しかし、固体潤滑剤そのものは一般的に紛体または固体であるため、何らかの方法で摺動面に適量を保持しなければならない。また、固体潤滑剤自体には流動性が無いので、グリースに混ぜて供給する以外は潤滑膜の自己修復作用は期待できず、潤滑膜の摩滅により潤滑寿命は終了する。従って、固体潤滑剤を適用する部位に要求される潤滑寿命について十分な検討が必要である。

固体潤滑膜として摺動部に被覆する方法は、スパッタリング法等で直接成膜する方法、ポリアミドイミド等のバインダーと混練して塗布する方法、及び直接固体潤滑剤粒子を高速で投射して付着させる方法がある。MoS_2スパッタ膜は真空機器や宇宙機器の軸受用固体潤滑膜として使用されているが、摩擦係数や潤滑寿命はS/Mo比や保管時の湿度によって変動することが報告されている[13]。図4.4にMoS_2スパッタ膜のS/Mo比と摩擦係数および潤滑寿命の例を示す。また、MoS_2、二硫化タングステン(WS_2)六方晶窒化ホウ素(hBN)、PTFE等の固体潤滑剤粉末を高分子系バインダーと混練し、摺

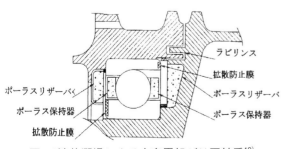

図4.3 液体潤滑による宇宙用転がり玉軸受[10]

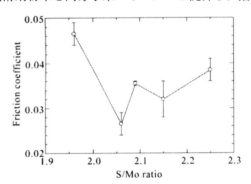

a) S/Mo 比と摩擦係数

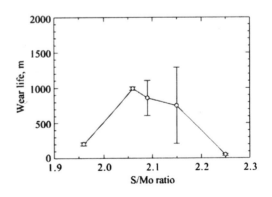

b) S/Mo 比と潤滑寿命

図4.4 MoS_2スパッタ膜の摩擦係数と潤滑寿命[13]

動面に乾性被膜として成膜する方法も広く実用化されている。バインダーにはポリアミドイミド樹脂、エポキシ樹脂、アクリル樹脂等が使用され、それらのバインダーと混練された固体潤滑剤を摺動部品にタンブリング、ディッピング、スプレー、スクリーン印刷等の方法で成膜した後、使用する溶剤の種類によって焼成または自然乾燥して乾性被膜とする。乾性被膜と基材との密着性を向上させるため、成膜前の脱脂洗浄の後にショットブラストや酸洗処理を行う場合がある。宇宙用機器潤滑用のMoS$_2$系乾性被膜として多くの実用例があるデフリック（川邑研究所）の摩擦係数の例を図6.5に示す[14]。MoS$_2$系乾性被膜は大気中よりも真空中の方が低い摩擦係数を示し、寿命も長くなる。乾性被膜はスパッタ膜よりも広範囲に成膜できる等、成膜の自由度が高いため、自動車産業や食品産業等、真空以外の多くの分野においても広く実用化されている*[注]。一方、イオンプレーティング等の物理蒸着(PVD)法で摺動面に成膜した軟質金属膜はアウトガスが非常に少ないため、超高真空用の固体潤滑膜として使用される。ベアリング球にAgイオンプレーティング膜を施した転がり玉軸受のMGベアリング(JTEKT)は、10^{-10} Paまでの超高真空用軸受として実用化されている。近年注目されているDLCはPVD法およびプラズマ援用化学蒸着(CVD)法のいずれの方法でも成膜可能であるが、真空中で潤滑作用を示す水素含有DLCはアセチレン等の炭化水素ガスを原料としたCVD法で成膜したものである。しかし、PVD法で成膜した水素を含まないDLCは自動車用エンジン油と併用することで0.01以下の極めて低い摩擦係数を示すことが報告されており[15]、これから新たに開発される真空用潤滑油・グリースとの併用でより低い摩擦係数と高い耐摩耗性が得られる可能性がある。

一方、固体潤滑剤を材料内部に分散させ、自己潤滑性複合材として使用する方法も実用化されている。母材としては高分子材料と金属が用いられる。金属系複合材は、MoS$_2$やWS$_2$を耐熱金属と混練してホットプレスで焼結したものである[7]。WとWS$_2$からなる複合粉末を成型・焼結したNFメタル（富士ダイス）は真空度10^{-5} Pa台で800℃までの高温で使用でき、市販の真空蒸着装置用転がり・すべり軸受として既に実績がある。高分子系複合材は、主にPTFEをガラス繊維補強した母材にMoS$_2$等の固体潤滑剤を添加したもので、摺動材や転がり軸受保持器として使用されている。

〈後藤　実〉

〔参考文献〕
1) 桜井俊男：潤滑の物理化学、幸書房(1978)
2) 岡本純三、中山景次、佐藤昌夫：トライボロジー入門、幸書房(1990)
3) F. P. Bowden and D. Tabor: The Friction and Lubrication of Solids, Oxford University Press, London (1964)
4) 木村好次、岡部平八郎：トライボロジー概論、養賢堂(1982)
5) D. H. Buckley: INFLUENCE OF CHEMISORBED FILMS ON ADHESION AND FRICTION OF CLEAN IRON, NASA TN D-4775 (1968)
6) 実用 真空技術総覧、㈱産業技術サービスセンター、P.302、1990
7) 西村　允：真空中における潤滑技術 J. Vac. Soc. Jpn., Vol. 42, No. 9 (1999) pp. 791-796.
8) S. Mori & W. Morales: NASA TP-2910 (1989).
9) 南　一郎・森　誠之：イオン液体のトライボロジー特性と添加剤による改善, J. Vac. Soc.

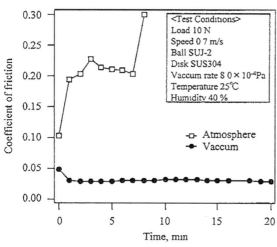

図4.5 デフリックの大気中及び真空中の摩擦係数[14]

＊注）固体潤滑剤粒子と樹脂系バインダーによる乾性被膜の実例は、デフリックの他にモリコート（シリーズ）・ドライコート（シリーズ）（住鉱潤滑剤）、固体皮膜潤滑剤（サン・エレクトロ）、ドライコート(STT inc.)、パルリューベ（日本パーカライジング）等がある。

Jpn., Vol. 51, No. 7 (2008)pp.476-480.

10) 鈴木峰雄：真空中における潤滑技術の片状と課題, J. Vac. Soc. Jpn., Vol. 51, No. 7 (2008) pp. 472-475.

11) 日本トライボロジー学会 固体潤滑研究会編：新版固体潤滑ハンドブック、養賢堂(2010).

12) C. Donnet, J. Fontaine, T. Le Mogne, M. Belin, CHeau, J. P. Terrat, F. Vaux and G. Pont: Diamond-like carbon-based functionally gradient coatings for space tribology, Surface & coatings technology, 120-121 (1999) 548-554.

13) 松﨑一成、佐々木巌、砂原賢治、池田満昭、松田健次：二硫化モリブデンスパッタ膜の大気中における摩擦摩耗特性に及ぼす硫黄対モリブデン組成比の影響、材料、Vol. 66, No. 9 (2017) pp. 675-681.

14) 川邑正広：乾性固体被膜潤滑剤の活用ポイント ―二硫化モリブデン系被膜について―, Vol. 61, No. 3 (2016) pp. 149-154.

15) 加納 眞：DLC コーティングのエンジンしゅう動部品への適用技術の進展と将来展望, トライボロジスト, Vol. 61, No. 10 (2016) pp. 680-686.

〔第6編〕
真空装置の取扱い

第1章 真空装置の管理

第2章 材料の洗浄・表面処理（清浄化）

第3章 脱ガス処理

第4章 漏れ試験と漏れ対策

第5章 真空中の放電防止

第1章 真空装置の管理

第1節 真空装置の到達圧力を決める要因

真空装置においては、必要とする圧力の高低にかかわらず、用途に適した真空環境を提供する必要がある。真空装置を長時間使用していれば、使い始めの頃と比較して、真空の質（圧力および残留気体の種類）が低下することは考えられる。ここでは、このような性能の劣化をできる限り抑える方法について考える。

体積Vの真空槽内の圧力pの時間変化は、以下の微分方程式で表すことができる。

$$V\frac{dp}{dt} = -S_{\text{eff}} p + q \tag{1.1}$$

ここで、S_{eff}は真空槽の排気口における実効排気速度であり、右辺の第1項は、真空ポンプにより真空槽から排出される気体の流量を表している。qは真空槽内に流入する気体の流量である。qは、いくつかの要因に分けることができ、

$$q = q_s + q_p + q_t + q_l + q_i + q_v \tag{1.2}$$

と表すことができる。ここで、

- q_s：真空槽内面から放出される気体の流量
- q_p：真空槽内の部品等が放出する気体の流量
- q_t：真空槽を構成する材料に溶存する気体が真空槽内に放出する（透過を含む）ときの流量
- q_l：漏れにより大気から流入する気体の流量
- q_i：真空槽内に意識的に導入する気体の流量
- q_v：真空ポンプの放出（逆流）気体流量

である。これらを模式的に表したものが図1.1である。q_sやq_pは実際には真空排気を行う時間や圧力の関数になるが、ここではいったん定数として考える。

微分方程式（1.1）の解は

$$p = (p_0 - p_u)\exp\left(-\frac{S_{\text{eff}}}{V}t\right) + p_u \tag{1.3}$$

と表すことができる。ただし、p_0は$t=0$における圧力であり、

$$p_u = \frac{q}{S_{\text{eff}}} \tag{1.4}$$

である。式（1.3）の右辺第1項は、時間とともに減少し、その減少割合はS_{eff}とVのみに依存し、qには依存しない。最終的には圧力は気体放出で定まる式（1.4）の値となる。

体積63 Lの真空槽をS_{eff} 200 L s^{-1}で真空排気した場合の圧力の時間変化を、式（7.1.3）を仮定して描いたものを図1.2に示す。実線は$q = 0$ Pa m^3 s^{-1}のとき、点線は$q = 10^{-5}$ Pa m^3 s^{-1}のとき、破線

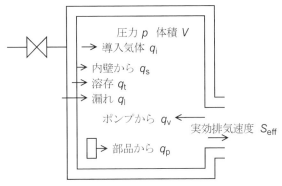

図1.1 真空槽内への気体の放出

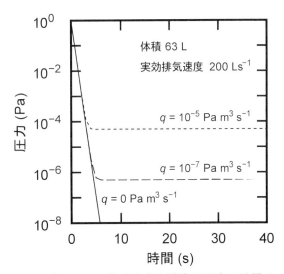

図1.2 式（1.3）に基づく真空槽内の圧力の時間の変化（実際とは異なる）

は$q = 10^{-7}$ Pa m^3 s^{-1}の圧力のときの圧力の時間変化を示す。

この条件では、圧力pの変化は、10秒経たないうちに終わり、一定値p_uに落ち着くことになる。しかしながら、実際には高真空領域では、真空槽内の圧力変化は長い時間続く。これは、式（7.1.2）におけるq_sやq_pが時間の関数であり、真空排気の時間経過とともに低下するものの、排気開始当初には比較的高い値を持つためである。つまり、高真空領域まで排気する真空槽内の圧力の時間変化は、図1.2のグラフの左側の右下がりの直線で表されるのではなく、右側の一定値を取る直線の値が徐々に下がることに起因していることになる。真空槽内壁における気体分子の吸着・脱離の物理については、ここでは立ち入らないので、第1編第4章を参照されたい。

外部から気体を導入せず、漏れなどがなければ、式（7.1.3）の第3項以下は相対的に小さく、圧力の時間変化は最初の2項で決まる。従って、

$$p = \frac{q}{S_{\text{eff}}} \sim \frac{q_s(t) + q_p(t)}{S_{\text{eff}}} \tag{1.6}$$

となる。一般的な真空槽構成材料のステンレス鋼やアルミニウム合金等では、$q_s(t) \propto t^{-1}$であることが知られている[1]ので、圧力の時間変化は排気時間に反比例することになる。この場合、時間が経つにつれ圧力の低下量は小さくなり、変化が読み取りにくくなる。このときの圧力を俗に到達圧力と呼んでいることが多い。

真空装置の中でどのような作業をするかはまちまちであるが、頻繁に大気開放する真空装置であれば、大気開放時に内壁に吸着する水分子を低減することが必要となる。蒸着装置などでは、蒸着膜が形成されることで、水分子の吸着状況が変化する。また、真空槽を構成する材料自身に漏れは無くとも、真空封止面（特に作業を行うために開閉する扉など）の封止特性の劣化などが生じる。具体的には、エラストマーシールなどの表面に汚れなどが付着することで漏れ量が増加することがある。また、真空ポンプも使用時間が長くなるにつれて、排気速度が低下することは考えられる。従って、真空装置は使用するにつれ、その真空排気特性が低下することは避けられない。

真空装置の状態を良好に保つためには、常に真空装置を監視する。qの上昇が見られたら、q_sやのq_p上昇であれば真空槽内の洗浄や脱ガス処理を、q_lの上昇であれば漏れ試験を行う必要がある。個々の対策である材料の洗浄、脱ガス処理、漏れ試験などの詳細については、本編 第2章以降で詳述されているのでそちらを参照されたい。ここでは、真空装置の管理方法について述べる。

第2節 真空排気特性管理の方法

真空装置を常に最良の状態で使用するためには、真空装置の管理が必要である。真空装置の性能を維持することを考えると、qをできるだけ低く保ち、S_{eff}が低下しないように保守などを行うことになる。このためには、qやS_{eff}に変化がないかを知ることが必要となる。

2.1 運転記録

運転記録は、装置の起動、停止のほか、トラブルの有無、真空装置における作業内容、保守をしたときには保守の内容などを記録するようにする。真空ポンプの動作上のパラメータなどが監視できる場合には、これらを記載する欄を設けるのも良い。特に定常的に真空排気している装置では、クライオポンプのクライオパネルの温度、ターボ分子ポンプの電流などである。これらの記録自身からは装置の性能の低下を知ることができるとはいい難いが、後述する排気の特性と併せて装置の状態を把握する上で役に立つ。

2.2 排気に要する時間の記録

定常的に真空槽を大気開放しては真空排気するような装置では、排気に要する時間を記録することも装置の状況把握の上で効果的である。常に真空排気している超高真空装置では、決まった時刻に圧力を記録するのも効果的である。超高真空装置の場合、到達圧力を決めているのは主にq_sであるが、これは温度の関数でもあるので、圧力の記録だけではなく、気温を記録することも重要である。装置の基本的な特性として、特に装置が導入された直後に、無負荷で排気特性を記録しておくことは極めて重要である。

2.3 装置操作手順の標準化

運転記録や排気時間の記録から装置の性能を監視するためには、日々の操作をできるだけ同じ手順、すなわち、真空装置の状態を変えない方法で

取り扱う必要がある。この手順では、真空装置においてできるだけqを増加させないような取り扱い方法とするのがよい。このためには以下のようなことに心がける。

(1) 乾燥窒素などを用いた真空槽の大気開放

一般的に真空装置を大気開放するときには、部屋内の空気を導入するのではなく、乾燥窒素などを導入し、水分子が真空槽内壁に吸着しないような工夫がなされる。大気開放時の吸着量を抑えることができれば、q_sの初期値を下げることができるので、真空排気に要する時間が短くなる。また、大気開放の時間はできるだけ短いほうがよい。

同時に、試料からの気体放出の量q_pを把握しておく必要がある。小さい試料でも数が多い場合には、q_s以上の気体放出があることもある。これが明らかであれば、真空排気にどの程度の時間を要するかの見当をつけることができる。

(2) 塵埃の装置内への混入の低減

真空装置の大気開放時に、できる限り室内の塵埃などが装置内部に混入しないようにする。このためには、大気開放の時間をできるだけ短くする、大気にする時間が短くできない場合には扉を閉めて塵埃の混入を避ける。

(3) 真空槽内面の洗浄

成膜装置などでは、真空槽内壁に蒸着物質が付着する。蒸着物質が薄い場合にはさほど問題はないが、厚くなるに従い、剥離しやすくなる。応力の含まれた薄膜などは、細かな破片となって真空槽内に分散することもある。このような破片は真空排気時（特に大気からの排気時）に真空ポンプに流入し、ポンプを傷めることもある（S_{eff}の低下）。また、薄い金蔵薄膜の破片は装置の扉で使用するエラストマーシールに付着することがあり、シールの性能を低下することも考えられる（q_1の増大）。従って、成膜装置における壁面の適切な処理は必要である。真空槽内壁の清浄化の方法や頻度は、どのような作業を行う装置であるかによって異なるため一概にどうすればよいとは言いがたい。真空槽の内壁に直接蒸着膜が形成されるのを避けるために、防着板と呼ばれる金属板やアルミフォイルなどを設置すると、清掃の手間は省けるが、真空槽内の表面積が大きくなる（約3倍）ことに気を付ける。

(4) 真空封止面の保護

Oリングや金属ガスケットに傷が入ると漏れの原因となるので、これらが傷つかないよう、取り扱いには注意する。また、フランジのシール面に対しても傷をつけないよう気を付ける。

(5) 真空槽内への油脂導入防止

作業者の手の油脂やナトリウムなどを真空槽内に導入することが大きな問題となる装置では、真空槽内部の部品等に触れるときには手袋などをし、直接手で触らないことが望ましい。しかしながら、手袋を使用しても、手袋の材質が触れた材料から検出されることも報告[2]されており、手袋を使用すれば安心というわけではないことも考慮する必要がある。

2.4 真空ポンプの保守

大部分の真空ポンプは定期的に保守を行う必要がある。保守の期間は、ポンプの種類や負荷の程度によって異なるので、製造メーカとよく相談すること、また使用記録などから、通常使用する条件下で、どの程度運転したら保守が必要かなどといったことに気を配っておく。

第3節 真空の質の管理方法

真空装置には通常、真空計が設置されているが、大部分の装置では全圧計である。真空装置では真空槽内の残留気体の圧力が問題となるが、それとともに、どのような種類の残留気体があるかも重要である。高真空を実現できる真空装置では、残留気体分子を調べることのできる分圧計（四重極質量分析計）を取り付けて、残留気体分子の種類を監視することは、真空の質を管理する上で有効な手段である。

〈後藤　康仁〉

〔参考文献〕

1) H. F. Dylla, D. M. Manos, and P. H. LaMarche, J. Vac. Sci. Technol. A 11, 2623 (1993).

2) 岡野誠、奥田晃史、井上雅行、佐藤智重、北村真一、奥田裕昭：2015、真空・表面科学合同講演会 1Ga09 (2015).

第2章 材料の洗浄・表面処理（清浄化）

本章では、主に超高真空環境を達成するためのチャンバーや部品の洗浄・表面処理について解説する。到達真空度や排気速度の向上を目的としているので、低～高真空を得るためにも場合によっては効果が得られる。

第1節 真空部品の洗浄

単に超高真空環境を得ることを目指すのであれば、真空チャンバーおよび真空中に導入される各種部品を有機溶剤脱脂と純水洗浄を行い、適切な真空ポンプを選択、リークを無くし、ベーキングを行えば大抵の場合、達成は可能である。しかし、真空の"質"（残留ガス成分）を考慮すると不十分であることは容易に想像がつくであろう。

通常、超高真空以上の環境を必要とする場合、表面物性の研究や各種デバイスの作製を行うことが目的である。その場合、"真空度"だけでは不十分であり油分のみならず各種イオン成分・金属成分を極限まで低減する必要がある。これらを除去するには、有機溶剤洗浄＋純水洗浄のみで満足することはほぼ不可能である。特に金属成分の除去は、超純水での洗浄でも困難であり、酸により溶出（イオン化）させ、続く超純水洗浄により除去することが最も効果的である。

しかし、洗浄のみで全てを除去することは実質不可能である。なぜなら、すべての部品は何かしらの加工が施されているためである。とくに切削や機械研磨を施した金属表面は非常に平滑であるが、切粉の突き刺さりや研磨砥粒の残留も多く見受けられる。さらに"カエリ"が存在しており、そこに浸透してしまった加工油や研磨剤を除去することは困難である。また、加工により金属表面には加工変質層と呼ばれる内部とは性質の異なった状態が形成され、油分が浸透してしまっていることもある。さらに、酸化スケールのような化学的な"汚れ"は、洗浄のみで除去することは不可能である。図1.1に洗浄のみでは除去が困難な汚れの存在状態の概略図を示す。では、どのようにすればこれらの汚れを除去できるのだろうか？最も効果的な方法は表面を汚れごと溶解させてしまうこと＝表面（溶出）処理である。

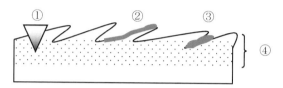

図1.1 洗浄で除去困難な汚れ
①：突き刺さった切粉・研磨砥粒
②：酸化スケール
③："カエリ"に浸透した汚れ
④：加工変質層に浸透した汚れ

第2節 真空用表面処理

2.1 電解研磨(Electro Polishing_EP)

真空用表面処理として最も有名かつ多用されているのが電解研磨である。電解研磨は研磨対象を陽極とし、電解液中で陰極との間に電流を流すことで研磨対象表面を溶解させる技術である。原理の詳細は参考文献を参照されたいが[1,2]、図2.1にステンレス鋼(SUS)を電解研磨する際の概略と発生する現象を示す。電解液は燐酸と硫酸の混酸を用い、陰極には銅を用いる場合が多い。

陽極では、SUSの成分であるFe、Cr、その他金

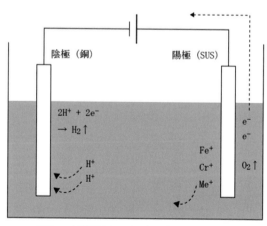

図2.1 電解研磨の概略と各極での反応

属成分(Me)が陽イオンとして溶出すると同時に（陽イオンの価数は実際と異なる）、電解液中の水が電気分解され酸素が発生する。SUSの場合、後工程で酸化剤による不動態化処理を行うことが多い。

陰極では、電解液中の水素イオンが還元され水素が発生する。

電解液中の燐酸・硫酸は導電率を高める電解質として働き反応はしないが、電解液の比重（粘度）を高め、光沢化や平滑化に大きな影響を与える。より優れた電解研磨面を得るため、および対象材質により電流密度や極間距離などの電解研磨条件と同様に電解液の組成には多くのノウハウがあり、処理業者独自のものが使用されている。

電解研磨によりミクロンオーダーで表面を溶解させ、内部に浸透している汚染物ごと除去することで非常に清浄な表面が得られる（真空用としては、後述のとおり精密な洗浄を行うことが必要である）。また、表面の粗度が改善されるので、表面積が劇的に減少し吸着ガス量自体を低下させることが可能となる。以下に電解研磨の効果を列挙する。しかし、すべての材質に対して同様の効果が得られるわけではないことに注意が必要である。特にアルミニウムを電解研磨した場合、多孔質の陽極酸化皮膜が生成されることがあり、表面積の増大によりガス吸着量が増加、真空性能が低下してしまうとの報告もある[3]。

・表面溶出効果による清浄化
・平滑化によるガス吸着量の減少
・薄く、緻密な酸化膜による内部溶存ガスの放出（拡散放出）抑制
・酸化膜生成による耐食性向上
・残留応力の低減

真空用表面処理として非常に効果的な技術である電解研磨だが、欠点が全くないわけではない。サブミクロン〜ミクロンオーダーの微細凹凸を平滑化させることを目的とするため、"うねり"の除去は不可能である。したがって、"鏡面"を得ることができない。鏡面が必要な場合、他の表面処理法を用いる必要がある。

そして最大の弱点が、研磨対象の形状によって処理の可否が大きく制限されることである。対向させた陰極との間で電流を流すため、極間距離に相異があると陰極と近い部分にのみ電流が集中し過研磨となり、遠い部分はほとんど研磨されない状態になってしまう。研磨対象と全く同形状の陰極を対向させることができれば可能な場合もあるが、これも非常に困難である。例えば、真空用のフレキシブルチューブを一様に電解研磨する場合である。このような場合、表面処理としてどのような技術があるのであろうか。

2.2 化学研磨(Chemical Polishing_CP)

電解研磨と比較し知名度は低いが同等の効果が得られる技術として化学研磨がある。残念ながら真空用表面処理といえば電解研磨という認識が強く、仕様が電解研磨となっていると処理する方としては困難を伴う場合が多々ある。

化学研磨の目的として金属表面を溶解させて汚れを取り除くことは、電解研磨と全く同様である。酸（両性金属の場合、アルカリも可能）により金属を溶解させることが基本であるが、様々な添加剤を混入させ、平滑化も達成できるように薬液が配合されている[1]。

最大の利点は、研磨対象を薬液に浸漬するのみで研磨が可能となる点である。薬液を均一に接触させ、発生する水素を滞留なく排出することが可能であれば、電解研磨が困難な複雑形状品も全体を研磨することができる。

図2.2にSUS製フレキシブルチューブの化学研磨前後の外観を示す。チューブの状態で内外面を処理した後、分割して内部を写真撮影した。電解研磨では、陰極に近い蛇腹の凸部に電流が集中してしまい凹部を研磨することはできないが、化学研磨では凹部、凸部ともに均一に光沢化が達成されていることが確認できる。

しかし、電解研磨に比べて全ての点で優れているというわけではない。例えば化学研磨は薬品に

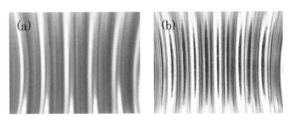

図2.2 SUS製フレキシブルチューブ内面化学研磨処理前後
　　(a)：処理前、(b)：化学研磨後

よる金属の溶解反応を基にしているため、研磨終了後速やかに薬品を洗い流す必要がある。研磨対象が大きくクレーン等で水洗槽に移行する場合、場所によって薬品を除去するのにタイムラグが生じ、薬品の流れた跡が残ってしまうことがある。その点、電解研磨は通常電流をストップさせれば反応が止まるのでそのような心配はない。電解槽に入りきらないような大きな対象を部分的に浸漬させながらその場所のみを電解研磨し、段階的に全体を処理するといったことも可能である。

2.3 電解研磨、化学研磨前後の表面状態

これまで、化学研磨は電解研磨と同等（場合によってはそれ以上）の効果が得られると記述してきたが、実際に研磨を施した表面の状態を紹介する。研磨対象は、SUS304の板材をフライス加工後（▽▽▽仕上げ）、#400バフ研磨（最終）したものである。真空用部品にバフ研磨をすることの賛否についてはここでは触れない。図2.3にバフ研磨面、電解研磨面、化学研磨面の走査電子顕微鏡像を示す。

バフ研磨面は目視では非常に高い光沢を有しているが、拡大すると全面に条痕が存在することが確認できる。さらに研磨砥粒と思われる粒子も存在している。なお、バフ研磨試料は観察前にアルカリ脱脂、界面活性剤ワイピング、純水洗浄を行い、クリーンルーム内で真空包装し観察直前までその状態を保っていた。電解研磨・化学研磨試料も洗浄後、同様に保管していた。

電解研磨面は、バフ研磨の条痕が確認できなくなっており、さらにバフ研磨砥粒もしくは介在物が脱落したと思われるピットが確認できる。このときの研磨量は約5μmである。化学研磨面も電解研磨面同様、バフ研磨の条痕が除去されるとともに結晶粒がはっきりと確認できている。

図2.4にそれぞれの表面粗度曲線を、表2.1にRa、Rzを示す。測定はJIS-'01/'13規格で5回測定した平均値である。電子顕微鏡観察から表面の平滑化が見て取れるが、粗さ測定からもその結果が確認できる。しかし、電解研磨、化学研磨とも深い傷や"うねり"を取り去ることはできない。これらを除去しようと更に研磨量を増加させてもピットの発生等、状態はより悪化してしまう。あくまでもサブミクロンオーダーの微細な凹凸を除去することを目的としている。鏡面レベルの平滑性を主目的とする場合、後述の表面処理技術を行い、洗浄を綿密に行うことが必要となる。

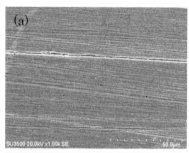
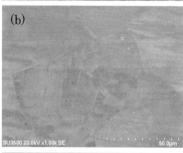
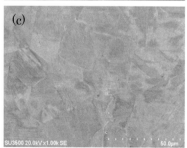

図2.3 SUS304各種表面処理後の走査電子顕微鏡像
(a)：バフ研磨面、(b)：電解研磨面、(c)：化学研磨面

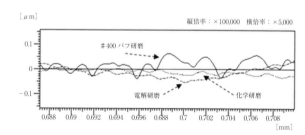

図2.4 SUS304各種表面処理後の表面粗度曲線

表2.1 各表面処理後の粗度

	Ra [μm]	Rz [μm]
#400バフ研磨面	0.0409	0.2896
電解研磨面	0.0312	0.2088
化学研磨面	0.0270	0.1716

第3節 真空用表面処理と洗浄工程の詳細

　以上をふまえ、実際に行っている表面処理・洗浄工程を図3.1に示す。あくまで基本工程であり、表面処理内容や業者によって差はあるので一例である。

　まず、脱脂を目的とした前洗浄を行う。有機溶剤・界面活性剤・アルカリ洗浄を材質によって選定、組合せて行い加工油等を取り除く。水洗後、指定された表面処理を行い、その後は洗浄工程に移行する。工程5は対象が溶解しない酸に浸漬することで金属残渣を除去する。場合によっては、キレート剤を用いることも有効である。対象がSUSやアルミニウムの場合、酸化力を有する酸に浸漬することで不働態化を促進させる効果もある。工程7においてクリーンクロスにてワイピングを行い、残渣が無いことおよび水切りチェックにて油分残りが無いことを確認する。その後、純水洗浄を行いクリーンドライエア（油分・パーティクル・露点管理）による乾燥、クリーンルームに搬入しての窒素ブロー（露点＜−70℃）、検査、包装を行う。包装資材に関しても事前に清浄性を確認したものを使用し、脱気や窒素置換を施す。イオン、金属成分に対する清浄性の確認には、イオンクロマトグラフィーや誘導結合プラズマ質量分析法(ICP-MS)等によってppb～pptのレベルで確認することができる。

```
1. 前（脱脂）洗浄
2. 水洗
3. 表面処理
4. 水洗
5. 金属残渣除去（不働態化処理）
6. 水洗
7. ワイピングチェック
8. 純水洗浄
9. 温純水洗浄
10. クリーンドライエアブロー
11. 仕上り検査
12. 窒素ブロー
13. 最終検査
14. 包装
```

図3.1 真空用表面処理・洗浄基本工程

第4節 その他の真空用表面処理

　電解研磨、化学研磨では表面粗度の改善は行えるものの、残念ながら鏡面化は達成できない。しかし、清浄な鏡面が必要な場合に適する表面処理は、メカノケミカル研磨、電解複合研磨がある。どちらも回転と送り機能を持つ研磨盤を用いて砥粒による擦過作用と化学研磨、電解研磨を併用させる研磨法である[4]。

第5節 表面処理・洗浄後のガス放出速度

　これまで述べてきた表面処理と洗浄を施した材料のガス放出速度は、未処理品と比較して数～十分の一程度と大きく低下させることが可能となる。材料ごとの表面処理とガス放出速度については多くの文献があるのでそちらを参照して頂きたい[3,5,6]。

〈塩野入正和〉

〔参考文献〕
1) 間宮 富士雄、山口 裕、渡辺 與七：化学研磨と電解研磨、槙書店、(1997)
2) 金子 智、佐藤 義和：表面技術、41-3, p.203, (1990)
3) 稲吉 さかえ、斉藤 一也、塚原 園子、石澤 克修、野村 健、金沢 実：真空、38-3, p.199, (1995)
4) 佐藤 憲二、馬場 吉康：真空、32-8, p.655, (1989)
5) 石澤 克修、野村 健、村重 信之：真空、50-1, p.47, (2007)
6) 栗巣 普揮、木本 剛、藤井 寛朗 田中 和彦、山本 節夫、松浦 満、石澤 克修、野村 健、村重 信之：真空、49-4, p.254, (2006)

第3章 脱ガス処理

第1節 真空排気過程

現実的に実施可能な例えば数日の内に、真空装置を真空排気して 10^{-7} Pa～10^{-9} Pa の超高真空に到達させるには、ベーキングなどの脱ガス処理が必要となる。この節では脱ガス処理を施さない場合の真空排気過程について概観し、脱ガス処理の必要性について述べる。

図1.1に真空排気過程の概念図を示す。体積 V [m³] の真空装置を排気速度 S [m³/s] の真空ポンプで排気した場合、排気開始の 0 s から 10^2 s 程度までは、真空容器の空間に存在するガス(N_2, O_2 など大気成分)を排気する過程であり、真空装置の圧力 p [Pa] は、$p \propto \exp(-S/V) \cdot t$ に従う。この真空排気過程では、大気圧の 1×10^5 Pa から 10^{-3} Pa への到達が 10^2 s の短時間で済むことがわかる。ここで、真空装置内部の吸着ガスや含有ガスが多量である場合、真空装置の圧力 p [Pa] は 10^0 Pa から 10^1 Pa 程度の高い圧力で、次の真空排気過程 $p \propto t^{-1}$ に移行し、真空排気に時間を要してしまう。したがって、実際の真空装置において、短時間の真空排気を実現するには、真空装置内の洗浄後の十分な乾燥や空気や水蒸気などの含有ガス量が多い有機材料の使用の制限などが必要となる。

真空容器の空間に存在する大気の排気の後、10^2 s から 10^7 s 程度の時間において、真空容器及び内部部品に吸着したガス(H_2O など)が排気される過程となり、真空装置の圧力 p [Pa] は、$p \propto t^{-1}$ に従う。この真空排気過程では、10^{-3} Pa から 1×10^{-7} Pa への到達に 10^6 s(約10日)の長時間を要する。この真空排気過程において、到達圧力を低下し真空排気時間を短縮するには、真空容器内面及び内部真空部品の吸着ガス量を低減するための表面研磨処理を施すとともに、真空排気中に 100 ℃以上のベーキングを施すことが必要となる。

水蒸気(H_2O)などの吸着ガスによる $p \propto t^{-1}$ の真空排気過程の後、10^7 s 程度以降の時間において、真空容器及び内部部品に溶解したガス(H, C, O など)が排気される過程となり、真空装置の圧力 p [Pa] は、$p \propto t^{-1/2}$ に律速する。この真空排気過程では、10^{-7} Pa から 10^{-10} Pa への到達に 10^{13} s

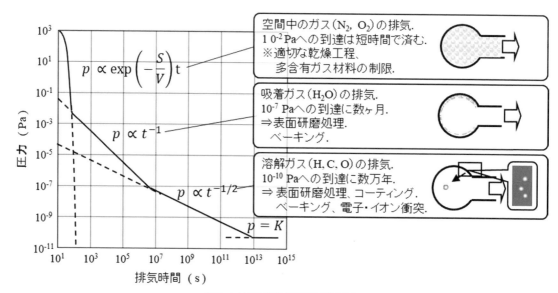

図1.1 真空排気過程の概念図

（数万年）の長時間を要する。この真空排気過程において、到達圧力を低下し真空排気時間を短縮するには、真空容器及び内部真空部品に溶解ガス量を低減するための表面研磨処理や表面コーティング処理を施すとともに、予め真空容器及び真空部品を真空下において高温加熱による脱ガス処理を施すことやイオン衝撃による脱ガス処理を施すことが重要となる。

溶解ガスの排気の後、10^{13} s以降の時間では、大気側から真空側へのガスの透過が支配的となり、真空装置の圧力 p は、$p = K$ と一定となる。真空容器材料が金属の場合、気体透過率が非常に低いことから、真空装置の圧力 p は 10^{-10} Pa以下に到達する。

第2節 吸着ガス及び溶解ガスの放出
2.1 吸着ガスのガス放出 ―平均滞在時間―

真空中で真空容器の内表面に吸着しているガス分子は、一定時間表面に吸着し、その後、表面からエネルギーを授受して脱離する。この節では真空中において固体表面に吸着しているガス分子の平均滞在時間について理論的に導出し[1-3]、ベーキングなど脱ガス処理の重要性について記述する。

真空中で固体表面に吸着しているガス分子の脱離速度 $-(d\sigma/dt)$ は、以下の（2.1）式のように表される。

$$-\frac{d\sigma}{dt} = \frac{\sigma}{\tau} \quad (2.1)$$

ここで、σ [個/m^{2}s] は吸着ガス分子の密度、τ [s] はガス分子が固体表面に留まる時間の平均であり、平均滞在時間と呼ぶ。（2.1）式を初期条件 $t = 0$ の時 $\sigma = \sigma_0$ として解くと、吸着ガス分子の密度は、

$$\sigma = \sigma_0 \cdot \exp\left(-\frac{\sigma}{\tau}\right) \quad (2.2)$$

となる。したがって、時刻 t の時の脱離速度は、

$$-\frac{d\sigma}{dt} = \frac{\sigma_0}{\tau} \cdot \exp\left(-\frac{\sigma}{\tau}\right) \quad (2.3)$$

となる。(2.2) 式より、単位時間・単位面積あたりの脱離ガス分子数は σ/t [個/m^{2}s] となる。

固体表面に吸着したガス分子が脱離するのに必要なエネルギーを脱離の活性化エネルギー E_d [kJ/mol] と定義すると、平均滞在時間 τ は、

$$\tau = \tau_0 \cdot \exp\left(\frac{E_d}{RT}\right) \quad (2.4)$$

と表される[4]。ここで、τ_0 は吸着ガス分子の表面垂直方向の振動周期と考えられており、$10^{-14} \sim 10^{-12}$ s の範囲を取る。

吸着ガスの真空への影響を考察するために、種々のガス分子の真空容器表面における平均滞在時間と真空容器の空間中を飛行する飛行時間を比較する。先ずガス分子の飛行時間について勘定する。温度 27 ℃ (300 K) のガス分子の速度について、窒素分子が 478 m/s、水分子が 596 m/s、水素分子が 1788 m/s となる。真空容器を直径 1 m の球形とすると、これらガス分子の飛行時間は、窒素分子が 2.1×10^{-3} s、水分子が 1.7×10^{-3} s 水素分子が 5.6×10^{-3} s となる。したがって、直径 1 m の球形真空容器・室温における典型ガス（水素・水蒸気・窒素・酸素）の真空容器の空間飛行時間は $10^{-4} \sim 10^{-3}$ s となる。

次に、種々のガス分子の真空容器表面における平均滞在時間を考察する。図2.1は、$\tau_0 = 10^{-13}$ s とした場合の、種々の脱離の活性化エネルギー E_d を持つガス分子の平均滞在時間の温度依存性である。室温 27 ℃ (300 K) において、$E_d = 10$ kJ/mol のガス分子の平均滞在時間は 10^{-12} s と非常に短時間となり、一方、$E_d = 100$ kJ/mol のガス

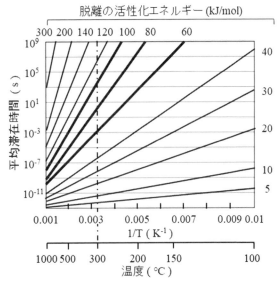

図2.1 真空容器表面における種々の脱離の活性化エネルギーを持つガス分子の平均滞在時間の温度依存性（$\tau_0 = 10^{-13}$ s）

分子の平均滞在時間は 10^3 s とある程度長時間となることがわかる。

図2.1より様々な脱離の活性化エネルギー E_d を持つガス分子の室温 27 ℃ (300 K) における平均滞在時間を求め、飛行時間と比較する。E_d = 40 kJ/mol を持つガス分子の平均滞在時間は 10^{-7} s となる。この平均滞在時間は典型ガス分子の飛行時間 10^{-4} s～10^{-3} s より十分短時間である。したがって、真空排気過程において、E_d = 40 kJ/mol 以下を持つガス分子は、ほとんど真空容器の空間に存在し、真空排気され易いと言える。このようなガス分子として、水素ガス、窒素ガス、酸素ガス、そして希ガスが挙げられる。

一方、E_d = 60 kJ/mol を持つガス分子の平均滞在時間は 10^{-3} s であり、その飛行時間と同程度となる。また、E_d = 100 kJ/mol を持つガス分子の平均滞在時間は 10^3 s となり、その飛行時間 10^{-3} s よりも十分長時間となる。すなわち、真空排気過程において、E_d = 60～100 kJ/mol を持つガス分子は、ほとんど真空容器の表面に吸着して存在する。そして、その平均滞在時間が 10^{-3}～10^3 s であることから、時々真空空間に脱離し、真空容器の圧力を上昇させる原因となる。このようなガスとして水蒸気が挙げられるが、真空排気され難く、ベーキングなどの脱ガス処理の対象ガスとなる。例えば脱離の活性化エネルギー 100 kJ/mol を持つガス分子の平均滞在時間は室温 27 ℃ (300 K) の時 10^3 s であるが、ベーキング温度を 227 ℃ (500 K) とした場合、平均滞在時間は 10^{-3} s となり、飛行時間と同程度となり、真空排気され易くなる。

さらに高い脱離の活性化エネルギー E_d = 120 kJ/mol を持つガス分子の平均滞在時間は 10^6 s（数10日）であり、このようなガス分子は表面に吸着したままとなり、真空容器の空間にほとんど脱離しない。すなわち、E_d = 120 kJ/mol 以上を持つガス分子は、真空容器の圧力上昇の原因にならないと言える。このようなガス分子として有機系のオイルなど炭素系ガスが挙げられる。このような炭素系ガスは、10^{-7} Pa 以下に到達させる超高真空装置では表面汚染源となることから、高温ベーキングやイオン衝撃などの脱ガス処理の対象ガスとなる。

第1節で述べたように、真空排気過程において吸着ガスが支配的な時間領域では、圧力 p は $p \propto t^{-1}$ となる。Venemaは吸着等温式としてラングミュア式を仮定し、排気の方程式

$$\left[V + \frac{bv_{as}}{(1+bp)^2} \right] \frac{dp}{dt} = -Sp \quad (2.5)$$

V：真空容器体積、p：圧力、S：排気速度
b：定数、v_{as}：吸着量

を導いた[5]。(2.5) 式の定数 b の中に含まれる脱離の活性化エネルギー E_d をパラメーターとして、各 E_d の真空排気特性（p-t 特性）を導き、これを重畳することで $p \propto t^{-1}$ が再現された。これによれば、E_d = 40～120 kJ/mol を持つガス分子が真空排気に影響を及ぼすことがわかっている。

2.2 溶解ガスのガス放出

図2.2に示すように、大気側にあるガス分子は、真空容器壁に吸着し、原子（分子）として材料内部に溶解する。その後、溶解原子は容器壁材料の内部と真空側との濃度勾配により拡散し、真空側表面に吸着し、表面拡散を経て再結合し脱離する。材料内部の拡散により溶解ガスのガス放出が律速するとした場合、溶解ガスの単位時間・単位面積あたりのガス放出量 q [個/m²s] は

$$q = D \left(\frac{dc}{dt} \right)_{x=0} \quad (2.6)$$

D [m²/s]：拡散定数、c [個/m³]：濃度、
x [m]：深さ

で表される。真空容器壁の厚さを d として、拡散定数 D が十分小さく、d^2/D が排気時間より十分長い場合 (2.6) 式を解くと、時刻 t の時の単

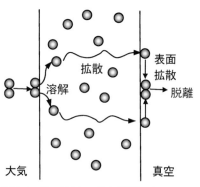

図2.2 ガス分子の放出機構の模式図.

位時間・単位面積あたりのガス放出量 q は c_0 [個/m³] を初期濃度として

$$q = c_0 \left(\sqrt{\frac{D}{\pi t}} \right) \quad (2.7)$$

となる。(2.7) 式より単位時間・単位面積あたりのガス放出量 q は $t^{-1/2}$ に比例することがわかる。すなわち、真空容器の圧力 p が $p \propto t^{-1/2}$ となる原因は主に溶解ガスの放出と言える。

さて、拡散定数 D は、温度の関数で

$$D = D_0 \cdot \exp\left(-\frac{U}{RT} \right) \quad (2.8)$$

D_0：振動項、U：拡散の活性化エネルギー
と表される。(2.8) 式より温度を高温にすると、拡散定数 D が大きくなる。すなわち、ベーキングにより単位時間・単位面積あたりの溶解ガスのガス放出量 q を増大することができる。ただし、実際の真空装置に対するベーキング温度は 300 ℃程度が上限であり、この温度では拡散定数 D があまり大きくならない。拡散定数 D を大きくする温度はかなり高温（500 ℃以上）である。

第3節 ベーキング処理

この節では、真空装置の真空排気工程の中で行うベーキング処理について、先ずベーキングの効果について説明し、その後、実際のベーキング処理について記述する。

3.1 ベーキングの効果

図3.1にベーキングを施した場合の真空装置の圧力の時間推移を模式的に示す。図中の破線は、理論的に導かれる真空装置の圧力の時間推移であり、真空装置の圧力 p は 10^6 s までは $p \propto t^{-1}$ に、$10^6 \sim 10^8$ s では $p \propto t^{-1/2}$ となる（図1.1参照）。図中の実線は、ベーキングを施した場合の真空装置の圧力の時間推移である。10^4 s から 2×10^5 s（約55時間）においてベーキングが施され、その後、圧力 p は急激に降下し、10^{-8} Pa まで到達することがわかる。

ベーキングを施した場合の真空装置の圧力 p は、ベーキング終了後の 2×10^5 s（約55時間）において、7×10^{-8} Pa に達する。一方、ベーキングを施さない場合の圧力 p が 7×10^{-8} Pa に達するには、1×10^7 s（約2800時間＝2週間）を要する。すなわちベーキングを施すことで、短時間で 10^{-8} Pa を実現することができる。特に、300 ℃程度の高温のベーキングは、大きな脱離の活性化エネルギーを持つ表面吸着ガスや溶解ガスをある程度取り除くことができるため、溶解ガスの放出による $p \propto t^{-1/2}$ となる時間領域の短縮が図られ効果的である。

次に、一般的な150℃×24 hのベーキングを施した場合の真空装置内の各種残留ガスについて述べる。図3.2はベーキング前後における真空装置の残留ガス分圧と全圧の時間推移を示したものである。ベーキング前の主な残留ガスである水蒸気(H_2O)の分圧は、ベーキングにより有効に脱離し、ベーキング後の分圧は非常に降下する。一方、水素 (H_2) は、ベーキングの効果が余り見られない。これは、水素が主な溶解ガスであり、ベーキング後も材料内部から放出されるためである。一酸化炭素 (CO) や二酸化炭素 (CO_2) は、ベーキングによりある程度脱離するが、ベーキング後は主な残留ガスとなる。一般的に真空装置にベーキングを施すと各種ガスは図3.2のような時間推移を示す。

3.2 実際のベーキング処理

ここでは、装置組立（洗浄・組立・ベーキングヒーター設置）と真空排気工程（初期排気・ベー

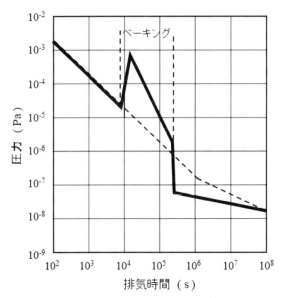

図3.1 ベーキングを施した場合の真空装置の圧力の時間推移の模式図.

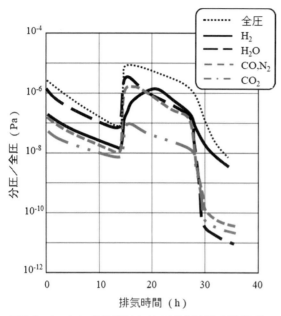

図3.2 ベーキング前後における真空装置の残留ガス

キング）を項目として、真空装置のベーキング処理の方法及び注意点について記述する。

装置組立
(1) 洗浄：装置組立前またはメンテナンス後において、真空容器及び内部部品を洗浄する場合、エチルアルコールなど有機溶媒を浸み込ませた不織布を用いて真空に曝される面を拭き、場合により、その後純水拭きを行う。そして、窒素ガスブローなどで十分に乾燥する。これは、有機溶媒が残されると真空排気・ベーキング後に炭素系不純物として残留することを避けるためである。

　一方、超高真空装置の真空容器や真空部品は、表面研磨処理及び洗浄がなされている物を用いる（第2章材料の洗浄・表面処理を参照）。これら小型の容器や部品は包装（真空パック）されているので、組み立て直前に包装から取り出し組み立てる。
(2) 組立：真空リークを避けるため、真空フランジの締結は、エラストマーまたは金属ガスケットの規定シール線荷重まで、トルクを段階的にあげて同一トルクで締結する。
(3) ヒーター設置：ベーキングヒーター（シースヒーター、リボンヒーター）を装置に巻き付ける。その後、均一加熱のため、アルミ箔で覆う。さらに均一加熱を必要とする場合、断熱材付ヒーターを使用する。または、真空装置用のオーブンを準備する。

真空排気工程
(1) 初期排気：ベーキング前の初期排気は、残留有機溶媒などが十分排気されるまで行う。10^{-4} Pa に到達するまで初期排気することを推奨する。実験レベルの小型の真空装置であれば、数時間（例3時間）で 10^{-4} Pa に到達する。
(2) ベーキング
①ベーキング温度：真空フランジの真空封止がフッ素ゴムなどエラストマーの場合には、ベーキング温度は、最高150℃程度である。また、真空容器がアルミニウム合金製の場合もベーキング温度は150℃程度が限界である。一方、真空フランジの真空封止が無酸素銅ガスケットなど金属ガスケットの場合には、ベーキング温度は高温（500℃程度）とすることも可能である。しかしながら、高温ベーキングでは、真空封止のためのフランジの熱変形及び金属ガスケットの焼き付きの発生、その他、セラミックスやガラスなど異種材料と金属接合部の劣化や冷却時のガラスの割れが発生し易くなることから、金属ガスケットを真空封止に採用した真空装置の現実的に実施可能なベーキングの最高温度は300℃程度である。なお、ベーキング温度は真空装置内に持ち込む各種材料の許容温度、そして精密機械部品の熱膨張の許容範囲などにより決定する。

②温度管理：昇温・高温一定・冷却工程において、真空装置の真空容器・配管など各部が所望のベーキング温度となることを確認するため、数か所の温度を熱電対などで測定し、装置全体が均一加熱できるように温度管理する。

③昇温：急激昇温による構造材料の歪みの発生や急激な圧力上昇を避けるため、ベーキングの昇温速度は50〜100℃/hが望ましい。なおこの時、スパッタイオンポンプや非蒸発型ゲッタポンプなど気体ため込み式真空ポンプ、そして真空内の加熱機構（例えば薄膜形

成装置の基板加熱機構）などについて、必要に応じて昇温を開始する。なお、昇温などベーキング工程において、真空装置の圧力は 10^{-2} Pa 程度まで増大する場合があることから、損耗や汚染を避けるために真空計（主に熱陰極電離真空計が使用される。）による圧力計測は断続的に行う。

④高温一定：所望のベーキング温度に達した後、一定時間高温で保持する。この時、ベーキングの温度と保持時間は、目標の到達圧力に依存し、概ね以下のようである。到達圧力が 10^{-6} Pa 以上の場合、150 ℃以下×6～12 h である。到達圧力が 10^{-8} Pa 程度の場合、200 ℃程度×24～48 h である。到達圧力 10^{-9} Pa 以下を目標とする場合、200 ℃以上×48 h以上である。

⑤冷却：高温一定時間のベーキング後、室温まで冷却するが、目標到達圧力 10^{-6} Pa の場合（ベーキング温度150 ℃以下）は、直ちに加熱を停止して自然冷却してもよい。一方、目標到達圧力 10^{-8} Pa 以下（ベーキング温度200 ℃以上）の場合には、急激な温度変化を避けることと真空装置全体が均一温度である方が良いことから、徐々に温度降下させる。その降温速度は、-50 ℃/h程度が望ましい。温度降下の初期段階において、各種気体ため込み式真空ポンプの脱ガスや真空計の脱ガス及び内部加熱機構の脱ガスを数回行う。なお、これら各種真空コンポーネントの最終の脱ガスは、降温途中の100 ℃程度とする。そしてその後は、室温まで降温し、10^{-8} Pa 以下の圧力に到達させる。

第4節　その他脱ガス処理

第3節で述べた真空排気工程の中で行うベーキングは、最高温度が300 ℃であることから、表面と強く結合した吸着ガスや溶解ガスを放出させるには限界がある。この節では、これら残留吸着ガス及び溶解ガスを放出させる脱ガス手段について記述する。

(1) 真空中加熱脱ガス

真空容器や真空部品を真空炉内に入れ、高温で加熱し脱ガスし、溶解ガスを低減する方法であ

る。真空炉で 10^{-4} Pa において 1000 ℃×3 h 加熱脱ガスした後のステンレス鋼において非常に低いガス放出速度 $1.7×10^{-11}$ Pa m^3/sm^2（H$_2$ 換算）が実証されていることや[6]、10^{-4}～10^{-3} Pa において 950 ℃×1 h 加熱脱ガスした後のステンレス鋼の溶存水素濃度が未加熱試料のそれの1/10程度に低減することが実証されている[7]。実際の処理では、例えば 1 m^3 の真空炉内にステンレス鋼製の真空容器や各種真空部品を持ち込み、10^{-4} Pa において500 ℃以上の高温で数時間加熱脱ガスされている。

(2) 酸化処理

ステンレス鋼製真空装置において、前処理として空気中において高温（200 ℃以上）で数時間ベーキングする方法であり、酸化皮膜が溶解ガスの表面への拡散を防ぐ役割を果たすことで、低ガス放出化が図れるものである。例えば 200 ℃×3 h の大気中加熱を施したステンレス鋼のガス放出速度が加熱処理前のそれと比較して1/3の 1.9×10^{-11} Pa m^3/sm^2（N$_2$ 換算）になること[8]、さらに高温の400℃×38 h大気加熱処理を施したステンレス鋼のガス放出速度が$1.1×10^{-12}$ Pam^3/sm^2（N$_2$ 換算）を示すことなど[9]、加熱による大気酸化処理によりガス放出速度が低減できることが実証されている。

(3) 放電洗浄処理

放電洗浄処理は、核融合実験装置の水素プラズマに混入する酸素・炭素などの不純物を低減するために用いられる処理の一つとして開発されたもので、グロー放電洗浄[10]やテーラー型パルス放電洗浄[11]がある。真空容器内にガス導入し、電極に定常またはパルスの電圧を印加することでプラズマを発生させ、真空容器表面をガスイオンにより衝撃することで、表面不純物を叩き出し洗浄するものである。真空装置への適用としては、酸素グロー放電洗浄したアルミニウム合金製真空容器において、$1.0×10^{-11}$ Pam^3/sm^2 の低いガス放出速度が示されるなど[12]、その有効性が確認されている。

この他、低いガス放出特性を得るための処理としてコーティング処理（脱ガス処理ではないが記述する。）がある。例えば、ステンレス鋼やチタン材料にTiNコーティングを施すことで、低いガ

第6編 真空装置の取扱い

ス放出速度を示すことが実証されている[13]。

〈栗巣　普揮〉

〔参考文献〕

1) "真空の物理と応用", 熊谷寛夫, 富永五郎 編 著, 裳華房, 1970.

2) "真空技術", 堀越源一 著, 東京大学出版会, 1976.

3) "真空工学", 山科俊郎, 広畑優子 著, 共立出 版, 1991.

4) J. Frenkel; Z. Phys., 26, (1924) 117.

5) Avenema: 1961 Trans. 8th Natl. Vac. Symp. 2nd Intern. Congr. Vac. Sci. Technol. (1962) 1.

6) R. Calder, et al; J. Apppl. Phys., 18 (1967) 1459.

7) L. Westerbarg, et al; Vacuum, 48 (1997) 771.

8) K. Odaka, et al; J. Vac. Sci. Technol. A13, (1995) 520.

9) P. Marin, et al; Vacuum 49 (1998) 309.

10) R. P. Govier, et al; J. Vac. Sci. Technol. 7, (1970) 552.

11) L. Oren, et al; Nucl. Fusion 17 (1977) 1143.

12) H. J. Halama, et al; J. Vac. Sci. Technol. 13, (1976) 463.

13) 湊, 他；真空, 37 (1994) 113.

第4章 漏れ試験と漏れ対策

我々の日常生活を取り巻くものの中には、機器の内部または外部から液体や気体が流入、出入り（漏れ）しては困るものが数多くある。エアコンや冷蔵庫では冷媒が漏れると機能が低下する。自動車やガス給湯器では燃料が漏れると大変危険で、人命に関わる事故となりえる。また、防水性能を特徴とする時計、カメラや携帯電話では、外部から水が侵入しないように完全ではないものの一定の気密性が求められる。産業設備に目を向けると、真空装置に限らず、気体や液体を輸送または貯蔵する設備では内容物が漏れると危険が生じる場合や、生産性が低下する場合がある。このような気密性が必要とされるものの多くに対しては漏れ試験が行われる。ところが、それぞれの場合で許容できる漏れのレベルは様々である。漏れ試験対象の形状においても、密閉された状態で漏れ試験が必要なものもあれば、他のものと接続するための開口部を持つものもある。さらに漏れ試験の目的においても、修繕のために漏れ箇所を特定したい場合もあれば、漏れ箇所に関わらず漏れ量が許容値以下であることを確認したい場合もある。従って、漏れ試験もそれぞれの状況に応じて、適切な手段をとる必要がある。日本工業規格「JIS Z 2330：非破壊試験－漏れ試験方法の種類および

その選択」では、様々な漏れ試験と選択方法が示されている。その中の主な漏れ試験方法とその特徴について表1に示す。いずれの試験法も、試験体内部または外部を加圧または減圧することによる試験体内外の圧力差を利用する。圧力差と漏れ量（穴、隙間などの大きさ）によって移動する気体や液体を検知するのは同じだが、その手段が試験方法によって異なる。

本章では、主に真空装置や関連部品の漏れ試験に焦点をあて、JIS Z 2332で示される圧力変化を利用した漏れ試験方法の一部およびヘリウムガスを用いた漏れ試験方法を中心に解説する。また、いずれの試験方法にしても、結果を正しく評価するには、測定原理や測定器の特徴についての理解が不可欠である。この点についても、測定における注意点に触れながら説明を加える。最後に、ガスケットシールにおける組立上および設計上の注意点をいくつか紹介する。

第1節 漏れ量の単位と取扱い

漏れ試験で扱われる漏れ量とは、一定条件下で単位時間あたりに流れる流体の量を指す。気体の場合では、漏れの流量単位としてPa・㎥/s（パスカル・リューベ・パー・セカンド）がよく用いら

表1　漏れ試験方法の一例

漏れ試験に用いるもの	主な試験	試験の方法
液体	蛍光染料による試験	蛍光染料を添加した液体を試験体内に入れ、暗所で紫外線を照射し外部に漏れ出た液体を検知することで、漏れ箇所を特定する。
空気	水没試験	試験体内部を加圧した後に密閉し、水中に浸せきする。試験体内部から出てくる泡により、漏れ箇所を特定し、漏れ量を測定する。
空気	圧力変化による漏れ試験	試験体内部を加圧または減圧した後に密閉し、その後の圧力変化を測定することで漏れ量を測定する。
空気	超音波漏れ試験	漏れ箇所を気体が漏れ出るときに発生する超音波などを超音波検知器によって、漏れ箇所を特定する。
サーチガス	ヘリウム漏れ試験	ヘリウムをサーチガスとして用い、リークディテクタによって漏れ箇所を特定し、漏れ量を測定する。
サーチガス	水素ガスによる漏れ試験	水素をサーチガスとして用い、リークディテクタによって漏れ箇所を特定し、漏れ量を測定する。
サーチガス	アンモニア漏れ試験	アンモニアをサーチガスとして用い、試験体表面に塗布した検査剤がアンモニアとの化学反応して色が変化することで、漏れ箇所を特定する。

れる。気体の量を圧力(Pa)×体積(m³)で表している。体積は圧力によって変化するため、気体の量として体積だけで表すのは都合が悪いことから、圧力を含んだ形となっている。ただし、このように表される気体量は、気体分子数が同じであっても温度によって変化する。漏れ量として単位時間に流れる気体分子数を採用する場合には、上記気体量に加えて温度条件の付与が必要である。理想気体の状態方程式（1.1）からもわかるように、体積、圧力および温度から、気体分子数がわかる。その際の流量単位としては、モル流量mol/secや質量流量g/yearなどが使われる。

$$P \cdot V = v \cdot R \cdot T = \frac{N}{N_A} \cdot R \cdot T \\ = N \cdot k \cdot T \\ (P = n \cdot k \cdot T)$$ (1.1)

ここで、P：圧力 [Pa]、V：体積 [m³]、v：モル数 [mol]、N：気体分子の個数 [個]、N_A：アボガドロ数 [個/mol]、R：気体定数 [J・K⁻¹・mol⁻¹]、T：絶対温度 [K]、n：分子数密度 [個/m³]、k：ボルツマン定数 [JK⁻¹]

もっとも注意すべき点は、同じ漏れ形状においても、条件によって漏れ量が変わるということである。ここでいう条件とは、漏れ箇所における上流と下流の圧力差、ガス種および温度である。従って、漏れやすさの指標として漏れ量を扱う場合には、これらの条件を明確にしないと意味をなさない。JIS Z 2332においても、漏れ試験における試験圧力、試験温度や試験に用いたガス種について記録するように求めている。温度については、通常は室温付近ということが暗黙の了解となっているが、漏れ試験対象の実際の運用時の温度と漏れ試験時の温度が著しく異なる場合は、漏れの形状が熱膨張/収縮により、変形する可能性もある。運用時に近い温度環境で漏れ試験が行われることが望ましい。

第2節 ヘリウムリークディテクタ（HLD）を使用しない漏れ試験

2.1 真空装置における大きな漏れの見当

真空装置におけるもっとも簡単な漏れ試験は、真空ポンプによって排気されたときの圧力で判断するものである。理想的な状態では、真空ポンプの到達圧力まで排気されることになる。図2.1に、真空チャンバーを配管とバルブを介して真空ポンプで排気するという単純な構成を示した。この場合、真空装置の圧力、漏れ量および真空ポンプの特性の関係は式（2.1）で表すことができる。

$$P = P_0 + \frac{Q}{S}$$ (2.1)

P：真空装置の圧力 [Pa]、P_0：ポンプの到達圧力 [Pa]、S：排気速度 [m³/s]、Q：漏れ量 [Pa・m³/s]

漏れ量は、真空チャンバーの圧力とポンプの到達圧力との差および真空ポンプの排気速度から見積もることが可能である。ただし、容積移送型の真空ポンプの場合、到達圧力およびその付近では排気速度には器差があるものも少なくない。従って、式（2.1）による漏れ量の見積りは、あくまで大きな漏れの有無について見当を付ける手段と考える方が良い。

2.2 圧力変化減圧法

より詳しく漏れ量を見積もるには、圧力変化減圧法（JIS Z 2332）が有効である。この方法では、真空チャンバーを真空ポンプで排気した状態から、真空チャンバーをバルブで遮断し、その後の圧力変化のスピードによって漏れ量を見積もる。図2.2では、漏れのある真空チャンバーのt秒間に

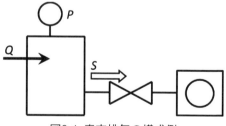

図2.1 真空排気の構成例

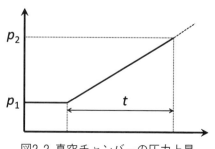

図2.2 真空チャンバーの圧力上昇

おける圧力の経時間変化の例を示した。具体的には、真空チャンバーを予め真空ポンプで減圧した後に、真空チャンバーと真空ポンプをつなぐ配管をバルブで一定時間遮断する。当初P_1であった真空チャンバーの圧力は、漏れによって時間の経過に伴い上昇する。t秒後の圧力がP_2となった場合の漏れ量は式（2.2）によって見積もられる。

$$Q = (P_2 - P_1) \cdot \frac{V}{t} \qquad (2.2)$$

t：バルブで遮断した後の放置時間［sec］
P_1：遮断直前の真空チャンバーの圧力［Pa］
P_2：t秒間放置後の真空チャンバーの圧力［Pa］
V：真空チャンバーの容積［m³］

　ここでは簡単のため、配管容積や放出ガスなどは考慮していない。しかし、実際には内部表面からの放出ガスおよびガス透過などの影響により、漏れがない場合であっても圧力が上昇する。特に残留水分が多い場合は、その蒸気圧によって数百Pa以上まで達することもある。従って、予め真空ポンプによって十分に排気しておくことが望ましい。また、真空チャンバーの圧力が大気圧に近づくほど、漏れ箇所の上下流での差圧が小さくなり、漏れ量が小さくなる。つまり、大きな漏れによって、比較的短い時間に真空チャンバーの圧力が大気圧に近くなってしまうような場合は、この方法は適さない。詳しくは、JIS Z 2332附属書Bを参照されたい。

　この他に、真空装置に設けられている残留ガス分析計やプロセスガスモニターを利用する手段もある。代表的な残留ガス成分である水分や水素とは別に空気成分（酸素：窒素≒2：8）が定常的に観察される場合は、外部から空気が入り込んでいる可能性が疑われる。

第3節　ヘリウム漏れ試験
3.1 ヘリウム漏れ試験の種類

　ヘリウム漏れ試験は、He（ヘリウムガス）をサーチガスとして利用してHLD（ヘリウムリークディテクタ）を用いて行うものであり、漏れ試験の中ではもっとも小さい漏れを検知できるといわれている。He漏れ試験についてはJIS Z 2331ヘリウム漏れ試験方法で規定されており、7種類に分類されている。

a) 真空吹付け法（スプレー法）
b) 真空外覆法（真空フード法）
c) 吸込み法（スニッファー法）
d) 加圧積分法
e) 吸盤法（サクションカップ法）
f) 真空容器法（ベルジャー法）
g) 浸せき法（ボンビング法）

　以下では、最初にHLDの構成と動作について説明した後に、真空装置や関連部品の漏れ試験として比較的よく用いられるa）真空吹付け法およびc）吸込み法について解説する。

3.2 HLDの構成

　HLDの構成の一例を図3.1に示す。

・吸気ポート
　試験体に接続し、試験体内部のガスを吸気する。NW16(KF-16)、NW25(KF-25)やNW40(KF-40)と呼ばれる形状であることが多い[1]。

・質量分析計
　電子衝撃により気体をイオン化し、質量分離してHeイオンを検知する。圧力が高い状態で動作させると、質量分離における分解能の低下、検出感度の低下および電極材料の酸化による劣化などの不具合が生じるため、通常は10^{-3}Pa程度以下で動作するように構成されている。

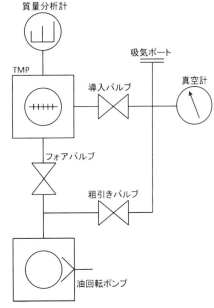

図3.1 ヘリウムリークディテクタの構成例

・TMP（ターボ分子ポンプ）

　質量分析計の動作圧力を維持するとともに、真空計によって把握される圧力に応じて試験体の排気にも用いられる。また、排気速度や圧縮比が吸気気体の重さに応じて異なる性質を利用して、気体の分離フィルタとしても機能している。

・油回転ポンプ

　TMPの補助ポンプの役割を担う他、試験体の初期排気を行う。ドライポンプが用いられることもある。

　図示はしていないが、この他にHLDを校正するために参照標準として用いられる校正リークや、吸気ポートを大気に解放するためのベントバルブなどが搭載される。

3.3 HLDの起動

　近年市販されている多くのHLDでは内蔵するバルブ操作などがコンピューターで制御さており、起動操作を受け付けると、次に示すようなプロセスを自動で実行する。

(1) TMPおよび補助ポンプが稼働開始する。

(2) TMPが定常回転に達し、十分に減圧されると、質量分析計が稼動する。

(3) 漏れ基準器を用いた校正が行われ、起動を完了する。

おおよそ数分〜10分程度で起動が完了し、漏れ試験が可能な状態となる。

3.4 漏れ試験時におけるHLDの動作

　起動完了したHLDでは、フォアバルブのみ開かれ、質量分析計をTMPと補助ポンプにて常に排気する。導入バルブや粗引きバルブは閉じているため、吸気ポートは大気圧である。HLDの起動時と同様に、漏れ試験中のHLDもおおよそ自動で制御される。試験体がHLDの吸気ポートに接続され、測定開始操作を受け付けた後のHLDの一連の動作を以下に示す。

(1) 試験体の初期排気

　フォアバルブが閉じ、粗引きバルブが開く。HLDの吸気ポートに接続された試験体は、油回転ポンプによって大気圧から減圧される。この時、導入バルブは閉じているため、質量分析計やTMPが大気圧に晒されることはない。

(2) 漏れ測定の開始

　試験体が減圧され、HLDの真空計の指示値が1000-2000Pa程度に到達すると、フォアバルブが開き、試験体から吸気するガスの一部がTMPを逆流（拡散して）質量分析計で測定される。ところで、測定が開始された直後の比較的圧力が高い状況では、HLDの指示値が高くなる傾向にある。これの主たる原因は、吸気する気体に含まれるHe分子の他に、水分子の一部がHeと同様に検知されてしまう為である。すなわち、質量分離が完全ではないことに起因するわけであるが、この影響は試験体の減圧とともに減少し、いずれ無視できる程度となる。さらに試験体が減圧され、百Pa程度に到達すると、粗引きバルブが閉じ、導入バルブが開かれる。質量分析計に近い（圧縮比が低い）ところから気体が導入されるため、検出感度が高い。このように、HLDの中には複数の漏れ測定モードを有するものがある。

(3) 測定終了

　所望の測定が完了し、HLDに測定終了操作を行うと、導入バルブが閉じ、ベントバルブから大気が導入され、吸気ポートが大気圧に解放される。HLDの中には、測定終了後に任意のタイミングで大気を導入することが可能なものもある。

　ユーザーがHLDを試験体に接続して測定開始のための操作を行えば、起動時と同様に自動的に真空排気を開始し、測定可能な圧力（概ね数百〜1000Pa程度）を確認次第、測定が開始される。従って、ユーザーがバルブ操作や質量分析計の調整を行う必要がない。HLDの不具合を避けるのに注意すべきことは、漏れ測定中に誤って大気を導入させないことである。試験体が外れてしまうなどして大気圧がHLDに導入されると、真空計が圧力上昇を検知し、HLDを保護するためにTMPと吸気ポートを仕切る導入バルブが遮断する。しかし、このような制御によっても、TMPや質量分析計を動作圧力に維持することは不可能であり、場合によっては、TMPが破損したり、質量分析計が酸化したりして使い物にならなくなり、非常に高額な修理費用がかかることになる。

3.5 真空吹付け法の概要

　もっとも単純な真空吹付け法の一例として、真

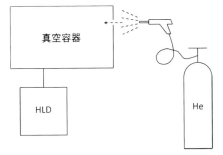

図3.2 真空容器の漏れ試験

空容器の漏れ試験の概略を図3.2に示す。この場合、真空容器はHLDによってのみ真空排気される。漏れがある箇所にHeが吹き付けられると、そこからHeが減圧された真空容器内部に流入し、HLDによって排気される過程で検知される。Heを吹き付けた場所とHLDの指示値の変化により、漏れ箇所を特定し、漏れ量を把握することができる。

3.6 真空装置の漏れ試験

　真空チャンバーの容積が大きい場合、HLDの排気容量では、測定可能な圧力に到達するまでに非常に長い時間を要してしまう。そのため、真空装置に設けられているポンプによって減圧するのが一般的である。真空装置とそのヘリウム漏れ試験の一例を図3.3に示す。この例では、真空チャンバーはTMPとその補助ポンプによって排気される。それらを接続する配管には、バルブによって封止されたサービスポートがあらかじめ設けられてい

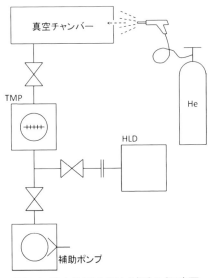

図3.3 真空装置の漏れ試験の概略図

る。このポートとバルブを利用し、真空装置の真空を破壊しないで、HLDを接続して漏れ試験を行なうことになる。その際のプロセスの一例を以下に示す。

a) サービスポートにHLD（ヘリウムリークディテクタ）の吸気口を接続する。
b) HLDを操作し、内蔵する真空ポンプによって吸気口を介して接続ポートを排気する。
c) 接続ポートが漏れ試験が行える圧力まで排気された後にHLDの測定が開始される。
d) HLDの指示値が安定したらバルブを開く。サービスポートを介して真空チャンバーから一部のガスがHLDに導入される。この時点では、チャンバーの残留ガス成分によるバックグランドを測定しているに過ぎない。
e) HLDの指示値が安定した後に、真空チャンバーにHeガスを吹き付け、漏れ探しや漏れ量の測定を行う。

　ここで、先述の真空容器の漏れ試験と異なりTMPの排気口は、真空装置の補助ポンプとHLDに分岐しているため、漏れ箇所から流入したHeが分流する。すなわち、漏れ箇所から流入したHeが100%HLDで検知されないことに注意されたい。HLDの指示値と分流の割合に応じて、真の漏れ量を計算する必要がある。分流の割合は分岐点でのHe排気速度の比であるが、この比をポンプやHLDの排気速度とコンダクタンスから算出するのは簡単ではない。実際の漏れ量を知るには、予めリーク量が既知の校正リークを真空チャンバーに取り付けてHLDで測定し、指示値とリークの関係を把握する方法が現実的である。

3.7 真空吹付け法における注意点

　真空吹付け法において、より正確に漏れ箇所を特定するには、吹き付けるHeがなるべく他の漏れ箇所まで到達しないように配慮することが重要である。具体的には、吹き付けたときにHeが不要に拡散しないように、吐出流量を制限する。吹き付け時にHeが吐出する音がやっと聞こえる程度で十分である。また、長時間の吹付けも避けるのが賢明である。OリングなどにO利用されるエラストマーはHeの透過率が高いため、透過現象を漏れと誤認する恐れがある。また、HLDの指示値は漏れ

第6編 真空装置の取扱い

箇所から流入するHe濃度にも依存する。空気で希釈された状態で流入すると、指示値は低い値を示すことになる。従って、漏れ量を正確に測定するには、漏れ箇所の周囲を十分なHe濃度雰囲気で覆う必要があり、そのためには少なくとも一定時間Heを吹き付けるか、漏れ箇所をフードなどで覆いながら漏れ箇所にHeを供給することで、漏れ箇所付近のHe濃度を100%に近づけることが望ましい。このように、漏れ箇所を特定するための手法と、漏れ量をなるべく高い精度で測定する手法には相反する部分があることから、漏れ試験の目的を明確にしてから実行することが肝要である。

3.8 スニッファー法

熱交換器やガス配管など、内部にガスが充填されるような試験体の漏れ試験では、内部にHeを加圧充填し、外部に漏れ出るHeを検出するスニッファー（吸い込み）法を用いることが望ましい。使用状況に近い圧力状態での漏れ試験が可能だからである。スニッファー法では、プローブと呼ばれる吸い込み口を介して、吸い込んだガスの全部または一部がHLD内部に導入される。この時、プローブから吸い込まれる大気圧の空気は、オリフィスを介してHLD内部に導入されるため、HLD内部は高真空に維持される。漏れ探しの手順としては、漏れが疑われる箇所にプローブを近づけ、その周辺雰囲気を吸入する。その時のHLDの指示値の変化により、漏れの有無を判断する。しかしながら、プローブを漏れ箇所に密着しない限り、漏れ出るHeを100%補足することは困難であり、真空吹付け法に比べて定量性で劣る。また、プローブと漏れ箇所の距離によって指示値が異なることから、使用者によって漏れ量の読み取りに差が生じやすいことにも注意が必要である。

3.9 サーチガス

漏れ試験の多くの場合に、サーチガスとしてHeが用いられる。その主たる理由としてa) 不活性であること、b) 大気中の濃度が低いことが挙げられる。不活性であることは、人体に無害であり、化学反応により試験対象に影響を与える危険もないことを意味する。大気中のHe濃度は5-6ppm程度と言われており、漏れ箇所から大気が流入しても

HLDの指示値に与える影響は小さい。他には、Heが他のガスよりも分子量が小さいため、細い漏れ形状においても比較的流れやすいことも都合が良い。例えば、漏れ形状が、内径$0.01\mu m$、長さ$1cm$の円形導管の場合では、Heは空気に比べて7.3倍多く流れるとされている[2]。一方で、Heガスは決して安価とは言えない。特に、漏れ試験の対象が、大量生産製品や大型の場合では、大量のサーチガスが消費されるため経済的負担は小さくない。このような場合、窒素などの不活性ガスで希釈されたHe混合ガスをサーチガスとして利用することも検討されたい。希釈ガスの調達が大量であれば、ガス供給事業者における希釈ガスの製造コストがHeガスのコストを下回り、漏れ試験にかかるコストを削減できる可能性がある。ただし、HLDの検出限界レベルに対し、漏れ試験で求められる検出量が十分に大きいことが条件となる。ガス種による漏れやすさの違いを無視すれば、HLDの検出限界レベルに対し、漏れ試験に必要な検出能力が100倍大きいような場合は、Heを1％まで希釈した混合ガスでも、漏れを検知できることになる。実際には、HLDに限らず測定器の検出限界付近での測定は好ましいとは言えないため、ある程度余裕をもってHe濃度範囲を検討しなくてはならない。その上で、ガス供給事業者と相談の上、もっとも経済合理性の高いHeガス濃度を検討されたい。サーチガスの消費量によっては、ユーザー自ら希釈装置を設置した方が経済的な場合もある。

He以外では、希釈水素もサーチガスとして利用できるリークディテクタも市販されている。空気中に放出しても爆発しない5％程度の混合ガスとして供給を受けることが可能で、取り扱いは不燃性ガスとなる。水素濃度が低いことから、100％Heをサーチガスとした場合に比べて検出能力で劣るが、ガスの販売価格はHeよりも安価な場合が多い。また、Heより安易に生産できることから供給の安定性も高いと思われる。測定の再現性や誤差といった信頼性は、個々の計測器の特性に大きく依存すると思われるので、ここでの解説は避ける。

3.10 測定の時定数

真空吹付け法では、漏れ箇所にHeを吹き付けて

からHLDの指示値が変化するまでに遅れが生じる。遅れを生じる時間は、漏れ箇所に流入したHeがHLDに到達するまでの時間と、HLDの応答時間に大別できる。前者は排気系と漏れ形状に、後者はHLDの応答性にそれぞれ依存する。後者は概ね1秒以下であるので、真空吹付け法における時定数は、排気系と漏れ形状でほぼ決定されると考えて良い。一般に、試験体の容積が大きいほど、漏れ形状のコンダクタンスが小さいほど、HLDの排気速度が小さいほど、測定の時定数は長くなる。大きな真空装置で、溶接部に複雑な漏れが生じている場合は発見が難しい。また、スニッファー法においても、プローブで吸い込んだHeガスがHLD本体に到達するまでに時間を要する。この時間はプローブとHLD本体を結ぶチューブ長に概ね比例し、10mを超えるような場合は数秒を要する場合もある。

漏れ試験方法についてここで述べた内容は、あくまで実務的な内容の一部に焦点を当てたものであり、全体を網羅していない。詳しくは、JISを参照されたい[3]。

第4節 組立・設計時における配慮
4.1 真空部品の許容漏れ量

現在の技術では、漏れ量がゼロであることを確かめる手段がない。そのため、真空装置や部品の設計段階では、許容可能な漏れ量を定める必要がある。これは、真空装置の安全性と経済合理性の両方の観点から検討されるものである。また、HLDの測定分解能についても理解が必要である。メーカのカタログなどには、最小可検リーク量として10^{-13}Pa・m^3/sec台を記載するものもあるが、測定環境のHe濃度の管理、HLD自身が持つノイズおよびドリフトの評価を行わない限り、測定の不確かさは無視できない。筆者の経験では、一般的な環境下での測定分解能は概ね10^{-11}Pa・m^3/sec台と認識している。この観点から、真空部品の製造者に求めることができる許容漏れ量の下限は、$1×10^{-10}$Pa・m^3/sec程度と考えるのが妥当である。実際に製作された配管などの真空部品は、HLDによって漏れ試験を行っても10^{-12}Pa・m^3/sec台で一切Heを検知しない高い気密性が認められることも多い。しかし、このような水準に測定環境を常に維持することは簡単ではないことを真空部品や装置の設計者には理解されたい。また、摺動部などにおいて動的シールを行う所では、Oリングを挟んで固定されるような静的シールと比べて気密性が低下する。真空装置の設計時には注意が必要である。

4.2 金属ガスケットシール

真空装置用に用いられるベーカブルフランジは、一般にコンフラットフランジ®やICFフランジと呼ばれ、銅またはアルミニウムのガスケットが使われる[4,5]。ガスケットとフランジのシール面にかかる力は、全体にわたって均一であることが望ましく、偏りが大きい場合ではリークの原因となる。

従って、フランジ間を押さえつける各ボルトの軸力が均一であることが望ましい。軸力は、ボルトの締め付けトルクによって生まれるため、トルクレンチを使用して締め付けトルクを管理することが肝要である。ところが、最初に締め付けたボルトの軸力は、他のボルトを締め付ける過程でガスケットが変形するため、締め付けた時から変化する。従って、図4.1に示すように、締め付け順序に配慮する必要である。ボルトの締め付けは、最初に手で各ボルトを締めつける。その後、トルクレンチの規定トルクよりもできるだけ低いトルクに設定し、各ボルトを締め付ける。さらに、少しずつトルクの増して締め付ける手順を3-4回程度繰り返し、規定トルクに達するようにする。締め付け工程を複数回に分けることで、各ボルトにかかる軸力のバラツキを抑えることが可能である。すきまゲージを併用しフランジ間のすきまが均一であることを確かめながら、増し締めを進め

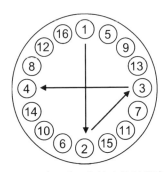

図4.1 フランジのボルト締め付け順序の一例

ると更に良い。ICFフランジの規定トルクは、M4
で2.0-3.0 N・m、M6で6.9-9.8 N・m、M8で9.8-
14.7 N・mである。過度なトルクでの締めつけは、
ボルトの塑性変形を引き起こし、締め付けトルク
と軸力の関係を乱すことがあるので、注意が必要
である。また、ボルトの締め付けトルクと軸力の
関係は、ネジ表面の粗さや傷の有無によっても異
なる。これらの影響を軽減するには、二硫化モリ
ブデンなどの潤滑剤をネジ部に塗布することが有
効である。

　高真空を実現するためのベーキングにおいて
は、昇温・降温の速さに注意が必要である。昇温
過程では、どうしても場所による温度の不均一が
生じる。これは、体積膨張のバラツキを生み、軸
力の均一性も失われることになる。この影響は、
降温の際により深刻である。収縮時にガスケット
とフランジ間に隙間が生じやすくなるからであ
る。これを避けるためには、温度変化をゆっくり
進め、場所による温度分布のバラツキを小さくす
る配慮が必要である。筆者の経験では、フランジ
の締め付けに適切な配慮がなされている場合、概
ね2時間における温度変化を10℃以下にしておけ
ば、気密性を損なうことない。

4.3 エラストマーガスケットシール

　気密性を保つための手段としてもっとも一般的
に用いられるのがゴム製Oリングである。ゴムと
いうと天然ゴム、ニトリルゴム、フッ素ゴム、シ
リコンゴム等様々な種類が販売されているが、多
くのものは可塑剤やゴム中に含まれる油脂成分
（ゴムの弾力性を高める成分）が含まれる。真空
を有機物で汚染する恐れがあるので、ゴムの種類
の選択に注意したい。耐熱性のあるシリコンゴム
であっても種類によっては低分子シロキサンが真
空槽内に蒸発し、シリコン汚染のもととなる場合
がある。ここでは、真空シールとして使用される
代表的な3種類のゴムの特徴を取り上げる。もっ
とも安価なものは、NBRと呼ばれるニトリルゴム
である。耐磨耗性、強度および耐油性に優れた特
徴を持つ。しかし、組成にもよるが、耐熱温度は
120℃と比較的低く、高温部の使用には向かない。
また、配合剤として有機分子を含む可塑剤等が使
われるため、室温で10^{-4}Pa程度の飽和蒸気圧を持

つ[6]。従って、高真空を目的とする場合や、有機
分子による汚染が許されない場合は使用をさける
べきである。この点では、FKM、バイトン（商品名）
などと呼ばれるフッ素ゴムが優れている。耐熱も
200℃を超え、有機分子による汚染もごく微量で
ある。NBRに比べて高価であるが、汎用的なエラ
ストマーとしてはもっとも優れていると言える。
高温部の使用に適しているものとしては、FFKM、
パーフロ（商品名）やカルレッツ（商品名）と呼
ばれるフッ素ゴムが挙げられる。FKMと比べると
だいぶ高価であるが、耐熱が300℃を超えるもの
がある。フッ素プラズマ耐性が高いので、半導体
プロセス装置などにはよく使用される。しかし、
FKMに対してガス透過性が高い傾向にある。

〈松本　善和〉

〔参考文献〕

1）ISO2861：2013 Vacuum technology-
　Dimensions of clamped-type quick-release
　couplings
2）林主税：真空技術、共立出版株式会社、p.411、
　(1985)
3）JIS Z 2331:2006ヘリウム漏れ試験方法
4）ISO 9803:2007 Vacuum technology -- Mounting
　dimensions of pipeline fittings -- Part 1:
　Non knife-edge flange type
5）JVIS003：1982真空装置用ベーカブルフランジ
　の形状・寸法
6）林主税：真空技術、共立出版株式会社、p.516、
　(1985)

第5章 真空中の放電防止

はじめに

　真空中では気体分子の平均自由行程が電極間のギャップ長に比べ遥かに大きいので、気体分子の衝突電離が生ずる可能性は極めて低い。そのため、気体中の絶縁破壊に比べれば、格段に高い放電（絶縁破壊）電圧となるはずである。しかし、期待したほどの高い絶縁破壊電圧に至らない、あるいは安定した絶縁状態にならないことが多い。真空中の絶縁破壊は、気体放電とは異なり、電極や絶縁体の表面状態に支配される。現実の表面状態を特定することは極めて困難であることから、気体放電におけるパッシェンの式[1]のような定式化にはいまだ至っていない。それでも、これまでの多数の研究結果を基に、放電防止法についてさまざまな手法が提案されている。代表的な総論的、解説的な文献を2-5）に示す。また、真空中の絶縁と放電に関する国際会議（International Symposium on Discharges and Electrical Insulation in Vacuum：略称ISDEIV）が、1964年から隔年で今日まで続いている。

　ここでは、真空中の絶縁破壊に関する基本的な考え方と、これまで報告されている放電防止の手法について述べる。

第1節　真空中の絶縁破壊現象
1.1 絶縁破壊の発生する部位と素過程

　図1.1は真空容器内に高電圧を導入するときに発生すると考えられる様々な素過程を示している。発生する放電（絶縁破壊）は、大きく分けて、陽極—陰極間のギャップ放電、ならびに絶縁体円筒の真空側表面における沿面放電である。

1.2 電極間の絶縁破壊（ギャップ放電）

　高電圧（高電界）の印加により、陰極表面の突起あるいは汚染物等の不整な点において電界電子放出が発生する。その電子は電界からエネルギーを得て陽極に入射し、陽極表面の電子入射領域を加熱する。これにより陽極表面吸着ガスの脱離、マクロ粒子の脱離、陽極の溶融・気化（陽極材料蒸気の発生）等を引き起こす。これら陽極から発生した粒子の密度が高くなると絶縁破壊に至る。このような陽極側での粒子供給により引き起こされる絶縁破壊機構を陽極開始説[6]と呼んでいる。

　一方、陰極側では、印加電圧の上昇に伴い電界放出電子電流が増加すると、電子放出点の温度が上昇し、陰極材料の溶融・蒸発、吸着・吸蔵物質の蒸発が起こる。陰極から発生した粒子の密度が高くなると絶縁破壊に至る。この場合の絶縁破壊機構を陰極開始説[7]と呼んでいる。絶縁破壊が陽極開始型となるか、陰極開始型となるかはさまざまな要因で変化する。その判別については多くの研究報告があるが、代表的なものとして文献8、9）が挙げられる。

　多くの場合、電極形状で決まる巨視的電界強度で予想されるよりもはるかに低い電界強度で絶縁破壊は発生する。そのため、電極表面に存在する微小突起による電界増倍効果[10]、電極表面に存在する不純物が介在した電子放出機構[11]が提案されている。電界電子放出特性は陰極の電子放出点の電界強度で決まるので、電界放出電子起因の絶縁破壊電圧はギャップ長にほぼ比例する。

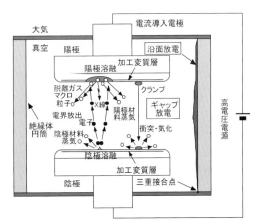

図1.1　真空中絶縁破壊現象のモデル図

上に述べた電界放出電子起因の絶縁破壊機構に対し、電子に起因しない絶縁破壊機構が提案されている[12]。電極表面には、ゆるく付着した微粒子（Clump：クランプ）が存在し、そのクランプが電圧印加と共に電極（陽極側でも、陰極側でも）表面を離脱し、電界からエネルギーを得て対向電極に衝突し、気化する。それにより電極間に粒子が供給され、絶縁破壊に至る。この絶縁破壊機構はクランプ説と言われている[13]。この説によれば、絶縁破壊電圧V_Sとギャップ長dの関係は

$$V_S = Kd^{1/2} \quad (K：定数) \tag{1.1}$$

となり、多くの実験結果、特にmm以上の長ギャップ時の特性をよく説明できる。

1.3 絶縁体表面の絶縁破壊（沿面放電）

真空中で導体を支持するための絶縁体（スペーサと呼ぶこともある）表面に沿って発生する沿面放電は、同じ距離の電極間ギャップ長よりもはるかに低い電圧で発生するため、沿面放電の抑制は、実用上極めて重要である

図1.1で示された沿面放電の部分を図1.2に示す。沿面放電の発生機構は多数提案されているが、ここでは、一般的と考えられている二次電子なだれ機構を基に説明する[14]。

陰極・絶縁体・真空の接合部分、すなわち三重接合点（トリプルジャンクションと称する）、から強電界により電界放出された電子は陽極方向に飛行する。陽極方向に電子が飛行する過程で絶縁体に衝突すると、一般に絶縁体の二次電子放出係数は1以上なので、多数の二次電子が絶縁体から放出され絶縁体表面が正に帯電する。同時に吸着ガスが脱離する。この過程が繰り返されることで、多数の電子の生成と、脱離ガスのイオン化が生じ、沿面放電に至ると考えられている。

1.4 X線の影響

真空中に置かれた電極に電子が入射するとX線が発生する。発生したX線が電極や絶縁体に入射すると光電効果により光電子を発生させる。こうして発生した光電子は絶縁破壊を発生させる原因ともなり得る[15]。また、絶縁体に入射した場合には、絶縁体の劣化を促進する可能性もある

1.5 印加電圧波形の影響

これまで述べたのは主に印加電圧が直流、あるいは商用周波数程度の低周波電圧が印加された場合の絶縁破壊機構である。周波数が高くなると、電極間で電子が往復運動を引き起こす場合があり、直流や低周波の場合とは異なる特異な様相を呈するようになる[16]。

第2節　放電防止

2.1 基本的考え方

真空中絶縁破壊の原因は、上述のように、電極表面の不整や吸着ガス、付着物の存在等である。従って、高い絶縁破壊電界を得るには、これらの要因を取り除く必要がある。また、絶縁体については、これらの他に、二次電子放出係数についても考慮する必要がある。

以下に、ギャップ放電、沿面放電に分けて、放電防止について説明する。

2.2 ギャップ放電

(1) 電界分布と面積効果

電界電子放出が絶縁破壊発生の大きな要因であることから、電界電子放出を少しでも低減できる電界・電位分布が得られる電極形状とすることが必要である。また、電極の表面積が増加すると絶縁破壊電圧が低下する傾向（面積効果）[17]にも注意する必要がある。近年では、複雑な形状の電極あるいは絶縁体の配置であっても、非常に正確に電位分布、電界分布を数値計算で求めることができるようになっている[18]。

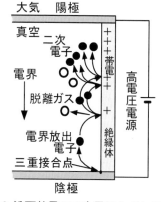

図1.2 沿面放電の二次電子なだれモデル

(2) 材料の選定・選択

前項1.2（電極間の絶縁破壊）で述べたように、真空中のギャップ放電は電界電子放出や電極材料の溶融・気化がその原因の一つである。そのため、仕事関数が高く硬度や融点の高い電極材料ほど絶縁破壊電圧が高い傾向を示す。また、吸蔵ガス量や放出ガス量の少ない材料を使用することも重要であり、真空用材料の選択基準と重なるところも多い。しかし、現実問題として、必ずしもこれらの条件を満足するような電極材料を使えるとは限らない。用途を念頭に置き、これらのパラメータを考慮に入れて材料の選択を行う必要がある。

(3) 真空容器に取り付ける前の処理

電界電子放出点となる可能性のある突起や不純物を除去するために、電極表面は平滑になるように仕上げる。具体的には、機械的な粗加工の後、ダイヤモンドバイトを用いた旋盤による高精度の研削、電解研磨、化学研磨等数々の手法がある。それらの加工法・処理法の効果については多くの報告がある[19]。機械加工後は十分な洗浄を行う。場合によっては、さらに、別の真空容器内で前処理として真空中加熱・脱ガス処理を行う。

(4) コンディショニング効果とその場(in situ)表面処理

真空ギャップ放電の特徴的な点として、コンディショニング効果が挙げられる。一般に、電極を真空容器内に取り付け、電圧を印加して最初に得られる絶縁破壊電圧は必ずしも高いものではなく、何らかの真空中処理を行うことで高い絶縁破壊電圧が得られるようになる。代表的な例を図2.1に示す[20]。この結果は、米国のASTM-F-68規格Class-1に準拠した無酸素銅を素材とする電極を用いて得られたものである。この図では、インパルス電圧を印加して絶縁破壊させた回数を横軸に、絶縁破壊電界を縦軸としている。絶縁破壊を繰り返すことで絶縁破壊電界が上昇して行くコンディショニング効果が示されている。黒丸はArイオン銃によるその場(in situ)清浄化処理無しの電極の場合であり、コンディショニング効果はそれほど顕著ではない。それに対して、in situ表面清浄化処理(pre-cleaned)が行われた電極では、コンディショニング効果が顕著に表れている。また、最初の電圧印加における絶縁破壊電界は、in situ処理の有無に拘わらず、ほぼ同じレベルとなっている。このことは真空ギャップ放電の特徴を示していて、電極に対する処理の効果は、最初の電圧印加には現れず、コンディショニング効果に反映される。従って、高い絶縁破壊電界を得るためには、コンディショニング処理が不可欠である。コンディショニング処理法としては、ここで述べた繰り返し絶縁破壊法[20,21]や微小な電流の連続通電法[22]など多くの手法がある。

(5) 無酸素銅のグレード依存性

図2.2に、無酸素銅のグレードが異なる電極対をそれぞれ3組用意して測定した結果を示す[20]。横軸は無酸素銅素材のガス含有量を示しており、Class-1からClass-5の順にガス含有量が増加している。縦軸は、図2.1と同じく絶縁破壊電界である。また、いずれの電極もin situ表面清浄化処

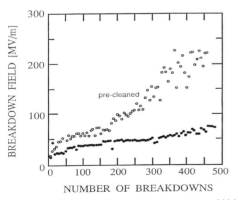

図2.1 無酸素銅(Class-1)のコンディショニング特性とin situ表面清浄化処理の効果[20]

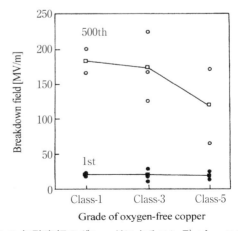

図2.2 無酸素銅のグレードによるコンディショニング特性の違い（in situ表面清浄化処理が行われている）[20]

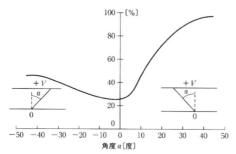

図2.3 沿面放電電圧の陰極・絶縁体角度依存性
(縦軸は、絶縁体が無い場合の絶縁破壊電圧で規格化されている)[26]

理が施されている。この図より、初回(1st)電圧印加時の絶縁破壊電界は無酸素銅のグレードに依存せず、コンディショニング後(500th)の絶縁破壊電界は、ガス含有量の少ない無酸素銅ではバラつきが少なく絶縁破壊電界も高いのに対して、ガス含有量の多いClass-5電極では、バラつきが大きく、平均的な絶縁破壊電界も低いことが分かる。

(6) *In situ* 熱処理

真空容器に電極を導入した後 *in situ* 熱処理を施すことは、電極表面の清浄化や吸蔵ガス量の低減に結びつき、絶縁破壊抑止の点から有効である。これまでにその有効性について多くの報告がなされている[23]。

2.3 沿面放電

沿面放電の抑制には、ギャップ放電における電極への留意事項と共通するものが多いが、それに加えて絶縁体特有の注意が必要な点も多数ある。

電界電子放出点となる三重接合点における電界強度を低減できるように、陰極と絶縁体が接合する部分の形状を工夫する[24,25]等の配慮は必須である。図2.3は、陽極—陰極間に絶縁体が挟まれたとき、絶縁体と陰極とがなす角度により沿面放電電圧が大きく変化することを示している[26]。この図は、三重接合点における電気力線の分布により沿面放電電圧が大きく影響を受けることを表しており、電界解析が重要であることを示している。

沿面放電と二次電子放出に伴う帯電との関係については、文献27)で説明がなされている。また、具体的対策として、表面に導電性材料を薄くコーティングする[28]等が考えられている。

〈小林　信一〉

〔参考文献〕
1) 中野義映編：大学課程 高電圧工学 改訂第2版, オーム社, p.27, (1995)
2) R. Latham ed.：High Voltage Vacuum Insulation：Basic concept and technological practice, Academic Press, London, (1995)
3) H. C. Miller：IEEE Trans. Electr. Insul., vol.25, p.765, (1990)
4) H. C. Miller：IEEE Trans. Electr. Insul., vol.26, p.949, (1991)
5) 熊谷寛夫、富永五郎、辻　泰、堀越源一：真空の物理と応用（物理学選書11　復刊）, 裳華房, p.208, (2001)
6) D. K. Davies：J. Vac. Sci. Technol., vol.10, p.115, (1973)
7) W. P. Dyke and J. K. Trolan：Phys. Rev., vol.89, p.799, (1953)
8) P. A. Chatterton：Proc. Phys. Soc. London, vol.88, p.231, (1966)
9) T. Utsumi：J. Appl. Phys., vol.38, p.2989, (1967)
10) D. Alpert, D. A. Lee, E. M. Lyman and H. E. Tomaschke：J. Vac. Sci. Technol., vol.1, p.35, (1964)
11) 参考文献2), p.115
12) C. Texier：J. Phys. D, vol.10, p.1693, (1977)
13) L. Cranberg：J. Appl. Phys., vol.23, p.518, (1952)
14) R. A. Anderson and J. P. Brainard：J. Appl. Phys., vol.51(3), p.1414, (1980)
15) R. Latham：High Voltage Vacuum Insulation：A new perspective, AuthorHouse, p.10, (2006)
16) 武田　進：核融合研究, vol.58, p.235, (1987)
17) 鶴田浩一、笈川俊雄：電気学会論文誌A, vol.100, p.513, (1980)
18) 日高邦彦：高電圧工学、数理工学社、p.191, (2012)
19) 例えば、真空技術基礎講習会運営委員会〔編〕：わかりやすい真空技術　第3版, 日刊工業新聞社、p.205, (2010)
20) S. Kobayashi：IEEE Trans. Dielec. Electr. Insul., vol.4, p.841, (1997)

21) G. A. Farrall and H. C. Miller：J. Appl. Phys., vol.36, p.2966, (1965)

22) 参考文献2)，p.33.

23) 例えば、杉野道幸、曽禰元隆、鳥山四男、光井英男：電気学会論文誌A，vol.102、p.141，(1982)

24) H. Takahashi, T. Shioiri and K. Matsumoto：IEEE Trans. Electr. Insul., vol.20, p.769, (1985)

25) J. M. Wetzer and P. A. A. F. Wouters：IEEE Trans. Dielec. Electr. Insul., vol.2, p.202, (1995)

26) 山本 修、濱田昌司：高電圧工学，オーム社，p.104，(2013)

27) 参考文献26)，p.98

28) Y. Saito：IEEE Trans. Dielec. Electr. Insul., vol.2, p.243, (1995)

〔第7編〕
環境・安全・衛生対策と保守

第1章　環境と衛生

第2章　リスクと機械安全

第3章　真空装置の保守と安全

第1章 環境と衛生

真空業界はこれまで積極的に国内および海外の環境分野に係わり、成果をあげてきている。

半導体・液晶・LED・太陽電池の各種製造装置をはじめ、家電・自動車・医療など多くの分野で役立っており、また保温・断熱などの省エネルギー技術や、酸化・腐敗防止による省資源化および資源の延命化にも寄与し、その応用技術は地球環境保全に大きく貢献している。

また真空業界は、衛生面として労働安全衛生法をはじめとして多くの法規に関連事項を持ち、もれなく遵守することによって、携わる作業者や管理者・企業トップまでの衛生、安全、健康が守られている。

関連の深い上記二分野について、現状と課題、また具体的な危険物の情報や管理について述べる。

第1節 環境面と衛生面の現状と課題[1,2]

1.1 環 境 面

ここでは、昨今の世界の異常気象の原因であり、その対策が急務となっている地球温暖化対策について記述する。

1.1.1 2015年パリ協定

1997年12月のCOP3において、先進国のみに拘束力のある削減目標を規定した「京都議定書」に合意が得られたが、途上国が参加していないこともあり、地球温暖化防止への効果は不十分であった。

その後、地球上のCO_2濃度は1997年に約360ppmだったものが、2015年には400ppmに迫る勢いで増加し続けている（図1.1）。

このような悪化をたどる状況を踏まえ、2015年12月のCOP21において、ようやく全ての国が温室効果ガス排出削減目標を5年ごとに提出・更新することを義務付けることが定められた画期的なパリ協定が採択された。

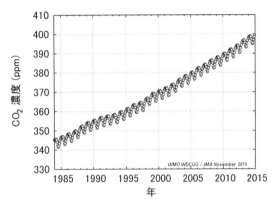

図1.1 地球全体の二酸化炭素濃度
（気象庁ホームページより）

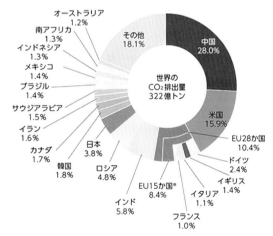

※：EU15か国は、COP3（京都会議）開催時点での加盟国数である
資料：IEA「CO_2 EMISSIONS FROM FUEL COMBUSTION」2015 EDITIONを元に環境省作成

図1.2 世界の国別CO_2排出量（2013年）
（環境省「平成28年版　環境白書・循環型社会白書・生物多様性白書」より）

世界各国が地球温暖化により一層の危機感を覚え、本気で対応していこうとする姿勢が見られたことは極めて意義深い合意であった（図1.2）。

1.1.2 各国の削減目標

パリ協定は、国際条約として初めて「世界的な平均気温上昇を産業革命以前に比べて2℃より十

表1.1 主要国のCO₂削減目標

	目標の内容
スイス	2030年までに△50%（1990年比）
EU	2030年までに少なくとも△40%（1990年比）
ノルウェー	2030年までに少なくとも△40%（1990年比）
米国	2025年に△26%～△28%（2005年比）。28%削減に向けて最大限取り組む
ロシア	2030年までに△25～30%（1990年比）が長期目標となり得る
カナダ	2030年までに△30%（2005年比）
中国	2030年までにGDP当たりCO₂排出量△60～△65%(2005年比) 2030年前後にCO₂排出量のピーク
韓国	2030年までに△37%（BAU比）
ニュージーランド	2030年までに△30%（2005年比）
日本	2030年度までに2013年度比△26.0%（2005年度比△25.4%）
オーストラリア	2030年までに△26～28%(2005年比)
ブラジル	2025年に△37%（2005年比）2030年に△43%（2005年比）
インドネシア	2030年までに△29%（BAU比）
南アフリカ	2020年から2025年にピークを迎え、10年程度横ばいの後、減少に向かう排出経路を辿る 2025年及び2030年に398～614百万トン（CO₂換算） （参考：2010年排出量は487百万トン（IEA推計））
インド	2030年までにGDP当たり排出量△33～35%（2005年比）

注：BAU：現状の排出傾向を前提とした場合の基準年における予測排出量
資料：国連気候変動枠組条約束草案ポータルを基に環境省作成

（環境省「平成28年版 環境白書・循環型社会白書・生物多様性白書」より）

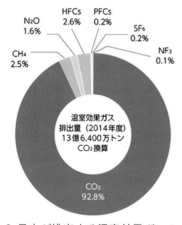

図1.3 日本が排出する温室効果ガスの内訳
（2014年単年度）
（環境省「平成28年版 環境白書・循環型社会白書・生物多様性白書」より）

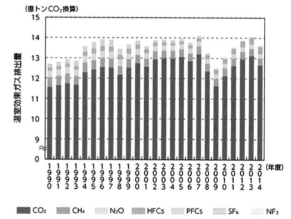

注：今後、各種統計データの年報値の修正、算定方法の見直し等により、排出量は変更され得る

図1.4 日本の温室効果ガス排出量の推移
（環境省「平成28年版 環境白書・循環型社会白書・生物多様性白書」より）

分低く保つとともに、1.5℃に抑える努力を追及すること」や「今世紀後半の温室効果ガスの人為的な排出と吸収の均衡」を掲げた。

2016年3月31日時点で、189か国・地域（条約締結国全体の温室効果ガス排出量の約99%）によってINDC（各国が自主的に決定する約束草案）が提出されている。主要国が提出した温室効果ガスの削減目標は上記のとおりである（表1.1）。

1.1.3 日本の削減目標

(1) 現状

日本の2014年度の温室効果ガス排出量は13億6400万トン（CO₂換算）で、その92.8%がCO₂となっている（図1.3）。

CO₂排出量については東日本大震災後、増加傾向となっていたが、2014年度は減少している。景気停滞の影響もあると思われる（図1.4）。

CO₂以外の排出量をみると、冷媒用HFCs以外は減少しており、産業界の努力も寄与しているものと思われる（図1.5）。

産業部門は国の指導や企業努力により、着実にCO₂排出量が下がってきているが、業務や家庭部

第1章 環境と衛生

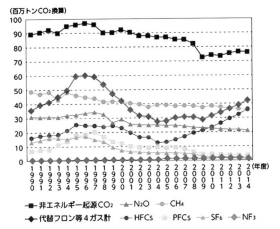

図1.5 CO₂以外の温室効果ガスの排出量
(環境省「平成28年版 環境白書・循環型社会白書・生物多様性白書」より)

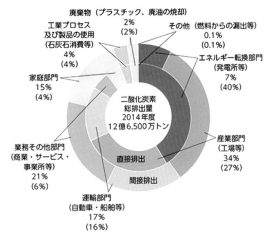

図1.7 CO₂排出量の部門別内訳（2014年単年度）
(環境省「平成28年版 環境白書・循環型社会白書・生物多様性白書」より)

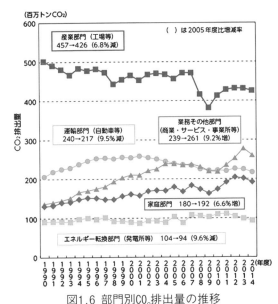

図1.6 部門別CO₂排出量の推移
(環境省「平成28年版 環境白書・循環型社会白書・生物多様性白書」より)

門では増加傾向にあり、今後の対策が急務である（図1.6、図1.7）。

(2) 削減目標

日本の2030年度の中期削減目標は、「国内の排出削減・吸収量の確保により、温室効果ガスを2030年度に2013年度比マイナス26.0％（2005年度比マイナス25.4％）の水準にすること」となっている。

その内訳となる各温室効果ガスの排出量の目安及び目標値は、すでに平成27年7月17日に、気候変動枠組条約事務局に提出されており、表1.2の

ような値となっている。

この目標は、エネルギーミックスと整合的なものとなるよう、技術的制約及びコスト面の課題等を十分に考慮した裏付けのある対策・施策や技術の積み上げによる実現可能な削減目標となっている。

また長期的な目標として、2050年（平成62年）までに80％の温室効果ガスの削減を目指すという第4次環境基本計画をすでに閣議決定しているが、この値にも整合した内容となっている。

また、真空業界に密接な関係のある温室効果ガスの代替フロン等4ガス(HFC、PFC、SF₆、NF₃)のうち、PFC、SF₆、NF₃については減少傾向にあり、各ガスを使用している半導体・液晶・LED・太陽電池の各産業が、排出量の削減を着実に行ってきた効果が表れている。

ただし、2020年までに増加の予想となっているので、さらなる努力が必要である（図1.8）。

一方、冷媒用のHFCについては増加傾向にあり、この対策としてノンフロンや低GWPの製品への転換や、フロンガスの漏洩防止の徹底化を図るため、平成27年4月1日施行のフロン排出抑制法（それ以前の「フロン回収・破壊法」を改正）の周知、展開を行っている（図1.9）。

表1.2 日本の各温室効果ガスの排出量の目安と目標

(単位：百万トンCO₂)

-	2030年度(平成42年度)の各部門の排出量の目安	2013年度(平成25年度)[2005年度(平成17年度)]
エネルギー起源CO₂	927	1,235 [1,219]
産業部門	401	429 [457]
業務その他部門	168	279 [239]
家庭部門	122	201 [180]
運輸部門	163	225 [240]
エネルギー転換部門	73	101 [104]

(単位：百万トンCO₂)

-	2030年度(平成42年度)の各部門の排出量の目標	2013年度(平成25年度)[2005年度(平成17年度)]
非エネルギー起源CO₂	70.8	75.9 [85.4]
メタン (CH₄)	31.6	36.0 [39.0]
一酸化二窒素 (N₂O)	21.1	22.5 [25.5]
HFC等4ガス	28.9	38.6 [27.7]
HFCs	21.6	31.8 [12.7]
PFCs	4.2	3.3 [8.6]
SF₆	2.7	2.2 [5.1]
NF₃	0.5	1.4 [1.2]

(単位：百万トンCO₂)

-	2030年度(平成42年度)の吸収量の目標	2013年度(平成25年度)[2005年度(平成17年度)]
温室効果ガス吸収源対策・施策	37.0	－ [－]
森林吸収源対策	27.8	－ [－]
農地土壌炭素吸収源対策	7.9	－ [－]
都市緑化等の推進	1.2	－ [－]

(環境省「平成28年版　環境白書・循環型社会白書・生物多様性白書」より)

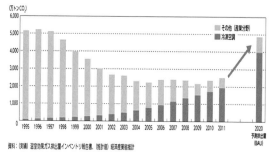

図1.8 代替フロン等3ガス（NF₃除く）の排出量推移
(環境省「平成28年版　環境白書・循環型社会白書・生物多様性白書」より)

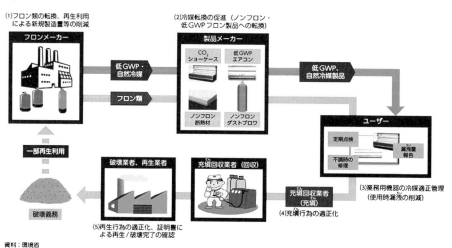

図1.9 フロン排出抑制法の概要
(環境省「平成28年版　環境白書・循環型社会白書・生物多様性白書」より)

1.1.4 今後の日本及び真空業界の施策

まず日本政府として以下の施策が打ち出されている。

(1) 全体的施策
・徹底した省エネルギーの推進
・再生可能エネルギーの最大限の導入
・技術開発の一層の加速化や社会実装
・ライフスタイル・ワークスタイルの変革
・森林等の吸収源の保全・強化
・カーボン・オフセット＆ニュートラル

(2) 産業部門
・モノのインターネット(IoT)を活用したFEMS (Factory Energy Management System)等での見える化による設備の運用改善
・自動制御等の工場のエネルギー管理の徹底
・コージェネレーション、産業ヒートポンプ、高性能ボイラー、低炭素工業炉等の導入

(3) 業務その他部門
・ネット・ゼロ・エネルギー・ビル(ZEB)の推進と実現
・高効率業務用給湯器、LED照明の導入
・トップランナー制度等による機器の省エネ性能向上
・クールビズ、ウォームビズの徹底

(4) 家庭部門
・ネット・ゼロ・エネルギー・ハウス(ZEH)の普及
・断熱性能の高い建材・窓等の導入推進
・高効率業務用給湯器、LED照明の導入
・トップランナー制度等による機器の省エネ性能向上
・低炭素製品の買換え、家庭エコ診断等の促進

(5) 運輸部門
・トップランナー制度による車両の燃費向上
・次世代自動車（ハイブリッド、電気等）の普及拡大

(6) エネルギー転換部門
・再生可能エネルギーの推進（太陽光、風力、地熱、振動等）

真空業界としては、上記の中の
・徹底した省エネルギーの推進
・再生可能エネルギーの最大限の導入
・モノのインターネット(IoT)を活用したFEMS (Factory Energy Management System)等での見える化による設備の運用改善
・自動制御等の工場のエネルギー管理の徹底
・コージェネレーション、産業ヒートポンプ、高性能ボイラー、低炭素工業炉等の導入

について重点的に取り組み、産業界において地球温暖化対策の先陣的役割を果たし、実質的な貢献とアピールを行っていくべきであろう。

1.2 衛 生 面

真空業界での実際の事故例、対策等は、後述の「第3章　保守と安全」の章を参考としていただき、ここでは衛生面に密接に係る労働安全衛生対策を盛り込んだ厚生労働省策定の「第12次労働災害防止計画（平成25～29年度）」の概略説明と、その中から特に真空業界に係る項目について記述し、業界への安全衛生面からのサポートを行いたい。

1.2.1 第12次労働災害防止計画 （平成25～29年度）

(1) 計画の目標
・平成24年と比較して、平成29年までに労働災害による死亡者の数を15%以上減少させる。
・平成24年と比較して、平成29年までに労働災害による休業4日以上の死傷者の数を15％以上減少させる（図1.10）。

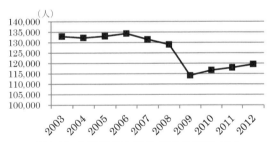

図1.10 労働災害の発生状況の推移（年）
（厚生労働省　第12次労働災害防止計画より）

(2) 重篤度の高い労働災害を減少させるための重点業種対策

死亡災害の過半数を建設業・製造業が占めている。また機械などへの「はさまれ・巻き込まれ」による死亡災害の4割近くが製造業で発生している。

製造業目標としては、「死亡者の数を5％以上減少させる（H29/H24比）」という値を掲げ、全体目標の達成を図ることとしている（図1.11）。

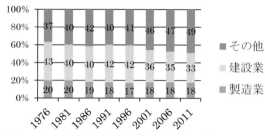

図1.11 死亡災害の過半数を占める建設業・製造業
（厚生労働省　第12次労働災害防止計画より）

(3) 重点とする健康確保・職業性疾病対策

1) メンタルヘルス対策

メンタルヘルス不調者を増やさないためには、不調者の早期発見、早期治療に加え、メンタルヘルス不調になりにくい職場環境への改善が必要である。

下記の4項目の実施によって、不調者の減少を図ることとしている。

・メンタルヘルス不調予防のための職場改善の取り組み
・ストレスへの気づきと対応の促進
・取り組み方策の分からない事業場への支援
・職場復帰対策の促進

改善に向けての目標としては、「メンタルヘルス対策に取り組んでいる事業場の割合を80％以上とする」としている（図1.12）。

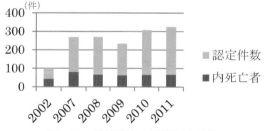

図1.12　精神障害の労災認定件数
（厚生労働省　第12次労働災害防止計画より）

2) 過重労働対策

労働者の心と体の健康の保持増進及び仕事と生活の調和の観点からも長時間労働の抑制が求められている。

下記の2項目の実施によって、過重労働対象者の減少を図ることとしている。

・健康管理の徹底による労働者の健康障害リスクの低減
・働き方・休み方の見直しの推進

改善に向けての目標としては、「過労働時間60時間以上の雇用者の割合を30％以上減少させる（H29/H23比）」としている（図1.13）。

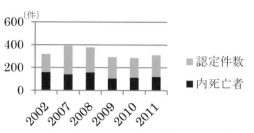

図1.13　過重労働等による脳・心臓疾患の労災認定件数
（厚生労働省　第12次労働災害防止計画より）

3) 化学物質による健康障害防止対策

規制対象でない化学物質による健康障害防止対策が重要な課題となっている。

下記の3項目の実施によって、化学物質による健康障害者の減少を図ることとしている。

・発がん性に着目した化学物質規制の加速
・リスクアセスメントの促進と危険有害性情報の適切な伝達・提供
・作業環境管理の徹底と改善

改善に向けての目標としては、「GHS分類において危険有害性を有する全ての化学物質について、危険有害性の表示と安全データシート（SDS）の交付を行っている化学物質製造者の割合を80％以上とする」としている。

4) 腰痛・熱中症対策

業務上疾病の6割を占める腰痛や、夏季を中心に頻発する熱中症への対策強化が喫緊の課題となっている。

まず腰痛発症の改善に向けての目標としては、「社会福祉施設の腰痛を含む労働災害による休業4日以上の死傷者の数を10％以上減少させる（H29/H24比）」としている。

次に熱中症発症の改善に向けての目標としては、「職場での熱中症による休業4日以上の死傷者の数を20％以上減少させる（H25～29の合計値/H20～24の合計値比）」としている（図1.14）。

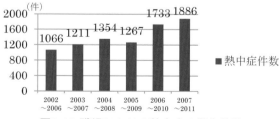

図1.14　職場における熱中症の発生件数
（厚生労働省　第12次労働災害防止計画より）

5) 受動喫煙防止対策

受動喫煙による健康障害も、昨今ますます顕著になってきており、その対策が急がれている。

改善に向けての目標としては、「職場での受動喫煙を受けている労働者の割合を15％以下とする」としている（図1.15）。（下記は2012年調査結果）

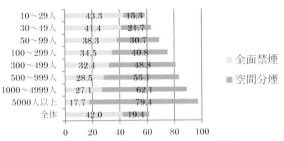

図1.15 受動喫煙防止対策への取り組み状況（％）
（厚生労働省　第12次労働災害防止計画より）

(4) 業種横断的な取り組み

1) リスクアセスメントの普及促進

リスクアセスメントの導入は進んでいるものの、中小規模事業場への普及が進んでいない。また安全分野が先行して労働衛生分野の取り組みが進んでいない状況にある。

下記の3項目の実施によって、リスクアセスメントの普及を図ることとしている。

・中小規模事業場へのリスクアセスメントと労働安全衛生マネジメントシステム導入促進
・建設業の元方事業者と関係請負人によるそれぞれの役割に応じたリスクアセスメントの実施促進
・労働衛生分野のリスクアセスメントの促進

改善に向けての目標値は特に設けていないが、労働災害の防止・減少には必須事項であり、重点項目として掲げている（図1.16）。

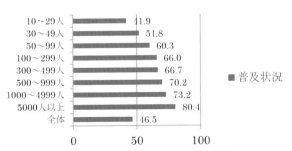

図1.16 リスクアセスメントの普及状況（％）
（厚生労働省　第12次労働災害防止計画より、2011年調査結果）

2) 高年齢労働者対策

高年齢労働者のさらなる増加に備え、加齢による身体機能の低下や基礎疾患に関連する労働災害の発生防止を強化する必要がある。

以下の2項目の実施によって、高年齢労働者の労働災害防止を図ることとしている（図1.17）。

・身体機能低下に伴う労働災害防止の取り組み
・基礎疾患等に関連する労働災害防止

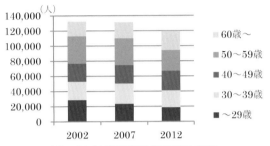

図1.17 年代別労働災害発生状況
（厚生労働省　第12次労働災害防止計画より）

3) 非正規雇用労働者対策

労働者の3人に1人を占める非正規雇用労働者に関する安全衛生活動の実態を踏まえた対策が必要である。

以下の2項目の実施によって、非正規雇用労働者の労働災害防止を図ることとしている。

・非正規雇用労働者に関する安全衛生活動や労働災害の実態把握と対策の検討
・就業形態の多様化を踏まえた責任の明確化

1.2.2 真空業界として取り組むべき重点項目

下記の項目を実践し、安全かつ健康的な職場環境を構築することで、企業の発展と社員の生活向上に繋がっていくものと考える。

(1) 重篤度の高い労働災害の減少
　（はさまれ・巻き込まれ、転落、感電）
(2) メンタルヘルス不調者への対応
　（早期発見、職場環境改善、復帰支援）
(3) 過重労働者の減少
　（仕事の平準化、休み方の指導）
(4) 化学物質による健康障害者の減少
　（化学物質規制の加速、危険有害性情報の伝達）
(5) 熱中症対策
　（作業場の温度管理、水分補給間隔と量の指導）
(6) 受動喫煙環境の改善
　（喫煙場所の確保、局所排気による拡散防止）

(7) リスクアセスメントの普及促進
（リスクアセスメント手法の教育、実践、さらに実施記録による意識の継続化）

第2節 真空技術を巡る危険有害性と
環境阻害事例[3]

ここでは真空技術が大きく係っている半導体・液晶・LED・太陽電池の各製造装置から排出される有害ガス及び反応生成物について、その危険性と安全な取り扱いについて述べる。

2.1 排出ガスの危険性
2.1.1 半導体・液晶製造装置
CVD装置には、可燃性と毒性を持ったガスが使用され、エッチング装置には、腐食性と毒性を持ったガスが使用されることが多い。表2.1に主な使用ガスと各々のTLV-TWA値を示す。

いずれも低い値となっており、毒性は高い。

表2.1 半導体・液晶製造装置で使用される代表的な
プロセスガスの危険性とTLV値

プロセス	ガス名	危険性	TLV-TWA値(ppm)
CVD	SiH_4（モノシラン）	可燃性、毒性	5
	NH_3（アンモニア）	毒性、可燃性	25
	AsH_3（アルジン）	可燃性、毒性	0.005
	PH_3（ホスフィン）	可燃性、毒性	0.3
エッチング	Cl_2（塩素）	毒性、腐食性	0.5
	HBr（臭化水素）	毒性、腐食性	2(TWA-STEL)
	CO（一酸化炭素）	毒性、可燃性	25
	CF_4（四弗化メタン）	地球温暖化	−

TLV-TWA値：T：Threshold （許容された）
L：Limited （限界の）
V：Value （値）
T：Time （時間）
W：Weighted （荷重）
A：Average （平均値）

米国の労働安全に関する機関(ACGIH)が定め、排ガス処理濃度の目安として全世界で最も使われている値で、具体的には、労働者が1日8時間（週40時間）の労働をするうえで、繰り返し暴露されても人体に悪影響がみられない値。

可燃性ガスの中で、特に燃焼し易く、毒性も高いガス7種を「特殊高圧ガス7種」と呼び、注意喚起を促している。表2.2に各々の性状を示す。

表2.2 特殊高圧ガス7種
（毒性及び燃焼性を有する特に危険性の高いガス）

ガス名	性質	燃焼範囲（%）	TLV値（ppm）
AsH_3（アルシン）	自然発火性	5.1 ～ 78	0.005
Si_2H_6（ジシラン）	自然発火性	0.5 ～100	未設定
B_2H_6（ジボラン）	自然発火性	0.84～ 93.3	0.1
H_2Se（セレン化水素）	自然発火性無し	8.84～ 62.4	0.05
PH_3（ホスフィン）	自然発火性	1.32～ 98	0.3
GeH_4（モノゲルマン）	自然発火性分解爆発性	2.28～100	0.2
SiH_4（モノシラン）	自然発火性	1.37～100	5

2.1.2 LED・太陽電池製造装置
使用ガスは、半導体・液晶製造装置と同様のガスも多いが、水素が多量に使われるなど、若干の相違がある（表2.3）。

表2.3 LED・太陽電池製造装置で使用される代表的プロセスガスの危険性とTLV値

プロセス	ガス名	危険性	TLV-TWA値(ppm)
CVD	SiH_4（モノシラン）	可燃性、毒性	5
	NH_3（アンモニア）	毒性、可燃性	25
	H_2（水素）	可燃性	−
	TMGa（トリメチルガリウム）	可燃性	−
	NF_3（三フッ化窒素）	毒性、地球温暖化	10
エッチング	Cl_2（塩素）	毒性、腐食性	0.5
	SF_6（六フッ化硫黄）	毒性、地球温暖化	1000
	CF_4（四弗化メタン）	地球温暖化	−

2.1.3 地球温暖化ガス
2000年以前は、毒性、燃焼性、腐食性の危険性がいずれも無い地球温暖化ガス(PFCs)は、製造装置から排気されたあと、何の処理もされずに大気に放出されていた。

その処理の必要性と切迫度が認識されたのが、1997年12月にCOP3で採択された京都議定書である。先進国がCO_2削減目標を宣言し、地球温暖化

ガスの削減に向け、対策を開始した。

半導体・液晶・LED・太陽電池の各製造装置から排出される地球温暖化ガス(PFCs)は、一般産業・運輸・オフィス・家庭等から排出されるCO_2に比べれば量的には少ないものの、温暖化係数(GWP)が非常に高いガスを使用している。表2.4に使用されている主なガスを示す。

表2.4 各種製造装置で使用する主な地球温暖化ガス

呼び名		物質名	化学式	寿命(年)	温暖化係数(GWP)	主な製造装置
PFCs	HFC	HFC-23	CHF_3	250	11700	ETCH
		HFC-32	CH_2F_2	6	650	ETCH
	PFC	PFC-14	CF_4	50000	7390	ETCH
		PFC-116	C_2F_6	10000	12200	PE-CVD
		PFC-316	C_4F_6	0.005	0.1未満	ETCH
		PFC-c318	C_4F_8	3200	10300	ETCH
		PFC-418	C_5F_8	0.98	90	ETCH
六弗化硫黄			SF_6	3200	22800	ETCH
三弗化窒素			NF_3	740	17200	PE-CVD
亜酸化窒素			N_2O	120	310	(LP,PE-CVD)
メタン			CH_4	12	25	(ETCH)
二酸化炭素			CO_2	100	1	

地球温暖化ガス(PFCs)は、容易に分解しない極めて安定したガスであり、大気中に長期間存在し、温室効果をもたらす。

製造装置でよく使用される地球温暖化ガス(PFCs)の分解可能な温度のグラフを図2.1に示す。

エッチング装置でよく使用される四フッ化炭素(CF_4)を99%以上分解させるには、1600℃の温度が必要となる。

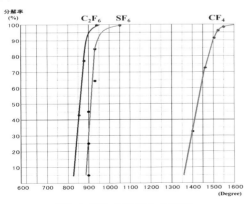

図2.1 PFCsの温度と分解率
(Clean Technology 2000, Vol.10 No.9)

2015年12月にはCOP21が開かれてパリ協定が採択され、CO_2排出量第1位の中国（第2位のアメリカは未定）がすでに国内で批准している。

半導体・液晶・LED・太陽電池の各製造装置からの排ガスについても、これまで以上に確実に処理していく方向となるであろう。

2.2 反応生成物の性状と取り扱い
2.2.1 半導体・液晶製造装置
(1) CVD系反応生成物
　1) LP-CVD（その1）
（使用ガス例：SiH_4, PH_3, ClF_3）
＊反応生成物：
　・Si, P, Hの化合物
　・Cl, Fの化合物
＊危険性
　・大気に触れると発熱の可能性有り。
　・残存しているFやCl化合物と大気との反応により、HClやHFガスが発生。

　2) LP-CVD（その2）
（使用ガス例：TEOS, ClF_3）
＊反応生成物：
　・SiO_2
　・Cl, Fの化合物
＊危険性
　・C_2H_5OH, CH_3OH, CH_3CHOの有機化合物が大気中に放出。
　・残存しているFやCl化合物と大気との反応により、HClやHFガスが発生。

　3) PE-CVD
（使用ガス例：SiH_4, NH_3, NF_3）
＊反応生成物：
　・$(NH_4)_2SiF_6$（白色で安定物質：安全）
　・N, H, Si, Fの化合物
（$(NH_4)_2SiF_6$になり切っていない中間生成物）
＊上記中間生成物の危険度の見分け方
　黄色　　⇒オレンジ色⇒かっ色
　危険度低→　　中　　→危険度高
＊危険性
　・大気に触れると発熱。
　・大気との反応により、H_2, SiH_4, HFガスが発生。

　4) ALD
（使用ガス例：Si_2Cl_6(HCDS)）

＊反応生成物：
・$(SiOOH)_2$（シリコシュウ酸）
（加水分解し上記物質が生成、水に不溶の個体）
＊危険性
・摩擦、加熱により容易に発火。
・アルカリ処理した場合H_2ガスが発生。

(2) エッチング系反応生成物
1) 酸化膜
（使用ガス例：CF_4, C_4F_8, CHF_3, CO）
＊反応生成物：
・SiO_2
・Fの化合物
＊危険性
・生成物中にSiF_4、HF等が残留。大気との反応によりHFガスが発生。
2) Poly-Si膜
（使用ガス例：HBr, Cl_2, CF_4）
＊反応生成物：
・$FeBr_3$（HBrは腐食性が高く、配管材料のFeと反応して$FeBr_3$を生成（暗赤色））
・Cl, Fの化合物
＊危険性
・$FeBr_3$は潮解性があり、水分を吸収して腐食を促進させる。
・大気との反応によりHBr、HCl、HFガスが発生。
3) メタル膜
（使用ガス例：BCl_3, Cl_2）
＊反応生成物：
・$AlCl_3$, Al_2O_3, B_2O_3
＊危険性
・大気との反応によりHClガスが発生。

2.2.2 LED・太陽電池製造装置
(1) LED系反応生成物
＊MO-CVDプロセス
（使用ガス例：H_2, NH_3, TMGa）
＊反応生成物：
・H_2を吸蔵した化合物
＊危険性
・大気に触れると発熱の可能性有り。
・残存しているFやCl化合物と大気との反応により、HClやHFガスが発生。
(2) 太陽電池系反応生成物
1) PE-CVD系（使用ガス例：SiH_4, NH_3）

＊反応生成物：
・Si-H-O結合の中間生成物
（かっ色で反応性は高い）
＊危険性
・大気に触れると発熱及びH_2ガスが発生。
・H_2発生量によっては自然発火の恐れ有り。
2) エッチング系（使用ガス例：SF_6, Cl_2）
＊反応生成物：
・SiO_2
・F, Clの化合物
＊危険性
・大気との反応によりHFやHClガスが発生。

2.3 反応生成物の取り扱い時の注意事項
(1) 局所排気のある場所で分解、洗浄する。
(2) 保護具を必ず着用
保護服、マスク、手袋（吸湿性の無いもの）、保護めがね、送気マスク（高濃度有害ガス取り扱い時）等
(3) 洗　　浄
アルカリ洗浄、温水洗浄、温水ジェット等で行う。（落ちにくい場合は数日間、別のアルカリ槽を用意し漬けこむ）
(4) 乾　　燥
洗浄後直ちに行う。（エアーブロー等）
錆発生箇所有りの場合：ショット処理（ガラスビーズ等）
＊ヒ素等の特定化学物質付着の場合
洗浄後の廃液、あるいは洗浄作業自体を専門業者へ処理依頼

〈大里　雅昭〉

〔参考文献〕
1)「平成28年版　環境白書・循環型社会白書・生物多様性白書」／環境省
2)「第12次労働災害防止計画（平成25年度〜29年度）」／厚生労働省
3)「真空ジャーナル７月号／真空常識〜非常識」日本真空工業会2012年発行

第1章 環境と衛生

第3節 ガス・化学物質管理

3.1 はじめに

真空技術者は、業務の上で多種多様なガス・化学物質を取り扱っている。これらの用途は、真空ポンプや真空計等の真空コンポーネントとシステムである真空装置を構成する原材料・部材として、また真空装置の保守・修理とこれら真空装置群を利用した各種工程に投入されるガス・化学物質に大別される。本章第2.1節で詳述した特殊高圧ガス等は、真空システムの典型である半導体製造装置でデバイス作製に用いられる後者の例である。

ところで既報[1,2]で多くの記述が充てられている通り、真空技術で取り扱うガス・化学物質の危険性及び有害性（以下、危険有害性）対策は真空技術の安全確保全般の中でも大きな比重を占める重要な課題である。特に、真空装置で利用するガス・化学物質の種類が科学技術の進展と共に漸次増加することから、これら新規物質も含めて危険有害性の十分な理解とリスク評価の上に立ったガス・化学物質の適切な取り扱いが求められている。

そこで本節では、真空技術者が留意すべきガス・化学物質の危険有害性を概観[3]した上で、ライフサイクル（製造、輸入・流通・販売、貯蔵、使用と取り扱い、廃棄、等）の各段階に応じたガス・化学物質管理の必要性を指摘する[4,5]。管理の目的には事故や健康障害の防止だけではなく、本章第1.1節で述べた地球環境との共存も含まれている。なお現場での実情に即して、ガスを化学物質に含めずにガス・化学物質管理と並列の扱いにした。

3.2 ガス・化学物質の危険有害性

危険有害性には種々の分類があるが、表3.1は2003年7月に国連から勧告され、それ以降2年に1回改訂される「化学品の分類および表示に関する世界調和システム」[3] (Globally Harmonized System of Classification and Labelling of Chemicals、通称GHS) の分類である。

因みに、日本語では「危険性」が安全を阻害するものとして幅広く使われる一方、「有害性」は特に人の健康阻害や環境汚染に使われる傾向にある。そこで表現の正確さのため「危険性及び有害性」「危険有害性」と記すこともある。一方英語ではこれらの区別なく"hazard"の一語を充てることが多い。これらを顧みて日本政府によるGHSの和訳では、対応する日本語を適宜使い分けている。

危険有害性の一つである爆発性は、蒸気の発生や化学物質の分解・燃焼等の発熱反応による急激な高圧の発生とそれに伴う力学的エネルギーの放出による危険性であり、安全対策が不十分であると甚大な被害をもたらす爆発事故を引き起こす。

表3.1 国連「化学品の分類および表示に関する世界調和システム」(GHS)の危険有害性分類
訳語は文献3)による。

	大分類	危険有害性クラス
1	物理化学的危険性	爆発物
		可燃性ガス
		エアゾール
		酸化性ガス
		高圧ガス
		引火性液体
		可燃性固体
		自己反応性化学品
		自然発火性液体
		自然発火性固体
		自己発熱性化学品
		水反応可燃性化学品
		酸化性液体
		酸化性固体
		有機過酸化物
		金属腐食性化学品
		鈍性化爆発物
2	健康に対する有害性	急性毒性
		皮膚腐食性/刺激性
		眼に対する重篤な損傷性/眼刺激性
		呼吸器感作性または皮膚感作性
		生殖細胞変異原性
		発がん性
		生殖毒性
		特定標的臓器毒性（単回ばく露）
		特定標的臓器毒性（反復ばく露）
		誤えん有害性
3	環境に対する有害性	水生環境有害性
		オゾン層への有害性

第7編 環境・安全・衛生対策と保守

表3.2 ガス・化学物質管理に必要及び参照すべき主たる法令

No.	法 律 名	略 称	発 効 年	法律番号
1	化学物質の審査及び製造等の規制に関する法律	化審法／化学物質審査規制法	昭和48年	第117号
2	特定化学物質の環境への排出量の把握等及び管理の改善の促進に関する法律	化管法／PRTR法	平成11年	第86号
3	毒物及び劇物取扱法	毒 劇 法	昭和25年	第303号
4	国等による環境物品等の調達の推進に関する法律	グリーン購入法	平成12年	第100号
5	環境基本法		平成5年	第91号
6	環境影響評価法	環境アセスメント法	平成9年	第81号
7	エネルギーの使用の合理化に関する法律	省エネ法	昭和54年	第49号
8	地球環境温暖化対策の推進に関する法律	温対法／地球温暖化対策推進法	平成10年	第117号
9	電気事業者による再生可能エネルギー電気の調達	再生可能エネルギー特措法／再生エネ特措法	平成23年	第108号
10	特定物質の規制等によるオゾン層の保護に関する法律	オゾン層保護法	昭和63年	第53号
11	特定製品に係るフロン類の回収と破壊の実施の確保等に関する法律	フロン回収破壊法	平成13年	第64号
12	廃棄物の処理及び清掃に関する法律	廃掃法／廃棄物処理法	昭和45年	第137号
13	特定有害廃棄物等の輸出入等の規制に関する法律	バーゼル法	平成4年	第108号
14	ポリ塩化ビフェニル廃棄物の適正な処理の推進に関する特別措置法	PCB処理特別措置法	平成13年	第65号
15	ダイオキシン類対策特別措置法		平成11年	第105号
16	労働安全衛生法	安 衛 法	昭和47年	第57号
17	高圧ガス保安法		昭和26年	第204号
18	消 防 法		昭和23年	第186号
19	大気汚染防止法	大 防 法	昭和43年	第97号
20	水質汚濁防止法	水 濁 法	昭和45年	第138号

可燃性・引火性（室温近傍に引火点を有する）・発火性（着火源なしで自然発火する）・酸化性（日本では「支燃性」の語も使用される）は燃焼に関わる危険性で、これらの単独あるいは組み合わせによって火災事故につながる。

　生体との相互作用を通じて毒性や発がん性等の健康への有害性が発現するガス・化学物質についても、それを使用する作業者の健康保護の観点から取り扱いには注意が必要である。当該ガス・化学物質はヒト等の体内に主に皮膚、呼吸器、あるいは消化器を通じて取り込まれ、臓器・器官の健康を阻害し疾病の原因となる。

　さらに、本来自然界には存在しない種類あるいは量のガス・化学物質が大気・水・土壌などの環境中に放出されると環境汚染となる一方で、それらが直接あるいは間接的にヒトあるいは生態系中の動植物の健康阻害の原因となる恐れがある。

　化学物質の危険有害性については安全データシート(Safety Data Sheet; SDS)によって情報提供されるので、安全対策にはこれを活用する。GHSを受けて制定されたJIS Z 7253：2012に沿って、

SDSには当該物質の「物理的及び化学的性質」、「安定性及び反応性」、「有害性情報」、「環境影響情報」等の16項目の情報が記載されている。

3.3 ガス・化学物質の管理と安全対策

　真空技術の現場で使用するガスは、通常、高圧ガスとして高圧ガス容器（いわゆるボンベ）に充填されて供給される。ボンベ表面には管理上必要な容器及び内容物等に関する情報が刻印されており、また充填されたガスの種類によってボンベ本体が異なった色で塗装されている（水素ガスは赤色、酸素ガスは黒色、等）。ガスの性質に拘らず高圧状態そのものが危険であるので、ボンベの転倒対策や漏洩検査を適宜行うとともに、ガスはボンベに接続した圧力調整器を介して減圧して十分に注意しながら使用する。加えて可燃性ガス、爆発性ガス、毒性ガス、特殊高圧ガス、支燃性ガスには、各々の危険性を考慮した取り扱いが必要である。例えば毒性の強い特殊材料ガス等のボンベはシリンダキャビネットに設置し、万が一の事故の際でも作業者を保護できるようにする。真空ラ

インを用いたガス・化学物質の適切な分離（可燃物・酸化物・着火源の隔離等）と圧力・温度の制御は、火災リスク低減のための工学的措置の一例である。

　健康阻害となる有害性化学物質のうち、特に毒性が強く毒物・劇物に指定されている化学物質は、そのライフサイクル全般で厳重な管理を義務付けられている。それ以外の有害性化学物質についても、使用に際してはヒトへの暴露を低減するため、揮発性の化学物質を用いた作業を各種局所排気装置内で行い作業環境及び作業者の健康を維持する、化学物質は生体内へ経皮・経口・経気道的に侵入するので保護衣、手袋、マスク等の各種保護具を用いる、等の措置を講ずる必要がある。

　真空装置からの排気ガスも含めて使用したガス・化学物質の排出・廃棄に際しては、各々の危険有害性に応じた適切な処理によって排出抑制等を行い、環境負荷を低減する必要がある。またPCB（本章第5節を参照）等の難分解性化学物質による環境汚染への反省に基づき、製造または輸入前の化学物質の審査や環境への化学物質の排出量の報告など、化学物質を作る者・使う者の環境への責任ある行動が求められている。

　なお化学物質による事故回避のためには、事故事例の公開データベース[6,7]が大変参考になる。

3.4　ガス・化学物質の安全対策に関する法規

　真空技術に関わる企業、国、地方公共団体、大学、公的研究機関等が、ガス・化学物質管理に際して押さえるべき及び副次的に参考とすべき法令を表3.2に示す。各法令に定義される危険有害性に沿った内容の詳細は、それぞれの法令[8]、本総覧の関係記事及び参考文献[9]を参照されたい。

3.5　おわりに

　本節では、真空技術に於けるガスを含めた各種化学物質のライフサイクルに於いて適正な管理が求められることを示した。人・もの・情報がグローバルに流通する時代にあって、ガス・化学物質管理も益々の国際協調の下で発展すると思われる。

〈大里　雅昭／中村　　健〉

〔参考文献〕
1）L. C. Beavis, V. J. Harwood, M. T. Thomas: "Vacuum Hazards Manual" 2nd edition (American Vacuum Society, New York, 1979).
2）後藤康仁：J. Vac. Soc. Jpn. 59, 184 (2016).
3）United Nations: "Globally Harmonized System of Classification and Labelling of Chemicals (GHS)" 7th revised edition (United Nations, New York and Geneva, 2017).（日本語訳：国際連合「化学品の分類および表示に関する世界調和システム（GHS）」改訂7版）
4）日本化学会編：「化学物質の安全管理」（第5版 実験化学講座 第30巻）（丸善, 2006）.
5）日本化学会編：「化学実験の安全指針」（丸善, 1999）.
6）厚生労働省 職場の安全サイト 化学物質による災害事例：
http://anzeninfo.mhlw.go.jp/user/anzen/kag/saigaijirei.htm
7）産業技術総合研究所リレーショナル化学災害データベース：https://riscad.aist-riss.jp/
8）「電子政府の総合窓口」を通じて検索できる。電子政府の総合窓口 e-Gov法令検索：
http://elaws.e-gov.go.jp/search/elawsSearch/elaws_search/lsg0100/
9）ISO環境法研究会編：「ISO環境法クイックガイド2015」（第一法規, 2015）.
　＊最新版は2018年版が刊行されている。

第7編 環境・安全・衛生対策と保守

第4節 製品含有化学物質管理 (RoHS)

RoHS（Restriction of the use of certain hazardous substances in electrical and electronic equipment：ローズ）指令は、2003年1月27日付けで最初に制定され、2011年7月1日に大改正された電気電子機器への特定有害物質の含有を制限するEUの規制法である。2003年公布されたRoHS指令をRoHS（Ⅰ）指令、2011年の改正法をRoHS（Ⅱ）指令ということが多い。

RoHS指令の前身は、1994年のドイツの廃電子電気機器政令案、1994年のオランダのPBDE、PBB禁止政令案や1995年のドイツのIT機器政令案などである。

なお、指令はEU理事会、EU議会で採択後にEU委員会が官報で告示し、その後EU加盟国が国内法に転換して発効する。

4.1 基本的要求事項

（1）対象製品

RoHS指令は交流1,000V、直流1,500V以下で稼働するすべての電気電子機器が対象である。

対象製品の要件は電流又は電磁界に依存することで、「少なくとも一つの意図された機能を果たすため電流又は電磁界を必要とする」と定義されている。対象製品は、下限の電圧値が規定されていないこともあり、極めて幅広い。

RoHS（Ⅱ）指令では、対象製品を11のカテゴリー（製品群）に分け、カテゴリーにより段階的に適用時期を決めている。

2018年4月までに適用されているのは次のカテゴリーである。

1. 大型家庭用製品
2. 小型家庭用製品
3. IT及び遠距離通信機器
4. 消費者用機器
5. 照明装置
6. 電気電子工具
7. 玩具、レジャー及びスポーツ用機器
8. 医療装置
9. 監視、制御機器
10. 自動販売機

カテゴリー11（その他の電気電子機器）は2019年7月22日から適用される。

適用範囲外機器は第2条4項に示され、FAQ（2012年12月12日のFAQガイダンス文書）で次のように補足され、2017年11月に追記がされた。

a. 軍事/安全保障関係機器：ミサイル、戦場用コンピューター
b. 宇宙に送るように設計されたもの：人工衛星、宇宙探査機
c. 適用外の機器の一部：航空機据付用に特に製造したコンピューター
d. 産業用大型固定工具(LSSIT)：生産・加工ライン、アセンブリクレーン
e. 大型固定据付装置：エレベーター、コンベア輸送システム
f. 輸送手段：自動車、商用の車両、航空機、鉄道、船
g. 非道路用移動機械：油圧掘削機、フォークリフト、道路維持機器、収穫機

内臓動力源または外部動力源を有する機械装置であって、その操作は作動中には固定作業場所で連続して自動もしくは継続/半継続運動を要求される専ら職業用として利用される機械装置（2017. 11. 21官報告示）

h. 能動型埋込医療機器：ペースメーカー
i. 光起電性パネル：太陽電池パネル
j. 研究開発機器：電子天秤
k. パイプオルガン（2017. 11. 21官報告示）

自社の製品のカテゴリーの決定や、適用の該否は企業の責任において行うのがEUの考え方である。ただ、この決定は透明性(transparency)が要求され、説明責任(accountability)といった企業会計と同じ対応が求められ、技術文書の一つとして記録することが求められる。例えば、新製品開発会議などで、EUに輸出するのかを確認し、輸出するのであれば、カテゴリーを決定し、議事録に残すことになる。

（2）特定有害物質

RoHS指令の含有制限物質は、RoHS（Ⅰ）指令の提案時点から「鉛」「水銀」「カドミウム」「六価クロム」「PBB(Polybrominated biphenyls)」「PBDE

386

(Polybrominated diphenyl ethers)」の6物質群で、最大許容濃度はカドミウムが0.01wt%（重量比%100ppm）で、その他は0.1wt%(1,000ppm)である。

濃度計算の分母は均質物質(homogeneous materials)といわれる「全体が単一成分の材料または複数の材料の組み合わせで、ねじを外す、切断、押しつぶし、研磨プロセスのような機械的な手段で、異なる材料にできない材料に分離、分解できないもの」ものである。このように、分母は機器や電子部品ではない。

特定有害物質の含有制限の背景は、例えば、「六価クロム」については、「六価クロム汚染された廃棄物は、焼却時に金属がフライアッシュとして蒸発する。このフライアッシュは水に可溶性で環境汚染をする。」とする規制理由を示している。このように、RoHS指令の目的とする六価クロムフリーは、六価クロムで表面処理した部品や材料を取り扱う作業者の健康保護だけが、目的ではないことに留意しなくてはならない。

RoHS（Ⅱ）指令では、RoHS（Ⅰ）指令を踏襲し、さらに次の4物質を追加することを、2015年6月4日に官報で告示した。最大許容濃度は4物質ともにそれぞれ0.1wt%である。

DEHP(CAS 117-81-7)：フタル酸ビス（2-エチルヘキシル）

DBP(CAS 84-74-2)：フタル酸ジブチル

BBP(CAS 85-68-7)：フタル酸ブチルベンジル

DIBP(CAS 26761-40-0)：フタル酸ジイソブチル

更に、MCCPs（CAS 85535-85-9中鎖塩素化パラフィン）やSBAA(Small brominated alkyl alcohols)などの追加の検討もされている。

SBAAは図4.1で示すようにCxBryOzでx=3-5；y=2-4；z=1-2の62種が対象になる。

今後も、含有制限物質は追加される傾向にある。

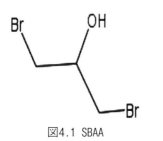

図4.1 SBAA

(3) 用途の除外

現状の技術では、特定有害物質を使用しないと製品ができない場合について、条件付きで除外が認めれている。この用途の除外は、すべてのカテゴリーが対象となる附属書Ⅲとカテゴリー8及び9に適用される附属書Ⅳに記載されている。

附属書Ⅲ及び附属書Ⅳの改定は随時行われており、インターネットコンサルテーション（パブコメ）が行われている。

RoHS（Ⅱ）指令では附属書Ⅲ及び附属書Ⅳに有効期間が設定されている。この有効期間は、カテゴリー1〜7、10及び11は、特に短い期間が特定されなければ5年、カテゴリー8及び9は特に短い期間が特定されなければ7年となっている。

カテゴリー1〜7、10及び11は、発効日の2011年7月22日から5年の2016年7月21日までに代替技術を開発しなくてはならないとされていた。代替技術が開発できない場合などでは、適用除外期限の18カ月前までにEU委員会に申請することになっているので、最初の申請期限は2015年1月であった。

2015年1月までに企業や企業グループなどから延長申請が行われた。その後ステークホルダー会議などを経て、EU委員会の調査委託機関のOeko-Institutは、2015年8月21日に「RoHS指令(2011/65/EU)附属書Ⅲの追加・更新・取消し申請」の評価を行い、29種の適用除外用途に対する意見募集を10月16日まで行った。

意見募集終了後このプロジェクト(Pack 9)はステークホルダーミーティングを経て2016年6月27日に最終報告書を出した。2018年4月時点でPack 9の扱いを理事会と議会で検討している。

その後も除外の検討がされており、2018年4月現在でPack15まで検討されている。

4.2 順法宣言（整合規格EN50581が求める非含有確証の考え方）

(1) 確証データ

RoHS（Ⅱ）指令の第16条（適合の推定）2項で「EU官報で通達された整合規格に則り、第4条の規定の順守（特定有害化学物質の非含有）を確認するための試験もしくは対応がされた、もしくは評価がされた原料については、本指令に適合して

第7編 環境・安全・衛生対策と保守

サプライヤの自己宣言	and/or	契約上の合意	and/or	材料宣言	and/or	分析試験結果

図4.2 確証するための技術文書

いるものとみなすこととする。」とされている。

第16条の意味するところは、「特定有害化学物質の非含有」の確証（エビデンス）は、最終製品では、得られない（困難）であることを考慮したもので、EMC指令などの他のニューアプローチ指令とは異なる。

整合規格EN50581が求める確証データは、従来の「非含有証明」「不使用証明書」や経済産業省が推進している新情報伝達スキームの「ケムシェルパ：chemSHERPA」などでよく、リスクに応じて確証データを集めることになる。EN50581は技術文書(Technical Documentation)を構成する「材料、部品、及び／または半組立品に関する特定物質非含有証明文書」として、次の技術文書(Technical Documents)を示している（図4.2）。

ⅰ.サプライヤーによる自己宣言

ⅱ.契約上の合意

ⅲ.材料宣言（証明）

ⅳ.分析試験結果

この4種類の文書は"and/or"で選択するとし、"and"にするか"or"にするかは、製造者の評価（アセスメント）に基づくとされ、次の評価結果などによりリスクに応じて決めることになる。

ⅰ.材料、部品、半組立品に特定化学物質の含有の可能性

ⅱ.サプライヤーの信頼性格付け

(2) 調達する材料、部品や組立品などの特定化学物質の含有の可能性評価

特定化学物質の含有／非含有が不明な物質に対して、技術的判断を加えて対応を具体化する必要がある。技術的判断は電気電子業界で利用されている技術的情報や電気電子製品に使用されている材料や部品のデータシートに基づいて行う。

データシートとしては、「電子部品カタログ」「サプライヤーの技術仕様書」「JISなどの材料規格」や「ケムシェルパ」などとなる。

例えば、機械部品図面で鋼材として、快削鋼のS45CLを指定していると鉛は「0.10〜0.30」％で

・ 鋼材の規格（図面で材料指定をしている場合）
　・ 快削鋼　S45CL：　鉛（Pb）　0.10〜0.30%
　・ S45CS2　　　　　鉛（Pb）　0%
　・ 除外既定　機械加工用鋼材は0.35%までの鉛は除外
　・ S45CLはJIS規格より明確な仕様書を出しているメーカデータを確認

IEC62321-2　Edition 1.0　2013-6　附属書B　特定物質の存在確率

	部品/材料	Hg	Cd	Pb	Cr+6	PBB	PBDE
機械部品	金属フレーム	L	M	L	H	N/A	N/A
	樹脂ケース	L	L	L	L	L	M
	電線	L	H	H	L	L	M
	厚膜センサー	L	H	M	L	L	M
	ラジエーター	L	L	L	L	N/A	N/A
	金属留め具	L	M	M	H	N/A	N/A
	液晶パネル	H	L	H	H	L	L
	バックライトランプ	H	L	H	H	N/A	N/A
	磁気ヘッド	L	H	M	L	N/A	N/A

図4.3 特定化学物質の存在確率（部分）

あり、S45CS2を指定していれば鉛は「0」％になる。機械加工用鋼材は、2018年4月時点では、0.35%までの鉛は除外されているので、S45CLとS45CS2では、最大許容濃度を超える鉛の含有の可能性は、S45CLの方が高くなり、JIS規格より仕様が明確なメーカーカタログやミルシートで更に確認する必要が出てくる（図4.3）。

調達する材料、部品や組立品などに特定化学物質を含有する可能性を評価することになる。この評価者の技術的知見が要求されるが、この要件は定めがなく、自社で経験などからルール化が必要となる。

評価の技術情報として「電気・電子製品−規制物質の濃度定量−サンプリング手順−指針(IEC62321-2 Edition 1.0 2013-6)」や中国のGB/T 26572-2011などが参考になる。これらの情報を参考にして、特定化学物質を含有する可能性が高い部材を使用している材料、部品や組立品に着目することになる。

また、製造工程の中で追加される塗装、はんだ、接着剤等の部材も評価対象となるので、購入材料の(M)SDSなどで確認することになる。作業もコンタミ（汚染）や取り違えなどの可能性があるので作業標準書(SOP)などの確認が求められる。

サンプルを測定して確認する場合もある、測定データは測定手順と測定者の技量により測定データの信頼性が変わる。測定手順のEN62321（特定有害化学物質の含有量の測定方法）はIEC(EN) 62321-1〜8などである。

試験所の技量はISO17025（試験所及び校正機関

の能力に関する一般要求事項）認定試験所であれば、信頼性が高くなる。

(3) マネジメントシステムの統合

RoHS（Ⅱ）指令第7条（製造者の義務）e項で、「製造者は適合を維持するために、量産品に関する手順を整える」ことを要求している。対応としては、ISO9001の品質システムにJIS Z 7201（製品含有化学物質管理−原則及び指針）などを参考にして、マネジメントシステムの統合を行うことになる。

〈松浦　徹也〉

第5節 PCB廃棄物の適正管理

5.1 PCB問題の経緯

PCB（ポリ塩化ビフェニル）は、その化学的安定性、耐熱性、不燃性、電気絶縁性等から、電気機器の絶縁油、熱媒体、各種可塑剤、塗料、感圧紙等として広く使われてきた。ところが1968年にPCB等が混入した米ぬか油を摂取したことで発生したカネミ油症事件を契機に1972年に製造が中止され、1974年に製造・輸入、使用が禁止された。その後、PCB廃棄物が廃棄物処理法の特別管理産業廃棄物に指定され、各種基準が定められて焼却による処理が試みられたが、処理施設の設置計画に対し立地地域の住民の理解が得られず、長きにわたって保管が続けられてきた。その間、漏えい・流出等の事故や紛失事例が多数報告され、また、残留性有機汚染物質に関するストックホルム条約（POPs条約）が発効する見込みとなったことから、2001年にポリ塩化ビフェニル廃棄物の適正な処理の推進に関する特別措置法（PCB特措法）が制定され、全国5か所に広域的処理施設を整備して、国策会社の中間貯蔵・環境安全事業株式会社（JESCO）により期限を定めて処理が進められることとなった。

一方、PCB特措法が施行された翌年に、本来PCBを使用していないはずの電気機器に基準値の0.5mg/kg（ppm）を超えるPCBが含まれる電気機器が多数存在することが報告された。その数は柱上変圧器を除いても約120万台に及ぶとされたことから、民間の産業廃棄物処理施設等を活用して主として焼却処理する方針が示され、従来の都道府県及び政令市の長の許可施設に加え、廃棄物処理法に規定された環境大臣による無害化処理認定施設を活用して処理が進められることになった。

PCB廃棄物の処理期限は、PCB特措法において2026年度末までとされているが、2016年8月に施行されたPCB特措法の改正法により、5,000mg/kgを超える高濃度PCB廃棄物については、JESCOの5か所の処理事業所に割り当てられたPCB廃棄物の種類及び地域ごとに処理期限の4〜9年前倒しし

た処分期間が設定された。また、同時に電気事業法の関係省令等が改正され、使用中の高濃度PCBを含有する電気機器も処分期間までに使用を終えて廃止することが義務付けられた。

5.2 PCB含有の判別方法

一般に、真空装置が設置される建物の受変電設備には変圧器やコンデンサー等の電気機器が設置されている。また、真空装置の電源供給設備本体にも油入コンデンサーが組み込まれているものがある。これらが設置後数10年以上経過するものにはPCBが含まれている可能性があるため、図5.1に示すフローに沿ってPCBが含まれているか確認する必要がある。

PCBそのものが絶縁油として使用された電気機器(高濃度PCB含有電気工作物)は、機器本体に取り付けられた銘板を確認することで判別できる。それらのメーカー名や型式等の情報は、一般社団法人日本電機工業会のホームページに掲載されている[1]。

一方、電気機器に封入された絶縁油が微量のPCBで汚染されているかどうかは銘板からは判別できないが、国内で製造された電気機器では、再生絶縁油が使用されていた1990年頃までに製造されたものにPCB汚染の可能性があるとされている[2]。絶縁油の入替ができないコンデンサーでは1991年以降に製造されたものにはPCB汚染の可能性はなく、また、変圧器類のように絶縁油に係るメンテナンスが可能な電気機器では、1994年以降に出荷された機器であって、絶縁油の入替等が行われていないことが確認できればPCB汚染の可能性はないとされている。したがって、これらについては電気機器の銘板から製造年を確認し、汚染の可能性のある期間に製造されたものについては、停電時や廃棄時に実際に機器から絶縁油を採取してPCB濃度を測定して判断することになる。

5.3 PCB廃棄物の保管と処分

PCB含有の判別結果から使用中の電気機器にPCBが含まれている場合は、PCB含有電気工作物として、設置場所を管轄する経済産業省の産業保安監督部にすみやかに届け出る必要がある。また、これらを廃棄する場合は、PCB廃棄物としての届出を規定に沿って適切に行う必要がある。表5.1にこれらの所要の手続きをまとめて示す。

特に、高濃度PCB含有電気工作物については、PCB特措法及び電気事業法の関係省令等の改正により、JESCOの事業エリアごとに定められた期間内の処分が義務付けられたことから、毎年度の管理状況に加え、廃止予定年月についても翌年度の6月末までに産業保安監督部に届け出る必要がある。また、使用を終えて廃棄物となったものは設置場所を管轄する都道府県及び政令市に保管等の状況を報告するとともに、速やかにJESCOに処分委託のための登録を行う必要がある。さらに、全ての処分を終了した場合にも20日以内に都道府県及び政令市に届け出る必要がある。

使用中の電気機器が微量のPCBで汚染されているものは、処理期限の2026年度末までに使用を終えて低濃度PCB廃棄物として処分する必要がある。なお、一定の条件を満たす変圧器については、汚染絶縁油を新油に入れ替えた後、使用し続けることで浄化する課電自然循環洗浄法という方法が適用できる場合がある[3]。

使用を終えたPCB含有電気工作物は、PCB廃棄物として処分するまで、表5.2に示す規定に準じた保管施設で適正に保管する必要がある。

微量のPCBに汚染された電気機器は、無害化処理認定施設又は都道府県知事等の許可を得た処理施設に委託して処理する。低濃度PCB廃棄物の無害化処理を行う施設は全国に数10ヵ所あり、焼却又は洗浄方式により処理が行われている。処理施設の数は今後も増加する見込みであり、処理の方式も多様化してきており、保管者の実情に合った処理がさらに進むものと期待される。

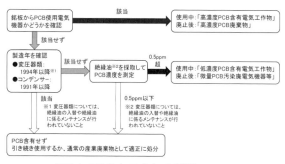

図5.1 PCB含有の有無の判別フロー

〈長田　容〉

第1章 環境と衛生

表5.1 PCB含有電気工作物及びPCB廃棄物の処分等に係る手続き

事例	対象	届出等の内容	実施時期	提出先
使用中の電気工作物にPCBが含まれることが新たに判明した場合	○	事業場に係る事項、電気工作物に係る事項	判明後遅滞なく	産業保安監督部
	●	上記に加え、管理状況、電気主任技術者等の氏名・連絡先、廃止予定年月	毎年度分を翌年度の6月末まで	産業保安監督部（都道府県・政令市に情報を提供）
使用中のPCB含有電気工作物を廃止した場合	○	事業場に係る事項、電気工作物に係る事項、廃止年月日、廃止理由	廃止後遅滞なく	産業保安監督部
廃止したPCB含有電気工作物（PCB廃棄物）を保管する場合	○	保管場所等に係る事項、種類・量等	毎年度分を翌年度の6月末まで	都道府県・政令市
	●	上記に加え、処分予定年月	毎年度分を翌年度の6月末まで新たに判明した場合は、遅滞なく	都道府県・政令市
PCB廃棄物を処分した場合	○	種類・量、保管場所等に係る事項、前年度分の処分のマニフェストD票若しくはE票の写し	毎年度分を翌年度の6月末まで	都道府県・政令市
全ての高濃度PCB廃棄物の処分を終了した場合	●	事業場に係る事項、処分した高濃度PCB廃棄物に係る事項、処分受託者名、処分終了年月	処分終了後から20日以内	都道府県・政令市

○：PCB含有電気工作物又はPCB廃棄物、●：高濃度PCB含有電気工作物又は高濃度PCB廃棄物

表5.2 PCB廃棄物の保管規定

①周囲に囲いが設けられていること
②見やすい箇所に以下の要件を備えた掲示板を設けること
　・縦及び横それぞれ60cm以上であること
　・PCB廃棄物の保管場所である旨
　・保管するPCB廃棄物の種類
　・保管場所の管理者の氏名又は名称及び連絡先
③PCB廃棄物の飛散、流出、地下浸透、悪臭の発散防止措置を講ずること
④ねずみの生息、蚊・はえ等の害虫発生の防止措置を講ずること
⑤他のものの混入防止のため仕切りを設けること等の措置を講ずること
⑥容器に入れ密封するなど、PCBの揮発防止のための必要な措置を講ずること
⑦高温にさらされないための必要な措置を講ずること
⑧腐食防止のための必要な措置を講ずること
⑨保管事業場ごとに法令で定める資格を有する特別管理産業廃棄物管理責任者を置くこと

〔参考文献〕
1）（一社）日本電機工業会ホームページ
　http://www.jema-net.or.jp/Japanese/pis/
　pcb/index.html
2）環境省ホームページ　http://www.env.go.jp/
　recycle/poly/law/140922.pdf
3）経済産業省ホームページ
　http://www.meti.go.jp/press/2014/03/201503
　31004/20150331004.html

第6節 エネルギー消費管理と環境低負荷

6.1 中重負荷向けドライ真空ポンプの省エネルギー化

6.1.1 はじめに

最先端の半導体工場で成膜やエッチング等を行う真空プロセス装置用ドライ真空ポンプの電力使用量は半導体工場全体の12～13%を占めており、ドライ真空ポンプの省エネルギー化は極めて重要な課題である[1]。しかし、排気ガスの反応副生成物の析出・固化による回転の阻害や腐食による性能劣化などポンプに対する負荷が高くなる中・重負荷用途では、省エネルギー性能よりも耐プロセス性能が重視される傾向にあった。そこで、荏原製作所（以下、当社）では最新の技術（特許10件）と長年の経験を生かし、耐プロセス性能を損わず省エネルギー性能も高めた中・重負荷用途のドライ真空ポンプEV-M型を開発したので紹介する[2,3]。

6.1.2 開発したドライポンプの特長

開発したEV-M型は、大気圧から排気可能なメインポンプのみで構成したEV-M20N型1機種と、メインポンプにブースタポンプを組合せたEV-M102N、同202N、同302N、同502N、同802N型の5機種からなる。排気速度は1,800～80,000 L/minで、排気性能曲線を図6.1に示す。

EV-M型は、中・重負荷プロセスに求められる耐プロセス性能と省エネルギー性能が両立した以下の特長を有している。

(1) 省エネルギー性能の向上

図6.2に当社の中・重負荷プロセス向け従来機

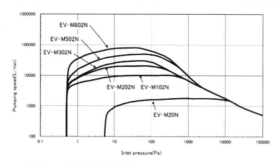

図6.1 排気性能曲線　参考文献3）より転載。

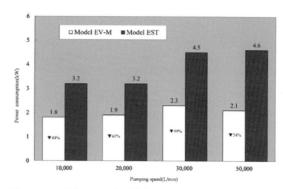

図6.2 EV-M型とEST型の消費電力　参考文献3）より転載。

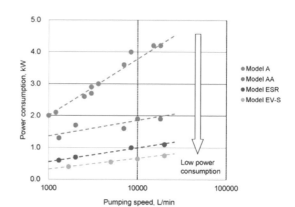

図6.3 荏原製作所製の軽負荷プロセス向けドライポンプの消費電力　参考文献3）より転載。

種であるEST型との消費電力の比較を示す。

多段ルーツ形ドライ真空ポンプは一般にスクリュー形など他の形式のポンプと比較して圧縮動力を分散できるため、消費電力を低減できる。当社は、軽負荷プロセス向けルーツ形ドライ真空ポンプA型（1991年発売）からEV-S型（2008年発売）までの開発を通じて、省エネルギー化技術を追求してきた（図6.3）。そこでEV-M型のメインポンプのロータ形状にもルーツ形を採用し、多段ルーツ形と高効率モータを組み合わせた更なる省エネルギー化を実現した。またEV-M502N型及び同802N型では、2段ブースタポンプの採用により消費電力の大幅増を抑えつつ大容量化を達成した。これは、2段ブースタポンプと小容量のメインポンプの組合せにより、排気するガスの大気圧までの高効率圧縮を実現できたことによる。これにより、ポンプ大型化の要求に対応が可能となった。

(2) 耐プロセス性能の向上

近年の半導体プロセスでのガスの種類と使用量の増加に伴い、ポンプの過酷な運転条件から求め

られる耐プロセス性能向上のための方策を講じた。

①昇華性反応副生成物の固形化抑制

酸化膜や窒化膜などの薄膜形成を行うChemical Vapor Deposition (CVD)プロセスでは、ドライ真空ポンプ内部に塩化アンモニウム(NH_4Cl)やケイフッ化アンモニウム(($NH_4)_2SiF_6$)等の昇華性反応副生成物が発生する場合があるが、これら反応副生成物の固形化抑制にはポンプの高温化が有効である。そこで、ガスを大気圧まで圧縮・排気する際に発生する圧縮熱を利用して、メインポンプ（ルーツ形5段ポンプ）排気部全体（ケーシング及びロータ）を高温化した。より効率的なポンプ排気部の高温化のため、ケーシングの断熱構造の工夫で外部への放熱量を低減し、メインポンプ内部の均一高温化を実現した。ブースタポンプは動作圧力が低く圧縮熱の発生量が少ないため、温度調整が可能なヒータを設置して強制的に高温化できる構造とした。

②ポンプの腐食低減

エッチングやガスクリーニングを伴うCVDプロセスでは腐食性の強いハロゲン系ガス（フッ素及び塩素等）をドライ真空ポンプで排気するが、圧縮熱により高温になるためメインポンプ内部は厳しい腐食環境に曝される。そこで、メインポンプのケーシング及びロータにはハロゲン系ガスに対してステンレス鋼同等以上の耐食性を有する鉄・ニッケル合金を標準採用し、その耐食性を確認した。また、近年のハロゲン系ガス使用量の増加に伴う更なる耐食性への要求には、鉄・ニッケル合金表面への耐食コーティングで応えた。

③固形物固着時の再起動性向上

a) 磁極センサ付き高トルクモータ

酸化膜形成等のCVDプロセスでは、ドライ真空ポンプ内部に二酸化ケイ素(SiO_2)等の非昇華性反応副生成物が流入し、運転中に軸受側のケーシング・ロータ間に付着した固形物がポンプ停止時のロータ温度低下によるクリアランスの減少により圧縮され、そのため強く固着してポンプの再起動を妨げる場合がある（図6.4(a)）。

そこで磁極センサ付きブラシレス直流モータを採用し、再起動時のトルク出力向上を図った。ブラシレス直流モータは，モータロータの磁極と

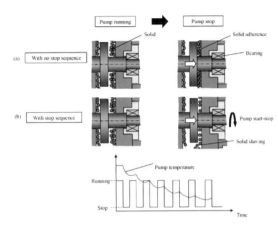

図6.4 停止シーケンス機能　参考文献3）より転載。

モータステータ側コイルへの通電によって発生する磁束との吸引・反発によりモータロータを回転させる。モータステータに磁極センサを取り付け、起動時のモータロータ磁極位置を検知することで起動時に最大トルクを引き出せるように各コイルに通電可能とした。更に、この最大トルクを起動時のみモータ温度が許容値を超えない時間内で出力するようにした。これにより、ポンプ電源容量を大きくすること無く、再起動時に定格トルクに対して最大10倍の高トルク出力を実現した。

b) 停止シーケンス機能

ポンプ停止時に自動でポンプロータの回転・停止を繰り返す停止シーケンス機能（図6.4(b)）により、ロータの温度低下によるクリアランスの減少時にロータが軸受側のケーシング／ロータ間に堆積した固形物を徐々に削り取るため、固形物の固着が軽減されポンプの再起動性が向上した。

6.1.3 おわりに

ポンプの耐久性向上と省エネルギー化を同時に実現したドライ真空ポンプEV-M型を紹介した。

『○○○型』は荏原製作所の機種記号である。

＊本稿は転載許可の下で参考文献3）を要約したものである

〈杉浦　哲郎〉

〔参考文献〕

1) 大里英雄, 笠原芳弘：エバラ時報227 (2010) 18.
2) 長山真己, 杉浦哲郎：エバラ時報236 (2012) 21.
3) 杉浦哲郎：J. Vac. Soc. Jpn. 58 (2015) 245.

6.2 ロードロック室排気の省電力化
6.2.1 はじめに

　半導体デバイスやFPD (Flat Panel Display)等の真空プロセス装置では、CVD (Chemical Vapor Deposition)、エッチング、スパッタリング等を行うプロセス室の他に基板を大気圧から真空排気するロードロック室を持ち、後者はドライポンプ(DRP)とメカニカル・ブースター・ポンプ(MBP)の組み合わせで排気されている。しかし、基板の大型化に伴うロードロック室の大型化と所定圧力までの排気時間短縮化の要請に伴い、より大きな排気速度を実現するポンプの大型化や複数台並列使用による消費電力の増加が課題である。ULVACでは、排気装置の省電力化のためDRP省電力化アタッチメント「ECO-SHOCK®」と回生電力システムを提案しているので紹介する[1]。

6.2.2 ドライポンプ省電力化アタッチメント

　排気弁付きの油回転真空ポンプとは違いDRPの排気側圧力は常に大気圧であるため、吸気側を真空に保つためには圧縮行程でポンプ室に逆流した気体を押し戻す必要がある。ところで、DRPを含めた容積移送式真空ポンプでは、目的の到達圧力を得るため多段構造が採られる。そのため、全体の所要動力に大きな影響が出る仕事をするDRP後段のポンプ室容積を小さくすることで後段の気体圧縮仕事を小さくして、DRPの省電力化を図ることが行われる。しかし、吸気口圧力が数千Paより高い圧力では後段の容積が小さいと排気速度が小さくなり、それがロードロック室の排気時間短縮にも大きく影響するため、後段の容積を小さくすることはデメリットとなっている。

　DRP省電力化アタッチメント（ECO-SHOCK®、以下PSAと記す）は、①主ポンプとしてのDRPの吐出圧を上げる一方で排気速度を下げることのない逆止弁と②主ポンプよりも排気容量の小さい補助ポンプの二つをDRPの排気側に並列に設置することで、主ポンプ内の圧力を下げて気体圧縮仕事を低減させる装置である。これによりDRPの消費電力を最大80%削減できる上に、発熱も抑制するので空調設備等の電力削減にも期待出来る。PSAは、型式に関係なく排気口を真空にしても問題のないDRPで採用することが出来る。一般的に最終段に隣接してギア室が設けられる多段ルーツ形DRPでは、最終段によってギア室内も真空になるため、排気口を真空にしても問題にならない構造が多い。図6.5と図6.6に、ULVAC製シールガスを$5×10^{-3}$ m³/min流したDRP（ULVAC製LR90）にPSAを取り付けたときの排気速度と消費電力をそれぞれ示す。ここでは主ポンプ運転の抑制による省電力化ではないため、主ポンプの排気速度が全圧力領域で低下しない（図6.5）一方、PSAの取り付けで到達圧力が1.2 Paから0.19 Paに向上し、到達圧力付近の消費電力は3.6 kWから1.7 kWへ減少した（図6.6）。さらにシールガスの供給を停止すると、PSA取り付け時の消費電力を1.1 kWまで減少できた。500 Paから低い吸入圧力での消費電力の減少（図6.6）は、主ポンプとPSAの間が大気圧より低くなることによる。この閾値圧力は主ポンプの気体流量とPSAの排気速度によるもので、PSAの排気速度の増大で閾値の圧力は高くなるものの、PSA

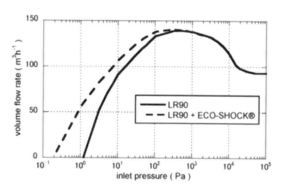

図6.5 DRPへのPSA設置の有無による排気速度と吸入圧力。実線：PSAなし、点線：PSAあり。参考文献1) より転載。

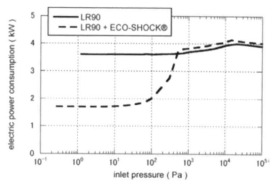

図6.6 DRPへのPSA設置の有無による消費電力と吸入圧力。実線：PSAなし、点線：PSAあり。参考文献1) より転載。

の消費電力と価格も高くなる。その対策として、我々は効率の良い省電力化が実現可能な補助ポンプの選定基準や設置を容易にする逆止弁構造などの特許[2～7]を取得している。この他にPSAは、ポンプの騒音レベル低減や、ロードロック室排気用以外のDRPの省電力化にも効果がある。

6.2.3 回生電力ユニット

一般的なロードロック室はバルブ1及び2を介して大気からの基板導入室とプロセス室に接続し、各バルブの開放によって大気圧時または真空時基板輸送を行い、その際にバルブ3または4を介した窒素パージまたは真空排気を行う。図6.7(a)はロードロック装置の動作の時間変化を表す。バルブ4の開放で大気圧のロードロック室から気体が真空ポンプに一気に流れ込むため、MBPの回転数が急激に低下してモータに大きな負荷がかかる。図6.7(b)では、バルブ4閉鎖時に真空ポンプの実質的な仕事がないため、駆動回転数より低い回転数の運転(アイドリング状態)で省電力化している。ただし、排気装置への大容積配管の内部圧力を予め低下させておくことは大型ロードロック室の排気時間短縮に影響するので、真空排気の完全停止は難しい。しかし、図6.7(a)のバルブ4開放時のMBPの回転数減少を考慮すると、アイドリング状態までの回転数低下がロードロック室の目標圧力到達時間には影響しないと判断できる。

更なる省電力化は、ULVAC保有の特許[8]に基づく回生電力の利用である。回生電力ユニット(REU)は、アイドリング状態に入る際に、モータの強制的な減速でポンプロータの慣性運動を回生電力にする装置である。図6.7(c)にREU取り付け時の排気動作方法を示す。ロータ回転による機械損の影響が小さくなるため、回生電力量は強制減速を短時間で行う方が大きい。このため、図6.7(c)は図6.7(b)より短時間で減速している。MBPの回転数を5秒以内に5300 min^{-1}から1000 min^{-1}へ強制減速した。これより90%以上の回転エネルギを回収できたので、その有効活用や最大消費電力低減による電気設備の軽減が期待される。

6.2.4 大型ロードロック室排気の省電力化

ロードロック室排気の省電力効果の一例として大型スパッタ装置(ULVAC製SMD-2400C)のロードロック室に接続されたDRP(ULVAC製LR3600-R)5台の運転において、PSAにより34%、REUによりさらに6%の電力量を削減でき、年間181 kWh(12円/kWh換算で約217万円)の省電力化を実現できた。これらの製品は既存の排気装置に組み込み可能なので、費用対効果の大きい省電力化として期待できる。

6.2.5 おわりに

大型のロードロック室排気において大きな省電力化効果を得られるPSAとREUを紹介した。

〈田中　智成／鈴木　敏生〉
※本稿は転載許可の下で参考文献1)を要約したものである。

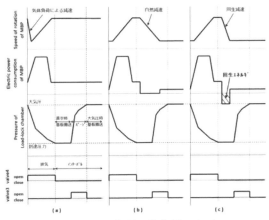

図6.7 ロードロック装置の動作例のタイムチャート：MBPの回転数、消費電力、ロードロック室の圧力とバルブ開閉(a)通常動作(b)自然停止による省電力化動作(c)回生電力ユニット(REU)接続時の動作　参考文献1)より転載。

〔参考文献〕
1) 田中智成、鈴木敏生：J. Vac. Soc. Jpn. 58 (2015) 239.
2) 特許第3906973号
3) 特許第3982673号
4) 特許第3992176号
5) 特許第4045362号
6) 特許第4180265号
7) 特許第4365059号
8) 特許第5493005号

第2章 リスクと機械安全

第1節 安全について

　「安全」、「安心」、「危険」、「リスク」、これらの言葉は10年も前にはそれほど表に出てくるような存在ではなかったが、最近の紙面記事、ニュース、広告ではこれらの言葉を題材とした記事を多く見かけることがある。普段の我々の生活において、安全な時は「OK」と合図し、危険な時は「危ない」と叫んでいるのが日常であり、「安全」、「危険」のこれらの言葉を使って合図をするようなことはほとんどないが、ある人は「OK」でも、別の人は「危ない」と感じている時がある。本当の「危ない」に気づかず「OK」と言っている場合や、本当は「OK」であるのに慎重になりすぎて「危ない」と感じている場合もある。両者の間には明確な境界線はなく、その状況に置かれた各人の意識、知恵や経験による感じ方の違いということになる。

　危険な状況というのは、「OK」の中にはいろんな「危ない」が共存しており、普段は出会うことの無い「危ない」がいろんな偶然でたまたま重なりあった時に本当の「危ない」に遭遇してしまうと言うことである。自動車を例にすると、とても便利で安心できる乗り物として「OK」出発進行となるが、運転者も同乗者も歩行者も各人の立場でいろいろな偶然が重なった時に本当の「危ない」を経験することになる。「気をつけて運転してね」と言われても、相手に追突される、うっかりミスで愛車や物、人を傷つけてしまうこともある。「OK」運転していることで同時に「危ない」にもつながっているのである。近年の交通事故による年間死者数5000人、負傷者70万人の発表を聞いても、それは危ないから自動車に乗るのをやめようということにならないのが現状である。「危ない」より「OK」のほうがはるか上位にあり、「危ない」を認識しつつも「OK」運転しているのである。包丁も使う人により職人技の道具ではあるが、一瞬にして凶器にもなり得ることを認識しつつも普段の生活で使っている。飛行機も短時間で無事に移動できる手段として「OK」出発進行となるが、落ちれば全員死亡の大惨事になることを解りながら搭乗しているわけである。そのように考えると人の行動や周辺の状況は普段は「OK」の存在がある上で、とても少ない確率で「危ない」の存在を認識しつつ共存していることになる。

　紙面記事等で取り扱われる「安全」と「危険」についても、数値で切り分けができるような明確な境界線はなく漠然と使われている場合が多く、その時代の社会的背景や情勢、その時代の技術、地域格差等によりその考え方が変わるのである。ただ我々の社会には自然界における弱肉強食のそれとは異なり、安全の知識、およびそれを応用する知恵がある。人が作り出す様々な製品には危険を封じ込めるための安全を基本とした設計製造の概念があり、危険があるから安全が考案され、新たな危険には新たな安全が適用され、常によりよい安全が提供され、求められてきている。もともと危険がなければすでに安全な状況であることから、危険があるため安全が存在することになる。危険は安全の反対側面にあるのではなく、安全を基本とした製品作りの中に同時に点在しているのが危険で、その危険を封じ込める知識と知恵が安全を達成する手段になると言うことになる。

　世の中には多くの安全規格と呼ばれるものがあるが、それら規格において「安全」が定義されているものはなく、国際規格においても、standardの言葉はあってもsafety standardの言葉は規格の中には出てこない。安全規格であるのに安全の定義がなく、規格にはsafety standardと言う言葉が無いことが一つの統一されたルールであるのかもしれない。このような言葉の使い方や規格の構成について規格作成者向けに規格作りのルールが示されたガイドが制定されている。規格作成者やグループが各々の思想や意見で規格を作ると相互の規格の関連性がなくなり、規格を使う側にも理解することが技術的側面以外で難しくなる。製

品分野毎に規格作成のためのガイドが制定されており、産業機械類のそれにあたるのがISO/IECガイド51である。

ISO/IECガイド51には規格草案の作成を行う時の安全側面の導入指針が規定されている。製品の据付けから日常的な使用、保守点検、技術サービス、修理、解体、廃棄までの製品ライフサイクルにおける「意図される使用」と「合理的に予見可能な誤使用」の両方を考慮した上で、人、財産、環境に関連するリスクの低減方策が示されている他、次のようなことがガイドに書かれている。

・膨大に制定される規格を体系的に整理するために規格の適用範囲に合わせて各規格を階層的に分類すること。
　- 基本安全規格: 広範囲の製品を対象とした安全側面に関する基本概念、原則および要求事項
　- グループ安全規格: 基本安全規格を元に、製品の特定の側面を対象とした規格
　- 製品安全規格: 基本安全規格、およびグループ安全規格を元に、特定の製品を対象とした規格
・要求事項は可能な限り危険源を排除する内容とし、リスク低減が必要とされる箇所については立証可能な保護方策をなるたけ理解しやすい内容で表現すること。
・情報提供については製品ライフサイクルの各局面において安全に使用するために必要とされる全ての情報を明確にし、取扱説明書、表示、および包装の各手段により情報伝達を行うこと。
・各用語を統一的に相互理解することが重要であり、各用語の定義を充分理解した上で用いること。
　- 「安全」: 許容できないリスクがないこと
　- 「リスク」: 危害の程度およびその発生確率の組合せ
　- 「許容可能なリスク」: 現代社会が受け入れることのできるリスク
　- 「危害」: 人への健康障害、または物や環境が受ける損害
　- 「ハザード」: 危害の潜在的な源
・「安全」と言う用語はその意味合いを理解しないで使用すると規格使用者側に誤解を招く恐れがある。「安全」＝「リスクが無いこと」のイメージが一般には浸透しているが「絶対的な安全」は無いものと考え、どのような場合もある程度のリスクは残留するものと考える。ある程度残留するリスクとは許容可能とされるレベルまでリスク低減が達成された状態を意味し、多少のリスクが残留していても相対的に安全と考えられるのであれば、その範囲を安全の意味するところとする（図1.1）。

・許容可能なレベルまでリスク低減がなされた事を確認する手段としてリスクアセスメントがある。リスクアセスメントは次の図1.2に示すようにリスク分析とリスクの評価から成る。
・リスクアセスメントの進め方として、まずは製品ライフサイクルにおいて製品に関与する人による「意図される使用」と「合理的に予見可

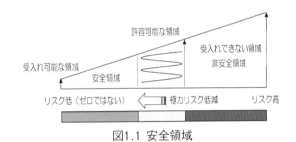

図1.1 安全領域

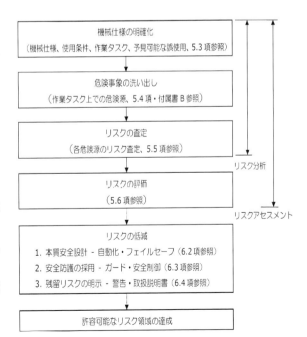

図1.2 リスクアセスメント方法論

能な誤使用」を明確にする。次に各使用におけるハザードの特定（同定）として危害の種類、部位、状態を明確にした上で各ハザードについてのリスクの度合いを見積る。見積りされたリスクが許容可能であるかの評価判定を行い、許容可能であると判定できない場合、製品に対してリスク低減の対策を施し、その後に再びリスクアセスメントを行う。リスクアセスメントとリスク低減は反復プロセスとなり、全てのリスクが許容可能なレベルになるまでこのプロセスの反復を行う。

・リスク低減のための方策は段階的に進めること（スリー・ステップ・メソッド）。
  1．製品自体の本質安全設計
  2．ガードおよび保護装置の採用
  3．使用者への情報提供

本質安全設計では製品自体に供給されるエネルギーの低減、鋭利なエッジおよび突起部を無くする等、製品自体での本質的な設計によりリスク低減を行う。それでも低減できない箇所にはカバーの採用、または安全センサー等の保護装置を採用する。本質安全設計と保護装置の採用による二つの方策により製品構造上においてのリスク低減を極限まで行う。それでも残留するリスク、および製品の機能上どうしても低減できないリスクについては危険な部位および状況を明確にし、安全上の理由で使用者側に必ず実施してもらいたいことと共に取扱説明書に情報提供を行うこと。

ガイド51の規定の一つに「安全」と言う用語は容易に使ってはいけないとある。「安全」の意味合いは規格作成レベルでの共通認識として留めておいて、各規格には安全を達成するための技術基準を規定することで必然的に安全を達成することが意図されているのかもしれない。世の中には「安全マッチ」＝火傷をしないマッチ？、「安全カミソリ」＝肌を切らないカミソリ？、「安全運転」＝事故を起こさない運転？、「安全第一」＝災害ゼロの現場？、等、安全の用語は宣伝であったり、目標であったりいろいろな使われ方がされているが、「安全」の言葉を用いる時はその使い方を慎重に考慮する必要がある。

また、ガイド51には「安全」の用語の定義があり、「許容できないリスクがない状態＝安全」としていることから、安全はリスクをベースにした考え方になる。リスクは危害の程度およびその発生確率の組合せとして定義されるものではあるが、危害の程度はエネルギーレベルに起因していると考えることができる。危険エネルギーのレベルが高ければそれ相当の安全技術を駆使して危険エネルギーへの接触を防止しなければならず、もともとのエネルギーレベルが小さければ安全を考える事も無くなる。危険なエネルギーによるリスクが存在するために安全を考慮しないといけないと言うことになる（図1.3）。

ガイド51はリスクアセスメントの方法論が記載されているだけで、具体的な手法例は示されておらず、その手法に限定されるものはない。リスクアセスメントの参考文章としてはISO/TR 14121-2があり、そこには具体的手法の例やレポート様式等が多く紹介されている。リスクアセスメントの一例としては作業タスクを実施する作業者と機械側の危険源が重なる場合の危険事象を想像することから始める。機械の取扱いを組立、据付け、操作、保守、廃棄の時系列に大きく分け、さらに細分化された各作業項目をリスト化する。各作業タスクにおける危険事象を見つけ出し、危害の程度およびその発生確率からリスクの度合いを査定する。危険事象におけるリスク度合いは通常運転時はもちろん、一故障状態（停電、欠相、センサー不良、制御不良、ファン停止、冷却停止、供給水停止、過負荷、エア断等）においても査定を行う。作業タスク、危険源、通常運転時の危険事象、一故障時の危険事象、危害の大きさ、接近頻度、査定されたリスク度合い等のパラメータを上手く表にまとめていくこともリスクアセスメントの重要な作業になる（図1.4）。

リスクの低減方策としてはスリー・ステップ・メソッドが紹介されているが、動力関連部以外は本質安全設計ができたとしても、大半の機械の動力関連部は本質安全設計だけでは補えずガードお

図1.3 リスクに対する防護

第2章 リスクと機械安全

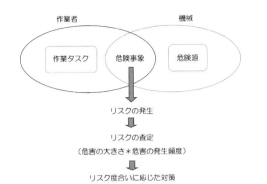

図1.4 作業者と機械の相関

図2.1 規制の背景

よび保護装置の採用が主要なリスク低減方策になる。リスクの高い領域では頑丈なガードが要され、保護装置の制御系も信頼性の高いものが要される。リスクレベルに応じた保護方策を考慮することが安全の達成となる。

第2節 安全規制の背景

現在のように安全に対する認識やトピックスが表面化する以前、1980年代のパーソナルコンピュータ登場の時代では世界各国における市場において仕向け地先の第三者として位置付けられる検査機関による評価・認証が先行されないと商品を市場流通することができない実情があった。例えば、アメリカであればUL、カナダはCSA、ドイツはGS等である。認証取得の強制、任意に関わりなく、市場・買い手が受け付けない、商品流通における保険が利かない、またはメーカーとしての商品販売戦略に優位性を持たせる等の理由から、まずはその出荷先の国の検査機関による認定取得が市場流通の手前に構想されていた。このことはその国が強制的な規制を行うまでもなく民意としてそのような安全水準の達成が競争原理の一つに組まれていたことになる。

1995年（平成7年）、欧州においてCEマーキングが法的基盤の元において施行され、欧州市場で流通する全ての製品はその地域の安全基準を満たしたものしか流通できないとした強制法規が制定された。当初の機械類について、安全規格を意識して設計製造される機械は日本にはまだ少なく、CEマーキングの機械指令やEMC指令への対応に戸惑いを見せるメーカーも多くあった。CEマーキン

グの制度はそれまでの第三者検査機関による認証取得とは異なり、メーカー自らが製品の適合性の評価を行い、適合を宣言することでその結果責任を果たすことになった。それまでの第三者への任せ事ではなくメーカー自身が取り組みを行わないといけない重要課題となった。この制度は民意からの成り立ちではなく欧州各国が集結し知恵を絞って欧州地域での法的基盤による政策を考案したことにある（図2.1）。

欧米における安全の考え方として隣接する国々からの侵略に対して国民を守るためにまずは城壁を作り安全を確保することを先行とし、その城壁内（安全エリア）で業を営むことにあった。機械の構造においては内側が危険エリアで外側が安全エリアとなる場合が多いが、危険エリアと安全エリアの間に防護壁を作ることで危険に対する防護の手段としているのと同じ発想になる。日本は自然と周囲が海に囲まれており（安全エリア）、すでに平和が存在していたことで他国の侵略を阻止するための防護壁をわざわざ作ることなく業を営むことのほうが先行された。すでに安全な状態において改めて安全が付加されることに対しては抵抗感が生まれている。安全を意識するもともとの出発点が異なるため欧米の思想を受け入れるには時間と理解が要るが、欧州のCEマーキング制度と良く似た制度は非強制としながらも隣国韓国、中国、東南アジア諸国でも取り入れられてきており、歴史的な植民地政策の影響もあり欧州発のCEマーキングの制度が各国にてアレンジされ受け入れられている実情がある。

1995年（平成7年）に強制適用となったCEマー

キングの機械指令が施行されてすでに20年が経過している。その間に国内でも機械安全が認知され成長し、国際規格に整合した多くのJIS規格が制定されてきている。欧州CEマーキングのように仮に日本においてもメーカーによるメーカーのための自主検証制度が強制施行されたとしても違和感無く対応できるメーカーはすでに多くあり、その流れに沿って製造業界全体が国際レベルに追いつくことはそれほど困難ではないことが予想される。機械安全が考慮された法的基盤が整備されれば基本的な安全水準が全ての機械に一律に保たれ、売り手も買い手も安心の目安にすることができる。欧州連合は多民族で形成される一大市場であり統制を取るには最低限の安全が盛り込まれた機械しか流通できないとする理由がそこにある。機械を使用する上で過去に事故が起こっていないため安全と考えるのか、この先いつどのような事故が起こるかわからないため事前に取るべき対応を時代の流れに沿って確保する考え方との違いはあるが、機械のメーカーやユーザーが第一に意識しないといけないことは現場側から見た安全第一(safety first)の標語を現場に掲げること以外に、グローバル化する国際社会においてはそこの現場で使われる機械自体の構造が国際規格に準じるようにすることが機械側から見た安全確保の条件になる。安全を達成するには機械自体のコスト高につながりやすいと考える傾向にあるが、単なる負担と考えるか安全性を備えた事でそれを機械自体の価値とするかでその見方は異なるものになる。コスト高以外に作業性の低下、要求事項の理解と応用、管理業務の増加等がメーカー側の負担として考えられるが、安全への取り組みのアピール、社会的信頼性の向上、機械設計を見直した上での標準化、社内ノウハウの蓄積、機械設計の合理化によるコスト低減等、安全を考慮する上でメーカーが知恵を絞りそこから生まれるメリットも多くあると考えられる。単に機械を売って利益を得るだけでなく、機械安全を理解した上での新たな安全設計を売りにできる技術がメーカーで養われたり、残留するリスクに対してはユーザー側で実施してもらいたいことを明示できたり、機械を使用する上での責任分担を明確にすることもできる。安全を規制する法律により労働災害が減少した事実が過去にはあるが、現代社会においては労働災害の低減以外に国際社会の動向に合わせグルーバル化する市場経済において、安全は機械設計における重要な要素(Core value)であることは確かである（図2.2）。

安全設計のデメリット

製品コスト上昇（単なる負担と見るか、安全価値と見るか）、
作業性の低下、要求事項の理解と応用、管理業務の増加、
地域による温度差（強制と任意、ダブルスタンダード）

⇕

安全設計のメリット

社会へのアピール、製品信頼性の向上、競合製品に対する優位性、
安全技術の蓄積、リスクに対する認識の共有化、設計の標準化、
標準化した上での合理化・コスト削減

図2.2 安全の導入

第3節 日本における機械安全

私たちが普段手にする家電製品、食品、添加物、化学物質、建築物、廃棄物等、または社会における防犯、地域活動、最近ではリスクコミュニケーションCSRと言う言葉も登場して、巾広い多くの分野で「安全」と「危険」が取り扱われてきている。このような巾広い分野において横断的に共通する「安全」があり、そしてその分野固有の「安全」の考え方がある。日本市場で流通する製品の安全規制として、主に次のような法律、マーク制度がある（図3.1）。

産業用の機械類、および装置類の安全を規制する分野においては労働安全衛生法も考慮することができるが、機械設計を直接取り締まる法令はなく、我が国の機械安全にインパクトを与えたものとして、国際規格ISO12100（機械設計の一般原則）がある。ISO12100は機械類の設計原則およびリスクアセスメントを規定した内容のもので、全ての機械類の設計における基礎となる規格である。2003年（平成15年）に制定され、その翌年に

電気製品 - 電気用品安全法 PSE PSE
生活製品 - 消費生活用製品安全法 PSC PSC
ガス機器 - ガス事業法、液化石油ガスの... 法律 PSTG PSTG PSLPG PSLPG
携帯電話 - 電波法
医療機器 - 医薬品医療機器法（旧 薬事法）
建築物 - 建築基準法、消防法
産業機械類 - 労働安全衛生法 ?

図3.1 製品分野毎の法律

はWTO/TBT協定（貿易上での技術障壁に関する協定）によりJIS規格JISB9700が制定されている。WTO世界貿易機構については1995年に発足し、日本はその発足と同時に加盟している。WTOにおけるTBT協定の目的に一つに国際規格と同等の整合規格を加盟国内の規格として制定することで国際貿易上での不必要な技術障壁を取り除くことが謳われており、現在ではISO12100以外にも多くの国際規格と同等のJIS規格が制定されている。このような規格の整合化は日本以外の加盟各国においても同じ状況であり、地球規模でのグローバル化を手助けする役目を担っている（図3.2）。

ISO12100の制定、およびその以前に欧州域で施行されていたCEマーキングの機械指令の流れに乗り、我が国では2001年（平成13年）に厚生労働省から「機械の包括的な安全基準に関する指針」が公布された。この指針にはそれまでの機械安全の設計思想には無い考え方が導入されており、この時期の製造業界は活気が満ち溢れていた状況でもあり新しい指針に関連した機械安全に関するトピックスは花が咲いたように注目され、日本各地では指針の説明会が行われ規格の紹介および指針推進のアピールが行われていた。製造業界における指針への注目度は当初としては高いものであったが、強制的に義務を果たす事が盛り込まれた制度ではなく、努力的な取り組みとしての規制であったことからメーカーでの様々な解釈に至ることになり、その後は不発弾処理がなされたかのように一時期のブームが過ぎ去ると何も無かったような静けさに包まれることになった。国際規格に整合されたJIS規格がせっかく制定されても、その規格を制御する法律が無く、法律でも指針でも

制御されない単なる規格、参考書の位置付けになった。制定当初は興味が示されても国内市場においての影響力が薄いものであると解かると売り手メーカーは「そこまでしなくても」となり、買い手ユーザーも「高いものにならなければ」の感覚に両者が陥ることになる（図3.3）。

海外市場への出荷の場合はその地域での規制事項、またはユーザーからの仕様要望により、国内市場のものと比較してより安全を配慮し設計されるものが多くある。しかしながら、日本のメーカーはその面においては気転を利かすのが上手く、規制されていない地域や要望が無い場合はメーカーの独自設計で対応が行われている場合が多くある。メーカーの独自設計とは適度な安全を組み込むだけで国際規格における安全水準を意識しない設計である。そのような状況が「ダブル・スタンダード」と言う言葉を生み出し、その運営を上手に活用しているのが日本の機械設計でもあると言える。海外への機械の出荷や認証取得作業等で機械安全の設計を経験しているメーカーも多くあり、機械安全に対する知識や安全技術の習得も浸透し機械設計全体での底上げはされてきているが、海外市場には国際規格に応じた安全水準を満たした機械を提供し、日本市場には適度な安全でしかない機械が提供される状況はいくら文化や教育に違いが有ると言っても人が使う機械の危険度合や設計仕様を仕向け地別に変えるのもアンバ

	欧州	国際	日本	他
機械系	EN / CEN	ISO	JIS / JISC	米 ANSI 中 GB 韓 KS 濠 AS 仏 NF 独 DIN 英 BS
電気系	EN / CENELEC	IEC		

ドレスデン協定 1996 / ウィーン協定 1991　　WTO・TBT協定 1995

機械類の電気一般要求
国際規格	欧州	中国	韓国	日本
IEC 60204-1	EN 60204-1	GB 5226.1	KS C IEC 60204-1	JIS B9960-1

機械安全の設計原則、およびリスクアセスメント
ISO 12100	ENISO 12100	GB/T 15706	KS B ISO 12100	JIS B9700

図3.2 規格のグローバル化

1972　労働安全衛生法
　　　労働災害の防止、労働者の安全と健康の確保、快適な職場環境の形成

2001　厚労省通達「機械の包括的な安全基準に関する指針」の公示
　　　・メーカー：機械の設計・製造上でのリスク低減
　　　・ユーザー：機械の使用上でのリスク低減

2006　労働安全衛生法の改正、第28条の2
　　　・ユーザー：危険性、および有害性の調査 ⇒ リスクアセスメント
　　　　　　　　　危険防止のための措置 ⇒ リスク低減
　　　　　　　　　実施時期 ⇒ 新規設備の導入、移設、変更、解体時

2007　厚労省通達「機械の包括的な安全基準に関する指針」の改正
　　　・ISO 12100 との整合化

2012　労働安全衛生規の改正、第24条の13
　　　・メーカー：危険性・有害性の調査 ⇒ リスクアセスメント
　　　　　　　　　危険防止のための措置 ⇒ リスク低減
　　　　　　　　　ユーザーへの残留リスク情報の提供（ユーザーからの要望）

2014　労働安全衛生規の改正、第28条の2
　　　・ユーザー：化学物質の危険性・有害性の調査 ⇒ リスクアセスメント
　　　　　　　　　危険防止のための措置 ⇒ リスク低減

2017　ILO と ISO による ISO 45001 の制定
　　　労働安全衛生トでのマネージメントシステム ⇒ JIS 規格の制定

図3.3 労働安全衛生法と機械安全

ランスな状況であると言える。

日本の製造現場には明らかに現代の国際規格に対抗するかのような機械が多く置かれ稼動している。例えば、産業用ロボットの安全をテーマにした広告記事ではロボットが安全柵に囲まれ、出入り口のドアには安全インターロックが実装された図を見かけることがあるが実際の現場では柵は途切れており、柵の面の開口は大きく、ドアには安全インターロックが設けられていないものも多くある。また、危険な可動部が剥き出しの機械、安全制御系がソフトウエア制御のみで構成されているもの等がごく普通に稼動している。日本の制御機器メーカーにおいては安全・安心を掲げユニークで信頼性の高い商品の開発とラインナップが行われてきているが、いくら良いものが商品化されていても機械設計において部分的な採用や誤った使い方では中途半端な安全の達成に過ぎないと言える。

いずれもしても、欧州域でのCEマーキングの機械指令の法的規制、ISO12100の制定、および機械安全の指針に加えて労働安全衛生法の改正のそれぞれがここ20年間の日本の機械安全に影響を与えた大きな出来事になる。それらのおかげで国際規格の安全水準を意識した機械設計をコスト的に、作業性を考慮して工夫を凝らして持続しようと自主的に努力しているメーカーが多々あることは事実である。機械安全は機械を作るメーカー自身がその内容を理解し実践していくことが本筋になるが、知れば知るほど奥深くまた悩ましいものでもある。安全な機械を市場に提供することはメーカーの使命であるが、その機械を使うユーザー現場でも安全を配慮した快適な職場の形成と労働災害の防止は重要な任務となる。いずれも「安全」がキーワードであるが、安全を達成するにあたり、まずは指針や法規、規格が要求している本質的理解から始めないといけないのである。それらの要求事項は単なる一文でしかないが、一文に対してそれに対応できる具体的構造はメーカー設計者のアイデアによって複数に拡大できる。重要な事は実務設計における展開力、発想力や創造力にある。機械安全を理解した上でコスト面、作業性、機能性等を合理的に構築していく技術、および安全を売りにできる技術はメーカーの現場力による

ところが大きいと考えられる。

CEマーキングの機械指令のように法律は強制、規格は任意の位置付けであっても、法律で規格を引用している制度では規格も強制事項になる。日本の機械安全の分野ではJIS規格をコントロールする法律が制定されていない事から、多くのJIS規格は任意扱いのままである。国際規格を元に多くのJIS規格が制定されていても引用する機会がなく、何かのきっかけが無い限りは機械安全に関連するJIS規格も使われ終いの状態にある。欧米に追従して、アジア周辺諸国では機械安全の法制化が進行しているのに対して我が国の機械安全はその場しのぎの感がある。国、および行政、メーカー、ユーザー、工業会、大学、研究機関、第三者等による活動により、国際規格を国内に展開して行くための積極的な取り組みが行われているが、現場側ではユーザー、および周辺諸国からの要望に振り回されるだけで本筋の浸透はなかなかしにくい実情がある。グローバル化する国際社会において規格ベースの安全技術を駆使した安全先行型のものづくり体制を確立していかないと日本のものづくりが地球規模で容認されなくなるのではないかと感じられる。グローバル化する市場経済において我が国における機械安全への取り組みや現場の実情が他国のそれから遅れを取らないように、また追い越せるようにメーカーの設計製造のマネージメントシステムに機械安全を取り入れて、トップダウンの采配とボトムアップの知恵によって日本の機械安全を明るい方向に展開していく事が今後の課題と考えられる。

第4節 欧州 CE マーキング

現在の欧州経済地域EEAは欧州連合EU加盟の28ヶ国、および自由貿易連合EFTA加盟のスイスを除く3ヶ国で形成され、人口5億人、面積450万km²であり、日本と比較して人口4倍、面積12倍の大きな単一市場が形成されている。欧州連合の成り立ちは石炭鉄鋼を共同運営する6ヶ国によるパリ条約がその始まりと言われており、その後の70年間、国や地域の分裂と統合が繰り返され、また条約と協定が積み重ねられ、平和と国益の追求を主テーマに現在の欧州連合EUに成長してきている。

第2章 リスクと機械安全

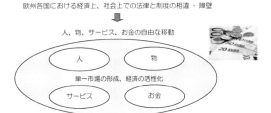

- 規則 regulation：全ての加盟国に直接適用される法令
- 指令 directive：全ての加盟国が各国の国内法に置き換えて適用を行う法令
- 決定 decision：特定の加盟国、企業、個人を対象とした行政規則
- 勧告 recommendation：特定の加盟国、企業、個人を対象とした行政指示

- 規則 Regulation No 765/2008 流通製品に対する市場監視と登録
- 決定 Decision No 768/2008/EC 流通製品に対する共通的枠組み

図4.1 標準化政策

欧州連合は各国とは別に独立した立法、行政、司法の機関が設立されており、経済統合市場での物流とさらなる経済の活性化を目指すために、「人」、「物」、「サービス」、「お金」の自由な流通についての標準化政策（規則、指令、決定、勧告）がいろいろな側面において実施されてきている（図4.1）。

CEマーキングの制度も欧州連合での法的基盤上の政策の一つであり、規則No.765および決定No.768において大枠の規制内容が制定され施行されている。CEマーキングの規則や決定は機械指令、低電圧指令、EMC指令と言った指令との関連付けがされており、各指令で求められる一定の安全水準を満たしたものでしかその流通が認められていない。各指令は適用範囲が示されており、いずれの指令も広い範囲での製品を対象としている。一製品がいくつかの指令の適用範囲に入る場合は、該当する各指令全てを考慮する必要がある。主な指令として次のようなものがある（表4.1）。

産業機械類に一般的に適用される指令は機械指令（機械安全）、およびEMC指令（電磁波）になる。機械の機能や構成に応じて、有機溶剤が意図されていたり、起爆性雰囲気においての使用が意図されている場合は防爆指令が、0.5bar以上の圧力容器や配管を構成しているものは許容圧力や流体の種類により圧力機器指令の適用を受けることになる。製品の構造および用途によっては複数の指令が一つの製品に対して該当してくることになる。いずれの指令も各指令において適合性を検証し、製品上にCE表示を行う行為（製造物責任）はメー

表4.1 CEマーキングの指令

指令名称	製品例	現行指令番号	初版施行年
能動型体内埋込用医療機器指令	心臓ペースメーカー	90/385/EEC Reg 2017/745	1995
ガス機器指令(GAD)	ガス暖房器	2009/142/EC	1996
人員用ケーブル輸送設備施工指令	ケーブルカー	2000/9/EC	2006
エコデザイン指令(ErP) ・モーター-Reg. No. 640/2009 　0.75kw以上：IE2＞IE3(2017 01) 　7.5kw以上：IE3 　7.5kw可変速：IE2＞IE3(2017 01) ・ファン-Reg. No. 327/2011 ・水ポンプ-Reg. No. 547/2012	モーター、冷蔵庫	2009/125/EC	2007
EMC指令	製品全般	2014/30/EU	1996
防爆指令(ATEX)	耐起爆性部品、部位	2014/34/EU	2003
起爆装置指令	爆薬、燃料	2014/28/EU	2003
温水ボイラー指令	ボイラー	92/42/EEC	1998
体外診断用医療機器指令(IVDD)	試薬用紙、体液保管容器	98/79/EC	2003
リフト指令	エレベータ	2014/33/EU	1999
低電圧指令(LVD)	電気機器	2014/35/EU	1997
機械指令(MD)	産業機械	2006/42/EC	1995
計量器指令(MID)	ガス・電気・水メーター	2014/32/EU	2006
医療機器指令(MDD)	医療機器	93/42/EEC Reg 2017/745	1998
騒音指令	建機、芝刈り機	2000/14/EC	2002
非自動計量器指令(NAWI)	はかり	2014/31/EU	2003
身体防護具指令(PPE)	防護服、ヘルメット	89/686/EEC Reg 2016/425	1995 2018
圧力機器指令(PED)	消火器、ボイラー、弁	2014/68/EU	2002
花火用品指令	花火、着火装置	2013/29/EC	2010
無線機器指令(RED)	無線機器	2014/53/EU	2000
レジャー用船舶指令	小型船舶	2013/53/EU	1998
有害物質指令(RoHS)	製品全般	2011/65/EU	2006
玩具指令	おもちゃ、自転車	2009/48/EC	1997
簡易圧力容器指令(SPVD)	圧力タンク	2014/29/EU	1992

カーに委ねられていることから指令の制度と要求事項を理解して適切に適合性評価を行い、その制度に準じてCE表示を行い、製品を市場流通させるその全責任はメーカー側に付与されることになる

表4.2 製品に該当する指令の選択

製品	指令
電気部品	低電圧指令LVD、有害物質指令RoHS
情報処理機器、家電製品	低電圧指令LVD、EMC指令、有害物質指令RoHS
機械類	機械指令MD、EMC指令
IPA洗浄装置	機械指令MD、EMC指令、防爆指令ATEX
建設用重機	機械指令MD、EMC指令、防音指令
圧力容器実装設備	機械指令MD、EMC指令、圧力機器指令PED

(表4.2)。

　製品にどの指令が該当するかは各指令の適用範囲で判断していくことになるが、その選択においては迷う場合もある。例えば、家電量販店等で販売されているプリンター、コピー機はその主な危険源が電気によるものであることから低電圧指令（電気安全）の適用を受ける。しかし、一般大衆向けとは異なり企業や工場の一室で使われる大型サイズの据付け型プリンター・印刷機の場合、電気の危険に加えて機械的損傷の危険度合が大きくなる。また、家庭で使われている食材加工のミキサーも業務用や産業用になると同様になる。このような小型であれば低電圧指令であっても、大型、重量物、使う人、使われる場所、業務用、産業用のように構成や用途が異なる場合は低電圧指令（電気安全）ではなく、機械指令の適用を考慮しないといけなくなる。低電圧指令も機械指令も製品に存在する危険を取り扱っているが、低電圧指令は主に電気の危険を、機械指令は電気の他に機械的損傷、化学的危険、熱、騒音、放射等多くの危険源を対象としている（図4.2）。

　各指令の構成は指令適合のための条件および制度が規定された条文本文と安全水準を達成するための要求事項が記載された付属書から成る。製品設計においては指令本文より付属書に記載の要求

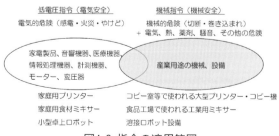

図4.2 指令の適用範囲

```
指令 ＝ 法的大枠要求
     ⇕
整合規格 ＝ 指令適合を推定するための技術基準
```

図4.3 指　　令

事項のほうが重要となるが、その分野の多くの製品を対象としていることから製品設計を行う上での当たり前事項までに言及されている。指令における要求事項は全体的に抽象的で特定の製品には該当しない項目もあり、安全を達成するための指針と考えることができる。そこで要求事項への適合性を判断するために採用されるのが欧州規格（EN規格）になる。欧州規格はEuropean Normの頭文字を揃えたENxxxxxで番号の統制が行われており、欧州標準化委員会CENで機械系の規格を作成し、欧州電気標準委員会CENELECでは電気系の規格を作成している。多くの欧州規格が制定されている中で、欧州委員会が各指令に対する技術基準として採用したものをリスト化し、欧州官報として公開している。そのような指令に関連付けされた欧州規格の事を整合規格と呼んでいる。整合規格自体には法的拘束力はないが、整合規格に沿って検証された製品はその指令に適合していることが推定できるとしている。各指令には指令用に整えられた整合規格があり、指令の法的大枠要求事項に対して整合規格の技術基準を指令適合の立証ツールとして使う仕組みが出来上がっている。このような指令・法規と規格・技術基準の仕組みは欧州連合としての新しい取り組みでありニューアプローチ政策と称されている。指令の中にはCEマーキングの制度に関連しない指令もたくさんあるが、ニューアプローチ政策により制定される指令は製品上にCE表示が要され上記に記載した各指令はニューアプローチ政策における指令になる（図4.3）。

第5節　機械指令

　機械指令は1989年に制定された89/392/EECが初版となり制定されている。それまで各国における独自の関連法規は欧州連合としての統一法規、機械指令に置き換えられる作業が行われ、1993年から2年間の移行期間を経て1995年に強制発効して

いる。1998年には改正版の機械指令98/37/ECが発効され、現在では2009年12月に発効された2006/42/ECが最新の機械指令として制定されてい

機械指令の構成
指令本文　第1条〜第29条
適用範囲、定義、市場監視、整合規格、評価手順、公認機関、表示、不適合処置等についての制度運営上の諸条件・制約
付属書 I
第1章　安全衛生要求事項
第2章　食品・化粧品・製薬用機械、手持機械、木工機械の補足要求
第3章　移動機械、自走式機械の補足要求
第4章　昇降作業に関する補足要求
第5章　地下作業に関する補足要求
第6章　人の昇降に関する補足要求
付属書 II　適合宣言書
付属書 III　CE表示
付属書 IV　特定の機械群
付属書 V　安全部品
付属書 VI　半完成品のための取扱説明書
付属書 VII　技術ファイル
付属書 VIII　自主検査（モジュールA）
付属書 IX　型式試験（モジュールB）
付属書 X　フル品質保証（モジュールH）
付属書 XI　公認機関に対する基準
付属書 XII　旧指令98/37/ECとの相関表

機械指令が取り扱う危険源
1．使用・生成材料
2．照明
3．移動・搬送手段
4．人間工学、作業疲労、作業位置
5．制御システム、制御不良、制御機器、起動、停止、運転モード
6．動力源の故障
7．安定性、飛散物、落下物、表面エッジ、可動部による機械的損傷、
8．防護ガード、安全防護システム
9．電気、静電気
10．電気以外の動力、エア、油
11．過温度
12．火災
13．爆発
14．騒音
15．振動
16．イオン化放射、非イオン化放射、電磁波、レーザー、X線、その他の放射
17．すべり、つまずき、転倒

る。機械指令の内容は次のように指令本文と付属書 I〜XII により構成されている。

　機械指令の中で設計に関わる技術的要件は付属書I、安全衛生要求事項になる。この要求事項は全ての機械類を対象としており、外来エネルギーを動力源として特定の用途（搬送・加工処理等）に使われ可動部を有する機械および関連機器が適用範囲になる。機械類は誰もが手にする一般大衆向け製品とは異なり、そこには多種多様の危険源が予想されることから安全衛生要求事項では多くの危険源が取り扱われている。

　安全衛生要求事項は各危険源に対する要求事項が述べられているが、それらは機械安全を達成するための大枠要求である。大枠要求に対して技術的見地でその適合性を判定していくためのツールが前述の整合規格になる。機械指令に関連付けされる整合規格はISO/IECガイド51の概念に沿って

制定され、その数は700を超えている。膨大な数の規格はその適用度合により次のように階層化して制定されている。

- タイプA規格（基本安全規格）：機械全般を対象とした基本概念、および設計原則
- タイプB規格（共通安全規格）：特定の安全側面についての安全要求机上
- タイプC規格（機械安全規格）：特定の機械を対象とした安全要求事項

　A規格はENISO 12100のみが制定されており、全ての機械を対象としていることからどのような機械でも選択は必須になる。B規格は機械の一側面の安全を規定しており、該当する規格をB規格群の中から選択して用いる。C規格はその規格群の中に該当する規格があればC規格を優先し、A規格およびB規格と合わせて用いる。　該当するC規格がない場合はA規格およびB規格からの選択となる。これらの整合規格の属性、番号や規格のタイトルは欧州官報としてリスト化して公開されており欧州委員会のホームページで閲覧することができる。また、規格の詳しい記載内容については規格書の発行機関からほぼ有料にはなるが入手することができる。多くの欧州規格はISO/IEC国際規格化がされ、前述のWTO/TBT協定によりJIS規格としても制定されていることから日本規格協会から

表5.1 整合規格

欧州規格	国際規格	JIS規格	運用
タイプA			
ENISO 12100: 2010	ISO 12100	JIS B9700	機械の設計原則、リスクアセスメント
タイプB			
EN 349: 1993/A1: 2008	ISO 13854	JIS B9711	最小隙間
EN 574: 1996/A1: 2008	ISO 13851	JIS B9712	両手制御装置
EN 614-2: 2000/A1: 2008	-	-	人間工学
EN 894-1: 1997/A1: 2008	-	-	人間工学 操作類
EN 981: 1996/A1: 2008	-	-	視聴覚信号
EN 1005-2: 2003/A1: 2008	-	-	身体の物理的能力
EN 1037: 1995/A1: 2008	-	-	再起動防止
EN 1093-1: 2008	-	-	有害物質放射
EN 1127-1: 2011	-	-	防爆
EN 1837: 1999/A1: 2009	-	-	機内照明
ENISO 4413: 2010	ISO 4413	JIS B8361	油圧システム
ENISO 4414: 2010	ISO 4414	JIS B8370	エアシステム
ENISO 7731: 2008	ISO 7731	-	警報音
ENISO 11145: 2008	ISO 11145	-	レーザー 表示
ENISO 11161: 2007	ISO 11161	-	総合生産システム
ENISO 11202: 2010	ISO 11202	JIS Z8737-2	音圧
ENISO 11554: 2008	ISO 11554	-	レーザー パワー
EN 12254/2010	-	-	レーザー 遮光幕
EN 13478: 2001/A1: 2008	-	-	防火
ENISO 13732-1: 2008	ISO 13732-1	-	高温表面温度
ENISO 13732-3: 2008	ISO 13732-3	-	低温表面温度
ENISO 13849-1: 2015	ISO 13849-1	JIS B9705-1	安全制御システム
ENISO 13850: 2015	ISO 13850	JIS B9703	非常停止システム
ENISO 13855: 2010	ISO 13855	JIS B9715	防護装置の配置
ENISO 13857: 2008	ISO 13857	JIS B9718	上下肢の安全距離
ENISO 14119: 2013	ISO 14119	JIS B9710	インターロック
ENISO 14120: 2015	ISO 14120	JIS B9716	ガード
ENISO 14122-1: 2001/A1: 2010	ISO 14122-1	JIS B9713-1	階段、はしご、通路
ENISO 14159: 2008	ISO 14159	-	衛生面
EN 60204-1: 2006/A1: 2009	IEC 60204-1	JIS B9960-1	機械の電気一般
EN 61310-1: 2008	IEC 61310-1	JIS B9706-1	発光、表示、操作類
EN 61800-5-2: 2007	IEC61800-5-2	-	モータードライブ 機能安全
EN 62061: 2005	IEC 62061	JIS B9961	機能安全
タイプC			
EN 81-3: 2000/A1: 2008	-	-	リフト
EN 201: 2009	-	-	射出成型機
EN 289: 2014	-	-	圧縮成型機
EN 415-10: 2014	-	-	包装機
EN 422: 2009	-	-	ブロー成形機
EN 453: 2014	-	-	パン生地ミキサー
EN 454: 2014	-	-	衛星ミキサー
EN 693: 2001/A2: 2011	-	-	油圧プレス
EN 1010-1: 2004/A1: 2010	ISO 12648	JIS B9631	印刷・紙処理機械
EN 1012-2: 1996/A1: 2009	-	-	真空ポンプ
EN 1034-1: 2000/A1: 2010	-	-	製紙機械
EN 1672-2: 2005/A1: 2009	ISO 14159	JIS B9650-2	食品機械・衛生面
EN 1673: 2000/A1: 2009	-	-	回転ラックオーブン
ENISO 10218-1: 2011	ISO 10218-1	JIS B8433-1	産業用ロボット
ENISO 10218-2: 2011	ISO 10218-2	JIS B8433-2	産業用ロボット設備
ENISO 11111-1: 2009	ISO 11111-1	-	織物機械
EN 12417: 2001/A2: 2009	-	-	マシニングセンタ
EN 12463: 2004/A1: 2011	-	-	食品充填機械
EN 12622: 2009/A1: 2013	-	-	油圧プレスブレーキ
EN 12921: 2005/A1: 2010	-	-	表面洗浄・処理装置
EN 13128: 2001/A2: 2009	-	-	フライス盤
ENISO 13482: 2014	ISO 13482	JIS B8445	生活支援ロボット
ENISO 16089: 2015	ISO 16089	-	研削盤
ENISO 23125: 2015	ISO 23125	JIS B6031	ターニングマシン
ENISO 28927	ISO 28927	-	手持ち工具
EN 82079-1: 2012	IEC 82079-1	-	取扱説明書
EN 17305 (13849-1+62061)	IECIS017305	-	安全制御

も購入は可能である。以下、機械指令の整合規格の一例を示す（表5.1）。

第6節 真空関連機器についての欧州規格

　機械指令における真空機器関連の整合規格としては次のものがリストされている。

- EN 1012-2:1996/A1:2009 真空ポンプ、ポンプ組合せ品、その排気システム（インレット圧が絶対圧75kPaAを超えるシステムは適用外）
- ENISO 2151:2008 真空ポンプの音圧計測
- EN 15503:2009/A2:2015 庭用真空応用機器
- EN 50636-2-100:2014 園芸用真空応用機器
- EN 60335-2-69:2012 業務用湿式乾式真空クリーナー

EN 1012-2は機械指令におけるタイプC規格として、真空ポンプ、およびその応用機器等に適用される規格になる。以下、EN 1012-2の要求事項の概要を紹介する。

＝メカ的損傷に対する要求＝

□　可動部に対する防護としてのガードはENISO 14120（ガード）の要件を満たすこと。

□　可動部に対する防護としてガードを実装する場合、開口部から内部の可動部までの隔離距離はENISO 13857（安全距離）の要件を満たすこと。

□　装置の表面にて鋭利なエッジは無くすこと。

□　排気部を構成する部材は充分な機械的強度を保持すること。

□　媒体の蓄積や異物混入等による流路閉鎖等により危険が引き起こされないこと。

□　フィルター飽和による流路閉鎖が最大許容動作圧力を超えないようにする手段を備えること。

□　媒体の蓄積や異物混入等により出力流路での危険が予想される場合、圧力監視制御、または圧力リリーフ弁を設けること。

□　装置の安定性としてどの方向にも10°傾斜で転倒しないこと。

□　装置を容易に持ち運び、または移動できるようにハンドル、アイボルト等を実装すること。

□　装置からの不意の油漏れの可能性を最小限にすること。

□　装置のハウジングは予想される外部ストレス

第2章 リスクと機械安全

に充分耐えること。

= 電気源に対する要求 =

- 電気回路はEN 61010-1（制御機器の電気規定）、またはEN 60204-1（産業機械類の電気規定）の要件を満たすこと。
- 保護のための制御回路、スイッチはフェイルセーフ（故障をしても安全側に働く）の概念で設計すること。
- 装置に過電流保護器（サーキットブレーカ）を実装できない場合、ユーザー側で実装することを取説に記載すること。
- 装置に外来電源の断路器（スイッチ等）を実装できない場合、ユーザー側で実装することを取説に記載すること。
- 起爆性雰囲気における使用が意図されている場合、EN 60079-0（防爆一般）の要件を満たすこと。
- 静電気の蓄積を防止するために全ての導電部はアース結合をすること。
- 短絡故障、入力電圧変動、電磁妨害波、地絡故障等が発生した場合でも危険な状況を引き起こさないこと。

= 熱源に対する要求 =

- 高温、または低温の媒体による危険がある場合、温度監視を行い、限界点を超えた場合は安全の方向に向かう制御を実装すること。
- 70℃以上、または−10℃以下の外部表面がある場合、不意の接触に対して熱的な絶縁を実装すること。ENISO 13732-1（高温表面）、ENISO 13732-3（低温表面）の要件を満たすこと。 また、高温配管については警告シンボルを表示すること。
- 高温配管は木材、可燃性物質に接触しないこと。
- 起爆性雰囲気における使用が意図されている場合、表面温度の制限、およびその他の発火源について、EN 60079-0（防爆一般）、EN 1127-1（防爆基本概念）の要件を満たすこと。

= 放射源に対する要求 =

- 運転中に発生する騒音は設計による低減を考慮すること。
- 装置表面から50mmの場所での放射線量は5uSv/hを超えないこと。

= 材料（媒体）に対する要求 =

- 外部から装置への空気漏れ、または装置から大気へのガス漏れを防止すること。検証試験として、ポンプ遮断による圧力上昇後に絶対圧0.1−0.2MPaAの不活性ガスで加圧し、質量分析計による漏れ量の測定を行う。要求される漏れの程度はガスシステムの仕様付けされた性能と一致すること。
- 媒体の分解、および急激な圧力上昇等のストレスによる破裂の危険に対して充分な剛性であること。検証試験として、絶対圧1.1MPaAの不活性ガスで加圧し破壊がない事を確認すること。
- 可燃性ガスを処理する装置について、発火源を最小に抑えるための材料選択、静電気蓄積を防止するためのアース結合、回転シャフトへの異物混入を防止するための構造とすること。
- 媒体に水が意図されている場合、その流量が危険レベルまで減少した場合にモーターを停止させる流量計を実装すること。
- 仕様に応じて不活性ガスで可燃性ガスを希釈する手段を実装すること。

= 人間工学に対する要求 =

- 装置のスタート、ストップの操作ボタンは容易に識別ができるようにシンボル表示を行うこと。
- 作業者用の操作類は容易に接近できる位置に配置すること。
- 計測機器類は装置の操作位置から容易に確認できる位置に配置すること。
- 媒体の充填、パージ、通気、回収、排気、排水等において、媒体流体は安全に取扱いができるように設計すること。

= 故障時の危険、安全インターロックに対する要求 =

- 外来電源が喪失した場合に危険な状態が発生しないこと。
- 電源喪失後の不意のエネルギー供給の復旧の際に危険な状態が発生しないこと。
- 給油故障、給水故障、逆流防止弁等の弁故障、制御系統の故障等においても危険な状態が発生しないこと。
- 安全インターロック制御が作動し停止した後

```
INJECTION STRETCH-BLOW MOULDING MACHINE    CE
MODEL:   FI-1471
SERIAL NO.:   200303-0012
YEAR OF CONSTRUCTION:   2016
EQUIPMENT WEIGHT:   1200kg
FAITH INC.
269-10 TAKA-MACHI, MATSUSAKA-SHI, MIE-KEN 515-0011 JAPAN
```

図6.1 装置銘板例

```
POWER:  3AC400V  50Hz  120A
SERIAL NO.:  MA10580001
SHORT-CIRCUIT RATING:  20kA / Icu NFB1
CIRCUIT DIAGRAM NO.:  53-3768
WEIGHT:  250kg
FAITH INC.
```

図6.2 電気銘板例

は、意図的な手動操作のみによって再起動ができること。
□ キーボード、タッチパネル等の操作を誤った場合でも危険な状態は発生しないこと。
□ 安全制御はソフトウエアで構築してはならず、ハードウエアで構成すること。ソフトウエア故障により危険な状態に移行する前にハードウエアで危険の発生をなくすること。
□ 非常停止制御は手動による操作でそのような危険な状況が発生しうる場合に実装すること。通常停止制御が非常停止制御の要件に適合している場合はその制御を非常停止制御とすることができる。

=表示に対する要求=

□ 装置には次の情報を表示すること（図6.1）。
- メーカー社名、および住所
- 装置名称
- 型番
- 製造シリアル番号
- 製造年
- シャフト回転速度rpm（該当の場合）
- CE表示
- 他の主な仕様情報（重量、媒体、動作圧力等）
□ 電気の表示はEN 60204-1の項目を表示すること（図6.2）。
□ 警告シンボルは残留するリスクに応じて表示すること（図6.3）。

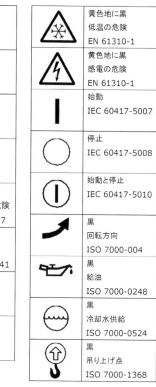

図6.3 警告シンボル

第7節 適合性評価

CEマーキングにおいて、製品が指令に適合しているかどうかを検証していく工程を適合性評価と呼んでいる。適合性評価は製品設計の検証と製造品質の管理の両面において求められるが、一品一様の産業機械の場合は設計の検証だけでその評価を終える場合もある。家電製品、パソコン等の量産品の場合は量産前の最初の１台目で設計の検証を行い、その後の量産においては１台目と同じものを製造して行くことを製造品質の管理で対応を行うことになる。これらの評価について誰がどのような手順で実施するかを設定しているのがモジュールと呼ばれるもので、AからHまでのモジュールに分類されている。

モジュールA：メーカー自身による設計検証と製造品質の管理
モジュールB：欧州委員会で登録を受けた公認の検査機関による製品設計の検証

また、各指令には選択できるモジュールが設定されており、機械指令、EMC指令等、多くの指令においてモジュールAが設定されている（表7.1）。
モジュールAはメーカー自身による設計検証で

表7.1 評価モジュールの割り当て

機械指令、医療機器指令	A、B、H
低電圧指令、EMC指令、RoHS指令	A
圧力機器指令	A、B、G、H
ガス機器指令、防爆指令	B、G

1) 安全衛生要求事項、および整合規格の内容理解（設計のためのヒント）
   機械設計への展開（知恵）
2) 安全試験、EMC試験
3) リスクアセスメント

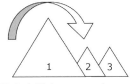

図7.1 機械安全対応ステップ

あり、機械指令の場合、一部の特定の製品にモジュールBが設定される以外、真空関連機器を含めて大半の機械はモジュールAでの対応が許容されている。メーカー自身がEN 1021-2での適合性を検証することで、機械指令への適合を推定できることになるが、逆の意味で評価実施者は機械指令の制度、機械指令の付属書Ⅰの安全衛生要求事項、タイプA規格のENISO 12100-1、リスクアセスメント、EN 1021-2およびEN1021-2に関連付けされる規格の要求事項等、幅広い内容の理解と判断能力、および管理能力が求められる。機械指令の場合、構造面の要求事項が大半であることからまずは適切な構造を固めてから試験を実施していく手順が適切になる。試験を先に実施した後に改造が発生する場合、先に実施した試験が無効になる場合があるからである。メーカー単独での対応が困難な場合には支援団体、第三者検査機関、試験所、またはコンサル会社等との共同作業にてメーカー自身がその都度のノウハウを蓄積していくことが将来的な展開を考慮した一つの対応手段として考えられる（図7.1）。

本章では安全についての記載を産業機械の分野に合わせて狭い範囲でご紹介をさせて頂いた。ひと昔前に「安全と水はただ」と言われた時代があった。雨量の多い日本では水量が豊富であり、安全は教育と実践で養われていくものとされていた。グローバル化する国際社会において、この考え方が受け入れられる国は少なく、現代の日本においてもその感覚はない。コンビニでペット飲料として水が購入できるようになった時代から知らず知らず水はとても高価な飲みものになったが人はそれを普段の生活において受け入れている。安全もいくつかの分野では発達しているが機械安全の分野では安全に関する技術以外に政策における法体系や制度面でも欧州勢による先行の後追いの感がまだまだ感じられる。人の安全、製品のコスト、使い勝手、生産効率といった側面で国際社会を先行できる時代の到来を期待しつつ、本章が安全の考え方として少しでもお役に立つことが出来れば幸いである。

〈吉川　保〉

〔参考文献〕

1) 向殿政男著　よくわかるリスクアセスメント －事故未然防止の技術－

第3章 真空装置の保守と安全

第1節 真空装置の管理

真空装置により生産される製品の多様化・高性能化を受け、装置の稼働率の向上と維持管理する上での設備保全の重要度が高まっている。

真空装置は多種少量の製品向けの装置が多く、必然的に設備保全を行う際にスキルが要求される。しかし、最近の装置は設計段階で生産効率や安定稼働を維持できるように、予め保全性の配慮がなされている。

生産される製品の品質は高度化し、販売価格の競争にともない製造原価のコストダウンは常に求められる。導入される設備の高精度化が進むことにより、より高度な設備保全技術と生産コストをおさえる事でグローバル化に対応する必要がある。

ここでは維持管理するうえで不可欠な設備保全についての考え方を述べる。

※保全とは保守+安全を示す。

1.1 設備保全活動

図は総合的保全活動(TPM)の概念図である（図1.1）。装置の故障を直す事後保全(BM)や故障発生を未然に防ぐ目的での部品交換・オーバーホールなどの予防保全(PM)に対し、信頼性や生産性の改善を行う改良保全(CM)、信頼性・保守性・無調整化などを開発段階から盛り込む保全予防(MP)があり、小集団活動と合わせて総合的に保全活動を進めて行くことが重要である。

1.2 保全の分類

設計段階で行う保全予防以外は、ユーザーが行う通常の保全である。以下に管理上の分類を示す（図1.2）。

1.2.1 予防保全

稼働中に発生する突発的故障を未然に防ぐため、計画的に行う保全。故障事例を分析し、計画的な生産活動を確保する為には装置の状態を把握し、的確に予防保全する事が重要である。的確な予防保全で最大限の効果を得る為、過去の点検・測定記録、故障履歴等を分析し計画を組み立てることがコスト削減につながる。継続的な見直しを行い、常に最新の情報を入れる事がポイントである。

メリット：生産計画と整合を取りながら、計画的に保全ができる。

故障時の損傷状態が軽く済むことが多い。

人件費を含むコストが管理しやすい。

デメリット：一定の経費が必ず発生する

1.2.2 事後保全

故障やトラブルが発生してから対応する保全である。多くの修理は、この事後保全にあたる。必要最小限の保守ともいえるが、些細な故障が他の重要な部品を破損させる場合が多く、寿命の解っているものは、予防保全を行うべきである。

例：油回転ポンプの故障が発生し、装置の真空槽が油で汚染され長期間の停止を余儀なくされた。

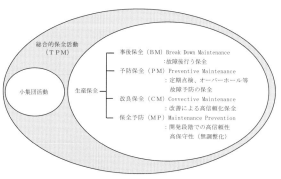

図1.1 総合的保全活動の概念

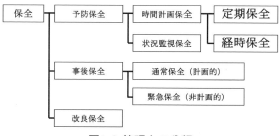

図1.2 管理上の分類

数百万の損害。原因は、油回転ポンプ内のベーンスプリングが摩耗し折れた為、ポンプが損傷した。オーバーホール（10万円程度）をしていなかった。

メリット：寿命まで使いきり、リスクは大きいが
　　　　　最低限の保守費用で済む。

デメリット：部品の入手ができず長期期間停止する。
　　　　　　予防保全に比べ一般的に保守期間が長い。
　　　　　　納期遅れ等、生産計画に直接影響する。

1.2.3 改良保全

　稼働率の向上や生産の安定性、安全確保での労災防止が主な目的。一時的なコストはかかるが、それ以上の成果を見込まれるのが特徴である。但し、コストメリットを十分検討し、成果を確認して行く必要がある。

メリット：設備導入時より生産効率が上がり、計
　　　　　画以上の成果も期待できる。
　　　　　労災等の大きな被害を防止し、法改正
　　　　　の対応もできる。
　　　　　最新の情報を取り入れ、設備導入当初
　　　　　より品質の高い製品が製造可能。
　　　　　改善によって、保守作業者のスキルも
　　　　　向上し、早い復旧が可能になる。

デメリット：一時的出費がある。

(1) 保全部門の役割

　保全部門が、装置・部品の保全を行うことで、長期間安定での生産ができる。

　また、多くの情報が集まる生産上の中核的な部門であり、大きな役割として、現場で得られた、安全性、作業性、故障、性能などの問題を改善し、製造部門へのフィードバックで改善に寄与することである。

　改善には、PDCAサイクル、ABC分析、なぜなぜ分析等の手法がよく使われる。また、近年リスクアセスメントの実施が進んでおり、安全管理に関して多くの情報を発信できる部門でもある。

　真空装置を保守する上で、一般の保守に必要な知識（機械、電気、電子、制御）の他に、真空技術について学ばなければならない。また、危険なエネルギーや化学物質を頻繁に扱うことも真空装置の保守には欠かせない事項となっている。法令

や資格等に十分な知識を持って対策の上、携わって頂きたい。

　真空装置の保全を行う為には、基本的に次の項目を把握する必要がある。
　1) 真空を作る構造と性能
　2) 維持する真空の値と質
　真空装置のトラブルは真空に係るものが多く、その性質をよく知り、原因究明と処理判断ができる技能を求められる。

　真空のトラブルが発生した場合、修理後結果を得るために、長い時間をついやして求める真空圧力に排気する必要がある。簡単に手直しを行える機器ではないことを扱った事がある方は皆、経験していると思う。

　確実に一度の作業で、目指す結果を得るためには、原因を確定する事が重要で、原因不明のまま分解すると思わぬ時間を要する場合が多々ある。トラブルの原因が何であるかを可能な限り高い確度で推測し、手順を決め、慎重に調査しながら分解し、原因を突き止め修理するのが一般的な対応である。類似の現象が過去にあった場合、その作業記録を確認する事も必要である。但し、同じとは限らないので、思い込みに注意する事。

(2) 日常点検

　原因推測での確度を高める根拠となるのが日々の作業記録と日常点検のデータとなる。日常の点検は、正常稼働時とトラブル時の差異を探し、原因を推測する重要な資料で、定期的に記録し、抜けの無い事を心がける必要がある。記録の抜けが多いデータは、解析に使えない場合が多く、日々の記録作業が全て無駄になってしまうので管理に注意が必要である。記録する項目と記録する頻度、期間はしっかり検討し計画を立て取得する。

〈主な点検〉
　・冷却水の流量や温度、圧空圧力値、ガスを含むユーティリティー等の状態
　・各種ポンプの性能や異音等
　・制御系機器や配線の異常及び空冷ファン等の状態、フィルターの目詰まり等
　・水漏れやガス漏れの有無
　・インターロックや安全ガードの状態
　・排気特性の記録　　※後で詳細を述べる。

(3) 装置復旧時間の短縮

第7編 環境・安全・衛生対策と保守

復旧時間を短縮する為には、状況を一刻も早く確認し、装置に詳しい保全担当者へ報告の上、対処する事が重要である。状況報告は、トラブルの状況や異常な数値等の他に次のようなものがある。出来るだけ多くの情報を把握しておくことで、多方面の協力を得られやすい。

・発生日
・発生前にメンテナンス、修理が行われたか
・発生後にどんな処置がなされたか
・異常発生の瞬間を目撃した人はいるか
・発生した異常によって明らかに破損、交換が必要になった部品はないか
・発生したトラブルとは直接関係の無いように見える不具合の発生はなかったか
・その他、同時に発生したトラブルとは別に見えるトラブルはなかったか

状況を報告する際、「何を行っているとき」「何にどんな症状は発生したか」「エラーメッセージ（エラー番号含む）の正確な内容」「発生直後の処置とその結果」「過去に発生した回数と頻度。徐々に多くなったのか」「同じ操作や動作で再発するか」等を報告すること。これらの情報は、メーカーへ知らせる際も同様で、正確な情報をどれだけ集めて報告できるかが早期復旧の鍵を握る。

(4) 排気特性の記録

製品の品質管理や故障時の対応時間短縮に係る重要な記録である。真空装置の管理上、必須と考えられる最低限の項目を以下に示す。トラブル発生時、突発的なものか経年劣化によるものか、又は定期的な保守が必要なものかが判断でき、ある程度の原因が推測できる。メーカーによる修理時も重要な情報となるので、日々必ず記録頂きたい項目となる。

以下、a）、b）、c）の順に測定する事で、一度に取得できるが、構成によって取得方法が変わるので、十分な検討を頂きたい。

a）到達圧力の管理

真空装置全般に必須の管理項目で、真空装置の基本的な性能。

故障時の対応や不良品解析等の重要な情報。

排気系の構成や目的の圧力によって、5分程度で到達圧力が得られる装置や超高真空装置などの数週間かかるものまで様々である。

b）排気速度の管理

主にバッチ式の装置で必要となる。バッチ式の場合、プロセス室に直接製品をセットする特性上、正常な状態での排気速度を記録する事が、排気時間が長くなった場合など、保守作業を入れるタイミングや周期を決め、生産計画を立てる上での重要な判断材料となる。

粗びきポンプの起動から高真空排気での目標圧力までの時間を測定する。粗びきポンプの起動・停止やバルブの開閉等のタイミングを解りやすく記載する事がポイントとなる。故障対応時の重要な情報となり、品質管理面でも製品処理毎に記録することが一般的である。

c）圧力上昇値の管理

リーク（漏れ）は一般的に、製品の品質へ直接ダメージを与える。日常の管理が製品不良等の損害を最低限に抑え、故障時の解析にも重要な情報となる。

外部リークと内部リークや放出ガス等の全リーク量を短い時間で簡易的に知る事ができる。

到達圧力を得られた状態で、主バルブを閉じた時点からの圧力上昇変化を記録する。

グラフを利用すると過去の状態と比較が容易。

真空槽の大きさや構造、求める圧力によって差はあるが、高真空で使うものは一般的に10分程度の状態を1分毎に記録する事が多い。

第2節 保守面の課題

安定した生産を行うために生産技術と共に保守は欠かせない。

技術革新によって、どんどん設備が新しくなり、保守の形態も時代とともに変わってきた。1990年代頃までは、電気と機械に担当を分け、人の手による分解修理が中心で行われていた。近年、設備の自動化が進み真空機器の保守技術者は、電気、機械に電子、制御が加わった複合技術を求められる。さらに、生産技術者との連携で問題解決を早く行う為、製造プロセスにかかわる事も少なくない。

このように、時代と共に保守の形態が変わって行く大きな要因として、技術革新、作る製品の変化、材料の変化、社会情勢が設備を変化させ、それに伴って保守技術者の仕事内容や役割が変わっ

ていくと言える。

近年の保守を観察してみると、定常作業では部品の簡略化や標準化が進み、交換が多くなりスキルがあまり必要無くなった半面、非定常の作業は技術の高度化に伴い、より高い技術スキルを要求される傾向がみられる。

また、生産技術と保守技術の分離が難しくなり、統合された部署に技術が集約されている傾向がみられる。一方で交換しかできない保守マンも増えている。

以上のことから、保守技術者には多岐にわたる高いスキルが求められ、真空技術の場合、基本的な学力の他、電気、電子、機械、制御、法令、組立技能、加工技能の複合技術を持って対応しなければならない厳しい状況となっている。加えて多数の免許や資格も必要で、中小の企業にとってはさらに厳しい状況となっている。

このことから、「教育」と「作業者の取組姿勢」が重要と言える。保守技術者の「教育の重要性」については、認識されていても、効果がある教育方法や職業訓練等での充実した教育は見当たらない。

保守面の問題として次を挙げる。この問題をどのように克服するかが課題である。

① 学習するべき項目が多く、求める技能の内容が時代で変化する。製品、技術、材料、社会情勢等でどんどん変化し長期的な計画での養成が難しい。

② 教育のテキストやマニュアルが必要。効果的な教育の手法が整備されていない。

③ 時代と共に機械・電気及び技術・技能の区分が成立しなくなった。製造作業者含めて、保守について体勢の見直しが必要。

④ 保全技術者の高齢化。
　・技術伝承が必要だが、雇用形態や少子化により伝承する相手がいない。
　・制御や新技術に関しては、若手の技術者の方が優れている場合が多い。
　・熟知した保全作業者の昇進や転勤。伝承する機会がない。

⑤ 「作業者の取組姿勢」の改善。
　※故障の場合、それに対応した道筋を立て、修理復旧を成し遂げる事が保守技術者に求

められる。修理は途中での交代が難しい為、自己完結できる強い意思が必要。能力だけではなく仕事に取り組む姿勢が重要となる。

自己啓発等での能力向上に頼る現状が有る以上、環境の改善が必要。

第3節 保守計画

3.1 保守計画

生産効率や安定生産を維持するには、保守（メンテナンス）が欠かせない。真空機器は高電圧や反応ガス等の使用する場合も多く、機械への負荷も一般の機器に比べ大きい。負荷が大きい事で寿命も短く、頻繁な保守が不可欠である。保守は大きく分けて以下の4つに分けられる。

定期保守：予め寿命が推測できる部品の交換及び性能や製品に影響する汚れ、材料補充等の想定する期間内で定期的に行う保守。

事後保守：問題が発生してから対応をとる保守。

改良保守：生産効率や故障率を改善する為に、現行の装置や機器に改良を加える保守。

予防保守：重大な損害を防止する為、予め対策を施す保守。

事後保守以外は、生産計画に合わせて計画的に保守を行う事ができ、生産効率や安定生産の維持に大きく貢献することが見込める。生産計画と保守は、一心同体の関係にあり予算を含めた計画を行う事が重要である。事後保守は生産計画の変更や想定しない出費等の大きな損害が発生する。過去の故障解析や事故を基に予防・改良保守や点検を充実させる事で防止する。

但し、予期しない故障をゼロにすることはできない。長期化を防止するために、十分な分析が重要となる。

保守計画を検討するにあたり、下記の内容を考慮に入れ、参考にして頂きたい。

（1）調査と分析

計画を立てるに当たり、事前に次の調査が必要である。また、これらの調査は、定期的にPDCAのサイクルで見直しを行う事で損害の防止、コスト

第7編 環境・安全・衛生対策と保守

の削減に効果を発揮する事になる。
・メーカーから提供された保守内容
・生産に係る性能の基準とそれに係る維持管理に
　必要な事項
・過去の経験により、想定できる故障の分析
・現在抱えている問題点や案件の分析
・改良、改善に関する提案の分析
・関係する事故やトラブル事例の分析と対策
・法令に関する事項　等

(2) 保守計画の確認

調査結果を基に、具体的な年間の計画を立てる
場合、重要な保守を見逃し、大きな損害が発生す
る場合も少なくない。計画段階でメーカーに相談
する事をすすめる。

メーカーは、損害に対する多くの情報を持って
いる場合が多く、無駄な保守を防ぐ上でも、情報
交換は重要である。

(3) 手 順 化

人間の記憶力は曖昧で限界があること忘れては
いけない。ミスは必ず起きる。事故の大半は
ヒューマンエラーによるもので、個々の勝手な判
断や曖昧な記憶が原因となっている事が多い。保
守の具体的な内容を手順書にし、重要な事項に漏
れの無い様チェックリストを交えて作成しておく
ことが被害や損害を小さくするのに役立つ。ま
た、手順書は労災や事故が発生した場合に求めら
れる重要な文書である事を忘れはいけない。品質
の確保や技術伝承の重要な役割もあり、充実させ
ることが重要である。作成にあたり「見える化」
がポイントとなる。

(4) 記 　 録

保守を行う上で、記録の管理が重要である。品
質上での問題や原因の解らないトラブル、生産効
率の改善といった案件を解決するにあたり、記録
の有無が大きくかかわる。これらの記録を有効に
活用しする為、日々の保守活動において、整理し
ておくことが重要である。また、事前に問題点を
まとめておくことで、必要なデータを保守の際に
採取でき、無駄な時間を軽減できる事が多い。

事故やトラブルが発生した場合、原因を確認せ
ず保守作業に移る場合がある。これは、同じトラ
ブルを繰り返す事になるので、必ず原因を解明
し、そのプロセスを含めて記録に残す事が、問題

解決の近道となる。

(5) 教 　 　 育

保守を行う作業者は、多岐にわたる知識が必要
となる。機械、電気、化学、物理、ソフトウェア、
法令やコスト計算に至り、専門的な知識が必要と
なる事も少なくない。計画をたて、手順書や専門
書等での定期的な教育は欠かせない。また、経験
が重要となる場面も多いことを考慮しなければな
らない。特に真空技術は、理論で解決できない事
も多く、経験が早期の問題解決に役立つことが多
い。OJTでの教育やトラブル・事故の事例を中心
に教育する事が効率よく安全に作業を行う上で重
要となる。

(6) 法 　 　 令

粉塵や特定化学物質、毒劇物、高電圧や高所作
業といった危険な業務が保守には必ず付きまとう。
関係する法令は、リスクアセスメントを行う際、
作業手順の中に組み入れておくことを勧める。作
業資格や保護具の点検、必要な健康診断等がある。
また、作業によっては、作業記録の保管が30年以
上義務づけられているものも多く、十分精査して
注意頂きたい。

3.1.1 保守計画の項目例

(1) 保守工事管理

対象機器の保守に当たって、取扱い説明書、機
器のリスト、構成部品の記載した図面・消耗品リ
ストの収集を行ない、検査規格の設定と、重点項
目の分析による重要度の区分をする。装置や機器
の取扱説明書に記載している場合も多いので、そ
れを参照する。

保全に関するドキュメントをメーカーが提供し
ている場合も多い。その場合、内容の意味や目的
を十分理解する事が重要である。

①基 　 　 準
・現状の装置や機器の状態把握、故障率の分析
・装置や機器の検査項目・検査周期・試験方法・
　合否判定基準等を検討し、検査記録様式を含め
　た手順書等を整備。
・部品・機器の各々の重要度
　代替えの有無、価格やコスト、精度、性能、安
　全性、関係する法規制の調査
②ABC分析にて重要度を区別した保守計画の作成
・頻度、金額、時間別に分類

414

③保守工事実績管理台帳・日常点検表などの保全台帳を作成
・現状の確認が容易
④修理整備費の予算・実績の把握と管理
⑤ABC分析にて区別した重要度をもとに、予備品管理
・部品管理基準の設定、需給調整確認、在庫管理、実績管理
(2) 設備点検・検査
①日常点検（装置運転部門実施点検）
②定期点検（装置保全部門実施点検）……精密検査、機能検査
③定期・臨時検査（装置検査規格に基づいて行う検査）
(3) 改善・修理
①TPM活動の実施
②改良保全のための改善案の作成、検討、実施計画作成
③設備保全体制の計画（集中保全、部門保全、保全外注工事管理）
④装置の運転、修理、保全記録の作成
(4) 教育・訓練
①保全員の教育・訓練計画の作成、実施
②装置運転作業者の予防保全(PM)教育

3.1.2 設備保全の用語と意味

(1) MTBF(Mean Time Between Failures)：平均故障間隔

修理しながら使用する系で、機器・部品などの動作時間の平均値をいい、生産用の真空装置では、数百時間が求められている。

$$MTBF = \frac{動作可能時間}{故障件数} \quad (3.1)$$

(2) MTTR(Mean Time To Repair)：平均修復時間

修復に要する時間の平均値をいい、トラブル発生時は故障箇所のユニットごと取替えて修復時間を短くする工夫も行われている。

$$MTTR = \frac{修復時間}{故障件数} \quad (3.2)$$

(3) 故障率(Failure Rate)

ある時点まで動作していた部品が引きつづき単位時間内に故障を起こす割合

$$平均故障率 = \frac{期間中の総故障数}{期間中の総動作時間} \quad (3.3)$$

装置の内部に使用されている各機器には、機械としての寿命があり、その故障率は、図3.1のような曲線（故障率曲線）を描くと考えられる。

それぞれ期間について有効な一般的保守は次の通りである。

・初期故障期間中は改良保全(CM)により設計上、調整の問題を改良する。
・偶発故障期間中は事後保全(BM)により故障した場合に修理し使用する。
・摩耗故障期間中は予防保全(PM)にて摩耗消耗部品の交換・オーバーホール。

(4) 稼働率（Availability＝アベリラビリティ）

装置信頼度、保全の容易性、故障箇所発見の容易性、保全能力に依存する。

$$稼働率 = \frac{MTBF}{MTBF + MTTR} \quad (3.4)$$

3.2 プロセス別／用途別留意点

保守は、作業をする前から始まっている。保守全般で特に重要なことは、状態、現象、事象の観察である。十分な観察と記録の上で作業を検討し着手する事が、結果的に問題解決の早道である事は、保守に携わった方なら、誰もが経験した事と察する。特に修理の場合は、原因が解らないまま着手する事は、損害を拡大し費用的にも負担が大きくなるので避けたい。

真空技術は、産業の多岐に渡り使用されているので、全てを記載する事はできない。本書は代表的なプロセスの留意点に限る事をご承知頂きたい。また、真空機器の保守は一般の機器に比べ危険が多く、重大な労災が絶えない。「安全衛生」

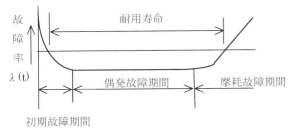

図3.1 故障率曲線

第7編 環境・安全・衛生対策と保守

表3.1 保全作業での注意事項と対策

項　　目	注意事項	方法・対策
・手袋の使用	・素手で触れない ・真空槽内部を汚さない	・手袋（無埃、ゴム）使用
・グリース	・回転導入部、揺動部以外は使用しない ・グリースの劣化、ガス放出	・耐蝕性、耐熱性のグリース使用
・分解・組立手順	・保全を容易、確実にする ・装置の管理	・保護具の着用、順序値識別、方向、種類、マーク、摩耗、損傷、汚染 ・異常状態を記録する
・取り外し部品処理	・そのものの汚染 ・2次汚染、紛失防止	・分類した保管ビニール袋に収納
・工具・治具	・汚染防止	・反応室で使用するものと分ける ・常時脱脂洗浄を行う
・部品洗浄	・リークの発生原因 ・ガス放出源を作らない ・ゴミ、ダスト発生を防ぐ	・クリーンワイプを使用 ・洗浄後は保管ビニール袋に収納
・再組立・部品交換	・リークによる汚染防止 ・水漏れによる汚染防止	・冷却水路をもつものはリーク ・テスト確認後値通水
・電気・制御系配線	・誤動作防止 ・ショート、断線防止	・配線は必ず同通チェック ・配線絶縁抵抗チェック
・センサー	・誤動作防止 ・位置確認	・事前確認、事後確認 ・動作位置、応答時間、遅延
・チェック体制	・安全確認	・2人異常の作業 ・事前確認合図の内容、仕方

に留意できるスキルを持つことは、保守する作業者にとって、重要なスキルである事を常に意識して頂きたい。

3.2.1 プロセス共通の留意点

(1) 留意点（**表3.1**参照）

・（スキル）必ず機器に十分精通した人が作業を行うこと。真空機器は、立上げに時間を要する性質上、作業者のスキルが復旧時間に大きく影響する。軽微な失敗が大きな損害に直結する事も多く、高度なスキルが求められる。保守の工程や準備を含め十分な教育と経験が欠かせない。

・（安全対策）電気、化学物質、粉塵、可動部の他、作業方法（高所、酸欠等）に留意すること。怠った場合、重大な事故を招くので十分な準備を行うこと。

・（剥離膜の燃焼）定期的な真空槽内堆積膜の剥離作業は保守に欠かせない。真空中で形成された金属は活性なものが多く発火や燃焼を起こす。一時保管には金属缶を使用すること。また、素手で触ることは厳禁。汗との反応熱で火傷を負う。

・（周囲確認）複数人で作業を行う場合、常に周囲の確認を怠らず、危険は大きな声で知らせること。

・（感電）どのプロセスにおいても、真空機器は、高電圧を使う場合が多い。保守の際、必ず電源を遮断しテスター等によって、自分自身で確認する事が重要である。但し、テスターの耐圧を超える電圧も多々使用しているので、十分留意すること。

・（残留エネルギー）圧空、有害物が流れる配管、帯電等の残留エネルギーが必ずある。十分な対策を立て、エネルギーの開放に留意する。

・（火災）作業現場では、廃棄物が少なからず発生する。清掃等に揮発性の高いことからアルコール等の可燃物を用いる事が多いが、ごみ箱を分別し、発火や引火に十分留意頂きたい。また、反応熱による火災も多く、化学物質を扱う場合は十分留意頂きたい。

・（水漏れ）様々な冷却水系統が使用されているが、冷却水の接続が外れ、水漏れ事故が絶えない。原因は作業手順ミスが多く、作業者のスキルが求められる。また、長期間使用による、冷却水の質や電蝕による腐食等での水漏れも多くみられる。定期的な点検と交換に留意いただきたい。

・（基盤加熱系）基盤加熱は、どのプロセスでも重要なレシピである。温度監視用の測温セ

ンサー（CA線等）は分解前に十分取付位置を観察しておくことに留意頂きたい。調整が困難になる場合がある。

・（チャンバーベーク）一般的にシーズヒーターは一旦熱を入れると固くなり、折れやすくなるものが多い。安易に形状を変えないこと。

・（ダスト）半導体製品や液晶関係は、微小ダスト（0.3μm程度の）が製品の歩留まりに大きく影響する。発生源をよく観察する事が重要。純水でのふき取りが効果的だが、十分なチャンバーベークを要する事に留意すること。

・（潤滑剤）用途によって、様々なものが開発されている。製品に影響を及ぼす物もあるので、メーカーとよく相談の上、指定する物を使用するよう留意頂きたい。

・（部品）Oリング一本でも、様々な材質と形状を駆使して、高真空が得られている。安易に部品を変更し重大なトラブルを招くことは避けたい。真空機器は規格以外の特注品が多く使用されていることに留意する。

・（真空槽での水漏れ）真空槽内で水漏れが発生し水で満たされた場合、気泡が無いため外観で解らなくなる事に注意する。被害が拡大しないよう慎重に作業すること。

・（配線取回し）高圧配線を使う場合が多い。必ず＋－を対にして同じ経路で配線すること。誘導電流での誤動作や場合によっては火災に至るので、非常に危険。

・（電源供給）比較的多いトラブルは、供給電源の異常やヒューズの溶断等の電源供給に問題のある事が多い。動作しない場合は、まずは電源の供給を確認する。

・（腐食ガス）真空機器は、HF等の猛烈な腐食ガスを発生させる場合がよくある。特にガスボンベ交換時の配管内への空気混入は避けること。フッ素系のガスはHFを発生させ機器を腐食させる事に留意頂きたい。

(2) 活性ガスの危険性（表3.2〜表3.5参照）

保守作業において、危険なガスの取扱いは避けられない。特性をよくしり、万が一の災害に十分な備えを行って作業する事が重要である。

表3.2 爆発を起こす可能性のある物質

物　　　質	内　　　　容
・a-Siの粉体	・炭素微粉末と同様の粉塵爆発を起こす
・活性化状態のSi	・真空処理のため表面が非常に活性で反応しやすい
・未反応のSiH$_4$	・a-Siの粉体、及び固体中に吸蔵される可能性あり
・H$_2$ガス	・SiH$_4$の分解により生じたH$_2$がa-Si内に含まれるものと、粉体表面に吸着しているものが、系のリークや大気開放で着火、爆発する
・有機溶剤	・クリーニングに使用したもの

表3.3 使用するガスの危険性による分類

分　類	ガ　　　　　　　　　　ス
可燃性	PH$_3$,AsH$_3$,B$_2$H$_6$,GeH$_4$,SiH$_2$Cl$_2$,SiHCl$_3$,H$_2$Cl$_4$,C$_2$H$_2$,C$_3$H$_8$,H$_2$S,CO
爆発性	H$_2$,CH$_4$,C$_2$H$_2$,C$_3$H$_8$,H$_2$S,CO
支燃性	O$_2$、N$_2$O、空気
窒息性	Ar、N$_2$,C
毒性	PH$_3$,AsH$_3$,B$_2$H$_6$,GeH$_4$,SiH$_2$Cl$_2$,SiHCl$_4$,CHClF$_2$,BF$_8$,NH$_3$,CO,H$_2$S,Cl$_2$,PCl$_3$,HCl,CCl$_4$,SiCl$_4$
腐食性	NH$_3$,HCl,Cl$_2$,H$_2$S,BF$_3$,PCl$_3$,PCl$_6$,SnCl$_4$,SiCl$_4$
悪臭	NH$_3$,H$_2$S,Cl$_2$,BF$_3$,HCl

表3.4 混合してはならないガス

NH$_3$＋HCl	固形物（塩化アンモン）生成
SiH$_4$＋O$_2$	発火
SiH$_4$＋ハロゲン	発火
SiH$_2$Cl$_2$	HClを生成し腐食
H$_2$Te＋Cl$_2$	HClを生成し腐食
PH$_3$＋ハロゲン	発火
AsH$_3$,＋Cl$_2$	発火、白色炎を発生
BCl$_3$＋SiH$_4$	B$_2$H$_6$を発生
B$_2$H$_6$＋Cl$_2$	爆発、BCl$_3$発生
PF$_3$＋F$_2$	黄色炎　→　PF$_6$発生
H$_2$S＋Cl$_2$またはBr	激反応
SiH$_4$＋N$_2$O（4）	爆発

ガスの危険性を大別すると、可燃性、爆発性、支燃性（他物質の燃焼を促進する）、窒息性、毒性、腐食性および悪臭などがある。諸物性（物理的性質）化学的性質、危険性、許容濃度、生体に対する作用の調査に加え、応急処置と関係法令を確認しておくこと。（SDSで確認する事）

但し、記載以外の安定した無害のガスでも「酸欠」は避けられない。窒素での窒息はもちろん、アルゴンが空気より重い事も見逃しがちである。特性をよく知り十分な準備を行って作業頂きたい。

第7編 環境・安全・衛生対策と保守

表3.5 爆発を起こす着火源

着 火 源	原　　　因
・自 然 燃 焼	・大気圧に長く暴露、空気と反応
	・気体の流れによる摩擦
・静 電 気	・掃除機の吸い込み口の摩擦
	・電極上の絶縁物の残留荷電
	・装置全体のチャージアップ（アース不良）
	・気体の流れによるチャージアップ
	・作業服の摩擦
・摩 擦	・掃除機の吸い込み口の摩擦
	・ドライバー等による堆積膜の強制剥離時の衝撃
	・バルブなどの駆動機構による摩擦熱
・電気エネルギー	・真空計のフィラメント
	・リミットスイッチ
	・インダクションコイル
	・電極（リーク、チャージアップ、アース不良）
	・シーケンスの誤動作、操作ミス
	・電源、導入端子の絶縁不良、破壊
	・サージ、ノイズ
	・その他リーサージ電流

3.2.2 成膜プロセス

(1) 蒸着プロセスでの留意点

　もっとも一般的に広く使用されているプロセスである。真空中で金属を溶解、蒸発によって基板に金属膜を成形する。一般的に抵抗蒸着、EB蒸着等が良く使われる。

・（抵抗蒸着）大電流を使用する。接触不良による火災に留意必要

・（EB蒸着）高電圧が使われる。感電に留意。死亡事故が発生している。

・（EB蒸着）磁場を利用してビームの位置を調整する性質上、磁性体と非磁性体の部品を使い分ける必要がある。分解時、部品をしっかり分けて管理する事に留意。

・（共通）圧力、パワー、温度、時間、ガス流量等、数々の条件がある。作業前にしっかり記録をとり、生産前に確実な確認が必要。大量の不良品が発生するので、十分留意頂きたい。

・（抵抗蒸着）試料の蒸発源位置の復旧に留意すること。

・（蒸着共通）内部治具の位置が変わると、膜厚分布が取れなくなる事が多い。必ず記録をとっておき、安易な変更等は行わないこと。

(2) スパッタプロセスでの留意点

　半導体や液晶、照明、コーティングに至るまで幅広く使われている。個々のプロセスの特性をよく知り、保守する事が重要である。

・（圧力の監視）高純度のArガスを中間流で導入しながら行う場合が一般的。微小のリークや放出ガス等の不純ガスを製品の膜に取り込み、膜の性質に大きく影響する場合が多い。日常的に圧力や圧力上昇を監視し、記録と比較しながら生産する事が重要である。

・（高電圧）高電圧を必ず使用する。十分な対策と作業者のスキルに留意する。高電圧を扱う知識が薄く、検査中に死亡する例がある。

・（帯電）直流、高周波に係らず、高電圧の帯電がある。十分な接地を行い、エネルギーを取り除いて作業する事。高周波スパッタのマッチングボックスは、高電圧帯電の危険が特に大きい。

・（設定ミス）複雑なレシピのプロセスが比較的多い。些細な変更に大きく左右される場合が多い。

・（ターゲット）効率的な運用を行う為、ターゲットはエロージョン深さによる交換時期の管理が必要。また、交換の際は、傷や変形がダストに影響し、組立調整を誤ると水漏れ、ダスト等の大きな被害がでる、十分な手順検討と確認が重要である。

・（絶縁チェック）カソードの絶縁チェックは、冷却水の電気抵抗（0.5MΩ以上）を考慮すること。冷却水を抜いた場合は、∞Ωが必要である。

・（高周波の絶縁）高周波を利用したスパッタ装置は、直流のメガテスターだけでは絶縁を確保できない。アースや制御線との距離を十分にとることが重要。

(3) CVDプロセスでの留意点

a) 保全作業での注意事項

　毒性や、発火性、反応性の強いガスを使う。使用するガスの特性をよく調査し、漏洩時の避難を含めて十分な手順を検討しておくことが重要。分解組立時は腐食等を確認しながら進める。腐食が見られた場合、交換の他、材質の見直し検討を

418

怠ってはならない。

真空槽内で生成された副生成物は危険なものが多い。火災だけではなく、爆発も引き起こす。また、ガスの組み合わせによっては、特定化学物質も生成されるので、十分な検討と留意が必要である。

CVD装置において使用されるガスは、シラン系が主で、安全作業対策が主である。特に装備として発火予防対策および呼吸器系統の障害を起こさないように注意する必要がある。

装置開放時、必ず保護具着用を忘れないこと。また、自然発火に注意しなければならない。

①装置清掃時、粉塵に注意し、可能な限りドラフトチャンバーを使用する。粉塵爆発の危険を避けるために、溶剤は不燃性（純水、水系統洗浄剤）を使用し、かつ、粉塵が発生しないように溶剤でぬらした状態で清掃する。

②真空ポンプの清掃は、有害物質を排気した場合、専門の会社で除害処理行う必要がある。分解時の確認が出来ないので、組立前に部品の点検を十分に行う必要がある。必ず使用ガスや副生成物を含めた物質の危険性を確認し有害物質が含まれていない事を確認すること。分解清掃が出来る場合、可能な限り汚れはふき取りで取り除く。少量の水系溶剤で仕上げ、十分に乾燥させてから組み立てる。

③オーバーホール後の装置排気では、装置内に空気が充満しているので、そのまま排気すると真空ポンプの排気ダクトに空気が流れ込み、他の装置に連結した排気ダクトより発火する恐れがある。オーバーホール後は、装置内にN2ガスを流し、空気と置換後に真空ポンプを始動する。

b）ガス系での作業（表3.6）

ガス系での保守作業は危険が伴うため慎重に作業を行う必要性がある。特にガスの流出や残留ガスや残留生成物は危険な場合があるので注意せねばならない。MFC、ラインフィルターの整備および交換は定期的に必要である。分解時、ガスバルブの開閉確認後にガスラインの真空引きとN$_2$ガスによるパージが必要である。また分解時にはガス検知器による残留反応ガス有無の確認と、保護具の着用は必須である。

表3.6 ガス系の保全上の注意事項と対策

項　　目	注意事項	方法・対策
・供給ガス	・ジョイント部の緩み、外れによるリーク 機器の安全確保 ガスの汚染防止	・1次、2次レギュレータ-圧力の異常監視 ・圧力変化発見時バルブ即停止 ・原因調査と異常修復
・MFC （マスフローコントローラー）	・ガス流量／流量比チェック 動作不良による製品不良防止	・定期的チェック及び校正 ・オリフィスのクリーニング ・N$_2$パージとフラッシング
・ラインフィルター	・目詰まり防止	・定期的にフィルターの交換 ・オリフィスのクリーニング ・N$_2$パージとフラッシング
・ガスバルブ	・シート面劣化、ゴミ噛込みによるリーク、回り込み	・定期整備 ・シートパッキンの定期交換 ・スプリング動作確認、不良時交換
・継手	・漏れ防止・機器安全・製品不良防止	・リークチェック（作業終了必ず行う） ・グランドシート部のキズ、ゴミの除去 ・シートパッキンの交換 ・適正に締付（マニュアル尊守）

c）反応室での安全作業

反応室のクリーニングに関する注意事項として次ものが挙げられる。

①粉体もしくは毒性物質の吸入

②粉体の燃焼もしくは爆発

③残留未反応ガスの着火

①は保護具の着用にて未然に防ぐことが可能であるが②、③についてはガス系作業と同様に、反応室の真空引およびN2ガスによるパージが必要である。特に粉体は質量の割りに表面積が非常に大きく、表面は真空中で活性な状態に保たれている。反応室を大気に開放するとき、粉体燃焼もしくは爆発を防ぐため、急速に大気を入れないことと、静電気や摩擦熱など着火エネルギー源を作らないことが重要である。

3.2.3 ドーピングプロセス

・イオン注入装置プロセスでの留意点

イオン注入に用いられるガスには強い毒性、高い引火危険性など繊細な注意を要する。装置に各種インターロックが設定されており、ガス漏れの異常が発生した場合に警報を発報し、ガス源を緊

急遮断されるよう安全性が保たれる設計がなされている。

しかし、ガスボンベ交換作業等の保守作業時には、専門技術者が作業を行う必要がある。

固体ソースを採用した場合は、空気中に拡散する危険性が少ないので取り扱いが容易であることと、イオンソース部の真空度が良い状態で注入できることから、ビーム純度を容易に高めることができる特徴を有している。

ガス・固体いずれのガス源を用いた場合でも装置内の消耗品交換や排気ポンプ保守作業を行う際には、保護メガネ、ゴム手袋、防毒マスクを着用し、決められた手順で、安全に留意し作業を行う必要がある。

＊注意 ソース物質としてP（リン）の使用頻度が高い場合は、クリーニング時に引火の危険性があるので、清掃は引火性のあるアルコールを使用せず、純水で行ない、また万が一の発火に備え、フタ付（内部水入り）金属製容器を用意する。

使用ガスには、主に毒性や発火性の強い、アルシン、ホスフィン、ジボランなどが使用される。
①装置清掃時、固形物質としてヒ素やリンが装置壁に付着しているから、サンドペーパーなどで擦ると摩擦熱により発火することがある。

ヒ素は燃えると亜ヒ酸を生じ、これは猛毒であるから吸入や飲み込まないように厳重に注意すること。清掃により発生した廃棄物は、契約した産業廃棄物業者に処分を依頼すること。また可能なかぎりドラフトチャンバーを使用する。
②真空ポンプ（クライオポンプを含む）の開放後は、作動油の中に有害なガスが混入している。クライオポンプの活性炭もガス吸着しているので、常温以上でN_2ガスパージを十分に行い希釈してから取外しを行うこと。
③真空ポンプの清掃時は、有害物質を含むため、契約した産業廃棄物業者に依頼すること。運送方法は、指定コンテナーを使用すること。洗浄後の組立については、通常の組立作業でよい。

3.2.4 薄膜除去プロセス
・ドライエッチングプロセスでの留意点

プラズマCVDと同様に、排ガス中には非常に多くの活性種を含んでいる。したがって保全作業を安全に行うためには、慎重な配慮が必要になる。
①保全作業の安全について

②ガス系での安全作業
③反応室での安全作業

反応室をクリーニングする場合の注意事項は、プラズマCVDの場合と少し異なる。

ドライエッチング用ガスは、ハロゲン系のものが多い。Al、Crなどは塩素系ガスでエッチングを行うため、生成物としてAlおよびCrの塩化物ができる。これらは非常に潮解性で、保全のためチャンバを大気開放するときに、大気中の水蒸気と反応して、水酸化物や過塩素酸化合物など非常に刺激性の強い物質が生じる。保全作業で大気開放しているときは、これら生成物に直接触れたりもしくは吸引しないように、所定の保護具を着用して行うことが重要である。

CF_4やCCl_4などのハロゲン系ガスを使用した場合、活性なガスやイオンにより、ポンプに通常の鉱物油を使用すると、早期にスラッジが発生し、弁やスプリングなどの部品が腐蝕を起こす。その結果排気性能の劣化をまねき、運転不能となる。反応性ガスのプラズマにより出来る生成物などが、真空ポンプに吸入されることから起きる症状には、性能劣化の他に腐蝕性、可燃性、有毒性、爆発性、悪臭などに係わる多くのトラブルがある。油回転ポンプは、最終段階に位置するので、圧力や温度も高く、最も故障につながりやすい。特にハロゲン系ガスを使用する場合に問題が多い。このため、油を使用しないドライポンプが使用されることになる。

ルーツポンプにおいても、タイミングギヤ用潤滑油が劣化し、ギヤの潤滑不良を起こす。また、ロータ、ケーシング表面に反応生成物や微粉体が堆積し、ロータの隙間を詰め、異常音の原因や運転不能となる可能性がある。

ポンプ系の保全作業を行う際は、十分換気されている部屋で、保護メガネ、マスクおよび手袋など保護具を着用して作業を行わなければならない。

エッチング室の壁、電極表面および治具その他部材表面には、活性種により分解・再結合して生じた膜が形成される。十分に重合度の高いものは、強固な絶縁性の高い膜となる。これはプラズマ中でチャージアップして、絶縁破壊を起こしたり、プラズマの均一分布を乱す。

3.2.5 真空熱処理炉での留意点

真空熱処理とは、金属材料を真空中で加熱し、不活性ガスや油中で冷却し、焼入れ・焼戻しなどの熱処理をすることを目的とした方法である。

保守作業を行う操作上の注意点

1) 大気開放：仕切弁を開き、冷却室側からゆっくりとリークさせる。加熱室は断熱材など破損させることがあるので単独でリークしない。

2) 炉内排気：大気圧から排気する場合は、仕切弁を開いて、冷却室から排気する。13pa以下で仕切弁を閉めて各室を単独に排気する。

3) 仕切弁操作：仕切弁の"開動作"させる場合は、両側の室の圧力差が無い事を確認した後に行う。圧力差が大きい状態で仕切弁を開くとシートパッキンが外れるばかりでなく、急激な気体の移動が発生し、仕切弁、炉内の断熱材およびヒーターなどの部品の破損が生じる。また多くの場合、仕切弁は逆圧に耐えられず、大気からの排気は各室に生じる圧力差を考慮し、排気する室に注意する必要がある。

(1) 使用する上での注意事項

① 冷却水

各系統の水量と水温の確認を行う。特に水冷ジャケット部は、各系統の水路中でのエアー溜り、水質不良による配管詰まりなどのトラブルによりバランスが崩れ、水量不足の箇所ができる恐れがある。

② 試料（製品）のセット

試料が加熱室内、冷却室内および仕切弁部で荷崩れ（試料やバスケット、トレイの一部の脱落）を起こすと、ヒーターや断熱材の破損およびフォークや仕切弁の動作不良の原因となる。試料セットには充分な注意とトレイやバスケットに変形がないかの確認が必要である。

③ パッキン面の清掃

冷却室の扉のパッキン部は常に清掃する。薄くシリコングリスを塗布するとよい。

④ ガスの管理

定められたガスの純度を維持するよう管理する。一般的装置で、N_2ガスの場合は、純度99.999％、露点で示すとDP-70℃となる。

⑤ 圧空系の管理

仕切弁やフォーク駆動用シリンダーは、エアーで駆動されている。エアーに水分が混入したり、オイル供給不足が生じるとサビやカジリの原因となる。

(2) 異常時の対応

① 圧力が下がらない

1) 圧力上昇測定：正常時の値と比較し、原因が、漏れ、ポンプ性能不良もしくは他か判断する。

2) リークテスト：電極、熱電対、安全弁、覗窓、軸シール部および前扉を特に注意しテストする。

3) ポンプ：各ポンプの性能を確認する。

② 仕切弁、フォークの動作不良

1) エアー系の点検：圧空圧力、電磁弁切替、エアー配管および調速弁を点検する。

2) シリンダーの点検：シリンダー単体で動作すること、電磁弁が切り替わること、シリンダー内カジリやピストン部のシール部からのの漏れが無いか確認する。異常がある場合は修理する。

3) 内部の点検：レールに異物、試料の落下物が無いか確認する。

③ 加熱不良（ヒーターの電圧・電流のバランスが崩れるなど）

1) 外部点検：電源盤の点検、絶縁抵抗の測定、ヒーターの抵抗値の測定を行う。

2) 内部点検：ヒーター、電極の緩み、およびヒーターの劣化・消耗の点検。

④ 試料が着色する

1) リーク：装置をリークテストする。リーク箇所の修理する。

2) ガスの純度：ガスの純度を確認する。ガスラインのリークテストと再置換を行う。

3) 冷却室点検：内部や熱交換器の汚れの程度、および前扉のシートの汚れや密着性の確認する。

(3) 安全作業を行う上での注意

a) 炉内作業に当たって

① 炉内作業する為に大気開放する。この時必ず空気で大気圧まで昇圧すること。

② 仕切弁に落下防止のストッパーをセットする。前扉にもピンを用いて落下を防止する。

第7編 環境・安全・衛生対策と保守

③電源盤のメインスイッチ、ブレーカーを必ず
OFFにする。

④操作盤の電源もOFFにする。全ての操作部分に
は"操作禁止"の札を付ける。

⑤炉内は酸欠防止のため、換気ファンや扇風機を
用いて充分に換気する。酸素濃度測定器を常備
し常に確認しておく。

⑥炉内作業は必ず複数の作業者で行い、必ず監視
者を置く。

⑦（酸欠）作業主任者の選任、作業者教育、危険
表示を必ず行う事。

b）ピット内作業が必要な場合は、ピット内作業
安全基準を参照して行う。

3.2.6 巻取式真空蒸着装置での留意点
〈機器の概要〉

ポリエステルフィルム、紙、金属薄膜などの
ロール状の基材（原反）を巻き取りながら連続的
に金属や酸化物などの材料を蒸着させる装置であ
る。巻取式の薄膜形成装置には蒸着法の他にスッ
パタリング法もある。

〈安全作業を行う上での注意点〉

（1）運転点検作業

①フイルムの通紙およびローラーの清掃は、除動
にて行う。必ず操作盤側の操作者と連絡を密に
する。

②ワークコイルの点検および交換時は、電源盤の
メインブレーカー、メインスイッチを必ず遮断
する。

③ローラー系や台車内での運転中、点検や動作確
認する場合はなるべく遠から観察し、回転物に
巻き込まれないよう注意する。監視者を必ず置
く。

④蒸着終了直後の蒸発源は高温であるので火傷し
ないよう注意する。特に蒸発材料の掻き出し作
業には、厳重な保護具が必要である。

（2）外部作業・電気系作業

①電源、整合盤、高周波導入部間はブスバーや同
軸ケーブルで接続しており、ターミナル部など
は安全カバーで覆われているが、接触しないよ
う注意して作業する。

②各通電箇所の点検や作業をする場合は、メイン
ブレーカー、メインスイッチを遮断して行う。
必ずアースに接地して帯電をとってから作業

を行う。

（3）ピット内作業他

①酸素濃度計にて常に酸素濃度18%以上であるこ
とを確認しながら作業を行い監視者を置く。特
に大型拡散ポンプやクラッパーバルブ内の作業
は注意する。※酸欠作業。法令に注意する事。

②酸欠防止のため、換気ファンを用いて充分換気
する。また照明も充分なものを設置する。

③アルミ成膜では、成膜中に水が分解し水素が発
生する。この水素は油回転ポンプで排気される
が、排気口付近で気体の流れが弱くなるため滞
留しやすく、濃度が高くなり水素爆発する。

これを防止するために、最終段の油回転ポン
プの排気口へ直接大量の空気を流し、希釈して
排気する事が必要となる。

3.2.7 労働災害の発生事例

保守作業は留意事項として、労災事例を掲載す
る（表3.7）。類似の労災が発生しないよう留意頂
きたい。

3.3 生産量の違いによる留意点

真空機器は、検査や実験、試作といった少量の
製造に使う装置と大量生産するものとで構成や取
扱いが大きく変わってくる。また、大型装置に関
しては、精密加工機械と言うより、プラントに近
い装置もある。代表的な構成で、少量生産用の
バッチ式と大量生産に適しているロードロック式
があり、フィルム状で生産できる製品は、巻取り
式の構造を持つ装置が大量生産に多く使われる。
また、保守部品の生産中止情報には注意して頂き
たい。部品のストックや代替部品の準備を行う必
要があり、納期に時間がかかるものが多い。生産
計画に大きく影響するので大量生産装置は特に注
意が必要である。

3.3.1 バッチ式装置とロードロック式装置

真空槽の構成を基準に装置分類を行うとバッチ
式装置とロードロック式装置に分けることができ
る。バッチ式は真空槽を1つ有する真空装置で、
一般的に構成が単純で取扱いやすい利点がある
が、毎回処理室を大気にさらすことで処理時間が
長い欠点がある。

ロードロック式は二つ以上の真空槽を有した装
置である。通常は、真空槽を大気にさらす事がな

第3章 真空装置の保守と安全

表3.7 労災事例

起因物 事故の型	発 生 概 要	原 因
飛来・落下	・ディスクグラインダーで、洗浄依頼品のチムニーを研磨していたとき、保護メガネと顔の隙間から切粉が入り、眼球を損傷した。	・対策としてゴーグル型の保護メガネが必要だった。
	・磁気回路を作成中、組んでいたマグネットが砕け、接着剤が目に入った。	・保護メガネを着用していなかった ・無理な作業姿勢
転 落	・ピット内におりる際、階段を使い、一歩目をすべり両側の手すりを持ったまま下段まですべり落ち、鉄骨に左足をぶつけた。	・足場の確認が不十分であった
挟まれ 捲き込まれ	・回転ローラをチェック中、異常音が発生したため、モーターやギヤーをチェックし、軸のボルトを廻そうとした。この時、スパナが外れ、右手親指を負傷した。	・危険予知の不足 ・スパナをかける位置が悪かった
	・自動運転で装置トラブルの状況確認作業を行った際、真空バルブの動きが悪くフォトセンサーを指で遮蔽し作動させている時、バルブが閉じフォトセンサーとその遮蔽板の間に指先を挟まれ、遮蔽板で指を切創。	・自動運転中にもかかわらず駆動部に手を入れた。 ・危険予知の不足
ギックリ腰 (急性腰痛症)	・ロビーから椅子を移動させようと持ち歩いている時、腰に痛みが走った。	・椅子の持ち方が悪かった
	・木枠梱包を外すため、しゃがんで木枠を持ち、力を入れた瞬間に腰に痛みが走った。持ち上げようとしたのでは無く、横にずらそうとしていたときに痛みが走った。(重量約40kg)	・無理な作業姿勢 ・重量目測判断が甘かった
切れ こすれ	・折りたたみ式のコンテナを解梱中、カッターナイフでテープ面に切れ目を入れていた。この時、硬い物にひっかかり、カッターナイフがすべり、すぐ左側で支えていた手を切った。	・左手の位置が悪かった ・危険予知の不足 ・専用工具（刃物）を使う
	・部品を外す為、ディスクグラインダーで溶接部を削り取っている作業中、過って左腕を裂傷した。	・グラインダー作業になれていなかった ・無理な作業姿勢
酸素欠乏	・クリーンルーム内作業で、フードタイプ型の送気マスクをつけて作業の際、空気ホースとN_2ホースを間違えて接続。酸素欠乏に至った。	・N_2ホースを接続してしまった ・同型のカプラーであったため接続ができた。
有害物質	・オイルトラップのフィルター内の異物を除去する作業中、オイルトラップに残っていたオイルが足にたれた。5分位で左足に違和感がしたので見たら靴下が溶けて赤くはれていた。（フッ酸による）	・有害物質の確認不足 ・残油、残液の処理方法が不十分であった
	・ドラフトチャンバー内でエッチング作業中、外で過酸化水素水をヒーターで温めていた。その蒸発ガスを吸入し頭痛がした。（過酸化水素水ガス吸入による）	・実験室の換気不足 ・ガス発生に対する認識不足と保護具の着用（ガスマスク）
	・クリーンルーム反応室の窓ガラスを掃除していた。その後、右手の甲が痛み赤くはれあがったので病院に行った。	・窓ガラスに付着していたフッ素系物質がゴム手袋を溶かし手の汗(H_2O)と反応しHFが生成され手が赤くはれた
火 傷	・オイルシリンダーのエア抜きの為、治具を取付真空引きを行った。その後、オイルシリンダーに油を注入する際、チューブが破れ、吹き出た油をかぶり、首と胸部を火傷した。油温は約120℃	・シンフレックスチューブの破損 ・新しいチューブと交換しなかった ・120℃まで昇温する必要がなかった
感 電	・高周波電源の出力不良に対する修理作業中、本体の右パネルより感電。作業前にNFBを切り、回路内のジャンパーによって強制的に帯電を取り除いたつもりが、ジャンパーのポイントを違っていたため抜けておらず感電。	・作業手順書がなかった ・確認を怠った ・保護カバーがない
	・E/Bガン本体の冷却水配管より水漏れがあり、状況確認のため通水しシステムのアラームを解除した。E/B電源をONのまま水漏れ個所を調査中、手が電極に近づき感電。	・通電状態のままで作業を行った ・危険予知の不足
	・蒸着中にシャッターを圧空ホースの脱着で強制的に動作させようとした。ホースが高圧電極に接触し、感電火傷した。	・通電中、高圧電極廻りで作業を行った
爆 発	・10～20%の酸素／アルゴンの混合ガスを尿素飽和アセトン中に通してグローブボックスに導入し、微粒子を作るため点火しようとしたが点火しなかった。 これ以上酸素濃度を高くするのは危険と判断し実験を中止した。しばらく後に、グローブボックスの扉を開けて点火した所、アセトンに引火して火傷を負った。	・材料、実験構成に対する事前の危険認識不足が原因

表3.8 バッチ式・ロードロック式装置比較

	メリット	デメリット
バッチ式	・システムがシンプルで部品点数が少ない ・保全が容易におこなえる ・複数台数保有によりダウンタイムの危険分散 ・保全費用が安価ですむ	・一般的に生産量が少ない ・毎回処理物の取付け・取出しなどの作業が必要で処理量も少ない。 ・プロセス室を毎回大気圧まで戻すことが必要で、水分などの吸着がおこり、真空の状態が不安定 ・成膜開始圧力までの排気時間が毎回必要で長い
ロードロック式	・プロセス室を毎回の大気圧まで戻す必要ない ・製品の連続処理が可能 ・大量生産が可能 ・真空の質は良好 ・防着板などからの剥離膜が少なく、製品が安定している	・機器が多くシステムが複雑 ・保全対象が多く、計画的に保全が必要 ・トラブルによるダウンタイムが、生産量へ大きく影響する。 ・複雑な構造を持ち、初期導入コストが高い

く常時質の良い真空状態が保てる事で、安定した品質の製品を大量に生産することが可能となる。

ロードロック式の代表的な方式がインライン式と枚葉式である。インライン式は仕込み室・前処理室・処理室・後処理室・取り出し室などの真空槽が連続して存在し、これら真空槽を製品が通過していく過程で目的の処理を行う方式である。

枚葉式はコア室（搬送室や中継室ともいう）を中心に、複数の真空槽が周囲に配置され、これら真空槽とコア室間で製品の移動を行い、目的の処理を行う方法である。枚葉式では処理する真空槽の選択や処理順序の入れ替えが可能だがインライン式ではできない。

表3.8にバッチ式装置とインライン式装置の比較及びバッチ式、インライン式、枚葉式装置の構成例を示す（図3.2〜図3.4）。

3.3.2 バッチ式装置の留意点
・保守時の一人作業は多いが、周囲に誰もいない状態での作業は避けること。
・頻繁な保守が必要。作業場所が狭く切り傷や打撲、挟まれに注意。
・高電圧を使う事には変わりはない。必ず電源を遮断して作業すること。
・バックアップ用の電源を搭載している装置が近年多い。装置の電源を遮断しても電気が供給されている。危険表示を合わせて確認。
・少量生産では、液体窒素を使っている装置も少なくない。酸欠には十分注意すること。
・稼働が極端に少ない場合、機器状態を確認し、保守点検を行って作業する。生産中のインターロック解除や強制駆動等を強いられての事故がある。冷却水系のトラブルが多い。
・少量生産でもガードが必要な部分はガードすること。

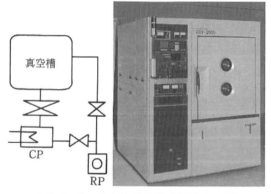

図3.2 バッチ式装置の構成図及び外観

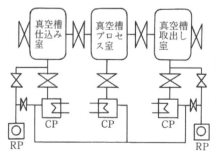

図3.3 ロードロック式インライン装置の構成図及び外観

- 少量生産の装置は、機器追加や改造が容易な為、年月と供に安全対策が不十分になりやすい。保守の際、ガードや危険表示の見直しや手順の確認を行う。

3.3.3 ロードロック式インライン装置の留意点
- 大型装置特有の安全対策を十分にとること。重大な労災事故が絶えない。

　作業者の感電、真空槽内での酸欠、大きな駆動力、可動スピードの速さ、監視者の目が行き届かない場所での事故、大人数での保守、チームに分かれての平行作業、連絡の取りづらさ、高所作業、重量物、化学物質への暴露、クレーン等の運転計画、電磁弁直接駆動による挟まれ、免許や資格の確認、他保護具や法令等に留意。

- 保守による組立ミスや保守後の設定ミスによる損害が大きい。短時間で大量に生産する為損害も大きくなる。作業中の報告と稼働前のチェックは周知徹底する。
- 作業記録の徹底。トラブルが発生しても簡単に分解できない。
- 時間単位での作業工程。準備不足によるダウンタイムは避けたい。

3.3.4 ロードロック式枚葉装置の留意点
- 複雑で精密な機構を持つ装置が多い、各コンポーネントを熟知して保守する必要がある。作業手順を充実させ、しっかり確認の上、作業する事が重要である。
- 複雑な動作が可能な為、プログラムやシーケンスも複雑である。安易な変更で復旧困難になる場合も多い。
- 設備が高価。付加価値の高い製品を扱う場合が多い。保守の際、ソフトやハードでの設定、インターロックの状態、冷却水バルブ、ブレーカーやスイッチ等を変更する場合も多い。変更した部分は必ず記録しチェックしながら復旧を確認すること。

　大量の不良品等で大きな損害を発生させる場合がある。

- クリーンな環境で生産している場合が多い。ルールをしっかり確認し守ること。

3.4 長期使用への対応

　メーカーよりユーザーに納入された装置・ユニット・部品は、定期的な保全を行うことで長期間安定して使用でき、ユーザーの満足を得ることができる。故障による修理でも、故障原因を調べると部品の劣化によるものも多い。真空機器は、シール性と真空性能に特化した精密機器で、過酷な環境で使われる事も多い。当然、設計段階で長寿命化も検討されるが、使用できる材料や構造に制限も多く、一般の機器に比べ消耗や劣化が激しい傾向にある。

　「定期的な保全」が長期に渡り安定して生産する為の条件とも言える。

3.4.1 長期間の機器使用によるリスク

　物を大事に使う事は重要なモラルである。高額な真空機器は、長期間使用するユーザーも多く、中古機として別のユーザーに引き継がれる場合も多数見かける。長期間使用するにあたり、次のリスクを考慮し対策しなければならない。

①購入当時の安全設計基準が古くなり、更新しない事で引き起こされる災害。

　真空機器は、一般的に高エネルギーを使用する物が多く、その時代に合わせた安全配慮がされて

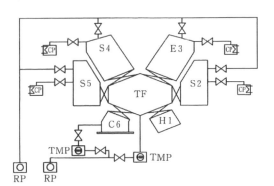

図3.4 ロードロック式枚葉装置の構成図及び外観

いる。時代の流れで変化して行く、販売当初想定できなかった危険について、更新して行くことが重要である。また、定期的にリスクアセスメントを実施し、安全基準の確認や対策見直しを行い実施することは、法令に規定されており、既に周知のとおりである。

②機械的、電気的寿命による予期できない故障、停止、誤動作（暴走）等。

真空機器は、機械的、電気的に性能ぎりぎりの高負荷で使用される事が度々見受けられる。高負荷での長期間使用は、突然寿命的な故障が発生し、生産計画に大きく影響を与え、復旧に想定外の出費を伴う場合がある。

③急な製造中止部品故障による代替部品入手困難での長期停止。

購入からある程度年月がたった機器について、生産中止情報に注意をはらう必要がある。

情報は主にメーカーから発信されるが、海外の機器に関しては情報入手に困難を伴う場合も多い。製造中止品の代替品を使う場合、簡易設計を伴う場合も多く、使用上の注意事項が多少変更されることが多い。メーカーとよく相談し、サポート期間終了にあわせて事前に故障対策や更新を検討しておくことが重要である。中古機器を購入する場合は、事前に十分な調査を行い、保守計画を立てておくことが重要となる。

④ユーティリティーを含む機器構成部品の経年劣化。

電線や継手、電子機器に至るまで構成部品の経年劣化は避けられない。継手等の腐食による水漏れ、電線からの漏電、電子機器の焼損等は後を絶たない。また、真空槽内の部品等は、長期間の使用での吸湿等により真空性能が保てない事があり、求める品質の製品が製造できなくなる場合もある。機械を構成する材料の性質にも注意が必要である。

3.4.2 保守情報について

度々、仕様変更や改造を繰り返し、メーカーが頻繁に対応している機器に比べ、長期間、同じ状態で使用する機器は、保守情報等を入手しにくい場合がある。メーカーのホームページや営業担当者から情報を集める事が重要である。特に注意が必要なのは、機器が壊れるまで使用し、故障時の修理のみの対応を行っている場合である。これは、同時に危険な状態で常に使用している可能性も高く、火災や労災の起因になった例も少なくない。保守についての情報は、メーカーから発信される情報を定期的に確認し収集を行い、「安全」に十分な配慮を心がけて頂きたい。

3.4.3 法令等の改訂

数十年に渡り使用されている真空機器を多数見受けられる。メーカーでの安全配慮は、製造当初の法令や安全規格に基づくものが多く、これが改訂された場合は、追加対策が必要となる。安全面での対策の他、粉じんや熱、電磁波、騒音、化学物質といった衛生面での対策も怠ってはいけない。また、環境基準の変更や産業用ロボットの「教示」や「検査」のような資格追加などの場合もあり、一定の周知期間が設定されるものの、目が離せない項目である。メーカーと相談し、最新の安全衛生対策を取り入れ、機器を更新する事が必要となる。

現在は、厚生労働省や総務省等の国の行政機関で、法令検索用のサイトが運営され、誰もが比較的簡単に調べることが出来るよう情報が公開されている。判断に迷う場合は、最寄の労働基準監督署に確認しておくことも一つの手段である。

3.5 廃　　棄

事業活動によって出た廃棄物はすべて「廃棄物の処理及び清掃に関する法律」の産業廃棄物や事業系一般廃棄物となり、事業者が責任をもって適切に処理しなければならない。

産業廃棄物の中には燃え殻、汚泥、廃油、廃酸、廃アルカリ、廃プラスチック、ゴムくず、金属くず、ガラス類、鉱さい、がれき類、ばいじん、紙くず、木くず、繊維くず、動植物性残さ、動物系固体不要物、動物のふん尿、動物の死体およびこの産業廃棄物を処分するために処理したもの、の20種類がある。また、爆発性、毒性、感染性、その他、他人の健康又は生活環境に係わる被害を生じる恐れのあるものは、特別管理産業廃棄物として扱われ、さらに厳重な管理下で管理される。SDS等を活用し、法令や取扱いを十分確認の上、適切に処理頂きたい。

真空装置に関しての取扱いは、以下の通りであ

る。
① 使用している真空装置、部品に何らかの特別管理産業廃棄物に指定されている物質が含まれておらず、また付着していなければ、金属くずなどの有価物として、スクラップ処分ができ、公道上の運搬も自社及び運送業者で行える。
② 真空装置、部品等が有害物質・有毒ガスなどによって汚染されている場合は、産業廃棄物処理業の許可証(収集・運搬・中間処理、最終処分)を有する会社と委託契約を交わし、処分を委託することになる。また、公道を運搬するに当たり、有害物質・有毒ガスが漏れないよう厳重な密封処置が必要となる。

仮に、許可を有する業者の不適切な処理によって、事故や環境汚染が発生した場合には、排出事業者までさかのぼって行政処分の対象となる。排出者は委託会社選定から最終処分まで十分に注意をはらい、マニフェスト(特別管理産業廃棄物マニフェスト)の管理を確実に行うことが必要である。図3.5に「廃棄物が発生した時の処理方法」を示す。

第4節 真空ポンプの保守

4.1 油回転ポンプ

油回転ポンプは機械的真空ポンプの代表的な機種として、古くから単独もしくはほかのポンプの補助として多く使用されてきた。

4.1.1 油回転ポンプの動作原理

油回転ポンプは構造上の差違から次の3種類に分けられる。
① 回転翼型
② カム型
③ 揺動ピストン型

図4.1に原理図を示す。どの種類のポンプもシリンダ(X)、ロータ(Y)およびベーン(Z)の3部品により囲まれた空間(移送空間)をもつ。ロータが回転するに従い空間(A)に吸入されたガスは、最大容積(B)を経て圧縮工程に移る。一方、既に空間(C)に閉じ込められていたガスは、圧縮されてその容積を次第に狭め、大気圧以上となり、排気弁から吐出される。

4.1.2 油回転ポンプの油の役割

油の最も重要な役割は次の三つである。
① 油と一緒に排気する事で、高い排気性能を得られる。

まずは、吸気工程で気体と一緒に油が吸引される。圧縮工程に移り、気体は圧縮され体積は小さくなるが油は変わらない。この油が圧縮され小さくなった気体を巻き込んで排気弁から一緒に排気され、高い排気性能を得ることができる。
② 潤滑の役目を果たし、ベーンやロータの摺動を滑らかにする。
③ 機械的クリアランスの各部すき間をシールし空気の逆流を防止する。

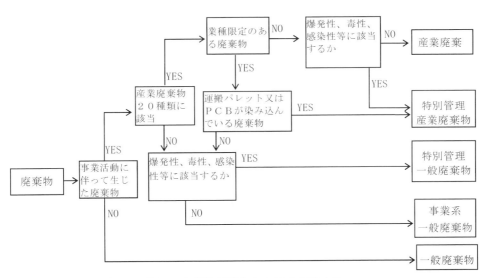

図3.5 廃棄物が発生した時の処理方法

油回転ポンプは通常の圧縮機と構造は類似しているがシール性が高く、高い圧縮性能に設計されている。

4.1.3 油回転ポンプ取扱い上の注意

① ポンプの起動・停止時：
吸気配管側に真空破壊弁を設け、停止時はこの弁が開き、ポンプ内を大気圧に戻ること。ポンプ油が吸気配管側へ吸い込まれることを防ぐ他、配管の油汚染を軽減できる。

② 異物の排気：
油回転ポンプは広い用途で使用されている。これらの用途において、排ガスの中に各種異物を含んでいることが多々あり、異物を吸引して、ポンプがトラブルを引起こすことが度々ある。異物には、生産に使う原料、剥離した膜、配管の錆、プロセスガスによる生成物等様々なものがポンプに吸引される。これらはポンプ吸気口やそこまでの真空配管に、トラップやフィルタを設置することによりポンプ内部に吸引される事を防ぎ、トラブルが低減できる。

③ ガスの排気：
油回転ポンプで腐食性ガス、反応性の高いガスを排気する場合は、排気するガスに合わせた耐性の高い油を使用し、後段に排ガス処理装置を設け、有害なガスを直接大気中に漏れないようにすること。また、労災を防止するため、修理及びオーバーホールをする場合には、無害化処理を行ってから作業する。HF等の排気が想定される場合、空気中の水と反応して、ポンプ内に弗酸が生成される場合がある。素手で油を扱った場合、重大な労災を招く恐れがあるので、十分注意頂きたい。

④ 振動防止：ポンプの振動を装置に伝えない目的で、一般にベローズやフレキシブルチューブを吸気口側の配管に接続する。中型・大型ポンプでは、床に伝わる振動を伴うので、ベローズやフレキシブルチューブだけでは除去できない場合がある。一般に油回転ポンプでは防振ゴムやスプリングを使用している。これらは、振動により劣化する。定期的な交換が必要で放置すると破損によるリークが発生し、損害が発生する場合がある。

また、振動によりポンプ設置位置がずれることがある。床への固定は、移動防止のためのストッパかアンカーで固定する。

4.1.4 油回転ポンプのトラブルと対策

(1) 水分による排気性能低下

油回転ポンプで排気する気体は多くの場合、水分が混入している。水分はポンプ内で圧縮され凝縮し、水として油と一緒に排気される。徐々に水が油の中にたまり、油と一緒にポンプ内部を循環する。この際、膨張と凝縮を繰り返し、ポンプの排気性能が低下する。これによって、今まで得られていた到達圧力が得られなくなる。これを改善する方法としてガスバラスト法がある。

ポンプが温まった状態で、定期的にポンプに取付けられたガスバラストバルブ開けることで、再凝縮を緩和しで空気と一緒に排気することが出来る。水蒸気のみならず、油に溶解する有機溶剤やアルコール類の除去にも効果を発揮する。但し、可燃性ガスや有毒ガスを吸引する場合は、火災や汚染事故につながる為、ガスバラストバルブを使用してはならない。

(2) オイルの劣化（酸化等）による排気性能低下

油回転ポンプは、機械設計上の隙間をポンプ油でシールし、高圧縮率で運転している。オイルの

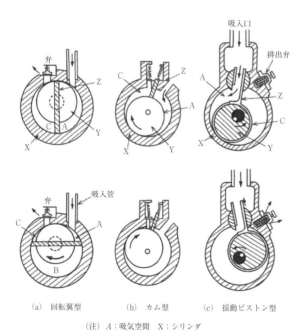

(a) 回転翼型　(b) カム型　(c) 揺動ピストン型

(注) A：吸気空間　X：シリンダ
B：最大容積　Y：ロータ
C：排気空間　Z：ベーン

図4.1 油回転ポンプの構造様式と吸気・排気の様子

酸化はオイルの粘度を低下させ、必要なシール性を損ない必要な真空性能を得られなくなる。ポンプ油に使用するオイルは、量だけでなく、粘度を保っているなどの性能も重要で、定期的な交換が必要である。酸化に強いオイルも市販されているので、目的に合わせたオイルを選定して頂きたい。

(3) 活性ガス使用による故障

半導体製造装置等では、排気するガス中に非常に活性なガスを含む場合が多い。

このガスは、油に溶解し油の性質を劣化させるほか、反応生成物を生成し油循環経路を詰まらせ、ポンプ性能を阻害する。また、ポンプの構造材腐食や異常摩耗等を引き起こし、寿命を異常に早める。これらトラブルを防止するには次の対策が必要である。

① 大量のポンプ油による希釈：

ポンプの吸気圧を利用して、強制的に大量の油を循環させる特別な構造を持つポンプの使用例を示す。他に機械的な油循環の構造を持つものある。図4.2は、ポンプ油の循環系統の途中に油缶を設け、頻繁な油の交換を防止した例。油缶の中に大量のポンプ油が入っており、この油を定期的に交換する。

② コールド・トラップ：

ポンプ吸入側にコールド・トラップを挿入し、水蒸気を含む凝縮性ガスをトラップするとともに、生成物も除去する方法。

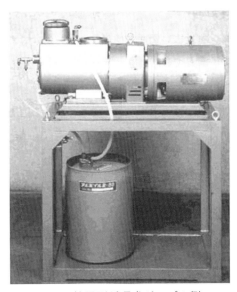

図4.2 簡易形循環式ポンプの例

③ オイル・フィルトレーション：

ポンプ油の循環系統の途中に油の濾過装置を取付、濾過しながら油を循環する方法。定期的はフィルターの交換が必要である。

④ 不活性油の使用：

鉱物油の代わりに化学的に反応しにくいフッ素油などを使用し、油の変質を防ぎポンプ性能を維持する方法。フッ素油は高価なので、ランニングコストに注意が必要である。

(4) 寒冷地域でのトラブル（冬季）

特に、寒冷地域での油回転ポンプ使用では、気温に注意が必要である。気温が低い時のトラブル例を下記に示す。水冷式の場合、20℃程度の温水を流す等の対策で防げる。

① ポンプの停止の処理：

冷却水の凍結に十分注意すること。冷却水が凍結し、冷却パイプやジャケット部を破損した場合、高額な修理が必要となる。

② 2日以上ポンプを停止する場合：

冷却パイプ及びジャケット内の水を圧縮空気等で追い出し、冷却水系統の水を抜いておくことで、破損を防止できる。

③ ポンプ油の粘度について：

寒冷地では冬場、ポンプ油の粘度が高すぎ、起動できない事がある。油回転ポンプを設置する際は、この現象を考慮しなければならない。低粘度のオイルを使用かポンプを温めて起動させる必要がある。

また、Vベルト式のポンプは、起動時モータ側のプーリだけが回転し、摩擦熱でベルトが燃える事がある。火災が発生する場合もあるので特に注意して頂きたい。

表4.1に油回転真空ポンプのトラブルチェックリストとその対策を示す。

4.1.5 油回転真空ポンプの保守、解体、再組立時の注意

真空ポンプの分解、組立時には、メーカーで作成した分解、組立要領書に沿って行うこと。有害ガスを排気したポンプは有害物の除去、洗浄処理を産業廃棄物処理業者に依頼し、無害化処理を行ってから自社内組立作業に移ること。

a) 分解したポンプ部品は洗浄し、油穴、油溝

表4.1 油回転ポンプのトラブルチェックリスト（●印にチェック事項を示す）

現象 ＼ チェック項目	モータープーリは回ってるか	ポンププーリは回っているか	回転方向は正しいか	回転数は正しいか（50Hz・60Hz正しいプーリ）	冷却水が流れているか	ガスバラストバルブが開いているか	ベルトが緩んでいないか	プーリキーが緩んでいないか	モーターベースのボルトや基礎ボルトまたは、ベルトが緩んでないか	油はレベルまで入っているか	油が汚れていないか	水分系を排気していないか	ダストを吸引していないか	溶解蒸気を吸引していないか	ポンプ内に異物が入り込むようなことはないか	高い吸入圧力で連続運転をしていないか	ポンプまわり（例、配管）に漏れはないか	新しいポンプ油を入れたばかりか	油量の入れ過ぎていないか	油の循環が正しく行われているか	現象に対しての処置方法
圧力が下がらない	●	●	●	●	●	●				●	●		●	●	●	●	●	●	●	●	漏れを探す、給油管回りの締付の緩みチェック、オイルフィルタの緩みチェック、排気弁の当たり具合チェック
外部に油がもれてくる					●						●				●	●	●				オイルシールの交換
回転はするが音が大きい（異常音）		●					●	●	●		●				●						排気弁、弁ガイド、スライドベーンの当りをチェック
ポンプが回転しない	●	●					●	●	●						●	●					手で回してみて回らなければ分解
ポンプの起動が困難（冬期）							●	●			●				●						サーマルリレーの設定値、油が正規のものか否かチェック
ポンプが振動する					●		●	●													排気弁の倒れ、ベアリングの外輪のかじりチェック
ヒューズ（ブレーカ）が切れる													●	●	●						電流などを測定する
オイルカップの油の減りが早い					●								●	●							オイルシール交換
オイルレベルゲージが飛び出す											●			●							オイルミストトラップが詰まっていないかチェック
排気口から油が噴き出す				●													●		●		点検修理または交換
ベアリングのグリースがたれてくる					●												●				点検修理または交換
ポンプの壁温が非常に高い				●	●						●		●	●	●	●					排気弁チェック油の流れチェック
初期は性能満足していたが圧力が上昇する現象がある				●	●					●	●				●	●				●	点検修理
回転にむらが出る 次第に回らなくなった	●	●			●		●							●						●	分解手入れ
チェック項目に対しての処置方法	電気が来ている状態にする	電気が来ている状態にする	回転方向を正しくする	サイクル数に合わせたモータープーリに取り換える	冷却水が流れていることを目で確認する	ガスバラストバルブを手で閉める	モータをスライドさせてベルトを張る	緩みを直す	緩みを直す	油は規定量とする。不足のときは補給する	汚れていれば新しい油と交換する	水分排気時はガスバラストバルブを開ける	ポンプ前段にフィルターとラップを入れることで吸引を防止する	ポンプ前段にトラップを入れる	ポンプ前段に用途別トラップを入れる	油の交換をよく行う用途別油を使用する	漏れをとめる	しばらく運転を続ける（アウトガス）	規定量水準まで減らす	油循環バルブ等が正常なことを目で確認する	

表4.2 油回転ポンプ油交換時期の目安

用途	期間
油の交換ポンプ油は下記に交換時期の目安を示すが汚れ程度に応じて、交換頻度を変えること。	
・研究、実験用真空装置、小型真空装置など	・6ヶ月〜1年以内
・生産用真空装置、真空蒸着装置など	・3ヶ月〜6ヶ月以内
・管球排気装置、大型蒸着装置など	・3ヶ月以内
・熱処理、溶解など金属冶金真空装置	・1ヶ月以内
・高真空乾燥、真空含浸、真空成形、真空包装など	・1ヶ月以内
・低真空乾燥、上棟機、食品包装機など	・1週間以内
(1) ポンプ油は、汚れの程度に応じて交換頻度を変えること。 (2) 使用油は、ポンプメーカーにより指定された油を使用すること。 ・油はオイルレベルゲージの中央まで給油すること。 ・水分、へどろなどが油タンク底部にたまる場合は、交換すること。 ※油を交換する時、絶対に素手で扱わないこと。フッ酸等で負傷する場合がある。	

などに異物が詰まっていない事をエアなどで確認する。特にガスバラストなどの小さな穴は注意して確認すること。

b) 錆などがひどいときは、#100〜120相当のパーパーで錆を落とすこと。

c) 回転軸のシールに使っているオイルシールの挿入は治具を使用すること。取付方向があるので、分解時によく確認しておくこと。

d) 排気弁板のシート面は特にきれいに仕上げること。

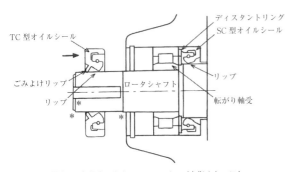

(注) ＊印部分でオイルシールのリップを傷めないこと

図4.3 油回転ポンプでの軸シール部の構造例

図4.3に油回転真空ポンプの軸シール部の構造を示す。

4.1.6 ポンプ油交換時期

表4.2に油回転ポンプ油交換時期の目安を示す。
油の劣化や異物の混入により排気性能が満たされなくなった時、ポンプ油の行う。腐食性や反応性の高いガスを排気した場合や、粒状の異物を排気した場合は、表4.2に示した目安より著しく早く劣化がすすむ。早めの交換を行う。

4.2 ドライポンプ

排気経路に油や液体を使用せず、気密を保って排気する容積移送式真空ポンプを乾式回転ポンプといい、一般にドライポンプと言われている。大気圧から10^{-2}Pa程度まで排気できるドライポンプとして、ルーツ型、クロー型、スクロール型、スクリュー型、ターボ型がある。

図4.4に代表的なドライポンプを示す。
以下に代表的なドライポンプとして、多段式のルーツポンプ型のドライポンプを紹介する。

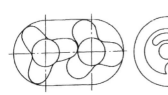   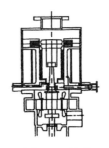

(a) ルーツ形　　(b) クロー形　　(c) スクロール形　(d) スクリュー形　　(e) ターボ形

図4.4 各種ドライポンプの構造

多段式ルーツポンプ型ドライポンプ
(1) 原理と構造

ポンプの構造は従来のルーツポンプに類似しており、異なるところは多段式になっていることである。多段式ルーツポンプの各ギャップは、0.1～0.5mmと非常に狭く、かつ精度よく仕上げられている。

図4.5にルーツ式ドライポンプの排気原理と内部構造を示す。排気のメカニズムは、一般のルーツポンプ（2葉式）とほぼ同じである。ロータには3葉形の形状が使われる。この場合、軸が1回転する間に6回排気が行われる。

(2) トラブル対策例

表4.3に多段式ルーツポンプでのトラブルとその対策を示す。

(3) 保守時の注意

多段ルーツ式ドライポンプは高回転で運転する物が多く、精度の高い加工部品で精密に組立を行っており、特殊治工具を使用するなど、特別な環境で組み立てられる。定期保全およびトラブルに必ずメーカーの指定する保全会社へ作業を依頼することが望ましい。

また有害ガスを排気した場合、ポンプ内部に有害な生成物が溜まっている。この有害な生成物の中には、空気や水蒸気と反応して有毒ガスを発生したり、爆発したりする危険なものがある。有害ガスを排気したドライポンプは必ず無害化処理（専門業者に委託）を行ってからオーバーホール作業を行うこと。

修理や点検を依頼する際、有害物の種類を相手に書面で伝える義務がある。受け取った側は、漏洩や有害物の拡散等が起きないよう十分注意し、法令を守って運搬や作業を行う必要がある。取り扱う場合、必ず安全データシート(SDS)をすぐ見れる場所に準備しておくこと。

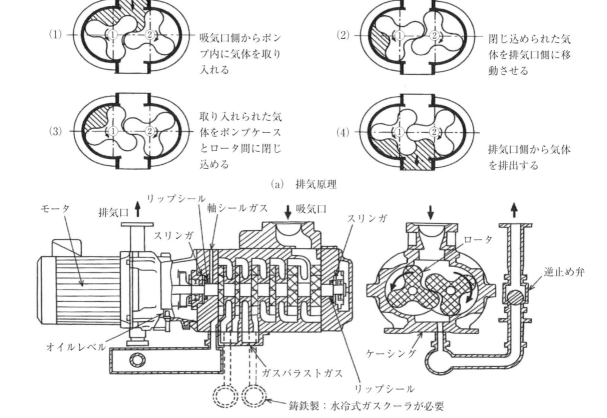

図4.5 ルーツドライポンプの排気原理と内部構造

第3章 真空装置の保守と安全

表4.3 多段式ルーツポンプでの故障原因とその処置

現　象	原　因	対　策
・ポンプが起動しない	・インターロックの作動 ・コネクターの配線違い ・電源が供給されていない ・電源の欠相 ・ポンプの故障 ・手元操作／遠隔操作の切り替えスイッチ	・起動条件の確認 　(冷却水、圧空、パージガス(N2) 　電源電圧、配線の接続確認) ・スイッチ、配線の確認 ・電源電圧の確認 ・保守会社への点検依頼
・異常音が聞こえる	・ポンプの故障 ・部品の摩耗 ・真空配管の漏れ	・漏れの補修 ・保守会社への点検依頼
・能力の低下	・吸気口網の詰り ・運転温度の異常 ・排気系統の漏れ ・回転数の異常 ・ポンプ内部の漏れ	・取替え ・取替え、再仕上げ ・除去、清掃 ・保守会社への点検依頼
・モーターブレーカーがトリップする	・急激な負荷による過電流 ・ブレーカーの劣化 ・漏電 ・排気口の詰り ・ポンプの故障	・運転条件の見直し ・異物の除去 ・電圧、電流、漏れの確認 ・ ・保守会社への点検依頼

4.3 ルーツポンプ

ルーツポンプは、対のまゆ型ロータが、互いに接触することなく反対方向に同期回転することにより気体を吸入し、移送し、更に圧縮して排出するポンプである。(図4.6、図4.7参照)

2個のロータが噛み合う中央部分は常にロータが対向し合っており、ガスの通過を阻止し、ロータが180°回転するごとに1回ずつ排気動作を行う。片側の移送空間の4倍が1回転ごとの設計排気速度になる。

ロータはシャフト部分を除いて全周面が非接触で、油回転ポンプのようにポンプ油ですき間を埋める必要がなく「ドライ」な真空が得られる。

(1) ルーツポンプ使用上の注意

ルーツポンプはわずかなすき間(0.5～2.0mm)を保って回転している。ルーツポンプの使用上の注意点は次のとおりである。

① 溶接スケール、錆などは完全に取り除くこと。

② 真空容器や配管内をサンドブラスト（ショット）処理した場合、研磨材を完全に

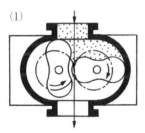

0°回転
右ロータ：吸気中／排気中
左ロータ：排気完了／吸気完了

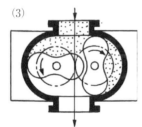

90°回転
右ロータ：吸気完了／排気完了
左ロータ：吸気中／排気中

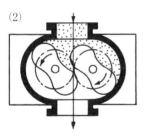

45°回転
右ロータ：吸気後半／排気後半
左ロータ：吸気開始／排気開始

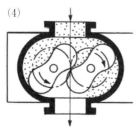

135°回転
右ロータ：排気開始／吸気開始
左ロータ：吸気後半／排気後半

図4.6 ルーツポンプの排気動作原理

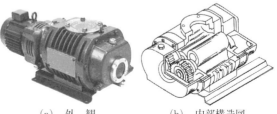

(a) 外　観　　　(b) 内部構造図

図4.7 ルーツポンプの外観と内部構造図

第7編 環境・安全・衛生対策と保守

表4.4 ルーツポンプのトラブルチェックリスト

現　象	チェック項目	対　策
・起動しない ・モーターブレーカーが作動する。 ・ヒューズが飛ぶ	・ヒューズ、ブレーカは正常か	・ヒューズ、ブレーカの交換
	・電源の電圧は正常か。欠相はないか。	・電源のチェック
	・ロータ：　　回転は重くないか 　　　　　　表面に付着物がないか 　　　　　　各部クリアランスは正常か	・オーバーホール ・ロータタイミングの再調整
	・吸気口圧力・吸排気口圧力の圧力差は高すぎないか	・各圧力のチェック
	・潤滑油：レベルまで入っているか 　　　　　変色していないか 　　　　　粘度が上昇していないか	・給　油 ・潤滑油の交換
	・モータを取り外し、モータのみ運転した場合、回転数・電流値は正常か	・電源のチェック、モータの交換
・圧力が下がらない	・モータの回転数は正常か	・電源のチェック、モータの交換
	・補助ポンプの性能は劣化していないか	・補助ポンプのチェック
	・装置、配管の漏れはないか	・装置・配管の漏れチェック
	・潤滑油の汚れはないか	・潤滑油の交換
	・メカニカルシールの漏れはないか	・メカニカルシールの交換
・異常音がする	・周波数の高い金属音が発生していないか	・ポンプを直ちに停止し、数分後再運転する。（数度これを繰り返し、それでも直らない場合、メカニカルシールの交換）
	・潤滑油は基準線内に入っているか	・給　油
	・コトコトという音がして、これと同期した振動が発生していないか	・ロータタイミングの再調整 ・ベアリング交換
	・ガラガラという音がしないか	・タイミングギヤの交換
・異常発熱をする	・冷却水は流れているか	・冷却水量のチェック
	・吸気口圧力と排気口圧力の圧力差は正常か	・各圧力のチェック
	・吐出圧は正常か	・補助ポンプのチェック
	・ロータは手で回るか	・オーバーホール
・メカニカルシール部が洩れる	・潤滑油の洩れ量：　1 ml/h以下か 　　　　　　　　　1 ml/h以上か	・しばらくそのまま運転する（洩れ量が少なくなることがある） ・メカニカルシールの交換

取り除くこと。

③　ルーツポンプ内部を点検し、ロータ、ケーシング及びそのほかの部分に粉体などが付着していないことを確認する。点検時に手を挟まれないように注意すること。

(2) ルーツポンプのトラブルと対策

表4.4にルーツポンプのトラブル及び対策を示す

(3) ルーツポンプの保守、解体、再組立時の注意

ルーツポンプのオーバーホールを行うときは必ずメーカーの分解、組立要領書に沿って作業を行うこと。有害物を排気したポンプを保守する場合は、有害物質処理作業者に有害物の除去をしてもらってから以下の作業に入ること。

①　分解修理をする前に吸気口からすき間ゲージを入れて、各部の隙間を測定し、記録しておくこと。再組立時には同じ隙間になるよう調整すること。

②　分解したら必ずオイルシール及びO-リングは新しいものと交換すること。オイルシールの挿入は必ず治具を使用すること。

③　駆動、従動軸のおのおのの部分は分解時に混ざらないようにすること。

④　ルーツポンプは、他のポンプに比べ精密な構造を持つポンプである。タイミングギヤの傷や少しのゆがみで、大きな異音を発生する場合が多く、取り外した部品は慎重に扱わなければならない。

⑤　ルーツポンプは、高回転で回る為、定常回転数に到達するまで大きな電流を要する。大きなポンプの引取り修理を行う場合、工場内試運転では、Δ-Y結線等で起動電流を制御しながら試運転を行う必要がある。

4.4 油拡散ポンプ

拡散ポンプは作動液蒸気噴流を用い、気体に運

表4.5 拡散ポンプの特徴

長　　　所	短　　　所
・構造が簡単。価格や維持費が安い ・大型化が容易である ・機械的な運動部分がない ・振動が少ない ・パーティクルや異物の混入に対して強い ・価格の割に排気量が大きい	・作動油の逆流がある ・油加熱のための消費電力やトラップ冷却のための冷媒など運転費が高い

動量を与え、吸気口側に輸送して排気するポンプである。作動液（通常油を使用）蒸気の一部は高真空側に逆流するので、プロセス室が汚れやすいというイメージが強かった。

しかしながら、ポンプ自身の構造、作動液の品質及びトラップなど周辺機器に大きな改良が加えられ、油逆流量も大幅に減少させたポンプもある。

表4.5に拡散ポンプの特徴を示す。

現状では超高真空での研究及び半導体応用など、油汚染を極端に嫌う分野では使用を避ける傾向もあるが、一般産業用大型装置では値段の安さもあって重用されている。

(1) 拡散ポンプの概要
(a) 拡散ポンプの種類

拡散ポンプは、運動量輸送式真空ポンプのなかで、流体作動式ポンプに属している。油蒸気を使用するこの種のポンプには、拡散ポンプおよび拡散エジェクタポンプなどがあり、使用圧力範囲と用途が使い分けられている。

　①拡散ポンプ　　　　　$10^{-2} \sim 10^{-7}$Pa　高真空排気、超高真空排気
　②拡散エジェクタポンプ　$10^{2} \sim 10^{-2}$Pa　低真空排気、拡散ポンプの補助ポンプ

拡散エジェクタポンプは圧縮比が高く、背圧にも強いので、産業器機用の大型装置によく使われる。ここでは小型装置に広く使われている拡散ポンプについて述べる。

(b) 拡散ポンプの動作原理

拡散ポンプは大きく分けて、
①油蒸気を作るためのボイラ
②蒸気をジェット噴射させるノズル系
③蒸気をぶつけて冷却させる本体壁面
から構成されている。

図4.8にポンプの構造と機能と保全を行う上でのポイントを示す。

下部ボイラで作動油を加熱蒸発させ、蒸気流を作り、それを各ノズルから超音速で下方に向かって噴流する。上流側からこの噴流に巻き込まれた気体は作動油分子と衝突して下向きの運動量を与えられ、下流に向かって移送される。

ノズルから噴出した油は水冷したポンプケース内壁に衝突して凝縮し、壁面を伝わってボイラに戻る。ポンプ下方に圧縮された気体は次段の補助ポンプで排出される。

(c) 拡散ポンプの油の逆流
① 拡散ポンプの油逆流源

拡散ポンプは原理的に油噴射蒸気流を使用するので、油蒸気の逆拡散による高真空側の汚染は避けられない。

図4.9に拡散ポンプにおける油蒸気逆流源を示す。

　イ）ジェット噴流の一部が直接吸気口側へ向う
　ロ）トップジェットの周辺部で凝縮した蒸気の再蒸発
　ハ）ポンプケース壁面からの再蒸発
　ニ）トップジェットからの蒸気の漏れ

② 油逆流の時間的変化

図4.10は拡散ポンプにおける作動油の逆流の時

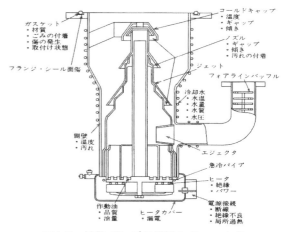

図4.8　拡散ポンプの構造とチェック点

間的変化を示す。

これらから、ポンプの始動時および停止時の過渡状態で逆流量が定常時の数倍も多いことが分る。このことから過渡状態においても通常ポンプ上部に取り付けられている水冷バッフルやトラップが冷却されていることが必要であり、またポンプ直上のバルブを閉じ定常状態になったときバルブを開けることにより油逆流量を防ぐ工夫が必要である。

③油逆流防止対策

拡散ポンプ系の油逆流を防止するための対策に次のものがある。

a）コールドキャップ

第1段ノズル上に接近して設けられたキャップで、ジェット噴流の上向きの流れを遮断し、逆流を防止する。

b）水冷バッフル

拡散ポンプ直上に取付けられる水冷した邪魔板である。フィンにはシェブロン型、ルーバー型がある。光学的に見通せないように配列されている。

c）コールドトラップ

水冷バッフルと真空槽の間に設けられ、通常液体窒素または冷凍機により-200℃レベルまで冷却されている。コールドトラップの設置により水冷バッフルに付着した作動油が真空槽側へ逆流する量を最小限にするようになっている。

図4.11に水冷バッフルとシェブロン型コールドトラップの組合せ例を示す。

(2) 拡散ポンプ使用上の留意点

表4.6に油拡散ポンプを使用するとき、どのような点に留意したらよいかをまとめたものである。

拡散ポンプ系で得られる到達圧力は、

①系のガス放出量
②ポンプの排気速度
③系の漏れ量
④ポンプ自身の到達圧力

などの要因で変わる。このうちポンプ単体の到達真空度は、作動油の性質に負うところが多い。表

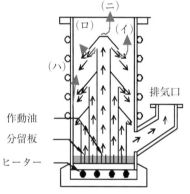

図4.9 逆流蒸気源

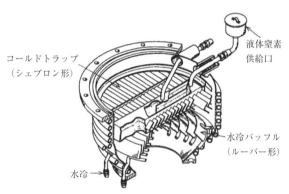

図4.11 水冷バッフルとコールドトラップの組合せ例

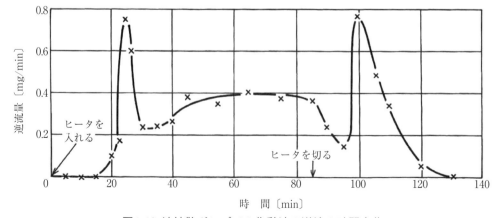

図4.10 油拡散ポンプでの作動油の逆流の時間変化

第3章 真空装置の保守と安全

表4.6 油拡散ポンプ使用上の留意点

項　目	留　意　点	ト ラ ブ ル
・加熱時のポンプの取扱い	・ヒータ接続部に物を当てない ・内部に空気を入れない	・短絡、硝子破損
・トラップ類	・バッフル、コールドトラップ、フォアライントラップを使用しないで運転しない	・油逆流の増加 ・作動油の減少
・吸気口圧力	・1×10^{-1}Pa以上の圧力で排気しない	・作動油の減少と劣化 ・油逆流量増加
・ポンプ本体冷却水	・入口と出口の温度差を35℃以下にする。 ・水圧、水量、温度チェック	・油逆流量増加油減少 ・ポンプ機能停止
・最大流量	・最大流量以上のガスをポンプに流さない	
・臨界背圧	・補助側圧が臨界背圧を超えてはならない	・油逆流量増加
・空だき	・作動油がないときはヒータ電源を入れない	・加熱による火傷や火災の危険 ・ポンプケース、ジェット損傷
・圧力の高い状態で加熱	・$1 \sim 1 \times 10^{-1}$Pa以上でヒータパワーを入れない	・作動油酸化による性能の低下
・油量のチェック	・定期的に油量と油の質のチェック 　＊作動油量が少ない 　＊作動油の変質 追加または交換を行う。	・排気性能劣化

表4.7 油拡散ポンプの動作油

名　　称	化 学 組 織	分子量	比重20℃	蒸気圧133Paの温度（℃）	蒸気圧(Pa)(20℃)	到達圧力(Pa)
アルボイルD-11	モノアルキルナフタレン	366	0.907	245	7.3×10^{-5}	7×10^{-5}
アルボイルD-23	メチルフェニルシリコーンオイル	～548	1.09	251	2×10^{-7}	～3×10^{-7}
アルボイルD-31	メチルフェニルシリコーンオイル	548	1.095	251	2.1×10^{-8}	3×10^{-8}
アルボイルD-32	シリコーンコンパウンド	546	1.095	251	2×10^{-8}	～7×10^{-7}
アピエゾンC	石油留分	574	0.92	242	4×10^{-5}	$7 \sim 9 \times 10^{4}$
ネオバック400	〃	～400	0.878	240	$>1.3 \times 10^{-5}/25℃$	$>2.6 \times 10^{-5}$
ネオバックSX	アルキルジフェニルエーテル系合成油	～394	0.940	200	$>7 \times 10^{-6}/25℃$	$>1.3 \times 10^{-5}$
エクセロール54	ペンタフェニルエーテル	446	1.20/15℃	280	10^{-9}	～10^{-8}
ライオンS	イソシールナフタリン	408	0.904	251	2×10^{-7}	7×10^{-6}
オクトイルS	ジェチルヘキシルセパゲート	426	0.914	217	2×10^{-6}	～1×10^{-5}
DC 704	テトラフェニルテトラメチルトリシロキサン	484	1.07	235	2×10^{-6}	～7×10^{-6}
ハイバックF5	トリメチルペンタフェニルトリシロキサン	546	1.09/25℃	240	2×10^{-8}	～7×10^{-7}
H-VACフォンブリン18/8	パーフルオロポリエーテル	2800	1.9	235	2.7×10^{-6}	～5×10^{-5}

4.7に市販の各種拡散ポンプ作動油の性質と性能を示す。

(3) 拡散ポンプ使用上で発生するトラブルと対策
　拡散ポンプ系のトラブル要因は大別すると次のようなものがある。
　①ポンプ自身の原因
　②性能上の問題
　③排気系としての使用上の問題
　④周辺機器、部品および組立の問題
　保全は構成部品それぞれの役割や性能を理解し、行わなければならない。
　以下にトラブル原因と対策について、例を示す。

a) 拡散ポンプおよび回転ポンプの作動油の相互混入の原因と対策（表4.8）
b) 拡散ポンプの油逆流および混入の原因と対策
　表4.9に拡散ポンプの油の逆流・混入の原因と対策を示す。
c) 拡散ポンプ使用時に発生する問題に対する原因と対策
　表4.10に油拡散ポンプ使用時に発生する問題と原因・対策を示す。
(4) 拡散ポンプの解体、組立に関する留意点
　拡散ポンプの保全のため分解および組立を行う場合、表4.11に示す注意が必要である。

表4.8 拡散ポンプおよび油回転ポンプの作動油の相互混入の原因と対策

問題点	原因			対策・結果
	場所	現象	理由	
・油回転ポンプ内に拡散ポンプ油が混入する	・ポンプ本体	・ボイラ部の漏れ	・冷却水不足での運転 ・油不足での運転 ・ごみによる分留板内の部分的な油不足	・漏れ箇所の解消
	・冷却水系	・水量不足 ・入口／出口の接続間違い	・ポンプ壁温度上昇 ・作動油の温度が高くなり蒸発量が増える	・冷却水の管理
	・真空槽側	・真空槽側の漏れによりポンプへの負荷が大きい	・漏れの発生 ・主バルブが閉じきれていない	・漏れの解消
・拡散ポンプ内に油回転ポンプ油が混入する	・補助ポンプ側	・油回転ポンプ停止時の大気圧ベント忘れ	・圧力差により油回転ポンプ油が拡散ポンプ側へ移動	・油回転ポンプ停止時の大気導入の実施
		・40Pa以下での油回転ポンプの連続運転	・油逆流の多い領域での運転	・油回転ポンプと拡散ポンプ間にトラップを設ける

表4.9 拡散ポンプの油の逆流、混入の原因と対策

問題点	原因			対策・結果
	場所	現象	理由	
・真空槽への油の混入が多い	・ポンプ本体	・ジェットの設定不良 ・油が分留されていない	・変形、ギャップ不適正	・ギャップの修正またはベットの交換
			・油量が多すぎる	・適正湯量にする
	・バッフル、トラップの形状	・均一に冷却される構造ではない	・温度むらのため、油をトラップできない	・構造の見直し
		・光学的遮断されない	・熱流入で温度上昇し油の再蒸発	
	・冷却トラップ	・トラップ温度不安定 ・トラップが冷えていない ・冷却時間の不足	・冷媒（又は液体窒素）の不足 ・負荷側からの熱流入 ・逆流の多いときに冷却されていない	・冷媒を補充
				・拡散ポンプの起動時及び停止後もしばらくは冷却を行う
	・負荷側	・ガス負荷が多すぎる ・吸入圧が高い	・最大排気量を超えた負荷（漏れまたは放出ガス）	・過剰なガス負荷解消
			・油回転ポンプによる粗引き不足状態で拡散ポンプでの排気を開始した	・真空槽を40Paまで排気した後油拡散ポンプで本引きとする
	・冷却水	・水温が不適切 ・水量不足 ・入口／出口の接続間違い	・拡散ポンプ本体壁の冷却不足	・適正な水温にする ・水量確保 ・冷却水の入りを吸気側パイプ、出を排気側パイプとする
	・補助ポンプ側	・動作していない	・限界背圧以下にできない	・臨界背圧以下になるように補助ポンプの状態を確保する
		・ガスバラストバルブを開けたまま排気している		

4.5 ターボ分子ポンプ

ターボ分子ポンプは作動油としての油を使わず、取扱いが簡単でしかも容易に高真空が得られるポンプである。大量のガス、反応性に富んだガスを排気できるポンプとして半導体素子や電子部品製造に使用される真空装置の主ポンプ用に採用されている。

4.5.1 構造と原理

ターボ分子ポンプは機械的ポンプの一種である。超高速で回転するロータによってその表面に衝突した気体分子に運動量を与え、気体分子輸送を行う真空ポンプである。

図4.12にその原理図を示す。

ポンプ内には、斜めに付けられたタービン状の動翼を軸方向に多段に並べたロータと、それとは

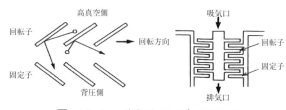

図4.12 ターボ分子ポンプの原理図

表4.10 油拡散ポンプ使用時に発生する問題と原因・対策

問題点	原因			対策・結果
	場所	現象	理由	
・排気しない	・ポンプ本体	・作動油が入っていない（測温センサーが作動）	・油を入れ忘れた ・油量が多すぎる	・油を入れる ・適正油量にする
		・作動油がなくなった（測温センサーが作動）	・真空槽側の漏れまたは過剰負荷 ・ボイラー部の漏れ	・適正負荷（限界背圧以内の）とする ・漏れ箇所の修復
			・冷却水不足 ・バルブ閉での運転	・冷却水の確保
		・ヒータの断線	・機器欠陥 ・レアショート ・温度が高い	・発生理由の究明後にヒータ取替実施
		・ジェット不良	・取付け位置不良 ・取付け忘れ	・位置の見直し ・ジェットの取付
	・入力側	・電力供給なし	・ヒューズ切れ ・配線されていない	・ヒューズ切れ原因究明後にヒューズを補充する ・配線の施工
	・負荷側	・大気圧状態になっている、または臨界背圧以上の圧力になっている	・真空槽扉が開状態 ・大きな漏れ ・負荷過剰	・扉を閉じる ・漏れ箇所の発見と対策施工 ・排気システムの見直し
・指示圧力不安定	・ポンプ本体	・間欠的なガス放出 ・作動油の汚染 ・分留不良	・シート面でのガス溜まり発生 ・油回転ポンプ油の混入 ・油量が多すぎる	・ガス抜き用溝の追加工 ・操作ミス（油回転ポンプ停止時のべんと忘れ） →油の入替
	・冷却トラップ	・トラップの温度の変動	・凝縮物の再蒸発 ・油拡散ポンプ壁の冷却水不足 ・間欠的な熱流入	・液体窒素などの冷媒の安定供給 ・熱流入を防ぐ
	・負荷側	・間欠的なガス放出 ・漏れの発生	・空気たまりの発生（バーチャルリーク）	・ガス発生源の除去
			・間欠的な熱変動による放出ガス	・漏れ箇所の発見と修復
	・冷却水	・供給水量不安定	・水圧変動	・供給流量の監視
			・断水発生	・断水時の保護回路の設定
	・測定系	・指示値が不安定	・測定子からのガス放出または漏れ	・漏れの解消
		・電源の不安定	・電源不安定	・電源の安定化
・排気時間がかかる	・ポンプ本体	・負荷側バルブを閉じても圧力変動なし	・ポンプ単体での汚れ	・ポンプのオーバーホール ・ポンプ作動油の交換
	・負荷側	・放出ガスが徐々に出る	・真空槽の汚れ ・作動油の逆流	・真空槽の脱ガス ・真空槽の洗浄
	・冷却トラップ	・トラップが冷えていない	・冷媒が供給されていない	・冷媒の安定供給
	測定子	・真空計測定子からの放出ガス	・測定子の汚れ	測定子の交換
・到達圧力が得られなくなる	・ポンプ本体	・ヒータの問題	・ヒータの相欠落 ・ヒータの短縮	・欠落、短絡原因を究明し、対策施工
		・作動油の問題	・油の劣化 ・油回転ポンプ油の混入 ・油不足または過剰 ・不適切な油の使用	・油の交換 ・同上 ・適正油量とする ・適正油の使用
		・ジェットの問題	・位置すれ ・損傷または変形	・適正位置とする ・適正なものと交換
	・補助ポンプ	・ポンプの劣化	・排気能力の低下 ・油回転ポンプが作動していない	・補助ポンプのオーバーホール
	・入力側	・入力電圧の変動	・電力供給側の問題	・安定電力の供給
	・冷却トラップ	・トラップが冷えていない	冷媒供給不安定	冷媒の安定供給
	・負荷側	・平衡圧力が高い	漏れの発生	・漏れの解消
		・放出ガス量の増	・作動油の逆流 ・真空槽壁への吸着増加	・チャンバーの洗浄、脱ガス
	・冷却水	・冷却水不足 ・冷却水水量異常	冷却配管の詰まり	配管詰まりの解消
	・測定系	・測定子からの脱ガス	・測定子への汚れ	・クリーニング（脱ガス）

第7編 環境・安全・衛生対策と保守

表4.11 拡散ポンプ保全時の注意事項

項 目	内 容
・分解	・高真空側からドライN_2を導入し大気圧にする ・油温度<60℃確認後、ポンプを装置から切り離す
・組立	・保守作業終了後、分解と逆の要領で内部部品を組立てる ・オイルドレインから油漏れがないことを確認する ・ヒータの絶縁抵抗測定>10MΩを確認する ・温度により絶縁抵抗値が低い場合は予備加熱する
・保守、点検 ＊ヒータ交換	・電源回路が開かれ、電圧がかかっていないことを目とメータで確認 ・ポンプが十分冷却されていることを確認 ・ヒータ端子から配線を外す。機械的な力が加わり、碍子などを破損しないように注意 ・ヒータ板の汚れをサンドペーパーなどにより完全に落とす（熱伝導をよくするため） ・組立ては逆の順序で行う ・組立て後の絶縁抵抗のチェック>10MΩ確認
・油交換	・約10分間通電し、油の温度を上げて粘度を下げて排出しやすくする ・ポンプ高真空側よりドライN_2を流入し、ポンプ内を大気圧にする ・オイルパンを用意し、ドレイン下に置く ・ドレイン止めネジ（またはフランジ）を外し、油を抜き取る ・有毒・活性ガスを排気した後の油の場合は安全上の配慮が必要 ・十分油を抜き取った後、止めネジを締める（ガスケットは交換）
・クリーニング	・本体内壁面、各部部品の表面を洗浄液で洗う ・洗浄液が残らないように十分乾燥させる ・Oリングに付着した油と汚れを拭き取る ・各部品を再組み立てし、緩まないように固定する
・操作・起動	・補助バルブを開けてポンプ内を補助ポンプで粗引きする ・ヒータに通電し、油を加熱する ・バッフルに冷却水を流す ・～40Paになったら補助バルブを閉じ、チャンバの粗引きをする ・トラップに冷媒を供給する ・～30分で拡散ポンプは作動状態になる（起動時間はポンプの型式により異なる） ・チャンバ内が10～15Paになったら粗引きバルブを閉じ補助バルブを開ける ・急激な真空度の変化がないことを確認する ・圧力が下がってきたら、主バルブを開けて拡散ポンプで排気する
・停止	・主バルブを閉じる。補助排気はそのまま続ける ・ヒータパワーを切る ・急冷パイプ付きの場合は、通水し熱板を急冷する ・付いていない場合は約30分間冷却する ・トラップの温度を室温まで戻す ・バッフルの冷却水を止める ・補助バルブを閉めて、補助ポンプを止める。補助配管および補助ポンプを大気圧にブレークする ・拡散ポンプ内を真空に確保する

逆の角度に付けられた翼を動翼の間に多段に配置した静止翼の組合せが組み込まれている。この動翼が先端部の周速で音速(～300m/s)に近い速度で高速回転することによって、翼に衝突する気体分子をはね飛ばし、排気口側への運動量を与える。静止翼は動翼によって排気口側へ飛ばされた気体分子が、吸気口に戻るのを防ぐ役目をしている。この動翼と静止翼の相互作用によって、気体を排気し超高真空を作り出す。

通常の分子ポンプは、単独では吸入した気体を大気圧まで圧縮できない。効率的に排気できるのは主に分子流領域である。ポンプを作動させるには、補助ポンプ（多段ルーツポンプ、回転ポンプなど）が必要で、10～1200Paに背圧を保ちながら使用する（ポンプの種類により異なる）。改良されたヘリカル溝型のポンプは短時間であれば大気圧駆動ができるので、仕込み・取出し室にウェハーを装・脱着時の排気系に使用される。

図4.13に代表例として磁気浮上型ターボ分子ポンプおよび複合型（広域型）分子ポンプの構造図を示す。

4.5.2 ターボ分子ポンプの特徴

ターボ分子ポンプの一般的な特徴を挙げると、
①基本的にはすべての気体に対して同じ排気速度である
②回転軸にグリースなど使っていても清浄な真空が得られる
③作動する吸入圧領域が広い
④清浄な高真空を容易に得られる
⑤反応性ガスを流しながらのダイナミック排気ができる（ケミカル仕様）
⑥起動時間が短く（数分～数十分）、消費電力が少ない
⑦大気圧から起動できる（ヘリカル型で短時間の場合）
となる。（表4.12参照）

以下に代表的な機種について概要を示す。

（1）ピボット型

スパイラルグループベアリングと軸受皿および潤滑用の低飽和蒸気圧油から構成されているピボット軸受を使用したポンプである。

金属と金属が直接に摺動する面をもっていないため、本質的に軸受部はメンテナンスフリーであ

440

表4.12 軸受、構造から見た分子ポンプの種類と用途

	種類	長所	短所	使用用途
軸受	・ボールベアリング	軸受コスト安価 小型軽量が可能	定期メンテナンス必要 潤滑油使用	一般的に幅広く 使用されている
	・磁気軸受	オイルフリー 軸受部メンテナンスフリー 低振動・騒音	価格高い 磁場に弱い	スパッタ装置 （主にインライン式）
	・ピボット軸受	軸受部メンテナンスフリー 限りなくオイルフリー 低振動、低騒音	取付角度に規定 高真空排気セット	超高真空装置 分析装置など 高真空排気セット
構造	・通常型（ターボ型）	容易に高真空が得られる	背圧が高くとれない	通常真空装置
	・複合（拡域）型 （ネジミゾポンプとの組合せ）	大流量排気可能圧力範囲広い	実績が少ない	CVD・エッチング装置 スパッタ

る。しかし、構造上潤滑油を欠かすことができないため完全オイルフリーでない。また取付けも水平方向にはできない欠点がある。

反応性ガスを排気する場合は、ポンプ内部に特殊表面処理を行い、モータ部に窒素ガスを流して、反応性ガスがモータ部に入り込むことによる劣化を防ぐ構造のケミカル対応型もある。

(2) 磁気浮上型

能動型磁気軸受を使用しているので、完全な非接触状態でロータが回転している。玉軸受を使用した分子ポンプに比べ、摺動部分がないので軸受部はメンテナンスフリーとなる。ボールベアリング型、ピボット型と比べ価格が高いが、この方式の使用が増している。

軸受には3軸および5軸制御能動型磁気軸受が使用されている。ロータの回転運動以外の各自由度を電磁石の吸引力の釣り合わせによって制御している。

磁気軸受は、ロータを半径方向に支持するラジアル方向磁気軸受と、ロータを軸方向に支持するスラスト方向磁気軸受から構成される。

分子ポンプのロータは非接触状態で回転するが、磁気軸受が万一故障した場合やポンプに過大な外力（地震、大気突入など）がかかった場合のために、固体潤滑剤の被膜を施した保護用玉軸受を備えている（この保護玉軸受は通常の運転ではロータと接触することはない）

(3) 複合型分子ポンプ

全タービン翼型のターボ分子ポンプは、10^{-1}Pa以下の分子流領域では十分な性能を発揮できる。エッチングおよびCVD装置などのように反応性ガスを多量に流し、粘性流領域で作業する応用では、限界圧力の制限を受ける。これを改善するために従来のタービン翼の下流にヘリカル溝型分子ポンプを組み合わせた、いわゆる複合型分子ポンプが開発された。このポンプは10Paから百数十Paまで

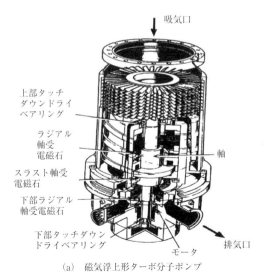

(a) 磁気浮上形ターボ分子ポンプ

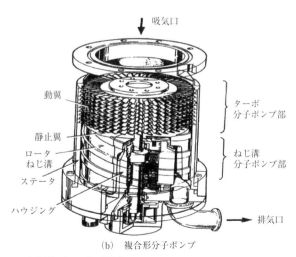

(b) 複合形分子ポンプ

図4.13 代表的なターボ分子ポンプの構造

第7編 環境・安全・衛生対策と保守

表4.13 総合点検

保守項目	適用機種	保守時の注意点
・油交換、グリスアップ	・ボールベアリング使用機種	・専用のものを使用
・バッテリー交換	・磁気軸受使用の機種	・バッテリーのショート耐用年数
・ベアリング交換	・ボールベアリング使用機種	・メーカーに依頼
・ポンプ内部の洗浄	・CVD、エッチングなど 反応生成物による汚れが考えられるもの	・取外しの前に十分なガスパージを行う
・電源の点検	・全機種	・メーカーに依頼

の幅広い圧力領域で作動し、同口径の全タービン翼ポンプの数十倍以上の吸気口圧力で運転できる。

4.5.3 ターボ型および複合型分子ポンプ使用上のトラブルと対策

従来、ターボ型および複合型分子ポンプ＝超高真空というイメージがあった。多くの場合きれいな雰囲気で使用されていたので、あまり大きなトラブルはなかったが、近年は、腐食性ガスや残留物が存在する厳しい環境で使用する場合も多く、これらの環境でのポンプ保全頻度増大や短寿命化が起きている。また、発生するトラブルも多岐にわたっている。

一方、最近の分子ポンプ制御系ではコントローラのディスプレイ上でトラブル状況が表示され、トラブルシューティングが容易になってきている。発生する問題と対応手順については、個々のポンプの種類、製造メーカーにより異なるので、具体的な対応はメーカーから出されている取扱説明書に従うことが望ましい。

4.5.4 取扱い注意事項

製造メーカーや型式により注意事項も異なってくるので、使用前に必ずポンプの取扱説明書を読み内容を理解しておくこと。ここでは分子ポンプを使用するときの基本的な注意事項について挙げる。

① 外からの衝撃、大きな振動などを与えない。衝撃や振動を与えると、動翼が静止翼に接触したり軸受け部に損傷を与える

② 磁界を与えない（30ガウス以下）。コントローラ内は電子部品および本体にモータや磁石が内蔵されているために動作不良や起動困難を起こす。

③ 機種により取付け角度に精度を必要とするものがある。メーカーの取扱説明書を参照して取り付ける。

表4.14 ポンプ単体の日常点検項目

日常点検項目	点検内容
・回転表示計	・ローター回転数の確認
・ポンプの振動・異音	・発生していないか確認
・ポンプケーシング	・温度の確認
・ポンプヘッドの圧力	・吸気口側圧力確認

④ 使用可能な圧力範囲が機種によって異なる。カタログを参照して機種を選定することが重要である。

⑤ 吸気口に異物侵入防止用金網を取付ける必要がある。（排気速度が10～20%程度低下する）

⑥ ポンプ停止時に背圧側の軸受に使用している油の成分が鉱物油などの高飽和蒸気圧油を使用したポンプの場合、高真空側へ油が逆拡散することを防止するためポンプ内を1kPa程度の圧力に保たなければいけない。

⑦ メーカーより示された許容温度以下で使用する。

4.5.5 分子ポンプの保全

（1）保守と点検

1）保守項目

分子ポンプは高速で回転している精密な機械であるが、誤った使用法やポンプ内への異物混入、生成物の発生がなければ安定して使用できる。保守項目はポンプの機種により異なる。

主な保全項目と注意事項を表4.13に示す。

2）ポンプ単体の点検

分子ポンプは精密機器であるので、使用環境の変化には非常に敏感である。

日頃から点検が大切である。主な常点検項目を表4.14に示す。

これ以外にもメーカーが求める日常点検項目は、実施しなければなりません。

（2）長時間保管時

ポンプを長期間保管する場合は、ポンプの吸気

442

口、排気口、ガスパージ口に封止フランジや附属の保護カバーまたは輸送治具を取付けておく。またポンプの内側に反応性および腐食ガスが残らないようにN_2ガスなど不活性ガスで置換しておくことが必要。ポンプ、電源および付属品は高温多湿な場所、反応性および腐食性ガスのある場所、ほこりの多い場所、強電界・強磁界のある場所、放射線のある場所、振動の多い場所には保管しないこと。

(3) 分子ポンプのオーバーホール
(i) ポンプ内チェック時の注意
1) 腐食性ガス、反応性ガス、刺激性ガスまたは人体に有害なガスの排気に使用した場合は、修理などのためにポンプ本体を装置から外す前に、
①不活性ガスでパージ又は置換を行い、ポンプ及び配管内を安全な状態まで希釈する。
②部屋を換気する。
③手袋や保護メガネ、防毒マスク等の保護具を着用する。
④保護服を着用する。
⑤ガス漏れに備え、警報器監視、避難等適切な手順を用意しておく。
など適切な防護処置を行い、有害なガスや反応生成物が人体に直接ふれないよう安全を確保する。
2) ポンプ保守依頼時の注意
分子ポンプのオーバーホールや補修についてはメーカー指定のサービスセンターに依頼する。
依頼に当たっては、事前に下記の処理を行う。
①半導体製造プロセスで特殊ガス（ドーピング、エピタキシャル、CVD・エッチングなど）を排気した場合は、それらガスおよび反応生成物を除去する。
②ポンプ内部には不活性ガスを封入し完全に密閉する。また、輸送時および取扱上の安全策を講じる。
③排気した気体およびプロセス上で生成した生成物の種類を相手に連絡する。

4.6 クライオポンプ
4.6.1 クライオポンプの構造概略
クライオポンプの構造は、アルバッククライオ㈱製、CRYO-U8H型（図4.14）を例にとって述べる。

クライオポンプに使用される冷凍機は主に2段式であり、1段目は冷凍能力が大きく80K以下に冷却することができ、2段目は冷凍能力は小さいが10～12Kに冷却することができる。⑤の15Kクライオパネル（1）（凝縮パネル）と⑥の15Kクライオパネル（2）（吸着パネル）は冷凍機の2段ステージ⑧に取付けられており、冷凍能力の大きい1段ステージ⑦に取付けられた80Kシールド②と80Kバッフル③により、15Kクライオパネル（1）（2）は室温の放射（ふく射）熱から保護され凝縮、吸着による排気をする事ができる。

4.6.2 クライオポンプシステム
クライオポンプシステムは基本的に、
①クライオポンプユニット（冷凍機ユニット含む）
②圧縮機ユニット
③フレキシブルホース（2本）
この3ユニットで構成されており、図4.15のように接続される。

クライオポンプの起動と再生には、真空装置側で粗引きポンプが必要となる。

4.6.3 クライオポンプのトラブル対策
クライオポンプは信頼性が高く、長期間の連続

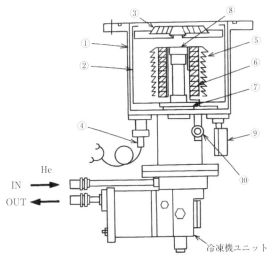

（注）
① : ポンプケース
② : 80Kシールド
③ : 80Kバッフル
④ : CA熱電対
⑤ : 15Kクライオパネル（1）
　　（凝縮パネル）
⑥ : 15Kクライオパネル（2）
　　（吸着パネル）
⑦ : 冷凍機1段ステージ
⑧ : 冷凍機2段ステージ
⑨ : 水素蒸気圧温度計（H_2VP）
⑩ : 安全弁

図4.14 クライオポンプの構造例

運転が可能なように設計、製作されている。

しかし、故障することもあるため簡単な故障については故障診断と対策・応急処置については知っておくことが必要である。但し、超高純度のHeガスを非常に高圧な状態で冷媒として使っており、取扱いを間違えると故障に直結する事から、分解組立には、特別な訓練を受けた作業者が行う必要がある。

クライオポンプを使用した真空排気系で問題が起こるときの徴候は、真空槽の圧力の上昇である。この圧力上昇は真空測定系に問題がない場合には、

① クライオポンプ系以外の真空系の漏れか又は放出ガス。
② クライオポンプの性能劣化。

かのいずれかによることが多い。

もし、真空系に漏れ等の異常がなければクライオポンプ系に原因がある可能性が大きい。

図4.16にクライオポンプ関係でのトラブルと原因および対策について示す。

4.6.4 クライオポンプの保全事項

クライオポンプの保全は、定期的なもの、非定期的なもの、日常的なものに分けられる。保全作業は清浄度が管理された部屋で行わなければならない。

(1) 定期的保全

クライオポンプの定期的保全には圧縮機ユニットのアドゾーバの交換、冷凍機のシールド類およびベアリング類の交換などがある。

① 冷凍機ユニットの定期的保全

保守内容：消耗品の交換

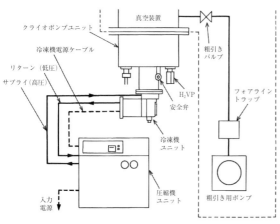

図4.15 クライオポンプの構造例

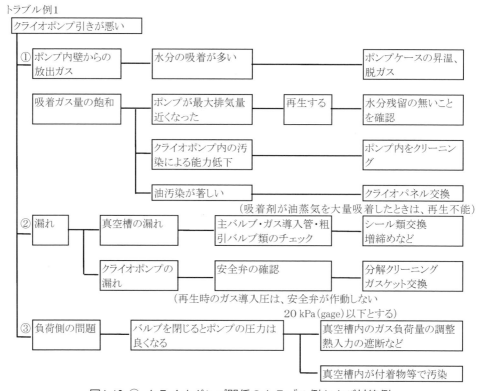

図4.16-① クライオポンプ関係のトラブル例および対策例

定期交換部品：シールキット、ベアリング
状況により交換する部品：ブッシング、ディスプレーサ固定ピン、ディスプレーサ、キー
② 圧縮機ユニットの定期的保全
保守内容：アドソーバーの交換

(2) 非定期的保全
　表4.15に非定期的な保全を示す。
　使用状況によってはポンプ内部が汚染され、正規の性能が発揮できなくなる場合がある。
　この場合、汚染除去のためのクリーニングや部品の交換が必要となる。また、クライオポンプシ

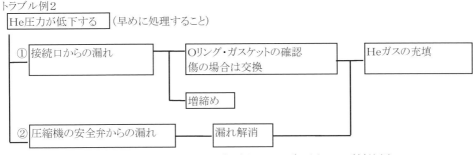

図4.16-② クライオポンプ関係のトラブル例および対策例

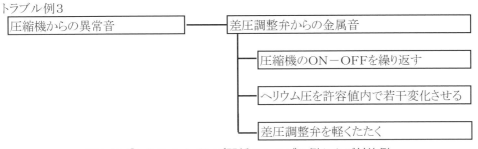

図4.16-③ クライオポンプ関係のトラブル例および対策例

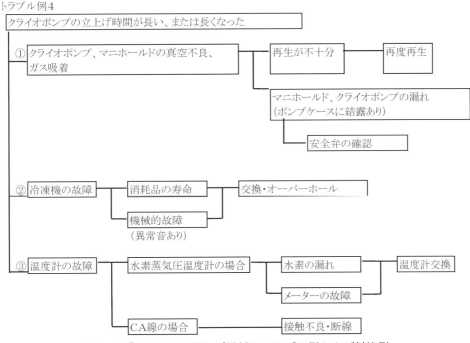

図4.16-④ クライオポンプ関係のトラブル例および対策例

表4.15 クライオポンプの非定期的保全

汚染状況	クリーニング 洗浄が必要な部分	交換部品	
		軽微な汚染	著しい汚染
・油による汚染粉体の蓄積固形物の付着 ・腐食	・80Kシールド ・80Kバッフル ・15Kクライオパネル ・ポンプケース	・特になし	・15Kクライオパネル （吸着剤がついているパネル） ・80Kシールド ・80Kバッフル ・15Kクライオパネル ・15Kクライオパネル

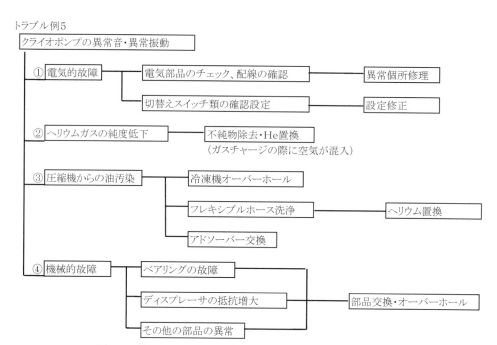

図4.16-⑤ クライオポンプ関係のトラブル例および対策例

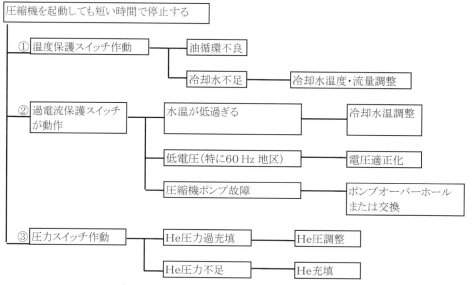

図4.16-⑥ クライオポンプ関係のトラブル例および対策例

第3章 真空装置の保守と安全

表4.16 クライオポンプの日常点検項目（ポンプ、冷凍機）

点検箇所	点検項目	正常範囲	異常状態	備考
・水素蒸気圧温度計	・水素充填圧力	0.35±0.2Mpa (gage)	0.3Mpa(gage)以下	ポンプ停止時
			0.4Mpa(gage)以上	20℃まで昇温後
	・温度の指示値	20K以下	20K以上	無負荷運転時
・CA熱電対	・起電力	−6〜−7mV	−5.5mV以上	無負荷運転時 室温20℃時の起電力
・ポンプ、冷凍機 （ポンプアッセンブリー）	・音	規則的、静か	不規則、大きい	初期の正常状態での音、振動を覚えておく
	・振動	規則的、小さい	不規則、小さい	
・ポンプケース	・温度	室温	非常に冷たい、結露	ポンプ内の圧力が高い再生不良、リーク

ステムのヘリウム圧が低下した場合、ヘリウムガスの充填が必要となるが、漏れ量が多い場合は修理が必要となる。

　クライオポンプに使用されている吸着剤は非常に多孔質で多くの細孔があり、その中に水素ガスを吸着している。この細孔に油や微粉が入り込んだ場合は、水素の吸着が阻害されるため吸着能力が低下し、到達圧力に影響する。汚染が著しく、再生しても性能が元に戻らない場合は、クライオパネル（2）の交換が必要となる。また、腐食性の雰囲気下での使用により内部の腐食が進行していたり、黒化面が剥離してきた場合も80Kシールドや15Kクライオパネル（1）の交換が必要となる。

（3）クライオポンプの日常点検項目

　クライオポンプを使用する場合は、日々の点検が必要である。点検日誌をつけ、日々のデータを記録しておくことにより故障や異常の早期発見が可能となり、装置が停止するというような重大事故を未然に防ぐことができる。

　表4.16、表4.17に日常点検項目を示す。

4.6.5 クライオポンプの安全に関する注意事項

　クライオポンプは、極低温のパネルに気体を凝縮・固化させて排気する貯め込みポンプである。パネルの温度が上がれば、固化した気体は再蒸発し、もし系内が密閉されていれば、大きな内圧が生じる。また、クライオポンプは反応性ガスを含んだガスを排気する応用にも使われ、これらのことを考慮した上で、クライオポンプの構造・原理を十分理解し、安全に使用することが重要である。

　表4.18にクライオポンプ使用時の安全上の注意点を示す。

表4.17 クライオポンプの日常点検項目
（コンプレッサーユニット）

点検項目		備考
・Heの充填圧	静止時	取扱説明書参照
・圧縮機運転圧	高圧側 低圧側	
・オイルレベル	静止時	油窓の中心
	運転時	油面視認のこと
・時間積算計（アドソーバーの交換間隔）		初期の正常時の音を覚えておく
・音、振動		
・冷却水、水温、流量		取扱説明書参照

4.7 排ガス処理設備

　真空機器を扱う上で、様々なガスが使われる。人体に影響の大きいもの、環境にダメージを与えるもの、燃焼や爆発等の危険なもの等は排ガス設備を有する設備が多い。排ガス設備は、危険な化学物質を取り扱う為、重大な事故も多い。化学物質での火傷や可燃性ガスでの爆発事故等、重大災害につながっているケースは少なく無く、その殆どが点検保守作業時の事故である事に留意する。また、毒性の強い物質も多く、取扱いについては資格者による取扱い等を法令で制限している場合もある。

　排ガス処理設備の点検、保守は各基準の測定方法、機械、電気、化学、法令に関する知識等高度なスキルを要する。使用する排ガス処理設備について十分な教育受けた作業者が作業を行うこと。

4.7.1 主な排ガス処理設備の種類

　ガスの種類に合わせ、単独もしくは組み合わせによる構成で排ガスの処理を行う。

　排気するガスの種類によって使い分けている。

　湿式：水にガスを溶解し分離、廃液で処理。（スクラバー等）

　乾式：処理剤にガスを吸着、吸着させ、処理剤を廃棄。（活性炭ユニット・脱臭装

447

第7編 環境・安全・衛生対策と保守

表4.18 クライオポンプの安全操作上の注意

項目	注意事項	備考
・安全弁をふさがない	・他の用途に用いたり、ふさいだりしない。安全弁が作動した場合は、シート面にゴミが付着することがある。安全弁の清掃を励行する。	・排気容量付近まで排気した場合にポンプ内が大気圧以上になる。大気圧以上にならないための逃げ口として安全弁がある。
・可燃性ガスや爆発性ガスを排気した場合	・再生時に多量の可燃性ガスが放出されるため、燃焼範囲にある場合には引火し燃焼、爆発となりうる。クライオポンプの再生時に不活性ガス(N_2等)で希釈し燃焼、爆発範囲に入らないようにする必要がある。	・着火源となる真空計のフィラメント、加熱ヒーター、静電気などをなくす。・特に静電気は、粗引き配管や排気ダクトが塩化ビニール等のプラスチックである場合に発生することがあるので、配管は、金属製にする必要がある。
・酸素を排気した場合	・可燃性ガスと同様な処置を実施する。・オゾンが発生した場合には、再生時に爆発の危険性がある。オゾンの発生量を極力少なくし、再生頻度を増やす必要がある。	・オゾンが発生する可能性がある場合には、メーカーへ相談する必要がある。
・腐食性の気体を排気した場合	・冷凍機ユニットのシリンダーは内部に約2〜2.5Mpaのヘリウムガスが封入されている。・シリンダーは、ステンレスと銅で構成され、腐食性の気体により破裂する危険性がある。	・定期保全時にシリンダーの点検を行う
・ヘリウムガスの充填について	・システムでヘリウムガスの充填が必要な場合には、規定値以上にならないことが必要である。・過充填した場合には、安全弁が作動しリークの原因となる。	・安全弁の漏れが発生した場合には、メーカーでの修理が必要となる
・使用済アドソーバーの廃棄について	・使用済のアドソーバーを廃棄する際には、必ず中のヘリウムガスを抜くこと。	・内部に1.5Mpa程度のヘリウムガスが封入されている。
・入力電源について	・規定の電圧で使用する。・電圧が低い場合には、過電流により停止してしまう。	・特に60Hz地区では注意が必要である。他の機器と一緒に配線しない。電圧降下に注意する必要がある。
・コンプレッサーユニットの使用環境について	・悪循環化で使用しないこと。(湿度が高い、環境温度が高い、水質が悪い)	・冷却水量、水温は、取説に従う。寿命や故障に直結するので、日常の点検は重要。

置等)

触媒式：触媒によるガスの分解

燃焼式：燃焼によりガスを分解

ヒータ式：加熱によるガスの分解

4.7.2 点　　検

排ガス処理設備の点検はメーカーの発行するドキュメントにそって行うこと。また、この他に年1回の定期自主検査が法令義務づけられており、記録の保管は3年間である。

法令で義務付けられている点検記録の項目。

1）点検年月日

2）点検方法

3）点検箇所

4）点検の結果

5）点検を実施した者の氏名

6）点検の結果に基づいて補修等の措置を講じたときは、その内容

※点検の結果で補修を行う場合は、その内容を点検記録として保管する必要がある。

（1）点検個所例

湿式：給水系、排水系、循環系、電気系、水槽、

上部塔、外装や架台、排風機、薬液供給装置等の点検及び風速及び風量検査等

乾式：排風器、外装や課題、チャンバ、電気系などの点検、風速及び風量検査、活性炭／プレフィルタの状態等

（2）点検内容（特化則抜粋）

・構造部分の摩耗、腐食、破損の有無及びその程度

・除じん装置又は排ガス処理装置にあっては、当該装置内におけるじんあいのたい積状態

・処理薬剤、洗浄水の噴出量、内部充てん物等の適否

・処理能力

・その他、性能を保持するため必要な事項

（3）点　検　例

・排気系背圧確認　　　　　　／日常点検、圧力計の動作確認

・希釈N_2ガス圧、流量確認　／日常点検、ガス流量計の動作確認

・排気配管の生成物による詰まり　／1年周期、排気配管圧力不良時清掃

・排ガス処理タンク交換　　／使用状況にて判断し定期的に行う

4.7.3 保守準備
- 最新のSDSを入手し、使用しているガスの性質や危険性について調査。
- ガス検知器や安全設備の点検及び緊急事態対応の手順確認。
- 作業工程の準備及び危険予防の対策確認。
- 保護具の点検と使用方法の周知。
- 作業エリアの設定や立ち入り禁止等の表示および工事の広報と周知。
- リスクアセスメントの実施及び手順の見直等。

4.7.4 保守作業
- 作業工程、手順の確認及びチェックシート、SDS等の準備。
- 職務、作業の分担確認（作業主任者、監視者、作業者等）
- 作業前KYMの実施と注意事項の周知、合図の統一。
- 保護具の着用。
- 緊急連絡先、対応手順等の掲示
- 排ガス装置の停止及びガスの遮断と表示。(LOTO等)
- 作業、片づけ
- 記録の確認

※特定化学物質の取扱いや酸欠作業が伴う場合、作業責任者と別に作業主任者は決められている職務を行うこと。
※ガス吸引等の事故発生の場合、SDSを搬送先病院に持参する事。

〈峠田　公司／伊藤　博光〉

第5節　真空計の保守

　真空計は圧力の測定範囲や求める精度、耐久性等を十分考慮し、出来るだけ扱いやすい真空計を選び使用する事が重要である。圧力の測定範囲を超えると誤差が大きくなり、製品の品質に重大な影響を及ぼすことがある。圧力は製品を製造する条件の基準でもあり、真空計は異常な状態をいち早く検知できる機器である。故障やトラブルの早期対応や品質確保の上で、正常な状態を常に保つことが重要で、日常の保守点検は欠かすことのできない重要な作業となる。

5.1 真空計の種類による留意点
　以下に代表的な真空計とその使用上の留意点を示す。主な現象に対する対応は、トラブルシューティングを参照頂きたい。

5.1.1 ピラニ真空計
　低真空、中真空領域で使われる真空計。加熱されているフィラメントの電気抵抗が温度によって変化することを利用した熱伝導真空計で、大気圧で使用しても破損することなく、広く使われている。使用するにあたり、次のことに注意する必要がある。（図5.1、表5.1参照）

① ピラニ真空計は気体の熱伝導を利用した真空計なので、気体の種類により圧力の表示に差が出る。真空計は窒素もしくは空気で校正しているので、それ以外の気体、混合ガスは圧力換算が必要になる。

② フィラメントを一定温度に保つための電力

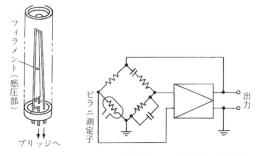

（a）ピラニ真空計の例　　（b）定温度形ピラニ真空計の制御回路
図5.1　ピラニ真空計の構造と制御回路

表5.1 ピラニ真空計のトラブルシューティング

現　　象	原　　因	対　　策
・電源を入れてもメータの指針が全く振れない	・ヒューズの断線	・ヒューズの交換
・指針が右（または左）に振り切れたままで圧力を変化させても動かない	・測定子のフィラメント断線	・測定子の交換
	・測定子ケーブルの断線	・測定子ケーブルの交換
	・測定子、測定子ケーブルがコントロールと接続されていない	・測定子、測定子ケーブルの接続
・大気圧を測定していても指針が3 kPaを超えない	・測定子、測定子ケーブルの長さが指定のものと異なる	・指定のものに取り替える、または現在使用しているもので再調整、再校正の必要あり
	・測定をしている気体の種類が空気や窒素ではない	・正常であるが、現在測定している気体で再調整、再校正の必要ある。
	・測定している環境が水分、油分を多く含んだ状態である	・正常であるが、測定子を交換し油分を除去する
	・測定子の汚れ、またはフィラメントの消耗	・測定子の交換
・指針が振動して一定の値を示さない	・測定子の汚れ、またはフィラメントの消耗	・測定子の交換
	・測定子ケーブルの接触不良	・測定子ケーブルの交換
	・電源電圧が100V±10%の範囲にない	・電源電圧の見直し
	・測定子または測定子が取り付けてある付近の漏れ	・測定子の交換またはその周辺の漏れを直す

変化量を利用しているので、圧力が同じでも周囲の温度によって指示値が影響を受ける。

③　測定子ケーブルもホイールストーンブリッジ回路の一部分となっているので、ケーブルの長さを変えてしまうと、この回路の一辺の抵抗値も変り、指示値も変化してしまう。ピラニ真空計を新しく購入したとき、付属している標準測定子ケーブルに合わせて調整されているので、ケーブルの長さ変更の場合は再調整が必要である。
（センサ側にブリッジ回路がついていて、再調整を必要としないタイプもある）

④　フィラメントは細い金属線なので、振動、ショックを与えると断線する危険がある。

5.1.2 電離真空計

気体分子をイオン化して、そのイオン電流（イオンの数）を測定することによって圧力を測る真空計である。保守の際は、電極部分の高い電圧による感電やガラス製の測定子破損に十分な注意が必要である。使用するにあたり、次のことに注意する必要がある。（図5.2, 表5.2参照）

①　通常感度は窒素で校正されているため、残留ガスの主成分が窒素以外であると実際の圧力と違う値を表示する。

②　酸素や水蒸気を含む気体の測定ではフィラメントが反応して劣化が激しい。消耗を抑

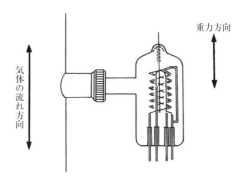

図5.2 測定子の取付け方

えるためにエミッション電流の設定を下げて使うか、もしくは表面にトリアコートしたフィラメントなどを使う必要がある。

③　10^{-4}Pa台以下の圧力を測定する場合は測定子自身の脱ガスが必要である。脱ガスをはじめると多量の放出ガスで圧力が高くなり、逆に測定子を汚してしまう場合もある。脱ガスは必ず10^{-4}Pa台以下で行う。

④　圧力が高いところ（三極管型：10^{-1}Pa以上）で連続使用すると、フィラメントの消耗が激しくなり、一定のエミッション電流がとれなくなるので注意する。

⑤　測定子取付けは振動、強電磁界、強い放射線を受ける場所は避け、測定子開面が気体の流れに平行になるように取り付ける。又、重力に対してフィラメントを垂直に取り付ける事で、フィラメントの変形を抑制

表5.2 電離真空計のトラブルシューティング

現　象	原　因	対　策
・測定子のフィラメントが点灯しない	・フィラメントの断線	・測定子の交換
	・測定子ケーブルの断線	・測定子ケーブルの修理、交換
	・圧力が高いため	・ピラニ真空計などで圧力を確認する
	・フィラメント選択スイッチの設定ミス	・正しいフィラメントを選択する
・測定子のフィラメントが異常発光する（通常より明るい）	・測定子ケーブルの断線	・測定子ケーブルの修理、交換
	・コントローラの故障	・メーカーでの修理
	・測定子の劣化	・測定子の交換
・フィラメントは点灯しているが圧力を表示しない	・測定子ケーブルの断線	・測定子ケーブルの修理、交換
	・コントローラの故障	・メーカーでの修理
・フィラメントは一瞬点灯するがすぐ消える	・測定している圧力が高いため保護回路が働く	・ピラニ真空計などで圧力を確認する
	・コントローラの故障	・メーカーでの修理
・指示値がふらつく	・測定子または測定子が取り付けてある付近の漏れ	・測定子の交換またはその種編の漏れを直す
	・測定子の汚れ	・測定子の交換
・予想圧力より指示値が大きく違う	・漏れ電流が発生している	・測定子の汚れ、測定子ケーブルが絶縁不良のため交換
	・感度係数の設定が違う	・マニュアルを見て正しく設定
・セットポイント信号が出力されない	・コントローラ内リレーの交換	・リレーの故障
	・エミッション電流が正常に取れなくなりかかっている	・エミッションがNGになるとセットポイント信号の出力もキャンセルされる→測定子の交換

表5.3 ペニング真空計でのトラブルシューティング

現　象	原　因	対　策
・電源スイッチをONしても電源ランプが点灯しない	・AC100V電源が供給されていない	・AC100V電源を確認する
	・ヒューズ切れ	・ヒューズ交換
	・電源ランプの断線	・電源ランプの交換
・指針が振れない	・測定子ケーブルの断線	・測定子ケーブルの交換
	・測定子ケーブルの未接続	・測定子ケーブルの確認
	・メータの故障	・メータの交換
	・マグネットの取り付け位置が正しくない	・マグネット位置の確認
・指示が高めになる	・測定子の絶縁不良	・測定子の洗浄または交換
・指示値が低めになる	・測定子電極部の導通不良	・測定子の洗浄または交換

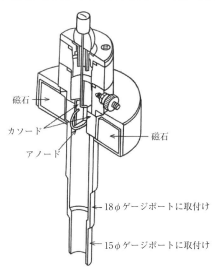

図5.3 ペニング真空計の構造例

し、多少寿命が長くなる場合が多い。

⑥ 測定子の型式によって測定できる圧力範囲が違うので、確かめて使用する。

5.1.3 ペニング真空計

陽極（アノード）と陰極（カソード）との間に2000V程度の電圧をかけ、放電現象を利用して圧力を測定する真空計である。構造が簡単で保守性が高く、安価な真空計だが、使用電圧が高い為、感電防止に対して十分な配慮が必要となる。

使用するにあたり、次のことに注意する必要がある。（図5.3、表5.3参照）

① 放電開始が確実でない時は、ほとんど測定子内の汚れによるので、洗浄が必要となる。

② 陽極部に高電圧がかかる為、通電中は注意

第7編 環境・安全・衛生対策と保守

表5.4 キャパシタンスマノメータのトラブルシューティング

現象	原因	対策
・電源を入れてもなにも表示しない	・AC100V電源が供給されていない	・AC100V電源を確認する
	・ヒューズ切れ	・ヒューズ交換
・表示がスケールオーバーの表示となる	・圧力が測定範囲より高い	・正常
	・センサ故障	・センサ交換
・表示が測定下限限界付近を表示したままである	・圧力が測定範囲より低い	・正常
	・センサケーブルの断線、接触不良	・センサケーブルの確認、交換
・表示値がふらつく	・センサケーブルの接触不良	・センサケーブルの交換
	・センサ自身、センサ付近からの漏れ	・センサの交換、漏れ修理
	・センサ設置付近の温度変化が激しい	・直接風などがあたらないような場所に設置する
	・センサの汚れ	・センサの交換
・表示している値が疑わしい	・コントローラの設定間違い	・取扱説明書で確認
	・ゼロ調整があっていない	・ゼロ調整する
	・センサの設置されている場所の温度が高い	・校正された温度付近で使用する
	・センサの汚れ、劣化	・センサの交換

が必要。

③ 一般的に測定気体は窒素に設定されているので、残留ガスの主成分が窒素以外だと実際の圧力と違う圧力を表示する。

④ 電極の表面状態により電子放出率が変わるので、汚れなどにより圧力の指示値も変化する。

5.1.4 キャパシタンスマノメータ

大気圧から低い中真空領域の幅広いレンジを持つ真空計で、高価であるが幅広く使われている。

隔膜を使っている為、急激な圧力変動や衝撃に弱く、外気の気圧や温度の影響も受けやすいデリケートな真空計である。使用するにあたり、次のことに注意する必要がある。(表5.4参照)

① 校正時の温度(25℃)から著しくずれていない温度の場所に設置する。

② センサ内部の汚れなどでゼロ点がずれる。

③ ゼロ点調整するのには分解能より低い圧力にする必要がある。

④ センサ自体の温度平衡が十分に成り立つまで長時間の通電が必要である。

⑤ 加圧や衝撃にダイアフラムが弱いので取扱に注意する。

⑥ 測定したい圧力に合ったセンサヘッドを選択する必要がある。

5.2 真空計の校正について

製品を生産する上で、真空計の値は品質上重要な基準となる。圧力の値が設定値からずれている事に気づかず、生産を続けると多大な損害が発生する場合がある。近年は、生産において真空計の校正を定期的に行う事が品質確保の上で重要事項となっている。

使用している全ての真空計をJCSS認定事業者で校正する必要が有る場合と、校正した真空計を自社内の標準として他の真空計の確認に使用する場合、また、自動運転の為の信号を取るだけで精度をあまり要求しない使い方もある。

使用する個々の真空計に要求される精度によって、校正方法を使い分けする事も重要である。

真空計の校正は、国の研究機関で管理された「特定標準器:膨張法装置」にて校正された真空計(粘性真空計)を「特定二次標準器」として、JCSS認定事業者が管理し、この特定二次標準器でメーカー等の品質管理用計測標準器(粘性真空計や隔膜真空計)が校正される。

真空計メーカーによる校正は、一般的にこの品質管理用計測標準器で行われる。

以前は、日本真空協会より供給された副標準電離真空計で校正を行っていたが、近年の品質管理に則した規格でなくなってきた為、現在は、JIS Z 8750も改正され、国際規格ISO/TS3567に整合をとった、トレービリティーの確保された運用が行われている。

〈垰田　公司／伊藤　博光〉

第2部 真空応用システム

【第1編　低・中真空の利用】

【第2編　金属材料の加工】

【第3編　薄　　膜】

【第4編　分子ビーム技術】

【第5編　表面分析】

【第6編　巨大真空システム】

【第7編　真空が索引する次世代先端科学技術】

【第8編　環境・安全・衛生対策と法規】

【第9編　計算物理】

〔第1編〕
低・中真空の利用

第1章　真空利用の目的

第2章　低真空・中真空応用の基礎

第3章　真空凍結乾燥

第1章 真空利用の目的

第1節 真空の利用

　最近、多くの真空を利用した家庭用製品がTVCMや店頭等に登場している。一般の家庭生活の中にも、真空利用が入り込んでいることが良く分かる。一例を紹介すると、真空ガラス、真空チルド冷蔵庫、真空炊飯器、真空パック（真空パック器）、真空掃除機（掃除機）、フリーズドライ（真空凍結乾燥）、葉物野菜の真空予冷品、魔法瓶（真空断熱保温瓶）等々があげられる。

　減圧環境の利用は一般家庭用のほか、産業用にはもっと多くの用途に用いられている。減圧のレベルは低真空領域のものが多い。しかしよく調べてみると真空を力学的に用いたり、減圧工程で発生する気体の流れであったり、酸素などの活性気体の排除であったり、気体の対流による熱伝達を排除するものであったり、蒸発に際し蒸発熱を奪うことで低温化を図るものであったり、様々である。減圧することで生じるこれ等の要素を真空の5つの性質として分類してみた[1,2]。

1) 大気圧と真空の差圧や、真空で排気する時の気体の流れを用いた〈差圧の利用〉
2) 空気の対流による熱伝達を絶つことで生じる、断熱機能を用いる〈断熱の利用〉
3) 減圧下で盛んになる蒸発を用いたもの、蒸発熱を失うことから液体や表面の冷却を行う〈蒸発の利用〉
4) 活性な酸素を絶ち酸化を防ぐ〈無酸素環境の利用〉
5) 減圧下の低・中真空領域での放電が起き易い〈放電の利用〉

　真空の持つ5つの性質を旨く用いている産業界を調べるとその範囲は化学、薬品、食品工業の他、農業、林業、酪農、家電、製紙、印刷、土木建設（建築）、半導体製造、液晶表示製造、医療機器、製鉄、自動車、鉄道、宇宙航空、衣料品、照明器具等ほとんどの産業に広がっていることが分かる。それもその殆どが真空の持つ性質を一つ或は幾つかを組み合わせて用いている。

第2節 真空利用の目的

2.1 差圧利用の目的

　真空排気をすることで大気圧との間に生じる差圧を利用すると、以下の様な多くの目的をもった仕事ができる。

- ・液体を排気減圧して脱泡する
- ・多孔質物を排気減圧して圧縮・減容化する
- ・吸水体を吸引・圧縮して脱水する
- ・軟化樹脂フィルムを吸引・変形させて成形する
- ・固形物を吸盤で吸着保持する
- ・固体液体混合物を吸引・ろ過で固液分離する
- ・粉粒体を吸引・排気時に生じる流体で搬送する
- ・細管内部を吸引・排気しガスを置換する
- ・細管内部を吸引・排気し液体を充填する
- ・多孔質体を吸引・排気し液体などを含浸する

2.2 断熱利用の目的

　断熱は空間を移動する熱の伝達を遮る断熱材を用いるのが一般的である。この断熱を目的とする手段を大きく改善したのが真空断熱である。真空にも多数あり、液化ガスなどの保存に用いる真空容器内にパーライト、シリカ、ゼオライトなどの粉末を詰めた真空粉末断熱、液体ヘリウムのような極低温を断熱するために、輻射熱を反射する多層フィルムを真空容器内に挿入して熱移動を抑制した真空多層断熱がある。

2.3 蒸発利用の目的

　減圧下では蒸発が盛んになるため、蒸発そのものを目的とする事例と、蒸発時に蒸発熱を奪うことから冷却を目的とする事例がある。

　冷却目的は野菜や食品の冷却などに用いられている。蒸発目的では凍結乾燥、石油の蒸留、鉄鋼

の脱ガス、真空蒸着などがあげられる。

2.4 無酸素環境利用の目的
　食品などの酸化を防ぐ目的で空気を抜いて包装（真空パック）する。高温下で溶解や接合を行う真空溶解や真空ロウ付けなどは炉内の材料の酸化を防ぐ目的で真空にしている。
　電球は内部のフィラメントの酸化を防止する目的で真空に保持している。嫌気性培養器は容器内を真空に排気して酸素のない環境で細菌の培養研究をおこなっている。

2.5 放電利用の目的
　いわゆる真空放電は10 kPa～1 Pa位で発生する。圧力が高すぎても低すぎても放電しない。
　以下に記す放電利用技術は各々の目的に見合った最適な圧力に維持して放電を利用している。
- 放電光の照明利用：ネオンサイン、蛍光灯、放電灯等
- プラズマを利用した成膜技術：スパッタリング、プラズマCVD等
- ビームを利用する：電子ビーム溶解炉、電子顕微鏡、電子銃、質量分析計、X線管、粒子加速器等。

第3節〈差圧の利用〉事例
　大気圧は地球の引力に引きつけられた大気の重量である。この重量は1cm平方辺り1kgの重さに相当する。

3.1 圧縮「布団圧縮袋」
　布団圧縮袋は布団を圧縮して容積を小さくして、収納スペースを効率よく使うのが目的である。そのため、プラスチックの袋に布団を入れ真空掃除機で吸引して、内部を減圧して圧縮させている。
　掃除機の吸引圧力は740hPa位なので、凡そ3/4気圧程の真空である。従って布団は0.25kg/cm^{2}ほどの圧力で圧縮されていることになる。上掛け布団や、羽毛布団は極めて薄くなるため容積圧縮率は高くなる。羽毛布団は1/10位に圧縮できる。

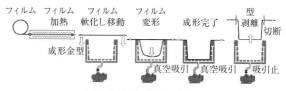

図3.1 真空成形工程図

3.2 成形「弁当や惣菜用の使い捨て容器」（図3.1）
　弁当や惣菜の容器は透明な薄いポリスチレン(PS)フィルムなどを真空成形して作られている。
　真空成形はこのフィルムを必要な長さ分引出し加熱ヒータで両面を加熱し、軟化したら直ぐに金型の上に載せ、金型内部を金型の外からブロワーなどで減圧させると、軟化したフィルムは大気圧に押されて金型の内部に張り付く様に成形される。これを取り出し、不必要な部位を切断除去する。工程は自動化されており、一度に多数個成形している[3]。

3.3 吸引「真空採血管」
　健康診断などで血液検査を行うとき、真空採血管がよく用いられている。小型の試験管のような容器には口の方にゴム詮がされており内部が真空ポンプで数10kPa程度の真空に減圧されている。採血針を静脈に穿刺し、ホルダーに採血管のゴムの部分を押し込むと採血針は減圧状態になり、血圧に押されて採血管内に血液を採取することが出来る。採血管をホルダーから外すことで採血が完了する。この手法は従来の大きなシリンジで採血して採血瓶に小分けする手間や、小分け時に発生する汚染などのトラブルの発生を防いでいる。

3.4 吸引搬送「ニューマチックアンローダー」
　港湾で穀物やバイオマスペレット、アルミナ等の素材、鉱物資源等の各種粉粒体の積み下ろしに用いられるニューマチックアンローダーは港湾荷役機械として古くから使われている。船倉に積み込まれているこれら粉粒体にノズルを差込み、地上に設置したブロワーにより輸送管内を減圧し、粉粒体を吸引して地上のサイロやレシーバータンクに搬送する。効率よく粉粒体を吸引搬送する重要な機械である[4,5]。

図3.2 真空コンクリートの図

3.5 脱水「真空コンクリート」(図3.2)

坂道の多い街中で写真のような模様の舗装をご覧になった方は多いだろう。これが真空コンクリート工法の坂道である。坂道などに敷設するコンクリートは早く水を抜かないと、上方と下方とでは水分量に差が出て、均一な硬さや強度が得られない。これを改善するため、敷設したコンクリートにゴムのOリングを並べてその上をマットで覆い、中央部から真空に排気してコンクリートの内部の水を吸引脱水している。コンクリートの水和反応に不要な余剰水を短時間で抜くことが出来る。真空工法を用いることで初期強度の増加、圧縮強度の増加、耐摩耗性の向上、吸水性の大幅な改善が得られる。Oリングはマットとコンクリート間に隙間を作り排気通路を確保すること、完成後の滑り止めの役割を担っている[6,7]。

3.6 ろ過「吸引ろ過」

化学実験や有機化学合成などの実験に図3.3のような吸引ろ過器が用いられる。水に比べて有機化合物のように粘度のあるものをろ過するときはろ紙の下側をアスピレータで減圧する吸引ろ過を行う。これによってろ過時間の短縮などが図れる。

産業用にも用いられている事例がある。新聞紙やコピー用紙のような紙を作る抄紙機という大きな機械がある。毎分数百メートル走行する金網の上にパルプを流して紙を抄いていくが、水浸しのパルプから水を分離するために、金網の下にサクションボックスという減圧された容器を何個も並べてパルプを吸引ろ過脱水している。ポンプは水封ポンプなどが用いられている[8]。

第4節〈断熱の利用〉事例
4.1 真空断熱「魔法瓶」(図4.1)

お湯などが冷めないように保温するため、魔法瓶に熱湯を入れて保存する。魔法瓶はガラスまたはステンレスの薄板を二重構造の容器に製作し、二重容器の間の空間を真空に排気して封止してある。

熱は熱伝導と、熱輻射、対流の3通りで伝達される。二重容器内の熱湯の熱はガラスの外側容器とつながっている部分を通じて熱伝導で外部に伝わることになるが、ガラスの熱伝導率が低いこと、断面積が小さいことから極めて小さい。熱輻射はガラス二重容器内面が銀メッキされているため、輻射熱は反射されて外部に伝わりにくい。二重容器内部が真空になっているため対流が発生しないため保温効果は高い構造をしている。

これと全く同じ原理で、ビルや住宅の窓ガラスに真空断熱ガラスが用いられている。2枚のガラスを0.6㎜ほどの隙間を保ち、内部を真空に排気して高真空に保つ。これにより窓ガラス内の対流を防ぎ断熱を実現している。2枚のガラスのス

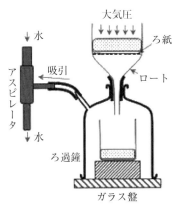

図3.3 吸引ろ過器の図

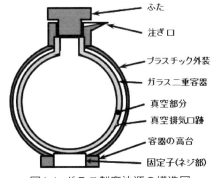

図4.1 ガラス製魔法瓶の構造図

ペースの保持にはスペーサーを細かく配置して大気圧の圧縮に耐えるようにしており、熱輻射はlow-e膜として金属の薄い膜をスパッタリング等で成膜して熱線を遮断している[9]。

4.2 真空粉末断熱「真空断熱材」（図4.2）

魔法瓶や真空断熱ガラスのように剛構造は取れないが、断熱を必要とする用途は多い、極低温倉庫、医薬品搬送用保温箱、電気冷蔵庫などである。これ等に用いるのが真空断熱材である。この断熱材にはウレタン繊維や粉末シリカ、グラスウールなどの断熱性能の優れた断熱材料とゲッター材等をアルミニウムラミネートフィルムで包み、内部を真空に排気し周囲を封止したものである。この材料は保温すべきものの構造によって自由に形状を変更できるため汎用性が高い[10,11]。

4.3 真空多層断熱「医療用MRI装置」（図4.3）

医療用磁気共鳴画像診断装置(MRI)は、体内の腫瘍に集まる水素原子を強力な磁場で共鳴させて画像化し、癌の所在を特定する装置である。強力な磁場は超電導コイルによって発生させている。超電導コイルは−269℃(4K)の極低温で動作するため液体ヘリウムで冷却している。超電導コイルの容器は大きなドーナツ状の真空多層断熱槽内に収納されている。真空多層断熱の構造は、アルミニウムの真空蒸着をした薄いポリエステルフィルムを多数積層した輻射シールドを内装した真空容器である[12-14]。

今建設が進んでいる東海道リニア新幹線の磁気浮上もMRI装置と同じ超電導コイルを使用しており、列車の各車両の両側にまた、地上に設置される軌道全線に超電導コイルユニットが設置されMRI装置と同じ真空多層断熱が必要となる。

第5節 〈蒸発の利用〉事例

5.1 冷却「蒸発を冷却に使う」

学校給食や弁当販売など大量に食品を作る業態の調理場などで食中毒発生防止のため、調理した食品を急速に20℃以下の温度に下げて維持するよう厚労省の指導があり、多くの調理場では急速冷却装置を設置している。そこで用いられる冷却技術の一つに真空食品冷却装置がある[15]。調理した料理をバットに並べ、冷却装置内に入れて真空に排気する。減圧下で水分の蒸発が始まり、蒸発熱を奪い急速に料理の低温化が進む。これを所定の棚に入れて配膳までの間保持している。食品冷却装置は水分の排気が主となるためスチームエジェクターなどが用いられる。

野菜産地の農協から都心の市場まで葉物野菜を輸送する時、長距離の輸送中にこれ等の野菜の高温化のため鮮度は低下する。これを防ぐために、野菜の真空予冷がおこなわれている。段ボールに入れた野菜を急速冷却装置の大きな真空容器に入れて箱ごと真空に排気する。野菜の内外部から水の蒸発が始まり、蒸発熱を奪い野菜は30分程で5℃位にむらなく温度が下がる[16,17]。温度の下がった段ボールのまま野菜を取り出し、そのまま保冷輸送車に積込んで都心の市場まで鮮度を落とすことなく輸送することが出来る。この急速冷却装置の排気には大型のメカニカルポンプが用いられている。

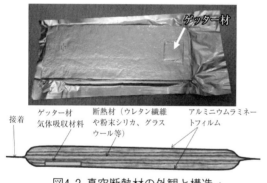

図4.2 真空断熱材の外観と構造

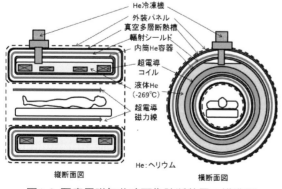

図4.3 医療用磁気共鳴画像診断装置の構造図

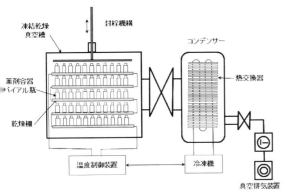

図5.1 真空凍結乾燥装置

5.2 乾燥「真空凍結乾燥装置」(図5.1)

真空凍結乾燥はフリーズドライと呼ばれ、医薬品や食品を凍結させてから乾燥させる技術で、加熱することなく乾燥させることが最大の特徴である。乾燥のプロセスは真空中で氷を気化させる工程で行われる。食品や医薬品は加熱をすると品質劣化につながるため加熱できないものがある。このような場合に用いられるのが凍結乾燥技術である。図は医薬品製造用の真空凍結乾燥装置である。半分蓋の開いた医薬品入りバイアル瓶を真空槽内の棚に収納し、各棚を冷凍機で−40～50℃位に冷却する。その後、真空槽内を真空に排気して凍結した医薬品の水分を昇華させて乾燥するまで排気し続けるのである。これにより、ワクチンや、血液製剤、インターフェロン、制癌剤などの保存期間が飛躍的に伸び、医薬品開発や製造に不可欠な装置となっている[18,19]。

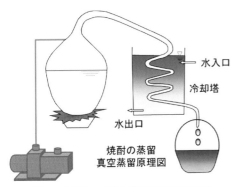

図5.2 焼酎の蒸留 真空蒸留原理図

5.3 蒸留「焼酎の減圧蒸留」(図5.2)

焼酎は原酒から沸点近くの比較的高温で常圧蒸留を行って生産している。そのため独特の味がしていた。しかし最近は、減圧蒸留が用いられるようになり、でき上がる焼酎も色々な味に仕上がり、焼酎のファンが増えている。減圧下で蒸留すると蒸発温度が低く出来るため、まろやかな焼酎ができる。低温で蒸発したアルコール成分を冷やして液化するため不純物の蒸発が少ない、臭みのない焼酎が精製できる[20]。

5.4 蒸留「石油の常圧・減圧蒸留」(図5.3)

ガソリンや軽油は石油原液から常圧蒸留で精製する。精製温度により出来上がる石油の成分は異なり、常圧残油成分以外は製品として出荷される。

石油は産地により含有成分が異なるが、常圧残油は20～77％と多い。これを0.1気圧程の減圧蒸留塔では温度が低く精製でき、減圧軽油と減圧残油の半製品に分離している。減圧軽油でも精製温度を変えてガソリンや軽油なども精製している[21]。

5.5 脱ガス「鉄鋼の脱ガス」(図5.4)

鉄鋼は高炉から出た銑鉄を転炉に入れ、酸素を吹き込み炭素と反応させて蒸発させることで脱炭、脱燐、脱硫を進め鋼に変えている。この鋼を更に低炭素超高張力鋼にするため二次精錬というプロセスをおこなっている。中でも広く用いられているのがRH真空脱ガス法である。真空脱ガス炉は2本の浸漬管を備えた耐熱真空槽で、転炉から取鍋に移された溶鋼中に、脱ガス炉を下降させ浸漬管を取鍋に差込み、取鍋から容器内に吸引管内にアルゴンガスを吹き込み、ガスの浮力と真空槽を減圧することにより生じる浮力で真空槽内に溶鋼を導き、還流撹拌させて不純物を蒸発させて脱

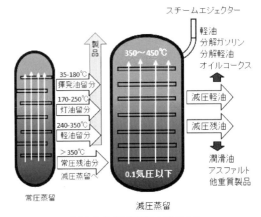

図5.3 石油蒸留の概念図

第1編 低・中真空の利用

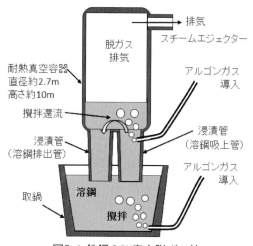

図5.4 鉄鋼のRH真空脱ガス法

ガスしている[22,23)]。これにより低炭素の高張力鋼が作られ、その多くが自動車の構造材やフレーム、車体外板等に使われている。真空排気はスチームエジェクターを用いている。近年はエネルギー効率からメカニカル真空ポンプの採用が提案されている。

5.6 蒸着「真空蒸着」（図5.5）

メガネレンズやカメラレンズに紫色等の着色が見られる。ポテトチップスの袋の内部は銀色である。これらの色はレンズやポテトチップスの袋に真空蒸着で薄膜を形成した痕跡である。メガネレンズなどの着色膜は、メガネ等に入る光をレンズ表面で反射させずに、レンズ内部に入るようにした反射防止機能を持たせたものである。スナック菓子袋の銀色はポリスチレンフィルムにアルミニウムの膜を蒸着したものである。ポリエステルフィルムにアルミニウムを蒸着して裁断すると金銀糸の製造の材料になる。

このほか装飾目的の真空蒸着は自動車のエンブレムや、優勝カップのトロフィーなどに金属光沢をもたらす用途向けにも多く用いられている。電子部品などの用途も広く、古くからフィルムコンデンサー向けに使われているが、特にこれからは有機ELディスプレイの膜形成工程が盛んになる。有機ELの製造工程は殆どが真空蒸着を用いて行われている。真空蒸着以外の成膜プロセスが適さないためである。

このような真空蒸着は原理図に示すように簡単な装置で製造できる。真空容器の中に電極を置き通電することで高温になるフィラメントを配置しておく。このフィラメントに蒸発材料を入れておき、高真空になった容器内で通電加熱することで蒸発材料を加熱する。その物質の蒸気圧が1～10Pa程度になる温度まで加熱すると蒸発が始まる。いろいろな被成膜物や膜材料によって装置構成は多種多様である。

第6節〈無酸素環境の利用〉事例
6.1 酸化防止「真空パック」（図6.1）

真空パックは家庭の食生活には欠かせないものになっている。真空パックの最大のメリットは薄くて小さな包装で、食品を長期間保存できるところにある。しかしこの包装性能は全ての包装材料が該当するものではない。プラスチックフィルムの材料にはガスの透過性能に大変な開きがあり、包装袋として適さない材料もある[24,25)]。これ等包装を扱う企業はガス透過性能を熟知しているので、適切な材料を用いて市場に提供していると考える。

真空包装に使われる包装材料は、酸素ガスの透

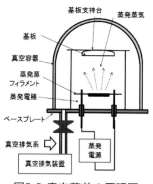

図5.5 真空蒸着の原理図

図6.1 真空パック（包装）の図

過や水分の透過の少ないものが求められる。ポテトチップスの袋はポリプロピレンとアルミニウム蒸着ポリエステルとポリプロピレンの三層積層フィルムが一般的な構成である。ガスバリヤ性に優れ揚げスナック菓子の変質を防ぐ包装として改良が加えられている。お茶などの包装にはプラスチックフィルムにアルミニウムなどをラミネートした包装材が用いられている。お茶の包装は内部を真空に排気した後、密封している。

最近牡丹の切花を輸送中に長持ちさせる手法として特殊な条件で真空パックした切花が出回り始めている[26]。

6.2 燃焼防止「電球」

電球は1878年スワン（英）1879年エジソン（米）により発明された。電球の中のタングステンフィラメントは2500℃以上の高温で発光している。この中に酸素が存在していたらフィラメントは酸化して短時間で燃焼して断線する。また燃焼とは別にフィラメントの蒸発のため細くなり寿命が短いなどの問題があった。ラングミュアによって1913年にガス入り電球が発明された。これによって蒸発は抑えられフィラメントの寿命が長くなった。今の電球は高真空中で脱ガス排気され、不活性ガスを封入して作られている。しかし照明用の白熱電球の製造は中止され、LEDなどに移行が進んでいる。

6.3 嫌気性環境「嫌気性培養器」（図6.2）

微生物や細菌などの中には、人や動物の体内の空気に触れない粘膜の中に生息している嫌気性細菌がある。ボツリヌス菌や歯周病菌などである。これ等の細菌を培養するには酸素があると増殖できないため、研究室では細菌培養に嫌気性培養器を用いている。培養器の中では空気を真空ポンプで排気し、窒素ガスなどの嫌気性ガスを充填し、排気充填を数回繰り返して酸素濃度を下げて用いている[27]。

第7節〈放電の利用〉事例

放電は悪天候に於ける雷や、南極・北極の高緯度地方に発生するオーロラ、冬の乾燥した季節にドアノブなどを触った時に発生する静電気の放電などがある。これ等は気体の中を電流が流れることから気体放電と呼ばれる。何れにしても放電発生条件が整わなければ容易に見られない。

大気中では大気圧の分子密度が大きいため放電が起こり難い。一般に放電は負の電極から電子が飛び出して正の電極に到達し、電子の飛行中に空気分子と衝突して電離したイオンが陰極に到達して初めて放電が成立する。ところが大気圧中の電子は空気分子密度が高くて電子の平均自由行程が短すぎるため、相手方の陽極に容易に到達できない。真空にすると空気の分子密度が小さくなるために放電し易くなる。

一方高真空になると電子が正の電極にむかって飛びだす時、中間に気体分子が少なく衝突して電離を起こすことが出来ないため、高真空中では放電を維持できない。放電が発生し易い圧力は10kPa～1Paの間の圧力である。

7.1 照明「高輝度放電ランプ（HID）」

放電を照明に利用したものは蛍光灯が代表的である。このほか高速道路のトンネルのオレンジ色の照明のナトリウムランプ、屋内スポーツ施設や広場公園の街灯に用いられる高圧水銀灯などを総称して要して高輝度放電ランプ(HID)と呼ばれている。HID放電ランプの基本は金属原子高圧蒸気中のアーク放電を光源としている照明である。アーク放電は低い電圧にもかかわらず大電流で気体分子の温度も高く、蛍光灯に比べて消費電力も大きいため、何れ消費電力が小さいLED照明に変わっていくと予想されている[28]。

7.2 プラズマの利用「スパッタリング」（図7.1）

真空中で電極に高電圧を印加して放電させると

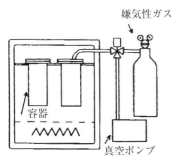

図6.2 嫌気性培養器

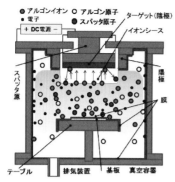

図7.1 スパッタリング装置の原理図

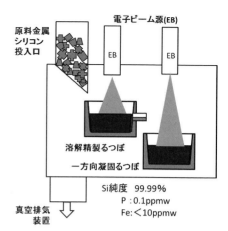

図7.2 太陽電池製造用電子ビーム溶解シリコン精製装置（参考：NEDO報告）[30]

グロー放電が発生する。このグロー放電を成膜装置に活用したのがスパッタリングである。今や、半導体製造や液晶製造、太陽電池製造などには不可欠な技術としてプロセスが確立しており、この他あらゆる産業の電子部品製造に関わっている。以下に簡単な原理図を示す[29]。

真空容器の中に容器を陽極として、ターゲットと呼ばれる膜材料を陰極とし、放電用の電源を接続する。陽極の一部に基板を置く台を設け、容器を高真空に排気して、圧力調整をしながらアルゴンガスを導入する。電源を作動させて高電圧を印加すると陰極にイオンシースができ、容器一杯にプラズマが広がるグロー放電が発生する。プラズマは導電性の気体のため、陽極の電位とプラズマの電位が同じになり、印加した全電圧が負極とイオンシースとの間に掛かる。プラズマを構成するアルゴンイオンがイオンシースに達すると印加電圧に加速されてターゲットと呼ぶ陰極に衝突し、その時の衝突エネルギーでターゲット材料を叩き出し、正極側に置いた基板に付着して薄膜を形成する。この膜に他の膜を重ね、膜を削る工程など多くの工程を経て配線や電極となり、電子部品が作られていく。

7.3 ビームの利用「電子ビーム溶解装置」(図7.2)

日本で太陽電池製造技術の開発が始まった頃、電池の材料に、半導体製造用のシリコンを用いていた。このシリコンは高純度（99.999999999%）で非常に高価であった。しかし太陽電池製造にはそれほど高純度なシリコンは必要としないことから、NEDOは安価なシリコンを製造する装置の開発を推進した。その一つが太陽電池製造用電子ビーム溶解シリコン精製装置であった[30]。原料となる金属シリコン（純度99%）を真空装置内の初段の溶解ルツボに入れ、電子ビームを照射して溶解し、リンや鉄などの不純物を蒸発させて精製する。二段目の一方向凝固ルツボは、下部から冷却して結晶化を進め、不純物は溶融側に集積することから凝固側の純度が高くなる性質を利用して純度を上げている。この結果シリコンの純度は99.99%ほどになる。次工程ではプラズマ溶解による精製が行われて、純度は目標の99.9999%に達する。

電子ビーム溶解用の電子銃は、高真空に排気された電子銃室の一端にフィラメントを置き、対向して電子ビームの出口側にビームが通過する穴の開いた陽極を配置した構造をしている。フィラメントと陽極間に10〜100kV程の高電圧をかけて電子ビームを引き出し、電子ビームは磁界と電界によりビームの方向を制御して溶解すべきルツボ内のシリコンに照射される。電子ビームはシリコンを溶かし、ルツボの形状に合わせて自動制御しながらスキャンしてルツボ全域を溶融させている。

〈木ノ切恭治〉

〔参考文献〕

1) 木ノ切恭治：半導体産業新聞主催「『太陽電池製造』と真空技術」予稿集、p.4、真空利用技術、2008年11月6日
2) 木ノ切恭治「ものづくりと真空」2010、工業調査会、p.38

3) 木ノ切恭治「おもしろサイエンス 真空の科学」2013、日刊工業新聞社、p.29

4) IHI運搬機械株式会社webサイト：http://www.iuk.co.jp/crane/grain_unloader.html(Last accessed:2017-4-10)

5) 木ノ切恭治「おもしろサイエンス 真空の科学」2013、日刊工業新聞社、p.22

6) 陳蒼耀、和美広喜、柿崎正義：「真空コンクリート工法による床スラブの施工性に関する研究」、昭和54年9月、日本建築学会大会学術講演梗概集（関東）

7) 木ノ切恭治「ものづくりと真空」2010、工業調査会、p.84

8) 木ノ切恭治「ものづくりと真空」2010、工業調査会、p.47、p.71

9) 木ノ切恭治「おもしろサイエンス 真空の科学」2013、日刊工業新聞社、p.48

10) 木ノ切恭治「ものづくりと真空」2010、工業調査会、p.131

11) 木ノ切恭治「おもしろサイエンス 真空の科学」2013、日刊工業新聞社、p.49

12) 佐伯満、森田隆昌、宮島剛、佐保典栄英：「MRI用超電導磁石」「日立評論」、71、(1989-7) p.55

13) 公開特許公報 特開2008-218809「超電導電磁石およびこれを用いたMRI装置」三菱電機㈱

14) 木ノ切恭治「おもしろサイエンス 真空の科学」2013、日刊工業新聞社、p.138

15) 木ノ切恭治「おもしろサイエンス 真空の科学」2013、日刊工業新聞社、p.60

16) 長嶋直樹：実用産業技術総覧編集委員会委員長塙輝雄編「実用真空技術総覧」1990、産業技術サービスセンター、p.422

17) 日本真空工業会編「初歩から学ぶ真空技術」1999-7刊、工業調査会、p.198

18) 中川洋二：「凍結乾燥技術の現状と今後の動向」：日本真空工業会「真空ジャーナル」116号(2008)20

19) 木ノ切恭治「ものづくりと真空」2010、工業調査会、p.93

20) 野田秀夫：実用産業技術総覧編集委員会委員長塙輝雄編「実用真空技術総覧」1990、産業技術サービスセンター、p.417

21) 成美堂出版編集部編「モノができる仕組み事典」2008、成美堂出版、p.214

22) （一社）日本鉄鋼連盟「鉄の旅」p.17、「鉄ができるまで」p.25

23) 新日鐵住金Webサイト：http://www.nssmc.com/company/nssmc/science/pdf/V11.pdf (Last accessed:2017-4-10)
「モノづくりの原点 科学の世界Vol.11,12 鋼を生み出す（1）製鋼法の主流転炉法、（2）新化する精錬術」

24) 特許庁Webサイト標準技術集 食品包装容器：https://www.jpo.go.jp/shiryou/s_sonota/hyoujun_gijutsu/syokuhinyou/1-3-3.pdf (Last accessed:2017-4-10)

25) 塩化ビニリデン衛生協議会Webサイト：http://vdkyo.jp/whats_pvdc/001.html（Last Accessed 2017-4-10)

26) 切り花ボタンの鮮度保持方法：https://www.naro.affrc.go.jp/org/warc/research_results/h17/09_kaki/p307/index.html(Last Accessed: 2017-4-10)

27) 日本科学機器協会編「科学機器入門(増補改訂版)」日本科学機器協会2010、高温培養器、p.40

28) 岡田淳典「高輝度放電ランプ」：J. Plasma Fusion Res. Vol.81,No.10 (2005) 804-806

29) 木ノ切恭治：「おもしろサイエンス 真空の科学」2013、日刊工業新聞社、p.96

30) NEDO：エネルギー使用合理化シリコン製造プロセス開発事後評価報告書、平成14年6月、http://www.nedo.go.jp/content/100089441.pdf(Last accessed 2017-4-10)

第1編 低・中真空の利用

第2章 低真空・中真空応用の基礎

日本工業規格(JIS)では、「低真空」、「中真空」はそれぞれ、10^5-10^2 Pa、10^2-10^{-1} Paの圧力範囲である。これらの圧力領域は、真空技術としては最も産業に利用されており、真空と大気圧の間の圧力差を利用した力学応用や物質輸送に用いられる主な圧力領域である。

まず、真空の力学的な応用を考えると、大気との圧力差を利用して製品を吸引、固定する「真空(バキューム)チャック」がある。このような用途では大気の圧力を力として利用するために、大気圧との圧力の差が重要で低真空で十分である。たとえば、直径10 cmの円形の真空チャックでは、チャック内の圧力が10^2 Paの場合7.95 Nの力で吸引することができ、チャック内を高真空の10^{-3} Paにしてもそれが7.96 Nになるだけでほとんど差が無い。従って、チャック内を高真空や超高真空にすることによるメリットがほとんどないことが分かる。また、このような大気との圧力差を力として利用する真空技術として、プラスチックなどの真空成型技術があり、これらの場合も低真空で十分である。

一方、真空を利用した物質輸送としては家庭用の掃除機などがあるが、産業応用では粉体などの真空搬送機(真空コンベアー、ニューマチックアンローダーなど)が実用化している。これは、大気圧と真空との圧力差が生み出す力を利用して粉体などを吸引、輸送するものである。また、真空濾過や医療用の真空採血管なども真空を力として利用した物質輸送と言える。これらの場合も上述したように低真空で十分である。

真空(凍結)乾燥は、液体や固体中から主として水分を蒸発、昇華させて除去し乾燥させる技術である。このような用途で真空を用いた物質輸送の利点は、空気の影響を受けずに水が蒸発、昇華し水蒸気として拡散、排気されるため、水分の除去速度が大きくできる点である。化学工業や食品、製薬工業等で取り扱われる物質の多くは、高温で水分や溶媒などを除去し乾燥させようとすると重合や熱分解、酸化等の不都合が生じることが多いため、これらを低温で処理する必要がある。また、食品などを低温保管するために効率的に冷却する必要があり、低圧下で水分の蒸発熱による冷却が効果的である。これらが真空(凍結)乾燥や真空冷却を用いる主な理由である。このような用途で真空を用いる場合でも、後述するように圧力範囲としては低真空－中真空領域であり、排気する気体を粘性流として取り扱うことができる。しかし、実際の真空排気装置を設計する際には、水蒸気などの凝縮性気体を排気することを想定した設計が必要とされる点で、他の真空装置とは異なった注意が必要である。具体例は第3章で述べられているので、本節では基礎的な事項を概説する。

蒸留は、多成分を含む液体に対して蒸気圧差を利用してこれらを分離精製する技術であり、真空下で蒸留を行う真空蒸留や分子蒸留は、液体の沸点が低下するため通常の大気圧下の蒸留に比べて低温で操作でき分離効率も良くなるため、産業に広く利用されている。

また、化学気相堆積法による薄膜成長なども減圧下で行われることが多い。この場合の利点は、減圧することにより、輸送される気体の密度が小さくなるために乱流を起こしにくい点や酸素などによる酸化が防止できる点である。

真空脱気や真空脱泡は、液体や固体の対象物を真空下に置くことにより、対象物と真空との間の気体成分の分圧差を利用して対象物中に溶解している気体を除去するものである。主に、食品などの酸化防止や飲料水の改質、半導体製造での溶存気体の低減による水の純化等に用いられているほか、ステンレスなどの金属材料を真空中で溶融することにより、溶解している酸素などの気体成分を除去し高品質の材料を得ることができる。

また、真空含浸は、金属や木材、セラミックス

などの固体の空隙にレジンなどの液体を含浸させる技術で、材料を真空下に置き真空中でそのまま液体に浸漬した後大気に復圧することによって空隙に液体を充てんすることができる。とくに電気部品やモーター、トランスなどでは絶縁保持のため真空含浸による処理が行われる。また、木材などでも保存のために真空含浸を用いることがある。これらの場合でも残存する気泡の大きさは大気圧との圧力差で決まるため、ほとんどの場合低・中真空下で行われる。

本節では、真空（凍結）乾燥に関連して、基礎過程である相変化、すなわち蒸発と昇華、凝縮と凝華過程の解説を行う。また、真空（凍結）乾燥の毛管モデルを紹介する。さらに、真空蒸留や分子蒸留の基礎を概説し、低真空－中真空でのもう一つの産業応用である化学気相堆積法による薄膜作製は別章に譲る。

第1節 状態図

主に水分を含んだ食品や、水分や有機溶媒を含んだ医薬品を真空排気することにより、迅速に製品からこれらの物質を除去し乾燥させることができ、真空乾燥と呼ばれる。これは、図2.1の水の状態図で考えると、大気圧（≈ 10^5 Pa）、室温（例えば20℃）の点Pから、図中の実線のように圧力を下げ、水を水蒸気として気化させ除去するものである。水分が気化する際に蒸発熱を奪うために食品などは冷却される。従って、図の点Pから圧力を下げると実際は温度も低下する。これを積極的に利用した技術が真空冷却であり、主に食品保存に用いられている。また、温度の低下に伴って

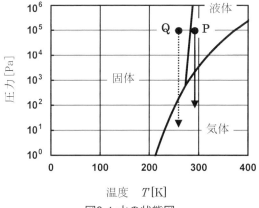

図2.1 水の状態図

飽和蒸気圧が低下するため乾燥に時間がかかることになる。そのために、真空乾燥では食品等を加熱して蒸気圧を維持することが多い。

一方、事前に食品などを凍結させてから真空下に置き乾燥させる場合が真空凍結乾燥である。図2.1の水の状態図で考えると、点Qから圧力を下げて固体の水、すなわち氷から液相を経ないで昇華によって直接水蒸気として水分を除去する。溶媒に溶かした液体の医薬品やジュース、コーヒーなどの液体を冷却凍結し真空凍結乾燥させて粉末にすることができる。これらの用途で真空を用いる場合、水の蒸気圧は253 K(-20℃)でも100 Pa程度であり低真空領域になる。従って、ここでも高真空以下の圧力領域が用いられることは少ない。

第2節 蒸気圧と蒸発速度

水分除去等では、水（水蒸気）と空気の混合物などの多成分を取り扱わなければならないが、ここではまず1成分系について述べる[1]。一般に、固相と気相、あるいは液相と気相の相境界はクラウジウス－クラペイロンの関係、

$$\ln \frac{p(T)}{p_0} = -\frac{\Delta_{VAP}H}{R}\left(\frac{1}{T} - \frac{1}{T_0}\right) \quad (1.1)$$

で表される。ここで、Rは気体定数、$\Delta_{VAP}H$はモル蒸発エンタルピー、$p(T)$、p_0はそれぞれ温度T、T_0での圧力である。また、$\Delta_{VAP}H/T = \Delta_{VAP}S$はモル蒸発エントロピーで、多くの物質で〜85 $J \cdot K^{-1} \cdot mol^{-1}$程度であることが知られている。（トルートン(Trouton)の規則）水の場合、分子間相互作用のためにモル蒸発エントロピーは若干大きな値を取り、$\Delta_{VAP}H/T_0 = 109.1$ $J \cdot K^{-1} \cdot mol^{-1}$ (T_0 = 373 K (= 100℃))である。1成分系での圧力は飽和蒸気圧$p_s(T)$を与え、状態図では液相と気相の相境界を表す。式（1.1）から水の場合、圧力の単位としてPaを用いると、Aを定数としてT_0 = 373 Kに対して飽和蒸気圧$p_s(T)$は、

$$\ln p_s(T) = A - \frac{\Delta_{VAP}H}{RT} = A - \frac{1}{R}\frac{\Delta_{VAP}H}{T_0}\frac{T_0}{T}$$

$$= A - 4.896 \times 10^3 \frac{1}{T}$$

$$A = \ln p_0 + \frac{\Delta_{VAP}H}{RT_0} = 24.648 \quad (1.2)$$

第1編 低・中真空の利用

となる。

液相に非蒸発成分を含んでいるような場合には一般に沸点上昇が起きるため、デューリング(Dühring)の法則（デューリング線図）を用いて蒸気圧を補正する必要がある。

多成分系の場合の蒸気圧は、液相でのモル分率x_Aに対して、気相での蒸気圧の分圧p_Aは、

$$p_A = x_A p_A^* \tag{1.3}$$

となるラウール(Raoule)の法則が成り立つ。ここで、p_A^*は純粋物質Aの飽和蒸気圧、p_Aはモル分率x_Aの溶液での気相の蒸気圧である。このようなモル分率に対する蒸気圧の比例関係は、モル分率が小さい希薄な成分（溶質）の場合には成り立たないことが多い。すなわち溶質が希薄な場合は、溶質分子は専ら溶媒分子とのみ相互作用するため、蒸気圧の補正は、

$$p_A = x_A K_A \tag{1.4}$$

となるヘンリー則が成り立つ場合が多い。ここでK_Aは圧力の次元を持つ経験的な定数で、一般に$K_A > p_A^*$である。また、気相での分圧p_Aの代わりに気相でのモル分率$y_A = p_A/p_{tot}$（ここでp_{tot}は全圧）を用いた場合、

$$y_A = K_A^e x_A \tag{1.5}$$

とおくことができ、K_A^eを平衡係数または平衡比と言う[2]。

第3節 蒸発・凝縮速度

液相や固相から物質の蒸発、昇華もしくは逆過程である凝縮や凝華は一般に粘性流領域ではあるが、界面極近傍を考えると気体分子運動論で用いた入射頻度の概念を使うことができる。これは、平均自由行程以内のミクロな空間では、分子同士の衝突を一応無視でき分子条件とみなせるためで、単位時間に液相や固相から蒸発、昇華する単位面積あたりの分子数は、温度Tでの飽和蒸気圧p_sを用いて、ヘルツ−クヌーセンの式、

$$\Gamma_{ev} = \frac{1}{4} n \bar{v} = \frac{p_s}{\sqrt{2\pi m k_B T}} \tag{1.6}$$
$$= 2.63 \times 10^{20} \frac{p_s}{\sqrt{MT}} \, [個 \cdot cm^{-2} \cdot s^{-1}]$$

で表される。ここで、nは分子密度、$\bar{v}$は分子の平均速度、mは分子の質量である。また、M [g]

は気体分子のモル質量である。このように飽和蒸気圧で与えられる蒸発速度を分子蒸発速度と言う。式 (1.6) を質量流量で表すと、単位面積あたり、

$$Q_{Me} = \sqrt{\frac{m}{2\pi k_B T}} p_s = \sqrt{\frac{M}{2\pi RT}} p_s \tag{1.7}$$

となる。一方、気相から固相や液相に入射する分子数は、気相の圧力をp_vとすると、式 (1.7) と同様に単位面積あたりの質量流量は、

$$Q_{Mc} = \sqrt{\frac{M}{2\pi RT}} p_v \tag{1.8}$$

で与えられるので、液相や固相と気相との間で温度が等しい場合、界面を通過する正味の昇華や蒸発の質量流量Q_Mは単位面積あたり、

$$Q_M = \alpha(Q_{Me} - Q_{Mc}) = \alpha \sqrt{\frac{M}{2\pi RT}} (p_s - p_v) \tag{1.9}$$

となる。ここで、αは入射頻度に対して実際に相境界を通過し、蒸発、昇華または凝縮、凝華する分子の割合を示しており、一般に$0 < \alpha < 1$である。分子が蒸発や昇華する場合（$p_s - p_v > 0$）には蒸発係数、また、凝縮、凝華する場合（$p_s - p_v < 0$）には凝縮係数と呼ばれる。

実際の真空（凍結）乾燥では、空気などの残留気体や排気系との間での有限のコンダクタンスのために、食品などの表面に境界層と呼ばれる厚さ数mm程度の圧力変化の大きい層ができる。いま、水分を含んだ食品などの表面での水の飽和蒸気圧をp_s、境界層の外側での水の分圧をp'とすると、水の蒸発速度は式 (1.9) と同じように、

$$Q_M = \alpha \sqrt{\frac{M}{2\pi RT}} (p_s - p') \tag{1.10}$$

で与えられ、飽和蒸気圧で決まる自由表面の蒸発速度より小さくなる[3]。

さらに、実際の真空（凍結）乾燥では、乾燥した食品などの表面層は多孔質体と考えられ、乾燥中にはこのような多孔質体の内部に気（固）液界面ができる。従って、界面で蒸発した水蒸気はこのような多孔質中を拡散して真空中に出ていくこ

とになり、蒸発速度は式（1.10）で与えられるよりさらに小さくなる[4]。また、このような水分の蒸発や昇華によって蒸発熱を奪うために食品の温度が低下しその結果式（1.1）、（1.2）に従って飽和蒸気圧が低下することになり、乾燥物を加熱しないとさらに蒸発速度が小さくなることになる。

第4節 真空（凍結）乾燥と毛管モデル

図2.2に一般的な乾燥過程を模式的に示す[5]。図2.2(a)に示したように、乾燥初期のAでは乾燥物の表面には水が存在し、まずこれらが表面から蒸発する。A→Bへと乾燥が進行すると、図のBのように乾燥物の内部から水分が供給され、気液界面は乾燥物表面にとどまる。図2.2(b)に示すように乾燥初期には水分の蒸発に伴って蒸発熱による乾燥物の温度低下が起きるが、その後熱伝導による熱流入と釣り合い、ほぼ一定の温度を保ちながらその温度での飽和蒸気圧に従って蒸発が進行する。気液の界面が乾燥物の表面にある間はほぼ一定の乾燥速度（質量流量）を保ちながら全体としては図2.2(c)に示すように乾燥物の平均含水率が徐々に低下する。この段階は恒率乾燥期と呼ばれる。

乾燥物が限界含水率に達すると、内部からの水の供給が止まり図2.2(a)のCのように気液界面は乾燥物の内部へ進行する。その結果、表面には乾燥した多孔質の層ができ、乾燥物内の気液の界面で蒸発した水蒸気はその中を拡散し、表面まで到達した後周囲環境に放出され排気除去されることになる。従って、乾燥速度が低下し、蒸発熱が小さくなる。図2.2(b)に示すように外部からの熱流のために乾燥物の温度は上昇していく。この段階は減率乾燥期と呼ばれる[3,4]。

乾燥物の平均含水率、すなわち質量変化に対して乾燥速度をプロットした図2.2(c)のグラフは乾燥特性曲線と呼ばれる。A→Bの恒率乾燥期では、一定の乾燥速度を保ち含水率が一定速度で低下し乾燥特性曲線は水平になる。一方、Cの減率乾燥期に入ると乾燥速度が低下し、それに伴い含水率の低下が緩やかになり、乾燥特性曲線が原点に漸近する。

このような乾燥過程は真空（凍結）乾燥でも同様で、ジュースなどの液体の凍結乾燥のように自由表面がある場合には、恒率乾燥期では基本的には前述のヘルツ-クヌーセンの式による自由表面からの蒸発が起きると考えてよい。一方、減率乾燥期では、乾燥物内部にできた気（固）液界面から既に乾燥している表面層を通して水が蒸発するため、このような多孔質層を通じた水蒸気の移動を考える必要がある。また、食品や木材などのように元々多孔質と考えられる材料を乾燥させる場合には、乾燥初期から多孔質層による拡散を考慮した乾燥のモデル化が必要である。このような蒸発、拡散をモデル化するために、乾燥過程でできる乾燥物の表面近傍の多孔質層を毛管の集合体と考え、その中を水蒸気が拡散する真空（凍結）乾燥モデルが提案されている[4]。

いま、単位面積あたりに蒸発する水の質量流量 q' が、気（固）液界面から乾燥物の表面までの厚さ t の毛管集合体中の拡散のコンダクタンスと、表面から離れた乾燥物周囲までのコンダクタンスの直列だと考えると、合成コンダクタンスの式から、乾燥物周囲での水蒸気の分圧を p_c、固液界面

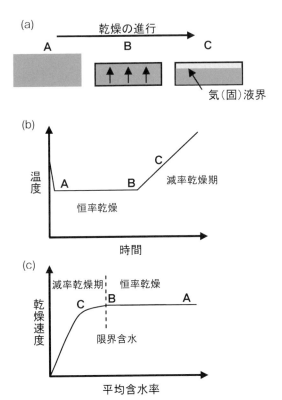

図2.2 (a)乾燥過程の進行と(b)乾燥物の温度の時間変化、(c)乾燥特性曲線（平均含水率に対する乾燥速度）

での水の飽和蒸気圧をp_sとして、

$$q' = \frac{1}{\frac{1}{\alpha'} + \frac{\mu\xi}{\lambda'}}(p_s - p_c) \quad (1.11)$$

とおくことができる。ここで、α'は乾燥物表面から乾燥物周囲までの質量流量に対する水蒸気のコンダクタンス、μは毛管の集合体中の水蒸気の拡散抵抗である。またλ'は、空気を含んだ水蒸気の拡散係数をDとすると、

$$\lambda' = \frac{M_v D}{RT} \frac{p}{p - p_{vm}} \quad (1.12)$$

で与えられる。ここで、M_vは水蒸気のモル質量、pは乾燥物周囲での全圧、p_{vm}は毛管上部、すなわち乾燥物表面と気（固）液界面での水の飽和蒸気圧の対数平均であり、毛管の上部と下部（水の飽和蒸気圧p_s）の平均で近似できる。大気中の水蒸気の拡散係数Dは、標準状態の温度と圧力をそれぞれT_0、p_0として、

$$D = 0.0803 \frac{p_0}{p}\left(\frac{T}{T_0}\right)^{1.81} \quad [m^2 \cdot h^{-1}] \quad (1.13)$$

で表される[4]。

このような毛管モデルで質量流量が一定の恒率乾燥期を表すためには、式（1.11）で乾燥物表面から気（固）液界面までの毛管の長さξが一定である必要がある。そこで、水分蒸発の経路となる毛管に隣接した水のリザーバーを考え、リザーバーから毛管への水分移動を仮定することにより、ξが一定となるモデルを考える。また、リザーバーの水が一定以上減ると、ξが増加し減率乾燥期に入ると考える。

熱流に対しては、単位面積あたり流入する熱量qは、水の質量あたりの蒸発エンタルピーをrとして、乾燥物の気（固）液界面での温度をT_s、乾燥物周囲の温度をT_rとすると、式（1.11）と同様に、

$$qr = \frac{1}{\frac{1}{\alpha} + \frac{\xi}{\lambda}}(T_r - T_s) \quad (1.14)$$

とすることができる。ここで、αは（等価）熱伝導係数、λは毛管集合体の熱伝導率である。

移動論では質量流束（質量流量）q'と熱流束qは等価に扱うことができるので、

$$q' = \frac{1}{\frac{1}{\alpha'} + \frac{\mu\xi}{\lambda'}}(p_s - p_c) = \frac{1}{r}\frac{1}{\frac{1}{\alpha} + \frac{\xi}{\lambda}}(T_r - T_s) \quad (1.15)$$

の熱質量交換が成り立つ。また、式（1.2）から気（固）液界面の温度によって飽和蒸気圧p_sが定まる。式（1.15）から温度に対して単位面積あたりの質量流量を求めた結果の一例を図2.3に示す。図では、乾燥物周囲の全圧$p=1$ atm、0.1 atm、0.01 atmに対して式（1.11）に従ってq'の温度依存性が示されている。q'の具体的な数値を求めるためには、α'、λ'、α、λ、μ等を知る必要があるので、図に示した数値はあくまでも目安である。水の飽和蒸気圧は温度の上昇とともに指数関数的に増大する。従って、q'も大きな温度依存性を持つことになる。図には示されていないが、q'の最大値は自由分子蒸発であり、式（1.9）が質量流量の上限となる。

図2.3より、同一温度では周囲圧力pを下げることによってq'は大きく増大する。これは減圧下で真空（凍結）乾燥させることによって毛管中に残留している空気による拡散抵抗が低減する結果、式（1.13）で示した水蒸気の拡散係数Dが増大するためである。さらに、式（1.11）の圧力差が増加しq'が大きくなる。また、同一のq'で考えると、周囲圧力を下げることにより乾燥物の温度T_rを

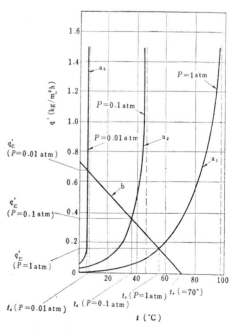

図2.3 質量流量q'の温度依存性[4]

より低温に保つことができる。これは、T_rを下げる、すなわちT_sが下がり飽和蒸気圧p_sが下がっても、式（1.12）の$p-p_{vm}$が小さくなることによりλ'が増大するためである。従って、圧力を下げることにより乾燥物を低温で効率よく乾燥させることができることになり、昇温することによって分解や変質の起きやすい医薬品や食料品の乾燥に真空（凍結）乾燥は都合が良いことが分かる。

いま、乾燥物の厚さをsとすると、気（固）液界面が無くなる、すなわち$\xi=s$では、式（1.14）より、

$$q_E' = \frac{1}{\frac{1}{\alpha}+\frac{s}{\lambda}}(T_r-T_s) = -b(T_r-T_s) \quad (1.16)$$

とおくことができる。式（1.16）は図2.3では傾き$-b$の直線として表すことができ、q'との交点が気（固）液界面が無くなる温度、質量流量であり乾燥の終点といえる。

実際の真空（凍結）乾燥では、熱的な定常状態の式（1.14）が成り立たないことが多く、乾燥物内の温度分布は時間に対して一定ではないため、恒率乾燥期でもq'は必ずしも時間に対して一定とはならない[4]。

第5節 毛管現象

水蒸気などの凝縮性の気体は、通常式（1.1）で与えられる蒸気圧を持つが、気相と凝縮相との界面が曲率を持つ場合、界面が平面の場合の蒸気圧と異なる挙動を示す。

代表的な例として、気体が図2.4に示すような固体間の狭いミクロな空隙に凝縮した場合、毛管凝縮と呼ばれる現象が起きる。液相と気相の界面が曲率を持つために、界面に表面張力による圧力差が生じ、式（1.1）や（1.2）にで与えられる蒸気圧に補正が必要になる。すなわち、気相の蒸気圧$p(T)$に対して、毛管内の液相の圧力$p^*(T)$は、

$$\ln\frac{p^*(T)}{p(T)} = -\left(\frac{\gamma V_m \cos\theta}{RT}\right)\left(\frac{1}{r_1}+\frac{1}{r_2}\right) \quad (1.17)$$

となる[6]。ここで、γは凝縮相の表面張力、V_mはモル体積、θは凝縮相と固体表面の接触角、r_1、r_2は図に示すようにそれぞれ凝縮相表面の直交する2方向の曲率半径である。式（1.17）はケルビン（Kelvin）の毛管凝縮の式として知られている。凝縮相表面の曲率半径が小さくなると凝縮相の表面付近の蒸気圧が低下し、気相と圧力差ができるため凝縮を起こしやすくなる。そのために、ゼオライトやシリカゲルのように微細な空孔を持つ多孔質物質では、バルクで非飽和の気体でも細孔内で凝縮する現象が起きる。このような凝縮相の表面張力による飽和蒸気圧の変化は半径約2 nm程度の細孔まで式（1.7）が成り立つことが知られており、細孔がそれより小さくなると、気体分子の表面への物理吸着層の影響が大きくなる[6]。前項1.4では水の飽和蒸気圧p_sは一定として扱ったが、実際の真空（凍結）乾燥では、乾燥初期と終期では、残留する水分の毛管径が異なるため、恒率乾燥期でも質量流量が一定値とはならないことが多い。

また、式（1.7）のケルビン式は界面の曲率が負、すなわち微粒子液滴のような凝縮相が凸の界面を有する場合にも適用でき、この場合には微粒子の蒸気圧が増加($p^*(T)>p(T)$)するため、微小液滴ほど蒸発しやすくなる。例えば、直径2 nmの水の微粒子の場合、過飽和度は$p^*(T)/p(T)\sim1.23$となる。

第6節 真空蒸留

蒸留とは蒸気圧の差を利用して液相の混合物から各々の物質を分離抽出する操作で、分離を大気圧以下の真空中で行うものを真空蒸留と言う。蒸留自体は紀元前後からある古い技術であるが、真空蒸留は19世紀に石油精製技術とともに進歩してきた。

単一物質の飽和蒸気圧は状態図では液相と気相の相境界をなす。液体の混合物の場合、1.2で示したように分子間の相互作用のために純粋物質とは異なった蒸気圧を示す。気相中で混合物質の各々の成分の分圧比が液相のモル比と異なれば、気相物質を再凝縮させると元のモル比とは異なっ

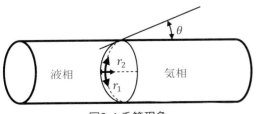

図2.4 毛管現象

第1編 低・中真空の利用

た成分の混合物を得ることができ、選択的に特定の物質を濃縮することができる。このような操作を分留と呼ぶ。このように蒸発を利用して物質を分離するため、蒸留の際の気相の圧力が大気圧以上であるか、以下すなわち真空であるかには直接的には関係ない。しかし、真空を利用することにより物質の沸点が下がり、昇温によって分解重合等が起きやすい物質の分離や、大気と遮断されることで大気中の酸素、水分による影響を受けやすい物質の精製に向いている。

いま、物質Aの液相中でのモル分率をx_A、液相と平衡にある気相中の分圧をp_Aとすると、揮発度v_Aは、

$$v_A = \frac{p_A}{x_A} \tag{1.18}$$

で定義される[2,7]。気体が前述のラウールの法則の式（1.3）に従う場合、$v_A = p_A^*$である。またラウールの法則に従わない場合、$v_A = \gamma\, p_A^*$とおいて、γを活量係数という。

ラウールの法則に従う物質A、Bの平衡係数の比を、

$$\alpha_{AB} = \frac{K_A^e}{K_B^e} = \frac{y_A}{y_B}\frac{x_B}{x_A} = \frac{p_A^*}{p_B^*} \tag{1.19}$$

と表わすとき、α_{AB}を比揮発度と言う。α_{AB}は2つの物質の蒸気圧の比を表すため、蒸留時の分離効率を決める重要な量である。$\alpha_{AB} = 1$では、気相の混合物のモル比が液相と同じになるため、蒸留してもこれらを分離することはできない。また、一般的にα_{AB}は温度や圧力、液相の組成によって変化するが、通常温度による変化はあまり大きくなく、2つの物質A、Bのそれぞれの沸点での比揮発度の幾何平均を採用することが多い。

このような蒸留をクヌーセン数が大きい高真空の下、すなわち分子流領域で行う場合が分子蒸留であり、一般的には0.1 Pa程度以下の圧力領域で行われる真空蒸留を分子蒸留と呼んでいる[7,8]。常圧ないしは減圧蒸留では、混合物の分離効率は比揮発度によって決まり、比揮発度はそれぞれの成分の蒸気圧によって決まる。一方、分子蒸留では、蒸発過程が分子蒸発であるため、分離効率は比揮発度に加えて各々の分子の質量比が重要となる。

分子蒸留では、2成分A、Bの蒸発速度の比は、各々の質量入射頻度の比で表され、

$$v_M = \frac{p_{sA}}{p_{sB}}\sqrt{\frac{M_A}{M_B}} \tag{1.20}$$

となる。v_Mは分子比蒸発速度と呼ばれ、これをモル比に直すと、

$$\alpha_M = \frac{p_{sA}}{p_{sB}}\sqrt{\frac{M_B}{M_A}} \tag{1.21}$$

となる。このα_Mは常圧・減圧蒸留の場合の比揮発度α_{AB}に相当するもので、分子分留では2成分の飽和蒸気圧の比とモル質量比が影響する。従って、条件によっては通常の真空蒸留に比べて効率よく成分を分離することができる場合がある。また、一般的に真空下では大気圧よりも混合物の比揮発度が大きくなるため、効率よく目的物質を抽出することができる。

一方、大気圧以上の蒸留操作では、液体の内部にできた気泡が表面で泡となってはじけて蒸発する、いわゆる沸騰が起きるため大きな蒸発速度が得られるのに対し、真空蒸留では、液相の表面からのみ蒸発が起きるため、液体の気化速度が遅くスループットが悪くなる。従って、真空蒸留では、できるだけ表面積を大きくした噴霧式や遠心膜式、流下膜式、棚段式などの分留器が用いられる[9]。また、真空蒸留では、蒸留する物質の蒸気圧に見合った排気システムが必要であり、気体を再凝縮するための冷却機構を備える必要がある、などの点でコスト的に不利である。しかし、低温で分離可能な点から、ビタミンAの濃縮やオリーブ油や大豆油などの食用油脂の精製、脂肪酸、ビタミン類の分離、ポリエチレングリコール、エポキシ樹脂などの工業化学製品の精製等に幅広く用いられている。

〈福田　常男〉

〔参考文献〕

1) 物理化学の標準的な教科書として、アトキンス、中野元裕、上田貴洋、奥村光隆、北河康隆 訳：「物理化学（上・下）」（第10版）（東京化学同人、2014年）

2) 河東準、岡田功：「蒸留の理論と計算」（工学図書出版、1975年）

3) J. D. Mellor: Fundamentals of Freeze-Drying (Academic Press, Inc., London, 1978)

4) 太田勇夫、益子正教、木村進、大塚寿次：「真空乾燥」（日刊工業新聞社、1964年）

5) 中村正秋、立石雄治：「初歩から学ぶ乾燥技術—実線と基礎—」（第2版）（丸善出版、2013年）

6) 近沢正敏、武井孝：表面科学 **14** (1993) 526.

7) 中川洋：「真空蒸留」（日刊工業新聞社、1964年）

8) 中川洋：「分子分溜（新化学工業講座VI-2)」（日刊工業新聞社、1957年）

9) 分留器については、野田秀雄：「実用真空技術総覧」（(株) 産業技術サービスセンター、1990年）第Ⅱ部真空応用システム、第1編第1章第2節に詳しい。

第1編 低・中真空の利用

第3章 真空凍結乾燥

第1節 真空凍結乾燥の基礎

はじめに

凍結乾燥とは脱水原理に氷の昇華を利用する乾燥手法であり、真空を利用して昇華を促進させる真空凍結乾燥が最も一般的である。工業操作としての真空凍結乾燥は1930年代から1940年代にかけてのFlosdorfらの研究を基礎として発展してきた[1]。当時、世界的に戦時局面であったこともあり、血清を乾燥させる有効な手段として研究開発が大きく進んだ。工業製品としての凍結乾燥製剤が初めて実用されたのは1941年の真珠湾攻撃によって負傷した患者の治療のためだったとも言われている。真空凍結乾燥装置の原型はこの時代に形成され、現在にかけて着実に発展してきた。現在では製剤技術としてだけなく、食品製造や材料創製に至るまで広く産業利用されている。本章では真空凍結乾燥の基礎原理から装置概要、将来の展望について概説する。

1.1 凍結乾燥(Freeze-drying = Lyophilization)

凍結乾燥は凍結を利用した乾燥法という意味を込めてFreeze-Drying（フリーズドライ）と呼ばれる（これはFlosdorfの命名によると言われている）が、Lyophilizationという用語も同義で用いられる（こちらはギリシャ語に語源があるときく）。工業的な乾燥手法は、熱風乾燥、噴霧乾燥、流動層乾燥、真空乾燥、真空凍結乾燥、赤外線乾燥、マイクロ波乾燥、ヒートポンプ乾燥、通電乾燥などに分類されるものが主である。真空凍結乾燥以外の乾燥法は、脱水原理として蒸発を利用しており、蒸発を進行させるための加熱原理によって分類されている。熱風乾燥、噴霧乾燥、流動層乾燥においては加熱空気を熱媒体として脱水に必

要な熱のやりとりがなされる。噴霧乾燥や流動層乾燥においては、材料を霧化もしくは流動化させることによって熱の伝達と、物質（水蒸気）の移動を促進させている。赤外線乾燥では放射熱源を利用して加熱する方法、マイクロ波乾燥では水分子の振動を加熱・脱水に利用する方法である。真空乾燥法は、外環境を減圧することによって水蒸気分圧を下げ、材料中の水分蒸発を促進させる手法である。真空凍結乾燥は真空乾燥と同様に減圧下で実施される乾燥方法であるため類似点も多いが、昇華によって乾燥を進行させるという原理的な違いがある。真空乾燥に適用する圧力帯が数百〜千パスカル程度であるのに対し、真空凍結乾燥では数パスカル〜数十パスカル程度まで減圧させるため、装置構造や構成が大きく異なる。

真空凍結乾燥は数ある乾燥手法の中でも最も製品品質の保持に優れた乾燥方法といわれている。これは蒸発を伴う乾燥法では、水の毛管張力による材料の組織構造へのストレスや破壊が起こるのに対し、昇華を利用した乾燥法であるためにこのストレスが極めて小さく低減できることにある。また、乾燥時に必然的に低温を利用するため、熱による品質劣化が少ないことも主因に挙げられる。その反面、装置コスト、乾燥時間などの観点から最もコストのかかる乾燥方法としてもしられている。凍結乾燥プロセスは製品の凍結工程と、乾燥工程に分けられる。そのプロセスフローと凍結乾燥過程の概略図をそれぞれ図1.1と図1.2に示す。凍結工程において製品は冷却・凍結され、その後の乾燥工程へと移行する。通常製品は多成分系であるから、凍結に際し、氷結晶形成と凍結濃縮相の固化という二つの相転移現象を含んでいる。凍結乾燥操作を実施するために必要な凍結状態とは、これら二相ともが固体状態となる状態である。乾燥工程はさらに一次乾燥と二次乾燥に分けられる。一次乾燥は凍結水を昇華によって取り除く操作、二次乾燥は不凍水（収着水）を除去さ

474

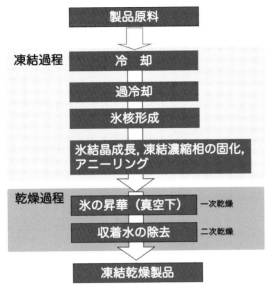

図1.1 真空凍結乾燥のプロセスフロー

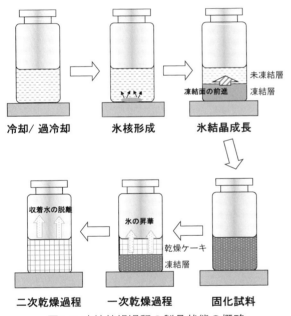

図1.2 凍結乾燥過程の製品状態の概略

せる操作を指す。一次乾燥過程において、製品中の氷の蒸気圧と外気圧力（正確には外気水蒸気分圧）との差を水分移動の駆動力として利用し、乾燥を進行させる。乾燥界面にて昇華した水蒸気は、既に昇華した氷晶の抜け殻が形成する多孔体を拡散して外気へ移動しなければいけないため、乾燥の進行に伴って形成するこのケーキ層が乾燥速度に影響を与える。

1.2 真空凍結乾燥装置

真空凍結乾燥装置は、乾燥室とコンデンサ（コールドトラップ）、これに付随する減圧装置、温調装置から構成されるのが一般的である。乾燥室内に温度制御可能な棚板が配置された棚板式装置では、この棚を使用して製品の冷却、凍結、乾燥中の加温を行えるようになっている（図1.3）。製品と接している棚の温度を伝導伝熱によって制御するため、比較的緻密な温度制御が可能である。バイアル瓶中の薬液を凍結乾燥するプロセスなどはこの型式の装置で実施されるのが一般的である。原料製品を装置内に投入し、凍結操作、乾燥操作を連続的に行うことができる。特に医薬品のバイアル凍結乾燥装置では瓶の打栓操作も装置内で実施する機構が装備されている。

一方、乾燥室内に加熱装置だけが装備された、凍結乾燥装置も広く使用されている（図1.3）。外部の冷凍設備によって凍結させた製品を装置内に投入し、乾燥操作を実施する。これは主にフリーズドライ食品の製造に広く使用されている。この型式の装置では装置内部に設置されたヒーターを用いて輻射伝熱によって製品温度を制御する。

凍結乾燥器内圧力は、初期には排気ポンプによって所定圧力まで減圧される（数パスカル～100パスカル程度）。その後、乾燥（昇華）の進行に伴い製品から排出される水蒸気はコールドトラップと呼ばれる凝縮装置（コンデンサ）に着氷する。定常運転時の乾燥工程における装置内圧力はコールドトラップが重要な意味を持っている。コールドトラップに凝縮した氷は、このトラップ温度における平衡水蒸気圧を示す。従って装置内部の圧力は、理想的には冷却板温度における氷の水蒸気圧と等しく保たれる。ここで理想的というのは、装置内部における水蒸気の移動速度が極めて速い状況である。実際には製品表面で発生した水蒸気は一定の速度にて装置内を移動するため、この速度に依存して装置内部に圧力の分布が生じる。装置内の水蒸気の移動速度は装置の設計に加え、水蒸気の発生量と関わる運転条件や製品投入量に依存して決まる。過剰な水蒸気の発生は、装置内部にチョーク流れを生じさせ、深刻な乾燥不良に繋がる。これを起こさせにくい装置設計として、コールドトラップ形状や装置内部へのレイア

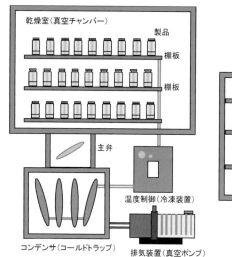

図1.3 真空凍結乾燥装置の構成

ウト、着氷の進行に伴う伝熱特性などがインパクトを持つ。製品を大量に投入して乾燥操作を実施する産業利用の現場においては、製品投入量と運転条件に対してチョーキングのリスクを予測できることも重要となるが、研究すべき課題も多く残されている[2]。

凍結乾燥における乾燥速度は、乾燥製品の昇華面温度における水蒸気圧と、乾燥庫内圧力（コールドトラップ温度における水蒸気圧）との差を駆動力（ドライビングフォース）として決定される。このため、製品の昇華面における水蒸気圧は庫内圧力よりも高く保たれている必要があり、コールドトラップの温度は昇華面温度よりも低く保たれている必要がある。乾燥製品の温度とトラップ温度との差を大きく保つほど、乾燥速度を早めるためには有利なはずである。実際の装置においては、製品からトラップまでの水蒸気の物質移動抵抗が存在するため装置内部には水蒸気濃度の勾配が形成する。この場合、この装置内部の物質移動抵抗が乾燥速度を律速することが考えられるため、トラップ温度の変更は乾燥速度にあまり大きなインパクトを及ぼさないことが予想される。また、コールドトラップの水蒸気の捕集能力も同様の理由により重要な意味を持つ。もし凝縮装置内へと移動してきた水蒸気がコールドトラップ上へ着氷する速度が遅い場合、昇華の駆動力を減じることとなるため、製品の乾燥速度を律速する。

凍結乾燥装置内部の物質収支を図1.4に示す。

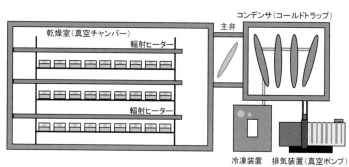

図1.4 定常状態における凍結乾燥装置内部の物質収支

庫内圧力の変動がほとんど見られない定常運転状態において、装置内部への外気のリーク速度は、ほぼ真空ポンプの排気速度とつりあっているはずである。昇華による水蒸気の発生速度は、コールドトラップへの着氷速度もしくは装置内部の水蒸気移動速度とつりあっているはずである。詳細は説明しなかったが、真空凍結乾燥を連続で行う装置も開発され実用されている。原理はここで紹介するものと変わらないが、真空を保持したまま連続的に製品の投入、回収を行える機構が装備されている。

1.3 真空凍結乾燥の数学的モデル

棚板式装置と輻射式装置のいずれの場合でも、そこで進行する乾燥の原理は基本的に同一であ

る。ただし、入熱形態の違いによってその数学的な取り扱いが異なる。装置としては単純な輻射式装置であるが、入熱経路が三次元的になるため数学的な取り扱いは複雑である。棚板式装置を用いてバイアル瓶中の製品を乾燥させるような場合、棚板からの伝導伝熱によって一次元的な熱の移動を仮定できるため（厳密には三次元的である）、数学的な取り扱いは容易である。ここでは一次元凍結乾燥モデルを題材として凍結乾燥の数学的な取り扱いの一例を解説する。モデルの概要を図1.5に示す。

まず、乾燥圏を通じて外界に放出される水蒸気の移動速度は、

$$\frac{J_A}{A} = \frac{dm}{dt} = \frac{D_A}{d_1}\frac{M_w}{R}\left(P_w/T_w - P_a/T_c\right) \quad (1.1)$$

と書ける。ここで乾燥圏の物質移動抵抗は、乾燥圏内部の水蒸気の拡散係数（D_A）と、乾燥圏厚み（d_1）を用いて書ける。ここで拡散係数（D_A）は凍結時に生じた氷晶のサイズとそのミクロ構造のパターンによって決定される。氷晶のサイズやパターンがおよそ推算できるのであれば概算できる[3-5]。ただし実用的な観点から方法は後述するように、装置の運転状況のモニタリングデータから乾燥圏の物質移動抵抗を推算してしまうことである[6-8]。これにより、その後のより有利な操作条件を、モデル計算を基礎として導くことができるからである。

さて、昇華面には凍結圏と乾燥圏から伝導伝熱によって熱が供給されるが、空隙率の高い乾燥圏の熱伝導度は凍結圏の熱伝導度（約1.2〜1.5W/K）と比して10分の1程度以下であると推測される。加熱源を輻射ヒーターによらない棚板式凍結乾燥機の場合、内壁からの輻射伝熱は場合によっては無視しても良い程度に小さい。ただし、装置内壁、前面パネル付近などは無視できないケースも多い。製品表面と棚板の温度をそれぞれT_sとT_{sh}として、

$$Q_s = \frac{k_1}{d_1}(T_s - T_w) + \frac{k_2}{d_2}(T_{sh} - T_w) \quad (1.2)$$

と書ける。ここでk_1とk_2はそれぞれ乾燥ケーキと凍結圏の熱伝導度である。さて、定常運転下において、昇華面で消費される熱とここに供給される熱とは等しいと仮定すれば、

$$Q_s = \Delta H \frac{dm}{dt} \quad (1.3)$$

すなわち、

$$\Delta H \frac{D_A}{d_1}\frac{M_w}{R}\left(P_w/T_w - P_a/T_c\right) = h(T_{sh} - T_s) \quad (1.4)$$

を得る。この式における未知数T_sを乾燥の進行度ごとに得る計算をすることで、乾燥過程をシミュレートするすべてのパラメーターを決定することができる。計算の実施によって予測される結果と、実測値との比較を示す（図1.6）。凍結乾燥

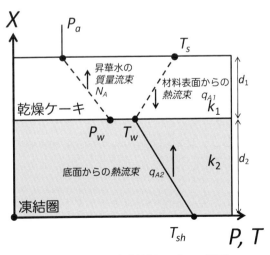

図1.5 一次元凍結乾燥モデルの概要

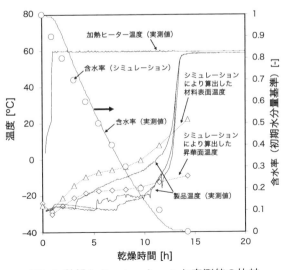

図1.6 乾燥シミュレーションと実測値の比較

のモデル計算では製品不良を防ぐための適切な操作条件を見いだせることが重要である。次章で説明するコラプスのような現象の発生を防ぐためには、昇華面の温度を予測できることが本質的である。モデルに乾燥装置の特性に基づく操作条件設定などを盛り込めることも実用上重要な課題となる。

1.4 乾燥装置の運転とコラプス

凍結乾燥を実施する上では、凍結濃縮相の共晶点以下もしくはガラス転移点以下の温度にて乾燥を進行させることが原則となる。これはコラプスという現象と関連している。凍結乾燥中の材料は、凍結濃縮された相が氷晶に取り囲まれている。氷晶は乾燥時の温度に相当する水蒸気圧と外気圧との差を駆動力として昇華していく。ガラス相内の水はやはりある水蒸気圧を示すために、一定の駆動力を持って蒸発する。水分含量の減った凍結濃縮相はガラス転移点が上昇するために容易には形状が崩壊しない状態となる。ただしこれは乾燥後の多孔質な構造や、それを構成する骨格構造に崩壊のしやすさは依存している。さて、昇華面の温度が凍結濃縮相のガラス転移点を上回った場合、この相は流動性が向上し（ラバー状態を経て液状態となる）、その上部にあるガラス転移点の高い相へと水分が移動できる状態となる（図1.7）。水分の移動は上部相のガラス転移点を再び下げることとなる。ガラス転移点の下がった構造物が、流動性の上昇によって自重に耐えられずに崩壊する現象がコラプスである（図1.8）[9-12]。

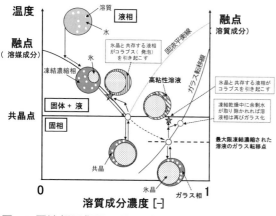

図1.7 固液相平衡図に見るガラス転移点とコラプスの発生

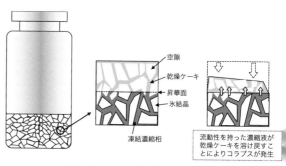

図1.8 コラプス発生の模式図

コラプスが引き起こされる温度は凍結濃縮相のガラス転移温度と強い関係があるが、一致はしない。コラプス温度は乾燥材料の組成、その組成物から成る構造体の強度と関わっている。

コラプスによって形成した高濃度の溶液が示す見かけ蒸気圧が低い場合には、乾燥の進行速度が著しく減少することに繋がる。また、凍結乾燥に期待される様々な品質保持特性の低減も避けられない。ただし、乾燥中にコラプスが起こった場合でも、それが局所に留まるもの（ミクロコラプスと呼ばれる）であれば乾燥を継続させることができる。実際的な凍結乾燥操作は厳密に昇華のみが起こっていると考えるべきではなく、昇華と蒸発が同時に進行しているケースは少なくない。先に凍結乾燥は共晶点もしくはガラス転移点以下にて実施することを原則と書いたが、目的品質を達成できる範囲で乾燥を進行させることがより実際的である。

乾燥装置を適切に運転するということは、コラプスなどによる乾燥不良のリスクを低減しながら、乾燥時間をできるだけ短縮できる運転条件設定をすることである。乾燥過程における製品温度は不良リスクと直結するもっとも重要な因子である。従ってこれを適切にモニタし、より良い運転条件を見出し、操作へとフィードバックさせることが理想的である。そのためには、装置運転中における製品の昇華面温度、ならびに乾燥の進行速度（昇華速度）がモニタできることが望ましい[13]。

乾燥中の製品温度のモニタリング手法についていくつか紹介する。まず、熱電対などの温度センサを任意の製品に設置し、昇華面温度を推算することは最も単純かつ確実な手法である。センサが

有線の場合、センサ設置が可能な範囲の製品しかモニタリングの対象とならず、乾燥室サイズの大きい産業装置の場合には正確なデータ取得に課題が残る。近年では無線の小型温度センサが開発されており、これをいくつかの製品中にあらかじめ投入しておくことで品温モニタをすることは有力な手法である。但し、いずれの場合においてもサンプリング検査であることに変わりは無く、装置内の製品の代表値として満足できないケースも多々ある。非接触で製品温度を推測する手法として、MTM法(Manometric Temperautre Measurement)、PRT法(Pressure Rise Test)などが開発されている。これは乾燥の進行中に乾燥室とコールドトラップ間を結ぶ主弁を短時間閉鎖させ（30秒程度）、乾燥庫内の圧力上昇速度から、昇華面温度を推算する手法である[6,14-18]。この手法によれば、乾燥庫内中のすべての製品の平均的な昇華面温度が得られる。また、乾燥終了の判定にも有効である。ただし、測定精度という観点でまだ課題は残されている。

乾燥過程における昇華速度の実測データが得られることは、より精密な運転の実施を可能とする。まず、昇華速度の実測値より昇華面温度の推算をすることも可能であるし、実測した昇華面温度と昇華速度の双方のデータを用いれば、乾燥ケーキの物質移動抵抗を推算できるため、より精度の高い運転条件のチューニングが可能となる。乾燥装置内部では、乾燥室からコールドトラップに向けて、水蒸気の移動と、装置内にリークしたガスが移動している。乾燥室とコールドトラップに設置した圧力計の差圧から気流速度を推算し、水蒸気移動速度をモニタすることができる。但し、差圧が小さい場合には圧力センサの精度が求められることと、装置の設計、センサの設置場所などにも大きく依存するため注意が必要である。高精度のキャパシタンスマノメーターが広く使用されているが、これは水蒸気以外の気流も区別されず計測されるため、水蒸気移動速度の計測としては精度に限界がある。近年、近赤外レーザーを利用したTDLAS法を水蒸気移動速度の計測へと利用する事例が見られる[19]。乾燥室とコールドトラップを繋ぐ主管内部にレーザー光源と受光部を2セット設置し、吸収バンドの位相のずれから水蒸気移動速度を推算する。高精度で有力な手法であるが、高コストであることは否めない。乾燥装置内の水蒸気を計測する手法として、小型のガスクロマトグラフ質量分析装置を設置する手法もある[20]。これは乾燥の終点判定に最も威力を発揮する手法であると共に、装置内のコンタミ検知（オイル漏れなど）にも対応できる。

今後の展望

製品品質の保持が至上課題となる乾燥製品の製造において、真空凍結乾燥は広く認知されてた技術である。抗がん剤、抗生物質、ワクチンなどの注射剤製造はその代表であり、将来的に注射剤の半数以上が凍結乾燥製剤になるとの見込みもある。高品質なインスタント食品なども凍結乾燥によって製造された製品が近年広く認知されるようになり、製品のバリエーションのみならず、品質の向上もめざましい。東南アジア諸国で産出されるトロピカルフルーツを凍結乾燥させた製品なども多彩なバリエーションの製品が販売されており、これらの地域においても調理食品の凍結乾燥製品などもますます増えていくことだろう。医薬食品以外にも、セラミック材料の製造、剥製製造、古文書、史料などの乾燥手法としても認知されつつある。技術のコアとなる原理原則は1930年代から現在にかけて大きく変わるところは無く（凍結乾燥と関わる物理化学的な現象の理解は大いに深化したが）、装置構成も劇的な変化はない。見方によれば完成された技術とも取れようが、産業ニーズに応えるための改良の余地はまだ多く残されている。

装置内の乾燥の進行のばらつきは様々な事由に起因して発生し、製品間で看過できないほどの乾燥速度（ならびに昇華面温度）のばらつきが生じているのが通例である。例えば同じ乾燥機内に、乾燥が速い製品と遅い製品が混ざっている場合、バッチ生産では遅い製品の乾燥時間にあわせて運転を計画しなければならない。技術開発の方向性として、このばらつきに対処できるような手法開発を目指す方向性と、このばらつきを根本的に低減させる手法開発を目指す方向性がある。前節で紹介したようなモニタリングをベースとする技術開発は前者に該当する。しかし、将来的により重

要となるのは、大きなイノベーションが求められる後者だろう。凍結手法の改良（氷晶の形成制御）、乾燥手法の改良（伝熱促進、伝熱ムラの解消、圧力ムラの解消、水蒸気移動の促進）、乾燥製品の回収からパッケージング、スループットの向上、etc。解決すべき課題は多いが、今後劇的なイノベーションが見られれば興味深い。

〈中川　究也〉

〔参考文献〕
1) Flosdorf, E.W., *Freeze-Drying* : *Drying by Sublimation*. 1949, New York : Reinhold.
2) Nakagawa, K. and T. Ochiai, Journal of Food Engineering, 2015. 161(0) : p.55-67.
3) Goshima, H., G. Do, and K. Nakagawa, Journal of Pharmaceutical Sciences, 2016. 105(6) : p.1920-1933.
4) Nakagawa, K., et al., Chemical Engineering and Processing : Process Intensification, 2006. 45(9) : p.783-791.
5) Nakagawa, K., et al., AIChE Journal, 2007. 53(5) : p.1362-1372.
6) Pisano, R., A.A. Barresi, and D. Fissore, Drying Technology, 2011. 29(16) : p.1920-1931.
7) Pisano, R., D. Fissore, and A.A. Barresi, Industrial & Engineering Chemistry Research, 2011. 50(12) : p.7363-7379.
8) Pisano, R., et al., J Pharm Sci, 2010. 99(11) : p.4691-709.
9) To, E.C. and J.M. Flink, International Journal of Food Science & Technology, 1978. 13(6) : p.583-594.
10) Slade, L., H. Levine, and D.S. Reid, Critical Reviews in Food Science and Nutrition, 1991. 30(2-3) : p.115-360.
11) Slade, L., et al., Journal of the Science of Food and Agriculture, 1993. 63(2) : p.133-176.
12) Meister, E. and H. Gieseler, Journal of Pharmaceutical Sciences, 2009. 98(9) : p.3072-3087.
13) Barresi, A.A., et al., Chemical Engineering and Processing : Process Intensification, 2009. 48(1) : p.408-423.
14) Tang, X.C., S.L. Nail, and M.J. Pikal, AAPS PharmSciTech, 2006. 7(4) : p.E105-E111.
15) Tang, X.C., S.L. Nail, and M.J. Pikal, AAPS PharmSciTech, 2006. 7(4) : p.E1-E8.
16) Fissore, D., R. Pisano, and A.A. Barresi, Drying Technology, 2010. 29(1) : p.73-90.
17) Milton, N., et al., PDA Journal of Pharmaceutical Science and Technology, 1997. 51(1) : p.7-16.
18) Chouvenc, P., et al., Drying Technology, 2004. 22(7) : p.1577-1601.
19) Gieseler, H., et al., Journal of pharmaceutical sciences, 2007. 96(7) : p.1776-1793.
20) Jennings, T.A., PDA Journal of Pharmaceutical Science and Technology, 1980. 34(1) : p.62-69.

第2節 凍結乾燥の応用

凍結乾燥は他の熱をかける乾燥法と比較して、以下のように多くの利点があり、各分野で広く用いられている。
1) 低温での乾燥のためタンパク質などの熱に弱い物質の変性が少ない。
2) ビタミンなどの熱に弱い栄養価が損なわれにくい。
3) 芳香成分（風味）の減少が少ない。
4) 繊維、組織構造が破壊されにくい。
5) 収縮や表面硬化が起き難い。
6) 復元性(吸水性)が非常に良い。
7) 真空下での乾燥により酸化しない。
8) 軽量で輸送コストが低い。
9) 水分活性が低く長期保存が可能。

一方では以下のような難点もある。
1) 昇華潜熱が大きいため加熱コストが高い。（蒸発乾燥の30％増）
2) 昇華作用を利用するために真空状態にする必要がある。
3) 水蒸気の排除を水蒸気の再凝結で行なうため冷熱コストがかかる。更に次バッチのために解凍する加熱コストがかかる。
4) 装置が複雑で大きく、イニシャル・ランニングコストが高い。

乾燥コストが高いというデメリットはあるが、低温での乾燥が可能で熱に弱い物質に適しており、真空中で乾燥することにより酸化が防げるなど他の乾燥法では成し得ない利点があるため、さまざまな分野で活用されている。

ここでは各分野における凍結乾燥の利用法について述べる。

2.1 凍結乾燥装置の概要

凍結乾燥機のシステムは乾燥のメカニズムと同様に、装置構成も複雑になっている。

主な機器は
① 製品を収納する乾燥庫・棚板
② 水蒸気を凝結するコールドトラップ

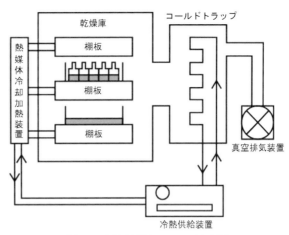

図2.1 凍結乾燥システム外略図

③ 真空排気装置
④ 熱媒体冷却、加熱装置
⑤ 冷熱供給装置
⑥ 機器制御装置

などで構成されている（図2.1）。

以下に各構成機器の機能を説明する。（食品用生産設備と医薬用生産設備の特色を説明するが、化学用は用途によってどちらかの装置を選択する。）

（1）乾燥庫・棚板

乾燥庫は製品を収納する容器で、製品を冷却および加熱する棚板を内部に配置する。

食品用の主流は丸型のステンレス製チャンバーにアルミ製の棚板を組み込み、輻射熱を利用して昇華潜熱を与える（図2.2）。

食品は単価を下げるために大量生産をする必要があり、装置の大型化も進んでいる。バッチ式では棚面積100㎡前後の装置が主流であるが、近年

図2.2 食品用生産機乾燥庫

第1編 低・中真空の利用

図2.3 医薬用生産機乾燥庫

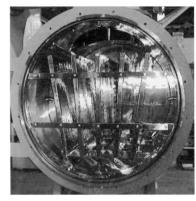

図2.5 医薬用生産機コールドトラップ

では300m²以上の装置も採用されており、味噌汁であれば90,000食/バッチの生産が可能である。2017年現在、国内の生産設備の総棚面積は20,000m²程度であると思われる。

連続生産式の装置もあるが、コンタミネーションの問題があり、インスタントコーヒーの製造のみに特化している。

医薬品用はGMP(Good Manufacturing Practice)省令に準拠しており、無菌性を保障するために研磨されたステンレス製の容器と棚板で構成され、接触伝導熱で昇華潜熱を供給する（図2.3）。

(2) コールドトラップ（アイスコンデンサ）

製品から昇華した水蒸気を再凝結することにより真空度を維持する役割があり、凍結乾燥機の心臓部である。ごく小さな装置では真空ポンプのみで水蒸気を排除するものもあるが、一般的な装置では真空下で膨大に容積が増加する水蒸気は真空ポンプでは排除しきれずに真空度が悪くなるため、水蒸気を再凝結させることで真空度を維持する。

食品用は大量に処理を行うためにコイル式の凝結器で表面積を大きく取り、−40℃程度の温度域で運用する（図2.4）。

医薬用は無菌性担保やコンタミネーション防止のために、洗浄に有利なプレート式の凝結器を採用して、−60℃程度で運用する（図2.5）。

(3) 真空排気装置

予備凍結から乾燥工程に移行する際に庫内の空気を排除するのが主な役割で、乾燥工程中の水蒸気を排除するのは前述のコールドトラップが主になり、真空排気装置は外部からの漏れ空気や製品中から発生する非凝縮性ガスなどを排除する。

凍結乾燥は通常100Pa以下の真空領域で行なわれることから、この領域以下に真空排気できる真空ポンプが必要である。この領域の真空ポンプが19世紀末期に白熱電球の工業化と共に開発されたことで凍結乾燥技術は急速に発展した。

真空ポンプは油回転ポンプや水封ポンプが多く用いられてきたが、食品用・医薬用共に近年は油の逆拡散による汚染防止や排出水の環境問題に配慮したドライポンプの採用が増加している。

(4) 熱媒体冷却、加熱装置

製品に冷熱・温熱を供給するための熱媒体を循環させる装置で加熱には電気ヒータや蒸気加熱を使用し、冷却には冷凍機や冷水を使用する。

食品用の熱媒体には万が一漏洩が起こった際に食材に混入しても健康被害リスクの少ない、食品機械用潤滑油（NSF H1 グレード）の採用が増加している。制御温度は常温〜＋120℃程度で運用される。

医薬用では−60℃〜＋70℃（蒸気滅菌時は＋

図2.4 食品用生産機コールドトラップ

125℃）と広い温度帯を制御することもあり、シリコンオイルが主に採用されている。
(5) 冷熱供給装置

冷熱供給には通常は代替フロンガス(R404A)の冷凍機を使用するものがほとんどであるが、食品用生産設備ではアンモニア＋CO_2を利用した二元冷凍設備の採用が増加している。

また、近年は地球環境保護の影響もあり自然冷媒である液体窒素の利用も採用が始まっているが、ランニングコストが膨大になるデメリットが有り普及は困難である。

生産設備の冷凍機はスクリュー式の物が広く普及しておりレシプロ式と比較して格段に信頼性が上がり、従来の難点であった低負荷時の安定運転が容易になった。

(6) 機器制御装置

恒常的に安定した生産を行なうための各機器を動作させる制御装置は通常PLC（プログラマブルコントローラ）を利用している。

運転状態モニタリングとバッチ記録を残すための記録装置として従来はペーパー式の打点記録計が用いられてきたが、近年は紙詰まりやインク切れのトラブルにより当該バッチの品質保証ができなることを回避するためにデジタル式記録計の利用が増えている。

2.2 食品工学への応用

食品への応用は一般的に最も良く知られている技術であり、目にすることも多いと思われるがその歴史は比較的新しい。

1950年代に米軍の携行食に利用することを目的として開発が進み、その後宇宙食やインスタントコーヒーなどの一般家庭用食材にも利用が広まった。日本国内では1970年代からカップ麺や茶漬けの具材に採用されてから飛躍的に広まった。

利点は数多くあるが乾燥コストが高くなるというデメリットもあり、味・香りや食感に重きをおく、高付加価値が認められる商品にのみ採用されている。開発当初はカット野菜・エビなどの単品具材が中心であったが、より付加価値の高い味噌汁・スープ・カレー・惣菜などの加工食品が増加しており、多種多様な食材・加工法の対応のために、R&Dセンターの導入など組織的な研究も進め

図2.6 備蓄用凍結乾燥食品

られている。

近年は災害時の備蓄用として、長期保存性・搬送性のメリットが認められ、レトルトや缶詰から置き換えられる例も増えている（図2.6）。

デメリットであった価格の面でも核家族化や高齢化による単身者が増えたことにより、一人分だけの食事を作る際にはメリットがあることも認められて消費量が増加した。

生産管理手法は食への安全管理が重要視されており、HACCPによる管理が一般化されている。アレルギー食品対策としても洗浄性の向上や、バッチごとの生産管理手法も確立されてきた。

また、一般的な食品だけではなく、より高付加価値な乳酸菌や菌糸類、ローヤルゼリーやプロポリスなどの健康食品も増加の一途をたどっている。健康食品の用途には一般的な食品用装置ではなく、よりクリーン度の高い医薬用装置レベルの採用が増加しており、製造管理もHACCPではなく健康食品GMPが導入され始めている。

2.3 化学工学への応用

薬品以外の化学品としては他の分野に比較すると実用例は少ないが、化粧品・セラミック・特殊塗料・触媒・ナノ粒子・貴金属・吸着剤の乾燥や樹脂含浸の前処理などに利用が拡大されている。

凍結乾燥の特徴である多孔体の生成や乾燥時の凝集や熱による変成を防ぐことで高品質で特異な性質の製品を生み出すことが可能である。

近年では特に凍結方法の研究が進み凍結濃縮層内部で微粒子を作製する方法[1]など、より均質な製品を生み出すことも可能になり今後の利用拡

図2.7 粒状凍結体

大が見込まれる。

　液体の凍結方法も単に容器に注ぐだけにとどまらず、液体を球状に凍結することで乾燥効率や性状の改善を行なうことも報告されている（図2.7）。

　通常の製品は棚式凍結乾燥機でトレイを使用して製造されることが多いが、有機溶媒を多く含む材料の場合は残留溶媒を減らす目的で乾燥体の表面積を増やすために、顆粒状に凍結したものを攪拌式凍結乾燥機で乾燥する設備もある（図2.8）。

　尚、この装置は有機溶媒を多く含んだ一部の医薬品原薬の乾燥や顆粒状味噌の製造に用いられる

図2.8 攪拌式凍結乾燥機

図2.9 造粒味噌製品（パラミソ）

場合もある（図2.9）。

　化学製品の場合は水には難溶性であったり凝集を起こす物も多く、アルコールやアセトンなどの有機溶媒も数多く利用されている。有機溶媒を使用する場合は残留溶媒の管理や防爆対策も必要になるので、装置仕様やハンドリングにも注意が必要である。また、有機溶媒の比率が多いと凍結乾燥ではなく真空乾燥（昇華ではなく蒸発作用）になってしまうこともあり、溶媒量の決定には注意が必要である。

2.4 医薬工学への応用
(1) 凍結乾燥製剤の歴史

　凍結乾燥発展の起源でもある医薬品への応用は歴史的にも長く、多くの製品に活用されている。

　凍結乾燥法は19世紀末から実用化に向けて研究が盛んになったが、医薬品として実用できる技術が確立されたのは1930年代に入ってからであり、Reichel等による血清の保存性を担保するために凍結乾燥を行なったのが起源とされている。

　1935年にFrosdolf等によって、血清を乾燥するための医薬用凍結乾燥機の基礎となる装置が米国で開発された。その後、軍隊用として高温多湿から極寒の地でも安定的に使用できる製剤を供給することを目的として、血清に始まり、ワクチン・抗生物質など多種多様な製剤への応用が研究された。

　近年では高活性バイオ医薬品などの高度で安定性の悪い製剤の原薬から最終製剤にまで利用が広まっている。

(2) 医薬用装置の特徴

　医薬品は血管や組織内に直接投与されるために、異物の排除や無菌性の確保を最重要視している。特に無菌性においては一番の汚染源である作業員との隔離をするために、自動搬送装置（図2.10）と庫内の自動洗浄・自動滅菌が採用されている。

　また、抗生物質や抗がん剤などの高活性医薬品は健常者には健康被害を与えてしまうために、アイソレータなどの高度な隔離技術により漏洩を防いだ設備の採用が増加している（図2.11）。

　高活性医薬品の増加に伴い、従来の棚式とは全くシステムが異なる「密閉型チューブ式凍結乾燥

第3章 真空凍結乾燥

図2.10 医薬用自動搬送装置（AGV方式）

図2.11 アイソレータ式自動搬送装置

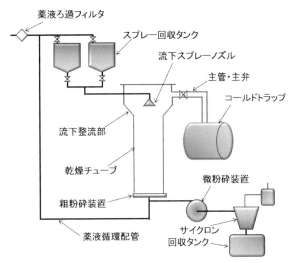

図2.12 チューブ式凍結乾燥機概念図

図2.13 チューブ式凍結乾燥機写真

機」[2)] も開発され、医薬品生産に利用が始まっている（図2.12及び図2.13）。

(3) 管理手法

食品や化学品には明確な法規制はないが、医薬品は無菌操作法やGMPなど各法規制で厳密な管理が行なわれる。

"バリデーション"の概念も取り入れられており、機器の導入計画から医療現場での使用にいたるまでリスクマネジメントを基に製剤を安全に生産するための綿密な計画や管理が求められている。

また、これまでは各国によってGMPが異なり対応が困難なことがあったが、PIC/S (Pharmaceutical Inspection Convention and Pharmaceutical Inspection Co-operation Scheme)GMPが提唱されてからは統一化が進み、2017年5月現在で49カ国が参加（日本は2014年7月から加入）しており、法的な拘束力は持たないが事実上の国際標準となっている。

生産は基本的にはバッチ管理で行なわれるが近年は医薬の連続生産の概念が広まり、凍結乾燥無菌製剤に対しても今後の課題とされている。

2.5 その他の分野

特殊な用途としては、水没した書籍の復元や発掘された木簡や劣化した木製の仏像などの歴史的資料を保存するためにも利用されている。この場合は凍結乾燥後に樹脂を含浸させることもある。

また、凍結乾燥製品を作るのが目的ではないが、宇宙ステーションでの水分回収と再利用を目

的として凍結乾燥手法を取り入れた装置も研究が
進んでおり、今後も幅広い分野での活用が期待さ
れている。

〈細見　博〉

〔参考文献〕
1）中川究也：化学工学，Vol.79，No.9，P.668，
　(2015)
2）細見博：製剤機械技術学会誌，Vol22，No.1，
　PP.48-53，(2013)
3）小林正和：製剤機械技術研究会誌，Vol.7，
　No.3，PP.4-18，(1998)
4）水田泰一、砂間良二：ISO規格に準拠した無菌
　医薬品の製造管理と品質保証、日本規格協会，
　PP.135-167，(2000)
5）細見博：フードケミカル，Vol.361，PP.46-
　51，(2015)

〔第２編〕
金属材料の加工

第１章　電子ビーム溶接

第２章　低真空レーザ溶接

第３章　減圧プラズマ溶射

第４章　真空加熱炉

第５章　イオンビーム加工

第1章 電子ビーム溶接

第1節 概　要

　電子ビーム溶接は、高電圧で加速された電子ビームを電磁レンズにより一点に集束して被溶接物に衝突させることによって運動エネルギーを熱に変えて被溶接物を溶融する加工法である。

　図1.1に示す各種溶接法の中で材料を溶融凝固させて接合する融接法の一つで高エネルギー密度ビームとして位置付けられている。

　電子ビームのエネルギー密度は$10^4 \sim 10^5 kW/cm^2$にも達し、アーク溶接のエネルギー密度10〜$100 kW/cm^2$に比べて格段に高い。

　図1.2に多用な電子ビーム加工における集束ビーム径と集束パワー密度の関係を示す。

　電子ビーム加工は、実用装置としては1950年代にドイツで溶接・窄孔を行ったものが最初とされている。その後フランス、アメリカで原子力などの重工業への応用研究が進み、日本でも1960年以降各社で製品化され今日に至っている[2-6]。

　電子ビーム溶接は真空中での使用に限定されることからその際だつ性能を生かせるのは高付加価値製品の高品質溶接用途である。産業分野としては自動車産業をはじめ航空・宇宙などの重工分野から電子デバイス分野まで幅広く利用されている。

第2節 電子ビーム溶接の原理

　電子ビームは照射される被溶接物の表面からマイクロメートルレベルのごくわずか内部に侵入して止まる。その間に電子が持っている運動エネルギーが熱エネルギーに変わり、発生した熱で電子ビームが衝突した部分を中心にワークを溶融させることにより溶接を行う。

　電子ビーム加工法は真空中で行うのが一般的である。それは電子の質量が陽子の1/1840と非常に軽いため、大気中で電子を照射すると窒素、酸素などの大気分子に衝突して電子が散乱されるため本来持っている高いエネルギー密度が大幅に減衰するからである。

2.1 基本構成

　基本構成要素は、電子銃系、電源系、制御系、加工室系、真空排気系である。

　電子ビーム加工機の概略構成を図2.1に示す。

2.2 電子ビームの発生の原理

　電子ビームは陰極から放出された熱電子を40kV〜150kV程度の高電圧が印加された陰極−陽極間

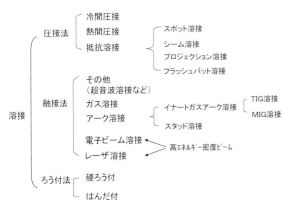

図1.1　各種溶接法における電子ビーム溶接の位置づけ

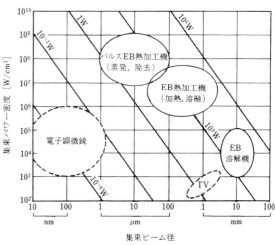

図1.2　各種電子ビーム加工における集束ビーム径と集束パワー密度の関係[1]

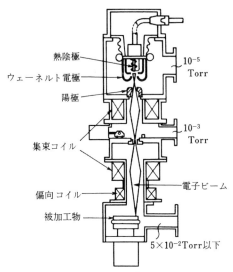

図2.1 電子ビーム加工機の概略構成[7]

で加速し陽極の中央の穴から取り出す。

陰極材料としては熱電子放出材料で安定した電子放出能力を持つタングステン(W)または六フッ化ランタン(LaB_6)が用いられる。

電子ビーム電流は応答を速くするため、ウェーネルト電極に印加したバイアス電圧で制御する（空間制限領域での制御）。

電子ビームを発生する電子銃の構成を図2.2に示す。

陰極は主に純タングステンが使用される。形状は、直径数㎜の棒状やフィラメント形状あるいは厚みが0.1㎜幅が数㎜程度のリボン形状のものがある。陰極材料がLaB_6の場合は棒状のみである。

棒状陰極の場合、消耗の度合いが少なく、陰極

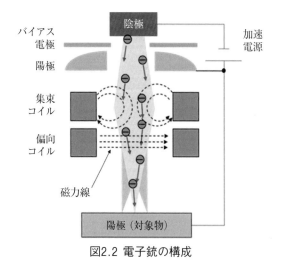

図2.2 電子銃の構成

の装着位置の再現性と安定性に優れているために長寿命で交換容易である[8-9]。

タングステン陰極は約2500℃以上の高温に加熱しその表面から放出される熱電子を陽極との間に印加する加速電圧で引き出す。バイアス電極（ウェーネルト電極）は陰極近傍にあり電位を陰極よりも低くして制御することにより陰極からでてくる電子の量（電子ビーム電流）を高速高精度にコントロールしている。

2.3 電子ビームの集束と偏向

陽極の中央の穴を通過した電子は集束コイルが形成する磁界で集束させる。電子の流れである電流と磁界の作用いわゆるフレミングの左手の法則により電子に中心軸に集束させる力を与える。この集束コイルに流す電流は任意に制御できるので、焦点距離を電気信号で設定することができる。レーザのように焦点距離を変えるため固定焦点の光学レンズをいちいち取り替える必要はない。

集束コイルの直下に偏向コイルがある。これが形成する2次元の磁場で中心部を通過する電子ビームを偏向させることができ、高速オッシレーション、高速スキャニング、マーキング加工などが可能となる。

2.4 電子ビームの性質

電子は荷電粒子であるが波の性質ももっており加速電圧の大きさによってその波長は変わる（ド・ブロイ波）。たとえば加速電圧が40kVの場合、電子の波長は約6pmとX線とほぼ同じレベルの短い波長である。したがって銅やアルミといった1μm以上の波長に対して高い反射率をもつ材料でも、約15％くらいの電子は表面で後方散乱するが残りの約85％の電子は材料の中へ侵入して材料を溶融させる。電子の侵入深さは加速電圧や材料（原子番号）によって異なり、鉄の場合加速電圧40kVで電子の侵入深さは約5μmである[10]。このように電子ビームは銅やアルミに対してもエネルギーが効率よく材料に注入される溶接方法である。

また、タングステン陰極よりも輝度が高いLaB_6陰極を使用したり100kV以上の高い加速電圧を印加したり電子ビームのエネルギー密度はより高くなる。電子ビームの集束角は集束径に影響する。

たとえば焦点距離を短くすると集束径が小さくなり、エネルギー密度は著しく増加するが焦点深度は浅くなる。

第3節 電子ビーム溶接の特長
3.1 概　要
電子ビーム溶接はレーザ溶接と同じ高エネルギービーム溶接法なので溶接メカニズムも類似している。

高エネルギー密度の電子ビームを集束して被溶接物に照射すると、溶融、沸騰、蒸発、飛散といった一連の現象が瞬時に起こりキーホールと呼ばれる細孔が形成される。電子ビームがキーホールに侵入するとキーホールの底に衝突してさらに穿孔を進める。

このキーホールは溶融金属の蒸気圧、表面張力、重力などとの平衡によって維持される。図3.1に示すように電子ビームと被溶接物を相対的に移動させるとキーホールの周りの溶融金属は電子ビームの移動と共に後方へ流動し周囲の母材に熱伝導で吸熱されて凝固し溶融ビードを形成する。

電子ビーム溶接は真空中での溶接であるから酸化など雰囲気ガスの影響は強く受けない極めて高品質の溶接ができる。

電子ビーム溶接法の特徴をまとめると以下のとおりである。
(1) 高エネルギー密度のためキーホール溶接となり熱変形やひずみが少ない
(2) 清浄な真空雰囲気中加工なのでチタンやタングステン、モリブデンといった活性金属や高融点金属の溶接が可能である
(3) 電子ビームのパワー、照射位置を電磁界で高速、高精度に制御できブローホールやワレなどの溶接欠陥の防止や高速加工が可能になる
(4) エネルギー吸収率が高く銅、アルミニウムといった難溶接材でも溶接が容易である

3.2 溶込み深さ
アーク溶接の場合エネルギー密度が小さいので、キーホールは形成されず熱伝導で表面から徐々に溶融してゆく熱伝導型溶融になり表面ビード幅が広く溶け込み深さが浅くなる。

キーホール溶接はレーザの場合、溶接部に発生するプラズマでレーザの吸収や屈折が起こり母材に入るエネルギー密度が減少し溶込み深さが浅くなる。

これに対し電子ビームの場合エネルギー密度はほとんど低下しない。これは真空中で加工するので蒸発物質はシールドガスと衝突しないで真空空間へ飛んでゆくため、蒸発物質の密度が小さく電子ビームとの衝突による散乱がほとんど起こらないからである。その結果溶込み深さはレーザよりも深くなる。

図3.2はアーク溶接、レーザ溶接及び電子ビーム溶接部の模擬断面を示しており、この図から電子ビーム溶接はアーク溶接と比較して同じ溶込深さで比較すると表面の溶融幅は小さくなる。電子ビーム溶接は他の溶接法と比較して溶融量が最も少ないため凝固収縮による熱変形量はもっとも小さい。

図3.3にステンレス(SUS304)、無酸素銅（C1020、アルミニウム合金(A5052)に対する電子ビームの溶け込み性能（溶接速度1m/min）を示す。SUS304に対して1kWあたり約3mmの溶け込み深さが得られる。また上述の特徴（4）より、電子ビームは加工対象物表面での反射がほとんど無いので銅や

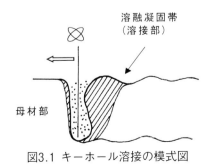

図3.1 キーホール溶接の模式図

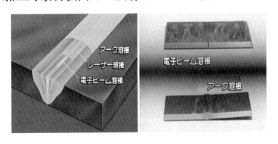

図3.2 溶接部の模擬断面と溶接歪の比較

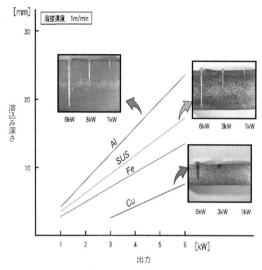

図3.3 電子ビームの溶込み性能

アルミに対してレーザ溶接で使用する吸収剤を使う必要がない。

3.3 難加工材料の溶接

電子ビーム溶接の適用材料は、導電性のよい金属材料が主である。タングステン、タンタルやモリブデンなどの高融点金属や銅やアルミニウムなどのように熱伝導が良い金属等いわゆる難溶接材料といわれるものでも溶接することが可能である。また、真空中環境であるため、酸素、水、窒素などのガス分子がほとんどないので酸化や窒化はほとんど起こらない。その結果チタン、タングステンやモリブデンといった高温で酸化しやすい材料でも高品位の溶接が可能になる。なお、磁性体材料の場合、電子ビームは磁場により軌道が曲げられるので着磁したワークは0.2mT以下に脱磁する必要がある。

3.4 異種金属溶接

電子ビーム溶接は異種金属接合への適用可能性が高い。図3.4に異種金属の各種組み合わせにおける溶接性を示す。

本来は製品の接合品質に対する要求性能で溶接可否が判定されるものであるがここでは一般的な判断基準を示している。

以下ではこれまでの異種金属の接合事例の一部を紹介する。

3.4.1 銅－銅合金の接合事例

シャント抵抗を構成する材料の銅と銅マンガン合金（マンガニン）の接合事例を図3.5に示す。銅マンガン合金を無酸素銅で挟んだ構成でその突合せ部2か所を電子ビームで溶接する。断面写真に示す通りほぼストレートで欠陥のない溶融断面を形成している。

3.4.2 銅－黄銅の接合事例

図3.6にφ0.6mmの銅線と厚み0.6mmtの六四黄銅(C2801)端子の接合事例を示す。

電子ビームは銅線の幅をカバーする領域(0.8mm□)に面偏向照射する。このように面状に高エネルギー密度ビームを0.05secという短時間照射することにより良好な接合を実現できた。

図3.6右にその断面写真を示す。銅の融点が1084℃、六四黄銅の融点が905℃であるので溶融した銅が六四黄銅に接触する界面において溶融し

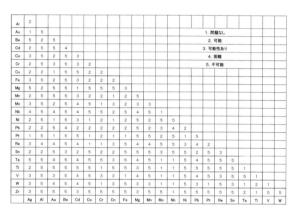

図3.4 金属の組み合わせと溶接性

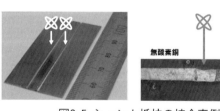

図3.5 シャント抵抗の接合事例

図3.6 銅線と真鍮端子の接合例

第1章 電子ビーム溶接

た銅の熱で六四黄銅が溶融し接合する。銅線を180度屈曲させて手で引っ張ってもちぎれないくらい強固に接合されている。

3.4.3 銅－アルミの接合事例[11]

図3.6～図3.9に銅とアルミの接合事例を示す。図3.7は銅とアルミの丸棒を突合せ溶接した事例である。直径はφ20mmである。アルミ側に黒色の領域が見られるがこれはアルミと銅が溶融してできた金属間化合物である。図3.8は、銅（下側、板厚1mm）とアルミ（上側、同3mm）の板材の接合断面である。アルミ側から電子ビームを照射した。接合面積を大きくするために外形φ10mmの渦巻き状に電子ビームを移動させている。アルミと接する側の銅の最表面だけ溶融するように電子ビームエネルギーを調節して照射した。

図3.9は、アルミの板材の表面に銅薄板(0.5mmt)を電子ビームで両面クラッド溶接したものである。アルミとの界面は強固に密着しておりドリル加工してもその穴の側面で分裂することはない。

3.4.4 アルミ合金の溶接事例

図3.10に純アルミニウム(A1050)とマグネシウム系アルミニウム合金(A5052)の電子ビーム溶接事例を示す。外形φ250mm溶け込み深さ10.9mmの深溶け込み溶接であるが、断面観察からブローホールは見られない。

3.5 溶接欠陥防止

以下に示す溶接欠陥は電子ビームを電磁界で高速に偏向できるという特長を生かし防止することが可能になる[12]。

3.5.1 ブローホール

空孔の多い鋳物や、母材中に硫黄(S)、燐(P)、亜鉛(Zn)などの蒸気圧の高い成分が含まれている場合ブローホールが発生しやすい。これに対し溶融金属を小振幅で高周波偏向させた電子ビームを用いて攪拌しながら溶接することが出来る。これはブローホールの発生や不純物の偏析の防止に効果がある。図3.11に偏向溶接による不純物拡散の概念図を示す。代表的な偏向条件としては、偏向振幅±0.3～0.5mm、周波数は1～5kHzである。

3.5.2 割れ

高炭素鋼の溶接部は急速自己冷却のため、非常に硬度が高く凝固割れや残留応力による遅れ破壊を起す恐れがある。この対策として予熱や後熱を行う場合がある。溶接前後に、図3.12に示すように偏向コイル2軸に位相をずらせた三角波状の信号を与え、電子ビームを面状に偏向し溶接ビード近傍を加熱することで、硬度を低下させる。ビームをスポット状でなく面状にすることにより表面を溶かさずに被溶接物を効率良く加熱することが

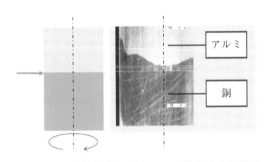

（左）溶接方法概略図　（右）中心部断面
図3.7 銅－アルミの接合事例1

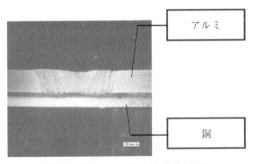

図3.8 銅－アルミの接合事例2

図3.9 銅－アルミの接合事例3

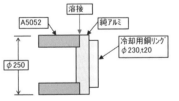 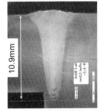

図3.10 アルミ合金の接合事例

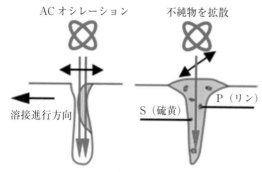

図3.11 高速偏向機能によるブローホール除去

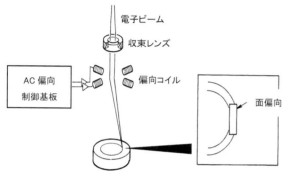

図3.12 面偏向による予・後熱

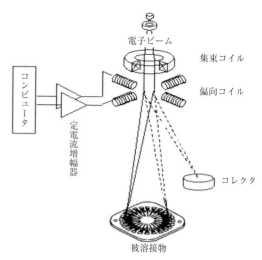

図3.13 高速多点スポット溶接事例

表3.1 各種ろう付け方法の比較

方法	雰囲気	加熱	熱源制御速度
電子ビーム	真空	局所的ごく短時間	超高速
加熱炉	不活性ガス 真空	全体的長時間	低速 （全体加熱）
抵抗加熱	不活性ガス	局所的短時間	高速
誘導加熱	不活性ガス	局所的長時間	中速

出来る。炭素当量が高い場合の凝固割れ対策として予熱（溶接前加熱）は有効である。

3.6 高速多点スポット溶接

対象部品が小型で生産量が多い場合、高速溶接が要求される。たとえば、1ヶ所の溶接時間が0.1s以下のものも少なくない。このような場合、テーブル移動で高速溶接を実現するのは困難であり、電子ビーム偏向溶接が高速制御性の点で非常に有効である。電子ビームは高速偏向特性が格段に優れ、ビームスポット点を高速で移動制御できる。高速多点スポット溶接の実用例としてプリンター印字ヘッド部品がある。これは図3.13に示すような方法で、1箇所毎に円オッシレーション加工を施すことにより、割れやスパッタを抑制しながら96箇所のスポット溶接を2秒で完了する。

3.7 電子ビームろう付け

ワークを直接溶融させる溶接だけではなく、接合面にろう材を挿入し電子ビームで局部を加熱することにより間接的にろう材を溶融させ接合するろう付けの熱源として活用される場合がある。これは電子ビームで溶接が困難な材料、または材料が薄くて溶接が困難な形状の場合に有効である。表3.1に電子ビームろう付け法と各種ろう付け法との比較を示す。

電子ビームろう付け法は真空中、局所、短時間加熱、超高速ビーム移動という特徴があり、加熱領域が微小かつ短時間であっても接合に必要なエネルギーを非接触で投入することが可能である。その結果、従来工法で困難であった低ひずみ接合が可能となる。

3.8 レーザ溶接との違い

電子ビーム溶接とレーザ溶接の最も大きな差異は、前者が真空中加工である。レーザは大気中で加工が行えるため利用しやすい。電子ビームは偏向技術を用いてビームを電気的に高速に制御できるという特長があるので高品質・高信頼性を生かした付加価値の高い用途に利用されている。表3.2に両者の比較を示す。

電子ビームは空間電荷から電子を取り出して利

第1章 電子ビーム溶接

表3.2 電子ビームとレーザの比較

	電子ビーム	CO_2レーザ	ファイバーレーザ
熱源 エネルギー効率	電子 （波長6 pm） ～50%	光 （波長10.6μm） ～6%	光 （波長1.08μm） ～20%
制御方式 応答性	電気的 ◎	励起放電パワーを媒介 △	励起LEDを媒介 ○
焦点 　スポット径 　焦点深度 　焦点位置制御	小（○） 深い（◎） 電気的（◎）	小（○） 普通（○） 機械的（△）	極小（◎） 浅い（△） 機械的（△）
ビーム伝送 自由度	真空中直進 △	ミラー伝送 ○	光ファイバー伝送 ○
加工雰囲気	真空中	大気中（シールドガス）	大気中（シールドガス）
偏向	偏向電磁コイル	ガルバノミラー	ガルバノミラー
集束	集束電磁コイル	銅放物面鏡	石英集光レンズ
溶接品質	◎	○	○
溶接の信頼性・安定性	◎	○	△
生産性	○（小物）/△（大物） （ワークの大きさによって変化）	○	○
装置の信頼性・安定性 　部品点数 　焦点位置変化 　キーパーツ堅牢性 　納入実績（高出力機）	少（◎） なし（◎） ○ 多い（◎）	多い（△） 熱レンズ効果で変化（△） ○ 多い（○）	多い（△） 熱レンズ効果で変化（△） ○ 多い（○）

用するため出力制御性・安定性に優れる。一方レーザは励起パワーを制御しているがレーザ出力を直接制御することは出来ずレーザ発振媒体を介して行う。そのためレーザ出力はレーザ反応への依存性が高く、応答性や制御性に難がある。また電子ビームはパラメータの計測が容易であるが、レーザでは、特に高出力レベルに対して十分耐久性や信頼性のある計測法と機器が確立されているとは言い難い[10]。

焦点位置制御において電子ビームは電気的に行われ高速制御が容易であるが、レーザはレンズの焦点距離で決定されるためレンズを交換するか、レンズ・ワーク間距離を機械的に操作する必要があり、高速制御は困難である。ビームを加工物まで輸送する伝送系では、電子ビームは真空中を直進するしかなく、自由度が著しく制限を受ける。2、3の例外はあるが一般に固定式電子銃で、1、2次元加工が主流である。一方レーザは大気中あるいは光ファイバーを伝送できるため自由度が高い。そのため信頼度の高いロボット技術を導入した3次元加工も比較的容易である。

ビーム照射位置と溶接線の位置合わせ、すなわちビームアライメントは各ビームとも非常に精度の高いジグを採用しているのが現状である。溶接

線の検出機構として、電子ビームでは、反射電子、二次電子あるいはX線の検出によるシステムが実用化されており、また光学的な観察手段も開発されている。しかしレーザでは光学的な溶接線観察手段はあるが、これをフィードバックして倣い制御している例は多くない。

対象加工物の寸法形状は電子ビームとレーザでは異なる。電子ビームは真空チャンバーが必要であり、加工物形状及び寸法は真空チャンバーの大きさで制限される。一方レーザは大気中加工であり基本的には形状の自由度は高い。この大気中加工が、真空で大きく制約を受ける電子ビームと比べ加工形状の自由度をもつことになる。

レーザではビームのオシレーションはガルバノスキャナによる機械的方法となり、ビームの軌跡は正弦波を描く。この方法では正弦波の山と谷でエネルギーの集中が起こり、深さの不均一性が避けられない。

電子ビームはビームのオッシレーションを任意の波形で制御できるため、オシレーション波形として三角波を用いれば、ビーム移動速度は等速となりエネルギーは均一になるので加工深さを均一にすることができる。

第4節 電子ビーム溶接の適用分野

4.1 自動車分野

国内において電子ビーム溶接機は、主に中小型の自動車部品の溶接に適用されている。その理由は、接合品質が高く安定していること、自動化ができ月産数万個以上の量産に適していること、ランニングコストが安いことなどの理由で採用されている。

4.1.1 変速機

変速機用部品であるオートマチックトランスミッションギア(A/T)やマニュアルトランスミッションギア(M/T)の溶接は電子ビームの最も多い適用用途である（図4.1）[13]。

4.1.2 ターボチャージャー

近年、燃費改善要求から増加しているのがターボチャージャー部品である。これは耐熱合金であるインコネルを精密鋳造したタービンインペラと高強度の低合金鋼を加工したシャフト（低合金鋼）を溶接している。ここで電子ビームが発揮する特長は低熱ひずみである（図4.2）[14,15]。

4.1.3 カーエアコン用コンプレッサ部品

アルミ合金製部品に電子ビーム溶接を適用することによって、高品質（溶接欠陥がなく歪みが小さい）、高生産（月産10万個レベル）が可能となった（図4.3）。

4.1.4 その他

圧力センサーの主要部品であるベローズやダイヤフラムは、ベリリウム銅合金製が主で板厚が0.1mmt以下であり従来の溶接法やレーザ溶接では非常に困難であるため電子ビーム溶接が適用されている。また、電子ビーム溶接は導体と接点端子の電気的接続のための溶接に適用されている。たとえば自動車で多数使用されているモータ制御用ICモジュールの端子溶接など信頼性の要求される部品に適用が進んでいる。図4.4に銅部品の溶接例を示す。

4.2 航空・宇宙分野

活性金属であるチタンや耐熱材料であるインコネルなど難溶接材料を多く使用する航空・宇宙機器の溶接には、電子ビーム溶接が活用されている。適用事例として、航空機用エンジン、H-ⅡAロケット用常温ヘリウム気蓄器およびロケット用エンジンなどがある[16-18]。これらの接合継ぎ手には、強度や気密性などにおいて高品質であること、また厚肉構造に対して深溶込みであることが要求される[19]。

図4.2 ターボチャージャーへの適用事例

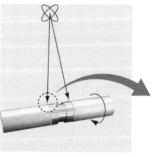 

図4.3 カーエアコン用コンプレッサ部品への適用

(a) M/Tギア　(b) A/Tキャリア

図4.1 変速機部品への適用事例

(a)ベローズ　(b)ダイヤフラム

図4.4 銅部品への適用事例

4.3 発電・重工業分野

 溶接品質の向上および工期短縮の両面から、電子ビーム溶接法が、発電、プラント、重工業分野で適用されている。発電分野では、核燃料再処理プラント溶解層フランジ部のジルコニウム厚板溶接[20]や蒸気発生器、火力発電用炭素鋼ボイラドラム（板厚197mm、内径1.7m）の溶接などに適用されている[21-25]。重工業分野では、化学プラント用大型圧力容器（低合金鋼、板厚119mm、内径3m）、加速器空洞（ニオブ、チタン）や深海潜水調査船「しんかい6500」の耐圧殻（チタン合金）の溶接[26]にも電子ビームが適用されている。

4.4 電子デバイス分野

4.4.1 水晶振動子[27]

 図4.5に水晶振動子パッケージの封止接合に電子ビームが適用された例を示す。0.1mm程度の薄板（リッド）を貫通させないパワーで電子ビームを高速に偏向させながら、リッド裏面とセラミックスパッケージのメタライズ層間のろう材を溶融し、ろう接するものである。高速局部加熱のため内部の部品への熱影響は極小にすることが出来、パッケージ内は真空であることがデバイス特性に好影響をもたらしている。

4.4.2 ニッケル水素電池

 図4.6は車載用2次電池への適用例である。極板と集電板の間にろう材を挟み、集電板側から電子ビームを線状に高速偏向照射する。ろう材の加熱温度を均一にするために高速偏向制御パターンを工夫している。

4.4.3 リチウムイオン二次電池

 リチウムイオン二次電池やキャパシタでは10μmレベルの銅箔やアルミニウム箔の多層重ね溶接部がある。電子ビームで10μm厚の銅箔を多層重ね溶接した断面を図4.7に示す。積層枚数は30枚重ねたもので超音波溶接した断面と比較して大きな変形（断面縮小）はない。また溶融部と母材の境界で分離する不良は見られない。

4.4.4 シャント抵抗

 銅とマンガニンとの異種金属の接合に電子ビーム溶接は最適である。詳細は、前述3.4.1（銅－銅合金の接合事例）のとおりである。

4.4.5 パワーモジュール

 前述の自動車分野への適用事例4.1.4（その他）と同様電子デバイス分野でも同様の適用例がある。電子ビームで端子溶接を行うメリットは下記のとおりである

 1) 0.5mm以上の厚みの端子の接合が可能
 2) 接合時間が短い（1点当たり数十ms程度）
 3) 熱影響領域が極小である

 図4.8に端子溶接の事例を示す。

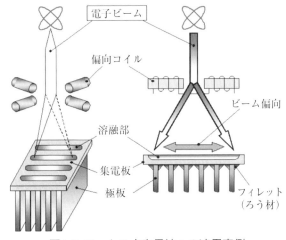

図4.6 ニッケル水素電池への適用事例

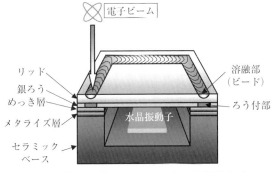

図4.5 水晶振動子パッケージの封止接合[11]

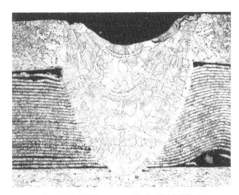

図4.7 銅箔(10μmt)重ね溶接断面

第2編 金属材料の加工

(a) 板と板の接合 　　　(b) 板と単線の接合
図4.8 端子溶接事例

第5節 電子ビーム溶接機
5.1 電子ビーム溶接機の構成
　電子ビーム溶接機は基本的にレーザの発振器に相当する電子銃と高電圧電源、真空環境を作り加工対象を保持駆動する加工室および加工機システム、電子銃と加工室を真空にする真空排気システムおよびそれらを制御する制御盤から成り立っている。
　図5.1に代表的なインデックス式電子ビーム溶接機の構成図を紹介する。
　電子ビーム溶接機特有の構成要素である電子銃、高電圧電源、制御装置、加工室および排気装置について以下に述べる。
5.1.1 電 子 銃
　電子銃は、微細な溶接を対象とするビーム出力300W級から、極厚肉部材を1パスで溶接する100kW級まで実用化されている。電子ビームの加速電圧は40〜150kVの範囲にあり、出力が30kW以下の装置ではX線遮蔽管理が容易な低加速電圧形(〜60kV)が、100kW級の大出力機はビーム集束特性を維持するため高電圧形(〜150kV)が推奨される。

5.1.2 高電圧電源
　電子ビームに電力を供給する加速電源、陰極を加熱する陰極加熱電源、およびビーム電流を制御するバイアス電源で構成される。高周波インバータ、ガス絶縁、光ファイバによる信号伝達などの技術の進歩により、小型・軽量化されている。
5.1.3 制御装置
　電子ビームの制御は専用回路基板で行うが、真空排気やワークの駆動などの機械系はシーケンサ制御で行うのが一般であり、複雑な加工を対象とするプログラム制御機能をはじめ、動作のモニタ機能や異常時の自己診断機能など、装置の保守・点検に関する機能も装備されている。
5.1.4 加 工 室
　対象とする加工物の寸法、形状によって加工室の大きさが異なる。加工室は電子銃が取り付けられて内部が真空になるため大気圧がかかっても変形しないこと、また内部で発生するX線を遮蔽することから十分な余裕を持った厚みを持たせる。またその内面は真空排気時間をできるだけ短縮するためにニッケルメッキ、ショットブラスト、またはバフ研磨を行ったりする。
5.1.5 排気装置
　電子銃の陰極部は約2500℃の高温になるので、酸化消耗を防ぐため、1.3×10^{-2}Pa以下の高真空状態に保つ。陰極部を含む電子銃室の排気には、クリーンで運転準備時間の短いターボ分子ポンプが使用される。
　加工室の真空排気時間は、生産タクトタイムに大きな影響を及ぼす重要なパラメータである。排気装置は、通常、メカニカルブースタポンプと油回転ポンプで構成される。10^{-2}Pa以下の高真空仕様の場合は、油拡散ポンプ、ターボ分子ポンプ、あるいはクライオポンプのいずれかが主排気ポンプとして搭載される。

5.2 システムの主仕様
　電子ビーム溶接機の設備計画にあたっては、基本的に以下の項目について検討する必要がある。
(1) 溶接方法　　主にワークの形状と溶接仕様(直線溶接、円周溶接、円筒溶接)から電子ビームの照射方法、ワークの駆動方法を検討し、XYテーブルや回転機構の仕様や組み合わせが決まる。

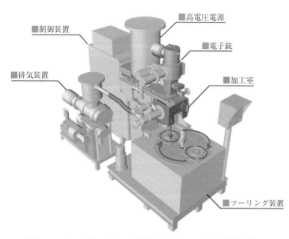

図5.1 インデックス式電子ビーム溶接機構成図

(2) 溶接能力　溶接部の溶込み深さと溶接速度からビーム出力が決定される。

(3) 継手形状　電子ビーム溶接は、基本的には継手形状の制約は無いが、その細くて深い溶込み形状を生かすため、突合せ継手で用いられることが多い。その特長を生かすため継手に関する注意点を以下に示す。

(a) 低歪み溶接を行うには、接合部の精度も必要である。回転体のはめ合いは10〜30µmの締りばめが好ましい。

(b) 溶接して密閉される空間ができる場合には、必ず空気逃げ穴を設けておく。

(c) 非貫通溶接では、段付継手を用いるのがよい。また突合せ角部はシャープエッジは避け、面取りあるいは丸みをつけることが望ましい。

(d) 薄板の重ね継手の場合には板間にギャップがないように治具で十分密着させる必要がある。

(e) 溶接割れを起こしやすい材質では、凝固時に応力が極力かからない継手形状が好ましい。

(4) タクトタイム　量産機の場合には以下の3項目の和がタクトタイムとなる。

(a) 溶接時間：
電子ビーム立上げ、立下げ、仮付け、予熱、後熱時間を含んだ全箇所の溶接に必要な時間。電子ビーム出力と溶接速度は溶接品質試験の結果で良好な範囲内で選択する。

(b) 加工室排気時間：
加工室を所定の圧力まで排気する時間。加工室の寸法や排気システム構成により異なるが、インデックスタイプでは5〜10秒程度となる。連続排気タイプの装置では真空排気時間は実質0秒である。

(c) 機械動作時間：
ツーリング動作時間および真空バルブの開閉時間などの積算時間。装置システム構成により大きく異なる。

5.3 ユーティリティー仕様

電子ビーム溶接機のユーティリティーは、電気、圧縮空気、冷却水である。

表5.1 電子ビーム溶接機システムの種類

分類	装置種類	最大ワーク寸法	加工方法	最大生産量（個／月）
バッチ式 加工毎に真空排気する方式	汎用タイプ	500mm	直線、円周円筒	＜5千
	インデックスタイプ	150mm	円周	＜5万
	ムービングガンタイプ	約2m	直線、円周円筒	＜50
連続排気式 加工室は真空状態を維持する方式	カセットタイプ	150mm	円周、円筒	＜10万
	シャトルタイプ	30mm	円周、円筒	＜10万
	ロードロックタイプ	300mm	直線、円周円筒	＜100万

(1) 電　気

標準的に、三相AC200/220V±10％、50/60Hzである。

電源容量は、簡易的に高電圧電源の容量、真空ポンプの容量および制御電源の容量を合計する。出力6kWの量産機の電源容量は、およそ20〜35kVAである。接地はC種接地基準で必ず行う。

(2) 圧縮空気

空圧機器の動力源で、通常0.39〜0.49MPaの圧力を必要とする。インデックスタイプでは、大気圧換算で200ℓ/minの容量があれば十分である。

(3) 冷 却 水

排気ポンプ、電子銃などを冷却する。冷却水の仕様は0.25〜0.29MPa、35℃以下で流量は排気ポンプの容量により異なるが、インデックスタイプではおよそ10〜30ℓ/minである。

5.4 溶接機システム

代表的なシステムの種類を表5.1に示す。

電子ビームの溶接機システムのバリエーションは、ワークの形状・大きさ、加工方法、生産量などによって決まり以下に主なシステムの特徴を述べる（表5.1）[28]。

なお、表には記載していないが長大ワークに対しては大型加工室、複数の真空排気系を備え高速排気速度を実現する真空排気システム、電子銃を複数搭載し同時に複数の箇所を溶接できるようにした特殊機もある。

5.4.1 バッチ式

(1) 汎用タイプ

図5.2に汎用タイプ電子ビーム溶接機の外観を

示す。加工室形状は立方体あるいは直方体で普通前面が開閉式扉となる。電子銃は天井に固定あるいは電子銃移動機構に搭載し、加工室内にはXYテーブルや回転テーブルが設置され、電子ビーム制御系と連動して円周溶接、直線溶接、円筒溶接など多様な加工が可能である。このシステムは多種類のワークを溶接加工できるように内容積を大きくしたもので、個数の少ない製品または試作加工や加工テストなど多目的に利用することが可能であり、ジョブショップや製品開発／試作部門で活用されている。

動作はワークを加工室内部の治具にセットした後加工室を真空排気し所定の真空度になったら溶接加工する。溶接完了後大気を導入し大気圧になったらワークを取り出す。

(2) インデックスタイプ

図5.3に自動車用トランスミッションギアの溶接に多く用いられるインデックスタイプ電子ビーム溶接機を示す。

加工室の直下に回転テーブル付のフランジを昇降させワークを出し入れする機構をもつ溶接機である。回転テーブルはインデックステーブルの上に2あるいは4個配置されそれぞれ180°または90°回転インデックスすることによりワークを交換する溶接機である。ワークはφ250mm以下の中小物部品を対象とし月産数万個の量産に適したシステムである。

図5.3の電子ビーム溶接機は加工室内寸が約300mm、容積が約27リットルで、この場合の真空引き時間は10秒以下である。

このインデックスタイプによる溶接の手順を以下に示す。

①手前の回転テーブルの治具にワークをセットする。
②インデックステーブルを180°または90°回転させて加工室下までワークを搬送する。
③回転テーブルを上昇させて加工室を密閉する。
④加工室を真空排気する。
⑤電子ビーム溶接を行う。
⑥加工室を給気して大気に戻す。
⑦回転テーブルを下降させる。
⑧インデックステーブルを180°あるいは90°回転し手前に溶接済みワークが加工室下に次サイクルの未溶接ワークが搬送される。
⑨上記を繰り返す。

(3) ムービングガンタイプ

加工室の内部に電子銃を搭載し5軸移動させるガントリー（3軸直線移動、2軸回転移動）をもつ大型の溶接機である。重工部品などの大型のワークの溶接に利用される。加工の都度、真空引きすることは汎用タイプと同様である（図5.4）。

5.4.2 連続排気式

(1) カセットタイプ

図5.5にカセット式電子ビーム溶接機の模式図、図5.6にその外観を示す。本溶接機はカセットと呼ぶ円筒型治具の両端にOリングを取付け、チューブ内のカセットをOリングで気密シールし

図5.2 汎用タイプ電子ビーム溶接機外観
（加工室内寸：W500mm×500mmD×500mmH）

図5.3 インデックスタイプ電子ビーム溶接機外観

第1章 電子ビーム溶接

図5.4 ムービングガンタイプ電子ビーム溶接機外観

た状態でピッチ送りする。手のひらサイズの小さいワークを対象としそれを収納したカセットは加工室に入る前にチューブの側面に開けられた排気口から真空排気され、加工室へ送られたときにはカセット内部は所定の真空度まで排気されている。加工工程と真空排気工程が同時に行われるため、タクトタイムの大幅な短縮が可能である。電子ビーム溶接機1台で月産7万個レベルの生産が可能である。

(2) シャトルタイプ

シャトルタイプは、カセットタイプと同様、ワークと治具を搭載した2つのカセットを左右に移動させることにより、加工中にもう片方のカセットのワークを交換し真空排気しておくもので生産性はカセットタイプと同等である（図5.7）。

(3) ロードロックタイプ

図5.8にロードロックタイプ電子ビーム溶接機の模式図、図5.9に同外観を示す。カセットタイプには入らない大きさのワーク、あるいはワークを複数個搭載して一括溶接する場合に真空排気時間を省略できるシステムである。加工室の前後に排気・給気を行う真空予備室を設け、加工室との間はゲートバルブで真空隔離できると共に、真空予備室と加工室の間をパレットに乗ったワークが搬送できる構造になっている。

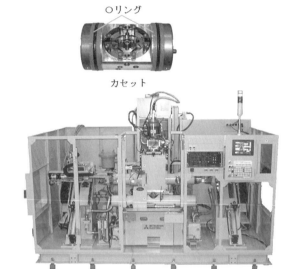

図5.6 カセットタイプ電子ビーム溶接機およびカセットの外観

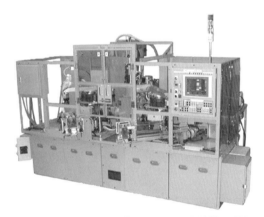

図5.7 シャトルタイプ電子ビーム溶接機の外観

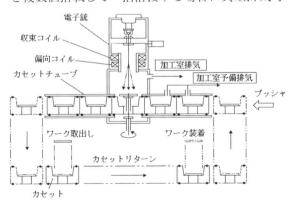

図5.5 カセットタイプ電子ビーム溶接機の模式図

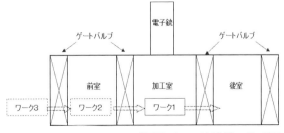

図5.8 ロードロックタイプ電子ビーム溶接機の模式図

501

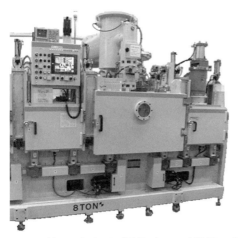

図5.9 ロードロックタイプ電子ビーム溶接機の外観

5.5 安 全 性

電子ビーム溶接機の安全性については、以下の3点が配慮されている。

(1) 可動部や高温部に対する安全対策

通常の工作機械と同じで、人を機器の動作領域および高温部に入れないようにしている。もし故意に入る場合には機器を動作させないのが基本である。具体的には、可動領域や高温部への安全カバー類の取付け、エリアセンサなどによる人の確認、起動押ボタンの両手動作などで防護している。

(2) 高電圧に対する安全対策

低電圧の電源ラインを含め高電圧部を露出させないのが基本であり、高電圧機器はすべてアース電位でシールドされている。このアースラインはC種接地基準の接地端子へ接続される。高電圧接地に関する法令は、「電気設備に関する技術基準を定める省令」(1997年3月27日改正)があり、C種接地基準(10Ω以下、引張強さ0.39kN以上の金属線または直径1.6mm以上の軟銅線)で接地する。

(3) 発生X線に対する安全対策

電子ビームを被加工物に照射すると特性X線が発生する。X線は人体に有害な電離放射線の1種であるため、労働省令第41号「電離放射線障害防止規則」(昭和47年9月30日)で作業従事者の放射線被爆限度が定められている。

電子ビーム溶接機は漏洩X線が「電離放射線障害防止規則」が定める基準よりも充分に低く、放射線測定器の検出限界(1.0μSv/h)以下となるように設計される。定期的に特性X線の漏れがないかどうか専用の放射線測定器で確認することが望ましい。メーカ以外の放射線に関する知識が充分でない人が電子ビーム溶接機の改造を行うことは絶対に避けるべきである。

5.6 前処理(ワークの洗浄)

電子ビームで深溶込み溶接を行う場合、溶接の接合面や表面に油分が付着していたり酸化膜や窒化膜が形成されていたりすると、溶融金属中にこれらに起因するガスを巻き込んで溶接欠陥が発生しやすい。そこで溶接前には十分にワークを洗浄することや程度によるが基本的に酸化膜、窒化膜がないように削り落とすことなどが必要である。

溶接前の加工工程での油、処理剤などが継手部に付着している場合、接合部の品質に影響を与えるばかりでなくその飛散物で装置を汚染し溶接品質の安定性を低下させる原因となる。また付着している表面物質からの放出ガス(主に水分)が原因で真空排気時間が遅延することもあるので注意を要する。

5.7 溶接品質検査

電子ビーム溶接機は加速電圧、ビーム電流、フォーカス電流、偏向電流などの制御安定性は高いが、溶接品質を確認しているわけではない。

溶接後、溶接ビードの表面を検査して、ビードの位置ずれや表面状態を判定する装置、および溶接ビードの溶込み深さやブローホール、ワレなどの溶接欠陥の存在を超音波探傷器により直接判定する装置が実用化されているので、総合品質管理の手段として有効である。

5.8 電子ビーム溶接機の保守

電子ビーム溶接機の保守において、経年的な部品特性の変化によるものを再調整するという長期的なものと、日常作業、定期的な作業として位置づけられるものとがある。一般に前者はメーカによる定期点検、後者はユーザで行う保守、点検として区別される。

5.8.1 メーカによる定期点検

メーカによる定期点検として実施する主な内容には以下のものがある。

(1) 電子ビームの軸調整など特性調整

（2）　電子銃内部品の劣化チェックと交換

（3）　電気制御回路の特性チェックと調整

5.8.2 ユーザ保守・点検

　電子ビーム溶接機で、ユーザが行う保守対象は、ワーク搬送、駆動に関する機構部、加工室内部、真空排気系、治具および電子銃の陰極部である。

　注意すべき点を以下に述べる。

・溶接時に発生する金属蒸気は、真空排気時間を遅延させる最大の要因である他、ビーム特性をも変化させる。最も影響を受けるのは加工室で、インデックスタイプで稼働率が高い場合は１回/日加工室内壁面と排気用フィルタの掃除を、１回/週、電子ビーム通路と治具類の掃除をする必要がある。

・稼働中陰極は約2500℃の高温であり、またわずかに存在する残留ガスの影響を受けて少しづつ消耗するため定期的に交換する。陰極寿命を延ばすには、コラム弁などからの真空漏れを無くして電子銃室の真空度を高く維持すること、ワークの清浄度を維持して溶接時の発生ガス量を減らすことが効果的である。

・真空排気系の保守は、真空ポンプ油の交換、給油が主な作業となる。特に水分や前工程の加工油や、溶接時の金属蒸気が多い場合には、真空ポンプ油が短時間で劣化するのでその場合は交換頻度をあげる必要がある。

〈花井　正博〉

〔参考文献〕

1）村上、丸山、桂田、内海：電子ビーム溶接研究委員会資料、EBW-411-87、(1987)

2）J. A. Stohr：Electric Welding of Metals, Technical Symposium on Fuel Elements, Paris, Nov., 18-25(1957)

3）J. A. Stohr, Briola, J.：Weld. met. Fab., 26 (1958)366

4）K. H. Steigerwald：The Second International Symposium of the Japan Welding Society, p.621, (1975)

5）A. H.メレカ著、寺井清訳：電子ビーム溶接-原理と実際、産報(1972)

6）塚本進（取材協力）：溶接技術、Vol.61, No.2,

p.121, (2013)

7）新見、原：溶接技術、Vol.34, No.4, (1986)

8）高野、安永、佐々木、藪中、原：電子ビーム溶接研究委員会資料、EBW-232-80, (1980)

9）上山、安永、佐々木、奥田、大峯：電子ビーム溶接研究委員会資料、EBW-178-77, (1977)

10）入江宏定：溶接学会誌、Vol61, No.6, p.49, (1992)

11）花井：機能材料、Vol.34, No.12, p.12, (2014)

12）中西、古沢：住友金属、Vol.33, No.2, p.169, (1981)

13）門野、乾、柴田、三瓶：電子ビーム溶接研究委員会資料、EBW-259-81, (1981)

14）S. Nobori, Y. Uratani：電子ビーム溶接研究委員会資料、EBW-371-85, (1985)

15）大岩、熊井：溶接学会論文集、Vol.29, No.1, p.35, (2011)

16）大隅：電子ビーム溶接研究委員会資料、EBW-5-71, (1971)

17）福島：溶接学会誌、Vol.76, No.1, p.27, (2007)

18）都築：溶接学会誌、Vol.74, No.8, p.521, (2005)

19）N. F. Bratkovich, R. E. Roth and R. E. Purdy：Weld. J., Vol.44, p.631, (1965)

20）名山：溶接学会誌、Vol.69, No.3, p.197, (2000)

21）L. H. Leonard, J. R. Morley, L. Dunn：AFSC INTERIM REPORT 7-926, (1962)

22）喜多、和田、中崎、圷、加沢、本島、飯吉、宇尾：溶接学会誌、Vol.50, No.3, p.80, (1981)

23）喜多、大国、妹島：溶接学会誌、Vol.49, No.11, p.11, (1980)

24）喜多、中崎、圷、志田：電子ビーム溶接研究委員会資料、EBW-226-79, (1979)

25）浦谷：溶接学会誌、Vol.79, No.3, p.207, (2010)

26）高野：溶接学会誌、Vol.81, No.8, p.633, (2012)

27）野口、菊池、村上、竹野、吉川：三菱電機技報、Vol.75, No.10, (2001)

28）花井：ツールエンジニア、Vol.47, No.7, p.44, (2006)

第2編 金属材料の加工

第2章 低真空レーザ溶接

緒　言

　現在、数10mmを超える厚板溶接の技術命題は工数低減と内部欠陥のない溶接品質の両方であり、電子ビーム溶接が有力な手法として存在する[1]。これに対して近年、高出力・高輝度な固体レーザが台頭しており、最近では100kW級のファイバーレーザ発振器が開発され、深溶込みが期待できる状況にある[2]。また、低真空雰囲下でのレーザ溶接が、深溶込みと高品質化に効果があると報告されている[3]。

　本稿では、これまでの真空中でのレーザ溶接研究を紹介し、そして筆者らが研究中の低真空レーザ溶接法の構成や溶接性について述べ、100kW級ファイバーレーザ発振器を適用した低真空レーザ溶接が、電子ビーム溶接に匹敵する深溶込みと高品質化の可能性を持つ事に注目し、溶接現象や加工条件と欠陥形成の傾向を嫡出した試験についてまとめる。なお、レーザ加工の主たる産業においてはレーザ出力500W〜4kWが主流出力帯であるが、今回加工現象が顕著に現れる10kW超発振器、100kW発振器による調査をまとめた。

第1節 真空雰囲気下でのレーザ溶接

　真空中でのレーザ溶接研究は、我が国で研究開発された電子ビーム溶接研究[1]後の炭酸ガスレーザ（以下CO_2レーザ）導入時から研究されている。この頃から大気圧下にてレーザ溶接中加工点に発生するプラズマの影響で溶込みが減少する一方、真空雰囲気にすることでプラズマの発生を抑制しより深い溶込みが得られる事が分かっていた[4]。

　真空雰囲気下でのレーザ溶接研究結果をまとめた文献[5]によると、CO_2レーザを熱源とし真空度が約0.1〜100Torr（約13.3Pa〜13.3kPa）程度といった電子ビーム溶接のように高い真空度ではない低真空領域にて、大気圧下に比べて2倍程度の溶込み深さが得られ電子ビーム溶接と同等の能力

を有している事が分かっている。

　その後、レーザ媒質が気体から固体へ移り替わる中で、溶接金属の内部欠陥（ポロシティ：気泡や空隙）低減に及ぼす真空の効果が確認されることで、固体レーザ発振器を用いた真空レーザ溶接現象の研究も盛んに行われた[6]。この研究では、真空中でのレーザ溶接時のキーホール（材料を蒸発させるために高密度エネルギーのレーザ光を照射した際に形成される溶融金属に囲まれた穴）挙動や気泡の生成状況と金属融液の湯流れをX線透視法でリアルタイム観察することで真空の影響を明らかにし、真空雰囲気下でのレーザ溶接が高品質化につながることを説明している。

　そして近年では、高出力・高品質なディスクレーザやファイバーレーザを用いた真空溶接の研究[3,7]が進められている（詳細は次節より後述する）。この分野では日本が先行して研究をしていたが、最近になり固体レーザを用いた真空溶接研究はドイツ等[8]でも見受けられるようになり日々研究開発が進んでいる分野となっている。

　以上が真空雰囲気下でのレーザ溶接研究の変遷概要であるが、電子ビーム溶接との違いについても以下に述べる。現在の深溶込みの溶接部を必要とする構造物では、熱源が電子である電子ビーム溶接が主に使用されているが、①磁場の影響を強く受け磁性材料では脱磁処理が必要で、②X線の発生を伴うため鉛板等で遮蔽する必要があり、③チャンバー内の圧力を10^{-5}kPaの高真空雰囲気にする必要がある。一方熱源がレーザの場合、磁場の影響を受けないため、材料を選ばず溶接を行うことができ、またX線を発生しないため、比較的容易な真空チャンバーや排気環境で真空溶接を行え、新たな真空中溶接用熱源として利用されることが期待でき、ものづくり産業の観点からも魅力ある工法と言える。以下、真空度が0.1kPa以上の雰囲気で溶接を行う「低真空レーザ溶接」という用語で統一し、最近の研究開発内容を報告する。

504

第2章 低真空レーザ溶接

第2節 低真空レーザ溶接
（ディスクレーザ16kW）
2.1 構　成[3]

図2.1に実験環境の模式図を示す。レーザ発振器は最大平均出力16kW（連続発振型）のディスクレーザ（波長帯：1030nm、BPP：8mm*mrad）装置である。レーザ光は、発振器からコア径φ0.2mmのファイバーによって伝送され、焦点距離1000mmの透過型出射光学系を通じて、アクリル製のチャンバー内の被溶接材の表面に集光した。被溶接材は板厚80mm（幅50mm）のオーステナイト系ステンレス鋼SUS304を用いた（註：紙面の関係上ここではSUS304のみ報告するが、文献[3]ではアルミニウム合金A5052についても報告している）。

レーザは垂直に入射され、レーザスポット径はφ0.5mmである。低真空雰囲気下を作り出すためチャンバー内部を所定の圧力にするため、排気速度3.5g/sの2基及び11g/sの1基のロータリーポンプを使用し、0.03kPa程度まで減圧後、窒素ガスを導入し、所定の低真空雰囲気に制御した。なお、入射レーザ光が通過する保護ガラスに、レーザ照射による被溶接材からの金属蒸気が付着するのを防ぐため、保護ガラスをチャンバー天井に高さ500mmを超える煙突部（以下、シールド筒と称す）を設置し、保護ガラス下部にシールドガスの導入口があり、金属蒸気の付着を防げる方向に導入ガスの気流制御設計を行っている。低真空下は前記のチャンバー内でレーザ照射を行い、大気圧下(101kPa)では、被溶接材をチャンバーから出しメルトラン溶接を行った。

2.2 溶接性[3]

ステンレス鋼SUS304に対し、レーザ出力16kW、溶接速度17mm/s、焦点外し距離0mmの条件で雰囲気圧力0.1、10、50、101kPaで得られた典型的なビード外観と溶込み断面の写真を図2.2に示す。ビード幅は大気圧(101kPa)から減圧するに伴い6.1mmから狭くなり、1.7mmとなりハンピングビードが形成された。溶込み深さは、大気圧下での15mmから増加し、10kPaで26mmの最大溶込みに達し、大気圧下の溶込みに比較して1.7倍となった。一方、大気圧の1000分の1に減圧された0.1kPa雰囲気下では、10kPaでの溶込みと比べ、顕著な深さの増加がないことがわかった。

雰囲気圧力が減圧されると、ステンレス鋼の蒸気圧が低下し沸点が低くなるのでキーホールの生成温度が下がり、深溶込み溶接に有効であることが考えられる。しかし図2.2の通り10kPaで最大溶込みが飽和し0.1kPaでは大きな差は見られない。この結果はCO_2レーザを用いた真空中のレーザ溶接でも同様の飽和圧力が存在している[4,5]。

大気圧(101kPa)下でのレーザ溶接時では、キーホール内部及び直上において金属蒸気又はシールドガスが一部電離することによって形成されるプラズマや発光体（以下、レーザ誘起プラズマ又はレーザ誘起プルームと呼ぶ）が確認できる。しかし、雰囲気圧力を減圧することによってプルームは大きく異なり、図2.3に示すように101kPa下では、大量のスパッタを伴って羽のような形状の一般的なプルーム発光が観察され、50kPaでは大気圧下より形状が小さいプルーム発光が確認され、10kPaになるとプルーム発光はレーザ照射部付近

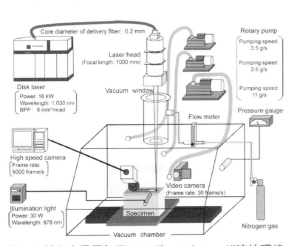

図2.1 低真空雰囲気下でのディスクレーザ溶接環境の模式図[3]

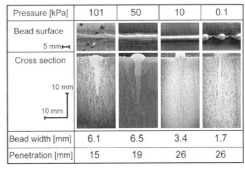

図2.2 各雰囲気圧力下でのステンレス鋼(SUS304)の溶接結果[3]

第2編 金属材料の加工

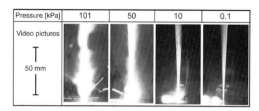

図2.3 各雰囲気圧力下でのレーザ誘起プルームのビデオ観察結果(SUS304)[3]

に限定され、照射部上空には入射レーザ軌跡のような発光が観察された。さらに減圧した0.1kPaでは入射レーザ軌跡のような発光が明瞭に観察され、以上の雰囲気圧力の変化からレーザ誘起プルームの生成とレーザの安定的な母材入熱に相関がみてとれる[3]。

第3節 低真空レーザ溶接
（ファイバーレーザ100kW）

3.1 構 成[7]

前節のアクリル製チャンバーを用いて、ファイバーレーザを熱源とした低真空レーザ溶接の研究結果を報告する。図3.1より、用いたレーザ発振器は最大平均出力100kW（連続発振型）のファイバーレーザ（波長帯：1070nm、BPP：25mm*mrad）装置である[2]。加工ヘッドは焦点距離1000mm（スポット径1mm）の反射型の出射光学系である。前掲図1.1の構成に比べレーザ出力30kW以上では、金属蒸気が膨大に噴出することが予想されたため、ロータリーポンプの排気能力を高め合計2984ℓ/minまで増設し、加工ヘッドのワークディスタンスに合わせてシールド筒の全長も変更した。

被溶接材は、板厚150mm（幅80mm）のSUS304を用いた。シールドガスは、チャンバー内圧調整用と溶接中にウィンドウへの金属蒸気付着防止用にシールドガス筒を通じてフローメータで流入調整し、圧力ゲージ等で真空度（雰囲気圧力）を確認した（前節2.1 構成と同様）。なお、本試験で主に使用したガス種は窒素だが、一部アルゴンも用いた（次節で後述）。任意の真空度に調整後、チャンバー内の一軸ステージを制御し、任意条件で溶接長120mmのメルトラン試験を実施した。

3.2 溶接性[7]

試験の加工条件は、レーザ出力を5水準(30、40、50、60、70kW)として出力変化による溶接性の影響を確認した。その他の条件は固定とした（溶接速度：0.3m/min (5mm/sec)、焦点外し距離：-30mm、レーザ入射角度：前進角10°、雰囲気圧力：1kPa、シールドガス種：窒素）。ビードの外観と溶込み形状の結果を図3.2に示す。特にレーザ出力50kW、70kWでは各々の溶込みが100mmと125mmでビードも美麗な深溶込みとなった。次に、大気圧(101kPa)時のレーザ溶接結果と比較した溶込み深さのグラフを図3.3に示す。焦点外しと被

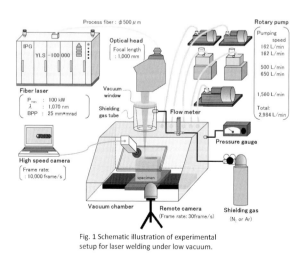

図3.1 低真空雰囲気下でのファイバーレーザ溶接環境の模式図[5]

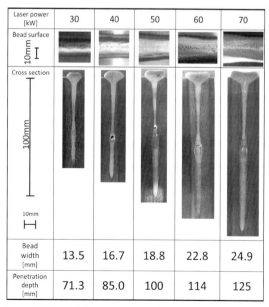

図3.2 雰囲気圧力1kPa下での各レーザ出力溶接性結果(SUS304)[7]

溶接材の形状以外は同じ条件でメルトラン試験し、大気圧時の加工条件はレーザ出力3水準(10、50、75kW)の溶込み深さを図示した。

グラフ図3.3の通り、低真空雰囲気(1kPa)は大気圧(101kPa)に比べて（焦点外しや被溶接材形状の違いを考慮しても）、溶込み深さは約2～2.3倍深く、低真空雰囲気の効果が大出力レーザ溶接でも得られることが分かった。しかし、図3.2の断面写真よりレーザ出力40kW以上では溶接内部にポロシティを確認し、前節2.2（溶接性）でも見られなかった結果となった。溶接表面下に注目すると細いクビレ形状が確認できる。このクビレによって金属蒸気がトラップされ気泡として残り、ポロシティが残存したと考えられる。

ポロシティの防止策としては図3.4より、シールドガス種を窒素からアルゴンに変更、または雰囲気圧力を変更することでポロシティが無くなる事を確認した。

シールドガス種を窒素からアルゴンに変更することで、加工点付近のレーザ誘起プルームの挙動が変わり溶込み形状が変化しクビレ部分が太くなり気泡が抜けポロシティが防止されたと考えらえる。また、雰囲気圧力を増加することでポロシティを防止する事も可能である。図3.4より、1kPaから5kPaへ雰囲気圧力を変化させることでビード幅が増加し溶込み深さが減少するが、溶接形状のクビレが解消されポロシティを解消できることを確認した。

第4節 低真空レーザ溶接部の評価試験
4.1 評価方法と評価結果

筆者らは、これまで前節（低真空レーザ溶接）の構成で研究を進め大出力レーザでの低真空の効果を確認しその研究成果を報告してきた[7]。この節では、低真空レーザ溶接によって溶接品質が向上しているのかを確認するために、これまで採取したメルトラン溶接結果から、ビード外観や溶接形状から溶接品質上良いと考える加工条件で、評価試験体サンプルを作製し低真空レーザ溶接部の健全性を評価した。

具体的には、図4.1a）に示す板厚150mm（幅300mm、長さ110mm）のオーステナイト系ステンレス鋼SUS304材の試験体を3個準備し、各々の突合せ継手の開先に対して、両面から低真空レーザ溶接を施工しI型溶接開先部の全厚溶接を実現した。そして、その継手に対しアメリカ機械学会(ASME：The American Society of Mechanical Engineers)が策定している、ASMEボイラ及び圧力容器基準のASME Section IX（溶接、ろう付け及び融接の認定）[9]を適用し評価した。評価に用いた試験体ステンレス鋼SUS304の化学組成を表4.1

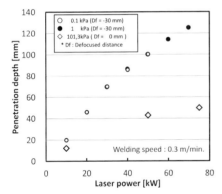

図3.3 雰囲気圧力の溶込みへの効果[7]

Shielding gas	Nitrogen	**Argon**	Nitrogen
Pressure	1kPa	1kPa	5kPa
Cross section	（Porosity）		
Bead width [mm]	18.8	20.1	19.8
Penetration depth [mm]	100	95.5	84.0

図3.4 ポロシティ改善方法（レーザ出力50kW、SUS304）[7]

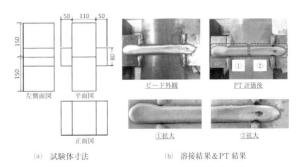

図4.1 試験体寸法a）とPT試験結果b）

表4.1 試験体の化学組織（mass%）

C	Si	Mn	P	S	Ni	Cr	Fe
0.02	0.06	1.29	0.032	0.003	9.19	18.30	Bal.

表4.2 ASME Sec.IX準拠　品質試験結果一覧

【加工条件】
Laser power：60kW, Welding speed：0.3m/min, Defocused distance：−30mm, Pressure 5kPa, Incident angle：10 deg., Shielding gas：Nitrogen, 2 passes

試験項目	試験方法	判定基準	結果	合否判定
表面PT	Sec.IX QW-195.1	Sec.IX QW-195.2 有害な欠陥無き事	有意な欠陥無し	合格
RT	Sec.IX QW-191.1.1	Sec.IX QW-191.1.2	有意な欠陥無し	合格
引張試験	Sec.IX QW-152	母材ミルシートのMin.（規格値）引張強さ以上	規格値以上で破断	合格
曲げ試験	Sec.IX QW-162	Sec.IX QW-163 3mmを超える割れが生じない事	割れ無し	合格

に示す。表4.2が今回実施した加工条件と評価項目である。

加工条件は、前掲図3.4の雰囲気圧力5kPaの溶接結果から検討した結果である。またメルトラン用の試験体と評価試験体との寸法変化から熱容量の差によって溶込み深さ変化の懸念があったため、十分な溶込みを得るためにレーザ出力を50kWから60kWに増加させて実施した。その他の条件は図3.4の条件と同様である。

評価項目は、表面ビード上での欠陥を確認するための浸透探傷試験(PT：Penetrant Testing)、溶接内部欠陥有無を検出する放射線透過試験 (RT：Radiographic Testing)、引張試験、曲げ試験の4項目である。その他に、断面マクロ・ミクロ観察、ビッカース硬さ試験を実施し、溶接内部の評価を行った。

評価結果は表4.1右列の合否判定であり、ASME Section IXに則った試験方法と判定基準に基づいて、外部試験機関にて評価した結果一覧である。個別の結果説明は次節から説明（RTのみ紙面の都合上省略する）するが、全体としてASME Section IX規格準拠に合格し、今回の低真空レーザ溶接が高品質な工法である事が分かった。

4.2 表面PT

図4.1b）にPT試験結果を示す。ビード外観は前掲図3.2と同様に美麗なビードを形成している。前節3.1（構成）で説明したようにシールドガスが窒素で雰囲気圧力調整されており、酸素残存量が非常に少ない状態で溶接されたため酸化は確認されなかった。PT評価後（表4.2 試験方法：QW-195.1）の①や②の拡大部を確認すると、拡大部②の終端はキーホール溶接終了後にできた穴のため窪みが残っているが、評価部分では指示模様が確認されず、有害な欠陥は確認されなかった（表1.2判定基準：QW-195.2）。

4.3 引張試験

図4.2に、引張試験の試験片の形状と破断部の状況と結果を示す。板厚150mmでは外部試験機関の試験機ではつかめなかったため、中央部から70mmとなるように切断し試験体2本を用意し、定められた試験方法（表4.2試験方法：QW-152）で試験を実施した。

引張試験後の試験片

破断部拡大（試験片番号：T1）

破断面

試験片番号	板厚(mm)	板幅(mm)	断面積(mm²)	荷重(N)	引張強さ(N/mm²)	破断位置	合否判定
T1	69.92	19.01	1329	782000	588	溶接部（溶接中央部より破断）	合格
T2	69.92	19.02	1330	782000	588	溶接部（溶接中央部より破断）	合格
判定基準（ミルシート規格値）			−	520以上		−	−

図4.2 引張試験結果

引張試験した結果、破断位置は溶接中央部で破断した。次節以降の曲げ試験やビッカース試験の結果で後述するが、内部欠陥は確認されず引張強さも試験体ミルシート規格値(520N/mm^2)より上回った引張強さ(588N/mm^2)が得られ判定基準（表4.2）に則って合格判定であった。

4.4 曲げ試験

この試験は、突合せ溶接継手の側面が引張側になるように曲げる試験(JIS Z 3001)であり、表4.2の試験方法であるQW-162に則って試験を行った。試験片は4個用意し評価を実施した結果、図4.3の通り全ての試験片の溶接部からは割れが全く確認されなかった。これは、高温割れやポロシティによる割れがない事を示しており、良好な継手を形成していることが分かった。

4.5 断面マクロ・ミクロ観察

断面マクロ結果を図4.4に、溶接部と母材の組織をミクロ観察した結果を図4.5に示す。断面マクロでは溶込み深さ94.5mmと25mm程度オーバーラップして突合せ継手を全厚溶接されていた。ミ

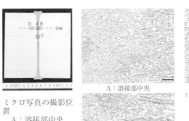

ミクロ写真の撮影位置
A：溶接部中央
B：ボンド部
（溶接金属約1/3）
C：重ね部
D：母材

図4.5 ミクロ観察結果

クロ観察すると、溶接部ではデンドライト状組織が一様に凝固形成されており良好な結果となった。

4.6 ビッカース硬さ試験

図4.6より、母材から熱影響部そして溶接部にわたって、表裏面下20mmと中央部にて試験材料の硬度を測定した結果、いずれの部位も著しい硬化や軟化は認められなかった。この結果から、前節4.3（引張試験）の通り引張中央部にて破断したと考えられる。また、溶接断面形状が表面から中央部にかけて一定の太さであるため、凝固する際にも一様に冷却されて硬度も大きく変化しなかったと考えられる。

結　言

表4.3の通り低真空レーザ溶接が、電子ビーム溶接と同等に近い深い溶込みが得られる事、そして溶接品質が高いことを示した。ただし、大気圧で溶接可能なレーザ溶接をチャンバーで拘束されるのは実用性に乏しいとも言える。今後は、溶接

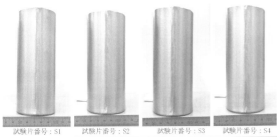

曲げ条件		試験片番号	試験結果	合否判定
曲げ直径(mm)	曲げ角度(°)			
40	180	S1	割れなし	合格
40	180	S2	割れなし	合格
40	180	S3	割れなし	合格
40	180	S4	割れなし	合格
判定基準		—	3mmを超える割れが生じないこと	—

図4.3 側曲げ試験結果

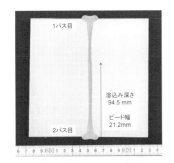

図4.4 断面マクロ結果

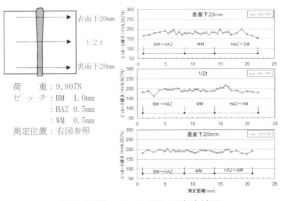

図4.6 ビッカース硬さ試験結果

第2編 金属材料の加工

表4.3 従来溶接法との優位性比較

	大気圧レーザ溶接	電子ビーム溶接	低真空レーザ溶接
ビード外観	△	○	○
深溶込み	△	◎	○
高品質化	△	○	○
設備管理	◎	△ (脱磁処理、X線遮蔽防止必要等)	○ (簡易な真空環境で構築可能)

　現象の原理解明も引き続き進めながら、ものづくり産業で貢献できるように、上記課題を改善していく所存である。

〈住森　大地〉

〔参考文献〕

1）Yoshiaki ARATA and Michio TOMIE：Transactions of JWRI、2-1、p.17-20、(1973)

2）伊藤晋吾：溶接技術、63-1、p.78-84(2015)

3）阿部洋平、川人洋介、中村浩、西本浩司、水谷正海、片山聖二：溶接学会論文集、31-1、p.48-55(2013)

4）Yoshiaki ARATA, Nobuyuki ABE and Tatsuhara ODA：Transactions of JWRI、14-2、p.217-222、(1985)

5）レーザ熱加工研究会：レーザ溶接の現状と将来技術、p.187-192(1994)

6）小林良弘、渡瀬直樹、片山聖二、水谷正海、松縄朗：溶接学会全国大会講演概要、67、p.92-93(2000)

7）川人洋介、水谷正海、片山聖二、牧野吉延、河野渉、住森大地、伊藤晋吾、鈴木啓市：溶接学会全国大会講演概要　平成27年度春季全国大会、セッションID：408(2015)

8）例えば、Uwe Reisgen, Simon Olschok, Stefan Jakobs：ICALEO2013、P.341-350

9）The American Society of Mechanical Engineers (ASME)：ASME Boiler & Pressure Vessel Code Section IX、(2013)

第3章 減圧プラズマ溶射

第1節 減圧プラズマ溶射装置

減圧プラズマ溶射法(Low Pressure Plasma Spraying；LPS)は、雰囲気制御可能な真空容器内の減圧雰囲気下で行うプラズマ溶射法である。LPS装置の外観写真を図1.1に、溶射装置構成図を図1.2に示す。真空容器内に真空環境対応型のプラズマ溶射ガンや6軸ロボット、回転台等が設置されている。

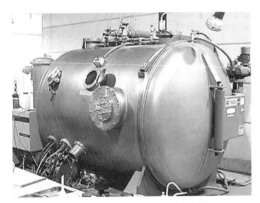

図1.1 減圧プラズマ溶射装置

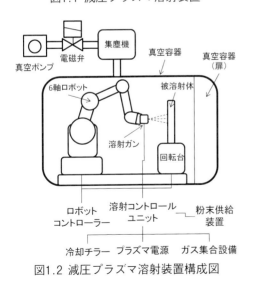

図1.2 減圧プラズマ溶射装置構成図

第2節 減圧プラズマ溶射法(LPS)と大気圧プラズマ溶射法(APS)の特徴

まず始めに、LPSと大気圧プラズマ溶射法(Atmospheric Plasma Spraying；APS)の特徴の違いについて述べる。APSは大気中で行う成膜プロセスであるため、例えば金属や合金系の溶射材料を用いて成膜する場合は、溶射施工中に基材や被覆材料、溶射皮膜の酸化が進行することがある。特にチタンやアルミニウムなどの活性金属またはそれらの合金を成膜する場合、プラズマフレーム内での溶融・飛行中や、成膜直後から酸化が進行するため、皮膜層内や表層部に酸化物を取り込みながら積層される。このためAPSによる金属・合金系溶射成膜では酸化物が混在する皮膜が形成されることを十分に留意する必要がある。一方、LPSは不活性ガス雰囲気の酸素分圧が極めて低い環境下で行う成膜プロセスであることから、金属・合金系の溶射皮膜でもほとんど酸化することなく、酸化物を含まない緻密な皮膜形成が可能である。LPSとAPSで成膜したMCrAlY(M：Ni、Co、Feなどの遷移金属)合金溶射皮膜の断面組織写真を図2.1に示す。断面組織より、APS/MCrAlY皮膜は、白色部（非酸化部）と灰色部（酸化部）のラメラ状組織が確認される。また、直径数μm程度の空孔（図中黒色部）も散見される。一方、LPS/MCrAlY皮膜は、皮膜層間の境界が見られず、空孔もほとんどない緻密な組織であることがわかる。さらに、基材／溶射皮膜界面には隙間や浮きなど無く、境界が不明瞭であることから密着強度の高

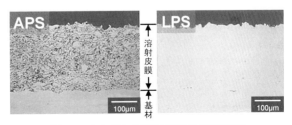

図2.1 MCrAlY合金溶射皮膜の断面組織
（左：APS、右：LPS）

さが伺える。

第3節 LPSの施工手順

一般的なLPSの施工手順は以下の通り。

真空容器内に被溶射加工部材を設置 → 真空容器の扉を締め密閉する → 真空ポンプにより約1Paまで脱気し減圧する → 上記真空度に到達した状態でArガスを導入してAr不活性ガス雰囲気とし、真空度を2〜20kPaに制御する → プラズマジェットを発生させ、被溶射体とプラズマガンとの間にマイナス電位を付加すると、プラズマジェット中のArイオンが被溶射体に向けて加速し、被溶射体の表面に衝突することでスパッタリング現象が起こる。これにより被溶射体表面の酸化スケールや油分、不純物等を取り除き、表面清浄化および活性化を図る。被溶射体のスパッタリング状況を図3.1示す。被溶射体表面でアーク放電の発生している様子が観察される。

→ 被溶射体をプラズマジェットで直接加熱し、600〜800℃に予熱する → 所定の条件でプラズマ溶射を行い成膜する。溶射中の状況を図3.2に示す。 → Arガス雰囲気下で被溶射体を冷却 → 大気下で酸化が起こりにくい温度まで冷却した後にチャンバーを大気開放し、室温まで冷却する[1]。

第4節 プラズマ溶射の原理・特徴

プラズマ溶射の原理・特徴について述べる。一般的にプラズマ溶射ガンは、水冷されたノズル形状の銅製陽極（アノード）とタングステン製電極の陰極（カソード）から構成されている。アルゴン、窒素などの不活性ガスを流した状態で、高周波・高電圧を極間に印加すると、アーク電流が発生し、不活性ガスが高温に加熱される。加熱された不活性ガスは電離し、イオンと電子からなるプラズマ状態が形成される。プラズマガスは約10,000〜20,000℃の高温ガスであり、ノズルから放出されることで急激な断熱膨張が起き、ノズル出口付近のガス速度は約1,500〜3,000m/secに達する。このノズル出口付近の高温・高速ガス領域に粉末状の溶射材料を投入することにより、溶射材料は高温で溶融され、プラズマガスの運動エネルギーにより加速される。溶融された溶射材料は、予め粗面化、予熱された基材に200〜500m/secの高速で衝突し、圧潰、急冷による収縮などのプロセスを経て積層される（図4.1参照）。プラズマ溶射法は高温の熱源を利用しているため、セラミックスやタングステンなどの高融点材料を容易に溶融させることができ、多種・多様のコーティング材料から目的に合った材質を選定することができることを特徴としている。

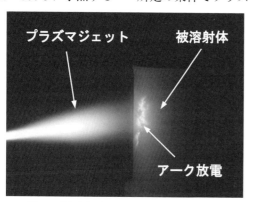

図3.1 被溶射体のスパッタリング状況

図3.2 被溶射体の溶射状況

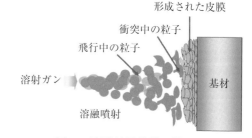

図4.1 溶融粒子堆積の模式図

第5節 LPSとAPSのプラズマジェットの特性

図5.1にAPSおよびLPSのプラズマジェット発生状況を示す。特に注目すべきはプラズマジェットの長さに大きな相違があることである。APSのプラズマジェットの長さは、30～50mm程度と短いのに対し、LPSでは減圧雰囲気下で著しく伸長し、300mm以上の長さとなっている。この理由として、LPSのような減圧雰囲気下ではノズル内でプラズマガスが断熱膨張し、入力エネルギーのうち相当割合が運動エネルギーに転換されるため、プラズマジェットは高速・低温化される。溶射ガンのノズル出口におけるプラズマジェットの温度（最高温度）は、APS(101kPa)の10,000～20,000℃であるのに対し、LPS(355Pa)では約4,000～5,000℃であり、明らかに低い。しかし、LPSはプラズマジェットの低温化によって熱輻射損失が低減することで温度減衰の割合も低下するため、プラズマジェットの温度特性としてノズル出口からの距離の影響を受けにくい。このため、ノズル出口から離れた位置でもプラズマジェットの温度低下が少なく、体積変化が抑制されてプラズマジェットの速度低下が抑制される。その他、プラズマジェットの温度低減の抑制に関与する要因として、以下の内容も挙げられる。LPSでは真空容器中の空気を排気し、中～高真空状態まで減圧した後に、Arガスを導入し、Ar不活性ガス雰囲気下でプラズマ溶射施工を行うが、ここで、Arの比熱Cp(520J・kg^{-1}・K^{-1}、200℃)は、空気の比熱Cp(1030J・kg^{-1}・K^{-1}、200℃)の約半分であることから、大気中よりもArガス雰囲気中で発生させたプラズマジェットの方が、周辺ガスへの熱伝達による熱量損失が低くなるため、フレーム温度の低下が抑制される。以上の様に、LPSのプラズマジェットはノズル出口からの距離が離れた位置でも温度減衰が小さく、また速度減衰も小さい特徴を持つことから、APSに比べて伸長したプラズマジェットが得られる。

第6節 LPS溶射皮膜特性

6.1 高温下での耐粒子エロージョン皮膜

LPS溶射したクロムカーバイト(Cr_3C_2)系サーメット溶射皮膜は、ビッカース硬さが1200～1400HV0.3と非常に硬く、耐粒子エロージョン性に優れた皮膜である。図6.1に硅砂スラリーを用いた粒子エロージョン試験結果を示すが、高耐摩耗皮膜として知られる高速フレーム溶射法(HVOF)/WC系サーメット溶射皮膜と同程度、HVOF/Cr_3C_2系サーメット皮膜の5倍以上の耐粒子エロージョン性を示すことがわかる。また、LPS/Cr_3C_2系サーメット皮膜は高温耐酸化性にも優れているため、400℃以上の高温環境下において、WC系サーメット溶射皮膜を凌ぐ耐粒子エロージョン性を発揮する。

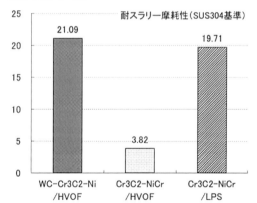

図6.1 硅砂スラリーを用いたエロージョン試験結果
（硅砂粒径：－250μm）

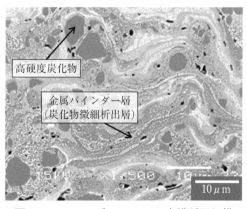

図6.2 LPS/Cr_3C_2系サーメット皮膜断面組織

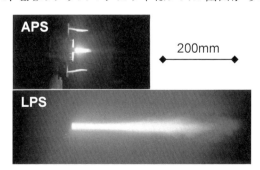

図5.1 プラズマジェットの長さ比較
（上：APS、下：LPS/10kPa）

LPS/Cr₃C₂系サーメット皮膜の皮膜断面組織を図6.2に示す。高硬度炭化物を強固な金属バインダー層が保持する構造となっており、さらに金属バインダー層内にも高硬度炭化物が微細析出している構造となっていることがわかる。

LPS/Cr₃C₂系サーメット皮膜はこれらの特性を生かし、石油精製関連の熱電対保護管や、発電用流動床ボイラ部材など、幅広い分野で適用されている。熱電対保護管へ適用した一例を示すと、従来、高温粒子エロージョン対策としてステライト系合金の溶接肉盛り層が適用されていたが、使用半年後には数mm単位の大きな減肉が確認された。これをLPS/Cr₃C₂サーメット皮膜に仕様変更することで、耐粒子エロージョン性が大幅に向上し、使用1年後でも減肉はほとんど見られず、熱電対保護管の寿命延長が可能となった（図6.3参照）。

6.2 耐キャビテーションエロージョン皮膜

船舶用プロペラやポンプ部品などの流体機械部品、超音波ホーン等では、キャビテーションエロージョンが問題になることがある。キャビテーションとは、液体の流れの中で急激な圧力差が生じた際、短時間内に気泡の発生と消滅が起こる物理現象のことで、気泡消滅時に周囲の液体が泡に集中して衝撃力を生じ、金属材料にエロージョン損傷を引き起こす。キャビテーションエロージョン対策にはステライト6の適用が有効であることが知られていたが、LPS/ステライト6皮膜は、鋳造材よりも優れた耐キャビテーションエロージョン特性を示す[2]。

図6.4に、溶接肉盛り(PTA)/ステライト6皮膜とLPS/ステライト6皮膜のキャビテーションエロージョン試験結果を示す。PTA皮膜は、時間の経過と共にエロージョン減量は増大するが、LPS皮膜のエロージョン量は、長時間試験後でもPTA皮膜の半分以下であり、優れた耐キャビテーションエロージョン特性を示すことがわかる。

図6.5に(a) LPS、(b) APS、(c) HVOF、(d) 溶接肉盛り法（PTA）により成膜したステライト6皮膜の皮膜断面組織写真を示す。(a) LPS皮膜の組織は、非常に緻密で気孔が少なく、積層粒子間の境界が不明瞭な組織となっており、高硬度Cr炭化物が皮膜内に微細析出した構造となっている。(b) APS皮膜は、気孔の少ない緻密な組織であるが、積層粒子間の境界が明瞭で、さらに層間には酸化物を含んだラメラ状組織が認められる。(c) HVOF皮膜はAPSと同様に大気中で成膜するプロセ

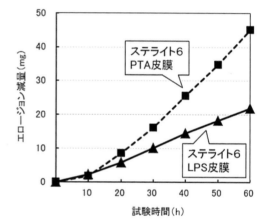

図6.4 キャビテーションエロージョン試験結果

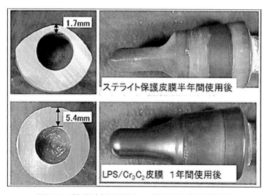

図6.3 熱電対保護管の使用後状況比較

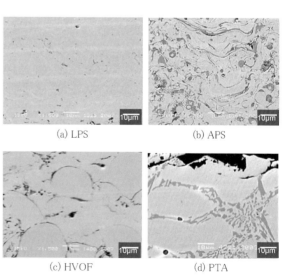

図6.5 各種ステライト6皮膜の断面組織

スであるが、APS皮膜で見られたような皮膜内酸化物は少ない組織である。これはプラズマジェットに比べて低温の燃焼フレームで溶融された粒子が高速で被溶射体へ衝突し成膜するため溶射成膜中の酸化反応が抑制されたものと考えられる。積層粒子間の境界は明瞭で、積層粒子は十分圧潰されずに積層している様子が観察される。(d) PTA皮膜は非常に緻密で気孔が少ない組織であるが、皮膜内部はCr炭化物等が偏析した2相混合組織となっている。

　LPS/ステライト6皮膜が優れた耐キャビテーションエロージョン性を示す理由として、上記の様にLPS特有の皮膜組織が大きく影響していると考えられる。つまり、LPS皮膜は減圧雰囲気中で成膜するため、溶射成膜中の材料の酸化がほとんど無く、プラズマジェットの高速化により溶融粒子の飛行・衝突速度が速くなり緻密な皮膜が形成される。さらに被溶射体を600℃以上に加熱して成膜するため、積層時の溶融粒子同士の濡れ性が良く、積層粒子境界が強固な組織となる。

　PTA/ステライト6皮膜は400HV0.3程度の硬さを有するが、成膜・冷却過程で炭化物が肥大析出し、2相混合組織を示す。このとき、炭化物が微細分散析出していない金属部分が優先的にキャビテーションエロージョン損傷を受ける。一方、LPS/ステライト6皮膜はAPSやHVOFのような急冷凝固ではなく適度な冷却過程を経るため、金属組織中に微細な炭化物が均一分散された組織となり、硬さも700HV0.3と高く、耐キャビテーション特性に優れた皮膜になる。

まとめ

　LPSの特徴を以下に示す。

①溶射成膜中の酸化等による材料特性の劣化がないため、設計通りの特性を持った皮膜が得られる。

②チタンなどの活性金属の成膜が可能。

③溶融粒子の飛行速度がAPSよりも速く、より緻密で高い結合力をもつ皮膜が得られる。

④被溶射体を高温に予熱できるため、基材表面と溶融粒子の濡れ性が高く、基材／皮膜界面において密着力の高い皮膜が得られる。

⑤被溶射体を高温に予熱して溶射できるため、

皮膜材料によっては延性領域で成膜することで、残留応力の少ない皮膜形成が可能となる。

⑥上記より、溶射皮膜の厚膜化が可能である。

⑦溶射成膜中の被溶射体の温度制御などを行うことによって、微細析出炭化物の均一分散など、皮膜組織を制御できることがある。

⑧真空容器内で処理されるため、溶射施工時の騒音、粉塵、紫外線などの作業環境上の悪影響が少ない。

〈神野　晃宏〉

〔参考文献〕
1) 日本溶射協会編：溶射技術ハンドブック、㈱新技術開発センター、pp.147-150, (1998)
2) Koichi TAKEDA, Mitihisa ITO他：ISIJ Int., Vol.33, No.9, pp.976-981, (1993)

第2編 金属材料の加工

第4章 真空加熱炉

真空加熱炉が金属材料の加工に工業的な規模で活用されはじめたのは1900年代の中頃であったといわれている。以来、今日に至るまで種々の目的に応じて様々な形態、方式の真空加熱炉が作られており、金属材料の加工において欠かすことのできない基盤技術の一つとして発展し続けている。

本項では、最も汎用的に用いられている抵抗加熱方式を中心に、真空加熱炉の概要について解説する。

第1節 真空加熱による効果

金属材料の加工プロセスにおいて、真空加熱がもたらす効果について述べる。

(1) 真空断熱

真空加熱では、対流による熱伝達が生じず、輻射のみによる伝熱となるため、炉の断熱性が高くなる。これにより、熱損失を抑えた省エネ炉とすることができる。更に、断熱材の熱容量を少なくできるため、熱応答が速くなり、温度制御の精度も高まる。

ただし、断熱性の高さにより、加熱終了後の冷却時間が長くなる点には留意が必要である。また、輻射伝熱の効果が少ない600℃以下の低温加熱では、逆に温度ムラが出やすくなる点にも留意する必要がある。

(2) 酸化防止

真空中で加熱を行う事により、非加熱物の酸化を防ぐことができる。

(3) 脱 ガス

金属を真空中で加熱すると、金属の内部に溶解しているガスが表面に拡散して放出される。溶解金属では特にこの効果が高くなる。この作用により、金属溶解後のピンホール防止や性質向上の効果が得られる。

(4) 脱 酸

真空加熱により、金属表面の酸化物が除去され、光輝面が得られる。これは、真空中では酸素分圧が低くなり、金属表面の酸化物が解離されやすくなるためである。また、材料内部から表面に拡散する炭素や、雰囲気中の残留ガス（一酸化炭素、水素など）は、酸化物の還元に寄与していると考えられている。

(5) 脱脂（油脂類の蒸発）

真空中の油脂類は、低温加熱（数百℃程度）でも簡単に気化するため、金属表面に付着している加工油などの有機不純物や、焼結体に混合されたバインダなどを除去する事ができる。

(6) 金属の蒸発

真空中では、油脂類に限らず金属も蒸発しやすくなる。真空蒸着等の処理はこの性質を積極的に利用したものだが、金属の蒸発を望まない場合、処理する金属や炉の構成材料として使用されている金属の蒸気圧と加熱温度の関係には十分に注意する必要がある。

第2節 真空加熱炉の加熱方式

真空加熱における加熱方式には、抵抗加熱、誘導加熱、アーク放電、電子ビーム等がある。誘導加熱は金属溶解や高周波焼き入れに、アーク放電および電子ビームは金属溶解に用いられるが、最も汎用的・多目的に用いられているのは抵抗加熱方式である。

また、加熱方式は外熱式と内熱式に分類することができる。

2.1 外熱式真空加熱炉

外熱式真空加熱炉の基本的な構成を図2.1に示す。真空容器の外側に発熱体があり、この発熱体で真空容器自体を加熱することにより、間接的に真空容器内のワークを加熱する。真空容器は一般的に円筒形状となり、炉芯管と称される。炉芯管は高温になるため、高温下における強度や耐酸化性を考慮し、加熱温度に応じて適切な耐熱材料を選択する必要がある。

516

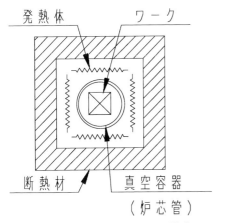

図2.1 外熱式真空加熱炉の構成

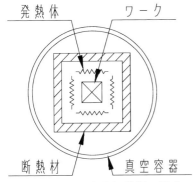

図2.2 内熱式真空加熱炉の構成

2.2 内熱式真空加熱炉

内熱式真空加熱炉では、真空容器の内部に発熱体を設置し、発熱体からの輻射によりワークを加熱する（図2.2参照）。発熱体の外側には断熱材を設置し、加熱効率を高めるとともに、ワーク以外（真空容器壁面等）への不要な加熱を抑えている。炉の加熱温度が特に低い場合を除き、真空容器壁面は水冷構造となっており、真空容器自体は低温に保たれるようになっている。

2.3 外熱式と内熱式の比較

外熱式真空加熱炉と内熱式真空加熱炉の主な特長をまとめた。
＜外熱式真空加熱炉の特長＞
・炉芯管内に発熱体や断熱材等が存在しないため、ワークから生じる蒸発物やバインダ等による悪影響を受けない。逆に、発熱体や断熱材等の成分がワークに影響を及ぼすこともない。
・構造が単純なため、加熱温度が低く、サイズが小さい場合であれば、比較的安価である。
＜内熱式真空加熱炉の特長＞
・発熱体からの輻射熱で直接ワークを加熱するため、熱効率が高く、熱応答性も良い。
・真空容器は、水冷により低温に保たれるため特別な耐熱材料が不要である。
・形状、サイズ、加熱温度等の設計自由度が高い。

第3節 真空加熱炉の構成材料

真空加熱炉では、加熱温度、使用雰囲気、ワーク成分との相互作用、必要なサイズ、形状等の条件に応じて真空容器、発熱体、断熱材（または反射板）の材料を選定する。

3.1 真空容器の材質

内熱式真空加熱炉の場合、真空容器壁面は低温に保たれるため、真空容器の材質を決定する要素は、常温～低温域での材料強度、耐酸化性、耐腐食性、ガス放出量、加工性、入手しやすさ、価格等である。これらの要素をバランスよく満たす材質として、SUS304およびSS400が多く用いられている。SS400を用いる場合には、耐酸化性、耐腐食性に難があるため、内面のメッキ処理や外面の塗装処理が必要となる場合が多い。真空容器が水冷ジャケット構造である場合、耐腐食性を考慮して内壁材質をSUS304とする場合が多い。

外熱式真空加熱炉の場合は、高温化における材料強度、耐酸化性、耐腐食性、クリープ特性等の耐熱性能を考慮する必要がある。SUS304よりも耐熱性能が高い材質として、SUS316LやSUS310S等の耐熱ステンレス鋼、インコネルに代表されるNi基超合金鋼等が用いられる。更に高い温度で使用する場合には、石英ガラス管やアルミナ管等の非金属材料を使用することもある。

3.2 発熱体

外熱式真空加熱炉の場合、発熱体に求められる性質は、大気中で用いられる一般的な抵抗加熱炉の場合と違いはない。したがって、ここでは内熱式真空加熱炉に使用される発熱体の材質と、その性質について述べる。

真空容器内で使用される発熱体には、真空雰囲気を汚染しないことが求められる。また、抵抗加

熱方式の場合、真空中では放電現象が発生しやすい点に気を付けなければならない。更に、脱脂処理や粉末処理等で真空容器内に蒸発物や飛散物が多い場合には、短絡の対策にも注意が必要である。

　上記の要件への最も簡便な対策方法は、発熱体をケース内に封入することにより、発熱体が直接真空雰囲気に晒されないようにすることである。具体的な例としては、マイクロヒータ、ラジアントチューブバーナ等が挙げられる。この手法の利点は、発熱体が真空雰囲気を汚染しないことに加え、放電、短絡等の対策が不要になることである。ただし、ケースを介した間接加熱となるため、熱応答性が悪く、1000℃を超えるような高温加熱や、大熱量による急速な昇温には向いていない。

　より一般的、汎用的に用いられているのは、抵抗発熱体を真空雰囲気中に直接設置する方法である。先述の通り真空中では放電が起きやすいため、降圧トランスを用いて商用電源電圧よりも低い電圧で運用することが多い。また、短絡のリスクを抑えるため、クリアランスを十分に確保することや、絶縁材を適切に使用することが必要である。真空中、かつ高温で使用できる絶縁材としては、アルミナ系材料が多く用いられる。真空中で使用される抵抗発熱体の材料は、黒鉛系と金属系とに大別される。

　黒鉛系発熱体は、熱膨張率が小さく、高温における機械的強度に優れ、加工性も非常に良い。しかも、後述の金属系発熱体に比べ、安価である。黒鉛材料の代わりにC/Cコンポジット材料を使用する事もある。黒鉛と比べ、価格の面では高価になるが、強度が高いため、より熱容量の小さい省エネ炉を設計することが可能になる。黒鉛系発熱体は、母材から様々な形状に切り出すことが可能だが、一般的な形状としては棒状、板状、円筒状、コイル状といったものが用いられる。加熱温度は、真空中で2,000℃程度まで、不活性ガス雰囲気中（Ar等）であれば3,000℃まで使用可能である。

　一方、金属系材料として多く用いられているのは、Mo、Ta、Wなどの高融点金属、およびその合金である。発熱体の形状としては、ワイヤ、メッシュ、板状、棒状などのものが用いられる。これらの材料は、高温時のガス放出が少ないため、よりクリーンな高真空雰囲気が必要な場合に向いている。ただし、いずれもレアメタルであるため高価であり、加工も難しい。また、加熱による熱膨張や変形、加熱後の再結晶化による強度低下等に注意が必要である。

3.3 断熱材

　発熱体と同様、外熱式真空加熱炉の場合、断熱材に必要な性質は大気中で用いられる一般的な加熱炉の場合と同様である。内熱式真空加熱炉の場合は、黒鉛系断熱材と金属系断熱材に大別される。黒鉛系発熱体には黒鉛系断熱材を、金属系発熱体には金属系断熱材を用いるのが基本である（図3.1～図3.3参照）。

　黒鉛系断熱材としては、成型断熱材およびフェルト材が用いられる。いずれも繊維状の素材から形成されており、かさ密度が小さいため、優れた断熱効果を持ちながら、軽量で熱容量が小さく、

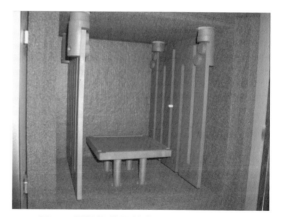

図3.1　黒鉛板状発熱体+黒鉛成型断熱材

図3.2　金属メッシュ状発熱体+金属反射板

図3.3 金属板状発熱体＋金属反射板

熱膨張や熱変形も非常に小さい。また、加工性にも優れており、設計も容易である。ただし、注意点として表面からの発塵による雰囲気の汚染や、発熱体短絡等のトラブルを誘発する可能性がある。また、ワークから蒸発したバインダや金属成分などが断熱材内部に含浸し、断熱性能が低下する場合もある。これらについては、成型断熱材の表面にコーティング剤を塗布することや、C/Cコンポジットクロスやグラファイトフォイルを貼り付けることにより、程度を抑えることができる。もう一つの注意点は、水分吸着量が非常に多いことが挙げられる。湿度の高い大気雰囲気に曝露された場合、大気中の水分を大量に吸着し、その後の真空排気を阻害する要因となる。

黒鉛系断熱材を使用する場合、真空容器のリークには乾燥空気、N_2、Arなどを使用し、断熱材ができるだけ大気に晒されないように注意しなければならない。

金属系の断熱材は、薄い反射板を何層か重ねたものを使用する。材質は、発熱体と同様の高融点金属に加え、比較的低温条件の箇所ではステンレス鋼を用いることも多い。反射板の表面を磨いて鏡面にすることで、輻射による熱伝達をより低下させることができる。反射板の枚数は、多いほど断熱効果を高めることができるが、コストが嵩み、重量や熱容量も増加するため、5〜6枚程度の構成とされることが多い。反射板同士を直接重ねると、熱伝導により熱が外層に逃げるので、スペーサを用いて数mm程度のクリアランスを確保する必要がある。また、反射板は薄板形状となるため、熱変形が発生しやすい。板厚を厚くすれば強度が向上するが、コスト、重量、熱容量が増加

するので、補強のリブを取り付ける等の工夫が重要となる。更に、黒鉛系と比べて熱膨張も大きくなるため、熱膨張を逃がすための工夫も必要である。金属系断熱材を用いる利点は、発塵による雰囲気汚染の心配がなく、ワークから蒸発した成分や大気中の水分を吸着するリスクが小さいことである。

第4節 真空加熱炉のバリエーション

真空加熱炉で金属材料を処理する場合の基本的なプロセスは、「ワーク挿入」→「真空排気」→「加熱処理」→「冷却」→「ワーク取出し」となる。目的に応じて、加熱処理および冷却を複数回実施する場合もある。

これらのプロセスを、全て1室の真空加熱炉でバッチ処理する方法と、2室以上の真空容器を連結した真空加熱炉で連続処理する方法がある。前者の真空加熱炉を「バッチ形真空加熱炉」または単に「バッチ炉」、後者を「連続形真空加熱炉」または単に「連続炉」と呼ぶ。

4.1 バッチ形真空加熱炉（バッチ炉）

バッチ形真空加熱炉（以降、バッチ炉と称す）は、1室の真空容器内に加熱炉を格納し、これに真空排気系、加熱電源の他、必要に応じて強制冷却機構、ガス導入系、ワックス回収機構等のユニットが各一式ずつ付属する構成となっている。後述する連続炉に比べ、構成がシンプルなため、1台当たりの価格は安価である。

製品の生産能力は、1バッチ当たりの処理量と処理時間によって決まる。生産能力を上げるためには、真空加熱炉を大型化して1バッチ当たりの処理量を増す、加熱パワーを上げて昇温時間を短縮する、強制冷却機構を大型化して冷却時間を短縮する、といった方法があるが、いずれの方法もコスト面等の理由により限度がある。したがって、更なる生産能力の増強を望む場合は、真空加熱炉自体を増設する必要がある。この際、コスト面や設置スペース効率化のため、加熱電源および真空排気系を共通化して、真空加熱炉のみを2台以上に増設する方法がある。加熱電源および真空排気系を切り替えて運用することにより、一方の炉で加熱処理中に、他方の炉でワークのセッティ

図4.1 1電源2炉方式のバッチ炉

ングや冷却を行う事で、生産のサイクル時間を短縮することができる。図4.1は、1電源2炉方式の実施例である。

4.2 連続形真空加熱炉（連続炉）

連続形真空加熱炉（以降、連続炉と称す）では、2室以上の真空容器が連結されている。各室間は、基本的にゲートバルブ等で仕切られており、ワークを各室間で移動させるための搬送機構を内蔵している。各室で「ワーク挿入」「真空排気」「加熱処理」「冷却」「ワーク取出し」のプロセスを分担することにより、製品の連続生産を可能としている。

連続炉は、各室間の接続方法やワーク搬送方法によって、「回転式」「ライン式」「FMS式」の3つに分類することができる。

(1) 回転式連続炉（ロータリーファーネス）

回転式連続炉は、ロータリーファーネスとも呼ばれている。図4.2の例に示すように、主チャンバの上に各処理室が配置されており、回転するインデックステーブルと昇降機構の組み合わせによってワークが処理室間を移動する方式となっている。図4.2の例では、昇降機構によってインデックステーブル全体を昇降させ、ワークを各室にセットした状態で自動的に各室を弁体で仕切る機構となっている。

回転式連続炉における生産サイクルのタクトタイムは、各処理室における処理工程の内、最も時間の掛かる加熱工程によって決まる。

(2) ライン式連続炉

ライン式連続炉は、図4.3の例のように、2室以上の処理室がゲート弁を介してライン状に連結

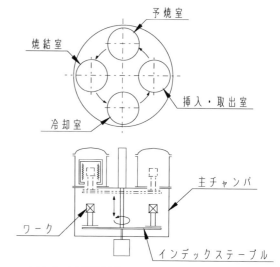

図4.2 4処理室形ロータリーファーネスの例

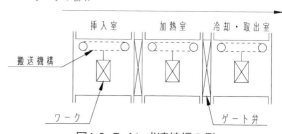

図4.3 ライン式連続炉の例

される方式である。その構造上、ほとんどの場合は水平方向に連結される。ワークは、ラインの一端から挿入され、搬送機構により順次隣の処理室に送られ、最終的にラインの逆端から取り出される。

生産サイクルのタクトタイムは、回転式の場合と同様、最も時間の掛かる加熱工程によって決まる。

(3) FMS式連続炉

FMSとは「Flexible Manufacturing System」の頭文字をとった用語で、FMS式連続炉はその名の示す通り、生産計画に自由度があり、生産性の高い真空加熱炉である。図4.4の例のように共通雰囲気で連結された移動室に、ゲート弁を介して各処理室が連結される。ワークは横移動機構と縦移動機構の組み合わせにより、各処理室間を自由に移動することができる。図4.5の例のように、移動室が挿入・取出・冷却室を兼ねることもある。

FMS式連続炉では、最も時間の掛かる処理工程

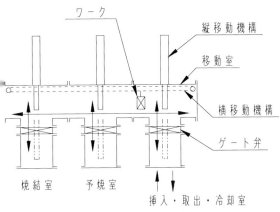

図4.4 FMS式連続炉の例 (1)

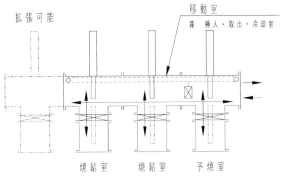

図4.5 FMS式連続炉の例 (2)

によって残りのワークの移動が阻害されることが無いため、金属焼結のように「脱バインダ」→「予焼」→「本焼」→「冷却」と段階的に熱処理を行う場合や、多品種のワークをそれぞれ目的に応じた加熱温度・加熱時間で熱処理する場合等にも、アイドリング時間が生じないように効率よく柔軟に対応することができる。また、生産量に合わせた増設が可能なため、大量生産にも対応可能である。

〈伊藤 雅章〉

第5章 イオンビーム加工

諸 言

ナノスケールの局所解析は生物試料、金属材料や半導体デバイスなど、さまざまな分野で必要とされている。そのツールの一つとして集束イオンビーム(Focused Ion Beam：FIB)やArイオンビームによる断面加工装置があり、近年盛んに用いられている。特に透過電子顕微鏡(TEM)用のサンプル作製に威力を発揮しており、微小部のサンプリンではFIBが必須な装置となっている。今回、FIB加工と電子顕微鏡による評価について紹介する。

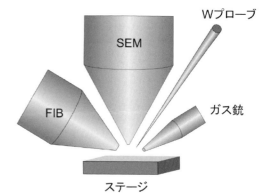

図5.1 FIBの装置構成図

5.1 FIBの構成

FIBはビーム径が数nmまで集束させた高速なイオンビームによってサンプルを加工する方法である。使用するイオンはGaイオンが主に用いられおり、このGaイオンビームを走査することにより特定の領域をスパッタにより削ることができる。またWやPtを含むガスをサンプル付近に導入しながらイオンビームを走査すると、サンプル表面付近でガスが分解しWやPtを堆積させることができる。これらのスパッタと堆積を組み合わせて微小部のサンプリングを行う。最近では走査電子顕微鏡(SEM)とFIBを組み合わせたデュアルビームFIB装置が市販されており非常に精密な加工が可能となっている。

装置の構成を図5.1に示す。サンプルの加工は高真空中で行われるため、真空チャンバーにイオン銃、電子銃、ステージ、Wプローブ、ガス銃、2次電子検出器などが組み込まれている。イオン銃には大きさの異なる絞りによりイオン電流量が制限され、小さい対象を加工する場合はより小さな絞りを選択する。また加速電圧が可変できる装置もあり、ダメージを軽減したい場合は数kVまで減速して加工する。イオンビームはサンプル表面にぶつかり、2次イオンや2次電子を発生させるが、2次イオンを検出することによりSEMと同様にイオンビームを走査すれば表面形状を観察することができる。

ステージはX、Y、Z、R（面内回転）、T（傾斜）の5軸動作が可能であり、後述するマイクロサンプリングで必要なWプローブについてもX、Y、Z軸が動作できるようになっている。ガス銃についてはPt、W、Au、Cuやカーボンが一般的で、イオンビームからの保護膜やマイクロサンプリングで使用される。

シングルビームのFIBでもFIBによる加工と観察は可能であるが、SEMと組み合わせたFIBの特徴として、FIB加工とSEM観察を連続的に繰り返すことができるため、加工断面を観察することにより加工終了を見極めやすいこと、断面加工を大気暴露せずに観察できること、デバイスなどをスライス加工とSEM観察を繰り返すことで内部構造をコンピューター内で再構築することにより立体的な構造を視覚化できる等の利点がある。

5.2 サンプリング方法

具体的なマイクロサンプリングの手順を図5.2に示す。大まかには次のような手順となる。
① サンプリング箇所を決定したのち、観察したい領域より少し大きめにWやPtを蒸着する。
② 蒸着した周辺を一部残して削り取る。手前側はスロープ状（階段状）に加工する。

第5章 イオンビーム加工

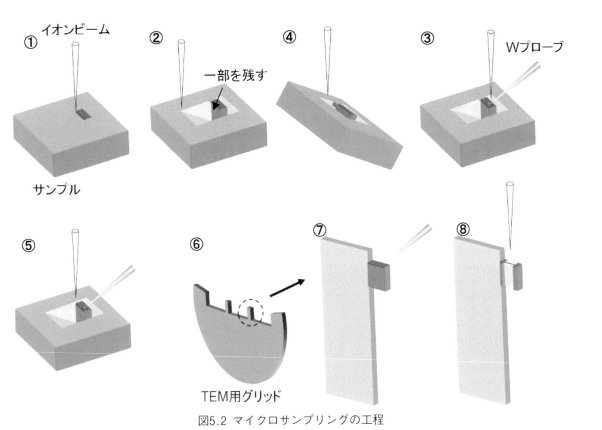

図5.2 マイクロサンプリングの工程

③ステージを傾斜させて、サンプリング箇所の底部を削る。このとき一部をこのしてサンプリング箇所と基板は切り離されている。

④ステージの傾斜を戻し、先のとがったWプローブをサンプリング箇所に近づける。プローブの先端をサンプリング箇所に接近させ金属を堆積させプローブとサンプリング箇所を接着させる。

⑤一部を残していたサンプル基板とサンプリング箇所をイオンビームにより切り離し、切り離したサンプル小片を退避させる。

⑥TEM用グリッドはCuやMoで出来た直径3mm程度のディスクである。FIB加工用に様々な種類のグリッドが各社から販売されている。
シングルビームFIBではグリッドの設置個所がフラットなグリッドを使用するが、デュアルビームのFIBでは図のような突起物が何本かついたグリッドも使用される。これはグリッドの材料がイオンビームによりスパッタされてサンプルに再付着を防ぐためである。

⑦グリッドの1つの突起物の側面にサンプル小片を接近させ金属を堆積させ接着させる。その後Wプローブを切り離せばマイクロサンプリングは完了である。

⑧TEMサンプルにする場合には電子線が透過できるように100nm程度まで薄くする必要がある。サンプル小片を上から見て側面をイオンビームで徐々に削ってゆく。同時に反対側の側面も削り徐々に薄くしてゆくが、細かな加工が必要なるため、イオンビーム径を絞りにより段階的に小さな絞りに変更し微細な加工をする。Gaイオンビームは30kVから40kVに加速しているため、サンプルにダメージを与える。結晶の場合は厚さ数十nmのアモルファス層となってしまうため、ダメージ層を薄くするために、最後の仕上げとして2kVから5kVまで減速したイオンビームにより出来たダメージ層を取り除いて完成する。

5.3 加工の具体例

図5.3はデバイス表面の配線箇所を加工した2次イオン像である。中央の矩形状にくぼんだ箇所

第2編 金属材料の加工

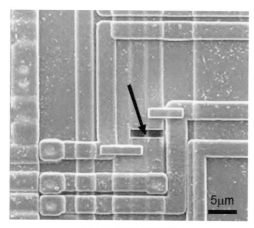

図5.3 FIBの加工例

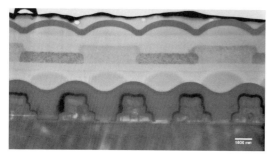

図5.4 マイクロサンプリング後の観察例

がFIBで加工した箇所となる。

このように任意の箇所、任意の大きさや形に加工を行うことができる。図5.4は電荷結合測(CCD)をFIBでマイクロサンプリングした後、TEMで観察した結果である。上部のマイクロレンズ、中央部のフィルター、下部の受光部の詳細を観察することができる。半導体以外の材料にもマイクロサンプリングは用いられており、その他、金属材料、セラミックスや樹脂などにも用いられているが、熱に弱い材料には不向きである。

結　言

今回は特にFIBによる加工方法と加工例を紹介した。その他にデバイス内の回路の修復やMEMSの作製、などイオンビームの微細加工の応用は多岐にわたっている。微細化がさらに進めば益々活躍の場を広げ、期待される技術である。

〈川野輪　仁〉

〔第3編〕
薄　　膜

第1章　薄膜形成の基礎

第2章　蒸　　着

第3章　スパッタ成膜

第4章　イオンビームを用いた薄膜形成技術

第5章　パルスレーザ蒸着（PLD）

第6章　化学気相成長法（CVD）

第7章　ドライエッチング

第8章　イオンビームエッチング

第9章　イオン注入

第1章 薄膜形成の基礎

薄膜の価値は高性能と省資源性の両立にある。1959年にリチャード・ファインマン博士は、"There's plenty of room at the bottom."（微視的世界はおおいに開発の余地あり）と一辺が0.1mm大の立方体に全世界の蔵書が収められる可能性を指摘し、今日の薄膜全盛の時代の到来を予言した。携帯電話からディスプレイや信号機にいたるまで薄膜の守備範囲はとても広く、我々の日々の生活は薄い膜一枚に支えられていると言っても過言ではない。

工業的に作られる薄膜は真空技術と関連が深い。本稿では真空・減圧環境を利用した薄膜形成法（または成長法）を中心に述べる。その一方で近年、発展が著しい非真空系の技術についても触れる。

第1節 薄膜とは

「薄膜」と言えばごく薄い平板を思い浮かべる。ところが微視的に見れば、表面は荒れて凸凹、部分的不連続や欠損が発生し、時には皺が寄って立体的なこともある。例えば、炭素の緻密な単原子2次元薄膜のグラフェン、グラフェンを積層したグラファイト、グラフェンを丸めて筒状にしたカーボンナノチューブ(CNT)、炭素原子が球面上に並ぶフラーレンなどもすべて薄膜の仲間である。一方、同素体であるダイアモンドの不揃いな微結晶粒を平面上に並べたものもまた薄膜の一形態である。

薄膜の厚さを膜厚と呼ぶが、薄膜を特徴づける重要なパラメータである。ところが上のような理由で平板以外は一義的な膜厚の定義が難しい。そこで必ずしも一致はよくないものの幾何学的な膜厚、重量換算の膜厚、光学的な等価膜厚などを状況に応じて使い分けている。本稿ではこれらを区別せず、下限が単一原子層、上限が塗装被膜くらいのサイズ感で0.1 nm〜10μmの範囲を扱う。

薄膜は固体・液体など凝縮相の物質（金属、誘電体、半導体、有機物など）で構成される。単一組成の物質から化合物、複合体、混合物が含まれる。下地となる物質（以下、基板と呼ぶ）の表面に密着した薄膜が応用上は重要であるが、基板のない自立した薄膜も作製されている。基板は字義どおりの平面から立体構造までさまざまである。

原子スケールでは、物質の相や原子配列に応じて薄膜の形態が異なるのがふつうである。単体金属の2次元固体薄膜には単結晶、多結晶、非晶質（アモルファス）の3種類ある。（物質によっては異なる相や多形の微結晶、巨大分子、微粒子の集合体ほか第4の形態としての粉体もあり得る）。X線を使えば3者の違いは明確であるが、一様に金属光沢を示すため見かけ上の違いは殆どない。一方、薄膜の作製後に光沢表面が白濁することがあるが、物性にはさほど影響が出ないことも多い。両者ともに原因は関与するスケールの違いにある。

第2節 薄膜の特徴

薄膜は、単にバルク物質が薄くなっただけの存在ではなく、薄さゆえに原子配列や物性が変化することが少なくない。ある種の物質は薄膜にするとバルク結晶とは異なる結晶構造をとるようになることが知られている。

さらに薄膜はその殆どが表面で構成されているため物性が表面や物質境界である界面の影響を受けやすい。半導体ヘテロ構造の面内伝導が界面のポテンシャル凹凸に支配されるのはその一例である。この他、膜厚の減少とともに金属の抵抗率が上昇あるいは振動する効果が知られている。これらは膜厚とキャリアの平均自由行程（後述）の関係で説明される古典サイズ効果である。他方、膜厚が電子のドブロイ波長程度になるメゾスコピック領域(10-100 nm)では、物質（とくに結晶）の端の影響でエネルギーや運度量の量子化（量子閉じ込め）が起き、電子状態の分散関係が変化する。

こちらは量子サイズ効果とよばれ、半導体ヘテロ構造の電子デバイス設計や光デバイスの波長制御などバンドエンジニアリングに活用されている。

また一般に薄膜では欠陥が発生しやすい。これは薄膜形成過程の非平衡性とも関係するが、基板と薄膜物質が異なれば欠陥の種類も量も増える傾向にある。さらに薄膜には頻繁に歪が導入される。面内方向に偏った異方的な歪（応力）を意図的に導入して結晶のバンド構造を制御するのは、むしろバンドエンジニアリングの常套手段とも言える。

一方、薄膜の接合や積層構造にはバルク物質単体とは異なる物性が発現する場合がある。例えば1/4波長誘電体多層膜は、構造全体として初めて特定波長帯に高反射特性をもつ。また面内磁化した強磁性体薄膜は、交互に積層することでスピンバルブとして動作する。さらに隣接する薄膜の電子状態が結合すれば、化学反応によらずとも人工物質が実現できる。半導体を交互積層した超格子は人工結晶とも呼ばれ、量子力学の1次元ポテンシャル問題よろしくミニバンドやミニギャップを自在に設計・制御できる。これとは別に不連続な薄膜でできた量子ドットにも人工原子の名がある。量子化準位のデザインやスピン占有率の制御を通じて原子や分子のシミュレータを構成できる

からであり、究極のデバイスである単電子トランジスタのプラットフォームとしても注目されている。

第3節 薄膜の物性と機能

上記の例のように構成物質と構造次第で薄膜にはさまざまな物性やそれらを起源とする機能が顕在化する。物性とのつながりから機能を眺めて見ると、例えば固体潤滑コーティングでは薄膜の力学特性が関係している。同様にLSIの動作は電気特性、半導体レーザの発振閾値は光学特性と電気特性、ヒートシンクは熱特性、一部の記録メディアでは磁気特性がそれぞれ重要な役割を果たす。その一方で光触媒のような化学的性質や浸透圧を通じた物理化学的・生理学的な作用も薄膜の示す有用な特性である。表1は薄膜の機能のいくつかを用途や物性にしたがって分類したものである。

薄膜の物理的・化学的性質は、機能の観点だけでなく、下地との親和性（相互拡散、反応性等の物理化学的な性質）やデバイスとしての耐久性（密着度、破断強度、酸化など劣化への耐性）をも左右する。電気特性の優れた導電膜が大気暴露によって忽ち錆びて劣化したり、反射防止コートが容易に剥離したりしない方がよいのは当然である。

表1　薄膜の物性と機能の関係

機能	用途	個別製品名他		（光機能）		赤外線センサ、固体撮像	積層感光体膜(MCT, PtSi)
電子機能	集積回路 LSI	Cu配線,Al配線、ゲート電極膜 層間絶縁膜 ゲート絶縁、コンデンサ、FeRAM トランジスタ	導電膜（配線）絶縁膜（低誘電率）絶縁膜（高誘電率）半導体（シリコン他）膜	磁気的機能	磁気メディア	磁気ディスク、磁気テープ 磁気ヘッド	磁性膜、保護膜、潤滑膜、下地膜 磁気抵抗(MR)膜、導線膜
	超伝導素子	ジョセフソン接合素子	導電膜（配線）	熱的機能	放熱冷却膜 耐熱・断熱膜 発熱素子 熱電変換	ヒートシンク、ヒートスプレッダ 熱反射材料、耐熱膜 サーマルヘッド ペルチェ素子、ゼーベック素子	高熱伝導率膜、導電性薄膜 低熱伝導率膜 熱抵抗膜 PN接合、スクッテルダイト膜
光機能	半導体レーザ	量子井戸、量子ドット、面発光レーザ	化合物半導体積層膜				
	光受動素子	光分岐カプラ、光波長多重用素子 光スイッチ、平面光回路 分光フィルタ、無反射膜・高反射膜	光導波膜 光導波膜 誘電体積層膜、無機膜	機械的機能	摺動部材 機械工具 圧電変換	ピストン 保護膜、切削工具 アクチュエータ	耐磨耗膜、潤滑膜 超硬質皮膜 強誘電体膜
	発光・表示素子	液晶 LED EL素子	低温ポリシリコン膜、TFT他 化合物半導体膜 半導体膜、有機薄膜、蛍光膜	化学的機能	光触媒 ガスバリアフィルム フィルタ	衛生陶器、衛生タイル、脱臭機 撥水コーティング 親水コーティング 食品用包装材 医療用、電気電子機器用包装材 ダイアライザ、純水製造装置	陶器表面の防汚・抗菌薄膜 フロン系超薄膜 TiO_2膜 ガスバリア膜 包材表層 ガスバリア膜 半透膜、中空糸
	光電変換・撮像素子	太陽電池、フォトダイオード イメージセンサ、CCD、CMOS	アモルファス薄膜、単結晶膜 光電変換膜				

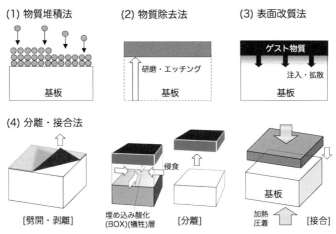

図1 薄膜形成法の大分類

第4節 薄膜形成法
4.1 薄膜形成法の大分類

　薄膜形成（成長）法は概ね3種類ある（図1）。基板に物質を積み上げ、ゼロからスケールアップするのが薄膜形成の基本的なイメージであり、これを（物質）堆積法（ボトムアップ法）と呼ぶ。近年、これとは反対にバルク物質からダウンサイズして薄膜化する技術が発展しており、（物質）除去法（トップダウン法）として分類できる。第3の分類は、物質表面の近傍に働きかけて薄膜を作り込む表面改質法である。前二者の中間的な位置づけにある技術体系でイオン注入、拡散、化合物形成等が電子・光デバイスの作製に用いられる。金属の窒化や微粒子ブラストなど表面処理も類似の技術である。ところで最近は、一次過程で作製された薄膜を一旦、基板から切り離した後、別の基板に移植する分離・接合法が発展している。主に二次過程の位置づけにあり、薄膜形成法の第4分類を構成する技術体系と言える。

4.2 薄膜形成法の中分類

　原料物質の相に注目すると、より細かい形成法の分類ができる。図2に主立った薄膜形成技術の系統図を示すが、その多くが真空・減圧環境を利用した気相成長法に属する。物理的な素過程か化学反応かによってもさらに細かく分類できるが、重要なものが本書でも取り上げられている。分子線エピタキシー法（通称MBE）[*1]に代表される物理蒸着法、工業的利用価値の高いスパッタリング法、付着性能が優れたイオンビーム蒸着法、汎用性があって発展が著しいパルスレーザ蒸着法（レーザーアブレーション）などが前者に属する。一方、後者の化学蒸着では化学気相成長法(CVD)[*2]が代表的であり、熱CVD、プラズマCVD、光CVDがよく用いられる。産業応用に鑑みて半導体製造プロセス（単結晶、窒化・酸化物形成ほか）や太陽電池・フラットパネル等の事例が本書で取り上げられているほか、GaAs, GaN等III-V族化合物半導体の単結晶成長についても触れてある。

　液相成長法は、独自の進化を遂げた技術体系であり、その歴史は気相成長法よりも長い。初期の半導体単結晶成長法(LPE)[*3]をはじめ、めっき（鍍金）法、ゾルゲル法、浸漬法、陽極酸化法および塗布法も液相成長法として分類可能である。めっき法は、還元反応によって金属イオンを基板としての陰極表面に析出させる電解析出と絶縁体にも適用可能な無電解めっきに区別される。後者では還元剤によって金属イオンを析出させる。埋め込み性能に優れためっきは、ダマシン法によるLSIのCu配線に多用される。関連技術の化成処理では、酸化皮膜を光学部品他のアルマイト加工等に利用し、クロメート処理ではクロム酸塩によって耐食性の酸化皮膜を部品表面に作る。ゾルゲル法では金属アルコキシドの加水分解・重縮合により光学薄膜やFeRAM用の強誘電体薄膜が得られる。

[*1] MBE：Molecular Beam Epitaxy

[*2] CVD：Chemical Vapor Deposition

[*3] LPE：Liquid Phase Epitaxy

第3編 薄　膜

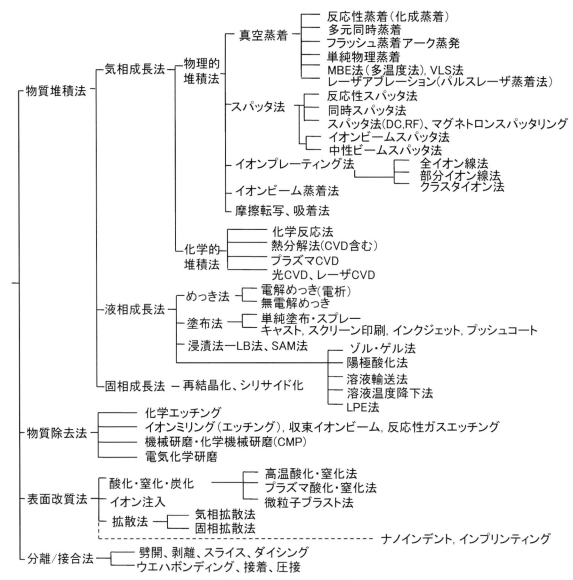

図2　薄膜形成法の種類

浸漬法は、液浸した基板への表面吸着を利用して物質堆積を行う。水面上の規則配列単分子膜を利用するのがLB[*4]法、溶液中のアルカンチオールを金表面に自己組織化させるのがSAM法[*5]である。陽極酸化法では、陽極の表面酸化被膜を利用する。例えば、フッ酸とアルコールの混合液中でSiを陽極酸化するとSiO_2が侵蝕され、可視光発光する多孔質（ポーラス）Si層が得られる。内部へ進行する陽極酸化を電流によって制御すれば、屈折率が周期的に変調された積層構造も作製できる。

固相成長は、固相における結晶化等の反応過程であり、室温でMBE成長したSiほか準安定の非晶質が熱・光・イオン線照射他の刺激によって結晶化を始める性質を利用する。ある種の遷移金属は非晶質SiGeの多結晶化を促進する効果をもつ。一方、$(Co,Ni,Ti)Si_2$に代表される遷移金属シリサイドは、その金属的な電気特性から配線とSiの接触抵抗の低減に用いられるが、電極等の形にあわせて作りつけられたシリサイドがサリサイド、多結晶Siとの積層によるシリサイドがポリサイドである。シリサイドは一般に限られた温度域内で発生

[*4] LB：Langmuir-Blodgett
[*5] SAM：Self-Assembled Monolayer

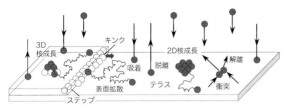

図3 結晶表面における微視的過程

し、バルクTiSi$_2$の抵抗率が最も低いが、微細化するとダイシリサイド相が発生しにくくなる。なお、気相成長だと細線構造も形成できる。

4.3 薄膜成長の理論

　薄膜形成をエンジニアリングにとどめず、現象論や経験則を越えて説明しようとする試みがある。気相成長や液相成長では、単結晶基板上の単結晶成長（エピタキシャル成長）の理解が最もよく進んでいる。ごく簡単には、液相固相間には過冷却、気相固相間には過加圧（過飽和）による化学ポテンシャルの差が存在し、これに駆動された各相の原子が固相の原子と化学結合することで結晶が成長する。単結晶基板の表面は、平面部分のテラス、第2層との境界のステップ、ステップの折り曲がりであるキンクから構成される（ファセットは最上段の大きなテラス）（図3）。原子の取り込み速度は結合手の多い順にキンクで最も速く、次にステップの順であり、テラスではこれが0であるとみなす。

　気相成長は表面原子の挙動がイメージしやすい。飛来原子が表面にある付着確率で物理吸着し、テラスやステップに沿うランダムウォークが生じる。この表面拡散の過程で一部が脱離し、残りの原子はキンクやステップに吸収される。この際、ステップが表面に沿ってステップと垂直な方向に前進することでステップフロー成長が起きる。一方、拡散原子どうしが会合した2次元核が生成・消滅する過程で臨界サイズ以上の核が成長して合体し、最上層が完成するのが2次元核成長である。以上は沿面成長に属する。一方、3次元核成長では不均一核生成によって3次元の島が成長し、合体後に層を形成する。いずれの核成長においてもエネルギー安定化が伴う。一方、原子の移動が起きずに降り積もるがごとくに進行する付着成長でも3次元の構造が発生する。

　気相成長と液相成長の複合法のひとつに気液固相(VLS)[*6]法がある。nmサイズの金属島が触媒として働き、気相原子が吸収されて島直下にナノウィスカーが成長する。Au-Si共晶系が典型的である。

　ところがマクロレベルや非真空系の薄膜形成法では、必ずしも原子論的な解釈が成立しない。例えば、摩擦転写では基板に高分子を擦りつけると配向膜が得られるが、その機構は十分には解明されていない。また塗布法のドロップキャストは、コーヒーの輪じみに似た過程をたどる。溶媒が揮発して溶質の薄膜が形成される際に溶質の拡散や対流が関係し、流体力学やレオロジーを取り入れた非平衡系動力学の枠組みの理論が必要となる。

　その点で基板のぬれ性((de)wetting)の熱力学は、何桁ものスケールをまたいで議論ができる数少ない例である。原子や少数クラスタには一概に適用できないが、数10 nmの微小な島から目に見えるマクロサイズの液滴まで親水性と撥水性などの違いが接触角を通じて系統的に議論できる。

4.4 薄膜の微視的形態と基板の関係

　気相成長において薄膜の形態を決定する要因は、(1) 薄膜形成法の種類、(2) 原料物質、(3) 形成環境（基板、温度、原料供給速度、背景圧力と残留ガス種、化学反応を含むなら反応速度と潜熱、同時供給物質があれば化学種と供給条件、光照射やプラズマ暴露ほかの条件）と吸着・脱離・表面拡散・偏析・欠陥生成など微視的過程である。実際には、温度と原料供給速度など少数のパラメータに絞って成長制御を試みるのが一般的である。

　単結晶成長においては下地となる基板の影響が大きい。単結晶基板の周期的な原子配列が引き継がれて薄膜が単結晶になる場合が前述のエピタキシャル成長である。同種物質ならホモエピタキシャル成長、異種物質ならヘテロエピタキシャル成長と呼ぶ。後者で格子不整合が伴う場合には、結晶歪の蓄積が薄膜の形態や物性にも影響する。図4は基板と薄膜の原子配列の関係を示している。下地が単結晶であっても薄膜が非晶質になれば多結晶のこともある。これとは対照的にAuのご

[*6)] Vapor-Liquid-Solid

第3編 薄　膜

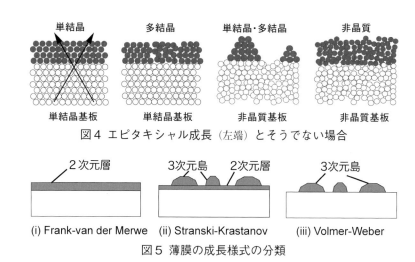

図4 エピタキシャル成長（左端）とそうでない場合

図5 薄膜の成長様式の分類

とくガラスなど非晶質基板の上でさえも自己完結的に単結晶の薄膜が成長する例が知られている。

4.5 薄膜成長のモード

薄膜の成長様式は（ⅰ）Frank-van der Merwe、（ⅱ）Stranski-Krastanov (S-K)、（ⅲ）Volmer-Weberの3つに分類できる（図5）。（ⅰ）では2次元薄膜が交互に積層する。残りふたつは結晶の場合、格子不整合による歪の影響を受けて3次元的な島の発生が伴う。（ⅱ）では臨界膜厚まで2次元成長が維持し、その後、局所的な格子歪の緩和が起きて格子が変形する。尚、初期の歪緩和は弾性的で欠陥を伴わない。その結果、薄膜の表面は、断面が波打つように変形する。（ⅲ）は（ⅱ）の臨界膜厚が0の場合に相当する。（ⅱ）はメゾスコピックなスケールにおいて顕著になる。

今、原子配列を忘れて上記の形態変化を自由エネルギーの立場で考えれば、（ⅰ）は薄膜と基板の接触が、（ⅲ）は基板の露出が好まれる条件である。両者の差は、ほぼ基板表面、薄膜物質表面および基板-薄膜物質界面の3つのエネルギーバランスで決まる。（ⅱ）は（ⅰ）から始めて格子歪の影響で成長途中から(ⅲ)と類似の関係に移行するケースに相当する。

（ⅱ）や（ⅲ）の3次元島は2次元薄膜が目標ならば邪魔者である。ところが島にポテンシャル井戸が付随する場合は、量子ドットとして利用できる。GaAs上のInGaAs（電子と正孔）とSi上のGe（正孔）は自己組織化量子ドットの典型例である。

4.6 薄膜形成技術
4.6.1 形成法の選択

電子デバイス、光デバイス、ガスセンサ、耐摩耗性被膜、固体潤滑膜、撥水加工や耐熱表面処理、食品包装ガスバリアや耐蝕コーティングなどの機能を発揮する薄膜の材料や構造は異なって当然だが、最適な形成法も違ってくることが多い。同じ材料や構造でも密着性か平坦性重視かによっても形成法が異なる。表1で多くの種類が存在する事実は、こうした事情によるところも大きい。

例えば、基板の表側だけに均一な通常金属の2次元薄膜を形成したければ、真空蒸着（物理蒸着）法が適している。これは蒸発物質が余弦則にしたがってほぼ全方位に直進するためであり、基板回転によって均一性が向上する。一方、スパッタリング法なら基板の裏側にも薄膜が形成できる。

こうした特性の差は、原子の平均自由行程すなわち他の原子（分子）と衝突（散乱）せずに直進可能な平均距離に起因する。気相原子の数に比例

表2 LSI製造に用いられるCVD薄膜の例

物質	種類	用途	形成法
半導体	シリコン，III-V化合物半導体	デバイス基板	CVD
		ゲート電極、	CVD
	多結晶シリコン薄膜	太陽電池	PCVD
	非晶質シリコン	太陽電池、撮像デバイス	
金属	W	金属配線	CVD
	Al-Cu	金属配線	PCVD
	ポリサイド	ゲート電極	CVD, PCVD
絶縁体	SiO₂膜	ゲート絶縁膜	CVD, PCVD
	窒化Si膜	層間絶縁膜	CVD, PCVD
	BPSG	選択酸化マスク、保護膜配線絶縁膜	CVD

して衝突が起きるから状態方程式より平均自由行程は圧力Pに反比例する。$P = 10^{-2}$ Paで数10 cm程度である。スパッタリングでは10 Paゆえ0.1 cm未満となり、ターゲットから飛び出した物質は頻繁な衝突により進路を変えて基板の裏に回り込む。

凹凸や奥まった場所にも形状にあわせて薄膜を堆積したい時は、スパッタリング法やめっき法を選択する。LSIのトレンチなどアスペクト比の大きな縦穴には、コリメータを用いたロングスロースパッタが役立つ。原料ターゲットから飛来する原子やクラスタの直進性を高める効果がある。

これとは反対にマスクの影に蒸着物質の堆積が起き難い性質を利用することもある。リフトオフ法は蒸着原料の直進性に基づく薄膜形成法で、リソグラフィ要らずの細線形成が可能である。

一般に薄膜の基板への付着力は強い方がよい。ガラス上のAu蒸着膜は付着力が弱く、擦ると容易に剥がれる。しかし、Crのプライマを数原子層積むと劇的に改善する。あるいは蒸発物質をイオン化して基板に供給してもよい。スパッタリング法では、プラズマによる基板表面の清浄化も期待でき、蒸着法より付着力が高くなる傾向がある。

一方、スパッタリング法のようにほぼ同一の技術ベースで金属、酸化物、窒化物、化合物、半導体など複数の材料が扱えると便利である。表2はCVD薄膜のLSI配線への使用例である。同法が多数の種類の薄膜に対応できることが見て取れる。

ところで薄膜は、形成直後の状態のまま使用される場合もあるが、二次過程での薄膜の追加、あるいは表面改質や部分除去などが行なわれることがしばしばある。物質除去すなわちエッチングには薬品処理が基本のウェット法と真空・減圧環境を利用したドライ法がある。後者には、反応性ガスを使用するドライエッチング、イオン化原子や表面敏感なクラスタイオンビーム照射による物理スパッタリング（ミリング）が使える。一般則としてエネルギーが低いと表面との相互作用時間が長くスパッタリングが支配的となるのに対し、高エネルギーだとイオンが物質内部に侵入しやすくイオン注入が支配的となる。一方、収束イオンビームはもっぱら微細加工に用いられる。

4.6.2 基板と前処理

Siは(001)，(111)ほか主に低指数の単結晶基板が多く流通している。化合物半導体も同様である一方、微傾斜面基板もしばしば用いられ、平坦膜形成やステップ量子構造形成など用途が広い。またSOI[*7]基板ほか絶縁層埋め込み基板も多くの種類が出回っている。Siは10N以上の大口径の高純度単結晶が得られるが、太陽電池用途では低純度のポリシリコン基板（金属シリコン）も利用される。さらにSiO$_2$層を予め堆積した基板やエピ膜・ドーピング膜搭載の基板もある。クオーツ、サファイア、SiCのほか、MgO，SrTiO$_3$，LiNbO$_3$など酸化物の単結晶基板も市販されている。単体金属や合金のほかプラスチック等の基板もある。

基板の清浄度は薄膜の物性にしばしば影響する。今や洗浄不要の単結晶基板も市販されているが、さもなくば薄膜を形成する前に基板を洗浄する。その基本は、脱脂に加え、化学エッチングによって研磨砥粒、金属、有機物を除去の後、必要に応じて極薄酸化膜などの保護被覆で覆う。Siには複数の洗浄法が提案されている。例えば硫酸過水、アンモニア水過水、塩酸過水、希フッ酸の段階処理やフッ酸硝酸煮沸法が使える。一方、希HF水溶液で水素終端も可能だが、COと反応して表面にCが残留しがちである。またGaAsは溶存酸素濃度の低い超純水だけでも酸化物除去が可能である。

Siの水素終端表面は疎水性であり、親水性表面が必要ならオゾン処理が使える。表面洗浄後の基板は、薄膜形成装置の中で最終の表面清浄化を行う。Si MBEでは基板を800℃以上に加熱し、SiO$_2$層を蒸発させて清浄表面を得る。この過程は電子線回折像（(100)は2x1，(111)は7×7）から確認できる。さらにSi単結晶の緩衝層（バッファ）を数10 nm成長させると原子レベルで平坦かつ清浄度の高い表面が得られる。また劈開法は、劈開時の微粒子を除けば表面汚染の心配がほぼないものの結晶方位は限られる（Si，GaAsだと(110)）。一方、金属基板なら希ガス(10^{-3} Pa程度のNe，Ar他)スパッタリングとアニーリング（15-30分）で清浄化できることが多く、GaAsやGe等半導体にも適用でき

[*7] SOI：Silicon On Insulator

第3編 薄　膜

る。

　なお、基板ハンドリングでは接触汚染に注意する。例えば洗浄器具、保管を通じてNiを含む金属とSiとの接触は避ける。専用ケース等を用い、相互汚染を回避する。成長装置への基板導入はコンテナ搬送かパージしたグローブボックスを用いる方が無難である。水素終端も基板導入寸前で行う方がよい。乾燥窒素ブロー、スピンドライなどの基板乾燥による表面汚染や残渣にも注意する。

4.6.3 原　　料

　形成法を問わず、原料は高純度である方がよい。MBE法の進化は材料の高純度化の歴史でもある。超高純度(6N)のAl, Ga, AsはMBEの産物と言える。Alの場合、蒸着やスパッタリングでは単体金属が用いられるが、熱CVDではトリメチルアルミニウム(TMA)等の有機金属を用いる。後者は良質の薄膜が得られる反面、設備投資や水素化物等の特殊高圧ガスを併用する場合は、法令等に準じた関連手続きや環境・安全対策が必要になっている。一方、化合物半導体MBEではクラッキングやプラズマによるラジカル窒素の生成が重要となる。

　気相成長装置を利用する際は、残留効果（メモリー効果）や材料間の相互汚染に注意する。ZnやCd等は残留効果が顕著である。Siの成長装置で蒸気圧の高いAsを一旦、蒸発させると長期間SiがAsドープされ、n型になる傾向がある。そのためドーピングには専用のチェンバが望ましい。

　原料が化合物の場合、真空・減圧環境で化学量論組成を維持したまま原料を基板まで移送するのは容易ではない。MgF_2等の例外もあるが、蒸気圧曲線が物質により異なることが理由である。例えばGaAsを加熱すれば、Asが先に蒸発する。高温における一斉蒸発を利用したフラッシュ蒸着、スパッタリング法、パルスレーザ蒸着法などは組成を維持した堆積が可能な数少ない選択肢である。

　原料使用効率では塗布法が群を抜いて高い。対照的に真空・減圧法では、一部の原料が薄膜に変換されるにとどまるが、同法の宿命とも言える。

4.6.4 基板搬送

　MBEやCVD装置にはロードロック（エントリロック）機構が完備されている。同様に薄膜の形成後、二次過程や表面分析のため大気暴露なしに複数装置間で基板を移動させたい時がある。真空搬送機構で連結するのが現実的でない時は、イオンポンプを備えた超高真空トランスファベッセルか希ガスや乾燥窒素ガスパージした密閉容器による搬送を検討する。III-V族半導体の場合、まず過剰V族雰囲気で表面を分子で被覆してから搬送チェンバで移送。その後、V族分子を加熱除去して清浄表面を得る。他方、水素終端Siは大気搬送後に脱ガス処理を経て直ちにエピ成長が可能である。

4.6.5 基板温度

　基板温度は薄膜形成の重要なパラメータである。温度上昇は原料原子の表面再分布や化学反応を促進する。室温近辺では原子の動きが不活発で新たな原料が飛来・吸着すると平衡位置からずれた原子が累積する。やがて薄膜全体は非晶質化するが、固相成長で再結晶化が可能な場合もある。

　ところで基板の正確な温度を知ることは意外に難しい。放射温度計は読みが見込み角に依存し、視野内の高温物体の影響を排除する必要がある。一方、熱電対との接触は基板汚染の懸念が残る。

　ヒータやランプなどの基板加熱機構によれば温度上昇は容易に制御できる。他方、400℃以下の自然冷却は熱伝導しか寄与せず、時間を要する。

4.6.6 界面の形態

　異種物質接合のヘテロ構造は準安定で熱的に不安定である。SiGe等の全率固溶系の熱平衡状態は均一な混合である。つまりヘテロ構造は作製時点から常に熱平衡状態に向けて緩和を続けている。

　理想的な界面は、垂直方向に急峻な組成分布で界面に沿って平坦である。ところが現実の界面は、原子の再分布により傾斜組成分布と平坦な境界あるいは急峻組成分布と界面方向に凸凹な組合せのどちらかになってしまう。

　理想界面を創り出す方法のひとつは低温成長＋固相再結晶化であり、付着成長で原子の動きを封じ込める。今ひとつはサーファクタント（界面活性剤）法であり、第3元素で常に蓋をすることが本質である。サーファクタントは強い表面偏析を示し、大抵は供給が一度で足りる。Si上のGe成長ではSb, Ga, Biに効果が認められ、BiはSiへの取

り込みが少ない($<10^{15}$ cm^{-3})。GaAsのGa等、自己サーファクタント効果の存在も知られている。

4.6.7 膜厚と組成

膜厚計測には、触針式段差計、可視光干渉（ノマルスキ顕微鏡）、エリプソメトリ、X線回折、電子顕微鏡が使えるが、範囲と適合材料が異なる。蒸着法では、全膜厚計測がしばしば供給速度の校正に利用される。

化学組成濃度の決定法には複数ある。混晶単結晶なら2結晶法等で基板垂直方向の格子定数を評価する。ラマン散乱、線形分光、光電子分光、ESCA[*8]、EDX[*9]やラザフォード散乱のほか二次イオン質量分析も使えるが、絶対測定は容易ではない。

膜厚や組成の均一性向上には、基板回転のほかパルスレーザ蒸着法ではレーザビーム走査などを併用する。これとは反対に不均一な分布を連続可変の組成や膜厚の制御に利用することもある。

4.6.8 その場観察技術

薄膜形成法の大半はオープンループ制御である。本来これが許されるのは、自動停止機構が働く化合物半導体の原子層成長法などの場合に限られ、薄膜形成の途中過程の診断を目的にその場診断が行なわれる。MBE法やパルスレーザ蒸着法では高速電子線回折(RHEED)[*10]が表面原子配列の観察に、四重極質量分析器(QMS)[*11]が雰囲気モニタに用いられる。2次元核成長限定となるが、RHEEDの鏡面反射強度の振動を利用して膜厚を計り、シャッターを同期開閉すれば原子層制御ができる。一方、通常の蒸着でも膜厚計測は重要であり、水晶振動子式膜厚モニタでは、重量換算の膜厚が得られる。他方、MBEでは圧力換算の分子線束モニタや原子吸光分光法等も利用される。覗き窓からの目視も表面荒れ等の検知には有効な場合がある。

[*8] ESCA：Electron Spectroscopy for Chemical Analysis
[*9] EDX：Electron Dispersive Xray spectroscopy
[*10] RHEED：Reflection High Energy Electron Diffraction
[*11] QMS：Qudrupole Mass Spectrometer

4.6.9 平坦化技術

薄膜形成を間接的に支える技術であり、凹凸の除去あるいはエピ成長用の仮想基板の仕上げ等に用いられる。前者はLSI多層配線、後者は組成傾斜緩衝層（グレーデッドバッファ）ほか歪緩和や欠陥の発生によって平坦性が失われた半導体が典型的である。機械研磨および化学反応と機械研磨の複合作用を通じた化学機械研磨(CMP)がある。

第5節 新しい薄膜形成技術

5.1 分離・接合法

「劈開」、「剥離」、「分離」等の操作、ダイシング等「切断」、「分割」操作をここではまとめて分離法と呼ぶ。グラファイトの劈開を続ければ、究極的にグラフェンを得る。剥離の例では、フッ酸浸漬によってSOI基板のデバイス層が液面に浮上する。一方、水素原子をSi基板にイオン注入・加熱すると水素ガスによるボイド列が表面と平行に発生するが、基板表面に沿って応力を印加すると表面側のSi層が分離する。分割・切断はダイシングソーや赤外レーザ照射によって行う。

分離法とともに第4分類を構成するのがウエハボンディングに代表される「（基板）接合（張り合わせ）」法である。直接接合と中間層をはさんだ間接接合がある。前者は、圧接で形成したファンデワールス結合が加熱圧接で共有結合に変化する。Si-Siは600℃以上、残存SiO_2があっても900℃以上で接合する。クオーツ、ガラス、III-V族化合物半導体ほかペロブスカイト酸化物にも適用でき、拡散・反応・常温接合等の区別がある。陽極接合法は金属とガラスの接合用で電圧印加によってイオン移動を促進し、Siを酸化して共有結合を形成する。接着剤法は低温プロセスで表面荒れが少なく、ポリマー、スピンオンガラス、レジスト等が接着剤に使える。ガラスフリット接合は表面荒さが大きくても使用可能でガラスプリフォームをスクリーン印刷した後、加熱・圧着する。ウエハと金属の相互拡散によるハンダ接合や共晶接合が選択されるケースもある。

5.2 ハイブリッド型の薄膜形成法

ボトムアップ・トップダウン方式の複合化は薄膜形成技術の発展形である。例えば、Si基板上に

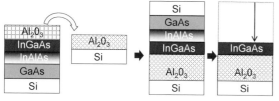

図6 ハイブリッド型の薄膜形成法の例

絶縁層を挟んで面内圧縮InGaAs混晶層を搭載した構造を考える（図6）。正攻法はボトムアップでSiにAl_2O_3とInGaAsを順に堆積する。つまり立方晶Si上に単結晶Al_2O_3（サファイヤ）、圧縮歪InGaAs層を順にエピ成長するが、サファイア上の立方晶III-V族半導体のエピ成長ですら一般に困難である。これとは対照的にGaAs基板上の歪InGaAs層エピ成長には技術の蓄積があり、傾斜組成緩衝層のおかげでInAs/GaAs等の大きな格子不整合（≈7%）系をも扱えるようになった。そこで作製順の逆転を考える。まずSi上にGaAsを結晶成長あるは接合し、InAlAs組成傾斜緩衝層を積んでから歪InGaAs混晶層を成長、最上段のAl_2O_3には原子層成長を使う。一方でSi上に多結晶等のAl_2O_3を積んでおく。ふたつのAl_2O_3同士をあわせて加圧・加熱すると一体化する。最終的に上部からInAlAs傾斜バッファまでを削り落とす。これで実行可能なハイブリッド型薄膜形成法となる。

埋め込み絶縁層によって基板とデバイス層を電気的に分離する（SOI）技術は、SIMOX[*12]が最初である。O^+イオン注入と高温熱処理により非晶質SiO_2層をSi結晶中に発生させるが、デバイス層の注入ダメージが不可避であり、やがて分離・接合技術が出現した。

5.3 非真空・減圧型の薄膜形成法

近年、エレクトロニクス分野では、センサやアクチュエータと連携する小型プロセッサがホビーの域を超えて全盛である。ハイエンドではないが手頃感があり、エレクトロニクス技術の大衆化に貢献している。これと類似の現象が薄膜でも起きつつある。薄膜と言えば原子を想起させ、一部の関係者の聖域でもあった。真空・減圧法へのアクセシビリティの逆進性もこれに拍車をかけた。しかし、インクジェット印刷法の出現によって精緻な造形が常温常圧で手軽に実現できるようになって状況は一変した。パターニング機能を活かせば誰でも薄膜トランジスタが作れてしまう。今や塗布法の一種のインクジェット法は、フレキシブルエレクトロニクスの牽引役である。以下、非真空・減圧型の塗布法について触れる。

a. ドロップキャスト

親溶媒性基板の上に落としたインクの溶媒が揮発して乾燥し、溶質が残って薄膜を形成する。ただし、インクに混合・溶解した堆積物質を一様分布させるのは容易でなく、溶媒の表面張力に駆動されるマランゴニ効果等を考慮する必要がある。

b. スピンキャスト・スピンコート

常温常圧の薄膜形成が可能で設備投資も少ない。多様な用途展開ができ再現性も高い。高速回転する基板の中心に滴下された適度な粘度の溶媒と溶質の混合物が遠心力で延伸する。大面積に適し、nm～mmのダイナミックレンジがある。多層膜にも対応し、流動性原料の第1選択肢と言える。

c. インクジット印刷

ボトムアップ式の薄膜成長では、たいてい事後にパターン描画や加工が伴う。インクジェット印刷なら同一装置で薄膜形成からパターニングまでを一貫して行える。ポータブルで量産も視野に入る。定められた場所に必要量のインクを供給するドロップオンデマンド(DOD)は原料使用効率が高く、リソグラフィ不要のパターニングができる。複雑な造形も少数工程で仕上がり、立体構造にも対応する。対象物質は有機物のほかにグラフェン、CNT、無機物量子ドットから高温超伝導体に及ぶ。注意点は解像度、エッジの切れが溶媒の揮発特性、溶質の凝集特性に依存する点である。

同法のいまひとつの利点は、エッチング剤をインクとして用いる局所エッチング能であり、真空・減圧方式よりもフレキシビリティが高い。ポリマーリング共振器のQ値が$5×10^5$超と、電子線リソグラフィに匹敵する性能が得られている。

d. スクリーン印刷

スクリーン印刷は、大面積の定型パターンの形成に向いている。抵抗、コンデンサ、ダイオード、各種センサ、太陽電池、アンテナ、薄膜トランジスタ、ディスプレイなどに実績がある。

[*12] SIMOX：Separation by IMplanted OXygen

e.押さえつけコート

親溶媒性基板にはキャストやスピンコートが有効だが、非親媒性（撥溶媒(剤)性）基板には適さない。一種の圧延スタンプのプッシュコートは、2次元エラストマーシートを介した圧接により撥水性基板上に均一な有機物薄膜を形成できる。

第6節 薄膜形成におけるパラダイムシフト

6.1 原子層物質

結晶を厚さ方向に削ってゆけば、やがて原子層（化合物なら分子層）に達する。原子層は膜厚方向に結晶の並進対称性が失われており、バルク結晶と別の物質と考えてもよいが維持が難しく、酸化によって別の物質に変化する傾向がある。

近年、注目が集まる原子層物質は単一原子層が最終形である。グラフェンはファンデワールス力で積層したグラファイトの単一劈開層である。Geimらはスコッチテープで剥離を繰り返すことでグラフェンの単離に成功し、ディラックコーンの発生、室温子ホール効果、2.3%に及ぶ単層吸光度とこれが微細構造定数 α のみで決まる事実などを示し、物性の常識を次々に塗り替えていった。

これを契機に原子層物質が脚光を浴び、興味はシリセン(Si)、ゲルマネン(Ge)、スタネン(Sb)、フォスフォレン(P)等にも拡がった。これにはBiSe等トポロジカル絶縁体への期待が重なっている。後者物質群では表面にのみ電気伝導が発生し、スピン軌道相互作用を通じて後方散乱が抑制される特徴がある。

ところでグラフェンに先行したカーボンナノチューブ(CNT)も一世を風靡した。インターカレートするイオンやクラスタの種類によって物性を制御できるため、現在では純粋科学から応用へと興味の重心が移行しつつある。

6.2 薄膜欠陥エンジニアリング

上記の物質群は炭素ハニカムシートからできているが、共通の現象としてボンド組み替えがある。6員環が90°回転により5員環と7員環2ペアずつに入れ替わってStone-Wales欠陥を形成する。2次元空間を埋め尽くすブロックは3,4 6角形のみであるが、SW欠陥には5角形や7角形が寄与し、MnAl等の準結晶とも共通性がある。

SW欠陥周辺の化学活性が増強することを利用した水素吸蔵やSW欠陥の伝導の異方性を利用したプログラマブル回路形成などの提案は、薄膜欠陥エンジニアリングとして位置づけられる。この他、欠陥導入グラフェントランジスタや表面ステップの電子状態の制御も同様である。その一方、メゾスコピックレベルではフォトニック結晶が同じ範疇で扱える。実際、シリコン薄膜にマクロ欠陥としての貫通ボイド（空気穴）を周期、サイズ、分布を精密に設計して配置することがフォトニック結晶の高機能化の鍵を握っている。

6.3 新物質固有のレシピ

原子層物質のエピ成長はバルク結晶成長と共通点が多いものの明らかに一線を画している。例えば、Geの原子層物質ゲルマネンは、GeへのCaインターカレーションにより発生するため結晶成長が真空槽内で完結せず、低温でのCa浸漬を要する。さもなくばCaとGeを交互供給して多層構造を形成した後、Caを薬洗、という複雑な形成段階を辿る必要がある。

一方、興味深い事実としてGe層の堆積中にCaを低温で供給するとCaがGe表面でサーファクタントとして働くが、高温ではインターカラントとして機能することである。このような現象は3次元物質の結晶成長では知られておらず、温度だけで物質形態を切り替えられる可能性を示唆している。

6.4 インプリンティング・ナノインデント

加圧したモールドによって薄膜を塑性変形させ、微細構造のレプリカを一度に大量生産する技術である。類型的には表面改質のほか表面除去にも似た特性をもつ。現状、有機物や半導体など適用範囲は限定的だが、今後、形を変えてさまざまな分野に進出してくることが予想される。

〈深津　　晋〉

〔参考文献〕
1) 金原　粲：薄膜の基本技術、東京大学出版会、2008.
2) 金原　粲監修：薄膜工学、丸善㈱、2011.
3) 吉田貞史：薄膜、応用物理工学選書3、培風館、1996.

4) 白木靖寛 監修：エレクトロニクス薄膜技術、シーエムシー、2008.

5) 上羽牧夫：結晶成長のしくみを探る、共立出版、2002.

6) 西永 頌：結晶成長、朝倉電気電子工学大系、朝倉書店、2014.

7) 西永 頌、宮沢 信太郎、佐藤 清隆：エピタキシャル成長のメカニズム―シリーズ 結晶成長のダイナミクス3巻、共立出版、2002.

8) 電気学会「レーザアブレーションとその産業応用調査専門委員会」編：レーザアブレーションとその応用、コロナ社、1999.

9) 財満 鎮明他：ポストシリコン半導体―ナノ成膜ダイナミクスと基板・界面効果、エヌ・ティー・エス、2013.

10) 大森 裕：有機薄膜形成とデバイス応用展開、シーエムシー、2013.

11) 中村友二：第17回薄膜基礎講座テキスト、日本表面科学会、2014.

12) 深津 晋：図解入門よくわかる最新薄膜の基本と仕組み、秀和システム、2010.

13) 麻蒔 立男：薄膜作成の基礎、日刊工業新聞社、2005.

14) R. S. Wagner and W. C. Ellis (1964). Appl. Phys. Lett. **4**, 89 (1964).

15) 徳山 巍：半導体ドライエッチング技術（集積回路プロセス技術シリーズ）、産業図書、1992.

16) 物理学辞典編集委員会：物理学辞典（三訂版）、培風館、2005.

17) ぬれと超撥水、超親水技術、そのコントロール、技術情報協会、2007.

18) T. Sadoh, *et al*. Appl. Phys. Lett. **89**, 192114 (2006).

19) Y. Arakawa and H. Sakaki, Appl. Phys. Lett. **40**, 939 (1982).

20) H. Minemawari *et al*. Nature **475**, 364 (2011).

21) M. Ikawa *et al*., Nat. Commun. **3**, 1176 (2012).

22) A. K. Geim, Science, **324**, 1530 (2009).

23) I. Sumio Nature **354**, 56 (1991).

24) S. Nakahara *et al*., ACS Nano **7**, 5694 (2013).

25) C. Zhang *et al*. Sci. Adv. **1**, e1500257 (2015).

26) 安藤 陽一：トポロジカル絶縁体入門、講談社、2014.

27) 迫田和彰：フォトニック結晶入門、森北出版、2004.

28) Y. Yasutake and S. Fukatsu, 2017 North American MBE, MO-10 (Galveston, 2017).

第2章 蒸　　着

第1節 真空蒸着

　真空蒸着法は物理的気相堆積法(PVD)の最も基本的(原始的)な成膜法であるが、初めて真空蒸着法による成膜[1,2]が報告されたのは最初のスパッタリングによる成膜例[3]が報告された25年後とされている。真空蒸着法には高真空装置が必要であり、真空技術の発達とともに真空蒸着法も普及してきた。見方を変えれば、真空蒸着法によって成膜される薄膜は、成膜中の真空の状態に影響を受けやすいのであり、所望の薄膜を得るためには成膜の過程において真空下で起きる現象を理解しておくことが重要である。本稿では、主に「真空」という観点から真空蒸着法を概観し、その重要なポイントについて解説する。

1.1 真空蒸着の概要

　真空蒸着法は代表的な薄膜の物理的気相成長法の一つであり、概ね$10^{-7}-10^{-2}$ Paの圧力下で実行される。図1.1は、真空蒸着による成膜過程を模式的に表している。真空蒸着法では、原料に抵抗加熱、電子ビーム、高周波誘導加熱等の方法で熱を加えて蒸発させる。蒸発過程で作られた原料の蒸気は、装置内を基板に向かって輸送される。通常真空蒸着法というのは、蒸気の原子や分子が輸送過程で成膜室内に存在するガス分子と頻繁に衝突しない条件で成膜される方法を指すのであり、原料蒸気を適当なキャリアガスと混合してガスの流れによって輸送する成膜法は真空蒸着法とはよばない。また、この輸送過程で原料蒸気にプラズマなどからエネルギーを与えて化学反応を促進する方法についてはイオンビームを利用する薄膜形成技術の項で解説されている。最後に、原料蒸気を基板に堆積させて薄膜が形成される。基板表面に吸着した原子・分子は、輸送過程で持っていた運動エネルギーを失いながら表面を拡散・マイグレーションした後に沈着する。その間に、原料蒸気に含まれていない成分を(O_2などの)ガスを導入して補ったり、余分な成分を追い出したりするための化学反応が行われる。この過程は最終的に得られる薄膜の結晶性や組成を決定づける重要な過程であり、その制御のために必要であれば基板を加熱する。

　以上のように真空蒸着法は、図1.1に示す3つの素過程において、①蒸発過程には熱エネルギーを用いる、②輸送過程では蒸気とガスとの衝突が頻繁に起きない、③必要な場合には堆積過程でガスとの反応や基板加熱による表面拡散の制御をする成膜法であり、蒸発過程にイオンのエネルギーを用いるスパタリングや、輸送過程での化学反応を期待するCVDなどの他の成膜法とは区別される。

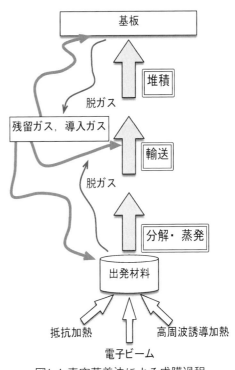

図1.1 真空蒸着法による成膜過程

第3編 薄　膜

各素過程に対する雰囲気の影響を正しく理解することが、高品質の薄膜の開発、生産のために重要である。次節ではそれぞれの素過程の重要なポイントや真空蒸着システムを構成する要素について解説する。

1.2 真空蒸着の素過程
1.2.1 蒸発過程
(1) 蒸発源

真空蒸着法の場合にはタングステン等のフィラメントやボートを通電加熱することで原料を加熱する抵抗加熱法と、数keVに加速した電子線を原料に照射して加熱する電子ビーム蒸着法が一般的である。工業用の大型成膜装置では高周波誘導加熱も用いられる。

加熱された原料は溶融して液相から蒸発することが多いが、材料によっては固相から直接昇華するものもある。実用的な成膜速度を得るためには、経験的には原料の蒸気圧が1 Pa程度になる温度程度になるまで蒸発源を加熱する必要がある。

現実の分解・蒸発過程では、原料と同じ組成の蒸気を作り出すことは必ずしも容易ではなく、付随する現象を理解してその対策を準備しておくことが重要である。

例えば金属酸化物薄膜を蒸着するために金属酸化物の原料を用いた場合、金属元素より先に酸素が抜けていくことは珍しくない。このような場合には蒸発源から還元気味の酸化物が蒸発することになる。また、先に蒸発した酸素は蒸気圧が高いため、基板や成膜装置の壁面に吸着せずに成膜装置内をガスとして漂うことになる。すなわち、気体元素を含む化合物の成膜では、蒸発過程において分解した気体元素が成膜装置内で雰囲気ガスとして存在する中での成膜になるということを理解しておく必要がある。

また蒸発過程の副産物として、本来原料には含まれないガスも放出されることに注意しなければならない。購入したばかりの新しい原料はもちろん、メンテナンスなどのために成膜装置を大気に解放する際には原料も大気にさらされるため、表面には水や有機物が吸着する。それらは、原料の蒸発のためにエネルギーを与えたときにガスとなって成膜装置内に放出される。また、基板は

高温に過熱された蒸発源の熱輻射にさらされることになり、高分子シートを巻き取りながら高速成膜する場合になどには、基板となるシートからの脱ガスが十分行われないまま成膜しなければならない状況も考えられる。

以上のように、真空蒸着の蒸発過程では、原料が分解して放出されるガスや、原料や成膜装置壁面から脱離した水や有機物などのガスの分圧が高くなる。これらのガスは許容圧力を超えると、輸送過程や堆積過程を通じて薄膜の成長に影響する。また、フィラメントやボートなど、高温に加熱される部品があり、蒸発過程で発生するガスはそれらの寿命を短くすることにもつながる。したがって、輸送過程と堆積過程を正しく理解し、薄膜の性能に悪い影響を及ぼさないように適切な条件で分解・蒸発を行うことが重要である。

以下では、蒸発源の種類ごとに成膜時に注意すべき要点を列記する。

金　属：

金属の蒸発源はインゴット、塊状、棒状の形態で供給されることが多く、原料からの脱ガスは比較的少なく抑えることができる。Alのように、金属の中にはタングステン等と金属間化合物を作るものもあり、そのような場合にはタングステンのフィラメントやボートを用いることは適切ではない。アルミナやBNを被覆した坩堝を用いたり、電子ビームや誘導過熱など他の加熱法を用いたりすることを推奨する。

坩堝を用いた蒸着では、溶融した金属が凝固する場合に体積が膨張するため、肉薄の坩堝は割れやすい。Gaなどの低融点金属の場合には凝固しないように常に加熱しておくか、長時間蒸着しない場合には別の容器に移して保管するなど、工夫が必要である。

タングステンを代表とする極めて融点の高い金属の真空蒸着が困難であることは容易に推測できるが、一方でAlやAgのように融点がそれほど高くなくても、熱伝導の高い金属も電子ビーム蒸着にパワーを要するので注意が必要である。

化合物（酸化物など）：

酸化物などの化合物は粉末や、粉末を固めた粒状で提供されることが多く、大気中に保管している間に水分を吸着している。成膜開始前には蒸発

源を予備過熱して十分に脱ガス処理をするなどの配慮を要する。

　また、出発材料の組成や前処理には様々なノウハウがある。例えば、TiO$_2$薄膜を電子ビーム蒸着で得るためには蒸発源としてTi$_2$O$_3$を使用することは比較的有名である。また、蒸発源をあらかじめ溶融させて粉末からインゴット状に前処理しなければ安定した蒸着ができないものなど、化合物によって様々である。初めて挑戦する蒸発材料の場合には、粘り強く最適な条件を探る覚悟が必要である。

有機物：

　近年有機ELディスプレイを搭載したスマートホンやテレビが普及しつつあるが、これらの有機デバイスの中で低分子材料を用いるものも、真空蒸着法によって薄膜化されている。有機材料は電子ビームやイオンなどの高エネルギー粒子の照射によって分解しやすいので、蒸発源はグラファイト等の坩堝に入れられて抵抗加熱によって数100 ℃に過熱して蒸着する。蒸発源からの熱輻射によって基板が過熱しないように、有機材料の蒸発源には水冷シュラウドが装備されていることが多い。

(2) 成膜速度のモニタと制御

　真空蒸着法は、スパタリングを含む他のPVD法と比べて成膜速度が速く、このことが産業応用の観点では重要な特長になっている。一方で、蒸発源の蒸発の速度は蒸発源の量や形態の変化によって刻々と変化するため、成膜速度を安定に保ち、正確に所望の厚さの薄膜を得るためには、成膜速度や成膜量をその場でモニタする必要がある。通常は水晶振動子の膜厚モニタが使用されるが、光の透過率や反射率を用いて光学的に成膜速度をモニタする方法もある。

1.2.2 輸送過程

　典型的な真空蒸着は$10^{-7}-10^{-2}$ Paの低圧で実行される。このような圧力範囲での気体分子の平均自由行程λは、

$$\lambda = \frac{6.6}{p} \ [\text{mm}] \ \approx \frac{1}{p} \ [\text{cm}] \tag{1}$$

で表される[4]。ここでp[Pa]は圧力、気体は25 ℃の空気を想定している。10^{-3} Pa以下の高真空で実

行される真空蒸着の場合の平均自由行程は10 m以上になるのに対して、基板と蒸発源の距離は長くても1 m程度であるから、原料蒸気のほとんどは1度も残留ガスと散乱することなく基板に到達することになる。

　ところが、酸化物薄膜の成膜のためにO$_2$ガスを導入する場合や、フィルム上への薄膜の製造工程では、成膜が10^{-2} Pa台の圧力で行われる場合もある。このような場合には蒸気の平均自由工程が数10 cmのオーダーになり、蒸発源と基板の距離と同程度になる。そのため、装置のメンテナンス等によって蒸発源と基板の距離が変わると薄膜の特性も劇的に変わってしまう可能性を気にかけておく必要がある。

　また、原料蒸気の平均自由行程は成膜速度に直接影響する。原料蒸気が弾道的に輸送される条件では、原料から基板に向かって飛び出した蒸気はそのまま全て基板に到達する。しかしながら原料蒸気の平均自由行程が基板-蒸発源距離と同程度かそれ以上になると、原料蒸気が輸送中に散乱されて成膜速度が急速に低下することになる。このことは蒸着速度のモニタに大きな誤差を引き起こす原因になる。

　以上のように真空蒸着では、成膜中の残留ガスは多くの場合に邪魔者であるが、工業的な観点から成膜速度を上げると脱ガスが多くなってしまうため、薄膜の品質管理と成膜速度の向上はトレードオフの関係になる。この問題を解決するためには排気速度の大きなポンプが必須であり、大型の成膜装置を用いる製造現場では排気速度の大きな大型の油拡散ポンプやクライオポンプが好まれる。

1.2.3 堆積過程

　本項では主に堆積速度と入射頻度の関係から堆積過程の問題を議論する。通常堆積速度rは単位時間あたりに成長する薄膜の厚さ、すなわちnm/sの単位で正確に管理される。堆積する物質の原子数密度をN_d[個/m^3]とすると、単位面積、単位時間に堆積する原子の数Ξ[個/m^2・s]は、

$$\Xi = r \times 10^{-9} N_d \tag{2}$$

である。

　一方、成膜装置に存在するガスが、表面の単位

面積、単位時間に入射する分子数、すなわち入射頻度Γ[個/m^2・s]は[4]、

$$\Gamma = \frac{p}{\sqrt{2\pi mkT}} \tag{3}$$

と表される。ここでm[kg]は分子の質量、k[J/K]はボルツマン定数、T[K]は温度である。1 nm/s程度の堆積速度の場合に表面に入射する原子数は、10^{-3} Paの圧力のもとでの入射頻度と同等の数になることがわかる。

　残留ガス分子が堆積原子と結合しやすい場合、堆積原子の入射数がガスの入射頻度と同程度かそれ以下になると、無視できない量の残留ガスが不純物として薄膜内部に取り込まれることになる。不純物の量を減らすためには、堆積原子の入射数に比べて残留ガスの入射頻度を十分小さくすればよい。具体的には成膜速度を速くするか、成膜中の圧力を下げることで不純物の量を減らすことができる。

　一方、成膜装置に酸素などのガスを導入して堆積した原子と反応させて化合物薄膜の成膜を目指す場合、堆積原子の入射数に対して十分な量のガスの入射頻度が得られる条件を実現し、そのバランスを適切に制御することで必要な組成の薄膜を得る。

まとめ

　本稿では、「真空」の観点から真空蒸着法の基本的な事柄を解説した。真空蒸着法では、①出発材料を熱によって蒸発させること、②比較的高真空下で原料蒸気が輸送されること、③原料蒸気は基板に対して一方向から入射して基板表面に付着すること、④表面に吸着した原子・分子と導入したガスとの反応によって組成を制御すること、が成膜の各過程における主要な特徴である。他の成膜法と比較すると、それぞれの過程において様々な差異があり、それが薄膜の特性の違いとなって結果に反映される。また、成膜に不具合が生じる際には、上述の特徴を含めて真空蒸着法で常識と考えられている成膜条件が実際に成り立っているかを調べることが、問題解決のための近道である。

　真空蒸着を含む薄膜成長については国内外の良書[5-9]がたくさんあるのでそちらを参考にされたい。

〈鈴木　基史〉

〔参考文献〕

1) R. Nahrwold：Annalen der Physik **267** (1887) 448.

2) A. Kundt：Annalen der Physik **270** (1888) 469.

3) W.R. Grove: Phil. Trans. R. Soc. Lond. **142** (1852) 87.

4) 松田七美男：J. Vac. Soc. Jpn. **56** (2013) 199.

5) K.L. Chopra：Thin film phenomena, (McGraw-Hill, New York, 1969).

6) D.M. Mattox：The Foundations of Vacuum Coating Technology, (WILLIAM ANDREW Publishing, New York, 2003).

7) 日本学術振興会薄膜第131委員会(編)：薄膜ハンドブック, (オーム社, 東京, 2008).

8) 吉田貞史, 近藤高志(編著), 金原粲(監修)：日本学術振興会薄膜第131委員会(編集企画): 薄膜工学 第3版, (丸善出版, 2016).

9) 麻蒔立男：薄膜作成の基礎 (日刊工業新聞社, 2005).

第2節 分子線エピタキシー(MBE)

2.1 原理と特徴

分子線エピタキシー(molecular beam epitaxy：MBE)法は、単結晶基板上に高品質な単結晶薄膜を形成する成長法としてArthurやChoらにより始められ[1]、当初は、主として化合物半導体薄膜成長に用いられて発展してきた。成長素過程が他の成長法と比べて単純と考えられるため、現在では、金属、窒化物、酸化物、有機物など多方面にわたる薄膜形成に応用されている。薄膜形成手法の分類からみると、MBE法は真空蒸着の三温度法に該当する。単結晶基板をある温度に保ち、薄膜の構成元素ごとに準備した蒸発源から各元素を分子線として基板に供給し、基板上で反応させて単結晶薄膜をエピタキシー成長[*1]させている。たとえば、GaAs薄膜成長の場合には、GaとAsの蒸発源を設けて個別にその温度を制御して、GaAs薄膜形成に最適なGaとAsの蒸気圧に設定している。GaAsなどの化合物半導体のエピタキシー成長においては、III族とV族元素の蒸気圧が大きく異なるため、個別の温度制御が不可欠である。GaAsなどIII-V族化合物半導体にとって、元素ごとに制御可能なMBE法は最適な結晶成長法といえる。

MBE法の特徴として、次の点が挙げられる。

(1) 熱的に作る0.1eV程度の低エネルギー分子線を用いるため、基板や成長薄膜へ与える影響は小さく、また、供給分子も基板上で熱化し易い。
(2) 非平衡もしくは準平衡状態下での成長のため、熱平衡状態下では得られない結晶材料創成の可能性がある。
(3) 超高真空（背圧10^{-8}Pa台）、低成長速度（1μm/h程度以下）での結晶成長であるため、不純物混入の少ない状態で原子層尺度での膜厚制御が可能である。
(4) 一般に低温プロセスで結晶成長が進行するため、界面急峻性の高いヘテロ構造や高精度で制御されたドーパント分布を持つ薄膜の形成が可能である。
(5) 各種表面分析法との複合化が可能なため、結晶成長過程のその場観察が可能であり、また、その情報を結晶成長にフィードバック可能なため、制御性に優れた結晶成長が行える。

2.2 装置の構成
2.2.1 MBE装置全体の構成

典型的なMBE装置の概略を図2.1に示した。半導体薄膜においては不純物制御が不可欠であり、成長室の背圧を超高真空に保つ必要がある。そのため、多くのMBE装置では、成長室、搬送室および試料導入室の3室で構成されている。成長室を超高真空に保った状態での試料交換が可能となるように、各室間はゲートバルブで区切られている。成長室には、クヌッセンセル（Knudsen cell、以後Kセル）と呼ばれる蒸発源、シャッター機構ならびに試料加熱機構を有するマニピュレーターが設置してある。蒸発源ならびに試料の加熱にともなう脱ガスを押さえるため、両者ともシュラウドで囲まれており、シュラウド内に液体窒素などの冷媒を送り込んで冷却している。その他、ビームフラックスモニター、四重極質量分析計、反射高速電子回折装置を装備している。成長室は、Kセ

[*1] エピタキシーとは、ラテン語で「上に整列して」の意味で、基板結晶とある特定の方位関係を持つ結晶が成長する現象のことである。

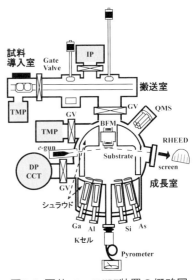

図2.1 固体ソースMBE装置の概略図

ルと試料の配置により、縦型と横型に大別できる。縦型では、分子線を上向きに、横型では横向きに形成している。そのため、縦型ではKセルを成長室の下側に、試料基板をその上部20cm程度離して下向きに配置する構成となる。一方、横型ではKセルを横もしくは数十度傾けて、試料はそれに向かい合わせて配置することとなる。両者には、ルツボ充填率、ルツボ内への異物混入、シュラウド冷却効果など、いろいろな点において長所短所があるので、その目的用途に応じて検討する必要がある。搬送室には、試料ホルダー搬送機構と試料予備加熱システムが組み込まれている。成長用基板を試料ホルダーに取り付けた後に試料導入室の搬送機構にセットし高真空領域まで排気する。その後、試料ホルダーを搬送室へ送って十分に予備加熱を行う。これらの手順の後、成長室のマニピュレーターへと搬送し、所望の成長条件下で成長を行うこととなる。

2.2.2 MBE装置用各種コンポーネンツ

a．クヌッセンセル

固体材料用分子線源として使われているのが、図2.2に示したKセルである。Kセルは、ルツボ、タンタル（もしくはタングステン）ヒーター、タンタル熱シールド、熱電対からなる。PBN (pyrolytic boron nitride)製ルツボの場合、充填した原料を1300℃程度まで加熱できる。熱電対はルツボの底に接触するように取り付けられており、PID制御温度調節計を用いて1℃以内の精度でルツボの温度制御が可能である。石英、グラファイト、アルミナ、タンタル、タングステン製ルツボなどもあり、原料によって使い分けている。ルツボ先端部と内部の温度を別々に制御できるデュアルヒーター型Kセル、2000℃程度まで加熱可能な高温用Kセル、低温で蒸気圧の高い原料（II族、V族やVI族元素、有機物など）用の低温用Kセルなどが市販されている。なお、高温用セルの場合、ルツボ以外にその内部に挿入するライナーが必要である。

b．クラッキングセル

通常の成長時の基板温度では分解しないガスを高温で熱分解するためのセルで、アルシンAsH_3やホスフィンPH_3の場合、それぞれAs_2やP_2分子線が得られる。クラッキングセル材として、タンタルやPBNを用い、900～1000℃の温度で90%程度の効率で分解される。有機金属MBE（metalorganic MBE、MO-MBE、第2.3節 参照）で用いる有機金属ガスは一般に成長時の基板温度で分解するため、ガスセル内での分解は行わず、シュラウド冷却によるガスセル内吸着防止のために低温(～50℃)で加熱している。ガス供給量はマスフローコントローラ(MFC)を用いて制御している。

c．バルブドクラッキングセル

V族およびVI族元素固体原料から安定した分子線を得るように開発されたセルで、原料の昇華部とクラッキング部からなる。昇華部はKセルと同様な構造を持ち、ルツボに充填した原料を加熱により昇華させている。クラッキング部には分子分解用ヒーターのほかに分子線量制御用バルブを備えており、バルブ開閉制御により安定した分子線供給を可能としている。固体Asをルツボに充填した場合、昇華部で生成したAs_4分子を、クラッキング部でAs_2分子に分解し、バルブ制御により所望の流量のAs_2分子線が安定して供給される。バルブドクラッキングセルの特徴として、大容量充填(200～5000cc)、固体ソースの安全性、二量体もしくは原子への分解、フラックス制御性などが挙げられる。

d．プラズマセル

窒素や酸素などのガスを結晶成長に適した反応活性な励起状態の分子（原子）として供給するセ

図2.2 シャッター付きクヌッセンセル
（写真提供：㈱エピクエスト）

ルで、励起は高周波もしくはマイクロ波放電によっている。前者では誘導結合型プラズマ励起方式が、後者では電子サイクロトロン共鳴(electron cyclotron resonance：ECR)現象を利用したECRプラズマ方式が用いられている[2-4]。ECRプラズマは他に比べて低圧力領域での放電が可能とされている。また、周波数の違いを反映して、一般的に、RFプラズマの方がプラズマ密度は高く電子温度は低い傾向にある。いずれのプラズマ中にも、中性の分子や原子の励起種、分子イオンなど多くの励起種が含まれている。それらの比率は、プラズマ方式のみならず、プラズマ投入パワーやガス流量にも依存している。これら励起種の中でイオンの照射は結晶成長膜にダメージを与えると考えられることから、基板に届かないように電場や磁場を用いて曲げて取り除いている。ガス供給量はマスフローコントローラ(MFC)を用いて制御している。

e．マニピュレーター

　マニピュレーターの主な使途は、基板加熱、基板の自転、公転、搬送ならびに位置合わせである。横型MBE装置の場合には、分子線量計測器（フラックスモニター）もマニピュレーターに装着してある。図2.3（a）は、縦型MBE装置用の典型的なマニピュレーターの写真である。基板加熱用ヒーターと熱電対が取り付けられたマニピュレーターに、成長基板を貼り付けた基板ホルダーを装着して加熱する。PID制御温度調節計を用いて1℃以内の精度で基板の温度制御が可能である。試料加熱時の写真を図2.3（b）に示した。通常、熱電対は基板ホルダーの内側に置かれているため、測定温度は基板温度と一致しない。放射温度計、ある材料の融点や共晶温度などを利用して、基板実温度への較正が不可欠である。

　基板ホルダーの自転機構は、成長薄膜の面内均一性向上に、公転ならびに3軸移動機構は搬送と位置合わせに使用する。

f．ビームフラックスモニター

　Kセルなどからの分子線量測定用センサーで、小型のB-Aゲージを用いて、Kセルなどから供給される分子線量（ビームフラックス）を圧力として計測している。そのため、通常、分子線等価圧力(beam equivalent pressure：BEP)と呼んでいる。成長位置でのその値が得られるように、ビームフラックスモニターを成長位置に配置する必要がある。横型MBE装置では、マニピュレーター内で基板ホルダーの反対側（裏側）付近に、縦型MBE装置の場合には直線導入機構などに装置して成長室チャンバーに設置してある。成長前に、これらの搬送機構を用いてビームフラックスモニターをKセルなどの供給源に向けてその圧力を計測する。計測時には、蒸気圧の低い原料から行う、Kセルのシャッターを開閉して背圧分を差し引く、得られるのは全圧である、感度は元素に依存する、などに注意を払う必要がある。

g．基板ホルダー

　基板を保持し、その搬送と成長温度への加熱を目的としているため、モリブデンなどの高融点でガス放出の少ない材料で作られている。基板保持方法には、インジウムで貼り付ける方法と、金属リングなどで押さえる方法（インジウムフリーホルダー）がある。前者では成長膜へのインジウムの混入汚染、後者では温度均一性に注意が必要である。

h．排気系

　固体ソースMBE装置（第2.3節参照）の場合、成長室の主ポンプとしてイオンポンプが用いられている。一方、気体を成長原料として用いている場合には、ターボ分子ポンプ、液体窒素トラップ付

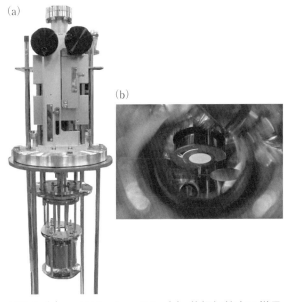

図2.3 (a) マニピュレータと (b) 基板加熱中の様子
（写真提供：㈱エピクエスト）

き油拡散ポンプなどを単独もしくはイオンポンプとの併用で使い、排気している。搬送室にはイオンポンプを用いていることが多い。一方、試料導入室の排気には通常ターボ分子ポンプを用いている。

2.2.3 MBE成長過程のその場観察・計測

MBE法の特徴のひとつに掲げたように、MBE成長過程のその場観察に向けて、これまでに、反射高速電子回折(reflection high-energy electron diffraction：RHEED)、走査型反射電子顕微鏡(scanning reflection electron microscopy：SREM)、走査型電子顕微鏡(scanning electron microscopy：SEM)、走査型トンネル顕微鏡(scanning tunneling microscopy：STM)など多くの表面分析手法と組み合わせて成長表面の直接観察が行われてきた。ここでは、MBE装置で広く使用されているRHEED法についてのみ述べる。

単結晶基板へのMBE成長時にRHEED法を用いると、基板表面状態、薄膜成長様式や薄膜表面状態など多くの知見が得られる。大気から導入した結晶基板表面は、多かれ少なかれ酸化物で覆われている。結晶基板の表面清浄化は、良質な薄膜形成には欠かせない成長の第一段階であり、その確認にRHEEDを用いている。Si(001)や(111)基板の場合には、それぞれ、(2×1)、(7×7)表面超構造の出現によって表面清浄化の確認が可能である。GaAsなどの化合物半導体の場合、加熱による酸化物除去のみでは一般に平坦な清浄表面は得られず、結晶成長を必要とする。この場合も、RHEEDを用いて表面超構造出現により表面清浄化の確認を行っている。その後の成長様式においても、RHEEDによるその場観察から知見が得られる。図2.4に示したように、層状成長の場合には、回折点の強度が成長にともなって周期的に変化（振動）することから、薄膜成長速度の知見が得られる場合がある[5,6]。

2.3 分子線供給方法によるMBE法の種類と特徴

成長用原料には、固体金属単体をはじめとして、各種水素化物、有機金属化合物、単体の気体なども用いられる。これら成長原料の分子線供給方法には、材料の特性に応じて、Kセル分子線源の他に、電子ビーム蒸着源、クラッキングセル、高周波やECRプラズマによる励起原子（分子）源、レーザアブレーション法などが用いられる。Kセル分子線源とこれら供給方法の複合化により、MBE法にはいろいろなバリエーションがある。下記に代表的なものを記す。

(1) 固体ソースMBE(solid source MBE)：分子線源としてKセル蒸発源で構成される最も基本的なMBE装置である。多くの場合、単体元素の固体原料をPBNルツボに充填して加熱し、気化もしくは昇華により分子線を得ている。得られる分子の平均エネルギーは100meV程度以下である。V族元素用原料として、金属砒素を用いた場合、As_4分子線が得られる。燐の場合、P_4分子線となり、チャンバー内壁に黄燐（白燐）が生成されるため注意を要す。

(2) ガスソースMBE(gas source MBE：GS-MBE)：主として、原料の一部に水素化物を用いたMBEを指す。III-V族化合物半導体成長においては、V族元素供給原料として常温で気体であるAsH_3やPH_3などの水素化物を用い、クラッキングセルで分解し、それぞれAs_2やP_2の分子線として供給する。III族元素については固体ソースMBEと同様である。シランSiH_4、ジシランSi_2H_6などのIV族水素化物は、GaAsなどのドーパント源な

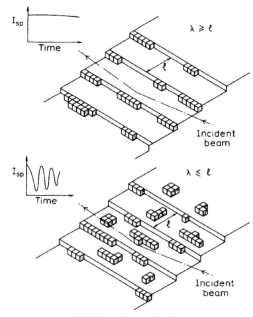

図2.4 RHEED強度振動現象の概念的な説明図[6]
（2次元核成長様式($\lambda \leq l$)の時、この現象が顕著に観測される。ここで、λは吸着原子の拡散長、lはテラス幅である。）

らびにSiエピタキシー用供給源として利用される。

GaNなどの窒化物半導体の窒素源としてアンモニア(NH_3)を用いるアンモニアMBEもGS-MBEの一種である。通常、アンモニアの分解にはクラッキングセルを使わず、基板表面での熱分解によっているため、高温での成長が不可欠となっている。

(3) 有機金属MBE(metalorganic MBE：MO-MBE)：成長用原料の一部に有機金属化合物を用いたMBEである。III族もしくはII族元素供給源に用いる場合が大半である。Ga、Al、Zn供給源としてトリメチルガリウム($(CH_3)_3Ga$(Trimethylgallium：TMG)、トリエチルガリウム($(C_2H_5)_3Ga$(Triethylgallium：TEG)、トリメチルアルミニウム($(CH_3)_3Al$(Trimethylaluminium：TMG)、ジエチル亜鉛($(C_2H_5)_2Zn$(diethylzinc：DEZ)などがある。V族供給源としては、金属砒素などの固体ソース、AsH_3などのガスソース、トリメチル砒素($(CH_3)_3As$(Trimethylarsin：TMAs)などの有機金属化合物、そのいずれも用いられている。

GS-MBEやMO-MBEでは、元素供給原料として用いるガスの種類に応じて、①ガス表面反応を利用した選択成長、原子層エピタキシーや光励起反応プロセスの導入、②高品質エピタキシー薄膜の成長、③高濃度ドーピング、④低温エピタキシー成長、などの効果をMBEに賦与可能と期待できる。

(4) プラズマ支援MBE(plasma-assisted MBE：PA-MBE)：窒化物や酸化物のMBE成長の際に主に用いられている方法である。窒素分子などの不活性ガス、酸素分子などの比較的安定なガスを供給源とした場合、十分な成長レートが得られるように、供給ガスを結晶成長に適した反応活性な分子（原子）状態にする必要がある。その生成にRFプラズマもしくはECRプラズマを用いている。他の元素供給にはKセルを用いている。

(5) 電子ビームMBE(EB-MBE)：Siなどの蒸気圧の低い原料を主としたエピタキシャル膜形成時に不可欠な方法で、電子ビーム蒸発源を組み込んだMBE装置である。

(6) レーザアブレーションMBE：レーザアブレーションは高融点材料の昇華に有効なため、主に酸化物成膜に用いられているMBE法である。レーザアブレーション法とは、目的とする材料からなる固形体（ターゲットと呼ばれている）に強いレーザ光を照射して、その表面層を瞬時に加熱し昇華させる手法である。昇華した物質（分子、原子、イオン、クラスター、電子、光子など）はプルームと呼ばれるプラズマ状態を形成し、成長室内に導入された反応ガス（酸素など）とともに基板に供給して成膜を行っている。基板温度が低い場合には、ターゲット組成に近い組成をもつ薄膜の形成が期待できる。

(7) イオンビーム支援MBE：結晶成長中のイオン照射による大きな運動量供給を目的として、イオン源を組み込んだMBE装置である。その例として、常圧では準安定相とされている閃亜鉛鉱構造の立方晶窒化ホウ素(c-BN)形成が挙げられる。c-BNの形成には、成長中のAr^+イオン照射が有効とされ、実際に成長も確認されている[7]。しかし、そのイオン照射の効果や成長機構への寄与については解明されていない。なお、c-BN成長には、ホウ素供給に電子ビーム蒸発源が、活性窒素供給にプラズマ支援ラジカルセルも必要である。

2.4 応用例

MBE法は、有機金属気相エピタキシー(metalorganic vaper phase epitaxy：MOVPE)[*2]法とともに、高品質な半導体エピタキシャル薄膜成長技術として、電子デバイス、光デバイスの発展を支えてきた。MBE法においては、特に、デバイス構造の超薄層化、原子層尺度での制御、薄膜面内構造形成、新規材料探索および展開への要求に応じるべく、結晶成長素過程の解明と薄膜成長技術の確立、その技術に基づいて作製した半導体薄膜材料や半導体ヘテロ構造の電子的・光学的性質を自在に操る技術の構築などの基礎研究に主として焦点を当ててきた。その例として、量子構造デ

[*2] 有機金属気相エピタキシー(metalorganic vapor phase epitaxy：MOVPE)法とは、有機金属化学気相蒸着(metalorganic chemical vapor deposition：MOCVD)法と同等であり、MBE法と対比する上でエピタキシー成長に焦点をあてた名称を用いた。

第3編 薄　膜

バイスへの応用、希薄磁性半導体創成について述べる。

2.4.1 量子構造デバイスへの応用

原子尺度で急峻な半導体へテロ界面の形成が可能なMBE法の特徴を活かして、1979年には量子井戸レーザ(quantum well laser diodes：QW-LDs)[8]が、1980年には高電子移動度トランジスタ(high electron mobility transistors：HEMTs)[9]が実現された。これらは、キャリアを1次元的に閉じ込めた量子構造であり、薄膜成長方向への制御性の優れたMBE法に適した構造であった。

キャリア閉じ込めが2次元の量子細線(quantum wires：QWRs)、3次元的である量子ドット(quantum dots：QDs)では、成長薄膜面内においてもナノスケールでの微細構造形成が不可欠であるため、困難を極めた。そのような中、1985年に、大きな格子不整合を有する結晶成長で起こるストランスキー・クラスタノフ(Stranski-Krastanov：S-K)成長モードを利用した自己形成QDs作製法[10]が報告された。GaAs(001)基板上にInAsを成長する場合、約7%という大きな格子不整合を有しているため、層状成長するのは初期の1.7MLまでで、それ以降は島状成長へと移行する。この島状成長したInAsが量子ドットとして機能する。このInAs自己形成QDsは、真空一貫プロセスで基板パターニングも不用な作製法である。そのため高品質であり、また、面密度が$1 \times 10^{10} cm^{-2}$程度のQDsが容易に得られることから、半導体レーザ、半導体光増幅器、単一光子発生器、単電子トランジスタ、太陽電池などの光・電子デバイス応用に向けて1990年代以降精力的に研究されてきた。その用途に大きく依存するが、多重積層化、単一化、ドットサイズ制御（波長、均一性）、位置制御、配列制御など、自己形成QDsには克服すべき課題が多数ある。たとえば、半導体レーザや半導体光増幅器応用の場合、量子ドットを利得媒質として機能させるため、量子ドット高密度形成が不可欠となる。面密度は量子ドット面内サイズで制限され、直径20nmの円形底面として近似できる形状の量子ドットの場合、その最大面密度は$10^{11} cm^{-2}$前半となる。一方、量子ドットレーザ実現には、面密度$5 \times 10^{10} cm^2$の量子ドットを10層以上積層化する必要がある[11]と報告されている。

その後、量子ドット成長技術が大幅に向上し、現在では、高性能量子ドットレーザの実用化が進められている。その一例として、発振波長1300nmで高い温度安定性を有する高温動作可能な量子ドットレーザが市販されている。

一方、量子細線作製法として、ステップを利用した形成法[12-14]、量子井戸薄膜断面への再成長[15]、加工基板への成長[16]などが検討された。しかし、原子尺度での揺らぎを抑えることは困難なため、多くの場合、長さの短い量子細線状構造であった。その後、GaAsやInPなどのIII-V族化合物半導体では、vapor-liquid-solid(VLS)機構に基づいたMBE法によるナノワイヤ成長が検討され始めた[17]。GaNなどのウルツ鉱型構造では、成長条件によっては柱状構造となり易い。このことを利用して一次元構造が作製されている[18]。現在、これらのナノワイヤを用いた一次元量子デバイス[19]や発光デバイス[20]への応用研究が活発化してきている。

2.4.2 希薄磁性半導体

MBE法は、非平衡状態での結晶成長過程であるため、固溶限界濃度を超えた不純物の添加可能な結晶成長法であると考えられる。この特徴を活かし、新たな材料探索と創成に向けて用いられてきた。その一つとして、キャリア誘起強磁性を示す希薄磁性半導体(dilute magnetic semiconductors：DMSs)GaMnAs、InMnAsの創成が挙げられる。

1970年代から、II-VI族化合物半導体（CdTe、ZnTeなど）のII族原子位置を遷移金属元素Mnで置換した希薄磁性半導体が研究されてきた。Mnが局在磁気モーメントを持つため磁性は示すが、強磁性とはならず、常磁性もしくは低温でスピングラス的とされている[21]。これに対して、III-V族化合物半導体であるInAsにMnを添加したInMnAsは強磁性を示すことが見出された[22,23]。その後、GaAsをベースとしたGaMnAsが作製された[24]。このInMnAsやGaMnAs希薄磁性半導体の特筆すべきことは、キャリア誘起強磁性という性質である。これら希薄磁性半導体に電圧印加[25]や光照射[26]によってキャリアを注入すると、そのキャリアの存在によって強磁性が誘起される（Mn原子の持つ局在スピンの向きが互いに平行に揃う）ことが実験的に示されている。

さて、MnのⅢ−Ⅴ族化合物半導体への固溶濃度は、通常の成長条件下では$10^{19}cm^{-3}$程度であり、平衡状態での結晶成長では数％のMn添加は困難である。非平衡状態下での結晶成長であるMBE法においても、通常のInAsやGaAs成長温度では二次相(MnAs)の析出が起こる。その析出を避けるため、キャリア誘起強磁性を示すInMnAsやGaMnAsはMBE低温成長とポストアニーリングにより形成されている。Mn添加濃度を局所的に高める方法としてδドーピングによるMBE成長も試みられてきた。しかしながら、現在報告されているGaMnAsのキュリー温度は、最高値でも170K程度であり、室温には遠く及ばず、実用化には至っていない。そこで、室温で強磁性を示す希薄磁性半導体創製への研究が理論的にも実験的にも活発に行われるに至った。

室温以上のキュリー温度を持つ希薄磁性半導体として、Mn添加のp型GaNとZnOが理論的に予測された[27]。また、GaNやZnOに遷移金属を添加した時の電子状態の第一原理計算がなされ、GaNではV、CrおよびMn添加により、ZnOでは、V、Cr、Fe、CoおよびNi添加により、強磁性が発現すると予測された[28]。これらの理論的予測と相俟って、実験的にも、さまざまな磁性元素を添加した窒化物半導体や酸化物半導体などの結晶成長が主としてMBE法により行われてきた。室温強磁性を示すとの報告例として、GaMnN、GaCrN、AlCrN、ZnCoO、ZnCrTe、アナターゼ型TiO_2：Co、GaEuN、GaGdN、GaSmNなどがある[29-31]。

〈長谷川繁彦〉

〔MBE関連の代表的な解説書〕
①權田俊一編著：アドバンスト エレクトロニクス
　　シリーズI-10、分子線エピタキシー、培風館
②M. A. Herman and H. Sitter, Springer Series
　　in Materials Science 7, Molecular Beam
　　Epitaxy −Fundamentals and Current States−,
　　Second Edition, Springer

〔参考文献〕
1）J.R.Arthur and J.J. Lepore,J.Vac.Sci.
　　Technol. 6,545(1969)
2）W. C. Hughes, W. H. Rowland Jr., M. A. L.
　Johnson, Shizuo Fujita, J. W. Cook Jr., J. F.
　Schetzina, J. Ren, and J. A. Edmond, J. Vac.
　Sci. Technol. B **13**, 1571(1995)
3）D. Voulot, R. W. McCullough, W. R.
　Thompson, D. Burns, J. Geddes, G. J.
　Cosimini, E. Nelson, P. P. Chow, and J.
　Klaassen, J. Crystal Growth **201/202**, 399
　(1999)
4）D. M. Kearns, D. R. Gillen, D. Voulot, R. W.
　McCullough, W. R. Thompson, G. J. Cosimini,
　E. Nelson, P. P. Chow, and J. Klaassen, J.
　Vac. Sci. Technol. A **19**, 993(2001)
5）J. J. Harris, B. A. Joyce, and P. J. Dobson,
　Surf. Sci. **103**, L90(1981)
6）J. H. Neave, P. J. Dobson, B. A. Joyce, and
　Jing Zhang, Appl. Phys. Lett. **47**, 100(1985)
7）K. Hirama, Y. Taniyasu, S. Karimoto, Y.
　Krockenberger, and H. Yamamoto, Appl. Phys.
　Lett. **104**, 092113(2014)
8）W. T. Tsang, Appl. Phys. Lett. **34**, 473
　(1979)
9）T. Mimura, S. Hiyamizu, T. Fujii, and K.
　Nanbu, Jpn. J. Appl. Phys. **19**, L225(1980)
10）L. Goldstein, F. Glas, J. Y. Marzin, M. N.
　Charasse, and G. Le Roux, Appl. Phys. Lett.
　47, 1099(1985)
11）T. Ishida, N. Hatori, T. Akiyama, K.
　Otsubo, Y. Nakata, H. Ebe, M. Sugawara, and
　Y. Arakawa, Appl. Phys. Lett. **85**, 4145(2004)
12）P.M. Petroff, A.C. Gossard, and W.
　Wiegmann, Appl. Phys. Lett. **45**, 620(1984)
13）S. Hasegawa, M. Sato, K. Maehashi, H.
　Asahi, and H. Nakashima, J. Crystal Growth
　111, 371(1991)
14）T. Kato, T. Takcuchi, Y. Inoue, S.
　Hasegawa, K. Inoue, and H. Nakashima, Appl.
　Phys. Lett. **72**, 465(1998)
15）S. Tsukamoto, Y. Nagamune, M. Nishioka,
　and Y. Arakawa, J. Appl. Phys. **71**, 533(1992)
16）T. Someya, H. Akiyama, and H. Sakaki,
　Phys. Rev. Lett. **74**, 3664(1995)
17）Z. H. Wu, X. Mei, D. Kim, M. Blumin, H. E.
　Ruda, J. Q. Liu, and K. L. Kavanagh, Appl.

Phys. Lett. **83**, 3368(2003)

18) M. Yoshizawa, A. Kikuchi, M.Mori, N. Fujita, and K. Kishino, Jpn. J. Appl. Phys. Part 2, **36**, L459(1997)

19) E. Lind, A. I. Persso, L. Samuelson, and L.-E. Wernersson, Nano Lett. **6**, 1842(2006)

20) H. Sekiguchi, K. Kishino, and A. Kikuchi, Appl. Phys. Lett. **96**, 231104(2010)

21) J. K. Furdyna, J. Appl. Phys. **64**, R29 (1988)

22) H. Munekata, H. Ohno, S. von Molnar, A. Segmüller, L. L. Chang, and L. Esaki, Phys. Rev. Lett. **63**, 1849(1989)

23) H. Ohno, H. Munekata, T. Penney, S. von Molnar, and L. L. Chang, Phys. Rev. Lett. **68**, 2664(1992)

24) H. Ohno, A. Shen, F. Matsukura, A. Oiwa, A. Endo, S. Katsumoto, and Y. Iye, Appl. Phys. Lett. **69**, 363(1996)

25) H. Ohno, D. Chiba, F. Matsukura, T. Omiya, E. Abe, T. Dietl, Y. Ohno, and K. Ohtani, Nature **408**, 944(2000)

26) S. Koshihara, A. Oiwa, M. Hirasawa, S. Katsumoto, Y. Iye, C. Urano, H. Takagi, and H. Munekata, Phys. Rev. Lett. **78**, 4617(1997)

27) T. Dietl, H. Ohnol, F. Matsukura, J. Cibert, and D. Ferrand, Science **287**, 1019 (2000)

28) K. Sato and H. Katayama-Yoshida：Jpn. J. Appl. Phys. **39**, L555(2000)；ibid. **40**, L485 (2001)

29) 長谷川繁彦、周逸凱、朝日一、未来材料 (Expected Materials for the Future)**7**, 34 (2007)

30) H. Asahi, Y. K. Zhou, M. Hashimoto, M. S. Kim, X. J. Li, S. Emura, and S. Hasegawa, J. Phys. Cond. Mat. **16**, S5555(2004)

31) K. Dehara, Y. Miyazaki, and S. Hasegawa, Jpn. J. Appl. Phys. **55**, 05FE03(2016)

第3章 スパッタ成膜

第1節 スパッタリング法による工業的薄膜堆積

スパッタリング法による薄膜堆積は、数100℃程度の低温の大面積基板に再現性良く薄膜を堆積できるという特徴をもち、半導体デバイス、ディスプレイデバイス、記録メディア、光学デバイス、ハードコーティングなど多岐にわたる分野において工業的に応用されている。スパッタリング法による薄膜堆積は、

1) 室温基板上に比較的緻密であり、付着性に優れる薄膜を堆積することが可能である
2) 金属薄膜の堆積においては高いプロセスの再現性を得ることが可能である
3) 原子あるいは分子レベルにおける膜厚の制御が可能である
4) 薄膜として堆積する粒子のエネルギー制御が可能である
5) 薄膜堆積時の雰囲気の制御が可能であり、反応性ガスの導入により化合物薄膜の堆積が可能である

という特徴を持つ。これらの特徴は、この方法が高いエネルギーを持つ粒子の気相からの非平衡な凝縮過程を利用した、真空中での薄膜堆積法であることに起因する。一方、この方法は堆積プロセスの非平衡性に加えて、真空チャンバー内という見えない空間に形成された弱電離プラズマを使うプロセスであり、さらにはその直接的なモニタリングとそれにもとづく制御が難しいこと等により、

1) 堆積された薄膜の物性がバルク物性と異なる
2) 薄膜堆積プロセスの非平衡性、さらには高エネルギーを持つ粒子の基板への入射により、堆積された薄膜に大きな残留応力が発生する
3) 同様の理由により、堆積された薄膜に欠陥が生じることが避けられない
4) 堆積された薄膜の物性が装置の大きさあるいは電極の配置などに依存する

5) 堆積された薄膜の物性が真空の質あるいはプラズマの状態の時間的な変化などに影響される

等の短所をも示す。

スパッタリング法による薄膜堆積は、

1) スパッタリングターゲット表面におけるスパッタリングによる粒子の気相への放出
2) 放出された粒子の基板表面への輸送
3) 基板表面上における粒子の凝縮による薄膜化

というプロセスからなる。スパッタリングにより気相に放出される粒子の温度は数万Kから10万Kである。この粒子が基板へと進んでいく間に放電ガスと衝突し、冷めていくとともに方向性を失っていく。基板に達する時の粒子温度は、数千から1万K程度とされる。しかしながら、粒子温度は基板温度よりははるかに高く、薄膜堆積過程は非平衡となる。それゆえに、スパッタリング法により堆積された薄膜は、繊維状あるいは柱状といわれるマクロな構造を持つとともに、高い残留応力を示すことになる。基板に到達する粒子の温度が輸送過程に依存するがゆえに、スパッタリング法により堆積された薄膜の物性は、凝縮過程のみならず粒子輸送過程にも依存することとなる。

スパッタリング法による工業的薄膜堆積を使いこなすためには、上記の各過程の特徴を理解し、薄膜堆積プロセスとしてのスパッタリング法の基盤を理解することが必要となる。

本章においては、工業的薄膜堆積に不可欠であるにもかかわらず、特に生産現場においてはブラックボックスとなりがちであるスパッタリング法の特徴を理解し、その理解にもとづき、この方法をより工業的に価値の高いプロセスとして応用・展開していくことを目的として、基盤技術からその実践技術までを解説していく。[1]

---

[1] スパッタリング法には、プラズマスパッタリング法とイオンビームスパッタリング法があるが、ここでは、主にプラズマスパッタリング法を対象として、解説を進めていく。

第3編 薄　膜

第2節 スパッタリング法による薄膜堆積に関わる真空およびプラズマの基礎

2.1 スパッタリング法に関わる真空の基礎

スパッタリング法において用いられる圧力領域は0.1Paから数Pa程度である。この圧力領域でのガス分子およびスパッタリング粒子の挙動を理解するためには、気体分子数密度、平均自由行程、および入射束の大きさなどを理解する必要がある。

2.1.1 気体分子の数密度、速さと平均自由行程

気体分子数密度D_nは以下の式で与えられる。

$$D_n = \frac{N}{V} = \frac{N_A P}{RT} \tag{2.1}$$

ここで、Nは気体分子数、Vは気体の体積、N_Aはアボガドロ定数、Pは気体の圧力、Rは気体定数、Tは気体温度である。気体数密度は、温度25℃の大気圧下で$2.45 \times 10^{25} \mathrm{m}^{-3}$、0.1Pa下で$2.43 \times 10^{19} \mathrm{m}^{-3}$となる。気体分子の平均速さ$v_a$は、

$$v_a = \sqrt{\frac{8k_B T}{\pi m}} \tag{2.2}$$

と与えられ、ここで、k_Bはボルツマン定数、mは気体分子の質量である。気体分子の速さは、室温で400-500mg^{-1}となる。気体分子がある衝突から次の衝突までの間に進む平均距離である平均自由行程λは、

$$\lambda = \frac{RT}{\sqrt{2} N_A \sigma P} \tag{2.3}$$

となり、ここで、σは気体分子の衝突断面積である。衝突断面積は、窒素分子に対して$0.43\mathrm{nm}^2$、酸素分子に対して$0.40\mathrm{nm}^2$と与えられる。平均自由行程は、空気分子に対して、

$$\lambda = \frac{6.6}{P(\mathrm{Pa})} \mathrm{mm} \tag{2.4}$$

と書き換えることができ、圧力0.1Paにおいては66mmとなる。スパッタリングによる薄膜堆積の圧力範囲は〜数Paであり、平均自由行程がちょうど装置の構成距離と同じオーダーとなる。したがって、薄膜堆積時の圧力条件、さらには装置内の電極−基板配置などが薄膜の構造および物性に影響

することとなる。

2.1.2 入射分子束の大きさ

単位面積の壁面に単位時間に入射する粒子（原子、分子、イオン、電子など）の大きさである分子束は、真空内での気体の挙動、さらにはプラズマ中の電子あるいはイオンの挙動を理解する上での重要な概念である。入射分子束Γは、

$$\Gamma = \frac{D_n v_a}{4} = N\sqrt{\frac{k_B T}{2\pi m}} = \frac{P}{\sqrt{2\pi m k_B T}} \tag{2.4}$$

と与えられ、さらに

$$\Gamma = 2.63 \times 10^{20} \frac{P(\mathrm{Pa})}{\sqrt{MT}} \quad \mathrm{cm}^{-2} \mathrm{s}^{-1} \tag{2.5}$$

と書き換えられる。ここで、Mは気体の原子また分子量であり、Arであれば40となる。圧力1×10^{-3}Paの室温にあるH_2Oの分子束の大きさは$3.6 \times 10^{15} \mathrm{cm}^{-2} \mathrm{s}^{-1}$となる。これは、10sの間に固体の表面を1層の$H_2O$分子層で覆ってしまう大きさである。また、例えばこのH_2O分子の成長中の薄膜表面への付着確率を1と仮定すれば、この水分子はすべて薄膜中に取り込まれることとなる。

分子束は、気体分子だけではなく、イオンあるいは電子についても同様に与えられる。分子束は、圧力が同じであれば分子の質量及び温度に依存する。非平衡プラズマにおいては、電子およびイオンの質量および温度が大きく異なるために、電子の入射束がイオンの入射束に比べて大きくなる。

2.2 スパッタリング法に関わるプラズマの基礎

2.2.1 スパッタリングプラズマ

プラズマとは、気体分子の一部が電離し、そのイオンと電子とが一様に混ざりあって存在する状態をいう。スパッタリングに用いられるプラズマにおいてはイオンあるいは電子の非電離気体分子に対する割合が小さく、電子温度がイオン温度に比べて高い。弱電離非平衡プラズマ、あるいは低温プラズマといわれるプラズマの範ちゅうにある。プラズマというと気体分子のほとんどが電離しているように考えがちであるが、スパッタリングプラズマにおいてはその割合は100万分の1から1万分の1程度である。1個の電子あるいはイ

オンは10万あるいは数万の中性気体分子に囲まれていることを意味する。スパッタリングプラズマにおいてはほとんどの場合においてイオンの価数は1であるので、イオン密度は電子密度にほぼ等しいと考えて良い。電子密度およびイオン密度をプラズマ密度と呼ぶことがある。

　直流2極放電を例に取り、プラズマを説明する。図2.1に示したように直流2極放電では、圧力が数100Pa程度の真空中において対向する2つの平板電極を用い、通常は陽極を接地とし、陰極とする対向電極に数kV程度の一定の負電圧を印加し、放電を発生させる。陰極側において急激に電位が低くなる部分が形成され、正イオンの陰極表面への衝突により陰極表面から放出された電子が、ここで加速され、放電ガスと衝突し、ガスをイオン化し、プラズマを維持する。陰極前面は、強く発光するので陰極グロー（発光）と呼ばれる。定常状態では、形成される電子あるいはイオンの数と消滅していく電子あるいはイオンの数は釣り合う。陰極から離れた部分においても発光は見られるが、電位勾配が小さくなるために、この部分での発光の強さは弱くなる。スパッタリングプラズマにおいて視認される発光は、陰極前面の発光である。

　プラズマ中のイオンあるいは電子の温度はeVという単位を用いて表されることが多い。イオン温度あるいは電子温度といわれるが、eVとはエネルギーの単位であり、$1eV = 1.6 \times 10^{-19}$Jである。1eVのエネルギーは、温度に換算すると11600Kとなる。弱電離非平衡プラズマにおいては、イオン温度は室温、すなわち中性気体分子の温度に近く、電子温度は数eVとなる。

2.2.2 イオンと電子の動き

　プラズマ中に正あるいは負の電荷を置いた場合、イオンおよび電子ともにその電荷に対して反発されるか、あるいは引き寄せられるかする。その動きの速さの目安は、プラズマ振動数の逆数で表される。プラズマ振動数とは、電子が集団としてプラズマ中で電場のゆらぎに対して運動する際の振動数をいうが、ここではイオンに対してもその考え方を適用する。

　電子のプラズマ振動数ω_eの逆数t_eは、

$$t_e \equiv \omega_e^{-1} = \left(\frac{e^2 n_e}{\varepsilon_0 m_e}\right)^{-\frac{1}{2}} \quad (2.6)$$

と与えられる。ここで、n_eは電子密度、ε_0は真空中の誘電率、m_eは電子の質量である。イオンのプラズマ振動数ω_iの逆数t_iは、

$$t_{ion} \equiv \omega_{ion}^{-1} = \left(\frac{e^2 Q^2 n_{ion}}{\varepsilon_0 m_{ion}}\right)^{-\frac{1}{2}} \quad (2.7)$$

と与えられる。ここで、Qはイオンの価数、n_{ion}はイオン密度、m_{ion}はイオンの質量である。図2.2に電子およびイオンのプラズマ振動数の逆数を電子およびイオン密度に対して示す。電子プラズマ振動数の逆数はpsのオーダーであり、イオンプラズマ振動数の逆数はnsのオーダーである。プラズマ中に置かれた電荷に対して電子は素早く動き、イオンはモタモタと動くことを示す。この応答の

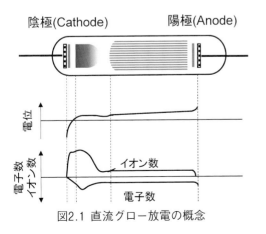

図2.1 直流グロー放電の概念

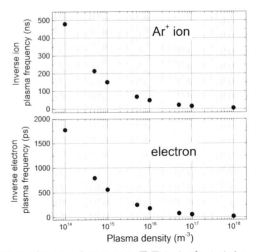

図2.2 プラズマ中における電子およびAr$^+$イオンの振動数の逆数

差が、交互電界を加える放電においては重要となり、放電が直流的であるか、高周波的であるかを決定する因子となる。

2.2.3 イオン束と電子束

イオンおよび電子は、プラズマバルク中において熱によりランダムな方向にある速さの分布を持ちながら運動している。その結果としてプラズマバルク中において仮想された壁面には、イオンおよび電子束が入射する。プラズマバルクとはプラズマ中心部の電位勾配がない領域を意味し、この領域ではイオンあるいは電子は熱のみにより運動する。熱運動によるイオンおよび電子束の大きさは、気体分子に対して与えられた式と同じ式で与えられ、これを整理することにより、イオン束 $\varGamma_{ion}$ の大きさは、

$$\varGamma_{ion} = 1.0 \times 10^4 \, N_{ion}(\text{cm}^{-3}) \sqrt{\frac{40 \, (\text{g/mol})}{M \, (\text{g/mol})}} \sqrt{\frac{T_{ion} \, (\text{K})}{300}} \; \text{cm}^{-2}\text{s}^{-1} \quad (2.8)$$

と与えられる。ここで M はイオンの分子量、T_{ion} はイオン温度である。電子束の大きさは、

$$\varGamma_e = 1.67 \times 10^7 \, N_e(\text{cm}^{-3}) \sqrt{k_B T_e} \; \text{cm}^{-2}\text{s}^{-1} \quad (2.9)$$

と与えられ、ここで T_e は電子温度である。イオンおよび電子密度を $5 \times 10^9 \text{cm}^{-3}$ とし、電子温度を 5eV、イオン温度を 300K、イオンを Ar^+ とした場合には、イオン束は $5.0 \times 10^{13} \text{cm}^{-2}\text{s}^{-1}$ となり、電子束は $1.9 \times 10^{17} \text{cm}^{-2}\text{s}^{-1}$ となる。イオン束および電子束を電流密度に換算すると、それぞれ $8\mu\text{Acm}^{-2}$ および 30mAcm^{-2} となる。

2.2.4 デバイ遮蔽

電気的に中性でありかつ均一なプラズマ中に点電荷を置くと、この点電荷の周りにはこれと逆の極性の電荷を持つ粒子が引き寄せられ、同じ極性の電荷を持つ粒子は反発し、遠ざけられる。プラズマ中に置かれた点電荷の周辺に逆の電荷を持つ粒子が集まるために、遠くにある粒子がこの点電荷をみてもその電荷が遮蔽されてみえなくなる。すなわち、遠くにある粒子は、置かれた点電荷に応答することはない。これをデバイ遮蔽といい、その目安となる距離をデバイ遮蔽距離 λ_D という。置かれた電荷から距離 l だけ離れた位置における静電ポテンシャルは、以下のように静電ポテンシャル V に対するポアソン式で与えられる。

$$V = \frac{e}{4\pi\varepsilon_0} \frac{1}{l} exp\left(-\frac{l}{\lambda_D}\right) \quad (2.10)$$

デバイ遮蔽距離は、この静電ポテンシャル V と $V = V_0 exp(-1)$ なる距離をいい、以下の式で与えられる。

$$\lambda_D = \sqrt{\frac{\varepsilon_0 k_B T_e}{e^2 N_e}} \quad (2.11)$$

書き換えると、

$$\lambda_D = 740 \sqrt{\frac{k_B T_e \, (\text{eV})}{N_e \, (\text{cm}^3)}} \; \text{cm} \quad (2.12)$$

となる。デバイ遮蔽距離を、後述する浮遊シース厚さとともに図2.3に示す。

2.2.5 浮遊電位

電気的に浮遊状態にある点を均一なプラズマ中に置くと、その点には熱運動により電子およびイオン束が流入する。(c)に示したように電子束の大きさが大きいがために、浮遊体の表面は負に帯電する。負に帯電するとイオン束の流入量が大きくなり、電子束の流入量は小さくなる。浮遊体は電気的に"浮遊"しているわけであるので、正電荷の流入量と負電荷の流入量は釣り合わねばならず、浮遊体はこの釣り合いの状態となるように負に帯電する。この電位を浮遊電位という。浮遊電位 V_{float} は以下の式で与えられる。

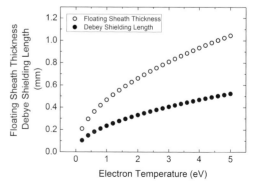

図2.3 デバイ遮蔽距離と浮遊シース厚さ（電子密度を $1.0 \times 10^{15} \text{m}^3$ とし算出した。）

$$V_{\text{float}} = -\frac{k_B T_e}{2e} ln\left(\frac{m_{\text{ion}}}{2\pi m_e}\right) \quad (2.13)$$

式 (2.13) から算出された浮遊電位を図2.4に示す。基板が電気的に浮遊しており、さらにはプラズマに接している場合には、ここに示された電位が基板表面に発生していることとなる。

2.2.6 プラズマシース

プロセスプラズマにおいては、プラズマは必ず壁に接する。スパッタリングの場合には、最も重要な壁がターゲットであり、また、基板である。プラズマが壁に接するとそこには電気的な中性条件が崩れた境界層が形成される。これをシース（鞘）と呼ぶ。プラズマバルク中からシースに熱運動により流れ出てきたイオンあるいは電子は、シースにおける電位勾配に接し、加速されたり、あるいは反発されたりする。

プラズマにおけるシースの形成は以下のように分類される。

① シースに電流が流れない場合（浮遊シース）
　（Debye Shielding Sheath）
② シースを横切って電流が流れる場合
　・定常状態におけるシース（定常シース）
　　（Child-Langmuir Sheath）
　・定常状態が形成されるまでのシース（過渡シース）
　　（Ion-Matrix Sheath）

浮遊シースの厚さ（デバイシールディングシース厚さ）s_{Debye}は、浮遊体に対する電子束とイオン束の釣り合いにより決定され、以下の式で与えられる。

$$\begin{aligned}
s_{\text{Debye}} &= \frac{\sqrt{2}}{3} exp\frac{1}{4}\left(ln\frac{\varepsilon\, m_{\text{ion}}}{2\pi m_e}\right)^{3/4} \lambda_D \\
&= \frac{\sqrt{2}}{3} exp\frac{1}{4}\left(ln\frac{\varepsilon\, m_{\text{ion}}}{2\pi m_e}\right)^{3/4} \sqrt{\frac{\varepsilon_0 k_B T_e}{e^2 n_e}}
\end{aligned}$$

s_{Debye} : Sheath thickness
m_{ion} : mass of an ion
m_e : mass of an electron
ε : base of natural logarithm = 2.718

(2.14)

その厚さはデバイ遮蔽距離の数倍となり、Ar^+ イオンに対しては図2.3に示された値となる。

壁に対して電流が流れる場合には、その電流が一定になる条件によりシース厚が決定される。壁表面のシースは図2.5のようになる。シースを横切り、壁に流れる電流J_{ion}は一定となるので、以下の式で与えられる。

$$J_{\text{ion}} = \frac{4}{9}\varepsilon_0 \left(\frac{2e}{m_{\text{ion}}}\right)^{\frac{1}{2}} \frac{V_0^{\frac{3}{2}}}{s^2} \quad (2.15)$$

ここで、V_0は印加された電位、sはシース厚さで

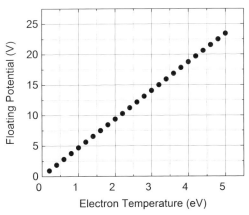

図2.4 プラズマ中における浮遊電位（イオンをAr^+とし算出した。）

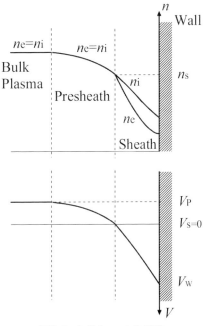

図2.5 定常シースの構造

ある。この式より、シース厚さが以下のように得られる。

$$s_{\text{Child}} = \frac{2^{\frac{5}{4}}}{3}\left(\frac{\varepsilon_0}{n_e}\right)^{\frac{1}{2}}V_0^{\frac{3}{4}}(ek_BT_e)^{-\frac{1}{4}} \quad (2.16)$$

このシースs_{Child}は、定常シースあるいはラングミュア・チャイルドシースと呼ばれる。定常シースが形成されるために必要な時間t_{Child}はイオンの動きの速さで決まり、以下のように与えられる。

$$t_{\text{Child}} \approx \frac{\sqrt{2}}{9}\left(\frac{2eV_0}{k_BT_e}\right)^{\frac{3}{4}}t_i \quad (2.17)$$

ここで、t_iはイオン振動数の逆数である。定常シースが形成されるまでの時間は数10〜数100nsであり、式から明らかように壁面に与えられる電位が高いほど、その時間は長くなる。

定常シースは、定常状態において一定の電流が流れている状態にあり、この状態に達するまでにはイオンマトリックスシースと呼ばれる非定常なシース、すなわち過渡シースが形成される。イオンマトリックスシースが形成されるために要する時間は、プラズマ中における電子振動の逆数となる。すなわち、電子応答により決定される。電子応答時間はpsオーダーであり、定常シースが形成される時間に比べるとはるかに短い。したがって、壁の電位変化に対して電子が素早く応答してイオンが取り残された形でイオンマトリックスシースが形成される。イオンマトリックスシース幅s_{IM}は、シース内に均一にイオンのみが存在すると仮定のもとで得られるポアソン方程式から与えられる。

$$s_{\text{IM}} = \sqrt{\frac{2\varepsilon_0V_0}{en_{\text{ions}}}} = \lambda_D\sqrt{\frac{2eV_0}{k_BT_e}} \quad (2.18)$$

式(2.16)および式(2.18)より得られる定常シース（チャイルド・ラングミュアシース）厚さおよび過渡シース（イオンマトリックスシース厚さ）を図2.6に示す。

過渡シースの形成は、パルス放電において大事な要因となってくる。パルス放電においては、過渡シースがpsオーダーの時間内に形成された後にns以上の時間を経て定常シースが形成される。定常シースが形成される前に壁面の電位を逆転すると、壁面前面には定常シースが形成されることはなく、常に過渡的にシースが動いていることになる。一方、壁面に印加される電位が低く、かつ電源の立ち上がり、あるいは立ち下がり応答が遅い場合には、常に定常シースが形成されながら壁面電位が変わっていくこととなり、過渡シースの形成は実用においては考慮する必要はないこととなる。kVオーダーを超えるような、壁面電位を与えるような場合には過渡シースの形成を考慮する必要が出てくる。

2.2.7 高周波放電

スパッタリング法における放電は、直流放電と高周波放電に大きく分けられる。パルス放電は、直流放電の範ちゅうに入る。

スパッタリング放電において、電極の役割を果たすターゲットの材料が導電性である場合にはターゲットに一定の負電圧を印加しておれば放電が維持できるが、ターゲットの材料が絶縁性であればターゲットに一定の負電圧を印加しても放電を維持することができない。この場合には、高周波電力を印加し、放電を維持する。一般的には、法令において工業的使用が認められている13.56MHzの周波数が用いられる。一般には数MHz程度以上の周波数が高周波に分類されるが、放電における粒子挙動からするとイオンが電界変化に追随できなくなる周波数以上が高周波的な放電と分類されてよい。イオンは数100kHzの周波数を持つ放電における電界変化には追随でき、この範囲の周

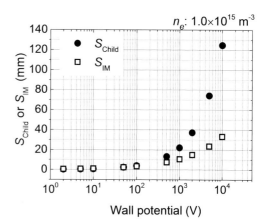

図2.6 定常シース（チャイルド・ラングミュアシース）厚さおよび過渡シース（イオンマトリックスシース）厚さ（電子密度を1.0×10^{15}m^{3}とし、電子温度を5eVとして算出した。）

波数においては、放電は直流的と言える。

　高周波放電においては、電荷を駆動電極外とやりとりすることがないために、直流自己バイアスといわれる負電圧がターゲット表面に発生する。高周波放電における直流自己バイアスの発生の原理および高周波放電におけるターゲット電位とプラズマ電位の概念を図2.7（a）および図2.7（b）に示す。便宜上、印加電圧は矩形波であるとする。電荷を系外とやりとりすることができないので、高周波放電の1周期の間において電極であるターゲット表面に流れ込む電荷と表面から流れ出す電荷は釣り合わなければならない。ターゲットに負の電圧が印加された期間においてはイオンがターゲット表面に入射し、ターゲットに正の電荷が印加されている期間においては電子がターゲット表面に流入する。イオンは質量が大きいために、その入射束は小さくなり、電子は質量が小さいために、その入射束は大きくなる。自己バイアスが発生していない放電開始直後においては、ターゲット表面には過剰な電子が入射するが、過剰な電子の入射自身によりターゲット表面は負に帯電し、過剰な電子の入射が抑制される。最終的には、発生した負バイアスにより、1周期におけるイオン入射量と電子入射量が釣り合うようになる。これにより、放電の維持が可能となり、スパッタリングも持続されることとなる。プラズマ電位は、グラウンド電位より低くなることはない。

　導電性ターゲットに対して高周波電力を印加する場合には、ブロッキングキャパシタと言われるキャパシタをターゲットと電源の間に直列につなぎ込む。ブロッキングキャパシタが挿入されていない場合には自己バイアスは発生しない。

　非対称の電極を用いた高周波放電において高周波電力を印加された電極に発生するシース電圧は、式（2.19）に示されるように電極面積に依存する[1]。この式は、正イオンの入射束が非対称の電極において等しいと仮定している。

$$\frac{V_1}{V_2} = \left(\frac{A_2}{A_1}\right)^{2\sim4} \tag{2.19}$$

ここで、V_1およびV_2は、それぞれの電極に発生するシース電圧であり、A_1およびA_2はそれぞれの電極の面積である。

　スパッタリングに用いられる放電においては、ターゲットを駆動電極とし、接地電極は一般にはチャンバー壁となる。基板の有無、あるいは移動、さらには電極面への薄膜堆積により接地電極として有効に働く面積が変動する。実機において接地電極の面積を定めることは難しいが、接地電極として働く面積が変わるとシース電圧が変動し、これにともない自己バイアスが変動する。自己バイアスが変動すると、薄膜堆積速度に影響を与える。チャンバー内壁表面の状態が変わると薄膜堆積条件が変わることを意味する。さらには、電極条件が変わると実効的にターゲットに印加されている電力が変動する。高周波放電においては、実効的にターゲットに投入されている電力および直流自己バイアスの変動を監視することが、その安定性の確保には必要である。

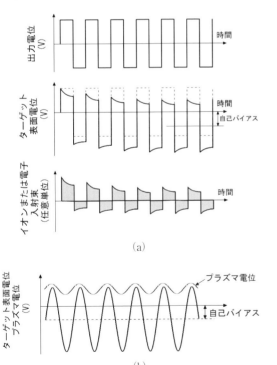

図2.7　高周波放電における直流自己バイアスの発生の原理の概念

高周波放電における自己バイアスの発生の原理の概念(a)および高周波放電におけるターゲット電位とプラズマ電位の概念(b)

第3節 スパッタリング法による薄膜堆積技術

3.1 スパッタリング

3.1.1 スパッタリング現象

スパッタリングとは、高いエネルギーを持った粒子がターゲット材料に入射した際に、運動量交換によりターゲット材料が気相中に放出されることをいう。核融合を目的とするようなプラズマの研究においては、数keVを超えるような高いエネルギーを持つ軽粒子の入射による壁材料粒子の放出が問題になるが、薄膜堆積を目的とするスパッタリングにおいては数100eV～1keV程度の低いエネルギーを持つ、比較的に重い粒子の入射によるターゲット材料の薄膜材料としての放出が対象となる。スパッタリング現象は、主に核融合プラズマを対象として研究されてきたが、近年その研究が薄膜堆積プロセスにおけるスパッタリング現象にも応用されている。薄膜堆積においては、入射粒子あたり放出される粒子の個数（スパッタリング率）と放出された粒子のエネルギーが薄膜堆積のプロセスの効率および堆積された薄膜の物性に影響する。

3.1.2 スパッタリング率

スパッタリング率は、入射イオンによりターゲット表面に付与されたエネルギーとターゲット材料表面における粒子の結合の強さで与えられる。この考え方に基づいた半経験式がいくつか提案されている。ここでは、Eckstein により提案されている式[1,2]を示す。

$$Y(E_0) = q S_n^{KrC}(\varepsilon) \frac{\left(\dfrac{E_0}{E_{th}} - 1\right)^\mu}{\lambda + \left(\dfrac{E_0}{E_{th}} - 1\right)^\mu} \quad (3.1)$$

ここで、q、μ、およびλは係数、E_0は入射イオンのエネルギー、E_{th}はスパッタリング閾値である。S_n^{KrC}は入射粒子がターゲット粒子との相互作用により単位厚さ当たりに失っていくエネルギーを表しており、核阻止能といわれ、次式で表される。肩に示されたKrCはKrがCに入射した際に与えられる阻止能を基準とすることを示す。

$$S_n^{KrC}(\varepsilon) = \frac{0.5 \ln(1 + 1.2288\varepsilon)}{\varepsilon + 0.1728\sqrt{\varepsilon} + 0.008\varepsilon^{0.1504}} \quad (3.2)$$

さらに、εは換算エネルギーと呼ばれ、次式で与えられる。

$$\varepsilon = E_0 \frac{M_2}{M_1 + M_2} \frac{\alpha_L}{Z_1 Z_2 e^2} \quad (3.3)$$

ここで、M_1およびM_2は、それぞれ、入射粒子およびターゲット粒子の原子量、Z_1およびZ_2は、それぞれ、入射粒子およびターゲット粒子の原子番号である。さらに、a_Lはリンドハードの遮蔽半径といわれ、次式で表される。

$$a_L = \left(\frac{9\pi^2}{128}\right)^{1/3} a_B \left(Z_1^{2/3} + Z_2^{2/3}\right)^{-1/2} \quad (3.4)$$

ここで、a_Bはボーア半径：5.29177×10^{-11}mである。

Eckstein の式により得られたスパッタリング率を図3.1に示す。入射粒子種が同じで、そのエネルギーが一定であれば、同周期の元素においては、族が大きくなるほどスパッタリング率は大きくなる。工業的に応用される元素ではCu、Ag、Au等のスパッタリング率が大きく、Ti、Zr等のスパッタリング率が小さくなる。

酸化物などの化合物のスパッタリング率は与えられていないが、例えばTiではTiO$_2$薄膜の堆積速度は金属Ti 薄膜の堆積速度の10分の1以下になる

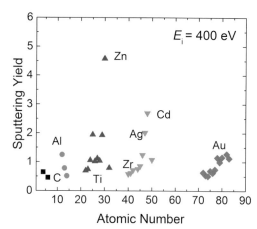

図3.1 Eckstein の式により得られたスパッタリング率（入射イオンエネルギーを400eVとし算出した。）

と報告されている[4]。化合物からのスパッタリング率の減少、正イオンの形成、さらには高エネルギー負イオンによる堆積した薄膜の再スパッタリングによる見掛け堆積速度の減少などが、化合物薄膜堆積速度の遅さの原因であると考えられるが、化合物ターゲットあるいは表面が化合物で覆われた金属ターゲットからのスパッタリング率は系統的には与えられていない。炭化物あるいは窒化物においては、侵入型の固溶体であるか、共有結合型の化合物であるかにより、金属とのスパッタリング率の関係が決まると考えられるが、これらのスパッタリング率も系統的には報告されていない。

3.1.3 スパッタリングされた粒子のエネルギー

薄膜堆積プロセスにおけるスパッタリング粒子のエネルギーは、数eVから10eV程度にある。スパッタリング粒子は、ターゲットから基板へと進んでいく間にエネルギーを失っていく。スパッタリングにより気相に放出され、あるエネルギーEを持つ粒子のスパッタリング率Yは、Urbassekにより導かれた次式により与えられる[4,5]。

$$\frac{dY}{dE} \propto E \frac{\left(1-\sqrt{\frac{E+U_0}{\varepsilon_e}}\right)}{(E+U_0)^3} \quad (3.5)$$

$$\varepsilon_e = E_i \frac{4 M_i M_t}{(M_i+M_t)^2}$$

ここで、U_0 は表面結合エンタルピー、ε_e はエネルギー伝達係数、E_i は入射粒子のエネルギー、M_i および M_t は、それぞれ、入射粒子およびターゲット粒子の質量である。

この式から算出されたスパッタリングにより放出された粒子の持つ平均エネルギーを図3.2に示す。スパッタリング粒子のエネルギーは、そのターゲット材料の結合エンタルピーに依存するために、高融点あるいは原子量の大きな材料ほど大きくなる。これはスパッタリング現象の特徴であり、またスパッタリングによる薄膜堆積において、高融点金属の堆積が可能であることの1つの理由でもある。

3.1.4 粒子輸送過程におけるスパッタリング粒子と放電ガス分子との衝突

スパッタリングされた粒子は、放電ガスと衝突をしながら、基板へと進んでいく。スパッタリング放電を維持できる圧力領域においては、スパッタリング粒子が基板に到達するまでに数回ガス分子と衝突すると考えて良い。スパッタリング粒子はガス分子との衝突により、エネルギーを失うとともに、その方向性をも失っていく。スパッタリング粒子の平均自由行程は便宜的に式（2.3）により与えられるとして扱われるが、実際には粒子温度を考慮し、平均自由行程を与える必要がある。スパッタリング粒子がエネルギーを失い、その温度が周囲のガス温度と同じになることを熱中性化という。熱中性化のおこる距離を図3.3に示す[6,7]。スパッタリングされた粒子が中性化される距離は数cm〜10cm程度である。スパッタリング粒子が、エネルギーおよび方向性を失うと、後述するように堆積される薄膜の構造が粗になる。スパッタリング薄膜堆積において、放電ガス圧力が薄膜物性に影響する理由は、輸送過程におけるスパッタリング粒子と気体分子との衝突であり、この衝突回数が放電圧力とカソード-基板間距離さらにはこれらの配置に大きく依存することが、スパッタリング薄膜堆積においての薄膜物性が装置構成に依存するという問題を引き起こす。

3.1.5 粒子により基板に持ち込まれるエネルギー

前項までで述べたように、スパッタリングにより気相に放出された粒子は輸送過程における放電

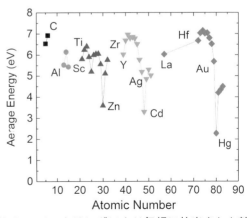

図3.2 スパッタリングにより気相に放出された粒子の持つ平均エネルギー（入射イオンエネルギーを400eVとし算出した。）

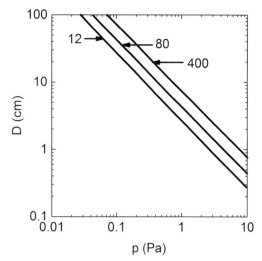

図3.3 スパッタリングにより気相に放出された粒子が熱的に中性化される（高い運動エネルギーを失う）までに要する距離。図の中の数値は粒子の原子量（式量）を示す。（参考文献6）より、一部変更し転載）

ガスとの衝突によりエネルギーを失いながら基板に到達するが、冷却され基板に到達した時点でも数千℃に換算されるエネルギーを持っている。基板に入射する粒子により基板に持ち込まれるエネルギーに関していくつかの報告[8-10]がなされており、おおよそ数$10mW/cm^2$とされている。基板温度が低い場合には、このエネルギーがスパッタリング薄膜の構造および物性に影響する。先に述べたように、このエネルギーは放電ガス圧力、ターゲット-基板間距離などに依存する。

第4節 スパッタリング装置
4.1 装置の概要

図4.1に代表的なスパッタリング装置の構成を示す。装置は、筐体となるチャンバー、排気系、ガス供給系、カソード、および基板保持部からなる。バッチ式といわれる形式では、チャンバーは薄膜堆積チャンバーのみの一室であるが、インラインあるいはインターバック式などといわれる大型装置においては、基板を真空に持ち込むためおよび真空から取り出すためのチャンバーが付随される。排気系は到達真空および放電ガス流量から、その大きさが決められる。高真空における圧力測定にはB-A型電離真空計が主に使われる。ガス供給系は使用するガス種およびその流量による。一般的には放電ガスとするArガスの導入系に、必要に応じて反応性ガスの導入系を加える。ガス流量は、マスフローコントローラーといわれる流量制御器により制御される。放電ガス圧力の測定には、隔膜式圧力計を用いることが多い。

4.2 スパッタリングカソード

カソードとして平板型あるいは円筒型などが用いられるが、一般的には、平板型のカソードが用いられる。ターゲット背部に磁石を配置し、漏れ磁場によりプラズマを閉じ込めるマグネトロン形式を用いることが一般的である。カソードは、四フッ化エチレン樹脂あるいはポリアミド樹脂などを用いてチャンバーと絶縁されている。大型の生産装置では、カソードは、カソード背面が真空外部になるようにチャンバー壁に設置される。エクスターナル（外付け）型といわれる。小型の装置では、真空ポートを利用してカソード全体をチャンバー内部に設置するインターナル（内付け）型を用いることが多い。薄膜材料であるターゲットはバッキングプレートと呼ばれる、背後から水冷された銅板の上に設置される。化合物ターゲットを用いる場合には、インジウムハンダを用いてターゲットをバッキングプレートにボンディング（接着）する。金属ターゲットの場合には、ボンディングを行わずに抑え板によりターゲットをバッキングプレートに密着することもある。酸化物などの熱伝導が悪い材料をターゲットとする場

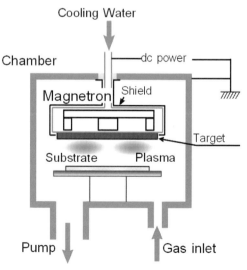

図4.1 スパッタリング装置の構成の概要

合には、プラズマに接する側とバッキングプレートに接する側との温度差、あるいは電力のオン／オフ時の熱衝撃によりターゲットに割れが発生することがある。また、金属ターゲットをボンディングせずに用いた場合には、熱負荷および熱伝導の不均一によりターゲットに反りが発生することがある。

高周波電源を用いる場合には、電源と電極であるターゲットとの間にマッチングボックスといわれる整合回路が設置される。整合回路はコイルとキャパシタにより構成され、一般にはキャパシタ容量を変化させることにより、反射波を最小とする。

第5節 種々のスパッタリング法

5.1 直流2極スパッタリング法

平板型のカソードをアノードに対向するように設置し、アノード上に基板を配置する方法が2極スパッタリング法である。スパッタリング法の基本となる方法である。直流2極スパッタリング法においては、放電圧力を数Pa程度とし、数k〜10kV程度の負電圧をカソードに印加する。電流密度は1mA/cm^{2}程度である。

直流2極スパッタリング法には、
- 放電を維持するために高いカソード印加電圧と放電圧力を必要とする
- カソードとアノード間隔を狭くする必要があり、また、それらの配置にも自由度がない
- 薄膜堆積速度が遅い
- 放電の安定性や膜厚の均一性に欠ける
- カソード電圧が高いために多くの2次電子が発生し、かつそれがターゲットに向かって大きな電位差により加速され、基板及び薄膜にダメージを与える

などの欠点がある。

これら2極スパッタリング法の欠点は、特に工業的応用において大きなデメリットであり、現在では、次に述べるマグネトロンスパッタリング法が工業の応用の主流となっている。

なお、2極スパッタリング法において、直流電力に代えて高周波電力を印加すれば高周波2極スパッタリング法となる。高周波スパッタリング法については、高周波マグネトロンスパッタリング法の項にて解説する。

5.2 直流マグネトロンスパッタリング法

2極スパッタリング法においてバッキングプレート背面に2重リング状に磁気回路を設置したマグネトロンカソードを用いる方法が直流マグネトロンスパッタリング方法である、ターゲット上の漏れ磁場と直交する電界により電子はサイクロトロン運動をしながら、ターゲット近傍に閉じ込められ、安定した高密度プラズマを形成する、マグネトロンカソードの概要を図5.1に、工業的に用いられるマグネトロンカソードの外観を図5.2に示した。円筒型のカソードにおいては、円筒内部にマグネトロンを組み込む。

直流マグネトロンスパッタリング法は、マグネトロンによるプラズマ閉じ込め効果により、1Pa

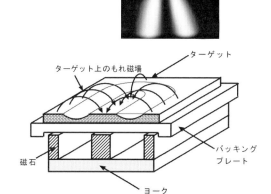

図5.1 マグネトロンカソード構造の概要

図5.2 工業的に使用されるマグネトロンカソードの外観（VON ARDENNE GmbH, Germanyの許諾を得て、同社技術資料より転載）

第3編 薄　膜

以下の圧力において数100～1kV程度の印加電圧で、20～40mA/cm²程度の高い電流密度の放電をおこなうことができるという特徴とともに、その放電の安定性が基板の位置などに影響されないという特徴を持つ。マグネトロンスパッタリング法の欠点は、磁場によるプラズマ閉じ込め効果により、エロージョンといわれるターゲットの浸食形状が円形あるいはレーストラック状になり、ターゲットの使用効率が低いこと、基板を静止した場合にはエロージョンに対向する部分とその周辺部分において薄膜の物性が異なってくることである。

しかしながら、マグネトロンスパッタリング法の薄膜堆積速度が大きいこと、プロセスの安定性に優れること、バルクに近い物性を示す薄膜の堆積が可能であることなどの長所は工業的に大きなメリットであり、現在の工業的方法の主流となっている。

スパッタリング用直流電源においてはアークが発生したときに電力の印加を遮断する仕組み、さらにはターゲット保護のために電力を徐々に高くしていく仕組み等が備えられている。汎用の定電流あるいは定電圧直流電源を用いて放電を起すことも可能であるが、実験室レベルに留まる。

5.3 高周波マグネトロンスパッタリング法

直流マグネトロンスパッタリング法には、

・ターゲットが導電性でない場合に放電を維持できない

・堆積される薄膜が導電性でない場合に、アノード消失により放電が不安定となる

という欠点がある、これらを補うために高周波電力を陰極に印加する方法が高周波マグネトロンスパッタリング法である。一般には、13.56MHzの周波数を持つ電力を用いる。

高周波マグネトロンスパッタリング法においては、2.2.6において述べたように、高周波容量結合放電において直流自己バイアスが駆動電極に発生することによりスパッタリングがおこる。自己バイアスの大きさは、実効的に接地電極として働くチャンバー壁の面積に依存する。したがって、薄膜堆積速度もまた実効接地電極の面積に依存することとなる。実験室規模においては、カソード

への高周波電力の印加に大きな問題はないが、工業的に大型のカソードを用いる場合には、実効的に安定して接地として働く電極面の確保が難しくなり、薄膜堆積速度および膜厚、さらには薄膜物性の時間変化が起こるという問題が生じてくる。さらには、大電力の高周波電力が漏れて装置の制御系等に影響を与えないようにする等の配慮も必要となってくる。したがって、大型の装置で高周波放電を用いることはあまりなされていない。

5.4 パルススパッタリング法

パルスマグネトロンスパッタリング法は、パルス電力をカソード印加電力に用いるスパッタリング法である。単一カソードにパルス電力を印加する方法（シングルカソードパルススパッタリング法）と2個のカソードを1対としてそれぞれのカソードに交互に矩形パルス電力あるいは正弦波形の電力を印加する方法（デュアルカソードパルススパッタリング法）がある[11-13]。カソード構造は、マグネトロンスパッタリング法に使われるものと同様である。

パルススパッタリング法は、当初、金属ターゲットを用いて化合物薄膜を堆積する反応性スパッタリング法において、ターゲットの非エロージョン部分への電荷蓄積による異常放電を防ぐ目的で、単一カソードにパルス的に正電圧を印加する方法として開発された。その後、大面積化合物薄膜スパッタリング、特にインジウム－すず酸化物透明導電膜堆積におけるアノードの電気的不安定さ、さらにはそれにともなう放電の不均一を抑制するための方法として、2つのカソードを一対として交互の矩形あるいは正弦波形を印加するミッドフレクエンシー（MF）あるいは交流（AC）スパッタリング法が実用化された。例えば、6～8本という複数の大型カソードを用いる大面積スパッタリング法において3あるいは4つの対を形成するターゲットに交互に正負の電圧を持つ電力を印加することにより、中央部のカソードに対しても安定にアノードを確保することができるようになる。大型カソードを用いたACあるいはMFスパッタリング法においては、膜厚の均一性を確保するために、基板を移動あるいは揺動させながら薄膜を堆積していく。デュアルカソードミッドフ

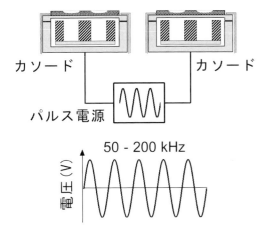

図5.3 ミッドフレクエンシーデュアルカソード（中周波数交互放電）スパッタリング法の概念

レクエンシースパッタリング法の概念を図5.3に示した。

パルス放電に用いられる周波数は、数10〜数100kHzである。この周波数はイオンが電界の変化に応答できる周波数であり、イオンの応答という観点からはパルス放電は直流的な放電である。周波数が低いと電荷の蓄積と放出の間に放電が起こらない時間帯が生じ、薄膜堆積の効率が低くなる。また、周波数が高いとイオンが電界の変化に追随できず、高周波的な放電となる。

パルス電力電源は直流電源に比較して高価であり、さらに放電をパルス化することにより、薄膜堆積速度が低下する。しかしながら、放電が不安定となりやすい大面積化合物薄膜へのスパッタリング法の工業的応用においては、パルススパッタリング放電を用いることにより放電が安定となり、さらにはこれにより投入電力を大きくすることができ、結果的には生産性が向上する。インジウム-すず酸化物薄膜堆積のように放電が不安定となりやすい場合においては、現在パルススパッタリング法は実用上必須となっている。

5.5 高出力インパルスマグネトロンスパッタリング(HiPIMS)法

高出力インパルスマグネトロンスパッタリング法(High Power Impulse Magnetron Sputtering：HiPIMS)法は、数10μs程度の時間的長さを持つ高電圧パルス電力を10〜1000Hz程度の周波数でターゲットに印加し、高い電力密度を得て、高いイオン密度を持つプラズマを形成する方法である[14-15]。印加される電圧は10kV程度、陰極であるターゲット上における電流密度は数Acm^{-2}であり、電力密度が瞬間的に1000Wcm^{-2}程度に達するとされている。通常のマグネトロンスパッタリング法で、陰極であるターゲットに印加される電力密度である数10Wcm^{-2}に対してかなり高い値である。高い電力密度により、HiPIMS法では10^{18}〜$10^{19}m^{-3}$程度の高いイオン密度が得られると報告されている[16]。通常のマグネトロンスパッタリング法において得られるイオン密度より数桁高いと考えて良い。放電がパルス的であるので、イオン密度変化もパルス的となり、プラズマ中の金属粒子のイオン化率は、印加電力のピークに対して時間的な遅れを持ちながら大きくなり、50%程度に達し、その後低くなっていく。

HiPIMSスパッタリング法において得られる高いイオン化率は、パルス印加時のシースの拡張、および高速電子の形成による。数kVのパルス電圧がターゲットに印加されるとターゲット前面のシースの幅は、0.1m程度になる。パルス印加時におけるシースの拡張により、電子が反発され、反発された電子はプラズマバルク中に流れ込み、スパッタリングされた粒子のイオン化を促進することとなる。数kVのパルス電圧の印加において定常シース（チャイルド・ラングミュアシース）の形成に要する時間は数μs程度であり、パルス電圧印加初期に過渡シース形成により、高速電子が形成される。これ以降、シースは定常的となり高速電子の形成には寄与しなくなる。

HiPIMS法では高電力パルスを用いるためにパルス時間を長く取ると放電がアーク放電に移行するとともに、陰極にダメージを与える。そのために、放電時間割合は〜50%程度に制限される。したがって、通常のマグネトロンスパッタリング法に比較して時間平均した膜堆積速度は小さくなる。

HiPIMS法の工業的応用における特徴は、スパッタリングされた粒子が高密度放電によりイオン化され、高いイオン化率を保ったまま入射することにある。この特徴により、例えばアスペクト比の高いホールの底へ薄膜を堆積すること、あるいは堆積される薄膜の構造を、基板バイアス印加を含めた薄膜堆積条件を変えることにより制御するこ

とが可能となる。HiPIMS法の応用として、高密度プラズマスパッタリング法としての基板バイアスを併用したシード層へのコーティング、ハードコーティングなどが提唱されている。

5.6 イオン化スパッタリング法

イオン化スパッタリング法とは、カソード放電前面に数ターンの誘導コイルを設置し、このコイルを用いて高周波誘導結合プラズマをカソード前面に発生し、スパッタリング粒子のイオン化率を高める方法である[17-18]。放電ガスであるAr圧力を高くすることにより、基板に入射する金属束のイオン化率を80%以上に高めることが可能である[19]。

イオン化スパッタリング法の原理は、1989年にYamashitaにより報告されている[20]。その後、基板入射フラックスのイオン化率を高くし、かつ基板にバイアスを印加することにより、基板入射イオンの方向を制御することが可能であるという特徴を生かし、アスペクト比が高いビアあるいはトレンチの底面へのシード層の堆積技術として開発が進められた。

イオン化スパッタリング法においては、基板に持ち込まれるエネルギー量が大きくなるために薄膜の緻密化も進む。高いイオン化率を得ることにより、通常のスパッタリング法においてのイオン化率が低いという欠点を補うことができる。しかしながら、コイルにより高周波誘導プラズマを発生させるために、誘導結合プラズマを有効に形成することができるコイルの直径が制限され、スパッタリング法本来の大面積基板への堆積という長所が生かされなくなるという欠点がある。

5.7 イオンビームスパッタリング法

ターゲットに入射する高エネルギー粒子としてイオンビームを用いる方法がイオンビームスパッタリング法である。プラズマを使わない点において、他のスパッタリング方式と全く異なる。イオンビーム源としては、バケットタイプのイオン源を使う。Ar^+イオンをイオンビームとして用いることが多い。イオンビームスパッタリング法においては、ターゲット前面においてプラズマを維持する必要がなく、薄膜堆積チャンバーの圧力を低

く保つことができるために、イオンビームによりスパッタリングされた粒子がスパッタリングにより気相に放出された時点において持つエネルギーを失うことなく基板に到達する。そのために、密度の高い、良質の薄膜を形成することができる。さらに、低い圧力における薄膜堆積過程であるために、イオンビームを薄膜に照射し、薄膜の密度を高くすることもできる。この方法をデュアルイオンビームスパッタリング法という。

イオンビームスパタリング法は、小型の装置において、良質の薄膜を堆積する方法としては秀でた方法である。しかしながら、大面積基板への薄膜堆積への応用が困難である、薄膜堆積速度を大きくできない、イオン源を大きくしていくと装置コストが高くなるなどの欠点がある。

高密度薄膜を形成できる方法として、レーザ用光学薄膜の堆積などに用いられている。

5.8 反応性スパッタリング法と反応室分離型反応性スパッタリング法

5.8.1 反応性スパッタリング法

マグネトロンスパッタリング法、パルススパッタリング法、あるいは円筒型カソードを回転させながら放電を維持するロータリーマグネトロンスパッタリング法などにおいて、ターゲットに金属材料を用いて、O_2、N_2、あるいはCH_4などを反応性ガスとしてチャンバーに導入し、薄膜として金属酸化物、金属窒化物、金属炭化物などを堆積する方法を反応性スパッタリング法という。スパッタリング粒子のエネルギーが高いために、基板を加熱することなく、金属粒子と反応性ガスの化合を起こすことができる。反応性スパッタリングにより堆積される代表的な薄膜としては、TiO_2、Ta_2O_5、Nb_2O_5、SnO_2、TiN、TiC、WCなどが挙げられる。安価な金属ターゲットを用いて、工業的に大面積室温基板に化合物薄膜を堆積する方法として用いられている。スパッタリング法の特徴を生かした、工業的にニーズの高い化合物薄膜堆積方法である。

反応性スパッタリング法の大きな欠点は、薄膜堆積速度が低いことにある。これは、金属ターゲット表面に化合物層が形成されることにより、スパッタリング率が低下する、高速負イオンが形

成されることなどによる。特に、酸化物の堆積において顕著である。金属ターゲットを用いる反応性スパッタリングにおいても、化合物層に十分な導電性がない、あるいはアノード（チャンバー壁）に堆積する薄膜に十分な導電性がなく、安定にプラズマを維持できない場合などは、高周波放電を用いる。パルススパッタリング法あるいはロータリーマグネトロンスパッタリング法の開発により、直流2極マグネトロン反応性スパッタリング法における放電の不安定性および薄膜堆積速度の低さを補うことができてきており[21,22]、直流放電による大面積・高速反応性スパッタリング法の工業的応用が大きく広がっている。

5.8.2 反応室分離型反応性スパッタリング法

反応性スパッタリング法における薄膜堆積速度の低さという欠点を補うために開発された方法が、反応室分離型スパッタリング法である[23,24]。チャンバーは、堆積室、反応室、そして基板ホルダーであるカルーセルからなる。堆積室と反応室は空間的に仕切られており、相互のガスの往き来が抑制される。金属ターゲットが設置された薄膜堆積室には反応性ガスは導入されず、プラズマは非反応性のArプラズマとなる。したがって、ターゲット表面に化合物層が形成されることがなく、薄膜堆積速度の低下が起こらない。カルーセルを回転させることにより、薄膜堆積室において堆積された金属薄膜の薄層が反応室に導入された反応性ガスラジカルにより、反応室において化合されるというプロセスが繰り返され、化合物薄膜が堆積される。反応室分離型スパッタリング法においては、薄膜堆積室においての反応性ガスによる堆積速度の低下がなく、原理としては金属薄膜と同程度の薄膜堆積速度が得られるが、カルーセルの形状がガス遮蔽壁の構成により制限されるために、基板の大きさが制限される。

第6節 スパッタリング薄膜の構造と物性

6.1 スパッタリング薄膜の構造

6.1.1 スパッタリング法より堆積された薄膜の構造の特徴

スパッタリング法により室温基板に堆積される薄膜は、すき間を持つ粗な、繊維状あるいは柱状とされるマクロ構造を取る。これは、低温基板上においては薄膜を形成する粒子の移動が制限されるためである。マクロ構造は、無定形あるいは結晶質であるミクロ構造により構成される。スパッタリング薄膜におけるマクロ構造とミクロ構造の概念を図6.1に示す。スパッタリング法の工業的応用においては、基板を高い温度にすることは少なく、スパッタリング薄膜の物性について議論をおこなおうとする場合には、必ずマクロ構造とミクロ構造の両者について考える必要がある。薄膜マクロ構造という概念はスパッタリング法により堆積された薄膜構造を考えていく上で欠くことができない。これを理解することがスパッタリング薄膜を実用としていく上で重要である。

6.1.2 スパッタリング薄膜の構造モデル

スパッタリング薄膜の構造モデルとして有名なモデルは、1974年にThorntonにより提案されたモデルである[25,26]。モデルを図6.2に示す。このモデルにおいては、スパッタリング薄膜の構造を薄膜材料の融点により規格化された温度と放電圧力に対して整理している。放電圧力を変数として薄

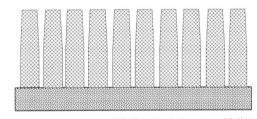

図6.1 スパッタリング薄膜におけるマクロ構造とミクロ構造の概念（柱の形成がマクロ構造であり、柱の内部の結晶構造およびその結晶性がミクロ構造となる。）

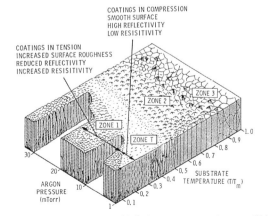

図6.2 Thorntonにより提案されたスパッタリング法により堆積された薄膜の構造モデル

膜の構造を整理する理由は、ターゲットから基板への輸送過程においてスパッタリング粒子のエネルギーを失わせるとともに、その飛翔の方向の秩序性をも失わせる、スパッタリング粒子と放電ガス粒子の衝突の頻度が放電圧力により支配されるためである。

Thorntonモデルにおいて薄膜構造は、薄膜材料の融点に対して規格化された基板温度 (Ts/Tm) に対して4つのZoneに分けて示されている。基板温度が低い側からZone-1、Zone-T、Zone-2、およびZone-3となる。

Zone-1は、薄膜が繊維状構造といわれるマクロ構造を形成する範囲である。細い、繊維が縦に並んだマクロ構造である。1つ1つの繊維状構造内部は長周期構造を持たない。したがって、X線回折では明確な回折ピークを示さない。基板温度が低く、基板に到達した粒子がほとんど基板上で移動することなく堆積していく結果である。Zone-1は放電圧力が0.1Pa(1mTorr)と低い領域ではTs/Tm比が0.1程度までの狭い範囲においてしか存在しないが、放電圧力が2〜3Pa(20〜30mTorr)の高い領域においてはTs/Tm比が0.5程までその範囲を広げている。Zone-1では、基板温度が低いために、薄膜構造が放電圧力に大きく依存する。

Zone-2は、薄膜が柱状構造といわれるマクロ構造を形成する範囲である。繊維状構造に比較して1つ1つの構造がやや太くなり、かつ薄膜表面にも結晶成長面が現れてくる。1つ1つの柱状構造内部において長周期構造が現れてくるが、得られる回折パターンは配向を示し、いわゆる粉末パターンとは異なる。薄膜堆積条件と結晶構造によっては、強い配向性を示す場合もある。六方最密構造におけるc軸配向などが顕著な例である。この温度領域においては基板に到達した粒子が基板上で2次元的に移動することが可能となり、最も安定な配向を優先しながら、薄膜として成長していく。Zone-2は低圧力域においてはTs/Tm=0.35〜0.7、高圧力域においては、Ts/Tm=0.55〜0.7程度の範囲となる。

Zone-TはZone-1とZone-2の間の領域に存在する。基板に入射する高エネルギー粒子が薄膜最表面の粒子に衝突し、その表面構造をつぶすことにより、薄膜表面が平坦となり、繊維構造の隙間も

やや詰まってくる。スパッタリング薄膜において、特徴的な構造である。Zone-Tは低圧力域においてはTs/Tm=0.1〜0.35の広い領域であり、高圧力域においてはTs/Tm=0.45〜0.55となる。

Zone-3は、薄膜が3次元的に成長していき、スパッタリング薄膜に固有であった柱状構造を示さなくなる領域である。Thorntonモデルでは、柱状構造内の横向きの結晶粒界として粒子のマイグレーションが表されている。熱平衡に近い状態における薄膜成長となり、X線回折においては配向を示さず、粉末パターンに近い回折を示すようになる。基板が無定形ではなく、基板と薄膜の間にエピタキシャル条件が存在する、すなわち薄膜がエピタキシャル的に成長した方が熱力学的に安定な場合には、そのエピタキシャル条件に基づく配向を示すこととなる。Ts/Tm=0.7〜1の範囲である。Zone-3においては、構造は圧力に依存しなくなる。これは、基板温度が高くなると、基板上での粒子移動が基板温度により支配される、すなわち薄膜構造が基板温度のみにより決定されるためである。

薄膜のマクロおよびミクロ構造は、電気的、光学的、あるいは機械的物性を決定する。低温基板に対して薄膜を堆積した場合には、特にマクロ構造がその物性を決定する。繊維状あるいは柱状構造を持つ薄膜は、電気的には導電率、あるいは誘電率がバルク材に較べて低いという特徴を示す。光学的には、屈折率が低くなるとともに、マクロ構造表面への水の吸着などに外部環境による影響を受け、屈折率が変化するということにつながる。

工業的薄膜堆積においては、低い放電圧力において、基板温度を0.2<Ts/Tm<0.3程度とすることが多い。この領域においては、薄膜構造の範囲はZone-T、あるいはZone-Tに近いZone-1となり、薄膜は平滑な表面と若干の結晶性を示すこととなる。電気的あるいは光学的薄膜物性は、比較的バルク物性に近くなる。ただし、一般には、この領域において堆積された薄膜は、高い応力を持つ。

6.2 スパッタリング薄膜における応力と付着力
6.2.1 スパッタリング薄膜における応力

　スパッタリング法による薄膜堆積において薄膜のマクロ構造が緻密となる条件で薄膜を堆積すると、堆積された薄膜には一般的には高い応力が発生する。この高い応力が、膜はがれや基板の反りという問題を引き起こすため、スパッタリング法により薄膜を堆積する場合には、常に応力の発生を考慮し、薄膜堆積条件を決定していく必要がある。一般に薄膜堆積過程において発生する応力は、熱応力と薄膜堆積過程に起因する応力である。スパッタリング法により堆積された薄膜において問題となる応力は、薄膜堆積過程に起因する応力である。スパッタリング法による薄膜堆積においては基板温度を高くすることが少ないがために、薄膜堆積過程の非平衡性あるいは薄膜構造に起因し、高い応力が発生する。化合物薄膜あるいは高融点金属薄膜においては、数GPaという高い応力が発生することもある。高い基板温度で堆積された薄膜においては、基板表面での粒子移動が促進されることにより薄膜堆積過程に起因する応力は小さくなり、逆に熱応力が大きくなる。

　薄膜の堆積過程に起因する応力は、緻密な構造を持つ薄膜が形成された場合に発生する圧縮応力と疎な構造を持つ薄膜が形成された場合に発生する引張応力に分かれる。

　緻密な構造を持つスパッタリング薄膜において発生する圧縮応力は、成長時におけるエネルギー蓄積による応力である。釘打ち効果などといわれるものも同様の機構を言っている。スパッタリング法においては、0.1〜数eV程度のエネルギーを持ち基板に到達した粒子が基板上で急激に冷えて、基板上にとどまることにより薄膜を形成していく。この際に、散逸されることなく薄膜に残存したエネルギーが応力を発生させる。高い粒子エネルギーが薄膜を緻密化するが、同時に無理矢理に粒子を押し込んでいくこととなる。この無理矢理に粒子を押し込んだ結果が圧縮応力である。粒子が適度なエネルギーを持つ場合には応力を発生せず、緻密な薄膜が得られると考えられるが、工業的には非平衡過程で適度なエネルギーを持った粒子により、応力を持たない緻密な構造を持つ薄膜を再現性良く形成することは困難である。

　疎な構造を持つ薄膜において発生する応力は、薄膜構造が疎であるために、その隙間を埋めることにより表面・界面自由エネルギーを小さくしようとする作用により発生する引張応力である。スパッタリング法においては、高い放電圧力において堆積された薄膜において引張応力が発生する。圧縮応力に比べるとその値は小さい。

　応力を薄膜厚さ方向に積分した値が全応力である。応力が薄膜の厚さ方向に一定であれば、全応力は膜厚に比例する。全応力が、膜はがれや基板そりの程度を決める。すなわち応力が高くなる条件で膜厚の厚い薄膜を堆積した場合には、全応力が高くなり、膜剥がれや基板のそりにつながる。

　緻密で良好な光学的あるいは電気的物性を得られる堆積条件においては同時に高い圧縮応力が発生する。また、薄膜堆積過程に起因する応力は化合物薄膜において高くなる傾向にある。式量の大きな高融点化合物薄膜を堆積する場合には、応力の発生に十分に留意しながら堆積条件を決定していく必要がある。

6.2.2 付　着　力

　付着とは異なる材料が何らかの力でくっつくことをいう。薄膜の場合には付着は薄膜と基板間のミクロな現象であり、さらには、物理的な要因と化学的な要因が絡み合い、その理解が困難である。薄膜堆積における付着あるいは付着力とは何かを理解することは付着性を理解することの基本であり、同時に付着性を測定することの難しさ、そして制御することの難しさを理解することにつながる。

　室温基板上にスパッタリング法により堆積された薄膜は、一般には付着力が小さく、応力が高いために膜剥がれをおこしやすい。低温の基板上に堆積された薄膜の基板への付着は物理付着である。物理付着においては、付着力は基板の前処理条件やチャンバー条件によって大きく異なってくる。したがって、スパッタリング法による薄膜堆積においては基板前処理あるいは薄膜堆積条件を適正化し、付着力を高くするとともに、その再現性をも高めることが必要である。高い基板温度を持つ基板上に薄膜を堆積した場合には、付着は化学的なものとなる。しかし、スパッタリング法の工業的な応用では、基板温度を高くすることは少

なく、その付着はほぼ物理的な付着として良い。付着性とは何かを再度整理したうえで、スパッタリング法における薄膜の付着力について議論する。

付着性を、界面を引きはがすために必要な単位面積あたりの力としてとらえたものが、単位面積たりの付着力、すなわち付着応力である。物理的には最も正確に"付着力"を表している。付着応力に逆らって、界面を引きはがす仕事が付着エネルギーであり、次式（6.1）で表される。

$$\Delta G_{f\text{-}s}^{a} = \gamma_{f\text{-}s} - \gamma_{f} - \gamma_{s}$$
$$= -W_{a} \tag{6.1}$$
$$\therefore W_{a} = \gamma_{f} + \gamma_{s} - \gamma_{f\text{-}s}$$

ここで、$\Delta G_{f\text{-}s}^{a}$ は付着自由エネルギー、$\gamma_{f\text{-}s}$ は界面自由エネルギー、γ_{f} および γ_{s} はそれぞれ薄膜および基板の表面自由エネルギーであり、W_{a} は薄膜を基板から引きはがすためになされた仕事である。それぞれの単位は $\mathrm{Jm^{-2}}$ あるいは $\mathrm{Nm^{-1}}$ である。

付着エネルギーは物理的に界面の安定性を示す指標である。付着エネルギーは、界面を引きはがすために加えられた力を変位に対して積分することにより求められる。しかし、界面を引きはがす際に必要な力と変位を同時に測定していくことは困難であり、付着エネルギーを実測することは現実的ではない。界面を形成する2つの物質の表面自由エネルギーおよび界面自由エネルギーが既知であれば、付着エネルギーを計算により求めることができる。しかし、金属や金属化合物の表面自由エネルギーは良くわかっていないし、また、表面や界面の物理的および化学的状態が変われば表面自由エネルギーは変化するため、表面あるいは界面自由エネルギーから付着エネルギーを正確に求めることはできない。しかし、概算された付着エネルギーは付着性の善し悪しを評価する良い指針となる。

前記した付着力は物理的な観点からの付着力の理解であったが、実際のスパッタリング薄膜における付着現象は、当然、より複雑である。まず、薄膜はきれいな基板表面に堆積するわけではなく、多くの場合汚れた基板表面に堆積する。したがって、界面には有機物や無機化合物などからなる層が介在すると考えて良い。これらの複数層の界面あるいは混在界面が付着性を決めることになる。原子あるいは分子間の物理的あるいは化学的な結合が、マクロおよびミクロレベルおける凹凸や組成の混合、さらには空隙を持つ界面で形成され、その界面の組成や形状による影響をも含めて異なる材料間の付着を決めると考えて良い。

スパッタリング薄膜においては、先に述べたように応力が発生する。薄膜が大きな応力を持つ場合には、見掛け上付着力は小さくなる。スパッタリング薄膜において、"自発的"な膜はがれが問題となることがある。実際には、膜はがれが"自発的"に起こるわけではなく、全応力が付着エネルギーに勝ったことにより膜はがれがおこる。膜はがれを防ぐためには、付着力を強くするとともに、全応力を小さくすることが必須である。

付着力は、引っ掻き試験法などで測定される。この場合、付着力は、薄膜が剥がれた時点において針あるいは圧子に加えられていた臨界荷重として与えられる。すなわち、何らかの方法で針あるいは圧子に徐々に力を加えていき、薄膜が基板あるいは基材から剥がれた瞬間に針あるいは圧子に加えられていた力を付着力とする。針あるいは圧子に加えられていた荷重であるので、単位として N あるいは kgf を用いる。剥がれた薄膜の面積がわかれば単位面積あたりの力として臨界応力を算出することができるが、力のかかっていた面積を求めることは困難であり、求められた値が付着応力と同様の値であるわけではない。物理的には絶対値としての意味を持たず、また針あるいは圧子による薄膜の破壊あるいは摩耗現象が必ずしも薄膜のはがれを現しているわけではない。しかしながら、ある臨界荷重を求める測定法により得られた値として、付着力の相対的な指標として広く使われている。

付着力を高くする最も確実な方法は基板温度を高くすることである。この視点からはスパッタリング法といえども、基板温度をできるだけ高くすることは有効である。基板温度を高くできない場合には、基板表面のプラズマ処理あるいはイオンエッチング処理をおこなう。ただし、基板表面の処理は表面を活性にすることを意味し、薄膜堆積後に活性な、言い換えれば清浄な界面に再度汚れが導き込まれるようなことが起きれば、界面付着

力の低下を招くことがある。

6.3 スパッタリング薄膜の構造と物性の実際

スパッタリング法により堆積された薄膜の物性は一般にはバルク材の物性とは異なる。これは、前項6.1節で述べたように、低い温度の基板上にスパッタリング法により堆積された薄膜がマクロ構造として繊維状構造あるいは柱状構造を取るためである。スパッタリング法の工業的応用においては薄膜を低温の基板に堆積することが多く、放電圧力やカソード－基板配置などの堆積条件により薄膜の構造、そして物性が異なってくることとなる。Ti薄膜、Zr薄膜、TiO_2薄膜、およびCeO_2薄膜について、その構造と物性の関係を例示する。ここに示されたいずれの物性変化も、Thornton構造モデルにより、良く説明される。スパッタリング薄膜堆積においては、ミクロおよびマクロ構造、そしてこれら薄膜構造と物性の関係を理解することが大事である。

6.3.1 TiおよびZr薄膜

図6.3に、dcマグネトロンスパッタリング法により、種々の放電圧力で室温の基板上に堆積されたTi薄膜の断面構造を示す[27]。断面構造は、ガラス基板を破断後、走査型電子顕微鏡により観察された。放電圧力が低い場合には緻密なマクロ構造を持つ薄膜が堆積されており、放電圧力が高くなるとともに薄膜の断面構造が粗となる。図6.4に、種々の放電圧力において室温の基板上に堆積されたTi薄膜の表面粗さを示す[27]。表面粗さは、放電圧力が高くなるとともに単調に大きくなる。図6.5に、種々の放電ガス圧力において室温の基板上に堆積されたTi薄膜の電気抵抗率を示す[27]。抵抗率は放電圧力が高くなるとともに高くなる。バルクTiの抵抗率は$3.9×10^{-5}Ω$cmと報告されている。放電圧力0.3PaにおいてはTi薄膜の抵抗率はバルクTiの抵抗率に近い値を示すが、放電圧力2.0PaにおいてはTi薄膜の抵抗率はバルク材の抵抗率に比較して1桁程度大きくなる。膜構造が疎となることによる。図6.6に、種々の放電圧力において室温の基板上に堆積されたTi薄膜において観察された残留応力を示す[27]。放電圧力が0.3Paにおいてのみ圧縮応力となっているが、放電圧力

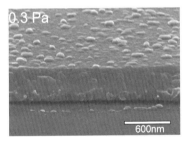
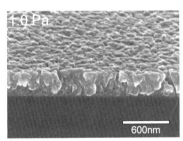
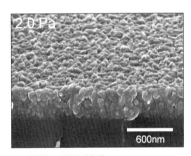

図6.3 種々の放電圧力において室温の基板上に堆積されたTi薄膜の断面構造

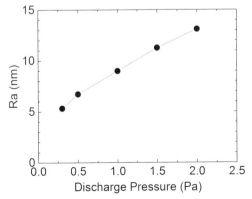

図6.4 種々の放電圧力において室温の基板上に堆積されたTi薄膜の表面粗さ

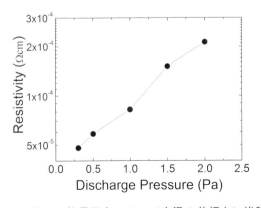

図6.5 種々の放電圧力において室温の基板上に堆積されたTi薄膜の電気抵抗率

が0.5Pa以上においては引張応力となっている。

図6.7および図6.8に、基板温度が200、400、および600℃の基板上に堆積されたTi薄膜およびZr薄膜の断面構造を示す[28]。基板温度が高くなるとともに、薄膜表面が平滑となり、かつ結晶成長に起因すると思われる平坦な多角形構造を示す。Zr薄膜は、基板温度200℃においては細かい柱状構造を示し、基板温度400℃においては太い柱状構造を示す。図6.9に、種々の基板温度において堆積されたTi薄膜およびZr薄膜の電気抵抗率を示す[28]。抵抗率は、TiおよびZr薄膜のいずれにおいても基板温度200℃において極小を示し、その後基板温度が高くなるとともに高くなっている。図6.10に、種々の基板温度において堆積されたTi薄膜およびZr薄膜の格子ひずみを示す[28]。格子ひずみの絶対値は基板温度200℃あるいは300℃において極小を示し、その後基板温度が高くなるとともに大きくなる。格子ひずみはいずれも正の値であり、圧縮応力が発生していることを示す。

6.3.2 TiO₂薄膜

図6.11に、種々の放電圧力で室温の基板上に堆積されたTiO₂薄膜の断面構造を示す[29]。TiO₂薄膜は、Ti金属をターゲットとした反応性スパッタリング法により堆積された。放電圧力0.5Paにおいて堆積された薄膜は平滑な表面を示す。放電圧力が高くなるとともに、すき間のある柱状構造を示すようになる。図6.12に、種々の放電圧力において室温の基板上に堆積されたTiO₂薄膜の屈折率を示す[29]。放電圧力が高くなるとともに、TiO₂薄膜の屈折率は単調に減少する。図6.13に、種々の放電圧力において室温の基板上に堆積されたTiO₂薄膜の応力を示す[29]。0.4Paの放電圧力において堆積されたTiO₂薄膜は圧縮応力を示すが、1.0Paより高い放電圧力において堆積されたTiO₂薄膜はすべて引張応力を示す。また、その値はGPaのオーダーであり、高い応力が生じることがわかる。放電圧力の変化による構造の変化と薄膜物性の変化は良い対応を示す。

図6.14に、基板温度が室温、400℃、および600℃である基板上に堆積されたTiO₂薄膜の断面構造

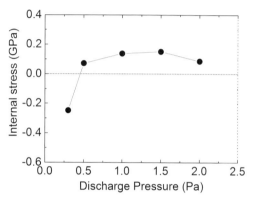

図6.6 種々の放電圧力において室温の基板上に堆積されたTi薄膜の残留応力

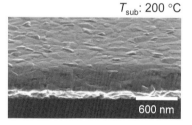 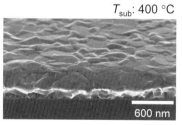 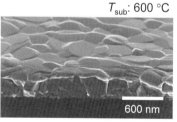

図6.7 基板温度が室温、400℃、および600℃である基板上に堆積されたTi薄膜の断面構造

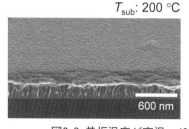 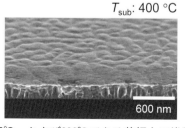 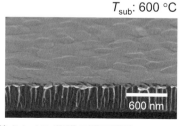

図6.8 基板温度が室温、400℃、および600℃である基板上に堆積されたZr薄膜の断面構造

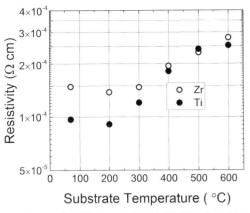

図6.9 種々の基板温度の基板上に堆積されたTiおよびZr薄膜の電気抵抗率

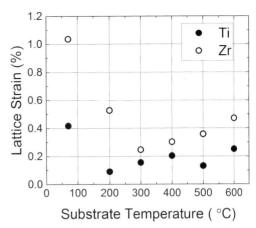

図6.10 種々の基板温度の基板上に堆積されたTiおよびZr薄膜の格子ひずみ

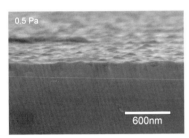

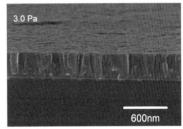

図6.11 種々の放電圧力において室温の基板上に堆積されたTiO$_2$薄膜の断面構造

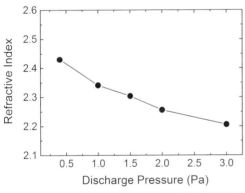

図6.12 種々の放電圧力において室温の基板上に堆積されたTiO$_2$薄膜の屈折率

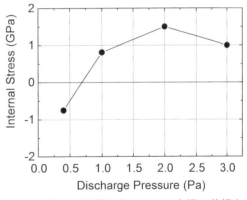

図6.13 種々の放電圧力において室温の基板上に堆積されたTiO$_2$薄膜の残留応力

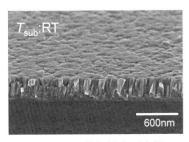
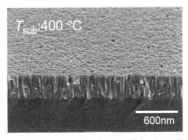
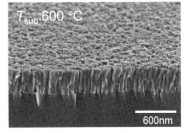

図6.14 基板温度が室温、400℃、および600℃である基板上に堆積されたTiO$_2$薄膜の断面構造

を示す[30]。室温の基板に堆積された薄膜の表面は、エッチングによる平坦な形状を示す。Zone-Tにおける構造である。基板温度を600℃とすると、結晶成長による表面の荒れが見られるようになる。図6.15に、種々の温度の基板上に堆積されたTiO₂薄膜の屈折率を示す[30]。基板温度が高くなるとともに、屈折率が高くなる。薄膜の構造が密となり、屈折率が高くなると判断できる。

6.3.3 CeO₂薄膜

図6.16に、種々の放電圧力において室温の基板上に堆積されたCeO₂薄膜の表面電子顕微鏡写真を示す[31]。CeO₂薄膜は、CeO₂焼結体をターゲットとした高周波マグネトロンスパッタリング法により堆積された。放電圧力が高くなるとともに、表面構造が粗となっていく。特に放電圧力2.0、3.0、および4.0Paにおいて、表面の粒状構造が明瞭となっている。図6.17に、種々の放電圧力において堆積されたCeO₂薄膜の屈折率を示す[31]。屈折率は、放電圧力とともに単調に減少していく。図6.18に、種々の放電圧力において室温の基板上に堆積されたCeO₂薄膜の応力を示す[31]。放電圧力0.4-1.5Paにおいては1GPaを超える高い圧縮応力を示し、その後、放電圧力が高くなるとともにその絶対値は小さくなっていく。図6.19に、種々の

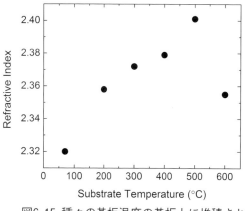

図6.15 種々の基板温度の基板上に堆積されたTiO₂薄膜の屈折率

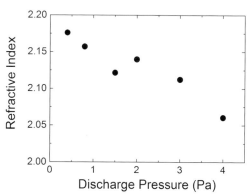

図6.17 種々の放電圧力において室温の基板上に堆積されたCeO₂薄膜の屈折率

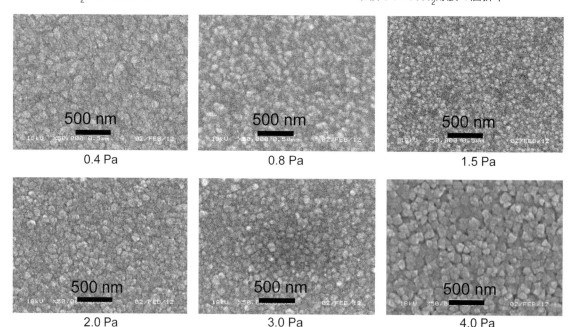

図6.16 種々の放電ガス圧力において室温の基板上に堆積されたCeO₂薄膜の表面電子顕微鏡写真

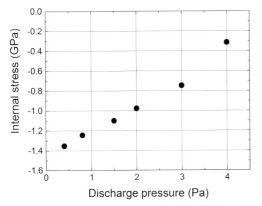

図6.18 種々の放電圧力において室温の基板上に堆積されたCeO$_2$薄膜の残留応力

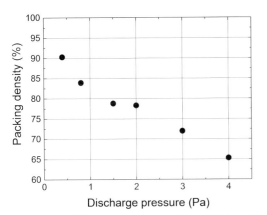

図6.19 種々の放電圧力において室温の基板上に堆積されたCeO$_2$薄膜の密度

放電圧力において室温の基板上に堆積されたCeO$_2$薄膜の密度を示す[31]。薄膜密度は水吸着による屈折率変化から評価された。薄膜密度は、放電圧力とともに単調に減少していき、放電圧力4.0Paにおいては約65%となる。

屈折率と薄膜密度が良い相関を示すとともに、応力が低い薄膜においては、屈折率が低いことが明らかである。屈折率が低い薄膜は疎な構造を持っており、その物性が外部環境の影響を受ける。

第7節 スパッタリング法による薄膜堆積の工業的応用

7.1 スパッタリング薄膜堆積の工業的応用における特徴

スパッタリング法による薄膜堆積の特徴を、再度、整理すると、

・室温にある基板に対して、実用が可能である物性を持つ薄膜の堆積が可能である。
・平板型の大面積ターゲットを蒸発源として用いることができるため、大面積の基板あるいは基材に対して膜厚分布に秀でた薄膜の堆積が可能である。
・金属薄膜の堆積においては、一般にはプロセスの安定性および再現性が高い。
・酸化物薄膜の薄膜堆積速度が遅い。
・薄膜堆積プロセスが非平衡プロセスであるために、堆積した薄膜に大きな応力が発生する場合がある。
・同様の理由で、特に低温の基板に薄膜を堆積した場合には、繊維状構造あるいは柱状構造と言われるマクロ構造を形成し、このマクロ構造が薄膜物性、特に電気的あるいは光学的物性を決定する。
・堆積プロセスの非平衡性により、高温基板に堆積された薄膜においても欠陥が発生する。
・回り込みが起こりにくいがために、ターゲットに対向していない部分への薄膜堆積が困難である。

である。

したがって、スパッタリング法による薄膜堆積は、

・基板あるいは基材温度を高くすることができない、あるいはその必要がないプロセス
・大面積の基板あるいは基材に対する薄膜堆積プロセス
・平板形状を持つ基板あるいは基材に対する薄膜堆積プロセス

への応用において有利であり、逆に、

・マクロレベルでの構造あるいは原子レベルでの欠陥を有しない薄膜の堆積を必要とするプロセス
・複雑な形状の基材等、薄膜堆積時において薄膜材料の回り込みを必要とするプロセス

への応用においては不利となる。

7.2 スパッタリング法による薄膜堆積の工業的応用の実際

7.2.1 半導体プロセス

半導体プロセスにおけるスパタリング法の主な

第3編 薄　　膜

る応用は、配線・電極膜および化学気相成長法あるいは液相成長法による電極薄膜堆積のためのシーズ層の形成である。配線膜材料としては、Ag、AlあるいはCuが一般的であり、電極膜材料としてはWが使われる。さらに、メモリプロセスにおいては強誘電体薄膜の堆積にもスパッタリング法が用いられる。強誘電体薄膜の堆積においては、薄膜の応力低減および物性向上の目的から、基板温度を高くすることが多い。材料としては、$(Ba, Sr)TiO$あるいは$Pb(Zr, Ti)O_3$などが用いられる。複合酸化物薄膜を実用とする場合には、蒸気圧差のために個々の元素の基板からの再蒸発確率が異なるために、薄膜組成がターゲット組成からずれる。ターゲット組成とともに、基板温度や放電圧力を最適化し、組成制御をおこなうことが必要となる。

　半導体デバイスの微細化あるいはこれを構成する層の極薄化により、緻密でかつ欠陥のない薄膜の堆積が求められてきている。スパッタリング薄膜堆積は、非平衡プロセスであるために堆積された薄膜中に欠陥が生じることは避けられない。また、極細あるいは極薄薄膜においてはマクロ構造の薄膜物性への影響が大きくなる。化学気相成長法や原子層堆積法などの熱平衡に近いプロセスが有利となる場合もある。それぞれの利点を生かしながら薄膜堆積プロセスを構築していくことになると考えられる。

7.2.2 ディスプレイデバイス

　ディスプレイデバイスへの応用において最も広く使われているスパッタリング薄膜はIndium-tin oxide(ITO)透明導電膜である。透明導電膜として、ITOの他にZnO：Alが挙げられるが、その化学的安定性の低さが原因となり、広くは使われていない。ITO薄膜を大型基板に堆積する場合には、ITOを高密度に焼結した導電性セラミックスをターゲットとする。直流スパッタリング法を用いると、堆積物により絶縁性となったターゲット上の非エロージョン部に電荷が蓄積し、導電部との間に異常放電が発生し、異物発生の原因となるとともに、安定な放電が維持できなくなる。これを防ぐためには、2つのカソードを一対とするミッドフレクエンシーデュアルカソードパルス放電が用いられる。In-Sn合金ターゲットを用いた反応性

スパッタリング法によるITO薄膜堆積も可能ではあるが、その不安定さのために工業的にはほとんど用いられていない。

　ディスプレイ用電極薄膜の堆積にもスパッタリング法が多用される。電極膜としては、Cu、Cu合金、Cr、Al、Al合金などが使われる。

　ディスプレイ用薄膜トランジスターとしては多結晶シリコンを用いることが主流であるが、高精細なTFT液晶を可能とするIn-Ga-Zn oxide(IGZO)結晶を用いる技術も実用化されている。IGZO薄膜もスパッタリング法を用いて堆積される。

7.2.3 記録用デバイス

　記録デバイス用メディアプロセスは、スパッタリング法の重要な応用分野である。ハードディスクドライブに用いられる磁気メディアの薄膜堆積はスパッタリング法による。DVDあるいはブルーレイディスクの薄膜堆積においても、レーザ反射層の銀あるいはアルミニウム金属膜の堆積にはスパッタリング法が用いられており、また書き換え型メディアなどの相変化層などの堆積にもスパッタリング法が応用されている。いずれも平板基板に金属薄膜を堆積するというプロセスであり、スパッタリング法の長所が生かされる。

　市販されている高密度磁気ディスクには、垂直磁気記録技術が応用されている。垂直磁気記録ディアは、裏打ち層ともいわれる軟磁性膜と記録膜からなる。軟磁性層膜には、Coをベースとして Nb、Mo、Zr、Ta、Ti等を添加した材料が用いられる。垂直磁気記録層には、CoCrPtB、CoCrPtにSiO_2などの酸化物を加えた材料が用いられる。磁気メディア薄膜堆積は安定なプロセスではあるが、薄膜堆積時の残留水分などが得られた薄膜の磁気特性に影響を与える。

7.2.4 光学デバイスおよび大面積エネルギー制御 薄膜

　スパッタリング法による光学薄膜としては、層数が数層程度までの堆積が工業的に最も有利な応用となる。また、大面積基板への光学薄膜堆積においてもスパッタリング法が有利であり、多用される。スパッタリング法は、従来、光学薄膜に対して多くは応用されていなかった。その主な理由は光学薄膜として多用される酸化物薄膜のスパッタリング法における堆積速度の遅さおよび堆積さ

574

れた薄膜における光学吸収の発生である。酸化物薄膜の堆積速度の遅さはパルススパッタリング法及び反応室分離型反応性スパッタリング法より改善され、スパッタリング法の光学薄膜堆積への応用が広がった。光学吸収の発生は特にフッ化物薄膜の堆積で顕著である。フッ化物薄膜のスパッタリング法による大面積薄膜の堆積は実用には供されていない。層数が数10層にもなる光学フィルターに用いるような薄膜も、スパッタリング法では作製されない。膜厚の制御性に劣るためである。

スパッタリング法により堆積された薄膜の光学的応用として、最も広く使われている分野はエネルギー遮蔽あるいは低エネルギー放射薄膜である。エネルギー遮蔽とは主にはガラス基板に金属の薄膜を堆積し、太陽光エネルギーの室内への入射を抑制し、低熱放射薄膜とは逆に室内から室外への熱の放射を抑制しようとするものである。室内への太陽エネルギーへの入射を抑制する場合には金属単層薄膜あるいは金属膜と酸化物・窒化物との多層薄膜を用いる。可視光透過率は低くなるが、太陽エネルギー透過率（日射透過率）を数10%程度に抑えることができる。特に冷房負荷の低減を目的としてビルの開口部などに多用されている。室内から室外への熱の放射を抑える低熱放射薄膜として可視光透過率を保つ場合には、銀薄膜を酸化物あるいは窒化物で挟み込んだ3層あるいは5層薄膜が用いられる。コーティング層を内側として、ガラスを複層にして用いられる。可視光透過率を70%程度に保ちながら、室内から室外への熱の流れを一般の窓に比較して30%以下に抑えることができる。銀薄膜の耐久性に問題は残るが、その使用割合は多くなってきている。いずれの応用においても、大面積基板への薄膜堆積法としてのスパッタリング法が必須である。

ディスプレイ用の反射防止膜にもスパッタリング法が応用されている。高屈折率/低屈折率層を4〜5層程度積層した薄膜である。最表面に高硬度の低擦傷性薄膜を堆積することもある。材料としてはNb2O5、SiO2などが使われる。帯電防止を目的として導電性酸化物を使用することもある。

特殊な例では、プラスチック機材に単層金属膜をスパッタリング法により堆積し、金属光沢を得る、あるいは金属酸化物をスパッタリング法により堆積しその干渉色により表面装飾をおこなうという応用もある。インテリア性の高い製品の他、自動車用の内装などに応用されている。

7.2.5 潤滑性およびハードコーティング

我が国では、スパッタリングによる薄膜堆積はあまり耐摩耗性あるいは潤滑性コーティングに応用されないが、ヨーロッパにおいては積極的に利用されている。スパッタリング法が応用される材料としては、(Ti, Al, Cr)-(C, N)の組み合わせなどがある。潤滑性コーティングとしてはMoS2と金属の複合化薄膜などが用いられる。非平衡マグネトロン法を用いてプラズマを拡げるとともに、基材に負バイアスを印加し、高エネルギーイオン入射を促し、膜付着あるいは膜質を改善する。カルーセル型の基材ホルダーを用いることも多く、カルーセル周囲に複数のカソードを配置し、カルーセルを回転しながら薄膜を堆積していく。炭化物あるいは窒化物は、反応性スパッタリング法により堆積される。反応性ガスとして、窒素あるいはアセチレンを用いる。放電電源には、パルスあるいはAC電源を用いる。バイアス電源にも、パルス放電を用いることが多い。

応用としては、カッティングツール、ベアリングなどがある。また、自動車用などにも、アーク蒸着法や化学気相蒸着法などとともに応用されている。複数の手法を組み合わせる場合もある。

〈草野 英二〉

〔参考文献〕

1) H. R., Koenig, and L. I. Maissel, Application of RF discharges to sputtering, IBM Journal of Research and Development 14, 168-171(1970)

2) Michael A.Lieberman, Analytical solution for capacitive RF sheath, IEEE Transactions on Plasma Science 16, 638-644(1988).

3) W. Eckstein, R. Preuss, New fit formulae for the sputtering yield, J.Nucl.Mater. 320, 209-213(2003)

4) E.Kusano, S.Baba, A. Kinbara, Approach to estimate gettering effects in Ti-O2 reactive sputtering process, J. Vac. Sci. Technol. A

10, 1696(1992)

5) M. Urbassek, The energy distribution of sputtered particles at low bombarding energies, Nucl. Instr. Meth. B 4, 356-363 (1984)

6) P. C. Zalm, Quantitative sputtering, Surf. Interface Analysis 11, 1988, 1-24

7) W. D. Westwood, Calculation of deposition rates in diode sputtering systems, J. Vac. Sci. Technol. 15, 1-9(1978)

8) W.D.Westwood, Chapter 5, in Sputter Deposition, 2003, American Vacuum Society, New York City, USA.

9) J.A. Thornton, Substrate heating in cylindrical magnetron sputtering sources, Thin Solid Films 54, 23-31(1978)

10) J.A. Thornton, J.L. Lamb, Substrate heating rate for planar and cylindrical magnetron sputtering sources, Thin Solid Films 119, 87-95(1984)

11) P.-A. Cormier, A. Balhamri, A.-L. Thomann, R. Dussart, N. Semmar, J. Mathias, R. Snyders, S. Konstantinidis, Measuring the energy flux at the substrate position during magnetron sputter deposition processes, J.Appl.Phys. 113, 013305(2013)

12) G. Bräuer, W. Dicken, J. Szczyrbowski, G. Teschner, A. Zmelty, New developments in high rate sputtering of dielectric materials, in：E.Kusano(Ed.), Proc. Third Intl. Symp. Sputtering and Plasma Processes, Tokyo, Japan, 63(1995)

13) G.Bräuer, J.Szczyrbowski, G.Teschner, Mid frequency sputtering- a novel tool for large area coating, Surf.Coat.Technol. 94-95, 658(1997)

14) T. Rettich, P. Wiedermuth, MF, DC and pulsed DC in practical use for large area coating, in：E. Kusano (Ed.), Proce. Sixth Intl. Symp. Sputtering and Plasma Processes, Kanazawa, Japan, 185 (2001)

15) K. Sarakinos, J. Alami, S. Konstantinidis, High power pulsed magnetron sputtering：A

review on scientific and engineering state of the art, Surf.Coat.Technol. 204, 1661-1684(2010)

16) U. Helmersson, M. Lattemann, J. Bohlmark, A.P. Ehiasarianb, J.T. Gudmundssonc, Ionized physical vapor deposition(IPVD)：A review of technology and applications, Thin Solid Films 513, 1-24(2006)

17) J. Bohlmark, J. Alami, C. Christou, A. P. Ehiasarian, U. Helmersson, Ionization of sputtered metals in high power pulsed magnetron sputtering, J.Vac.Sci.Technol. A 23, 18(2005)

18) S.M. Rossnagel, Thin film deposition with physical vapor deposition and related technologies, J.Vac.Sci.Technol. A 21, S74-S87(2003)

19) S.M. Rossnagel, Chapter 8, in Ionized magnetron sputter deposition：I-PVD, Thin Films 26, pp.241-284,1999

20) J. Hopwood, F. Qian, Mechanisms for highly ionized magnetron sputtering, J.Appl.Phys. 78, 758-765(1995)

21) M. Yamashita, Fundamental characteristics of built-in high-frequency coil-type sputtering apparatus, J.Vac.Sci.Technol. A 7, 151-158(1989)

22) J. Szczyrbowski, G. Bräuer, G. Teschner, A. Zmelty, Large-scale antireflective coatings on glass produced by reactive magnetron sputtering, Surf.Coat.Technol. 98, 1460(1998)

23) P. Frach, D. Gloß, K. Goedicke, M. Fahland, W.-M. Gnehr, High rate deposition of insulating TiO_2 and conducting ITO films for optical and display applications, Thin Solid Films 445, 251(2003)

24) Y. Song, T. Sakurai, K. Maruta, A. Matusita, S. Matsumoto, S. Saisho, K. Kikuchi, Optical and structural properties of dense SiO_2, Ta_2O_5 and Nb_2O_5 thin films deposited by indirectly reactive sputtering technique, Vacuum 59, 755-763(2000)

25) Y. Song, T. Sakurai, High-rate, low-temperature radical-assisted sputtering coater and its applications for depositing high-performance optical filters, Vacuum 74, 409-415(2004)

26) J.A. Thornton, Influence of apparatus geometry and deposition conditions on the structure and topography of thick sputtered coatings, J.Vac.Sci.Technol. 11, 666(1974)

27) J.A. Thornton, High Rate Thick Film Growth, Annual Review of Materials Science 7, 239-260(1977)

28) T. Oya, E. Kusano, Effects of radio-frequency plasma on structure and properties in Ti film deposition by dc and pulsed dc magnetron sputtering, Thin Solid Films 517, 5837-5843(2009)

29) Eiji Kusano, "Revisitation of the structure zone model based on the investigation of the structure and properties of Ti, Zr, and Hf thin films deposited at 70-600℃ using DC magnetron sputtering." J. Vac. Sci. Technol. A, 36, 041506(9pp.)(2018).

30) M Sakamoto, E Kusano, H Matsuda, Structure modification of titanium oxide thin films by rf-plasma assistance in Ti-O_2 reactive dc and pulsed dc sputtering, Thin Solid Films 531, 49-55(2013)

31) 未発表データ

32) 未発表データ

〔プラズマの基礎に関する参考文献〕

1) B. Chapman, Glow Discharge Processes：Sputtering and Plasma Etching, 1980, Wiley-Interscience, New York City, USA

2) M. A. Lieberman, Allan J. Lichtenberg, Principles of Plasma Discharges and Materials Processing, 2nd Edition, 2004, Wiley-Interscience, New York City, USA

3) 電気学会・プラズマイオン高度利用プロセス調査専門委員会編、プラズマイオンプロセスとその応用、2005、オーム社、東京

4) A.Anders, "Fundamentals of pulsed plasmas for materials processing", Surf. Coat. Technol. 183(2004) 301

〔スパッタリング法に関する参考文献〕

1) R.Behrisch1.R.Behrisch, "Sputtering by Particle Bombardment I", Topics in Applied Physics Vol.47, 1981, Springer-Verlag,

2) R.Behrisch, "Sputtering by Particle Bombardment Ⅱ", Topics in Applied Physics Vol.52, 1983, Springer-Verlag,

3) R.Behrisch, K.Wittmaack, "Sputtering by Particle Bombardment Ⅲ", Topics in Applied Physics Vol.64, 1991, Springer-Verlag

4) J.Vossen and W.Kern Edits, "Thin Film Processes II," Academic Press, 1997

5) W.D.Westwood, "Sputter Deposition", American Vacuum Society, 2003

6) 金原 粲監修、薄膜工学 第2版、2011、丸善出版、東京

7) R.D. Arnell, P.J. Kelly, J.W. Bradley, "Recent developments in pulsed magnetron sputtering," Surf. Coat.Technol. 188(2004) 158

8) U. Helmersson, M. Lattemann, J. Bohlmark, A.P. Ehiasarian, J.T. Gudmundsson, "Ionized physical vapor deposition(IPVD)：A review of technology and applications," Thin Solid Films 513(2006) 1

第3編 薄　　膜

第4章 イオンビームを用いた薄膜形成技術

第1節 イオンを用いた薄膜形成技術の基礎

1.1 イオンビームを用いた薄膜形成技術

　本章では、イオンビームを用いた薄膜形成技術について解説する。ここで取り扱うイオンは溶液中のイオンではなく、真空中におけるイオンである。イオンを用いた薄膜形成のよく知られた例としてしばしば取り上げられるのは、Aisenberg and Chabotの炭素系薄膜作製[1]であろう。イオン化した炭素イオンを加速し、後にダイヤモンドライクカーボンと呼ばれた薄膜の形成を行った。これ以降、基礎研究としてのイオンビーム蒸着[2-8]が多く試みられるようになった。また、それ以前から始まった工業的手法としての各種イオンプレーティング[9,10]やイオンビームアシスト蒸着(IBAD)[11-14]が盛んに利用されるようになり、実用的な薄膜形術となった。後述するように、真空蒸着などで得られる薄膜と比較して、付着力や結晶性などの点で優れた薄膜を得ることができ、真空蒸着では実現できない薄膜物性の調整が可能となったためである。スパッタ成膜はイオンビームを利用した成膜技術の中には一般的には含まれないが、真空蒸着と比較してエネルギーの高い蒸着粒子[15]やプラズマのイオン、ターゲットにおける反射アルゴン[16,17]やターゲットで生成する負イオン[18,19]が基板に入射し、顕著な効果を示すため、イオンを用いた薄膜形成技術として考えられることが多い。また化学気相成長においても、プラズマを利用して薄膜の性能向上が行われている[20]。本節では、上記のようなイオンを用いた薄膜形成技術において、イオンがどのような役割を果たしているかについて、現時点の知見について述べる。実用的な成膜方法としてのイオンプレーティングやイオンを用いた成膜技術は、第

2節以降で詳述する。また、本節で取り扱うイオンは原子状か高々数原子からなるイオンであり、塊状原子集団（クラスター）については別のところで解説する。

1.2 イオンを用いた薄膜形成技術の例

　イオンを用いた薄膜形成技術においては、
　①加速により得る運動エネルギー
　②電離に伴う内部エネルギーの違い
を膜形成に利用する。前者は主に物理的プロセス、後者は主に化学的プロセスとなる。これまでに様々な方式のイオンビームを用いた成膜方法が提案されてきた。かなり大雑把な分類になるが、イオンビームを用いた薄膜形成技術の分類を表1.1に示す。薄膜の構成元素をイオン源からイオンとして引き出して薄膜形成を行うものを一般にイオンビーム蒸着(Ion Beam Deposition, IBD)と呼んでいる。薄膜形成に寄与するイオンの種類を特定のイオン種に限定する場合には質量分離したイオンビームを利用し、質量分離イオンビーム蒸着(Mass Separated Ion Beam Deposition, MSIBD)として区別する[2-7]。Aisenberg and Chabotの場合は質量分離を行っていない[1]。プラズマ生成などにより蒸着粒子の一部を電離する手法をイオンプレーティング(Ion Plating, IP)と呼んでい

表1.1 イオンビームを用いた薄膜形成技術の例

薄膜形成に寄与する粒子	薄膜形成手法
イオンのみ	質量分離イオンビーム蒸着[MSIBD]
	非質量分離イオンビーム蒸着（中性粒子を含む）[IBD]
イオン・中性粒子（薄膜構成元素）	イオンビームアシスト蒸着（膜構成元素イオンによる照射）[IBAD]
	各種イオンプレーティング[IP]
イオン・中性粒子（薄膜構成元素以外のイオンを含む）	イオンビームアシスト蒸着（希ガス照射による膜質調整）[IBAD]
	各種スパッタ成膜[SP]
	プラズマ援用化学気相成長[PECVD]

る[9,10]。IBDとIPの区別は難しいが、ここでは、おおむね基板がプラズマに直接曝されている場合をIP、プラズマと基板が分離され、基板への粒子入射時に、イオンのエネルギーが定められているものをIBDに分類する。

薄膜構成元素（一般に金属）を電離する機構は複雑になるため、薄膜構成元素ではない希ガスなどのイオンを成膜中に照射して薄膜の物性を制御する手法がある。これはイオンビームアシスト蒸着(Ion Beam Assisted Deposition, IBAD)と呼ばれている[11]。また、炭化物、窒化物、酸化物などの化合物形成のために、これらの軽元素をイオンビームの形で薄膜に供給するものもIBADと呼ばれており[12-14]、現在ではIBADというと後者を指す場合が多い。IBADを含み広い意味でのイオンビーム蒸着では、イオンの持つエネルギーと量を蒸着粒子束とは独立に制御できるため、薄膜形成プロセスとして制御性に優れており、またイオンが薄膜形成に果たす役割を調べる上でも重要な役割を果たしている。

1.3 イオンを用いて形成した薄膜の特徴

イオンを用いて形成した薄膜の持つ特徴として以下のようなものが挙げられる。

(a) 付着力の向上[21]

(b) 原子密度の制御[11,22]

(c) 結晶性の制御（粒径の制御）[22,23]

(d) 結晶配向性の制御[9,22-27]

(e) 内部応力の形成ないしは緩和[11]

(f) 不純物の除去[28]

(g) 化合物形成における良好な制御性[29,30]

(h) 低温における化合物形成[31]

(i) 化学的耐久性の向上（耐腐食・耐酸化）[32]

付着力の向上や内部応力の緩和は、基板上における薄膜の安定性と密接に関係しており、薄膜技術においては最も重要な要素ということもできる。原子密度の向上は、光学薄膜などにおける屈折率の向上に結びつく。結晶性の向上や結晶配向性の制御は、不純物の除去とも併せて電子材料などにおいてはデバイスの特性の改善に直接関係する。結晶配向性や結晶粒径は、電子デバイスの特性と直接関係する。低温における化合物形成は、低融点材料基板への化合物形成や、デバイス作製

プロセスの低温化に結びつく。一方で、金属薄膜形成時に希ガスイオンを照射するIBADでは、膜中に混入する希ガス原子が抵抗率の上昇をもたらすなどの問題点もある。従って、イオンを用いた薄膜形成技術を利用する場合には、期待する薄膜の物性を発現する条件を定める必要がある。

1.4 低エネルギーイオンと固体の相互作用

イオンビームを用いた薄膜形成技術により作製された薄膜の持つ特徴は以下のように理解されている[32-38]。

イオンビームを用いた薄膜形成技術における重要なパラメータは、

・イオンエネルギー

・イオン−蒸着粒子到達比 (ARR)

とされている[29,34]。後者は、基板面に到達するイオンと蒸着粒子の数の比である。Cuomoらは、イオンが介在する薄膜形成において物性改質を制御するパラメータとして、蒸着粒子1個あたりの平均エネルギーを挙げている。一般に1個当たり1 eV 〜 1 keV付近の条件が用いられる[34]。

イオン照射された表面では、基板表面の汚染物などがスパッタリングなどにより除去されるとともに、薄膜を構成する原子と基板原子のわずかな相互拡散により強固な付着力を得ることができるとされている[21]。

結晶性の向上は、蒸着粒子に与えられたエネルギーにより、蒸着粒子の表面拡散が促進され、表面で形成されている核の成長を促進することなどが原因と考えられる[33]。

結晶配向性については、低エネルギーと高エネルギーで傾向が異なる。低エネルギーのイオン照射では、稠密面が基板表面と平行に形成される場合が多い。一方、高エネルギーの場合にては、原子密度の低い面が基板表面と平行に形成されることが多い。後者については、イオンが結晶を通り抜けやすい疎な面が成長するというモデル[21,27,37]で説明されることが多い。

原子密度の向上については、イオンが結晶内部に侵入することにより格子間原子などが考えられる。質量分離された炭素負イオンビーム蒸着によるダイヤモンドライクカーボン薄膜は、100 eV程度のエネルギーを持つときに最も密度の高い薄膜

を形成すると報告されている[7]。

　高速のイオンが入射する場合には、薄膜構成要素の元素かそうでないかにかかわらず、イオンが膜中に混入する。あるいは、表面の原子がイオンにより反跳し、膜のより深い部分に注入されるといった現象が生じる。これらは格子間原子を生成する。その結果として薄膜が圧縮応力を持つといわれている(Atomic Peening)[16]。

　内部エネルギーの効果は、薄膜形成に寄与する粒子の化学的な活性と関係する。従って、化合物薄膜形成における反応の促進が主な効果である。例えば、窒素分子は極めて安定な分子として知られ、真空中に窒素を導入して薄膜形成を行っても、窒化物を形成することは難しい。しかしながら、窒素をイオンの形で基板に供給することで、基板上における化学反応を促進することができる[14,24]。AlやSiの酸化物や窒化物を低温で形成することができるとされている。初期のIBADでは、このように電子材料に興味の対象があったこともあり、共有結合性の酸化膜ないしは窒化膜で、窒素などをイオンの形で供給することで、窒素の反応性を利用していた。90年代以降になると、興味の対象が表面被膜全般に広がり、硬質皮膜などの形成にも用いられるようになった。窒化チタン(TiN)に代表される遷移金属窒化物や炭化物では、金属格子内に窒素や炭素を導入することが重要となるため、イオンの化学的な安定性もさることながら、keV程度に加速されたイオンの固体内部への侵入効果のほうが化合物薄膜形成において軽元素取り込みの主たる要因となっている[32]。

1.5 イオンと固体相互作用解明の試み

　薄膜形成におけるイオンの果たす役割を調べるために成膜条件と薄膜物性の相関を調べることは必要である。このような際でも、意図せず高速粒子が基板に入射することがあるため、注意が必要である。プラズマ型イオン源において加速減速引き出しを行う場合、放電室付近の圧力が高いとイオンと中性粒子の荷電変換により、高速中性粒子を生成する。またイオンビームスパッタによる金属粒子生成においては、ターゲットで反射する希ガスイオンのことも考える必要がある。

　このような成膜条件と膜物性を関連付ける研究

以外に、固体へのイオン照射効果を走査トンネル顕微鏡(STM)などで直接観測する試み[39]や分子動力学(MD)シミュレーション[40,41]によるイオン照射効果の検討なども行われている。しかしながら、STMは規則的な原子配列の観測には適しているが、イオン照射領域のような局所構造の観測とその解釈は難しく[42]、イオン照射効果の直接観測は依然として難しい。また、MDシミュレーションでは、薄膜形成に寄与するイオンのエネルギー領域である10 eV〜1 keV付近における原子間ポテンシャルやイオン・原子間の相互作用ポテンシャルが明らかにされていないことなどもあり、精密な議論は難しいのが現状である。

〈後藤　康仁〉

〔参考文献〕

1) S. Aisenberg and R. Chabot, J. Appl. Phys. **42** (1971) 2953.

2) J. Amano, P. Bryce, R. P. W. Lawson, J. Vac. Sci. Technol. **13** (1976) 591.

3) J. Amano, R. P. W. Lawson, J. Vac. Sci. Technol. **14** (1977) 831.

4) J. Amano, R. P. W. Lawson, J. Vac. Sci. Technol. **14** (1977) 695.

5) K. Yagi, S. Tamura, T. Tokuyama, Jpn. J. Appl. Phys. **16** (1977) 245.

6) T. Miyazawa, S. Misawa, S. Yoshida, S. Gonda, J. Appl. Phys. **55** (1984) 188.

7) J. Ishikawa, Y. Takeiri, T. Takagi, J. Appl. Phys. **61** (1987) 2509.

8) T. Takagi, Ionized Cluster Beam Deposition and Epitaxy (Noyes, Park Ridge, 1988).

9) D. M. Mattox, J. Vac. Sci. Technol. **10** (1973) 47.

10) Y. Murayama, Jpn. J. Appl. Phys. Suppl. 2 (1974) 459.

11) J. J. Cuomo, J. M. E. Harper, C. R. Guarnienri, D. S. Yee, L. J. Attanasio, J. Angilello, C. T. Wu, R. H. Hammand, J. Vac. Sci. Technol. **20** (1982) 349.

12) C. Weissmantel, Thin Solid Films **32** (1976) 11.

13) P. J. Martin, H. A. MacLeod, R. P. Netterfield, C. G. Pacey, W. G. Sainty,

Appl. Opt. **22** (1983) 178.

14) H. Takaoka, J. Ishikawa, T. Takagi, Thin Solid Films **157** (1988) 143.

15) M. W. Thompson, Phil. Mag. **18** (1968) 377.

16) J. A. Thornton, D. W. Hoffman, Thin Solid Films **171** (1989) 5.

17) Y. Gotoh, Y. Taga, J. Appl. Phys. **69** (1990) 1030.

18) J. J. Cuomo, R. J. Gambino, J. M. E. Harper, J. D. Kuptsis, J. Vac. Sci. Technol. **15** (1978) 281.

19) K. Tominaga, Y. Sueyoshi, H. Imai, M. Chong, Y. Shintani, Jpn. J. Appl. Phys. **32** (1993) 4745.

20) M. Kamo, Y. Sato, S. Matsumoto, N. Setaka, J. Cryst. Growth **62** (1983) 642.

21) S. M. Rossnagel, J. J. Cuomo, Vacuum **38** (1988) 73.

22) Y. Gotoh, H. Yoshii, T. Amioka, K. Kameyama, H. Tsuji, J. Ishikawa, Thin Solid Films 288 (1996) 300.

23) R. A. Roy, J. J. Cuomo, D. S. Yee, J. Vac. Sci. Technol. A **6** (1988) 1621.

24) H. T. G. Hentzell, J. M. E. Harper, J. J. Cuomo, J. Appl. Phys. **58** (1985) 556.

25) K. Ogata, Y. Andoh, S. Sakai, F. Fujimoto, Nucl. Instrum. Methods in Phys. Res. B **59/60** (1991) 229.

26) 後藤康仁、北井秀憲、辻　博司、石川順三：真空 **45** (2002) 212.

27) L. S. Yu, J. M. E. Harper, J. J. Cuomo, D. A. Smith, J. Vac. Sci. Technol. A **4** (1986) 443.

28) W. Ensinger, Surf. Coat. Technol. **99** (1998) 1.

29) J. M. E. Harper, J. J. Cuomo, H. T. G. Hentzell, J. Appl. Phys. **58** (1985) 550.

30) Y. Gotoh, M. Nagao, T. Ura, H. Tsuji, J. Ishikawa, Nucl. Instrum. Methods in Phys. Res. B **148** (1999) 925.

31) W. Enginer, K. Votz, M. Kiuchi, Surf. Coat. Technol. **128/129** (2000) 81.

32) W. Ensinger, A. Schrörer, G. K. Wolf, Surf. Coat. Technol. **51** (1992) 217.

33) T. Takagi, Thin Solid Films **92** (1982) 1.

34) J. M. E. Harper, J. J. Cuomo, R. J. Gambino, H. R. Kaufman, Nucl. Instrum. Methods in Phys. Res. B **7/8** (1985) 886.

35) T. Itoh ed., Ion assisted thin film growth (Elsevier Science Publishers, Amsterdam, 1989).

36) G. K. Wolf, W. Ensinger, Nucl. Instrum. Methods in Phys. Res. B **59/60** (1991) 173.

37) W. Ensinger, M. Kiuchi, M. Satou, Surf. Coat. Technol. **66** (1994) 313.

38) I. Petrov, P. B. Barna, L. Hultman, J. E. Greene, J. Vac. Sci. Technol. A **21** (2003) S117.

39) R. Coratger, A. Claverie, A. Chahboun, V. Landry, F. Ajustron, J. Beauvillain, Surf. Sci. **262** (1992) 208.

40) K.-H. Müller, J. Appl. Phys. **62** (1987) 1796.

41) M. Kitabatake, P. Fons, J. E. Greene, J. Vac. Sci. Technol. A **8** (1990) 3726.

42) 萩原哲也、久保洋士、後藤康仁、辻　博司、石川順三：真空 **43** (2000) 607.

第2節 イオンプレーティング

はじめに

イオンプレーティングは、真空蒸着とプラズマとの複合技術であり、1963年に米国原子力委員会のD.M.Mattoxによって開発されたコーティング方法である[1]。その時の主な目的は、人工衛星の固体潤滑剤として、真空中での摩擦係数が小さいAgを、付着強度を強くしてコーティングすることにあった。基材と皮膜との密着性の良さや、化合物皮膜が容易に作れる等の長所があるため用途が広がり、これまでにさまざまな手法が考案されてきた。本稿では実用化されて現在でも広く利用されている代表的な成膜法を紹介する。

イオンプレーティングは蒸発材料を溶融してイオン化する方法と、非溶融でイオン化させる方法に大別される。溶融する方法としては、高周波イオンプレーティング[2]、ホローカソードイオンプレーティング[3]、アーク放電型高真空イオンプレーティング[4,5]などがある。

また非溶融でイオン化させる方法の代表的なものとしてはアークイオンプレーティングがある。これについては本章でも簡単に紹介するが、次節で詳しく説明されるので参考にされたい。

2.1 イオンプレーティングの特徴

イオンプレーティングは、原則としてガスプラズマを利用して、蒸発粒子の一部をイオン化もしくは励起粒子として活性化し、イオン化された粒子を電界で加速して基板に付着させる技術である。通常の真空蒸着に比べ、蒸発物質が活性であり、しかも電場によるエネルギーを与えられるので、密着性が優れているのが特徴である。

イオンプレーティングでは、蒸発粒子は通常プラスイオンとなり、基板をマイナスにバイアスする事で、蒸発粒子にエネルギーを与えて基板に衝突させることが出来る。エネルギーを持った蒸発粒子での成膜となるので、基板への付きまわりがよいという特長を持つ。さらに、基板バイアスの効果により、基板に堆積する蒸発粒子の中で付着力の弱い粒子がエッチングされるので、基板に付着する膜は非常に密着力が強くなる。

イオンプレーティングは、基板バイアスを印加できる構造となっているため、成膜前の基板表面を洗浄することが可能である。真空槽にアルゴンガスを導入し、基板にマイナスバイアスを印加して基板と真空槽壁面との間でグロー放電を発生させる事で、イオンにより基板表面をスパッタ洗浄することが可能である。これも、イオンプレーティングの密着力が優れる大きな要因となっている。

2.2 代表的なイオンプレーティング方法

2.2.1 高周波イオンプレーティング（図2.1）

高周波イオンプレーティング(RF-IP)は、高周波を印加したコイル内で放電ガスのプラズマを発生させておき、電子銃で蒸発させた蒸発粒子を、このコイル内を通過することでイオン化させる方式である。通常、高周波は13.56MHzの周波数を用い、放電ガスとしてはアルゴンガスを用いる。電子銃が使用できる圧力である、0.1Pa以下の圧力が維持できるように、真空チャンバーに導入するアルゴンガスの流量を調整している。プラスにイオン化した蒸発粒子を加速させるために、基板には負バイアスを印加する。

反応性イオンプレーティングの場合には、アルゴンガスと反応ガスを混合して真空槽に導入する。

高周波イオンプレーティングは、当初は硬質膜に利用されてきたが、現在は、基板ダメージが低く、低温で成膜できる利点を生かし、樹脂基板への成膜にも利用されている。

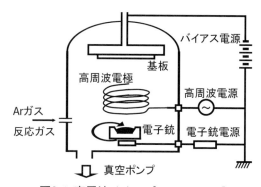

図2.1 高周波イオンプレーティング

第4章 イオンビームを用いた薄膜形成技術

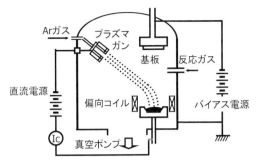

図2.2 ホローカソードイオンプレーティング

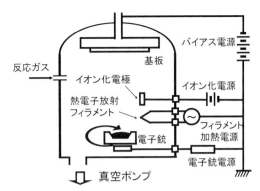

図2.3 アーク放電型高真空イオンプレーティング

このほか、高周波電力を、アンテナ電極ではなく基板台に直接印加する高周波イオンプレーティングの方式も装置販売されている。

2.2.2 ホローカソードイオンプレーティング（図2.2）

ホローカソードイオンプレーティング(HCD-IP)は、ホローカソードタイプのプラズマガンで発生させたプラズマを水冷銅ハースに入れた蒸発材料に照射して、溶融と同時にイオン化を行う方式である。このプラズマガンは低電圧、大電流の特性を持つため、大きな電流密度を得る事ができ、速い蒸発速度が可能である。イオン化された蒸発粒子は高周波イオンプレーティングと同様に、負にバイアスされた基板に衝突して付着強度の強い膜を作製する。

特殊な電極を必要としないため、シンプルな装置構造となっている。蒸発材料に照射するビーム径を大きく出来るので、電子ビームでは蒸発させにくい絶縁材料やCr、B、Siなどの熱伝導が悪い材料でも安定した蒸発が可能である。

反応性イオンプレーティングの場合には、ホローカソードガンとは別の導入口から反応ガスを真空槽に導入する。

工業的には、装置上部から垂直に照射する垂直ビーム型が普及している。

2.2.3 アーク放電型高真空イオンプレーティング（図2.3）

アーク放電型高真空イオンプレーティング(AD-IP)は、蒸発源の近傍に、熱電子放射フィラメントとフィラメントに対してプラスにバイアスされたイオン化電極を配置して、蒸発粒子を熱電子衝撃でイオン化する方式のイオンプレーティングである。蒸発粒子がもつ電離電圧の3～5倍の正電圧をイオン化電極に印加することで、100A程度の大電流が流れ、蒸発粒子の80％以上がイオン化される。熱電子衝撃によるイオン化であるため、放電用のアルゴンガスは不要で、10^{-5}Pa程度の高真空中でも蒸発粒子をイオン化できる。

また、2000℃以上で溶融、蒸発するような高融点金属（例えば、Ti, Zr, Mo, Ta, W, Pt等）の場合、溶融面から熱電子を供給できるので、熱電子放射フィラメントがなくてもイオン化できる。

イオン化率が高いため膜の密着力が高く、また膜中にアルゴンガスを取り込まないため、表面が非常に滑らかな膜の作製が可能である。反応ガスを流す事により、化合物薄膜の作製も可能である。

2.2.4 アークイオンプレーティング（図2.4）

アークイオンプレーティング(AIP)は、種々のイオンプレーティング方式の中でも比較的新しい技術であるが、この20年ほどで急速に普及し、現在幅広く応用されている。固体の材料を溶融することなくアーク放電で蒸発させて成膜する方法であ

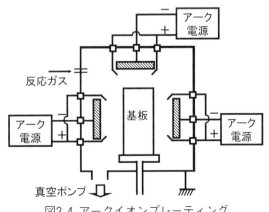

図2.4 アークイオンプレーティング

583

る。

構成上の特長として、材料が溶融しないので、横方向、下方向への成膜も可能で、材料の形状に依存せず、大型基板への成膜も容易である。

2.3 イオンプレーティングで成膜される膜種および用途

イオンプレーティングは放電用のArガスを導入しての単一材料の成膜が可能であるが、これにO_2、N_2、NH_3、CH_4、C_2H_2などの反応ガスを加え、混合ガスプラズマの中で金属材料などを蒸着させることで、酸化物、窒化物、炭化物などの化合物薄膜が作製できる。これを利用して、硬質膜、光学膜などに広く用いられている。

2.3.1 硬質膜

Ti材料にN_2やCH_4、C_2H_2などの反応ガスを添加して作製したTiN、TiC、TiCN膜は、耐磨耗、耐食の目的で、切削工具や金型部品への硬質膜に応用されている。また近年は、TiAlN膜や、AlCrN膜など、2元素以上の合金材料の化合物膜の需要が高くなっている。

蒸発材料を溶融するタイプのイオンプレーティング（高周波イオンプレーティング、ホローカソードイオンプレーティング、アーク放電型高真空イオンプレーティング）で合金材料を蒸発させる場合、作成した膜の合金組成比が、蒸発材料の合金組成比と必ずしも同じにならず、安定した組成比の成膜が困難となる。この解消のためには複数の蒸発源を設置する必要がある。

一方で、アークイオンプレーティングでは、合金ターゲットを使用しても目的の組成比の合金膜を簡単に作製できるという長所を持っている。アークイオンプレーティングは、生産性が優れている事に加え、この合金膜の作製が可能なことから、2000年頃から硬質膜用途において広く普及してきている。

アークイオンプレーティングは成膜材料を固体材料からアーク放電で直接蒸発させるので、粒状の状態で蒸発して膜になることがあり、膜表面が粗くなる問題がある。滑らかな表面が必要な用途では、ホローカソードイオンプレーティングやアーク放電型高真空イオンプレーティングが利用されている。

2.3.2 装飾膜

イオンプレーティングでは、蒸発材料や反応ガスの組み合わせで、膜の色を変えることができる。TiにN_2ガスを加えて作製したTiN膜は、鮮やかな金色をしていることでよく知られているが、さらにCH_4、C_2H_2、O_2ガスなどを加えて、その比率を調整することで、ブラウン、ピンク、ブルーなど様々な色の膜を作製する事ができる。保護膜としての特性を持った装飾膜として、時計、メガネなどのコーティングに多く利用されている。

2.3.3 光学膜

反応性イオンプレーティングでSiやTiとO_2ガスを反応させて成膜するSiO_2膜、TiO_2膜などの透明膜は、レンズに多層成膜することで、増反射膜や反射防止膜などに利用されている。これらの光学膜は低温成膜が可能なRFイオンプレーティング法で作製されることが多く、プラスチックレンズや樹脂基板への成膜にも利用されている。

おわりに

様々な手法が考案されたイオンプレーティングは、その強い密着力と、反応膜のバリエーションが豊富なため、多くの分野で実用化が進んでいる。

イオンプレーティングは、実用化されてから長い期間を経ているが、電源の改善、成膜材料や反応ガスの改善により、新機能の膜の開発が現在も盛んに進められている。

〈小松　永治〉

〔参考文献〕

1) D.M.Mattox, J. Appl. Phys., 34, 2943(1963)

2) Y. Murayama：Jpn. J. Appl. Phys., Suppl. 2. Pt. 1. 459(1974)

3) 小宮宗次：金属表面技術、29, 166(1978)

4) 川下安司：金属表面技術、35, 10(1984)

5) 小松永治：真空、32, 353(1989)

第3節 アークイオンプレーティング

はじめに

イオンプレーティングの中で、真空アーク放電を利用したものが真空アーク蒸着法(Vacuum Arc Deposition；VAD)である[1]。業界では、アークイオンプレーティング法（AIP[2]法；Arc ion plating)とか、マルチアークPVD[3]法(Physical Vapor Deposition)とか呼ばれる。単にアーク蒸着と呼ばれることもある。学術的には、陰極アーク蒸着(Cathodic Arc Deposition；CAD)、陰極真空アーク蒸着法(Cathodic Vacuum Arc；CVA)など、様々に表現されている。どれも同じものであり、AIPは登録商標であるため、ここでは、真空アーク蒸着法で統一する。

電気放電を大別すれば、コロナ放電、グロー放電、アーク放電の3つであり、アーク放電は最も大きな電流を流すため、放電の最終形態と呼ばれる。一般的なアーク放電は、溶接などで見られるように、2つの電極間で高温のプラズマを発生する。この際、両電極とも高温となり、電極材料が溶融したり蒸発したりする場合多い。これに対し、真空中の直流アーク放電は、一般に、陰極点は形成されるが陽極点は形成されないという特性を呈する。陰極点では陰極材料の激しい蒸発を伴い、拡散状の真空アークプラズマの発生点となる。この陰極蒸発物質を含むプラズマを利用して成膜を行うのが真空アーク蒸着法である。真空アーク蒸着法において、蒸発源をターゲットと呼ぶことがあるが、これはスパッタリング法における蒸発源の表現に倣ったものであり、もちろん陰極のことを示している。

本節では、最初に真空アーク蒸着法の基礎と、その課題の解決法について述べ、最後に利点や応用について記す。

3.1 真空アーク蒸着法

図3.1に真空アーク蒸着法の基本形、および陰極近傍の挙動の模式図を示す[4]。真空チャンバ自体を陽極とし、チャンバの壁に陰極を配置する。機械式トリガによって、陰極とトリガ電極との間にスパーク（電気火花）を発生させ、その後、陰極-陽極間に主アーク放電を移行させる。基板にはバイアス電圧を印加する。なお、生産装置の場合、一つの陽極チャンバに複数の陰極が配置されている。

図3.1には、陰極点-陽極表面間の電位分布および陰極現象のイメージを示す。陰極点は、火山のような爆発現象が断続的かつ高速に生じているような様相である。陰極点の数や大きさは、陰極材料や電流の大きさによって異なる。陰極点からの放出物は、熱電子、陰極材料蒸発物、陰極材料微粒子（ドロップレット）である。陰極材料蒸発物は、陰極点近傍において、陰極点から放出された熱電子との衝突によってすぐさまイオン化する。陰極点近傍ではこのイオンが集積し、イオン雲を形成し、ポテンシャルハンプを形成する。イオン雲内のイオンは双方向ドリフトし、陰極へ向かうものは陰極表面を加熱し、新しい陰極点の形成に寄与する。陰極から離れるものは、このポテンシャルハンプの高電界によって放電電圧以上に加

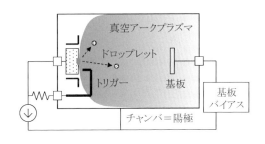

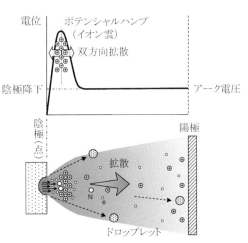

図3.1 真空アーク蒸着装置の基本構成、電位分布、および陰極点現象

速され、5～200eVのエネルギーを得る。このような高いイオンエネルギーは他の成膜方法ではなかなか得られない。また、イオン化率も他のイオンプレーティングの中で最も高い。これらが他の手法より優れた点である。なお、電子エネルギーは高々2eV程度である。

3.2 ドロップレット対策

ドロップレットはサブミクロンから数ミクロンの大きさであり、このドロップレットが生成膜に付着すると、膜の平坦性、膜質の均一性、機能性などが理想的にならない。また、異常成長の起点となったり[5]、膜剥離の起点となったりする場合もある。ドロップレットの発生は、陰極材料やアーク電流が主な要因であるが、雰囲気ガス種にも依存する[6]。

ドロップレット対策には様々な手法が考案されているが、現状実用化されているのは、ステアドアーク(Steered arc)法とフィルタードアーク蒸着(FAD；Filtered Arc Deposition)法[7]である。

ステアドアーク法の基本形を図3.2に示す。同法は、陰極表面に磁界を印加し、陰極点を駆動する方法である。通常円筒状の陰極が利用されるため、陰極点が陰極の表面を一定方向に回転しながら移動する。移動方向は、フレミングの左手の法則から予想される方向とは逆であり、これを逆駆動と呼ぶ。逆駆動の原因は、アーク陰極点に加わる力は電子電流でなく、イオン電流であると解釈すればよい。図3.2下図には、チタン(Ti)陰極の場合の陰極点の軌跡を捉えた写真を示す。シャッタ解放時間の間に移動した様子である。ドロップレット発生は陰極点の停留にあるため、陰極点を留めることなく高速で運動させることでドロップレットの微小化と発生量の抑制とを図っている。蒸着装置においては、陰極点駆動を如何に制御し、ドロップレットを抑制するかが開発の鍵である。

FAD法は、FCVA(Filtered Cathodic Vacuum Arc)法とも呼ばれる。FAD法の考え方は、陰極点から発生した成膜に寄与する真空アークプラズマが基板に到達する間に、ドロップレットをプラズマから除去しよう、つまり、フィルタリングしよう、というものである。最初に考案されたのは、図3.3左図に示すようなトーラス型ダクトのフィルタである。陰極点から発生したプラズマは、フィルタ形状に沿って形成された磁界の作用により、ビーム状プラズマとなって基板方向へ輸送される。一方、ドロップレットは磁界の作用を受けないため、フィルタダクトに付着し、基板へは到達しない。このトーラスFADは、記念硬貨製造用ダイ表面への窒化チタン(TiN)コーティングに利用された。

なお、ダクト内壁に必ずしも付着しない、言い換えれば、ダクト内壁で反射するようなドロップレットを放出する場合、トーラス型ではフィルタ機能が不十分である。具体的には、ダイヤモンドライクカーボン(DLC；Diamond-Like Carbon)膜や銅(Cu)膜である。そこでこれらに対応して考案されたのがT字状フィルタを持つT-FADである[8,9]。これを図3.3右図に示す。T-FADでは、T字部においてプラズマの進行方向とドロップレットの進行方向を分ける。このため、ドロップレットの付着がなく、平坦なDLC膜やCu膜が形成できる。図3.4

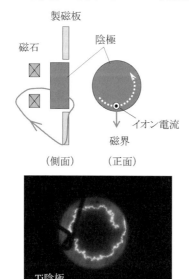

図3.2 ステアドアーク法と陰極点運動

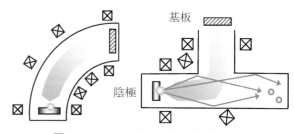

図3.3 トーラスFAD（左）とT-FAD（右）

図3.4 T-FAD実機の一例

に、T-FADの実機の写真を示す。

おわりに

真空アーク蒸着法（AIP法、マルチアークPVD法）は、表面加工・コーティングの業界で利用され出してから既に結構な歴史を経てきている。ノーマルタイプの装置であっても、ドロップレットの放出を低減するステアド機構などの工夫が進化しており、また、コーティング材質の多様化、被コーティング材の多様化が進んでいる。金属窒化物膜の実用が多く、耐摩耗性や耐熱性の高いTiN、TiCN、TiAlN、CrN、CrSiNなどが主な膜である。用途としては、工具、金型、自動車用部品、機械部品、装飾などがある。

また、最近では、真空アーク蒸着法はDLCのコーティングに利用されている。DLC膜は一般的に次の4種に大別される。①水素を含まず、sp^3構造リッチなもの(ta-C)。②水素を含まず、sp^2構造リッチなもの(a-C)。③水素を含み、sp^3構造リッチなもの(ta-C：H)。④水素を含み、s^2構造リッチなもの(a-C：H)。一般的なDLCは④のa-C：Hである。これはもっぱらプラズマCVD法で形成される。しかしながら、最も硬いDLCは①のta-Cであり、アルミ(Al)との凝着性が低い、耐熱性が高いなど、他のDLCより優れている。このta-Cを工業的に製造できるのはガス導入が不要な真空アーク蒸着法しかなく、重要な製法に位置付けられている。また、特に光学レンズ金型や精密切削工具などでは、ドロップレットの付着を嫌うため、FADが用いられるようになってきている。

〈滝川　浩史〉

〔参考文献〕

1) R. L. Boxman, D. M. Sanders, and P. J. Martin (Eds.)：Handbook of Vacuum Arc Science and Technology -Fundamentals and Applications-, Noyes Publications, (1995)
2) 高原一樹・藤井博文：神戸製鋼技報、50、53-57(2000)
3) 岡崎尚登、他：日新電機技報、46、9-16 (2001)
4) 滝川浩史：月刊マテリアルステージ、7、78-81(2007)
5) 榮川元雄：大阪府立産業技術総合研究所、テクニカルシート、No.04003(2004)
6) H. Takikawa, et al：Thin Solid Films, 457, 143-150(2004)
7) H. Takikawa, H. Tanoue：IEEE Trans. Plasma Sci., 35, 992-999(2007)
8) 滝川浩史：電子材料、42, 36-38(2003)
9) H. Takikawa, K. Izumi, R. Miyano, and T. Sakakibara：Surf. Coat. Technol., 163/164, 368-373(2003)

第3編 薄　膜

第4節 イオンビームアシスト蒸着

はじめに

材料表面に他の物質をコーティングすることは、電解メッキなどの方法で古くから行われている。コーティングという方法により、既存の材料の特徴を活かしながら既存の材料には無い新規な特性を表面に付与することができる。近年では科学技術の進歩とともに材料に対する要求も多様化しており、コーティング膜の組成や構造を制御できる真空中での成膜プロセスが重要な役割を担っている。一般に真空での成膜プロセスは化学気相法(CVD：chemical vapor deposition)と物理蒸着法(PVD：physical Vapor deposition)に大別される。しかし、これらの方法も化学的手法を用いながらプラズマを併用するなど複合化が進み、名称が意味するような明確な区別は薄れてきているのが現状である。本節のイオンビームアシスト蒸着(IBAD：Ion beam assisted deposition[1])は、PVD法の基本的技術である真空蒸着法とイオン注入法を組み合わせた複合技術である。

真空蒸着法は最も一般的な薄膜作製法で、欧米では太平洋戦争前からレンズの反射防止膜を作製するために用いられたといわれている。一方、イオン注入法は半導体への適用段階から、高輝度イオン源の開発などにより鋼を対象とした表面処理手法の一つとして利用されるようになった。イオン注入法が表面処理分野に取り入れられたことで様々な研究が行われたが、大型の高電圧加速装置を用いても改質領域（注入層）が表面から $1\,\mu m$ 以下に限られるなど限界があった。そのため、表面に大きな応力がかかるような製品への適用には、イオン注入法は適さないことが多い。そこでイオン注入法の特徴を活かすと同時に欠点をも補う形で真空蒸着法とイオン注入法を組み合わせて膜成長させる手法が考えられた。

イオンビームアシスト蒸着法と呼べる最初の報告は1970年代初頭Aisenbergら[2]によってなされ、その後佐藤らによりIon and vapor deposition[3]法と称され、さらに研究が盛んになるとIon beam

enhanced deposition[4]やIon-assisted vapor deposition[5]と称されたこともある。この手法の長所は成膜初期における膜と基板とのミキシングによる付着力の向上と、イオンと蒸着物質のミキシングによる物質合成であり、TiN[6,7]をはじめとしてAlN[8]、BN[9]など様々な物質が作られ、TiNについては処理品が商品化されたものもある。

4.1 イオンビームアシスト蒸着の基本技術

真空蒸着の原理は蒸発現象を利用した単純なもので、真空中で金属を加熱することにより蒸発させ試料基板に付着させる。詳細については別項に譲るが、抵抗加熱や電子ビーム加熱により、加熱源から蒸発して基板にたどり着いた金属原子の運動エネルギーは、真空蒸着の場合0.1eV程度であるため、基板表面に雪が降り積もるように堆積する。ちなみに他の成膜法の運動エネルギーは、スパッタリング法が数eV、イオンプレーティング法が100eV～1keVであることから、真空蒸着の運動エネルギーはかなり小さいことがわかる。蒸着原子の運動エネルギーが高ければ基板面の不純物を弾き飛ばし、堆積原子の再配列が起き易いことから、付着力が増して膜が緻密になることがわかっている。従ってイオン注入を併用することで蒸着原子に対してイオンの運動エネルギーが与えられるため、真空蒸着の短所が改善される。

4.2 イオンビームアシスト蒸着の原理

薄膜形成においてイオンビームを使う主な理由をまとめると次の2つの効果となる。1つは半導体の不純物注入に代表されるような元素の添加、もう1つは加速イオンによるエネルギー輸送である。前者はイオンビームミキシングやダイナミックイオンミキシングのように反応性元素をイオンとして添加し薄膜を作製する。アシストという意味では、イオンビームにArやHeなどの不活性ガスを用いた後者のエネルギー付与のイメージが強いと言えよう。ただし広義の意味では、イオンビームを用いた手法を先に述べたようにIBAD法、すなわちイオンビームアシスト法として表現することが多いようである。

図4.1にイオンビームアシスト蒸着の概念図を示す。膜形成初期段階では加速したイオンにより

第4章 イオンビームを用いた薄膜形成技術

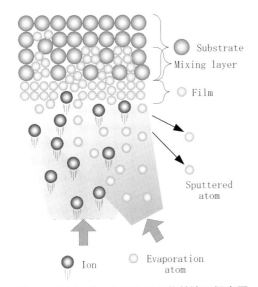

図4.1 イオンビームアシスト蒸着法の概念図

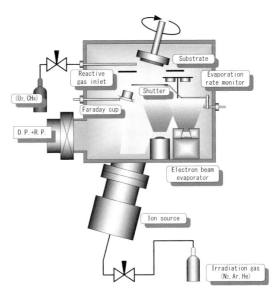

図4.2 イオンビームアシスト蒸着装置

基板面にたどり着いた蒸着原子が衝撃を受ける。この際、蒸着原子の一部はスパッタにより真空中に放出され、一部はイオンとの弾性衝突によりエネルギーを受けとり基板中にノックオンされる。基板と薄膜界面には基板原子と蒸着原子の混合層（ミキシング層）が形成される。基板へ侵入した蒸着原子をアンカーとして薄膜が形成されると、基板にくさびを打つような構造となり、薄膜は強い付着力を得ることができる。ミキシング層形成後は、蒸着速度、イオンエネルギー及び照射量をコントロールすることで目的の薄膜を作製する。イオンに反応性ガスを用いれば当然のことながらイオンも薄膜の構成元素となり、不活性ガスであればイオンは薄膜中に存在しにくく、薄膜は蒸着元素で構成される。

図4.2には典型的なイオンビームアシスト蒸着装置を示す。真空排気は油拡散ポンプ(DP)により行い、到達圧力は4×10^{-4}Paである。試料ホルダーは上部に位置し処理面積はϕ100mmである。蒸着源には3kWと5kWの電子ビーム加熱装置を2台装備しており、それぞれの蒸着速度は2つの水晶振動子型膜厚計でモニターする。O_2やCH_4などの反応ガスは基板左横から導入される。チャンバー左下方にはバケット型イオン源が装備され、1keV〜20keV（〜数100mA/cm^2）までのエネルギーを持つN_2、Ar、Heなどのイオンが出力できる。このタイプのイオン装置はいわゆる直進型と呼ばれ、イオンの質量分離を行わない方式である。

一方、マスフィルターを備えた装置では、磁力を利用して生成されたイオンを選別することが可能で、特定の物質だけを照射することができる。しかし、こちらは照射面が点状であるため、工業的に利用する場合には、イオンビームをスキャニングしたり照射試料を動かしたりすることで、広範囲の表面改質に対応させることになる。

4.3 イオンビームアシスト蒸着による成膜
4.3.1 付着性の改善

イオンビームを用いる最大の利点は、蒸着原子と基板原子のミキシング層の形成による付着力の向上にある。ここではイオンビームアシストによるTi薄膜と様々な基板における付着力の向上について述べる。実験ではTi蒸着と同時に20keVで0.2A/m^2のAr^+イオンで150s間アシストして試料を作製し真空蒸着によるTi薄膜と比較した。図4.3はそれらの試料をスクラッチ試験により測定した際の臨界荷重と付着力の関係を示している。高分子であるPBI（ポリイミド）については大きな効果は得られなかったが、304L-SS（ステンレス鋼）やGlass（ガラス）に対しては矢印で示すようにAr^+イオンビームアシストにより付着力が向上していることがわかる。また、図4.4に示すように臨界荷重0.6N付近のガラス基板の断面写真を比較すると、アシスト膜は基板と付着しているのに対

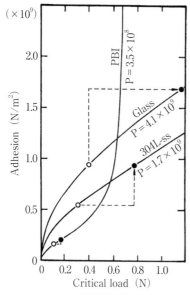

図4.3 Ar$^+$イオンビームアシストによる各種基板に対するTi薄膜の付着力向上。○：真空蒸着膜 ●：Ar$^+$イオンビームアシスト膜

真空蒸着膜

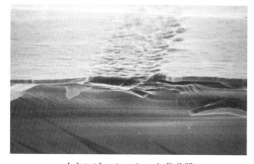

イオンビームアシスト蒸着膜

図4.4 荷重0.6Nにおけるガラス基板上のTi薄膜のスクラッチ痕断面写真

し蒸着膜は明らかに剥離していることがわかる。アシストの効果はミキシング層に起因することから、膜と基板との界面付近における深さ方向組成分布をX線光電子分光法により測定したところ、

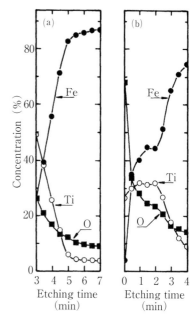

図4.5 X線光電子分光法による真空蒸着膜（a）とAr$^+$イオンビームアシスト膜（b）の深さ方向組成分布

図4.5に示すようにイオンビームアシスト蒸着膜では界面付近に薄膜原子であるTiが拡散しており、これにより付着力は向上する。

また、この条件下ではポリイミドに対するアシスト効果が小さかったが、Ar$^+$の加速エネルギーを2keVにし、様々な高分子材料にTi、Cu、Alなどの金属膜をイオンビームアシスト蒸着すると、全ての高分子材料で剥離が抑えられる。例えば図4.6のポリエチレン基板上のTi薄膜を見ても明らかなように、適切なエネルギーによりアシスト効果が得られる[10]。

4.3.2 3元系薄膜の作製

反応性ガスイオンに用いられる代表的なイオン種は、NやO等であり、これらのイオンと真空蒸着を組み合わせることにより、窒化物や酸化物を合成することができる。2台の蒸着源を用いた蒸着とN$_2^+$イオン照射を同時に行い作製されたTiAlN[11,12]やTiCrNの3元系窒化物は、2元系では得られない特徴を示すことが明らかになっている。図4.7にはイオンビームアシスト蒸着法によって作製されたTi$_{1-x}$Al$_x$N膜(N：30%)の組成xの変化に対する、硬さ、ボールオンディスク型摩擦試験による摩擦係数・及び電気化学インピーダンス法による耐食性Rtの測定結果を示す。硬さ及び

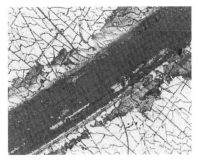
真空蒸着膜

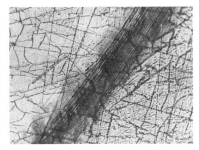
イオンビームアシスト膜

図4.6 ポリエチレン基板上のTi薄膜に対するAr⁺イオンビームアシスト効果

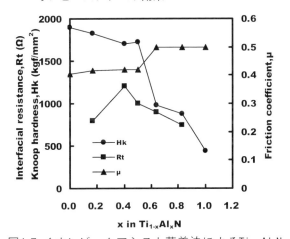

図4.7 イオンビームアシスト蒸着法によるTi$_{1-x}$Al$_x$N薄膜の組成xに関する各種特性

摩擦係数ともにxが0.5から0.6にかけて大きな変化を示し、Alの増加により機械的特性は低下していくことがわかる。一方、耐食性を示すRtに着目すると、x=0.4でTiNやAlNよりも高い値が得られ、1元素追加することで多機能化が図れる。

4.4 酸化薄膜の低温作製

不活性ガスイオンにArを用いミキシング層を形成する方法は、基板と薄膜との材質が異なる場合に有効であり、高分子やセラミクス基板への金属膜形成（メタライゼーション）において大きな効果を示す[13,14]。一方、このエネルギーを物理的効果としてだけ利用するのではなく、その一部を反応のエネルギーとして利用することもできる。すなわち、加速イオンを照射することで化学結合を促進させ、さらには結晶性を制御しようという考えである。単に熱エネルギーを付与するのであれば、抵抗加熱や赤外線、レーザー加熱などでもよいが、イオンビームの場合には物理的効果も介在していることが特長である。ここではTiO$_2$膜の低温形成について述べる。イオンビームにO$_2$を用いる場合、O$_2$供給とエネルギー供給は同一パラメータで扱われる。一方、O$_2$雰囲気中で不活性ガスイオンを照射すると、O$_2$供給と反応のためのエネルギーは独立したパラメータとして扱うことができる。実際には不活性ガスをイオン源に導入後、基板付近に放出するO$_2$量をガス圧によって決定し、Ti蒸着と同時に不活性ガスイオンを照射する。不活性ガスイオンの加速電圧と照射量は基本的にはO$_2$の供給量と無関係であるため自由に設定できる。このような組み合わせはイオンビームアシスト反応性蒸着法と呼ばれており、Ar⁺あるいはHe⁺イオンを使ったTiO$_2$膜の低温形成が試みられている[15,16]。

まとめ

本稿ではイオンビームが果たす役割別に幾つかの方法について述べた[17]。いずれも特筆すべき特徴を持っており有効な手段である。しかし、得られる機能とコストを比較すると応用には多くの壁が残されている。今後は高分子材料の利用も盛んになると考えられるため、異種材料間の接合や低温形成において高付加価値を持つ薄膜の開発が期待される。

〈鷹野　一朗〉

〔参考文献〕

1) G. K. Wolf, K. Zucholl, M. Barth and W. Ensinger, Nucl. Instrum. Methods, B21, 570 (1987)

2) S. Aisenberg and R. W. Chbot, J. Appl. Phys., 42, 2953(1971)

3) M. Satou and F. Fujimoto, Jpn. J. Appl. Phys., 22, L171(1983)

4) R. A. Kant, B. D. Sartwell, I. L. Singer and R. G. Vardiman, Nucl. Instrum. Methods, B7/8, 915(1985)

5) J. J. Cuomo, J. M. E. Harper, C. R. Guarnieri, D. S. Yee, L. J. Attanasio, J. Angilello, C. T. Wu and R. H. Hammond, J. Vac. Sci. & Technol., 20, 349(1982)

6) M. Satou, Y. Andoh, K. Ogata, Y. Suzuki, K. Matsuda and F. Fujimoto, Jpn. J. Appl. Phys., 24, 656(1985)

7) I. Takano, S. Isobe, T. A. Sasaki and Y. Baba, Thin Solid Films, 171, 263(1989)

8) K. Ogata, Y. Andoh and F. Fujimoto, Nucl. Instrum. Methods, B80, 1427(1993)

9) F. Fujimoto, Vacuum, 42, 67(1991)

10) I. Takano, N. Inoue, K. Matsui, S. Kokubu, M. Sasase and S. Isobe, Surf. Coat. Technol., 66, 509(1994)

11) 神谷　誠、中村　勲、鷹野一朗、澤田芳夫；表面技術、48, 913(1997)

12) I. Nakamura, M. Kamiya, I. Takano and Y. Sawada；Jpn. J. Appl. Phys., 36, 2308(1997)

13) 鷹野一朗、納谷雅文、沢田　智、澤田芳夫、電子情報通信学会、EMD97-62(1997-10)

14) I. Takano, N. Inoue, K. Matsui, S. Kokubu, M. Sasase and S. Isobe；Surface and Coatings Technology, 6, 509(1994)

15) 笹瀬雅人、鷹野一朗、磯部昭二、横山修一；電気学会論文誌A、116, 9、804(1996)

16) 牧　恵吾、鷹野一朗、沢田芳夫；第100回表面技術協会講演大会、154(1999)

17) 鷹野一朗、中村勲、沢田芳夫；溶接学会誌、71、4、214(2002)

第5節 イオンを用いた有機薄膜形成

5.1 有機材料の特徴

有機薄膜はコーティングなどの湿式法で作製するのが一般的であるが、低分子材料を中心として蒸着が行われる例も多い。高分子材料の蒸着は一般には困難であるが、分子間相互作用の弱いものであれば蒸着できる材料もある。しかしながら有機材料の成膜にイオンを用いる例は少ない。その一因は有機分子が照射損傷を受けやすいことにあるが、製膜条件を制御すれば無機材料と同様にイオン照射効果を薄膜形成に利用できるのみならず、有機材料に特徴的な重合を伴う製膜も可能となるので、本節ではこれらについて解説する。

5.2 イオン化蒸着

イオンを用いた有機蒸着の最も単純な形態は、真空蒸着法にイオンを援用する手法である。図5.1に示すイオン化蒸着では、蒸発源の上部に電子衝撃型のイオン化部を設置し、蒸発した材料の一部をイオン化するとともに、基板にイオン加速電圧を印加し、蒸着分子のイオンを照射しつつ成膜する。蒸発源は一般の真空蒸着と同様であるが、有機材料ではるつぼ型のクヌードセンセルを用いると成膜速度を制御しやすい。イオン化部では50～100eVの電子を用い、イオン化率は0.1％程度とする。イオン加速電圧も100～500V程度の低い値を用いる例が多く、無機材料に比較して温和なイオン化・加速条件とすることで有機分子の損傷を防ぐことができる。

アルミを蒸着したガラス表面に真空蒸着及びイオン化蒸着でテフロンAF（デュポン社）を製膜し、これを110℃の熱水蒸気に100時間さらした後のSEM像を図5.2に示す。真空蒸着膜は熱水蒸気によって劣化し、亀裂や剥離を生じるが、イオン化蒸着膜は強度や安定性が高く、損傷が少ない。

その他の例として、ポリエチレンの成膜にイオン化蒸着を用いることで、結晶配向の促進[1]や絶縁耐性の向上[2]が観察されている。一方、発光性色素などの低分子有機材料の成膜でも、イオン化蒸着により膜の平坦性や発光特性等の改善が見出されている[3,4]。これらの効果は無機材料の成膜と同様に、イオン照射によるスパッタクリーニング、核形成促進、運動エネルギーの付与、表面マイグレーション促進などが作用していると考えられる。

5.3 イオン化蒸着による重合膜の形成

一般に分子量の大きな高分子を蒸発させることは困難である。そこで蒸着法によって高分子薄膜を形成するためには、低分子モノマーを蒸発させ、基板表面で重合させて高分化する手法が有用である。図5.1に示したイオン化蒸着法では電子照射によってラジカルも形成されるため、化学的な重合開始剤を用いずとも、モノマー分子のみで重合膜を形成できる。特にビニルモノマーやアクリルモノマーなど、ラジカル重合し易い材料をイオン化蒸着することで、無溶媒真空プロセスによる高分子成膜が可能となる。さまざまな機能性分子をビニル基あるいはアクリル基で修飾したモノマーを用いると、それらの機能単位を側鎖に持つ高分子薄膜を形成できる[5]。

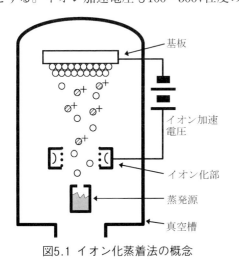

図5.1 イオン化蒸着法の概念

 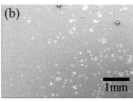

図5.2 真空蒸着（a）及びイオン化蒸着（b）で作製したテフロンAF膜の熱水蒸気試験後の表面

ここではフッ素系材料の一例として、1H,1H,11H-eicosafluoroundecyl acrylate (EFUAc)を蒸着した例を示す。EFUAcは揮発性が高いため、単純な真空蒸着では薄膜を形成できない。これに対し、5 mA、50 eVの電子を照射しつつ蒸着すると、基板表面に均一かつ透明な薄膜を形成できる。図5.3にEFUAcモノマー及び蒸着膜のIRスペクトルを示す。モノマーはアクリル基のC=C二重結合に起因する吸収を$1637 cm^{-1}$に持つが、蒸着膜ではこれが観察されない。またC=Cに隣接するC=Oの伸縮振動のピークがイオン化蒸着によってシフトした。これらの結果から、イオンアシスト蒸着によってC=C二重結合が開いて重合し、高分子薄膜が形成されることがわかる。

このような手法は、半導体性あるいは発光性機能を持つ高分子薄膜の形成にも活用できる。これを用いて有機発光素子を作製することで、デバイス特性や素子の安定性を改善できる[6]。なお、重合膜の形成にあたって重要なのはラジカル形成であり、必ずしも基板に対してイオン加速電圧を加える必要はない。

有機材料のイオン化蒸着で得られる今一つの効果に、双極子配向の制御がある。有機分子には大きな双極子モーメントを持つものがあり、その配向を制御することで圧電効果、電気光学効果、光非線形効果などの特異な機能が発現する。一般には薄膜を形成した後に昇温して電場を加えることで双極子配向を制御しているが、イオン化蒸着ではイオン加速電圧と膜表面に蓄積するイオンの電荷が作る強い電場が、基板表面をマイグレーションする自由度の高い分子に直接作用するため、効果的に双極子配向を制御できる[7,8]。

5.4 イオンアシスト蒸着重合

図5.1に示したイオン化蒸着では、蒸着材料自体に電子を照射してイオンあるいはラジカルを形成して製膜に用いるが、蒸着材料とは独立のイオン源から希ガスなどのイオンを照射して、有機材料をイオンビームアシスト蒸着することもできる。イオンアシストによって基板表面にラジカルを形成すると、これを起点として蒸着モノマーの重合が進行するため、基板に強固に付着した高分子薄膜が成長する。その概念を図5.4に示す[9]。

Polyethylene terephthalate (PET)及びガラス基板表面に0〜300eV、電流密度約$0.4 \mu A/cm^2$のArイオンを照射しつつ2-(perfluoro-hexyl)ethyl acrylate(Rf-6)を蒸着すると、フッ素系高分子薄膜を形成できる。この膜をカッターでクロスカットし、フッ素系高分子の良溶媒であるdichloro-pentafluoro-propaneに浸漬した後の光学顕微鏡像を図5.5に示す。一般にフッ素系高分子は基板への付着強度が弱い難点があるが、イオンアシスト蒸着重合を用い、製膜時の照射イオンエネルギーを増大すると、膜の付着強度が改善される。このような改善効果はガラスに比較してPETなどの有機基板表面で顕著である。これは有機材料表面ではイオン照射によって高分子のアンカリングかつ成長起点となるラジカルが容易に形成されるためである[10]。

有機材料のイオンアシスト蒸着では、イオン照射による材料の変質にも配慮する必要がある。

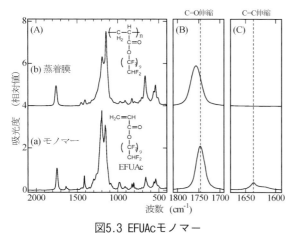

図5.3 EFUAcモノマー
 (a) 及び蒸着膜 (b) のIRスペクトル

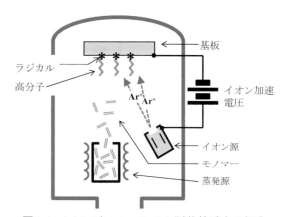

図5.4 イオンビームアシスト型蒸着重合の概念

Rf-6の成膜では、イオンのエネルギーが500eVを超えると、表面エネルギーや屈折率が材料本来の値に比較して増大する傾向が観察された。これは、イオン照射によるフッ素原子の脱離、極性基の形成、高分子鎖間の架橋などに起因すると考えられる。これを利用して、膜成長の過程でイオンエネルギーを変化させることによって、膜表面は低屈折率かつ撥水・防汚性、膜と基板の界面では高屈折率かつ高付着強度を持ち、光反射防止効果を示す傾斜機能膜を形成できる[11]。このような傾斜機能膜の形成は、イオンを用いた物理蒸着法ならではの特徴であり、従来の高分子成膜法では実現が困難なものである。

〈臼井　博明〉

〔参考文献〕

1) H. Usui, I. Yamada, T. Takagi：J. Vac. Sci. Technol. A, 4-1, p.52(1986)
2) H. Usui, H. Koshikawa, K. Tanaka：IEICE Trans. Electron., E81C-7, p.1083(1998)
3) H. Usui, H. Kameda, K. Tanaka：Thin Solid Films, 288-1, p.229(1996)
4) H. Usui, K. Tanaka, H. Orito, S. Sugiyama：Jpn. J. Appl. Phys., 37-3, p.987(1998)
5) H. Usui：Thin Solid Films, 365-1, p.22(2000)
6) K. Katsuki, A. Kawakami, K. Ogino, K. Tanaka, H. Usui：Jpn. J. Appl. Phys., 44-6A, p.4182(2005)
7) H. Usui, H. Kikuchi, K. Tanaka, S. Miyata, T. Watanabe：J. Vac. Sci. Technol. A, 16-1, p.108(1998)
8) H. Usui, F. Kikuchi, K. Tanaka, T. Watanabe, S. Miyata, H. Bock, W. Knoll：Nonlinear Optics, 22-1/4 p.135(1999)
9) K. Senda, S. Sotowa, K. Tanaka, H. Usui：Surf. Coat. Technol., 206-5, p.884(2011)
10) K. Senda, T. Matsuda, K. Tanaka, H. Usui：IEICE Tran. Electron., E96C-3, p.374(2013)
11) K. Senda, T. Matsuda, T. Kawanishi, K. Tanaka, H. Usui：Jpn. J. Appl. Phys., 52-5, p.05DB01(2013)

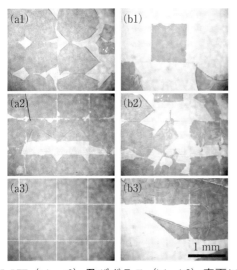

図5.5　PET（a1〜a3）及びガラス（b1〜b3）表面に、イオン加速電圧0V（a1、b1）、100V（a2、b2）、及び300V（a3、b3）で作製したRf-6膜の溶媒浸漬後の光学顕微鏡像

第5章 パルスレーザ蒸着(PLD)

第1節 パルスレーザ蒸着の基礎

はじめに

　パルスレーザ蒸着(Pulsed Laser Deposition, PLD)は、パルスレーザ堆積、レーザアブレーション堆積などとも呼ばれ、真空蒸着やスパッタ、分子線エピタキシー(MBE)などと同様、PVD(Physical Vapor Deposition、物理気相成長)法に分類される薄膜作製手法である。高密度の(主に紫外)パルスレーザをレンズで集光してターゲットと呼ばれる薄膜原料の固体(タブレット状に成型されている場合が多い)表面に照射すると、表面層の爆発的剥離分解(アブレーション)が起こり、原子・分子・イオンなどがプラズマ状態で放出される(図1.1)。プラズマ状態で発光しながら飛行する単原子状の気相を、プルーム(plume)という。放出された各種の化学種は10^3～10^5m/s程度と、比較的高速でターゲット表面から垂直に飛行する。よってターゲットに対向するように基板を設置すれば、アブレーションによって放出された化学種が基板に堆積して薄膜を形成することができる。

　PLDによる薄膜作製としては、1960年代に早くもQスイッチルビーレーザを用いた薄膜作製が報告されている[1]ものの、PLDが本格的に普及したのは1986年の銅酸化物超伝導体発見[2]以降であり、主として$YBa_2Cu_3O_{7-\delta}$や$Bi_2Sr_2CaCu_2O_8$など複雑な組成の複酸化物である新しい超伝導体を薄膜化する手法として発展してきた経緯から、実質的には比較的新しい薄膜作製手法であるといえる。

　本章では複雑な組成の複酸化物を高品質に薄膜化することが容易なPLDについて、その概略と主要な装置構成、アブレーション現象と薄膜の化学組成コントロールについて述べたうえで、PLDによって作製された薄膜・積層薄膜の報告例を紹介する。なお、成膜条件や基板と薄膜の格子整合など、他の成膜方法と共通の課題については割愛する。

1.1 PLDの特徴

　第1節 はじめに で述べた通り、一般にPLDは複雑な組成の複酸化物を薄膜化するのに向いていると考えられている。このように考えられている理由はPLDの特徴を考えればおおよそ理解できる。PLDが複酸化物の薄膜化に有効であることに直接関わる特徴をまとめると以下の2つが挙げられる。

① 薄膜原料の気相を発生するためのエネルギー源であるパルスレーザが成膜を行う真空チャンバー外にあり、成膜室に比較的高分圧の酸素を導入しても気相発生機構が損傷しない、あるいは気相発生プロセスを阻害しない。またパルスレーザの紫外光が酸素雰囲気を透過可能なため、やはり成膜室内に比較的高分圧の酸素を導入しても問題がない。

② アブレーションによって放出される原子・分子・イオンなどの化学種は、一般にターゲットに比較的近い化学組成を示すため、作製したい薄膜と同じ化学組成のターゲットを用いるだけで、複雑な化学組成の複酸化物を高品質かつ容易に作製可能である。すなわち、目的とする薄膜を得る際の「組成合わせ」に相当する予備実験などが不要な場合が多い。

以下、PLDの装置についてもう少し詳しく見ていきながら、さらにPLDの利点などを紹介する。

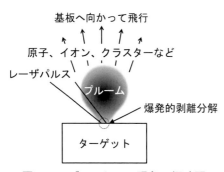

図1.1 アブレーション現象の概略図

第2節 装置構成
2.1 PLD成膜システム

図2.1に、PLD成膜システムの概略を示す。既に述べた通り、薄膜原料を単原子状の気相に分解するためのエネルギー源であるパルスレーザ以外は、同じPVD法の仲間である他の成膜手法と大差ない。パルスレーザについては次項2.2（パルスレーザ）で概観する。

PLDにおいて成膜を行う真空チャンバーは大抵の場合ターボ分子ポンプで排気され、基板交換用のロードロック室を持つ場合は10^{-6}Pa程度、持たない場合は10^{-4}から10^{-3}Pa程度の背圧に対し、必要に応じて反応性ガスを導入する。PLD法の主要な応用例である酸化物薄膜においては純O_2を用いる場合が多いが、O_2/O_3混合ガス、純O_3やラジカルO源なども用いられている。このような真空チャンバー内に、結晶化した薄膜を得る目的で基板表面の加熱を行うためのヒーターを備えた、基板ホルダあるいは基板マニピュレータを持つ。なお、3節で述べるがPLDは発生するプルームの指向性が高く、大面積の成膜プロセスが得意ではない。一般にPLDで均一な膜厚の薄膜を作製可能な面積は直径1から2cm程度の基板上であり、それ以上の面積に成膜するのは不向きである。必要に応じて基板マニピュレータを面内で2次元的にモータ駆動し、プルームに対して基板表面を走査することで大面積成膜を実現している例もある[3]が、当然成膜速度が低下する。PLDでは多くの場合、この「大面積成膜が得意ではない」欠点を意識し

なくてもすむよう、新物質の薄膜や新たな組み合わせの積層薄膜を作製し、新規物性を探索することを目指した基礎研究が主な用途となっている。このことからPLDで基板加熱に用いられるヒーターは、比較的小面積でも均一に加熱できること、高酸素分圧に対する耐性に優れることが重要となる。酸化物薄膜を作製する場合、ヒーターが高温かつ高酸素分圧に曝されるため、電気的に加熱するヒーターの場合は非常に断線しやすいこと、ヒーター自身からの揮発物によるコンタミネーションなどが特に問題点となるのは他の酸化物薄膜作製用PVD成膜装置と同様である。最近は赤外線ランプや半導体レーザからの光を真空チャンバー外から導入し、輻射によって基板を加熱する装置が注目を集めている。小面積であれば1000℃を超える高温も容易に実現可能なうえ、熱源自体は成膜室外にあるために高い酸素分圧が熱源を劣化・損傷させることを気にする必要がないためである。基板温度および酸素分圧の上限が、ヒーター断線に対する制限を受けないために幅広い成膜条件での薄膜作製が可能となる。

PLDでは新物質の薄膜や新たな組み合わせの積層薄膜を作製し、新規物性を探索することを目指した基礎研究が主な用途であることは上に述べた通りである。このことは、PLDの大きな利点とも関連がある。図2.1に示す通り、PLDにおける薄膜原料であるターゲットはステッピングモータなどで駆動されるターゲットホルダに装着されている。ターゲットホルダは通常2から8個程度のターゲットを同時に装着することができ、モータによってアブレーションするターゲットを切り替えるとともに、やはりモータ駆動によって成膜中にターゲットを少しずつ移動させることで、レーザ照射位置がターゲット表面全体をまんべんなく走査し、同じ位置ばかりがアブレーションされることを防いでいる。ターゲットホルダに装着したターゲットの交換は容易で、成膜を行う真空チャンバーの圧力を保ったまま容易にターゲットを交換できるよう、ロードロック室を介してターゲットを交換するPLD装置も多い。容易にターゲット交換ができるということは、単に複数のターゲットを同時に使用することで積層薄膜が作製できるというだけではなく、今日はA/B/Cの3層構造積

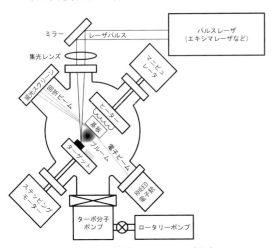

図2.1 PLD成膜システムの概略
（試料導入のロードロックなどは省略している。）

第3編 薄　膜

層薄膜を作製し、明日はターゲットを入れ替えて
D/Eの2層構造積層薄膜を作製する…、と、1台
の装置で短期間のうちに、しかも自由自在に膨大
な種類の薄膜・積層薄膜を作製できることを意味
する。MBEではセルの入れ替えや組成合わせなど
が必要なため、実質的にはPLDのように多様な薄
膜・積層薄膜を1台の装置で短期間のうちに作製
するのは難しく、スパッタでもターゲットのボン
ディングを考えると、PLDのように短期間で頻繁
にターゲットを入れ替えるのは非現実的であろ
う。このように、1台の装置でいろいろな組み合
わせの薄膜・積層薄膜作製を手軽に試すことがで
きるPLDは、新物質の薄膜や新たな組み合わせの
積層薄膜における新規物性を探索する手法として
まさにうってつけである。

2.2 パルスレーザ

PLDはPVDの仲間であり、装置構成自体は薄膜原
料ターゲットを単原子状の気相に分解するための
エネルギー源であるパルスレーザ以外は、他の
PVDと同様であることは既に述べた。ここでは、
PLDの装置構成において最も特徴的であるパルス
レーザについて概観する。なお、穴あけ、切断、
切削など、材料を加工する目的でアブレーション
現象を利用する際には赤外光のCO_2レーザが使用
される場合もあり、またPLDでも初期には可視光
のルビーレーザを使用した報告があるが、近年の
PLDにおいては希ガスハライドエキシマレーザお
よびQスイッチNd：YAGレーザの使用がほとんど
である。ここではこれら2種類のレーザについて
特徴を述べる。

2.2.1 希ガスハライドエキシマレーザ

希ガスハライドエキシマレーザは主としてArや
Kr、Xeの希ガスとF_2やCl_2、Br_2のハロゲンをHeや
Neなどのバッファガスとともに適切な比率で混合
した高圧ガスを用いる。希ガスとハロゲンの主な
組み合わせとそれらの発振波長を表2.1に示す。
このガス中において数TW/㎥程度の大電力でパル
ス放電を起こさせ、プラズマを発生させる。プラ
ズマ中ではハロゲン分子が単原子状、例えばF_2が
Fへ分解されるとともに希ガスが励起状態、例え
ばKrがKr^*となる。励起状態の希ガスはアルカリ
金属と類似した電子配置を示し、単原子状ハロゲ

表2.1 エキシマレーザの発振波長[nm]

希ガス	ハロゲン	
	F	Cl
Ar	193.2	175.0
Kr	248.5	221.1
Xe	351.1	308

ンとの反応性が向上して励起二量体（excited
dimer＝excimer：エキシマ）、例えばKrF^*を生成
する。エキシマはnsオーダーの寿命で希ガスと単
原子ハロゲンに解離し、その際に表2.1に示した
波長の光を放出する。

エキシマは励起状態でのみ存在する二量体であ
り、基底状態が存在しないため、レーザ発振の必
要条件である反転分布が自発的に形成され、高効
率でのレーザ発振による大出力が実現される。
PLDで一般に使用されているエキシマレーザは1〜
3㎠程度のビーム径で総エネルギーは100〜
500 mJ程度、パルス幅は10〜20 ns程度である。

2.2.2 QスイッチNd：YAGレーザ

Nd：YAGレーザとは、ガーネット構造の酸化物
$Y_3Al_5O_{12}$(Yttrium Aluminum Garnet：YAG)に対して
Y^{3+}サイトを1％程度のNd^{3+}で置換したロッド状
の単結晶を用いた固体レーザである。希ガスフ
ラッシュランプやレーザダイオードなどの光に
よってYAGロッド単結晶を励起すると、Nd^{3+}の$^4F_{3/2}$
から$^4I_{11/2}$への遷移に伴って波長1064nmの赤外
レーザ発振が起こる。

発生した1064nmのレーザ光は、非線形光学効果
を示す結晶を通過させることで2倍波(532nm)、3
倍波(355nm)、4倍波(266nm)の波長を持つレーザ
光を得ることができる。PLDでは主として紫外光
である4倍波あるいは3倍波を用いるのが普通であ
る。Nd：YAGレーザは連続発振も可能であるが、
PLDではQスイッチ動作によって発生したパルス
レーザ光を用いる。PLDで一般に使用されている
Nd：YAGレーザは1㎠程度のビーム径で総エネル
ギーは50mJ程度、パルス幅は5ns程度である。

2.2.3 レーザ光学系について

パルスレーザと真空チャンバーの配置によって
は、レーザ光を適切に導入するためにミラーを配
置する必要がある（図2.1）。できる限り吸収を抑
えて反射率を高くするため、波長および入射・反
射角度を指定した専用の誘電体多層膜ミラーが市

販されている。パルスレーザはいずれも高出力であるため、誘電体多層膜は1J/cm²程度以上のレーザに耐えられるよう作製されている。

ミラーで誘導されたレーザ光は、真空チャンバーに入射する手前でレンズによって集光され、真空チャンバー入り口に設置されたレーザ光導入窓を通してターゲット表面に照射される（図2.1）。レンズおよびレーザ光導入窓はレーザ光の透過率をなるべく高く保つよう、紫外域の吸収が小さい材料、主として合成石英やサファイアなどが用いられる。波長によって異なるが、合成石英の紫外光透過率は90％程度以上である。

2.3 PLDにおける反射高速電子回折(RHEED)

PLDは主として複雑な組成の複酸化物を薄膜化・積層薄膜化する目的で用いられるが、特に積層薄膜を作製する際には、界面を原子レベルで平坦に保つ2次元層状成長を示すことが重視される。成長中における薄膜表面の形態・結晶構造をその場観察することで、2次元層状成長が実現されていることを確認する手法として、MBEにおいて頻繁に用いられている反射高速電子回折(RHEED)がPLDにおいても用いられる。ステップフローモードの場合を除き、Frank-van der MerweモードであればRHEED振動によって（1原子層単位や1ユニットセル単位など、結晶成長の単位がわかっている場合）成膜速度も見積もることができ、人工超格子を精密に作製することも可能である。しかしながらPLDにおいてRHEEDを用いる場合、MBEとは異なり、高酸素分圧での成膜を行う場合があることに注意する必要がある。酸素分圧が高い場合、ふたつの点でRHEEDに不向きである。ひとつはRHEEDの電子源であるフィラメントが高酸素分圧で頻繁に切れることである。成膜の酸化雰囲気として純O₂を用いる場合は一般に10⁻³Paを超える圧力でフィラメントが切れやすくなる。これを防ぐ目的でRHEED電子銃を差動排気し、フィラメント周りの真空度を一定以上に保つことが行われている。差動排気を2段にすることで、成膜を行う真空チャンバーに純O₂を10Paオーダーまで導入できるPLDシステム[4]が報告されている。高酸素分圧がRHEEDに及ぼすもうひとつの問題は、試料から反射・回折した電子が蛍光スクリーンに到達するまでに雰囲気ガスで散乱されてしまい、RHEEDパターンが観察できなくなることである。非常にシンプルな方法であるがこれを防ぐ対策として、成膜を行う真空チャンバーに純O₂を10Paオーダーまで導入できる上記のPLDシステムでは蛍光スクリーンを試料から数cmの距離まで近づけている。もちろん、蛍光スクリーンを試料に近づけるほどRHEEDパターンは明るくなるが、パターンそのものが小さくなること、蛍光材が薄膜にコンタミネーションする恐れがあること、などの問題があることから数cmの距離が最適のようである。図2.2に、35Paの純O₂中におけるRHEEDパターンを示す。(a)はNdGaO₃(112)単結晶表面で、(b)はその表面に堆積したLa$_{0.67}$Sr$_{0.33}$MnO₃薄膜（約2.8nm）である。高酸素分圧の影響で、パターンが通常のRHEEDに比較してややぼやけている。

第3節 アブレーション現象

3.1 アブレーション現象の概略

アブレーションはPLDを特徴づける最も重要な物理現象であり、PLDで良質な薄膜を得るためには、どのような条件のときにどのようなアブレーションが起こり、プルームにはどのような化学種が含まれるのか、それらの運動エネルギーやイオン化率はどの程度か、など理解しておくべき現象が多数存在する。アブレーション現象の物理的メカニズムがわかれば、それらの現象をかなり自在に制御できることが期待される。実際にPLDで良質な薄膜を得るための基礎として、レーザアブレーションにおけるターゲットとレーザの相互作用を調べる多くの研究が行われている[5]。しかしながらPLDを薄膜作製に応用している事例において、前述の現象について十分な合意の得られている統一的な説明が存在しているとはいいがたい。

 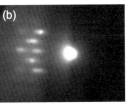

図2.2 高酸素分圧中におけるRHEEDパターン
(a) NdGaO₃(112)単結晶表面、(b) (a)の表面に堆積したLa$_{0.67}$Sr$_{0.33}$MnO₃薄膜（約2.8nm）。高酸素分圧の影響で、パターンが通常のRHEEDに比較してややぼやけている。

第3編　薄　膜

それはPLDにおいて使用するレーザの波長（エキシマレーザではArF＝193nmやKrF＝248nm、QスイッチNd：YAGレーザでは4倍波＝266nmや3倍波＝355nmが中心あるが、ルビーレーザ＝694nmやCO₂レーザ＝10.6μmなどの使用例もある）やパルス時間（エキシマレーザやQスイッチNd：YAGレーザでは10ns程度であるが、フェムト秒レーザなど超短パルスレーザも用いられる）、さらにはターゲット物質およびその形態（単結晶・多結晶や粉末焼結体・緻密体などの違い）が非常に多岐にわたることが原因であろう。アブレーション現象の物理的メカニズムとは、要するに非線形光化学現象、すなわち新しいタイプの光と固体の相互作用であることから、光（レーザの波長、パルス時間、エネルギー密度）と物質（ターゲットの物質、形態）のいずれか一方が異なればその物理も大きく異なるのが自然であり、十分な合意の得られるほど統一的な説明が難しいのは当然といえる。しかしながら物理的メカニズムが理解できていなくとも、現象論的にわかっていることの中には、PLD法で良質な薄膜を作製するために有効な情報も多く存在する。以下では、PLDの応用として最も一般的な場合である、エキシマレーザと粉末焼結体ターゲットを用いた酸化物薄膜の作製について、特徴的な現象に関する情報をまとめる。

① 　ターゲットに照射されるレーザの全エネルギーをターゲット表面におけるレーザスポットの面積で割ったエネルギー面積密度をフルエンス(fluence)という。PLDにおいては一般に1～5J/cm²程度のフルエンスが用いられている。アブレーションによって放出される化学種の量と速度がフルエンスに強く依存する[6]ため、PLDにおいてフルエンスは基板温度や雰囲気ガス圧と並んで、良質な薄膜を得るために注意すべき最重要パラメータのひとつであるとされている。化学種の放出量はしきい値以上のフルエンスに対して急激に増加する[7]。これにより成膜速度が変化するため、雰囲気ガスと堆積された薄膜の表面における酸化反応が影響を受ける。それと同時に、フルエンス増加に伴って雰囲気ガス中を飛行する化学種の速度も増加[6,7]し、基板に堆積する前の酸化状態にも影響を及ぼす。酸化物薄膜の各種物性は含有さ

れる酸素量に大きく依存するため、最適な物性を得られる最適なフルエンスを用いることは重要である[8]）。

② 　フルエンスが低いときや高すぎるときには、数10nmから大きなものではμmオーダーの微粒子が問題となる。微粒子の除去はPLDにおいて常に工夫されている課題であるが、現在のところ決定的な対策は存在しない。しかしながら、適切なフルエンスおよび適切なターゲット表面の状態を選ぶことである程度微粒子の抑制が可能である。フルエンスについては、低い場合にはターゲット表面を完全な単原子状に分解しきれずに微粒子が発生していると考えられ、高い場合にはターゲット表面に液相が発生し、そこから液滴様の微粒子が発生していると考えられる。ターゲット表面については、まずターゲット密度が挙げられる。粉末焼結体における粉末間の隙間が多く、見かけの密度が低い場合に微粒子が多く発生することが報告[9]されている。すなわち、ターゲット作製時に原料粉末をよく圧縮して、見かけの密度を向上させておけばよい。また、同一箇所を複数回アブレーションすれば、アブレーションのたびにターゲット表面は徐々に凹凸が増加して荒れていく。表面が荒れるにつれて微粒子は増加するため、既に述べた通りPLD装置ではターゲットをステッピングモータなどによって駆動することでレーザ照射位置がターゲット表面のなるべく広い面積をスキャンし、同一箇所のアブレーション回数を減らすようにする。

③ 　レーザの入射角にかかわらず、プルームはターゲット表面に対して垂直となることがよく知られている。このことは、レーザの光子とターゲットを構成する原子が単純に運動量を交換して放出されるのではないことを示している。一般には、レーザのエネルギーで瞬間的（ns以下の時間スケール）にターゲット表面が単原子気相状態へ分解され、これが引き続き入射しているレーザパルスのエネルギーを吸収することで高温状態になり、気相内の化学種間で激しく衝突してエネルギーを交換して熱平衡が実現される[7]とともに、微小なセル状となった周囲のターゲット表面部とも衝突を繰

り返すことで、結果的にターゲット表面垂直方向の速度成分が残ると考えられる。

④　ターゲット表面垂直方向に対するプルームの指向性が強い。化学種の放出角度分布はターゲット表面を $\theta = 0°$ としたとき $\cos^n \theta$ において $n \geq 5$ という大きな指向性が知られている[10-12]。これにより、基板に堆積した薄膜の膜厚分布は大きくなる傾向がある。他の成膜方法に比較すると、大面積に均一な薄膜を堆積するのが苦手というPLDの弱点はこのプルームの指向性に由来する。ターゲット-基板間距離を、一般的な3から5cm程度としたとき、基板の大きさは通常2cm程度が限界であると考えられる。ターゲット-基板間距離を大きくすれば膜厚の均一性は向上するが、実用的な成膜速度は確保できなくなる。

⑤　既に述べた通り、一般にPLDで得られる薄膜の化学組成はターゲットのそれとよく一致する。アブレーション現象はレーザの光子とターゲットを構成する原子が単純に運動エネルギーを交換して放出されるのではなく、ns以下の時間オーダーでターゲット表面層が光化学的な電子励起を経由しておそらく非熱的に分解されるため、融点やスパッタ率などの元素依存パラメタが大きく関わらないプロセスであることが原因と考えられる。しかしながら後述するように、ターゲット表面におけるレーザ強度の空間分布によって、堆積する薄膜の化学組成が変化するという報告[13]もある。また、ここでいう化学組成はあくまでもプルームに含まれる化学種についてである。基板に堆積後、付着係数の違いや再蒸発などによってターゲットと薄膜の化学組成が一致しなくなることはあるが、これはPLDに限らず、他の成膜方法でも起こりうることである。例えば表面弾性波デバイスなどに応用される圧電体 $LiNbO_3$ や $LiTaO_3$ では、Liが欠損しやすいことが報告[14,15]されている。このような場合、欠損しやすい元素をあらかじめ多く含むターゲットを使用することで対応する。

3.2 PLDにおける薄膜の化学組成コントロール

PLDの特徴として最もよく知られているのが、

表3.1 スポットサイズの変化に伴う薄膜の化学組成変化（フルエンスは2.8J/cm²）

薄膜はハイドロキシアパタイト(HA)、化学量論組成は $Ca_{10}(PO_4)_6(OH)_2$ である。表中の化学組成はX線光電子分光で測定した薄膜に含まれるCaとPの比を示しており、化学量論組成ではCa/P=10/6～1.67である。

スポット サイズ [mm²]	1.1	1.5	2.0	2.5
Ca/P比 ［無次元］	1.2±0.1	1.3±0.1	1.5±0.1	1.5±0.1

ターゲットと薄膜の化学組成がよく一致することである。しかしながら、厳密にはこれは正しくない。前項の⑤でも触れたが、エキシマレーザを用いたPLDにおいてターゲット表面におけるレーザ強度の空間分布によって、堆積する薄膜の化学組成が変化する例が報告[16,17]されている（表3.1）。レンズを通してターゲット表面にレーザビームを集光する際、レンズ-ターゲット間距離によってターゲット表面におけるレーザスポットの面積（スポットサイズ）を変化させると薄膜の化学組成が変化し、スポットサイズが大きいほど薄膜の化学組成がターゲットの化学組成に近づくという結果である（このときスポットサイズは変化してもフルエンスは変化しないようにしている。すなわち、スポットサイズを2倍にするときにはターゲット表面でのレーザの全エネルギーも2倍とすることで、フルエンスは一定に保っている）。この現象の物理的なメカニズムはいまのところはまだ理解されていないが、現象論的にはエキシマレーザのビームが空間的に強度分布を示すことに起因すると考えられる[17]。

第4節　PLDの応用

はじめに

本節ではPLDを用いた薄膜作製について、最近のトピックスを中心とした具体的な応用例として「酸化物ヘテロ界面における新物性の探索」、「バイオセラミックス材料の薄膜化」の2つの話題を紹介する。

4.1 酸化物ヘテロ界面における新物性の探索

PLDが爆発的に普及する要因となった銅酸化物超伝導体の薄膜化に関する研究から、より高温で

の超伝導転移が期待できる新規超伝導体候補物質を設計し、実際に合成する研究が派生して生まれた[18]。これは、当初発見された銅酸化物超伝導体がすべて同一の基本構造を含む2次元的な層状物質である[18-20]ことに起因する。$[(CuO_2)^{2-}]$からなる超伝導層とこれにキャリアをドープするブロック層という、化学組成および役割が異なる複数の2次元層が周期的に積層された、いわば自然の超格子が基本構造であるため、超伝導層やブロック層の化学組成・各層の積層数や積層順序を人工的に変更することで、多様な新規超伝導体候補物質が提案され、実際に作製された。このような研究は、RHEEDパターンや強度振動をその場観察しながら人工的に各種2次元的原子層を原子レベルで積層することによって行うことから準安定な物質でも合成できる可能性があるため、熱平衡条件での物質合成が前提となる単結晶に比較すると自由度が圧倒的に大きく、薄膜独特の新物質探索が進展した[18]。そして多様な薄膜作製手法の中でも、前項2.1（PLD成膜システム）で述べた通りターゲット交換の容易さ、迅速さが特徴であるPLDは研究の進展をリードしたことは間違いない。

このような研究において、2次元的原子層のヘテロ界面を原子レベルで制御し、設計通りのユニットセルを持つ物質の合成を実現するためには、試料を堆積・成長させる基板の表面が原子レベルで平坦でなければならない。この要求は、$SrTiO_3$[21-23]やTiO_2[24]、Al_2O_3[25]など各種の酸化物単結晶基板に対して化学エッチングやアニール、およびそれらの組み合わせによる表面処理で実現される。図4.1に、例として文献23)に従って表面処理した$SrTiO_3$(100)単結晶の原子間力顕微鏡(AFM)像を示す。原子レベルで平坦はテラスが、1ユニットセル高さ（約0.4nm）に相当する急峻なステップで隔てられた、well-definedな表面であることがわかる。現在では論文で公開された方法を研究室で実施するか、市販品を購入することで比較的簡単に入手できることから、このような原子レベルで平坦な表面を持つ単結晶基板を用いて、理想的な平坦性を持つ酸化物積層薄膜のヘテロ界面が実現されるようになってきている。代表的な研究成果として、ともに反強磁性体である$LaCrO_3$と$LaFeO_3$の超格子において、界面での

Kanamori-Goodenoughルールを利用した強磁性の発現[26]、ともにバンド絶縁体である$LaAlO_3$と$SrTiO_3$のヘテロ界面における電荷移動を利用した高移動度（金属的）2次元電子ガスの創成[27]、などが挙げられる。遷移金属酸化物には磁性体や超伝導体、誘電体など魅力的な機能性材料が豊富に存在し、これらの物質を組み合わせたヘテロ界面において、原子レベルでの相互作用による新たな巨大物性の発現が今後も期待される。PLDの特徴であるターゲット交換の容易さ、迅速さはこれらの研究における中心的成膜手法となることが期待される。

4.2 生体セラミックスの薄膜化

高齢社会を迎えた現代において、失われた骨や歯など硬組織を再建するための体内埋入型医療デバイス（インプラント）である人工骨・人工歯根の需要が高まっている。硬組織の再建を目的とすることから、外力に耐えうる力学的特性に優れていることはもちろん、体内に埋入するために生体適合性が要求される。従来はTiやTi合金がこれらの要求を満たす材料として広く使用されてきた。Tiが示す生体適合性はオッセオインテグレーション[28]と呼ばれ、光学顕微鏡レベルではTi表面に直接骨組織が結合しているようにみえるが、実際にはTi表面／骨組織界面に厚さ数10nmのムコ多糖層が介在しており、Ti表面は厳密には生体不活性な材料である。Tiインプラントが骨組織と直接結合していないため、例えば人工歯根では咬合に伴う応力がTi表面と骨組織の界面に集中したり、わ

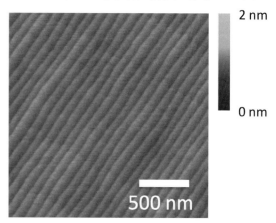

図4.1 文献23)に従って表面処理した$SrTiO_3$(100)単結晶のAFM像

ずかな隙間から細菌感染を起こしたりすることで、インプラントの脱落が問題となっていた。これを解決する方法のひとつが、インプラント表面にハイドロキシアパタイト(HA)をコーティングすることである。HAは$Ca_{10}(PO_4)_6(OH)_2$の化学組成をもつ無機化合物であり、骨や歯の主成分であることから優れた生体適合性、特に骨組織と短時間で直接結合するバイオインテグレーションを示す生体活性材料である[29]。インプラント表面にHAをコーティングすることで、ベースであるTiの力学的特性を持ち、しかも表面にバイオインテグレーション機能を付加できることから、HAとTiの複合インプラントが注目を集めている。

インプラント表面へのHAコーティングは、これまで主としてHAの粉末を不活性ガスのプラズマジェットで溶融させて吹き付けるプラズマ溶射法が用いられてきた[30-33]。しかしながらプラズマ溶射法で形成されるHAは厚さが約$10\mu m$以上と非常に厚く、埋入後にクラックや剥離が起こる問題[34]があった。さらには、HA粉末を約10000℃以上の高温プラズマジェットで溶融するため、Pをはじめとして HAの揮発性成分が欠損し、化学組成がずれてしまうという問題[35]も指摘されている。これを解決するためのコーティング手法として、スパッタと並んでPLDが大きな注目を集めている。スパッタは上記したプラズマ溶射法の欠点を解決したうえで大量生産に向くという利点があるが、PLDも上記したプラズマ溶射法の欠点を解決したうえで、ターゲットと薄膜の化学組成がずれにくいという大きな利点を示す。また、まだまだ研究段階ではあるがHAの化学組成を制御してPO_4基や OH基をCO_3基で置換したり、CaをSrなどで置換したりすることでバイオインテグレーションをさらに活性化し、早期に骨組織と結合する材料の開発が注目されている。これらの研究はPLDの持つ大きな特徴「ターゲット交換の容易さ、迅速さ」に適したテーマであり、医療用の生体セラミックスを薄膜化する際にもPLDが有効である理由のひとつとなっている。

第5節　まとめ

以上、PLDにおけるアブレーション現象の特徴から装置構成、およびPLDの得意とする応用分野と実際の薄膜研究に対する最近の適用例を概観した。PLDは複雑な組成の複酸化物を高品質に薄膜化・積層薄膜化するために最も有効な手法のひとつであり、ターゲット交換の容易さ、迅速さによって、幅広い材料の組み合わせに伴う新規物性の探索を非常に短期間に研究できるという大きな特長を示す。RHEEDを利用することにより、原子レベルで表面や界面が平坦な薄膜・積層薄膜を作製する技術も確立されており、今後も幅広い材料を組み合わせた新規物性探索に貢献できる手法であると考えられる。本稿によって少しでもPLDに興味を持つ研究者・技術者が増えることを期待したい。

〈西川　博昭〉

〔参考文献〕

1) H. M. Smith, A. F. Turner：Appl. Optics, 40(1), p.147-148, (1965)

2) J. G. Bednortz, K. A. Müller, Z. Phys. B Condens. Matter, 64(2), p.189-193, (1986)

3) M. Kusunoki, Y. Kawakami, T. Matsuda, H. Nishikawa, T. Hayami, S. Hontsu：Appl. Phys. Express, 3(10), 107003, (2010)

4) G. J. H. M. Rijnders, G. Koster, D. H. A. Blank, H. Rogalla：Appl. Phys. Lett, 70(14), p.1888-1890, (1997)

5) 電気学会 レーザアブレーションとその産業応用調査専門委員会 編：レーザアブレーションとその応用（2. レーザアブレーションの原理）、コロナ社、p.11-75, (1999)

6) R. K. Singh, J. Narayan：Phys. Rev. B, 41(13), p.8843-8859, (1990)

7) H. Nishikawa, M. Kanai, G. Szabo, T. Kawai：Phys. Rev. B, 61(2), p.967-973, (2001)

8) J. H. Song, T. Susaki, H. Y. Hwang：Adv. Mater., 20(13), p.2528-2532, (2008)

9) J. H. Kim, S. Lee, H. S. Im：Appl. Surf. Sci., 151(1-2) p.6-16, (1999)

10) Q. Z. Qin, Z. H. Han, H. J. Dang：J. Appl. Phys., 83(11), p.6082-6088(1998)

11) Y. Tang, Q. Qin：Chem. Phys. Lett., 343(5-6), p.452-457, (2001)

12) P. K. Schenck, N. D. Bassim, M. Otani, H.

Oguchi, M. L. Green：Appl. Surf. Sci., **254**(3), p.781-784, (2007)

13) H. Nishikawa, T. Hasegawa, A. Miyake, Y. Tashiro, Y. Hashimoto, D. H. A. Blank, G. Rijnders：Mater. Lett., **165**, p.95-98, (2016)

14) Y. Shibata, K. Kaya, K. Akashi, M. Kanai, T. Kawai, S. Kawai：Appl. Phys. Lett., **61**(8), p.1000-1002, (1992)

15) Y. Shibata, K. Kaya, K. Akashi, M. Kanai, T. Kawai, S. Kawai：Appl. Phys. Lett., **62**(23), p.3046-3048, (1993)

16) H. Nishikawa, R. Yoshikawa：Trans. Mat. Res. Soc. Japan, **40**(2), p.111-114, (2015)

17) H. Nishikawa, T. Hasegawa, A. Miyake, Y. Tashiro, Y. Hashimoto, D. H. A. Blank, G. Rijnders, Mater. Lett., **165**, p.95-98, (2016)

18) 川合知二、河合七雄：日本物理学会誌、**46**(8), p.666-673, (1991)

19) Y. Tokura, T. Arima：Jpn. J. Appl. Phys., **29**(11), p.2388-2402, (1990)

20) 十倉好紀：日本物理学会誌、**49**(8), p.621-627, (1994)

21) M. Naito, H. Sato：Physica C, **229**(1-2), p.1-11, (1994)

22) M. Kawasaki, K. Takahashi, T. Maeda, R. Tsuchiya, M. Shinohara, O. Ishiyama, T. Yonezawa, M. Yoshimoto, H. Koinuma：Science, **266**(5190), p.1540-1542, (1994)

23) G. Koster, G. Rijnders, D. H. A. Blank, H. Rogalla：Physica C, **339**(4), p.215-230, (2000)

24) Y. Yamamoto, K. Nakajima, T. Ohsawa, Y. Matsumoto, H. Koinuma：Jpn. J. Appl. Phys., **44**(17), p.L511-L514, (2005)

25) M. Yoshimoto, T. Maeda, T. Ohnishi, H. Koinuma, O. Ishiyama, M. Shinohara, M. Kubo, R. Miura, A. Miyamoto：Appl. Phys. Lett., **67**(18), p.2615-2617, (1995)

26) K. Ueda, H. Tabata, T. Kawai：Science, **280**(5366), p.1064-1066, (1998)

27) A. Ohtomo, H. Y. Hwang：Nature, **427**(6973), p.423-426, (2004)

28) C. G. Hagert, P. I. Branemark, T. Albrektsson, K. G. Strid, L. Irstam, Scand. J. Plast. Reconstr. Surg., **20**(2), p.207-218, (1986)

29) J. N. Kent, M. S. Block, I. M. Finger, I. Guerra, H. Larsen, D. J. Misiek：J. Am. Dent. Assoc., **121**(1), p.138-144, (1990)

30) C. P. A. T. Klein, P. Patka, H. B. M. van der Lubbe, J. G. C. Wolke, K. de Groot：J. Biomed. Mater. Res., **25**(1), p.53-65, (1991)

31) J. L. Ong, L. C. Lucas, W. R. Lacefield, E. D. Rigney：Biomaterials, **13**(4), p.249-254, (1992)

32) R. McPherson, N. Gane, T. J. Bastow：J. Mater. Sci. -Mater. Med., **6**(6), p.327-334, (1995)

33) M. Yoshinari, T. Hayakawa, J. G. Wolke, K. Nemoto, J. A. Jansen：J. Biomed. Mater. Res., **37**(1), p.60-67, (1997)

34) B. C. Wang, T. M. Lee, E. Chang, C. Y. Yang：J. Biomed. Mater. Res., **27**(10), p.1315-1327, (1993).

35) K. A. Gross, C. C. Berndt：J. Biomd. Mater. Res., **39**(4), p.580-587, (1998)

第6章 化学気相成長法(CVD)

第1節 総　　論

1.1 熱CVDの原理と応用
1.1.1 Ｃ Ｖ Ｄ

　化学気相成長法（化学気相堆積法、Chemical vapor deposition、CVD）とは、気体の原料から固体製品を合成する反応ならびに反応プロセスのことである。固体製品は、おもに膜形状のものであり、エレクトロニクス製品や太陽電池、フラットパネルディスプレイなどを構成している機能性薄膜や硬質化、耐摩耗、ガスバリア、潤滑、耐熱、耐候、耐食、撥水などの目的で施されるコーティング膜がその例である。カーボンブラックや粉末冶金材料などの粒子を製造するのにも用いられている。気体が原料であることは、原料を高純度に精製可能であること、反応装置への供給速度の制御が容易であることといった利点がある。室温で液体の原料や固体の原料であっても、蒸発や昇華によって反応器に気体で供給される場合、あるいは反応器内で生成した気体が反応物となる場合は、CVD反応である。CVDは、化学反応を起こさせるエネルギー源によって、熱CVD、プラズマCVD、光CVDと分類される。本項では熱CVD反応の原理と応用について述べる。

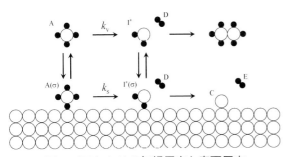

図1.1 CVDにおける気相反応と表面反応

1.1.2 熱CVDの原理

　熱CVDにおける化学反応には、図1.1に示すように、気相反応と表面反応の2つの反応経路が存在する。原料が表面で反応する場合には、反応器に供給された原料は、まず成長表面に吸着され、表面反応で製品膜が生成する。原料が気相で反応する場合には、反応器に供給された原料が気相で反応して生成したラジカルなどの活性中間体が成長表面で反応して製品膜が生成する。この場合も最後は表面反応である。原料の気相反応と表面反応は排他的ではなく、ひとつの反応器内で両方の反応が起こることもある。気相反応が起こる場合、その反応生成物がさらに反応し、他の分子やラジカルが生成したり、これらの生成種が表面反応を起こして成膜が進行することもある。さらに複雑な場合には、CVDに関与しない反応が進行し、製膜原料が消費されることもある。また、後述するように、気相反応の起こる空間の容積と表面反応の起こる面積との比は、CVD装置によって大きく異なる。相対的に容積が大きいときには気相反応の重要性が増し、相対的に面積が大きい場合には表面反応の重要性が増す。

1.1.3 熱CVDの反応モデル

　気相反応については、反応機構や素反応を明らかにする実験方法が確立されており、データもある程度蓄積されている[1]。また反応動力学計算も可能である。一方、表面反応については個別的な総括速度データの報告がほとんどであり、反応機構の報告例は多くなく、理論的な速度の予測もまだ実用的ではない。
　CVD反応でも気相反応が主体のものは多数の素反応からなる複雑な反応機構をもつことがある。一般に素反応データベースの内容は限られているが、炭化水素の反応については、燃焼化学の長い歴史により素反応データが蓄積されている。これにならって、CVDの分野でもシリコン系薄膜の作

第3編 薄　　膜

製に用いられるシラン(SiH₄)などのガスについて
は、素反応データの蓄積が進められている。この
データを用いて、CVD反応器内の素反応をそのま
ま計算する素反応シミュレーションが行われるよ
うになっている。特にプラズマCVD反応器などで
は、ラジカル濃度分布の計算が必須であり、素反
応をそのまま扱ったシミュレーションが必要であ
る。

　素反応データを用いて、シミュレーションが可
能であれば、一見何も問題はないように思われる
がそうではない。素反応モデルの場合、関係ある
素反応の数が数百に及ぶことも珍しくなく、これ
をそのままシミュレーションに用いると膨大な計
算量となる。後述のようにCVD反応器の設計には
数値シミュレーションが不可欠であり、膨大な計
算を必要とするようでは、反応器の最適設計には
使えない。また、現在のデータベースは不完全な
だけでなく、集められた素反応データが矛盾して
いることもありうるため、多数の素反応を含む反
応モデルだからといって正確とは限らない。設計
目的での使用に耐え、なおかつ精度のよい計算結
果を与える反応モデルが必要である。このような
反応モデルを反応工学的モデルという。

　反応モデルが必要な最大の理由は速度の予測で
あるから、実験データに基づいて、実験結果を再
現できる反応速度式（総括反応速度式）を決定す
ることができれば目的の大部分は達成される。総
括反応速度式が得られれば、反応機構の概略が推
定でき、反応モデルを検討することができるた
め、製品品質に関する思考実験なども可能とな
る。

1.1.4 製膜速度

　CVD反応速度は、薄膜の成長速度＝製膜速度で
表される。製膜速度は、単位時間当たりの膜厚増
加速度[m/s]で表されることがもっとも多い。膜厚
増加速度は、単位表面積当たりの膜体積増加速度
[m³/(m²・s)]であるが、単位表面積あたりの膜質量
増加速度[kg/(m²・s)]や物質量増加速度[mol/(m²・
s)]で表されることもある。最後の表現方法は、通
常の表面反応速度の表現方法である。

　膜物質の生成速度r_s[mol/(m²・s)]と製膜速度
r_G[m/s]の関係は次式のようになる。

$$r_G\,[\mathrm{m/s}] = \frac{M_C}{\rho_C}\,r_s \tag{1}$$

ただし、M_C[kg/mol]、ρ_C[kg/m³]は製品膜物質のモ
ル質量と密度である。

　気相反応や液相反応のように原料も生成物も反
応器内を流れている場合、測定することができる
のは、各成分の濃度だけであり、通常は反応器出
入口における各成分の濃度しか知ることができな
い。しかし、CVD反応の場合には、膜厚の形で、
反応器内の反応速度分布が実験後に残される。こ
れを利用して、微分法的な反応速度解析を行なう
ことができる。

　なお、膜厚を製膜時間で除して製膜速度を算出
するためには、膜厚は製膜時間に比例していなけ
ればならない。ところが、CVD反応の種類や基板
の条件によっては膜厚の増加に誘導期間が見られ
ることがあるため、製膜時間と膜厚の関係を確認
することを怠ってはならない。誘導期間がある場
合でも、一旦基板上に製品膜が形成されれば製膜
速度は一定となる場合が多い。

1.1.5 CVD反応速度式

　反応速度は通常は温度と濃度のみの関数であ
る。CVD反応の場合も熱CVD反応であればその速度
は温度と濃度（分圧）のみの関数である。反応速
度の濃度依存性を表した式を反応速度式という。
反応速度式を決定することを反応速度解析とい
う。反応機構が既知であれば、定常状態近似法や
局所平衡近似法などの方法で、総括反応速度式
（素反応でない総括反応の速度式）を導くことが
できる。CVDの気相反応ではラジカル連鎖反応が
進行する場合などべき乗で表せず分数式となる反
応速度がありうる。表面反応では気相種が成長表
面に吸着する過程が含まれるため、いわゆる
Langmuir型の反応速度式

$$r_G = \frac{kp_A}{1 + K_A p_A} \tag{2}$$

やLangmuir-Hinshelwood型の反応速度式

$$r_G = \frac{kp_A p_B}{(1 + K_A p_A + K_B p_B)^2} \tag{3}$$

となることが多い。ただし、K_A、K_Bは吸着平衡定数である。減圧CVDの場合は気相種の分圧が低く、1次式や2次式で近似しても十分な精度が得られることも多い。逆に常圧CVDや超臨界CVDでは気相種の分圧が十分に高く、0次式で近似できることもある。

1.1.6 熱CVD反応速度の解析

反応速度解析では、(i)ある温度での反応速度の濃度依存性の測定と定式化ならびに反応速度定数の決定、(ii)複数温度での実験による反応速度定数の温度依存性の定式化（アレニウス式）を行う。複数の相が関係する場合は、(iii)物質輸送抵抗の評価も行う必要があり、CVD反応では本質的に気相と固相が存在するため、この物質輸送抵抗の評価は必須となる。CVD反応の場合はさらに、(iv)主要反応場が気相か表面かの判別を行う必要もある。

CVDの反応速度解析は、円管型反応器を用いる方法[2,3]で行うのが簡便である。これは、円管型反応器の内壁に直接製膜する実験を行い、実験後に円管内壁に成長した膜の厚さ分布を測定することにより、CVD反応の反応速度解析を行うものである。非常に短い空間時間で実験を行えば、原料成分の消費が少なく、反応率が数%以下となり、実質的に反応器内の濃度分布を無視できる場合もある。このような場合を微分反応条件という。微分反応条件で、製膜速度と反応物濃度の関係について実験データが得られれば、CVD反応速度の濃度依存性を表す式を決定できる。

反応が非常に高速な場合など微分反応条件での実験が困難な場合は、反応速度式の形を仮定して解析を行い、実験結果と一致する式を決定する。簡単のために反応速度が反応物濃度に1次であると仮定すると、原料が直接表面で反応する場合と、原料が気相で反応する場合のそれぞれについて、円管内での製膜速度分布は以下の式で表すことができる。

表面反応

$$r_G = \frac{M_C}{\rho_C} \nu_C k_s C_A \tag{4}$$

$$C_A = C_{A0} \exp\left(-\frac{4}{d_t} k_s \tau\right) \tag{5}$$

気相反応

$$r_G = \frac{d_t}{4} \frac{M_C}{\rho_C} \nu_C k_v C_A \tag{6}$$

$$C_A = C_{A0} \exp(-k_v \tau) \tag{7}$$

ただし、ν_Cは製品膜物質と原料成分との化学量論係数の比、k_sは表面反応速度定数、k_vは気相反応速度定数、τは空間時間で、d_tは円管内径であり、$4/d_t$は円管の場合の反応表面積／反応体積比である。

実験で得られた製膜速度分布がこれらの式に従っている場合は、製膜速度と空間時間の片対数プロットが直線となることから容易に判定でき、直線であれば、1次反応であることがわかる。その他の場合には、これらの式を用いてみかけの1次反応速度定数を決定してみる方法がある。反応物濃度が高いほどみかけの1次反応速度定数の値が大きくなる場合は1次を超える反応次数であり、反応物濃度が高いほどみかけの1次反応速度定数の値が小さくなる場合は1次未満の反応次数であることがわかる。なお、以上は反応律速の場合の議論であり、物質輸送抵抗が無視できない場合にはその影響が推定した反応速度定数に混入する。

非常に短い空間時間の場合（微分反応条件の場合）には、気相中のガス組成を精度よく知ることができるため、気体流れ方向に温度分布があっても、各温度での製膜速度から反応速度係数を決定することができる。ただし、減圧CVD装置の場合には、反応器内全圧分布に注意が必要である。減圧ほど相対的に圧力降下が大きくなるため、モル分率が一定でも分圧やモル濃度が大きく変化することになる。

円管型以外の反応速度解析用の反応器に、キャビティー型反応器[4,5]がある。この反応器では、反応物を拡散により供給して実験を行い、得られた製膜速度分布を反応拡散方程式を用いて解析する。例えば、図1.2に示すような平板を組み合わせた矩形管やキャピラリー管を反応ガス（反応物

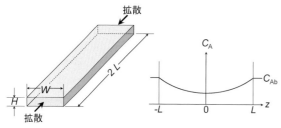

図1.2 キャビティー型CVD反応器

濃度C_{Ab}）中に置いて製膜を行い、一定時間後に管内の膜厚分布を測定して、製膜速度分布を得る。

キャビティーがスリット状とみなせる（$W \gg H$ が成立している）とする。気相反応による反応物の消費速度を $-r_{Av}$、表面反応による反応物の消費速度を $-r_{As}$ とする。H が十分小さく、高さ方向の物質移動抵抗が無視できるとする。気相反応、表面反応とも速度が反応物に1次で、両者を合わせて反応速度が次式のように表せる場合について考える。

$$-r_{Av} - \frac{2}{H} r_{As} = \left(k_v + \frac{2}{H} k_s \right) C_A = k_{obs} C_A \quad (8)$$

ただし、k_{obs} はみかけの1次反応速度定数である。

1次反応で拡散係数 D_A が濃度に依存せず、また反応に伴う体積変化が無視できる場合には、

$$C_A = \frac{\cosh(z\sqrt{k_{obs}/D_A})}{\cosh(L\sqrt{k_{obs}/D_A})} C_{Ab} \quad (9)$$

という反応物濃度分布が理論的に導かれ、濃度分布の形を決定しているのは、無次元パラメーター $L\sqrt{k_{obs}/D_A}$ であり、この値が同一であれば、矩形管内の無次元濃度（C_A/C_{Ab}）の値は中心からの無次元距離（z/L）だけで決まることになる。

キャビティー中心（$z=0$）と開口部（$z=L$）における製膜速度の比が

$$\frac{r_G(z=0)}{r_G(z=L)} = \frac{1}{\cosh(L\sqrt{k_{obs}/D_A})} \quad (10)$$

と表せるから、D_A が既知であれば、式（10）より k_{obs} を求めることができる。

1.1.7 熱CVDの主要な反応場の判別

原料気体から製品固体に至る反応の律速段階が供給原料の表面反応である場合には、同じ温度同じ濃度での製膜速度は反応器の形状に依らないが、気相反応が主たる反応経路である場合には、同じ温度同じ濃度でCVDを行っても反応器の形状や寸法に依って製膜速度が異なるため、熱CVDの主要な反応場を判別しておくことは重要である。

反応器内の製膜速度分布は反応物濃度分布で決まる。反応物濃度分布は反応物の反応速度で決まるため、気相反応ではある位置までの反応体積 V と入口流量 v_0 の比で決まり、表面反応ではある位置までの反応表面積 S と入口流量 v_0 の比で決まる。前者は空間時間としてよく知られた量である。空間時間が同じ場合、気相反応では管径によらず反応物の反応率は同一になるが、表面反応の場合には管径によって反応率が異なる。表面反応の場合は、表面反応速度[mol/(m²・s)]中の膜の物質量[mol]を膜体積[m³]に変換すれば、製膜速度が得られる。気相反応の場合は、気相反応速度[mol/(m³・s)]に反応体積 V[m³] を乗じて反応面積 S[m²] で除する必要がある。このため、原料が気相で反応する場合には、V/S によって製膜速度が変わることになる。この事実を利用すると、製膜速度の V/S 依存性を測定することによって反応経路が気相か表面かを判別し、あるいは双方が寄与している場合には表面反応の寄与と気相反応の寄与の分離定量を行うことができる。

円管型反応では、反応体積／反応表面積比 $V/S = d_t/4$ である。もし同一のガス組成で製膜速度を測定できれば、図1.3のように、製膜速度対 V/S のプロットにおける切片が表面反応の寄与を、勾

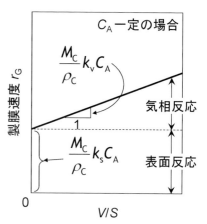

図1.3 製膜速度の反応体積／反応表面積比依存性
（反応物濃度一定の場合）

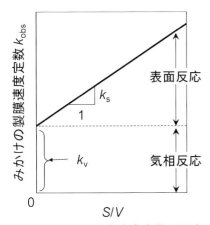

図1.4 みかけの反応速度定数の反応
表面積／反応体積比依存性

配が気相反応の寄与を表すことになる。実際は反応物濃度を同一にできることは少なく、みかけの反応速度定数を求める必要がある。見かけの反応速度定数のS/V依存性が図1.4のように得られれば、切片が気相反応速度定数を表し、勾配が表面反応速度定数を表すことになる。キャビティー反応器では$V/S = H/2$であり、同様の解析が行える。k_{obs}はみかけの気相反応速度定数であるから、気相で原料が反応し、表面反応の寄与がない場合には、k_{obs}はHによらず一定となる。気相反応と表面反応がともに進行している場合には、図1.4のようにk_{obs}を$2/H$に対してプロットすれば、気相反応と表面反応の反応速度定数を分離することができる。

Hが非常に小さい場合には、気相反応の寄与は無視小となる。これを利用して、シリコンウエハーに形成したトレンチ内での製膜速度分布から表面反応速度定数を求めることが行われている。

1.1.8 熱CVD反応速度への物質輸送抵抗の影響の評価

上述の方法では、反応律速で物質移動抵抗が無視できると仮定している。CVD反応は高速であり物質輸送抵抗の影響を受けやすい。そのため、物質移動抵抗が無視できるかどうかを必ず確認しなければならない。それには実験による方法と物質移動係数の推算による方法がある。実験による方法としては製膜速度の全圧依存性を調べる方法がある。理論的に分子拡散係数は全圧に反比例するから、減圧によって分子拡散係数を変えることが

できる。反応物の分圧を同一にして全圧を変えた場合に、全圧によらず一定値の反応速度が得られれば、物質移動抵抗が総括反応速度に影響を与えていないことが確認できる。分圧が一定でない場合には、反応速度解析で求めた反応速度定数の全圧依存性を調べ一定値が得られていれば物質輸送抵抗がないとわかる。全圧が低いほど大きな反応速度定数が得られる場合は物質輸送抵抗の影響があることを意味している。より減圧条件で測定を行うか、解析時に物質輸送速度式を含む式で解析を行う必要がある。

反応物の拡散係数が既知の場合には、境膜物質移動係数を計算することができる。境膜物質移動係数と実験で得られた反応速度定数を比較すれば、物質移動抵抗が無視小かどうかを検証することができる。

1.1.9 熱CVD反応速度の温度依存性の解析

反応速度式の形が得られれば、複数温度で反応速度式中の反応速度定数や吸着平衡定数の値を決定する。反応速度定数の温度依存性はアレニウス式

$$k = k_0 \exp\left(-\frac{E}{RT}\right) \quad (11)$$

で表すことができる。ただし、k_0は頻度因子、Eは活性化エネルギー、Rは気体定数である。吸着平衡は高温ほど脱着側に寄るから、吸着平衡定数の温度依存性は

$$K = K_0 \exp\left(\frac{Q}{RT}\right) \quad (12)$$

と表される。ただしQは吸着エンタルピーである。

式 (2)、(3) 中のkや式 (4)、(6) 中のk_s、k_v、式 (8) 中のk_{obs}で表されている反応速度定数は素反応の反応速度定数ではなく、吸着平衡定数を内に含む場合があり、見かけ上の活性化エネルギーが負となることもありうる。

拡散係数が絶対温度の1.5乗程度に比例するのに対して、反応速度定数は絶対温度の逆数の指数関数であり温度依存性が強い。そのため、低温では反応律速であったCVD反応プロセスでも、高温

第3編 薄　膜

では反応速度定数に比べて拡散係数が相対的に小さくなり物質輸送抵抗が無視できなくなることがある。さらに高温で、製膜種分子やラジカルの熱運動速度に匹敵するほど反応速度定数が大きくなると、熱運動速度の温度依存性すなわち絶対温度の平方根に比例する温度依存性が観測されることがある。

1.1.10 生産装置のモデル

　工業装置には管型反応器とみなせないCVD反応器がある。このような装置でのCVDプロセスを数値シミュレーションするには、複雑形状の反応場内で運動量保存式、エネルギー保存式、反応拡散方程式からなる3次元モデルを解くことになる。気相反応の速度式は反応拡散方程式中に現れ、表面反応の速度式は反応拡散方程式の境界条件に現れる。反応熱が無視できない場合には、エネルギー保存式にも反応速度式が含まれ、組成変化による物性値変化が無視できない場合には、すべての保存式に反応速度式が含まれることになる。

　枚葉式熱CVD反応器の場合には、気相を完全混合と近似し、成長表面への拡散を律速段階とした0次元モデルが使われることもある。拡散炉型のCVD反応器の場合には、原料成分は、基板外周縁と反応管内壁との間の空間を対流輸送され、基板間には拡散により供給されることになる。これら2次元の現象をモデル化する。

　反応速度が定式化されていれば、CVD反応器の設計や数値シミュレーションが可能となる。CVD反応の場合には、製品となるのは反応器出口ガスではなく、反応器内に残る固体生成物であるため、反応器内の温度分布や偏流、分子混合の不均一は、そのまま製品膜厚や性状の不均一として現れる。このため、CVD反応器の設計に当たっては、温度分布なども含めた数値シミュレーションが不可欠となっている。単純形状の反応器であれば、解析的に、あるいは比較的簡単なプログラムで計算を行なうことも可能だが、工業装置のような大型で複雑な形状のCVD反応器については、市販の熱流体解析パッケージを利用することになる。

〈河瀬　元明〉

〔参考文献〕

1) J.A. Manion *et al.*, NIST Chemical Kinetics Database, NIST Standard Reference Database 17, Version 7.0 (Web Version), Release 1.6.8, Data version 2015.09, National Institute of Standards and Technology, Gaithersburg, Maryland, 20899-8320. http://kinetics. nist.gov/

2) M. Kawase *et al.*, Chem. Eng. Sci., **49**, 4861-4870 (1994).

3) M. Kawase, K. Miura, Thin Solid Films, **498**(1-2), 25-29 (2006).

4) T. Sorita *et al.*, J. Electrochem. Soc., **140**, 2952-2959 (1993).

5) K. Watanabe, H. Komiyama, J. Electrochem. Soc., **137**, 1222-1227 (1990).

1.2 プラズマCVDの原理と応用

1.2.1 プラズマCVD（の特徴）

　プラズマ化学気相成長法（Plasma-enhanced chemical vapor deposition, プラズマCVD）とは、気体原料をプラズマ状態とし、プラズマ中の主に高エネルギー電子が引き起こす化学反応を利用することで、気体原料から固体製品を合成するCVDの一手法である。

　プラズマCVDを前述した熱CVDと比較した場合の最大の利点は、基板の温度を低く保ったままでも製膜を行うことができる点であり、実用化されている多くのプロセスではこの特徴を利用している。熱CVDでは熱エネルギーを利用して化学反応を行うため、基板の温度を低温に保つことが困難であるが、プラズマCVDではプラズマ中の電子が電場によって加速され、熱エネルギーではなくこの電子が持つ運動エネルギーで化学反応を行うため、基板だけでなく供給する気体の加熱も不要となり、高分子材料など低融点な基板上への製膜を行うことが可能となる。また、高エネルギー電子と低温の反応ガスおよび低温に保たれた基板といった著しく非平衡な系で反応が進行するため、合成される物質は熱平衡状態とはならず、アモルファス物質などの準安定な物質が合成されることや、基板の温度が独立に制御可能なことから、製膜速度とは独立に膜の結晶形態を基板の温度によってある程度の制御が可能なことも特徴の一つである。

　一方、プラズマCVDにはイオン衝撃によって膜質が低下するというデメリットがある。後述するように、イオン衝撃には膜の密着性や密度および結晶性などを高めるというポジティブな効果もあるため、イオンエネルギーやイオン密度を制御してイオン衝撃を効果的に利用することが重要になる。

1.2.2 プラズマCVDの原理と反応モデル

　プラズマCVDの反応は電子と原料分子の反応だけでなく、電子との衝突反応で生成する正・負イオン、振動・電子励起分子、ラジカルなどの各種活性種と原料および活性種同士の反応を考慮する必要があり、一つの化学種に対して、多数の励起準位やイオン化過程を含む素反応を取り扱う必要

があるため、その反応モデルは非常に複雑なものとなる。

　これまでに様々な系に対するモデル化が行われてきたが、シランを原料とするアモルファスシリコンの製膜プロセスに対しては特に詳細な検討が行われており、このプロセスを通してプラズマCVDの一般化が行われている[1,2,3,4]。この一般化されたプラズマCVDの反応モデルでは、まずプラズマ中で加速された電子が原料ガスに衝突することで原料分子から各種活性種が生成する1次反応過程と、1次反応過程で生成した各種活性種が原料分子や希釈ガスなどの供給ガスと反応する2次反応過程、気相で生成した活性種が基板表面へと輸送される物質移動過程、基板に到達した活性種が膜を形成する表面反応過程に大別してモデル化が行われている。熱CVDと共通する部分も多く存在することから、ここではプラズマCVDに特有の素過程を中心にプラズマCVDの反応モデルついて解説を行う。

(1) 気相一次反応過程

　プラズマ中の電子と原料分子との衝突反応においては、イオン化、解離、励起、電子付着など様々な非弾性衝突反応が生じることによって各種活性種が生成する。この原料分子の電子衝突反応によって様々な活性種を生じるプロセスが一次反応過程となる。これらの電子衝突反応のうち、イオン化や電子付着反応はプラズマの生成・維持に対して重要であり、振動励起反応や電子励起反応が電子エネルギーやその分布を決定するのに重要な役割を持つ。一方、製膜速度に直接関与する重要なプロセスが電子励起解離過程（解離性の電子衝突励起反応）であるが、次に述べる二次反応過程における励起分子同士の衝突や高エネルギーの準安定準位にある励起種との衝突によっても原料分子は分解される。

(2) 気相二次反応過程

　プラズマ中の電子と原料分子との間の1次反応過程によって生成した各種活性種は、原料分子や希釈ガスなどの供給ガスと反応する2次反応過程によってその濃度が変化し定常状態を形成する。この定常状態における活性種密度は、1次反応過程における生成速度と2次反応過程における消滅速度、およびプラズマ系外への拡散による消滅速

第3編 薄　膜

度との間のバランスによって決定される。

　十分に圧力の低いプラズマCVDプロセスの場合には、1次反応領域と基板との距離が平均自由行程に比して相対的に近くなり2次反応過程を経ることなく1次反応過程で生成した活性種が基板に到達し、製膜に直接寄与する。一方、圧力の高いプラズマCVDプロセスの場合には、活性種の組成が1次反応過程だけでは決まらず、2次反応過程を考慮することが必要となる。

(3) 輸送過程

　気相反応で生成したラジカルは、主に濃度差による拡散によって基板上へと輸送される。イオンのドリフトによっても活性種が基板上へと輸送される点が熱CVDとは異なるが、一般的にイオンは中性のラジカルよりも数桁その密度が低いため、付着確率の差を考慮しても製膜速度への寄与は無視できる場合が多い。しかし、中性のラジカルが前駆体であっても、イオン衝撃によるマイグレーションの促進やダングリングボンドの形成によって間接的に製膜速度に影響を及ぼし、また後述するように膜質に大きな影響を及ぼすこととなる。

(4) 表面反応過程

　基板表面へ入射するプラズマ中で生成した活性種は、その一部はそのまま反射されるが、それ以外は基板表面において様々な反応を引き起こしながら製膜に寄与する。まず、基板表面に吸着した活性種は自らが持つ余剰のエネルギーを消費しながら表面上をマイグレーションし安定なサイトに至ると捕獲され膜の一部となる。また、マイグレーションの途中で吸着種同士が反応し安定な分子を形成して脱離したり、下地層と反応しダングリングボンドを下地層に形成しながら自らはより安定な分子となり脱離するなど、表面で反応してから脱離する活性種もある。これら一連のプロセスはプラズマCVDに特有のものではないが、プラズマCVDの場合には、主にイオン衝撃の影響によって熱CVDとは異なるプラズマCVDに特有の効果が得られる。例えば、基板温度が低い場合には表面マイグレーション距離が短いため表面に吸着した活性種は安定なサイトに至る前に捕捉され、膜質が劣化するが、プラズマCVDではイオン衝撃によってマイグレーションが促進され、より安定なサイトに到達して結合を形成するため、基板温度

が低くても膜質の向上が期待できる。また、イオン衝撃によって形成される膜表面層のダングリングボンドが化学吸着サイトとして働くことによっても製膜速度や膜質の向上が期待できる。しかし、イオンエネルギーが高すぎる場合には加速されたイオンは表面反応層だけでなくバルク層内部深くまで侵入し膜内に欠陥を形成してしまうため、イオン衝撃によって逆に膜質が劣化する。そのためイオンエネルギーの適切な制御が重要となる。

1.2.3 プラズマCVDの反応速度解析

　プラズマCVDの製膜速度を推算する場合、特に物質移動律速となる場合の製膜速度の取り扱いには熱CVDと共通点が多く、同様の取り扱いが適用できる。また反応律速の場合でも、プラズマCVDの気相反応の速度が解析領域全体に渡って一様であると仮定できる場合には、熱CVDの反応速度解析で述べた気相反応の場合のモデルが適用できる。この場合、プラズマCVDと熱CVDの気相反応の取り扱いで大きく異なる点は、原料分子の初期分解反応である。熱CVDでは熱エネルギーによって原料分子の分解が進行するが、プラズマCVDでは電子の持つ運動エネルギーによって反応が進行する。そこで、ここでは電子衝突反応の反応速度の計算方法について述べる。まず、電子衝突反応の反応速度は次式で計算される。

$$R = k_e N_e N_g \qquad (1)$$

　ここで、N_gは原料ガスの密度、N_eは電子の密度、k_eは反応速度定数であり次式で与えられる。

$$k_e = \int_0^\infty \sigma(v) \times v \times f(v) dv \qquad (2)$$

ただし、σは対応する電子衝突反応過程の断面積であり、vは電子の速度、$f(v)$は電子の速度分布関数である。電子エネルギー ε の関数として各パラメータが与えられる場合には以下の式で計算される。

$$k_e = \int_0^\infty \sigma(\varepsilon) \times \sqrt{\frac{2e_0\varepsilon}{m_e}} \times g_e(\varepsilon)\varepsilon^{1/2} d\varepsilon \qquad (3)$$

ここで、e_0は電気素量、$g_e(\varepsilon)$は電子エネルギー分布関数(EEDF: Electron Energy Distribution Function)である。この式は電子エネルギー分布としてマクスウェル・ボルツマン分布を仮定し、電子衝突反

応の断面積を適当な関数，例えば領域ごとに定数や一次式を用いて階段状や折れ線状などに近似すれば，解析的に計算することができる。しかし，一般に非熱平衡プラズマの電子エネルギー分布はマクスウェル・ボルツマン分布から逸脱しており，特に多原子分子を含むプラズマ中では，振動励起にエネルギーを消費してしまうために低エネルギー領域での分布がマクスウェル・ボルツマン分布とは大きく異なっている。また，電子励起反応によってもエネルギーを消費するため，高エネルギー部分もマクスウェル・ボルツマン分布とは異なり，電子の数が急激に減少する。この高エネルギー領域の電子は解離反応に直接関与するため，分布の差が例え小さかったとしてもラジカル生成速度の計算には大きな影響を及ぼしてしまう。それ故に，マクスウェル・ボルツマン分布を利用した場合には，十分な精度で反応速度定数を推算することができない。したがって，電子衝突反応の反応速度を正確に推算するためには，平均としての電子エネルギーだけではなく，電子エネルギー分布の形状を正確に推算することが非常に重要となる。電子エネルギー分布は電子速度分布関数に関するボルツマン方程式を解くことで計算することができる。ここでは，簡単のため，物理量が空間的に一様分布すると仮定できる微小領域における電子速度分布関数の，2項近似を用いた推算方法について述べる。まず，電界Eが印加された気体中において，空間的に一様分布する電子速度分布関数Fの時間変化は，次に示すボルツマン方程式によって計算することができる。

$$\frac{\partial F}{\partial t} = \left(\frac{e_0}{m}\right) E \frac{\partial}{\partial v} F + C^{el} + \sum_k C_k^{in} \quad (4)$$

ここで，mは電子の質量，vは電子の速度であり，左辺は分布関数の時間変量，右辺第一項は外力による加・減速の結果の分布関数の変化量，第二項C^{el}は弾性衝突による分布関数の変化量，第三項は非弾性衝突による分布関数の変化量C^{in}の総和を表している。電界Eの影響により，電子の速度分布は等方的な分布から外れ，$-E$方向を向いた小さな指向性成分と，等方的に分布する大きな等方性成分の重ね合わせから成り立つ。したがって，このような条件下での速度分布関数は，その展開項のうち等方性成分f_0と指向性成分f_1の2項のみを考慮する2項近似によって良い近似がなされる。

$$F(v,t) = f_0(v,t) + \frac{v_z}{|v|} f_1(v,t) \quad (5)$$

(5) 式を (4) 式に代入し，低温プラズマに特有の簡略化（（電子質量）/（分子質量）$\ll 1$，（ガス温度）/（電子温度）$\ll 1$など）を行うことで，(4) 式は二つの微分方程式に帰着する。この微分方程式を数値解析することで電子エネルギー分布を計算することができる[5]。このような2項近似を用いた数値解析によって電子エネルギー分布を計算するソフトウェア[6]を用いてSiH_4ガス中の電子エネルギー分布を計算した結果の例を図1.2.1に示す。この図には，同じ平均電子エネルギー(3eV)を持つマクスウェル・ボルツマン分布とボルツマン方程式から計算されたEEDFが比較されている（平均電子エネルギーを3eVに合わせるために，ボルツマン方程式からEEDFを計算する際には換算電界強度を204.5Td($1Td=10^{-21}Vm^2$)として計算を行った）。計算で用いたSiH_4の断面積データを図1.2.2

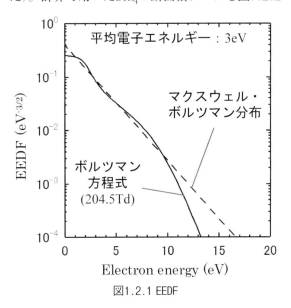

図1.2.1 EEDF

表1.2.1 反応速度定数の計算結果($\varepsilon = 3eV$)

	解離反応 (m³/s)	電離反応 (m³/s)
Boltzmann方程式から得られたEEDFを用いた場合	3.5×10^{-16}	1.3×10^{-17}
Maxwell-Boltzmann分布をEEDFとして用いた場合	6.7×10^{-16}	1.7×10^{-16}

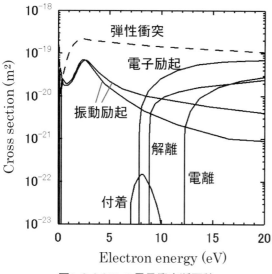

図1.2.2 SiH₄の電子衝突断面積

に示す[7]。また、図1.2.1の電子エネルギー分布と図1.2.2の断面積データを用いて、式（3）から反応速度定数を計算した結果を表1.2.1に示す。高エネルギーになるほどマクスウェル・ボルツマン分布を用いた場合と、ボルツマン方程式から計算されたEEDFを用いた場合との差が顕著となり、SiH_4の解離反応で2倍程度、SiH_4の電離反応では10倍以上の開きがある。この結果からわかるように、平均としての電子のエネルギーが同じであっても、その分布形状が異なる場合には反応速度定数も異なった値となる。特に、ラジカル生成反応に寄与する高エネルギー側の電子の密度が重要であり、全体として似通った分布形状であっても、高エネルギー側の分布が異なる場合にはラジカル生成速度も大きく異なることとなる。

1.2.4 プラズマCVDの生産装置のモデル

熱CVDのモデリングにおいて述べたように、管型反応器等の単純な反応器とみなせない工業装置では解析的な取り扱いは有効でなく、複雑形状の反応場に対する数値シミュレーションが必要となる。一般に、プラズマCVDで扱う反応系は圧力が低く電子の平均自由行程が大きい。そのような系を、連続体として取り扱うためには電子の平均自由行程よりも大きい計算メッシュとしなければならないが、電界強度の空間変化が急峻なシース領域などではメッシュサイズを小さくする必要があるため、連続体モデルの仮定が破たんしてしま

う。このように真空度が高く、局所の電界強度を利用して電子衝突反応やスウォームパラメータを推算するLocal Field Approximationが成立しない場合には、モンテカルロ法などの粒子モデルを用いて真空機器のモデリングを行うことが必要となる。

一方、連続体モデルが適用できる場合には、熱CVDのモデリングにおいて述べた反応拡散方程式を用いた解析方法が適用できる。また、温度場や速度場の影響を考慮する場合には反応拡散方程式とエネルギー保存式や運動量保存式とを連立するなどの取扱いも熱CVDと同様である。さらに、実際のプラズマCVD装置の場合には、気相反応の反応速度が空間的に一様であると仮定できる例は稀であり、電子衝突反応速度を局所ごとに正確に得るために、解析領域全体に渡って局所の電子エネルギー分布に関するボルツマン方程式を解くことが必要となる。そして、ボルツマン方程式で用いる電界強度はポアソン方程式を解くことで得られるが、ポアソン方程式を解くために必要な荷電粒子の濃度は電子衝突反応を含む素反応式を解くことで得られるため、プラズマCVDではこれらの式を連立して解くことが必要となる。

〈森　伸介〉

[参考文献]

1) 松田彰久：プラズマ・核融合学会誌、76 (2000) 760.
2) 白藤立：高温学会誌、37 (2011) 281.
3) 市川幸美、佐々木敏明、堤井信力：プラズマ半導体プロセス工学、内田老鶴圃 (2003).
4) CVDハンドブック：化学工学会編、朝倉書店 (1991).
5) S. Mori, M. Sakurai, M. Suzuki, J. Nuclear Science Technol., 43 (2006) 432.
6) Bolsig+, Version: 12/2017 (beta);
   G. J. M. Hagelaar and L. C. Pitchford, Plasma Sources Sci. Technol. 14, 722-733 (2005).
7) SIGLO database, retrieved June 4, 2013 http://www.lxcat.laplace.univ-tlse.fr;
   M. Kurachi and Y. Nakamura, J. Phys. D 22, (1989) 107.

1.3 ALD
1.3.1 ALD法とは

原子層堆積法(Atomic Layer Deposition, ALD)は、被加工物を複数の前駆体（プリカーサ）の気体に交互に曝露することにより堆積させる方法である。この際、前駆体の吸着に全プロセスが律速され、単分子層が逐次的に堆積されることが大きな特徴である。ALD法の起源の1つは、フィンランドの研究者が1974年に発明したALE (Atomic Layer Epitaxy)である[1,2]。亜鉛(Zn)とイオウ(S)を交互に基板表面に導くことにより、ZnS膜が形成された。

図1.3.1に、トリメチルアルミニウム(TMA)とH_2Oを前駆体としたAl_2O_3の成膜を例として、ALDの基本プロセスを示す。第1ステップでは、前駆体であるTMAがパルス的にチャンバに供給される。チャンバ内で露出しているすべての表面（OH基で終端されている）にTMA分子が吸着する。TMA分子の吸着は表面に存在するOH基との化学反応を通して進行する化学吸着であり、アクセス可能なOH基のすべてが消費された時点でTMA分子の吸着が停止する。次に、真空ポンプにより、反応チャンバの排気が行われ、未吸着のTMAが取り除かれる。そして、2番目の前駆体である水蒸気が導入される。水蒸気は吸着TMAと反応し、残留メチル基を加水分解する。この表面反応によりアルミナの単分子膜が形成され、チャンバの排気が行われる。1サイクルが終わったときに、アルミナ層がOH基によって終端されているため、この過程を繰り返すことにより膜を堆積させることができる。

ALDの成膜速度は、1サイクル当たりの堆積膜厚GPC (Growth per Cycle)で評価される。理想的には1回あたり1原子膜の堆積が生ずるはずだが、通常はそれより薄い膜が形成される。また、成膜材料と基板の種類によっては、成膜が開始されるまでに複数のサイクルを繰り返す必要があるが、成膜が開始されれば、膜厚とサイクル数は比例する。

ALD法の長所は、(a)厚みをÅレベルで制御したピンホールのない薄膜が形成できること、(b)高いアスペクト比をもつ構造体にもコンフォーマルな堆積（均一膜の形成）が可能なこと、(c)反応性を持つ表面サイトが存在する領域でのみALDの堆積反応が起こるため、化学的選択性に基づく部分的成膜が可能なこと、である。堆積速度に限界があることは一般にALDの欠点とみなされるが、極薄膜（たとえば10 nm以下）の堆積を可能であることは特有の利点と見ることもできる。

一方、短所としては、まず、一般に成膜速度が遅く、比較的速いプロセスであっても、100 nm厚の膜形成に1時間かかってしまうことが挙げられる。しかし、ALDでは前駆体への表面曝露を用い

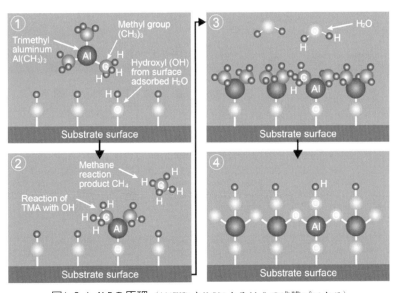

図1.3.1 ALDの原理 （Al(CH3)3とH_2OによるAl_2O_3の成膜プロセス）

ているのでスパッタなどと比較して指向性がなく、多数の基板を同時に成膜処理することによりこの欠点をカバーすることができる。また、ALDでは成膜可能な材料が比較的限られているが、新しいプロセスの構築のために新しい前駆体の開発が精力的に進められている。

1.3.2 ALDで成膜可能な材料

図1.3.2にALDで成膜可能な材料の概要を示す[3]。ALDで成膜可能となるためには、前駆体は、(a)気体であるか、ALDのプロセス温度よりも低い温度で気化し、その温度で化学的に安定である、(b)化学吸着は不可逆的かつ自己制御的である、(c)気相反応による副生成物が生じる場合は、それが成膜プロセスに影響しない、(d)工業的に用いるためには、高純度かつ低価格である、などの条件を満たす必要がある。酸化物、窒化物、硫化物の成膜には、金属の水素化物とH_2O、NH_3、H_2Sが多く用いられる。H_2Oの代わりに、より反応性の高いO_3が用いられることもある。しかし、O_3は不安定であるので、形成された膜そのものの触媒効果により分解してしまうこともあり、その場合には、大面積や高アスペクト比の3次元形状の場合の膜厚不均一性に繋がる。また、特に窒化物など反応性が低いものについては、O_2、N_2、H_2などのRFプラズマが用いられることもある。

1.3.3 ALDの応用

ALDがピンホールフリーの極薄膜を成膜可能であることを利用して、ゲート酸化膜、DRAMキャパシタ、太陽電池のパッシベーション膜など、様々な用途への展開が図られているが、それ以外のALDを用いた様々な試みも進められている。

膜厚が正確に制御できることを利用して、透明導電膜として用いられるAZO（Al添加ZnO）膜の形成が可能である。ZnOは、DEZ ($Zn(C_2H_5)_2$)とH_2Oを前駆体として成膜することができるが、ZnOの成膜サイクルN回ごとに、Al_2O_3（例えばTMAとH_2O）の成膜サイクルを1回行うことでドーパント濃度を正確に制御することが可能である。この際、ドーパントがクラスター化するのを防ぎ、等方的に分布させてドーピング効率を向上させるために、Al_2O_3の前駆体としてDMAI ((CH_3)$_2$AlOCH(CH_3)$_2$)を用い、立体障害によるサイクル当たりの原子数の抑制なども検討されている[4]。

ALDが吸着律速であり、均一膜が形成されることを利用して、様々な3次元ナノ構造への成膜も検討されている。例えば、孔直径が数10 nmであ

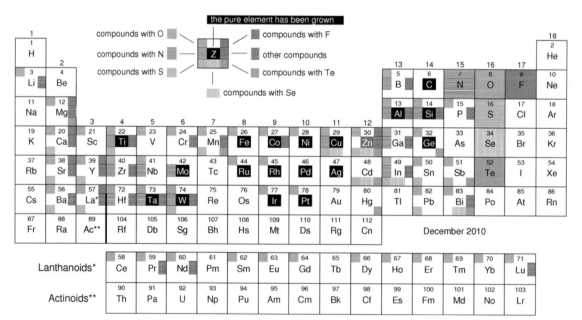

図1.3.2 ALDで成膜可能な材料。酸素、フッ素、窒素、イオウ、テルル、セレン、それ以外の化合物も含めて示されている[3]。

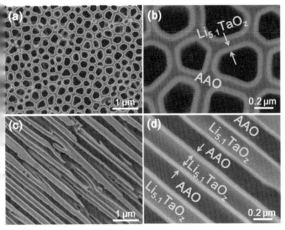

図1.3.3 ALDにより陽極酸化アルミナ(AAO)上にLi$_{5.1}$TaO$_z$を成膜したリチウムイオン電池用固体電解質[6]

り極めて大きなアスペクト比を持つ陽極酸化アルミナ(AAO)をテンプレートとし、内部にTiO$_2$、ZrO$_2$、HfO$_2$などが成膜されている（例えば、文献5)）。図1.3.3は、ALDによりAAO上にLi$_{5.1}$TaO$_z$を成膜したリチウムイオン電池用固体電解質[6]であり、(CH$_3$)$_3$COLiとH$_2$Oを用いたLiOと、Ta(OC$_2$H$_5$)$_5$とH$_2$Oを用いたTa$_2$O$_5$を1：6で成膜することにより、アスペクト比300以上のAAO内部に均一膜が形成されている。

また、ALDによりPtなどの触媒ナノ粒子を形成することができる。2種類の金属の成膜を交互に行うことにより、化学量論比を精密に制御した合金触媒の形成も可能である。例えば、MeCpPtMe$_3$ (C$_5$H$_4$CH$_3$Pt(CH$_3$)$_3$)とO$_2$によるPtの成膜、Ru(Cp)2 (C$_{10}$H$_{10}$Ru)とO$_2$によるRuの成膜を用い、化学量論比がメタノール酸化に与える影響の評価が行われ、化学量論比1：1（サイクル数比4：16）において活性が最大になることが報告されている[7]。近年、ALDを用いたプロセスの様々なエネルギーデバイスへの展開についてのレビューも行われており[8]、今後の展開が大いに期待される。

〈鈴木　雄二〉

〔参考文献〕

1) E. Ahvenniemi et al., "Review Article: Recommended reading list of early publications on atomic layer deposition—Outcome of the "Virtual project on the history of ALD" J. Vac. Sci. Technol. A, Vol. 35, 010801 (2017).

2) T. Suntola, and J. Hyvärinen, "Atomic Layer Epitaxy," Ann. Rev. Mater. Sci., Vol. 15, pp. 177-195 (1985).

3) V. Miikkulainen et al., "Crystallinity of inorganic films grown by atomic layer deposition: Overview and general trends," J. Appl. Phys., Vol. 113, 021301 (2013).

4) Y. Wu et al., "Enhanced Doping Efficiency of Al-doped ZnO by atomic layer deposition using dimethylaluminum isopropoxide as an alternative aluminum precursor," Chem. Mater., Vol. 25, pp. 4619-4622 (2013).

5) C. Bae et al., "Template-directed gas-phase fabrication of oxide nanotubes," J. Mater. Chem., Vol. 18, pp. 1362-1367 (2008).

6) J. Liu et al., "Atomic layer deposition of lithium tantalate solid-state electrolytes," J. Phys. Chem. C., , Vol. 117, pp. 20260-20267 (2013).

7) X. Jiang et al., "Atomic layer deposition (ALD) co-deposited Pt-Ru binary and Pt skin catalysts for concentrated methanol oxidation," Chem. Mater., Vol. 22, pp. 3024-3032 (2010).

8) J. Backmann (ed.), "Atomic layer deposition in energy conversion applications," Wiley-VCH, (2017).「ALD（原子層堆積）によるエネルギー変換デバイス」, 鈴木（監訳）, 廣瀬（訳）, エヌ・ティー・エス, (2018).

第3編 薄　膜

1.4 原　料
はじめに

化学気相成長法(CVD)に用いられる原料は初期には他分野で用いられてきた化合物中より揮発性が高い物が選ばれてきたが、CVD技術が日用品から先端技術にいたるまで必要とされる現在ではCVDのための新たな化合物が開発される様になった。本稿ではALDも含めたCVDの原料についての変遷、揮発性、種類、ならびに最新の原料状況を紹介する。

1.4.1 原料の変遷
(1) 気相成長技術初期の原料

無機系原料、特に金属塩化物は気相成長技術初期より用いられてきた。トリクロロシラン($HSiCl_3$：bp.31.8℃)はケイ素の粉末と塩素から液体として量産される。蒸留によって高純度化された$HSiCl_3$はCVD（生成の逆反応）によって高純度多結晶ケイ素となる。$HSiCl_3$の合成で得られる副生物の四塩化ケイ素($SiCl_4$：bp.57.7℃)からはCVDによって光ファイバー母材が生産されている。この時、四塩化ゲルマニウム($GeCl_4$：bp.86.5℃)は屈折率の制御として一緒に用いられる。GaAsのエピタキシャルウエハは高純度三塩化ヒ素($AsCl_3$：bp.130.2℃)より生産された。チタンの塩化物($TiCl_4$：bp.136.4℃，mp.-24℃)は遷移金属中では珍しく液体であり蒸気圧が高いために1970年代よりCVDによってTiN膜が作製され、表面被覆超硬合金工具や金型、装飾品に展開された。これら原料はいずれも液体であり揮発も容易であるためにCVDの産業化は早かった。成膜温度が800℃以上と高く、また可逆的反応であるために成膜中にエッチングも置きるといった懸念がある。微量の水分で加水分解しHClを発生、装置を腐食するので注意が必要である。さらにハロゲンを嫌うデバイス作製には不向きである。

(2) 原料群の広がり

金属ハロゲン化物に追って金属水素化物と有機金属原料が登場し、揮発可能な元素の幅が広がった。図1.4.1は1980年代の原料群である。GaAsに代表される化合物半導体が主流であり、原料はトリメチルガリウム(TMG：bp.56℃)、アルシン(AsH_3：気体）を中心にトリメチルアルミニウム(TMA：bp.125℃)、トリメチルインジウム(TMI：bp.136℃)、ホスフィン(PH_3：気体)、ジメチル亜鉛(DMZ：bp46.)などが用いられた。金属ハロゲン化物に比較して成膜温度が300℃以上低く、可逆的反応は少ない。ハロゲンの残留は免れるが炭素の混入はよく議論されることがある。金属水素化物は空気中で爆発性があり、さらに致命的な毒性をも有する。有機金属は空気中で自然発火し、多くは水とも爆発的に反応する。Mn，Fe，Co，Erなどのシクロペンタジエン錯体（メタロセン）も原料として同時に用いられたが、ドーピング原料として使用可能な程度の低い蒸気圧しか得られない。

この時期にはLSIにもCVDが採用されはじめた。前述した$HSiCl_3$や$SiCl_4$の水素還元により合成されるシラン（SiH_4：気体）からはCVDによって多結晶シリコン膜が作製される。SiH_4とNH_3を原料としてプラズマCVDによって作製される窒化ケイ素膜はLSIのパッシベーション膜として多用された。絶縁膜としてのSiO_2膜はCVDによってSiH_4と酸化剤から作製されたが、気相反応も多くSiO_2のパーティクル発生が問題となった。後にシリコンとアルコールの化合物であるテトラエトキシシラン(TEOS：bp.166-169℃)を原料とした低圧CVDによってパーティクルの抑制が可能となった。

1980年代の原料　M

Ia												IIIb	IVb	Vb	VIb	VIIb	0
H̶	IIa																H̶e̶
Li	Be											B	C	N	O	F	N̶e̶
Na	Mg	IIIa	IVa	Va	VIa	VIIa	VIIIa			Ib	IIb	Al	Si	P	S	Cl	A̶r̶
K	Ca	Sc	Ti	V	Cr	Mn	Fe	Co	Ni	Cu	Zn	Ga	Ge	As	Se	Br	K̶r̶
Rb	Sr	Y	Zr	Nb	Mo	Tc	Ru	Rh	Pd	Ag	Cd	In	Sn	Sb	Te	I	X̶e̶
Cs	Ba	La	Hf	Ta	W	Re	Os	Ir	Pt	Au	Hg	Tl	Pb	Bi	Po	At	R̶n̶
Fr	Ra	Ac															

図1.4.1 1980年代のMO原料

TEOS-CVDはパーティクルの低減と共に段差被膜性が高くSiO₂成膜プロセスの主流となった。

LSIからULSIへと集積度が加速し微細化の一途をたどる中、配線がWからAl、さらにCuへとより低抵抗体に変遷し、さらには信号遅延、配線間のクロストークまでも問題視されることなった。このため層間絶縁膜はSiO₂より誘電率が低い材料が提案されるようになった。膜中のSi-O-Siネットワークにメチル基などのアルキル基を導入するために、CVD原料もTEOSからMe₂Si(OR)₂の様に分子中にSi-C結合を含む原料が量産に使われる様になった。また、Cu配線の採用によってCuの拡散防止が不可欠となり、遷移金属中から多くのバリア膜が提案された。TiN, TaNは標準的に使われる様になり、Ru, Co, Mn, ZrN, VN, なども有力候補とされこれら元素のCVD原料も開発された。メモリのキャパシタ、及びゲート絶縁膜ではより高い誘電率材料が必要となりZrO₂膜やHfO₂膜用の原料、さらに将来にはBaSrTiO₃膜も採用される可能性がある。図1.4.2は現在の揮発可能な原料群であり、アクチノイド系列以外の大半がCVD原料として存在する。1980年代の原料群からここまで多くの元素のCVD原料が開発された訳であるが、LSIの発展によるCVD原料への強い要求がその原動力となった事は確かである。

1.4.2 原料の揮発性
(1) 共有結合性原料

CVD原料は反応室まで確実に気体として輸送されなければいけない。図1.4.3は有機金属結合型を示した周期表である[1]。原料の選択時に役に立つので参考にしていただきたい。図中グレーの部分の有機金属はTMAに代表される共有結合性の有機金属である。分極が少なく分子間力が小さいため揮発性が高い。同じ有機基を持つ同族では周期が下がるほど沸点は高くなる（図1.4.4）。同じ元素では有機基が大きくなるほど沸点は高くなる（図4.4.5）。

(2) イオン結合性原料

ゴシック体の有機金属はイオン結合性の有機金

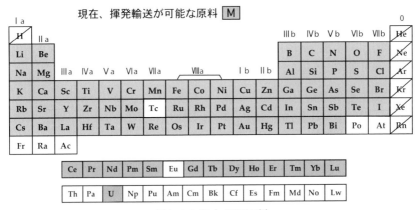

図1.4.2 現在のMO原料

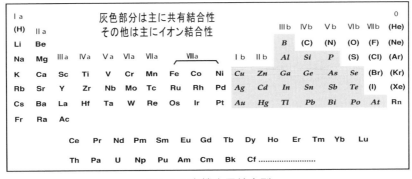

図1.4.3 有機金属結合型

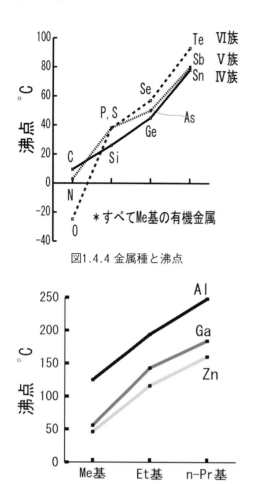

図1.4.4 金属種と沸点

図1.4.5 有機基と沸点

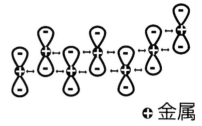

図1.4.6 イオン結合性有機金属の分子間力模式図

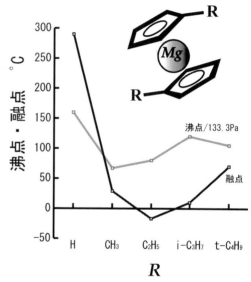

図1.4.7 ビスシクロペンタジエニルマグネシウムの側鎖効果

属である。これらは図1.4.6の様に分子間力が強く揮発性は低くなる。低い揮発性と低い蒸気圧は研究用途では問題とならないが、量産CVDとなると安定した均一膜の生産に取っては好ましくない。また分子間力が強いため融点は比較的高く多くは室温で固体である。安定した原料気体の供給のためには液体に比べて圧倒的に不利である。

(3) 揮発性向上への挑戦

原料の揮発性・蒸気圧を高めるために、並びに融点を低温化するために中心のプラス金属を有機基で遮蔽して分子間力を弱める手段がある。イオン結合の代表ジメチルマグネシウム(Me_2Mg)の揮発性はほとんどないが、ビスシクロペンタジエニルマグネシウム(Cp_2Mg)は沸点（昇華点）約160℃/133Paと揮発性を有する。この環状のシクロペンタジエニル(Cp, C_5H_5-)基は、図1.4.7に示すとおりサンドイッチ構造をとるため有効な遮蔽道具となる。Cp環にアルキル側鎖を付けることはさらに有効であり、沸点、融点ともに下がる。しかし、遮蔽効果を高めようと、より大きな配位子をつけてしまうと分子全体が大きくなってしまい、かえって沸点を高めてしまうことになる。

1.4.3 原料の種類

図1.4.8は原料の典型的なタイプである。もちろんこれらのタイプに属さない原料も多くある。金属塩化物、金属水素化物、および有機金属については既に触れたので解説は省略する。金属アミドについて、これは遷移金属を揮発させる有効な有機基である。ハフニウムジエチルアミド[$Hf(NEt_2)_4$]は80℃で13Pa程度の蒸気圧を有している。分子の構造を理解するためにab-initio分子軌道計算を行った[注1]。図1.4.9は最適化された$Hf(NEt_2)_4$の構造で、四つのHf-Nは四面体構造を取り、Hf原子は正にわずかにチャージし、分子は負にチャージしたH原子によって包み込まれるよ

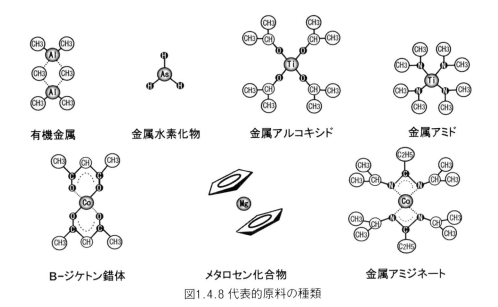

有機金属　　金属水素化物　　金属アルコキシド　　金属アミド

β-ジケトン錯体　　メタロセン化合物　　金属アミジネート

図1.4.8 代表的原料の種類

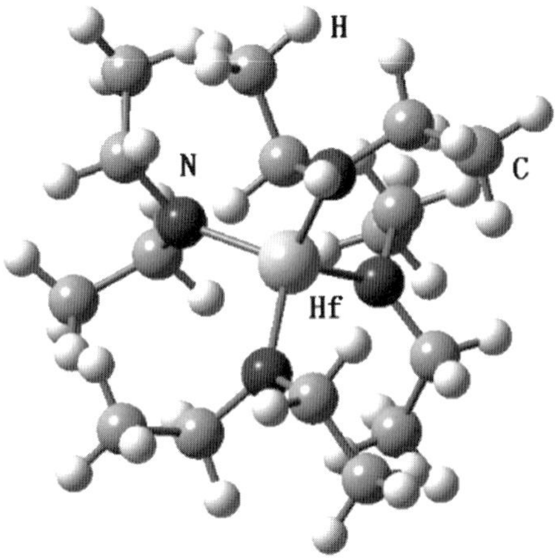

図1.4.9 テトラキスジエチルアミノ
ハフニウムの分子構造

うな構造をとる。気相成長に使える程度の蒸気圧を与えている事が予測された。Zr(NEt$_2$)$_4$はメモリのZrO$_2$キャパシタに、Hf(NEt$_2$)$_4$はHfO$_2$ゲート絶縁膜に使用されている。金属アミドは酸化雰囲気下CVD、ALDで金属酸化膜を作製する事は容易であるが、還元雰囲気下であっても金属膜の堆積は困難である。Mo, Wのアミド原料は硫化原料とともに用いる事によって硫化膜が作製可能であるため今後のカルコゲナイド二次元デバイスへの応用が期待される。

金属アルコキシドはTEOSに代表される様に金属と酸素原子の結合を有する。金属アミドと同様に還元雰囲気下であっても金属膜の堆積は困難である。水や酸素との反応も遅くCVD, ALDによって酸化膜を作製する際はオゾン、過酸化水素など酸化力が強いガスを併用する事が望ましい。

β-ジケトン錯体は最も多くの金属において低めではあるが揮発性を有する。大半が固体であり、融点と昇華温度と分解温度が近いため使用時の原料、及び配管の温度管理には細心の注意が必要である。Au, Ag, Cu, Pt以外は還元雰囲気下であっても金属膜の堆積は困難である。

メタロセン化合物は先にも述べた用に金属がCp環によって挟み込まれている。金属-酸素、金属-窒素の結合を含まないが、金属-Cp環が切れる温度が高いためにCp環自体も同時に分解し、還元雰囲気下であっても膜中には炭素を多く含んでしまう。霜垣らは、Cp$_2$Co, Cp$_2$Niを原料としてホットワイヤーから生じたNH$_2$ラジカルとの交互供給によってCo及びNiの成膜に成功した[2]。

近年極めて有効な金属膜用原料、ハーバード大学のRoy G. Gordonらが提唱した金属アミジネート(AMD)錯体が出現した。このAMD$_2$CoをALDで用いる事によって低抵抗なコバルト膜が得られる様になった。図1.4.10中でGordonらが報告した(A):

注1）　Density function theoryに従い、three parameter Becke-Lee-Yang-Parr hybrid (B3LYP)の実行を行った。Effective potentialの基本セットLANL2DZを適用し、ab initio分子軌道計算のプログラムは、ガウシアン03を使用した。分子構造のイメージは、Gauss-View Wを用いた。

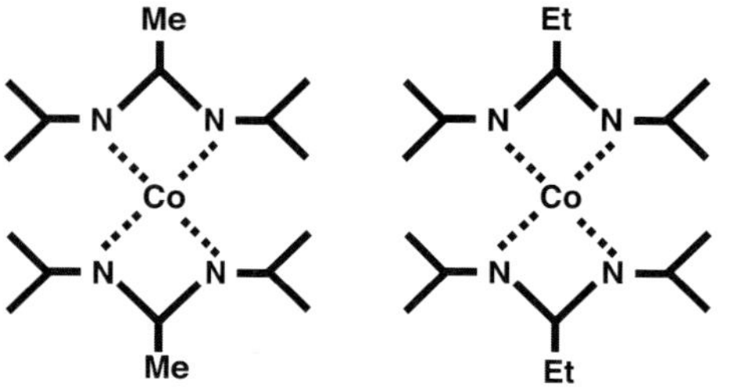

(A) (i-Pr₂AcetoAMD)₂Co **(B)** (i-Pr₂PropionAMD)₂Co
図1.4.10 アミジネートコバルト錯体

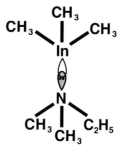
図1.4.11 トリメチルインジウム(TMI)の
ジメチルエチルアミン付加体

(i-Pr₂AcetoAMD)₂Coは室温で固体であるが、河野らは液体原料(B)：(i-Pr₂PropionAMD)₂CoをNH₃、H₂と併用しCVDによって低抵抗なコバルト膜（20μΩcm以下）を成膜した[3]。コバルト以外のイオン結合性金属のアミジネートには、Mn, Fe, Co, Ni, Ag, La, Y, Ruなど多くが報告されている[4]。フェロセン(Cp₂Fe)は安定で水素雰囲気下500℃でも純度が高い金属膜は成膜ができないが、(i-Pr₂PropionAMD)₂Feにより純度が高い金属鉄膜の成膜が可能となった。

1.4.4 用途に合った原料の開発
(1) 求める膜種、分解温度に合わせた原料

何度か述べてきたが単に揮発性があれば原料として適する訳ではない。大抵の金属は酸化物が安定であるので揮発性さえあれば酸化膜の原料となりうるが、窒化膜、さらに金属膜となれば配位子によっては困難となる。イオン化傾向が低いAu, Ag, Cu, Ptなどは金属−酸素原子の結合が分子中に存在しても金属膜が可能であるが他の金属ではほぼ不可能である。水素化物、有機金属、アミジネート錯体からの選択となる。

分解温度の低温化はデバイス作製において重要な鍵となる事が多い。プラズマCVDや熱フィラメントCVD（catalyst-CVDとも呼ばれる）などの成膜手法によっても低温化は可能であるが、基板のダメージ回避などの理由により低温化を原料に頼らざる得ない状況がある。前述したSiH₄とNH₃による窒化ケイ素のプラズマCVDは長年の標準的なプロセスであったが、近年プラズマが使えないデバイス作製のための低温化が可能なシラン原料が求められている。逆に分解温度の高温化が必要な場合も希にある。TMIは他のⅢ−Ⅴ族化合物半導体用原料と比較して分解温度が低く、ALE (Atomic Layer Epitaxy) windowが狭い。電子供与性のアミンを付加（図1.4.11）することにより分解温度が高くなり、ALE windowを広げる事が可能となった[5]。

近年では金属を含まない有機膜やグラフェン、CNTなどもCVDによって作製される様になり、有機物モノマーが原料として使用される。

(2) ALD技術に適合する原料とは

ALD用の原料は揮発させて安定に反応室まで輸送するといった意味ではCVDと変わらない。しかし、化学吸着、反応ガスとの反応を考えるといくつか注意しなくてはならない点がある。原料と反応ガス（H₂O, NH₃など）との反応はALDにおいて極めて重要である。TMAは無色透明の液体であり水とは爆発的に反応する。20℃で約1 kPaの蒸気圧を持つので気相成長用の原料として良好である。水との反応によってAl₂O₃とメタンが生じる。ALDの反応では基体に終端している-OH基と反応して〔基体-O-Al-(CH₃)₂〕とメタンができる。（図1.4.12）第二の反応で終端した-(CH₃)₂とH₂Oとの反応により同じくメタンが発生して再び-OH終端に戻る。反応ガスがアンモニアの場合同じくメタンを放出してAl-N結合を作り-NH₂終端に戻る。良く知られた話を敢えて持ち出したのには訳がある。この反応と同様に他の有機金属もALDの原料に摘要できると思ってはいけないのである。TMAと同族のTMB(Trimethylboron)はTMAと同様に空気中で自然発火するが、意外にも水とは反応しない。つまり何サイクル水と交互に供給してもB₂O₃は成膜はされない。TMSb(Trimethylantimony)、及びSiやGeの有機金属も水とは反応しない。金属水

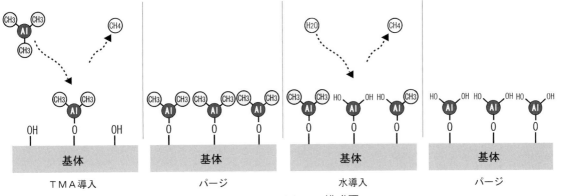

図1.4.12 ALDサイクルの模式図

素化物、β-ジケトネートは水とは反応しない。アルコキシドは水との反応が遅い。つまりALDの原料を選択する時は、原料の反応性を良く調査しておく事が重要である。

1.4.5 安全な原料に向かって

半導体製造で標準的に使われてきた金属水素化物は、発火性、爆発性、毒性が高く極めて危険な原料である。除害、検知器、法対策などかかるコストも無視できない。ここで、興味深い原料を紹介する。GeH₄は爆発事故が起きているが、代替え原料としてt-BuGeH₃が提案されている。須田らは320℃で高純度なゲルマニウムのホモエピタキシャル成長に成功している[6]。しかも、この原料は空気中で発火も爆発も起こさない。今後、期待されているカルコゲナイド2次元デバイスMoS₂膜、WTe₂膜などの作製には危険な硫化水素(H₂S)や水素化テルル(H₂Te)の替わりに、より毒性が低く爆発性、自然発火性がないジターシャリブチルジスルフィド(t-Bu₂S₂：bp.200℃)やジイソプロピルテルル(iPr₂Te：bp.49℃/1.9kPa)により作製可能である[7]。

おわりに

現在までLSIの発展とともにCVD原料の開発が進められ短期間で変遷を成してきた。CVD原料化合物の本格的量産時代が訪れ、開発は今後も進み続ける。半導体で主に用いられてきたCVD、ALD技術は、近年、段差被膜性、膜の緻密性などの特徴より、他の産業でも注目を集めている。PETボトル内壁のコーティング、ポリマーフィルムへの成膜などの工業化は既に行われている。今後はさらにCVD技術が拡散することは間違いない。生産現場では、より低コストかつ安全な原料が求められるであろう。

〈町田　英明〉

〔参考文献〕

1) 有機金属部会編：有機金属ハンドブック，裏表紙裏，近畿化学工業会 (1967)
2) Shimizu, Hideharu. et. al.：Jpn. J. Appl. Phys., 51, 5S, 05EB02 (2012)
3) 河野有美子，他：応用物理学会春季学術講演会予稿集, 30p-G6-5 (2013)
4) Lim Booyong S. et. al.：Inorg. Chem. 2003, 42, 7951-7958. Huazhi Li, et. al.：J. Electrochem. Soc., 154 (12)D642-D647 (2007)
5) 大塚信幸，他：応用物理学会秋季学術講演会予稿集, 29a-ZT-8 (1993)
6) Suda Kohei, et. al.：ECS J. Solid State Sci. Technol., 4 (5) P152-P154 (2015)
7) Ishihara Seiya, et. al.：Jpn. J. Appl. Phys., 55, 04EJ07 (2016). 日比野祐介，他：応用物理学会春季学術講演会予稿集, 15a-F203-8 (2017)

第3編 薄　膜

第2節 CVD装置

2.1 CVD装置概要

　ひとことでCVD装置と言っても用途は千差万別であり、それぞれの目的に従って装置構造は大きく異なる。ここでは量産装置に特化することとし、大きく4つの構造（枚葉式、バッチ式、自公転式、Flat Panel Display(FPD)用大型枚葉式）に分類した（表2.1参照）。各装置はプロセスガスを活性化することで製膜するため、加熱機構で装置構成が異なる。表2.1の第2列は各装置の加熱方式を、表2.1の第3列はその代表的な装置概略図を示した。また、表2.1の第4列は各装置の代表的膜種を示した。

2.1.1 反応室構造（表2.1第1列参照）

　反応工学分野で装置を分類する場合、装置の分類は原料ガスの給排気法を基準とする[1]。原料ガスを全て仕込んで反応させる回分反応器や反応原料を連続的に給排気する連続槽型反応器や管型反応器がある。しかし、量産装置の反応室構造の分類は基板の処理枚数を名称にしたり、装置の特徴を名称につけたりと定義は一様ではない。そこで、はじめに4つの代表的な装置の名称と特徴を簡潔に説明する。表2.1第1列の最初の枚葉式とバッチ式はSi半導体の代表的な製造装置である。枚葉とは巻紙をある大きさに裁断した紙という意味であり、Si半導体では単結晶インゴットから裁断された1枚のウエーハという意味である。このSiウエーハを一枚ずつ処理する装置を枚葉式装置、複数枚（約50～150枚）を一括処理する装置をバッチ式装置という。3つ目の自公転式は化合

表2.1　量産装置

反応室構造	加熱方式	装置概略図	代表的膜種
枚葉式	抵抗加熱 プラズマ	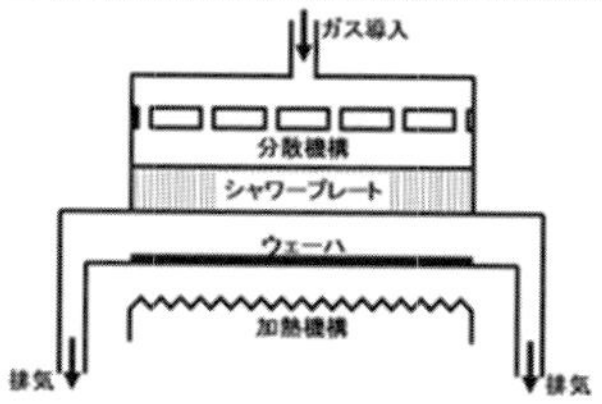	抵抗加熱：Si酸化膜、SiN膜、 W膜、PZT膜、TiN膜 プラズマ：酸化膜、Ti膜
バッチ式	抵抗加熱 プラズマ	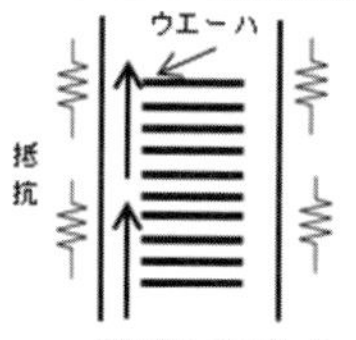 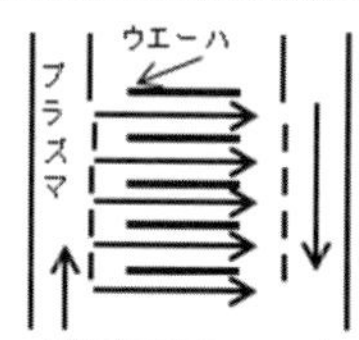	抵抗加熱：Si膜、Si酸化膜 プラズマ：極低温SiN膜
自公転式	抵抗加熱 誘導加熱	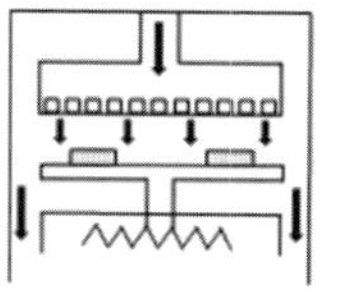 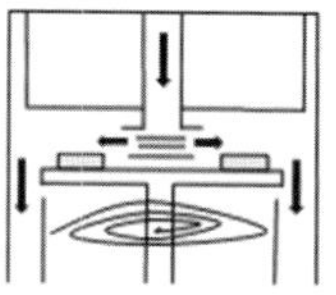	LED用途GaN パワーデバイス用途GaN、SiC
FPD用大型枚葉式	プラズマ	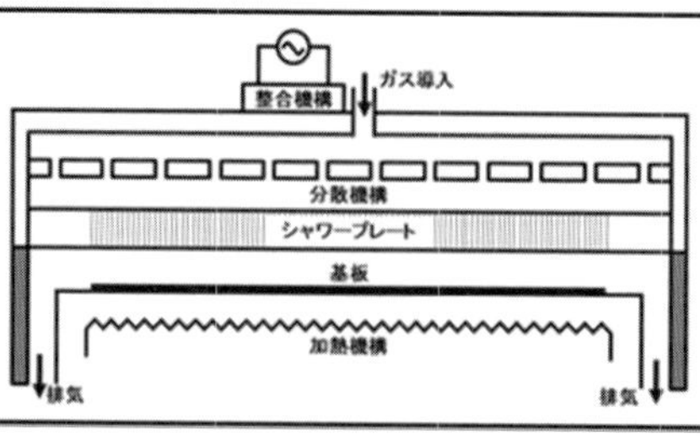	Si酸化膜、SiN膜

物半導体の代表的な装置構造となる。基板は２イ
ンチの場合50～100枚、８インチの場合は数枚を
サセプタ上で一括処理する。ソースガスはイン
ジェクター等で分散供給されるが、均一性を確保
するためサセプタは回転機構を持つ。４つ目の
FPD用大型枚葉式装置はSiウエーハよりはるかに
大きいガラス基板に製膜を行う装置である。枚葉
式と装置構成は似るが、円盤のSiウエーハ（外径
300㎜）と異なり、例えば第６世代のガラス基板
は、長方形かつ基板サイズは1500㎜×1850㎜とSi
ウエーハに比べてはるかに大きい。その大きさに
もかかわらず、均一性は半導体製造装置と同等レ
ベルが求められる。

2.1.2 加熱方式（表2.1第２列参照）

加熱方式は大きく熱とプラズマに分かれる。熱
で加熱される場合、基板を設置するサセプタに加
熱機構を組み込み、サセプタを加熱することで、
その上に設置される基板を伝熱で加熱する。サセ
プタの加熱は抵抗加熱やランプ加熱、誘導加熱の
タイプがあるが、チャンバーの側壁は加熱源がな
いことからこのタイプの加熱方式を利用するCVD
装置はコールドウォール型と呼ばれる。一方、サ
イドウォールを加熱し、その伝熱により基板を加
熱するタイプのCVD装置をホットウォール型と呼
び、バッチ式で用いられる。熱CVDでは400℃～
800℃程度の基板温度が必要であるが、微細化に
ともない低温化の要求からプラズマが利用される
こともある。プラズマの利用方法は２種類考えら
れ、チャンバー内空間にプラズマを誘起し、ラジ
カルやイオンを基板に直接供給するタイプと、
いったんプラズマを外部で誘起し、ラジカルやイ
オンを反応室空間に引き込むリモートプラズマが
ある。チャンバー内空間のプラズマはラジカルや
イオンを基板に直接供給できるが、高エネルギー
化した電子やイオンが基板にダメージを与えやす
い。一方、リモートプラズマでは、プラズマダ
メージを低減できるが、生成したラジカルが気相
反応や表面反応で失活するため十分なラジカルが
供給できない懸念があり、どちらの方式において
も一長一短がある。また、SiCなどの高温プロセ
ス（約2000℃）では誘導加熱が利用される。誘導
加熱は必要な箇所だけ2000℃もの高温に加熱で
き、また応答特性も高いことから、高速昇降温プ

ロセスに適している。

2.1.3 装置概略図と代表的膜種

（表2.1第３、４列参照）

枚葉式の装置構成は熱CVDやプラズマCVDでもほ
ぼ同じで、ウエーハ直上のシャワーヘッドから
ソースガスが供給され径方向に排気される。サ
セプタが加熱される熱CVDタイプやプラズマを反応
器内で誘起するCCPタイプやいったん外部でプラ
ズマを生成し、プラズマを反応器内に引き込むリ
モートプラズマタイプがある。代表的な膜種は
SiO_2、SiN、PZT、TiN膜などである。

バッチ式装置では、大きくガスの供給の仕方で
分類され、アップフロー型とクロスフロー型のタ
イプがある。アップフロー型の装置はプロセスガ
スが下から上に流れるホットウォールタイプで、
熱源は抵抗加熱である。代表的な膜種はa-Si。一
方、ガスがウエーハに横向きに流れるクロスフ
ロー型では、熱CVD、熱ALD、プラズマアシスト
ALDと様々なタイプがある。プラズマアシストタ
イプの代表的な膜種は、極低温SiN膜である。

自公転式装置はシャワーヘッド型とインジェク
ター型の２種類のガス供給法で分類される。シャ
ワーヘッド型のガス供給法ではサセプタは公転
式。加熱機構は抵抗加熱となる。一方、インジェ
クター型のガス供給法では、サセプタと基板が回
転する自公転式であり、加熱機構は非接触の誘導
加熱を加熱機構として持つ。代表的な膜種はLED
やパワーデバイスなどのGaNである。

大型FPD用枚葉式装置ではほぼ半導体Siの枚葉
式と装置構成は同じであるが、開発の困難さは主
として製膜するガラス基板がSiウエーハに比べて
約７～10倍と大きいことに起因する。ガスの均一
供給や均一な基板温度を得ることは難しく、ガス
排気ひとつとっても、偏向した流れになる。さら
にプラズマを均一にすることはなお難しい。代表
的膜種はSiO_2やSiN膜である。

2.1.4 CVD装置のシミュレーション

微細化にともない均一性の要求も高くなり、
シャワーヘッドのガス供給の均一性やサセプタの
温度の均一性の最適化にはシミュレーションが必
須となっている。また、ALDのような表面反応律
速過程においても、スループット向上のためガス
の給排気の非定常シミュレーションが用いられて

いる。近年マルチフィジックスを扱える商用ソフトも複数あり、次項2.6項では、実際に基板を誘導加熱した場合の流れ、放射、電磁場の周波数解析が一例として示される。

2.1.5 一般的な量産装置の開発流れ

大きく4つに装置を分類したが、どのプロセスのとき、どの装置が最適かを議論することはとても難しい。一般的な装置開発流れを以下に示す。まず、量産で用いる基板よりはるかに小さいチップサイズの製膜を行うことで、必要な膜質が得られるかどうかを検討する。このチップサイズを検討した装置で量産装置が開発されることになる。なぜなら、チップサイズで膜質が得られているからそれを基板サイズに広げることで量産装置が完成するからである。この量産装置開発段階になって初めてメカニズムの解明が検討されることになる。理想的には初期の段階でメカニズム解明をし、最適量産装置を検討すれば良いが、メカニズムの解明には時間がかかるため（メカニズムが分からないことがほとんどだが）、どのタイプの量産装置が最適かを検討することはほとんどない。各社がいち早く立ち上げた装置の中から膜質と量産効率が高い、更に、装置コスト、ランニングコストが低い製品が結局顧客に採用されることになる。採用された製品は更なる膜質の向上やスループットの向上、クリーニング期間の延長など、顧客のニーズに基づき数年から数10年にわたって開発は続けられる。

2.2 枚葉式装置
2.2.1 装置構造

ここではシリコン半導体製造用途の枚葉式装置の構造について述べる。フラットパネルディスプレイ(FPD)製造用の大型枚葉式装置については、次項2.5で取り上げる。

図2.1に枚葉式装置の反応室構成例を示す。ウェーハ位置を基準にして、ウェーハより上流側にあり原料ガス導入系であるシャワーヘッドは、ガス導入ポート、導入した原料ガスをウェーハサイズまで分散させる機構、ウェーハサイズの範囲に細い穴を一定ピッチで開けたシャワープレートで構成される。導入されたガスは、分散機構で反応室中心部から側壁近傍まで均等に分散したの

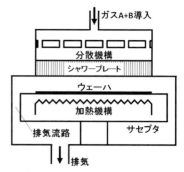

図2.1 プリミックス型枚葉式装置の構成例

ち、シャワープレートを通過することで整流され、ウェーハに均等に供給される。サセプタは上面に処理するウェーハを置くステージ、抵抗加熱方式でウェーハを加熱する機構で構成される。ウェーハより下流側の排気系は、サセプタと反応室側壁の隙間が排気流路であり、この領域のコンダクタンスを調整することで、ウェーハに供給されたガスはサセプタ外周から均等に排気される。反応室底部には排気ポートを設け、ポンプと接続する。

製膜プロセスによっては、熱CVD方式ではなく、プラズマCVD方式が必要になるため、これに対応してプラズマ機構を搭載する。プラズマ機構は、反応室より上流で原料ガスからラジカルやイオンを生成して反応室に導入するリモートプラズマ方式と、容量結合プラズマ(Capacitively Coupled Plasma, CCP)を代表とする、シャワープレートとウェーハの間でプラズマを誘起してラジカルやイオンを生成する方式の二つが主流である。

枚葉式装置で処理するウェーハサイズは、現在200mmまたは300mmが主流である。450mmウェーハ規格が発表されているが[2]、450mm用装置では300mm用装置と比較して、原料ガスや生成したプリカーサをウェーハ全面に均等に供給する難易度が格段に高くなっている。ウェーハサイズの拡大に基づくスケールアップだけでは対応しきれず、新規の技術開発が必須である。このため市場ニーズの遅れと相まって、450mmに対応した装置は開発段階にある。

以下では、枚葉式装置を構成するガス供給系、排気系、ウェーハ加熱機構、プラズマ機構について、技術的要点を述べる。

2.2.2 ガス供給系

代表的なガス供給系は、図2.1に示すように、複数種類の原料ガスA、Bを、反応室のガス導入ポートより上流で混合するプリミックス型である。

分散機構は、ガス導入ポートから導入された原料ガスを反応室中心部から側壁付近まで分散させることが目的で、薄板に穴、スリット、メッシュなどの開口を設け、これを鉛直方向に間隔をあけて複数枚置いて構成することが多い。プロセスで要求される膜厚や膜質均一性を実現するように、板の枚数、開口の形状や配置は、様々に工夫されている。

シャワープレートは、細い穴をウェーハサイズと同程度の範囲に格子状や三角状に一定ピッチで開けた板である。プレート厚さと穴直径は、ウェーハ面内の圧力分布と比較してシャワーヘッド内の圧力を充分高くする差圧が得られるコンダクタンスであること[3]、反応副生成ガスがウェーハ側からシャワーヘッド内に侵入することを抑制するペクレ数を満たすガス速度になること[4]、などを満たす必要がある。また、1個の穴に配分されるガス流量が過大であると穴直下の膜厚が極端に大きくなる可能性が高くなるため、この現象を回避できる程度の流量となるような穴個数としなければならない。これらを考慮して穴個数、直径、配置を決定する。

CVDプロセスによっては、原料ガスA、Bをプリミックスすることによるパーティクル発生の懸念などから、ウェーハ直上で混合する必要がある。これを実現するには、図2.2に示すような、原料ガスA、Bを反応室に独立に導入し、シャワープレートを通過するまで混合しないポストミックス型構造とする。ガス系A、Bは独立したポートから

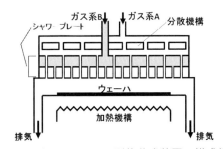

図2.2 ポストミックス型枚葉式装置の構成例

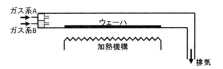

図2.3 ALD装置の構成例

反応室に導入されたのち、Aは白抜きの流路、Bはグレーの流路を通る。シャワープレートは二重構造になっていて、A、Bそれぞれ独立してガスをウェーハに供給する。穴個数や配置などはプリミックス型と同様の考え方で決定する。図ではBの流路に分散機構がない。当然のこととして機構があることが望ましいが、構造上の制限から機構を設置することが困難であることが多い。このような場合は、Bのシャワープレート穴のコンダクタンスを調整するなどして均等な供給を維持する。

ALD用装置はウェーハを一枚ずつ処理する点では枚葉式と同じ考え方であるが、装置構造は大きく異なる。構成例を図2.3に示す。原料ガスA、Bはウェーハ側方のノズルから交互に間欠供給される。ノズル内部は導入した原料ガスをノズル全体に分散させる機構と、ウェーハにガスを供給するスリットや穴列が設けられている。ALDプロセスの特性からスリット幅や穴列は必ずしも一定ピッチである必要はなく、様々な工夫がなされている。また、枚葉式装置のようなシャワーヘッド機構は不要である。このため、装置構造が簡易にできる利点がある。

2.2.3 排気系

排気ポートは図2.1に示すように反応室底面か、場合によっては底部の側面に設ける。いずれの場合もサセプタを支える支柱を避けた位置であるため、ウェーハに対して等方排気を実現できる位置関係にない。そこで、サセプタと反応室側壁の間の排気流路のコンダクタンスを調整して等方化を図る。例として、排気流路の幅を狭くする、流路に細かい穴列を開けた障害物を置くなど、様々な工夫がなされている。

2.2.4 ウェーハ加熱機構

サセプタは抵抗加熱方式のヒータを内蔵してウェーハを加熱する。反応室の構造上、ウェーハ外周部から熱が逃げやすく、ウェーハ面内温度は山型の分布になる傾向がある。そこで、図2.4に示

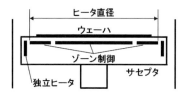

図2.4 ウェーハ加熱ヒータの構成例

すように、ヒータ直径をウェーハサイズより大きくする、ヒータを内周と外周に分けた2ゾーンあるいは3ゾーンに分割して独立に制御する、サセプタ外周部にもヒータを設ける、などの構成とし、これらを組み合わせることで、ウェーハ面内温度差数℃の温度分布を実現する。

2.2.5 プラズマ機構

2.1で述べたとおり、枚葉式装置ではプラズマを利用するのに2種類の方式がある。一つはリモートプラズマで、図2.1のガス導入ポートよりさらに上流にプラズマを誘起する機構を設け、ここに原料ガスを通すことで、ラジカルやイオンを生成し、反応室に導入する方式である。反応室の構造を変更する必要がない利便性があるが、輸送途中で失活が避けられない問題がある。失活は気相中でラジカルやイオン同士が衝突し、また壁面に衝突することでエネルギーを失う現象であるから、対策としては、プラズマ機構からウェーハまでの距離を極力短くすること、流路途中の障害物を極力排除すること、失活が抑えられる特性を持つ材料を使用するか表面処理をすること、が挙げられる。ところが、分散機構とシャワープレートは、その機能上ガス流れに対する障害物であるから。失活抑制と膜厚均一性はトレードオフの関係にあることになる。これに対して様々な工夫がなされているが、難易度の高い技術課題である。

もう一つはプラズマを反応器内で誘起し、ラジカルやイオンを基板に直接供給するタイプである。この方式の代表例である容量結合プラズマでは、反応室上部に高周波電力給電点を設け、整合機構（マッチングボックス）からブースバーを介して真空容器と接続し、シャワープレートとサセプタの間でキャパシタを構成し、反応室側壁から整合機構に戻る電気回路を作る。シャワープレートとサセプタの間にプラズマを誘起し、供給された原料ガスからラジカルやイオンを始めとするプリカーサを生成し、ウェーハ表面に製膜する。ウェーハ直上でラジカルなどが生成されるため失活の影響は少ないが、高周波電力の給電点や整合機構を設ける必要があり、反応室の構造が複雑になる。

2.3 バッチ式装置
2.3.1 装置構造

バッチ式装置の全体図とウエーハを積載したボートがローディングエリアからヒータにロード（リフトアップ）される様子を図2.5に示した。バッチ式装置はI/Oポート、キャリアストッカー、ローディングエリア、ヒータ、ガス供給＆排気ボックスで構成される。I/Oポートはウエーハキャリアを介して、装置と装置を結ぶインターフェースである。自動で搬送されたウエーハキャリアはI/Oポートから装置の中に取り込まれる。フープに入った25枚のウエーハはウエーハトランスファーで一括処理（約100〜150枚）可能なボートに移載される。ウエーハ移載後の空のフープはキャリアストッカーに一時的に保管される。ウエーハが移載されたボートはあらかじめ加熱されたヒータの中にロードされ、キャップでクローズされ真空引きされる。加熱されたウエーハはガス供給ボックスからソースガスと酸化/還元ガスが供給され、ウエーハ上に製膜され、使用後のガスは排気ボックスから装置外に排気される。CVD製膜後、キャップがオープンされボートがアンロード（ヒータから下ろすこと）される。この時、高温化したウエーハをそのまま搬送するとウエーハトランスファーが熱により破損したり、フープから有害物質が生じるためボートに積載されたウエー

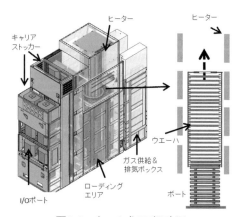

図2.5 バッチ式CVD概略図

ハはN₂ガスにより所定の温度まで高速冷却される。冷却されたウエーハはウエーハトランスファーでフープに戻され、ウエーハキャリアはI/Oポートから次の装置に搬送される。

2.3.2 加熱方式

ヒータの加熱方法はカンタル線の抵抗加熱である。バッチ式CVD装置開発の難しいところはウエーハ面内の温度均一性ばかりでなく、約100〜150枚のウエーハすべての（以後、ウエーハ面間）温度を均一にしなければならないところである。そのため、ウエーハの温度均一性は厳しく制御され、定常状態でウエーハ面内とウエーハ面間の両方の温度差はプラスマイナス1℃以下で制御される。こうした温度制御を実現するために、ヒータはウエーハ100枚一括処理タイプでは5ゾーン、ウエーハ150枚一括処理タイプでは7ゾーンに分割制御される。ウエーハは主に側面からの放射により昇温されるが、ボートの最上面と最下面には熱源が存在せず、それぞれ上方向と下部方向へ熱逃げが生じる。そのため、上下の断熱性を高めるためにダミーウエーハをボートに追加したり、保温筒を設けるなどの工夫が施されている。ヒータの制御で難しいのは定常状態よりもむしろボートの昇降過程である。ボートをヒータにロードするときは、ウエーハはヒータからの放射熱によってウエーハ外周から昇温される。この時ウエーハセンターとウエーハエッジでは温度差が生じ、この温度差が大きいとウエーハ反りやスリットと呼ばれるクラックが生じる。同様にボートをヒータからアンロードするときも放射により、ウエーハ外周から熱逃げが起こるので、面内温度差がつく。これらを低減するため、ボート昇降時の速度の最適化や分割ヒータの制御、N₂冷却ガスの吹き出し量が細かく設定される。以上の説明は加熱源が熱のみの場合であるが、高精細化の流れと低温化プロセスのニーズから熱ALDでは実現できないプラズマアシスト型バッチALDシステムも開発されている。この場合、加熱方式は抵抗加熱とプラズマになる。酸化/還元ガスはCCPプラズマボックス内を通過することで酸化/還元ガスが分解され、反応性の高いラジカルが生成される。そのラジカルを反応容器内に供給することでプラズマダメージレスの低温化プロセスが可能となる。ところが、

プラズマを利用した低温化とはまったく逆の高温装置のニーズもある。SiCエピタキシャル製膜装置のような2000℃近い高温が必要なプロセスの場合、ホットウオールで基板を昇温するためには高い消費電力量が必要である。この場合、装置部材は高い熱安定性も求められることから装置化が困難なため、高い温度までピンポイント加熱が可能な誘導加熱方式が採用されたケースもある。以上のようにバッチ式と言っても、熱CVDからプラズマアシスト型ALD、誘導加熱装置と様々に装置が開発されている。

2.3.3 ガス供給法

図2.6にチャンバーへのガス供給方法として、アップフロー型のガス供給法とクロスフロー型のガス供給法を示す。これらのガス供給方法ではウエーハに対して偏向した片流れになるため面内均一性は得られない。そのため、ウエーハを積載しているボートは回転機構を持つ。最初にアップフロー型のガスの給排気を説明する。ヒータ内のチャンバーは石英でできた二重管構造となっている。外側がアウターチューブ、内側をイナーチューブと呼ぶ。このイナーチューブ内にウエーハを積載したボートがロードされる。イナーチューブの上部は円形の穴があり、アウターチューブとつながっている。プロセスガスはボー

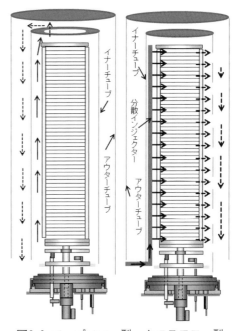

図2.6 アップフロー型　クロスフロー型

ト下部のイナーチューブとボートの間から供給され、この間をガスが上方に流れることになる。この流れの場合、ウエーハ面上にはプロセスガスが流れず、プロセスガスはガス拡散により供給されることになる。拡散速度は拡散係数、断面積とガス濃度差の関数となるため、プロセスの最適化として、プロセス圧力や温度、ウエーハ間のピッチがパラメータとなる。アップフロー型で均一性が確保できるのはガス供給に比べて表面反応が遅い表面反応律速過程の場合である。一方、表面反応が速い場合は（供給律速過程）、拡散輸送だけではプロセスガスの供給が追いつかず、ウエーハエッジのガス消費が大きいため、ウエーハセンターの膜厚が薄くなる。その場合に有効なのがクロスフロー型となる。クロスフロー型の特徴はソースガスや酸化/還元ガスを流れによってウエーハに直接供給できることである。クロスフロー型はCVD型や熱ALD、プラズマアシストALDと多岐にわたるため、共通した構造のみ説明する。アップフロー型の構造と大きく異なるのは、給排気構造である。ガス供給は分散インジェクターと呼ばれる円筒で、ウエーハ方向に穴が開いている。その穴から、ウエーハ方向にプロセスガスが供給される。気相、及び表面反応はそれぞれのプロセスで異なるため、ウエーハ間のピッチや、分散インジェクターの穴の数は製膜するプロセスガスごとに個別に最適化される。また、排気はクロスフローになるように、イナーチューブの側面に穴を開けることで排気ポートのあるアウターチューブとつながる。このイナーチューブの排気穴の径も、プロセスガス流量や分散インジェクターの穴の数により構造が変わるためシミュレーションによるガス流れの最適化は必須である。

2.3.4 プロセス

バッチ式装置の製膜プロセスを簡単に紹介する。まず、SiH_4やSi_2H_6を原料ガスとしたa-Siが挙げられる。このSiは必要に応じてリンやボロンがドープされる。また、バッチ式CVD装置はもともと酸化炉なので、ウエーハのドライ酸化、水蒸気酸化、ラジカル酸化に対応している。さらに、層間絶縁膜であるSiO_2膜ではTEOS(Tetraethyl orthosilicate)/O_2やSiH_4/N_2O、3DMAS(Tris[dimethylamino]Silane)/O_2などが用途によって使

い分けられる。また、higk-k材料であるZrO_2、HfO_2などの製膜にも対応している。

2.4 自公転式装置

2.4.1 装置構造とその役割

近年、MOCVD法にて作成される電子デバイスは一度に成長させるウエーハ枚数を多くすることにより生産のコストダウンを達成させている。LED、パワーデバイスにおいても同様に、装置の大型化が進んでおり、サイクルタイムの向上のため、自動ウエーハ搬送機構を備えている。LEDの量産については、1996年には2インチウエーハ3枚の装置が開発され、現在は2インチ121枚が一度に製膜可能である。それに対して、パワーデバイス用Siウエーハ8インチでは、5枚のウエーハが一括に製膜できる。大型のMOCVD装置の開発では、ウエーハの大口径化や一度に処理するウエーハ枚数を増やしたとしても、各ウエーハの膜厚分布や組成分布は、良好な製膜結果を維持しなければならない。そのためには、各ウエーハ上に流れるガスの流れを制御することや温度分布などを制御することが、重要なキーテクノロジーとなる。温度分布の管理には、サセプタの表面全体の温度が常に均一に保たれるように、in-situの表面温度モニタリングシステムを用いており、ウエーハ温度状態やそりなどを把握するには、優れた機能を発揮している。一方、ガスの流れを制御する方式には、ウエーハに対して、縦方向に原料ガスを流す方式と横方向に原料ガスを流す方式に大きく方式を分けることができる。このウエーハは、サセプタと呼ばれる土台に複数枚置くことにより、多数枚の製膜プロセスを行っており、均一性を確保するために、公転方式と公転に加えてウエーハ自体を自転させた自公転方式が用いられている。MOCVD装置メーカには、ドイツのAixtron社、アメリカのVeeco社、日本の大陽日酸社などがあげられるが、ここではシャワーヘッド方式およびインジェクター方式の両方のガスフロー方式を持つアイクストロン社の装置について以下にそれぞれの特徴について示す。

2.4.2 ガス供給法と加熱方式

上述したように、ガスの流れはウエーハに対して縦方向と横方向に大きく分けられる。縦方向に

プロセスガスを流すタイプは、シャワーヘッド型と呼ばれ、横方向のタイプはインジェクター型と呼ばれている。以下にそれぞれの方式について示した。

(1) シャワーヘッド型（垂直方式）

図2.7に示すように、原料ガスの噴き出し口がシャワーヘッドになっており、直径数ミリの無数の穴から原料ガスが噴き出される。このシャワーヘッドは2.2.2で述べたような水冷のポストミックス型構造を持ち、III族とV族のガスはそれぞれ独立にシャワーヘッドへと導入され、ウエーハ上で均一なガスとなるように噴出される。また、シャワーヘッドとウエーハまでの距離は非常に近く、クローズ・カップルド・シャワーヘッド技術と呼ばれ、ウエーハを置いたサセプタを公転させることにより均一な製膜を実現している。加熱方式には、抵抗加熱が用いられており、複数のゾーンに加熱範囲が分けられ、それぞれのヒータにより独立に温度制御されている。このゾーン加熱の温度調整により、膜厚やドーピング量などの成長プロセスを制御している。この他、シャワーヘッドとウエーハ間の距離を変化させることにより、プロセスをコントロールすることも可能である。

(2) インジェクター方式（水平方向型）

この方式は図2.8に示すようにサセプタの中央から横方向に原料ガスが流れる方式である。インジェクターと呼ばれる中央の部分からウエーハまでは、ラミナーフロー（層流）である水平方向の

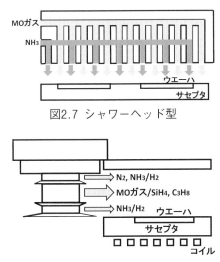

図2.7 シャワーヘッド型

図2.8 インジェクター型

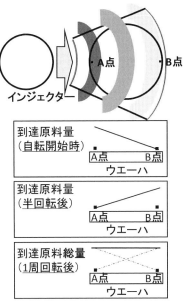

図2.9 ウエーハ上の原料総量

ガスの流れを利用し、均一性を確保している。この噴き出される原料ガスはインジェクターに近い部分では原料の濃度が濃く、ウエーハを自公転させることにより、膜厚や組成、ドーピング量などを制御している。図2.9にインジェクターから噴出されるガスとウエーハのトップビューを示す。原料のガス濃度がインジェクターに近い中央部分から段々と薄くなって行っていることが分かる。この濃度分布はキャリアガスの流量を変化させることにより調節することができる。この図よりウエーハの回転開始時には、A点に到達する原料ガスの量はB点に比べて多いことが分かる。このままウエーハを自転させず公転のみを行うとウエーハの膜厚分布は図2.9に示すような分布となってしまう。次にウエーハを半回転させると、B点がA点にくることとなり、原料ガスの総量は1回転すると平均化され同じ量の原料がウエーハ上に届くこととなり、原料ガス濃度が一定になるため、ウエーハ全面で均一性を確保することができる。細かな均一性の調整には、原料ガス、キャリアガスの総流量を変化させることにより調整することが可能である。ウエーハの加熱には、誘導加熱方式を利用しており、非接触の加熱方式を用いており、昇温・降温レートが早いのが特徴である。

2.4.3 プロセス

主にレーザやLED、そしてパワーデバイスなど

のGaN系プロセスでは、今回紹介したシャワーヘッド方式、インジェクター方式の両方式が量産装置として各デバイス製造に使用されている。一般的に使用されている原料として、III族原料としてはTMGa(Tri Methyl Gallium)、TEGa(Tri Ethyl Gallium)、TMA(Tri Methyl Aluminum)、TMI(Tri methyl Indium)、V族原料として アンモニア、n型ドーパントおよびp型ドーパントには、SiH_4やCp$_2$Mg(Bis Cyclopentadienyl Magnesium)などが用いられている。具体的なプロセスの結果では、GaN on SiのHEMT用の製膜では、8インチウエーハにおいて膜厚均一性0.7%を達成しており、大口径のウエーハへの製膜に対しても良好なプロセス結果を得ている。詳しいプロセス結果については、後述の項にて詳しく記述されている。一方、パワーデバイスのSiC系材料ではインジェクター方式の装置が使用されており、1600℃程度の高温プロセスとなるため、各部材が高温に対応した仕様となっている。原料には、Si原料としてはSiH_4、C原料としてC_3H_8やC_2H_4などが用いられている。製膜結果として、6インチウエーハにおいて、膜厚8.9μm、膜厚均一性2.4%、ドーピング濃度$1.19\times10^{16}cm^{-3}$において、ドーピング均一性は3.7%を実現している。

2.5 FPD用大型枚葉式装置
2.5.1 装置構造の特徴

フラットパネルディスプレイ（以下FPD）用大型枚葉式装置は、構造上の構成要素の点では、2.2節で述べた枚葉式装置と本質的には同じである。図2.10に示すように、反応室上部には原料ガス導入ポートがあり、導入したガスを基板サイズまで分散させる分散機構と、細い穴を一定ピッチで基板サイズの範囲に開けたシャワープレートでシャワーヘッドを構成する。導入されたガスは、シャワーヘッドを通過することで基板に対して均等に供給される。基板を設置するステージ外周と反応室側壁との間が排気流路であり、反応室底部に排気ポートを設ける。排気流路のコンダクタンスを調整することで、基板に供給されたガスはステージ外周部から均等に排気される。基板ステージには加熱機構が内蔵されていて、基板を所要の処理温度に加熱する。反応室上部には高周波電力の印加点があり、整合機構からブースバーを介して真空容器と接続し、シャワープレート、基板ステージ、反応室側壁を通る電気回路を構成する。シャワープレートと基板ステージの間にプラズマを誘起することで、供給された原料ガスからラジカルやイオンなどの反応種を生成し、基板表面に所要の膜種を製膜する。

FPD用枚葉式装置で処理する基板の寸法は、半導体用シリコンウェーハと比較して著しく大きい。表2.2に基板世代ごとの寸法を示す[7]。最近は、FPDを使用したテレビやモニターの画面サイズが従来にもまして大きくなる傾向にあり、これに対応してさらに大きい寸法の基板開発も進んでいる[8]。このように大型化する基板に製膜処理するために、装置は半導体用の枚葉式と比較して、水平方向の寸法は約7倍から10倍スケールアップしている。一方、鉛直方向は半導体用と同程度の高さである。水平方向と鉛直方向でスケールアップ幅が異なるにも関わらず、製膜速度や膜厚あるいは膜質均一性は半導体と同程度であることが要求されるため、FPD用枚葉式では、導入した原料ガスを水平方向に分布が生じないように分散させる技術が開発され、要求される性能を実現する反応室構造が実機搭載されつつある。

以下では、FPD用大型枚葉式装置を構成する、シャワーヘッドを中心とするガス供給系、排気系、基板加熱機構、プラズマ機構、クリーニング

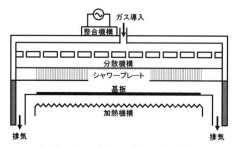

図2.10 FPD用大型枚葉式装置の構成

表2.2 基板世代と寸法[7]

基板世代	寸法(mm)
G4	880×680
G5	1300×1100
G6	1800×1500
G7	2200×1870
G8	2460×2160

機構について、技術的要点を述べる。

2.5.2 ガス供給系

　ガス供給系は、ガス導入ポート、分散機構、シャワープレートから構成される。導入するガスを反応室内に均等に分散させるために、ガス導入ポートは反応室中心に配置することが理想であるが、プラズマの電界密度分布などが電気回路の形状対称性に強く依存するため、整合機構を中心に配置する必要がある。このため、ガス導入ポートは図2.11（a）に示すように中心を外した位置、または図2.11（b）のように整合機構を囲むように配置する。これにより、水平方向のガス分散に分布が生じる可能性があるが、以下に示す分散機構とシャワープレートの調整により分布を抑制する。

　分散機構は、ガス導入ポートとシャワープレートの中間に、鉛直方向に間隔をあけて複数枚の板を配置することが多い。各板には穴、スリット、メッシュなどの開口を設けて導入したガスを反応室中心から側壁付近まで分散させる。板の枚数、開口の形状や配置は、要求される膜厚や膜質均一性を実現するように、様々な工夫がなされている。

　シャワープレートは、細い穴を基板サイズと同程度の範囲に一定ピッチで開けた板である。プレート厚さと穴直径は、基板上の圧力分布と比較してシャワーヘッド内の圧力が充分高くなる差圧を得るコンダクタンスであること[3]、プラズマが基板側からシャワーヘッド内に侵入しないペクレ数であること[4]、などを考慮して決定する。一般的には直径1mm前後であることが多い。穴の断面は、前記要点を満たすために、円筒状、テーパ状、またその組み合わせなど様々な形状が提案されている。穴個数が少ない場合、穴1個あたりのガス流量が多くなり、穴から吹き出すガス速度が過大になって穴直下の膜厚が極端に大きくなる可能性が高くなる。この現象が起きない範囲に穴1個あたりのガス流量を抑え、かつ上記コンダクタンスとペクレ数を満たすように穴個数を決定する。G8世代用装置の場合は数万個になる。

2.5.3 排気系

　反応室底部には基板ステージを支える支柱があるため、中心に排気ポートを配置することができない。そこで、図2.12（a）に示すように支柱近傍にポートを設けるか、図2.12（b）のように側壁近くにポートを複数分散して設けることが考えられる。しかし基板サイズが大きいために、いずれの場合も任意の位置からポートまでの距離に長短の差が大きく、ポート配置だけでは、基板からの均等排気を実現することは難しい。そこで、図に示した排気流路の幅を狭くする、庇状に流れの障害物を設けるなどを組み合わせることでコンダクタンスを調整し、均等排気の実現を図る。

2.5.4 基板加熱機構

　一般に、基板の面内温度分布の均一性は数℃以内であることが要求される。基板ステージは外周側面や底面の面積が大きいため熱が逃げやすく、中心部はステージ支柱の影響で局所的に熱が逃げやすい構造である。このため基板の面内温度は複雑な分布になり、特に基板コーナー部は温度が低くなる傾向が強く、高温プロセスほど要求される温度分布を実現することが厳しくなる。そこで、ステージに内蔵するヒータを外周用と内周用にゾーン分割して独立に制御する、コーナー部のヒータ線配置を密にする、支柱に独立したヒータを設ける、など加熱機構を最適化して、基板面内

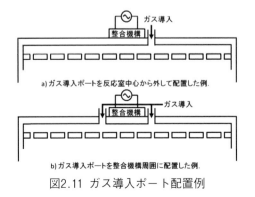

図2.11　ガス導入ポート配置例

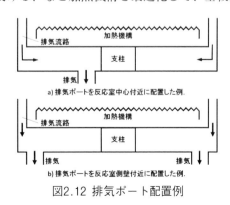

図2.12　排気ポート配置例

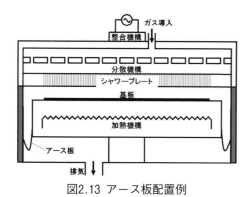

図2.13 アース板配置例

の温度分布均一化を図る。

2.5.5 プラズマ機構

高周波電力の給電点と整合機構が反応室中心から外れた位置にあると、基板上の電界強度などの分布に非対称性が生じる。これを抑制するためには、整合機構を反応室中心に配置する必要がある。その結果、ガス導入口の位置が反応室中心を外れることになり、導入したガスの流れに非対称性が生じるが、この抑制については前項2.5.2で述べた。

整合機構を始点終点とする電気回路を構成するために、図2.13に示すように、基板ステージ外周壁の全周と反応室側壁の間をアース板と呼ぶリボン状の金属板を複数枚配置して接続する。アース板はインダクタンスを調整するために、形状を適正化し、排気流路の障害物とならないことも考慮して本数を増減する。

2.5.6 クリーニング機構

製膜処理枚数が増えるにしたがって、基板ス

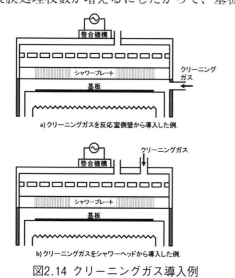

図2.14 クリーニングガス導入例

テージやシャワープレート表面、特に基板に対向するプレート下面には反応生成物が付着し、パーティクルの原因となる可能性がある。そこで、定期的にフッ素系ガスのラジカルを反応室に導入してドライエッチング処理することで、反応室内をクリーニングする。

クリーニングガスは図2.14（a）に示すように、シャワープレートと基板ステージの間の反応室側壁から導入する場合と、b)のようにシャワーヘッド内から導入する場合がある。a)は開口が大きい導入ポートを設けることができるので、導入されるラジカルがステージやシャワープレートに到達する前に失活する割合を抑制することができる。一方、ステージやシャワープレートの導入ポート直前の領域はオーバーエッチングされやすい。そこで、導入ポートを複数に分散して、オーバーエッチングを抑制している場合もある。b)はラジカルをシャワーヘッド内に導入するため、2.5.2で述べた原料ガスと同様に基板ステージやシャワープレートに均等に供給され、局所的なオーバーエッチングは起きにくい。しかし、ラジカルがシャワープレートの細い穴を通るため失活する割合が大きくなる。穴断面形状を工夫することで失活を抑制する。

2.6 CVD装置のシミュレーション
2.6.1 汎用ソフトウェアを用いた熱流体解析

CVD装置は、ほぼ全て加熱機構を有しており、冷却機構も含めた温度の制御が欠かせない。気相および表面で生じる反応も重要であるが、実プロセスで利用されている律速過程の多くは輸送律速であることから、製膜させたい領域へガスを均一に供給する必要があり、熱流体シミュレーションを行う意味は極めて大きい。ALDのように表面反応が律速するプロセスにおいても、スループットを少しでも上げるためには製膜させたい面に均一に供給することが望ましく、ガスの導入・排気を含めた非定常のシミュレーションも重要である。

近年はマルチフィジックスを扱える商用ソフトウェアも複数あり、抵抗加熱や誘導加熱、ランプ加熱などを熱流体の解析と同時に行うことも可能である[9-11]。特にcold wall型の装置において、高温部の温度が数100℃を超える場合は、熱伝導

や対流よりも熱放射による熱の輸送が大きくなり、熱放射を考慮した解析が必要となる。また、気相や表面の反応速度が温度に対して敏感であるだけでなく、例えば電気抵抗率のような膜特性も製膜温度に敏感な場合が多いため、製膜面の温度の均一性に±数℃が目標とされることも多い。製膜面のサイズが大きくなるにつれて温度の均一性を保つことは益々困難となり、シミュレーションによる事前検討が効率的な装置設計に不可欠となってきている。

2.6.2 誘導加熱型CVD装置の計算例

実験と比較・検証した論文[12]を参考に、CFD-ACE+[10]を用いて誘導加熱を考慮した熱流体解析の例を以下に紹介する。CVD装置は軸対称形状に近いことから、モデルは二次元軸対称とした。計算モデルの概要（上半分に計算格子、下半分にアウトライン）を図2.15に示す。

熱解析に利用された条件は、圧力：1000mbar、H_2流量：2SLMとなっている。H_2とHeは、他のガスと比較して比熱が大きく反応炉内の温度分布に与える影響が大きいので、温度の測定の際にもN_2等で代替せず、実際にH_2とHeを流して計測することが肝要である。サセプタ（材質：グラファイト）は、石英管の外側に配置された10ターンのコイルに50kHzの周波数を印可して誘導加熱され、サセプタ表面でおよそ1650℃になるよう電流値を変更することによって調整される。本計算モデルでは、コイルは水冷されて室温程度に制御されていると仮定して温度一定とした（従ってコイル内部の発熱は考慮しない）。なお、断熱材もサセプタほどではないが、誘導加熱により加熱される。コイルを取り囲む空気は、本モデルでは流体として考慮せず、光学的に透明な固体としてモデル化した。

物性値については、グラファイトの熱伝導率および電気抵抗率について温度依存性を考慮した。断熱材と石英についても熱伝導率の温度依存性を考慮した。流体部（本モデルではH_2）については、Kinetic Theory（気体分子運動論）を用いて計算する手法もあるが、論文と同様に密度についてはIdeal Gas Law（理想気体を仮定）を、粘性係数についてはSutherland's Law（サザーランドの式）を、比熱と熱伝導率については多項式近似による温度依存性をそれぞれ考慮した。

シミュレーションでは、熱伝導や対流は勿論、熱放射の考慮が重要であることを述べた。本モデルでは、放射モデルにDiscrete Ordinate Method(DOM)を用い、石英に対しては波長依存性を考慮した。固体間の熱抵抗については、本モデルでは考慮しなかった。一般に温度が高い領域では、熱の移動は熱放射が支配的であり、サセプタと断熱材の間の熱抵抗については、その影響は小さいことが期待される（Cold wall型の装置の場合、熱抵抗の考慮はしばしば重要となる）。以下、シミュレーション結果を幾つか示す。

温度分布とパワー散逸密度の分布を図2.16に示す。パワーがもっとも消費されているのは、サセプタのコイルに近い側の端部であるにも関わら

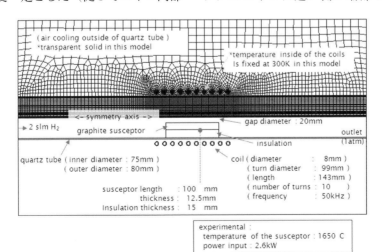

図2.15 計算モデルの概略（上：計算格子, 下：アウトライン）

第3編 薄　　膜

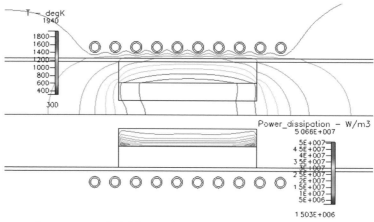

図2.16 サセプタ近傍の温度分布（上）パワー散逸密度（下）

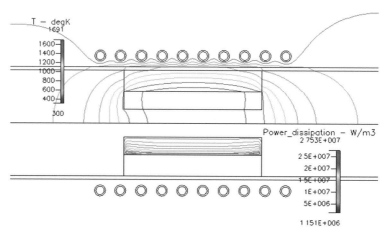

図2.17 サセプタ近傍の温度分布（上）パワー散逸密度（下）：周波数30kHz

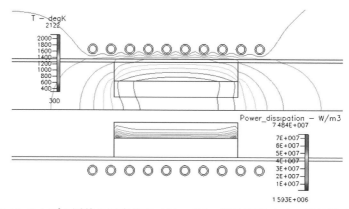

図2.18 サセプタ近傍の温度分布（上）パワー散逸密度（下）：周波数70kHz

ず、サセプタの温度は中央部で最も高い傾向を示す。この理由は、サセプタの端部では熱放射によってより多くの熱が逃げているためである。どのような箇所でパワーが消費され、またサセプタの内部を含めた温度分布がどのようになっているかを可視化できることはシミュレーションの大きな利点である。

温度分布の最適化を検討する上で、コイルに印可する周波数は主要なパラメータの一つとなる。周波数に依存した表皮効果が表れるためで、その

影響を見たい場合、周波数を変えたシミュレーションを実行することで容易に確認が可能である。電流値は同じ条件とし、周波数を30kHzおよび70kHzに変更したシミュレーション結果を図2.17および図2.18に示す。30kHzでは表皮厚さが増してパワーの掛かり方がより分散する一方で、70kHzにすると、表皮厚さが減ると同時に端部に集中する傾向が示されている。

周波数を変えた際のサセプタ表面の温度分布を図2.19に示す。電流値が同じ場合、より温度を上げるには周波数を上げた方が有利である一方で、温度の均一性を向上させるには周波数を下げた方が良いことが分かる。量産機のCVDプロセスでは温度の面内均一性が重視されることから、コイルを分割、あるいは異なる周波数のコイルを複数利用する等、コストを下げるために一つのコイルの幅を変更する等の工夫がなされる場合もある。

以上のように、混合ガスの熱流体解析にとどまらず、加熱機構まで考慮した熱流体解析が近年は盛んに行われている。更に、気相や表面の反応を考慮して実際に成長速度をシミュレーションすることも可能である[13]。詳細な気相および表面反応の構築も勿論重要であるが、数多くの素反応を考慮したシミュレーションは依然として計算コストが高く、現在も三次元の計算モデルではそれほど容易ではない。そのため、主要なガス種と反応ステップに着目したモデル(Reduced model)も盛んに検討されている。一般に、反応速度定数を推定するためには、製膜分布が最適化されたプロセス条件は適しておらず、逆に製膜分布が不均一となる条件を利用する。具体的には、一次元的な構造である円管型の反応炉を用いた解析[14]や、小さく狭い隙間への拡散を利用したMMC (Micro / Macro Cavity)法[14]等が知られており、これらを利用して反応律速過程や反応速度定数を推定することが可能である。常圧近傍のGaN製膜プロセスでは気相中で生成するパーティクルが問題となることも多く、プロセスに応じた気相および表面反応モデルの構築が必要となる。個別のプロセスシミュレーションについては、各プロセスの説を参照されたい。

2.6.3 シミュレーションを行うための準備

熱流体のシミュレーションを実施するには、以下のような準備が必用となる。①解析に必要となるガスの物性値（比熱やエンタルピー・エントロピーを計算するためのJANAF係数やLennard-Jonesパラメータ）、および固体の熱伝導率・電気伝導率（または抵抗率）の温度依存性、熱放射率などのデータ（部材に膜が堆積している場合、熱放射率はその膜の放射率）、②必要に応じて固体間の熱抵抗を考慮、③既存の装置における温度測定との比較・検証。これらを通じて実測結果を再現できるモデルを構築できると、装置の大型化や最適化の際に有効な指針を得ることができ、設計に要する時間と費用を大幅に低減することが可能となる。

現在は様々なデータベースが公開されており、物性値や反応レート等を調べたい場合に有用なサイトを幾つか紹介する。始めに、NISTに様々なデータが蓄積されており、例えば、Chemistry WebBook[15]を利用して数多くのガスの物性値を調べることが可能である（熱物性値はJANAF形式と若干形式が異なる）。また、Chemical Kinetics Database[16]から、気相反応の速度定数に関する情報が得られる。固体や高温融体については、産業技術総合研究所が運営している分散型熱物性データベース[17]も利用可能である。個別に論文を調べる必要が生じる場合もあるが、インターネット上で収集可能な情報も増えつつあり、有効に活用したい。

〈川上　雅人／三浦　豊／三宅　雅人／池田　圭〉

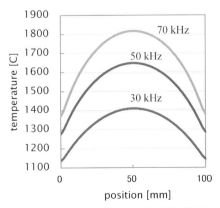

図2.19 異なる周波数に対するサセプタ表面の温度分布

第3編 薄　　膜

〔参考文献〕
1）橋本健治著：反応工学、培風館 1999年改訂第
　　12刷発行
2）www.tel.co.jp/museum/magazine/
　　material/150430_report04_03.
3）アルバック編　新版真空ハンドブック　オー
　　ム社(2002)
4）小宮山宏　速度論　朝倉書店(1990)
5）（2.3全般）http://www.tel.co.jp/product/
　　index.htm
6）（2.4全般）http://www.aixtron.com/en/home/
7）石川博幸　FPD用ガラス基板の現状と将来　旭
　　硝子研究報告 57 pp37(2007)
8）www.asahikohsan.com/12glass/
9）https://en.wikipedia.org/wiki/Ansys
10）https://en.wikipedia.org/wiki/CFD-
　　ACE%2B
11）https://en.wikipedia.org/wiki/COMSOL_
　　Multiphysics
12）O. Danielsson et. al. Journal of Crystal
　　Growth 235, p. 352, (2002)
13）O. Danielsson et. al. Journal of Crystal
　　Growth 243, p. 170, (2002)
14）H. Komiyama et al. Chemical Engineering
　　Science 54, p. 1941, (1999)
15）http://webbook.nist.gov/chemistry/
16）http://kinetics.nist.gov/kinetics/index.
　　jsp
17）http://tpds.db.aist.go.jp/index.html

第3節 半導体製造用CVDプロセス

3.1 多結晶シリコン膜

現在の半導体製造プロセスにおいて、多結晶シリコン（ポリシリコン、poly-Si）はMOS型トランジスタのゲート電極として広く用いられている。最先端ロジックデバイスなどにおいては、金属電極を用いたいわゆるメタルゲートに置き換わってきているが、旧世代のデバイスは依然としてポリシリコンゲートが主流である。図3.1にMOS型トランジスタの代表的なデバイス断面を示す。ゲート電極は（a）の箇所に相当する。その他の代表的な用途としては、フラッシュメモリにおけるコントロールゲート及びフローティングゲートや、DRAMにおけるキャパシタ電極がある。近年、フラッシュメモリでは、3D-NAND(V-NAND)といった三次元構造のメモリセルを持った新構造が開発されており、そのチャネル材料としても使用されている[1-3]。一方、DRAMでは、最先端ロジックデバイスのメタルゲート同様、低抵抗化を主な目的として金属キャパシタ電極へ移行している。図3.2、図3.3にそれぞれの代表的な断面構造例を示す。

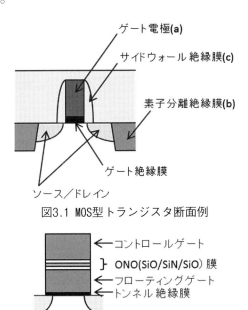

図3.1 MOS型トランジスタ断面例

図3.2 フラッシュメモリ基本セル断面例

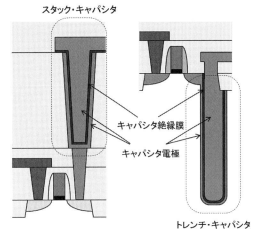

図3.3 DRAM断面例

ポリシリコンの製膜には、SiH_4やSi_2H_6を原料ガスとした減圧CVDが用いられる。抵抗を下げる目的で、PH_3、AsH_3、B_2H_6といったガスを添加して製膜することもある。P、As、Bがそれぞれポリシリコン中に添加（ドープ）されるため、そのようなポリシリコンをドープトポリシリコン(doped poly-Si)と呼ぶことがある。

装置は、縦型炉、横型炉といったバッチ式の減圧CVD炉が一般的である。多結晶製膜温度は、SiH_4の場合600～700℃、Si_2H_6の場合500～600℃である。これらの温度以下では多結晶状態にならずアモルファス状態で製膜される。アモルファス状態で製膜し、熱処理（アニール）することで多結晶化した膜は、FPD（flat panel display、フラットパネルディスプレイ）におけるTFT（thin film transistor、薄膜トランジスタ）の製造プロセスでも用いられる。

CVDによるポリシリコンの特徴の一つが、表面反応律速での製膜をすることで非常に被覆性（カバレッジ）の良い膜が得られることにある。その特徴を生かした代表的な用途が、トレンチキャパシタ型DRAMの電極や3D-NANDのチャネル層である。

3.2 シリコン酸化膜

CVDで製膜されるシリコン酸化膜(SiO_2)は、半導体製造プロセスにおいて非常に多くの工程で用いられている。主な用途は絶縁膜であり、その製造工程に適したCVDで製膜される。半導体製造プロ

セスを、トランジスタ形成工程周り(FEOL：front-end-of-line)と配線工程(BEOL：back-end-of-line)とに分ける場合がある。前述のポリシリコンは、製膜温度が500℃以上と比較的高いため、FEOLを中心に使用されるが、SiO₂は両工程において多く使用されている。

図3.1 (b) で示されるSTI (shallow trench isolation、シャロートレンチアイソレーション) は、素子分離技術として2000年あたりから広く用いられるようになった。その絶縁膜としてCVDによるSiO₂膜が用いられる。Siの溝をボイド(void)が無いように埋め込む必要があるため、以前は、TEOS(tetraethoxysilane)/O₃のSA-CVD(sub-atmospheric CVD)やSiH₄/O₂のHDP-CVD(high-density plasma CVD)が用いられた。近年、微細化が進み、更にアスペクト比が大きくなってきたため、膜を流動的に埋め込むFCVD(flowable CVD)と呼ばれる手法[4]や、CVDではない塗布法での製膜が開発されている。

図3.1 (c) のトランジスタ周りの絶縁膜にもSiO₂は用いられる。ゲート電極側壁のサイドウォールと呼ばれる絶縁膜は、良好なカバレッジが必要なのとプラズマによるダメージを避けるため、SiH₄/N₂O、SiH₂Cl₂/N₂O、TEOS(/O₂)などの減圧CVDで製膜される。製膜温度は700℃前後と比較的高温のため、HTO(high temperature oxide)と呼ばれる。

サイドウォールが形成されたゲート電極間を埋め込む絶縁膜の形成は、前述のSA-CVDやHDP-CVDが一般的である。以前は、SiO₂にB、Pを添加したBPSG(boro-phospho-silicate glass)を常圧CVDで製膜した後、800℃程度で熱処理してリフローし、表面を平坦化する手法が用いられていたが、製造プロセスの低温化要求により、400℃程度のCVDで製膜した後、CMP (chemical mechanical polishing、化学的機械研磨) により平坦化するプロセスに移行していっている。更に、前述のSTI同様、新手法も検討されている。

図3.4、図3.5にBEOLである配線層の代表的な断面を示す。配線間の絶縁膜としてもSiO₂が用いられる。配線材料であるAlやCuが高温（一般に約450℃以上）になると、信頼性低下の原因になるため、絶縁膜の製膜は通常約400℃以下で行われ

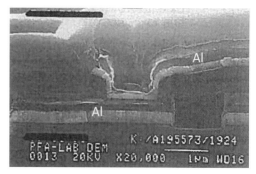

(a) Al-Al接続[5]

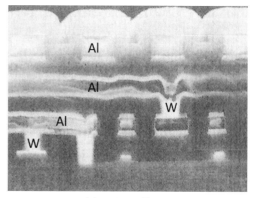

(b) Wプラグ使用[6]
図3.4 Al配線断面例

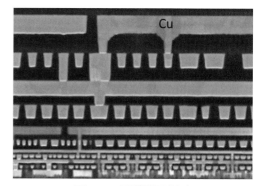

図3.5 Cu配線断面例[7]

る。また製膜自体が直接トランジスタ近傍に接することがないため、プラズマ系のCVDが主流となる。図3.4のAl配線の場合は、AlのRIE(reactive ion etching)で形成されるため、その凹凸を埋める必要がある。比較的カバレッジの良いTEOS/O₂のPE-CVD(plasma-enhanced CVD)や、塗布膜による段差緩和とSiH₄/N₂OのPE-CVDとの組み合わせや、SiH₄/O₂のHDP-CVDなどが選択される。図3.5のCu配線の場合、ダマシン法（3.4項参照）で形成されるため、絶縁膜は平坦な下地に対して製膜され

る。カバレッジへの要求はほとんどなく、通常PE-CVDが用いられる。Cu配線は、多層配線が必要な先端ロジックデバイスで広く採用されており、SiO_2よりも誘電率の低い絶縁膜が要求される。詳細については次項（3.3項）において説明する。

配線層の最上部には、外部からの水分や金属不純物の侵入を防止するために、パッシベーション膜と呼ばれる保護膜が必要である。膜特性としては後述のPE-CVDによるSiNが優れるが、このSiNが開発される以前は、減圧CVD、常圧CVDによる、SiO_2にPをドープしたPSG(phospho-silicate glass)を使用することがあった。近年は、SiO_2とSiNの積層構造がよく見られる。

3.3 Low-k膜

演算速度が重視されるロジックデバイスにおいて、微細化による配線層（特に下層配線）のRC遅延(RC: resistance and capacitance)が問題になり始めた1990年代あたりから層間絶縁膜にSiO_2よりも比誘電率の低い材料を使用する動きが活発になってきた。半導体プロセスにおいて、通常、比誘電率はk値、低誘電率膜はLow-k膜と呼ばれる。SiO_2膜のk値は、3.9程度であり、当初、SiO_2にFを添加したk値が3.5程度のSiOF（FSG: fluorinated silicate glassとも呼ばれる）が使用された。製膜は、SiH_4/N_2OやTEOS/O_2にF源としてSiF_4やC_2F_6を添加したPE-CVDが一般的であった。しかし、Fの添加により他の膜との密着性が悪い、効果的にk値の低減ができないなどの理由により、2000年前後、SiOFに代わる多くの膜が開発された。その中で、現在も主流になっているのがCを添加したPE-CVDによるSiOCである。CDO (carbon doped oxide)、OSG(organo-silicate glass)などと呼ばれることもある。k値が3.0程度のSiOCのためのC添加には、3MS(trimethylsilane)や4MS(tetramethylsilane)などが使用された。更に低誘電率化の要求により、多くの有機原料が提案された。例えば、代表的なものとしてDMDMOS (dimethyl-dimethoxy-silane)、TMCTS (tetramethyl-cyclotetra-siloxane)、OMCTS (octamethyl-cyclotera-siloxane)、DEMS (diethoxy-methyl-silane)などがある。

膜中の空孔率が大きくなると比誘電率は低下す

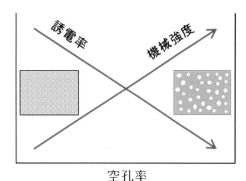

図3.6 空孔率と誘電率・機械強度の関係

る。その特性を利用して、PE-CVD時の原料にポロジェン(porogen)とよばれる有機成分を添加し、製膜後、熱処理により膜中からポロジェン成分を脱離させ、その空孔により比誘電率を低下させることがある。しかしながら、空孔率が大きくなると図3.6に示すように膜の弾性率、ヤング率といった機械強度が低下する。空孔率以外にも、空孔のサイズやSi、O、Cの結合状態によっても比誘電率、機械強度は変化する。PE-CVDの製膜条件の最適化が非常に重要である。

3.4 シリコン窒化膜

SiO_2と並んで、半導体製造プロセスにおいて多くのCVD工程で使用されるのがシリコン窒化膜である。通常、FEOLで使用され比較的高温の減圧CVDで製膜されるシリコン窒化膜は化学量論組成であるSi_3N_4と表記されるのに対し、主にBEOLで使用される低温のPE-CVDシリコン窒化膜は膜中に水素が残留しやすいためSiN:HやSiNxと表記されることがある。本稿ではこのPE-CVDによるシリコン窒化膜はSiNの表記で統一する。FEOLでの用途の一つとして、選択成長マスクがあげられる。LOCOS(local oxidation of silicon)と呼ばれる素子分離技術において、シリコンウェハ上の酸化させたくない部分をマスクする膜としてSi_3N_4が用いられる。一般にSiH_2Cl_2/NH_3の減圧CVDで製膜される。素子分離技術として前述（3.2項参照）のSTI構造を用いる場合にも、SiO_2をSiの溝に埋め込んだ後、CMPにより平坦化させる際のストッパ膜としてSi_3N_4が使用される。

ゲート電極のサイドウォール絶縁膜（図3.1(c)）にもSi_3N_4が使用される。デバイスの微細化

によりプロセスの低温化要求があり、700〜800℃で製膜するSiH$_2$Cl$_2$/NH$_3$から、500〜600℃で製膜可能なSi$_2$Cl$_6$(HCDS：hexachlorodisilane)/NH$_3$やBTBAS(bis-tertiarybutylamino-silane)/NH$_3$などが使用されるようになった。

BEOLでの代表的な用途がパッシベーション膜である。SiNは水分や金属不純物の拡散防止能力が高く、1980年前後から、ほとんどの半導体で使用されている。350〜400℃のSiH$_4$/NH$_3$によるPE-CVDで製膜され、製膜手法は、当初よりほとんど変わっていない。パッシベーション用途のSiNは、膜応力も重要な膜特性の一つである。例えば、引張応力(tensile stress)だとSiNにクラックが入りやすく、逆に大きな圧縮応力(compressive stress)だと下地にある配線を断線させる可能性がある。そのため、小さな圧縮応力を持ったSiNが望ましい。PE-CVDは応力の制御性に優れることも、SiN製膜に使用される要因の一つである。

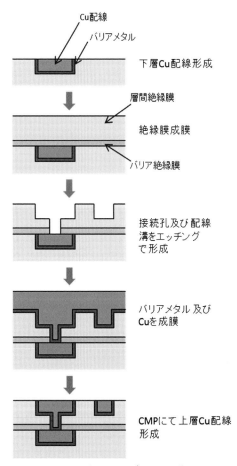

図3.7 ダマシンプロセス説明

Cu配線におけるバリア絶縁膜としてもPE-CVDのSiNが用いられる。CuはSiO$_2$中に容易に拡散する。それを防止するためにダマシン工程（図3.7）のCu CMP後に製膜する。バリア絶縁膜は、ダマシン工程においてSiO$_2$やLow-k膜をエッチングする際のストッパ膜としての機能も有する。SiNのk値は約7であるが、ロジックデバイスでは前述のLow-k膜同様、低誘電率化の要求がある。詳細は次項（3.5項）にて説明する。

メモリデバイス特有のプロセスにおいてもSi$_3$N$_4$は使用されている。まず図3.2に示すフラッシュメモリでは、制御ゲート（コントロールゲート）と浮遊ゲート（フローティングゲート）の間を絶縁するONO(SiO$_2$/Si$_3$N$_4$/SiO$_2$)膜におけるSi$_3$N$_4$の製膜にSiH$_2$Cl$_2$/NH$_3$やHCDS/NH$_3$の減圧CVDが用いられる。

図3.3に示すDRAMでは、キャパシタ絶縁膜としてSiH$_2$Cl$_2$/NH$_3$の減圧CVDによるSi$_3$N$_4$が用いられていた。微細化によるキャパシタ絶縁膜の高誘電率化要求に伴い、現状の先端DRAMにおいては後述（3.6項参照）のHigh-k膜が用いられている。

3.5 SiC膜

パワーデバイス半導体で用いられる炭化珪素(SiC)については、後述（4.4項参照）するため、本項ではシリコン半導体プロセスで用いられているSiCについて説明する。SiCは前項（3.4項）で述べたように、Cu配線のバリア絶縁膜の低抵抗化要求により、SiNに替わって2000年頃から使用され始めた。またSiNにCを添加したSiCNで使用されることもある。k値は4〜5に低減する。製膜には、3MS、4MSといった原料ガスによるPE-CVDが用いられる。SiCNの場合は、NH$_3$を添加する。バリア絶縁膜は、直接Cuに接する膜であり、その界面が配線のエレクトロマイグレーション耐性やストレスマイグレーション耐性といった信頼性に大きく影響を及ぼす。下地であるCuとの密着性は重要なパラメータであり、PE-CVDによる製膜の初期過程において、密着性向上のための前処理プロセスを導入することもある。

FEOLにおいても、ゲート電極のサイドウォールSi$_3$N$_4$の低誘電率化要求はある。しかし、プラズマを使用しない500℃程度の減圧CVDで高品質の

SiCを製膜することは難しく、未だ量産適用には至っていない。

3.6 High-k膜

MOS型トランジスタのゲート絶縁膜にはSiを酸化して形成されるSiO$_2$が長年使用されていた。デバイスの微細化に伴い、特性を維持するためにはゲート絶縁膜の膜厚を薄くしていく必要があるが、リーク電流が増加していくといった問題が生じてきた。その対策として採用されたのが高誘電率膜（High-k膜）である。当初は色々な金属酸化物が試行されたが、現状はHfO$_2$といったHf系が主流である。製膜材料としてはHfCl$_4$がよく使われる。通常、High-kのゲート絶縁膜の場合、その特性を生かすためにゲート電極はポリシリコンではなく金属膜いわゆるメタルゲートが用いられる。これらの膜はRIEで微細加工することが難しいため、図3.8に示すようなゲートラスト（replacement gateとも呼ばれる）プロセスが用いられる[8]。ゲート絶縁膜やゲート電極はダミーゲートを除去した後の溝の中に製膜されるため、良好なカバレッジが求められ、また絶縁膜の膜厚自体が数nmと非常に薄いことから、製膜には通常ALDが用いられる。

DRAMのキャパシタ絶縁膜にも、前述のSi$_3$N$_4$に替わって現在High-k膜が使用されている。Si$_3$N$_4$に替わるHigh-k膜として、当初、Ta(OC$_2$H$_5$)$_5$/O$_2$の減圧CVDによるTa$_2$O$_5$が開発されていた。しかし、Ta$_2$O$_5$はバンドギャップが他金属酸化膜に比べて小さく[9]、リーク電流に課題があった。近年、DRAMキャパシタ絶縁膜として注目されているのがZrO$_2$、Al$_2$O$_3$、HfO$_2$である。例えば、ZrO$_2$/Al$_2$O$_3$/ZrO$_2$のような積層構造にして使用される[10]。ゲート絶縁膜同様、数nm程度の膜厚であるため、製膜にはALDが用いられる。

3.7 金属膜

半導体製造プロセスにおいてCVDで製膜される代表的な材料がW（タングステン）とTiN（窒化チタン）である。

半導体デバイスにおいて、多層配線及び微細化の要求により、PVDで製膜されているAlの接続孔におけるカバレッジ不足が生じてきた。そのため、接続孔にカバレッジ良く埋め込むCVD膜としWのCVDが開発された（図3.9）。Wを接続孔に埋めた後は、平坦部に製膜されているWをドライエッチング（エッチバックともいう）やCMPにより除去し、接続孔内のWのみを残す。平坦になった下地に対してAlをPVDで製膜し、配線形状にエッチングすることで断線することなく多層配線を形成することができるようになった。Wはソースガスとして液体原料であるWF$_6$を用いた減圧CVDにより製膜される。一般に、金属膜のCVD原料には常温で気体のものはない。W以外にもMoなどの検討もさ

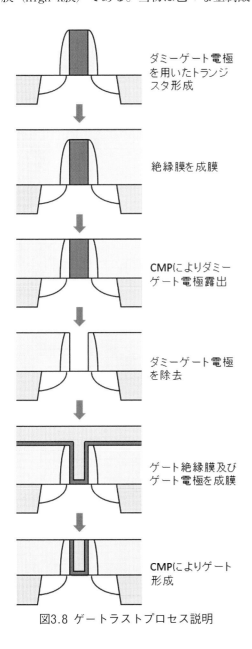

図3.8 ゲートラストプロセス説明

第3編 薄　膜

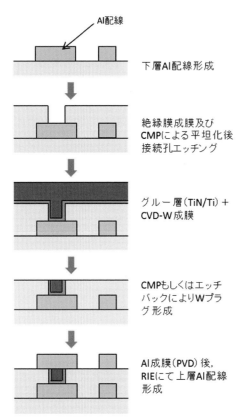

図3.9 Wプラグによる多層配線説明

れたが、CVD原料がMoCl$_5$のような固体原料しかなく、取り扱いが難しいことも、Wが広く用いられるようになった要因の一つである。WF$_6$を用いてCVDを行う際、まずSiH$_4$やB$_2$H$_6$を流して表面にSiやBの層を形成する（initiation stepと呼ばれる）。次にSiH$_4$やB$_2$H$_6$とWF$_6$とのプロセスによりWの核成長を行う（nucleation stepと呼ばれる）。その後に、WF$_6$とH$_2$を同時に流し、H$_2$の還元でWの製膜を連続的に行っていく[11]。

下地の違いによるWF$_6$の還元速度の差を利用したWの選択CVDの検討も行われた。SiO$_2$のような絶縁膜上には製膜されず、接続孔底のSiやAlなどの導電膜上のみのWが製膜されるため、上記のようなエッチバックやCMPの工程を追加することが不要になる。しかし、選択性の制御が非常に難しく、なかなか量産適用に至らない。

Wを使用する場合、下地に直接製膜すると、絶縁膜との密着性が悪いとか、下地がSiの場合WF$_6$がSiを侵食するといった問題があるため、Wと下地との間にグルー層(glue layer)とかバリアメタル(barrier metal)と呼ばれる金属膜が必要になる。通常、TiN/Tiが用いられ、当初はPVDにより製膜されていた。Wと同様に、デバイスの微細化によりPVDでは接続孔底部や側壁へのカバレッジ不足が顕在化し始め、これらについてもCVD化がなされてきた。まず、TiNのCVDが開発された。通常、液体原料であるTiCl$_4$とNH$_3$を用いた減圧CVDで行う。TiCl$_4$/NH$_3$での製膜の場合、反応副生成物としてNH$_4$Clが生じるため、CVD装置の排気側に付着しないよう注意が必要である。TDMAT(tetrakis(dimethylamino)titanium)やTDEAT(tetrakis(diethylamino)titanium)といった有機原料とNH$_3$によるMOCVDが使用されることもある。TiCl$_4$/NH$_3$に比べて低温で製膜が可能であるが、膜中の不純物の点では、TiCl$_4$/NH$_3$の方が有利である。半導体製造プロセスにおいては、必要に応じて使い分けている。

Tiについても検討がなされた。TiNの減圧CVDと同様の温度領域（400～600℃）では熱分解反応によるTi製膜ができないため、TiCl$_4$/H$_2$のPE-CVDが用いられる。

ゲート電極の抵抗を下げるために、図3.1のポリシリコンゲート電極上に金属シリサイド膜を積層させ、ポリサイドと呼ばれる構造にすることがある。その金属シリサイド膜としてCVDで製膜されたのがWSi$_2$である。CVD-Wと同様のWF$_6$と、Si源としてのSiH$_4$を使用する。しかし、CVDによるシリサイド膜から、ポリシリコン上にPVDでTi、Co、Niといった金属を製膜し、Siと金属と熱反応させ金属シリサイドを自己整合的に表面に作るいわゆるサリサイド技術へと移っていった。

その他、金属膜として、前述のHigh-k膜と組み合わされるメタルゲート電極材料としてTiN、TaN、TiAlなどのALDが開発されている。

BEOLにおけるCu配線のバリアメタルとして、通常、PVDによるTaNが用いられるが、その代替としてCVDやALDが検討されている。しかし、製膜に用いられるTaのソースガスが有機原料であり、どうしてもCがTaN中に残留し、PVDで製膜したTaNに比べて配線の信頼性の確保が難しいが、ALDについては、非常にカバレッジがよく将来のバリアメタル形成技術としての期待は大きい。

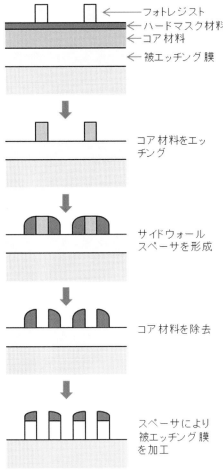

図3.10 SADPプロセス説明

3.8 アモルファスカーボン

これまで説明した膜以外に半導体プロセスにおいてCVDで製膜される材料にアモルファスカーボンがある。通常、原料ガスにC_3H_6やC_2H_2を用いたPE-CVDにより製膜される。主な用途はSiO_2などをドライエッチングする時のハードマスクである。フォトレジストよりも高い選択比が得られ、除去もフォトレジストと同様のアッシングプロセスが可能であるため、特に、高アスペクト比のエッチングをする際に用いられる。また、微細加工の手法として用いられるSADP(self align double pattering)プロセスにおけるコア部にアモルファスカーボンが使用されることがある（図3.10)[12]。ハードマスクにはSiO_2やSiNが用いられる。コア材料の場合も、アッシングにより除去されるため、半導体デバイス内には残らない。

〈筑根 敦弘／川上 雅人〉

〔参考文献〕

1) Jaehoon Jang, et al., et al, Symposium on VLSI Technology Tech. Dig., T10A-4, (2009).
2) Eun-Seok Choi, et al., IEEE IEDM Tech. Dig., 9-4, (2012).
3) Akihiro Nitayama, et al., Symposium on VLSI Technology Tech. Dig., T6-1, (2013).
4) Honggun Kim, et al., IEEE IITC Abstracts, 5-3, (2012).
5) Thomas Zoes, et al., Conference Proceedings, ULSI XI, Materials Research Society, (1996), pp.121-125.
6) H. Mizuhara, et al., Conference Proceedings, ULSI XII, Materials Research Society, (1997), pp.385-390.
7) S. Natarajan, et al., IEEE IEDM Tech. Dig., 3-7, (2014).
8) P. Packan, et al., IEEE IEDM Tech. Dig., 28-4, (2009).
9) J. Robertson, Solid-State Electronics, 49, (2005), pp.283-293.
10) D.-S. Kil, et al., Symposium on VLSI Technology Tech. Dig., T5-4, (2006).
11) Hauk Han, et al., IEEE IITC Abstracts, 3-9, (2012).
12) Hsin Tai, et al., ECS Transactions, 61(3), (2014), pp.67-71.

第3編 薄　膜

第4節 半導体製造用単結晶エピタキシャル
　　　　成長CVDプロセス

4.1 GaAs/InP系化合物半導体
4.1.1 概　　要

　As/P系のIII-V族化合物半導体は赤色から赤外領域の発光ダイオード、光通信波長（1.3および1.5 μm）で動作するレーザー、光増幅器・変調器などに用いられる。また、シリコンよりもキャリア移動度が高いことを活かした高速電子移動度トランジスタ(HEMT)やヘテロバイポーラトランジスタなどの電子デバイスにもIII-V族化合物半導体は必須の材料である。これらのデバイスに必要な単結晶薄膜構造を、組成、層厚、ドーピング濃度等を精密に制御し、かつ生産性よく結晶成長するために、CVDが多用される。

4.1.2 CVD原料

　結晶を構成する13族元素（Al,Ga,In等）の原料には、安定性や供給に必要な蒸気圧の観点から主にメチル化合物を用いる。一方で、15族元素にはAsH_3、PH_3などの水素化物原料を用いることが多い。ただし、これらのガスは毒性が強く、安全に運用するための供給・除害・保安システムが必須である。安全性の観点および製膜低温化の要求から、15族元素の原料としてもターシャリーブチル化合物等の有機金属を用いる場合がある。

4.1.3 CVDプロセスの圧力と温度

　III-V族化合物半導体のCVDは、大気圧もしくはその1/10程度の、比較的高い圧力で行われる。その理由の１つは、キャリアガスの必要性である。前述の有機金属原料は常温付近で液体であり、バブリングにより原料分子を不活性なキャリアガス中に蒸発させ、原料容器からウエハの位置へと原料分子をキャリアガスに載せて輸送する。このため、反応器内の原料分圧は、キャリアガスの分圧よりもはるかに小さい。逆にいえば、製膜に必要な原料分子よりも圧倒的に多くのキャリアガス分子が反応器内に存在するため、製膜時の圧力は高くならざるを得ない。製膜圧力が比較的高いもう

一つの理由は、デバイスに必要となる半導体の層構造にある。III-V族化合物半導体デバイスの機能発現には、異なる組成の結晶層を、原子層レベルで組成急峻な界面をもって積層することが求められる。とくに、光デバイスでは厚さ数ナノメートルの異種結晶層を多数積層した量子構造が必要となる。CVDでこのような異種結晶層界面を実現するためには、基板表面に供給される原料を時間軸上でステップ状に切り替える必要がある。低圧CVDプロセスでは、反応器の原料供給口からウエハ表面に至るまでに原料分子の気相拡散が速いため、異種原料を時系列でステップ状に供給したつもりでも、基板に到達する際には原料同士が混じりあってしまう。したがって、比較的高い圧力で層流をウエハ近傍に形成し、プラグ流として異なる原料分子を順次ウエハ表面に供給することで、組成急峻な異種結晶層の界面を形成している。

　以上のような理由から、III-V族化合物半導体のCVDには、常圧もしくは微減圧の層流型反応器を用いる。原料分子の分解をウエハ付近およびその若干上流でのみ起こして反応器壁への意図しない製膜を防ぐため、ウエハ付近のみを加熱するコールドウォール反応器が基本形態である。ウエハの温度としては、原料分子の気相分解に必要な温度のほか、原料が分解して生じた製膜前駆体が結晶表面で十分に表面拡散し単結晶成長を促すだけの高温が必要である。GaAs/InP系の場合は、原料の熱分解が製膜温度の決定要因になりやすく、概ね600 ℃付近で製膜される。PH_3を原料として用いる場合には、熱分解が遅いので50 ℃程度高温化する場合もある。

　半導体デバイスにおいては、結晶中のドーピングの濃度を精密に制御する必要があり、意図しないドーピングをもたらす不純物の取り込みは極力低減しなければならない。有機金属を原料に用いる場合、炭素不純物の取り込みが問題となる。上述の温度領域では13族の有機金属原料の分解は不完全で、炭素を含む製膜前駆体が結晶表面に到達する。したがって、結晶に取り込まれる炭素不純物を低減するためには、15族原料（主にAsH_3、PH_3）およびその分解生成物との表面反応を促進し、有機金属原料に由来する炭素鎖を結晶表面から脱離させる必要がある。このためにも一定以上

646

の表面温度が必要であり、とくにAlを含む結晶の場合には600 ℃よりも高温で製膜が行われる。また、AsH$_3$やPH$_3$の分圧を大きくとって、炭素の除去を促すことも多い。

4.1.4 製膜速度・組成の制御

13族原料に対する15族原料の供給モル比を、V/III比と呼ぶ。V/III比が大きいことは、III-V族化合物半導体のCVDの特徴の１つである。これは、不純物取り込みを低減する目的でもあるが、より本質的には表面からの15族元素の蒸発が13族元素に比べて非常に起こりやすいことに由来するものである。すなわち、結晶表面でAsとPが不足しないように、15族原料の気相分圧を高めてAsやPの表面への供給を脱離よりも迅速に行う。典型的なGaAsのCVDでは、Ga原料に対して20倍程度の分圧でAsH$_3$を供給する。P系の結晶に関しては、PH$_3$の分解がAsH$_3$よりも遅いので、V/III比はさらに大きく、100程度に達する場合もある。

このようにAsやPを十分に表面に供給した場合には、13族元素と15族元素は厳密に１対１の組成比で結晶を構成する。これは、結晶の性質による自律的な組成制御である。一方で、13族元素、15族元素のなかでの組成比は、それぞれの原料の表面取り込みの相対速度で決まる。III-V族化合物半導体のデバイス応用上の最大の利点は、組成の異なる結晶層を積層して電子・正孔に対するバンド端のエネルギーを位置の関数として制御する、バンドエンジニアリングにある。したがって、各原料の気相分圧を操作変数として、CVDで形成される結晶の組成を制御することはIII-V族化合物半導体のCVDにおいて最も重要な項目である。

V/III比の高い条件で行われるIII-V族化合物半導体のCVDにおいて、製膜速度を決定するのは13族原子の表面への取り込み速度である。原料そのものは表面反応速度が比較的遅いため、原料供給口から基板近傍に至るまでの気相高温領域において13族原料の分解をある程度進めておき、その下流の気相で製膜前駆体が蓄積する地点にウエハを設置する。大気圧付近の比較的高い圧力のもとでCVDが行われるため、化学種の気相拡散速度が遅く、製膜速度は製膜前駆体の気相拡散により律速される。同じガス流速条件のもとでは、気相の製

膜前駆体の濃度は原料濃度に比例し、物質移動境界層を横切ってウエハ表面に到達する原料の流束は製膜前駆体濃度に比例するから、ウエハ表面に到達する製膜前駆体のフラックスは供給口における原料濃度に比例する。したがって、結晶中の13族元素の結晶組成は、供給口における原料の分圧比に比例する。

一方、15族原子は13族原子に比べて過剰供給されるので結晶表面に吸着飽和状態となっており、13族元素が１個取り込まれるのに伴い、吸着層から15族元素が取り込まれて13族と15族が１対１の化学量論をキープする。したがって、15族元素の結晶組成は、表面吸着層における15族元素の組成に比例する。15族元素の表面吸着量は、その前駆体（AsH$_3$やPH$_3$からの分解生成物でAs、P原子が複数結合したもの）の結晶表面への吸着・脱離平衡により決まる。AsとPを両方含むIII-V族化合物半導体においては、一般にAsの方がPよりも脱離の活性化エネルギーが大きく、脱離速度も小さい。したがって、低温で製膜するほど、表面吸着層が気相よりもAsリッチになりやすい。結晶のP組成を大きくするためには、供給するAsとPの原料分圧比率を相当Pリッチにする必要がある。

4.1.5 ドーピング濃度の制御

InPやGaAs、およびその混晶にドーピングするためには、ｐ型用にはZnを、ｎ型用にはSやTeを使うことが多い。14族のCやSiも用いられるが、これらは結晶中で13族元素を置換すればｎ型に、15族元素を置換すればｐ型になる。結晶組成によってどちらの族を置換するかが変化するため、注意が必要である。Znや14族の原料は13族原子と同様に気相分圧に比例する形で取り込まれるため、ドーピング濃度は不純物の原料と13族原料の供給分圧比で概ね線形に制御可能である。一方、16族の不純物原子は、表面でAsやPと同様に吸着飽和しやすく、AsやPの原料と16族不純物原料の供給分圧比をもとにドーピング濃度を制御するものの、気相分圧比と結晶中の不純物濃度の関係は線形から外れることがあり注意が必要である。

4.1.6 反応器形状

前述のようにIII-V族化合物半導体のCVDは大気

圧付近の比較的高い圧力を用い、ウエハ近傍に供給する原料を瞬時に切り替えることを重視するため、反応器中に層流を形成することが重要となる。その実装法としては、ウエハに対してガスを水平に流す横型層流と、ウエハに対して垂直にガスをぶつける形の縦型層流がある。後者の場合、基板を載せたステージを高速回転させてガス流をウエハ方向に引き込み、製膜速度の制御因子である物質移動境界層の厚さを回転数により制御することもできる（ただし、装置構成はその分複雑になる）。

横型層流の場合、ウエハ設置位置の上流で13族原料を分解して表面反応活性の高い前駆体を形成して、それを含むガスが基板上部を横切る際に、前駆体の結晶への取り込みと流れによる下流への輸送が同時進行で起こる。したがって、ガス流の上流から下流にかけて製膜速度が単調減少する分布が生じる。縦型層流の場合には、原料導入口であるシャワーヘッドからウエハ近傍に至るまでのガス滞留時間は、半径方向にほぼ一様である。このため、ウエハステージ全面にわたり均一な製膜速度を得やすい。

デバイスの種類にもよるが、III-V族化合物半導体のCVDには数時間を要するため、生産性の観点からは一度に多数枚のウエハを処理できる装置が求められる。

横型層流の場合、単純に大きな直方体型の横型層流反応器に多数のウエハを装填すると、上流から下流までに多くのウエハが存在してそれらの製膜特性を均一化することが難しくなる。この問題を回避するために、円盤の中心から外周に向けて原料ガスを半径方向に流すプラネタリ型反応器が用いられる（図4.1.1）。さらに上流と下流の製膜速度差を平準化するため、ウエハをゆっくりと回転させることが多い。

縦型層流のシャワーヘッド型でも、ウエハステージが大型化して半径が大きくなると、中央と外周部の製膜特性の差が顕在化してくる。このため、シャワーヘッド型でもウエハの回転を併用する場合がある。なお、これらの遅いウエハ回転は、ウエハ近傍の層流にはほとんど影響しない。一方で、ウエハステージを高速回転させる場合には、回転速度が大きいほどウエハステージに吸い込まれるガス流速が大きくなり、ウエハ表面への製膜前駆体の物質移動が促進されて製膜速度が上昇する。

シャワーヘッド型は、プラネタリ型に比べてガスの滞留時間がウエハ全面で一様であり、製膜特性を均一化する観点からは優れた反応器形状に見える。ただし、高温部でのガスの滞留時間を長くとることが難しいので、原料をいったん熱分解して反応活性な前駆体を生成してから製膜したい場合には、予熱時間を稼ぎにくい問題がある。とくに、分解の遅いPH_3などで問題となりやすい。その結果、シャワーヘッド型では原料利用効率が低下する懸念がある。

いずれの反応器でも、600℃付近まで加熱されたウエハステージが下に、冷却された反応器壁やシャワーヘッドが上に存在する際の温度差により、自然対流が生じて層流を乱す可能性がある。したがって、大気圧付近でもできるだけ低めの圧力でCVDを行うことや、高温のステージと対向する反応器壁・シャワーヘッドの間の距離を短くするなど、自然対流を防ぐ工夫がとられる。

また、原料導入に際して、13族と15族の原料が混ざって反応することを防ぐために、両者を別の導入口から供給することが多い。もちろん、原料容器から供給口に至るまでの原料供給系も13族と15族の原料では別々になっている。

他にも、高温のウエハステージを上部に設置してウエハ表面が重力方向下向きとなるフェイスダウン型や、バレル型反応器など独自の設計思想に基づく反応器が存在する。これらの反応器では、上述の留意事項に加えて、気相の寄生反応により生じたパーティクルがウエハに付着することを防止するように留意されている。

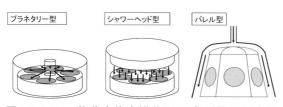

図4.1.1 III-V族化合物半導体CVDの典型的な反応装置形状

4.2 GaN系化合物半導体
4.2.1 概　要

GaNは、青色LEDの材料として、我々の生活に不可欠なものとなっている。また、近年では、携帯電話の基地局など高電圧に対応したスイッチ・増幅素子、いわゆるパワーデバイスとしての需要も拡大している。GaN系の材料としてはAlN、GaN、InNおよびその混晶があり、まとめて窒化物半導体と称される。可視光LED用途には$In_xGa_{1-x}N$、紫外LEDやパワーデバイス用途には$Al_xGa_{1-x}N$が機能部位として重要である。

GaN系もGaAs/InP系同様にIII-V族化合物半導体であり、そのCVDは基本的にGaAs/InP系と同じ特徴を有する。ただし、13族原子とNとの化学結合がより強固なため原子の表面拡散にはより高温を要し、基板温度は1000 ℃から1200 ℃（AlNの場合はしばしばそれ以上）となる。この高温は、PH_3に比べて極端に分解しにくいNH_3を活性化するためにも重要である。一方で、$In_xGa_{1-x}N$に関してはInとNの化学結合が弱く、高温成長ではInが結晶中に取り込まれにくい。したがって、可視光LEDの発光部位である$In_xGa_{1-x}N$の製膜温度は800 ℃以下となる。この低温でNH_3を活性化して結晶に取り込むのは非常に困難なため、$In_xGa_{1-x}N$の低温製膜においてはV/III比1000以上でNH_3を13族原料に対して大過剰に供給して、Nの取り込みを促している。

4.2.2 GaN成長の基板

InPやGaAsなど13、15族の元素がそれぞれ１種類の２元系単結晶では、融液から単結晶基板を作製できる。したがって、As/P系のIII-V族半導体のエピタキシャル成長では、これら２元系単結晶に格子整合する組成の結晶を積層する。一方、GaNは、２元系でありながら単結晶基板の作製が難しい。これは、融液に活性化した窒素原子を取り込むことが難しいためである。近年では、気相成長法などで作製された単結晶GaN基板が入手可能になってきたが、高価でありパワーデバイス等ハイエンド製品に利用が限られる。LED等の安価な製品は、サファイア基板上のGaN結晶成長を利用している。サファイアとGaNは同じ六方晶だがa軸方向の格子定数は33％も異なる。しかし、c軸に対して互いに30度回転させると、格子不整合が16％に低減して、条件によってはGaNがサファイアの結晶構造に沿ってエピタキシャル成長することがある。

4.2.3 低温バッファー成長

GaNの単結晶成長が可能な1000 ℃以上でGaNをサファイア基板上に成長しようとすると、格子不整合のためGaNがサファイア表面の原子に結合できず、蒸発してしまう。この問題を解決したのが、低温バッファー技術である（図4.2.1）。まず、GaNが蒸発しない程度の500 ℃付近でGaNをサファイア基板上に製膜する。この温度では、GaNはアモルファス状になる。一定膜厚のアモルファスGaNを製膜した後、温度を1000 ℃付近まで上げる。これにより、隣接するサファイアの原子配列に影響されてGaNが固相で結晶化する。ただし、これは部分的にのみ起こり、残りのGaNは蒸発してしまう。結果、サファイア基板表面をGaNの結晶核が部分的に覆う形になる。その上からGaNを1000 ℃付近で成長すると、GaN結晶が核から島状に成長し、サイズが増大すると互いに融合する。その後、基板表面に平行なGaNのc面が安定となるV/III比の高い条件に移行すると、平坦なGaN結晶がサファイア上に得られる。

このような３次元結晶は、GaNとサファイアの間の格子不整合に起因する結晶欠陥（転位）を低減することに役立つ。詳細は省くが、転位は成長表面に対して垂直に伝搬する性質があり、また転位同士が衝突すると互いの原子層のずれを相殺して転位が消滅することがある。これらの性質を利

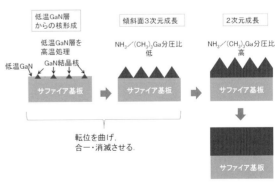

図4.2.1 サファイア基板上のGaN成長に用いる低温バッファー技術

用すると、GaNの島状成長によって転位をサファイア基板表面に対して斜めに伝播させ、結晶核同士が融合する際に互いに衝突させて転位を低減することができる。この技術により、LEDの発光に十分なレベルの低転位密度GaNがサファイア基板上に得られている。

4.2.4 気相反応の寄与

GaAs/InP系のCVDと比較して窒化物半導体のCVDが特徴的な点は、気相で13族原料と15族原料の反応が進む点である。これは、窒化物半導体のCVDが1000 ℃近くの高温で行われることと、この温度域までNH_3が気相に分解せずに存在することによる。13族原料とNH_3が環状の気相反応生成物をつくり、そこから13族元素とNを両方含む製膜前駆体が生じる。その詳細な反応メカニズムは、量子化学計算をもとに議論されているものの、統一見解には至っていない。

気相反応の寄与は、AlNのCVDにおいてとくに顕著である。これは、トリメチルアルミニウムとNH_3の気相反応が進みやすいためである。両者から生じる気相生成物は次々にAlとNを取り込み、気相のAlNパーティクルとなり原料利用効率を劣化させ、さらには膜に付着して結晶成長に壊滅的なダメージを与える。このような気相寄生反応を少しでも防ぐために、AlNのCVDでは原料分圧、とくにNH_3の分圧を下げる。ただし、これは製膜速度低下とのトレードオフとなる。

4.2.5 窒化物半導体のCVD反応器の特徴

窒化物半導体のCVD装置はGaAs/InP系と本質的には同様なコンセプトで設計される。ただし、製膜温度が1000 ℃以上に至ることから、反応器壁や特にウエハホルダは高温に耐える素材やコーティング材料を用いている。また、前述の気相寄生反応を抑制するために、導入口からウエハ近傍に至るまでのガス滞留時間を短めにとる。このためには、シャワーヘッド型が適している。とくに、$Al_xGa_{1-x}N$の製膜では、シャワーヘッド型を比較的低圧で用いると気相寄生反応を抑制できる。一方、$In_xGa_{1-x}N$の製膜はInの取り込みを促すために比較的低温で行い、その低温でも活性な窒素由来の前駆体が必要なことから、高V/III比かつガス

の滞留時間を長めに取りたい。このように、$Al_xGa_{1-x}N$と$In_xGa_{1-x}N$では製膜条件が大きく異なるため、両者に適した1つの反応器を設計することは困難である。

製膜温度が1000 ℃を超える場合は、4.1.5節で述べた自然対流の抑制が極めて重要になる。また、ウエハ以外の反応器壁に意図せずに堆積したアモルファス状の膜から、膜を構成する元素が少しずつ蒸発し、不純物としてウエハ上の結晶に取り込まれる。したがって、電子デバイス用にGaNとAlNの組成急峻な界面を形成しようとしても、先に製膜したGaが上層のAlNに取り込まれることがある。また、製膜の再現性を確保するために、毎回の製膜後に反応器壁などを一定状態に保つ必要がある。定期的なクリーニングなど、製造現場では様々な工夫がなされている。

〈杉山　正和〉

4.3 エピタキシャルシリコン

半導体単結晶シリコンウエハの表面にシリコン単結晶薄膜を形成したものをシリコンエピタキシャルウエハと呼び、マイクロプロセッサ、メモリ、などの情報処理・通信用途からIGBT(Insulated Gate Bipolar Transistor)などの電力制御用途まで電子デバイスの製造に幅広く用いられている。

シリコンエピタキシャルウエハの製造にはCVD法の一種である気相エピタキシャル成長法が用いられる。この方法による利点には、融液から育成されたシリコン単結晶に固有の欠陥を持たない活性層を形成できること、様々な伝導型の層を急峻な界面を伴って意図する厚さに形成できること、などがある。形成する膜の厚さは1μm以下から100μmまで幅広い。

・成長装置

工業生産に用いられる装置[1,2]を図4.3.1に示す。図4.3.1(a)は、水平に置かれたウエハにガスを水平に流す形式、同図(b)は、同心円状に水平に置かれた複数枚のウエハに中心部からガスを供給する形式、同図(c)は水平に置かれて高速に回転するウエハに上からガスを供給する形式、同図(d)は傾斜面に複数枚のウエハを並べて上側からガスを供給する形式である。

これらの装置には、300、200、150、100 mmなどの直径のシリコンウエハが用いられる。何れもサセプタと呼ばれる支持台の上にウエハを置いてエピタキシャル成長を行う。直径150 mm以下ではサセプタに複数枚のウエハを置いて成長（バッチ式）し、直径200 mm以上ではウエハを1枚ずつ成長（枚葉式）することが多い。サセプタには、カーボン基材を熱分解炭素や炭化珪素の被膜で保護したもの、あるいは、炭化珪素が用いられる。

・プロセス

シリコンエピタキシャル成長プロセス[1,2]を図4.3.2に示す。ウエハを仕込み後、水素雰囲気中で昇温してシリコン基板表面の有機汚れと酸化膜を除去する。その後に製膜原料を供給してエピタキシャル成長を行う。降温してウエハを取り出した後に再び水素雰囲気中で昇温し、塩化水素ガスを用いて装置内部品のクリーニングを行う。

・化学反応

シリコンエピタキシャル成長に用いられる化学反応と条件は、表4.3.1に示す通りである。水素雰囲気中で珪素の水素化物あるいは塩化物が用いられ、1000℃付近の温度において常圧から減圧で製造されることが多い。成長速度の例を図4.3.3に示す。分子中の塩素が多いほど、成長温度を高くして用いる。

シリコン基板上に平らにエピタキシャル膜を設ける場合にはトリクロロシランが、電子回路パターンが形成されている表面にエピタキシャル膜を設ける場合にはジクロロシランが用いられることが多い。電子回路形成中に場所を選んで成長（選択エピタキシャル成長）させる場合には、塩化水素(HCl)ガスを添加する。

電気伝導性を制御するために、燐(P)をドーピングしてn型の膜を形成するためにはフォスフィン(PH_3)ガスが、ホウ素(B)をドーピングしてp型の膜を形成するためにはジボラン(B_2H_6)ガスが用いら

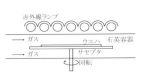
(a) 水平型（枚葉）

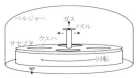
(b) パンケーキ型（バッチ）

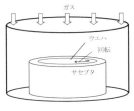
(c) 高速回転縦型（枚葉）

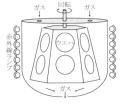
(d) シリンダ型（バレル、バッチ）

図4.3.1 エピタキシャル成長装置

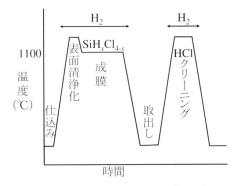

図4.3.2 シリコンエピタキシャル成長プロセス

表4.3.1 シリコンエピタキシャル成長の原料、反応と条件

原料ガス 化学反応式	温度(℃) 圧力(Pa)
ジクロロシラン(SiH$_2$Cl$_2$) SiH$_2$Cl$_2$ → Si + 2HCl	800～1200 10^3～10^5
トリクロロシラン(SiHCl$_3$) SiHCl$_3$ + H$_2$ → Si + 3HCl	800～1200 10^3～10^5
四塩化珪素(SiCl$_4$) SiCl$_4$ + 2H$_2$ → Si + 4HCl	1100～1200 10^3～10^5
モノシラン(SiH$_4$) SiH$_4$ → Si + 2H$_2$	800～1100 10^3～10^4
ジシラン(Si$_2$H$_6$) Si$_2$H$_6$ → 2Si + 3H$_2$	800～1100 10^3～10^4

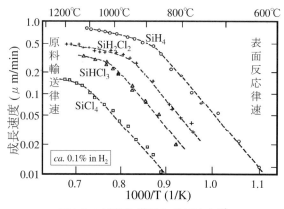

図4.3.3 原料化学種と成長速度[3]

れている。図4.3.1(a)に示される装置においてはガス流れが一方向であることから、基板とエピタキシャル膜の境界のドーパント濃度分布（遷移幅）が急峻になり易い。

CVD法に一般に生じるように、シリコンエピタキシャル成長においても、基板支持台（サセプタ）などの表面にもシリコン膜が堆積する。これを除去（クリーニング）するためには、約1200℃で高濃度の塩化水素ガスを導入する。ポリシリコンCVDのように支燃性である三フッ化塩素(ClF$_3$)ガスを用いて室温でクリーニングすることも試みられている。

このように様々なガスが用いられるが、これらは何れも化学的に活性であるため、可燃性、支燃性、毒性に注意を要する。エピタキシャル成長に使用した後のガスは、除害装置を通して無害化しなければならない。除害には、吸着剤（乾式除害）あるいはスクラバ（湿式除害、水＋アルカリ）を用いる。

原料ガスが腐食性であり、副生成物も腐食性ガスであることから、装置内の金属部品が腐食され易く、エピタキシャル膜に金属汚染が生じ易い、そこで、耐腐食性が強いステンレス材料を用いるだけでなく、その表面を電解研磨処理したり酸化膜などで保護する方法が採用されている。

副反応により高温領域で生じた副生成物が、反応装置の下流側の排気配管に堆積することが多い。一般に、珪素水素化物を用いると珪素微粒子が堆積し、珪素塩化物を用いるとオイリーシランと呼ばれる白色油状の堆積物が堆積することが多い。メンテナンスのために排気配管を空気に開放した際には、それぞれ粉塵爆発、燃焼火災を生じ易い。

・律速過程

表4.3.1に示す化学反応は、シリコンウエハの表面で進行する。エピタキシャル成長の速度は、表面反応速度と表面への原料輸送速度により記述され、低温では表面反応速度が律速し、高温では原料輸送速度が律速する。原料輸送が律速している状態では、温度変化の影響が成長速度の変化に現れにくいため、膜厚分布を均一にし易い。

・膜厚分布調整

ウエハ全体の膜厚分布を均一化するためには、原料ガスの供給分布を調整する。ガス入り口のガス流速やガス濃度を微調整することにより、ウエハの中心部と外周部に届く原料ガスの量を調整し、膜厚分布を調整する。

・加　熱

表4.3.1に示す化学反応は、熱により励起して行われる。シリコンウエハおよびサセプタを加熱する方法としては、赤外線ランプ、抵抗加熱、電磁誘導、などが主であり、その一方で、反応容器外壁を冷やしていることが多い。このように、コールドウォールと呼ばれる温度環境が用いられる。壁を冷やさない場合には、シリコン粒子が気相中で生成してエピタキシャル膜の表面に付着して微細な突起（輝点）となるため、電子回路形成の障害になり易い。

シリコンウエハ内の温度に偏りがある場合には、シリコンウエハの端から内側に向かって熱応力により転位が生じ、その顕著なものでは目視で観察し得る段差（スリップ欠陥）が形成される。そこで、温度分布を均一化するために、赤外線ランプや抵抗加熱体のゾーン分割と電力調整、高周

波発振コイルの形状調整などが行われる。シリコンウエハ端の温度分布を局所的に最適化してスリップ欠陥を抑制する目的では、サセプタの表面にシリコンウエハの直径・形状に合わせて設ける凹み（ザグリ、ウエハポケット）が用いられる。100μm近い厚い膜を形成する際には、形成したエピタキシャル膜を介してウエハ端とサセプタが張り付くため、ザグリの形状についても細かく最適化されている。

・回　　転

エピタキシャル成長時には基板を載せたサセプタを自転させる。その回転数は毎分数回の低速から毎分千回を超える高速まで工業的に用いられている。その目的は、低速回転では膜厚分布の均一化、高速回転では原料輸送の高効率化である。

4.4 パワーデバイス半導体
4.4.1 炭化珪素

炭化珪素結晶は、電力制御用電子部品の半導体材料として用いられる。その場合、改良レイリー法により育成された低抵抗の炭化珪素結晶基板の表面に気相エピタキシャル成長法により炭化珪素エピタキシャル膜を設けたウエハが用いられている。エピタキシャル成長方法については、文献4)、5)に詳しく紹介されている。

・基　　板

炭化珪素には沢山の結晶多形があるが、バンドギャップと絶縁破壊電界強度が大きいことなどから4H型が用いられている。他の結晶多形の混入を抑える方法としては、基板の(0001)面に傾斜を付けてステップを導入する方法「ステップフロー制御エピタキシー」法[4]が知られている。

・製膜条件

エピタキシャル成長は、1500～1700℃付近の温度、水素雰囲気中で10^3～10^4 Paの圧力で行われる。シリコン原料としてモノシラン(SiH_4)あるいはトリクロロシラン($SiHCl_3$)が、炭素原料としてはプロパン(C_3H_8)が一般に用いられている。その総括化学反応式は、

$3SiH_4 + C_3H_8 \rightarrow 3SiC + 10H_2$

$3SiHCl_3 + C_3H_8 \rightarrow 3SiC + 9HCl + H_2$

である。モノシランが気相中で分解するとシリコンを生成し、これらが結合し合うことによりシリコンの微小液滴が形成される。これらは成長にとって様々な障害となるため、塩化水素(HCl)ガスを加えることにより気相で生じたシリコンを塩化珪素(SiH_xCl_{4-x})に変え、これにより成長速度を増大する方法[6]が採用されている。例えば、シリコンからトリクロロシランを生成する反応は、次の通りである。

$Si + 3HCl \rightarrow SiHCl_3 + H_2$

これにより、珪素原料が有効に使われるだけでなく、臨界核形成濃度が高くなるために、原料ガスをより多く流せること、エッチングにより3C-SiCの混入を減らせること、等の効果がある。これらのガス条件を用いることにより、1時間に50～100μmの成長速度が得られている。

パワーデバイス用に形成されるエピタキシャル膜の厚さは、30～100μmである。n型のドーパントには窒素(N_2)ガスが、p型のドーパントには$Al(CH_3)_3$ガスなどが用いられている。電子回路が(0001)Si面に形成されることから、エピタキシャル成長はSi面に行われる。

・成長装置

成長装置にはホットウォールの熱環境を有するものが使われている。図4.4.1(a)は水平に置かれたサセプタに複数枚のSiCウエハを置き、サセプタを自転させながら水平に原料ガスを供給する形式である。同図(b)は、複数枚のウエハが円形のサセプタ上に置かれ、サセプタが自転する際にウエハもその場所で自転する。したがって、ウエハは反応装置の中心の回りに自転しながら公転する形式である。原料ガスは、サセプタの回転中心から供給される。同図(c)は、ウエハ1枚を水平に置き、毎分1000回転などの高速で自転させながら上から原料ガスを供給する形式である。

・装置部品

サセプタとしては、カーボン基材の表面を炭化

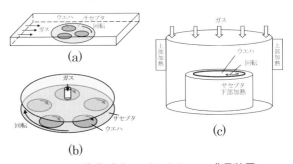

図4.4.1 炭化珪素エピタキシャル成長装置

珪素、炭化タンタルなどで保護されたものが用いられている。エピタキシャル成長に伴ってサセプタなどの表面にもSiCが堆積する。SiCの化学反応性が極めて乏しいために、SiCエピタキシャルリアクタに関しては、工業的に用いられているクリーニング技術は存在していない。そのため、装置内部品に付着した堆積物を機械的に削り取るなどの作業が行われている。尚、支燃性ガスを用いるクリーニング方法[7]が開発中である。

4.4.2 窒化ガリウム

窒化ガリウム(GaN)は、炭化珪素と同様に電力制御用電子部品用の半導体材料として用いられ、エピタキシャル成長による薄膜が活用[8〜11]されている。現在のところGaNには基板として用い得る結晶塊が工業生産されていないため、異なる結晶、即ち、SiC、サファイア、シリコン、などを基板として用いる。得ようとする膜と異なる基板を用いる場合には、格子定数、熱膨張率などが一致することが望ましい。そこで、3種の材料をGaNエピタキシャル成長用基板として用いた場合の比較が表4.4.1である。SiCはGaNと相性が良いが高価であり、サファイアは安価であるが熱伝導率が劣っている。シリコンは極めて安価で大口径であるが、格子定数や熱膨張率の不一致が大きい。そこで、シリコン(Si)表面にバッファ層として窒化アルミニウム(AlN)を形成し、その上にGaNを形成する方法が採用されている。

Si基板表面にGaNの電子回路を形成する場合には、例えば図4.4.2(a)のような有機金属気相エピタキシャル成長(MOVPE)装置[8,10]を用いる。GaN層を形成する際には、トリメチルガリウム(TMGa)とNH$_3$を用いる。条件は、例えば、温度1000℃程度、圧力数十kPa程度である。パワーデバイスの場合にはGaNに加えてAlGaN層も必要であるため、その際にはトリメチルアルミニウム(TMA)とアンモニア(NH$_3$)を用いる。TMAは電子回路形成以外に、

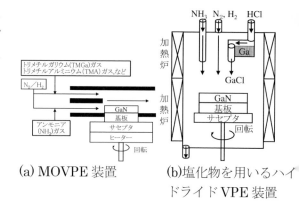

(a) MOVPE装置　　(b)塩化物を用いるハイドライドVPE装置

図4.4.2 窒化ガリウムエピタキシャル成長装置

バッファ層としてSi表面にAlNを形成[10]する際にも用いられる。SiとGaが直接に触れるとSiが融解[10]するので、これを防止するために表面をAlNで覆っている。装置内は、TMAとNH$_3$を反応域直前で混合する構造である。これは、TMAとNH$_3$が気相では反応して粒子を発生し易いので、これを防止するためである。

パワーデバイスをホモエピタキシャル成長により形成するためのGaN基板(自立基板)を工業生産[8,11]する場合にも、エピタキシャル成長が用いられている。例えば図4.4.2(b)に示す塩化物を用いるハイドライド気相エピタキシャル成長(HVPE)装置を用い、装置内で金属ガリウムと塩化水素(HCl)からGaClを生成し、アンモニア(NH$_3$)と反応させることにより1000℃付近、0.1気圧程度の雰囲気でGaNエピタキシャル膜を形成する。

成長装置には、図4.4.2に示すものの他に、図4.4.1(b)に示す自公転型の装置が用いられている。成長装置内部品のクリーニングには塩素(Cl$_2$)ガスなど[9]が用いられている。

〈4.3〜4.4　羽深　等〉

表4.4.1 GaN成長用基板の比較[10],[11]

	SiC	サファイア	Si
熱伝導	極めて良	不良	良
価格	極めて高	安	極めて安
直径	〜100 mm	大口径	大口径
格子定数不一致	小	大	大(難)
熱膨張係数不一致	小	小	大

〔参考文献〕

1) D. Crippa, D. L. Rode and M. Masi, Silicon Epitaxy, Academic Press (San Diego, USA, 2001).

2) H. Habuka, Silicon Film and Surface Preparation,LAMBERT Academic Publishing (Saarbrücken, Germany, 2014).

3) F. C. Eversteyn, Philips Res. Rep., 19, 45 (1974).

4) 松波弘之、大谷昇、木本恒暢、中村孝、半導体SiC技術と応用、第2版、日刊工業新聞社 (2011).

5) 土田秀一、応用物理、84, (9), 805 (2015).

6) F. La. Via, G. Galvagno, G. Foti, M. Mauceri, S. Leone, G. Pistone, G. Abbondanza, A. Veneroni, G. L. Valente and D. Crippa, Chem. Vap. Deposition, 12, 509 (2006).

7) K. Mizuno, K. Shioda, H. Habuka, Y. Ishida and T. Ohno, ECS J. Solid State Sci. Technol., 5 (2), P12 (2016).

8) 化学工学会、反応部会、CVD反応分科会第24回シンポジウム「パワーデバイス」資料 (2015年12月1日).

9) 福田靖、富田修康、折田隆、阿久津仲男、池永和正、植松邦全、小関修一、松本功、羽坂智、大陽日酸技報 No. 25, 7 (2006).

10) 松本功、生方映徳、山本淳、矢野良樹、池永和正、内藤一樹、田淵俊也、山口晃、伴雄三郎、内山康祐、J. Vac. Sci. Japan, 54 (6), 376 (2011).

11) 元木健作、SEIテクニカルレビュー、第175号、10頁(2009年7月).

第5節 太陽電池用・フラットパネル用 CVD プロセス

5.1 アモルファス・微結晶シリコン

近年日本でも導入量が増加している太陽電池には様々な種類があるがその中で最も普及しているのがシリコン系の太陽電池である。本項ではシリコン系太陽電池に使用されるCVD技術について紹介する。シリコン系の太陽電池には、①シリコン単結晶、多結晶を使用する結晶系、②ガラスなどの基板上にアモルファス、微結晶のシリコンを堆積させる薄膜系、③結晶上にアモルファスを堆積させるヘテロ接合型の大きく分けて3種類がある。本項で用いられるCVD技術はRF帯もしくはVHF帯の高周波電源を使用した平行平板容量結合型の非平衡プラズマを用いたCVDであることが多い。

まず、結晶シリコンとアモルファスシリコンの光吸収について説明する[1]。図5.1に結晶シリコン、アモルファスシリコン、微結晶シリコンの吸収スペクトルを示す。結晶シリコンは間接遷移型であるため光の吸収が弱く、光吸収を十分行うためには通常$100\mu m$程度の厚みが必要になる。アモルファスとは結晶と異なり原子の配列が不規則になっている状態である。アモルファスシリコンはバンドギャップが結晶シリコンの1.1 eVと比較し1.4～1.8 eVと大きい値になっており、短波長側に吸収がシフトしている。また、吸収係数が大きいことから必要な膜厚も数μm程度で十分となる。微結晶シリコンとは図5.2に示すようにアモルファスシリコンの中で結晶核が発生し、製膜の成長方向に従って結晶が成長し、アモルファス中に数百nm以下の結晶（微結晶）が存在している状態であり、バンドギャップがアモルファスと比較して長波長側に変化する。

5.1.1 結晶シリコン太陽電池

最も広く普及している結晶シリコン太陽電池については構造が比較的単純でありシリコン系太陽電池では最も古い実績と歴史がある。多結晶太陽電池は単結晶に比べ低コストで作製できるが、結晶粒界が存在し、粒界中の欠陥が再結合中心として働くため単結晶と比較すると発電効率は低下する。図5.3に一般的な結晶系太陽電池の模式図を示す。作製方法は数百μm程度以下の厚みのp型のシリコンの単結晶、多結晶基板表面にリンを熱拡散させn型化しpn接合を形成する。その後、表面にパッシベーション膜、電極を製膜する。光入射面側のパッシベーション膜は、反射防止膜を兼ねる。この反射防止膜としては主にプラズマCVDによりシリコン窒化(SiN_X：H)膜の製膜が行われている。このシリコン窒化膜の製膜に関しては、5.5の反射防止膜の部分で記述する。また、パッシ

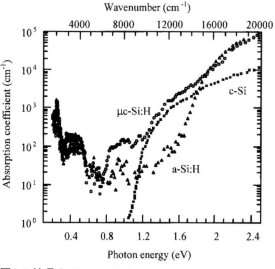

図5.1 結晶シリコン（■）、アモルファスシリコン（▲）、微結晶シリコン（○）の吸収スペクトル[1]。アモルファスと微結晶は光熱ベンディング法による測定結果

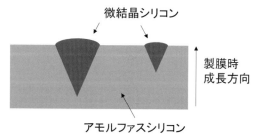

図5.2 微結晶シリコン成長の模式図

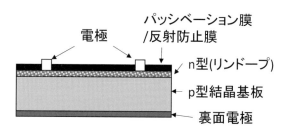

図5.3 結晶シリコン太陽電池の模式図

ベーション膜とは、アモルファスシリコンなどの水素原子を含む膜のことで再結合中心として働くシリコン結晶表面に存在する未結合手（ダングリングボンド）を膜中の水素原子で終端している。加えて固定電荷による電界パッシベーションの働きもある。このようなパッシベーション膜の働きにより結晶表面での再結合が抑制され高い発電効率に繋がっている[2]。パッシベーション膜としては前述のシリコン窒化物、アモルファスシリコン、ALD法により製膜されるAlO$_x$：H系材料が用いられている。

5.1.2 薄膜系太陽電池

薄膜系太陽電池ではガラスやプラスティック基板上に、酸化物系の透明導電膜を製膜後、pinもしくはnipの順に薄膜シリコンの堆積を行う。図5.4に薄膜系太陽電池の模式図を示す。このpinの製膜に水素希釈のシランを原料ガスとしたプラズマCVDが用いられている。p層もしくはn層の製膜を行う際にはそれぞれジボランもしくはホスフィン等のドーパントを原料ガスに加えて製膜を行う。薄膜シリコン系太陽電池ではi層が光吸収層として発電に寄与しており、i層の厚みは数μmで必要なシリコン量が少ない。i層製膜時に水素希釈量を調整することによりアモルファスシリコンもしくは微結晶シリコンの製膜を行う。水素希釈量と投入電力を増加させることにより微結晶シリコンが成長しやすくなる。アモルファスと微結晶でバンドギャップが異なることを利用して、アモルファス太陽電池と微結晶太陽電池を光の入射方向に積み重ねたタンデム型太陽電池も製造されている。アモルファスシリコン太陽電池では光照射により初期段階から発電効率が低下しある程度のところで下げ止まるステブラー・ロンスキー効果という現象が起こる。薄膜シリコン系太陽電池は絶対的な効率はそれほど高くないものの低照度で比較的効率よく発電が行えることから電卓など室内で用いられるものに使用されることも多い[3]。

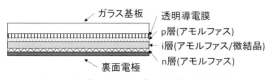

図5.4 薄膜シリコン太陽電池の模式図

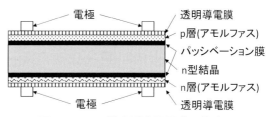

図5.5 ヘテロ接合型太陽電池の模式図

5.1.3 ヘテロ接合型太陽電池

ヘテロ接合型太陽電池は図5.5に示すようにn型単結晶の表面にアモルファスシリコンからなるi層を製膜し、さらにp層、n層を製膜した構造になっている。結晶シリコンとアモルファスシリコンという異種材料の接合を行っていることからヘテロ接合型と呼ばれている。ヘテロ接合型太陽電池はシリコン系太陽電池では最高効率を達成している。結晶系太陽電池の一種とも考えられるが、シリコン結晶表面にi層をパッシベーション膜として使用している点に特徴がある。i層の厚みは10 nm程度であり、発電へはほとんど寄与しない。アモルファスシリコンがパッシベーション膜として使用されているが製膜後に温度を再度上昇させるアニール処理を行うことでパッシベーション性能が向上することが知られている。これはアモルファスシリコン中の水素原子を熱励起し、未結合手との反応が促進されるためである。結晶シリコン上へアモルファスの製膜を行う場合、基板温度が200℃を超える場合や水素希釈量が多い場合ではアモルファスでなく結晶上でエピタキシャル成長が発生しパッシベーション膜としての性能が低下することもある。

〈西田　哲〉

5.2 低温多結晶シリコン

アモルファスシリコン(Amorphous Silicon：a-Si)は一般的にプラズマCVD装置を用いてガラス上に製膜され、半導体特性を有することから液晶ディスプレイ(Liquid Crystal Display：LCD)用の薄膜トランジスタ(Thin Film Transistor：TFT)に多用されている[4]。これに対し、多結晶シリコン(Polycrystalline Silicon：Poly-Si)は、文字通り多結晶の構造であり、これを用いたTFTはLCDや有機ELディスプレイ(Organic Light Emitting Diode display)の製作技術として利用されてい

る。

Poly-Si TFTには高温多結晶シリコン(High Temperature Poly Silicon：HTPS)と低温多結晶シリコン(Low Temperature Poly Silicon：LTPS)の2種類がある。HTPS TFTの電界効果移動度はLTPS TFTの数倍であり、優れた性能を示すが、1000℃以上の高温環境下で製造するため、耐熱性を有する石英基板を使用する必要がある。しかし石英基板は高価な上に、大型化が困難であるという課題がある。このため低コストの点から大型化が可能で安価なガラス基板を使用できるLTPS TFTの開発が進められてきた。LTPS TFTではガラスの耐熱性から600℃以下に制限されるため、大型基板に対し600℃以下で良質なPoly-Si薄膜製造の必要がある。

5.2.1 低温多結晶シリコンTFTの構造

a-Siは非晶質であり、図5.6(a)に示すように構成元素の配列に規則性を持たない固体状態である。そのためキャリア（電子およびホール）は不規則なポテンシャル中を進行するため移動度は低くなる。一方、Poly-Siの結晶粒内（図5.6(b)）では、キャリアは自由に動き回ることができ、Poly-Siでは移動度が高くなる。またPoly-Si中をキャリアが移動する際は結晶粒界で散乱されてしまうため、結晶粒は大きくすることが望ましい。

LTPS TFTは構造の違いからトップゲート型とボトムゲート型に分けることが出来るが、現在はゲートメタルとソース・ドレインメタルが基板と反対方向に配置されるトップゲート型が採用されている場合が多い

5.2.2 低温多結晶シリコンTFTのプロセスフロー

トップゲート型LTPS-TFTの製造プロセスを図5.7に示す。

①ガラス基板上にアンダーコート層およびa-Si

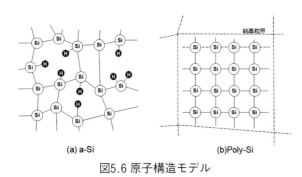

図5.6 原子構造モデル

図5.7 トップゲート型LTPS TFTの製造工程の概略

をプラズマCVD法により製膜する。

②a-Si中の水素を除去するために脱水素アニールを行う。

③レーザアニールを行い、a-Siを多結晶化（Poly化）する。

④Poly-Siをエッチング加工し、チャネル部を作製する。

⑤ゲート絶縁膜を形成し、ゲートメタルを形成・加工する。

⑥ソース・ドレイン部にイオンドーピングを行う。

⑦層間絶縁膜を形成し、コンタクトホールを開講する。ソース・ドレインメタルを形成する。

5.2.3 結晶化プロセス

LTPSの製造工程がHTPSと大きく異なっている点のひとつが結晶化プロセスであり、良好な膜質を得るための大きなポイントとなる。

結晶化プロセスは、ガラス基板上に同一チャンバーでアンダーコート層およびa-SiをプラズマCVD製膜し、その後、脱水素アニールを施し、レーザ照射により融解・固化する。この工程によりアモルファス（非晶質）から多結晶へ構造が変化する。レーザ照射時の基板温度は一般的には室温であり、このことにより基板温度が600℃以下の製造プロセスを可能とした。アンダーコート層としてはSiOとSiNの積層構造が採用されており、ガラス基板からの不純物バリアおよび絶縁層として機

能する。

　脱水素アニールはa-Si膜中の水素濃度を下げるために行われる。水素濃度が高いとレーザ照射時に水素の急激な離脱による極端な膜表面の荒れやアブレーション(表面物質の飛散)を起こしてしまう。従って、レーザ照射前には極力a-Si膜中の水素濃度を低減させる必要がある。このレーザには大出力のエキシマレーザが採用される場合が多い[5]。

　エキシマレーザによる結晶化は、パルスレーザを使って、長尺化したライン状の矩形ビームに成型し、a-Si膜をスキャンすることにより行われる。この場合、基板が移動することにより照射し、大型基板への対応を可能としている。ここで重要なのはレーザ出力安定性、均一な強度分布を有するラインビームの形成およびPoly-Si膜の均一性の確保である。これにより基板面内で均一な特性のTFTを得ることができる。レーザメーカーの努力により、さらなるビーム長の長尺化が進められている。

　エキシマレーザはXeClの波長＝308 nmのパルスレーザがa-Siに照射されることにより、瞬間的（数10 nsec）にSiを融点付近まで温度上昇させ、融解し、固化させることができる[6]。パルスレーザの利点は加熱→融解→固化による結晶化が僅か数10 nsec程度の短い期間に可能となり、基板温度の上昇はほぼ無視できる点にある。図5.8にレーザ結晶化したPoly-Siの一例を示す。

　結晶化したPoly-Siは結晶粒径が大きく、サイズがほぼ同等なものが望まれる。Poly-Si層はチャネル層として使用されるので、キャリアが横切る結晶粒界が少ない方が粒界でのキャリアの散乱が少なくできる。また、結晶粒径が基板面内でバラツキがあると、場所によってチャネル内の結晶粒界の数にバラツキが生まれ、結果として基板内のTFT特性のバラツキに影響するためである。

　レーザを用いた結晶化のほかには、Niなどの金属をa-Siに添加し、加熱することで固相状態で結晶化する技術の報告もあり、高移動度TFTの作製が報告されている[7]。

5.2.4 ゲート絶縁膜およびイオンドーピング

　LTPS TFTでは基板温度の制限からプラズマCVD法によりSi酸化膜が形成される。材料ガスとしては、SiH_4を用いたSiH_4-SiOやTEOS(Tetra Ethoxy Ortho Silicate)を用いたTEOS-SiOが採用されている。SiH_4-SiOの場合は、SiH_4とN_2Oの混合ガスを用い、TEOS-SiOはTEOSとO_2の混合ガスを用いる。TEOSは常温では液体であるため、気化器および加熱保持された配管を介してCVD用の真空装置に導入される。

　ゲート絶縁膜およびPoly-Si界面はTFTの性能上最も重要な部分である。TFTの閾値安定化のために膜中の固定電荷やチャネルとゲート絶縁膜界面の欠陥密度を低減させることが重要となっている。レーザ結晶化したPoly-Si表面では結晶粒界で起伏が生じることから、現在では100 nm程度の膜厚となっている。ゲート絶縁膜の形成には膜にダメージを与えにくい手法の開発も盛んに進められている[5,8,9]。

　基板周辺に配置されているドライバーではCMOS回路を形成するためにイオンドーピング行われ、ゲートメタルをマスクとして使用するセルフアライン技術が多用されているのがLTPSの特徴のひとつとなっている。

5.2.5 欠陥終端化技術

　LTPS TFTの構造を考えた場合、Poly-Siの結晶粒界、ゲート絶縁膜の膜中およびPoly-Siとの界面には不対価電子（ダングリングボンド）が発生しやすく、電気的な欠陥として作用してしまう。これらの欠陥を低減する技術は極めて重要である[10]。ダングリングボンドの低減として、水素化が最も一般的でる。水素の存在により、Siのダングリングボンドを終端し、不活性化する。水素の供給源としては、水素プラズマ処理や、例えば、層間絶縁膜として利用するSiN膜中の熱拡散による水素

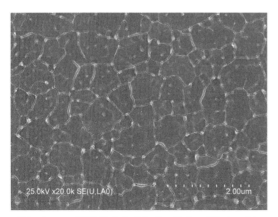

図5.8 レーザ結晶化したPoly-Siの一例 (SEM像)

第3編 薄　膜

などが利用される。水素の反応性は高く、固体中の拡散も早いことから効率よく欠陥低減に寄与する。

まとめ

　低温多結晶シリコンの製造工程においては、ここで中心的に述べてきたa-Siや絶縁膜のCVD製膜には真空装置を用いる、また、ゲートメタル、ソースおよびドレインメタルはスパッタ法で製膜され、これにも真空装置が使用されるなど、真空装置の果たす役割は非常に大きい。TFTはそれぞれの特長を生かした様々な層の構築により作製されるため、その特性向上にはトータルとしてのプロセスの開発が必要である。

〈三浦　豊〉

5.3 化合物半導体
5.3.1 概　　要

　太陽電池に用いる化合物半導体結晶には、II-VI族のCdTe、I-III-VI$_2$系半導体であるCuInSe$_2$(CIS)やCu(In$_{1-x}$Ga$_x$)Se(CIGS)、さらにIII-V族化合物半導体がある。CdTe、CIS、CIGSは大面積で安価なガラス基板上に形成される多結晶薄膜である。これらは直接遷移の半導体なので、2 µm程度の薄膜でも十分な光吸収が得られる。また、そのバンドギャップは、元素組成により、地上での高効率光電変換が可能なバンドギャップ領域である1.1～1.4 eVに調整可能である。

　一方、III-V族化合物半導体は、単結晶ウエハの上に形成された単結晶膜によりpn接合を形成し、直接遷移のメリットに加えて、高品位な結晶の特徴である非発光再結合の抑制により高変換効率を達成できるという特徴を有する。また、組成によりバンドギャップを調整可能な特徴を活かし、異なるバンドギャップを有するpn接合を積層する多接合構造を形成可能である。現在世界で最高効率の太陽電池は、III-V族化合物半導体による多接合太陽電池であり、レンズで太陽光を小面積に集めて発電する集光型発電モジュールに組み込むことにより、46%の光電変換効率が得られている。一方で、単結晶基板とその上に成長される単結晶薄膜は高価であり、宇宙用などの高効率が優先される特殊用途に普及が限られている。集光により発電に必要なIII-V族半導体単結晶の量を面積基準で1/300程度まで減じて、結晶シリコンや薄膜太陽電池並みの発電コストを実現する試みも進められている。

5.3.2 CVDによる製膜

　CdTeに関しては、主にスパッタリングやclose-spaced sublimation（多結晶の原料と基板を対向させて高温の温度勾配中に設置し、原料から蒸発したCd,Teを基板上に多結晶で製膜）などの物理製膜法により作製されており、CVDによる製膜は研究レベルの試行例に留まっている。CIGSに関しては、Cu、In、Gaを含む膜をスパッタリング等で堆積し、後からH$_2$Se雰囲気中でセレン化処理する方法、物理蒸着法、さらに液相からの電気化学堆積などが主な製造法であり、CVDによる製膜例はほとんどない。

一方で、III-V族化合物半導体を用いた太陽電池には、CVDが多用される。その手法は、4.1節で述べたとおりである。

III-V族化合物半導体のCVDを用いたエピタキシャル成長により多接合太陽電池を作る際には、基板に格子整合した結晶層しか成長できない。標準的な構造は、p型Ge基板の表面近傍をCVD反応器の中でPH_3を用いたP拡散によりn型にしたボトムセルからスタートし、その上にGaAs（格子整合のために1％程度Inを含む）、InGaPを結晶成長するものである。ただし、この3接合では中間のGaAsセルの光吸収が他に比べて少なく、直列に接続した3セルの中でGaAsセルからの電流出力が他を律速して効率を低下させる。そこで、格子整合しない材料を結晶成長するための、傾斜組成バッファー技術が開発された。これを用いた高効率多接合太陽電池では、GaAs基板上にInGaPトップセル、GaAsミドルセルと光の入射と逆順に成長し、InGaPの組成を階段状に変化させ、かつ格子緩和を起こしたバッファー層を介して格子定数を拡大し、最後にInGaAsボトムセルを成長する。GaAs基板は、成長後に溶解除去する。本技術で作製された3接合太陽電池は、宇宙空間での太陽光のもとで37％、地上の集光条件のもとでは44％の変換効率を発揮した。また、GaAs基板とInP基板の上に格子整合する2セルをそれぞれ成長し、その後で2つの成長層同士をウエハ接合して4接合化する技術も開発され、46％という世界最高の変換効率が達成されている。

一方、集光を用いずにIII-V族化合物半導体多接合太陽電池の地上応用を展開するための、徹底的な低コスト化技術開発が進められている。その中で、CVDの製膜速度向上、さらにウエハ交換の高速化や装置メンテナンスの期間短縮など総合的なスループット向上策が検討されている。太陽電池用のIII-V族化合物半導体CVDにおける製膜速度はこれまで10 μm/hほどであったが、装置形状の改良などにより100 μm/h以上でGaAsのエピタキシャル成長が可能になり、従来の成長速度で得られたセルに対して遜色ない変換効率が達成されている。これにより、GaAsセル活性層の成長時間を数十分から数分に短縮できる。

〈杉山　正和〉

5.4 パッシベーション膜

薄膜トランジスタ(TFT)のチャネル層やゲート電極より後の工程で製膜される絶縁膜を紹介する。すなわち、パッシベーション膜(PSV)、層間絶縁膜(ILD)、エッチングストッパー膜(ESL)と呼ばれる膜である。TFTで使われるこれらの膜は、
①表面保護、汚染防止のパッシベーション膜
②配線間の層間絶縁膜
③エッチングのマスク
としての機能が求められ、通常SiN膜やSiO膜が使用される。SiN膜は緻密な構造を持ち、可動イオンや水分の透過を阻止する能力が高いという特徴がある。SiO膜は、SiN膜に比べ比誘電率が小さい（SiO_2は～3.9、Si_3N_4は～7.5）ため、配線間のCR遅延が抑えられる。また、広い波長帯で光線透過率がすぐれていて光を透過させるという特徴がある。

TFTの高品質化に伴い、これらの膜にも新たな特性が求められるようになってきた。プラズマCVDで製膜に使用する原料ガスは、SiN膜の場合SiH_4とNH_3、SiO膜の場合SiH_4とN_2Oの組み合わせが一般的である。そのため、膜中に水素を含む。図5.3.1に各製膜温度でSiN膜とSiO膜中の水素濃度を比較した例を示す。膜種の比較ではSiN膜の方が一桁程度多くの水素を含み、製膜温度に関しては低い方が水素を多く含む。この水素の挙動がトランジスタ特性上重要なポイントとなり、代表的なTFTである低温ポリシリコン(LTPS)と酸化物半導体(TOS)の場合では、異なる対処が必要になる。

5.4.1 LTPSの場合

ILD膜がトランジスタ特性の改善に効果を示す例を紹介する。LTPSの主流は、図5.3.2に示すよ

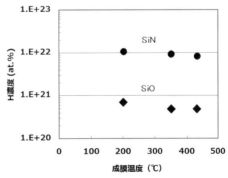

図5.3.1 プラズマCVDで製膜したSiN膜とSiO膜中の水素濃度の製膜温度依存

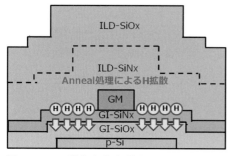

図5.3.2 SiN膜中水素を利用したI-SiO/a-Si界面の欠陥終端model

うなトップゲート構造を取る。ILD膜製膜後のアニール処理で、主にSiN膜中に含まれる水素を拡散させ、チャネル層であるSiとゲート絶縁膜の界面や膜中の欠陥を終端させることができる。この処理で移動度の改善が図られる。この場合は、SiN膜中の水素の含有量と放出されやすさが重要な点になる。

5.4.2 TOSの場合

水素に関して、LTPSの場合とは逆の配慮が必要になる。半導体がSiからIGZOなどの酸化物になるため、水素による還元作用を考慮する必要が出てくる。特に配慮が必要なのは、TOSの上に製膜する際に放電空間中に存在する水素の還元作用で、これが大きくトランジスタ特性に影響する。

TOSの場合は、現状ではボトムゲート構造が主流であり、図5.3.3のような構造をとる。この場合、ESLとしてSiO膜を採用するが、この製膜条件がトランジスタ特性に影響する。

IGZOの上のESL SiO膜を200、220、250℃の各温度で製膜し、その後、350、400、450℃の酸化雰囲気で1時間アニール処理をした場合のTFT特性を

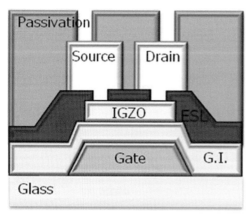

図5.3.3 IGZO TEG構成

図5.3.4に示す。SiO膜の製膜温度が高温になるほどIGZOの還元が促進され、導体よりの特性になることが判る。その後のアニールで酸化させ、半導体よりに戻すことはできる。しかし、250℃製膜ではほぼ導体の状態にまで還元され、アニールでも特性は戻らない結果になっている。このようにTOSの場合は、

① 製膜中のプラズマで生成した水素による還元
② 膜中に残存する水素の後工程での拡散、還元作用

等、特性劣化につながる水素の挙動に配慮する必要がある。

この影響を最小限にするため、製膜温度を下げたり、製膜速度を小さくしたりするなどプロセス条件に制限が出てくる。そのため、水素のないSiO膜やSiN膜の要求が潜在する。現状のSiH$_4$ガスを使った膜を単純に置き換えるのは容易ではないが、例えばHを含まないガスであるSiF$_4$とN$_2$でSiNを製膜する方法などが報告されている[11]。

まとめ

パッシベーション、層間絶縁、エッチングストッパーとして使われるSiN膜、SiO膜に求められる特性として、水素の影響について記述した。LTPSでは特性を改善する役割を担うのに対し、TOSでは特性を低下させる方向に寄与する。

デバイスに合わせた配慮が重要である。

〈三浦　豊〉

5.5 反射防止膜

反射防止膜は薄膜の光学的な性質を応用した一例である。

空気の屈折率n_0、基板の屈折率をn_1とした時に、基板に垂直に光入射時の基板表面での反射率Rは、以下の式5.5.1で表される。

$$R = \frac{(n_1-n_0)^2}{(n_1+n_0)^2} \quad (5.5.1)$$

空気の屈折率はほぼ1であり、仮に基板がガラスの場合の屈折率を1.5、シリコンの場合の屈折率を3.5とすると、基板への垂直入射時の反射率はガラス表面では4％、シリコン表面では31％となる。そこで光の透過率を向上させるため、基板表面には一層もしくは多層の反射防止膜を設ける

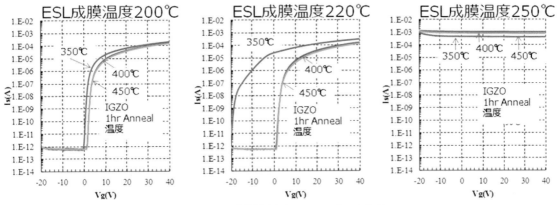

図5.3.4 SiO製膜温度とトランジスタ特性

ことで基板表面での反射による光損失の低減を図っている。単層の反射防止膜を使用する際には反射防止膜の屈折率をnとすると

$$n^2 = n_0 n_1 \quad (5.5.2)$$

の関係にある場合反射が起こらないため、屈折率がnに近い材料が用いられる。

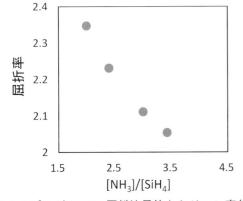

図5.5.1 プラズマCVDの原料流量比とシリコン窒化膜の屈折率との関係［参考文献12を元に作成］

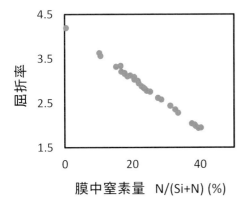

図5.5.2 プラズマCVDで製膜したシリコン窒化膜中のN/(Si+N)比と633 nmでの屈折率との関係［参考文献13]を元に作成］

ガラス基板上への反射防止膜としては、単層膜としてフッ化マグネシウム、多層膜としてはフッ化マグネシウムに加えシリカやアルミナといった酸化物系の材料が使われる。これらの製膜には主にスパッタや真空蒸着が用いられるがシリカについてはプラズマCVDによる製膜も使用される。

シリコン基板上の反射防止膜としては主にシリコン窒化物(SiN_x)が用いられる。シリコン窒化膜は化学量論比のSi_3N_4からNの組成比が小さいものまで作製可能であり、組成により屈折率が大きく変化する材料である。窒素の割合が増加すると屈折率は減少し、組成を制御することで図5.5.1、図5.5.2に示すように屈折率を1.9-3.0[12]、1.9-4.2[13]の範囲で変化させられるという報告がなされている。このようにシリコン窒化膜は屈折率を制御することでき、かつ屈折率の値がシリコンのような大きな屈折率を持つ基板の反射防止膜として適当である。5.1項でも述べたようにシリコン窒化膜はパッシベーション膜としての働きも担っている。結晶シリコン太陽電池に使用する場合、パッシベーション効果と低反射率の兼ね合いから、2.1程度の屈折率の膜が用いられている[12]。シリコン窒化膜の製膜には、RF帯やVHF帯の高周波電源を使用した平行平板型の非平衡プラズマCVDやリモートプラズマCVDが用いられる。CVDの原料ガスにはケイ素源としてシラン、窒素源として窒素もしくはアンモニア、希釈ガスとして水素が用いられる場合が多い。ケイ素源と窒素源の原料ガス混合比を制御することで組成が変化する。また放電電力や周波数、ガス圧によっても変化しこれらを調整することで組成比を制御することが

第3編 薄　膜

できる。例えば、豊田工業大学のグループでは、SiH₄流量：40 sccm、NH₃流量：120 sccm、製膜圧力：67 Paで製膜レート17 nm/minを得ている[12]。

〈西田　　哲〉

〔参考文献〕

1) J. Kitao et al., Analytical Sciences, 17, s302, (2001)

2) 宮島晋介、J. Plasma Fusion Res. 85, 12, p.820, (2009)

3) 産業技術総合研究所太陽光発電工学研究センター、トコトンやさしい太陽電池の本（第2版）、日刊工業新聞社、p.64, (2013)

4) 川上英昭、日経マイクロデバイス、p.142, (1997)

5) A. Kohno, et al., IEEE Trans Electron Device 42, p.251, (1995)

6) S. Higashi, et al., AM-LCD'01, p.231, (2001)

7) K. Makihara, et al., AM-LCD'01, p.235, (2001)

8) S.S. Kim, et al., J. Vac. Sci. Technol. A6, p.1740, (1988)

9) K. Murata、et al., AM-LCD'05, p.109, (2005)

10) K. Sakamoto, et al., J. Appl. Phys. Vol. 39, p.2492, (2000)

11) Jingxin Jiang, et al., Appl. Phys. Exp 7, 114103, (2014)

12) 神岡武文、立花福久、大下祥雄、J. Plasma. Fusion Res. 91, 5, 354-359, 2015

13) 成田政降、横山拓也、市川幸美、富士時報、78, 4, 312-315, 2005

第6節 表面コーティングプロセス

6.1 アルミナ（超硬、耐摩耗コーティング、ガスバリア）

　アルミナは硬度、耐酸化性、耐摩耗性、耐腐食性に優れた酸化物セラミクスであり、様々な用途で使用されている。結晶形態にはα、γ、θなどがあり、低温で安定なγアルミナは高比表面積を有するため触媒担体などに利用される一方、高温で安定なαアルミナは構造材料として利用されている。CVDにより形成されたアルミナ膜は焼結により作製する従来のセラミクスに比べ、欠陥や不純物が少なく、耐熱性、耐摩耗性に優れており、切削工具の表面コーティングやガスバリア膜として工業的に使用されている。アルミナCVDの研究の歴史は古く、1970年頃には半導体への応用を期待して検討が始まっている[1]。

　切削分野では、基材であるWC（タングステンカーバイド）とCoからなる焼結体表面に2-20μmのコーティングを施したコーテッド超硬合金が主流である。PVDおよびCVDのいずれの方法によっても量産品が出荷されている。CVDを使う利点は、工具表面に均一な膜を形成でき、密着性が高いことがあげられるが、PVDは比較的低温での膜堆積が可能であること、多様な材料系を容易に実現できることから今後も用途に応じた使い分けがなされるものと思われる[2]。CVDに話を戻すと、原料ガスには、$AlCl_3$・CO_2。H_2を使用するのが一般的であり、1000℃程度の高温条件で堆積する。実験により得られた総括反応機構としては、水性ガスシフト反応によりH_2とCO_2からH_2OとCOが生成され、$AlCl_3$と反応することによりアルミナが形成されるとされ、実験結果と矛盾しない[3-4]。その後、量子化学計算を活用した素反応速度式と実験を組み合わせた精緻な解析が行われ反応機構詳細が明らかとなった[5]。具体的には、$AlCl_3$は成長表面において解離吸着により$AlCl_2$とClとして吸着した後にClが速やかに脱離する。その後、$AlCl_2$はHラジカルと反応し、AlClとなり、水性ガスシフト反応により生じたOHラジカルとの反応によりアル

ミナとなる。この時、AlClとOHの表面反応が律速段階である。なお、気相中の原料分解が化学平衡に達するには1000秒以上の時間がかかることから、現実の反応器内での現象は速度支配であり、条件および反応器の設計には流体反応計算の活用が必要である。有機金属化合物およびハロゲン化物を原料としたケミストリの開発も過去に行われている[6-8]。

　近年では、結晶シリコン太陽電池向けのアモルファスアルミナ膜の検討が盛んである[9]。太陽電池裏面に存在にはシリコンとアルミニウム電極が存在するが、その界面における電子と正孔の再結合はエネルギー変換効率向上のための課題である。そのため、アルミニウム電極を裏面全体に形成せず、裏面の大部分をパッシベーション層で保護し、シリコンと電極とを接点でのみ接続するPassivated Emitter and Rear Contact cell(PERC)型太陽電池が考案された。トリメチルアルミニウム(TMA、$Al(CH_3)_3$)を用いたThermal-ALDあるいはPE-ALDの使用が検討されたが[10-12]、スループットが量産に見合わず、PE-CVDでの製膜が検討されている[9,12,13]。

　他方、アルミナは透明であり、かつ酸素および水蒸気の透過耐性が高いため、食品分野では密封包装や炭酸飲料容器のガスバリアとして利用されている[14]。いずれの場合においても、有機材料の損傷を抑えるため、TMAとH_2Oを使用した低温Thermal-ALD(<100℃)により形成される[15-17]。バリア性はラグタイム法やカルシウム法により測定される[16,17]。成長表面の飽和吸着を利用するALDではケミストリの選定が重要であり、理想的な単原子層吸着が得られないことも多いが、TMA/H_2O系のAl_2O_3-ALDは理想に近い挙動を示すことから数多くの報告がなされており、総説にまとめられている[18]。

〈百瀬　　健〉

〔参考文献〕

1) K. Iida, T. Tsujide, Jpn. J. Appl. Phys. 11 (1972) 840-849.

2) 福井治世、切削工具用コーティング技術の進化、SEIテクニカルレビュー 188 (2016) 26-31

3) B. Lux, C. Colombier, and H. Altena, Thin

第3編 薄　　膜

Solid Films, 138 (1986) 49-64.

4) S.W. Choi, C. Kim, J.G. Kim and J.S. Chun, J. Mater. Sci., 22 (1987) 1051-1056.

5) S.F. Nitodas and S.V. Sotirchos, Journal of The Electrochemical Society, 149 (2002) C130-C141.

6) 多湖、河瀬、政木、橋本、化学工学会誌、24 (1998) 81-85.

7) J.S. Kim, H.A. Marzouk, and P.J. Reucroft, J.D. Robertson, and C.E. Hamrin Jr., Appl. Phys. Lett. 62 (1993) 681-863.

8) T. Maruyama and S. Arai, Appl. Phys. Lett., 60 (1992) 322-323.

9) 宮島晋介、J. Plasma Fusion Res.、85 (2009) 820-824.

10) G. Agostinelli, A. Delabie, P. Vitanov, Z. Alexieva, H.F.W. Dekkers, S.D. Wolf, and G. Beaucarne, Solar Ener. Mater. Solar Cells 90, 3438 (2006).

11) B. Hoex, J. Schmidt, P. Pohl, M.C.M. van de Sanden and W.M.M. Kessels, J. Appl. Phys. 104 (2008) 044903.

12) P. Saint-Cast, J. Benick, D. Kania, L. Weiss, M. Hofmann, J. Rentsch, R. Preu, and S.W. Glunz, IEEE elect. device let., 7 (2010) 695-697.

13) P. Saint-Cast, D. Kania, M. Hofmann, J. Benick, J. Rentsch, and R. Preu, Appl. Phys. Lett., 95 (2009) 151502

14) A.G. Erlat, B.M. Henry, J.J. Ingram, D. B. Mountain, A. McGuigan, R.P. Howson, C.R.M. Grovenor, G.A.D. Briggs, Y. Tsukahara, Thin Solid Films 388 (2001) 78086.

15) M.D. Groner, F.H. Fabreguette, J.W. Elam, and S.M. George, Chem. Mater. 16 (2004) 639-645.

16) G.L. Graff, R.E. Williford, and P.E. Burrows, J. Appl. Phys, 96 (2004) 1840-1849.

17) R. Paetzold, A. Winnacker, D. Henseler, V. Cesari, and K. Heuser, Rev. Sci. Instr. 74 (2003) 5147-5150.

18) R.L. Puurunen, Appl. Phys. Rev. 97 (2005) 121301.

6.2 固体潤滑

固体潤滑の目的は摩擦を減らすことであり、摩擦熱によるエネルギー損失の低減による効率的なエネルギー利用や、摩耗による部材の消耗の低減によって機械寿命の延長・メンテナンス頻度の低減が可能となり機械コスト削減、人件費の削減に大きく寄与できる。さらに、システム全体の信頼性が向上することから、安心・安全な暮らしにも貢献できる。

固体潤滑の方法には、黒鉛、MoS_2（二硫化モリブデン）に代表される層状物質やPTFE（ポリテトラフルオロエチレン）などの高分子材料、銀、錫、鉛などの軟質金属といった固体潤滑剤を用いる方法とDLC（ダイヤモンドライクカーボン）などの炭素系膜やチタン、ニオブ等金属の炭化物、窒化物などの硬質膜を表面にコーティングする方法、もしくは、表面を直接窒化、もしくは炭化することで、表面構造を改変する方法などがある[1]。中でも黒鉛、MoS_2、PTFEは潤滑性能とコスト面で工業的に広く利用されている。

固体潤滑に関わる表面コーティングとしては、めっき法、溶液塗布法などもあるが、真空に関わる表面コーティングについて述べる。まず、物理気相成長(Physical Vapor Deposition：PVD)について説明する。代表的に用いられるPVDにはスパッタリング、イオンプレーティングがある。PVDではターゲットと呼ばれる固体原料を用いるため、材料の選択性に自由度が高い長所がある。TiN（窒化チタン）、TiCN（炭窒化チタン）、TiAlN（窒化チタンアルミニウム）、DLCなどが実用化されており、多くの場合はイオンプレーティングで製膜されている。また、cBN（立方晶窒化ホウ素）も低摩擦膜として利用される[2]。しかし、密着性、均一性に課題があるとの指摘もあり、改善が進められている。一方、MoS_2はスパッタリングを用いたコーティングの検討が進んでいる。

つぎに、化学気相成長(Chemical Vapor Deposition：CVD)について説明するが、代表的に用いられるCVDには熱CVD、プラズマCVDがある。熱CVDでは、TiC（炭化チタン）、TiCN、Al_2O_3（アルミナ）、SiC（炭化ケイ素）などが得られる。これらの膜は、主に金型や超硬工具へのコーティングなどに使用される。CVDの長所に、密着性や均一性が良い、厚膜形成が比較的容易であることが挙げられるが、原料ガスを分解するために600～1000℃の高温が必要になる。そのため、基材の変形や変質などが生じるために適用可能な基板が制限される短所もある[4]。一方、ダイヤモンドはマイクロ波プラズマCVDで成長されることが多いが、成長後、表面をフッ素化することで、フッ素化ダイヤモンド–ダイヤモンド間の摩擦係数が0.04程度まで減少することが知られている[2]。

0.01以下の摩擦係数を有する場合は超固体潤滑と呼ばれる[5]。マイクロマシンのマイクロモーターなどの発展にはゼロ摩擦であることが要求されており、摩擦・摩耗と表面特性の関係に注目が集まっている。接触面の原子配列と摩擦との関係を分子動力学的計算で調べた報告もある[6]。また、CN（窒化炭素）被膜とSiN（窒化ケイ素）間の摩擦係数が雰囲気によって大きく変化する報告などもあり、今後、表面第一原子層と摩擦・摩耗の関係が徐々に明らかになると考えられる[1]。

〈齊藤　丈靖〉

〔参考文献〕
1) 新版固体潤滑ハンドブック–日本トライボロジー学会編、2010.
2) 三宅正二郎：精密工学会誌Vol. 61, No. 2, 1995 p.187-192.
3) 公開特許公報, 特開2007-231402.
4) 藤森直治, 溶接学会誌 Vol. 56, No.4, 1987 p.211-216.
5) 岡田勝蔵, 関口勇, 精密工学会誌 Vol. 61, No.2, 1995 p.199-202.
6) R. Sorensen, K.W. Jacobsen, and P. Stoltze, Phys. Rev. B Vol.53, No.4, 1996 p.2101-2113.

6.3 耐熱コーティング

CVD法は母材と密着力も高く緻密に高強度のセラミックスを製膜できることから、切削工具として持ちいられる超硬合金（WC（炭化タングステン）とCo（コバルト）の焼結体）用の耐熱・耐磨耗コーティングに広く用いられている。実際の工業的な応用は1969年に世界で始めて超硬合金工具を開発した西独のKrupp-Widia社がCVDによりTiCをコーティングした製品を発売した事に端を発する。

熱CVD法を用いた場合1,000℃程度の高温でTi化合物(TiC,TiN,TiCN)やアルミナ(Al_2O_3)などの耐熱・高硬度セラミックスを超硬合金表面上に数μm製膜する。TiCは硬く耐熱性に優れ、TiNは耐酸化性に優れ、TiCNはTiCとTiNの中間ぐらいの特性を持っている。また、Al_2O_3はやや硬度は劣るが低い摩擦係数を持っている。表6.3.1に一般に用いられるコーティング膜の物理的性質を示す[1]。

熱CVD法では、PVD法が500℃程度でコーティングを行うのにくらべ、高温で製膜するために耐熱性に優れ、母材と膜との密着性も良い。また、比較的容易に多層膜・厚膜を得ることができるという特徴を持つ。しかし、超硬合金とコーティング膜との熱膨張率との違いにより引っ張り応力が残留し母材の強度低下を招くという問題もある。また、当然のことながら高温に耐えられない母材のコーティングは出来ない。つまり、用途に応じて、各々の特徴を活かした使い分けが必要となる。

従来は単層のコーティングが主流であったが、現在は、密着性や耐熱性、耐酸化性などの特性に優れているTiC/TiCN/TiN等の多層膜が主流である。また、母材の改良やTi化合物とAl_2O_3との積層膜や製膜法の工夫など耐酸化性組織の微細化など初期のコーティング膜にくらべ大幅な性能向上が行われている[2]。さらに、熱CVDに比較して低温で製膜することで母材の変形やダメージを抑え、PVDに比較して母材と膜との密着性に優れたプラズCVDによるコーティング膜の開発も行われている。

切削工具へのコーティングとしては一般に～20μm程度の膜厚を要するが、耐熱、耐腐食および耐磨耗性能が要求され、かつ、数100μm以上の厚膜のコーティングが供給される用途もある。その代表例は発電用や航空機用のガスタービンブレードの熱遮断コーティング(TBC：Thermal Barrier Coating)である。一般にこれらのコーティングにはイットリア安定化ジルコニア(YSZ)膜が用いられ、基材の調合金の耐熱温度の向上には必要不可欠となっている[3]。この用途においては短時間で厚い膜厚、つまり、極めて高速な製膜が要求され、大気圧プラズマスプレー法や電子ビーム物理蒸着法が用いられている。しかし、近年の研究ではYSZ膜をレーザーを用いて数100μm/hの高速で製膜したという報告もあり[4]、CVD法のTBC膜への応用が期待されている。

〈秋山　泰伸〉

〔参考文献〕

1) 池永　勝，鈴木　秀人，ドライプロセスによる超硬質皮膜の原理と工業的応用，日刊工業新聞社，(2001)
2) 福井　治世，SEIテクニカルレビュー，No.188，P26 (2016)
3) D. R. Clarle and C. G. Levi, Annu. Rev. Mater. Res.,33, 383 (2003)
4) J. R.V. Garcia and T. Goto；Sci. Tech. Adv. Mater., 4, 397 (2003)

表6.3.1 代表的なコーティング膜の物理的性質

種類	TiC	TiN	TiCN	Al_2O_3
硬度(Hv)	3000-4000	1900-2400	2600-3200	2200-2600
熱膨張係数(/℃)(200-400℃)	7.8×10^{-6}	8.3×10^{-6}	8.1×10^{-6}	7.7×10^{-6}
弾性率(kg/mm²)	4.48×10^4	2.56×10^4	3.52×10^4	3.90×10^4
摩擦係数(μ)	0.25	0.49	0.37	0.15
耐酸化性	△	○	△	◎

6.4 表面処理（撥水加工）

固体表面の濡れ性は接触角で評価されることが多い。接触角は、ある固体表面に対して液滴を滴下した後に、固体表面と液体のなす角のうち、液体を含む側の角度として定義される。撥水性が低い（親水性が高い）ものは、液体が固体表面に広がるために接触角が小さくなる。一方、撥水性が高い（親水性が低い、もしくは、疎水性）ものは液体が球形に近づくため、接触角が大きくなる。一般的に、接触角が90°以下の場合には親水性であり、90°以上の場合には撥水性であるという。また、接触角が非常に小さいほぼ0°の場合には超親水性、接触角が非常に大きく150°以上となる場合には、超撥水性と呼ばれる。

固体表面における液体のマクロな濡れ性は、以下に示すようなYoungの式により記述される。表面エネルギーを低下させることによって理論上到達可能な接触角は115°程度である[1]。

$$\gamma_{SV} = \gamma_{LV} \cos\theta + \gamma_{SL}$$

このYoungの式中のγ_{SV}、γ_{LV}、γ_{SL}はそれぞれ、固体－気体間、液体－気体間、固体－液体間の単位積あたりの界面自由エネルギーを表す。

ガラスのような平滑性の高い表面において、撥水性（疎水性）を高めるためには、表面張力をできるだけ小さくする必要がある。そのため、表面張力の小さいフッ素化合物やメチル基シリコーン類をガラス表面に塗布して疎水性を高めている。フッ素は電気陰性度が最も大きいために、フッ素化合物は分子間力が小さくなる。すなわち、表面自由エネルギーが小さいことを意味しており、原理的にフッ素化合物の表面張力は最も小さくなる。例えば、メチル基の水素を全てフッ素に置き換えたトリフルオロメチル基($-CF_3$)を表面に導入することで現実的に得られる接触角は110°程度である。

自然界では、ハスやイモの葉表面で超撥水と言われる現象が確認されている。これらの超撥水表面では接触角が150°になることもある。このように超撥水性表面は小さな凹凸が規則的に配列された構造を有しており、連続した小さな凹凸により光が乱反射することも知られている。

このような表面を人工的に形成する取り組みが進んでいる。例えば、表面をフラクタル構造にすることで超撥水性が発現することは有名であり、理論的な考察も進んでいる[2]。陽極酸化したアルミナ表面[3]、Si/ガラスを反応性イオンエッチングした表面[4]の超撥水性なども報告されている。真空技術を応用した超撥水処理としては、ガラスやPMMA（ポリメタクリル酸メチル樹脂）上にトリメトキシシランのプラズマCVDを行い、超撥水性コーティングができると報告している[5]。しかし、人工的に作成する超撥水表面は耐久性がないことが問題であり、油などの表面張力の小さい汚れの付着によって超撥水性が喪失する問題がある。

逆に、凹凸を有した酸化チタンに代表される超親水と言われる現象も存在する。超親水性表面では水が均等に分散し、水滴が生じないことから、濡れた状態でも視界が確保できる利点がある。また、一度濡れた後に乾燥しても、汚れが水滴形状で残存しない利点もある。この酸化チタンの性質は自己洗浄効果とも呼ばれており、住宅やビルの外壁に酸化チタンを用いて雨に伴って汚れを除去する、もしくは、窓に用いて汚れを除去するなどの目的で実用化されている[6]。

〈齊藤　丈靖〉

〔参考文献〕
1) 辻井薫：超撥水と超親水―その仕組みと応用―, 米田出版 2009.
2) 恩田智彦, J. Vac. Soc. Jpn. Vol.58, No.11, 2015 p.424-430.
3) K. Tsujii, T. Yamamoto, T. Onda, and S. Shibuichi, Angew. Chem. Int. Ed. Engl. Vol.36, No.9, 1997 p.1011-1012.
4) A. Ahuja, J.A. Taylor, V. Lifton, A.A. Sidorenko, T.R. Salamon, E.J. Lobaton, P. Kolodner, and T. N. Krupenkin, Langmuir Vol.24, No.1, 2008, p.9-14.
5) Y. Wu, H. Sugimura, Y. Inoue, and O. Takai, Chem. Vap. Deposition, Vol.8, No.2, 2002, p.47-50.
6) 中島章：固体表面の濡れ性―超親水性から超撥水性まで, 共立出版, 2014.

6.5 DLC（固体潤滑、バスバリア、耐蝕）

DLC（Diamond like carbon, ダイヤモンドライクカーボン）はダイヤモンドのsp³結合とグラファイトのsp²結合の両者を炭素原子の骨格構造としたアモルファス（非晶質）状の炭素膜である[1-4]。高硬度、高い耐摩耗性、低摩擦係数、化学的安定性、低凝着性という特徴から、特に摺動部品の表面処理として優れた特徴を有する。このため、環境問題や省エネの機運の高まりと共に摩擦損失の低減や長寿命化を目的として、自動車や機械などの様々な摺動部品に広く使用されている。

一般に、DLC中のsp³成分の含有量は20〜90％と言われており、また水素含有量も50％に至るものがあるため、DLCという同じ言葉が用いられていても、その組成は非常にバラエティに富んでいる。基本構造は非晶質であるが、ダイヤモンドに近い構造、グラファイトに近い構造を含んでおり水素含有量も異なる。さらに、ケイ素、フッ素、窒素や金属元素（チタン、タングステン）などが添加されることもあるため、DLCの物性は構造と組成によって大きく異なる。様々な物性を有するDLCが存在するため、その応用は千差万別である。DLCは用途によって適す構造、適さない構造があるため、その応用に充分な注意が必要である。

6.5.1 DLCの構造

DLCはダイヤモンドやグラファイトのように、明確な結晶構造を有する物質ではなく、非晶質の構造である。しかし、微視的にみるとグラファイト構造（sp²結合）とダイヤモンド構造（sp³結合）が混在している。また、炭素−炭素間の結合が切れていたり（ダングリングボンドの生成）、製法によっては、生成したダングリングボンドに水素が結合しているものもある。DLCはsp²結合とsp³結合の比率や欠陥密度、水素含有量によって特性が大きく変わる。Jacobらは1993年にsp²結合、sp³結合、水素含有量にもとづく疑似三元系状態図を提案した。それを図6.5.1に示す[5]。

図6.5.1に示されるように、DLCはおおまかに4つに分類される。ta-C(tetrahedral amorphous carbon)はsp³比が非常に高く、水素含有量が微量なため、緻密で密度が高く（〜3.3 g/cm³程度）、高

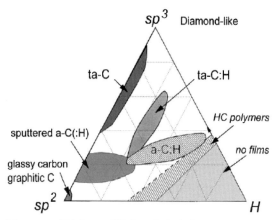

図6.5.1 sp²結合、sp³結合、水素含有量にもとづく疑似三元系状態図[5]

硬度・絶縁性・半透明でダイヤモンドに近い性質となる。a-C (amorphous carbon)も水素を殆ど含まないがsp²比率が高いために、グラファイトに近い性質を有す。比較的低硬度で導電性、黒色の膜となる。a-C：H(Hydrogenated amorphous carbon)は膜中に多くの水素を含むため、密度は低くなり（〜2.0 g/cm³）、比較的低硬度で黒色を示す。水素によってカーボンのダングリングボンドが終端されることから、絶縁性となる。ta-C：H(Hydrogenated tetrahedral amorphous carbon)はta-Cとa-C：Hの中間的性質を示すことが多い。

6.5.2 DLCの製膜方法

DLCの構造的な特徴を効率的に発現させるために多くの製膜方法が提案されており、その一部は製品の実用化に用いられている。Aisenbergらはイオンビームによるダイヤモンドの合成実験結果をJ. Appl Phys.に'Ion-Beam Depositionof Thin Films of Diamondlike Carbon'として1971年に発表した[6]。この文献の中で、Diamondlikeという表現が初めて用いられている。再現性の高いダイヤモンドの気相合成が報告されて以降、DLCの気相合成も盛んになってきた。J. Robertsonのグループはdlc膜の水素含有量、sp3成分の比率などの構造と光学的バンドギャップ、屈折率、硬度、ヤング率、摩擦係数などの物性との関係を体系化して1990年代に報告している[2]。様々な製膜法と析出物の関係を纏めたものが図6.5.2である[7]。様々な真空プロセスによってDLC膜が得られていることが分かる。

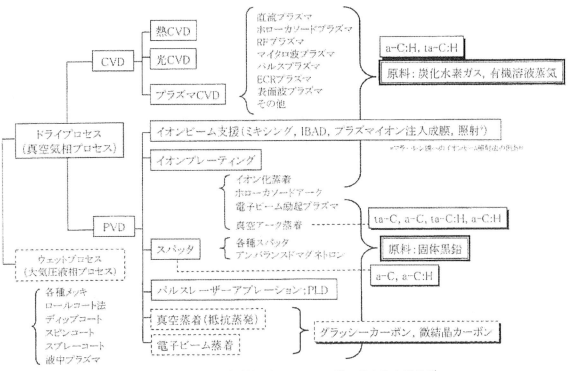

図6.5.2 各種の製膜手法と得られるDLC膜の代表的な構造[7]

6.5.3 化学気相成長(Chemical Vapor Deposition：CVD)

CVDによるDLC成長ではメタンやアセチレンなどの炭化水素ガスを気体状、もしくは、アルゴンや水素などの同伴ガス（キャリアーガス）を用いることで反応装置内に供給し、放電させることで原料ガスを分解して製膜する。平行平板型RFプラズマCVDの場合は、放電圧力が100 Pa程度であり、プラズマ温度・電子温度・セルフバイアスなどの製膜に重要なパラメーターを独立に制御できないため、プロセスの制御性が悪い難点がある。そのため新しい高周波プラズマ源の開発や直流、パルス電圧の印加による放電の維持など、プロセスの改善が進んでいる。基板温度は、DLCの場合、通常は室温〜200℃で高くても500℃である。CVDでは炭化水素ガスが原料であるため、a-C：H膜が形成されることが多い。

6.5.4 物理気相成長法(Physical Vapor Deposition：PVD)

代表的なPVDであるスパッタリングでは、グラファイトなどの固体ターゲットにプラズマで生成したアルゴンイオンを照射し、ターゲットから飛び出した炭素原子を膜化する。グラファイトはスパッタ率が低いために製膜速度が遅い難点があるが、平滑な膜が得られる利点がある。通常ではa-C膜が得られるが、製膜速度が遅い難点を克服するために、スパッタリングガス中にCH_4やC_2H_2などの炭化水素ガスを補助的に導入することも行われており、この場合には、a-C：H膜が得られる。一方、アーク式イオンプレーティング法は、トリガを起点として、グラファイト表面で直流アーク放電を生成し、グラファイトを直接イオン化する。アーク放電は極めてイオン化効率が高く、適切なバイアス電圧の印加による照射エネルギーの最適化で非常に緻密なta-C膜を得ることが出来る。アーク放電は0.1 Paという比較的高真空でも放電が維持できるため、均質な膜が得られるが、ドロップレットと呼ばれるグラファイトの固まりが膜に取り込まれる難点もある。

6.5.5 DLCの固体潤滑特性

潤滑目的でのDLC膜の実用化はエンジンオイル中での焼き付け防止のために2000年前後から始まったが、ドライ環境でも0.1程度の小さな摩擦係数が得られることが知られている。DLC表面に

OH基を有するエンジンオイル中の成分が吸着し、せん断抵抗が低減することがエンジンオイル存在下で固体潤滑性が生じる理由であると考えられている。一方、DLC表面がグラファイト化し、そのグラファイトが摺動相手に付着することで、ドライ環境においても固体潤滑性が生じると考えられている。エンジンオイル中での潤滑性改善のために、金属元素の添加も検討されている。さらに、DLC膜は塑性加工分野においても、潤滑油を極力使わないようにする、あるいは一切使用しない、セミドライ加工やドライ加工の実現のために低摩擦材料として導入されている。

6.5.6 DLCのバスバリア特性

ガスバリア膜としてのDLCは、金属缶やガラスボトルをペットボトルに置き換えるために急速に進展した技術である。従来、ペットボトルは金属缶やガラスボトルと比較するとガスバリア性が低く、酸素浸入による内容物の劣化や炭酸飲料からの炭酸ガスの損失など、品質保持が困難であった。しかし、DLCガスバリア膜の導入によって利便性・コスト的な理由でペットボトル化が急速に進み、飲料・食品分野では総容器の半分以上を占めるまでになっている。

DLCは図6.5.3に示すようなRFプラズマCVD装置でペットボトル内面に数十ナノメートル製膜されることが多い。ただし、酸素や炭酸ガスが透過しないDLCの構造に最適化されていると考えられる。例えば、酸素や炭酸ガスの透過速度は500 mlペットボトル基準で10倍以上改善されている[8]。

6.5.7 DLCの耐腐食性

DLCは酸・アルカリに対して化学的に安定であることは知られていたが、DLC膜中にピンホール（貫通型欠陥）が含まれることが知られており、ある程度の面積で耐腐食性を改善することは困難であった。アルミニウム上にイオン化CVD法で0.56マイクロメートル形成したDLCを形成することでNaCl水溶液中での耐腐食性が劇的に改善すると報告されている[9]。また、CrとSiCを積層した後にスパッタリングでDLCを2マイクロメートル形成することで塩酸、硫酸、フッ化水素、硝酸、水酸化ナトリウム、水酸化カリウム中での腐食性改善が報告されている[10]。しかし、いずれもマイクロメートルレベルの膜厚であることから、薄膜化が今後の課題と考えられる。

〈齊藤　丈靖〉

〔参考文献〕
1) 斎藤秀俊，大竹尚登，中東孝浩，DLC膜ハンドブック，(2006).
2) J. Robertson, Surface and Coatings Technology, Vol. 50, (1992), p.185-203.
3) J. Robertson, Materials Science and Engineering R, Vol. 37, (2002), p.129-281.
4) 織田一彦，J. Jpn. Soc. Powder Powder Metallurgy, Vol.51, No.8, (2004), p.603-610.
5) W. Jacob, and W. Moller, Appl. Phys. Lett., Vol.63, (1993), p.1771-1773.
6) S. Aisenberg, and R. Chabot, J. Appl. Phys., Vol. 42, No.7, (1971), p.2953-2958.
7) 滝川浩史，表面技術，Vol.58, No.10, (2007), p.572-577.
8) 上田敦士，中地正明，後藤征司，山越英男，白倉昌，三菱重工技報，Vol.42, No.1, (2005), p.42-43.
9) 土山明美，南守，嶋由加里，高谷泰之，林安徳，増田正考，達山寛機，日本金属学会誌，Vol.65, No.10, (2001) p.903-909.
10) 小野幸徳，小川俊文，古賀義人，緒方道子，平成11年度 福岡県工業技術センター研究報告（第10号），(1999), 17.

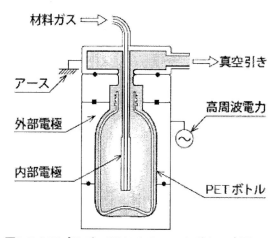

図6.5.3 RFプラズマCVDによるペットボトル内面へのDLCコーティング装置の模式図[8]

6.6 ガスバリアコーティング

　ガスバリアコーティングは、大気からの酸素や水蒸気の浸入を防ぎ内容物を保護するために容器、包装材、デバイス、封止材などに施される薄膜コーティングである。表6.6.1に示すように、その用途によって求められるバリア性能は異なり許容される透過流束の値が設定されている[1]。

　食品包装は使用期間が短いため高いバリア性は必要ではないが、1個あたり数円レベルの安価さが要求される。現在は真空蒸着法によるアルミニウム薄膜のコーティングが主に用いられている。PETボトルへの耐酸素透過コーティングにはプラズマCVD法ダイヤモンドライクカーボンが用いられている（6.5項参照）。

　液晶ディスプレイ(LCD)では当初ガラス封止が必要とされていたが、デバイスに使用する物質の改良があり、現在ではそれほど高いガスバリア性は必要なくなっている。LEDディスプレイ、太陽電池では酸素、水蒸気への耐性が比較的高く、長期間使用されるわりにはそれほど高いガスバリア性は要求されない。

　有機薄膜太陽電池では酸化されやすい有機物が用いられているため、バックシート側から酸素、水蒸気が浸入し、長い使用期間で蓄積するのを防ぐためにガスバリアコーティングが必要となっている。

　有機発光ダイオード（OLED、有機EL）デバイスは、一部実用化も始まった次世代の照明、ディスプレイデバイスであるが、有機素子の水蒸気による劣化や金属層の酸素による酸化などで劣化するため、長期耐久性をもたせるためには高度なガスバリア性のある封止が必要である。数年から10数年の長期使用が想定されるために、許容透過流束が非常に低いレベルになる。

　高度なガスバリア膜として、シリカ、アルミナ、窒化シリコンなどの酸化物や窒化物を用いることができる。太陽電池やOLEDといった用途では、高い可視光透過性が求められることから、もっともよく用いられるのがシリカである。

　シリカは狭義には酸化シリコンSiO_2のことであるが、工業的には炭素や水素、窒素ほかの不純物が含まれたものも含めてシリカと呼ばれ、結晶質か非晶質かも問わず、シリコンの酸化物を主とするものをシリカと総称している。シリカ膜は半導体や太陽電池の分野でパッシベーション膜、絶縁膜等として多用されている（5.2項、5.4項参照）ほか、分子ふるいを利用した分離膜などにも用いられることから、様々な作製法での研究成果が蓄積されている。

　太陽電池やOLEDに用いるガスバリア膜はプラスチック基材上に作製する必要があるため、低温基板上に高速でコーティング可能なプラズマCVD法で作製される。触媒となる金属ワイヤーのみを高温に加熱するCat-CVD法（HWCVD法）の適用も検討されている[2]。基材に用いられるのは、50〜200 μmの厚さで、ガスバリア性の高いPENやPETといったフィルムである。フィルム基材へのコーティングを大量処理するために、ロールトゥーロールと言われる、巻物からフィルムを送り出し、装置内でフィルムを移動させながら製膜し、コーティングされたフィルムも製品ロールに巻き取る方式の装置が使用される[3]。

　シリカCVDの原料として用いられるのは、シランSiH_4[4]、TEOS（テトラエトキシシラン、オルトケイ酸テトラエチル）$Si(OC_2H_5)_4$[5]、HMDSO（ヘキサメチルジシロキサン）$[Si(CH_3)_3]_2O$[3,6]、テトラメチルシラン$Si(CH_3)_4$[7]等と酸素O_2や亜酸化窒素N_2Oである。製膜条件は、室温から100 ℃程度までの低温で、数秒間の製膜時間で、100〜数100 nmのコーティングが行われる。プラズマCVDは通常10 Pa程度の真空で行われるが、常圧プラズマCVDによるシリカコーティングも報告されている[8]。

　膜中のマイクロクラックや粒界がガスバリア性を低下させるため、異種膜を積層することでガス

表6.6.1 ガスバリアコーティングに求められる許容最大透過流束レベル

用途	許容最大透過流束	
	酸素 [$cm^3/(m^2 \cdot d)$]	水蒸気 [$g/(m^2 \cdot d)$]
包装材	$10^{-1}\sim10^2$	$10^{-1}\sim10^2$
LCD, LEDディスプレイ、太陽電池	$10^{-2}\sim10$	$10^{-3}\sim2\times10^{-1}$
真空断熱パネル	$10^{-3}\sim10^{-1}$	$10^{-4}\sim10^{-3}$
電子ペーパー、有機薄膜太陽電池	$10^{-5}\sim10^{-3}$	$10^{-5}\sim10^{-3}$
OLED	$<10^{-6}\sim10^{-4}$	$<10^{-6}$

第3編　薄　　膜

透過経路の貫通を防いで、ガスバリア性を向上させることができる。Al_2O_3では、ALD法による多層コーティングも報告されている[9]。多層の積層は、処理コストの高さから、太陽電池、OLEDへの適用は困難と考えられ、手法によらず、少ない積層、望ましくは単層での高ガスバリア性薄膜の作製が期待されている。

〈河瀬　元明〉

〔参考文献〕

1) 小川 倉一, 表面技術, **61**, 670-674 (2010).

2) K. Ohdaira and H. Matsumura, Jap. J. Appl. Phys., **53**(5S1), 05FM03 (2014).

3) 玉垣 浩、沖本 忠雄、公開特許公報(A)、特開 2012-126969.

4) D.S. Wuu et al., Surf. Coat. Technol., **197**, 253-259 (2005).

5) S.C. Deshmukh and E.S. Aydil, J. Vac. Sci. Technol. A, **13**, 2355-2367 (1995).

6) K. Teshima et al., Chem. Vap. Deposition, **8**, 251-253 (2002).

7) 手嶋 勝弥ら, 表面技術, **55**, 373-377 (2004).

8) M. Moritoki et al., Surf.Coat. Technol., **307**, 1070-1073 (2016).

9) 田中 誠治、松井 久、公開特許公報(A)、特開 2015-111503.

第7章 ドライエッチング

第1節 超微細加工プロセスにおける役割

ドライエッチングに代表されるプラズマを用いたプロセス技術は、電子機器の心臓部である大規模集積回路[1](Ultra-Large Scale Integrated circuit：ULSI)チップ製造工程[2,3]をはじめ、機械、医療、環境、農業など多くの産業分野において広く利用されている。例えば、米国インテル社が量産する最先端ULSIチップの製造には、最小加工寸法が10nmレベルの超微細加工プロセス技術（＝ドライエッチング）が必要とされている。一般に、ULSIチップ製造に代表される超微細加工プロセスは、図1.1で示すように、洗浄⇒成膜⇒パターニング（リソグラフィ）⇒ドライエッチング⇒アッシング/洗浄のサイクルで進められる[4-7]。

近年、ULSIチップ内に搭載される半導体デバイスの微細化が進むにつれて、原子レベルの高い加工精度（数nmレベル）が必要とされてきた。後で述べるように、ドライエッチング工程では、量産性の指標である加工速度（エッチング速度）を維持・向上しつつ、パターニング（リソグラフィ）により作製されたマスクパタンを忠実に再現する必要がある。その目的のため、反応性イオンエッチング(Reactive Ion Etching：RIE)と言われるメカニズム[8]でドライエッチングは実現されている。

一般にドライエッチングで利用されるプラズマは、中真空領域(1-10Pa)のプラズマ、すなわち、図1.2で示す「グロー放電」で示す領域に分類される。プラズマの特徴を示す電子密度および電子温度(Te)は概ねそれぞれ10^9-10^{12}cm^{-3}、数eVである。

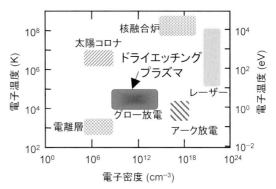

図1.2 ドライエッチングで用いられるプラズマの電子温度・電子密度に対するマッピング

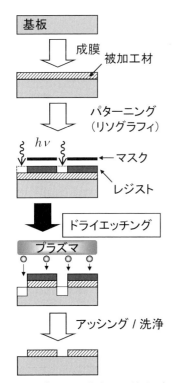

図1.1 ULSIチップ製造を構成する基本プロセス工程

第2節 ドライエッチングプラズマ

図2.1に典型的なドライエッチングに用いられる装置（誘導結合型プラズマエッチング装置）の例を示す。ここでは装置イメージを理解するための図を示している。装置は主に、ガス導入部、反応容器（以下、チャンバーと記す）、高周波電力投入部（上下2箇所）、排気部から構成される。ガスが導入され圧力制御されたチャンバー内に、外部から上部コイルを通して高周波電力を投入

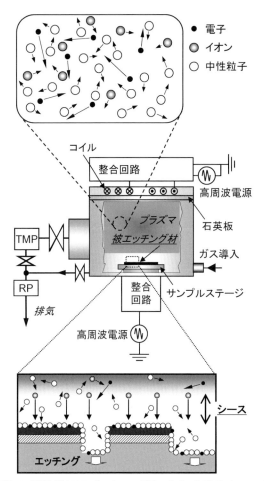

図2.1 超微細加工プロセスで用いられるドライエッチング装置の例とプラズマ中の各種粒子の様子

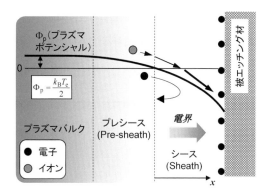

図2.2 シース構造（プラズマ〜固体表面間）の様子（k_Bはボルツマン定数）

し、チャンバー内でガスの電離を促進させてプラズマを形成する。（図2.1上図）また、被エッチング材を載せたサンプルステージに高周波電力を投入する。サンプルステージとプラズマとの間に形成される「シース」と呼ばれる領域[8,9]の電界を利用し、プラズマからイオンを引き込み、サンプル表面での反応を促進する。次に図2.2にシース構造を示す。プラズマバルク領域から突入するイオンは、プレシースと呼ばれる領域で加速され、シース領域で形成される電界により更に加速される。なお、図2.1で示すように、多くのドライエッチング装置では、電力投入の効率を高めるために、プラズマチャンバーと高周波電源の間にインピーダンス整合回路が挿入されている。

ドライエッチングに用いられるプラズマは、電子、イオン、活性種（ラジカル＝励起原子・分子）からなる。詳細は後で述べるが、RIEでは、イオン・活性種（ラジカル）の化学的・物理的反応性を最大限に活用している。形成されたプラズマと半導体デバイス（被エッチング材表面）との境界領域の様子を図2.1下図に合わせて載せている。

プラズマバルク中での電離・励起過程は、主にガス粒子と電子との衝突によって促進される。ドライエッチング中の被エッチング材表面の反応過程を支配する活性種（ラジカル）も、主に上記電子衝突によって生成され、その密度も支配されている。これら各種粒子が、微細構造内に入射し、RIEメカニズムによりドライエッチングが進む。

図2.3に被エッチング材表面に入射する各種粒子の速度についてそれらの特徴を示す。バルクプラズマにおいては、電子の速度がイオン・中性粒子の速度に比べて大きい。各々の粒子はそれぞれが概ね熱平衡状態にあるが、粒子間では代表値である「温度」が異なる。このことから、ドライエッチングプラズマは熱的に非平衡である、といわれている[8]。さらに、シース領域に形成される電界によって、図2.3で示すように、イオンは被エッチング材表面に向かって加速される。そのため、被エッチング材表面に入射するイオンのエネル

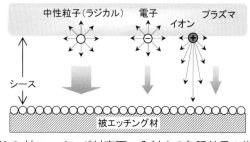

図2.3 被エッチング材表面へ入射する各種粒子の様子

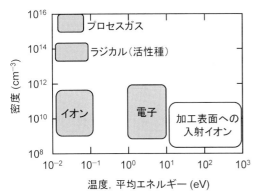

図2.4 ドライエッチングプラズマ中の各種粒子の密度・温度によるマッピング

ギー（速度）はバルクプラズマ中とは異なっている。図2.2で示すシース領域の存在が、ドライエッチング機構を支配する。

次に、図2.4にドライエッチングプラズマ中に存在する各種粒子の密度と温度との関係を示す[8]。密度に関して言えば、荷電粒子（電子、イオン）の密度は、中性粒子（ガスを構成する原子，分子）の密度に比べて小さい。（通常1％未満）このことから、一般にドライエッチングプラズマは弱電離プラズマに分類されている。また図2.2に示すシース領域の電界により、被エッチング材表面に入射するイオンの平均エネルギーは、バルクプラズマに比べ非常に大きくなる（図2.4右下部参照）。

第3節 ドライエッチング装置の歴史

ドライエッチングに利用される装置の例を図3.1に示す。図3.1は、現在、超微細加工プロセスに利用されているドライエッチング装置（プラズマ形成方法）をまとめたものである。歴史的には、図3.1 (a) で示す平行平板容量結合型プラズマ(Capacitively Coupled Plasma：CCP)が、初期の量産工程で広く利用された。CCPでは対向電極（サンプルステージとチャンバー）に囲まれた領域にプラズマを形成する。プラズマ密度は10^{10}cm^{-3}程度、圧力領域は10-100Paであり、CCPは比較的低密度、低真空（高圧力領域）のプラズマに分類される。

1980年代後半には図3.1 (b) で示す磁場印加型プラズマ(Magnetically Enhanced Plasma)や図3.1 (c) で示す電子サイクロトロン共鳴型(Electron

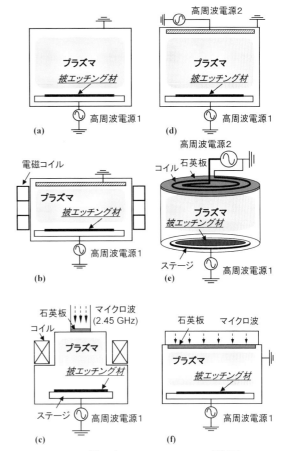

図3.1 様々なドライエッチング装置

Cyclotron Resonance：ECR)プラズマが量産工程に導入された。磁場印加型プラズマでは、外部から印加する磁場により、プラズマ中の電子を磁力線回りに拘束しチャンバー内ガスとの衝突頻度を高め、高密度プラズマを実現する。プラズマ密度は10^{11}cm^{-3}弱、圧力領域は数10Paである。一方、電子サイクロトロン共鳴型プラズマでは、導波管から2.45GHzの電磁波を、石英窓を通して反応容器に導入し、プラズマを形成する。電子のサイクロトロン周波数に整合した外部磁場を電磁コイルにより印加し、共鳴機構を利用して効率的に電力を吸収させプラズマを形成する。共鳴過程を利用して、エネルギー伝達を向上させ、電子衝突を促進し、電離度を高めることを目的としている。これにより、高密度プラズマが実現される。プラズマ密度は10^{11}cm^{-3}程度、圧力領域は比較的高真空、つまり低圧力領域（数Pa）である。電子サイクロトロン共鳴型プラズマは、比較的高真空であるた

めに粒子の平均自由行程が大きくなる。これにより、イオン速度の高い異方性を利用した高アスペクト比（縦方向と横方向の加工形状の比）[8]のエッチングが実現されている。

1990年代半ばになると、図3.1（d）で示す2周波励起容量結合型プラズマや図3.1（e）で示す誘導結合型プラズマ(Inductively Coupled Plasma：ICP)が導入された。これらのプラズマ方式では、一方の電源（高周波電源2）から電力を投入し、プラズマバルク部分のパラメータ（密度）を制御する。サンプルステージに他方の電源（高周波電源1）から電力を投入し、入射イオンエネルギーなどのパラメータを制御する。この2周波励起容量結合型プラズマでは、2つの異なる周波数を用いることで、高周波電力のカップリングを防止し、効率的な電力投入を実現している。一方、誘導結合型プラズマでは、上面に設置したコイルによる誘導電磁場を加熱・電離機構に利用している。これらのドライエッチング装置におけるプラズマ密度は　一般に$10^{11}cm^{-3}$以上になる。図3.1（a）と比べると一桁以上高い。

図3.1（f）に表面波励起型プラズマ(Surface Wave-exited Plasma：SWP)を示す。SWPでは、マイクロ波をチャンバー上部または側部から投入し、表面波による伝播によりチャンバー領域全体に電磁波を投入する。表面波として伝搬する電磁界により電子を加速させプラズマを形成する。実際のドライエッチングには拡散プラズマが用いられる。

これらドライエッチング方式の進化は、概ね微細化の要求に応じた高密度化に集約される。近年では、電子温度などのプラズマパラメータを制御する取り組み[10]や外部からの投入電力をパルス状に変調させる研究[11,12]も盛んである。

図3.2に代表的なプラズマ形成方式をまとめている。衝突電離を支配する電子の平均自由行程から、一般に高真空側（低圧力側）に行くほど電子温度は高くなる。これまでドライエッチングの研究開発分野では、高真空側（低圧力側）だけでなく、電子衝突頻度の向上によって、高密度プラズマ（高電子密度）を実現してきた。プラズマの高密度化は、加工速度（生産効率）向上、つまり生産効率向上が期待でき、それは低コスト化など産

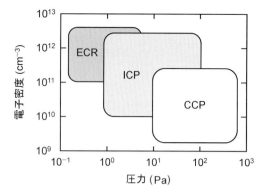

図3.2 各ドライエッチング方式の電子密度・動作圧力に関するマッピング

業上の主要な要請でもあった。しかしながら一方で、高密度化のための高真空度（低圧力領域）化は、後半に述べる加工精度という点では有利ではあるが、加工速度（生産効率）向上には不向きである。実際には、真空度は加工精度と密接な関係にあるので、目的に応じてプラズマ形成方式（プラズマプロセス装置）を選択し、生産ラインを設計している。

第4節　ドライエッチングパラメータ

次に、ドライエッチング反応機構を支配するパラメータについて主なものを説明する。ドライエッチングプロセス設計における主要パラメータを表4.1に示す。表4.1において、上段はプロセスパラメータ、下段はプラズマパラメータである。

上段で示す圧力、投入電力は、ドライエッチングプロセス設計における主要プロセスパラメータである。後でも述べるように、それらはドライエッチング加工形状を間接的に決定する。それら以外のプロセス設計パラメータとしては、高周波投入電力の周波数（バイアス周波数）や流入させるガス流量などがあげられる。投入電力周波数は、被エッチング材に入射するイオンのエネルギー分布関数を決定し、ガス流量はエッチング生

表4.1　ドライエッチングにおける主要パラメータ

圧力 ρ (Pa)	1 – 100
投入電力 P_{rf} (W)	100 – 500
バイアス周波数 f (Hz)	数10^2 – 10^6
電子温度 T_e (eV)	～4
プラズマ密度 n_p (cm^{-3})	10^{10} – 10^{12}
平均イオンエネルギー E_i (eV)	数10^1 – 10^3

成物のチャンバー内滞在時間を左右する。なお、チャンバー体積は、被加工材料サイズに依存する。例えば、最先端USLI製造では直径300mmの単結晶シリコン基板が用いられるため、チャンバー体積は多くの場合、10L以上になる。

一方で、下段のプラズマパラメータは、プロセスパラメータによって決定される。RIEに代表されるエッチングプロセスは、化学的にはこれらプラズマパラメータで決定される。つまり、「所望のプラズマパラメータを実現するプロセスパラメータを設計する」というアプローチが、科学的理解に基づいたドライエッチングプロセス設計と言える。

第5節 反応性イオンエッチング (RIE)

ドライエッチングプロセス中には、反応性の中性粒子の他、プラズマ中で生成される活性種（ラジカル）、イオン、さらに電子が被エッチング材表面に入射（吸着、衝突）する。これらの過程は同時に進行し、材料表面では様々な反応が起こる。これらプロセスは、以下で示す幾つかのエッチング機構に分類される。

第一は、プラズマから被エッチング材表面に吸着した活性種と被エッチング材との化学的反応機構によるエッチング機構である。この機構は、主に化学反応を利用しているので、材料との高い選択性を実現することが可能である。しかしながら、エッチングマスクに対応した加工形状の異方性は実現されない。図5.1で示すように、化学反応が促進される材料表面全てにおいてエッチングが進行するため、実現される形状は通常、等方的になる。

第二は、高エネルギーイオン入射による物理的スパッタリング機構である。一般にドライエッチングでは、外部からの電力投入により、シース領域内に数100Vの高電界が形成されている。高エネルギーイオンによるスパッタリング機構では、マスクパターンに対して異方性（図5.1右図）は実現されるが、スパッタリング機構が物理的エネルギー伝達による反跳過程であるために、材料との高い選択性は実現されない。また、上記の化学的反応機構やスパッタリング機構によるエッチングでは、十分なエッチング速度が実現されないことがわかっている。

上記の2つの機構に対し、吸着した活性種の反応性と高エネルギーイオン入射の異方性の両方を利用するエッチング機構（第三のエッチング機構）が、反応性イオンエッチング(RIE)である。RIEでは、プラズマ中で生成した活性種を被エッチング材表面に吸着させ、入射する高エネルギーイオンの運動エネルギーを利用して、活性種と被エッチング材との反応を促進する。このRIEメカニズムは、1979年にCoburnとWinterによって明らかにされた[13]。彼らは、活性種（の前駆体）であるXeF_2ガスを、シリコン(Si)基板に吸着させた時のエッチング速度と、XeF_2が吸着した表面にArイオンを入射させた時のエッチング速度を比較した。そして、XeF_2ガス吸着とArイオンを同時に入射させるとエッチング速度が10倍以上に向上することを実験的に示した。さらに、この時に得られたシリコン基板のエッチング速度は、Arイオン単独入射時のエッチング速度（スパッタリング速度）よりも十分に大きいことも示した。つまり、XeF_2吸着とArイオン入射の相乗効果により、エッチング速度は飛躍的に向上した。このようなRIEのメカニズムについては、分子動力学法による表面反応シミュレーションによっても精力的に議論されている[14]。このイオン入射を活用したエッチングメカニズム(RIE)の一例を図5.2に示す。図5.2は、塩素(Cl_2)ガスによるシリコンのRIEの例である。

RIEでは、通常減圧環境下においてプラズマを生成する。（高周波電源からの投入エネルギーを、電子による衝突を介して中性粒子に伝達し電離させる。）図5.2で示すように、プラズマ中で生成された中性ラジカル粒子(Cl^*)が、マスク含め被エッチング材表面に吸着している。（図5.2では電子の存在は無視している。）プレシース領域→シース

 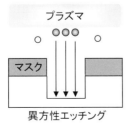

図5.1 2つのエッチング指向性

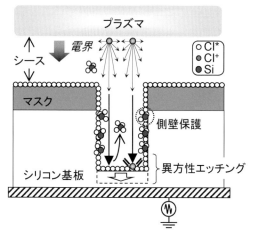

図5.2 反応性イオンエッチングの概念図（塩素プラズマによるシリコンのドライエッチング）

領域（図2.2参照）に侵入した塩素イオン(Cl^+)は、外部の高周波電源からの電力印加により形成されたシース電界によって加速され、被エッチング材表面に入射する。シース領域内での粒子衝突が無視できる場合、Cl^+は被エッチング材表面（図中では溝の底部）にほぼ垂直に入射・衝突する。この時、被エッチング材表面に入射したイオンの運動エネルギーにより、特に溝底部での化学的・物理的反応が促進される。減圧環境下であるため、イオンが側壁部に衝突する確率は低く、そのため図で示すように、入射イオンが衝突する溝底部の反応面でのみエッチング反応が促進される。その結果、エッチングは面に垂直な方向に進行（図では下降）し、マスクパターンに忠実な異方性エッチングが実現される。言い換えるとRIEは、

① ラジカル吸着
② イオン衝突
③ 表面での化学的・物理的反応促進
④ 生成物脱離
⑤ 装置外へ排出・プラズマ中に再入射・表面再吸着

の素過程から成り立っている。

一方同時に、エッチング構造の側壁部には、反応によってできた反応副生成物（$SiCl_x$など）が吸着してできた保護膜が形成されている。この保護膜は、被エッチング構造底面でスパッタされた粒子や、シース領域内で衝突・散乱された斜入射イオンによる側壁面でのエッチング進行を防止する役目を担っている。その結果、横方向（ラテラル方向）へのエッチング進行が防止され、マスクパターンを忠実に再現した加工形状が得られる。

つまり、ドライエッチングプロセス設計においては、以下の要素設計が重要となってくる。
① ラジカル
　― 導入ガスの選定
　― 被エッチング材に対応したガスケミストリ
② イオンとその入射エネルギー
　― 投入電力、圧力
　― 投入電力周波数
③ 表面反応設計
　― エッチング速度、材料選択性
　― エッチング副生成物、
　― 基板温度

これまで議論してきたように、RIEプロセス設計では、①の表面での化学反応過程の設計に加え、②の被エッチング材表面に入射するイオンのエネルギーを有効に使い、かつ、③の入射イオンエネルギーに依存したエッチング反応速度の最大化を目的としている。入射イオンエネルギーは、シース電界による加速によって決定づけられる。さらにその指向性はシース内での散乱過程に左右される。これらはそれぞれ、サンプルステージへの投入電力とプロセス圧力に依存する。

例えば、投入電力が十分に大きい場合（シース電圧が数100Vになる場合）、入射イオンの指向性は高くなり、その結果、エッチング形状の異方性も高くなる。プロセス圧力が低くなりシース領域内での粒子衝突が無視できる場合も、同様の高い異方性を持った形状が実現される。一方で、イオンエネルギーが大きくない場合（数10Vや高周波電力が基板ステージに投入されない場合）、入射角度が高い指向性を持たないまま被エッチング材表面にイオンが衝突することになる。また、プロセス圧力が高い場合、シース領域内での粒子間の衝突確率が高くなり、衝突によりイオンの運動量の方向が変化し、その結果、入射イオンの指向性が低くなる。また、後でも述べるように、側壁保護が不十分、あるいは活性種（ラジカル）による側壁エッチングが顕著になる場合は、化学的反応過程や底部反応面でスパッタリングされた入射粒子の影響により、横方向へエッチングが進行する。その結果、マスクを忠実に再現することがで

きなくなる。

上記の設計指針を、パラメータ毎についてまとめると以下のようになる。

① プロセスパラメータ

（圧力、投入電力、ガス流量など）

② プラズマパラメータ

（電子温度、電子密度など）

繰り返しになるが、投入電力を増加すれば入射イオンエネルギーは大きくなる。また、高真空（低圧力）にすれば、平均自由行程が長くなり、シース内での粒子衝突が無視でき、指向性（異方性）を向上させることができる。しかしながら、化学反応という意味では、高真空（低圧力）化は、粒子の数密度の減少をもたらし、エッチング速度向上が十分には期待できない場合もある。RIEプロセス設計は、これらメカニズムに関係するパラメータの最適化問題である。

第6節 RIEでの表面反応例（Si, SiO_2）

ドライエッチングの対象となる被エッチング材は、大きく分けて半導体・金属系と絶縁膜系との2つに分類される。第5節の例では、Cl_2ガスによるシリコン基板のドライエッチング例を示したが、エッチングされる材料によって使用するプロセスガスは異なる。一般に、反応性の高さ、つまり被エッチング材中の元素とより安定な結合を形成する元素を含むガスが採用される。表6.1に代表的な元素間の結合エネルギーと反応生成物の沸点を載せる。（なお、これらの数値は文献データによって若干異なるのであくまで目安値である。）表6.1から、例えばシリコン(Si)の場合、概ねハロゲン系元素との結合エネルギーが大きいことがわかる。同時に、これらハロゲン化物のうち特にSiF_4, $SiCl_4$の沸点が低いことがわかる。したがって、シリコンのエッチングでは、これらハロゲン元素を含むガス（SF_6, Cl_2, HBrなど）が用いられる[4,8]。表6.2に、これらを含んだドライエッチングで利用されるガスの一例を示す。ハロゲン元素は、その反応性の高さから、あまり被エッチング材を選ばないため、ドライエッチングプロセスでは、ハロゲン元素を含むガスが広く利用される。

F（フッ素）は反応性が高く、さまざまな化合

表6.1 ULSIチップ製造で用いられる代表的な元素間の結合エネルギーと反応生成物の沸点

結合	エネルギー(eV)	反応生成物	沸点（℃）
Si-Si	2.2	SiF_4	−86
Si-0	4.1	$SiCl_4$	58
Si-H	3.0	$SiBr_2$	154
Si-F	5.7	WF_6	17
Si-Cl	4.0	$TiCl_4$	136
Si-Br	3.8	$(AlCl_3$	190*)

*昇華点

表6.2 ドライエッチングで利用されるガスの例

被加工材など	ガス
金属、半導体	SF_6, CH_4, Cl_2, HBr, BCl_3 etc.
絶縁体	SF_6, CF_4, CHF_3, C_2F_6, C_4F_8 etc.
（その他の目的*）	Ar, He, N_2, O_2, NF_3 etc.

金属：AL, Ti, Ta, Wなど
半導体：Si, SiC, GaAs, GaNなど
絶縁体：SiO_2, Si_3N_4, SiOCなど
*反応促進、アッシング、クリーニングなど

物が存在するため、最も広く使用されている元素である。表で示すように、Fを含むガスは、絶縁膜系材料（二酸化シリコン膜SiO_2、窒化シリコン膜Si_3N_4）にも半導体・金属材料にも利用される[4,8]。また、Cl系ガス、Br系ガスは、主に半導体・金属材料のエッチングに利用される。この理由は、表2からも理解できる。例えばSiをエッチングする場合、Si-Siの結合エネルギーの大きさから、ハロゲン(Halogen)系であればSi-SiをSi-Halogen結合に置き換えることは可能である。一方、SiO_2をエッチングする場合、Si-0の結合エネルギーの大きさを考慮すると、選択肢としては、Cl系ガス、Br系ガスではなく、F系ガスになる。Cl系、Br系では、Si-HalogenよりもSi-0の結合の方が安定であり、ドライエッチングが進行し難いと予想されるためである。（実際の量産プロセスでもこれらの指針が採用されている。）一般に、絶縁膜系材料の場合は、これらの事実を考慮し、反応生成物や気相中で生成されるポリマーの反応面への堆積を利用したプロセスが採用されている。ドライエッチングプロセス設計では、表6.1、表6.2で示すようなパラメータを考慮し最適化されなければならない。

第7節 ドライエッチングの例

図7.1にドライエッチング表面の様子を、Si

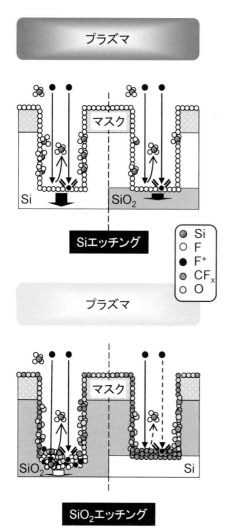

図7.1 典型的なRIEの様子（上図はSiを、下図はSiO₂をターゲットにしたドライエッチングに対応）

エッチングの場合とSiO₂エッチングの場合に対して示す。図7.1は、CF₄ガスによるドライエッチングの例である。図7.1の上図は、Siエッチングを想定したエッチングプロセス時のSi表面ならびにSiO₂表面での様子を示したものである。Si–O結合に比べ、Si–Si結合のエネルギーが小さいので、同じ反応系ではSiの方がSiO₂よりもエッチングされる速度（エッチング速度）は大きい。つまり、SiO₂はエッチングされにくく、Siとのエッチング速度に差が発生する。この時、対象とする材料とのエッチング速度の比（＝Siエッチング速度/SiO₂エッチング速度）は、「選択比」と定義されている。選択比は、エッチングプロセスにおける材料選択性のことであり、超微細プロセス設計での加工形状を支配する重要な指標の1つである。選択比が大きいほど選択性が高いドライエッチングプロセスであり、特定材料のみ除去することが可能な優れたプロセスと言える。

一方、図7.1の下図には、SiO₂のエッチングをターゲットにしたプロセスを採用した時のドライエッチングの様子を示している。表6.1から、Fを用いた場合、SiO₂よりもSiの方がエッチングされ易いことがわかる。つまり、この機構だけではSiO₂とSiとの選択比を大きくできないことになる。通常このような場合、以下で述べる（第四の）エッチング機構により、Siに対して選択性をもったSiO₂のエッチングが実現されている。

この第四のエッチング機構（第5節参照）では、まずドライエッチング反応によって副生成物（SiCF$_X$など）や気相中のポリマー(CF$_X$)が形成されるプロセスガスを使用する。同時に、外部の高周波電源から投入する電力を比較的大きくし、入射するイオン（Fイオン）のエネルギーを大きくする。そのエネルギー制御により、イオンの侵入深さを最適化する。例えば、図7.1下図のようにCF系のガスを用いた場合、表面には反応層・ポリマー層が形成される。その反応層の厚さは、被エッチング材（Si系及び金属系、あるいはSiO₂系）により異なる。また、底部のSi表面に形成されるCF系のポリマー層はSiとあまり反応せず、強固な保護膜として働く。一方、SiO₂領域では、O原子の影響で、CF系のポリマー層は吸着しにくくその影響は小さい。その結果、表面保護層を通してSiO₂表面に到達したF原子による反応が、SiO₂表面において継続的に進行する。Si表面では保護膜が、SiO₂表面ではO原子および反応表面近傍に存在するF原子が、エッチング進行機構において重要な役割を担っている。

ドライエッチングプロセスでは、一般にエッチング速度が大きく選択性の高いプロセスが必要とされている。上記のRIEは、それらを実現する有効なプロセスである。しかしながら、超微細加工プロセスにおけるRIEは未だ反応過程の理解は十分ではなく、現在も新しいガス系やメカニズムが提案されている。

第7章 ドライエッチング

第8節 ドライエッチングプロセスステップ

　量産現場でドライエッチングによってULSIチップを加工する場合、これまで述べてきたガス系、圧力、投入電力などの装置パラメータと、エッチング速度、選択比などのプロセスパラメータを考慮してプロセス設計を行う。所望のエッチング量に対して、マスク材などとの選択比を考慮してエッチング時間を設定する。RIEでは、マスクパターンに従って被エッチング材を反応面垂直方向に加工することを目的としている。しかしながら現実には、被加工デバイスの表面構造[2,4,5]も考慮しなければならない。図8.1で示す異方性エッチングに伴う問題が発生する。

　通常、ドライエッチング工程では、その前工程で成膜された被エッチング材上にエッチングマスクが形成されている。被エッチング材は、デバイスに依存した凹凸を有する構造体の上に形成される。しかしながら、成膜プロセスの性格上、凹凸（段差）構造上にも、その表面を覆うように膜が形成されている。図8.1（a）に、形成された膜上にマスクが作製された直後、すなわち、ドライエッチング処理開始時点の様子を示す。図からわかるように、被エッチング材の基板垂直方向の膜厚に着目すると、段差部分の膜厚（d_2）が平面部の膜厚（d_1）に比べて厚くなっていること（$d_2 > d_1$）がわかる。そして、図8.1（b）に示すように、ドライエッチングが進んでも膜厚差は変化しない。その後、図8.1（c）で示すように、平面部の被エッチング材が除去された時点であっても、段差部に被エッチング材が残ることになる。（通常、このメインエッチングと呼ばれるステップの終了判定は、エッチング生成物の種がその時点で変化することから、プラズマ発光スペクトルの変化を観測して行っている。）このエッチング残渣を除去するには、さらにエッチングを進めなければならないことになる。

　通常のドライエッチングでは、被エッチングデバイスの構造（段差）を考慮し、平面部の被エッチング材が除去された後、さらに追加でドライエッチングを実施している。このステップをオーバーエッチングステップと呼び、図8.1（b）のステップ（メインエッチング）と区別している。なお、オーバーエッチングステップは多くの場合時間管理のステップである。また、オーバーエッチングステップでは、下地膜に対する選択比がより高い条件を適用して、残渣部分の除去時に下地膜のエッチングを防止している。すなわち、メインエッチングステップとオーバーエッチングステップでは、プロセス条件が異なっている場合が多い。ドライエッチングプロセス設計は、これらの項目を鑑みて行われる。

　また、SiやAlなどの半導体・金属系のドライエッチングにおいては、表面に形成されている酸化膜を除去するブレークスルーステップが採用されている。これらの酸化膜除去を目的としたエッチングステップは、メインエッチングステップの前に実施される。理由を以下に述べる。

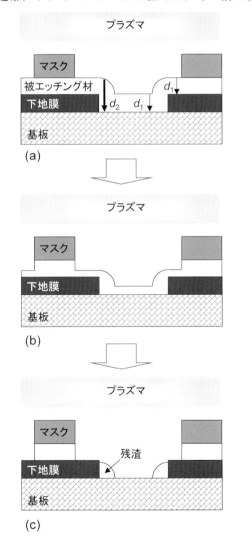

図8.1 段差構造上に形成された被エッチング材を除去する場合の様子

メインエッチングステップは、絶縁膜（酸化膜）との選択比の比較的高い条件が採用されている。そのため、メインエッチングステップからプロセスを開始すると、表面に形成されている酸化膜除去に時間を費やし、設計された時間内でメインエッチングが終了されない。そのため、酸化膜除去を目的としたブレークスルーステップが採用されている。このステップでは、CF_4系、SF_6系が採用されることが多い。このように、ドライエッチングプロセスは一般に、複数のステップから構成される。

第9節 ドライエッチングにおける問題点

これまで議論してきたように、RIEにおける異方性は、イオンエネルギーと入射イオンの指向性に大きく依存する。圧力が高くなるとシース内におけるイオンと粒子との散乱・衝突頻度が上昇するとともに、電子、イオン、中性粒子の平均自由行程が短くなることでプラズマ中での電離・励起反応速度が低下する。その結果、電離度が低下し、ドライエッチングプラズマ中では、イオン、活性種（ラジカル）密度が相対的に増大する。この変化は、仕上がりの加工形状に影響を及ぼす。なお、表1に示すように、弱電離プラズマであるので、元来、イオン密度は活性種の数密度に比べ十分に小さいことに注意されたい。例えば、圧力上昇によってシース内での入射イオンの散乱確率は増大する。また、シース長は、投入する印加電力増大とともに増加する。シース内での入射イオンの散乱・衝突は、シース長と平均自由行程によって決定される。つまり、圧力上昇や投入電力増加によるシース長増大は、入射イオンの指向性を低下させる。その結果、側壁への斜入射イオンフラックスが増大し、横方向（ラテラル方向）にエッチングが進行しやすくなる。また、イオンフラックスよりも活性種（ラジカル）フラックスがより支配的になり、エッチング反応は異方性をもったRIEよりも、化学的エッチング反応が主流になる。前述したように、一般に化学的エッチング反応機構は等方的に進行するため、エッチング反応面は等方的に進展し、最終加工形状は図9.1左で示すような等方形状となる。

この例に代表されるようなマスク形状を再現し

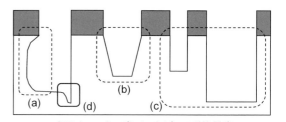

ドライエッチングにおける加工形状異常
図9.1 RIEにおける加工形状異常の例

ない加工形状は、「加工形状異常」として問題視されてきた。したがって、RIEプロセス設計では真空度は重要な項目の1つとなっている。種々の加工形状異常について、図9.1にまとめている。

図9.1において、(a)はボーイング形状あるいはサイドエッチ[8]と呼ばれる。イオン入射角の広がり（＝斜入射イオンの増加）に加え、図5.2で示す側壁保護膜が不足している場合に発生すると考えられている。このような形状になると、後の成膜工程での材料埋め込み不良を誘発することになる。

(b)はテーパー形状[8]と呼ばれ、過度の側壁保護膜堆積により発生すると考えられている。エッチング面が下方に進行するたびに、側壁に付着した保護膜がマスクパターンとして作用し、開口部が徐々に狭くなる。そのサイクルの繰り返しにより、エッチング進行とともに溝・穴が先細りする現象である。このような機構が顕在化すると、プロセス途中でのエッチング停止や、底部での電気的コンタクト不良を誘発することになる。

(c)はRIEラグと呼ばれ、底部反応面への活性種（ラジカル）フラックス、イオンフラックスのバランスにパターン（開口部面積）依存性が発生した時に観測される[16,17]。「エッチング副生成物の脱離⇒排出過程」が最適化されていない場合に発生する。なお、開口部面積の大きい場合にエッチング速度低下が観測されるだけでなく、逆の場合[18]も観測される。このようなパターン（開口部面積）に依存したエッチング速度（深さ）の違いは、底部での電気的コンタクト不良や、オーバーエッチングステップ時間増加に伴う他のパターンの形状異常を誘発することになる。

(d)はマイクロトレンチ[15]と呼ばれ、側壁で反射したイオンがエッジ部分に多く入射することにより発生すると考えられている。一般に、側面

では必ずしも入射イオンは鏡面反射しない。このような形状は、後の成膜工程での材料埋め込み不良に加え、エッチング下地への突き抜けによる不純物拡散を誘発することになる。

なお、(a) 〜 (d) の加工形状異常は、物理的な指標（寸法）で示されるものであるため、プラズマプロセスの問題として容易に認識されやすい。また、電子顕微鏡による断面観察からも容易に同定される。したがって、ドライエッチングプロセスが採用された当初は、これら加工形状異常が微細加工プロセスにおける重要な開発項目の1つであった。その後、様々な取り組みを経て、現在では、各加工形状異常に対する技術的方針は既に確立されている場合が多く、比較的プラズマプロセス開発初期段階で解決されている。例えば、ULSIチップ内のデバイス性能（電気特性）の立場からは、加工形状異常が量産現場で問題になることは現在では比較的少なくなってきている。ところが、近年では、最後に述べる新たな問題が注目されてきている。

第10節 微細加工プラズマプロセスの今後の展望

超微細加工プロセスにおいてRIEは重要な役割を担っている。最先端の超微細加工プロセスにおけるRIE加工精度の現在の実力は、寸法精度＝〜1nm（3σ）（直径300mmウエハ）、選択比＝Si/SiO$_2$は無限大（Siエッチング時）である。この実力で、現在は原子レベルに迫る超微細加工が可能となっている。一方で、量産されているULSIチップには、数十億の半導体デバイス（トランジスタ）が搭載されている。この数十億のトランジスタをドライエッチングによって、上記の加工精度で実現する際に様々な問題点が発生する。

ULSIチップ内のデバイスの微細化の要請により、ドライエッチングプロセスでは、より高密度のプラズマが採用されてきた。しかしながら近年、それらの副作用が問題となっている。それは、前述の「加工形状異常」以外の、ドライエッチング直後の形状からは判断できないもの、つまり被エッチング材中での欠陥形成である。それらは現在、加工されるデバイスの品質を劣化させる潜在的な欠陥として認識され、「プラズマダメージ」[8,19-21]と呼ばれている。プラズマダメージは、加工されるデバイス表面・界面において、電気的・物理的・光学的相互作用により、材料表面・界面特性、さらにはULSIチップ内のデバイス特性を劣化させる現象と定義されている。プラズマダメージのメカニズム詳細については、参考文献[8,19-21]を参照されたい。

これまで述べたように、最先端ULSIチップ製造に用いられる低中真空領域のドライエッチングプロセスは、極限レベル、すなわち原子レベルの制御性が要求され、高真空・高密度化のアプローチでその要求に答えてきた。ULSIチップの超微細化指標であるムーアの法則[1] の破綻が叫ばれているにもかかわらず、ドライエッチングに対する要求はますます高度（複雑）になっている。超微細加工プロセスのためのRIEを有効活用するためには、本章で述べた基礎的なプロセスパラメータ、プラズマパラメータの理解と制御が必須である。ドライエッチングプラズマは、今後もますます様々な分野での応用が期待されている。

〈江利口浩二〉

〔参考文献〕

1) S.M. Sze and K.K. Ng : *Physics of Semiconductor Devices*, 3rd ed. Hoboken, NJ : Wiley-Interscience(2007).

2) SIA : *The International Technology Roadmap for Semiconductors, 2013 edition*(2013).

3) SIA : *The International Technology Roadmap for Semiconductors 2.0, 2015 EDITION, Executive Report*(2015).

4) S. Franssila : *Micro Fabrication*, New York : John Wiley & Sons, Inc.(2005).

5) S.M. Sze : *Semiconductor Devices, Physics and Technology*, 2nd ed. Hoboken, NJ : John Wiley & Sons, Inc.(2002).

6) J.D. Plummer, M. Deal, and P.B. Griffin : *Silicon VLSI Technology, Fundamentals, Practice and Modeling*, New Jersey : Prentice Hall(2000).

7) C.Y. Chang and S.M. Sze : *ULSI Technology*, New York : The McGraw-Hill Book Co.(1996).

第3編 薄　　膜

8) M.A. Lieberman and A.J. Lichtenberg:
Principles of Plasma Discharges and Materials Processing, 2nd ed. New York: Wiley(2005).

9) 内田岱二郎: プラズマ物理入門: 丸善(1977).

10) T. Kamata and H. Arimoto: *J. Appl. Phys.*, 80, p.2637(1996).

11) N. Fujiwara, T. Maruyama, and M. Yoneda: *Jpn. J. Appl. Phys.*, 35, p.2450(1996).

12) Y. Ishikawa, M. Okigawa, S. Samukawa, and S. Yamasaki: *J. Vac. Sci. Technol. B*, 23, p.389(2005).

13) J.W. Coburn and F.W. Harold: *J. Appl. Phys.*, 50, p.3189(1979).

14) M.E. Barone and D.B. Graves: *J. Appl. Phys.*, 78, p.6604(1995).

15) T.J. Dalton, J.C. Arnold, H.H. Sawin, S. Swan, and D. Corliss: *J. Electrochem.l Soc.*, 140, p.2395(1993).

16) R.A. Gottscho, C.W. Jurgensen, and D.J. Vitkavage: *J. Vac. Sci. & Technol. B*, 10, p.2133(1992).

17) H. Tsuda, M. Mori, Y. Takao, K. Eriguchi, and K. Ono: *Jpn. J. Appl. Phys.*, 49, p.08JE01(2010).

18) D. Keil and E. Anderson: *J. Vac. Sci. & Technol. B*, 19, p.2082(2001).

19) G.S. Oehrlein: *Materials Sci. Eng. B*, 4, p.441(1989).

20) K.P. Cheung: *Plasma Charging Damage*, Heidelberg: Springer(2001).

21) K. Eriguchi and K. Ono: *J. Phys. D*, 41, p.024002(2008).

第8章 イオンビームエッチング

第1節 イオンビームエッチング

イオンビームエッチングは、イオンビームを固体表面に照射した際に起こる原子と原子の衝突散乱という物理現象によるスパッタリングを利用して試料の加工を行う最も基本的なドライエッチング手法である。イオンビーム照射では、イオンの進行方向にエッチングが進行するため、異方性エッチングが可能という特徴がある。

1.1 モノマーイオンビーム

モノマー（単原子や単分子）のイオンを用いたイオンビームエッチングの概念図を図1.1に示す。イオン源には一般にカウフマン型[1]やPIG型のプラズマイオン源が用いられる。イオン源にて生成されたモノマーイオンは引出および加速電極を経て数百eV～数keVに加速され、ターゲットに照射される。ターゲット表面に衝突したイオンは固体内で原子衝突を繰り返し（衝突カスケード）、これにより表面近くの原子がエネルギーを得て表面から飛び出すとスパッタリングが起き、エッチングが進行する。ターゲット前面にマスクを配置するとエッチング領域が制限され、微細加工が可能である。また、10度以下の表面すれすれの入射角で照射することにより試料表面をエッチングして薄膜化する手法（イオンミリング）は、透過電子顕微鏡用の薄膜試料作成等に用いられるが、衝突カスケードによる試料への損傷は避けられない。

1.2 反応性イオンビームエッチング

反応性イオンビームエッチングはスパッタエッチングにおいてハロゲン系元素などの化学的に活性なイオンを用いるか、イオンの照射されるところに活性な気体を導入することにより化学的エッチングを行う手法である。化学反応による生成物が揮発性を有する場合には、大幅なスパッタ率の向上ができる。材料により化学反応が異なるため、マスク材料とのエッチング選択比を大きくすることが可能であり、高いアスペクト比を持つエッチングが可能である。

第2節 クラスターイオンビームエッチング

イオンビームエッチングではモノマーイオンビームエッチングが一般的であるが、近年、多数の原子・分子の塊であるクラスターのイオンを用いたクラスターイオンビームエッチングも利用されてきている。

2.1 クラスターイオンビーム

クラスターには分子クラスター、金属クラスター、ガスクラスター、及びそれらの複合クラスター等があるが、エッチングに利用されるのは主にガスクラスターである。ガスクラスターイオンビームエッチングの概念図を図2.1に示す。ガスクラスターの生成は絶対圧力で0.2MPa以上の高圧の原料ガスをオリフィス径約φ0.1mmのノズルを通して真空中に噴出させて生成する。ノズルから噴出されたガスは超音速流を形成し、断熱膨張により冷却され、クラスターが生成される[2,3]。圧縮波が流体中を伝搬する場合、圧力が不連続に増加する衝撃波が発生する。クラスター生成において

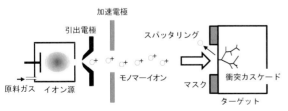

図1.1 モノマーイオンビームエッチング

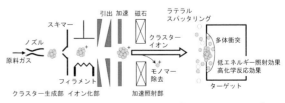

図2.1 ガスクラスターイオンビームエッチング

もビームの進行方向前面に衝撃波が発生し、この影響を回避するためのスキマーが用いられる。スキマーは鋭いエッジを持つ円錐状のオリフィスで、ノズルの先端から15～30mmの位置に設置され、クラスタービームをスムースに高真空であるイオン化部へと導く。クラスターのイオン化には、フィラメントから発生した電子を加速し、衝突電離によりイオン化を行う電子衝撃法が用いられる。生成されたクラスターイオンは引出・加速され、磁場によりモノマーイオンを除去した後、ターゲットに照射される。

原料ガスにArを用いた場合のクラスターサイズ（1個のクラスター中に含まれる原子・分子の数）の分布を図2.2に示す。クラスターサイズは飛行時間法により計測している。原料ガス圧（絶対圧力）が0.2MPa以上でクラスターが生成されるようになり、0.5MPaでは、サイズ1000付近にピークを持ち、数百から数千にかけて広いサイズ分布を持つクラスタービームが形成される。従って、例えばサイズ1000のクラスターを10keVに加速した場合、構成1原子あたりのエネルギーは10eV/atomとなり、モノマーイオン照射に比べると非常に低エネルギーでの照射が可能となる。また、サイズの大きなクラスターが固体表面に衝突すると、多数の衝突が狭い領域で同時に生じる現象（多体衝突）が起きるため、モノマー衝突の繰り返しでは説明できない非線形な照射効果が得られる。

図2.3に分子動力学法を用いて計算した加速エ

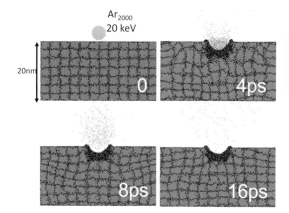

図2.3 分子動力学法を用いて計算した加速エネルギー20keVを持つAr_{2000}クラスターのSi(100)への衝突シミュレーション[5]

ネルギー20keVを持つAr_{2000}クラスターのSi(100)への衝突シミュレーションを示す。白丸は入射したAr原子、黒丸は変位したSi原子を表している。クラスターは衝突により基板内部に侵入してクレーター状の衝突痕を形成し、その周囲に多数の変位原子を生じさせる。このようなクレーター状の衝突痕はSTMによる表面観察でも報告されており[6]、モノマー衝突の繰り返しでは形成されないことから、クラスターの持つ非線形照射効果の代表例である。また、変位領域の深さは同じ20keVのモノマー衝突による損傷深さよりも浅く、クラスターを用いることにより低損傷な加工が実現可能である。

2.2 クラスターイオンによるスパッタリング

クラスター衝突によるスパッタリング過程は、モノマー衝突とは大きく異なる。Arクラスターイオン照射によりスパッタされる銅原子の角度分布を図2.4に示す。モノマーイオンによる非スパッタ粒子の分布はコサイン則に従うが、クラスターイオン衝突では垂直方向よりも水平な方向にスパッタされる粒子の割合が多いラテラルスパッタリング現象が生じる。このラテラルスパッタリング現象はクレーター状の衝突痕の形成過程において、クレーターの縁の部分の基板原子がエネルギーを得て水平方向にスパッタされることに起因することが分子動力学シミュレーションから分かっている[7]。

Arモノマーイオン、Arクラスターイオン、SF_6

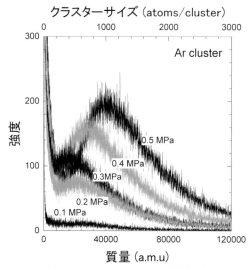

図2.2 クラスターサイズ分布[4]

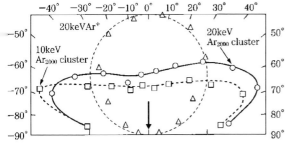

図2.4 20keVのArモノマーイオン、及び10keV、20keVのArクラスターイオン照射によりスパッタされた銅原子の放出角度分布[7]

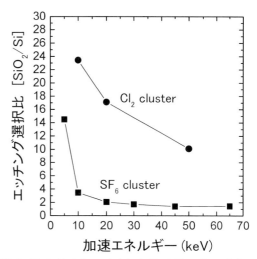

図2.6 SF_6クラスターイオンとCl_2クラスターイオンによるSiに対するSiO_2のエッチング選択比[9]

クラスターイオンを加速エネルギー20keVで種々の材料に照射したときのスパッタ率を図2.5に示す。Arモノマーイオン照射に比べArクラスターイオン照射ではいずれの材料に対しても1桁以上高いスパッタ率が得られている。希ガスであるAr照射では物理的なエッチングが生じるが、クラスターとして照射することにより照射エネルギーが効率よくエッチングに利用されていると考えられる。また、SiやWに対して反応性を持つF元素を含むSF_6クラスターイオン照射では、Arクラスターイオン照射に比べこれらの材料に対するスパッタ率はさらに数十倍程度高い。同様にCl_2、CF_4、CHF_3、CH_2F_2のクラスターイオンでもSiに対してArクラスターイオンに比べて高いスパッタ率が得られており[9]、クラスターが表面に衝突した際にこれらの分子が乖離するとともに、多体衝突により化学反応が促進され（高化学反応効果）、高速な反応性エッチングが起こったと考えられている。

反応性クラスターエッチングでは、マスク材料とのエッチング選択比を大きくすることが可能である。SF_6クラスターイオンとCl_2クラスターイオンによるSiに対するSiO_2のエッチング選択比を図2.6に示す。加速エネルギーが低い領域では10以上の高い選択比が得られている。しかし、加速エネルギーの増大に従って選択比は低くなる傾向があり、加速エネルギーが高い領域では物理的エッチングの効果が増大してくるためであると考えられる。特にSF_6クラスターのサイズは650moleculesと比較的小さいため、1分子当たりのエネルギーが高く、物理的エッチングの効果がより端的に表れたと考えられる。

2.3 クラスターイオンによる有機材料エッチング

クラスターイオンビームは有機材料の加工にも有効である。Arクラスターイオンによるロイシン及び金のスパッタ率を図2.7に示す。ロイシンのスパッタ率はAuに比べて数十倍高く、アルギニンやポリメタクリル酸メチル樹脂でも高いスパッタ率が得られており[11,12]、クラスターイオンによる有機材料のエッチング速度は非常に速いといえる。また、通常のモノマーイオンを有機材料に照射すると有機分子を破壊し、表面にダメージが蓄積されてしまうが、クラスターイオン照射ではダメージの蓄積を回避したエッチングが可能であり、二次イオン質量分析の一次ビームやXPS測定における

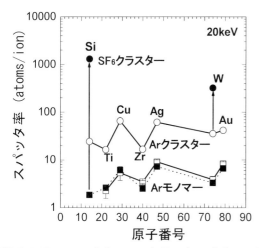

図2.5 Arモノマーイオン、Arクラスターイオン、SF_6クラスターイオンを加速エネルギー20keVで種々の材料に照射したときのスパッタ率[8]

第3編 薄　膜

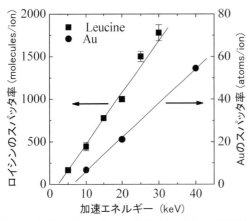

図2.7　Arクラスターイオンによるロイシン及び金の
　　　スパッタ率[10]

エッチングビームとして利用されている[13]。

2.4 クラスターイオンによる表面平坦化加工

クラスターイオンによる加工の特徴の1つに表面平坦化効果がある。Arクラスターイオン照射前後のCVDダイヤモンド表面のSEM像を図2.8に示す。Arクラスターを基板に対して垂直に照射すると難加工材であるダイヤモンドでも表面平坦化が実現できる。

このようにクラスターイオンは表面荒れを抑制し、低損傷で高速なエッチングが可能であること、そしてビームプロセスであることから、厚み分布のある大口径ウエハーや薄膜を均一にするトリミングプロセスLSP(Location Specific Processing)に利用されている。LSPはウエハーや薄膜の厚み分布の情報をもとに表面の任意の位置に定められたドーズ量でクラスターイオンを照射し、厚み分布をナノメートルレベルで均一にするプロセスである。図2.9に東京エレクトロン社製ガスクラスターイオンビーム装置(UltraTrimmer 30 Corrective Etch)の外観を示す。本装置は200mmウエハー

図2.8　Arクラスターイオン照射前後のCVDダイヤモンド表面のSEM像(20keV、$1×10^{17}$ions/cm^2)[4]

まで対応したLSP機能を搭載しており、SOIウエハーの薄膜Si層の均一化やFBAR(Thin Film Bulk Acoustic Resonator)フィルターの圧電素子膜の均一化に利用できる[2]。

クラスターイオンを斜めに照射して基板に対して垂直な面を平坦化することも可能である。2次元フォトニック結晶に用いられるピラー構造の側面を平坦化した例を図2.10に示す。ピラーのような立体構造の側面は化学機械研磨では研磨することができないが、ピラー側面に対して入射角度83°で30keVのSF$_6$クラスターを照射することにより、側面の突起が除去され、ナノレベルで側面の

図2.9　UltraTrimmer 30 Corrective Etchの外観

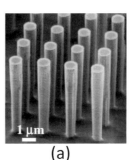
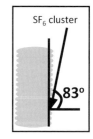

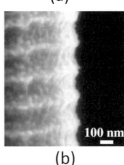
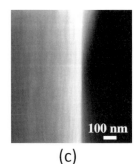

図2.10　(a) プラズマエッチングで作成したSiピラーのSEM像、(b) 照射前のピラー側面の拡大像、(c) SF$_6$クラスター照射後のピラー側面の拡大像(30keV、$1.5×10^{15}$ions/cm^2)(Copyright(2004)The Japan Society of Applied Physics)[14]

平坦化が実現できている。

2.5 高反応性中性クラスターエッチング

Siに対して非常に反応性の高いClF$_3$を用いたクラスターによるエッチングを紹介する。上述のSF$_6$やCl$_2$のクラスターの場合、keV以上の加速エネルギーで基板に衝突させることでハロゲン元素を乖離させ、基板材料の反応性エッチングを実現していた。一方、ClF$_3$クラスターの場合、イオン化・加速なしに、ノズルから生成した中性のクラスターを直接Si基板に照射するだけで高速な異方性エッチングが実現できる。図2.11にプロセスの模式図とノズルを固定してSiにClF$_3$中性クラスターを照射した時のエッチングプロファイルを示す。ClF$_3$は室温(20℃)での蒸気圧が0.14MPaと低く、そのままでは断熱膨張によるクラスター生成ができないため、Arガスとの混合ガスをノズルに供給することによりClF$_3$とArの混合クラスターを生成している。Si基板に対して1分間の照射を行うと最も深いところで約50μmエッチングできており、クラスター生成時に持つ運動エネルギーのみでSiの高速加工が可能なプロセスである。このときClF$_3$1分子当たりのエネルギーは約0.2eV/moleculeである。このような非常に低エネルギーの照射では物理的エッチングはほとんど起こらないため、このプロセスにおけるSiに対するSiO$_2$やフォトレジストのエッチング選択比は1：1000以上に達する。フォトレジストをマスクとしてSiのパターンエッチングを行った時の断面SEM像を図2.12に示す。ClF$_3$中性クラスター照射により、アスペクト比が約7の異方性エッチングが実現できている。また、ビームプロセスであるため、クラスタービームを斜めに入射することにより、斜め方向の異方性エッチングも可能である。さらに、極低エネルギー照射かつイオンを用いない中性ビームプロセスであるため、チャージアップによる損傷もなく、非常に低損傷なプロセスである。

〈瀬木　利夫〉

〔参考文献〕

1) H. R. Kaufman, J. J. Cuomo and J. M. E. Harper：J. Vac. Sci. Technol., Vol.21, No.3, p.725, (1982)
2) O. F. Hagena and W. Obert：J. Chem. Phys., Vol.56, No.5, p.1793(1972)
3) 山田公、クラスターイオンビーム基礎と応用、日刊工業新聞社、(2006)
4) I. Yamada, J. Matsuo, Z. Insepov, T. Aoki, T. Seki and N. Toyoda：Nucl. Instr. and Meth. in Phys. Res. B164-165, p.944, (2000)
5) T. Aoki, T. Seki and J. Matsuo：Vacuum, Vol.84, p.994, (2010)
6) T. Seki, T. Kaneko, D. Takeuchi, T. Aoki, J. Matsuo, Z. Insepov and I. Yamada：Nucl. Instr. and Meth. in Phys. Res. B121, p.498, (1997)
7) N. Toyoda, H. Kitani, N. Hagiwara, T. Aoki, J. Matsuo and I. Yamada：Mater. Chem. Phys., Vol.54, p.262, (1998)
8) N. Toyoda, J. Matsuo and I. Yamada：Nucl. Instr. and Meth. in Phys. Res. B216, p.379, (2004)
9) T. Seki：Surf. Coat. Technol., Vol.203, p.2446, (2009)
10) K. Ichiki, S. Ninomiya, Y. Nakata, Y. Honda, T. Seki, T. Aoki and J. Matsuo：Appl. Surf. Sci., Vol.255, p.1148, (2008)
11) S. Ninomiya, K. Ichiki, H. Yamada, Y.

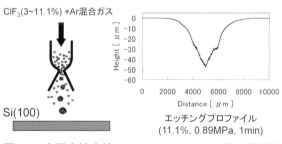

図2.11 高反応性中性クラスターエッチングの模式図とエッチングプロファイル

図2.12 フォトレジストをマスクとしてSiのパターンエッチングを行った時の断面SEM像(Copyright (2010)The Japan Society of Applied Physics)[15]

Nakata, Y. Honda, T. Seki, T. Aoki and J. Matsuo：Trans. Mat. Res. Soc. Jpn., Vol.33 [4], p.1043, (2008)
12) K. Ichiki, S. Ninomiya, T. Seki, T. Aoki and J. Matsuo：Trans. Mat. Res. Soc. Jpn., Vol.36 [3], p.309, (2011)
13) S. Ninomiya, K. Ichiki, H. Yamada, Y. Nakata, T. Seki, T. Aoki and J. Matsuo：Surf. Interface. Anal., Vol.43, p.221, (2011)
14) E. Bourelle, A. Suzuki, A. Sato, T. Seki, and J. Matsuo：Jap. j. Appl. Phys., Vol.43, No.10A, p.L1253, (2004)
15) K. Koike, Y. Yoshino, T. Senoo, T. Seki, S. Ninomiya, T. Aoki and J. Matsuo：Appl. Phys. Express, Vol.3, 126501(2010)

第3節 集束イオンビーム加工

はじめに

集束イオンビーム(Focused Ion Beam：FIB)技術は、1975年R. Clampittが針型の液体金属イオン源(Liquid Metal Ion Source：LMIS)を発明して以来急速に発展した。1979年にはLMISを用いたFIB装置がR. L. Seligerにより発表されている[1]。高輝度のLMISを用いることで、1μm以下のビーム径でも実用的なビーム電流が得られた。以降、複数のメーカーが商用機を開発している。

3.1 FIB装置の基本構成

図3.1は、典型的なFIB装置の構成図である。イオン源から放出されたイオンを静電レンズで試料上に集束させ、静電偏向器で走査する。試料から放出される二次電子を走査と同期して検出し、走査顕微鏡像を得る。得られた画像を基に加工領域を設定し、イオンビームを設定領域のみに照射し加工を行う。アプリケーションにより、試料上にガスを導入する機構や、試料の一部をピックアップするマニピュレータを併用する。

3.2 FIBの3機能

イオンは電子と比較して質量が大幅に大きく、試料原子と強い相互作用を起こす。このため、以下の3つの機能を使い分けることができ、これらを組み合わせてさまざまなアプリケーションが創生できる。

(1) 見る(Scanning Ion Microscope：SIM)（図3.2）

イオンは試料との最初の衝突でほとんどの運動エネルギーを消費するため、試料最表面の情報が画像化できる。また、結晶性の試料では強いチャ

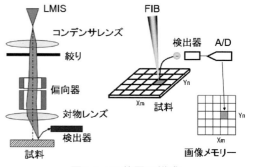

図3.1 FIB装置の構成

ネリングコントラストが得られる。
(2) 削る(Sputtering)（図3.3）
　イオンビームの軌道に沿った方向性のある加工ができる。また、ビーム走査の位置と時間を制御することで、3次元的な加工も可能である。
(3) 付ける(FIB Assisted Deposition：FIB-AD)（図3.4）
　ガスを併用することで、局所的にデポジション膜を形成することができる。ガス種を選ぶ事で、導電膜や絶縁膜が形成できる。

3.3 加工アプリケーション事例
　典型的なアプリケーションをいくつか紹介する。

(1) 断面加工と断面観察（図3.5）
　試料にFIBで断面を形成し、その断面をSIMもしくはSEMで観察する。SIMの場合、金属層のグレインが明瞭に観察できる。SEMの場合はEDXを併用し、異物等の元素分析が可能である。FIBは原子レベルのスパッタリング現象を利用した加工であるため、試料に機械的なストレスを与えず断面加工が行える。

図3.5 半田ボールの断面SIM写真

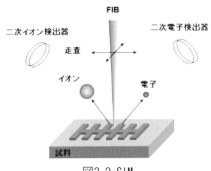

図3.2 SIM

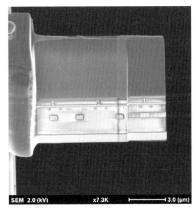

図3.6 TEM試料（上側がSi基板）

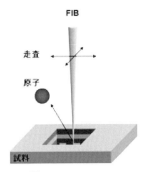

図3.3 Sputtering

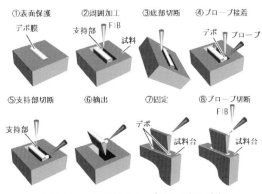

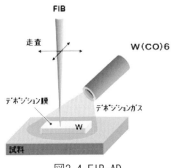

図3.4 FIB-AD

図3.7 マイクロサンプリングの手順

(2) TEM試料加工

FIBで試料内の注目部位をTEM観察が可能な薄さ（通常、100nm以下）まで薄膜化加工を行う（図3.6）。

試料内の注目部位（不良や欠陥の場所）をピンポイントで解析する場合、マイクロサンプリング法[2]が利用できる。前記FIBの3機能とマニピュレータを組み合わせて目的部位を含む微小ブロックを摘出し、TEM試料台に搭載後薄膜化加工を行う（図3.7）。

(3) 3次元再構築

特定のピッチで試料の断面加工と断面観察を繰り返し行う事で、連続した断面像を取得する。取得した連続画像から三次元的な試料構造が再構成できる。図3.8は5nmピッチで3D-NANDメモリーの連続断面を取得し、それを再構成して3D表示させたものである。通常のFIB-SEM複合装置はSEMとFIBとが60度前後の角度で配置されているが、連続断面像取得にはFIBとSEMを直行配置した構成[3]が有利である。

(4) 回路/マスクの修正及びパッド形成

スパッタリング加工やデポジション加工により、デバイス内の回路配線の修正や半導体用マスクの欠陥修正が行える。また、下層配線への穴開け加工、パッド形成、加工穴を通しての配線とパッドの接続を行うことで、外部から下層配線をプロービングできるようにできる。導電膜（配線）にはPtやWのFIB-AD膜が使われ、絶縁膜にはSiO$_2$のFIB-AD膜（TEOSガス使用）が使われる。

3.4 イオン源の種類と加工性能

FIBは、LMISにより発展したと言っても過言では無い。特にイオン種にGaを用いたGa-LMISは制御し易く安定に動作するため、現在、多くのFIB装置がこれを採用している。Ga-FIBは、数pAから100nA程度の広いビーム電流範囲で使われるが、近年、原理の異なるイオン源を搭載して、低電流側と高電流側でGa-FIBにビーム収束性能で勝る装置が開発されている。

低電流側はGFIS(Gas Field Ion Source)を用いたFIBで、1nmを切る分解能が報告されている[4]。開発当初はHeにイオン種が限定されていたが、近年、より重い元素がイオン種に加わり、イメージングだけで無く、微細加工にも利用できるようになった。

高電流側は、ICP-Plasmaイオン源を用いたFIBである[5]。数10nAを超える領域でGa-FIBに収束性能が勝り、μAオーダーのビーム形成も可能である。比較的大きな構造のTSVやハンダバンプ試料の加工を素早く行うことができる。

3.5 イオン種について

LMISでは、イオン材料を液体にする必要があるが、純粋な元素では融点が高く真空中で蒸発してしまう場合が多い。このため、イオン化したい材料が含まれる合金を選んで融点を下げ、放出されたビームのうち、マスフィルターで必要なイオン種を選択して利用する手法が用いられる。この技術は、マスクレスイオン注入やレジストの直接描画を行う方法として過去研究された。これらのアプリケーションは工業的には主流とはならなかったが、分析用や各種実験用に半導体のドーパント元素や軽いイオン、重いイオンの生成方法として活用されている。

GFISやICP-Plasmaについては、供給源がガスであるため、基本的には供給ガス種を変えることでイオン種が変更できる。GFISでは、H、He、Ne、N等の報告がある。ICP-Plasmaでは、ArやXeが使われる。

以上のように、現在では様々なイオン種が活用できる状況にある。

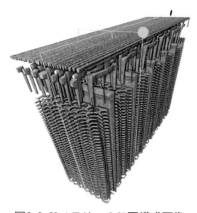

図3.8 3Dメモリーの3D再構成画像

3.6 加工の高速化技術

FIBの加工速度を向上するには、FIBの高電流密度化以外に、他の物理化学現象を利用する。

その一つに、スパッタリング率の試料に対するビーム入射角依存性を利用するものがある。試料に対して斜め方向からイオンを照射するとスパッタリング率が増大する。図3.9はFIBと試料表面が垂直な状態で入射角を実質的に斜めにするスロースキャンを使った方法である[6]。FIBをゆっくり走査することで試料に断面（段差）を作り、次の走査を断面傾斜部に合わせることにより、斜入射条件を作る。図3.10はこの手法を活用して、マイクロサンプリングの周囲加工を行った事例であり、従来の階段加工法と比較し約半分の時間で実用的な加工形状が得られる。スロースキャンの終端は切り立った形状になるが、開始端方向に多量のスパッタリング粒子が飛散してリデポジションにより穴が埋まるため、走査方向の設定には注意が必要である。

加工速度を向上する他の手法としては、支援ガス（XeF_2等）の活用がある。ガスの化学反応を利用して加工速度が向上できる。但し、材質依存性（選択性）が出る。

3.7 加工ダメージとその低減方法

FIBを試料に照射すると、イオン注入やミキシング現象が起こり、試料表面にダメージ層が形成される。図3.11はFIBでSi基板に断面加工をした場合のダメージ層（Siがアモルファス化した領域）の厚さとFIBの加速電圧の関係を示したものである。加速電圧を下げるとダメージ層の厚みも減少する。しかし、Ga-LMISのエネルギー広がりは約5 eVと大きく、加速電圧を下げるとビーム径が増大する。加えて、イオンの飛行時間も長くなるため、空間電荷効果でビーム分布が広がる。従って、微細加工性能が低下するため、目的部位周囲のエッチングやリデポジションについて配慮が必要である。

他のアプローチとしては、FIB加工後に低エネルギーの希ガス（例えばAr）イオンビームで仕上げ加工する手法がある。上記の低加速FIBでは膜中にGaが残留してしまうが、アルゴン照射の場合、よりクリーンな試料表面とすることができる。

3.8 カーテニング効果への対応

デバイスや複合材料等、異種材料、特に硬さが異なる材料が含まれるものを加工する際、部位に

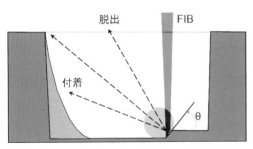

図3.9 スロースキャンによる加工の高速化

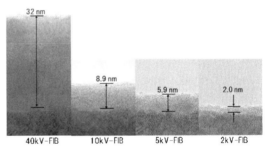

図3.11 シリコン基板に生成されるFIBダメージ層

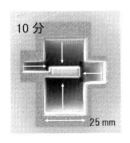
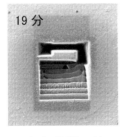

（a）スロースキャン法　　（b）階段加工法

図3.10 マイクロサンプリング周囲加工例

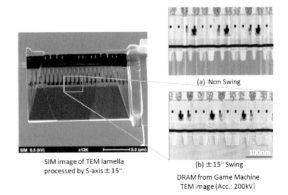

図3.12 複数方向加工によるカーテニング低減

より加工レートに差が生じ、凹凸ができ、その境界で加工面にカーテニングと呼ばれる筋引きが発生する。この加工筋は観察や計測の邪魔となる。

対処方法としては、カーテニングの発生は許容し、ビームの入射方向を選ぶ事でカーテニングの発生場所を観察に問題無い場所になるよう工夫する手法がある。例えば、TEM薄膜試料の場合、シリコン基板側からFIB加工することにより、配線層で発生するカーテニングが観察する部位に掛からないようにできる（図3.6）。

カーテニングの発生自体を軽減する手法としては、FIBを断面に対して複数の方向から照射する手法がある。図3.12はDRAMのFIB加工後の写真である。複数方向（±15度）からの加工で断面のカーテニングが顕著に軽減している様子が確認できる。

おわりに

デバイス技術やその解析技術は微細化と三次元化の方向にあり、FIBはそのニーズにマッチした技術と言える。装置性能やアプリケーション技術は年々向上しており、最先端の研究開発を支える技術として今後もその活用が期待される。

〈大西　　毅〉

〔参考文献〕
1) Seliger R. L., Word J. W., Wong V. and Kulena L., APL, 34(5), 310-312(1979)
2) Onishi T., Koike H., Ishitani T., Tomimatsu S., Umemura K. and Kamino T., Proc. 25th ISTFA, 449-453(1999)
3) 原 徹、顕微鏡 Vol.49(1), 53-58(2014)
4) Ward B. W., Notte J. A., Economou N. P., JVST B 24(6), 2871(2006)
5) Smith N. S., Skoczylas W. P., Kellogg S. M. and Tesch P. P., JVST B 24(6), 2902(2006)
6) Ishitani T., Umemura K., Onishi T., Yaguchi T. and Kamino T., JEM 53(5), 443-449(2004)

第9章 イオン注入

はじめに

　イオン注入によるpn接合の形成は、1950年代前半にSchockley、Ohl、西澤、渡辺らによって特許が出され始めた。その後、基礎研究が続けられ実際に半導体プロセス技術として導入されてからほぼ半世紀が経過した。図1は、イオン注入技術が半導体製造プロセスに取り込まれてきた開発経緯を示している。1970年代初頭の導入期には、MOSトランジスタのしきい値電圧制御など比較的低注入量の分野に限られていたが、1980年前後にはMOSトランジスタのソース/ドレイン形成などの高濃度注入の第2世代に発展し、1990年前後になりMeV領域の高エネルギー注入が可能となり、デバイス構造設計の自由度を広げた[1,2]。さらに、トランジスタの微細化に伴い浅接合の要求が高まりドーパント以外に、Si^+やGe^+イオンを用いたプリアモルファス技術やF^+、C^+やN^+イオンを用いた拡散制御技術などが半導体プロセスに導入された。これまでもSiデバイスは様々な物理的・技術的制約に直面してきており、今後も高性能・高機能化の実現には乗り越えなければ課題があるが、Siデバイスの発展を支えてきた技術の1つがイオン注入技術であり、これからも新たなブレイクスルーを生み出す技術であることは間違いない。

第1節 イオン注入の特徴

　イオン注入による不純物導入の原理は、目的とする原子または分子をイオン化し、所望のイオンを選択し、静電的に加速してターゲットとなる固体中に導入するものである（図1.1）。イオン注入の最大の特徴は、固体の所定の深さに、所定の量を極めて正確に導入できることである。従来のプリデポとそれに続く熱拡散技術と異なり、濃度と深さを自由に制御でき、少量の濃度を精密に設定できることである。

　イオン注入が他の半導体プロセスと比べて極めて再現性に優れているのは、図1.2に示すようにイオン注入を制御する3つのパラメータであるイオン種、加速エネルギー、注入量がすべて物理的に計測できることに他ならない。

　加速電圧Vで加速されたイオンの静電エネルギーUは式（1.1）となる。この時の運動エネルギーKは式（1.2）で示され、静電エネルギーが運動エネルギーに変わることより、イオンの速度vは式（1.3）となる。

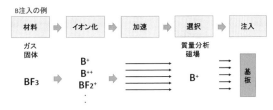

図1.1 イオン注入の原理（B^+注入の場合）

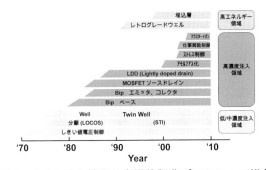

図1 イオン注入技術の半導体製造プロセスへの導入経緯

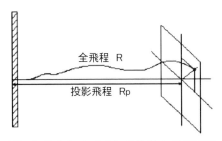

図1.2 注入したイオンの軌跡と投影飛程

第3編 薄　膜

表1.1 イオン注入のパラメータ

要素	内容
イオン種	不純物層のN型、P型を決定する。
加速電圧	注入イオンの深さを決定する。
注入量	不純物層の濃度を決定する。

$$U = nqV \qquad (1.1)$$

$$K = \frac{1}{2}mv^2 \qquad (1.2)$$

$$v = \sqrt{\frac{2nqV}{m}} \qquad (1.3)$$

U 静電エネルギー
K 運動エネルギー
n 価数
q 電荷素量
V 加速電圧
m イオンの質量
v イオンの速度

　伝導型を決定するイオン種はイオンの質量の違いにより分析マグネットで選択される。P型のドーパントとしてはBやInが用いられ、N型のドーパントとしてはP、ASやSbが用いられる。同じエネルギーで注入した場合、イオンの質量数が大きいと速度が遅くなり基板の浅い位置に注入することが可能となる。そのためP型で浅い接合を形成する場合B^+（質量数：11）より質量数の大きいIn^+（質量数：115）や分子イオンであるBF_2^+（質量数：49）が用いられる。

　注入されたイオンの深さは加速電圧で決定され、加速電圧が高いほどイオンの速度は速くなり深い位置まで注入される。イオンの加速エネルギーはイオンの価数に比例し、多価イオンを用いることにより深い位置まで注入することが可能となる。したがって、Bイオンを深い位置に注入する場合、B^+イオンではなくB^{2+}やB^{3+}が使われる。

　不純物層の濃度は、注入量により決まる。注入量とは単位面積に注入されるイオンの数であり$ions/cm^2$で表せる。注入されるイオンは、電流計でビーム電流として検出される。よって注入量はビーム電流と注入時間の積を計測することで正確に設定される。

　イオン注入の利点は、上述した基本的性質から以下の事が挙げられる。
① 導入する不純物量は、ビーム電流と注入時間を測定することで、低濃度領域から高濃度領域の広い範囲で再現良く制御できる。
② 導入する不純物の深さ方向の位置は、加速するイオンのエネルギーを変えることにより極表面領域から数μmの位置まで制御良

く変えることができる。
③ イオン注入プロセスは、イオン発生から基板への注入まですべて真空中で実施されることに加え、質量分離器で所望のイオンのみ取り出すことが可能なため極めて注入不純物の純度が高い。
④ 低温プロセスのためフォトレジストをマスクとした選択的に不純物層の形成が可能である。
⑤ 酸化膜、窒化膜などの絶縁膜や金属膜を通しての注入が可能である。
⑥ 注入不純物の横方向拡がりが小さくパターン精度が良い。
⑦ 角度をつけての注入が可能であり、立体構造の側壁に不純物を導入することが可能である。
⑧ 平衡溶解度以上に注入して非平衡相を形成することが可能である。

一方、欠点としては以下の点がある。
① 装置が大きくかつ重量が重い。
② 真空系、高電圧発生系、ビーム制御系など装置が複雑である。
③ 注入したイオンを格子位置に入れ電気的に活性化するには熱処理が必要となる。
④ イオン注入により結晶基板に損傷が発生し損傷回復には熱処理が必要で、高濃度注入では結晶欠陥が残留しやすい。

　現在のイオン注入プロセスは、上述の利点を活かし、欠点を克服することで幅広く用いられ半導体製造のキープロセスとなっている。

第2節 イオンの分布

　注入したイオンはシリコン結晶などのターゲット中の電子および原子と衝突を繰り返してエネルギーを失い最終的に静止する。原子との衝突は、二体弾性衝突として取り扱うことが出来、イオンはエネルギーを失うと同時に散乱され運動方向も変わる。また、衝突された原子はエネルギーを与えられると同時に格子点を飛び出し反跳原子となり、十分なエネルギーを持っていればさらに次の反跳原子を生成する。この様な衝突連鎖のことを衝突カスケードと呼ぶ。反跳された原子は格子間原子(Interstitial)、反跳原子が飛び出した後の

格子点は空孔(Vacancy)と呼ばれ点欠陥となる。一方電子との衝突は、電子の質量がイオンに比べて非常に軽いため、イオンはわずかにエネルギーを失いながら直進することになる。注入イオンが静止するまでに移動した全経路の長さ（飛程：R）は、イオンのエネルギーの関数となり、

$$R(E_i) = \int_0^{E_i} \frac{dE}{(dE/dr)}$$
$$= \frac{1}{N}\int_0^{E_i} \frac{dE}{S_n(E) + S_e(E)} \quad (2.1)$$

dE/dr：イオンのエネルギー損失
$S_n(E)$：核阻止能（原子との衝突による損失）
$S_e(E)$：電子阻止能（電子との衝突による損失）
N：ターゲットの原子密度

で与えられる。核阻止能はあるエネルギーで最大値を示し、高エネルギーでは減少する。またイオンの質量が大きいほど高エネルギーまで核阻止能が大きい。電子阻止能は低エネルギー領域ではイオンの速度すなわちエネルギーの1/2乗に比例して大きくなる。注入イオンのエネルギーが高い時は電子との衝突が支配的で、エネルギーが低くなると原子との衝突が支配的になる。ターゲットに注入されたイオンは、最初は電子との衝突により徐々にエネルギーを失っていき、エネルギーが小さくなると原子と衝突し静止する。このことよりイオンが静止する付近では格子間原子や空孔の点欠陥が多量に発生する。

注入イオンは図1.2に示すような軌跡を描いて静止する。イオンの飛程の長さを全飛程R、これを注入方向に投影した長さを投影飛程R_p(Projected range)という。一般に注入したイオンは統計的な変動をもって分布しガウス分布となる。投影飛程R_pに対し深さ方向の標準偏差をΔR_pと表す。このR_p、ΔR_pは、LSS(Linhard, Scharff, Schiott)理論[3]を用いて計算がなされている。シリコン表面からxの位置の不純物濃度$N(x)$は、注入量をNDとした場合、次式で与えられる。

$$N(x) = \frac{ND}{\sqrt{2\pi \Delta R_p}} \exp\left\{-\frac{(x-R_p)^2}{2\Delta R_p^2}\right\} \quad (2.2)$$

実際のイオン注入の分布は、上式で与えられるガウス分布と異なり左右非対称な分布となる。これはイオンと原子の衝突過程で広角散乱の確率が増えるためにイオンの分布が表面に偏るためである。現在はモンテカルロ法を用いたシミュレーションで注入分布が正確に求められている。

イオンと原子の衝突確率は、イオンとターゲット原子間の距離が離れると小さくなり、遮蔽距離以上離れると散乱への寄与が小さくなる。図2.1はシリコン単結晶を面チャネル方向および軸チャネル方向から見た結晶格子を示している。単結晶シリコンをチャネル方向からみた場合、原子が存在しない空間が存在する。このような結晶軸に沿ってイオンを注入すると、大部分のイオンは、原子と衝突せずに結晶内部まで侵入することになる。この現象をチャネリングという。

図2.2は、700keVのB^+イオンをランダム方向、{110}面方向、<100>軸方向に注入した場合の分布を示している。チャネル方向に沿って注入することで深い位置までイオンが導入されている。浅い接合の形成にはチャネリングの抑制が必要で、Si^+やGe^+イオン注入により表面層をアモルファス化した後、イオン注入を行うプリアモルファス化技術が用いられることもある。

第3節 イオン注入装置

半導体製造においてイオン注入装置は不純物導入設備としてデバイス側から要求される様々な不

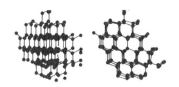

（a）面チャネル方向　（b）軸チャネル方向
図2.1 チャネル方向から見たシリコン結晶

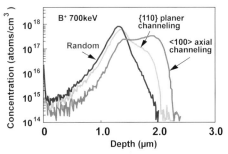

図2.2 チャネリング方向にイオン注入した時の深さ方向分布

第3編 薄　膜

純物分布を正確に、安定に、さらにデバイスへの悪影響無しに形成することを目標に進化してきた。不純物分布に関わるイオン種、エネルギー、ドーズなどの主要パラメータは、これまで任意に組合せて使用されてきた。イオン種は十数種類が適用され、その一部はエネルギーまたはドーズが広範囲に及び、おおよそ図3.1に示す区分けで中電流イオン注入装置、高電流イオン注入装置、高エネルギーイオン注入装置によってカバーされてきた。各装置はいずれもイオン源、引出（加速）部、質量分離器、注入室・搬送部を基本構成としながら用途に応じた特別な機器を備えている。本節では3装置の特徴を進化の経緯を含めながら説明する。またその他の不純物導入装置としてプラズマドーピング装置、クラスター注入装置、ガスクラスター装置についても同様に説明する。

3.1 中電流イオン注入装置

中電流イオン注入装置（以下中電流装置）は、数100nA～数mAのビーム電流を制御できることが特徴であり、低ドーズおよび中ドーズ領域に使用されている。MOSトランジスタの閾値電圧制御のために最初に適用されて以来、同工程では不可欠とされている。現在より約一世代前の装置では図3.2のようにビームを電場によって水平／上下の両方向に走査することでウェハ面内に照射する方式が主流であった[4]。図中のプラテン動作を利用する高角度チルトかつ連続回転の注入は、ゲート電極両端の直下に不純物分布を実現した。これにより分布制御は深さとともに横方向に対しても必要になったことから、注入角度がより重視されはじめた。やがて微細化、大口径化にともない図3.2のようにビーム走査が引き起こすウェハ周辺での注入角度誤差がデバイス特性に影響すると、平行ビームが要求された。

平行ビームの装置では、ビームは水平方向のみに走査される。走査後のビーム軌道は図3.3のように電場[5]または磁場[6]によって補正され、互いに平行となる。平行度は基準軌道からの逸れ角度として、走査方向に沿ってウェハ近傍でモニタされる。具体的には、走査方向に並んだ複数のスリットとそこを通過したビームの強度分布を比較すること[5]やウェハ前後の多点ファラデーカップで得られた2つの強度分布を比較する[6]ことによって幾何学的に算出される。強度分布の測定はビーム走査しながら行われており、あらかじめ走査方向に均一なビーム電流値を得るために場所ごとに走査速度が調整されている。強度分布の幅からはビームの発散角度も知ることができる。また同様の原理によってビームの上下に対しても平行度と発散角度がモニタ可能となる[7]。

ウェハ上下方向への照射にはプラテン（ウェハ）走査が用いられる。プラテンに対してもビームと同様に注入角度などの精度を高める配慮がなされている。図3.3の高角度チルトの注入では、ウェハ面内にビームを同じ状態で照射させるためにプラテンはウェハ面を軸として傾斜し、さらにウェハ面と平行に走査されている。このようなプラテン走査と前述のビーム走査を組み合わせることによって平行ビームがウェハ面内均一に照射される。なおこの高角度チルトでは図3.2のゲート電

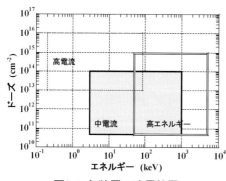

図3.1 各装置の適用範囲

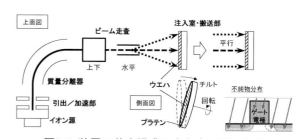

図3.2 装置の基本構成と高角度・回転注入

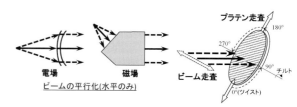

図3.3 電場、磁場による平行化とステップ注入

極両端の直下に不純物分布を得るためプラテンは連続回転ではなく、例えば図3.3に示す4種類のツイスト角度で各々停止して注入が繰り返される（ステップ注入）。以上述べた平行・走査ビームのコンセプトは次項3.2（高電流イオン注入装置）、3.3（高エネルギーイオン注入装置）で述べる枚葉装置のいくつかにも採用されている。

一方でビームの走査速度を場所ごとに任意に制御することで意図的にドーズの濃淡を起こすことも可能である[8]。最近、成膜／加工工程における面内での不均一さが注入された不純物濃度に反映してしまう問題に対して、このドーズの濃淡で埋め合わせてデバイス特性のばらつきを改善することが試みられている。

3.2 高電流イオン注入装置

高電流イオン注入装置（以下高電流装置）はmAオーダーのビーム電流値を目指して開発された。本来の優れた制御性に高電流の特徴を備えたことで、高濃度活性層を形成する設備として注目され、当時主流であった成膜装置からの置き換えが検討されはじめた。同時にウェハ側ではビーム照射による温度上昇を抑える改良が試みられた。結果的には図3.4のように固定ビームのもとでディスク上の多数のウェハが高速で公転しながら一次元方向に走査する方式となった。この方式により各ウェハへのビーム照射は断続的になり熱負荷は緩和された。また遠心力に対するディスクからの反作用によって密着性を強化し放熱され易くなった。その結果、高電流装置はフォトレジスト付ウェハへの注入を許容し、バッチ型装置として長年定着した。

イオン源の改良などによってビーム電流値がさらに高揚するとチャージアップによるパターン破壊やゲート絶縁膜劣化が顕在化した。暫定的にはビーム電流を下げて注入する本末転倒の方法で回避されたが、恒久的には近傍からの電子照射によってウェハ表面の正帯電を中和させる方法が有効となった。特にプラズマを利用した中和器は幅広い注入条件に対して柔軟に対応できることから高電流装置の常備機器として普及した。一方で中和器のフィラメントからウェハに転写する金属が問題となる場合があり、フィラメントを使用しないRadio Frequency着火型の中和器も適用されている。

微細化にともなう浅い接合形成では、数keVのエネルギーが必要とされた。イオンビームはエネルギーが低いほど拡がりによる消滅が激しくなるため引出効率や輸送効率が悪化する。この現象により数keV領域ではビーム電流値が極端に低くなっていた。装置側ではビームを高いエネルギーで輸送し、ウェハ手前で減速する方式で対応した。しかし減速前で中性化した一部のイオンが高いエネルギーで混入するエネルギーコンタミによって分布が不安定となり、特定の工程では弊害をもたらした。一方、イオン源に対して発生効率、ビームラインに対して輸送効率に主眼を置いた改良がなされた結果ビーム電流値は実用レベルに達し、1keV未満でさえ注入可能となった。

この低エネルギーによる浅い注入分布の特徴を、さらに効果的に活用するため不純物以外のイオン種が必要とされた。低エネルギー注入される領域をあらかじめアモルファス化して不純物のチャネリングを抑制する目的でGe注入が、不純物の拡散や不活性化を抑制する目的でC、N_2、F等を同じ領域に注入する手法が取り入れられた。これにともない装置にはGeF_4、CO_2などのガスボトルが新たに適用された。

トランジスタのばらつき低減のために注入角度の精度が厳しくなると図3.4のコーン角が起因するチルト角度の面内偏差が指摘された。これはウェハがビームを横切る際、上面図のように円弧軌道に沿って動くために起こる現象である。さらにディスクの高速回転が注入室内の浮遊パーティクルの相対速度を数100km/hに高め、衝突によって微細なゲート電極を破壊することが発見された。これらの背景から枚葉型の高電流装置が必須とさ

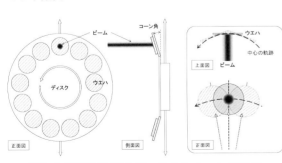

図3.4 高電流装置のディスクとウェハの軌跡

れた。

　現在、生産ラインで適用されている装置は、ウェハ面内への照射方式の点から図3.5の（1）ビーム水平走査＋ウェハ上下走査[9]、（2）ビーム固定＋ウェハ上下／水平走査[10,11]、（3）リボンビーム＋ウェハ上下走査[12] がある。（1）は2項の中電流装置と同じ方式、（2）はバッチ装置と同じコンセプトで図の水平、上下のウェハ走査は各々図3.4の回転、上下に相当する。（3）のリボンビームはイオン源から帯状で引き出されたビームを質量分離器、ビームラインで収束、拡大し、ウェハ手前で磁場によって平行化して生成される。ビームの電荷密度は（1）、（2）のスポットビームよりも低い特徴がある。

　各装置はバッチ型が備えた前述のウェハ冷却、中和器、低エネルギー、新規イオン種のすべてを継承した形で実用化され現在高電流装置の主流となっている。さらに中電流装置のように注入角度に関わる平行度や発散角度が管理されている。

3.3 高エネルギーイオン注入装置

　高エネルギーイオン注入装置（以下高エネルギー装置）は、深く注入できることが特徴である。加速方式は、図3.1の範囲に柔軟に対応できる理由から、DCタンデム型[13]とRFライナック型[14] のみが用いられている。

　DCタンデム型はコッククロフト-ウォルトン方式の電源によって750kVまでの電圧を任意に印加できることと、部分的に負イオンを利用することが特徴である。加速管は図3.6のように多数の電極と高圧充填されたSF$_6$ガスによって高電圧を安定に印加している。イオン源から引出されたエネルギーeV_{ext}の正イオンは、直後Mgベーパーの中を通過することで一部は負イオンに変化して、その状態で質量分離される。加速管に入射した負イオンは図中の進行方向に高くなる電位V_{DC}を受けて窒素拡散のストリッパーを通過する。この際、負イオンから1～3価の正イオンに変化したものがさらにV_{DC}で加速され価数に応じたエネルギーを得る。したがってn価の正イオンが注入される場合、エネルギーは$eV_{ext}+(1+n)\times eV_{DC}$となる。

　RFライナック型はイオンが多数の高周波加速器を通過するごとにエネルギーが加算される方式である。1段目の加速器では図3.7の左から入射した正イオンがギャップ1を通過する際、RF電極が負電位であれば加速される。加速されたものは続いてギャップ2でRF電極が正電位に反転していれば再び加速される。以降の加速器においても同様の現象が起こるとイオンは加速され続けて高エネルギーでウェハに到達する。その傍らで加速のタイミングを逃したイオンは減速され発散などで消滅してしまう。各加速器は、互いに同じ周波数のもとで位相を独立に変化してギャップ1、2でのイオンの通過に同期させた印加を行っている。

　両装置の実用化はウエルの工程・構造を大きく変化させた。不純物を深く拡散させるための高温長時間の熱処理は省かれ、それに代わる複数の深い注入のために厚膜フォトレジストが必要となった。ウエルの不純物濃度分布はガウス型に変化したことから表面濃度が低くなりチャネル領域の移動度が向上した（レトログレードウエル）。変化

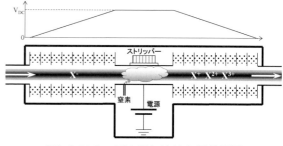

図3.6 DCタンデム型加速管と電位配置

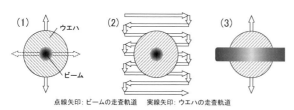

図3.5 枚葉型の高電流装置

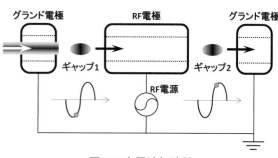

図3.7 高周波加速器

第9章 イオン注入

にともない装置側では多種類のエネルギーで連続に注入することや厚膜レジストからの激しい脱ガスによるドーズ変動の課題に直面した。これらに対して前者には、生産性向上のため一度のウェハ搬送で複数のビームに切り替えて注入する機能が、後者には注入室の真空度に応じてビーム電流値を補正する機能が備えられた。やがてバッチ型が高電流装置と同じ理由で不十分となり、両装置は図3.3と同じコンセプトの枚葉型として実用化されて現在に至っている[15,16]。

最近センサ系デバイスでは、感度向上を目的として、より深い注入が要求されている。RFライナック型装置では放射線遮蔽対策を行いながら、加速器を増設することによってP^{4+}、6.8MeVの注入を実現している[16]。

3.4 その他の不純物導入装置

(1) プラズマドーピング装置

B_2H_6、BF_3、PH_3、AsH_3などのガスをプラズマ化させ、その近傍にウェハを設置することにより不純物を導入する技術である。図3.8のようにウェハ側に接続された電源によりポテンシャルを発生させ、イオンを加速して導入する。イオン注入で見られるビーム輸送の必要がないため高い電流密度で不純物を導入できることが特徴である。不純物と同時に希釈ガスである水素、He、Arなども同程度の濃度で導入される。

装置は真空チャンバー内にあるプラズマ源とウェハステージのみで構成されており、イオン注入装置に比べると簡易かつ小型である。プラズマ源のパラメータにはガス種、希釈ガス割合、圧力、パワーがあり、これらがプラズマ温度とプラズマ密度に影響する。ステージ側の電圧は上記のポテンシャルに相当し、不純物の深さを決定する。不純物を浅く導入するための低電圧条件では非常に高いドーズレートを示し十分なスループットが得られることから生産ラインで適用されている[17]。

(2) クラスター注入装置

前項3.2（高電流イオン注入装置）で述べた低エネルギー領域でのビーム特性を向上させるため、多原子で重いイオンを用いる方法である。例えばB^+、C^+（モノマー）の代わりに$B_{18}H_X^+$ (X≤22)、$C_7H_7^+$を用いると、質量比である20倍、8倍の高いエネルギーでビームを輸送できる。さらにイオンあたりの原子数は18倍、7倍となり高いドーズレートが得られる。

装置は、材料供給システム、イオン源、クリーニング機構以外はイオン注入装置と同じである[18]。上記イオンの材料である固体の$B_{18}H_{22}$、$C_{14}H_{14}$が充填された容器はベーポライザー機能を備えているので運搬からイオン源装着の過程において材料が大気暴露されない安全なシステムとなっている。過度な熱により結合手が分解してしまう不安定な材料特性に対しては、配管温度を保持することや図3.9のイオン源ではE-Gunによる電子衝突を用いるなどの高温防止策が施されている。多原子で重い特徴に、このような装置側での工夫が加わったことで実効ビーム電流値やビームセットアップ時間は等価エネルギー条件のモノマーより良好な値が得られる。またビームラインの汚れに対してはNF_3クリーニングを施す機構が装備されておりイオン源、引き出し電極のメンテナンス周期を延ばしている。

(3) ガスクラスター装置(Gas Cluster Ion Beam)

気体の原子、分子が多数集まった塊（ガスクラスター）にエネルギーを与えイオンビームとして照射することで表面改質などを行う技術である。

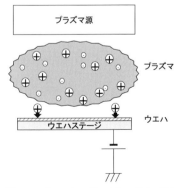

図3.8 プラズマドーピングの概要

図3.9 クラスター注入装置のイオン源

ガスクラスターは、高圧の材料ガスを真空中にノズル噴射し、断熱膨張させることで生成される。原子の個数（クラスターサイズ）やエネルギーによっては注入と類似した現象が起こる。例えばArで希釈したB_2H_6ガスでは1イオンあたり平均数十個のボロンが集まったボロンクラスターが生成される。これをイオン化し、数kVで加速することでシリコン基板にボロンを導入することが可能となる。衝突によって分裂した各ボロン原子のエネルギーは数eVと極めて小さく、チャネリングが皆無となるため、非常に浅く急峻な分布を示すことが特徴である。

図3.10に装置本体を示す[19]。不純物ガスはグランド電位から供給され、クラスター生成、イオン化、加速を経てウェハに照射される。ウェハ直前で強力な永久磁石を用いて不要な軽イオンを除去することやファラデーによりイオン数をリアルタイムで計測することなどイオン注入装置と大部分で類似している。モノマーよりもビーム電流値（パワー）を小さくできるので、プラテンのような放熱機構を具備しなくとも照射中のウェハ温度の大幅な上昇は起こらない。またこの状態でレジスト付ウェハへの照射も許容されている。不純物層の深さと濃度は照射時のクラスターサイズによって決定することからクラスターの形成とイオン化の過程における安定性が重要とされる。

3.5 イオン源

イオン注入装置に用いるイオンを発生させる部位をイオン源といい、イオン注入装置のビームラインの最上流に設置される。半導体製造用に用いられるイオン源では、BF_3、PH_3、AsH_3といったガスをイオン源に導入し、プラズマ化してイオンビームとしてエネルギーを与えて引き出す。その後、目的とするイオン、例えばB^+、P^+、As^+に質量分離する。

真空中に導入したガスに対して、プラズマを生成するために、エネルギーをもった電子を照射し、原子・分子を電離させてイオン化する。プラズマ放電を起こすための方式としては、その電離のためのエネルギー供給方法の違いによって、直流型、高周波型に分類される。

半導体生産用のイオン注入装置では、簡便性、メンテナンス周期が予想できること、およびビーム電流量をμA〜10mAといったダイナミックレンジの調整を行うことが可能といった観点から、一般的に直流放電型のイオン源が用いられている。

高電流のイオンビームを得るには、高密度なプラズマを生成する必要があり、電離のための電子の軌道を消滅させないようにプラズマ生成室内に閉じ込める工夫がなされている。一般的に直交する電磁界を用いたイオン源が用いられている[20]。図3.11は半導体製造用イオン注入装置に用いられるイオン源の変遷についてまとめている。1980年代には熱電子発生用のフィラメントが直線状であるフリーマン型イオン源が、多く用いてきた[21]。フィラメント切れの不具合を低減するために1990年代に入り、フィラメントがらせん型あるいはU字型のバーナス型イオン源が多く用いられるようになった[22,23]。さらに2000年に入り、ディスク状のタングステン製カソードを電子源として用いる、間接加熱カソード型がもちいられ、現在に至っている[24]。カソードはフィラメントから放出する電子により加熱され、加熱されたカソードから電子がプラズマ中に放出する。フィラメントが直接プラズマに曝されない構造となるため、フィラメント切れといった原因がほとんどなくなる。

イオン源のメンテナンス周期が、フリーマン型でおおよそ数日間であったものが、バーナス型になることで1週間から半月、間接加熱カソード型では半月から1か月と延びてきた。

3.6 ビームライン

イオン注入機のビームラインを構成する要素としては、大きくわけて、イオン源、イオン引出系、質量分離系、後段加減速系、ビーム偏向系、ビーム平行化および試料室に分けられる。これらの要

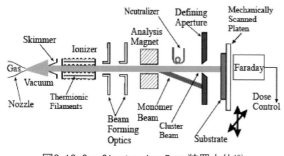

図3.10 Gas Cluster Ion Beam装置本体[19]

素の組み合わせにより、ほとんどのイオン注入装置は分類することができる。

(1) 質量分離系

一様な磁界中では、磁界に直交する方向から入射するイオンの軌道は、加速エネルギーが同一の場合、イオンの運動量の大きさに応じて軌道半径が決まる。加速エネルギーが同一であれば、イオンの運動量と質量は一対一の関係になるため、この軌道半径の差を利用して質量分離を行う。質量分離には円運動の軌道の一部を利用するので、磁界を発生するために必要な磁石の形状が扇形になる。

質量m、電荷qが電圧Vで引き出されたイオンが扇型磁石の曲率をRにそって運動するときの電磁石のつくる磁束密度をBとするとき、

$$B \cdot R = \sqrt{\frac{2mV}{q}} \quad (3.1)$$

で表すことができる。扇の角度を90度とすると、質量数Mと質量数のイオンの電磁石の出口位置の軌道のずれは、

$$\frac{M}{\Delta M} = \frac{m}{\Delta m} = \frac{1}{2}\frac{R}{\Delta R} \quad (3.2)$$

となる。上式は質量分解能を表す。質量分解能を良くするには曲率半径Rを長くするか、分析スリット幅ΔRを小さくすればよい。たとえば、電磁石出口に設置するスリット幅が2.5mm、電磁石の曲率半径が500mmのときは、分解能が100となる。

(2) 後段加減速系

分析電磁石で選別されたイオン、あるいはそのイオンが走査されたビームで加減速管に入り加速あるいは減速される。この要素によりウェハに注入されるイオンの最終エネルギーが決定される。加減速管では、静電場を設けるため、残留ガス成分との衝突、あるいは電極との衝突により発生したイオンが加減速され、微量ではあるが不純物成分として混入する。加減速管内部で、段加減速の後に、加速時に発生するエネルギー成分を除去する電磁石が入る装置もある。

(3) 試料室

イオン注入は不純物となる原子・分子を輸送しデバイスを搭載したウェハに注入すると同時に、エネルギーを付与し、ビーム電流を計測するために、イオンを用いている。イオンは正の電荷をもつため、デバイスを搭載したウェハには正電荷が同時に輸送される。

イオン注入工程時のウェハ上のデバイスの状態は、電気的にウェハと同電位のものもあれば、酸化膜をと介して電気的に浮遊しているものもある。また、イオン注入を行わない領域は、フォトレジストで被覆しており、フォトレジスト自身が絶縁物であるものがほとんどである。電気的に浮遊した導体、絶縁物であるフォトレジストは、イオン注入時に電荷が蓄積される。蓄積された電荷により電圧が印加され、絶縁物の絶縁破壊が発生する。

デバイスの微細化に伴い、トランジスタのゲート部に用いられている酸化膜の膜厚が薄くなる。シリコン酸化膜は自己回復型の絶縁物であるが、電荷が流れすぎると絶縁破壊にいたる。酸化膜の

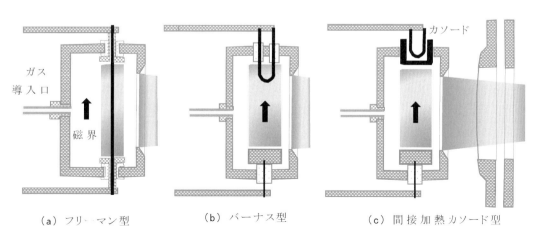

(a) フリーマン型　　(b) バーナス型　　(c) 間接加熱カソード型

図3.11 半導体用イオン注入装置に用いられるイオン源の変遷

膜厚3nm付近が、絶縁破壊に対して過酷な条件となる。3nmの酸化膜に対して、注入中の正電荷の蓄積による印加電圧を負電荷の電子をウェハに照射することで電圧を下げ、絶縁物に流れる電流を少なくする。電子の最大エネルギーをおよそ5eV以下に抑える必要がある[25]。

1980年代は、一次電子をウェハ直前の壁に照射し、そこから発生する二次電子をウェハに照射する手法が用いられた。イオンビームと見合う、電子のエネルギーを取得するには200eVから500eVの一次電子を用いる必要がある。二次電子のエネルギーは0～50eVであり、ピークは5～10eVである。数eVの電子エネルギーという観点ではエネルギーがまだ高い。

1990年代から、ウェハ直前で発生したプラズマ中の電子を用いたプラズマフラッドガンが用いられるようになった[26]。ロケットエンジンのイオン推進部の中和用に用いられていた技術が応用されている[27]。プラズマを生成するガスとして、キセノンガスを用いるといった調整などをすることにより、電子電流量および数eVの低エネルギー電子の生成が可能となった。

プラズマフラッドガンはウェハ直前に設置するため、プラズマを生成するためにタングステンのフィラメントを高温にする必要がある。微少ではあるが、タングステンが少なからずウェハに蒸着する可能性がある。イオン注入時の金属汚染を問題とするプロセスについては、高周波型プラズマフラッドガンが用いられている[28]。

3.7 エンドステーション

半導体製造工場では、ロット単位のウェハがイオン注入装置に搬送され、ロット内のウェハの仕分けをしながら、真空の処理室に搬送される。これらの部位をエンドステーション部と呼ぶ。ウェハ処理の方法として、1枚ずつ注入処理を行う枚葉式と何枚かをまとめて処理を行うバッチ式とがある。

搬送速度を高くしながら、デバイスの微細化に伴うパーティクルの発生を無くすという、相反する性能が求められる。一時間に処理できるシリコンウェハの枚数をスループットとよび、例えば中電流イオン注入装置では一時間におおよそ数100枚の処理が行われている。パーティクルについては、デバイスの微細化にともない、管理基準が厳しくなっており、28nmデバイスサイズ以降では45nmのパーティクルサイズが10個以下といった仕様が求められている。

3.8 真空排気系

イオン源に導入するガスはBF_3、AsH_3、PH_3といった特殊ガスを用い、除害を行う必要があるため、イオン源部には排気側が除害装置に接続されたターボ分子ポンプが用いられている。一方試料室部分では圧力が高いとその残留ガスとイオンビームとの衝突により中性ビームが発生するため、注入均一性が悪くなる。そのため、試料室では排気量の大きいクライオポンプが用いられる。

第4節 イオン注入の半導体への応用
4.1 半導体集積回路

Siは、不純物を添加することにより導電率が約

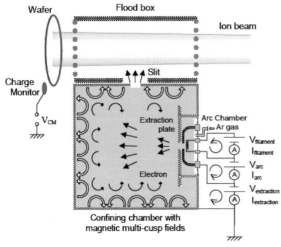

図3.12 プラズマフラッドシステムの構造

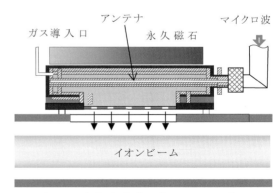

図3.13 高周波型プラズマフラッドガン

10桁変化する半導体である。導電率は、電子や正孔などのキャリア濃度によって決まる。BなどのⅢ族の元素を導入した場合、Bはアクセプタとして働き正孔濃度が電子濃度よりも高いP型半導体となる。逆にPなどのⅤ族の元素を導入した場合、Pはドナーとして働き電子濃度が正孔濃度より高いN型半導体となる。半導体集積回路の基本構成要素であるMOSトランジスタは、所望の位置に、所望のキャリアを所望の濃度で配置することで動作させる。イオン注入は、制御性、再現性に極めて優れているため半導体製造工程のほぼすべての不純物導入工程に用いられる基幹技術である。

図4.1はCMOS集積回路の製造プロセスフローを示している。フォトレジストを用いた選択注入、エネルギー、イオン種を選ぶことでの任意の領域へのイオン注入によりCMOSトランジスタが形成されている[29]。ウェルの形成には、注入エネルギーを変化させて多段でイオン注入する技術が用いられる。それぞれのエネルギーで注入量を変化させることでトランジスタ特性をほぼ独立に制御することが可能となる[30]。トランジスタの微細化に伴い、パンチスルーを抑制するためにソース/ドレイン拡散層の浅接合化が強く要求されている。浅いソース/ドレインエクステンション形成のために、数keV以下の低エネルギー注入や、In^+やSb^+などの重イオン注入、$B_{10}H_{14}^+$（デカボラン）[31]、$B_{18}H_{22}^+$（オクタデカボラン）[32]などのクラスターイオン注入が用いられる。さらにN^+、C^+、F^+イオンなどのドーパント以外の元素を同時に注入しドーパントの拡散や活性化を制御するco-implnat.技術も広く使われるようになった[33,34]。また基板を−100℃程度まで冷却してアニール後の結晶欠陥の発生を抑制する低温注入や、基板を200℃から500℃に加熱してと結晶欠陥の発生を抑制する高温注入も最近注目されている。ハロー注入はポケット注入とも呼ばれソース/ドレイン拡散層と逆の導電型のイオンを注入することで、空乏層の伸びを抑えパンチスルーを抑制すると同時にトランジスタのしきい値電圧も制御する技術として使われる。素子の微細化に伴い、FIN構造のなどの三次元構造のトランジスタも一部実用化が始まり、プラズマドーピングを用いたコンフォーマルな不純物導入も用いられるようになってきた[35]。

図4.2は、CMOS製造における各工程の注入量と注入エネルギーの関係を示している。6桁の注入量範囲、4桁の注入エネルギー範囲を3種類の注入機を使い分けてカバーしている。

イオン注入技術は、LSIの高速化、低消費電力化を実現するためのSOI(Silicon on Insulator)基板の作成にも使われる。高濃度の酸素イオンを注入し高温熱処理を加えてSi内にSiO_2層を形成するSIMOX技術[36]や、高濃度の水素イオンを注入し、貼り合わせたSiO_2膜つきのウェハを水素注入領域で剥がすSmartcut技術[37]がある。

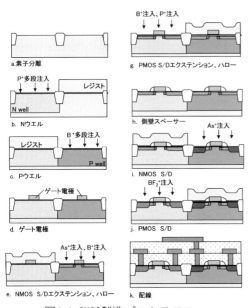

図4.1 CMOS製造プロセスフロー

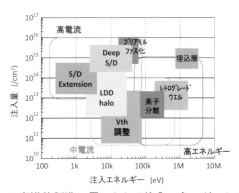

図4.2 半導体製造に用いられる注入エネルギーおよび注入量範囲

4.2 イメージセンサ

イメージセンサは、光のエネルギーを電子や正孔の電荷エネルギーに変化させる光電効果を用いた撮像デバイスで、従来のフィルムを用いた感光方式から急速に取り変わっている。カメラ・レンズを通してイメージセンサの撮像面に被写体を結像して、その光の強さに応じた電気信号を映像信号として取り出す。CCD(Charge Coupled Device)イメージセンサが従来主流であったが、CMOS-LSIプロセスと整合性が高い、消費電力が小さい、感度・ノイズが改善されたことにより現在はCMOSイメージセンサが広く用いられている。

図4.3は、CMOSイメージセンサの断面模式図を示している。MOSトランジスタに埋め込みフォトダイオードが追加された構造になっている。埋め込みフォトダイオードは、PNダイオードの表面にP型層が形成されている。表面P型層によりシリコン表面の界面準位による暗電流を低減することが出来る。入射した光はフォトダイオードの表面で吸収されるわけでなく、結晶の中を減衰しながら吸収される。したがって、CMOSプロセスと比べて比較的深いpウェルおよびn型層の形成が必要となる。そのためCMOSプロセスより高エネルギーでのイオン注入が使われる。

イメージセンサ製造において、画像のノイズを低減するためイオン注入プロセスに対し以下の3点の強い要求がある[38]。

(1) 金属汚染の低減

イオン注入時にイオンと同時に導入された金属は電子の生成再結合中心となり、画像では白傷として現れる。白傷の金属汚染に対する感度は非常に高く、他のデバイスと比較して数桁以下の金属汚染量低減が要求される。イオン注入時の金属汚染は、ビームラインを構成する金属がイオンビームによってスパッタされる成分や、イオンビームと分離されずターゲットに導入されるものがある。ビームラインをカーボンでコーティングするなど様々な金属汚染低減策が最新のイオン注入機には採用されている。

(2) 結晶欠陥の低減

イオン注入によって導入された結晶欠陥は暗電流を増加させ画像を劣化させる。イオン注入後のアニールによる欠陥回復に注意が必要である。

(3) ミクロな観点からの均一性向上

イオンはビームを走査することによりシリコン結晶に注入されるが、ミクロに見るとイオンビームの軌跡に沿った分布を持つことになる。このイオンの分布やダメージの分布が画像では筋状ムラとして検出される。ミクロな不均一性を改善するためにビームの走査スピードやビーム形状の制御が必要となる。

4.3 パワーデバイス

パワーデバイスは電力の制御を行うアナログ半導体であり、近年の省エネルギーの強い要求に対して注目されている。パワーデバイスはパワーICとディスクリート素子に大別できる。

パワーICとしてデジタル/アナログのミックスドシグナルデバイスであるBiCDMOS(Bipolar Complementary Double diffused MOS)[39]は、CMOS回路とバイポーラTr.、高耐圧素子であるDMOSを1チップに混載したデバイスであり車載分野、民生分野のモーター制御素子として広く用いられている。

図4.4はBiCDMOSの概念図を示している。通常のCMOS回路の拡散層に加えて、高耐圧素子を構成するための埋込み拡散層や比較的深いオフセット拡散層が追加されている。これらの拡散層はポテンシャル制御のための正確な分布が必要であり、すべてイオン注入によって形成される。

ディスクリート素子の性能は電力変換時の電力損失(素子のオン抵抗に起因する通電損失とスイッチング速度に起因するスイッチング損失の和)をいかに少なくするかで決められる。

図4.5はDMOSの断面模式図を示している。ディスクリート素子は、CMOSトランジスタと異なり電流は縦方向に流れ、ドレイン拡散層はウェハ裏面に

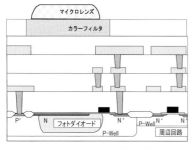

図4.3 CMOSセンサの断面模式図

形成される。素子のオン抵抗はウェハの厚さにより決まるので、素子形成後にウェハは50〜150μm程度まで研削により薄膜化される。したがって、ドレイン拡散層の形成には薄膜化したウェハへのイオン注入が必要でウェハハンドリングに注意しなければならない。さらに、オン抵抗低減施策として、溝を形成しゲート電極を埋め込むことで実効チャネル領域を拡大するトレンチMOS構造が採用されている。この場合溝側壁への均一なイオン注入が要求される。

スイッチング損失低減のためには素子のカットオフ時間を短くする必要があり、ウェハ中のキャリアライフタイムの制御が有効である。水素イオン注入により局所的に少数キャリアのライフタイムを短くすることが提案されている[40]。

オン抵抗と耐圧の間には理論で決まるトレードオフの関係があり、IGBT(Insulated Gate Bipolar Transistor)構造やSJ(Super Junction)構造を採用することでSi材料の理論限界（シリコンリミット）を越える性能を得てきたが、更なる性能改善のためにワイドバンドギャップ材料であるSiCやGaNなどを用いることが有望視されている。SiCへのイオン注入でシリコンの場合と大きく異なるのは高温でイオン注入することである。SiCデバイスでは、イオン注入時に発生する結晶欠陥を抑制するために、基板を300℃から800℃程度に加熱して注入する[41]。さらに活性化、欠陥回復のために1500℃以上の高温熱処理が行われる。また、シリコンデバイスで用いられているB^+、P^+イオンに加えてP型のドーパントとしてAl^+イオン、N型のドーパントとしてN^+イオンが用いられる。SiC中のドーパントの拡散係数が非常に小さいため所望の不純物プロファイルを形成するために高エネルギーでの多段注入が用いられる。

〈酒井　滋樹／黒井　隆／川崎　洋司〉

〔参考文献〕
1) 蒲生健次「半導体イオン注入技術」産業図書 (1986)
2) Tsukamoto et al., Ion Implantation Tech. 2010 AIP Conf, Vol.1321(2011)p.9
3) J. Lidhard et al., Mat. Fys. Medd. Dan. Vid. Selsk. 33(1963)p.182
4) N. Turner et al., Conf. Proceedings of Ion Implantation Technology, pp.126-142, (1982)
5) A. M. Ray et al., Conf. Proceedings of Ion Implantation Technology, pp.401-404, (1992)
6) S. Sakai et al., Conf. Proceedings of Ion Implantation Technology, pp.605-608, (2006)
7) F. Sato et al., Conf. Proceedings of Ion Implantation Technology, pp.300-303, (2008)
8) S. Ninomiya et al., Conf. Proceedings of Ion Implantation Technology, pp.365-368, (2010)
9) Y. Kikuchi et al., Conf. Proceedings of Ion Implantation Technology, pp.393-396, (2006)
10) A. Murrell et al., Conf. Proceedings of Ion Implantation Technology Part II, pp.20-24, (2004)
11) P. Kopalidis et al., Conf. Proceedings of Ion Implantation Technology, pp.337-340, (2010)iPulsar
12) G. Mezack et al., Conf. Proceedings of Ion Implantation Technology, pp.431-434, (2000)
13) J. P. O'conner et al., Nucl. Instr. Meth., B37/38, (1989), pp.478-485
14) P. Boisseau et al., Nucl. Instr. Meth., B37/38, (1989), pp.591-595

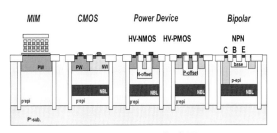

図4.4 BiCDMOSの概念図

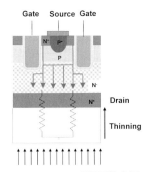

図4.5 DMOSの断面模式図

第3編 薄　　膜

15) N. Tokoro et al., Conf. Proceedings of Ion Implantation Technology, (2000), pp.368-371

16) H. Sasaki et al., Conf. Proceedings of Ion Implantation Technology, (2014), pp.261-264

17) D. Lenoble, Semiconductor Fabtech, 16th edition, pp.2-5

18) S. Umisedo et al., Extended Abst. of the 4th IWJT, (2004), pp.27-30

19) J. Hautala et al., Extended Abst. of the 4th IWJT, (2004), pp.51-53

20) 石川順三、荷電粒子ビーム工学、コロナ社 (2001)

21) J. H Freeman, Nucl. Instr. and Meth. 22 (1963), p.306.

22) I. Chavet et al., Nucl. Instr. and Meth. 51(1967), p.77.

23) N. White, Nucl. Instr. and Meth.Phys. Res. B37/38(1989) p.78.

24) T. Horsky et al., Proc. 11th. Intl. Conf. on Ion Implantation Technology(1996), p.414

25) M. Hirose, Mater. Sci. Eng. B41(1996).

26) M. Sano et al., International Conference on Ion Impantation Technology, (2002), p.315

27) J. W. Ward et al., J. Spacecraft 5, (1968), p.1161

28) S. Sakai, et al., International Conference on Ion Impantation Technology, (2000), p.592

29) 黒井隆 超LSI技術20半導体研究 第42巻p.45 （西澤潤一編 工業調査会、1996）

30) K. Tsukamoto et al., Nucl. Instrum. and Methods, B59/60(1991) p.584

31) K. Goto et al., IEDM Tech. Dig. (1996) p.435

32) Y. Kawasaki et al., Ion Implantation Technology AIP Conf, Proceedings Vol.1069 (2008)p.391

33) T. Kuroi et al., IEDM Tech. Dig. (1993) p.325

34) B. Colombeau et al., IEDM Tech. Dig. (2004) p.971

35) C. Wang et al., Ion Implantation Technology IEEE conf. Publication, (2014)

36) K.Izumi et al., Electronics Letters(1978) p.593

37) A. J. Auberton-Herve., IEDM Tech. Dig. (1996) p.929

38) T. Kuroi et al., Ion Implantation Technology IEEE conf. Publication, (2014)

39) A. Moscatelli et al., Int. Symp. on Power Semiconductor Devices and ICs. (2000) p.323

40) W Schustereder et al., Ion Implantation Technology AIP Conf. Proceedings Vol.1496 (2012) p.16

41) Y. Negoro et al., J. Appl. Phys, Vol.96 (2004) p.4916

〔第4編〕
分子ビーム技術

第1章　分子ビームの基礎

第2章　超音速分子ビームの応用

第3章　状態選別分子ビームの応用

第4章　希ガス原子ビームの表面計測への応用

第5章　レーザーデトネーション法による高速原子・
　　　　分子ビーム生成とその表面反応への応用

第6章　金属原子ビームとその気相化学反応ダイナ
　　　　ミクスへの応用

第7章　クラスタービーム生成

第8章　液体分子ビーム生成とその放射光分光

第9章　微粒子ビームを用いたケイ素厚膜の作製と
　　　　次世代蓄電池負極への応用

第1章 分子ビームの基礎

分子ビームは、真空条件下における進行方向の揃った原子や分子の流れである。この分子ビームは、気体の原子・分子間の反応、気体の原子・分子と表面の間で生じる反応などの研究、また、固体表面への原子・分子蒸着（分子線エピタキシー；MBE）、薄膜合成など、様々な目的で利用されている。本編の第1章では、分子ビーム源や検出法について述べる。第2章では分子ビームの状態を制御する方法の概要、第3章から第5章では分子ビームを固体表面のプローブとして利用する方法の概要、第6章以降では分子ビームの具体的な応用について述べる。

また、特に区別する必要がない場合は、気体を構成する粒子が原子であっても分子であっても、分子ビームと記すこととする。

第1節 分子ビーム源

この分子ビームについての議論を始める前に気体分子運動論において表わされる表式をいくつか記しておく。

Maxwell-Boltzmann分布に従う粒子を考えよう。この粒子が、v_xからv_x+d_{vx}、v_yからv_y+d_{vy}、v_zからv_z+dv_zの領域に速度成分を持つ確率は、$f(v_x)f(v_y)f(v_z)dv_xdv_ydv_z$で表わされる。ここで、

$$f(v_x) = \left(\frac{m}{2\pi kT}\right)^{\frac{1}{2}} \exp\left(-\frac{1}{2}\frac{mv_x^2}{kT}\right) \tag{1.1}$$

（$f(v_y)$、$f(v_z)$も同様）。kはボルツマン定数、mは粒子の質量、Tは温度である。式（1.1）を用いると、平均の速さv_{mean}、最確の速さv_{mp}、さらに粒子間の相対速度の平均値v_{rel}は、それぞれ

$$v_{mean} = \left(\frac{8kT}{\pi m}\right)^{1/2}、\quad v_{mp} = \left(\frac{2kT}{m}\right)^{1/2}、$$

$$v_{rel} = 2^{1/2}\left(\frac{8kT}{\pi m}\right)^{1/2} = 2^{1/2}v_{mean}$$

と求まる[1]。次に粒子間の衝突頻度を計算する。

二個の粒子の中心がある距離d以内にきた時に衝突が起こると考える。一つの粒子が単位時間当たりに衝突する回数zは平均相対速値v_{rel}を用いて、$z = \sigma v_{rel}n$と表わすことができる。ここで衝突断面積σはπd^2、nは粒子の数密度である。理想気体の状態方程式$pV = NkT$より求められる$n = N/V = p/kT$を用いると、$z = \dfrac{\sigma v_{rel}p}{kT}$となる。粒子が衝突とその次の衝突の間に進む距離の平均値である平均自由行程λは、$\lambda = \dfrac{v_{rel}}{z} = \dfrac{kT}{\sigma p}$と表わされる。$T$の単位を[K]、$\sigma$の単位を[nm^2]、$p$の単位を[Pa]で表わすと、$\lambda = 1.38 \times 10^{-5} \times \dfrac{T}{\sigma p}$[m]と書ける。例えば、窒素分子からなる気体の場合、温度が295K、衝突断面積が0.43nm^2、であるとすると、圧力$p = 10$mPaのとき平均自由行程$\lambda = 95$cm、圧力$p = 1000$Paのとき平均自由行程$\lambda = 9.5\mu m$、圧力$p = 10^5$Paのとき平均自由行程$\lambda = 95nm$、と見積もることができる。

この節で述べる分子ビームの作成方法の多くにおいては、高圧の気体を低圧側に噴出させることを利用している。高圧側と低圧側は壁で仕切られているが、その壁には小孔（開口部、オリフィス）があり、分子は小孔を通過して高圧側から低圧側に噴き出る。この高圧側の気体を分子ビーム源と呼ぶことにする。ここで、分子ビーム源の分子の平均自由行程をλ、小孔の直径をdとおくと、クヌーセン数K_nが、

$$K_n = \lambda / d \tag{1.2}$$

と表わされる。小孔から飛び出た分子の速度論的な性質を考える場合に、クヌーセン数がしばしば用いられる[2]。

1.1 分子流ビーム源(effusive source)

Maxwell-Boltzmann分布に従う分子ビーム源の

分子が小孔を通って、低圧側に噴出する場合を考える。小孔の口径dが、分子ビーム源の分子の平均自由行程λよりもずっと小さい場合に、この穴から噴出する気体分子を利用するとしよう。壁は非常に薄いものとする。また、小孔の外側（低圧側）は十分に大きな排気速度を持つポンプによって排気され、よい真空度に保たれているものとする。$\lambda \gg d$がなりたつ($K_n \gg 1$)ので、小孔から噴出した分子は他の分子と衝突することなく、遠くまで飛行することができる。このとき、小孔から単位時間単位立体角あたりに噴出する分子の数は、

$$\frac{dI(\theta)}{d\omega} = \frac{nv_{mean}A}{4\pi}\cos\theta \tag{1.3}$$

で表わされる。ここで、θは壁に垂直な方向から測った分子進行方向の角度、$I(\theta)$は単位時間当たりにθ方向に飛び出す粒子の数、ωは立体角、nは容器内の気体の分子の密度、Aはスリットの面積である。この分布はcos分布と呼ばれる。cos分布を図1.1(a)に示した。図中の矢印の長さは矢印の方向に噴出する分子のフラックスの相対的な大きさを表わしている。前方($\theta = 0$)の距離rにおける分子ビーム強度（単位時間単位面積を通過する分子の数）は

$$I(0,r) = \frac{nv_{mean}A}{4\pi r^2} \tag{1.4}$$

である。典型的な分子ビームの条件（分子ビーム源の圧力が1 Pa、直径0.8mmの円状の小孔）を代入すると、ソースから1m離れた位置で5×10^{12}molecules・$cm^{-1}s^{-1}$になる。これは10^{-6}Pa程度の真空中で単位時間当たりに壁に衝突する分子数に相当する。

また、小孔から噴出する分子の速度の分布は前出のMaxwell分布をもとに計算することができて、最確速度v_{mp}を用いて、

$$I(v) \propto v^3 \exp\left(-\frac{v^2}{v_{mp}^2}\right) \tag{1.5}$$

と表わされる。

上述のように、理想的な薄い小孔から噴出する分子の角度分布は大きく広がっているが、壁が厚い場合、もしくは細いチューブを用いた場合は、噴出する分子の角度分布はcos分布よりも、壁に垂直な方向に鋭くとがった分布となる[3-5]。図1.1(b)は壁の厚み（チューブの長さ）が直径の5倍の場合に見積もったフラックスの角度分布である。薄いスリットを用いた場合に比べて出射の方向性が改善されていることがわかる。この性質を利用し、ガラスキャピラリー、プラスチック、成形した金属箔、金属複合材料などを利用して作成されたマルチチャンネルアレイを使うと、方向性のよい分子ビームを作ることができる[5]。

1.2 ノズルビーム源(nozzle source)

前節では$K_n \gg 1$が成り立ち、気体の平均自由行程λが小孔の直径dよりもずっと大きい場合を取り扱った。つぎに、容器内の気体の圧力を上げることによって、気体の平均自由行程λを小さくしていった場合を考えよう。平均自由行程λの値が小さくなり、小孔の径dと同程度になると、気体分子は小孔を出た後もお互いに衝突を繰り返すので、小孔を出た後もその運動状態を保つ、という前節の考え方は適用できなくなり、数学的な取り扱いが難しくなる。気体の平均自由行程λをさらに小さくし、$K_n \ll 1$が成り立つ程度にすると、気体分子が連続体として小孔から押し出されて流れが生じている、と考えることができる。気体分子は小孔から押し出される過程で断熱膨張する。この過程で、分子の並進運動、振動運動、回転運動の温度が下がるとともに、気体の流速は増加する。この分子ビームをノズルビーム、小孔をノズルと呼ぶ。ノズルの外側（低圧側）が十分よい真

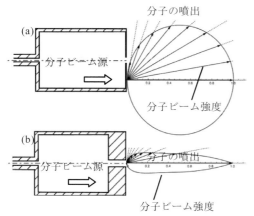

図1.1 分子流ビーム源から噴出する分子ビーム強度の角度分布
(a) 理想的な薄い壁の場合（cos分布）
(b) 小孔の直径の5倍の厚い壁の場合

空に保たれていれば、分子ビーム源から噴出した気体は、音速よりも大きな並進速度を持つ超音速分子線となる（図1.2）。冷却された分子はマッハディスクの領域で衝突によって再度加熱されるので、それをさけるためには、図のようにスキマーをマッハディスクの内側におく。

ノズルビームの運動学的な性質を考察するために、理想気体を仮定し、断熱過程と考えると、ノズルビームの速度uは、

$$\frac{5}{2}kT_0 + E_{int}^0 = \frac{1}{2}mu^2 + \frac{5}{2}kT_S + E_{int} \quad (1.6)$$

の関係を満たす[6-7]。これは、理想気体に対するBernoulliの定理と呼ばれる。左辺は断熱膨張前のものでCpT（Cpは定圧比熱）と表される。右辺は断熱膨張後のもので、第二項と第三項はガスの冷却温度T_Sが常に低いとすると無視できる。したがって、

$$u = \sqrt{\frac{2C_p T}{m}} = \sqrt{\frac{\gamma}{\gamma-1}}\sqrt{\frac{2kT_0}{m}} \quad (1.7)$$

で近似できる。ここでγは比熱比(Cp/Cv)である。ノズルビームはしばしば超音速ビームと呼ばれるが、冷却ガス中での音速を、$\sqrt{\gamma kT_S/m}$とすると、マッハ数Mは、音速に対する分子ビームの速度で定義され、

$$M = \frac{u}{\sqrt{\frac{\gamma kT_S}{m}}} = \sqrt{\frac{2}{\gamma}} \cdot \frac{u}{\alpha_S} = \sqrt{\frac{2}{\gamma}} \cdot S \quad (1.8)$$

と与えられる。ここで$\alpha_S = \sqrt{2kT_S/m}$はノズルビームの速度分布の幅に対する目安量になり、Sは速度比と呼ばれる。分子ビーム源の圧力P_0とノズル外側（低圧側）の圧力P_bの間に、

$$P_0/P_b > ((\gamma+1)/2)^{\gamma/(\gamma-1)} \quad (1.9)$$

の関係が満たされていると、分子ビームのノズルにおけるマッハ数は1となる。気体の冷却温度T_Sはマッハ数を用いると式（1.8）と式（1.9）から、

$$\frac{T_S}{T_0} = \frac{1}{1+\frac{\gamma-1}{2}M^2} \quad (1.10)$$

になる。マッハ数Mや速度比Sには制限がないので、Mが大きくなるとT_Sは限りなく0 Kに近づくことができる。図1.3に分子流ビーム源から得られるビームの速度分布（Maxwell分布、$M=0$）とノズルビームの速度分布($M=10, 20$)の相対的な関係を示す。

ノズルビームの速度分布はuを中心にして広がり、数密度表示では次式で表される。

$$n(v) \propto v^2 \exp\left[-\frac{(v-u)^2}{\alpha_S^2}\right] \quad (1.11)$$

AndersonとFenn[8]によれば前方向のノズルビームの強度は、

$$I(0,v) = \frac{nA}{\pi^{3/2}}\left(\frac{v}{\alpha}\right)^3\left[1+\frac{M^2}{2\gamma}\right]^{3/2-(1/\gamma-1)} \cdot$$
$$\exp\left\{-\left(\frac{v}{\alpha}\left[1+\frac{\gamma-1}{2}M^2\right]^{1/2} - \frac{\gamma^{1/2}M}{\sqrt{2}}\right)^2\right\} \quad (1.12)$$

で表される。分子流ビーム源の場合と比較すると最確速度uと$v_m(=3\alpha/2)$における前方強度比は、

$$\frac{I_{nozzle}(u)}{I_{effusive}(v_m)} = \frac{n_{nozzle}}{n_{effusive}}f(M,\gamma) \quad (1.13)$$

で近似できる。ここでfは利得特性と呼ばれ、M

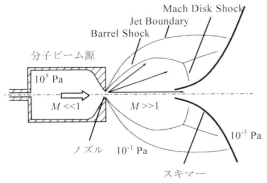

図1.2 ノズルビーム源から噴出する分子ビームの模式図

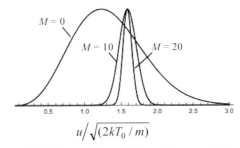

図1.3 分子流ビーム源から得られるビームの速度分布（Maxwell分布、$M=0$）とノズルビームの相対速度分布($M=10$、20)

第4編 分子ビーム技術

>5において、単原子分子で$f=9$、二原子分子で$80/M^2$となる。典型的なビーム強度は、ソース圧を10^5Paとすると、10^{19}molecules·sr^{-1}·s^{-1}程度になる[9]。

ノズルから噴出した超音速ビームの温度や濃度の空間分布については、Tejedaらがラマン分光法を用いて可視化している[10]。

細く絞ったノズル分子ビームを用いて、試料表面の形状を観測する走査型ヘリウム顕微鏡の技術が開発されている[11]。ノズルから噴出したヘリウムビームは、5 μm程度の小さな穴径のピンホールを通過して細く絞られた後に、試料表面に衝突し、散乱される。散乱されたヘリウムビームの強度をモニターしながら、試料を走査することによって、表面の形状を観測することができる。ヘリウムビームは、他のプローブと比べて試料へのダメージが非常に小さく、生体試料や有機薄膜など損傷しやすい材料の構造解析への応用が期待されている。

1.3 シードビーム

作成法はノズルビームと同じであるが、ソースガスとして重い気体と軽い気体の混合ガスを用いる。混成比を大きく偏らせておくと、ビーム速度uは主成分で決まる。たとえば、Xeのような重い気体をHeのような軽い気体に少量混ぜておくと、XeはHeガスに押されてHeと同じ速度のビームが得られる。これを運動エネルギーに換算すると質量比に相当する利得が得られる。つまり、

$$\frac{1}{2}m_h u_h^2 = \frac{m_h}{m_\ell}\left(\frac{1}{2}m_\ell u_h^2\right) \tag{1.14}$$

である。ここに添え字hは重い原子を、ℓは軽い原子を表す。HeとXeの場合、質量比は約65倍であるから、He原子の持つ熱運動エネルギーを100meVとすると、6.5eVの高い運動エネルギーを持つXeビームが作り出せることになる。逆に重いガス中で軽い分子を減速することもできる。

1.4 放電型分子ビーム源

化学反応性に富む原子状ビームやラジカルビームを作るのに、また準安定励起状態の原子ビームを作るのにソース内のガスを放電させる。放電に

はマイクロ波放電、RF放電、直流放電などの種々の方法が用いられているが、放電は通常1Pa以下の圧力で起こるので、ビーム強度をあまり上げることはできない。原子状水素、酸素などのビームがこの方法で作成される[12]。

吸着分子の電状態を調べるのに、ペニングイオン化電子分光法が用いることができるが、He(2^3S)の準安定原子ビームを作るために、Heビームにフィラメントから放出された電子を衝突させる[13-14]。

1.5 電荷交換型分子ビーム源

数eV以上の運動エネルギーを持つビームを作成するのに、分子をイオン化して電気的に加速し、後に共鳴電荷交換反応を利用して中性ビームにする。この方法は、共鳴電荷交換反応の断面積が運動量移行の断面積に比べて大きいことを利用している[15]。

$$X^+(高速) + X \rightarrow X(高速) + X^+$$

1.6 スパッタ分子ビーム源

固体表面を高速のイオンビームでたたくと、スパッタされた原子が表面から飛び出すので、高速の原子ビームを作ることができる。ビームの中には、弾性衝突によってはじき出される特性エネルギーを持つものと、二次的な過程で飛び出す低エネルギーのものがある。入射エネルギーが数keV以上になると、イオンは固体内部に潜り込むようになって後者の二次過程が支配的になる。二次過程で出る原子のエネルギーは0.5−40eVの広い範囲に分布する。よく使用されるアルゴンイオンビームを用いてスパッタされ易い原子をたたいても、ビーム強度はかなり弱く、10^{13}atoms·sr^{-1}·s^{-1}程度である[16-17]。

1.7 レーザーアブレーション

固体の材料は、炉中で加熱して蒸発させることによって分子ビームとして利用することができる[5]。高融点の材料を分子ビームとして利用するためには、高出力のレーザーによるアブレーションを用いることができる。レーザーアブレーションの機構は、極めて複雑であるが、レーザー照射によって形成された高温のプラズマから、中性の原子や分子、イオン、クラスター、電子、光が放

出されると考えられる[18]。

1.8 レーザーデトネーション

ノズルから噴出した分子に対して、高強度のレーザーをフォーカスすることにより、数eVから20eVの高いエネルギーを持つ分子ビームを作成することができる[19]。このレーザーデトネーションの詳細については、9章を参照して頂きたい。

第2節 分子ビームの検出

分子ビームは電子衝撃でイオン化し、質量分析器で分析したのち、二次電子増倍管で検出するのが一般的である。イオン化室が散乱実験室にヌードで置かれた場合、散乱ビームのバックグランドがあるので、入射ビーム強度に対して散乱ビーム強度が10^{-3}以下になると10^{-7}Pa(10^{-9}Torr)の真空度でも検出が困難になる。バックグランドを減らすためには検出部を差動排気する必要がある。しかし、散乱ビームの角分布を測定するには差動排気系全体を回転しなければならず、装置が大がかりになる[18]。散乱ビームの飛行時間スペクトルを得るには、飛行管を長くしてその管を差動排気するが、それによって入射ビームの10^{-6}程度の散乱ビーム強度もバックグランドと区別して測定できる。ビームがイオン化室を通過するタイプでは、測定されるのはビーム密度$n(v)$である。それに対して、表面電離を利用したアルカリビームの検出のような場合は、ビームフラックス$I(v)$が測定される。これらには、

$$I(v) = v \cdot n(v) \quad (2.1)$$

の関係があるので、Maxwell速度分布の指数関数前の速度のべき数(v^m)は$n(v)$のときに$m=2$、$I(v)$のとき$m=3$になるので注意を要する。

第3節 差動排気システム

分子ビーム源から流出する分子数Nは、ビーム源の分子数密度をn、分子の平均速度をv、出口孔の面積をAとするとおおよそ

$$N = nvA/4 \quad (3.1)$$

で与えられる。$d=0.8$mmとすると$A=5\times10^{-3}$cm^{2}であり、vは室温のN$_2$分子を例にとると$450 m\cdot s^{-1}$

である。$K_n>1$の条件を満たすにはソース圧は数Pa以下でなければならない。この条件では、Nは1×10^{17}molecules・s^{-1}であり、流量Qに直すと3×10^{-6}m^{3}s^{-1}(3×10^{-3}ℓ・s^{-1})である。分子流の条件を無視して、ソース圧を10^5PaにあげるとQは4×10^{-4}m^{3}Pa s^{-1}(3×10^{-3}ℓ・Torr・s^{-1})になる。もし、図3.1(a)のように差動排気をしないで、真空室を10^{-7}Paに保とうとすれば、3×10^7m^{3}s^{-1}(3×10^{10}ℓ・s^{-1})の排気速度を持つポンプで排気しなければならない。このようなポンプは実在しないから実験は不可能である。真空室を10^{-7}Paに保つにはガスの噴出を1秒あたりμs程度の短時間に抑えるか、差動排気で真空度を段階的に上げてゆくしかない。図3.1(b)は差動排気装置の概念図を表している。初段の部屋の真空度を10^{-2}Paに保つにはポンプは10m^{3}s^{-1}(10^4ℓ・s^{-1})の排気速度のものですむ。これを達成するのに、大型のターボ分子ポンプ（油拡散ポンプ）、メカニカルブースターポンプ、油回転ポンプの組合せが用いられる。二段目の部屋にはノズルビームでいうスキマーを通してビームガスが入ってくる。その量は（ビーム速度）×（ビーム源に対するスキマー入口の立体角：2×10^{-4}rad）≈10^{17}molecules・s^{-1}である。そこでは10^{-3}Paを保つのに300ℓ・s^{-1}以上の排気速度をもつポンプがいる。この部屋は初段と超高真空室の真空度を調節するバッファの役目をする。三段目の

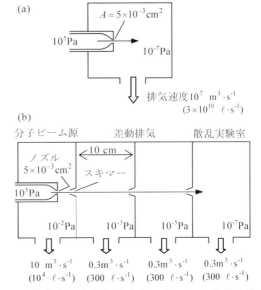

図3.1 散乱実験室を超高真空に保つための差動排気の利点を表わした概念図

第4編 分子ビーム技術

部屋を10^{-5}Paに保つのにも$0.3\mathrm{m}^3\mathrm{s}^{-1}$($300\,\ell\cdot\mathrm{s}^{-1}$)の
ポンプがいる。四段目の散乱実験室を10^{-7}Paに保
つには同様の排気速度をもつターボ分子ポンプに
イオンポンプを補助として用いることが多い。部
屋の真空度が上がるにつれて、前段との隔壁のス
リットからはビーム以外に前段のバックグランド
ガスが無秩序（余弦則で）に入ってくるのが相対
的に目立つようになり、壁からのガス放出も排気
のために無視できなくなる。

ビーム散乱の実験中も10^{-8}Paの真空度に保つに
は、ビーム強度を弱めるか排気速度をかなり高め
なければならない。排気速度$1.5\mathrm{m}^3\mathrm{s}^{-1}$($1500\,\ell\cdot\mathrm{s}^{-1}$)
のターボ分子ポンプと$0.3\mathrm{m}^3\mathrm{s}^{-1}$($300\,\ell\cdot\mathrm{s}^{-1}$)のイオ
ンポンプを併用して散乱室を排気した場合、強い
ビームを入れると10^{-7}Pa台になる。これは散乱
ビームがバックグランドガスになるためで、避け
がたい。金属などの凝縮性ガスの場合は、分子線
エピタキシー装置で用いられている液体窒素で冷
却したシュラウドが凝縮性ガスを効率よくトラッ
プするのでバックグランドガスの除去に有効であ
る。

第4節 分子ビームの制御
4.1 分子ビーム変調とパルス化
分子ビームをバックグランドから区別したり、
飛行時間法で速度を調べたりするとき、ビームを
オン−オフする。分子ビームは中性であるから、
特殊な場合を除き、機械的なシャッターやチョッ
パーを使う。これらはビーム源と散乱室の中間の
差動排気室に通常置かれる。高速変調や飛行時
間の測定には、円板にスリットを切ったチョッ
パーを真空用の高速モータで回転する。これによ
り、数μsの短い時間幅のパルスビームを作り出
すこともできる。

また、ビーム源からのガス噴出に伴う排気の負
荷を軽減するために、極短時間のみガス噴出させ
るいろいろの工夫がある。簡単には瞬時に作動す
る電磁弁を使うことである。開閉を数十μsの短
時間にできるパルスビーム源の原理は、ピユゾ素
子を利用したもの[20-21]、パルス的なループ電流に
よって生じる瞬発的な磁気反発によって生じる隙
間を利用したもの[22]、ソレノイドによって発生し
た磁場と磁石の反発を利用したバルブ[23]、ローレ

ンツ力を利用したもの[24]などである。

4.2 電場・磁場による制御
不均一電場は電気双極子モーメントをもつ分子
に力を及ぼすが、電気双極子モーメントは分子の
回転状態に依存しているので、不均一電場を用い
て回転状態選別を行うことができる。同様に、不
均一磁場は、磁気双極子モーメントをもつ分子に
力を及ぼすが、磁気双極子モーメントは分子のス
ピンに依存しているので、不均一磁場を用いてス
ピン状態選別を行うことができる[25-27]。状態選別
した分子と固体表面との相互作用を明らかにする
ことができるため、近年精力的に研究が行われて
いる。詳しくは7章を参照して頂きたい。

4.3 レーザーによる制御
レーザーは、分子線の作成、検出に応用されて
おり、分子線とのかかわりが深い。

レーザーによる分子線の作成については、前述
の通りである1.7（レーザーデトネーション）、
1.8（レーザーアブレーション）。

レーザーを用いて特定の振動・回転準位を選択
的に励起した分子の吸着特性を調べることによっ
て、反応のダイナミクスが明らかにされてい
る[28-30]。

レーザーは表面から散乱・脱離してくる分子の
状態を調べるのに有効に使われる。特にNOは検出
の容易さから種々の実験に用いられている。例え
ば、Ag(111)のNOの散乱では、分子の回転励起およ
び振動励起の分布がレーザー誘起蛍光法(LIF)で
調べられている[31-33]。この系では、回転分布に回
転レインボー効果がみられ、分子がラグビーボー
ルを打ちつけたときのように回転すると推察され
ている。

第5節 分子ビーム回折
原子や分子もド・ブロイ波の立場からは、電子
と同様に、表面2次元格子によって回折が起こ
る。20meVのHeビームの波長は約0.1nmである。い
ま、表面単位格子の長さをaとするLiF型結晶の
(001)面を考えよう。入射波数ベクトルk_iとZ軸と
のなす角をθ_i、反射波数ベクトルkとZ軸の角を
θ_r、x軸に対する入射方位角をϕ_iとすると、(μ、

718

v)次の2次元回折条件は[5]

$$\frac{2\pi\mu}{a} = k\cos\phi_i \cdot (\pm\sin\theta_r - \sin\theta_i),$$
$$\frac{2\pi\nu}{a} = k\sin\phi_i \cdot (\pm\sin\theta_r - \sin\theta_i) \tag{5.1}$$

と表される。ここで＋符号は入射方向からみて前方に散乱される場合、－符号は後方に散乱される場合に対応している。

Heビーム回折はLiFなどのイオン結晶や、Si、GaAsなどの結晶表面で観測されるが、金属表面では非常に観測されにくい。その原因はHeと表面原子との相互作用ポテンシャルの形状にある。表面では遠距離において、電荷分布のゆらぎによって誘起される双極子相互作用による引力（分散力またはファン・デル・ワールスカと呼ばれる）がありz^{-3}で減少する。この力は2次元的な広がりにおいてはほぼ一様である。He原子が近距離にくるとその電子雲と表面原子の価電荷雲が重なるようになり、斥力が働くようになる。イオン結晶表面の価電子は著しく局在化しているので、斥力の等ポテンシャル面は大きく波打っている。また、斥力ポテンシャルの壁は鋭く立ち上がっているので、表面を波形剛体壁モデルで近似することができ、Heビーム回折強度をよく説明できる。それに対して、最密充填の金属表面では伝導電子のため、斥力ポテンシャルの波形は非常に弱く、ほとんど鏡面に近いので、鏡面反射ビームのみが強く観測される[7]。

金属表面に種々の分子が吸着してゆくと、鏡面反射ビームの強度は急速に減衰し、散漫散乱が強くなる。例えば、Pt(111)面上のCOの吸着過程[34]や、Xe吸着層の相転位[35]の研究にも、このようなHeビームの鏡面反射強度の変化が利用されている。蒸着膜が層毎に成長するとき、RHEEDで反射ビーム強度の振動がみられるように、Heビームの鏡面反射強度が上層と下層からの反射ビームの干渉のために、層毎に周期的に変化することが見いだされている[36]。

吸着層の構造に対しても、Heビーム回折は有効である。例えば、H/Ni(110)の系では、Hの吸着量の増加とともに、c(2×6)、c(2×4)が現れ、(1×2)構造に変わってゆく様子が観測されている[37]。すでに述べたように、Heビーム回折の強度分布は波形剛体壁の形状を反映したものであるから、表面構造の3次元的な決定も半定量的にできる。

Arなどの重い原子では、ド・ブロイ波長は短くなり、粒子性が強くなるので表面原子との運動量交換が起こり易くなり、散漫散乱が支配的になる。

分子ビーム回折の詳細な応用については、第4章（希ガス原子ビーム表面計測への応用）を参照して頂きたい。

第6節 分子ビーム散乱分光

ノズルビームを用いることによって速度の良くそろった分子ビームを作成することができる。ヘリウム原子をノズルビームとして固体表面に照射したときに、表面との衝突によって生じるフォノンエネルギーの授受を飛行時間スペクトルとして観測することができる。Toenniesのグループの分子ビーム散乱分光装置では、Heビームの単色性を高めるために、ソースの温度を80Kに冷却し、ソース圧を200気圧まで高めている。これによって、エネルギーが20meV、速度の半値幅が1％以下のHeビームが得られた[38]、さらに、飛行時間スペクトルの分解能を上げるために、散乱表面から検出器までの距離を1mにした。ビームのイオン化は電子衝撃で行ない、セクター型の磁場でイオンを曲げて2次電子増倍管で検出している。飛行時間スペクトルは、理論値との比較のために通常はエネルギー移行スペクトルに変換される。Toenniesらは、Cu(001)表面に吸着したCOのHe原子散乱分光スペクトル(HAS)の結果から、図6.1に示した分子振動ピークの分散関係を求めた[39]。COの被覆率は0.5でc(2×2)構造が形成されている。CO全体が表面平行方向に振動するT-modeとレイリーmodeに分散があるのがわかる。分散関係からCO分子間にはたらく動力学的な相互作用が見積もられている。Heビームの飛行時間スペクトルの測定からは、上記の吸着分子の低エネルギーの振動モードや、LiF、KCl、MgOなどのレイリーモード表面フォノンの分散曲線が求められている[40-41]。

表面上で拡散運動をしている原子・分子によって分子ビームが散乱するとき、弾性散乱のエネルギー幅に広がりをみせる準弾性散乱が起こる[42-43]。そのエネルギーの広がりは表面拡散係数D_sと次式で関係づけられる。

$$\Delta E = 2\hbar D_S \Delta K^2 \tag{6.1}$$

ここで ΔK は表面に平行な運動量成分である。Heビームによるこのような測定はPb(110)の$\langle 110 \rangle$方位において行なわれ、表面ではバルクの融点より低温ですでに原子が活発に拡散運動をしていることが示された[44-45]。

近年、分子ビームにスピンエコーと呼ばれる手法を応用することにより、非常に高い分解能をもつ散乱分光法が開発された[46]。スピンをもつ^{3}He原子をノズルから噴出させた後に、強い不均一磁場を印加することによって、ビーム進行方向に対して垂直にスピンを偏極させる。次に、ビームに沿っておかれたソレノイド1を通過させる。このとき、ソレノイド1の磁場により^{3}Heビームのスピンは歳差運動し、スピンの位相が変化する。そ

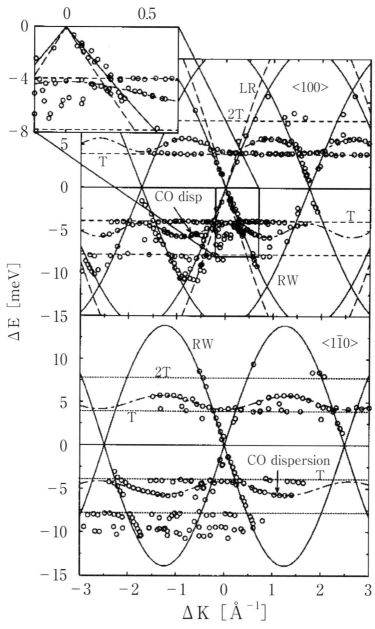

図6.1 Cu(001)表面に吸着したCOのHe原子散乱分光スペクトル(HAS)の結果から得られた分子振動ピークの分散関係 (COの被覆率は0.5)

して、^{3}Heは試料表面に衝突し散乱された後に、ソレノイド2を通過する。このときも^{3}Heのスピンは歳差運動し、やはり位相が変化する。最後にスピンアナライザーでスピン偏極が検出される。^{3}Heが試料表面で非弾性散乱すると、^{3}Heの運動エネルギーが変化するので、ソレノイドを通過するのに要する時間が変化し、その結果、スピン偏極の程度も変化する。したがって、検出されたスピン偏極から、試料表面衝突時の運動エネルギーの変化を見積もることができるのである。この方法では、3μeVと非常に高いエネルギー分解能が得られ、表面ダイナミクスの詳細が議論できる事が期待されている。

第7節 分子ビーム緩和分光

分子ビームをチョッピングし、矩形なパルスビームで表面を照射すると、表面での緩和現象によって、散乱または吸着脱離ビームの波形の変形が見られる。表面で吸着や化学反応が起こる場合は、表面滞在時間τが波形解析や位相のずれから求めることができる。τは、入射ビームと出射ビームの波形の位相差をϕおよびビームの変調周波数をωとすると、

$$\tan\phi = \omega\tau \qquad (7.1)$$

で与えられる。

吸着の場合、τは脱離の活発化エネルギーE_dとフレンケルの式、

$$\tau = \tau_0 \exp\left(\frac{E_d}{kT}\right) \qquad (7.2)$$

で関係づけられる。化学反応の場合は、τと反応の速度係数kの関係は、反応機構によって変わる[47]。

吸着によって熱平衡に達した分子の脱離の角分布は余弦則に乗るが、吸着再結合脱離のときは余弦則からずれて、面に垂直方向に鋭くなる場合がある[48]。

〈高岡　毅〉

〔参考文献〕

1) P. Atkins, J. D. Paula, *Atkins' Physical Chemistry*. (Oxford University Press, 2014)

2) H. Pauly, *Atom, molecule, and cluster beams I : Basic Theory, Production and Detection of Thermal Energy Beams*. Springer series on atomic, optical, and plasma physics (Springer-Verlag, Berlin, 2000), vol.28

3) J. Gómez-Goñi, P. J. Lobo, *Journal of Vacuum Science & Technology A* 21, 1452(2003)

4) P. Clausing, *Z Phys* 66, 471(Jul, 1930)

5) C. B. Lucas, *Atomic and Molecular Beams,* (CRC Press, 2014)

6) L. D. Landau, E. M. Lifshitz, *Fluid Mechanics, Second Edition*. Course of Theoretical Physics (Butterworth-Heinemann, 1987), vol.6

7) D. R. Miller, in *Atomic and Molecular Beam Methods,* G. Scoles, Ed. (Oxford University Press, Oxford, 1988)

8) J. B. Anderson, J. B. Fenn, *Physics of Fluids* 8, 780(1965)

9) H. C. W. Beijerinck, N. F. Verster, *Physica B & C* 111, 327(1981)

10) G. Tejeda, B. Mate, J. M. Fernandez-Sanchez, S. Montero, *Phys Rev Lett* 76, 34(Jan 1, 1996)

11) M. Barr *et al., Nat Commun* 7, (Jan, 2016)

12) R. Hertenberger, K. ElAbiary, P. Schiemenz, G. Graw, *Rev Sci Instrum* 67, 1354(Mar, 1996)

13) Y. Harada, K. Ohno, H. Mutoh, *Journal of Chemical Physics* 79, 3251(1983)

14) J. P. Toennies, W. Welz, G. Wolf, *Journal of Chemical Physics* 71, 614(1979)

15) J. E. Jordan, I. Amdur, *Journal of Chemical Physics* 46, 165(1967)

16) J. Politiek, P. K. Rol, J. Los, P. G. Ikelaar, *Rev Sci Instrum* 39, 1147(1968)

17) M. Wakasugi *et al., Rev Sci Instrum* 64, 3487(Dec, 1993)

18) M. Stafe, A. Marcu, N. N. Puscas, *Pulsed laser ablation of solids : basics, theory and applications*. Springer series in surface sciences(Springer, Heidelberg, 2014), vol.53

19) G. E. Caledonia, R. H. Krech, B. D. Green, *Aiaa J* 25, 59(Jan, 1987)

20) D. L. Proctor, D. R. Albert, H. F. Davis, *Rev Sci Instrum* 81, (Feb, 2010)

第4編 分子ビーム技術

21) D. Irimia *et al., Rev Sci Instrum* 80, (Nov, 2009)

22) T. Muller, P. H. Vaccaro, *Rev Sci Instrum* 69, 406(Feb, 1998)

23) Y. H. Huang, M. Sulkes, *Rev Sci Instrum* 65, 3868(Dec, 1994)

24) B. Yan *et al., Rev Sci Instrum* 84, (Feb, 2013)

25) H. Pauly, *Atom, molecule, and cluster beams II : cluster beams, fast and slow beams, accessory equipment applications*. Springer series on atomic, optical, and plasma physics (Springer-Verlag, Berlin, 2000), vol.32

26) S. Y. T. Van De Meerakker, H. L. Bethlem, G. Meijer, *Nat Phys* 4, 595(Aug, 2008)

27) M. Brouard, D. H. Parker, S. Y. T. van de Meerakker, *Chemical Society Reviews* 43, 7279 (2014)

28) L. B. F. Juurlink, P. R. McCabe, R. R. Smith, C. L. DiCologero, A. L. Utz, *Phys Rev Lett* 83, 868(1999)

29) J. F. Weaver, A. F. Carlsson, R. J. Madix, *Surface Science Reports* 50, 107(2003)

30) L. Chen, H. Ueta, R. Bisson, R. D. Beck, *Faraday Discussions* 157, 285(2012)

31) J. A. Barker, D. J. Auerbach, *Surface Science Reports* 4, 1(1984)

32) A. W. Kleyn, A. C. Luntz, D. J. Auerbach, *Surface Science* 152/153, 99(1985)

33) C. T. Rettner, J. Kimman, F. Fabre, D. J. Auerbach, H. Morawitz, *Surface Science* 192, 107(1987)

34) B. Poelsema, R. L. Palmer, G. Mechtersheimer, G. Comsa, *Surface Science* 117, 50(1982)

35) B. Poelsema, L. K. Verhel, G. Comsa, *Phys Rev Lett* 51, 2410(1983)

36) L. J. Gomez, S. Bourgeal, I. Ibanez, M. Salmeron, *Phys Rev B* 31, 2551(1985)

37) K. H. Rieder, W. Stocker, *Surface Science* 164, 55(1985)

38) G. Brusdeyiins, R. B. Doak, J. P. Toennies, *Phys Rev B* 27, 3662(1983)

39) F. Hofmann, J. P. Toennies, *Chem Rev* 96, 1307(Jun, 1996)

40) J. P. Toennies, in *Surface Phonons,* W. Kress, F. W. de Wette, Eds. (Springer, Berlin, 1991), vol.21, pp.111

41) W. Kress, in *Surface Phonons,* W. Kress, F. W. de Wette, Eds. (Springer, Berlin, 1991), vol.21, pp.209

42) A. P. Graham, *Surface Science Reports* 49, 115(2003)

43) A. P. Jardine, J. Ellis, W. Allison, *Journal of Chemical Physics* 120, 8724(May 8, 2004)

44) J. W. Frenken, J. P. Toennies, C. Woll, *Phys Rev Lett* 60, 1727(1988)

45) J. W. M. Frenken, B. J. Hinch, J. P. Toennies, *Surface Science* 211/212, 21(1989)

46) P. Fouquet *et al., Rev Sci Instrum* 76, 053109 (2005)

47) G. E. Gdowski, J. A. Fair, R. J. Madix, *Surface Science* 127, 541(1983)

48) G. Comsa, R. David, *Surface Science Reports* 5, 145(1985)

第2章 超音速分子ビームの応用

第1節 超音速分子ビームによる吸着分子のマイグレーション

　超音速分子ビームを用いて、固体表面に吸着した分子を移動させ、吸着位置を制御することができる。この節では、白金表面に吸着した一酸化炭素分子の吸着位置を、超音速分子ビームでコントロールし、さらに吸着分子に働く摩擦を計測した例を紹介する[1]。

1.1 イントロダクション

　Pt(997)表面は、Pt(111)面（最密面）とほとんど同じ構造を持つが、Pt原子列8列ごとに原子層1層分高さがずれた階段状の構造をとる（図1.1参照）[2]。Pt原子列8列の部分をテラス、高さがずれた部分をステップと呼ぶ。この表面を50Kに保った状態でCOを導入すると、Pt原子の真上に表面垂直方向に立って吸着するが、吸着位置には二種類あることが知られている。一つは、テラス位置であり、もうひとつは、ステップ位置である。この表面に超音速分子ビームとして運動エネルギーを制御したNe原子やAr原子を照射したときの、CO分子の移動から、分子に働く摩擦を計測する。

1.2 実　験

　超高真空チェンバー内にステップを持つPt(997)単結晶試料を設置する（図1.2）。Pt(997)表面を50Kに保った状態でCOを吸着させた後に、フーリエ変換赤外分光(FTIR)スペクトルをとると、2つのピークが観測される（図1.3）。両者ともPt原子の真上に表面垂直方向に立って吸着したオントップCOのCO伸縮振動である。2090cm^{-1}のピークはテラスに吸着したCO（テラスCOと呼ぶ）、2065cm^{-1}のピークはステップに吸着したCO（ステップCO）である[3]。テラスCOとステップCOの両方が存在するPt(997)表面において、この表面を階段に見立てると階段の上から下の方向に向かって平均運動エ

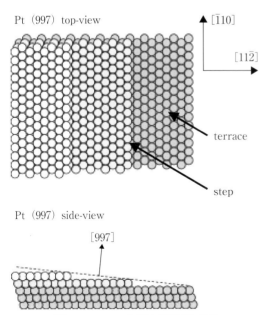

図1.1 Pt(997)表面の構造模式図

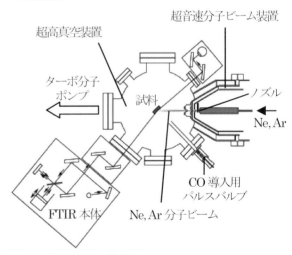

図1.2 実験装置の模式図（超高真空装置内のPt(997)試料を清浄化し、パルスバルブからCOを導入した後に、Ne、Ar分子ビームを照射する。COの吸着位置は、FTIRにより振動分光学的に検出する。）

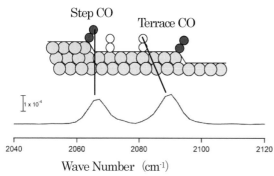

図1.3 CO/Pt(997)表面のFTIRスペクトル

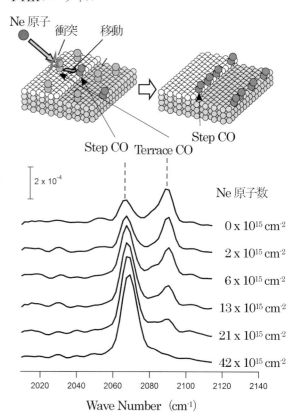

図1.4 Ne原子の超音速分子ビームを照射していったときのCO/Pt(997)表面のFTIRスペクトルの変化

ネルギー0.56eVのNe原子を照射すると、図1.4のようにテラスCOが減り、ステップCOの強度が増加した。照射したNe原子の運動エネルギーは超音速分子線装置を用いて制御している[4]。Neを照射すると、Neが表面上のCOと衝突し、衝突を受けたCOが運動エネルギーを得て表面上を拡散したことがわかる。表面上を移動したCOはステップに到達するが、ステップはCOにとって非常に安定な位置であるため、一旦ステップに到達したCOはその位置に捕らえられてしまう。そのため、Ne照射量増加とともにステップCOの強度が増加した、と考えられる。このNe照射量増加とステップCO強度の関係には、COに働く摩擦に関する情報が含まれている。COに働く摩擦が小さい場合、表面上でCOが十分大きな運動エネルギーを得ると、その運動エネルギーをなかなか失わずに遠くまで拡散することができる、つまり長距離ジャンプできる。一回のNeとの衝突でCOは遠くまで移動できるため、Ne照射量が少なくてもすぐにステップCOが増加することが予想される。一方、摩擦が大きい場合、大きな運動エネルギーを得てもせいぜい隣りまでしか拡散できないためCOがステップに到達するまでに何回もNeと衝突しなければならず、Ne照射量が増加してもゆっくりしかステップCO強度が増加しないことになる。

このことから、摩擦係数をパラメーターとしてシミュレーションを行って、希ガス原子照射量とステップCO強度の関係を求められれば、実験結果と比較することによって、摩擦係数を求められるであろうと考えられる。

1.3 分子動力学シミュレーション

Neとの衝突後のステップCO強度と希ガス照射量の関係を求めるために行ったシミュレーションについて述べる。まず、摩擦係数ηを仮定した上で、希ガス原子と衝突後COが拡散する距離（の分布）を求めるために分子動力学(MD)シミュレーションを行った[5]。経験的なポテンシャルを用いた古典的な計算で、Pt原子層5層の上にあらかじめCOを1分子吸着させておき、そこにNeもしくはArを照射する。Pt原子層には1層につき36個の原子が含まれている。Pt原子層5層のうち下から1、2層は固定し、3-5層は固定せずに計算を行った。3-5層目のPt原子の熱振動が実験中の試料温度とほぼ等しくなるように3層目にランダムな動きを加えてある。照射するNeもしくはArの入射エネルギーは、実験で測定した運動エネルギー分布と同じになるようにとった。入射角は実験値、表面平面内の初期位置はランダムとした。運動方程式は、摩擦係数ηを含めた

$$m\ddot{r} = -m\eta\dot{r} - \frac{\partial U}{\partial r} + f \tag{1.1}$$

を用いた[5]。このηが求めたい値（摩擦係数）である。fは、ランダムフォース（揺動力）で、ηと

$$\langle f(t)f(0)\rangle = 2mkT\eta\delta(t) \tag{1.2}$$

の関係を持つ[6]。この条件でMD計算を行い、その結果から希ガス原子を照射したときのCOの移動距離の分布を求めた。例えば1000回シミュレーションを行ったときに、COがPt原子列1列分の距離だけ動いた回数が80回、2列動いた回数が60回、3列動いた回数が10回、というような具合である。このようにして得られたCOの移動距離の分布を元に、照射した希ガス照射量とステップCOの吸着量の関係を簡単な数値微分で求めた[7]。

以上のような手法を用いて、摩擦係数の値をフィッティングパラメーターとして計算を行い、実験結果を最も再現するものを摩擦係数の最適解として求める。

1.4 結　果

シミュレーションと実験の比較を行う。照射したNeの量とステップCOの強度（吸着量）を表したのが図1.5である。実験結果（点）と様々な摩擦係数ηについてのシミュレーション結果（実線）を示した。0.56eVのNe原子について示した。この比較から、摩擦係数はおおよそ$8\times10^{12}\mathrm{s}^{-1}$である、と結論付けることができた。原子をArに変えても、またエネルギーや入射角の条件を変えてもほぼ同じ摩擦係数が得られた[1,7]。また、シミュレーションにおいて表面原子を固定するか動きを取り入れるかによらず、得られた摩擦係数に違いが見られなかったことから、COに働く摩擦には格子振動摩擦の寄与はほとんどなく、電子摩擦の寄与が大きいと考えられる[1]。分子－表面間に電子的な相互作用があり分子と表面の間に混成軌道が形成される場合に、分子の動きに伴う電子励起（電子摩擦）が大きな値となることが報告されている[6]。主にvan der Waals力で表面に吸着する物理吸着分子の場合と異なり、今回実験を行った白金表面上のCOの場合も、分子が表面と化学結合しているために、大きな電子摩擦が生じたと考えられる。一方で、拡散運動に対応するCOの振動モードは低振動数であるため表面の格子振動バンドと重なっていて容易に表面の格子振動に緩和しうる[8]、したがって格子振動摩擦の寄与も十分にありえる、という議論もあり、今回の実験結果を解釈し摩擦機構を理解するためには、それぞれの寄与を定量的に求めた上で議論する必要がある。

つぎに求めた摩擦係数の値について考察を行った。摩擦係数が$8\times10^{12}\mathrm{s}^{-1}$の値を持つときに、表面上で分子が動き始めてからどの程度の距離を進めるのかを大雑把に見積もった。図1.5は、MD計算で用いたCOの周期ポテンシャルに加えて、COが最初にある運動エネルギーを得て図中の矢印の方向に動き出したときの運動エネルギーと移動距離の関係を示している。ただし、COの振動や回転は

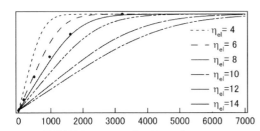

図1.5　Ne照射量とステップCO量のプロット（実験結果は黒丸、幾つかの摩擦係数ηについてのシミュレーション結果は線で表示されている。Neの平均運動エネルギーは0.56eVで入射角はテラス垂直方向に対して45°。摩擦係数ηの単位は$10^{12}\mathrm{s}^{-1}$）

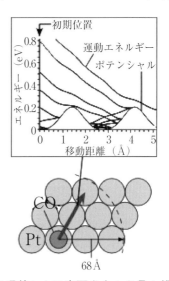

図1.6　COの吸着したPt表面を上から見た模式図と摩擦係数$\eta=8\times10^{12}\mathrm{s}^{-1}$のときの分子運動エネルギーと移動距離のプロット（初期位置において様々な値を持つCOの運動エネルギーが模式図中の矢印の方向への移動とともに減少していく様子）

第4編 分子ビーム技術

考慮していない。COの運動エネルギーは急速に減少してしまい、約0.8eV以下の初期運動エネルギーの場合は隣の安定吸着位置までしか拡散できない、ということがわかる。この摩擦による運動エネルギーの減少は、過渡的表面拡散と関係付けられる。9Pt(997)表面上のCOの過渡的表面拡散の距離は6.8Åと見積もられている[3]。気相のCOが図中のCOの位置に衝突したとすると円弧のあたりまで過渡的に動いたのちに吸着する、ということになる。この6.8Åという距離は、我々の見積もった摩擦係数を元にした上の議論と比べると大きいように思われるが、COは表面に入射すると吸着エネルギーが大きいので表面近傍に来たときに最大1.3eV程度の運動エネルギーを得られる。仮にその運動エネルギーのすべてが表面平行方向の運動に使われれば、図1.5の議論でも数Åは十分に移動できる。また、例えばCOが酸素原子を下にして表面に衝突すれば摩擦力はもっと少ない可能性がある。したがって、上述の運動エネルギー減衰の議論は、6.8Åという過渡的表面拡散の結果と矛盾はしていない、と考えられる。もちろん、より定量的に比較するにはもっと詳しく議論する必要がある。

求められた摩擦係数から、CO分子が並進運動の運動エネルギーを失うまでの時間、寿命について知ることができる。我々の求めた$8 \times 10^{12} s^{-1}$という値から見積もると、寿命は、およそ0.25psとなる。少なくともこの系における摩擦係数がこれまでに求められていないため、この結果と直接比較できるデータはない。しかし、比較し得るデータとしてはCO分子の振動運動の寿命が挙げられる。気体のCOの振動運動の寿命は数十msであるが[10]、エネルギーを容易に散逸することのできる固体表面上では短く、Tullyらによる理論計算の結果では、CO分子の振動運動の寿命は、5-30psである[11]。しかし、われわれの見積もった0.25psという並進運動の運動エネルギーの寿命はさらに短い値となっている。Tullyらによって求められた5-30psという振動運動の寿命は安定な位置に吸着した分子について求められた値である。一方、我々は表面上を移動する分子に働く摩擦を観測しているので、その摩擦から見積もった寿命も移動する分子の経路について平均した値となっていると考

えられる。表面上を移動する分子に働く摩擦を理論的に求めた研究では、表面上の分子の位置に依存して摩擦係数の値が変わることが示されている[12]。したがって安定な位置に吸着した分子の振動寿命と表面上を移動する分子の並進寿命が異なっていることも理解することができる。

まとめ

表面吸着分子に働く摩擦は、表面への分子の吸着過程や表面拡散過程の本質と関わる非常に重要な物性である。この摩擦、言い換えればエネルギーの散逸を明らかにすることなしに、吸着過程や表面拡散過程のダイナミクスを解明することはできない。さらに、吸着過程や表面拡散過程が重要な素過程となっている触媒反応や薄膜成長過程のダイナミクスの解明にも、分子摩擦の情報が不可欠である。

本研究では超音速分子ビームを用いることにより、固体表面上の分子にエネルギーを与えて表面上を移動させ、さらに化学吸着分子の摩擦を測定する例を紹介した。この手法は、ステップ表面や異方性のある結晶表面において吸着分子の移動や摩擦現象を明らかにするために非常に有効な手段であると考えられる。今後さらに、摩擦機構、摩擦の分子配向・位置依存性を明らかにすることにより、摩擦の制御を可能とするための知見が得られることが期待される。分子摩擦の制御が可能となれば、現在注目されている様々な分子デバイス、機械摩擦によるエネルギー消費の減少、触媒反応の高効率化などの実現も可能になるものと考えられる。

〈高岡　毅〉

〔参考文献〕

1) Takaoka, T. & Komeda, T. Estimation of Friction of a Single Chemisorbed Molecule on a Surface Using Incident Atoms. *Phys. Rev. Lett.* 100, 046104-046104(2008)

2) Hahn, E., Alexander, F., Holger, R. & Kern, K. *Surf. Sci.* 297, 19(1993)

3) Yoshinobu, J., Tsukahara, N., Yasui, F., Mukai, K. & Yamashita, Y. Lateral displacement by transient mobility in chemisorption of CO

on Pt(997). *Phys. Rev. Lett.* 90, 248301(2003)

4) Miller, D. R. in *Atomic and molecular beam methods* Vol.1(ed G. Scoles) 14(Oxford University Press, 1988)

5) Tully, J. C., Gomez, M. & Head-Gordon, M. Electronic and phonon mechanisms of vibrational relaxation : CO on Cu(100). *J. Vac. Sci. Technol. A* 11, 1914-1920(1993)

6) Persson, B. N. J. *Sliding Friction : Physical Principles and Application*. (Springer-Verlag, 2000)

7) Takaoka, T. & Komeda, T. Study of Friction of CO Molecule Adsorbed on Pt(997) Surface. *J. Phys. Chem. C* 112, 19969-19978(2008)

8) Persson, B. N. J., Tosatti, E., Fuhrmann, D., Witte, G. & Woll, C. Low-frequency adsorbate vibrational relaxation and sliding friction. *Phys. Rev. B* 59, 11777-11791(1999)

9) Barth, J. V. Transport of adsorbates at metal surfaces : from thermal migration to hot precursors. *Surf. Sci. Rep.* 40, 75-149 (2000)

10) Yardley, J. T. *Introduction to molecular energy transfer*. (Academic Press, 1980)

11) Krishna, V. & Tully, J. C. Vibrational lifetimes of molecular adsorbates on metal surfaces. *J. Chem. Phys.* 125, 054706(2006)

12) Kindt, J. T., Tully, J. C., Head-Gordon, M. & Gomez, M. A. Electron-hole pair contributions to scattering, sticking, and surface diffusion : CO on Cu(100). *J. Chem. Phys.* 109, 3629-3636(1998)

第4編 分子ビーム技術

第2節 超音速分子ビームによる吸着
反応ダイナミクス

2.1 ノズル加熱とシード法による超音速分子ビームの加速

　ガスが高圧力側から小穴を通り抜けて低圧力側に噴出するとき、高圧力側での平均自由行程が小穴の直径より十分大きい場合は、ガスは分子流として噴出する。一方、平均自由行程が小穴の直径より十分小さい場合、ガスは互いに相互作用しながら小穴から断熱膨張して広がり、やがて分子流となる。断熱膨張に必要なエネルギーはガス自身の内部エネルギーから供給されるので、噴出したガスの温度は噴出前に比べて著しく低くなり、ガス分子の振動・回転準位がほぼ基底状態まで低下し、速度分布も狭くなる（変形Maxwell-Boltzmann分布）。ガスが噴出する前後でエンタルピー保存が成り立つ。噴出後のガスの温度は噴出前よりも十分に低いので、エンタルピー保存則から、噴出前のエンタルピーが分子流の並進運動エネルギーになると近似できる。

　大部分の軽いガス（たとえば不活性He）に少量の重いガス（たとえば反応性O_2）を混合して断熱膨張させると、HeとO_2が衝突しながら噴出するので、O_2分子の速度分布はHeの速い速度分布にほぼ等しくなる。そのため、O_2分子の並進運動エネルギーとしては大幅に大きくなる。この現象を利用すれば、電気的に中性の分子であっても、数eVの並進運動エネルギーを持つ分子ビームを発生させることができる。ここで少量の重いガス分子をシード（seed）ガス分子という。シードガス分子の並進運動エネルギーEは次式で与えられる。

$$E = S^2 RT m_{SG}/m \qquad (2.1.1)$$

ここでRは気体定数(8.617×10^{-5}eV/K)、Tはノズル温度(K)、m_{SG}はシードガスの分子量、mは混合ガスの平均分子量、Sはマッハ数Mと比熱比γ($\equiv C_p/C_v$)の関数であり、次式で与えられる。

$$S = M[\gamma/\{2+(\gamma-1)M^2\}]^{1/2} \qquad (2.1.2)$$

シードガス分子の並進運動エネルギーEは式

(2.1.1)が示すようにノズル温度Tに比例して平均分子量mに反比例する。従って、大きな並進運動エネルギーEを得るためには、ノズル温度Tをできるだけ高くし、軽いガスの割合を最大限に大きくして平均分子量mを小さくするとよい。マッハ数は通常の実験条件では10以上が見込まれる。比熱比は大部分を占める軽いガスが単原子分子（HeやAr）の場合は5/3なので、S＝1.557となる。例えば、99.9%He/0.1%O_2の混合ガスを用いて、M＝10、T＝1400Kとした場合、式(2.1.1)からE＝2.3eVと計算される。これは噴出前のエンタルピーが分子流の並進運動エネルギーになると近似したことから、並進運動エネルギーの原理的な最大値である。300Kの100%O_2ガスの最確速度に対応する並進運動エネルギーは26meVであるので、それに比べると概ね一桁大きな速度と二桁大きな並進運動エネルギーが得られる。また、速度幅も通常のMaxwell分布よりも変形Maxwell-Boltzmann分布の方が遥かに狭くなる。概ね並進運動エネルギーの10%程度のエネルギー幅になる。分子ビームの詳細については専門の文献[1-6]を参照されたい。

　断熱膨張によってガス分子の振動・回転準位がほぼ基底状態にまで低下する特徴を分子分光に利用すると、ホットバンドのない光吸収スペクトルの測定ができる[6]。単色性が極めて優れたレーザーの普及と相まって、超音速分子ビームはレーザー分光に適用されて分子分光の分野にも広く普及した[6]。また、速度幅が狭い特徴が活かされて交差分子ビーム実験に利用されてきた[6-7]。これは分子反応動力学の進歩をもたらした[8-11]。一方、ガス分子と固体表面の反応ダイナミクス研究も大いに進歩してきたが[12-15]、超音速分子ビームと表面分析が十分に併用されたとは言い難い。そもそも表面科学では超高真空下で表面分析が行われることが多いのに対して、超音速分子ビームは超高真空環境を破るために表面分析を困難にするからである。ましてやガス分子と固体表面の吸着反応を実時間その場観察することは全く困難であった。

2.2 大型放射光施設SPring-8のBL23SUにおける表面化学実験ステーション

超音速シード分子ビームを利用してガス分子と固体表面の吸着反応のダイナミクス研究と実時間その場観察を実現した真空装置の例を紹介する。大型放射光施設SPring-8[16]に日本原子力研究開発機構が建設した軟X線放射光ビームライン：BL23SU[17-20]に表面化学実験ステーション[21-22]が設置されている（図2.1）。この実験ステーションでは試料表面に超音速分子ビームと軟X線単色放射光を同時に照射して、試料表面の放射光X線光電子分光（SR-XPS）と表面から脱離する生成分子の質量分析を同時に測定できる。

図2.2に超音速分子ビーム発生装置の全体を示す。ノズルの材質は高温且つ反応性ガスの使用を考慮してPBN(Pyrolytic Boron Nitride)製とした。ノズル先端に直径0.1mmの小穴がドリル加工で設けられている。ヒーターをノズルに被せて加熱する方式とした。ヒーターはPG(Pyrolytic Graphite)製のリボン状の電熱線をPBNで被覆した構造をし

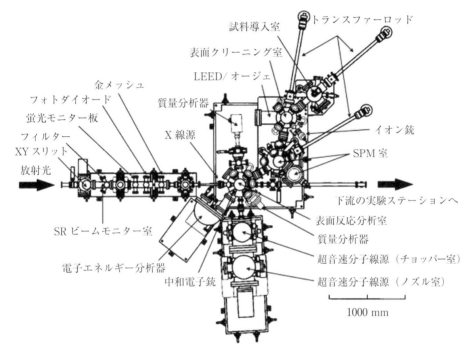

図2.1 SPring-8 BL23SUの表面化学実験ステーション

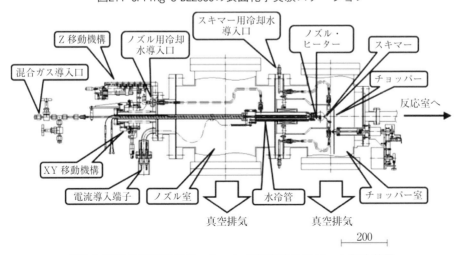

図2.2 表面化学実験ステーションの超音速分子ビーム発生装置

第4編 分子ビーム技術

ている。PG線に直流通電することでヒーターを加熱し、ノズルを間接的に均一に加熱できる。ヒーターの外側にTa板を巻きつけて放射温度計を用いて石英窓を通して真空装置の外側からヒーターの温度を測定し、ノズル温度と見なした。製作したヒーターの場合、10A/27V(270W)程度の電力で赤熱して1400Kとなる。それ以上の温度ではPBNが熱分解を始めて窒素ガスが発生するので注意を要する。SUS製のガス導入管兼水冷管にPBNノズルを袋ナットで固定した。水冷管の中心部分にガス導入管を通して混合ガスをPBNノズルに導入した。PBNノズルと水冷管の間のガスケットにはメタルCリングを用いた。反応性ガスを用いることと高温加熱を考慮して、メタルCリングの外被はNi製、スプリングはインコネル製とした。これによって酸素はもちろん塩素雰囲気でも長期間の使用に耐える[22-26]。メタルCリング部分からのガス漏れが大きくなると、ノズル内部のガス圧が低下してマッハ数が小さくなり、分子ビームの断熱膨張性と強度が低下するので、ノズル内部のガス圧が少なくとも1気圧以上を保つように定期的な保守が必要である。ちなみに本装置の場合には年1回ノズル・ヒーター・メタルCリングを新品と交換している。

本超音速分子線発生装置のシード分子ビームでは、通常は数百sccmの混合ガスがノズルから真空(ノズル室)に噴出するので、それに見合う排気速度の大きな真空ポンプが必要である。本装置では大流量型ターボ分子ポンプが使用されている。ノズル室では2000L/s、チョッパー室では1000L/s、表面反応分析室では1600L/sの排気速度である。大部分がHeガスの排気になるので、軽いガスに対する排気速度に優れたポンプを選択することが望ましい。ノズル室とチョッパー室の到達圧力は10^{-7}Paオーダーでも構わないが、表面が清浄な試料を置く表面反応分析室では到達圧力は10^{-8}Paから10^{-9}Paオーダーの超高真空状態が必要であるので、大流量型の真空ポンプの中でもそれが実現できるものを選択することが必須である。さらに表面反応分析室から2段の差動排気によって、実験ステーション直上流の放射光ビームラインの圧力は表面反応分析室に超音速分子ビームを導入してもほとんど変化しない[22]。超音速分子ビームを

表面反応分析室に導入中は、ノズル室の圧力は10^{-1}Paオーダー、チョッパー室は10^{-3}Paオーダー、表面反応分析室は10^{-5}Paオーダーになる。以上の圧力はほとんど不活性ガス(He)によるため、表面反応分析室への分子ビームの導入をゲートバルブで遮断すると、その圧力は数分で10^{-8}Paオーダーに回復する。ちなみに、真空チェンバー（SUS316L製）には製作の際に1000℃の真空熱処理が施されている。このような真空高温熱処理は極高真空を得るためには必須である。本装置の場合は溶体化処理として確立されている方法を取った。表面反応分析室の圧力は分子ビームを導入しても高々10^{-5}Paオーダーであり、直上流の放射光ビームラインの圧力がほとんど上昇しないので、分子ビームの導入と同時に分光放射光を試料に照射して光電子分光測定ができる。

BL23SUでは高輝度放射光を発生する真空封止型ツインヘリカルアンジュレータをX線光源としているため[20]、試料位置で10^{11}光子・cm^{-2}・s^{-1}程度の強い分光放射光強度が得られる。そのために光電子スペクトルを秒オーダーで連続取得できるので、秒オーダーではあるが、実時間その場光電子分光観察が可能になっている。

2.3 超音速N₂分子ビームによるAl(111)表面の窒化反応ダイナミクス

表面化学実験ステーションの応用例を紹介する。AlはN₂ガスと反応しないが、超音速N₂分子ビームを用いて、473Kで清浄なAl(111)表面の直接窒化に成功した[27-29]。N₂分子の並進運動エネルギー：1.8eVを閾値として不活性なN₂分子によっても窒化が可能であること、2.0eVで窒素吸着曲線が容易に得られること、N原子が深さ1nm程度まで拡散することなどを確認した[27-28]。

本実験では超高真空内でAr⁺イオンスパッタリングと773K加熱を繰り返し、低速電子回折で清浄なAl(111)表面の1×1パターンを確認した。2×10^{-8}Pa程度の超高真空でもAlは残留ガスで酸化されやすいので、事前に試料回りを十分ベーキングしておくなどの注意を要する。試料を所定の表面温度に設定して超音速N₂分子ビームを照射した。照射角度は試料の垂直方向から計って−10度、光電子の検出は＋30度方向とした。放射光エネル

ギーは686.8eV、SR-XPS測定の全分解能は0.2eV程度である。放射光の分解能が高いので、全分解能は電子エネルギー分析器(Omicron EA125-5MCD)側の測定条件でほぼ決まる。光電子の検出深さは非弾性平均自由行程の3倍程度であるので、Al2pで概ね3nm、N1sで概ね2.1nmである。分子ビーム照射とAl2p/N1sのSR-XPS測定を繰り返して窒素吸着曲線をその場測定した。

超音速N_2分子ビームの照射を始めてからSR-XPS測定でN1s光電子ピークが検出されるまでに要するN_2供給量（待機時間）に表面温度依存性が見出された。300Kから473Kの温度領域で待機時間の変化（低下）が顕著で、473K以上では待機時間は見られない。高温で反応確率が高いことから、N_2分子が物理吸着状態を経由して解離吸着する窒化機構ではない。また、吸着曲線はラングミュア型ではないので、吸着サイトをN原子が埋めていくという反応機構でもない。実際に473KでN原子は熱拡散する[28]。仮にSR-XPS測定の検出限界を0.1MLと仮定して試算すると、反応確率は300Kで5×10^{-6}、473Kでは5×10^{-4}と見積もられる。この様な小さな確率で吸着したN原子が熱拡散して、後続のN_2分子との反応性が高くなるような局所構造を形成するために待機時間が必要と解釈した。

N1s光電子ピークをピーク分離して反応時間の経過とともに各成分がどのように変化するかを評価した[28]。N^{n-}(n:1-4)の表記でnはN原子周りのAl原子の配位数を表す。主生成物は表面温度に依存せず三配位成分であった（図2.3）。高温ほど四配位成分が減少する特徴がある。さらに、成膜後に昇温してAlN薄膜の熱変性を調べたところ、四配位成分の減少とそれに対応した二配位成分の増加が観察された。従って、並進運動エネルギー誘起窒化で形成されたAlN薄膜は、閃亜鉛鉱型やウルツ鉱型に見られる四配位構造ではなく、三配位構造を取りやすい傾向があると言える。

以上の実験結果を踏まえて、三段階の反応機構を提案した。第一段階：まず、5×10^{-6}程度あるいはそれ以下の小さな反応確率でN_2分子が解離吸着する。第二段階：表面温度に依存して吸着したN原子が拡散し、反応速度がより大きくなるような前駆体が局所的に形成される。第三段階：その局所前駆体にN_2分子が衝突するとき、5×10^{-6}程度より大きな確率で解離吸着が起こり、表面窒化が速く進行する。待機時間はN原子が表面拡散して局所前駆体が形成されるまでに必要な時間と解釈した[29]。

2.4 超音速O_2分子ビームによるNi(111)表面の酸化反応ダイナミクス

Ni単結晶をO_2ガスに曝露して表面を酸化した場合、解離吸着が一旦飽和した後にNiO形成が進行して、最終的な飽和に至ることが報告されている[30]。O_2分子の並進運動エネルギーが超熱エネルギー領域では、異なる反応機構によって吸着曲線が変化することがあり得る[31]。そこで、超音速O_2分子ビームを清浄なNi(111)表面に照射し、O1s光電子スペクトルをその場SR-XPS測定することで、

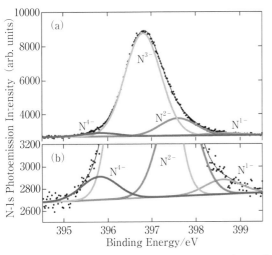

図2.3 Al(111)窒化のN1s光電子スペクトルのピーク分離

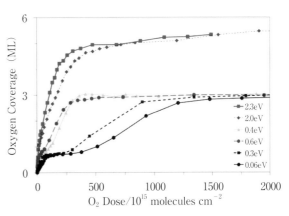

図2.4 Ni(111)表面の酸素吸着曲線のO_2並進運動エネルギー依存性

酸素吸着曲線の並進運動エネルギー依存性を評価した（図2.4）。いずれの並進運動エネルギーの場合もノズル温度は同じ1400Kであるので、分子ビーム中に振動・回転励起分子が含まれるものの、図2.4の吸着曲線の差異は並進運動エネルギーの違いによる。並進運動エネルギーが大きくなるほど中間プラトー領域（酸素解離吸着の飽和）が狭くなり、ラングミュア型に近づいた[32]。すなわち、O_2分子の供給が少ないときからその並進運動エネルギーの作用で第2段階の酸化（NiO形成）が進行しやすくなる。

最終的な酸素飽和吸着量の並進運動エネルギー依存性では、0.6eVから1.0eVの間で飽和吸着量が3MLから5.5MLに増加した。酸素被覆率が3MLであっても並進運動エネルギーが0.6eV以上であればNiO形成が促進されることを表している。また、初期酸化速度の並進運動エネルギー依存性を図2.5に示す。初期酸化速度は1.0eVまで増加し、漸減した後、再び急激に増加する。ノズル温度を1000Kとして振動・回転励起を1400Kに比べて抑制しても初期酸化速度には大きな変化はなかったので、図2.5の初期酸化速度は純粋に並進運動エネルギーによるものと解釈されている。図2.5は1.0eV付近と2.3eV以上にポテンシャル障壁が存在し、並進運動エネルギーの作用でO_2分子の活性化吸着が起こることを表している[32]。

表面における分子の初期吸着速度の並進運動エネルギー依存性の測定は、従来からよくKing-Wells法[33]で行われてきた。表面分析にはある程度長い測定時間と超高真空を要する事情もあって、分子ビームで誘起される表面反応の解析に表面分析手法が利用されることは稀であった。しかし、差動排気を厳重にすることで、超音速分子ビームと放射光の同時照射が可能になり、しかも、挿入光源の発達は高輝度・高分解放射光の利用を可能にしたため、リアルタイムその場光電子分光が実現し、今日ではそれを共用する体制も整っている[34]。

〈寺岡　有殿〉

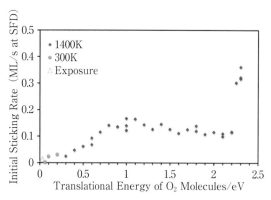

図2.5 Ni(111)表面の初期酸化速度のO_2並進運動エネルギー依存性：△O_2ガスに曝露、●ノズル温度300K、◆ノズル温度1400K

〔参考文献〕
1) H. Pauly：Atom, Molecule, and Cluster Beams Ⅰ, Springer, (2000)
2) H. Pauly：Atom, Molecule, and Cluster Beams Ⅱ, Springer, (2000)
3) 日本化学会編：第5版実験化学講座10、物質の構造Ⅱ　分光　下、丸善出版、5.1分子線・クラスターの発生、p.323、(2005)
4) 日本化学会編：新実験化学講座17、物質の構造と物性、丸善出版、4.1分子線、p.213、(1978)
5) 正畠宏祐、篠原久典：分光研究、39-3、p.187、(1990)
6) 土屋荘次編：レーザー化学、学会出版センター、2.3超音速分子線、p.31、(1984)
7) R. D. Levine著、鈴木俊法、染田清彦訳：分子反応動力学、シュプリンガー・ジャパン、(2009)
8) 中村宏樹：朝倉化学大系5　化学反応動力学、朝倉書店、(2004)
9) 市川行和、大谷俊介編：原子分子物理学ハンドブック、朝倉書店、(2012)
10) 高柳和夫：原子衝突、朝倉書店、(2007)
11) 金子洋三郎：化学のための原子衝突入門、培風館、(1999)
12) R. D. Muiño, H. F. Busnengo eds.：Dynamics of Gas-Surface Interactions, Springer, (2013)
13) D. P. Woodruff ed.：The Chemical Physics of Solid Surfaces Volume 11, Surface Dynamics, Elsevier, (2003)
14) G. D. Billing：Dynamics of Molecule Surface Interactions, John Wiley & Sons, Inc., (2000)

15) A. Groß : Theoretical Surface Science, Springer, (2003)

16) http://www.spring8.or.jp/ja/

17) A. Yokoya, T. Sekiguchi, Y. Saitoh, T. Okane, T. Nakatani, T. Shimada, H. Kobayashi, M. Takao, Y. Teraoka, Y. Hayashi, S. Sasaki, Y. Miyahara, T. Harami, T. A. Sasaki : J. Synchrotron Rad., 5, p.10, (1998)

18) T. Nakatani, Y. Saitoh, Y. Teraoka, T. Okane, A. Yokoya : J. Synchrotron Rad., 5, p.536, (1998)

19) Y. Saitoh, T. Nakatani, T. Matsushita, A. Agui, A. Yoshigoe, Y. Teraoka, A. Yoshigoe : Nuclear Instruments and Methods in Physics research A, 474, p.253, (2001)

20) Y. Saitoh, Y. Fukuda, Y. Takeda, H. Yamagami, S. Takahashi, Y. Asano, T. Hara, K. Shirasawa, M. Takeuchi, T. Tanaka, H. Kitamura : J. Synchrotron Rad., 19, p.388, (2012)

21) Y. Teraoka, A. Yoshigoe : Jpn. J. Appl. Phys., 38, Suppl.38-1, p.642, (1999)

22) Y. Teraoka, A. Yoshigoe : Appl. Surf. Sci., 169-170, p.738, (2001)

23) Y. Teraoka, I. Nishiyama : J. Appl. Phys., 82-6, p.3137, (1997)

24) Y. Teraoka, I. Nishiyama : J. Appl. Phys., 79-8, p.4397, (1996)

25) Y. Teraoka, I. Nishiyama : Jpn. J. Appl. Phys., 33, p.2240, (1994)

26) Y. Teraoka, I. Nishiyama : Appl. Phys. Lett., 63-24, p.3355, (1993)

27) 寺岡有殿、吉越章隆 : 電気学会論文誌Ｃ、129-2、p.294、(2009)

28) Y. Teraoka, M. Jinno, J. Harries, A. Yoshigoe : J. Phys. : Conference Series, 417, 012031, (2013)

29) 寺岡有殿、神農宗徹、高岡毅、James Harries、岡田隆太、岩井優太郎、吉越章隆、米田忠弘 : 電気学会論文誌Ｃ、134-4、p.524、(2014)

30) P. H. Holloway : J. Vac. Sci. Technol., 18-2, p.653, (1981)

31) B. Zion, A. Hanbicki, S. Sibener : Surf. Sci., 417, p.L1154, (1998)

32) K. Inoue, Y. Teraoka : J. Phys. : Conference Series, 417, 012034, (2013)

33) D. A. King, M. G. Wells : Proc. R. Soc. Lond. A, 339, p.245, (1974)

34) http://nanonet.mext.go.jp/

第3章 状態選別分子ビームの応用

第1節 六極電場による配向制御分子ビーム生成とその表面反応への応用

　化学反応を理解する上で、19世紀末にすでに確立されていた反応速度定数という概念は有効である。Arrheniusによれば、温度に依存する速度定数は$k=A\exp(-E_a/RT)$という単純な関数で表現できる。ここで、E_aは活性化エネルギーであり、Aは前指数因子である。反応は場合により立体的な要請に従うが、その情報は因子Aに含まれる。巨視的な反応速度の測定は、現在でもさかんに行われているが、多くは熱的平衡条件下での測定である。そのような場合、反応物の様々な状態から出発する反応速度の平均情報しか得られないため、状態に特有の反応過程や反応制御に重要な要素を見失ってしまうことがある。そこで、化学反応を真に理解するためには、反応物のエネルギー状態・量子状態および立体的な状態を選択して、反応過程を明らかにする必要がある。[1]

　表面に飛来する分子の立体制御には、図1.1に示すように分子配向(orientation)および分子配列(alignment)の制御がある。分子配向制御は、塩化メチル分子(CH_3Cl)に代表される対称コマ型分子のように分子の頭(head)と尻尾(tail)の区別がつくような場合に重要であり、分子配列制御は、酸素分子に代表される等核二原子分子のように分子のbroad-sideとlong-sideの区別がつくような場合に重要となる。このような分子の立体制御を行い表面化学反応の研究を行うことにより、これまで見えなかった化学反応の本質に迫ることができる。ここでは、特に分子配向制御に関連した実験技術とそれを表面反応解析に適用した研究例を紹介する。

1.1 六極電場を用いた分子配向の制御

　分子の初期状態を高精度に制御する手法の一つとして、他章で詳細に紹介されている超音速分子ビーム法がある。超音速分子ビームは、高真空中へガスを断熱膨張するときに生成される指向性の高い分子の集まった流束である。超音速分子ビームを用いることにより、並進エネルギーや振動・回転エネルギー分布等がよく規定された分子流を生成し、超高真空下でよく規定された表面に入射することができる。ここでは、その超音速分子ビーム技術を用いて、さらに分子の回転量子状態選別を行うことにより量子状態選別分子ビームとし、表面に衝突する際の分子配向を制御する。分子配向の制御の方法についての詳細は、文献2-6)に譲るとして、ここでは大事なエッセンスを紹介する。CH_3Clのように、双極子モーメントμを有する極性のある対称コマ型分子に電場をかけるとシュタルク効果により縮退が解ける。これは、対称コマ型分子が、分子軸に縮退した回転エネルギー準位をもつためである。このときのシュタルクエネルギー(W_{stark})は分子の全角運動量J、その分子軸への射影成分Kおよびその電場方向の成分Mに依存する（図1.2 (a)）。この電場(E)中での回転エネルギー準位のシュタルク分裂を利用して極性対称コマ型分子の回転量子状態を選別することができる。対称コマ分子の場合、1次のシュタルク効果の項までを考慮すると、電場中でのシュ

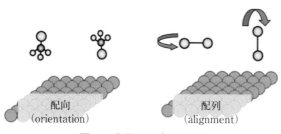

図1.1 分子の配向と配列

タルクエネルギーは、

$$W_{\text{Stark}} = -\rho\mu E, \quad \rho = KM/J(J+1) \quad (1.1)$$

と表される。ここでJ, K, Mは、角運動量J, K, Mに対応する回転量子数であり、Eは電場の強さである[7]。

大阪大学（図1.2 (b)）と日本原子力研究開発機構（図1.2 (c)）で開発した2台の超高真空対応型の配向分子線装置の概略図をそれぞれ示す[2-4]。上述したシュタルク分裂を利用した量子状態選別器として、ここでは六極電極（図1.2 (d)）により作られる六極不均一電場が用いられる。六極電極内の電場の強さは場所に依存しており、

$$E = 3V_0 \frac{r^2}{R^3} \quad (1.2)$$

で表される[8]。ここでV_0は六極電極への印加電圧で、隣接する電極の極性は正負交互になっている。rは電場中での分子の位置を示し六極電場の中心軸からの距離、Rは六極電極の内接円半径である（図1.2 (d)）。ここでは、W_{Stark}について1次項の寄与のみ考えているので、電場内での対称コマ型分子の動径r方向の運動方程式は、

$$F_r = -\frac{dW_{\text{Stark}}}{dr} = -k\cdot r \quad \text{ただし、}$$

$$k = \frac{-6\mu V_0}{R^3}\cdot\rho \quad (1.3)$$

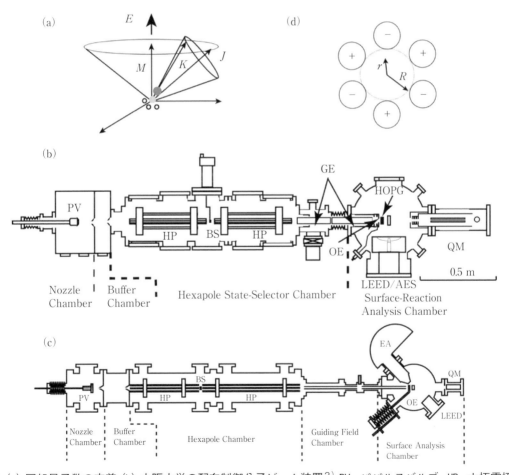

図1.2 (a) 回転量子数の定義 (b) 大阪大学の配向制御分子ビーム装置[2] PV、パルスバルブ、HP、六極電極、BS、ビームストップ；GE、ガイド電極；OE、配向電極；QM、四重極質量分析器 (c) 日本原子力研究開発機構の配向制御分子ビーム装置[3]。EA、エネルギー分析器 (d) 六極電極断面図（Copyright©応用物理学会）

となる。また、六極電極の対称軸方向には等速運動している。$\rho>0$のとき分子は動径方向外向きの力を受け、その軌跡は電極の外方向に逸れる。一方、$\rho<0$のとき、分子は常に動径方向内向きの力を受け、電極動径方向に関して単振動する。振動の周期は分子の回転量子数J、K、Mに依存するので、印加電圧V_0を調節し焦点距離を適切に調整すれば、特定の回転量子状態の分子を中心軸上の試料位置に集束させることができる。また、分子線の回転状態分布は、分子の軌道シミュレーションにより見積もることができる。

六極不均一電場により集束され量子状態選別された分子を、断熱的に均一電場中に導くことにより、分子の配向を制御することができる。分子の配向分布$P_{JKM}(\cos\theta)$は、回転量子数J、K、Mによって表される。ここでθは、分子の双極子モーメントと均一電場の向きのなす角度である。$P_{JKM}(\cos\theta)$はLegendre多項式$P_n(\cos\theta)$に展開でき、

$$P_{JKM}(\cos\theta) = \frac{2J+1}{2}\sum_{n=0}^{2J}C_n(JKM)P_n(\cos\theta)$$

(1.4)

と表される[4]。ここで$C_n(JKM)$は、3-jシンボル表示で記述できる展開係数である[4]。実際に六極電場で集束された分子ビーム中の分子の配向分布関数$W_V(\cos\theta)$は、対応する六極電圧における回転状態分布$W_V(JKM)$を使って、以下のように表される[8]。

$$W_V(\cos\theta) = \sum_{JKM}P_{JKM}(\cos\theta)W_V(JKM) \quad (1.5)$$

$W_V(JKM)$は、六極電圧を掃引しながらビーム強度を測定した集束曲線およびそのシミュレーションから求めることができ、これにより、集束条件を満たすK、Mについて考慮していることになる。このようにして、分子ビーム中の回転量子状態の分布とそれを反映した配向分布を決定することができる。このとき、配向に用いる均一電場の強さは、配向度が飽和する程度に十分強い必要がある。

図1.3には、図1.2（b）の装置を用いて測定した極性対称コマ型分子の代表であるCH_3Clの集束曲線を示す。CH_3Cl分子ビーム強度の六極電極電圧（六極内不均一電場の強度を決める）依存性である。この曲線の各ピークは回転量子状態に対応している。図1.3（a）から、約3.5kVの電極電圧を印加すると、主として$|JKM\rangle = |111\rangle$の状態が集束し表面に衝突することになる。ここでは、K、Mの符号は簡単のため省略して記述している。その$|JKM\rangle = |111\rangle$状態を選択して、衝突する表面近傍に均一電場を発生させることにより分子の配向を制御できる。このときの配向分布関数$W_V(\cos\theta)$を図1.3（b）に示す。図ではCl端の分布について示している。電場の極性を逆転すればCH_3端の分布となる。均一電場がないときには配向は無秩序となる。

図1.4には、別の例として図1.2（c）の装置を用いて測定したNO分子ビームの集束曲線を示す。

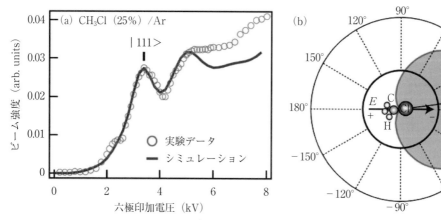

図1.3 （a）120meV CH_3Clの集束曲線[9] （b）CH_3Clの配向分布関数[9] （Copyright©アメリカ物理学会）

図1.4 (a) から、約4.6kVの電極電圧を印加すると、主として $|J\Omega M\rangle = \left|\frac{1}{2}\frac{1}{2}\frac{1}{2}\right\rangle$ の状態の分子が表面に集束することがわかる。Ω は、J の分子軸への射影に対応する回転量子数である。その状態を選択して、衝突する表面近傍に均一電場を発生させることにより分子の配向を制御できることになる。そのときのN端の配向分布関数の例を図1.4 (b) に示す。

1.2 配向制御分子ビームを用いた表面反応の研究例[9-12]

配向制御分子ビームを用いた表面反応過程の研究例をいくつか紹介する。まず、CH_3Cl が $Si(100)$ 表面上で解離吸着する系において観察した、分子の付着確率の分子配向依存性について紹介する[9]。図1.5では、$|JKM\rangle = |111\rangle$ 状態の配向制御分子ビームを用いて測定した、分子配向効果を表す相対的な初期付着確率とその入射エネルギー依存性を示している。Cl端、CH_3 端、無秩序配向での初期付着確率 S_0 をそれぞれ S_{Cl}、S_{CH3}、S_{Ran} とすれば、相対的な初期付着確率は S_{Cl}/S_{Ran}、S_{CH3}/S_{Ran} と表され、配向効果がなければ1という値をとる。並進エネルギー120meVでは配向効果が出現する。Cl端から入射した場合に、CH_3 端から入射する場合よりも S_0 が高いことがわかる。一方、入射分子の並進エネルギーが65と180meVでは分子配向の効果は出現しない。報告された分子配向効果は、特定の入射エネルギーに大きく現れた配向効果である。

前駆状態を経由する解離吸着反応過程を大きく2つのプロセスに分けて考えることができる。一つは、飛来した分子が並進エネルギーをフォノンや電子正孔対励起ならびに分子の内部状態励起と

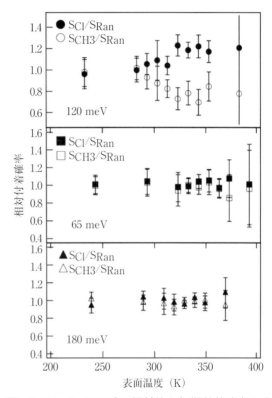

図1.5 $CH_3Cl/Si(100)$系の相対的な初期付着確率の分子配向依存性[9] (Copyright©アメリカ物理学会)

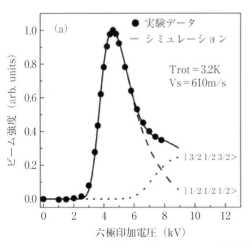

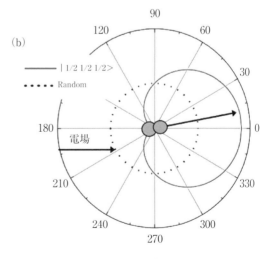

図1.4 (a) 56meV NOの集束曲線[3] (b) NOの配向分布関数[3]
(Copyright©応用物理学会)

して散逸しながら前駆状態に捕捉されてしまう過渡的過程である。もう一つは、前駆状態に安定に捕捉された分子が熱的に拡散しながら解離する平衡過程である。ここで、観察された分子配向効果は、主に前駆体に完全に捕捉されてしまう前の過渡的過程を反映している。

CH_3Cl／Si(100)系で観察された分子配向効果では、解離吸着ポテンシャルに至る前の前駆状態ポテンシャルにおけるエネルギー散逸が、重要であった。そのことは、物理吸着系であるCH_3Cl／高配向性熱分解グラファイト(HOPG)[10]において、散乱実験により確認された。図1.6にHOPGで散乱されたCH_3Clの飛行時間スペクトルを示す。配向効果が観察されており、CH_3端入射の方がCl端入射よりも、散乱強度が強くなっている。この傾向は散乱角度に依らないことが報告されている。この結果はCl端入射で表面に捕捉される確率が高いことを示唆している。

同様に弱い相互作用の系であるCH_3Cl／Si(111)[11]においても散乱実験が報告されている。HOPG同様に配向効果が観察され、CH_3端入射の場合の散乱強度の方が大きくなっている。この系でも、Cl端入射で表面に捕捉される確率が高くなっており、先の結果と一致している。ここでは、表面に永久双極子を持つ分子が近づく事によって生じる電荷の再分布による双極子―誘起双極子相互作用の異方性によるエネルギー散逸の違いが分子配向効果として出現している。

方向性のあるダングリンボンドをもつシリコン表面に衝突する際のNO分子の配向は、酸窒化反応の速度や反応生成物の組成に大きく影響することが期待されるが、その研究例を次に紹介する。この研究は、初期の分子配向の情報が最終的に反応生成物に伝達されているかどうかを調べる上でも重要と位置づけられている。この研究では、配向制御分子ビームとX線光電子分光(XPS)を組み合わせた装置（図1.2(c)）を用いて、表面反応生成物における配向効果の検出が試みられた[12]。測定に用いられた表面温度領域では、N端からの衝突の方がO端からの衝突よりも、解離吸着反応が効率良く進んでいる。また、実験に用いたエネルギー領域では前駆状態を経由する反応過程が主として起こっている[12]。NO分子が表面に衝突しエネルギー散逸しながら前駆状態に捕捉されるまでの過渡的緩和過程に現れた表面捕捉確率の配向依存性が最終解離生成物の生成効率に反映している。その結果、前駆状態への相互作用ポテンシャルが、N端かO端かに依存することが期待されるが、理論計算でも、NO分子はN端で吸着するのが安定であるという結果が得られている。N端入射でより引力的に相互作用するため、エネルギー散逸も大きくなり、結果として、捕捉確率が高くなり、解離吸着反応性も大きくなる。

以上のように、配向制御分子ビーム法により表面反応における新しい現象が見つかりつつある。今後は、配向制御分子ビーム法を幅広い表面反応系に適用して、表面反応の立体ダイナミクスに根ざした表面反応制御を展開することが重要となるであろう。

〈岡田美智雄〉

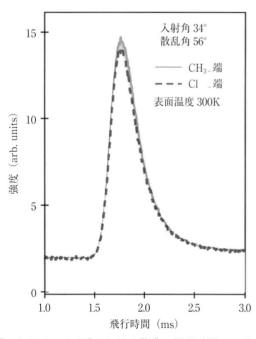

図1.6 CH_3Cl／HOPG系における散乱の飛行時間スペクトルの分子配向依存性[10]（Copyright©アメリカ化学会）

〔参考文献〕
1) R.D. Levine：Molecular Reaction Dynamics, Cambridge University Press(2005)
2) M. Okada, K. Moritani, S. Goto and T. Kasai：Jpn. J. Appl. Phys., 44, p.8580(2005)

3) M.Okada, M. Hashinokuchi, K. Moritani, T. Kasai and Y. Teraoka：Jpn. J. Appl. Phys., **47**, p.3686(2008)

4) M. Okada：J. Phys. Condens. Matter, **22**, 263003(2010)；J. Vac. Soc. Jpn, **53**, p.661 (2010)

5) L. Vattuone, L. Savio, F Pirani, D. Cappelletti, M. Okada and M. Rocca：Prog. in Surf. Sci., **85**, p.92(2010)

6) M. Okada：The Chemical Record, **14**, p.775 (2014)

7) C.H. Townes and A.L. Schawlow：Microwave Spectroscopy, McGraw-Hill, (1955)

8) T. Kasai and K. Kuwata：Advanced Series in Physical Chemistry, eds K. Liu and A. Wagner, World Scientific, Singapore, Vol.6, Chap 19, p.842(1995)

9) M. Okada, S. Goto, and T. Kasai：Phys. Rev. Lett., **95**, 176103(2005)

10) T. Fukuyama, M. Okada, T. Kasai：J. Phys. Chem. A, **113**, p.14749(2009)

11) H. Ito, M. Okada, D. Yamazaki, T. Kasai： J. Phys. Chem. A, **114**, p.3080(2010)

12) M. Hashinokuchi, M. Okada, H. Ito, T. Kasai, K. Moritani, Y. Teraoka：Phys. Rev. Lett., **100**, 256104(2008)

第4編 分子ビーム技術

第2節 六極磁場によるスピン・回転状態選別酸素分子ビーム生成と表面反応計測への応用

はじめに

酸素分子(O_2)は空気の20%を占め、燃焼、触媒、腐食、絶縁膜生成などに関わる基本分子である。直線分子という球でない形状をもち、基底状態において2個の不対電子に由来する電子スピンを持つ。従って、表面に対するO_2分子軸やスピンの向きにより表面反応確率や反応生成物が異なることが予想される。配向や振動、回転、スピンといった分子の内部量子状態が化学反応に如何なる影響を与えるのか、という問題は、他の節でも述べられているようにレーザーや不均一電場により生成された量子状態選別分子ビームを用いて研究されてきた[1-4]。しかし、酸素分子は無極性分子のため、これらの方法により状態選別ビームを生成することは不可能である。一方、著者らは六極磁子による不均一磁場を利用し、電子スピンと回転角運動量を良く定義できる量子状態を選別した酸素分子ビームを初めて生成した[5,6]。そして本ビームを用いた実験により、表面への酸素吸着確率が表面に対する分子軸方位[7-10]やスピン配向[10]の影響を強く受けることを示した。本稿では、量子状態を選別した酸素分子ビーム生成法とその応用例について述べる。

2.1 酸素分子の量子状態

酸素分子は三重項状態にありスピン(S)を持つ一方、二原子分子であるため分子重心に対する回転角運動量(K)を持つ。スピンと回転角運動量は互いに独立に振る舞うのではなく、回転運動や他方の不対電子が作る内部磁場とスピンの相互作用も両者の状態を規定する重要な要因となる[11]。その結果、酸素分子の各量子状態における有効磁気モーメントは、スピンのみならず回転角運動量の影響を受ける。量子状態は合成角運動量$J(=K+S)$を用いて表されるが、スピン量子数は$S=1$のため、回転状態は異なるJ値を持つ3本の状態にエネルギー的に分裂する[11-13]。

回転量子数が最低の$K=1$由来の量子状態を考える。$S=1$のため、$J=0,1,2$の場合があり、各J値に対し$2J+1$個の磁気量子数(M_J)の異なるsublevelが存在する。その結果、$K=1$由来の状態は合計9個存在する。各状態間のエネルギー差は6K以下であるため[12,13]、例えば温度10K程度では、これらの状態は近い確率で分布する。従って、回転温度10K程度の超音速O_2分子線には、これら9個の状態がほぼ等確率で含まれている。

$K=1$由来の9状態のうち、量子数$(J,M_J)=(2,2)$と$(2,-2)$で記述される状態ではO_2分子のスピン状態と回転角運動量状態を良く定義できる[6]。$J=2$の固有関数は$|J=2,M_J>=0.990351|J=2,K=1,S=1,M_J>-0.138582|J=2,K=3,S=1,M_J>$と書ける。この固有関数において$|J=2,K=1,S=1,M_J>$を見いだす確率は、その展開係数の2乗の98%である。$M_J=\pm 2$のとき$|J=2,K=1,S=1,M_J=\pm 2>$は、K^2、K_Zの固有関数$|K=1,M_K=\pm 1>$とS^2、S_Zの固有関数$|S=1,M_S=\pm 1>$の積に等しくなる。従って(2,2)状態では、回転状態とスピン状態の双方を大変よい近似で指定できる。回転状態$|K=1,M_K=1>$は球面調和関数Y_{11}で与えられるため、磁場方向に対する分子軸の極角をθとすると、分子軸を極角θ方向に見出す確率は$\sin^2\theta$に比例する。従って、分子軸は定義磁場に対して主に垂直方向に分布する。また、(2,2)状態ではスピンは磁場に平行方向を向く。

2.2 状態選別O_2分子ビームの生成

状態選別酸素分子ビーム生成装置（図2.1）は、超音速ビーム生成部、六極磁子、スピン反転器、Stern-Gerlach分析器から構成される。酸素分子の状態選別は、$K=1$由来の量子状態が大半を占める三重項酸素分子線を生成し、後段の六極磁子により(2,2)状態を選別することにより行う。著者らの装置では、ノズル径50μmの室温の分子線源を超音

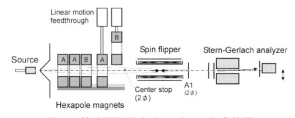

図2.1 状態選別酸素分子ビーム生成装置

速O_2ビーム生成に用いている。生成されるビーム中のO_2分子の回転温度はノズル径、背圧等に依存するが、ノズル径50μm、背圧0.08MPaの条件下で4-10Kと報告されている[12]。O_2の回転量子数は奇数のみ許容であり、$K=1$の次にエネルギーが低い量子状態は$K=3$由来の状態となる。$K=1,3$準位間のエネルギー差は20K程度であるため、回転温度10K程度では、大半の分子が$K=1$由来の9状態にあると考えて良い[12]。ビーム平均速度はO_2/He混合比を変化させるシードビーム法、ノズル加熱法により調整可能であるが、後者では回転温度上昇に注意する必要がある。

3対のNS磁極対が内径空間に形成する磁界は六極磁界と呼ばれ、電磁石型、永久磁石型の六極磁子が知られている。前者は励磁電流により磁場強度を調整できるが、装置が大型化、重量化し、漏洩磁界も大きい問題がある。後者は磁場強度を調整できない難点を有するが、サイズ、重量、漏洩磁界が小さい点で有利である。特に、磁化の向きの異なる永久磁石を多数組み合わて六極磁界を形成させるHalbach回路は、高い磁場強度および低漏洩磁界を実現できる点で優れている[14,15]。著者らの初期の実験では、24個のNd磁石で構成したHalbach回路を用いたが[5,6,16]、最近の実験では12個のNd磁石で構成した磁気回路を使用している。永久磁石のため磁場強度は調整できない。六極磁子の焦点距離を変えるためには、通常、磁石全体を装置外に取り出し、全体を組み替える必要がある。しかし、図2.1のように一部の六極磁子ユニットをビームライン中に抜き差しできる機構を用いれば、真空を破らず焦点距離を数点変化させることができ、状態選別ビームの並進エネルギー調整が可能となる。可動段数を増やせば、可能なエネルギー点数は増やすことができる。

不均一磁場下において、磁気モーメント(μ_{eff})を持つ粒子は磁場勾配に比例する偏向力を受ける。六極磁子内には軸対称不均一磁場が形成されており、μ_{eff}が負の場合は中心軸に収束する向き、正の場合は軸から遠ざかる向きに偏向力を受ける。偏向力$F(r)$は、中心軸からの変位rとμ_{eff}に比例し、次式で与えられる[5,16,17]。

$$F(r) = 2\mu_{eff} \frac{B_0}{r_0^2} r \quad (2.1)$$

r_0はボア半径、B_0は$r=r_0$における磁場強度である。$\mu_{eff}<0$の場合、中心軸からの変位rは時間とともにsin関数的に変化する。$K=1$由来の9状態のうち、$(J,M)=(1,0),(2,1),(1,1),(2,2)$の4状態で$\mu_{eff}<0$である[6,12,13]。このうち$(2,2)$状態の$|\mu_{eff}|$が最大で、磁場偏向も最大となる。図2.2は速度900m/sのO_2分子が、ノズルから30mm下流に設置した六極磁子に入射した場合の軌道シミュレーションである[6]。$B_0=1.7$T、$r_0=5$mm、六極磁子長180mmとし、有効磁気モーメントには文献13)の計算値を用いた。速度900m/sにおいて、$|\mu_{eff}|$最大の$(2,2)$状態のみがアパーチャー(A1)を通過し、他の3状態は偏向不十分でA1を通過できないことを予測している。

Stern-Gerlach(SG)分析を行う際、磁気量子数の極性を反転させる装置（スピン反転器）[5,6,16-19]が有用である。図2.1に示すように、反転器中心付近に対向磁場を形成させる。また横磁場（ビーム垂直方向の磁場）を印加できるコイルを設置する。横磁場ゼロの時、分子が感じる磁場の向きは中心部で急峻に反転する。このとき、量子化軸である磁場の向きがかわり、磁気量子数の符号が反転する(flip mode)。横磁場が十分大きいとき、分子が感じる磁場の向きは緩やかに回転し、磁気モーメントの向きが定義磁場の変化に追随して変化するため磁気量子数は変化しない(non-flip mode)。ス

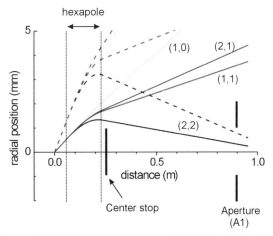

図2.2 酸素分子（速度900m/s）の各量子状態に対する軌道シミュレーション

ピン反転挙動は、ラーマー周波数と分子が感じる磁場変化速度の大小関係に支配され、前者≫後者の極限（断熱条件）がnon-flip modeに該当する。スピン反転の定量的解析は文献6）に詳述した。

2.4項で述べる実験においては、ビームライン上の全ての位置において断熱条件が満足される必要があり、これを確認するためにもSG分析は必要である。

SG実験では、2枚の0.1mm幅のスリットにより切り出した平行ビームを、半径の異なる半円状凹凸型の磁極間に形成される不斉磁場中に入射させ、約0.5m下流に設置した0.1mm幅のスリットを上下方向に走査することによって行った。永久磁石により構成した磁気回路を用い、O_2は四重極質量分析器により検出した。磁場偏向の大きさはμ_{eff}に比例し、運動エネルギーに反比例する[5]。

2.3 Stern-Gerlach実験例

超音速O_2ビームの平均速度は、ビーム生成に用いるO_2/He混合ガスの分圧比に依存する。圧力比により平均速度を変化させたときのSGスペクトルの挙動を図2.3に示す。SGピーク強度は圧力比0.08/0.07付近で最大となり、速度分布は900m/s付近に一本のピークを示す。磁場偏向と速度から見積もられる磁気モーメントが(2,2)状態に対する理論値と合うことから、このピークを(2,2)状態と帰属できる。この条件よりO_2の割合が大きく平均速度が900m/s以下の場合、flip modeのスペクトルに肩が現れたり、速度分布に2本のピークが現れるなど複雑な挙動が観測される。一方、平均速度900m/s以上の条件では、平均速度上昇とともにSGピークは減衰する。これらの挙動は図2.2のシミュレーションとの比較により理解できる。O_2速度を900m/s以下に下げると、分子が六極磁子内に滞在する時間が長くなるため、磁気モーメントが小さい(1,1)状態等もアパーチャーA1を通過してビームに寄与し、複数のSGピークを生ずる。一方、速度900m/s以上では(2,2)状態も偏向不十分でA1を通過できなくなり、SGピーク強度が下がる。

2.4 表面反応計測への応用

上述の通り$O_2[(J,M)=(2,2)]$ビームでは、分子回転状態とスピン状態を良く定義できる。これを利用すると、酸素分子の向きや電子スピン状態が酸化反応に与える影響を調べることができる。以下、本ビームを用いて観測したO_2吸着反応における立体効果[7-10]、スピン効果[10]について紹介する。

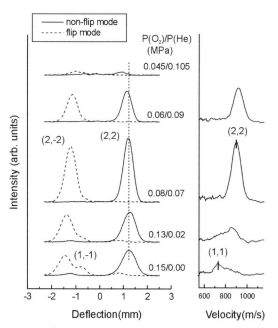

図2.3 O_2ビームのStern-Gerlachスペクトルおよび速度分布のO_2/He混合ガス比依存性（実線（点線）はnon-flip(flip)modeに対応する。）

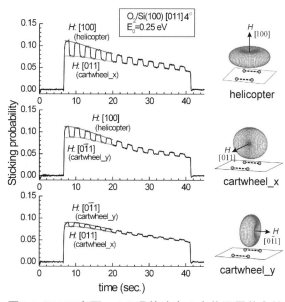

図2.4 Si(100)表面へのO_2吸着確率の立体配置依存性（挿入図は、磁場方向と分子軸方位分布の関係を示す。吸着確率は立体配置を0.5Hz程度で変化させながら測定した。）

2.4.1 立体効果計測

図2.4にSi(100)-(2×1)表面に対して観測したO₂吸着確率の立体配置依存性を示す[8,9]。(2,2)状態では酸素分子軸は磁場に対して主に垂直方向に分布するため、磁場を表面垂直方向に向ければ、分子軸は主に表面平行方向に分布するhelicopter配置となる。一方、磁場を表面平行方向に向ければ、表面平行と垂直の場合が混在するcartwheel配置となる。ここでSi(100)-(2×1)表面では2種類のcartwheel配置が存在する。図2.4挿入図に点線で示したように表面Si原子は2量体を形成するため、分子回転面が2量体に平行な配置(cartwheel_x)と垂直な配置(cartwheel_y)は等価でない。O₂吸着確率は磁場方向制御により立体配置を0.5Hz程度で変化させながら、King-Wells法[20]を用いて測定した[9]。単一ドメインSi(100)-(2×1)表面は、4°微傾斜基板を用いて作製した。並進エネルギー0.25eVでは、helicopter配置での吸着確率がcartwheel配置での吸着確率より40%程度も高い。

このことから、軸が表面平行の分子の方が垂直の分子より遙かに反応確率が高いと結論される。さらに2つのcartwheel配置を比較すると、分子回転面が2量体に垂直なcartwheel_y配置の方で反応確率が高い。このことから反応確率は表面に対する分子軸の方位角にも依存し、2量体に対して酸素分子軸が垂直の配置において反応性がより高いことが結論される。

2.4.2 スピン効果計測

酸素分子は電子スピンを持つため、反応する相手分子や表面がスピンを持つ場合、反応速度や生成物は相互のスピン配向に依存すると考えられる。本ビームはこの問題の解析に有効である。図2.5は磁化したNi(111)薄膜表面へのO₂吸着実験を示す[10]。W(110)上にエピタキシャル成長させた膜厚10nmのNi(111)薄膜を面内容易磁化方向にパルス磁化させた。ここでNi薄膜多数スピン(S_M)の向きは磁化と逆向きである。一方、(2,2)状態においてO₂分子のスピンは磁場方向を向く。O₂とNi薄膜のスピンの向きを図2.5のように反平行/平行と制御信号に従い変化させると吸着確率は明瞭に変化し、両者のスピンが反平行の配置で高いことが示された。Ni(111)表面の結晶対称性を考慮すると、これら2つの配置は立体配置的には等価である。同じ実験を非磁性W(110)表面に対して行っても、吸着確率に差異は見られない。従って、図2.5に示した2つの配置に対し観測された吸着確率差はスピン由来と結論される。スピン依存性は、並進エネルギー減少とともに増大し、熱エネルギー程度で40%にも達した。このことは、O₂分子のスピン状態が、強磁性体表面の熱酸化速度に多大な影響を与えていることを意味する。

まとめ

単一スピン・回転状態選別O₂ビームの利用により、分子軸とスピンの向きをよく定義した酸化反応実験が可能となる。六極磁子の収束効果により、状態選別した上、高いビーム強度も得られる。O₂は基礎科学および産業応用において重要な多くの化学反応において鍵を握る重要分子である。今後、様々な酸化反応機構の解明、酸化物作製等への本ビームの応用が期待される。

〈倉橋　光紀〉

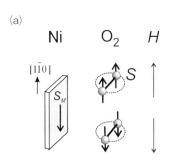

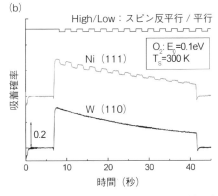

図2.5 (a) 磁場による酸素分子のスピン制御 (b) 測定した酸素吸着確率スピン依存性（Ni(111)薄膜の多数スピン(S_M)に対する酸素分子のスピンの向きを制御信号に従い反平行/平行と変化させると、酸素吸着確率が変化する。）

第4編 分子ビーム技術

〔参考文献〕

1) U. Heinzmann, S. Holloway, A. W. Kleyn, R. E. Palmer and K. J. Snowdon, J. Phys. : Condens. Matter 8, p.3245 (1996)

2) G. O. Sitz, Rep. Prog. Phys. 65, p.1165 (2002)

3) M. Okada, The Chemical Record, 14, p.775 (2014)

4) R. D. Beck, A. L. Utz, in "dynamics of gas-surface interactions" edited by D. Muino and H. Busnengo, (Springer 2013)

5) M. Kurahashi and Y. Yamauchi, Phys. Rev. A 78, p.022708 (2008)

6) M. Kurahashi and Y. Yamauchi, Rev. Sci. Instrum. 80, p.083103(2009) ; J. Vac. Soc. Jpn, 52, p.601 (2009)

7) M. Kurahashi and Y. Yamauchi, Phys. Rev. B 85, p.161302 (2012)

8) M. Kurahashi and Y. Yamauchi, Phys. Rev. Lett. 110, p.246102 (2013) ; 日本物理学会誌 69 p.547, (2014)

9) M. Kurahashi and Y. Yamauchi, J. Chem. Phys. 140(2014)031102, J. Vac. Soc. Jpn 58, p.13 (2015)

10) M. Kurahashi and Y. Yamauchi, Phys. Rev. Lett., 114, p.016101 (2015)

11) M. Tinkham and M. W. P. Strandberg, Phys. Rev., 97, 937(1955) ; Phys. Rev., 97, p.951 (1955) ; M. Tinkham, PhD thesis.

12) N. A. Kuebler, M. B. Robin, J. J. Yamg, A. Gedanken, and D. R. Herrick, Phys. Rev. A 38, p.737 (1988)

13) V. Aquilanti, D. Ascenzi, D. Cappelletti, and F. Pirani, J. Phys. Chem., 99, p.13620 (1995)

14) K. Halbach, Nucl. Instrum. Methods 169, p.1 (1980)

15) S. Dworski, G. Alexandrowicz, P. Fouquet, A. P. Jardine, W. Allison and J. Ellis, Rev. Sci. Instrum. 75, p.1963 (2004)

16) 山内泰、倉橋光紀、鈴木拓、応用物理、74, p.1345 (2005)

17) G. Baum, W. Raith and H. Steidl, Z. Phys. D 10, p.171 (1988)

18) W. Schröder and G. Baum, J. Phys. E, 16, p.52 (1983)

19) M. Kurahashi, S. Entani, Y. Yamauchi, Rev. Sci. Instrum. 79, p.073902 (2008)

20) D. A. King and M. G. Wells, Surf. Sci., 29, p.454 (1972)

第3節 状態選別分子(原子)ビームの生成と気相反応ダイナミクスへの応用

はじめに

立体構造や電子分布などの異方的物理的形状を有している分子(原子)間の衝突ダイナミクスは、これらの異方性を敏感に反映する。しかしながら、衝突ダイナミクスの異方性を実験的に詳細に露わにするためには、高次のモーメントを有する異方的分子線の発生が必要で、状態選別回転励起分子ビームの生成が重要となる。ここでは、主に状態選別ラジカル分子ビームの発生とその気相反応ダイナミクスへの応用について述べる。合わせて、構造を有する粒子間の衝突過程での、相対配向の組み合わせに依存した立体選択性の多次元的側面についても述べる。

3.1 ラジカルビームの状態選別

一般に、反応活性なラジカル種の発生には、化学反応や分子解離などの手法を用いる必要がある。この際に生じる不純物を除き純粋な量子状態選別したラジカルビームを発生させるのに、ここでは多極子不均一電場・磁場を用いる。

六極不均一電場を用いた分子の状態選別は、主に対称コマ分子を対象として行われてきた。一方、NO($X^2\Pi$)、OH($X^2\Pi$)、CH($X^2\Pi$)、CO($a^3\Pi$)などのΠ電子状態のラジカルは、分子内に不対π電子が存在することから、分子軸方向に角運動量を持つ擬対称コマ分子であり、六極不均一電場で状態選別できる[1]。ここでは、CHラジカルを例に状態選別に関して述べる。

CHの回転波動関数は、Hund's case (a) と (b) の中間に属し、Hund's case (a) に属する$^2\Pi$状態での二原子分子の回転波動関数

$$\varphi_\varepsilon(\Omega, J, M) = 1/\sqrt{2}(|\Omega, J, M\rangle + \varepsilon|-\Omega, J, M\rangle)$$

(3.1)

を用いて下記の様に表わすことができる[2]。

$$\Phi_{\varepsilon, F_i}(J, M) = a_{F_i, J}\varphi_\varepsilon(\Omega = 1/2, J, M) + b_{F_i, J}\varphi_\varepsilon(\Omega = 3/2, J, M)$$

(3.2)

ここでF_iは微細構造、Jは全角運動量、Mは空間量子化軸への射影成分、$\Omega = \Lambda + \Sigma$は分子軸への射影成分、$\varepsilon = \pm 1$はパリティを表わす。係数$a_{F_i, J}$と$b_{F_i, J}$は、スピン-軌道定数$A$と回転定数$B$を用いて次のように表わされる。

$$a_{1, J} = b_{2, J} = [(X + Y - 2)/2X]^{1/2}$$
$$b_{1, J} = a_{2, J} = [(X - Y + 2)/2X]^{1/2}$$
$$X = [4(J + 1/2)^2 + Y(Y - 4)]^{1/2} \ , \ Y = A/B$$

(3.3)

回転エネルギーは

$$E(J) = B[(J - 1/2)(J + 3/2) \pm 1/2X] \quad (3.4)$$

で与えられる。ここで+符号のものがF_2に相当し、-符号のものがF_1に相当する。

電場中では、パリティの異なる$\Phi_{+1, F_i}(J, M)$と$\Phi_{-1, F_i}(J, M)$が結合し、配向状態が実現される。$\mu \cdot E$の結合行列要素W_{Stark}は以下で表わされる。

$$\begin{aligned}W_{stark} &= \langle\Phi_{\pm 1, F_i}(J, M)|-\mu \cdot E|\Phi_{\mp, F_i}(J, M)\rangle \\ &= -\mu EM/J/(J + 1) \cdot [1/2(a_{F_i, J})^2 + 3/2(b_{F_i, J})^2] \\ &= -\mu_{eff}E\end{aligned}$$

(3.5)

ここでμは永久双極子モーメントを表す。

シュタルク効果によるエネルギーシフトと分裂は、以下の2×2行列の固有値として与えられる。

$$\begin{vmatrix} W_\Lambda - W_\varepsilon & W_{stark} \\ W_{stark} & -W_\varepsilon \end{vmatrix} = 0 \qquad (3.6)$$

W_Λは、ゼロ電場でのΛ-二重項分裂を表わす。行列を対角化すると以下の固有値が得られる。

$$W_{\pm 1}(E) = W_\Lambda/2 \cdot \left\{1 \pm \left[1 + (2\mu_{eff}E/W_\Lambda)^2\right]^{1/2}\right\}$$

(3.7)

これより、六極不均一電場 $E(r) = 3V_0r^2/R^3$中で動径方向に働く力は次のように記述できる。

745

$$F_r = -(\partial W_\pm(E)/\partial r) = -(\partial W_\pm(E)/\partial E)\cdot(\partial E/\partial r)$$
$$= \mp[W_\Lambda{}^2/4 + \mu_{eff}{}^2 9 V_0{}^2 r^4 R_0{}^{-6}]^{-1/2} \mu_{eff}{}^2 18 V_0{}^2 R_0{}^{-6} r^3$$

(3.8)

V_0は六極不均一電場印加電圧、R_0は分子線軸から六極不均一電場電極表面への距離、rは動径座標を示す。集束ビームの配向分布は、配向電場下でパリティの異なる状態が結合してできる各回転量子状態の波動関数の二乗を、占有数の重みを掛けて足し合わすことで得られる（次々項3.5.2 OH+HBr→H_2O+Br反応の立体効果参照）。

Hund's case（a）に属するNO($X^2\Pi$)、OH($X^2\Pi$)の回転状態の低い分子では、$\mu_{eff}=\mu\Omega M/J/(J+1)$とすることで、同様に取り扱える。

3.2 OHラジカルビームの発生と状態選別

OHは、"大気の掃除屋"とも呼ばれ酸性雨の発生やOHサイクルの問題などを引き起こす重要なラジカル種である[3]。OHは、ArやHeなどの希ガスで約3％に希釈したH_2Oパルスビームの高電圧放電により生成する。ノズル先端部分に放電効率を良くするためコニカル電極（接地）を設置し、他方、ビームの進行の妨げとならないように、リング電極(−2kV)を設置する[4]。パルス分子線による局所圧の上昇により、コニカル電極-リング電極間で放電が起こり、生成した準安定希ガス原子がH_2Oと衝突しOHラジカルを生成する。OHラジカルの生成効率は、放電電極の印加電圧、希ガスの種類、ノズル背圧やパルス幅などに強く依存する。

図3.1は、OHのレーザー誘起蛍光(LIF)スペクトルの六極電場印加電圧(HV)依存性を示す。(a)はHV＝0kVの場合、(b)はHV＝13kVの電圧を印加した場合の結果である。OHラジカルの回転状態のうちQ枝のものは六極電場に電圧を印加することで信号強度が増加し、他方、P枝の強度は減少することが分かる。両者はΩの符号が異なるΛ二重項の違いによるもので、六極電場により集束される状態と発散される状態に対応する。

図3.2に$Q_1(1)$状態の六極印加電圧に対する集束曲線（ビーム強度の六極不均一電場印加電圧依存性）を示す。

図中の実線は軌跡シミュレーションの結果である。J＝3/2の状態にはM_Jが3/2と1/2が存在するため、それぞれの結果を図中の点線及び破線で示した。六極電場内での分子の軌跡運動は、単振動運動をするとみなすことができる。図中のM_J＝3/2は2kVで半周期のものが集束され、6kVで1周期の単振動運動をしたものが現れることが分かる。

3.3 CHラジカルビームの発生と状態選別

CHは燃焼反応の中間体として特に重要な化学種である。図3.3に筆者らが開発したCHビーム源の概略を示す[5,6]。ここでは、放電励起によるRg*

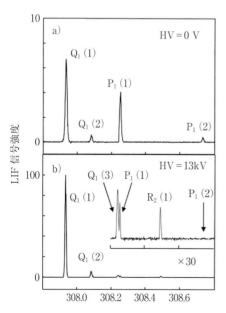

図3.1 六極印加電圧に対するLIF信号強度の変化 a) HV＝0V；b) HV＝1.3kV

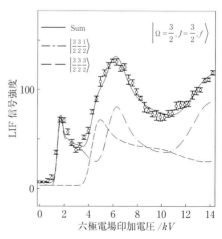

図3.2 OHラジカルの集束曲線

+C→Rg+C(¹D)と反応C(¹D)+H₂→CH+HによりCHを生成している。六極不均一電場を通すことで、CH生成時の不純物を除去し、各回転量子状態の選別が可能となる。

図3.4にレーザー誘起蛍光法により求めた各回転量子状態の集束曲線を示す。Rgを変えることでCHビームの速度を変えることができ、反応性の回転状態依存性や衝突エネルギー依存性の測定及び立体ダイナミクスへの応用が可能となる。

3.4 多極子不均一磁場法による状態選別

多極子不均一磁場による配向分子（原子）線の発生は、ゼーマン効果に基づいている。この状態選別法は、スピンを有する原子や分子（$O_2(X^3\Sigma_g^+)$など）全般に広く適用可能であるが装置が大型化する欠点がある。近年、筆者らは、図3.5の様なネオジウム磁石を用いた六極不均一磁場ユニットを連結した、磁場強度固定ではあるが簡便な六極不均一磁場を使用している[7]。

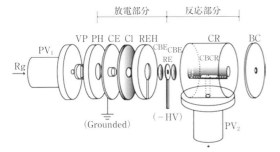

図3.3 CHビーム源の概略図

PV1, PV2：パルスバルブ、VP：バルブプロテクター、PH：プロテクターホルダー、CE：コニカル電極φ3、CI：セラミック絶縁板、CBE：炭素電極（厚さ2mm、穴径φ3）、RE：リング電極（φ4）、REH：リング電極ホルダー、CBCR：炭素チャンネル反応室（長さ10mm、穴径φ6）、BC：コリメーター（穴径φ3）

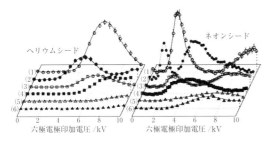

図3.4 単一量子状態選別CHビームの集束曲線
(1) (○) $|1/2, F_2>$, (2) (●) $|3/2, F_1>$, (3) (□) $|3/2, F_2>$, (4) (■) $|5/2, F_1>$, (5) (△) $|5/2, F_2>$, (6) (▲) $|7/2, F_1>$

$N_2(A^3\Sigma_u^+)$、$CO(a^3\Pi)$、$Rg(^3P)$などの電子励起ビームの発生には、筆者らが開発した図3.6の熱電子によるグロー放電励起を用いたビーム源が有用である。高次のモーメントを有する状態選別回転励起分子ビームの生成には、分子線温度を高くする必要があり、放電電圧を短パルス駆動した飛行時間法による速度選別が状態選別に有効である。

ここではいくつかの分子ビームの発生について述べる。

3.4.1 配向Rg(³P₂)ビーム

スピンを有する原子は、磁場H中でゼーマン相互作用を受ける。

$$W_{Zeeman} = \langle JM_J|\mathcal{H}'|JM_J\rangle = g_J\mu_B M_J H \quad (3.9)$$

M_Jは磁気量子数、μ_Bはボーア磁子を表わす。g-因子はL-S結合では下記で表わされる[8]。

$$g_J = 1 + [J(J+1) + S(S+1) - L(L+1)]/[2J(J+1)]$$

$$(3.10)$$

Lは全軌道角運動量、Sは全スピン角運動量を表す。この場合、$Rg(^3P_2)$が六極不均一磁場 $H(r) = H_R r^2/R^2$中で動径方向に受ける力は以下で表わされる。

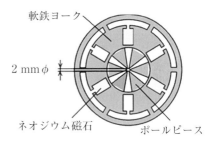

図3.5 六極不均一磁場の概略図

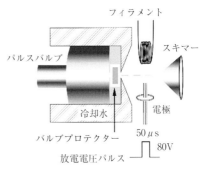

図3.6 グロー放電励起パルスビーム源の概略図

$$F_r = -\partial W_{Zeeman}/\partial r = -g_J\mu_B M_J(\partial H(r)/\partial r)$$
$$= -2g_J\mu_B M_J H_R/R^2 \cdot r$$

(3.11)

$g_J\mu_B$は正の値を取るため、M_Jが正の量子状態のみが集束選別される。図3.7にStern-Gerlach型不均一磁場偏向器によるAr($^3P_2$)ビームの分析結果を示す。M_J量子状態ごとに、集束に適した速度が異なるため、飛行時間法による速度選別が、状態選別に有効であることが分かる。

3.4.2 配向$N_2(A^3\Sigma_u^+)$ビーム

$N_2(A^3\Sigma_u^+)$は、大気中のエネルギー緩和において特に重要な化学種である。Hund's case (b) で表される($N+S=J, J+I_T=F$)。有効回転・微細構造ハミルトニアンの下で、磁場H中のゼーマン相互作用は以下で表される。

$$\mathcal{H}' = -\mu_0 g_s^e \mathbf{S}\cdot\mathbf{H} - \mu_0 g_r \mathbf{N}\cdot\mathbf{H} - \sum_k \mu_0 g_k \mathbf{I}_k\cdot\mathbf{H}$$

(3.12)

状態選別の厳密な解析には、これらを対角化し、各磁場強度下での各量子状態のゼーマンエネルギーを求め、六極磁場中の軌跡計算を行う必要がある。一方、同じMを持つ状態間の結合に注意すれば、線形領域の磁場強度では、ゼーマンエネルギーは、以下で良く近似できる[9]。

$$W_{Zeeman} \approx 1.001/[J(J+1)] \times [J(J+1) + S(S+1) - N(N+1)]M\mu_0 H$$
$$= g(N,J)M\mu_0 H$$
$$g(N,J=N+1) \approx 2.002/J,$$
$$g(N,J=N-1) \approx -2.002/(J+1)$$

(3.13)

この場合、六極不均一磁場中での動径方向に働く力は、下記で近似できる。

$$F_r = -\partial W_{Zeeman}/\partial r \approx -2g(N,J)MH_R/R^2 \cdot r$$

(3.14)

ネオジウム磁石型六極不均一磁場により集束された、回転温度200Kでの$N_2(A^3\Sigma_u^+)$の$g(N,J)$因子の分布を図3.8に示す。6次以上のモーメントを含む詳細な異方性の測定が可能である。

3.5 状態選別分子（原子）ビームの気相反応ダイナミクスへの応用

3.5.1 反応性の回転相関への応用

図3.4の回転量子状態選別CH分子線と回転分布の異なるO_2分子線の衝突により、CH+O_2→OH(A)+CO反応の回転量子状態の組み合わせによる反応性の違いを見ることができる[10]。図3.9からCH($J=1/2,F_2$)と$O_2(K=1)$などの特定の回転量子状態の組み合わせにより反応が選択的に促進されることが分かる。

3.5.2 OH+HBr→H_2O+Br反応の立体効果

実験室系で分子を配向させる場合、六極電場通過後に配向電場を設置する必要がある。Hund's case (a) で表されるOHラジカルの場合、配向分布関数は以下のように記述できる[11,12]。

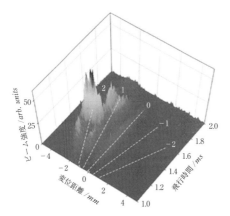

図3.7 集束Ar($^3P_2$)ビームのM_J分布の飛行時間依存性

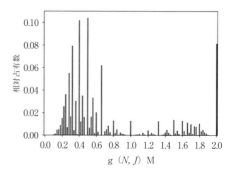

図3.8 集束$N_2(A^3\Sigma_u^+)$ビームのg因子分布

$$W_{J\Omega M} = \frac{(2J+1)}{2} \sum_{n=0}^{2J} C_n P_n(\cos\theta)$$

$$C_n = a_J^2 C_n(J\Omega = \tfrac{3}{2} M) + b_J^2 C_n(J\Omega = \tfrac{1}{2} M)$$

$$C_n(J\Omega M) = (2n+1)(-1)^{M-\Omega} \begin{pmatrix} J & J & n \\ \Omega & -\Omega & 0 \end{pmatrix} \begin{pmatrix} J & J & n \\ M & -M & 0 \end{pmatrix},$$

(3.15)

図3.10に計算から求めた配向分布関数を示す。衝突座標系での配向電場の極性を反転させることで分子の配向状態を反転することができる。

配向OH分子線を用いたOH＋HBr反応のBr生成過程の分子配向依存性に関する研究例を図3.11に示す[11]。実験では、反応により生成したBr原子を154nmの真空紫外光によるレーザー誘起蛍光法を用いて検出した。実験結果から、O端からの衝突が最も反応性が高く、H端からの衝突は反応性が低いことが明らかとなった。配向分布関数をもとに、衝突により反応が起こる角度と反応性を示さない角度にわけ、その角度を求めた結果を図3.11示す。結果から、水素原子が反応を起こす際に立体障害となっている可能性が示された。

3.5.3 多次元立体ダイナミクス

構造を有する分子間の衝突過程は、衝突座標系での分子間相対配向に依存すると期待される。配向分子線の併用により、これらを直接測定できる。図3.12に六極不均一電場と六極不均一磁場を併用した二重配向実験装置の概略を示す。

不均一電場・磁場を使った量子状態選別による配向制御法では、分子は配向電場Eまたは、配向磁場Hを量子化軸として配向している。他方、衝突過程では、相対速度(V_R)が衝突座標の新たな量子化軸となる。このため、実験で得られる反応性は、これら3量子化軸のなす角度に依存する。

図3.13に、配列N_2(A)分子＋配向NO(X)分子の衝突の際の3量子化軸と配向分布の関係を示す。

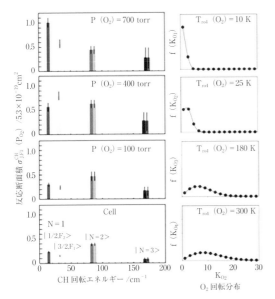

図3.9 CH＋O_2→OH(A)＋CO反応の回転状態の組み合わせに依存した反応性

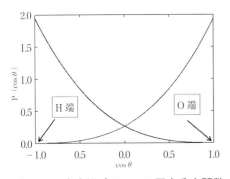

図3.10 衝突座標系でのOHの配向分布関数

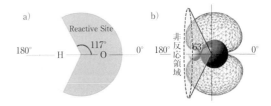

図3.11 OH＋HBr→H_2O＋Br反応の分子配向依存性

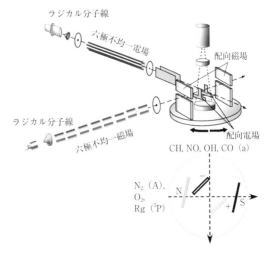

図3.12 二重配向制御実験装置の概略図

749

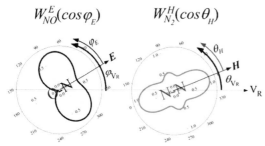

図3.13 配列N₂(A)分子＋配向NO(X)分子の衝突における3量子化軸の関係

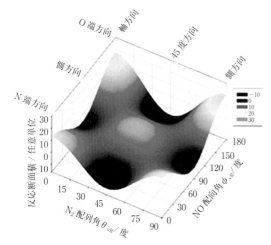

図3.14 N₂(A)＋NO→NO(A)＋N₂反応の二重配向オパシティ関数

3量子化軸のなす角度を順次変えて得た測定結果を、配向分布をもとに、角運動量理論[13]に基づき解析することで、相対配向の組み合わせに依存した反応断面積を得ることができる[7,14-16]。N₂(A)＋NO(X)→N₂(X)＋NO(A)反応の実験例を図3.14に示す。この結果は2つの6次元ポテンシャル曲面間の非断熱遷移の起こりやすさを表しており、分子－分子系の衝突過程が極めて多彩で異方性に富むことが分かる。

〈大山　浩／蔡　徳七〉

〔参考文献〕

1) G. Scoles ed : *Atomic and Molecular Beam Methods* ; Oxford(1988)
2) K. Schreel, and J. J. ter Meulen : J. Phys. Chem. A, 101, p.7639, (1997)
3) V. S. Melissas and D. G. Truhlar : J. Chem. Phys., 99, 1013, (1993)
4) M. Hashinokuchi, D. -C. Che, D. Watanabe, T. Fukuyama, I. Koyano, Y. Shimizu, A. Woelke, T. Kasai : Phys. Chem. Chem. Phys., 5. p.3911, (2003)
5) H. Ohoyama, Y. Nagamachi, K. Yamakawa, T. Kasai : Phys. Chem. Chem. Phys., 11, p.10281, (2009)
6) Y. Nagamachi, H. Ohoyama, K. Yamakawa, T. Kasai : Chem. Phys. Lett., 421 p.124, (2006)
7) D. Watanabe, H. Ohoyama, T. Matsumura, T. Kasai : Phys. Rev. Lett. 99, p.043201, (2007)
8) P. F. Bernath : *Spectra of Atoms and Molecules* ; Oxford University Press, (1995)
9) H. Ohoyama, S. Maruyama : *J. Phys. Chem. A, 116*, p.6685, (2012)
10) H. Ohoyama, K. Yamakawa, R. Oda, Y. Nagamachi, T. Kasai : J. Chem. Phys., 134, p.114306, (2011)
11) P. -Y. Tsai, D. -C. Che, M. Nakamura, K. -C. Lin, T. Kasai : *Phys. Chem. Chem. Phys.*, 12, p.2532, (2010)
12) P. -Y. Tsai, D. -C. Che, M. Nakamura, K. -C. Lin, T. Kasai : *Phys. Chem. Chem. Phys.*, 13, p.1419, (2011)
13) R. N. Zare : *Angular Momentum* ; Wiley (1998)
14) H. Ohoyama, S. Maruyama : J. Chem. Phys., 137, p.064311, (2012)
15) Y. Matsuura, H. Ohoyama : J. Phys. Chem. A, 115, p.4583, (2011)
16) H. Ohoyama : J. Vac. Soc. Jpn, 53, p.654, (2010)

第4章 希ガス原子ビームの表面計測への応用

第1節 原子と表面の相互作用

　熱エネルギーの希ガス原子ビームは、最表面電子雲の幾何形状と原子の結合状態を、無擾乱、高感度に計測するためのプローブとして働くことが知られている。熱エネルギーの希ガス原子ビームの発生方法については、1章1節 (分子ビーム源) で詳解されているが、この章では、希ガス原子ビームの散乱に基づく表面計測法について概観する[1]。

　熱エネルギーの希ガス原子と表面との間には、遠距離から働く弱い引力のファン・デア・ワールス力 (分散力) と、近距離で働く強い斥力のパウリ反発が作用する (図1.1)。前者の力によって希ガス原子は吸着種に引き込まれ、吸着種の高感度計測が、後者の力によって、表面全電荷による電子雲形状の計測が可能になる。さらには、電子に比較して大きな質量を有することから、熱エネルギー程度でも、ド・ブロイ波長が短く、対象に大きな運動量を与えることができる。すなわち、他の方法では不可能な、無擾乱で特異な表面計測の道が開かれることになる。

　ド・ブロイ波長は、

$$\lambda = \frac{2\pi\hbar}{\sqrt{2mE}} \tag{1.1}$$

で与えられる。表面計測のプローブ粒子として電子がしばしば用いられるが、0.1 nmのド・ブロイ波長を得るためには150 eV程度のエネルギーが必要となる。このエネルギーは、数eVの一般の化学結合のエネルギーと比較して十分に大きく、表面の状態を大きく変化させる恐れがある。特に、最近注目されている有機系材料の場合にその危惧は大きい。これに対して、希ガス原子ビームとしてしばしば用いられるヘリウムの場合、質量は電子の7400倍である。室温の超音速原子源から63 meVのエネルギーのヘリウム原子線が得られるが、この時ド・ブロイ波長は0.02 nmであり、原子スケールでの計測が可能である。

第2節 希ガス原子散乱による表面構造の計測

　物質に照射された電子あるいはイオンが原子核あるいは内殻でのクーロン相互作用で散乱されるのに対し、原子ビームは、パウリ反発により表面にある電子雲の最表面で散乱される。従って、表面で散乱された原子の角度分布は、表面電子の電子雲の形状を反映することになる。

　この散乱は、古典的には図2.1に示した古典的レインボー散乱として理解することができるが、角度により散乱強度が異なることがわかる。軽原子の場合には、波としての性質が現れ、干渉が生じる。図2.2に典型的な例を示す[3]。この場合は、量子力学的議論が必要になる (量子論的レインボー散乱)[4]。散乱される方向は、表面での波の回折条件

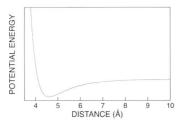

図1.1　原子と表面の間に働く相互作用の模式図

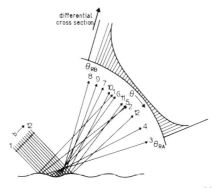

図2.1　古典的レインボー散乱の模式図[2]

$$k_f = k_i, \quad \mathbf{k}_{f//} = \mathbf{k}_{i//} + \mathbf{G} \qquad (2.1)$$

で決まるが、各回折ピークの強度はポテンシャルエネルギー表面(potential energy surface；PES)の形状の詳細で決まることになる。PESの表面凹凸(corrugation)振幅が小さく平坦な場合には、鏡面反射強度は相対的に大きいが、凹凸が大きくなるのに伴い鏡面反射強度は小さくなる傾向がある。回折散乱ピークの大きさを比較することから、表面凹凸の大きさを見積もることが可能となる。しばしば、eikonal近似[5]を用いた解析がなされる

本稿では希ガス原子線に限定するが、同様の計測は、反応性を有する分子でも可能である。この場合、反応性分子が感じるPESに関する情報を得ることができるが、これは、表面反応を理解する上で重要な情報を提供することが期待される。

希ガス原子線散乱は回折現象であるから、表面温度の上昇により減衰する（Debye-Waller効果）。回折散乱強度の表面温度依存性からDebye温度を求めることができ、これから表面の「固さ」を評価することが可能となる。また、原子ビームのエネルギーが高まると、散乱におけるフォノン生成の確率が高まり、回折散乱の減衰に繋がる。特に、「柔らかい」材料の計測においては、低温表面、低エネルギー原子線での計測が求められる。

表面温度が十分に低く、希ガス原子線のエネルギーが十分に低い場合には、表面の1個のフォノンが関わる現象（フォノン生成・消滅）に限って起こすことが可能である。この場合に、散乱される希ガス原子のエネルギーと運動量を測定することから、フォノンのエネルギーと運動量の分散関係を計測する事も可能である。

第3節 希ガス原子散乱による吸着形態の計測

前節で示したように、凹凸の小さい表面での原子の散乱では鏡面反射の割合が大きくなる。面心立方格子の(111)面のような高原子密度金属表面では、最表面の電子分布がほぼ平坦に近いことが知られている。ここでは、図3.1に示したような、半値幅の狭い鏡面反射ピークをもつ散乱角度分布を示す。このような表面に吸着種がある場合、そこで散乱された分だけ鏡面反射強度が減衰する。これから、希ガス原子線を用いた吸着種の観測が可能になる。

第1節（原子と表面の相互作用）で述べた様に、希ガス原子と吸着種との間には、弱いものの遠距離からファン・デア・ワールス力による引力が働く。これによって、希ガス原子の軌道が曲げられ、鏡面反射強度が減衰することになる（散漫散乱）。この場合、表面吸着種本来の幾何的サイズより遥かに大きく見えることになる。例えば、図3.2（a）に示すように、表面に吸着したCOは、幾何的には19Å^{2}の大きさであるが、63 meVのヘリウム原子線[4]からは、123Å^{2}の大きさ（散乱断面積）に見

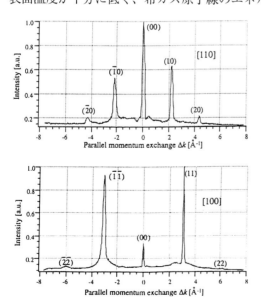

図2.2 異なる方位で入射したHeの散乱角度部分布

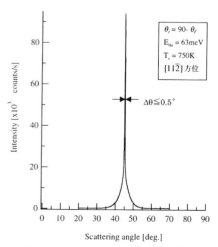

図3.1 平坦なCu(111)表面でのHeの散乱角度分布

える。これによって、原子線散乱による表面吸着種の高感度計測が可能になる。

さらに、見かけの大きさ（散乱断面積）が、実際のサイズに比べて大きい場合、図3.2 (b) に示すように、散乱断面積のオーバーラップから、原子線散乱から吸着形態に関する情報を得ることができる。すなわち、吸着種同士間に斥力が働き、吸着種間に十分な距離がある場合には、各吸着種の散乱断面積に応じて鏡面反射強度が減衰するが、吸着種が近接して吸着した場合、各吸着種の散乱断面積が重なり、鏡面反射強度の減衰が抑制される。ここでの表面被覆率と鏡面反射強度の関係から成長モードを知ることができる[1]。

回折現象においては、coherent widthの概念が重要である。ビームの単色性、計測における幾何的条件によって決まるが、周期構造をもつ領域が可干渉的に散乱強度を増大させる最大の距離を示す。この概念を用いることにより、膜成長における回折強度の振動現象から、膜成長過程の詳細な状況を理解することが可能となる[6]。（図3.3）

さらに、入射角度によっては、表面原子の多層構造が形成されている場合に、異なる層で散乱された原子が干渉を起こすこともあり得る[1]。

このように、鏡面反射強度は、表面吸着に関する様々な情報含む。さらに、熱エネルギー希ガス原子線は、表面反応に影響を与えることはなく、鏡面反射強度を連続的にモニタすることによって、実時間計測が可能になる。これも、希ガス原子線散乱の大きな長所であるといえる。

第4節 希ガス原子散乱による薄膜成長初期過程の実時間観測

図4.1は、表面温度400℃、500℃におけるCu(111)表面に一定フラックスでC_{60}を供給した際のHe鏡面反射率の時間変化である。500℃の場合、直線的に反射率が減少し、あるところで状況が急に変化し、一定の値を示す様になった。これは、表面が徐々にC_{60}で覆われるにも関わらず、付着率が一定のままC_{60}単分子層の部分が拡大し、表面全体がC_{60}単分子層で覆われたところで、C_{60}の成長が停止するという特異な成長が起こっていることを示している。さらに、表面温度を400℃に下げると、C_{60}単分子層が完成するまでは、成長モードの基本は変わらないが、その後、C_{60}第2分子層の成長が続くことがわかる。ただ、第2層では、対数表示

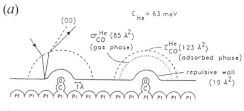

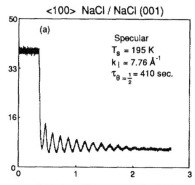

図3.2 幾何的サイズより大きい散乱断面積[4]と断面積のオーバーラップを示す模式図

図3.3 NaClの成長中に計測したHe散乱強度の時間変化（成長中に実時間計測が可能である）[6]

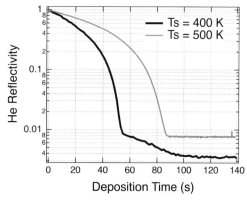

図4.1 Cu(111)表面上C_{60}成長におけるHe散乱強度（対数表示）の時間変化[7]

第4編 分子ビーム技術

で直線的に減少していることから、ランダムにC_{60}の成長が進行していることがわかる。図4.2に第1層が完成したところと、その後、さらに1分子層程度成長が進んだ時の散乱角度分布を示した。第1層完成時に見られた回折パターンが第2層の成長とともに失われていったことがわかる。

第5節 希ガス原子散乱による吸着水素の計測

Cu(111)表面とC_{60}の相互作用が大きく、C_{60}の堆積によってCu(111)表面の原子配置が大きく変化するとともに、Cu(111)表面からC_{60}分子に分子当たり3個の電子が移動し、電子状態が大きく変化することが知られている。前出の図4.2の表面に対し、室温で水素分子を照射したときの鏡面反射強度の時間変化を測定した。この時、鏡面反射強度が水素の照射に伴い大きく減少することが明らかになった。さらに、温度を上昇させることにより鏡面反射強度は回復した。これは、C_{60}分子表面に水素が吸着し、表面形状の周期性が失われたことを示している。実際、昇温の際の脱離種が水素であることも確認している。

図5.1には、水素照射後に計測したHeの散乱角度分布とLEED像を示す。LEED像は、水素照射によって多少パターンのコントラストが薄くなっているものの、依然としてC_{60}吸着表面に特徴的な超構造が観測されている。これに対して、He散乱角度分布に現れていた超構造が完全に消滅したことがわかる。すなわち、C_{60}表面にあった電子雲最表面での周期構造が失われたことを示している。一方、水素原子の電子の散乱断面積は小さいため、水素の吸着によって電子が散乱される対象には大きな変化は無かったと予想される。最表面の電子雲形状の変化に敏感なHe原子線散乱の特徴が現れたものと言える。

第6節 希ガス原子散乱による固さの計測

図6.1は、HOPG、Pt(111)表面上のグラフェン、Ru(0001)表面上のグラフェンで計測したHe原子線の散乱角度分布である。Ru(0001)表面上のグラフェンでの弾性散乱の割合が他の表面より大きい事を示している。この状況は、規格化した弾性散乱強度の温度依存性からより明確に現れており、Ru(0001)表面上のグラフェンでのデバイ温度が高いことに対応する。この結果は、Ru(0001)表面とグラフェンの相互作用が強く、表面とグラフェンが一体となって、印加された運動量を受け止めたものと解釈することができる。

この傾向は、同じ試料でのAr原子の散乱角度分布からも見ることができる。Ar原子の場合は古典的な散乱となるが、Ru(0001)表面上のグラフェンの場合に、鏡面反射に近い散乱の成分が大きいこ

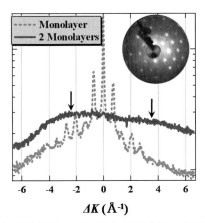

図4.2 Cu(111)表面上にC_{60}単分子層成長した時、更にもう1層分成長したときのHe散乱角度分布とC_{60}単分子層のLEED像[7]

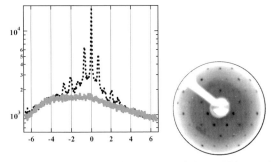

図5.1 Cu(111)表面上C_{60}単分子層に水素を照射した時のHe散乱角度分布（左図実線）とLEED像（右図）[7]

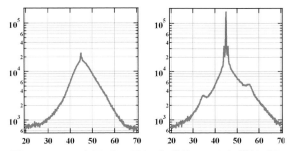

図6.1 Pt(111)上及びRu(0001)上グラフェンに置けるHe散乱角度分布[8]（グラフェン・基板間の相互作用の違いにより回折成分が異なることが分かる）

とに対応する。

以上述べたように、希ガス原子ビームは、他では得ることの困難な表面状態を計測する事ができる、極めて特徴的なプローブといえる。長い歴史を有するものの、未だその可能性は十分に検討されているとはいえない。詳細な検討が待たれる。

〈佐々木正洋／山田　洋一〉

〔参考文献〕

1) （代表的総論として）Atomic and Molecular Beam Methods Vol. 2, Ed. G. Scoles, Oxford Univ. Press 1992, New York, Part II

2) J. P. Toennies, Appl. Phys. 3, 91 (1974)

3) 柳生進二郎 学位論文 筑波大学

4) D. Farias and K.-H. Rieder, Rep. Prog. Phys. 61, 1575 (1998)

5) U. Garibaldi et al., Surf. Sci. 48, 649 (1975)

6) J. Duan et al., J. Vac. Sci. Technol. A10, 1999 (1992)

7) Y. Yamada et al., Phys. Rev. B 84, 235425 (2011)

8) H. Shichibe et al., Phys. Rev. B 91, 155403 (2015)

第5章 レーザーデトネーション法による高速原子・分子ビーム生成とその表面反応への応用

第1節 開発背景

　原子線・分子線に高い並進エネルギーを付与するにはHe等の軽分子に少量のターゲット分子を混合するシード法が用いられる[1]。しかしながら、その際に実現可能な最大並進エネルギーはキャリアーガスである軽元素の並進速度に制限されるため、ターゲット分子に付与できる並進エネルギーには上限がある。一方、数百eV以上の並進エネルギーを有する原子・分子ビームを利用したい場合には、ターゲット分子をイオン化し静電的に加速した後、電子付着や金属表面で中性化する方法がとられる。しかしながら、エネルギーを低下させると空間電荷効果によりイオンビームの電流密度が急速に低下する。そのため、これらの中間エネルギー領域での分子ビーム形成はきわめて困難であった。ところが、1980年代のスペースシャトルの実用化以降、高度300-500km程度の低地球軌道(LEO)と呼ばれる領域では、宇宙機の軌道速度(8km/s)で宇宙用材料と高層大気分子（基底状態の酸素原子）が衝突することにより、急速な材料エッチングが生じる現象が確認された（図1.1）[2-4]。そのため宇宙工学分野では宇宙機の信頼性を確保するために相対衝突速度8km/sでの酸素原子と材料の表面反応（衝突エネルギー5eV）に関する理解と地上実験の必要性が認識された。この地上試験を行う目的で開発されたのが、本稿で取り扱うレーザー推進の原理を応用した原子・分子ビーム形成技術であるレーザーデトネーション法である[5]。

第2節 基本原理

　レーザーブレークダウンに必要な初期電子発生の1つのメカニズムは、レーザーにより生成された高エネルギー電子と中性粒子の衝突イオン化であり、電子が十分に大きなエネルギーを持てば、カスケードブレークダウンに発展する。他方、多光子吸収は短波長レーザーで重要なプロセスである。波長10.6μmのCO_2レーザーでは$h\nu=0.1eV$であるので、電離には100個以上の光子が必要になる。いずれのメカニズムでも$10^8 W/cm^2$以上の照度が必要である。さらに実際のブレークダウン現象にはガス中の不純物（ダスト等）からの熱電子放出やノズル壁面の存在が大きな影響を与えているとされている[6]。

　初期電子が発生すると、これらの電子はレーザー光による電場中で運動し、周囲の分子との衝突を繰り返す。レーザー強度が十分大きな場合には、衝突イオン化による電子・イオンのカスケード生成が生じる。雪崩的な電離によりプラズマが生成すると、プラズマ内で電子-分子、電子-イオン間での逆制動放射過程によるレーザーエネルギー吸収が生じる。このプロセスはガス密度に大きく影響され、電子温度とガス密度が高ければ吸収エネルギーは急激に増大する。

　このようにレーザー焦点位置で発生した高温・高圧プラズマは衝撃波を伴い急激に膨張する。その際、衝撃波加熱により周囲のガス分子が十分高温に加熱されると衝撃波後方で電離が生じ、この領域で逆制動放射によるレーザーエネルギーの吸収が顕著となる。このプロセスは入射レーザー光

図1.1 米国の宇宙ステーションを用いた宇宙環境材料曝露試験(MISSE-1)で宇宙環境に1年間曝露したパレット（右の写真は曝露前で、多くの材料が劣化・破断している）（NASA提供）

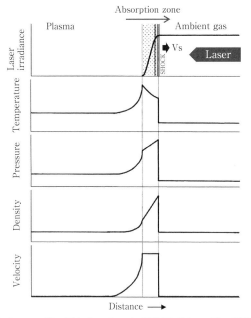

図2.1 レーザーデトネーション発生時のレーザー吸収、温度、圧力、分子密度、速度分布の模式図
（レーザーは右方向から照射され、衝撃波は右方向に伝播してゆく）

を直接吸収するため、衝撃波を伴うプラズマはレーザー光入射方向に発展する。この衝撃波後方で形成されたレーザー吸収領域でのエネルギー吸収プロセスは自己永続的であり、入射レーザーパルスの強度が低下するまで継続する。したがって、衝撃波後方のプラズマ領域へのエネルギー吸収には長パルスCO_2レーザーが有利となる。図2.1にこれらの過程におけるプラズマ拡張速度、圧力、温度、密度プロファイルを模式的に示している[7]。この様なレーザーデトネーションプロセスにおける衝撃波速度Vsは3-20km/sと計算されており、本手法を用いることにより、この速度域の原子・分子ビームを形成することができる。

第3節 装置構成

レーザーデトネーション装置の基本構成を図3.1に示す。構成要素はターゲットガスを導入するパルスバルブ、プラズマを形成するための高出力レーザーと光学系、およびノズルである。パルスバルブはターゲットガスを短時間のみレーザー集光位置に導入することを目的としている。前述のようにターゲットガス圧が高いほどレーザーエネルギー吸収効率が増大するが、多量のターゲットガスの導入は真空システムに大きな負担となる。そのため、パルスレーザーとパルスバルブの組み合わせによって、レーザー照射の瞬間のターゲットガス圧を高くしつつ、ガス流量を制限することが行われている（パルスバルブを用いず、連続流にCWレーザーを組み合わせた例も報告されているが一般的ではない[8]）。パルスバルブの開時間としては200-500μs程度が要求されるが、そのような高速動作のパルスバルブは市販品が少なく、ソレノイドバルブかピエゾバルブが用いられている。図3.2には神戸大学で使用されているピエゾバルブの例を示す。本システムは円板型ピエゾアクチュエータにより駆動されるパルスバルブ（自家設計）である。ターゲットガスの背圧は0.3-1MPa程度で、バルブの直近に集光されるレーザー光照射に対する耐久性を持たせるため、駆動

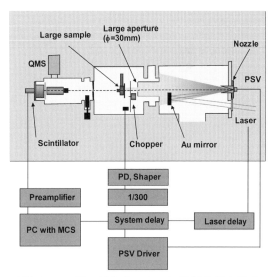

図3.1 レーザーデトネーション装置の基本構成

図3.2 神戸大学におけるピエゾ駆動パルスバルブ(PSV)の例

部本体はAu製である。レーザーとしてはピーク強度が大きく、パルス持続時間の長いTEA CO_2レーザー(5-6J/pulse)が用いられる。ノズルにはCu製ストレートコーンが使用されている。ノズル半頂角は10度であるため、開き角20度のブロードビームが形成される。

第4節 ビームキャラクタリゼーション

レーザーデトネーション法により形成された原子・分子線のキャラクタリゼーションには通常の分子線と同様に四重極質量分析管(QMS)による飛行時間(TOF)測定が用いられる。ただし、通常の分子線よりも高速であるため、分子がQMSのイオン源に滞在する時間が短く、イオン化確率が低くなる。そのため、通常より高感度な検出系が要求される。また酸素原子やフッ素原子など反応性の高い原子種を発生させる場合には検出器の劣化にも注意する必要がある。一方、酸素原子ビームなどの単一用途に限定されたシステムでは777.1nmのOIからの発光をノズル下流2箇所で検出し、その時間差からビーム速度を計測する簡易的な手法が採られることもあるが、イオンや未解離の酸素分子などの検出は不可能であるため、ビームキャラクタリゼーションとしては限定的な情報しか得られない。

図4.1に本システムで形成した酸素原子ビームをQMSで分析した結果の一例を示す。図4.1(a)はビーム中に含まれる酸素原子(m/z=16)、図4.1(b)は酸素イオン（m/z=16、QMSイオン源OFF）、図4.1(c)、図4.1(d)は未解離の酸素分子(m/z=32)とイオンのスペクトルである。衝撃波による加速であるため、質量は異なっていても酸素原子と酸素分子の並進速度はほぼ同じであることがわかる。

本システムではターゲットガス分子に多原子分子を用いた場合、レーザープラズマ中で解離され、原子ビームが形成される。分子の解離エネルギーはイオン化エネルギーよりも低いため（O_2であれば、第1イオン化エネルギー：12.08eV、解離エネルギー：5.16eV）、図4.1に示されるようにイオンよりも原子が生成される傾向がある。また、レーザーの波長が長いため単一フォトンのエネルギーは小さく、励起状態の原子は生成されにくい。そのため、本方法ではイオンの少ない基底状態の原子ビームが生成されるという特徴がある[9]。レーザープラズマ中での分子解離は酸素の場合50-80%程度であることが多いが、Arによる共鳴解離を用いるとほぼ100%にすることも可能である[10]。逆にレーザープラズマ中でのターゲット分子の解離反応を抑制することは容易ではなく、純度の高い分子線の形成には現状では困難を伴う。

化学反応における分子衝突エネルギー効果を解析する場合等には、ビームのエネルギー分散が小さいことが重要となる。その様な場合には、アパーチャーによりビーム径を小さくした後、メカニカルチョッパーによりビームを切り分けることが行われる。図4.2にメカニカルチョッパーの例を示す。本システムで形成されるビームは並進速

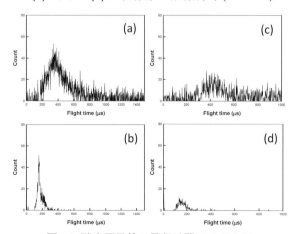

図4.1 酸素原子線の飛行時間スペクトラ
(a)：m/z=16、Filament ON、(b)：m/z=16、Filament OFF、
(c)：m/z=32、Filament ON、(d)：m/z=32、Filament OFF

図4.2 メカニカルチョッパーの例（神戸大学）

度が大きいため、通常の分子線より高速駆動（10,000rpm以上）のチョッパーが要求される。そのため、駆動源を真空外に設置し回転導入端子を介して真空チャンバー中のディスクを回転させることは困難で、モーターを真空中に設置し、ディスクを直接駆動することが行われる。このような真空対応の高速モーターの市販品は筆者の知る限り存在しないため、自作する必要がある。その場合には真空中での潤滑、冷却、回転数同期制御等に留意した設計が要求される。図4.3に幅5mmのスリットを有する9,000rpmの高速チョッパーによって切り分けた酸素原子ビームのTOFスペクトルを示す。チョッパーとPSVの動作を同期させることによってチョッパーを通過する酸素原子ビームの並進エネルギーを変化させることが可能である。ビーム径を制限するアパーチャーを使用せず、ブロードビームのままチョッパーを用いると並進速度分布を空間分布に変換することも可能である。

一般に電荷をもたない原子線や分子線のフラックスを計測することは容易ではない。本方式では原理上パルスビームが形成されるため、一般的なマスフローコントローラーによる流量制御が行えないという問題もある。本方式が開発される経緯となった宇宙環境における材料劣化の分野では、8km/sの並進速度を有する酸素原子1個との衝突で失われる各種材料の体積が宇宙実験からデータベース化されており、それらを利用したフラックス計測が行われている。具体的には宇宙曝露実験での基準サンプルとして用いられているPMDA-ODAポリイミド（商標名Kapton-H）の反応率を3.00E-24cm^3/atomとして、微小天秤で測定したポリイミドサンプルの質量減少量から酸素原子流量を測定する[11]。このようにして測定した場合、本システムでの典型的な酸素原子フラックスは1E+13から5E+15atoms/cm^2/s程度である。酸素原子以外の原子・分子の流量を計測するには、目的の原子・分子のTOFスペクトルの面積強度をフラックスが既知の酸素原子ビームのTOFスペクトル面積強度と比較し、QMSの感度係数を用いて補正する方法がとられることもある[12]。しかしながら、これらの方法を用いても高い精度でのフラックス測定は困難である。

第5節 応 用 例
5.1 宇宙環境研究

LEOにおける宇宙機材料と酸素原子との相互作用に関しては、本手法開発の契機となった問題であるため多くの研究事例がある。5eVの並進エネルギーへ曝露された宇宙機用高分子材料は高いレートでエッチングされ、その表面にはカーペット状の微小突起が形成されることが知られている。このような微小突起は運動エネルギーを持たない酸素プラズマに試料を曝しても形成されないことから、酸素原子の高い並進エネルギーがその形成に寄与していると考えられている。しかしながら、酸素原子の衝突速度（8km/s＝酸素原子の並進エネルギーに換算して5eV）は物理的なスパッタリングのしきい値（約40eV）より小さいため、このような表面形状の変化は単なる物理的なスパッタリングではなく、基本的には突起斜面での前方散乱と底部での原子状酸素による高分子炭化水素鎖のガス化反応の組み合わせに起因するものであると考えられている。

また、酸素原子ビーム照射中のポリイミドフィ

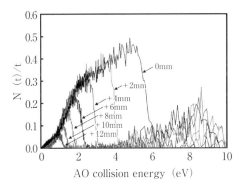

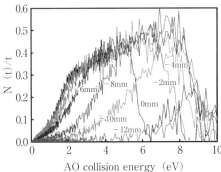

図4.3 メカニカルチョッパー（9000rpm、スリット幅5mm）で切り分けた酸素原子ビームの飛行時間スペクトラ

ルムでは反応の極初期には逆に質量の増加が観察されることから、酸素原子ビームの照射によるポリイミドのガス化反応は、少なくとも酸素原子による表面酸化とその後の脱離反応という二段階反応を経ていることが示されている。MintonらはRFプラズマ源を用いて酸素原子をポリイミド表面に吸着させ、そこに10eV以上のArビームを照射した際にも酸素原子ビームを照射した場合と同様のCO、CO_2の生成を確認している[13]。彼らの実験結果も酸素原子による酸化と、それに続く衝突誘起脱離プロセスの存在を示唆している。また、LEO上における高分子損失現象におけるN_2(衝突エネルギー：約9eV)の寄与の可能性も指摘されている[14]。

以上のような分析結果やエンジニアリングデータを総合すると、酸素原子と高分子材料の表面反応は酸素原子が高分子表面に化学吸着した酸化状態を経て気化反応が生じるLangmuir-Hinshelwood mechanismによるものと推定される。Mintonらは原子状酸素による水素引き抜き反応を律速過程としたモデルを提案している[15]。彼らのモデルによると表面に存在する微小突起により、原子状酸素は高分子表面に対して浅い角度で入射することとなり、その際に水素引き抜き反応により形成された-OHや非弾性散乱した原子状酸素が前方散乱し、微小突起間の底部で熱的平衡状態を経て気化性酸化物を形成する。これは直接反応であるEley-Rideal mechanismにより生成された熱的に非平衡な高い並進エネルギーを持つCOやCO_2が、反応初期では多く観察されるのに対し、表面に微小突起が形成されると減少する実験事実に基づく。このモデルによるとLEOにおける材料劣化のメカニズムは曝露初期と微小突起形成以降では異なることが予測される。

このような衝突誘起脱離反応の特徴は温度依存性に端的に現れる。図5.1は水晶振動子マイクロバランスをもちいて原子状酸素照射中のポリイミドの質量減少を温度253〜353Kで、その場測定した際のアレニウスプロットである[16]。図5.1の直線の傾きからガス化反応の活性化エネルギーは$5.7×10^{-4}$eVと計算され、試料温度に対して依存性を示さない。また、この活性化エネルギーの値は並進エネルギーを持たない酸素プラズマ中での測定結果(0.13-0.29eV)に比べて約3桁小さい値

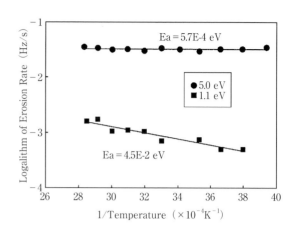

図5.1 レーザーデトネーション法で形成した酸素原子ビームを照射したポリイミドの質量減少のアレニウスプロット（平均並進エネルギーが1.1eVと5eVの酸素原子では活性化エネルギーが異なる。）[16]

であり、原子状酸素の並進エネルギーに依存することが実験的に明らかにされている。このようなガス化反応における温度依存性は、衝突する原子状酸素の並進エネルギーの一部が反応のポテンシャル障壁を乗り越えるために使われるため、試料自体が低温に保たれていても反応レートの増大や高温時の反応経路が開くことを示唆している。

5.2 半導体表面酸化

電子温度50,000Kに達する並進エネルギーの素原子は、反応系を低温に保ったまま高温での反応を誘起することができる。この特徴を利用すれば、化学反応の低温化を図ることが可能である。レーザーデトネーション法を用いてSi単結晶表面に酸素原子を照射した場合の表面反応が研究されている[17,18]。図5.2は水素終端したSi(001)に5eVの原子状酸素を室温で照射した場合のSi2p光電子スペクトルを示している。測定には891eVの放射光を使用しているため、横軸は光電子の運動エネルギーで表記されている。約792eVに観測されるSi結晶からのSi2pピークにはスピン分裂が明瞭に観測されている。このスペクトルには、このSi結晶からのピークの他に、787eVにもピークが明瞭に観察されている。このピークはSiO_2を形成するSi原子からの光電子信号であり、このことは5eVの酸素原子を用いることで、室温でもSi結晶表面に酸化膜を形成できることを示している。通常、このような酸化膜形成は800℃以上の高温プロセス

であり、同様の酸化反応を室温で誘起できることは、応用上メリットが大きい。また、図5.2では790-789eV付近には光電子信号強度がほとんど観測されず、本方法で形成した酸化膜にはSiOなどのサブオキサイド成分が少ないことがわかる。また酸化膜成長はLinear-Parabolicな特徴を示すことから、直接反応が酸化反応を律速した後、拡散律速に移行することが示されている。ポテンシャル障壁を乗り越えるために使用される並進エネルギーの効果は表面第1層での直接衝突で発現するが、酸化膜内部で生じる拡散反応にはその効果は及ばない。したがって、拡散プロセスは通常の室温条件とさほど違いはなく、酸化種である酸素原子の体積拡散は高温時より格段に抑制されている。このことは高速の原子ビームを用いることにより、サブサーフェスはバルクの状態を保ったまま材料の極表面のみを選択的に酸化することが可能であることを示唆しており、将来の半導体酸化膜形成技術、あるいはナノテクノロジー用表面改質技術としての応用も期待できる。

5.3 生体応用・表面改質

再生医療分野における人工材料の開発には生体との適合性が求められる[19]。中でも細胞を使った組織工学では生細胞と直接に接触を保っている材料表面との相互作用が重要である。そのため細胞接着・増殖性を制御するための様々な表面改質が提案されている。

細胞足場材料として広く使われているポリ乳酸樹脂の表面改質にレーザーデトネーション法により形成した酸素原子およびフッ素原子ビームを照射して樹脂表面の濡れ性を制御した場合の細胞接着・増殖性の検討が行われている[20]。照射前後の純水接触角をセシルドロップ法により評価した結果を図5.3に示している。未照射表面（83.7°）に対して酸素原子照射表面では親水性（63.9°）にフッ素原子照射表面では疎水性（111°）に改質されていることがわかる。これらの変化はXPS測定の結果から酸素原子照射による-COOHやC＝Oなどの官能基の増加、フッ素原子照射による-CF_2、-CF_3などが形成されたことよるものであることが確認されている。これらの表面にマウス骨芽細胞様細胞を$2.0×10^{14}$cells/mlの濃度で播種し、播種後120時間までの細胞密度を測定した。播種後80時間以降ではフッ素原子ビーム照射で細胞増殖性の有意な向上が確認され、逆に酸素原子照射では増殖性が抑制されることが示された（図5.4）。さらにメタルマスクを用いることによりビーム照射領域を限定することで、細胞パターンニングを実現できることも報告されている[21]。同様の原子

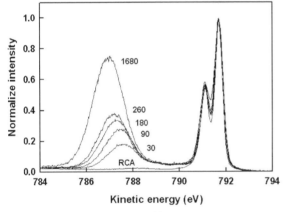

図5.2 酸素原子ビームを照射したSi(001)：HのSi2p光電子スペクトル（酸素原子エネルギー：5.4eV、酸素原子フラックス：9.2E+14atoms/cm^{-2}/shot。光電子スペクトル測定は891eVの放射光を用い、Si^{0+}の信号強度で規格化している。図中の数字はショット数。RCAは照射前のスペクトルを示す。)[17]

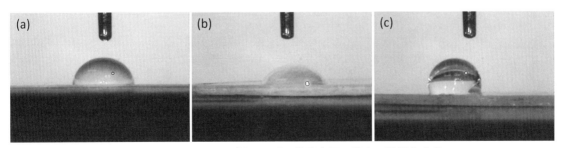

図5.3 原子ビームを照射したポリ乳酸表面の純水の接触角変化
(a)：コントロール、(b)：酸素原子ビーム照射表面、7.9eV、3E+19 atoms/cm^2、(c)：フッ素原子ビーム照射表面、6.5eV、3E+20atoms/cm^2 [20]

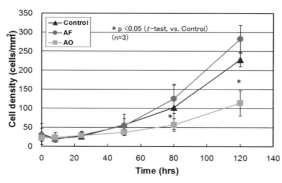

図5.4 原子ビーム照射表面での細胞密度変化[20]

ビーム表面改質は、生体応用に留まらず鍍金等の工業的プロセスにも応用が可能である[22]。

〈田川　雅人／横田久美子〉

〔参考文献〕

1) G. Scoles Ed., Atomic and Molecular Beam Methods, Oxford(New York), 1988
2) V. Srinivasan, B. A. Banks, Material degradation in Low Earth Orbit, TMS (Warrendale)1990
3) M. Tagawa, T. K. Minton, MRS Bulletin, Vol. 35(2010)35
4) 鈴木峰男、田川雅人：宇宙環境利用のサイエンス、裳華房(東京)2000
5) G. E. Caledonia, R. H. Krech, B. D. Green：AIAA J. Vol.25(1987)59
6) J. Reilly, P. Singh, G. Weyl, AIAA Paper 77-697(1977)
7) L. J. Radziemski, D. A. Cremers Eds., Laser-induced plasmas and Applications, Marcel Dekker(New York)1989
8) J. B. Cross, D. A. Cremers, Nucl. Instrum. Meth. Phys. Res., B13(1986)658
9) D. J. Garton, T. K. Minton, B. Maiti, D. Troya, G. C. Schatz, J. Chem. Phys. Vol.118 No.4 (2003)1585
10) K. Yokota, S. Yasuda, A. Mizutani, M. Tagawa, Jpn. J. Appl. Phys., Vol.52(2013)038002
11) Standard practices for Ground Laboratory Atomic Oxygen Interaction Evaluation of Materials for Space Applications, ASTM E2089-00(2006)
12) K. Yokota, S. Yasuda, A. Mizutani, M. Tagawa, Jpn. J. Appl. Phys., Vol.52(2013) 038002
13) T. K. Minton, D. J. Garton, , J. Zhang, J. Seale：*Proc. 6th Japan International SAMPE Symposium*, Tokyo, (1999)1159
14) K. Yokota, D. Watanabe, J. Ohira, M. Tagawa, Physica Scripta, Vol.T161(2014) 013035
15) T. K. Minton, D. J. Garton：*Chemical Dynamics in Extreme Environments：Advanced Series in Physical Chemistry*, (World Scientific, Singapore 2000)p.420
16) K. Yokota, M. Tagawa, N. Ohnae：Journal of Spacecraft and Rockets, 40(2003)143-144
17) M. Tagawa, C. Sogo, K. Yokota, S. Hachiue, A. Yoshigoe, Y. Teraoka, Jpn. J. Appl. Phys., Vol.44, No.12(2005)8300
18) M. Tagawa, K. Yokota, A. Yoshigoe, Y. Teraoka, T. Shimura, Appl. Phys. Lett., Vol.88(2006)133512
19) 筏 義人、バイオマテリアルの開発、シーエムシー(2001)
20) 横田久美子, 日和千秋, 田川雅人, 安達泰治, 中井善一、日本機械学会 M&M2008材料力学カンファレンス(2008)OS1101
21) 安達泰治、梶田文昭、佐藤克也、松本康志、田川雅人、日本機械学会論文集（A編）、69(2003)688
22) M. Tagawa, K. Maeda, T. Kajita, K. Yokota, K. Akamatsu, H. Nawafune, Langmuir, Vol.23, No.23(2007)11351

第6章 金属原子ビームとその気相化学反応ダイナミクスへの応用

金属原子は、可視領域に吸収を持つものが多く、吸収／発光の遷移強度も強いので、古くから分光研究の対象として広く研究されてきた。エネルギーの近いns軌道と$(n-1)d$軌道に複数の電子をもつ遷移金属原子では、入り組んだ電子状態を観測するために高分解能分光学の研究対象ともなってきた。また、そのような電子状態構造のために、多くの遷移金属原子は触媒反応で重要な役割を果たしている。触媒反応を電子状態レベルから理解することをめざした研究も行われてきた。

「ビーム」あるいは気相で観測する観点からは、一部の金属を除き蒸気圧が低く、測定に十分な強度を持つ金属ビームを生成することは容易ではなかった。しかし、1970年～1985年にいくつかの技術が開発され、特にレーザー蒸発法が適用されるようになって、この方面の研究は急速に進んだ。ここでは、金属原子ビームの生成法と検出法について概略する。電子状態を選別した金属原子ビームもある程度可能になっている。それを用いた、化学反応研究について簡単に紹介する。

第1節 金属原子ビームの生成

一般に金属は蒸気圧が低く、気相中に取り出すことは容易ではない。数Torrの蒸気圧を得るために1000℃以上に加熱することも必要になる。歴史的には融点の低いアルカリ金属原子などをオーブンで加熱し、金属原子ビームを生成することから始まった。1980年近くなると、融点の高い遷移金属原子についても、オーブンを用いた原子ビーム源が使われるようになった。ほぼ同時に、レーザーを用いた固体金属のレーザー蒸発法や前駆体分子の光解離法が使われるようになり、レーザーが広く使われるようになったこととその簡便さのために、現在ではほとんどの金属原子ビームはレーザー蒸発法によって作られている[1]。

表1.1 主な金属の融点

金属	Na	K	Mg	Ca	Al
融点/K	371	337	923	1115	933
金属	Cr	Fe	Cu	Ag	Pt
融点/K	2180	1811	1358	1235	2041

1.1 高温ノズル

蒸気圧の比較的高いアルカリ金属原子は、オーブンノズルを用いて数100℃に温めて金属ビームを生成することができる。他の多くの金属では、上の表に示した融点の値から類推されるようにある程度の蒸気圧を得るためには1000℃を超える温度が必要になる。

これまで、例えば銅では、2500Kのオーブンを用いて100Torr程度の蒸気圧を得て、超音速ビームが作られている[2]。しかし、ビーム源の性質上、連続ビームが生成すること、ビーム源の温度が非常に高いために得られる金属ビームの速度分布が非常に広いものになることなどの特徴がある。特に後者の性質は、低温（すなわち速度のそろった原子・分子の流れ）が得られるというビーム実験の長所を損なう条件で、ドップラー幅の狭い高分解能分光観測をする場合などで問題となる。また、化学反応の観測でも衝突エネルギーの幅を狭くすることが難しくなるなどの欠点となる。一方、準安定状態原子は比較的少なく、レーザー蒸発法で問題になる金属酸化物の生成を抑えられるという利点もある。

1.2 前駆体分子の光解離

蒸気圧のある金属錯体などをノズルから噴出し、直後にレーザー光解離して金属原子を生成することができる。光解離で生成した金属原子は、ノズルからの超音速膨張でキャリヤーガスとの衝突によって冷却される。多く用いられる前駆体は、金属カルボニル化合物や金属－シクロペンタジエニル錯体である。ニッケロセン($Ni(C_5H_5)_2$)をYAGレーザーの4倍波(266nm)で光解離すると、Ni

原子が効率よく生成し、キャリヤーガスとして用いたArやKrとのファン・デル・ワールス錯体が観測されている[3]。この方法で生成した金属原子は、化学結合を切断して生成するために、初期的には電子励起状態を生成しやすく、基底状態の原子ビームを得るためには、キャリヤーガスを適切に選択して十分に衝突脱励起をする必要がある。

1.3 レーザー蒸発

現在最も広く用いられている金属ビームの生成法は、レーザー蒸発法である。超音速ノズルの直後に金属を置き、レーザーを集光して金属を蒸発させる。金属表面近傍には金属原子を含むプラズマが生成し高温になり、原子・イオンが生成する。ノズルからヘリウムなどの気体（キャリヤーガス）を噴出して、生成した金属原子と混合する。キャリヤーガスは超音速膨張する過程で冷却されるが、金属原子も多くの衝突を経て冷却され、速度のそろった金属原子ビームが生成する。ノズルおよび金属、蒸発レーザーの概要を図1.1に示す。金属原子のクラスターを生成する場合には、ノズルの直後に細い筒状のチャンネルを作り、その途中に金属を置きレーザー蒸発を行う。レーザー蒸発によって生成した金属原子どうしの衝突が増えるので、クラスターが効率よく生成する。金属原子が必要ならば、チャンネルを使わない方が、超音速膨張も損なわれることがなく、クラスター生成も抑えられる。

金属材料としては、図1.1に示すように、金属丸棒を用いることが多いが、円盤を用いることもある。蒸発レーザーが常に新しい金属面を照射することができるように、ねじを用いて回転しながら進行する運動をさせる。その機構の概略を図1.2に示す。回転・進行する速度はあまり速くないほうが良い。蒸発レーザーが全く新しい金属表面に照射されると、金属表面にある金属酸化膜も蒸発されて、酸化物の多く含まれた金属ビームが生成する。回転を遅くすると、前のレーザーパルスで金属酸化膜を蒸発した後の比較的清浄な金属面を蒸発することができるため、よりきれいな金属ビームが得られると考えられる。

蒸発レーザーとしては、ナノ秒YAGレーザーの基本波(1064nm)や高調波(532nm、355nm、266nm)ならびにエキシマーレーザーの各波長が使われる。YAGレーザーはビーム形状がガウス関数に近く、集光しやすいが、エキシマーレーザーは長方形のビーム形状で小さいスポットに集光することは難しい。できるだけ集光スポットを小さくする方が、金属酸化物を除くことができると考えられている。

蒸発レーザーの強度は、集光に用いるレンズの焦点距離によるが、500mm程度の焦点距離のレンズを用いる場合は数mJで十分である。強いレーザーを使うと、プラズマの温度が高くなりすぎ、超音速膨張でも十分に冷やすことが難しくなる。また、金属原子の濃度が高くなるとクラスターの生成が進み、金属原子ビームとしてはそれほどの強度が得られないことがある。しかし、レーザー蒸発には閾値があり、ある強度のレーザーを照射しないと金属原子が得られなかったりビーム強度が非常に不安定になるので注意が必要である。

第2節 金属原子ビームの測定

生成した金属原子はレーザー誘起蛍光法(LIF)

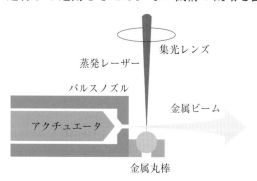

図1.1 金属原子ビーム源

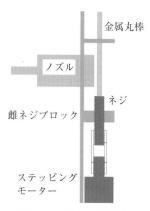

図1.2 金属丸棒駆動部

や共鳴多光子イオン化法(REMPI)により、電子状態を選別して検出される。遷移金属原子は同位体を複数持つことが多いが、LIF法ではこの同位体を区別して検出することはできないが、REMPI法では質量分析法と併用することによって、同位体を区別して検出することができる。いずれも、金属原子の電子励起状態との共鳴を用いるが、金属原子の電子状態エネルギーについてはNISTのテーブルなどにまとめられている[4]。

2.1 レーザー誘起蛍光法(LIF)

LIF法は、金属原子の電子状態間遷移に共鳴するレーザーを照射し、蛍光を観測する。蛍光強度は吸収強度に比例するので、その強度を測定すると金属原子の濃度を決定することができる。遷移を選択すれば、基底状態ばかりではなく準安定状態の濃度も決定することができる。

2.2 共鳴多光子イオン化質量分析法(REMPI-MS)

金属原子の電子遷移に共鳴するレーザー光を照射すると、そのレーザー光が十分強ければ、共鳴励起状態から更にレーザー光を吸収してイオン化が起こる。このイオンを質量分析計で測定し、イオン強度を励起レーザー波長に対して観測すると、金属原子のREMPIスペクトルが得られる。このスペクトルは、基本的にはLIFスペクトルと同一であるが、2光子目以降のイオン化過程の効率が入るので、全く同じ強度とはならないことがある。

2.3 電子状態を選別した金属原子ビームの生成

一般的に使われるレーザー蒸発法では、金属原子ビームは様々な電子状態を含んでいる。生成から観測までの時間に(例えば数マイクロ秒)光を放出してよりエネルギーの低い電子状態へ遷移したり、キャリヤーガス分子との衝突で失活するが、衝突脱励起の効率が悪い準安定状態は、検出あるいは反応観測領域でかなりの濃度を持つことがある。化学反応を観測する場合、特定の電子状態について、その反応性や生成物を観測することが要求されるが、そのためには、特定の電子状態のみからなる原子ビームが必要になる。

興味が基底状態にある場合、基底状態のみからなる金属ビームを、キャリヤーガスを選択すると

得られることがある。例えば、アルミニウム原子のスピン－軌道励起状態$Al(^2P_{3/2})$や、チタンの準安定励起状態$Ti(a^5F_J)$は、窒素をキャリヤーガスに混ぜると、効率よく失活することが知られている。

また、遷移金属原子はスピン－軌道相互作用が強いことを利用すると、以下のような光ポンピングスキームを利用して、電子励起状態を効率よく生成することができる。

$$Ti(a^3F_J) + h\nu_1(\sim630nm) \rightarrow Ti(z^5G_{J'}) \tag{2.1}$$
$$\rightarrow Ti(a^5F_{J''}) + h\nu_2(\sim1000nm)$$

はじめの光吸収は三重項－五重項遷移ではあるが、Tiでは効率よく吸収が起こる。励起状態からは、三重項である基底状態よりも五重項の準安定状態へはるかに効率よく発光遷移が起こるので、準安定状態の分布が高い原子ビームを得ることができる。

第3節 金属原子ビームの化学反応ダイナミクスへの応用

化学反応ダイナミクスは、化学反応を分子レベルあるいは電子レベルから理解することを目指している。どのような遷移状態を経て反応が進むのか、反応を進めるために衝突エネルギーと振動エネルギーどちらがより有効なのか、反応後過剰エネルギーはどのようなモードに放出されるのかなどを実験・理論的に明らかにする。反応ダイナミクス研究の対象に金属原子が使われた歴史は、1960年代のアルカリ金属原子の反応研究にさかのぼる[5]。遷移金属などオーブンビームでは生成が困難な金属原子の反応は、レーザー蒸発法の適用と共に最近20年くらいに研究が進んだ。アルミニウム原子の酸素分子との酸化反応、$Al + O_2 \rightarrow AlO + O$を交差分子線法で観測した結果を例にして紹介する。

アルミニウム原子はレーザー蒸発法で生成し、窒素あるいはネオンなどをキャリヤーガスとして原子ビームをつくり、酸素分子ビームと反応室で交差衝突させる。交差領域で生成する生成物AlOあるいはOをLIFで検出した[6]。先に述べたように、窒素キャリヤーガスとすると基底状態のみのアルミニウム原子$(Al(^2P_{1/2}))$ビームが得られ、ネオ

ンをキャリヤーガスにすると、スピン-軌道励起状態($Al(^2P_{3/2})$)と基底状態がほぼ等量含まれるビームが得られる。これを利用すると、それぞれの電子状態の反応による生成物の回転状態分布を分けて決定することができる。図3.1にその結果を示す。$N_{1/2}$および$N_{3/2}$はそれぞれスピン-軌道基底状態($Al(^2P_{1/2})$)および励起状態($Al(^2P_{3/2})$)の反応で生成したAlOの回転状態分布を示している。両者共に、エネルギー分配が中間体AlO_2内で全ての内部自由度で完全に統計的になっているときに予想されるもの(図中の実線)に近く、電子状態によらずほぼ同じものが得られている。

生成物AlOはREMPI法によってイオン化し、その速度・角度分布も観測された[7]。振動・回転状態を選別した分布は、図3.2に示すようになる。重心系でAlの入射方向に対して、前方-後方対称性がみられ、反応が寿命の長い中間体を経て進んでいることが示唆された。基底状態とスピン-軌道励起状態は反応のポテンシャルエネルギー面はどちらも引力性で、そのポテンシャルに導かれて寿命の長い中間体AlO_2を経て進むこと、中間体でエネルギーの再分配が十分に起こること、散乱平面が保存されることなどが明らかになった。

〈本間 健二〉

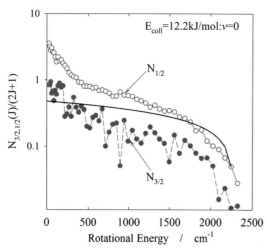

図3.1 Al+O_2→AlO+O反応によって生成するAlOの回転状態分布

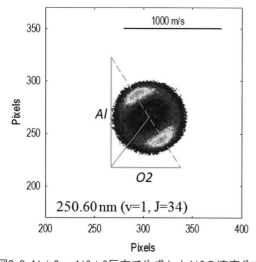

図3.2 Al+O_2→AlO+O反応で生成したAlOの速度分布

〔参考文献〕
1) 金属クラスタービームについて主に記述されているが、技術上の詳細についても次の文献が参考になる。M. A. Duncan:*Rev. Sci. Instrum.*, 83, 041101(2012)
2) D. R. Preuss, S. A. Pace, and J. L. Gole:*J. Chem. Phys.*, 71, 3553(1979);S. J. Riley, E. K, Parks, C. -R. Mao, L. G. Pobo, and S. Wexler:*J. Phys. Chem.*, 86, 3911(1982)
3) Y. Kawamoto and K. Honma:*Chem. Phys. Lett.*, 298, 227(1998);Y. Kawamoto and K. Honma:*Phys. Chem. Chem. Phys.*, 2, 3971(2000);Y. Kawamoto and K. Honma:*Phys. Chem. Chem. Phys.*, 3, 925(2001)
4) J. Sugar and C. Corliss:*J. Phys. Chem. Ref. Data*, 14, Supplement No. 2(1985);J. E. Sansonetti and W. C. Martin:*J. Phys. Chem. Ref. Data*, 34, (2005)
5) 例えば*Discuss. Faraday Soc.* Volume 44
6) K. Honma:*J. Chem. Phys.*, 119, 3641(2003);M. Ishida, T. Higashiyama, Y. Matsumoto, K. Honma:*J. Chem. Phys.*, 122, 204312(2005)
7) K. Honma, K. Miyashita, Y. Matsumoto:*J. Chem. Phys.*, 140, 214304(2014)

第7章 クラスタービーム生成

　原子や分子が数個から数千個程度凝集した集団はクラスターとよばれ、気体と固体・液体の中間に位置する新しい物質相であり、真空中でクラスターのビームを生成させることによって、クラスターのもつ新たな物理的、化学的性質を調べることができる。真空中におけるクラスタービームの生成方法としては、原子からのクラスタービームではレーザー蒸発法やマグネトロンスパッタリング法が、一方、分子からのクラスタービームでは超音速自由噴流法がそれぞれ主に用いられている。クラスタービームの生成法に共通する特徴は、原子もしくは分子を発生させる部分にキャリア気体と呼ばれる冷却気体を送り込んで、原子・分子の凝集によってクラスターを生成させる点である。クラスターは、原子もしくは分子(A)の2つが、キャリア気体との間で三体衝突を引き起こすことによって生成される。キャリア気体には、化学的に不活性なヘリウム(He)やアルゴン(Ar)などの希ガスが用いられ、Heを用いたときのクラスターA_nの生成過程は以下の式(1)、式(2)で示される。

$$A + A + He \rightarrow A_2 + He \quad (1)$$
$$\cdots\cdots\cdots$$
$$A_{n-1} + A + He \rightarrow A_n + He \quad (2)$$

　以下では、レーザー蒸発法、マグネトロンスパッタリング法、超音速自由噴流法の順に、これらの手法の詳細を紹介する。

第1節 レーザー蒸発法

　レーザー蒸発法（laser vaporizationまたはlaser ablation）は、図1.1に示したようにターゲット試料にパルスレーザーを集光して照射し、多光子過程を経て試料を蒸発させることによってクラスターを生成する方法である。1980年代にSmalleyら[1]とBondybeyら[2]が独立に考案した手法で、試料蒸発時に発生するプラズマによる温度が10000 K程度にも達するため、融点が高い金属元素の試料でも蒸発させることが可能で、固体試料の種類を問わずクラスターを生成できる点がこの手法の大きな特徴である。高温の原子状の蒸気は、キャリア気体と衝突させることによって原子同士の会合を促進して式(1)、式(2)の過程によって再凝集させ、原子から構成されるクラスターのビームが生成される。パルスレーザーのタイミングにあわせてキャリア気体を噴出させてビームとすることで真空排気系を小型化できることに加えて、キャリア気体を1 MPa（10気圧）以上の高圧に噴出すると効率よくクラスターの内部温度（振動温度や回転温度）を冷却できることから、キャリア気体の噴出にはパルスバルブが多くの場合に用いられる。蒸発時のプラズマ中には原子正イオンA^+や電子が共存するため、電荷が中性状態のクラスターA_nとともに、正電荷や負電荷をもったクラスターイオンA_n^+、A_n^-も同時に生成できる。また、ターゲット試料に単一元素ばかりでなく多成分の混合や化合物を用いると、複合クラスターも生成できる。棒状もしくは円盤状に加工した試料に対してパルスレーザーを照射する際には、棒状であれば並進と回転を、円盤状であれば偏心した回転をさせることによって、レーザーが試料の同じ場所に照射されることを防ぐとともに

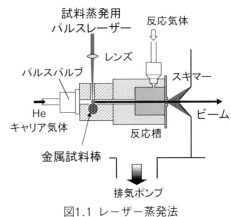

図1.1 レーザー蒸発法

に、レーザー蒸発が長時間安定して繰り返されるような工夫が施される。これらの駆動部分には、真空外もしくは真空内に設置するモーターを用いる。このレーザー蒸発法の短所は、パルスあたりのビーム強度のふらつきが大きいことと、クラスターの内部温度が比較的高いことである。パルス的にクラスターが生成される特徴を活かした生成分布の観測では、飛行時間型質量分析計との組み合わせに優れる。

第2節 マグネトロンスパッタリング法

スパッタリング法は、古くから真空蒸着のための薄膜生成に用いられている手法の一つで、金属表面に高エネルギー粒子を衝突させると金属表面から原子が飛び出す現象を利用する手法である。20世紀半ば以降、スパッタリング法は真空技術の発展とともに光学部品の反射防止膜の作成手法として広く利用されている。マグネトロンスパッタリング法は、試料ターゲットの裏面に永久磁石を配置して高エネルギー粒子（プラズマ）を磁界によって閉じ込めることによって、試料が効率良くスパッタされるように改良した方法である。

1990年代前半にHaberlandらがマグネトロンスパッタリングを金属クラスターのビームとする方法を発案した[3]。スパッタリングは薄膜を形成するほどのビーム強度が得られるため、物質合成の手法としても魅力的な方法である。図2.1にその概要を示した。マグネトロンヘッドの前面に円盤状のターゲットを装着する。マグネトロン先端部近傍からAr気体を流入させ、スッパッタリング源を取り囲むように凝集セルを設置して、セル内全体に冷却したHe気体を送り込む。スパッタリングでは、アノード、カソード間に直流高電圧を印加し、放電によってイオン化したAr$^+$イオンをカソードへと加速しターゲットに衝突させ、ターゲットの原子をはじき飛ばす。スパッタに用いる気体には、ターゲットの組成を保つために希ガス(He、Ne、Ar、Kr、Xe)が用いられ、イオン化しやすく質量が大きい原子ほどスパッタ効率が高くなるためにXeが最もスパッタ効率が高いが、気体の価格の点から主にAr気体が用いられる。ターゲットにAr$^+$イオンが衝突する際に発生する2次電子は、ターゲット裏面に設置した磁場に沿って螺旋運動(サイクロトロン運動)しながらターゲット前面に束縛されAr気体と衝突を繰り返すためにプラズマ状態が実現される。マグネトロンスパッタによって生成した原子は、凝集セルの中でキャリア気体Heとの式(1)、式(2)の三体衝突の過程を経てクラスターへと成長する。凝集セルを液体窒素で冷却することで、より大きなクラスターを生成させつつ、その流れに沿ってクラスターを凝集セルからビームとして噴出させる。ターゲットが磁性をもつ場合には、ターゲット前面での磁場が弱まるので、ターゲットの厚みを薄くする。また、ターゲットが絶縁体の場合には、直流放電ではなく交流によるRF放電を用いる。クラスターが連続的に生成できる特徴（連続(cw)ビーム）を活かした生成分布の観測では、飛行時間型質量分析計よりも四重極質量分析計との組み合わせに優れる。

さらに、従来の直流マグネトロンスパッタリング(DC-MSP)法に加えて、スパッタリングをパルス的に行う高出力インパルス・マグネトロンスパッタリング(HiPIMS)法が開発されている[4,5]。このHiPIMS法は、時間平均した電力がDC-MSP法と同じであっても、特定時間内の電圧を高められるため、スパッタターゲットからの原子イオンや電子の荷電粒子の量を増大させることができる。この生成過程でパルススパッタリングによってイオンの割合を高めるので、クラスター正イオンや、電子を捕捉したクラスター負イオンが従来法に比べて効率よく生成できる。また、蒸発直後のターゲット面から成長セルの下流に向けて生成過程の温度分布に、DC-MSP法に比べてさらに急峻な勾配

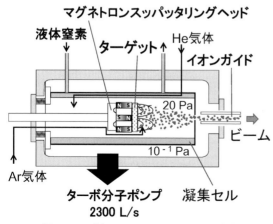

図2.1 マグネトロンスパッタリング法

をもたせることによって、熱力学的に安定な化学種である「魔法数」クラスターに分布を偏らせることも可能になる。

第3節 超音速自由噴流法

超音速自由噴流法(supersonic free jet expansion)は、試料蒸気を含んだ高圧のキャリア気体を真空中に押し出すことによってクラスターを生成する方法で、真空中に噴出された気体が音速を超える速度で並進運動するビームとなる（図3.1）。この超音速自由噴流法では、主に融点が低い、または昇華性の高い分子からなるクラスターの生成に用いられ、キャリア気体中にクラスターにする分子の蒸気を混ぜ合わせることからシード法と呼ばれる。クラスターの生成にはシードされる分子が十分に冷却されることが必要であり、そのための条件は、これまでに詳しく調べられた超音速自由噴流法の結果を使うことができる[6]。

キャリア気体がパルスバルブから真空中に噴出される際、噴出前の気体1 molのエンタルピーH_0は、噴出後に並進運動のエネルギー$(mN_A u^2)/2$と真空中でのエンタルピーHに変換され、以下のように表される。

$$H_0 = H + (mN_A u^2)/2 \tag{3.1}$$

ここで、mは気体分子の質量数、N_Aはアボガドロ数、uは気体分子の速さである。マッハ数Mは気体分子の速さuと音速aを用いて以下のように定義される。

$$M = u/a \tag{3.2}$$

また、音速aは以下の式

$$a = \sqrt{\frac{\gamma kT}{m}} \tag{3.3}$$

で与えられる。ただし、$\gamma = C_p/C_v$（C_p：定圧モル比熱、C_v：定容モル比熱）であり、希ガスHe気体では$C_p = 5/2$、$C_v = 3/2$であるから$\gamma = 5/3$である。またkはボルツマン(Boltzmann)定数である。さらに、$H = C_p T$であることと、気体定数$R = kN_A = C_p - C_v$であることを用いると、噴出前の温度T_0と噴出後の温度Tとの比は、

$$\frac{T_0}{T} = 1 + \frac{1}{2}(\gamma - 1)M^2 \tag{3.4}$$

となる。ここで、理想気体を断熱条件の下で準静的に変化させた際には、圧力Pと温度Tとの間には、

$$PT^{\frac{-\gamma}{\gamma-1}} = const. \tag{3.5}$$

が成り立つことを用いて式(3.4)を変形すると、

$$\frac{P_0}{P} = \left\{1 + \frac{1}{2}(\gamma - 1)M^2\right\}^{\frac{\gamma}{\gamma-1}} \tag{3.6}$$

となる。式(3.6)から、噴出前の圧力P_0（背圧と呼ぶ）が大きければマッハ数Mが大きくなり、式(3.4)からビームの内部温度Tが冷却されることがわかる。

一方、マッハ数Mは噴出口からの距離xにも依存する関数として経験的に次のように書き表される[7]。

$$M = A\left(\frac{x}{D}\right)^{\gamma-1} \tag{3.7}$$

ここで、Aはγに依存する定数であり、単原子分子のとき$A = 3.26$である。また、Dは噴出口の直径である。この式(3.7)からは、噴出口の直径Dが小さければ、マッハ数が大きくなることがわかるので、これらのことから、クラスタービームに必要な冷却を実現する条件は、背圧P_0が高いことと、噴出口の直径Dが小さいことの2つである。

超音速自由噴流を用いたビームでは、距離xが大きくなるとビームは拡散して衝突頻度が低下するため、マッハ数Mはある距離xで極大を示す。この極大となる領域はマッハディスクと呼ばれ、図3.1のようにマッハディスク手前にスキマーを設置することでクラスターの生成効率の高いビームが得られる。ここでスキマーによるビームの乱れを考慮すると、マッハディスクの位置が噴出口

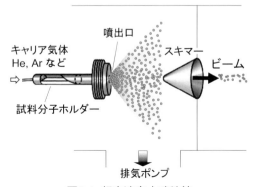

図3.1 超音速自由噴流法

第4編 分子ビーム技術

から遠いことが必要であるが、マッハ数が大きければマッハディスクも噴出口から離れるので、スキマーを用いて差動排気する装置とすることが一般的である。一般に、ノズル径Dを決めると、背圧P_0の大きさは装置の排気能力によって制約される。超音速自由噴流法においても連続ビーム(cw)ばかりでなく、先のレーザー蒸発法と同様にパルスバルブを用いた実験手法が広く用いられる。これによって比較的小型の排気装置で、背圧10 MPa（100気圧）以上の超音速自由噴流を作りし、クラスターの生成効率を高めることが可能である。

〈中嶋　敦〉

〔参考文献〕

1) D. E. Powers, S. G. Hansen, M. E. Geusic, A. C. Pulu, J. B. Hopkins, T. G. Dietz, M. A. Duncan, P. R. P. Langridge-Smith, and R. E. Smalley, J. Phys. Chem. 86-14, p.2556,(1982)

2) V. E. Bondybey, and J. H. English, J. Chem. Phys. 74-12, p.6978,(1981)

3) H. Haberland, M. Karrais, and M. Mall, Z. Phys. D – At. Mol. Cluster, 20-1, p.413,(1991)

4) H. Tsunoyama, C.-H. Zhang, H. Akatsuka, H. Sekiya, T. Nagase, and A. Nakajima, Chem. Lett. 42-8, p.857,(2013)

5) C.-H. Zhang, H. Tsunoyama, H. Akatsuka, H. Sekiya, T. Nagase, and A. Nakajima, J. Phys. Chem. A 117-40, p.10211,(2013)

6) G. Scoles, Atomic and Molecular Beam Methods Vol. 1, Oxford University Press, N.Y.(1988)

G. Scoles, Atomic and Molecular Beam Methods Vol. 2, Oxford University Press, N.Y.(1992)

7) H. Ashkenas and F.S. Sherman, Proceedings of 4th International Symposium on *International Symposium on Rarefied Gas Dynamics*, supp. 3, Vol. 2, p.84,(1966)

第8章 液体分子ビーム生成とその放射光分光

第1節 はじめに：液体分子線の必要性

　本章では、近年、発達した分子ビーム試料技術の一つである液体分子線について、特に放射線効果を分光研究する立場から概説する。物質内に注入された放射線からのエネルギー付与によって物質の放射線効果が開始される。放射線のエネルギーや線質を区別して研究するうえで、試料容器や隔壁などを通過する際に放射線の減速や減衰、荷電変換による線質変化がおこることは望ましくない。このような変化は低エネルギー放射線では顕著である。著者らは軟X線シンクロトロン放射光による内殻吸収を用いた水溶液試料に対する放射線効果の実験を行っている[1-8]。これは真空実験であり、真空と試料との隔壁によるX線の吸収もまた実験を阻害する。また、放射線効果を研究する上では、付与されたエネルギーによる生成物の分析が不可欠となる。著者らの実験に即して言えば、軟X線による分子の内殻イオン化によって光電子が放出される。これに引き続いて、内殻イオン化エネルギーと同程度のエネルギーを持つオージェ電子が放出され、二価の分子イオンを生じる。二価分子イオンは、ほとんどの場合、分解する。これらの電子やイオンなどを試料から抽出して電子分光や質量分析などの分光学的方法により追跡し、放射線誘起構造変化の中間状態を観測したい。このため、真空中に露出した試料が必要であり、液体分子線技術はそのための新規の試料技術である。

　後述するが、液体分子線は真空中での種々の不安定性のため、やがて分解して氷の微粒子となる。これは液体試料の消滅という実験的な大問題であるが、このような相転移を有効に用いることにより時間発展的に生成・消滅する不安定化学種を強制的に固定して、生成物分析に利用する可能性もまた考えられる。

　なお、目的は異なるが、液体分子線を大強度のレーザー光を通すための光ファイバーとして用い

た微細加工装置も市販されている[9]。

第2節 液体分子線の状態

　液体分子線は、宇宙船内の除湿のために宇宙空間へ排水を行う方法として開発されたものであるが[10]、近年、分光試料技術として基礎的な性質が研究された[11-13]。これにより噴射直後の液体分子線が特定の長さにわたって均一径の層流となることが明らかにされ、物理化学研究の試料として普及しつつある[14-19]。

　軟X線に限らず、試料までの放射線の輸送経路は真空である必要がある。試料への放射線エネルギー付与によって発生する電子のエネルギー分析において、残留気体との衝突は電子のエネルギーの情報を失わせる。生成したイオンも残留気体と衝突して電荷交換やイオン・分子反応を起こす。つまり、正確な生成物分析のためには、残留気体圧力を抑える必要がある。ところが、水のような蒸気圧の高い液体を真空中に導入すると、蒸発により装置内の真空が悪化する。さらに、気化熱の放出により試料温度が低下し、固相に相転移してしまう。

　液体分子線技術では液体試料を細孔から真空中に噴出することにより、液体表面積を小さくして蒸発を軽減し、真空槽内の真空度の悪化を防ぐとともに、液相から固相への相転移を遅延させる。

　液体分子線が真空中に放出されてからの相図上の経路を図2.1に示す。真空中に液体分子線を噴出すると、外界の急激な圧力低下により、相図上では断熱的に気相に転移する。つまり、分子線表面から蒸発がおこるが、液体分子線中にはすべての分子を気化させるに十分な内部エネルギーはないため過熱液体の状態となる。続いて蒸発熱の放出により試料は徐々に冷却され、熱力学的には気相から固相へ相転移するはずであるが、真空中では熱伝導や体積膨張による外界への仕事などによる有効な凝固熱の放出が困難なため、試料は過冷

771

第4編 分子ビーム技術

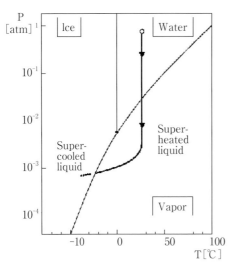

図2.1 真空中に放出された水の相図上の状態変化

却液体の状態になる。さらに真空中での飛行を続けると、液体分子線は流体力学的な不安定性を生じ、微小液滴へと分解する。これを契機として氷へと相転移すると予想される。

以上のように、液体分子線は液体表面からの蒸発により冷却される。真空中への液体分子線試料の単位時間当たりの噴出量と分子線表面からの蒸発量を比較すれば分子線温度を推測することができる。

図2.2は、初期温度300 Kの水試料を、押し出し圧10、30、80 atmで直径10 μmのノズルから液体分子線として噴射したときの真空中の飛行距離に対する温度を計算したものである[3]。このような温度の見積もりを行うことにより照射位置を決定

するが、より詳細には後述のように実験結果との突合せが必要である。また、液体試料の蒸発により分子線径が若干ながら減少すると考えられる。上記と同様な計算による見積もりを行ったが、温度降下によって飽和蒸気圧が低下し、減少率は頭打ちとなり、上記の条件での分子線径の減少はきわめてわずか（5％程度）であった[3]。

なお、液体分子線は以上のような熱力学的な変化だけでなく、境界をもたない真空中の局所に高密度の流体を輸送するものであるため、流体力学的な不安定性によって、表面振動や揺らぎが発散的に拡大して分裂する。また、自己電離した水のイオンや電解質溶質に対して、ノズルやそれ以前の輸送経路が電極としてはたらくために液体表面の帯電のような電気化学的な不安定性が存在するといわれている。それらの詳細はまだ十分に解明されているとは言いがたいが、分光試料としてはこのような不安定性を制御して防ぐ技術を発展させる必要があり、また前節で述べた反応の時間発展の強制停止の観点からは、不安定性を自在に発生させる技術もまた重要になるだろう。

第3節 確認実験の概要[1-3]

液体分子線試料の状態の確認実験をSPring-8大型放射光施設の軟X線放射光[20,21]を用いた内殻吸収端X線吸収スペクトル（以下XANESと略す）測定と放出電子のエネルギー分析により行った。試料はいずれも純水である。

装置は図3.1のように、液体分子線への放射光照射を行うための主真空槽（右側）と、静電レンズと静電半球型エネルギー選別器を備えた光電子

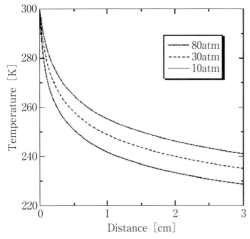

図2.2 真空中の液体分子線の飛行距離と温度の関係

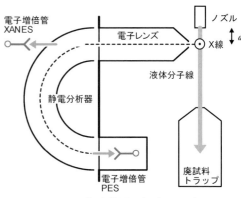

図3.1 実験装置の概念図[2,3]

分光器真空槽（左側）からなる。真空槽は大容量のターボ分子ポンプと液体窒素クライオパネルにより差動排気し、照射後の試料は進行方向下流の液体窒素トラップにより真空槽内に固定した。

液体試料には、Milli-Qシステムによる純水を用い、加圧して直径10 μm、および、20 μmの白金製ノズルから放出して液体分子線を発生させた。ノズルは主真空槽上方のマニピュレーター上に設置し、出射ノズルからの照射位置(d)を変化させて蒸発による液体分子線試料の温度を実効的に制御した。

放射光照射により液体分子線試料から放出された光電子を、静電レンズシステムを通過させたのち、静電型電子分光器にてエネルギー分析を行い検出した。また、X線吸収スペクトル(XANES)は、レンズ通過後の電子を、エネルギー分析器を動作させずに通過させて計測する全放出電子収量測定の方法により求めた。

なお、蒸発した水蒸気は電子分光器上に付着して氷の絶縁膜をつくり、電子透過率の低下や電極電位のシフト・揺らぎの発生などの問題を起こすため、静電レンズ系と電子エネルギー分析器の数箇所にヒーターを設置して氷の絶縁膜の発生を防いだ[2]。また、絶縁体試料に対する光電子分光の際には、光イオン化による試料の帯電が測定上の問題の一つであり、純水の実験の場合にそれが見られた。そこで、放射光の照射量に対する帯電の程度を、光電子放出量と電子エネルギースペクトルのシフト量から見積もり補正した。なお、場合に応じて、電解質を加えて試料の電気伝導度を上げて帯電を軽減する方法も採用できる。

第4節 分子線温度と相[1, 3]

図4.1は純水の液体分子線に530-550 eVの単色化X線を照射し、全電子収量をX線エネルギーの関数として表したものであり、酸素のK殻軌道電子の励起、イオン化に対応したXANESスペクトルである[1]。この測定には10 μmのノズルを用いており、押し出し圧は3.0 MPaである。

図4.1右側のXANESは液体分子線に対する放射光照射位置を1-17 mmの範囲で変化させて測定したものである。一番下のXANESは液体分子線からの蒸発水蒸気に対してであり、既報の気体の水のスペクトルにほぼ一致し[22,23]、534、536、537 eVの三つのピークは酸素K殻電子の励起に対応する[24]。一方、液体のXANESには、534.5 eV付近のピーク

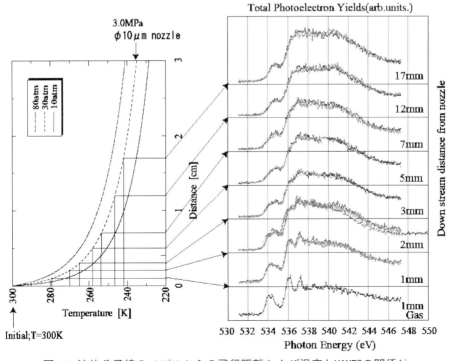

図4.1 液体分子線のノズルからの飛行距離および温度とXANESの関係[1]

と、536 eVから立ち上がる幅広いピークが見られる。前者のピークは気体の534 eVのピークに対応する酸素K殻電子励起によるものであり、後者の幅の広いピークはK殻電子の光イオン化断面積のピークである。

図4.1右側のXANESは液体分子線に対する放射光照射位置を変化させて測定したものであり、液体試料の温度を実質的に変化させて測定したXANESに相当する。温度の見積もりのため、図4.1の左側には前節で示した真空中の水の液体分子線の飛行距離と温度の関係を示した[1]。ノズルから1 mm、および、2 mm下流で測定した液体分子線に対するXANESでは、536 eVと537 eV付近に水蒸気分子の寄与と考えられるピークの重畳が見られる。また534.5 eVのピークにも気体のスペクトルの重畳による低エネルギー側へのシフトが見られる。これらから分子線表面での蒸発が活発に起こっていると考えられる。このときの分子線温度は図4.1左より270 K以上である。このような気相分子由来のピークやシフトはノズルから3〜7 mm下流の照射位置でのXANESには見られない。また、ノズルから12 mmと17 mm下流で測定したXANESには、541 eV付近に新たなピークが出現するように見える。このようなピークは固体の水のXANESに特徴的に見られる強調構造である。このとき、分子線温度は図4.1左によれば250 K以下であり、液体分子線は凝固しつつあるものと考えられる。以上のXANESの実効的な温度依存性の結果から10 μm径のノズルを用いて3.0 MPaの押し出し圧において発生させた液体分子線の場合、ノズルから3〜7 mm下流では液体状態が保たれ、かつ蒸発分子の寄与も無視できる液体試料が実現できていると判断できる[1,3]。

第5節 水液体分子線からの放出電子スペクトル[2,3]

上記のように実現できた水の液体分子線から放出された電子の運動エネルギーを450-530 eVの範囲で選別し、相対収量を求めた電子エネルギースペクトルを図5.1に示す。これらは、氷に対する放出電子スペクトルとよく一致しており[25]、凝縮状態の特徴を共有するものと思われる。気体の放出電子スペクトルとも類似が見られるが、気体のスペクトルに比べて、電子スペクトル全体がわずかに高エネルギー側にシフトしており、スペクトル幅も広い。

電子エネルギー460、480、500 eVの付近に見られる電子収量のピークにはX線のエネルギーを変化させても中心エネルギーに大きな変化はなくオージェ遷移によるものと考えられる。これに対して500 eV付近のオージェ電子ピークよりも高エネルギー側に見られる電子収量のピークはX線エネルギーの変化分だけのエネルギーシフトが現われ、外殻光電子放出に対応する。

なお、hν=536.20 eVよりも高エネルギー側ではオージェ電子ピークの中心エネルギーはほぼ一定であるが、hν=534.73−536.20 eVでは、2本の縦線で示したようにオージェ電子ピークの中心エネルギーのシフトがみられ、外殻空孔軌道に励起された電子による分子内電場の違いを反映した共鳴オージェシフトである[26]。以上の結果は本研究と相前後してドイツのグループによっても測定されており、本研究とよく一致する[27]。

以上のように液体分子線技術は光電子分光に対しても有効な液体試料を提供できることがわかった。

本稿で述べたほかにも、液体分子線試料は水溶液中のヌクレオチド（DNAの構成単位）のXANESや

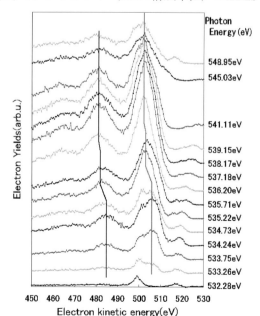

図5.1 水液体分子線からの放出電子スペクトルの軟X線エネルギー依存性[2]

の速さで基板に衝突する。このときの衝撃が駆動力となり粒子間の物質移動が起こり粒子は強く凝着するため、粒子－基板間および粒子同士の密着性・結着性に極めて優れた厚膜が得られる[1,2]。GD法では1μmを超える厚さを持つ膜を瞬時に形成することができる。筆者らはこの手法を蓄電池電極の作製法として初めて適用した[3,4]。スパッタリング法等とは異なり原料は気化過程を経ずに膜化するため、粉体粒子の組成や結晶構造が製膜後も維持される。このため、実用の塗布電極に供する場合と同等の試料状態を保持したまま、それでいて、導電助剤や結着剤に由来する副反応の影響を除去した上で電極評価が行える点がGD法の最大の魅力である。また、活物質層と基板との優れた密着性により、大電流充放電にも耐えることが可能な集電性の高い電極となり得る。したがって、活物質そのものの本来の電気化学的性質を評価することが可能となる。これがGD法のユニークな特長であり、活物質のスクリーニングに最適な電極作製法と言える。

筆者らは、Siの乏しい導電性や激しい体積変化などの欠点を補うべく、Siと別の物質をコンポジット化させた新規高性能負極の創製を検討してきた[5-8]。一方で、Siが持つ高容量の魅力を最大限に引き出すため、活物質層の構造と電極－電解質界面での種々の反応挙動が充放電特性に与える影響を調査する基礎研究も行ってきた[9-14]。その一環として、GDのキャリアガスを変えることで活物質層の構造が大きく異なるSi電極が得られることを見出してきた[14]。本稿では、このSi電極の活物質層の構造の違いが負極特性に与える効果を調べた結果について紹介する。

第3節 ガスデポジション法を用いて得られたケイ素電極の負極特性

Si電極の作製の際には、GD用のキャリアガスとして純度99.9999%のArもしくはHeを用いた。図2.1に示すようなチャンバー内に厚さ20μmの銅集電体箔を設置し、差圧0.7MPaのキャリアガスによってエアロゾル化させたSi粉末（平均粒径：1.6μm）をノズルから噴出させ銅箔上に膜化させた。ノズルの直径は、0.3mmもしくは0.8mmである。ノズルと銅箔との距離は10mmとした。得られたSi電極に対して、共焦点走査型レーザー顕微鏡を用いて二乗平均平方根粗さを求めた。また、走査型電子顕微鏡(SEM)により電極の断面観察を行った。充放電試験は、作製したSi電極を試験極とし、対極および参照極にリチウム板を、電解液に1M LiClO$_4$/プロピレンカーボネートを使用する三極式セルを用いて行った。測定条件は、電流密度を1 A g^{-1} (0.25C)、電位幅を0.005-2.000V (vs. Li/Li$^+$) とした。

表3.1はノズル径を0.3mmもしくは0.8mmとしキャリアガスにArあるいはHeを用いて作製したSi電極の、二乗平均平方根粗さ（電極表面の粗さの程度）、製膜面積および活物質析出量を示す。二乗平均平方根粗さのノズル径依存性は認められなかった。他方、キャリアガスを変えた場合にはHeガスを用いて得られた厚膜がArのものに比べ約2倍の表面粗さを示した（図3.1）。HeガスはArガスに比べ1/10の気体密度を持つため、10倍大きい速度で噴出し活物質粒子を集電体箔に叩きつけると

図2.1 (a) ガスデポジション装置の概略図 (b) グローブボックス内に設置したガスデポジション装置の写真（露点-100℃の脱水雰囲気下において材料合成から電極作製・電池構築までの一連の工程を行える）

表3.1 異なるキャリアガスとノズルを用いたGD法により作製したSi厚膜電極の膜構造と負極特性のまとめ

Gas	Nozzle diameter /mm	Deposition area /mm²	Deposition weight /μg	Root mean square roughness /μm	Film thickness /μm	Discharge capacity /mA h g^{-1} 1st cycle	Discharge capacity /mA h g^{-1} 100th cycle
Ar	0.8	22.1 (±0.1)	17 (±3.7)	0.17 (±0.01)	2	1400	520
Ar	0.3	8.0 (±0.0)	6 (±2.0)	0.16 (±0.01)	2	1620	450
He	0.8	32.2 (±0.1)	10 (±4.1)	0.35 (±0.03)	1	1400	650
He	0.3	11.9 (±0.1)	11 (±4.5)	0.34 (±0.04)	4	2280	400

777

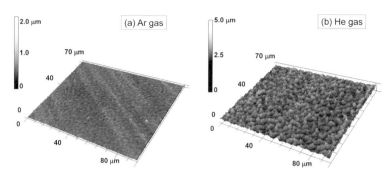

図3.1 (a) Arガスと (b) Heガスを用いて作製したSi厚膜電極の表面形状を共焦点走査型レーザー顕微鏡により観察した結果（ノズル径は0.3mm）

考えられる[14]。このような高速でのエアロゾルの噴出が表面粗さの大きい膜が得られた要因の一つであると予想される。表面粗さが大きい電極については、より多孔質で密度の低い活物質層が形成されているものと推察される。製膜面積については、ノズル径が同じであればHeガスを用いた方が広くなることがわかった。これは、気体の粘性係数がより小さいHeガスではそのエアロゾルがArガスの場合より広い角度でノズルから噴出したためと考えられる。キャリアガスにArを用いた場合には、ノズル径を小さくすると活物質析出量、製膜面積がともに減少することがわかった。他方、Heを用いた場合には、ノズル径を小さくしても製膜面積は狭くなるものの析出量の減少は見られなかった。このことは膜厚の増大を示すものである。SEMによりSi電極の断面観察を行った結果を図3.2に示す。ノズル径を0.3mmとした場合の電極の断面を比較したところ、Heガスで製膜したSi活物質層の膜厚（約4μm）は、Arガスの場合（約1μm）よりも大きいことがわかった。これまでの筆者らの検討では、Siは非常に硬い物質であるため厚膜化が困難であり、従来の条件では一度の製膜で得られる膜の最大厚さは2μm程度であった。これに対し、キャリアガスとノズル径を変えるだけで従来の2倍以上の厚膜化を達成できたことは注目に値する結果である。

これらの電極に対し充放電試験を行った結果、表3.1に示すような放電（Li脱離）容量が得られた。ノズル径0.8mmでは、いずれのキャリアガスの場合においても初期放電（Li脱離）容量は1400mA h g^{-1}程度であった。一方、0.3mmの場合、Heを用いたものの容量は2280mA h g^{-1}であり、Arを用いたもの（1620mA h g^{-1}）を大きく上回ることがわかった。この初期放電容量の増大は、活物質層の厚さが大きく密度が低いことにより、Li挿入・脱離時のSiの膨張・収縮に対する基板の拘束力が弱められたことによると考えられる。充放電サイクルにともなう放電容量の推移を図3.3に示

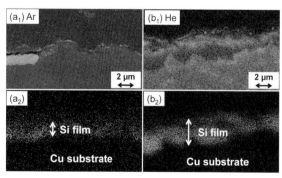

図3.2 ArおよびHeをキャリアガスに用いて作製したSi厚膜電極の(a_1)、(b_1)断面構造と(a_2)、(b_2)対応するSiマッピング像（ノズル径は0.3mm）

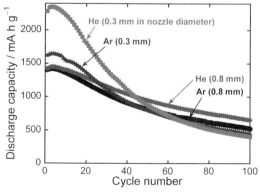

図3.3 GDの際のキャリアガスとノズル径を変えて作製したSi厚膜電極の放電容量の推移

す。Heガスと0.3mmのノズルを用いた場合の電極
は最も初回容量が高かったため充放電時の体積変
化が大きく急激な容量衰退が起こると予想してい
たが、100サイクル後の放電容量は他の電極と同
じ程度であった。

　本研究の意義は、硬い活物質であるSiに対して
厚膜化に成功し初回容量の大きな電極を作製でき
たことである。前述の通り、筆者らはSiの体積変
化に起因する容量衰退を、希土類元素のケイ化
物[5-7]やニッケルとリンの化合物[8,15]等とのコン
ポジット化により改善してきた実績を有する。
これらのコンポジットに対しても上述の知見を適
用すれば、より高性能な負極の実現が期待され
る。

おわりに

　資源量が豊富な元素であり安価で毒性の低いケ
イ素を活物質に用い、キャリアガスとノズルを変
えたGD法により厚膜電極を作製し、そのリチウム
イオン電池負極特性を調査した。Arよりも分子量
の小さいHeをキャリアガスに用いることで表面粗
さの大きいSi厚膜が得られた。また、ノズル径を
小さくすることでより狭い領域に厚く活物質層を
製膜できることもわかった。本稿で紹介した成果
が、次世代蓄電池にふさわしい高容量と高サイク
ル安定性を兼ね備えた新規負極の開発に役立つこ
とを願っている。

〈薄井　洋行／坂口　裕樹〉

〔参考文献〕

1) J. Akedo and M. Lebedev, *Jpn. J. Appl. Phys.*, 38(1999)5397-5401

2) J. Akedo, *J. Am. Ceram. Soc.*, 89(2006)1834-1839

3) H. Sakaguchi, T. Toda, Y. Nagao, T. Esaka, *Electrochem. Solid-State Lett.*, 10(2007)J146-J149

4) 坂口裕樹ら、リチウム二次電池用電極及びその製造方法、国立大学法人鳥取大学他1社、特許第4626966号（平22.11.19)

5) H. Sakaguchi, T. Iida, M. Itoh, N. Shibamura, T. Hirono, *IOP Conf. Series : Mater. Sci. Eng.*, 1(2009)012030-1-5

6) H. Sakaguchi and H. Usui, *Electrochemistry*, 80(1)(2012)45-50

7) H. Usui, M. Nomura, H. Nishino, M. Kusatsu, T. Murota, H. Sakaguchi, *Mater. Lett.*, 130(2014)61-64

8) H. Usui, N. Uchida, H. Sakaguchi, *Electrochemistry*, 80(10)(2012)737-739

9) H. Usui, T. Masuda, H. Sakaguchi, *Chem. Lett.*, 41(5)(2012)521-522

10) M. Shimizu, H. Usui, K. Matsumoto, T. Nokami, T. Itoh, H. Sakaguchi, *J. Electrochem. Soc.*, 161(12)(2014)A1765-A1771

11) M. Shimizu, H. Usui, T. Suzumura, H. Sakaguchi, *J. Phys. Chem. C*, 119(6)(2015)2975-2982

12) Y. Domi, H. Usui, M. Shimizu, K. Miwa, H. Sakaguchi, *Int. J. Electrochem. Sci.*, 10(2015)9678-9686

13) M. Shimizu, H. Usui, H. Sakaguchi, *Phys. Chem. Chem. Phys.*, 18(2016)5139-5147

14) H. Usui, Y. Kiri, H. Sakaguchi, *Thin Solid Films*, 520(2012)7006-7010

15) 坂口裕樹、薄井洋行ら、二次電池用負極材、二次電池用負極、二次電池用負極材の製造方法および二次電池用負極の製造方法、国立大学法人鳥取大学他1社、特許第5755246号（平27.6.5)

〔第5編〕
表面分析

第1章　表面分析技術の概要

第2章　電子を利用した分析技術

第3章　電子顕微鏡

第4章　X線検出分析法

第5章　電子回折

第6章　イオン・レーザを利用した分析技術

第7章　探針を利用した観察法

第8章　力学特性計測装置

第1章 表面分析技術の概要

表面分析技術の発展は「真空技術」の進展と密接に関係している。かって「表面」の研究は科学的な領域に達していなかった。それは実験結果に再現性を伴わなかったからである。原因は真空度が充分低くないために表面が汚染されたためである。勿論1920年代でも有名なDavissonとGermerによるNi結晶を使った低速電子線の回折現象から「電子の波の性質」を発見した実験がある。しかし、一般的に「表面」に関する研究が普及しだすのは1950-60年代であり、超高真空(UHV)技術が広く使われだしてからである。今では関連の研究は「ナノテクノロジー」の発展に欠かせないものになっている。我が国の真空技術の進展は決して早くはなかった。しかし現在では極高真空(XHV)技術開発のプロジェクトが発足して成果を上げたこともあり、一部では世界の先端に立つ開発が行われている。現在では超高真空中で表面現象を見ようとする試み以外に、実用的な環境で表面を観察したいという要求が高まり、わざわざ真空が悪いまたは特定のガスを導入した環境で測定が行われ、ambient測定といわれている。分析器自身はいい真空にする必要があるために、真空技術が駆使されている。ここでは「真空技術」の発展に支えられた「表面分析技術」の概要を述べて、個々の分析技術の詳細を理解するための一助としたい。

1960年代に表面関係の研究がたいへん盛んになってきた。初期の主な表面観察手段は「低速電子線回折(LEED)」と「オージェ電子分光法(AES)」であった。LEED自身はすでに述べたDavissonとGermerによる実験が先駆けになったが、Germerが開発した蛍光版を利用した回折スポットを直接観察する手法の開発によって一挙に多くの研究者が使うようになった。この手法により種々の表面構造の解析が試みられた。この画像は測定をしていると大変楽しい。大変幻想的なLEEDパターンが蛍光版上に映し出される。しかし、この手法だけでは表面にどのような原子が存在しているかがわか

らない。元素分析が必要になる。その需要を満たしたのがAESであった。初期のころはLEED観察を行う阻止電極型分析器を使用したり、電子の軌道を曲げて測定する種々の静電型の分析器を開発しながら測定が行われた。その中で特に普及したのがシリンドリカルミラー分析器(CMA)である。多くの企業から種々のCMAが市販されて大学・研究所ならびに企業に普及していった。これは後ほど走査型オージェ電子顕微鏡(SAM)として発展するきっかけを作った。電子ビームを細く絞り局所的な領域の元素分析（場合により結合状態分析）ができるということで多くの企業が導入して半導体、金属、有機物質（帯電の可能性があるが）等の元素分析ならびにイオンスッパターを併用した深さ方向分析を行った。種々の材料開発やデバイス開発に応用され、SAMは表面分析装置の花形になった感があった。この機器は大学等の機関では高価なこともあり、広くは普及しなかった。もっぱら企業が開発の一環として購入したケースが多かった。AESはこのように広く普及をしたが、欠点もあった。（1）感度が高くない、（2）結合状態を観察するスペクトルが複雑なので解釈が難しい（3つの原子準位が関係しているため）、（3）材料の特性に影響を与える水素を分析ができない 等の問題が残った。（1）と（3）の問題に関しては二次イオン質量分析法(SIMS)が早くから提案されていた。これも1970年代に大いに普及し始めた。この手法はたいへん好感度でありかつ水素の分析を可能にした。鉄鋼関係の企業で競ってSIMSを導入した理由はこの2点の長所があったためである。しかし、問題があった二次イオンの信号強度が元素によりかつ環境により数桁も異なってしまい、定量分析がなかなかできなかったことである。肝心の水素測定でも測定はできても定量的な値がほとんど得られないことが研究者を悩ませた。しかし、標準試料を使用しながら大変高感度測定ができることが理解され、企業を中心にして普及し

第5編 表面分析

た。特に半導体産業では高感度深さ方向分析法として広く使われた。(2) の問題は本質的なので、克服するために以前から使われていたX線光電子分光法(XPS)が普及した。一原子準位が関係するだけなので解釈が単純であるという大きな長所を有している。現在はこの化学結合の情報を得る手法はたいへん多くの研究機関ならびに企業で使われて、需要が大変大きい分析法になっている。

一方局所的な状況を観察する顕微法については表面分析法とは異なり、独自の発展を遂げてきた。光学的顕微鏡はずいぶん昔から使用されてきたが、光の回折による分解能の限界のためにせいぜい$1\mu m$程度の分解能しか得られなかった。それを補ったのが電子を使用した顕微鏡である。1930年代初めにベルリン工科大学で開発が始まった電子顕微鏡の開発が端緒になりやがて透過型電子顕微鏡(TEM)が市販されるようになり、その後も改良が重ねられ原子一個の像が観察できるようになった。現在では球面収差補正や色収差補正ができるTEMが開発され目を見張るようなきれいな画像が得られている。それに伴って走査型電子顕微鏡(SEM)も大変普及し、収差補正を行って分解能も飛躍的に向上した。我が国はこれらの電子顕微鏡生産では世界のトップに位置にいたが収差補正技術開発の遅れでその地位が厳しくなっている。電子顕微鏡は単に像を観察するだけでなく、電界放射電子源を使ったフォログラフィー法を使って磁区の観察を行ったり、他にも種々の応用がなされている。世界中の研究機関と企業で競ってこれらの顕微鏡が導入されている。たいへん高価な機器であるにも関わらず、生産ラインにさえ多くの顕微鏡が設置されているのが現状である。

この顕微鏡技術は表面観察手段としても使われ始めた。電子顕微鏡をUHVの状況下で使用するのは簡単ではない。1970年代にはTEMの試料室のみUHVにして表面観察が行われた東工大の研究は世界に誇るべきものである。その時まで解明されていなかった表面の状態が顕微像として研究者の目に鮮やかに示された。まさに表面研究者にとって夢の観察法だと思われた。しかし一つ欠点があった高速の電子ビーム（数100kV）を使用するために試料表面すれすれの角度から像を得ないといけないことである。そのために像が「寸詰まり」に

なってしまうことである。その欠点を補うために電子ビームのエネルギーを極端に下げて（数eV）、試料表面の垂直方向から像を得ることができる低速電子顕微鏡(LEEM)がクラウスタール工科大学で開発された。この表面電子顕微鏡は電子のみならず電磁波等の種々の入射ビームを使うことができ、従来の顕微鏡では得られない表面磁性の高分解能観察等、種々の情報が得られる特性も備えていて一般の研究室や放射光施設で広く使用され始めている。放射光施設ではX線や紫外線の偏光を利用して磁区の顕微特性が得られている。またスピン偏極電子を使用したスピン偏極低速電子顕微鏡(SPLEEM)により詳細な磁区観察も行われている。

1980年代に華々しく登場したのが走査プローブ顕微鏡(SPM)である。従来の電子光学系を使用する手法とは全く異なり、先端を鋭敏に尖らせた探針を使用して表面の高分解能像を得る手法である。最初は原子間に流れるトンネル電流を使用した走査トンネル顕微鏡(STM)が開発され、その後原子間に働く力を利用して像を得る原子間力顕微鏡(AFM)が普及してきた。現在ではAFMの方が分解能も優れてきて原子の内部の像を議論する段階まで発展している。これらの手法はまさに「ナノテクノロジー」を発展させた基礎になった技術である。現在も世界中の多くの研究者がこのような手法を用いて研究を行うとともに、空気中で測定を行う手法は企業でも実用的な観点から広く普及している。顕微鏡法はこれからも大いに発展が期待されている分野である。

イオンを用いた分析手法も広く使用されている。すでに述べたSIMSは高感度測定法として普及するとともに、飛行時間型分析法(TOF)を採用したTOF-SIMSがソフトマテリアルの分析に応用されたいへん広く普及している。SIMSに関する現在の国際会議の大きな部分の発表がこのような関連の報告で占められている。新しい傾向である。イオンを使用したもう一つの分析手法はイオン散乱法である。現在では高速イオン散乱法（Rutherford背面散乱法）、中速イオン散乱法、低速イオン散乱法が使用されている。深さ方向の「非破壊分析」ができるということで半導体を始め多くの産業で使用されてきた。また物質の研究にも大いに活用

されてきた。最近ではキャピラリーを使った簡易収束法で入射ビームを絞って使用される場合もある。

かなり以前からX線や光等の電磁波を使った測定法も広く普及している。電子プローブマイクロアナリシス(EPMA)は大変普及している分析手法である。局所的な元素分析ならびに状態分析が行える。主に企業で通常の標準分析手法として使われている。

以上いくつかの分析法についてそれらの概要と簡単な歴史について述べてきた。勿論他のたいへん多くの手法が普及している。これからも種々の新手法が開発されていくと考えられる。それほど分析ならびに観察手法は大事であるということである。物質やデバイスの性質を知り新しい開発を行おうと思うと避けては通れないのがこれらを用いた種々の情報を得ることである。これをキャラクタリゼーションと呼んでいる。

まさにキャラクタリゼーションを行うことが新物質やデバイスの開発にとって死命を制することになってきていると言っても過言ではない。

〈越川　孝範〉

第2章 電子を利用した分析技術

第1節　オージェ電子分光法 (AES)

オージェ電子分光法(AES：Auger Electron Spectroscopy)は、電子線やX線等を試料表面に照射することにより原子の内殻電子が放出されてイオン化状態（内殻励起状態）となり、その緩和過程（オージェ過程）で発生するオージェ電子のうち、試料表面から放出される電子のエネルギー分布を測定し、組成分析や化学状態を分析する手法である。励起源には、電子線、X線、イオンビームなどのプローブが上げられるが、細く絞ることの容易な電子線を用いるのが一般的で、表面の局所分析として発展してきた。一方、X線励起によるAESは、例えばX線光電子分光法(XPS：X-ray Photoelectron Spectroscopy)では、光電子ピークの化学シフトが小さい元素の化学状態を評価するため（例えばZn 2p）、オージェパラメータとして用いられる[1]。オージェの名称は、1920年代にPierre Augerによって成された仕事に由来する[2-4]。

1.1 AESの原理

オージェ電子の発生過程とエネルギーダイヤグラムの例を図1.1に示す。電子線等の励起源を照射することにより内殻準位（K殻：エネルギー準位E_K）に空準位ができ、この空準位を埋めようとして上の準位（L_1殻：エネルギー準位E_{L_1}）に存在する電子が空準位に落ちる。この準位間のエネルギー差$(E_K - E_{L_1})$は特性X線として放出されるか、他の準位（$L_{2,3}$殻：エネルギー準位$E_{L_{2,3}}$）の電子に与えられ、オージェ電子として放出される。図1.1の例のような電子が放出される過程を$KL_1L_{2,3}$オージェ遷移、あるいはKLLオージェ遷移、放出された電子を$KL_1L_{2,3}$オージェ電子、あるいはKLLオージェ電子という。また、最外殻が価電子帯を形成する場合は、LVV、MVVと記述をすることもある。また、L殻に空準位が出来た場合、Coster-Kronig遷移と呼ばれる遷移が起こることがある（特にLLM遷移）[5]。オージェ電子のエネルギーは、X線励起の場合はフェルミ準位基準で定義されるが、電子線励起の場合はフェルミ準位又は真空準位のいずれかを基準にして定義される。フェルミ準位基準によるオージェ電子のエネルギーは次式のように表すことができる。

$$E_{KLL} = E_K - E_{L_1} - E_{L_{2,3}} - \phi \quad (1.1)$$

ここでϕは仕事関数である（測定時は分光器の仕事関数の値を用いるが、分光器と試料は同電位なので、フェルミエ準位は一致する）。式から分かるように、オージェ電子のエネルギーは入射電子のエネルギーに依存しない元素固有の値である。また、HとHeはオージェ電子を発生しない。

図1.2にArイオン照射によりスパッタ清浄化したシリコン表面のオージェスペクトル測定例を示す。オージェスペクトルは高運動エネルギー側では図1.2のN(E)にしめすように信号強度が小さくなるため、図1.2のEN(E)のような、透過特性が運動エネルギーに比例するように分光器を動作させて測定するのが一般的である。また、背面散乱や二次電子によるバックグラウンドの強度が高く、

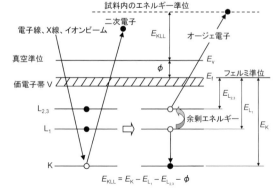

図1.1　オージェ電子の発生過程とエネルギーダイヤグラム

微分スペクトルをで表示するのが一般的である。最近の市販装置はパルスカウントによる直接スペクトルを測定し、測定後に数値微分して表示する。

1.2 AESの装置

一般的なAESの測定装置は、励起源となる電子銃、オージェ電子のエネルギーを分析する電子分光器、試料表面をスパッタエッチングするイオン銃、10^{-8}Pa台の超高真空に保持された分析室で構成される。試料は真空を保持したまま交換可能である。電子銃のカソードにはZrO/Wショットキー電界放出形が用いられ、市販装置では二次電子(SE)像で3nm以下、AESの測定時で8nm以下の空間分解能が可能である。主に用いられる電子分光器は、円筒鏡型分光器(CMA：Cylindrical Mirror Analyzer)と同心半球型分光器(CHA：Concentric Hemispherical Analyzer)である。CMAは取り込み立体角が大きいので感度が高く、電子銃を電子分光器と同軸に配置した場合は、試料傾斜が約±40度の範囲で信号強度に変化がないのが特長で、試料破壊面のような凹凸のある試料の分析に適している。一方CHAは高いエネルギー分解能ΔEでの測定が容易で、指向性も高いため、化学状態分析や深さ分解能の高い深さ方向分析に適している。電子分光器は測定エネルギーEに対して$\Delta E/E$が0.1~0.6%(FRR：Fixed Retard Ratio)になるよう動作させるのが一般的である。測定は、SE像で分析場所を特定してから行う。

1.3 定性分析

オージェスペクトルの定性分析を行うには、各元素の一番強度の高いオージェピークで同定するのが一般的だが、通常の試料は複数の元素が含まれるためピークに重なりを生じる場合があり、各元素のピークパターンで同定するのが望ましい。一般的には、原子番号が大きくなるにつれてK殻とL殻のエネルギーの差は大きくなるので、KLLやLMM等同じ遷移の中では、原子番号の大きい元素ほどオージェ電子のエネルギーは高くなる。また、同じ元素の場合、オージェ電子の運動エネルギーは$E_{MNN}<E_{LMM}<E_{KLL}$である。定性分析に用いる主なオージェ電子のピークエネルギー値を図1.3に示す。

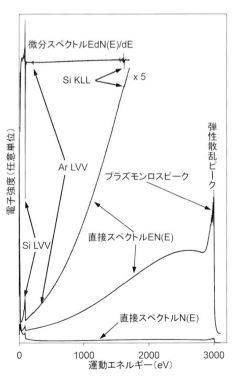

図1.2 Arイオンでスパッタ後のシリコン表面のオージェ電子スペクトル測定例

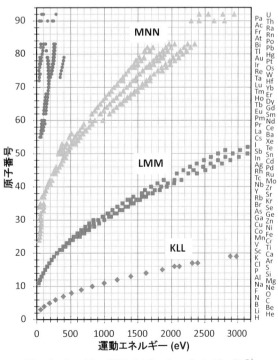

図1.3 オージェ電子のピークエネルギー値[6]

1.4 定量分析

AESの定量分析は、オージェピークの微分強度が試料中に含まれる元素の原子濃度に比例すると仮定し、相対感度係数法を用いるのが一般的である。元素数nのオージェスペクトルの場合、i番目の元素のピーク強度をI_i、相対感度係数をRSF_iとすると、i番目の元素の濃度X_iは次式のように表すことができる。

$$X_i = \frac{I_i/RSF_i}{\sum_{i=1}^{n} I_i/RSF_i} \quad (1.2)$$

相対感度係数は、元素相対感度係数(ERSF：Elemental Relative Sensitivity Factor)、原子相対感度係数(ARSF：Atomic Relative Sensitivity Factor)、平均マトリックス相対感度係数(AMRSF：Averaged Matrix Relative Sensitivity Factor)の3種類が使われている。ARSFはマトリクス効果補正で最も影響の大きい密度補正を含むので、ERSFより正確な原子濃度が得られる。またAMRSFは密度、電子の脱出深さ、背面散乱効果、弾性散乱補正等のマトリクス効果補正を含むので、最も定量性の良い結果が得られる。相対感度係数を用いるAES及びXPSの定量に関しては、指針がJIS化[7]されているので、詳細はそちらを参考にして頂きたい。

1.5 深さ方向分析

AESによる深さ方向分析は、電子材料や金属材料等の層構造材料の界面の評価に広く用いられている。一般的な深さ方向分析は、希ガスイオン照射によるスパッタリングで表面をエッチングしながら測定する。得られた結果は、縦軸を微分モードのオージェスペクトルの最大と最小の強度又は相対感度係数により求めた原子濃度、横軸をスパッタエッチング時間でグラフ表示する。横軸を深さにするには、スパッタ速度が試料の材質や多層薄膜を構成する元素によって異なる場合が多く、SiO_2薄膜のエッチング速度の実測値で計算した値を用いるのが一般的である。深さ分解能は、エッチングによる原子のノックオンやミキシング

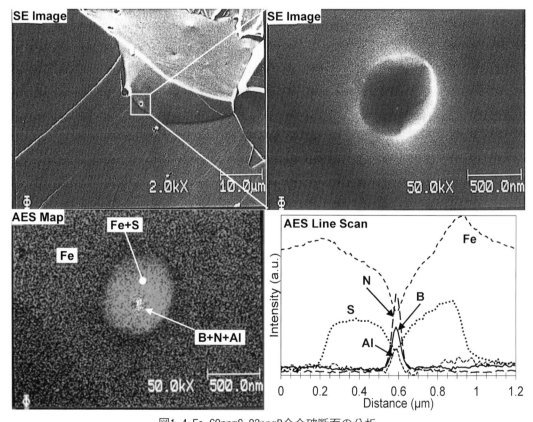

図1.4 Fe-60ppmS-83ppmB合金破断面の分析

等のダメージを最小限に抑えた条件にすることにより向上する。例えば、イオン銃の加速電圧を低くしイオンビームの入射角を大きくする、試料回転（Zalar回転）[8]、試料冷却等が上げられる[9]。また、非弾性自由行程（IMFP：Inelastic Mean Free Path）[10]の小さい低エネルギーのオージェピークを用いた方が、深さ分解能は高くなる。

1.6 線分析、面分析

AESは励起源の電子線を細く絞ることが容易で、かつ試料に特別な調整をせずに高倍率で元素の線分析または面分析ができるのが特長である。測定は、細かく分割された線又は面上の点を電子線走査し、オージェピークの信号強度Pとバックグラウンドの強度Bの差$(P-B)$または$(P-B)/B$を求める。測定時間は数時間以上掛かる場合が多いため、高倍率測定時での分析位置の移動（ドリフト）に注意する必要がある。そのため、装置全体を遮蔽板等で覆い、ソフトウェアによるSE像のドリフト補正機能を組み合わせる工夫が成されている[11]。

AES面分析及び線分析の例として、図1.4に超高真空下で破壊させた鉄合金の破断面の分析結果を示す。FeとSの中心にAlとBの窒化物が観測され、それらが核となり粒界面にFeS系の介在物が析出したと考えられる。

1.7 絶縁物の測定

AESは特別な試料前処理することなく局所領域分析が容易な分析手法であるが、それは導電体試料の分析に限られ、絶縁物試料分析では電子線照射による帯電現象のために、スペクトル測定だけでなくSE像の観察も困難な場合が多い[12]。帯電現象を抑える一般的な方法は、電子線の加速電圧を下げ、電子線のビーム電流値を小さくし、試料を傾斜させて電子線の入射角を大きくすることで、試料表面から放出される二次電子の量が入射する電子の量より多くなり、測定が可能となる[12,13]。近年、帯電抑制のための10〜100V程度の低加速電圧でArイオン照射の可能な中和銃（通常はスパッタエッチングと併用のイオン銃）が登場してから、比較的容易に試料表面の帯電現象が緩和可能

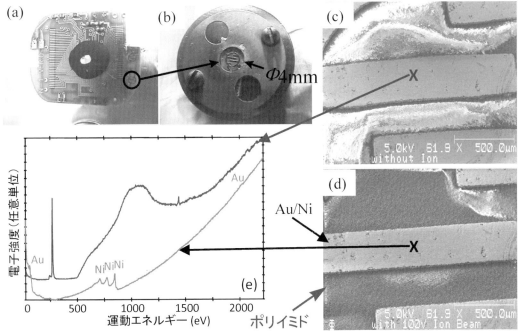

図1.5 低加速電圧のArイオンビーム照射による絶縁物のSE像及びオージェ電子スペクトル測定例
（図1.5（a）及び図1.5（b）は電子基板の外観図及び試料ホルダーに固定した外観図。図1.5（c）は、電子線のの加速電圧が5kV、ビーム電流値が5nA、電子線入射角度が30度で測定したSE像。図1.5（d）は、加速電圧が100V、ビーム電流値が5nAのArイオンビームを照射しながら測定したSE像。図1.5（e）は、同じ電子線照射条件で、Arイオンビーム照射無しと照射有りの時のAu/Ni電極のオージェ電子スペクトル[13]。）

となり、絶縁物試料へのAESの適用範囲が広がった[13]。

　絶縁物の測定における帯電中和の例として、電子基板のスイッチ接点部の測定例を図1.5に示す[13]。低加速電圧のArイオンビーム照射無しで測定したSE像は、図1.5（c）に示すように帯電によるハレーションがポリイミド絶縁部で観測された。一方、帯電した表面に加速電圧が100V、ビーム電流値が5nAのArイオンビームを照射すると、図1.5（d）に示すようにほとんど帯電の無いSE像が得られた。図1.5（e）に示すように、周囲がポリイミドで囲まれているAuメッキの施されたNiパターンのAESの測定を行ったところ、Arイオンビームを照射しない場合、激しい帯電が見られたが、Arイオンビームを照射した場合、帯電の無いスペクトルが得られた。本例の様に、測定箇所に帯電が無くても、周囲に帯電が発生した場合、その電界により、オージェ電子及び二次電子の軌道が曲げられ、電子が分光器に入射せず、スペクトルを測定出来ない場合がある。絶縁物のオージェスペクトル及びSE像測定には、低加速電圧のイオンビーム照射は有効な手法ではあるが、過信せず接地可能な領域は接地し、観察不要な絶縁物領域はアルミホイル等で覆う等の工夫は必要である[12]。

〈岩井　秀夫〉

〔参考文献〕

1) C. D. Wagner and A. Joshi, *J. Electron Spectrosc. Relat. Phoenom.*, 47 283-313(1988)

2) 後藤敬典、志水隆一：分光研究、31，383-396(1982)

3) 日本表面科学会編：オージェ電子分光法、1-3（丸善、2001）

4) 大谷俊介：日本物理学会誌、44，912-915(1989)

5) D. Coster and De L. Kronig, *Physica*, 2，13-24(1935)

6) K. D. Childs, B. A. Carlson, L. A. LaVanier, J. F. Moulder, D. F. Paul, W. F. Stickle and D. G. Watson, *Handbook of Auger Electron Spectroscopy* (3rd Edition), Physical Electronics Industries Inc, Minnesota(1995)

7) JIS K 0167：2011(ISO 18118：2004)表面化学分析－オージェ電子分光法及びX線光電子分光法－均質物質定量分析のための実験的に求められた相対感度係数の使用指針（日本規格協会、2011）

8) A. Zalar：Thin Film Solids，24，223-230(1985)

9) 荻原俊弥、田沼繁夫、長沢勇二、池尾信行：表面科学、13，472-477(1992)

10) S. TANUMA：Electron Attenuation Lengths in *Surface Analysis by Auger and X-ray Photoelectron Spectroscopy*，Edited by D. Briggs and J.T. Grant，259-294(IM Publications and Surface Spectra Limited, 2003)

11) D. Sakai, N. Sanada, J. S. Hammond and H. Iwai：*J. Surf. Anal.*, 12，97-100(2005)

12) 堤建一、池尾信行、田中章泰、田澤豊彦：日本電子-News Vol.42(2010)

13) 岩井秀夫：*J. Surf. Anal.*, 7，37-48(2000)

第2節 光電子分光法

2.1 歴史と原理

　光電子分光法は、試料に電磁波（X線や光）を照射し、主に光電効果とAuger効果によって試料表面から飛び出す電子の運動エネルギーを精密測定するものである。光電効果は、1987年にH. Hertzによって発見された[1]が、当時の科学では説明できず、1905年のA. Einsteinの光量子仮説[2]によってはじめて説明された。Auger効果は、多くの方がP. Augerによるもの[3]と思っているが、その2年前の1923年にL. Meitnerが電磁波のエネルギーに依存しない運動エネルギーの電子放出（Auger電子）を確認[4]している。

　光電子分光法では、X線をプローブとするものをXPS(X-ray Photoelectron Spectroscopy)、紫外線をプローブとするものをUPS(Ultraviolet Photoelectron Spectroscopy)と呼び、総称してPES(Photoelectron Spectroscopy)とも呼ばれている。ここで、XPSは主に内殻電子軌道に関する情報を、UPSは価電子帯の電子軌道に関する情報を得る目的で用いられている。光電子分光法が、固体表面を構成する元素の化学状態を評価する法として有用であることは、R. Steinhardtの論文[5]に端を発しているが、今日の様に広範に普及するに至ったのは、K. Siegbahnの寄与[6]するところが大きい。

　光電子とAuger電子の放出過程は図2.1に示すように試料に電磁波を照射すると、そのエネルギー$h\nu$が試料構成元素の内殻電子の結合エネルギー$E_{Bin.}$よりも大きい場合、内殻電子が励起放出される。（図2.1 (a)）この時放出される電子が光電子で、その運動エネルギーE_{Kin}と電磁波のエネルギー$h\nu$の間には、以下の関係がある。

$$E_{Kin.} = h\nu - E_{Bin.} - \varphi \tag{2.1}$$

ここでφは分光器の仕事関数で、本式は1914年にRutherfordによって発表[7]された。（Rutherfordのオリジナル式はφ無し。）光電子の放出によって内殻に形成された空孔には、それより外殻にある電子が遷移してくる。この時、空孔と遷移電子の軌道間エネルギー差に相当するエネルギーを電磁波として放出する場合と、他の電子に与え、エネルギーを受け取った電子が、試料外に放出される場合が有り、後者をAuger電子という。つまり、光電子の運動エネルギーは、照射電磁波のエネルギーに比例する一方、Auger電子の運動エネルギーは無関係である。（電子軌道間のエネルギー差に依存。）ここで光電子、Auger電子ともに元素の内殻電子の結合エネルギーを反映しているため元素に固有の値を示す。このため、放出された電子の運動エネルギーを精密測定することにより、試料構成元素の種類を推定することが出来る。光電子分光スペクトルは、図2.2に示すように電子軌道を直接反映したものである。また内殻電子の電子軌道は、元素の化学結合状態によっても変化する。XPSスペクトルでは、通常結合エネルギー表記を用いるのが一般的で、運動エネルギーを計測することにより式（2.1）から結合エネルギー$E_{bin.}$を容易に算出できる。通常、金属の光電子スペクトルや蛍光X線スペクトルの形状は、下記のDoniach-Sunjikの式（2.2）[8,9]で表される。

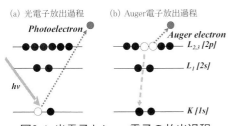

図2.1 光電子とAuger電子の放出過程

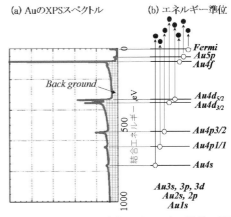

図2.2 XPSスペクトルと内殻エネルギー準位の関係模式図

表2.1 光電子分光法に用いられる光源

		Energy[eV]	FWHM[eV]
X-ray	Cu K$_\alpha$	8047.8	3.0
	Cr K$_\alpha$	5414.7	2.55
	Ti K$_\alpha$	4510.0	2.0
	Zr K$_\alpha$	2042.0	1.7
	Al K$_\alpha$	1486.6	0.85
	Mg K$_\alpha$	1253.6	0.7
	Cu L$_\alpha$	928.0	3.8
	Cr L$_\alpha$	572.8	3.0
	Ti L$_\alpha$	452.2	3.0
	Rh M$_\zeta$	260.4	4.0
	Mo M$_\zeta$	192.3	1.54
	Nb M$_\zeta$	171.4	1.22
	Zr M$_\zeta$	151.4	0.77
	Y M$_\zeta$	132.3	0.48
UV	He I	21.22	—
	He II	40.81	—

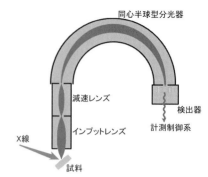

図2.3 光電子分光装置で用いられる静電半球型分光器の例

$$I(E) = \frac{\cos[\pi \cdot \alpha/2 + (1-\alpha) \cdot \arctan\{(E-E_0)/\gamma\}]}{\left[(E \cdot E_0)^2 + \gamma^2\right]^{(1+\alpha)/2}}$$

(2.2)

ここで、$I(E)$はピーク強度、Eはエネルギー、E_0はピークエネルギー、2γは自然幅(FWHM)、αは非対称性を与えるパラメータで、通常0〜0.3であり、絶縁物では$\alpha = 0$である。

2.2 電子分光装置

電子分光装置は、光源と分光器で構成されており、通常超高真空(10^{-8}Pa以下)装置として組み上げられている。光電子分光法で用いられる光源は、表2.1の様なもので、ほとんどの市販装置に搭載されているのは軟X線のMg-kαとAl-kαで、近年単色化したAl-kαが一般的になっている。(もちろん、放射光も用いられている。)また、Cr-kαを単色化した硬X線プローブ[10]も使われ始め、試料深部の情報や、より内殻の電子励起が行われている。電子エネルギー分光器は、図2.3に示す様な同心半球型分光器(Concentric Hemispherical Analyzer：CHA)が最も一般的で、分光器の前にインプットレンズ(Analysis area definition lens)を設け、試料と分光器の間の距離を大きくすることで空間の自由度を増し、分析面積や取り込み立体角を変えることができる。また、減速レンズ(Retarding lens)を用いて分光器

内を通過する電子のエネルギーを一定にすることで、測定スペクトルは$\Delta E = constant$の測定が可能になる。単色化したX線をプローブに用いる際には、正帯電を防止する目的で、低エネルギーの電子線源を中和銃として用いる。また、深さ方向分析が必要な場合は、試料表面を剥離するイオン銃が搭載されている。イオン種はAr$^+$を用いるのが一般的であったが、最近は試料のダメージを減らすためにC$_{60}$[11]、Coronene (C$_{24}$H$_{12}$)[12]、Arクラスター[13]などのクラスターイオンや帯電液滴[14,15]などを用いることの有用性が示されている。

2.3 光電子分光法の分析深さ

固体試料中で発生した光電子やAuger電子が、エネルギー損失間に移動できる距離が短いため光電子分光は、表面分析装置のひとつとして周知されている。光電子やAuger電子がエネルギー損失すると発生源の情報を消失してしまうため信号として利用することができない。つまり、エネルギー損失することなく、試料表面に到達できる深さが分析深さで、エネルギー損失までに移動できる平均距離は、非弾性平均自由行程(Inelastic Mean Free Path：IMFP)と呼ばれている。固体試料中のIMFPのエネルギー依存性の例を図2.4に示す。これより、50〜100eVでIMFPが最小になり、エネルギーが大きくなるに従い単調増加することと、エネルギーが小さくなると急激に増加することがわかる。これらは、検出されるピークが異なると分析深さが異なることを意味しており、組成分析時には、注意が必要である。IMFPは、通常TPP-2M[16]を用いて見積もる。TPP-2Mは、50〜30,000eVまで適用可能[17]である。IMFPと電子の衝突イオン化

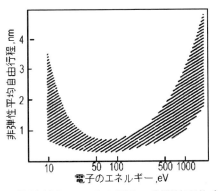

図2.4 固体試料中における電子の非弾性平均自由行程のエネルギー依存性

断面積のエネルギー依存性[18]と比較してみるのも面白い。

2.4 定性分析

　光電子ピークやAuger電子ピークは、試料構成元素の情報をもっているので、各ピークの由来を、ハンドブックを用いて逐次帰属することにより、試料構成元素を知ることが出来る。一般的にXPSでは、HとHeは検出できないとされているが、これはHやHeのイオン化断面積が極めて小さいためである[19]。定性分析例として、TiN/HfO$_2$/Si$_{-sub.}$構造のSi$_{-sub.}$を選択的に薬液で除去した試料のHfO$_2$面側から得られたXPSスペクトルを図2.5に示す。本図は、結合エネルギー表示であるが運動エネルギーは、右側の方が大きい。ここでHfO$_2$膜の厚さは1nmで、IMFPに比べて薄いため下地のTiNが見えている。ここでHfO$_2$膜の下にあるTiN起因のTi 2pをよく見ると低運動エネルギー側のバックグラウンドが上昇しているのに対して、表層のHfO$_2$起因のHf 4fやHf 4pでは低運動エネルギー側でバックグラウンドがさほど上昇していない。これは、前者がHfO$_2$膜中で非弾性散乱によりエネルギーを失い、バックグラウンドになったためである。このような見方でXPSスペクトルを見ると大まかな層構造を推定可能である。

2.5 定量分析

　XPSスペクトルに現れる各元素起因のピーク強度から、表面構成元素の濃度を算出することも出来る。XPSによる定量分析は、「標準試料を用いる方法」「相対感度係数法」「マトリックス補正法」が提案されている[20]が、実用現場では「相対感度係数法」が用いられている。表面組成は、各元素に起因するピークの面積強度を求めることから始まるが、面積強度を算出するためにはバックグラウンドを除去しなければならない。XPSのバックグラウンドは、各ピークが非弾性散乱を起こしたものと、制動放射（連続）X線により励起された電子によるものである。バックグラウンド除去法として、「直線型」「積分型」「Deconvolution法」が提案されている[20]が、実用現場では「直線型」か「積分型」が用いられている。「相対感度係数法」による組成は、標準試料測定で求めた各元素の光電子ピーク強度をLiFのF1s強度で規格化値を感度係数とし、元素iの原子濃度C_iは、以下の式（2.3）で算出可能である[20]。

$$C_i = \frac{[I_i/RSF_i]}{[\Sigma(I_j/RSF_j)]} \qquad (2.3)$$

ここでI_iは未知試料中の元素iのピーク（面積）強度、RSF_iは元素iの相対感度係数、分母は、全元素のピーク強度を各RSFで除し、加算したものである。なお、組成算出に際して、「ピークにより分析深さが異なる」「バックグラウンドの定義でピーク面積が変動」「薄膜試料では下層の信号が弱くなる」など組成算出精度低下要因が多々あることに注意が必要である。

　また、一般的にXPSの検出限界は、0.1A.C.%程度と言われているが、検出限界を決めている要因は、大きなバックグラウンドである。（バックグラウンドの上にピークが乗っているため。）例えば、全反射条件やそれに近い条件でX線を入射す

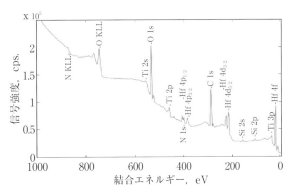

図2.5 TiN/HfO$_2$/Si$_{-sub.}$構造の裏面からSi$_{-sub.}$を選択的に除去後のXPSスペクトル

る事で、X線の侵入深さを浅くでき[21]、バックグラウンドを下げることが可能[22-24]で、$1 \times 10^{13} \sim 1 \times 10^{14}$ atoms/cm^{2}と言われている検出限界を1×10^{11} atoms/cm^{2}程度まで下げることが出来たことを報告されている。通常、表面分析で用いられているパルスカウント法式の計測では検出限界(DL)は、次式（2.4）で与えられる。

$$DL = k\frac{\sqrt{B}}{S} \qquad (2.4)$$

ここで、Sはピーク、Bはバックグラウンド強度を各々あらわしておりkは定数である。つまり、バックグラウンド強度が低下するため検出限界が下がることがわかる。

2.6 化学状態分析

光電子分光分析の最大の特徴は、固体試料表面の化学状態が推定できることである。化学状態分析では通常、光電子スペクトルのピーク位置やピーク形状を詳細に比較するが、光電子スペクトルに化学状態依存する変化が観察できない場合はAugerピークやAugerパラメータ[7]が有用な場合が有る。光電子スペクトルに現れる化学シフトは、一般的に結合相手元素の電気陰性度が大きくなるほど高結合エネルギー側にシフトし、それらの配位数増加とともにそのシフト量が大きくなる。配位数の増加とともにシフト量が変化する例として、シリコン基板をフロロカーボンプラズマに曝した際のC 1sスペクトルを図2.6に示す。各ピークの帰属は、高結合エネルギー側から順にCF$_3$、CF$_2$、CF、C-CF、CH$_x$で、Fの配位数増加とともに高結合エネルギー側にピークがシフトしていることが

わかる。またFのように電気陰性度の大きな元素は、結合している相手の隣の元素の内殻順位にまで影響を与えていることがわかる。

化学状態分析は、上述のように化学シフトとしてピーク位置が変化するものが多いが、Cu 2pのCuOとCu$_2$Oに見られるように全く異なる形状になる場合[26]や、光電子ピークよりもAuger電子ピークの方が化学シフトに敏感な場合[27]もある。Augerピークが光電子ピークに比べて化学状態分析に有効な例としてSi$_{-sub.}$上に熱CVD(Chemical Vapor Deposition)で堆積した薄いSiN膜をMg-kαをプローブに用い分析を行った結果を図2.7に示す[28]。ここで、両者は、エネルギー領域と積算時間を除き同じ条件で測定している。これより、Si 2pスペクトルでは、SiO$_2$とSiNの分離が不明確であるのに対して負の結合エネルギー領域に現れる制動放射X線励起のSi KLLスペクトルでは、明らかなショルダーが観測できていることがわかる。

2.7 バンドアライメント

光電子分光法を用いるとバンドアライメントを決定することが出来る[29-31]。バンドアライメントは、金属/絶縁膜、半導体/絶縁膜（基板とゲート絶縁膜）などの電気的相性の評価を行う上で重要になる。具体的には、バンドギャップとバンドオフセットを各々求めることによりバンドアライメントを実験的に決定することができる。金属/絶縁膜の系では、金属にバンドギャップが無いので

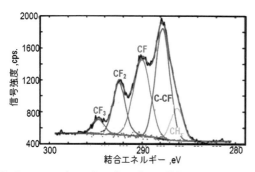

図2.6 フロロカーボンプラズマに暴露されたSi$_{-sub.}$表面に形成されるフロロカーボンポリマーのXPSスペクトル

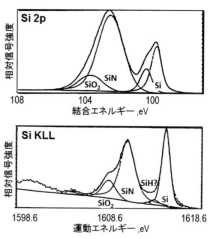

図2.7 Si$_{-sub.}$上に堆積した薄いSiN膜のXPS分析結果 (a) Si 2pスペクトル、(b) Mg-kαの制動放射X線励起のSi-KLLスペクトル[26]

絶縁膜のバンドギャップとバンドオフセットが計測できると、バンドアライメントを決定できる。いっぽうSi_{-sub.}/絶縁膜の系では、Siのバンドギャップが1.12eVと既知であるので、バンドオフセットが計測できると、バンドアライメントを決定することができる。

2.7.1 バンドギャップ

XPSによってバンドギャップを計測する原理を図2.8に示す。絶縁材料中で発生した光電子は、試料表面に飛び出しピークを形成するが、その中のいくつかは非弾性散乱される。この非弾性散乱のうち最も小さいエネルギー損失は、価電子帯の最上部にいる電子を、伝導体最下部に励起するもので、すなわちバンドギャップに相当している。具体的には光電子スペクトルのピーク位置から何eVの位置にエネルギー損失ピークが現れるのかを計測してやればよい。多くの絶縁膜は、Oを含んでいるので、バンドギャップ計測では、O1sを用いることが多いが、HfO_2やAl_2O_3などエネルギー損失領域に他のピークが現れる場合は、電子プローブを用い、反射電子エネルギー損失スペクトルを用いることで精度の高い計測が可能になる[30]が、電子線損傷に注意が必要である。O1sスペクトルから熱酸化膜[100nm]のバンドギャップを求めた例[30]を図2.9に示す。これよりバンドギャップとして8.85eVという値が得られた。

2.7.2 バンドオフセット

バンドオフセットの計測原理[29,30]を図2.10に示す。これは、金属上に薄い絶縁膜がある場合で、あらかじめ金属の標準スペクトルを計測しておき、所望の試料を測定した後で、金属のスペクトル成分を除去することで、絶縁膜の価電子帯スペクトルが抽出でき、両者を比較することでバンドオフセット知ることができる。実際にHfSiO/Si_{-sub.}のバンドオフセットを求めた結果[30]を図2.11に示す。本測定では、Si_{-sub.}を希HF水溶液中で処理してH終端したものをSiの標準スペクトルとする。次にHfSiO/Si_{-sub.}を測定し、標準スペクトル成分を減じることにより、HfSiOの価電子帯スペクトルが抽出でき、両者を比較することでバンドオフセットを計測でき、実験的に2.4eVが求まった。

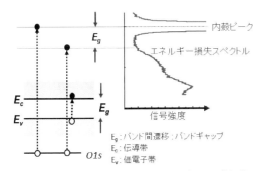

図2.8 光電子スペクトルからバンドギャップを求める原理図

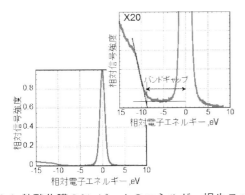

図2.9 熱酸化膜のO1sピークのエネルギー損失スペクトルからバンドギャップを求めた例[30]

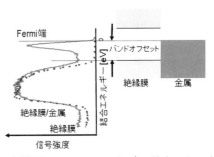

図2.10 光電子スペクトルからバンドオフセットを求める原理図[30]

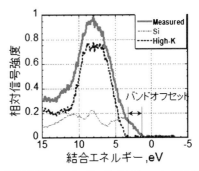

図2.11 HfSiO/Si_{-sub.}のバンドオフセットの計測結果[30]

2.8 仕事関数計測

仕事関数の測定は、光電効果の本質を利用するもので、仕事関数 ϕ と照射電磁波のエネルギー $h\nu$ と、フェルミ準位電子の運動エネルギー E_{Fermi} の間には以下の関係式（2.5）あることを利用する。

$$\phi = h\nu - E_{Fermi} \qquad (2.5)$$

実際には、試料の僅かな帯電などにより E_{Fermi} を充分な精度で測定するのは困難であるため、試料に負バイアスをかけ、電磁波照射により放出された全電子のエネルギー分布を計測し、二次電子の立ち上がりのエネルギー E_{Cutoff} と E_{Fermi} の差 ΔE を求めると、以下の式（2.6）で仕事関数が計測できる。

$$\varphi = h\nu - \Delta E \qquad (2.6)$$

ここで負バイアスは、二次電子の立ち上がりを明確に定義するためである。本法は、XPS、UPSともに可能であるが、XPSでは以下の問題点のためUPSの方が高精度測定に有利である。①光源の広いエネルギー分布。（単色化したAl-kαのFWHM：0.3eV[32]に対し、He IのFWHM：1.2×10^{-6}eV[33]）、②広エネルギー範囲（1000eV以上）で分光器の高精度校正が困難。UPSを用いてTiNの仕事関数測定を行った結果[34]を図2.12に示す。本測定は、表面の汚染層をAr$^+$でクリーニングした後にHe I共鳴線(21.22eV)[7kV, 21mA]を用い、-10Vを印加し、0.025eV/stepで測定を行った。これより $E_{cut\ off}$ と E_{Fermi} を求め仕事関数を算出した結果、5.65eVであることがわかった。UPSを用いた仕事関数測定のノウハウについて吉武がていねいに解説している[35]ので

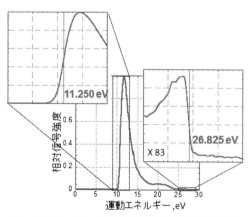

図2.12 UPSを用いてTiNの仕事関数測定結果[34]

参照いただきたい。

結　言

光電子分光の歴史、原理、最近の各種アプリケーション例について簡単に紹介した。各測定の詳細については、引用文献などを参照いただけると幸いである。また紙面の都合で、深さ方向分析、マッピング、角度分解測定、最大エントロピー法(Maximum Entropy Method：MEM)、光電子回折、バンド分散測定、オペランド測定、光電子顕微鏡などその他の多様なアプリケーションについて触れることが出来なかったのが心残りである。

〈中村　誠〉

〔参考文献〕

1) H. Hertz：Ann. Phisik., 31, p.983(1887)
2) A. Einstein, Ann. Phys. (Leipz), 17, p.132 (1905)
3) P. Auger：J. Phys. Radium 6, p.173(1925)
4) L. Meitner：Z. Physik 17, p.54(1923)
5) R. G. R. Steinhardt and Jr. E, Serfass：Anal. Chem., 23, p.1518(1951)
6) K. Sigbahn, C. Nordling, A. Fahlman, R. Nordberg, R. Nordberg, K. Hamrin, J. Hedman, G. Johanson, T. Bergmark, S. -E. Karlsson, I. Lindgren and B. Lindberg：ESCA-Atomic Molecular and Solid State Structure Studied by Means of Electron Spectroscopy, Almquist & Wiksells, Upssala(1967)
7) D. Briggs and M. P. Seah：Practical Surface Analysis by Auger & X-ray photoelectron spectroscopy, John & Wiley & Sons(1983)
8) VAMAS-SCA Technical Working Party in Japan：実用電子分光法講座 -表面科学分析作業部会報告-(1994)，一村信吾：J. Surf. Anal.., 8, p.423(2001)
9) S. Doniach and M.Sunjic：J. Phys. C, 3, p.285(1970)
10) G. Panaccione and K. Kobayashi：Surf. Sci., 606, p.125(2012)
11) N. Sanada, A. Yamamoto, R. Oiwa and Y. Ohashi：Surf. Interface Anal., 36, p.280(2004)
12) A. Rafati, M. C. Davies, A. G. Shard, S.

Hutton, G. Mishra and R. Alexander：J. Controlled Release, 138, p.40(2009)

13）T. Miyayama, N. Sanada, M. Suzuki, J. S. Hammond, S. -Q. D. Si and A. Tanaka：J. Vac. Sci. Technol., A28, L1(2010)

14）Y. Sakai, Y. Iijima, D. Asakawa and K. Hiraoka：Surf. Interface Anal., 49, p.658 (2010)

15）Y. Sakai, Y. Iijima, R. Takahashi and K. Hiraoka：J. Vac. Sci. Technol., A27, p.743 (2009)

16）S. Tanuma, C. J. Powell and D. R. Penn：Surf. Interface Anal., 21, p.165(1994)

17）S. Tanuma, C. J. Powell and D. R. Penn：Surf. Interface Anal., 43, p.689(2011)

18）P. L. Bartlett and A. T. Stelbovics：Atomic data and Nuclear Data Table 86, p.235(2004)

19）J. H. Scofield：J. Electron Spectrosc. Relat. Phenom., 8, p.129(1976)

20）X線光電子分光法 日本表面科学会編、丸善 (1998)

21）L. G. Parratt：Phys. Rev., 95, p.359(1954)

22）J. Kawai, S. Kawato, K. Hayashi, T. Horiuchi, K. Matsushige and Y. Kitajima：Appl. Phys. Lett., 67, p.1(1995)

23）Y. Iijima, K. Miyoshi and S. Saito：Surf. Interface Anal., 27, p.25(1999)

24）中村誠：J. Surf. Anal., 8, p.183(2001)

25）J. P. Espinos, J. Morales, A. Barranco, A. Caballero, J. P. Holgado and A. R. Gonzalez-Elipe：J. Phys. Chem. B, 106, p.6921(2002)

26）P. E. Larson：J. Electron Spectrosc. Relat. Phenom., 4, p.213(1974)

27）T. Sekine N. Ikeo and Y. Nagasawa：Appl. Surf. Sci., 100/101, p.30(1996)

28）M. Nakamura, Y. Kikuchi, M. Kuwamura and M. Yoshida：Mat. Res. Soc. Symp. Proc., 284, p.153(1993)

29）M. Nakamura, M. Nakabayashi：J. Surf. Anal., 9, p.424(2002)

30）M. Nakamura, A. Tanaka, D. G. Watson, M. Shimomura, Y. Fukuda, S. Q. Xiao and K. Ikeda：J. Surf. Anal., 12, p.263(2005)

31）S. Miyazaki, H. Nishimura, M. Fukuda, L. Ley and J. Ristein：Appl. Surf. Sci., 113/114, p.585(1997)

32）岩井秀夫：J. Surf. Anal., 16, p.114(2009)

33）化学総説16　電子分光 日本化学会編、学会出版センター(1977)

34）中村誠：試料分析講座 半導体電子材料分析 日本分析化学会編、14章、丸善出版(2013)

35）吉武道子：表面科学、28, p.397(2007)

第3章 電子顕微鏡

第1節 透過電子顕微鏡

概　要

　透過電子顕微鏡法(Transmission Electron Microscopy：TEM)は空間分解能が高く、試料の微細形態を直接観察できるため、金属・半導体などの材料研究や医学・生物の研究で不可欠な装置として利用されている。一般的なTEMの分解能は約0.2nm前後で試料の原子や分子をも直接観察できる。高分解能が得られる理由は電子の波長が短い（加速電圧＝200kV、波長λ＝0.0025nm）ためである。電子は試料との相互作用がX線などの光子よりも強く、少ない（薄い）試料から種々の情報を引き出すことができる。しかしこの特長は試料に損傷が大きいことと試料を薄くする必要があると言うことの裏腹の関係を持っている。観察倍率は数十倍から数百万倍と広いレンジをカバーしており、見たい場所を低倍率で探し出し、その場所を高倍率で観察することが出来る。

　透過電子顕微鏡法は2種類に分けられる。1つはTEM(transmission electron microscopy)法で、大きな径の電子ビームで試料を照明し、試料を透過してきた電子や散乱（回折）した電子を電子レンズ使って結像しフィルムやデジタルカメラによって像を得るものである。もう1つのSTEM(scanning transmission electron microscopy)法は細く絞った電子ビームを試料上で走査し、透過または散乱した電子を検出し、試料面上でのプローブの位置に対応した画素の明るさを検出された信号強度に応じて輝度変調することによって像を得る方法である。今日ではこのSTEMとTEMの両方の機能を行うことができる装置が一般的である。

　TEM/STEMでは、拡大した像の他に電子回折図形を得ることが可能であり、X線回折では観測にかからない小さな結晶から回折図形を得ることができる。また、入射電子による試料励起で発生する特性X線や2次電子、反射電子、透過電子を利用して形態や元素種や化学状態の情報も得ることができる。特性X線の検出器はエネルギー分散型検出器(Energy Dispersive X ray Spectrometer：EDS)が使われ、試料によるエネルギー損失スペクトルは(Electron Energy Loss Spectrometer：EELS)分光器を使って検出する。こういった検出器を装着したTEMを分析電子顕微鏡(Analytical Electron Microscope：AEM)と総称している。AEMの特長は、高い空間分解能で試料の局所形態の観察と組成分析・構造解析ができる点である。最近では2000年代で実用化された収差補正装置によって、こういった透過電子以外の比較的弱い信号を充分検出できるほど強くて細いSTEMの電子ビームが得られるようになり、原子分解能の元素分析が可能になった。現代の電子顕微鏡はまさに究極の空間分解能を持った分析装置と言うことができる。

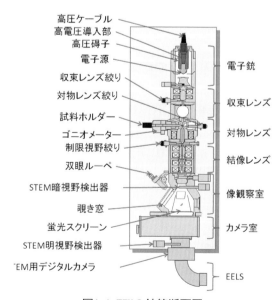

図1.1　TEMの鏡筒断面図

表1.1 電子源の特性

タイプ	熱電子		電界放出	
特性	W	LaB6	Schottky	冷陰極
電子源の大きさ	~30μm	~10μm	~50nm	~10nm
輝度(Acm^{-2}sr^{-1})	~10^6	~10^7	~10^8	~10^9
エネルギー幅(eV)	~2	~1.5	~0.8	~0.4
真空度(Pa)	10^{-3}	10^{-5}	10^{-8}	10^{-9}
寿命(h)	~150	~500	>5000	>5000
干渉性	低	低	高	極高

1.1 TEMの構造

図1.1に、顕微鏡の断面を示す。電子銃からカメラまでを順に説明する。

(1) 電子源と加速管

電子源の種類は熱電子源と電界放出型電子源に大別される。熱電子源の材料にはWやLaB$_6$が一般的に使われている。電界放出型電子源はSchottky型と冷陰極型の2つが実用化されている。表1.1は、各種電子銃の特性を比較したものである。LaB$_6$フィラメントは、Wフィラメントに比べ輝度が約10倍高く、寿命が約20倍長い。FEGは、LaB$_6$フィラメントに比べ輝度がさらに100倍高く、また光源サイズが非常に小さいため電子線の干渉性が高く、微小プローブを作りやすい特長を持つ。従って、プローブ径が分解能を決定するSTEMでは、FEGが一般的に使用されている。特に冷陰極タイプのFEGは光源サイズがさらに小さくかつ放出された電子のエネルギー分布幅が狭いので、極小のプローブを形成するには最適なエミッタである。また、この高い単色性は色収差を低減し、より高いコントラストと分解能の像を得ることができる。さらに0.1eV以下の高い単色性を必要とする場合は電子線のモノクロメータが使われることがある。

材料研究分野では、透過性と分解能を確保するために、加速電圧として200kV~300kVを用い、生物分野では像コントラストが要求されるため、100~120kVが一般的に使用されている。図1.2は、加速電圧(V)と試料透過能の関係を示している。ここでμ$_0$は相互作用係数で、試料と電子の相互作用の大小を示す。また、βは光速と電子の速度の比である。透過能は300kVでは100kVと比べ約2倍になり、1000kVでは3倍になる。

(2) 電子顕微鏡のレンズ

光学顕微鏡と同様に電子顕微鏡も光源、照射レンズ、対物レンズ、拡大レンズ、像記録系で構成されている。電子レンズは電磁場が用いられる。取り扱いの容易さ(放電を気にしなくてよい)から一般に磁場が用いられる。

1.1.1 照射レンズシステム

加速管で加速された電子を集束させ、試料に照射させるレンズ群が照射レンズ系(「集束レンズ」: Condenser Lens)である。試料上で得られる最小のプローブの径は装置の構成によって異なり、熱電子銃を搭載している顕微鏡ではnmオーダー、FEGを搭載するとサブnmオーダー、さらに照射系に収差補正装置を搭載すると、100pm以下の径が得られる。照射レンズ絞り径を選択することで、収束角を制御することが出来る。小さな照射角は高い角度分解能が得られるので極微小領域電子回折(Nano-Beam Diffraction: NBD)に使い、大きな収束角は収束電子回折(convergent beam diffraction: CBD)や大きな縮小率が必要なSTEMに使われる

1.1.2 対物レンズ

試料を透過した電子を結像する初段のレンズで、TEMの分解能はこの「対物レンズ」の性能でほぼ決まる。次の2つは対物レンズの性能を示す代表的な光学指標である。

①球面収差係数Cs

TEM像の球面収差によるボケdsは、対物レンズの球面収差係数Csと波長λで決まる。

$$ds = 0.65(Cs\lambda^3)^{1/4} \qquad (1.1)$$

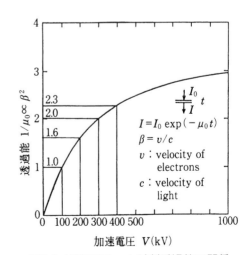

図1.2 加速電圧(V)と試料透過能の関係

最近では球面収差補正装置（後述）も商品化され、$C_s=0$の条件も実現できるようになった。

②色収差係数C_c

TEM像の色収差によるボケdcは、次式（1.2）で表せる。

$$dc = C_c \Delta E/E_o \alpha \qquad (1.2)$$

ΔE：電子線のエネルギー変動、E_o：入射電子のエネルギー、α：対物レンズの取り込み角である。

試料の後方側の磁界（後方磁界）は結像用として作用し、単レンズとしての倍率は50-100倍である。対物レンズの前方磁界は焦点距離の短い集束レンズとして作用し、小さなプローブが得られる。STEMではこのようにして得られた微小プローブが試料上を走査する。

対物絞りは、対物レンズの後焦点面(Back Focal Plane)に置かれ、散乱角を制限することによって像にコントラストをつけている。

1.1.3 拡大レンズシステム
(1) 拡大像を得る仕組み

TEMは、50倍前後の極低倍から百万倍以上の超高倍まで、倍率を広い範囲で変えることができる。図1.3は、拡大像と電子回折図形を得る光線図を示している。試料を透過した電子ビームは、まず対物レンズで拡大結像される。対物レンズの拡大率は約50-100倍である。その後、複数のレンズ（「対物ミニレンズ」・「中間」・「投影レンズ」）で構成された拡大レンズ系で、その像が2～4段階にわたって拡大され、記録用及び観察用スクリーンに実像が投影される。極低倍を得たい場合には、図1.3（a）のように、対物レンズの励磁を切り、対物ミニレンズ・中間・投影レンズだけで結像する。レンズの励磁を変えると像は回転するが、倍率を変えても拡大レンズ系全体の起磁力を一定に保つことによって像回転をなくしている。

倍率の精度を要求する場合には、既知の構造をもった試料を視野中に入れて参照（較正）することが必要である。また像の歪みなども数％程度含まれている場合もあるので、精度が必要な場合は標準試料を使って較正しておく必要がある。

(2) 電子回折図形を得る仕組み

電子回折図形から試料の結晶方位、結晶面間隔、粒度などを測定することができる。回折角2θは、Braggの式（1.3）で次のように表される。

$$2d\theta \fallingdotseq n\lambda \qquad または \qquad 2d\sin\theta = n\lambda \qquad (1.3)$$

d：試料構造の間隔
n：整数（0、±1、±2、···）
λ：電子線の波長

回折した電子線は、対物レンズの後焦点面に回折図形を形成する。これを拡大レンズ系（拡大倍率$M=b/a$）で拡大投影する。カメラ長Lは、$L=L_0M$（L_o：対物レンズの焦点距離）となり、回折図形上での半径rに対応する面間隔dは、$d=L\lambda/r$($n=1$)で求められる。精度を要求する場合には、既知の構造をもった試料でカメラ長を較正する。

1.2 試料装置
1.2.1 試料ステージ

試料ステージは、試料のX、Y、Z移動や傾斜をする。一般にはロッド状の試料ホルダーを対物レンズギャップへ横方向から挿入するサイドエントリー方式がとられている。この方式は試料の加熱・冷却などが試料ホルダーを交換するだけで実現でき、またX線などの検出器を試料に近づけられる特長を持つ。また、この方式では試料をX方向に傾斜しても視野が光軸からずれないユーセントリック機能が実現している。

1.2.2 試料ホルダー

様々な試料ホルダーが研究の目的に応じて開発されている。結晶の晶帯軸と光軸が平行になるように試料を傾斜する2軸傾斜ホルダー、試料の冷却、加熱等の物理的な条件を変えるための試料ホルダーが用意されている。最近では薄膜で試料を

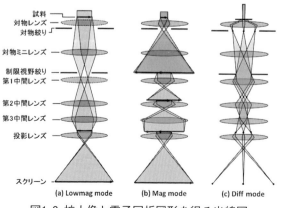

図1.3 拡大像と電子回折図形を得る光線図

鏡筒内の真空から隔て、試料をガス雰囲気に保持するホルダーなども開発されている。

1.3 画像記録装置
1.3.1 写真フィルム
　TEM用「写真フィルム」が市販されているが、最近ではほとんど使われない。フィルムはTEMのカメラ室で直接露光される。フィルムの分解能は、10μm前後（加速電圧100kV時）である。
1.3.2 デジタルカメラ（CCD、CMOS、直接露光）
　デジタルカメラには、光変換タイプと直接露光タイプがある。光変換タイプでは蛍光スクリーンを使って電子の像が光に変換されるので、通常のCCDやCMOSの撮像素子が使用できる。像を撮像素子に転送するには光学レンズや光学ファイバープレートが使われている。光学ファイバーは光ロスが少なく光学系がコンパクトになるのでよく使われている。本格的なカメラではノイズを減らすために撮像素子はペルチェ素子で冷却されている。デジタルカメラの特徴は、鏡筒の真空を破らずにデジタル画像を収録できる点で、動画記録（実時間撮影もしくは高速度撮影）も出来る。
　最近開発された直接露光カメラでは電子を直接露光する。撮像素子はCCD又はCMOSが使われる。電子線照射による撮像素子のダメージが問題となってなかなか実用化しなかったが近年実用化された。光への変換が不要で、蛍光スクリーンや光ファイバーで起きる画素間のにじみが少ない。また、増幅率が高いため感度が高く単電子をも記録できるが、1電子の信号が高い分、容易に飽和レベルに達してしまい一回露光の像では階調が少なくなってしまう欠点もある。回避するため複数回露光した像をコンピュータ上で積算している。このカメラは電子損傷を減らすことが望まれる生体高分子の構造解析用として使われている。このカメラは高価なので電子線照射による撮像素子のダメージを避ける為、視野探しなどでは、補助の光変換型カメラを併用することが多い。

1.4 走査像信号検出器
　TEMに走査透過電子顕微鏡(Scanning Transmission Electron Microscope：STEM)機能を付加した場合、像信号はいくつかの検出器で検出される。これらには、明視野、環状暗視野、後方散乱電子(BE)、2次電子(SE)がある。BE検出器には半導体またはマイクロチャンネルプレートを使っている。SEはエネルギーを大きくする為に検出器の直前に設けられた電極で加速してマイクロチャンネルプレートで検出するか、SE電子を電子収集電極で加速し、蛍光体＋光電子増倍管で検出するかの2通りがある。
　大きなエネルギーを持つ透過電子は蛍光体＋光電子増倍管で検出される。明視野検出器の前方には像コントラストを向上する為に専用の絞りが配置できる機種もあるが、通常、像のコントラストはSTEMモードでのカメラ長の選択で調整される。カメラ長が長いと散乱コントラストが高くなるが像のS/Nは悪くなる。また、環状の明視野検出器を使って明視野像を観察すると軽元素と重元素を同一像上で検出できる。暗視野像には環状検出器が使われる。高い角度に散乱した電子($>$50mrad)を検出すると元素番号(Z)コントラストが得られるので、材料の解析に多用されている。これら複数の検出器で得られる像は同時に取得、表示、記録できるので、有効である。

1.5 排 気 系
　電子は大気中では空気の分子によって散乱されるために、電子線の経路を真空に排気する必要がある。単に電子を鏡筒内で進ませるためには10^{-2}Pa程度の真空で充分であるが、通常は以下の目的により高い真空度に排気される。電子銃では放電防止や、エミッタ表面への残留ガスの吸着を防ぐためにエミッタ周りの真空度は熱電子銃で10^{-5}Pa程度、ショットキー型の電界放出型で10^{-8}Pa、冷陰極型では10^{-9}Paに保たれている。
　真空チャンバ中の炭化水素などの残留ガス分子は電子線に引きつけられ、試料に堆積して試料汚染の原因となる。試料汚染は、像観察・分析の妨害となるため、試料付近の真空度は10^{-5}から10^{-6}Paに保たれている。また、残留ガスの発生源を極力少なくするため、鏡筒内壁や試料ステージなどを60℃程度の温度に保ち焼き出す機能も準備されている。図1.4は、FE-TEMの排気系の例である。エミッタの周りは15l/s、加速管は60l/sのスパッタイオンポンプ(SIP)で排気されている。加速管と

鏡筒の間には中間室が設けられ、差働排気になっており、加速管では、3×10^{-8}Paの超高真空が実現している。試料室は、150l/sのSIPで排気され、試料周りの真空度は2×10^{-5}Pa以下に保たれている。またアンチコンタミネーション・トラップ（液体窒素で冷却したフィン）も装備されている。

1.6 分析装置
1.6.1 エネルギー分散型X線分光器(EDS)

EDSに用いられる検出器は、リチウム(Li)を拡散したSi(Li)半導体素子が一般的であったが、最近は、シリコン・ドリフト素子(Silicon Drift Detector：SDD)にとって代わられた。SDDは、液体窒素冷却が不要でペルチェ素子によって冷却される。図1.5は、EDS検出器を取りつけた試料室の断面を示している。検出感度は、X線検出立体角で決定される。検出器でX線の検出素子の前面に配置されるウィンドウは従来、Beや高分子薄膜のUTW(ultra thin window)が使われてきたが、最近では軽元素の感度に優れている窓なし（ウィンドウレス）のタイプが普及してきた。また、SDD素子の改良が進み、大型(100mm^2)化が実現している。本体の顕微鏡の試料周りのスペースの有効活用により、現在では2本のSDDを取り付けることにより検出立体角は1.7sr＞π/2に達している。すなわち全球(4π)に放出されるX線の12.5％以上を検出できることになっている。従来のSi(Li)検出器での立体角は0.133sr程度であり、一ケタ以上感度が向上した。

1.6.2 エネルギー損失分光器(EELS)

EELSに用いる電子の分光器は、扇形をした磁界形スペクトロメータ(magnetic prism)で、像観察室の下に取り付けられる。図1.6はスペクトロメータの断面を示している。

試料中での非弾性散乱でさまざまなエネルギー損失を受けた電子は、スペクトロメータの中の磁界中で、電子の速度に応じた半径で軌道が曲がり、エネルギー分散面をスペクトロメータの出射面上に形成する。この分散面上のEELSスペクトルは電子レンズで拡大後、デジタルカメラで撮影され、モニター上にスペクトルとして表示される。また、エネルギー分散面にエネルギー選択スリットを入れることで、特定のエネルギーの電子のみの像すなわちEFTEM(Energy Filtered-TEM)像を得ることも出来る。EELSのエネルギー分解能は主として電子のエネルギー幅(Energy Spread)で決まる。

1.7 収差補正装置
1.7.1 球面収差補正装置の概要

1990年にRoseによって提唱された非軸対称の多極子を使用した球面収差補正装置が1998年には実際の装置に搭載された。このときより、RuskaのTEM発明以来、分解能を制限していた球面収差補

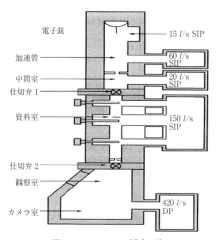

図1.4 FE-TEMの排気系

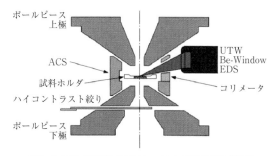

図1.5 EDS検出器を取りつけた試料室の断面

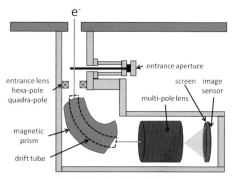

図1.6 EEL分光器の断面図

正が可能となり、分解能は飛躍的に向上した。Csコレクタは補正対象とする光学系によって別々に必要である。1つは試料の下側にある結像レンズ系用で、透過像の分解能を向上させる。もう1つは試料の上側にある照射系用で、サブオングストロームの細いプローブを実現するもので、STEM像の分解能が向上する。図1.7に照射系用のCsコレクタ（STEM用）を搭載したTEM（JEM-ARM200F型）を示す。この装置ではSTEM像の分解能0.08nmを保証している。また、結像系に構成した場合はTEM像の分解能は、0.11nmとなる（200kVにおいて）。

1.7.2 球面収差補正の原理

図1.8にCsコレクタの光線図を示す。Csコレクタは2枚の6極子(Hexapole)と2枚のレンズで構成される転送光学系(TDL：Transfer doublet lens)が2組で構成される。

Transfer lens doublet(TLD)の役割は対物レンズ(OL)のコマフリー面（後焦点面）を2つの6極子（H1とH2）に1対1で転送する。1対1で転送するので光学系全体の長さはTLの焦点距離をfとすると、fの8倍となる。

6極子は図1.9に示すように通常の軸対称レンズとは異なり、NとSの磁極を軸の周りに交互に6個配置したものである。6極子では負の球面収差と3回非点を発生する。このうち3回非点は像のボケの原因となるので1段目と2段目の6極子を60度回転して配置し、発生する3回非点をキャンセルしている。このようにして、6極子で作られる負の球面収差のみ残すことが可能となる。この負の球面収差を対物レンズで発生する正の球面収差と丁度キャンセルする大きさに調整することによって球面収差をゼロにすることができる。

1.7.3 TEMとSTEMにおけるコレクタの効果

次にTEM法とSTEM法でCsコレクタを使用することによって特に期待できる効果を以下にまとめる。TEM法では①分解能の向上。200kV、0.19nm（Csコレクタ無）、0.12nm以下（Csコレクタ有）②焦点はずれ量を小さくできるので、界面・表面の原子位置を正確に観察できる。

STEM法では①分解能の向上。200kV、0.136nm（Csコレクタ無）、0.08nm以下（Csコレクタ有）②同一プローブ径で比較した場合のプローブ電流を1桁以上向上できるので分析感度と分析時間が大幅に向上する。

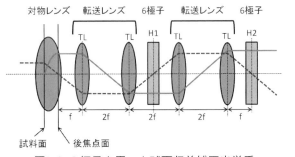

図1.7 Csコレクタ（STEM用）を搭載したTEM

図1.8 6極子を用いた球面収差補正光学系

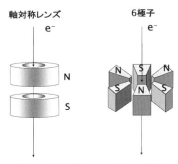

図1.9 軸対称レンズと6極子

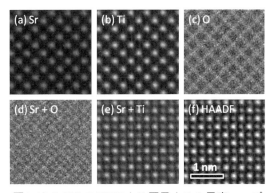

図1.10 SrTiO$_3$のEDSによる原子カラム元素マップ

第5編 表面分析

　最後に収差補正を使ったEDSによる原子カラム
マップの結果を図1.10に示す。試料は$SrTiO_3$で加
速電圧は200kV、STEM収差補正装置と冷陰極電界
放出型電子銃を搭載した顕微鏡で撮影した。Sr、
Ti、Oの各原子カラムが明瞭に分離しているのが
分かる。

結　言

　TEMの進歩はめざましいが、今後もハードウエ
ア及び信号やデータ処理のソフトウエアは進歩を
続け、測定や解析の精度も一層向上することが期
待できる。より高度な応用研究を達成する上でも
ハードウエアの十分な理解が必要である。

〈近藤　行人〉

〔参考文献〕
1) 多目的電子顕微鏡編集委員会編：多目的電子
　顕微鏡、共立出版(1991)
2) 堀内繁雄：高分解能電子顕微鏡、共立出版
　(1988)
3) 進藤大輔、平賀賢二：材料評価のための高分
　解能電子顕微鏡法、共立出版(1996)
4) 今野　豊彦：物質からの回折と結像—透過電子
　顕微鏡法の基礎、共立出版(2003)
5) 田中信夫：電子線ナノイメージング、内田老
　鶴圃(2009)
6) L Reimer, H Kohl：Transmission Electron
　Microscopy：Physics of Image Formation,
　Springer Series in Optical Sciences(2008)
　(英語)
7) DB Williams, CB Carter：Transmission
　Electron Microscopy：A Textbook for Materials
　Science, Springer(2009) (英語)

第2節 走査電子顕微鏡

2.1 実用SEM
はじめに

走査電子顕微鏡(Scanning Electron Microscope、以下SEM)は微細な領域の形態観察や元素分析を比較的簡便に実施できることから、材料表面の形態観察や組成分析、さらにはナノ粒子計測など幅広い分野で利用されている。SEMの分解能も、高輝度電子銃や低収差レンズの開発[1,2]により、0.4nm(加速電圧30kV)の分解能を保障するSEMも商品化されている。

通常、SEM観察を行う場合、電子ビームを試料に照射し、さらに試料から発生する信号(電子)を効率よく検出する目的で、試料室の真空度は10^{-4}Pa程度に保持されている。しかし最近では、低真空領域(6Pa～650Pa:機種により真空範囲は異なる)や大気圧領域[3]で観察できるSEMも開発されている。

2.1.1 SEMの原理

一般的なSEMの装置構成を図2.1.1に示す。SEMは電子ビームを試料に照射し、電子ビームと試料の相互作用により発生した信号(電子)を検出することで、観察・分析行っている。そのため電子銃から試料室までは、真空ポンプで排気しながら観察している。

電子は電子銃から放出され、収束レンズや対物レンズで細く絞られ電子線(電子ビーム)として試料表面に照射される。SEMでは、電子ビームをX-Y二次元方向に走査しながら、試料から発生する信号を検出し、ディスプレイに画像を表示する。倍率は試料表面上に照射した電子ビームの走査幅を走査コイルで制御することで可変できる。図2.1.1中に倍率の定義を示しているが、試料表面上の走査幅を小さくすることで高倍率観察が可能となる。

2.1.2 SEMで得られる情報

図2.1.2は、固体試料に電子ビームを照射したときに発生する信号を示したものである。SEMでは、像形成の信号として二次電子、反射電子を検出する。また、組成分析を行う場合は、特性X線を検出して定性分析や定量分析を行っている。二次電子は、試料表面から約10nm以下の深さの情報を持って試料外に放出されることから、主に試料表面の微細構造の観察に利用されている。一方、反射電子は、入射した電子ビームが弾性・非弾性散乱を繰り返した後、試料外へ放出される。反射電子信号量は、試料構成元素や結晶方位などで異なることから、試料構成元素の組成や結晶によるコントラストが得られる。また、特性X線は、そのエネルギーや波長を分散することで試料の構成元素を分析することが可能である。

2.1.3 SEMの分解能の進歩

SEMは産業分野の発展に伴い、SEMに期待される観察ニーズも大きく変化してきた。特に、半導体分野では、半導体デバイスの微細化に伴い、1980年代のころから計測・観察が光学顕微鏡からSEMに移行している。その際、SEM観察へのニーズは、高分解能化に加え、極表面観察および低ダメージ観察を実現する低加速電圧観察の要求が高まり、

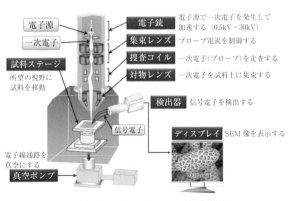

図2.1.1 一般的なSEMの装置構成

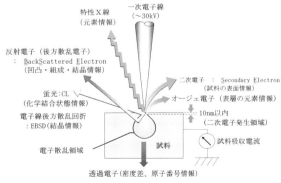

図2.1.2 個体試料に電子ビームを照射したときに発生する信号

低加速電圧領域の高分解能化が加速した。

2.1.3.1 低加速電圧観察のメリット

通常、SEMの加速電圧は0.5kV～30kVまで可変でき、観察目的や試料の特性に応じて最適な加速電圧が決定されている。図2.1.3に加速電圧5kVと15kVで撮影した太陽電池表面の観察例を示す。低加速電圧領域の5kVでは、試料表面の構造が明瞭に観察されている。一方、加速電圧15kVでは、試料表面の構造が不明瞭となっている。これは、個体試料に入射した電子の散乱領域の違いによるものである。

図2.1.4はモンテカルロシミュレーションを用いて、カーボン試料に加速電圧1.0kVと15kVで入射したときの電子の試料内散乱の結果である。加速電圧1.0kVと15kVを比較すると、散乱領域に大きな差があることが分かる。この散乱領域の違いが、図2.1.3で示した像情報の違いとなる。

以上、低加速電圧観察のメリットを述べたが、一方で、電子の波長は加速電圧が低くなると長くなり、分解能は低下する。つまり、分解能と像表面が明瞭に観察できることは、図2.1.5に示す通りトレードオフの状況である。この問題を解決するために、SEMに高輝度電子銃や低収差対物レンズが採用されている。次の節では、低加速電圧領域における高分解能化について紹介する。

2.1.4 低加速電圧領域の高分解能化

2.1.4.1 高輝度電子銃

SEMの分解能は試料上の電子スポットの直径（プローブサイズ）で決まり、スポット径が小さいほど高い分解能が得られ、微細な形態を鮮明に観察することができる。つまり、スポットサイズを小さくするには、電子源から発生する電子密度（輝度）を高くする必要がある。図2.1.6にSEMで利用されている代表的な電子源を示す。W（タングステン）フィラメント形は、タングステンフィラメントを加熱して熱エネルギーにより電子を引き出す方式である。この方式の電子源では、電子銃室の真空度は10^{-4}Pa程度で良い。つまり、電子銃室と試料室の真空度はほぼ同じであることから、真空排気系のシーケンスも比較的容易に設計でき、装置価格も安価である。

電界放出形(FE：Field Emission)は、W単結晶の針の先端に電圧を印加し、強電界で電子を引き出す方式である。FE電子源では、10^{-8}Paの高真空が必要となるため、電子銃室の真空排気系は別系統を設ける必要がある。通常、FE電子源ではイオンポンプを用い真空排気を実施している。また、試

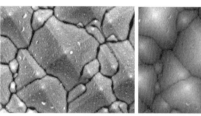
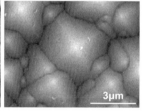

(a) 加速電圧：5kV　　(b) 加速電圧：15kV

図2.1.3 加速電圧の違いによる像の違い
（試料：太陽電池）

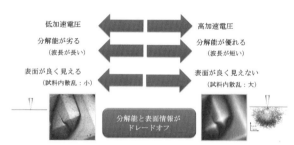

図2.1.5 加速電圧による分解能と表面情報の関係

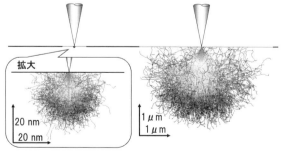

(a) 加速電圧：1kV　　(b) 加速電圧：15kV

図2.1.4 モンテカルロシミレーションを用いた加速電圧の違いによる照射電子の内部散乱の比較

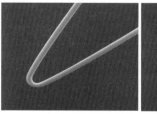
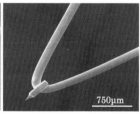

(a) Wフィラメント形　　(b) 電界放出型

図2.1.6 SEMに用いられる電子源の例

料室真空度は10⁻⁴Pa程度で十分であるので、電子銃室と試料室は差動排気されている。FE電子源の性能は、Wフィラメントと比較して、約1000倍の高輝度が得られ、スポットサイズも1nm以下と極めて小さいことから、高分解能観察用SEMに採用されている。また、高分解能で分析を目的としたSEMには、ショットキー(SE：Schottky Emission)が搭載されている。SE電子源は電界と熱エネルギーの作用で電子を引き出すことで、安定で大きなビーム電流を得られるからである。

2.1.4.2 低収差対物レンズ

一般的なSEMの対物レンズ断面の模式図を図2.1.7に示す。SEMの対物レンズは、コイルと磁路で構成される電磁石である。励磁コイルに電流を流すと磁界が発生する。発生した磁界は、磁極（ポールピース）から漏れ出し凸レンズ作用を作り、電子ビームを収束する。このとき、試料面をレンズ磁界に近づけると焦点距離が短縮され、高分解能観察が実現する。一般的なSEMでは、試料を対物レンズの下方に配置するアウトレンズ方式が搭載されている。しかし、この方式では、試料面をレンズ磁界内に近づけることに限界がある。

図2.1.8は、小型試料をレンズ磁界内に配置するインレンズ方式の対物レンズである。この方式の採用で、SEMの分解能は飛躍的に向上し、FE電子源との組み合わせで、0.4nm（加速電圧30kV）の高い分解能が実現した。しかしながら、サンプルサイズに制限があることから、大きい試料でも短い焦点距離で観察可能なセミインレンズ方式が開発された。

図2.1.9にセミインレンズ方式の対物レンズを示す。セミインレンズ方式では磁極が試料側に配置されることで磁路の下方にレンズ磁界が発生す

る。これにより、大きな試料でもインレンズ方式と同等の短い焦点距離を実現することができる。図2.1.10にFE電子源を搭載したアウトレンズ方式とセミインレンズ方式のSEMで撮影した画像の例を示す。加速電圧は同一の2.0kVであるが、焦点距離の違いにより、性能が向上していることがわかる。

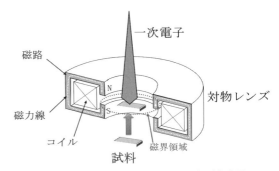

図2.1.8 インレンズ対物レンズの模式図

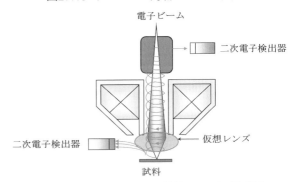

図2.1.9 セミインレンズ対物レンズの模式図

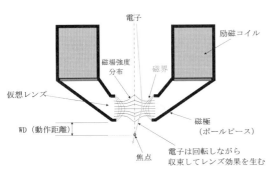

図2.1.7 一般的な対物レンズの模式図

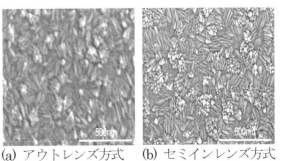

図2.1.10 セミインレンズ方式の対物レンズ
試料：ITO膜　加速電圧：2.0kV

2.1.5 低真空SEM

ここまで、SEMの低加速電圧領域の高分解能化について紹介した。前述したように、電子銃室が10^{-8}Pa、試料室が10^{-4}Paと高真空領域で観察する。そのため、観察対象試料は水分を多く含む生物試料などは、観察前に試料前処理が必要である。一般的な生物試料の前処理は、固定、脱水、乾燥、蒸着を実施する必要があり、観察までに時間を要すことに加え、かなりのスキルが必要となる。

この様な背景から、比較的簡便な試料前処理でSEM観察が可能な技術が生物分野だけでなく材料分野などでもニーズが高まっていた。そのニーズに応えるために、低真空SEMが開発されたので紹介する。

2.1.6 低真空SEMの原理

低真空SEMでは、対物レンズ内にオリフィス(小さな通過孔を有する薄板)を設置することで差動排気を実現している。これにより、試料室内圧力を6Pa～650Pa(機種により真空範囲は異なる)に設定可能である。像形成の信号は、低真空領域内であることから比較的エネルギーの高い反射電子信号を検出して観察するが、最近では二次電子を検出することも可能となっている。この製品の開発により、水分・油分を含む試料でも比較的簡便な前処理で像観察可能となった。

高真空領域で絶縁物試料(ゴム、プラスチックなど)を観察する場合、試料表面に金属コーティングする手法と低加速電圧で観察する手法がある。しかし、低真空領域では、高加速電圧領域でも金属コーティング無しで観察することが可能である。

絶縁物の試料に電子ビームを照射すると、試料表面が負に帯電する。これにより、異常なコントラスが発生することにより明瞭な像が得られない。一方、試料室が低真空領域の場合、図2.1.11に示すように試料室内に存在するガス成分が電子ビームや反射電子と衝突するとイオン化される。そのイオンによって絶縁物試料表面の帯電電荷が中和され、良好なコントラストが得られる(図2.1.12)。

おわりに

SEMは試料表面形状の形態を観察するツールとして性能・機能とも向上しナノメータ領域の観察・計測も可能となった。加えて、各種分野の様々な観察ニーズに応えるため、低真空領域での観察も実現し、水分・油分を含むサンプルも比較的容易に観察することが可能となった。

今後もSEMは、性能・機能の向上とともに、各種分野のニーズに応えるために、進化していくこと期待される。

〈多持隆一郎〉

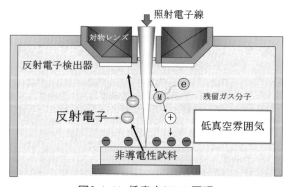

図2.1.11 低真空SEMの原理

〔参考文献〕
1) Nagatani, T., Saito, S., Sato, M. and Yamada, M.：Scanning Microsc., 1, 901(1987)
2) 多持隆一郎、応用物理学会結晶工学分科会第19回結晶工学セミナーテキスト、pp.1-3(2014)
3) 大南 裕介、2015年真空・表面科学合同講演会講演予稿集 94(2015)

 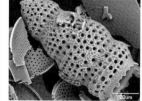

(a) 高真空観察 (10^{-3}Pa) (b) 低真空観察 (30Pa)
図2.1.12 真空の違いによる像質の違い
試料：珪藻　加速電圧：5.0kV

2.2 UHV-SEM

はじめに

SEMは試料表面の簡便な観察法として用いられており、通常観察しているのは、大気中で"汚染された"表面である。電子線を走査した部分に、炭化水素分子の堆積（いわゆるカーボンコンタミ）が生じることはよく知られたことである。SEM試料室の真空度を高くすれば、カーボンコンタミは低減できるが、それを完全に無くすには試料そのものを清浄にすることが必要である。超高真空(UHV)-SEMとは、鏡筒や試料室をオイルフリーの超高真空環境にして、超高真空中での試料のへき開や高温加熱、あるいは結晶成長により作製した清浄な表面を観察する方法である。したがって、一般的な表面観察に用いるものではなく、次節4（低エネルギー電子顕微鏡(LEEM)）と同様に、最表面の原子層の情報を得るのに利用されてきた。UHV-SEMでもLEEM同様に原子ステップや表面再構成に伴うコントラストを得ることが可能であるが、そのコントラスト形成機構は自明なものではなく、二次電子放出に原子レベルの表面構造が反映される理由の解明には、さらなる研究が必要である。UHV-SEMの利点としては、作業空間が比較的大きく、電子線の入射角に制約が少ないことから、分子線エピタキシ(MBE：molecular beam epitaxy)装置や走査トンネル顕微鏡(STM)等と複合化して用いることが可能なことである。MBEと複合化したUHV-SEMについては別に詳しく解説したので[1]、本節ではUHV-SEMに特徴的な最表面の原子レベルの構造に起因する二次電子像を紹介する。

2.2.1 原子ステップ像

原子ステップの二次電子コントラストは、原子スケールの形状効果によって生じている。すなわち、ステップ段差面に対する電子線の入射方向、および検出器が置かれている方向によって、像の明暗が生じる[2,3]。これらの効果はマクロな段差面の場合と全く同じである。

図2.2.1に原子ステップの二次電子像の例として、MBEで成長したGaAs(001)面の像を示す[4]。写真の上半分には暗いライン、下半分には明るいラインが見られる。これらはGaAs(001)面の1層分（高さ0.28nm）の原子ステップである。明像と暗像が現れる理由は、原子ステップの段差面に対する電子線の入射の仕方が逆になっているからである。図の左に模式的に示したように、写真の表面は中央部が一番低く、上下どちらの方向にも1段ずつ原子ステップの階段が高くなっている。電子線は、表面に対する視射角10°で写真の下方向から上方向に向かって入射している。したがって、写真の下半分では、電子線は原子ステップの階段を下る方向に、上半分では、原子ステップの階段を上る方向に進む。原子ステップ像は前者が明像、後者が暗像となる。この結果は、ステップ段差面が電子線の前方散乱の方向にあるときは二次電子の放出強度がテラス面よりも高く、逆に後方散乱の方向にあるときは、テラス面よりも低いことを意味している[2]。

ステップの段差面に対する検出器の位置に関しても、マクロな場合と同様に考えることができ、電子線の入射方向にほぼ平行な原子ステップの場合、原子ステップの段差面が二次電子検出器の方向を向いていると明像、段差面が二次電子検出器と逆方向を向いていれば暗像となる。これは、ステップ段差面から放出される二次電子の捕集効率が、ステップ段差面に対する検出器の方向によって異なることによる[4]。

原子ステップの段差面は高さ方向には原子1、2個分しかないにもかかわらず、数nmの径の電子線を用いても像形成に十分な形状効果が得られる。ビーム径の中に原子ステップ段差面が占める面積は数%以下のオーダーである。したがって、わずかな強度変化で原子ステップ像を形成する必

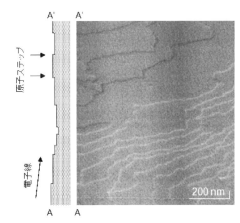

図2.2.1 GaAs(001)表面の原子ステップ像（加速電圧25kV、入射角〜80°。左はA-A'の断面の模式図）[4]

要があるため、二次電子強度を高くするのが望ましい。1keV程度の低加速の電子線を用いて二次電子収率を高めるか、高加速で大電流の電子線を斜入射で用いることにより、良質の像を得ることができる。

2.2.2 表面再構成構造

結晶表面の再構成構造は、最表面の1ないし2原子層の配列が結晶内部の原子配列とは異なる構造をとるもので、表面原子の未結合手（ダングリングボンド）の存在によるエネルギー損失を最少化するように未結合手の再構成が生じる結果、形成されるものである。Si(111)表面は、超高真空中で860℃付近にある相転移温度を境に、それよりも低い温度では結晶中の原子の並びの7倍の周期を持った7×7再構成構造を取る。この7×7再構成構造は、相転移温度よりも高温側から温度を下げていった場合、原子ステップ端から核生成が生じる。この7×7相は正三角形のドメインを形成する。図2.2.2に相転移開始温度より3℃低い温度に保持したSi(111)表面のSEM像を示す。明るい三角形の領域が7×7相のドメイン、暗い領域が1×1相のドメインである[5]。この温度では、7×7相の歪エネルギーのため、表面全体が相転移せず、1×1相が共存する。歪エネルギーの関係で、原子ステップの間隔が約400nmのとき、長時間のアニール後、この写真のように7×7相と1×1相が同面積でタイル状に表面を埋め尽くす[5]。このような再構成構造に関係する二次電子コントラストは、低エネルギーの二次電子をうまく捉えないと得られない。

表面に異種元素を吸着させた場合に現れる再構成構造の観察は、元素種にもよるが、一般的により容易である。例えば、Auを吸着させたSi(111)表面に形成される5×2構造などがある。SEM像でこのような再構成構造のドメインが観察できるのは、再構成領域の電子構造が周囲とは異なり、電子の状態密度や局所的な仕事関数が変化するためと考えられる。表面のバンド構造の曲がりも関係しているといわれている[6]。

一方、表面の電子構造とは別の原因で現れるコントラストもある。図2.2.3はSi(001)2×1表面のSEM像である。Si(001)表面は、超高真空中で最表面のSi原子がダイマー（二量体）を形成し、2×1再構成構造を取る。(001)面の結合手の方向は、1原子層（高さ0.14nm）ごとに90°回転するので、原子ステップごとに2×1構造と1×2構造が交互に現れる。これらは同じダイマー構造の向きだけが異なるものである。SEM像には、2×1、1×2ダブルドメイン構造が反映されており、一方のドメインが明像、他方が暗像になっている[7]。また、原子ステップには、ダイマー列に平行なS_Aステップと、ダイマー列に垂直なS_Bステップが交互に現れ、S_Aステップの方が直線的である。これらのステップはドメインの境界となっており、SEM像には両ステップの形状の違いが明確に現れている。

このドメインコントラストは、検出器に対するダイマー列の方向によって変化する[7]。電子線を試料表面に垂直に入射させ、試料を面内で回転させると、ダブルドメインコントラストは45°の回

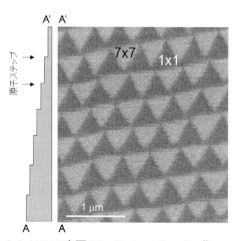

図2.2.2 Si(111)表面の7×7、1×1ドメイン像（加速電圧25kV、入射角60°傾斜補正済。左はA-A'の断面の模式図）

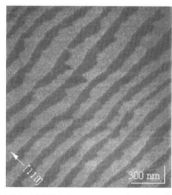

図2.2.3 Si(001)表面の2×1、1×2ドメイン像（加速電圧25kV、入射角60°）

転で消失し、90°の回転により反転する。ダイマー列の方向が検出器の軸に平行な場合が明像、検出器の軸と垂直な場合が暗像となる。このことから、2×1構造と1×2構造のコントラストは、形状的な原因で生じていることがわかる。ダイマー構造を表面すれすれに眺めると、ダイマー列に平行な場合の方が、ダイマー列の"側面"が多く見える。この場合、原子ステップコントラスト同様、エッジ効果によりダイマー列の両"側面"が明るく見える。一方、ダイマー列に垂直な方向から眺めると、検出器側を向いている面が明、反対側が暗となり、相殺し合うことになる。これが、2×1、1×2コントラストの成因と考えている。

2.2.3 グラフェン像

炭素原子の蜂の巣格子からなるグラフェンは、単原子層物質の代表である。グラフェンは、炭素をドープしたニッケルを900℃以上の高温から温度を徐々に下げると、溶け込んでいた炭素原子がニッケル表面に偏析し、形成されることが知られている[8]。そのグラフェン形成過程をSEM中での試料加熱により観察することができる[9]。

図2.2.4は炭素を溶け込ませた多結晶ニッケル基板を、SEM中で800℃程度の温度に保つことにより、単層グラフェンを析出させながら観察したものである。観察は大きなニッケル結晶粒を選んで、その上で行っている。単層グラフェンではエッジの二次電子コントラスト（図中の白矢印）

が非常に鮮明になる。二次電子像の陰影効果により、グラフェンエッジがあたかも立体的な段差を持つように見えていることがわかる。このようなコントラストは、原子ステップのコントラストと同じで、段差面に対する電子線の入射方向や、二次電子の捕集効率が段差面の方向によって変化することにより明像にも暗像にもなる。2層目のグラフェンは、図の上部に模式的に示したように、1層目のグラフェンの下に析出する。2層グラフェンは少し暗く見えているが2層目の端には1層目のような特異なコントラストは現れない。グラフェンのエッジコントラストは図2.2.1の原子ステップコントラストよりはるかに鮮明であり、低倍率のSEM像でも十分に識別できるものである。この特異なコントラストはCu上など金属によっては観察できない場合もあり、成因はまだ明らかではない。

おわりに

最近は、SEMにおける電子線の低速化(100〜500eV)が進み、また、二次電子検出器も特定のエネルギーを優先的に検出できる機能を持つものが開発されてきている。これをUHV-SEMとして利用することにより、最表面の二次電子像のコントラスト制御に多様性が生まれるものと期待できる。また、グラフェンに代表される単原子層物質の二次電子コントラストを、第一原理計算を使って理論的に研究する流れも出てきている。これら装置技術と最表面からの二次電子放出機構の理解により、UHV-SEMに新たな展開がもたらされることを期待したい。

〈本間　芳和〉

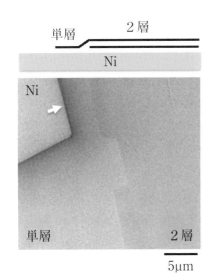

図2.2.4 Ni基板表面に析出した単層及び2層グラフェン像（加速電圧1.45kV、入射角0°）

〔参考文献〕

1) Y. Homma in Handbook of Crystal Growth, 2nd Ed. Ed. by T. Nishinaga, Chapter 23：In Situ Observation of Crystal Growth by Scanning Electron Microscopy, pp.1003-1030, Elsevier (2014)

2) Y. Homma, M. Tomita and T. Hayashi：Surf. Sci. 258, 147 (1991)

3) Y. Homma, M. Tomita and T. Hayashi：Ultramicroscopy 52, 187 (1993)

4) Y. Homma, J. Osaka and N. Inoue：Surf. Sci. 357-358, 441 (1996)
5) H. Hibino, Y. Homma and T. Ogino：Phys. Rev. B 58, R7500 (1998)
6) A. Endo and S. Ino：Surf. Sci. 346, 40 (1996)
7) Y. Homma, M. Suzuki and M. Tomita：Appl. Phys. Lett. 62, 3276 (1993)
8) J. C. Shelton, H. R. Patil, and J.M. Blakely：Surf. Sci. 43, 493 (1974)
9) K. Takahashi, K. Yamada, H. Kato, H. Hibino, and Y. Homma：Surf. Sci. 606, 728 (2012)

第3節 低エネルギー電子顕微鏡・光電子顕微鏡

はじめに

　低速電子回折(Low Energy Electron Diffraction：LEED)は、表面構造の観察手法の一つとしてよく知られている。この低速の回折電子を用いて固体表面の顕微鏡像を得るのが低エネルギー電子顕微鏡(Low Energy Electron Microscopy：LEEM)である。また、固体に光（紫外線やX線）を照射すると、光電効果により電子が放出される。この放出電子もLEEMと同じ電子光学系を用いて結像することができる。これを光電子顕微鏡(Photo Emission Electron Microscopy：PEEM)という。これらは投影型の表面顕微鏡であるので、実時間での動的な観察を行うことができるという大きな特徴を有している。また、LEEM/PEEMは固体表面の構造や化学結合状態、電子状態、磁区構造などさまざまな物性情報の空間分布を結像することができ、多機能性を有する顕微鏡として注目されている。ここでは、LEEM/PEEMの原理や特徴、得られる情報などについて説明する。さらに、近年のスピントロニクスの進展に伴って注目されているLEEM/PEEMによる磁気イメージングについても述べる。なお、LEEM/PEEMの詳細については、参考文献[1]の書籍や参考文献[2-4]の解説を参照されたい。

3.1 LEEM/PEEM装置

　図3.1にLEEMの電子光学系の一例を示す。電子源から放出された電子は15〜20keV程度に加速され、照射電子光学系を通過する。そして、ビームセパレータで偏向されて対物レンズを通った後、試料直前で急激に減速されて試料に垂直に入射する。試料で弾性散乱された電子は、対物レンズとの間で加速されて対物レンズを通り、ビームセパレータによって偏向されて結像電子光学系へと導かれる。このように、ビームセパレータは、入射電子と試料で散乱された電子を分離するために必要とされる。また、試料と対物レンズ間には高電圧が印加されており、試料がレンズの一部となっている。このようなレンズはカソードレンズと呼ばれ、低エネルギー電子の結像には欠かすことができないものとなっている。結像電子光学系で拡大投影された像は、マイクロチャンネルプレート(MCP)で増幅され、蛍光スクリーン上に映し出される。LEEMの分解能は、対物レンズの球面収差、色収差によって決まる。LaB_6電子源を使用した場合には約7nm、電界放射型の電子源を使用した場合には約5nmの分解能が得られている。最近ではミラーコレクターによる収差補正により、約1.4nmの分解能が得られている[5]。

　PEEMでは矢印で示したように試料に光を照射する。試料から放出された光電子や2次電子は、対物レンズ、ビームセパレータを通り、結像電子光学系により拡大投影され、PEEM像が得られる。光源としては水銀ランプやレーザ光（紫外線）、放射光（X線）などが用いられる。光電子のエネルギー分光が必要な場合には、結像電子光学系の途中にエネルギーフィルターを挿入する。このような装置はSPELEEM(Spectroscopic Photo Emission and Low Energy Electron Microscope)と呼ばれる[6]。

3.2 LEEM/PEEM像のコントラスト

　LEEMには、2種類のコントラスト生成メカニズムがある。一つは回折コントラストであり、透過電子顕微鏡と同様に(00)スポットを拡大投影する明視野像、表面再配列構造などに由来する回折スポットを拡大投影する暗視野像が観察できる。明視野像では、表面構造やモホロジーなどにより反射率が異なることによってコントラストが生じる。また、反射率は電子のエネルギーに依存するため、入射エネルギーを変化させるとコントラストが変化する。暗視野像は、観察する回折スポッ

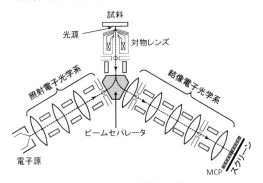

図3.1 LEEM装置の例

第5編 表面分析

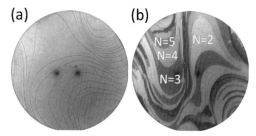

図3.2 (a) W(110)清浄表面のLEEM像、(b) Cu/W(110)の LEEM像 (NはCuの層数)

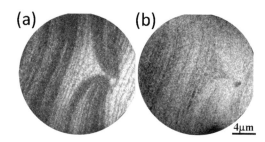

図3.3 Sb/In/Si(111)のXPEEM像 (a) In 3d光電子像、(b) Sb 3d光電子像

トを生じる表面構造を持つ領域のみが明るく観察される。このため、入射エネルギーを変化させてもコントラストの変化は小さい。

　もう一つは干渉コントラストであり、これには幾何学的位相コントラストと量子サイズコントラストがある。幾何学的位相コントラストは、表面上のステップの上側テラスと下側テラスで反射した電子の位相差によって生じるコントラストである。図3.2 (a) はW(110)清浄表面のLEEM像であり、像中には黒い筋状のコントラストが見られる。これが幾何学的位相コントラストによる単原子ステップである。位相差は電子のエネルギーに依存しており、コントラストもエネルギーに依存して変化する。これを利用すると上側テラスと下側テラスを区別することもできる[7]。量子サイズコントラストは、薄膜の表面で反射した電子と、基板との界面で反射した電子の干渉によって生じるコントラストである。図3.2 (b) はCu/W(110)のLEEM像である。テラスごとに異なるコントラストが観察される。これは、テラス上でのCu薄膜の膜厚が異なることによりよって生じた量子サイズコントラストである。図中のNはCu薄膜の層数を表している。このように、量子サイズコントラストは薄膜の膜厚に依存するとともに、電子のエネルギーにも依存して変化する[8]。

　PEEM像から得られる情報は、用いる光のエネルギーによって異なる。水銀ランプからの紫外線を使用する場合は、バンド構造や仕事関数の違いによってコントラストが生じる。ErtlらはPt(110)表面上のCOの酸化反応過程において、特異な時空パターンが形成されることをPEEMにより見出した[9]。CO吸着領域とO吸着領域のわずかな仕事関数の差によりコントラストが得られ、時間的および空間的にパターンが広がっていく様子が鮮明に観察されている。Ertlはこうした固体表面上での触媒化学反応に関する研究業績により、2007年のノーベル化学賞を受賞している。

　X線を用いた場合には、内殻電子の励起をすることができる。この場合には、X線光電子分光 (X-ray Photoelectron Spectroscopy：XPS)によって得られる元素の種類や化学結合状態といった情報の空間分布が得られる。このようなPEEMをXPEEM(X-ray PEEM)と呼ぶ。図3.3 (a) と図3.3 (b) はIn/Si(111)上にSbを蒸着した時に得られたIn 3d光電子、Sb 3d光電子のXPEEM像である[10]。InのXPEEM像からは、中央付近の三角形状の領域により多くのInが存在していることがわかる。逆に、SbのXPEEM像では三角形状の領域でSbの量が周囲と比べてやや少なくなっている。こうしたXPEEM像は、内殻励起による光電子を結像するため、一般的に強度が弱い。このため、高輝度の放射光を利用する場合がほとんどである。ただし、高輝度の放射光を利用した場合には、放出された光電子間のクーロン相互作用による分解能の劣化が起こるので注意されたい[11]。

3.3 LEEM/PEEMによる磁気イメージング

　表面の磁気的なイメージングを行う方法としては、例えばカー効果顕微鏡や磁気力顕微鏡 (Magnetic Force Microscopy：MFM)などが知られている。LEEM/PEEMを用いた磁気イメージングは、すでに述べたようなLEEM/PEEMの特徴をそのまま生かすことができるため、近年注目を浴びている。LEEMによる磁気イメージングでは、入射電子としてスピン偏極電子を用い、強磁性体表面との交換相互作用を利用してコントラストを得ることができる。こうした顕微鏡はスピン偏極LEEM(Spin Polarized LEEM：SPLEEM)と呼ばれ

る[12,13]。PEEMでは円偏光したX線による磁気円二色性、直線偏光したX線による磁気線二色性を利用して、それぞれ強磁性体、反強磁性体の磁気イメージングを行うことが可能である。これらは、X線磁気円二色性PEEM(X-ray Magnetic Circular Dichroism PEEM：XMCDPEEM)、X線磁気線二色性PEEM(X-ray Magnetic Linear Dichroism PEEM：XMLDPEEM)と呼ばれる[14]。

3.3.1 SPLEEM

一般的に、スピン偏極電子はGaAsフォトカソードに円偏光レーザを照射し、価電子帯から伝導帯へと励起された電子を真空中に取り出すことによって得られる[15]。このときGaAs表面にCsとOを吸着させることにより、負の電子親和力(Negative Electron Affinity：NEA)を実現している。しかし、GaAsの価電子帯の縮退により、得られるスピン偏極電子の偏極度は最大で50%、現実的には20～30%であり、さらに輝度が低いことも相まってLEEMの特徴である実時間観察を行うのは困難であった。これを打開するために、GaAs-GaAsP歪超格子フォトカソードと、裏面からのレーザ照射により高輝度・高偏極度のスピン偏極電子源が開発され[16,17]、これを搭載したSPLEEMにより実時間での磁気イメージングが可能となった[18]。輝度は20keVの電子に対して1.3×10^7 $Acm^{-2}sr^{-1}$、偏極度は90%が達成されている。図3.4はCo/W(110)のSPLEEM像であり、1枚の磁区像の取得時間は(a) 20ms、(b) 100msである。像取得時間が長ければ、明らかに像のS/N比が向上しているが、20msでも明瞭な磁区像が得られている。この高輝度・高スピン偏極電子源にはもう一つ特徴がある。フォトカソードの寿命が、従来と比較して格段に長くなっている点である。従来は寿命が半日以内であり、実験中にも電子ビームの強度の減衰が激しく、実験を行う上で困難を伴うものであった。新しい電子源では、2か月以上の寿命を有しており、実験環境が格段に向上している。長寿命化のカギを握っているのは、電子源周辺の真空環境とイオン照射によるフォトカソードの損傷を軽減する電子光学系の設計である。NEA表面の実現のためにCsを用いるが、化学的に非常に活性であるため、低い圧力の真空が望まれる。高輝度・高スピン偏極電子源は、圧力が10^{-10}Pa台前半の極高真空(XHV)となっており、長寿命の要因の一つとなっている。

3.3.2 XMCDPEEM/XMLDPEEM

強磁性体に円偏光のX線を照射したときの吸収強度は、円偏光のヘリシティーによって異なる。これをX線磁気円二色性という。図3.5 (a) はFe L吸収端での吸収曲線[19]であり、点線がσ^+偏光、実線がσ^-偏光での吸収曲線である。L_3吸収端ではσ^-のほうが吸収強度が大きく、L_2吸収端では反転している。図3.5 (b)、図3.5 (c) はL_3吸収端において、ヘリシティーを変化させたときに得られたPEEM像である。図3.5 (a) の吸収強度の違いに対応して、像のコントラストが反転していることがわかる。このように、試料の強磁性磁区を観察することができる。2つの像の比σ^+/σ^-を取ることによって、XMCDPEEM像が得られる。比を取るのは、わずかな吸収強度の違いを強調するためである。SPLEEMにはないXMCDPEEMの特徴として、元素選択性が挙げられる。これは、X線吸収を利用するため、注目する元素の吸収端を選ぶこ

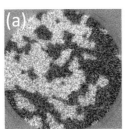
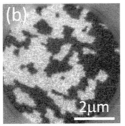

図3.4 Co/W(110)のSPLEEM像（像取得時間は、(a) 20ms、(b) 100ms）

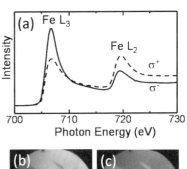
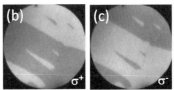

図3.5 (a) Fe-3%Si(110)のFe L吸収スペクトル[19]、(b) σ^+偏光PEEM像、(c) σ^-偏光PEEM像

第5編 表面分析

とができるからである。XMLDPEEMも基本的には同様の手法であり、違いは観察対象となる試料が、反強磁性体であることである。XMCDPEEM/XMLDPEEMでは、X線吸収によって放出される2次電子を用いて結像を行う。このため色収差の影響が大きく、一般的に分解能は数10nm程度である。

XMCDPEEM/XMLDPEEMでは、X線のエネルギーを任意に選ぶ必要があるために、放射光を用いる。放射光はパルス光であるので、これを利用してストロボスコピックな時間分解測定を行うことも可能である。これにより、磁化ダイナミックスといった超高速現象を観察することも可能である[20]。

〈安江　常夫〉

〔参考文献〕

1) E. Bauer, Surface Microscopy with Low Energy Electrons (Springer, New York, 2014)

2) 越川孝範、表面科学 23, 262(2002)

3) 越川孝範、顕微鏡 41, 189(2006)

4) 越川孝範、応用物理 79, 1108(2010)

5) R. M. Tromp, J. B. Hannon, W. Wan, A. Berghaus and O. Schaff, Ultramicroscopy 127, 25(2013).：T.M. Tromp, private communication

6) Th. Schmidt, S. Heun, J. Slezak, J. Diaz, K. C. Prince, G. Lilienkamp, E. Bauer, Surf. Rev. Letters 5, 1287(1998)

7) W. F. Chung and M. S. Altman, Ultramicroscopy 74, 237(1998)

8) M. S. Altman, W. F. Chung, Z. Q. He, H. C. Poon and S. Y. Tong, Appl. Surf. Sci. 169-170, 82(2001)

9) S. Jakubith, H. H. Rotermund, W. Engel, A. von Oertzen and G. Ertl, Phys. Rev. Lett. 65, 3013(1990)

10) M. Hashimoto, A. Nakaguchi, F.-Z. Guo, M. Ueda, T. Yasue, T. Matsushita, T. Kinoshita, K. Kobayashi, M. Oura, T. Takeuchi, Y. Saito, S. Shin, T. Koshikawa, Surf. Sci. 641, 121(2015)

11) A. Locatelli, T. O. Mentes, M. Á. Niño, E. Bauer, Ultramicroscopy 111, 1447(2011)

12) 越川孝範、鈴木雅彦、安江常夫、E. Bauer、

中西彊、金秀光、竹田美和、J. Vac. Soc. Jpn. 57, 382(2014)

13) 安江常夫、鈴木雅彦、竹田美和、越川孝範、表面科学 36, 625(2015)

14) 奥田太一、木下豊彦、表面科学 26, 19(2005)

15) D. T. Pierce and P. Meier, Phys. Rev. B13, 5484(1976)

16) X. G. Jin, N. Yamamoto, Y. Nakagawa, A. Mano, T. Kato, M. Tanioku, T. Ujihara, Y. Takeda, S. Okumi, M. Yamamoto, T. Nakanishi, T. Saka, H. Horinaka, T. Kato, T. Yasue, and T. Koshikawa, Appl. Phys. Express 1, 045002(2008)

17) N. Yamamoto, T. Nakanishi, A. Mano, Y. Nakagawa, S. Okumi, M. Yamamoto, T. Konomi, X.G. Jin, T. Ujihara, Y. Takeda, T. Ohshima, T. Saka, T. Kato, H. Horinaka, T. Yasue, T. Koshikawa, and M. Kuwahara, J. Appl. Phys. 103, 064905(2008)

18) M. Suzuki, M. Hashimoto, T. Yasue, T. Koshikawa, Y. Nakagawa, T. Konomi, A. Mano, N. Yamamoto, M. Kuwahara, M. Yamamoto, S. Okumi, T. Nakanishi, X. G. Jin, T. Ujihara, Y. Takeda, T. Kohashi, T. Ohshima, T. Saka, T. Kato and H. Horinaka, Appl. Phys. Express 3, 026601(2010)

19) M.Hashimoto, K.Iwata, M.Suzuki, M.Ueda, Y.Matuoka, M.Kotsugi, T.Kinoshita, Y.Watanabe, K.Tanaka, T.Yasue and T.Koshikawa, Proc. of 7th Int. Symp. on Atomic Level Characterizations for New Materials and Devices ALC'09(2009) p.626

20) G. Schönhense, H. J. Elmers, S. A. Nepijko and C. M. Schneider, Advances in Imaging and Electron Phys. 142, 159(2006)

第4節 ヘリウムイオン顕微鏡

まえがき

ヘリウムイオン顕微鏡(Helium Ion Microscope：HIM)は2006年に米国ベンチャー企業ALIS社により実用化され[1]、その後のHIMを用いた観察、評価および加工技術などHIMを応用した研究開発はめざましい。

HIMは2010年1月に産業技術総合研究所に国内で初めて導入され、HIMを用いた観察、評価、加工手法の研究開発が進められている。当初はSi集積化デバイス構造・材料の観察が行われ、銅(Cu)/低誘電率材料(Low-k)多層配線構造の観察技術研究の過程で、①Low-k膜の変形の少ない観察、②絶縁膜中に埋め込まれたCu配線の観察、が可能であることが明らかにされ、HIMの従来の走査型電子顕微鏡(SEM)に対する有効性が示された[2]。本解説ではHIMの概略、前記①、②の観察結果を述べ、何故そのような観察がHIMで可能なのかを説明する。他の応用例としてグラフェン膜のイオン照射による伝導特性制御[3-4]、および直径数nm、14 nmピッチ以下の微細ナノ孔アレイ作製[5]、生体材料観察[6]、イオンビーム照射によるルミネッセンス発光、などに関して解説する。

〈HIMの概略〉

従来のガリウム(Ga)フォーカスイオンビーム顕微鏡(FIB)と鏡筒構造は基本的に同じであるが、イオン源がGa液体イオン金属源ではなく、ガスイオン源であることが大きな相違である。10^{-4} Pa台のヘリウムガスを導入したイオン源に搭載した金属チップ尖端を73°Kに冷却し吸着させたヘリウム原子を電界イオン化して引き出し、先端部の三原子から発生したトリマー（3本のヘリウムイオンビーム）の一つをアパーチャで選択、プロービングビームとして選択、使用し[1]、あとは従来のSEM、FIBと同様な光学系でビームを成形し試料に照射して発生する二次電子(SE)を用いてイメージングなどを行う（図4.1）。得られるビームは原子レベルの点光源からのビームであり開き角を小さ

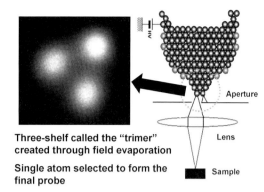

図4.1 金属チップ先端からのトリマー像とHIM概略図
（右図はCarl Zeissホームページより引用）

くできるので焦点深度がSEM、Ga FIBに比較し深く、ビームを小さく絞ることができるため分解能も高くエッジコントラスト法による分解能は現状、0.35 nmが得られている。

4.1 Low-k膜パターン試料の観察[2]

Cu/Low-k多層配線技術ではドライエッチ加工後のLow-k膜パターンの形状観察、寸法測定が必要であるが、Low-k膜パターンのSEM観察を行う場合、観察のための1回の電子線照射でも大きな変形が起こり、正確な形状、寸法を判断するのが困難である。

観察されたLow-k膜パターン概略を図4.2に示す。配線ピッチは140 nm（70 nm/70 nmライン＆スペース）、low-k膜は比誘電率3.1および2.4の材料の積層構造であり、SEM観察時によく行われる帯電防止のための金属コーティングは行っていない。帯電して像観察に悪影響を与える場合には試料室に備えた電子銃で電子を照射し中和する。図4.3に0.1 pA、32 kVで撮影した結果を示す。パターン側壁、底部、表面部の10 nm以下の細かな

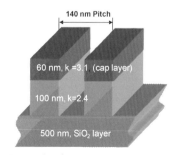

図4.2 観察したLow-kライン＆スペースパターン概略[2]

うねり、凹凸が奥行き方向深くまで、ほとんど変形がないように観察されている。

この結果からHIMによるLow-k膜パターン観察はSEM観察と異なり焦点深度が深いため立体的な像が得られ、変形が少ないため、注目すべき個所を複数回さらに拡大して詳細な観察をすることが可能である。質量の大きいヘリウムイオン照射の方が質量の小さい電子照射よりも変形が少ない、という結果は一見矛盾するように思えるが、何故そうなのかを定性的に説明する。図4.4に示すようにHIMでの観察条件（例：0.1 pA, 40 kV）および従来のSEM観察条件（例：10 pA, 1 kV）ではLow-k膜内部への単位体積当たりの注入パワーはそれぞれ約$7×10^6$ W/cm^2、約$3×10^9$ W/cm^{2}でありHIM観察はSEM観察に比較し3桁～4桁小さいため、試料の温度上昇が抑制され変形が少ないものと考える。したがって、HIM観察は上記材料の他、LSI工程でのレジスト、生体系材料など熱的な負荷に弱い材料を観察する場合に従来のSEMよりも熱変形が少ないという点で極めて大きな利点がある。

4.2 絶縁膜中に埋め込まれたCu配線の観察

実験に用いた観察試料の構造断面を図4.5に示す。ビア（図中Viaと表示、多層配線結線孔部）の直径は約1 μmである。図4.6に図4.5に矢印で示したように試料上部から観察したHIM観察像を示す。ビア部のCu表面と同時に30 nm厚のSiO$_2$、100 nm厚のLow-k膜合計130 nm厚の絶縁膜の下部に存在している下層M1(Cu)配線が観察されている。Cu配線像には結晶粒に起因する白～黒の結晶コントラスト像が明確に観察されている。従来SEM観察で報告されている絶縁膜容量によるコントラスト像であれば配線の結晶コントラスト像は観察されないため、この観察のメカニズムは他の物理現象によるものと考えられる。詳細は不明であるが、32 keVのHeイオンが絶縁膜を通過して配線表面に衝突し、①発生した最大分布エネルギ1 eV程度にピークを持つ大量の二次電子[7]がバンドギャップ5～9 eVの絶縁膜内を拡散して表面から飛び出す、②Cu表面で反射したHeイオンが絶縁膜表面近傍で二次電子を発生させる、などの可能性が考え

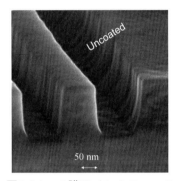

図4.3 Low-k膜ライン＆スペースパターンのHIM鳥瞰二次電子像[2]

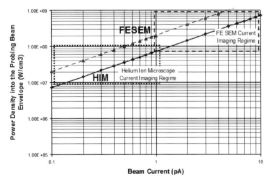

図4.4 HIM(40 kV)およびSEM(1 kV)の観察条件でのLow-k膜内部への単位体積当たり注入パワーの照射ビーム電流依存性[2]

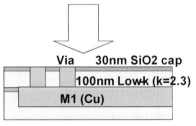

図4.5 Cu配線とその上層に存在する絶縁膜の断面模式図[2]

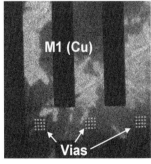

図4.6 図4.5内130nm厚絶縁膜を通して観察された平面HIM二次電子像[2]

られ、理論も含め今後の検証が必要である。

4.3 グラフェン膜の電気伝導特性制御

ヘリウムイオン照射によりグラフェン膜のエッチングナノリボン化（数nm幅）、グラフェン膜の欠陥形成制御を用いた電気伝導特性制御、およびトランジスタ形成が可能である[3-4]。ここではグラフェンにおける電気伝導特性制御の新しい方法として、グラフェンに原子サイズの結晶欠陥を適切な密度でランダムに導入する方法[8]をHIMによるイオン照射で検討した結果を述べる。これは導入された結晶欠陥によってグラフェンの電子系に対してランダムなポテンシャル擾乱を与えることで電子状態を変化させて、外部電場の印加によって電気伝導制御を可能にしようとするものである。注入されたイオンの総量（ドーズ量）は10^{15}から10^{16} ions/cm^{2}程度であり、これにより生成された結晶欠陥の密度は、総炭素原子数に対して概ね0.1%から2%程度と推定される[8,9]。結晶欠陥の生成評価はラマン散乱分光法により行った。本実験条件での適度な密度で欠陥が導入された場合、グラフェンの蜂の巣状の結晶構造は十分に保持されることが確認された。この欠陥によってグラフェンの電気伝導度は減少する。

加速電圧30 kVで$5.0×10^{15}$ ions/cm^{2}から$2.0×10^{16}$ ions/cm^{2}のヘリウムイオンビームを照射したグラフェン膜の走査型探針顕微鏡による評価結果を図4.7に示す[10]。$2.0×10^{16}$ ions/cm^{2}照射領域のみで単層グラフェンが絶縁体化していることがわかる。照射したヘリウムイオンは、その0.4%がグラフェンに衝突し、$2.0×10^{16}$ ions/cm^{2}のヘリウムイオン照射では、単層グラフェン中に～2%の欠陥を形成する[10]。これらの欠陥はグラフェン中のキャリアを局在させることにより、抵抗を増大させグラフェンを絶縁体へと転移させる[11]。この原理により、HIMを用いたヘリウムイオン照射によりグラフェン膜にナノスケール構造やデバイスをマスクやレジストを用いることなく直描して形成することが可能となる。

絶縁膜表面に貼り付けた単層のグラフェンに注入されたイオンのドーズ量に対して電流-電圧特性が変化する様子を調べるために試作したデバイスの模式図およびHIM像を図4.8に示す[3-4]。幅50 nm、長さ30 nmの領域にヘリウムイオンを照射したグラフェン試料の両端に付けた電極間に電圧（ドレイン電圧）をかけた場合に生じる電流を室温で測定した。

図4.9に示すようにドーズ量の増大に従って電

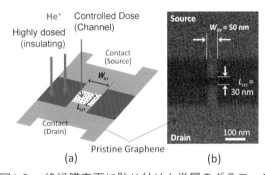

図4.8 (a)絶縁膜表面に貼り付けた単層のグラフェンにヘリウムイオン照射して作製したデバイス概略図、(b)そのHIM二次電子像（イオン照射領域は黒色、被照射領域は灰色）[4]

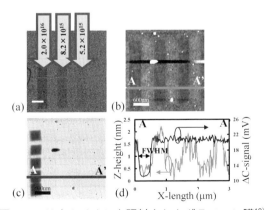

図4.7 ヘリウムイオンを照射されたグラフェン膜[10]
(a)HIM 二次電子像、(b)AFMトポグラフィー像
(c) STM容量像、および(d) (b), (c)中の線A-A'に沿ったトポグラフィー、容量

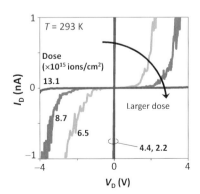

図4.9 ヘリウムイオンを照射したグラフェンデバイスのI-V特性のドーズ量依存性[4]

流値が急激に減少し、$1.31×10^{16}$ ions/cm^{2}になるとグラフェンはほぼ絶縁体となる[3-4]。

4.4 グラフェン膜のナノ孔微細加工

架橋したグラフェン膜に例えば10 nm径、20 nmピッチの微細ナノ孔アレーを作製することにより両固定端に閉じ込められた音響フォノンのエネルギは量子化され、この現象を用いたフォノンエンジニアリングの研究が盛んに行われている[12]。ナノ電子機械システム(NEMS)も微細化が進んでいるが、特に10 nm以下の領域での加工は従来のGa FIBではビーム径が太く困難である。一方、HIMではビーム径が1 nm以下であるため10 nm以下の加工が可能である。

図4.10は両端の金属電極で担持されたグラフェン膜にHIM(加速電圧30 kV、ドーズ量5E19/cm^{2}を用いて穴開け加工した例である。直径数nm、ピッチ18 nmの微細な孔の加工が可能であることがわかる[5]。

4.5 生体試料観察への応用

これまではナノ電子デバイスへの応用を説明したが、2.1で述べたように、HIMは熱に弱い材料の観察にも極めて有効であり、一般的にHIMの現在の応用は1/3程度が生体試料観察である。

図4.11に電子染色していない組織細胞のHIM観察像（加速電圧30 kV）を示す。理由は不明であるが、組織内の構造が高コントラストで観察され、電子染色した同組織の透過電子顕微鏡(TEM)像と同等の情報が得られる像が取得できている[6]。

本例のようにHIMでは生体試料を複雑な前処理が不要で、かつ観察中の変形も少ないことから、今後のバイオ関係分野への応用の可能性は極めて高いと考えられる。

4.6 ヘリウムイオンビーム照射によるルミネッセンス発光の可能性検討

Si基板上に熱酸化膜を400 nm形成し、標準的な二次電子像観察条件（加速エネルギ30 kV、イオンドーズ量$1×10^{13}～5×10^{14}$/cm^2)でHeイオンビームを照射し、SiO$_2$膜からのルミネッセンスならびに照射後のSiO$_2$試料のTEM EELS評価[13]を行った。

ルミネッセンスはSEM CLで観察される波長672 nm(1.85 eV)以外に281 nm(4.41 eV)、447nm(2.77 eV)の発光が観察された。447 nmはHe原子スペクトルに一致するが、発光ピークはブロードであるためSiO$_2$材料に起因するルミネッセンスと考えている。発光強度はドーズ量と共に増大するが波長に変化は見られないため、この照射条件の範囲ではダメージはないものと考えられる。TEM観察ではブリスタリングに起因するボイドは一切観察されず、Valence(V)-EELS（バレンスバンドエネルギ領域での電子エネルギー損失分光法）による評価の結果、ダメージが存在すれば変化する4～10 eV、100～120 eV領域のスペクトル形状に変化は見られなかった。したがって標準的な観察条件ではEELSで検知できるレベルのダメージは生じていないと考えられる。

まとめ

HIM技術のSi集積化デバイスにおけるCu/Low-k配線プロセスでの観察例、グラフェン膜の電気伝

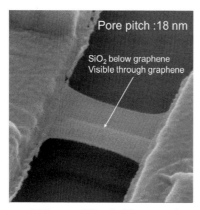

図4.10 金属パッド間に架橋されたグラフェン素子（200 nm幅、18 nmピッチの数nm孔アレイ形成）のHIM二次電子像[5]

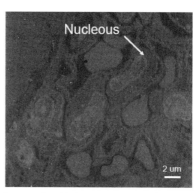

図4.11 電子染色していない組織細胞のHIM二次電子像（加速電圧30kV）[6]

導特性制御、シングルナノスケール微細加工、生体材料、ルミネッセンス発光の可能性に関して説明した。一方、これらの観察、堆積、加工に関わるヘリウムイオンと被照射試料との相互作用、反応に関しては物理化学的理解がまだまだ進んでない点が多く、何がどう見えるか、何ができるか、HIM技術の今後の可能性を学術的および技術的な広い観点から検討し、多くの分野に展開していく必要がある。

〈小川　真一〉

〔参考文献〕

1）J. Morgan et al, Microsc. Today 16 (2006)

2）S. Ogawa et al, Jpn. J. Appl. Phys. 49 04DB12 (2010).

3）S. Nakaharai, et al, Appl. Phys. Express 5 015101 (2012).

4）S. Nakaharai, et al, *ACS Nano*, 7 (2013) 5694-5700.

5）M. E. Schmidt,*et al.*,ACS Applied Materials & Interfaces, 10 (12), pp 10362–10368 (2018).

6）C. Sato,et al, International Journal of Molecular Medicine 42, 309-321 (2018).

7）Y. V. Petrov, O.F. Vyvenko, and A. S. Bondarenko,, J. Surface Investigation, 792 (2010).

8）M. Lemme, *et al.*, ACS Nano **3**, 2674 (2009)

9）D. C. Bell, et al, Nanotechnology **20**, 455301 (2009).

10）Y. Naitou, et al., Appl. Phys. Lett. 106, 033103 (2015).

11）A. Lerbier, et al, Phys. Rev. B **86**, 075402 (2012).

12）Y. Yang et al, Nano Letters, 14, 592-596 (2014).

13）Y. Otsuka, et al, Jpn. J. Appl. Phys., 49 111501 (2010).

第4章 X線検出分析法

第1節 電子線マイクロプローブ分析法 (EPMA)

1.1 波長分散法

EPMAとは電子線マイクロアナリシス(Electron-Probe-Microanalysis)の略称である。つまり電子線を励起源にした微小部分析法を示す。そのため広義に解釈すれば、分析装置としてはEPMA以外にもAES、SEM、TEMなども同じ分析手法に類されることになる。ただ、其々に原理と構造が事なり、其々の用途や目的も異なっている。ここでは、分析装置としてのEPMA(Electron-Probe-Microanalyzer)の特長を取り上げる。EPMAは、しばしばSEMにEDSを搭載した装置と比較される。SEM/EDSとの違いで最も特長的なのが、光学顕微鏡を内蔵している点と、波長分散型X線分光器(WDS)を搭載している点にある。本項ではこの波長分散型X線分光器および、その手法である波長分散法について述べる。最初に波長分散法の名称についてだが、EPMAによる特性X線の分光法として、正確には波長分散X線分光法(Wavelength-Dispersive X-ray Sectrometry)とするのが正しいだろう。一方で対義語としては、先に述べたEDS(Energy Dispersive X-ray Spectrometry)であり、こちらはエネルギー分散X線分光法という事になる。其々をX線検出器として表すと、前出の波長分散型X線分光器:WDS(Wavelength Dispersive x-ray Spectroscopy)および、エネルギー分散型X線分光器:EDS(Energy Dispersive X-ray Spectroscopy)となる。実機ではEPMAにEDSを搭載する事もでき、SEMにWDSも搭載可能だが、Be(4)〜U(92)までを複数(最大5基)の分光器を搭載して分光できるのはEPMAになる。EPMAに搭載されるX線分光器の概念を図1.1.1に示す。分光器はX線を分光する分光結晶とX線を検出する検出器から成る。この分光結晶の表面（回折面）と検出器スリット面および分析試料表面（X線発生面）が同一円弧上に位置している事が分光条件となる。このサークルをローランド円と呼んでいる。ローランド円の半径(R)が異なる分光器が何種類か実用されているが、半径の小さい分光器ほど大きな立体角でX線が入射するため、検出感度は高くなる。ローランド円径100mmの分光器と140mmの分光器では概ね2倍近い感度差が生じる。より高感度な分光器を搭載するのが望ましいがEPMAの装置構造からは装置に装填できる試料の大きさや装置に搭載する分光器の台数などによって制限を受けるため、現在実用されている中では101.6mm分光器が最も感度が高い。

電子線によって励起され試料から発生した特性X線は分光結晶によってブラッグ反射（回折）され、単色化されたX線が検出器へと向かい、検出器で電気パルスとして出力される。

図1.1.1はローランド円を説明する上で概念図として示したが、実際の装置では試料の位置が円弧上を移動する事は無く定点にセットされるため、図1.1.2に示すようにローランド円は中心点の位置（図1.1.2×印）を変えながら駆動する事になる。また分光結晶は角度を変えながら同一直線上を直進する仕組みになっている。この直線と試料表面（水平線）とが成す角度がX線取出し角

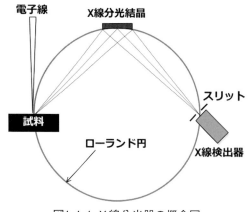

図1.1.1 X線分光器の概念図

度と呼ばれている。このＸ線取出し角度はEPMAの分析性能に大きく影響を及ぼすが、Ｘ線取出し角度が高いほど高性能と言える（図1.1.3）。

次に分光結晶について述べる、WDSにおいて最も象徴的であり、最も重要なパーツが分光結晶である。試料から放出された特性Ｘ線はブラックの条件式（1.1.1）を満たし回折される。

$$n\lambda = 2d\sin\theta \quad \text{（ブラックの条件）} \quad (1.1.1)$$

λ：Ｘ線の波長（エネルギー）　d：結晶の面間隔（格子定数）　θ：入射角（回折角）　n：正の整数

ブラックの法則から、固有の格子定数(d)を持つ分光結晶により回折された特性Ｘ線のエネルギー(λ)は回折角(θ)によって決定される。つまり回折角を求めれば特性Ｘ線のエネルギーが求まる。特性Ｘ線のエネルギーは物質固有であるので、エネルギー(λ)が求まれば試料の組成（元素）が判定できることになる。ここで重要なのはnλのn（正の整数）である。WDSの場合、波長（エネルギー）の整数倍の位置に見掛けのピークが出現するのである。つまり本物のピーク（主線）波長の倍数の波長位置に高次線と呼ばれるピークが出現する。これはEDSでは発生しない現象でありWDSの特徴と言えよう。また定数である分光結晶の面間隔(d)によっても波長は変わるが、WDSではd値（面間隔）の異なる複数の分光結晶を分光器に取り付ける事で分光範囲の異なる分光器を複数台搭載して重元素から超軽元素までをカバーしている。代表的な分光結晶であるLiF（フッ化リチウム）の格子定数（d値）は約0.2nmで、短波長（重元素）領域の分光に使用される。また近年の成膜技術の発展により、人工的に累積膜で作製された分光結晶が実用化され、任意の面間隔（d値）を持つ結晶を製造することができるようになった。この技術により超軽元素の検出感度が飛躍的に向上することになった。

図1.1.4にブラック反射（回折）の概念を示す。$2d\sin\theta$の条件を満たす波長のＸ線が入射した時にブラック回折により反射されるが、図1.1.5では分光結晶の1層目と2層目を表し、双方の間を面間隔(d)とする。そこに1層目と2層目のそれぞれで反射する2本の行路を示したとき、この行路差（距離の違い）が波長の整数倍の時に反射（回折）される。つまり波長の整数倍の時に双方が強め合う作用が生じる。図中で面間隔(d)の斜辺をもつ直角三角形が成立していることがわかる。この斜辺とθの角度をもつ角に対面する辺が

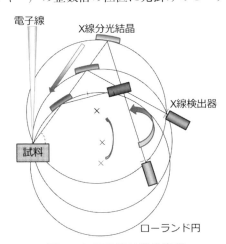

図1.1.2 EPMA用Ｘ線分光器

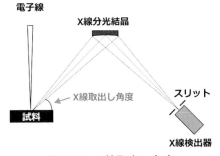

図1.1.3 Ｘ線取出し角度

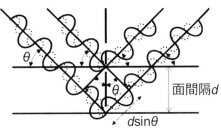

図1.1.4 ブラック反射の概念

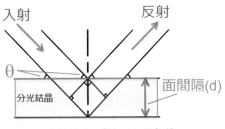

図1.1.5 ブラックの条件

光路差となる。つまり行路差は$d\sin\theta$で表すことができる。この行路差は入射側と反射側に存在するため、$2d\sin\theta$となる。さて、この分光結晶だが図1.1.2で示したようにローランド円に沿って湾曲していることがわかる。EPMAのWDSに搭載される分光結晶は平板型結晶ではなく湾曲結晶が採用されている。これは試料から発生した特性X線の集光効率を高める目的からである。ローランド円の円弧上に平板型結晶を配置した場合、結晶の中心付近は円弧と面を接するが、端にいくほど円弧から結晶面が離れる。そのため収差が大きくなり検出器スリット位置での集光点が拡がってしまう。ここでの拡がりは分光器のエネルギー分解能や検出感度に大きく影響を及ぼす。

図1.1.6にEPMAに搭載される分光結晶を示す。ヨハン型と呼ばれる分光結晶はローランド円直径(2R)に沿って結晶格子を湾曲させた形状である。厳密には、このヨハン型分光結晶でも完全集光には不十分であり、更に効率を高めたのがヨハンソン型分光結晶である。ヨハンソン型分光結晶は結晶格子をローランド円の直径(2R)で湾曲させる点はヨハン型と同じであるが、その表面をローランド円の半径(R)で研磨することで、収差の影響をより小さくしている。このヨハンソン型分光結晶を搭載したEPMAは高い元素検出感度と高いエネルギー分解能を有している。ただ、ヨハンソン型の製作には優れた技能とノウハウが要求されるため、匠の技として技能を継承していく必要がある。

次にX線検出器について述べる。試料から発生した特性X線は分光結晶によって反射（回折）され、X線検出器に入射して信号となる。EPMAのWDSに搭載されるX線検出器は比例計数管である。比例計数管は検出器に封入されたクリプトン(Kr)やキセノン(Xe)といった希ガスがX線の入射により光電子とイオンに電離される。検出器の中心部には数μm径の極めて細い芯線が張ってあり、この芯線に約2kVの高圧が印加してある。電離された光電子はこの芯線に向かって加速するが、その飛行過程で周囲のガスを電離する。X線による電離で発生した光電子による電離で新たな電子が発生するカスケード効果により電子の数が増幅され、なだれ現象を生じて芯線に流れ込む。芯線に流れ込んだ電子は電気パルスとして出力される。この電気パルスの大きさは入射したX線のエネルギーに比例し、また電気パルスの数はX線の光量子数に比例する。EPMAには主に2種類のX線検出器が使用される。

図1.1.7は硬X線（比較的短い波長）の検出に用いる検出器で、X線が入射する窓には薄いベリリウム(Be)の膜が張られている。窓材にはX線の吸収が小さい組成が望ましく、またガスを封入するため機械的強度の高い素材が望ましい。ただ、軟X線（比較的長い波長）では特に超軽元素の場合、Be膜でも比較的大きな吸収を受けるため、図1.1.8に示すように、窓材に高分子膜を使用した検出器も使用される。高分子膜の場合、ガスを完全密封して使用する事は難しく、ガスを常に流動させながら使用する。この検出器はガスフローで使用することからFPC(Flow-Proportional-Counter)と呼ばれている。

ここまで、EPMAに搭載されるWDSの原理と構造について述べたが、最後にWDSおよびEDSの比較として双方のX線スペクトルを図1.1.9に示す。EDSではしばしば問題となる硫黄(S)と鉛(Pb)のスペ

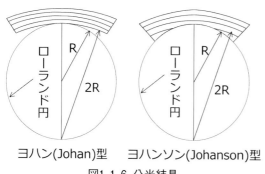

図1.1.6 分光結晶

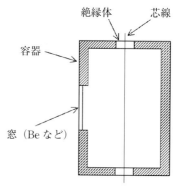

図1.1.7 ガス封入型検出器

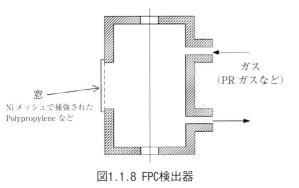

図1.1.8 FPC検出器

クトルの重なりがある。図1.1.9では薄い色のスペクトルがWDSスペクトルで濃い色がEDSスペクトルである。EDSの場合S-Kα、S-Kβ、Pb-Mα、Pb-Mβといった主線が一つのピークとして出現し、硫黄と鉛のピークを完全に分離する事は難しい。一方でWDSの場合は、硫黄と鉛のピークは明確に分離してる。

WDSとEDSの比較では、エネルギー分解能（波長分解能）の違いが特徴的であり、EDSのエネルギー分解能が約120eV程度であるのに対し、WDSは約10eV程度とWDSの分解能が圧倒的に優れていることがわかる。この高いエネルギー分解能を利用してWDSでは状態分析が行えることも大きな特長である。図1.1.10は硼素(B)の状態分析データである。

〈林　広司〉

〔参考文献〕
1) 副島啓義：電子線マイクロアナリシス；日刊工業新聞社；(1987年)
2) 日本学術振興会：マイクロビームアナリシス・ハンドブック；オーム社；(2014年)

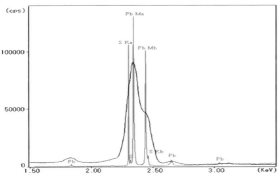

図1.1.9 WDSとEDSのスペクトル比較

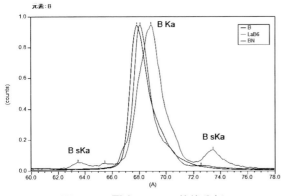

図1.1.10 硼素（B）の状態分析

1.2 エネルギー分散法

電子線を物質に照射すると、物質と電子との相互作用によって物質から電子線、X線、光等の信号が発生する（図1.2.1）。それぞれの信号は、物質を構成する元素や構造を反映しており、これらをスペクトルとして測定し分析することで、物質の性質・状態を調べることができる。エネルギー分散型X線分光法(Energy Dispersive X-ray spectroscopy：EDS)は、特性X線を半導体検出器によって検出し、元素分析を行う手法である。本節では、X線の発生原理と特性について述べ、次にX線の検出部の構成について述べる。最後にEDSで可能な分析手法について事例を紹介する。

X線分光法には、エネルギー分散法と波長分散法(Wavelength Dispersive X-ray spectroscopy：WDS)があり、いずれも電子線照射により発生するX線スペクトルから元素分析を行う手法である。

X線の検出には、EDSの場合、一般的に、半導体検出器が用いられる。一方で、WDSでは分光結晶が用いられる。半導体検出器は、比較的取扱いが容易であり、走査型電子顕微鏡(Scanning Electron Microscope：SEM)や透過型電子顕微鏡(Transmission Electron Microscope：TEM)に取り付けることが可能である。EDSの検出器には、以下のような特徴がある。

・小型で可動部がなく軽量であるため、電子顕微鏡への取り付けなど設置の自由度が高い。
・エネルギー（波長）の異なるX線を同時に処理できるため、多元素を一度に分析できる。
・X線の検出立体角および検出器からの見込み角を大きく取れるため、低いプローブ電流での測定が可能である（電子線照射によるダメージが少ない）。
・エネルギー分解能が劣るため、ピークの重なりの影響を受ける場合があり、ソフトウェアによるピーク分離処理などを行う必要がある。また、LiやBeなど極端にエネルギーの低い特性X線信号は、信号処理系の電気ノイズの影響を受けやすい。

上記の理由により、未知試料を迅速に分析することや容易に元素分布の測定が可能であることから、様々な物質や分野で使用されている。

一方で、EDSは、WDSに比べてエネルギー分解能が低いことから特性X線のピークが近接している場合、元素の検出下限や定量精度が劣るため、ソフトウェアによるピーク分離処理など工夫が行われているが、微量分析や軽元素の分析などにおいては適さない場合がある。

図1.2.2にエネルギー分散型X線検出器の外観、図1.2.3に（a）X線スペクトル例および（b）元素マップ例を示す。

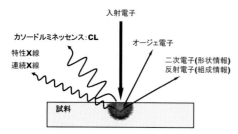

図1.2.1 電子線照射により発生する各信号

図1.2.2 EDS検出器の外観(SDD)

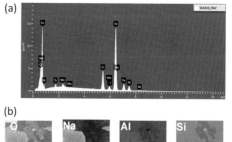

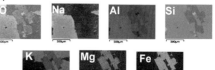

図1.2.3 EDSで測定した（a）X線スペクトル例および（b）元素マップ例

1.2.1 X線の発生原理

X線の発生原理について説明する。電子線を照射することにより発生するX線には、特性X線と連続X線がある。物質を構成する原子の内部構造は、中心となる原子核の周りに、エネルギーの低い順にK殻、L殻、M殻、…などの電子軌道が存在し、各軌道に存在できる電子の数は2、8、18、…といった上限がある（図1.2.4（a））。エネルギーが低い順に電子軌道が埋まる状態が原子の物理的に安定な状態（基底状態）であるが、ここに、軌道電子のイオン化エネルギー以上のエネルギーを持つ電子が衝突すると、軌道電子がはじきだされ（図1.2.4（b））、原子として不安定な状態（励起状態）となる。その後、基底状態に戻る際、空いた軌道に外殻から電子が遷移する現象が起こる（図1.2.4（c））。このとき、遷移が起こった軌道の結合エネルギー差に等しいX線が放出される。これを特性X線と呼ぶ。軌道電子のエネルギーは元素ごとに固有なため、発生する特性X線のエネルギーを計測することによって元素を特定することが可能となる。また、同じ過程で、特性X線ではなく、電子が放出されることもある。その電子をオージェ電子と呼ぶ。特性X線の発生とオージェ電子の発生の割合は、蛍光収率として表せられ、蛍光収率が大きいほど、オージェ電子よりも特性X線の発生割合が大きいことを示している。蛍光収率は、原子番号Zに依存しており、軽元素の場合、特性X線よりもオージェ電子の放出が支配的となるため、特性X線の発生率は小さくなる。例えばK殻が励起された場合、原子番号が、6番目の炭素の場合、約0.005であり、原子番号が32番目のゲルマニウムの場合、約0.5となる。それ以上の原子番号の元素で、特性X線が発生しやすくなると言える。

以上に述べたように、軽元素の場合、蛍光収率が小さいうえに、特性X線のエネルギーが低く、試料内での吸収影響を受けやすいこと、検出効率が低いことなどから、分析が困難となりやすいため、注意が必要である。

また、入射電子の進行方向が原子核の正電荷によって曲げられると制動放射とよばれるX線が放出される（図1.2.5）。このX線のエネルギーはゼロから入射電子のエネルギーまで連続的に分布するため連続X線と呼ばれる。この連続X線は、EDSスペクトルを取得した際のバックグラウンド分になる。

1.2.2 X線の発生領域

入射電子は試料中の原子内の電子に衝突しエネルギーを失いながら、原子核に進行方向を曲げられて試料の中を広がっていく（一部は反射電子として試料外に飛び出す）。X線の発生領域は、入射電子が試料中で拡散する際に、拡散した電子の持つエネルギーが、着目する原子のイオン化エネルギーよりも小さくなるまで広がる領域に相当する。X線の発生領域については、いくつかの手法により計算される。例えば、下記の式やモンテカルロシミュレーションが用いられる。

$$R\ (\mu m) = \frac{0.0276A}{Z^{0.89}\rho}(E_0^{1.67} - E_E^{1.67}) \quad (1.2.1)$$

Rは、X線の発生深さ(μm)、Aは、原子質量(g/mol)、Zは、原子番号、ρは、密度(g/cm^3)、E_0は、電子線のエネルギー(keV)、E_Eは、元素のイオン化エネルギー(keV)を示している。単一の材料で、厚みが十分にあり、平坦な表面に対して垂直に電子線が照射されていることが条件である。

材料が、Ni、加速電圧が、5kVおよび20kVとしたときの、式（1.2.1）およびモンテカルロシミュレーションによる計算を行った。式（1.2.1）か

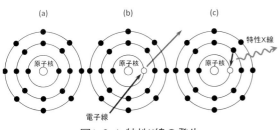

図1.2.4 特性X線の発生

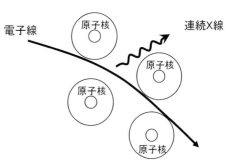

図1.2.5 連続X線の発生

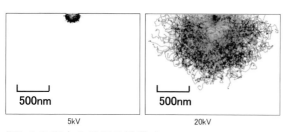

図1.2.6 Ni内の電子の拡散（モンテカルロシミュレーション結果）

らは、それぞれ、0.131μmおよび1.12μm、モンテカルロシミュレーションによる結果は、図1.2.6に示した結果となり、両者の計算により求めた結果は、一致している。

1.2.3 EDS検出部の構成

10年程前までのエネルギー分散型X線検出器において主流であったSi(Li)検出素子の模式図を図1.2.7に、また、現在、主流であるシリコンドリフト検出器(SDD)の模式図を図1.2.8に示す。検出器にX線が入射した際に発生する電子・正孔対の数がX線のエネルギーに比例する事がわかっており、検出器の電極に電子もしくは、正孔を収集し、その電荷量($\pm$Q)を測定することによってX線のエネルギーを求める。

図1.2.9は、検出器とその信号処理系の概念図である。初段のプリアンプは電荷を電圧に変換する容量帰還型のチャージアンプで、アンプの増幅率が十分に高い場合、

$$V = Q/C \tag{1.2.2}$$

の電圧に相当する階段状の波形に変換される。Cは、チャージアンプの容量を示している。

パルス整形アンプは、プリアンプで発生した階段波形の前後の信号を積分してノイズを低減し、電圧差を波高とするパルス波形に整形する。このパルス波形をマルチチャンネルアナライザ（MCA、波高弁別器）に入力することによりX線スペクトルが得られる。

アンプの増幅率が十分に高い場合、ノイズの発生源は、プリアンプの初段FETで発生するノイズと、検出器のシリコン素子のリーク電流である。前者は、検出器とその周辺の浮遊容量を減らして信号電圧を大きくすることにより相対的に低くなり、波形整形の積分時間が長いほど低減される。後者は、検出器の温度を下げてリーク電流を減らすことにより低くなり、波形整形の積分時間が短いほど低減される。従って、エネルギー分解能を向上するために最適な積分時間が存在するが、元素マップなどで測定時間を短くするためにはエネルギー分解能を犠牲にすることで積分時間を短くする場合もある。多くのX線が検出される条件の場合、積分時間によっては、一つ以上のX線が積分時間内に検出されることがある。その現象をパイルアップといい、この場合、MCAに入力される波高値が高くなり、高エネルギー領域にバックグラウンドが増加するため、主となる波形成形プリアンプと並列にパイルアップ除去のための積分時間の短いアンプを設け、第1番目のパルスの整形中に次に第2番目のパルスの検出、すなわちパイルアップ現象を監視する。パイルアップが生じた場合、整形中のパルスはキャンセルされMCAには入力されない。パイルアップ除去による測定時間

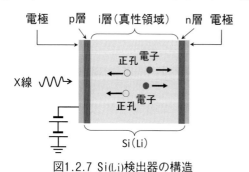

図1.2.7 Si(Li)検出器の構造

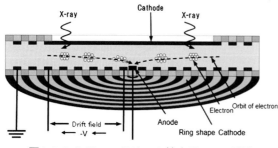

図1.2.8 シリコンドリフト検出器(SDD)の構造

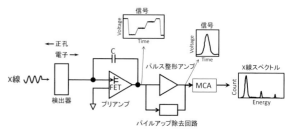

図1.2.9 信号処理の流れ

のロス時間をデッドタイムと呼ぶ。

SDDは、Si(Li)と比べて検出器の容量が小さく、初段FETのノイズを相対的に小さくできるため積分時間が短くてもノイズは小さく、高速のX線計測が可能となる。さらに、積分時間が短くできるとリーク電流のノイズの影響を受けにくくなり、液体窒素による冷却ではなく、ペルチェ素子による電子冷却でも動作可能となった。また、SDDの容量は検出器の面積を大きくしても増加しないため大面積の検出器も実現されるようになりつつある。

1.2.4 EDSで可能な分析

EDSを用いた分析としては、SEM像をもとに、ある特定の位置の分析を行う点分析と、ある一方向における元素の分布の分析を行う線分析、および、表面全体の元素の分布状態の分析を行う面分析（マッピング）がある。従来のマッピングでは、各測定点において、測定したい各元素の特性X線の積分強度によって元素像を構築していたが、現在では、コンピュータの大容量化により、すべての測定点においてX線スペクトルデータが保存される。Hyper Spectral Imaging/Mappingと呼ばれ、すべての測定点でX線スペクトルデータを保持していることにより、一度測定したデータから点分析や線分析などのデータの再構築が可能である。また、元素ごとの面分析結果の表示のみならず、化合物や合金といった"相"としての分布状態を示すような相分析やピーク分離マッピングなど、様々な解析も可能となっている。

(1) 定性分析

電子線を物質に照射することによって得られる特性X線は、エネルギーのピーク位置や、各ピークの強度の比が元素によって固有であるため、それらの値を比較することによって、その物質を構成している元素の分析(定性分析)が可能である。

電子線の加速電圧が20～30kVの場合、高エネルギー領域での、特徴のあるピークを得ることができ、各ピーク強度の強度比で比較することが可能であるため、比較的、簡単に定性分析が可能である。一方、加速電圧が、10kV以下の場合、高エネルギー領域のX線スペクトルが得られないため、低エネルギー領域のX線スペクトルのみで元素の比較を行うことになる。そのため、各ピーク強度

表1.2.1 エネルギーのピーク位置の近い元素の組み合わせ例

元素	エネルギー値 (keV)	元素	エネルギー値 (keV)	元素	エネルギー値 (keV)
O-Kα	0.526	Cr-Lα	0.573		
N-Kα	0.392	Ti-Lα	0.452		
F-Kα	0.677	Fe-Lα	0.705		
S-Kα	2.308	Mo-Lα	2.293	Pb-Mα	2.345
Ti-Kα	4.511	Ba-Lα	4.466		
P-Kα	2.014	Zr-Lα	2.042	Pt-Mα	2.050

の強度比で比較することが難しく、元素の組合せによっては、特性X線のエネルギーのピーク位置が非常に近い領域で比較する必要がある。元素によっては、ピークがオーバーラップして判別が困難になることがある。ピーク位置の近い元素の組合せ例を表1.2.1に示す。

現在は、ピークフィッティング処理技術の向上や検出器の分解能の向上によって、このような低エネルギー領域のピーク分離が可能になり、定性分析の信頼性が向上している。

(2) 定量分析

得られたX線スペクトルから定性分析を行った後、各ピークの強度値から、物質を構成している元素比の分析(定量分析)が可能である。定量分析の方法としては、スタンダード定量法とスタンダードレス定量法の2種類がある。

スタンダード定量は、測定したい元素を含む、含有量が既知の試料（標準試料）を準備し、実際の測定条件と同じ条件（加速電圧、プローブ電流）で測定し、標準試料の測定で得られたスペクトルと未知試料の測定の結果を比較することで定量を行う方法である。ただし、実際の物質はいくつかの元素の組合せで構成されており、マトリックスの影響や吸収の影響などを考慮する必要がある。これらの影響を考慮した分析を行うために、補正係数が必要になる。原子番号効果（Z）、吸収効果（A）、X線蛍光効果（F）の3つの効果を補正する必要があり、この補正をZAF補正と呼び、定量分析の基礎となっている。定量分析の精度をより向上させるために、様々な補正方法が検討されているが、各補正方法の検討の際には、試料表面が平坦であることを前提として考えられている。物質の表面状態についても定量分析の精度に対して大きな影響を与えるため、試料の包埋、研磨などの

第5編 表面分析

前処理が必要になる場合もある。

スタンダードレス定量は、標準試料のX線強度を第一原理計算など理論計算によって行う方法と、EDS製造元が、あらかじめ実験的に取得した標準試料のX線強度によって行う方法と、以上の2つの組合せを行う方法がある。

1.2.5 最後に

さらに詳細について学びたい方々のために、参考となる書籍、論文について以下の〔参考文献〕を記述する。

〈樋口　誠司〉

〔参考文献〕

〈電子顕微鏡を使ったX線分析全般〉

1）K. F. J. Heinrich, Electron Beam Microanalysis, Litton Educational Publishing, 1981

2）J. Goldstein and D. Newbury, Scanning Electron Microscopy and X-ray Microanalysis Third Edition, Springer Science + Business Media, LLC, 2003

〈検出器〉

3）J. Kemmer, G. Lutz, E. Beleau, U. Prechtel, W. Welser, Nucl. Instrum. Meth., A253, p.378-381, 1987

〈信号処理〉

4）V. Radeka, Ann. Rev. Nucl. Part. Sci., 38, p.217-277, 1988

〈スペクトル処理/定性分析/定量分析〉

5）P. J. Statham, J. Res. Natl. Inst. Stand. Technol., 107, P.531-546, 2002

6）K. F. J. Heinrich and D. Newbury, Electron Probe Quantitation, Plenum Press, 1991

〈イメージング、多変量解析〉

7）D.S.Bright and D.E.Newbury, J. Microsc., 216(Pt 2), p.186-193, 2004

8）P. G. Kotula, M. R. Keenan, and J. R. Michael, Microsc. Microanal., 9, p.1-17, 2003

第2節 蛍光X線分析法

はじめに

蛍光X線分析法は迅速に定性、および定量分析することができる機器分析法として幅広い分野で利用されている。また、他の機器分析法と比較して試料調製が簡便で分析精度が高く、日常的な品質管理分析だけでなく、新たな材料や製品の研究・開発に対しても有効な分析手法となっている。

2.1 蛍光X線分析法の原理と応用分野

蛍光X線分析法(X-ray fluorescence analysis、XRF)は、分析対象試料にX線（1次X線）を照射して含有元素の原子の内殻電子を励起し、励起された不安定な状態（内殻上に空孔が生じた状態）から安定状態に戻る時に発生するそれぞれの元素に固有の波長（エネルギー）を持ったX線（蛍光X線）を計測することによって、分析対象試料の含有元素を定性又は定量分析する方法である（図2.1参照）。

蛍光X線分析の用途はスクリーニングから工程管理まで、主成分分析からppmのオーダーの分析までと幅広い。また近年では卓上型の波長分散型装置や、ハンドヘルド型のエネルギー分散型装置などもあり、ラボ、サテライトラボ、クリーンルームからフィールドまで幅広く使用されている。

2.2 波長分散型とエネルギー分散型

蛍光X線分析装置は、一般的に波長分散型(Wavelength dispersive type)とエネルギー分散型(Energy dispersive type)とに大別され、それぞれ「WDXRF」または「WDX」、「EDXRF」または「EDX」と略称される。試料にX線を照射したとき、試料に含まれる含有元素由来の種々の蛍光X線が発生するため、これらを適切な方法で分離して測定する必要がある。その手段としてX線の波長に着目するのが波長分散型、エネルギーに着目するのがエネルギー分散型である。波長分散型は蛍光X線を分光素子により分光し、目的の蛍光X線を検出器により選択的に計数するため分解能と精度が優れている。一方、エネルギー分散型は多種類の蛍光X線を直接検出器で検出し、エネルギーに比例した電気信号に変換して計数する。全元素の蛍光X線を同時に検出器に取り込むため、WDXよりも分解能は劣るが迅速であり、種々のスクリーニング分析に用いられている。

2.3 波長分散型の原理

波長分散型装置の原理図を図2.2に示す。分光素子の面間隔をdとすると、ブラッグの条件により波長λのX線は、$2d \sin\theta = n\lambda$を満たす角度2θの方向に分光される（nは正の整数）。蛍光X線は元素毎に固有の波長を持つので、分光素子の面間隔dが予め判明していれば、ブラッグの条件から、分光素子で分光される蛍光X線は元素毎に決まった分光角度2θを持つことがわかる。よって、分光素子と検出器とを、図2.2のようにθと2θの関係を保ちながら走査（スキャン）すると、検出器で計測されるX線強度は、試料に含有されている元素に固有の角度2θでピークを持つ（図2.3参照）ので、その試料にどの様な元素が含まれているかを知ることができる（定性分析）。また、予め分析したい元素が決まっていれば、その元素固有の波長に対応した角度2θにおけるX線強度を測定することで、対象の元素がどの程度含

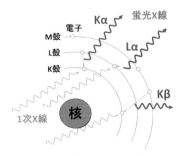

図2.1 蛍光X線の発生

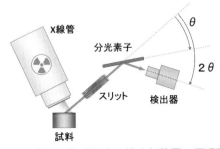

図2.2 波長分散型蛍光X線分析装置の原理図

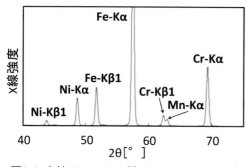

図2.3 定性チャートの例（分光素子：LiF(200)）

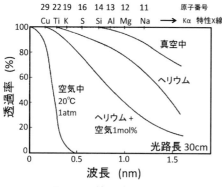

図2.4 X線光路の透過率

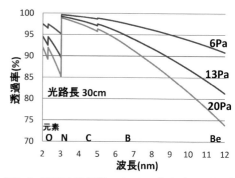

図2.5 超軽元素領域における真空度と透過率

まれているかを知ることができる（定量分析）。試料から検出器までの光路長は30cm程度である。図2.4は光路によるX線強度の減衰の度合を示したグラフである。大気中であれば、Ti-Kα線より波長の長い軽元素のK線は吸収により測定することが出来ない。このため、波長分散型蛍光X線分析装置はロータリーポンプによりX線光路を1～20Pa程度の真空にすることにより、軽元素領域の分析を行っている。

2.4 応用例
2.4.1 超軽元素の分析

近年は分光素子として用いられる人工累積膜の作成技術の進歩により、Be、B、C、Nといった原子番号が1桁の超軽元素についても、感度良く測定ができるようになった。しかしながら、図2.5に示すように、この領域の波長のX線は、真空度の変化により、光路内での透過率がかわる。従って、X線光路内の真空度を一定にするためのAPC（自動真空度制御）の技術を搭載し、これらの軽元素を安定して分析することを可能にしている。図2.6はガラス中のホウ素の分析結果である。迅速に分析が可能という利点から蛍光X線分析法がガラスの管理分析に使われている。真空制御を行わない場合、真空度が徐々に高くなっていくため、ホウ素のX線強度が時間とともに高くなり、分析値も増大する。APCにより真空度を一定にすることで、X線強度を安定化することができ、ガラス中のホウ素の正確な分析を可能にしている。

2.4.2 ニッケル合金、高合金鋼の分析[1]

次の応用例としてニッケル合金、高合金鋼の分析について紹介する。これら合金の分析においては、元素間の吸収励起効果（マトリックス効果）が大きく、吸収励起補正（マトリックス補正）が重要となるが、主成分の含有率範囲が広いため、検量線法を用いる場合、多数の標準試料を要し、品種毎に検量線の作成が必要となる。一方、FP法（ファンダメンタル・パラメーター法）を用いると、検量線法のような問題が解消されて、微量から高含有率まで広い含有率範囲で正確な分析結果を得ることができる。

FP法では、検量線の代わりに感度較正曲線を作成する。試料内で生じる吸収励起効果を考慮して理論強度を計算し、実測強度との相関を求めて感

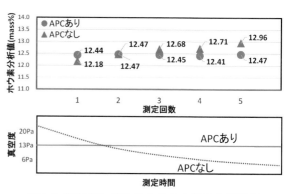

図2.6 真空度とガラス中のホウ素の定量結果

度較正曲線とする。感度較正曲線は検量線とは異なり、微量から100mass％までの含有率範囲を1つの曲線で表すことができる。

標準物質118点と純金属試料を用いて17元素の感度較正曲線を作成し、これらすべての標準試料の定量値を求めて得られた各元素の正確度（分析誤差の二乗平均の平方根）を表2.1に示す。0から100mass％の広含有率範囲の元素についても良好な結果が得られた。Ni、Crにおける標準試料の標準値と蛍光X線分析値との相関を図2.7に示す。Niは含有率範囲0から100mass％で正確度は0.14mass％、Crは含有率範囲0から39.48mass％で正確度は0.10mass％と正確な分析が可能であることがわかる。

また、IARM 59B（ニッケル合金）とJSS 655-11（高合金鋼）の定量分析結果を表2.2に示す。表2.2のように、FP法を用いることで、幅広い含有率範囲のニッケル合金・高合金鋼の試料群に対し、一組の感度較正曲線を用いて正確な分析を行うことができる。

まとめ

蛍光X線分析法は、多数の試料の元素組成を非破壊で迅速・高精度に分析できることから、新材料の研究開発や、各種材料の製造工程における品質管理において活用されている。蛍光X線は化学分析のように熟練した技術や専門的な知識が不要で、廃液処理の必要もなく環境に優しい分析法と

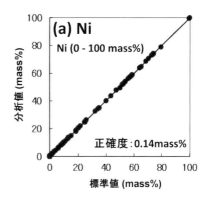

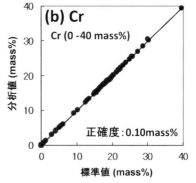

図2.7 標準試料の標準値と分析値の相関

表2.1 ニッケル合金、高合金鋼の正確度
単位：mass％

元素	濃度範囲	正確度
Mn	0-15.09	0.031
Si	0-4.06	0.051
Cr	0-39.48	0.1
Ni	0-100	0.14
Co	0-100	0.07
Mo	0-27.9	0.028
W	0-17.98	0.065
Nb	0-5.38	0.009
Ti	0-3.19	0.013
Al	0-1.74	0.032
Fe	0-100	0.18
P	0-0.32	0.002
S	0-0.03	0.002
Cu	0-32.93	0.02
Ta	0-0.75	0.008
V	0-2.04	0.012
Sn	0-0.09	0.002

注）鉄基試料のFeの含有率は残分としている

表2.2 定量分析結果

元素	IARM59B 標準値	分析値	誤差	JSS655-11 標準値	分析値	誤差
Mn	0.45	0.44	0.01	1.77	1.78	0.01
Si	0.23	0.23	0	0.67	0.66	0.01
Cr	21.2	21.06	0.14	17.47	17.53	0.06
Ni	40.01	39.95	0.06	9.41	9.35	0.06
Mo	3.05	3	0.05	0.096	0.104	0.008
Nb	0.005	0.002	0.003	0.54	0.056	0.02
Ti	0.96	0.94	0.02	-	0	-
Al	0.18	0.19	0.01	0.017	0.016	0.001
Fe	31.25	31.51	0.26	-	69.6	-
P	0.01	0.009	0.001	0.028	0.029	0.001
S	0.0028	0.0046	0.0018	0.0056	0.0068	0.0012
Cu	2.48	2.53	0.05	0.12	0.12	0

－：標準値なし　単位：mass％

いえることから重要度がますます高まっている。

〈森山　孝男〉

〔参考文献〕

1) "Simultaneous Analysis of Nickel, Cobalt and Iron Base Alloys Using the Fundamental Parameter Method", Y. Kataoka, E. Furusawa, H. Kohno, T. Arai, A. Martin, H. Inoue, M. Mantler, Advances in X-ray Analysis, 50, p83-88, (2006)

第5章 電子回折

第1節 低速電子回折

はじめに

1897年にJ. J. Thomsonによる荷電粒子としての電子の発見[1]に続き、1927年にはC. J. DavisonとL. H. Germerによる反射電子回折実験[2]により、電子には波の性質もあることが検証された。この実験が低速電子回折(Low-Energy Electron Diffraction, LEED)[3,4]の始まりと言われている。この電子の波動性を利用して結晶表面の原子構造を分析・評価するLEED法は表面に大変敏感であるため、試料表面は清浄化処理あるいは観察中に汚染ガス分子の付着がない超高真空環境が要求される。

1.1 低速電子回折(LEED)装置

図1.1は一般的な低速電子回折(LEED)装置の概念図である。電子銃において数十V～数百Vで加速された電子線を結晶試料表面に垂直に照射し、表面で反射回折する電子線群を球面型の蛍光スクリーンで受けて回折図形を観察する。この球面スクリーンが反射回折電子を取り込む角度は一般に100°程度であるため、更に横方向に広がる電子線群は球面スクリーンでは観察できない。

上記の比較的小さな加速電圧で電子銃から出射する電子線は低速電子と呼ばれるため、このような手法を低速電子回折あるいはLEEDと名付けられている。例えば、加速電圧V[V]の電子の波長λ[Å]は、電子の運動量pとプランク定数hを用いたde Broglie(ド・ブロイ)の関係式 $\lambda = h/p$ [5]から、

$$\lambda = h/\sqrt{2meV} = \sqrt{150.4/V} \quad (1.1)$$

として加速電圧Vから波長λを求めることができる。ただし、mとeはそれぞれ電子の質量と素電荷である。例えば加速電圧が150[V]の電子の波長は約1[Å]となり、原子分解能を有することがわかる。

低速電子は後方散乱能が比較的大きいため、球面スクリーンを試料に覆い被せるように配置し、その球面の中心に試料表面が位置する。試料表面で反射回折した低速電子線群は、その低エネルギー故に蛍光スクリーンを発光させるには不十分であるため、蛍光スクリーンには3～5kV程度の後段加速電圧が印加されて発光強度を稼いでいる。しかしながら、試料表面で非弾性散乱した主としてバックグランドを形成する不要な2次電子に対しても後段加速電圧が作用してバックグランド強度が増大し、回折図形のコントラストを低下させる。そこで、3枚あるいは4枚の球面メッシュを蛍光スクリーン手前に設置し、3枚メッシュであれば中央の1枚に、4枚メッシュであれば中央の2枚に阻止電圧を印可して非弾性散乱電子を排斥するのがLEEDの一般的観察方法である。阻止電圧の大きさは加速電圧VよりΔVだけ小さくするが、ΔVの大きさは回折図形の明るさやコントラストから判断することが多い。また、この阻止電圧に周波数ωの高周波電圧を重畳させ、スクリーンに到達する電子強度の2ω成分をロックインアンプで抽出すれば、エネルギー微分されたオージェ電子スペクトルの観測も可能となる。

LEEDで用いる入射電子線は低エネルギーのため結晶内部深くまで侵入しない。電子の侵入深さは各エネルギーにおける電子の平均自由行程から見

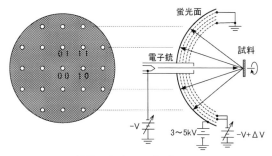

図1.1 LEED装置の概念図と観察されるLEED図形

積もられる。M. P. Seahらの実験結果[6]によれば電子の平均自由行程は100[eV]付近で最小値5[Å]程度となるが、一般に表面数原子層（1[nm]程度）までがLEED図形の検出深さと考えれば十分である。

1.2 LEED図形の解釈

LEED図形に現れる回折斑点の幾何学は、結晶試料表面の原子配列の周期性を示している。例として図1.2（a）に面心立方格子の(001)表面を示す。LEEDは表面に敏感であるため、ここでは近似的に表面の2次元格子からの反射回折を考える。3次元の面心立方格子の単位胞は表面から眺めれば図1.2（a）のグレーで示す大きさであるが、表面の2次元格子で考えれば基本並進ベクトaとbを隣り合う2辺とする少し小さな正方格子が基本単位網となる。この実空間における基本並進ベクトルaとbから基本逆格子ベクトルa^*とb^*は次式（1.2）を用いて求められる。

$$a^* = 2\pi \frac{b \times n}{|a \times b|}, b^* = 2\pi \frac{n \times a}{|a \times b|} \quad (1.2)$$

ただし、nは表面垂直上方に向かう単位ベクトルである。すなわち、a^*は図1.2（a）に示すように[110]方向に並ぶ原子列群（ここでは(10)原子列群と呼ぶことにする）に垂直方向で、かつ大きさが$2\pi/d_{10}$である。ただし、d_{10}は(10)原子列間の距離を示す。b^*についても同様に、(01)原子列群に垂直方向で、かつ大きさが$2\pi/d_{01}$である。

図1.2（b）に示す逆空間には、a^*とb^*の線形1次結合である$R_{hk} = ha^* + kb^*$（ただしhとkは整数）を位置ベクトルとする逆格子ロッド群が表面垂直に並ぶ。各逆格子ロッドはこの整数hとkで指数付けされる。

今、この表面に加速電圧Vの電子線が表面垂直に入射する場合の回折図形をエワルドの作図から考える。入射電子の波数ベクトルK_0を図1.2（b）の逆空間に描く。K_0の大きさは$K_0 = 2\pi/\lambda$で定義され、波長λは式（1.1）で求められる。K_0の向きは入射電子線の方向にとり、K_0の終点が逆空間の原点となるように描く。K_0の始点（これを発散点と呼ぶ）を中心とする半径K_0の球面（これをエワルド球と呼ぶ）を描けば、複数の逆格子ロッドと交差する。発散点からこれらの交点に向かって引いた矢印は反射回折電子の波数ベクトルを示す。すなわち、これらは反射回折電子線の進む向きを表す。これら反射の波数ベクトルを蛍光スクリーンまで延長させた点が回折斑点の位置となり、図1.2（c）に示す4回対称のLEED図形を示すことになる。すなわち、LEED図形は逆格子ロッドを表面垂直方向から眺めた幾何学図形と同様となる。回折斑点には指数が付けられ、それは発生元の逆格子ロッドの指数hとkを用いる。図1.2の(a)と(c)に示されるように各回折斑点の位置ベクトルは、対応する各原子列の向きに直交する方向で、かつ原子列の間隔に反比例する大きさを有する。

このエワルドの作図では、入射及び反射の波数ベクトルの大きさは互いに等しく、共にエワルド球の半径に相当する。すなわち、入射電子および反射電子のエネルギーが互いに等しい弾性散乱を扱っている。

1.3 表面超構造とLEED図形

結晶表面の原子配列は、バルク結晶を切り出したそのままの理想的原子配列とは異なる場合が多い。特に半導体結晶表面では共有結合が切断され、表面は結合相手のない不対電子（ダングリングボンド）が数多く存在する。この不安定なダングリングボンドの数を減らすべく表面原子は再構築し、理想表面とは異なる表面超構造をとることが知られている。あるいは金属結晶やイオン結晶のように再構築せずに表面の原子間距離の変化といった構造緩和を伴う表面超構造もある。このような表

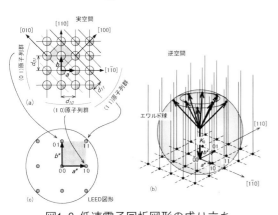

図1.2 低速電子回折図形の成り立ち
(a) 正方格子の結晶表面、(b) エワルドの作図、(c) LEED図形

面特有な超構造は理想表面の原子配列周期よりも大きい長周期構造になる。例えば、基本並進ベクトルaとbのそれぞれの大きさのm倍とn倍の単位網が表面に形成される場合は$m×n$超構造と呼ぶ。

具体的に幾つかの例を以下に示す。図1.3の(a)と(c)は実空間において、白丸で示す正方格子の表面上に黒丸で示す吸着原子が存在する超格子表面を示す。この黒丸は格子欠陥や格子ひずみのようなものであってもよい。白丸で示す理想表面の格子点の周期性を示す基本並進ベクトaとbに対し、(a)と(c)には黒丸で示す新たな周期構造が存在する。この周期構造を表す基本並進ベクトルをa_sとb_sで示す。(a)の場合において、a_sはaの2倍で、b_sはbの1倍の関係であるため、2×1超構造と呼ぶ。また(c)において、a_sとb_sはともにaとbの$\sqrt{2}$倍でかつ45°回転しているため$\sqrt{2}×\sqrt{2}-R45$°と呼ぶ。"$-R45$"は省略することもある。この場合、a_sとb_sが共にaとbの2倍で、かつ軸の回転のない2×2単位網を周期単位として扱う場合もある。この場合、2×2単位網の中心にも格子点が余分に含まれるため、$c(2×2)$超構造と呼ぶ。この c は centered の頭文字を表している。

図1.3の(a)と(c)の表面超構造に対する逆空間はそれぞれ図1.3の(b)と(d)に対応する。これは表面真上から眺めた逆格子ロッドの配置であり、またLEED図形の回折斑点の配置と考えてもよい。白丸は理想表面における基本反射斑点であり、黒点は超構造表面の形成により新たに現れる超格子斑点を示す。

図1.3(a)ではa_sがaの2倍の大きさとなるため、a_s^*はa^*の1/2の大きさとなり、その逆空間には黒点で示される反射指数1/2 0の超格子斑点が現れる。正方格子の4回対称性を考慮すれば、2×1表面超構造が存在するならば表面ステップを介して等しい確率で1×2表面超構造も存在するはずであり、事実Si(001)表面では両者の共存する二重分域表面であることが知られており、両者の超格子斑点の重なった回折図形が観察される。

一方、図1.3(c)の表面超構造では実空間での基本並進ベクトルの大きさが$\sqrt{2}$倍になるため、その逆空間では$1/\sqrt{2}$の大きさのa_s^*とb_s^*となり、かつ45°回転するため、例えば1/2 1/2のような超格子斑点が現れる。ここでは基本単位網を考えたが、$c(2×2)$を単位網として想定した場合はa_s^*とb_s^*は、a^*とb^*の1/2の大きさとなり、回転はないため、例えば1/2 0の超格子斑点も出現することになる。しかしながら、単位網内に余分な格子点を含むために消滅則が働き、実際には出現しない。すなわち、$\sqrt{2}×\sqrt{2}-R45$°を単位網として想定した場合と全く同じ幾何学的位置関係で超格子斑点が現れる。

1.4 表面形態と回折斑点形状

回折斑点の形状からも表面の結晶性や形態を知ることができる。図1.4(a)は、平坦で広い領域

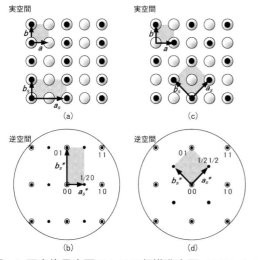

図1.3 正方格子表面における超構造表面（上段）とその逆格子ロッドの配列（下段）
(a)と(b)は2×1超構造表面、(c)と(d)は$\sqrt{2}×\sqrt{2}-R45$°超構造表面に対する実空間と逆空間を示す。

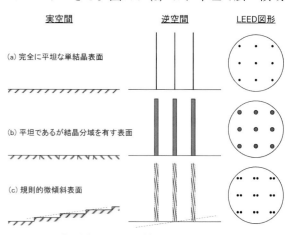

図1.4 各種表面形態に対する逆空間とLEED図形
(a)は平坦な単結晶表面、(b)は多くの結晶分域が存在する表面、そして(c)は微傾斜表面を示す。

にわたって結晶性のよい表面である。このような単結晶表面の逆格子ロッドは極めてシャープであるため、エワルド球との交点は細い点となり、シャープな回折斑点を形成する。一方、図1.4（b）は平坦ではあるが、入射電子のコヒーレント長内に結晶分域が多数存在する表面の場合である。この場合には小さな結晶分域を反映して逆格子ロッドは太くなる。その太さは、ほぼ平均的結晶分域サイズに反比例する。逆格子ロッドとエワルド球との交点は太く回折斑点も太くなる。図1.4（c）のように一定のテラス幅を有する規則的微傾斜表面の場合、その逆格子空間は微傾斜表面に垂直で、かつテラス幅の周期の逆数の間隔で立ち並ぶ微傾斜ロッド群となる。この微傾斜表面はテラス幅に相当する結晶分域が存在する。あるいはテラス内部にも小さな結晶分域が存在する場合もある。したがって、図1.4（b）のような結晶分域を反映する幅のあるロッド群と上述の微傾斜ロッド群との共通部分から逆格子ロッドの強度分布が求まる。ただし、表面ステップの周期間隔が入射電子のコヒーレント長以内に納まっていないとこのようなステップ形態情報は得られない。実際には完全に周期的なステップ表面は存在し得ないので平均的なステップ周期、あるいは平均テラス幅で議論を行う。

1.5 回折斑点強度の入射電子エネルギー依存性

上で述べたようにLEED図形に現れる回折斑点の幾何学から結晶表面の原子配列の周期性を知ることができる。一方、回折斑点の強度を入射電子エネルギーに対して測定したI-E特性を解析することにより表面原子の位置を知ることができる。その一例を以下に示す。

SiC(0001)基板を石英管中に固定し、1気圧の水素を流しながら、赤外炉により1300℃で30分間程度加熱し、さらに、1300℃に保ったまま、水素を窒素に置換して15分間程度保った後、室温まで冷却して取り出すことによりSi$_4$O$_5$N$_3$超薄膜が形成する。この試料を真空装置に導入してLEEDパターンを観察すると、真空中で何の処理も施さずにシャープな$\sqrt{3} \times \sqrt{3} - R30°$のLEEDパターンを観察することが可能で、この表面が大気中でも極めて安定で汚染されにくいことを示している[7]。

図1.5にその構造モデルを示す。SiC(0001)の上に、窒化シリコンの単原子層があり、酸素のブリッジを介して、最表面に単原子層の酸化シリコン層が形成している。Si$_4$O$_5$N$_3$超薄膜内において、シリコンは4配位、窒素は3配位、酸素は2配位になっており、単位格子内にはダングリングボン

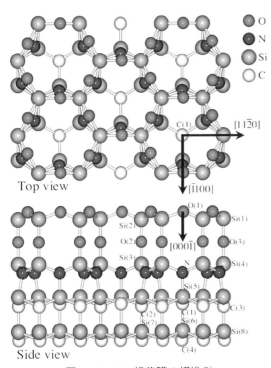

図1.5 Si$_4$O$_5$N$_3$超薄膜の構造[7]

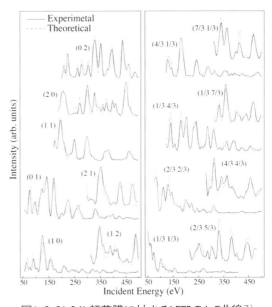

図1.6 Si$_4$O$_5$N$_3$超薄膜に対するLEEDのI-E曲線[7]

第5編 表面分析

ドが存在しない。LEEDのI-E解析により得られた構造パラメータから、結合長や結合角はバルク結晶中の値とよく一致しており、歪み等も少ない安定な構造であることがわかった。

図1.6の実線が実験で得られたスポット強度−電子線エネルギー曲線である。一方、モデルから計算で求めたスポット強度−電子線エネルギー曲線は点線であり、両者はすべての回折スポットについてよく一致している。実験と計算の一致度はPendryの信頼度因子(R_p)を用いて比較することが多く、R_pが0.3以下でモデルが正しい可能性が高いことが経験的に知られている。ここではR_p=0.14ととてもよい一致度が得られた。これは、得られたSi$_4$O$_5$N$_3$超薄膜に欠陥が少なく、極めて高い周期性を持っていることに起因している。

〈堀尾 吉已〉

〔参考文献〕

1) J. J. Thomson, Philos. Mag. 44, 293(1987)

2) C. J. Davison and L. H. Germer, Nature 119, 558(1927)

3) J. B. Pendry, *Low-Energy Electron Diffraction* (Academic, London, 1974)

4) M. A. Van Hove, W. H. Weinberg and C. -M. Chan, *Low-Energy Electron Diffraction* (Springer Verlag, Berlin, 1986)

5) L. de Broglie, Nature 112, 540(1923)

6) M. P. Seah and W. A. Dench, Surf. Interface Anal. 1, 2(1979)

7) T. Shirasawa, K. Hayashi, S. Mizuno, S. Tanaka, K. Nakatsuji, F. Komori and H. Tochihara, Phy. Rev. Lett. 98, 136105(2007)

第2節 反射高速電子回折

はじめに

既に前節で述べた低速電子回折とならび、反射高速電子回折(Reflection High-Energy Electron Diffraction, RHEED)[1] も結晶表面の構造解析法として広く利用されている。1927年のC. J. Davison

とL. H. Germerによる電子回折の発見の翌年の1928年に西川と菊池によって最初のRHEED実験が試みられており[2]、我が国から始まった手法と言えよう。その後、三宅によるエピタキシャル成長観察[3] や上田の"その場"薄膜成長観察[4] に引き継がれた。超高真空が広く普及する1970年代あたりから井野らにより本格的分析手法としての応用が始まり[5]、1981年のJ. J. HarrisらのRHEED強度振動[6] の発見は、今日の薄膜の原子レベルでの制御法として量子効果デバイス形成には必須な手法となっている。

2.1 反射高速電子回折(RHEED)装置

RHEEDはLEEDと異なり、入射電子の加速電圧は一般に10kV〜30kVの高電圧が用いられる。稀に電子顕微鏡内で数百kVの加速電圧の入射電子を用いる場合もある。入射電子の視斜角はLEEDの場合には90°の垂直入射であるが、RHEEDでは表面すれすれの入射視斜角であり、一般に0°〜7°程度が用いられる。図2.1に示すように入射電子は結晶試料表面で反射回折し、試料前方に置かれた平板状の蛍光スクリーンに反射回折図形を映し出す。RHEEDがこのような入射視斜角や蛍光スクリーンの設置場所においてLEEDと異なるのは、高速電子が強い前方散乱能を有することと、平均自由行程が低速電子より長いことによる。RHEEDでは視斜角を低く取ることで、例え長い平均自由行程であっても表面検出深さを浅くすることができ、表面敏感な手法となる。入射条件にもよるが、一般にLEED、RHEED共に表面から1nm程度までが検出深さと考えてよい。また、百eV程度のLEEDと数十keV程度のRHEEDの入射電子線は、コヒーレント長がそれぞれ10nm程度と100nm程度であり、視野の広さは異なる。また、LEEDでは試料を真上から、RHEEDでは試料を真横から眺めることに相当するため、RHEEDは原子レベルで表面の起伏に敏感である。

図2.1に示すように熱電子源から出射する電子線は収束用電磁レンズで収束され、偏向用レンズにより試料位置に照射される。試料表面で反射回折する電子線群は試料前方に置かれた平板蛍光スクリーン上に回折図形を映す。図2.1に示すように回折図形は試料表面の延長線より下部領域が試

第5章 電子回折

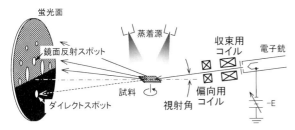

図2.1 反射高速電子回折(RHEED)装置の概念図

料の影となり、観察不能領域となる。すなわち上部領域が観察可能領域となり、両領域の境界線をシャドーエッジと呼ぶ。試料幅がビーム方向で3mmの場合、例え入射電子線のビーム径が0.1mmであっても、視斜角が約2°以下になると、入射電子は試料からはみ出して蛍光スクリーン上にダイレクトスポットを生む。このスポットと鏡面反射スポットとの垂直二等分線がシャドーエッジに相当する。

RHEEDでは反射回折電子のエネルギーも高いためLEEDのようにスクリーンに後段加速電圧を印可する必要はなく、また、二次電子のエネルギーは低いため、蛍光スクリーンを発光させるには不十分である。その結果、LEEDのような阻止電圧印可用メッシュは必要なく、簡便な装置構成でコントラストの高い回折図形を観察できる。

RHEEDの最大の特徴は試料表面上の空間が広く利用できるため、図2.1のように蒸着源を配備して薄膜成長中のその場RHEED観察が可能である点が挙げられる。薄膜が層状成長する場合には、反射回折電子強度が層成長する度に振動する現象が観測される。これを利用すれば、薄膜の成長モニターとして原子レベルの制御が可能となる。

2.2 RHEED図形の解釈

既に前節のLEEDでも述べたように、RHEED図形も結晶試料表面の原子配列の周期性を反映する。例として図2.2 (a) に面心立方格子の(111)表面を示す。RHEEDの場合もLEEDと同様に表面に敏感であるため、近似的に2次元格子を考えればよい。図2.2 (a) は理想的な表面第1層の原子配列を示す。この六方格子の表面において、基本並進ベクトルa, bを隣り合う2辺とするひし形が基本単位網である。この実空間表面に対する基本逆格子ベクトルa^*、b^*は、LEEDの節で述べた式 (1.2)

を用いて求めることができ、逆空間の図2.2 (b) に示す。この図は逆格子点の配列が示されており、逆格子ロッドを表面真上から眺めた図である。各逆格子ロッドの位置ベクトルはa^*とb^*の線形一次結合で表現され、その係数でロッドの指数が表される。

入射波数ベクトルK_0の大きさは$2\pi/\lambda$で定義され、電子の波長λは前節の式 (1.1) を使用する。しかしながら50kV以上の加速電子では光速にかなり近づくため、特殊相対論効果により電子の質量の増大は無視できなくなる。この特殊相対論補正後の波長λ_rは、

$$\lambda_r = h/\sqrt{2meV(1+eV/2mc^2)}$$

$$= \sqrt{\frac{150.4}{V\left(1+\dfrac{V}{1.022\times 10^6}\right)}} \quad (2.1)$$

となる。電子の加速電圧Vが50kV程度以下であれば誤差数%以下となり、近似的に前節の式 (1.1) が適用できる。

今、電子線が図2.3に示される$[1\bar{2}1]$方向に視斜角θで入射したとする。入射電子の波数ベクトルK_0を入射方向に平行に逆空間に描くと図2.3 (a) となる。LEEDのK_0と比べれば、RHEEDのK_0は大きい。このK_0の終点は逆空間の原点に合わせ、K_0の始点(発散点)を中心として半径K_0の球面(エワルド球)を描くと複数の逆格子ロッドと交わる。これらの交点に向かって発散点から引いたベクトルが反射回折電子の波数ベクトルを表す。図2.3 (a) には0 0逆格子ロッドとの交点に向かう鏡面反射電子の波数ベクトルを示している。反射回折電子の波数ベクトルの延長線が蛍光スクリーンと交わる点が回折斑点の位置となり、図2.3

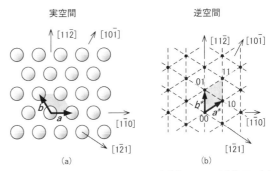

図2.2 六方格子の表面原子配列 (a) とその逆格子 (b)

(b)の0 0斑点(鏡面反射斑点)を生む。また、入射電子の波数ベクトルK_0の延長線が蛍光スクリーンと交わる位置にダイレクト斑点が現れる。これら両者の斑点を結ぶ線分の垂直2等分線がシャドーエッジと呼ばれ、下部の暗領域と上部の回折図形領域を分ける線となる。

同様に、各反射回折電子の波数ベクトルは逆格子ロッドとエワルド球との交点に向かって発散点から引いたベクトルで求まり、その延長線と蛍光スクリーンとの交点が回折斑点の現れる位置となる。各回折斑点の指数は発生元の逆格子ロッドの指数を用いて図2.3 (b)のように表示する。各回折斑点は同心円弧状に分布するが、0 0斑点を含む円弧から順に0次、1次、2次ラウエ帯と呼ぶ。これら反射回折斑点は入射電子の視斜角が高くなるにつれて同心円弧の径は大きくなり、シャドーエッジから遠ざかる。

試料表面が平坦でない場合や、島状結晶が表面に分布する場合には、これらの島を入射電子が貫通して透過回折斑点が現れる。この場合、視斜角を高くしてゆくと透過回折斑点はダイレクト斑点と同じ方向に、すなわちシャドーエッジに吸い込まれてゆく。これを利用すれば、反射回折か透過回折かを識別できる。

2.3 表面超構造とRHEED図形

既に、前節のLEEDでも述べたように結晶表面の原子配列はバルクのそれとは異なる場合がある。特に半導体結晶表面では表面再構築が、金属結晶やイオン結晶の表面では表面緩和が生じることが知られている。これら表面特有の構造を表面超構造と呼ぶが、ここでは図2.2に示す六方格子の表面に吸着原子や格子欠陥あるいは格子緩和による超構造表面を想定し、図2.3と同じ$[1\bar{2}1]$入射方位で観察したときのRHEED図形を紹介する。

図2.4 (a)の黒丸で示す吸着原子が形成する3×1超構造を想定する。a軸方向に3倍の周期が現れる超構造表面の単位網をa_s、b_sで示す。この表面の基本逆格子ベクトルは図2.4 (b)に示すように、a_s^*、b_s^*のようになる。このように配列する逆格子ロッドをエワルド球で切ったときの交点からRHEED図形を描けば図2.4 (c)となり、斜め方向の基本反射斑点の間に2つの超格子斑点が現れる。このような表面超構造はSi(111)表面上にCa原子を吸着させると現れる。しかしながらこの(111)表面は3回対称性を有するため、3×1単位網は120°ずつ回転した結晶分域も等しい確率で存在

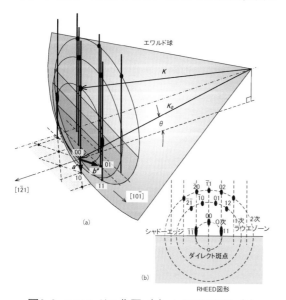

図2.3 エワルドの作図 (a) とRHEED図形 (b)

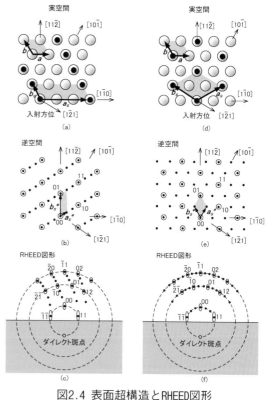

図2.4 表面超構造とRHEED図形
左側は (a) 3×1超構造と (b) その逆格子ロッド及び (c) RHEED図形。右側は (d) $\sqrt{3}\times\sqrt{3}$超構造と (e) その逆格子ロッド及び (f) RHEED図形。

するはずであるため、実際のRHEED図形にはこれら3種類の結晶分域からの回折斑点の重なった図形が観察される[7,8]。

一方、図2.4（d）は超構造表面の基本ベクトルa_s、b_sがa、bの長さの$\sqrt{3}$倍の長さで、かつ30°回転した周期性の$\sqrt{3}\times\sqrt{3}$超構造表面を示す。その逆格子は図2.4（e）に示されるように例えば00ロッドと11ロッドを結ぶ線上に2つの超格子ロッドが現れる。このような逆格子ロッド群とエワルド球との交わりから、RHEED図形は図2.4（f）となる。これはSi(111)表面に金属を吸着させるとよく現れる超構造である。

2.4 RHEED強度振動

1981年J. J. Harrisらによって発見されたRHEED強度振動[6]は今日の薄膜形成において、特に原子レベルで薄膜制御する際の必須な技術である。これは、一般に鏡面反射強度が試料表面のラフネスに依存して変化することを利用したものである。平坦な基板表面に原子を堆積させて薄膜を形成させるとき、図2.5に示すように初期の基板表面は原子レベルで平坦であるため反射強度は最大となるが、原子が堆積し始めると表面のラフネスは増大し、反射強度は減衰し始める。1/2原子層程度の原子が堆積するとラフネスは最大となり、反射強度は最小となる。更に原子が堆積してほぼ1原子層程度まで達するとラフネスは最小となり、反射強度は回復して最大値に達する。このように反射強度は1原子層形成するたびに最大となるため、層状成長する薄膜形成時には反射強度の振動現象が観測される。振動の回数が原子の層数を意味するため、原子レベルで薄膜成長を制御できる。しかしながら、島成長する薄膜形成の場合はこのような振動現象は観測されない。

RHEED強度振動を上述のように表面のラフネスで解釈することが多いが、低視斜角で現れる二重振動現象や入射視斜角変化に対する位相シフトの現象は説明できない。厳密には入射電子波の動力学的回折効果を考慮に入れる必要がある[9]。

2.5 表面形態と回折斑点形状

図2.6（a）は、完全に平坦な単結晶表面の場合である。RHEEDでは低視射角で入射する電子線の大部分が表面近傍で反射回折するため、結晶内部の影響をほとんど受けない。したがって、LEEDと同様に表面原子が作る2次元回折格子による散乱で説明できる。その場合、深さ方向の周期性には鈍感であるため、逆格子空間には2次元逆格子位置に表面垂直方向に一様な強度分布を有する逆格子ロッド群が形成される。これらの逆格子ロッドの直径は表面の単結晶領域が広いほど細く、また狭いほど太くなる。したがって入射電子のコヒーレント長程度以上の広さの単結晶領域であれば、極めて細い逆格子ロッド群となる。これらのロッド群とエワルド球との交点は小さな点となり、その方向に向かって回折電子線が反射するため、シャー

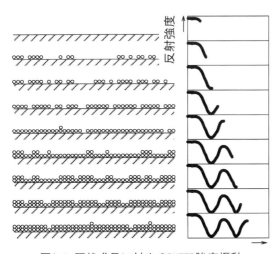

図2.5 層状成長に対するRHEED強度振動

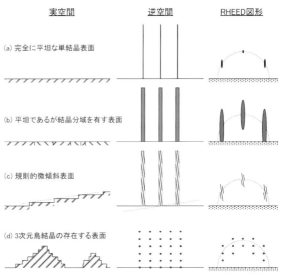

図2.6 各種表面形態に対する逆空間とRHEED図形

プな回折斑点が円弧上に並ぶRHEED図形となる。この反射回折図形の特徴は入射電子の視射角を変えても常にエワルド球は逆格子ロッド群と交わるため、回折斑点の位置は変化するものの、ほぼ連続的に回折斑点が現れることである。

図2.6 (b) は平坦であるが結晶分域は狭く、入射電子のコヒーレント長内に結晶分域が多数存在する表面の場合である。この場合には小さな結晶分域を反映して逆格子ロッドは太くなる。その太さは、ほぼ平均的結晶分域サイズの逆数に対応する。それらをエワルド球で切断すると、切り口は縦に伸びたストリーク状となり、RHEED図形にはストリーク状の斑点が観察される。このような図形は単結晶基板上にエピタキシャル成長させた薄膜によく観察され、2次元成長による平坦性は保たれているが、2次元核の成長に伴なう結晶分域境界が多数存在する結晶薄膜であることがわかる。

図2.6 (c) は一定のテラス幅を有する規則的微傾斜表面の場合である[10]。その逆格子空間は微傾斜表面に垂直で、かつテラス幅の周期の逆数の間隔で立ち並ぶ微傾斜ロッド群となる。この微傾斜表面はテラス幅に相当する結晶分域が存在する。あるいはテラス内部にも小さな結晶分域が存在する場合もある。したがって、図2.6 (b) のような結晶分域を反映する幅のあるロッド群と上述の微傾斜ロッド群との共通部分から逆格子ロッドの強度分布が求まる。

最後に図2.6 (d) の3次元の島結晶が存在する表面について述べる。RHEEDの入射電子の視射角は小さいため、3次元島結晶を透過する。島結晶の内部に入射する電子は結晶内部の3次元格子により回折して出射する。したがってこれまで見てきたような2次元ロッドでは説明できない回折斑点を生む。すなわち、島結晶内部の逆格子空間である3次元の逆格子点を用いてエワルドの作図をする必要がある。エワルド球が逆格子点と交わることによって発生する回折電子は、斑点状の回折図形を形成する。また、3次元島のファセット面に入射あるいは出射する電子は屈折を受け、回折斑点はファセット面に垂直な方向にわずかに伸びる。これを利用してファセット面を特定することも可能である[11]。

2.6 回折斑点強度の入射視斜角依存性

清浄なSi(111)表面は7×7超構造を有するが、その基板上に室温で数原子層のAlを蒸着し、その後750℃程度に加熱すると1/3原子層のAlがSi(111)基板表面上に残り、図2.7に示すような基板Si原子の周期配列から30°傾き、基板Siの$\sqrt{3}$倍の周期性を有するSi(111)$\sqrt{3}\times\sqrt{3}$-Al超構造を形成する。このような$\sqrt{3}$倍の周期性を満たすAl原子の吸着位置はいろいろ考えられるが、多くの分析手法や理論計算から図2.7に示すようなT_4サイトに$\sqrt{3}$倍周期でAl原子が吸着する構造であることが分かっ

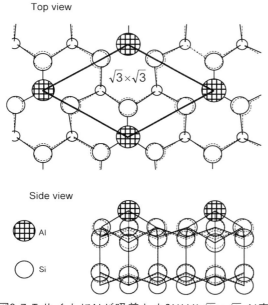

図2.7 T_4サイトにAlが吸着したSi(111)$\sqrt{3}\times\sqrt{3}$-Al表面[13]

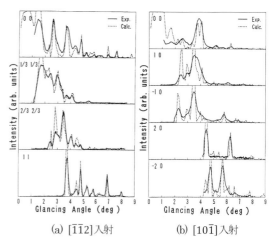

図2.8 Si(111)$\sqrt{3}\times\sqrt{3}$-Al表面からのロッキングカーブ[13]

ている[12]。更に、基板Si原子自身も図2.7に示すように本来のバルク位置（破線で示す位置）から緩和している。

このSi(111)$\sqrt{3} \times \sqrt{3}$-Al表面に対してRHEEDの回折斑点強度の入射視斜角依存性（これをロッキングカーブと呼ぶ）を測定した結果を図2.8に実線で示す。左側の（a）のグラフは[$1\bar{1}2$]入射方位で4つの回折斑点0 0、1/3 1/3、2/3 2/3、1 1について、右側の（b）のグラフは[$10\bar{1}$]入射方位で5つの回折斑点0 0、1 0、$\bar{1}$ 0、2 0、$\bar{2}$ 0についてそれぞれ測定した結果である。点線は図2.7の構造を想定し、マルチスライスによる動力学的計算を行った結果である。実験と計算のロッキング曲線が比較的よく対応していることが分かり、T_4サイトモデルの妥当性が伺える。このようにRHEED法ではロッキングカーブの動力学的解析により、原子の位置も知ることができる。このことは前述のLEED法におけるI–Eカーブの動力学的解析に相当する。

〈堀尾　吉已〉

〔参考文献〕

1）A. Ichimiya and P. I. Cohen, *Reflection High Energy Electron Diffraction*(Cambridge, UK, 2004)

2）S. Nishikawa and S. Kikuchi, Proc. Imp. Japan Acad. **4**, 475(1928)

3）S. Miyake, Sci. Rap. Inst. Phys. Chem. Res. Tokyo **31**, 161(1937)

4）R. Uyeda, Proc. Phys. Math. Soc. Jpn. **24**, 809(1942)

5）S. Ino, Japan. J. Appl. Phys. **16**, 891(1977)

6）J. J. Harris and B. A. Joyce, Surf. Sci. Lett. **108**, L90(1981)

7）堀尾吉已、佐藤誓一、岩間三郎、表面科学 **21**, 473(2000)

8）F. Shimokoshi, I. Matsuda and S. Hasegawa, e-J. Surf. Sci. Nanotech. **2**, 178(2004)

9）Y. Horio and A. Ichimiya, Surf. Sci. **298**, 261(1993)

10）堀尾吉已、表面科学 **22**, 522(2001)

11）Y. Horio, e-J. Surf. Sci. Nanotech. **10**, 18 (2012)

12）T. Hanada, H. Daimon and S. Ino, Phys. Rev. B **51**, 13320(1995)

13）Y. Horio, Surf. Rev. Lett. **4**, 977(1997)

第6章 イオン・レーザを利用した分析技術

第1節 二次イオン質量分析法

はじめに

二次イオン質量分析法(Secondary Ion Mass Spectrometry：SIMS)は、真空中で固体表面に一次イオンビームを照射し、スパッタリング現象により生成した二次イオンを質量分析することにより、試料を構成する原子あるいは分子の質量スペクトル・質量イメージ・深さ方向プロファイルを取得する分析手法である。図1.1にSIMSの概略を示す。

固体表面からの二次イオン放出現象を分析目的に応用する歴史は古く、その最初の報告例は1949年まで遡る[1]。その後も、金属、半導体分野や地質学等の分野で広く応用がなされ、現在では不純物分析や同位体分析の現場で必要不可欠な分析手法として確固たる地位を築いている。また近年、ポリマー材料、有機機能デバイスや生体試料など有機分子の分析へもその応用の裾野を広げており、今後の展開が大いに期待されるところである。SIMSのこれまでの発展の歴史および、1977年から隔年で開催されているSIMS国際会議の歴史については、A. Benninghovenによる論説に詳しい[2]。

SIMSの装置構成は、簡単には、イオン源部、試料室部、質量分析部の3つに分けて考えることができる。また、SIMSによってどのような情報を得ることができるかは、一次イオン種と質量分析器の組み合わせによって決まると考えてよい。もうひとつ、一次イオンの照射量による分類が重要である。一般に10^{12}ions/cm^{2}前後の照射量をスタティック限界とし、それ以下の照射量での分析をスタティックSIMS、それを超えるものをダイナミックSIMSと呼ぶ。次項からは、ダイナミックSIMSとスタティックSIMSについて、それぞれ前述の装置構成に基づいて、その歴史・現状・課題・将来展望等を解説していく。

1.1 ダイナミックSIMS

1960年代の半ばから急速に加速したダイナミックSIMSの発展は、半導体産業の発展と不可分の関係にあった。すなわち、ダイナミックSIMSは半導体デバイスの組成や構造評価、故障解析などに大きく貢献し、一方で、半導体分野からの要求に応えるためにダイナミックSIMSの装置構成を始めとした要素技術は大幅に進歩した。

ダイナミックSIMS法の一次イオンとして一般的に用いられるのは、Ar$^+$、O$_2^+$、O$^-$、Cs$^+$およびGa$^+$である。ガス成分イオンについてはデュオプラズマトロン、セシウムイオンは表面電離現象、ガリウムイオンについては液体金属の電界放出現象を利用して生成される。ダイナミックSIMSにおける二次イオン化率は、最大で5桁程度の原子番号依存性があるが、一次イオンに酸素ビームを用いた場合には陽性元素の二次イオン化率が高く、セシウムビームを用いた場合には陰性元素の二次イオン化率が高い傾向にある[3]。そのため、両ビームを併用することでほぼ全ての元素に対して高い二次イオン化率を実現することが可能である。また、質量分析器には、二重収束型あるいは四重極型が用いられるのが一般的である。

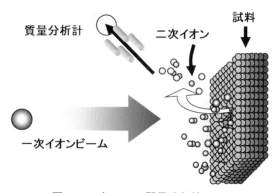

図1.1 二次イオン質量分析法(SIMS)

ダイナミックSIMSで用いられる代表的な測定モードとしては、質量スペクトル測定、深さ方向分析および微小領域の二次元イメージングが挙げられる。半導体材料のSIMS分析においては、特に深さ方向分析が頻繁に用いられる。分析の目的は主として、イオン注入・熱処理や拡散等のプロセス評価である。半導体材料は一般に母材の純度が高いためイオンビームによる均質なスパッタエッチングに適しており、また、SIMSは高感度かつダイナミックレンジが大きいため不純物分析に適していることが、前述のような半導体産業とダイナミックSIMSとの蜜月関係の素因であろう。このように、ダイナミックSIMSにおける感度やダイナミックレンジ、また空間分解能が他手法に比べ優れているのに対し、その定量性に関しては大きな課題である。これは、SIMSにおける二次イオン収率が、分析目的元素に依存するのはもとより、一次イオン種、試料の母材および一次イオンの照射条件等にも大きく依存するためである。しかしながら、半導体材料中の不純物分析等に対しては、ドーズ量既知のイオン注入試料を標準試料として用いる手法により、高い精度での定量分析が可能となってきている[4]。

半導体分野以外での特筆すべきダイナミックSIMSの応用例としては、同位体比に基づく生物・鉱物試料の年代測定や起源解析等が挙げられる。安定同位体元素を標識として用いた代謝経路等の解明へ向けた取り組みは、植物や生物細胞を対象として広く行われている[5]。ここでは数十nmの空間分解能での微小領域二次元イメージングが主として用いられる。また、地球惑星科学分野では、2003年に打ち上げられ2010年に地球へ帰還した小惑星探査機はやぶさが小惑星イトカワから持ち帰った試料の測定にSIMSが用いられたことが記憶に新しい[6]。ここで用いられた装置は同位体顕微鏡システムと呼ばれているが、原理的にはダイナミックSIMSを独自に発展させた装置である[7]。

近年のSIMS国際会議では、スタティックSIMSに比べダイナミックSIMSの講演数が減少している傾向が見受けられるが、これはダイナミックSIMSが黎明期を過ぎ、成熟期に至ったためであると考えられる。すなわち、実験的・試行錯誤的に使われるのではなく、高い信頼性と安定性をもって分析

現場でルーティン的に用いられる手法となったためである。しかしながら、絶対定量法の確立や中性粒子のポストイオン化法の実用化など、原理的にもその伸び代は未だ大きく、今後の更なる発展に大いに期待をするところである。

1.2 スタティックSIMS

ダイナミックSIMSの台頭から20年ほど遅れて始まったスタティックSIMSは、本質的には試料の最表面分析を目的とする。1個の一次イオンの入射により影響を受ける試料表面の範囲が、直径数十nmであるという見積もりから、10^{12}〜10^{13}個の一次イオン照射により1cm²あたりの全原子数10^{15}個の原子に影響を与えることになると計算される。したがって前述のように、この一次イオン照射量をスタティック限界とし、これ以下の一次イオン照射量で行われるSIMS測定を、試料最表面の情報を得られるスタティックSIMSと呼ぶ。また、飛行時間型(Time-of-Flight)質量分析器の採用により飛躍的に普及したことから、現在ではスタティックSIMSとToF-SIMSはほぼ同義で用いられる。これは、一次イオンの電流量を低く保つ必要のあるスタティックSIMSと、二次イオン生成をパルス的に行う必要のあるToF型質量分析器の相性が極めて良いことに起因する。すなわち、一次イオンビームをパルス化することで、電流量を充分に低く保ち、かつ、飛行時間測定におけるスタート信号とすることが出来るためである。

触媒表面の分析[8]、金属の腐食[9]や電子材料の組成分析[10]などの分野で無機物を測定対象とする一方で、スタティックSIMSはその開発初期から有機物分析への応用も広く検討されてきた。その意義は、X線光電子分光法(XPS)に対する相補分析技術としての役割であった。J. A. Gardellaらは、スタティックSIMSがXPSよりも高感度かつ高空間分解能で、XPSにより得られる組成情報を補完する分子構造情報を取得できることを報告した[11]。その後もポリマーを中心とした有機材料のキャラクタリゼーションや局所分析の手法として広く用いられてきた[12,13]。

スタティックSIMSの歴史における最も大きなブレークスルーは、クラスターイオン源の開発である。1980年代にはグリセロールを始めとした巨大

クラスターイオン[14]、1990年代にはSF$_5^+$などの反応性クラスターイオンをスタティックSIMSの一次イオンとして用いる手法が提案されたが、いずれも広く実用化されるには至らなかった。一方で、1985年に発見されたフラーレンC$_{60}$をイオンビームとして使用する技術や、液体金属イオン源を用いるAu$_n^{p+}$、Bi$_n^{p+}$（n≧2, p≧1, ともに自然数）などのクラスターイオンビームについては、こぞって市販のToF-SIMS装置に導入された。クラスターイオンビームによる有機物分析の利点は、クラスターイオンと試料構成原子との間で起こる多体衝突効果により、スタティック限界に至る前に高効率に二次イオンを生成できる点である。さらに2000年代には、Arガスを始めとする数千個前後のガス原子の集合体であるガスクラスターをイオン化し、ToF-SIMSの一次イオンビームとして用いる技術が報告された[15]。このガスクラスターイオンビームは、その非常に大きな質量に起因して等価的に極低エネルギーのイオンビームとなるため、ほとんどの有機物を低損傷でスパッタリング可能である。そのため、SIMSの一次イオンとしてのみでなく、XPSの深さ方向分析におけるエッチングプローブとしても近年急速に普及している[16,17]。

また、液体金属イオン源の高い収束特性に起因して非常にシャープなビームを得られるBiクラスターイオンビームと、低損傷で深さ方向へのエッチングが可能なArガスクラスターイオンビームを組み合わせることで、二次元質量イメージを深さ方向に重ねていく三次元イメージングについても、近年盛んに研究されており、様々なアプリケーションが報告されている[18,19]。

おわりに

ここまで、SIMSのいわゆる「デファクトスタンダード」について述べたが、最後に、いくつかの新奇なSIMS装置について簡単に触れる。

これまで市販されてきたToF-SIMS装置の質量分析部には、リフレクトロン型や静電型があったが、近年、新しい質量分析器を搭載したSIMSが開発され、そのいくつかは既に上市されている。二次イオンをバンチングすることで飛行時間を測定するため、一次イオンをパルス化する必要が無く高速測定が可能なToF-SIMS[20]や、タンデム型の質量分析器(MS/MS)を搭載することで、有機物の構造解析が可能なToF-SIMS[21]などである。他にも、数十万におよぶ超高質量分解能が特徴のフーリエ変換型（オービトラップ）質量分析器をSIMSに搭載した例も報告されており、今後の有機物分析への新展開が期待される。また、新奇な一次イオンを採用した例としては、加速器等を用いて従来のSIMSの一次イオンよりもおよそ100～1000倍高いエネルギーの高速イオンを用いるSIMSがある。高いエネルギーの一次イオンを用いることで、ビームの収束が容易になること、電子的励起により有機物の二次イオン収率が高くなることに加え、一次イオンの飛程が長いため試料室内の真空度を低く保つことができる。この手法による低真空下での液体分析や大気圧下でのSIMS分析の結果が既に数例報告されている[22-24]。

以上、本稿ではSIMSの歴史と最新動向について簡単に総説をしたが、スペースの制約でその詳細については割愛した。SIMSに関する書籍は和書・洋書とも良書が揃っているため、興味を持たれた諸氏にはおかれては、そちらも是非ご参照されたい[25-29]。

〈藤井麻樹子〉

〔参考文献〕

1) R. F. Herzog, F. P. Viehböck, *phys. Rev.*, 768, 55L, (1949)

2) A. Benninghoven, *Surf. Interface Anal.*, 43, p.2, (2011)

3) H. A. Storms, K. F. Brown, J. D. Stein, *Anal. Chem.*, 49, 2023, (1977)

4) S. M. Hues, R. J. Colton, *Surf. Interface Anal.*, 14, 101, (1989)

5) H. A. Klitzing, P. K. Weber, M. L. Kraft, "Secondary ion mass spectrometry imaging of biological membranes at high spatial resolution", in "Nanoimaging：Methods and Protocols" Eds：A. A. Sousa and M. J. Kruhlak, Humana Press, 483, (2013)

6) H. Yurimoto, K. Abe, M. Abe, M. Ebihara, A. Fujimura, M. Hashiguchi, K. Hashizume, T. R. Ireland, S. Itoh, J. Katayama, C. Kato, J. Kawaguchi, N. Kawasaki, F. Kitajima, S.

Kobayashi, T. Meike, T. Mukai, K. Nagao, T. Nakamura, H. Naraoka, T. Noguchi, R. Okazaki, C. Park, N. Sakamoto, Y. Seto, M. Takei, A. Tsuchiyama, M. Uesugi, S. Wakaki, T. Yada, K. Yamamoto, M. Yoshikawa, M. E. Zolensky, *Science*, 333, 1116, (2011)

7) 圦本尚義、顕微鏡、41(2), 134, (2006)

8) N. I. Dunhill, B. Sakakini, J. C. Vickerman, *Proceedings of 9th International conference on Catalysis*, Calgary, 1166, (1988)

9) Y. L. Wu, R. J. Pulham, M. G. Barker, *J. Nucl. Mater.*, 172(1), 31, (1990)

10) A. Brown, N. Hunt, A. M. Patterson, J. C. Vickerman, J. O. Williams, *Chemtronics*, 1, 11, (1986)

11) J. A. Gardella, D. M. Hercules, *Anal. Chem.*, 53, 1879, (1981)

12) D. Briggs, A. Brown, J. C. Vickerman, *Handbook of Static Secondary Ion Mass Spectrometry(SIMS)*, Wiley, Chichester, (1989)

13) D. Briggs, M. J. Hearn, *Surf. Interface Anal.*, 13, 181, (1988)

14) J. F. Mahoney, J. Perel, S. A. Ruatta, P. A. Martino, S. Husain, T. D. Lee, *Rapid Commun. Mass Spectrom.*, 5, 441, (1991)

15) N. Toyoda, J. Matsuo, T. Aoki, I. Yamada, D. B. Fenner, *Applied Surface Science*, 203-204, 214, (2003)

16) T. Miyayama, N. Sanada, M. Suzuki, *J. Vac. Sci. Technol. A*, 28(2), (2010)

17) D. J. Yun, C. Jung, H. I. Lee, K. H. Kim, Y. K. Kyoung, A. Benayad, J. G. Chung, *Journal of The Electrochemical Society*, 159(7), H626, (2012)

18) J. S. Fletcher, S. Sheraz, A. Henderson, J. C. Vickerman, *Rapid Commun. Mass Spectrom.*, 25(7), 925, (2011)

19) N. Masaki, I. Ishizaki, T. Hayasaka, G. L. Fisher, N. Sanada, H. Yokota, M. Setou, *Sci. Rep.*, 5, 10000, (2015)

20) J. S. Fletcher, S. Rabbani, A. Henderson, P. Blenkinsopp, S. P. Thompson, N. P. Lockyer, J. C. Vickerman, *Anal. Chem.*, 80(23), 9058, (2008)

21) G. L. Fisher, J. S. Hammond, P. E. Larson, S. R. Bryan, R. M. A. Heeren, *J. Vac. Sci. Technol. B*, 34(3), 03H126, (2016)

22) C. Jeynes, M. J. Bailey, N. J. Bright, M. E. Christopher, G. W. Grime, B. N. Jones, V. V. Palitsin, R. P. Webb, *Nucl. Instrum. Methods B*, 271, 107, (2012)

23) M. Kusakari, M. Fujii, T. Seki, T. Aoki, J. Matsuo, *J. Vac. Sci. Technol. B*, 34(3), 03H111, (2016)

24) Z. Siketić, I. B. Radović, M. Jakšić, M. P. Hadžija, M. Hadžija, *Appl. Phys. Lett.*, 107, 093702, (2015)

25) D. Briggs, M. P. Seah著、志水隆一、二瓶好正 監訳、"表面分析：SIMS－二次イオン質量分析法の基礎と応用－"、アグネ承風社, (2003)

26) 日本表面科学会 編、"表面分析技術選書 二次イオン質量分析法"、丸善株式会社、(1999)

27) 二瓶好正 編、"日本分光学会測定法シリーズ35固体の表面を測る"、学会出版センター、(1997)

28) P. van der Heide, "Secondary Ion Mass Spectrometry：An Introduction to Principles and Practices", Wiley, (2014)

29) C. M. Mahoney, "Cluster Secondary Ion Mass Spectrometry：Principles and Applications", Wiley, (2013)

第2節 イオン散乱法

表2.1 各分析法の特徴

	RBS	MEIS	LEIS
入射エネルギー	1〜2 MeV	〜100 keV	数keV
入射イオン種	He	H、He	He、Ne、Ar、Na、K
エネルギー分析	半導体検出器	静電型 磁場型	静電型 飛行時間型
情報深さ	〜μm	数10nm	最表面または数原子層
深さ分解能	〜10nm	<1 nm	—
定量性	◎	○	△

はじめに

　MeV程度の運動エネルギーをもつ高速のイオンを標的物質に照射した場合を考えてみよう。物質を構成する原子（直径数Å）に比べて、その質量のほとんどを占める原子核（直径1〜10fm）は極めて小さく、物質内の空間の大部分はイオンより3桁以上質量の小さい電子によって占められている。そのためイオンはほとんど障壁を感じることなく物質表面を通過し、内部に進入する。その後、大多数のイオンは物質内の電子との衝突や原子核との小角散乱を繰り返して徐々に減速し、最終的に物質内部で停止するに至る。しかし、たまたま標的物質の原子核のすぐ近くを通ろうとしたイオンは、原子核から強いクーロン斥力を受けて大きな角度に散乱される。このため非常に低い確率であるが、入射イオンの一部が表面近傍で大角散乱を起こして表面から外に飛び出してくる。高速イオンの大角散乱は非常に低い確率でしか起こらないので、表面から飛び出してきた散乱イオンは、それが経験した一度きりの大角散乱の情報（散乱を起こした標的原子の質量や深さ）を保持している。これを利用して、散乱イオンのエネルギー分布または角度分布を測定することで、標的物質の組成や深さ方向分布、原子配列などを調べる方法をイオン散乱法（イオン散乱分析法、イオン散乱分光法）と呼ぶ。

　図2.1はイオン散乱法の典型的な実験配置の概略図である。加速器またはイオン銃から引き出したエネルギーの揃った高速イオンを、スリットなどで細い平行ビームにして分析試料に照射する。ある決まった角度に散乱されてきたイオンのエネルギーを半導体検出器などのエネルギー分析器で測定することによって、試料表面近傍の非破壊組成分析を行うことができる。実験は真空装置内で行われるので、分析試料は通常固体に限られる。イオン散乱法を扱った表面分析の教科書は多数出版されている。詳しくは成書[1]を当たっていただきたい。

2.1 イオン散乱法の分類

　イオン散乱法は、入射イオンの運動エネルギーによって通常次のように3種類に分類される。
(1) 高エネルギーイオン散乱法（HEISまたはRBS）
　：MeV領域の入射エネルギー
(2) 中エネルギーイオン散乱法（MEIS）
　：100keV領域の入射エネルギー
(3) 低エネルギーイオン散乱法（LEISまたはISS）
　：数keV領域の入射エネルギー
それぞれ異なった特徴をもっており、目的に合わせて使い分けられる。表2.1に各分析法の特徴をまとめた。

　これらの中でも高エネルギーイオン散乱法は、しばしばラザフォード後方散乱分光法（RBS）と呼ばれ、薄膜材料の分析などに最も広く用いられている。次節では、主に高エネルギーイオン散乱法を例にイオン散乱法の原理を説明する。

2.2 イオン散乱法の原理
2.2.1 弾性散乱因子

　上記のkeV〜MeV領域のエネルギーのイオンと標的原子との弾性散乱は、古典的な二体衝突で近似できる（図2.2）。また、イオンの運動は標的原子の熱運動に比べて十分速いので、散乱前の標的原子は静止していると見なしてよい。入射イオンの

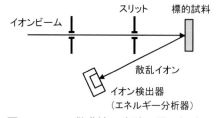

図2.1 イオン散乱法の実験配置の概略図

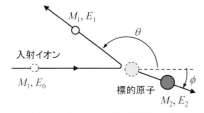

図2.2 イオンの弾性散乱過程

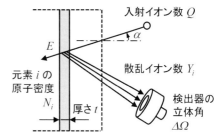

図2.3 散乱イオン収量に関係するパラメーター

エネルギーがE_0、イオンと原子の質量がそれぞれM_1、M_2、実験室系でのイオンの散乱角がθのとき、散乱イオンのエネルギーE_1は

$$E_1 = KE_0 = \left(\frac{R\cos\theta \pm \sqrt{1-R^2\sin^2\theta}}{1+R}\right)^2 E_0 \quad (2.1)$$

で与えられる。ここで$R=M_1/M_2$であり、Kは弾性散乱因子または運動学的因子(kinematic factor)と呼ばれる。式(2.1)の符号は、$R<1$のときは正の符号のみをとり、$R>1$のときは両方の符号をとりうる。この式を使えば、散乱イオンの散乱角とエネルギーから原子の質量M_2が求まるので、元素分析ができる。

2.2.2 散乱断面積

高エネルギーイオン散乱法のエネルギー領域では、イオンと原子の二体衝突はお互いの原子核間に働くクーロン斥力によって起こる。このときイオンが実験室系で散乱角θの方向の単位立体角に散乱される確率は、よく知られたラザフォードの微分散乱断面積

$$\frac{d\sigma}{d\Omega} = \left(\frac{Z_1 Z_2 e^2}{2E}\right)^2 \frac{1}{\sin^4\theta} \frac{(\sqrt{1-R^2\sin^2\theta}+\cos\theta)^2}{\sqrt{1-R^2\sin^2\theta}}$$

$$(2.2)$$

で表される。ここでcgs単位系を用いた。Z_1、Z_2はそれぞれイオンと原子の原子番号、eは電気素量($e^2=14.4$eV·Å)、Eはイオンの運動エネルギーである。高エネルギーイオン散乱法では主にHeイオンを入射イオンに使うため($R^2\ll 1$)、微分散乱断面積は近似的に標的原子の原子番号の2乗に比例する。

複数の元素から成る試料があったとして、表面に平行な薄い層(厚さt)からの散乱を考えてみよう(図2.3)。Q個の入射イオンを試料に入射したとき、層中に存在する元素iの原子で散乱されて検出器(立体角$\Delta\Omega$)に飛来するイオンの個数Y_iは、微分散乱断面積を使って

$$Y_i = Q\left(\frac{d\sigma}{d\Omega}\right)_i \Delta\Omega N_i \frac{t}{\cos\alpha} \quad (2.3)$$

で与えられる。ここで、N_iは元素iの原子密度、αは試料の表面法線から測ったイオンの入射角である。したがって、微分散乱断面積と実験パラメーターが分かっていれば、元素iの原子による散乱イオンの収量Y_iからその原子の面密度$n_i(=N_i t)$を求めることができる。しかし多くの場合、実験パラメーターを正確に決めることが難しいので、式(2.4)のように原子の面密度の比を計算して組成を求める。

$$\frac{n_i}{n_j} = \frac{Y_i/(d\sigma/d\Omega)_i}{Y_j/(d\sigma/d\Omega)_j} \approx \frac{Y_i/Z_i^2}{Y_j/Z_j^2} \quad (2.4)$$

中エネルギーイオン、低エネルギーイオンの散乱では、イオンと原子の原子核の電荷が電子で遮蔽される影響を受けて、イオンが感じる相互作用ポテンシャルが原子核の電荷のみを考慮したクーロンポテンシャルより小さくなる[2,3]。このため微分散乱断面積が式(2.2)より小さくなるので、正確な化合物の組成を求めるためには遮蔽を考慮した微分散乱断面積を用いる必要がある[4]。一方、2MeVを超える高エネルギーの軽イオンが比較的軽い原子(窒素や酸素など)で散乱される場合は、原子核間に働く核力の影響によって共鳴的に微分散乱断面積が増大する場合があるので注意が必要である[5,6]。

2.2.3 阻止能

最初に述べたように、高エネルギーのイオンが大角散乱を起こす確率は極めて小さいので、ほとんどの場合、散乱イオンが経験する大角散乱は一度きりである。その前後の経路ではイオンは試料内をほぼ直線的に進み、電子との非弾性散乱または原子核との小角散乱によって徐々にエネルギー

を失う。このため散乱イオンのエネルギーは、散乱を起こした位置が深くなるほど低くなる。このことを利用して散乱イオンのエネルギーから散乱が起こった深さを知り、試料中の元素の深さ分布を求めることができる。イオンが単位距離を進む間に失う平均のエネルギー$(-dE/dx)$を阻止能（stopping power）という。また、阻止能を原子密度Nで割った量$(-dE/dx)/N$は阻止断面積（stopping cross section）とよばれ、イオンの種類とエネルギー、試料原子の種類に依存する。阻止能または阻止断面積の値は、Zieglerらによってまとめられた半経験式[7,8]またはSRIMコード[9,10]を用いて計算することができる。図2.4のようにイオンが表面法線に対して角度αで入射し、深さdにある原子で散乱された後、角度βで出射した場合、イオンのエネルギーE_3は

$$E_3 = K\left[E_0 - \frac{d}{\cos\alpha}\left(-\frac{dE}{dx}\right)_{in}\right] - \frac{d}{\cos\beta}\left(-\frac{dE}{dx}\right)_{out} \tag{2.5}$$

で与えられる。ここで、$(-dE/dx)_{in(out)}$は入射（出射）経路上の平均の阻止能である。この式（2.5）を使えば、散乱イオンのエネルギーE_3から深さdを求めることができる。阻止能はイオンのエネルギーの減少にしたがって変化するので、$(-dE/dx)_{in}$をエネルギーE_0のときの阻止能、$(-dE/dx)_{out}$をエネルギーKE_0またはE_3のときの阻止能で近似することが多い。

2.2.4 エネルギーストラグリング

前項で扱ったエネルギー損失の過程は統計的な性質をもっているので、ある決まった経路を進むイオンの失うエネルギーは常に同じ値をとるわけではなく平均値のまわりに分布（揺らぎ）をもつ。このエネルギーの広がりをエネルギーストラグリング（energy straggling）またはエネルギーロスストラグリング（energy loss straggling）と

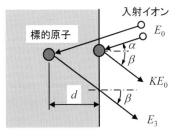

図2.4 試料内で散乱されたイオンの軌道

いう。試料内を十分長い距離Lだけ進んだイオンのエネルギー損失の分布は正規分布で表され、その分散はBohrによれば

$$\Omega^2 = 4\pi Z_1^2 Z_2 e^4 NL \tag{2.6}$$

である[11]。Bohrの式は粗い近似式であり、これまでに原子内の電子分布やイオンの荷電変換を考慮して改良された計算式や経験式[12-14]が提案されている。式（2.6）から分かるように、試料内のイオンの経路が長くなるほどエネルギーストラグリングは大きくなる。このためイオン散乱法による深さ方向分析では、深い領域ほど深さ分解能が劣化する。

2.3 中エネルギーイオン散乱法と低エネルギーイオン散乱法

中エネルギーイオン散乱法は表2.1に示したように、表面に近い領域を高い深さ分解能で分析することができる。表面の数原子層については原子層ごとの組成分析が可能である[15,16]。散乱イオンのエネルギー分析に静電型または磁場型のエネルギー分析器を用いるので、通常は特定の電荷状態の散乱イオン（H$^+$またはHe$^+$）だけをエネルギー分析する。そのため測定結果から組成を求める際に、検出した価数のイオンが散乱粒子（イオンまたは中性の原子）全体に占める割合を考慮に入れる必要がある。

低エネルギーイオン散乱法は、高エネルギーイオン散乱法や中エネルギーイオン散乱法とかなり性格を異にする。分析の対象は表面原子だけか、または表面の数原子層に限られている。希ガスイオンを照射して静電型のエネルギー分析器で散乱イオンのエネルギー分析をすれば、ほぼ表面原子だけの情報が得られる。入射イオンにアルカリ金属のイオンを用いる場合や、散乱イオンのエネルギー分析に飛行時間型のエネルギー分析器を用いる場合は、表面数原子層の情報が得られる。散乱断面積が大きいので、測定結果の解釈には常に多重散乱の影響を考慮しなければならないので定量分析には向かない。後で述べるように、低エネルギーイオン散乱法は主に表面構造（表面原子の配置）を決定する目的で用いられる。特に180°方向に散乱された粒子を検出して表面構造分析を行う

手法は直衝突イオン散乱分光法(ICISS)と呼ばれる。

2.4 イオン散乱法による組成分析の例

図2.5は表面に厚さ2.5nmの酸化シリコン薄膜を成長させたシリコンウェハー(Si(001))上に金パラジウムの合金ナノ粒子を堆積させた試料の測定例（中エネルギーイオン散乱法）である。400keVのHe$^+$イオンを入射イオンとして用いて、表面法線に対する入射角25.7°、出射角80°の散乱条件（散乱角74.3°）で測定した散乱He$^+$イオンのエネルギースペクトルである。エネルギーが約387keVおよび約377keVにあるピークがそれぞれ表面の金(Au)およびパラジウム(Pd)で散乱されたHeイオンの信号である。約324keVから低エネルギー側に見られる信号は下地のシリコン(Si)の信号である。酸化シリコン薄膜中の酸素の信号はエネルギーが低いため、このエネルギー範囲には現れない。金とパラジウムの組成比n_{Au}/n_{Pd}は、それぞれの散乱イオン収量Y_{Au}、Y_{Pd}、微分散乱断面積$(d\sigma/d\Omega)_{Au}$、$(d\sigma/d\Omega)_{Pd}$から

$$\frac{n_{Au}}{n_{Pd}} = \frac{Y_{Au}/(d\sigma/d\Omega)_{Au}}{Y_{Pd}/(d\sigma/d\Omega)_{Pd}} \approx \frac{Y_{Au}/Z_{Au}^2}{Y_{Pd}/Z_{Pd}^2} \quad (2.7)$$

で求められる。この例の場合、この比の値が約0.6と求まり、合金ナノ粒子の組成が$Au_{0.37}Pd_{0.63}$と決まる。同様に、下地のシリコンウェハーからの散乱イオン収量との比較から、堆積した合金ナノ粒子層の原子面密度（層の厚さに相当）を求めることができる。この例の場合、原子面密度が3.1×10^{15}atoms/cm^{2}と求められる。これは平均厚さにして約0.5nmに相当する。

この例は非常に簡単な場合であるが、試料によってはエネルギースペクトル上で複数の元素の信号が重なり合い、各元素の深さ分布を求めることが難しいことも多い。そのため実験データを解析するための多くのシミュレーションプログラムが開発されている[17-19]。

2.5 イオン散乱法による構造分析

イオンが標的原子で散乱されることによって、図2.6に示すように、原子の後方にイオンが入り込めない円錐状の空間ができる。この領域はシャドーコーン(shadow corn)と呼ばれる。この現象（シャドーイング）を利用して結晶試料の結晶性評価や不純物原子の格子間位置、界面ひずみ、または表面の構造（原子配列）などを分析することができる。

試料が単結晶で、イオンの入射方向が低指数の結晶軸や結晶面に平行な場合、イオンは結晶原子と近接衝突をせずに深くまで進入する（チャネリング）。このとき試料内部からの散乱収量が大幅に減少する。結晶性の乱れや薄膜界面などに存在する歪みによって結晶軸から外れた原子はシャドーイングの影響を受けないので、それらの原子からの散乱イオンが強調して観測される。高エネルギーイオン散乱ではシャドーコーン半径が非常に小さいので、格子間原子などの位置を高い精度で決定することも可能である。

低エネルギーイオン散乱法では、表面付近の原子構造の分析にシャドーイングを利用する。イオンのフラックスはシャドーコーンの境界で非常に大きくなる。イオンの入射角や入射の面内方位を変えて散乱収量を測定すると、表面原子の後方にできるシャドーコーンの境界が他の表面原子や表面下の層の原子の位置を横切るときに散乱収量が極大を示す。したがって散乱収量と入射方向の関係を解析することにより表面の構造解析を行うことができる。

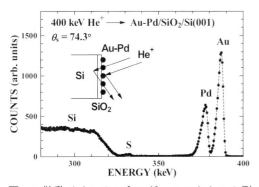

図2.5 散乱イオンのエネルギースペクトルの例

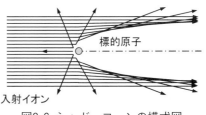

図2.6 シャドーコーンの模式図

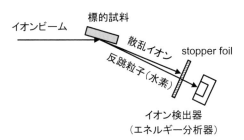

図2.7 弾性反跳粒子検出法の実験配置の概略図

2.6 弾性反跳粒子検出法

これまで述べてきたイオン散乱法は、入射粒子に主に水素やヘリウムのイオンを用いて、それに比べて重い元素を分析するのに用いられる。一方、水素（またはその他の比較的軽い元素）の分析には、同じくイオン散乱に基づく反跳弾性粒子検出法（ERDまたはERDA）が用いられる。分析対象の原子より重いMeV程度のイオンを試料に照射し、弾性散乱によって反跳された水素などの分析対象の粒子（中性原子またはイオン）のエネルギーを測定する。図2.2のように実験室系で角度ϕに反跳された粒子のエネルギーは、

$$E_2 = K_r E_0 = \frac{4R}{(1+R)^2} E_0 \cos\phi^2 \qquad (2.8)$$

で与えられる。ここで$R = M_1/M_2$であり、K_rは弾性反跳に関する運動学的因子である。この式（2.8）から反跳粒子の元素分析が可能である。また、イオン散乱法と同様に、反跳粒子のエネルギーからその原子が弾き出された深さが分かるので、深さ方向分析ができる。しかし、反跳粒子だけでなく散乱イオンもまた検出器に到達すると、その信号に埋もれて肝心の反跳粒子のエネルギースペクトルがはっきりと観察できなくなる。そこで多くの場合は、図2.7のように散乱イオンだけを阻止することができる適当な厚さの薄膜（stopper foil）を検出器の前に設置する。最近では、高エネルギーの重イオンを利用して、水素以外の元素についてもERDで分析することが多くなっている[20]。

〈中嶋　薫〉

〔参考文献〕

1) 例えば、L. C. Feldman and J. W. Mayer : Fundamentals of Surface and Thin Film Analysis(North-Holland, Amsterdam, 1986)

2) G. Molière : Z. Naturforsch 2a, p.133, (1947)

3) J. F. Ziegler, J. P. Biersack and U. Littmark : The Stopping and Ranges of Ions in Solids(Pergamon, New York, 1985)

4) J. L'Ecuyer, J. A. Davies and N. Matsunami : Nucl. Instr. and Meth. 160-2, p.337, (1979)

5) J. A. Leavitt and L. C. McIntyre Jr. : Handbok of Modern Ion Beam Materials Analysis, eds J. R. Tesmer and M. Nastasi(Materials Research Society, Pittsburgh, 1995)p.37

6) H. -S. Cheng, H. Shen, J. Tang and F. Yang : Nucl. Instr. and Meth. B 83-4, p.449, (1993)

7) H. H. Andersen and J. F. Ziegler : Hydrogen Stopping Powers and Ranges in All Elements(Pergamon, New York, 1977)

8) J. F. Ziegler : Helium Stopping and Ranges in All Elements(Pergamon, New York, 1977)

9) J. F. Ziegler, J. P. Biersack and M. D. Ziegler : SRIM-The Stopping and Range of Ions in Matter(Ion Implantation Press, 2008)

10) http://www.SRIM.org/

11) N. Bohr : Mat. Fys. Medd. Dan. Vid. Selsk., 18-8, (1948)

12) J. Lindhard and M. Scharff : Mat. Fys. Medd. Kgl. Dan. Vid. Selsk., 27-15, p.1, (1953)

13) W. K. Chu : Phys. Rev. A 13-6, 2057, (1976).

14) Q. Yang, D. J. O'Connor and Z. Wang : Nucl. Instr. and Meth. B 61-2, p.149, (1991)

15) J. Vrijmoeth, P. M. Zagwijn, J. W. M. Frenken and J. F. van der Veen : Phys. Rev. Lett. 67-9, p.1134, (1991)

16) K. Kimura, H. Ohtsuka and M. Mannami : Phys. Rev. Lett. 68-25, p.3797, (1992)

17) N. P. Barradas, C. Jeynes and R. P. Webb : Appl. Phys. Lett. 71-2, p.291, (1997)

18) M. Mayer : Tech. Rep. IPP 9/113, Max-Planck-Institut für Plasmaphysik, Garching, (1997)

19) N. P. Barradas, K. Arstila, G. Battistig, M. Bianconi, N. Dytlewski, C. Jeynes, E. Kótai, G. Lulli, M. Mayer, E. Rauhala, E. Szilágyi, M. Thompson : Nucl. Instr. and Meth. B 266-8, p.1338, (2008)

20) J. A. Davies, J. S. Forster, and S. R. Walker : Nucl. Instr. and Meth. B 136-138, p.594, (1998)

第3節 レーザ入射質量分析法

はじめに

　質量分析法とは対象とする分子をイオン化し、その質量を計測する手法である。現代までに様々なイオン化法が考案されているが、レーザを用いたイオン化法としてMALDI(matrix-assisted laser desorption/ionization)が主流の一つとなっている。MALDIでは分子をイオン化する際にその断片化を抑えられることから、質量をそのまま計測することが可能である。近年ではMALDIを用いたイメージング法、いわゆるイメージング質量分析法(IMS：imaging mass spectrometry)が開発され、医学を始めとした分野にて広く応用されるようになっている。本章ではMALDIとIMSへの応用について解説する。

3.1 MALDIによる分析

　MALDIはマトリックスと総称される化合物と分析対象とする分子の共結晶に対してレーザを照射することにより、その分子をイオン化させる手法である（図3.1）。マトリックスには様々な種類が存在し、イオン化させる分子によって使い分けることになる。代表的なマトリックスとしては、タンパク質にシナピン酸(SA：Sinapinic acid)、ペプチドにα-シアノ-4ヒドロキシ桂皮酸(CHCA：a-cyano-4-hydroxy cinnamic acid)、脂質等の低分子化合物のイオン化に2,5-ヒドロキシ安息香酸(DHB：2,5-dihydoroxy benzoic acid)や9-アミノアクリジン(9AA：9-aminoacridine)が挙げられる。対象分子に対してモル比で100～1000倍のマトリックス分子を混合させることが重要となる。そこで形成される結晶へレーザを照射すると、マトリックスがレーザ光を吸収し、熱エネルギーに変換し、結晶中の対象分子とマトリックス分子を急激に気化させる。そこでマトリックス分子のカルボン酸基から対象分子へのプロトン供与、逆にプロトンの引き抜きが行われ、イオン化されると考えられている。ここで用いられるレーザは窒素（波長377nm）やNd：YAGの3倍波（波長355nm）であり、パルス照射される。

　MALDIでイオン化された分子は、一般的には飛行時間型質量分析(TOF：time-of-flight)によって計測される。真空中を飛行する分子は、その重さにより飛行速度が異なる。軽い分子は早く、重い分子はゆっくりと飛行する。TOFへ搬送されたイオン群は真空中を飛行し、検出器へ到達するまでの時間が計測される（図3.2）。その飛行時間が重さとして変換されることにより、我々は分子の質量を知ることができるのである。近年ではFT-ICR(fourier transform ion cyclotron resonance)のように高磁場中でのイオンサイクロトロン運動の周回周期を計測することにより極めて精密かつ高分解能のスペクトルを取得することも可能になってきている。

　以上のように近年ではより精密な測定を実現するためにMALDIとFT-ICRもしくはオービトラップを配備するなど、様々な構成の装置が各メーカーから販売されている。

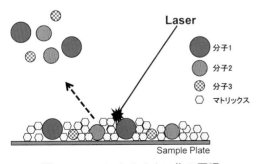

図3.1 MALDIによるイオン化の原理

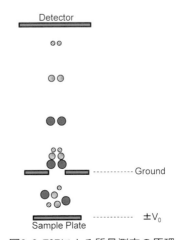

図3.2 TOFによる質量測定の原理

3.2 IMSのための試料作製[1]

IMSでは稀に培養細胞を対象とすることもあるが、レーザ収束径が現時点では5μm程度であることから、細胞内イメージングには適していないのが現状である。一般的には組織が対象となり、多くは−20℃もしくは−80℃で冷凍保存されているものがほとんどである。また非常に微小な組織では、カルボキシメチルセルロースの2％水溶液中に組織を包埋する（図3.3a）。それらを切片化して試料とする。切片化には凍結ミクロトームを用いる。凍結ミクロトームの庫内温度の設定は組織の種類によって異なるが、脳や肝臓などの臓器であれば、−16℃から−20℃あたりで良い。冷凍保存していた組織を凍結ミクロトーム内で移動し、試料台に固定する。固定にはOCTコンパウンドを用い、切削する断面にコンパウンドが混入しないよう、試料台と組織を接着させるのに十分なだけの量を用い、凍結ミクロトーム内で凍結させる。分析の対象となる面に到達するまで切削を繰り返し面出しを行う。対象面が見えたところで、切片の厚さを設定する。IMSでは切片の厚さが薄いほど、良好なシグナルを検出できることが報告されているが[2]、データの再現性を確認するためにも安定して綺麗な切片の作製が可能な厚さに設定することが望ましい。また場合によっては隣り合った切片を解析する必要も生じることも、その理由の一つである。5μmから20μmの厚さが一般的であるが、大きめの組織の場合にはそれ以上の厚さに設定せざるを得ない場合もある（図3.3b）。凍結切片の作製はあまりなじみのない研究者が多く、この工程で多くの問題を抱えることがある。その一つはアンチロールバーの扱いである。その名のとおり、切削した切片のロールを抑えることが目的であるが、刃とアンチロールバーの間隔を適切に設定する必要がある。この間隔が適切でない場合には切削された切片が正しく伸びた状態にならない。また組織の温度も重要である。凍結ミクロトーム内に入れておくことで組織温度と設定温度が近づくが、組織の中まで温度が近づくまでは相当の時間を要する。−80℃で保存していた場合などは薄切の段階で切片が割れたような状態になる。このような場合には一度手を止めて10分ほど放置するか、切削面を指で触れることによって温めることにより、設定温度に近づける必要が生じる。以上のような点に気を付けることで、薄切が可能になる。薄切した切片は各装置で推奨されるスライドガラスに貼り付ける（図3.3c）。スライドガラスは組織標本作製用の一般的なものであったり、導電性素材をコーティングしたものであったり、様々である。

3.3 マトリックス塗布

前述のようにマトリックスの選択は対象とする分子による。タンパク質、ペプチド、脂質等の低分子化合物というように分類されているが、それぞれのマトリックスの溶媒組成については様々な検討結果が提示している。ここではDHBを対象として説明する。自動塗布装置などの場合はメーカー推奨の濃度および溶媒組成を採用するべきである。自動塗布装置は非常に高価であるため、多

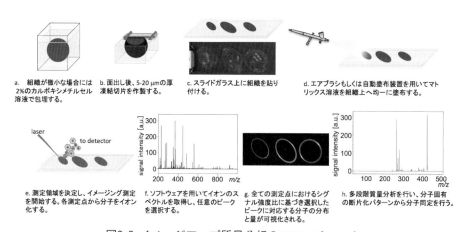

a. 組織が微小な場合には2％のカルボキシメチルセル溶液で包埋する。
b. 面出し後、5-20μmの厚凍結切片を作製する。
c. スライドガラス上に組織を貼り付ける。
d. エアブラシもしくは自動塗布装置を用いてマトリックス溶液を組織上へ均一に塗布する。
e. 測定領域を決定し、イメージング測定を開始する。各測定点から分子をイオン化する。
f. ソフトウェアを用いてイオンのスペクトルを取得し、任意のピークを選択する。
g. 全ての測定点におけるシグナル強度比に基づき選択したピークに対応する分子の分布と量が可視化される。
h. 多段階質量分析を行い、分子固有の断片化パターンから分子同定を行う。

図3.3 イメージアップ質量分析のフローチャート

くの研究者はコンプレッサーとエアブラシを組み合わせて手動で塗布することが多い。手動の場合、DHBは50%から70%のメタノール溶液で融解する。その際のDHBの濃度は30mg/mlから50mg/mlが一般的である。結局のところは塗布の手技によって最終的にスライドガラス上に残るマトリックスの量は変わってくる。MALDIについて解説したようにイオン化はマトリックスと分子のモル比によって決まってくるため、いかに適切なモル比に近づけるかが問題である。論文などでは上記の溶媒組成で1 mLを塗布するといった説明があるので、まずはその手法に従い、取得された結果を元にして量を変更することが望ましい。またDHBの場合は巨大な針状結晶を形成しやすいため、目的とするイメージング解像度以上の大きさにならないよう、丁寧に塗布する必要がある（図3.3d）。

以上の一般的な手順の他にマトリックス塗布前に組織切片中の塩を洗浄することがある。組織中の分子がイオン化する際にマトリックス分子からのプロトン供与によりイオン化すると上述したが、そこに存在する塩、ナトリウムやカリウムが分子に付加した状態でイオン化することがある。それによってスペクトルは非常に複雑になり、さらに組織間でイオン勾配の違いがある場合には、イオン量の比較が困難になる。そのような場合に低濃度のギ酸や酢酸アンモニウム溶液に組織を浸すことによって塩を取り除き、プロトン付加体のみのイオン化に統一することが可能である[3]。また逆にマトリックス溶液にリチウムやカリウムを混合しておき、均一に塗布することによってリチウムやカリウム付加体として分子のイオン化を統一し、スペクトルを単純化させる手法も存在する[4]。

3.4 イメージング測定

正確な質量を測定する上でイメージング測定前にTOF較正を行う必要がある。較正用の試薬については、いくつかの分子が予め混合されたものがメーカーから販売されている。また低分子化合物を測定する際の較正としては、ヨウ化セシウムの飽和溶液のように室温で保存が可能で扱いやすいものを用いても良い。実際の測定の前には組織上の何点かでテスト測定をすると良い（図3.3e）。

そこでの注意点としては生体分子がイオン化されているかどうかである。多くのシグナルが高いシグナル強度で検出されていたとしても、マトリックス自体のイオン化シグナルであっては意味がない。測定する組織によってどのような分子が多く存在するかは、適当な論文がすぐに見つかるはずである。次に行うのは測定領域と測定間隔の設定である。測定した組織が並んでいる中で、その多くは組織全体をイメージングすることになる。レーザが最少で5μmまで収束されている現在では高解像度のイメージングが可能であるが、全ての測定において5μmの解像度を選択するのは得策ではない。高解像度にすることで測定点が増え、測定時間が大幅に長くなってしまう。また取得されるデータも数GBにまで増加し、ソフトウェア上で開くにはかなりのスペックを搭載したコンピュータが必要になる。要は必要とされる適切な解像度がどれくらいであるかを考え、さらに最初の測定はテストとしての位置づけとして高解像度にしないことが望ましい。

3.5 取得したデータの解析

イメージング測定用の制御用ソフトウェアだけでなく、解析用ソフトウェアについても各メーカーが装置に合わせて、それぞれリリースしている。多少の違いはあるにしても基本的に行うことは変わらない。まず全ての測定点から取得されたマススペクトルは平均化され、一つのスペクトルとして表示される（図3.3f）。また測定点ごとにスペクトルを表示することも可能である。いずれかのスペクトルから任意に一つのピークを選択することで、全ての測定点で取得されたシグナル強度比を計算し、組織上に存在するイオン量として疑似色の濃淡に変換し、組織上のイオンを可視化する（図3.3g）。そのピークが何の分子であるかはウェブサイトのデータベースを利用することで候補を得ることができる。脂質などの低分子に対してはHuman Metabolome Database(http://www.hmdb.ca/spectra/ms/search)が非常に便利である。取得したピークのm/z値を入力し、測定モードをpositiveもしくはnegativeから選択し、最後にtoleranceを指定して検索することで多くの候補分子が表示される。このデータベースはあくま

でも候補を挙げるだけである。さらに候補を絞るには文献調査が最も手頃と言える。対象とした組織が一般的なものであれば、すでに基本的な情報が論文中に記述されている。ただし実際の同定については多段階質量分析を行う必要がある（図3.3h）。多段階質量分析とは質量分析装置内で対象とするイオンだけを断片化させ、そのパターンから分子を同定する手法である。脂質などの低分子化合物はデータベースや論文から調べることができ、ペプチドはMASCOT Search(http://www.matrixscience.com/index.html)へデータを送ることで同定結果を得ることが可能である。多段階質量分析を組織上で行うことも可能であるが、量の少ない分子の場合には十分なシグナルを取得することが厳しくなる。そのような場合には組織から対象となる分子を抽出した上で精製するか、粗精製してからLC-MS（高速液体クロマトグラフ質量分析計）のようにカラムによる分離・精製後にイオン化させる手法を用いると比較的簡単に多くの分子を同定することが可能になる。

まとめ

　レーザ入射質量分析法としてMALDIはイメージング技術へ応用されるまで発展し、現在では世界中で多くの研究者が利用するようになってきた。その開発はまだ進んでおり、新たなイオン化法、分子特異的に検出感度を上昇可能なマトリックスの開発、分子ラベリングによる誘導体化の手法など様々である。これらの開発によりさらなる手法の発展が見込まれており、これまでの手法では解明できなかった分子の分布が解明され、医学を始めとした社会へ貢献することが期待されている。

〈早坂　孝宏〉

〔参考文献〕
1) 瀬藤光利編：質量顕微鏡法、シュプリンガー・ジャパン。
2) Sugiura Y, Shimma S, Setou M. "Thin Sectioning Improves the Peak Intensity and Signal-to-Noise Ratio in Direct Tissue Mass Spectrometry" J Mass Spectrom Soc Jpn, 2006, 54 (2), 45-8.
3) Wang HY, Liu CB, Wu HW. "A simple desalting method for direct MALDI mass spectrometry profiling of tissue lipids" J Lipd Res, 2011, 52 (4), 840-9.
4) Sugiura Y, Setou M. "Selective imaging of positively charged polar and nonpolar lipids by optimizing matrix solution composition" Rapid Commun Mass Spectrom, 2009, 23 (20), 32369-78.

第7章 探針を利用した観察法

第1節 走査トンネル顕微鏡

1.1 走査トンネル顕微鏡の原理

図1.1に示すように、鋭く尖らせた金属探針を試料表面に近づけ、両者の間隔を1 nm程度の一定距離に保つ。その状態で、探針と試料との間に1 V程度の電圧Vを印加すると両者が接触していないにもかかわらず電流が流れる。これがトンネル電流である。さらに探針を横方向に移動させるとトンネル電流の値が変化する。それは、トンネル電流の値Iが、探針と試料との間（真空ギャップとかトンネルギャップと呼ばれる）の間隔dに対して

$$I \propto \rho \cdot e^{-d/d_0} \qquad \cdots (1)$$

と指数関数的に依存して敏感に変化するからである。ここで、ρは局所状態密度である。また、d_0は減衰距離であり、電子の波動関数が物質表面から外に減衰しながら染み出す距離をあらわす。d_0は0.2 nm程度なので、真空ギャップの幅dがわずか0.1 nm増加すると（水素原子1個の大きさ！）、トンネル電流Iは1桁程度減少することになる。このため、原子レベルでの凸凹を検知できるのである。

このような高さ方向の分解能だけでなく、横方向にも原子レベルの分解能を持つ。その理由は、探針が極めて鋭くとがっていて、その先端には、図1.1の挿入図に模式的に描いたように単一原子が付着しており、その原子が試料表面に一番近いので、トンネル電流はほとんどその原子だけから流れるためである。

よって、探針の走査に合わせて、各地点でのトンネル電流値の大小をモニター上の輝度信号に変換すると、横方向にも高さ方向にも試料表面上の原子一個一個を分離して描き出す原子分解能での観察が可能となる。これが走査トンネル顕微鏡(scanning tunneling microscope, STM)である。

図1.2にSTM像の例を示す。(a)は、シリコン(001)結晶表面上に蒸着したインジウム原子が一列に並んで「原子鎖」を作っている像である[1]。明るいところが突起部分であり、トンネル電流が多く流れ、暗いところは窪んだ部分なのでトンネル電流が少ない。このように各地点でのトンネル電流の大小をモニターの各画素の輝度に変換して表示することによって、1原子レベルの凸凹のコントラストが得られる。

図1.2(b)は、シリコン(111)結晶表面上に極微量の銀原子を蒸着したときのSTM像である[2]。粒状に見えるのが基板のシリコン原子1個1個である。その上に雲のように見える塊があるが、それは数個の銀原子が寄り集まってできた「クラス

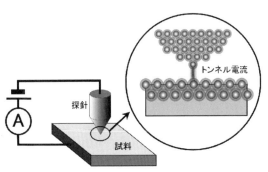

図1.1 走査トンネル顕微鏡の原理図

図1.2 走査トンネル顕微鏡像の例
(a)シリコン結晶の表面上に一列に並んだインジウム原子鎖[1]
(b)シリコン結晶上に形成された銀原子数個からなるクラスター[2]

ター」である。銀原子は粒状に分離しては見えず、クラスターが全体的にボーッと明るく見えている。これは、銀原子クラスター内を動き回ってクラスター全体を覆っている電子のためである。つまり「電子雲」を直接観ていることになる。電子雲がクラスター全体に拡がって電子の密度が濃くなっているので、(1)式の局所状態密度がρ高くなっている。そのため、STMの針がその上に来るとトンネル電流がたくさん流れてクラスター全体が明るく観える。このように、STMでは、試料表面のモルフォロジーだけでなく、電子密度の分布まで直接観察することができる。

1.2 STM装置

STM装置では、探針と試料表面との間隔がわずか1 nm程度（水素原子10個分！）であり、それを精度良く維持しながら探針を試料表面の上空を横方向に走査しなければならない。図1.3にSTMの発明者であるビニッヒとローラーらが作った装置の概念図を示す。まず、床や外界からの振動が探針と試料表面との真空ギャップに伝わると探針が試料表面に衝突してしまうため、装置全体を床から浮かせて除振している。永久磁石と対向させた超伝導鉛のマイスナー効果を利用して装置全体を浮かせた。また、空気の振動である音による擾乱を防ぐために、防音箱のなかに装置を入れる場合もある。真空チャンバー内で駆動するSTMの場合には防音が自動的になされるが、真空チャンバー壁の振動を低減する必要がある。現在のSTM装置では、探針走査機構と試料ステージ全体の剛性を上げることによって、両者の相対的な振動を抑制すると同時に、装置全体を空気ばねなどの除振機構の上に設置するという簡便な構造となっている。

探針を試料表面に衝突させずに1 nm程度まで近

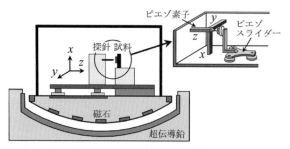

図1.3 走査トンネル顕微鏡（STM）装置の模式図

づけるために、粗動機構および微動機構の二段構成となっている。まず、光学顕微鏡などを使いながら手動で探針を試料表面から数μm程度まで近づける。その状態から、粗動機構によって探針を100 nm程度のステップで試料表面に近づける。このとき常に探針と試料の間に電圧を印加しておき、トンネル電流が流れるかどうかモニターしながら近づけていく。粗動機構の各ステップにおいて、微動機構をつかってトンネル電流が流れるかどうか調べる。トンネル電流が流れ始めたら粗動機構から微動機構に切り替えて慎重に探針を近づける。このようにしてトンネル電流が安定に流れる状態にする。

探針の微動動作はピエゾ素子あるいは圧電結晶と呼ばれる部品によって可能となる。それは電圧を印加すると伸びたり縮んだりして長さが変化する結晶である。スピーカーなどに使われているが、電圧を精密に制御すれば原子尺度で結晶の長さを変えることができる。しかし、最大で1 μm程度しか伸び縮みしないので微動機構に使われる。粗動機構には、ピエゾ素子を使って尺取虫運動、あるいはstick-slip運動と呼ばれる方法が使われ、それによって100 nm程度の精度でmmオーダーの移動が可能となる。このような巧妙な駆動機構を駆使して、探針と試料表面の距離を0.01 nm程度（水素原子の直径の1/10程度！）の精度で一定に維持することができる。

このような仕組みによって、トンネル電流が設定した値になるようにz軸方向のピエゾ素子（図1.3参照）を伸び縮みさせ、同時に、探針を試料表面に接触させることなく横方向に走査するためにx軸方向およびy軸方向のピエゾ素子を伸び縮みさせる。探針の走査中に、試料表面上の障害物など大きな突起部を検知したらすばやくz軸ピエゾ素子を縮ませて探針を試料表面から遠ざける。このようなフィードバック機構によって探針が試料表面に衝突するのを防ぎながら探針を走査してトンネル電流を安定に測定して画像を得ている。

1.3 走査トンネル分光

探針と試料との間に直流バイアス電圧Vを印加したときにSTMで検出されるトンネル電流(1)式は、Vが0.1 V程度以下の小さいときに成り立つ

近似式である。Vが大きくなると、トンネル電流はフェルミ準位E_FからE_F+eVまでのエネルギー領域にあるすべての電子から成る。このエネルギー範囲にある電子が、トンネル確率は異なるが、すべてトンネルしてSTM画像に寄与することになる。

一方、E_F+eVのエネルギー準位近傍だけの電子の寄与を抽出することができる。それは、バイアス電圧Vのときのトンネル電流と、バイアス電圧を少しだけ変化させた$V+\Delta V$のトンネル電流との差をとれば、E_F+eVのエネルギー準位近傍だけの電子の寄与を抽出できる。この測定は、バイアス電圧に微小な交流電圧を重畳させ、ロックインアンプを利用して、トンネル電流のバイアス電圧による微分係数dI/dV（これは微分コンダクタンスと呼ばれる）を測定することと同じであり、多くの実験でこのロックインアンプ法が使われる。さらに、このとき直流バイアス電圧Vを掃引することによって、各エネルギー準位からのトンネル電流成分が検出でき、それは、すなわち、各エネルギー準位での局所状態密度ρに比例する。このようにして、試料表面上の各地点での局所状態密度のエネルギー依存性が測定できる。この手法を走査トンネル分光法(scanning tunneling spectroscopy, STS)という。

STS測定では、探針位置を固定して一箇所での局所状態密度のエネルギー依存性のスペクトルを測定する場合と、ある特定のエネルギー準位での局所状態密度の空間分布を画像として描く場合がある。前者は、(逆)光電子分光法で得られるスペクトルに相当し、後者の画像はdI/dV像、または(微分)コンダクタンス像と呼ばれ、エネルギー分解されたSTM像といえる。

図1.4にSi(111)-7×7清浄表面を例とした測定結果を示す。(b)および(c)は、アドアトムの直上およびレストアトムの直上に探針を固定してとったSTSスペクトルである[3]。探針の場所によって異なるエネルギー位置にピークが出ていることがわかる。それぞれ、アドアトムのダングリングボンド状態（フェルミ準位E_Fをはさんで±0.3 eV程度の範囲にピークをもつ金属的な表面状態）と、レストアトムのダングリングボンド状態（E_Fから0.9 eV程度下にピークをもつ占有された表面状

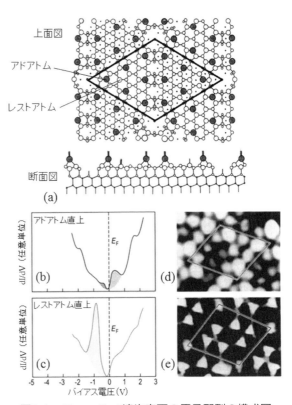

図1.4 (a)Si(111)-7×7清浄表面の原子配列の模式図
(b)アドアトム、および、(c)レストアトムの直上でとったSTSスペクトル[3]
バイアス電圧を(d)0.35 Vおよび(e)0.8 Vに設定してとったトンネルコンダクタンス像[4]

態）である。

図1.4(d)および(e)は、Si(111)7×7清浄表面の、一定バイアスでとった微分コンダクタンス像である[4]。それぞれ、アドアトムおよびレストアトムのダングリングボンドのエネルギー状態にあった電圧で観察しているので、それぞれの位置が輝点となって観察される。このように、それぞれのエネルギー準位で、どの場所で局所状態密度が高いのか直接観察できる。

図1.5(a)は、Si結晶表面を1原子層のAgが覆っている状態、Si(111)-$\sqrt{3}\times\sqrt{3}$-Ag表面の原子ステップ近傍の領域を撮影した通常のSTM像である。Ag原子の規則的な配列を反映した細かな規則的な点列がみえる。画面の上の領域が1原子段差だけ高い部分である。図1.5(b)(c)は、それぞれ0.9 Vおよび0.7 Vのバイアス電圧で測定した微分コンダクタンス像であり、原子ステップ近傍に波模様が見えている[5]。これは、1原子層のAg層に存在する自由電子的な波動関数がステップに反射され

第5編 表面分析

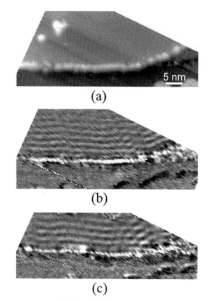

図1.5 Si(111)-$\sqrt{3}\times\sqrt{3}$-Ag表面のステップ近傍の通常のSTM像(a)、および、同じ場所で、バイアス電圧0.9 V(b)と0.7 V(c)でとった微分コンダクタンス像[5]

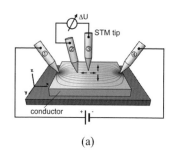

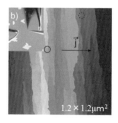 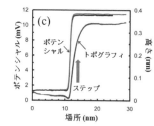

図1.6 (a)多探針STMによる走査トンネルポテンショメトリーの模式図[6]
(b) (c)Si(111)-$\sqrt{3}\times\sqrt{3}$-Ag表面でのポテンシャル分布像、およびステップを横切る直線に沿ったラインプロファイル[7]

てできた電子定在波である。つまり、(c)と(d)は、それぞれフェルミ準位から0.9 eVと0.7 eVだけ上のエネルギー準位での波動関数（の絶対値の二乗）の空間分布を示している。その波長は2～3 nmであるが、(c)と(d)を見比べると、(d)の電子定在波の波長の方がやや長いことがわかる。つまり、エネルギー準位に応じて電子波の波長が異なることを意味している。各バイアス電圧での電子定在波の波長を測定することによって、その電子状態のエネルギー・波数分散関係を求めることもできる[5]。この電子定在波は、エネルギー分解されたフリーデル(Friedel)振動、または準粒子干渉パターンなどと呼ばれることもある。

1.4 走査トンネルポテンショメトリー

STSの応用例として、走査トンネルポテンショメトリー(Scanning Tunneling Potentiometry, STP)がある。試料に電流を流すと、その電気抵抗のために電位勾配が生じるが、その電位分布をマッピングする方法がポテンショメトリーである。図1.6(a)に模式的に示すように、多探針STMを用いると、左側の探針①と右側の探針④で試料に流し込んだ電流によるポテンシャル分布を、探針②を基準電位として、探針③を走査しながら各地点での電位を測定する[6]。各地点での電位は、探針③でとるSTSスペクトルの電圧シフトとして現れてくるので、そのシフト量をマッピングすることでポテンシャル分布となる。

図1.6(b)は、Si(111)-$\sqrt{3}\times\sqrt{3}$-Ag表面でのポテンシャル分布の測定例である[7]。原子ステップのところで電位が不連続的に変化している様子がわかる。図6(c)は、1つの原子ステップを横切る直線に沿ったラインプロファイルであり、トポグラフのデータとポテンシャルの変化が記録されている。これによって、1原子層段差のステップによって生じる電気抵抗を見積もることができる。STPは原子スケールでの電気伝導の様子を可視化する手法であり、さらに磁性探針を使うとスピンの向きに依存した伝導が測定でき、今後さらに重要性を増すと思われる。

1.5 スピン偏極STM

STMにおいて探針を磁性体で作ると、試料表面のスピンに関する情報を画像化することができる。探針先端の原子のスピンの向きと、磁性体試料での表面原子のスピンの向きが、平行であるか反平行であるかに依存して、流れるトンネル電流の値が異なる。つまり、探針先端から一定方向にスピン偏極トンネル電流が流れるので、それが試

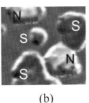 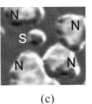

図1.7 Au(111)表面上に成長した2層厚のCoナノアイランドを、スピン偏極STMで観察例[8]（画像は20×20 nm^{2}の範囲）
(a)通常のSTM像、(b)2.5 T、および(c)3.5 Tの磁場を印加したときの微分コンダクタンス像

料に入るとき、磁性体試料ではスピンの向きによって状態密度が異なるため、試料原子のスピンと探針原子のスピンが平行のときには電子がトンネルしやすく抵抗が低い。逆に反平行のときには電子がトンネルしにくいので、抵抗が高くなる。これをトンネル磁気抵抗効果というが、それによって、試料表面でのスピンの向きや磁化の向きを画像のコントラストとして描き出せる。

図1.7にその例を示す[8]。Au(111)表面上にCoを蒸着すると、(a)に示すように、数nm径の2原子層厚のCoアイランドが形成される。Coは強磁性体なので、上面がN極またはS極になる磁化をもつ。この状態で磁場を印加すると、磁性探針の磁化が印加磁場によってN極が上面のCoアイランドの磁化と同じ向きになる。その状態で微分コンダクタンス像を観察すると、(b)に示すように、N極が上面になっているCoアイランドが明るく見え、逆にS極が上面になっているCoアイランドが暗く見える。しかし、十分に強い磁場を印加すると、S極が上面になっているアイランドの磁化が反転してN極が上面に出る。それが、各アイランドの明るさの変化として明瞭に観察されている。このようなスピン偏極STMを使うと、単原子のスピンの向きまで同定することができる。

1.6 時間分解STM

電子の移動やエネルギー遷移、スピンの向きの変化など、高速で起こる変化を原子レベルの空間分解能とフェムト秒に迫る時間分解能で観測する実験手法として時間分解STMが開発されている。それには、いわゆるポンプ・プローブ法が用いられ、それには2つの方法がある。一つはSTM探針に電圧パルスを印加する方法である。最初の電圧パルス（ポンプパルス）をバイアス電圧に重畳し、それによって試料の状態を変化・励起させる。そのあと一定の遅延時間をおいて2つ目の電圧パルス（プローブパルス）をバイアス電圧に重畳してトンネル電流を測定し、励起された状態の緩和状態の様子を観測する。遅延時間を変えて測定を繰り返すことによって、緩和過程の全貌を測定することができる。電気的なパルスの場合時間分解能はナノ秒程度になる。

もう一つの時間分解STM法では、パルスレーザーと組み合わせる。一つ目のパルス光（ポンプ光）で電子状態やスピン状態を励起し、ある遅延時間の後に二つ目のパルス光（プローブ光）を照射してトンネル電流を誘起する。光学的なポンプ・プローブ法の吸収飽和の仕組みによって、プローブ光により生じるトンネル電流は励起状態の緩和に対応して変化する。この測定を、遅延時間を変えながら繰り返すと、励起状態の緩和過程を計測できる。

図1.8はその測定例である。試料はp型およn型が接合したGaAs結晶である（図1.8(a)）。それに近赤外線レーザーパルスを照射し、p型領域で価電子帯から伝導帯に伝導電子を励起する（図1.8(b)）。そのあとの伝導電子数の減少をナノ秒程度の時間分解能で、しかもnmの空間領域において観測した結果が図1.8(c)である。p型領域では、励起された伝導電子はホールと再結合して消滅していく。一方、p型領域からn型領域にかけて電位勾配があるので、その付近で励起された伝導電子は、この電位勾配に沿ったドリフトによって真性領域（i型領域）からn型領域に向かって伝導していく。このため、真性領域での伝導電子の減少のほうが速く起こり、p型領域での減少はやや遅れて起こることがわかる。このように、高い空間分解能と時間分解能を兼ね備えた計測が可能となる。現在では、フェムト秒にいたる時間分解能を有する時間分解STMが開発されている。

最近、パルスレーザーと原子間力顕微鏡と組み合わせたり、プローブ光に一周期のテラヘルツ(THz)パルス電場を用い、探針‐試料間に瞬間的なバイアス電圧を印加する事で時間分解測定を行うTHz-STMも開発された。それぞれの方法で求まる情報が少しずつ異なることもあり、幅広い測定が

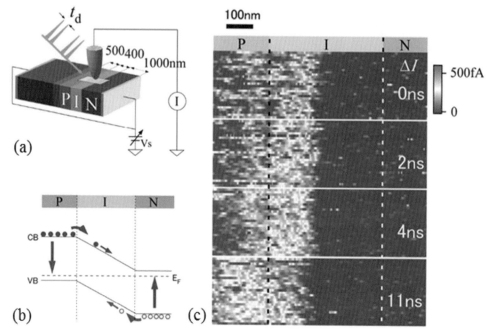

図1.8 時間分解STMの例[9]
(a)GaAsに作りこまれたPIN接合に近赤外線のパルスレーザーを照射し、STM探針でトンネル電流を測定しながら走査する模式図
(b)PIN接合でのバンドエネルギー図
(c)それぞれの遅延時間で計測したトンネル電流の空間分布

可能になってきている。

1.7 非弾性トンネル分光

STMの探針と試料間の真空ギャップでは、多くの場合、電子は一定エネルギーのままトンネルする（弾性トンネル）。しかし、トンネルの過程で、原子・分子振動やスピンの反転などを励起する場合もある。そのときにはトンネル電子のエネルギーが変化する（非弾性トンネル）。弾性トンネルの電流に加えて非弾性トンネルの電流が加わると、全体のトンネル電流が増加（または減少）する。特定の原子や分子の部位を狙ってSTM探針を固定し、バイアス電圧を掃引すると、特定のバイアス電圧以上で原子振動やスピン反転を励起する。この励起のエネルギー閾値が原子・分子振動エネルギーに相当し、スピンの場合にはゼーマンエネルギーに相当するので、それぞれのエネルギーを測定することができる。このような測定手法を非弾性トンネル分光法(Inelastic Electron Tunneling Spectroscopy, IETS)と呼ぶ。

図1.9にその一例を示す[10]。鉄フタロシアニン分子の中心にあるFe原子のスピンは、スピン3重項状態になっており、Cu表面に1原子層の酸素が吸着したCu(110)-2×1-O表面上に吸着すると、エネルギー準位が変化するもののスピン3重項状態が保たれている。その状態でSTM探針をFe原子直上にセットして、バイアス電圧を掃引しながら微分コンダクタンスを測定すると、図1.9(c)の下のスペクトルで見られるように、±2 mVと±5 mV付近にステップが見られる。これは、トンネル電子によってスピン3重項の最低エネルギー状態からそれぞれ第1励起状態および第2励起状態に励起され、それによって非弾性トンネルが起ってコンダクタンスが増加するためである。ステップがみえる電圧から、スピン状態間のエネルギー差を求めることができる。一方、Cu(110)清浄表面上に鉄フタロシアニン分子を吸着させて同様の測定をすると、図1.9(c)の上のスペクトルが示すようにステップは見られない。これは、Cu基板との相互作用によってスピン1重項状態になってしまい、スピンによる信号が無くなったためである。

1.8 ESR-STM

電子スピン共鳴法(Electron Spin Resonance, ESR)

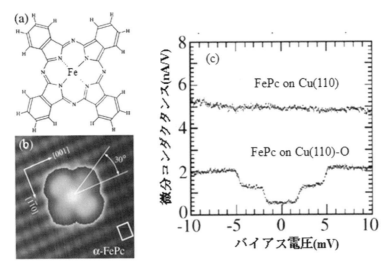

図1.9 鉄フタロシアニン分子のIETSの例
(a)鉄フタロシアニン分子の構造図
(b)その分子1個がCu(110)-2×1-O表面上に吸着したときのSTM像
(c)鉄原子の直上の探針をセットして測定した微分コンダクタンススペクトル[10]
(比較のために、酸素が吸着していないCu(110)清浄表面の上に吸着した鉄フタロシアニン分子のデータも示す)

とは、スピン系に磁場を印加し、磁場に平行スピンと反平行スピンのエネルギーに差をつくり(ゼーマン分裂)、そのエネルギー差に相当するマイクロ波を照射すると共鳴的に吸収され、ゼーマン分裂した2準位間の遷移が激しく起こる現象である。これは、古典的には、スピンのラーマー歳差運動の励起に相当し、その歳差運動の振動数に合致する周波数のマイクロ波によって歳差運動が激しく誘起される。

磁場印加型STMの場合、同様にゼーマン分裂を引き起こすことができる。しかし、マイクロ波を真空ギャップに照射する代わりに、トンネル電流でスピンの歳差運動を励起する。その状態で歳差運動している原子の直上でSTSスペクトルを観測する。そのときのトンネル電流の周波数成分を分析すると、スピン歳差運動の周波数成分(MHz～GHz領域)が増強される。これを分析することによって、STM探針が指定する箇所のスピン状態をプローブすることができる。この手法によって、局所的な欠陥に残存するスピンや[11]、標的原子の近傍にある磁性原子からの磁場の影響など[12]、単一スピンの状態を調べることができる。

〈長谷川修司〉

〔参考文献〕
1) M. M. R. Evans, and J. Nogami, Phys. Rev. B 59, 7644 (1999).
2) St. Tosch and H. Neddermeyer, Phys. Rev. Lett. 61, 349 (1988).
3) R. Wolkov and Ph. Avouris, Phys. Rev. Lett. 60, 1049 (1988).
4) R. J. Hamers, R. M. Tromp, and J. E. Demuth, Phys. Rev. Lett. 56, 1972 (1986).
5) T. Hirahara, et al, Surface Science 563, 191 (2004).
6) A. Bannani, et al., Rev. Sci. Instr. 79, 083704 (2008).
7) J. Homoth, et al.: Nano Lett. 9, 1588 (2009).
8) P. Mishra, et al., Nano Lett. 17, 5843 (2017).
9) S. Yoshida, et al., Nanoscale 4, 757 (2012).
10) N. Tsukahara, et al., Phys. Rev. Lett. 102, 167203 (2009).
11) Y. Sainoo, et al., Appl. Phys. Lett. 95, 082504 (2009).
12) F. D. Natterer, et al., Nature 543, 226 (2017).

第2節 原子間力顕微鏡

2.1 実用AFM
2.1.1 探針・試料間相互作用

一般に2個の原子の間には、図2.1.1(a)に示すような相互作用力が働く。遠距離では、ファン・デル・ワールス力や静電気力による引力が働き、他方、近距離では、化学的相互作用による引力やパウリの排他原理で説明される斥力が働く。原子間力顕微鏡(AFM)[1]は、図2.1.1(b)に示すように、探針先端と試料表面との間に働く原子間力をカンチレバー（微小な板ばね）の力学特性の変化から測定し、探針を表面に沿って走査することで表面の像を形成する装置である。近接する2つの物体間には必ず力が作用するため、原子間力顕微鏡には試料に対する制約が原理的に存在しない。

2.1.2 AFMの装置技術

AFMのプローブ（カンチレバー・探針）は、空間分解能や力の検出感度を直接決める重要な構成要素である。その特性としては、以下の点が求められる。

(1) 試料表面の構造を高分解能に観察するために、曲率半径が小さく非常に先鋭な探針の先端部をもっていなくてはならない。

(2) 探針に働く力の変化に敏感に応答し高速の走査を実現するとともに、外部振動の影響を受けないようにするためには、機械的共振周波数の高いカンチレバーが求められる。

(3) 力の検出感度を高めるためには、バネ定数の小さなカンチレバーでなければならない。

長方形断面の薄膜状カンチレバーのバネ定数kは、カンチレバーの各辺の幅、厚さ、長さをそれぞれa、b、lとし、ヤング率をEとすれば、次式で与えられる。

$$k = \frac{Eab^3}{4l^3}$$

また、機械的共振周波数ωは、カンチレバーの密度をρとすれば、

$$\omega = A\sqrt{\frac{E}{\rho}} \cdot \frac{b}{l^2}$$

で与えられる（$A=0.162$となる）。バネ定数が小さく、機械的共振周波数の高いカンチレバーを実現するためには、上式から求められるようにカンチレバーを極力小さく作る必要がある。実際には、実体顕微鏡で十分見える程度の大きさとして、長さが$100\mu m$程度のカンチレバーが使用される。図2.1.2に示すように、現在では、微細加工技術によって作られ、曲率半径が10nm以下の探針を有するSi製やSi_3N_4製の薄膜カンチレバーが実用化・市販されている。

カンチレバーの微小変位を検出する変位検出計は、0.1nm以下の変位分解能を有する必要がある。室温環境で動作する原子間力顕微鏡の変位検出計としては、装置構成が簡単なことから、光てこ方式が多く用いられている。光てこ方式とは、レーザ光をカンチレバー背面に照射し、その反射光の

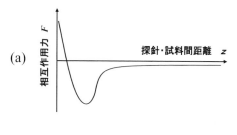

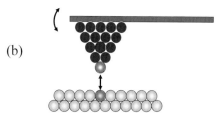

図2.1.1 原子間力顕微鏡(AFM)の測定原理図

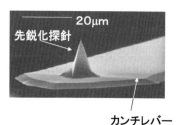

図2.1.2 微細加工技術により製作されたSi製探針付薄膜カンチレバー

角度変化を位置検出センサー(Position Sensitive Detector：PSD)で検出することにより、カンチレバーの変位（たわみ）を検出する方式である。通常、レーザー光には、取り扱いの容易さから、半導体レーザからの可視光が用いられる。PSDには4分割フォトダイオードが用いられる。

2.1.3 AFMの動作方式

AFMの動作方式としては、大別すると、(1) 探針を試料表面に接触させ、カンチレバーの変位から表面形状を測定する接触方式、(2) 探針を試料表面に周期的に接触させ、カンチレバーの振動振幅の変化から表面形状を測定するタッピング(或いは、周期的接触)方式[2,3]、(3) 探針を試料表面に接触させずに、カンチレバーの振動周波数（或いは振動振幅）の変化から表面形状を測定する非接触方式[4,5]の3つの方式がある。

接触方式では、カンチレバーの変位から、直接、探針と試料表面との間に働く力を求める。一般に探針と試料表面表面との間には、Lennard-Jones型のポテンシャルで近似されるような相互作用があり、遠距離ではファン・デル・ワールス力による引力が、近距離ではパウリの排他原理で説明される斥力が働く（図2.1.3 (a)）[6]。試料を遠方より一様な速度で探針に向かって接近させていくと、引力によりカンチレバーは徐々に前方（試料方向）にたわむ。しかし、図2.1.4に示すように、

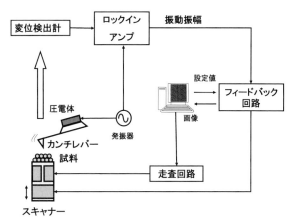

図2.1.4 タッピング方式AFMの構成

探針に働く引力勾配がカンチレバーのバネ定数を越える点Aにおいて、カンチレバーは試料に向かって突然ジャンプし、点Bにおいて試料と接触する。さらに、試料を探針側に近づけると、カンチレバーは後方にたわむ。ここで逆に、試料を一様な速度で探針から遠ざけていくと、カンチレバーは前方にたわみ、最大にたわんだ後、点Cにおいて突然後方にジャンプする。接触方式のAFMは、試料の変位に対して力を測定するため、図2.1.3 (b) の実線に示すような曲線（フォースカーブ）が観察される。接触方式のAFMにおいて注意しなければならないことは、探針全体が受ける力が引力であっても、探針最先端部には数nN以上の斥力が作用しており、試料と強く接触している点である。試料表面あるいは探針先端は、この強い斥力により既に破壊等のダメージを受ける可能性が高い。

現在では、接触方式に代わり、探針から試料表面に及ぼす力の影響が極めて少ないタッピング方式が多用されている。以下ではその動作原理について述べる。タッピング方式では、カンチレバーをその機械的共振周波数近傍で十分大きな振幅で振動させる。探針が試料表面から十分に離れている場合には、カンチレバーは、試料とは相互作用のない状態で、カンチレバーの内部摩擦による減衰を外部からのエネルギーで補いながら一定の振幅で振動する。探針が試料表面に近づくと、探針が試料表面と周期的に接触し、振動振幅は減少する。図2.1.4に示すように、この振動振幅の減少量をロックインアンプ等で測定し、この減衰量

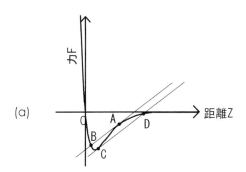

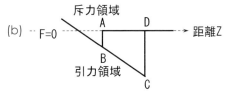

図2.1.3 フォースカーブの説明図

（振動振幅）が一定となるようにフィードバックを働かせながら試料を走査することにより、表面形状の画像を得る。

このタッピング方式を用いると、探針が試料表面に及ぼす力の大きさが極めて小さくなることを次に説明する。まず、カンチレバーが試料からの力の影響のない領域で振動している場合の振動振幅をA_0とする。探針が試料表面に近づき周期的に接触し、振動振幅がAに減少するとする。ここで、試料が突然存在しなくなるとする。この時、カンチレバーには本来なら振幅がA_0になるエネルギーが与え続けられているので、振幅は振動サイクル毎に増加し、その増加分は、

$$\Delta A = \frac{A_0^2 - A^2}{2AQ} \quad {}^{2,3)}$$

で与えられる（図2.1.5）。ここで、QはカンチレバーのQ値である。しかし、実際には試料が存在するため、振動振幅はAに保持される。つまり、この振幅の増加分ΔAが振動サイクル毎に減衰を受けることになる。この時、試料に及ぼす力は、カンチレバーのバネ定数をkとすれば、

$$F = k\Delta A$$

で与えられる。例えば、実際に、$A_0 = 20$nm, $A = 10$nm, $k = 1$N/m, $Q = 100$として代入してみると、振動サイクルごとの振動の減少分は$\Delta A = 0.15$nmとなる（0.15nmは原子1個分程度の大きさである）。これは、力に換算すると、$F = 0.15$nNとなり、極めて弱い接触力であることが分かる。このようにタッピング方式は、探針が試料表面に周期的に接触することにより、試料表面にダメージをあまり与えることなく表面形状の測定が可能となっている。

なお、表面形状の測定によって探針先端が徐々に摩耗し空間分解能が低下するため、長時間再現性のある画像化が困難であることも注意する必要がある。

非接触方式は、カンチレバーをその機械的共振周波数近傍で比較的小さな振幅で振動させる。探針が試料表面に近づくと、試料表面からのファン・デル・ワールス引力により、探針の振動振幅が変化する。この振動振幅の変化量が一定となるようにフィードバックを働かせながら試料を走査することにより、表面形状の画像を得る。一般に実用表面においては、表面に薄い水の吸着層が存在し、この吸着層により振動しているカンチレバーがトラップされることにより、カンチレバーの振動が不安定になったり、振動そのものが停止してしまうという問題点があり、現在ではほとんど使用されていない。

〈菅原　康弘〉

〔参考文献〕
1) G. Binnig, C. F. Quate and Ch. Gerber：Phys. Rev. Lett., 56(1986)930
2) Q. Zhong et al., Surf.Sci.Lett., 290(1993) L688
3) P. K. Hansma et al., Appl. Phys .Lett., 64(13) (1994)1738
4) Y. Marti, C. C. Williams and H. K. Wickramasinghe, J. Appl. Phys., 61(10) (1987)4723
5) T. R. Albrecht, P. Grütter, D. Horne, and D. Rugar, J. Appl. Phys. 69, (1991)668
6) J.N.Israelachivili：*Intermolecular and Surface Force*, Chap.7(1985)Academic Press London

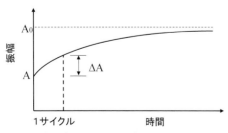

図2.1.5　試料が存在しないと仮定した場合の振動振幅の時間変化

2.2 ノンコンタクトAFM

2.2.1 周波数変調検出法[1]

探針先端1個の原子と試料表面の1個の原子との間に働く単一の原子間力を測定するためには、探針に働く極めて弱い引力相互作用力を非接触(ノンコンタクト)領域で極めて高感度に検出する必要がある。しかし、カンチレバーの変位を静的に測定し探針に働く力を推定する静的測定法では、変位検出計の感度不足のため、微弱な引力を検出することは不可能である。力の検出感度を飛躍的に向上させるため、真空中でのカンチレバーの高いQ値が利用されている。すなわち、カンチレバーの共振を応用した変調法を用いることにより、微弱な力の高感度検出が実現されている。特に、超高真空中では、力検出の応答速度が低下しない周波数変調(FM)方式[1]が用いられる。図2.2.1にその検出原理を示す。図2.2.1において、実線で示した右側の曲線は、探針が試料から十分離れている場合におけるカンチレバーの共振特性である。カンチレバーのバネ定数と有効質量を、それぞれ、kおよびmとすれば、その共振周波数f_0は次式で与えられる。

$$f_0 = \frac{1}{2\pi}\sqrt{\frac{k}{m}}$$

この状態で、探針と試料を接近させると、探針と試料表面との間に働く力勾配$\partial F/\partial z$により、カンチレバーの実効的バネ定数がkから$k+\partial F/\partial z$へと変化する。その結果、図2.2.1の点線で示した左側の曲線のように機械的共振周波数がf_1へ変化する。

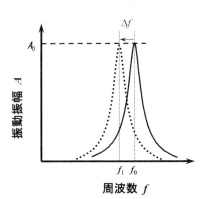

図2.2.1 周波数変調検出法の説明図

$$f_1 = \frac{1}{2\pi}\sqrt{\frac{k+\partial F/\partial z}{m}}$$

機械的共振周波数のシフトを$\Delta f = f_0 - f_1$とすれば、$k \gg \partial F/\partial z$の時、周波数のシフトは探針に働く力勾配を用いて近似的に次式で与えられる。

$$\Delta f = -\frac{f_0}{2k}\frac{\partial F}{\partial z}$$

したがって、この共振周波数の変化Δfを検出することにより、探針に働く力勾配を測定できる。

なお、カンチレバーの振動振幅を探針と表面間の相互作用領域より大きくした場合、周波数シフトΔfは、次式のように、探針と表面間の保存的相互作用力F_{ts}の1周期にわたっての重みつき平均に比例することになる[2]。

$$\Delta f = -\frac{f_0}{kA^2}\int_0^{1/f_0} F_{ts}\cos(2\pi f_0 t)dt$$

ここで、Aはカンチレバーの振動振幅である。

FM検出法を用いた原子間力顕微鏡では、この周波数シフトΔfを通じて間接的に探針・試料間の距離制御を行う。そのため、その最小力検出感度δF_{ts}は、次式のように周波数シフトのノイズ$\delta\Delta f_{min}$と強く関係する[3]。

$$\delta F_{ts} = \sqrt{2\pi}\frac{k}{f_0}\frac{A^{3/2}}{\lambda^{1/2}}\delta\Delta f_{min}.$$

ここで、λは相互作用力の減衰長である(例えば、Siの引力相互作用に対しては、$\lambda=79$pm)。この式から明らかなように、より微弱な力を検出するためには(すなわち、空間分解能を向上させるためには)、(i) 周波数シフトのノイズ$\delta\Delta f_{min}$を低くすること、(ii) カンチレバーの振動振幅Aを小さくすること、(iii) カンチレバーのばね定数と共振周波数で決定される係数(k/f_0)を小さくすることが重要となる。

周波数シフトのノイズ$\delta\Delta f_{min}$は、主にカンチレバーの熱ノイズと変位検出計のノイズで決定されるため、極低温環境での測定と低ノイズな変位検出計の使用は、高分解能化に極めて有効である。

カンチレバーの振動振幅Aは、Jump-to-contact現象に強く関係する[4]。すなわち、探針が試料表面からの引力相互作用により引き込まれ、探針が試料表面と強く接触する現象に強く関係する。ばね定数kが40N/mのカンチレバーを使用する場合には、Jump-to-contact現象を防ぐために大きな振動振幅（例えば、$A=10$nm）を使用する必要がある。他方、ばね定数kが600N/m以上のカンチレバーを使用できれば、Jump-to-contact現象を防ぎやすくなり、$A \cong \lambda$の小振幅動作を実現できる。なお、小振幅動作は、周波数シフトΔfへの長距離相互作用に対する寄与が減少し、短距離相互作用に対する寄与が増大するため、高分解能観察に適するという利点もある。

係数(k/f_0)を小さくするためには、ばね定数kが小さく、共振周波数f_0の高いカンチレバーを用いる必要がある。特に、小振幅動作を実現するためには、上述したように、600N/m以上のばね定数kが求められる[4]。このばね定数の条件を満足し、しかも、共振周波数の高いカンチレバーの使用は、高分解能観察に極めて有効である。

2.2.2 力センサー

ノンコンタクトAFMの力センサー（カンチレバー・探針・変位検出方式）として、近年、ピエゾエレクトリック効果を利用した電気的変位検出法[5]など広く使用されるようになってきた。この方法は、水晶(Quartz)からなるカンチレバー（図2.2.2）の変位に伴う誘導電流（あるいは電荷）を電流・電圧変換器（あるいは電荷アンプ）で検出する。複雑な位置決め機構が不要で顕微鏡ユニットの構成が非常に単純になるという利点がある。そのため、従来の走査型トンネル顕微鏡(STM)のわずかな改良で原子間力顕微鏡としても動作さ せることが容易にできる。この方式は、発熱がほとんどないため、極低温環境の測定に有利である。しかし、検出感度が温度に依存するという欠点がある。電気的な変位検出法で使用される水晶カンチレバー（qPlusセンサー）[5]のばね定数kは、非常に大きく、1800N/mもある。そのため、探針・試料間のJump-to-contact現象を容易に防ぐことができ、小振幅動作に適している。しかし、共振周波数が32kHzと低いのが難点である。

他方、ノンコンタクトAFMの力センサー（カンチレバー・探針・変位検出方式）としては、光学的な変位検出法も引き続き使用されている。シリコンカンチレバーのばね定数は、当初、40N/m程度が最大で、小振幅での動作が困難であった。しかし、最近では、ばね定数が非常に高く、2000N/m程度のものも市販されるようになり、小振幅動作も可能となっている。また、その共振周波数も2MHzと非常に高く、高感度・高分解能観察に適している。

なお、試料表面の構造を高分解能に観察するためには、カンチレバーは曲率半径が小さく非常に先鋭な探針をもっていなくてはならない。水晶カンチレバーの場合、電解エッチングで先鋭化された金属探針を接着により後から取り付ける必要がある。他方、シリコンカンチレバーの場合、微細加工技術によってシリコン探針が既に製作されているため、後から取り付ける必要はない。

2.2.3 周波数変調検出回路

図2.2.3は、周波数変調検出法で動作する原子間力顕微鏡の回路構成を示している。カンチレバーの変位検出計、自動ゲイン制御(AGC)回路、位相シフター、カンチレバー加振用の圧電体からなる正帰還発振系を構成し、カンチレバーをその機械的共振周波数で振動させる。ここで、AGC回路はカンチレバーを一定振幅で振動させるために使用する。位相シフターは正帰還が最大となるようにカンチレバーの励振信号の位相制御に使用する。探針が表面に接近し、引力相互作用が探針に働くとカンチレバーの機械的共振周波数が低下する。このカンチレバーの周波数シフトを位相ロックループ(PLL)回路からなる周波数復調器を用いて検出する。表面凹凸像は、周波数シフトが一定

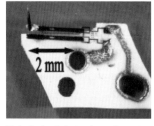

図2.2.2 水晶からなるカンチレバー（qPlusセンサー）

第7章 探針を利用した観察法

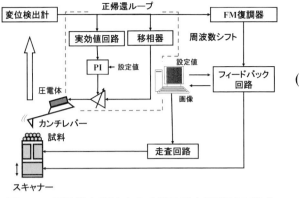

図2.2.3 周波数変調検出方式原子間力顕微鏡の構成

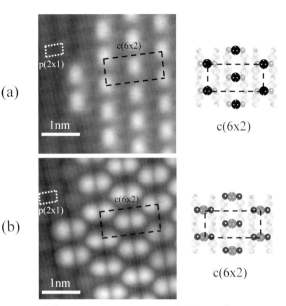

図2.2.4 Cu(110)-c(6×2)-O表面のAFM像
(a) タイプI、(b) タイプII

となるように探針・試料間の距離を制御しながら、試料を2次元的に走査することにより測定する。また、探針・表面間のエネルギー散逸は、カンチレバーの振動振幅を一定にするためのAGC回路の制御信号から測定する。

2.2.4 原子分解能観察例[6]

図2.2.4は、酸化銅Cu(110)-c(6×2)-O表面を原子間力顕微鏡で観察した結果である。探針としては、Siカンチレバーを用いた。この探針をCu-Oのクラスターに弱く接触させて、探針先端を基板材料でコートした。すなわち、探針先端をCu原子あるいはO原子でコートした。図2.2.4を見てわかるようにパターンの大きく異なる2種類の画像が得

られた。タイプIの場合には、Cu(110)-c(6×2)-O表面の最表面のCu原子が輝点として観察され、他方、タイプIIの場合には、最表面のCu原子に隣接するO原子が輝点として観察された。

このような顕微鏡画像のパターンが大きく異なる原因を明らかにするために、実験結果と数値計算結果の比較を行った。図2.2.5は、Cu(110)-c(6×2)-O表面の2つの最表面Cu原子に沿った線上の

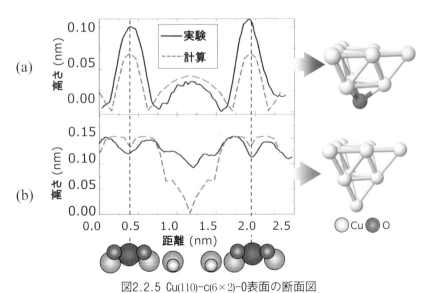

図2.2.5 Cu(110)-c(6×2)-O表面の断面図
(a) タイプI（実験）とO原子-吸着探針（計算）
(b) タイプII（実験）とCu原子-吸着探針（計算）

869

第5編 表面分析

凹凸の実験結果と数値計算結果である。ここで、実線は実験結果を示し、(a) はタイプ I の場合であり、(b) はタイプ II の場合である。他方、波線は数値計算結果を示しており、(a) は O 原子の吸着した探針の場合であり、(b) は Cu 原子の吸着した探針の場合である。実験結果と数値計算結果がよく一致することより、タイプ I の画像は O 原子の吸着した探針で得られたものであり、タイプ II の画像は Cu 原子の吸着した探針で得られたものであることが分かった。このことは、原子間力顕微鏡で得られる画像は、探針と試料表面との間の化学的相互作用を非常に強く反映していること示している。

　最近では、原子間力顕微鏡のこのような特長を用いることにより原子種の識別も可能であることが示されている。原子や分子の識別や結合状態の計測も可能になりつつある[7]。

〈菅原　康弘〉

〔参考文献〕

1) T. R. Albrecht, P. Grütter, D. Horne, and D. Rugar, J. Appl. Phys. **69**, 668(1991).

2) N. Sasaki and M. Tsukada, Jpn. J. Appl. Phys. **38**, 192(1999).

3) F. J. Giessibl, F. Pielmeier, T. Eguchi, T. An, and Y. Hasegawa, Phys. Rev. B **84**, 125409 (2011).

4) F. J. Giessibl, H. Bielefeldt, S. Hembacher, and J. Mannhart, Appl. Surf. Sci. **140**, 352(1999).

5) F. J. Giessibl, Appl. Phys. Lett. **76**, 1470 (2000).

6) J. Bamidele, Y. Kinoshita, R. Turanský, S. H. Lee, Y. Naitoh, Y. J. Li, Y. Sugawara, I. Štich, and L. Kantorovich, Phys. Rev. B, **86**, 155422(2012).

7) Y. Sugimoto, P. Pou, M. Abe, P. Jelinek, R. Pérez, S. Morita, and O. Custance, Nature, **446**, 64(2007).

第8章 力学特性計測装置

はじめに

　表面改質層やコーティングは、必要とする特性は多岐にわたる一方、実用上はある形状を維持して長時間用いられることを考慮すれば、機械的性質が共通かつ重要な特性の一つである。機械的特性としては、耐摩耗性や密着性などが重要な指標であるが、これらを直接的に評価することが困難な場合があり、間接的な評価手法として微小硬さ試験を用いることが多い。本節では、超微小押し込み試験（ナノインデンテーション）によって塑性硬さ・弾性定数を測定する方法について述べる。

第1節　超微小硬さ試験法の概要

1.1　硬さと超微小硬さ試験法（ナノインデンテーション法）

　一般的に、硬さは材料の引張強度、降伏強度、靱性、延性、耐摩耗性などの諸性質が複合化した指標で、物理的な意味は極めて複雑である。しかし、硬さ試験は、引張試験などの試験法に比べて試験片形状などの制約が少ないことや、非破壊的に材料試験が行えること、さらには、引張強度などとの換算関係が経験的に蓄積されていることなどを理由に、簡便な方法として主に製造現場などで用いられた。押し込み硬さHは、圧子が材料に加えた押し込み荷重Pを、除荷後の圧痕の表面積（または試料表面への投影面積）Sで除した$H=P/S$で求められ、圧力と同じ単位を持つ平均面圧として定義される。ビッカースなどの一般的な押し込み硬さ試験は、ある一定の荷重を加えて変形させ、除荷した後に圧痕の水平方向（試料の測定面内）の大きさを光学顕微鏡などで測定する。薄膜などの測定の場合、厚さ方向の制限に注意する必要がある。JIS規格[1]では、試料厚さの制限について、「3.5 試料の厚さは、原則としてビッカース硬さ試験の場合は$1.5d$以上（dは対角線長さ）、また、ヌープ硬さ試験の場合は$0.3d$以上（dは長い方の対角線長さ）とする。」と定められている。

　超微小硬さ試験法は、押込荷重をμNのオーダーで制御し、そのときの試料への圧子の侵入深さをnmの分解能で測定することから、Ultra-micro indentationあるいはNanoindentaiton（ナノインデンテーション）と呼ばれている。ナノインデンテーションでは圧痕の大きさが光学顕微鏡の分解能と同程度以下であり十分な精度が得られないため、垂直方向への押込深さを測定する方法を採用している。これが、ナノインデンテーションの大きな特徴の一つである。従来の硬さ試験では、最大荷重に対応した圧痕の大きさのみが得られるだけであるが、この方法では、押込荷重Pに対応する押込深さhを試験の全過程にわたって連続的に測定し、図1.1に模式的に示すようなP-h曲線として記録することにより、圧子の押し込みおよび引き抜き過程における材料の挙動も一度の試験で知ることが出来る。特に、除荷曲線は、ほぼ弾性的な挙動を反映していると考えられ、ここから弾性定数（ヤング率）の算出も可能である。この技術に関するさらに詳細な説明は、文献[2-7]を参照願いたい。

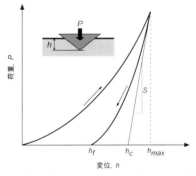

図1.1　ナノインデンテーションで得られる荷重-変位曲線の模式図
（h_fは除荷後の圧痕深さ、h_cはinitial unloading stiffness Sを横軸の押込深さに外挿して得られる塑性深さ。）

1.2 荷重-変位曲線の解析法

解析方法の要点は、弾塑性変形の結果として測定される変位から塑性変形と弾性変形の各成分を分離することである。前述したように、塑性硬さは、負荷荷重を圧痕の表面積あるいは投影面積で除した値として定義される。Depth sensingの場合は、圧痕面積は押込深さと圧子の幾何形状から算出される。したがって、塑性変形分に対応する押込深さ（塑性深さ）を見積もることが最も重要となる。負荷曲線が弾塑性変形であるのに対し、除荷曲線は弾性回復挙動に対応しており、これを利用する方法が最も広く受け入れられている。

除荷曲線の弾性回復挙動を模式的に示したのが図1.2である。図1.2 (a) は最大荷重に対応しており、押込深さhは圧痕周辺の弾性変形h_eと塑性変形深さh_cの和である。また、このときの接触面の大きさはa（円錐圧子の場合は直径に相当）である。一方、図1.2 (b) に示す除荷後の状態では、圧痕周辺に加えて圧痕内部でも弾性回復が起こるため、h_fはh_cよりも浅くなってしまう。h_fと圧子の形状から算出した場合の圧痕の大きさはa_fであり、実際の圧痕の大きさaよりも小さな値となってしまうのは図より明白である。（ただし、圧子の弾性変形と試料の水平方向の弾性回復は無視できるほど小さいとする。）多くの材料において除荷の過程が直線ではなく曲線として現れることは、試料と圧子の接触面積が除荷過程で減少することを意味し、そのような場合にはh_fを用いた圧痕サイズの算出は正しくない。

塑性深さh_cを算出する方法について、Laubetら[8]は、除荷の初期では圧子と試料の接触面積が一定に保たれると仮定してflat-end punchの引き抜きモデルを適用し、除荷開始直後のstiffness (initial unloading stiffness：S)を利用する方法を示した。図1.1に示すように、このSを押込深さの軸上に外挿することによって、最大荷重時の塑性深さh_cを求めるという方法である。initial unloading stiffness Sは以下のように記述される。

$$S = \left(\frac{dP}{dh}\right)_{P=P_{max}} = \alpha E^* \sqrt{A} \quad (1.1)$$

ここで、αは圧子の幾何学的形状で決まる定数、Aは圧子と試料の接触面積、E^*は圧子と試料の複合ヤング率で以下のように与えられる。

$$\frac{1}{E^*} = \frac{1-\nu_i^2}{E_i} + \frac{1-\nu_s^2}{E_s} \quad (1.2)$$

E、νはそれぞれヤング率とポアソン比で、添字のiとsは圧子と試料をそれぞれ表す。Doerner and Nix[9]は、三角錐圧子にLaubetらのモデルを適用し、除荷曲線の最大荷重から1/3程度の部分を直線近似することによってinitial unloading stiffnessが求められるとした。さらにOliver and Pharr[10]は、除荷曲線をある関数にフィッティングして最大荷重時の微係数をinitial unloading stiffnessとして解析的に求める手法を提案した。また、圧痕面積を算出する際に必要となる圧子の幾何形状について、実際の圧子の先端部分は理想形状よりも丸みを帯びていることを考慮し、これを見積もる方法として面積関数法を提案した。これによって、押込深さが浅い領域でも比較的高い精度で硬さを算出することができる。

しかし、実際上の課題として、層構造材の測定ではサンプルや圧子の指示部材(load flame)などの変形が変位計の測定値に取り込まれてしまう問題がある。このload flameのstiffnessをS_lとすると、荷重-変位曲線から実測されるstiffness S_mは、2つのバネの直列つなぎと同様に扱うと以下のように記述される。

$$\frac{1}{S_m} = \frac{1}{S(A)} + \frac{1}{S_l} \quad (1.3)$$

右辺第1項のSは式 (1.1) にあるように$\sqrt{A}$に比例すると見なせるのに対し、S_lは荷重に依存しない項である。したがって、負荷荷重を種々に変化

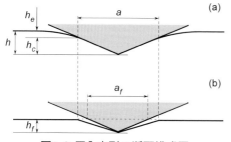

図1.2 圧入変形の断面模式図
((a) は最高荷重時、(b) は除荷後を表す。)

させて得るS_m^{-1}を$A^{-1/2}$に対してプロットすることにより、S_l^{-1}はS_m^{-1}軸上の切片として、また試料の複合ヤング率E^*はプロットの傾きからそれぞれ得られることになる。

第2節 ナノインデンテーション法による薄膜の機械的特性評価

2.1 塑性硬さの評価

薄膜のナノインデンテーションは、表面保護膜等のトライボロジ的問題に直接関わるため非常に重要視されている。ここでは、特に塑性硬さ測定の現状と問題点に関して述べ、次節において弾性特性評価に関して述べる。

インデンテーションによって測定される薄膜の硬さを支配する因子は、膜材料固有の特性の他に膜厚、膜/基板界面の固着性、基板の特性等の多岐にわたっていると考えられている[11,12]。そのため圧痕形成機構に不明な点が多く、データ解析の手法やモデルの確立が望まれている。

圧痕形成機構において最も重要とされるのは、押込過程で形成される塑性変形域の大きさと形状である。大きさに関しては、膜厚tに対する押込深さhの比h/tが基板の影響を受け始める値がどの程度かが問題とされている。これに関して筆者らの行った試験結果を例示する。図2.1は、サファイヤ基板上に真空蒸着によって成膜した純Alに対してナノインデンテーションを行い、0.3〜3.0 μmの各膜厚について最大荷重と最大押込深さの関係をバルクの参照データとともにプロットしたものである[13]。すべての試験条件において最大押込深さは膜厚を越えていないが、硬さには明らかな差がみられる。これは、膜内に形成される塑性域が下地に達した段階で影響を受け始めるためであると考えられる。そのしきい値を見積もると、3種類の膜厚で差が現れ始める押込深さを約50 nmとした場合、0.3 μmの膜厚に関しては$h/t=1/6$となる。また、3.0 μm厚の結果に関してはバルクとほぼ一致しており、この範囲では下地の影響は受けていない。このように、経験的にはh/tを1/5〜1/10に制御することで基板の影響を取り除くことが可能と一般的には理解されているが、h/tの値に関しては、測定者や材料、試験条件によって異なった様々な報告があり[14]、統一的な解釈がなされていないのが現状である。

また、このような単層膜構造の圧痕形成機構に関してFabesら[15]は、Sargent[16]、Burnett and Rickerby[17,18]によって提案されたVolume Fraction Modelをナノインデンテーション領域に拡張し、図2.2に示す3つのステージに分けた硬さの算出モデルを提案している。(a)は塑性域が基板に達しない範囲(stage I)、(b)は塑性域が基板に達しているが、圧子は達していない範囲(stage II)、(c)は圧子まで基板に達している範囲(stage III)を模式的に示しており、それぞれのステージにおける複合硬さの算出式は次のとおりである。

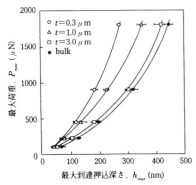

図2.1 サファイヤ基板上の純Alに対するナノインデンテーションで得られた最大荷重と最大押込深さの関係[19]
（バルクの参照データとともに示す。）

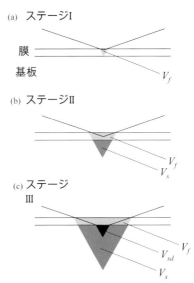

図2.2 単層膜構造における押し込み深さと塑性域の関係を示した断面模式図

第5編 表面分析

$$H^I = \frac{H_f V_f}{V_f} = V_f \tag{2.1}$$

$$H^{II} = \frac{H_f V_f \left(\dfrac{E_f H_s}{H_f E_s}\right)^\alpha + H_s V_s}{V_f \left(\dfrac{E_f H_s}{H_f E_s}\right)^\alpha + V_s} \tag{2.2}$$

$$H^{II} = \frac{H_f V_f \left(\dfrac{E_f H_s}{H_f E_s}\right)^\alpha + H_s V_s + H_s V_{sd}}{V_f \left(\dfrac{E_f H_s}{H_f E_s}\right)^\alpha + V_s + V_{sd}} \tag{2.3}$$

彼らはこれらの算出式の検証として、サファイヤ上にコーティングした75〜250 nmの6種類の膜厚のTi薄膜に関してナノインデンテーションを行った結果と比較し、押込深さ300 nm以下の範囲で良く一致するとしている。

2.2 弾性定数の評価

ナノインデンテーションによる薄膜の弾性定数の評価は、塑性硬さの測定よりもさらに複雑である。その理由は、弾性変形領域は塑性域よりもはるかに広い範囲に及ぶため、基板の影響を除いた測定が事実上困難であるためである。また、弾性的に等方な半無限体への圧子の圧入問題は、Boussinesq問題[19]として知られるが、ナノインデンテーションによる実験結果との比較のためには圧子先端形状をいかに正確に見積もるかが重要な課題で、有限要素法を用いた多くの検証が行われている。これに関しては限られた紙面に余る問題であり、文献のみを挙げておくのでそれらを参照されたい[20-23]。

一方DoernerとNix[24]は、膜の弾性常数が下地の弾性常数よりも小さい場合の除荷曲線の解析によるバルクのヤング率算出法[25]を単層膜複合構造に応用し、見掛けの弾性常数E^*_{eff}が次の経験式で表されることを示した。

$$\frac{1}{E^*_{eff}} = \left[\frac{1-\nu_f^2}{E_f}\left(1-e^{-\alpha h/t}\right) + \frac{1-\nu_s^2}{E_s}e^{-\alpha h/t} + \frac{1-\nu_0^2}{E_0} \right] \tag{2.4}$$

このモデルの考え方は、バルクの式に対して押込

深さに依存した膜と下地の寄与を考慮に入れたものである。彼らはSi上のW薄膜の実験との比較を行い、両者が良く一致するとしている。

おわりに

ナノインデンテーション技術は、表面層や薄膜の測定を動機として開発された比較的新しい技術である。これまで、膜厚の減少に追随する形で測定技術が進歩してきており、最近では荷重や変位の測定精度がμNやnmにまで達している。一方、基材の影響を考慮する方法や、耐摩耗性・密着性と硬さとの関係については課題も多く、多様な材料・形状の薄膜に対する個別の検討も必要である。

〈大村　孝仁〉

〔参考文献〕
1) JIS Z 2251微小硬さ試験方法
2) 大村孝仁、熱処理、42(2002), 416
3) 大村孝仁、材料と環境、52(2003), 18
4) 大村孝仁、実験力学、5(2005), 7
5) 大村孝仁、ナノマテリアル工学大系 第2巻 ナノ金属、フジ・テクノシステム、東京、(2006)
6) 大村孝仁、まてりあ、46(2007), 251
7) 大村孝仁、金属、78(2008), 238
8) J. L. Loubet, J.M. Georges, J.M. Marchesini and G. Meille, J. Triblogy, 106(1984), 43
9) M.F. Doerner and W.D. Nix, J. Mater. Res., 1(1986), 601
10) W.C. Oliver and G.M. Pharr, J. Mater. Res., 7(1992), 1564
11) D. Stone, W. R. LaFontaine, P. Alexopoulos, T.-W. Wu and Che-Yu Li, J. Mater. Res., 3(1988), 141
12) B.D. Fabes, W.C. Oliver, R.A. McKee and F.J. Walker, J. Mater. Res., 7(1992), 3056
13) T. Ohmura, S. Matsuoka, K. Tanaka and T. Yoshida, Thin Solid Films, 385(2001), 198
14) 例えば、松田健次、トライボロジスト、40(1994), 234
15) B. D. Fabes, W.C. Oliver, R.A. McKee and F.J. Walker, J. Mater. Res., 7(1992), 3056
16) P.M. Sargent：in Microindentation

Techniques in Materials Science and Engineering, ed. by P.J. Blau and B.R. Lawn (American Society for Testing and Materials, Philadelphia, PA, 1986)

17) P.J. Burnett and D.S. Rickerby, Thin Solid Films, 148(1987), 41

18) P.J. Burnett and D.S. Rickerby, Thin Solid Films, 148(1987), 51

19) K.L. Johnson, Contact Mechanics, Cambridge University Press(1985), 44

20) Y. Murakami, K. Tanaka, M. Itokazu and A. Shimamoto, Phil. Mag. A, 69(1994), 1131

21) A. Shimamoto, K. Tanaka, Y. Akiyama and H. Yoshizaki, Phil. Mag. A, 74(1996), 1097

22) 田中紘一、古口日出男、トライボロジスト、40(1995), 193

23) 村上敬、糸数真哉、田中紘一、日本機会学会論文集（A編）、59(1993), 835

24) M.F. Doerner and W.D. Nix, J. Mater. Res., 1(1986), 601

25) J.L. Loubet, J.M. Georges, J. M. Marchesini and G. Meille, J. Tribology, 106 (1984)43

〔第６編〕
巨大真空システム

第１章　大型加速器

第２章　核 融 合

第３章　大型真空システム

第1章 大型加速器

第1節 KEK

1.1 SuperKEKBの真空システム
1.1.1 SuperKEKB

SuperKEKBは、7GeVの電子リング(High Energy Ring、HER)と4GeVの陽電子リング(Low Energy Ring、LER)を主リング(Main Ring、MR)とする電子・陽電子衝突型加速器である[1]。設計ルミノシティー(粒子の衝突頻度に相当するパラメーター)は$8\times10^{35}s^{-1}cm^{-2}$と、その前身であるKEKBの達成値の約40倍である[2]。この目標値を実現するため、HERとLERに、それぞれ2.6Aと3.6Aの電子、陽電子ビームを蓄積すると同時に、エミッタンス(ビームの広がりに相当するパラメーター)を小さく保ち、垂直方向ビームサイズを衝突点で約60nmまで絞る。KEKつくばキャンパスのSuperKEKBの配置を図1.1.1に示す。ただし、実際の加速器は地下11mにあるトンネル内に設置されているが、図では位置を示すために地上に描いている。SuperKEKBは、電子・陽電子を発生して所定のエネルギーまで加速する線形加速器(Linac)、陽電子のエミッタンスを下げるダンピングリング(Damping Ring、DR)、そしてビームを蓄積してBELLE-II測定器で衝突実験を行うMRで構成される。MRの主なパラメーターを表1.1.1に示している。

MRの基本構成を図1.1.2に示す。各リングは、4つのアーク部(各約550m)と4つの直線部(約200m)からなる。アーク部は、偏向電磁石、四極電磁石等がほぼ規則正しく並んでいる区間である。一方、Tsukuba直線部には衝突で生成された素粒子を検出するBELLE-II測定器があり、その中心で電子と陽電子が衝突する。NikkoおよびOho直線部には、高周波(RF)加速空洞とビームエミッタンスを小さくするためのウィグラー(Wiggler)電磁石が並んでいる。Fuji直線部には、高周波加速

表1.1.1 SuperKEKB MRの主なパラメーター

	LER (positron)	HER (electron)	Unit
Beam energy	4.0	7.0	GeV
Beam current	3.6	2.6	A
Circumference	3016		m
Number of bunches	2500 (Bunch interval = 1.2m)		
Bunch current	1.44	1.06	mA
Bunch length	6.0	5.0	mm
$\varepsilon_x/\varepsilon_y$	3.2/8.64	4.6/11.5	nm/pm
β_x^*/β_y^*	32/0.27	25/0.3	mm
Crossing angle	83		mrad
Luminosity	8×10^{35}		$cm^{-2}s^{-1}$
Bending radius (Arc)	74.68 (arc)	105.98 (arc)	m

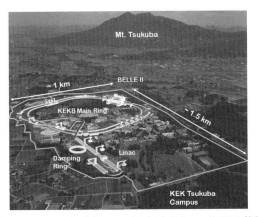

図1.1.1 KEKつくばキャンパスにあるSuperKEKBの位置

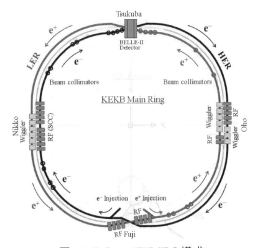

図1.1.2 SuperKEKB MRの構成

空洞と、電子、陽電子のビーム入射部、および
ビームアボート部がある。

　MR用トンネル内アーク部の様子を図1.1.3に示す。粒子加速器は、電磁石、高周波加速空洞、真空、制御などといったサブシステムからなる大きな複合システムである。真空システムの基本的役割は、ビームの通り道であるビームパイプ（ビームダクト、真空パイプ等とも呼ばれる）を真空に保ち、蓄積ビームを安定に維持することである。2010年から建設が始まったSuperKEKBでは、MRトンネルや基幹設備を再利用する一方、ビーム光学系の変更に伴い、これらサブシステムは大幅に改造された。その内、真空システムの変更は規模、内容とも主要な改造の一つであった。

　SuperKEKB真空システムは基本的にKEKBの真空システムを踏襲している[3,4]。設計指針は下記の通りである。

1) 十分長いビーム寿命、低ビームエミッタンス維持、測定器のバックグラウンド低減、HERのイオン不安定性の抑制のために超高真空を維持する。
2) 低エミッタンスビームを実現・維持し、また機器の不要な発熱を避けるために、機器のビームインピーダンスをできるだけ小さくして、ビーム不安定性や高次高周波(Higher Order Modes、HOM)の発生を抑制する。
3) 大電流を安定に蓄積し、信頼性の高いシステムとする。
4) LERでは、陽電子ビームと表面から放出された電子との相互作用で引き起こされる、電子雲不安定性(Electron Cloud Effect、ECE)[5]を抑制する。

表1.1.2 真空システムに関連したパラメーター

	LER (positron)	HER (electron)	Unit
Material of new beam pipe	Al-alloy (arc) OFC (wiggler)	OFC (arc), OFC (wiggler)	
Cross section of new beam pipe	φ90 + Antechambers	Racetrack (50×104) φ50 + Antechambers	
Main pumps	NEG (strip)	NEG (strip + cartridge)	
Total Power of SR	1.1 (arc:2200 m) 6.3 (wiggler:300 m)	5.2 (arc: 2200 m) 1.1 (wiggler:100 m)	MW
Critical Energy of SR	1.9 (arc) 9.2 (wiggler)	7.2 (arc) 17 (wiggler)	keV
Max. SR power line density	2.6 (arc) 13 (wiggler)	7.7 (arc) 9 (wiggler)	kW m^{-1}
Avg. photon flux line density	~5.5×10^{18}(arc) ~4.7×10^{19}(wiggler)	~6.8×10^{18}(arc) ~1.3×10^{19}(wiggler)	photons s^{-1} m^{-1}
Linear pumping speed	~0.1 (arc)	~0.06 (arc)	m^3 s^{-1} m^{-1}
Ave. pressure with beam	~10^{-7}		Pa
Ave. base pressure	~10^{-8}		Pa

る。

　MRの真空システムに関連する主なパラメーターを表1.1.2にまとめている。

　本稿では、SuperKEKBの真空システムについて、特に、多くの新しい機器が導入されたLERを中心に紹介する[4]。

1.1.2 ビームパイプ
(1) 構　　造

　一つのリングは、長さ2〜6mを持つ約1000本のビームパイプから構成されている。SuperKEKBの新規ビームパイプは、基本的に、円形断面のビームチャンネルの両側にアンテチェンバーを持つ構造である（以下、アンテチェンバー型という）[6]。アンテチェンバー型ビームパイプの概念構造を図1.1.4に示す（アーク部用）。

　ビームは中心部のビームチャンネルを通り、ビームが曲がる時に発生するシンクロトロン放射光(Synchrotron Radiation、SR)はリング外側にあるアンテチェンバーの側面に沿って照射される。アーク部では、リング内側のアンテチェンバー内（ポンプチャンネル）に排気ポンプが設置される（後述）。ウィグラー部では、放射光がビームパイプの両側に照射されるため、排気ポンプはアンテチェンバーの下部に接続される。ビームパイプ側

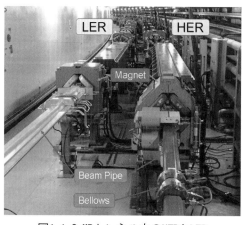

図1.1.3 MRトンネル内のHERとLER

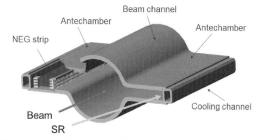

図1.1.4 アンテチェンバー付きビームパイプ（アーク部）の概念図

面には放射光等による熱を除去するために、冷却水チャンネルが備わっている。

ビームパイプをアンテチェンバー型にすることで、
1) ビームインピーダンスを低減できる。バンチに伴う電磁波はほとんどビームチャンネル内に留まるため、アンテチェンバー内にあるポンプポートやSRマスク（下流側にあるフランジやベローズチェンバーをSRから守る突起状のもの）のビームへの影響が少ない。
2) SRの発光点と照射点が遠くなるため、ビームパイプ側面に照射されるSRのパワー密度を小さくできる。

さらに、陽電子リングであるLERの場合、アンテチェンバーは光電子(Photoelectron)のビームへの影響を抑制する効果があり[6]、ECEの抑制に有効である。SRの照射部がアンテチェンバーの奥にあり、ビームに引き寄せられる電界強度が小さいからである。

特殊な電磁石内部のビームパイプや、HERのビームパイプ等再利用されるビームパイプは単純な円形あるいはレーストラック形断面である。これらの断面とアンテチェンバー型断面とを接続する場合には、ビームインピーダンスを抑えるために緩やかに断面が変化するテーパー管を用いる。

LERアーク部の基本的断面を図1.1.5 (a) に示す。ビームチャンネル内径90mm、アンテチェンバー部を含めた全幅は220mmである。一方、大部分がKEKBの再利用であるHERアーク部の基本的断面は図1.1.5 (b) である。ただし、HERでも新規のアーク部用ビームパイプはビームチャンネル内径約50mm又は80mmのアンテチェンバー型である。

LER、HERとも、アンテチェンバーのSRチャンネルの高さは14mmである。その高さは、四極電磁石、六極電磁石の開口寸法で制限される。図1.1.5 (a)、図1.1.5 (b) のビームパイプ周囲には六極電磁石や四極電磁石のコア形状も示している。また、この高さであれば、LELとHERのSRの広がり(γ^{-1})は0.13mradと0.073mradであり、偏向電磁石から20m下流でもSRはほとんどアンテチェンバー内に入る。

(2) SRパワー

LERとHERのアーク部で発生するSRパワーはそれ

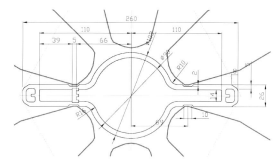

図1.1.5 (a) 典型的なLERアーク部のアンテチェンバー付ビームパイプ断面

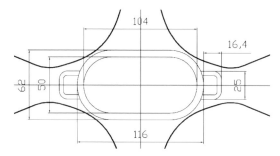

図1.1.5 (b) 典型的なHERアーク部のアンテチェンバー付ビームパイプ断面

ぞれ1.1MWと5.2MWである（表1.1.2参照）。ウィグラー部で発生するSRパワーは、同じく6.3MWと1.1MWである。先に述べたように、SRはビームパイプに沿って照射される。LERとHERのアーク部のSRパワー線密度を典型的な部分について図1.1.6 (a) と図1.1.6 (b) に示している。

LERアーク部の最大SRパワー線密度(面密度)は、偏向電磁石直下流にて、約2.5kWm^{-1}(2.4Wmm^{-2})である。平均SRパワー線密度は約0.56kWm^{-1}である。LERのウィグラー部では、ウィグラー部の終端で最大13kWm^{-1}(3Wmm^{-2})である。HERアーク部の最大SRパワー線密度は約7.7kW^{-1}(16Wmm^{-2})である。こ

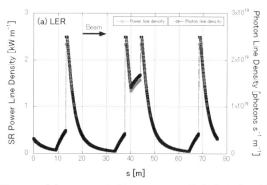

図1.1.6 (a) LERアーク部のSRパワー線密度と光子線密度

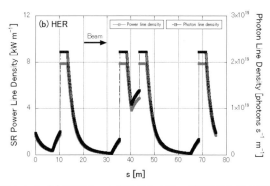

図1.1.6 (b) HERアーク部のSRパワー線密度と光子線密度

れは、8GeV1.4A蓄積時のKEKBの場合とほぼ同じである。平均パワー線密度は約$2.6kWm^{-1}$である。HERの新規アンテチェンバー型ビームパイプでの最大SRパワー線密度は約$7.7kWm^{-1}$($12Wmm^{-2}$)である。レーストラック断面時と比べると、線密度はほぼ同じだが、面密度は低減されていることがわかる。

(3) 材　質

LERアーク部のSRパワー密度ではアルミ合金製ビームパイプが使用可能である。アルミ合金は銅に比べると溶接が容易で(TIG溶接可能)、加工性も良い。ビームパイプのアルミ合金はA6063-T5またはT6である。アルミ合金製のアンテチェンバー型ビームパイプは冷却水路を含め押し出し法で成形される。

アルミ合金製ビームパイプの場合には、ビームロスに伴う放射(X線、γ線、中性子線など)、SRおよび制動放射の透過が問題となる。しかし、LERのパラメーターを使った線量のシミュレーションや測定では、厚み6mmのアルミ合金は同じ厚さの銅に比べても大差が無いことが示された。鉛シールドも不要である。ただし、衝突点部の上流側では測定器へのバックグラウンドノイズ低減のため銅製とした。

アルミ合金表面の高い二次電子放出率は、ECEにとって問題となる。そのため、後述するように、ビームパイプは二次電子放出率の小さいTiN薄膜がコーティングされた。

一方、HERのアーク部では、SRパワーが大きいため、高い熱的強度、高い熱伝導率、高い放射線シールド性を持つ銅が用いられる。ビームパイプに使用した無酸素銅(Oxygen free copper, OFC,

C1011)はガス放出率が小さく、また溶接性が良い。アンテチェンバー型のビームパイプは冷間引き抜き法で成形され、両側の冷却水チャンネルは電子ビームで別途溶接された。

LERとHERのウィグラー部では、SRパワー密度がアーク部よりも高いため銅製である。SRマスクは熱的強度の高いクロム銅(CrCu, C18200)である。

また、例えば、ビーム入射部、ビームアボート部(ビームを捨てる部分)、ビームサイズモニター部等、特殊で複雑なビームパイプで加工性の良いアルミ合金が使用される。

HERとLERの冷却水配管の材質は、それぞれ、基本的に銅とアルミである。銅パイプアルミとパイプを接続する場合には、その間の電蝕を防ぐためにステンレス製の継手やパイプが用いられる。

(4) 機械的特性

各種のビームパイプについて、SRの照射および大気圧(0.1MPa)下での温度分布、変形および応力分布が計算された。一例として、LERアーク部アンテチェンバー型ビームパイプの温度分布を図1.1.7に示す。最大温度はおよそ100℃であり、最大熱応力は70MPaである。垂直方向の変形は0.2mmである。

(5) 接　合

アルミ合金どうしの接合は基本的にTiG溶接である。銅合金どうしの溶接は基本的に電子ビーム溶接(Electron Beam Welding, EBW)である。材料の強度が要求される部分での真空ロウ付けは行わない。ステンレスどうしの接合はTIG溶接である。アルミ合金と銅合金、アルミ合金とステンレスの接合は基本的にHIP(Hot Isostatic Pressing)あるいは爆着とした。銅合金とステンレスとの接合

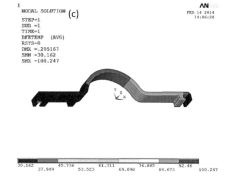

図1.1.7 LERアーク部アンテチェンバー型ビームパイプの温度分布

882

は、HIPあるいは真空ロウ付けである。

ビームパイプを成型したり溶接したりすると、必ず応力等で変形する。ビームパイプ製作時の変形の許容誤差は、水平方向2mm、垂直方向1mmとした。接合部の段差（真空側）は0.5mm以下とした。ビームパイプとフランジの中心線とのずれも0.5mmである。ビーム中心を軸としたねじれは両端のフランジ間で10mrad以下とした。両端のフランジどうしの傾き（平行度）は0.2度以下である。

(6) 表面処理

ガス放出率を低減するために、ビームパイプの表面は化学洗浄し、炭化物を含んだ表面の酸化層を1～5μm除去した。

銅製ビームパイプでは、例えば、Na_3PO_4あるいは 界面活性剤での脱脂、および 市水による洗浄の後、表面を、H_2SO_4とH_2O_2でエッチングする。その後、ビームパイプは純水で洗浄される。最後にビームパイプは乾燥窒素で乾燥される。一方、アルミ合金製ビームパイプでは、アルコールあるいは界面活性剤による脱脂後、表面はNaOHでエッチングされ、HNO_3で光沢処理される。その後市水、続いて純水で洗浄する、最後に乾燥窒素で乾燥させる。

フランジやSRマスク等、真空に接する表面を持つあらゆる部品については、機械加工後洗浄される。すべての洗浄工程は溶接や組み立て前に行われる。したがって、組み立て後は汚染されないように十分気を付ける必要がある。

(7) ビームパイプの種類

ビームパイプは、断面はほぼ同じであるがその役割によって大きく3種類に分けられる。四極電磁石や六極電磁石に入るQ-タイプ、偏向電磁石用のB-タイプ、そして、磁石間の直線部(ドリフト部)にあるS-タイプである。これらビームパイプは基本的にベローズチェンバーを介して接続される。

アンテチェンバー型ビームパイプでは、共通の構造として、NEGポンプ活性化用ヒータ導入端子用ICF70ポート、種類によってはイオンポンプ接続用および粗排気ポンプ接続用のICF203ポートを持つ。また、アンテチェンバー内にはSRマスク、側面の冷却水チャンネル、および両端には断面に合った接続フランジを持つ。アーク部トンネル内の典型的なビームパイプ配置例を図1.1.8に示す。

Q-タイプのビームパイプは四極電磁石、六極電磁石等用のビームパイプである。ビームパイプは直管で、4個の電極からなるビーム位置測定器(Beam Position Monitor, BPM)を持つ。B-タイプは偏向電磁石部用のビームパイプで、設置される偏向電磁石の曲率半径に合った曲率を持っている。S-タイプのビームパイプは直管で、電磁石間のドリフト部用のビームパイプである。構造は比較的単純であるが、イオンポンプや真空計が取り付けられている。

ウィグラー電磁石用のビームパイプはS-タイプおよびQ-タイプのビームパイプに分類される。SRはビームパイプの両側に照射される。HER、LER両方ともアンテチェンバー型である。

(8) 特殊なビームパイプ

MRには、上記以外にも、数は少ないものの加速器特有の特殊なビームパイプがある。

例えば、電子と陽電子が衝突する部分(Interaction Region, IR)のビームパイプは、それぞれのビームの交差角83mradを持つX字型のビームパイプである。試作したIR用ビームパイプを図1.1.9に示す。中央の衝突点部分はベリリウム製で内面には金のコーティング(10μm)が施されている。ベリリウムパイプは2重構造で、その間(1mm)にパラフィンが冷却媒として流れる。その両側の最終ビーム収束用超伝導四極電磁石内に入るビームパイプはステンレス製で銅のコーティング(10μm)が施されている。

ビームコリメータ（あるいは可動マスク）は正規のビーム軌道を周回するバンチ周囲のハローをカットし、測定器のバックグラウンドノイズを減

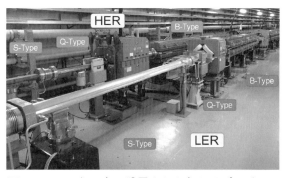

図1.1.8 トンネル内に設置された各タイプのビームパイプ

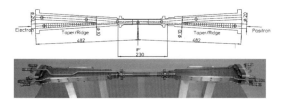

図1.1.9 IR部用ビームパイプ (KEK金澤)

図1.1.10 ビームコリメーター (左図中央がヘッド)

らす機器である[7]。金属製のブロック（ヘッドとよぶ）がビーム軌道の直ぐ傍まで近づき、軌道から外れた粒子を遮断する。ヘッドが水平面上からビームに近づく水平型と、垂直面から近づく垂直型がある。水平型の構造図と設置したコリメーターを図1.1.10に示す。

その他、Linacからの入射ビームを主リングの周回軌道に合わせる入射部ビームパイプ、捨てる（アボートする）ビームを大気側に取り出す厚み1mmのチタン窓を持つアボートビームパイプがある。また、それらのためにビームを横方向にパルス磁場で蹴る部分には、内面をチタンコーティングしたセラミックチェンバーが使用される[8]。また、水平方向のビームサイズをSRの可視光成分で測定するためにSRを反射するダイアモンドミラー付きビームパイプ、また、垂直方向ビームサイズをSRのX線成分で測定するための二股のSRアブソーバ付X線取り出しビームパイプ等も設置される[9]。

1.1.3 接続フランジ

接続フランジ部の隙間や段差のインピーダンスは、個々の値は小さくても数が多いので問題となる。Matsumoto-Ohtsuka型（MO型）フランジは、フランジの内面に沿った形状で真空シールできるので、通常のICFフランジやOリングを用いるフランジに比べると、内面の隙間や段差を小さくできる[10]。内面の段差はせいぜい0.5mm以内である。もう一つの利点は、このフランジは単純な円形やレーストラック型断面だけではなく、アンテチェンバー型のような複雑な断面にも適用できることである。シール機構とLERアンテチェンバー型フランジの例を図1.1.11に示す。MRでは計12種類、約4200枚のフランジが使用された[11]。当初はステンレス製だったが、量産時には、銅合金（クロム銅、C18200）とアルミ合金製(A2219-T851)フランジが開発された。また、これらの合金を使用することにより、ステンレスに変換する必要がなく、アルミ合金製や銅製のビームパイプに直接溶接でき、製作工程が単純になった。フランジは17-20Nmのトルクでのボルト締め付けで真空封止可能である。ガスケットはアニールされた無酸素銅(C1020)あるいはアニールされたアルミ合金(A5052-H34)である。

HERでは大部分のビームパイプ（銅製）が再利用されるが、それらのフランジはステンレス製で、ガスケットはヘリコフレックスデルタ(Valqua Garlock Japan)である。HERの新規ビームパイプではMO型を基本的に用いている。

SuperKEKBはMO型フランジが大量に採用された初めての加速器である。後述するTiNコーティング作業およびベーキング作業では、増し締め後でもリークが残りガスケットを交換する割合は3%未満と許容範囲であった。しかし、トンネルでのビームパイプとベローズチェンバーとの接続作業では、ガスケットを交換する割合は約10%と設置

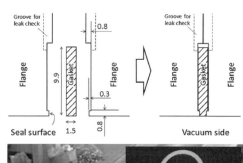

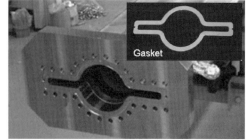

図1.1.11 MO型フランジのシール機構とフランジ、ガスケットの例

前作業時よりも遥かに大きくなった。原因は、ベローズチェンバーのシール面の加工時の刃物痕や傷が多かったことと、ベローズチェンバーとビームパイプとの位置合わせが困難だったことが主原因である。接続する前にベローズチェンバーのシール面を十分確認することと、ビームパイプとベローズチェンバーの位置合わせ用の治具を工夫することで、ガスケット交換率は5％以下となった。

1.1.4 ベローズチェンバーとゲートバルブ

ベローズチェンバーは、隣接するビームパイプの間に設置され、ビームパイプのトンネル内での接続作業を容易にするとともに、運転中のビームパイプの伸縮を吸収する役目を持つ（図1.1.3参照）。MRでは計2000個以上のベローズチェンバーが使用されるため、その内部のRFシールド構造（ビームが誘起する壁電流を滑らかに流して高次高周波の発生を防ぐ構造）には高い信頼性が要求される。

SuperKEKB用に新規に製作されたベローズチェンバーのRFシールドは櫛歯型と呼ばれるもので、従来のフィンガー型よりも熱的強度が高い[12,13]。このRFシールドはお互いにかみ合った櫛歯となっている。典型的な櫛歯の厚みは1mm、歯と歯の間隔は2mm、径方向の厚みは8mmである。櫛歯の裏側（ビームから見て反対側）には直流電流成分を通すためのフィンガー型RFシールド（バックフィンガー）が別個設けられている。櫛歯型のRFシールドは、アンテチェンバー型ビームパイプのような、複雑な断面にも適用できる。従来のフィンガー型に比べて熱に対して強い。ただし、ストローク長やオフセット量が小さい。接続するビームパイプの材質や断面に合わせ、約1240個（＋予備）が製作された。製作されたベローズチェンバーの一例と内面から見た様子を図1.1.12に示す。

リングをいくつかの作業区間に区切るゲートバルブもRFシールド構造を内部に持つ。KEKBでは、VAT社のフィンガー型RFシールドを持つSeries-47タイプが用いられてきたが、SuperKEKB用の新規ゲートバルブのRFシールドでは先の櫛歯型を採用した。それぞれのリングに約40個のゲートバルブが設置される。

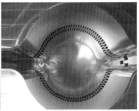

図1.1.12 ベローズチェンバーと内面からみたRFシールド

1.1.5 排気システム
(1) 要求される圧力

ビームパイプが十分な物理的開口(Aperture)を持つ場合、ビーム寿命は、残留気体分子との衝突時の制動放射によるエネルギー損失によって決まる。この寿命は、ルミノシティー寿命やTouschek寿命よりも十分長く、また入射効率に見合うものでなければならない。制動放射で決まるビーム寿命、τ [s]、は次式（1.1.1）で与えられる[14]。

$$\frac{1}{\tau} = \sum_i \frac{1}{\tau_i}, \quad \frac{1}{\tau_i} = c\frac{P_i}{k_B T}\sigma_B(Z_i)$$

$$\sigma_B(Z_i) = 4\alpha r_0^2 Z_i(Z_i+1)\left(\frac{4}{3}\ln\frac{\gamma}{\gamma_c} - \frac{5}{6}\right)\ln\left(183 Z_i^{-\frac{1}{3}}\right)$$

(1.1.1)

ここでτ_iは原子番号Z_iを持つ分子の分圧P_iで決まる寿命、$\sigma_B(Z_i)$は制動放射によるビーム損失の断面積である。α、r_e、γ、γ_cは微細構造係数、古典電子半径、ローレンツ因子、エネルギー損失の閾値($=\gamma\Delta E/E$)である。$\Delta E/E$はRFバケット高さである。ビーム運転中のビームパイプ内面からのガス放出は、主にSRの光子が表面に当たった時に表面に吸着していた気体分子が脱離する、いわゆる光刺激脱離(Photon Stimulated gas Desorption, PSD)であり、その中でも最も寿命に効くのは一酸化炭素(CO)である[15]。$\Delta E/E=0.01$、$T=293K$とすると、次の式（1.1.2）を得る。

$$P\tau = 5.6\times 10^{-6}\ [\text{Pa hours}] \quad (1.1.2)$$

すなわち、例えば10時間のビーム寿命を得るためには、平均圧力として約5×10^{-7}Paが必要である。

しかし、ビームコリメーター部の狭い開口を考慮に入れると、残留気体分子とのRutherford散乱によるビーム損失で決まる寿命も重要である。Rutherford散乱の断面積、$\sigma_R(Z_i)$、は[14]

第6編 巨大真空システム

$$\sigma_R(Z_i) = \frac{4\pi Z_i^2 r_0^2}{\gamma^2}\left\langle\frac{1}{\theta_c^2}\right\rangle$$

$$= \frac{4\pi Z_i^2 r_0^2}{\gamma^2}\left(\frac{\langle\beta_x\rangle\beta_{xm}}{2a_{xm}} + \frac{\langle\beta_y\rangle\beta_{ym}}{2a_{ym}}\right) \qquad (1.1.3)$$

ここでθ_cは臨界角、$<\beta_x>$、$<\beta_y>$、β_{xm}およびβ_{ym}はリングのβ_x、β_yの平均値、水平方向(x)および垂直方向(y)に最も狭い半開口(Half aperture)がa_{xm}、a_{ym}の場所でのβ_x、β_yである。水平方向の開口は十分大きく、$<\beta_y>$が10m、β_{ym}が100m、a_{ym}が2mmとすると、一酸化炭素について次の式（1.1.4）が得られる。

$$P\tau = 4.4\times10^{-7} \text{ [Pa hours]}. \qquad (1.1.4)$$

ただし、実際の開口は運転条件に依存する。

次に大きな問題は測定器へのバックグラウンドノイズである。ノイズの源は、気体分子との散乱で失われた粒子がビームパイプに衝突して生成されたガンマ線や中性子である。明確なシミュレーション結果は無いが、経験的に衝突点付近では1×10^{-7}Pa以下がKEKB同様要求される。

HERにおけるもう一つの問題はイオン捕捉現象（不安定性）である[16]。KEKBの経験では、リングの局所的な圧力が10^{-6}Pa以上になるとイオン捕捉による不安定性が観測された。この不安定性はバンチフィルパターンに依存し、またバンチ毎フィードバックシステムで緩和することができる。SuperKEKBでは、平均の圧力10^{-7}Pa台、局所的な圧力10^{-6}Paを目標とした。また、この圧力下では、HERの速いイオン不安定性(Fast ion instability)もバンチ毎フィードバックで抑えることができる。

以上をまとめると、アーク部で要求される平均圧力は、残留ガスを一酸化炭素(CO)として、両リングとも10^{-7}Pa台である。また、衝突点近傍上流側では1×10^{-7}Pa以下である。

(2) 排気ポンプ

運転中の主なガス放出源は、前述したように、光刺激脱離である。LER、HERのアーク部の典型的な部分のSR光子線密度（フラックス）も図1.1.6(a)、図1.1.6 (b) に示している。平均の光子密度は両リングとも約1×10^{18}photons $s^{-1}m^{-1}$である（表1.1.1）。光子1個あたりに放出される気体分子の数、光脱離刺激係数(η)、を1×10^{-6}molecules photon^{-1}とすると、リングに沿ったガス放出率は約2×10^{-8}Pam^{3}s^{-1}m^{-1}である。従って前述した平均圧力を実現するためには、単位長さあたりの一酸化炭素に対する排気速度として 約0.1m^{3}s^{-1}m^{-1}が必要である。

よく知られているように、ηはビーム積分運転時間、すなわち、積分光子量[photons m^{-1}]とともに減少する[15]。KEKBでは、積分光子量約1×10^{25}photons m^{-1}の時、ηは1×10^{-6}molecules photon^{-1}まで下がった[17]。この結果を基に、設計では、$\eta = 1\times10^{-6}$molecules photon^{-1}を仮定した。

細くて長い、コンダクタンスが制限されているビームパイプを効率的に排気するためには、分布型排気システムが有効である。SuperKEKBのLER新規ビームパイプでは、主ポンプとしてストリップ型NEG(Non-Evaporable Getter)ST707 (SAES GETTERS Co. Ltd.)を採用した。一方、ウィグラー部のような直線部では集中型のNEGポンプを並べた。再利用されるHERのS-タイプ、Q-タイプビームパイプでは平均して約1mに1個の割合で集中型のNEGポンプを用いている。ただし、長い電磁石の中にあるB-タイプビームパイプにはストリップ型NEGを用いている。

アーク部のアンテチェンバー型ビームパイプでは、内側のアンテチェンバーをポンプチャンネルとして使用できる（図1.1.1）。多数の直径4mmの穴が開いたスクリーンがポンプとビームの間に置かれる。これはポンプチャンネルにHOMが侵入するのを防ぐ。スクリーンのコンダクタンスは長さ1mで約0.2m^{3}s^{-1}である。集中型NEGの場合は、そのポンプポート入口にRFシールドとして多数の直径5mmの穴が開いたスクリーンを設けた。

高さ14mmのアンテチェンバー用に、3層のNEGストリップ型NEGからなるポンプが開発された[18]。図1.1.13に構造を示す。NEGの活性化はマイクロヒータ(シースヒータ)による間接的な加熱が採用された。フランジやベローズチェンバー等の長さを考えると、スクリーンを含めた実効的な排気速度は、一酸化炭素に対しリングに沿って約0.14m^{3}s^{-1}m^{-1}である。

不活性気体や比較的高い圧力での排気の効率を上げるために、スパッターイオンポンプが用いら

886

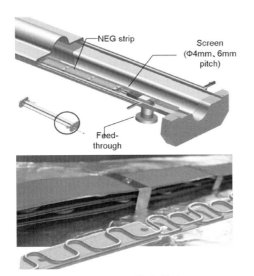

図1.1.13 3層からなるNEG集合体とアンテチェンバー型ビームパイプ内の配置

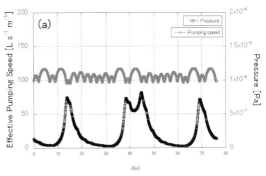

図1.1.14 (a) LERアーク部の典型的な部分の排気速度と圧力分布

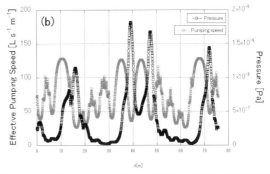

図1.1.14 (b) HERアーク部の典型的な部分の排気速度と圧力分布

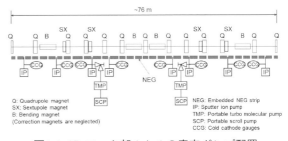

図1.1.15 アーク部1セルの真空ポンプ配置

れる。公称排気速度は$0.4m^3s^{-1}$ ($10^{-8}Pa$では約$0.2m^3s^{-1}$)である。イオンポンプはリングに沿って約10mに1台の割合で取り付けられている。ポンプポート上のスクリーンとの合成排気速度は一酸化炭素に対して約$0.13m^3s^{-1}$で見積もられる。

図1.1.14は、図1.1.6で示した光子分布について、$\eta = 1 \times 10^{-6}$ molecules photon^{-1}を仮定して計算した実効的排気速度と得られる圧力分布を示している。ここで、図1.1.14 (a) はLERアンテチェンバー付のビームパイプで、分布排気速度$0.12m^3s^{-1}m^{-1}$を仮定した。分布型排気システムの効果で、ほぼ一定の排気速度$0.11m^3s^{-1}m^{-1}$が得られている。平均圧力は約$2.3 \times 10^{-7}Pa$である。

一方、HERの方は、平均して1mに1個の割合で、一酸化炭素の排気速度約$0.2m^3s^{-1}$の集中型NEGポンプが配置されている。図1.1.14 (b) はHERの排気速度および圧力の分布である。ポンプポートのスクリーンを含めた合成排気速度は一酸化炭素に対して$0.1m^3s^{-1}$とした。B-タイプのビームパイプではストリップ型のNEGが採用されていて、スクリーンを含めた実効排気速度は約$0.13m^3s^{-1}m^{-1}$と見積もられる。リングに沿った平均排気速度は$0.075m^3s^{-1}m^{-1}$、得られる平均圧力は約$4.1 \times 10^{-7}Pa$である。

粗排気装置は、大気圧からの排気初期およびNEG活性化中の排気に用いられる。ターボ分子ポンプ(排気速度$0.2m^3s^{-1}$)1台とスクロールポンプ(排気速度$0.25m^3min^{-1}$)1台から構成される。粗排気用のポートはリングに沿って約40mに一個の割合で用意されている。粗排気装置は移動式で、NEG活性後ビームパイプから切り離される。図1.1.15には、典型的なLERアーク部の1セル(光学系の一単位)のポンプ配置を示している。NEGポンプは基本的に各ビームパイプに組み込まれていて、効率の良い分布型排気システムを構築している。

1.1.6 モニターおよび制御システム

基本的に、KEKBで用いてきた制御機器を使用するが、技術サポート期間が切れたものなど、骨董的な機器はできるだけ最新式に置き換えた[19]。

大規模なシステムの制御に優れているControl System Studio(CSS)がユーザーインターフェイスとして採用された。機器の制御、状態確認をネットワークに繋がったどの端末からも可能である。図1.1.16にCSSで作成された制御パネルの一例を示す。本パネルでLER、HERの真空機器の状況が把握できる。

リング内の圧力を測定するために、約300個の真空計(Cold Cathode Gauges, CCG, Model C-5, DIAVAC)が約10mおきに設置されている。測定可能範囲は10^{-2}〜10^{-8}Paである。全圧を測定するCCG以外に、数台の残留気体分析計(Residual Gas Analyzers, RGA, MicroVision, MKS)が運転中の残留気体を調べるために設置された。また、より正確な圧力を測定するために、エクストラクターゲージ(IONIVAC IM540, Oerlikon Leybold Vacuum)も数台設置されている。

同じく約10mおきにリングあたり約300個設置されるスパッターイオンポンプの高圧電源と制御機器は再利用される。イオンポンプの放電電流は圧力の目安として使用される。

主ポンプであるNEGを活性化するための電源は再利用された。ただし、多くの種類の活性化用ヒータが必要となるため、対応した変圧器がトンネル内に設置された。ヒータの電流はパターン制御される。電磁石の中にヒータがある場合、活性化は直流電流で行われる。あるいは活性化時電磁石には通電しない。

様々な機器の約3000ヶ所について温度が監視される。温度センサーは白金抵抗体(RTD, Pt100, Class B)である。また、冷却水の流量は羽根車式の流量計で監視される。回転数が流量にほぼ比例することを利用する。流量は約750ヶ所で監視される。温度データと流量計の流量は、ビームアボートのトリガーとして用いられてる。

ゲートバルブはリングを約40の作業区間に分ける。また、安全システムの一環として2台のビームストッパーが各リングに設置される。ゲートバルブとストッパーは0.6MPaの圧搾空気で駆動される。その区間が真空か大気かを区別するためにゲートバルブに仕切られた1区間には少なくとも1個の真空スイッチが設置されている。真空スイッチは1000Pa以上の圧力を検知する。区間内のいくつかのCCGの高電圧がOFFになった場合、当該区間の両端のゲートバルブが閉まる、等のインターロックシステムが構築されている。

1.1.7 電子雲不安定性対策

電子雲(ビーム軌道近傍にある電子の集団)によって励起されるシングルバンチ不安定性はLERにとって重大な問題となる[20]。不安定性を励起する電子密度の閾値ρ_{th}[electrons m^{-3}]は、第一近似として次式で与えられる[21]。

$$\rho_{th} = \frac{2\nu_s \omega_{ey} \sigma_z / c}{\sqrt{3} K Q r_e \langle \beta \rangle L}, \quad \omega_{ey} \equiv \sqrt{\frac{\lambda r_e c^2}{\sigma_y (\sigma_x + \sigma_y)}} \quad (1.1.5)$$

ここで、γ、ν_s、σ_z、c、r_e、L、Qはローレンツ因子(7828)、シンクロトロンチューン(0.0244)、バンチ長(6mm)、光速(3×10^8 ms^{-1})、古典電子半径(2.8×10^{-15}m)、周長(3016m)そしてバンチ電荷(1.4×10^{-8}C)である。また、$\langle\beta\rangle$はリングのベータ関数の平均である。$K \sim 11$、$Q \sim 7$、$\langle\beta\rangle = 10$mとすると、ρ_{th}は3.7×10^{11} electrons m^{-3}である。ただしビームパイプ内の電子密度、ρ、やβはリングに場所で変化するので、より正確な不安定性の閾値を予測するためには、場所によって変わるρやβを考慮したトラッキングシミュレーションが必要である。設計においては、電子密度の目標値を1×10^{11} electrons m^{-3}とした[22]。

KEKB LERを用いた様々な実験結果から得られた、円形断面の銅製ビームパイプを仮定した場合に予想される平均密度は6×10^{12} electrons m^{-3}であり、上記閾値よりはるかに大きく、何らかの対策が必要である。以下、SuperKEKBで採用された対策を述べる。

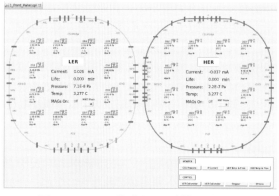

図1.1.16 CSSで作成された制御パネル例

(1) アンテチェンバー型ビームパイプ

ビームパイプ表面から放出された光電子は電子雲形成の種となる。アンテチェンバーを持つ構造は、光電子の放出点がビーム軌道から遠く、ビームで誘起される電場が弱いため、光電子の影響を弱めることができる[6]。

KEKBのLERにアンテチェンバー型銅製ビームパイプをアーク部に設置して行った実験では、100mA以下の低いビーム電流では、アンテチェンバーが無い場合に比べて約二桁小さかった。しかし、1A以上の高いバンチ電流領域では、ビームパイプ表面から放出される二次電子放出が電子雲形成の主な役割を果たすため、約1/5の減少に留まった。

(2) ソレノイド磁場

ビームパイプに沿った磁場は二次電子放出やマルチパクタリングによる電子の増幅を抑制するのに有効である。実際、ビームパイプに巻いたソレノイドで作った磁場（ソレノイド磁場と呼ぶ）はKEKBのLERやPEP-II(SLAC)のLERで有効に働いた[23]。円形断面銅製ビームパイプを用いたKEKBでの測定では、一様な磁場中にてビーム軌道付近の電子密度は数桁減った[24]。ソレノイドコイル間の間隔等を考えると、実際の低減効果は約1/50と期待される。しかしながら、ソレノイド磁場は電磁石外側のドリフト部にのみ適用できる。

(3) TiNコーティング

二次電子放出を抑える方法の一つは、内表面に低い二次電子放出率(Secondary Electron Yield, SEY)を持つ薄膜をコーティングすることである。例えば、窒化チタン(TiN)、NEG材料、グラファイト（カーボン）等である。これらのコーティングは、電磁石内のビームパイプにも適用できる[25]。

TiNコーティングは昔から様々な機器のSEYを下げるために使用されており、コーティング技術も十分成熟している。PEP-IIのLERのビームパイプにも用いられた[26]。十分な電子衝撃後(エージング後)、δ_{max}は約1.0となる。次項1.1.9で述べるKEKの施設でコーティングされた銅およびアルミ板のSEY測定例を図1.1.17に示す。

KEKB LER直線部に設置された測定では、TiNコーティング、NEGコーティングされた銅製ビームパイプのビーム軌道近くの電子数は、コーティングされていない銅製ビームパイプの、それぞれ、1/3および2/3であった。TiNコーティングされたアルミ合金製ビームパイプでも同様の結果が得られた。アンテチェンバー付銅製ビームパイプを使った測定では、TiNコーティングによって、電子密度は高いビーム電流領域でコーティング無しの場合の約3/5になった。

(4) グルーブ（溝）構造

表面のグルーブ構造は、その構造上実効的なSEYを小さくでき、電子雲形成を抑制するのに効果的である[29]。特に、二極型磁場（偏向電磁石やウィグラー電磁石などの磁場）で有効である。

三角型のグルーブ構造についても、KEKBのLERウィグラー電磁石を使って、ビーム軌道近くの電子密度が調べられた。TiNコーティングされたグルーブ構造では、ただの銅平面の場合に比べると電子密度は1/2以下になった[30]。グルーブ構造の有用性は、CESR-TA（コーネル大学）でも実験的に認められた[31]。SuperKEKBではアーク部の120台の偏向電磁石（計〜520m）内に採用された。

グルーブ構造を持つアルミ合金製ビームパイプのカットモデルを図1.1.18に示す。これは、押し出し成形で製作したものである。先端の角度は20度以下、先端の丸み半径は約0.1mmである。ビームパイプ製作後グルーブ表面にTiNコーティングが施された。グルーブ構造をビームチャンネルの上下面に形成すると、TiNコーティングの無い銅平面場合に比べて約1/4に電子密度が下がると期待される。

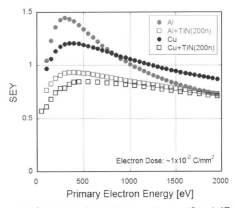

図1.1.17 銅とアルミにTiNコーティングした場合としない場合のSEY測定例

(5) 電子クリアリング電極

電子クリアリング電極も電子雲生成の抑制に有用である[32]。クリアリング電極はビーム軌道近傍の電子を静電力で排除する。KEKでは、溶射によってビームパイプ内表面に薄い電極を形成する方法を開発した[33]。電極の全厚みは、約0.2mm厚のアルミナセラミックスとその上の約0.1mmのタングステン電極を合わせて約0.3mmである。この電極は非常に薄いため、通常のストリップライン型よりもインピーダンスが小さく、ビームパイプへの熱伝導も高い。

この薄型電子クリアリング電極は、KEKBのLERのウィグラー電磁石に設置され、軌道近くの電子数が測定された。電極に＋300V以上の電圧を加えた時、電子密度は電圧を加えなかった場合よりも二桁小さくなった。SuperKEKBでは112個の電子クリアリング電極がウィグラー電磁石内に設置された。図1.1.19にビームパイプ内面と電極付きのビームパイプの断面図を示す。同じ構造を持つ電子クリアリング電極はCESR-TAやCERNの陽子リングでも効果が確認されている[34,35]。

以上をまとめると各対策の電子密度の低減率は、アンテチェンバー構造：1/5、TiNコーティング：3/5、ソレノイド磁場：1/50、グルーブ構造：1/4、クリアリング電極：1/100と期待される。結局、予想される平均電子密度は、目標値である1×10^{11} electrons m^{-3}より少ない（約3×10^{10} electrons m^{-3}）。なお、これらの対策はInternational Linear Collider (ILC)の陽電子ダンピングリングでも採用される候補となっている[36]。

不安定性の励起を評価するには、リングに沿った電子密度分布を考える必要がある。β_yが大きい場所での電子密度、すなわち、衝突点近傍や局所的色収差補正区間の影響が他より大きい。上述した効果を仮定してトラッキングでシミュレーションされた結果、予想される平均電子密度は閾値より数倍低いことが分かった。

1.1.8 インピーダンス問題

SuperKEKBでは蓄積ビーム電流が高く、またバンチ長が短いので、様々な真空機器で強いHOMが励起される。ある真空機器がロスファクター(Loss factor)k [V C^{-1}]を持つ場合、その機器でのパワー損失P_l[W]は、

$$P_l = kqI \qquad (1.1.6)$$

である。ここで、q[C]とI[A]はバンチの電荷とビーム電流である。例えば、ロスファクターが1VpC^{-1}の時、パワー損失は、2500バンチ、3.6Aビームの時52kWとなる。真空機器を設計する際には、HOMが発生しにくい構造、具体的には断面が変わる時には長いテーパーを持たせたり、接続部で大きな溝を避けたりする必要がある。

MRにある様々な種類の真空機器についてロスファクターが計算された[37]。パワー損失が最も大きい機器は加速空洞、2番目はResistive Wall（ビームパイプの電気抵抗）、3番目はベローズチェンバーである。

垂直型コリメーターではヘッドがビーム軌道に近く、その高いキックファクター(Kick factor)は

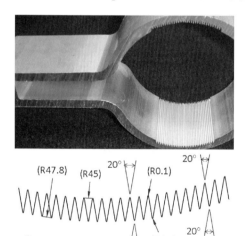

図1.1.18 アルミビームパイプ表面に形成された三角形グルーブ構造

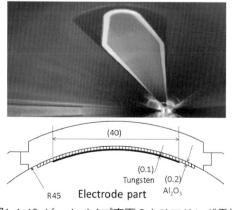

図1.1.19 ビームパイプ表面のクリアリング電極

Transverse Mode Coupling Instability(TMCI)にとって厳しいものとなる。TMCIはバンチ電流を制限する主要因の一つである。ヘッド位置が想定した位置にあると仮定すると、水平方向、垂直方向の閾値は、それぞれ、16mA/bunchおよび1.6mA/bunchである。垂直方向では、設計バンチ電流(1.44mA)とほぼ同じである。

また、コリメーターはインダクタンス型のインピーダンスを持つため、Potential Well Distortionによりバンチ長は長くなる。LERの水平型、垂直型コリメーター一台あたりにインダクタンスはそれぞれ1.09nHと1.8nHである。これらの効果によって、バンチ長は6.96mmとなると見積もられた。

バンチ電流の増加はシングルバンチの縦方向不安定性(Microwave不安定性)を引き起す。この不安定性はエミッタンスを増大させバンチ長およびエネルギー広がりを大きくする。この不安定性はバンチ電荷が大きくエネルギーが低いLERで重要となる。様々な真空機器、例えばTiNコーティングされたビームパイプ、ベローズチェンバー、接続部フランジギャップ、CSR(Coherent Synchrotron Radiation)等の縦方向航跡場(ウェイクフィールド)が計算された。最大のウェイクフィールドはアーク部のCSRで生じる。これらウェイクフィールドを用いてバンチ長の増大およびエネルギー広がりの増大がトラッキングシミュレーションで調べられた。その結果、設計バンチ電流では影響は小さく、問題ないことが示された[38]。

一般に、非円断面のビームパイプは、Resistive wallによるウェイクフィールドの四極成分によりインコヒーレントチューンシフトを引き起こす。SuperKEKBでは、安定なチューン領域が狭いので、ビーム入射中の大きなチューンシフトは望ましくない。そこで、HERでは検討の結果、ビームチャンネルの寸法として高さ50mm、幅44mmの楕円形がHER用アンテチェンバーに採用された[39]。その結果予想される最大チューンシフトは0.1未満である。LERのアンテチェンバー型ビームパイプではチューンシフトは楕円形にしなくても十分小さかった。

1.1.9 トンネル設置前作業

MRでは1200本以上のビームパイプが新規に製作される。すべての新規ビームパイプはトンネル内設置前に内面の超高真空特性を確認するためにプリベーキングされる。さらに、ほぼすべてのLERのビームパイプには電子雲不安定性対策としてTiNコーティングが施される。この前処理のために、7台のコーティングユニットと4台のベーキングユニットからなる施設が準備された[40]。施設の全体像を図1.1.20に示す。また、インストール前作業のフローチャートを図1.1.21に示す。

まず、ビームパイプはクリーンルームで内面等を確認する。LERのビームパイプ内面には基本的にTiNをコーティングする。次に、クリーンルーム内でビームパイプにポンプ等を組み付け、ベーキングする。ベーキング後乾燥窒素で満たして保管する。

図1.1.20 設置前作業を行う施設全景

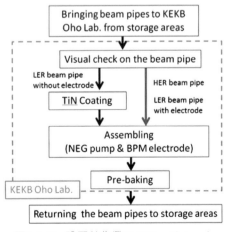

図1.1.21 設置前作業のフローチャート

TiNの薄膜はアルゴンと窒素雰囲気中で、チタン電極のマグネトロンスパッタリングでコーティングされる[40]。コーティング装置は、S-タイプ、Q-タイプビームパイプ用の垂直型ユニット5台と、B-タイプビームパイプ用の2台の水平型ユニットからなる。コーティングできる最大の長さは約5.5mである。

成膜されたTiNの厚みは約200nmである。コーティング前に、ビームパイプは約150℃で約1日ベーキングされる。典型的なコーティング時間は約70分である。コーティング前後の装置への設置、コーティング前のベーキングを含めると、コーティング工程にかかる時間は約4日である。コーティング表面の顕微鏡写真を図1.1.22に示す。コーティングは主にビームチャンネルの表面にコーティングされる。

ベーキング装置は4台のユニットから構成され、それらは熱風によって加熱される。排気装置は1台のターボ分子ポンプ（排気速度0.3m^{3}s^{-1}）、1台のスクロールポンプ（排気速度250Lmin^{-1}）、CCG、エクストラクターゲージで構成される。幾つかの粗排気には、ベーキング後の残留ガスを調べるために、四重極質量分析計がついている。ユニットは全長5.2mまでのビームパイプをベーキングできる。ビームパイプは基本的に約150℃で約26時間ベーキングされる。NEGポンプはベーキングと同時に活性化される。ポンプの組み立て、最後の窒素封入を含め、一連のベーキング作業にかかる時間は約3日である。

1.1.10 トンネルへの設置と真空立ち上げ

上述した設置前作業を終え、保管されたビームパイプは、トンネル内の準備（電磁石据え付け・アラインメント、架台設置、など）が整えば、順次設置される。所定の位置に置いた後、ビームパイプはベローズチェンバーを介して接続される。イオンポンプや真空計を接続し、ゲートバルブで区切られた区間の設置作業が終了したらその区間は排気される。上述した粗排気装置で排気し、10^{-4}〜10^{-5}Pa程度になったところでHeリークテストを行う。リーク量の許容値は1×10^{-11}Pa m^{3}s^{-1}である。

トンネル内での最終的な真空立ち上げ（イオンポンプベーキングとNEG活性化）の手順は下記のとおりである。真空立ち上げは、ゲートバルブで仕切られた区間毎に行われる[41]。

① 可搬型の粗排気装置L型バルブを介してビームパイプの粗排気ポートに接続する。一つの作業区間に2〜4台取り付けられる。
② 粗排気後、当該区間のCCGとイオンポンプに高電圧を印加し、圧力と放電電流を確認する。
③ NEGポンプに吸着している気体を放出させるために、定格の50%のヒータ電圧で活性化する。ガス出しと呼ぶ。
④ 一回目の活性化の後、イオンポンプ250℃まで現場でベーキングされる。ベーキング時間は約24時間である。
⑤ イオンポンプのベーキング終了2〜3時間前からNEGの活性化が開始される。活性化はパターン運転される。約5時間でヒータ電圧は定格の90%まで上昇し、約5時間維持される。
⑥ 二回目のNEG活性化終了後、粗排気のL型バルブを閉じる。圧力の降下具合を約1日確認す

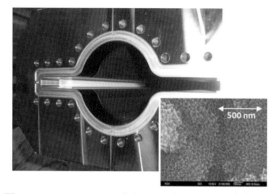

図1.1.22 コーティングされたビームパイプ内面とTiN薄膜表面の拡大写真

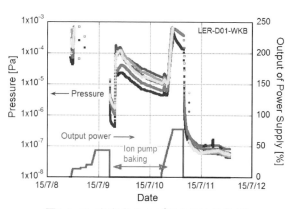

図1.1.23 真空立ち上げ時の圧力変化例

る。

⑦　粗排気装置をリングから切り離す。アーク部の一区間の真空立ち上げ時の圧力変化例を図1.1.23に示す。

逆に、大気圧に戻すような作業がある場合、まず粗排気ポートに取り付けた粗排気装置のリークバルブから乾燥窒素がビームパイプ内に導入される。作業が小さい場合には、内部への水の吸着を防ぐために、乾燥窒素を流しながら作業を行う。作業後の真空立ち上げは上記の手順に従う。

まとめ

SuperKEKBの真空システムは、KEKBの設計方針を踏襲しつつ、これまでにない大電流を蓄積し、高いルミノシティーを実現するために新たに設計された機器を導入して構築された。ビームパイプ内を超高真空に保つのはもちろんのこと、ビームインピーダンスを小さく抑えること、LERの電子雲不安定性対策を十分とることに重点がおかれた。

SuperKEKBの建設は、ここで述べた真空システムの改造を含め、2016年1月までに無事完了した。2016年2月から6月にかけて最初の運転(Phase-1)が行われ、ビーム電流約1Aまで蓄積することに成功した[42-43]。その後Belle II測定器を設置し、2018年3月から7月まで二回目の運転(Phase-2)が行われた。この間4月には初めての衝突を確認し、その後も物理実験や加速器調整が継続された。Phase-1、Phase-2運転を通して真空システムは大きな問題もなく、概ね良好に稼働した。ここで述べた様々な新しい真空機器は問題無く機能し、圧力も順調に下がった。Phase-1運転時にLERで電子雲不安定性が観測されたが、その後のシャットダウン中にビームパイプに永久磁石を取り付けてビーム軸方向に磁場を加えるという対策を取った結果、Phase-2では観測されなかった。次期運転(Phase-3)は2019年3月から開始予定で、SuperKEKBでの本格的な物理実験がいよいよ始まることになる。

最後に、真空システムの建設にあたり、KEK加速器研究施設の皆さまには多くの激励、ご協力を頂きました。また、各種真空機器の製作では、様々な研究所・会社の皆さまにご協力頂きました。ここに深謝いたします。

〈末次　祐介〉

〔参考文献〕

1) T. Miura et al., Proc. IPA2015, Ritchmond, May 3-8(2015)1291
2) Y. Ohnishi et al., Prog. Theor. Exp. Phys. (2013)03A011
3) K. Kanazawa et al., Prog. Theor. Exp. Phys. (2013)03A005
4) Y. Suetsugu et al., J. Vac. Sci. Technol., A30(2012)31602
5) K. Ohmi and F. Zimmermann, Pys. Rev. Letters, 85(2000)3821
6) Y. Suetsugu et al., Vacuum, 84(2010)694
7) T. Ishibashi et al, Proc. 10th Annual Meeting of Particle Accelerator Society of Japan, Nagoya, August 3-5(2013)1191
8) T. Mimashi et al., Proc. IPAC2010, Kyoto, June 23-28(2010)1378
9) J. W. Flanagan et al., Proc. IPAC2010, Kyoto, June 23-28(2010)966
10) Y. Suetsugu et al., J. Vac. Sci. Technol., A 27(2009)1303
11) Y. Suetsugu et al., J. Vac. Soc. Jpn., 58(2015)150
12) Y. Suetsugu et al., Rev. Sci. Instrum., 67(1996)2796
13) Y. Suetsugu et al., Rev. Sci. Instrum., 78(2007)043302
14) Kaneyasu et al., Proc. 8th Annual Meeting of Particle Accelerator Society of Japan, Tsukuba, August 1-3(2011)474
15) O. Gröbner et al., Proc. EPAC1992, Berlin, March 24-28(1992)132
16) S. Sakanaka et al., Jpn. J. Appl. Phys., 27(1988)1031
17) Y. Suetsugu et al., J. Vac. Sci. Technol., A21(2003)1436
18) Y. Suetsugu et al., Nucl. Instrum. Method, A 597(2008)153
19) T. Ishibashi et al., J. Vac. Soc. Jpn, 58

(2015)126

20）For example, reports presented in ECLOUD'02, CERN, April 15-18, (2002)；ECLOUD'04, Napa, April 19-23(2004)；ECLOUD'07, Daegu, April 9-12(2007)；ECL2 Workshop, CERN, February 28-March 2(2007)；ECLOUD'10, Cornell University, October 8-12(2010)

21）K. Ohmi, KEK Preprint 2005-100(2006)

22）Y. Susaki and K. Ohmi, Proc. IPAC2010, Kyoto, June 23-28(2010)1545

23）Y. Cai et al., Proc. PAC2003, Portland, May 12-16(2003)350

24）K. Kanazawa et al., Proc. PAC2005, May 16-20, Knoxville(2005)1054

25）Y. Suetsugu et al., Nucl. Instrum. Method, A578(2007)470

26）Kennedy et al., Proc. PAC1997, Vancouver, May 12-16(1997)3568

29）M. Pivi et al., J. Appl. Phys., 104(2008)104904

30）Y. Suetsugu et al., Nucl. Instrum. Method, A604(2009)449

31）J. R. Calvey et al., Proc. IPAC2011, San Sebastian, September 4-9(2011)796

32）L. F. Wang et al., Phys. Rev. Spec. Top. -Acc. Beam. 7(2004)034401

33）Y. Suetsugu et al., Nucl. Instrum. Method, A598(2008)372

34）J. Conway et al., Proc. PAC2011, New York, March 28-April 1(2011)1250

35）E. Mahner et al., Proc. EPAC2008, Genoa, June 23-27(2008)1655

36）M. T. F. Pivi et al., Proc. IPAC2011, San Sebastian, September 4-9(2011)1063

37）K. Shibata, et al., Proc. 7th Annual Meeting of Particle Accelerator Society of Japan, Himeji, August 4-6(2010)442

38）K. Oide et al., Proc. PAC2009, Vancouver, May 4-8(2009)23

39）K. Shibata et al., Proc. 5th Annual Meeting of Particle Accelerator Society of Japan, Higashi Hiroshima, August 6-8(2008)

676

40）K. Shibata et al., Proc. 10th Annual Meeting of Particle Accelerator Society of Japan, Nagoya, August 3-5(2013)1168

41）Y. Suetsugu et al., Vacuum, 121(2015)238

42）Y. Suetsugu et al., Phys. Rev. Accel. Beams, 19(2016)121001.

43）Y. Suetsugu et al., J. Vac. Sci. Technol. A, 35(2017)03E103.

1.2 電子蓄積リングにおけるダストトラッピング
1.2.1 ビーム寿命急落現象

一般に電子蓄積リングのビームダクト内は10^{-7}〜10^{-8}Pa程度の超高真空に保たれ、数〜数十時間のビーム寿命を実現している。ところが、まれに電子ビームの寿命が突然低下し、短時間のうちにビームの一部が失われることがある。そして、その状態が長時間持続するとビームの再入射が必要となり、ユーザー実験に多大な影響を及ぼす。図1.2.1に高エネルギー加速器研究機構(KEK)の放射光リングPF-ARでのビーム寿命急落現象の発生例を示す。

ビーム寿命急落現象は、1980年代に世界中で放射光源専用リングが建設され始めた頃から多く報告されるようになった[2-8]。そして、以下のような状況証拠により、正に帯電した微粒子（ダスト）が電子ビームに捕捉されるダストトラッピングによって引き起こされることが分かってきた。

1) 前触れなくビーム寿命が急落し、低下したビーム寿命とビームダクト内圧力に相関がない
2) ビーム寿命急落に同期して、ガンマ線がビーム進行方向前方で観測される
3) 正電荷ビーム（陽電子や陽子）を蓄積するリングではビーム寿命が急落してもその状態は持続しない
4) 加速器の建設や大規模な改造の直後に比較的多く観測される

1.2.2 ダストの発生源

運転中の観測や人為的な実証実験から、以下に示すような機器がビームに有害なダストの発生源となり得ることが確かめられている。

A．ビーム進行方向に沿って設置された、電磁石磁場を利用する分布型イオンポンプ[2,7,8]
B．真空封止型アンジュレータやストリップライン型RFキッカーなど、内部に複雑な構造を有し、ビームからの電磁場で放電を起こしやすい機器[6,10,11]
C．ビームスクレーパやビームシャッタなど駆動機構を有する機器[4,6]

AおよびBでは内部での火花放電（スパーク）により、Cでは摺動や振動、衝撃によりダストが発生すると考えられる。

一方、ビームダクトの底部には製造や設置の際に混入した多数の微粒子が散在しているが、計算上、これらのダストは正に帯電した場合でも、鏡像電荷による導体ダクトからの引力がビームからの引力に勝り、ダストトラッピングに至らない[6,8,9]。ただし、ダストが真空系内に多く存在することで放電が起こりやすくなり、これが加速器建設や改造の直後にダストトラッピングが多く観測される原因になっていると考えられる。

1.2.3 ダストの大きさ

ダストトラッピングが発生すると、電子ビームはダスト内原子核の電場によって散乱され、制動放射γ線を発する。この放射ロスによってリングのエネルギーアクセプタンスから外れた電子は失われ、ビーム寿命の急激な低下を引き起こす。この機構を数値化することで、低下したビーム寿命からダスト質量の見積が可能であり[8,9]、さらにダスト種を仮定すれば、サイズを概算できる。

次式 (1.2.1) は、その低下したビーム寿命 τ からダクト直径 d を求める式である[1]。

$$d = \left(\frac{12 A_{\text{atom}} m_u \sigma_x \sigma_y L}{\sigma_b c n \tau} \right)^{1/3} \quad (1.2.1)$$

ここで、A_{atom} はダスト構成原子の質量数、m_u は統一原子質量(1.66×10^{-27}kg)、σ_x と σ_y はそれぞれx（水平）とy（鉛直）方向のrmsビームサイズ、L はリング周長、σ_b は制動放射によってビームロスを引き起こす散乱断面積、c は光速度、n はダストの密度（単位体積当たりの質量）である。例えば、PF-ARでビーム寿命が100分に低下し、ダスト

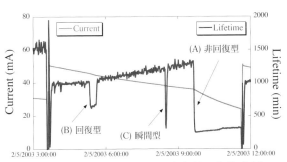

図1.2.1 PF-ARでのビーム寿命急落現象発生例
（持続時間の違いによって3種類に分類される）[1]

種としてシリカ(SiO_2)を仮定した場合、ダストの直径は約$1.7\mu m$と計算される。

1.2.4 力学的に安定なトラップ条件

電子ビームにトラップされたダストは、バンチの周期的な通過によって、ビーム軌道に垂直な方向（transverse方向）に引力を受け続ける。その運動の安定条件を考えると、トラップされるダストの質量電荷比(A/z)が次式（1.2.2）の条件を満たすことが分かる[8,9]。

$$\frac{A}{z} \geq \frac{N_e}{n_b} \frac{r_p c \tau_b}{2\sigma_y (\sigma_x + \sigma_y)} \quad (1.2.2)$$

ここで、Aはダストの総質量数（総核子数）、zはダストの電荷数、N_eはビーム中の総電子数、n_bはビーム中のバンチ数、τ_bはバンチの時間間隔、r_pは古典陽子半径である。

すなわち、ダストの質量を仮定すれば、ある電荷数以下のものが安定にトラップされることになる。例えば、PF-ARの運転パラメータでは、ダストを直径$1\mu m$のチタン球($A = 1.4 \times 10^{12}$)とすれば、電荷数として2.7×10^9までの広い範囲の安定条件でトラップされることが分かる。

1.2.5 熱的に安定なトラップ条件

ダストはトラップされるとビームからのエネルギー付与によって急激に温度が上昇する。蒸発や分解によって瞬時にダストトラッピングが解消されれば、図1.2.1の(C)のような瞬間型のビーム寿命急落現象として観測される。一方、シリカ(SiO_2)、アルミナ(Al_2O_3)、チタンといった高融点かつ低飽和蒸気圧という熱的に安定なダストがトラップされた場合は、高温になるに従って熱輻射によるエネルギー放出（冷却効果）が増えるため、

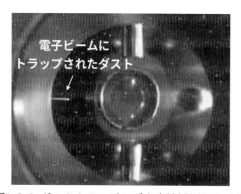

図1.2.2 ダストトラッピングを直接観測した映像

熱平衡状態、あるいは準熱平衡状態に達する[9]。その場合、図1.2.1の(A)や(B)のような持続型のビーム寿命急落現象として観測され、ビームがほとんどなくなるまで数十分以上持続する場合もある。

SPring-8など1990年代以降に建設された第3世代光源と呼ばれる低エミッタンスリングや、KEKBなど大電流蓄積リングでは、持続型のビーム寿命急落現象は発生していない。これは、ビームのフラックスが大きく（バンチ内電子の密度が高く）、熱平衡が成立する前にダストが蒸発や分裂を起こすためと考えられている。

例えば、1950Kにある直径$0.5\mu m$のシリカからの輻射パワーは$6.4 \times 10^{-7}W$であり、上回るために必要なビームフラックスは$1.4 \times 10^5 A/m^2$と計算される。実際、ビームフラックスが$4 \times 10^4 A/m^2$のPF-ARではダストトラッピングが発生しやすく、ビームフラックスが$10^6 A/m^2$台のSPring-8やKEKB-HERでは発生していない。

1.2.6 ダストトラッピングの視覚的観測

熱平衡状態にあるダストが1200K以上の高温になると、黒体輻射による発光をCCDカメラで視覚的に観測することができる[11,12]。図1.2.2は人為的なダスト生成実験で、30分以上にわたって同じ位置にトラップされたダストを観察しつづけた例である。

このように、トラップされたダストを直接観測することで、ダストトラッピングの解明に役立てることができる。例えば、ダストのビーム軌道上における運動として、高速で移動したり、ポテンシャルに捉えられたりすることが明らかとなった。さらに、発光スペクトルを測定すれば、ダストの温度や材質に関する情報を得ることができる。

〈谷本　育律〉

〔参考文献〕

1) Y. Tanimoto, J. Vac. Soc. Jpn. 53(2010)584
2) K. Huke et al., IEEE Trans. Nucl. Sci. NS-30 (1983)3130
3) A. W. Maschke, BNL Heavy Ion Fusion Technical Note 84-1(1984)
4) E. Jones, F. Pedersen, A. Poncet, S. van

der Meer, and E. J. N. Wilson, IEEE Trans. Nucl. Sci. NS-32(1985)2218

5) P. Marin, LURE RT/91-03(1991)

6) D. Sagan, Nucl. Instrum. Methods Phys. Res. A 330(1993)371

7) D. R. C. Kelly, W. Bialowons, R. Brinkmann, H. Ehrlichmann, J. Kouptsidis, Proc. 1995 Part. Accel. Conf., 2017

8) Q. Qin and Z. Y. Guo, Proc. 2001 Asian Part. Accel. Conf., 451

9) F. Zimmermann, Technical Report PEP-II AP Note No.：8-94(1994)

10) Y. Tanimoto, T. Honda, T. Uchiyama, and T. Nogami, AIP Conf. Proc. 1234(2010)595

11) Y. Tanimoto, T. Honda, and S. Sakanaka, Phys. Rev. ST Accel. Beams 12(2009)110702

12) Y. Tanimoto, T. Honda, and S. Sakanaka, Proc. 2010 Int. Part. Accel. Conf., 975

1.3 cERL真空システム

1.3.1 エネルギー回収型線形加速器

エネルギー回収型線形加速器(Energy Recovery Linac；ERL)は、電子ビームを主加速部で加速し、利用後にエネルギーを回収してから廃棄する加速器である。一般的な蓄積リングと異なり、電子銃から供給される高輝度電子ビームを常に新鮮な状態で利用できるという利点がある[1]。

ERLの原理が提唱されたのは半世紀以上前の1965年であるが[2]、近年の電子銃や超伝導加速空洞(Superconducting Cavity；SCC)技術の発展に伴い、高輝度放射光源や高エネルギー物理実験において高品質なビームを利用できる加速器として注目を集めるようになった。とりわけ、3GeV級ERLの超低エミッタンス（数10pm・rad）電子ビームから発生する放射光は、X線領域での回折限界に達すると期待されている。さらに、電子ビームの塊（バンチ）を圧縮させる運転モードにより、蓄積リングでは実現困難な100フェムト秒以下という短バンチ長のビームを周回させることができ、時間分解能の良い放射光実験や、コヒーレントテラヘルツ光の生成、および自由電子レーザー利用時のゲインを上げることも可能となる。

KEKでは2013年にERLの小型試験加速器compact ERL(cERL)を完成させ、3GeV級ERL光源の実証や超伝導線形加速器の利点を活かしたリソグラフィ用自由電子レーザーなどの産業応用に向けてビーム性能の向上を進めている。cERLは、高輝度ビームを生成する電子銃やエネルギー回収を行うSCCといったERL実機で必要とされる基盤技術をコンパクトに纏めた加速器である[3]。cERLのレイアウトを図1.3.1に、主要パラメータを表1.3.1に示す。

このような高品質ビームを安定に周回させるためには真空システムに対しても従来と異なる性能が求められる。ここでは、cERL真空システムの特

表1.3.1 cERLの主要パラメータ

周回ビームエネルギー	35MeV
入射/廃棄ビームエネルギー	6MeV
ビーム電流	10mA
規格化エミッタンス	0.3mm×mrad
バンチ繰り返し	1.3GHz
バンチ長	0.1～3ps
周回部周長	91.6m

徴について解説を行う。

1.3.2 超高真空の実現

cERLにおいて到達圧力の要求が最も高いのは光陰極直流電子銃である[4]。−500kVの直流高電圧を印加したGaAs系光陰極面にレーザーを照射し、表面が負の電子親和性(Negative Electron Affinity；NEA)状態であることを利用して電子ビームを取り出す。このとき、電子ビームによってイオン化された残留ガスの一部が陰極表面をたたくため、NEA状態が徐々に劣化する。その影響を充分低減させ、実用的な陰極寿命を実現させるために10^{-10}Pa台の超高真空が求められる。メインの真空ポンプとして非蒸発型ゲッター(NEG)ポンプとスパッタイオンポンプ（またはクライオポンプ）を組合せ、主チェンバ材としてガス放出速度の小さいチタンを採用して、要求圧力を満たす電子銃の開発を進めている。

高電界を利用するSCCや電子銃では超高真空の要求に加え、ダストフリーな環境が求められる。これらの装置にダストが混入すると、電界集中による暗電流放出や放電の源になり、多くの場合、装置にとって致命的な問題となるためである。クリーンルーム内で洗浄や組み立てを行い、現場に設置する際はクリーンブースで囲うなど、徹底したクリーン環境で作業を行わなければならない[5]。

周回部ビームダクト内の設計圧力は、放射線安全の観点から、ビームが一周する間に残留ガスとの散乱で失われる割合を安全値以下に抑えるように決められる。cERLで35MeV、100mAのビームを周回させる場合、ビームロス割合を10^{-7}以下に抑えることが求められており、このときのビーム路の要求圧力は1×10^{-7}Pa以下となる。約90mの周回部に50台のスパッタイオンポンプと60台のNEGポンプを設置することで、この圧力を実現している[6]。

SCC周辺部には特別に、ビームダクト内壁にNEG材を成膜してポンプとして機能させる「NEGコーティング」を採用することで、1×10^{-8}Paを実現させている。温度2KのSCCの内表面はクライオポンプとして働くので、周辺のビームダクトから流入する気体分子を低減させるためである。NEGコーティングの概要は第4節で紹介する。

cERLはビームエネルギーの低い試験加速器であり、放射光熱負荷の対策は必要がないため、ビームダクト材としてステンレス(SUS316L)を採用した。将来ビームパワーを増強し、125MeV、100mAビームの周回が成功した場合でも、放射光パワーは全周で2.2Wしかない。さらに、短バンチモードで生成されるコヒーレント放射光のパワーも、例えば125MeV、10mA、バンチ長0.3mm(1ps)の場合で、全周で77W程度である。すなわち、cERLにおける主要なガス放出は通常の放射光リングのような光刺激脱離ではなく、熱脱離である。これを低減させて目標圧力を得るためには、放射光によるダクト内面のコンディショニング（光焼出し）が期待できないので、すべての真空機器を現場でベーキングする必要がある。

図1.3.2に1次元有限要素法によるcERL周回部の圧力分布計算結果を示す。ビームダクト内壁のガス放出速度はSUS316Lをベーキングして問題なく得られる5×10^{-9}Pa・m^3・s^{-1}・m^{-2}とした。この計算を基にして周回部のポンプ配置などを決定し、ダクト設置後に充分なベーキングを行うことで、目標圧力を実現している。

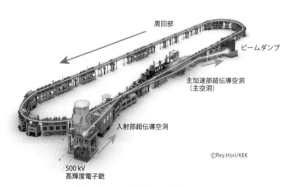

図1.3.1 cERLのレイアウト

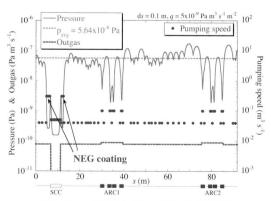

図1.3.2 cERL周回部の圧力分布計算

ビームダクトの開口は、ビームロス割合やダクトの抵抗壁によるビーム不安定性を考慮すると大きい方が好ましいが、充分な磁場を得るために電磁石のボア径が60mmに制限されたことから、直線部のビームダクトは、内径50mm、厚さ1.5mmとした。一方、アーク部のビームダクトは、水平方向の軌道を変えて周長を調整できるように、70mm×40mmの横長八角形とした。図1.3.3に、直線部からアーク部に入ったところの偏向電磁石に設置するダクトの例を示す。円弧ビーム路に沿ってNEGポンプを配置している。

1.3.3 低インピーダンスコンポーネント

ビームダクトの内面に段差やギャップがあると、ビームの誘起する電磁場に対するインピーダンスが大きくなる。そして、高周波が溜まりやすくなり、発熱やビーム不安定性を引き起こす。cERLのように高電荷で短いバンチのビームを高繰り返しで周回させる場合、その効果がより顕著となり、低インピーダンスコンポーネントの採用が不可欠となる。

例えば、ベローズ、ゲートバルブなどの可動機構を有する真空機器では、充分な強度のRFシールドをダクト内面が滑らかに繋がるように配置する必要がある。ビームダクトを繋ぐフランジは、通常のICFフランジでは締結後もギャップが残るため、cERLでは図1.3.4に示すようなギャップレスのフランジを採用している。このタイプの特殊フランジは、SuperKEKB[7]やSACLA[8]の他、KEKのSCC開発[9]でも使用実績がある。

このフランジの特徴は以下のとおりである。
1) ビームから段差やギャップが見えない
2) ICFフランジ同様、2mm厚の円形銅ガスケットを使用する
3) 90度のエッジがガスケットに食い込み、良好なシール性能を得る
4) 45度のテーパ部がガスケットをキャプチャして応力を保持することで、ベーキングの繰り返しによるガスケットの塑性変形を防ぐ
5) 円形以外の断面形状ダクトにも対応できる
6) ガスケット溝の平滑面を利用すれば、メタルOリングでも使用できる
7) ガスケット溝部の真空側にできるエアポケットは、2つのピンホールを通してビームダクト側に排気される

締結後に段差をなくすためには、フランジどうしが同心軸上に繋がる必要があるため、締結時に外から筒状ジャケットを被せて、フランジの芯を合わせる。このため、同心精度の落ちる回転フランジは使用できず、ボルト穴径を8.4mmから10mmに拡げることで多少の回転誤差を吸収する。八角形ダクトは回転も許されないので、フランジ外周の上下左右に切り欠きを施し、その面を利用して正確な位置決めを行う。

1.3.4 NEGコーティング

NEGコーティングは、真空ダクトの内面にTiZrVのNEG材をマグネトロンスパッタリングで成膜することにより、ガス放出源を真空ポンプに変える画期的な技術である。2000年頃に欧州原子核研究機構(CERN)において開発された[10,11]。排気性能に加え、放射光照射による光刺激脱離が小さい、電子衝撃による2次電子放出が小さい、という利点もあり、多くの加速器で採用されている。

排気の機構は、従来型のNEGポンプと同様で、活性ガス（CO、N_2、O_2、CO_2など）を化学吸着させて排気する。このため、貴ガスは排気できず、メタンも常温ではほとんど排気できない。水素は他の活性ガスと異なり、NEG表面で解離吸着して常温でも内部に拡散することで排気される。この過

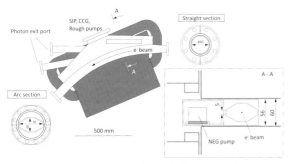

図1.3.3 cERL周回部円弧ダクトの一例

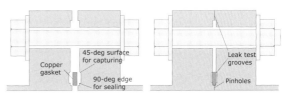

図1.3.4 cERL用特殊フランジのシール機構
（左：締結前、右：締結後）

図1.3.5 設置後のNEGコーティングダクト

程は可逆的であるため、NEG内の水素溶解量が増加した場合でも、後述の昇温による活性化の際にSieverts則に従うなどにより系外に排出される。

表面の吸着サイトの飽和に伴って排気能力が低下する。すべて飽和してしまうと排気作用を持たなくなるが、活性化を行うことで、表面に吸着していたOやCが内部に拡散し、再び新鮮な表面が得られる。活性化は、通常、真空ダクトに対して、180〜200℃で24時間程度、あるいは250℃で4時間程度のベーキングを行う。従来型のNEGポンプの活性化温度(〜450℃)よりも低いことがNEGコーティングの利点であり、このため、アルミ合金や(低Ag)無酸素銅製ダクトに対してもコーティングが可能である。

図1.3.5は、cERL入射部SCC下流側の5連四極電磁石の中に設置したNEGコーティングダクトの写真である。四極電磁石の上半分を被せてダクトが覆われた状態でも200℃で活性化できるように、厚さ250μmのカプトンフィルムヒータを貼付している。

〈谷本 育律〉

〔参考文献〕
1) 中村典雄、高エネルギー加速器セミナー OHO'15講義ノート
2) M. Tigner, Nuovo Cimento 37(1965)1228
3) R. Hajima et al. (ed.), KEK Report 2007-7/ JAEA-Research 2008-032
4) 山本将博、高エネルギー加速器セミナー OHO'15講義ノート
5) 阪井寛志、高エネルギー加速器セミナー OHO'15講義ノート
6) 谷本育律、高エネルギー加速器セミナー OHO'15講義ノート
7) Y. Suetsugu et al., Vacuum 121(2015)238
8) T. Bizen, J. Vac. Soc. Jpn. 52(2009)271
9) K. Saito, F. Furuta, T. Konomi, Proc. 2010 Int. Part. Accel. Conf., 3359
10) C. Benvenuti, J. Vac. Sci. Technol. A 19(2001)2925
11) P. Chiggiato, P. Costa Pinto, Thin Solid Films 515(2006)382

第2節 J-PARC

2.1 陽子リニアック

大強度陽子加速器施設J-PARCの加速器は、400MeVリニアック、3GeVシンクロトロンおよび50GeVシンクロトロン（現在30GeVで運転中）の3台で構成されている[1]。各シンクロトロンでは世界最高クラスの大強度陽子ビームを生成し、物質生命科学、素粒子原子核およびニュートリノの実験施設にそれぞれビームを供給している。各実験施設に設置された標的に高エネルギー陽子ビームを衝突させて発生する中性子、ミュオン、K中間子およびニュートリノなどの二次粒子は、最先端の実験に利用されている。

J-PARCリニアックでは、負水素イオンH^-（1個の陽子の周りを2個の電子が回り負の電荷を帯びたイオン）を加速している。その理由は以下による。リニアックから3GeVシンクロトロンに陽子ビームH^+を入射しようとすると、入射ビームの軌道を曲げるために励磁されるキッカー電磁石の磁場が、シンクロトロン内を周回しているH^+ビームの軌道に影響を与えてしまうため、上手くビームを入射することができない。それに対しH^-の場合は、H^+と電荷が逆であるため、同じ磁石によって曲がる方向が逆になり、上手く入射することができる。J-PARCでは、リニアックで400MeVまで加速したH^-を、3GeVシンクロトロンに入射する直前で炭素の薄膜（荷電膜変換）を通して荷電変換（電子を剥ぎ取ること）を行いH^+に変換している。

リニアックの全体構成を図2.1.1に示す。H^-は加速に伴いエネルギーが大きく変化するため、それぞれのエネルギーで最適な加速方式を選択する必要がある。J-PARCでは、エネルギーの低い方から、高周波四重極リニアック（Radio Frequency Quadrupole Linac：通称RFQ）、ドリフトチューブリニアック（Drift Tube Linac：通称DTL）、機能分離型ドリフトチューブリニアック（Separated-type DTL：通称SDTL）および環結合型リニアック（Annular-ring Coupled Structure Linac：通称ACS）の4種類の加速空洞を使用している。使用台数はそれぞれ、1台、3台、16台および21台である。加速空洞のほかにも、ビームを整形するためのバンチャー空洞（4台）およびデバンチャー空洞（2台）や、ビームを500ns程度のパルス状にするためのビームチョッパ空洞（1台）も設置されている。ビームは細いダクト内で拡がらないように集束させながら輸送する必要があるため、ビーム集束用の電磁石を周期的に配置している。リニアックの全長は約250mであり、長さ約330m、地上からの深さ約10mの地下トンネル内に設置されている。

2.1.1 リニアック真空系の概要
(1) リニアックの必要真空圧力

ビームが通過する加速空洞や真空ダクト内には、僅かながら水や窒素などの残留ガスが存在す

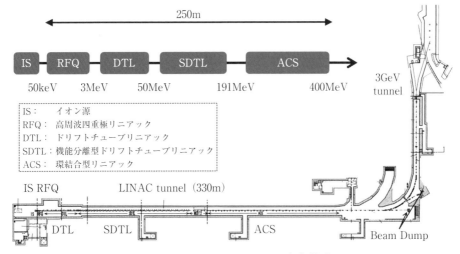

図2.1.1 J-PARCリニアックの全体構成

第6編 巨大真空システム

る。J-PARCリニアックのように加速するビームが H⁻の場合は、その一部は残留ガスとの相互作用 により電子を剥ぎ取られ（ガスストリッピング）、電荷を持たないH^0になる。H^0は軌道や拡がり具合 をコントロールできないので、最終的にビームダ クト等に衝突してロスするが、これによりダクト 等が放射化し加速器のメンテナンスに支障が出 る。そのため、加速空洞やビームダクト内の真空 圧力を十分低くして、H^0の生成量を低減する必要 がある[2]。

J-PARCリニアックでは、ビームロス量（「ビー ム進行方向1mあたりのエネルギーロス」で定義さ れる。）の許容値を0.1W/mと定めている。ここで、ガスストリッピングによるロスがこの許容値にな るために必要な真空圧力を、参考文献2に倣って 評価してみる。評価に際し、H⁻ビーム平均電流 を1mA（現在約0.5mAで運転しているが、将来1mA 程度に増強する計画があるため、ここではこの値 で評価することにする。）とする。また、ビーム ダクト内に残留するガス種は窒素のみとする。1mAのH⁻ビームを、単位時間あたりに通過するH⁻ 数(N_{H-}[atom/s])に換算すると、以下のとおりとな る。

$$N_{H-} = 1\times10^{-3} \times \left(1/1.6\times10^{-19}\right)$$
$$= 6.25\times10^{15} \text{ [atom/s]} \quad (2.1.1)$$

真空圧力P[Pa]時に単位体積あたりに存在する 窒素原子密度(D_N[atom/m³])は、以下の式で表され る（室温は27℃と仮定）。

$$D_N(p) = P\times6.02\times10^{23}\times\frac{1}{101325}\times\frac{273}{300}\times\frac{1000}{22.4}\times2$$
$$= P \times 4.83\times10^{20} \text{ [atom/m}^3] \quad (2.1.2)$$

窒素によるガスストリッピング反応断面積 (X_{sec}^N)は、光速比βを用いて以下の式で表すこと ができる[2]。

$$X_{sec}^N(\beta) = \frac{1}{\beta^2} \times 7\times10^{-23} \text{ [m}^2] \quad (2.1.3)$$

したがって、単位時間あたりに窒素によってス トリッピングされて生成するH^0数(N_{H0}[atom/s/m]) は、以下の式で表される。

$$N_{H0} = N_{H-} \times D_N(p) \times X_{sec}^N(\beta)$$
$$= P \times \frac{1}{\beta^2} \times 2.11\times10^{14} \text{ [atom/s/m]} \quad (2.1.4)$$

ビームエネルギーE[MeV]のビームが引き起こす ビームロス(E_{loss}[W/m])は、真空圧力Pを用いて以 下の式で表せる。

$$E_{loss}(E) = E \times N_{H0} \times 1.6\times10^{19}$$
$$= E \times P \times \frac{1}{\beta^2} \times 3.38\times10^1 \text{ [W/m]}$$
$$(2.1.5)$$

したがって、リニアックの最終加速エネルギー 400MeVのときに、ガスストリッピングのみによる ビームロス量を0.1W/mに抑えるために必要な真空 圧力$P_{0.1W/m}$(400MeV)は、上記式を用いて計算すると 以下のとおりとなる。

$$P_{0.1W/m}(400MeV) \approx 4\times10^{-6} \text{ [Pa]} \quad (2.1.6)$$

ビームロスは、ガスストリッピングだけではな く、ビームハロー（密度の高いビームコアの周り に存在する希薄なビーム）や加速器機器のアライ メントエラー等に起因するものも存在する。した がって、種々のロス要因を含めてビームロス許容 値0.1W/mを達成するには、真空圧力の目標は上記 値よりさらに低く設定する必要がある。

(2) リニアック運転時の真空圧力

イオン源からACS21号機（最後の加速空洞）ま でのビーム運転中の真空圧力分布を図2.1.2に示 す。イオン源は、常時水素ガスを流しているため、真空圧力は3×10^{-3}Paであり、他の加速器機器と 比べると非常に高い。低エネルギー加速部に相当 するRFQ、DTLおよびSDTLの真空圧力は、10^{-6}から 10^{-5}Pa台であるが、エネルギーが低いので前述の ストリッピングロスは問題にならない。高エネル ギー加速部に相当するACSでは、11号機を除くす べての空洞で10^{-7}Pa台に到達しており、ストリッ ピングロスの観点からは十分低いと言える。ACS11号機の圧力のみ2×10^{-6}Paと他の空洞と比べ て高いが、リニアックの安定運転の支障になるよ うなビームロスや放電は発生しておらず、実用的 には今のところ問題は生じていない。

(3) リニアック真空排気系の概要

リニアックでは主に、主排気ポンプにイオンポ

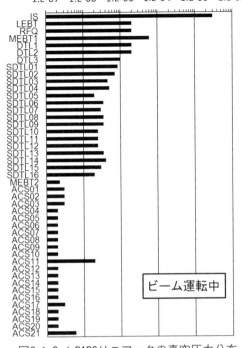

図2.1.2 J-PARCリニアックの真空圧力分布
(ビーム運転中)

2.1.2 各リニアック機器の真空系の特徴
(1) 負水素イオン源及びLEBT

J-PARCで現在使用している負水素イオン源の構造図を図2.1.3に示す。イオン源では、水素ガスをプラズマ生成室に導入して高周波放電で水素プラズマを生成し、生成室に-50kVの高電圧を印加して水素プラズマ中のH⁻をビームとして取り出す[4]。水素ガスは、高電圧電源に収められた水素ガスボンベから、マスフローコントローラを介して20〜30SCCMの流量で連続的に導入される。イオン源から引き出されたビームは、低エネルギービーム輸送：Low Energy Beam Transport：略称LEBT)に導かれ、2台のソレノイド電磁石にて整形されてRFQに入射される。またLEBTには真空チェンバを設け、ビーム電流モニタを挿入して運転中のビーム電流量を監視している。

イオン源およびLEBTには多数の真空ポンプを設置して、多量の水素ガスがRFQへ流入するのを防いでいる。イオン源およびLEBTの真空排気系を図2.1.4に示す。イオン源自体からのガス放出量を低減するために、イオン源のビーム引出し孔の横に1500L/sターボ分子ポンプ2台を設置し差動排気を行っている。LEBTに設置された真空チェンバは、内部に仕切り板を設置して2室構造とし、仕切り板中央のビーム通過部には直径15mmのオリフィスを設置している。チェンバの上流側には1500L/sおよび500L/sのターボ分子ポンプをそれぞれ1台および2台設置し、下流側には4,000L/sクライオポンプを1台設置している。イオン源運転状態でのLEBTのゲートバルブ閉鎖時および開放時のRFQの真空圧力は、それぞれ約$7×10^{-6}$Paおよ

ンプを使用している。また、イオン源に近いRFQや、空洞表面からのガス放出量が比較的多い空洞には、クライオポンプや不揮発性ゲッター(NEG)ポンプを併用している。イオン源については、水素ガスを定常的に流していることから、イオンポンプではなくターボ分子ポンプを主排気ポンプとして使用している。粗排気ポンプは、リニアックの運転開始当初は油回転ポンプ（ロータリポンプ）をほとんどの機器で使用していたが、よりクリーンな真空環境を目指すため、現在ではすべてスクロールポンプなどのドライポンプに置き換えられている。

各空洞間にはゲートバルブを設置し（一部の空洞では、ビームモニタ等の設置スペース確保のため、ゲートバルブを設置していない)、ビーム運転中にどこかの機器で真空異常が発生したときは、すべてのゲートバルブを一斉に自動閉鎖し、真空トラブルの拡大を防いでいる[3]。

次章では、リニアックを構成する主な加速器機器の真空に関する特徴について詳しく述べる。

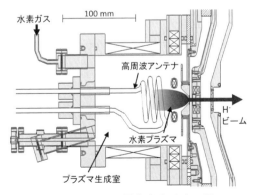

図2.1.3 J-PARC用負水素イオン源

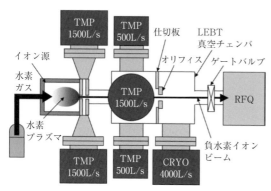

図2.1.4 イオン源及びLEBTの真空排気系

び約$1.2×10^{-5}$Paである。イオン源からの水素ガス流入によりRFQの圧力は2倍程度高くなっているが、RFQの放電頻度が増加するなどの影響は今のところ観測されていない。

(2) 高周波四重極リニアック(RFQ)

J-PARCでは，イオン源からの50keVのビームを周波数324MHzの高周波電力で駆動するRFQでバンチングおよび3MeVに加速して、次段加速器のDTLに入射する。RFQは先端が長手方向に波打った形状（モジュレーション）のベインと呼ばれる4枚の電極を持ち、電極間に発生する四極電場を使ってビームを収束し、またモジュレーションによって発生する縦方向の電場を使ってビームをバンチングおよび加速する。

J-PARCでは2008年9月に実験施設に24時間連続ビーム供給運転を開始したが、その直後にRFQにてトリップ回数が著しく増加し安定な運転ができなくなった。放電要因の一つとしてRFQ空洞内の真空性能が悪いことが考えられたため、対策としてRFQならびにイオン源およびLEBTの真空排気系強化を2009年に実施した[5,6]。対策作業が終了した2009年10月から、ビーム電流を大幅に下げてリニアック運転を再開し、以降、トリップ回数を観察しながら電流値を慎重に上げていった。運転再開からのRFQ空洞内の主な残留ガス成分およびトリップ回数の経年変化を図2.1.5に示す[7]。2011年3月の大震災でトリップ回数は一旦増加したが、その後、運転とともに減少し、2013年には問題無いレベルまで到達した。残留ガス成分の変化をみると、運転とともにC(12)、CO_2またはN_2(28)およびCO_2(44)が減少していることから、これらの残留ガスと放電に何らかの相関があると考えられる。

このRFQは、加速できる最大ビーム電流は30mAで設計されていたため、J-PARCの最終目標である50mA加速を実現するには新たなRFQを製作する必要があった。30mA-RFQの放電問題の教訓から、50mA-RFQは以下のような設計指針で製作した。

① 30mA-RFQは4つのベインを相互にボルトで固定した構造で，加速空洞全体を真空容器内に格納していたが、50mA-RFQではベインを真空ろう付けすることで電気接触と真空シールを両立させ、別途真空容器は必要なくシンプルな構造とした。

② 50mA-RFQは、複雑な曲面形状においても適用可能な化学研磨を電極に施し、表面を平滑化さ

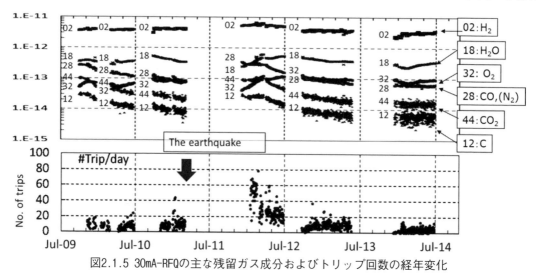

図2.1.5 30mA-RFQの主な残留ガス成分およびトリップ回数の経年変化

せることで耐電圧特性を高めた[8]。

③ 50mA-RFQの加速空洞は長細い構造であり、上流端からの水素ガスの流入もあるため、真空排気ポートを長手方向に分散して配置し、局所的なガス溜りが発生しない構造とした。

50mA-RFQの真空排気系を図2.1.6に示す。本RFQには、2,700L/sクライオポンプ3台、400L/sイオンポンプ4台および1,000L/s-NEGポンプ2台を設置して運転を行っている。粗排気はスクロールポンプで行い、途中でクライオポンプに切り替えて主排気を行っている。ターボ分子ポンプは使用していない。本RFQは2014年夏期にビームラインに設置し、同年10月から運転を開始した。30mA-RFQで発生した運転初期時の放電頻発問題は発生せず、運転開始時から安定に動作している。

(3) ドリフトチューブリニアック(DTL, SDTL)

DTL空洞の中には、ドリフトチューブと呼ばれる電極が内蔵され、ビームはドリフトチューブの間を通過するときに加速される。ドリフトチューブの中には、ビーム収束用の四重極磁石（Q磁石）が組み込まれている。J-PARCではDTLを用いて50MeVまでビームを加速する。DTLに続くSDTLは、基本加速構造はDTLと同じだが、ドリフトチューブからQ磁石を外に取り出した構造をもつ（収束機能を分離したという意味で、機能分離型ドリフトチューブリニアックと呼ばれる）。SDTLではビームを191MeVまで加速する。

DTLやSDTLも、RFQと同じ324MHzの高周波電力で駆動する。DTL空洞の内径は560mmであり、このような大型の空洞は銅無垢材で製作すると自重による変形が大きいので、一般的には鋼製タンクの内面を銅めっきする製法が用いられる。加速空洞製作等に用いられる銅めっきや銅電鋳にはいくつか

表2.1.1 電鋳法と初回絶縁破壊電界値[12]

Materials	The 1st breakdown field (MV/m)
EF(PR,Pure copper sulfate)	41
EF(Copper sulfate with brightener)	13
EF(Pyrophosphate)	10
OFC(Lathe Finishing)	20
OFC(Electro polishing)	16
OFC(Diamond bite)	70

(EF : Electro-Forming, PR : Periodic-Reverse, OFC : Oxygen Free Cooper)

の方法があるが[9]、J-PARCではPR(periodic reverse)電鋳法[10]を採用した。これにより、高い放電開始電圧、高い電気伝導度[11]、低いガス放出率および熱に対する安定性など、加速空洞として良好な特性を実現している。一例として、いくつかの電鋳法と初回絶縁破壊電界の関係を表2.1.1に示す[12]。J-PARCで採用したPR電鋳法の破壊電界は41MV/mであり、他の電鋳法と比べて3倍程度絶縁耐力が高いことが分かる。

PR電鋳法を用いたテスト空洞（直径560mm、長さ3,320mm）を製作し、空洞表面からのガス放出率を測定した。ビルドアップ法による測定結果を図2.1.7に示す[12]。2回目の測定結果から求められるガス放出率は $5 \times 10^{-8} Pa.m^3/(s.m^2)$ である。この値は、無酸素銅のガス放出率と同等であり、PR電鋳法は真空特性も優れていることが分かる。

空洞の端板に使用する真空シール材には、耐放射線性の観点から金属製真空シールの使用が求められ、さらに、空洞両端の端板間距離の調整代として0.5mm程度のつぶし量を持たせる必要があっ

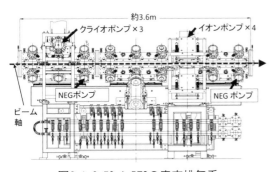

図2.1.6 50mA-RFQの真空排気系

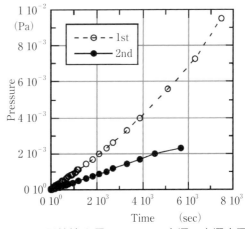

図2.1.7 PR電鋳法を用いたテスト空洞の空洞表面からのガス放出により真空圧力変化[12]

た。この両者を満たす真空シールとして、SDTLの端板用真空シールには、E-SEALと呼ばれる金属製シールにインジウムめっきを施したものを採用している[13]。

現在、DTLには1台当たり、排気速度300L/sのターボ分子ポンプ1台と、400L/sまたは500L/sのイオンポンプ(ポンプメーカの違いにより排気速度が若干異なっている)が計5台設置されている。また、SDTLについては、全16台のうち上流側6台は300L/sターボ分子ポンプ1台と400L/sイオンポンプ1台、下流側10台は空洞長が長くなることからターボ分子ポンプ1台と400L/sイオンポンプ2台の構成になっている。DTLおよびSDTLとも、ターボ分子ポンプは粗排気時にのみ使用し、ビーム運転中はイオンポンプのみで排気を行っている。一例としてSDTL(下流部)の真空排気系の概念図を図2.1.8に示す。

(4) 環結合型リニアック(ACS)

DTLやSDTL型加速構造は、ビームのエネルギーが高くなるとドリフトチューブが長くなり、加速効率(加えた高周波電力に対する加速エネルギーの割合)が低下する。そのためJ-PARCでは、191MeVから400MeVの加速は環結合型加速構造(ACS)を採用している[14]。ACS空洞は、972MHzの高周波電力で駆動している。ACSの特徴は、比較的高い加速効率と歪みの少ない軸対称性に優れた加速電場を両立している点にある。また軸対称な構造から超精密旋盤加工が可能で、その高い加工精度と滑らかな表面仕上げにより加工再現性、耐放電性および低放出ガスなどが期待できる。

ACSは、ビーム加速を行う2台の加速タンクと、それらに高周波エネルギーを供給するための1台のブリッジタンクで構成される。加速タンクは、17個の加速セルと16個の結合セルで構成される。ACSの真空排気系を、図2.1.9に示す。ACSはその構造上、RFQやDTLのように加速空洞本体に真空排気用ポートを設けることができない。そのためACSの真空排気は、結合セルの外周部に設けられた8個の円形排気孔により行われる。各排気孔は加速タンク端の真空マニホールドにまとめられ、そこからイオンポンプ(排気速度500L/s)にて真空引きを行う。またブリッジタンクの高周波窓手前の導波管上部にもイオンポンプ(排気速度150L/s)を1台設置し、合計3台を用いてACS全体の真空排気を行っている。空洞内真空圧力は、ブリッジタンク中央のセルに設置されたB-Aゲージ、上流側加速タンク端の真空マニホールドに設置されたB-Aゲージの2台の電離真空計で測定している。

ACS空洞の大電力試験(加速空洞に大電力高周波を投入して、空洞の健全性等を確認する試験)の一例として、ACS11号機の試験過程を図2.1.10に示す[15]。本試験では、まず第一段階として、高

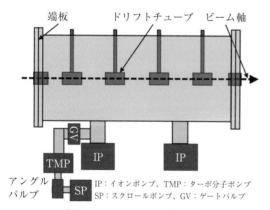

図2.1.8 SDTLの真空排気系

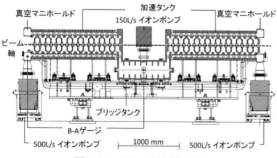

図2.1.9 ACSの真空排気系

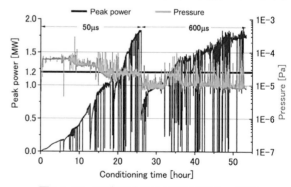

図2.1.10 ACS空洞大電力試験過程の一例[15]
(ACS11号機)

周波のパルス幅を定格の1/10以下である50μsにセットし、高周波電力を約25時間かけて定格の約1.3倍に相当する1.6MWまで上げた。その後、一旦パワーを下げ、第二段階としてパルス幅を定格の600μsに設定してから再度、パワーを第一段階とほぼ同じペースで1.6MWまで上げた。試験中に空洞内等で放電が発生するとガス放出により空洞内圧力が一時的に上昇する。圧力が上昇した状態でパワーを入れ続けると放電が持続して空洞内面に損傷を与えるおそれがあるため、圧力が1×10⁻⁴Paを超えた場合は高周波を一時的にOFFにし、圧力が十分下がるのを待ってから再度、高周波電力を投入した。

まとめ

以上、J-PARCリニアックの真空に関する主な特徴について述べた。J-PARCは現在、ビームパワーの増強を進めているところであり、パワーの増強に伴い、残留ガスによる加速器機器の放射化や、加速空洞内の放出ガス量による放電頻度の増加など問題が出てくる可能性がある。今後は各加速空洞の状況をみながら、真空排気系の増強などを適宜、行っていく予定である。

〈小栗　英知〉

〔参考文献〕

1) High-Intensity Proton Accelerator Project Team, "Accelerator Technical Design Report for High-Intensity Proton Accelerator Facility Project, J-PARC", JAER-Tech 2003-004, KEK Report2002-13

2) R. E. Shafer, "Beam Loss from H-minus Stripping in the Residual Gas", LANSCE-1 Technical Note, LANSC-1：99-085

3) H. Sakaki, et al., "Interlock Systems for J-PARC LINAC", Proceedings of the 3rd Annual Meeting of Particle Accelerator Society of Japan, (2006, Sendai Japan)p.367

4) H. Oguri, et al., "Status of the RF-driven H-ion source for J-PARC linac", Rev. Sci. Instrum., Vol. 87, p02B138(2016)

5) K. Hasegawa, et al., "Status of the J-PARC RFQ", Proceedings of IPAC'10, Kyoto, Japan, p.621(2010)

6) H. Oguri, et at., "Operation status of the J-PARC negative hydrogen ion source", Proceedings of the 7th Annual Meeting of Particle Accelerator Society of Japan(2010, Himeji, Japan)p.829

7) K. Hasegawa, et al., "Upgrade and Operation of J-PARC Linac", JPS Conference Proceedings, 011012(2015)

8) T. Morishita, et al., "Progress on RFQIII Fabrication in J-PARC Linac," Proceedings of LINAC 2012, Tel Aviv, Israel, p.570(2012)

9) Z. Kabeya, "R&D and mass production of DTL/SDTL for the linac and ceramics vacuum ducts for the RCS of the J-PARC", Proceedings of Particle Accelerator Society Meeting(2009, Tokai, Ibaraki, Japan)p.1172

10) K. Tajiri, et al., "Applied techniques of periodic reverse copper electroforming for components of the Japan Hadron Facility", Proceedings of the 25th Linear Accelerator Meeting in Japan(2000, Himeji, Japan)p.80

11) Y. Saito, et al., "Electrical breakdown characteristics of electroformed copper electrode in vacuum", Proceedings of the 25th Linear Accelerator Meeting in Japan(2000, Himeji, Japan)p.343

12) F. Naito, et al., "Development of the 50-MeV DTL for the JAERI/KEK joint project", Proceedings of LINAC 2000, California, USA, P.563(2000)

13) S. Kakizaki, et al., Proceedings of the 28th Linear Accelerator Meeting in Japan(2003, Tokai, Ibaraki, Japan)p.267

14) H. Ao, et al., "Development of the Annular-ring Coupled Structure for J-PARC", Proceedings of the 11th Annual Meeting of Particle Accelerator Society of Japan(2014, Aomori, Japan)p.160

15) J. Tamura, et al., "ACS Installation for Beam Energy Upgrade in J-PARC Linac", JPS Conference Proceedings, 011011(2015)

第6編 巨大真空システム

2.2 陽子シンクロトロン

2.2.1 真空システムへの要求

　加速器においてビームラインを真空に保つ直接の理由は、残留気体分子と加速される荷電粒子（すなわちビーム）が衝突する回数を減らしてビームの散乱を防ぎ、ビームの寿命をそれぞれの加速器の目的を満足するだけ十分長くすることである。例えば陽子の加速蓄積リングである欧州原子核研究所(CERN)の大型ハドロン衝突型加速器(Large Hadron Collider：LHC)では、7TeVの陽子ビームの生存時間を100時間以上にすることを基準とし、ビームライン圧力を$10^{-9} \sim 10^{-8}$Paに保っている[1]。大強度陽子加速器施設 (Japan Proton Accelerator Research Complex：J-PARC) では3GeVシンクロトロン (3GeV Rapid Cycling Synchrotron：RCS)と主リング (Main Ring：MR) の2つのシンクロトロンが存在するが、陽子ビームの入射から出射までの時間はそれぞれ20ms及び約2.5〜6sである。ビームの生存時間をそれらの時間以上にするという目的のためだけならば、10^{-4}Pa程度のビームライン圧力であれば満足できる。しかしながら、ビームによってイオン化された残留気体が真空容器壁をたたいて吸着分子を放出することによる付加的な放出ガスを排気することや、イオンポンプや熱陰極真空計等の寿命を考慮すると、10^{-6}Pa台以下の超高真空を保たなければならない。また陽子シンクロトロンの真空システムにはビームの生存時間を確保すること以外にも、耐放射線性の装置でシステムを構築することや、大気圧から短時間で超高真空を得ることなどが要求されている。本節では、J-PARC陽子シンクロトロンにおける真空システムの設計思想、及びそれに基づいて開発された構成機器と真空性能の記述を通して、最新の陽子シンクロトロンにおける超高真空システムを総覧する。

2.2.2 J-PARC陽子シンクロトロン真空システムの設計思想[2,3]

　J-PARCにおいてビームはH⁻イオン源で生成され、リニアックで400MeVに加速された後、RCSへ入射される。H⁻ビームはRCS入射点において炭素薄膜（荷電変換フォイル）を通過することで電子を剥ぎ取られ陽子となり、RCSで3GeVまで加速される。RCSから出射された陽子ビームは物質生命

科学実験施設に設置された各標的に輸送される。そこで二次ビームとしての中性子及びミュオンが生成され、固体物理研究、物質構造の解明、構造生物学研究、ミュオン触媒核融合等、多岐に渡る分野の研究に利用されている。RCSからの陽子ビームの一部は、パルス磁場を発生させる電磁石によってMRへ振り分けられ、30GeVまで加速され、ニュートリノ実験施設及びハドロン実験施設の各標的へ輸送される。そこでニュートリノ及びK中間子・パイ中間子等が生成され、ニュートリノ物理学及び素粒子・原子核物理学の研究に利用されている。J-PARC陽子加速器における最大の特徴はそのビーム強度である。RCSは1MWのビーム出力を目標としている。これは8.3×10^{13}個の陽子ビームを25Hzで3GeVまで加速し、出射することを意味する。MRではニュートリノ実験のための速い取出し運転（FX運転）においては750kWのビーム出力を目標としている。このような大強度ビーム出力の陽子シンクロトロンにおいては、以下の設計思想に基づいて真空システムの構築がなされている。

(1) ビームラインの超高真空維持

　先に記したようにビームの残留ガスによる散乱だけを考慮するのであれば、10^{-4}Pa程度の圧力を維持すれば良い。しかしながら、ビームによって残留ガスがイオン化し、ビームのポテンシャルによる斥力により加速され、ダクト表面の吸着分子や表面層の原子をたたき出してガス放出することで圧力の上昇が起きる。このイオン衝撃脱離によりダクト内の分子密度が増えると、それらがイオン化されより多くのガス放出が起こる。この現象を定量的に予測することは困難だが、J-PARCのような大強度ビームの加速器では、このイオン衝撃脱離によるガス放出は他の加速器より多いはずである。そのため、ポンプの排気速度は十分余裕をもって静的な圧力を10^{-6}Pa台以下の超高真空に保つことを基本としている。超高真空の維持は保守の観点からも重要である。MRでは全100台程度のイオンポンプを主排気系として用いている[4]。イオンポンプの寿命はカソードのチタン板の消耗という意味で、10^{-4}Paで使用した場合、5万時間程度である。この場合5年に一度全てのイオンポンプを交換するという非現実的な作業が発生してし

まう。この様な保守の観点からも10^{-6}Pa台以下の超高真空を維持することは重要である。

(2) 低放射化真空材料と耐放射線性機器

大強度陽子シンクロトロンにおいては微小のビームロスであっても機器の放射化を引き起こし、保守時の作業者の被曝に直接つながる。また中性子やガンマ線等の二次放射線による装置の劣化や故障は保守頻度を上げ作業者の被曝量を増やすことになる。J-PARCではビームラインの金属ダクト及びベローズに低放射化材料であるチタン材を用いることを基本としている。更にビームラインに取付けられる排気系や真空計及びそれらのケーブルには放射線による劣化が少ない材料を用いている。

(3) 大気圧からの迅速な排気

ビームラインを大気圧にして各種装置を保守した後、排気開始から数日で超高真空に到達し、ビーム運転を可能にすることは加速器の運転時間を確保するために必要である。そのためにダクト及びベローズ等の真空機器の表面処理や真空中熱処理といった前処理を行い、放出ガスを低減することを基本としている。

上記設計思想に基づいて、チタン製ダクト、チタン製ベローズ、アルミナセラミックス製ダクトといったビームラインの主構成機器や耐放射線性ターボ分子ポンプや各種ケーブルが開発された。加えて、ビームラインの真空容器中に設置されるキッカー電磁石の構成材料であるアルミ合金及びフェライト、及びビームコリメーターの構成材料である銅などの材料の表面処理や脱ガスのための真空中熱処理を行っている。以下の章からは、上記設計思想に基づき構築されたJ-PARC陽子シンクロトロンについて記述する。なお、MRについては概要にとどめ、詳細な構成機器、真空処理、真空性能、及び近年の開発についてはRCSの真空システムに関して記述することとする。

2.2.3 J-PARC陽子シンクロトロン真空システムの概要[2-4]

図2.2.1にJ-PARC RCSの真空システムの機器配置を示す。RCSは周長348mの3回対称形であり、3つの直線部と3つのアーク部から成る。直線部はそれぞれ入射部（及びコリメーター部）、加速部、出射部である。それぞれの直線部の上流・下流にはオールメタルゲートバルブが設けられており、メンテナンス時に最低限のビームライン領域を大気圧にできるようになっている。ビームは60台の四極電磁石によって収束・発散をされながら、アーク部に設置された偏向電磁石（全24台）によって曲げられる。シンクロトロンは一般的に加速部に設置された高周波空洞を通過するたびに加速されるが、エネルギーが増加してもビームの軌道をダクト中心に保つために、四極電磁石及び偏向電磁石はビームのエネルギーに応じて磁場が変化する。

RCSはビーム入射から出射までが20msでありその間に例えば偏向電磁石の磁場は0.27Tから1.1Tに正弦波形で変化する。繰り返し周波数は25Hzである。磁場の時間変化による誘導起電力が原因でダクトに電流が流れて発熱すること及び磁場が乱されることを防ぐために、四極電磁石及び偏向電磁石にはアルミナセラミックス製ダクトが開発され使用されている[5-7]。アルミナセラミックス製のダクトはビームラインのうち約180mを占めている。それらのダクト間をつないでいるのは、低放射化材料であるチタン製のダクト及びベローズである[3]。RCSのビームラインのダクト及びベローズの特徴のひとつはその大口径である。標準の開口は直径250mmでビーム軌道が交わる入射部、出

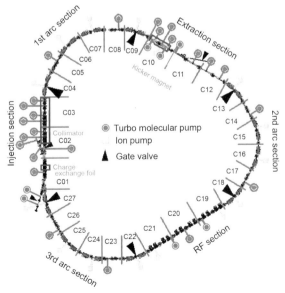

図2.2.1 J-PARC RCS真空システム機器配置図

第6編 巨大真空システム

射部は直径400-500mmにも及ぶ。このような大口径のアルミナセラミックス製ダクト及びチタン製ダクト・ベローズの製作は大きな開発要素であった。

ビームラインにはその他、ビームポジションモニター、ビームプロファイルモニター、荷電変換フォイルとフォイル交換装置、ビームコリメーター、ビーム出射用キッカー電磁石、加速部の加速ギャップを持ったダクト等多くの真空装置が設置されている。それらの真空装置に関しても、低放射化材料を用いる、表面処理・脱ガス処理を行うという設計思想に基づいた設計・製作がなされている。

RCSの主排気系には全28台（その後増設している）の排気速度1.3m³/sを有するターボ分子ポンプが用いられている。イオンポンプも各所に設置されているが、毎年の保守期間でほとんど全てのビームラインを大気曝露しているのが現状で、その後迅速に超高真空を達成するためにターボ分子ポンプが優れている等の判断から、現在は使用していない。ターボ分子ポンプの補助ポンプはスクロール型ドライポンプが用いられている。スクロール型ポンプはシール材にテフロンを用いている。放射線によるシール材の劣化を防ぐため、スクロール型ポンプは加速器ビームラインが設置された主トンネル（地下2階）とは隔離されたユーティリティトンネル（地下3階）に設置している。大気圧からターボ分子ポンプが起動可能な200Pa程度まではこのスクロール型ポンプで排気する。また、ターボ分子ポンプと補助ポンプの間には圧空バルブと電磁バルブを設置している。圧空バルブは補助ポンプに異常が発生した時に制御論理にしたがって閉じ、フォアラインからの大気がビームラインへ入るのを防ぐ。電磁バルブは補助ポンプが電源喪失の際に閉まるバルブである。

ビームコリメーター部及びキッカー部は、ビームが当たり続ける銅ブロックや水分子を吸着しやすいフェライトが真空容器中に設置されている。そのため、ターボ分子ポンプを他より多数設置して大きなガス負荷でもビームラインを超高真空に維持できるようにしている。

J-PARC MRの真空システムはRCSからのビーム輸送ライン、周長1567.5mのシンクロトロン本体の

MRビームライン、ニュートリノ物理学実験のための速い取出しビームライン、素粒子・原子核実験のための遅い取出しビームラインを含む[4]。このうちMRビームラインはRCS同様3つの直線部と3つのアーク部から成る。各直線部とアーク部の長さはそれぞれ116.1mと406.4mである。

MRのビームラインには場所ごとの放射化の程度に応じてステンレス鋼製もしくはチタン製のダクト及びチタン製ベローズが使用されている。MRの電磁石は繰返し周期が約2.5-6sと比較的長いため、金属製ダクトを用いても誘導起電力による発熱や磁場の乱れは問題にはならない。但し、要所で絶縁のためにアルミナセラミックスが使用されている。ダクトにより前処理は異なるが、例えば偏向電磁石用ステンレス鋼製ダクトは電解研磨により実効表面積を低減させた上、215℃で24時間以上のベーキングを行い、放出ガスを低減させている。実際のダクトの放出ガス速度を測定したところ、このような処理をしたダクトは30-60時間の排気で放出ガス速度が$1×10^{-8}$Pa m³/(s m²)以下になるという良好な結果であった。MRの真空機器にはその他、RCS同様、ビームポジションモニター、ビームプロファイルモニター、ビームコリメーター、ビーム入射用及び出射用キッカー電磁石、加速部の加速ギャップを持ったダクトがある。さらにビームライン圧力に大きく影響を与える装置として、真空槽内に設置された入射用、出射用セプタム電磁石がある。例えば入射用セプタム電磁石は、厚さ0.35mmの電磁鋼板が4000枚積層されており総表面積が1000m²にも及ぶ。主成分の水分子が排気されるのには極めて長い時間を要するため、搭載された真空槽及びその上下流近傍が局所的にビームラインの中で圧力の高い領域となっている。MRのビームラインは1つのアーク部を3分割するようにゲートバルブが設置されている。直線部は先に述べたキッカー電磁石やセプタム電磁石のチェンバーを区切るように各所にゲートバルブが設置されている。MR真空システムの主排気は約17m間隔で設置された排気速度0.5-0.6m³/sのスパッタイオンポンプである。大気圧からの粗引きにはターボ分子ポンプとスクロール型ポンプを用い、粗引き完了後には撤去する。このようなMRの真空システムにおいて、アーク部で

は設置後のベーキング無しに10^{-8}Pa台の超高真空を達成している。先に述べたセプタム真空槽では数年に及ぶ排気により10^{-6}Pa台まで下がりつつある。

2.2.4 構成機器

本節ではJ-PARC RCSの真空システムの構成機器について詳細を記述する。

(1) 大口径アルミナセラミックス製ダクト[5-7]

表2.2.1にRCSに設置されているアルミナセラミックス製ダクトの形状を記す。電磁石開口部の形状に応じて、偏向電磁石用ダクトは断面がレーストラック形状であり、四極及び六極電磁石用ダクトは円形状である。入射部は入射ビームと周回ビームを受け入れるため多種の形状がある。図2.2.2に偏向電磁石用及び四極電磁石用アルミナセラミックスダクトの写真を示す。偏向電磁石で4本、四極電磁石で2本のユニットダクトを接合している。ユニットダクトの接合は端面をメタライズ、Niめっきしたうえでロウ付け接合している。セラミックスダクトに取付けるスリーブは英国のISISではセラミックス製のものを用いているが、ガスケットにインジウムを用いており、保守作業が容易ではない。そのためRCSではフランジは金属を用いることとし、低放射化材料、非磁性及び熱膨張係数がアルミナと近いという観点で純チタンを選択した。フランジ用金属スリーブ(純チタン製)とダクト間はロウ付け接合し、スリーブとフランジはTIG溶接している。セラミックスダクトの外表面には、①ビームが誘起する映像電流を流す、②ビームが誘起する高周波の電磁波を遮蔽する、という理由でRFシールドを設けている。ダクト外表面に幅5mmでメタライズ層を形成しNiめっきをした上にPR銅電鋳法で厚さ0.5〜0.7mmのRFシールドを形成している。このPR銅電鋳法はJ-PARCリニアック加速空洞にも利用されている。ビームによって残留ガスがイオン化され、イオンと電子が真空壁に当たると二次電子が発生する。二次電子はさらに真空壁をたたくので、ダクト壁の二次電子放出係数が大きいと電子は雪崩的に増加し、ビーム軌道に影響を与える。アルミナは二次電子放出係数が大きい材料であるため、ダクト内面にTiNコーティングを施している。TiN層が厚すぎると渦電流の影響がでるため、膜厚は10〜15nmとしている。条件出しの結果、±15%程度の均一性での製膜が実現できた。TiNコーティングは水蒸気の吸着を抑制し、放出ガスを低減する効果もある。

(2) 大口径チタン製ダクトとチタン製ベローズ[3]

純チタンは放射化の減衰速度が一般的な真空材料であるステンレス鋼に比べて速い。そのため、RCSでは純チタンをビームラインのダクト及びベローズの材料に用いている。さらにチタン材の放出ガス速度は適切に処理をすればステンレス鋼よりも低いことがわかっており、真空材料としての大きな利点である[8]。RCSのダクト、ベローズの口径は直径250mmが標準であるが、場所により異なるビームの広がりを受け入れるために最大の直径は500mmである。チタン製ダクトは機械研磨をしたチタン板をパイプ形状に加工し、フランジ溶接

表2.2.1 J-PARC RCSのアルミナセラミックス製ダクト

偏向電磁石用ダクト *断面レーストラック形状	外径(mm)	長さ(mm)	員数(本)
	短径203 / 長径261	3500	24
四極/六極電磁石用ダクト *断面円形状	394	1500	10
	314	1600 / 1000 / 740	9 / 6 / 12
	314	1300	33

入射部用ダクト (一部)			
断面形状	外径	長さ	員数(本)
矩形	318×268	1085 / 770	2
矩形	479×289	1340	4
ラケット形	502×300	1500	2

図2.2.2 大口径アルミナセラミックス製ダクト((a)偏向電磁石用ダクト (b)四極電磁石用ダクト)

後、フランジの平面度を仕上げるために二次加工を行っている。その後、化学研磨もしくは電解研磨を行って表面を滑らかにし、真空中で熱処理をおこないチタン材の含有水素を減らしている[9]。

ベローズについて、RCSは装置間距離が短いのでベローズのために取れる長さが短くなる。短いベローズ長で低反力を要求する場合、一般的には溶接ベローズを用いる。しかし溶接ベローズは溶接部が脆弱であるという問題がある。そのため液圧成形でバネ定数の小さいベローズを開発した。図2.2.3にベローズの外観写真を示す。液圧成形ながらも山間3mmピッチであり、軸直角方向の反力は15N/mm程度と非常にやわらかいベローズが実現できた。構造は2つのベローズ間に中間パイプを設けるいわゆるユニバーサル式を採用し、軸方向に±20mm以上、軸直角方向に5mm以上の変位量をとることができる。

異なる内径のダクトどうし、またはレーストラック形状のダクトと円形状のダクトどうしを滑らかにつなぐこと、及びベローズの山谷構造をビームから見えなくするためにRFコンタクトを設けることは、ビームの映像電流による電場を一様にし、ビーム軌道の不安定性を低減するために重要であると示されている。従来のベリリウム銅のフィンガー形状のRFコンタクトでは反力が大きいことや、フィンガーどうしの摩擦によるパーティクルの発生等が問題となる。性能を満たした上でこのような問題を解決するため、RCSでは直径0.3mmのチタンワイヤーを編んだメッシュを用いた新しいタイプのRFコンタクトを使用している。このRFコンタクトは両端に開口があるバスケット形状で、異なる形状の開口部を簡単につなぐことができる。ベローズ内面は化学研磨により0.2μm以下の平均面粗さとしており、RFコンタクトのワイヤーも化学研磨を施している。ベローズはRFコンタクトを組み込んだ完成品の段階で、真空中で熱処理をおこないチタン材の含有水素を減らしている。

(3) 耐放射線性ターボ分子ポンプ[10,11]

大口径ダクト・ベローズの大きな表面積からの放出ガスを排気するために、RCSでは主排気系に排気速度1.3m^3/sの磁気軸受型複合分子ポンプを用いている。このポンプは標準規格品のTG1300M(大阪真空機器製作所)を基に、部品を耐放射線性の高い材料へ変更したものである。TG1300Mはポンプ内部に半導体素子を使用せず構造部材には金属のみであるため、それ自身従来のターボ分子ポンプに比べ耐放射線性を有しているといえる。開発においてはまずガンマ線照射試験を行い、TG1300Mの改良するべき部品を調査した。結果3.5MGy程度のガンマ線照射でフッ素ゴム製真空シール、リード線のテフロンシース、コネクタのエポキシレジンに硬化、割れ、変色が生じた[10]。そこで、シール材を金属に、リード線シースをPEEK材に、エポキシレジンをセラミックスに変更する等の改良を行った。その結果、30MGy以上の照射にも耐える耐放射線性能を実現した[11]。

(4) 耐放射線性ケーブル[12]

RCSにおいて真空機器のケーブルは地下2階の主トンネルの機器から貫通口を通って地下3階のユーティリティトンネルへ、ユーティリティトンネルから地上の電源室へと敷設されている。ユーティリティトンネルと地上階は放射線レベルが低いため、ケーブルの耐放射線性能を考慮する必要はない(高難燃性、ノンハロゲンは必要である)。しかし主トンネルでは高い耐放射線性能が要求される。そのためノンハロゲン有機材料の中からポリエーテルエーテルケトン(PEEK)を候補とし、ガンマ線試験を行った。結果、10MGyのガンマ線照射に対しては耐電圧、絶縁抵抗、伸び率、耐延焼性といった各種試験で損傷がないことがわかった[12]。RCS真空システムにおいては、主トンネルの真空計、ポンプ等各機器とユーティリティトンネル間のケーブルには全てPEEKケーブルを用いて

図2.2.3 大口径チタン製ベローズ

2.2.5 真空機器の前処理

陽子シンクロトロンにおけるガス放出の過程は、真空壁に吸着した気体分子の熱的脱離、及び真空材料内部の水素等の不純物原子の拡散、表面での結合・脱離といった通常の真空系での過程に加え、イオンや電子による衝撃脱離によるものがある。これらの過程によるガス放出を低減するために、RCS真空システムの真空機器は、①真空壁の表面積を低減し表面に吸着する気体分子を減らす、②機器の製作過程で真空中熱処理を行い表面の吸着分子及び材料中の不純原子を低減する、等の前処理を行っている。

(1) 真空壁の表面処理

気体分子が吸着する実効的な表面積は、ダクトなどの真空機器の形状で決まる表面積だけでなく、表面の粗さによって決まる。そのため各種研磨によって表面を滑らかにすることは真空の分野では常識である。RCSの真空システムの機器において、チタン製ダクト、ベローズは機械研磨及び化学研磨によって平均粗さで$0.05\mu m$以下まで減らし、実効表面積を低減している。キッカー電磁石ではアルミ合金を電極板として用いておりその機械的な表面積は1台当たり$35m^2$に及ぶ。アルミ合金は通常の化学研磨や電解研磨では研磨液との反応で生じる水素の泡によって表面にピットが生じてしまう。そのため泡を除去しながら研磨する新しい電解研磨法で表面処理を行い、平均粗さ$0.03\mu m$以下まで低減している。

アルミナセラミックス製ダクトについては、前述のようにアルミナ表面に二次電子放出係数低減のためにTiNコーティングを施すため、気体分子の表面への吸着の抑制、吸着分子の速やかな脱離に効果があると期待される。

(2) 真空中熱処理

真空材料内部の水素を主とする不純物原子は材料中での拡散、表面での結合・脱離の過程、及びエネルギーイオンや電子による衝撃脱離の過程によって放出ガスの原因となる。RCSではチタン製ダクト、ベローズを真空中熱処理し、水素含有量を低減している。図2.2.4に熱処理温度によるチタン中水素含有量の変化を示す。基準を1ppm以下に決め、ダクト、ベローズをそれぞれ750℃及び

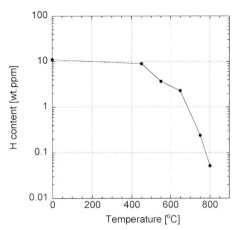

図2.2.4 熱処理温度に対するチタン材料中水素含有量の変化

650℃で10時間、高真空中で熱処理を行っている。この熱処理は研磨によって表面層に水素が再導入されることを考慮して、研磨後の製品最終段階で行っている。

キッカー電磁石のアルミ合金製電極板とフェライトコア、及びビームコリメーターの銅ブロックについては組立て前に真空中熱処理を行っている。キッカー電磁石用アルミ電極板は150℃で60時間、フェライトは200℃で250時間以上真空中熱処理を行っている。特にフェライトは多孔質であるため水蒸気の吸着が多く、脱ガスには時間をかけた。最近キッカー電磁石予備機の製作の際に温度条件が再検討され、450℃で48時間の真空中熱処理が効果的であることがわかっている。コリメーター用銅ブロックについては600℃で40時間の真空中熱処理を行い、水素含有量が0.1ppm未満へ低減することが確認できている。キッカー電磁石及びコリメーターは大気中での組立て時に表面へ吸着する水蒸気等を低減するために、組立て後に150-200℃でのベーキングを行っている。

2.2.6 真空性能

ビームラインを大気圧から排気する場合、スクロール型ポンプで粗引き開始後、2時間程度で200Pa程度になりターボ分子ポンプを起動する。ターボ分子ポンプ起動後のビームライン圧力の変化を図2.2.5に示す。通常10^{-5}Pa以下の超高真空へ1日程度で到達する。但し出射部はキッカー電磁石の放出ガスが多いため、超高真空へ到達するまでに1週間程度有する。ビーム運転を行ってい

ないときのRCSビームラインの圧力分布を図2.2.6に示す。大口径ダクトが並ぶビーム入射部やキッカー電磁石があるビーム出射部の圧力が他より高いが、各所で10^{-6}Pa台以下を達成している。

ビーム運転時にはイオン衝撃等により圧力上昇が見られる。圧力上昇の程度は真空壁に吸着している気体分子数に大きく依存する。そのような動的な圧力 P は、

$$P_{eq} = \frac{Q}{S_{eff}} = \frac{Q}{S\left(1 - \frac{\eta_{ion}}{S}\sigma Y_{beam}\right)} \quad (2.1.1)$$

と書ける。ここで、Q：ガス放出速度、S_{eff}：実効排気速度、S：排気速度、η_{ion}：イオン衝撃による脱離係数、σ：イオン化断面積、Y_{beam}：ビームの陽子数、である。つまり真空壁に気体分子が多数吸着していると、イオン衝撃脱離係数 η_{ion} が大きく実効排気速度は小さくなる。典型的な例と

して、2012年の長期保守期間後のビーム運転時のビームライン圧力の変化を図2.2.7に示す。2011年の東日本大震災の影響でRCSの全ての電磁石及び加速空洞等の装置は変位を起こし、再度位置調整（再アラインメント）が必要な状態となった。そのため、2012年の7月からの5ヶ月間でRCSビームラインを一周にわたりフランジ締結を外し、装置のアラインメント後フランジを締結、リーク試験を行い復旧した。ビーム運転のない静的な状態で10^{-6}Pa台を達成し300kWのビーム運転を行ったところ、10^{-3}Pa以上の圧力となりビーム運転に支障が出るレベルとなった。そのため、220kWで一週間ビーム運転を行った。その後300kW運転を行ったところ圧力上昇は220kWでのビーム運転時と大差がないほどまで抑えられていた。このことは長期保守期間での大気暴露による気体分子の吸着がビーム運転時のガス放出に大きく関わることの顕著な例である。その後の保守において

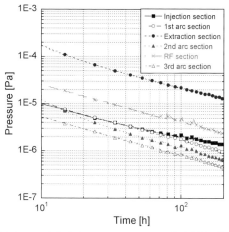

図2.2.5 RCS真空システムにおける真空排気曲線

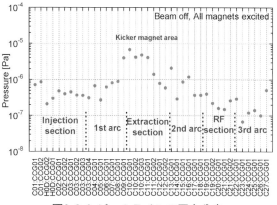

図2.2.6 ビームラインの圧力分布

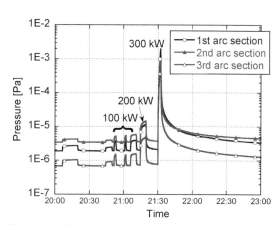

図2.2.7 長期保守期間後のビーム運転時の圧力変化

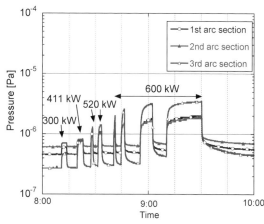

図2.2.8 ビーム強度に対する圧力変化

は、大気暴露は保守を行う装置があるビームラインの一部にとどめているし、大気暴露の期間も一週間程度である。そのため図2.2.7ほどの圧力上昇は起きていない。式（2.1.1）はビームの陽子数Y_{beam}に依存している。またイオン衝撃脱離係数η_{ion}は、イオンのエネルギーが高くなる、即ちポテンシャルを作るビーム陽子数が多くなると、大きくなる傾向にある。図2.2.8に2015年2月に行った大強度ビーム試験時のビームライン圧力の変化を示す。ビーム強度即ち陽子数によって圧力が増加しているのがわかる。

2.2.7 近年の開発

RCS真空システムでは2007年からの運転後も必要に応じたアップグレードを行ってきている。以下そのうち数件を紹介する。

(1) 強磁性体製ダクト[13]

真空容器外部からの不要な漏えい磁場はビーム軌道のずれの原因となる。そのため如何にして漏洩磁場を遮蔽するかは、加速器全般において大きな課題である。RCSではビーム出射部に隣接するビームラインに設置された電磁石からの10^{-3}T (10 gauss) 程度の漏えい磁場により、ビーム重心軌道がビームパイプの中心から10mm程度ずれ、ビームロスが発生するという事象が生じていた。ビームから最も近い場所で周りを高透磁率の磁性材料で完全に覆うこと、すなわち真空容器を磁性材料化することが最善の磁場遮蔽であるとの着想の下、磁気遮蔽性能及び高真空性能を兼ね備えたビームダクト及びベローズの開発を行った。

図2.2.9にダクトとベローズの各部を磁性材料に変えたときの、容器内部の磁場分布の磁場計算コードを用いた計算結果を示す。より効果的な磁場遮蔽をするためには、ビームパイプ胴部だけでなく、フランジやベローズといった全ての部品を磁性材料にする必要があることが分かる。そこで薄肉のビームパイプ胴部及びベローズに透磁率の高いパーマロイを、厚肉のフランジにフェライト系ステンレス鋼を用いることとした。

磁性材料は加工時に発生する内部応力によって透磁率の減少が起きる。磁気性能を回復させるためには、一般的に熱処理（磁気焼鈍）を行う。一方、超高真空を達成するためには先に述べたように、ダクトやベローズを高真空下で熱処理し脱ガスをする。そこで磁気焼鈍及び脱ガスの両目的を同時に達成するために、磁性材料製ダクト及びベローズを高真空化で熱処理を行った。サンプルでの測定によって850℃での処理により磁気遮蔽性能が大幅に回復すること、その温度での高真空化での熱処理により水素含有量を1ppm未満へ低減できること、及びガス放出速度が低減できることがわかった。図2.2.10に熱処理をした磁性材料製ダクトとベローズの磁気遮蔽性能を示す。外部からの磁場をビーム軸にそった積分磁場で10分の1以下に遮蔽することができている。実際に磁性材料製ダクトをビームラインへ設置した前後での、ビーム重心のダクト中心からのずれを図2.2.11に示す。このように磁性体ダクト及びベローズによりビーム軌道の乱れを大幅に低減することができ

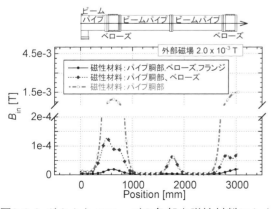

図2.2.9 ダクトとベローズの各部を磁性材料にした際の容器内部の磁場分布計算結果

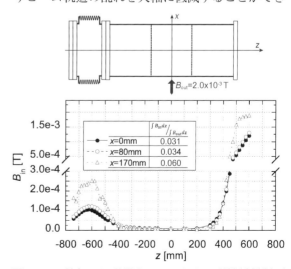

図2.2.10 外部から磁場をかけたときの磁性材料製ダクト及びベローズ内部の磁場

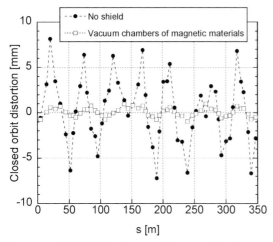

図2.2.11 磁性材料製ダクト及びベローズをビームラインへ設置前後のビーム軌道

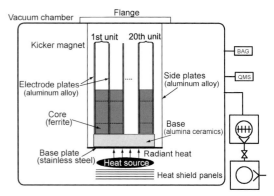

図2.2.12 In-situでのキッカー電磁石の脱ガス手法の概念図

(2) キッカー電磁石のin-situでの脱ガス[14]

真空容器内の構造物を脱ガスする際は、真空容器の大気側に設置したヒーターで真空容器を加熱し、容器からの輻射や伝導で構造物を昇温する手法が一般的である。しかしこの手法では真空容器が熱膨張するため、加速器のような真空容器が隣のダクトと締結されているような個所では、装置の破損につながる恐れがある。真空容器を加熱することなく、内部構造物のみを昇温できれば問題は解決できる。そのためには熱源を真空容器内部へ導入し、熱源と真空容器の間を熱遮蔽し、熱流量を構造物へ向ければよい。先に述べたようにキッカー電磁石は材料段階や組立て後に脱ガス処理を行っている。しかしながら、鉄心であるフェライトは多孔質であり気孔に水が吸着するため、保守のための大気暴露により該当部の圧力は悪くなってしまう。キッカー電磁石をビームラインに設置した状態で（すなわちin situで）昇温し、フェライトや他の構成部品からの放出ガスを低減することは重要である。そこで熱源を真空容器内に導入し、キッカー電磁石を脱ガスする手法の試験を行った。ヒーターには直径100mm程度のグラファイトヒーターを反射板で覆ったものを用いている。このような小型のヒーターは真空容器の予備ポートから導入でき、破損時も容易に交換できる。グラファイト自身も多孔質であるためガス放出が懸念されるが、昇温後in-situを保つためグラファイトからのガス放出は無視できる程度である。図2.2.12、図2.2.13にヒーターと複数枚の熱遮蔽板を用いて脱ガスを行った試験装置の概念図と脱ガスの結果を示す。真空容器の温度上昇を30℃程度に抑えた上で、キッカー電磁石を昇温、脱ガスすることができた。

まとめ

陽子シンクロトロンの真空システムについて、J-PARCのシンクロトロンを例に記述した。大強度陽子ビームの生成は、多数の陽子、速い繰り返し周期、及び高いエネルギーの組合せの結果達成される。それらは真空システムに対して、口径の大

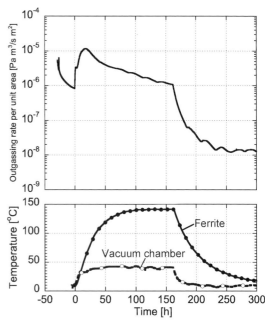

図2.2.13 キッカー電磁石の脱ガス結果

型化、特殊材料、耐放射線性等を要求する。それ
らの要求を満たすべく、J-PARCシンクロトロンで
は多くの真空装置の開発が行われた。最先端の加
速器において真空技術が不可欠であることは言う
までもないが、新しい真空技術が最先端の加速器
において生まれることも事実であろう。

〈神谷潤一郎〉

〔参考文献〕

1) O. S. Brüning, P. Collier, P. Lebrun, S. Myers, R. Ostojic, J. Poole, and P. Proudlock, LHC Design Report Volume I: The LHC Main Ring, CERN, Geneva(2004)Chapter 12

2) Y. Saito, F. Naito, C. Kubota, S. Meigo, H. Fujimori, N. Ogiwara, J. Kamiya, M. Kinsho, Z. Kabeya, T. Kubo, M. Shimamoto, Y. Sato, Y. Takeda, M. Uota, and Y. Hori, Material and surface processing in J-PARC vacuum system, Vacuum 86(2012)817

3) N. Ogiwara, Ultrahigh vacuum for high intensity proton accelerators : exemplified by the 3 GeV RCS in the J-PARC, *Proceedings of IPAC2011*, San Sebastián(2011)p.971

4) M. Uota, Y. Hori, M. Shimamoto, Y. Sato, Y. Takeda, T. Kubo, and Y. Saito, The present status of vacuum system of J-PARC Main Ring and 3-50 beam transport, *Proceedings of Particle Accelerator Society Meeting 2009, Tokai*(2009)p.974

5) Y. Saito, M. Kinsho, and Z. Kabeya, Production process of alumina-ceramic vacuum chambers for J-PARC, Journal of Physics : Conference Series 100(2008)092020

6) M. Kinsho, Y. Saito, Z. Kabeya, and N. Ogiwara, Titanium flanged alumina ceramics vacuum duct with low impedance, Vacuum 81(2007)808

7) Z. Kabeya, M. Kinsho, and Y. Saito, Production of ceramics duct for the J-PARC, Journal of the Vacuum Society of Japan 49(2006)343

8) H. Kurisu, K. Ishizawa, S. Yamamoto, M. Hesaka, and Y. Saito, Application of

titanium materials to vacuum chambers and components, Journal of Physics : Conference Series 100(2008)092002

9) N. Ogiwara, K. Suganuma, Y. Hikichi, J. Kamiya, M. Kinsho, and S. Sukenobu, Reduction of hydrogen content in pure Ti, Journal of Physics: Conference Series 100(2008)092024

10) M. Kinsho, N. Ogiwara, K. Wada, M. Yoshida, T. Nakayasu, and Y. Yamato, Gamma-ray irradiation experiment of turbo molecular pump, Vacuum 74(2004)175

11) K. Wada, T. Inohara, M. Iguchi, N. Ogiwara, K. Mio, H. Nakayama, Development of the radiation-hardened magnetically suspended compound molecular pump, Journal of the Vacuum Society of Japan 50(2007)452

12) K. Mio, N. Ogiwara, H. Furukori, H. Arai, D. Nishizawa, T. Nishidono, and Y. Hikichi, Development of radiation resistant PEEK insulation cable, JAEA-Technology, 018(2009)

13) J. Kamiya, N. Ogiwara, H. Hotchi, N. Hayashi, and M. Kinsho, Beam loss reduction by magnetic shielding using beam pipes and bellows of soft magnetic materials, Nuclear Instruments and Methods in Physics Research A 763(2014)329

14) J. Kamiya, N. Ogiwara, T. Yanagibashi, M. Kinsho, and Y. Yasuda, *In situ* baking method for degassing of a kicker magnet in accelerator beam line, Journal of Vacuum Science and Technology A 34(2016)021604

第3節 SPring-8/SACLA

概　要(SPring-8/SACLA)

　SPring-8とSACLAは、それぞれ独立して働く装置であるとともに、連携した大きな装置としても働くことが可能である。図3.1に全景を示す。

　SPring-8は、世界最高性能の放射光を利用することができる大型の実験施設で、軟X線から硬X線までの広いエネルギー範囲で、世界最高輝度の放射光を発生できる。さらに、高エネルギーガンマ線(1.5-2.9GeV)や赤外線も利用が可能である。放射光をユーザーに提供するシステムであるビームラインは最大62本設置可能で、高輝度放射光の発生装置である挿入光源を多数設置でき（最大38台）、これらの光を同時に利用可能である。

　SACLAが供給するX線自由電子レーザー(XFEL)は、超高輝度、高い空間コヒーレンス、超短パルスの特性があり、オングストロームの空間分解能とフェムト秒の時間分解能をあわせ持つため、原子や分子の瞬間的な動きを観察することが可能である。SACLAは、諸外国で数キロメートルの規模で計画されていたXFELを700mで実現した。可能な限りの小型化を図るため、我が国独自のシステムと多くの独自要素技術を結集して設計されている。5本のアンジュレータラインが設置可能で、実験ステーションのある実験研究棟へXFELが供給される。

　XFELとSPring-8からの放射光を同時に利用した実験が行える相互利用実験施設もあり、ここではXFELとSPring-8のビームラインが交差するように設置され、XFELとSPring-8のX線を同一試料上に導くことが可能である。

　SPring-8の加速器は、線形加速器（図3.2）、シンクロトロン（図3.3）、蓄積リングで構成される。線形加速器は、シンクロトロンとニュースバルへ電子を打ち込む全長140mの入射器であり、熱電子型電子銃から引き出された電子が25本の加速管で1GeVまで加速される。シンクロトロンは、ほぼ円形の周長396mの加速器で、入射された電子を8GeVまで加速して蓄積リングへ入射する。シンクロトロンと蓄積リングは全長約300mのビーム輸送ライン(SSBT)で結ばれている。一方、SACLAとシンクロトロンの出射点は全長300mのビーム輸送ライン

図3.1 SPring-8キャンパス全景　（提供：RIKEN）

第1章 大型加速器

図3.2 線形加速器

図3.3 シンクロトロン

(XSBT)で結ばれており（図3.4）、SACLAの線形加速器で加速した電子ビームをXSBT、SSBTを通して蓄積リングへ入射することも可能である。

　線形加速器-シンクロトロン-SSBT、SACLA-XSBT-SSBT間は真空的につながっているが、境界にはゲートバルブや高速遮断弁が設置され、近くの圧力が悪化した場合は電子の入射が停止し、バルブが閉じる。一方、SSBT-蓄積リングの間は、アルミ窓およびベリリウム窓によって仕切られ、窓の間は大気圧のヘリウムとなっている。

3.1 蓄積リングの真空
概　要
　大型放射光施設「SPring-8」は、1997年から放射光の利用運転を開始した挿入光源ビームラインを主体にした第三世代と呼ばれる放射光専用施設である。蓄積電子エネルギーは8GeV、蓄積電流は100mA、赤外線、軟X線から硬X線まで利用が可能で、62本のビームラインが設置出来る（2018年時点で57本が稼働）[1]。

　蓄積リングは、周長1436mで、44の標準セルと4つの長直線セルから構成される。各標準セルは2台の偏向電磁石、10台の四極電磁石、7台の六極電磁石を持つ。隣り合う標準セルの間40カ所には、最大34カ所の挿入光源部、更に8連の加速空洞を1セクションとした4カ所の高周波加速空洞部、電子ビームの状態を監視または制御するための機器が並べられたモニター部、シンクロトロンからの電子ビームを蓄積リングに入れる入射部がある。4カ所の長直線セルは6台の四極電磁石を1セットとしたラティスのマッチングセクションを両端に配置して、その他には一切の電磁石がない約27mの直線部に長尺または複数台の挿入光源を並べる事が出来る。

　挿入光源からは、自然エミッタンス2.4nm・radの電子ビームにより非常に高輝度な放射光が発せられる。

3.1.1 蓄積リング真空システムの概要
　放射光用電子蓄積リングの真空システムに求められることは、電子ビームの性能を最大限に引き出し、安定な放射光をビームラインに輸送することである。そのため、残留ガスとの衝突散乱により電子ビームが失われるのを出来るだけ少なくす

図3.4 SSBT（左）とXSBT（右）

るため、すなわちビーム寿命を長くするために超高真空が必要となる。2000年以降、蓄積電流値を一定に保つために常に電子ビームを継ぎ足すトップアップ運転が多くの放射光施設で行われるようになり、ビーム寿命の重要度にも考え方の変化が出てきたが、放射線防護、省エネルギー、メンテナンスを含めたコストパフォーマンスの観点から、一定レベルの超高真空が必要である事には変わりはない。

また、低エミッタンスの電子ビームの安定運転、放射光の安定供給のために真空チェンバーに取り付けられたボタン電極型電子ビーム位置モニターの位置安定性の確保、真空チェンバー内での放射光のハンドリングが重要となり、放射光による熱負荷に起因するチェンバーの変形、変位をどのようにコントロールするかが重要である。

SPring-8蓄積リングの真空システムは、エネルギー8GeVの蓄積電流の初期値100mAの電子ビームが残留ガスとの散乱とバンチ内の電子同士の散乱により失われ1/eとなるビーム寿命約24時間の目標を達成するのに必要な電子ビーム蓄積中の圧力 1×10^{-7}Paを維持するように設計された。

電子蓄積リングのビーム蓄積中のガス放出は、放射光が真空チェンバーなどに照射された際に発生する光脱離(Photon Stimulated Desorption)によるガス放出が支配的であり、これをいかに抑え、効率よく排気するかが重要である。SPring-8では、真空チェンバーの断面形状を水平方向(横幅)に広げてアンテ室(副室)を設けるアンテ・チェンバーを採用して、放射光が真空チェンバーの壁面に照射しないように設計された。アンテ・チェンバーを本格的に採用した日本で初めての蓄積リング真空システムである(図3.6参照)[2]。偏向電磁石からの放射光のうち放射光利用実験を行うビームラインに導かない放射光はアブソーバ、クロッチアブソーバと呼ばれる局所的に配置された放射光吸収体に照射・吸収され、それにより発生する光脱離によるガス放出を近傍に配置した大排気速度の真空ポンプで排気した。真空チェンバーなどからの熱脱離などによるガス放出は、真空チェンバーに沿ってアンテ室に設置された分布型真空ポンプで排気した。

3.1.2 真空チェンバー
(1) 構 成

図3.5に標準セルの真空システムの配置図を電磁石とともに示す。標準セルは2台の偏向電磁

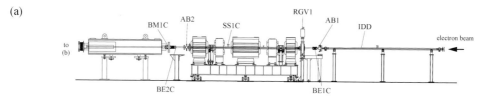

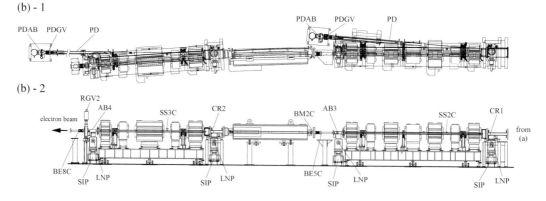

図3.5 標準セル配置 (a) 上流側面図 (b)-1 下流平面図 (b)-2 下流側面図

石、四極および六極電磁石の並ぶ3つの直線部からなる。標準セルの構成は、2台の偏向部チェンバー（BM1C、BM2C、総称してBMC）、3台の直線部チェンバー（SS1C、SS2C、SS3C、総称してSSC）、必要な放射光をビームラインに取り出すための2台のクロッチアブソーバ（CR1、CR2、総称してCR）、真空を仕切るための2台のリングゲートバルブ（RGV1、RGV2、総称してRGV）、2台のベローズ部チェンバー（BE2C、BE5C、総称してBEC）、挿入光源設置部（図3.5では挿入光源の設置まで使われるダミーチェンバー(IDD)となっている）からなる。現在ではほとんどのIDDは、BE1C、AB1、BE8Cと共に挿入光源に置き換えられている。SSCの最下流にはアブソーバ(AB2、AB3、AB4)が組み込まれている。

ビームラインに輸送される放射光はクロッチアブソーバに設けられた開口を通過し、それ以外の放射光はクロッチアブソーバとアブソーバに吸収される。ビームラインに輸送される放射光は、下流のSS2CまたはSS3Cでリングの真空チェンバーから分かれ、放射光取り出し用のフォトンビームダクト(PD)を通り、ビームラインに導かれる。PDとビームラインの間には、フォトンビームダクトアブソーバ(PDAB)とフォトンビームダクトゲートバルブ(PDGV)がある。PDABは、偏向電磁石の放射光を吸収する上下可動式のアブソーバで、下流にビームラインが建設されるまで放射光を吸収して止め、ビームライン設置後は、PDABは開けられ放射光を通す。PDGVはビームラインの真空と蓄積リングの真空を仕切る保守用のゲート弁である。

(2) チェンバー

SSC、BMC、CR、BE2C、BE5Cなど主要なチェンバーはアルミニウム合金(A6063-T5)製で、BE1C、BE8C、PDABのケーシング、真空ポンプ、RGV、PDGVにステンレス(SUS316L、SUS304)が使用されている。チェンバー本体の材質としてアルミニウム合金を採用した理由は、①複雑な断面形状を押出で製作可能、②軽量、③非磁性、④高熱伝導率、⑤低放射化が挙げられる。このような利点がある一方、アルミ製のフランジやベローズはステンレス製の汎用品に比べると一般的でないため、それ自身が重要な開発要素となる。

電子蓄積リングの真空チェンバーの留意事項としてはインピーダンス対策がある。電子ビームが真空チェンバー内を通過するとき、電子ビームは電磁場を誘起する。真空チェンバーの内面に段差や隙間などがあると、誘起された電磁場が電子ビームに影響を及ぼし、ビームエネルギーの損失や不安定を引き起こす。そのため、真空チェンバー内面は断面がスムーズに変化するようにし、インピーダンスを低く抑えなければならない。SPring-8蓄積リングの真空チェンバーでは、隙間0.2mm、段差は0.5mm以下、断面変化は1/10のテーパーで緩やかな変化でインピーダンスが低くなるように設計している。

アルミニウム合金製チェンバーは、アルミ押出材を素材とし、機械加工後、洗浄、溶接の工程で製作された。断面形状を図3.6に示す。押し出しは、内表面からのガス放出率を抑えるため、アルゴンと酸素の混合ガスで内部を封入した特殊な押し出し法を用いた。これにより内表面には緻密な酸化皮膜が生成され、通常の押出材に比べて低いガス放出率が得られる。押出材の材質は高強度のA6063-T5とし、チェンバー両端の端板など強度が求められるところには、耐力の高いA5052を用いた。電子ビームや、放射光とのクリアランスが狭く干渉が厳しいため真空チェンバーには高い製作精度が求められる。例えば、押出材の平面度は、JIS H4100では特殊級でも5mm/5000mmであるが、これを水平方向2mm/5000mm、垂直方向1mm/5000mmで製作することが出来た。

アルミチェンバーの機械加工はガス放出の低減を目的として汚染の原因となり得る切削油を使用しないで、エチルアルコールを用いたEL加工、またはオイルレス加工で行った。チェンバー外形は電磁石の干渉を避けるため磁石形状に合わせて干渉部を機械加工で削り落とした。

アルミチェンバーの洗浄は、有機溶剤によるフ

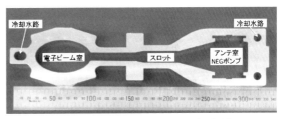

図3.6 アルミ合金製チェンバーSSCの押出断面カットモデル

ラッシングを行い、SUSチェンバーは電解研磨を行った。洗浄後、ビーム位置モニター(BPM)電極をアルミチェンバーにレーザービーム溶接で接合し、その後TIG, MIGなどの溶接[3]で真空チェンバーを組み立てた。

(3) フランジ

アルミチェンバーに使用するフランジは原則としてA2219-T852製のICF規格に準拠したアルミフランジを開発して用いた[4]。シール部は傷防止にTiCまたはCrNのイオンプレーティングを施し強化している。SUS製のRGVと取り合うICF152フランジのみSUS製であり、アルミチェンバーとの接合のため爆着材のアルミ/SUS異材継ぎ手を挟んで溶接接合している。ビーム室形状が楕円であるため、また、特にフランジ中心とビーム室中心にオフセットのあるフランジでは、ビーム室断面を接続するフランジ同士に大きな回転誤差があるとビーム室に段差が発生し、インピーダンスが大きくなるため、段差は0.5mm以下となるように回転を制限した。固定フランジ同士の場合は、ボルト用の穴径の大きさを規格とは変え、ボルトが通れば段差が生じないことを担保させる、あるいは、合わせる両方のフランジにピン穴を設けピンが2枚のフランジに渡って入ることにより段差が生じないことを担保した。固定フランジと回転フランジの組合せの場合は、ピン穴（図3.7参照）とピンでビーム室に段差が生じないことを担保した。また、締結する2枚のフランジ間には電子ビームから見ると隙間がある。インピーダンス対策のためこの隙間を埋めるようにベリリウム銅製のRFコンタクトと呼ぶ板バネ部品を挟み隙間を埋めた。図3.7にフランジとRFコンタクトを示す。

(4) ベローズ

ベローズにはアルミA3004の成形ベローズを開発して用いた[5]。板材からプレス加工でアルミパイプを製作し、内外径を機械加工で削り薄肉パイプとし、液圧成形でベローズを製作した。板厚は約0.6mmで、腐食防止のためベローズ外面にはSiO_2コーティングを施している。ビーム室部分には、電子ビームからベローズの波板が直接見えないようにRFスライドフィンガーと呼ぶベリリウム銅製の板バネを入れ、ベローズ上下流のビームパイプ同士を滑らかに繋ぐインピーダンス対策を施した。アルミ成形ベローズは、大きな物は外径約320mm×270mm×板厚0.6mmのものが使われた（図3.8）。チェンバー断面の大きなBM1C, BM2CとSS2C, SS3Cで1セル当たり4台使用されている。ベローズ部の長さは約120mmで据付あるいはベーキング時の伸縮は-10mm、据付時のオフセットは軸方向±5mm、軸直角方向3mm、角度2°で、ベーキングに対する要求寿命は200回である。接続するフランジ同士に軸直角方向に3mmのオフセットがある場合、このベローズを介しても人の力でフランジを合わせることは荷重が大きく困難なため、治具を製作してフランジの合わせを行った。

(5) アブソーバ

ビームラインに輸送されない放射光はアブソーバやクロッチアブソーバ（図3.9）で吸収する。クロッチアブソーバは、偏向電磁石の端部から約0.75m下流に位置しており、受光体に設けた開口から輸送する放射光を通し、輸送しない放射光は吸収する。偏向電磁石からの距離が近く、放射光のパワー密度が346W/mm^{2}と高いため、受光部は放射光に対して26°の角度をつけて光を斜めに受け、

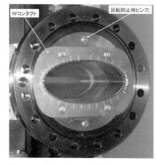

図3.7 アルミフランジとRFコンタクト

図3.8 ICF375フランジ付きアルミベローズ（a）とRFスライドフィンガー（b）（ベローズを切断し内部を見ている）

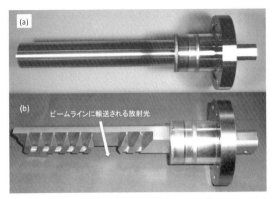

図3.9 アブソーバ (a) とクロッチアブソーバ (b)

発熱を抑えている（CR2の場合を例として記述した）。アブソーバは、偏向電磁石の端部より約5.28m下流に配置されているためパワー密度は49W/mm^2（CR2の下流にあるAB4の場合）で、図3.9上に示すように放射光を円柱形状の正面で受けることができる。いずれも繰り返される熱サイクルに対する強度（熱疲労強度）が無酸素銅より高いアルミナ含有強化銅(GlidCop)[6]を用いた。なお、クロッチアブソーバは、偏向電磁石からの放射光よりパワー密度の高い挿入光源からの放射光を受けるようには設計されてない。クロッチアブソーバは、ビームラインに輸送する放射光を取り出すため、その開口の設置位置精度は±0.3mmと厳しく設定した。そのため、クロッチアブソーバをクロッチチェンバーに取り付けるポートのアルミ製フランジはヘリコフレックスを用いてシールし、フランジが面タッチするようにした。更に、チェンバーとクロッチアブソーバのフランジ同士にピン穴を設け、回転方向のフランジ位置を制限し、クロッチチェンバーに対して設置位置を管理できるようにした。アブソーバはアルミ製ICF114フランジを用いた。GlidCop製のアブソーバとクロッチアブソーバは、無酸素銅C1011とアルミA5052の爆着材を介してアルミ製フランジA2219-T852に接続した。GlidCopと無酸素銅、A5052とA2219-T852は電子ビーム溶接で接合した。クロッチアブソーバの下流面には厚さ3mmのタングステン板をネジ止めし、高エネルギーの放射光の透過を抑制している。

(6) 真空ポンプ

主ポンプはNEG(Non Evaporable Getter)ポンプで、補助ポンプとしてイオンポンプを用いた。放射光を吸収するアブソーバやクロッチアブソーバでは、光脱離により多量のガスが局所的に発生する。この放出ガスを排気するため局所排気系を配置した。放出ガスの多いクロッチアブソーバにはサエスゲッターズ社製のNEGモジュールWP1250を6台組み込んだLNP1と60L/s（N$_2$換算メーカーカタログ公称値）の三極型イオンポンプを組み合わせた局所排気系を配置し、AB3とAB4にはWP1250を4台組み込んだLNP2と60L/sの三極型イオンポンプを組み合わせた局所排気系を配置した[7]。LNPはLumped NEG Pumpの略である。メーカーのカタログ排気速度は、放射光蓄積リングで支配的な残留ガス種であるH$_2$およびCOに対して、LNP1で3.4m^3/s（H$_2$）および1.3m^3/s（CO）、LNP2では2.2m^3/s（H$_2$）および0.9m^3/s（CO）である。直線部真空チェンバーSSCのアンテ室にはチェンバーに沿ってSt707 NEGストリップを上下2段に配置した。カタログ排気速度はストリップ1m当たり約0.2m^3/s/m（H$_2$）および0.09m^3/s/m（CO）である。これをDNP (Distributed NEG Pump)と呼んでいる[8]。NEGストリップは幅30mmでチェンバーに沿って配置しているためコンダクタンスの影響をほとんど受けることなく効率よく真空チェンバーからのガス放出を排気することができる。また、偏向電磁石部真空チェンバーBMCの電子ビーム室のリング外側のアンテ室にはNEGストリップを1段配置し、リング内側のアンテ室には偏向電磁石の磁場を利用した2極型のイオンポンプDIP(Distributed Ion Pump)を配置した[9]。設計排気速度はDIP1m当たり約0.1m^3/s/m（H$_2$）および0.05m^3/s/m（CO）であり、1台のBMCにDIP長さ2m分を設置した。下記の放射光輸送ラインを除いた1つの標準セルの総排気速度はカタログ値で約18m^3/s（H$_2$）および7m^3/s（CO）である。

実験ホールへの放射光輸送ラインのフォトンダクトアブソーバには110L/s（N$_2$換算メーカーカタログ公称値）の三極型イオンポンプとチタンサブリメーションポンプ(TSP)を配置した。

ベーキングおよびNEG活性化中の粗排気は、1セル当たりクロッチアブソーバ(CR1、CR2)、アブソーバ(AB3、AB4)、の4カ所に250L/s（メーカーカタログ値）の磁気浮上型のターボ分子ポンプ(TMP)を接続して行った。ただし、セルのベーキン

第6編 巨大真空システム

グ、NEG活性化が終了すると取り外し、次のセルの立ち上げに使用し、全部で48台のTMP粗排気ポンプを順次移動・設置をしてリング全周の真空の立ち上げを行った。

(7) 真空計測

圧力の計測には主として電離真空計、残留ガスの分析には四重極質量分析計を用いた。四重極質量分析計は、強い放射線の影響で運転開始直後に損傷し、運転初期のデータを取得することができなかった。後に、新しい物と交換し、鉛板で遮蔽を施して計測を行ったが、やはり数週間で測定ができなくなった。放射線の強い場所での計測にはかなりの遮蔽対策が必要である。

アブソーバ近くに配置された電離真空計にも放射線の影響が主な原因である大きな測定誤差が生じた。電離真空計の測定誤差原因は、①放射線が測定子とコネクタ間の大気圧の空気を電離し、イオンがコレクタのピンに入る。②放射線が真空計のシールドケーブルに照射し、放射線誘導電流が流れる。③光電子が測定子に入るという3つの現象が観測された。①が最も大きな誤差となって現れ、ビーム電流値に比例した圧力上昇を示し、電子蓄積リングの真空システムで観測されるはずの放射光照射によるいわゆる「枯れ」が電離真空計の計測値からは観測されないという状況になった。①と②の対策のため、測定子の特にコネクタ部を鉛で遮蔽し、ケーブルも鉛管に通して遮蔽すると、今度は③の影響が見られ、測定値がマイナスとなってしまう。③の対策として、測定子と真空チェンバーの間にUの字型のパイプを挿入し光電子の流入を防ぎ、更に永久磁石を真空チェンバーと測定子を結ぶ配管の途中に被せ光電子流入を防ぎ、測定誤差対策とした。これらの対策後は、誤差の少ない圧力計測が可能となった[10,11]。

(8) リングゲートバルブ

蓄積リングの44の標準セルの間の約5.7mの直線部には、挿入光源、高周波加速空洞、入射部が設置されており、これらと標準セル部の真空セクションは、オールメタル製のリングゲートバルブRGVで仕切られている。インピーダンス対策として電子ビームの通過するRGVの開口部にはベリリウム銅製のRFシールドが設けられている。圧空作動式バルブであり、リングの真空悪化などのイン

ターロック動作により自動的に閉められる。ここで用いたRGVは、両側のフランジに対しバルブシート面を持つダブルシール型であり、バルブ閉時は、RGV内部は、両側の真空と分離される。RGV本体にはICF70サイズの手動オールメタルアングルバルブを取り付けた排気ポートが設けられ、バルブ閉時にバルブ内部を排気できるようにしている。RGVはステンレス製であり、RGV本体は250℃でベーカブルであるが、RFシールドに使われているベリリウム銅のクリープが250℃では顕著[12]であるため、ベーキング温度は150℃に制限した。

圧空作動に用いた電磁弁は、停電時、あるいは圧空の供給が絶たれた場合でも、ゲート位置が保持できるようにインパルス式のダブルソレノイド方式としていた。しかし、この方式では、電磁弁よりシリンダー側で圧空の漏れがあるとシリンダーの駆動力が弱まる。RGV閉時にはシール力が弱まり、RGV開時は、RFシールドをバルブ本体のフランジ側に密着させる力が弱まる。ビーム運転中にRFシールドとRGV本体との密着力が弱まり、RFシールドが発熱しRGVが損傷する事故が発生した。それ以来、RGVの開リミット検出を厳しく設定し、少しでも密着が緩むとアラームを発報し、RGVに自動的に開信号を送りシリンダーに圧空を供給、発熱事故を防ぐようにした。また、この事故の後、1台のRGVを改造し、RFシールドとその周辺部品の温度を測定できるようにした。その結果、周回する電子ビームによる誘導電流による発熱の大きな（電子バンチ密度が高い）運転においては、RFシールドの温度が最高100℃近くまで上昇していることが分かった。実験室でRGV単体での調査を行った結果、RFシールドとRGV本体のフランジの熱移動が悪いことが原因であることがわかり、RFシールドとフランジを結ぶ部品の材質をSUSから無酸素銅に変更し、熱伝導を大きくするように部品構造も見直しを行った[13]。その結果、RFシールドの温度上昇を抑えることができた。これ以後、順次RGVを取り外し、改良を行っている。

RGV本体はオールメタルであるが、シリンダー部にはOリングや、グリスが使用されている。シリンダー外筒はアルミ製であるため、シリンダーを厚さ1mmの鉛で遮蔽しているが、上記の改造と同時に保守を行った結果、Oリング類の劣化、グ

リスの枯渇が確認され、これも順次、保守を行っている。

3.1.3 真空システムの据付と真空立ち上げ

メーカーの工場で製作された真空チェンバーと部品をSPring-8サイトへ搬入した後、真空チェンバーに取り付けられたビーム位置モニター(BPM)の校正を行った。その後、真空チェンバーに分布型NEGポンプ(DNP)、分布型イオンポンプ(DIP)の取り付けを行った。搬入後にDNP、DIPの取付を行ったのは、真空チェンバー内にDNP、DIPをしっかりと固定することが困難なため、輸送時の損傷リスクを避けるためである。

真空チェンバー組立後、個々のチェンバーの140℃プリベークとNEG活性化を行い、到達圧力が約$2×10^{-8}$Pa以下であることを確認した。チェンバーには、運転中に冷却水でチェンバー温度を一定に保つことができるように冷却水配管が押出材断面に設けられている。ベーキング時は140℃の温水をこの冷却水配管に流し、ベーキングを行った。温水は沸騰しないように約0.7MPaに加圧した[14]。ベローズ、フランジなど冷却水配管のないところは一時的に電気ヒータを取り付けてベーキングを行った。ベーク後、真空チェンバー内は窒素パージを行い、据付まで保管した。

加速器収納部内での据付は、BMCは、C型の偏向電磁石のリング外側のヨーク開口部から水平に真空チェンバーを滑らせるように挿入し、SSCは、上半分を外した四極、六極電磁石の上にクレーンで降ろして据え付けた。真空チェンバーのアライメント基準は電磁石である。アライメント後、フランジの締結を行ったが、締結の際は埃が真空チェンバー内に入らないように、フランジ締結部を幅1m、奥行き2m、高さ2mのクリーンブースで覆って施工した。電磁石の上半分を復旧後、冷却水（温水）配管、配線などの接続を行った。

真空立ち上げは、3つのセルを同時に温水と電気ヒータで140℃、20時間のベーキングを行い、ベーキングの降温開始と同時にNEGの活性化を行った。到達圧力は、ほぼ全てのセルで$1×10^{-8}$Pa以下であった。

3.1.4 ビーム運転開始後の真空システム

(1) 運転中の圧力推移とビーム寿命の伸び

電子ビーム運転していないときの圧力は、ほぼ全ての真空チェンバーが10^{-9}Pa台の圧力である。ビーム運転時の圧力上昇ΔP(Pa)を蓄積ビーム電流I(A)で規格化した$\Delta P/I$を積分電流（蓄積ビーム電流の時間積分値）Doseの増加に対してプロットしたグラフを図3.10に示す。図3.10に示したのは直線部真空チェンバー(SS1C)とアブソーバ3、4(AB3、AB4)、クロッチアブソーバ1、2(CR1、CR2)の結果である。SS1Cの$\Delta P/I$はDoseの増加と共に減少しているが、AB3、CR2はDoseが10Ahくらいから減少が止まりほぼ一定の値を示すようになった。これは、前項（7）（真空計測）に記述した真空計測定子とコネクタの接続部分の大気が放射線により電離される誤差が主原因である測定誤差の影響である。この真空計測定誤差対策を施した後(Dose 2250Ah以降) は、CR、ABの$\Delta P/I$は図3.10に見られるように下がった。従って、実際の$\Delta P/I$の変化はDose 10Ahまでの値と、対策後の値を結んだ線であったと推測される。$\Delta P/I$はDoseに対し$\Delta P/I \propto \text{Dose}^{-x}$と表すことが出来、その減少の勾配$-x$は$-0.57 \sim -0.78$となった。積分電流が11Ahと66AhでSS1Cの$\Delta P/I$が急激に下がっている。これは、蓄積リング全周に渡りNEGの再活性化を実施した効果である[15]。

図3.11に縦軸に蓄積電流値とその時のビーム寿命の積$I \cdot \tau$を、横軸に積分電流Doseを取ったグラフを示す。

ビーム運転していないときの圧力が十分低くビーム運転時の圧力に対して無視でき、放射光による光刺激脱離が運転時のガス放出に対して支配

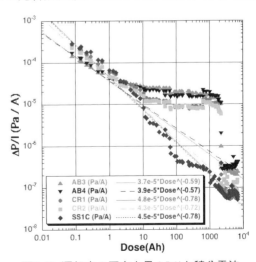

図3.10 運転中の圧力上昇$\Delta P/I$と積分電流

的である場合、一般的にある時点での蓄積リングの蓄積電流値とビーム寿命の積I・τは一定である事が知られている。また、電子バンチ内の電子どうしの散乱により電子がバンチからこぼれて失われるタウシェック寿命と呼ばれる寿命も蓄積電流との積が一定値になる。タウシェック寿命を含めても、ある時点でのI・τは一定となる。ビーム運転が進行すると光刺激脱離によるガス放出量が低くなり、残留ガス散乱によるビーム寿命が長くなりI・τも増加する。I・τはチェンバー内でのガス放出量の低下、すなわち蓄積リングの真空の枯れを見る良い指標となる。ただし、バンチ内の電子密度が高くなる運転では、バンチ内電流の二乗に依存するタウシェック寿命の項が現れるので、単純にI・τを比較することは出来ない。

図3.11はマルチバンチ運転と呼ばれるバンチ内電流の低い運転におけるI・τを長期間にわたり記録した結果である。ビーム運転の進行、すなわちDoseの増加に従い、I・τが伸びて行った様子が分かる。積分電流11Ahで急にI・τが延びているのはNEGの再活性によりチェンバー内の排気速度が回復して残留ガスが少なくなりビーム寿命が延びた効果と考えるが、積分電流66AhではI・τの伸びは顕著ではなかった。積分電流が630Ah、1600Ah他でI・τが落ちているのは、大規模な改造などを行い、圧力が悪化したときであるが、I・τはすぐに回復している[15]。

(2) 主なトラブル[16]
1) 銅アブソーバの腐食

高周波加速空洞には専用のアブソーバ（RFアブソーバ）が設置されている。そのRFアブソーバに2001年、冷却水漏れのトラブルが発生した。放射光の照射部と冷却水の界面でRFアブソーバに局所的に腐食・溶解が見られ、腐食部分から真空中に冷却水のリークが発生した。図3.12に損傷部の断面写真を示す。図3.12（a）が二重管構造のRFアブソーバ先端を分割した断面で、外形管、内径管とも腐食が見られる。図3.12（b）は腐食部の断面拡大である。放射光照射部のみ選択的に深く腐食している。放射光照射部に冷却水が流れている構造の他のアブソーバについても調査を行ったが、図3.12のような激しい腐食は見つからなかったが、浅い腐食痕は観察された。RFアブソーバと他のアブソーバは冷却水系統が異なり、当時、RFアブソーバの冷却水は溶存酸素量が高かったと考えられるため、溶存酸素の存在が腐食の進行を早めたと推測している。予備のRFアブソーバに交換後、放射光利用を再開したが36.2時間のロスタイムが生じた。その後、RFアブソーバは、放射光照

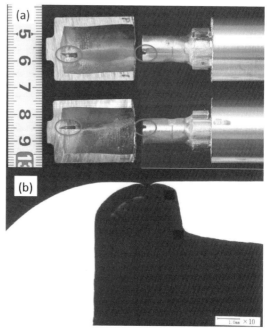

図3.12 RFアブソーバ断面、放射光と冷却水による腐食
(a)は二重管構造のアブソーバを分割した内面写真で、赤丸で示した放射光照射部だけ選択的に腐食している。(b)は腐食部の断面拡大である。

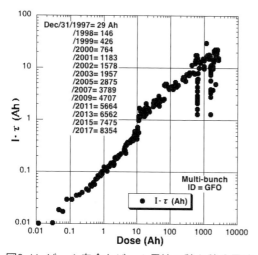

図3.11 ビーム寿命とビーム電流の積と積分電流

射部に対して冷却水路の高さを変えて、冷却水に放射光が照射されない構造に変更したものに全数を交換、また冷却水の溶存酸素を減らす対策も行った。また、冷却水に放射光照射がされる他のアブソーバ(AB3、AB4、PDAB)も構造を変更しほぼ全数の交換を行った。また、冷却水の溶存酸素量の監視も行うようにした。

2) 電子ビームによるステンレス製チェンバーの溶解と真空リークの発生[17]

2003年に蓄積リングの電子ビーム入射部において、インターロック動作などにより高周波加速空洞からのエネルギー供給が絶たれて、周回電子ビーム軌道から外れてリング内周側に寄った蓄積電子ビームがSUS316Lステンレス製チェンバーの薄肉部に当たってチェンバーが溶解して真空リークを起こすトラブルが発生した。入射部では電子ビームにバンプ軌道を作り、入射器であるシンクロトロンからの入射ビーム軌道に極力近づけるため、その境界にある真空チェンバーは0.7mm厚の薄肉になっている。この薄肉部のチェンバー内壁に電子ビームが複数回当たっていることが、薄肉部の断面調査により判明した（図3.13）。

予備チェンバーへの交換を行い、ユーザー運転を再開したが、119.6時間のロスタイムが生じた。

その後、薄肉部を必要最小限の領域のみに限定したチェンバーの設計・製作を行い停止期間中に交換をした。また上流部には薄肉部より前に電子ビームが当たるようにアルミ製のビームダンパーを設置した。

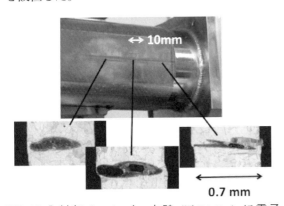

図3.13 入射部チェンバー内壁（厚さ0.7mm）に電子ビームがあたり溶解した部分の断面観察（溶解痕から複数回のビーム通過があったことが分かる。溶解痕の大きさは電子ビームサイズと同じ程度である。）

3.1.5 真空系の制御

真空システムの制御は、大きく2つのシステムで構成される。1つは真空機器の遠隔制御とデータ収集、監視を行うVMEシステム、もう1つは真空機器保護インターロックを司るPLCシステムである。

遠隔操作を行っている真空機器は、リングゲートバルブ(RGV)の開/閉、DIP(Distributed Ion Pump)のon/offとフォトンビームダクトアブソーバ(PDAB)、フォトンビームダクトゲートバルブ(PDGV)の開/閉で、GUI(Graphical User Interface)を介してVMEシステムで制御している。真空計のon/off状態と圧力値、SIPとDIPの状態、RGVの状態、冷却水流量リミットスイッチと温度スイッチの状態などのデータは、全てVMEシステムで収集され、上位のデータベースに格納される。これらのデータは、データベースシステムで監視され、異常があれば警報を発する。

大気リークなどの重大事故の恐れのある真空機器の状態はPLCシステムでも監視され、異常があった場合、PLCシステムによってインターロック操作が行われる。例えば、放射光吸収体であるクロッチアブソーバ(CR)やアブソーバ(AB)などの冷却水流量低、冷却水温度高の異常が発生した場合は、インターロックにより直ちに蓄積中の電子ビームが廃棄される。圧力高の場合は、蓄積中の電子ビームが廃棄される上、RGVが閉められる。このPLCシステムの状態は上位系に監視され、PLCシステムに異常が発生した場合も電子ビームが廃棄される。

〔参考文献〕

1) http://www.spring8.or.jp/ja/ SPring-8ホームページ参照
2) Vacuum System for the SPring-8 Storage Ring, H. Ohkuma, H.Saeki, H. Sakaue, K. Watanabe, Y. Wang, C. I. Xu and S. H. Be, KEK Proceedings 94-3(1994)p.29
3) SPring-8蓄積リング真空システムにおける溶接・接合、大熊春夫、摩擦圧接、vol.3, No.3 (1996)pp. 99-103
4) SPring-8用アルミフランジ、石垣恒夫、渋谷敬一、柳義彦、坂上裕之、渡邊剛、大熊春夫、

佐伯宏、べい硯喜、KEK Proceedings 94-3, (1994)p.273

5) SPring-8蓄積リング真空系用アルミベローズ、飛田拓三、杉崎憲三郎、鈴木啓之、柳義彦、土屋将夫、渡邊剛、坂上裕之、大熊春夫、佐伯宏、べい硯喜、KEK Proceedings 94-3, (1994)p.243

6) "GLIDCOP" by SCM Product, Inc., http://www.aps.anl.gov/APS_Engineering_Support_Division/Mechanical_Operations_and_Maintenance/Miscellaneous/tech_info/Glidcop/SCM_Glidcop_product_info.pdf

7) SPring-8蓄積リング用Lumped NEGポンプの性能特性、山野義之、杉井一生、木本義弘、大林哲郎、横内茂、藤原誠士、柳義彦、伊藤裕、坂上裕之、大熊春夫、渡邊剛、佐伯宏、べい硯喜、KEK Proceedings 94-3, (1994)p.217

8) SPring-8蓄積リング直線部チェンバの製作、土屋将夫、大石真也、小野一道、前原博、西殿敏朗、渡邊剛、佐伯宏、坂上裕之、大熊春夫、べい硯喜、KEK Proceedings 94-3, (1994)p.175

9) SPring-8蓄積リングの偏向電磁石部チェンバ用真空排気系(分布型NEGポンプと分布型イオンポンプ)の製作、性能評価試験、柳義彦、山本恵、妻木孝治、鈴木洋三、鈴木啓之、橋本宏、垣内俊二、井上誠二、戸田義一、鈴木雅晴、笹島弘、松本 学、平野暢夫、小針利明、伊藤裕、坂上裕之、渡邊剛、大熊春夫、佐伯宏、べい硯喜、KEK Proceedings 94-3, (1994) p.199

10) 放射線等による圧力測定異常とその対策、大石真也、依田哲彦、谷内友希子、小路正純、米原博人、大熊春夫、真空、vol.49, No.5(2006) pp.302-305

11) 放射線等による圧力測定異常の実験的研究、大石真也、小路正純、谷内友希子、田村和宏、正木満博、高野史郎、早乙女光一、大熊春夫、真空、vol.51, No.6(2008)pp.386-391

12) Creep of RF-contact Slide Finger Due to Baking, K. Watanabe, K. Hayashi, H.Ohkuma, S. H. Be, SPring-8 Annual Report 1994, p.114 (http://www.spring8.or.jp/pdf/en/ann_rep/94/p114-115.pdf)

13) SPring-8蓄積リング ゲートバルブ発熱調査、大石真也、小路正純、岡安雄一、谷内友希子、米原博人、大熊春夫、第6回日本加速器学会年会(東海村)、(2009)pp.1008-1010

14) Performance of the Heated-water Unit, H. A. Sakaue, K. Watanabe, H. Saeki, M. Iizuka, H. Ohkuma, S. H. Be, SPring-8 Annual Report 1994, p.122. (http://www.spring8.or.jp/pdf/en/ann_rep/94/p122-123.pdf)

15) 13 years' operational experience of SPring-8 vacuum system, H. Ohkuma, M.Oishi, M. Shoji, Y. Taniuchi, Y. Okayasu, Vacuum 86 (2012)pp. 938-942

16) Development of SPring-8 vacuum system, M. Shoji, M.Oishi, T. Yorita, Y. Taniuchi, Y. Okayasu, H. Yonehara, H. Ohkuma, Vacuum 84 (2010)pp.738-742

17) SPring-8電子蓄積リング真空チェンバーの8GeV蓄積電子廃棄時における損傷の調査、依田哲彦、大石真也、熊谷教孝、大熊春夫、米原博人、清水純、田中均、真空、vol.48, No.3 (2005) p.103-105

3.2 真空封止アンジュレータの真空

アンジュレータは、多数の磁石を並べて作りだした周期磁場中に電子を入射して何度も蛇行運動をさせ、そのたびに発生する放射光を干渉させることで高輝度な特定波長の光を発生させる挿入光源装置であり、磁場強度を変えることで光の波長を変えることができる(図3.14)。

より強い磁場が必要な場合は、磁石列間の距離(ギャップ)を狭めていくが、真空槽の外側を磁

図3.14 蓄積リング内に設置された真空封止アンジュレータ

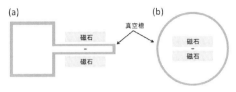

図3.15 真空槽と磁石の関係

石列が挟み込む構造の場合（図3.15 (a)）、真空槽と磁石列の間に必要なクリアランスを加えた値が最小ギャップとなる。一方、磁石列が真空槽内にある場合（真空封止タイプ）、ビームに影響を与えない最小開口までギャップを閉じることが可能であり、このことによる磁場の増強は非常に大きい（図3.15 (b)）。

図3.16に構造を示す。真空槽（SUS304製）内に磁石列（a）が設置される。磁石はアルミ製梁（b）の上に配列され、梁はシャフト（c）で支えられる。シャフトはベローズ（d）を介して大気中の鉄製の梁（e）に接続され、梁は上下に開閉する。シャフトと鉄製梁の間にはリニアガイド（f）が挿入されており、ベーキングや周辺温度変動によるアルミと鉄の熱膨張差を逃がしている。

磁石は熱の伝わりにくい真空中にあるためウェイク場や上流側からの放射光による入熱（蓄積リング）により温度が上昇しやすい。永久磁石は10^{-3}程度の温度係数を持つため、温度上昇で磁場が変化し波長の変動を引き起こす。このため、冷却水配管（g）が取り付けられ±0.1℃で温度の安定化がされている。

磁石と磁石の間には、わずかな隙間がある。このためインピーダンスの増加すなわち、ウェイク場が増大する。そこで磁石列を金属製のシートで覆うことで隙間を無くし、インピーダンスを軽減する。シートは50μm程度の厚さの銅にニッケルメッキを施している。ニッケルが磁場で吸引されることで冷却された磁石列と十分な接触を得て熱を除去できる。

永久磁石は焼結体であるため無数の孔が存在しており、大きなガス放出が起こる。これを防ぐために磁石表面にTiNを5μmコーティングし、放出ガス量を大きく低減している。排気は、イオンポンプと非蒸発型ゲッターポンプを用い到達圧力は10^{-9}Pa台である。

3.3 SACLAの真空
3.3.1 SACLAの構成

高エネルギー電子がアンジュレータの中を通過すると、周期磁場により電子が繰り返し曲げられ強い光が発生するが、磁石周期が短いとこの光はX線となる。SPring-8では、たくさんの電子がばらばらにアンジュレータの中を通過するため、出てくる光はコヒーレントにはならない。しかし、非常に長いアンジュレータの中を電子の塊が通過するとき、後ろの電子から出る光と前の電子との相互作用により電子は波長間隔に並び、コヒーレントなX線が発生する。X線自由電子レーザー(XFEL)"SACLA"は、この自己増幅自然放射機構を用いた装置である。

SACLAは、電子を発生する「電子銃」、その電子を加速し電子ビームをつくる「線形加速器」、その電子からX線レーザーを発生させる「アンジュレータ」から構成される（図3.17）。線形加速器の後にあるキッカー電磁石で電子ビームの軌道を切り変えることで複数のアンジュレータビームライン（5本まで設置可能）およびSPring-8へ電子を供給することができる。

「電子銃」は熱電子銃であり、大電流でまっすぐなビームを発生させるために、表面がきわめて平坦なセリウムボライド(CeB_6)単結晶のカソードが用いられ、グラファイトヒーターにより1450℃に加熱される。

「線形加速器」は、非常に強力なマイクロ波（電磁波）を加速管と呼ばれる銅製の装置に貯め、その中に生じる強い電界で電子ビームを加速する。電界が強いほど短い距離で電子を高いエネルギー

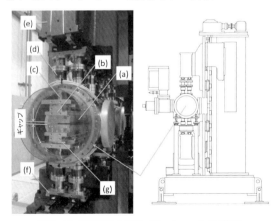

図3.16 真空封止アンジュレータの構造

図3.17 SACLAの機器　(a) 電子銃　(b) 線形加速器　(c) アンジュレータ

まで加速することができる。XFELでは、電子の加速能力を従来の2倍にするCバンド加速器(5.7GHz)が開発され、加速器のコンパクト化が実現した。高純度の無酸素銅とそれを1ミクロン精度で加工する技術により、1cmあたり305kVという高電界を持つ加速管が可能となった。この時、加速管の内部では2cm毎に等間隔に並んだ電極間に、瞬間的に70万ボルトほどの電圧が生じる。また、0.01℃の温度調節を可能にした冷却水循環技術により、加速管の熱膨張による変動を防止している。

「アンジュレータ」は、真空封止型を採用することにより、低い電子エネルギーでもX線レーザーの発生が可能となりSACLA全体がコンパクトになった。すなわち、磁石列を真空槽内に入れることにより、磁石列を電子ビームに最小1.5mmまで近づけ強力な磁力を電子ビームに与えることができる。

アンジュレータを通過した電子は、偏向電磁石により軌道を曲げられ地中に設置されたビームダンプへ誘導・吸収されるが、XFELはそのまま直進し、光源棟に隣接する実験研究棟内にある光学ハッチへと進み、集光ミラー・分光器などのX線光学系で調整されたのち、実験ハッチ内で試料にXFELを照射し、データが取得される。ビームラインNo.1については、上流に小型の専用加速器があり極紫外FEL実験にも使用することが可能である。

3.3.2 要求される真空

蓄積リングのようにリングの中を電子が周回するのではなく、XFELでは電子は1回だけ通過する。このため、加速された電子と残留ガスとの衝突の影響を受けないようにするには、線形加速器と同様に10^{-4}～10^{-5}Paの圧力で十分である。しかし、加速管等の高周波システムにおけるマルチパクタリング等の放電現象を防止するために圧力を下げる必要があり、ポンプ等の寿命を延長するためには低い圧力が望ましいことより、圧力は10^{-7}Paとした。この圧力設定により、労力と時間のかかるベーキングは行わないこととした。このためベーキングによる歪みや熱膨張差を吸収するための複雑な支持機構が不要となり、伸びを吸収するためのベローズも削減できた。

3.3.3 排気系のデザイン

排気のためのポンプは、主としてスパッタイオンポンプ(SIP)である。圧力上昇による放電現象を防止する必要のある加速管部分では、約2m毎に100L/sのSIPが設置されている。アンジュレータは、スパッタイオンポンプの他に大排気量のカートリッジ型の非蒸発ゲッターポンプ(NEG)を用いた。

SIPの連続稼働可能領域は10^{-3}Pa台であるので、最初の大気からは粗排気を行わなければならない。ゲートバルブで区切った区間ごとにターボ分子ポンプとスクロールポンプで構成される粗排気セットを排気用のオールメタルアングルバルブに接続して区間を移動しながら排気した後、SIPに切り替えた。

3.3.4 圧力の測定・機器保護

真空ゲージは、圧力精度は余り良くないが高速で応答するコールドカソードゲージ(CCG)を主に用いた。加速管の放電などで圧力が悪化した際には、50ms以内に加速管を停止するインターロックとして利用している。圧力が悪化すると放電が起こりやすい状態になり、放電が続くと加速管にダメージを与える。また、放電により発生した電子が下流へ加速されてしまう恐れがある。これらを防止するため、圧力悪化時には、速い応答で加速管を停止することが要求される。

3.3.5 真空機器からの漏洩磁場対策
(1) 入射部

電子銃から加速管までの電子ビームエネルギーが1MeV以下の低エネルギー領域では、地磁気程度の磁場でもビームの質に大きく影響を与える。このため、床コンクリート内部の鉄筋を消磁して環境磁場の平坦化を行い、地磁気を相殺するための補正コイルを導入した。しかし、機器設置後の磁場計測でSIP、CCGからの漏洩磁場のため環境磁場分布に大きな乱れがあることが判明した。対策として、SIP付属の磁気遮蔽材1mmに更に3mmの炭素鋼板を追加し、CCGについては4.5mm炭素鋼管で覆うことで、地磁気の1/10オーダーのばらつきに押さえ込んだ。この結果、補正コイルを用いて環境磁場を0.01G以下に補正することができた[1]。

(2) アンジュレータ上流

アンジュレータを通過する電子ビーム軌道を高精度で直線に定めることを目的に電子ビームを用いたアライメントが計画された。参照軌道を規定するために、アンジュレータ上流に2台のビーム位置モニタ(BPM)が約8m離して設置されたが、この区間は、電子ビーム軌道のエネルギー依存性を排除し、かつ、電子が直進するように、環境磁場を地磁気の約1/100まで抑える必要がある。しかし、設置後の磁場計測で真空槽の鉄製支持装置やSIP、CCG周辺で最大0.82Gという磁場が計測された。この磁場を抑制するため、(1) SIPやCCGなど、磁気を帯びた機器は可能な限りビーム軸から遠ざけ、漏えい磁場を防ぐために軟鉄などを用いてシールドし、(2) 支持装置類の材質をSUS316LやSUS304に変更し、(3) 磁場を遮蔽するために、飽和磁束密度と非透磁率が高いシート状の素材を真空槽やベローズなどに巻きつけた。これらの対策の結果、環境磁場を0.004G以下に抑えることができた[2]。

3.3.6 真空コンポーネント[3]
(1) 食い込み型フランジ

加速管・導波管用に高周波対応真空フランジ（ADESYフランジ）を開発した（図3.18 (a)、図3.18 (b)）。ADESYフランジは、ドイツの加速器施設DESYで使用されていたフランジをもとに改良したものである。ADESYフランジは、凸型のシールエッジを銅ガスケットに強い力で食い込ませることで真空シールを行う。またフランジ面どうしが接触するまで締め付けることで、常に一定の深さまでガスケットを食い込ませることができる。このとき銅ガスケットは塑性変形して、フランジとフランジの隙間の段差が少なくなるように一定量だけ内径（真空側）へ押し出される。このことによりフランジの隙間と電子ビームの干渉によるインピーダンスの悪化や高調波の防止、放電・発熱・不安定性の励起の抑制を行う。図3.18 (c)にシール構造を示す。ガスケットの厚さは市場流通性を考えコンフラットフランジで使用されているものと同じ2mmで固さも同じとした。真空シールの機構は、エッジがガスケットに食い込むとき、エッジの外径側角で銅の大きな塑性的流動が起きて隙間を埋め込むことによる（図3.18 (d)）。ガスケットへの食いこみが深いため、ガスケットの表面状態、多少の傷（マイクロカッターで付けた大気側－真空側を結ぶ最大深さ160μmの傷でもシールできた）、ガスケットの厚さのばらつきに関係なく、流動化した銅がこれらを埋め込んで完全に真空シールすることができる。ガスケットは押しつぶされるとガスケット外径側へ張り出し（膨張）ガスケット溝側面へ押し付けられて、この反力がシールエッジとガスケットとの密着性をさらに高める。しかし、ガスケットとガスケット溝の接触の仕方によっては密着性を緩める方向に反力が働き不安定になることがあるので、ガス

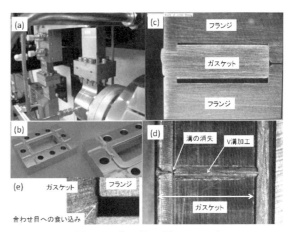

図3.18 食い込み型フランジ
(a) 導波管のフランジ (b) フランジ構造 (c) フランジエッジのガスケットへの食いこみ (d) ガスケット表面に加工した溝の消失 (e) 柔らかいガスケットがフランジ合わせ目へ食い込むことでフランジ締め付けができなくなった状態

ケット外径四隅とガスケット溝四隅が接触しない構造とし、反力はお互いの直線部のみで発生するようにした（図3.18（b）右）。また、ガスケットの厚さと硬度が確保されていることで、ゆがみ、たわみ、フランジ合わせ目の隙間へのガスケットの食い込みが起こりにくい構造とした。

(2) ボルト

ADESYフランジは凸型シールエッジを銅ガスケットに強い力で食い込ませることで真空シールを行う。このため、ボルトには大きな軸力が必要であり、またフランジを均一に締めなければリークするため、一定のトルクで同じ軸力を発生さなくてはならない。このことはボルトやナットの摩擦に関係するので潤滑が必要である。ところが、加速器部では、異常放電を避けるため放出ガスの大きい有機物のパーティクルを真空内へ侵入させることを嫌う。このため、ボルト類への二硫化モリブデンペースト等の有機物系の潤滑剤の塗布を避けたい。ところで、ボルトの潤滑は、焼き付きを防止すれば十分というわけではない。ボルトの焼きつきを防止するためには、硬度を増す（例えば窒化）、ボルトとナットに異材を使用する（例えばSUSボルトにTiナット）、銀コーティングを施すなどがあるが、これらは潤滑性がそれほど向上せず、大きなトルクをかけてもフランジが締まらないことが分かった。そこで、高強度ステンレスボルトとナットにメタル下地処理＋DLC（ダイアモンドライクカーボン）コーティングを施したものを開発した。DLCはアモルファスカーボン被膜で、摩擦係数が小さい、焼き付きにくい、絶縁性がある、低放出ガスという性質がある。パーティクルの発生は微量であり、真空内に侵入したとしても低放出ガスのため影響が少ない。ボルトとナット双方にコーティングすることで、コーティングの剥離、焼きつきを防ぎ、二硫化モリブデンコーティングに近い潤滑性を現すことができた。

一方、放電の問題がないビームラインの枝部に取り付く真空ポンプ等の部分のボルトには低価格なデフリックコートボルトを適用した。

(3) 真空槽

真空槽はSUS316L製で本体は電解研磨し、電解研磨が困難なフランジ等は化学洗浄を行った。ベーキングは行っていない。多くは、Φ25.4×Φ22.1のパイプだが、場所によっては角型の真空槽も使用した。最も大きな角型の真空槽は、ビームライン最終部で電子ビームと光を分離するダンプ偏向磁石内に設置される真空槽で長さ約7m、断面110×27mmの長方形であり断面の薄肉部は2mmである（図3.19）。ダンプ偏向磁石で電子ビームは磁場で曲げられて地中のダンプへ誘導吸収されるが真空部の最終端には、熱を考慮して銅製のダンプ終端真空槽が設置されており、電子ビームはこの真空槽の底を貫通し鉄とカーボンでできたダンプに吸収される。電子ビームを各ビームラインに振り分けるためのキッカー電磁石にはセラミック真空槽、その下流のセプタム電磁石には、磁気遮蔽のためパーマロイ製の真空槽が設置された。

(4) ベローズ

ベローズの山谷と電子ビームが干渉することでインピーダンスが悪化したり、高調波が生じたりすることを防止するため、ベローズはRFコンタクトを内蔵している。全長を短くするために小径で短いベローズを用いるため通常加速器で使われているRFコンタクトは、スペースの関係で取り付けることができなかった。しかし、SACLAはビーム電流が小さいためwake fieldによる発熱の影響は、あまり考慮する必要がなく、RFコンタクトの電気的接触に対しても大電流対策が必要ないという特徴がある。この特徴を生かしSACLAのベローズ用RFコンタクトには、両端が固定されず自由に動く構造のものを開発した（図3.20）。この構造によりRFコンタクトは極めてコンパクトでありながら、ベローズに追従して大きな変位を取ることができるようになった。BCセクションのように角型断面の真空槽に接続するベローズは、内部に角

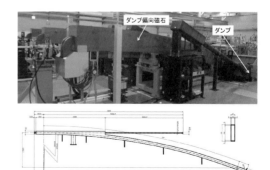

図3.19 ダンプ偏向磁石用真空槽

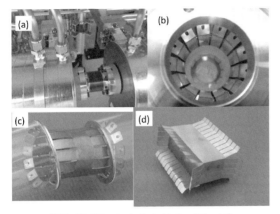

図3.20 RFコンタクト付きベローズ
(a) 加速管のベローズ　(b) ベローズ内のコンタクト
(c) RFコンタクト　(d) 長方形断面のRFコンタクト

型断面のRFコンタクトを用いた。

　加速管上流部にある小ダンプ用真空槽は、通常のベローズを配置するスペースがなかったが、わずかな位置調整ができるように1山だけのベローズを設置した。

3.3.7 真空封止アンジュレータ

　蓄積リングのアンジュレータと基本構造は同じである。BL3ラインでは21台、BL2ラインでは18台のアンジュレータが1列にならんでいる（図3.17(c)）。

3.3.8 真空インターロック

　ゲートバルブによる真空の区切りは、加速管では4ユニットごと、アンジュレータでは2台ごとに、その他の場所では真空のメンテナンスがしやすいように配置されている。ゲートバルブで挟まれた区間の圧力が設定値より悪化すると、ビームを止め、その区間のゲートバルブが閉じるようになっている。

　電子銃の絶縁用セラミックの破損等での突然の大気侵入や絶縁油の流入から真空系を保護するために、電子銃下流近く及び、離れた場所2ヶ所に緊急遮断シャッターが置かれている。

〔参考文献〕

1) Uniformizing an environmental magnetic field of the injector section at SACLA, T. Hasegawa, Y. Kano, S. Tanaka, T. Morinaga, R. Yamamoto, Y. Tajiri, T. Hasegawa, T. Bizen, K. Togawa, T. Hara, H. Tanaka, Proceeding of the 8th Annual Meeting of Particle Accelerator Society of Japan(2011) pp.997-1000

2) Geomagnetic shield for entrance area of undulators at SACLA, H. Aoyagi, T. Hasegawa, T. Bizen, Y. Asano, Proceeding of the 8th Annual Meeting of Particle Accelerator Society of Japan(2011)pp.1379-1382

3) X線自由電子レーザー(XFEL/SPring-8)プロジェクトにおける真空コンポーネントの開発、備前輝彦。J. Vac. Soc. Jpn. Vol. 52, No. 5, (2009)pp.271-277

3.4 放射光ビームラインの真空

3.4.1 ビームラインの概要

　ビームラインとは光源で発生した放射光やFELを実験ステーションに導く光の取り出し口で、以下に紹介するフロントエンドや光学系機器など様々な役割を持った機器が適所に配置されている。SPring-8およびSACLAでは、それぞれ、最大62本、5本のビームラインが設置出来るようになっているが、ここでは主にSPring-8で最も標準的なアンジュレータ（挿入光源の一種）を光源とした硬X線ビームラインのフロントエンドについて取り扱う。図3.21に示すように、蓄積リング内の挿入光源で発生した放射光は偏向電磁石で曲げられる電子から離れて直進しフロントエンドに入る。そして遮蔽壁を抜け、光学ハッチ内の光学系機器によって分光や集光が行われた後ユーザが望む波長・形状の光となってユーザ実験に利用される。

3.4.2 フロントエンド

概　要

　フロントエンドという名前はビームラインの先端部(Front End)に位置することに由来するもので、その使命は「放射光に空間的制限を加え光軸近傍のユーザが欲する良質な光だけを切り出し、安定かつ安全に光学系に供給する」ことにある。ほとんどの機器が通常立ち入ることが出来ない遮蔽壁内に設置されていることから、全てにおいて高い信頼性が要求される。

(1) 構成機器

　光源を同一とした場合、フロントエンドの建設

コストはおおむね配管径に比例し信頼性はそれに反比例するためできるだけ短径配管を採用するのが望ましい。挿入光源用フロントエンドでは放射光の拡がりを考慮してICF70系（内径35mm）を標準としている。

1) 真空機器

フロントエンド自身にとって超高真空は必須ではないが蓄積リングと直結しているために蓄積リングと同等の超高真空の維持が要求される。そのためフロントエンド真空系はベーキング仕様となっており、さらに各機器のメンテナンスを容易にするために超高真空対応のゲートバルブによっていくつかの真空セクションに区切られている。ゲートバルブは全て耐放射線性に優れたオールメタル製で圧空駆動式となっている。オールメタル製ゲートバルブの開閉時間は呼び径がICF70でも約1.5秒かかるため、急激な真空悪化に対応するための緊急遮断シャッター(FCS)が専用のコントローラーと圧力センサー（コールドカソードゲージ）とともに併設されている。FCSもオールメタル製で、圧力センサーがトリガーを出すと即座に（カタログ値では10ミリ秒以下）閉止プレートを落下させて衝撃波を止める。ただし、FCSのゲートシール部は真空気密性を持っていないため上流側にゲートバルブを配置し連動させる必要がある。シート面のシール性能が超高真空対応である緊急遮断バルブ(FCV)も市販されているが、FCVはオールメタル製でないため厳しい放射線環境下にある蓄積リング内では使用していない。真空排気は市販のイオンポンプを加工して放射光がポンプ内を通過できるようにした排気真空槽（図3.22）を各真空セクションに配置した集中排気システムを採用している。排気真空槽にはチタンゲッタポンプ、電離真空計、真空封止用メタルバルブ、および移動式粗排気ユニット接続用アングルバルブ等の真空部品が取り付けられている。電離真空計は通常のICF70ではなくICF114サイズのL字管で本体に接続されている。これは、フィラメントの発熱によるスリーブ管の温度上昇を防ぎかつ光電子の混入を抑止するためで、測定精度の向上を図っている。蓄積リングと取り合う最上流の真空セクションの圧力が重要でありビーム停止状態で10^{-8}Pa台にあるように求められているため、当該セクションには2台の排気真空槽が設置されている。また、上述の短径配管のため排気コンダクタンスが低くなり差動排気と同じ効果を生み出すことから、下流側にあるスリット類からの光照射によるガス放出の影響が上流側（蓄積リング）にまで及びにくい利点がある。

軟X線ビームラインでは残留気体の吸収・散乱による放射線強度の損失を抑制するために超高真空が必要であるが、硬X線ビームラインでは気体

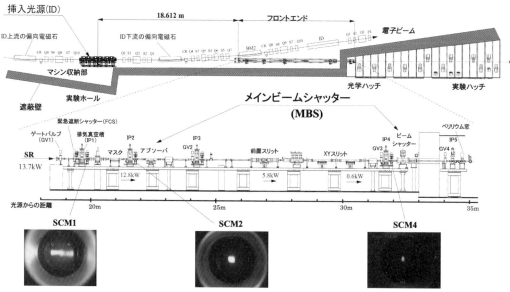

図3.21 SPring-8標準アンジュレータ用ビームライン模式図とフロントエンド機器配置図
（最下段はビームラインコミッショニング時の光軸確認で撮影されたスクリーンモニターの画像）

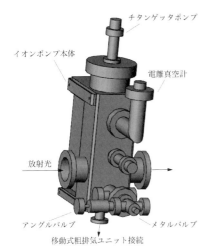

図3.22 排気真空槽の構造

による光吸収が少ないためフロントエンドより下流では超高真空である必要はなく、フロントエンド最下流には真空隔壁としてベリリウム窓が設置されている。ベリリウム窓は安全のため2重構造（250μm厚×2枚）になっており、その中間部は小型のイオンポンプで排気されている。リング真空保護の立場に立つと真空隔壁材は「割れないこと」が重要であり高強度・高熱伝導率で厚いものがよいが、一方ユーザの立場では「放射光に対して透明であること」が最優先される。すなわちX線透過が大きいLow-Z材料であることはもちろん、できるだけ薄くさらに高純度（特異な吸収端をもたない）であることが要求される。近年特にイメージングやトポグラフィーのユーザからフロントエンドから出射されるビーム強度の均一性について改善要求の声が上がり、母材内部にボイドが少ないベリリウム製法の採用や表面粗度の向上（Ra0.05μm以下）を中心とした高品質化に取り組み一定の成果を上げている[1]が、さらに高度なコヒーレントX線に対応できるボイドフリーな素材が求められている。

真空が立ち上がったフロントエンドでの保守作業では、真空を破る際、できるだけノンベークで真空の再立上げを行うことを基本としている。そのために真空作業時には、該当する真空セクションの排気真空槽に取り付けられた移動式粗排気ユニットに「液体窒素蒸発ベント装置」を接続して真空ベント作業を行う。当該装置は自身で小型のターボ分子ポンプとメンブレンポンプを装備しており、液体窒素を注入したタンクをわずかに正圧にした状態で気化させる。ベント用配管内の排気と窒素置換を数回繰り返した後、真空封止用メタルバルブを開けて純窒素を導入する。ベント用配管内に取り付けた圧力計が正圧になったことを確認した後に真空を破って作業にとりかかり、作業中はできるだけ窒素注入状態でおいておく。

2) ビーム成形機器

アンジュレータ放射は基本的に単色光であるが1次光以外に高次光も伴う。SPring-8においては主として1次光が使われている。図3.23にアンジュレータからの1次光フラックス密度分布と放射パワー密度分布（K＝2.3の場合）を示す。水平・垂直方向とも1次光すなわち「光軸近傍のユーザが欲する良質な光」の分布はパワー分布よりもかなり狭い。この軸外の余分な放射光を実験ホールにまで取り出してしまうことは、実験に必要としない高次光が光学系に紛れ込むばかりでなく、ベリリウム窓や光学素子にとって理不尽な熱負荷を与えることになる。そこでフロントエンドのマスクやスリットと呼ばれる機器で成形し光軸中心の光だけを取り出す。図3.21下部はスクリーンモニター(SCM)の画像である。SCMにはアルミナ蛍光板が光軸に対して45°傾けて取り付けられており、光軸を確認する際に圧空駆動により挿入できる。まずSCM1はフロントエンドに入ってくる放射光の状態を示しており、挿入光源からの放射を

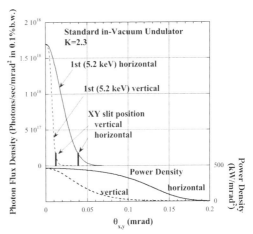

図3.23 アンジュレータ(K=2.3)の1次光フラックス密度分布と放射パワー密度分布
(XYスリットを例えば図に示すような位置に設定することで余分な放射パワーをカットできる)

第6編 巨大真空システム

真ん中にして隣接する偏向電磁石からの漏洩光が左右に確認できる。次にこれらが開口サイズ7mm角の固定マスクで空間的制限を受けることでSCM2の画像のように四角い形状になる。さらにその後前置スリット[2]でφ4mmに、最終的にはXYスリット[3]で1mm角程度に成形されてSCM4で観察されるような状態となり光学系機器に送られる。

3) ビーム遮断機器

放射光を光学ハッチへ導入・遮断する装置としてアブソーバ[4]とビームシャッターが設置されている。両者を併せてメインビームシャッター(MBS)と呼んでおり、前者は放射光の熱成分を後者は放射線成分(主としてガンマ線)を遮断するもので、いずれも圧空駆動シリンダーで上下する構造になっている。ビームシャッターは放射線を遮蔽するために充分な厚さを持ったタングステン合金がチェンバ内に内蔵されている。鉛も遮蔽材であるが、超高真空での使用に適さないため使われない。人的保護のためならこれだけで充分であるが、タングステンに放射光が直接照射すると溶融するため、上流側に熱成分を吸収するための機器が必要となる。これが水冷された銅合金ブロックでできたアブソーバであり、ブロック内部には固定マスクを抜けた放射光(図3.21のSCM2の状態)を通過させる光路(開位置)と全て止める光路(閉位置)が上下に加工されている。ユーザがMBSの開指令を出すと、上述のようにタングステン合金の熱溶融をさけるためにビームシャッターが開いた後にアブソーバを開け、MBSを閉じる際にはアブソーバが閉まった後にビームシャッターを閉じるシーケンスが組まれている。

(2) インターロックシステム

フロントエンド機器はPLC(Programmable Logic Controller)制御のビームラインインターロックシステム(BLIS)に繋がっており、人的保護、機器保護、真空保護を目的とした観点からシーケンスが組まれている。インターロックが動作した時のアラームはレベル1からレベル7まで分類されているが、フロントエンド機器に関わる処置は大雑把には重故障から順に①ビームアボート、②MBS閉、③アラーム発報のみ、に分類される。ビームアボートとは蓄積リングを周回する電子への高周波加速システムを停止して、電子を瞬時に廃棄し放射光(放射線)が発生しない状況にすることである。この場合、ビームアボートを要求したビームラインだけでなく全てのビームラインの利用実験が停止する。このようにビームアボートは影響が大きいことから、人的安全に関わらない軽微な故障や誤操作の場合は該当ビームラインだけMBSを閉じて実験を停止するか、アラームを発報させるだけにしている。

1) 人的保護

ユーザが放射線から守られて安全に実験できるようにBLISは様々な機器の状態を監視しており、MBSは監視対象の1つである。BLISはMBSに開閉指令を送った後、規定の時間内に動作しない場合はタイムアウトエラーを発報する。またMBSのリミットスイッチは2連構造になっており、BLISではリミットスイッチの固着の有無についても判断している。規定の動作とリミットスイッチの健全性については年に2回検査を行うことになっている。放射線成分を止めるビームシャッターについてはいかなる誤作動、誤操作についてもビームアボートになる。

2) 真空保護

フロントエンドは周長1.5kmの蓄積リングと真空的に繋がっているため、運転中にビームラインで重大な真空事故が発生した場合、その影響が蓄積リングまで及ぶことは絶対に回避しなければならない。蓄積リングの圧力が一旦大気圧近くまで上がってしまうとベーキングとNEG活性化による超高真空の再立上げには多くの時間(数ヶ月)と労力を要する。そのため、フロントエンドの圧力異常をトリガーとしてビームアボートさせるインターロックが2系統用意されている。1つは比較的緩慢な圧力上昇に対応するもので、最上流真空セクションにある2つの排気真空槽に取り付けられている電離真空計の圧力が同時に設定値(上流側1×10^{-5}、下流側1×10^{-4} Pa)を超えたときである。もう一つは上述の緊急遮断シャッターシステムであり、急激な圧力上昇に対応する。トリガーとなる圧力センサーは2箇所に取り付けられている。1つは下流側の光学系からの真空事故を想定しており2枚のベリリウム窓に挟まれた空間に、他方はフロントエンド自身の機器による真空事故を想定しており最上流の排気真空槽に取り付

3) 機器保護

フロントエンドにおける最大の脅威は放射光の熱負荷に起因する機器の破損である。標準真空封止型アンジュレータが発する放射パワーは最小ギャップ時(K＝2.6)には全パワー13.7kW、最大パワー密度約550kW/mrad^{2}に達する。従って約20m離れた位置にあるアブソーバでは1kW/mm^{2}を超える熱負荷が降りかかることになる。図3.24に示すように、フロントエンドにおける高熱負荷処理の基本は斜入射技術すなわち受光面を光軸に対して傾けて照射面積を増やしパワーを面内に分散させることにある。また冷却面における熱伝達特性を向上させるために冷却水路の壁面に沿わせて銅製コイルを挿入することも行っている。これにより、熱伝達係数を素管の3倍程度大きくすることができる。また材料には高温強度に優れたGlidcop（アルミナ分散強化銅）が広く使われている。

実際の使用に際しては事前に3次元有限要素法による解析を行い各高熱負荷機器の健全性を確認することが必要である。まず「熱負荷で溶けないか？」を見極めるために、放射パワー密度の空間分布を解析モデルに付与し冷却面に銅製コイルの効果を考慮した熱伝達係数を設定して照射面と冷却面の最高温度を求める。照射面温度の許容上限値は余裕を見て少なくとも融点の半分以下としている。冷却面については沸騰領域における熱伝達特性向上を利用する手法もあるが、フロントエンドではバーンアウトの可能性を排除するために最高温度が100℃を超えないような設計方針をとっている。次に「熱応力で壊れないか？」を判断するために熱解析で求めた温度分布を境界条件として静的構造解析を行う。その結果最大相当応力が降伏点を超えた場合には材料の塑性特性を反映した弾塑性解析を行い繰り返し熱疲労に対する評価を行いながら設計している[5,6]。従って受光機器の機器保護には冷却水流量の確保が絶対条件で冷却水流量をインターロックに取り込んでおり、放射光が照射された状態にある機器の流量が下限値より下がるとビームアボートになる。また、ゲートバルブやスクリーンモニターのような圧空駆動機器が開状態であるにもかかわらず開のリミットスイッチからの信号が途切れた場合にも、機器保護の観点からビームアボートになる。

3.4.3 光学系機器

既述のように軟X線ビームラインではフロントエンドより下流でも超高真空が必要であるためイオンポンプが主体で加熱可能な真空排気系となっている。一方、SPring-8で多数を占める硬X線ビームラインでは、高真空あるいはHe大気圧か低真空雰囲気でありベーキングを行わない。SPring-8では数多くのビームラインを同時に効率的に建設するため光学機器と真空機器を機能分離し、真空ゲージとターボ分子ポンプとドライポンプを組み合わせた標準型排気ユニットを機器間に配置してビームライン光学機器の設計を容易にしてきた。SPring-8のビームラインでは建設当初から粗排気ポンプとして原則としてドライポンプを採用し、オイルの逆流やミスト等による実験環境の汚染原因の低減を図ってきた。例外的に、1kmビームラインにおける屋外部（約860m）においては、耐候性を優先し油回転ポンプによりX線輸送真空ダクトを排気している。

代表的な光学系機器として分光器、ミラーが挙げられる。前者はブラッグ反射を利用して特定のエネルギー成分を取り出し、後者は試料の形状に合うように光の平行化や集光を行う光学素子である。光学素子にとって避けなければならないのは「表面の汚れ」であり、真空の絶対量（真空度）ではなく真空の質が影響する。つまり真空度が良くても汚染源となる炭素系物質が残ることは致命的となる。特にミラー表面には反射率を高めるためにPtやRhがコーティングされているが表面の汚れは反射率の深刻な低下を引き起こす。このため最近では硬X線ビームラインでもミラー槽のポン

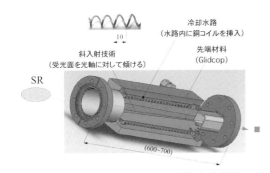

図3.24 フロントエンドにおける高熱負荷機器の典型的な構造

第6編 巨大真空システム

プとしてイオンポンプを採用している事例もある。

〈備前　輝彦/大石　真也/高橋　　直〉

〔参考文献〕

1）Characterization of beryllium and CVD diamond for synchrotron radiation beamline windows and X-ray beam monitor, S. Goto, S. Takahashi, T. Kudo, M. Yabashi, Y. Nishino, T. Ishikawa. Proceeding of SPIE vol. 6705 67050H-2

2）Design of a Pre-Slit for the SPring-8 undulator beamlines, S. Takahashi, Y. Sakurai, H. Kitamura. J. Synchrotron Rad. (1998).5, 581-583

3）Front-end XY-slits assembly for the Spring-8 undulator beamlines, M. Oura, M. Sakurai, H. Kitamura, J. Synchrotron Rad. (1998).5, 606-608

4）Front-end combination component of fixed mask and absorber, T. Mochizuki, S. Takahashi, H. Kitamura. AIP Conference proceedings(SRI2003)Vol. 705(2004)474-477

5）Fatigue life prediction for high-heat-load components made of GlidCop by elastic-plastic analysis, S. Takahashi, M. Sano, T. Mochizuki, A. Watanabe. H. Kitamura. J. Synchrotron Rad.(2008).15, 144-150

6）Prediction of fatigue life of high-heat-load components made of oxygen-free copper by comparing with Glidcop, S. Takahashi, M. Sano, A. Watanabe, H. Kitamura. J. Synchrotron Rad.(2013). 20, 67-73

第2章 核融合

第1節 核融合装置の真空システム

1.1 JT-60SAの真空システム
1.1.1 JT-60SA計画及び装置の概要

 JT-60SA(JT-60 Super Advanced)計画は日欧の幅広いアプローチ活動のサテライト・トカマク計画と、我が国のトカマク国内重点化装置計画の合同計画である。量子科学技術研究開発機構那珂核融合研究所では、日欧で製作した機器を用いて臨界プラズマ試験装置JT-60を超伝導核融合装置に改修し、国際熱核融合実験炉(ITER)の技術目標達成のための支援研究と、原型炉に向けたITERの補完研究を行うこと、これらによってITER・原型炉開発を主導する人材を育成することを目的としている(図1.1.1)。ITERの支援では、臨界条件クラスの高性能プラズマを長時間（100秒程度）維持する実験を、ITERに先行あるいは並行して実施し、その成果によってITER計画を効率的に進める。ITERの補完では、ITERでは行うことが難しい「原型炉で必要となる高出力密度を可能とする高圧力プラズマの長時間維持」を実現し、原型炉の運転領域と制御手法を確立する。この装置の特長は、超伝導大型トカマク、高形状ファクターを含むプラズマ形状の大きな自由度、高パワー・長時間かつ多彩なプラズマ加熱・電流駆動・運動量注入、高いプラズマ安定制御性能、そして、高い熱・粒子制御性能等である。特に、ダイバータ部は交換可能なカセット式としており、将来新しいアイデアや材料に基づいたダイバータに交換していくことが可能となっている。これにより、ITER及び原型炉を飛躍なく予測できる臨界条件クラスのプラズマ領域で、多彩なプラズマ制御手段を用いて研究開発を進めることができる。そして「定常原型炉に必要な炉心プラズマ総合性能」の達成を目指す。JT-60SAでは三重水素を用いずに重水素で実験を行い、先進的で挑戦的な研究を進める役割を持っている。このような将来に向けて柔軟性を持たせていることもJT-60SAの特長である。

 JT-60SAは、我が国唯一の大型トカマク装置であり、世界の核融合実験装置の中でITERに対して最も大きな支援を行なう能力を有するとともに、ITERでは実現が難しい高圧力プラズマ定常化研究開発を実施できる世界で唯一の装置である。また、欧州が大きな建設・運転費を我が国に立地する実験装置に投じるという初の事例でもある。

 JT-60SAのプラズマの大きさは、ITERの約1/2（体積では約1/8）の130 m^3、プラズマ電流の最大値はITERの約1/3の5.5 MAであり、ITERの完成までは世界で一番大きなトカマク装置となる。プラズマの形状は、高圧力プラズマの安定性を確保するために、ITERと比べてずんぐりとしたドーナツ状で、プラズマ断面の縦長度や三角形度が大きい。プラズマ加熱は合計41 MW×100秒の高パワー・長パルス入射で、世界のトカマクで最も多彩な加熱・電流駆動・運動量注入が可能である。その内訳は、500 keV・10 MWの負イオン源中性粒子ビーム(NB)（プラズマ電流順方向接線入射）、85 keV・合計24 MWの12ユニットの正イオン源NB（順方向接線入射4 MW、逆方向接線入射4 MW、垂直入

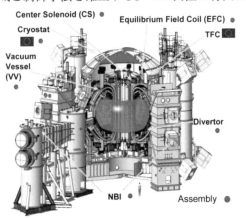

図1.1.1 日欧共同で建設中のJT-60SA

射16 MW)、及び入射角度可変・2周波数可変(110 GHz + 138 GHz)・7 MWの電子サイクロトロン加熱である。これらの組み合わせを変えることで、加熱分布、運動量注入分布、電流駆動分布を独立に制御できる。ダイバータ部は、遠隔保守による脱着が可能なカセット方式を採用し、高熱流束下での熱・粒子制御を可能とする垂直ターゲット方式の閉ダイバータ構造である。ダイバータには15 MW/m^2の高熱流束に耐えるため強制水冷の炭素繊維複合材(CFC)製モノブロックターゲットで開始して幅広い実験領域を確保する。そして、実験の進展を踏まえて、2029年頃にITERや原型炉と同様のタングステン材に取り替える計画である。

これまで日欧で分担機器の製作を進めてきて、2013年1月からJT-60SAの組立を開始し、現在2020年の装置完成、初プラズマを目指して建設中である。JT-60SAは高さ15.5 m、直径13.4 mの世界最大級の超伝導トカマク型核融合装置で、プラズマ電流5.5 MA、フラットトップ時間100秒、トロイダル磁場2.25 T及び加熱パワー41 MW×100秒によって高性能プラズマを生成する。この装置は、高純度のプラズマを生成するため超高真空を維持するドーナツ状の真空容器、プラズマを閉じ込め及びプラズマ位置と断面形状を制御する磁場を発生する超伝導コイル（トロイダル磁場コイル、平衡磁場コイル、中心ソレノイド）、真空容器やクライオスタットからの熱輻射を遮蔽するため80 Kのヘリウムガスで冷却するサーマルシールド、超伝導コイルを極低温に保つための真空断熱容器であるクライオスタット、真空容器及びクライオスタット内部を真空状態に排気し、維持する真空排気設備等で構成される。最近の建設状況としては、フランス及びイタリアで製作した全18個の超伝導トロイダル磁場コイルをJT-60SA本体に組み込んだ後、上側3個の超伝導平衡磁場コイルの据付を完了した（図1.1.2）。

1.1.2 JT-60SAの真空排気設備

JT-60SAの真空排気設備は、真空容器内部を大気圧から超高真空状態まで真空排気し、超高真空の維持とプラズマ生成用に短時間かつ大量に注入される燃料ガスを排気するための真空容器排気系、及びクライオスタット内部に設置された超伝導コイルを極低温に保つために大気圧から真空まで排気し、真空断熱を維持するためのクライオスタット排気系の2系統を有する大型設備である。図1.1.3に真空容器排気系、図1.1.4にクライオスタット排気系の3次元CAD図を示す。この設備は真空容器排気系、クライオスタット排気系、冷却水系、乾燥空気導入系、窒素ガス導入系と圧空系で構成される。冷却水系は、真空ポンプのケーシングやモーター冷却する冷却水を循環させる装置である。乾燥空気導入系は、真空容器やクライオ

図1.1.2 全18個の超伝導トロイダル磁場コイルの組立を完了したJT-60SA（2018年8月）

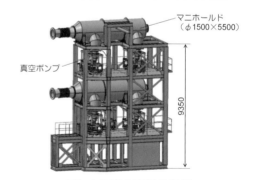

図1.1.3 真空容器排気系

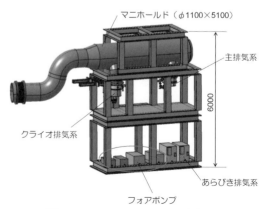

図1.1.4 クライオスタット排気系

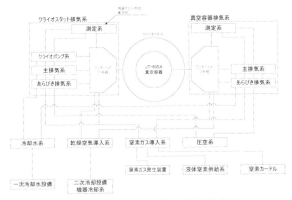

図1.1.5 真空排気設備の全体構成図

スタット内に乾燥空気を導入するものである。窒素ガス導入系は真空容器、クライオスタット及び真空配管内部に窒素ガスを導入すると共に、真空ポンプの軸シール用ガス、及び希釈ガスを供給するもので、液体窒素タンク、窒素ガスカードル、または窒素ガス発生装置からガス供給可能となっている。圧空系は圧空バルブの駆動用空気を供給するものである。これらの系統は、真空容器排気系とクライオスタット排気系で共通して使用する。図1.1.5にJT-60SA真空排気設備の全体構成を示す。

1.1.3 真空排気設備の設置条件

JT-60SAでは、プラズマ実験運転に伴い、放射線（中性子、X線、γ線、及びトリチウム）やプラズマを閉じ込めるための磁場、及び高電圧機器のブレークダウン時に電気ノイズが発生する。真空排気設備は、同じ環境となる、JT-60SAが設置された本体室内に真空ポンプなどの機器が設置される。さらに、JT-60を改修して設置するので、設置の設置空間が限定される。このため、放射線、磁場、電気ノイズの対策、機器のメンテナンス、省スペース、設備の合理化及び他機器との干渉などを考慮して検討を行う必要がある。以下に放射線、及び磁場対策について記述する。

(1) 放射線対策

JT-60SAでは、重水素ガスを燃料としたプラズマ実験運転に伴い重水素核融合反応によって中性子及び放射性同位元素であるトリチウムが生成される。核融合プラズマから発生した中性子は、真空容器（SUS316厚さ18 mm×2枚、二重壁）、クライオスタット（SUS304厚さ34 mm）の壁を貫通して、本体室に設置された機器を照射し、構成する材料（金属や電子回路等）の一部を放射化させる。また、生成されたトリチウムは、真空排気される途中で真空ポンプの潤滑油への混入、及び真空計、真空ポンプや真空配管内部表面に吸着し機器を汚染させる。機器が放射化し、汚染すると作業などは、放射線管理区域内で行う必要があり、特に真空ポンプの分解点検などが困難、及び真空ポンプの交換した潤滑油、養生材、部品等は、液体、又は固体放射性廃棄物として取り扱い、処理する必要がある。そこで、発生する放射性廃棄物の量を低減するために、JT-60と同様にベアリング交換や潤滑油を使用しない磁気浮上型ターボ分子ポンプ(TMP)やドライ真空ポンプ(DRP)を採用する。

(2) 磁場対策

磁気浮上型ターボ分子ポンプなどの機器は、JT-60SA近傍に設置されるためプラズマ実験運転中に最大磁場強度320 Gauss、磁場発生時間180秒、時間間隔30分の環境に繰返しさらされる。TMPを磁場中で運転すると、渦電流発生に伴う動翼温度上昇による故障、回転数低下による排気速度低下、または保護動作により停止する恐れがある。対策として、TMPに磁気シールドを施す。

磁気シールドの設計では、プラズマ実験運転に伴い発生する磁場の設計強度を500 Gaussとした（図1.1.6）。鉄鋼材（SS材電磁軟鉄）で円筒形の蓋なし形状、内径50 cm、高さ50 cm、板厚1 cmの磁気シールドを設置することでメーカー仕様値である水平方向磁場30 Gauss以下、かつ垂直方向磁場100 Gauss以下で運転することが可能となる。

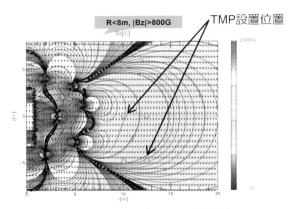

図1.1.6 本体室内の漏れ磁場分布

1.1.4 真空容器排気系

真空容器系では、JT-60で使用していた真空排気設備のマニホールド、第1段フォアポンプの設置場所変更、及び老朽化対策などの改修を行い、再使用する。図1.1.7に真空容器の外観図、表1.1.1に真空容器の仕様を示す。

マニホールド(ϕ1500 mm)は、真空容器に配置されたϕ600 mmの斜上、及び斜下に配置された排気ポート（各1箇所）に接続され、絶縁セラミックフランジにより真空容器と絶縁される。真空容器排気系は、主排気系、粗引き排気系、及び測定系の各2系統から構成される。図1.1.8に系統を示す。

(1) 主排気系

1.3 Pa以下を排気する系統で、主排気系は排気速度3.3 m^3/sec(N2)のTMP（4台/系統）、及び第1段フォアは0.7 m^3/sec(N2)のTMP（2台/系統）、MBP（1台/系統）、及びDRP（1台/系統）から構成される。機器保護のための圧力測定は、ペニング真空計、及びピラニ真空計で行う。排気ポート取合部における実効排気速度（2系統合計）は、窒素ガスで8.9 m^3/sec、水素ガスで14.3 m^3/secと

図1.1.8 真空容器排気系の系統図（1系統）

なる。

(2) 粗引き排気系

大気圧から主排気系に切り換えるまでの1.3 Paまでの排気に使用する。構成は、MBP（1台/系統）、及びDRP（1台/系統）で構成される。

(3) 測定系

大気圧から超高真空まで連続して測定可能な真空計、真空容器内部の残留ガスを分析するための残留ガス分析計、及びJT-60SA本体周辺の真空リーク試験を行うためのヘリウムリーク試験装置から構成される。

1.1.5 クライオスタット排気系

本排気系は、JT-60SAの改修に伴い新設する設備であり、クライオスタットの容積を1700 m^3、クライオスタット内部に設置されたサーマルシールド（SUS材）、多層断熱材(MLI)、及び機器からの放出ガス量を3.0×10^{-2} Pa・m^3/sec、及び到達圧力1.0×10^{-2} Pa以下などの条件で検討した。表1.1.2に検討条件を示す。

マニホールド(ϕ1100 mm)は、クライオスタットとϕ800 mmの排気ポート（1箇所）で接続され、テフロン製相フランジによりクライオスタットと

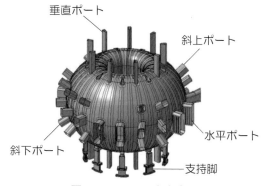

図1.1.7 JT-60SA真空容器

表1.1.1 真空容器仕様

項　目	仕　様
体積	334 m^3
表面積	483 m^2
材質	SUS316L（Co＜0.05 wt％）
到達圧力	～10^{-6} Pa以下
ベーキング温度	200 ℃
ベーキング方法	窒素ガス
外径	9.95 m
内径	2.86 m
高さ	6.63 m

表1.1.2 クライオスタット排気系検討条件

項　目	仕　様
クライオスタット体積	1410 m^3（排気対象）
放出ガス量	3.0×10^{-2} Pa・m^3/sec
到達圧力	1.0×10^{-2} Pa以下
ヘリウムガス漏れ量	5.0×10^{-5} Pa・m^3/sec
粗引き時間	2日間
絶縁耐圧	AC1100V　1分間

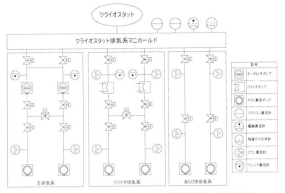

図1.1.9 クライオスタット排気系の系統図

絶縁している。この排気系は、主排気系、粗引き排気系、クライオ排気系、及び測定系から構成され、本体室に設置される。図1.1.9に系統を示す。

クライオスタットとの取合点では、到達圧力仕様値が1.0×10^{-2} Pa以下であることから、この圧力領域における残留ガスは水と推測される。そのため、クライオ排気系(2台)の実効排気速度は水に対して10.8 m^3/sec、主排気系(2台)の実効排気速度は、窒素に対して3.0 m^3/secとなる。また、到達圧力は、クライオスタットからの放出ガス量を3.0×10^{-2} Pa・m^3/secとして算出し、2.2×10^{-3} Paとなる。

(1) 主排気系

超伝導コイルの冷却後にヘリウム冷凍設備の配管などから漏洩するヘリウムガスの排気、8.0 Pa以下を排気する系統で、排気速度3.3 m^3/sec(N2)のTMPを2台、及びフォアポンプとして排気速度183 m^3/h(50 Hz)の2台のドライ真空ポンプ(DRP)を採用した。

(2) クライオ排気系

10 Pa以下の圧力において水の排気を目的に、排気速度10 m^3/sec(N2)のクライオポンプを2台、及びフォアポンプとして排気速度62 m^3/h(50 Hz)の2台のDRPを採用した。

(3) 粗引き排気系

大気圧からクライオ排気系、主排気系切り換えるまでの排気に使用し、排気速度1701 m^3/hの2台のDRPを採用し、大気圧から8.0 Paまでの排気時間は、約32時間となる。

(4) 測定系

大気圧から超高真空まで連続して測定可能な真空計、クライオスタット内部の残留ガスを分析するための残留ガス分析計、及びクライオスタットの真空リーク試験を行うためのヘリウムリーク試験装置を設置する。

1.1.6 排気シナリオ

JT-60SA真空排気設備は図1.1.10に示すように、真空容器排気系は斜上ポート及び斜下ポートの2箇所に上下2系統のマニホールドが接続され、クライオスタット排気系はクライオスタット胴部の下部のポート1箇所に1系統のマニホールドが接続される。

先ず、真空容器排気系について大気から高真空までの排気シナリオから記述する。図1.1.8に示す粗引き排気系のドライ真空ポンプ(188 m^3/h)2台、メカニカルブースタポンプ(1,030 m^3/h)2台を用いて排気する。圧力が5 Paに達したところで、主排気系の磁気浮上型ターボ分子ポンプ(3.3 m^3/sec)8台による排気に切り替える。この排気シナリオでのJT-60SA真空容器の初期排気特性の計算結果を図1.1.11に示す。ベーキングなしの場合(青線)は、2日間の排気では到達圧力は7×10^{-3} Paであり、最終到達圧力も1×10^{-4} Paと目標値~10^{-6} Paに達しないことが分かる。一方、真空

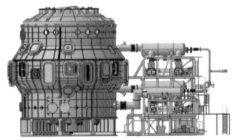

図1.1.10 真空排気設備マニホールドの接続

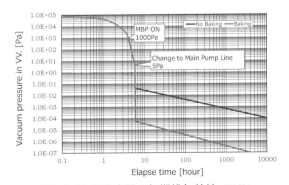

図1.1.11 真空容器の初期排気特性（計算）

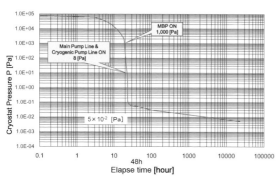

図1.1.12 クライオスタットの初期排気特性（計算）

容器二重壁の間に200℃の高温窒素を循環させるガスベーキングを1週間実施して十分に脱ガスを行った場合（赤線）には、2日間の排気で到達圧力は7×10^{-6} Paであり、目標値に達することが分かる。

次に、クライオスタット排気系について大気から真空までの排気シナリオを記述する。図1.1.9に示す粗引き排気系のドライ真空ポンプ(1,701 m³/h) 2台を用いて排気する。圧力が8 Paに達したところで、主排気系の磁気浮上型ターボ分子ポンプ(3.3 m³/sec) 2台とクライオポンプ(10 m³/sec) 2台による排気に切り替える。この排気シナリオでのJT-60SAクライオスタットの初期排気特性の計算結果を図1.1.12に示す。多層断熱材（MLI）及び機器からの放出ガス量3.0×10^{-2} Pa・m³/secを考慮して、2日間の排気で到達圧力は5×10^{-2} Paであり、14日間程度で2×10^{-2} Paに到達することが分かる。粗引き時間は22時間程度であり、目標値48時間以内である。多層断熱材(MLI)からの放出ガスの成分は主に水分と考えられるため、クライオスタットの排気を繰り返すことにより、脱ガスが進み、放出ガス量の低下が期待できるので、目標到達圧力1×10^{-2} Pa以下も更に短時間で達成できると考えられる。

まとめ

JT-60SA真空排気設備の全体構成、真空容器排気系及びクライオスタット排気系の機器の設計を行い、設備として設計目標を達成できることを確認した。さらに、放射線及び磁場に対する検討の結果、磁気浮上型TMPなどのドライ真空ポンプの使用及び磁気シールドを設置することで、重水素核融合反応を起す超伝導トカマク装置の設置環境における使用に問題ないことを確認した。2018年9月現在、真空容器排気系及びクライオスタット排気系の機器の調達、製作を進めており、2019年初めの単体試験開始、その後の真空容器排気及びクライオスタット排気の開始を目指している。

〈逆井　章〉

〔参考文献〕

1) K. Masaki, Y.K. Shibama et al.: Design and manufacturing of JT-60SA vacuum vessel, Fusion Engineering and Design, vol.86, p.1872-1876 (2011).
2) 神永敦嗣、他：JT-60SA真空排気設備の設計検討、平成24年度愛媛大学総合技術研究会報告集 06-P048B (2013).

1.2 LHDの真空システム
1.2.1 大型ヘリカル装置の概略

大型ヘリカル装置(LHD)は、大学共同利用機関自然科学研究機構核融合科学研究所が保有する、主半径が約4m で、平均小半径が約0.6m の磁場閉じ込め方式の大型核融合実験装置である[1]。磁場閉じ込め方式では、ドーナツ状（トーラス状）の円環磁場（トロイダル磁場）を形成し、サイクロトロン運動を利用して高温高密度のプラズマを生成保持している。実際には、単純なトロイダル磁場に、ひねり、即ち、回転変換が加えられている。回転変換の与え方には2通りあり、1つは、磁場を形成するための電磁石をひねっておく方式、もう1つは、単純なトロイダル磁場中にプラズマを生成して電流を流し、このプラズマ電流で発生する磁場を使ってひねる方式である。前者は、ヘリカル方式と呼ばれ、LHDが採用している方式である。図1.2.1にLHDの外観を、図1.2.2にLHDのプラズマが生成される真空容器内部の写真を示す。LHDのヘリカル方式は、ヘリオトロン方式と呼ばれる日本で提案された独創的な方式である。ヘリカル方式の特長は、閉じ込めに必要な全ての磁場を電磁石で生成できるため、プラズマを1年でも定常的に生成保持できることで、保守期間以外は常に稼動していなければならない発電所に適している。

将来の核融合発電炉は、超伝導電磁石を使用するものが想定されているが、LHDの電磁石も超伝導を利用している。LHDの電磁石は、主に、トーラス状に巻かれた1対の螺旋状コイル（ヘリカルコイル）と、トーラスの上下に設置された6個の円環状コイル（ポロイダルコイル）から成っている。超伝導の場合、外部からの熱の進入を防ぐため、超伝導電磁石を真空中に設置して断熱する必要がある。このため、LHDは、真空容器とその外側に置かれた超伝導電磁石全体を真空にするための、所謂、断熱真空容器を具備している。LHDでは、断熱真空容器の外側に、常伝導の小さなコイル20個が磁場を補正するために設置されている。図1.2.3に、LHDを赤道面で輪切りにして、真空容器と断熱真空容器の関係が分かるようにした概略図を示す。この図からも明らかなように、超電導核融合実験装置には、2種類の真空排気装置が必要であり、ここでは、先ず、プラズマが生成される真空容器用の真空排気装置について述べ、次に、断熱真空容器用の真空排気装置に言及する。

図1.2.1 大型ヘリカル装置（LHD）

図1.2.2 LHDのプラズマ真空容器内

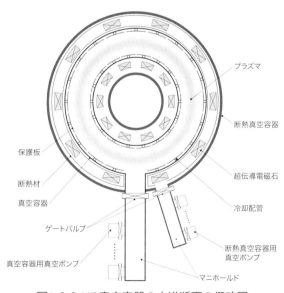

図1.2.3 LHD真空容器の赤道断面の概略図

第6編 巨大真空システム

1.2.2 超伝導実験装置の特徴と排気の基本概念

　銅線を使った常伝導の大型核融合実験装置の場合、磁場を励磁するためには電圧が必要で、電力量も大きくなる。このため、磁場をパルス的に運転して、平均の電力量と冷却などの設備規模を減らす工夫がなされている。一般に、電磁石の冷却能力をあまり大きくできないことから、プラズマを生成する間隔（ショット間隔）は、電磁石の冷却に掛かる時間で制限され、常伝導の大型核融合実験装置のショット間隔は最短でも15～30分程度である。これに対して、超伝導装置では実験に必要な磁場が常に励磁されており、ショット間隔は、プラズマが消えた後、プラズマ生成に使用されたガスが排気される時間で決定される。このため、排気速度が速いほうが、ショット間隔を短くできる。

　プラズマを生成加熱する加熱機器の出力がなくなった瞬間、即ち、所謂プラズマが消えた瞬間、高温のイオンが、再結合や周辺部から中心部に向かう速度の遅い中性粒子と電荷交換することなどによって、大量の高速中性粒子が発生する。この高速の中性粒子は、プラズマに面した第1壁あるいは保護板と呼ばれる壁を叩き、壁に付着する、あるいは壁の中に入り込むことになる。したがって、プラズマが消えた後の排気時間は、壁の物理量、例えば、粒子の固体中の拡散速度などで決定されるとこれまでは考えられていた。このため、励磁間隔の問題に加えて、排気速度を大きくしてもショット間隔は短くできないという神話が作られ、更に、漏れの少ない真空容器を実現すれば高真空度が得られると考えられていたことから、従来の大型核融合装置では比較的排気速度の遅い真空排気装置が用いられてきた。

　LHDの真空排気装置は、従来の既成概念を打ち破るもので、排気速度は従来のものより桁違いに大きく、結果的に3分間のショット間隔を実現している。このため、常に磁場が励起されている、超電導大型核融合実験装置の実験に適した真空排気装置となっている。先に、ヘリカル方式は定常運転が可能と述べたが、LHDでは、通常、3分間隔で放電時間が1～3秒程度のパルス実験を行っている。これは、現段階のような、核融合反応によってエネルギーが発生する以前の実験段階で高温高密度のプラズマを生成するためには、プラズマを大電力の加熱装置で加熱する必要があることに起因している。実験を定常運転で行うとすると、プラズマの生成加熱のための大電力とこれに対応する大規模冷却設備、更に、高温に長時間耐えられるプラズマ加熱装置が不可欠となる。したがって、コストを抑えるため、通常、パルス実験が行われる。

　プラズマが消えると、先程述べたように、高速中性粒子が発生して、壁などを叩くことになる。このため、壁などから不純物が叩き出されることなる。プラズマの中心部に重い不純物が存在すると、輻射によって中心部の熱が放出され、中心部のプラズマ温度が低下することから、プラズマ生成に一度使用したガスは不純物の混入を避けるため、生成後、排気して再利用しない。真空容器の真空排気系の設計にあたっては、これらのことを考慮の上、適切な規模のものを造る必要がある。

1.2.3 真空容器用真空排気装置

　LHDの真空容器の真空排気装置は、大気から引くための粗引きポンプ、中間引き用ポンプ、高真空用ポンプから成っている。真空容器用の真空排気装置は、真空容器に直径が約2mで長さが約10mのマニホールドを接続し、高真空用のポンプ類をこのマニホールドにゲートを介して直接接続したものとなっている。また、粗引き用の大型ポンプは、約13m下の地下階に設置され、中間引きのポンプは同じフロアではあるがマニホールドから少し離れたところに置かれている。LHDでは、粗引きには粗引き用ドライ真空ポンプ、中間引き用ポンプにはルーツ型真空ポンプ（メカニカルブースターポンプ）、更に、高真空用ポンプにはターボ分子ポンプとクライオポンプを使用している。LHDの真空容器用真空排気装置の構成（系統）を図1.2.4に示す。真空容器の体積は約210m³である。図1.2.4で、真空容器から横に真っ直ぐ引かれた線は、ゲートバルブを介して真空容器に接続されたマニホールドを表している。何か起きても常に真空容器の真空を保てるよう、また、ポンプが故障しても全体を止めることなく修理ができるよう、同一性能のポンプを2台以上設置している。また、このために適切な位置にバルブや配管

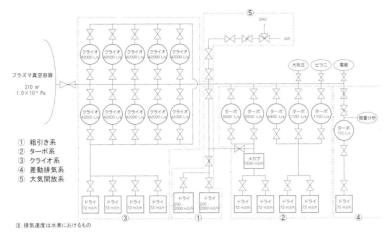

図1.2.4 真空容器用真空排気装置の構成図

を配置している。真空容器とマニホールドの間には、呼び径が1,400mmのゲートバルブが設置されており、どうしてもマニホールドを大気開放しなくてはならないような場合でも、真空容器を高真空に保てるように配慮してある。

図1.2.4で、ルーツ型真空ポンプと排気速度の小さいターボ分子ポンプには、背圧を大気圧から引けるドライ真空ポンプが補助ポンプとして接続されている。また、クライオポンプを再生するために、やはりドライ真空ポンプが4台設置されている。排気速度の大きい$5.5m^3/s$のターボ分子ポンプ2台の背圧は、現在、ルーツ型真空ポンプで引いているが、20年近く使用しているため、同じ排気速度のドライ真空ポンプに交換する予定である。

排気速度は、真空容器の体積、排気時間、予想されるアウトガス量、実験条件などを考慮して決定されており、ターボ分子ポンプとクライオポンプの設計排気速度は、総計で約$438m^3/s$である。実測した排気速度は、マニホールドの先端のゲートに近い位置で約$110m^3/s$であった。この系統図には、排気速度の小さい$1.1m^3/s$のターボ分子ポンプ2台が記載されているが、これらは壁のコンディショニングを行うためのグロー放電に用いられる。通常は、ガス圧が1Pa程度のグロー放電でコンディショニングを行っており、真空容器に導入するガスの流量にも依るが、$1.1m^3/s$のターボ分子ポンプ2台を用いている。当然、導入するガス流量が少ない場合には、1台で行う。コンディショニングに使用するガスは、通常ネオンガスである。LHDは、図1.2.4に示した真空排気装置の、ターボ分子ポンプの部分がないクライオポンプの部分だけのものを、もう1系統保有しており、総排気速度は約$220m^3/s$となる。フル排気を行った場合、真空容器の圧力は、10^{-6}Paを少し下回る程度となる。

1.2.4 断熱真空容器用排気装置

LHDのヘリカルコイルは、外径が約11mの大きさのトーラス状の構造物である。断熱真空容器の真空が悪化すると、侵入した熱で断熱真空容器に内蔵されたヘリカルコイルなどの大きな構造物が不均一な温度分布となり、歪が発生して、破壊や精度の大幅な劣化が起こることが予想されている。このため、冷却中、断熱真空容器の圧力は、常に基準値以下にしておく必要がある。基準値は、10^{-2}Pa程度である。この値は、真空容器に要求される圧力に比べるとかなり高い。

LHD断熱真空容器では、万が一の破損事故を回避するため、フランジには、ガラス材を一切使用していない。また、断熱には超高真空を必要としないことから、ポートなどの真空シールにはバイトンを使用している。

真空容器と断熱真空容器は室温であるため、断熱真空容器の内部には、断熱のために、真空に加えて真空容器の外壁と断熱真空容器の内壁を覆う、大量の断熱材が設置されている。LHDでは、アルミ蒸着ポリエステルシートを15枚重ねたものを断熱材に用いており、その総表面積は3万m^2を超えている。断熱材は面積が大きいため、極力ア

ウトガスの少ないものが選ばれている。しかし、重ねられた断熱シート間のコンダクタンスが悪いため、アウトガス量は、単純に断熱シートの全表面から放出されるとして計算する必要はない。LHDでは、断熱シートからのアウトガス量を正確に予測するため、予め重ねた断熱シートのガス放出率を計測している。この実験結果からアウトガス量を推測し、排気系を設計製作している[2]。この実験で、15枚重ねた断熱シートのガス放出率は、総表面積から放出されたとして計算されたガス放出率に比べて1桁低い値となっている[2]。このため、断熱シートがガスを放出する表面として考慮すべき総面積は、主に、重ねた断熱シートの表と裏だけを考慮して約2,500m^{2}とした。

断熱真空容器の真空排気装置の構成は、基本的に、真空容器の真空排気装置のものと同じである。LHDの断熱真空容器用真空排気装置の構成を図1.2.5に示す。断熱真空容器の体積は約580m^{3}である。断熱真空容器とマニホールドの間には、真空容器用排気装置の場合と同様に、呼び径が800mmのゲートバルブが設置されており、マニホールドを大気開放しなくてはならないような場合でも、断熱真空容器を真空に保てるように配慮してある。排気速度は、真空容器用に比べて遅くても良く、コンディショニングのための運転も必要がないため、真空容器用の真空排気装置に比べて簡潔な構成となっている。ポンプの排気速度の決め方も、ガス導入などの実験条件を考慮する必要がないことを除けば、真空容器の場合と同様である。断熱真空容器の真空に固有な問題は、断熱真空容器の内部に冷却用ヘリウム配管が多数設置されていることから、冷却用ヘリウム配管からのヘリウムの漏れを考慮して設計製作する必要があることである。超伝導のヘリカルコイルやポロイダルコイルの冷却が進み、冷却用ヘリウムが、4.4K程度以下になると、粘性が非常に低くなる。このため、常温でリークなしと判定された冷却用ヘリウム配管の溶接部からでも、大量のヘリウムが漏れ出す、所謂、コールドリークが、通常、発生する。これにより、圧力は1桁以上悪化する。LHDは、超伝導状態でコールドリークが発生しても、断熱真空容器の圧力を基準値以下の10^{-4}Pa程度に維持することができる。大きなコールドリークが発生し、修理が必要な事態になった場合、ヘリウム配管であることからヘリウムのバックグラウンド値が高すぎて、ヘリウムを使ったリークチェックを行うことができないため、リーク箇所を探すのは困難を極めることになる。したがって、冷却用ヘリウム配管のリークテストは、配管にヘリウムを流す前にリークチェックに時間をかけて、ヘリウムが全く検知できなくなるまで十分に行う必要がある。

1.2.5 排気のシナリオと初期排気特性

排気のシナリオは、真空容器、断熱真空容器ともに同じである。ここでは、大気から高真空まで、

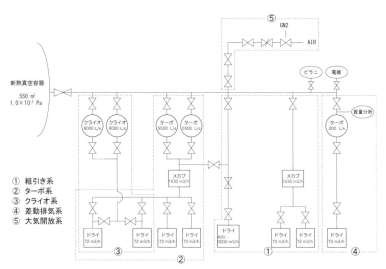

図1.2.5 断熱真空容器用真空排気装置の構成図

どのように真空引きを行っているか、先ず、真空容器から述べる。大気からは、図1.2.4の中央付近に描かれた、粗引き用ドライ真空ポンプ2台を用いて排気する。圧力が10Pa程度になったところで、ターボ分子ポンプに切り替える。実際には、将来、排気ガスを処理する装置を使用することから、排気ガス処理装置の仕様にあわせて排気ガス速度が400m^3/h以下となるように操作を行っている。具体的には、大気から粗引き用ドライ真空ポンプ2台を用いると、排気ガス速度が大きくなるため、大気からは粗引き用ドライ真空ポンプ1台で排気を開始し、排気ガス速度が400m^3/h以下となるところから2台目を投入している。何らかの原因で粗引きが遅い時などには、ルーツ型真空ポンプを使って粗引きを行うこともある。この場合、大気から粗引き用ドライ真空ポンプを用いて700Pa程度まで粗引きを行い、引き続き、ルーツ型真空ポンプに切り替えて10Pa程度まで真空引きを行う。これは、以前、粗引き用ロータリーポンプを粗引きに使っていた時に用いていた排気シナリオと同じである。

ターボ分子ポンプに切り替えて、10^{-2}Pa程度まで引いた後、ターボ分子ポンプに加えてクライオポンプを投入する。以上が排気のシナリオである。

これにしたがって、LHDの真空容器を大気から高真空まで排気した時に得られた、初期排気特性を図1.2.6に示す。この図の排気では、粗引き用ロータリーポンプを使用しており、LHD実験の初期に得られた排気特性である。図1.2.6では、大気圧から5×10^{-4}Pa程度の圧力に到達するまでに約5時間かかっている。この例は、大きなリークがない稀な場合で、大きなリークがあるとリークを見つけてシールしながら、真空を引くことになるため、もっと時間がかかる。

1.2.6 リークテスト

前節のような排気シナリオで、大気からの真空引きを行った後、真空容器の初期ベーキングを行う。これは、大気開放中に壁に吸着した各種のガスを脱離させて排気し、リークテストに備えて、できるだけ低い圧力を得るためである。LHDのベーキングシステムは、通常は真空容器を冷却するための水冷配管に冷却水の代わりに温水を流して行うもので、約90℃まで温度を上げることができる。真空容器を大気開放すると、大気中の水の分子が真空容器の壁に大量に吸着するため、大気解放後の排気では水の排気が最も問題となる。初期ベーキングは、水の分子を真空容器壁から脱離させて、低い圧力を得るのに非常に有効な手段である。

初期ベーキングを行った後、リークテストを行う。リークの検出は、ヘリウムリーク検出器を用いる方法が一般的で、LHDでもこの方法を用いている。リークを探してシールする作業を行うが、通常は、増し締めで済むことが多い。リーク箇所がなかなか見つからず、リークチェックのためのヘリウムが真空容器内に大量に入り、ヘリウムのバックグラウンドが上がってしまった場合には、ネオンと質量分析器を用いてリークチェックを行う方法が有効である。このため、真空容器用の真空排気装置には質量分析器を設置している。また、大気解放後の真空容器の真空排気時には、ヘリウムのバックグラウンド値は小さいと考えがちであるが、大気解放前の実験条件に大きく依存している。即ち、大気解放前の最後の実験でヘリウムを用いてプラズマを生成した場合には、真空容器壁にヘリウムが吸着されたままになっているため、大気解放後であっても真空排気時のヘリウムのバックグラウンド値は高い値となる。したがって、LHDでは、大気解放前の最後の実験で、水素を用いてプラズマを生成してから実験を終了して

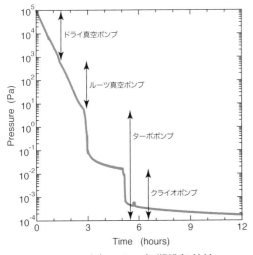

図1.2.6 大気からの初期排気特性

いる。

実験中にリークが発生した場合、リーク箇所を質量分析器のデータから推論できる場合がある。このためにも、質量分析器を真空排気系に設置している。例えば、真空容器内の水冷配管から冷却水がリークした場合、水の分圧が圧倒的に多くなる。また、大気がリークした場合には、窒素と酸素の分圧が大きく増える。これらのデータと経験を基に、リークが予想される箇所を特定して、ヘリウムリーク検出器を用いる方法などでリークチェックを行い、短時間でリーク箇所を発見している。

1.2.7 壁のコンディショニング

リークテストが終了すると、本格的なベーキングを行う。図1.2.7は、LHDで100時間のベーキングを行った時の全圧と各種ガスの分圧の時間変化を示している。先ず、全圧が、ベーキングの後、ベーキング前に比べて2桁近く低くなっていることが分かる。また、分子数が18の水の分子が最も多く脱離している。これは、先ほど述べたように、大気開放中に大気中の水の分子が真空容器の壁に大量に吸着することを実証している。

ベーキングだけでは、大気開放中に真空容器壁に入り込んだ、あるいは、吸着した各種のガスを脱離させることはできない。このため、プラズマ放電を利用して壁のコンディショニングを行い、高い真空度を実現する。プラズマ放電を利用したものは、マイクロ波を用いた電子サイクロトロン共鳴加熱(ECR)による水素プラズマを用いるものなど、過去に色々なものが提案され、実施されてきた。特に、LHDが実験を開始する前までは、水素を用いたECRプラズマを使う方法が最も有効であるなどの主張もあった。しかし、LHDの関連研究で、グロー放電を用いた方法が最も有効であること、プラズマの種ガスは重いほうが効果的であるが、アルゴンまで用いるとスパッタが激しく、真空容器内の機器が損傷する恐れがあることなどが明らかとなった。LHDでは、これを受け、ネオンを用いたグロー放電でコンディショニングを行っている。これにより、従来、中性ビーム入射装置(NBI)などを用いて本格的なプラズマを生成してから、約1ヶ月を必要としていた壁のコンディショニングが、本格的実験の前の数日で終了できることとなった。これにより、実験期間の短縮、引いては、実験経費の削減が可能となった。ベーキングと壁のコンディショニングが終わった後、フル排気を行い、真空容器の圧力を10^{-7}Pa台に到達させてプラズマ実験を行っている。

1.2.8 プラズマ生成実験と排気特性

図1.2.8は、LHDで計測された真空容器の実験中の圧力の時間変化を示している。正確には、真空容器用真空排気装置のマニホールドで計測された、種々のガスの圧力、即ち、分圧である。プラズマは水素を用いて生成されているため、水素の分圧が最も高い。また、波形は、3分周期で変化していることが分かる。これは、前述のように、3分間隔でプラズマを生成しているためである。図1.2.8で、先ず、水素の分圧が少し上がってから、種々の分圧が急に高くなっている。水素の分

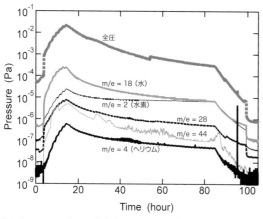

図1.2.7 ベーキングを行った時の全圧と各種ガスの分圧の時間変化

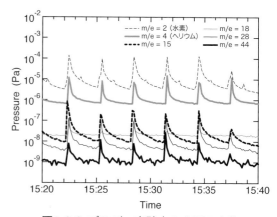

図1.2.8 プラズマ実験中の分圧の変化

圧が少し上がっているのは、プラズマの生成保持のために、ガスパフや水素ペレットを入射させたからである。この後、急激に圧力が上がっているのは、プラズマの生成が終わり、高速中性粒子が大量に発生して、真空容器壁に衝突したためである。真空容器壁に衝突した高速中性粒子は、前にも述べたように、壁の格子間隙に入り込んだり、表面に付着したりするが、LHDの排気速度の大きい真空排気装置によって排気されるため、図1.2.8に示されたような曲線を描きながら、元の分圧の値に戻っていることが分かる。この図でも明らかなように、プラズマ生成を3分周期で繰り返しても、これらのガスの分圧は、長時間に渡ってほぼ同じ曲線を描き続けている。このことは、真空容器壁の格子間隙に入り込んだり、表面に付着する量と、脱離量が、ほぼバランスしていることを意味している。また、実験条件を考慮した、真空排気装置の設計が適切であったことを証明している。

　本項を書くにあたり、自然科学研究機構核融合科学研究所の坂本隆一氏、鈴木直之氏、飯間理史氏、時谷政行氏、森崎友宏氏、増崎貴氏には、図の作成、データの提供などで、大変お世話になりました。ここに、厚くお礼申し上げます。

〈小森　彰夫〉

〔参考文献〕
1）A.Komori, et al.:Fusion Sci. and Technol., 58-1, p.1, (2010)
2）赤石憲也、他：真空、37-2, p.56, (1994)

第6編 巨大真空システム

第2節 プラズマ対向材料

　本節では、核融合装置の真空容器の内壁表面に使用する材料について解説する。核融合装置では、高温のプラズマを容器内部に閉じ込めており、その内壁はこのプラズマの周りで、プラズマに対向する位置に設置されていることから、そこに使われる材料をプラズマ対向材料と称する（ダイバータターゲット材料のみをプラズマ対向材料と呼ぶこともある）。

　プラズマ対向材料のうち、周辺の磁力線が直接鎖交し、磁力線に沿って流れてきたプラズマが流入して、高い熱負荷が加わる部分をダイバータターゲットと呼ぶ。また、後に説明するブランケットのプラズマ対向面を構成する材料を第一壁と呼ぶ。以下では、2.1で、ダイバータターゲット材料（以下、ターゲット材料、と表記）、2.2で第一壁材料について説明を行う。

　なおプラズマ対向材料のうち、特にターゲット材料については、固体材料を使用した場合のプラズマ照射による溶融や損傷（亀裂発生等）、および損耗の影響を回避するため、液体金属流（LiやSn）概念なども検討されているが、本解説では、ITERや核融合発電炉で主案となっている固体材料について説明を行う。液体金属流概念については、参考文献[1]などを参照してほしい。

2.1 ダイバータターゲット材料

　ダイバータターゲットには、高密度のプラズマが直接接し大きな熱負荷が与えられる。例えば、現在国際協力で建設されているトカマク型核融合装置ITERにおいては、定常の熱負荷として約$10MW/m^2$、短時間（～10秒）の過渡的な熱負荷として約$20MW/m^2$の熱負荷が想定されている[2]。これらの熱負荷が広いターゲット材料の表面に一様に照射されると仮定すると、熱伝導率が$100W/(m・K)$（タングステンのおおよそ1000℃以上での値に対応する[3]）の場合、温度勾配は、1000K/cm (2000K/cm)になる（$10MW/m^2$ ($20MW/m^2$)の場合）。ターゲット材料の厚み（冷却媒体までの距離）がおおよそ

1cmの程度であることを考えると、プラズマ対向面の温度はプラズマ照射下で、1000℃～2000℃という高い温度になりうることがわかる。ほとんどの材料において、この温度は融点近傍、あるいは融点以上であり、溶融するような材料はもちろん使用不可であるし、溶融しない場合でも機械的特性の劣化を招くため（軟化など）、ターゲット材料として使用することはできない。

　このことから、ターゲット材料の選択においては、熱伝導率と融点（昇華点）が高い材料のみが候補材となる。さらに、工業的な視点からは、十分な資源量があり、価格的にも許容できる範囲であることが求められる。この様な観点で材料を選択した結果、タングステンWと炭素繊維複合材料（Carbon Fiber Composite、CFC、特にCFCと記述する必要のない場合は、Cと略記）が、有力な候補材となっている。

　Wは主要な金属の中で、高温条件(700℃)で比較すると熱伝導率($119W/(m・K)$)[4]が比較的大きい材料で、金Au($272W/(m・K)$)、銀Ag($377W/(m・K)$)、銅Cu($354W/(m・K)$)に次ぐ熱伝導率を有する。なお、これらは融点が低く、また資源量の観点からもターゲット材料としては適当でない（融点、Au：1,064℃、Ag：962℃、Cu：1,085℃、W：3,407℃）。また、モリブデンMoは、比較的熱伝導率（$113W/(m・K)$、700℃での値）と融点(2,623℃)が高いが、核融合反応で生じる中性子による放射化の影響がWに比べ大きいため、核融合装置のターゲット材料として適当ではないと考えられている。

　一方、炭素材料、特に炭素繊維を含む複合材料CFCは、常温付近では非常に高い熱伝導率(～$300W/(m・K)$、100℃)[5]を持ち、また昇華温度（3,370℃、1気圧）もWの融点程度の高い値を持つ。ただし熱伝導率は、温度の上昇と共に急激に減少し、1000℃近傍では、～$120W/(m・K)$となり、Wに近い値になる。

　上記の熱物性以外で、WとCFCの大きな違いは、核融合プラズマへの影響、プラズマ照射下での損耗、及びトリチウムの蓄積挙動にある。Wは、原子番号の大きい元素であり、温度が数億度という超高温プラズマに混入しても、完全にイオン化せず、残った束縛電子の励起発光による電磁放射が大きい。この電磁放射は、プラズマを冷却する効

果があるため、Wの場合は、プラズマ中への混入濃度を十分に下げる必要がある。一方で、Cは原子番号が低いために、超高温プラズマ中では完全電離し、電磁放射の強度はWに比べ、非常に低い。従って、超高温プラズマ中の許容濃度はWに比べ非常に大きい。具体的には、核融合プラズマが自身の発生エネルギーで放電を持続できる点火条件を達成するためには、炭素の場合は濃度が～10^{-2}以下であれば可能だが、Wの場合は、～10^{-4}以下が必要であり、プラズマに対する条件が厳しい[6]。従って、核融合プラズマ制御の観点からは、Cの方がターゲット材料として優れている。

実際にターゲット材料を選択する際は、プラズマ制御の観点に加えて、損耗やトリチウムの蓄積の観点からもターゲット材料を評価する必要がある。ターゲット材料は高密度プラズマと直接接して、スパッタリングなどの損耗が起こりやすい条件下で使用されることを考えると、スパッタリング率が低いことが望ましい。また、核融合プラズマ中には、放射性物質である水素同位体のトリチウムが含まれるため、これを多く吸蔵しない材料が望まれる。これらに加えて、核融合装置においては、核融合反応による中性子が発生しターゲット材料がその影響を受けることも考慮して、中性子影響（元素の放射化、材料の脆化）の少ない材料を選ぶことも必要である。以下では、プラズマによる損耗、トリチウム蓄積、及び中性子照射影響について概観する。

図2.1に種々の材料について、イオンが照射された場合のスパッタリング率のイオンエネルギー依存性を示す[7]。ここでは、ベリリウムBe、炭素C、モリブデンMo、及びタングステンWについて、重水素Dイオンが材料表面に垂直入射した場合のスパッタリング率(Yield)を入射エネルギー(E(eV))に対して示している（実線）。これに加えて、Wのスパッタリング率については、D以外のイオン入射の場合も示してある（点線）。

DイオンによるWのスパッタリング率は、エネルギーが300eV付近（スパッタリングの閾値）から立ち上がり、その後5keV近傍で最大値を取る。一方、Cについては、10eV程度の低エネルギーでも大きな値を持ち、エネルギーが上がっても減少は緩やかである。ダイバータプラズマ中のイオンの衝突エネルギーは、数eVから数10eVと考えられており、このエネルギー範囲では、Cはほぼエネルギーによらず大きなスパッタリング率を持つ。この理由は、物理スパッタリング（原子の衝突によるはじき出し過程による）の閾値がWに比べ小さいことと、化学スパッタリング（水素同位体と炭素が炭化水素を形成することによる）と呼ばれるWにはないスパッタリング過程が存在することによる。図2.1でCの物理スパッタリングは、C_{phys}と書かれている部分であり、そのエネルギーの閾値は約30eVである。それ以下は、すべて化学スパッタリングによるものであり、30eV以下の低いエネルギーでも、エネルギーが高い場合の物理スパッタリングと同等のスパッタリング率を持つことがわかる。これからわかるようにCをターゲット材料として使用した場合は、Wに比べて水素同位体プラズマ照射による損耗が大きくなる。

Wはこの様に水素同位体プラズマ照射下でのスパッタリングを考えた場合は、Cに比べて大きな優位性がある。しかしながら、ダイバータへの熱負荷を低減するために、エッジプラズマにArやNe等の冷却ガスを注入することが検討されており、これらのイオンによるWのスパッタリングに注意が必要と考えられている。例えば、Arをプラズマ中に導入した場合、図2.1中の点線で示されたように、Dイオン照射に比べてスパッタリング率が桁違いに大きく、またスパッタリング率の閾値も小さくなる。従って、冷却ガスの注入量は、Wのスパッタリングを大幅に増加させない様に注意す

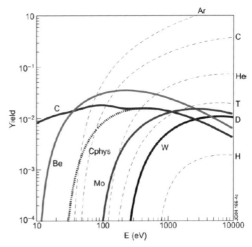

図2.1 種々の材料のスパッタリング率[6]

ることが必要である。

トカマクプラズマにおいては、ダイバータターゲット材料への定常的なプラズマの照射に加えてパルス的な熱負荷が加わる可能性がある。一つは、ディスラプションと呼ばれるプラズマの消滅現象に伴う熱の放出であり、もう一つは周辺局在モード（エルム、ELM）による間欠的なパルス熱負荷（パルス幅はミリ秒のオーダー）である。どちらもターゲット材料への影響は大きいため、十分に抑制することが核融合発電炉では必要と考えられている[8]。

Wの場合は、パルス熱負荷による表面温度が融点を超えると表面が溶融し、溶融層の蒸発や液滴放出が起こり、材料の大きな損耗をもたらす。また、溶融層が凝固すると一般的に脆化した表面層が形成されるため、大幅な溶融は避けるべきであると認識されている。また、パルス熱負荷が溶融限界以下であっても、熱負荷が繰り返し照射されると、ターゲット材料表面近傍で、膨張と収縮が繰り返され、熱疲労現象により亀裂が発生することが知られている。特に周辺局在モードによるパルス熱負荷は、核融合プラズマ運転時に繰り返し照射されるためこの熱疲労に伴う表面変化の影響が大きいと考えられ、その抑制を目指した研究が進んでいる。

一方、炭素材料の場合は、高い熱負荷が加わっても溶融することはなく、昇華による表面の損耗が発生するものの、熱負荷終了後は、Wの場合にみられる表面凝固層のような脆化した表面層は形成されない。そのため、タングステンに比べ、パルス的な熱負荷の影響は小さいと考えられている。しかしながら、高いパルス熱負荷により、脆性破壊（Brittle Destruction）と呼ばれる細粒が放出される現象がおこり、損耗が促進される。したがって、炭素材料をターゲット材料として使用しても、パルス熱負荷の大幅な低減は必須である。

さて、ターゲット材料は、核融合プラズマが照射されるとプラズマ中のトリチウムが内部に拡散し、捕獲サイトと呼ばれるトリチウム（一般には水素同位体）が強く結合する場所に捕獲され、トリチウムを蓄積する。また、ターゲット材料が損耗すると、核融合装置内壁の別の場所に再堆積する。Cの場合は、炭化水素ガスの形で装置外へ排気されるものもあるが、多くは装置内壁で特に温度が低い場所や、不飽和炭化水素の形で輸送され、プラズマが直接あたらない場所に堆積すると考えられている。この様な堆積層にも、トリチウムが蓄積される。トリチウムの蓄積量は、材料の種類とその微細組織、材料の温度、及び核融合プラズマの運転時間等に依存する。さらに、プラズマ中に混入する水素同位体以外の不純物（He、Ar（冷却ガス）、等）の量や、核融合反応で発生する中性子の照射量も大きな影響を与える。

核融合装置中のトリチウム量は、安全の観点から一定の量以下に制限する必要があり、一例として国際協力でフランスに建設中のITERにおいては、核融合プラズマ容器内で700gを越えないように制御することになっている。また、核融合の燃料であるトリチウムは、核融合炉を運転するために必要な量がブランケット内で生産されるが、核融合反応を起こさなかったトリチウムが核融合装置内に蓄積されると、すぐに回収して再利用することが困難である。したがって、このような燃料経済性の観点からも炉内の蓄積量は一定量以下に制御しておくことが望ましい。

図2.2にITERにおける放電時間に対するトリチウムの蓄積量を、異なったプラズマ対向材料の場合に評価した結果を示す[9]。この図では、すべての材料が炭素の場合（図中all-C materials）、ダイバータターゲットの最も熱負荷の高い場所に炭素材(CFC)を用い、それ以外のターゲット材をW、及び第一壁材料をBeとした場合（図中Initial ITER Materials、ITER計画の初期に想定されていたプラズマ対向材料）、ターゲット材料はすべてWとし、第一壁材料がBeの場合（図中Be wall＋W divertor、現時点におけるITERのプラズマ対向材料）、及びターゲット材料と第一壁材料をすべてWとした場合（図中all-W materials）について比較している。

図2.2より、プラズマ対向材料に含まれるCの面積割合が大きいほどトリチウムの蓄積量が大きく、一方プラズマ対向材料をすべてWとした場合に最も蓄積量が低い。この見積もりにおいて、CやBeでは大部分のトリチウムは再堆積層に蓄積され、Wについては主にプラズマ対向材料中に拡散して蓄積される。この見積もりにおいては、ITER

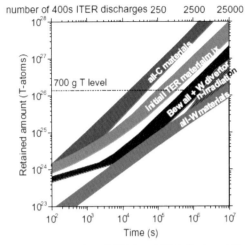

図2.2 トリチウム蓄積量の時間変化（ITER）[9]

で想定されるプラズマ対向材料温度を仮定している。これは、ほとんどの場所で200℃程度であり、ダイバータターゲット材の一部のみが高温（ピーク温度〜1000℃）となる。温度が高くなるとトリチウムの蓄積量は減少するため、特に第一壁の温度が高い核融合発電装置では、トリチウムの蓄積量は図2.2の見積もりに比べて大幅に低下すると想定される。しかしながら、トリチウムの蓄積量や、冷却材への透過量の見積もりにおいては多くの基礎過程を理解しモデル化する必要があり、今後さらに研究を進める必要がある。一例として、核融合プラズマ中に必ず存在するHeは、特にタングステン材料の場合、トリチウムの蓄積量を大幅に減じる可能性が指摘されており、このようなプラズマ中の不純物の影響評価が重要である[10]。

さらに、堆積層の核融合発電への影響を考える際には、堆積層中のトリチウム蓄積の問題に加えて、密着性の低い堆積層の剥離によるダストの生成についても注意する必要がある。核融合装置内のダストは一般的に放射化しており、また動きやすいため、装置の大気解放時に拡散しやすい。また、装置内に大量のダストが形成されると核融合プラズマ中に混入し、プラズマ制御に影響を及ぼすことも懸念される。従って、ダストの大きさ、生成場所、および構成元素等によって異なるが、ダストの生成量はある程度以下に制限する必要がある。

トリチウム蓄積やダスト生成にかかわる再堆積層の形成速度は、基本的にはプラズマが照射された場合の損耗量が大きいターゲット材料の場合に大きい。したがって、CとWを比べた場合は、図2.1よりわかるようにダイバータプラズマの温度領域（100eV以下）において、特に化学スパッタリングの影響でCの方が損耗量が大きいため、再堆積層の形成速度もCの方が大きい。

これらよりわかるように、核融合プラズマへの影響という観点からは、ターゲット材料としてCの方が望ましく、一方、ターゲット材料の寿命やトリチウム蓄積・ダスト形成という観点からは、Wの方が望ましい。このようにすべての観点でベストの選択が可能なターゲット材料はないため、いろいろな材料の得失を評価したうえで、最終的にプラズマ対向材料は選択される。ITERでは最終的にターゲット材料としてWを選択した。その理由は、ITERでは壁温度が核融合発電炉より低いためトリチウム蓄積の問題が小さい材料を選ぶ必要があること、および長時間の放電を行う発電炉ではターゲット材料の寿命という観点からWを使う必要があり、ITERにおいてWの経験を積んでおくことが望ましいこと、等である。ただ、Wの場合は核融合プラズマへの影響を回避するためより精密な運転制御が求められる。

さらにWにおいては、核融合プラズマ中に含まれるHeイオンの照射により、ダイバータターゲット表面温度条件下(1000K〜2000K)で、表面近傍に太さが数10nm程度の繊維状構造[11]（ナノ構造、図2.3）が形成されることが知られており、この構造が核融合発電炉の運転に及ぼす影響について評価が必要であると考えられている。特にプラズマに接した状態では、プラズマとこの構造の間でアーキングが発生しやすく、これによりWが放出

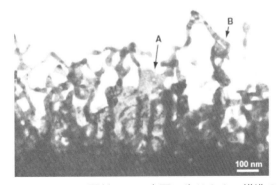

図2.3 Heイオン照射でWの表面に生じたナノ構造の断面（温度1400K）[11]

第6編 巨大真空システム

される可能性がある。なお、このナノ構造の形成メカニズムについては、いまだ不明な点が多い。W中に注入されたHeが内部で凝集することにより、Heバブルと呼ばれる構造を形成することはよく知られており、この構造がナノ構造と関連性が深いと考えられており、実験と理論・シミュレーションの両面から研究が続いている。またナノ構造が発生すると光の反射率がほぼ零となることや、表面積を増加させることができることから、様々な応用分野が期待されている。

2.2 第一壁材料

第一壁材料とは、すでに述べたようにブランケットのプラズマ対向面に使用する材料を指す。核融合プラズマから排出されたプラズマは、主にダイバータへ流入するが、磁力線を横切って第一壁に至るプラズマも存在する。また、第一壁近傍に存在する中性原子とプラズマイオンの荷電交換反応により、高速の中性原子が発生して、第一壁に到達する（高速中性粒子）。これらにより、第一壁材料はスパッタリングされる。イオンや高速中性粒子によるスパッタリング損耗については、ターゲット材料のそれよりも少ないと考えられているが、ブランケットの構造材の候補材である、フェライト鋼、バナジウム鋼、あるいはSiCは、それでも年間数mm程度の損耗が生じる可能性が指摘されている[12]。しかしながら、どの材料も複数の元素を含む合金（複合材）であり、その損耗特性は複雑であり、現在も研究は進められている（後述）。

ブランケットの第一壁は、強度の確保のためある程度の厚みが必要であるが、一方で熱応力の低減や核融合プラズマで発生する中性子をトリチウム生産に効率よく使用するために、あまり厚くすることが難しい。実際には、多くのブランケット設計で第一壁の厚み（プラズマ対向面と冷却管の距離）は、3〜5mm程度と比較的薄く、年間のスパッタリング損耗量とほぼ同程度である[12]。このような点を鑑みると第一壁材料については、ブランケットの構造材料の上に、それをスパッタリング損耗から保護する材料を被覆することが現実的と考えられる。しかしながら、この損耗速度は核融合装置の方式や形状に大きく依存するため、第

一壁材料の損耗を大幅に減ずることができれば、ブランケット構造材料をそのまま第一壁材料として使用できる可能性は残されている。

もし、ブランケット表面を損耗から保護するために被覆材料を使用する場合には、その損耗速度に加えてブランケットの機能に与える影響を検討する必要がある。特に、ブランケットでは核融合中性子を増殖材(Li)に照射して、トリチウムを生産する必要があるため、この機能を大きく損なわないことが重要である。損耗を少なくするためには、ターゲット材料の候補材であるWを使うことが最も望ましいが、Wを被覆するとブランケット内部に到達する中性子束が減少しトリチウム増殖速度が低下することが指摘されている[12]。このため、Wを被覆する場合でも厚みはできるだけ薄いほうが望ましく、ブランケット設計では被覆層の厚みは1mm以下で検討されている。一方、中性子との反応によりさらに中性子を増加させる中性子増倍材（Beなど）を第一壁に用いた場合は、ある程度の厚みは許容できる。しかしながらBeは損耗速度が速いため、核融合プラズマ運転中に、その場被覆が必要になることや、Cと同様に再堆積層中のトリチウム蓄積やダストの発生量などが問題となる。

一方、第一壁材料へのイオンや高速中性粒子束が低く、損耗が大きな問題にならない場合は、構造材料をそのまま第一壁材料として使用することが、ブランケット構造の簡素化や、トリチウム増殖の観点からは望ましい。以下で3種類の構造材料（フェライト鋼、バナジウム鋼、SiC複合材料）について、第一壁として使用した場合の現在の知見を簡単にまとめる。

フェライト鋼については、イオン照射によるスパッタリングや水素同位体蓄積について研究が行われている[13]。代表的な材料は、F82HやEUROFERで、主成分のFeにCrやW等を添加した合金材である。フェライト鋼のスパッタリング損耗については、照射初期には主成分であるFeのスパッタリングで損耗が支配されるが、損耗が進むうちにスパッタリングされにくいWの表面濃度が上昇して損耗が減少する傾向にある。また、Wに比べてトリチウムの蓄積量は少なく特にブランケットの使用温度と考えられている500℃程度以上ではほと

んど問題にならない。

　バナジウム鋼については、CrとTiの合金材(V-4Cr-4Ti)が主たる候補材である。スパッタリング損耗については、Feとほぼ同様の傾向を示す。重水素イオン照射やガス曝露実験より、トリチウム蓄積が比較的大きい可能性があるという指摘もあり[14]、ブランケット使用温度でのトリチウム挙動について今後精査する必要がある。

　SiC材料については、Dイオン照射時の損耗について調べられている[15]。イオンエネルギーが100eV以下では、構成材料のうちCに対する化学スパッタリングが発生し、物理スパッタリングのみの場合に比べて損耗率が大きくなる。しかしながらイオン照射を続けると化学スパッタリングの小さいSiの表面濃度が増加し、損耗が低減される傾向にある。したがって、その損耗率はほぼ物理スパッタリングで想定される値に近づく。しかしながら、長時間運転が想定される核融合装置では、損耗されたCの再堆積層中のトリチウム蓄積の問題が懸念される。今後精密な評価が必要と考えられる。

　結論として、ブランケット構造材料を第一壁に使用した場合の適用性については、まだ十分な基礎データが整っていないために、十分な検討がなされているとはいえない。プラズマからの粒子負荷の信頼性の高い評価とともに、構造材料のプラズマ照射影響の基礎研究をさらに進める必要がある。

〈上田　良夫〉

〔参考文献〕

1) Francisco L Tabarés, Plasma Phys. Control. Fusion 58(2016)014014(8pp)

2) R.A. Pitts, S. Carpentier, F. Escourbiac, T. Hirai, V. Komarov, S. Lisgo, A.S. Kukushkin, A. Loarte, M. Merola, A. Sashala Naik, R. Mitteau, M. Sugihara, B. Bazylev, P.C. Stangeby, Journal of Nuclear Materials, 438, p.S48, (2013)

3) AIST分散型熱物性データベース、http://tpds.db.aist.go.jp/

4) 理科年表（丸善出版）(2015)金属の熱伝導率と融点

5) V. Barabash, G. Federici, J. Linke, C.H. Wu, Journal of Nuclear Materials 313-316(2003)42-51

6) R. Neu , R. Dux, A. Geier, O. Gruber, A. Kallenbach, K. Krieger, H. Maier, R. Pugno, V. Rohde, S. Schweizer, ASDEX Upgrade Team, Fusion Engineering and Design 65(2003)367-374

7) G.F. Matthews, Journal of Nuclear Materials, 337-339, p.1,(2005)

8) Y. Ueda, J.W. Coenen, G. De Temmerman, R.P. Doerner, J. Linke,V. Philipps, E. Tsitrone, Fusion Engineering and Design 89(2014)901-906

9) J. Roth et al., Journal of Nuclear Materials 390-391(2009)1-9

10) Y. Ueda, H.Y. Peng, H.T. Lee, N. Ohno, S. Kajita, N. Yoshida, R. Doerner, G. De Temmerman,
V. Alimov, G. Wright, Journal of Nuclear Materials 442(2013)S267-S272

11) S. Kajita, N. Yoshida, R. Yoshihara, N. Ohno, M. Yamagiwa, Journal of Nuclear Materials 418(2011)152

12) Y. Ueda, K. Tobita, Y. Katoh, Journal of Nuclear Materials 313-316(2003)32-41

13) V Kh Alimov, Y Hatano, K Sugiyama, M Balden, T Höschen, M Oyaidzu, J Roth, J Dorner, M Fußeder and T Yamanishi, Physica Scripta T159(2014)014049(5pp)

14) Yoshio Ueda, Kazuhiro Uekita, Makoto Oya, Yusuke Ohtsuka, Takuya Nagasaka, Ryuta Kasada, Akihiko Kimura, Tomonori Tokunaga, Naoaki Yoshida, Journal of Nuclear Materials 438(2013)S1125-S1128

15) H. Plank, R. Schwörer, J. Roth, Nuclear Instruments and Methods in Physics Research B 111(1996)63-69

第6編 巨大真空システム

第3章 大型真空システム

第1節 大型スペースチャンバ

はじめに

1957年に人類初めての人工衛星スプートニク1号が打上げられて以来、人工衛星は通信、放送、気象観測やリモートセンシングと呼ばれる地球観測など実利用の範囲がひろがり、現在では我々の日常生活と切り離せないものとなっている。これらの人工衛星は宇宙空間で故障が発生すると修理がほとんど不可能であり、社会生活にも大きな影響を与えることになるため高い信頼性が要求されている。

一方、人工衛星は打上げ時のロケットからの振動及び音響、ロケット及び衛星分離の際の衝撃等の機械的環境、さらに宇宙空間では真空、極低温及び強烈な太陽照射の熱真空環境等のさまざまな苛酷な環境にさらされるため、その開発過程の各段階で設計に必要なデータの取得、設計の評価、打上げられる衛星の品質と信頼性の確認を目的として各種の試験が行われる。このうち宇宙空間の「熱的」な環境である真空、冷暗黒を地上に模擬して行われる試験を熱真空試験と呼び、そのための試験設備をスペースチャンバと呼んでいる。

本節では、このスペースチャンバについて、それに要求される性能と機能、設備の設計と製作等について解説し、さらに宇宙航空研究開発機構の筑波宇宙センターのスペースチャンバの実例を紹介する。

1.1 人工衛星の設計検証と熱真空試験

スペースチャンバの理解を助けるため、人工衛星の熱制御と熱真空試験について解説する。

人工衛星は軌道上では前述のように真空、冷暗黒の環境の中で強烈な太陽の光を浴びながら長期

間（最近の実用衛星では設計寿命は約10年となっている）飛び続ける。

真空については多くの通信衛星や気象衛星等の静止衛星の軌道である地上36,000km付近では、およそ10^{-11}Pa(10^{-13}Torr)の真空であると言われている。

また冷暗黒環境については、宇宙は絶対温度で3K（約−270℃）の無限容量のヒートシンクであり物体から放出される光や熱放射はすべて吸収され戻って来ることはない。

さらに太陽は地球を取り巻く大気層の外のため減衰がなく、地上における太陽光強度の約2倍近い量となっている。

従って、これらの環境の中で人工衛星は太陽光の直射を受ける部分には約1.4kW/㎡という光エネルギーが入射し、影となった部分や人工衛星が地球の影に入る「食」と呼ばれる期間にはヒートシンクである宇宙空間に向かって熱が放出されてゆくという厳しい熱環境条件にさらされる。

一方、人工衛星には電源系、通信系、姿勢制御系等の数多くの電子機器が搭載されており、通常それらは0℃から40℃程度の常温に保持されることが要求される。このため人工衛星は各部を所定の温度範囲に維持するための「熱制御系」と呼ぶシステムを持っている。この熱制御は宇宙空間の真空のため対流による熱の移動がなく、もっぱらふく射と接触伝導によって行われる。これらのふく射、伝導のコンダクタンスを適正に選定することが熱制御システムの設計の基本的な考え方である。実際の人工衛星の熱制御の例として、1994年に打上げられた技術試験衛星VI型(ETS-VI)の外観図を図1.1に、熱制御材配置図を図1.2に示す。一般にETS-VIのような箱型の本体を持つ静止衛星では、静止軌道上で北又は南を指向する面は、内部で発生する熱を宇宙空間に放出するための熱的な窓として使用される。このため、この面には太陽光に対する吸収率が小さく（反射率が高い）、赤

第3章 大型真空システム

図1.1 ETS-VI外観図

外ふく射率の高いOSR(Optical Solar Reflector)と呼ばれる素材が用いられている。それ以外の面はアルミマイラ、アルミカプトン等の金属蒸着プラスティックフィルムとネットからなる多層断熱材で覆われ外界との熱の出入りを小さくしている。また内部は通常、機器の表面に黒色塗装を施し、ふく射による熱交換を大きくすることにより温度の均一化を図っている。これらがふく射伝熱の例である。伝導については接触部の取付状態（面仕上げ、面圧等）、熱抵抗の低いサーマルグリース及び熱抵抗の大きな断熱スペーサ等を適切に組み合わせることにより所定の特性を得ている。さらに特別な熱制御が必要なケース、例えば大発熱の機器の熱処理のため熱を広い面積に拡散

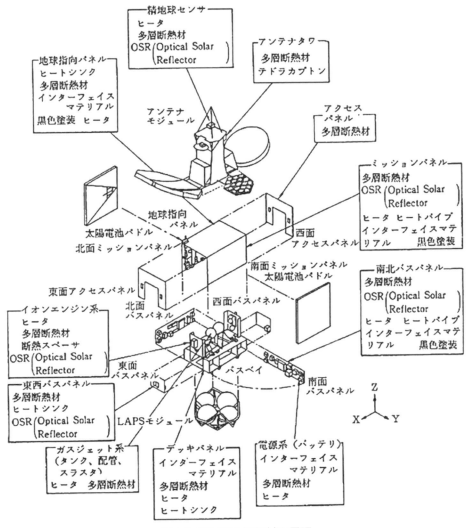

図1.2 ETS-VI熱制御材配置図

させる場合、狭い温度範囲に維持することが必要な機器、機器のON/OFFによる発熱量が大きく異なる場合などは、上記の受動型熱制御に加え電気的なヒータ、熱輸送力の大きなヒートパイプ等の能動型の熱制御素子が組み合わされて使用される。

以上述べてきたような人工衛星の熱制御系の設計に必要なデータの取得及び性能、機能の確認のため地上で真空、極低温の宇宙環境を模擬して行われる試験が熱真空試験である。

熱真空試験には大きく分けて次に述べる2つの目的がある。

① 人工衛星の熱制御系の設計及び熱制御用ハードウェアの性能、機能の確認→設計、性能の確認
② 打上げ用人工衛星のハードウェアについて、すべての性能が所定の要求を満足していることの確認と潜在する材料の欠陥や製作上の不良の洗い出し→品質の確認

①の目的のためには、人工衛星を各部の温度を代表する数百から数千の節点（ノード）に数学的に分割したネットワークモデルを作り、各節点について熱の出入りについて式（1.1）に示すような熱平衡式を立てる。

$$C_i \frac{dT_i}{dt} = Q_i - \sum_{j=1}^{N} K_{ij}(T_i - T_j) - \sum_{j=1}^{N} R_{ij}\sigma(T_i^4 - T_j^4)$$
(1.1)

この式はN個の節点のうちのi番目の節点についての式で左辺は蓄えられる熱量、右辺の第1項は節点での発熱量、第2項は節点iと節点jとの間の伝導による熱交換量、第3項はiとjとの間のふく射による熱交換量を示している。各パラメータの意味は次のとおりである。

C_i：節点iの熱容量
T_i：節点iの温度
Q_i：節点iの発熱量
K_{ij}：節点iと節点jとの間の伝導熱交換係数
R_{ij}：節点iと節点jとの間のふく射熱交換係数
σ：ステファンボルツマン定数

式（1.1）を解いて得られる各節点の温度、つまり解析的に予測された温度と実際のハードウェアを使用して行った熱真空試験の結果を比較することにより設計の妥当性の評価を行うとともに、必要ならば試験前に作成した前記のネットワークの修正を行う。同時に実測温度から熱制御システムの機能、性能の確認を行う。

②の目的のためには宇宙環境を模擬した中で人工衛星をミッション期間中で予測される最も厳しい温度で熱サイクルにさらし、その間に高温状態及び低温状態で人工衛星の主として電気性能試験を実施する。試験時間、サイクル数などは各人工衛星の特性、初期故障及び不具合の発生確率等から決められるが、図1.3に熱真空試験プロファイルの一例を示す。

これらの試験条件や試験方法はJAXAの宇宙機一般試験標準(JERG-2-130)にて規定されている[1]。宇宙機一般試験標準では音響試験、振動試験、衝撃試験をはじめとする様々な環境試験要求が定められているが、図1.4に示すように熱真空試験では他の環境試験に比べ不具合検出が高いため、人工衛星の設計・製造検証として有効な手段である。また図1.5の熱真空試験における不具合分類が示すように、設計(Imperfect design)および品質(Workmanship)に関係する不具合検出効果があることが分かる[2]。

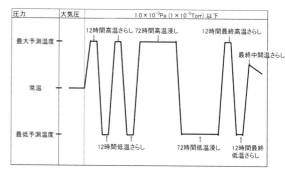

図1.3 熱真空試験プロファイルの例

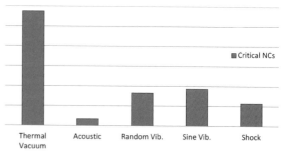

図1.4 各環境試験における不具合検出数

1.2 スペースチャンバ
1.2.1 宇宙環境の模擬[3]

スペースチャンバは前項の熱真空試験を実施するため宇宙空間の熱的環境、つまり極低温、高真空及び太陽光の入射を模擬するものである。模擬装置（シミュレータ）の目的からは、できる限り実際の宇宙空間に近い環境を作り出すことが望ましいのは当然であるが、前項に述べたような10^{-11}Paの真空や3Kの極低温を大型の装置で作り出すことは、技術的には可能であっても膨大な設備となり経済的には容易なことではない。そこでシミュレーション試験としての誤差の評価を行い、必要十分な性能が設定される。

(1) 極低温

スペースチャンバに要求される温度条件は前項1.1（人工衛星の設計検証と熱真空試験）で述べた冷暗黒と呼ばれる極低温で、かつ無限の容量を持つヒートシンクの性質を模擬することで決められる。通常スペースチャンバの容器内面は後で述べる「シュラウド」と呼ばれる黒色塗装された壁で覆われ、そのシュラウドが液化窒素で冷却され上記の冷暗黒環境を模擬する。このシュラウドの温度は熱誤差解析から決定されるが、例えば前項の式（1.1）において、人工衛星の温度が常温の300K程度の場合、シュラウド温度が100K以下であれば誤差は1％程度になることがわかるであろう。但しこれには人工衛星の表面積に対してシュラウドの面積が十分大きいこととシュラウド表面のふく射率が十分大きいことが必要である。

(2) 真空

スペースチャンバに必要とされる圧力（真空度）は、宇宙空間において離れた両面の熱の移動は、すべてふく射の形で行われるという性質を模擬することで決定される。つまりスペースチャンバ内に残留する気体分子による熱の移動をふく射によるものに比べ十分小さくすることが必要となる。解析によればスペースチャンバ内の圧力が10^{-3}Pa程度になれば、気体の伝導による伝熱とふく射による伝熱の比は人工衛星の温度レベルが300K程度、シュラウド温度が100K以下の場合、約1％程度となる[4]。

以上のことから、スペースチャンバは100K以下のシュラウド温度、10^{-3}Pa以下の圧力をその主要性能とするものが多い。

1.2.2 スペースチャンバの設計と製作

スペースチャンバには、宇宙用の部品や材料等を試験する小型のものから、組み上がった人工衛星全体の試験を行う大型のものまであるが、本項では大型のスペースチャンバを設計、製作する上で特に考慮すべき点について解説する。

(1) 形状と構造

スペースチャンバの本体と言うべき真空容器の形状は構造強度が確保しやすい円筒型又は球型が多く採用されるが、形状を決定する上で最も大きな要素となるのが太陽光の模擬方法である。大型のスペースチャンバの具備すべき機能として、前述の極低温、高真空環境に加え、太陽光の入射の模擬が必要になってくるが、この模擬の方法には表1.1に示すようないくつかの方法がある。

この中でソーラ法は最も実際の太陽光に近い形のシミュレーション方法であるが、一般には容器外に置いた光源からの光をスペースチャンバ内に導入するため、光学的な理由から複雑な形状となり構造設計、製作に多くの手間を要する。しかしこの方法は試験方法として最も精度の高い優れた

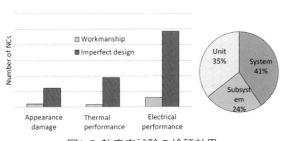

図1.5 熱真空試験の検証効果

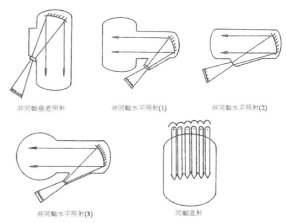

図1.6 ソーラシミュレータの各種コンフィギュレーション

表1.1 熱入力模擬方法

試験方法	内容		
		特徴	概念図
ソーラ法		・太陽光と波長特性の近いキセノンランプを用い、コリメータ鏡により平光束を得る。 ・供試体への太陽光入射角を設定するために角度調整ができるテストフィクスチャが必要。 ・実際の状態に近い太陽光熱入力の設定ができる。	コリメータ鏡／S/C／キセノンランプ／テストフィクスチャ
IR法	ロッドヒータ法	・太陽光と異なり赤外線領域に放射スペクトルをもつ棒状のヒータを供試体の周囲に配置して行う。 ・熱入力の設定は、換算を行い、等価的な衛星表面での吸収熱量で設定する。 ・設備はソーラ法より安価で小規模となる。	ロッドヒータ／S/C
	IRパネル法	・ヒータにより温度制御される赤外線パネルを供試体の周囲に配置して行う。 ・熱入力の設定は換算を行い、等価的な衛星表面での吸収熱量で設定する。 ・設備はソーラ法より安価で小規模となる。	赤外線パネル／S/C
スキンヒータ法		・供試体表面に付けたヒータにより行う。 ・熱入力の設定は等価的な衛星表面での吸収熱量に設定する。 ・設備はIR法よりさらに安価で小規模となる。	スキンヒータ／S/C

方法であり、特に太陽光にさらされる部分が複雑な形状を持ち、影や多重反射の影響が大きな供試体の試験が想定される場合はソーラシミュレータの設置が望ましい。

ソーラシミュレータのコンフィギュレーションの例を図1.6に示す。

次に形状、構造を選定する上で考慮すべき事項は供試体の搬入方法である。一般に大型の設備で試験される供試体は、供試体自身のみならず、その周囲に設置される試験用の治工具類、ワイヤーハーネス類も大きなものになるため、それらの搬入、チャンバ内セットアップ後の作業についても十分な配慮が必要である。搬入方法は図1.7に示すようなさまざまの方法があるが、それぞれに特徴があり、試験対象物、建設上の制約（敷地面積、高さ及び地下深さの制約等）により選定される。例えば構造的には垂直円筒型で頂部または底部開口の場合が最も強度の確保が容易であり、また敷

地が最も小さくてすむが頂部開口の場合は供試体
をつり上げるためそのリスクの考慮や底部開口の
場合は開閉機構の処理に工夫が必要である。円筒
の胴部に開口を設ける場合には円筒の直径に対し
て小さな開口となり、供試体搬入の制約が起きる
こともある。水平円筒型の場合には端部に搬入口
を設けることにより1階のフロアから直接供試体
が搬入でき、また長尺のものの収容も容易である
点ですぐれていると言えるが、強度や変形に対し
ての補強が必要になる。さらに占有する敷地面積
が大きいのも難点である。

設備の運用性に対する考慮として
① 真空容器内面は原則としてすべて液化窒素
で冷却されるシュラウドで覆われるため、
作業性が悪くなるので作業用の仮設床の
用意。
② このような大型の設備では、建設当初には
予想もしなかった用途に用いられること
も多く、そのため十分な耐荷重のハードポ
イント、予備ノズル等を設けておくこと。
等があげられる。

(2) 真空装置としての考慮
1) 清浄度管理
　スペースチャンバは真空装置であると同時に人
工衛星という厳しく清浄度管理が要求される供試
体が試験されるため、設備の製造過程においては
材料レベルから製作完了に至るまで真空にさらさ
れる部分が汚染されないよう、その保護と洗浄に
は十分な対策が必要である。特に大型のため小型
装置では良く行われるベーキングによる「枯ら
し」ができないことが多いので特段の注意が必要
である。通常、真空容器はステンレスが使用され、
その内面は低ふく射率と脱ガス低減化を目的とし
て#200～#300程度のバフ研磨仕上げがなされる
が、材料レベルでの加工後、保護シートの塗布等
によりその後の汚染を防止しなければならない。
さらに大型のものでは製作工程の中で長時間屋外
に置かれることもあるため養生にも細心の注意が
必要である。また溶接加工終了後には洗剤、溶剤、
蒸気等による洗浄も不可欠である。

2) 製作への考慮
　大型のスペースチャンバでは輸送等の制約によ
り工場で完成状態までの加工ができず、工場内作
業に比べ作業環境が劣る据付場所で溶接加工、検
査等を行わざるを得ない場合も多いが、溶接、フ
ランジシート面の切削加工、漏洩検査方法及び前
記の洗浄作業等の時間を要する作業は事前の検討
により作業工程に大きな差が生ずることになるの
で注意しなければならない。また加工が長期にわ
たる場合は、季節及び昼夜による温度、湿度の変
動も無視できない問題となる。

3) 真空排気系
　大気圧から1Pa程度までの排気を担当する粗引
排気系は油回転ポンプとメカニカルブースタポン
プの組合せが一般的であるが、ロケットが大気圏
を通過する際の圧力降下を模擬することが要求さ
れる場合は、スチームイジェクタポンプ等により
短時間で排気する系を持つものもある。粗引排気
系に続いて運転される高真空排気系は最近のス
ペースチャンバでは、ほとんどが極低温のヘリウ
ムを使用したクライオポンプがその主排気装置と
なっている。比較的旧型のスペースチャンバでは
油拡散ポンプが多く使用されてきたが、油蒸気の
逆流が避けられず、特に最近の人工衛星では汚染
に対して非常に敏感なものを多く搭載しているた
め、新しいチャンバではほとんどがオイルフリー
の排気系を使用している。特に最近ではターボモ
レキュラポンプ、小型で排気速度が大きく容器へ
の取付も簡単なクライオポンプやクライオソープ
ションポンプが容易に入手できるようになったた
め、旧型のスペースチャンバでも排気系を油拡散
ポンプからこれらのオイルフリー排気系に交換す
るケースも報告されている。チタンサブリメー
ションポンプは一時期ヘリウムや水素のようなク
ライオポンプでは排気できないガスの排気を目的
として使用されたが汚染の原因となる要素がある

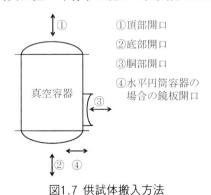

図1.7 供試体搬入方法

①頂部開口
②底部開口
③胴部開口
④水平円筒容器の場合の鏡板開口

ため現在では余り使用されない。

なお前に述べた宇宙空間の極低温を模擬するために液化窒素で冷却されるシュラウドは、排気はその主目的ではないが、実際的には高真空領域の主残留ガス成分である水蒸気や二酸化炭素などに対しては大きな排気速度を持つクライオポンプである。

1.2.3 スペースチャンバ特有のリスク

スペースチャンバで試験される人工衛星等の供試体は、きわめて高価なものであるばかりでなく、損傷を与えた場合、その修復が非常にむずかしく、また再製作もコスト、スケジュールの点でほとんど不可能であることから供試体の保護は設計上の最重点項目のひとつである。熱真空試験において供試体に損傷を与えることになる原因の大きなものは①真空放電、②過冷、③コンタミネーション（汚染）である。

(1) 真空放電[4]

チャンバ内では、供試体内で使用している電力や試験用治工具（ヒータ、赤外線ランプ等）用の電力等のため電圧が印加されている部分があり、特定の圧力領域で真空放電をおこすことがある。一般に真空放電はパッシェンの法則に従うのは良く知られているが、パッシェンの法則の領域外である10^{-1}～10^{-2}Paの圧力領域で、かつ100V程度の電圧であってもトリガーとなるものがあれば放電を起こすことがある。特に印加電圧が交流の場合は比較的起きやすいので注意が必要である。トリガーとなるものはいくつかあるが、電離真空計で発生する電子等の荷電粒子はその代表的なもので、この荷電粒子が電圧印加されている2点の間に飛び込むことによりその間の絶縁が破壊され、放電を引き起こすものと考えられている。これを防止するためには、

a) 10^{-1}～10^{-2}Paの圧力領域では電圧印加を止めるか、または電圧を下げる。

b) 電源は直流を使用する。

c) 電離真空計、特にヌード型B-Aゲージはこの圧力領域では使用せず、万が一の緊急時に対しては、圧力インタロックによる自動遮断、さらに接地した金網等で覆う等の処置を行う。

d) 電圧印加部は絶縁材で覆う

等の考慮が必要である。

(2) 過　冷

過冷は何らかの原因で供試体への熱入力が遮断され温度が許容限界よりも低下する場合に起こる。例えば上で述べた放電危険圧力領域に長い間停滞した場合に放電を避けるため、加熱用ヒータ等への電力供給を停止、または低減することにより人工衛星等の温度が低下する。その結果として人工衛星の表面等にチャンバ内のガス成分が凝縮して次に述べるコンタミネーションを引き起こしたり、また物理的な損傷を起こすこともある。このため、それを防止するためには、放電危険圧力領域に停滞することのないよう短時間で100Pa程度まで圧力を上げるリーク装置を設置したり、緊急用の加熱装置を用意する等の対策が必要である。

(3) コンタミネーション（汚染）

コンタミネーションはスペースチャンバ内のガスが供試体及びスペースチャンバの表面に付着することによって発生する。発生源は供試体及びスペースチャンバに使用されている各種材料からの脱ガス成分が主なものであるが、温度条件（例えば極低温に冷却されるセンサー類）によっては、水蒸気でも十分コンタミネーションの原因となり得るので注意すべきである。またコンタミネーションは一次的に表面を汚染し表面の特性を変化させるだけでなく、発生後の後処置が不十分であると再気化して他に移動して汚染範囲をひろげたり、人工衛星では軌道に上がってから紫外線及び放射線等との複合作用によりさらに表面を劣化させることもあるので、予め予想されることは極力排除しておくことが大切である。具体的には、材料の選定にあたっては脱ガスが少なく、かつその量及び組成等が明らかなことと塗料等はサンプルテストにより必要な枯らし条件の評価を行い、実際の人工衛星等の試験までに十分枯れた状態にしておくことが必要である。また試験中には供試体の温度が常に他より高く維持されていること、もしそうならない場合にも付近に低温の面を用意し、その面でトラップさせる等の考慮が必要である。

表1.2 13mφスペースチャンバ主要性能

項目	性能
真空容器寸法	主 直径：14m 長さ：17m 副 直径：10m 長さ：20m （横置水平ハンマー形）
供試体収容空間寸法	直径：13m 長さ：16m
到達圧力（空引き時）	1.33×10^{-5}Pa(1×10^{-7}Torr)
排気時間（空引き時）	1.33×10^{-5}Paまで24時間
シュラウド温度	100K以下（液化窒素循環時）
ソーラシミュレータ ・光源 ・試験空間 ・最大照射強度 ・平行度 ・均一度	 水冷式30KWキセノンランプ×19灯 直径6m×奥行6m 1.82kW/m² ±1.5°以内 ±5%以内
データ計測 チャンネル数	1152チャンネル （T型熱電対）
赤外線加熱用 電源装置	5KW×10台 3KW×10台 800W×20台 60W×50台

1.3 大型スペースチャンバの例[5]

1.3.1 13mφスペースチャンバ

以上に述べてきたスペースチャンバの例として、宇宙航空研究開発機構の筑波宇宙センターに1989年に設置され、その後幾つかの改修を経ている13mφスペースチャンバを紹介する。

この設備の設計当時は、宇宙開発が実用へ、さらに商業ベースとひろがりつつある時代であり運転コストの低減が重要課題のひとつとして設定され、次に掲げるような考慮がされている。

① 冷熱源として使用される液化窒素の消費量を低減するため、系内で蒸発した窒素を再液化し再利用を図ったこと。
② 液化窒素に対する熱入力を抑えるため、配管の断熱や真空容器からの熱入力の遮へいを考慮したこと。
③ ソーラシミュレータの効率を大幅に改善したこと。

等である。

表1.2に主要性能を、図1.8に全体概要を示す。図1.9にはシステムブロック図を示す。

(1) 真空容器

本設備の本体となる真空容器は図1.8からわかるように水平の円筒がT字型に組み合わされた形状をしており、供試体が入る主チャンバ部は直径14m、長さ17mという巨大なもので、ソーラシミュレータの光が通る副チャンバ部も直径10m、長さ20mである。供試体収容空間は主チャンバ内部に装備されたシュラウド直胴部の寸法の直径13m、長さ16mである。この形状は前項に述べた事項に加え、以下を考慮して検討した上で決定されたものである。

① 今後の供試体の大型化への対処
② 将来の宇宙ステーション等の長尺のものの試験への対応
③ 真空中での大型アンテナ、太陽電池パネル等の展開試験、振動減衰試験等の考慮

この容器は大型のため輸送上の制約により胴部、鏡板部とも多数のブロックに分割して工場より輸送され現地にて溶接後据付がなされた。

(2) 真空排気系

表1.2に示す圧力（真空度）を実現するため装置自身の放出ガスに加え、供試体からの放出ガスを次のように設定し排気系の設計を行っている。

- 窒素、酸素、二酸化炭素：
 67Pa・ℓ/sec(0.5Torr・ℓ/sec)
- 水： 2670Pa・ℓ/sec(20Torr・ℓ/sec)
- 水素、ヘリウム、ネオン：
 0.13Pa・ℓ/sec(1×10^{-3}Torr・ℓ/sec)

1) 粗引排気系

粗引排気系は大気圧から約1.3Pa(1×10^{-2}Torr)まで6時間で排気するためのもので次のものから構成されている。

① 油回転ポンプ： 1,800m³/H4基
② 1段メカニカルブースタポンプ
 （6,650Paより起動）12,000m³/H2基
③ 2段メカニカルブースタポンプ
 （10,640Paより起動）6,000m³/H2基

なお、粗引排気末期の自由分子流領域における油

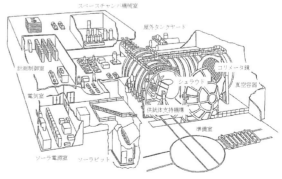

図1.8 スペースチャンバ全体概要図

蒸気のチャンバ内への逆流を防止するため液化窒素コールドトラップが設置されている。

2) 高真空排気系

高真空排気系は次のものから構成されている。

① ターボ分子ポンプ：
　　　5,000ℓ/sec（窒素に対し）4基
② 副クライオソープションポンプ：
　　　28,000ℓ/sec（窒素に対し）6基
③ 主クライオポンプ：
　　　850,000ℓ/sec（窒素に対し）2基

主クライオポンプは真空容器内に組み込まれたクライオパネルと呼ばれるパネルを膨張タービンを使った冷凍機による低温ヘリウムガスで20K以下に冷却することにより得られる面を排気面とする。クライオパネルは主チャンバ奥の鏡板部に設置されているが熱負荷軽減のため液化窒素で冷却されるシュラウドにはさみ込まれる形状になっている。ここでシュラウドは冷暗黒を模擬する機能に加えて熱シールドとしての機能を果たしている。このシュラウドは供試体からの熱がクライオパネルに到達するのを防ぎつつ排気のためのコンダクタンスの確保、捕獲確率を上げるため図1.10に示す形状となっている。

これらの排気系により、本スペースチャンバは大気圧から24時間で$1.3×10^{-5}$Pa($1×10^{-7}$Torr)まで到達する。

(3) 極低温系

極低温系はシュラウドの温度コントロールを行う「窒素系」とクライオパネルを冷却するための「ヘリウム系」から構成されている。

1) 窒素系

真空容器の内面はコリメータ鏡と呼ばれるソーラシミュレータの反射鏡部分を除きすべてシュラウドで覆われているが、構造はアルミ材(A6063S-T5)のフィン付き管をヘッダーで結合したものである。また表面は宇宙空間のヒートシンクの模擬のため太陽光に対する吸収率及び赤外ふく射率ともに大きいウレタン系の黒色塗装が施されている。通常の試験ではシュラウドは液体窒素と熱交換し冷却された窒素ガスで約170Kまで予冷され、その後2基の100,000ℓの貯槽に蓄えられている0.75kg/cm²、83Kの液化窒素を容量32,000ℓ/Hの液化窒素ポンプ3基により6kg/cm²まで加圧した過冷却の窒素で冷却される。

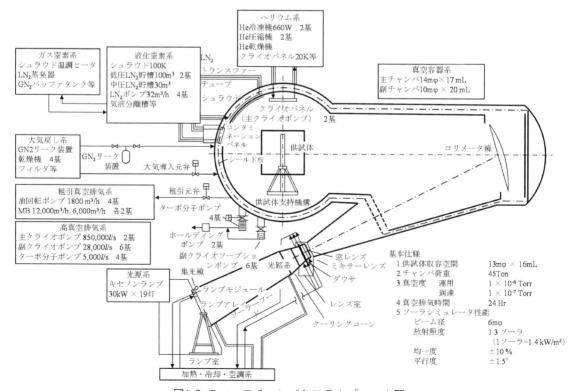

図1.9 スペースチャンバシステムブロック図

またシュラウドは前に述べたように100K以下に冷却されることで水蒸気等に対しては大容量のクライオポンプとして作用し、解析では水に対しては$2\times10^8 \ell$/secの排気速度を持っている。

2) ヘリウム系

ヘリウム系は主クライオポンプを冷却するための寒冷を発生させるもので、1,350m^3/Hのスクリュー型圧縮機と20Kにおいて660Wの冷凍能力を持つ膨張タービン型冷凍機、ヘリウムの純度を保つ精製器、熱交換器から成るクローズドサイクルの冷凍システムである。図1.11にヘリウム冷凍システムのブロック図を示す。

(4) ソーラシミュレータ

本設備のソーラシミュレータは光源に自然太陽光に近い分光分布を持つ30KWのキセノンランプを19台使用し、それぞれのランプが取り付けられた近似楕円面を持つ集光鏡により途中のレンズ系に集光される。このレンズ系の前面における光は山型の強度分布を持つため、ミキサーレンズと呼ばれる集合レンズで分割・合成することにより均一な強度分布に変換する。さらにコリメータ鏡と呼ばれる直径約8.5mの大型凹面鏡により平行で、かつ均一な太陽光に近い特性を持った光がつくられる。

〈髙橋　大祐/松田　武志/森　研人〉

〔参考文献〕

1) 宇宙航空研究開発機構：宇宙機一般試験標準、JERG-2-130(2013)
2) T.Niwa, D. Takahashi, Q. Shi：Review JAXA Test Standard by the Lesson's Learned from Ground Test non-conformance database, 28th Aerospace testing seminar, (2014)
3) R. L. Chuan（大島耕一訳）：日本航空宇宙学会誌、16-176(1968)、332、日本航空宇宙学会
4) 宇宙航空研究開発機構：熱真空試験ハンドブック、JERG-2-130-HB005(2017)
5) 中村他：電気学会昭和63年全国大会論文集
6) 中村：冷凍、63-733(1988)、日本冷凍協会

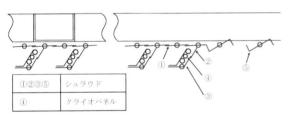

図1.10 シュラウド、クライオパネル断面図

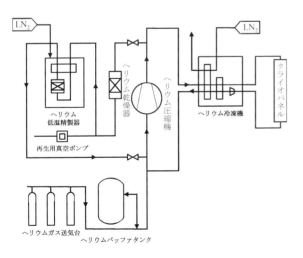

図1.11 ヘリウム冷凍機システムブロック図

第6編 巨大真空システム

第2節 重粒子線がん治療施設

　放射線医学総合研究所（以下、放医研と略す）は世界で初めて、重粒子線がん治療を主目的とする重イオン・シンクロトロン（通称、HIMAC＝Heavy-Ion Medical Accelerator at Chiba）を建設し、炭素イオン・ビームを使って、1994年に重粒子線がん治療を始めた。それ以来、この治療法は、従来の方法では治療が困難であったがんに対しても好成績を納め、重粒子線がん治療が国内外で普及してきた。国内では、炭素ビームを使った施設が5箇所、陽子線施設が8箇所稼働していて、更に数ヶ所の炭素線施設が計画されている。国外でも炭素線施設が数ヶ所、陽子線施設が十数ヵ所稼働している[1] この項では、重粒子線がん治療の物理的基礎と、このための施設とそこで使われている装置の概要について述べる。

2.1 重粒子線がん治療の特徴とその物理的基礎
2.1.1 放射線によるがん治療
　外科手術によるがん治療は、がん細胞を含む組織を物理的に切除することで、周囲の組織に悪影響を及ぼしたり、ほかの組織への転移を防止することである。除去した組織の機能は、患者の再生能力により補填されたり、生物学的な代替え組織や器官、または、人工器官を移植して、患者の正常な健康を回復する。

　これと同様に、放射線が物質に対して透過性を持つこと、および、放射線が生体の細胞・組織を破壊することを用いて、外科手術を用いずに、患者のがん化した細胞を殺傷して、がん組織を除去するのが、放射線によるがん治療である。重粒子線がん治療は、加速器で得られるビームとしての高エネルギー重イオン[2]を放射線源として、その特性を最大限活用することにより、除去を必要とする生体組織だけを選択的に殺傷することを目標としている。
2.1.2 重粒子線がん治療の特徴
　がん治療のための放射線源としての重粒子線の主な物理特性は：

　1）放射線源が、加速器から得られる高エネルギーの荷電粒子ビームである。

　2）高エネルギー重イオンは、物質の中に入ると、物質を構成する原子・分子の軌道電子と衝突してその運動エネルギーの一部を与え、エネルギーを次第に失って、同じエネルギーのイオンなら、ほぼ同じ深さまで入って停止する。

　3）重イオンは電子との衝突ではその軌道を殆ど変えずに直進し、停止直前になって、軌道の単位長さあたりに、最大のエネルギー損失を行う。

　4）重イオンの電子との衝突は、クーロン力によるため、衝突が物質へ与える様々な効果がイオンの電荷の二乗に比例する。

　これらの事項は、排他的なものではなく、互いに関連している。

(1) 加速器からの高エネルギー重イオン・ビーム
　加速器とは、そもそも、荷電粒子のビームを得るための装置であるから、ビームに垂直な平面内では、電磁石により発生した外部磁場により、粒子の存在する場所を微細に制御することができる。また、放射線としての強度も、ビーム強度として、時間的にも空間的にも微細な制御が可能である。この制御可能性は、治療装置としては非常に重要な特性である。

　高エネルギーとは、一方では、重イオンが物質を構成する原子・分子の持つ軌道電子と衝突してその状態を変更し、それらが本来持っている生体内での機能を破壊するに十分なエネルギーを意味する。生体分子を構成する原子間の結合は、最も強い共有結合（二つの原子間で電子を共有することによる結合）でも、それを引き離すのに必要な

---

*1 重粒子線の呼称については、脚注2を参照。統計は放射線医学総合研究所の北川敦氏による2015年初頭までのもの。医学の歩みVol.252, No.3 2015.1.7 p.249参照。

*2 原子核物理では、技術的な理由から、従来より、水素とヘリウムのイオンを軽イオン、それより重い元素のイオンを重イオンと呼ぶ習慣であった。しかし、電子より重いという意味で、重イオンと呼んで、陽子やα粒子を含める場合と、従来の呼称で使う場合とがある。ここでは、従来の使い方を踏襲して、前者の意味で重イオンを使い、陽子は陽子線、または、陽子ビームを使うこととする

エネルギーは数eV程度であるから高エネルギーと呼べるほどではない。他方で、放射線が人体の表面から入射した場合、人体のどの部分にも到達出来るエネルギーをも意味する。生体の細胞は、その75-90%が水であるから、重粒子線がん治療用の加速器では、人体の直径の半分程度の長さとして、水で約30cmの深さまで到達できるエネルギーが選ばれ、陽子では約230-250MeV（光速度の約60%）、炭素イオンでは約400-430MeV/u（核子あたりの運動エネルギー、光速度の約70%）、が多く採用されている。磁場強度1Tの下での曲率半径は、陽子250MeVで2.4m、炭素イオン430MeV/uで6.6mである。

(2) 高エネルギー重イオンの物質中での振る舞い

体内に入ったイオンは、主として、体内の原子・分子の中の電子とクーロン力を介して衝突するので、相手の電子はさまざまなエネルギーを持って、いろいろな方向に、原子・分子内の本来の位置から放出されたり、高いエネルギー準位に持ち上げられたりする。イオン自身は電子に比べれば、陽子でも約2000倍重いので、その軌道をほとんど変えずに直進する。また、静止している電子とイオンとの二体衝突では、エネルギーと運動量の保存則から、電子が受け取れるエネルギーには上限がある。従って、物質中を走るイオンは、エネルギーを電子に少しづつ与えながら、衝突を多数回繰り返すことになる。速度が遅くなると、イオンは正電荷を持つから、物質中の電子を跳ね飛ばすとともに、時には物質から電子を捕獲して自身が軌道電子を持つようになり、その見かけの電荷（有効電荷）が低下する。最後には、周囲にエネルギーを与える能力を失い、ただの中性の炭素原子となる。

体内に入射した直後のイオンは、高速度であるから、電子との衝突時間が短く、一回の衝突ではほんのわずかしか電子にエネルギーを与えないが、停止直前になると、原子・分子の軌道電子とほぼ同じ速度（光速度の1/100以下）になり、相互作用の時間が長くなって、大きなエネルギーを電子に与えるようになる。これが現れるのは、イオンの速度が低下してからであるから、大きなエネルギーを標的軌道電子に与えるのは、距離としては非常に短い。

イオンが物質中で、その軌道の単位長さ当たりに失うエネルギーを、その物質の阻止能と呼ぶ。同じ物理量を、線エネルギー付与(LET = inear energy transfer)とも呼ぶ。単位は、医学・生物学関係では、keV/μmが多く使われ、物理関係では、MeV/mが多く使われる。いずれにしても、エネルギー/長さで、物理量としては力（SI単位系ではNewton）になる。これは、巨視的に見れば、物質がイオンに作用する摩擦力であるし、その反作用として、イオンが物質を引きずる力でもある。この量はイオンの速度の関数で、クーロン力に起因するからイオンの電荷の二乗、標的は物質の電子であるから、電子密度に比例する。イオンからエネルギーをもらった電子は、イオンの運動エネルギーに比べれば小さいが、原子・分子の軌道電子のエネルギーに比べればはるかに大きなエネルギーで原子・分子から飛び出すこともある。この二次的電子も荷電粒子であるから、イオンと同様に、原子・分子の軌道電子と頻繁に衝突するが、標的電子と同じ質量なので、イオンと違って直進することはなく、様々な方向に散乱されながらエネルギーを周囲に拡散させる。

(3) 放射線量と生体組織への効果

生体組織に即して考えると、イオンがばらまいたエネルギーの大きさよりは、ある場所の生体組織が吸収したエネルギーの方が重要となる。イオンのエネルギーが高いときには、放出された電子も大きなエネルギーを持ち得るから、遠くまでエネルギーを運ぶこともある。多くのイオンが一定時間、或る生体組織の近傍を通過した後に、その生体組織がいくらエネルギーを吸収したかを表す量として吸収線量(dose)が使われる。これはある場所の単位質量の生体組織が放射線から与えられるエネルギーとして定義され、物理線量とも呼ばれる。単位はGy（グレイ、J/kg）。生体組織を密度が一様な水と近似すれば、放射線が生体組織のある場所に与えるエネルギーの空間密度（単位体積当たりのエネルギー）である。このエネルギー密度が高ければそれだけ生体分子を破壊する確率が大きいと推察されるが、必ずしも自明のことではない。例えば、同じ物理線量であっても、少数の電子が大きなエネルギーを持つ場合と、多数の電子が少量のエネルギーを持つ場合とでは、電子

が原子・分子に与える効果に違いがあるはずである。実際には、RBE（＝relative biological effectiveness、生物学的効果比）と呼ばれる定数を導入し物理線量に乗じて、放射線の生物への効果を含む量としてし、生物学的線量（単位はシーベルト）と呼ばれる量を使って定量化されている。

(4) Braggピーク

100MeV/uから290MeV/uの間の4つの異なった単一エネルギーを持つ炭素イオンが水に入射した場合の、単位質量の水が受け取るエネルギー（吸収線量）を、透過した水の深さの関数としてプロットしたものを、図2.1に示す（シミュレーションによる計算値）。イオンのエネルギーが高いところでは線量は少なく、停止直前では線量は急峻なピークを描き、その先ではイオンが到達しないので、線量は急激にゼロになっている。イオンの停止直前に現れるの線量の急峻なピークをBraggピークと呼ぶ。

実際には、標的の水では、多数の電子の中のところどころに水素や酸素の原子核がある。原子核は小さく、電子に囲まれているので、入射イオンには見えにくいが、標的としては重いので、衝突するとイオンは大きく曲げられることもある。これもほとんどがクーロン力による散乱なので、大きく偏向する確率は小さいが、厚い標的を通過している間には、多数回の散乱の結果、大きく曲げられるイオンもある（多重散乱）。また、まれには原子核反応を起こして、標的原子核が破壊されたり、入射イオンの原子核が分解して炭素イオンとともにほぼ元の速度で走るという、原子核反応も起こる（核破砕反応）。これらの効果を考慮に入れた場合には、Braggピークは少しなだらかになり、核破砕反応により、Braggピークの先にも線量が少し残る。図2.1ではこの効果も考慮されている。

(5) がん組織の殺傷

現在の理解では、細胞の中のDNA分子の異常ががんを引き起こすと考えられている。異常なDNAを持った細胞が、局所的に次々と細胞分裂を起こしながら異常DNAを増やし、がん組織が増殖するというのである。重粒子線がん治療は、この異常なDNAを持った細胞の人体内の分布を確定した上で、この異常細胞が存在する領域を重イオン・ビームで照射し、がん組織を選択的に殺傷することで成り立っている。したがって、重粒子線がん治療は、転移などにより人体全体に広がってしまったがんや、血液やリンパ液のように、人体の広い範囲に分布する細胞に起因するがんには適応できない。ある程度大きくてもよいが、特定の場所に集中的に発達した固形がんに最適な療法である。

イオンがエネルギーを失う過程で電子が弾き飛ばされるが、その電子はある細胞分子の生物学的機能にとって、決定的に重要である場合もある。特に、細胞核の中にあるDNA分子の構造を支える二重鎖の共有結合を切断する、しかも、同時に二本の鎖を切断すること（二重鎖切断double strand break）が、がん細胞を殺傷するうえで決定的に重要であると考えられている。人体は、生存に不都合な損傷した細胞やDNAを除去したり修復したりする機構を、進化の過程でいくつも体内に獲得して来ているので、一度破壊されたがん細胞が修復されたり、少しでも残存しているとまた増殖を始めたりすることもある。二重鎖切断をすれば修復できる可能性が少なくなり、結果としてその細胞を死滅させることが出来るというのである。このような描像に立つと、重イオンの持つ密度の高い電離作用が有効であることは容易に想像できる。

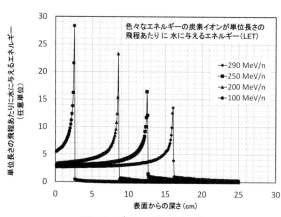

図2.1 ブラッグ・ピーク
（4種類(100、200、250、290MeV/u)の単一エネルギーの^{12}Cイオンを水に入射した時、イオンの飛程の単位長さあたりに水に与えるエネルギーを、水の表面からの深さの関数としてプロットしたもの（計算機のシミュレーションによる）。^{12}Cの飛程より先でエネルギー付与が0にならないのは、原子核反応により軽い粒子（p、d、t、^{3}He、αなど）が発生したため。）

ビームに垂直面内では、ビームの位置を電磁石で調節し、ビーム方向（深さ）については、ビーム・イオンのエネルギーを調節することで、Braggピークの位置（深さ）を調節し、殺傷する細胞を体内で三次元的に分布している標的として選択するのである。正常細胞に損傷を与えないように全体の放射線量を減らし、効果的に異常DNA分子だけを破壊したい。そのためには、重イオンの高密度なエネルギー付与（Braggピークの高さ）が、がん細胞のDNA分子の二重鎖をもれなく切断し、がん細胞を破壊するのに有効であると考えられている。高エネルギー重イオンが①体内に入った直後ではLETが小さいこと、②体内ではほぼ直進すること、及び、③停止位置がどのイオンでもほぼ同じであること、が三次元空間での放射線量の局在性をよくするので、外科手術では除去できないような場所や、少しの損傷でも致命的になる臓器（危険臓器：OAR＝organat risk）の近くに存在するがん組織までも、治療対象にできる。実際、放射線照射する空間は、mmの単位かそれ以下で制御されている。

(6) 放射線量の予測と照射方法

このような方法が有効になるには、高エネルギー重イオン・ビームで照射する位置と量の制御と共に、がん組織の体内での分布の決定、および、ビーム照射の際の放射線量の体内分布の予測（治療計画と呼ばれている）とが不可欠である。照射領域の確定と放射線量はPET（＝positron emission tomography，陽電子放射立体画像）やCT（＝computer tomography，X線立体画像）によるがん組織の分布を示す診断画像を使って、担当医が指定する。治療計画は、生体組織と重イオン・ビームの相互作用のモデルを使ったコンピュータ・シミュレーションにより、可能な様々な照射方法（ビームが入射する体表面の場所、ビームの方向、強度、照射時間、使用する装置など）を検討し、医師の指定に最も適合し、指定領域外の放射線量を最小にするような、照射方法や装置を選ぶ。シミュレーションのためのモデルと計算機プログラムは、患者ごとに計算が必要となるため、計算時間の制約のもとで、効果的に放射線量分布の結果を出さなくてはいけない。計算に使われるモデルとプログラムの妥当性は、模擬人

体（ファントム）と線量測定器により、実験的に何回も確かめられている。

2.2 重粒子線がん治療の施設と主な装置

重粒子線がん治療の施設は、加速器、ビーム輸送系、照射装置、患者固定装置、ビーム観測装置、放射線量測定装置などからなる。そのほかに、通常、病院が持つ機能も必要であり、当然、通常の加速器施設に不可欠な、電力設備、冷却設備、放射線その他の安全管理設備などが必要である。

2.2.1 加 速 器

陽子で250MeV、炭素イオンで400MeV/uというエネルギーは、原子核・素粒子物理学などの基礎研究領域では、現代の加速器技術を使えば、少し大型になるとはいえ、困難なことではない。実際、1990年頃までには、日本を含む世界各地で、基礎研究用の加速器施設で、試験的な粒子線がん治療が行われて来た。病院附置のがん治療専用施設として、最初に設置されたのは、陽子線治療用としては1991年に、米国のLoma Linda大学の250MeV陽子シンクロトロン、重イオン・ビームを使った粒子線がん治療を主目的とする加速器としては、放医研で1994年から稼働を開始したHIMACである。

現在の施設では加速器として、陽子ビーム生成用にはサイクロトロン、またはシンクロトロン、重粒子ビーム生成用にはシンクロトロンが使われている。炭素イオン・ビームに限れば、単一の（複数のサイクロトロンをカスケードに繋ぐのではなく）サイクロトロンでも達成できるエネルギーであるが、まだ実用になっているところはない。加速器からのビームを人体に直接照射するので、ビーム強度は基礎研究用加速器やRI製造用加速器のように、大きければ大きいほど良いといったことはなく、これらの加速器に比べれば楽に達成可能な程度である。ただ、イオンの到達深度を、加速器のビーム・エネルギーで調節するので、サイクロトロンは不向きになる。陽子ビーム用サイクロトロンでは、エネルギー吸収体とビーム・エネルギー選別器（次項2.2.2ビーム輸送系参照）を、加速器と照射装置の間に挿入し、照射する陽子・ビームのエネルギーを変えている。シンクロトロンは、スピル毎に加速電場の周波数と偏向・集束電磁石の磁場をリセットしているので、ビー

第6編 巨大真空システム

ム・エネルギーをスピル毎に変えることができる。

基礎研究のための加速器と違って、再試行や中断ができない作業をするのが、人体を直接照射するための加速器の仕事である。加速器である以上どこかで電場が使われているが、放電によるビームの一時的な遮断、ビーム位置の変動など、また、イオン源の不安定によるビーム強度のふらつき、些細な故障での治療予定の変更などがあってはならない。どんな目的の加速器にも求められるものだが、医療用加速器では特に、安定性・信頼性が求められる。

2.2.2 ビーム輸送系

加速器は放射線発生装置なので、患者や要員の出入りする照射室とは離れた、放射線遮蔽に囲まれた別の場所に設置される。また、患者の交代（実際、患者の固定や患部の位置合わせが、最も時間のかかる作業になる）の際の作業効率を上げるため、複数の照射室が設置されるのが普通である。加速器から取り出したビームを、各照射室に偏向電磁石と集束用電磁石の組み合わせを使って、真空パイプの中を誘導するのが、ビーム輸送系である。

重粒子線がん治療に使われている加速器は、ビームが水平に走るように作られる。ところが、標的が人体組織の一部のため、次項2.2.3（照射装置）で述べるように水平からの照射では不都合な症例にしばしば遭遇する。そこで、照射ビームポート（照射室でのビームの出口）は、通常水平のみでなく、最低、水平と垂直（照射室の天井からビームが出てくる）、施設によっては、斜め（水平との角度が45度）のビームポートも用意される。照射室から見れば、ビームが横の壁から出てくるか天井から出てくるかだけの違いだが、最初のビームと同じ高さの標的を垂直から照射するには、最低、90度の偏向を3回経なければならない。これには、円形加速器一周分程度か、それ以上の空間が必要になる。曲率半径が数メートルの90度の偏向電磁石3台と、それに伴うビーム集束電磁石が必要である。これらを、mm以下の精度で空中に配置するには、スペースと共に、建物の構造がこれらの電磁石の不均等な重量に耐えられなくてはいけない[*3]。

新しい施設の例として、Saga HIMAT施設の鳥瞰図を図2.2に示す。

2.2.3 照射装置

(1) 標的としての生体組織の特性

重イオン・ビーム（のみならず、光子ビームを含めても良い）で、或る物体の指定された領域だけを、例え短時間（通常、照射自体は数分で終わる）とはいえ、照射する、と考えた場合、生体組織ほど厄介な物体はない。ビームは一次元の粒子流であるが、対象は三次元に分布している、不特定な形をしている、押える所がない、伸縮自在である、動く、人の生活時間（一日とか、一週間とか）の中で大きさや形状が変化する、逆さまにしたり、裏返しにしたり、斜めに置いたり、宙吊りにしたりはできない、ビームの通過方向の前に邪魔物（危険臓器：OAR＝organ at risk）がある、などなど、非常に制約が多い。かくなる上は、装置の方を動かしてビームの方向を変える以外にはない。これができるのが、放射線としての荷電粒子流である重イオン・ビームの利点でもある。

[*3] サイクロトロンを加速器として使う場合には、前述のように、エネルギー選別器が必要になる。加速器では一定の最大エネルギーまでイオンを加速し、エネルギーを迅速・容易に変更するために、ビーム輸送系の一部として、求められるエネルギーに応じた厚さのエネルギー吸収体（通常、グラファイトの板）を入れて、エネルギーを落とす。エネルギーがそろったイオンから構成されている細い（通常、直径数mm）ビームを、厚い吸収体を通過させると、イオンの平均エネルギーが減少する（吸収体物質の電子にエネルギーを与える）だけでなく、吸収体の原子核による多重散乱のため、イオンが持つエネルギー分布に広がりができるとともに、空間的にも広がったビームとなって出てくる。これをもう一度エネルギーがそろった、細いビームに戻すためには、偏向電磁石と集束用電磁石を何台か通して、質の劣化したイオン（ビームの中で、エネルギーや方向が平均から大きく外れているイオン）を除去する。これにより、吸収体の厚さの変更と、それに付随したエネルギー選別電磁石系の磁場強度の変更だけで、迅速にビーム・エネルギーを変更できる。上記の、垂直ビームポートを用意する場合と同様に、加速に必要なスペース以上に大きなスペースを要し、建物の構造にも影響する。また、折角、加速器で高いエネルギーにまで加速したイオンの大部分をここで捨ててしまうことになる。高いエネルギーのイオンを捨てるとは、イオンを何らかの物質に当てて止めることであるから、原子核反応により大量の放射線が発生し、加速器の運転を停止した後にも残る、残留放射線も無視できない。

972

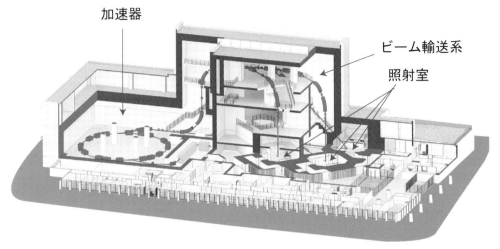

図2.2 佐賀鳥瞰図
(国内では最も新しい九州国際重粒子線がん治療センター施設の鳥瞰図。三つの照射室があり、二部屋が水平と垂直、一部屋で水平と45度のビームポートを備えている。)

　加速器は、ビームのオン・オフ、および粒子のエネルギーと強度(単位時間にビームの垂直面を通過する粒子数)を直接変えることができる。また、ビームの直径を、ある範囲内では電磁石で変えることもできる。しかし、対象となる患者のがん組織の形状は様々で、がん組織以外に放射線を当てないようにすることが必要である。加速器からのビームをその物理的特性を使って調整し、各々の患者に固有な形状のがん組織を照射できるようにする装置を、総称して照射装置と呼んでいる。

　照射装置はビームが照射室に入る直前と入ってからの空間に置かれる。重イオン・ビームはエネルギーが高いので、短い距離ならば大気の影響がほとんどないため、照射装置の適当な場所で、大気中に出る。照射室では、当然、照射領域以外に放射線が来ないように、厳重な遮蔽と、万一の故障に対応するための安全装置が配置される。安全装置やビームの位置観測装置、患者の標的領域とそれ以外の部分に当たる放射線量の測定装置も重要な要素である。患者を照射している最中は、患者の位置での放射線量は直接測定する訳にはゆかないので、予め校正された放射線モニターで制御する。

　照射方法には大別して二つの方法があり、それに応じて照射装置も違う。

(2) ブロード・ビーム法

　一つは、ブロード・ビーム法と呼ばれる方法で、まず照射装置の上流で、細いビームを交流電磁石(ワブラー電磁石と呼ばれる)による変動磁場を通して、ビームに垂直面内に図形を描き、その後、厚い散乱体(多重散乱を積極的に使って、ビーム強度を広い範囲にわたって一様にする)を使って、標的の最大径以上の幅に広がった一様な強度のビームを作る。その下流で標的の形状に合わせてビームをカットする。奥行については、ビームに垂直面内で厚さが細かく違ったエネルギー吸収体を入れて、ある範囲内でエネルギーが様々になったビームを混合して、Braggピークを異なる深さで重畳する。結果として被照射体のある深度から別の深度までの間に、一様な線量を与えるような、拡大されたBraggピーク(SOBP = spread-out Bragg peak)を形成する。このための様々な小さな装置(穴の形が変えられるコリメーターや、照射領域内でBraggピークの深さを調節する為の吸収体など)が工夫されている。

　この方法は、断面でも奥行でも、ビームを空間的に平滑化して使うため、線量の予測や空間的位置の設定エラーに対しての許容度が大きい。放医研でも、これまでに多用されてきた。一方で、空間的位置の細部にわたる調整が難しいという欠点がある。

(3) スキャンニング法

　もう一方の方法は、スキャンニング法(あるいは、ペンシル・ビーム法)と呼ばれている方法で、加速器からのビームを、その太さを適当に調整し

た上で、そのまま標的に当てる。ある瞬間には、標的組織のある一部だけを照射しているが、上流にある小さな偏向電磁石でビーム位置を変え、同時に加速器からのエネルギーも変えて、時間平均として三次元の標的組織に、医者に指示された放射線量を当てる。この方が時間的にも空間的にも、細部にわたる制御が可能となる。半面、平滑化が時間的に行われるため、各瞬間のビーム位置、Braggピークの深さ、ビーム強度に対する誤差に敏感になる。

どちらの方法も、それぞれ利点と欠点があるため、最善の照射を実行するために使い分けられている。また、両者の利点を取り入れた中間的方法も開発されている。いずれの場合も、上記の装置に前後して、ビームに垂直面内でのビーム位置およびビーム強度の測定装置が、患者の前に設置される。これらの測定装置が正確・確実に動作することは、加速器や照射領域形成のための装置を、正確に制御する上では不可欠である。これらの装置の信頼性は、品質保証(QA＝quality assurance)作業として行われる日常的な点検・校正により、確保する努力が払われている。

2.2.4 患者固定装置

PETやCTを使って得られたがん組織の診断画像やその他の方法で得られた情報を基に、医師が三次元画像上に指定した患者の身体の一部を、mm単位以下の精度で、ビームと位置合わせをするのが患者固定装置である。表面に露出している臓器の場合以外は、対象部分を直接固定する訳にはゆかないので、患者の身体を患者固定装置に固定して、照射予定領域の位置を、患者固定装置に対して固定する。そのうえで、この固定装置全体を剛体と考えて、ビームの基準点に合わせて、照射予定領域の位置出しをする。

診断画像を基にビームに対して照射領域の位置合わせをするのだが、照射領域は各患者によって異なり、これが一番時間のかかる作業になる。新しい施設では、ロボット・アームを使って、迅速に半自動的に行われるようになったが、剛体の6つの自由度のうち、角度の自由度については制限がある。患者固定装置自体は剛体と考えられるが、人体というクッションの中に照射領域があるので、角度を変えると重力の影響による変形が無視でき

ない。新しい装置では、固定装置付近に設置されたCTを使って、三次元画像をオンラインで作成しながら位置合わせを行う方法も試みられている。

2.2.5 回転ガントリー

ビームが患者に入射する際の角度が重要であり、これを自在に変えることができることの必要性は、前項2.2.3（照射装置）で既に述べたとおりである。回転ガントリーと呼ばれる照射装置の一種を使えば、水平面に対するビームの角度を連続的に変えることができる。初期水平ビームの方向をx軸に、垂直上方をz軸に取ると、前に述べた天井から降りてくるビームポートの場合は、患者直前のビームは垂直下方に向いていてxz面内に固定されていた。このビームの通る面をx軸の周りに360度回転できれば、患者直前のビーム方向は、x軸とは垂直だが、z軸と任意の角度に設定できる。患者を水平に置いたとしても、z軸の周りに自由に回転できるから、これでビーム入射方向の選択が大幅に広がり、例えば、OARの後ろに隠れて固定ビームポートでは不可能であったがん組織の照射も可能になる。

世界の陽子線治療施設の多くは回転ガントリーを備えているが、炭素線施設では、ドイツの研究所の一ヵ所でしか稼働していなかった。水平に走るビームを垂直にするだけでも、電磁石を何台も使って広いスペースを必要とし、大掛かりな装置になるのに、これを最初の水平ビーム軸の周りに回転できるようにするには、不等荷重を打ち消すためのバラストも含めると、大重量の大掛かりな装置になる。実際、ドイツの装置は全重量が約300トンもある。

その最大の理由は、重イオンは質量が電荷に比べて大きくて、磁場で曲げにくいから曲率半径が大きくなることにある。これは、加速器が大きくなること、ビーム輸送系が大掛かりになることと共通して、重イオン・ビームの放射線としての特性である物質中での直進性やBraggピークの存在という利点を利用する代償である。電子ビームの場合には小形装置（例えば、X線発生装置や、がん治療用ガンマ線発生用の電子線形加速器）で簡単にできることが、陽子ビームや炭素イオン・ビームでは大掛かりになるのは、重イオン・ビームががん治療に有効であることと同じ理由、即

ち、"陽子や重イオンは電子に比べて質量が大きい"、ためである。

現在（2015年初頭）放医研では、世界の重イオンがん治療施設としては二台目の回転ガントリーを建設している。これには、磁場強度を大きくしてイオンの曲率半径を小さくし、装置全体の規模と重量を小さくするために、回転ガントリーとしては世界で初めて磁場発生用に超伝導電磁石を使っている。ドイツの装置よりははるかに小型ではあるが、それでもかなり大がかりなものである。完成すれば、照射領域をより精密に制御できるようになると期待される。

2.3 重粒子線がん治療の課題
2.3.1 動く標的
人体の臓器は、もともと静止しているものではない。患者の人体を患者固定装置に固定しているとはいえ、照射対象となるがん組織を固定しているわけではない。短時間の動きとしては、呼吸を原因とする肺の運動と、それと近接した肝臓、膵臓の動きが大きい。ところが、これらの臓器に発生するがんも多い。従って、空間的位置を標的の唯一の選択基準とする重粒子線がん治療では、重粒子線ビームの位置制御特性を使って、例え標的の位置が多少動いても、正確に標的を照射できるようにしたい。ビームに垂直面内での位置は電磁石により、奥行きはビーム・エネルギーの変化によるBraggピークの位置の調整により、原理的には静止した臓器の照射と同等のことができるはずである。

予測不能な動きは例外として、呼吸のような規則的運動は、タイミング（振動の位相）と振幅がわかれば、装置の方にフィードバックをかけて制御できる。これまでも、特殊な場合として、呼吸同期照射と呼ばれる方法で、動く臓器の照射は行われてきた。これは、臓器の照射対象部分がビーム通過領域に入った時だけにビームを当てるという、ビーム位置と照射野固定での受動的手法であるが、照射可能な臓器の範囲を広げるのに役立っている。

2.3.2 変化する標的
放射線がん治療の分野では、一度に大量の放射線を照射せず、何回かに分けて照射する（分割照射）ことが、どこの施設でも常識になっている。これは、殺傷されて修復不能な細胞は除去されるが、回復可能な細胞は修復され機能を回復するという生体の性質を使って、細胞を分別する過程と考えることが出来る。その間（通常一週間単位ぐらい）、人体の形状は変化するだろうが、毎回同じ場所に一定の線量を当てなければならないので、場所の再現性の問題が残るし、患者を拘束する期間も長くなる。

この問題を避けるためには、照射回数を減らして、標的組織の確定やその位置合わせの回数を減らす以外になさそうである。重粒子線ビームは空間の選択性が良いため、一度に必要な放射線量を照射しても正常細胞への負担が軽くて済み、正常細胞の回復を待つ必要が少ない。そのため放医研では照射回数を減らす試みが行われ、数回で完了する、願わくは、1回の照射で完了したい、という方向の努力が行われている。照射回数を減らすことは、治療完了までの時間を減らし、患者の社会復帰を早めることにもつながる。一回の照射で治療が完了するということは、病院への日帰り外来の診療で、がんを治療できることを意味し、その社会的効果は絶大であろう。

2.3.3 施設の大きさ
水30cmに等価な深さまで到達出来るイオンのエネルギーは、一義的に決まってしまい、加速器やビーム輸送系の電磁石に使える磁場強度は、技術的理由から決まってしまう。そうすると、イオンの磁場中の曲率半径が決まる。一方、最善の照射を行おうと努力する医師の立場からは、患者には最小限の苦痛を求めるため、照射ビームの方向を自在に変えられる方が良い。この両者の要請から、加速器、ビーム輸送系、照射装置の大きさが決まってしまう。

放医研のHIMACは、最初の重イオンがん治療用の加速器で、試験的研究の意味合いが強く、建設当時は使用するイオンの種類も炭素と決まっていたわけではないので、ケイ素イオンが水中30cmという、ゆとりを持った設計になっている。炭素イオンで治療を始めたら、炭素イオンで良好な結果が得られることが分かった。そこで、HIMACで得られた結果を踏まえて、炭素イオンに限定して装置全体の小型化を図る開発研究が行われ、永久磁

第6編 巨大真空システム

石を使った小型のECRイオン源、入射器として小型のRFQ型線形加速器、従来のアルバレ型線形加速器に代わる、重イオンに対して加速効率の良いIH型線形加速器が使えるようになり、加速器全体が半分くらいの大きさになった。その結果、HIMACの後に設計された、後続の群馬大学重粒子医学研究センターのGHMCをはじめ、九州の鳥栖にある九州国際重粒子がん医療センターのSAGA HIMAT、神奈川県立がんセンターのi-ROCKなどの施設は、炭素イオンに限定して、大幅に（施設全体の面積で約1/4）小型化されている。

それでも、上記の簡素化では限界がある。イオンの磁場中での曲率半径は磁場強度に反比例するので、超電導電磁石を使って磁場強度を大きくすれば曲率半径を小さくできるので、重イオンがん治療用の加速器では、超電導電磁石の利用は一つの解決策である。例えば、放医研のHIMACでは、最高磁場強度が1.5Tであるが、前記の超電導電磁石を使った回転ガントリーでは、磁場強度を2.7Tにしたので、曲率半径が約半分になっている。今後、重イオンがん治療を更に普及し、より多くの患者にこの恩恵が行き渡るようにするための一つの方策である。

しかし、加速器が小さくなっても、ビーム輸送系に使われる電磁石類まで、同様に磁場強度を上げねば、全体のサイズは小さくできない。近年、外国で超電導サイクロトロンを使った重イオンがん治療施設の検討が行われ、加速器を小さくできることを特徴としていたが、前述のサイクロトロンに特有のエネルギー選別装置やビーム輸送系が常電導電磁石を使っているため、全体としてのメリットは大きくない。また、超電導電磁石を使って磁場強度を上げても、磁場強度が桁違いに大きくできるわけではなく、放射線遮蔽の壁厚や、その他の装置のスペースまで入れると、ダウン・サイジングにも限度がある。

2.3.4 照射過程の物理・生物・化学からの理解

医学の立場からは、目の前の患者の苦痛を和らげ、社会生活に復帰させたいと考えるのは当然であろう。理屈を述べる前に、重粒子線によるがんの治療法が見つかったのだから、これを更に精密化し、より短期間に、より安価に、患者に提供したいと考える、プラグマティズムが優先される。

一方、生物学・放射線生物学、物理学などの立場からは、医者を支えるためには、そしてより良い治療法を開発してゆくためには、「どうしてそうなるのか？」という理屈を考え、それに基づいて、新しい装置や方法を開発したい。がんの治療に限らず、科学と技術の間には、常にこの葛藤があり、これが進歩をもたらすことも事実であろう。

技術的問題は別として、ここでは、重粒子線によるがんの治療にかかわる科学的問題として、(1) RBE（生物学的効果比）の数値 (2) 重粒子線を構成するイオンの違い、特に、陽子と炭素イオンによる違いを、例として、紹介する。

(1) RBEと放射線量の予測

医学で扱われる物理量は巨視的な量で、何らかの方法で直接測定できるものでなくてはならない。放射線治療に使われる放射線量は、前記のように、物理線量にRBEを乗じた数値が使われている。

生体細胞は水や金属結晶のように一様な、或いは、周期性を持つ、媒質ではない。生体細胞は、高エネルギー・イオンが放出する多くの電子の飛散範囲と同程度の有限の大きさを持っている。その上、各々が固有の世界を形成してはいるが、多細胞生物の構成要素としては、分子の交換を通じて、互いに強く相互作用している。また、生きた細胞は生化学反応により常に変化している。このように、まことに複雑な系ではあるが、効果的な治療を行うためには、治療計画として体内での放射線量の分布の、コンピューター・シミュレーションが不可欠である。それには生体組織に対する放射線の効果の定量化が必要であり、その方法は学術的興味というだけではなく、実際的にも重要な問題なのである。

RBEは、実験的には主に細胞が放射線により死ぬ確率の測定で求められている。測定された確率は連続変数であるが、細胞の生死は二値の変数である。測定されたRBEをLETの関数としてプロットすると、LETが小さいところでは小さく、LETが100keV/μmあたりでピークになり、大きなLETになるとまた減少する。これは、衝撃力(LET)をいくら大きくしても、ある程度以上は有効ではない（一度死んだ細胞は二度死なない）と説明されている。LETはイオンの原子核の電荷の二乗に比例するので、炭素ではなく、例えば、ネオンの原子

976

核を使えば同じ速度のイオンに対してはLETは100/36倍になるが、そんなに大きくしてもメリットはないのかもしれない。実際、測定されているRBEでは、LETの関数として、ピークの位置が少し違う程度で、ピークの高さもほとんど同じである。炭素イオン以外のイオンを使っての医学的研究は、重粒子線がん治療の揺籃期（1990年頃まで）に少し行われた程度で、まだ結論が出ているわけではない。

　高エネルギー・イオンと媒質の相互作用は、イオンの運動量とエネルギーが媒質との相互作用により散逸し、最後には媒質の中に埋没し熱エネルギーになるという、不可逆な散逸過程である。完全に散逸してしまった状態では媒質の温度を少し上げるだけであるから、その過程の中のどこかで生体分子を壊すという過程があるはずである。一つのイオンが生体中で止まるまでの時間は10^{-15}s程度である。イオンの通過後、周囲には軌道電子に比べれば遥かに高エネルギーの電子や、イオン化されたり励起されたりした分子の集団が残り、これらが通常の状態では起こさないような化学反応をμs程度の時間内に引き起こす。イオンによる直接的物理作用よりは、その結果として残る生化学反応の方が、生きた細胞や組織に対しては、大きな効果を持つのかもしれない。

(2) 陽子と炭素イオンでどこが違うか

　施設の必要空間が、イオンの曲率半径によって決まるとすると、（炭素イオンの曲率半径)/(陽子の曲率半径)＝6.6／2.4＝2.75、したがって、炭素イオンの施設と陽子の施設では、炭素イオンを使った施設の方が、面積では約7倍、三次元的建物が必要とすれば、約20倍の容積が必要である。基礎的設備（放射線遮蔽、放射線検出器、照射装置、画像撮影装置など）は同じであるから、建設費はこれほどには違わない。しかし、もし、陽子ビームで炭素ビームと同じ治療効果が得られるならば、陽子ビームの方がはるかに安上がりである。

　陽子と電子の質量比は、約2000で、炭素はそのまた12倍である。この12倍は、電子に対してはほとんど意味を持たないが、標的の原子核である、水素、炭素、酸素といった生体を構成する主要元素に対する質量比となると、陽子は軽いので多重散乱の効果が大きく、厚い物質を通過した後での

空間の選択性は炭素イオンの方がよい。

　巨視的にみると、生体細胞に対する衝撃力と見ることのできるLETは、Braggピークのところ（イオンによって最大値になる速度は少し違うが）では、水に対して、陽子：ヘリウム：炭素：ネオンで、およそ1：3：10：17となっていて、原子核の電荷の二乗には比例していないが、これは軌道電子の捕獲による有効電荷の低下と、電離過程の競合によるもの。がん治療に使われる生物学的線量は、物理的線量（ほぼ、生体が放射線から受け取る受け取るエネルギーの密度と考えてよい）にRBEを乗じたものだが、LETの関数としてRBEがピークになる所での比は、生物学的測定によると、およそ1：6：6：6である。これは媒質が受ける電離の密度、ないしは受け取るエネルギー密度が、ある一定値以上では生物学的効果（この測定では、個々の細胞の死亡率）が変わらなくなることを意味している。前に述べた、RBEがLETの関数としてピークを描くのと同じ原因（一度死んだ細胞は二度死なない）なのかも知れない。

　臨床では、炭素イオンの方が良い成績を出している。X線や陽子ビームでは直せないようながんも、炭素ビームでは治せる、ということになっている。医学の世界では、大規模な臨床的比較研究を行わない限り、決定的結論が得られないのであろうが、そして、世界中で同じ基準で治療が行われているとは思えないが、建設費が陽子線施設よりも高いにもかかわらず、国内外で重イオン施設が建設されているのは、この事実を裏付けている。

　陽子と炭素イオンの違いの中で、最も大きいのは、陽子はどの速度でも、炭素イオンほど大きなLETを持っていないことである。これは、巨視的に見れば、陽子では細胞に対する衝撃力が不足しているということを意味する。

　本節の表題からは離れるが、以上に述べた重粒子線がん治療の過程において、物理的側面に限ってみると、「がん治療」の特殊性は関与していない。単に「指定された生体内の領域の細胞を放射線によって死滅させ、生体の機能を使って除去する」ということを、効果的に行っているに過ぎないことを付け加えておく。

〈関口　雅行〉

〔第7編〕
真空が牽引する次世代 先端科学技術

第1章　真空の極限に迫る：極高真空への挑戦

第2章　実環境測定のための真空システムとライフサイエンスへの応用

第3章　真空科学技術におけるナノテクノロジーの世界

第4章　真空科学技術の規格・標準の進歩

第1章 真空の極限に迫る：極高真空への挑戦

第1節 極高真空スピン偏極電子銃

はじめに

スピン偏極電子源は大きく分けて二つの分野で活用されている。一つは素粒子実験用の加速器であり、他方は電子顕微鏡や逆光電子分光による磁化状態観察への応用である。スピン偏極電子ビームは素粒子実験においては、標準理論の検証や核子のスピン構造関数の測定に貢献をしており、Weinberg-angleの精密測定ではその威力をいかんなく発揮した[1]。これは、素粒子の持つヘリシティの違いを利用し、衝突点での反応事象の中で必要とする事象を明確にして観測できるためである。一方、物性物理の分野では、表面の磁区構造や磁性体のスピン状態密度の観測にスピン偏極電子を用いた表面分析手法が活用されている。スピン偏極低速電子顕微鏡(SPLEEM)、スピン偏極電子エネルギー損失分光(SPEELS)やスピン偏極光電子分光(SPIPES)がその例である。また透過電子顕微鏡(TEM)や走査プローブ顕微鏡(SPM)などへの応用も考えられている[2-8]。SPLEEMでは今まで難しかった磁区の実時間観察に成功しており[9]、高速時間分解測定の試みも行われている。TEMへの応用では、高いスピン偏極度（〜90%）を有しながら、3.1×10^8 A/cm²sr@200 keVの高い輝度、200 nm以上の空間コヒーレンス長、および18 psパルス電子線発生を実現しており、レーザー駆動型電子源として非常に高い性能を達成している[11]。

1.1 スピン偏極電子線の生成方法

スピン偏極した電子線を生成する方法には、負の電子親和性(NEA)表面を施した半導体に円偏光を照射し光電子を取り出す方式と、鉄などの強磁性体金属をニードル状に加工したものからの電界放出を利用する方法がある。我々は生成される偏極度の高さやビーム強度の高さ、制御のしやすさから前者の半導体を用いたている[1,8,9]。強磁性体またはハーフメタルではフェルミレベル近くの電子の状態密度はスピンによって差が生じており、このスピン偏極した電子を真空中へと取り出せばスピン偏極電子線発生が可能となる。しかし半導体では通常、伝導帯電子の状態密度にスピンによる差は生じないため、半導体を用いたスピン偏極電子生成機構には円偏光励起を利用したスピン選択励起を用いている。これにより伝導帯底にスピン偏極した電子を励起することが可能となる。ここで、高い偏極度を得るためにバンドギャップ程度のエネルギーの光を用いて選択励起を行う必要があるため、励起された電子は価電子帯縮退分離幅程度のエネルギーしか余分に持つことができない。しかし、真空準位と伝導帯下端とのエネルギー差である電子親和度 χ はバルクGaAsでは約4 eVもあり、伝導帯底の電子は真空中に脱出することができない。よって、電子を引き出すためには $\chi < 0$ という状態を作り出さなければならない。この $\chi < 0$ の状態の表面を負の電子親和性(NEA: Negative Electron Affinity)表面という。

NEA表面の作成手順は次の通りである。まず、p型ドープしたGaAs結晶により、表面領域にバンドベンディングを生じさせる。次に、清浄にしたGaAs結晶表面にセシウムと酸素（またはNF$_3$、場合によってはN$_2$）を付加させることにより、一原子層の厚さを持つ電気二重層ポテンシャルを形成させ、真空障壁を下げる。この二つの操作により、加算的に真空準位が下がり、NEA表面を形成することができる。このようにして、伝導帯底の電子を真空中に取り出すことが可能となる。

ここで、フォトカソードの性能の一つに量子効率(QE: Quantum Efficiency)がある。これは入射光子数に対して放出される電子数の割合である。放出電流量I、励起光パワーP、励起波長λから求

められる量であり、$QE = N_{electron}/N_{photon} = hcI/eP\lambda$と記述できる。ここで$N_{electron}$は引き出し電子数、$N_{photon}$は入射光子数、$h$、$c$、$e$はそれぞれプランク定数、光速、素電荷である。このQEは、フォトカソードの①励起光吸収長、②励起電子の表面拡散時間およびエネルギー緩和時間、再結合時間、そして③NEA表面を介した脱出確率で決まる[12]。したがって、高いQEを得るにはフォトカソード自身の特性の向上と表面状態の最適化が重要となる。

一方、実際のフォトカソード電子源では、長時間安定的に動作させることが必要であり、安定な励起光源、高電圧電源とNEA表面の劣化を抑えることが実用的動作を実現する鍵となる。特にNEA表面の安定化には、(1) 極高真空下における保持、(2) 電子ビーム放出時における残留ガスのイオン化およびそのイオンの逆流(イオンバックボンバードメント)、(3) 高電圧部の暗電流低減の3つが主に重要となる。図1.1に電子銃におけるフォトカソード周辺におけるNEA表面劣化の様子を示す。残留ガスによる表面劣化は、主にCO_2、H_2Oによる劣化が大きく寄与しており、これらの分圧を低下させることがNEA表面長寿命化において最重要となる[13]。このためには極高真空状態での保持が不可欠である。また、イオンバックボンバードメントについても、残留ガスのイオン化が起源であることから、特に加速電場のある空間の真空度の改善が必須となる。さらに暗電流についても、電極材料特性に依存するものであるが、その放電の成長を抑制する点において良い真空度を得ることが必要となる。このように、NEA表面を保護し、運転時における劣化を防ぐには電子銃における極高真空の実現が必須となる。

1.2 スピン偏極電子源

スピン偏極電子源は、カソード、アノード電極と半導体フォトカソードからなる電子銃と半導体フォトカソード表面にNEA表面処理を施すためのNEA表面作成室、そして光電子放出のためのレーザーの3つから構成される。それぞれのチャンバーは10^{-10} Pa台極高真空領域の真空状態を実現するため、イオンポンプとNEG (Non-Evaporate Getter)ポンプを併用している。また励起光源は近赤外領域の励起波長を有するレーザーを用いており、これに円偏光を制御する光学素子が備わったものが利用される[8]。さらに、アノードとカソード電極間には1 MV/m以上の高い加速電場を発生させ、空間電荷効果の抑制による高品質ビームを実現させている。ここで、高い加速電場発生のために電極表面には更に高い電場勾配が印可されており、それに起因する暗電流の抑制が電極に要求される。図1.2に電子銃の構成と励起レーザーおよび偏極電子線の様子を示す。ここで、NEA表面フォトカソードはカソード電極部に設置され、背面から円偏光レーザーを照射する。このことにより前面照射する時と比較するとレーザー光の収束径を大幅に小さくすることが出き輝度が飛躍的に改善される。

スピン偏極電子源は中西（名大）らの歪みGaAsフォトカソードにより50％の壁を突破した。これは、結晶に歪みをかけることで価電子帯の縮退を解くことで実現された。歪みは基板層に格子定数の違う物質を成長させることにより格子不整合を起こすことによって得られる。これにより、バンドギャップエネルギーを変化させ、重い正孔と軽い正孔間に分離を生じさせる。Γ点において圧縮

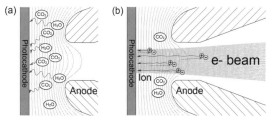

図1.1 NEA表面の劣化の模式図 (a)に残留ガスによる表面劣化、(b)に電子線発生時に生じる残留ガスのイオン化とそれによるイオンバックボンバードメントの様子。

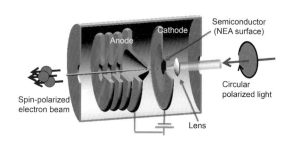

図1.2 背面照射型フォトカソード用スピン偏極電子銃におけるスピン偏極電子線発生の模式図
左巻円偏光レーザーをフォトカソード背面より照射することにより、アップスピンの電子線を生成している。

歪みのとき重い正孔が、引っ張り歪みのとき軽い正孔が、エネルギー的に高いほうへと分離する。GaAsの場合、圧縮歪みを0.5%かけると分離幅δ_s＝34 meVを得ることができる。また、重い正孔が軽い正孔よりも電子エネルギーで見た場合、高いほうへシフトする。これにより、伝導帯への励起が重い正孔からのみとなり、偏極度80%以上という高い性能を有する電子ビームが生成可能となった。

しかしながら、スピン偏極度の高い励起波長帯では量子効率が低いという欠点を持っている。そこで歪み結晶に超格子構造を導入する事により、高い結合状態密度を維持しつつ高いスピン偏極度を達成した[15]。これが歪み超格子半導体であり、ヘテロ接合における格子不整合を用いることで歪みを生じさせる。この超格子層は臨界膜厚よりも十分薄いため、その歪みを保持した状態で超格子を形成するができる。我々が用いているGaAs-GaAsP歪み超格子結晶ではGaAs超格子層（井戸層）にのみ歪みをかける設計になっている。この超格子構造は、バンドギャップに相当するエネルギーで励起をした時、その励起波長における結合状態密度が歪み結晶に比べて大きい。さらに、伝導帯ミニバンドは井戸層の伝導帯底から高いエネルギーのところに形成される。この二つの効果により、その量子効率は大幅に改善される。これにより我々はGaAs/GaAsP歪み超格子フォトカソードにより、偏極度～90%かつ量子効率0.5%という高いパフォーマンスを有するスピン偏極電子源用フォトカソードの開発に成功している。

また、この半導体構造を発展させ、励起光を電子放出面とは反対（背面）から照射が可能な歪み超格子フォトカソードの作成にも成功しており、これにより格段に輝度を高める事に成功している[16]。この成果は現在、SPLEEMや透過電子顕微鏡へも応用されている[9,10]。特にSPLEEMにおいては、名古屋大学と大阪電通大の共同開発により、スピン偏極度、輝度、寿命の飛躍的向上により、磁区の実時間観察に世界で初めて成功している[9]。

1.2.1 NEA 表面作成

高い量子効率を得るためには、清浄な半導体フォトカソード表面が必須である。このため、フォトカソードを装置へインストールする前に化学的に結晶表面の酸化膜除去を行った後、真空中で加熱することにより清浄表面を得る[18]。この他にも、原子状水素を用いて清浄にする方法がある。これは、真空中において水素分子を解離させ原子状態にし、GaAs結晶表面に作用させる。これにより表面にある酸化物、特にガリウム酸化物を還元反応により除去するものである。原子状水素を作る方法としては、水素分子をプラズマ状態にして原子状態にする方法と、高温のタングステン表面で解離させる方法があるが、熱解離型のものの方が余剰エネルギーを持っていないため本清浄化方法に適している。表面洗浄の後、セシウム蒸着と酸素添加を施すことでNEA化を実現する。あとは、所定の加速電圧を印加した状態の下、円偏光レーザーを照射すれば、スピン偏極電子を真空中に取り出すことが可能となる。

1.2.2 カソード電極およびアノード電極

スピン偏極電子銃ではカソード・アノード間に立つ強い電場により、所定のビームエネルギーまで加速している。電子顕微鏡電子銃では多段加速方式が一般であるが、スピン偏極電子銃では一段加速方式を採用している。これにより空間電荷効果を大きく抑制し、ビーム品質（エミッタンス、輝度、パルス幅）の劣化を抑えることに成功している[9,11]。短時間（短距離）で光速近くまで加速するには、非常に高い電界特性を有する電極材料の選定がカギとなる。これは、放電電流が真空度悪化を招くだけでなく、フォトカソード表面へのイオンボンバードメントが発生しやすくなるため、NEA表面の寿命を短くしてしまう。この回避ためには、高い電界の実現のみならず、暗電流の抑制を同時に満たすことが必須となる。カソードにモリブデン、アノードにチタンを用いる組み合わせが暗電流を劇的に抑えることを古田らの研究により見いだした[19]。彼らの実験結果では、カソード・アノード両者ともモリブデンの場合、チタンを用いた場合に比べて、電極間距離が広くなるに伴い放電開始電場（暗電流が1 nAを上回る電場）の増加幅が大きいことが分かった。一方、電極間距離を0 mmに外挿した時の放電開始電場は両

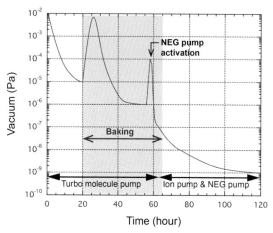

図1.3 スピン偏極電子銃の極高真空作成プロセスにおける真空度の遍歴

極にチタンを用いた場合に比べてモリブデンの方が小さいことが分かった。この結果から、初期の放電電流が成長する過程において、モリブデン製カソード電極による一次電子の放出の抑制すると、カソードから放出された電子がアノードにぶつかる時に発生するスパッタリングやイオン放出をチタンにより抑制ことで、放電の成長を低減できる。これにより、カソード電極表面において130 MV/m（暗電流1 nA、電極間距離0.5 mm）という高い電界を実現しており、スピン偏極電子源において高い加速電場勾配の実現に貢献している。（図1.3）

1.2.3 スピン偏極電子源における極高真空状態の実現

高輝度電子線発生を実現しかつ極高真空状態を維持するため、スピン偏極電子銃では真空排気系、チャンバーや電極などの構成要素に様々な工夫を施している。

(1) 材質および表面処理

極高真空実現のためにチャンバーおよび構成部品のガス放出量の低減が必要であり、スピン偏極電子源ではチャンバー材質やその表面処理についても注意を払い作成されている。チャンバー材質はSUS316LまたはSUS304Lを主に使用し、その真空チャンバー内面は電解研磨を施し内面ラフネスを極力抑えることでガス放出量の低減および短いベーキング時間による脱ガスを実現している。一方、電極はモリブデンおよびチタンを用いており、その表面は電解複合研磨を施すことで、高い耐電圧特性ならびに低ガス放出量を実現している。特に電極はフォトカソード近傍に位置するため、その加速電場を含む局所領域の真空雰囲気状態がきわめて重要である。この工夫により、安定的に約5 MV/mの高い電場勾配をフォトカソード表面に印可することに成功している[8]。

(2) 極高真空実現までのプロセス

大気圧から10^{-6} Paまでの真空領域では、ターボポンプとドライスクロールポンプ（またはロータリーポンプ）による排気を行う。そして十分に排気された状態で200～250℃の温度で本体のベーキングを実施する。ベーキングによる脱ガスが進行した（本体真空度が周辺温度の変動に連動して振る舞うようになる）状態になったタイミングで、NEG材を高温に加熱しNEGポンプの活性化を実施する。NEGポンプは温度が下がると自然にポンピングを開始するため、このタイミングで我々はイオンポンプを始動させる。その後、粗排気による排気速度とNEGポンプおよびイオンポンプによる排気速度が均衡したタイミングで、粗排気と繋がるバルブを閉じる。さらに降温が進み室温になって1日～2日ポンピングを進めると10^{-10} Pa台の極高真空状態を得ることができる。図1.4にそのプロセスにおける真空度の移り変わりを示す。特に電子銃では10^{-10} Pa台を実現しており、フォトカソードの長寿命化、運転時間の長時間化を実現している。

1.3 極高真空スピン偏極電子銃の実用的性能

近年、我々はスピン偏極電子源を透過型電子顕微鏡に搭載することで、物質のスピン情報を高い空間分解能で計測するスピン偏極透過電子顕微鏡(SP-TEM)という新しい分析手法の開発を進めている[8,10]。この電子銃では、背面照射型フォトカソードを採用することで励起レーザーのスポット直径1.8 μm@780 nmを実現している。これにより、①1 nm分解能のTEM像取得、②ピコ秒電子パルスの実現、③$10^{-1}$%の高い量子効率、④高い空間干渉性、⑤0.12 eVの狭いエネルギー線幅、そして⑥$10^8$ A/cm^{2}srの高い輝度が実現できることを実証している[10,20]。これにより輝度はショットキー型電子銃と同等かそれ以上の性能があることが判明

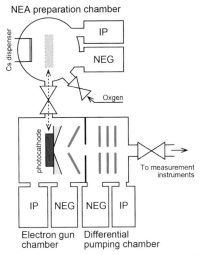

図1.4 スピン偏極電子銃チャンバー、差動排気チャンバーならびにNEA表面作成チャンバーの真空排気系統の模式図　電子銃と差動排気チャンバーは約φ1mmのアパーチャを介して繋がっている。これにより差動排気の役割を果たしている。また、NEA表面作成チャンバーはゲートバルブを介して電子銃と接続されており、フォトカソード表面活性化の都度バルブを解放し接続する。電子線下流に位置する差動排気の先はゲートバルブを介して分析機器に接続される。

した。またゼロロスピークのエネルギー分散幅は0.12 eV以下であった。これは電界放出型冷陰極を凌駕する性能である。スピン偏極電子源は通常のTEM用としても有望な電子源であることを示している。

〈桑原　真人〉

〔参考文献〕

1) SLD collaborators: *Phys. Rev. Lett.* **74** (1995) 2880.
2) M.S. Altman, H. Pinkvos, J. Hurst, H. Poppa, G. Marx, E. Bauer; Mat.Res.Soc. Symp. Proc.232, 125 (1991).
3) W. Wulfhekel and J. Kirschner: *Appl. Phys. Lett.* **75** (1999) 1944.
4) R. Shinohara *et al.*: *Jpn. J. Appl. Phys.* **39** (2000) 7093.
5) T. Kohashi and K. Koike: *Jpn. J. Appl. Phys.* **40** (2001) 1264.
6) J. Kirschner, D. Rebenstoff and H. Ibach: *Phys. Rev. Lett.* **53** (1984) 698.
7) J. Unguris *et al.*: *Phys. Rev. Lett.* **49** (1982) 1047.
8) M. Kuwahara *et al.*: *Appl. Phys. Lett.* **101** (2012) 033102.
9) M.Suzuki et.al., Appl.Phys.Express, 3, 026601 (2010).
10) M. Kuwahara *et al.*: *Appl. Phys. Lett.* **103** (2014) 193101.
11) 桑原真人, 中西彊, 竹田美和, 田中信夫: 顕微鏡 **48** (2013) 3.
12) X. G. Jin: *Jpn. J. Appl. Phys.* **54** (2015) 101201.
13) T. Wada, T. Nitta, T. Nomura, M. Miyao, and M. Hagino: *Jpn. J. Appl. Phys.* **29** (1990) 2087-2091.
14) Nakanishi T., Aoyagi H., Horinaka H. *et al.*: *Phys. Lett.* A **158**, 345-349 (1991)
15) Nishitani T., Nakanishi T., Yamamoto M. *et al.*: *J. Appl. Phys.* **97**, 094907 (2005)
16) Jin X. G., Yamamoto N., Nakagawa Y. *et al*: *Appl. Phys. Express* **1**, 045002 (2008)
17) N.Yamamoto et.al.: J.Appl.Phys. 103, 064905 (2008).
18) O. E. Tereshchenko, S. I. Chikichev, and A. S. Terekhov: *Appl. Surf. Sci.* **142** (1999) 75.
19) F. Furuta, T. Nakanishi, S. Okumi, T. Gotou, M. Yamamoto, M. Miyamoto, M. Kuwahara, N. Yamamoto, J. Naniwa, K. Yasui, H. Matsumoto, M. Yoshioka, K. Togawa: *Nucl. Instr. And Meth.* A **538** (2005) 33-44.
20) 桑原真人, 宇治原徹, 浅野秀文, 齋藤晃, 田中信夫: 顕微鏡 **50** (2016) 151.

第2節 極高真空プロジェクト

　真空技術は、17世紀トリチェリーの水銀柱実験やゲーリケのマグデブルグの真空ポンプの試作と半球殻分離実験に端を発し、その後、真空ポンプ、真空計、真空容器、ならびに、それらを統合した真空システムとして発展してきた。その後、20世紀半ばにおいて、電離真空計の発明、ベイキング操作の導入、スパッタイオンポンプの開発等により、10^{-6}〜10^{-9}Paの超高真空が実現され利用できるようになった。これにより初めて固体材料の表面を一定時間清浄に保持することが可能になり、また、オージェ電子分光分析器(AES)やX線光電子分光分析器(XPS)等の表面分析器が実用化され表面科学が著しく進展するとともに、高電子移動度化合物半導体トランジスタ(HEMT)等高性能デバイスが開発された。

　超高真空技術により得られる超清浄な固体表面は、図2.1[1]に示すように10^{-9}Paの圧力雰囲気では、付着確率が1の時には100秒でほぼ全面の0.1%（AESの測定限界程度）が雰囲気残量ガス分子で覆われてしまい、真の表面を分析するのには十分な時間が得られない。そこで、雰囲気圧力を1桁以上低減させて、10^{-10}Pa以下と極高真空空間の構築が望まれるようになった。極高真空環境では、雰囲気空間には実質的に気体分子が存在しないと見なされる超清浄環境（1mm^{3}に約30個以下しか気体分子が残存しない。）が構築されるために、時間にとらわれず固体表面において原子レベルで分析することができるとともに、さらに、孤立原子を制御して物質を設計するがごとく理想どおりに材料を創製することが期待される。

　そこで、この10^{-10}Paという極低圧の真空雰囲気を実現し活用する国家プロジェクトとして、「極高真空の発生・計測・利用技術の開発に関する」科学技術振興調整費研究が1988年から第Ⅰ期3年間[2]と第Ⅱ期2年間[3]の計5年間にわたって推し進められた。

　前期第Ⅰ期の3年間において、極高真空の発生技術と計測技術の2テーマの開発が主体に研究が推進され、さらに、後期第Ⅱ期の2年間においては、これらに利用技術の開発が加わり計3テーマの研究が推進された。

　極高真空の発生技術の開発における第Ⅰ期の研究では、真空ポンプの高性能化の研究、真空容器材料のガス放出機構の研究、ガス放出速度の低い真空容器材料の研究、および、ガス放出の少ない真空中駆動機構の研究の計4サブテーマが、また、極高真空の計測技術の開発における第Ⅰ期の研究では、全圧計測技術として、冷陰極真空型真空計の開発、および、レーザービーム励起型真空計の開発の2サブテーマがそれぞれ推し進められ、さらに、分圧計測技術として、気体ビーム源が組み合わさった分圧計の開発が推し進められた。

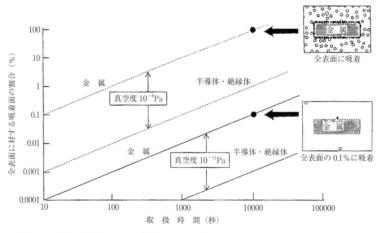

図2.1 表面が吸着により汚染される期間と雰囲気真空圧力との関係

真空ポンプの高性能化の研究成果を述べる。印加電圧、アノードセル寸法、磁場強度の最適化をはかることでスパッタイオンポンプのペニング放電を極高真空域まで持続可能にし、極高真空対応のスパッタイオンポンプの設計指針を確立できた。サブリメーションポンプのゲッター材からのガス放出を材料の高純度化処理を行うとともに、蒸発温度の最適化をはかることで極高真空を発生できた。クライオポンプの冷却システムの効率化とベイキング可能なクライオパネルを作製することで極高真空を実現できた。

真空容器材料のガス放出機構の研究成果を述べる。ステンレス鋼において、水分子の放出が活性化エネルギーに分布を持つタイプの脱離で、また、水素分子の放出が長時間経過後拡散タイプの脱離であるという知見を得るとともに、窒化硼素(BN)や高配性グラファイト表面析出がガス放出低減に供することを示した。さらに、各種ガス放出源を高精度に見極めることができるコンダクタンス変調法を極高真空領域へ応用するための基盤が整備された。

ガス放出速度の低い真空容器材料の研究成果を述べる。ステンレス鋼製真空容器では、電解研磨処理を施すと、数回ベイキングして大気開放後、サブリメーションポンプを使わずに48時間で$\sim 1 \times 10^{-9}$Paに到達でき、また、電解複合研磨処理を施すと、ベイキング無しでも15日後8×10^{-10}Paまで到達した。試作した円筒形マグネトロン電極を用いて真空容器内壁にBNをコーティングすることで真空容器のガス放出速度を一桁以上改善することに成功した。ガス放出が低いが柔らかい材料である純アルミニウムを機械強度に優れたアルミニウム合金でクラッドした真空容器を作製する技術を開発した。

ガス放出の少ない真空中駆動機構として、真空対応のシリコン製超小型静電アクチュエーターを開発するとともに、2次元方向への1μmの駆動性能を確認した。

冷陰極型真空計の開発の成果としては、炭化ニオブの(111)面や炭化ジルコニウムの(100)面を単原子層をグラファイトで表面一様に覆う処理によって電子電流を安定して電解放出できることを見い出した。また、気体電離電子の陽極衝突に

よって放出され極高真空計測を妨げる軟X線効果を低減する方法として、電子軌道を制御して多数回往復運動できるように空間静電場を設計することで感度を上げることに成功するとともに、さらに、電離空間とイオン検出部の間に静電偏光器を設けることにより軟X線の検出部への入射阻止できるように設計して10^{-13}Pa台の圧力計測に成功した。

レーザービーム励起型真空計の開発の成果としては、検出残留気体分子の多光子吸収励起イオン量が10^{-8}Pa台まで真空圧力に比例することを確認できたことであり、さらに、レーザーの集光により気体分子の電離を行う気体密度の直接計測手法として、極高真空圧力域までこの比例性が保持されることを確認できる見通しを立てた。

分圧計測技術の開発の成果としては、固体表面の脱着気体量をマイクロバランスで重量測定することにより、10^{-9}gの気体の極微重量計測に成功することで10^{-13}Pa台の分圧計測について見通しを立てることができた。

第II期の研究成果として極高真空の発生技術の高度化について以下に述べていく。

極高真空ポンプの高度化の成果を述べる。チタン陰極材料の高純度化により自己ガス放出速度を低減化するとともに、新ポンプ構造によりポスト形カソードスパッタイオンポンプを開発し、8×10^{-10}Paの極高真空に到達できた。このイオンポンプに第I期で活性化条件を最適化した非蒸発ゲッターポンプを組み合わせることで、10^{-11}Pa域まで真空排気可能となった。また、80K、20K、3Kレベルの3段式クライオパネルを搭載するベーカブルクライオポンプを開発し、コンダクタンス変調法により到達極高真空圧力、および、極高真空領域で真空圧力に依存する実効排気速度等が確認された。さらに、開発したコンダクタンス変調型ガス放出測定装置を用いてタンタルゲッタポンプの実効排気速度の圧力依存性を10^{-10}Paの極高真空域で明らかにし、ポンプ自体の到達圧力とガス放出速度を正確に評価することができるとともに、さらに、コンダクタンス変調法が極高真空域での分圧計測の高精度化にも有用であることが確認された。

極高真空用材料の高度化の成果を述べる。表面

析出BNに覆われたSUS316ステンレス鋼においては、電解研磨SUS316ステンレス鋼に比べて、水の放出速度が1/4〜1/6程度と大幅に低くなり、また、水素の透過も抑制できることも示され、極高真空容器の低温ベイキング化につながるものと期待される。また、マイクロバランスを利用した重量法較正システムを組み込んだ飛行時間型ガス放出測定装置を開発し、表面からのガス放出速度の絶対値測定の基本性能を実証できた。さらに、純アルミ層をアルミ合金に接合した純アルミクラッド材を開発し10^{-11}Pa・m/secの低ガス放出性能が得られた。

第Ⅱ期の研究成果として極高真空の計測技術の高度化について以下に述べていく。

冷陰極型真空計高度化の成果としては、炭化ニオブ単結晶チップについて5×10^{4}Lのエチレン露出による単結晶グラファイト層の表面形成によって安定な電子放射特性を得ることができ、$10\mu A$以下なら極高真空領域で使用可能となった。

高感度真空計の開発と評価に関する研究成果としては、直列静電レンズ型真空計の電子軌道をループ電極化など最適化構造設計することで電子の有効利用をはかり、10^{-9}Pa域で電子電流を$0.5\mu A$で動作させることができ、従来のBA型真空計の500倍の感度を得ることに成功した。

低雑音真空計の開発と評価に関する研究成果としては、冷陰極源を用い静電偏向型アナライザーを最適化することで発生したイオン信号を有効にコレクターに集めることができる構造の真空計を開発し、1×10^{-11}Paの真空全圧測定に成功した。また、極高真空雰囲気での残留ガス分圧を計測しうる四重極質量分析器を試作し、ステンレス鋼製の真空容器の内壁から放出されるガスは99%以上水素であることを示した。

レーザービーム励起型真空計の高度化の成果としては、迷光対策を施すことでエキシマレーザーによる水素の検出で10^{-10}Pa台の計測に成功するとともに、また、ピコ秒パルスレーザーでは10^{-11}Paの水素の圧力測定に成功した。

第Ⅱ期の研究成果として極高真空の利用技術について述べる。

超精密駆動機構の開発と評価の成果としては、マイクロマシーニングにより静電アクチュエーターを用いた一体型微小駆動機構を試作し、極高真空環境を乱すことなくトンネル電流測定や原子間力測定など精密動作することに成功した。

潤滑材料の開発と評価の成果としては、表面析出BN層で駆動機構摺動面を被覆することによって放出ガスが少なく優れた潤滑性を示しながら超高真空下で安定円滑駆動できることを確認した。

超清浄表面の作製技術の成果としては、極高真空中で電子衝撃により試料本体を加熱することで試料表面を原子レベルで超清浄化できる技術を開発した。

超清浄表面の化学的・機械的特性の成果としては、微量の不純物の存在や原子配列の乱れによって生じる表面欠陥構造がその表面の化学的・機械的特性に及ぼす影響を分析することができ、特に、走査電子顕微鏡を用いて表面の原子を引き抜くと、構造欠陥の近傍での原子が機械的に著しく低下することを見いだした。

〈土佐　正弘〉

〔参考文献〕

1) 土佐正弘、吉原一紘、技術報告、金属材料技術研究所の極高真空場ステーション構想、真空、第35巻、第6号、1992年

2) 「極高真空の発生・計測・利用技術の開発に関する研究」（第Ⅰ期）成果報告書（筑波研究コンソーシアム刊 1992年）

3) 「極高真空の発生・計測・利用技術の開発に関する研究」（第Ⅱ期）成果報告書（科学技術庁研究開発局刊1994年）

第3節 チタン材料による極高真空の実現

現代のナノメートル制御が進行するデバイス技術分野や、さらなる微細化・極短時間化が進行する分析技術分野では、これら科学技術を支える真空装置において、極高真空の達成が求められている。この節では、既存材料よりも高い真空性能を持つチタン材料のガス放出特性について述べ、チタン材料製の極高真空装置の実現について記述する。

3.1 チタン材料のガス放出特性とその起源

これまでに超低ガス放出特性を持つことが示されたチタン材料は、低添加元素型チタン合金[1-3]とJIS2種チタン[4-6]の2種類である。図3.1(a)に表面研磨処理したステンレス鋼(SUS304L)とチタン（JIS 2種チタン）の180℃×48 hベーキング後のガス放出速度の温度依存性を示す[6]。ステンレス鋼のガス放出速度は、室温において$1.0×10^{-10}$ $Pam^3s^{-1}m^{-2}$であり、約90℃では$3.0×10^{-9}$ $Pam^3s^{-1}m^{-2}$と上昇する。チタンのガス放出速度は、室温から50℃までは検知下限の$7×10^{-13}$ $Pam^3s^{-1}m^{-2}$以下を示し、それ以上の温度で徐々に上昇し、約90℃で$6.0×10^{-12}$ $Pam^3s^{-1}m^{-2}$を示した。表面研磨処理した低添加元素型チタン合金の180℃×48 hベーキング後のガス放出速度の温度依存性も図3.1(a)と同様の結果であり、室温のガス放出速度は、$6×10^{-13}$ $Pam^3s^{-1}m^{-2}$であった[1]。従来材料であるステンレス鋼及びアルミニウム合金において、1000℃に及ぶ高温ベーキング処理[7,8]や表面酸化処理[9]（ステンレス鋼）そしてグロー放電洗浄[10]やAr/O$_2$特殊押出し[11]（アルミニウム合金）などの特殊な前処理を施した場合、これら材料のガス放出速度は10^{-11}～10^{-10} $Pam^3s^{-1}m^{-2}$である。チタン材料のガス放出速度6～$7×10^{-13}$ $Pam^3s^{-1}m^{-2}$は、これら従来材料のガス放出速度と比較して2桁程度低いことがわかる。この他、比較的低温で短時間のベーキング（例100℃×6 h, 150℃×6 h）を施した後のチタン材料のガス放出速度は10^{-12} $Pam^3s^{-1}m^{-2}$オーダーに達することもわかっている[3]。

筆者らは、チタン材料の低ガス放出の起源を調べるために、飛行時間型二次イオン質量分析法(TOF-SIMS)やオージェ電子分光分析法(AES)を用いて、チタン材料表面近傍の組成元素及び溶解水素について深さ方向分析を行った[6,12]。図3.1(b)にステンレス鋼SUS304LとJIS2種チタンの表面近傍（深さ20 nm）における水素濃度の模式図を示す。点線が真空排気直後の水素濃度であり、実線が長時間真空排気後の水素濃度である。なお、それぞれの材料において表面は酸化しているが、ステンレス鋼の表面酸化層厚さは3 nm、チタンの表面酸化層厚さは5 nm程度である。

ステンレス鋼の表面近傍において、バルクに溶解した水素は真空排気とともに水素濃度が低減し、一方、表面酸化層の水素は真空排気により、

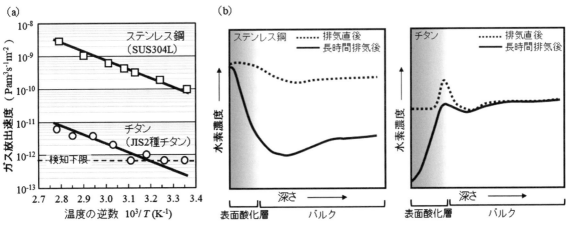

図3.1 (a) 表面研磨処理したステンレス鋼(SUS304L)とチタン（JIS 2種チタン）の180℃×48 h真空ベーキング後のガス放出速度の温度依存性[6]と、(b)ステンレス鋼とチタンの表面近傍（深さ20 nm）における水素濃度の模式図

その水素濃度は余り低減しないことがわかる。なお、ベーキング後の水素濃度は長時間排気後の結果と同様であった。すなわち、ステンレス鋼において、真空ベーキングによりバルク内部の水素を有効に放出できることにより、ガス放出速度が低減されると解釈できる。しかしながら、表面層酸化層付近では、水素濃度の大きな低減が発現しないことから、ステンレス鋼の低ガス放出化には限界があると考えられる。

一方、チタンの表面近傍において、バルクに溶解した水素は真空排気とともに水素濃度がほとんど変化しないこと、一方、表面酸化層の水素は真空排気により、その水素濃度は大きく低減されることがわかる。なお、ベーキング後の水素濃度は長時間排気後の結果と同様であった。この他、ガス放出速度の温度依存の測定と異なる昇温速度で測定した水素の昇温脱離測定の解析から、表面の水素の脱離の活性化エネルギーは0.4～0.5 eV、表面層-バルク境界に溶解した水素の脱離の活性化エネルギーは1.0 eVそしてバルクに溶解した水素の脱離の活性化エネルギーは4.0 eVと見積もられた[6]。以上のことから、チタン材料では、バルク層の水素は拡散・放出され難いことから、ベーキングを含む真空排気によりその水素濃度はほとんど変化せず、一方、表面から表面-バルク境界に溶解した水素は拡散・放出され易く、ベーキングを含む真空排気により表面酸化層の水素の低濃度状態が容易に発現し、これがチタン材料の非常に低いガス放出特性をもたらすと考えられる。

3.2 チタン材料製真空装置による極高真空の実現
3.2.1 チタン材料製真空装置の製造

低ガス放出特性という特徴を持つチタン材料を用いて真空高性能な真空装置を製造するために、チタン材料の機械加工・溶接技術や異種材料との接合技術、そして表面処理技術が確立された。これらチタン製真空装置の製造については、本書の第1部 第5編、第1章 第3節 その他金属材料に記載したが、以下に要点をまとめる。

チタンは線膨張係数が小さく熱伝導し難いため、熱が拡散し難く切削工具が焼付き易い。また、ヤング率が小さいため小さな力で歪を発生し易い。そこでチタン材料の機械加工では、切削工具

図3.2 チタン材料製真空容器・真空部品

は、超硬工具やダイヤモンド焼結体を用い、潤滑冷却剤は、エマルジョンタイプを使用し供給量をステンレス鋼の2～4倍として冷却効果を上げて切削することが推奨される[13]。

次に、溶接において、チタンは高温において反応性が高いことから、空気や油など不純物の混入があると溶接品質が劣ってしまう。不純物混入をさけるため、TIG溶接において、確実なアルゴンガスシールドを実現することや、セミクリーンルーム内での溶接が推奨される[13]。異種材料との接合において、異種金属との接合は、ロウ付け・圧接などにより接合可能である。また、セラミックスとの接合はMo-Mnメタライズ法や融解チタンメタライズ法によりセラミックス表面に金属層を形成し接合させる。

チタン材料の表面研磨処理は、化学研磨とメカノケミカル研磨が適しており、これら研磨を施したチタン材料について低いガス放出特性を持つことが実証されている[1-6]。

以上のようにチタン材料製真空装置の製造技術が確立された。現在、図3.2に示すようなチタン材料製の各種真空容器やバルブ・電流導入端子などチタン材料製の真空部品が製造可能である[5,14]。

3.2.2 極高真空の実現

ここでは、先ず筆者らが開発したチタン材料製真空装置による極高真空の達成について記述する[15]。図3.3(a)に開発したチタン材料製真空装置の模式図を示す。本装置は、試料流路とブランク流路のオリフィスコンダクタンスを変更してオリフィス上流側の圧力を測定することでガス放出速度を測定する装置である。10^{-12} $Pam^3s^{-1}m^{-2}$以下の

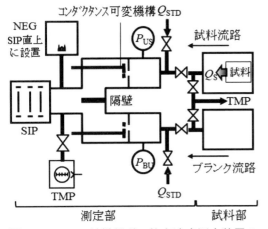

図3.3(a) チタン材料製ガス放出速度測定装置の模式図[15]

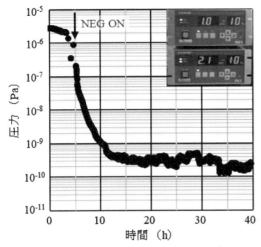

図3.3(b) 当該装置の真空排気特性[15]

非常に低いガス放出速度を測定するには、装置の到達圧力は10^{-10} Paの極高真空を実現する必要がある。このために本装置では、超低ガス放出特性を持つチタン材料を装置の構造材料に適用した。本装置の容積は$1.3×10^{-2}$ m^3、内表面積は$5.5×10^{-1}$ m^{2}である。一方、10^{-9} Pa以下の圧力領域では、各種真空ポンプの排気性能が急減してしまうことから、主排気ポンプにはスパッタイオンポンプ（排気速度0.4 m^{3}s^{-1}(N$_2$)）と超高真空以上の主な残留ガスである水素の排気速度の大きい非蒸発ゲッタポンプ（NEGポンプ：排気速度0.4 m^{3}s^{-1}(H$_2$)）を用いた。なお、粗引きポンプには超高真空に到達可能なターボ分子ポンプを用いた。装置の2つの流路の上流真空室の圧力測定には、検出下限0.5×10^{-10} Paを持つ極高真空計ATゲージを用いた。

2台の極高真空計の校正は、任意ガスを用いて広範囲の基準ガス流量が導入できる標準コンダクタンスエレメント[16]を搭載した分子フローコントローラーを用いた。

試料部の試料流路の真空チャンバに試料を挿入しない条件で、150℃×96時間のベーキング後の装置の真空排気特性を調べた。ここで、ベーキングの後半にスパッタイオンポンプとNEGポンプの活性化を行った。図3.3(b)にベーキングの降温開始からの真空排気特性を示す。ここで、縦軸の圧力は校正値(N$_2$)である。NEGポンプをONとし2台の主排気ポンプによる排気開始とともに圧力は急激に降下し、10時間後以降で10^{-10} Paの極高真空に到達した。40時間後の到達圧力は、$1.5×10^{-10}$ Paであった。このことから、装置は極微量のガス放出速度測定が十分測定できる極高真空に到達することがわかった。

以上のようにチタン材料製真空装置は、比較的低温の150℃ベーキングでも極高真空を達成できる。この他、チタン材料製真空装置において極高真空を実現したものとして、次世代放射光源の電子銃装置があり、この装置では$4×10^{-10}$ Paが達成されている[17]。

現在、低ガス放出特性を持つチタン材料は、極高真空装置の他、高スループットで10^{-8} Paの到達を必要とする先端デバイス製造装置や清浄環境を必要とする高分解能質量分析装置、10桁以上の安定性を確保するために圧力安定度を必要とする真空封止電子機器に既に利用されている。チタン材料は、将来の科学技術を支える極高真空技術のツールとして、その利用が拡大している。

〈栗巣 普揮〉

〔参考文献〕

1) H. Kurisu, et. al.: J. Vac. Sci. and Technol.、A 21 (2003) L10.
2) 和田直之、栗巣普揮、他: J. Vac. Soc. Jpn., 47 (2004) 112.
3) 村中武、栗巣普揮、他: J. Vac. Soc. Jpn., 47 (2004) 116.
4) 栗巣普揮、他: J. Vac. Soc. Jpn., 49 (2006) 254.
5) Journal of Physics: Conference Series 100

第7編 真空が牽引する次世代先端科学技術

(2008) 092002.

6) M. Takeda, H. Kurisu,,et. al.: Applied Surface Science 258 (2011) 1405.

7) R Calder et.al.; J. Appl. Phys., 18 (1967) 1459.

8) R. Nuvolone; J. Vac. Sci. Technol. 14 (1977) 210.

9) K. Odaka, et. al.; J. Vac. Sci. Technol. A13, (1995) 520.

10) H. J. Halama, et. al.; J. Vac. Sci. Technol. 13, (1976) 463.

11) 成島、他; 真空, 29 (1986) 284.

12) M. Takeda, H. Kurisu,,et.:al.,: Vacuum 84 (2010) 352.

13) 上瀧洋明: J. Vac. Soc. Jpn.、50 (2007) 36.

14) 栗巣、他: J. Vac. Soc. Jpn., 50 (2007) 41.

15) 栗巣、他: 金属, 87 (2017) 1003.

16) H. Yoshida, et. al.: Vacuum, 86 (2012) 838.

17) 山本将博、他：第11回加速器学会プロシーディングス, (2014)555.

第1章 真空の極限に迫る：極高真空への挑戦

第4節 銅合金材料による極高真空の実現とその計測

はじめに

　銅をチャンバー、ゲージ、ポンプなどの真空構造材に据える最大の目的は、（1）熱伝導率がステンレスの25倍、（2）熱輻射率がステンレスの1/10以下という銅物性の他金属に対しての圧倒的優位性を活かすためである。しかしながら、銅は（3）柔らかく、（4）酸化され易いという致命的な欠点があり、この欠点を解消しなければ真空構造材としての実用性は低い。これまで真空分野に使われて来た銅材は、電気伝導度を最重要視する高周波管や電流導入端子などが主であり、これを除けばガスケットシール材として使われる程度でしかなかった。この柔らかく酸化され易いという銅の欠点を解消して、銅の高熱伝導性と低輻射性の特性を、真空構造材に活かすのが銅合金極高真空技術である。

4.1 0.2%BeCu合金とNiPメッキ

　銅の硬度を高める方法の一つは、合金にすることである。しかし、合金化によって銅の高熱伝導性と低輻射性は大幅に失われる。これらの損失が比較的小さく、硬度が確保できる合金として、0.2%のベリリウム金属を含有させた高電気伝導度銅合金（以下0.2%BeCu）が古くから知られている。この合金の熱伝導率は純銅の1/2、輻射率は0.06程度まで落ちるが、硬度はステンレス鋼とほぼ同じであるため、純銅ガスケットをシール材として使うステンレス製のコンフラットフランジ(CF)に直接ジョイントすることができ、実用性が飛躍的に高められる。この利点から、0.2%BeCu合金を真空構造材に選び実用化を図った[1,2]。

　しかし、酸化され易い銅の欠点は、この0.2%BeCu合金でも改善できない。特に極高真空構造材として使う場合は、ベーキングは不可欠であり、大気に触れる部分に酸化防止膜を施さなければ、合金表面は真っ黒に変色してしまう。また、純銅ガスケットを用いて0.2%BeCu合金製フランジを締め付けると、銅合金フランジのエッジは純銅ガスケットとの間で冷間結合を起こし、エッジがガスケットにくっついてしまう。この酸化と冷間結合防止のために0.2%BeCu合金にはNiPメッキ（厚さ数μmの無電界ニッケルメッキ）を施す。NiPメッキは、元々鉄材のサビ防止のために開発されたメッキ法なので、酸化防止膜としての性能は高い。ただ、NiPメッキは加工物の全面にコーティングされてしまうため、エッジを除く真空側はメッキ終了後に機械加工で削り取る作業が必要になる。

4.2 0.2%BeCu合金の超低ガス放出化

　0.2%BeCu製工作物は真空熱処理を行って初めて極高真空構造材としての特性が発現する。真空炉中で0.2%BeCu工作物（NiPメッキを剥いだ部分）を昇温すると、温度が250℃に越えたところから、0.2%BeCu合金の酸化物(Cu_2O)表面は還元されて純銅になる。さらに温度を高めて、400℃程度まで昇温すると、今度は合金中のBeがゆっくりと表面に拡散し始め、Cu表面はBe金属で覆われるようになる。しかし、この合金の軟化点が430℃であるから、400℃程度を保って加熱を続行しなければならない。Beの400℃での拡散速度は非常に低いので、表面の95%を覆うまでに約3日間の加熱時間が必要である。この加熱時にバルク内の水素は奥深くまで脱ガスされ、0.2%BeCu合金材は極めて水素ガス放出の低い材料に改質される。冷却後、大気圧に戻すときに酸素を含んだガスでパージすると、Be金属は安定なBeOの酸化物不動態になり、水素の出入防止膜として働く。即ち、この熱処理を経て初めて0.2%BeCu製工作物は極高真空構造材に改質されることになる。

　このBeOの膜厚は～5nmと非常に薄いが、緻密な膜で有り、大気開放を行っても合金の酸化は進行しない。そして、この薄い酸化層に吸蔵されるガスの絶対量は少ないので、再排気後の"その場ベーキング"で得られるガス放出率は、実用金属真空構造材としては最も低い$5 \times 10^{-13} Pa(H_2) \cdot m^3/s$になる[2,3]。

4.3 イオンゲージの低ガス放出化

　0.2%BeCu合金の高熱伝導性と低輻射性の物性を活かせる典型的な例として、熱陰極イオンゲージのガス放出を低減できる事例を示す。

993

長さ70mmのCF70のステンレス鋼と0.2%BeCu合金の2種類のニップルを準備して、これにヌードBAゲージを差し込んで、ゲージ点灯時のガス放出速度Qを図4.1に示したスループット法$Q=C(P_1-P_2)$を用いて測定した。0.2%BeCu製ニップルに差し込んだ場合のQは、ステンレス製ニップルに差し込んだ場合と比較して1/4～1/5まで小さくなる。ニップルの材質をステンレス鋼から0.2%BeCu合金に代えるだけでQが下がるのは、つぎのような理由による。

　ゲージの高温フィラメントからは、電子と輻射熱の二つが放射される。ステンレス鋼を用いた場合、輻射率（壁から見れば吸収率）は、0.36と非常に大きいので、輻射熱は1回反射される度に36%ずつ吸収され、3回程度反射を繰り返すと輻射熱はほぼ無くなってしまう。その上、ステンレス鋼の熱伝導率は16W/m/℃と非常に低いため、吸収された熱はステンレス壁表面に滞り、表面温度が上昇する。その結果、ステンレス製の壁からのガス放出Qは大きくなる。

　これに対して、0.2%BeCu合金製のニップルでは、輻射率が0.06以下（ステンレス鋼の1/6以下）であるから、壁に吸収される輻射熱は1/6まで小さく、壁の間を幾度も反射を繰り返すことができる。反射される回数が多いと、フィラメントに戻される反射熱の割合も増し、フィラメントを加熱する電力が減る。また0.2%BeCu合金の熱伝導率はステンレス鋼に比べて13倍大きいので、吸収された熱は直ちに0.2%BeCu合金バルク中に拡散してしまい、壁の表面温度の上昇は小さくなる。その上0.2%BeCu合金は、不動態化処理された低ガス放出真空構造材であるから、壁からのQが小さい。このように、熱陰極イオンゲージのケーシングを0.2%BeCu合金製のニップルに代えるだけで、ゲージからのガス放出が減らせることになる。

4.4 Q-massの低ガス放出化

　四重極型質量分析計（以下Q-mass）は、熱フィラメントを有するイオン源部を、Qポールの最先端部にマウントする構成になっている。このためフィラメントを点灯すると、イオン源部を構成する電極（ステンレス）の温度が、フィラメントからの輻射熱で100℃程度まで上昇し、Q-mass自体からのガス放出で、10^{-7}Pa以下の残留ガス分析が出来なくなる。

　この問題を0.2%BeCu材で解決することができる。図4.2に示したように、厚肉の0.2%BeCu製イオン源フランジの中央部に、イオンビーム通過可能な孔（実際にはグリッド電極が突き出る口径）を設けたドーナツ状遮蔽板を置き、孔の上方にはフィラメントとグリッドを、下方にはQポールと増倍管を配置する。この構成により、フィラメントから放射される電子と輻射熱が計測部側に入らないようにすることができる。遮蔽板は0.2%BeCu合金製であり、CFフランジに一体化させているの

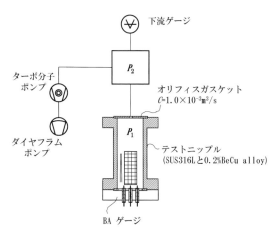

図4.1　0.2%BeCuとSUS製ニップルのガス放出比較試験

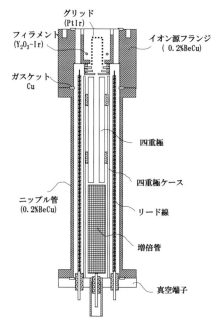

図4.2　0.2%BeCu合金化した四重極型ガス分析計

で、遮蔽板が吸収した熱は、速やかに外気に触れているCFフランジに逃がすことができ、温度上昇を抑えることができる。即ち、前項で紹介した4.3熱陰極イオンゲージの低ガス放出化と同じ原理で、Q-massの低ガス放出化を実現することができる。図4.2の斜線で示した部分が0.2%BeCu合金である。

次に図4.2の構成に改造したQ-massヘッドからのガス放出が、改造前と比較してどの程度減ったかをスループット法で調べた。改造前のヘッドを構成している電極部品は、特別（～400℃程度の脱ガス処理）な低ガス放出化を施していないステンレス製であるから、ヘッド自体からのガス放出が多い。その上でフィラメントを点灯すると、イオン源部全体の温度が100℃程度まで上昇するため、ガス放出速度は点灯前の約10倍まで増大する。

これに対して、図4.2のような改造を行ったヘッドでは、フィラメント点灯前でも、ヘッド自体からのガス放出速度は改造前のヘッドに比べて約1/10まで小さい。さらに、フィラメント点灯後におけるガス放出速度の増大は、点灯前の1.5～2倍程度に抑えられる。即ち、フィラメント点灯状態で改造前と改造後とでは、約1/100までガス放出速度を小さくできることができる。

ここで注意すべき点は、改造前のマススペクトルは、ガスの発生源であるイオン源のガススペクトルであるから、ローカルプレッシャーが50～100倍も高くなる。これに対して、改造したヘッドでは、フィラメント点灯後に増大するガス圧の増大は、最大でも2倍程度であるから、ローカルプレッシャーの増大は非常に小さい。即ち、改造されたQ-massヘッドの残留ガススペクトル強度に与える影響を1/1000～1/10000まで小さくすることができる[4]。

このようにして、市販されているQ-massヘッドのイオン源部分を、0.2%BeCu合金製のフランジに埋め込んだ構造に改造することにより10^{-9}～10^{-10}Pa台の極高真空ガス分析が可能になる。

4.5 0.2%BeCu合金製チャンバー

0.2%BeCu製チャンバーは機械切削加工だけで製作する。ステンレス鋼製の真空チャンバーは、フランジ部とチャンバー部を別々に製作し、溶接により組み立てるのが一般的であるが、機械加工だけで製作する理由は、0.2%BeCu合金の熱伝導が非常に大きいので、溶接し難いことと、時効硬化金属であることにより、溶接後にマイクロクラックが生じ易く、リークの原因になり易いからである。この理由から、0.2%BeCu合金製のチャンバーはブロックの上にCFエッジを削り込んで製作し、NiPメッキを施した後、真空側のNiPメッキ剥ぎを経て、真空電気炉でBeO膜を生成させて完成させる。

溶接を使わないこのような製造法は、0.2%BeCu合金製品の欠点であるが、0.2%BeCu合金の切削性は大変良好で、かなり複雑な形状の真空部品でも、切削だけで製作可能である。そして何より、この材料の高熱伝導性と低輻射性の物性を活かせる0.2%BeCu製チャンバーは、超低ガス放出であり、極高真空の発生が容易である。

4.6 0.2%BeCu合金ケーシング製NEGポンプ

0.2%BeCu合金の高熱伝導性と低輻射性を活かせるポンプとしては、図4.3に示した様な輻射加熱式NEGポンプがある。ピル錠NEG（φ10mm厚さ3mm）をステンレス製の2重金網バスケットに入れて、0.2%BeCu合金製のポンプケーシングの壁に配置する。金網の側面は断熱のため銅合金の壁から数mm離して配置する。CF70フランジの場合はピル数40個、CF114では105個が装填される。ピル状NEG（含金網）は中央に配置したスパイラル状のタンタルヒーターからの輻射熱で加熱活性化する。この時、ステンレス製の金網は熱伝導が低く、輻射率が高いことが功を奏する。NEGにZeVFeの3元系合金を用いた場合は、活性化温度が450℃なので、0.2%BeCu合金活用の効果は、ステンレス製ケーシングに比べて1/2程度の省電力で止まるが、ZrAlの2元系のNEGの場合は、700～800℃の高温を必要とするので、省電力効果は1/4まで小さくすることができ、水冷ジャケットなどは不要になる。2重金網バスケットは、チタン製にすることによって700～800℃に耐えられる。前者の3元系ではピル1個当たりのH_2とCOに対する排気速度がほぼ同じで1.5～1.7L/sが得られ、2元系では2L/s以上の排気速度が得られる[5]。

4.7 0.2%BeCu合金製排気システム

0.2%BeCu合金製直方体ブロック（120mm×120mm

×80mm）の六面に、CF70のポート四面とCF114の
ポートを二面設けたチャンバーに、熱陰極イオン
ゲージ、低ガス放出Q-mass、そしてステンレス製
のバリアブルリークバルブとコバールガラス製
ビューポートを取り付け、更にはCF114の1面には
前節で述べた0.2%BeCuケーシングNEG114ポンプ
を、残りのCF114にはステンレス製オールメタル
CF114アングルバルブを介してターボ分子ポンプを
取り付けた図4.4のような排気システムを試作し
た。熱陰極イオンゲージは0.2%BeCu製ケーシン
グに一体的に組み込んだ偏向ベルト状ビームゲー
ジ「3BG」と称する極高真空ゲージである（第1
部 真空工学の基礎 第4編 真空計測器 第3章 極
高真空計 参照）。この排気システムの大気圧から
の排気曲線を図4.5に示す。ベーキング200℃×数
時間行った後、NEGの活性化を行って室温に放置
すると、排気システムは24h以内に10^{-10}Pa台の極
高真空に容易に到達する。

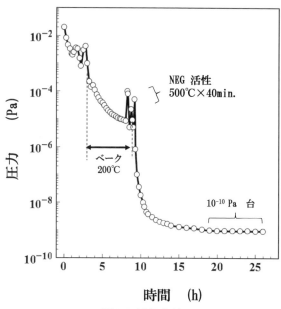

図4.5 排気曲線

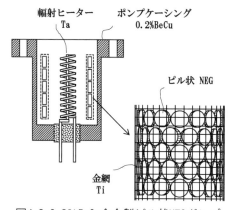

図4.3 0.2%BeCu合金製ピル状NEGポンプ

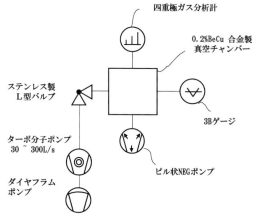

図4.4 0.2%BeCu合金製極高真空排気システム

おわりに

　極高真空構成材料としての0.2%BeCu材の開発は、
銅合金中のBe金属の表面拡散の発見により実現で
きた。この知見を基にBe以外の添加金属でも同じ
効果が得られると考えて、銅合金の探索をした。
有望だったのはアルミニウムを9～10%含有させ
るアルミニウム青銅合金で、Al_2O_3の薄膜がBeOの
代わりになった。しかし、この合金の高熱伝導性
は、純銅の1/8程度まで落ち、銅の高熱伝導性と低
輻射性の特性が大幅に失われる。0.2%BeCu合金
材は、溶接で製作出来ないという欠点はあるが、
0.2%BeCu合金は純銅ガスケットを挟んでステン
レス鋼とジョイントすることが可能であるから、
この合金の特性を活かせる箇所に適用するにより、
銅の高熱伝導性と低輻射を最大限に引き出すシス
テムを設計が可能であり、その排気システムは容
易に極高真空を達成することができる。

〈渡辺　文夫〉

〔参考文献〕
1) 渡辺文夫：J. Vac. Soc. Jpn., 56(2013)230
2) F. Watanabe：J. Vac. Sci. Technol. A, 22(2004)181 and 739
3) F. Watanabe：Shinku, 49(2006)349
4) F. Watanabe：Shinku, 48(2005)633
5) F. Watanabe（未発表）

第2章 実環境測定のための真空システムとライフサイエンスへの応用

第1節 電子ビーム（電子顕微鏡）への応用 (SEM)

電子顕微鏡（電顕）を用いることにより、光学顕微鏡（光顕）では観察できない小さなものを観察できる。しかしながら、通常の電顕観察では、試料を真空中に配置する必要がある。電子線は、気体や液体の中を伝搬できないためである。このため，液体や気体の中で起こる物理・化学的な現象を通常の電顕で動的に観察することは困難であった。

この欠点を補うため、液体や気体中の試料を観察できる大気圧SEM(Scanning Electron Microscope)が開発され[1]、液体や気体中の動的な現象を観察できるようになった[2]。ここでは、大気圧SEMの原理と応用例について記載する。

1.1 大気圧SEMの原理

図1.1に、大気圧SEMと薄膜ディッシュ（試料ホルダー）の構成を示す。倒立SEMの上部に、窒化シリコン(SiN)の薄膜を底面に備えた直径35 mmのペトリディッシュから成る薄膜ディッシュを配置する((a),(b))[1]。SiN薄膜の膜厚は100 nmであり、電子線を透過するとともに1気圧の圧力差に耐えることができる。真空であるSiN薄膜の下側から倒立SEMで薄膜を通して薄膜の直上に配置した試料に電子線を照射し、試料からの反射電子を再び薄膜を通して真空側に配置した反射電子検出器(BEI)で検出する(図(a))。これにより、大気圧下の試料を観察する。薄膜ディッシュの上部にSEMと同軸上に配置した光顕(蛍光顕微鏡)で試料の観察位置を特定し、同じ位置を電顕で観察できる(図(a))。

また、液体・気体中で温度変化を観察するために、温度制御薄膜ディッシュも開発した(図(c))[2]。

本体は熱に耐えられるようにチタンで構成し、温度を制御できるようにヒーターと熱電対を配置した。これにより、大気圧下の試料の加熱に伴う形態変化をリアルタイムでSEM観察することができる。

液体中の電気化学反応を観察するために、電気化学薄膜ディッシュを開発した(図(d))。SiN薄膜の上部に、厚さが30 nmのチタンと厚さが100 nmの金の2層膜を堆積し[2]、フォトリソグラフィーとウェットエッチングを用いて2層の薄膜を2つの対向する電極に加工した。この電極間に電流を流すことにより、電気化学反応をリアルタイムでSEM観察できる。

1.2 応用例

1.2.1 液体中での動的観察の例（コロイダルシリカ微粒子の動き）

液体中での動的観察の例を図1.2に示す。直径1 μmのコロイダルシリカ粒子を液体中に配置し、大気圧SEMで連続観察した(図(a)-(c))[2]。(d)には(a)の矢印で示した2つの粒子について、(c)の白い四角内を拡大して軌跡を重ねて拡大して示す。このように、粒子はランダムな動きを示す。強力な電子線を試料に連続照射することにより、正に帯電したシリカ粒子は集まり細密構造に整列する(e-h)。倍率をx10,000からx5,000に下げることにより電子線の照射密度が下がり、粒子は徐々に分散する (i-l)。このように、大気圧SEMを用いることにより、液体中の粒子を動的に観察できる。

1.2.2 温度依存性の観察

大気中で温度変化をさせた場合の観察例を示す(図1.3)[2]。温度可変薄膜ディッシュの上にハンダ(Sn: 42 wt%，Bi: 58 wt%)を載せて、(a)に示す各温度において、融解・凝固する際の形態変化を観察した((b)-(e))。温度が145℃ではハンダが融解して大気圧SEM像のコントラストはほぼ一様であるが(c)、その後130℃に冷却することにより金属

第7編 真空が牽引する次世代先端科学技術

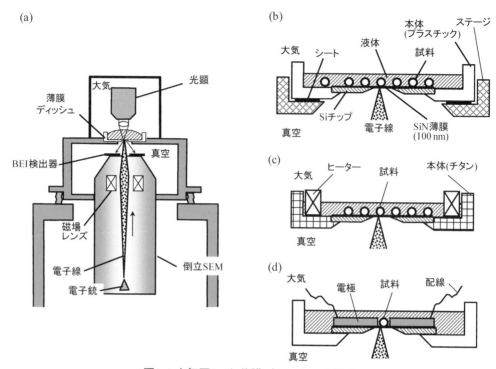

図1.1 大気圧SEMと薄膜ディッシュの構成
(a)大気圧SEMの断面図。(b)薄膜ディッシュの断面図。(c)温度制御薄膜ディッシュの断面図。(d)電気化学薄膜ディッシュの断面図。図は許可を得た上で、参考文献1）と2）より修正して転載、copyright 2010, 2011 Elsevier.

が偏析する(d)。再度温度を150℃まで上昇させた後で115℃に急速に冷却すると、偏析のモルフォ

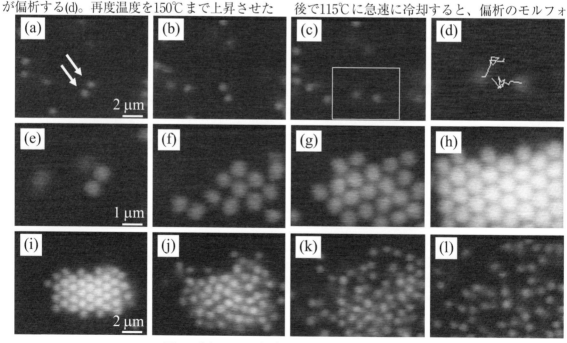

図1.2 大気圧SEMで観察した液体中のシリカ粒子
(a-c)倍率5000倍。それぞれの画像の間隔は、0.5秒。(d) (a)の矢印で示す2つの粒子の軌跡を(c)の画像を拡大したものに重ねた。(e-h)倍率10,000倍。照射誘起の粒子の自己組織化を観察できる。(e)と(f)の間は1秒、(f)と(g)の間は4秒、(g)と(h)の間は20秒。(i-l)粒子の離散。それぞれの画像の間隔は、2秒。図は許可を得た上で参考文献2）より修正して転載、copyright 2011 Elsevier.

第2章 実環境測定のための真空システムとライフサイエンスへの応用

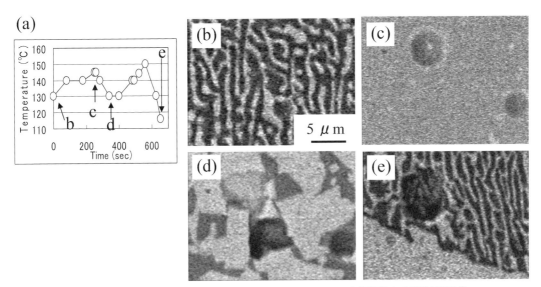

図1.3 各温度におけるハンダ(Sn: 42 wt%, Bi: 58 wt%)の大気圧SEMの反射電子像
(a)温度変化。(b)130℃における固化したハンダ。反射電子像で、ビスマスリッチ相が明るく、スズリッチ相が暗く観察される。(c)145℃におけるハンダ。ハンダは融解し、コントラストはほぼ一様になる。(d,e)145℃から130℃に冷却した際、および、150℃から115℃に冷却した際のハンダ。冷却の仕方によって、モルフォロジーが異なることが示唆される。図は許可を得た上で参考文献2)より修正して転載、copyright 2011 Elsevier.

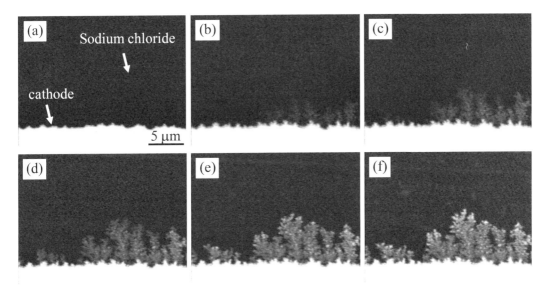

図1.4 大気圧SEMによる電気化学反応の観察。カソード電極付近を大気圧SEMで連続的に観察した。
(a)電圧印加直後に取得した画像。(b-f)その後に取得した画像。各画像間の間隔はそれぞれ2.4、0.6、1.0、2.0、2.0秒である。図は許可を得た上で参考文献2)より修正して転載、copyright 2011 Elsevier.

ロジーが異なる(e)。冷却条件の違いにより偏析の状況が異なることが示唆された。

このように、大気圧SEMと温度可変薄膜ディッシュを用いて、はんだの融解・凝固プロセスを空気中でリアルタイムに観察できることがわかった。はんだ付けの際には様々な添加物を加えるが、これらの多くは揮発性である。このため、真空中におけるSEM観察では添加物の蒸発レートが高く、大気中とは大きく状況が異なると予測される。このように、大気中で温度を制御しながらその場観察できることは重要と考えられる。

1.2.3 電気化学反応のリアルタイム観察

大気圧SEMで、電気化学反応をリアルタイム観察した例を示す。電気化学薄膜ディッシュ内に飽

第7編 真空が牽引する次世代先端科学技術

和NaCl溶液を入れた後、2つの電極間に2.1 Vの電圧を印加し、カソード付近を大気圧SEMで連続観察した（図1.4）[2]。電圧印加直後の(a)には明確なコントラストがないが、その後(b)で樹枝状の析出物が現れ、(c-f)でこの析出物が成長した。

カソード付近の樹枝状のものは金であることを確認しており、電気化学的マイグレーションによりアノードの金が電解液の中に溶解しこれが析出したものと考えられている[2]。これまでSEMで観察できる電気化学反応は真空中でも蒸気圧の低いイオン液体などに限られていたが、大気圧SEMの開発により、蒸気圧の高い電解液中における電気化学反応をリアルタイムに観察できるようになった。

まとめ

本稿で説明したように、大気圧SEMを用いることにより、液体や気体中の様々な現象を動的に観察できるようになってきた。また、ページの関係で説明できなかったが、液体中のバイオ試料等を含めて、液体中・気体中における様々な試料の観察に用いられている[1,3-7]。さらに、観察だけでなく、大気圧SEMで液体を重合させることにより、加工を行う方法などへの応用も検討されている[8]。

〈須賀　三雄〉

〔参考文献〕

1) Nishiyama, H., et al., *Atmospheric scanning electron microscope observes cells and tissues in open medium through silicon nitride film*. Journal of Structural Biology, 2010. 169(3): p. 438-449.

2) Suga, M., et al., *The atmospheric scanning electron microscope with open sample space observes dynamic phenomena in liquid or gas*. Ultramicroscopy, 2011. 111(12): p. 1650-1658.

3) Nishiyama, H., et al., *Atmospheric scanning electron microscope system with an open sample chamber: Configuration and applications*. Ultramicroscopy, 2014. 147: p. 86-97.

4) Maruyama, Y., et al., *Immuno EM-OM correlative microscopy in solution by atmospheric scanning electron microscopy (ASEM)*. Journal of structural biology, 2012. 180(2): p. 259-270.

5) Sato, C., et al., *Rapid imaging of mycoplasma in solution using atmospheric scanning electron microscopy (ASEM)*. Biochemical and biophysical research communications, 2012. 417(4): p. 1213-1218.

6) Kinoshita, T., et al., *Immuno-Electron Microscopy of Primary Cell Cultures from Genetically Modified Animals in Liquid by Atmospheric Scanning Electron Microscopy*. Microscopy and Microanalysis, 2014. 20(02): p. 469-483.

7) Higuchi, T., et al., *Nanometer-scale Real-space Observation and Material Processing for Polymer Materials under Atmospheric Pressure: Application of Atmospheric Scanning Electron Microscopy*. Electrochemistry, 2014. 82(5): p. 359-363.

8) Higuchi, T., et al., *One-step nanopatterning of conjugated polymers by electron-beam-assisted electropolymerization*. Microscopy, 2015: p. 10.1093/jmicro/dfv013.

第2節 電子ビーム（電子顕微鏡）への応用 (TEM)

2.1 環境制御透過型電子顕微鏡(ETEM)とは

透過型電子顕微鏡(TEM)は、試料で透過・散乱した電子波を用いて試料構造を拡大・結像する装置であり、原子レベルの高分解能観察が可能である（第5編・第2章・第3節）。ただ、電子ビームを利用することから、電子線の経路を高真空（10^{-4}～10^{-7}Pa程度）に保ち、残留ガス分子による電子ビームの散乱を抑える必要がある。このため、通常の電子顕微鏡では、試料は真空下に置かれることになる。一般的な無機材料の観察に際しては、この点は大きな問題にはならない。しかし、バイオ系試料のように真空中で乾燥し、変形・変質してしまう場合や、触媒や電池材料などがガス・液中で動作している状態をその場観察したい場合には、試料室が真空であることが問題となる。それを解決するために開発されたのが環境制御型の電子顕微鏡で、TEMがベース装置の場合は特にEnvironmental TEM (ETEM)と呼ばれる。

ETEMには大きく分けて2つのタイプがある（図2.1）。それぞれ(a) 開放型（差動排気型）と(b) 隔膜型と呼ばれるもので、本来は真空である電子顕微鏡内にガス等を導入する手段が異なる。(a) 開放型はTEM本体に追加した差動排気機構により試料室にガス導入が可能である[1-7]。一方の(b) 隔膜型は、試料ホルダの上下に薄膜を取り付けて試料と外部の真空とを完全に隔てる方法である[8-16]。

以下に詳細を述べる。

開放型では、電子線経路の途中（特に試料室の上下）に、電子線を通すための小孔を有する遮蔽板（オリフィス）を取り付けることで、経路に沿ったガスの拡散を抑制する。更に小孔から漏れるガスを追加のポンプで排気する差動排気系を構築することで、試料室にガスを導入しても、その周囲を真空に保つことが可能となる。導入できるガスの圧力は差動排気能力に依るため、比較的高圧（～10^3Pa以上）の環境を実現するためには、差動排気系を多段に重ねる、個々の排気速度を上げる等が必要である。

開放型の長所は、①高空間分解能観察が可能である。本方式では電子線を阻害するものが比較的少ない（ガス分子の量が少なく、隔膜も無い）ためである。②試料ホルダに自由度がある。本方式では試料ホルダには手を加える必要が無いため、従来通りの各種ホルダをそのまま利用することが出来る。即ち、2軸傾斜・加熱・冷却・電圧印加・応力変形などをガス雰囲気下で実施することが可能である。一方で、問題点もある。❶得られる試料環境に制限がある。上述した通り、導入できるガス圧力は差動排気能力で制限を受けるため、現状の装置では数Pa～10^4Paのオーダーであり、真の実環境（大気圧雰囲気など）を再現することは難しい。また、液体の導入は不可能である（湿分を含んだガスは可能）。❷コストが比較的高い。本方式ではTEM本体に特殊機能を具備するために導入コストは高くなる。またガス供給・排気系の多岐のパーツやその制御系がトラブルを起こすリスクがあり、メンテナンス費用なども嵩む可能性がある。

隔膜型では、TEM本体は通常だが、試料ホルダに改造を施した特殊なものを用いる。ホルダ軸の内部に単一[17]あるいは複数本の管を配置して、それらを通してホルダ外部から先端付近の試料部にガスや液の導入出を行う。試料の上下には、電子線は通すが種々分子はシールできる隔膜を取り付けて、導入したガス・液を閉じ込めることが可能となっている。隔膜の一方は試料支持膜を兼ねるのが一般的である。本方式の肝は、良質の隔膜

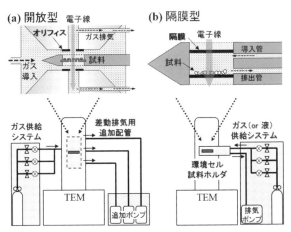

図2.1 2種類の環境電子顕微鏡(ETEM)の概念図

を用いることである。電子顕微鏡の保守という観点から隔膜の破損によるガス・液の放出を防ぐ必要があり、充分な機械的強度（耐圧力）および化学的な耐性（耐電子線・耐化学反応）を有する材質が求められる。加えて、高画質・高分解能のためには可能な限り膜厚は薄い方が良い。このような条件を満たす隔膜として、過去には非晶質カーボン等の蒸着膜[10-14]が、最近ではMEMS技術を応用して作製した非晶質の窒化シリコン膜[16]が主流となっている。後者のタイプは、隔膜上に電極や配線をパターニングすることで、電極上の試料への通電や電圧印加が可能である。隔膜の厚さは、ガス導入の場合で10～20nm程度（大気圧以上の高圧の際は数10nm以上）、液体では20nm～50nm以上を用いるのが一般的である。これより薄い膜を使用することはもちろん可能であるが、膜破損のリスクが大きくなる。

　隔膜型の長所は、①幅広い試料環境を実現できる。上述の通り、高圧ガス雰囲気や液中[18]など実環境に近い条件をホルダ内部に再現することが可能である。②開放型より低コストである。特殊ホルダ一式の導入のみで、TEM本体には手を加えないため比較的安価である。短所としては、❶高空間分解能の実現は難しい。この方式では電子線は、隔膜（上下合わせて数10nm厚）およびガス・液層（厚さは膜間距離に依るが数100nm～数10μm程度）を透過せねばならず、それらによる電子散乱の影響で分解能・コントラスト等の劣化が避けられない。ただし、それらを薄くすることで液中においても結晶格子縞の観察を実現することも可能である[19]。❷試料ホルダに制限がある。上述のとおり試料は2枚の隔膜でサンドイッチする必要があるため、その間の空間に組み込める機構は限定される。今のところMEMS膜上の配線などによる加熱と電圧印加は可能である。

　このように、開放型と隔膜型は長所・短所が互いに相補的であり、観察対象や要求する試料雰囲気によっていずれかを用いる。開放型のETEMはガス中での高分解能観察に適しており、隔膜型ETEMは液中や大気圧雰囲気を含む実環境観察に適した方式だと言える。

　以下では、各方式の応用例をいくつか紹介する。

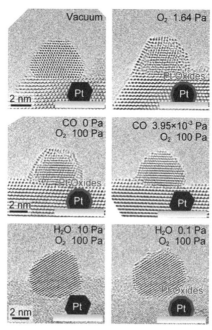

図2.2　開放型ETEMによるPt粒子のガス雰囲気（O_2、CO、水蒸気）中の原子構造観察結果[7]

2.2　開放型ETEMの応用例

　開放型ETEMは専ら無機材料の観察に用いられる。最も一般的な応用研究がガス雰囲気下での触媒挙動の観察である[2-7]。図2.2はPt粒子触媒の種々ガス雰囲気下での酸化・還元による粒子表面の構造変化をその場観察した結果である。加速電圧300kVの球面収差補正器付きETEMを用いて数～100PaのO_2、CO、水蒸気ガスを導入することで、各雰囲気下におけるPt粒子表面の酸化層の形成や消失を原子分解能で捉えている。このように反応過程における触媒表面状態の変化を原子レベルで解析することは、反応メカニズムの理解に大きく貢献できる有用な手法のひとつと言える。

2.3　隔膜型ETEMの応用例

　一方で、触媒材料を隔膜型ETEMで観察した例は多くない。図2.3はAu粒子を酸化チタン（アナターゼ）上に担持した触媒[20,21]におけるプロピレン、

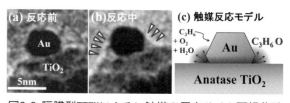

図2.3　隔膜型ETEMによるAu触媒の反応サイト可視化[22]

酸素、水蒸気の混合ガス雰囲気下での反応（プロピレンの選択酸化）を、200kVの汎用TEMでその場観察した結果である。隔膜型ETEMを用いることで、雰囲気ガス圧力を約0.5気圧（4.5〜6×10^4Pa）と高く設定している。これにより、触媒反応で生成したプロピレンオキサイド（蒸気圧が約0.5気圧@室温）が気化せず、液体状態で触媒表面に留まる。TEMで気体分子を直接観察することは困難だが[6]、液体であれば比較的容易である。図2.3（b）の矢印で示す部分に反応生成物であるプロピレンオキサイドに起因するコントラストが捉えられている。この結果から、図2.3（c）のモデル図に示すように、本触媒の反応サイトは金と酸化チタンの界面付近であることが明らかとなった[22]。これは、ETEMによりナノレベルの活性サイトを直接可視化した成果と言える。

隔膜型ETEMによる液中観察の応用として、近年注目されているのが電池反応における電極材料挙動のその場解析である[23-25]。図2.4はその一例で、リチウムイオン電池反応を電子顕微鏡内で再現して観察したものである[25]。上下2枚の隔膜間に電解液を満たし、一方の膜上に形成した配線にSiナノワイヤと金属Liを電極材として取り付ける。その両極に電圧印加することでLi電極からリチウムイオンが脱離し、Si電極にインターカレーションする。それに伴うSiワイヤの体積膨張が捉えられている。これ以外にも電池の劣化等に関連する諸現象（デンドライト成長など）を、印加電圧／電流と対応させて直視解析することで、そのメカニズムを解明することが試みられている。

上述した無機材料の解析のみならず、隔膜型ETEMは液中観察が可能であることから有機系試料

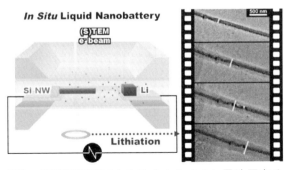

図2.4 隔膜型ETEMによるリチウムイオン電池反応その場観察[25]

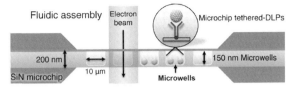

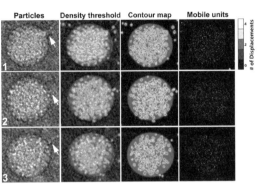

図2.5 隔膜型ETEMによるロタウィルスの液中挙動観察[26]

にも応用され[18,23]、ライフサイエンス分野への寄与は小さくない。例えば、図2.5は、溶液中で活性化したロタウィルスを動的に観察した結果である[26]。粒子中のコントラストは内部のタンパク質やRNAに起因するもので、それらの経時変位が観察されている。このほかにも、大腸菌や肺炎桿菌など各種細胞の液中直視観察[27]、化粧品等のコロイド粒子の溶媒中分散状態の解析[28]、歯骨形成過程の観察[29]等々、生命科学・医歯薬に係わる分野への応用にも普及し始めている。

2.4 グラフェンを用いた新しい隔膜型ETEM

隔膜型ETEMの欠点として、空間分解能が良くないことを挙げたが、これを克服する新しい技術が最近開発された。分解能向上には隔膜と液層を薄くすることが肝要である。そこで原子1層という究極の極薄膜である単層グラフェンを隔膜とし、2枚のグラフェン・シートで液体（および試料）を挟み込んでパッキングするのが"グラフェン液体セル(GLC；Graphene Liquid Cell)"と呼ばれる方法である（図2.6（a））[30-32]。この手法は、隔膜が極薄であるだけでなく、ファンデルワールス力で密接するグラフェン層間に取り込める液量が少量のため、液層も非常に薄くなる（数10nm以下；通常の液体ETEMでは数100nm〜数μm）。これによって、液中でありながら原子分解能での観察

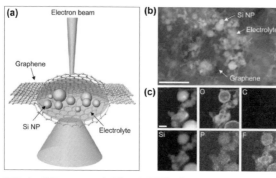

図2.6 グラフェンを用いた隔膜型ETEMによるSiナノ粒子の液中観察[31]

図2.7 グラフェンを用いた隔膜型ETEMによるフェリチン粒子の液中高分解観察[33]
TEM像（左・中央）および構造モデル（右）

を実現している。さらに、液体試料をパックしたGLCは上述した特殊な試料ホルダに搭載する必要はなく、一般的な金属メッシュに載せて汎用の試料ホルダで観察できるため非常に簡便な手法と言える。ただし、現状では電極・配線のパターニングや、液の循環（配管を通したフロー）は出来ない。層間のスペースが狭いため大きな試料（例えば細胞1個丸々）の内包は難しい。また、グラフェンが電子ビームで破損しないように、電子線の加速電圧は80kV以下に限定される。

本手法の応用としては、液中での電子線誘起結晶成長の動的観察[30]やリチウム化反応[31]といった無機材料の諸現象解析が主であったが、最近はタンパク質などの微小有機物の観察へも応用されつつある。結晶化が困難なタンパク質の構造解析にはクライオTEMが用いられているが、試料を氷の中に閉じ込めて支持しているため、氷層での電子線散乱・氷分子像の重畳などが起こり、特に微小なタンパク質の場合、充分な精度・分解能での解析は大変難しかった。これに対し、GLCでは薄く且つ流動している液中に試料を置くため、上記の問題が発生しない。また、動的挙動の解析にも有用である。その応用例として、図2.7にフェリチン粒子の液中観察TEM像を示す[33]。フェリチンは生体内で鉄を貯蔵するためのタンパク質であり、鎖状高分子が中空かご状構造を形成しており、その内部に鉄粒子を内包することが出来る。大きさは10nm程度と小さいため、従来法で撮影した単一画像では内部の鉄は見えても、周囲を取り巻くかご形構造の直視は非常に難しかった。これに対し、図2.7では中央の鉄コアを包むタンパク質由来部分が明瞭に観察されている。現状では、

観察時の電子線照射の影響で本来の構造が保たれていない可能性があるが、低ダメージ観察を行うことで詳細な構造を動的に捉える事が可能になると期待されている。

〈川﨑　忠寛〉

〔参考文献〕

1) H. Hashimoto, J. Electron Microsc. 9, 130 (1960)
2) R. Sharma, Miscrosc. Microanal. 7, 494 (2001)
3) P. L. Hansen, J. B. Wagner, S. Helveg, J. R. Rostrup-Nielsen, B. S. Clausen and H. Topsoe, Science 295, 2053(2002)
4) P. L. Gai and E.D. Boyes, Microsc. Res. Tech. 72, 153(2009)
5) S. Takeda and H. Yoshida, Microscopy 62, 193(2013)
6) H. Yoshida, Y. Kuwauchi, J. R. Jinschek, K. Sun, S. Tanaka, M. Kohyama, S. Shimada, M. Haruta, and S. Takeda, Science 335, 317 (2012)
7) S. Takeda, Y. Kuwauchi, H. Yoshida, Ultramicrosocpy 151, 178(2015)
8) H. G. Heide, Die Naturwissenschaften 14, 313(1960)
9) H. G. Heide, J. Cell Biol. 13, 147(1962)
10) A. Fukami, K. Fukushima, A. Ishikawa and K. Ohi, Proc. 45th Annual Meeting of the Electron Microsc. Soc. America, 142(1987)
11) A. Ishikawa, K. Fukushima and A. Fukami, J. Electron Microsc. 38, 316(1989)
12) K. Ueda, T. Kawasaki, H. Hasegawa, T. Tanji and M. Ichihashi, Surf. Interface Anal. 40, 1725(2008)

13) T. Kawasaki, K. Ueda, M. Ichihashi and T. Tanji, Rev. Sci. Instr. 80, 101101 1-22 (2009)

14) T. L. Daulton, B. J. Little, K. Lowe and J. Jones-Meehan, Miscrosc. Microanal. 7, 470 (2001)

15) S. Giorgio, S. S. Joao, S. Nitsche, D. Chaudanson, G. Sitja and C. R. Henry, Ultramicroscopy 106, 503(2006)

16) J. F. Creemer, S. Helveg, G. H. Hoveling, S. Ullmann, A. M. Molenbroek, P. M. Sarro and H. W. Zandbergen, Ultramicroscopy 108, 993(2008)

17) 川﨑忠寛、特許第5437612号（Dec. 2013)

18) N. Jonge, F. M. Ross, Nat. Nanotech, 6, 695(2011)

19) H. G. Liao, D. Zherebetskyy, H. Xin, C. Czarnik, P. Ercius, H. Elmlund, M. Pan, L. Wang, H. Zheng, Science 345, 916 (2014)

20) M. Haruta, Catalysis Today 36(1997), p.153

21) T. Fujitani, I. Nakamura, Angew. Chem. 50, 10144(2011)

22) T. Kawasaki, H. Murase, K. Yoshida, T. Tanji, Microsc. Microanal., 21(supl.3), 243 (2015)

23) F. M. Ross, C. Wang, N. de Jonge, MRS Bull. 41, 791(2016)

24) M. E. Holtz, Y. Yu, D. Gunceler, J. Gao, R. Sundararaman, K. A. Schwarz, T. A. Arias, H. D. Abruña, D. A. Muller, Nano Lett., 14, 1453 (2014)

25) M. Gu, L. R. Parent, B. L. Mehdi, R. R. Unocic, M. T. McDowell, R. L. Sacci, W. Xu, J. G. Connell, P. Xu, P. Abellan, X. Chen, Y. Zhang, D. E. Perea, J. E. Evans, L. J. Lauhon, J. G. Zhang, J. Liu, N. D. Browning, Y. Cui, I. Arslan, C. M. Wang, Nano Lett., 13, 6106 (2013)

26) A. C. Varano, A. Rahimi, M. J. Dukes, S. Poelzing, S. M. McDonalda D. F. Kelly, Chem. Comm., 51, 16176(2015)

27) K. L. Liu, C. C. Wu, Y. J. Huang, H. L. Peng, H. Y Chang, P. Chang, L. Hsu, T. R. Yew, Lab Chip, 8, 1915(2008)

28) https://www.tedpella.com/k-kit_html/k_kit.htm

29) K. He, E. Firlar, A. Nie, C. Sukotjo, R. S. Yassar, T. Shokuhfar, Microsc. Microanal., 22(suppl. 3), 798(2016)

30) J. M. Yuk, J. Park, P. Ercius, K. Kim, D. J. Hellebusch, M. F. Crommie, J. Y. Lee, A. Zettl, A. P. Alivisatos, Science, 336, 61 (2012)

31) J. M. Yuk, H. K. Seo, J. W. Choi, J. Y. Lee, ACS Nano, 8, 7478(2014)

32) Y. Sasaki, R. Kitaura, J. M. Yuk, A. Zettl, H. Shinohara, 650, 107(2016)

33) 佐々木祐生、川﨑忠寛、越野雅至、佐藤主税、末永和知、第78回応用物理学会秋季学術講演会予稿集、（2017)

第3節 イオンビーム（質量分析法）への応用

SIMS（Secondary Ion Mass Spectrometry）法とは、試料にイオンを入射し（一次イオンと呼ばれる）、スパッタによって表面から飛び出してくる粒子の中に少量含まれているイオン化された粒子（二次イオンという）を質量分析する手法である。第4編 第6章 第1節で述べたように、高感度、深さ分析など優れた特徴を持ち、半導体の不純物分析技術として、今やなくてはならない手法となっている[1]。近年、無機物だけでなく、入射イオンを工夫することにより有機材料から放出される二次分子イオンを質量分析する技術も開発されている。この手法は高い表面感度や局所分析といった特徴を生かし、様々な分野で実用的に用いられている[2-3]。本稿では、最近開発が進んでいる高速重イオンを用いる"MeV-SIMS"[4-8]と呼ばれる新しい分析技術について、その基礎から最新の応用まで述べる。

3.1 イオンと固体との相互作用

イオンが固体に入射したときに、イオンの持つエネルギーが固体にどのように付与されるかということについて既に様々な研究により詳しく調べられている[9]。図3.1に示すように核的阻止能、電子的阻止能と呼ばれる二つの異なったエネルギー付与メカニズムがあることが知られている。核的阻止能とはイオンが原子核に衝突することによってエネルギーを付与するものであり、電子的阻止能といわれるものは入射したイオンが原子核の周りを回っている電子を励起することによってエネルギーを付与するものである。

keVオーダーエネルギーを持つイオンでは核的阻止能が支配的であるが、イオンのエネルギーが高くなると核的阻止能は減少し、電子的阻止能が上昇する。イオンのエネルギーをMeVオーダーまで高くすることにより、電子的阻止能が核的阻止能を大幅に上回り支配的になる。通常のSIMSではkeVオーダーの入射イオンを使うため、そのエネルギー付与メカニズムは核的阻止能である。このため、通常のSIMS法ではイオンが核的に原子核に衝突することによって分子を破壊してしまい、分子イオンの二次イオンイールドが低いという課題があった。

これに対して、MeVオーダーの高速重イオンを使うと、電子的に励起されるためにイオンは原子核に衝突せず分子を直接的には壊さない。このような研究の歴史は古く、1970年代にすでにR. MacfarlaneらによりCfの核分裂片を用いることにより試みられ、PDMS(Plasma Desorption Mass Spectroscopy)と呼ばれた[10]。この手法が開発された当初は、タンパク質など大きな分子を壊さずイオン化して質量分析できる有力な方法であった。しかし、その後CI法やESI法、MALDI法などの新しいソフトイオン化法が開発され[11,12]、放射能を持つCfを使うPDMS法は次第に使われなくなっていった。

3.2 高速重イオンによる2次イオン生成

我々は高速重イオンの持つ高い二次イオン収率を生かし、有機分子の質量イメージング法に適用することを試みた[4,5]。収束した高速重イオンを使うことにより、従来のSIMS法では難しい細胞や生体組織の質量イメージングを実現し、高速重イオンを使うこの手法はMeV-SIMSと呼ばれ、世界各国で研究開発が進んでいる[13-16]。

アミノ酸の一種であるアルギニンをターゲットとして入射イオンのエネルギーをkeVからMeVまで変えてSIMSスペクトルを測定した結果を図2に示す。10 keVのアルゴンを使うとアルギニンの分子イオン[M+H]+の強度は低く、アルギニン分子が壊れたフラグメントイオンが43や70に見られる。

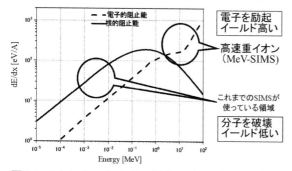

図3.1 イオンのエネルギー損失メカニズム。エネルギーが低いと核的阻止能が、高いと電子的阻止能が支配的になる。

第２章 実環境測定のための真空システムとライフサイエンスへの応用

のメカニズム解明に向けた研究も進展している。

3.3 MeV-SIMS法による質量イメージング

　有機材料からの二次イオンは質量範囲が数千Daにも及ぶため、飛行時間法(TOF：Time Of Flight)を使って二次イオンの質量分析が行われている[19]。TOF法では原理的に全ての質量範囲を同時に測定できるため、広く用いられている。コストの高い加速器から高速重イオンを引き出すため、非常に貴重なビームであり、またイオン電流密度もそれほど高くない。このため、入射イオンをパルスにして二次イオンの質量を飛行時間法(TOF：Time Of Flight)で測定すると、イオンの利用効率が極めて悪く、イオン源から引き出したイオンの1000分の１程度しか利用することができない。そこで、入射イオンをチョップすることなくSIMSスペクトルをTOF法で測定することのできる装置を開発した[5]。

　図3.3に垂直引き出し型(orthogonal acceleration) TOFといわれる装置[11]の概要を示す。この装置の特色は連続的に試料表面で発生する二次イオンを四重極のイオンガイドで冷却しながらガイドし、高真空中に入射することである。入射した二次イオンはプッシャーと呼ばれるところで高電圧印加により入射方向と垂直に加速されることによりパルス化され、TOF法で質量を測定する。飛行している間にプッシャー領域の電圧はゼロに戻され、二次イオンを再度蓄積する。TOF法による質量測定が終了すると、再度にプッシャーに電圧が印加

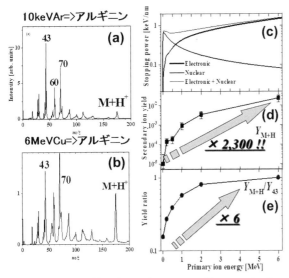

図3.2 異なる入射エネルギーのアルギニンのSIMSスペクトル。MeVに加速した重イオンを使うことで1000倍以上の高い二次イオン収率が得られる。

一方、イオンのエネルギーを高くし6 MeVのCuイオンを入射イオンとして用いた場合は、分子イオン[M+H]+の二次イオン収率が上昇し、高い収率が得られる。図3.2(a)は電子的阻止能と核的阻止能の入射エネルギー依存性であり、前述のようにkeVオーダーでは核的阻止能が支配的であるが、数MeVを超えたところで電子的阻止能が支配的になる。図3.2(b)に示すような二次イオン収率の増加は図3.2(a)の電子的阻止能の増加とほぼ同じように上昇している。すなわち、入射イオンのエネルギーが高くなり核的阻止能が減少し電子的阻止能が増加すると、二次イオン収率が上昇するということである。さらに、図3.2(c)に示すように分子イオンとフラグメントイオンの比は入射エネルギーの上昇に伴い増加し、フラグメントイオンの生成が抑制されることがわかる。このように、入射イオンのエネルギーを上げると二次イオンの収率が上昇し、フラグメントも抑制され、エネルギーにトレードオフがない。しかし、イオンのエネルギーがさらに高くなると電子的阻止能も最大値を取り、そのあとに減少する。たとえば、重イオンの一つであるAuイオンを用いると1 GeV程度までは電子的阻止能が上昇するため、このような超高エネルギーの重イオンを使ったSIMS法の開発がドイツのGSIでは行われており[17,18]、MeV-SIMS

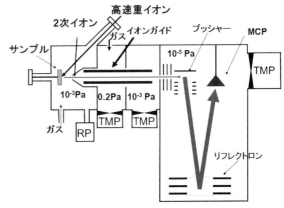

図3.3 MeV-SIMS装置の概略図。oa-TOF装置を使うことにより、連続して一次イオンを入射してもTOF測定が可能。

1007

されTOF測定が再開される。このようにプッシャー領域に疑似的に連続して二次イオンを蓄積することができるため、oa-TOF法では一次イオンをパルスにする必要がなくなり、一次イオンをサンプルに連続的に入射してもTOF法により質量を測定することが可能となった。

この装置を使い、アンジオテンシンIIといわれるポリペプチドのSIMSスペクトルを異なる入射エネルギーで測定した。市販の装置で最も高い二次イオン収率が得られている30 keV Bi_3^+クラスターイオンと6 MeV Cu^+イオンを比較した。30 keV Bi_3^+クラスターを使うと、アンジオテンシンの正イオンの収率が$4×10^{-5}$程度であるが、6 MeV Cu^+イオンを使うと$8×10^{-3}$と、1000倍近く増加していることがわかる。図3.4中の表に30 keV Bi^+, Bi_3^+, Bi_5^+, C_{60}^+を入射したときの正負の二次イオン収率と6 MeV Cu^+イオンの収率を比較した結果を示す。正イオン、負イオンとも6 MeV Cu^+イオンが最も収率が高く、約1000倍程度高い収率が得られた。このことは電子励起により生じる高密度励起が二次イオン生成量を大きき向上させることに寄与しており、SIMS法の一次イオンとして優れているということを示している。

二次イオン収率が高いということは様々な利点があるが、質量イメージングを取る際には極めて有利になる。ミクロンオーダーの空間分解能を実現するためには、二次イオン収率が$10^{-2}〜10^{-3}$と高いことが必須条件である。そこで収束した高速重イオンを用いて、ラット小脳の切片の質量イメージング測定を行った結果を図3.5に示す。

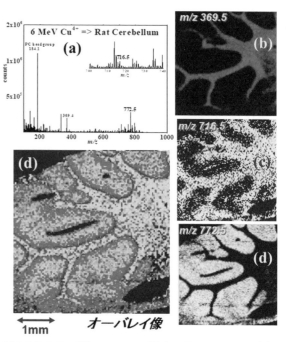

図3.5 MeV-SIMS法(6 MeV Cu)で測定したラットの小脳切片。様々な分子が見られ、異なった空間分布を持っていることがわかる。

図の(a)に示すようにSIMSスペクトルにはさまざまなピークが見られる。質量数500 Daから800 Da付近のピークは主に脂質分子によるものである。図の(b)から(d)は、質量数369.5、716.5、772.5の分子の分布であり、それぞれ異なった分布を持っていることがわかる。そのオーバーレイイメージを図の(d)に併せて示す。この図を見てわかるように、大きく分けて三つの領域に分けることが可能である。すなわち、解剖学的に白質層、顆粒層、分子層といわれるものが、MeV-SIMSを使った質量イメージング法でも明瞭に観測されており、それぞれの領域の脂質分子の種類に関する情報も得られている。このように、高い二次イオン収率を持つMeV-SIMS法は、質量イメージング法に極めて適している。現在、このようなイメージング機能を持つMeV-SIMS装置は世界に数台稼働しており、収束した高速重イオンを使ってさまざまな試料のイメージング測定が行なわれている。

3.4 Ambient-SIMS技術

さらに、高速重イオンの持つ高い透過性を使い大気圧下でSIMS法を実現する"Ambient-SIMS"といわれる方法も開発されている。表3.1に示す

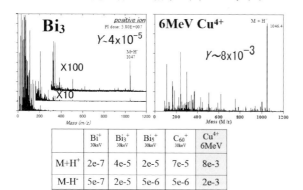

図3.4 30 keV Biクラスターイオンと6 MeV Cuイオンで測定したアンジオテンシンII（ペプチド）。正負イオンとも1000倍程度高い二次イオン収率が高速重イオンで得られる。

表3.1 異なるエネルギーを持つイオンの飛程。

エネルギー	真空度[Pa]	飛程[mm]
10 keV	1000	11
6 MeV	1000	3500
6 MeV	10^5（1気圧）	35

ように高速重イオンの飛程は極めて長く、6 MeV Cu^+イオンでは大気圧でも35ミリとなる。一方、10 keVのCu^+イオンでは、1000 Pa（0.01気圧）でも11 mmと極めて短い。高速重イオンの持つ長い飛程を使い、大気圧下でのSIMS測定を実現した。先ほど述べたように、高速重イオンを使うと二次分子イオンの収率が高くなるため、表面の化学状態を低真空下、大気圧下で測定することが可能となる。生成された二次イオンのイオン化ポテンシャルは大気中の酸素分子や窒素分子よりも低いため、このようなガス分子に衝突しても電荷を交換するという確率は極めて低い。このため、表面で一旦生成した二次イオンを大気中で輸送し、先ほど述べたTOF型質量分析法で二次イオン質量を分析することが実現できる。この手法の特色としては、含水試料、揮発性試料などの分析が可能となり、これまで超高真空下で行われていたSIMS分析に新しい可能性を開く手法であると期待されている。

大気圧下でシリコン基板上に滴下した水滴からのSIMSスペクトルを図3.6に示す。SIMSスペクトルには水分子のモノマー、ダイマー、トライマー、テトラマーなどの多量体イオンが見られている。このような多量体が見られるのは液相からの特徴の一つである。最も強度の高いイオンは三量体で

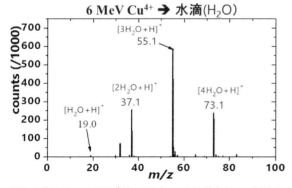

図3.6 "Ambient-SIMS"法で測定したSi基板上の水滴のSIMSスペクトル。水の多量体が観察されており、液相からの二次イオンが測定できていることを示している。

あり、一量体は少ない。高速重イオンが大気中を通過するときには、水分子の周りに存在する水蒸気（多くの場合にモノマー）も同時にイオン化してしまう。このため、モノマーは水滴由来なのか気相中で生成したのか区別することが難しい。しかし、ダイマーやトライマー、テトラマーという多量体は液相由来であることが知られており、このように水の多量体が見られるということは、これらの多量体イオンが水滴から生じた二次イオンであるということを示している。室温における水の蒸気圧は3200 Paであり、極めて高い蒸気圧を示し、これまで水滴をSIMS測定することは不可能であった。しかし、大気圧下でも十分透過する高速重イオンを使うことにより、液相の水のSIMSスペクトルを測定することが可能となった。

揮発の液体表面からは多量の分子が脱離しているが、その分子が液体表面に再吸着しており、動的な平衡状態を保っている。真空下では脱離が優勢となり、再吸着はほとんど起こらないため液相はすぐに消滅してしまう。水の場合には大気圧下でも脱離が起こり、水滴は数十分で消滅してしまう。しかし、湿度が高い環境下や基板温度が低いと再吸着が優先的に起こり、水滴は消滅しない。このような動的平衡過程は、実用触媒やLiイオンバッテリーなど様々な分野で利用されており、"Ambient-SIMS法"が今後このような分野への応用が進んでいくと期待されている。

また、大気圧下でSIMS測定が可能となりオペランド計測などこれまでのSIMS法とは異なる新しい分野への応用が可能となる。液体や揮発性分子はこれまでのSIMS法では測定が不可能であったが、高速重イオンを使うことで"Ambient-SIMS法"が実現され、揮発性分子、液体表面、固液界面など全く新しい分野への展開が進んでいる。半導体の不純物分析から有機分子の表面分析へと発展してきたSIMS法は、今後ますます発展していくと考えられる。

〈松尾 二郎〉

〔参考文献〕

1) D. Briggs, M.P. Seah (Eds.): "Practical Surface Analysis, Ion and Neutral Spectroscopy" Wiley London表面分析：SIMS—

二次イオン質量分析法の基礎と応用,志水 隆一,二瓶 好正監訳（アグネ, 1996)

2) J.C. Vickerman and D. Briggs (Eds) "TOF-SIMS: Material Analysis by Mass Spectrometry, 2nd ed.", ed. by J (IM Publications, Chichester, 2013)

3) Christine M. Mahoney, "SIMS luster Secondary Ion Mass Spectrometry: Principles and Applications" (Wiley 2013)

4) Y. Nakata, Y. Honda, S. Ninomiya, T. Seki, T. Aoki and J. Matsuo J. Mass Spectrom. 2009; 44: 128

5) J. Matsuo, S. Ninomiya, H. Yamada, K. Ichiki, Y. Wakamatsu, M. Hada, T. Seki and T. Aoki: Surf. and Interface. Anal. 42, 1612 (2010)

6) Y. Wakamatsu, H. Yamada, S. Ninomiya, B.N. Jones, T. Seki, T. Aoki, R. Webb, J. Matsuo, Nucl. Instrum. Methods. B269(20), (2010)

7) T. Seki, M. Fujii, M. Kusakari, S. Nakagawa, T. Aoki, J. Matsuo, Surface and Interface Analysis, 46(12-13), Dec 2014

8) M. Kusakari, M. Fujii, T. Seki, T. Aoki, J. Matsuo, J. Vac. Sci. Technol B, 34(3), May 2016

9) M. Nastasi, J. Mayer, J.K. Hirvonen, "Ion-Solid Interactions: Fundamentals and Applications", Cambridge Solid State Science Series, Dec 2004

10) D.F. Torgerson, R.P. Skowronski, R.D. MacFarlane Biochem. Biophys. Res. Commun. 1974; 60: 616

11) J. Gross: "Mass Spectrometry", Springer, 2017

12) Edmond de Hoffmann, Vincent Stroobant, "Mass Spectrometry: Principles and Applications"(Wiley, 2007)

13) B. Jenčič, L. Jeromel, N. Ogrinc Potočnik, K. Vogel-Mikuš, P. Vavpetič, Z. Rupnik, K. Bučar, M. Vencelj, M. Kelemen, J. Matsuo, M. Kusakari, Z. Siketić, M. Al-Jalali, A. Shaltout, P. Pelicon, Nucl. Instrum. Methods. B202,140, (2017)

14) T. Tadic, I.B. Radovic, Z. Siketic, D.D. Cosic, N. Skukan, M. Jaksic, J. Matsuo, Nucl. Instrum. Methods. B332, Aug 2014

15) M.J. Bailey, M. Ismail, S. Bleay, N. Bright, M.L. Elad, Y. Cohen, B. Geller, Analyst 138 (21), 6246-6250

16) K-U. Miltenberger, M. Schulte-Borchers, M. Döbeli, A.M. Müller, M. George and H-A. Synal, Nucl. Instrum. Methods. B412: 185-189, Amsterdam: North-Holland, 2017

17) L. Breuer, P. Ernst, M. Herder, F. Meinerzhagen, M. Bender, D. Severin, A. Wucher, Nucl. Instr. Meth. B (2018)

18) M. Herder, P. Ernst, L. Breuer, M. Bender, D. Severin, A. Wucher, J. Vac. Sci. Technol. A (2018), 10.1116/1.5018721

19) A.M. Spool, "The Practice of Tof-sims: Time of Flight Secondary Ion Mass Spectrometry", Momentum Press (2016)

第3章 真空科学技術におけるナノテクノロジーの世界

第1節 ナノカーボン材料による電子源の開発

1.1 背　　景

　電界電子放出(FE)は、熱電子放出に比べて、エネルギー効率が高く、単色性が良く電流密度の高い電子線が得られることからその応用範囲が拡がっている。しかし、FE実現のためには、十分に高い電界が必要である。通常、電子源に尖鋭構造をもたせて幾何的な電界集中を利用する。大面積電子源実現のため、引き出しゲートを備えた多数の尖鋭構造のアレイを形成させるが、ここには（1）多大なコストが必要となる。また、FEでは、電子源が高電界下に曝され、局所的に高い電流密度で電流が流れる。そのため、材料の選択が重要で、通常は、（2）高融点金属の使用が不可避とされる。また、電子放出部の温度上昇を抑制するために、（3）大電流動作では高い熱伝導も求められる。さらに、空間電荷による電流制限の機構は働かず、表面状態で決まる電流密度の電子が直接放出されるため、仕事関数変化、状態変化に至る化学種の吸着を抑制する必要がある。そのため、電子源の温度の低い電界電子源では、（4）超高真空環境が必須となるが、これも高コストの要因となる。さらに、高電圧印加の状況では、残留ガスと電子流との衝突によりイオンが発生し、高速に加速されて電子放出サイトに衝突する。（5）イオン耐性も重要な要素となる。

　従来、以上の条件を満たすよう、電子源材料としてタングステン、モリブデン等の高融点金属が多く用いられてきた。微細加工を利用する場合など、やむなくシリコン系材料も用いられるが、この場合、高融点材料や低仕事関数材料での被覆も行われてきた。

　炭素系材料は、これまで、適切な形状制御の手段が無かったため注目されてこなかった。しかし、最近になり、ナノ構造に関する理解が進むに伴い、ナノカーボン材料と呼ばれる一連の炭素系材料は、上述の（1）～（5）の条件を全て満たしうる電界放出電子源の材料として脚光を浴びるようになっている。本節では、その研究例を紹介し、今後の可能性について議論する。

1.2 カーボンファイバー、ガラス様カーボン

　カーボンファイバーあるいはガラス様カーボンは、熱的安定性が高く、ガス吸着が少ない材料として1970年代に注目され、電子源材料として検討された[1]。例えば、フルフラール、ピロールのファイバーを炭化することで形成されている。FIM、TEM観察によれば、この電子源は微小なグラファイトリボンで構成され、そのエッジが電子放出点となっていると予想される。低電流の電流範囲、あるいは、限られた空間領域からの電子放出に限ると極めて高い安定性を示すものの、電流量の増大あるいは雰囲気の圧力上昇に伴い、ステップ、スパイク状の桁を越える大きな電流変動が現れた。炭素系材料は、確率が低いとはいえ、イオン照射によりスパッタされ、材料の特徴として自己修復の機構が十分に働かないため、大きな電流変動が生じると推定されている。現在でもこの問題は十分に克服されていない。

1.3 カーボンナノチューブ(CNT)

　カーボンナノチューブ(CNT)は、1991年の構造決定以来、物質自体のもつ高アスペクト比構造により、理想的なFE電子源材料として精力的に検討された。特に結晶性の良いCNTの場合、低電界における優れた電子放出特性が報告されている[2]。図1.1に示す様に原子スケールの分解能で電子放出サイトが特定されるともに、高分解能でのエネルギースペクトルが計測され、電子放出の理解が深められている[3]。ただし、単一CNT電子源のFE特性は、層数、長さ、カイラル指数、さらには、先端の形状等により大きく異なり、その電子放出

特性の高精度の制御は容易ではない。

　実験室での電子放出源としてCNTを形成するため、主に、気相でのアーク放電が用いられる。多層CNT(MWCNT)では、希ガスあるいは水素雰囲気でのアーク放電[4]、SWCNTでは、触媒となるFe(CO)$_5$添加の高圧COの気相反応[5]が用いられる。

　実用電子源の形成には、主にCVD法が用いられるが、そこに含まれる個々のCNTの電子状態、幾何形状の制御は事実上不可能である。実用デバイス形成のために、主に次の2つの方法が用いられる。その1つは、触媒材料によるナノドットをリソグラフィーの手法などを用いて所望の位置に堆積させ、条件を適切に設定したプラズマCVD法を用い、触媒ナノドットから垂直配向した（一般には、バンドルした）CNTを形成する方法である[6]。CNTの長さと配置から適切な電界集中を実現することが可能である。もう一つは、量産化を強く意識したもので、印刷技術を用いて形成したCNTネットワークを、機械的手法あるいはレーザー照射等の方法によりCNTを垂直に配向させるという手法である[7]。低温プロセスで形成したCNTの場合、欠陥が多いという問題が指摘されている。この場合、高電界、大電流の環境下ではCNT構造の破壊が頻発し、電子放出の不安定さとして現れてくる。欠陥を減らすためには高温でのプロセスが不可欠であるが、その場合、基板材料が限定され、封止されたガラス容器内で実現することは容易でない。当初注目された大型平面ディスプレイへの展開には至っていない。

1.4 グラフェン

　グラフェンは、2004年に実験的に単独の物質としての興味深い物性が見いだされた直後から、FE電子源としての応用が検討されてきた。基板に垂直に立てることで高い電界集中係数が期待できるだけでなく、極めて安定で、高い伝導度を含めた特異な物性（例えば、確率1でのトンネル現象）[8]を有することから、精力的に検討が進められた[9]。しかし、二次元物質として良く規定され、興味深い物性を有するとしても、FEで重要となるエッジ端の構造は必ずしも安定とは言えず、清浄で良好な幾何構造を有するエッジ端を得ることは容易ではない。多くの場合は、後述するように、グラフェン本来の特異な物性を利用することは少ない。

　この中で、例えば、酸化グラフェンを還元することで、単相のグラフェン端を形成し、優れた電子放出特性が観測されている[10]。ただし、その起源は、エッジ端に残る酸素の効果とされている。未だ、厳密な意味でのグラフェン端からの電子放出特性は観測されていない。

1.5 垂直配向グラファイトナノウォール(GNW)

　特異なグラフェン物性の活用には必ずしも限定しない、数層のグラファイト箔を用いた電子源の開発が広く試みられている。主に、条件を巧みに制御したプラズマプロセスによって形成されている[11]。グラフェン端としての物性が働いているかは不明であるが、低電界での電子放出が観測されている。

　その他、垂直に切断したシャープペンシル芯を炭化することにより端部に垂直にグラファイトが配向した構造が現れるが、そこから優れた電子放出特性が観測されている[12]。ただし、その際にグラフェン端で理論的に予想されるFEM像が観測されているが、それが優れた電子放出特性の起源であるか、明らかになっていない。

　さらに、グラファイトのロッドを、酸素雰囲気などでの加熱により先鋭化することで、優れた電

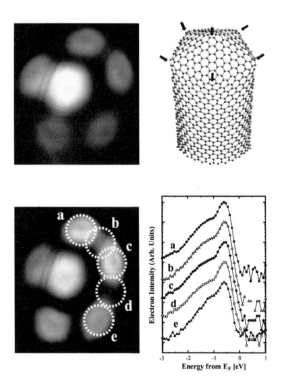

図1.1　CNTのFEM像と電子放出サイトの模式図、及び、放出された電子のエネルギースペクトル[3]

子放出特性を有する電子源が実現できている[13]。ただし、これが、単なる幾何的な電界集中のみの由るものか今後の検討が待たれる。

1.6 ダイヤモンド及びその他の炭素系材料（「低電界放出」の出現）

ダイヤモンドは、表面処理によって負の電子親和力を持つため、優れた電子放出源となることが期待されたが、実際には、その伝導帯にキャリアを励起することが容易でなく、そのままの形での電界放出電子源に適用すること困難である。ただし、ダイヤモンドは極めて高い熱伝導率を有し、安定性の高い大電流電子源として、大電力スイッチング素子への応用が検討されている[14]。

これに関連して、アモルファスのダイヤモンド様カーボン（DLCあるいはta-C）からの電子放出も詳細に検討されている。その中で、多くは窒素等、炭素以外の元素が含まれるが、特に尖鋭構造を持たなくても極めて小さい印加電界から電界電子放出が起こる現象が報告されている[15]。この現象は、巨視的な機構では説明できない[16]。また、炭素のみでも類似の現象が生じるが、この場合、図1.2に示す様にnmサイズの電子状態の異なるグレインで構成されていることが明らかになっている[17]。何らかの協調的な現象が起こっていることが予想されるが、詳細は明らかになっていない。

まとめに代えて

カーボン系材料は、優れたFE材料として期待されているが、炭素材料の特異な電子状態との関係は十分に検討されておらず、多くは出現したナノ構造によるものとされる。その起源は未だ明らかになっていない。その主な理由は、FEは、高電界下という特異な環境下における尖鋭構造での局所的な現象であるため、光電子分光、走査プローブ顕微鏡等の通常の表面分析法が十分に活用できないことにある。分析法開発を含めた今後の更なる検討に期待したい。

〈佐々木正洋〉

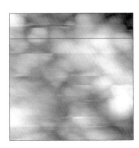
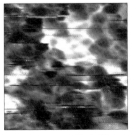

図1.2 優れた電子放出特性が観測された炭素膜について、STM装置で同時計測したSTM像とFE像[17]

〔参考文献〕

1) C. Lea, J. Phys. D 6, 1105(1973); M. Futamoto et al., Surf. Sci. 86, 718 (1979)
2) たとえばS.T.Purcell et al., Chem. Vapor. Depo. 12, 331 (2006)
3) Y. Saito et al., Jpn. J. Appl. Phys. 39, L271 (2000); C. Oshima et al., J. Vac. Sci. Tech. B 21, 1700 (2003)
4) 解説としてY. Saito and S. Uemura, Carbon 38, 169 (2000)
5) M.J. Bronikowski et al., J. Vac. Sci. Tech. A 19, 1800 (2001)
6) V. Semet et al., Appl. Phys. Lett. 81, 343 (2002)
7) W. Rochanachirapar et al., J. Vac. Sci. Tech. B 23, 765 (2005)
8) S. Sun et al., Appl. Phys. Lett. 99, 013122 (2011)
9) F.-J. Wang et al., Appl. Surf. Sci. 355, 218 (2015)
10) H. Yamaguchi et al., ACS Nano 5, 4945 (2011)
11) Y.-H. Wu, Adv. Mater. 14, 64 (2002); F.-J Wang et al., Appl. Surf. Sci. 355, 218 (2015)
12) H. Tsurumi et al., The 24th International Vacuum Nanoelectronics Conference(IVNC 2011), Wuppertal, Germany, July 18-22 (2011)
13) Y. Iwai et al., J. Vac. Sci. Tech. B 31, 02B106 (2012)
14) D. Takeuchi et al., Jpn. J. Appl. Phys. 51, 090113 (2012)
15) 例えば J. Robertson et al., J. Vac. Sci. Technol. B 17, 659 (1999)
16) R. G. Forbes, Solid-State Electronics, 45, 779-808 (2001); R. G. Forbes and J. P. Xanthakis, Surf. Interface Analysis 39, 139 (2007)
17) S. Nagashima et al., J. Vac. Sci. Tech. B 28, C2A13 (2010)

第7編 真空が牽引する次世代先端科学技術

```
┌─────────────────────────────────┐
│ 第2節 超伝導体のナノ構造を用いた     │
│      高感度粒子検出器の開発          │
└─────────────────────────────────┘
```

はじめに

　超伝導体をナノ構造に加工すると、半導体検出器などでは達成できない検出性能を達成できる。超伝導状態は、液体ヘリウムを使った極低温環境において発現するため、超高性能だが使いにくいデバイスであった。我々は、液体ヘリウムの供給を必要としない機械式冷凍機を搭載したクライオスタットを2005年に開発した[1]。その後、全自動で室温から3 K-0.3 Kの温度範囲に冷却できるようになり、面倒な液体ヘリウムの供給無しに、手軽に超伝導検出器の超高性能を分析機器に活かすことができるようになった。例えば、高エネルギー加速器研究機構放射光科学研究施設(KEK PF)のビームラインに超伝導トンネル接合型(Superconductor Tunnel Junction：STJ)を使ったエネルギー分散分光用X線検出器がインストールされており[2]、このX線分析装置では、半導体検出器では対応困難な微量軽元素(B,C,N,O)の軟X線吸収微細構造分光（X-ray Absorption Fine Structure：XAFS）を可能にしている。SiCやGaNといった省エネ半導体中のNやMgといった微量ドーパントの分析がはじめて実現された。また、航空機等の構造材料として期待されている炭素繊維強化プラスチック中の微量軽元素不純物といった、半導体検出器では対応困難な材料の分析を可能にしている。多くの材料で、例えば材料中の主元素である炭素の強い蛍光X線の影響を避けて、微量軽元素の信号を分離するのが困難であったが、超伝導を使うと分離できる。原子力用のSiC構造材料の腐食や、光合成タンパク質中の反応中心にあるMnの電子移動計測といったニーズも顕在化してきている。超伝導は、機能材料から構造材料の開発に幅広く貢献すると期待される。放射光以外にも、低加速走査型電子顕微鏡に搭載され、数nmの空間分解能を有する化学結合ナノイメージング装置といった、今までには無かった先端分析装置の実現を目指した研究も実施されている[3]。

　本稿では、前述のX線光子検出という応用に加えて、超伝導検出器はイオンといった粒子検出器として有用であり、質量分析装置に搭載すると飛躍的成功向上を達成できることを紹介する。

　超伝導デバイスは、半導体デバイスなどよりもさらに真空技術を必要とする。まず、超伝導デバイスの製造には、半導体と同じく成膜装置、エッチング装置などの成膜、微細加工で真空を必要とする。次に、クライオスタットの極低温を維持するためには真空断熱が必要不可欠である。超伝導粒子検出器は、高温超伝導を使った場合でもその動作が確認されている最高温度は、MgB_2の13 Kであり[4]、これ以下の極低温環境が必要となる。さらに、軟X線やイオンを検出するためには、検出器の周りは真空である必要がある。すなわち、超伝導検出器の製造から応用まで、あらゆる場面に真空技術が関わっている。

　質量分析（Mass Spectrometry：MS）は、物理化学からライフサイエンスの分野で中心的役割を果たしており、応用範囲は多岐に渡る。例えば、1970年代のバイキング計画では、火星に生命が存在するかどうかを確認するために着陸船に搭載されて、有機分子の分析に使われた。地上応用では、タンパク質のような巨大生体高分子を壊すことなくイオン化できるようになり、セキュリティーや環境分野などに加えて、ライフサイエンスや創薬といった分野への応用が活発である。超伝導粒子検出器を質量分析装置に搭載すると、イオンの検出感度やカバーできる分子量範囲を飛躍的に高めることができる。また、通常の質量分析装置では不可能なイオンの価数を識別して分子量を一意に決定できる真の質量分析が実現できる。

2.1 超伝導粒子検出器の動作原理

　超伝導は、音波の量子であるフォノンを介した電子間の引力相互作用により発現する。この引力のために、超伝導エネルギーギャップと呼ばれる一種のバンドギャップが、フェルミレベルに現れる。そのギャップは、数meVであり、半導体のバンドギャップ1 eVに比べて3桁程度小さく、フォノンの最高エネルギー（デバイエネルギー）より小さい。図2.1にNbを例として、超伝導体中の電子密度とフォノン密度の大まかなエネルギー依存性を示す。何らかの原因でフォノンが発生する

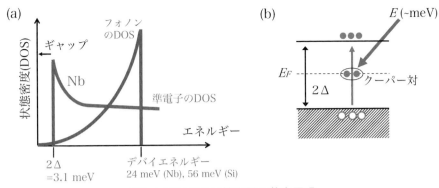

図2.1 超伝導粒子検出器の基本原理
超伝導体（Nbの場合）中の準粒子の状態密度とフォノンの状態密度の模式図(a)、超伝導を担うクーパー対の破壊を半導体のバンドギャップに倣って示した模式図(b)を示す。
正確には、半導体と異なり、電子とホールは同時には生成しない。

と、超伝導を担うクーパー対（電子対）が壊されて、準粒子と呼ばれる電子が生成される。この現象を利用すると、超伝導はフォノン検出器として使用できる[5]。質量分析器におけるイオンの運動エネルギーは、3-30 keV程度である。超伝導体にイオンが衝突した折りには、その運動エネルギーの70%程度が格子系に分配され、フォノンが発生すると考えられる[6]。

半導体検出器でイオンの信号が生成されるためには、イオンが半導体検出器を構成する半導体結晶内部に侵入する必要があるが、表面電極や表面不感層の存在のために、イオンは内部に侵入できない。イオン衝突でフォノンが生成されても、そのエネルギーはギャップエネルギーより低く、キャリアーは生成されない。このため、通常二次電子放出を利用したマイクロチャネルプレート（Microchennel Plate：MCP）や電子増倍管（Electron Multiplier：EM）がイオン検出器として使われる。一方、超伝導体を使うと分子1個の表面衝撃により発生するフォノンを検知することにより、数え落としなく高分子イオンを検出できる。タンパク質のような高分子イオンが検出器表面に緩やかに衝突するソフトなイベントにも対応できる。さらに、超伝導体中の励起状態の緩和時間は10 ps程度であり、原理的に半導体検出器や電子増倍管より高速動作が期待でき、質量分析に有利である。この高速性は、光子検出器として量子暗号通信などの分野でも期待されている[7]。

超伝導体を使ったイオン検出器は、主に超伝導トンネル接合型（Superconductor Tunnel Junction：STJ）[8,9,10]と超伝導ナノナノストリップ型（Superconductor nanoStrip：SS）がある[11]。これら以外のタイプについては、文献12を参照頂きたい。超伝導検出器には多くの種類あるが、その分類、命名法は国際電気標準会議(IEC)の超伝導センサと検出器に関する国際標準で規定されている[13]。本稿では、超伝導ナノストリップ粒子検出器（Superconductor Strip Particle Detector：SSPD）を以下に紹介する。SSPDは、1．超低ノイズ（ダークカウントが事実上ゼロ）でかつ検出可能な下限エネルギーが低い、2．緩和時間（デッドタイム）が短いという2つの特徴を活かして、従来にはなかった性能を質量分析機器に付与することができる。また、検出可能なイオンの運動エネルギー下限を変えることができ、従来の質量分析装置では不可能なイオンの価数弁別を行うことができる。

2.2 質量分析装置

質量分析装置は、大まかには1．原子や分子をイオン化するイオン源、2．イオン分離部、3．イオン検出部という3つのコンポーネントから構成される。イオン分離部の違いにより、多くのタイプがある。代表的なタイプとして、イオンの飛行時間から質量分析を行う飛行時間型質量分析（Time-of-flight mass spectrometry：TOF MS）の模式図を図2.2に示す。

図2.2のイオン源の例は、マトリックス支援レーザー脱離イオン化（Matrix Assisted Laser Desorption Ionization：MALDI）と呼ばれ、その

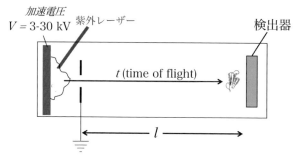

図2.2 飛行時間型質量分析装置の3つのコンポーネントの基本的配置
イオン源、フライトチューブ、検出器は真空状態に保持される。

質量分析装置はMALDI/TOF-MSと表記される。3つのコンポーネント内は真空に保持される。MALDIでは、マトリクス分子がレーザー光を吸収し被検体の分子とともにサンプル基板から脱離する。このとき、被検体の分子は壊れずに固相から気相に飛び出し、プロトンが主には1-3個付加される。イオン化された分子は、一定の電位差で加速されて、その後等速で所定の距離lを飛行した後、検出器に衝突する。加速されている時間は無視できる程短いので、レーザー照射と検出器のパルス出力の間の時間(TOF)を測定することにより、式（1）にしたがって質量/電荷数比(m/z)が決定される。Vは加速電圧、eは素電荷である。どの程度正確にm/zを決定できるかは、飛行時間(TOF)の測定精度に依存するため、イオン検出器にはナノ秒の高速動作が要求される。

$$t = \sqrt{\frac{1}{2eV}\frac{m}{z}}\, l \tag{1}$$

式（1）から、通常の質量分析では直接分子量を決定できず、それを電荷数で割った値m/zを測定できるだけであることが分かる。通常の質量分析は、mを一意に決定できない。単純な例だと、N^+とN_2^{2+}は全く同じm/z14となり、どのような高分解能な質量分析装置でも分離できず、m/zオーバーラップと呼ばれる。超伝導技術を使うと、電荷数を決定することにより、mを直接測定できる真の質量分析を実現できる[14]。

カバーできる分子量範囲、感度、質量分解能といった分析機器として重要な仕様には、イオン源に加えて、イオン検出器の性能が大きく影響する。質量分析におけるイオン検出は、通常、MCPが使われる。質量分析用のイオン検出器の種類については、2005年のレビューがある[15]。従来のイオン検出器は、イオンが検出面に衝突したときに、表面からある確率で1個放出される二次電子（あるいは二次イオン）を10^6倍程度に増やして、半導体回路が扱える電荷量にする。二次粒子を使うのは、質量分析装置内のイオンの運動エネルギーが数keVであり、このような低エネルギーのイオン検出ではこの方法が高い感度が得られるからである。しかし、その検出効率（二次電子放出の量子効率）は、イオンの速度に比例するため、高分子になるほど$m^{1/2}$に反比例して低下する。免疫グロブリンG(IgG：150 kDa)程度の巨大高分子になると100回のイオン衝突で1回程度1個の二次電子が放出される程度に検出効率が低下する。

2.3 超伝導ナノストリップイオン検出器
（Superconductor nanoStrip Ion Detector：SSPD）

超伝導現象を使ってイオンを検出した最初の実験は、1969年に報告されている。膜厚6 μm、幅0.4 mm、長さ3.5 mmのNbNストリップを常伝導-超伝導転移の中間（転移端）に温度バイアスして、5.3 MeVのα線が衝突したときの抵抗変化が検出された。約100 μsという幅広いパルスが観測されている[16]。その後、超伝導トンネル接合(Superconductor Tunnel Junction：STJ)、超伝導転移端センサー(Superconductor Transition Edge Sensor：TES)がイオン検出に応用されている。超伝導検出器の質量分析への応用については、1999年までのレビューがある[12]。我々は、近年、STJを使ってm/zによるイオン分離でなく、mを一意に決定できる真の質量分析[8]、従来の質量分析では不可能であった中性分子の質量分析を実現した[9]。しかし、STJの応答速度は、〜10 μsであり、TOF MSで

要求される高速応答特性(<1ns)を有していなかった。質量分解能($m/\Delta m$) 10,000を得るためには、1 ns程度の出力パルス幅が要求される。

1969年の報告にある超伝導ストリップのサイズは、微細加工技術が発達する以前であり、mmサイズであった。検出可能な粒子は、MeVの高エネルギー粒子であった。質量分析装置のように数keVと3桁低いエネルギーの粒子の検出が可能になったのは、ナノテクノロジーの進歩を待つ必要があり、我々が初めて粒子検出を実現したのは2008年であった[17]。近年の薄膜堆積技術や加工技術では、例えば、膜厚数10 nm以下、線幅数100 nmのナノストリップ構造を、ミリメートルサイズの領域に渡って均一に作製することができる。厚み7 nm、線幅200 nmのNbNナノストリップを超伝導転移温度より十分低い温度に冷却して、超伝導臨界電流よりわずかに低く電流バイアスした条件にて、超伝導体内部には侵入せず表面に付着するような数keVのタンパク質イオンを検出できることが実証された。ソフトな衝撃により超伝導状態が壊れる領域は、高々、直径100-200 nmの領域である[18]。そのため、イオン衝突によりストリップの幅に渡って常伝導領域が生じるようにするには、線幅は数100 nmである必要がある。

図2.3は、Nbナノストリップ検出器の例である。スパッタリング法で堆積した40 nm厚のNb薄膜を、電子ビーム露光でフォトレジストのパターニングを行い、イオンミリングあるいは反応性イオンエッチングでナノストリップに加工している。数keVのイオンが、このようなナノストリップの表面に衝突したとき、フォノンを介して多数のクーパー対が壊れ、超伝導体の中にホットスポットが形成される。現在までに、実験で検出されたイオンは、Arイオン（質量数40）から生体高分子である牛血清アルブミン（bovine serum albumin：BSA, 66 kDa）、免疫グロブリンG（Immunoglobulin G：IgG、抗体とも呼ばれる）の4量体(584 kDa)であり、非常に幅広い分子量のイオン検出が可能であることが示されている。これに対して、MCPは分子量4,000程度まではほぼ100%の検出効率であるが、BSAに対しては数％程度に低下する。

keV領域のイオン検出メカニズムは、ホットスポットモデルでよく説明できることが、様々なエネルギーのArイオンを使った実験で確かめられている[18]。例えば、1 keVのArイオン衝突で生成される常伝導領域（ホットスポット）のサイズは110 nmである。バイアス電流がこのホットスポット領域を迂回して流れるようになり、臨界電流密度を超えるためストリップの全幅に渡って常伝導領域が生じて電圧パルスが生成される。常伝導領域の長さは、使われている超伝導体の物性パラメーターで異なるが、NbNの場合には、7nm厚200nm幅のNbNストリップで、17.5 keVのアンジオテンシンI（分子量1,296）あるいは牛血清アルブミン（分子量66,400）を検出した場合に、出力パルス波形から、常伝導領域の長さは1.5 μmと見積もられている[18]。10 nm厚、250 nm幅の高温超伝導体MgB$_2$ストリップの場合には、実験と理論計算（熱拡散方程式と時間依存Ginzburg-Landau(GL)方程式を結合したダイナミクス計算）にて、16 ps後に常伝導領域は～1 μm程度まで広がり、その中心の温度は48 Kまで上昇する。～400 ps後には元の超伝導状態に戻る。出力電圧パルスは、その時にピークとなり、その後読み出し回路系の時定数に従って緩和する[4]。検出器と読み出し系の等価回路は参考文献20を参照されたい。パルスの立ち上がり時間と、緩和時間は、SSPDの力学インダクタンスをL、イオン衝突時のSSPDの最大抵抗をR、読み出し回路の入力抵抗をR_Sとして以下で近似できる。理論計算、実験と下記式はよく一致する。

$$\tau_{rise} = L/(R + R_S) \tag{2}$$
$$\tau_{relax} = L/R_S \tag{3}$$

読み出し回路の抵抗は、50 Ωであるので、1

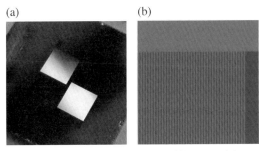

図2.3 超伝導ナノストリップ検出器の例
40 nm厚のNbを800 nmのストリップに加工し、2 mmの領域に配置している(a)。ナノストリップの周期構造(b)により、干渉のため色が付いて見える(a)。有感面積の増加は、力学インダクタンスの増加に繋がり、応答速度が低下する。有感面積が増大しても力学インダクタンスが増加しないように、直配列配置が採用されている[19]。

nsの緩和時間とするには、SSPDの力学インダクタンスを50 nHとする必要がある。ナノストリップの長さは、数10 cmから数10 mにもなるため、一本のナノストリップではこの値の大きく越える。現実的なmm程度の有感面積と、50 nHを実現するためにSSPDの並列配置が採用される[19,20]。直並列に超伝導ストリップを配置した場合には、並列の超伝導回路となり超伝導特有の電流分布が発生する[21]。これを避けるために、超伝導ストリップの一部を常伝導に転移させ、直列抵抗を各ストリップに挿入する方法が考えられている[22]。

Rは通常1 kΩ程度であるので、立ち下がり時間は50 ps程度となるが、読み出し回路の帯域から実験で観測されるパルスの立ち上がりは、数100ps程度である。実際に観測された出力パルスの例を図2.4に示す。PSpice回路シミュレーションによる計算結果は、実験値をよく再現する。

2.4 質量分析の例

免疫グロブリンG(IgG)の質量分析を行った例を図5に示す[20]。IgGはMALDIを使ってイオン化された。紫外レーザー照射から、ナノストリップのパルス立ち上がりの時間差がTOFとなる。IgGの2価イオン、単量体の1価イオン、複数のIgGが凝集した多量体の1価イオンのピークが観測されている。IgGの多量体になるほどイオン数が少なくなるので、ピークの強度が下がる。4量体の584 kDaという巨大高分子まで検出されている。

前述したように、通常の質量分析では、m/zしか測定できない。図2.5の横軸もm/zであり、例えば、IgGの2量体の2価イオンが存在しても、そのm/zは単量体の1価イオンと同じになるため分離できない。我々は、ナノストリップのバイアス電流を変化させると検出可能な下限の運動エネルギーを変えられることを見出した[23]。例えば、2価以上のイオン、3価以上のイオンというように選別が可能になった。1価イオンのみの質量スペクトルは、2つのスペクトルを差し引くことにより得られる。

まとめ

微細加工技術の進歩により超伝導体をナノ構造にすると、低エネルギーのイオンを検出できることを実証した。十分な有感面積を有するイオン検出器として、質量分析装置に搭載し、高分子領域

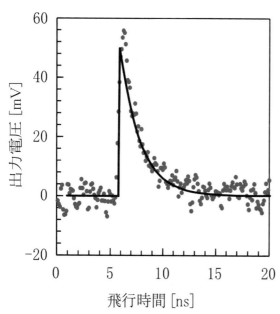

図2.4 観測された出力パルス(ドット)とシミュレーション(実線)の比較
40 nm厚、1 μm幅のNbストリップを1 mm²の領域に直並列に配置したSSPD検出器に、ペプチドホルモンであるアンギオテンシンI(1296 Da)の1価イオンが1個衝突したときの、出力パルス波形である[20]。パルスの立ち上がり時間は600 ps、立ち下がり時間は1.8 nsである。同じパルス波形が、タンパク質であるIgGの4量体(584 kDa)でも得られる。

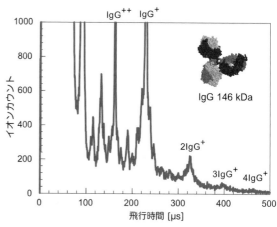

図2.5 免疫グロブリンIgGを超伝導ナノストリップ検出器を搭載した質量分析装置で測定した質量スペクトル
IgGはMALDIでイオン化された。TOFを横軸に、イオンカウント数を縦軸に示す。IgG単量体の2価イオン、単量体の1価イオン、IgGが凝集した多量体が観測されている。4量体は、584 kDaである。バックグラウンドのように見えるイオンカウントは、ダークカウントではなくイオン化時に壊れた分子である。

をカバーできることを示した。また、従来の質量分析装置では不可能な、イオン価数弁別を可能にし、イオンの価数毎に質量スペクトルを得ることが可能になった。

当初、ナノストリップ検出器の読み出しは、室温に設置された半導体アンプで行った。アンプのパルス出力は、室温に置かれた時間デジタル変換器（Time to digital converter：TDC）にて、質量スペクトルが取得することに成功した。その後、超伝導デジタル回路からなるTDCを開発し、SSPDが置かれている4 Kの低温ステージ内で、デジタルデータに変換し室温に伝送することに成功した。このTDCは、単一磁束量子（Single Flux Quantum：SFQ）回路からなるマルチストップ型のTDCである[24]。これにより、4 Kから室温まで高速信号を伝送する必要がなくなり、多素子のアレイ化が実現できると期待される。

本研究は、産総研（超分光システム開発研究グループ）、情報通信機構（王博士）、NTT基礎研究所（柴田浩行博士）、イタリア学術会議サイバネティクス研究所（R. Cristiano博士）、横浜国立大学（吉川信行教授）との共同研究の成果である。我々の研究は、文献11にまとめられている。

〈大久保雅隆〉

〔参考文献〕

1) 産総研プレス発表「質量分析用ノイズレス超伝導検出器アレイの実装技術を開発」：https://www.aist.go.jp/aist_j/press_release/pr2005/pr20050324_2/pr20050324_2.html.

2) 産総研プレス発表「半導体炭化ケイ素(SiC)に微量添加された窒素ドーパントの格子位置を決定」：https://www.aist.go.jp/aist_j/press_release/pr2012/pr20121115/pr20121115.html; KEKニュースルームhttps://www.kek.jp/ja/newsroom/2012/11/15/1030/.

3) G. Fujii, M. Ukibe, S. Shiki, and M. Ohkubo, "Development of an energy-dispersive X-ray spectroscopy analyzer employing superconducting tunnel junction array detectors toward nanometer-scale elemental mapping," X-ray Spectrometry, 46,

325 (2017).

4) N. Zen, H. Shibata, Y. Mawatari, M. Koike, and M. Ohkubo, "Biomolecular ion detection using hgh-temperature superconducting MgB2 strips," Appl. Phys. Lett. 106, 222601 (2015).

5) W. Dietsche, G. Northrop, and J. Wolfe, "Phonon Focusing of Large-k acoustic phonons in Germanium," Phys. Rev. Lett., 47, 9, 660 (1981).

6) Hilton, J. Martinis, D. Wollman, K. Irwin, L. Dulcie, D. Gerber, P. Gillevet, and D. Twerenbold, "Impact energy measurement in time-of-flight mass spectrometry with cryogenic microcalorimeters," Nature 391, 672 (1998).

7) R. Hadfield, "Single-photon detectors for optical quantum information applications," Nature Photonics 3, 696 (2009).

8) S. Shiki, M. Ukibe, Y. Sato, S. Tomita, S. Hayakawa, and M. Ohkubo, "Kinetic-energy-sensitive mass spectrometry for separation of different ions with the same m/z value," J. Mass Spectrom. 43, 1686 (2008).

9) M. Ohkubo, S. Shiki, M. Ukibe, S. Tomita, and S. Hayakawa, "Direct mass analysis of neutral molecules by superconductivity," Int. J. Mass Spectrom., 299, 94 (2011).

10) 大久保 雅隆, "超伝導で質量分析の限界を越える試み," J. Mass Spectrom. Soc. Jpn., 65, 21 (2017).

11) R. Cristiano, M. Ejrnaes, A. Casaburi, N. Zen, and M. Ohkubo, "Superconducting nano-strip particle detectors," Supercond. Sci. Technol. 28, 124004 (2015).

12) M. Frank, S. Labov, G. Westmacott, and W. Benner, "Energy-sensitive cryogenic detectors for high-mass biomolecule mass spectrometry," Mass Spec. Rev. 18, 155 (1999).

13) IEC 61788-22-1 standard on "Superconductivity – Part 22-1: Superconducting electronic devices –

Generic specification for sensors and detectors": https://webstore.iec.ch/publication/26674.

14) S. Shiki, M. Ukibe, Y. Sato, S. Tomita, S. Hayakawa, and M. Ohkubo, "Kinetic-energy-sensitive mass spectrometry for separation of different ions with the same m/z value," J. Mass Spectrom. 43, 1686 (2008).

15) D. Koppenaal, M. Denton, G. Hieftje, J. Barnes IV, "MS detectors," Anal. Chem. 77, 418A, (2005).

16) D. Andrews, R. Fowler, and M. Williams, "The effect of alha-particles on a superconductor," Phys. Rev. 76, 154 (1969).

17) K. Suzuki, S. Miki, Z. Wang, Y. Kobayashi, S. Shiki, and M. Ohkubo, "Superconducting NbN thin-film nanowire detectors for time-of-flight mass spectrometry," J. Low Temp. Phys. 151, 766 (2008).

18) K. Suzuki, S. Shiki, M. Ukibe, M. Koike, S. Miki, Z. Wang, and M. Ohkubo, "Hot spot model in superconducting nano-stripline detector for keV ions," Appl. Phys. Express 4, 8, pp. 083101, Aug. (2011).

19) A. Casaburi, N. Zen, K. Suzuki, M. Ejrnaes, S. Pagano, R. Cristiano, and M. Ohkubo, "Subnanosecond time response of large-area superconducting stripline detectors for keV molecular ions," Appl. Phys. Lett. 94, 212502 (2009).

20) N. Zen, A. Casaburi, S. Shiki, K. Suzuki, M. Ejrnaes, R. Cristiano, and M. Ohkubo, "1 mm ultrafast superconducting stripline molecule detector," Appl. Phys. Lett. 95, 172508 (2009).

21) A. Casaburi, R. Heath, M. Ejrnaes, C. Nappi, R. Cristiano, and R. Hadfield, "Experimental evidence of photoinduced vortex crossing in current carrying superconducting strips," Phys. Rev. B 92, 214512 (2015).

22) A. Casaburi, R. Heath, R. Cristiano, M. Ejrnaes, N. Zen, M. Ohkubo, and R. Hadfield, "Integrated Joule switches for the control of current dynamics in parallel superconducting strips," Supercond. Sci. Technol. 31, 06LT01 (2018).

23) K. Suzuki, M. Ohkubo, M. Ukibe, K. Chiba-Kamoshida, S. Shiki, S. Miki, and Z. Wang, "Charge-state-derivation ion detection using a superconducting nanostructure device for mass spectrometry," Rapid Commun. Mass Spectrom., 24, 3290 (2010).

24) K. Sano, Y. Muramatsu, Y. Yamanashi, N. Yoshikawa, and M. Ohkubo, "Reduction of the jitter of single-flux-quantum time-to-digital converters for time-of-flight mass spectrometry," Physica C 504, 97 (2014).

第3節 ナノスケール制御を目指した固液界面真空プロセスの開発

3.1 固液界面真空プロセスとは

現代のエレクトロニクスを支える半導体技術に代表されるような、真空技術をベースとする"ものづくり"と分析手法のナノテクノロジーは、近年、液体材料へとその適用範囲を広げつつある。液体が真空中で不安定である、というのは一番馴染みのある水が真空中で容易に蒸発してしまうからである。実際には、低融点のGaやIn、Alや金などの金属から、セラミックスの高温融液、その他、シリコンオイルやセバチン酸と呼ばれる一部の有機溶媒まで、真空中で比較的安定な液体物質は意外に存在する。このような真空中で安定な液体を用いれば、真空下で固体と液体のモデル界面を形成することができ、真空技術をベースとする精密な分析が可能となるばかりでなく、固液界面を利用した新しい真空材料プロセスへの応用が期待される。図3.1に、そのようなプロセスの1つである、液相を介した真空蒸着プロセスの概念図を示す。一定の温度で、基板上の液体相に結晶原料を気相供給すると、原料が基板表面近傍まで拡散し、気相からの原料供給速度が固液界面での成長速度と一致するように、界面での過飽和度が上昇し、基板上に結晶を連続的に析出・成長させることができる。このような液相を介した真空蒸着プロセスは、古くは、金の液滴を介した化学気相蒸着(chemical vapor deposition：CVD)法によりSiナノワイヤーを作製したR. S. Wagnerらの「vapor-liquid-solid(VLS)」法[1]（1964年）（図3.1(a)）にまで遡ることができる。また、2000年に入った頃からは、図3.1(b)に示すように、基板表面に均一に広がったBaCuOxのセラミックス融液を介したパルスレーザー堆積(pulsed-laser deposition：PLD)法による高温超伝導の単結晶薄膜の作製[2]が報告され、Tri-Phase Epitaxy、またはFlux-mediated Epitaxy法[3]とも呼ばれている。

本節では、真空下でも液体として安定に存在できる"イオン液体"について、ナノスケールの制御を可能にするイオン液体の真空蒸着技術とイオン液体を介した結晶・薄膜成長の例をいくつか紹介する。

3.2 イオン液体の真空蒸着

イオン液体とは、イオンだけで構成されている室温で安定な液体を指す。構成するカチオンやアニオンは、主にC、H、Oからなる有機系のサイズの大きい分子団であることが多く、イオン間のクーロン力は原子がイオン化したものどうしのものと比べ弱く、室温で液体となる。図3.2に、典型的なイオン液体の1つである1-butyl-3-methylimidazolium Bis(trifluoromethanesulfonyl)imide、略称[Bmim][TFSA]と呼ばれるイミダゾリウム系のイオン液体の構造式を示す。融点は−3℃である。イオン液体の研究開発は、1990年代から10数年の間で著しく進展し、こうしたイオン液体の多くは、今では市販されるまでになっている[4]。

イオン液体の真空蒸着には、クヌーセンセルのような抵抗加熱法、または赤外レーザー蒸着法[5]を用いるのが一般的であるが、パルスバルブを用いた希釈したイオン液体溶液を噴霧する方法[6]も考案されている。ここでは、材料プロセスの観点から、最も簡便で、かつ安定性に優れたイオン液体の赤外レーザー蒸着法について詳しく述べることにする。

Continuous Wave Infrared(CW-IR)の半導体レーザー(808nm)を用いた真空蒸着法の模式図を図3.3(a)に示す。通常のPLD装置とシステム構成がほとんど同じで、紫外レーザーの代わりに赤外レーザーを用いる。この手法は、もともと赤外領域に吸収を有するペンタセンやフラーレンなどの低分子の有機半導体材料を真空蒸着する手法として開

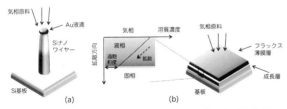

図3.1 固液界面を利用した結晶・薄膜の気相成長の概念図
(a) R. S. WagnerらによるAu液滴を介したSiナノワイヤーのVLS成長
(b) 液膜層を介した均一単結晶薄膜気相成長と液層内での濃度勾配と拡散の模式図

発されたものである[5]。赤外領域に吸収を持たないイオン液体では、シリコン粉末を混合させて用いる。シリコン粒子が効率よく赤外レーザーを吸収、加熱され、イオン液体が間接的に加熱されて蒸着されると考えられている。赤外レーザーを連続照射するよりも、パルス状に成形すると、レーザー強度をパルス高とパルス幅で調節でき、蒸着の制御性が向上する。典型的なパルス幅は10msecで、繰り返し周波数は数Hz程度である。図3.3（b）に、イオン液体蒸着の様子を水晶振動子でモニターした例を示す。レーザーのon-offによく追従して蒸着が行なわれているのが分かる。イオン液体の蒸着速度は一定で、膜厚換算でレーザー1パルスあたり約0.03nm程度で、単位面積あたりの蒸着体積に換算すると、1cm²あたり数ピコリットルのイオン液体を滴下することができる。図3.3（c）は、サファイア基板上に蒸着したイオン液体の非接触モードのAFM画像である。イオン液体は、基板上ではじいて、小さいものでは、数百nm以下の液滴が形成され、その接触角は、18°と求めることができる[7]。

また、イオン液体は、種類によって蒸気圧が異なるので、例えば、2つの異なるイオン液体を混合したい場合は、赤外レーザー蒸着法で交互に2つの異なるイオン液体をナノレベルで蒸着するのが効果的である。原理的には蒸着比によって、イオン液体の混合組成を任意に制御することができる。図3.4は、およそ0.2pL/cm²ごとにイオン液体[bmim][TFSA]と[bmim][PF$_6$]を交互蒸着して、得られた液滴中のラマンピーク[PF$_6$]$^-$由来の472cm^{-1}と[TFSA]$^-$由来の1245cm^{-1}の強度比を空間分解能500nmで測定した結果である。液滴全体にわたって強度比が一定で、2つのイオン液体が均一にナノレベルで混合しているのがわかる[7]。

3.3 イオン液体を介した結晶・薄膜成長
(1) 平坦KBr(111)マイクロ/ナノ結晶[8]

図3.3（c）のような、サファイア基板上のマイクロ/ナノサイズのイオン液体の液滴にイオン結晶性の岩塩型KBrを蒸着すると、図3.5（a）のような蒸着後のAFMの位相コントラスト像が得られる。明るい"しみ"の部分がイオン液体の液滴、その中に確認される暗い三角形の結晶が(111)配向したKBrである。液滴の間の暗い部分は露出したサファイア基板表面である。イオン液体の液滴があたかも反応容器のように、その中でのみ、KBrの結晶が選択的に生成している。イオン液体除去後のAFM像（図3.5（b））から、得られた(111)配向のKBrマイクロ/ナノ結晶は、原子レベルで平坦な表面を有することがわかる。岩塩型の(111)最表面は、陽イオン、あるいは陰イオンだけで構成される"極性面"である。そのため、一般的に不安定であり、イオン液体を用いずに、同様にサファイア基板上にKBrを蒸着すると、このような平坦な(111)表面は得られない。イオン液体を介し

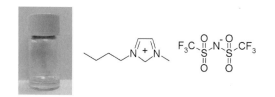

図3.2 イミダゾリウム系イオン液体の構造

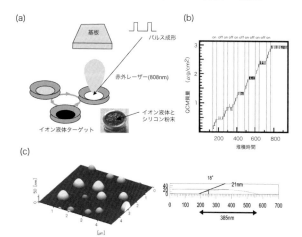

図3.3 (a) 赤外レーザー蒸着法によるイオン液体の蒸着 (b) レーザーパルスのon-offによるイオン液体のナノスケール蒸着制御（1パルスあたり膜厚換算で、約0.03nm）(c) サファイア基板上に蒸着したイオン液体の液滴のAFM観察

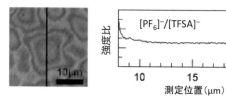

図3.4 サファイア基板上に混合蒸着した[bmim][TFSA]と[bmim][PF$_6$]イオン液体の液滴のラマン分光強度比測定

て"溶液成長"させたからこそ、初めて得られる特異な結晶表面である。

(2) ペンタセン薄膜の2次元成長[9]

サファイアのように多くの基板上でイオン液体は、接触角が10-30度の液滴状になりやすい。しかし、例えば、ITO基板に導電性高分子であるPEDOT:PSSを塗布すると、図3.6（b）の光学顕微鏡像に示すように、蒸着した有効膜厚100nmのイオン液体[Omim][TFSA]は、完全に濡れ広がった液膜を形成し、そのまま蒸着して得られる液滴形状（図3.6（a））とは大きく異なる。この厚さ100nmのイオン液体膜に、ベンゼン環が5つ連なったペンタセンを同様に真空蒸着する。図3.6（c）に、蒸着中のペンタセンの結晶成長の様子をその場観察した様子を示す。蒸着開始から10秒程度の誘導期を経て、核形成、そして2次元成長が進行する様子が見てとれる。ペンタセンのイオン液体への溶解度は、0.1μg/ml以下と極めて小さいため、この誘導期では、過冷却状態になっている。そこから一気に2次元成長が進行する際の面内方向の成長速度は、最大、16μm/sにも達する。真空蒸着によるイオン液体ナノ膜中ならでは、のペンタセンの結晶成長過程である。

〈松本　祐司〉

〔参考文献〕

1) R. S. Wagner and W. C. Ellis, *Appl. Phys. Lett.*, 4, 89, (1964)
2) K. S. Yun, B. D. Choi, Y. Matsumoto, J. H. Song, N. Kand, T. Itoh, M. Kawasaki and H. Koinuma, *Appl. Phys. Lett.*, 80, 61, (2002)
3) 松本祐司　機能材料　28巻、3号21-26(2008)
4) 表面科学　特集号「イオン液体の最前線とその応用」28, (2007)
5) S. Yaginuma, K. Itaka, M. Haemori, M. Katayama, K. Ueno, T. Ohnishi, M. Kippmaa, Y. Matsumoto and H. Koinuma, Appl Phys. Express, 1, 015005(2008)
6) Y. Morino, Y. Kanai, A. Imanishi, Y. Yokota and K. Fukui, Jpn. J. Appl. Phys., 53, 05FY01(2014)
7) S. Maruyama, Y. Takeyama, H. Taniguchi, H. Fukumoto, M. Itoh, H. Kumigashira, M. Oshima, T. Yamamoto and Y. Matsumoto, ACS Nano, 4 5946-5952(2010)
8) S. Kato, Y. Takeyama, S. Maruyama and Y. Matsumoto, Cryst. Growth & Des. 10 3608-3611(2010)
9) Y. Takeyama, S. Mantoku, S. Maruyama and Y. Matsumoto, CrystEngComm, 16, 684-689(2014)

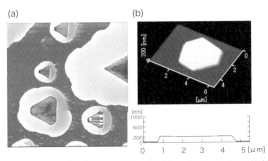

図3.5　イオン液体のマイクロ液滴へのKBrの真空蒸着

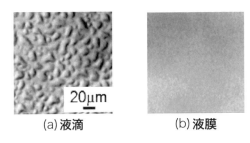

(a) 液滴　　(b) 液膜

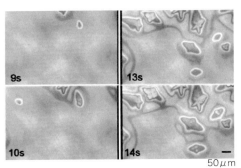

(c) イオン液体膜中で2次元成長するペンタセン

図3.6　ITO上のイオン液体膜の形成とペンタセンの2次元成長の実時間観察。

第4節 最近のグラファイト、グラフェンの新展開

グラファイト（黒鉛）は炭素だけから成り、図4.1に示すような層状構造の材料である。この層平面方向にπ電子が非局在化するため、電気伝導性と熱伝導性に優れている。グラファイトは、その他、潤滑性、耐熱性、耐薬品性に優れている。このため、導電性と潤滑性を利用したパンタグラフ（鉄道）、導電性を利用した電池やキャパシタ用電極材料、および導電ペーストとして各種回路への応用など、多くの分野で利用されている[1]。最近では、ポリアクリロニトリル繊維を熱処理した炭素繊維や石油ピッチを原料とした炭素繊維が軽量で強度が高いため、航空機の車体に応用されていることはご存知の方も多いであろう。

真空に関係するグラファイトと言えば、黒鉛シートが代表的な例であろう。これは、グラファイト特有の柔軟性と熱伝導性を利用したシール材や放熱材として用いられている。バインダーを使っていないため、不活性雰囲気下では−200℃

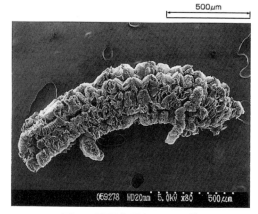

図4.2 膨張化黒鉛の写真[2]

程度の低温から3200℃という超高温まで使用が可能である。バインダーを使わずシート状にできるのは、以下の製法で作られているからである：まず、天然鱗状黒鉛を原料とし、酸処理によってグラファイト層間化合物をつくり、それを高温処理することにより、図4.2のような膨張化黒鉛をつくる[2]。この粉末を集めて予備成形しロール圧延すると黒鉛シートができる。黒鉛シートは耐熱性ガスケット・パッキン、フランジ用ガスケット、自動車用ガスケット、半導体装置用部品、耐食シール、等、として広範囲に使われている（図4.3）[2]。

ここで、黒鉛シート作製の途中でできるグラファイト層間化合物について、以下に少し説明する。グラファイトは、図4.1のように層状構造を有しており、層平面内の炭素−炭素結合は強い共有結合であるが、層同士の結合はファンデルワールス力の弱い結合である。さらに、グラファイトは価電子帯と伝導帯がわずかにオーバーラップし

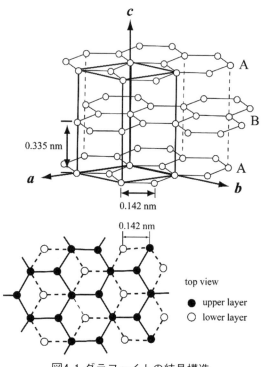

図4.1 グラファイトの結晶構造

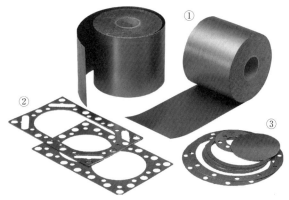

図4.3 黒鉛シートの製品①黒鉛シートロール②③黒鉛シートの加工品（パッキン・ガスケット）[2]

た半金属で、両性物質であるため酸化・還元を受けやすく、様々な物質と相互作用して、その層間に相互作用した物質を挿入する。グラファイトのような層状構造などをもつ物質の層間に他の物質を挿入することをインターカレーションという。例えば、硫酸や硝酸のような強酸、塩化鉄やフッ化アンチモンのようなルイス酸はグラファイトと反応して、すなわち、これらの酸がグラファイトから電子を奪い、グラファイトの層間にインターカレートされる。上述の黒鉛シートの作製の中間生成物はこのようなアクセプター型層間化合物である。反対に、リチウムやカリウムのような還元剤はグラファイトに電子を与えてグラファイトの層間にインターカレートされ、この場合はドナー型層間化合物が生成する。現在、広範囲に使われているリチウムイオン二次電池の負極に使われているのがリチウムをグラファイトにインターカレートさせた層間化合物[3]である。図4.4に示すように、充電時には負極のホスト材料であるグラファイトにリチウムがインターカレートされ、放電時にはデインターカレート（放出）される。

グラファイトにはこのように他の物質には見られない特性を示す。最近ではグラファイトを構成する炭素の一部を、原子半径の近いホウ素や窒素に置換し、特性の幅をさらに広げるという研究が盛んにおこなわれている。グラファイトの炭素の一部をホウ素で置換したホウ素/炭素（B/C）材料は、グラファイトにはインターカレートしにくいナトリウムをインターカレートできるようになる[4]。また、窒素で置換した炭素/窒素（C/N）材料は、燃料電池の電極触媒としての可能性を秘めている[5]。

次に、グラファイトの一層だけを取り出した材料であるグラフェンについて紹介する。グラフェンは一層になることにより、バンドギャップがなくなり（ゼロバンドギャップと呼ばれる）、電子移動度が非常に大きくなることが発見された[6]。2010年にはNovoselovとGeimがノーベル物理学賞を受賞し、グラフェンに関する研究が注目を集めている。その作製方法、特性、応用の可能性などについて、Ferrariらによってまとめられている[7]。なお、このノーベル賞受賞直後に、グラフェン研究についての日本人の貢献[8]やグラフェンに期待すること[9]などが報告されている。

グラフェンの作製方法として、主に三通りの方法がある。最も簡便な方法は、市販の高配向性熱分解黒鉛(HOPG)をテープなどで何回も剥がして薄くして最終的にグラフェンを得るやり方である。二つ目は、メタンなどの炭化水素を銅基板上で熱分解して蒸着し、その後、基板を溶解して別の基板に転写する方法である。この方法で大面積のグラフェンが工業的に作製できると言われている。三つ目の方法は、天然黒鉛を硫酸酸性下で酸化剤を入れて酸化し、まず酸化黒鉛を作製し、次にそれを剥離して薄くした後、最後に還元してグラフェンにするやり方である。

最近は、グラフェンを構成する炭素の一部をホウ素や窒素で置換した材料の作製や新しい特性の発現についても多く報告されている[10]。一例として、筆者らはグラファイトの炭素の一部をホウ素と窒素で置換したB/C/N材料薄膜をシリコン単結晶基板上に作製し、その後シリコン基板をアルカリ水溶液で溶解しナノメータオーダーの薄膜（以下、ナノシートと呼ぶ）を剥離して別のシリコン基板上に転写することに成功した[11]。図4.5にアルカリ水溶液中でシリコン基板から剥離する寸前で半透明のB/C/Nナノシートの写真を示す。この時点では数百nmの厚さがあるが、水溶液中で分散し、シリコン基板に転写すると1.8 nmのナノシート（約5層分）が得られた。

グラフェンの特性は、上質な（欠陥が少なく、面積の広い）一層の作製に依存し、上記の作製方法によって異なり、また同じ方法を用いても、かなり大きな特性の差が生まれることが報告されて

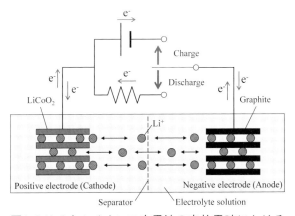

図4.4 リチウムイオン二次電池の充放電時における正極と負極の反応

図4.5 シリコン基板から剥離途中のB/C/Nナノシート[11]

いる。現在、ノーベル賞受賞以来、世界でグラフェンに関する研究者の数は増加しており、電気的・工学的・化学的応用への展開も進んでいる。

 以上、グラファイトとグラフェンについて、ごく一部であるが、最近の情報を整理した。炭素だけから成る同素体として、グラファイト、ダイヤモンド、フラーレン、カーボンナノチューブ、その他としても活性炭などがあり、多様な構造と物性を示すことが知られている。最近は、周期表で炭素に隣り合うホウ素や窒素の原子半径が近いこともあり、炭素の一部をホウ素や窒素で置換した材料の作製や物性の研究[12]に波及している。これら炭素関連材料の今後の発展に期待したい。

謝辞
 本解説の執筆にあたり、東洋炭素株式会社の太田直人博士、森下隆広博士および河野貴典博士、グラフェンプラットフォーム株式会社の東城哲朗博士、および山田薫博士に情報を提供いただいた。各位にお礼を申し上げる。

〈川口 雅之〉

〔参考文献〕
1) 炭素材料学会・連載講座編集委員会編、カーボン材料実験技術（製造・合成編）－クラシックカーボンからナノカーボンまで－、炭素材料学会、(2013).
2) 東洋炭素株式会社PERMA-FOILカタログより
3) 小久見善八編、リチウムイオン二次電池、オーム社、(2008)
4) K. Yamada, H. Ishikawa, C. Kamiwaki, M. Kawaguchi, Electrochemistry 83 (2015) 452-458.
5) J. Ozaki, N. Kimura, T. Anahara, A. Oya, Carbon 45 (2007) 1847-1853.
6) K. S. Novoselov, A. K. Geim, S. V. Morozov, D. Jiang, Y. Zhang, S. V. Dubonos, I. V. Grigorieva, A. A. Firsov, Science 306 (2004) 666-669.
7) F. Bonaccorso, A. Lombardo, T. Hasan, Z. Sun, L. Colombo, A. C. Ferrari, Materials Today 15 (2012) 564-589.
8) 榎敏明、炭素 No.246 (2011) 2.
9) 稲垣道夫、炭素 No.246 (2011) 3-5.
10) N. Kumar, K. Moses, K. Pramoda, S. N. Shirodkar, A. K. Mishra, U. V. Waghmare, A. Sundaresana, C. N. R. Rao, J. Mater. Chem. A 1 (2013) 5806-5821.
11) 粟井誠敏、川口雅之、日本化学会 第98回春季年会 (2018) 発表資料
12) M. Kawaguchi, Tanso No. 267 (2015) 84-93.

第4章 真空科学技術の規格・標準の進歩

第1節 真空の計量標準と工業標準

はじめに

計量計測標準の分野において、standard（スタンダード）という語には2つの意味がある。

1つは、真空計など計測器を校正する際の「基準」を意味する計測標準(measurement standard)である。かつて日本では、計量研究所の光波干渉式標準気圧計と、電子技術総合研究所の標準マクラウド真空計、及び副標準電離真空計用管球(VS-1, VS-1A)が、圧力と真空の計測の基準であった[1,2]。その後、2001年に経済産業省が公表した「計量標準整備計画」に基づき、日本の計量標準の再整備が行われ、その中で圧力真空標準の整備も大きく進展した。2017年現在では、産業技術総合研究所 計量標準総合センター（産総研NMIJ）に、10^{-9} Paから10^9 Paまでの圧力真空標準装置群が整備され、（独）製品評価技術基盤機構(NITE)によって運営される校正事業者登録制度(JCSS)を利用した標準供給が行われている。「1.1 圧力真空の計量標準」では、新たに整備された圧力真空標準とJCSSについて解説する。

もう一つのstandardは、規格文書(document standard)である。真空ポンプの排気速度の測定方法や、真空計の校正方法真空フランジの形状を規定した文書（ISO規格やJISなど）などがある。グローバル化が進む中、国際標準化の重要性が認識され、多くのISO規格及びJISが制定されている。「1.2 真空の工業標準」では、2018年現在におけるISO規格やJISの整備状況を説明する。

1.1 圧力真空の計量標準

(1) 真空計の校正の必要性

真空計の多くは、圧力そのものではなく、圧力に依存する"別の量"を測定している。例えば、隔膜真空計は隔膜の変位を、電離真空計はイオン電流を測定している。従って、これら"別の量"を圧力に換算するためには、予め、圧力とこれら"別の量"との相関関係を取っておくこと、即ち、校正が必要である。市販の真空計の場合、これら"別の量"は、すでに圧力値Paや電気信号（電圧など）に換算されて出力される。従って、市販の真空計の校正は、換算のための係数や式が、適切かどうかを確認するという意味を持つ。

以下では、圧力や真空で用いられるPa（パスカル）という単位の絶対値が、どのようにして定められ、そして、それを基準に、真空計がどのように校正されているのかについて説明する。

(2) SI単位系[3,4]

図1.1に様々なSI単位の相関関係を示した[3]。圧力のSI単位Pa（パスカル）には、力の単位N（ニュートン）と面積の単位㎡に強い相関がある。明示されていないが、温度K、物質量molに対しても相関がある。このように各単位は互いに相関しているので、これら単位の基準をそれぞれが独立に決めてしまうと、各単位の間に矛盾が生じる恐れがある。そこで、国際度量衡総会(CGPM)では、長さ(m)、質量(kg)、時間(s)、電流(A)、熱力学温度(K)、物質量(mol)、光度(cd)を7つの基本単位として定義した（表1.1）。そして、この他の単位は、基本単位の積（又は商）として定義される組立単位とした。即ち、圧力の単位Paは基本単位ではなく、組立単位である。

(3) 国家計量標準研究機関(NMI)の役割

国際度量衡局(BIPM)には、国家の決定で指名された国家計量標準機関(NMI)が登録されている。例えば、アメリカ国立標準技術研究所(NIST)、ドイツ物理工学研究所(PTB)、韓国標準科学研究院(KRISS)、中国計量科学研究院（NIM）などがNMIとして登録されており、日本では、産総研NMIJが登録されている。NMIは、各単位の基準を、それぞれの国家標準として開発・維持し、社会や産業界に供給するとともに、国家標準同士を比較することで、単位基準の国際整合性を確保する責務がある。

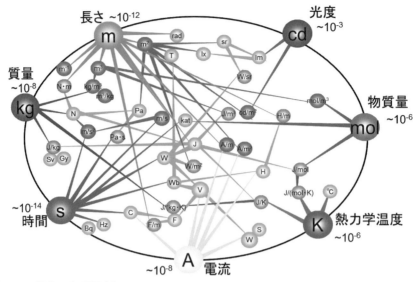

図1.1 SI単位の相関関係（基本単位の脇に示した数字は、単位実現の不確かさを表している）

表1.1 7つの基本単位とその定義

基本単位	定義
長さ（メートル）	1秒の299 792 458分の1の時間に光が真空中を伝わる行程の長さ
質量（キログラム）	国際キログラム原器の質量*
時間（秒）	セシウム133の原子の基底状態の二つの超微細構造準位の間の遷移に対応する放射の周期の9 192 631 770倍の継続時間
電気（アンペア）	真空中に1メートルの間隔で平行に配置された無限に小さい円形断面積を有する無限に長い二本の直線状導体のそれぞれを流れ、これらの導体の長さ1メートルにつき2×10^{-7}ニュートンの力を及ぼし合う一定の電流
温度（ケルビン）	水の三重点の熱力学温度の1/273.16
物質量（モル）	0.012キログラムの炭素12の中に存在する原子の数に等しい要素粒子を含む系の物質量
光度（カンデラ）	周波数540×10^{12}ヘルツの単色放射を放出し、所定の方向におけるその放射強度が1/683ワット毎ステラジアンである光源の、その方向における光度

＊2018年以降、アボガドロ定数の精密測定等により決定された「プランク定数」を基準とする新たな定義に移行。

　圧力の単位Paの基準を、基本単位の組立によって実現した場合、その基準を一次標準(primary standard)と呼ぶ。一次標準で校正された真空計を基準に、別の真空計を校正する方法を、二次標準(secondary standard)と呼ぶ。図1.2に圧力真空標準を整備しているNMIを示す[5]。産総研NMIJでは圧力真空の一次標準を開発・維持し、産業界に供給している。

(4) 圧力真空標準
　基本単位の組立により、圧力真空標準を実現するためには、現在、主に4つの方法が用いられており、産総研においても、これら4つの方法で、圧力真空標準を実現している。また、産総研では、差圧計測の基準となる差圧標準や、漏れ検査の基準となるリーク標準、分圧測定の基準となる分圧標準も整備しているので併せて紹介する[6,7]。産総研が供給している圧力真空標準の一覧を図1.3にまとめた。

①光波干渉式標準圧力計
　日本の圧力真空の国家標準の最も上位に位置するのが光波干渉式標準圧力計である（図1.4）[1,2,8]。光波干渉式標準圧力計は、水銀を作動媒体とする液柱形真空計であり、水銀の密度や液柱の高さの差（液位差）などから圧力の絶対値を求める。光波干渉式標準圧力計では、水銀の密度を正確に求めるために、水銀の選定や精製を行うと共に、水銀の温度分布を小さくした上で、温度の精密測定を行っている。
　さらに、水銀の液位差を、白色光のマイケルソン干渉を利用したレーザー干渉式測長器で精密に

第4章 真空科学技術の規格・標準の進歩

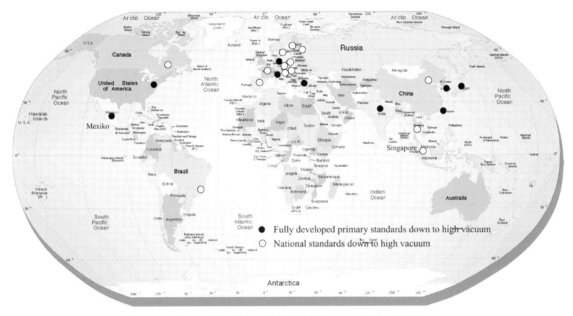

図1.2 圧力真空標準を整備している国家計量標準機関(NMI)[5]（一次標準を整備しているNMIを●、二次標準を整備しているNMIを○で示している）

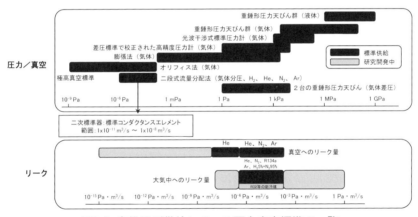

図1.3 産総研が供給している圧力真空標準の一覧

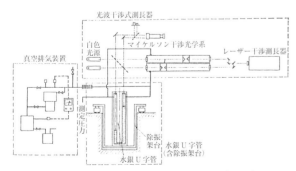

図1.4 光波干渉式標準圧力計の概略図[1]

測定している。こうした工夫により、絶対圧力100 kPaを相対不確かさ数ppmで測定できると評価されている。産総研では、光波干渉式標準圧力を用いて、1 kPaから113 kPaまでの絶対圧力を測定し、主に産総研内の標準器である重錘形圧力天びんの校正に用いている。

②重錘形圧力天びん

図1.5に重錘形圧力天びんの原理図を示す。圧力pは、力Fを面積Aで除した商(F/A)であると定義されるが、圧力天びんは、この定義をそのまま実現した方法である。力Fはピストンと重錘の質量Mと重力加速度gの積から、面積はピストンの有効断面積Aから求められる。有効断面積Aを求める方法は、形状測定から求める方法と、他の方

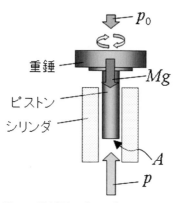

図1.5 重錘形圧力天びんの原理図

法で発生した絶対圧力との比較から求める方法がある。産総研では、前記の光波干渉式標準圧力計で発生した絶対圧力との比較から、ピストンの有効断面積Aを決定している。圧力天びんの外側をベルジャーで覆って真空排気し、圧力天びんの周囲圧力p_0を無視できるくらい低くすることで、ピストン下部に絶対圧力pを発生できる。産総研では、重錘形圧力天びんを用いて、5 kPaから1 GPaまでの絶対値のわかった圧力を発生し、圧力天びんや高精度デジタル圧力計の校正を行っている[7,9,10]。

光波干渉式標準圧力計や重錘形圧力天びんは、再現性に優れ、大気圧付近では10 ppm以下の不確かさで圧力の絶対値を決めることが可能である。しかし、圧力が低くなると、光波干渉式標準圧力計では水銀の蒸気圧のため、重錘形圧力天びんでは製作が困難になるため、100 Pa以下の圧力の絶対値を発生することが難しくなる。そこで、光波干渉式標準圧力計や重錘形圧力天びんで発生した絶対圧力を、物理法則を用いて、低圧力側に拡張する方法が用いられる。

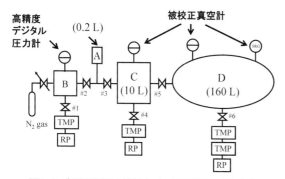

図1.6 産総研NMIJが保有する膨張法の概略図

③膨張法

図1.6に産総研NMIJが保有する膨張法の概略図を示す[2,11,12]。膨張法は、光波干渉式標準圧力計や重錘形圧力天びんで発生した圧力の絶対値を、ボイルの法則を用いて、低圧力側に拡張する方法である。膨張前の圧力と容積をそれぞれp_1、V_1、膨張後の圧力と容積をそれぞれp_2、V_2とした時、

$$p_2 = p_1 \cdot \frac{V_1}{V_2} \tag{1}$$

が成り立つ。ただし、温度は一定としている。従って、容積比(V_1/V_2)を正確に求めておくことにより、膨張前の圧力p_1から、膨張後のより低い圧力p_2の絶対値を決めることができる。

校正手順は以下の通りである。装置全体を10^{-6} Pa以下に真空排気した後、バルブ#1、#3を閉じて、チャンバーAに窒素ガスを導入する。チャンバーAに蓄積された窒素ガスの圧力は、チャンバーBに取付けられている高精度デジタル圧力計で測定され、その後、バルブ#2を閉じる。この高精度デジタル圧力計は、重錘形圧力天びんを基準に校正されてある。チャンバーAに直接、高精度デジタル圧力計を取付けないのは、圧力計が発生する熱や隔膜の変位により、チャンバーAの圧力が変化することを防ぐためである。チャンバーAに蓄積された窒素ガスは、バルブ#4、#5を閉じ、バルブ#3を開けることによりチャンバーCに、また、バルブ#4、#6を閉じ、バルブ#3、#5を開けることによりチャンバーCとDの両方に膨張させる。こうした膨張を繰り返すことにより、2000 Paから10^{-4} Paの絶対値のわかった圧力場を発生している。産総研では膨張法を用いて、スピニングロータ真空計やフルスケール1333 Pa以下の隔膜真空計の校正に用いている。

④オリフィス法

膨張法は、次の2つの理由から10^{-4} Pa以下の校正が難しい。1つは、真空容器内壁からのガス放出の影響が相対的に大きくなるためであり、もう1つは、10^{-4} Pa以下で校正対象となる電離真空計はガス放出が大きく、また排気効果もあるため、式（1）が成り立たなくなるためである。従って、10^{-4} Pa以下の校正にはオリフィス法が用いられる。

図1.7に産総研が保有するオリフィス法の概略

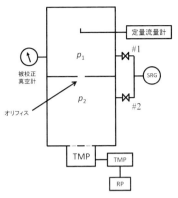

図1.7 産総研が保有するオリフィス法の概略図

図を示す[13]。導入した気体の流量をQ、オリフィスのコンダクタンスをC_{ori}、オリフィス上流の圧力をp_1、下流の圧力をp_2とすると、以下の式が成り立つ。

$$Q = C_{ori}(p_1 - p_2)$$
$$p_1 = \frac{Q}{C_{ori} \cdot \left(1 - \frac{p_2}{p_1}\right)} \quad (2)$$

ここで、右辺において圧力p_2とp_1が比の形になっていることが重要である。なぜなら、(p_2/p_1)比は、真空計で実測して求めることになるが、その真空計の感度が多少ずれていても、直線性が確保されていれば、感度のずれは式の中でキャンセルされるためである。オリフィスを流れる気体が分子流条件を満たしている時、(p_2/p_1)比が一定値となる。産総研では、一定流量の気体を流しながら、バルブ#1と#2を切替えることにより、1台のスピニングロータ真空計で、(p_2/p_1)比を測定している。

流量Qの気体導入と測定は、リーク標準の項で説明する定圧流量計を用いている。オリフィスのコンダクタンスC_{ori}は形状から、気体分子運動論を用いて計算で求める[14]。産総研では、円形オリフィスの面積を高精度三次元測定器で測定するとともに、エッジ形状をレーザー共焦点顕微鏡で測定して、気体分子の通過確率を計算している。さらに、オリフィス法では、気体を流しながら真空計の校正をするため、校正室内に圧力分布が生じる。そこで、校正室内の圧力分布を、モンテカルロシミュレーションを用いて計算し、適切なガス導入管や真空計の設置位置を決めるとともに、そ

の影響を補正している。

こうして、式 (2) より校正容器内の圧力p_1を決定し、被校正真空計である電離真空計の指示値と比較することで校正する。校正圧力範囲は10^{-6} Paから10^{-4} Paである。

⑤極高真空標準

産総研では、10^{-6} Paから10^{-9} Paまでの真空計校正に、二段式流量分配法という、簡易型のオリフィス法を用いている（図1.8）[15]。

校正原理は以下の通りである。オリフィスを介してターボ分子ポンプで真空排気された真空容器に、ステンレス製多孔質体を介して、真空容器に一定流量の気体を導入する。ここで、多孔質焼結体とオリフィスを通過する気体について、分子流条件が成り立つように装置を設計すると、真空容器内の圧力p_2が、流量分配器内の圧力p_1に比例するようになる。そこで、(p_2/p_1)比を比較的高い圧力で予め測定しておくことで、より低い圧力でも圧力p_1から圧力p_2を求めることができるようになる。産総研では、p_2をオリフィス法で校正された熱陰極電離真空計で、p_1を膨張法で校正されたスピニングロータ真空計を用いて測定することで、(p_2/p_1)比を決めている。

校正チャンバーは、放出ガスを低減するためTiNコーティングされたステンレス鋼が採用され、200℃で数日間ベーキングすることにより、到達圧力10^{-9}Paを達成している。校正圧力範囲は10^{-9}Paから10^{-7}Paであり、極高真空計測用の電離真空計の校正に用いている。

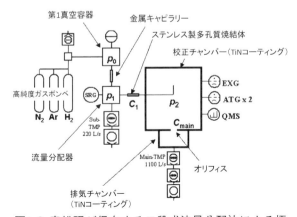

図1.8 産総研が保有する二段式流量分配法による極高真空標準装置の概略図

⑥分圧標準と標準コンダクタンスエレメント

これまで説明した真空計の校正方法は、主に窒素を用いて行われる。しかし、電離真空計や四極子形質量分析計は、感度にガス種依存性があるため、窒素で校正しても、その校正結果が、他のガスに対して使えないという問題がある。電離真空計については、比感度係数やイオン化断面積の文献値を用いておおよその補正は可能であるが、四極子形質量分析計の比感度係数は、文献値のばらつきが大きく、また電離真空計の比感度係数とも異なるため、文献値に基づく補正計算が難しい。そこで産総研では、二段式流量分配法を用いて、窒素、水素、ヘリウム、アルゴンを用いた質量分析計の校正サービスを行っている[16]。

しかし、真空科学技術で利用されるガスの種類は非常に多いので、全てのガスに対する校正設備を産総研内に整備することは、現実的に難しい。さらに、電離真空計や質量分析計の感度は、測定条件や使用履歴によっても変化しやすいため、例え、多種類のガスを用いて校正しても、その後、感度が変化してしまう懸念もある。そこで産総研では、電離真空計や質量分析計を、真空装置から取り外すことなく、その場で、様々な気体を用いて校正するための校正方法の開発も行っている。

ステンレス製多孔質焼結体からなる定量ガス導入素子「標準コンダクタンスエレメント(Standard Conductance Element；SCE)」は、焼結体の孔径を1 μm以下とすることで、10^4 Paという比較的高い圧力で、分子流条件を満足させることができる（図1.9）[17,18]。分子流条件が成り立つと、コンダクタンスが気体分子の分子量の1/2乗に逆比例するという特性を利用できるので、気体の種類が変わっても、コンダクタンスの変化を計算で補正することができる。産総研では、SCEの分子流コンダクタンスの校正サービスを行っている。ユーザは、分子流コンダクタンスを、導入したい気体の分子量で補正し、SCEの上流圧力を掛け算することで、導入したい気体の流量Qを求めることができる。さらに、コンダクタンス変調法を用いて実効排気速度S_{eff}を求めると、真空容器内の圧力pをQ/S_{eff}から求めることができる。このようにして、圧力pを24種類の気体を使って求め、真空計を校正したことがある[19-21]。

⑦差圧標準と差圧標準を利用した低圧標準

圧力そのものよりも、2つの真空容器やガス配管などの圧力差（差圧）の方がより重要な場合がある。そのため、差圧計が市販されており、差圧計のための標準も整備されている。図1.10に差圧標準と差圧標準で校正された高精度差圧計を用いた圧力計・真空計校正システムの概略を示す[7]。

差圧計の校正手順は以下の通りである。校正対象となる高精度デジタル差圧計の両方のポートにそれぞれ圧力天びんを接続し、ほぼ同じ圧力（ライン圧）を発生させる。次に、一方の圧力天びんの上に分銅を載せることで、ライン圧力に対して分銅の質量分の差圧を発生させることができる。主な校正対象は高精度差圧計であり、ライン圧力100 kPaにおいて、差圧1 Paから10 kPaの校正に利用している。

また、差圧標準で校正された高精度デジタル差圧計の片側（参照側）を真空排気することにより、絶対圧力計や真空計の参照標準（標準器）として利用することができる。参照標準とする差圧計に対しては、事前に十分な特性評価が必要である。特に、差圧計は通常ライン圧力100 kPaで校正さ

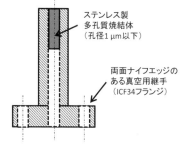

図1.9 定量ガス導入素子「標準コンダクタンスエレメント(SCE)」の写真と概略図

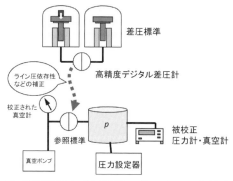

図1.10 差圧標準と差圧標準で校正された高精度差圧計を用いた圧力計・真空計校正システム[7]

れるため、絶対圧力の参照標準として用いる時には、差圧計の特性のライン圧依存性について、評価することが重要である。差圧計の特性がライン圧力に依存する場合もある[22]。差圧標準で校正された高精度差圧計は、1 Paから10 kPaまで、低圧力計や隔膜真空計の校正に用いている。

⑧ リーク標準

リークディテクタや漏れ検査装置などを校正するために、常に一定量の気体が漏れ続けている標準リークが用いられており、この標準リークを校正するための技術がリーク標準である。産総研では、透過型ヘリウム標準リークを校正するための定圧流量計（容積変化法）[23]と、よりリーク量の大きい標準リーク（キャピラリー等）を校正するための定容流量計（圧力変化法）[24]を整備している。

定圧流量計の概略図を図1.11に示す[23]。バルブ#1と#2を開け、#3と#4を閉じた状態で、ベローズからなる主容器Aと参照容器Bにヘリウムガスを導入する。その後、バルブ#1を閉じると、主容器A内のヘリウムガスは、金属キャピラリーを通って、オリフィス法真空容器Gに流れ込むので、主容器A内の圧力pは低下しようとする。この時、リニアアクチュエータでベローズを押込んで主容器Aの容積を小さくすることで、圧力の低下を抑えて一定に保つようにする。具体的には、高精度差圧計G1で測定した主容器Aと参照容器Bの差圧が0になるように、リニアアクチュエータの押込み速度をフィードバック制御する。ベローズ押込みによる容積変化率を$dV/dt(m^3/s)$とする時、オリフィス法真空容器Gに流れ込むヘリウム流量Q($Pa\ m^3/s$)は、以下の式で表される。

$$Q = p\frac{dV}{dt} \quad (3)$$

ここで、pは主容器内の圧力(Pa)である。

容積変化率dV/dtを求めるためには、リニアアクチュエータによる押込み長と容積変化との関係を予め求めておく必要がある。手順は、先ず、容積測定用容器Eを空にして、バルブ#3を開け、バルブ#2を閉じた状態でヘリウムガスを導入し、一定長ベローズを押込んだ時の圧力上昇を測定する。次に、容器Eに参照体積（ここではボールベアリング球）を入れ、同様に一定長ベローズを押込んだ時の圧力上昇を測定する。容器Eに参照体積を入れた時と入れなかった時の圧力上昇の差と参照体積から、押込み長と容積変化との関係を求めている。

加えて、主容器Aと参照容器Bをアルミブロックで覆って温度安定性と均一性を向上するとともに、主容器Aの中にステンレス円柱を入れることでデッドボリュームを小さくする工夫がなされている。

被校正器（透過型ヘリウム標準リーク）からのヘリウムリーク量は、定圧流量計によって導入される参照ヘリウムリーク量Qと、オリフィス法装置Gに設置された四極子形質量分析計G7を用いて比較され、校正される。産総研では、1×10^{-8} Pa m^3/s〜1×10^{-6} Pa m^3/sまでの透過型ヘリウム標準リークの校正を行っている。

より大きなリーク量の校正をするために、定容流量計（図1.12）も整備している[24]。定容流量計は、容積$V(m^3)$の主容器Aに気体を導入した時の圧力上昇率$dp/dt(Pa/s)$から、流量$Q(Pa\ m^3/s)$を測定する方法である。

$$Q = V\frac{dp}{dt} \quad (4)$$

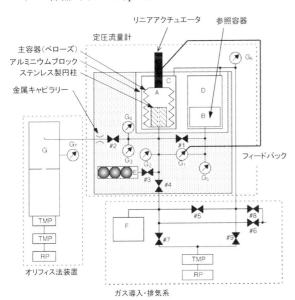

図1.11 産総研が保有する定圧流量計の概略図
A：主容器（ベローズ）、B：参照容器、C：主容器Aの外側容器、D：参照容器Bの外側容器、E：容積測定用容器、F：ガスリザーバ、G：オリフィス法真空容器、G1：高精度差圧計(FS：133Pa)、G2：隔膜真空計(FS：133Pa)、G3：隔膜真空計(FS：13.3kPa)、G4：隔膜真空計(FS：133kPa)、G5：電離真空計、G6：隔膜真空計(FS：133kPa)、G7：電離真空計と四極子形質量分析計

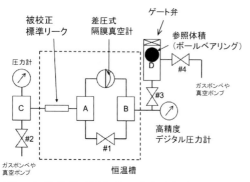

図1.12 産総研が保有する定容流量計の概略図
A：主容器、B：参照容器、C：ガスリザーバ、D：容積測定用容器

この定容流量計は、大気から真空への漏れ検査のための標準リークだけでなく、高圧（数気圧）から大気への漏れ検査のための標準リークも校正対象としている。後者の場合、主容器Aの圧力を大気圧（約10^5 Pa）とするが、流量Qの流入による圧力上昇は、せいぜい10^2 Pa程度（相対値にして0.1 %程度）であるため、正確な測定が難しくなる。そこで、主容器Aの横に参照容器Bを設置し、両者を同じ大気圧とした後に仕切弁♯1を閉じ、次いで、主容器Aに流量Qを導入して、その時の圧力上昇率を主容器Aと参照容器Bの間の差圧式隔膜真空計で測定している。

定容流量計は、温度変化の影響が大きいため、チャンバーや差圧計など主要な部分が恒温槽に入れられてある。また、差圧測定に隔膜真空計を用いているため、差圧の上昇とともに隔膜が変形し、それによる容積変化が測定結果に影響する。そこで、差圧と隔膜変形による容積変化の関係を予め測定している[25]。

産総研では、窒素、ヘリウム、アルゴン、フロン（R 134a）を校正気体に用いた、大気から真空、及び高圧（数気圧）から大気への漏れ検査のためのリーク標準を$5×10^{-7}$ Pa m^3/sから$1×10^{-4}$ Pa m^3/sまで整備し、キャピラリー型標準リークなどの校正に用いている。

(5) 圧力真空標準の信頼性の確認

圧力やリーク量に応じて、異なる方法で圧力真空標準やリーク標準を実現しているので、それぞれの整合性を確認することが重要である。産総研では、圧力真空標準、リーク標準で校正できる上限値又は下限値が、他の標準の下限値又は上限値に重なるように設計しており、両者が重なる圧力又はリーク量において比較実験を行うことにより、整合性を確認している。例えば、圧力天びんと膨張法による校正結果は0.04 %、膨張法とオリフィス法は0.5 %[6]、定圧流量計と定容流量計は1.6 %[23]で整合することを確認している。

加えて、海外の国家標準との比較実験に参加し、整合性を確認することも重要である。表1.2に、これまでに産総研が参加した気体絶対圧力及び真空の国際比較の一覧を示す。

こうした整合性の確認を継続的に実施すること

表1.2 産総研圧力真空標準研究グループが参加してきた気体圧力に関する国際比較一覧
（CCMは、質量関連量諮問委員会(Consultative Committee for Mass and related quantities)の略で世界規模の国際比較であること、APMPは、アジア太平洋計量計画(Asia-Pacific Metrology Programme)の略でアジア太平洋域内の国際比較を意味する）

種別	識別番号	圧力範囲	実施年
気体ゲージ圧力	CCM.P-K1.c	80 kPa - 7 MPa	1998-1999
	APMP.M.P-K1.c	0.4 MPa - 4 MPa	1998-2001
	APMP.M.P-K6	20 kPa - 105 kPa	1998-2001
	APMP.M.P-S6	10 MPa - 100 MPa	2014
気体絶対圧力	CCM.P-K10	10 kPa - 140 kPa	1983-1995
	CCM.P-K4.2012	1 Pa - 10 kPa	2012-2013
	APMP.M.P-K9	10 kPa - 110 kPa	2009-
真空	CCM.P-K9	0.1 mPa - 1 Pa	1981-1987
	CCM.P-K14	0.1 mPa - 1 Pa	2010-2011
	APMP.M.P-K3	$3×10^{-6}$ Pa - $9×10^{-4}$ Pa	2010
	APMP.M.P-K14	0.1 mPa - 1 Pa	2013-
	CCM.P-P1	$3×10^{-9}$ Pa - $9×10^{-4}$ Pa	2013-2015
気体差圧	APMP.M.P-K5	1 Pa - 5 kPa	2005

により、日本の圧力真空標準の信頼性確保に努めている。

(6) 計測のトレーサビリティ

一般で使用される真空計は、特別な場合を除き、圧力真空標準（国家標準）で直接校正されることはない。真空計メーカや校正事業者は、一般の真空計を校正するために、社内標準器を保有しており、一般の真空計は社内標準器との比較により校正される。そして、これら社内標準器もより上位の標準器を基準に校正されており、最終的には圧力真空標準（国家標準）に繋がるようになっている。こうした校正（比較）の連鎖によって国家標準へ繋がることを、「計測のトレーサビリティが確保されている」と言う。標準器を基準に一般の真空計を比較校正するための装置や手順は、JISやISO規格に定められており[26,27]、これらに従うと信頼性が高い。

計測の信頼性が求められる分野では、「ISO/IEC 17025試験所及び校正機関の能力に関する一般要求事項」に基づく、より確実なトレーサビリティの確保が求められるようになってきている。(独)製品評価技術基盤機構によって運営される計量法校正事業者登録制度(JCSS)は、ISO 17025に基づく審査を経て登録された校正事業者が、特別な標章（ロゴ）の入った校正証明書を発行できる制度である。JCSSに基づく標準供給体系を図1.13に示す。平成28年度には、圧力計と真空計を併せて、3,500件以上のJCSS校正証明書が発行されている[27]。

1.2 真空の工業標準

(1) 工業規格とは

工業規格（単に規格と呼ばれることも多い）とは、「規則、指針又は特性を規定する文書であって、合意によって確立し、一般に認められている団体によって承認されているもの」[29]である。例えば、真空用フランジの形状や寸法が、製造メーカによって異なっていたら、ユーザとしては不便である。また、真空ポンプの排気速度の測定方法が、メーカによって異なっていたとしたら、ユーザは適切な真空ポンプを選定することができない。こうした状況は、ユーザにとって不都合なだけでなく、技術の普及を妨げるという意味で、真空メーカにとっても好ましくない。従って、分野や業界内での決まり事（合意事項）が必要となり、これを文書化したものが規格と言える。

規格は、その成立の過程により、三種類に分類できる。公的な手続きに則って成立した規格をデジュール標準と呼ぶ。代表的なものには、日本工業規格JIS(Japanese Industrial Standards)や国際規格であるISO(International Organization for Standardization)規格がある。業界内での合意により成立した規格をフォーラム標準と呼ぶ。

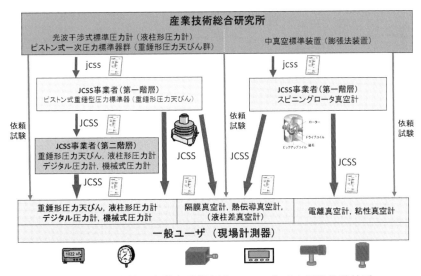

図1.13 計量法校正事業者登録制度(JCSS)に基づく標準供給体系
（依頼試験とは、産総研が一般ユーザの計測器を直接校正する方法で、特別に高精度な校正が必要な場合などに行われる）

第7編 真空が牽引する次世代先端科学技術

真空技術に関連があるところでは、日本真空学会規格(JVIS)がある。技術の普及が先行し、特に取り決めなどなくても、事実上の規格になったものをデファクト標準と呼ぶ。

規格と似た概念に法律がある。法律は、その国が定めた守るべきルールであり、場合によっては罰則がある。法律は遵守する必要があるが、一方、規格を遵守するかどうかは任意である。しかし、JISやISO規格は、専門家間で議論され、合意されたという点で権威がある。専門家としては、少なくとも、JISやISO規格で定められた内容や方法を知っておくことが望ましい。

(2) 真空分野の工業標準[30]

スイスのジュネーブに本部を置く国際標準化機構(ISO)は1947年に発足し、日本は、経済産業省が事務局を務める日本工業標準調査会(JISC)が代表となって1952年に加入している。JISCは、ISO規格案やJISの国内審議を分野毎に工業会や学会などの団体に委託している。概ね同じ団体が両方の審議を行っており、基本的にISO規格とJISは整合するようにしている。真空技術関連は、(公社)日本表面真空学会が委託を受けており、規格標準化委員会が実務を担当している。また、(一社)日本真空工業会も規格標準委員会を組織しており、2018年現在は、日本表面真空学会と日本真空工業会の両委員会が、規格標準合同検討委員会を組織して、真空分野に関するJISやISO規格に関する議論を協力して行っている。

ISOには、2017年現在、200以上の技術委員会(TC：Technical Committee)があり、真空技術はTC112で議論されている。TC112では、3つのワーキンググループ（WG1：真空ポンプ、WG2：真空計測機器、WG3：真空コンポーネント）に分かれて、世界各国の代表が定期的に会合を持って、議論を進めている。日本は、1991年から委員を派遣し、議論に積極的に参加している[30]。一方、JISは、規格標準合同検討委員会の委員が中心となって、有識者を招き、議題となるJIS毎に分科会や委員会などを開催して、議論を行っている。

JISやISO規格を制定する際には、それぞれ厳密な手順やルールがあり、それに従って議論を進める必要がある。具体的な手順やルールは、JISCホームページに詳しい[31]。

2018年現在維持されている、真空技術に関連するJISとISO規格を表1.3にまとめた。JISやISO規格は、定期的に内容の見直しを行っており、時代の要請に応じて、新たな規格が制定されたり、廃止されるので、その都度、最新の規格であるかの確認が必要である。

ま と め

本稿では2つのstandard、即ち、計量標準と工

表1.3 2018年現在，ISO TC112 真空技術で維持しているISO規格と対応するJIS

（a）共通分野

ISO規格番号	ISO規格名	対応JIS番号	JIS名
ISO 3529-1 :1981	Vacuum technology — Vocabulary — Part 1: General terms	JIS Z 8126-1: 1999	真空技術—用語—第1部：一般用語
—	—	JIS Z 8207: 1999	真空装置用図記号

（b）WG1真空ポンプ関連

ISO規格番号	ISO規格名	対応JIS番号	JIS名
ISO 1608-1: 1993	Vapour vacuum pumps — Measurement of performance characteristics — Part 1: Measurement of volume rate of flow (pumping speed)	JIS B 8317-1: 1999	蒸気噴射真空ポンプ—性能試験方法—第1部：体積流量（排気速度）の測定
ISO 1608-2: 1989	Vapour vacuum pumps — Measurement of performance characteristics — Part 2: Measurement of critical backing pressure	JIS B 8317-2: 1999	蒸気噴射真空ポンプ—性能試験方法—第2部：臨界背圧の測定
ISO 3529-2: 1981	Vacuum technology — Vocabulary — Part 2: Vacuum pumps and related terms	JIS Z 8126-2: 1999	真空技術—用語—第2部：真空ポンプ及び関連用語
ISO 21360-4: 2018	Vacuum technology — Turbomolecular pumps — Measurement of performance characteristics	JIS B 8328: 2009	真空技術—ターボ分子ポンプの性能試験方法

ISO 21360-1: 2012	Vacuum technology — Standard methods for measuring vacuum-pump performance — Part 1: General description	JIS B 8329-1: 2015	真空技術—真空ポンプの性能試験方法—第1部：共通試験方法
ISO 21360-2: 2012	Vacuum technology — Standard methods for measuring vacuum-pump performance — Part 2: Positive displacement vacuum pumps	JIS B 8329-2: 2015	真空技術—真空ポンプの性能試験方法—第2部：容積移送式真空ポンプの試験方法
ISO 27892: 2010	Vacuum technology — Turbomolecular pumps — Measurement of rapid shutdown torque	—	—

(c) WG2 真空計測関連

ISO規格番号	ISO規格名	対応JIS番号	JIS名
ISO 3529-3: 2014	Vacuum technology — Vocabulary — Part 3: Total and partial pressure vacuum gauges	JIS Z 8126-3: 1999	真空技術—用語—第3部：真空計及び関連用語
ISO 3567: 2011	Vacuum gauges — Calibration by direct comparison with a reference gauge	JIS Z 8750: 2009	真空計校正方法
ISO 14291: 2012	Vacuum gauges — Definitions and specifications for quadrupole mass spectrometers	—	—
ISO 19685: 2017	Vacuum technology — Vacuum gauges — Specifications, calibration and measurement uncertainties for Pirani gauges		
ISO/TS 20175: 2018	Vacuum technology — Vacuum gauges — Characterization of quabrupole mass spectrometers for partial pressure measurement		
ISO 27893: 2011	Vacuum technology — Vacuum gauges — Evaluation of the uncertainties of results of calibrations by direct comparison with a reference gauge	—	—
ISO 27894: 2009	Vacuum technology — Vacuum gauges — Specifications for hot cathode ionization gauges	JIS Z 8129: 2014	真空技術—真空計—熱陰極電離真空計の仕様の表記法

(d) WG3 真空コンポーネント関連

ISO規格番号	ISO規格名	対応JIS番号	JIS名
ISO 1609: 1986	Vacuum technology — Flange dimensions	JIS B 2290: 1998	真空装置用フランジ
ISO 2861: 2013	Vacuum technology — Dimensions of clamped-type quick-release couplings	JIS B 8365: 1988	真空装置用クランプ形継手の形状及び寸法
ISO 3669: 2007	Vacuum technology — Bakable flanges — Dimensions of knife-edge flanges	—	—
ISO 9803:1993 (旧版)	Vacuum technology — Pipeline fittings — Mounting dimensions	JIS B 2293:2000	真空配管継手の取付け寸法
ISO 9803-1: 2007	Vacuum technology — Mounting dimensions of pipeline fittings — Part 1: Non knife-edge flange type		
ISO 9803-2: 2007	Vacuum technology — Mounting dimensions of pipeline fittings — Part 2: Knife-edge flange type		
ISO 21358: 2007	Vacuum technology — Right-angle valve — Dimensions and interfaces for pneumatic actuator		
ISO 27895: 2009	Vacuum technology — Valves — Leak test	—	—

(e) 対応ISO規格が無く，JISだけがあるもの

JIS Z 8751: 1994	液柱差を使う真空計による真空度測定方法
JIS Z 8752: 1989	熱陰極及び冷陰極電離真空計による圧力測定方法
JIS Z 8753: 1989	熱伝導真空計による圧力測定方法

業標準について説明した。両者の意味するところは異なるが、目的は共通であり、測定者や場所、時間が変わっても、同等な測定結果を得ることを目指している。

計量標準や工業規格の考え方を正しく理解し、研究開発や産業に役立てることが重要である。本稿が、その一助となれば幸いである。

〈吉田　　肇〉

〔参考文献〕

1) 平田正紘、真空、Vol.27, No.10, (1984) 747-758

2) 平田正紘、真空、Vol.48, No.12, (2005)599-603

3) 国立研究開発法人産業技術総合研究所計量標準総合センターホームページ、https://www.nmij.jp/library/units/

4) 独立行政法人産業技術総合研究所 計量標準総合センター　訳編, 国際文書第8版(2006)国際単位系(SI)安心・安全を支える世界共通のものさし, 日本規格協会(2007)

5) K. Jousten, Measurement 45(2012)2420-2425

6) 吉田肇、J. Vac. Soc. Jpn. Vol.56, No.11, (2013)449-456

7) 小島桃子、小畠時彦、J. Vac. Soc. Jpn. Vol.59, No.12, (2016)352-359

8) A. Ooiwa, M. Ueki and R. Kaneda：Metrologia, 30(1994)565

9) 小畠時彦、高圧力の科学と技術、14巻2号 184-189.

10) 小畠時彦、小島桃子、梶川宏明、Synthesiology、4巻4号 209-221.

11) H. Akimichi, E. Komatsu, K. Arai and M. Hirata：Proceedings of the 44th International Conference on Instrumentation, Control and Information Technology(SICE 2005), Okayama(2005)p.2145

12) H. Yoshida, E. Komatsu, K. Arai, M. Kojima, H. Akimichi, T. Kobata, ACTA IMEKO June 2014, Volume 3, Number 2, 48 – 53

13) K. Arai, H. Yoshida, M. Shiro, H. Akimichi andM.Hirata：Abstructs of the 4th Vacuum and Surface Sciences Conference of Asia and Australia(VASSCAA-4), Matsue(2008)p.359

14) H. Yoshida, M. Shiro, K. Arai, H. Akimichi and M. Hirata：Vacuum, 84(2010)277

15) H. Yoshida, M. Hirata and H. Akimichi：Vacuum, 86(2011)226

16) 吉田肇、新井健太、秋道斉、平田正紘、J. Vac. Soc. Jpn. Vol.51, No.3, (2008)109-111

17) Hajime Yoshida, Kenta Arai, Masahiro Hirata, Hitoshi Akimichi, Vacuum 86(2012) 838-842

18) Hajime Yoshida, Kenta Arai, Hitoshi Akimichi, Tokihiko Kobata, Measurement 45 (2012)2452-2455

19) Hajime Yoshida, Kenta Arai, Tokihiko Kobata, Vacuum 101(2014)433-439

20) 吉田肇、秋道斉、小畠時彦、J. Vac. Soc. Jpn. Vol.55, No.5, (2012)226-232

21) H. Yoshida, K. Arai, "Quantitative measurements of various gases in high and ultrahigh vacuum", J. Vac. Sci. Technol. A 36, 031604(2018).

22) M. Kojima and T. Kobata：Proc. 29th Sensing Forum, Hitachi

23) 新井健太、秋道斉、平田正紘、J. Vac. Soc. Jpn. Vol.53, No.10, (2010)614-620

24) Kenta Arai and Hajime Yoshida, Metrologia 51(2014)522-527

25) Kenta Arai, Hajime Yoshida, Tokihiko Kobata, Measurement 48(2014)149-154.

26) JIS Z 8750：2009 真空計校正方法、日本規格協会(2009)

27) ISO 3567：2011 Vacuum gauges — Calibration by direct comparison with a reference gauge, ISO(2011)

28) 独立行政法人製品評価技術基盤機構 ホームページJCSS公開資料 JCSS校正証明書発行件数（平成26～28年度）、http://www.nite.go.jp/data/000049535.pdf

29) JIS Z 8002：2006標準化及び関連活動──一般的な用語、日本規格協会(2006)

30) 平田正紘、J. Vac. Soc. Jpn. Vol.50, No.8, (2007)507-511

31) 日本工業標準調査会ホームページ、http://www.jisc.go.jp/

〔第8編〕
環境・安全・衛生対策と法規

第1章　化学物質の排出等汚染防止関連法

第2章　化学物質管理の関連法

第3章　製品安全および情報伝達の関連法

第4章　廃棄物管理及び製品含有化学物質管理の関連法

第5章　機器の高効率化の関連法

第1章 化学物質の排出等汚染防止関連法

第1節 大気汚染防止法[1]

1.1 背景・目的

　事業活動等による大気へ有害物質の排出等を規制し、大気の汚染に関し、国民の健康の保護と生活環境を保全し、人の健康に係る被害が生じた場合の被害者の保護を図ることを目的として昭和32年に制定された「ばい煙の排出の規制等に関する法律」が日本で初めての大気汚染防止に関する法律であった。

1.2 法概要

　ばい煙の発生源となる燃料が石炭から石油に移行したことを受けて昭和43年に大気汚染防止法が制定された。その後、都道府県による上乗せ規制が設けられるようになったこと、違反に対しての直罰や無過失責任に基づく損害賠償の規定導入等、改正がなされてきた。また、産業や事業活動の変化に伴い、規制対象物質が追加されている。

　工場や事業場から排出され、または飛散する大気汚染物質について、物質の種類毎、施設の種類・規模毎に排出基準が定められている。

　物質の種類としては、固定発生源（自動車等を除く）として以下のとおりに分類されるが、平成16年には特に塗装工程等で発生する揮発性有機化合物の排出基準が定められた。以下に種類毎にまとめる。

(1) ばい煙

　ばい煙は燃焼等に伴い発生するいおう化合物やばいじんと、有害物質に大別される。有害物質とは、①カドミウム及びその化合物、②塩素及び塩化水素、③ふっ素、ふっ素化合物及びふっ化珪素、④鉛及びその化合物、⑤窒素酸化物を言う。

(2) 揮発性有機化合物（以下VOC）

　VOCは大気中に排出され、または飛散した時に気体である有機化合物（浮遊粒子状物質及びオキシダントの生成にならない物質を除く）を言い、トルエン、キシレン、酢酸エチル等多くの物質が含まれる。VOCは対象となる排出施設や送風機の送風能力等により排出基準がppmCとして規制されている。「ppmC」とは、排出基準を示す単位で、炭素換算の容量($1m^3$)比百万分率で、例えば自動車の塗装施設（新設）、オフセット印刷用乾燥機および工業製品の洗浄施設等の排出基準（VOCの許容限度）は400ppmCと定められている。

(3) 粉じん

　粉じんは物の破砕やたい積等により発生し、または飛散するものを言い、一般粉じんと健康被害のおそれのある特定粉じん（石綿）を定めている。

(4) 有害大気汚染物質

　有害大気汚染物質は低濃度であっても長期的な摂取により健康影響が生じるおそれがある物質のことで、該当する可能性がある物質として248種類あり、そのうち特に優先的に取り組むべき物質（優先取組物質）としてアクリルニトリル、アセトアルデヒドおよび塩化メチル等のVOCや六価クロム、水銀等の重金属類等の23種類がリストアップされている。特に、ベンゼン、トリクロロエチレン、テトラクロロエチレンの3物質は早急に排出抑制が必要な物質（指定物質）となっている。

　これらの物質毎、また施設の種類・規模毎に設置や変更の届出、測定義務や緊急時の措置等が定められており、大気汚染物質の排出者等はこの基準を守らなければならない。

　さらに人の健康または生活環境に係る被害が生じるおそれのある物質としてアンモニアやふっ化水素、ホルムアルデヒドやメタノール等28物質が定められており、故障や破損、事故等で大量に排出した場合は応急の措置と都道府県知事への通報等が義務付けられている。

1.3 改正

　①昭和43年大気汚染防止法、②昭和45年改正（上乗せ、直罰、地域限定枠廃止）、③昭和47年改正（無過失賠償責任）、④平成1年改正（特定粉塵

規制：石綿）、⑤平成8年改正（石綿の建築物解体時の指定等）、⑥平成16年改正（浮遊粒子物質、VOC規制）、⑦平成18年改正（石綿被害防止強化）、⑧平成22年改正（事業者の責務規定、罰則の強化）、⑨平成25年（石綿被害防止強化：工事発注者責任・説明責任等）⑩平成27年改正（平成25年の水銀に関する水俣条約が採択され、平成27年に水銀について排出施設の届出や排出基準の遵守等が改正された）。

第2節 水質汚濁防止法[2]

製造プロセス等で使用する化学物質に有害物質が含まれ、排水として排出する場合は、従来の規制に加えて、法の改正により貯蔵設備も対象施設となったため、その構造の届出や管理が必要である。

2.1 背景・目的

高度成長期の経済発展に伴い工場等からの排水が増加し、公共用水域において有害物質による汚染が多くなり、昭和33年に公共用水域の水質の保全に関する法律および工場排水等の規制に関する法律が制定された。その後昭和45年に水質汚濁防止法が公布され、前述の2つの法律は水質汚濁防止法の施行（昭和46年）に伴い廃止された。

法制定の目的は、工場および事業場から公共用水域に排出される水の排出と、地下に浸透する有害物質を含んだ水を規制するとともに、生活排水対策を推進すること等によって、公共用水域および地下水の水質の汚濁の防止を図り、もって国民の健康を保護し、生活環境を保全することとしている。

2.2 法概要

水質汚濁防止法では、水質汚濁を生じる施設を特定施設として定め、その特定施設を設置する工場や事業場等に届出や水質測定の義務が課せられる。

特定施設は、

1) 人の健康に被害を生じるおそれのある有害物質（カドミウム及びその化合物や水銀及びアルキル水銀その他の水銀化合物等の重金属類、ベンゼンやトリクロロエチレン等のVOC、有機燐やシマジン等の農薬類およびふっ素及びその化合物やアンモニア、アンモニウム化合物、亜硝酸化合物及び硝酸化合物など）28項目を含む排水を排出する全ての特定事業場、ならびに

2) 生活環境等に被害を与えるおそれがある生活環境項目（生物化学的酸素要求量（以下BOD）や浮遊物質量（以下SS））等の15項目について1日の平均的な排水量が50㎥以上の特定事業場にそれぞれ基準値が設定されている。排水基準については、地域毎の対応として都道府県知事が上乗せ基準として濃度を規制することができる。また、閉鎖性海域（東京湾、伊勢湾、瀬戸内海）については、化学的酸素要求量（以下COD）、窒素およびりんの総量削減基本方針を環境大臣が定めることができる。

下水道が整備されている地域においては、河川等の公共水域ではなく、下水道に排出することができ、BODやSS等の生活環境項目の一部について排出基準が緩やかになっている。

2.3 改　　正

後述する土壌汚染対策法が制定された原因となった土壌・地下水汚染は、工場において生産設備や貯蔵設備の老朽化や生産設備等での作業ミス等による有害物質の漏えいが原因となる場合が多いことが指摘され、土壌・地下水汚染の未然防止のための取組みとして、平成24年に水質汚濁防止法が改正された。また平成25年に排水基準物質が追加された。

(1) 対象施設の拡大として、有害物質を貯蔵する施設等が加わり、その設置者は、施設の構造等について事前の届出が義務付けられた。

(2) 貯蔵等の構造等に関する基準が定められ、その遵守が、施設設置者に義務付けられた。

(3) 定期点検の義務として、施設の設置者は、施設の構造や・使用の方法等について定期的な点検と報告が必要となった。

(4) 排水基準物質として、ほう素及びその化合物、ふっ素及びその化合物、アンモニア・アンモニウム化合物・亜硝酸化合物及び硝酸化合物、1,4-ジオキサンが追加された。

第3節 土壌汚染対策法[3)]

工場等で、有害物質を使用していた場合は、その有害物質の使用を停止したり、工場の敷地内の土地の形質を定められた面積以上変更（土地の売買も含む）する場合、本法に該当する可能性がある。

3.1 背景・目的

大気、水質、騒音、振動、地盤沈下、悪臭という公害に対しての法律の制定に比較し、わが国は先進国のなかでも土壌汚染に関しての法制度の確立が遅れていたが、平成14年に制定された。

目的は、土壌汚染の状況を把握し、汚染による人の健康被害の防止を図り、国民の健康を保護するための法である。

3.2 法概要

土壌汚染対策法は、発生した汚染を調査により把握し、適切な対応を講じ、国民の健康を保護するために制定された。その結果として、土地の活用等が安全かつ円滑に進むようになってきた。

土壌汚染は、大気汚染や水質汚染と異なり、汚染が土壌中に蓄積しても色や匂い等の五感で感じにくく汚染の進行を把握しにくいという面があること

また、人体への健康被害の可能性としては、汚染土壌を直接摂取する場合と土壌汚染が地下水等に溶けだしたものを地下水の流れの下流側で汲み上げて飲用する場合があり、健康被害に影響を与える人体への摂取可能性の評価が難しいという側面がある。

これら土壌汚染の特徴を踏まえ、土壌環境基準として、特定有害物質が土壌中にどれだけ含まれているかを判断する含有量基準がカドミウム及びその化合物や水銀及びアルキル水銀その他の水銀化合物等の重金属類において定められており、また、水の中にどれだけ溶けだすかを判断する溶出基準が含有量基準物質に加えてベンゼンやトリクロロエチレン等のVOC、有機燐やシマジン等の農薬類およびふっ素及びその化合物やアンモニア、アンモニウム化合物、亜硝酸化合物及び硝酸化合物等26物質に定められている。

土壌汚染の調査の実施と対策にあたっては、大きく以下の3段階がある。

(1) 土壌汚染調査

調査の契機は3通りあり、①有害物質を使用している特定施設の使用の廃止時、②一定規模（3,000㎡以上）の土地の形質の変更時で、都道府県知事等が土壌汚染のおそれがあると認める時、③都道府県知事等が土壌汚染により健康被害が生ずるおそれがあると認める時、である。

(2) 区域の指定

調査は定められた指定調査機関が実施し、調査結果は、都道府県知事等に報告の義務がある。

その結果、土壌の汚染状態が基準を超過した場合は、2種類の区域に分類され、指定される。

①要措置区域（健康被害が生ずるおそれがあり、汚染の除去等の措置が必要な区域）

②形質変更時要届出区域（土壌汚染の摂取経路が無く健康被害が生ずるおそれがないため、汚染の除去等の措置が不要な区域）

(3) 土壌汚染への対応

①要措置区域に指定された場合は、土壌汚染の人への摂取経路の遮断等の対策が必要となる。対策が実施され効果が確認された場合は、②の形質変更時要届出区域に変更される。しかし、それまでは、土地の形質変更が原則禁止となる。

②形質変更時要届出区域は土地の形質変更時に都道府県知事等への計画の届出が必要となる。

その他、各自治体が条例により、上記の土地の形質変更の面積を3,000㎡以上ではなく、それより狭い土地面積として規制を強化する地域もあり、注意が必要である。

3.3 改正

平成14年の法施行以降、法が適用されない土壌汚染の発見の増加、土壌汚染対策にあたって費用のかかる対策への偏重、土地所有者等への過剰な負担の増加および汚染土壌の不適正処理による汚染の拡散などの問題が明らかになり、これらの解決に向け平成22年に法律が改正された。

さらに、平成29年4月1日からは特定有害物質にクロロエチレン（別名：塩化ビニル・塩化ビニルモノマー）が追加されることとなったが、本物質はトリクロロエチレン等の塩素化エチレンの生物分解により発生する可能性があることと、また

基準値が厳しいため、トリクロロエチレン等の塩素化エチレンで土壌対策が終了している場合でも、分解生成物としてのクロロエチレンが基準を超過するおそれがあるので注意が必要である。

　また、平成29年3月に「土壌汚染対策法の一部を改正する法律案」が閣議決定され平成29年5月に改正法が公布された。改正法の概要は、工場が操業中等の理由で調査が猶予されている土地の調査の実施や要措置区域内における措置内容が不十分とみなされた場合に対策内容の変更が命令される等、対応が強化される一方、健康被害のおそれがない土地の形質変更については工事毎の事前届出から事後届出とする等の改正もあり、リスクに応じて規制が合理化される。

　改正法は2段階で施行され平成30年4月1日に第1段階が施行された。

〈鈴木　　浩〉

〔参考文献〕
1）環境省ホームページ
　HTTP://www.env.go.jp/air/osen/law/
　HTTP://www.env.go.jp/air/osen/voc/voc.html
2）関連URL：
　http://www.env.go.jp/water/impure/haisui.html
3）関連URL：
　https://www.env.go.jp/water/gojo/pamph_law-scheme/pdf/full.pdf
　https://www.env.go.jp/press/102286.html
　https://www.env.go.jp/press/103723.html

第2章 化学物質管理の関連法

第1節 労働安全衛生法[1]

1.1 目　　的

　本法は、労働者の安全と健康の確保とともに、快適な職場環境の形成促進を目的として、労働災害を防止するための技術上の基準や安全衛生管理体制等の必要な事項を規定している。労働基準法（昭和22年制定）「第5章 安全及び衛生」として規定していたものを、内容を拡充して単独の法律として制定（昭和47年6月8日）したものである。

1.2 法 概 要

　化学物質管理に関する規制は主に、「労働者の危険又は健康障害を防止するための措置」（法第4章）、「機械等並びに危険物及び有害物に関する規制」（法第5章）、「健康の保持増進のための措置」（法第7章）に規定されている。さらに詳細については施行令や「労働安全衛生規則（安衛則）」、「特定化学物質障害予防規則（特化則）」、「有機溶剤中毒予防規則（有機則）」等で定められている。

(1) 製造等の禁止、許可

　製造や取り扱いの過程で労働者に重度の健康障害を及ぼす物質の製造、輸入等を禁止している（法第55条）。具体的には施行令第16条に列挙されている、黄りんマッチ、ベンジジン等の8物質および製剤または混合物がこれにあたる。また、労働者に重度の健康障害を及ぼすおそれのある物質を製造する場合には、あらかじめ厚生労働大臣の許可を受ける必要がある（法第56条）。

　具体的には施行令別表第3「特定化学物質等」の1号に定められている第1類物質（ジクロルベンジジン等の7物質および製剤または混合物）がこれにあたる。

(2) 製造等に係る必要な措置

　施行令別表第3では、2号で第2類物質、3号で第3類物質を指定している。また、施行令別表第6の2では有機則の対象となる有機溶剤を指定

している。

　特化則、有機則では、第1類物質と併せてこれらの物質を製造、取り扱う際に必要な措置を定めている。具体的には、製造設備の密閉化（特化則第3条、第4条）、発散源対策（特化則第3条、第5条、有機則第5条等）、漏えい防止対策（特化則第13条等）、保護具の着用（特化則第43条、有機則第32条等）等を事業者に義務付けている。また、作業主任者の選任（法第14条、特化則第27条、有機則第19条）や設備の定期自主点検（法第45条、特化則第30条、有機則第20条等）、作業環境測定（特化則第36条等、有機則第28条等）、健康診断（特化則第39条、有機則第29条等）の詳細がそれぞれ定められている。

(3) 有害性等の表示・通知・調査

　第1類物質に加え、労働者に危険もしくは健康障害を及ぼすおそれのある物質（具体的には施行令別表第9で指定、第1類物質と合わせて640物質、平成29年3月1日からは別表第9への追加指定により663物質）を譲渡する場合等には、容器等に名称や人体に及ぼす作用、貯蔵・取扱上の注意等を表示しなければならない（法第57条）。さらに、平成30年7月1日からアスファルトなど10物質が追加された。

　また、これらの物質を譲渡等する場合には、ラベルを貼付し相手方に安全データシート(SDS：Safety Data Sheet)を交付して、一定の事項を通知しなければならない（法第57条の2）。

　通知にあたっては、JIS Z 7252に基づき分類し、JIS Z 7253に基づき表示することが推奨されている（各JISについては、第3章1.2法概要（3）の4）a）およびb）参照）。通知すべき事項は、①化学品および会社情報、②危険有害性の要約、③組成および成分情報、④応急措置、⑤火災時の措置、⑥漏出時の措置、⑦取扱いおよび保管上の注意、⑧ばく露防止および保護措置、⑨物理的および化学的性質、⑩安定性および反応性、⑪有害性情報、

⑫環境影響情報、⑬廃棄上の注意、⑭輸送上の注意、⑮適用法令、⑯その他の情報の16項目である。

さらに、これらの物質を製造、取り扱う場合にはリスクアセスメント（危険性または有害性等の調査）が必要とされる（法第57条の3）。具体的な実施方法は、「化学物質等による危険性又は有害性等の調査等に関する指針」（平成27年9月18日公示）に示されている。

主な手順を以下に示す。ⅰ）SDSに記載されている「危険有害性の要約」等（特に重要な項目は、a）製品の特定名（上述SDS項目番号の①、以下同様）、b）絵表示（②）、c）注意喚起語（②）、d）危険有害性情報（②）、e）注意書き（②）、f）供給者の情報（①）の6項目）に即して危険性または有害性を特定、ⅱ）リスクの見積もり、ⅲ）リスク低減措置の内容の検討、ⅳ）リスク低減措置の実施、ⅴ）リスクアセスメント結果の労働者への周知。

このリスクアセスメント制度は、平成26年6月25日の第4次改正によって創設され、平成28年6月1日に施行された。リスクアセスメントの実施義務は、施行日以降の対象物の新規採用・変更、対象物に係る作業方法・手順の新規採用・変更、対象物の危険有害性情報の変更の場合とされ、その他の場合は努力義務とされている。また、④の低減措置の実施のうち、省令等で規定されている措置以外は、努力義務とされている

法第57条の4では、新規化学物質を製造等する際の有害性調査義務が規定されている。

(4) 労働基準監督官の権限

本法の執行のため、労働基準監督官には労働基準法上の権限を引き継いで、強力な権限（立入検査、帳簿検査等）が与えられている（法第91条）。

1.3 改　　正

昭和47年の制定以降4回の大きな改正を経てきた。最近の大きな改正は、先述のリスクアセスメント制度やストレスチェック制度を創設した第4次改正（平成26年6月25日）である。

第2節 特定化学物質の環境への排出量の把握等及び管理の改善の促進に関する法律（化学物質排出把握管理促進法）[2]

2.1 背景・目的

化学物質による環境汚染に対する市民の関心の高まりを受け、諸外国で化学物質排出移動量届出 (PRTR : Pollutant Release and Transfer Register)が制度化されてきた。その後、平成4年の国連環境開発会議で採択された「アジェンダ21」に化学物質の管理の重要性が位置づけられ、また、平成8年2月にOECDがPRTRの法制化を勧告した。本法は、以上の背景を受け、事業者による化学物質の自主的管理の改善促進、環境保全上の支障の未然防止を目的に、平成11年7月13日に制定された。

2.2 法　概　要

一定の要件を満たした事業者が指定の化学物質を排出・移動した際の量を把握し、国に届け出る「PRTR制度」と、指定化学物質等を国内の他の事業者に譲渡・提供する際にその物質等の特性および取扱いに関する情報を事前に提供する「SDS制度」が規定されている。

(1) PRTR制度

人の健康や生態系に有害なおそれがある等の性状を有する化学物質で、相当広範な地域の環境において継続して存在していると認められる物質を、「第1種指定化学物質」として施行令別表第1で462物質指定している。また、石綿やカドミウム等の15種類の物質を特定第1種指定化学物質として指定している（施行令第4条1号イ）。

PRTRの届出が必要な事業者（「第1種指定化学物質取扱事業者等」）の該当要件は以下の通り（法第2条5項、施行令第4条、第5条）。

①第1種指定化学物質を製造・使用（一定割合（※）以上を含有する等の要件を満たす製品の使用を含む）等する事業者

②事業活動に伴って付随的に第1種指定化学物質を生成させ、排出することが見込まれる事業者
上述①もしくは②の事業者で、

a) 対象業種：「金属鉱業」「原油および天然ガス鉱業」等の計24業種のいずれかに属する事業を営む

b) 従業員数：常用雇用者数21人以上
c) いずれかの第1種指定化学物質の年間取扱量が1t（特定第1種指定化学物資の場合は0.5t）以上
等の要件を満たす事業者が該当する。

第1種指定化学物質取扱事業者等は、第1種指定化学物質の環境への排出量と廃棄物に含まれての移動量とを事業所毎に把握し、都道府県を経由して国に届け出なければならない（法第5条）。

国は、届け出られた情報と、非対象業種・届出対象外事業所および家庭等からの排出量推計結果を集計し、公表する（法第7条、第8条、第9条）。また、国は、PRTRの集計結果等を踏まえて、環境モニタリング調査や、人の健康や生態系への影響についての調査を行い、その成果を公表する（法第12条）。

（※）一定割合：1%、ただし特定第1種指定化学物質は0.1%。（(2) SDS制度の記述においても同様）

(2) SDS制度

人の健康や生態系に有害なおそれがある等の性状を有する化学物質で、製造量等の増加等により、相当広範な地域の環境において継続して存在することが見込まれる物質を、「第2種指定化学物質」として施行令別表第2で100物質指定している。物質の特性および取扱いに関する情報(SDS)を提供する義務は第2種指定化学物質を取り扱う事業者にも及ぶ。対象事業者の該当要件は以下の通り（法第2条6項、施行令第6条）。

①第1種指定化学物質および第2種指定化学物質を製造・使用（一定割合(※)以上含有する等の要件を満たす製品の使用を含む）等する事業者
②事業活動に伴って付随的に第1種指定化学物質を生成させ、排出することが見込まれる事業者（PRTR制度のような業種・取扱数量等による限定はない）

①もしくは②の事業者（「指定化学物質等取扱事業者」）は、指定化学物質（第1種指定化学物質および第2種指定化学物質）または指定化学物質を一定割合（※）以上含有する等の要件を満たす製品を国内の他の事業者に譲渡または提供する時は、譲渡または提供の時までに、その相手方に対して、その特性および取扱いに関する情報(SDS)を提供しなければならない（法第14条）。

SDSの記載項目・方法は、JIS Z 7253に適合することが努力義務とされており（指定化学物質等の性状及び取扱いに関する情報の提供の方法等を定める省令第3条、第4条）、先述労働安全衛生法のSDSで示した16項目と同じである。併せて製品のラベルに以下の6項目を表示することを努力義務として定めている（同省令第5条）。①化学品の名称、②注意喚起語、③絵表示、④危険有害性情報、⑤注意書き、⑥供給者を特定する情報。

なお、SDSによる情報提供義務に違反した場合は、国から勧告を受ける場合があり、さらに勧告に従わなかった場合は、事業者名が公表されることがある（法第15条）。また、国から報告を求められた事業者がそれに従わなかった場合に罰則が科せられる（法第16条、第24条）。

第3節 化学物質の審査及び製造等の規制に関する法律[3]

3.1 背景・目的

昭和40年代に発生したポリ塩化ビフェニル(PCB)による健康被害は、それまでの規制で想定していなかった経路を経て発生した。それは、化学物質を含んだ製品の通常の使用・消費・廃棄を通じて化学物質が環境に放出され、環境中で分解されず汚染が進行し、体内に蓄積することによって健康被害を引き起こした。このような背景から、本法は、新規化学物質に関する事前審査制度を設けるとともに、PCB類似の性状（難分解性、高蓄積性、長期毒性）を有する化学物質の製造、輸入、使用等について必要な規制を行うことを目的として、世界に先駆けて制定された（昭和48年10月16日公布、昭和49年4月16日施行）。

3.2 法 概 要

(1) 新規化学物質に関する審査および規制

我が国において新たに製造または輸入される化学物質（「新規化学物質」（法第2条6項））について、その製造または輸入を開始する前に国に届出を行い（法第3条）、国の審査（法第4条）によって規制対象か否か判定されるまでは、原則として製造、輸入をすることができない（法第6条）。ただし、年間数量が1t以下等の場合は、届出不要（法第3条但書）。

(2) 上市後の化学物質に関する継続的な管理措置

1047

第8編　環境・安全・衛生対策と法規

包括的な化学物質の管理を行うため、本法制定以前に製造・輸入されていた既存化学物質を含む「一般化学物質」（法第2条7項）等について、1企業、1物質に関し1t以上の製造・輸入を行った事業者に届出義務を課している（法第8条）。

国はこの届出によって把握した製造、輸入数量等を踏まえ、または新規化学物質の審査の結果等を踏まえ、リスクが十分に低いと判断されないためリスク評価を優先的に行う物質を「優先評価化学物質」に指定する（法第2条5項）。優先評価化学物質について、リスク評価のために必要な情報を国が収集できるよう、事業者に対して製造数量等の届出（法第9条）、資料提出等（法第10条）を義務付けている。

（3）化学物質の性状等に応じた規制

「第1種特定化学物質」（31物質、「難分解性」「高蓄積性」「長期毒性（人または高次捕食動物）」を有する化学物質（法第2条2項、施行令第1条））について、製造・輸入の許可制（法第17条、第22条）、使用用途の制限（法第25条）等を規定している。

「監視化学物質」（37物質、「難分解性」「高蓄積性」が確認されているものの「長期毒性」が明らかになっていない物質（法第2条4項））について、製造・輸入数量等の監視（法第13条）、事業者に対する有害性調査指示（法第14条）を規定している。

「第2種特定化学物質」（23物質、「難分解性」「高蓄積性」がないものの、「長期毒性（人または生活環境動植物）」を有する化学物質のうち、相当広範な地域の環境において相当程度環境中に残留している、またはその見込みがあるもの（法第2条3項、施行令第2条））について、製造・輸入の予定数量の届出義務（法第35条）等を規定している。

なお、上記（1）から（3）に共通する特色として、届出や数量の算定は事業者単位で実施することとされており、届出等の様式は後述経済産業省のホームページの「届出・申出・報告・手続」のページからダウンロードすることができる。

本法に規定する義務に違反した事業者には、その重大さに応じて罰則が科せられる（法第57〜63条）。

3.3　改　　正

（1）昭和61年改正

従来、「難分解性」「高蓄積性」「長期毒性」の性状をもつ物質を「特定化学物質」として規制してきたが、「高蓄積性」のない化学物質も規制に含める必要が生じたことから、従来の「特定化学物質」を「第1種特定化学物質」として、新たに「第2種特定化学物質」「指定化学物質」の制度を導入した。

（2）平成15年改正

従来、人に対する「長期毒性」だけで判断して規制してきたが、環境中の動植物への影響の観点を含めて規制することになった（「長期毒性」判定の拡大）。また、「難分解性」「高蓄積性」があるものの「長期毒性」が明らかでない物質について、それが明らかになるまでの間も法的監視下におくこととした（「第1種監視化学物質」「第3種監視化学物質」制度の導入、「指定化学物質」を「第2種監視化学物質」に改称）。

（3）平成21年改正

従来、既存化学物質は規制対象外であったが、包括的管理を行うために、既存化学物質も含む一定量以上の「一般化学物質」を届出義務の対象に加えた。

また、「優先評価化学物質」制度が導入され、それに伴い「第2種監視化学物質」「第3種監視化学物質」は廃止され、「第1種監視化学物質」は「監視化学物質」に改称された。

国際条約と整合性を保つための改正として、低懸念ポリマー確認制度が創設された。

（4）平成30年改正

平成29年6月に化審法の一部が改正され、施行令が改正され平成30年4月1日に施行した。改正主要事項は次である。

（ⅰ）改正化審法を受けた改正

改正化審法の施行に伴い、新規化学物質の審査特例制度における国内製造量・輸入量の上限値となる環境排出量の数量を、少量新規特例制度では1トン、低生産量新規特例制度では10トンと定めた（第3条第3項及び第4条第2項）。

（ⅱ）第一種特定化学物質の追加

SCCP（短鎖塩素化パラフィン　政令指定名：ポリ塩化直鎖パラフィン（炭素数が10から13までの

ものであって、塩素の含有率が全重量の48%を超えるものに限る。））など
(ⅲ) 第一種特定化学物質が使用されている場合に輸入することができない製品の指定
　SCCPsの潤滑油、切削油および作動油など
(ⅳ) 第一種特定化学物質を使用することができる用途の削除
　ペルフルオロ（オクタン-1-スルホン酸）（別名PFOS）又はその塩を使用することができる用途として定められている。半導体用のレジストの製造などの用途を削除
(ⅴ) 技術上の基準に従わなければならない製品の削除
　技術上の基準に従わなければならないPFOS又はその塩が使用されている製品として、半導体用のレジストなどの製品を削除

第4節　その他の化学物質管理関連法
4.1 消　防　法
　本法は、火災を予防し国民の生命・身体等を保護するとともに、火災・地震等の災害被害を軽減することを目的としている。化学物質に関する主な規制内容は、危険物を性状に応じて区分して指定し、性状や物質単位で指定数量を定め、それを超える貯蔵、取扱いを規制している。

4.2 高圧ガス保安法
　本法は、高圧ガスによる災害の防止を目的としている。設備に関する技術基準では、高圧であることによる危険性に加え、「可燃性」や「毒性」という他の危険性に対応するため、政省令でいくつかのカテゴリーに分類・指定し、必要な規制を定めている。

4.3 毒物及び劇物取締法
　本法は、毒劇物の毒性に着目して、保健衛生上の見地から必要な取締を行うことを目的としている。製造・販売には登録を義務付ける等、事業に関して必要な規制を定めている。また、一般人による悪用や誤用を防止するための必要な措置も定めている。

4.4 揮発油等の品質の確保等に関する法律
　本法は、揮発油・軽油・灯油について、健康面・環境面・安全面等の観点から品質基準（規格）を定め、その品質の適正化を確保するために、製造・販売等について必要な規制を設けている。

4.5 農薬取締法
　本法は、病害虫の防除に用いられる農薬を対象としている。農業生産の安定と国民の健康保護、生活環境保全を目的に、これらの農薬の品質適正化、安全で適正な使用を担保するために必要な措置が定められている。

4.6 食品衛生法
　本法は、飲食に起因する衛生上の危害の発生から国民の健康を保護することを目的に、公衆衛生の見地から必要な規制が定められている。飲食に起因する衛生上の危害には、細菌性の食中毒に加え、食品に混入した環境汚染物質による食中毒も含まれている。

4.7 有害物質を含有する家庭用品の規制に関する法律
　本法は、家庭用品に含まれる有害物質によって国民の健康に危害が及ぼされることを防止するために、一定の家庭用品について有害物質の含有量、溶出量、発散量の基準を設定し、基準に適合しない家庭用品の販売を禁止する等、必要な規制を定めている。

〈松浦　徹也〉

〔参考文献〕
1）厚生労働省ホームページ「職場における化学物質対策について」
　http://www.mhlw.go.jp/stf/seisakunitsuite/bunya/koyou_roudou/roudoukijun/anzen/anzeneisei03.html
2）経済産業省ホームページ「化学物質排出把握管理促進法」
　http://www.meti.go.jp/policy/chemical_management/law/index.html
3）経済産業省ホームページ「化学物質の審査及び製造等の規制に関する法律（化審法）」
　http://www.meti.go.jp/policy/chemical_management/kasinhou/index.html

第8編 環境・安全・衛生対策と法規

第3章 製品安全および情報伝達の関連法

第1節 GHS[1]

GHS(Globally Harmonized System of Classification and Labelling of Chemicals)とは、2003年7月に国際連合で決議された化学品の分類および表示に関する勧告である。

1.1 背景・目的

数多くの化学品が世界中で利用され、人々の生活を向上させている。利用されている化学品は人々の利便性を向上させるプラスの面だけではなく、人や環境にマイナスの影響をもたらす可能性もある。多くの国々や機関は使用者へのラベルやSDSを通じて化学品の情報提供と伝達を義務付け、法律や規則を定めているが、現在利用されている化学品の種類と数を考慮すると、そのすべてを個々に規制することは現実的に難しい状況である。また同じ化学品においても国毎にラベルまたはSDSが異なっていることも多く、世界共通の基準がないことが問題になっていた。

GHSは化学品の危険有害性（ハザード）毎の分類基準およびラベルやSDSの内容を調和させ、世界的に統一したルールで危険有害性等の情報を提供し、人々の安全・健康、および環境を保護することを目的としている。

1.2 法 概 要

(1) GHSの期待効果

GHSの実施により以下の効果が期待される。

1) 危険有害性の情報伝達が国際的に調和され、人の健康と環境の保護が強化される。
2) 危険物質に関するシステムを持たない国々に対して、国際的に承認された枠組みが提供される。
3) 化学品の試験および評価の必要性が少なくなる。
4) 危険有害性が国際的な基準で評価された化学品の国際取引が促進される。

(2) GHSの範囲

GHSの適用範囲は、全ての危険有害な化学品（純粋な化学物質、その希釈溶液、化学物質の混合物）となっているが、成形品は除かれている。また医薬品、食品添加物、食品中の残留農薬等はラベルの対象物質から除かれている。

適用対象者は労働者、消費者等の化学品を扱う者だけでなく、輸送関係者、救急対応者等の間接的にかかわる者も対象となっている。

(3) 日本におけるGHS導入に関する活動

1) 関係省庁連絡会議の設置

GHSに関する情報の共有、国連GHS専門家小委員会への対応を目的とした「GHS関係省庁連絡会議」を設置した。

2) 国連GHS文書の邦訳

国連GHS文書の邦訳を経済産業省、厚生労働省のホームページに掲載している。

3) GHS分類ガイダンスの整備

分類作業をより正確かつ効率的に実施する手引書として、関係省庁により「GHS分類ガイダンス」を作成した。

4) 日本工業規格(JIS) の整備

GHSに関しては以下のJISが制定されており、これらJISに準拠することで、化学物質排出把握管理促進法、労働衛生安全法、およびGHSにも対応したSDSおよびラベルを作成、提供することができる。

(a) JIS Z 7252:2014

GHSに基づく化学物質の分類方法

GHSの分類方法を規定し、国連GHS文書改訂第4版に対応させて、JIS Z 7252:2009版に代わり、2014年3月に制定された。

(b) JIS Z 7253:2012

GHSに基づく化学品の危険有害性情報の伝達方法－ラベル、作業場内の表示および安全データシート(SDS)

JIS Z 7250:2010（化学物質等安全データシー

1050

ト(MSDS)-内容および項目の順序）およびJIS Z 7251:2010（GHSに基づく化学物質等の表示）を統合して、作業場内に表示すべき内容を追加し、国連GHS文書改訂第4版にも対応させて、2012年3月に制定された。

※JIS Z 7250:2010とJIS Z 7251:2010は上記移行により平成24年3月25日に廃止された。

第2節 CLP規則[2]

2009年1月20日に施行されたCLP規則(Regulation on Classification, Labelling and Packaging of substances and mixtures)は、GHSをベースとしたEUにおける化学品の分類、表示、包装に関する規則である。

2.1 背景・目的

従来、REACH規則では分類・表示・包装について、指令67/548/EECおよび指令1999/45/ECに従っていたが、EU域内の人々の健康と環境の高いレベルでの保護を実行し、同時に基準の調和によるEU域内における化学物質の自由な移動を目的として、CLP規則が施行された。これに伴いEUではGHSに準拠した分類・表示・包装へ段階的に移行していった（CLP規則の分類のルールは基本的にGHSと同じだが、一部の危険有害性の区分が若干異なる）。物質では2010年12月1日までに、混合物では2015年6月1日までにCLP規則による分類・表示への移行が義務付けられ、現在では移行が完了している。そのためCLP規則はREACH規則で導入された分類・表示を包含した規則になっている。

2.2 法 概 要

(1) CLP規則の対象範囲

CLP規則の対象となる物質および混合物は、原則としてEU域内で製造、輸入されるほぼすべての化学品である。REACH規則では年間1t以上EU域内で製造・輸入される物質が登録対象となるが、CLP規則では化学物質（物質や混合物）を取り扱う労働者や消費者に対し、ラベルにより注意を促す点から数量的な制限は設けておらず、年間1t以下でも適用の対象となる。

ただし放射性物質や上市されない研究目的の物質もしくは混合物は、CLP規則から適用が除外される。また、最終用途が医薬品や医療器具、化粧品や食品添加物等に該当する物質もしくは混合物もCLP規則の適用外となる。

(2) CLP規則における分類

EU域内の製造者または輸入者は、EU域内で上市する前に製造もしくは輸入する物質または混合物の危険有害性を分類しなければならない。分類は製造者または輸入者自らがCLP規則の附属書VIのPartVI Table3.1の「調和された分類」を参照し行い、対象の物質がここに掲載されていれば原則としてその分類を使用する。また、混合物においては、下記の手順で自ら分類を行う。

1) 製品中の成分を特定
2) 各成分の組織情報を収集
3) 混合物自体の試験データがあればそれを使用
4) 類似混合物のデータがあれば、つなぎの原則を適用
5) 各成分に応じたCLP規則の附属書Iに定められた濃度限界値を使用

上記の3)、4)、5) は混合物によって状況は異なり、対象となる混合物毎の判断となる。

(3) CLP規則における表示

危険有害性があると判断（分類）された物質または混合物について以下の情報をラベル表示しなければならない。

1) 供給者の名称、住所、電話番号(Supplier)
2) 物質または混合物の内容量(Nominal quantity)
3) 物質の化学品名/CAS番号および混合物の商品名

  どちらもREACH規則のSDSと同一表記が原則(Product identifiers)
4) CLP規則による絵表示(Hazard Pictograms)
5) 注意喚起語(Signal words)
6) 危険有害性情報(Hazard statements)
7) 注意書き(Precautionary statements)
8) 補足情報(Supplemental information)

(4) CLP規則における包装

危険有害性のある物質もしくは混合物を入れる包装材は内容物が漏出しない設計であり、一般公衆に供給する場合は子供が容易に開けられない留め具や警告を備えることが義務付けられている。

（5）CLP規則における届出

EU域内に上市され、危険有害性があると分類された物質もしくは混合物、およびREACH規則で登録対象となる物質（年間あたり1t以上）の製造者もしくは輸入者は、物質毎に分類・表示の結果を欧州化学品庁(ECHA)に届出る義務があり、これは上市されてから1か月以内が期限となる。

また、健康および物理化学的な危険有害性のある混合物においては、新たに情報の提出を義務付けるCLP規則附属書Ⅷの草案が欧州委員会で策定された。適用時期は消費者使用の混合物で2019年7月1日、業務用途の混合物で2020年7月1日、工業用途の混合物で2023年7月1日の予定である。

第3節 CEマーキング[3]

CEマーキングとは、「Conformité Européenne：フランス語（英語：European Conformity)」の略で、EUで製品を流通・販売するために指定の製品に基準適合マーク（CEマーク）を表示することである。CEマーキングの表示製品は、適用を受けるEU指令の要求事項をすべて満たしている事を証明し、EU域内での自由な販売・流通が保証される。

3.1 背景・目的

EUにおける従来の製品安全の考え方は「安全や品質等の技術基準を細部にわたって規定する方法（オールドアプローチと呼ばれる）」であったが、この方法では国によって技術基準が異なるために整合作業に煩雑な手続きが必要でEU域内の自由な製品の流通を妨げる大きな原因となっていた。

そのため、1985年にEU域内における貿易の技術的な障壁となっていた製品安全に関する規制を統一することを目的とした「ニューアプローチ指令」が制定された。このニューアプローチ指令は、それぞれの製品が守るべき必要最低限の基準（必須要求事項）を規定するにとどめ、それらを具現化する製品の技術的要件の詳細は整合規格に定められている。つまり、製造者はニューアプローチ指令で規定された製品について、EU域内での自由な移動と人と環境の保護という目的のために必須要求事項に適合している必要があり、それを証明するCEマーキングの表示が要求されている。

3.2 法 概 要

（1）ニューアプローチ指令と整合規定

ニューアプローチ指令としてCEマーキングの表示を要求している指令は現在25あり、具体的な製品の特性毎に「低電圧電気機器指令」、「防爆機器指令」、「機械指令」、「医療機器指令」、「玩具の安全指令」等がある。これらの指令に関して必須要求事項を満たした製品にCEマーキングを表示する。

上記のニューアプローチ指令は指令間の一貫性の欠如等の問題点が指摘されていたため、指令間の整合性を高め、簡素化を実現するための見直しが行われ、2010年にNLF(New Legislative Framework)が発効された。これは「既存のニューアプローチ指令の整合化を促進する枠組み」を意味しており、NLFは以下の3つの規則、決定から成り立っている。

1)「欧州議会・理事会規則 764/2008/EC」
 他国に上市する製品の（一般）技術規則
2)「欧州議会・理事会規則 765/2008/EC」
 認定、市場監視、CEマーキング一般原則を規定
3)「欧州議会・理事会決定 768/2008/EC」
 製品販売に対する共通事項についての規定

整合規格とは、ニューアプローチ指令の必須要求事項を満たすための技術仕様であり、その規格は欧州標準化機関(CEN、CENELEC、ETSI)が定めている。整合規格の採用は任意であるが、整合規格を用いない場合は、第三者機関または自己宣言（自らの責任で保証する）で適合性を証明する必要がある。

（2）適合性評価モジュールの選定

必須要求事項の適合性評価を統一化するために「欧州議会・理事会決定No 768/2008/ECの附属書Ⅱ」では、CEマーク表示までの適合性評価の手続きの共通枠組みが定められ、「モジュール方式」という考え方が定型化されている。このモジュール方式では設計段階および生産段階の適合性評価手順がモジュールA（生産の内部管理）、B（型式試験）、C（型式への適合性）、D（生産の品質保証）、E（製品の品質保証）、F（製品の試験）、G（ユニット試験）、H（全体の品質保証）の8つのパターンで定められており、この中から当該指令

で適用可能なモジュールを採用する。なお、RoHS（Ⅱ）指令においては、「モジュールA」に従うように規定されている。

（3）CEマーキングの適合手順

CEマーキング適合対策の手順は、おおむね以下の作業に大別される。

1）当該製品に適用される指令の選定
2）適用する適合性評価モジュールの選択
3）整合規格から適用する規格の選定
4）製品サンプル試験・適合性評価
　（必要であれば第三者認証機関による検査）
5）技術文書の作成
　（技術文書は10年間保管が要求される。）
6）適合宣言書の作成
7）製品にCEマークの表示

第4節　CCC認証[4]

CCC認証とは（China Compulsory Certificate system：3Cと呼ばれる。）中国強制製品認証制度のことで、中国国内の認証機関が対象となる製品の安全性と技術基準を審査・認証する制度である。

4.1　背景・目的

中国では国内で流通する製品の安全性評価に対して、輸入商品安全品質許可書（CCIBマーク）と安全認証合格証書（長城(CCEE)マーク）が並存していたが、世界貿易機関(WTO)加盟を機に安全認証制度を統一し、より厳格な管理、早期の認証取得を実現、および国民の安全確保および環境保全を目的にしたCCC認証制度が2002年5月に創設された。

4.2　法　概　要

（1）適用品目

CCC認証はEUのCEマーキングに似た制度で、中国国内の認証機関による型式承認と工場審査により対象製品にCCCマークの貼付が認められる。CCCマークが無い対象製品は、中国国内での流通・販売および日本からの輸出・販売が出来ない。

2017年3月現在の対象となる製品は、電線・ケーブル、回路スイッチおよび保護・連接用電器装置類、低圧電器、小出力モーター、電動工具、電気溶接機、家庭用と類似用途設備、AV機器類、情報技術設備、照明機器、自動車と安全部品、自動車タイヤ類、安全ガラス、農機、電信端末設備、消防設備、安全防犯製品、無線LAN製品、装飾装修材料、玩具の20種類あり、対象製品それぞれに実施規則が存在する。認証を認められた製品には基本となるCCCマークの右横に、S（安全性）、EMC（電磁両立性）、S&E（安全性＋電磁両立性）、F（消防）等の文字が付加される。

（2）CCC認証の審査と有効期限

CCC認証の審査は、書類審査とサンプル試験が行われ、両方の完了後に工場調査が行われる。書類審査とサンプル試験は国家認証認可監督管理委員会(CNCA)が認めた中国国内の認定機関が行う。工場調査は製造工場の所在地で行い、日本に工場があれば日本で、外国にあればその工場のある当該国で行う。

申請からCCCマーク取得までは一般的に約3ヶ月程度かかり、規模の大きな製品では6ヶ月程度かかる場合がある。認証書の有効期間は5年間で、有効期限が満了に近づき、認証書を継続する場合、申請者は認証有効期限が満了する90日以内に継続申請しなければならない。

第5節　各法律とPL法との関係

製造物責任法（PL法）は製品の欠陥によって生命、身体または財産に損害を被った場合に被害者は製品の製造会社や輸入会社に対して、過失の有無にかかわらず損害賠償を請求することができる法律である。これは戦後の大量消費社会の中で度重なる製品事故の発生により、1960年代ごろから製品事故に対する消費者保護という意識が高まり、被害者の救済という観点から制定された。

しかしながら、製品事故が起きた場合の法的な手当てだけでは製品事故を未然に防ぐことはできず、製品自体の安全性を高めることが重要であるため、1960年後半から各対象製品別の安全指令が制定された。それに加え個別規制でカバーされない製品も含めた安全性に関する包括的な規制として、1992年に一般製品安全指令(GPSD：General Product Safety Directive)が制定され、2001年にはリコール制度の導入に関する改正が行われた。

GPSDとEUのCEマーキングとの関係は、ニューア

第8編 環境・安全・衛生対策と法規

プローチ指令等の個別安全指令の対象となる製品については、当該指令が優先され、それ以外の全ての消費者向け製品については、GPSDに従って制定された各国の国内法が適用される。

またPL法とGPSDや個別安全指令は互いに独立しているが、実際には密接な関連を持ち、互いに補完をしている。GPSDや安全指令は損害発生前の危険予防として安全な製品を消費者に提供することを目的としており、PL法は損害発生後の補償制度として消費者に対する法律面からの保護を目的としている。そのため、製品の設計上の欠陥によって身体や財産に損害を被った場合には、その製品にCEマークやCCC認証が表示されているか否かに関わらず、PL法に関する補償の問題が発生する可能性がある。

〈坂田　卓也〉

〔参考文献〕
1）環境省のGHSに関するサイト
　http://www.env.go.jp/chemi/ghs/index.html
2）経済産業省：REACH/CLPに関するサイト
　http://www.meti.go.jp/policy/chemical_
　management/int/REACH_and_CLP_kaisetsusyo_
　honyakuban.pdf
3）経済産業省：CEマーキングの現状
　http://www.meti.go.jp/policy/chemical_
　management/int/05CE.pdf
4）CNCAホームページ（英語・中国語）
　http://www.cnca.gov.cn

第4章 廃棄物管理及び製品含有化学物質管理の関連法

第1節 ELV 指令[1,2]
(DIRECTIVE 2000/53/EC：end-of life vehicles)
廃自動車指令

1.1 背景・目的
EU域内において、廃棄自動車による廃棄物が多量に発生しており、予防原則から廃棄物をできるだけ排出しないよう再使用・リサイクルする必要性が増し、今まで各国毎に行っていた廃棄自動車の再使用・リサイクル（含特定有害物質の含有制限）を統一的に実施するため、本指令が2000年10月に公布された。

目的として、設計段階から廃棄までの自動車のライフサイクル全体を考慮し、特に廃棄処理に関わる事業者の環境パフォーマンスを向上させ、廃棄自動車とその構成部品の再利用・リサイクルを行い、処分する廃棄物を削減することを掲げている。

1.2 法概要
指令本文は13条、附属書Ⅱで構成されている。この指令には自動車に関するリサイクルと特定有害物質の含有制限の2つの要求がある。指令の主要条項の内容を次に示す。

(1) 第4条：Prevention予防（新型車（2003年7月1日以降）の環境負荷物質に関する規制）

原則、有害物質として、鉛、水銀、カドミウムおよび六価クロムの使用を禁止しており、最大許容濃度は、カドミウムは0.01wt%、その他の鉛、水銀、六価クロムは0.1wt%(EU RoHS指令と同じ値)で、電気・電子業界と自動車業界は同じ規制である。また、附属書Ⅱで適用除外される16品目が規定されている。

(2) 第6条：Treatment処理（ELV処理時の事前解体に関する規制）

廃棄自動車による汚染を防止するための処理を行う施設または企業は、所管官庁の許可を取得す

るか、登録しなければならない。処理施設の要件として、処理前廃自動車の保管場所、処理場所、廃棄自動車の無害化の処理作業、再利用促進のための処理作業等、附属書Ⅰに最低技術条件が定められている。

(3) 第7条：Reuse and recovery再利用とリカバリー（リサイクル率（実効率、可能率）に関する規制）

目標リサイクル率として

・再利用・リカバリー率が年間の使用済み自動車の重量に対して85%以上、再利用・再生利用率を80%以上とすること（2006年1月1日まで）

・再利用・リカバリー率を95%以上、再利用・再生利用率を85%以上とすること（2015年1月1日まで）

が要求されている。

(4) 第5、12条：廃棄自動車の回収ネットワークに関する規制

製造業者（含む輸入業者）、最終所有者、解体業者(公認処理施設)における廃棄自動車の回収・処理システムを構築することを要求している。

そのため

①全ての廃棄自動車が所管官庁の許可を取得した、または登録済の公認処理施設に引渡されることを保証すること

②公認処理施設が発行する解体証明書が廃棄自動車の登録抹消条件とすること

③公認処理施設への引渡しが、最終所有者に負担をかけずに行われること（回収費用は原則製造業者負担）

を要求している。

1.3 改正
指令公布後、①2002年6月29日(Decision 2002/525/EC)、②2005年9月30日(Decision 2005/673/EC)、③2008年(Decision 2008/689/EC)、④2010年(Decision 2010/115/EU)⑤2011年(Directive

第8編 環境・安全・衛生対策と法規

2011/37/EU)と附属書Ⅱの改正が行われ、現在の最新版は、2016年の改正版(Directive 2016/774/EU)である。なお、この附属書Ⅱには、適用除外項目のほか、免除の対象範囲や使用可能期限（例外であり続ける期限）等も併記されている。

第2節 WEEE指令[3]

(DIRECTIVE 2002/96/EC waste electrical and electronic equipment)

電気・電子機器の廃棄に関する指令

2.1 背　景

WEEE（ウィー）指令は、1998年4月の提案時では「Waste Electrical Equipment amending Directive 76/769/EEC（危険物質及び調剤の使用制限指令）」という名称の修正法であったが、リサイクル（廃電気電子機器の回収責任）と含有制限（鉛、水銀、六価クロム、ハロゲン化難燃剤）の両方を同一指令で規制するのは難しいため、WEEE指令とRoHS（ローズ）指令に分離され、2003年2月にRoHS指令と共に公布・施行された。その基本的な理念は同じである。

2.2 目　的

廃電気電子機器(WEEE)を防止し、電気電子機器の使用効率（再使用、リサイクル、処理、処分）の改善を図り、環境と人の健康へのリスクおよび影響を最小限にすることで持続的な発展に寄与することを目的としている。

2.3 法概要（含む改正WEEE指令(Ditective2012/ 19/EU)

改正WEEE指令は、本文27条と附属書ⅩⅡで構成されている（2012年7月公布）。

第2条で適用範囲を2018年8月14日までの移行期間の範囲として、附属書Ⅰに10カテゴリ群を定めている（附属書Ⅱに例示）。同8月15日以降は、一部の適用除外（第2条3項、4項）を除き、すべての電気電子機器が範囲となる（附属書Ⅲ）。

第1条の目的を達成するために、製品のライフサイクル全体を考慮し、リユース、リサイクルを実践できるように、

・第4条（製品設計）：設計段階でErP指令（第5

章第1節参照）の要求に準拠した環境に配慮した設計を行うこと
・第5条（分別回収）：廃電気電子機器の最少化、および正しい処理を行い、高い水準の分別回収を行うための各措置を講ずること
・第8条（適切な処理）：再利用のための準備以外の適切な処理、リカバリー、リサイクルに関しては、附属書Ⅶに従うこと
が要求されている。

次にこのフローを支援するために、
・第9条（許可）：処理を行う施設、処理事業者は行政当局から許可を得ること
・第12条（一般家庭からのWEEEに関する資金）：一般家庭からの廃電気電子機器の回収、処理、リカバリー、および、環境に配慮した廃棄に関する資金は、生産者が供給することを保証すること
・第13条（一般家庭以外の使用者からのWEEEに関する資金）：上記12条と同様のコストに関しては、生産者が供給すことを確実にすること。生産者と一般家庭以外の使用者は、他の資金調達方法で契約することもできること
・第14条（消費者への情報公開）：生産者・輸入者は電気電子機器の危険物質による環境と人の健康に関する潜在的な影響を使用者のために取扱説明書等で情報を提供すること、また、生産者は附属書Ⅸに従い電気電子機器のマーキングの表象を適切に示すこと
・第15条（処理施設への情報提供）：生産者は、電気電子機器の構成部品、材料および危険な物質、混合物の場所等を処理施設のためにマニュアル等を作成すること
・第16条（登録、情報、および報告）：電気電子機器を供給する生産者の登録簿を作成すること。また、附属書Ⅹの情報を供給すること
等の仕組みが規定されている。

また、目的推進のため、
・第7条（回収率）：回収目標を3段階に分けて規定している。
・第11条（リカバリー目標）：附属書Ⅴに最低リカバリー目標が規定されている。
で具体的な数字目標を規定している。

さらに、不正輸出を規制する第10条（廃電気電

1056

子機器の輸送）が設けられている。

第3節　その他各国のWEEE

3.1 インドRoHS（WEEE）[4]

The E-Waste（Management）Rules、2016
(e-waste (Management and Handling) Rules、2011
（廃電気電子機器の管理と取扱）の改訂版）

3.1.1 背景・目的

国内の廃電気電子機器および、輸入した電気電子機器の早期廃棄が急増しているため、再生、再利用を可能にするとともに、有害物質を削減し、適切に管理することを規制し、環境を保護することを目的にe-waste(Management and Handling) Rules、2011が2012年に施行され、一般的にインドRoHSと呼ばれている。その後2016年10月にThe E-Waste(Management)Rules、2016が施行され、置き換えられている。

3.1.2 法概要

改正条文は、6章24条、スケジュール（別表）4、様式7で構成されている。インドRoHSと呼ばれているが、EUのRoHS指令とWEEE指令とを合わせた規制である。RoHSの部分は第5章の第16条のみであり、廃電気電子機器の処理等が基本的な要求（WEEE部分第2章～第4章）となっている。

対象製品はスケジュールⅠに記載されており2つのカテゴリーに分かれており、

(1) ITおよび通信機器(ITEW)として各種パソコン、コピー機、ファックス等15製品
(2) 消費者向け電気電子製品(CEEW)として、テレビ、冷蔵庫、洗濯機、エアコンと蛍光灯等5製品

である。

特定有害物質、最大許容濃度についてはEU RoHS（Ⅰ）指令と同じである。

主な条項としては、

製造者（電気電子機器の製造設備を保有する人、団体）の責任（第4条）：電気および電子機器の製造中に発生した廃電気電子機器を収集し、リサイクルまたは処分しなくてはならない。また、様式1（a）に従って、登録申請を行い、様式3による年次申告書を提出する必要がある。

生産者（ディーラー、小売業者、電子商取引業者、輸入販売者等）の責任（第5条）：スケジュールⅠに記載されている電気および電子機器（上記対象製品）の生産者は拡大生産者責任の認可申請を行う必要がある。その申請には、その年中に回収する目標の電子廃棄物の量、製品コード等を含めた回収計画を示さなければならない。
等がある。

その他の責任として、収集センター（第6条）、消費者（第9条）、解体処理業者（第10条）、リサイクル業者（第11条）等の責任が規定されている。

3.2 中国WEEE[5]

廃棄電器電子製品回収処理条例

3.2.1 背景・目的

経済成長と共に廃電器・電子製品が増加し、今後もさらなる増加が予測されるため、廃電器・電子製品のリサイクルの活動を規制し、資源と経済のリサイクルの開発の総合利用を促進し、人間の健康を保障し、環境を保護することを目的とし、「中国クリーナープロダクション促進法」と「中国固体廃棄物汚染防止法」の関連規定により2009年に制定され、2011年1月に施行された。

3.2.2 法概要

条文は5章、35条で構成されている。

適用範囲は当初廃棄電器電子製品処理目録に定められた5品目であったが、2014年度に9品目追加され14品目（1.電気冷蔵庫、2.エアコン、3.レンジフード、4.洗濯機、5.電気温水器、6.ガス温水器、7.プリンター、8.コピー機、9.ファックシミリ、10.テレビ、11.モニター、12.マイクロ・コンピュータ、13.移動通信携帯機、14.電話機）となり、2016年3月より実施されている。

その電器電子製品をリサイクルすることに関し、市レベルの主管部門が審査し、資格を許可する制度が規定されている。リサイクルを適切に処理するためであり、無許可の業者には、罰金等を科すことも規定されている。

廃電器電子製品の回収・処理・リサイクル費用をまかなうために廃電器・電子製品処理基金を設立する規定があり、生産者・輸入者にはその基金に納付金を負担する義務が課せられている。

3.3 カリフォルニアWEEE[6]

Electronic Waste Recycling Act of 2003

2003年の電子廃棄物リサイクル法

3.3.1 背景・目的

米国で最初に制定されたカリフォルニア州の電子廃棄物リサイクル法は2003年9月に知事により署名されている。本法は電子廃棄物リサイクルを促進し、特定の電子製品の特定有害物質の使用を削減することを目的としている。また、同廃棄物の回収およびリサイクルのための資金調達システムのための規則を制定している。

3.3.2 法 概 要

条文は、3パート（健康・安全規定・公共資源規定・料金回収手続き規定）で構成されている。

適用範囲は「画面の対角線が4インチ以上のスクリーンを含んだビデオディスプレイ機器」の電子機器にのみ適用され、EU RoHS指令と同じ重金属類が基準以上含有する場合は、販売が禁止されている。

対象物質としては鉛、水銀、カドミウム、六価クロムの4種の重金属の使用が制限されている。最大許容濃度はEU RoHS指令と同じでカドミウム0.01wt%、その他は0.1wt%である。

消費者は、カバーされた電子機器の購入時に、廃棄物リサイクル料金として決められた金額を支払う必要がある。

製造業者は毎年1回報告書（カバーされた電子機器に使用されている有害物質の総推定量・同物質の前年からの削減量、リサイクル可能な材料の総推定量・同可能な材料の増加量、リサイクルのための設計の努力・目標等）を提出する義務がある。また、消費者に対し、無料電話・インターネットWebサイトおよび製品ラベルやパッケージを通して各種情報（回収、リサイクル、廃棄方法）を提供する義務もある。

また、統合廃棄物管理基金に電子廃棄物および回収およびリサイクル勘定が設定されている。

第4節 J-Moss(JIS C 0950)[7]

電気・電子機器の特定の化学物質の含有表示方法を示したJIS規格であり、ジェイモスと読む。

4.1 背景・目的

再生資源利用促進法が改正され資源有効利用促進法になり2001年4月に施行されている。その後

2006年に政省令が改正され、その中でJIS C 0950による表示等により情報を提供することが義務付けられている（2006年7月から施行）。

4.2 規格概要

EU RoHS指令は特定有害物質の使用を制限するものであるが、J-Moss(JIS C 0950)は高度のリサイクルを目的とした特定化学物質を管理するために情報を提供する表示の規格である。

対象製品は、パソコン、エアコン、テレビ受像機、電気冷蔵庫、電気洗濯機、電子レンジ、衣類乾燥機の7品目である。対象物質はEU RoHS指令と同じ6物質であり、最大許容濃度も同じ規定である。

対象である7品目に対象物質の含有基準値を超えている場合は、含有マーク（オレンジマーク）の表示を行う必要がある。また、基準値を超えていない場合は、非含有マーク（グリーンマーク）を任意で表示することができる。

第5節 廃電池指令[8.9]

DIRECTIVE 2006/66/EC batteries and accumulators and waste batteries and accumulators

5.1 背景・目的

廃電池指令(2006/66/EC)は、他の関連する廃棄物に関する法律を補完し、廃電池および蓄電池の高レベルの回収とリサイクルを促進する目的で2006年9月に制定された。その後2013年12月に改正され指令2013/56/EUが公示されている。

5.2 法 概 要

指令2006/66/ECは本文30条、附属書Ⅲで構成されており、廃電池および蓄電池の回収、処理、リサイクルおよび処分に関する要求を定めている。

第11条に製造業者は廃棄電池および蓄電池を容易に取り外しが可能なように機器を設計し、安全に取り外す方法等指示書を添付する義務があると規定されている。ただし、恒久的な接続が必要な場合は適用されない。

改正された指令2013/56/EUは本文5条で構成されており、改正内容は第1条に14項目記載されている。

第4条で、基準値以上の水銀・カドミウムを含有する電池・蓄電池の上市を禁止している。ただし、コードレス電動工具の電池・蓄電池およびボタン電池を適用除外としていたが、代替技術・代替物質を考慮し適用除外の期限を明確にした。

前指令第17条の登録に関して、新たに附属書Ⅳとして登録手続き要件が追加され、加盟国の各生産者は附属書Ⅳに従って登録しなければならない。

第6節 REACH 規制[10)]

REGULATION(EC)No 1907/2006 the Registration, Evaluation, Authorisation and Restriction of Chemicals
登録・評価・認可および制限に関する規則

6.1 背　　景

REACH（リーチ）規則の制定にあたっては、国際的な化学物質管理政策の枠組みとして、1992年のリオサミットで取りまとめられた21世紀への持続可能な開発を目指す地球規模の行動計画「アジェンダ21」第19章「有害化学物質の環境上適正な管理」の7項目の対応に端を発している。

REACH規則は、数多くの複雑な化学物質関連の規則を統合したものであり、化学物質の登録・評価・認可および制限に関する規則として、2006年12月の公示を経て、2007年6月に発効している。

なお、REACHは規則であり、指令（加盟国がそれぞれ国内法を定め、国毎に運用）とは異なり、加盟国へそのまま適用される法律である。

6.2 目　　的

人の健康、および環境の高レベルでの保護、ならびにEU市場での物質の自由な流通の確保とEU化学産業の競争力の維持・向上等が目的である。

6.3 法 概 要

REACH規則は、本文141条と附属書XVIIで構成されている。当規則の頭文字となっている4つの要素（登録・評価・認可・制限）があり、その概要は以下の通りである。

①登録：事業者当たり、製造・輸入量が年間1トンを超えるすべての化学物質について、登録するため欧州化学物質庁(ECHA)へ指定されている技術書類1式を提出する。また、10トン以上の化学物質に関しては、化学物質安全性報告書(CSR)（有害性評価・リスク評価）を追加で提出する義務がある。

②評価：ECHAが事業者から提出された化学物質の登録情報の適合性を評価し、必要であれば、事業者へ期限を定めて追加の試験実施や追加情報の提出を要求できる。

④認可：事業者は認可対象物質（CL物質）として選定された極めて懸念が高い物質SVHC（発がん性・変異原性・生殖毒性等）を使用、または上市する場合は、数量に関係なく、ECHAに申請し認可を得る必要がある。また、上市前にラベル上に認可番号を明記する必要もある。加えて、認可を申請する事業者は、高懸念物質の代替物質の可能性、代替計画が必要となる。

④制限：ECHAがリスク評価（登録要否に関わらずすべての物質）した結果、人や環境に許容しがたいリスクがあると判断した場合、制限対象物質として、製造・上市・使用を制限（完全な禁止も可）することができる。

EU市場での物質の自由な流通の確保の観点から、サプライチェーンにおける情報伝達に関する義務も規定されている。

化学物質・混合剤（溶液など）の供給者は、川下使用者へSDS等で、各種の情報を伝える義務がある。また、成形品の供給者はCL物質が成形品中に$0.1wt\%$を超える濃度で含有される場合は、川下使用者へ当該品を安全に使用できる情報（少なくとも物質名）を伝える義務がある。

REACH規則は旧法の化学物質関連の規則を統合するものであるが、旧法と特に変わった要点は以下の通りである。

・政府が実施していたリスク評価や安全性評価を、事業者(製造・輸入者)の義務とし、事業者毎にECHAに登録する義務を課している。

・既存化学物質と新規化学物質の区分を廃止し、すべての化学物質を同等の扱いとしている。

・化学物質の安全性や取扱いに関する情報をサプ

ライチェーン（流通経路）全体に伝達する義務を課している。

〈岩田　茂樹〉

※なお、「RoHS指令」及び「PCB特措法」については、第1部 第7編 第1章 第4節及び第5節を参照されたい。

〔参考文献〕

1）ELV指令(2000/53/EC)の原文（英語）
http://eur-lex.europa.eu/resource.html?uri=cellar:02fa83cf-bf28-4afc-8f9f-eb201bd61813.0005.02/DOC_1&format=PDF

2）ELV指令改正(2016/774/EU)の原文（英語）
http://eur-lex.europa.eu/legal-content/EN/TXT/PDF/?uri=CELEX:32016L0774&from=EN

3）改正WEEE指令(Ditective2012/19/EU)原文（英語）
http://eur-lex.europa.eu/LexUriServ/LexUriServ.do?uri=OJ:L:2012:197:0038:0071:en:PDF

4）The E-Waste(Management)Rules、2016原文（英語）
http://www.moef.gov.in/sites/default/files/EWM%20Rules%202016%20english%2023.03.2016.pdf

5）中华人民共和国国务院令（中国WEEE）原文（中国語）
http://www.gov.cn/zwgk/2009-03/04/content_1250419.htm

6）カリフォルニアWEEE原文（英語）
http://www.boe.ca.gov/pdf/pub13.pdf

7）ガイドライン（社）電子情報技術産業協会
http://home.jeita.or.jp/eps/jmoss.html

8）指令2006/66/ECの原文（英語）
http://eur-lex.europa.eu/legal-content/FR/TXT/PDF/?uri=CELEX:32006L0066&qid=1486794127890&from=EN

9）指令2013/56/EUの原文（英語）
http://eur-lex.europa.eu/legal-content/EN/TXT/PDF/?uri=CELEX:32013D0056&qid=1486794329845&from=EN

10）REACH規制(EC)No 1907/2006の原文（英語）
http://eur-lex.europa.eu/legal-content/EN/TXT/PDF/?uri=CELEX:32006R1907&qid=1484633

885510&from=EN

第5章 機器の高効率化の関連法

第1節 ErP指令[1]

DIRECTIVE2009/125/EC

ecodesign requirements for energy-related products

エネルギー関連製品のエコデザイン
（環境配慮設計指令）

1.1 背　景

ErP指令は、2005年7月に公布されたEuP指令（エネルギー使用製品のエコデザインに関する指令）に代わり、エコデザインを要求する対象製品類を拡大して、2009年10月に告示され、11月に発効している。EuP指令は製品のライフサイクル全体（原料から廃棄まで）を考慮することで環境への負荷を軽減する包括的製品政策(IPP)をもとにしている。

1.2 目　的

EU域内でエネルギー関連製品を自由に移動できることを確実にするためエコデザイン要求を設定する枠組みを確立し、上市・サービスのため実施措置によりエネルギー関連製品に関し、実行すべき要求事項を規定することにより、ライフサイクル全体を考慮したエネルギー効率を向上させ、環境を保護し、持続的発展に寄与することを目的としている。

1.3 法概要

ErP指令は、本文26条と附属書Xで構成されている。本文、附属書の大部分はEuP指令を継承しており、その本質は同様な指令である。ただし、EuP指令において「energy-using products（エネルギー使用製品）」とあるが、ErP指令においては「energy-related products（エネルギー関連製品）」となっている点が大きく異なっている。

すなわち、エネルギーを使用する製品はもちろん、エネルギーを直接使用しないがエネルギー消費に影響を及ぼす製品（窓、断熱材等）にまで拡大されている。

製品のライフサイクル全体について環境影響を評価し、環境に配慮した設計・モノづくりを要求している。また、サプライヤーにもセットメーカーが要求する環境情報を提供することを要求している。

主な条文としては、

・第4条（輸入者の責任）：市場に出る製品・サービスは本指令・適用される実施措置を遵守していることを保証し、EC適合宣言、技術文書を保持すること。

・第5条（マーキングとEC適合宣言）：製造者等は製品が市場投入される前、使用開始前にCEマーキング（附属書Ⅲ）を貼付し、規定の準拠を保証するEC適合宣言（附属書Ⅵ）を発行すること。

・第6条（自由移動）：加盟国は、実施措置を遵守し、CEマーキング付製品を市場投入、サービス提供を禁止、制限または妨げてはいけないこと。

・第7条（セーフガード条項）：CEマーキング付製品が規定を遵守していない場合は、製造者等が遵守させる義務があり、不適合の程度により製品の市場投入を禁止することができること。

・第8条（適合性評価）：製造者等は、製品の使用前に、製品の適合性評価を行う必要がある。その手順は、実施措置に規定され、この指令には内部設計管理（附属書Ⅳ）および適合性評価の管理システム（附属書Ⅴ）を規定している。

・第14条（消費者情報）：製造者等は消費者に、製品の使用に関する情報、および、環境保護の側面、エコデザインによるメリット等の情報を適切な形で提供すること。

・第15条（実施措置）：実施措置の基準および作成を規定している。また、自己規制（第17条）措置でも可としている。実施措置として「家電

第8編 環境・安全・衛生対策と法規

機器とオフィス用電子・電気機器のスタンバイ（待機）モードおよびオフモードの電力消費」が初めに施行された。その後、テレビ、モーター、家庭用冷蔵庫、洗濯機、照明等の実施措置が導入されている。

・第16条（作業計画）：第15条に定める基準に従い、利用可能な作業計画を作成すること。
・第17条（自己規制）：実施措置の代替案とする自己規制は附属書Ⅷに基づいて評価されるべきであること。

がある。

第2節 エネルギースター(Energy Star)[2]

「エナジースター」とも呼ばれる。

2.1 背 景

アメリカ合衆国エネルギー省と環境保護庁(EPA)が1992年に開始した省エネルギー型電気製品のための環境に関するラベリング制度である。

その後、日米合意で「国際エネルギースタープログラム」制度を創り、現在、EU、カナダ、オーストラリア、ニュージーランド、台湾等が参加し、現在も参加国が広がりつつあり、世界的に地球を保護するための国際的な取り組みとなっている。

2.2 目 的

省エネルギー対策に積極的に取り組むべく、エネルギー消費の低減性に優れ、かつ、効率的な使用を可能にする製品の開発・普及を促進することを目的としている。

2.3 制度概要

国際エネルギースタープログラムの対象製品は、コンピューター、ディスプレイ、プリンター、ファクシミリ、複写機、複合機、スキャナ、デジタル印刷機、コンピュータサーバの9品目である。

対象製品の稼働、非稼働、スリープ時の消費電力等が、省エネルギー製品としての製品別基準に適合している場合に、「国際エネルギースターロゴ」を製品等に表示できる。

ただし、製造・販売事業者は、行政へ事業者としての登録のための申請（事業者登録申請を提出）を行い、また、対象製品が基準に適合していることを自社または第三者機関で確認した上、「製品届出書」を届け出る必要がある。

第3節 トップランナー制度[3]

3.1 背景・目的

法律的な根拠を整え、国内における省エネルギーを推進し、支援していくために、1979年に「エネルギーの使用の合理化等に関する法律（省エネ法）が制定された。

その後、地球環境問題が世界的に注目を浴び始め、1997年に開催された地球温暖化防止京都会議(COP3)において、地球温暖化ガスの削減目標が定められ、省エネルギー対策を強化する必要が生じたため、省エネ法が1998年に大幅に改正された。

その中で、機械器具の製造段階（使用時の省エネは限定的であるため）で、エネルギー消費効率基準の選定方法にトップランナー方式を採用する「トップランナー制度」が導入された。

3.2 トップランナー制度に関する省エネ法概要

トップランナー制度は省エネ法の「第6章 機械器具等に係る措置」に規定されている。エネルギー消費機器等製造事業者等の努力義務（77条）として、エネルギー消費性能を向上させ、エネルギー使用の合理化を求めている。

また、同事業者等へ、政令で定める「特定エネルギー消費機器」（大量に使用・相当量のエネルギーを消費・効率改善の余地がある機器）に関し、経済産業大臣が各機器毎にエネルギー消費性能等の向上に関し判断の基準となる事項を定め、公表するとしている（78条）。

さらに、同事業者等に機器毎に表示すべき項目として、エネルギー消費効率等を規定している（80条）。遵守しない場合には罰則を伴う（95，96条）。

また、省エネ法の関連法規として、下記の構成となっている。

・法律施行令（政令）：製造事業者等に係る製造量、輸入量の要件を規定している。
・法律施行規則（省令）：除外機器等の範囲を規定している。
・告示：基準値や測定方法等の具体的な判断基準

を示している。

＊製造事業者等とは、機器等の製造または輸入を反復継続して行う事業者である。

3.3 制度概要

トップランナー制度は、省エネ法で指定する特定機器のエネルギー基準を、各機器で現在商品化されている製品の中で、エネルギー消費効率が最も優れている機器の性能以上に設定する制度である。

・対象となる機器等の範囲

当初対象機器は（自動車・エアコン等）11機器であったが、徐々に追加され、現在では、特定エネルギー消費機器として31機器（2013年に追加された自らエネルギーを消費しないが省エネに関係する特定熱損失防止建築材料である断熱材、サッシ、複層ガラスを含む）が対象である。

・判断の基準となるべき事項

目標年度：開発期間および技術進展を考慮し、3〜10年を目処とする。

対象の区分：基本的な物理量、機能、性能により区分する。

目標基準エネルギー消費効率値：区分毎に数値または関係式により定める。

基準値の達成判定方法：区分毎に加重平均方式により行う。

測定方法：内外の規格を採用する。規格がない場合は使用実態を踏まえ、具体的、客観的かつ定量的な方法を採用する。

等を規定、公表している。

・表示（省エネラベリング制度）

表示項目として、エネルギー消費効率等または熱損失防止性能・品名および形名・製造事業者等の氏名または名称等が定められている。

(1) 交流電動機（モーター）

交流電動機（モーター）が省エネ法第78条に規定されている「特定エネルギー消費機器」（特にエネルギー消費性能を向上される必要がある機器）として、2013年10月にトップランナー制度の対象に追加された。

対象範囲は交流電動機（かご型三相誘導電動機）に限る。ただし除外品として13項目が規定さ

れている。エネルギー消費効率・区分・目標基準値・目標年度・省エネ効果・表示項目・表示場所・勧告および命令の対象となる要件が定められている。

〈岩田　茂樹〉

〔参考文献〕

1) ErP指令原文（英語）

http://eur-lex.europa.eu/LexUriServ/LexUriServ.do?uri=OJ:L:2009:285:0010:0035:EN:PDF

2) 国際エネルギースタープログラム

http://www.energystar.jp/

3) トップランナー制度（経産省）の7章22項目参照

http://www.enecho.meti.go.jp/category/saving_and_new/saving/data/toprunner2015j.pdf

〔第9編〕
計 算 物 理

1．第一原理シミュレーション

2．表面反応における第一原理計算

3．固体表面における水素ダイナミクス

4．STM による金属表面の観察

5．抵抗変化メモリ

第9編 計算物理

1. 第一原理シミュレーション
1.1 計算機マテリアルデザイン

　21世紀に入り科学技術の進歩は目覚ましく、これまで未来絵巻として描かれていた新規材料や新規デバイスが次々と開発されている。その一方では、従来の手法では解決できないような問題も浮上してきている。例えば、最近のナノテクノロジーの発展は目を見張るばかりであるが、新規デバイス開発がナノメートルオーダーやそれ以下の微細領域に及ぶにつれて、量子効果を考慮しなければならなくなっている。また、効率良く新規材料を開発するためには、計算機シミュレーションで予測してから実験を行う必要がある。このような状況において、今日、量子力学に基づき、実験に頼らない高信頼性シミュレーションが求められている。

　これらの要望に応える計算手法である第一原理計算は、量子力学から導かれる密度汎関数理論に基づいており、実験値等の経験的パラメータに頼らない物性予測が可能である。単純なシミュレーション解析はあたえられた物質構造からその物性を導出する問題であるが、計算機マテリアルデザイン(CMD, Computational Materials Design)は要求される特性から物質・構造を導出する逆問題に相当する。第一原理計算手法の開発と、最近の計算機性能の飛躍的な発展により、第一原理を根幹としたCMDが現実味を増しており、特に、CMDによる先行特許出願についても、その戦略的重要性が高まるものとして期待される[1-4]。

　計算機マテリアルデザインは、図1.1に概念図を示すが、理論のみで完結する知的材料設計手法である[5]。この手法では、第一原理計算を援用した量子シミュレーション（第一原理シミュレーション）、物理機構の演繹及び仮想物質の推論で構成される循環手順を繰り返すことにより、要求される特性を持つ物質・構造を導出する。まず、事前に得られる知見に基づいて所望の物性を持つ候補となる物質を考案し、その構造に基づいてシミュレーションを行う。次に、シミュレーションの結果から、この仮想物質が持つ物性を定量的に評価する（物理機構の演繹）。続いて、得られた定量的評価に基づいて仮想物質を推論し、再度シミュレーションを行い、物性を評価する。これらの過程を所望の物性を持つ物質・構造が得られるまで繰り返すことにより、物性から物質・構造を導出するという逆問題を解こうというものである。

　従来の実験主導の研究開発と比べると、CMDによる理論主導の研究開発は必要とする期間の短縮と費用削減に貢献できる点で優位性を持っている。CMDの具体的な技法の発展はシミュレーション技法の開発・拡張と実践に伴う知見の蓄積の二つの側面によって実現される。CMDの実践においては、研究開発のロードマップに従って実験を主導することがしばしば要求される。そのため、一つの現象を深追いすることよりも、高い時間効率で研究開発に必要な情報を提供することをCMDでは優先することが多いように思う。これまでの筆者らの感ずるところである。

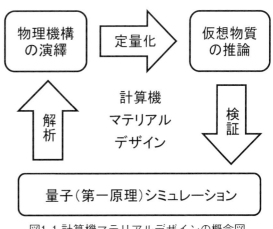

図1.1 計算機マテリアルデザインの概念図

1.2 表面・界面の第一原理シミュレーション

密度汎関数理論に基づく第一原理シミュレーション手法の概略を説明する。

第一原理シミュレーションの概念は、入力として与えられる原子幾何構造（初期構造）のみから原子核と電子との多体相互作用をつじつまの合うように考慮して、その初期構造から最も近い（準）安定幾何構造とそれに対する電子状態（固有値と固有関数）を数値的に導出（第一原理計算）し、それらに基づいて様々な物理量を導出・解析することである。通常、原子核は古典粒子として取り扱われ、取り得る電子状態は（多電子系としての）基底状態のみである（すなわち絶対零度に相当する）。系の全エネルギーを原子座標の関数として与えるとポテンシャルエネルギー（超）曲面が得られる。一般的な物質の反応は、ポテンシャルエネルギーの極小値として与えられえる準安定幾何構造の間の構造変化に対応する。エネルギーの低い構造から高い構造への変化は吸熱過程（エネルギー吸収過程）、高い構造から低い構造への変化は放熱過程（エネルギー放出過程）に対応する。構造変化の過程を表す反応経路上にエネルギーの高い構造があれば、それが活性化障壁となる。現実の物質は、接触・温度上昇・電圧印加・光照射などに対する反応を有限温度の環境下で電子励起を伴いながら起こすが、本節で行う第一原理シミュレーションでは、電子基底状態に対する準安定幾何構造とそのエネルギーを第一原理に基づいて求めた後で、それらの準安定幾何構造間の遷移が任意の吸熱・放熱過程を伴って起こると仮定する手法で反応を近似する。

初期構造は経験的な推定に基づいて与えるが、計算の実行に必要なその他のパラメータは精度や計算機に対する負荷を調整するための制御因子のみである。そのため、第一原理シミュレーション手法は物理的な経験的パラメータを必要としないという観点から非経験的手法とも言い換えることができる（ただし、局所密度近似や一般化密度勾配近似の欠点を補うために強相関相互作用や分子間力を経験的に導入する場合もある）。第一原理計算において取り扱う空間の境界条件は、周期的なものと非周期的なものに大別される。メラニン色素の生合成を扱っている岸田・笠井の著書[6]、燃料電池と水素貯蔵を扱っている笠井・津田の著書[3]があり、そこでは、非周期的な境界条件を用いているので適宜、参考にされたい。ここでは、周期的な境界条件を用いる場合について説明しておく。この境界条件は、より少ない制御因子で高精度が期待できる平面波基底による手法において用いられる。

周期的境界条件における原子幾何構造は、任意に定義できるセル（単位胞またはスーパーセル）の中にすべての原子を配置して与える。欠陥や不純物のないバルク結晶に対しては、セルとして基本単位格子を用いることができる。孤立分子の場合は、周期的境界条件で厳密に与えることはできないが、分子より十分に大きなセルを用いて近似的に計算を実行することができる。表面界面は面平行方向には周期的であるが垂直方向には非周期的であるため、垂直方向に広い真空層を挟むスラブ（板状構造）で近似した大きなスーパーセルを導入する。表面での分子反応を計算する場合などには、被覆率に応じて面平行方向にもセルを拡張する必要がある。そのため、表面界面の第一原理シミュレーションは一般にバルク結晶に比べて格段に大規模となる。

2. 表面反応における第一原理計算
2.1 反応性イオンエッチング

表面での触媒反応や腐食などの化学反応は、表面近傍と遠方との間の粒子の運搬機構に関しては差異があるが、表面近傍においては非弾性散乱と同様な素過程の組み合わせとして理解できる。表面化学反応に関するCMDは、経験的に有望とされている物質の組み合わせに関して反応経路を推定し、反応経路上の活性化エネルギーを求めることから始まる。一例として、金属酸化物表面の反応性イオンエッチング (reactive ion etching, RIE) を取り扱う。

反応性イオンエッチングはドライエッチング (dry etching) の一種であり、チャンバー内でプラズマ化したエッチングガスを電圧印加によって材料表面に衝突させる。この材料表面ではスパッタリング（入射粒子と表面原子間の運動エネルギー移動、物理的エッチング）と化学反応が同時に起こり、表面原子が剥ぎ取られて反応副生成物

として脱離する。微細加工のためには、スパッタリングよりも化学反応（化学的エッチング）が主要であることが望まれる。また、反応副生成物が材料表面から去り、チャンバーから排気されることによってエッチングが進行するため、反応副生成物は揮発性があり、かつ高い蒸気圧を持つことが望まれる。エッチングガスの種類によっては、例えば塩素ガスを用いると、エッチング後のチャンバーからの取り出し時に大気と反応して塩酸が生成され、材料表面を不均一腐食する「アフターコロージョン」の問題が発生する。反応性イオンエッチングの手法は、エッチングガスとしてハロゲンを用いるハロゲン系プロセスと一酸化炭素、アンモニア、メタン、メタノールなどの炭素と酸素を含むガス種を用いる非ハロゲン系プロセスに大別される。

ハロゲン系プロセスは、半導体微細加工プロセスでの豊富な実績があり、プラズマの高温化・高密度化・パルス変調により高速エッチングが可能であるが、副生成物の蒸気圧が低く、常に、残留ハロゲンによるアフターコロージョンの問題を伴う。一方、非ハロゲン系プロセスは高速エッチングが可能であるのに加え、副生成物（遷移金属カルボニル化合物）の蒸気圧が高く、アフターコロージョンの心配がないが、スパッタリングの抑制が課題として残る（すなわち、エッチングが高速とは言われているが、物理的エッチングの要素が大きいとも考えられる）。

2.2 反応モデル

抵抗変化メモリ(Resistive Random Access Memory, RRAM, ReRAM)の材料として有望な遷移金属酸化物 (Transition Metal Oxide) のエッチングを想定する。被エッチング材料表面に対して、副生成物に遷移金属カルボニル化合物を含み、かつ化学的エッチングが高速に進むエッチングガス種を見いだすことがこの場合のマテリアルデザインである。図2.1は、例としてCOガスによる酸化ニッケル(II)表面の反応性イオンエッチングの過程を模式的に表している。この過程では、4個のCO分子が表面に飛来して1個のNi原子に結合し、遷移金属カルボニル化合物である$Ni(CO)_4$が生成されて表面を去ることによりエッチングが進行する。始状態ではCO分子同士及びCO分子と表面の間の距離が十分に離れている。CO分子が表面に接近すると、1個のNi原子に接近し、同時にそのNi原子は表面から引っ張り上げられる。この段階は不安定な遷移状態に対応し、活性化障壁を持つ可能性がある。時間が経過すると、表面近傍の原子は準安定状態に向かって再配置する。この段階は$Ni(CO)_4$が一時的に吸着した状態に対応する。さらに時間が経過すると、$Ni(CO)_4$が表面から離れ始める。この段階もまた不安定な遷移状態に対応し、活性化障壁を持つ可能性がある。さらに時間が経過すると、終状態として$Ni(CO)_4$と表面の間の距離が十分に離れた安定構造になる。

表面での反応は電子運動に比べて十分に遅く進行し、反応の前後を通じて電子系が基底状態に保たれていると仮定する。始状態では、個々のCO分子とNiO表面が互いに孤立していると仮定する。中間状態では、CO分子が1個のNi原子に接近して吸着した準安定構造をとると仮定する。終状態では、$Ni(CO)_4$とNiO表面が互いに孤立していると仮定する。その反応経路は化学式により

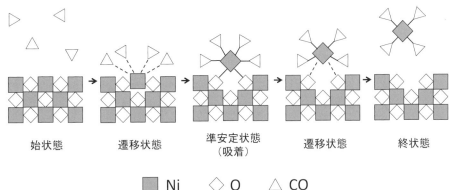

図2.1 COガスによるNiO表面へのエッチング過程の模式図

第9編 計算物理

NiO(100) + 4CO　　　　　　（始状態）

[NiO(100) + 4CO] (ads)　　（中間状態）(2.1)

[NiO(100)-Ni(vac)]+Ni(CO)₄　（終状態）

と表される。ここで、NiO(100)は欠陥のないNiO(100)表面（化学組成は十分大きなnに対する(NiO)$_n$に相当）。(vac)は欠損した原子、(ads)は吸着状態を表す。

　エッチング速度は活性化エネルギーが小さくエネルギー利得が大きいときに速くなる。中間状態とその前後の遷移状態のエネルギー差が始状態や終状態とのエネルギー差よりも小さいと仮定すると、活性化エネルギーとエネルギー利得は始状態と中間状態、始状態と終状態のエネルギー差からおおよそ見積もることができる。そこで、系の全エネルギーはスーパーセルを用いた周期境界条件のもとで第一原理計算を行って求める。表面平行方向にはNiO(100)の(2×2)周期が納まり、垂直方向には12Åの真空層が挟まれるように、スーパーセルの形状を与える。エッチングガスとしてCOガスのみ、及びCO、CHF₃、CH₄、NH₃、N₂、O₂の各種混合ガスを与え、それらのガス種を用いた場合の活性化エネルギーやエネルギー利得を比較する。このとき、組成が化学量論的に可能な（価数の過不足のない）反応副生成物をもたらすエッチングガスの組み合わせを選択する。また、反応副生成物が不揮発性であることが分かっていれば、その組み合わせは除外する。その結果、解析対象のガス種及び対応する反応副生成物が決まる。それを表2.1に示す。

表2.1 NiO表面へのエッチングにおける
ガス種と副生成物

ガス種	反応副生成物
4CO	Ni(CO)₄
4CO + 4NH₃ + 7O₂	Ni(CO)₄ + 4NO₂ + 6H₂O
4CO + N₂ + 2O₂	Ni(CO)₄ + 2NO₂
4CHF₃ + 4NH₃ + 9O₂	Ni(CO)₄ + 4HF + 4F₂ + 4NO₂ + 6H₂O
2CHF₃ + 2CH₄ + 4NH₃ + 10O₂	Ni(CO)₄ + 6HF + 4NO₂ + 8H₂O
4CH₄ + 4NH₃ + 13O₂	Ni(CO)₄ + 4NO₂ + 14H₂O
4CHF₃ + N₂ + 5O₂	Ni(CO)₄ + 6F₂ + 2NO₂ + 2H₂O
CHF₃ + 3CH₄ + N₂ + 7O₂	Ni(CO)₄ + HF + F₂ + 2NO₂ + 6H₂O
4CH₄ + N₂ + 8O₂	Ni(CO)₄ + 2NO₂ + 8H₂O
4CHF₃ + 2O₂	Ni(CO)₄ + 4HF + 4F₂
2CHF₃ + 2CH₄ + 3O₂	Ni(CO)₄ + 6HF + 2H₂O
4CH₄ + 6O₂	Ni(CO)₄ + 8H₂O

2.3 反応シミュレーション

　始状態のエネルギーE_{in}は、スーパーセル中に孤立した1個のガス分子とNiO(100)スラブに対してそれぞれ個別に第一原理計算を実行し、得られる緩和構造に対する全エネルギーの和で与える。例えば、式（2.1）に示す反応の場合は、ガス分子とNiO(100)スラブのエネルギーをそれぞれE[CO]およびE[NiO(100)]としたときに、$E_{in}=E$[CO]$+E$[NiO(100)]で与える。中間状態のエネルギーE_{tr}はガス分子をNiO(100)スラブの近傍に配置した初期構造から第一原理計算を実行し、得られる緩和構造に対する全エネルギーで与える。終状態のエネルギーE_{fi}は、スーパーセル中に孤立した1個の反応副生成分子とNi欠損を持ったNiO(100)スラブに対して、それぞれ個別に第一原理計算を実行し、得られる緩和構造に対する全エネルギーの和で与える。式（2.1）中の角括弧で囲った部分を一つの項とし、各項に対応する構造に関して第一原理計算を実行することになる。

　表2.1の12種類のエッチングガスの組み合わせに対して、反応経路上の始状態、中間状態、終状態に対応する全エネルギーを図2.2に示す[7]。CHF₃/N₂/O₂及びCHF₃/O₂の場合は、終状態が始状態よりも全エネルギーが大きくなっており、不安定である（$E_{in}<E_{fi}$）ためにエッチングには適さないと考えられる。一般的に、水素原子をより多く含むエッチングガスに対してエネルギー利得がより大きくなる傾向がみられる。これは、半導体プロセスの場合において知られている傾向とは異なっている。また、COを含まない混合ガスの場合は、エネルギー利得の大きいものほど活性化エネルギーが小さくなっている。

　以上の結果から、遷移金属酸化物のエッチングでは、水素原子をより多く含む非ハロゲンガス種が望ましい。この指針に沿って、新規のガス種を提案し、同様の計算を繰り返し、高速エッチングが期待できるガス種の群が明らかになる。

　ここで注意を要することは、以上の解析では、反応性ガスのプラズマ化により生じるイオン・活性種の電子状態やエネルギー状態やそれらが試料表面に到達する過程での変化について考慮されていないことである。例えば、始状態のエネルギーは高くなるから、相対的に、活性化エネルギーが

1070

3. 固体表面における水素ダイナミクス

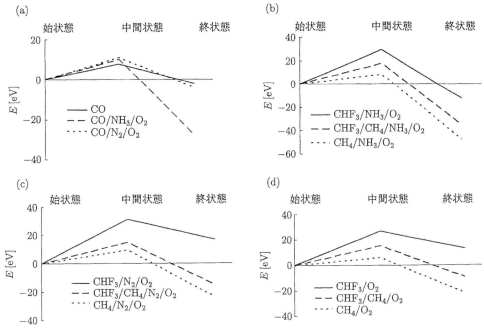

図2.2 NiO表面へのエッチングにおけるガス種ごとのエネルギー図

小さくなり、終状態のエネルギーも低くなり、反応が進行する可能性が高くなる。中間状態に関しては、さらに、試料表面との反応性も変化すると考えられる。その詳細の解析には、励起状態やそのダイナミクスを取り扱う必要があり、第一原理計算の苦手なところである。

水素イオンの金属表面での散乱過程における電荷移動のシミュレーションについて図2.3、図2.4に示す[8]。金属表面は、真空準位から仕事関数Φの分だけ低エネルギーの位置にフェルミレベルE_Fがあり、水素原子のイオン化レベル$\varepsilon_a(z)$と電子親和力レベル$\varepsilon_a(z)+U(z)$は表面に接近するにつれて、鏡像力ポテンシャルの影響のためにシフトし有限幅を持つようになる。Iはイオン化エネルギー、Aは電子親和力で、$U(z)$は水素原子内の1s軌道を占める2電子間クーロン相互作用である。Zは粒子の表面からの距離である。図2.4は中性状態の水素原子が遠方($Z=20.0$ bohr)から飛来し、表面($z=0$)に到達し、散乱されて、表面遠方($Z=20.0$ bohr)に去っていく、その過程での電荷状態の変化を示している。a)は運動エネルギー$E_{kin}=100$ eV、Φ=3.6 eV、b)は仕事関数が大きくなった場合、$E_{kin}=100$ eV、Φ=4.2 eV、c)は粒子速度が速くなった場合、$E_{kin}=400$ eV、Φ=4.2 eVの結果を示している。

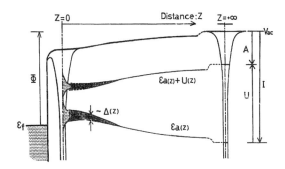

図2.3 水素イオンの金属表面での散乱過程におけるエネルギー図

a)と比較して、b)では水素原子から金属表面への電子移動が顕著になり、散乱後に正イオンになっている確率が増加している。b)と比べてc)では速度が速くなっているため、水素原子から金属表面に移動した電子が、表面に戻れなくなるため、さらに、正イオン化が顕著になっている。

3. 固体表面における水素ダイナミクス
3.1 水素の量子ダイナミクス

真空技術は多くの学術・産業分野において基盤技術であるとの認識がある。例えば、半導体薄膜や磁性材料などナノスケールの精度が要求される電子産業の製造工場においても、粒子線加速器、放射光実験施設、核融合炉などの巨大設備においても重要である。真空装置では、水素分子の解離

吸着、水素原子の固溶、拡散、再結合、水素分子の表面からの脱離など多様なダイナミクスが進行する。このような水素のかかわるダイナミクスや反応プロセスの制御が課題であり、真空技術では、一般に、水素は嫌われているといえるかもしれない。一方、化石燃料に依存する社会から脱却し、持続可能な社会を実現するために現在、クリーンなエネルギー源が求められており、その有望な候補の一つとして水素に注目が集まっている。

水素は質量が非常に小さく、量子効果が顕著に現れるため、学術的にも興味が持たれている。水素のダイナミクスや反応プロセスを正しく追跡し、理解するには断熱ポテンシャル上の古典粒子のダイナミクスを追跡するだけでは十分ではない。ここでは、水素と白金との基本的な反応ダイナミクスに対して量子効果を考慮した解析例[9-12]を紹介する。

3.2 反応経路の決定

先ず、Pt (111) 上でH_2が受けるポテンシャルエネルギーを密度汎関数理論[13,14]に基づく第一原理計算[15-18]で求め、解離吸着過程における反応経路を決定する。

図3.1には、Pt (111) でのH_2解離吸着を解析するモデルを示す。ここでは、高い対称性を持つ表面上のサイトとして、トップ (top, T)、ブリッジ (bridge, B)、hcpホロー (hcp hollow, H)、fccホロー (fcc hollow, F) サイトを考慮する。これらは、それぞれPt原子の真上の位置、最近接Pt 2原子の中間の位置、真下に第二層のPt原子が存在

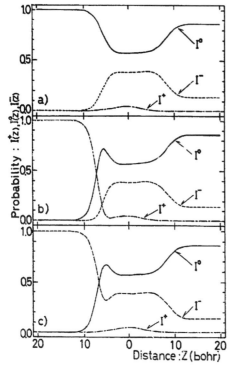

図2.4 水素原子の金属表面での散乱過程におけるイオン化の確率

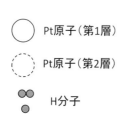

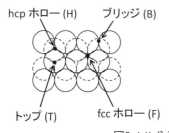

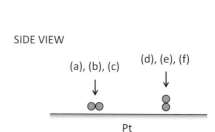

図3.1 H_2分子のPt表面への吸着の配位

3．固体表面における水素ダイナミクス

する3配位の位置、および真下に第2層のPt原子が存在しない3配位の位置を表す。図3.1の(a) H-B-Fの標記は、反応過程において、H$_2$分子軸を表面に対して平行のまま（図3.1のSIDE VIEW参照）、H$_2$の質量中心がブリッジサイト(B)上に位置し、解離した二つのH原子がそれぞれhcpホローサイト(H)およびfccホローサイト(F)へ吸着する過程を表す。これは(b)および(c)についても同様である。

一方、(d)B-B-Bの標記については、反応過程において、H2分子軸を表面に対して垂直のまま（図3.1のSIDE VIEW参照）、同軸上で、解離したH原子の一つは、表面上のブリッジサイト(B)に吸着し、もう一つは表面内に潜り込むか、または表面から脱離していく過程を表す。これは、(e)および(f)についても同様である。

図3.2は図3.1で考慮した(a)～(f)の六つの反応

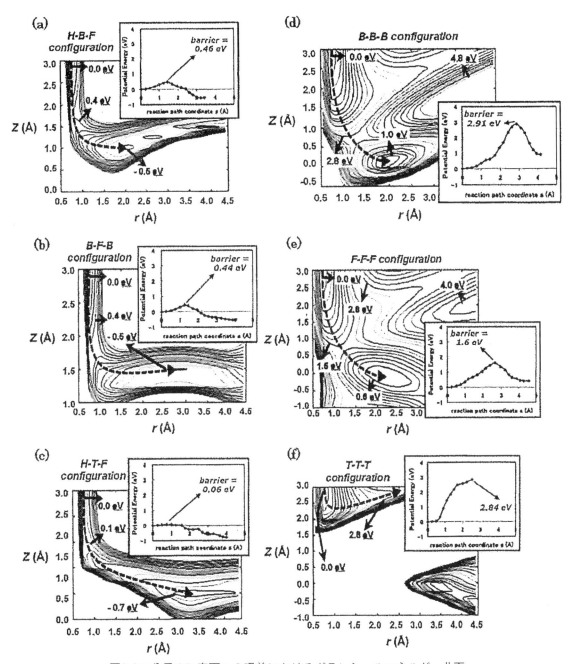

図3.2 H$_2$分子のPt表面への吸着におけるポテンシャルエネルギー曲面

系において、H_2分子内のH-H間距離rと表面からH_2質量中心までの距離zを関数とした2次元ポテンシャルエネルギー曲面(Potential energy surfaces, PESs)を示す。挿入図は反応座標をsとし、6つの反応系に対してポテンシャルエネルギー曲線(Potential energy curves; PECs)を示す。ここでsは、rとzを関数とした2次元PESs上の最小エネルギーの経路に沿って始点から測った距離である[15,16]。また、sは、表面からの距離4.00 ÅのPESsの原点 ($s=0.00$Å、$z=4.00$Å、$r=0.74$Å) から測り、表面に近づくにつれて増大する。(a)〜(c)と(d)〜(f)との解離障壁の比較から、H_2分子軸が表面に対して平行である方が、解離吸着に有利であることが分かる。とくに、(c) H-T-Fの経路は障壁が0.06 eVであり、H_2分子軸が表面に対して平行である他の経路の場合(a) 0.46 eV、(b) 0.44 eVと比較しても、とりわけ小さいため、この反応に対して支配的であるといえる。一方、H_2分子軸が表面に対して垂直である場合、障壁が(c) 2.91 eV、(d) 1.60 eV、(e) 2.84 eVであり、平行である場合と比較して非常に大きくなっている。このとき解離したH原子の一つは表面上のサイトに吸着するが、もう一つは、(d) B-B-Bおよび(e) F-F-Fに対しては、表面第一層と第二層の間まで潜り込み、一方(f)T-T-Tに対しては、形状に起因し表面から脱離する。

3.3 量子効果

表面に飛来するH_2分子の並進エネルギーが比較的小さい場合、H_2分子は解離吸着過程において、PESの最小値をとるように、舵を取りながら分子配向および質量中心の位置を調整しつつ運動するステアリング効果[17]が現れる。このステアリング効果は、量子ダイナミクスに現れる効果の一つである。比較的低温ではこの効果のために解離障壁の最も低い経路、図3.2 (c) H-T-Fの経路、に沿って運動すると考えられる。したがって、以下ではこの場合について考察する。

図3.1および図3.2 (c)の経路のPES上でH_2の運動を量子力学に基づく波動の描像で追跡する[17]。図3.3は、この経路において、Pt (111) へ飛来するH_2分子の持つ並進運動エネルギーE_tとH_2分子の解離吸着確率$S_n(E_t)$との関係におけるH_2分子振動状態依存性を示している。H_2分子の解離吸着は、表面に飛来するH_2分子の並進エネルギーE_tが解離障壁である0.06 eVよりも小さい0.03 eVあたりから有意な値をとっている。これは、トンネル効果により解離吸着過程が進行していることを示している。E_tが0.06 eVを越えても確率が1にならないのも量子効果によるものである。

3.4 分子振動の影響

H_2分子振動状態依存性を見ると、図3.3で基底振動状態と励起振動状態の違いはほとんどなく、振動エネルギー (0.516 eV) が障壁を越えるために利用できていないことが分かる[3]。これは、rとzを変数とする2次元PES、図3.2 (c) H-T-Fの反応経路に対して、経路のカーブしている領域が解離障壁位置よりも手前（真空側）にあることが原因である。経路のカーブしている領域でrとzのカップリング、振動運動と並進運動のカップリングが生じ、振動エネルギーを並進エネルギーに転換できる。したがって、カーブ位置より後に障壁があれば、振動エネルギーが利用でき、高い励起振動状態ほど解離吸着確率が大きくなる振動補助吸着 (Vibrationally assisted sticking, VAS) 効果[17]が現れる。また、ここでは記載していないが、他の反応経路でもVAS効果は現れず[10]、この系の特徴ともいえる。

3.5 量子状態からの拡散経路の予測

Pt(111)上でのH原子の量子状態をその波動関数から解析する[3]。図3.4 (a)は基底状態、(b)は第一

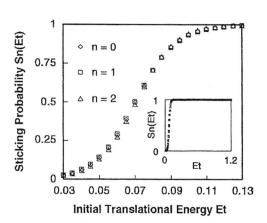

図3.3 Pt表面におけるH_2分子の並進運動エネルギーと解離吸着確率の関係

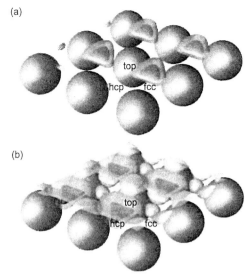

図3.4 Pt表面におけるH原子の波動関数

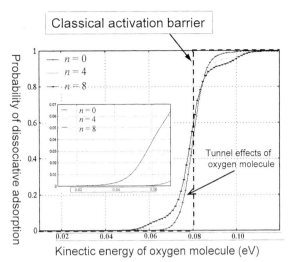

図3.5 燃料電池の空気極における酸素分子の並進運動エネルギーと解離吸着確率の関係

励起状態の波動関数を示している。図3.4には、高い対称性を持つ表面上のサイトとして、トップ(top)、fccホロー(fcc)およびhcpホロー(hcp)を示す。基底状態の固有エネルギーは、$E_0 = -2.461$ eVと一番深いトップサイトのポテンシャル井戸深さよりも浅い位置にある。これは、H原子の零点振動エネルギー(Zero-point vibrational energy, ZPVE)がポテンシャル井戸深さに積み重なるためであり、この値がH原子の吸着エネルギーに相当する。また、基底状態の波動関数は、一番深いポテンシャル井戸深さを持つトップサイト周辺ではなく、fccホローサイト周辺に局在している。トップサイト周辺のポテンシャル井戸は空間的に狭い形状を持ち、ここにH原子が局在するには、不確定性原理から余分の運動量、ひいては並進エネルギーが必要である。一方、fccホローサイトは、トップサイトよりもわずかにポテンシャル井戸が浅いが空間的に広いため、逆に並進エネルギーを低く抑えることができる。したがって、H原子は、基底状態においてfccホローサイトに局在すると考えられる。

表面によっては、Cu (111) 等のように、量子効果のため基底状態で波動関数が非局在化し、絶対零度においても拡散しやすい系が存在するが、Pt (111) では、波動関数がfccホローサイトに局在するため、拡散しにくいと考えられる。第一励起状態の波動関数は、主にhcpホローサイトからトップサイトへ広がっている。また、fccホローサイトにもわずかに分布しているが、周りとは異符号である。表面垂直方向の分布は、hcpおよびfccホローサイトでは、Pt原子間に落ち込むため表面に接近するが、トップサイトでは、形状に起因し表面から離れた部分に広がっている。第一励起状態の固有エネルギーは$E_1 = -2.431$ eVで、基底状態とのエネルギー差は0.030 eVである。したがって、この値を拡散に対する障壁の高さと見なせば、常温でも拡散しやすく、波動関数の空間的広がりから、fccホローサイトからhcpホローサイト、さらにトップサイトへ拡散すると考えられる。

燃料電池の空気極(カソード、cathode)では飛来する酸素分子の解離吸着が進行する。この系では、解離吸着ダイナミクスに量子トンネル効果が現れ、動作温度の低減に重要である。図3.5[19]には、解離吸着確率の酸素分子の並進運動エネルギー依存性が示されている。上述のVAS効果も認められる。Fe (001) 上にPt一層吸着した系(コアシェル模型に相当する系)の結果である。

4．STMによる金属表面の観察
4.1 近藤効果の観察

アルカリ金属では、電子間クーロン相互作用が比較的小さく、ハートリー・フォック近似で取り扱われることが多い。電子相関効果もあまり強く

第9編 計算物理

ないので、現象論的に考慮し、第一原理に基づく解析を行うことが可能であり、その結果は信頼性が高い。しかし、遷移金属では、電子間クーロン相互作用が大きく、電子相関効果が顕著になり、多体問題としての本質が現れ、非経験的な第一原理計算は非常に困難となる。そのような場合には、電子系の自由度を制限することによって、取り扱いの可能な単純な模型が導入されてきた。ハバード模型、sd模型やアンダーソン模型などがその代表である。このような簡単化された模型を出発点として多くの現象を説明することに成功してきた。

これらの理論はバルクの物性を説明することを意図して発展してきたが、その中で議論される局在スピンの描像や微視的振る舞いは物質の中に隠れた事象であるために、直接的な確認は困難な場合が多い。しかし、1980年代以降の走査プローブ顕微鏡や微細加工技術、真空技術の発展に伴い、強相関現象をもたらすナノ構造を作成し、直接観測することが可能になった。この発展の意義は、単に現象の理解を深めるだけでなく、微視的パラメータ（例えば、吸着原子の個数、位置など）を実験的に調整して新規の現象を発現させ、それに基づき従来の発想を越えたデバイスの発明をもたらす可能性を秘めているところにもある。ここでは、1980年代より盛んになった走査トンネル顕微鏡 (STM) 観察が明らかにした近藤系（金属表面に磁性原子が吸着した系）の特性について紹介する。

通常の金属では主に格子振動による電子散乱に起因して、電気抵抗は温度の五乗に比例し、温度の低下とともに、減少する。しかし、金属中に少量の磁性原子を不純物として含む場合（希薄磁性合金と呼ぶ）は、伝導電子が不純物原子上の局在スピンによる通常のポテンシャル散乱に加えて、スピン反転を伴う散乱が生じるため、温度の低下とともに対数的に電気抵抗が増加する。その結果、温度の低下とともに、低温のある温度で極小値をとる（電気抵抗極小現象と呼ぶ）。さらに低温になると、伝導電子と局在スピンが一重項（芳田・近藤一重項）を形成し、その結果、局在スピンが遮蔽により消失することでパウリ常磁性を示すフェルミ流体として振る舞い、電気抵抗が一定

値（残留抵抗値）に収束していく。対数的な温度依存性から一定値に収束していく振る舞いへ転換する温度を近藤温度と呼ぶ。電気抵抗極小現象及び近藤温度近傍での一連の現象に関連する多体問題は近藤問題と呼ばれ、強相関物理学の一領域を形成している。

4.2 磁性原子吸着金属表面における近藤効果

STM技術の発展は、近藤効果の研究に新しい局面を切り開いた。例えば、図4.1(a)に示す配置で、磁性原子が吸着した金属表面をSTMで観測することにより、局在スピン遮蔽等の近藤効果や磁性原子によって伝導電子が散乱され形成される磁性原子を中心とする同心円状の電子密度の振動構造などが直接実証できる。さらに、表面ナノテクノロジーに基づくスピントロニクス（スピン自由度を活用したデバイスなどへの応用）技術への発展が可能になった。

これは、理論的には、従来のアンダーソン模型やsd模型に基づく研究が想定していなかった複雑な対称性を持つ系への発展に対応すると考えられる。図4.1(b)[20]はCu (111) 表面に吸着したFe原子の近傍における温度4K、バイアス電圧0.02 Vでの定電流STM像である。この像はフェルミエネルギーE_F近傍$(E_F \sim E_F + 0.02 \text{ eV})$における電子波動関数を反映している。中央の突起は吸着原子の局在d軌道と探針の間の電子のトンネリングに起因する。突起の周りの同心円状に広がるフリーデル振動 (Friedel oscillation) 構造は、吸着子によって散乱された表面電子状態の形成する定在波を反映している。局在d軌道を2電子が占有しようとすると強いクーロン反発が電子間に働き、結果的に局在d軌道は同時に一個の電子しか占有できなくなる。そのため、局在d軌道を占める電子は局在スピンとして振る舞うと考えても良い。一方、金属表面の電子は表面垂直方向には束縛されているが平行方向には非局在化した二次元伝導電子として振る舞う。

吸着原子の局在スピンと表面電子系の組み合わせは、希薄磁性合金での磁性不純物の局在スピンと金属電子系の組み合わせに対応する。表面の有利な点は、近藤効果の発現がスピン分解STMによるトンネル電流の磁場依存性などから確認できる

4. STMによる金属表面の観察

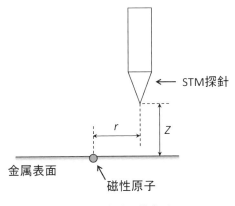

(a) STM観察の模式図

(b) STM像の例

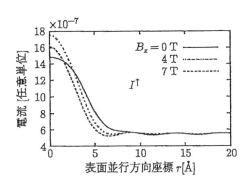

(c) 計算機シミュレーションによるトンネル電流（上向きスピン）の位置依存性

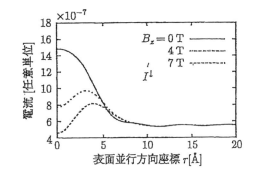

(d) 計算機シミュレーションによるトンネル電流（下向きスピン）の位置依存性

図4.1 金属表面に吸着した磁性原子のSTM観察とトンネル電流のシミュレーション

ことである[21,22]。図4.1(c)、(d)[20]はトンネル電流の探針座標rとz方向に印加された磁場B_zに対する依存性を、上向き(↑)と下向き(↓)スピンの電子が寄与するトンネル電流の表示した計算結果を示している。吸着原子直上$r=0$で見られる高いピークは芳田・近藤ピークを反映している。局在スピンに近藤温度T_Kを上回る磁場を印加すると、局在軌道準位のゼーマン分裂を反映して、ピークの上向きスピン成分が高エネルギー側に、下向きスピン成分が低エネルギー側にシフトし分裂する。すると、電子が探針から局在軌道にトンネルする過程と金属表面にトンネルする過程での干渉が、上向きスピン成分に関してはトンネル電流を増強する位相で寄与し、下向きスピン成分は阻害する逆位相で寄与するようになる。その結果、トンネル電流のスピン依存性が吸着原子直上$r=0$で顕著に現れる。すなわち、図4.1(c)、(d)の特性を観測することは、伝導電子による局在スピンの遮蔽を実空間で観察していることに対応する。

磁性原子近傍で探針位置を変えて電流Iのバイアス電圧V依存性を測定し、そのデータに基づいて微分コンダクタンスdI/dVをプロットすると、探針近傍の電子軌道に射影された状態密度を得ることができる。図4.2(a)[23]はCo原子の吸着したAu(111)において測定された微分コンダクタンスdI/dVを示す。Co原子直上($z=0.0$Å)では原点近傍で非対称なV依存性を示すが、Co原子から離れると対称的なV依存性になり、さらに探針がCo原子から離れると有意なV依存性は見えなくなる。Co原子のd電子軌道は真空側に張り出しているため、探針がその近傍に位置するときは探針・表面間の波動関数の重なりが大きくなり、電子遷移が起こりやすい。探針・表面間の電子遷移はCo原子のd電子軌道からの電子遷移と表面の伝導電子軌道からの電子遷移があるため、それらの間のファノ(Fano)干渉[25]のため非対称なV依存性をもたらしている。ファノ干渉は、離散（局在）状態と連続（非局在）状態が共鳴する量子系において一般的

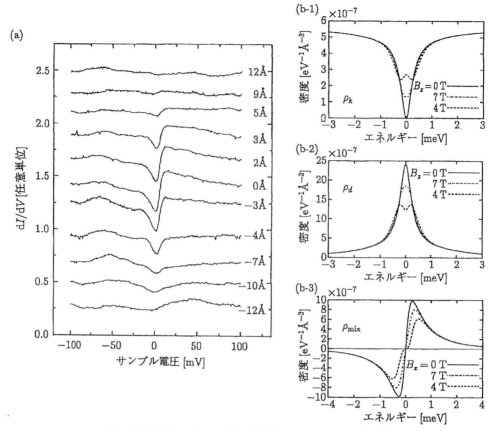

図4.2 STM観察における探針と試料の間の電子移動[22-24]
(a) 金属表面に吸着した磁性原子の近傍をSTM観察した際の微分コンダクタンスの測定値の例
(b-1) 状態密度における探針・伝導電子軌道間遷移の成分
(b-2) 状態密度における探針・局在電子軌道間遷移の成分
(b-3) 状態密度における伝導軌道と局在軌道からの寄与の干渉による成分

にみられる現象であり、同一の終状態、例えば探針から表面へ電子がトンネルした状態、に至る複数の量子過程の間に位相差が生じることによって発現する。探針がCoから離れるとCoのd電子軌道を介する電子遷移の寄与がなくなるため、ファノ干渉が消失し、対称なV依存性を示すようになる。さらにCoから離れると、伝導電子の定在波の密度がベッセル関数に従って同心円状に広がりつつ弱くなり、有意な信号が見えなくなる。

4.3 金属表面上の磁性原子ダイマー

バルク金属中の磁性不純物濃度が高くなると伝導電子を介して磁性原子間に相互作用が働く。さらに周期的に磁性原子を配置すると結晶へと変化する。不完全4f殻を持つ$CeCu_6$などの希土類系合金結晶では、局在スピンが結晶格子上に配置されて伝導電子を介して相互作用する、いわゆる近藤格子系が形成される。

近藤格子系は、希薄磁性合金と異なり、電気抵抗は低温から温度の二乗に比例し増加し、極大値を示したのち、温度上昇とともに減少し始める。低温領域での近藤格子系の特性は、局在電子軌道が伝導電子軌道と一体となって非局在化し(すなわち遍歴電子となり)、陽子に匹敵する有効質量を持つ「重い電子系」としてフェルミ流体を形成することに由来する。重い電子系では、伝導電子の媒介によって局在スピン間に働くRKKY(ルーダマン(Ruderman)・キッテル(Kittel)・糟谷・芳田)相互作用が局在スピンに磁気秩序をもたらそうとする。RKKY相互作用が近藤温度のエネルギースケールに比べて大きい場合、相互作用の符号により、二種類の現象が起こる。正符号の場合、す

5．抵抗変化メモリ

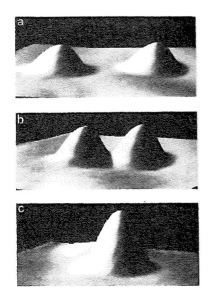

図4.3 金属表面に吸着した磁性ダイマーのSTM像

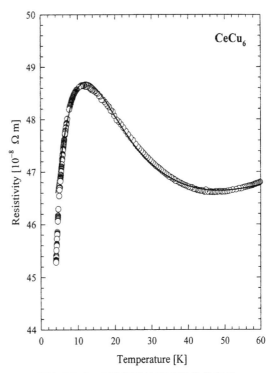

図4.4 CeCu$_6$の電気抵抗率の温度依存性

なわち反強磁性的な場合は、局在スピン間で一重項を形成するため近藤効果は消失する。また、逆に負符号の場合、すなわち強磁性的な場合は、まずスピン三重項が形成され、それを構成するスピンの半分が伝導電子によって遮蔽された後、さらに低温で残りのスピンが遮蔽されるという、二段階での近藤効果が起こる。二段階近藤効果では有効な近藤温度が通常の（一段階）近藤効果の近藤温度に比べて非常に低くなるため、実験観測するためには、より低温まで冷却する必要がある。

金属表面上に互いに接近した複数の磁性原子を吸着させると、RKKY相互作用と近藤効果の競合を実空間で観察することができる。図4.3[26]は金属表面に吸着した磁性原子ダイマーのSTM観察における空間配置とSTM像を示す。磁性原子間距離が大きい場合は両者の電子軌道が分離して観測されるが、近づくと軌道混成により一つの構造として観測される。軌道混成する距離においては、STM探針から異なる磁性原子に遷移するトンネル過程が干渉しあう。

近藤温度をT_K、RKKY相互作用をJ_{RKKY}とすると、$T_K < |J_{RKKY}|$の場合には、RKKY相互作用が優勢であり、$J_{RKKY} > 0$で反強磁性的ならば局在スピン間の一重項を形成するため近藤効果は発現せず、$J_{RKKY} < 0$ならば二段階近藤効果が発現する。$T_K > |J_{RKKY}|$となると、芳田・近藤一重項を形成して通常の近藤効果が発現する。これが周期系になれば上述の重い電子系の振る舞いとなる。この振る舞いを上手く記述する現象論的なモデルが吉森・笠井[27]によって提案された。参考までにCeCu$_6$の電気抵抗の温度変化を図4.4に示す[28]。理論と実験がピタリと一致している。そのころ、この現象論に対して様々な評価が行われたが、STM観察によって、その正当性が証明されるであろう。

5．抵抗変化メモリ
5.1 抵抗変化メモリ

抵抗変化メモリ（Resistance Random Access Memory, ReRAM）は不揮発性メモリ（電源を供給しなくても記憶を保持するメモリ）であり、シリコン半導体技術によるフラッシュメモリと比較して、低消費電力、高速動作、長寿命、大容量の次世代デバイスである。抵抗変化メモリは、閾値を越える電圧パルスの印加によって電気抵抗が大きく変化する抵抗素子の性質を利用する。抵抗素子の抵抗値は0 Vを含む閾値以下の絶対値を持つ電圧では保持されるため、高抵抗と低抵抗の状態に対して0と1を割り当てることで、抵抗素子にビット値を記憶させることができる。個々のメモリセルは、抵抗素子をセル選択のための素子・回

路（電界効果トランジスタのソース・ドレイン回路またはダイオード）に直列接続することにより構成される。フラッシュメモリ、強誘電体メモリ、強磁性体メモリ、相変化メモリなどと比べて構造が簡単なため、クロスポイント方式による高集積化が期待できる。閾値を越える電圧印加で抵抗素子に書き込みを行い、閾値より低い電圧で読み出しを行うという動作原理である。

オン（低抵抗）とオフ（高抵抗）のスイッチングを逆極性の電圧印加によって行う抵抗変化メモリをバイポーラ型、同一極性の電圧印加で行うものをユニポーラ型と呼ぶ。ユニポーラ型は極性を選ばない抵抗素子を用いるので、ノンポーラ型とも呼ばれている[29]。抵抗変化メモリの抵抗素子部分は、金属酸化物の両端を電極で挟むという簡単な構成である。

5.2 微視的動作機構

抵抗変化メモリの動作機構には金属酸化物中の伝導性フィラメントがカギを握っている。この伝導性フィラメントと電極との接続の開閉に起因して抵抗変化が生じるという機構（フィラメント型機構）について説明する[29]。

金属酸化物中の伝導性フィラメントは、素子作成後に抵抗値切り替えの閾値よりも高い電圧を印加する、フォーミングと呼ぶ処理によって形成される。

フォーミングによって低抵抗状態となった抵抗素子には、電極間を接続する伝導性フィラメントが形成されている。いったん伝導性フィラメントが形成されると、両端の電極間に電圧印加したときの電圧降下が接触抵抗を持つ界面近傍や電子散乱の起こりやすい欠陥・不純物近傍などの特定場所に集中し、以後、閾値を越える電圧が印加されるとその特定場所において伝導フィラメントの接続が切断・回復することにより抵抗状態の切り替えが起こると考えられる（図5.1）。抵抗変化の微視的機構としては、電子間の強相関相互作用に起因する局所的なモット転移や酸素欠損の移動による局所的な化学組成変化（酸化還元）が考えられる。以下では電極界面における酸素欠損移動の効果に注目し、CoO（酸化コバルト）を抵抗素子として、その(001)面上にTa（タンタル）電極が接合

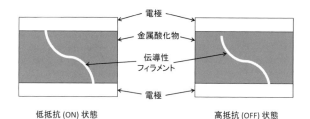

図5.1 抵抗変化メモリにおけるオン（低抵抗）状態とオフ（高抵抗）状態の模式図

する場合の特性評価について説明する[4, 30]。さらに、その結果に基づいてスイッチングの微視的機構を明らかにし、動作電圧低減に関してより望ましい材料について考察する。

5.3 伝導性フィラメント

ここでは、CoOにおいて酸素欠損の近傍に伝導性フィラメントが形成される機構を確認する。そこで、酸素欠損を含むバルクCoOの模型に対して密度汎関数理論に基づく第一原理計算を実行し、得られる安定構造における電子状態を、酸素欠損を含まない完全結晶と比較する。CoOはNaCl型の結晶構造をとる。ここでは4個のCo原子と4個のO原子で構成される立方格子を単位格子とし、x、y、z軸方向に$(2 \times 2 \times 2)$周期で反復させた模型をスーパーセルとして採用する。このスーパーセルからO原子を1個取り除いた模型は、3.125%の欠損濃度を持つ状態に対応する。CoOのバンドギャップは局所密度近似や一般化密度勾配近似ではその大きさが再現できないことが知られており、この問題に対処するため、同一原子内での電子間クーロン相互作用Uを現象論的補正項として追加するDFT+Uを採用する。また、CoOは反強磁性的性質を持つことが知られており、それを再現するため、反強磁性的なスピン状態を初期条件として与える。

完全結晶は約3 eVのバンドギャップを持ち、スピン偏極がなく、絶縁体的な電子特性を持つ（図5.2）[4]。電気的中性を保ったまま単位胞あたり1個の酸素欠損を導入すると、ギャップ中の中央付近にスピン偏極した被占有状態が現れ、金属的な特性に近づく。この被占有状態は、CoとOの間の結合に寄与していた原子間の軌道混成が解消することによって生じる不対電子軌道に相当する。完全結晶ではCoが正に、Oが負に帯電して電気的中

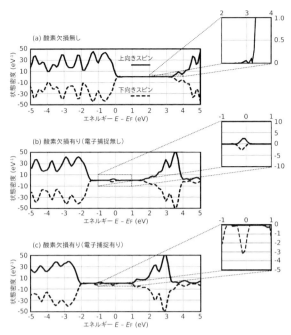

図5.2 CoO結晶における電子の状態密度

性を保っているが、O原子を取り除くと、その欠陥サイト近傍の負電荷が失われて、その結合相手だったCo原子は正に帯電する。この欠陥サイトが1個の電子を捕獲すると、その電子はギャップ中のさらに高いエネルギー状態を作ってそれを占有する。この結果、ギャップ中に形成される最高占有準位とギャップ下端の最低空準位の間のエネルギー差が約1 eVとなり、完全結晶と比較してより電気伝導に有利な特性を持つことが推測される。

酸素欠損サイトが孤立している場合、ギャップ中に形成される状態の波動関数は欠損近傍に局在しているが、欠損サイトが連結すると伝導性フィラメントが形成される[4,30]。図5.3(A)[4]は電子捕獲がない場合とある場合におけるバンド構造を、z軸方向(欠損サイトの連結方向)に対するエネルギー分散として示している。電気的中性を保ったままでは、完全に占有されたバンドと非占有バンドのみで構成されるため、伝導に寄与する電子状態が存在しない。しかし、電子捕獲が起こると、フェルミエネルギーを貫く(交差する)バンドが現れる。z軸方向に連続した酸素欠損サイトに電子が捕獲された場合のフェルミエネルギー上の状態に対する電子密度分布を図5.3(B)[4]に示す。各酸素欠損サイト近傍に束縛された電子状態が発生し、それらが隣り合う欠損サイト間で連結している。そのため、連結した酸素欠損が伝導性フィラメントとして機能することが分かる。

5.4 電極・抵抗素子界面での酸素欠損の挙動

ここでは、Ta/CoO (001) 界面における酸素欠損の形成・移動に関する特性を明らかにする[4,30]。通常の抵抗変化メモリは、電極がサブミクロン以上の十分にバルクとしての特性を示す領域の厚みを持ち、抵抗素子が10 nmからサブミクロン程度の領域の厚みを持つように作製される。この規模の構造に対して直接第一原理計算を実行するためには膨大な計算コスト(計算機資源と計算時間)を要する。計算コストを現実的な水準まで低減させるためには、注目する物性の評価のために最低限必要な規模まで削減した模型を導入しなければならない。そこで、酸素欠損移動は、酸素を含む物質であるCoO内で起こり、Ta電極には酸素の侵

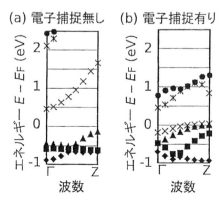 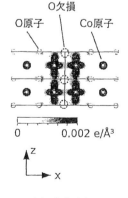

(A) 分散関係 (バンド構造)   (B) 密度分布

図5.3 酸素欠損を持つCoO結晶における電子状態

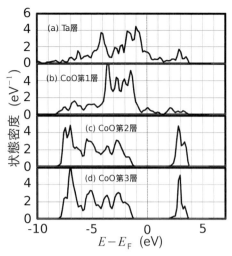

図5.4 Ta電極を接合したCoO抵抗素子の各層における電子の状態密度

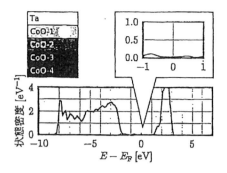

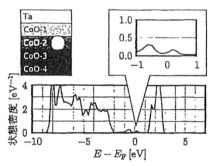

図5.5 電子捕捉した酸素欠損を持つTa/CoO素子のCoO第二層における電子の状態密度
(a) 酸素欠損がCoO第1層
(b) 酸素欠損がCoO第2層

入がないと仮定し、界面構造をCoO 4層とTa 1層で構成されたスーパーセルによるスラブ模型で与える。まず、酸素欠損のないTa/CoO(001)界面の安定構造と電子状態を調べる。Ta原子のCoO(001)表面での配置として、Co直上（Coオントップ）O直上（Oオントップ）及び凹み（ホロー）の場合についてエネルギーを比較するとOオントップの場合が最も低くなることが分かる。この配置が他の配置に比べてエネルギー差が十分に大きいため、以下では、Ta原子がOオントップに配置する界面構造に焦点を絞る。

界面における各層の局所電子状態密度を図5.4[4,30]に示す。Ta層が1層のみの場合でも金属的性質が再現できている。また、CoOは第二層以降の変化が小さく、4層のCoOによって十分にバルクの特性が再現出来ていることが分かる。CoOの第一層は、Taとの間の共有結合的な軌道混成により、酸素欠損の形成される前からTaの特徴を強く反映した金属的性質を示している。したがって、CoOの第二層以降における電子状態変化が抵抗変化をもたらすと考えられる。

界面近傍における酸素欠損の効果を調べるため、CoOの第一層または第二層からスーパーセル当たり1個のO原子を取り除いた模型に対して、安定構造における電子状態の解析を行う。ただし、電気伝導性を調べるため、スーパーセル当たり1個の電子を捕捉した状態に対して解析を行うことにする。酸素欠損がCoO第一層に形成されている場合は、CoO第二層の局所電子状態密度におけるバンドギャップ内への状態形成はほとんど見られず、絶縁体的性質を維持している（図5.5(a)[4,30]）。欠損近傍の金属原子サイトにおける電子数変化から、電子トラップはTa層とCoO第一層の間に集中しており、CoO第二層への影響は小さいことが分かる。一方、酸素欠損がCoO第二層に形成されている場合は、バンドギャップ内への状態形成がみられ、フェルミエネルギーで有限値をとる金属的性質を示している（図5.5(b)）。欠損近傍の金属サイトにおける電子数変化から、伝導経路が電極に接続していることが分かる。CoO第一層の酸素原子が第二層に移動すると、第二層が絶縁体的になって伝導経路が切断され、高抵抗状態（図5.6左）に遷移する。酸素原子がCoO第一層と第二層の間を移動するとき、不安定な遷移状態（図5.6中央）を経由する。この遷移状態のエネルギーが、低抵抗状態と高抵抗状態の間のスイッチングにおける活性化障壁を与える。活性化障壁はポテンシャルエネルギー曲面やNEB (nudged

5. 抵抗変化メモリ

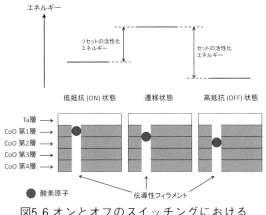

図5.6 オンとオフのスイッチングにおける
エネルギーの変化

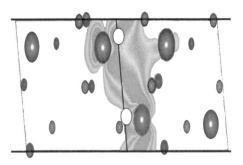

図5.7 HfO$_2$抵抗素子における伝導パス

elastic band)法[31,32]に基づく解析によって導出する。一般に、固体結晶表面近傍の原子間結合力は、界面垂直方向に対する周期性の破れや平行方向での格子定数の不整合に起因して、バルク中よりも弱くなる傾向を示す。そのため、酸素欠損がCoO第一層に形成されている状態は、第二層に形成されている状態と比較して低いエネルギーを持つことが多い。したがって、高抵抗状態から低抵抗状態へのスイッチング（セット）に必要な活性化エネルギーは低抵抗状態から高抵抗状態へのスイッチング（リセット）と比較して高くなる。Ta/CoO(001)の場合はセット及びリセットにおける活性化障壁は、それぞれ2.9 eV及び2.5 eVとなる[4]。スイッチングのためのエネルギーが電圧印加によって直接与えられると仮定すると、その電圧閾値は活性化エネルギーを反映するため、抵抗変化メモリが示す電流電圧特性を説明することができる。

以上の結果より、抵抗変化メモリの動作電圧低減は、界面第一層と第二層の酸素サイト間の反応経路に対して活性化障壁が低くなる金属酸化物材料を見出すことで実現できることが分かる。CoOと並んで新たな抵抗素子材料の候補として注目を集めているHfO$_2$を用いて界面構造を作り、第一原理計算を用いて解析を行うと、セット及びリセットの活性化エネルギーがそれぞれ1.3 eVおよび0.2 eVとなることが分かる[4]。参考までに、HfO$_2$の伝導パスを図5.7に示す。CoOの伝導パスと違ってスパイラル・ジグザグの伝導パスになっている。このことは、HfO$_2$の動作電圧低減に関する優位性を本質的に明らかにし、材料設計に対する重要な指針の一つを提供している。

〈坂上　護／小笠原弘道／
小野　慎司／笠井　秀明〉

〔参考文献〕

1) 笠井秀明、赤井久純、吉田博（編）：計算機マテリアルデザイン入門、大阪大学出版会、大阪、2005

2) 赤井久純、白井光雲（編著）：密度汎関数法の発展—マテリアルデザインへの応用、丸善出版、東京、2011

3) 笠井秀明、津田宗幸：計算機マテリアルデザイン先端研究事例 I：固体高分子形燃料電池要素材料・水素貯蔵材料の知的設計、大阪大学出版会、大阪、2008

4) 笠井秀明、岸浩史：計算機マテリアルデザイン先端研究事例 II：抵抗変化メモリの知的材料設計、大阪大学出版会、大阪、2012

5) 笠井秀明、坂上護：表面界面の物理、朝倉書店、2013

6) 大阪大学出版会より発売予定

7) M. David, R. Muhida, T. Roman, S. Kunikata, W. A. Diño, H. Nakanishi, H. Kasai, F. Takano, H. Shima, and H. Akinaga: J.Phys.: Condens. Matter, Vol. 19, p. 365210, 2007.

8) H. Nakanishi, H. Kasai and A. Okiji: Surface Science, Vol. 197, p. 515, 1988.

9) 国立大学法人大阪大学大学院工学研究科、「平成16年度〜平成17年度成果報告書　固体高分子形燃料電池システム技術開発事業　固体高分子形燃料電池要素技術開発等事業　固体高分子形燃料電池の燃料極における原子スケール・ダイ

ナミックスの研究」、独立行政法人新エネル
ギー・産業技術総合開発機構、2005

10) N.B. Arboleda, Jr., H. Kasai, W.A. Diño and H. Nakanishi, Thin Solid Films 509 (2006) 227.

11) N.B. Arboleda, Jr., H. Kasai, W.A. Dio and H. Nakanishi, Jpn. J. Appl. Phys. 46 (2007) 4233.

12) T. Roman, H. Nakanishi, W.A. Dio and H. Kasai, e-J. Surf. Sci. Nanotech. 4 (2006) 619.

13) P. Hohenberg and W. Kohn, Phys. Rev. 136 (1964) B864.

14) W. Kohn and L.J. Sham, Phys. Rev. 140 (1965) A1133.

15) G. Kresse and J. Furthmuller, Comput. Mater. Sci. 6 (1996) 15.

16) G. Kresse and J. Furthmuller, Phys. Rev. B54 (1996) 11169.

17) G. Kresse and J. Hafner, Phys. Rev. B47 (1993) 558.

18) G. Kresse and J. Hafner, Phys. Rev. B49 (1994) 14251.

19) Koji Shimizu, Wilson Agerico Dio, Hideaki Kasai, Jounal of the Vacuum Society of Japan,Vol. 56, No.10, pp.425-427(2013).

20) M. F. Crommie, C. P. Lutz, and D. M. Eigler: *Science*, Vol. 262, p. 218, 1993.

21) W.A. Dio, K. Imoto, H. Kasai, and A. Okiji: Jpn. *J. Appl. Phys.*, Vol. 39, p. 4359, 2000.

22) A. J. Heinrich, J. A. Gupta, C. P. Lutz, and D. M. Eigler: *Science*, Vol. 306, p. 466, 2004.

23) V. Madhavan, W. Chen, T. Jamneala, M. F. Crommie, and N. S. Wingreen: *Science*, Vol. 280, p. 567, 1998.

24) W. A. Dio, H. Kasai, E. T. Rodulfo, and M. Nishi: *Thin Solid Films*, Vol. 509, p. 168, 2006.

25) U. Fano: *Phys. Rev.*, Vol. 124, p. 1866, 1961.

26) W. Chen, T. Jamneala, V. Madhavan, and M. F. Crommie: *Phys. Rev.* B, Vol. 60, p. R8529, 1999.

27) A. Yoshimori and H. Kasai: *Solid State Commun.*, Vol. 58 (1986), p. 259.

28) Andr M Strydom and Paul de V du Plessis: J. *Phys*: *Condens. Matter* 11 (1999) 2285-2302.

29) 澤彰仁：応用物理、Vol. 75 (2006), p. 1109.

30) H. Kishi, A.A.A. Sarhan, M. Sakaue, S.M. Aspera, M.Y. David, H. Nakanishi, H. Kasai, Y. Tamai, S. Ohnishi, and N. Awaya: Jpn. J. Appl. Phys., Vol. 50, p. 071101, 2011.

31) W. Tang, E. Sanville, and G. Henkelman: J. Phys.: Condens. Matter, Vol. 21, p. 084204, 2009.

32) G. Henkelman, B.P. Uberuaga, and H. Jonsson: J. Chem. Phys., Vol. 113, p. 9901, 2000.

索　引

〔アルファベット〕

ＡＣＳ……………………………………906
ＡＥＳ……………………………………786
ＡＬＤ……………………………………615
Ambient-SIMS技術………………………1008
BA型電離真空計…………………………193
BET式……………………………………74
Braggピーク……………………………870
CCC認証…………………………………1053
ＣＤＧ……………………………………197
cERLの真空システム…………………897
CEマーキング…………………………1052
CLP規則…………………………………1051
ＣＮＴ……………………………………1011
CVD系反応生成物………………………381
CVD装置…………………………………624
CVD法……………………………………605
CeO$_2$薄膜…………………………………572
CHラジカルビーム……………………746
Chemical Polishing_CP………………347
Chemical Vapor Deposition…………671
DLC（固体潤滑、バスバリア、耐蝕）……670
DTL，SDTL……………………………905
ＥＤＳ………………………………802, 828
EELS………………………………………802
ELV指令…………………………………1055
EPMA………………………………………822
ESR-STM…………………………………862
ETEM………………………………………1001
effusive source………………………713
Electro Polishing_EP………………346
ErP指令…………………………………1061
FIB装置…………………………………693
FMS式連続炉……………………………520
FPD用大型枚葉式装置…………………632
Freeze-drying…………………………474
ＧＨＳ……………………………………1050
ＧＭＷ……………………………………1012
GaN系化合物半導体……………………649

Gas Cluster Ion Beam…………………703
ＨＬＤ………………………………358, 359
He、N$_2$クライオスタット………………292
HiPIMS法…………………………………563
High-k膜…………………………………643
ICPの特徴………………………………92
J-Moss(JIS C 0950)……………………1058
J-PARC……………………………901, 909
JIS Z 8750………………………………203
JT-60SA…………………………………939
ＫＥＫ……………………………………879
LED・太陽電池製造装置………………380
LED系反応生成物………………………382
LEED…………………………………834, 835
LEEM/PEEM装置…………………………813
ＬＨＤ……………………………………945
Low-k膜……………………………641, 817
MALDI……………………………………853
ＭＢＥ……………………………………543
MBE成長過程……………………………546
MeV-SIMS法………………………………1007
NEA表面作成……………………………983
NEGコーティング………………………899
NEGポンプ………………………………131
ＮＭＩ……………………………………1027
nozzle source…………………………713
OHラジカルビーム……………………746
Ｏリングシールタイプ………………267
Ｏリング規格…………………………232
PCB廃棄物………………………………389
PEEM装置…………………………………813
ＰＬＤ……………………………………596
Physical Vapor Deposition…………671
REACH規制………………………………1059
REMPI-MS…………………………………765
RF CCPの電位分布………………………90
ＲＦＱ……………………………………904
RF誘導結合型プラズマ…………………92
RF容量結合型プラズマ…………………89
RHEED装置…………………………938, 840

索　引

ＲＩＥ･････････････････････････679, 681
RoHS･･････････････････････････････386
ＳＥＭ･････････････････････････････805
SPLEEM･･･････････････････････････815
SPring-8/SACLA･･････････････････918
SRパワー･････････････････････････881
SSPD･････････････････････････････1016
STM装置･･････････････････････････858
SiC膜･････････････････････････････642
Stern-Gerlach実験例･･････････････742
SuperKEKB･･･････････････････････879
Ｓ形バルブ･･･････････････････････222
ＴＥＭ･････････････････････････････799
ＴＭＰ･････････････････････････149, 157
TiNコーティング･････････････････889
TiO$_2$薄膜･･････････････････････････570
TiおよびZr薄膜･･････････････････569
UHV-SEM･････････････････････････809
Ｕ字管マノメータ･････････････････181
WEEE指令･･････････････････････1056
XMCDPEEM/XMLDPEEM･･･････815
XMLDPEEM････････････････････････815
Ｘ線の発生原理･･･････････････････827

〔ア〕

アークイオンプレーティング･････582, 585
アノード電極･････････････････････983
アーク放電型高真空イオンプレーティング･･･582
圧縮（布団圧縮袋）･････････････････458
圧力真空の計量標準･････････････1027
圧力真空標準の信頼性･･･････････1034
アブレーション現象･･･････････････599
油エゼクタ･･･････････････････････138
油回転ポンプ（保守）･････････････427
油回転ポンプ油･･･････････････････332
油拡散ポンプ･････････････････････137
油拡散ポンプ（保守）･････････････434
アボガドロの法則･･･････････････････38
アモルファスカーボン･･･････････････645
アモルファス・微結晶シリコン･････656
アルミ合金の溶接事例･････････････493
アルミナ（コーティング、ガスバリア）･･･665
アルミニウム（部品材料）･････････323

アルミニウム合金･････････････････309
アングルバルブ･･･････････････････223
安全性（電子ビーム溶接機）･･･････502
アンテチェンバー型ビームパイプ(KEK)･････889

〔イ〕

イオンアシスト蒸着重合･･･････････594
イオン液体の真空蒸着･･･････････1021
イオン化蒸着･････････････････････593
イオン化スパッタリング法･････････564
イオン源･････････････････････････704
イオン源とフィラメント･･･････････216
イオン源の種類･･･････････････････695
イオン散乱法･････････････････････848
イオン衝撃脱離･････････････････････71
イオン束と電子束･････････････････554
イオン種･････････････････････････695
イオン注入･･･････････････････････697
イオンビームアシスト蒸着･････････588
イオンビームエッチング･･･････････687
イオンビーム加工･････････････････522
イオンビームスパッタリング法･････564
イオン分光型真空計･･･････････････195
イオンプレーティング･････････････581
異種金属溶接･････････････････････492
イメージセンサ･･･････････････････708
イメージング測定･････････････････855
医薬工学への応用･････････････････483
印加電圧波形･････････････････････366
インジェクター方式（水平方向型）･･･631
インドRoHS(WEEE)･･･････････････1057
インプリンティング・ナノインデント･････537

〔ウ〕

ウィルソンシールタイプ･･･････････267
ウェーハ加熱機構･････････････････627
高真空バルブ････････････････････222
高真空ポンプ････････････････････137
宇宙環境研究････････････････････759
運動導入部品････････････････････266

〔エ〕

液体窒素トラップ････････････････255
液体分子ビーム生成･････････････771

エキストラクタ型電離真空計············194
エッチング系反応生成物············382
エネルギー消費管理と低環境負荷········392
エネルギースター(Energy Star)········1062
エネルギーストラグリング············850
エネルギー損失分光器(EELS)··········802
エネルギー分散型X線分光器(EDS)······802
エネルギー分散法··············826
エピタキシャルシリコン············651
エラストマーガスケットシール········364
エ ル ボ··················245
エンドステーション············706
沿面放電··············368, 396

〔オ〕

オージェ電子分光法············786
オービトロン真空計············195
大型加速器················879
大型真空システム············958
大型スペースチャンバ········958, 965
大型フランジ··············239
大型ヘリカル装置············945
大型放射光施設SPring-8··········729
オリフィス法··············1030
オリフィスのコンダクタンス········57

〔カ〕

カーテニング効果············696
カーボンナノチューブ(CNT)········1011
カーボンファイバー、ガラス様カーボン····1011
回折斑点強度··············837
回転ガントリー············974
回転式連続炉（ロータリーファーネス）··520
回転転導入端子············267
回転導入（導入部品）··········269
開放型ETEMの応用例··········1002
改良保全··············411
化学気相成長(Chemical Vapor Deposition)·······605, 671
化学研磨(Chemical Polishing_CP)····347
化学工学への応用············483
化学物質の排出等汚染防止関連法······1041
化学物質管理の関連法··········1045
角型ゲートバルブ············226
拡散ポンプ··············137

拡散ポンプ油··············332
拡大レンズシステム············800
拡張不確かさ··············210
隔膜型ETEMの応用例··········1002
隔膜真空計··············183
核 融 合··············939
核融合装置の真空システム········939
加工機システム（電子ビーム溶接機）····499
化合物半導体··············660
カソード電極··············983
加 熱 源··············280
可変リークバルブ············225
カリフォルニアWEEE··········1057
環境と衛生··············373
環境制御透過型電子顕微鏡(ETEM)····1001
環結合型リニアック(ACS)········906
寒材型クライオスタット········292
乾燥（真空凍結乾燥装置）········461
外熱式真空加熱炉············516
ガス、液体導入端子··········265
ガス・化学物質管理··········383
ガスクラスター装置(Gas Cluster Ion Beam)····703
ガスケットの材質と特性········235
ガスデポジション法··········776
ガスバラスト··············113
ガスバリアコーティング········673
画像記録装置··············801
ガ ラ ス··············319
がん組織の殺傷············970
がん治療（放射線）··········968

〔キ〕

機械安全··············396
希ガス原子散乱············751
希ガス原子ビーム··········751
貴金属（部品材料）··········323
気相一次反応過程··········611
気相二次反応過程··········611
気相反応ダイナミクスへの応用······748
気体の吸着と脱離··········61
気体の脱離··············66
気体分子運動論··············40
気体分子の平均自由行程········43
キッカー電磁石············915

希薄気体の流れ・・・・・・・・・・・・・・・・・・・・・53
希薄磁性半導体・・・・・・・・・・・・・・・・・・・・548
揮発油等の品質確保・・・・・・・・・・・・・・1049
基板加熱機構(CVD)・・・・・・・・・・・・・・633
基板搬送（薄膜形成）・・・・・・・・・・・・534
キャパシタンスダイアフラムゲージ・・・197
キャパシタンス・マノメータ・・・・・・・183
キャパシタンスマノメータ・・・・・・・・452
吸引（真空採血管・・・・・・・・・・・・・・・458
吸引搬送（ニューマチックアンローダー）・・・458
吸着ガスのガス放出・・・・・・・・・・・・・351
吸着トラップ・・・・・・・・・・・・・・・・・・・255
吸着平衡・・・・・・・・・・・・・・・・・・・・・・72
球面収差補正装置・・・・・・・・・・・・・・802
強磁性体製ダクト・・・・・・・・・・・・・・915
共鳴多光子イオン化質量分析法（REMPI-MS）・・・765
極高真空・・・・・・・・・・・・・・・・・・・・・993
極高真空材料・・・・・・・・・・・・・・・・・・317
極高真空スピン偏極電子銃・・・・・・・・981
極高真空標準・・・・・・・・・・・・・・・・・1031
極高真空プロジェクト・・・・・・・・・・・986
記録用デバイス（スパッタリング）・・・574
金属ガスケットシール・・・・・・・・・・・363
金属－ガラスの封着・・・・・・・・・・・・261
金属原子ビームとその気相反応ダイナミクス・・・763
金属材料・・・・・・・・・・・・・・・・・・・・・322
金属－セラミックの封着・・・・・・・・・262
金属表面上の磁性原子ダイマー・・・・1078
金属ベローズ・・・・・・・・・・・・・・・・・249
金属膜・・・・・・・・・・・・・・・・・・・・・・643
逆マグネトロン真空計・・・・・・・・・・・196
ギャップ放電・・・・・・・・・・・・・・・・・365

〔ク〕

クイックカップリング方式・・・・・・・・234
空冷式ドライポンプ・・・・・・・・・・・・124
クヌーセン数・・・・・・・・・・・・・・・・・・53
クヌッセンセル・・・・・・・・・・・・・・・544
クライオスタット排気系・・・・・・・・・942
クライオトラップ・・・・・・・・・・・・・256
クライオポンプ・・・・・・・・・・・・・・・162
クライオポンプ（保守）・・・・・・・・・443
クラスターイオンビームエッチング・・・687
クラスター注入装置・・・・・・・・・・・・703

クラスタービーム生成・・・・・・・・・・767
クラッキングセル・・・・・・・・・・・・・544
クリーニング機構(CVD)・・・・・・・・・634
クロス・・・・・・・・・・・・・・・・・・・・・248
グラフェン・・・・・・・・・・・・・・・・・1011
グラフェン像・・・・・・・・・・・・・・・・811
グラフェン膜・・・・・・・・・・・・・・・・819

〔ケ〕

蛍光X線分析法・・・・・・・・・・・・・・・831
計算機マテリアルデザイン・・・・・・・1067
計測のトレーサビリティ・・・・・・・・1035
ケイ素負極の特徴・・・・・・・・・・・・・776
欠陥終端化技術・・・・・・・・・・・・・・・659
結晶化プロセス・・・・・・・・・・・・・・・658
結晶シリコン太陽電池・・・・・・・・・・656
嫌気性環境（嫌気性培養器）・・・・・・463
ゲート絶縁膜・・・・・・・・・・・・・・・・659
ゲートバルブ・・・・・・・・・・・・・・・・223
ゲートバルブ(KEK)・・・・・・・・・・・・885
減圧プラズマ溶射・・・・・・・・・・・・・511
原子間力顕微鏡・・・・・・・・・・・・・・・864
原子ステップ像・・・・・・・・・・・・・・・809
原料（薄膜形成）・・・・・・・・・・・・・534
原料(CVD)・・・・・・・・・・・・・・・・・・618

〔コ〕

コールドトラップ（アイスコンデンサ）・・・482
高圧ガス保安法・・・・・・・・・・・・・・1049
高エネルギーイオン注入装置・・・・・・702
高感度粒子検出器・・・・・・・・・・・・1014
光学デバイス（スパッタリング）・・・574
光学膜（イオンプレーティング）・・・583
高輝度電子銃・・・・・・・・・・・・・・・・806
工業標準（真空）・・・・・・・・・・・・1035
航空・宇宙分野（電子ビーム溶接）・・・497
硬質膜（イオンプレーティング）・・・583
高周波イオンプレーティング・・・・・・581
高周波放電・・・・・・・・・・・・・・・・・556
高周波マグネトロンスパッタリング法・・・562
高周波四重極リニアック(RFQ)・・・・・904
高出力インパルスマグネトロンスパッタリング法・・・563
高純度ガス管接続部品・・・・・・・・・・243
校正事業者登録制度・・・・・・・・・・・206

高速遮断バルブ······················223
高速多点スポット溶接··············494
高電流イオン注入装置··············701
光波干渉式標準圧力計·············1028
高反応性中性クラスターエッチング··691
高融点金属（部品材料）···········323
固液界面真空プロセス············1021
国際相互認証（校正）············207
固体潤滑剤·························336
固体潤滑（表面コーティング）·····667
固体表面における水素ダイナミクス·1071
国家計量標準研究機関(NMI)········1027
コロイダルシリカ微粒子···········997
混合気体の平均自由行程············44
コンダクタンス·····················55
コンダクタンス可変型バッフル·····254
近藤効果の観察···················1075
コンフラットフランジ·············238
合成標準不確かさ·················210

〔サ〕

サーチガス························362
差圧標準と差圧標準···············1032
差圧利用の目的····················457
最小検知分圧·······················216
差動排気法························100
サプレッサ真空計··················194
酸化物セラミックス················325
酸化防止（真空パック）···········462
三極管型電離真空計···············193
酸素欠損の挙動···················1081
酸素分子の量子状態···············740
散乱断面積························849

〔シ〕

シースヒーター····················280
シードビーム······················716
シーリンググリース················331
蓄積リングの真空··················919
仕事関数計測·······················796
質量スペクトル····················214
シャワーヘッド型（垂直方式）·····631
シャント抵抗（電子ビーム溶接）···497
収差補正装置······················802

集束イオンビーム加工··············693
周波数変調検出法··················867
シュルツ型電離真空計·············194
昇温脱離法··························67
消防法····························1049
照明（高輝度放電ランプ）·········463
食品衛生法························1049
食品工学への応用··················483
シリコン酸化膜····················639
シリコン窒化膜····················641
試料冷却部品······················289
真空アーク蒸着法··················585
真空科学技術······················1027
真空加熱炉························516
真空（凍結）乾燥と毛管モデル·····469
真空計の校正···········202, 208, 452
真空計の保守······················449
真空コンポーネント················931
真空用潤滑剤······················335
真空蒸着··························539
真空蒸留··························471
真空装置の管理····················343
真空装置の保守と安全·············410
真空多層断熱（医療用MRI装置）···460
真空断熱（魔法瓶）···············459
真空チャンバ内圧力計測···········201
真空チェンバー····················920
真空中加熱脱ガス処理·············355
真空中加熱冷却部品···············280
真空中の放電防止··················365
真空凍結乾燥······················474
真空熱処理炉での留意点···········421
真空排気過程······················350
真空排気系の構成··················102
真空排気系（イオン注入）·········706
真空排気装置······················482
真空排気特性管理··················344
真空バルブ························221
真空用表面処理···············346, 349
真空封止アンジュレータの真空·····928
真空吹付け法······················360
真空粉末断熱（真空断熱材）·······460
真空部品の洗浄····················346
真空ポンプの選定··················101

索引 5

索　引

真空ポンプ･････････････････････････109, 923
真空ポンプの保守････････････････････345, 427
真空ポンプ油････････････････････････････332
真空利用の目的･･･････････････････････････457
時間分解STM････････････････････････････861
磁気結合式（回転導入）･･････････････････270
自己バイアス発生（容量結合型プラズマ）･･････91
事後保全（安全）･･･････････････････････410
磁性材料（部品材料）････････････････････324
磁性流体シールタイプ････････････････････267
実効排気速度･･･････････････････････････････97
実用SEM･････････････････････････････････805
実用AFM･････････････････････････････････864
自動車分野（電子ビーム溶接）････････････496
重錘形圧力天びん･･･････････････････････1029
重粒子線がん治療･････････････････････････968
潤滑油・グリース･････････････････････････335
状態選別O_2分子ビームの生成･････････････740
状態選別分子（原子）ビーム････734, 745, 748
蒸着（真空蒸着）････････････････････････462
蒸　着･･･････････････････････････････････539
蒸発利用の目的･･･････････････････････････457
蒸　留･･･････････････････････････････････461
人工衛星の設計検証･･･････････････････････958

〔ス〕

水銀拡散ポンプ･･･････････････････････････138
水質汚濁防止法･････････････････････････1042
水晶振動子（電子ビーム溶接）････････････497
水晶摩擦真空計･･･････････････････････････188
垂直配向グラファイトナノウオール(GMW)･････1012
水冷型バッフル･･･････････････････････････254
水　冷　板･･･････････････････････････････289
スクリュー式ドライ真空ポンプ････････････126
スクロール式ポンプ･････････････････････125
スタティックSIMS･･･････････････････････845
ステンレス鋼（真空材料）････････････････302
ステンレス鋼（部品材料）････････････････323
スニッファー法･･･････････････････････････362
スパッターイオンポンプ･･････････････････168
スパッタ成膜･････････････････････････････551
スパッタ分子ビーム源････････････････････716
スパッタリング･･･････････････････････････558
スパッタリングカソード･･････････････････560

スパッタリング装置･･････････････････････560
スパッタリング薄膜･･････････････････････565
スパッタリング薄膜堆積･･････････････････573
スパッタリングプラズマ･･････････････････552
スパッタリング粒子と放電ガス分子････････559
スピニングロータ真空計･･････････････････187
スピン効果計測･･･････････････････････････743
スピン偏極STM･･････････････････････････860
スピン偏極電子線の生成方法････････････････981
スペースチャンバ･････････････････････････961

〔セ〕

成形（弁当や惣菜用の使い捨て容器）･･･････458
成形ベローズ･････････････････････････････249
静電吸着板･･･････････････････････････････289
製品含有化学物質管理････････････････････386
成膜プロセス････････････････････････････418
赤外、紫外光透過･････････････････････････273
接続フランジ(KEK)･･････････････････････884
接続用成形配管･･･････････････････････････245
セラミックス････････････････････････････325
洗浄工程････････････････････････････････349
洗浄・表面処理（清浄化）････････････････346
絶対圧計測計････････････････････････････181
絶縁体表面の絶縁破壊（沿面放電）･･･････366
全　圧　計･･･････････････････････････････181

〔ソ〕

走査像信号検出器････････････････････････801
走査電子顕微鏡･･･････････････････････････805
走査トンネル顕微鏡･･････････････････････857
走査トンネル分光････････････････････････858
走査トンネルポテンショメトリー････････860
装飾膜（イオンプレーティング）････････583
測定質量数･･･････････････････････････････216
阻　止　能･･･････････････････････････････849
ソレノイド磁場･･･････････････････････････889

〔タ〕

ターボ分子ポンプ････････････････････････142
ターボ分子ポンプ（保守）･･･････････････438
大気圧SEM･･･････････････････････････････997
大気汚染防止法･････････････････････････1041
耐キャビテーションエロージョン皮膜･･････514

索引 6

耐熱コーティング(TBC) ･････････････････ 668
耐放射線性ケーブル ･････････････････････ 912
耐放射線性ターボ分子ポンプ ･････････････ 912
太陽電池製造装置 ･･･････････････････････ 380
太陽電池用CVDプロセス ･････････････････ 656
耐粒子エロージョン皮膜 ･････････････････ 513
タウンゼントの放電理論 ･･･････････････････ 85
多極子不均一磁場法による状態選別 ･･･････ 747
多結晶シリコン膜 ･･･････････････････････ 639
多次元立体ダイナミクス ･････････････････ 749
多段ルーツ式ポンプ ･････････････････････ 119
炭化珪素 ･･･････････････････････････････ 653
タングステン ･･･････････････････････････ 288
単結晶エピタキシャル成長CVD ･･･････････ 646
単収束型質量分析計 ･････････････････････ 212
探針・試料間相互作用 ･･･････････････････ 864
タンタル ･･･････････････････････････････ 287
第一壁材料 ･････････････････････････････ 956
第一原理シミュレーション ･･････････････ 1067
大口径アルミナセラミックス製ダクト ･････ 911
大口径ゲートバルブ ･････････････････････ 226
大口径チタン製ダクトとチタン製ベローズ ･･ 911
ダイナミックSIMS ･･･････････････････････ 844
ダイバータターゲット材料 ･･･････････････ 952
ダストトラッピングの視覚的観測 ･････････ 896
ダストモニタ（真空中）･････････････････ 295
脱水（真空コンクリート）･･･････････････ 459
脱ガス処理 ･････････････････････････････ 350
脱ガス（鉄鋼の脱ガス）･････････････････ 461
弾性散乱因子 ･･･････････････････････････ 848
弾性反跳粒子検出法 ･････････････････････ 852
断熱利用 ･･･････････････････････････ 457, 459

〔チ〕

地球温暖化ガス ･････････････････････････ 381
チタン及びチタン合金（部品材料）･･･････ 323
チタンサブリメーションポンプ ･････････････ 175
チタン材料 ･････････････････････････････ 317
チタン材料による極高真空 ･･･････････････ 989
窒化ガリウム ･･･････････････････････････ 654
窒化反応ダイナミクス ･･･････････････････ 730
中エネルギーイオン散乱法 ･･･････････････ 850
中国WEEE ････････････････････････････ 1057
中電流イオン注入装置 ･･･････････････････ 700

超音速N_2分子ビーム ･･･････････････････ 730
超音速自由噴流法 ･･･････････････････････ 769
超音速分子ビームの応用 ･････････････････ 723
超音速分子ビームによる吸着反応ダイナミクス ･････ 728
超高真空バルブ ･････････････････････････ 222
超高真空フランジ ･･･････････････････････ 238
超高真空用（導入部品）･････････････････ 268
超高真空用モータ ･･･････････････････････ 271
超伝導ナノストリップイオン検出器 ･･･････ 1016
超伝導粒子検出器 ･･････････････････････ 1014
超微細加工プロセス ･････････････････････ 675
超微小硬さ試験法の概要 ･････････････････ 871
直線導入端子 ･･･････････････････････････ 266
直流グロー放電プラズマ ･･････････････････ 88
直流２極スパッタリング法 ･･･････････････ 561
直流マグネトロンスパッタリング法 ･･･････ 561

〔テ〕

ティー ･････････････････････････････････ 248
低圧放電 ････････････････････････････････ 81
低インピーダンスコンポーネント ･････････ 899
低エネルギーイオン ･････････････････････ 579
低エネルギーイオン散乱法 ･･･････････････ 850
低エネルギー電子顕微鏡・光電子顕微鏡 ･･ 813
低温多結晶シリコン ･････････････････････ 657
低温バッファー成長 ･････････････････････ 649
低加速電圧領域 ･････････････････････････ 806
抵抗変化メモリ ････････････････････････ 1079
低収差対物レンズ ･･･････････････････････ 807
低真空SEM ････････････････････････････ 808
低真空・中真空応用 ･････････････････････ 466
低真空バルブ ･･･････････････････････････ 221
低真空ポンプ ･･･････････････････････････ 112
低真空レーザ ･･･････････････････････････ 504
低速電子回折 ･･･････････････････････････ 834
低放射化真空材料 ･･･････････････････････ 909
鉄鋼（真空材料）･･･････････････････････ 301
ディスプレイデバイス（スパッタリング）･･ 574
デバイ遮蔽 ･････････････････････････････ 554
デバイ長 ････････････････････････････････ 82
電解研磨(Electro Polishing_EP) ･････････ 346
電荷交換型分子ビーム源 ･････････････････ 716
電極間の絶縁破壊（ギャップ放電）･･･････ 365
電極・抵抗素子界面 ････････････････････ 1081

索　引

電子回折 ・・・・・・・・・・・・・・・・・・・・・・・・・ 834
電子クリアリング電極 ・・・・・・・・・・・・・・・ 890
電子雲不安定性対策 ・・・・・・・・・・・・・・・・・ 888
電子顕微鏡 ・・・・・・・・・・・・・・・・・・・・・・・・ 798
電子顕微鏡(SEM) ・・・・・・・・・・・・・・・・・・ 997
電子顕微鏡(TEM) ・・・・・・・・・・・・・・・・・ 1001
電子遷移誘起脱離 ・・・・・・・・・・・・・・・・・・・・ 69
電子線マイクロプローブ分析法(EPMA) ・・・・・・ 822
電 子 束 ・・・・・・・・・・・・・・・・・・・・・・・・・・ 554
電子蓄積リングにおけるダストトラップ ・・・・・ 895
電子デバイス分野（電子ビーム溶接） ・・・・・・ 497
電子ビーム溶解装置 ・・・・・・・・・・・・・・・・・・ 464
電子ビーム溶接 ・・・・・・・・・・・・・・・・ 489, 496
電子ビーム溶接機 ・・・・・・・・・・・・・・・・・・・ 498
電子ビーム溶接機（保守） ・・・・・・・・・・・・・ 502
電子ビームろう付け ・・・・・・・・・・・・・・・・・ 494
電子分光装置 ・・・・・・・・・・・・・・・・・・・・・・ 792
伝導性フィラメント ・・・・・・・・・・・・・・・・ 1080
電離真空計 ・・・・・・・・・・・・・・・・・・・・・・・ 450
電流導入端子 ・・・・・・・・・・・・・・・・・・・・・・ 258

〔ト〕

透過電子顕微鏡 ・・・・・・・・・・・・・・・・・・・・ 798
凍結乾燥(Freeze-drying) ・・・・・・・・・・・・・ 474
凍結乾燥の応用 ・・・・・・・・・・・・・・・・・・・・ 481
到達圧力 ・・・・・・・・・・・・・・・・・・・・・・・・・ 109
トップランナー制度 ・・・・・・・・・・・・・・・・ 1062
トラップ ・・・・・・・・・・・・・・・・・・・・・・・・・ 254
トラップ ・・・・・・・・・・・・・・・・・・・・・・・・・ 255
ドーピング濃度 ・・・・・・・・・・・・・・・・・・・・ 647
ドーピングプロセス ・・・・・・・・・・・・・・・・・ 419
銅－アルミの接合事例 ・・・・・・・・・・・・・・・・ 493
銅－黄銅の接合事例 ・・・・・・・・・・・・・・・・・ 492
銅ガスケット ・・・・・・・・・・・・・・・・・・・・・ 238
銅合金材料 ・・・・・・・・・・・・・・・・・・・・・・・ 318
動作システム（バルブ） ・・・・・・・・・・・・・・ 223
銅－銅合金の接合事例 ・・・・・・・・・・・・・・・・ 492
導入部品 ・・・・・・・・・・・・・・・・・・・・・・・・・ 258
毒物及び劇物取締法 ・・・・・・・・・・・・・・・・ 1049
土壌汚染対策法 ・・・・・・・・・・・・・・・・・・・ 1043
ドライエッチング ・・・・・・・・・・・・・・ 675, 681
ドライエッチングパラメータ ・・・・・・・・・・・ 678
ドライエッチングプラズマ ・・・・・・・・・・・・・ 675
ドライポンプ ・・・・・・・・・・・・・・・・・・・・・ 117

ドライポンプ（保守） ・・・・・・・・・・・・・・・・ 431
ドリフト ・・・・・・・・・・・・・・・・・・・・・・・・・・ 83
ドリフトチューブリニアック(DTL, SDTL) ・・・・ 905
ドロップレット対策 ・・・・・・・・・・・・・・・・・ 586

〔ナ〕

内熱式真空加熱炉 ・・・・・・・・・・・・・・・・・・・ 516
ナノインデンテーション法 ・・・・・・・・・・・・・ 871
ナノスケール制御 ・・・・・・・・・・・・・・・・・ 1021
難加工材料の溶接 ・・・・・・・・・・・・・・・・・・・ 492
軟鋼（真空材料） ・・・・・・・・・・・・・・・・・・・ 302

〔ニ〕

二次イオン質量分析法 ・・・・・・・・・・・・・・・・ 844
二次電子放出係数 ・・・・・・・・・・・・・・・・・・・・ 86
二重管液体窒素トラップ ・・・・・・・・・・・・・・・・ 99
ニッケル合金、高合金鋼の分析 ・・・・・・・・・・・ 832
ニッケル水素電池（電子ビーム溶接） ・・・・・・ 497
入射電子エネルギー依存性 ・・・・・・・・・・・・・ 837
入射分子束 ・・・・・・・・・・・・・・・・・・・・・・・ 552

〔ネ〕

熱陰極電離真空計 ・・・・・・・・・・・・・・・・・・・ 192
熱陰極マグネトロン真空計 ・・・・・・・・・・・・・ 195
熱CVD ・・・・・・・・・・・・・・・・・・・・・・・・・ 605
熱 脱 離 ・・・・・・・・・・・・・・・・・・・・・・・・・・ 66
熱電対真空計 ・・・・・・・・・・・・・・・・・・・・・・ 186
熱伝導真空計 ・・・・・・・・・・・・・・・・・・・・・・ 184
熱媒体冷却、加熱装置 ・・・・・・・・・・・・・・・・ 482
燃焼防止（電球） ・・・・・・・・・・・・・・・・・・・ 463
粘性真空計 ・・・・・・・・・・・・・・・・・・・・・・・ 187

〔ノ〕

農薬取締法 ・・・・・・・・・・・・・・・・・・・・・・ 1049
ノズルビーム源(nozzle source) ・・・・・・・・・・ 713

〔ハ〕

ハーモニックドライブ式（導入部品） ・・・・・・ 271
配管接続部品 ・・・・・・・・・・・・・・・・・・・・・・ 230
配管用継手 ・・・・・・・・・・・・・・・・・・・・・・・ 243
排ガス処理設備（保守） ・・・・・・・・・・・・・・・ 447
排気過程 ・・・・・・・・・・・・・・・・・・・・・・・・・・ 96
排気原理 ・・・・・・・・・・・・・・・・・・・・・・・・・ 142
排気性能と制御技術 ・・・・・・・・・・・・・・・・・ 151

索引 8

排気速度 ··· 110
廃棄物管理 ··· 1055
配向制御分子ビーム ······························· 737
配向制御分子ビーム生成 ························ 734
排出ガスの危険性 ··································· 380
廃電池指令 ··· 1058
ハイブリッド型の薄膜形成法 ················· 535
薄膜形成 ·································· 527, 532, 578
薄膜系太陽電池 ······································ 657
薄膜欠陥エンジニアリング ····················· 537
薄膜除去プロセス ··································· 420
薄膜堆積技術 ··· 558
波長分散法 ··· 822
発電・重工業分野（電子ビーム溶接）····· 497
ハロゲンヒータ ··· 282
反射高速電子回折(RHEED)装置 ············· 938
バンドアライメント ··································· 794
半導体集積回路 ······································ 706
半導体製造用CVDプロセス ····················· 639
半導体表面酸化 ······································ 760
半導体プロセス（スパッタリング）········· 573
バンドオフセット ····································· 795
バンドギャップ ··· 795
反応室分離型反応性スパッタリング法 ····· 564
反応シミュレーション ····························· 1070
反応性イオンエッチング ············ 6, 791, 068
反応性スパッタリング法 ························ 564
反応性イオンビームエッチング ············· 687
反応モデル ··· 1069
バタフライバルブ ····································· 223
バッチ形真空加熱炉（バッチ炉）············ 519
バッチ式（電子ビーム溶接機）··············· 499
バッチ式装置とロードロック式装置 ········ 422
バッチ式装置 ··· 628
バッフル ··· 254
バ ル ブ ····································· 221, 243
バルブドクラッキングセル ····················· 544
パッシェンの法則 ··································· 87
パッシベーション膜 ································· 661
パラダイムシフト（薄膜形成）··············· 537
パルススパッタリング法 ························ 562
パルスレーザ蒸着(PLD) ························ 596
パワーデバイス ······································ 708
パワーデバイス用半導体 ························ 653

パワーモジュール（電子ビーム溶接）····· 797

〔ヒ〕

光電子分光法 ··· 791
飛行時間差型質量分析計 ························ 212
非酸化物セラミックス ····························· 325
非蒸発型ゲッターポンプ ························ 131
非弾性トンネル分光 ······························· 862
非フランジ継手とバルブ ························ 242
標準コンダクタンスエレメント ··············· 1032
表面コーティングプロセス ····················· 665
表面反応過程(CVD) ································· 612
表面分析技術 ··· 783
ビームキャラクタリゼーション ··············· 758
ビーム寿命急落現象 ······························· 895
ビーム導入 ··· 273
ビームの利用（電子ビーム溶解装置）····· 464
ビームフラックスモニター ····················· 545
ビームライン ··· 704
微細加工プラズマプロセス ····················· 685
微視的動作機構 ······································ 1080
微粒子ビームを用いたケイ素厚膜の作製 ··· 776
ビッカース硬さ試験 ································· 509
ピラニ真空計 ··· 185
ピラニ真空計（保守）····························· 449

〔フ〕

負水素イオン源及びLEBT(J-PARC) ········· 903
不確かさ（校正）···························· 208, 210
浮遊電位 ··· 554
フラットパネル用CVDプロセス ··············· 656
フランジ ··· 230
フランジ規格 ··· 230
フランジの材質 ······································ 235
フレキシブルチューブ ····························· 252
物理気相成長 ··· 671
ブルドン管真空計 ··································· 183
ブローホール ··· 493
分圧の法則（希薄気体）························ 39
分 圧 計 ····································· 212, 216
分圧標準 ··· 1032
分離・接合法（薄膜形成）····················· 535
分子振動の影響 ······································ 1074
分子線エピタキシー(MBE) ····················· 543

索　引

分子線供給方法 …………………… 546	ボイル－シャルルの法則 ……………… 38
分子動力学シミュレーション ……… 724	ポンプ油交換時期 …………………… 431
分子ビーム …………… 713, 718, 720	

〔マ〕

分子密度計測計 …………………… 184	マイクロ薄膜 ……………………… 199
分子流領域（輸送現象）…………… 49	枚葉式装置 ………………………… 626
分子流ビーム源(effusive source) …… 713	前処理（ワークの洗浄）（電子ビーム溶接機）…… 502
プラズマ …………………… 81, 82	巻取式真空蒸着装置での留意点 …… 422
プラズマ機構 …………… 628, 634	マクラウド真空計 ………………… 181
プラズマCVD ……………………… 611	マグネットカップリング …… 269, 270
プラズマシース …………………… 555	マグネトロン真空計 ……………… 196
プラズマ周波数 …………………… 85	マグネトロンスパッタリング法 …… 768
プラズマ振動 ……………………… 85	マシナブルセラミックス ………… 325
プラズマ生成実験と排気特性 …… 950	マッハ数 …………………………… 54
プラズマセル ……………………… 544	マトリックス塗布 ………………… 854
プラズマ対向材料 ………………… 952	マニピュレーター ………………… 545
プラズマドーピング装置 ………… 703	

〔ム〕

プラズマの利用（スパッタリング）…… 463	無酸素環境利用 …………… 458, 462

〔ヘ〕

〔メ〕

平均自由行程 ……………………… 43	メタル中空Oリング ……………… 240
ヘテロ接合型太陽電池 …………… 657	メタルリングガスケット ………… 239
ヘリウムイオン顕微鏡 …………… 817	

〔モ〕

ヘリウムイオンビーム照射 ……… 820	毛管現象 …………………………… 471
ヘリウム漏れ試験 ………………… 359	モジュレータ真空計 ……………… 194
ヘリウムリークディテクタ(HLD)を使用しない漏れ試験	モノマーイオンビーム …………… 687
…………………………………… 358	モリブデン ………………………… 286
ヘリコフレックス ………………… 240	漏れ試験と漏れ対策 ……………… 357
ベーキング処理 …………………… 353	

〔ユ〕

ベリリウム窓 ……………………… 276	有害性と環境阻害事例 …………… 380
ベローズの種類 …………………… 249	有害物質を含有する家庭用品の規制 …… 1049
ベローズ式（導入部品）………… 268	有機材料エッチング ……………… 689
ベローズチェンバー(KEK)………… 885	有機薄膜形成 ……………………… 593
ペニング真空計 …………………… 196	誘導加熱型CVD装置 ……………… 635
ペニング真空計（保守）………… 451	

〔ヨ〕

ペンタセン薄膜の２次元成長 …… 1023	溶解ガスのガス放出 ……………… 352

〔ホ〕

放射光ビームラインの真空 ……… 932	陽子シンクロトロン ……………… 908
放電型分子ビーム源 ……………… 716	陽子リニアック …………………… 901
放電洗浄処理 ……………………… 355	溶接欠陥防止 ……………………… 493
放電防止 …………………………… 366	溶接ベローズ ……………………… 249
放電利用 …………………… 458, 463	
保守計画 …………………………… 413	
ホローカソードイオンプレーティング …… 582	

予防保全···········410
四重極型質量分析計··········213

〔ラ〕

ライン式連続炉··········520
ラジカルビームの状態選別··········745
ラングミュア吸着··········73

〔リ〕

リーク標準··········1033
リチウムイオン二次電池（電子ビーム溶接）········497
量子効果··········1074
量子構造デバイス··········548
リングゲートバルブ··········924

〔ル〕

ルーツポンプ··········115
ルーツポンプ（保守）··········433
ルーバー、シェブロン··········99

〔レ〕

レーザーアブレーション··········716
レーザー蒸発法··········767

レーザーデトネーション··········717, 756
レーザ入射質量分析法··········853
レーザ溶接との違い··········496
冷陰極電離真空計··········195
冷却（蒸発を冷却に使う）··········460
冷凍機搭載低温トラップ··········255
冷熱供給装置··········483
レイノルズ数··········53
連続形真空加熱炉（連続炉）··········520
連続排気式（電子ビーム溶接機）··········500

〔ロ〕

ロータリーファーネス··········520
ロードロック式枚葉装置··········425
ロードロック室排気の省電力化··········394
労働安全衛生法··········1045
労働災害の発生事例··········422
ろ過（吸引ろ過）··········459
六極電場··········734

〔ワ〕

割れ（電子ビーム溶接）··········493

最新 実用真空技術総覧
New Practical Vacuum Technology

発行日	2019年2月7日　　初版第一刷発行
編　集	最新 実用真空技術総覧 編集委員会
発行者	吉田　　隆
発行所	株式会社 エヌ・ティー・エス
	〒102-0091 東京都千代田区北の丸公園 2-1　科学技術館 2 階 TEL. 03-5224-5430　http://www.nts-book.co.jp
印刷・製本	倉敷印刷株式会社

ISBN978-4-86043-559-2

Ⓒ2019　最新 実用真空技術総覧 編集委員会　笠井秀明、越川孝範、大岩烈、髙橋直樹 他

落丁・乱丁本はお取り替えいたします。無断複写・転写を禁じます。定価はケースに表示しております。
本書の内容に関し追加・訂正情報が生じた場合は、㈱エヌ・ティー・エスホームページにて掲載いたします。
※ホームページを閲覧する環境のない方は、当社営業部(03-5224-5430)へお問い合わせください。